SPRINGER LEHRBUCH

Springer

Berlin
Heidelberg
New York
Barcelona
Budapest
Hong Kong
London
Mailand
Paris
Santa Clara
Singapur
Tokio

GEORG LÖFFLER · PETRO E. PETRIDES

Biochemie und Pathobiochemie

Fünfte, neu konzipierte
und in allen Teilen
komplett überarbeitete Auflage

Mit 996 überwiegend
farbigen Abbildungen
in 1130 Einzeldarstellungen
und 233 Tabellen

 Springer

Professor
Dr. med. Georg Löffler
Institut für Biochemie,
Genetik und Mikrobiologie
Universität Regensburg
Universitätsstraße 31
93054 Regensburg

Privatdozent
Dr. med. Petro E. Petrides
Medizinische Klinik III
Klinikum Großhadern
Ludwig Maximilians-Universität
Marchioninistraße 15
81366 München

Titel der 4. Auflage
Physiologische Chemie
Vierte, überarbeitete
und erweiterte Auflage
Springer-Verlag
Berlin Heidelberg New York 1990

ISBN 3-540-59006-4
5. Auflage
Springer-Verlag
Berlin Heidelberg New York

ISBN 3-540-18163-6
ISBN 0-387-18163-6
4. Auflage/4th Edition
Springer-Verlag
Berlin Heidelberg New York

Die Deutsche Bibliothek –
CIP-Einheitsaufnahme
Löffler, Georg:
Biochemie und Pathobiochemie/Georg
Löffler; Petro E. Petrides. – 5., neu konzi-
pierte und in allen Teilen komplett über-
arb. Aufl. – Berlin; Heidelberg; New York;
Barcelona; Budapest; Hongkong; London;
Mailand; Paris; Santa Clara; Singapur;
Tokio: Springer 1997
(Springer-Lehrbuch)
Bis 4. Aufl. u. d. T.: Löffler, Georg:
Physiologische Chemie
ISBN 3-540-59006-4
NE: Petrides, Petro E.:

Printed in Germany

Die Wiedergabe von Gebrauchsnamen,
Warenbezeichnungen usw. in diesem Werk
berechtigt auch ohne besondere Kenn-
zeichnung nicht zu der Annahme, daß solche Namen im Sinn der Warenzeichen-
und Markenschutzgesetzgebung als frei zu
betrachten wären und daher von jeder-
mann benutzt werden dürften.

Produkthaftung: Für Angaben über Dosie-
rungsanweisungen und Applikationsfor-
men kann vom Verlag keine Gewähr übernommen werden. Derartige Angaben müssen vom jeweiligen Anwender im Einzelfall
anhand anderer Literaturstellen auf ihre
Richtigkeit überprüft werden.

Umschlaggestaltung und Layout:
MetaDesign, Berlin
Umschlagabbildung:
eye of science, Reutlingen
Zeichnungen: BITmap, Mannheim
Satz, Druck und Bindearbeiten:
Appl, Wemding

SPIN 10095243   15/3135-5 4 3 2 1 0
Gedruckt auf säurefreiem Papier.

Vorwort

Seit dem Erscheinen der 4. Auflage unseres Lehrbuches der Physiologischen Chemie vor 8 Jahren haben die Erkenntnisse in der Biochemie mit großer Geschwindigkeit zugenommen und in der klinischen Medizin zu neuen diagnostischen und therapeutischen Konzepten geführt. Treibende Kraft dieser Entwicklung war die Molekularbiologie, die die strukturelle und funktionelle Charakterisierung von Genen und damit von Proteinen in einem noch vor einem Jahrzehnt unvorstellbaren Maß vorangetrieben hat. Beispiele sind die große Zahl von Zytokinen, die charakterisiert und in ihrer Wirkung analysiert sind, die Entdeckung neuer Wege der Signaltransduktion, die Charakterisierung der mit der zellulären Aktivität eng verknüpften Ionenkanäle und Membranrezeptoren und die Identifizierung neuer Hormone wie das vom Fettgewebe abgegebene und an der Regulation seines Stoffwechsels beteiligte Leptin. Die Identifikation von Krankheitsgenen ohne den vorherigen Nachweis des defekten Proteins hat die Tür aufgestoßen zum Beginn des Verständnisses der molekularen Grundlagen so verschiedener Krankheiten wie Muskelschwunderkrankungen (Dystrophin), peripherer Neuropathien (Connexin, Myelinproteine), degenerativer Nierenerkrankungen (Polycystin), Herzrhythmusstörungen (Ionenkanäle), bestimmter Cardiomyopathien (Myosin), Blasenbildungen der Haut (Keratine) oder Tumorerkrankungen (BCRA1 beim Brustkrebs). Die Gentherapie steckt zwar heute noch in den Kinderschuhen, sollte aber im kommenden Jahrhundert entscheidende Fortschritte machen. Diese Vorhersage erscheint auch deswegen gerechtfertigt, da in den nächsten Jahren mit dem Abschluß der Sequenzierung des menschlichen Genoms als wichtigem Menschheitsprojekt zu rechnen ist, nachdem vor kurzem mit der Totalsequenzierung des Hefegenoms bereits die komplette Analyse des ersten eukaryoten Organismus gelungen ist. Dies wird zur Folge haben, daß sich die Biochemie zum Fundament einer molekularen Medizin entwickelt, die fächerübergreifend auseinanderstrebende Spezialgebiete der klinischen Medizin wie z.B. Neurologie, Dermatologie, Kardiologie, Orthopädie oder Onkologie verbindet.

Angesichts dieser Entwicklung war eine sehr gründliche Neubearbeitung unseres Lehrbuches notwendig, wobei wir uns darauf konzentriert haben, einerseits das biochemische Grundwissen in kompakter Form darzustellen und andererseits darauf aufbauend die klinisch relevanten Bezüge zur Pathobiochemie herauszuarbeiten. Daraus ergab sich die Notwendigkeit, auf den bisherigen Titel „Physiologische Chemie" zu verzichten und ihn durch „Biochemie und Pathobiochemie", zu ersetzen.

Im Zuge der Aktualisierung des Textes wurde die Mehrzahl der Kapitel in großen Teilen neu verfaßt: dies traf besonders für die Kapitel Zelluläre Organellen (8), Replikation und Gentechnik (9), Transkription (10), Proteinbiosynthese (11), Viren (12), Gendiagnostik und Gentherapie (13), Grundlagen des Stoffwechsels (14), Häm und Gallenfarbstoffe (21), Ernährung (25), Binde- und Stützgewebe (26),Grundlagen der endokrinen Regulation (27), Muskelgewebe (32), Nervengewebe (33), Immunsystem (37) und Tumorgewebe (38) zu. Darüber hinaus wurden alle anderen Kapitel einer vollständigen Überarbeitung unter Einbeziehung wichtiger neuer Erkenntnisse unterzogen.

Da es aufgrund des ständig zunehmenden Wissenszuwachses für den Anfänger immer schwieriger wird, sich in die komplexe biochemische Materie einzuarbeiten, haben wir neue didaktische Konzepte zur Anwendung gebracht: jedes Kapitel ist mit einer Einleitung und Zusammenfassung ausgestattet, die in die Bedeutung des Themas einführen und den Inhalt des Kapitels wiedergeben sollen. Weiterhin haben wir die entscheidenden Punkte der einzelnen Abschnitte eines jeden Kapitels durch Überschriften in Satzform gefaßt, die als Lernhilfe dienen sollen. Die entscheidende Verbesserung ist dadurch zustande gekommen, daß der Verlag sich bereit erklärt hat, sämtliche 996 Abbildungen mehrfarbig zu gestalten, was die Orientierung in den komplexen biochemischen Vorgängen sehr erleichtert.

Wir haben auch diese Auflage wieder als Zwei-Autorenteam verfaßt, was angesichts der geschilderten Wissensexplosion im Bereich der medizinischen Grundlagenwissenschaften für uns eine noch größere Herausforderung war als bisher. Wir sind jedoch davon überzeugt, daß dies der beste Weg zur Verwirklichung eines Lehrbuch-Konzeptes ist, das als zentrales Anliegen die Darstellung der modernen Biochemie und ihrer vielfältigen und enorm wichtigen Wechselbeziehungen mit der klinischen Medizin hat. Unser Buch hätte nicht realisiert werden können ohne den unermüdlichen Einsatz und die Unterstützung der Lehrbuchabteilung des Springer-Verlages: besonders möchten wir in diesem Zusammenhang Frau Anne C. Repnow, Frau Ellen Blasig und Frau Ingrid Haas danken. Frau Bärbel Bittermann und ihrem Team (BITmap, Mannheim) sind wir für die graphische Umsetzung unserer Vorstellungen von nahezu 1000 Abbildungen zu großem Dank verpflichtet, Frau Anni Löffler und Frau Ursula Kostov für das Schreiben des Manuskriptes und das Korrekturlesen und schließlich den Studenten Katia Löffler und Uli Tausch für die Herstellung des umfangreichen Sachverzeichnisses.

Eine unschätzbare Hilfe waren uns unsere zahlreichen Kollegen, die uns mit ihrem Rat und kritischen Anmerkungen zu einzelnen Kapiteln sehr unterstützt haben. Eine Reihe von Studenten hat die Kapitel des Buches kritisch durchgesehen und uns auf diese Weise geholfen, die Verständlichkeit der Darstellung den Bedürfnissen derjenigen anzupassen, von denen wir hoffen, daß sie es mit Interesse und Freude lesen werden. Auch ihnen gebührt unser Dank.

Unsere ganz besondere Dankbarkeit gebührt unseren Ehefrauen und unseren Familien, die uns durch ihre immerwährende Unterstützung, aber auch durch den Verzicht auf viele, sonst gemeinsam verbrachte Stunden, die Möglichkeit gegeben haben, uns der Arbeit an diesem Buche in gebührendem Maße hinzugeben.

Georg Löffler, Regensburg · Petro E. Petrides, München

Inhaltsverzeichnis

Vorbemerkungen

Maßeinheiten

Die IFCD (International Federation for Clinical Chemistry) und die IUPAC (International Union of Pure and Applied Chemistry) haben gemeinsame Empfehlungen zur Vereinheitlichung von Maßeinheiten verabschiedet. Das Maßsystem basiert auf den Grundeinheiten Meter (m), Kilogramm (kg), Sekunde (s), Ampère (A), Grad Kelvin (K) und Mol (mol). Die Einheiten für Fläche, Volumen, Kraft, Druck und Konzentration werden von diesen Grundeinheiten abgeleitet.

Substanzmenge und Konzentration

Sofern Substanzen genügend exakt definiert sind, sollen Konzentrationsangaben möglichst auf molarer Basis erfolgen. Daher sind Maßeinheiten wie g%, g/100 ml, mg/100 ml und auch mval/Liter bzw. mäq/Liter durch mmol/Liter und gegebenenfalls µmol/Liter zu ersetzen.

$$\frac{\text{g/Liter}}{\text{Molekulargewicht}} = \text{mol/Liter}$$

$$\frac{\text{mg/Liter}}{\text{Molekulargewicht}} = \text{mmol/Liter}$$

$$\frac{\text{µg/Liter}}{\text{Molekulargewicht}} = \text{µmol/Liter}$$

Symbole für Maßeinheiten

Länge

m	Meter
mm	Millimeter (10^{-3} m)
µm	Mikrometer (10^{-6} m)
nm	Nanometer (10^{-9} m)

Zeit

d	Tag
h	Stunde
min	Minute
s	Sekunde

Volumen

l	Liter
ml	Milliliter (10^{-3} Liter)
µl	Mikroliter (10^{-6} Liter)
nl	Nanoliter (10^{-9} Liter)

Masse (im alltäglichen Sprachgebrauch auch Gewicht)

g	Gramm
mg	Milligramm (10^{-3} g)
µg	Mikrogramm (10^{-6} g)
ng	Nanogramm (10^{-9} g)
pg	Picogramm (10^{-12} g)

Substanzmenge		*Druck*	
mol		mmHg	Millimeter Quecksilber
mmol	Millimol (10^{-3} Mol)		(= Torr)
μmol	Mikromol (10^{-6} Mol)	mBar	Millibar
nmol	Nanomol (10^{-9} Mol)	Pa	Pascal
pmol	Picomol (10^{-12} Mol)		
D	Molekulargewicht in Dalton		
kD	10^3 D		
B	Zahl der Basen in einer Nucleinsäure		
kB	10^3 B		

Reaktionsschemata

Es bedeuten:

A $\rightleftarrows$ B   Hin- und Rückreaktion werden von *verschiedenen Enzymen* katalysiert.

A $\rightleftharpoons$ B   Hin- und Rückreaktion werden von *demselben Enzym* katalysiert.

$$
\begin{array}{l}
\text{C} \\
| \\
\ominus \\
\downarrow \\
\text{A} \rightleftharpoons \text{B} \\
\uparrow \\
\oplus \\
| \\
\text{D}
\end{array}
$$

C *reguliert* die Reaktion von A nach B über eine *Hemmung*;
D *reguliert* die Reaktion von B nach A über eine *Aktivierung*.

Hinweise zum Literaturverzeichnis

Am Schluß jedes Kapitels finden sich Literaturzitate, die zum einen angeben, welche Literatur dem Kapitel zugrundeliegt, zum anderen auf weiterführende Arbeiten hinweisen. Grundsätzlich wird zwischen Einzel- oder Originalarbeiten, Übersichtsarbeiten und Lehr- bzw. Handbüchern (auch Monographien) unterschieden.

Einzelarbeiten weisen auf Erstbeschreibungen oder auf Informationen hin, die an dieser Stelle besonders gut nachgelesen werden können. Für den Anfänger sind Originalarbeiten schwer zu lesen. Wer sich in ein Gebiet vertiefen oder einarbeiten will, sollte zu den *Übersichtsarbeiten* greifen, in denen oft über 100 Originalarbeiten zu dem betreffenden Thema zitiert werden, so daß man einen Überblick über verschiedene Hypothesen oder Theorien, die historische Entwicklung der Bearbeitung des Themas gewinnt. *Handbücher und Monographien* geben die Möglichkeit, die Information in größeren Zusammenhängen oder auch aktueller (z. B. Kongreßberichte mit Diskussionsbeiträgen) zu erhalten.

Die biochemische Literatur ist heute auf mehrere hundert verschiedene Journale verstreut, da die Biochemie als interdisziplinäre Fachrichtung Eingang in die verschiedensten Disziplinen gefunden hat. Durch die zunehmende Bedeutung der Biochemie wächst auch die Zahl der ausschließlich biochemische Arbeiten veröffentlichenden Zeitschriften ständig.

Übersichtsarbeiten findet man in den genannten Zeitschriften oder in sog. Fortschrittsberichten (Advances in . . ., Annual Review of . . ., International Review of . . ., Trends in Biochemical Sciences). Die Zeitschrift FEBS Letters (Federation of the European Biochemical Society) veröffentlicht jährlich ein zusätzliches Heft mit einer Zusammenstellung von Übersichtsarbeiten der verschiedensten Gebiete der Biochemie.

Normwertbereiche

Da in diesem Buch bei einigen biologisch-chemischen Größen, wie z. B. der Glucose, den Aminosäuren oder Lipiden im Blut, quantitative Angaben gemacht werden, soll kurz einiges zum Begriff des Normbereiches gesagt werden.

Bestimmt man in einem größeren, klinisch nichtkranken Kollektiv z. B. die Blutzuckerkonzentration, so erhält man eine wichtige Größe, den *Mittelwert*, als das arithmetische Mittel der Werte aller untersuchten Personen: dabei wird die Summe aller Einzelwerte durch die Anzahl der durchgeführten Untersuchungen dividiert:

$$\bar{x} = \frac{\sum x_i}{n}$$ wobei $\bar{x}$ (gelesen „x quer") den Mittelwert, x_i die Einzelmessung und n die Anzahl der untersuchten Personen (bzw. Untersuchungen) darstellt.

Die Kenntnis des Mittelwertes reicht jedoch nicht aus, da er nichts über die Streubreite, d. h. die Differenz zwischen dem höchsten und niedrigsten Wert aussagt. Die Angabe der Streu- oder Variationsbreite ist wiederum unbefriedigend, da 1. nur die beiden Extremwerte berücksichtigt werden und alle übrigen Werte vernachlässigt werden und 2. die Variationsbreite durch die Anzahl der Messungen bestimmt wird. Je mehr Meßwerte wir besitzen, desto höher wird die Differenz zwischen den beiden Extremwerten.

Aus diesen Gründen berechnet man die *Standardabweichung* (s) oder Variabilität nach der Formel:

$$s = \sqrt{\frac{\sum (x_i - \bar{x})^2}{n-1}}$$

Sie stellt ein Maß für die Streuung der Einzelwerte um den Mittelwert dar. Ermittelt man die Häufigkeitsverteilung der einzelnen Meßgrößen in einem Kollektiv, so kann diese eine beliebige Kurvenform haben. Im Idealfall gruppieren sich die Meßwerte in Form einer *Normalverteilung* (GAUSS-Verteilung) um den Mittelwert ($\bar{x}$). Die GAUSS-Verteilung entspricht einer Glockenkurve, wobei die beiden Wendepunkte von entscheidender Bedeutung sind: der Abstand zwischen $\bar{x}$ und dem Wendepunkt ist der Wert s, die Standardabweichung.

Um die Normalwerte von den pathologischen Resultaten deutlich zu trennen, muß man auf beiden Seiten der Kurve Grenzen zwischen den bei Gesunden häufigen bzw. den seltenen Werten ziehen. Als Grenze des sog. *Normwertbereiches* definiert man im allgemeinen – beim Vorliegen einer Normalverteilung – die Spanne innerhalb der *doppelten Standardabweichung* ($\bar{x} \pm 2s$) zu beiden Seiten des Mittelwertes. Dieser Bereich schließt die mittleren 95 % der Verteilung ein (Vertrauensbereich oder Normbereich).

Bausteine und Strukturelemente der Zelle

Stoffwechsel der Zelle:
Weitergabe und Realisierung der Erbinformationen
Energie- und Materieumsatz der Zelle

Stoffwechsel spezifischer Gewebe

Anhang

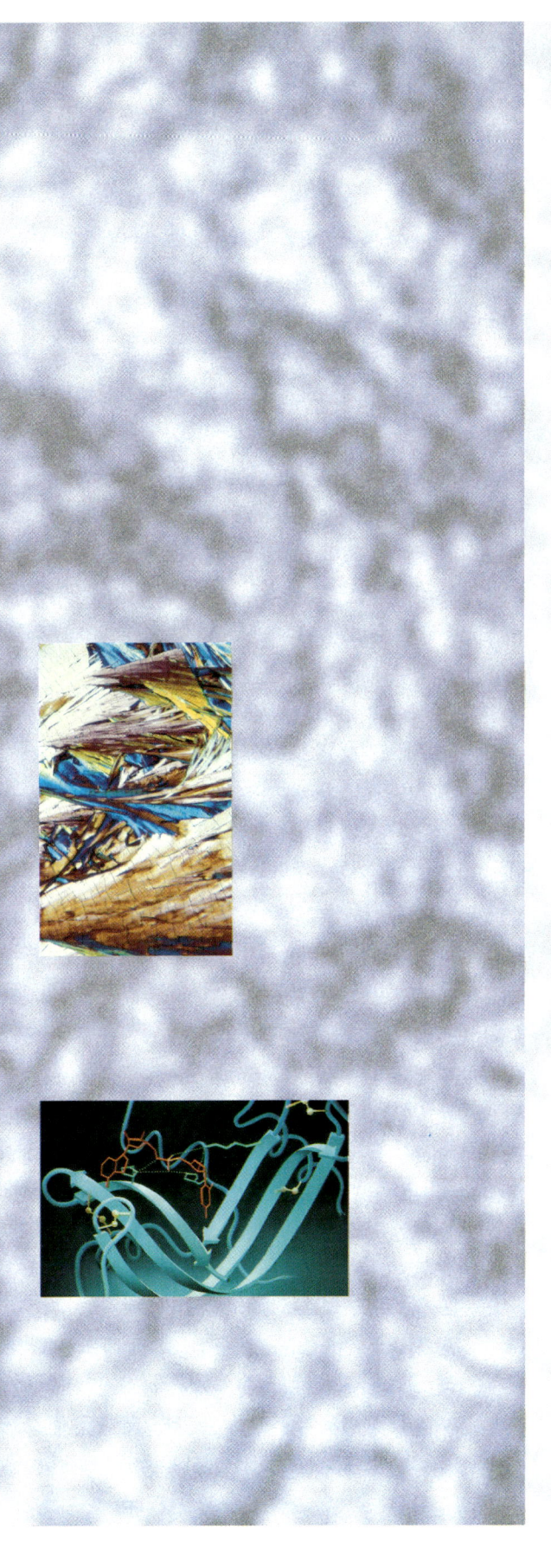

Bausteine und Strukturelemente der Zelle

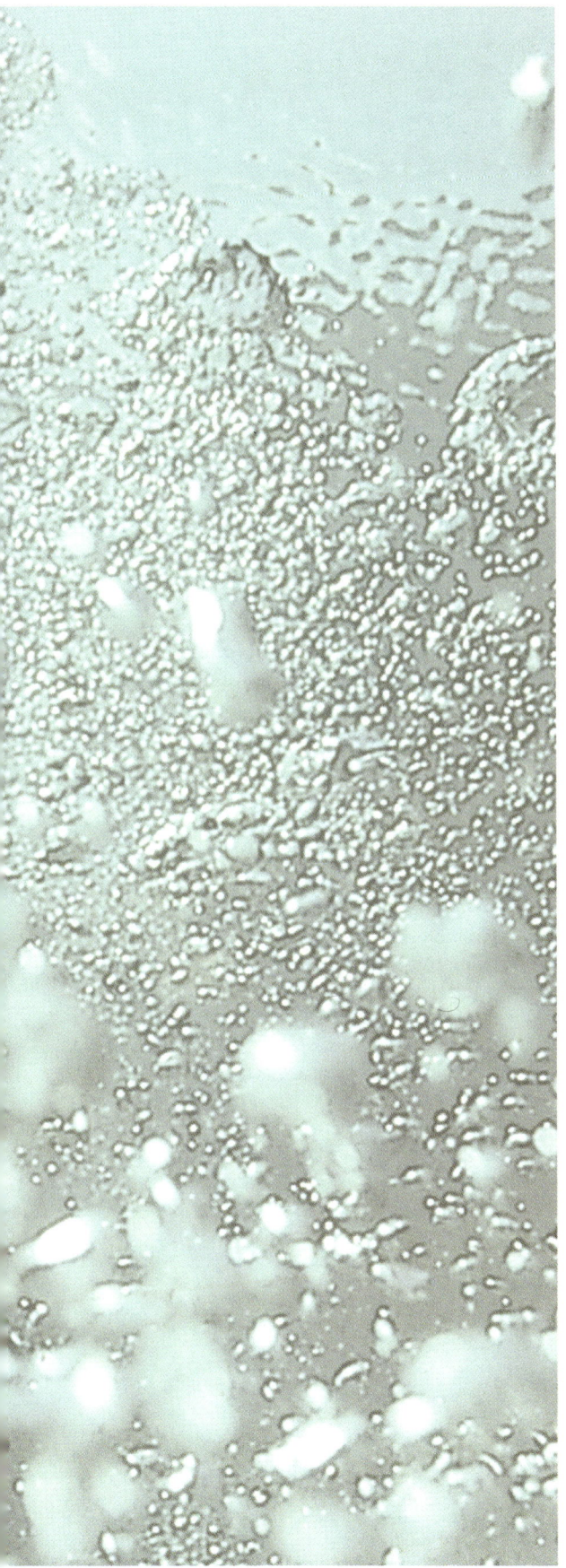

PETRO E. PETRIDES

Wasser und Bioelemente

Wasser ist vom quantitativen und qualitativen Gesichtspunkt aus für alle biochemischen Prozesse in unserem Organismus von außerordentlicher Bedeutung. Es macht etwa 70 % der chemischen Zusammensetzung der Einzelzelle und etwa 60 % unseres Körpergewichtes aus. Durch seine außergewöhnlichen physikalisch-chemischen Eigenschaften bestimmt Wasser praktisch alle biochemischen Prozesse: es nimmt an vielen Reaktionen in der Zelle selbst teil oder beeinflußt durch seine Eigenschaften die Wechselwirkungen zwischen Molekülen. Aus diesem Grunde erleichtert die Kenntnis seiner besonderen Eigenschaften das allgemeine Verständnis biochemischer Vorgänge und macht klar, warum der menschliche Organismus empfindlich auf stärkere Änderungen des Wasserhaushaltes reagiert.

Aus der Vielzahl der chemischen Elemente sind in der Evolution knapp 25 ausgewählt worden, die die Zusammensetzung unseres Körpers bestimmen und – sofern sie nicht selbst gebildet werden können – ständig mit der Nahrung zugeführt werden müssen. Auch bei diesen *Bioelementen* erleichtern Überlegungen, warum diese Stoffe sich in der Evolution durchgesetzt haben, den Zugang zum Verständnis ihrer Funktion in unserem Organismus.

Alles Leben unseres Planeten stammt aus dem Wasser und ist vom Wasser abhängig.
(Bild: O. Meckes, eye of sience, Reutlingen)

1.1 Wasser

1.1.1 Wasser als Biosolvens

Wasser ist keine typische Flüssigkeit

Im Vergleich zu anderen Dihydriden wie H_2S oder H_2Se besitzt Wasser eine Reihe höchst ungewöhnlicher physikalisch-chemischer Eigenschaften, die es eigentlich nicht rechtfertigen, Wasser als typische Flüssigkeit zu bezeichnen. Wasser weist eine höhere *Schmelz- und Siedetemperatur* auf als seiner Stellung im Periodensystem entspricht. Es besitzt mit 1 cal (4,186 J/Grad/Gramm) nach Ammoniak die höchste *spezifische Wärme* oder Wärmekapazität. Damit kann Wasser eine relativ große Wärmemenge zugeführt oder entzogen werden, ohne daß sich seine Temperatur wesentlich ändert. Für den menschlichen Organismus ist diese hohe Wärmekapazität deshalb wichtig, da im Stoffwechsel ständig Wärme erzeugt wird, die zur Konstanthaltung der Körpertemperatur von Wasser aufgenommen wird und schließlich abgeführt werden muß. Durch eine zweite thermische Eigenschaft, die hohe *Verdunstungswärme,* können wir durch Verdunstung von Wasser Wärme abgeben, was besonders bei Muskelarbeit an Bedeutung gewinnt.

Durch die Polarität von Wasser können sich Ionen in Lösungen unabhängig voneinander bewegen

Durch die starke Polarität von Wasser lösen sich Ionenkristallgitter gut in Wasser, wobei sich die Ionen mit einer *Hydrathülle* umgeben. Dadurch können sich die geladenen Teilchen unabhängig voneinander bewegen, was eine der Voraussetzungen für die durch Natrium- und Kaliumionen vermittelte *Erregungsleitung* in biologischen Membranen ist. Für die biologischen Eigenschaften eines Ions wie Diffusionsgeschwindigkeit oder Permeationsvermögen ist der *Hydratationsradius* entscheidend. Während der Atomradius von Kalium

(0,133 nm) größer ist als der von Natrium (0,098 nm), sind die Größenverhältnisse der Hydratationsradien der beiden Ionen (0,17 nm für Kalium und 0,24 nm für Natrium) genau umgekehrt. Deshalb können Kaliumionen die meisten biologischen Membranen besser permeieren als Natriumionen.

Wasserstoffbrückenbindungen verschaffen als Bindungen mit geringer Energie Makromolekülen eine Flexibilität ihrer räumlichen Anordnung

Wassermoleküle sind über schwache Bindungen verknüpft, an denen die Wasserstoffatome maßgeblich beteiligt sind. Diese Bindungen heißen Wasserstoffbrückenbindungen. Dabei handelt es sich um *elektrostatische Anziehungskräfte,* die zwischen einem Wasserstoffatom, das an ein stark elektronegatives Atom (in biologischen Systemen fast immer Stickstoff oder Sauerstoff) covalent gebunden ist und dadurch positiv polarisiert wird, und einem weiteren elektronegativen Atom wirken (Abb. 1.1). Je nachdem ob das Wasserstoffatom und das andere elektronegative Atom zum gleichen oder zu verschiedenen Molekülen gehören, wird zwischen *intra- und intermolekularen H-Brücken* unterschieden.

Außer im Wasser kommen diese Bindungen in *Proteinen* und *Nucleinsäuren* vor, weil diese viele polarisierte Gruppierungen wie -OH, >NH und >C=O enthalten, die diese Brücken leicht ausbilden.

Abb. 1.1 Ausbildung von Wasserstoffbrückenbindungen zwischen den Carboxylgruppen von zwei Carbonsäuren. *In Klammern* (+ und −) sind die ungleichen Ladungsverteilungen (Polarisierung) angegeben, die die elektrostatischen Wechselwirkungen (= Wasserstoffbrückenbindungen, die in dieser und allen folgenden Abbildungen durch *senkrechte blaue Striche* dargestellt sind) verursachen

Zur Spaltung einer Wasserstoffbrückenbindung müssen etwa *21–42 kJ/mol (5–10 kcal/mol)* aufgewendet werden. Im Vergleich dazu ist die Bindungsenergie einer covalenten Einfachbindung mit *210–420 kJ/mol (50–100 kcal/mol)* um eine Zehnerpotenz höher. Gerade ihre niedrige Bindungsenergie befähigt die Wasserstoffbrücken, in biologischen Systemen Funktionen zu übernehmen, die von den viel stärkeren covalenten Bindungen nicht wahrgenommen werden können. In Proteinen und Nucleinsäuren stabilisieren Wasserstoffbrückenbindungen die räumliche Anordnung dieser Makromoleküle. Diese Stabilisierung durch leicht lösbare Wasserstoffbrückenbindungen verschafft den Molekülen eine *relativ große Flexibilität* ihrer räumlichen Konformation, was eine Grundvoraussetzung für die Ausübung ihrer Funktionen darstellt.

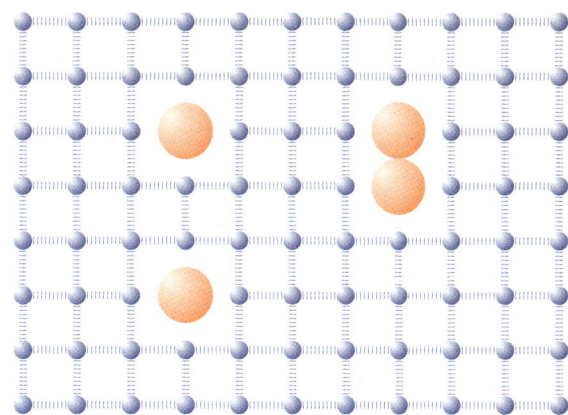

Abb. 1.2 Vereinfachtes Modell zur Erläuterung der hydrophoben Wechselwirkungen in wäßrigen Lösungen. Das in Wirklichkeit ungeordnete räumliche Netzwerk der Wasserstoffbrücken in der Lösung ist zu einer regelmäßigen flächigen Anordnung von Wassermolekülen *(blaue Punkte)* vereinfacht, die jeweils durch vier Wasserstoffbrücken verknüpft sind. Hydrophobe Teilchen *(orange Kugeln)* in der Lösung, die keine Wasserstoffbrücken mit den Wassermolekülen ausbilden können, haben die Neigung, sich zusammenzulagern, da so weniger Wasserstoffbrücken gelöst werden müssen. (Verändert nach Funck 1970)

Hydrophobe Wechselwirkungen entstehen durch Unverträglichkeit hydrophiler und hydrophober Gruppen

Ionen und Moleküle mit polarisierten Gruppen lösen sich gut in Wasser, da sie aufgrund ihrer *Polarität* Wasserstoffbrückenbindungen mit Wasser ausbilden können. Sie werden deshalb als *hydrophil* (wasserliebend) bezeichnet.

Im Gegensatz dazu sind Moleküle, die nur aus Kohlenstoff und Wasserstoff bestehen (Kohlenwasserstoffe), wegen der *Unpolarität* der C-H-Bindung nicht oder nur in begrenztem Umfang mit Wasser mischbar. Sie werden daher als *hydrophob* (wasserfeindlich) oder lipophil (fettliebend) bezeichnet.

Soll ein hydrophobes Teilchen in der von den Wassermolekülen gebildeten dreidimensionalen Netzstruktur untergebracht werden (Abb. 1.2), dann muß eines der Wassermoleküle aus seiner Verbindung gedrängt werden, weil das hydrophobe Teilchen nicht mit Wasser in Wechselwirkung treten kann.

Zur Unterbringung müssen die Wasserstoffbrückenbindungen, über die das Wassermolekül mit seiner Umgebung verbunden ist, unter Energieverbrauch gelöst werden. Wenn das hydrophobe Teilchen den Platz besetzt hat, kann sich das Netz an dieser Stelle nicht wieder schließen. Werden nun zwei hydrophobe Teilchen in eine wäßrige Lösung gebracht, so treten sie in einer gemeinsamen Flüssigkeitslücke zusammen. Weil dadurch weniger Wasserstoffbrücken gelöst werden müssen, wird also auch weniger Energie aufgewendet.

Damit ist die Anordnung der beiden Teilchen in einer gemeinsamen Wasserlücke energetisch günstiger und stabiler als die getrennte Verteilung in der Lösung.

Bei den Wechselwirkungen zwischen hydrophoben Teilchen, die die Zusammenlagerung dieser Gruppen im wäßrigen Milieu hervorruft, handelt es sich also *nicht* um eine chemische Bindung im üblichen Sinn, sondern um ein *energetisch begünstigtes Phänomen*, das sich anschaulich auf die Unverträglichkeit hydrophiler und hydrophober Gruppen zurückführen läßt.

Eine elementare Rolle spielen hydrophobe Wechselwirkungen bei der Selbstorganisation biologischer Strukturen: In einem als *Selbstfaltung* bezeichneten Prozeß bilden Nucleinsäuren und Proteine ihre dreidimensionale Struktur, ihre Konformation, aus. Assoziieren einzelne dieser Makromoleküle zu größeren Molekülkomplexen (Bildung der Quartärstruktur von Proteinen, der Multienzymkomplexe, der Virusmantelproteine, der Ribosomen und Membranen), so sprechen wir von einer *Selbstaggregation.* Sie kommt dadurch zustande, daß diese Moleküle an ihrer Oberfläche hydrophobe Bezirke besitzen, die die wäßrige Phase meiden und deshalb ihresgleichen suchen.

Da *Zellmembranen* einen hohen Fettanteil besitzen, der eine einheitliche *nichtwäßrige* Phase darstellt, können sie von lipophilen Stoffen leicht passiert werden. Deshalb gelangen diese Stoffe i. allg. schnell durch die Zellen des Magen-Darm-Traktes ins Blut und werden von dort rasch in das Innere der Gewebezellen aufgenommen. Daher werden auch manche Arzneimittel bei der Herstellung mit einer zusätzlichen Methyl-(CH_3-) oder Ethyl-(C_2H_5-)Gruppierung zur Verbesserung ihrer Lipidlöslichkeit und damit Erhöhung der Resorptionsgeschwindigkeit versehen.

Auch im Stoffwechsel der Zelle kommt eine Vielzahl von Reaktionen vor, durch die ein Molekül wasser- oder fettlöslich(er) gemacht werden kann. So können Verbindungen, die aus dem Organismus ausgeschieden werden sollen, in der Leber durch Einführung der polaren Hydroxyl- oder Sulfatgruppe wasserlöslicher gemacht werden, wodurch die renale Ausscheidungsrate in den Urin erhöht wird.

1.1.2 Wasser als Reaktionspartner

Wasser ist auch ein wesentlicher Partner biochemischer Reaktionen, weil es eine *hohe Polarität* aufweist, in *hoher Konzentration* vorliegt (55 mol/l) und deshalb leicht verfügbar ist.

Bei der Bildung von Biopolymeren entstehen covalente Bindungen formal durch Abspaltung von Wasser

Die für Aufbau und Funktion jeder Zelle wichtigen organischen Moleküle, die Polysaccharide, Lipide, Nucleinsäuren und Proteine, sind *Biopolymere,* die aus einzelnen Bausteinen, den *Biomonomeren* (Monosaccharide, Fettsäuren, Nucleotide und Aminosäuren) zusammengesetzt sind. Ihre Bildung erfolgt formal unter Wasserabspaltung, d. h. von einem Monomer wird ein Wasserstoffatom, vom anderen eine Hydroxylgruppe abgespalten, so daß die beiden Monomere eine covalente Bindung eingehen und ein Dimer bilden (Abb. 1.3). Durch vielfache Wiederholung dieses Vorgangs entsteht das Polymer. In der Zelle erfolgt die Polymerisation nicht direkt nach diesem Schema, da bei der hohen Wasserkonzentration das Gleichgewicht derartiger Reaktionen auf der Seite der Depolymerisation und nicht der Polymerisation liegen würde. Die Zelle beschreitet deshalb Umwege, auf die bei der Besprechung der Biosynthese dieser Verbindungen eingegangen wird (S. 239, 265).

Covalente Bindungen von Biopolymeren können durch Anlagerung von Wasser gespalten werden

Durch Umkehrung der Wasserabspaltung, d. h. durch die Anlagerung (Addition) von Wasser, können Biopolymere wieder in ihre Monomere gespalten werden. Die Spaltung einer covalenten Bindung unter Aufnahme von Wasser wird als *Hydrolyse* bezeichnet. So ist eine große Gruppe von Biokatalysatoren darauf spezialisiert, mit Hilfe von Wasser Ester-, Ether-, Säureamid-, glykosidische und andere Bindungen zu spalten. Sie werden deshalb als *Hydrolasen* bezeichnet. Daneben können auch beim Abbau der Monomere hydrolytische Reaktionen beteiligt sein. Oft führt im Stoffwechsel eine Reaktion zu einer Verbindung, die wie z. B. die C = N-Gruppierung, sehr leicht Wasser anlagern und dadurch gespalten werden kann.

Anlagerung von Wasser an Kohlenstoffdoppelbindungen führt zur Polarisierung der Bindung

Eine Reaktion, die im Zellstoffwechsel eine große Bedeutung besitzt, ist die Anlagerung von Wasser an die C = C-Bindung eines Moleküls. Der Reaktion liegt die Tatsache zugrunde, daß sich Doppelbindungen zwischen zwei Kohlenstoffatomen im Gegensatz zu Einfachbindungen viel leichter polarisieren lassen und deshalb andere Atome anlagern können. Abbildung 1.4 zeigt die Überführung einer reaktionsträgen Kohlenwasserstoffverbindung in ein Molekül mit einer reaktionsfreudigen, da polaren Gruppe. In der Reaktionsfolge wird zuerst der Wasserstoff von zwei benachbarten Kohlenstoffatomen auf eine Akzeptorverbindung (A) übertragen, von der er später wieder abgegeben und mit Sauerstoff verbrannt wird. Die durch die Dehydrierung gebildete Doppelbindung lagert leicht Wasser an, woraufhin erneut – diesmal nur von einem Kohlenstoffatom – Wasserstoff auf einen anderen Akzeptor (B) abgegeben wird. Dadurch wird dem Molekül Wasserstoff (als wichtiger Energieträger) entzogen und außerdem die Reaktionsfreudigkeit des Moleküls durch die Einführung der Carbonylgruppe erhöht. Durch Umkehrung dieser Reaktionskette ist die Bildung eines Kohlenwasserstoffs möglich.

Bedeutung besitzen diese Reaktionen u. a. bei der Biosynthese der *Fettsäuren* (durch Hydrierung) bzw. beim Abbau der Fettsäuren (durch Dehydrierung) (S. 433) sowie bei der Umwandlung von Bernsteinsäure (Succinat) in α-Ketobernsteinsäure (Oxalacetat) im Rahmen des *Citratcyclus,* einer zentralen Reaktionsfolge im Zellstoffwechsel (S. 489).

1.1.3 Wassergehalt des menschlichen Organismus

Unsere Zellen und Gewebe unterscheiden sich erheblich durch ihren Wassergehalt

Das Cytosol der meisten Zellen unseres Organismus enthält etwa 70–85 Gewichts-% Wasser und etwa 10–20 Gewichts-% Proteine (Tabelle 1.1). Der Rest verteilt sich auf die verschiedenen Arten der Nucleinsäuren, auf Lipide, die im wesentlichen in der Plasmamem-

Tabelle 1.1 Chemische Zusammensetzung der Leberzelle der Ratte. (Nach Pauly 1973)

Substanz	*Anteil in %*	*Mittleres Molekulargewicht (D)*	*Zahl der Moleküle bezogen auf Protein*
Wasser	70	18	7000
Protein	20	36 000	1
Nucleinsäuren	1	10^4–10^6	–
Lipide	5	700	12
Andere organische Substanzen	2,5	500	8
Anorganische Substanzen	1,5	55	100

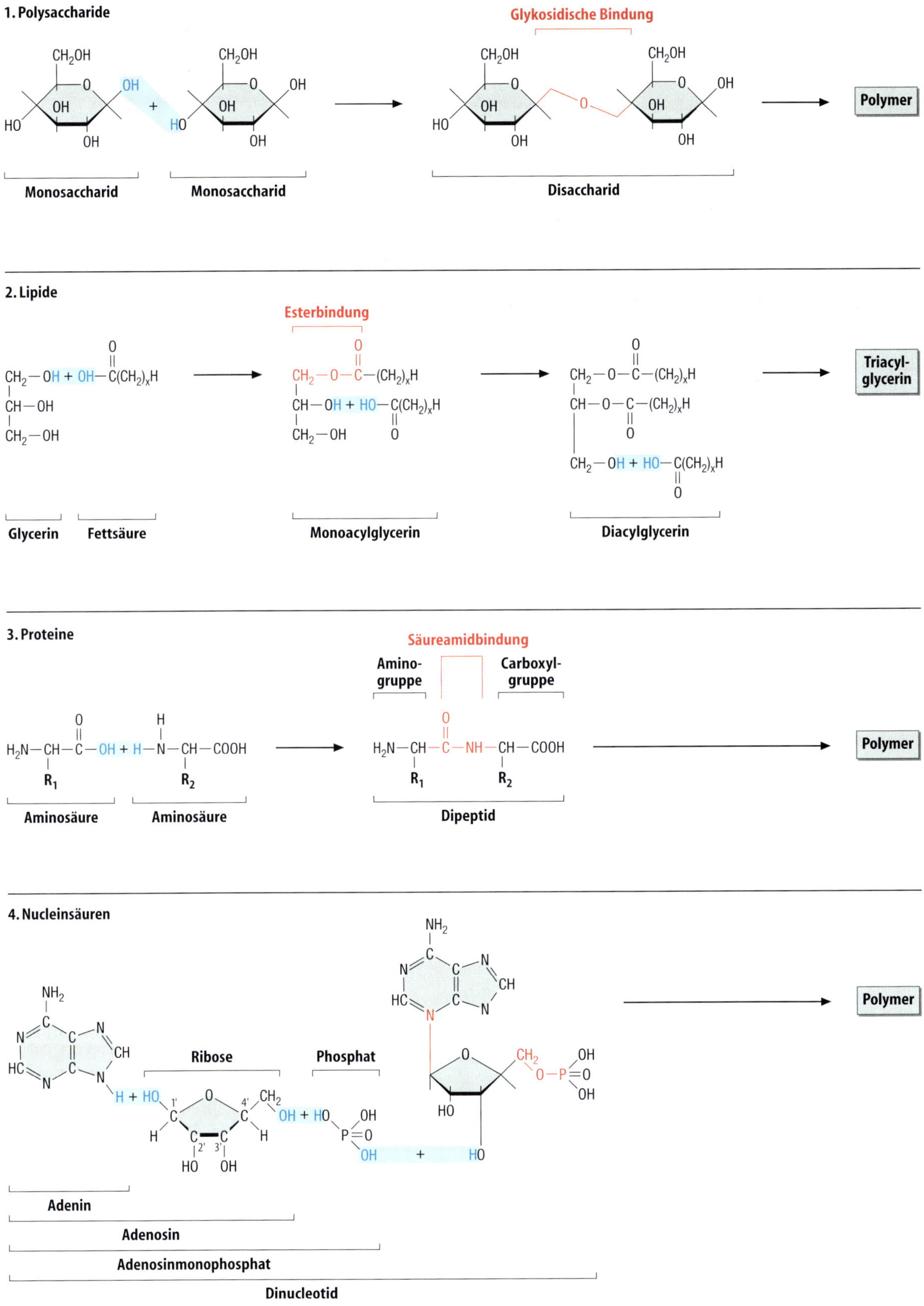

1. Polysaccharide

Glykosidische Bindung

CH₂OH ... OH + HO ... CH₂OH ... → ... Disaccharid → **Polymer**

Monosaccharid   Monosaccharid   Disaccharid

2. Lipide

Esterbindung

$CH_2-OH + OH-C(CH_2)_xH$ → $CH_2-O-C(CH_2)_xH$ → ... → **Triacyl-glycerin**

$CH-OH$
CH_2-OH

Glycerin   Fettsäure   Monoacylglycerin   Diacylglycerin

3. Proteine

Säureamidbindung

Amino-gruppe   Carboxyl-gruppe

$H_2N-CH-C-OH + H-N-CH-COOH$ → $H_2N-CH-C-NH-CH-COOH$ → **Polymer**

R_1 R_2 R_1 R_2

Aminosäure   Aminosäure   Dipeptid

4. Nucleinsäuren

Ribose   **Phosphat**

→ **Polymer**

Adenin

Adenosin

Adenosinmonophosphat

Dinucleotid

Abb. 1.3 Bildung von Biopolymeren durch formale Wasserabspaltung

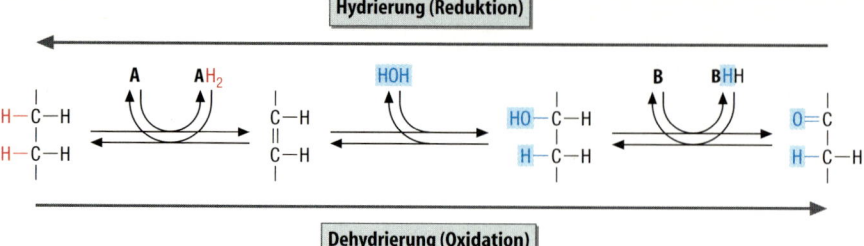

Abb. 1.4 Anlagerung von Wasser an eine Kohlenstoffdoppelbindung

bran und in den intracellulären Membranen lokalisiert sind, und auf Zwischenprodukte des Stoffwechsels.

Da der größte Teil der Lipide in den verschiedenen Formen der Membranstrukturen lokalisiert ist, die zu einer relativ einheitlichen, nichtwäßrigen Phase der Zelle zusammengefaßt werden können, verbleibt als Hauptkomponente der wäßrigen Phase – sowohl vom Gewichtsanteil als auch von der molaren Konzentration her – das Zellwasser selbst. Das Zellwasser stellt keine gewöhnliche wäßrige Lösung dar. Es wird angenommen, daß es in *Schichten an der Oberfläche intrazellulärer Strukturproteine* und *Membranen* angeordnet ist, durch die Stoffe gerichtet durch das Zellinnere transportiert werden können.

Nach der molaren Konzentration folgen dann die anorganischen Elektrolyte (Na^+, K^+, Cl^-, Phosphat), die für die kolligativen Eigenschaften (Osmose, S. 11) des Cytosols und die Bioelektrizität der Membranen verantwortlich sind und die zusammen mit den Proteinen weitgehend das intracelluläre Milieu bestimmen. Tabelle 1.2 zeigt den Wassergehalt menschlicher Gewebe, der von 0,2 % im Zahnschmelz bis zu 99 % im Glaskörper des Augen reichen kann. Im Durchschnitt beträgt er 70–85 %. Vom Wassergehalt eines Gewebes kann nicht direkt auf die Wassermenge in der Einzelzelle geschlossen werden, weil Gewebe aus verschiedenen Flüssigkeitsräumen (Intra- und Extrazellulärraum) bestehen.

Das Verhältnis von intra- zu extrazellulärem Raum kann je nach der Gefäßversorgung von Gewebe zu Gewebe recht unterschiedlich sein. Und auch der Wassergehalt der einzelnen Zelle kann je nach ihrer Funktion erheblich schwanken: so enthält z. B. eine Fettzelle, deren Aufgabe es ist, Lipide zu speichern, rund 95 % Lipide [in Form von Triacylglycerinen (Triglyceriden)] und nur 5 % Wasser (Abb. 1.5).

Tabelle 1.2 Wassergehalt (%) verschiedener menschlicher Gewebe

Zahnschmelz	0,2
Zahnstein	10
Skelett	20–25
Fettgewebe	30
Elastisches Gewebe	50
Knorpel	55
Erythrocyten	64–65
Haut	72
Weiße Gehirnsubstanz	68–73
Leber	70–80
Muskel	73–76
Schilddrüse	76
Milz	76
Thymus	77
Darm	77
Pankreas	78
Lungen	78–79
Myokard	79
Bindegewebe	80
Gesamtblut	78–83
Nieren	77–84
Graue Gehirnsubstanz	83–85
Testes	86
Blutplasma	91–92
Lymphe	96
Glaskörper (Auge)	99

Wasser macht über die Hälfte des Körpergewichts des Erwachsenen aus

Wasser macht insgesamt etwa *60 % des Körpergewichts* des Menschen aus, d. h. ein 60–70 kg schwerer Mensch besteht zu 36–42 kg (= Liter) aus Wasser.

Diese Wassermenge unterliegt einer genauen Regulation, da bereits ein Wasserverlust von 10 % des Körpergewichts (= 6–7 l) für den Erwachsenen eine schwere Dehydratation mit entsprechenden Stoffwechselstörungen darstellt. Bei einem Verlust von etwa 20 % (z. B. bei der Cholera) tritt der Tod ein.

Der Wassergehalt hängt von Alter und Geschlecht und v. a. vom Fettgehalt des Probanden ab. Da – wie in Tabelle 1.2 angeführt – Fettgewebe weitaus weniger Wasser (30 %) als die übrigen Gewebe (im Durchschnitt etwa 75 %) enthält, besitzt ein fettleibiger Mensch bei gleichem Gesamtkörpergewicht weniger Wasser als ein magerer. Es besteht also eine *reziproke* Beziehung zwischen Fett- und Wassergehalt.

Das Körperwasser ist auf den Intra- und Extrazellulärraum verteilt

Das Körperwasser unterteilt sich in zwei Haupträume (Kompartimente), die miteinander im Gleichgewicht stehen. Etwa ²/₃ des Gesamtkörperwassers entfallen auf

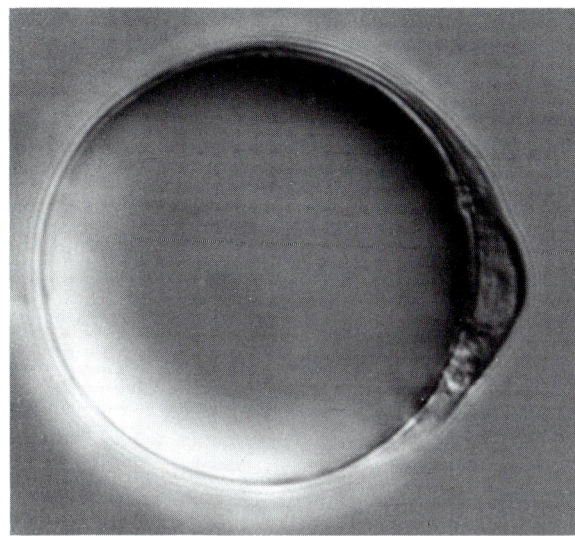

Abb. 1.5 Mit dem Phasenkontrastmikroskop angefertigte Aufnahme einer Zelle von weißem Fettgewebe. Man sieht einen großen Lipidtropfen, der im gefütterten Zustand den Großteil der Zelle ausmacht. Der etwas abgeflachte Kern findet sich in einem schmalen Streifen Cytosol an der Peripherie der Zelle. (Aufnahme von C. N. Hales, Cardiff)

den *intrazellulären* Raum, etwa $^1/_3$ (bzw. 20 % des Körpergewichtes) auf den *extrazellulären* Raum. Der Extrazellulärraum, der sich aus dem interstitiellen und dem Plasmavolumen zusammensetzt, ist das verbindende Medium zwischen der Zelle und den Organen, die den Stoffaustausch mit der Umwelt besorgen (Lungen, Nieren, Gastrointestinaltrakt).

1.1.4 Kolligative Eigenschaften

Als kolligative Eigenschaften einer verdünnten Lösung werden alle Eigenschaften bezeichnet, die nur von der Anzahl, nicht aber von der Art der gelösten Teilchen bestimmt werden. Dazu gehören:
- der osmotische Druck einer Lösung,
- die Erniedrigung ihres Gefrierpunkts und ihres Dampfdrucks sowie
- die Erhöhung des Siedepunkts.

Lösungsmitteldiffusion wird als Osmose bezeichnet

Für den Austausch von Wasser zwischen dem Inneren einer Zelle und ihrer extrazellulären Umwelt sind osmotische Kräfte von wesentlicher Bedeutung, da die meisten Zellmembranen für Wasser frei permeabel sind. Durch folgendes Beispiel soll die Entstehung des osmotischen Druckes veranschaulicht werden (Abb. 1.6): Man stelle sich zwei Kammern (I und II) vor, die bei gleichem Volumen (je 120 ml) eine unterschiedliche Teilchenkonzentration aufweisen (20 Partikel in

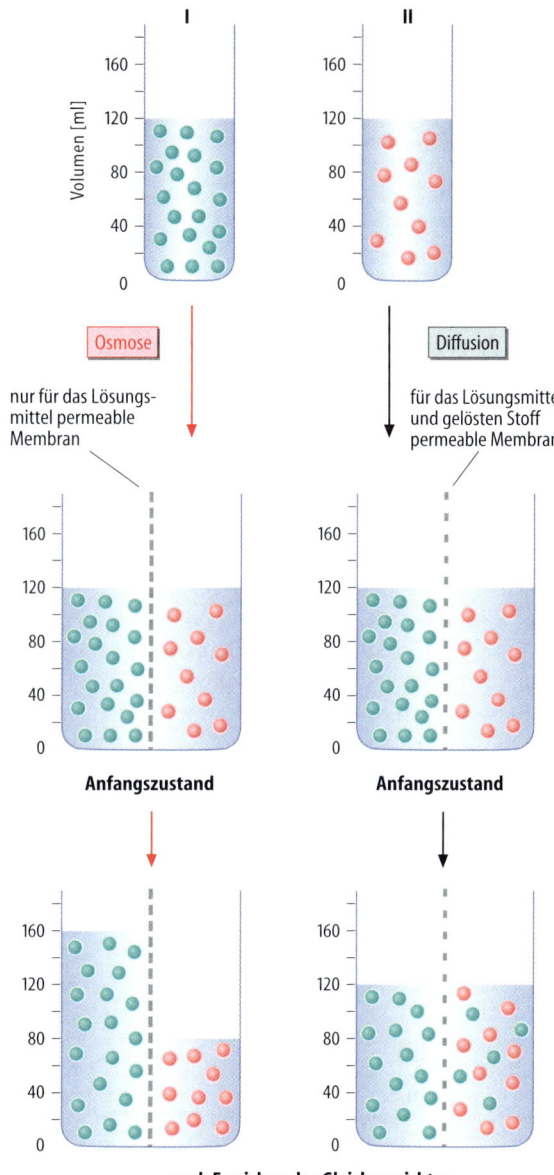

Abb. 1.6 Diffusion und Osmose. (Einzelheiten s. Text)

Kammer I und 10 Partikel in Kammer II). Bringt man diese beiden, zunächst noch voneinander unabhängigen Kammern durch eine Membran miteinander in Kontakt, so werden, je nach Beschaffenheit der Membran, Diffusionsvorgänge in Gang gesetzt, die zum Konzentrationsausgleich führen. Trennt man die beiden Kammern durch eine Membran, die sowohl für das Lösungsmittel als auch für die gelösten Partikel durchlässig ist (rechts in Abb. 1.6), so *diffundieren* 5 Partikel aus Kammer I in die Kammer II, woraufhin nach Erreichen eines Gleichgewichts je 15 Partikel in beiden Kammern zu finden sind. Ist die Membran jedoch selektiv permeabel (links in Abb. 1.6), d. h. läßt sie *nur* das Lösungsmittel, nicht aber die gelösten Partikel passieren, so diffundiert so viel Lösungsmittel von Kammer II in

Kammer I, bis in beiden Kammern die Teilchenkonzentration gleich ist. Dieser Vorgang, also die *Diffusion des Lösungsmittels,* wird als Osmose bezeichnet.

Die Menge des diffundierten Lösungsmittels kann wie folgt errechnet werden:

Teilchenkonzentration in Kammer I 20/120 P/ml,
Teilchenkonzentration in Kammer II 10/120 P/ml.

Das Gleichgewicht ist erreicht, wenn die Konzentration in Kammer I gleich der in Kammer II ist, d. h.

$$\frac{20}{(120 + x)} = \frac{10}{(120 - x)}$$
$$20\,(120 - x) = 10\,(120 + x)$$
$$120 = 3\,x$$
$$x = 40$$

Wenn 40 ml Lösungsmittel von Kammer II in Kammer I übergetreten sind, ist der Konzentrationsausgleich erfolgt (Abb. 1.6). Als *osmotischer Druck* wird der hydrostatische Druck bezeichnet, der auf Kammer I einwirken muß, um den Durchtritt der Lösungsmittelmoleküle zu verhindern. Oder man kann auch sagen, daß der osmotische Druck der Druck ist, der auf Kammer II einwirken muß, um einen beschleunigten Durchtritt der Lösungsmittelmoleküle in Kammer I zu bewirken.

Aus dem Beispiel ist ersichtlich, daß eine Lösung als solche keinen osmotischen Druck besitzt, ganz gleich, ob sie eine hohe oder niedrige Teilchenkonzentration aufweist (s. Mitte von Abb. 1.6). Osmotische Kräfte werden erst dann wirksam, wenn man die Lösung mit einer zweiten Lösung mit anderer Teilchenkonzentration, von der sie durch eine selektivpermeable Membran getrennt ist, in Kontakt bringt.

Osmotische Kräfte entstehen bei Wasserbewegungen zwischen Intra- und Extrazellulärraum

Im Organismus können osmotische Kräfte überall dort wirksam werden, wo selektive Permeabilitäten für gelöste Stoffe existieren. Wasser kann die meisten Membranen durch Diffusion überwinden. Einige spezialisierte Zellen wie Nierenepithelien und Erythrocyten besitzen zusätzlich Proteinporen, die als *Wasserkanäle* dienen. Mit diesen *Aquaporinen* wird der Wassertransport durch die Zellmembran erleichtert und regulierbar.

Da das *Kapillarendothel,* das den intravasalen vom interstitiellen Raum trennt, keine Barriere für Ionen und Wasser darstellt, und nur die im Vergleich zu anderen gelösten Stoffen in niedriger Konzentration vorliegenden Proteine nicht durchtreten läßt, sind die dort entstehenden osmotischen Kräfte gering (S. 686). An der Grenze zwischen Extrazellulär- und Intrazellulärraum, den *Zellmembranen,* bestehen jedoch unterschiedliche Permeabilitäten für gelöste Stoffe, so

daß eine Osmose eintreten kann. Da die Teilchenkonzentration im Extra- und Intrazellulärraum jedoch *gleich* ist, entstehen osmotische Kräfte und damit Wasserbewegungen zwischen den Kompartimenten nur bei Konzentrationsänderungen in einem der beiden Räume.

Der osmotische Druck, die Osmolalität, wird über die Gefrierpunktserniedrigung gemessen

Die Grundlagen für die Berechnung des osmotischen Druckes wurden Ende des vergangenen Jahrhunderts von dem holländischen Physikochemiker Jacobus Henricus van't Hoff (1852–1911) erarbeitet. Bei seinen Untersuchungen fand er, daß der osmotische Druck mit der Temperatur ansteigt und bei konstanter Temperatur mit der Teilchenkonzentration zunimmt. Daraus schloß er, daß sich ideale (hochverdünnte) Lösungen wie ideale Gase verhalten. In Analogie zur allgemeinen Gasgleichung $pV = nRT$ (wobei n die Anzahl der Mole, R die Gaskonstante und T die absolute Temperatur ist) stellte er für den osmotischen Druck idealer Lösungen folgende Zustandsgleichung auf:

$$\pi V = nRT$$

oder: $\pi = \dfrac{n}{V}\,RT = cRT$

n/V ($= c$) ist Mole gelöster Substanz/l Lösung.

Das Einsetzen der entsprechenden Werte ergibt, daß eine einmolare Lösung bei 0 °C einen osmotischen Druck von 22 bar (22,4 at) aufweist. Im klinisch-chemischen Laboratorium wird der osmotische Druck nicht direkt mit einem Membranosmometer gemessen, sondern indirekt über eine weitere kolligative Eigenschaft, nämlich die *Gefrierpunktserniedrigung.*

Der Gefrierpunkt von reinem Wasser liegt bei 0 °C. Der Gefrierpunkt einer wäßrigen Lösung, die pro Kilogramm Lösungsmittel 1 mol einer Substanz enthält, ist um 1,86 °C erniedrigt (Tabelle 1.3). Diese Lösung wird als 1 *osmolal* bezeichnet, d. h. sie enthält 1 mol ($6,023 \times 10^{23}$ Moleküle) einer nicht dissoziierenden Substanz in 1 kg Lösungsmittel. Wird dagegen 1 mol Substanz in 1 l Lösungsmittel gelöst, so ist die Lösung 1 *osmolar.* Auf diesen Unterschied, d. h. den Bezug auf Gewicht oder Volumen, werden wir noch einmal zurückkommen.

Bei der Entwicklung des osmotischen Druckes ist entscheidend, ob die gelöste Substanz dissoziiert oder nicht. Eine 1 molare Lösung von Glucose oder einer anderen nicht dissoziierenden Verbindung enthält $6,023 \times 10^{23}$ Moleküle. Diese Lösung ist 1 osmolar. 1 mol NaCl besteht zwar ebenfalls aus $6,023 \times 10^{23}$ Molekülen, die Lösung ist aber 2 osmolar, da die NaCl-Moleküle in wäßriger Lösung in 2 Ionen, Natrium und Chlorid, dissoziieren. Man muß deshalb, wenn der osmotische

Tabelle 1.3 Berechnung der Osmolalität durch Bestimmung der Gefrierpunktserniedrigung

Osmolalität (mosm/kg H_2O) = $\dfrac{GPE \cdot 1000}{1,86}$

	Erniedrigung des Gefrierpunkts (GPE) von 0 °C auf	Osmolalität
Normales Blutserum	− 0,558	300 mosm/kg H_2O
Verdünnter Urin	− 0,372	200 mosm/kg H_2O
Konzentrierter Urin	− 2,600	1400 mosm/kg H_2O

Druck einer dissoziierenden Verbindung mit Hilfe der Gleichung $\pi = cRT$ aus der Konzentration der gelösten Substanz errechnet werden soll, einen Korrekturfaktor i einführen. Dieser Faktor gibt nicht nur an, in wie viele Ionen ein Molekül bei Lösung dissoziiert (n), sondern auch, wie stark die Dissoziation ist (α). Kochsalz dissoziiert in physiologischen Flüssigkeiten wie dem Blut zwar vollständig, verhält sich aber aufgrund elektrostatischer Wechselwirkungen so, als wäre es teilweise assoziiert. So ergeben Leitfähigkeitsmessungen, daß sich von 1000 gelösten NaCl-Molekülen nur 1930 Ionen völlig frei bewegen. In die Gleichung, mit der i bestimmt wird [$i = 1 + \alpha(n − 1)$], müssen also für α 0,93 (da 93 %ige Dissoziation) und für n 2 eingesetzt werden. Das bedeutet, daß der osmotische Druck einer NaCl-Lösung das 1,93fache des Druckes beträgt, der aus der Gleichung $\pi = cRT$ errechnet wird.

Wird die osmotische Konzentration auf das Volumen (l) bezogen, so spricht man von der *Osmolarität,* wird sie auf das Gewicht (kg) des Lösungsmittels bezogen, so spricht man von *Osmolalität.* Dieses Konzentrationsmaß wurde deshalb eingeführt, weil sich – wenn man die Konzentration einer Lösung bei verschiedenen Temperaturen bestimmt – mit der Temperatur das Volumen der Lösung und dadurch auch die Konzentration ändert. Wählt man dagegen das Gewicht des Lösungsmittels als Bezugsgröße, so kann diese Schwierigkeit umgangen werden. In der *klinischen Praxis,* wo man es mit der extrazellulären Flüssigkeit als einer verdünnten wäßrigen Lösung zu tun hat, spielt der Unterschied zwischen Osmolarität und Osmolalität *keine Rolle.*

Wie erwähnt, entsteht osmotischer Druck erst durch den Vergleich mit einem Bezugssystem. So gesehen scheint der osmotische Druck des Blutplasmas mit 300 mosm/kg [oder nach Berechnungen 7,5 bar (7,6 at)] hoch zu sein, weil er auf reines Wasser bezogen wird. In vivo ist aber die Bezugsgröße für das Blutplasma und damit den gesamten Extrazellulärraum der Intrazellulärraum, der dieselbe Teilchenkonzentration wie der Extrazellulärraum aufweist.

Osmotische Kräfte werden also – wie bereits oben betont – erst dann wirksam, wenn in einem der beiden Räume die Teilchenkonzentration durch Änderung der Lösungsmittel- oder Teilchenmenge ab- oder zunimmt (S. 668).

1.1.5 Säuren und Basen

Säuren spalten Protonen ab, Basen lagern Protonen an

Für die Definition von Säuren und Basen existiert eine Reihe von Konzepten, von denen sich das des dänischen Physicochemikers Johannes N. Broensted (1879–1947) für medizinische Zwecke am besten bewährt hat.
- Danach sind Säuren dadurch charakterisiert, daß sie Protonen abspalten (Protonendonatoren), und
- Basen, daß sie Protonen anlagern (Protonenakzeptoren).

Diese Eigenschaft zeigen Säuren und Basen jedoch nur dann, wenn gleichzeitig eine Base vorhanden ist, die das Proton aufnimmt, bzw. eine Säure, die das Proton abgibt. Das bedeutet, daß Protonen von einem Reaktionspartner auf einen anderen übertragen werden, der in wäßrigen Systemen, wie dem menschlichen Organismus, das Wassermolekül ist.

Die bei der Protonenabgabe einer Säure (Protolyse) entstehende Verbindung wird als (die zur Säure) *konjugierte Base* bezeichnet. Aus dem Wassermolekül entsteht durch die Protonenaufnahme das *Hydroniumion* H_3O^+).

Säure			Konjugierte Base	
HCl	+ H_2O	→	Cl^-	+ H_3O^+
NH_4^+	+ H_2O	→	NH_3	+ H_3O^+
H_2CO_3	+ H_2O	→	HCO_3^-	+ H_3O^+
HCO_3^-	+ H_2O	→	CO_3^{2-}	+ H_3O^+
H_2PO_4	+ H_2O	→	HPO_4^-	+ H_3O^+
HPO_4^-	+ H_2O	→	PO_4^{2-}	+ H_3O^+

Säuren, die wie Kohlensäure und Phosphorsäure mehrere Protonen abgeben können, spalten diese stufenweise ab. Ihre konjugierten Basen (die Anionen HCO_3^- und HPO_4^-) können nochmals Protonen abgeben, wirken also einer Base gegenüber als Säure. Von einer Säure können sie jedoch auch Protonen übernehmen und wirken diesen gegenüber somit als Basen. Derartige Verbindungen werden als *Ampholyte* (oder Zwitterionen) bezeichnet.

Die Stärke einer Säure wird durch den Dissoziationsgrad bestimmt

Ob das Gleichgewicht einer Protonenübertragung mehr auf der Seite der Ausgangssubstanzen oder mehr auf der Seite der Reaktionsprodukte liegt, wird dadurch bestimmt, wie leicht die protonenspendende Säure H^+-Ionen abgibt bzw. die protonenaufnehmende

Base H^+-Ionen aufnimmt, mit anderen Worten von der Stärke der Säure bzw. Base. Eine *starke Säure* (Salzsäure) ist definiert als eine, die vollständig oder nahezu vollständig dissoziiert ist. Eine Säure, die nur wenig dissoziiert ist, wird als *schwach* (Essigsäure, Kohlensäure) bezeichnet. Diese Angaben beziehen sich auf *Wasser* als biologischem Lösungsmittel. Dies ist entscheidend, da z. B. Salzsäure in Benzol praktisch nicht, in Wasser dagegen vollständig dissoziiert ist und damit als starke Säure gilt.

Eine quantitative Bestimmung der Säure- bzw. Basenstärken kann durch die *Gleichgewichtskonstante* erfolgen, da der Dissoziationsvorgang schwacher Säuren dem Massenwirkungsgesetz gehorcht.

Für die Reaktion

$$HA + H_2O \rightleftharpoons A^- + H_3O^+$$

gilt:

Die Geschwindigkeit der *Hinreaktion,* v_1, wird durch die Konzentration der Reaktionspartner bestimmt; dabei ist die Reaktionsgeschwindigkeit der Konzentration der Säure HA und der Konzentration von Wasser proportional. Durch Einführung einer Proportionalitäts- oder Geschwindigkeitskonstante (k_1) entsteht:

$$v_1 = k_1\,[HA] \cdot [H_2O],$$

d. h. v_1 ist das Produkt aus den molaren Konzentrationen der Reaktanten (in mol/l) und k_1, der Geschwindigkeitskonstante für die Hinreaktion. Es folgt, daß mit zunehmender Konzentration der Reaktanten die Wahrscheinlichkeit des Zusammenstoßes der Reaktionspartner als der Voraussetzung für das Zustandekommen der Reaktion erhöht wird. Ebenso steigert eine Erhöhung der Temperatur die Reaktionsgeschwindigkeit, da die Bewegung der Reaktionsteilnehmer und damit die Wahrscheinlichkeit der Zusammenstöße temperaturabhängig ist. Deshalb ändert sich die Geschwindigkeitskonstante mit der Temperatur.

Für die *Rückreaktion* gilt entsprechend:

$$v_2 = k_2\,[H_3O^+] \cdot [A^-],$$

d. h. v_2 ist das Produkt aus den molaren Konzentrationen der Produkte und k_2, der Geschwindigkeitskonstante für die Rückreaktion. Fügt man zu 1 l Wasser (Molekulargewicht des Wassers = $18 \cdot$ Wasserkonzentration = 1000 g/l oder $1000 : 18 = 55$ mol/l) 1 mmol HA hinzu, so ergibt sich die Reaktionsgeschwindigkeit der Hinreaktion aus der ersten Gleichung. Im Verlauf der Reaktion sinkt die Konzentration von HA (da sie in A^- und H_3O^+ dissoziiert), weshalb sich die Reaktionsgeschwindigkeit der Hinreaktion v_1 vermindert. Gleichzeitig steigt durch Umwandlung von HA in A^- und H_3O^+ deren Konzentration und damit die Reaktionsgeschwindigkeit der Rückreaktion v_2.

Schließlich werden Konzentrationen erreicht, bei denen v_1 und v_2 gleich sind. Bei dem damit erreichten Gleichgewichtszustand handelt es sich um einen dynamischen Zustand und nicht um einen statischen, d. h. das Gleichgewicht ist dadurch charakterisiert, daß nicht die Reaktionen zum Stillstand kommen, sondern daß mit der gleichen Geschwindigkeit die Reaktionsprodukte gebildet werden, mit der sie auch wieder in ihre Ausgangssubstanzen zurückverwandelt werden.

Wenn v_1 gleich v_2 ist, dann gilt:

$$k_1\,[HA] \cdot [H_2O] = k_2\,[H_3O^+] \cdot [A^-]$$

oder

$$\frac{k_1}{k_2} = \frac{[H_3O^+] \cdot [A^-]}{[HA] \cdot [H_2O]}$$

Der Quotient k_1/k_2 kann durch eine *Gleichgewichtskonstante K* ersetzt werden:

$$K = \frac{[H_3O^+] \cdot [A^-]}{[HA] \cdot [H_2O]}$$

Wenn also unter Gleichgewichtsbedingungen die Konzentrationen der Reaktionsteilnehmer bekannt sind, kann daraus die Gleichgewichtskonstante errechnet werden.

In der Praxis wird diese Gleichung in vereinfachter Form geschrieben, da die Konzentration der Wassermoleküle praktisch gleich bleibt (sie beträgt 55 mol/l im Vergleich zu 0,1 mol/l, der Konzentration, die Reaktanten in biologischen Systemen meist nicht überschreiten) und man die Bezeichnung H_3O^+ der Einfachheit halber durch H^+ ersetzt:

$$K = \frac{[H^+] \cdot [A^-]}{[HA]}$$

Unter Berücksichtigung der Aktivität wird daraus

$$K' = \frac{[H^+] \cdot [A^-]}{[HA]}$$

Dieser Wert, der als *Dissoziationskonstante* einer Säure oder als Säurekonstante bezeichnet wird, ist eine temperaturabhängige Größe. Je stärker eine Säure dissoziiert ist, desto höher ist die Protonenkonzentration und damit der Zähler in der Gleichung. Dadurch wird die Höhe der Dissoziationskonstante bestimmt.

- Säuren, deren Dissoziationskonstante größer als 10^{-1} ist, bezeichnet man als starke Säuren,
- mittelstarke Säuren besitzen Säurekonstanten zwischen 10^{-1} und 10^{-5},
- während K bei schwachen Säuren kleiner als 10^{-5} ist.

In Tabelle 1.4 sind die Dissoziationskonstanten einiger, in der Biochemie wichtigen Säuren angeführt. Es handelt sich dabei um die K-Werte in wäßriger Lösung, von denen die K'-Werte in biologischen Flüssigkeiten (Blut, Urin) durch den Einfluß verschiedener Ionen erheblich abweichen können. Da die Angabe der Dissoziationskonstante in Zehnerpotenzen umständlich ist, verwendet man für Berechnungen häufig den negativen (dekadischen) Logarithmus der Konstante, der als *pK* (ohne Dimension!) bezeichnet wird.

$$-\log K = pK$$

So bezeichnet man Säuren, deren pK-Wert geringer als 1 ist, als starke Säuren, Säuren, deren pK-Wert zwischen 1 und 5 liegt, als mittelstark, und solche, deren pK-Wert 5 überschreitet, als schwach. Die meisten Säuren, die im Stoffwechsel der Zelle von Bedeutung sind, gehören zu den *schwachen bis mittelstarken Säuren.*

Wasser dissoziiert in Protonen und Hydroxylionen

Mißt man die Leitfähigkeit von Wasser, d.h. die darin frei vorhandenen Ionen, so findet man, daß auch mehrfach destilliertes Wasser noch eine geringe Leitfähigkeit besitzt. Daher müssen auch im reinen Wasser als Ladungsträger geringe Mengen freier Ionen enthalten sein, die durch folgende Reaktion entstehen:

$$H_2O \rightleftharpoons H^+ + OH^-$$

Wenn diese Reaktion das Gleichgewicht erreicht hat, überwiegt stark die Konzentration der Ausgangsstoffe. Das Gleichgewicht „liegt" also auf der linken Seite. Das gilt nicht nur für reines Wasser (das praktisch nie vorkommt, da es immer noch Gase wie Sauerstoff und Kohlendioxid enthält), sondern für alle Protonenübergänge von einem Wassermolekül auf ein anderes, d.h. also für alle wäßrigen Lösungen.

Die Gleichgewichtskonstante dieser Reaktion ist temperaturabhängig und beträgt bei 25 °C

$$1,8 \times 10^{-16}$$

Die Gleichung dieser Reaktion kann umgewandelt werden

von $K = \dfrac{[H^+] \cdot [OH^-]}{[H_2O]} = 1,8 \times 10^{-16}$

in $[H^+] \cdot [OH^-] = K \cdot [H_2O]$

Da die Konzentration der Wassermoleküle in verdünnten Lösungen konstant bleibt (55,5 mmol/l), kann sie in die Gleichgewichtskonstante mit einbezogen werden.

$$[H^+] \cdot [OH^-] = 1,8 \times 10^{-16} \cdot 55,5 = 10^{-14}$$

Die dadurch entstandene Konstante wird als das *Ionenprodukt von Wasser* bezeichnet. Aus dem Wert der Konstante von 10^{-14} folgt, daß die Konzentrationen von H^+ und OH^- in reinem Wasser und auch verdünnten wäßrigen Lösungen je 10^{-7} mol/l betragen. Es folgt weiterhin, daß bei einem *Anstieg* der Hydroniumionenkonzentration (in sauren Lösungen) die Hydroxylionenkonzentration abfallen muß und umgekehrt beim *Abfall* der Hydroniumionenkonzentration (in basischen Lösungen) die Hydroxylionenkonzentration zunehmen muß.

Zur Charakterisierung einer verdünnten wäßrigen Lösung genügt die Angabe einer der beiden Konzentrationen. Man hat sich auf die der Hydroniumionen geeinigt und verwendet als Maßzahl ihren negativen dekadischen Logarithmus, der als pH be-

Tabelle 1.4 Dissoziationskonstanten und pK-Werte einiger Säuren mit biochemischer Bedeutung (bei 25 °C)

Säure/Base	Dissoziationskonstante K	pK (-logK)
Brenztraubensäure/Pyruvat	$3,16 \times 10^{-3}$	2,5
Kohlensäure/	$1,32 \times 10^{-4}$	3,88
Hydrogencarbonat[a]	$4,45 \times 10^{-7}$	6,35
Hydrogencarbonat/ Carbonat	$4,79 \times 10^{-11}$	10,32
Phosphorsäure/ Dihydrogenphosphat	$7,11 \times 10^{-3}$	2,15
Dihydrogenphosphat/ Hydrogenphosphat	$6,34 \times 10^{-8}$	7,20
Hydrogenphosphat/ Phosphat	$4,37 \times 10^{-13}$	12,36
Acetessigsäure/Acetacetat	$2,60 \times 10^{-4}$	3,58
β-Hydroxybuttersäure/ β-Hydroxybutyrat	$4,07 \times 10^{-5}$	4,39
Ammonium/Ammoniak	$4,39 \times 10^{-10}$	9,21

[a] Die Kohlensäure dissoziiert als zweiprotonige Säure in 2 Stufen. Für die erste Stufe (Kohlensäure/Hydrogencarbonat) sind aus folgendem Grund 2 pK-Werte angegeben: in einer wäßrigen Lösung von Kohlendioxid treten folgende Gleichgewichte auf:

(1) $CO_2 + H_2O \rightleftharpoons H_2CO_3$

(2) $H_2CO_3 + H_2O \rightleftharpoons HCO_3^- + H_3O^+$

(2a) $CO_2 + 2 H_2O \rightleftharpoons HCO_3^- + H_3O^+$

(3) $HCO_3^- + H_2O \rightleftharpoons CO_3^{2-} + H_3O^+$

Kohlensäure ist eine mittelstarke Säure (pK = 3,88); da jedoch aus CO_2 und H_2O nur sehr wenige H_2CO_3-Moleküle entstehen, wirkt sie als schwache Säure. Durch Zusammenfassung der Gleichgewichte (1) und (2) zu (2a) erhält man die übliche Säurekonstante (pK = 6,35), d.h. die Säurekonstante bezogen auf gelöstes CO_2 (und nicht auf H_2CO_3!).

zeichnet wird (analog zur Angabe der Säurekonstante K als pH):

$$pH = - \log [H_3O^+]$$

Bei einer Hydroniumionenkonzentration von 10^{-7} mol/l ist der pH gleich 7, die Lösung ist neutral.

- Steigt die Konzentration auf 10^{-6} mol/l, so wird der pH 6 und die Lösung sauer,
- fällt die Konzentration auf 10^{-8} mol/l, so wird der pH 8 und die Lösung alkalisch.

Am Neutralpunkt des Wassers beträgt die Konzentration der Wassermoleküle 55 mol/l und die Konzentration der Hydroxylionen und Protonen je 100 nmol/l (10^{-7} mol/l), d. h. es kommen je 1 H^+-Ion und 1 OH^--Ion auf 555 Millionen Wassermoleküle.

Zwischen pH-Wert und Protonenkonzentration besteht eine logarithmische Beziehung

Die pH-Werte von Wasser (pH 7) und Pankreassaft (pH 8) bzw. Magensaft (pH 2) und Zitronensäure (pH 3) weichen um jeweils eine pH-Einheit voneinander ab (Abb. 1.7). Diese Angabe beinhaltet die wichtige Tatsache, daß sich die Wasserstoffionenkonzentration von Wasser und Pankreassaft um 90 nmol/l, die von Magensaft und Zitronensäure aber um 9 mmol/l (oder 9 Millionen nmol) voneinander unterscheiden. Diese erheblichen Unterschiede sind darauf zurückzuführen, daß zwischen pH und H^+-Konzentration keine lineare, sondern eine *logarithmische Beziehung* (s. oben) besteht. Das ist ein Aspekt, der beim Vergleich von pH-Werten unbedingt beachtet werden muß.

Dem Nachteil, den die Angabe der H^+-Konzentration als negativer Logarithmus (pH-Wert) mit sich bringt, steht der Vorteil gegenüber, daß auch äußerst unterschiedliche Konzentrationen noch in einer übersichtlichen Skala untergebracht werden können. Dieser Nachteil hat eine – bislang noch unentschiedene – Diskussion darüber ausgelöst, ob es nicht besser ist, die Konzentration der H^+-Ionen in Blut, Urin oder anderen biologischen Flüssigkeiten in molaren Einheiten (nmol/l) anzugeben. In diesem Buch erfolgt die Angabe der Konzentration in pH-Einheiten.

Die pH-Bestimmung erfolgt mit einer Glaselektrode

Die pH-Bestimmung des Blutes ist Grundlage der klinischen Diagnostik von Störungen des Säure-Basen-Haushaltes (S. 932). Die für die pH-Messung verwendeten Geräte müssen einfach zu handhaben sein und äußerst präzise und störungsfrei arbeiten. Das gilt für alle Geräte, die bei Routinebestimmungen verwendet werden. Im medizinischen Laboratorium hat sich die Bestimmung des pH-Wertes mit Hilfe der Glaselektrode durchgesetzt, die diese Anforderungen erfüllt. Die

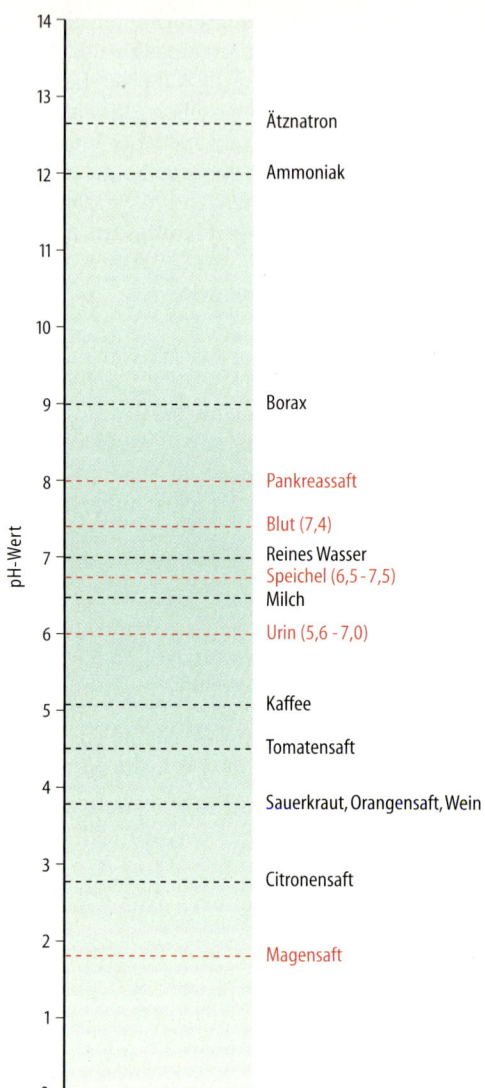

Abb. 1.7 pH-Werte allgemein bekannter Flüssigkeiten

einfachste Glaselektrode besteht aus einem dünnwandigen Glaskölbchen, das eine Lösung mit bekanntem pH-Wert enthält. In dieser „inneren Bezugslösung" steckt eine Ableitelektrode. Beim Meßvorgang wird die Glaselektrode (Abb. 1.8) in die zu untersuchende Lösung getaucht. Durch die besondere Beschaffenheit des Elektrodenglases entsteht zwischen Innenflüssigkeit und Meßlösung eine Potentialdifferenz, die mit Hilfe einer Bezugselektrode abgeleitet werden kann. Der pH-Wert wird mittels Digitalanzeige direkt abgelesen.

Durch Titration mit einer starken Base kann die potentielle Acidität bestimmt werden

Der pH-Wert ist ein Maß für die tatsächlich vorhandene Protonenkonzentration (aktuelle Acidität). Mit der pH-Messung wird die Konzentration der freien Proto-

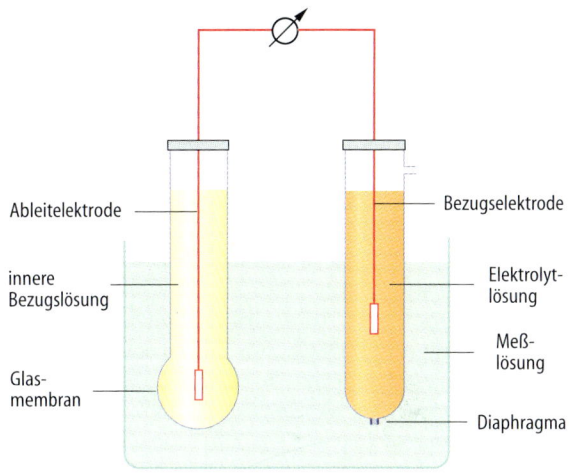

Abb. 1.8 pH-Messung mit Glas- und Bezugselektrode

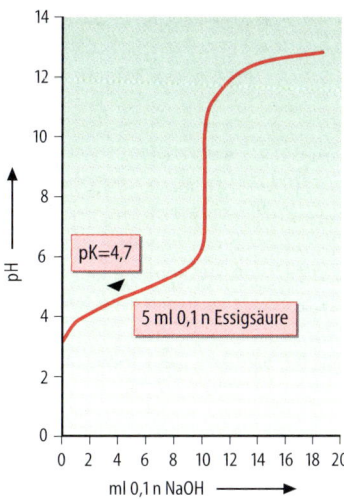

Abb. 1.9 Titrationskurve der Essigsäure. pH-Wert bei Titration von 10 ml 0,1 n Essigsäure mit 0,1 n Natronlauge

nen in der untersuchten Lösung gemessen. Die Gesamtprotonenkonzentration kann mit der pH-Bestimmung jedoch nicht erfaßt werden, da der nicht dissoziierte – aber von der Säure dissoziierbare – Wasserstoff nicht mitbestimmt wird.

Durch **Titration** können sowohl der dissoziierte als auch der dissoziierbare Wasserstoff (potentielle Acidität) erfaßt werden. Dabei versetzt man eine Säure (z. B. Essigsäure) mehrfach mit einer bestimmten Menge einer starken Base (z. B. NaOH), welche jedesmal die freien Protonen der Säure mit ihren Hydroxylionen „wegfängt". Durch den Entzug der Protonen wird das System Essigsäure $\rightleftharpoons$ H$^+$ + Acetat aus dem Gleichgewicht gebracht. Zur Wiederherstellung des Gleichgewichts dissoziiert die Essigsäure in verstärktem Maße und setzt dabei Protonen frei, die sich ebenfalls mit den Hydroxylionen der Natronlauge zu Wasser verbinden. Es werden so lange Hydroxylionen und Essigsäure verbraucht (was einen Anstieg des pH-Wertes verursacht), bis eine vollständige Natriumacetatlösung vorliegt (Abb. 1.9).

Bei der Titration werden also aktuelle und potentielle Acidität bestimmt, die zusammen die **titrierbare Acidität** ergeben. Bei sehr starken Säuren (pK < 1) sind aktuelle und potentielle Acidität identisch.

Der pH-Wert des Intra- und Extrazellulärraumes wird präzise reguliert

Bei 37 °C beträgt der pH-Wert der Extrazellulärflüssigkeit 7,4. Damit ist die Protonenkonzentration im Vergleich zu anderen Kationen des Blutplasmas, deren Konzentration im millimolaren Bereich liegt, äußerst gering. Zu diagnostischen Zwecken wird der pH-Wert – zusammen mit den Blutgasen (O$_2$, CO$_2$) – im arteriellen Blut bestimmt.

Der pH-Wert im Intrazellulärraum war bisher im Gegensatz zu dem im Extrazellulärraum nicht so leicht meßbar, obwohl ihm wahrscheinlich die größere Bedeutung zukommt, da er das wichtigere Kompartiment darstellt und in ihm die wesentlichen Stoffwechselreaktionen ablaufen. Schwierigkeiten bei der pH-Bestimmung bereiten die unterschiedliche Verteilung der Protonen auf die einzelnen, durch Membranen voneinander getrennten Kompartimente der Zelle (Kern, Mitochondrien, Cytosol) und der unterschiedliche Stoffwechsel der verschiedenen Zelltypen. Mit Hilfe einer neuen Methode, der Magnetresonanzspektroskopie (NMR, S. 366) konnte jedoch inzwischen nachgewiesen werden, daß im Zellinneren ein niedriger pH, d. h. eine höhere Wasserstoffionenkonzentration vorliegt. So herrscht z. B. in der Muskulatur ein pH-Wert von 7,10, im Mitochondrium ein pH-Wert von 6,6. Eine Ausnahme macht die Tubuluszelle der Niere (pH 7,32) – wahrscheinlich deshalb, weil diese Zellen Protonen sezernieren.

Die Wasserstoffionenkonzentrationen im Extrazellulärraum (und im Intrazellulärraum) unterliegen einer genauen Regulation *(Isohydrie)*, da Änderungen der Protonenkonzentration alle diejenigen Vorgänge beeinflussen, die auf *elektrostatischen Wechselwirkungen* basieren. Durch Änderung der Protonenkonzentration kann die Protonenanlagerung bzw. Protonenabspaltung und damit der Ladungscharakter eines Moleküls wesentlich beeinflußt werden. Von großer Bedeutung ist das bei den Enzymen, deren Wechselwirkung mit ihrem Substrat von elektrostatischen Kräften bestimmt wird (S. 109). Darüber hinaus wirken Säuren und Basen als *Katalysatoren* (S. 22), so daß eine Erhöhung ihrer Konzentration von der Zelle unerwünschte Katalysen verursachen kann.

Mehrere Puffer, d. h. schwache Säuren und ihre konjugierten Basen, halten den pH-Wert in den Körperflüssigkeiten konstant

Die Aufrechterhaltung einer relativ konstanten Wasserstoffionenkonzentration im Zellinneren und im Extracellulärraum wird durch *Puffer* erreicht. Darunter versteht man im einfachsten Fall ein System aus einer schwachen Säure und ihrer konjugierten Base. Puffersysteme zeichnen sich durch einen stabilen pH-Wert aus, der sich auch beim Zusatz erheblicher Mengen von Säuren oder Basen, die im Stoffwechsel der Zelle entstehen, nicht ändert.

Die Pufferung in biologischen Flüssigkeiten (z. B. Extrazellulärraum) erfolgt nicht durch einen, sondern durch mehrere, gleichzeitig wirkende Puffer.

Die Henderson-Hasselbalch-Gleichung verknüpft pH-Wert, pK-Wert und das Verhältnis von konjugierter Säure und Base miteinander

Die Konzentration der H^+-Ionen in einem Puffersystem (schwache Säure HA und konjugierte Base A^-) wird durch Auflösung der auf S. 14 abgeleiteten Gleichung

$$K = \frac{[H^+] \cdot [A^-]}{[HA]} \text{ nach } H^+ \text{ errechnet:}$$

$$[H^+] = K \frac{[HA]}{[A^-]}$$

Um den pH-Wert dieses Systems auszurechnen, nimmt man den negativen dekadischen Logarithmus der H^+-Konzentration (Definition!) und aller anderen Glieder der Gleichung und erhält:

$$- \log [H^+] = - \log K - \log \frac{[HA]}{[A^-]}$$

oder, da

$$- \log K = pK \text{ (S. 15)}$$

und

$$- \log [H^+] = pH \text{ (S. 16)},$$

$$pH = pK + \log \frac{[A^-]}{[AH]},$$

$$pH = pK + \log \frac{[konjugierte\ Base]}{[Säure]}$$

Bei diesem Ausdruck, der die mathematische Grundlage zur Rechnung mit Puffersystemen bildet, handelt es sich um die Gleichung nach Lawrence J. Henderson (1912) und K. A. Hasselbalch (1916). Aus dieser fundamentalen Gleichung, in der der pH- und der pK-Wert sowie das Konzentrationsverhältnis von konjugierter Base zu Säure mathematisch miteinander verknüpft sind, lassen sich folgende Gesetzmäßigkeiten ableiten:

- Der pH-Wert eines Puffersystems wird nicht nur durch die Konzentrationen von konjugierter Base und Säure, sondern v. a. durch das Verhältnis der Konzentrationen zueinander bestimmt.
- Sind zwei der drei Größen bekannt, so kann die dritte berechnet werden:
- Bei bekanntem pK (der aus Tabellen entnommen werden kann) und bekanntem Konzentrationsverhältnis von konjugierter Base zu Säure kann der pH-Wert ausgerechnet werden.
- Bei bekanntem pH und pK kann der Quotient der Konzentrationen von konjugierter Base und Säure errechnet werden.

Setzt man in die Gleichung die pK-Werte für Brenztraubensäure bzw. Milchsäure (Tabelle 1.4, S. 15) ein, so läßt sich berechnen, ob die betreffenden Carbonsäuren vorwiegend als Säuren oder Säureanionen in der Zelle vorliegen. In der Muskelzelle mit einem pH-Wert von 7,1 beträgt das Verhältnis von Brenztraubensäure zu *Pyruvat* 1 : 25 000 und das von Milchsäure zu *Lactat* 1 : 1100, so daß wir bei der Erörterung des Stoffwechsels dieser Carbonsäuren von Pyruvat und Lactat sprechen werden.

Die Kenntnis dieses Quotienten ist besonders wichtig, wenn man wissen will, wie stark eine Säure beim pH-Wert von Körperflüssigkeiten, wie z. B. der Extrazellulärflüssigkeit (pH 7,4), dissoziiert ist. Da die Aufnahme bzw. Abgabe von Protonen mit einer Änderung des Ladungscharakters des aufnehmenden bzw. abgebenden Moleküls verbunden ist und ungeladene Stoffe Zellmembranen wegen deren Unpolarität besser durchdringen können, ist der Dissoziationsgrad beispielsweise für die Resorption, Verteilung und Ausscheidung von Arzneimitteln mit Säure- oder Basencharakter oder für Stoffwechselstörungen, bei denen sich organische Säuren und Basen anhäufen, von Bedeutung.

Aus der Gleichung von Henderson und Hasselbalch läßt sich folgendes ableiten:

- Je mehr der pK-Wert einer Säure nach unten von pH-Wert der Lösung abweicht (pK < pH), desto stärker nimmt der Anteil der konjugierten Base zu.
- Je mehr der pK-Wert einer Säure nach oben vom pH-Wert der Lösung abweicht (pK > pH), desto stärker steigt der Anteil der Säureform an.

Als Beispiele seien zwei Säuren angeführt, deren Konzentration im Blut bei Stoffwechselkrankheiten stark erhöht sein kann: die β-Hydroxybuttersäure beim Diabetes mellitus (S. 806) und das Ammoniumion bei der schweren Leberinsuffizienz (S. 530). Setzt man die pK-Werte der beiden Säuren, die aus Tabelle 1.4 (S. 15) entnommen werden können, in die Gleichung ein, so ergibt sich, daß in einer wäßrigen Lösung mit einem pH-Wert von 7,4 das Verhältnis von β-Hydroxybuttersäure zu β-Hydroxybutyrat 1 : 1000 (pK niedriger als pH!) und das vom Ammoniumion zu Ammoniak 100 : 1 (pK höher als pH!) beträgt.

- Sind die Konzentrationen von konjugierter Base und Säure gleich groß, so wird – da der Logarithmus von 1 Null ist – der logarithmische Ausdruck Null und man erhält

pK = pH,

d. h. der pK einer schwachen Säure entspricht dem pH-Wert, bei dem Säure und konjugierte Base in gleichen Konzentrationen vorliegen oder – mit anderen Worten – bei dem die Säure *zur Hälfte* dissoziiert ist.

Ist der pK-Wert eines Puffersystems unbekannt, so kann er dadurch bestimmt werden, daß man die Konzentrationen von konjugierter Base und Säure gleich groß wählt. Die Messung des resultierenden pH-Wertes ergibt den pK des betreffenden Systems.

- Liegen konjugierte Base und Säure in gleichen Konzentrationen vor, so sind also pH- und pK-Wert gleich. Ist das Verhältnis von konjugierter Base zu Säure gleich 10 : 1 (100 : 1), so beträgt der pH-Wert pK + 1 (pK + 2), da der Logarithmus von 10 eins ist (der von 100 zwei). Ist dieses Verhältnis gleich 1 : 10 (1 : 100), so beträgt der pH-Wert pK – 1 (pK – 2) usw.

Trägt man in einem Koordinatensystem auf der Abszisse die pH-Werte und auf der Ordinate die entsprechenden Mengen Säure (HA) und konjugierte Base (A$^-$) auf, so ergibt sich das in Abb. 1.10 gezeigte Kurvenbild, aus dem für jeden bekannten pH-Wert das Konzentrationsverhältnis A$^-$ zu HA und für jedes bekannte Konzentrationsverhältnis A$^-$ zu HA der entsprechende pH-Wert abgelesen werden kann.

Dieses Bild entspricht der Titrationskurve einer schwachen Säure (Abb. 1.9), wobei bei dieser Kurve das Konzentrationsverhältnis A$^-$ zu HA statt der Konzentration der Natronlauge eine der beiden Koordinaten bildet.

Das Bild dieser Kurve, an deren Wendepunkt der pK liegt, sieht bei allen schwachen Säuren gleich aus. Die Kurven unterscheiden sich lediglich durch die Lage des Wendepunktes (und damit des pK-Wertes), d. h. sie sind entweder nach links oder rechts verschoben.

Wie aus dem Kurvenbild in Abb. 1.10 zu ersehen ist, ändert sich in einem bestimmten Bereich (pH gleich pK ± 1) trotz einer starken Verschiebung des Molverhältnisses A$^-$ zu HA (von 1 : 10 bis 10 : 1) der pH-Wert nur wenig.

In diesem – in der Abbildung rot hinterlegten – Bereich ist also die Kapazität des Puffers, Säuren oder Basen ohne starke pH-Änderung aufzunehmen, am größten.

Man wird deshalb bei experimentellen Arbeiten ein Puffersystem wählen, dessen pK-Wert mit dem pH-Wert übereinstimmt, den die Lösung enthalten soll –

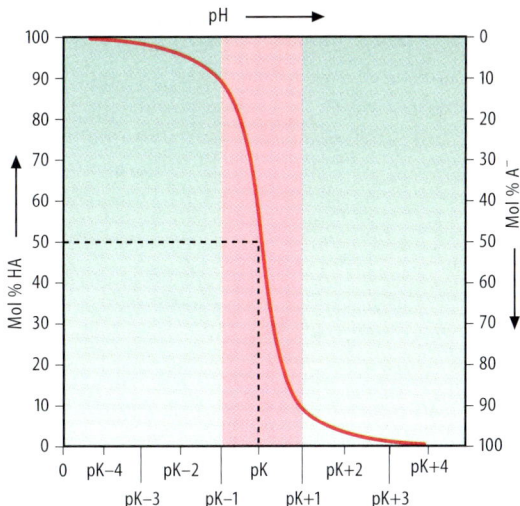

Abb. 1.10 Titrationskurve einer schwachen Säure

oder zumindest einen Puffer, dessen pK-Wert nicht mehr als eine Einheit nach oben oder unten vom einzustellenden pH-Wert abweicht.

Außerdem wird die Kapazität eines Puffersystems durch seine Gesamtkonzentration bestimmt, d. h. ein 0,5-molares System puffert etwa 5 mal so viele Protonen oder Hydroxylionen wie ein 0,1-molares (s. unten).

Wichtige Puffersysteme des menschlichen Organismus sind

- das Dihydrogenphosphat/Hydrogenphosphat-System (pK' = 6,80),
- das Kohlendioxid-/Hydrogencarbonat-System (pK' = 6,10) und
- die Proteine im Intra- und Extrazellulärraum (S. 934) sowie
- das Dihydrogenphosphat-/Hydrogenphosphat-System und
- das Ammonium-/Ammoniak-System (pK' ~ 9,40) im Urin (S. 1045).

Bemerkenswert ist, daß der Großteil der physiologischen Puffer von Molekülen gebildet wird, die *Endprodukte* des tierischen Stoffwechsels sind, z. B. Kohlendioxid als Endprodukt des Kohlenstoff-, Ammoniak des Stickstoff- und Phosphat des Phosphorstoffwechsels. Hinzu kommt, daß Kohlendioxid und Ammoniak gut diffusibel und flüchtig sind (S. 939).

Die Pufferkapazität gibt die quantitative Leistungsfähigkeit eines Puffersystems an

Die Pufferkapazität ist von der Gesamtkonzentration des Puffersystems und der Entfernung des pK-Wertes des Puffersystems vom pH-Wert der Lösung abhängig. Sie ist am größten, wenn pK' = pH, wenn also das

Verhältnis von Säure zu konjugierter Base 1 : 1 beträgt. Damit ist die Pufferkapazität keine konstante, sondern eine durch den pH-Wert der Lösung, in der das Puffersystem wirkt, bestimmte Größe. Die Pufferkapazität wird durch die Anzahl mmol Protonen oder Hydroxylionen gemessen, die in 1 l Pufferlösung eine pH-Änderung von 1,0 bewirken. Die Dimension ist mmol/l × pH.

Bei offenen Puffersystemen ist ein Partner ein Gas

Die Wasserstoffionenkonzentration im Extrazellulärraum wird im wesentlichen durch das *Kohlendioxid-/Bicarbonat-Puffersystem* konstant gehalten (Bicarbonat = Hydrogencarbonat).

Die Plasmakonzentrationen von Bicarbonat (HCO_3^-) und Kohlendioxid (CO_2) betragen 24 mmol/l bzw. 1,2 mmol/l. Dabei steht Kohlendioxid für CO_2 und H_2CO_3, da bei 37 °C nur 1/400 des gesamten Kohlendioxids in hydratisierter Form als H_2CO_3 vorliegt. Deshalb gilt

$$[CO_2 + H_2CO_3] \cong [CO_2].$$

Der pK'-Wert des CO_2/HCO_3^--Systems im *Blutplasma* liegt bei 6,10.

Da der Extracellulärraum als verdünnte wäßrige Lösung einer idealen Lösung nahekommt, läßt sich die Gleichung von Henderson und Hasselbalch auf ihn anwenden und der pH-Wert des Extracellulärraums berechnen:

$$pH = pK' + \log \frac{[\text{konjugierte Base}]}{[\text{Säure}]}$$

$$pH = 6,10 + \log \frac{24 \text{ mmol/l}}{1,2 \text{ mmol/l}}$$

$$pH = 6,10 + \log 20,$$
$$pH = 6,10 + 1,30,$$
$$pH = 7,40.$$

Durch das Kohlendioxid-/Bicarbonat-System wird also ein pH-Wert von 7,40 im Extrazellulärraum eingestellt. Die Bedeutung dieses Puffersystems scheint im Widerspruch zu der Feststellung zu stehen, daß ein Puffer seine Funktion optimal im Bereich pK ± 1 erfüllt. Es ist nämlich erstaunlich, daß ein Puffersystem mit einem pK'-Wert von 6,10 für die Konstanthaltung des pH-Wertes von 7,40 sorgt.

Daß dieses Puffersystem trotzdem eine derart wichtige Bedeutung besitzt, hat – wie Lawrence Henderson bereits 1914 betont hat – folgende Ursachen:
- Einer der beiden Partner ist ein Gas (nämlich CO_2), das unter einem konstanten Gasdruck (von 40 mm Hg) steht und im Extrazellulärraum physikalisch gelöst ist,

- das Verhältnis von Ion (Bicarbonat) zu Gas ist sehr hoch (nämlich 20 : 1) im Gegensatz zu anderen Puffern, deren Pufferfähigkeit am besten bei einem Verhältnis von 1 : 1 ist.

Diese beiden Eigenschaften haben zwei wichtige Konsequenzen:
- Dadurch, daß einer der beiden Partner eines Puffersystems flüchtig ist, d. h. ein Stoff, der schon bei Zimmertemperatur in den gasförmigen Zustand übergeht, wird aus einem geschlossenen Puffersystem ein offenes (flüchtiges), das in regem Austausch mit seiner Umgebung steht, d. h. es können Partner aus der Gasphase in die flüssige Phase übertreten oder umgekehrt die flüssige Phase verlassen. Dadurch kann im Gegensatz zu einem geschlossenen System, in dem die Zufuhr von Säuren oder Basen zur Konzentrationsänderung beider Partner des Puffersystems führt, die Konzentration eines Bestandteils, nämlich des Gases, auch bei Belastung mit Säuren oder Basen konstant gehalten werden.
- Zum anderen führt der hohe Quotient von konjugierter Base und Säure dazu, daß schon eine geringfügige Änderung der niedrigen Konzentration des Gases ohne Änderung der Konzentration von Bicarbonat eine relativ starke Verschiebung des Quotienten und damit des pH-Wertes hervorrufen kann. Das ist zwar nicht bei der Aufrechterhaltung des pH-Wertes von Bedeutung, bei der, wie erwähnt, die CO_2-Konzentration konstant gehalten wird, aber bei erheblichen pH-Abweichungen, die durch Stoffwechselentgleisungen hervorgerufen werden (S. 939). In diesen Situationen können die Lungen die arterielle CO_2-Konzentration durch Variation der Atemtiefe und -frequenz verändern.

Der Partialdruck von CO_2 in der Alveolarluft, d. h. der Teildruck, der auf Kohlendioxid in einem Gasgemisch wie der Luft in den Lungenalveolen entfällt, setzt sich schnell mit dem Blut in den Lungenkapillaren ins Gleichgewicht. Da die im Blutplasma gelöste CO_2-Menge zum CO_2-Partialdruck proportional ist, läßt sie sich durch Einführung eines Proportionalitätsfaktors berechnen. Dieser als *molarer Löslichkeitskoeffizient* bezeichnete Faktor gibt an, wieviel mmol eines Gases sich beim Einwirken des Partialdruckes von 1 mm Hg in 1 l Flüssigkeit lösen. Er beträgt für CO_2 bei 37 °C 0,0304 mmol/l/mm Hg.

Aus dem Produkt von Partialdruck (40 mm Hg) und Löslichkeitskoeffizienten (0,0304 mmol/l/mm Hg) ergibt sich, wie bereits erwähnt, eine Konzentration von 1,2 mmol/l.

Obwohl die Gewebezellen bei ihrem Stoffwechsel ständig CO_2 produzieren, besitzen die Gewebe nur einen geringfügig höheren CO_2-Partialdruck als die Alveolarluft, da sofort ein Konzentrationsausgleich zwischen den Geweben und dem Blut einerseits und dem Blut und der Alveolarluft andererseits stattfindet.

Das Bicarbonat-Puffersystem ist das wichtigste Puffersystem des Extracellulärraumes

Die einzigartigen Eigenschaften des Bicarbonatpuffersystems sollen an einem Modell erläutert werden. Abbildung 1.11 zeigt drei Säulenpaare, deren Höhe die Konzentrationen von CO_2 und HCO_3^- in 1 l Flüssigkeit angeben. In der Abbildung sind weiterhin die pH-Werte eingetragen, die aus diesen Konzentrationen sowie dem bekannten pK'-Wert von 6,10 mit Hilfe der Henderson-Hasselbalch-Gleichung errechnet werden.

Das linke Säulenpaar zeigt den Zustand im Extracellulärraum: Da im arteriellen Blut die Bicarbonatkonzentration 24 mmol/l beträgt und bei einem CO_2-Partialdruck von 40 mm Hg 1,2 mmol CO_2/l gelöst sind, ist das Verhältnis beider zueinander 20 : 1 und der pH 7,40.

Die beiden anderen Säulenpaare zeigen, was geschieht, wenn man diesem System Base (z. B. 0,6 mmol/l) hinzufügt. Das Ausmaß der eintretenden Konzentrationsänderungen von CO_2 und HCO_3^- hängt davon ab, ob es sich um ein geschlossenes System (mittleres Säulenpaar) oder um ein offenes (rechtes Säulenpaar) handelt. Im geschlossenen System ist kein Gasaustausch möglich; im offenen System – wie dem Extrazellulärraum – steht das System im Gleichgewicht mit einer Gasphase (des Alveolarraums), deren Volumen groß genug ist, um einen konstanten CO_2-Druck und damit CO_2-Konzentration innerhalb des Systems zu gewährleisten. Fügt man dem geschlossenen System 0,6 mmol Base/l hinzu, so werden nach der Gleichung

$$H^+ + HCO_3^- \rightleftharpoons H_2CO_3 \rightleftharpoons H_2O + CO_2$$

Protonen des Systems zur Neutralisierung der Base verwendet – und zwar 0,6 mmol/l, woraufhin sich 0,6 mmol Bicarbonationen/l nachbilden. Demzufolge sinkt die CO_2-Konzentration von 1,2 mmol auf 0,6 mmol/l, d. h. um 0,6 mmol/l. Der Quotient HCO_3^- : CO_2 wird jetzt zu (24 + 0,6) : (1,2 – 0,6), d. h. 41 : 1. Das ruft einen Anstieg des pH-Wertes von 7,4 auf 7,7 hervor. Dieses System ist also zur Pufferung ungeeignet.

Steht die Pufferlösung dagegen mit einer CO_2-haltigen Gasphase in Verbindung, dann muß diesem offenen System sehr viel mehr Base hinzugefügt werden, um die Erhöhung des pH-Wertes auf 7,7 zu erreichen. Das Volumen der Gasphase muß jedoch so groß sein, daß die Aufnahme von CO_2 in die Flüssigkeit den CO_2-Druck der Gasphase, der die treibende Kraft für den Gasaustausch ist, nicht beeinflußt. Da das „verbrauchte" CO_2 in diesem System durch die Gasphase nachgeliefert werden kann, bleibt die CO_2-Konzentration gleich. Eine Veränderung des Quotienten ist somit nur durch die Erhöhung der Bicarbonatkonzentration möglich. Um den Quotienten auf 41 : 1 zu erhöhen, muß die Bicarbonatkonzentration von 24 mmol/l auf 49 mmol/l erhöht werden. Das heißt, daß zu dem offenen System 25 mmol Base hinzugefügt werden muß, um eine Erhöhung der Bicarbonatkonzentration um 25 mmol/l zu erreichen. Das ist etwa das 40 fache der Menge, die im geschlossenen System die Erhöhung des pH-Wertes auf 7,7 bewirkt. Daraus geht hervor, warum das *Bicarbonatsystem* trotz des pK'-Wertes von 6,10 das *wichtigste Puffersystem* im Extrazellulärraum ist. Entscheidend ist eben, daß durch das offene System die CO_2-Konzentration bei der Zugabe von Base (oder von Säure) durch die Aufnahme (oder Abgabe) von CO_2 in die (oder aus der) flüssige(n) Phase konstant gehalten wird.

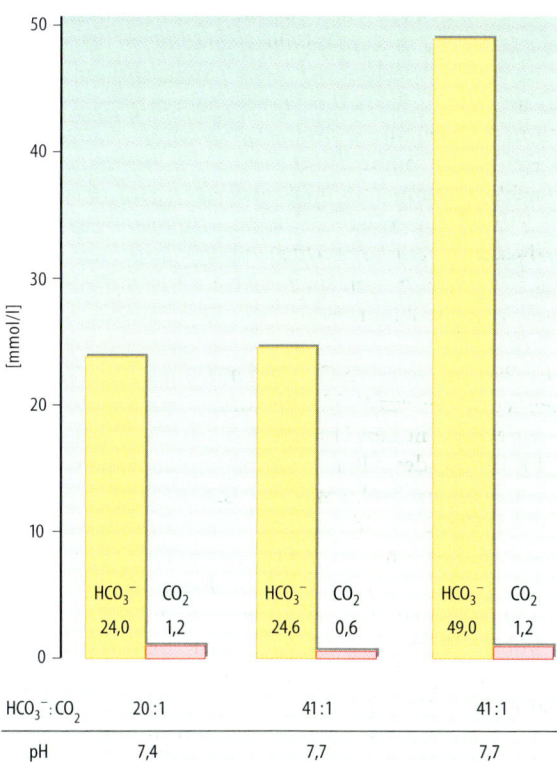

HCO_3^-	CO_2	HCO_3^-	CO_2	HCO_3^-	CO_2
24,0	1,2	24,6	0,6	49,0	1,2

HCO_3^- : CO_2	20 : 1	41 : 1	41 : 1
pH	7,4	7,7	7,7

Abb. 1.11 Die Bedeutung der Konstanthaltung der CO_2-Konzentration für die Menge Base, die benötigt wird, um den pH-Wert eines Bicarbonatpuffers von 7,4 auf 7,7 zu erhöhen. In diesem Modell finden die Puffer, die der Extrazellulärraum noch zusätzlich besitzt und die von untergeordneter Bedeutung sind, keine Beachtung. *Links:* Der ursprüngliche Zustand bei einem pH von 7,4. *Mitte:* Die Änderung nach Zugabe von Base im abgeschlossenen System. *Rechts:* Die Änderung nach Zugabe von Base im offenen System. (Modifiziert nach Hills AG, Reid EL (1967) John Hopkins Med J 120: 368)

1.1.6 Biochemische Reaktionen

Nach der Lewis-Definition besitzen Säuren eine Elektronenpaarlücke und Basen ein freies Elektronenpaar

Zum Verständnis organisch- und biologisch-chemischer Reaktionen muß die Säure-Basen-Definition von Broensted, der die Abgabe bzw. Aufnahme von *Proto-*

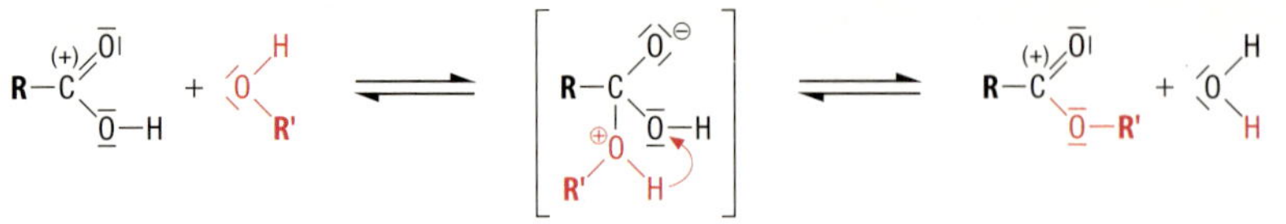

Abb. 1.12 Reaktion einer Carbonsäure mit einem Alkohol

nen zugrundeliegt, noch verallgemeinert werden. Nach der allgemeineren, von dem amerikanischen Physikochemiker Gilbert N. Lewis (1875–1946) entwickelten Definition, die von der Abgabe bzw. Aufnahme von *Elektronen* ausgeht, ist

- eine Säure ein Molekül oder Ion, das eine Elektronenpaarlücke aufweist (Lewis-Säure),
- eine Base ein Molekül oder Ion, das ein freies Elektronenpaar besitzt (Lewis-Base).

Säuren können also Elektronen aufnehmen (Elektronenakzeptoren) und werden deshalb als *elektrophil* bezeichnet, *Basen* können Elektronen abgeben (Elektronendonatoren). Sie greifen immer an besonders elektronenarmen Stellen des Reaktionspartners an, wo sie möglichst nahe an einen Atomkern (Nucleus) herankommen, und werden deshalb als *nucleophil* bezeichnet (Tabelle 1.5).

Als Beispiel einer Reaktion zwischen einem elektrophilen (Lewis-Säure) und einem nucleophilen Teilchen (Lewis-Base) sei die Bildung eines Esters durch Reaktion einer Carbonsäure mit einem Alkohol angeführt. Die Carbonsäure enthält eine Carboxylgruppe, die durch die hohe Elektronegativität des Sauerstoffatoms stark polar ist. An das dadurch positiv polarisierte (und damit elektronenarme) Kohlenstoffatom lagert sich das nucleophile Alkoholmolekül (freies Elektronenpaar!) an (Abb. 1.12):

Die gebildete Zwischenverbindung wird durch den Übergang eines Protons und die Abspaltung von Wasser stabilisiert. Diese Reaktion kann auch in umgekehrter Richtung verlaufen, d. h. durch den Angriff des nucleophilen Wassermoleküls (freies Elektronenpaar!) auf das elektrophile Kohlenstoffatom wird der Ester gespalten.

Säuren und Basen wirken als Katalysatoren bei biochemischen Reaktionen

Bestimmte Substanzen können die Einstellung des Gleichgewichtes einer Reaktion beschleunigen. Die Beschleunigung wird als *Katalyse* bezeichnet, die Substanzen, die bei der Reaktion nicht verbraucht werden, als *Katalysatoren.*

Wichtige Katalysatoren organisch-chemischer Reaktionen sind Säuren oder Basen. Wird eine Reaktion durch eine Säure oder Base katalysiert, so bedeutet dies nach der Definition eines Katalysators, daß bei der Reaktion keine Säure bzw. Base verbraucht wird. Wenn also die Säure auf einen Reaktionspartner übertragen

wird, so muß sie später wieder entfernt werden, und zwar durch eine Base.

Das oben angeführte Beispiel, die Veresterung einer Carbonsäure mit einem Alkohol läßt sich durch Säuren katalysieren: Dabei wird – wie Abb. 1.13 zeigt – zunächst ein Proton an die zum elektronegativen Sauerstoffatom gezogenen Elektronen der Carbonylgruppe addiert. Das bewirkt die noch stärkere positive Polarisierung und erleichtert den Angriff des nucleophilen Alkoholmoleküls. Die gebildete Zwischenverbindung spaltet Wasser und das Proton wieder ab.

Die katalytische Wirkung der Säure liegt darin, daß sie durch Addition des Protons die Anlagerung eines nucleophilen Alkoholmoleküls (bzw. nucleophilen Wassermoleküls bei Umkehrung der Reaktion) an das C-Atom der Carbonylgruppe der Carbonsäure (bzw. des Esters) erleichtert.

Als Beispiel einer basenkatalysierten organisch-chemischen Reaktion sei die *Aldoladdition* (Abb. 1.14), eine im Stoffwechsel der Zelle häufig vorkommende Reaktion, angeführt: die Base entzieht der Methylgruppe des Aldehyds ein Proton, wodurch ein Anion entsteht. Dieses Anion wirkt wegen seines negativ geladenen C-Atoms nucleophil und lagert sich (= addiert sich) an das positiv polarisierte C-Atom der Carbonylgruppe eines anderen Aldehydmoleküls an. Das durch die Addition entstandene Ion wird durch Aufnahme eines Protons stabilisiert und die Base dadurch regeneriert.

Bei beiden Reaktionen führt also der Angriff eines Protons bzw. einer Hydroxylgruppe zu einem Zwischenprodukt, in welchem es zu einer Neuverteilung der Bindungselektronen kommt, die den nucleophilen bzw. elektrophilen Angriff erleichtert.

Diese beiden Beispiele zeigen das grundsätzliche Prinzip aller katalysierten Reaktionen, die zur Bildung oder Spaltung einer covalenten Bindung führen: Ziel der Katalyse ist die Neuverteilung der Bindungs-

Tabelle 1.5 Lewis-Säuren und Lewis-Basen

Lewis-Säuren Elektrophil	Lewis-Basen Nucleophil
CO_2	H_2O, NH_3
$- NH_3^+$	$- NH_2$
$- C = O$	$- OH$, $- SH$
Mg^{2+}, Mn^{2+}, Zn^{2+}	
Fe^{3+}	

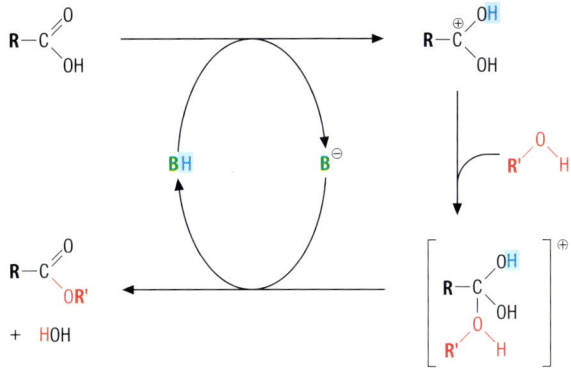

Abb.1.13 Durch Säure katalysierte Veresterung einer Carbonsäure mit einem Alkohol. *Oben links:* Die Carbonsäure, die das Proton vom Katalysator übernimmt und dadurch polarisiert wird. Die polarisierte Verbindung reagiert mit dem Alkohol *(in Rot)*, wobei über ein Zwischenprodukt (das das Proton wieder an den Katalysator abgibt) Ester und Wasser entstehen. Alle Reaktionen sind reversibel

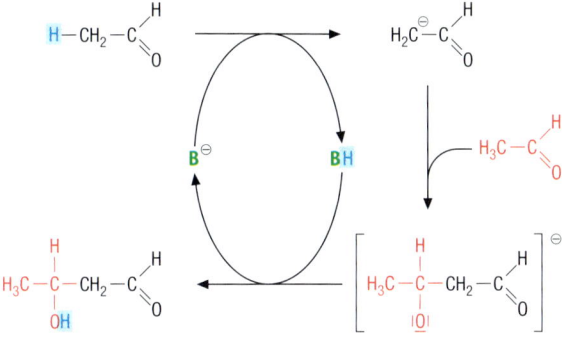

Abb.1.14 Durch Base katalysierte Aldoladdition. *Oben links:* Der Aldehyd, der durch Abgabe eines Protons polarisiert wird und deshalb leichter mit einem weiteren Aldehydmolekül *(in Rot)* reagiert. Das Zwischenprodukt nimmt das Proton wieder auf und wird dadurch zum Aldol

elektronen zur Polarisierung der Bindungen, d.h. zur Erhöhung der Elektronendichte an einem Atom und zur Erniedrigung am anderen Atom. Das wird dadurch erreicht, daß entweder nucleophile (Basekatalyse) oder elektrophile Substanzen (Säurekatalyse) oder beide Arten gleichzeitig (Säure-Basen-Katalyse!) die Atome der zu polarisierenden Bindung angreifen.

Die Polarisierung versetzt das Molekül in einen thermodynamisch instabilen Zustand oder macht es reaktionsfähig(er), was sich in einer Erniedrigung der Aktivierungsenergie der Reaktion ausdrückt. Gerade diese Erniedrigung der Aktivierungsenergie der Reaktion ist vom energetischen Standpunkt ein wesentliches Merkmal der Katalyse. Das gilt ebenso für die – in Kapitel 4 (S.107) besprochenen – Biokatalysatoren, die die Reaktionen im Stoffwechselgeschehen der Zelle beschleunigen. Denn fast alle Reaktionen, die von nur aus Protein bestehenden Enzymen katalysiert werden, laufen in irgendeiner Form als Säuren- oder Basenkatalyse oder kombinierte Säure-Basen-Katalyse ab.

1.2 Bioelemente

Von allen Elementen des Periodensystems haben sich bisher 24 als lebensnotwendig für den tierischen Organismus erwiesen (Tabelle 1.6). Verfügbarkeit und chemische Eigenschaften wie z.B. Neigung zur Ketten- oder Ringbildung waren dafür verantwortlich, daß sie sich in der Evolution durchgesetzt haben. Sie werden in Nichtmetalle und Metalle eingeteilt: die Zusammenfügung der Nichtmetalle führt zu *Molekülen,* deren Zusammenwirken Aufbau und Stoffwechsel unseres Organismus bestimmt. Die Metalle, deren biologische Bedeutung den Nichtmetallen nicht nachsteht, treten mit diesen Molekülen in Wechselwirkung, indem sie deren Funktion beeinflussen oder deren Struktur stabilisieren bzw. Enzyme überhaupt erst zur Katalyse befähigen.

1.2.1 Nichtmetalle

Wasserstoff, Kohlenstoff, Sauerstoff und Stickstoff bilden leicht chemische Bindungen

Diese vier Elemente haben ihre elementare Bedeutung wahrscheinlich deshalb erlangt, weil sie durch Elektronenaufnahme stabile Elektronenkonfigurationen ausbilden können. Die Fähigkeit, Elektronen mit anderen Atomen zu teilen, ist Grundlage der Ausbildung *chemischer Bindungen,* die zu stabilen Molekülen führen. Zusammen mit Phosphor und Schwefel bilden diese Elemente die molekularen Bausteine lebender Organismen.

Die einfachsten Verbindungen zwischen zwei Nichtmetallen sind die Gase O_2, N_2, NO und CO. Lange Zeit galten *Stickmonoxid* und *Kohlenmonoxid* lediglich als Stoffe, die bei der Verbrennung von Autokraftstoffen entstehen und toxisch sind. Seit Mitte der 80er Jahre ist jedoch bekannt, daß NO ein wichtiges Signal darstellt, das in verschiedenen Zellen (Endothelzellen, Gehirnzellen, Makrophagen) unseres Körpers synthetisiert wird und z.B. über die Beeinflussung von glatten Muskelzellen zu einer Erweiterung von Blutgefäßen führt. Das in der Herztherapie bereits lange angewendete Medikament Glycerintrinitrat wirkt über die Freisetzung von NO. Auch CO soll im Gehirn als Nervenüberträgerstoff dienen.

Die meisten bioorganischen Substanzen leiten sich von Glucose ab

Nur die pflanzliche Zelle kann mit Hilfe der Lichtenergie durch *Photosynthese* aus den einfachen Verbindungen CO_2 und H_2O Glucose, ein Zuckermolekül, aufbauen. Dadurch stellt Glucose die Ausgangssubstanz für

Tabelle 1.6 Zwei Drittel der leichten Elemente bzw. 21 der ersten 34 Elemente des Periodensystems sind für den tierischen Organismus lebensnotwendig. Diese 21 Elemente stellen mit Molybdän (42), Zinn (50) und Jod (53) die 24 lebensnotwendigen Elemente dar *(halbfett)*. Möglicherweise erweisen sich noch weitere Elemente als lebensnotwendig. Am wahrscheinlichsten ist das bei Aluminium, Nickel und Germanium. Die Lebensnotwendigkeit von Bor wird für einige Pflanzen angenommen. (Nach Frieden 1972)

Element	Symbol	Atomzahl	Funktion
Wasserstoff	*H*	1	Erforderlich für Wasser und organische Verbindungen
Helium	He	2	Inert und nicht verwendet
Lithium	Li	3	Wahrscheinlich nicht verwendet
Berylium	Be	4	Wahrscheinlich nicht verwendet; giftig
Bor	B	5	Lebensnotwendig für einige Pflanzen; Funktion unbekannt
Kohlenstoff	*C*	6	Erforderlich für organische Verbindungen
Stickstoff	*N*	7	Erforderlich für organische Verbindungen
Sauerstoff	*O*	8	Erforderlich für Wasser und organische Verbindungen
Fluor	*F*	9	Wachstumsfaktor bei Ratten; Bestandteil in Zähnen und Knochen
Neon	Ne	10	Inert und nicht verwendet
Natrium	*Na*	11	Hauptsächliches extrazelluläres Kation
Magnesium	*Mg*	12	Erforderlich für Aktivität vieler Enzyme; im Chlorophyll
Aluminium	Al	13	Lebensnotwendigkeit noch unklar
Silicium	*Si*	14	Struktureinheit von Kieselalgen; die Lebensnotwendigkeit für Hühnchen wurde nachgewiesen
Phosphor	*P*	15	Lebensnotwendigkeit für biochemische Synthesen und Energieübertragungen
Schwefel	*S*	16	Erforderlich für Proteine und andere biologische Verbindungen
Chlor	*Cl*	17	Hauptsächliches extrazelluläres Anion
Argon	Ar	18	Inert und nicht verwendet
Kalium	*K*	19	Hauptsächliches intrazelluläres Kation
Calcium	*Ca*	20	Hauptbestandteil der Knochen; erforderlich für viele Enzyme; Botenstoff
Scandium	Sc	21	Wahrscheinlich nicht verwendet
Titan	Ti	22	Wahrscheinlich nicht verwendet
Vanadium	*V*	23	Möglicherweise lebensnotwendig für höhere Tiere
Chrom	*Cr*	24	Lebensnotwendig für höhere Tiere
Mangan	*Mn*	25	Erforderlich für Aktivität verschiedener Enzyme
Eisen	*Fe*	26	Wichtigstes Übergangsmetall; wesentlicher Bestandteil von Hämoglobin und vielen Enzymen
Kobalt	*Co*	27	Lebensnotwendig im Vitamin B_{12}
Nickel	Ni	28	Lebensnotwendigkeit noch unklar
Kupfer	*Cu*	29	Wesentlicher Bestandteil von Enzymen, die an Redoxvorgängen beteiligt sind
Zink	*Zn*	30	Erforderlich für die Aktivität vieler Enzyme
Gallium	Ga	31	Wahrscheinlich nicht verwendet
Germanium	Ge	32	Wahrscheinlich nicht verwendet
Arsen	As	33	Wahrscheinlich nicht verwendet; giftig
Selen	*Se*	34	Wesentlich für die Glutathionperoxidase, ein Erythrocytenenzym
Molybdän	*Mo*	42	Erforderlich für die Aktivität vieler Enzyme
Zinn	*Sn*	50	Lebensnotwendig für Ratten; Funktion noch unbekannt
Jod	*I*	53	Wesentlicher Bestandteil der Schilddrüsenhormone

die Synthesen fast aller übrigen bioorganischen Verbindungen dar.

Beim Umbau in andere Stoffe wird das Glucosemolekül unter Abgabe von Wasserstoff in kleinere Kohlenstoffgerüste zerlegt, von denen die Biosynthese der *Carbonsäuren* (Fettsäuren) und – unter Verwendung von Ammoniak – der *Aminocarbonsäuren* (Aminosäuren) ausgeht. Da der Großteil dieser Vorgänge, die von wenigen Ausnahmen abgesehen in der pflanzlichen und tierischen Zelle ablaufen können, durch Wasserstoff getrieben wird, werden sie als *reduktive* oder besser als *hydrierende Biosynthesen* bezeichnet.

Die Aminocarbonsäuren – von denen zwei noch zusätzlich Schwefel enthalten – sind auch die Vorstufen zu den stickstoffhaltigen Purinen und Pyrimidinen. Diese bilden zusammen mit einem Zucker, der ebenfalls aus Glucose gebildet wird, und Phosphorsäure die Nucleotide. Hier zeigt sich das Prinzip der Verzweigung, d. h. Ammoniak wird auf der Stufe der Aminosäuren fixiert und zur Biosynthese anderer Moleküle von den Aminosäuren übernommen. Aus diesen vier Grundverbindungen, der Glucose und ihren Derivaten, den Fettsäuren, den Aminosäuren und den Nucleotiden, entstehen – wie bereits auf S. 8 erwähnt und in Abb. 1.3 gezeigt – durch Polymerisation größere Moleküle: die Polyglucose (Stärke und Glykogen), die Glyceride (Fette), die Polyaminosäuren (Proteine) und die Polynucleotide (Nucleinsäuren). Diese Biosynthesen werden im Gegensatz zu den hydrierenden als *Polymerbiosynthesen* bezeichnet.

Die Energie für diese Biosynthesen stammt in der tierischen Zelle aus der Dehydrierung der Glucose (und somit indirekt aus der Sonnenenergie). Auch die übrigen Verbindungen – die Aminosäuren und Fettsäuren – können dehydriert (und decarboxyliert) werden, wobei der freigewordene Wasserstoff mit Sauerstoff unter Energiegewinn (in Form von ATP) verbrannt wird.

An den Vorgängen der Energiespeicherung und -übertragung in der Zelle ist Adenosintriphosphat, ein Nucleotid, das auch Baustein der Nucleinsäuren ist, entscheidend beteiligt. Da Phosphor beim Aufbau der Nucleotide eine wesentliche Rolle spielt (Triphosphate!) und die Energie in den Bindungen zwischen den einzelnen Phosphatgruppen (S. 88) gespeichert wird, besitzt er eine große Bedeutung in biologischen Systemen.

Biologische Systeme sind hierarchisch organisiert

Die niedrigste Organisationsstufe stellen die niedermolekularen Bausteine CO_2, H_2O und NH_3 dar, das seinerseits aus Stickstoff gebildet wird (Abb. 1.15). Aus ihnen entstehen *Mikromoleküle,* wie Aminosäuren, Glucose und andere Zucker. Diese sind entweder direkt oder nach Kombination untereinander (wie im Falle der Nucleinsäuren) die Substrate für die Synthese der polymeren Makromoleküle. Die Polymersynthese

durch formale Dehydratation, haben wir schon auf S. 8 (Abb. 1.3) besprochen. Wie wir später noch sehen werden (Kapitel 2 und 7), besitzen auch die dabei entstehenden *Makromoleküle* eine innere Strukturhierarchie. Durch Aggregation von Makromolekülen bilden sich *supramolekulare Assoziate,* deren Zusammenlagerung wieder die nächst höhere Organisationsstufe, die Zellorganellen oder subzellulären Strukturen, ergibt. Diese bilden zusammen eine *Zelle,* d. h. die kleinste Einheit, die alle Bau- und Funktionselemente zur selbständigen Replikation enthält. Treten gleichartig differenzierte Zellen und ihre Abkömmlinge, die Intercellularsubstanzen, zu einem Verband zusammen, so entsteht ein *Gewebe* (Bindegewebe, Muskelgewebe). Bilden ein oder mehrere Gewebe, die einer gemeinsamen Funktion dienen, einen durch entsprechenden Bau gekennzeichneten und abgegrenzten Körperteil, so ist die nächst höhere Organisationsstufe, das *Organ,* erreicht (Leber, Nieren). Die Gesamtheit der Organe bildet den *Organismus.* Daneben werden als Organismen oft auch ein- oder mehrzellige Lebewesen bezeichnet.

Moleküle reagieren über funktionelle Gruppen miteinander

Moleküle besitzen meist nur ganz bestimmte reaktionsfähige Atomgruppierungen, die als *funktionelle Gruppen* bezeichnet werden. Reaktionen zwischen Molekülen verlaufen deshalb im Gegensatz zu typischen Ionenreaktionen, wie z. B. Protonenübertragungen (S. 5), oft nur langsam, weil für das Zustandekommen der Reaktion eben nicht der Zusammenstoß der Moleküle allein, sondern das Zusammentreffen in günstiger Lage Voraussetzung ist.

Häufig können Moleküle auf mehrere Arten miteinander reagieren, so daß die Reaktion von Nebenreaktionen und damit Nebenprodukten begleitet ist.

Zur Beschleunigung der Reaktion von zwei Molekülen eignen sich Oberflächen mit einer Einbuchtung, in die nur die beiden reagierenden Moleküle hineinpassen und die gleichzeitig so angeordnet ist, daß sie sie in eine räumlich günstige Lage zueinander bringt. Befindet sich in dieser Einbuchtung noch eine chemisch reaktive Gruppe, die als Katalysator wirken kann, erhöht sich die Reaktionsgeschwindigkeit noch mehr. Nach diesem Bauprinzip arbeiten die von der lebenden Zelle zur Katalyse chemischer Reaktionen verwendeten Proteinkatalysatoren, die *Enzyme* (S. 107).

Funktionelle Gruppen entstehen durch polare Atombindungen von Kohlenstoff- oder Wasserstoffatomen mit Sauerstoff, Schwefel oder Stickstoff

Neben den meist reaktionsträgen C-H- und C-C-Bindungen, die z. B. das chemische Verhalten der Fettsäuren bestimmen, enthalten viele biologisch-chemische

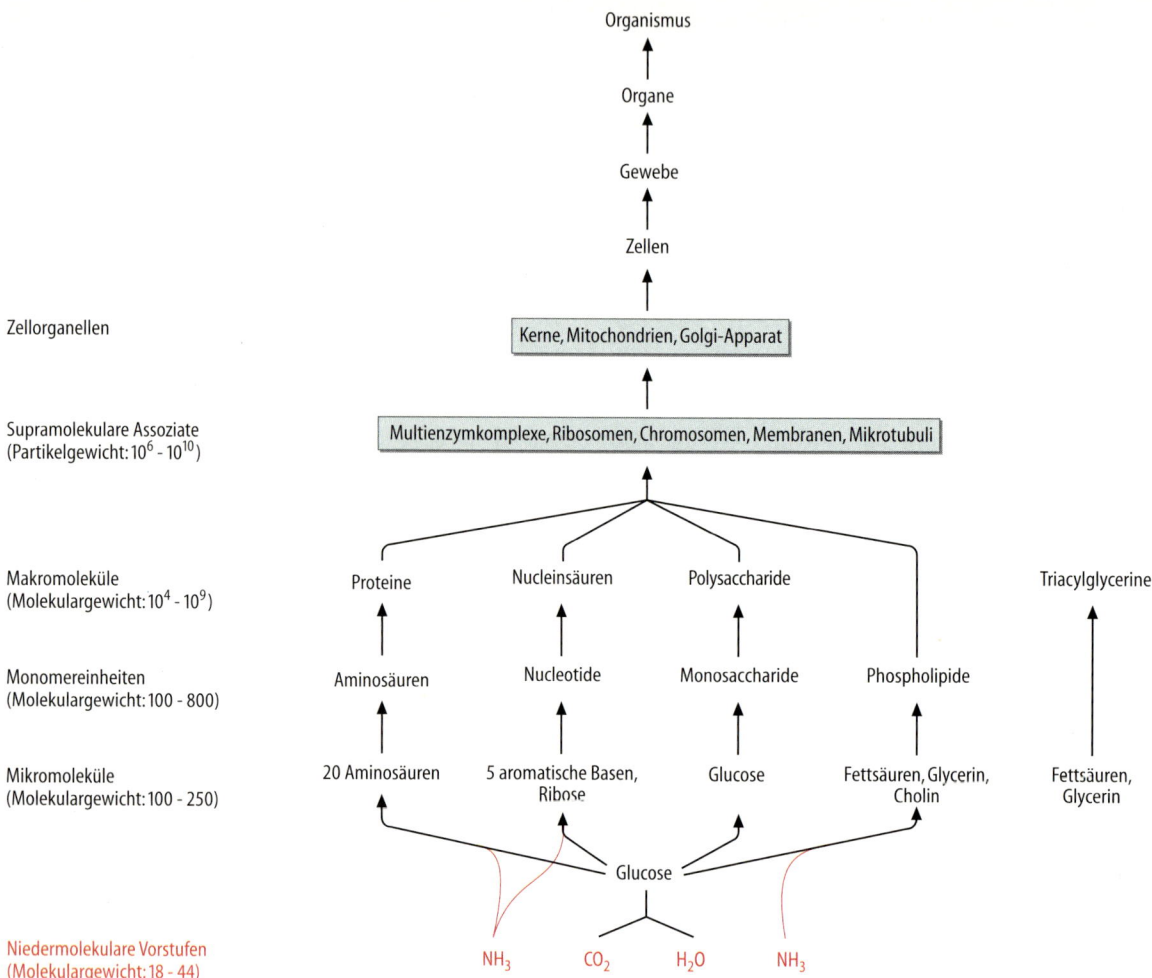

Abb. 1.15 Hierarchische Organisation biologischer Strukturen (Molekulargewichte in D)

Verbindungen reaktionsfähige Gruppen, die dadurch zustandekommen, daß elektronegative Atome wie Sauerstoff, Schwefel oder Stickstoff mit Kohlenstoff- oder Wasserstoffatomen polare und damit reaktionsfähigere Atombindungen eingehen.

Carbonyl- oder Ketogruppe. Durch die starke Elektronegativität wird die Ladung zum Sauerstoffatom gezogen und die Bindung stark polarisiert. Durch die elektronenanziehende Wirkung des Sauerstoffs können auch benachbarte Gruppen polarisiert und damit reaktionsfähiger werden. So besitzen Carbonsäuren mit einer Carbonylgruppe in α-Stellung, d. h. direkt am C-Atom, das die Carboxylgruppe trägt [die α-Ketocarbonsäuren α-Ketopropionsäure (Pyruvat), α-Ketobernsteinsäure (Oxalacetat) und α-Ketoglutarsäure (α-Ketoglutarat)], eine überragende Bedeutung im Stoffwechsel der Zelle. Carbonsäuren, bei denen die Ketogruppe in β-Stellung steht [z. B. β-Ketobuttersäure (Acetacetat) oder β-Ketophosphogluconsäure], neigen zur spontanen Decarboxylierung.

Hydroxylgruppe. Die Hydroxylgruppe enthält die polare O-H-Bindung, die wesentlich reaktionsfreudiger ist als C-C- und C-H-Bindungen, da sie wie Wasser Protonen aufnehmen und abgeben kann. Diese Gruppe ist z. B. ein wesentlicher Bestandteil der Glucose.

Carboxylgruppe. Die Carbonylgruppe bewirkt eine zusätzliche Polarisierung der Hydroxylgruppe, die deshalb ihr Proton leichter abgeben kann. Dabei entsteht die negativ geladene Carboxylatgruppe.

Wie wir schon bemerkt haben, enthalten die meisten biochemischen Verbindungen nicht nur eine, sondern mehrere funktionelle Gruppen. α-Keto- oder α-Hydroxypropionsäuren und Glucose sind also *polyfunktionelle Verbindungen.*

Spurenelemente kommen nur in geringen Mengen vor

Auf die vier häufigsten Elemente folgen mit großem Abstand die Nichtmetalle Phosphor, Schwefel und

Tabelle 1.7 Einteilung der Metalle nach ihrer biologischen Funktion

	Na^+, K^+	Mg^{2+}, Ca^{2+}	Zn^{2+}	Fe, Cu, Co, Mo
Funktion	Transporteure von Ladungen	Stabilisatoren von Strukturen; Informationsüberträger	Säure-Katalysatoren	Redoxkatalysatoren
Beweglichkeit	Hoch	Mittel	Immobil	Immobil
Bevorzugte Ligandenatome	Sauerstoff	Sauerstoff	Schwefel, Stickstoff	Schwefel, Stickstoff
Komplexbildung	Schwach	Durchschnittlich	Sehr stabil	Sehr stabil
Austausch	Sehr schnell	Mittel	Kein	Kein

Chlor (s. Tabelle 1.6) sowie die Metalle Natrium, Kalium, Calcium und Magnesium.

Die übrigen 13 Elemente kommen nur in sehr geringen Mengen vor und werden deshalb als *Spurenelemente* (S. 623) bezeichnet. Das sagt jedoch nichts über ihre biologische Bedeutung aus.

1.2.2 Metalle

Metalle besitzen eine unterschiedliche Neigung zur Komplexbildung

Auch die Metalle werden gemäß ihren charakteristischen chemischen Eigenschaften verwendet. Entscheidend für die Funktion der Metalle ist ihre unterschiedliche Neigung, Komplexverbindungen zu bilden.
- Die Alkalimetalle (S. 688) haben fast keine,
- die Erdalkalimetalle (S. 693) eine nur mäßige und
- die Übergangsmetalle eine starke Tendenz zur Komplexbildung (Tabelle 1.7).

Die Metalle, insbesondere die, die nur in Spurenmengen vorkommen, sind wesentlich an den katalytischen Vorgängen in der Zelle beteiligt. Sie stabilisieren dabei die Konformation von Biokatalysatoren, unterstützen die Bindung des Substrats an das Enzym oder geben Elektronen ab bzw. nehmen sie auf, je nachdem, ob das Substrat reduziert oder oxidiert wird.

Die Alkalimetalle Natrium und Kalium transportieren elektrische Ladungen

Natrium- und Kaliumionen sind an einer Vielzahl biochemischer Prozesse beteiligt, wie z. B. der Erregungsleitung im Nerv, bei der sie als Ladungstransporteure wirken.

Ein wesentliches Charakteristikum aller lebenden Zellen ist die unterschiedliche Verteilung von Natrium- und Kaliumionen zwischen Zellinnerem und -äußerem. In der Zelle ist die Kaliumkonzentration etwa 10 mal so hoch wie die Natriumkonzentration, während im Extrazellulärraum das Verhältnis genau umgekehrt ist (Tabelle 1.8). Da die Zellmembran ein nichtwäßriges Medium (S. 178) darstellt, in das polare Ionen nur unter hohem Energieaufwand eingebracht werden können, hatte man schon frühzeitig die Existenz von Trägersubstanzen, sog. *Carriern*, angenommen. Darunter versteht man Proteine, die in der unpolaren Membranphase gut löslich sind und mit der permeierenden Teilchenart einen gut löslichen Komplex bilden. Für den transmembranären Transport von Natrium- und Kaliumionen ist als Carriersystem die *Na^+-/K^+-ATPase* verantwortlich. Es transportiert Natriumionen nach außen und Kaliumionen nach innen und verbraucht dabei Energie, die dem Zellstoffwechsel in Form von Adenosintriphosphat (ATP) entnommen wird.

Dieses auch als Na^+-/K^+-Pumpe bezeichnete System, das in den Membranen aller Zellen vorkommt, schafft durch die Einstellung einer unterschiedlichen Verteilung von Natrium- und Kaliumionen innerhalb und außerhalb der Zelle z. B. die Voraussetzung für die Erregbarkeit von Nerv und Muskel (über die Entstehung des Membranpotentials, S. 978).

Wenn Natriumionen ihrem Konzentrationsgradienten folgend vom Extra- in den Intrazellulärraum und Kaliumionen in die umgekehrte Richtung diffundieren wollen, benötigen sie hydrophile *Poren* durch die hydrophobe Membran, die durch als *Natrium-* bzw. *Kaliumkanäle* bezeichnete *Membranproteine* gebildet werden. Diese Poren können durch Regulation geöffnet und geschlossen werden.

Tabelle 1.8 Intra- und extracelluläre Konzentrationen der Alkali- und Erdalkalimetalle. Die angegebenen Konzentrationen sind Gesamtkonzentrationen. Die freien Konzentrationen der divalenten Kationen Magnesium und Calcium sind wesentlich niedriger

	Konzentration im Extrazellulärraum	*Konzentration im Intrazellulärraum (Cytosol)*
Kalium	0,01 mol/l	0,10 mol/l
Natrium	0,10 mol/l	0,01 mol/l
Magnesium	0,003 mol/l	0,02 mol/l
Calcium	0,003 mol/l	0,005 mol/l

Die Erdalkalimetalle wirken als intrazelluläre Botenstoffe

Auch die Erdalkalimetalle Magnesium und Calcium weisen eine ungleiche Verteilung zwischen Intra- und Extrazellulärraum auf (Tabelle 1.8). Calciumionen werden von der Zelle ausgestoßen, Magnesiumionen dagegen akkumuliert.

Deshalb konnten auch für Calcium verschiedene *Trägerproteine* (Ca-ATPasen), die den Transport gegen den Konzentrationsgradienten durch Membranen vermitteln, und verschiedene *Calciumkanäle* identifiziert werden, die die Diffusion von Calcium entlang dem Gradienten ermöglichen.

Magnesium und Calcium bevorzugen *sauerstoffhaltige Liganden* wie Phosphat- (PO_4^{2-})- und Carboxylat- (COO^-) Gruppen. Da Calcium eine höhere Affinität zu diesen Liganden besitzt, verdrängt es schon in geringen Konzentrationen Magnesium. So besteht auch bei den Erdalkalimetallen ein Antagonismus zwischen den Ionen. Mit Proteinen bilden Calcium und Magnesium bevorzugt über Carboxylatgruppen Komplexe, wobei sie die Sauerstoffatome in einer oktaedrischen Anordnung um sich gruppieren. Während Magnesium nur mit sechs Liganden in einer relativ starren Position einen Komplex bilden kann, ist Calcium aufgrund seiner komplizierteren Elektronenstruktur auch zu Bindungen mit sieben oder acht Elektronendonatoren fähig. Dies verschafft den Calciumionen eine größere Freiheit bei der Ausbildung seiner Bindungen, wohingegen Magnesium ersatzweise mit Wassermolekülen in Wechselwirkung treten muß, wenn es im Protein nicht ausreichend Sauerstoffatome findet. Deshalb ist Calcium in Proteinen fester gebunden, was auch die Bindung an Proteine im Cytosol, d.h. in einem Milieu, in dem die Magnesiumkonzentration mindestens 1000 mal höher als die des Calciums ist, erklärt.

Als Prototyp calciumbindender Proteine gilt das *Parvalbumin,* das im Cytosol von Skelettmuskeln von Fischen, Reptilien und Amphibien in großen Mengen vorkommt und deshalb gut untersucht ist. Dieses Proteinmolekül enthält drei ähnlich aufgebaute Schleifen (AB, CD und EF) aus jeweils 10–12 Aminosäuren, die Calcium binden (Abb. 1.16). Eine der Schleifen (AB) hat jedoch in der Evolution ihre Funktion eingebüßt, da zwei für die Calciumbindung notwendige Bausteine durch andere ersetzt worden sind. In der EF-Schleife bildet das Calciumion Bindungen mit Sauerstoffatomen von sechs Carboxylatgruppen und einer Carbonylgruppe aus (Abb. 1.17). Eine achte Bindung kommt mit dem Sauerstoffatom eines Wassermoleküls zustande. Sowohl die Bindungslängen wie auch die Winkel zwischen benachbarten Bindungen variieren. Magnesium kann dagegen in einer solchen Umgebung wegen seiner Elektronenstruktur nur sechs Bindungen eingehen, die exakt oktaedrisch angeordnet sein müssen (Abb. 1.17). Vier Bindungen können zwar über die Carboxylatgruppen und eine Carbonylgruppe des Proteins

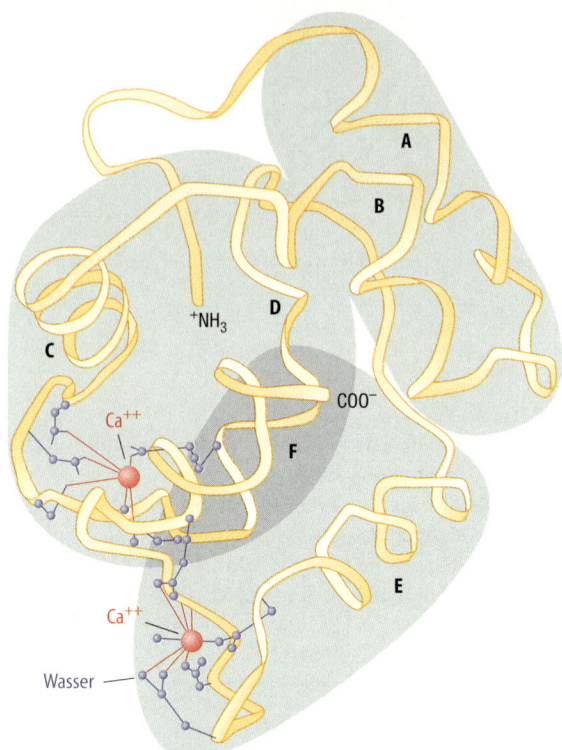

Abb. 1.16 Modell des Parvalbumins, eines typischen Calciumbindenden Proteins. (Verändert nach Carafoli und Penniston 1985)

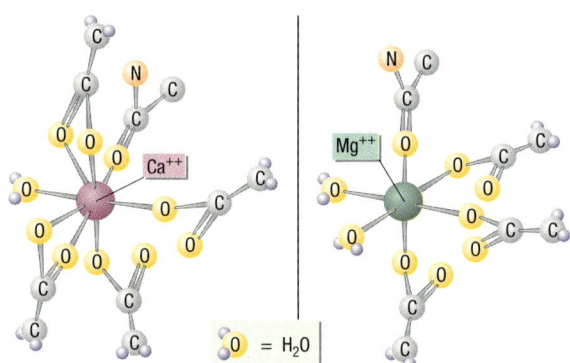

Abb. 1.17 Bindung von Calcium *(links)* bzw. Magnesium *(rechts)* in der EF-Region von Parvalbumin

erfolgen, zwei weitere müssen aber mit Wasser eingegangen werden, was die Haftung am Protein insgesamt verringert und eine leichte Verdrängbarkeit durch Calcium bedeutet. Eine ähnliche Struktur wie Parvalbumin besitzt *Calmodulin,* das in allen Zellen unseres Organismus vorkommt (S. 696) und vier derartige calciumbindende Schleifen besitzt.

Die Affinität zu Phosphatgruppen erklärt, warum viele Biokatalysatoren, die Phosphatgruppen übertragen oder Phosphatester spalten oder bilden, Magnesium als Cofaktor benötigen. Bei der überragenden Bedeutung von Adenosintriphosphat für den Energiehaushalt der Zelle weist das auf den vielfältigen Einfluß von Magnesium hin. Durch das Konzentrationsgefälle zwischen Extra- und Intrazellulärraum besteht für Calciumionen die Tendenz, über *Calciumkanäle* in das Zellinnere zu strömen. Durch ein *Calciumtransportsystem* in der Membran wird dieser Bewegung entgegengewirkt. Wird das System jedoch gehemmt, kommt es zu einem vermehrten Einstrom von Calciumionen ins Zellinnere. Über diesen Mechanismus können Informationen, die der Zellmembran von außen zugeleitet werden, in den Intrazellulärraum weitergegeben werden. Die Calciumionen, die vermehrt einströmen, verdrängen Magnesium von organischen Strukturen und führen dadurch zur Ingangsetzung biochemischer Prozesse (sog. „*Trigger*"-*Funktion* des Calciums). Von großer Bedeutung ist diese Art der Informationsübertragung z. B.

- bei der Auslösung der Muskelkontraktion (S. 957) sowie
- bei der Ausschüttung von Hormonen (S. 766) und
- Nervenüberträgerstoffen (S. 983) aus den Zellen, in denen sie produziert und gespeichert werden.

Die höhere Affinität von Calciumionen zu sauerstoffhaltigen Liganden erklärt auch die Schwerlöslichkeit vieler seiner Salze. Genutzt wird diese Schwerlöslichkeit bei der Verwendung von Calcium beim Aufbau des Knochens, wo es als *Apatit* (S. 749) abgelagert wird. Zur Verhinderung der Kristallisation schwerlöslicher Calciumverbindungen außerhalb des Knochengerüstes besitzt der Organismus einen komplizierten Regulationsapparat (S. 858). Störungen der Regulation begünstigen die Ablagerung von Calcium z. B. in Form von Oxalaten in inneren Organen, insbesondere den Nieren (S. 1052).

Übergangsmetalle beteiligen sich an der Übertragung von Elektronen

Die Übergangsmetalle Eisen, Kupfer, Molybdän, Kobalt und Zink bilden feste koordinative Bindungen in Komplexen. Ihre bevorzugten Ligandenatome sind Schwefel und Stickstoff, die sich vorzugsweise bei den Aminosäuren, den Bausteinen der Proteine, finden. Deshalb werden die Übergangsmetalle vorwiegend in Proteinen gefunden, in die sie fest eingebaut sind (Metallproteine) und in denen sie eine wichtige Funktion übernehmen. Da sie mehrere stabile Oxidationsstufen (Name!) besitzen, eignen sie sich für *Redox-*(Reduktions-Oxidations-)*Prozesse*, d. h. sie beteiligen sich an der Übertragung von Elektronen.

Kupferhaltige Proteine übertragen Elektronen meist auf Sauerstoff. Die Stickstofffixierung, d. h. die Umwandlung atmosphärischen Stickstoffs in Ammoniak, ist ein Redoxvorgang, der an die Gegenwart von *Molybdän* gebunden ist. *Eisen,* das häufigste Übergangsmetall auf der Erdoberfläche und in lebenden Organismen, ist ebenfalls Bestandteil einer Vielzahl elektronenübertragender Proteine und nimmt im Hämoglobin (S. 64) am Transport von Sauerstoff im Blut teil. Der bekannteste Naturstoff des *Kobalts* ist das Vitamin B_{12}, das als Bestandteil von Biokatalysatoren an der Übertragung von Methylgruppen beteiligt ist (S. 637). *Zink* hat in Enzymen zwei Funktionen: Zum einen hält es durch koordinative Bindungen mehrere Bausteine des Proteins in einer bestimmten räumlichen Anordnung fest, die für die Einleitung der chemischen Reaktion besonders günstig ist. Zum anderen kann es selbst in den Prozeß der Katalyse eingreifen. Es wirkt dabei – wie die meisten Metalle (Tabelle 1.5, S. 22) – als Säurekatalysator.

Verschiedene Metalle werden therapeutisch eingesetzt

Die Verbindungen von drei Metallen [Platin (Pt 78), Gold (Au 79) und Wismut (Bi 83)] haben Eingang in die Therapie gefunden: *Platinverbindungen* (Abb. 1.18) haben die Behandlung von Hodentumoren revolutioniert. Sie wirken durch Bindung an Nucleinsäuren (DNA) wachstumshemmend. *Goldverbindungen* werden bei der Behandlung der Arthritis eingesetzt und entfalten ihre Wirkung über eine Bindung an SH-Gruppen von Proteinen. *Wismutverbindungen* hemmen Bakterien, die beim Menschen Magengeschwüre verursachen.

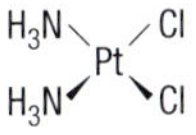

Abb. 1.18 Cisplatin

! **RESÜMEE** Wasser ist der quantitativ bedeutendste Bestandteil unseres Organismus. Es macht über 70 % der meisten Zellen unserer Gewebe und über die Hälfte unseres Körpergewichtes aus. Durch seine ungewöhnlichen qualitativen Eigenschaften bestimmt Wasser praktisch alle biochemischen Prozesse. Seine Polarität bedingt die Ausbildung von Wasserstoffbrückenbindungen, die als intra- und intermolekulare nichtcovalente Bindungen eine große Bedeutung in biologischen Makromolekülen wie Proteinen und Nucleinsäuren besitzen. Die Unverträglichkeit hydrophiler und hydrophober Gruppen verursacht die Entstehung hydrophober Wechselwirkungen, die ebenfalls für die Organisation makromolekularer Strukturen entscheidend sind.

Die Polarität und hohe Konzentration von Wasser führen dazu, daß viele biochemische Reaktionen (Hydrolysen) unter Beteiligung von Wasser ablaufen. Wasserbewegungen zwischen Intra- und Extrazellulärraum in unserem Körper verursachen osmotische Kräfte, so daß der Wasserhaushalt einer präzisen Regulation unterliegt. Der pH-Wert des Intra- und Extrazellulärraumes wird ebenfalls konstant gehalten, da Änderungen der Protonenkonzentrationen biochemische Reaktionen beeinflussen. Die Konstanthaltung erfolgt durch Puffer, d. h. schwache Säuren und ihre konjugierten Basen. Beim Menschen wirken mehrere Puffersysteme zusammen, von denen das wichtigste das Bicarbonat/Kohlendioxid-System ist. Es zeichnet sich dadurch aus, daß einer der beiden Partner ein Gas darstellt, so daß ein offenes System entsteht.

24 Bioelemente sind für den Menschen lebensnotwendig. Dazu gehören die Nichtmetalle Wasserstoff, Kohlenstoff, Sauerstoff, Stickstoff, Phosphor und Schwefel, aus denen sich die Mikro- und Makromoleküle der Zelle zusammensetzen. Die Metalle Natrium, Kalium, Calcium und Magnesium wirken vor allem als Ladungsträger und Botenstoffe. Die übrigen Elemente sind weit verbreitet, kommen quantitativ aber nur in Spuren vor, da sie bevorzugt an katalytischen Prozessen beteiligt sind.

Literatur

Monographien und Lehrbücher

BERTHON G (ed) (1995) Handbook of metal ligand interactions in biological fluids. Dekker, New York

FAUSTO DA SILVA JJR, WILLIAMS RJP (1991) The biological chemistry of the elements: The inorganic chemistry of Life. Oxford Univ Press, Oxford

HENDERSON JL (1914) Die Umwelt des Lebens. Bergmann, Wiesbaden

SELDIN DW, GIEBISCH G (1993) Clinical disturbances of water metabolism. Raven Press, New York

Original- und Übersichtsarbeiten

ABRAMS MJ, MURRER BA (1993) Metal compounds in therapy and diagnosis. Science 261: 725–730

ANGGARD E (1994) Nitric oxide: mediator, murderer and medicine. Lancet 343: 1199–1206

CARAFOLI E, PENNISTON JT (1985) The calcium signal. Sci Amer 253: 70–78

DAWSON TM, SNYDER SH (1994) Gases as biological messengers: nitroxide and carbon monoxide in the brain. J Neurosci 14: 5147–5159

FRIEDEN E (1972) The chemical elements of life. Sci Amer 226: 52

FUNCK T (1970) Physikalische Chemie des Wassers. In: Schröder B (Hrsg) Wasser. Suhrkamp, Frankfurt, S 1 ff

HARLAND BF, HARDEN-WILLIAMS BA (1994) Is vanadium of human nutritional importance yet? J Am Diet Ass 94: 891–894

HÄUSSINGER D, LANG F, GEROK W (1994) Regulation of cell volume by the cellular hydration state. Amer J Physiol 267: E345–355

KNEPPER MA (1994) The aquaporin family of molecular water channels. Proc Natl Acad Sci 91: 6255–6258

NIELSEN FH (1993) Ultratrace elements of possible importance for human health: an update. Prog Clin Biol Res 380: 355–376

PAULY H (1973) Über den physikalisch-chemischen Zustand des Wassers und der Elektrolyte in der lebenden Zelle. Biophysik 10: 7

VILLA A, MELDOLESI J (1994) The control of Ca^{2+} homeostasis: role of intracellular rapidly exchanging Ca^{2+} stores. Cell Biol Internat 18: 301–307

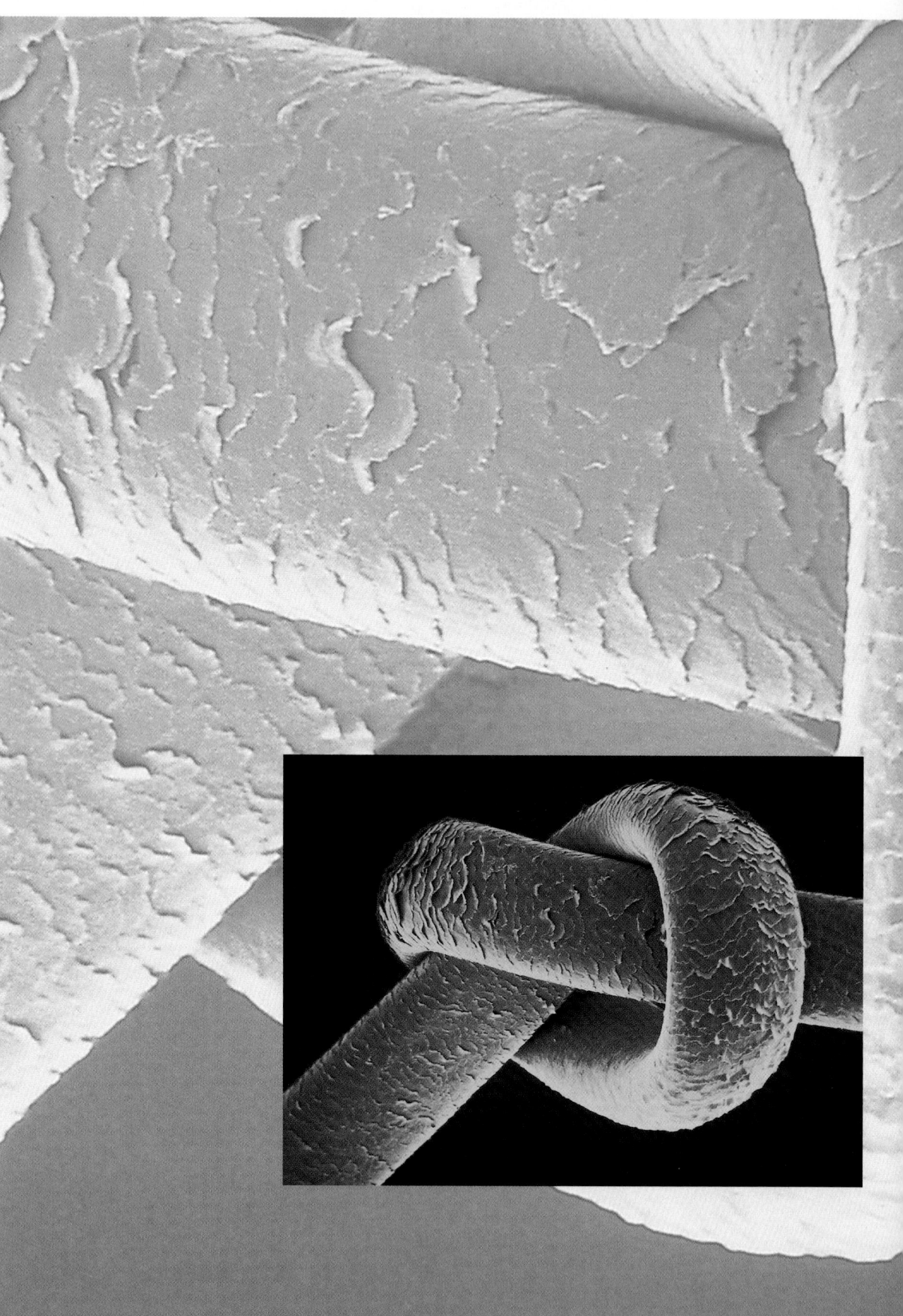

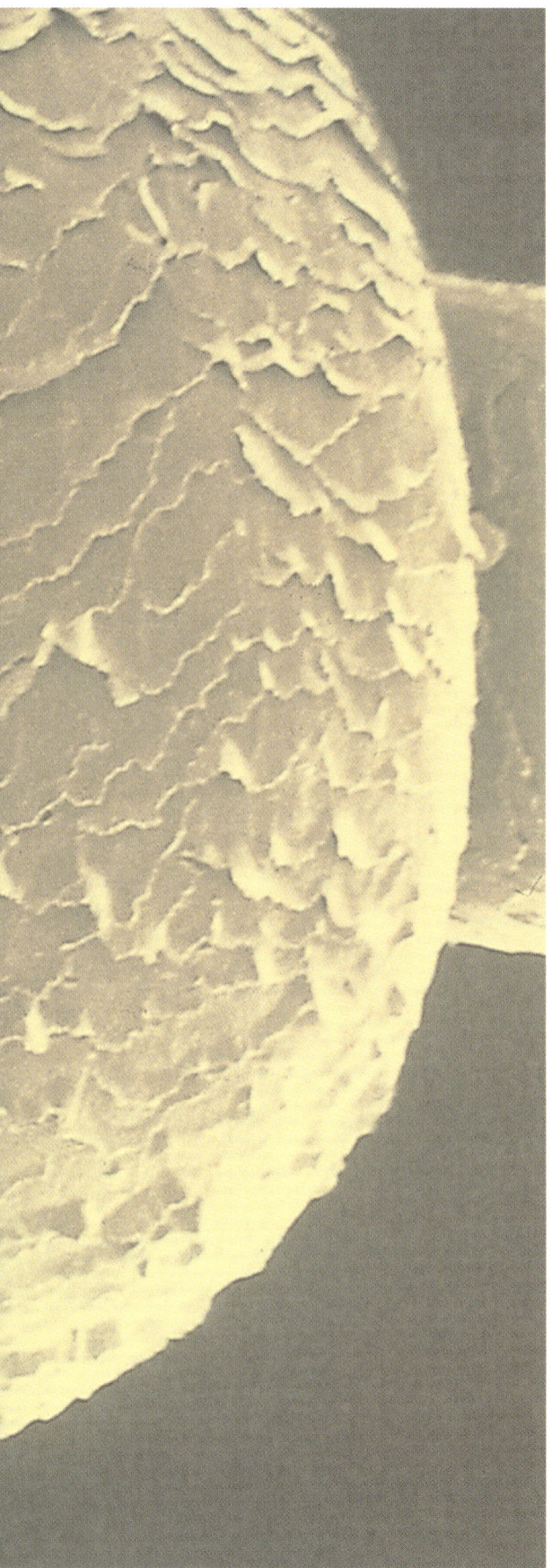

PETRO E. PETRIDES

Aminosäuren und Polyaminosäuren (Proteine)

Aminosäuren sind die Polymerbausteine der Proteine, die mit z. T. mehr als 20 % des Feuchtgewichtes den bedeutendsten Anteil organischer Makromoleküle von Zellen, Geweben und Organen ausmachen. Nach groben Schätzungen enthält unser Organismus etwa 50000 verschiedene Proteine. Sie kommen häufig als Großfamilien vor, deren Mitglieder verwandt sind, aber spezialisierte Funktionen besitzen. Proteine sind als Membran- und Zytoskelettbausteine für die Zellarchitektur verantwortlich und bestimmen durch die Zusammensetzung der extrazellulären Matrix Aufbau und Funktion von Geweben. Proteine sorgen dafür, daß chemische Reaktionen katalysiert und reguliert werden (Enzyme), übermitteln Signale von Zelle zu Zelle (Hormone), erkennen diese Signale und leiten sie dem Zellinneren zu (Rezeptoren und Signaltransduktionssysteme), transportieren schlecht wasserlösliche Stoffe wie Sauerstoff (Hämoglobin) oder Eisen (Transferrin) und leiten oder pumpen Ionen durch Zellmembranen (Ionenkanäle und -pumpen).

Die enorme strukturelle und funktionelle Vielfalt der Proteine kommt durch die unterschiedliche Kombination der 20 proteinogenen Aminosäuren über Peptidbindungen zu Polymeren und die Assoziation mit verschiedenen Nicht-Proteinbestandteilen (wie Metallen) zustande. Die Aminosäuresequenz bestimmt auch die räumliche Anordnung, d. h. die Konformation der Proteine, die flexibel ist und damit die Anpassung an sich verändernde Situationen erlaubt.

An den Keratinen, den wichtigsten Proteinen von Haaren, Haut und Nägeln, wurden die ersten Untersuchungen zur komplexen Struktur von Proteinen durchgeführt. (Bild: M. P. Kage, Okapia Bild-Archiv, Frankfurt)

2.1 Aminosäuren

2.1.1 Strukturen und Eigenschaften der Aminosäuren

Aminocarbonsäuren besitzen – wie ihr Name sagt – gegenüber einfachen Carbonsäuren (Fettsäuren) und Kohlenhydraten zusätzlich eine funktionelle Gruppe, die *Stickstoff* enthält (Aminogruppe). Von den in Proteinen vorkommenden Aminosäuren besitzen zwei, nämlich Cystein und Methionin, außerdem noch ein Schwefelatom.

Grundsätzlich unterscheiden wir zwischen Aminosäuren, die eine Funktion als Proteinbaustein und im Stoffwechsel der Zelle besitzen (*proteinogene* Aminosäuren), und solchen, die nur im Stoffwechsel Verwendung finden (*nichtproteinogene* Aminosäuren).

Aminosäuren werden zum Aufbau der Proteine verwendet

Vom einfachsten Prokaryonten bis hinauf zum Menschen dient ein Bausatz von 20 Aminosäuren zum Aufbau der Proteine. Sie werden als proteinogene Aminosäuren bezeichnet und stellen nur einen Teil der über 100 heute bekannten Aminosäuren dar. Da alle proteinogenen Aminosäuren beide funktionelle Gruppen, d. h. die Carboxyl- und die Aminogruppe, am α-C-Atom tragen, heißen sie α-Aminocarbonsäuren. Der bei den einzelnen Aminosäuren variable Teil, der ihnen unterschiedliche Größe, chemische Reaktivität, Ladung und Molekulargewicht (zwischen 74 und 204 D) ver-

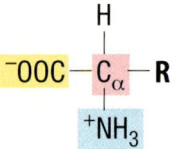

Abb. 2.1 Allgemeine Struktur der α-Aminosäuren (*R* Seitenkette)

leiht, heißt Seitenkette und ist in Abb. 2.1 durch ein R gekennzeichnet.

Nach dem Aufbau dieser Seitenkette, die weitere funktionelle Gruppen, wie z. B. die Hydroxylfunktion, enthalten kann, läßt sich der Aminosäurebausatz in verschiedene Gruppen einteilen (Abb. 2.2, S. 35).

Aminosäuren tragen häufig Trivialnamen

Da die Aminosäuren schon lange bekannt sind, tragen sie meist Trivialnamen, die sich eher auf das tierische oder pflanzliche Gewebe, aus dem sie erstmals angereichert werden konnten (Glutamin nach dem Weizenprotein Gluten, Tyrosin nach dem griechischen Wort für Käse und Asparagin nach der lateinischen Bezeichnung für Spargel), als auf ihre chemische Struktur beziehen.

In Abb. 2.2 sind deshalb auch chemische Bezeichnungen angegeben, die folgendermaßen gebildet werden:
- Verzweigtkettige und substituierte Säuren werden als Derivate geradkettiger Säuren aufgefaßt.
- Die Lage von Seitenketten und Substituenten wird durch die griechischen Buchstaben α, β, γ, δ, usw. markiert, wobei das α-C-Atom die Carboxylgruppe trägt.

Die Aminosäure *Serin* (Abb. 2.3) heißt nach dieser (in der Abb. 2.2 gewählten) Nomenklatur α-*Amino-β-hy-*

Aminosäuren mit unverzweigter und verzweigter aliphatischer Seitenkette

Trivialname	Seitenkette
Glycin—Gly—G / α-Aminoessigsäure (75)	$^-OOC-\overset{\overset{H}{\mid}}{\underset{\underset{+NH_3}{\mid}}{C}}-H$
Alanin—Ala—A / α-Aminopropionsäure (89)	$-CH_3$
Valin—Val—V / α-Aminoisovaleriansäure (117)	$-CH\overset{CH_3}{\underset{CH_3}{}}$
Leucin—Leu—L / α-Aminoisocapronsäure (131)	$-CH_2-CH\overset{CH_3}{\underset{CH_3}{}}$
Isoleucin—Ile—I / α-Amino-β-methylvaleriansäure (131)	$-\overset{\overset{CH_3}{\mid}}{CH}-CH_2-CH_3$

Aminosäuren mit einer Seitenkette, die eine Hydroxylgruppe enthält

Serin—Ser—S / α-Amino-β-hydroxypropionsäure (105)	$-CH_2-OH$
Threonin—Thr—T / α-Amino-β-hydroxybuttersäure (119)	$-\overset{\overset{OH}{\mid}}{CH}-CH_3$

Aminosäuren mit einer Seitenkette, die ein Schwefelatom enthält

Cystein—Cys—C / α-Amino-β-mercaptopropionsäure (121)	$-CH_2-SH$
Methionin—Met—M / α-Amino-γ-methylmercaptobuttersäure (149)	$-CH_2-CH_2-S-CH_3$

Aminosäuren mit einer Seitenkette, die eine Carboxylgruppe oder deren Amid enthält

Aspartat—Asp—D / α-Aminobernsteinsäure (133)	$-CH_2-COO^-$
Asparagin—Asn—N / γ-Amid der α-Aminobernsteinsäure (132)	$-CH_2-CONH_2$
Glutamat—Glu—E / α-Aminoglutarsäure (147)	$-CH_2-CH_2-COO^-$
Glutamin—Gln—Q / δ-Amid der α-Aminoglutarsäure (146)	$-CH_2-CH_2-CONH_2$

Aminosäuren mit einer Seitenkette, die eine Aminogruppe enthält

Arginin—Arg—R / α-Amino-δ-guanidinvaleriansäure (174)	$-CH_2-CH_2-CH_2-NH-\overset{\overset{+NH_2}{\mid\mid}}{C}-NH_2$
Lysin—Lys—K / α, ε-Diaminocapronsäure (146)	$-CH_2-CH_2-CH_2-CH_2-{}^+NH_3$

Aminosäuren mit einer aromatischen Seitenkette

Histidin—His—H / α-Amino-β-imidazolpropionsäure (155)	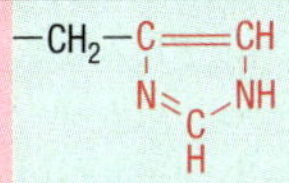 Imidazol-Seitenkette
Tryptophan—Trp—W / α-Amino-β-indolylpropionsäure (204)	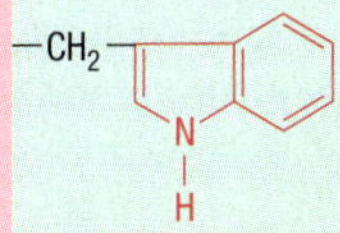 Indol-Seitenkette
Phenylalanin—Phe—F / α-Amino-β-phenylpropionsäure (165)	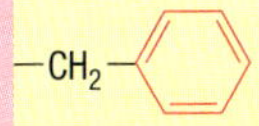 $-CH_2-$ Phenyl
Tyrosin—Tyr—Y / α-Amino-β-(p-hydroxy)phenylpropionsäure (181)	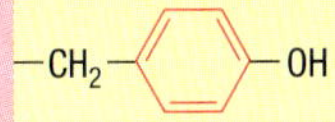 $-CH_2-$ Phenyl$-OH$

Aminosäuren mit cyclischem Aufbau

Prolin—Pro—P / α-Pyrrolidincarbonsäure (115)	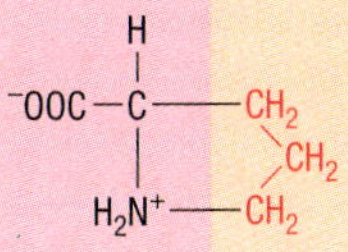 Pyrrolidin-Struktur

Abb. 2.2 Die 20 proteinogenen Aminosäuren. *Links:* Trivialname und chemische Bezeichnung, 3- und 1-Buchstabenabkürzung sowie Molekulargewicht (in D); *Mitte:* das α-C-Atom ist mit *Rotraster* hinterlegt; *rechts:* Seitenketten

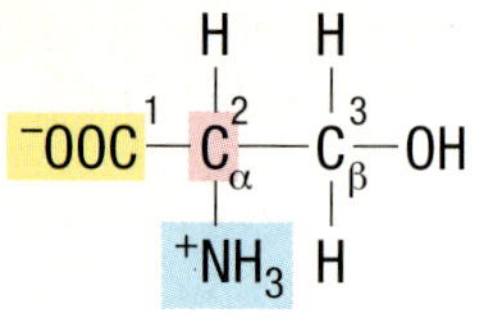

Abb. 2.3 Serin. Die chemischen Bezeichnungen für diese Aminosäure sind α-Amino-β-Hydroxypropionsäure bzw. 2,3-Hydroxypropionsäure

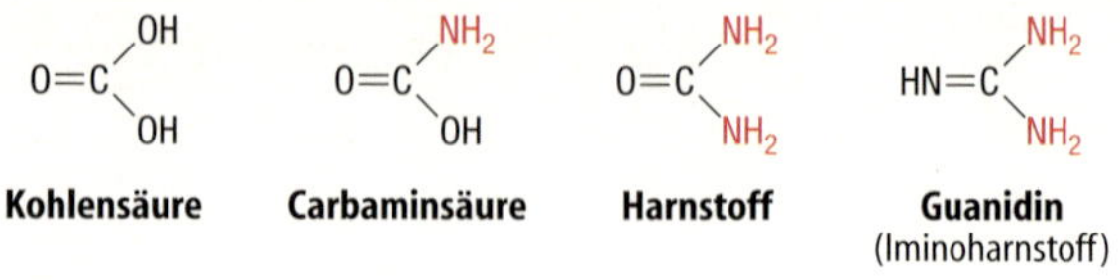

Abb. 2.4 Derivate der Kohlensäure

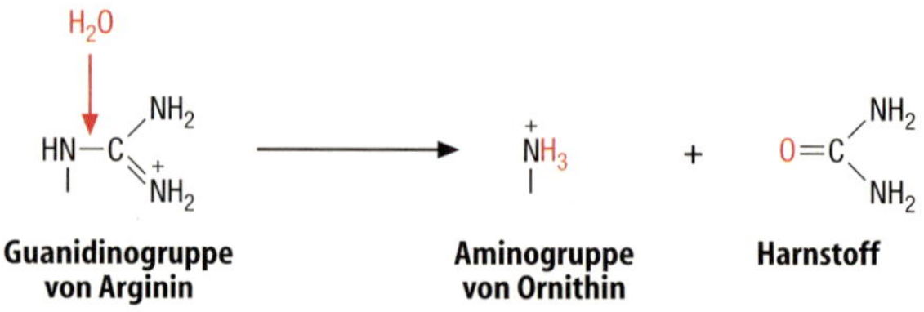

Abb. 2.5 Die Hydrolyse der Guanidino-Gruppe von Arginin

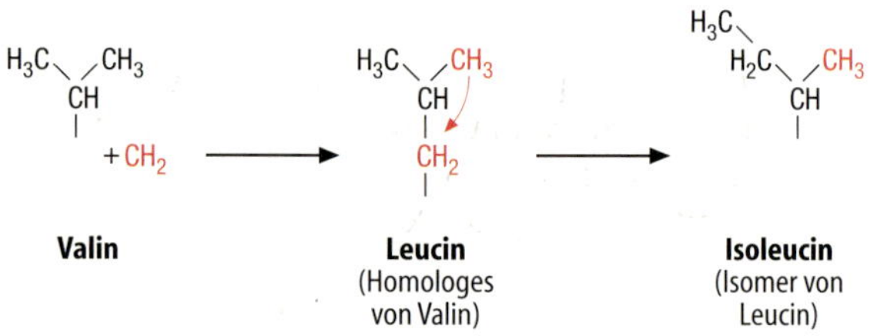

Abb. 2.6 Seitenketten der verzweigtkettigen Aminosäuren

droxypropionsäure. Auch bei dieser Benennung handelt es sich jedoch letztlich noch um Trivialbezeichnungen. Nach dem in der organischen Chemie gebräuchlichen IUPAC-System (s. Anhang) wird als Grundstruktur die längste Kohlenstoffkette, an der sich die Carboxylgruppe befindet, ausgesucht. Der Name dieser Säure ergibt sich aus dem des betreffenden Alkans durch Anhängung der Endung -säure. Die Stellung von Substituenten wird ebenfalls durch eine Ziffer angegeben, wobei bei diesem System das Carboxylkohlenstoffatom als C-1 betrachtet wird, so daß C-2 dem α-C- und C-3 dem β-C-Atom in den Trivialbezeichnungen entspricht. Serin heißt nach diesem System **2-Amino-3-hydroxypropansäure** (Abb. 2.3). Arabische Zahlen sollten nur im IUPAC-System und griechische Ziffern nur bei Trivialbezeichnungen verwendet werden.

Aminosäuren werden für den normalen Gebrauch mit drei Buchstaben abgekürzt (z. B. Ser für Serin). Die Einbuchstabensymbole (S für Serin) finden bei langen Sequenzen Anwendung.

Aminosäuren sind Derivate gesättigter Carbonsäuren

Eine wichtige mnemotechnische Erleichterung bietet ein Blick auf die Zusammenstellung der homologen Reihe der gesättigten Monocarbonsäuren (Fettsäuren), von denen sich fast alle Aminosäuren ableiten (S. 138).

Eine Ausnahme machen *Prolin,* die Carbonsäure des Pyrrolidinringes, bei dem im Gegensatz zum Pyrrolring alle Bindungen gesättigt sind, und die Aminosäuren, deren Seitenkette eine weitere Carboxylgruppe enthält und die deshalb von den gesättigten Dicarbonsäuren (Oxal-, Malon-, Bernstein-, Glutar-, Adipinsäure usw.) abstammen: *Aspartat* von Bernsteinsäure (Succinat) und *Glutamat* von deren Homologen Glutarsäure (Glutarat). Bei ihren Amiden Asparagin und Glutamin ist die zusätzliche Carboxylgruppe durch eine Säureamidfunktion ersetzt. *Glycin* und *Alanin* sind die α-Aminoderivate von Essigsäure bzw. ihrem Homologen Propionsäure. Von α-Aminopropionsäure leiten sich auch *Serin* (Hydroxylgruppe in β-Stellung) und *Cystein* (Sulfhydrylgruppe in β-Stellung) ab. Wird ein Wasserstoffatom des β-C-Atoms von Serin durch eine Methylgruppe ersetzt, so entsteht *Threonin. Methionin* stellt das Homologe von Cystein dar (Homocystein), bei dem zusätzlich das Wasserstoffatom der Sulfhydryl-(Thio-)gruppe durch eine Methylgruppe substituiert ist (Me(thyl)thionin). Da diese Methylgruppe nach Aktivierung leicht übertragen werden kann, bestimmt sie die Stoffwechselfunktion von Methionin. Die aromati-

schen Aminosäuren können als Imidazolyl-*(Histidin-)*, Phenyl-*(Phenylalanin-)* und Indolyl-*(Tryptophan-)*derivate von α-Aminopropionsäure (Alanin) betrachtet werden. *Tyrosin* ist in Parastellung hydroxyliertes Phenylalanin (p-Hydroxyphenylalanin). *Arginin* stammt von Valeriansäure ab, bei der ein Wasserstoffatom durch eine Guanidinogruppe ersetzt ist. Guanidin gehört zur Gruppe der Kohlensäurederivate (Abb. 2.4). Wird eine Hydroxylgruppe der Kohlensäure durch eine Aminogruppe ersetzt, so entsteht Carbaminsäure, ein Zwischenprodukt des Stickstoffwechsels der Zelle. Ebenso entsteht – rein formal – Guanidin aus Harnstoff, wenn die Ketofunktion durch eine Iminogruppe substituiert wird. Bei der Betrachtung der Guanidinogruppe von Arginin fällt auf, daß die hydrolytische Spaltung der C-N-Bindung Harnstoff und die (später zu besprechende) nichtproteinogene Aminosäure Ornithin entstehen läßt (Abb. 2.5). Diese Hydrolyse ist im Stoffwechsel von Arginin von entscheidender Bedeutung (Kapitel 19, S. 538). *Lysin* leitet sich von Capronsäure, dem nächsthöheren Homologen der Valeriansäure ab, bei der ein Wasserstoffatom der endständigen Methylgruppe zusätzlich durch eine Aminogruppe substituiert ist. Valin, Leucin und Isoleucin gehören zu den verzweigtkettigen Aminosäuren, da sie von den verzweigtkettigen Fettsäuren abstammen, die sich durch den Besitz einer von der Hauptkette abzweigenden Methylgruppe auszeichnen. Die einfachste verzweigtkettige Aminosäure stellt *Valin* (α-Aminoisovaleriansäure) dar; *Leucin* ist sein nächsthöheres Homologes (α-Aminoisocapronsäure) und *Isoleucin* dessen Isomer (Abb. 2.6).

Aminosäuren können nach der Wasserlöslichkeit ihrer Seitenketten eingeteilt werden

Wie wir in Kapitel 1 gesehen haben, sind biologische Vorgänge an die Gegenwart von Wasser gebunden und werden durch diese bestimmt. Dabei ist das Wasser nicht einfach ein passives Lösungsmittel, sondern auch aktive Komponente, die auf die Konformation von Makromolekülen, zu denen die Proteine zählen, einen entscheidenden Einfluß ausübt.

Da die *Individualität eines Proteins* durch die Seitenketten seiner Bausteine, der Aminosäuren, bestimmt wird und die Konformation durch die Wechselwirkungen der Seitenketten mit dem wäßrigen Lösungsmittel zustandekommt, ist die Löslichkeit der Aminosäureseitenketten in Wasser von großer Bedeutung.

Die proteinogenen Aminosäuren lassen sich unter diesem Gesichtspunkt in zwei Gruppen einteilen:
- diejenigen mit polarer und
- solche mit apolarer Seitenkette (Abb. 2.7).

Apolare Seitenketten sind *hydrophob,* d. h. sie lösen sich aufgrund ihres aliphatischen Charakters schlecht in Wasser; polare Reste sind dagegen *hydrophil,* d. h. im Wasser löslich.

Zu den apolaren oder hydrophoben Aminosäuren gehören Aminosäuren mit kleiner (Glycin und Alanin) und großer aliphatischer Seitenkette (die verzweigtkettigen Aminosäuren Valin, Leucin und Isoleucin, Prolin) sowie aromatische Aminosäuren (Phenylalanin und Tryptophan).

Entscheidend für das hydrophobe Verhalten der Seitengruppen von Valin, Leucin und Isoleucin ist nicht nur ihre Fettsäurekette, sondern auch die Tatsache, daß die Methylverzweigung bei gleicher Kohlenstoffanzahl die Gestalt der Seitenkette ändert. Da diese sich der Kugelform nähert, verringert sich die Oberfläche der Seitenkette. Die Aminosäuren mit verzweigter Seitenkette haben sich wahrscheinlich aus diesem Grund gegenüber den – theoretisch ebenfalls denkbaren – Aminosäuren mit unverzweigter Fettsäureseitenkette durchgesetzt, obwohl die Biosynthese für die Zelle schwieriger ist (und deshalb vom tierischen Organismus aufgegeben wurde, S. 543).

Die Gruppe der polaren oder hydrophilen Aminosäuren setzt sich aus Aminosäuren zusammen, deren Reste Sauerstoff- und Stickstoffatome enthalten, die Wasserstoffbrückenbindungen ausbilden können. Diese Gruppe läßt sich aufgrund der Ladung der Seitenkette unterteilen in Aminosäuren mit:
- positiv geladener (basisch hydrophil: Lysin, Arginin und Histidin),
- ungeladener (neutral hydrophil: Glutamin, Asparagin, Serin, Threonin und Cystein) und
- negativ geladener Seitenkette (sauer hydrophil: Aspartat, Glutamat und Tyrosin).

Die Klassifizierung der Aminosäuren nach diesem Prinzip birgt einige Schwierigkeiten in sich, da einzelne Aminosäurenreste hydrophobe und hydrophile Elemente aufweisen. So kann z. B. die Hydroxylgruppe von Tyrosin – je nach dem pH-Wert der Umgebung – in geladenem oder ungeladenem Zustand auftreten, wodurch sich ihr hydrophiler Charakter ändert und gegenüber dem hydrophoben Benzolring an Bedeutung gewinnt oder verliert. Wegen dieser zwangsläufig auftretenden Überschneidungen bei der Einteilung kann man die Aminosäuren mit kleinem aliphatischem (Glycin, Alanin und Prolin) und neutralem hydrophilem Rest auch unter dem Begriff *ambiphile Aminosäuren* (beide = lat. ambi) subsummieren.

Einzelne Aminosäuren werden nach dem Einbau in Proteine derivatisiert

Zerlegt man bestimmte Proteine, wie z. B. das Kollagen der Fibrillen des Binde- und Stützgewebes oder das Actin und Myosin des Muskelgewebes, durch eine säure-, basen- oder enzymkatalysierte Hydrolyse in ihre Bausteine, so findet man außer den 20 uns bereits bekannten Aminosäuren noch weitere, wie *Hydroxylysin* und *Hydroxyprolin* im Kollagen oder *3-Methylhistidin* bei der Spaltung von Actin oder Myosin (Abb. 2.8). Diese Bausteine stellen Derivate des 20 Aminosäuren-Bausatzes dar, aus dem sie nach Fertigstellung des Proteins durch *chemische Modifikation* entstehen. Auch die Seitenketten anderer Aminosäuren können im Proteinverband verändert werden (Abb. 2.8):
- So wird die Hydroxylgruppe von Serin und Threonin phosphoryliert,
- die ε-Aminogruppe von Lysin acetyliert oder methyliert,
- die Hydroxylgruppe von Tyrosin sulfatiert oder phosphoryliert und
- das γ-C-Atom von Glutamat carboxyliert.

Bei letzterer Reaktion entsteht γ-*Carboxyglutamat,* das Bestandteil von calciumabhängigen Proteinen der Blutgerinnung ist, daneben auch im Knochen und in den Nieren vorkommt. Die Calciumbindung wird durch die beiden benachbarten Carboxylatfunktionen vermittelt (S. 28). Weiterhin können Proteine z. B. mit Myristinsäure (Tabelle 6.2, S. 138) acyliert werden. Insgesamt sind heute über 100 Aminosäurenderivate in Proteinen bekannt. Während die überwiegende Zahl der Seitenkettenmodifikationen irreversibel ist, wird die *Reversibilität der Phosphorylierungsreaktion* im Zellstoffwechsel für Regulationszwecke verwendet.

Außer Glycin besitzt jede Aminosäure wenigstens ein asymmetrisches Kohlenstoffatom

Bei der Besprechung der Aminosäuren haben wir bisher außer acht gelassen, daß sie *räumlich angeordnete*

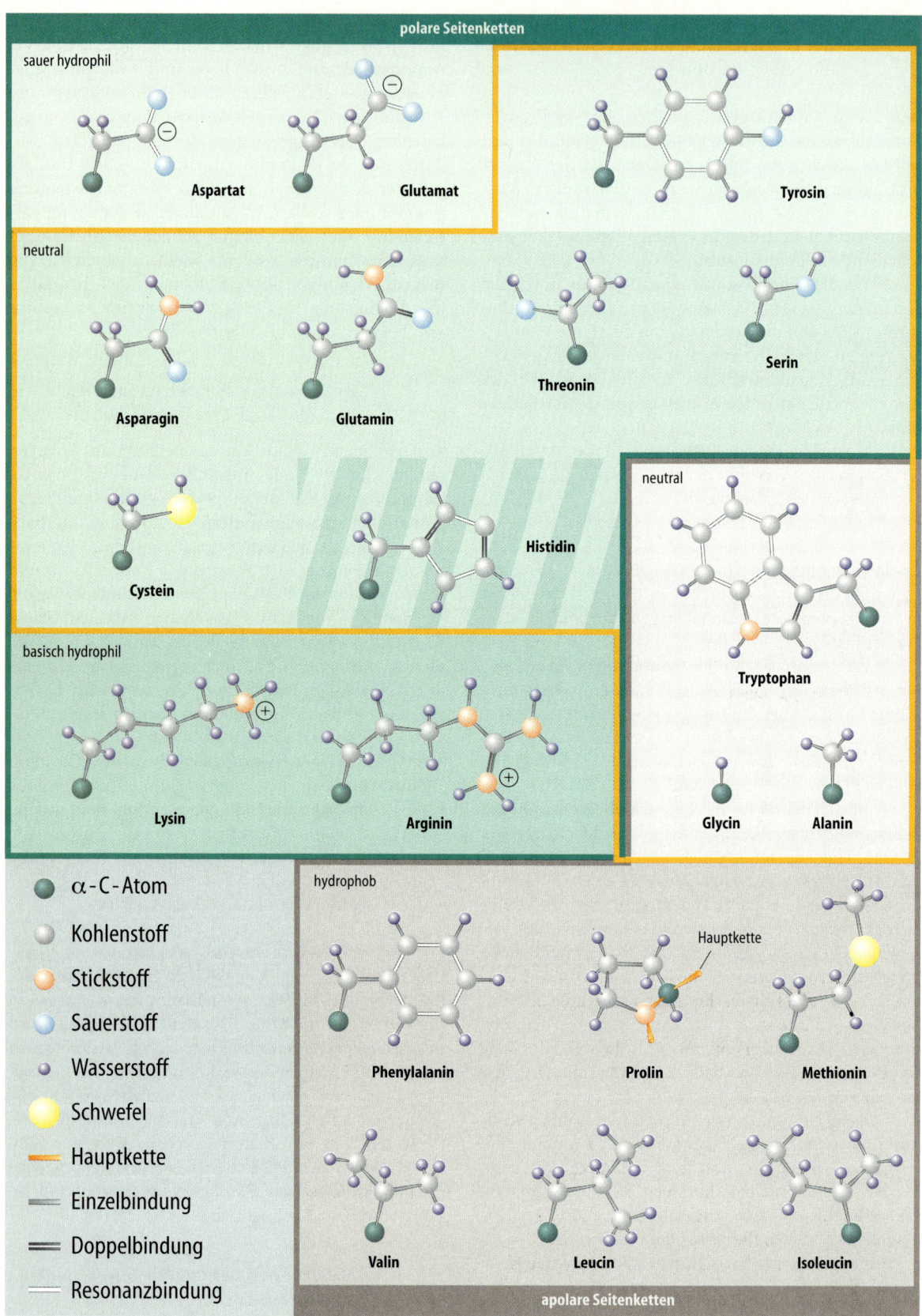

polare Seitenketten

sauer hydrophil

Aspartat

Glutamat

Tyrosin

neutral

Asparagin

Glutamin

Threonin

Serin

Cystein

Histidin

neutral

Tryptophan

Glycin   **Alanin**

basisch hydrophil

Lysin

Arginin

- α-C-Atom
- Kohlenstoff
- Stickstoff
- Sauerstoff
- Wasserstoff
- Schwefel
- Hauptkette
- Einzelbindung
- Doppelbindung
- Resonanzbindung

hydrophob

Hauptkette

Phenylalanin

Prolin

Methionin

Valin

Leucin

Isoleucin

apolare Seitenketten

Abb. 2.7 Einteilung der proteinogenen Aminosäuren nach Wasserlöslichkeit ihrer Seitenketten (schematische Darstellung). Man beachte auch die Größenunterschiede zwischen den einzelnen Seitenketten

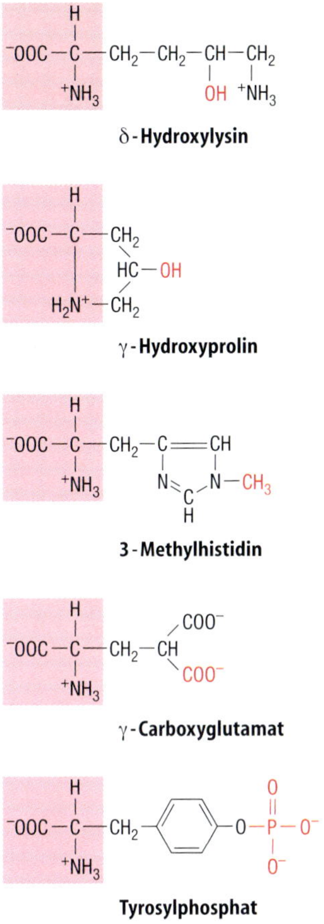

Left column figures

$^-OOC - \overset{\overset{\displaystyle H}{|}}{\underset{\underset{\displaystyle +NH_3}{|}}{C}} - CH_2 - CH_2 - \overset{}{CH} - CH_2$

$\overset{}{OH} \quad +NH_3$

δ-Hydroxylysin

$^-OOC - \overset{\overset{\displaystyle H}{|}}{\underset{\underset{\displaystyle H_2N^+}{|}}{C}} - CH_2$

$HC - OH$

CH_2

γ-Hydroxyprolin

$^-OOC - \overset{\overset{\displaystyle H}{|}}{\underset{\underset{\displaystyle +NH_3}{|}}{C}} - CH_2 - C = CH$

$N \underset{\overset{|}{C}}{=} \; N - CH_3$

H

3-Methylhistidin

$^-OOC - \overset{\overset{\displaystyle H}{|}}{\underset{\underset{\displaystyle +NH_3}{|}}{C}} - CH_2 - \overset{\overset{\displaystyle COO^-}{}}{CH}$

COO^-

γ-Carboxyglutamat

$^-OOC - \overset{\overset{\displaystyle H}{|}}{\underset{\underset{\displaystyle +NH_3}{|}}{C}} - CH_2 - \underset{}{\bigcirc} - O - \overset{\overset{\displaystyle O}{||}}{\underset{\underset{\displaystyle O^-}{|}}{P}} - O^-$

Tyrosylphosphat

Abb. 2.8 Derivate proteinogener Aminosäuren

Right column figures

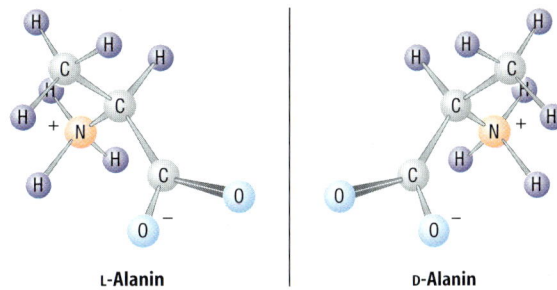

L-Alanin　　　　**D-Alanin**

Abb. 2.9 Die beiden optischen Isomeren der Aminosäure Alanin

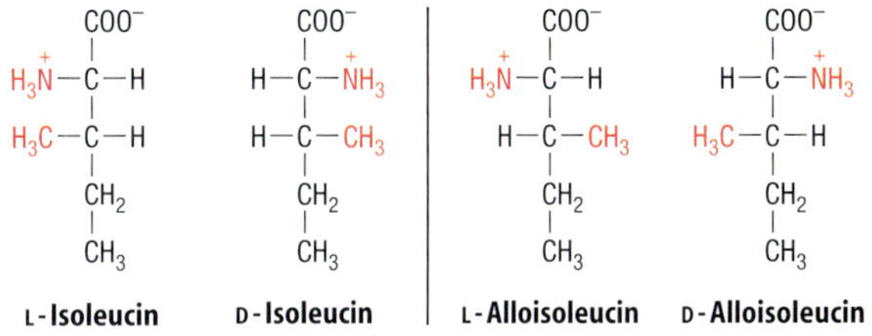

$\begin{array}{cc} COO^- & COO^- \\ H_3\overset{+}{N} - C - H & H - C - \overset{+}{N}H_3 \\ H_3C - C - H & H - C - CH_3 \\ CH_2 & CH_2 \\ CH_3 & CH_3 \\ \text{L-Isoleucin} & \text{D-Isoleucin} \end{array} \quad \begin{array}{cc} COO^- & COO^- \\ H_3\overset{+}{N} - C - H & H - C - \overset{+}{N}H_3 \\ H - C - CH_3 & H_3C - C - H \\ CH_2 & CH_2 \\ CH_3 & CH_3 \\ \text{L-Alloisoleucin} & \text{D-Alloisoleucin} \end{array}$

Abb. 2.10 Isomere Formen von L-Isoleucin, welches zwei asymmetrische Kohlenstoffe enthält. Die zusätzliche Isomere werden als Alloformen bezeichnet

Body text

Moleküle sind, für die die Strukturformeln nur eine vereinfachende, zweidimensionale Beschreibung darstellen. Mit Ausnahme von Glycin besitzt jede Aminosäure mindestens ein Kohlenstoffatom mit vier verschiedenen Gruppen *(asymmetrisches C-Atom)* und liegt daher in zwei räumlich verschiedenen, zueinander spiegelbildlichen Formen vor, die nicht miteinander zur Deckung gebracht werden können (Abb. 2.9). Wohlbekanntes Beispiel dieser Spiegelbildasymmetrie sind unsere Hände.

Die Zugehörigkeit zur D- oder L-Reihe wird durch den Vergleich mit dem L-Glycerinaldehyd ermittelt: Da der Substituent der Aminosäuren links vom α-C-Atom liegt, sind sie *L-α-Aminosäuren.* Alle Proteine bestehen ausschließlich aus L-α-Aminosäuren; es ist nicht bekannt, warum von lebenden Organismen für den Proteinaufbau nur L-α-Aminosäuren (und für den Aufbau von Nucleinsäuren nur Nucleotide mit Zuckern vom D-Typ) verwendet werden.

Einige D-Aminosäuren (D-Alanin, D-Glutamat) sind für bakterielle Zellwände charakteristisch und außerdem als Bauteile vieler Antibiotika nachgewiesen worden.

Da einzelne Aminosäuren zwei asymmetrische Kohlenstoffatome (z. B. Isoleucin und Threonin) besit-

zen, können sie in vier spiegelbildlichen Formen vorliegen (Abb. 2.10), von denen unter physiologischen Bedingungen jedoch nur *eine,* die natürliche L-Aminosäure, biologische Bedeutung hat.

Die Kenntnis der Stereochemie von Molekülen ist deshalb wichtig, da z. B. Enzyme *stereoselektiv* arbeiten, d. h. meist nur mit der D- oder L-Form eines Substratmoleküls reagieren. Sie entsprechen damit unseren Händen oder Füßen, denen wir auch nur die entsprechenden Handschuhe oder Schuhe anziehen können.

Nicht-proteinogene Aminosäuren haben wichtige Stoffwechselfunktionen

In Tabelle 2.1 findet sich eine Auswahl aus den über 100 Aminosäuren, die nicht in Proteine eingebaut werden. Diese sog. nichtproteinogenen Aminosäuren sind fast immer Derivate der proteinogenen Aminosäuren. Sie spielen eine Rolle
- bei der Biosynthese von Harnstoff (S. 536),
- als Zwischenprodukte im Stoffwechsel (Biosynthese und Abbau) der proteinogenen Aminosäuren und
- als Vorstufen niedermolekularer Verbindungen [Pigmente, biogene Amine (S. 528)].

Tabelle 2.1 Beispiele nicht-proteinogener α- (sowie β- und γ-) Aminosäuren

Aminosäure (Trivialname) mit chemischen Namen, Entstehung und Bedeutung im Zellstoffwechsel	Strukturformel
Ornithin (α, δ-Aminovalerianat) entsteht durch Abspaltung der Guanidinogruppe von **Arginin**; ist Zwischenprodukt bei der Harnstoffbiosynthese	$^-OOC-CH-CH_2-CH_2-CH_2-\overset{+}{N}H_3$ mit $^+NH_3$
Homocystein (α-Amino-γ-mercaptobutyrat) entsteht durch Abspaltung der Methylgruppe von **Methionin**; ist Zwischenprodukt des Methioninstoffwechsels	$^-OOC-CH-CH_2-CH_2-SH$ mit $^+NH_3$
5-Hydroxytryptophan (α-Amino-β-(5-hydroxy)-indolylpropionat) entsteht durch Hydroxylierung von **Tryptophan**; ist Vorstufe von Serotonin, einem Gewebshormon	$^-OOC-CH-CH_2-$ (Indolring mit OH) mit $^+NH_3$
3,4-Dihydroxyphenylalanin (α-Amino-β-(3,4-dihydroxy)-phenylpropionat) entsteht durch Hydroxylierung von **Tyrosin**; ist Vorstufe von Melanin, einem Pigment in den Haaren und der Haut	$^-OOC-CH-CH_2-$ (Benzolring mit OH, OH) mit $^+NH_3$
β-Alanin (β-Aminopropionat) entsteht durch Abspaltung der α-Carboxylgruppe von **Aspartat**; ist Teil von Pantothensäure (Coenzym A)	$CH_2-CH_2-COO^-$ mit $^+NH_3$
γ-Aminobutyrat entsteht durch Abspaltung der α-Carboxylgruppe von **Glutamat**; ist Überträgerstoff im Gehirn	$CH_2-CH_2-CH_2-COO^-$ mit $^+NH_3$

2.1.2 Protonenübertragungen (Protolysengleichgewichte) von Aminosäuren

Aminosäuren sind Ampholyte

Da Aminosäuren Protonen aufnehmen und abgeben können, verhalten sie sich wie Basen und Säuren und zählen damit zur Gruppe der *Ampholyte.*

Ihre *Aminogruppen* sind schwache Basen und besitzen in aliphatischen Aminen – wie z.B. der Seitenkette von Lysin ($R-NH_2 + H^+ \rightleftharpoons R-NH_3^+$) – einen pK-Wert (Definition, S. 15) von etwa 10,5 (alle Werte gelten für 25 °C). Auf der anderen Seite ist die *Carboxylgruppe* eine schwache Säure, die als Endgruppe von Carbonsäuren – wie z.B. der Seitenkette von Glutaminsäure ($R-COOH \rightleftharpoons R-COO^- + H^+$) – einen pK-Wert von etwa 4,5 aufweist. [Wir erinnern uns: Je niedriger (höher) der pK-Wert einer Säure (Base) ist, desto stärker ist sie.] Da bei α-Aminocarbonsäuren die Amino- und die Carboxylgruppe an demselben C-Atom liegen, wird die Acidität der Carboxylgruppe durch die Wechselwirkungen der beiden funktionellen Gruppen erhöht (pK-Werte zwischen 1,7 und 2,4) und die Basizität der Aminogruppe erniedrigt (pK-Werte zwischen 9 und 10,5). Andere dissoziable Gruppen sind

- die Sulfhydrylgruppe von Cystein ($R-SH \rightleftharpoons R-S^- + H^+$; pK-Werte 8–9),
- die Hydroxylgruppe von Tyrosin ($R-OH \rightleftharpoons R-O^- + H^+$; pK-Wert 10,1),
- die Guanidinogruppe von Arginin ($R=NH_2^+ \rightleftharpoons R=NH + H^+$; pK-Wert 12,5) und
- die Iminogruppe des Pyrrolidinringes von Prolin ($R=NH_2^+ \rightleftharpoons R-NH + H^+$; pK-Wert 10,6).

Die pK-Werte aller genannten funktionellen Gruppen sind so weit vom physiologischen pH-Wert entfernt, daß die Gruppen in diesem Milieu nur in einer Form, d.h. entweder dissoziiert oder nicht dissoziiert, vorliegen. Anders ist dies bei Histidin, das als einzige Aminosäure eine dissoziable Gruppe besitzt, deren pK-Wert mit etwa 6,0 *in der Nähe des physiologischen pH-Bereiches* liegt. Die Imidazolseitenkette von Histidin kann ihren Dissoziationsgrad leicht ändern und nimmt daher in Proteinen eine Sonderstellung ein, die sich in der Beteiligung an vielen enzymatischen Reaktionen widerspiegelt.

Wie uns aus Kapitel 1 (Abb. 1.10, S. 19) bekannt ist, kann bei Kenntnis des pK-Wertes für jeden pH-Wert der Dissoziationsgrad einer schwach sauren Gruppe abgelesen werden. Im Falle des *Alanins,* einer Aminosäure mit aliphatischer Seitenkette, liegen bei pH 1,0 beide funktionellen Gruppen (pK-Werte in Tabelle 2.2) in der undissoziierten Form vor (Abb. 2.11).

Tabelle 2.2 pK-Werte und isoelektrische Punkte von Alanin, Aspartat und Lysin

Aminosäure	Art der Seitenkette	pK-Werte				Isoelektrischer Punkt = arithmetisches Mittel von
		α-COOH	α-NH_3^+	γ-COOH	ε-NH_3^+	
Alanin	Aliphatisch	2,35	9,69	–	–	α-COOH und α-NH_3^+ = 6,02
Aspartat	Carboxylgruppe enthaltend	2,09	9,82	3,86	–	α-COOH und γ-COOH = 2,97
Lysin	Aminogruppe enthaltend	2,18	8,95	–	10,53	α-NH_3^+ und ε-NH_3^+ = 9,74

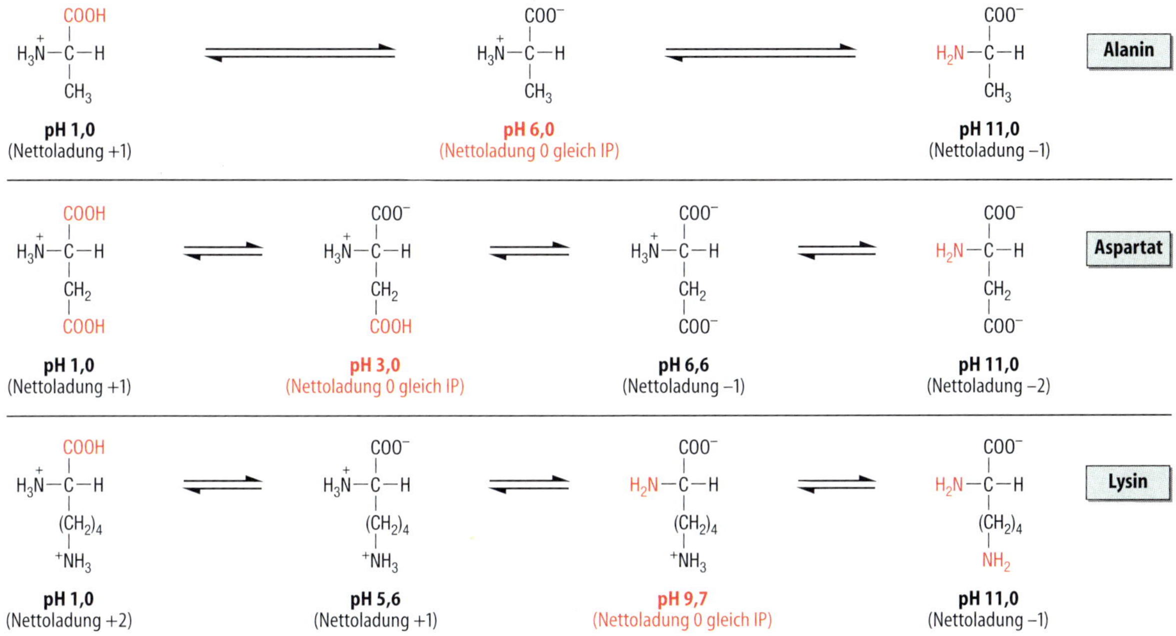

Abb. 2.11 Dissoziationsverhalten der Carboxyl- und Aminogruppen von Alanin, Aspartat und Lysin bei verschiedenen pH-Werten

Bei pH 6,0 ist die Carboxylgruppe vollständig dissoziiert, die Aminogruppe bleibt unverändert. Diese Gestalt einer Aminosäure wird auch als *Zwitterionform* bezeichnet. Der pH-Bereich, an dem die Aminosäure keine Nettoladung trägt und deshalb auch nicht im elektrischen Feld wandert, heißt *isoelektrischer Punkt (IP)*.

Bei Alanin ist der IP das arithmetische Mittel der beiden pK-Werte. Bei pH 12,0 befinden sich beide Gruppen in der dissoziierten Form.

Wie aus Abb. 2.11 ersichtlich ist, kommt über die gesamte pH-Skala kein Zustand vor, bei dem sich beide Gruppen in der undissoziierten Form befinden. Die Abbildung zeigt weiterhin, daß die Aminosäure bei physiologischem pH-Wert (in den Körpersäften pH 7,4, im Cytosol der Körperzellen pH 6,0–7,0) in der Zwitterionform vorliegt. Da dies auch für die anderen Aminosäuren gilt, wurde in Tabelle 2.1 und Abb. 2.2 die Darstellung der Strukturformeln in Zwitterionform gewählt.

Titrationskurven für Aminosäuren setzen sich aus denen ihrer funktionellen Gruppen zusammen

Nimmt man die Titrationskurve für Alanin auf (Abb. 2.12), so erkennt man, daß sich diese Kurve aus den Titrationskurven der Carboxyl- und Aminogruppe zusammensetzt, die den charakteristischen Verlauf schwacher Säuren zeigen.

Diejenigen Aminosäuren, die mehrere dissoziierbare Gruppen enthalten, zeigen entsprechend kompliziertere Kurven. Als Beispiele sollen *Asparaginsäure* (Aspartat) und *Lysin* mit jeweils drei titrierbaren Gruppen dienen. Das Verhalten ihrer funktionellen Gruppen in Abhängigkeit vom pH und ihre pK-Werte finden sich in Abb. 2.12 und Tabelle 2.2. Aus Abb. 2.12 geht hervor, daß die Dissoziation der beiden Carboxylgruppen von Aspartat im Bereich von pH 1,0 bis pH 6,6 abläuft. Bei diesem Vorgang ändert sich der Dissoziationsgrad der Aminogruppe nicht, der isoelektrische Punkt von Aspartat wird deshalb als das arithmetische Mittel der pK-Werte der beiden Carboxylgruppen berechnet. Für Lysin gilt das entsprechende: In dem Be-

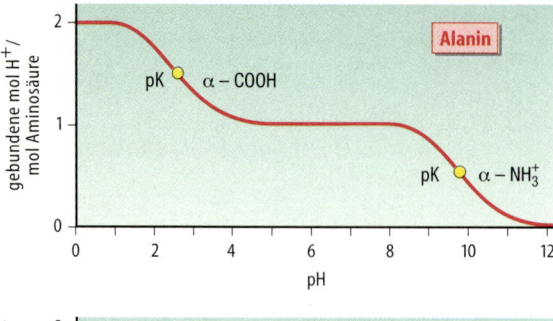

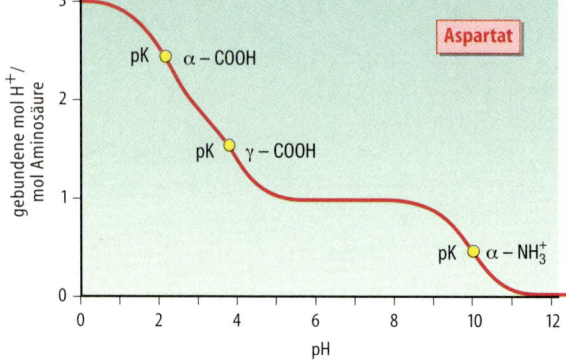

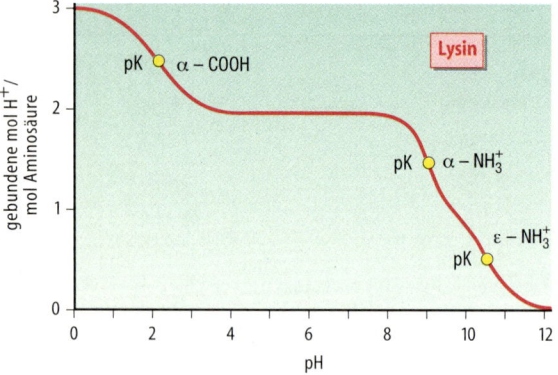

Abb. 2.12 Titrationskurven der Aminosäuren Alanin, Aspartat und Lysin

reich, in dem die Dissoziation der Aminogruppen stattfindet, bleibt die α-Carboxylgruppe in der dissoziierten Form. Sie nimmt deshalb keinen Einfluß auf den isoelektrischen Punkt.

Einzelne Eigenschaften von Aminosäuren sind pH-abhängig

Der Protolysegrad funktioneller Gruppen von Aminosäuren besitzt eine Bedeutung
- bei chemischen Reaktionen, die die Aminosäuren eingehen (z. B. Nachweismethoden),
- bei der Bindung von Metallen und
- bei der Trennung von Aminosäuregemischen durch Chromatographie an Ionenaustauscherharzen (S. 45) und Elektrophorese (Wanderung im elektrischen Feld), bei der die sorgfältige Wahl des pH-Wertes des Elektrophoresemediums entscheidend ist.

Abb. 2.13 Cystin, das Disulfid aus zwei Cysteinylresten

Um z. B. die Aminosäuren Alanin, Aspartat und Lysin zu trennen, wird man einen Puffer mit einem pH-Wert von etwa 6,0 wählen, da bei diesem pH-Wert Alanin als Zwitterion vorliegt und damit im elektrischen Feld praktisch nicht wandert, Aspartat negativ geladen ist und an die Anode wandert und Lysin eine positive Ladung besitzt und sich deshalb in Richtung Kathode bewegt. Außerdem besitzt der Ionisierungsgrad einen Einfluß auf die *Löslichkeit* von Aminosäuren, die am geringsten am isoelektrischen Punkt ist, wenn das Molekül als Zwitterion vorliegt. Das gilt besonders für Cystin, das Disulfid aus zwei Cysteinylresten (Abb. 2.13), und Tyrosin, die in dem Bereich, in dem sie als Zwitterionen vorliegen (pH-Wert 4–9), nur wenig löslich sind, wohingegen sie sich in sauren oder alkalischen Medien – in denen sie als Kationen bzw. Anionen existieren – sehr gut lösen. Da sich ihr Zwitterionenbereich mit dem physiologischen pH-Bereich überschneidet, neigen sie dazu, bei pathologischen Zuständen (Konzentrations- oder pH-Änderungen) in physiologischen Flüssigkeiten auszukristallisieren.

2.1.3 Methoden zum Nachweis von Aminosäuren

Die im folgenden angeführten Methoden zum Nachweis einzelner Aminosäuren und zur Trennung von Aminosäuregemischen (nächster Abschnitt) finden Anwendung bei der *klinischen Untersuchung von Körperflüssigkeiten* auf den Gehalt bestimmter Aminosäuren (z. B. Störungen des Aminosäurestoffwechsels) oder bei *proteinchemischen Fragestellungen,* wie der Ermittlung der Aminosäuren in einem Protein.

Aminosäuren lassen sich mit Hilfe von Farbreaktionen nachweisen, die für spezielle *funktionelle Gruppen* (z. B. die Phenolgruppe im Tyrosin, die Sulfhydrylgruppe von Cystein usw.) charakteristisch sind.

Mit *Ninhydrin* können *alle* Aminosäuren erfaßt werden. Bei der Reaktion einer Aminosäure mit Ninhydrin wird eine blaue Verbindung gebildet, die ein Absorptionsmaximum bei einer Wellenlänge von 570 nm zeigt. Diese Reaktion ermöglicht bei entsprechender Standardisierung eine äußerst brauchbare qualitative und quantitative Bestimmung von α-Aminosäuren, die sich besonders bei der automatisierten Aminosäureanalyse bewährt hat. Auch Ammoniak reagiert mit Ninhydrin, so daß es in Proteinhydrolysaten nachweisbar ist. Prolin und γ-Hydroxyprolin liefern bei diesem Nachweisverfahren statt der blauen Verbindung ein gelbes Produkt (Absorptionsmaximum 440 nm).

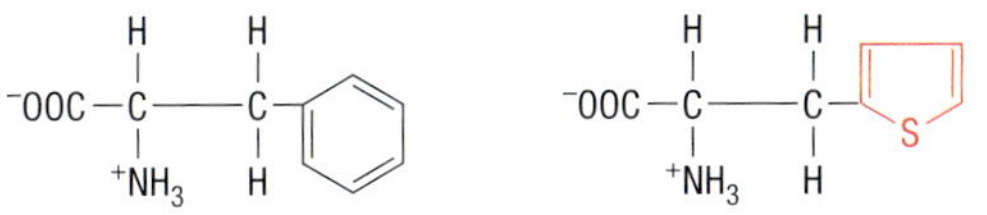

L-Phenylalanin **β-Thienylalanin**

Abb. 2.14 Beispiel für einen bei mikrobiologischen Tests verwendeten Antimetaboliten: β-Thienylalanin, ein kompetitiver Hemmstoff der aromatischen Aminosäure Phenylalanin

Die **aromatischen** Aminosäuren Tryptophan, Phenylalanin und Tyrosin absorbieren ultraviolettes Licht mit einem Maximum bei 280 nm. Durch **Messung der Absorption** bei dieser Wellenlänge kann auch der Aminosäure- und Proteingehalt in Lösungen bestimmt werden; bei dieser einfachen – aber relativ ungenauen – Methode (da der Gehalt an aromatischen Aminosäuren von Protein zu Protein variiert) dient somit die Menge an aromatischen Aminosäuren, v. a. an Tryptophan, als Maß für die Konzentration eines Proteins.

Den **mikrobiologischen Verfahren** liegt die Beobachtung zugrunde, daß das Wachstum mancher Bakterienmutanten durch einen bestimmten Metaboliten (z. B. eine Aminosäure, einen Zucker oder ein Vitamin) gefördert oder gehemmt werden kann.

Im ersteren Fall kommt das Wachstum der Mutante zum Erliegen, wenn der zu untersuchende Metabolit aus dem Nährmedium entfernt oder – was leichter zu bewerkstelligen ist – durch ein nichtabbaubares Analogon, einen sog. **Antimetaboliten,** in kompetitiver Konzentration ersetzt wird (Abb. 2.14). Die Größe des dann wieder einsetzenden Wachstums (photometrische Messung der Trübung der Zellsuspension) nach Zusatz begrenzter Mengen des Metaboliten ist bei diesem außerordentlich empfindlichen Test ein Maß für die Konzentration des zu bestimmenden Metaboliten (Aminosäure, Zucker oder Vitamin).

Im zweiten Fall wirkt der gesuchte Metabolit auf die Bakterienpopulation wachstumshemmend. Hier ist die Abnahme des Wachstums ein Maß für die Konzentration des Metaboliten.

Praktische Anwendung finden die mikrobiologischen Verfahren bei **Reihenuntersuchungen Neugeborener auf angeborene Stoffwechselkrankheiten,** bei denen die Konzentration eines bestimmten Metaboliten im Blut erhöht ist.

Zur Untersuchung wird dem Neugeborenen Blut entnommen, auf Filterpapier aufgetrocknet und an ein Untersuchungslabor geschickt. Dort werden kleine Scheiben aus dem Papier ausgestanzt und auf die verschiedenen Nährböden aufgebracht. Ist die Konzentration des Metaboliten im Blut erhöht (liegt also eine angeborene Stoffwechselkrankheit vor), dann kommt es – je nach der Testanordnung – zu einer Hemmung oder Förderung des Wachstums der Bakterien. Da die Methode (Ausstanzen der Scheibchen, Auftragen auf das Nährmedium usw.) automatisierbar ist, hat sie sich bei Reihenuntersuchungen bewährt (S. 346).

2.1.4 Chromatographische Methoden zur Trennung von Aminosäuren

Die Trennung und Reinigung einer oder mehrerer biologischer Verbindungen aus einem komplexen Gemisch solcher Moleküle erfordert Methoden mit hoher Auflösung, die ein Arbeiten im präparativen und analytischen Maßstab erlauben.

Das wichtigste Verfahren ist die Chromatographie, mit der große (einige Gramm) und kleine (einige Pikogramm [10^{-12} g]) Substanzmengen getrennt werden können. Chromatographische Verfahren beruhen auf der **unterschiedlichen Affinität** der zu trennenden Stoffe eines Gemisches zu **zwei** verschiedenen Phasen, die nicht oder nur in begrenztem Umfang miteinander mischbar sind. Eine der Phasen **(stationäre Phase)** ist an einen festen Träger gebunden, die andere in Bewegung **(mobile Phase)**. Dadurch muß sich immer wieder ein neues Gleichgewicht zwischen beiden Phasen einstellen, was zu einer Trennung des Stoffgemisches führt (Abb. 2.15). Nach Art der Kräfte, die bei der Entstehung der Gleichgewichte wirken, lassen sich Verteilungs-, Adsorptions-, Ionenaustausch- und Hohlraumdiffusionschromatographie unterscheiden, nach der Anordnung des Trägermaterials Dünnschicht- und Säulenchromatographie.

Die Wahl des Chromatographieverfahrens wird durch das Material bestimmt, das isoliert werden soll.

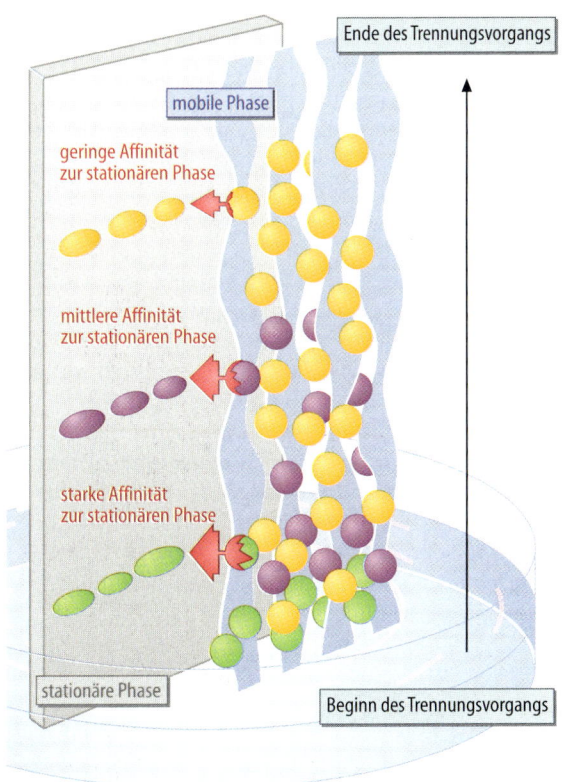

Abb. 2.15 Prinzip der Verteilungschromatographie

Oft werden verschiedene chromatographische Verfahren nacheinander verwendet. Die Grundlagen dieser Methoden werden hier in aller Kürze für die Trennung von Aminosäuren und später für die von Proteinen beschrieben. Die Chromatographie wird natürlich auch zur Trennung von Mono- und Disacchariden, Lipiden, Cholesterinestern und anderen Biomolekülen benutzt.

Bei der Verteilungschromatographie werden Stoffe zwischen zwei flüssigen Phasen verteilt

Das Prinzip dieser Methode ist die Verteilung von Stoffen zwischen zwei flüssigen Phasen, von denen die eine an einem festen Träger verankert ist.
- Dabei spricht man von der *Normalphasenverteilungschromatographie,* wenn die stationäre Phase hydrophil und die mobile hydrophob ist.
- Im Gegensatz dazu sind bei der wesentlich häufiger verwendeten *Umkehrphasenflüssigkeitschromatographie* (reverse phase liquid chromatography: RPLC) diese Phasen umgekehrt, d. h. die stationäre Phase ist hydrophob und die mobile Phase hydrophil.

Bei der RPLC dienen in eine Säule gepackte *Kieselgelteilchen,* an die hydrophobe Substanzen covalent gebunden sind, als Träger der stationären Phase. Die mobile Phase besteht aus einer pufferhaltigen wäßrigen Lösung, die mit einem wasserlöslichen *organischen Lösungsmittel* gemischt ist. Die RPLC ist am besten für die Trennung polarer, wasserlöslicher Moleküle geeignet. Die Proben werden dabei in wäßriger Phase auf die Trennungssäule gegeben. Unter diesen Bedingungen werden polare Stoffe, die auch eine gewisse Hydrophobizität aufweisen, über hydrophobe Wechselwirkungen (S. 7) in der stationären Phase zurückgehalten. Die Trennung kommt dadurch zustande, daß sich die Stoffe nach ihren hydrophoben Eigenschaften unterschiedlich in den beiden Phasen verteilen und damit mit unterschiedlicher Geschwindigkeit durch die Säule wandern. Die Verteilung der Stoffe zwischen den beiden Phasen kann zusätzlich dadurch beeinflußt werden, daß der hydrophile Charakter der mobilen Phase während des Laufes durch kontinuierliche Erhöhung des Anteils des organischen Lösungsmittels verändert wird. Dadurch nimmt mit steigender Hydrophobizität der mobilen Phase die Wechselwirkung des gelösten Stoffes mit der stationären Phase ab, so daß die Wanderungstendenz einzelner Stoffe gezielt beeinflußt werden kann.

Die HPLC stellt eine entscheidende methodische Weiterentwicklung dar

Insbesondere mit der Einführung der Kieselgelteilchensäulen seit Mitte der 70er Jahre hat diese Form der Chromatographie eine rasche Entwicklung genommen, weshalb sie auch als *Hochleistungschromatographie* oder *HPLC* (high performance liquid chromatography) bezeichnet wird. Vorzüge der Methode sind ihre hohe Auflösung und Empfindlichkeit, die Möglichkeit der Applikation großer Probenmengen (hohe Kapazität) und die Schnelligkeit, mit der die Trennungen durchgeführt werden können (von Minuten bis zu 2 h).

Ein HPLC-Gerät besteht aus einer Pumpe (wenn die Konzentration des organischen Lösungsmittels während des Laufes konstant bleibt, isokratische Elution), einem Probeninjektor, einer Trennsäule, dem mobilen Phasensystem und einem Ultraviolettdurchflußdetektionssystem (Abb. 2.16).

Soll die Konzentration des organischen Lösungsmittels während des Laufes verändert werden (Gradientenelution), sind zwei Pumpen erforderlich, die über einen Mikroprozessor gesteuert werden. Von den zahlreichen für die Umkehrphasen-HPLC zur Verfügung stehenden stationären Phasen werden die C_8-(Octyl-) und C_{18}-(Octadecyl-)Phasen am häufigsten verwendet, bei denen Ketten mit 8 bzw. 18 CH_2-Gruppen covalent an die Kieselpartikel gebunden sind. Je nach Säule besitzen die Kieselpartikel entweder 5 oder 10 µm Durchmesser und weisen Poren mit einer Größe von 100 oder 300 Å auf. Die meisten HPLC-Trennungen werden an Stahlsäulen mit einer Länge von 25 bis 30 cm und einem Durchmesser von 0,46 oder 1,0 cm durchgeführt, in die die Kieselgelteilchen bei der industriellen Herstellung der Säule unter hohem Druck gleichmäßig gepackt worden sind.

Die optimale Trennung komplexer Gemische kann durch Veränderung verschiedener chromatographischer Parameter erreicht werden: dabei stellt die Variation der stationären Phase eine Möglichkeit dar; die Modifikation der mobilen Phase ist jedoch für schwierige Trennungsprobleme von größerer Bedeutung. Bei der Umkehrphasen-HPLC besteht die mobile Phase i. allg. aus einem wäßrigen Puffersystem, häufig 0,1 % Trifluoressigsäure. Diesem wird ein mit Wasser mischbares organisches Lösungsmittel wie Acetonitril

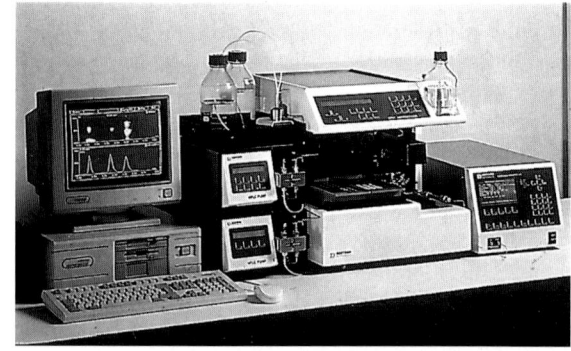

Abb. 2.16 HPLC-Anlage aus zwei Pumpen, dem Probengeber, der Trennsäule sowie einem UV-Detektor. Das Gradientenprofil ist mit Hilfe einer Kontrolleinheit steuerbar. (Mit freundlicher Genehmigung der Firma Kontron Instruments, Neufahrn)

(CH$_3$CN), n-Propanol oder Methanol zugesetzt, dessen Konzentration kontinuierlich erhöht wird und so einen Gradienten bildet. Dadurch eluieren hydrophile Stoffe (die geringe Mengen organischen Lösungsmittels für ihre Elution benötigen) zuerst, während Stoffe, die hydrophober sind, länger in der stationären Phase verweilen und in extremen Fällen nur mit sehr hohen Konzentrationen von organischen Lösungsmitteln eluiert werden können.

Für die Trennung von Aminosäurengemischen und die Quantifizierung einzelner Aminosäuren mit Hilfe der RPLC werden diese zuerst mit Phenylisothiocyanat (PITC, S. 55) derivatisiert und anschließend in etwa 35 min aufgetrennt. Diese Trennungsmethode für Aminosäuren verdrängt zunehmend die im nächsten Abschnitt beschriebene Methode nach dem Ionenaustauschprinzip. Die bei der Sequenzanalyse von Polypeptiden entstehenden PTH-Aminosäuren (S. 55) werden mit dieser Methode identifiziert.

Die Domäne der Umkehrphasenflüssigkeitschromatographie stellt die Auftrennung und Isolierung von Peptiden und Proteinen dar, die in sehr geringen Mengen in Körpergeweben und -flüssigkeiten vorkommen.

Die rasche Entwicklung dieser Methodik hat in den vergangenen Jahren die Identifizierung und Charakterisierung einer Reihe von biologisch interessanten Polypeptiden mit regulatorischer Funktion erlaubt (S. 50).

Auch Wechselwirkungen zwischen Ionen können einer chromatographischen Trennung zugrundeliegen

Der Trennungsgang bei der Ionenaustauschchromatographie kommt durch Wechselwirkung von Ionen (z. B. Aminosäuren) der mobilen Phase und ionisierten Gruppen der stationären Phase zustande.

Ionenaustauscher sind *hochpolymere Kunstharze,* die aus Elektrolytlösungen Ionen im Austausch gegen eigene Ionen gleicher Ladung aufnehmen und bei Änderung des pH der Umgebung wieder abgeben können. Sie finden u. a. Anwendung bei der Wasserenthärtung oder in der klinischen Medizin bei der Behandlung von Störungen des Ionenhaushaltes (S. 693).

Zur Trennung von Aminosäurengemischen werden meist Kunstharze mit zahlreichen Sulfonsäuregruppen (SO$_3$H –) (sulfonierte Polystyrole wie Dowex 50 und Amberlite IR 120) benutzt. Da sie mit Kationen Salze bilden können, heißen sie *Kationenaustauscher.* Bei der Analyse läßt man einen solchen Kationenaustauscher in Säure quellen und bringt ihn anschließend in eine Säule ein; bei der Quellung bilden sich H$_3$O$^+$-Ionen, die aber infolge ihrer Ladung bei den SO$_3^-$-Gruppen verbleiben. Läßt man nun eine saure Aminosäurenlösung, bei der die Aminosäuren als Kationen vorliegen, durch den Austauscher strömen, so treten die Aminosäurekationen an die Stelle der H$_3$O$^+$-Ionen. Anschließend wird mit Puffern von steigendem pH nachgewaschen, wodurch die Aminosäuren Zwitterionform annehmen. In dieser Gestalt werden sie nicht mehr so stark an die Sulfonsäuregruppen gebunden und wieder gegen H$_3$O$^+$-Ionen ausgetauscht. Da sich die pK-Werte der einzelnen Aminosäuren unterscheiden, nehmen sie bei unterschiedlichem pH ihre Zwitteriongestalt an und erscheinen zu verschiedenen Zeitpunkten im Eluat.

Aminosäuregemische können innerhalb von 2 h mit einer *automatischen Apparatur* analysiert werden. Die Apparatur übernimmt

- die Auftragung des Aminosäuregemisches,
- die anschließende Elution mit verschiedenen Puffern,
- die Sammlung der einzelnen Fraktionen des Eluats,
- die Bestimmung des Aminosäuregehaltes einer jeden Fraktion (photometrische Messung nach Anfärbung mit Ninhydrin oder fluorometrische Messung nach Reaktion mit entsprechenden Reagenzien) und
- die graphische Auftragung der Ergebnisse.

Bei der Hohlraumdiffusionschromatographie erfolgt die Trennung nach der Molekülgröße

Bei diesem Verfahren, das auch als *Gel-* oder *Molekularsiebchromatographie* bezeichnet wird, erfolgt die Trennung von Stoffgemischen aufgrund ihrer unterschiedlichen Molekülgröße und damit mit gewissen Einschränkungen auch ihres Molekulargewichts. Da Aminosäuren eine ziemlich einheitliche Molekülgröße aufweisen, können Aminosäuregemische mit dieser Methode nicht getrennt werden. Sie hat aber eine große Bedeutung erlangt bei der Trennung von Aminosäuren, kleineren Aminosäurepolymeren (Peptiden) und großen Aminosäurepolymeren (Proteinen) und der Fraktionierung von Proteinen. Dabei läßt man Gele aus Dextran (S. 126) (Markenname Sephadex) oder Polyacrylamid (Markenname Biogel) in Wasser quellen und bringt sie anschließend in ein senkrechtes Glasrohr (Dimensionen i. allg. 100 cm Länge und 2,5 cm Durchmesser) ein. Das Wasser in den Gelpartikeln, die eine unterschiedliche Porengröße aufweisen, stellt die stationäre Phase, das „äußere" Wasser die mobile Phase dar.

Schickt man nun ein Substanzgemisch aus kleinen und großen Molekülen durch ein mit gequollenen Gelpartikeln gefülltes Glasrohr, so diffundieren die kleinen Moleküle (in Abb. 2.17 die kleinen Punkte) ohne weiteres in die Hohlräume der Gelpartikel hinein (in Abb. 2.17 die Ringe), während die großen Moleküle (in Abb. 2.17 die großen Punkte) sich nur im Lösungsmittel zwischen den Gelpartikeln aufhalten, da sie aufgrund ihrer Molekülgröße nicht durch die Poren in die Gelpartikel eindringen können. Die größeren Moleküle passieren die Säule deshalb schneller und erscheinen früher im Eluat.

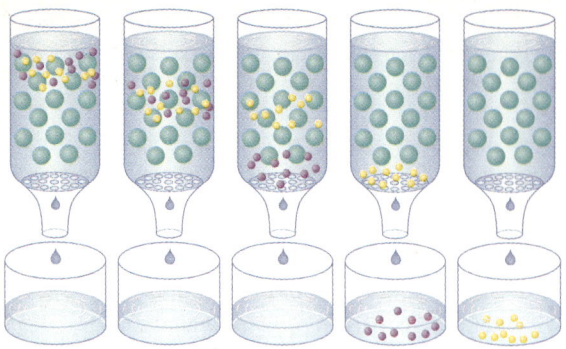

Abb. 2.17 Molekularsiebchromatographie

2.1.5 Industrielle Herstellung von Aminosäuren

In Situationen, bei denen eine orale Nahrungszufuhr nicht möglich ist, wie z. B. nach ausgedehnten Operationen im Bereich des Magen-Darm-Traktes, müssen die Patienten *parenteral,* d. h. unter Umgehung des Magen-Darm-Traktes durch intravenöse Infusion ernährt werden. Zur Deckung des Aminosäurebedarfs können nur Aminosäuren gegeben werden, da Proteine des Blutplasmas, die sich als Quelle anbieten würden, eine zu lange Halbwertszeit (ungefähr 20 Tage) besitzen und im Organismus somit nicht zur schnellen Verwertung zur Verfügung stehen (S. 912).

Die *Laboratoriumssynthese* von Aminosäuren ist sehr aufwendig und teuer und führt zu Racematen, d. h. Gemischen der D- und L-Form. Vom höheren Organismus werden jedoch nur die L-Formen verwertet.

Zur Gewinnung einheitlicher Formen wurden deshalb natürliche Proteine wie das Casein der Milch oder Plasmaproteine durch Behandlung mit Säure hydrolytisch in ihre Aminosäuren aufgespalten. Dabei gehen aber einzelne Aminosäuren verloren, die später dem Hydrolysat hinzugefügt werden müssen. Ein großer Fortschritt wurde durch die Anwendung *mikro-*

biologischer Methoden erreicht. Hierbei gewinnt man die L-Aminosäuren aus Bakterienmutanten, bei denen die Regulation der Biosynthese einer bestimmten Aminosäure gestört ist, die deshalb vermehrt produziert und ans Nährmedium abgegeben wird.

2.2 Polyaminosäuren (Peptide und Proteine)

2.2.1 Struktur und Klassifizierung der Proteine

Die Peptidbindung ist das charakteristische Strukturmerkmal der Proteine

Proteine bestehen aus *unverzweigten* Ketten von Aminosäuren, die durch *Peptidbindungen* (Säureamidbindungen) miteinander verknüpft sind. Sie sind also Aminosäurebiopolymere.

Eine Peptidbindung entsteht formal durch *Wasserabspaltung* von der Aminogruppe der einen und der Carboxylgruppe einer anderen Aminosäure. Dadurch gehen die freien α-Amino- und α-Carboxylgruppen verloren und liegen nur an den Enden des Proteins in freier Form vor. Es entsteht eine wechselnde Folge von C-Atomen (aus der Carboxylgruppe) und N-Atomen (aus der Aminogruppe) sowie von α-C-Atomen, von denen die Seitenketten abgehen: Diese Sequenz

$$(\text{--N-C}_\alpha\text{-C-N-C}_\alpha\text{-C--})$$

wird als *Rückgrat* der Peptidkette bezeichnet (Abb. 2.18). Da es bei allen Peptidketten gleich ist, wird die Individualität des Proteins durch die *Seitenketten* der Aminosäuren bestimmt (Tabelle 2.3). Aufgrund der hohen Konzentration von Wasser in Biosystemen liegt das Gleichgewicht der Bildung der Peptidbindung auf der Seite der Hydrolyse; ihre Bildung verlangt deshalb Energie (S. 266).

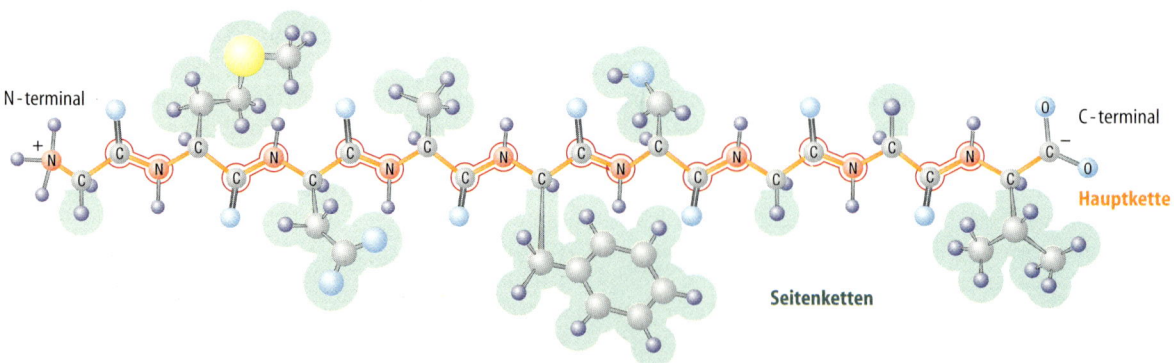

Abb. 2.18 Polypeptidkette mit Hauptkette *(Rückgrat)* und Seitenketten *(Blauraster).* Die einzelnen Peptidbindungen sind *braun* hervorgehoben

Tabelle 2.3 Mögliche Funktionen der Aminosäureseitenketten in Proteinen

Aminosäurerest	Eigenschaften und Funktionen
Arginyl-	Hydrophil; elektrostatische Wechselwirkungen
Lysyl-	Hydrophil; elektrostatische Wechselwirkungen; Befestigung einer prosthetischen Gruppe oder eines Cofaktors über Amidbindung; Wechselwirkungen über Schiff-Base (Aldiminbildung); Ligand für Metallion
Histidyl-	Hydrophile oder hydrophobe Wechselwirkungen (in Abhängigkeit vom Ionisationsgrad); elektrostatische Wechselwirkungen; Protonenübertragung; Ligand für Metallion; Akzeptor bei Transferreaktionen
GlutamylAspartyl-	Hydrophil; elektrostatische Wechselwirkungen; Protonenübertragung; Ligand für Metallion; covalente Bindung über endständige Carboxylgruppe; Aspartylphosphat
GlutaminylAsparaginyl-	Hydrophil; Wasserstoffbrückenbindungen; Asn: Bindung von Kohlenhydratseitenketten
SerylThreonyl-	Wasserstoffbrückenbindung; nucleophil; covalente Bindung über Hydroxylgruppe z. B. von Phosphatresten
Glycyl-	Fehlen einer Seitenkette erlaubt große Flexibilität in der Faltung des Proteins in diesem Bereich
AlanylValylLeucylIsoleucylPhenylalanyl-	Hydrophobe Wechselwirkungen; bestimmen die Konformation; Polymere hydrophober Aminosäuren verankern Proteine in Zellmembranen
Tyrosyl-	Hydrophobe Wechselwirkungen; Protonenübertragung; elektrostatische Wechselwirkungen bei hohem pH; Ligand für Metallion; covalente Bindung von Phosphatresten
TryptophanylCysteinyl-	Hydrophobe Wechselwirkungen Nucleophil; Acylakzeptor; Wasserstoffbrückenbindungen; Ligand für Metallion; Ausbildung von Disulfidbrücken
Methionyl-	Hydrophobe Wechselwirkungen; Ligand für Metallion
Prolyl-	Unterbrechung einer α-Helix bzw. β-Struktur; hydrophobe Wechselwirkungen

Die Bildung von Peptidbindungen bei der Biosynthese von Proteinen wird in Kapitel 11 geschildert. Jedes Protein besitzt eine spezifische Zusammensetzung und Reihenfolge seiner Aminosäuren, deren Information in den Nucleinsäuren genetisch festgelegt ist.

Mit den 20 proteinogenen Aminosäuren kann eine ungeheure Vielzahl von Polymeren mit unterschiedlicher Sequenz gebildet werden. Ein im Vergleich zu den meisten anderen Proteinen kleines Molekül (Molekulargewicht 12 kD) enthält etwa 100 Aminosäuren. Bildet man aus den 20 proteinogenen Aminosäuren beliebige Sequenzen mit je 100 Aminosäuren, so bestehen – rein theoretisch – 20^{100} (oder 10^{130}) verschiedene Aminosäuresequenzen.

Das heißt aber nicht, daß damit ebenso viele für biologische Zwecke verwendbare Proteine entstanden sind; enzymatische oder strukturbildende Eigenschaften z. B. werden dem Protein nämlich durch eine festgelegte Sequenz von Aminosäuren verliehen, die nur innerhalb gewisser Grenzen verändert werden kann, ohne daß die Funktion des Proteins verloren geht.

Daß in Zellen nur eine beschränkte Anzahl spezifischer, funktionstüchtiger Proteine gebildet wird, ist auf die Existenz der Nucleinsäuren zurückzuführen, die die genetische Information für diese Proteine tragen (S. 239).

Gewöhnlich wird nach der Kettenlänge zwischen *kurzkettigen Peptiden* und *langkettigen Proteinen* unterschieden. Bei dieser Unterscheidung, die eigentlich nur historischen Wert besitzt und deshalb nicht immer gemacht wird, ist man übereingekommen, die Grenze willkürlich bei 100 Aminosäuren zu ziehen. Weiterhin werden Peptide mit weniger als 10 Aminosäuren als Oligopeptide, mit mehr als 10 als Polypeptide bezeichnet.

Die für die Darstellung von Peptiden und Proteinen übliche Schreibweise soll am Beispiel des Kallidins, eines Peptidhormons, erläutert werden, wobei die in Abb. 2.2 (S. 35) angegebenen Dreibuchstabenkürzungen benutzt werden:

^+H_3N-Lys-Arg-Pro-Pro-Gly-Phe-Ser-Pro-Phe-Arg-COO$^-$

- Die N-terminale (aminoterminale) Aminosäure wird auf die linke und
- die C-terminale (carboxylterminale) Aminosäure auf die rechte Seite der Peptidkette geschrieben.

Peptide werden nach der *Anzahl ihrer Aminosäuren,* nicht aber ihrer Peptidbindungen unter Verwendung griechischer Zahlen benannt. Ein aus zwei Aminosäuren bestehendes Peptid stellt ein *Dipeptid* dar, bei Anlagerung einer weiteren Aminosäure entsteht ein *Tripeptid.* Im obigen Beispiel handelt es sich also um ein *Dekapeptid.*

Proteine können nach verschiedenen Gesichtspunkten klassifiziert werden

Einfache und zusammengesetzte Proteine. Die große Gruppe der Proteine kann nach verschiedenen Gesichtspunkten eingeteilt werden. So wird grundsätzlich unterschieden zwischen einfachen Proteinen, deren hydrolytische Spaltung nur L-α-Aminosäuren oder deren Derivate ergibt, und zusammengesetzten Proteinen, die zusätzlich noch einen Nichtproteinanteil, die sog. prosthetische Gruppe enthalten.

Einfache Proteine werden nach ihrer unterschiedlichen Struktur in **globuläre** und **fibrilläre** Proteine unterteilt (s. u.).

Bei den zusammengesetzten Proteinen bestimmt der Nichtproteinanteil die Bezeichnung: Je nachdem, ob er von einer Nucleinsäure, einem Mono- oder Polysaccharid, einer chromophoren Gruppe (Porphyrin, Flavin), einem Lipid oder Metall gebildet wird, spricht man von Nucleo-, Glyko-, Chromo-, Lipo- und Metalloproteinen.

Dieser Nichtproteinanteil, dessen Verbindung mit dem Protein covalenter und nichtcovalenter Natur sein kann, variiert bei den zusammengesetzten Proteinen sehr stark (90 % bei den LDL-Lipoproteinen, 5 % bei einzelnen Glykoproteinen).

Fibrilläre und globuläre Proteine. Auch ihre Gestalt kann zum Kriterium für die Klassifizierung gemacht werden. Nach der Teilchengestalt (Achsenverhältnis) können faden- *(fibrilläre)* und kugelförmige *(globuläre)* Proteine unterschieden werden. Die kugelige Gestalt der Globulärproteine, auch Globuline (Achsenverhältnis geringer als 10 : 1, gewöhnlich nicht höher als 4 : 1), kommt durch eine dichte Faltung oder starke Windung ihrer Polypeptidketten zustande. Zu dieser Gruppe, die sich durch eine *gute Wasserlöslichkeit* auszeichnet, gehören die meisten

- Enzymproteine,
- Plasmaproteine (z. B. Antikörper),
- Hämoglobin, der Sauerstoffträger der roten Blutkörperchen,
- Myoglobin, der Sauerstoffspeicher im Muskel,
- sowie einige Hormone wie Insulin.

Aufgrund ihrer dynamischen Aufgaben werden Angehörige dieser Proteinklasse auch als *Funktionsproteine* bezeichnet.

Im Gegensatz dazu stellen die in *Wasser und verdünnten Salzlösungen unlöslichen* Fibrillärproteine, im vorherigen Abschnitt auch als Skleroproteine bezeichnet (Achsenverhältnis größer als 10 : 1), *Strukturproteine* dar. Typische Vertreter sind

- α-Keratin (in Haaren, Haut und Wolle),
- Kollagen und
- Elastin (Binde- und Stützgewebe) (S. 743).

Außerdem werden zu den Fibrillärproteinen gezählt:
- Fibrinogen (Achsenverhältnis 20 : 1), die Vorstufe des Fibrins des Blutgerinnsels,
- Myosin und Titin, zwei Muskelproteine (S. 951, 955).

Durch die Möglichkeiten der Molekularbiologie ist es heute viel leichter als noch vor wenigen Jahren, über die Sequenzierung der cDNA (S. 170) die Aminosäuresequenz von Proteinen aufzuklären. Dies hat zu der Erkenntnis geführt, daß sich viele, funktionell auch unterschiedliche Proteine, auf Grund von Gemeinsamkeiten oder Ähnlichkeiten ihrer Aminosäuresequenz zu Familien oder Großfamilien zusammenfassen lassen. Beispiele hierfür sind die Immunglobulin-Großfamilie (S. 1075) oder die Familie der Cytochrom P 450-abhängigen Monooxygenasen (S. 511).

2.2.2 Protonenübertragungen (Protolysengleichgewichte) von Proteinen

Die dissoziablen Seitenketten in Proteinen sind für Katalysen und Puffervorgänge wichtig

Obwohl bei Proteinen die α-ständigen Carboxyl- und Aminogruppen durch die Bildung der Peptidbindung verschlossen sind, besitzen Proteine i. allg. eine Reihe von anderen dissoziablen Gruppen wie die seitenständige *Aminogruppe* von Lysin, die Guanidinogruppe von Arginin und die *Carboxylgruppen* von Aspartat und Glutamat. Weiterhin spielen die freien Gruppen an den Enden der Kette und v. a. die *Imidazolgruppe* von Histidylresten eine Rolle.

Zumindest bei den Enzymen, die reine Proteine sind, d. h. keinen Nichtproteinanteil enthalten, wirken die Aminosäureseitenketten, die sich in dem Proteinbereich befinden, an dem die Umsetzung des Substrats stattfindet, als chemisch aktive Gruppen.

Für die *Katalyse* der Enzymproteine (S. 108) ist wichtig, daß die funktionellen Gruppen dieser Aminosäuren dissoziabel sind, damit sie als Säureoder/und Basenkatalysatoren (S. 22) wirken können. Besonders eignet sich dafür die Imidazolseitenkette von *Histidin,* die aufgrund ihres günstigen pK-Wertes am Neutralpunkt zur Hälfte als Säure und zur anderen Hälfte als konjugierte Base vorliegt.

Wie bei den Aminosäuren errechnet sich aus den pK-Werten ein isoelektrischer Punkt, an dem das Protein die Zwitterionform besitzt und im elektrischen Feld nicht wandert; die Nettoladung eines Proteins ist wie bei den Aminosäuren pH-abhängig. Die pK-Werte von Aminosäuren in Proteinen müssen jedoch nicht mit den auf S. 41 für freie Aminosäuren angegebenen Werten übereinstimmen, da die pK-Werte dissoziabler Gruppen in Proteinen durch die wechselseitige Beeinflussung von Aminosäureseitenketten verändert werden können.

Abbildung 2.20 zeigt die Titrationskurve von Hämoglobin, die bei drei pH-Bereichen einen steileren Verlauf nimmt. Zwei dieser Bereiche, bei denen eine gute Pufferwirkung um pH 3 (bedingt durch Glutamylreste) und pH 11 (bedingt durch Arginylreste) besteht,

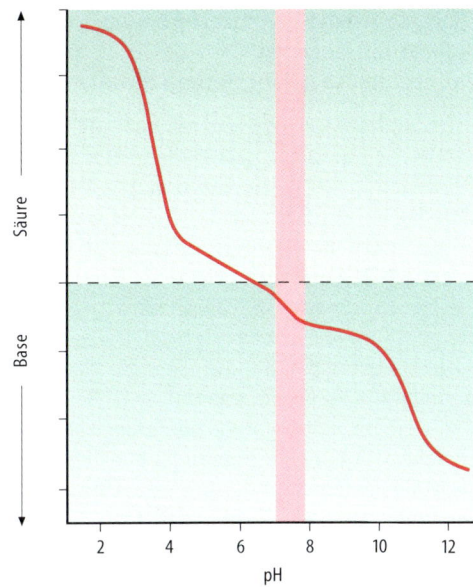

Abb. 2.19 Titrationskurve von Hämoglobin

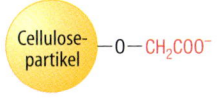

Diethylaminoethyl (DEAE)

Carboxymethyl (CM)

Abb. 2.20 Ionenaustauscher auf Cellulosebasis mit Carboxymethyl- oder Diethylaminoethyl-Resten

besitzen keine Bedeutung, da sie außerhalb des physiologischen pH-Spektrums liegen. Der in Abb. 2.19 schraffierten Fläche [bedingt durch Histidylreste (pK-Werte 6,5–7,0)] kommt jedoch eine wichtige *Pufferaufgabe* zu, die beim CO_2-Transport durch das Blut und bei der Regulation des Säure-Basen-Haushaltes besprochen wird (S. 935).

Durch ihre *Ampholytnatur* besitzen Proteine auch Puffereigenschaften und können durch elektrophoretische und Ionenaustauschverfahren getrennt werden (S. 45).

2.2.3 Isolierung von Proteinen

Proteine werden durch eine Kombination verschiedener chromatographischer Methoden isoliert

Ein beträchtlicher Teil der wahrscheinlich über 50 000 in unserem Organismus vorkommenden Proteine ist bis heute nicht oder nur über ihre biologische Aktivität charakterisiert. So wurde beispielsweise beobachtet, daß virusinfizierte Zellen Proteine freisetzen, die andere Zellen gegenüber viralen Infekten widerstandsfähig machen. Da diese später als *Interferone* bezeichneten Proteine nur in geringsten Mengen auftraten, konnten sie nicht wie die in hohen Konzentrationen vorkommenden zellulären Proteine wie Myoglobin, Stoffwechselenzyme u. a., mit den üblichen Standardmethoden isoliert werden. Für ihre strukturelle Charakterisierung mußten hochempfindliche und hochauflösende Verfahren entwickelt werden.

Proteine werden aus Gewebeextrakten durch eine Kombination verschiedener *chromatographischer Methoden* isoliert. Dabei wird das Gewebe zunächst homogenisiert und die Proteinfraktion extrahiert. Durch Zentrifugation werden dann zelluläre Bestandteile entfernt. Der die biologische Aktivität enthaltende Überstand wird danach meist durch Ionenaustauschchromatographie fraktioniert. Da Kunstharze Proteine stark binden und dadurch die Konformation zerstören könnten (Denaturierung, S. 72), werden nicht Ionenaustauscherharze auf Kunststoff-, sondern auf Cellulosebasis benutzt. Diese können beispielsweise Carboxymethylreste (CM-Cellulose, Kationenaustauscher) oder Diethylaminoethylreste (DEAE-Cellulose, Anionenaustauscher) enthalten (Abb. 2.20). Welche Art von Ionenaustauscher verwendet werden kann, muß in Vorversuchen ermittelt werden, da eine entgegengesetzte Nettoladung des Proteins Voraussetzung für die Interaktion mit Ionenaustauschern ist. Die Elution und damit die Trennung von anderen Proteinen, erfolgt durch steigende Konzentration einer Salzlösung.

Die Ionenaustauschchromatographie bietet den Vorteil einer meist bedeutenden Volumenreduktion, so daß im nächsten Schritt die Gelchromatographie verwendet wird, die Proteine nach ihrem Molekulargewicht auftrennt (s. Abb. 2.17, S. 46).

Meist ist bis zur endgültigen Reinigung eines Proteins eine Kombination unterschiedlicher Reinigungsschritte erforderlich. Ist das Protein bis zur Homogenität gereinigt, folgen die Molekulargewichtsbestimmung, die Aminosäureanalyse und die Bestimmung der Aminosäuresequenz.

Da dies besonders bei großen Proteinen ein außerordentlich mühevoller Vorgang ist (S. 54), begnügt man sich heute meist damit, Partialsequenzen von durch proteolytische Behandlung gewonnenen Bruchstücken des jeweiligen Proteins zu ermitteln. Mit ihrer Hilfe lassen sich DNA-Sonden (S. 229) herstellen, die dazu benutzt werden können, in entsprechenden cDNA-Banken (S. 228) nach der vollständigen cDNA des untersuchten Proteins zu suchen. Ist diese gefunden, so läßt sich durch DNA-Sequenzierung (S. 170) die Primärstruktur des Proteins wesentlich leichter ermitteln als durch Aminosäuresequenzierung.

Trotz dieser durch molekularbiologische Techniken eingeführten Erleichterung bei der Ermittlung der Primärsequenz von Proteinen wird die Hochreinigung des Proteins nach wie vor benötigt. Dies ist besonders bei Proteinen mit Signalcharakter (Hormone, Zytokine) häufig schwierig, da solche Proteine nur in winzigen Mengen vorkommen. Gerade sie sind jedoch von besonderem medizinischen Interesse, da sie häufig therapeutisch eingesetzt werden könnten.

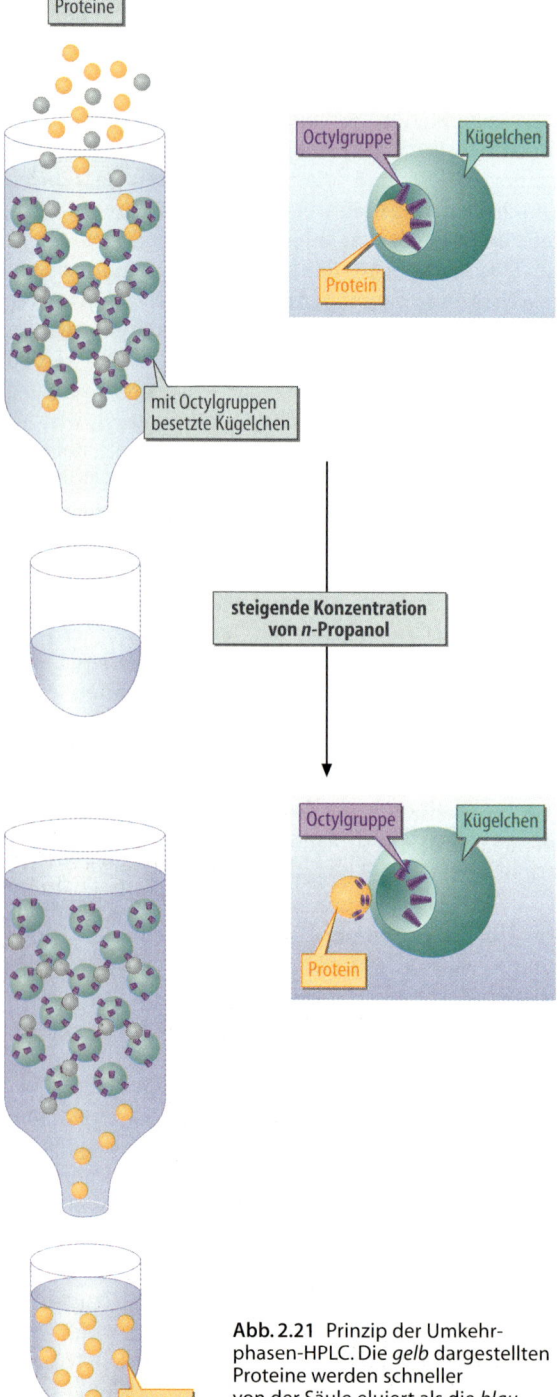

Abb. 2.21 Prinzip der Umkehrphasen-HPLC. Die *gelb* dargestellten Proteine werden schneller von der Säule eluiert als die *blau* dargestellten

Die Isolierung von Interferon war die Voraussetzung für seinen therapeutischen Einsatz

Die oben geschilderten Verfahren reichen nicht zur Hochreinigung von nur in geringsten Mengen vorkommenden Proteinen aus. Die für sie benutzten Reinigungsschritte sollen am Beispiel der Interferonisolierung geschildert werden. Ausgangspunkt ist dabei eine durch konventionelle Verfahren erhaltene, partiell gereinigte Interferonpräparation. Diese wird auf eine RPLC-Säule gegeben, die mit *Octylgruppen* bestückte Partikel enthält (Abb. 2.21), an die sich die Proteine über *hydrophobe Wechselwirkungen* binden. Die Elution erfolgt mit einem *n-Propanolgradienten.* Sie setzt die verschiedenen Proteine nacheinander aus der Säule frei, und zwar die Proteine mit der größten Affinität zu den Octylgruppen als letzte (Abb. 2.22). Im nächsten Schritt werden die Interferonaktivität-enthaltenden Fraktionen einer erneuten Chromatographie unterzogen, diesmal nach dem Normalphasenprinzip (Abb. 2.23). An die Kieselpartikel sind in diesem Fall *Glycerinmoleküle* gebunden, mit denen die Proteine in Gegenwart hoher n-Propanolkonzentrationen *Wasserstoffbrückenbindungen* ausbilden. Bei dieser Form der Chromatographie wird die n-Propanolkonzentration der mobilen Phase kontinuierlich reduziert, so daß die Hydrophilizität kontinuierlich zunimmt und damit auch die Tendenz der Proteine, sich nacheinander von den Glycerinseitenketten abzulösen. Die Trennung nach diesem Prinzip ergibt mehrere Fraktionen mit Interferonaktivität (Abb. 2.24). Die Rechromatographie der zuerst eluierenden Interferonfraktion mit der Umkehrphasen-HPLC (Abb. 2.25) unter Verwendung einer anderen mobilen Phase führt zu einer reinen Fraktion, die auf ihr Molekulargewicht, ihre Aminosäurezusammensetzung und -sequenz analysiert werden kann. Wie die Abb. 2.22, 2.24 und 2.25 zeigen, nimmt der Proteinanteil in der Interferonfraktion während der Reinigung kontinuierlich zu.

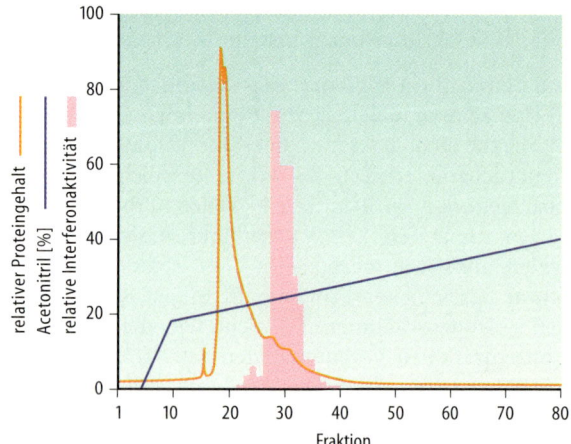

Abb. 2.22 Reinigung von Interferon über eine RPLC-Säule. (Nach Pestka S. (1983) Sci Amer 249: 28)

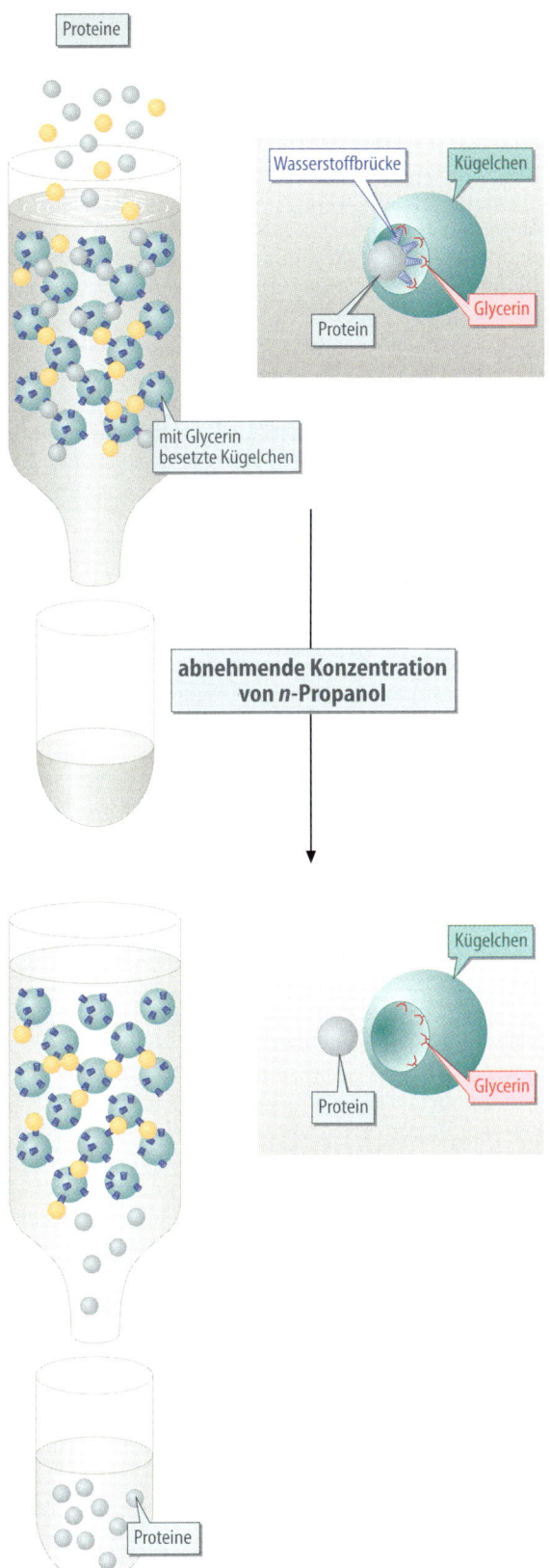

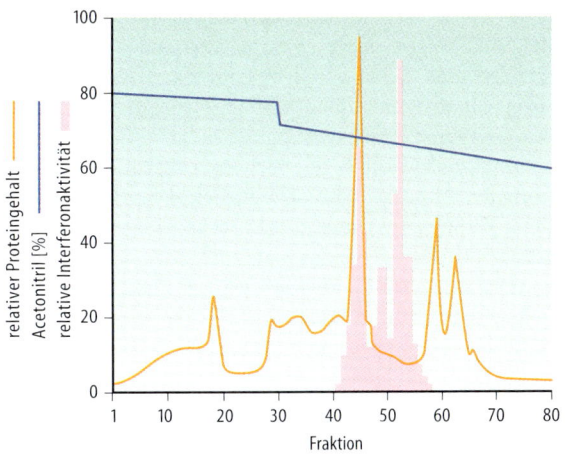

Abb. 2.24 Rechromatographie der aktiven Fraktion aus Abb. 5.22

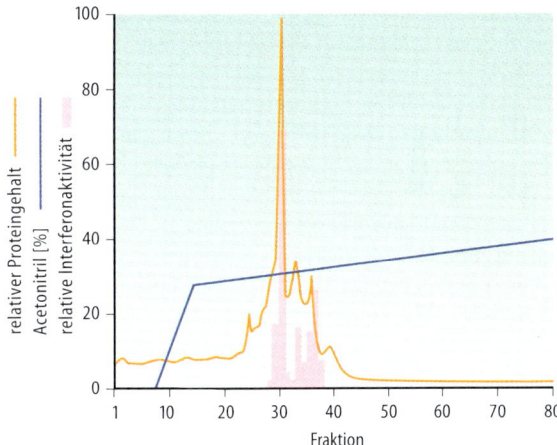

Abb. 2.25 Reinigung von Interferon zur Homogenität (Fraktion 30)

2.2.4 Charakterisierung von Proteinen

Die Bestimmung des Molekulargewichts erfolgt heute meist mit Hilfe der *Gelelektrophorese.* Für die Analyse des Molekulargewichts größerer Proteine wird auch die analytische *Ultrazentrifugation* verwendet.

Das Molekulargewicht von Proteinen wird mit der eindimensionalen SDS-Gelelektrophorese bestimmt

Aufgrund ihrer positiven und negativen Ladungen wandern Proteine im elektrischen Feld. Ihre Wanderung wird dabei durch ihre Nettoladung, Größe und Gestalt bestimmt. Eine Auftrennung und Analyse von Proteinen durch Elektrophorese kann entweder in freier Lösung oder in einem Trägermedium erfolgen.

Zur Molekulargewichtsbestimmung von Proteinen wird eine spezielle Form der Elektrophorese mit

Abb. 2.23 Prinzip der Normalphasen-HPLC. Die *blau* dargestellten Proteine werden schneller von der Säule eluiert als die *gelb* dargestellten

hoher Auflösung, die *SDS-Gelelektrophorese,* verwendet. Als Träger dient ein hochvernetztes *Polyacrylamidgel,* das direkt vor dem Lauf durch Polymerisierung von Monomeren hergestellt wird. Die Porengröße des Gels kann durch Variation des Vernetzungsgrades so eingestellt werden, daß sich eine optimale Auftrennung der Proteine ergibt. Die Proteine werden dabei in einer wäßrigen Lösung aufgenommen, die ein negativ geladenes Detergens, das Natriumdodecylsulfat (engl. sodium dodecyl sulfate oder SDS) enthält. Dabei handelt es sich um den Sulfatester des Dodekanols (eines Alkohols mit 12 CH_2Gruppen). Dieses Detergens bindet mit seinem Fettsäureanteil an hydrophobe Bezirke des Proteins, so daß das Molekül sich entfaltet und Wechselwirkungen mit anderen Proteinen oder Lipiden aufgehoben werden. Meist wird auch noch ein reduzierender Stoff wie Mercaptoethanol (S.73) hinzugefügt, der Disulfidbindungen (S.64) spaltet, so daß die über Disulfidbrücken stabilisierte Konformation (S.56) nicht aufrechterhalten werden kann bzw. über Disulfidbindungen verbundene Proteinkomplexe in Einzelbestandteile zerfallen.

Bei der Elektrophorese wandern die durch das SDS negativ geladenen Proteine durch das Polyacrylamidplattengel in Richtung der *positiven* Elektrode. Da jedoch kleine Proteine schneller durch die Poren des Polyacrylamidgels gelangen, werden die Proteine nach ihrem *Molekulargewicht* aufgetrennt, d.h. die niedrigmolekularen Proteine sind nach Abschluß der Elektrophorese der Kathode am nächsten (Abb. 2.26). Nach Beendigung des Laufes müssen die aufgetrennten Proteine durch eine Färbung sichtbar gemacht werden; dies erfolgt normalerweise mit einem Farbstoff wie *Coomassie-Blau* oder – bei sehr geringen Mengen – mit einer hochempfindlichen *Silberfärbung.*

Bei der Elektrophorese können mehrere Proben parallel aufgetragen werden, so daß man z.B. das elektrophoretische Verhalten einer Proteinprobe unter reduzierenden und nichtreduzierenden Bedingungen vergleichen kann. Zur Molekulargewichtsbestimmung läßt man ein Gemisch von Proteinen mit bekanntem Molekulargewicht in einer Parallelspur mitlaufen, über die dann das Molekulargewicht des jeweiligen Proteins ermittelt werden kann. Molekulargewichte werden in *Dalton (D)* oder häufiger in *kilo-Dalton (kD)* angegeben.

Nach der Elektrophorese kann ein Abklatsch (blot) der auf dem Gel separierten Proteine auf Nitrocellulosepapier oder Nylonfolien gemacht werden. Derartige Blot's können anschließend mit einem spezifischen Antikörper (S.1064) getränkt werden, über den dann das von diesem Antikörper erkannte Protein identifiziert wird. Diese als *Western-Blotting-Technik* bezeichnete Methode wird im Rahmen der Proteinanalytik im großen Umfang angewandt und ist beispielsweise auch für die HIV-Diagnostik von Bedeutung (S.307).

Zur groben Fraktionierung von Proteingemischen in Körperflüssigkeiten (Plasma, Urin, Liquor cerebrospinalis) besitzt die *Trägerelektrophorese* auf Celluloseacetatfolien als analytisches Verfahren eine besondere Bedeutung. Da bei dieser Methode der Molekularsiebeffekt des Polyacrylamids wegfällt, erfolgt die Trennung ausschließlich aufgrund isoelektrischer Punkte der Proteine.

Vor allem die Trennung der Serum- bzw. Plasmaproteine, deren Konzentration sich bei den verschiedensten Krankheitsbildern ändert, wird im klinischen Laboratorium routinemäßig durchgeführt. Da der isoelektrische Punkt der Serumproteine im Neutralen bzw. schwach Sauren liegt, wird die Elektrophorese bei pH 8,6 durchgeführt. Die dann als Anionen vorliegenden Serum- bzw. Plasmaproteine werden wegen der begrenzten Trennschärfe der Trägerelektrophorese nur in fünf bis sechs Fraktionen aufgetrennt. Eine weitergehende Trennung erlaubt die *Immunelektrophorese,* bei der sich an die elektrophoretische Trennung eine immunologische Analyse anschließt. Auf Einzelheiten und klinische Bedeutung dieser Methoden wird in den Kapiteln 16 und 31 näher eingegangen.

Die zweidimensionale Gelelektrophorese erlaubt die zusätzliche Bestimmung des isoelektrischen Punktes

Wird die Gelelektrophorese mit einer anderen Trennungsmethode, der *isoelektrischen Fokussierung,* kombiniert, so spricht man von der zweidimensionalen Gelelektrophorese. Mit dieser Methode kann neben dem Molekulargewicht auch der *isoelektrische Punkt* (S.41) eines Proteins bestimmt werden. Weite Verbreitung hat diese Technik aufgrund ihrer extrem hohen

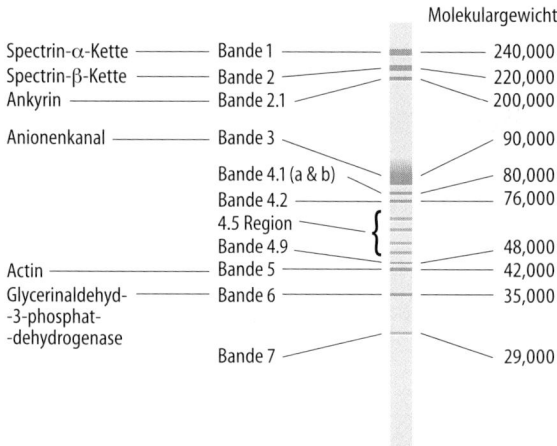

		Molekulargewicht
Spectrin-α-Kette	Bande 1	240,000
Spectrin-β-Kette	Bande 2	220,000
Ankyrin	Bande 2.1	200,000
Anionenkanal	Bande 3	90,000
	Bande 4.1 (a & b)	80,000
	Bande 4.2	76,000
	4.5 Region	
	Bande 4.9	48,000
Actin	Bande 5	42,000
Glycerinaldehyd--3-phosphat--dehydrogenase	Bande 6	35,000
	Bande 7	29,000

Abb. 2.26 SDS-Polyacrylamid-Gelelektrophorese von Proteinen der Erythrocytenmembran. Die Trennung erfolgte in einem 5%igen Gel, ein schematisches Modell der Verteilung dieser Proteine in der Membran und ihrer Assoziationen miteinander findet sich auf S. 891, Abb. 31.12 (Molekulargewichte in D). (Nach Cohen M. (1983) Semin Hematol 20: 141)

Abb. 2.27 *Oben:* Prinzip der zweidimensionalen Gelelektro- ▷
phorese mit Trennung der Proteine nach dem isoelektrischen
Punkt *(IP)* in der ersten Dimension und nach dem Molekulargewicht *(MG)* in der zweiten Dimension. *Unten:* 2-D-Gel der zellulären Proteine einer menschlichen Leukämiezellinie. (Dittmann u. Petrides, unveröffentlicht)

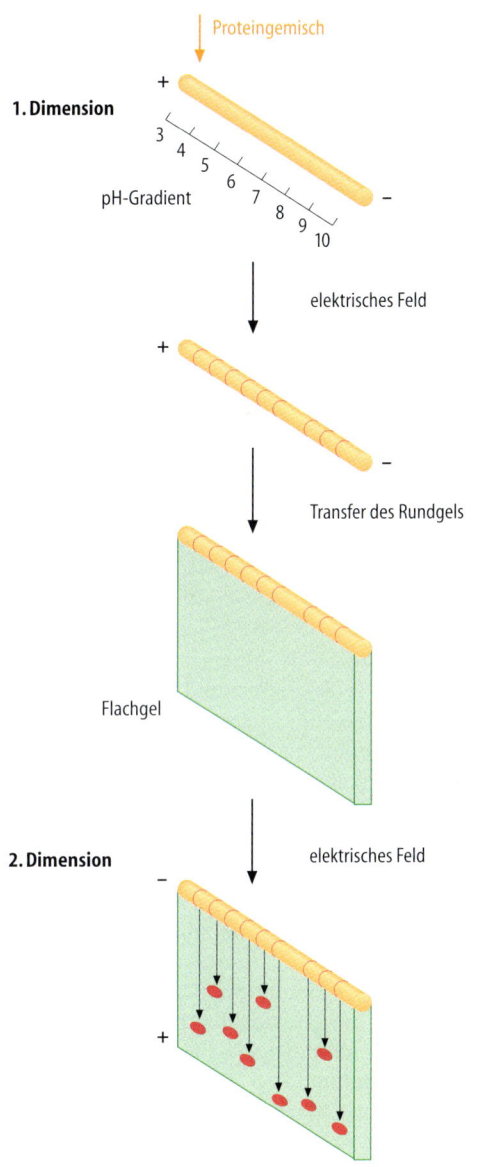

Auflösung v. a. bei der Identifizierung von Proteinen
gefunden, die für bestimmte Gewebe, Körperflüssigkeiten oder Aktivitätszustände von Geweben spezifisch
sind.

Bei der isoelektrischen Fokussierung (IEF) erfolgt die Trennung aufgrund der Tatsache, daß die Nettoladung eines Proteins sich mit dem pH der umgebenden Lösung ändert. Bei dem für jedes Protein charakteristischen isoelektrischen Punkt hat das Protein keine
Nettoladung und wandert deshalb im elektrischen Feld
nicht. Zur Fokussierung werden die Proteine zuerst in
einem nichtionischen Detergens, dem Denaturierungs-
mittel Harnstoff (S. 73) sowie Mercaptoethanol in Lösung gebracht, ohne daß dabei ihre Ladung eine Änderung erfährt. Dann erfolgt die Elektrophorese in einem
dünnen Röhrchen, in dem durch die Mischung bestimmter Puffer in einem Polyacrylamidgel ein **pH-
Gradient** hergestellt worden ist (Abb. 2.27). Jedes Protein wandert nun in die Position des pH-Gradienten,
die seinem isoelektrischen Punkt entspricht, und bleibt
dort. Nach Beendigung der Fokussierung wird das Gel-
röhrchen auf ein SDS-Plattengel gelegt, so daß die nach
dem IP aufgetrennten Proteine jetzt in der zweiten Dimension zusätzlich noch nach ihrem Molekulargewicht getrennt werden. Dadurch entsteht ein zweidimensionales Muster, bei dem jedes Protein hinsichtlich
Molekulargewicht und isoelektrischem Punkt genau
charakterisiert werden kann (Abb. 2.27). Mit dieser Methode können einige Tausend verschiedener Proteine
aufgetrennt werden.

Mit der Ultrazentrifugation können Molekulargewichte hochmolekularer Proteine bestimmt werden

Für die Molekulargewichtsbestimmung von höhermo-
lekularen Proteinen und aus mehreren Proteinen bestehenden Komplexen hat sich die von dem schwedischen Chemiker Th. Svedberg und Mitarbeitern entwickelte Technik der *analytischen Ultrazentrifugation*
bewährt. Zur Molekulargewichtsbestimmung wird ein
Zentrifugenröhrchen, das die Proteinlösung enthält, in
der Zentrifuge mit sehr hoher Umdrehungszahl einem
Schwerefeld ausgesetzt. Da das Zentrifugalfeld das
400 000 fache des Erdschwerefeldes erreichen kann, sedimentiert das Protein entsprechend seinem Gewicht
und seiner Gestalt. Der *Sedimentationsprozeß* wird
während des Zentrifugenlaufes mit einem optischen
System verfolgt; damit kann die Geschwindigkeit, mit
der das Protein sedimentiert, dx/dt, ermittelt werden,
wobei x der Abstand vom Rotationszentrum bis zu einem beliebigen Punkt des Zentrifugenröhrchens ist.

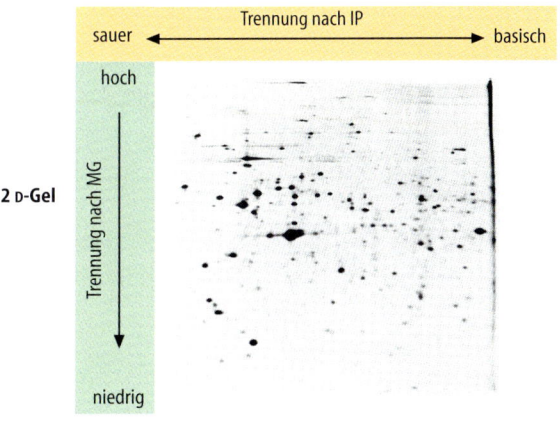

Als Voraussetzung für die Sedimentation gilt natürlich, daß die Dichte der Proteine größer ist als die des (i. allg. wäßrigen) Lösungsmittels.

Eine relative Angabe über das Molekulargewicht kann gemacht werden, wenn man das Sedimentationsverhalten als ein Vielfaches des sog. *Svedberg-Koeffizienten* angibt. Dieser errechnet sich nach Bestimmung der Wanderungsgeschwindigkeit nach der Formel:

$$S = \frac{dx}{dt} \cdot \frac{1}{\omega^2 x}$$

und besitzt die Dimension einer Zeit (s).

In der Gleichung ist ω die Winkelgeschwindigkeit, die mit Hilfe spezieller Tabellen aus der Anzahl Umdrehungen/min berechnet wird. Die Svedberg-Einheit (S) beträgt 1×10^{-13} s. Proteine besitzen S-Werte zwischen *1 und 200*. Zur Berechnung des absoluten Molekulargewichtes müssen zusätzlich zum Sedimentationskoeffizienten noch die ebenfalls auftretende Diffusion und weitere Faktoren ermittelt werden.

Tabelle 2.4 zeigt die S-Werte und Molekulargewichte einiger Proteine. Aus dieser Tabelle geht ebenfalls hervor, daß zwischen S-Wert und dem Molekulargewicht eines Proteins keine lineare Beziehung besteht.

Werden Proteine in einem Lösungsmittel, dessen Dichte die der Proteine übersteigt, einem Schwerefeld unterworfen, so bewegen sie sich nicht zum Boden des Zentrifugenröhrchens (Sedimentation), sondern in Richtung Meniscus (Flotation). Das Ausmaß der *Flotation* wird wie bei der Sedimentation von Gewicht und Gestalt der Proteine bestimmt.

Als Einheit wird der *Flotationskoeffizient (S_f)* angegeben; er hat eine besondere Bedeutung bei der Charakterisierung der Plasmalipoproteine erhalten (Abb. 16.51, S. 470). Plasmalipoproteine besitzen S_f-Werte zwischen 0 und 10^5.

Das Prinzip der Ultrazentrifugation wird auch zu präparativen Zwecken angewendet. Das hierfür erforderliche Gerät ist wesentlich preiswerter als die analytische Ultrazentrifuge. Vor Beginn des Zentrifugenlaufes wird im Zentrifugenröhrchen mit dem Lösungsmittel ein Konzentrationsgefälle vom Meniscus zum Boden hergestellt (z. B. mit Saccharose oder Cäsiumchlorid), in dem die Proteine während des Laufes

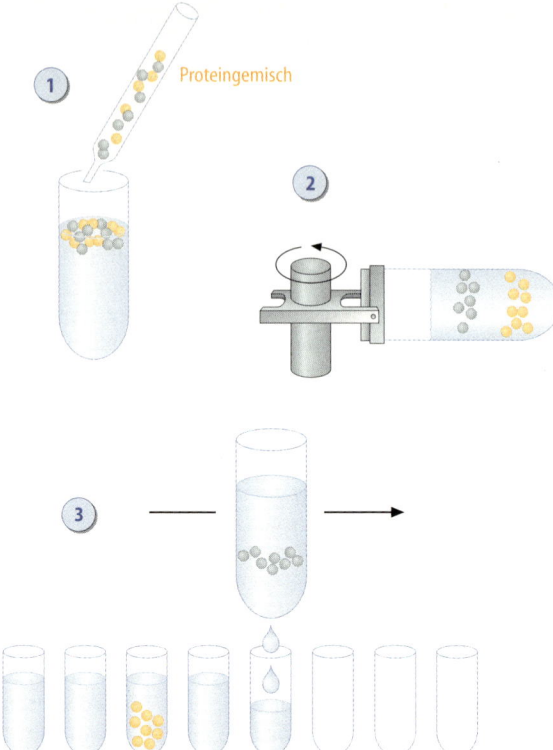

Abb. 2.28 Prinzip der Dichtegradientenzentrifugation

sedimentieren und sich im Bereich ihrer Dichte anreichern (*Dichtegradientenzentrifugation,* Abb. 2.28). Durch präparative (Ultra-)Zentrifugation können auch andere Makromoleküle (z. B. Nucleinsäuren) und subcelluläre Partikel getrennt werden (S. 199).

Durch Säurehydrolyse werden Proteine in Aminosäuren zerlegt

Nach der Molekulargewichtsbestimmung wird die Aminosäurezusammensetzung des Proteins durch Totalhydrolyse ermittelt. Durch Behandlung mit starken Säuren oder Basen (Kapitel 1, S. 22) können Proteine zu Aminosäuren hydrolysiert werden. Bei der allgemein verwendeten Säurehydrolyse werden allerdings beträchtliche Anteile von Serin, Threonin und Tryptophan zerstört. Außerdem werden Glutamin und Asparagin zu ihren entsprechenden Aminosäuren desaminiert, d. h. sie verlieren Ammoniak, das dann im Hydrolysat nachweisbar ist. Bei bekanntem Molekulargewicht kann durch Bestimmung der Mengen der einzelnen Aminosäuren die Anzahl jeder einzelnen Aminosäure im Protein bestimmt werden.

Mit der Edman-Methode können Proteinsequenzen ermittelt werden

Das Prinzip dieser Methode liegt darin, daß – vom N-terminalen Ende der Peptidkette ausgehend – eine

Tabelle 2.4 S-Werte und Molekulargewichte einiger Proteine (Ribosomen enthalten neben Proteinen auch Nucleinsäuren)

	S_{20} (Svedberg-Einheiten bei 20 °C)	Molekulargewicht (in Dalton)
Insulin	1,2	6 300
Myoglobin	2,0	16 900
Hämoglobin	4,5	63 000
Fibrinogen	7,6	340 000
Ribosom	70	1 000 000
Tabakmosaikvirusprotein	174	59 000 000

Aminosäure nach der anderen abgespalten, isoliert und identifiziert wird. Der Rest der Kette darf nicht verändert werden, da sonst die Information der Sequenz dieses Restes verloren ginge. Die schrittweise, vielfach wiederholte Abtrennung von jeweils einer Aminosäure gelang erstmalig dem schwedischen Biochemiker Pehr Edman (1914–1977) im Jahre 1950. Nach dieser Methode reagiert *Phenylisothiocyanat* (PITC) mit der N-terminalen Aminogruppe, wobei das Phenylthiocarbamylderivat entsteht. Durch Behandlung mit Säure – in einem wasserfreien Lösungsmittel zur Verhinderung der Hydrolyse der Peptidkette – cyclisiert die N-terminale Aminosäure zu einem Phenylhydantoinderivat und wird vom restlichen Peptid abgespalten. Übrig bleiben ein aus der N-terminalen Aminosäure gebildetes Phenylthiohydantoin(PTH)derivat, dessen Identität mit Hilfe der Umkehrphasen-HPLC (S. 44) in Minuten ermittelt werden kann, und das um die N-terminale Aminosäure verkürzte Peptid. Dieses kann erneut mit Phenylisothiocyanat behandelt werden, wodurch Schritt für Schritt die Folge der Aminosäuren vom N-terminalen Ende her ermittelt wird (Abb. 2.29).

Edman hat mit seinen Mitarbeitern auf der Grundlage dieser Methode eine Apparatur entwickelt, die seit Mitte der 60 er Jahre eine weitgehend automatische Analyse von Aminosäuresequenzen von Peptiden und Proteinen gestattet. Obwohl Edmans Methode ursprünglich für die Sequenzierung von mehreren 100 nmol Proteinprobe entwickelt worden war, ist heute unter Verwendung derselben chemischen Prozesse mit der modernen Version des Gerätes, des *Gasphasensequenators*, die Sequenzierung von extrem geringen Mengen, d. h. etwa 5–50 pmol Polypeptid, möglich.

Eine Beschränkung erfährt die Sequenzierung nach dem Edman-Prinzip dadurch, daß meist nur Sequenzen bis zu 40 Aminosäuren sequenziert werden können. Proteine müssen deshalb durch chemische oder enzymatische Spaltung in kleinere Peptide zerlegt werden. Enthält das Protein – wie aus der Aminosäureanalyse bekannt wird – Methionylreste, so kann eine Spaltung mit *Bromcyan* (CNBr) erfolgen, das die Proteinkette an dieser Seitenkette spaltet. Das Protein kann auch mit *Endopeptidasen* behandelt werden, die bestimmte Peptidbindungen im Inneren (Präfix „endo") der Kette aufspalten. Trypsin z. B. spaltet nur Peptidbindungen an der Carboxylgruppe der geladenen, hydrophilen Aminosäuren Arginin und Lysin,

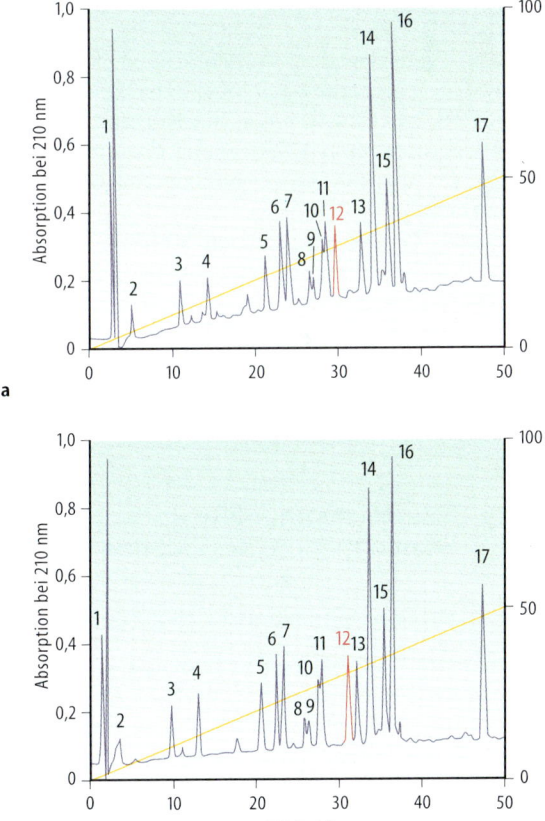

Abb. 2.30 a, b Umkehrphasen-HPLC-Auftrennung der tryptischen Peptide des nativen, d. h. aus der menschlichen Hypophyse isolierten Wachstumshormons (**a**) und des durch Genklonierung in E. coli hergestellten menschlichen Wachstumshormons (**b**). Peptide wurden mit einem linearen Acetonitrilgradienten *(gelb)* in 0,1 %iger Trifluoressigsäure eluiert. Die Detektion der eluierten Peptide erfolgte durch Messung bei 210 nm, da die Peptidbindung bei dieser Wellenlänge eine starke Absorption zeigt. (Nach Kohr et al. (1982) Anal Biochem 122: 348)

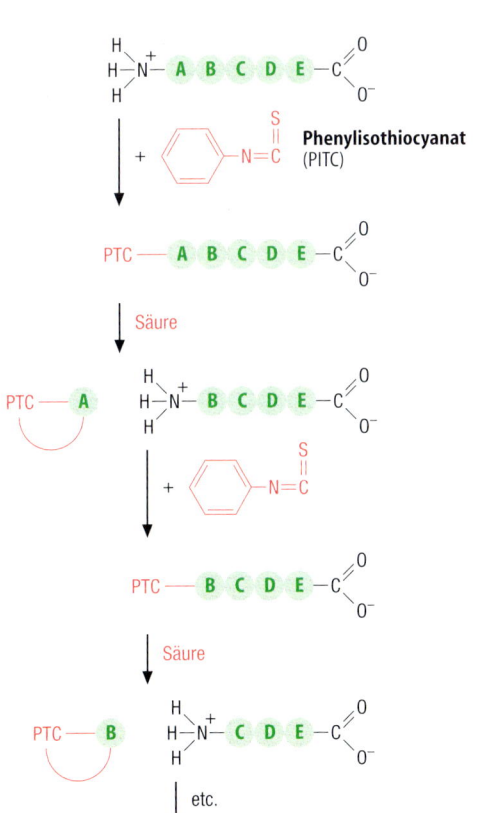

Abb. 2.29 Sequenzierung von Proteinen mit Hilfe von Phenylisothiocyanat

während Chymotrypsin ein breiteres Wirkungsspektrum (v. a. Aminosäuren mit aromatischen Seitenketten) besitzt. Bei der Spaltung werden Bruchstücke gebildet, die früher durch eine Kombination elektrophoretischer und chromatographischer Methoden (Fingerprints, S. 905), heute aber zunehmend durch Umkehrphasen-HPLC aufgetrennt werden.

Die Abb. 2.30 zeigt die Auftrennung der *tryptischen Peptide* des aus 191 Aminosäuren bestehenden Wachstumshormons mittels Umkehrphasen-HPLC. Dabei werden das native, aus der menschlichen Hypophyse isolierte Wachstumshormon (a) mit dem in E. coli durch Genklonierung (S. 233) synthetisierten menschlichen Wachstumshormon (b) verglichen. Beide Proteine werden durch Trypsin in 17 Fragmente gespalten, deren Elutionsverhalten mit Ausnahme von Peptid 12 identisch ist. Nach der Sequenzanalyse dieses Peptids handelt es sich um die 9 Aminosäuren am N-terminalen Ende des Hormons, wobei das Peptid im Falle des klonierten Hormons einen zusätzlichen Methionylrest enthält, der das unterschiedliche Elutionsverhalten erklärt. Dieser Methionylrest war aus herstellungstechnischen Gründen künstlich eingefügt worden (S. 234).

Zur Sequenzanalyse wurden Proteine früher in verschiedenen Experimenten mit unterschiedlichen Methoden in Bruchstücke zerlegt, nach deren Sequenzanalyse aufgrund ihrer Überlappung die Aminosäurenfolge des ursprünglichen Proteins rekonstruiert werden konnte.

Heute werden bei größeren Proteinen oft nur einzelne Abschnitte sequenziert, mit deren Kenntnis dann unter Verwendung gentechnologischer Techniken (S. 228) das vollständige Gen (bzw. die cDNA) isoliert wird, aus dem dann die komplette Primärstruktur abgeleitet werden kann.

2.2.5 Räumliche Anordnung (Konformation) der Proteine

Proteine sind hierarchisch aufgebaut

Mit den gerade besprochenen Methoden kann zwar die genetisch festgelegte Art und Sequenz der Aminosäuren einer Polypeptidkette ermittelt werden, die Verfahren geben uns jedoch keine Information über den räumlichen Aufbau, d. h. die Konformation des Proteins, die die Voraussetzung für seine biologische Funktion ist.

Proteine weisen einen hierarchischen Aufbau ihrer Struktur auf. Die Sequenz der Aminosäuren, die als *Primärstruktur* bezeichnet wird, bildet die Basis. Sie enthält die gesamte Strukturinformation. Die erste Organisationsebene nach der Primärstruktur stellt die *Sekundärstruktur* dar, bei der es sich um regelmäßige Kettenanordnungen handelt, die eine optimale Bildung

von *Wasserstoffbrückenbindungen* erlauben. Sekundärstrukturen sind außerordentlich häufig, was mit der energetischen Notwendigkeit zusammenhängen dürfte, interne polare Gruppen wie die C = O- und die N-H-Gruppierung der Peptidbindung abzusättigen. Die nächst höhere Organisationsstufe ist die *Tertiärstruktur*, für deren Entstehung *hydrophobe Wechselwirkungen* verantwortlich sind. Die Tertiärstruktur muß nicht die Endstufe des Selbstaufbaus darstellen. In vielen Fällen sind die Oberflächen der Proteinmoleküle so beschaffen, daß sie zu größeren Gebilden assoziieren *(Quartärstruktur)*.

Bevor wir uns jedoch den einzelnen Organisationsstufen zuwenden, wollen wir uns die Konformation der Peptidbindung genauer ansehen.

Die Peptidbindung hat den Charakter einer partiellen Doppelbindung

Unter *Konformation* eines Moleküls im engeren Sinne versteht man die räumlichen Strukturen, die sich nur durch die Drehung um die Achse einer Einfachbindung unterscheiden und nicht untereinander zur Deckung bracht werden können. Für ein einfaches organisches Molekül wie Ethan (H_3C-CH_3) sollte dies bedeuten, daß die beiden Methylgruppen frei um die Kohlenstoffbindung drehbar sind und somit eine Vielzahl möglicher Konformationen des Ethanmoleküls besteht.

Tatsächlich sind jedoch nur einige Konformationen energetisch begünstigt, von denen meist die energieärmste und damit stabilste eingenommen wird. Beim Ethan zeichnet sich diese Konformation dadurch aus, daß alle H-Atome möglichst weit voneinander entfernt sind und sich somit in Richtung auf die Kohlenstoffeinfachbindung auf Lücke ausrichten (*gestaffelte* Form, Abb. 2.32). Bei der energiereichsten und unstabilsten Form stehen die sechs H-Atome dagegen nahe beieinander, weshalb man von der Atom-Atom-Konformation (*verdeckte* Form, Abb. 2.31) spricht.

Da das covalente Rückgrat von Polypeptidketten ebenfalls aus Einfachbindungen besteht, müßte man auch hier eine Vielfalt von Rotationsformen wegen der freien Drehbarkeit der Einfachbindung und damit eine

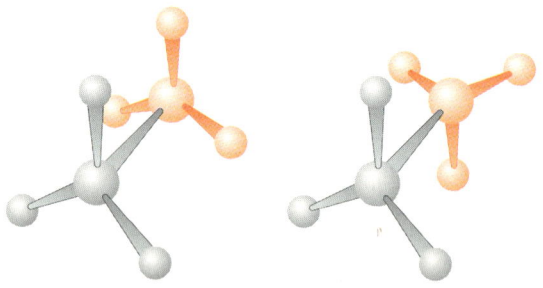

Abb. 2.31 Verdeckte *(links)* und gestaffelte *(rechts)* Form des Ethanmoleküls

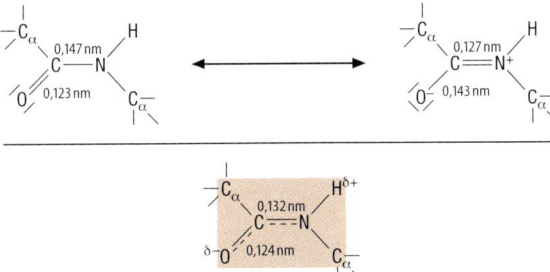

Abb. 2.32 Mesomerie der Peptidbindung. *Oben:* Die beiden Grenzstrukturen; *unten:* der mesomere Zwischenzustand mit trans-Stellung der Peptidbindung *(Raster)*

Fülle von Konformationen vorfinden, von denen einige energetisch begünstigt sind.

Tatsächlich ist die Drehbarkeit jedoch wesentlich eingeschränkt, da die vier Atome der Peptidbindung in einer Ebene liegen. Ursache sind Verschiebungen freier Elektronenpaare zwischen dem Stickstoff- und Sauerstoffatom, durch die aus der Peptideinfachbindung eine *partielle Doppelbindung* entsteht (Abb. 2.32). Aufgrund der Elektronegativität des Sauerstoffes wandert ein Elektronenpaar der C = O-Doppelbindung zum Sauerstoff, der damit eine negative Ladung annimmt. Gleichzeitig wird das freie Elektronenpaar des Stickstoffes zur C – N-Bindung verschoben, um die Vierwertigkeit des Kohlenstoffes wiederherzustellen. Das Stickstoffatom nimmt dabei eine positive Ladung an. Somit entsteht eine zweite Grenzstruktur, bei der die Länge der C – N-Bindung von 0,147 auf 0,127 nm verkürzt ist. Der tatsächliche Zustand liegt – wie immer bei *Resonanzstrukturen* – zwischen diesen beiden Grenzstrukturen, da er energieärmer und deshalb stabiler als die beiden Grenzstrukturen ist; die Länge der C – N-Bindung beträgt in der mesomeren Form etwa 0,132 nm. Die Peptidbindung erhält den Charakter einer planaren Doppelbindung, um die eine freie Drehung nicht mehr möglich ist. Dadurch sind die an ihr beteiligten Atome starr in einer Ebene, und zwar in *trans-Stellung* angeordnet; da nur noch Rotationen um die Atombindungen auf beiden Seiten der Peptidbindung möglich sind, wird die Zahl der möglichen Konformationen der Polypeptidkette wesentlich eingeschränkt. Die cis-Form der Peptidbindung ist bisher in Proteinen noch nicht gefunden worden. Der Grund dafür dürfte sein, daß sie eine starke Krümmung der Kette verursachen und Seitenketten zur Kollision bringen würde.

Aufgrund ihrer Resonanzstruktur absorbiert die Peptidbindung ultraviolettes Licht mit einem Maximum von etwa 210 nm, so daß die Messung der Absorption bei dieser Wellenlänge die quantitative Proteinbestimmung gestattet. Die hohe Empfindlichkeit dieses Nachweisverfahrens findet Anwendung bei HPLC-Trennungen von Polypeptiden (Abb. 2.30, S. 55).

Mit der Röntgenstrukturanalyse kann die Proteinkonformation bestimmt werden

Die wichtigste Methode zur Untersuchung der Konformation von Proteinen und anderen Makromolekülen ist die Strukturanalyse mit Röntgenstrahlen *(Röntgenbeugungsmethoden)*. Dieses Verfahren wurde bereits Anfang der 30er Jahre auf Makromoleküle angewendet, jedoch erschien die Interpretation der Diagramme damals hoffnungslos. Erst in den 50er Jahren gelang es, nach jahrelanger harter Arbeit zum ersten Mal eine Proteinkonformation aufzulösen.

Bei der Röntgenbeugungsmethode muß das zu untersuchende Protein zuerst *kristallisiert* werden; dies wird durch Zugabe eines Salzes zu einer konzentrierten Lösung dieses Proteins erreicht. Dabei bilden sich Kristallisationskeime, an die sich immer mehr Proteinmoleküle anlagern, so daß ein großer Kristall entsteht (Abb. 2.33). Der Proteinkristall wird isoliert und anschließend mit Röntgenstrahlen bestrahlt, deren Wellenlänge im Bereich der Atomabstände (etwa 1 Å = 0,1 nm) liegt. Die Ablenkung (die Beugung) der Röntgenstrahlen an den Elektronenhüllen ergibt charakteristische Beugungsbilder, die auf einer photographischen Platte festgehalten werden (Abb. 2.34). Die Beugungsanalyse von Makromolekülen liefert 10 000–100 000 verschiedene Daten, die es ermöglichen, den Ort von Tausenden und Zehntausenden von Atomen zu bestimmen, da die Beugungsbilder zu der räumlichen Anordnung der Atome im untersuchten Molekül in Beziehung stehen. Früher dauerten die komplizierten Berechnungen zur Rekonstruktion der räumlichen Anordnung der Atome Jahrzehnte, heute nehmen sie durch die Anwendung von leistungsfähigen Computern mit entsprechenden Graphikprogrammen nur noch Wochen in Anspruch. Mit Hilfe dieser Methode konnten bisher mehrere 100 Proteine bis zur atomaren Auflösung analysiert werden.

Abb. 2.33 Rasterelektronenmikroskopische Aufnahme eines Kristalls der Pyruvatkinase, eines Enzyms des Glucosestoffwechsels. Der Kristall besteht aus regelmäßig im Kristallgitter geordneten Enzymmolekülen. Auf einer Kante liegen etwa 2000 Moleküle nebeneinander. (Nach B. Hess und J. Sossinka, Dortmund)

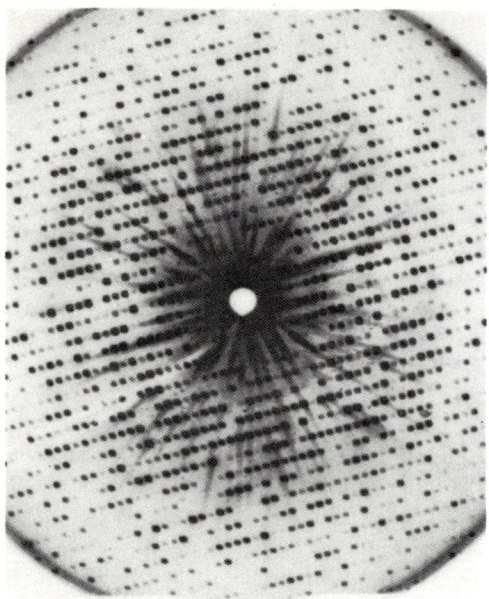

Abb. 2.34 Photographische Aufnahme des Röntgenbeugungsmusters eines Proteinkristalls (Myoglobin)

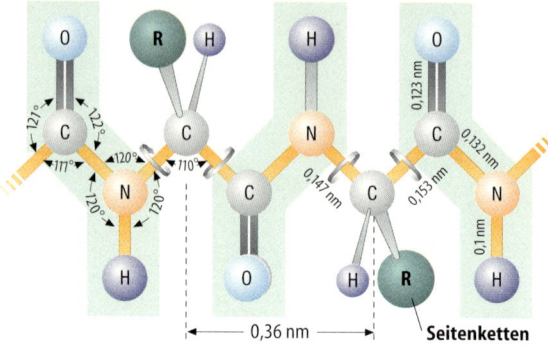

Abb. 2.35 Abmessungen (Längen und Winkel) einer vollständig gestreckten Polypeptidkette. Die 4 mit einem Raster hinterlegten Atome liegen in einer Ebene, bedingt durch die Mesomerie der Peptidbindung (C-N). Die nicht in dieser Ebene liegenden α-Kohlenstoffatome, deren Abstand zueinander 0,36 nm beträgt, sind ebenfalls gerastert. Eine freie Drehung ist um die Bindungen, die das α-Kohlenstoffatom mit den α-Amino- und α-Carbonylfunktionen verbinden, möglich

Kleinere Proteine können ohne Kristallisierung, also in Lösung, auch durch die *Kernspinresonanz (NMR)-Spektroskopie* analysiert werden.

2.2.6 Sekundärstrukturen von Proteinen

Die ersten durch Röntgenstrukturanalyse in Proteinen nachgewiesenen Strukturmotive wurden als α-*Helix* und β-*Faltblatt* bezeichnet. Beide Elemente sind Anordnungen der Peptidkette, bei denen die maximal mögliche Zahl von Wasserstoffbrückenbindungen zwischen -C = O- und -NH-Gruppen vorkommen. Sie werden unter dem Begriff *Sekundärstrukturen* von Proteinen zusammengefaßt.

Die Strukturaufklärung dieser Motive ging von frühen Arbeiten der 30er Jahre aus. Diese hatten gezeigt, daß die fibrillären Proteine in den Haaren und in der Wolle, die sogenannten α-Keratine, sich wiederholende Einheiten besitzen, die in Abständen von 0,5–0,55 nm entlang ihrer Längsachse angeordnet sind.

In der ausgestreckten Polypeptidkette mißt jedoch kein Abstand 0,5–0,55 nm (Abb. 2.35). Dieser offensichtliche Widerspruch wurde von den amerikanischen Chemikern Linus Pauling und Robert Corey (1951) durch den Vorschlag eines Modells aufgelöst, in dem die Polypeptidkette von α-Keratin in Form einer rechtsgewundenen Schraube *(Helix)* vorliegt, bei der die Seitenketten der α-Kohlenstoffatome aus dem Zentrum *nach außen* ragen. Die *stabilste* einer Reihe von in Proteinen vorkommenden Helixformen ist die α-*Helix*, die deshalb genauer beschrieben werden soll

(Abb. 2.36). Bei dieser Anordnung finden sich pro 360°-Windung 3,6 Aminosäuren; bei jeder Drehung werden 0,54 nm zurückgelegt, eine Entfernung, die sehr gut den mit Röntgenbeugungsuntersuchungen bestimmten Werten (0,5–0,55 nm) entspricht. Aus diesen Werten (0,54 nm : 3,6) ergibt sich der Abstand von Aminosäure zu Aminosäure mit 0,15 nm, was ebenfalls mit Röntgenbeugungsdaten übereinstimmt.

Wasserstoffbrückenbindungen spielen eine wichtige Rolle beim Zustandekommen der α-Helixstruktur

Für die Aufrechterhaltung der α-helicalen Anordnung ist die Ausbildung von Wasserstoffbrückenbindungen von entscheidender Bedeutung. Bei den Wasserstoffbrücken handelt es sich – wie in Kapitel 1 (S. 6) beschrieben – um elektrostatische Anziehungskräfte, die zwischen einem Wasserstoffatom, das an ein elektronegatives Atom (Stickstoff, Sauerstoff) covalent gebunden ist und dadurch positiv polarisiert wird, und einem weiteren elektronegativen Atom wirken (Abb. 2.37).

Bei der α-Helix werden Wasserstoffbrücken zwischen dem Wasserstoffatom, das am Stickstoffatom einer Peptidbindung covalent gebunden ist, und dem Sauerstoffatom der Carbonylgruppe der vierten darauf folgenden Aminosäure gebildet. Damit liegen die Wasserstoffbrückenbindungen *fast parallel* zur Achse der α-Helix (Abb. 2.38).

Zur Trennung einer Wasserstoffbrücke müssen etwa 21–42 kJ/mol (5–10 kcal/mol) aufgewendet werden. Obwohl die Bindungsenergie damit sehr viel geringer ist als die einer covalenten Bindung (210–420 kJ/mol [50–100 kcal/mol]), spielt dieser Bindungstyp – da fast alle Peptidbindungen der Polypeptidkette an den Brücken teilnehmen – aufgrund seiner Häufigkeit eine wichtige Rolle beim Zustandekommen der Helixstruktur.

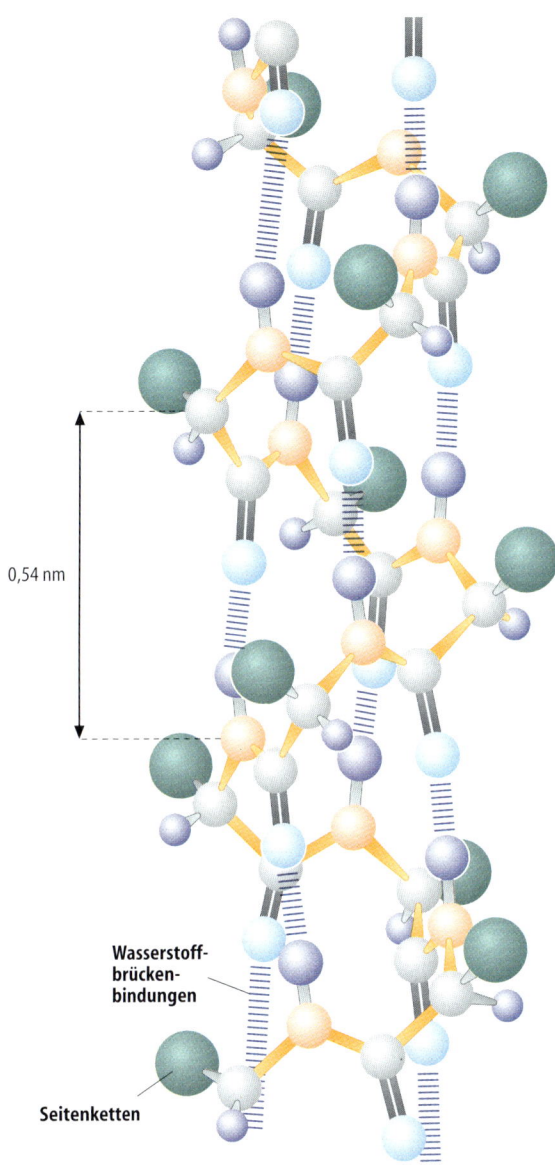

0,54 nm

Wasserstoff-brücken-bindungen

Seitenketten

Abb. 2.36 Räumlicher Aufbau der α-Helix (Einzelheiten s. Text). (In Anlehnung an Pauling L. (1968) Die Natur der chemischen Bindung. Verlag Chemie, Weinheim)

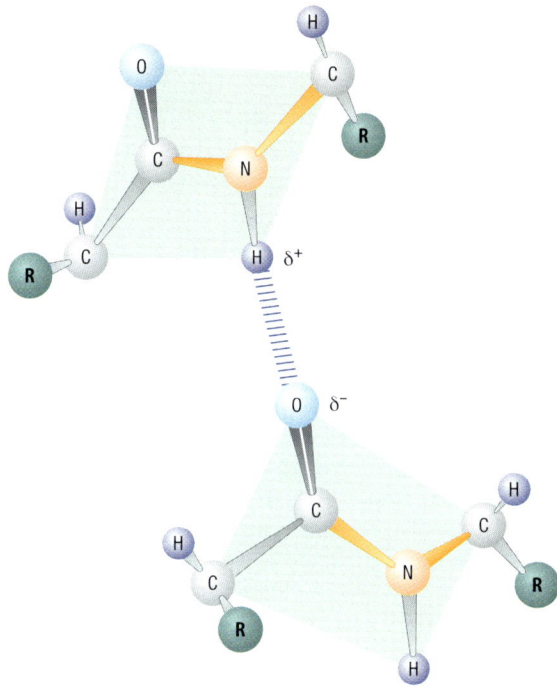

Abb. 2.37 Ausbildung einer Wasserstoffbrückenbindung. Die Ebenen der Peptidbindungen sind mit *Raster* hinterlegt

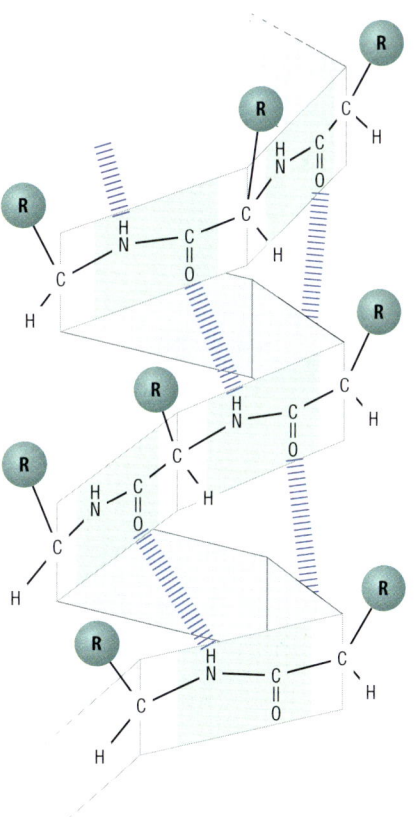

Abb. 2.38 Helicale Anordnung einer Polypeptidkette

Durch Behandlung mit konzentrierten Harnstofflösungen können Wasserstoffbrücken gespalten werden, da Harnstoff dieselben Wasserstoffbrücken ausbildenden Gruppen (C = O und N – H) wie die Peptidkette besitzt.

Helices bilden sich spontan, da sie die *energieärmste* und damit stabilste Konformation einer Polypeptidkette darstellen.

Bestimmte Aminosäure können eine Helixformation stören: Die größte Bedeutung kommt dabei *Prolin* zu, dessen Stickstoffatom Teil eines starren Ringes ist, wodurch keine Rotation um die normalerweise frei drehbare Achse der Bindung zwischen α-C- und α-Aminostickstoffatom auftreten kann. Weiterhin steht kein Wasserstoffatom zur Ausbildung einer Wasserstoffbrücke zur Verfügung.

Proteine weisen einen unterschiedlichen Helixgehalt und verschiedene Helixtypen auf

Die α-Helix ist das grundlegende Strukturprinzip der α-Keratine. Außer in Haaren und in der Wolle kommen diese fibrillären Proteine noch in der Haut, in Schnäbeln, Nägeln und Klauen sowie den meisten Schutzschichten der Wirbeltiere vor. Im menschlichen Haar sind – gemäß den Prinzipien der Herstellung von Tauen – drei rechtsdrehende α-Helices zu einer linksdrehenden Protofibrille verdrillt. Neun Protofibrillen sind wiederum zu einem Zylinder gebündelt, wobei sich in der Mitte des Zylinders zusätzlich noch zwei Protofibrillen befinden: Dadurch entsteht die sog. *9 + 2-Mikrofibrille.* Mehrere Hunderte dieser Mikrofibrillen assoziieren, eingebettet in eine Proteinmatrix, zu einer Makrofibrille. Oberste Stufe dieser hierarchischen Organisation stellt die *Haarfaser* dar, die aus Makrofibrillen zusammengesetzt ist, welche von einer Schutzschicht umgeben sind.

α-Helices kommen nicht nur in den oben genannten fibrillären Proteinen, sondern auch in den meisten globulären Proteinen vor. Ihr Anteil an den der jeweiligen Proteinkonformation zugrundeliegenden Strukturelementen ist sehr variabel und schwankt von wenigen Prozent bis zu 70 % beim Myoglobin (S. 64). Sogenannte hydrophobe α-Helices spielen eine außerordentliche Rolle bei der Verankerung von Proteinen in Biomembranen. Ein Beispiel hierfür ist der *GABA-Rezeptor* (Abb. 2.39), der als Bestandteil der Plasmamembran den Neurotransmitter γ-Aminobutyrat (GABA, S. 987) bindet und daraufhin seinen Chloridkanal öffnet. Das Protein besteht aus fünf Untereinheiten, von denen jede vier α-Helices besitzt. Diese haben einen relativ hohen Anteil an hydrophoben Aminosäuren, der die Untereinheit in der Membran verankert und jeweils einen Teil des Chloridkanals bildet. Extra- bzw. intracelluläre Anteile der einzelnen Untereinheiten bilden die Bindungsstelle für den Liganden bzw. sind für die Regulierbarkeit des Proteins verantwortlich.

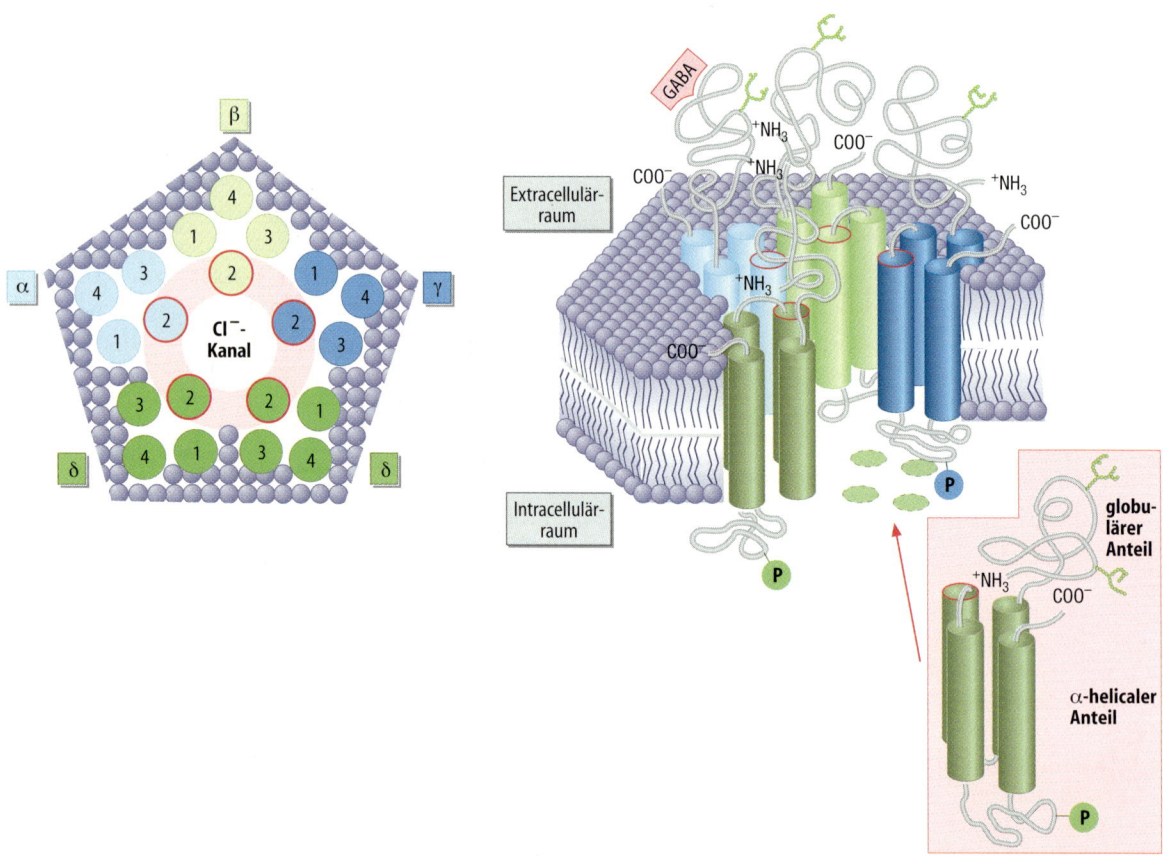

Abb. 2.39 Schematisches Modell des GABA$_A$-Rezeptors, eines Glykoproteins der Zellmembran. Der Rezeptor besteht aus α-, β-, γ-, δ-Untereinheiten. Jede Untereinheit besitzt jeweils einen N-terminalen extrazellulären Anteil, einen transmembranären Anteil aus 4 hydrophoben α-Helices und einen globulären intrazellulären Anteil zwischen den Domänen 3 und 4. An die Peptidketten sind Kohlenhydrat-Seitenketten geknüpft. Der mit einem *P* gekennzeichnete Bereich stellt einen Serylrest dar, der phosphoryliert werden kann. Die Zusammenlagerung von 5 solchen Untereinheiten führt zur Bildung eines zentralen Kanals, über den Chloridionen die Membran passieren können. (Verändert nach Olsen und Tobin 1990)

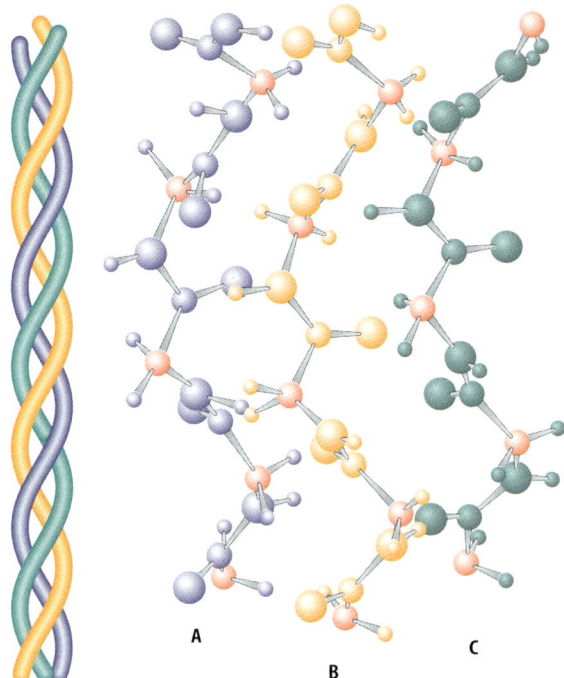

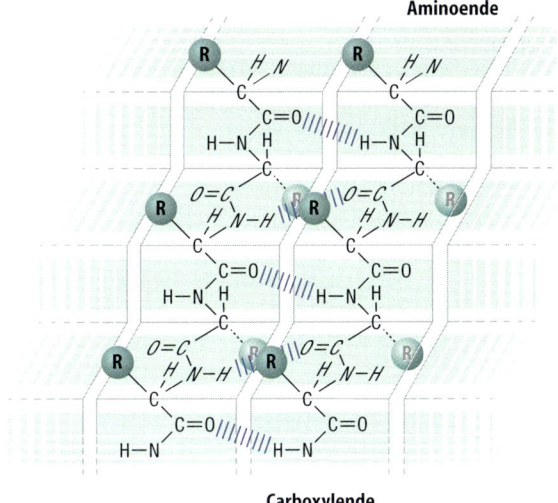

Abb. 2.41 Parallele Faltblattanordnung von zwei Polypeptidketten (vgl. auch Abb. 2.43)

Abb. 2.40 Modell der Kollagentripelhelix. Drei linksgängige *(A, B, C)* Stränge winden sich rechtsgängig umeinander. Jede 3. Aminosäure muß aus sterischen Gründen Glycin sein

Von großer strukturgebender Bedeutung für den Aufbau von Lipoproteinen (S. 470) sind die dort vorkommenden *amphiphilen* α-Helices der Apolipoproteine. Diese zeichnen sich dadurch aus, daß auf einer Seitenfläche der Helix hydrophile, auf der anderen hydrophobe Aminosäuren vorkommen.

Eine weitere spezielle Helixform stellt die des Kollagens dar, des wichtigsten fibrillären Proteins des Bindegewebes. Aufgrund ihrer ungewöhnlichen Aminosäurezusammensetzung – sie besteht zur Hälfte aus Glycyl- und Prolylresten – weist diese Kollagenhelix einige besondere Strukturmerkmale auf: Sie ist gestreckter, so daß der Abstand zwischen zwei Aminosäuren auf der Längsachse nicht mehr 0,15 nm, sondern 0,286 nm beträgt; die Helix ist linksgängig, die Carbonylsauerstoffatome und Iminowasserstoffatome stehen nicht – wie bei der α-Helix – parallel zur Helixachse, sondern weisen von ihr weg (Abb. 2.40), so daß keine Wasserstoffbrückenbindungen innerhalb der Helix gebildet werden können. Sie treten jedoch dann auf, wenn drei linksgängige Helices (mit im übrigen nicht identischen Primärstrukturen) sich zu einer rechtsgängigen *Tripelhelix* umeinander winden (Abb. 2.40).

β-Faltblattanordnungen besitzen entweder parallele oder antiparallele β-Strukturen

Nach der α-Helix wurde als nächste Kettenstrukturform eine Faltung der Peptidkette in Zickzackform entdeckt, die deshalb als *β-Struktur* bezeichnet wurde.

Diese sog. *Faltblattanordnungen* stellen strukturelle Beziehungen – über Wasserstoffbrückenbindungen – zwischen verschiedenen Abschnitten einer Polypeptidkette oder zwischen verschiedenen Polypeptidketten dar.

Wenn zwei eine Faltblattstruktur bildende Peptidketten dieselbe Richtung vom N- zum C-Terminus haben, spricht man von *parallelem,* bei entgegengesetzter Richtung von *antiparallelem* Faltblatt. Die Faltblattanordnung weist eine große Ähnlichkeit mit der ausgestreckten Polypeptidkette auf (Abb. 2.41). Eine vollständige Streckung der Peptidkette wird jedoch durch die Ausbildung der Wasserstoffbrücken zwischen den Ketten verhindert. Bei Faltblättern sind die einzelnen beteiligten Kettenabschnitte leicht um ihre Längsachse verdrillt, da dadurch die sterische Behinderung an den α-C-Atomen verringert werden kann. Die Verdrillung wird durch eine Gegenbewegung des Faltblattes kompensiert – ohne daß dabei die Wasserstoffbrücken gestört werden –, so daß Faltblätter i. allg. nicht flach, sondern rechtsgängig verdrillt sind. Die β-Struktur stellt das grundlegende Strukturprinzip der *fibrillären Proteine* der Seide, der sog. β-Keratine, dar. Faltblätter sind jedoch nicht nur auf fibrilläre Proteine beschränkt, sondern treten auch häufig als partielle Kettenstruktureinheiten globulärer Proteine auf.

2.2.7 Tertiärstruktur von Proteinen

Die nächsthöhere Organisationsstufe ist die Tertiärstruktur, deren Ausbildung ebenfalls den Übergang in einen energetisch günstigeren Zustand des Proteins bedeutet. Dabei verdrillen sich entweder – wie z. B. bei den α-Keratinen und beim Kollagen – mehrere Helices zu einer fibrillären *Tripelhelix.* Die meisten Proteine bestehen jedoch aus Kombinationen von Sekundär-srukturelementen, d.h. α-Helices und β-Faltblättern, die über Schleifenregionen verschiedener Länge und variabler Gestalt miteinander verbunden sind. Häufig liegen diese Schleifenregionen an der Oberfläche des Proteinmoleküls, wobei die C = O- und NH-Gruppen dieser Regionen Wasserstoffbrückenbindungen mit dem umgebenden Wasser ausbilden können. Schleifenregionen, die zwei benachbarte antiparallele β-Faltblätter verbinden, werden *Haarnadelbiegungen* genannt. Derartige Strukturen finden sich beispielsweise in den antigenbindenden Regionen von Antikörpern (S.1066).

Aus der Kombination von Sekundär- und Tertiärstrukturelementen ergibt sich ein Abbild der räumlichen Konformation monomerer Proteine

Durch die Fortschritte der Röntgenstrukturanalyse sind für viele Proteine ausreichende Information für die Darstellung ihrer durch Sekundär- und Tertiärstrukturelemente gebildeten räumlichen Anordnung möglich geworden. Da diese Strukturen häufig extrem kompliziert sind, werden für ihre anschauliche Darstellung vereinfachende Abbildungen gewählt. Dabei stellen Zylinder oder Spiralen α-Helices dar, Pfeile β-Faltblätter, wobei der Pfeil die Richtung des Stranges vom N- zum C-Terminus angibt und normale Linien die übrigen Teile des Proteins (Abb.2.42). Häufig kommen in Proteinen Kombinationen von Sekundärstrukturelementen vor. Diese werden auch als Suprasekundär-

strukturen oder *Motive* bezeichnet. Ein einfaches und häufiges Motiv sind zwei α-Helices, die durch eine Schleife verbunden sind. Derartige Helix-Schleife-Helix-Motive finden sich in DNA-bindenden (S.256) bzw. Calcium-bindenden (S.28) Proteinen (Abb.2.43). Wenn bei der bereits erwähnten Haarnadelstruktur die beiden Peptidketten der β-Faltblätter antiparallel verlaufen, so werden sie durch eine kurze Schleife verbunden. Verlaufen sie jedoch parallel, so ist eine längere Verbindung erforderlich, die häufig von α-Helices gebildet wird (Abb.2.43). Globuläre Proteine mit mehr als 150 Aminosäureresten können strukturell meist in mehrere räumlich getrennte Bereiche unterteilt werden, die als *Domänen* bezeichnet werden. Sie sind offenbar Bezirke des Proteins, die sich unabhängig voneinander falten. Eine weitverbreitete Domänenkonformation ist die β-Faß-Struktur (engl. β-barrel), bei der acht verdrillte, parallele β-Faltblätter in Form eines Fasses zusammenliegen. Die α-Helices, die die parallelen β-Faltblätter verbinden, befinden sich außerhalb der Faßstruktur (Abb.2.44); β-Faß-Strukturen finden sich in vielen Enzymen und in Proteinen, die Transportfunktionen in Membranen ausüben.

Unterschiedliche physikalisch-chemische Kräfte sind für die Ausbildung der Tertiärstrukturelemente verantwortlich

Für die spontane Ausbildung der Tertiärstruktur spielen Wechselwirkungen zwischen den hydrophoben

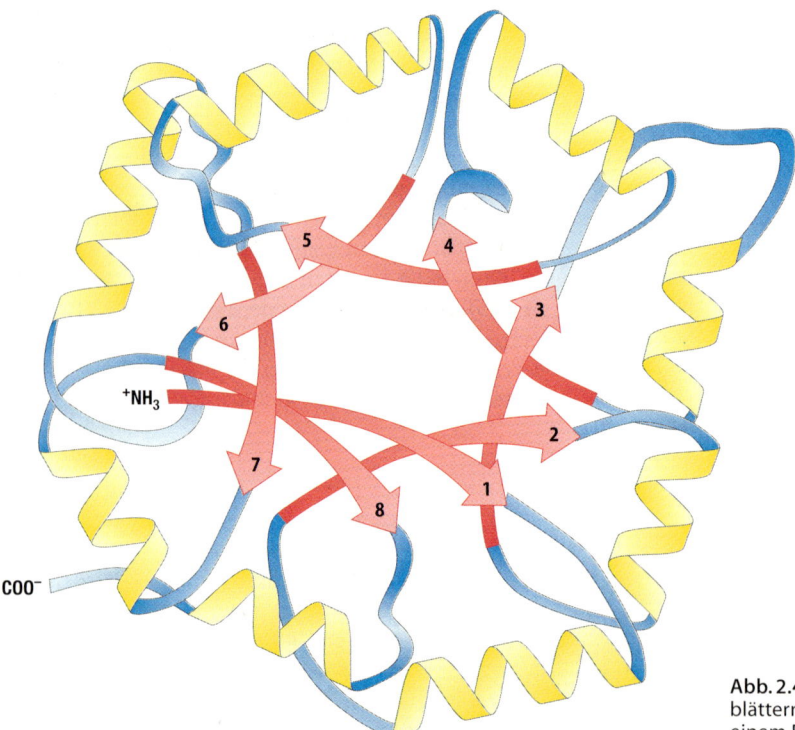

Abb. 2.42 Verteilung von α-Helices und β-Faltblättern in der Triosephosphat-Isomerase, einem Enzym des Glucosestoffwechsels

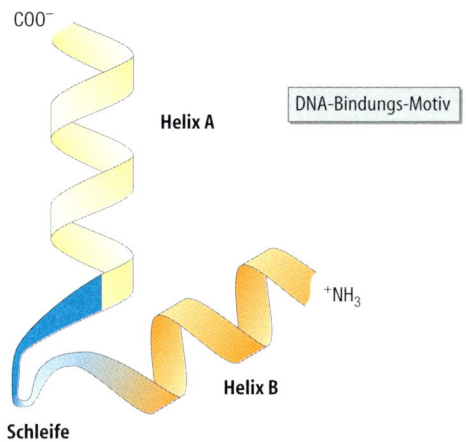

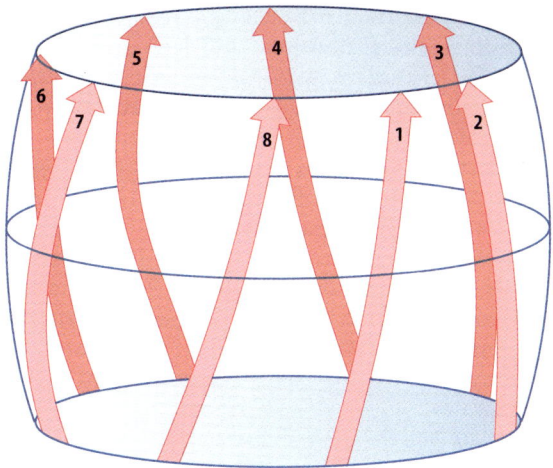

Abb. 2.44 Seitenansicht der β-Faß-Struktur (β-Barrel-Struktur) aus 8 verdrillten, parallelen β-Strängen. Die Ansicht von oben ist Abb. 2.42 zu entnehmen

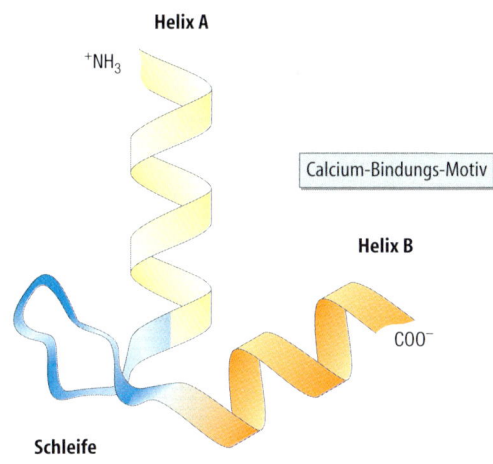

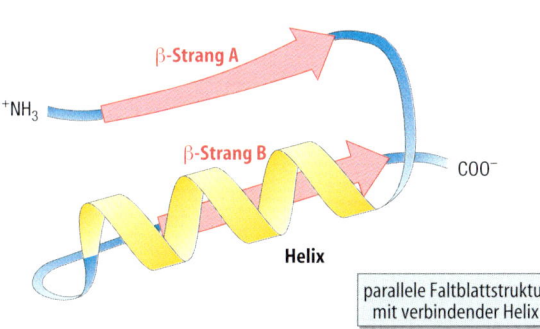

Abb. 2.43 Verbindungen zwischen α-Helices und zwischen parallelen bzw. antiparallelen β-Strukturen

Kohlenwasserstoff-Seitenketten innerhalb einer Peptidkette die wesentliche Rolle. Wie in Kapitel 1 diskutiert, sind hydrophobe Wechselwirkungen die Folge der Struktur des Wassers. Genauso wie hydrophobe, in eine wäßrige Umgebung gebrachte Teilchen aus thermodynamischen Gründen in einer gemeinsamen Flüssig-

keitslücke zusammentreten, verhält sich eine Peptidkette mit hydrophoben Seitenketten in wäßriger Lösung. Diese versuchen spontan, eine möglichst günstige Position einzunehmen, d. h. sie wenden sich von der wäßrigen Umgebung ab und lagern sich aneinander an.

Infolgedessen gelangen hydrophobe Seitenketten auch entfernt liegender Aminosäuren in unmittelbare Nähe zueinander. Es entsteht spontan eine dreidimensionale Struktur, die den energieärmsten und damit stabilsten Zustand darstellt und durch die Seitenketten der Aminosäuren des Proteins verursacht wird. Gleichzeitig bilden hydrophile Seitengruppen bevorzugt mit Wassermolekülen Wasserstoffbrückenbindungen. Dies führt dazu, daß nach erfolgter Konformationsbildung in den meisten Proteinen zumindest die Aminosäuren mit stark hydrophoben Seitenketten (Valin, Leucin, Isoleucin, Phenylalanin etc.) im Inneren, die mit hydrophilen (Aspartat, Glutamat, Serin, Threonin etc.) an der Oberfläche des Moleküls liegen, die mit dem wäßrigen Lösungsmittel in Verbindung tritt.

Der biologische Vorteil einer derartigen Anordnung liegt u. a. darin, daß beispielsweise die Bindung eines Substrates an den im Inneren des Enzymmoleküls liegenden reaktionsfähigen Ort (aktives Zentrum) durch Wassermoleküle nicht gestört werden kann, da sie keinen Zutritt zum aktiven Zentrum mehr haben. Andernfalls würden sie aufgrund ihres Dipolcharakters die in vielen Fällen elektrostatische Wechselwirkung des geladenen Substrates mit den geladenen Gruppen des aktiven Zentrums beeinflussen.

Aus der Bedeutung des Wassers und damit der hydrophoben Wechselwirkungen für die Entstehung der Tertiärstruktur eines Proteins wird klar, daß jede Strukturveränderung der umgebenden wäßrigen Lösung eine Beeinträchtigung der Proteinkonformation verursachen kann.

So führt z. B. der Zusatz von Alkohol, einer hydrophoben Substanz, zu einer wäßrigen Lösung zu einem als Denaturierung (S. 72) bezeichneten *Verlust der Proteinkonformation,* da sich die hydrophoben Alkoholmoleküle den hydrophoben Seitenketten der Peptidkette als Partner zu Wechselwirkungen anbieten.

Die durch hydrophobe Wechselwirkungen entstandene Tertiärstruktur kann durch *Wasserstoffbrücken* (z. B. zwischen der Hydroxylgruppe eines Tyrosylrestes und der Ketogruppe einer Peptidbindung) und *andere elektrostatische Bindungen* [z. B. zwischen der Aminogruppe (NH_3^+) eines Lysylrestes und der Carboxylgruppe (COO^-) eines Glutamylrestes] stabilisiert werden.

Für eine weitere Stabilisierung der Struktur, die durch diese nichtcovalenten Bindungen gebildet worden ist, sorgen *Disulfidbrücken.* Dabei handelt es sich um einen covalenten Bindungstyp, der dadurch zustandekommt, daß die Sulfhydrylgruppen zweier nahegelegener Cysteinreste unter Bildung eines Disulfids zusammentreten. Die als Covalenzbindung relativ stabile Disulfidbrücke kann – im Experiment – entweder durch Oxidation mit Perameisensäure (zu Cysteinsulfonsäuren) oder durch Reduktion mit Thiolen (Mercaptoethanol) zur Sulfhydrylgruppe gespalten werden.

2.2.8 Quartärstruktur von Proteinen

Zusätzlich zur Tertiärstruktur besitzen manche Proteine einen noch höheren Organisationsgrad, die sog. *Quartärstruktur.* Bei dieser treten mehrere – *identische* oder *nichtidentische* – Untereinheiten mit eigener Primär-, Sekundär- und Tertiärstruktur zu einer Funktionseinheit zusammen.

Voraussetzung für die Zusammenlagerung sind bestimmte komplementäre Bereiche auf der Oberfläche der Proteine, mit Hilfe derer sie sich gegenseitig „erkennen" und zusammenlagern können. Die Untereinheiten, deren Anzahl von wenigen [z. B. 4 beim Hämoglobin (S. 68)] bis zu einigen Tausenden (z. B. das Hüllprotein des Tabakmosaikvirus mit 2130 Untereinheiten) reichen kann, werden durch *schwache, nichtcovalente Bindungen* zusammengehalten (hydrophobe Wechselwirkungen, Wasserstoffbrückenbindungen). Die Quartärstruktur verleiht dem betreffenden Protein besondere funktionelle Eigenschaften, die durch nur geringe Veränderungen der Lagebeziehung der einzelnen Untereinheiten reguliert werden können. Von besonderer physiologischer Bedeutung ist diese Erscheinung beim Sauerstofftransport im Blut durch Hämoglobin und bei der Regulation der katalytischen Aktivität von Enzymproteinen (S. 69, 114). Weiterhin kann auch die Dissoziation und Assoziation von Untereinheiten die Aktivität eines Enzymproteins mit Quartärstruktur beeinflussen.

Myoglobin und Hämoglobin sind Sauerstofftransporteure im menschlichen Organismus

Die einzelnen Strukturebenen und die damit verbundenen funktionellen Eigenschaften sollen an den globulären Proteinen Myo- und Hämoglobin veranschaulicht werden. Diese beiden Proteine sind am Sauerstoffstoffwechsel des Menschen und anderer Lebewesen beteiligt. Parallel mit der ähnlichen, jedoch nicht identischen Funktion dieser Proteine geht ein ähnlicher, aber nicht gleicher Aufbau, der die Existenz eines gemeinsamen Vorläufermoleküls in der Evolution nahelegt.

Myoglobin, ein Proteinmonomer mit 153 Aminosäuren und einem Molekulargewicht von etwa 17,8 kD, wurde 1932 von Hugo Theorell in Schweden entdeckt. Es kommt in hohen Konzentrationen in der Herz- und Skelettmuskulatur (deshalb das Präfix Myo) vor. In der Herzmuskelzelle dient Myoglobin der Überbrückung der Pause der Sauerstoffversorgung, die bei jeder Systole durch die Kompression der versorgenden Coronargefäße eintritt. Im Skelettmuskel wirkt es als Sauerstoffspeicher bei vermehrtem O_2-Bedarf, der bei Muskelarbeit auftritt.

Hämoglobin, ein Proteintetramer mit insgesamt 674 Aminosäuren und einem Molekulargewicht von etwa 64,5 kD, wurde erstmalig von Felix Hoppe-Seyler (1825–1895) in Tübingen kristallisiert. Es dient als Sauerstofftransporteur in den Erythrocyten des Blutes

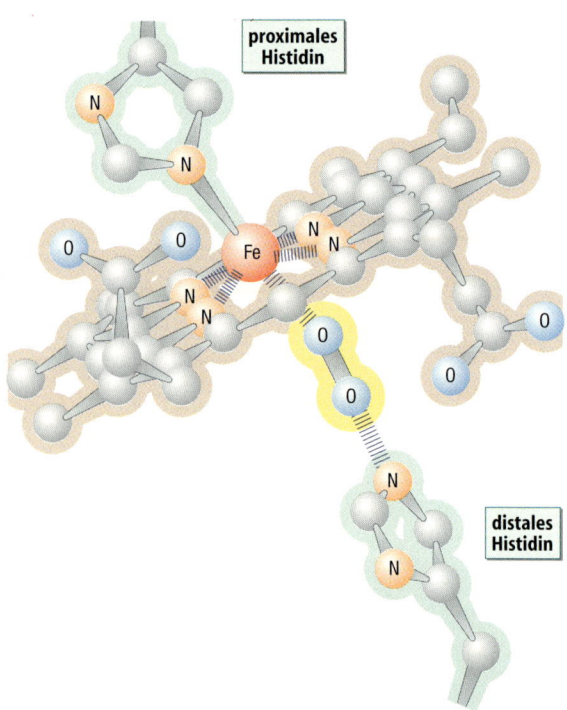

Abb. 2.45 Häm, der aktive Bereich des Myoglobins und Hämoglobins. Zwischen das Porphyringerüst und die Seitenkette des distalen Histidylrestes schiebt sich das Sauerstoffmolekül *(gelb)* bei Anlagerung an das zentrale Eisenatom

(daher das Präfix Hämo) von den Lungen zu den peripheren Organen, transportiert daneben auch in geringen Mengen Kohlendioxid und Protonen.

Sauerstoff wird an Häm, die prosthetische Gruppe im Myoglobin bzw. Hämoglobin, gebunden

Beide Proteine sind für den Menschen erforderlich, weil Sauerstoff als **unpolares Molekül** nur schlecht in den polaren wäßrigen Medien des Extra- und Intracellulärraumes löslich ist. So bewirkt die Gegenwart von Myoglobin eine mehrfache Steigerung der Diffusionsgeschwindigkeit von Sauerstoff durch die Muskelzelle, und die Anwesenheit von Hämoglobin erhöht die Transportkapazität des Blutes für Sauerstoff auf das siebzigfache im Vergleich zur physikalisch gelösten Menge. Die Sauerstoffanlagerung an Myo- bzw. Hämoglobin erfolgt nicht direkt an die Peptidkette, sondern an ihre **prosthetische Gruppe,** das sog. **Häm** (Abb. 2.45). Dieser aktive Bereich der Proteine besteht aus 4 [untereinander über Methinbrücken (– CH =) verbundenen] Pyrrolringen, die verschiedene Seitenketten [4 Methyl-, 2 Vinyl (– CH = CH$_2$)- und 2 Propionyl (– CH$_2$ – CH$_2$ – COO$^-$)-moleküle] enthalten und in der Mitte über ihre 4 Stickstoffatome ein zweiwertiges Eisenatom komplex binden (Einzelheiten über diese als Porphyrine bezeichneten Stoffe und ihren Stoffwechsel auf S. 601). An dieses **Eisenatom** wird Sauerstoff angelagert, ohne daß sich die Wertigkeit des Eisens ändert. Verbunden mit der Anlagerung ist eine **Konformati-** onsänderung des Globinanteils, der von der Desoxy- in die Oxyform übergeht. Auf diese wichtige Beobachtung werden wir später ausführlich eingehen. Das Eisenporphyringerüst weist **konjugierte Doppelbindungen** auf, die diesen beiden Hämproteinen und damit dem Blut bzw. der Muskulatur (indirekt dadurch auch der Haut: Blässe bei Blutarmut) eine rote Farbe verleihen.

Die Globinkette schützt das Eisen im Häm vor einer Oxidation durch Sauerstoff

Interessanterweise wird das Eisen des **freien Häms** in Gegenwart von Sauerstoff und Wasser sofort zu dreiwertigem Eisen (Hämatin) oxidiert, das keinen Sauerstoff mehr anlagern kann. In Biosystemen wird diese folgenschwere Reaktion durch die Globinkette verhindert, die einen schützenden Mantel darstellt. Die Ketten verschaffen den Porphyrinmolekülen weitere wichtige funktionelle Eigenschaften:

- Zum einen ist die Sauerstoffanlagerung reversibel – es handelt sich nicht um eine Bindung im chemischen Sinne, deren Lösung Energie verlangen würde,
- zum anderen ist die Sauerstoffaffinität variierbar, wodurch eine Anpassung der Sauerstoffversorgung peripherer Organe an unterschiedliche physiologische Situationen überhaupt erst möglich ist.

Das gleiche Hämgerüst tritt, eingebettet in andere Polypeptidketten, auch in weiteren Proteinen, z. B. den Cytochromen auf (S. 77, 497).

Tabelle 2.5 Primärstrukturen der α- *(blau)* und β-Ketten *(gelb)* des menschlichen Hämoglobins sowie des menschlichen Myoglobins *(grün)*. Die *roten* mit Buchstaben versehenen Linien zeigen die Helixabschnitte A–H. Zur Erhöhung der Homologie sind Lücken *(braun)* eingefügt. Die α-Kette besitzt keine D-Helix. Identische Aminosäuren in allen drei Proteinen sind *rot* hervorgehoben, identische Aminosäuren in den α- und β-Ketten *grau*

α-Helices machen einen hohen Prozentsatz der Sekundärstruktur des Myoglobins aus

Die Primärstruktur des Myoglobins von über 60 Species einschließlich des Menschen (Tabelle 2.5) ist inzwischen bekannt. Ob den beim Menschen vorkommenden Myoglobinvarianten eine pathogenetische Bedeutung zukommt, ist noch unbekannt.

Myoglobin war das erste Protein, dessen Konformation Ende der Fünfziger Jahre, d.h. einige Jahre nach der Veröffentlichung des α-Helix und β-Faltblattes von John Kendrew, in Oxford aufgeklärt werden konnte. Nach der Röntgenstrukturanalyse der ungefähr 2500 Atome (Röntgenbeugungsdiagramm des Myoglobins, Abb. 2.34, S. 58) machen – wie Abb. 2.46 zeigt – α-Helices mit über 70 % einen sehr hohen Anteil an der Sekundärstruktur aus: Es treten insgesamt 8 Helices (A, B, C, D, E, F, G und H) mit einer Länge von 7–23 Aminosäuren auf. Die Werte für die Ganghöhe und die Anzahl der Aminosäurereste pro Helixwindung liegen sehr nahe bei den von Pauling und Corey

Abb. 2.46 Schematische Darstellung der verschiedenen Helixabschnitte des Myoglobins (*blau* schraffiert die Wasserstoffbrückenbindungen). Nicht eingezeichnet sind das Hämgerüst und die Seitenketten (ihre Abgänge vom Peptidrückgrat sind mit einem *roten Punkt* gekennzeichnet)

postulierten Werten von 0,15 bzw. 0,36 nm. Die Bereiche zwischen den Helices können weder dem Faltblatttyp noch einer anderen bekannten Sekundärstruktur zugeordnet werden. Die gesamte Kette ist in sich gewunden, wodurch das Molekül als Tertiärstruktur die Gestalt einer abgeflachten Kugel mit den Abmessungen 4,4 · 4,4 · 2,5 nm annimmt (Abb. 2.47). Es entsteht ein **hydrophober Kern** mit einer gleichfalls hydrophoben Tasche, in die das Häm eingelagert ist. Die einzige covalente Verbindung zwischen Globinpeptidkette und Hämmolekül kommt über eine – als proximal bezeichnete (Abb. 2.45) – **Histidylseitenkette** zustande. Deshalb ist dieser Imidazolrest der einzige Molekülbereich, über den Konformationsänderungen des Porphyringerüstes auf den Globinanteil und umgekehrt übertragen werden können. Auf der anderen Seite des Hämmoleküls liegt ein weiterer – als distal bezeichneter (Abb. 2.45) – Histidylrest, der allerdings keine covalente Bindung zum Eisen aufweist. Zwischen diesen Rest und das Hämgerüst schiebt sich das **Sauerstoffmolekül** bei der Reaktion mit dem Myoglobinprotein. Entsprechend der räumlichen Verteilung hydrophober

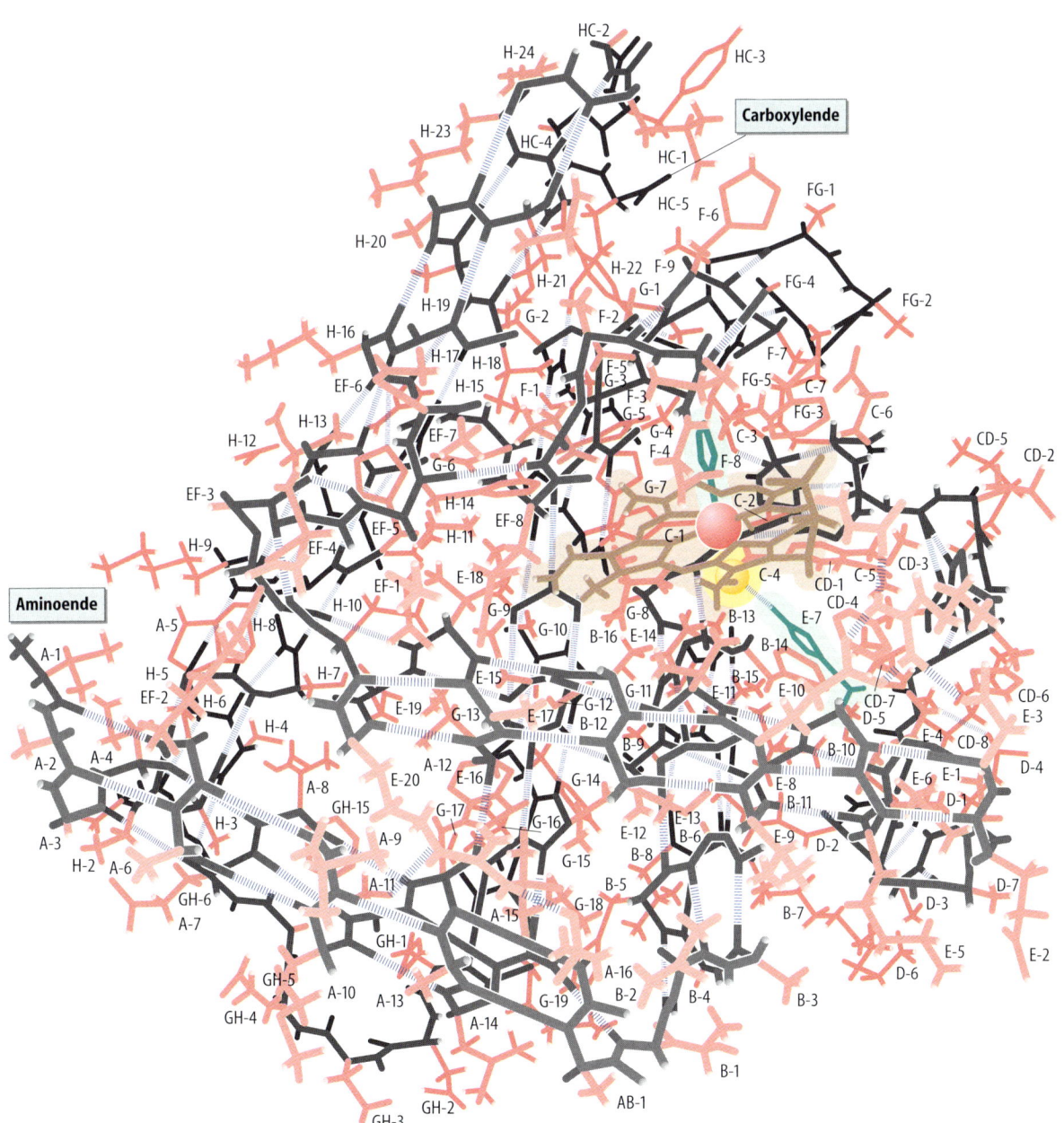

Abb. 2.47 Tertiärstruktur des Myoglobins (*rot* die Seitenketten; *schwarz* das Grundgerüst; *braun* das Porphyringerüst mit dem Zentralatom Eisen; *rot gelb* der angelagerte Sauerstoff)

und hydrophiler Reste im Myoglobinprotein zeigt auch das Porphyringerüst eine *Orientierung,* bei der der Anteil mit den hydrophoben Vinylseitenketten ins Proteininnere zeigt, während derjenige, an dem die hydrophilen Propionylreste sitzen, in Richtung Proteinoberfläche ragt.

Hämoglobin entsteht durch Zusammenlagerung von zwei α- und zwei β-Ketten

Hämoglobin war das erste Protein, dessen Tertiär- und Quartärstruktur aufgeklärt wurde. Das Protein besteht aus 4 Polypeptidketten, d.h. aus je 2 α-Ketten mit 141 Aminosäuren und 2 β-Ketten mit 146 Resten (Hbα₂β₂) (Tabelle 2.5). Auch sie besitzen als prosthetische Gruppe das Hämmolekül. Die Primärstruktur der beiden Ketten ist bei über 60 Species bekannt. Abweichungen von der normalen Aminosäuresequenz des menschlichen Hämoglobins, die bei etwa jedem 600. Menschen auftreten, werden als *anomale Hämoglobine* bezeichnet. Auf ihre pathobiochemische Bedeutung kommen wir in Kapitel 13 (S. 332) zurück. Vergleicht man die Sequenz der beiden Hämoglobinketten untereinander und mit der des Myoglobins, so zeigen sich auffallende Ähnlichkeiten, die nicht zufällig sein können, sondern dadurch zustandekommen, daß sich sowohl die Peptidkette des Myoglobins als auch die Ketten des Hämoglobins aus einer *gemeinsamen Urpolypeptidkette* entwickelt haben. Vermutlich hat sich das Gen, das die Basensequenz für die Urpolypeptidkette trug, im Zuge der Evolution verdoppelt *(Genduplikation).* Von diesem Zeitpunkt an entwickelten

sich die beiden neu entstandenen Gene unabhängig voneinander, so daß auch unterschiedliche Genprodukte (= Peptidketten) gebildet wurden. Der Prozeß der Genverdoppelung wiederholte sich, so daß ein Organismus eine Reihe homologer Gene besitzen kann, die in mehreren Peptidketten (Myoglobin, α- und β-Ketten des Hämoglobins) Ausdruck finden.

Die räumliche Anordnung der 10 000 Atome des Hämoglobins ergibt vier abgeflachte Kugeln, die zusammen eine Kugel mit den Abmessungen 6,5 · 5,5 · 5,0 nm (Abb. 2.48) darstellen. Auch bei den Hämoglobinketten treten α-Helices mit einem Gesamtanteil von über 70 % auf; während bei den β-Ketten wie beim Myoglobin 8 Helices (A–H) zu finden sind, tritt diese Sekundärstrukturform bei den α-Ketten nur 7 mal (keine D-Helix, vgl. Tabelle 2.5, S. 65) auf. Obwohl nur 25 von rund 150 Aminosäuren des Myoglobins wieder an den gleichen Positionen in den Hämoglobinketten auftreten, besitzen alle drei Ketten eine *fast identische* Tertiärstruktur, d. h. die einer abgeflachten Kugel. Dies deutet darauf hin, daß die Konformation von einigen wenigen Aminosäuren bestimmt wird, denen dabei eine Schlüsselstellung – insbesondere bei der Bildung des hydrophoben Kerns (Leucin, Isoleucin und Valin) und der Bindung des Porphyrins (Histidin) – zukommt.

Die Zusammenlagerung der vier Ketten zu der als Quartärstruktur bezeichneten funktionstüchtigen Einheit erfolgt über komplementäre Bereiche an der Oberfläche der Einzelketten; zusammengehalten werden die Untereinheiten über hydrophobe und elektrostatische Wechselwirkungen sowie Wasserstoffbrückenbindungen. Der Vorteil dieser nichtcovalenten

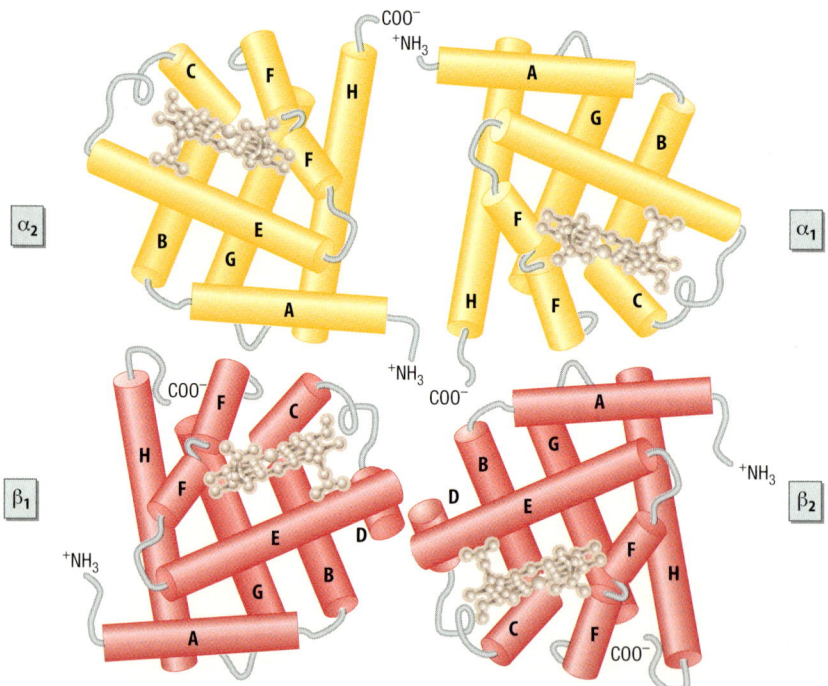

Abb. 2.48 Tetramere Struktur des Hämoglobins

Bindungen ist darin zu sehen, daß sich die Untereinheiten ohne hohen Energieaufwand gegeneinander verlagern können, d. h. daß dem Tetramer die für seine Funktion so wichtige *Flexibilität der Konformation* erhalten bleibt.

Die Tetramerstruktur des Hämoglobins erlaubt die Ausbildung kooperativer Effekte

Welche funktionellen Konsequenzen haben nun der Aufbau des Myoglobins aus einer und der des Hämoglobins aus vier Polypeptidketten? Ein Blick auf die *Sauerstoffanlagerungskurven* (Abb. 2.49) des Myoglobins, der isolierten β-Kette und des Hämoglobintetramers zeigt, daß zwar die Kurven des Myoglobins und der β-Kette identisch sind, d. h. einen *hyperbolen Verlauf* nehmen, daß aber bei Zusammenlagerung von 2 α-Ketten und 2 β-Ketten zum Hämoglobin ein anderer, als *sigmoid(al) bezeichneter Verlauf* entsteht, dem ein *kooperativer Effekt* zugrundeliegt. Kooperativ bedeutet in diesem Zusammenhang, daß die Anfangsgeschwindigkeit der Sauerstoffaufnahme bei steigendem Sauerstoffpartialdruck zwar langsamer als beim Myoglobin ist, daß sie aber mit jeder Anlagerung eines weiteren Sauerstoffmoleküls immer schneller steigt. So sind Myoglobin und die isolierte β-Kette schon bei einem Druck von 1 mm Hg zu 50 % mit Sauerstoff gesättigt, während zur 50 %igen Beladung des Hämoglobins ein Druck von 26,6 mm Hg erforderlich ist (sog. Halbsättigungsdruck). Der kooperative Effekt ist somit offenbar an die Gegenwart eines Systems mit mehreren Untereinheiten gebunden. Der biologische Vorteil eines S-förmigen Kurvenverlaufes liegt weniger in der erschwerten Sauerstoffaufnahme bei niedrigen Drücken

als vielmehr in der *erleichterten Abgabe* in diesem Bereich: So könnte nämlich ein erheblicher Teil des Sauerstoffes im Fall einer hyperbolischen Anlagerungskurve bei dem im Bereich der Gewebezellen herrschenden niedrigen O_2-Druck (von 20–40 mm Hg im Kapillarbereich) nicht abgegeben werden.

Ein weiterer, in Abb. 2.49 allerdings nicht gezeigter funktioneller Unterschied ist die Tatsache, daß sich die Anlagerungskurve des Hämoglobins im Gegensatz zu der des Myoglobins oder der isolierten β-Kette durch Veränderung der *Protonen- oder Kohlendioxidkonzentration* des Mediums nach links oder rechts verschieben läßt, d. h. daß die O_2-Abgabe erschwert oder erleichtert werden kann. Wie schon eingangs erwähnt, versorgt Hämoglobin periphere Zellen mit Sauerstoff und transportiert gleichfalls einen Teil der im Zellstoffwechsel entstehenden Protonen und Kohlendioxid ab. Das Molekül muß also Bereiche besitzen, an denen diese Moleküle zum Transport gebunden werden. Auf der anderen Seite können diese Moleküle – wenn sie z. B. bei vermehrter Muskelarbeit vermehrt produziert werden – das Hämoglobinmolekül zu vermehrter Sauerstoffabgabe veranlassen (Rechtsverlagerung der Kurve). Die vermehrte Besetzung der Bindungsstellen mit diesen Molekülen führt offenbar zu *Konformationsänderungen,* die an die Existenz eines Tetramers gebunden sind und die die Abgabe von Sauerstoff beschleunigen. Daß die Bindungsstellen für Protonen und Kohlendioxid nicht mit denen für Sauerstoff identisch sind, ergibt sich aus der Beobachtung, daß nicht die Form, sondern nur die Lage der Anlagerungskurve (oder auch Dissoziationskurve) für Sauerstoff verändert wird. Derartige Effektoren werden deshalb *allosterisch* nach der griechischen Bezeichnung für „anderer Bereich" genannt. Ein weiterer allosterischer Effektor ist 2,3-Bisphosphoglycerat, ein Organophosphat, das ständig im Glucosestoffwechsel des Erythrocyten entsteht: Die Bedeutung dieses sog. *Signalmetaboliten* wollen wir zusammen mit der der Protonen und des Kohlendioxids ausführlich bei der Erörterung des Erythrocytenstoffwechsels besprechen (S. 889).

Hämoglobin ist eine Lunge im Molekülformat

Wie kann nun die Förderung der Aufnahme eines Sauerstoffmoleküls durch die vorherige Anlagerung, der kooperative Effekt, erklärt werden? Früher hatte man angenommen, daß die Anlagerung eines Sauerstoffmoleküls an ein Eisenatom die O_2-Affinität der benachbarten Eisenatome direkt beeinflußt; dies ist aber nicht möglich, da die vier Hämgruppen weit voneinander entfernt, d. h. etwa 2,5–4,0 nm, in gesonderten Taschen an der Oberfläche des Hämoglobinmoleküls liegen. Für eine direkte – als Häm-Häm-Wechselwirkung bezeichnete – physikalisch-chemische Wechselwirkung ist der Abstand zwischen den Hämgruppen also viel zu groß.

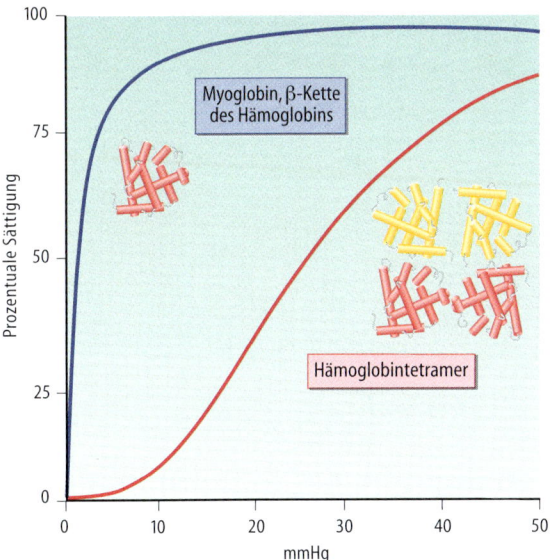

Abb. 2.49 Sauerstoffanlagerungskurven des Myoglobins, der isolierten β-Kette und des tetrameren Hämoglobins

Den Schlüssel zum Verständnis des kooperativen Effektes lieferte die Beobachtung, daß das Hämoglobinmolekül seine Gestalt bei der Aufnahme und Abgabe von Sauerstoff ändert. Schon Ende der 40er Jahre war beschrieben worden, daß sich die Kristallform des Hämoglobins bei Sauerstoffaufnahme ändert. Es ist also nicht völlig starr, sondern besitzt im Gegenteil eine *hochflexible Konformation.* Das Hämoglobin stellt somit keineswegs nur eine Art Sauerstofftank dar, sondern es ist – wie Max F. Perutz, dessen Arbeitsgruppe in Oxford wir die wesentlichen Kenntnisse darüber verdanken, bemerkt hat – eine Lunge im Molekülformat.

Wie ist es aber möglich, daß vier winzige Sauerstoffmoleküle die Konformation des aus 10 000 Atomen bestehenden Riesenmoleküls verändern können, wie vier Flöhe, die einen Elefanten springen machen? Was löst die Konformationsänderung bei der Sauerstoffaufnahme und -abgabe aus?

Bei der Betrachtung müssen wir von der Desoxyform des Hämoglobins ausgehen. Während sich die Untereinheiten des Hämoglobins in der oxygenierten, d.h. mit Sauerstoff beladenen Form, unabhängig voneinander bewegen können, sind sie bei der *venösen Desoxyform* durch elektrostatische Wechselwirkungen wie mit Klammern so zusammengehalten, daß ihre *Be-*

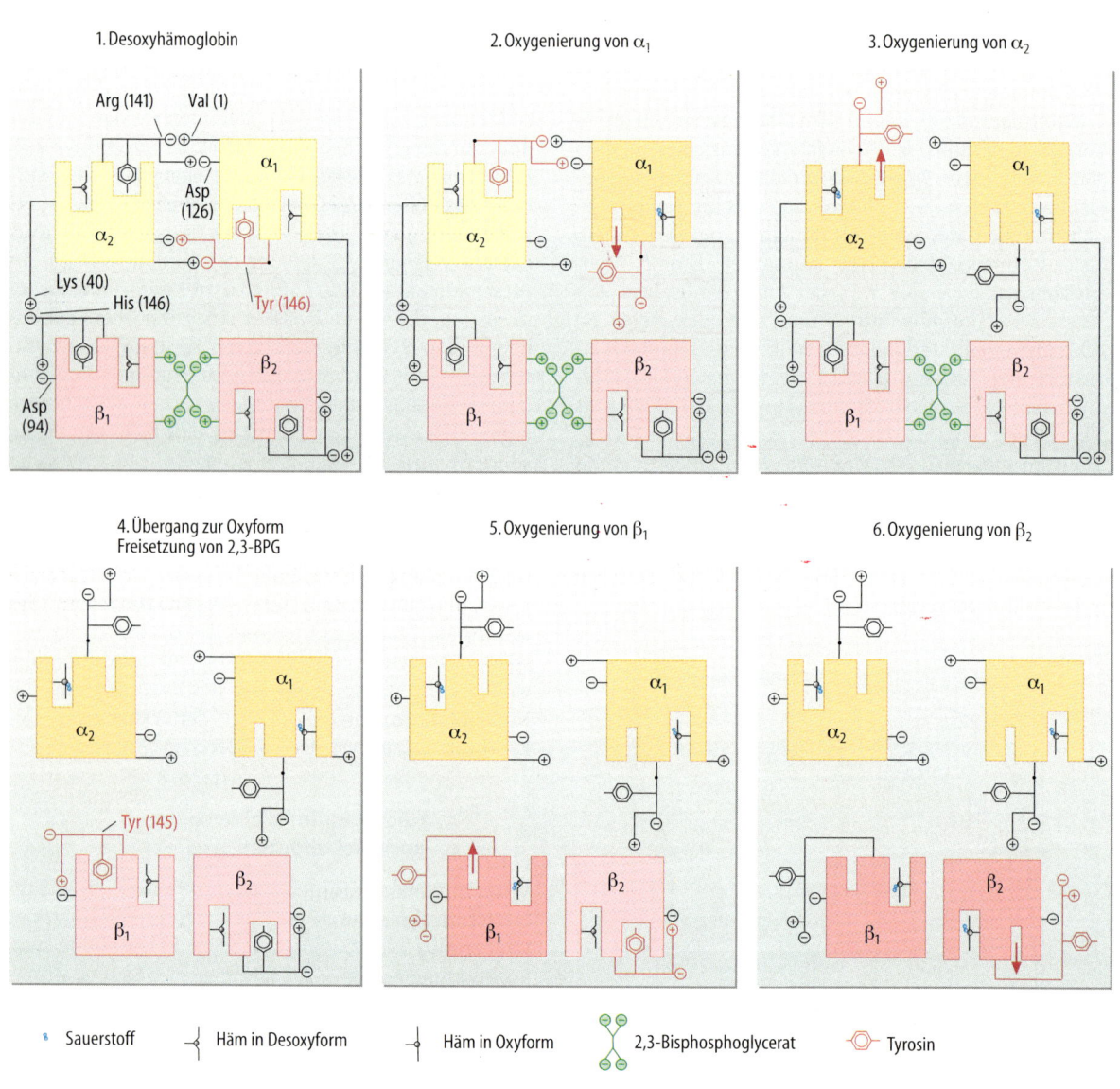

| 1. Desoxyhämoglobin | 2. Oxygenierung von α_1 | 3. Oxygenierung von α_2 |
| 4. Übergang zur Oxyform Freisetzung von 2,3-BPG | 5. Oxygenierung von β_1 | 6. Oxygenierung von β_2 |

Sauerstoff Häm in Desoxyform Häm in Oxyform 2,3-Bisphosphoglycerat Tyrosin

Abb. 2.50 Schematische Darstellung der einzelnen Schritte bei der Anlagerung von Sauerstoff an die Untereinheiten des Hämoglobins. 1. Desoxyhämoglobin mit durch elektrostatische „Klammern" und 2,3-Bisphosphoglycerat (2,3-BPG) verbundenen Untereinheiten. *Schritt 1–2 und 2–3:* Oxygenierung der α-Ketten. Durch die Verengung der Tyrosintaschen werden die Tyrosylreste herausgedrückt und die elektrostatischen Klammern zwischen ihnen gelöst. *Schritt 3–4:* Übergang der Quartärstruktur von der Desoxy- zur Oxyform unter gleichzeitiger Freisetzung von 2,3-Bisphosphoglycerat und Lösung der Klammern zwischen α_1, β_1 und β_2. Die elektrostatischen Verbindungen innerhalb der β-Ketten sind jedoch noch vorhanden. *Schritt 4–5 und 5–6:* Oxygenierung der β-Ketten (wie oben). (Verändert nach Perutz MF. (1970) Nature 228: 726)

weglichkeit, d. h. die Verschiebbarkeit und Verdrehbarkeit gegeneinander, **stark eingeschränkt** ist.

An diesen elektrostatischen Wechselwirkungen sind die **C-terminalen Aminosäuren** aller vier Ketten (je zwei Moleküle Histidin und Arginin, vgl. Tabelle 2.5, S. 65) beteiligt. Neben der charakteristischen endständigen Carboxylgruppe stellen diese Aminosäuren noch positiv geladene Gruppen ihrer Seitenketten zur Verfügung (Imidazolylgruppe von Histidyl-, Guanidinogruppe von Arginylresten). Spaltet man diese vier Aminosäuren ab, so **verschwindet** der sigmoidale Verlauf der Sauerstoffanlagerungskurve, d. h. die Aminosäuren müssen irgendwie am kooperativen Effekt beteiligt sein.

Abbildung 2.50 zeigt, wie die elektrostatischen Klammern zwischen den Untereinheiten zustande kommen. Die Arginylreste der α-**Ketten** (negativ geladene Carboxylgruppe und positiv geladener Guanidylrest) treten mit zwei polaren Gruppen der gegenüberliegenden α-Ketten (positiv geladene Aminogruppe der N-terminalen Aminosäure Valin und negativ geladene Carboxylgruppe eines Aspartylrestes), die Histidylreste der β-**Ketten** (negativ geladene Carboxylgruppen und positiv geladene Imidazolylreste) mit einer polaren Gruppe der eigenen Kette (negativ geladene Carboxylgruppe eines Aspartylrestes) und einer anderen polaren (positiv geladene ε-Aminogruppe von Lysin) der benachbarten α-Ketten in Wechselwirkung. Zwischen den beiden β-Ketten besteht keine direkte Verbindung, eine indirekte wird in der venösen Desoxyform über 2,3-Bisphosphoglycerat, ein Zwischenprodukt des Glucoseabbaues in Erythrocyten (ausführliche Besprechung in Kapitel 31, S. 889), vermittelt, das mit zwei Phosphatresten und einer Carboxylgruppe über fünf polare Bezirke verfügt und dadurch elektrostatische Wechselwirkungen ausbilden kann.

In allen vier Ketten ist **Tyrosin** am C-terminalen Ende die vorletzte Aminosäure [vor Arginin in der α-Kette (Abb. 2.50) und Histidin in der β-Kette, vgl. Tabelle 2.5, S. 65)]. Tyrosin ist in der venösen Form des Hämoglobins zwischen zwei Helixabschnitten (Helices F und G) eingeklemmt und wird in dieser Stellung durch hydrophobe Wechselwirkungen des Benzolringes mit seiner Umgebung und einer Wasserstoffbrückenbindung der Hydroxylgruppe mit der Ketogruppe einer in der Nähe liegenden Peptidbindung fixiert. Diese Fixierung bewirkt, daß auch die erwähnten C-terminalen Aminosäuren genau in der Position festgehalten werden, die für die Ausbildung der elektrostatischen Wechselwirkungen notwendig ist.

Sauerstoffanlagerung verursacht eine Bewegung des Histidylrestes, der das Porphyringerüst mit der Globinkette verbindet

Lagert sich nun ein Sauerstoffmolekül an das Eisenatom der ersten Untereinheit, das im Desoxyhämoglobin **außerhalb** der Ebene der vier Pyrrolringe des Porphyringerüstes liegt, so bewirkt diese Anlagerung eine Verschiebung der Elektronen innerhalb des Eisenatoms. Bisher waren die Bahnen von zwei der sechs Bindungselektronen des Eisens in Richtung der chemischen Bindungen orientiert. Sie sorgten so für die Einhaltung eines größeren Abstandes zu den Nachbaratomen. Die Anlagerung des Sauerstoffmoleküls verändert diese Anordnung. Die beiden Elektronen werden verlagert und das Eisenatom schrumpft (Abb. 2.51). Durch die Verringerung des Radius des Eisenatoms bewegen sich das Eisenatom und der Porphyrinring um etwa 0,075 nm gegeneinander (Abb. 2.51). Diese geringe Bewegung des Eisenatoms in die Ebene des Porphyrin-

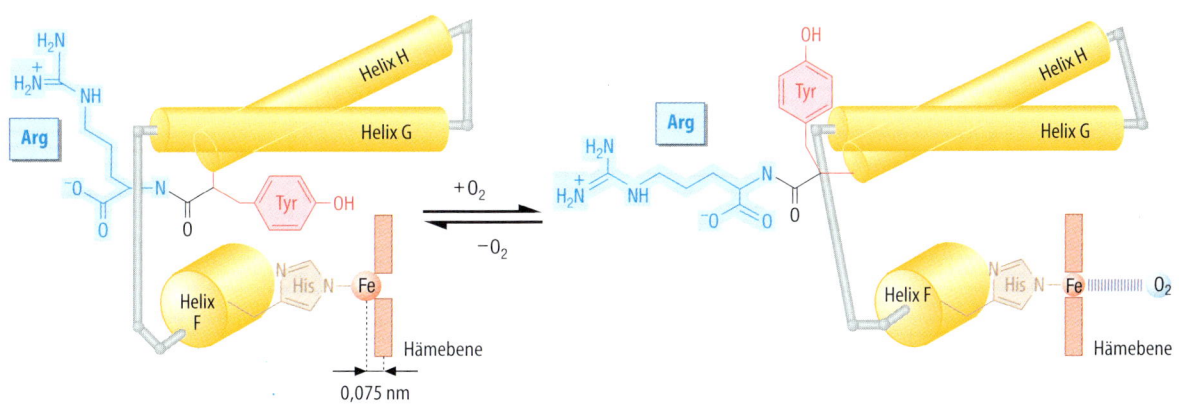

Desoxyhämoglobin   **Oxyhämoglobin**

Abb. 2.51 Schematischer Ausschnitt aus der α-Kette des Hämoglobins mit dem C-terminalen Ende, d. h. den Aminosäuren Tyrosin und Arginin sowie mit der Verbindung des Globinanteils mit dem Hämeisen über die Histidylseitenkette (Helices F, G und H). *Rechts:* Die Veränderungen nach der Sauerstoffanlagerung: Schrumpfung des Eisenatoms mit Bewegung in die Ebene des Porphyrinrings. Dadurch zieht es über die Histidylseitenkette die Helix F hinter sich her, was zu einer Verlagerung der Helix G mit nachfolgender Verdrängung des Tyrosylrestes aus der Tasche führt. Diese Verdrängung zieht die Verlagerung des Arginylrestes nach sich

ringes löst die Konformationsänderung des Hämoglobinmoleküls aus. Die Bewegung des Eisenatoms zieht eine Bewegung des Globinanteils nach sich, da das Eisen über den proximalen Histidylrest mit der Peptidkette verbunden ist und das Porphyringerüst über hydrophobe Wechselwirkungen mit der Peptidkette in Verbindung steht.

Die Folge ist eine Verengung der Tasche, in der der oben erwähnte *Tyrosylrest* festgehalten wird, wodurch dieser *herausgedrückt* wird und die C-terminalen Aminosäuren Histidin bzw. Arginin mit sich reißt (Übersicht in Abb. 2.50, detailliert in Abb. 2.51). Das bewirkt die *Lösung* der elektrostatischen Wechselwirkungen, die von diesen Resten ausgehen, und damit die Verklammerung mit den benachbarten Untereinheiten. Gleichzeitig mit der Lösung werden Protonen freigesetzt, deren Bedeutung in Kapitel 31 (S. 902) besprochen wird. Das C-terminale Ende der Kette besitzt jetzt eine *freie Beweglichkeit*.

Mit der Aufnahme von Sauerstoff ist die Abgabe von Protonen verbunden

Man nimmt an, daß die Umwandlung der Desoxy- in die Oxyform in der Reihenfolge $\alpha_1 \alpha_2 \beta_1 \beta_2$ abläuft, da die Hämtaschen der α-Ketten den Eintritt des O_2-Moleküls leichter gestatten als die der β-Ketten. Bei der Vertreibung von Tyrosin aus seiner Tasche werden also zuerst die Wechselwirkungen zwischen der Carboxylgruppe 141 von Arginin der α_1-Kette und der Aminogruppe von Valin 1 der α_2-Kette gelöst und die der Guanidinogruppe von Arginin mit der Carboxylgruppe von Aspartat 126 der α_2-Kette. Gleichzeitig mit der Aufnahme von Sauerstoff und der Lösung der elektrostatischen Wechselwirkungen werden Protonen freigesetzt, die aus der Aminogruppe von Valin und der Guanidinogruppe von Arginin stammen. Der gleiche Vorgang wiederholt sich nun mit der α_2-Kette, wobei auch hier Protonen aus den gelösten elektrostatischen Bindungen freigesetzt werden. Bis zu diesem Zeitpunkt sind vier der sechs Bindungen gespalten worden, wobei sich die Häme der α_1- und α_2-Kette in der Oxyform befinden. Das Hämoglobinmolekül gerät dadurch in einen unstabilen Zustand, wodurch die Kontakte zwischen $\alpha_1 \beta_1$ und $\alpha_1 \beta_2$ nachgeben. Hierbei werden die Bindungen zwischen der Carboxylgruppe des Histidins 146 der β_1-Kette und der Aminogruppe des Lysins 40 der α_2-Kette so wie auch die der Carboxylgruppe 146 von β_2 mit der Aminogruppe des Lysins 40 von α_2 unterbrochen. Gleichzeitig wird die durch 2,3-Bisphosphoglycerat bedingte indirekte Bindung der β-Ketten unter Freisetzung des Organophosphats gespalten. Bei Lösung dieser Brücken werden keine Protonen freigesetzt.

Durch die geschilderten Veränderungen wird die Instabilität des Tetramers erhöht, denn obwohl beide α-Ketten mit Sauerstoff gesättigt sind, verbleiben die β-Ketten in der gezwungenen Desoxyform ohne gegenseitige Bindung. Wahrscheinlich ist aber durch die vorherige Spaltung der elektrostatischen Bindungen die zur Entfernung des Tyrosylrestes aus der Tasche erforderliche Aktivierungsenergie mindestens auf die Hälfte reduziert worden. Ursache dafür ist die Aufhebung aller Brücken zwischen den Ketten mit Ausnahme der Bindungen innerhalb der Kette. Dies löst die Aufnahme des Sauerstoffatoms in die β_1- bzw. β_2-Hämtasche mit den bereits für die α-Ketten beschriebenen stereochemischen Veränderungen aus. Dabei werden wieder Protonen freigesetzt.

Die Freisetzung der Protonen und die Aufnahme von Sauerstoff sind also gleichzeitig verlaufende Vorgänge. Da es sich um einen reversiblen Vorgang handelt, muß umgekehrt eine Erhöhung der Protonenkonzentration die Abgabe von Sauerstoff vom Hämoglobinmolekül fördern. Dieser als *Bohr-Effekt* bekannte Einfluß soll hier nur erwähnt werden, auf seine biochemische Bedeutung wollen wir in Kapitel 31 (S. 897) ausführlich zurückkommen. Die Aufnahme und Abgabe der Protonen, die mit dem Bohr-Effekt verbunden sind, hängt mit den Dissoziationskonstanten der basischen Aminogruppe von Valin 1 der α-Ketten und der Imidazolgruppen der Histidine 146 der β-Ketten (und evtl. auch Histidin 122 der α-Ketten) zusammen. Der pK-Wert ändert sich dabei mit der Aufnahme oder Abgabe von Sauerstoff. Die bei der Freisetzung von 2,3-Bisphosphoglycerat frei werdenden Protonen werden von 2,3-Bisphosphoglycerat aufgenommen.

Bei der Sauerstoffabgabe werden die elektrostatischen Klammern wieder geschlossen, und die Enden der Ketten nehmen dabei Protonen auf, wodurch die Abgabe des herantransportierten Sauerstoffs erleichtert wird.

Die Besprechung der dem kooperativen Effekt zugrundeliegenden stereochemischen Veränderungen zeigt, daß die *Flexibilität der Konformation* einer Peptidkette und die Möglichkeit von *Lageveränderungen* der einzelnen Peptidketten in einem größeren Verband einen integralen Bestandteil der Funktion des Proteins darstellt.

2.2.9 De- und Renaturierung von Proteinen

Da die Proteinkonformation vorwiegend durch hydrophobe Wechselwirkungen zustandekommt, die eine Folge der Struktur von Wasser sind, kann eine Änderung der Wasserstruktur durch geeignete Zusätze den Verlust der spezifischen räumlichen Anordnung des Proteins herbeiführen. Dieser als *Denaturierung* bezeichnete Vorgang, bei dem die *Primärstruktur nicht verändert* wird, verursacht den Verlust der biologischen Aktivität, d. h. Enzyme können keine Substrate mehr umsetzen, Antikörper keine Antigene mehr binden usw. Denaturierend wirken z. B. *organische Lösungsmittel* (Alkohole), die hydrophobe Wechselwirkungen schwächen, da sie ein günstiges Lösungsmittel für die hydrophoben Seitenketten der Peptidkette darstellen. Ähnlich wirken auch *Harnstoff* und *Guanidin* (Iminoharnstoff), die außerdem Wasserstoffbrückenbindungen aufgrund ihrer der Peptidbindung ähnlichen Struktur (S. 57) schwächen. Da die Primärstruktur des Proteins, dessen Seitenketten die Information für den räumlichen Aufbau tragen, bei einer Denaturierung nicht verändert wird, führt nur die längere und stärkere Einwirkung von Denaturierungsmitteln zu einem irreversiblen Verlust der Konformation.

Wird *Ribonuclease* (S. 278, Abb. 11.15), ein Enzym, das in allen Zellen vorkommt und zu experimentellen Zwecken aus Pankreas gewonnen wird, mit *Mercaptoethanol* (zur Lösung der vier Disulfidbrücken des Enzyms) und konzentrierter Harnstofflösung behandelt, so nimmt es unter Verlust seiner enzymatischen Aktivität die Form eines regellosen Knäuels an. Nach Entfernung beider Lösungsmittel gewinnt das Enzym seine ursprüngliche Gestalt und Aktivität zurück *(Renaturierung)*. Diese Beobachtungen an Proteinen im Reagenzglas hatten zu der Annahme geführt, daß auch unter in vivo-Bedingungen die Ausbildung der Konformation spontan abläuft. Seit Beginn der Neunziger Jahre ist jedoch bekannt, daß die Ausbildung der Proteinkonformation in der Zelle katalysiert abläuft. Hierfür notwendige Proteine sind die *Proteindisulfid-Isomerase,* die *Peptidyl-Prolyl-Isomerase* und sog. *Chaperone* (intrazelluläre Proteinfaltung, S. 279). Auch *pH-Änderungen* [Einwirkung von Säuren (Trichloressigsäure, Perchlorsäure, Uranylessigsäure, die mit den Proteinen unlösliche Salze bilden, wenn diese als Kationen vorliegen)], *Schwermetallsalze* und *Hitzeeinwirkung* verursachen eine Proteindenaturierung. Mit diesem Vorgang ist eine Veränderung der Löslichkeit des Proteins verbunden, die zur Ausflockung (Koagulation) führen kann. Praktische Verwendung findet die Denaturierung bei der Analyse von Körperflüssigkeiten, bei denen die Anwesenheit von Proteinen aus irgendeinem Grund stört, oder bei der SDS-Gelelektrophorese (S. 51).

2.2.10 Industrielle Herstellung von Peptiden und Proteinen

In der medizinischen Diagnostik und Therapie finden natürliche Peptide und Proteine des Menschen zunehmend Anwendung. Für ihre Herstellung werden verschiedene Verfahren angewendet.

- Für kleine Peptide wird die klassische Peptidsynthese in Lösung,
- für größere Peptide die chemische Synthese nach dem Festphasenprinzip und
- für Proteine die biologische Synthese mit Hilfe gentechnologischer Methoden verwendet.

Da diese Verfahren zunehmend an Bedeutung gewinnen, sollen ihre Prinzipien im folgenden kurz erklärt werden.

Peptide werden chemisch synthetisiert

Zur Knüpfung einer Peptidbindung wird Energie benötigt, die über die *chemische Aktivierung* der Carboxylgruppe zugeführt wird. Dies kann z. B. durch die Bildung eines Säurechlorids erfolgen, welches dann mit der Aminogruppe einer weiteren Aminosäure unter Bildung der Peptidbindung reagiert (Abb. 2.52). Enthält nun z. B. die Seitenkette der zweiten Aminosäure (R_2) auch eine Aminogruppe (wie z. B. Lysin), so kann die aktivierte Carboxylgruppe natürlich auch mit dieser funktionellen Gruppe reagieren. Auch die Kondensation mit der Aminogruppe eines Moleküls der aktivierten Aminosäure ist möglich, wodurch R_1-R_1 entstehen würde. Zur Vermeidung der dabei entstehenden, unerwünschten Nebenprodukte müssen deshalb alle Aminogruppen, die nicht an der Reaktion teilnehmen sollen, durch sog. *Schutzgruppen* vorübergehend verschlossen werden, die nach Beendigung der Synthese wieder abgespalten werden.

Da aktivierte Aminosäuren – mit Ausnahme von Glycin – leicht racemisiert werden, ist eine Methode zur Peptidsynthese nur dann geeignet, wenn die Racemisierung, die einen Verlust der biologischen Aktivität bedeutet, vermieden werden kann.

Für die Synthese kleinerer Peptide wie Vasopressin, Ocytocin und Bradykinin (8 bzw. 9 Aminosäuren) reichen „klassische" Synthesetechniken durch Koppelung aktivierter Aminosäuren aus.

Zur Synthese größerer Peptide wurde von Robert Merrifield und Mitarbeitern 1963 (Rockefeller Universität, New York) eine automatisierbare Schnellmethode, die sog. *Festkörpersynthesetechnik* entwickelt. Sie verläuft in folgenden Schritten (Abb. 2.53):

- Die Aminosäure, die das C-terminale Ende des Peptides oder Proteins bilden soll, wird reversibel an den Festkörper, ein unlösliches Kunstharzteilchen, gebunden.
- Die zweite Aminosäure, deren Aminogruppe geschützt ist, wird eingeführt und die Peptidbindung

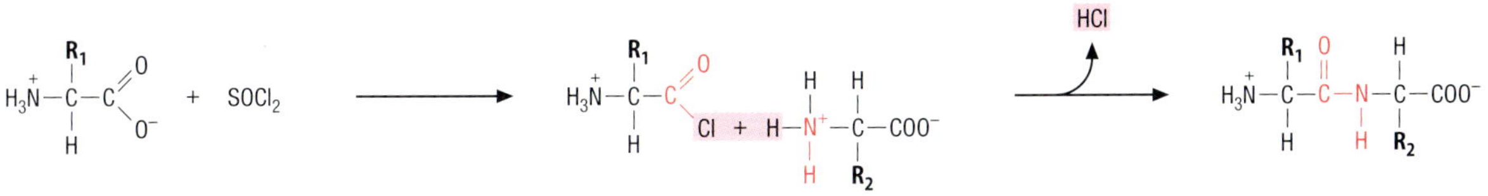

Abb. 2.52 Peptidsynthese durch Koppelung aktivierter Aminosäuren

durch Katalyse eines starken Kondensationsmittels gebildet.

• Die Schutzgruppe wird anschließend mit Säure entfernt und zerfällt dabei in gasförmige Produkte.

Durch Wiederholung der Schritte (2) und (3) mit den folgenden Aminosäuren lassen sich lange Peptidketten synthetisieren. Die Methode ist **automatisierbar.** Am Schluß wird das fertige Peptid vom Kunstharzteilchen abgespalten.

Der Vorteil dieser Methode liegt darin, daß die Peptidkette durch die Koppelung an das unlösliche Kunstharzteilchen in allen verwendeten Lösungsmitteln **unlöslich** ist. Das erlaubt die Entfernung von Reagentia und Nebenprodukten durch einfaches Auswaschen.

Da in der Praxis die Koppelungsreaktion nicht zu 100 % abläuft, ist nach Beendigung der Synthese ein Hauptprodukt vorhanden, von dem zahlreiche in geringen Mengen vorliegende Nebenprodukte abgetrennt werden müssen. Früher hat diese Abtrennung unter Verwendung konventioneller Chromatographiemethoden mehr Zeit als die chemische Synthese selbst in Anspruch genommen; heute ist der Reinigungsprozeß durch die Entwicklung der HPLC-Methoden (S. 44) erheblich vereinfacht und beschleunigt worden. Die chemische Synthese wird i. allg. zur Herstellung von hormonellen Peptiden (Somatostatin, Corti-cotropin-releasing-factor (CRF), Growth-hormone-releasing-factor, Einzelketten des Insulins) oder Peptiden zur Immunisierung (S. 1059) bis zu einer Größe mit etwa 50 Aminosäuren verwendet.

Synthetische Peptide werden zunehmend auch zur Herstellung von Antikörpern gegen *Virusproteine* verwendet. Dabei werden bei Kenntnis der gesamten Primärstruktur des Proteins, gegen das ein Antikörper gebildet werden soll, mit Hilfe speziell entwickelter Computerprogramme die Sequenzen ermittelt, die mit hoher Wahrscheinlichkeit als antigene Determinanten (S. 1059) wirken. Diese Bereiche werden dann mit Hilfe der Festphasenmethode hergestellt. Nach Kopplung dieser kleinen, nicht immunogenen Peptide an größere Proteine erfolgt die Antikörperherstellung in Versuchstieren (Einzelheiten S. 1059).

Proteine werden gentechnisch hergestellt

Größere Proteine des Menschen werden heute mit gentechnologischen Methoden in Escherichia coli, Hefe-

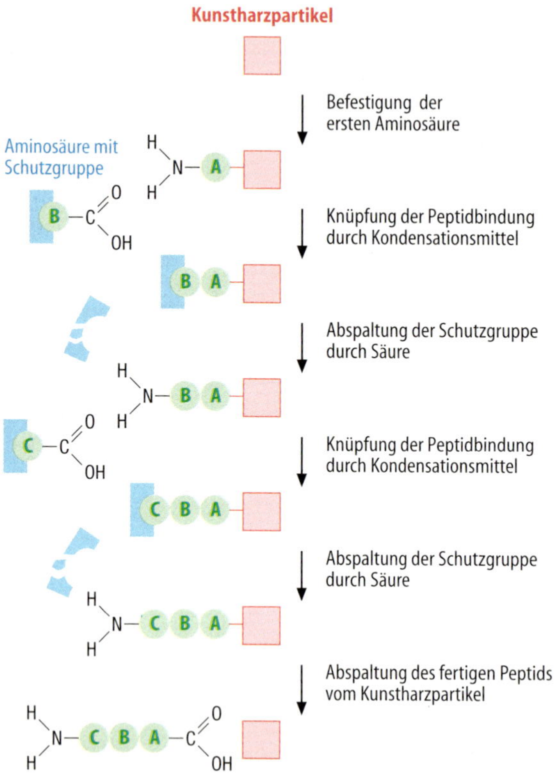

Abb. 2.53 Das Prinzip der Festkörper-Synthesetechnik für Peptide

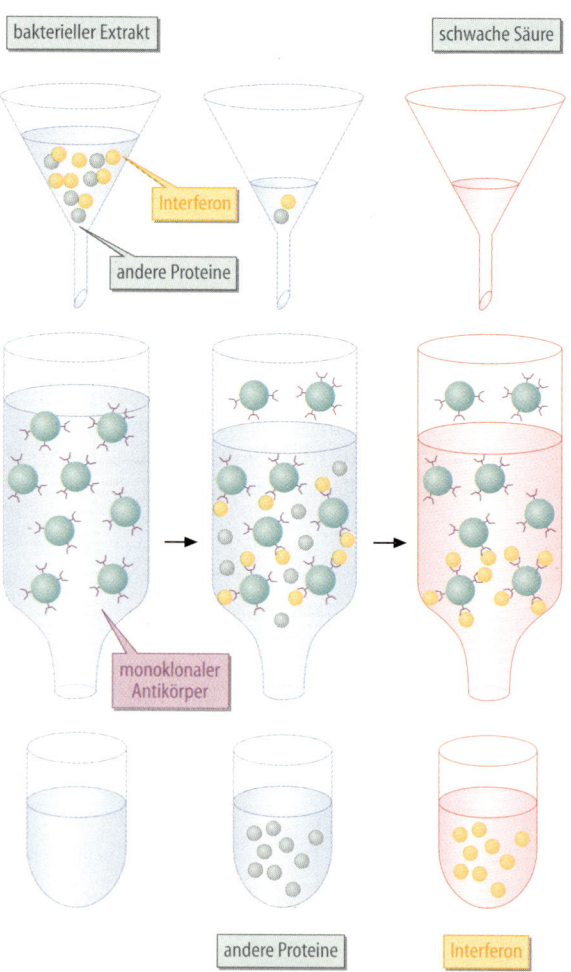

Abb. 2.54 Reinigung von rekombinantem Interferon durch Affinitätschromatographie mit monoklonalen Antikörpern

pilzen oder Säugetierzellen (z. B. Ovarzellen des chinesischen Hamsters) hergestellt. Dabei erfolgt nach der vollständigen oder teilweisen Charakterisierung des Proteins durch Sequenzierungstechniken (S. 54) die Klonierung der entsprechenden cDNA, die mit Hilfe spezieller Techniken in die genannten Organismen eingebracht wird (S. 233). Die synthetisierten Proteine werden dann entweder aus den Zellen extrahiert oder aus den Zellüberständen isoliert. So wird z. B. rekombinantes Interferon durch Affinitätschromatographie mit **monoklonalen Antikörpern** (S. 1077) gereinigt. Dabei gießt man das aus den Zellen extrahierte Proteingemisch auf eine Säule, an deren Partikel monoklonale Antikörper gegen α-Interferon gekoppelt sind. Die Antikörper binden das Interferon, während alle anderen Proteine die Säule passieren. Mit einer schwachen Säure wird anschließend das Interferon freigesetzt (Abb. 2.54). Nach Neutralisierung der Lösung wird das Interferon eingeengt. Mit gentechnologischen Methoden sind bisher u. a.

- Insulin zur Behandlung des Diabetes mellitus,
- Erythropoietin zur Behandlung der Anämie,
- einzelne Interferone (α, β, γ),
- Wachstumshormon zur Therapie des Kleinwuchses,
- verschiedene Interleukine sowie
- der Tumornekrosefaktor-α synthetisiert worden (S. 233).

2.2.11 Struktur und Funktion einzelner Peptide und Proteine

Zu den aus weniger als 100 Aminosäuren bestehenden Peptiden gehören eine große Zahl biologisch aktiver Moleküle. So sind beispielsweise die Hormone Ocytocin, Vasopressin (S. 867), ACTH (S. 828), TRH (S. 819) und Somatostatin (S. 850) Peptide. Sie werden heute synthetisch hergestellt und erfolgreich in Diagnostik und Therapie eingesetzt.

Einige der in der klinischen Medizin verwendeten **Antibiotika** sind ebenfalls Peptide. Sie zeichnen sich durch ihre selektive Toxizität aus, d. h. sie hemmen oder zerstören lediglich das Wachstum des pathogenen Organismus, nicht aber die Zellen des Wirtes.

Viele in Bakterien und Pilzen vorkommende Peptide zeigen einen ringförmigen Aufbau. Zusätzlich kommen sowohl ungewöhnliche Aminosäuren als auch die D-Isomeren der proteinogenen Aminosäuren vor. Häufig beteiligen sich an den Peptidbindungen die seitenständigen Carboxylgruppen Aspartat und Glutamat. Die ungewöhnlichen Bausteine und die Art der Verknüpfung sind wahrscheinlich der Grund dafür, daß einzelne Vertreter dieser Peptide durch die Enzyme anderer Organismen schlecht abgebaut werden und dadurch wichtige Zellreaktionen hemmen können.

Im folgenden werden Struktur und Funktion einiger Peptide erläutert:

Glutathion (Abb. 2.55) besteht aus

- Glycin,
- Cystein und
- Glutamat, dessen γ-Carboxylgruppe die Peptidbindung eingeht.

Eine entscheidende Bedeutung für die Funktion besitzt die Sulfhydryl(SH-)gruppe des Cysteinylrestes, die bei physiologischem pH in undissoziiertem Zustand (pK 9,12) vorliegt. Diese SH-Gruppe wirkt als Elektronendonator und kann damit beispielsweise Hydroperoxide von Makromolekülen (Enzymen, Membranproteinen) reduzieren, die aufgrund des hohen Sauerstoffdruckes im Erythrocyten ständig entstehen und die Funktion dieser Makromoleküle beeinträchtigen (S. 889). Glutathion selbst wird dadurch zum Disulfid oxidiert; seine Reduktion erfolgt durch spezifische Enzymsysteme des Erythrocyten (S. 889). In Koppelung an Arachidonsäure (S. 138) ist Glutathion Bestandteil der Leukotriene (S. 441), die von Leukocyten im Rahmen entzündlicher Prozesse gebildet wird.

Thyreotropin Releasing Hormone (TRH) wird im Hypothalamus gebildet (Abb. 2.56) und stimuliert die Freisetzung von thyreotropem Hormon im Hypophysenvorderlappen. Seine N-terminale Aminosäure ist Pyroglutamat, das durch die Bildung eines inneren Säureamids aus der Amino- und γ-Carboxylgruppe von Glutamat zustande kommt. Das C-terminale Ende wird durch Prolinamid gebildet. Die Verwendung von TRH zur Schilddrüsenfunktionsdiagnostik stellt heute eine Standardmethode dar.

Cyclosporin A ist ein cyclisches Undekapeptid aus Pilzen (Abb. 2.57), das bei transplantierten Patienten die Behandlung der Abstoßungsreaktion revolutio-

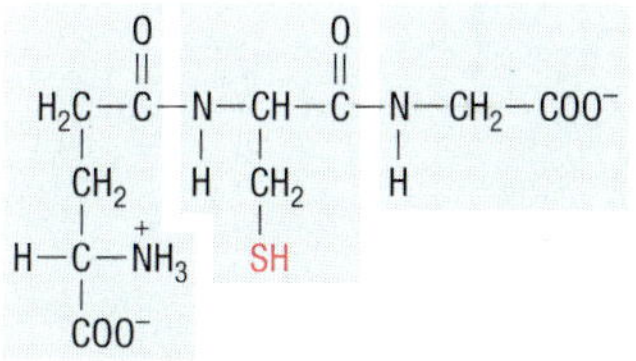

Abb. 2.55 Glutathion, ein Tripeptid mit einer wichtigen Funktion als Schutzfaktor vor oxidativem Stress

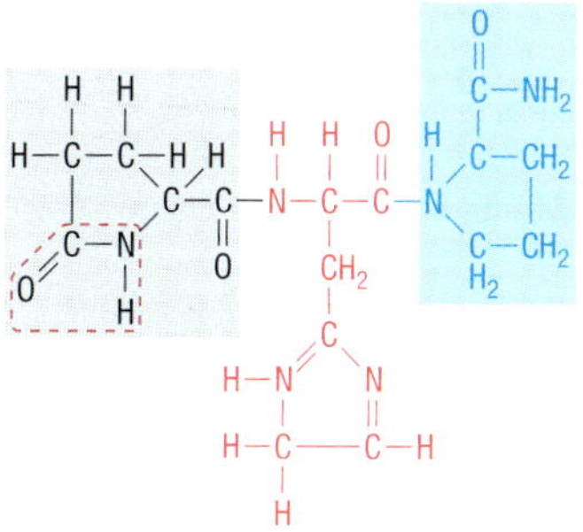

Abb. 2.56 Thyreotropin Releasing Hormone, ein im Hypothalamus gebildetes Tripeptid

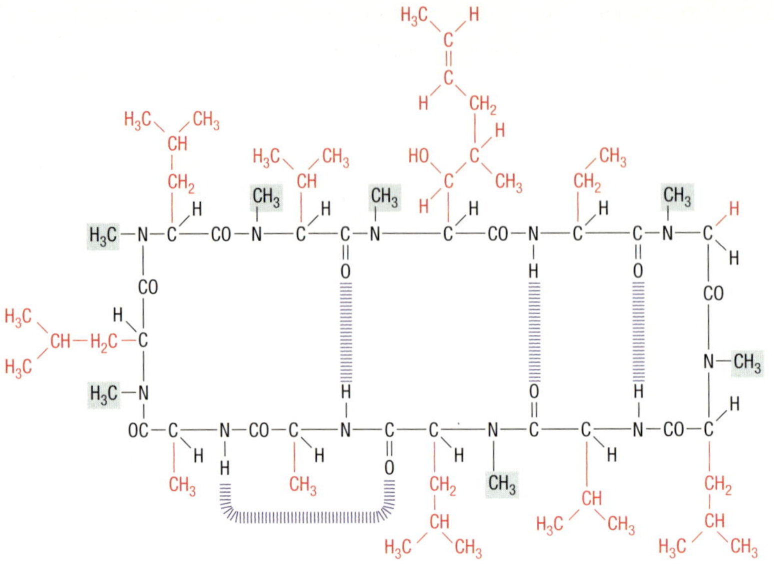

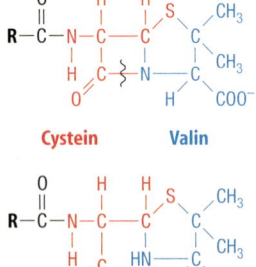

Abb. 2.57 Cyclosporin A. Cyclosporin A ist ein cyclisches Undekapeptid mit immunsuppressiver Wirkung. Von den 11 an den Peptidbindungen beteiligten Stickstoffatomen sind 7 methyliert, was die Hydrophobizität erhöht. Die übrigen 4 bilden intramolekulare Wasserstoffbrücken mit Carbonylgruppen

niert hat (S. 1082). Von seinen 11 Aminosäuren sind fast alle Seitenketten hydrophob, so daß das Peptid nur in lipophilen Lösungsmitteln löslich ist. Es wirkt über eine Hemmung der Fähigkeit von T-Lymphocyten, Zytokine zu synthetisieren und freizusetzen (S. 1073).

Penicillin ist ein therapeutisch verwendetes Antibiotikum (S. 403). Seine Biosynthese erfolgt durch Kondensation von Valin und Cystein, wobei 6-Aminopenicillansäure entsteht (Abb. 2.58). Die Aminogruppe des Cysteins ist acyliert, so beim Penicillin G (Benzylpenicillin) mit dem Benzoylrest. Die therapeutische Anwendung des Penicillins wird dadurch eingeschränkt, daß verschiedene Bakterienstämme gegen das Antibiotikum resistent werden. Die Resistenzentwicklung wird dadurch verursacht, daß die Bakterien ein Enzym, die β-Lactamase, erzeugen, das den viergliedrigen β-Lactamring spalten kann.

Insulin, ein lebenswichtiges Hormon der β-Zellen der Langerhans-Inseln des Pankreas, war das erste größere Polypeptid, dessen Aminosäuresequenz nach 10 jähriger Arbeit anfangs der 50er Jahre von der Arbeitsgruppe von Frederic Sanger in Cambridge (England) aufgeklärt werden konnte. Das Insulinmolekül besteht aus zwei Ketten, einer A-Kette mit 21 Aminosäuren und einer B-Kette mit 30 Aminosäuren (S. 788). Abbildung 2.59 zeigt die Konformation des Insulinmoleküls. Das Insulinmonomer, die physiologisch wirksame Form, ist kompakt gebaut, so daß nur die beiden Enden der B-Kette aus dem Molekül herausragen. In der Mitte der B-Kette *(rot)* erkennt man eine Helixbildung. In der von den beiden Armen der B-Kette gebildeten Mulde liegt die A-Kette, deren dichte Packung durch eine Disulfidbrücke stabilisiert wird. Der Kontakt zwischen der A- und B-Kette wird durch Wechselwirkungen zwischen hydrophoben Seitenketten (Leucyl- und Valylreste) bestimmt und durch zwei Disulfidbrücken (in Abb. 2.59 nicht gezeigt) verstärkt. Auch beim Insulinmolekül liegen die hydrophilen Aminosäuren an der Oberfläche des Moleküls und fast alle Aminosäuren mit hydrophober Seitenkette im Inneren. Die wenigen hydrophoben Aminosäuren, die

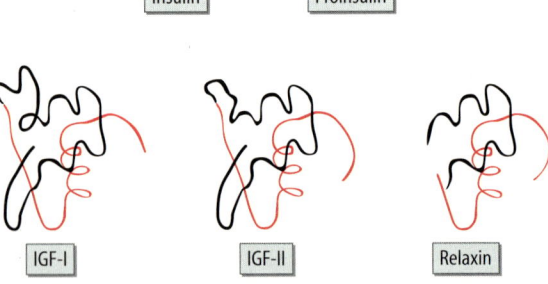

Abb. 2.59 Insulin und die Familie der Insulin-ähnlichen Hormone

Cystein   **Valin**

Abb. 2.58 6-Aminopenicillansäure und Aufspaltung des Lactamringes durch die β-Lactamase von gegen Penicillin resistenten Bakterienstämmen

nach außen ragen, bedingen durch Wechselwirkungen die Aggregation von je zwei Insulinmolekülen zu einem Dimer, das möglicherweise die Transportform des Hormons im Organismus darstellt (es können jedoch auch höhere Aggregationsformen existieren). An der Dimerisierung ist auch eine *antiparallele Faltblattstruktur* beteiligt, die durch Aneinanderlagerung der herausragenden C-terminalen Enden der B-Ketten der beiden Insulinmoleküle zustande kommt. Bei der Biosynthese wird Insulin in Form einer einzigen Peptidkette als *Proinsulin* (83 Aminosäuren) gebildet. Nach Ausbildung der Konformation wird vor der Sekretion ein Peptidstück abgespalten, so daß das im Plasma nachweisbare Insulin aus zwei, über Disulfidbrücken verbundene Peptidketten besteht.

Insulin ist Mitglied einer *größeren Familie* von Hormonen, zu denen auch die insulinähnlichen Wachstumsfaktoren (insulin-like growth factors I und II, IGF I und II) und das Relaxin (Abb. 2.59) gehören. Während IGF I und II Ähnlichkeit mit Proinsulin aufweisen, da sie ebenfalls aus einer Polypeptidkette bestehen, besteht das im Uterus gebildete Relaxin (S. 849) wie Insulin aus zwei Ketten, die über Disulfidbrücken miteinander verbunden sind. Relaxin wird ebenso wie Insulin aus einer einkettigen Vorstufe, dem Prorelaxin, gebildet.

2.2.12 Evolution und Proteinstruktur

Die Zusammenhänge zwischen der Struktur eines Proteins und der Stellung des dieses Protein besitzenden Organismus in der Evolution lassen sich eindrucksvoll am *Cytochrom c,* einem Hämoprotein der Atmungskette (S. 459), demonstrieren.

Zwischen Cytochrom c-Molekülen des Menschen und anderer Arten besteht eine erstaunliche Ähnlichkeit

Cytochrom c kommt in den Mitochondrien aller Eukaryonten (S. 498) sowie bei allen aeroben Bakterien vor. Es gehört dort zu den Proteinen der *Atmungskette,* die Elektronen von den Nährstoffen über verschiedene Stufen schließlich auf Sauerstoff übertragen (S. 498).

Sequenzanalysen bei über fünfzig verschiedenen Organismen haben gezeigt, daß das Wirbeltiercytochrom c 104 Aminosäuren besitzt, das der Insekten, Pilze und Pflanzen zusätzlich am N-terminalen Ende eine Folge von 4–8 Aminosäuren aufweist und daß in 35 % aller Positionen die gleiche Aminosäure bei allen untersuchten Species auftritt.

Diese Ähnlichkeit macht es unwahrscheinlich, daß sich in jeder Eukaryontenzelle ein eigenes Cytochrom c bzw. ein Gen für dieses Protein entwickelt hat. Es ist vielmehr anzunehmen, daß sich die Cytochrommoleküle der verschiedenen Arten aus einem gemeinsamen Urprotein entwickelt haben, dessen genetische Information auf einem Ur-Gen festgelegt war. Durch Änderungen der Nucleotidfolge auf diesem Gen (Mutationen, S. 326) entstehen die Gene für die verschiedenen Cytochrommoleküle der einzelnen Arten. Der Austausch von Aminosäuren im Cytochrom c verschiedener Organismen ist *nicht statistisch* über das gesamte Proteinmolekül verteilt. Positionen, die immer von der gleichen Aminosäure besetzt sind, weisen auf Bezirke des Moleküls hin, die nicht ohne Funktionsverlust verändert werden können. In Anbetracht seiner elementaren Bedeutung führt ein Funktionsverlust des Cytochroms c zur Blockade der Atmungskette und damit zum Aussterben des dieses Cytochrom tragenden Lebewesens.

Unter den 35 unveränderten Aminosäuren finden sich auffällig viele Glycylreste (8) sowie eine Aminosäurensequenz von Positionen 70 bis 80. Eine Erklärung für diese Invarianz kann nur die dreidimensionale Anordnung des Proteins geben, die eine Auskunft über die räumliche Lage der einzelnen Aminosäuren im Cytochrom c gibt.

Die Konformation des Cytochrom c zeigt die typische Verteilung hydrophober und hydrophiler Aminosäuren

Nach Röntgenstrukturanalysen finden sich auch bei diesem Protein die Aminosäuren mit hydrophober Seitenkette vorwiegend im Inneren des Moleküls, während die hydrophilen Reste (z. B. Lysylreste) außen sitzen (Abb. 2.60).

Abbildung 2.61 zeigt eine vereinfachte Darstellung der Konformation des Cytochroms c unter Vernachlässigung der Seitenketten, aus der hervorgeht, an welchen räumlichen Positionen sich die invarianten bzw. kaum veränderten Aminosäuren befinden. Die hydrophoben Reste im Kern des Moleküls sind aufgrund ihrer Bedeutung entweder invariant oder durch strukturell ähnliche ersetzt (so Valin durch Leucin oder Isoleucin, Phenylalanin durch Tyrosin, Leucin durch Methionin und umgekehrt).

Die im Zentrum sitzende *Hämgruppe* wird auf der einen Seite von zwei Cysteinyl- (Position 14 und 17) und einem Histidylrest (Position 18) und auf der anderen Seite von einem Methionylrest (Position 80) in ihrer Lage gehalten. Während die Cysteine covalent mit dem Porphyringerüst verbunden sind, binden Histidin und Methionin an das Eisenatom.

Die 104 Aminosäurereste des Cytochrom c reichen gerade aus, um sich um die Hämgruppe herumzuwickeln. Deshalb bestehen an mehreren Stellen des Proteins ein enger Kontakt zwischen dem Hämmolekül und der Proteinkette sowie zwischen einzelnen Abschnitten der Proteinkette. Gerade an diesen Kontaktstellen finden sich einige der invarianten Glycylreste. Sie können deshalb nicht ausgetauscht werden, weil Glycin die Aminosäure mit der kleinsten Seitenkette,

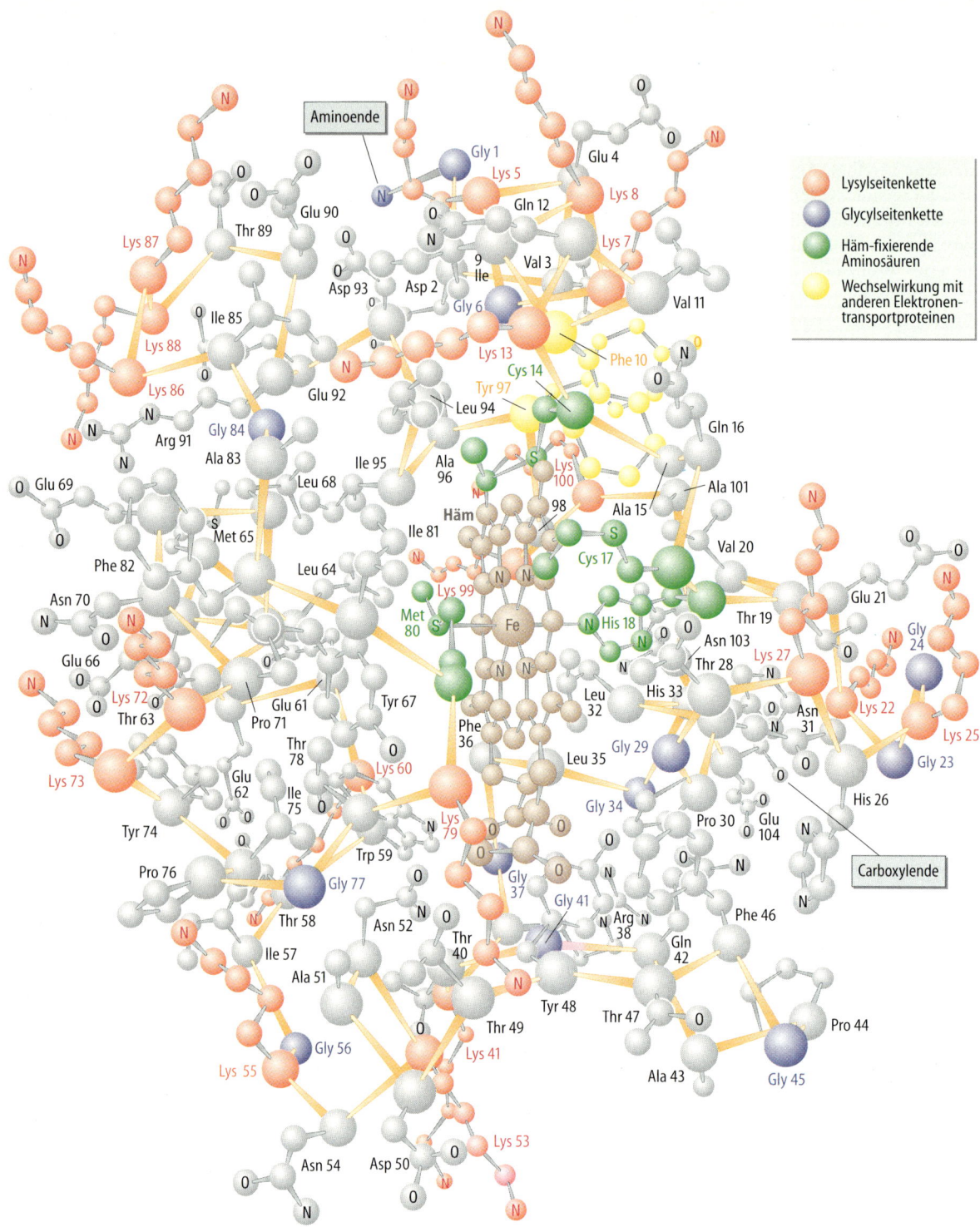

Abb. 2.60 Räumliche Struktur des Cytochrom c. *Rot* Lysylseitenketten

einem Wasserstoffatom, darstellt. Dadurch besitzen Peptidbindungen, an denen Glycin beteiligt ist, einen hohen Grad an Konformationsfreiheit. Eine Substitution durch eine größere Seitenkette z. B. Alanin, Serin oder gar die Isopropylgruppe von Valin würde diese Freiheit erheblich einschränken und ist deshalb mit

der Aufrechterhaltung der Funktion des Cytochrom c nicht vereinbar.

Auf der Oberfläche des Proteins findet sich eine Reihe hydrophiler *Lysylreste,* die ungewöhnlicherweise in Gruppen zusammenstehen. So sind acht Lysylreste (unten links in Abb. 2.60) um eine Schleife der Kette

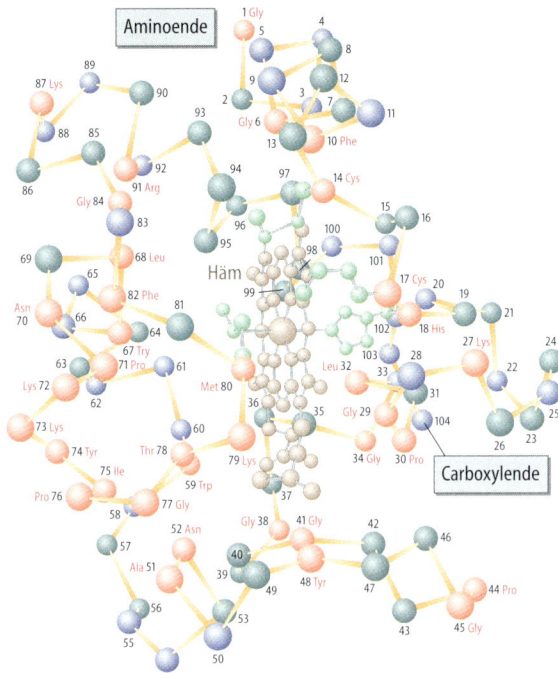

Abb. 2.61 Konformation des Cytochroms c ohne Seitenketten. Die α-C-Atome der 35 invarianten Seitenketten und das Porphyringerüst sind *rot* hervorgehoben, die 40 Positionen von denen zwei oder drei verschiedene Seitenketten bei den verschiedenen Species gefunden werden, sind *grün*, die übrigen 29 Positionen mit höherer Variationsbreite (4–9 verschiedene Seitenketten) mit einem *Blauraster* hinterlegt

gruppiert, die dicht mit hydrophoben Resten gepackt ist, zu denen auch die *Tyrosine* 67 und 74 sowie *Tryptophan* in Stellung 59 gehören. Da die drei Reste invariant sind, wird ihren aromatischen Ringen eine Bedeutung beim Transport der von Cytochrom b übernommenen Elektronen zum Hämeisen des Cytochroms c oder bei der Übergabe der Elektronen vom Hämeisen zum Cytochromoxidasekomplex zugeschrieben.

Weitere acht Lysylreste sind an einem anderen Bereich der Oberfläche (oben rechts in Abb. 2.60) zentriert. Sie liegen dabei kreisförmig um einen Kanal, in dem zwei aromatische Reste, der *Phenylalanylrest* in Stellung 10 und der *Tyrosylrest* in Position 97 liegen. Während der Phenylalanylrest nicht austauschbar ist, kann der Tyrosylrest durch einen Phenylalanylrest ersetzt werden. Dieser hydrophobe Bezirk könnte die hydrophobe Seitenkette eines der beiden mit dem Cytochrom c reagierenden Moleküle (Cytochrom b oder Cytochromoxidase) aufnehmen.

Der Kontakt zwischen Cytochrom c und der Cytochromoxidase kommt im wesentlichen durch elektrostatische Wechselwirkungen von negativen Ladungen der Cytochromoxidase und positiven des Cytochroms c zustande. Eine der beiden Seiten mit den Lysylresten muß daran beteiligt sein, da – im Experiment – bei einer chemischen Blockade des Lysylrestes in Stellung 13 die Reaktionsfähigkeit zwischen beiden Molekülen sinkt. Da dieser Lysylrest mehr auf der rech-

ten Seite liegt, wird wahrscheinlich dort der Oxidasekomplex gebunden. Die andere Seite wäre demnach die Bindungsstelle für Cytochrom b; die drei invarianten aromatischen Reste (Tyrosin 67 und 74 sowie Tryptophan 59) würden dann die Elektronen zum Hämeisen transportieren.

Beim Austausch von Aminosäuren werden in der Evolution meist strukturell ähnliche verwendet

Der Ersatz einzelner hydrophober Aminosäuren im Kern des Moleküls durch strukturell ähnliche gilt nicht nur für diese, sondern für fast alle übrigen Aminosäuresubstitutionen.

In den Positionen, in denen im Zuge der Evolution eine Aminosäure (durch eine Änderung der Nucleotidzusammensetzung auf dem Gen, S. 326) ausgetauscht wurde, fanden bis auf wenige Ausnahmen (Stellungen 26, 53 und 99) immer sog. *isopolare* Substitutionen durch ähnliche Aminosäuren statt: So wurden Lysin durch Arginin, Valin durch Leucin, Serin durch Threonin, Phenylalanin durch Tyrosin, Aspartat durch Glutamat und umgekehrt ersetzt.

Auch in der Position, in der die meisten Substitutionen erfolgt sind (Position 89), ist der Charakter der Seitenketten auffallend ähnlich geblieben, d. h. es finden sich nur ambiphile und hydrophile, jedoch keine hydrophoben Seitenketten.

Die Wahrscheinlichkeit, daß Substitutionen eintreten, bei denen z. B. eine *hydrophobe* Aminosäure wie Valin durch eine *hydrophile* wie Glutamat ersetzt wird, ist aus zwei Gründen gering: Zum einen ist fast jede Seitenkette unter den proteinogenen Aminosäuren zwei- oder dreimal in ähnlicher Form vorhanden, d. h. es stehen zum Aufbau von Proteinen zwei carboxylhaltige (Aspartat und Glutamat), zwei hydroxylhaltige (Serin und Threonin), drei verzweigtkettige (Valin, Leucin und Isoleucin), zwei Aminosäuren mit einem Benzolrest (Phenylalanin und Tyrosin) sowie drei mit einer positiven Ladung (Lysin, Arginin und Histidin) zur Verfügung. Ist also z. B. Aspartat Bestandteil eines Proteins, so besteht die Möglichkeit, diese Aminosäure ohne Funktionsverlust gegen Glutamat auszutauschen, da beide Aminosäuren die polare Carboxylgruppe enthalten.

Und zum anderen ist die Übertragung der Information für den Aufbau eines Proteins, die in einem Gen niedergelegt ist, von der Nucleinsäure zum Protein so eingerichtet, daß Änderungen der Nucleotidfolge auf dem Gen entweder überhaupt nicht zum Einbau einer anderen Aminosäure führen oder nur selten zum Ersatz einer Aminosäure durch eine strukturell unähnliche Aminosäure (genetischer Code, S. 266).

Mit den Sequenzen der Cytochrom-c-Moleküle kann ein Stammbaum der Organismen aufgestellt werden, deren Cytochrom c einer Sequenzanalyse unterzogen worden ist.

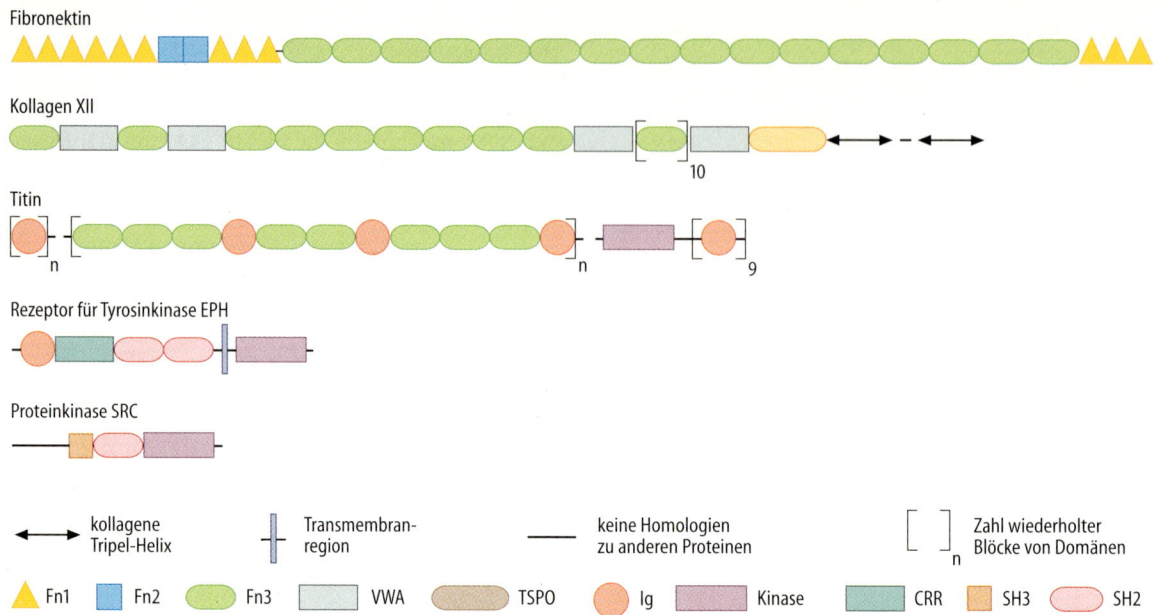

Abb. 2.62 Durch ihre Domänen wirken viele Proteine wie aus einem Sortiment verschiedener Perlen geknüpft. Fibronektin, Kollagen XII und das Muskelprotein Titin enthalten nur wenige Domänen, dafür aber in vielfacher Wiederholung. (Nach Doolittle und Bork 1993)

Dabei ermittelt man mit Hilfe eines Computers für die einzelnen Species (Säugetiere, Vögel, Pflanzen usw.) gemeinsame Vorläufersequenzen. Aus diesen Vorläufersequenzen läßt sich durch weitere Berechnungen ein Stammbaum der Cytochrom-c-Proteine erstellen, der mit dem klassischen phylogenetischen Stammbaum der Biologie übereinstimmt. Diese Übereinstimmung überrascht nicht, weil es unwahrscheinlich ist, daß sich morphologische Strukturen ohne gleichzeitige Änderung des ihnen zugrunde liegenden biochemischen Substrats verändern. Die Cytochrom-c-Sequenz eines beliebigen Säugetieres unterscheidet sich in durchschnittlich elf Positionen von der eines Vogels. Da der gemeinsame Vorläufer von Vögeln und Säugern vor 280 Millionen Jahren existierte, wurden bis zur heutigen Zeit elf Substitutionen im Cytochrom c toleriert, d. h. ein Austausch in 25 Millionen Jahren. Damit ist das Cytochrom c im Vergleich mit anderen Proteinen (Ribonuclease, Hämoglobin, Myoglobin) ein *konservatives Protein,* d. h. seine Primärstruktur ändert sich im Zuge der Evolution nur wenig. Dies ist darauf zurückzuführen, daß die relativ wenigen Aminosäuren des Proteins (104) mehrere wichtige Aufgaben zu erfüllen haben, nämlich die Hämgruppe in der richtigen Lage zu halten und Bereiche an der Moleküloberfläche zu bilden, über die Cytochrom c in Kontakt mit Cytochrom b und der Cytochromoxidase gelangt. Dieser Kontakt gewährleistet den Elektronenfluß zwischen den einzelnen Makromolekülen. Im Gegensatz dazu besteht Hämoglobin aus weitaus mehr Aminosäuren und ist nicht Bestandteil einer Reaktionskette. Damit sind auch keine spezifischen Bereiche an der Moleküloberfläche erforderlich, die für die räumliche Wechselwirkung mit anderen Makromolekülen sorgen.

Unterschiedliche Proteine können ähnliche Struktureinheiten aufweisen

Durch die in den letzten Jahrzehnten rapide zunehmende Sequenzaufklärung der verschiedensten Proteine und die Verfügbarkeit von Computern, mit denen diese Sequenzen gespeichert und miteinander verglichen werden können, ergaben sich interessante Gesichtspunkte zur Evolution von Proteinen. Viele Proteine zeigen einen repetitiven Aufbau: so ist zum Beispiel das Fibronektin im Plasma aus Serien von drei verschiedenen Typen sich wiederholender Sequenzen aufgebaut (Abb. 2.62). Die Länge der Einheiten, die als Fn 1, Fn 2 und Fn 3 bezeichnet werden, beträgt 45, 60 und 90 Aminosäuren. Wahrscheinlich kann sich jede Einheit unabhängig als *Domäne* (S. 62) falten. Mit Fn 1, 2 und 3 verwandte Sequenzen wurden auch bei anderen Proteinen gefunden. Auch viele andere Einheiten treten in den verschiedensten Proteinen immer wieder auf (Abb. 2.62). Die Funktion der meisten dieser Einheiten ist noch unklar, es werden Erkennungs-, Etikett- und Strukturfunktionen für sie diskutiert. Dieses Bauprinzip legt die Vermutung nahe, daß diese Domänen DNA-Abschnitten entsprechen, die als Exons bezeichnet werden (S. 249). Das Hin- und Herschieben solcher Gensegmente (Exon-Shuffling) würde dann die Entstehung neuer Proteine im Zuge der Evolution erleichtert haben. Da aber Exons oft zu kurz für den Aufbau von Domänen sind, wird diese Hypothese noch kontrovers diskutiert.

RESÜMEE

Zwanzig proteinogene Aminosäuren stellen die Bausteine aller Proteine dar. Durch Polymerisierung der Aminosäuren mit Bildung von Peptidbindungen entstehen Proteine mit einem amino- und einem carboxyterminalen Ende. Nach der Wasserlöslichkeit ihrer Seitenketten lassen die Aminosäuren sich in hydrophile und hydrophobe unterteilen. Je nach Aufbau der Seitenkette bilden Aminosäuren in Proteinen Wasserstoffbrückenbindungen oder hydrophobe Wechselwirkungen aus. Hydrophile Seitenketten verleihen Aminosäuren Ampholyteigenschaften und damit Proteinen z. B. die Möglichkeit zur chemischen Reaktion. Dank ihrer enormen strukturellen Vielfalt übernehmen Proteine in unserem Organismus eine Fülle von Aufgaben als Katalysatoren (Enzyme), Strukturbestandteile (Membranbausteine, Cytoskelettanteile), Abwehrstoffe (Antikörper), Botenstoffe (Hormone) oder als Transportstoffe in Membranen oder in Körperflüssigkeiten. Proteine enthalten oft Nichtproteinanteile wie Kohlenhydrate, Metalle, Lipide oder Porphyrine zur Optimierung ihrer Funktion. Zur Isolierung und Reindarstellung von bisher noch unbekannten Proteinen aus Körpergeweben und -flüssigkeiten werden Kombinationen von chromatographischen und elektrophoretischen Verfahren angewendet. Die strukturelle Charakterisierung erfolgt durch automatisierte Sequenzierung der einzelnen Bausteine vom N-terminalen Ende. Die Sequenz der Aminosäuren wird als Primärstruktur bezeichnet. Durch die Ausbildung von Wasserstoffbrückenbindungen kommt es zur Bildung verschiedener Sekundärstrukturen und damit zur Proteinkonformation. Typische Sekundärstrukturen sind Helix-, Faltblatt- und Haarnadelbiegungsanordnung. Treten mehrere solcher Sekundärstrukturen innerhalb eines Proteins zusammen, so entsteht die nächst höhere Hierarchiestufe, die Tertiärstruktur. Stabilisiert wird diese Strukturebene, die durch hydrophobe Wechselwirkungen von Proteinseitenketten zustandekommt, oft durch Disulfidbrücken. Die Zusammenlagerung mehrerer identischer oder unterschiedlicher Proteine zu einem Komplex wird dann als Quartärstruktur bezeichnet. Die Verwendung von vielen Bindungen mit niedriger Bindungsenergie erlaubt Proteinen, ihre Konformation zu ändern und auch ihre Lagebeziehungen untereinander in einem Proteinkomplex flexibel zu gestalten. Dies ist die Grundlage ihrer Funktion und Regulierbarkeit, d. h. der Anpassung ihrer Funktion an sich ändernde Umgebungsbedingungen. Die Proteinkonformation kann heute mit Hilfe der Röntgenstrukturanalyse schnell ermittelt werden. Daraus lassen sich oft wertvolle Schlüsse über die Arbeitsweise von Proteinen ziehen. Aufgrund ihrer funktionellen Vielfalt in unserem Organismus gewinnen Proteine zunehmend für die Behandlung von Krankheiten an Bedeutung. Sie werden heute in der Regel durch gentechnische Methoden hergestellt oder aus menschlichem Blutplasma isoliert. Der hochorganisierte Aufbau von Proteinen macht verständlich, warum bereits der Austausch eines Aminosäurebausteins eine leichte funktionelle Störung, aber auch den vollständigen Verlust der Funktion hervorrufen kann. Viele Krankheiten des Menschen sind durch Veränderungen von Genen, die die Information für die Proteine tragen, verursacht.

Literatur

Monographien und Lehrbücher

BRANDEN C, TOOZE J (1991) Introduction to Protein Structure. Garland Publishers, New York

Original- und Übersichtsarbeiten

BETZ SF (1994) Disulfide bonds and the stability of proteins. Protein Science 2: 1551–1558

DOOLITTLE RT, BORK P (1993) Evolutionary mobile modules in proteins. Sci Amer 269: 50–56

FREEDMAN RB et al (1994) Protein disulphide isomerase: building bridges in protein folding. TIBS 19: 331

HARTL FU, HLODAN R, LANGER T (1994) Molecular chaperones in protein folding: the art of avoiding sticky situations. TIBS 19: 20–25

JONES S, THORNTON JM (1996) Principles of protein-protein interactions. Proc Nat Acad Sci 93: 13–20

OLSEN RW, TOBIN AJ (1990) Molecular biology of GABA$_A$-Receptors. FASEB J 4: 1469–1480

WILLIAMSON MP (1994) The structure and function of proline-rich regions in proteins. Biochem J 297: 249–260

Bioenergetik und Enzymologie

Für das Leben gelten dieselben physikalisch-chemischen Gesetze wie für die unbelebte Welt. Diese Erkenntnis setzte sich vor ungefähr 100 Jahren allgemein durch und hat unsere Betrachtungsweise biologischer Systeme revolutioniert. Diese wurden nämlich damit der naturwissenschaftlichen Beobachtung und Analyse zugänglich.

Die Bioenergetik erbrachte die Erkenntnis, daß die Hauptsätze der Thermodynamik auch für lebende Systeme zutreffen und daß mit ihnen deren Energieaustausch mit der Umgebung beschrieben werden kann. Hiermit konnte zwar die Richtung der in lebenden Zellen ablaufenden chemischen Reaktionen vorausgesagt werden, nicht aber deren unerwartet hohe Geschwindigkeit. Dieses Problem wurde dadurch geklärt, daß die entscheidende Rolle der Enzyme als der nur im Bereich lebender Systeme vorkommenden Katalysatoren erkannt wurde.

Im Gegensatz zu der im Bild dargestellten abiotischen Energiefreisetzung erfolgt dieser Vorgang in biologischen Systemen in diskreten Einzelschritten und ist durch die Aktivität spezifischer Katalysatoren, der Enzyme, genau reguliert.
(Bild: G. B. Lewis, Tony Stone Bilderwelten, München)

3.1 Thermodynamik und allgemeine Bioenergetik

3.1.1 Einführung in die Thermodynamik

Die Energie zur Aufrechterhaltung der Lebensvorgänge auf unserem Planeten entstammt dem Sonnenlicht

In Abb. 3.1 sind in schematischer Form die für die Erde gültigen Gesetzmäßigkeiten des Energieflusses dargestellt. In der Sonne entsteht durch Fusion von Wasserstoff zu Helium Energie, die zum großen Teil in Form von Licht abgestrahlt wird. Auf der Erde kann Lichtenergie zur Biosynthese der verschiedenen Bausteine lebender Organismen verwendet werden. Allerdings sind zu diesem Vorgang der **Photosynthese** lediglich grüne chlorophyllhaltige Pflanzen und einige Mikroorganismen imstande, die auch als photosynthetisch *autotrophe* Organismen bezeichnet werden. Ihre Leistung besteht darin, daß sie mit Hilfe des Sonnenlichtes hochmolekulare Bauteile aus einfachen Molekülen wie CO_2 und Wasser herstellen, wobei O_2 entsteht.

Ein anderes Stoffwechselprinzip ist bei den *heterotrophen* Organismen verwirklicht, zu denen neben einigen pflanzlichen Zellen Bakterien, Pilze sowie alle Zellen der tierischen Organismen gehören. Heterotrophe Zellen beziehen die zur Aufrechterhaltung ihrer Lebensfunktion benötigte Energie aus der O_2-abhängigen **Oxidation** komplizierter organischer Moleküle (Kohlenhydrate, Aminosäuren, Fette) zu CO_2, Ammoniak und Wasser. Da diese komplexen Verbindungen nur durch autotrophe Organismen aus den anorganischen Vorstufen synthetisiert werden können, leben autotrophe und heterotrophe Organismen in einer Symbiose. Jeder braucht jeweils die Stoffwechselendprodukte des anderen, um seine Lebensfähigkeit zu erhalten. Pro Jahr werden durch Photosynthese 3–4 × 10^9 t Kohlenstoff in Form komplexer organischer Moleküle gebunden. Für diese Syntheseleistung müssen etwa 4 × 10^{21} kJ Sonnenenergie absorbiert werden. Dieser gewaltige Energiebetrag stellt allerdings nur ein Tausendstel der gesamten jährlich auf die Erdoberfläche eingestrahlten Energie dar. Im Vergleich zum biologischen Energieumsatz ist die pro Jahr durch Maschinen umgesetzte Energie relativ gering. Sie steigt zwar von Jahr zu Jahr etwas an, dürfte aber augenblicklich bei etwa 4 × 10^{19} kJ/Jahr liegen.

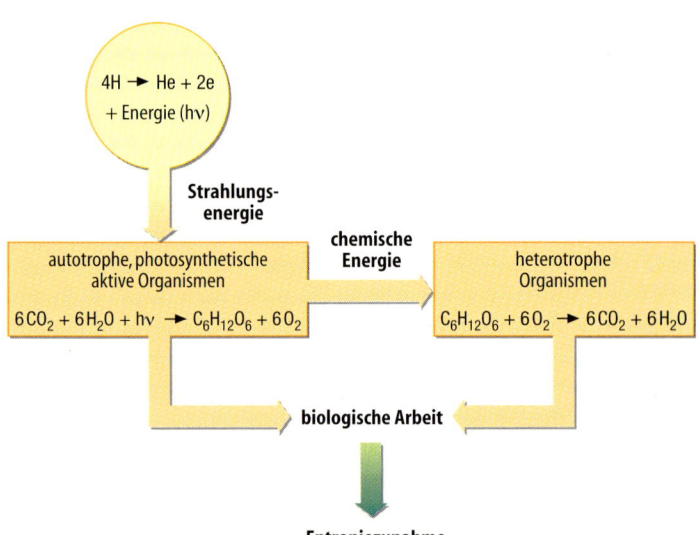

Abb. 3.1 Energiefluß zwischen Sonne und Erde

Die Hauptsätze der Thermodynamik beschreiben Energieerhaltung und -transformation

Aus den oben dargestellten Betrachtungen über die biologischen Energieflüsse geht hervor, daß die Vorgänge der *Energietransformation* für das Verständnis der Lebensprozesse offenbar eine fundamentale Bedeutung haben. Für die unbelebte Natur sind von den Physikern des 18. und 19. Jahrhunderts die Gesetzmäßigkeiten der Energieerhaltung und der Energietransformation untersucht und in den Hauptsätzen der *Thermodynamik* formuliert worden. Es ist eine Erkenntnis dieses Jahrhunderts, daß für die Welt des Lebendigen die gleichen physikalisch-chemischen Gesetzmäßigkeiten gelten.

Die Thermodynamik postuliert, daß Reaktionen nur von der Art des Energiegehaltes des reagierenden Systems sowie seines Energieaustausches mit der Umgebung abhängen. Diese Gesetzmäßigkeit wird durch die beiden Hauptsätze der Thermodynamik beschrieben:

Der 1. Hauptsatz der Thermodynamik lautet: die gesamte Energie des Universums bleibt konstant. Er liefert damit Informationen über die energetischen Beziehungen zwischen einem abgeschlossenen System und seiner Umgebung, im weitesten Sinne dem Universum. Unter System versteht man dabei ganz allgemein den gerade untersuchten Ausschnitt des Universums. Während eines chemischen oder physikalischen Vorgangs kann ein System Energie an die Umgebung, d. h. an das Universum abgeben oder aber Energie von ihr aufnehmen. Jede Änderung der inneren Energie des Systems muß von einer entsprechend entgegengesetzten Änderung im Energiegehalt des Universums ausgeglichen werden. Dabei ist der Mechanismus, über den die Energieänderung erfolgt, ohne Bedeutung. Wichtig ist nur die Energiedifferenz zwischen Anfangs- und Endzustand.

Geht ein System von einem Zustand hoher innerer Energie in einen solchen mit niedriger Energie über, so leistet es dabei nach außen Arbeit oder gibt Wärme an seine Umgebung ab. Im umgekehrten Fall wird Arbeit oder Wärmeenergie aufgenommen. Bezeichnet man mit U die innere Energie des Systems, mit A die geleistete Arbeit und mit Q die abgegebene Wärmemenge, so ist

$$\Delta U = A + Q.$$

Obwohl bei gleichbleibendem ΔU A oder Q je nach Reaktionsweise sehr verschiedene Werte annehmen können, stellt die Summe A + Q eine konstante Größe dar, deren Wert lediglich davon abhängt, ob die Zustandsänderung mit einer Zunahme oder einer Abnahme der inneren Energie des Systems verknüpft ist. Es hat sich eingebürgert, Energieumsetzung vom System

aus zu betrachten. *Abgabe* von Arbeit bzw. Wärme wird mit *negativem*, *Aufnahme* von Arbeit bzw. Wärme in das System mit *positivem* Vorzeichen gerechnet.

Nach dem 1. Hauptsatz der Thermodynamik verringert sich der Energiegehalt komplizierter organischer Moleküle bei deren Oxidation zu einfachen Verbindungen wie CO_2 und H_2O. Es muß also dabei eine der Abnahme der inneren Energie entsprechende Energiemenge in Form von Wärmeenergie bzw. Arbeit frei werden. Verläuft die Zustandsänderung unter konstantem Druck und Volumen und wird von dem System keinerlei Arbeit geleistet, so entspricht die Änderung der inneren Energie des Systems einer Änderung des Wärmegehalts Q, die auch als Änderung der *Enthalpie* bezeichnet und durch das Symbol ΔH wiedergegeben wird. Es ist dann

$$\Delta U = \Delta H$$

Besondere Bedeutung hat der Begriff der Enthalpieänderung für die Messung der bei der Oxidation komplizierter organischer Verbindungen auftretenden Energieänderung erhalten, die sich leicht durch die direkte Kalorimetrie (S. 711) ermitteln läßt.

Der 2. Hauptsatz der Thermodynamik lautet: Die Entropie des Universums nimmt zu. Sehr häufig möchte man ja wissen, ob eine Reaktion spontan abläuft. Dies läßt sich lediglich aus dem 2. Hauptsatz der Thermodynamik herleiten, da der 1. Hauptsatz keine Angaben darüber liefert, ob die Änderung eines Systems spontan ablaufen kann oder nicht.

Die Änderung der inneren Energie ΔU ist jedenfalls kein Maß für die Spontaneität eines Prozesses, da es vor allem im Bereich der Biochemie Vorgänge gibt, die spontan ablaufen, jedoch mit einer Vergrößerung, einem Gleichbleiben bzw. mit einer Verminderung der inneren Energie einhergehen.

Der im 2. Hauptsatz eingeführte Begriff der *Entropie* hat sich als wertvolles Hilfsmittel zur Abschätzung der Frage erwiesen, ob eine Reaktion spontan abläuft oder nicht. Die Entropie stellt ein Maß für die Unordnung eines Systems dar und hat die Dimension Joule/Grad (über die mathematische Ableitung des Entropiebegriffes s. Lehrbücher der physikalischen Chemie). Wie in Abb. 3.2 dargestellt, wird es in einem durch eine permeable Membran unterteilten Gefäß zu einem raschen Fluß gelöster Moleküle von dem Ort hoher Konzentration an die Stelle niedriger Konzentration kommen, so daß letztendlich ein Konzentrationsausgleich stattfindet. Obwohl es keinen Verstoß gegen den 1. Hauptsatz der Thermodynamik darstellen würde, kommt es nie, ausgehend von der gleichmäßigen Verteilung der gelösten Substanz, zum umgekehrten Vorgang, d. h. zur Anreicherung der Moleküle in nur einer Hälfte der Kammer. Dies ist deswegen so, weil Prozesse nur dann spontan ablaufen können, wenn sie mit einer *Zunahme der Entropie* des Systems einhergehen, wobei

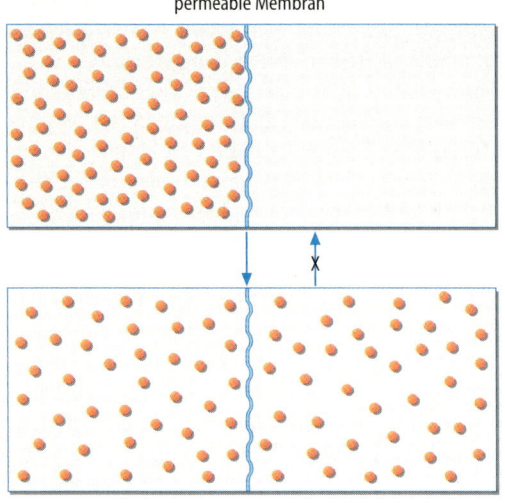

permeable Membran

permeable Membran

Abb. 3.2 Zunahme der Entropie in einem physikalischen System

ein höchstmöglicher Wert angestrebt wird. Da die Entropie in dem oben geschilderten System dann ihren Maximalwert erreicht hat, wenn sich die gelösten Moleküle gleichmäßig über beide Kammern verteilt haben, wird dieser Zustand spontan vom System erreicht werden.

Zur Beurteilung der Frage, ob ein chemischer Prozeß spontan ablaufen kann oder nicht, ist die Messung der Entropieänderung sehr unbequem, da sie eigentlich sowohl im System als auch in seiner Umgebung erfolgen muß. Aus dieser Schwierigkeit hilft die Einführung einer weiteren thermodynamischen Größe, der sogenannten *Gibbs'schen freien Energie* (nach Willard Gibbs). Die Gibbs'sche freie Energie wird auch als *freie Enthalpie* bezeichnet. Sie wird im allgemeinen mit dem Buchstaben G abgekürzt und gibt den Betrag der Gesamtenergie des Systems wider, der auch unter isothermen Bedingungen Arbeit leisten kann. Die Beziehungen der Änderung der freien Energie zu Änderungen der Entropie und Enthalpie werden durch die Gleichung

$$\Delta G = \Delta H - T\Delta S$$

wiedergegeben (ΔG = Änderung der freien Energie, ΔH = Änderung der Enthalpie, T = absolute Temperatur in Kelvin, ΔS = Änderung der Entropie). Ähnlich wie ΔH wird auch ΔG in J/mol angegeben.

Reaktionen laufen spontan ab, wenn ΔG einen negativen Wert annimmt. Es handelt sich dann um **exergone Reaktionen.** Sie kommen vor, wenn der Wert für ΔH negativ ist *(exotherme Reaktion)* und die Entropie ΔS wächst. Zahlreiche Reaktionen des Intermediärstoffwechsels gehören zu diesem Typ. Ist der Wert für ΔG dagegen positiv, so liegt eine **endergone Reaktion** vor, die niemals spontan ablaufen kann. Hier ist dagegen die rückläufige Reaktion bevorzugt.

Die freie Energie einer Reaktion hängt von der Gleichgewichtskonstanten ab

Für die Reaktion

$$A + B \; \rightleftharpoons \; C + D$$

ist die Gleichgewichtskonstante nach dem Massenwirkungsgesetz

$$K = \frac{[C][D]}{[A][B]},$$

wobei die eckigen Klammern die molaren Konzentrationen der Reaktionsteilnehmer angeben.

Der mathematische Wert der Gleichgewichtskonstanten ist abhängig von der Änderung der freien Energie, die während der Reaktion auftritt. Die dabei geltende Beziehung ist

$$\Delta G° = - RT\ln K$$

(R = Gaskonstante [8,314 J/K × mol], T = absolute Temperatur, lnK = natürlicher Logarithmus der Gleichgewichtskonstanten).

Der Ausdruck $\Delta G°$ wird auch als Änderung der freien Energie unter Standardbedingungen bezeichnet, die dann gelten, wenn zu Beginn der Reaktion die Partner in der Konzentration 1 mol/l vorliegen und ein Stoffumsatz von 1 mol stattfindet. Für biologische Zwecke wird die Änderung der freien Energie häufig bei pH 7 gemessen. Sie wird in diesem Fall als $\Delta G°'$ bezeichnet. Tabelle 3.1 gibt die Beziehungen zwischen der Gleichgewichtskonstanten und $\Delta G°'$ wieder. Gerade in biologischen Systemen unterscheiden sich häufig die Konzentrationsverhältnisse bei den interessierenden Reaktionen um Größenordnungen von den Standardbedingungen. Für beliebige Konzentrationen der oben beschriebenen Reaktion

$$A + B \; \rightleftharpoons \; C + D$$

gilt dann:

$$\Delta G = \Delta G° + RT\ln \frac{[C][D]}{[A][B]},$$

Tabelle 3.1 Beziehung zwischen der Gleichgewichtskonstanten K und der freien Energie $\Delta G^{0'}$

K	$DG^{0'}$ [kJ/mol]
10^{-3}	17,174
10^{-2}	11,449
10^{-1}	5,725
1	0
10	− 5,725
100	− 11,449
1000	− 17,174

Es ist klar ersichtlich, daß sich dadurch häufig beachtliche Abweichungen von dem unter Standardbedingungen gewonnenen Wert für $\Delta G^{\circ\prime}$ ergeben werden.

Die freie Energie von Redoxreaktionen hängt vom Redoxpotential (elektrochemischem Potential) ab

Viele der im Organismus stattfindenden Reaktionen verlaufen unter *Elektronenübertragung*. Auch hier kommt es zu einer Änderung der freien Energie, die von der Menge der übertragenen Elektronen und der Potentialdifferenz abhängig ist. Die dabei ablaufenden Vorgänge sind am Beispiel einer elektrochemischen Redoxkette mit 2 Halbzellen in Abb. 3.3 dargestellt. In der einen Zelle befindet sich eine Lösung, die 1 molar an Fe^{3+} und Fe^{2+} ist. Die andere Seite enthält eine 1 molare Lösung von H^+ (1 M HCl), die mit Wasserstoffgas im Gleichgewicht steht. Schließt man den Stromkreis zwischen den beiden Systemen durch einen Draht und eine Elektrolytbrücke, so fließen Elektronen vom Wasserstoff zu der Eisensalzlösung, die gegenüber der Wasserstoffzelle positiv geladen ist. Das *Potential* zwischen den beiden Halbzellen beträgt in diesem Fall 0,77 V. Die Gleichungen

$$
\begin{aligned}
H_2 &\longrightarrow 2\,H^+ + 2\,e^- \\
2\,Fe^{3+} + 2e^- &\longrightarrow 2\,Fe^{2+} \\
\hline
H_2 + 2\,Fe^{3+} &\longrightarrow 2\,H^+ + 2\,Fe^{2+}
\end{aligned}
$$

geben die in der Halbleiterzelle stattfindenden Reaktionen wieder. Es handelt sich um eine typische Redoxreaktion.

Um die Potentiale verschiedener Redoxsysteme miteinander vergleichen zu können, wurde nach Konvention die Wasserstoffzelle als Bezugspunkt gewählt. Als *Redoxpotential E_0* wird das unter Standardbedingungen gemessene elektrische Potential gegenüber der Wasserstoffelektrode angegeben. Für biochemische Reaktionen ist in den meisten Fällen eine Messung ge-

genüber der normalen Wasserstoffzelle nicht möglich, da die Konzentration an H^+-Ionen in ihr 1 molar ist, d.h. der pH-Wert 0 beträgt. Unter diesen Bedingungen laufen biochemische Reaktionen nicht ab. In der Biochemie wird deshalb mit einem auf pH 7 bezogenen *Normalpotential $E_0\prime$* gerechnet. Die Wasserstoffzelle bei pH 7 hat gegenüber der Wasserstoffzelle bei pH 0 eine Potentialdifferenz von $-0,42$ V. In Tabelle 3.2 sind die Normalpotentiale einiger biochemisch wichtiger Redoxpartner angegeben. Die Änderung der freien Energie bei der Elektronenübertragung steht in direkter Beziehung zu der Änderung des Redoxpotentials:

$$\Delta G^{\circ} = -\,n \times F \times \Delta E_0$$

(n = Zahl der übertragenen Elektronenäquivalente, F = Ladungsmenge/mol Elektronen [96 500 Coulomb], ΔE_0 = Differenz der Redoxpotentiale bei der Elektronenübertragung unter Standardbedingungen).

Ähnlich wie die Henderson-Hasselbalch-Gleichung (S. 18), die die quantitative Beziehung zwischen der Dissoziationskonstanten der Säure, ihrem pH und den Konzentrationen des Protonendonators und -akzeptors beschreibt, drückt die *Nernst-Gleichung* die Beziehungen zwischen dem beobachteten Potential eines Redoxpaares und dem Standardredoxpotential aus:

$$E = E_0 + \frac{RT}{nF}\,\ln\frac{[C]oxidiert}{[C]reduziert},$$

Man beachte die Analogie zu der Gleichung über die Konzentrationsabhängigkeit von ΔG (S. 86).

Tabelle 3.2 Normalpotentiale wichtiger biochemischer Redoxpaare

System	$E_0\prime$ [V]
Sauerstoff/Wasser	+ 0,82
Cytochrom a (Fe^{3+}/Fe^{2+})	+ 0,29
Cytochrom c (Fe^{3+}/Fe^{2+})	+ 0,22
Ubichinon (ox/red)	+ 0,10
Cytochrom b (Fe^{3+}/Fe^{2+})	+ 0,08
FMN/FMNH$_2$	– 0,12
$NAD^+/NADH + H^+$	– 0,32
H^+/H_2	– 0,42
Fumarat/Succinat	+ 0,03
Oxalacetat/Malat	– 0,17
Pyruvat/Lactat	– 0,19
Acetacetat/β-Hydroxybutyrat	– 0,27

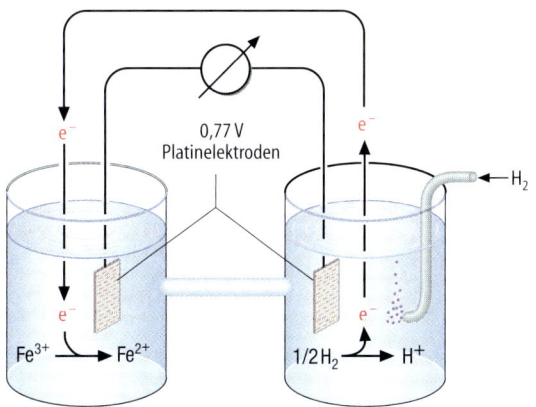

Abb. 3.3 Elektrochemische Redoxkette

3.1.2 Energietransformation und Energiegewinnung in der Zelle

Endergone Reaktionen können an exergone gekoppelt werden

In heterotrophen Zellen erfolgt die Energiegewinnung durch *Oxidation* organischer Verbindungen, deren freie Energie sich dabei verringert. Nach der in der modernen Chemie geltenden Definition bezeichnet man mit Oxidation alle diejenigen Reaktionen, die mit einer *Abgabe von Elektronen* einhergehen. Dementsprechend sind Reduktionen die Vorgänge, bei denen es zur Elektronenaufnahme kommt. Da die bei der Oxidation freigesetzten Elektronen immer mit einem geeigneten Elektronenakzeptor reagieren, der dabei seinerseits reduziert wird, kann man streng genommen nicht von Oxidationen bzw. Reduktionen, sondern nur von *Redoxreaktionen* sprechen.

Wärmeenergie, die bei Redoxreaktionen entsteht, kann nicht zur Unterhaltung der energieverbrauchenden Vitalprozesse genutzt werden, da Lebensvorgänge grundsätzlich unter isothermen Bedingungen ablaufen. Die lebensnotwendigen energieverbrauchenden Vorgänge (z. B. Biosynthesereaktionen, Muskelkontraktion, Erregungsleitung in Nerv und Muskel, aktiver Transport) beziehen ihre Energie aus einer *chemischen Koppelung* an Redoxreaktionen, die Zelle ist also ein *Energietransformator*. In ihrer einfachsten Form läßt sich diese Koppelung so verstehen, daß die exergone Umwandlung eines Metaboliten A zum Metaboliten B den Energiebetrag liefert, der für die endergone Bildung eines Metaboliten D aus einem Metaboliten C benötigt wird. Einer der möglichen Koppelungsmechanismen könnte darin bestehen, daß ein gemeinsames obligatorisches Zwischenprodukt (I) an beiden Reaktionen teilnimmt, wie es durch folgende schematische Reaktionsgleichungen dargestellt ist:

$$A \longrightarrow I + B; \quad \Delta G^{o'} = -10 \text{ kJ/mol}$$
$$C + I \longrightarrow D; \quad \Delta G^{o'} = +5 \text{ kJ/mol};$$

zusammengefaßt:

$$A + C \longrightarrow B + D; \quad \Delta G^{o'} = -5 \text{ kJ/mol}$$

Viele exergone und endergone Reaktionen in biologischen Systemen sind tatsächlich auf diese Weise gekoppelt.

Ein Beispiel ist die Ausnützung der bei der *Phosphoglycerinaldehydoxidation* freiwerdenden Energie für die ATP-Biosynthese in der Glykolyse (s. Gln. 1–5).

Aus den jeweiligen $\Delta G^{o'}$-Werten ist zu ersehen, daß der bei Reaktion (1) frei werdende Energiebetrag durchaus zur ADP-Phosphorylierung ausreicht (Gl.2). In der Zelle erfolgt die Koppelung der Reaktionen (1) und (2) durch Biosynthese von 3-Phosphoglyceroylphosphat (s. Gln. 3,4; S. 381).

Wie sich leicht aus Gl.(4) errechnen läßt, setzt sich die Hydrolyseenergie des 3-Phosphoglyceroylphosphats aus $\Delta G^{o'}$ von Gl.(4) und der Hydrolyseenergie der [γ]-Phosphatgruppe des ATP zusammen, die ja hier synthetisiert wurde. Sie beträgt also $-18{,}9 + (-30{,}7) = -49{,}6$ kJ/mol. 3-Phosphoglyceroylphosphat gehört damit in die Gruppe der „energiereichen Verbindungen".

Phosphoglycerinaldehyd + NAD$^+$ + H$_2$O $\rightleftharpoons$
3-Phosphoglycerat + NADH + H$^+$ $\quad \Delta G^{o'}$ = –43,4 kJ/mol (1)
ADP + PO$_4$$^{3-}$ $\rightleftharpoons$ ATP + H$_2$O $\quad \Delta G^{o'}$ =+ 30,7 kJ/mol (2)
3-Phosphoglycerinaldehyd + NAD$^+$ + PO$_4$$^{3-}$ $\rightleftharpoons$
3-Phosphoglyceroylphosphat + NADH + H$^+$
$\quad \Delta G^{o'}$ = +6,3 kJ/mol (3)
3-Phosphoglyceroylphosphat + ADP $\rightleftharpoons$
3-Phosphoglycerat + ATP $\quad \Delta G^{o'}$ = –18,9 kJ/mol (4)
3-Phosphoglycerinaldehyd + NAD$^+$ + ADP + PO$_4$^{3} $\rightleftharpoons$
3-Phosphoglycerat + NADH + H$^+$ + ATP
$\quad \Delta G^{o'}$ = –12,6 kG/mol(5)

3-Phosphoglyceroylphosphat ist das den Gln.(3) und (4) gemeinsame Zwischenprodukt, das noch strukturelle Beziehungen zu einzelnen Reaktionsteilnehmern aufweist. Die Verwendung eines vielen Reaktionen gemeinsamen „energiereichen" Zwischenprodukts ist in Abb. 3.4 dargestellt.

$\sim$E symbolisiert dabei das energiereiche Zwischenprodukt, das bei der Energieübertragung auf die endergone Reaktion in die entsprechende Verbindung mit niedriger freier Energie umgewandelt wird. Der biologische Vorteil dieses Mechanismus ist, daß $\sim$E als *gemeinsamer Energieüberträger* einer Vielzahl exergoner Reaktionen auf eine entsprechende Menge endergoner Reaktionen dient.

In der lebenden Zelle werden eine Reihe von Verbindungen mit hoher freier Energie für diese Zwecke benutzt. Die größte Bedeutung kommt dem Adenosintriphosphat (ATP) zu.

Für die Übertragung freier Energie werden energiereiche Phosphate benützt

Energiereiche Phosphate. In den Jahren zwischen 1930 und 1940 wurde die Beteiligung des Adenosintri-

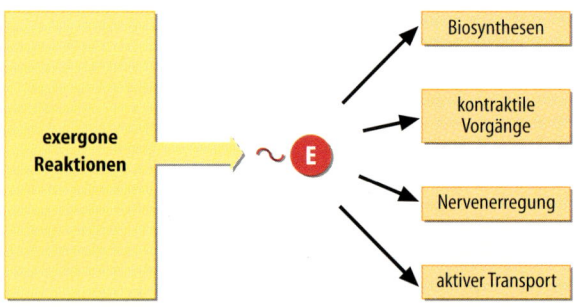

Abb. 3.4 Die energiereiche Verbindung als Zwischenprodukt einer Vielzahl exergoner und endergoner Reaktionen. $\sim$ E, das im Verlauf der exergonen Reaktionen gebildet wird, kann dazu verwendet werden, die verschiedensten endergonen Reaktionen voranzutreiben

phosphats (ATP, S. 153), des Adenosindiphosphats (ADP) und des anorganischen Phosphats (P_i) an der Glykolyse entdeckt, wobei man glaubte, daß ATP lediglich als Phosphatüberträger diene. Seine entscheidende Bedeutung bei der Energieübertragung wurde nachgewiesen, als gezeigt werden konnte, daß es während der Muskelkontraktion abgebaut wird und daß seine Resynthese davon abhängt, ob im Muskel oxidative energieliefernde Prozesse ablaufen können. 1941 entwickelte schließlich Fritz Lipmann die Vorstellung, daß ATP aufgrund seiner hohen freien Energie eine zentrale Rolle bei der *biologischen Energieübertragung* spielt.

Bestimmt man experimentell die bei der Hydrolyse von phosphathaltigen organischen Verbindungen auftretende Änderung der freien Energie, so lassen sich 2 Gruppen mit unterschiedlicher Hydrolyseenergie unterscheiden:

Die *„energiearmen Phosphate"*, zu denen die Phosphorsäureester der Zwischenprodukte der Glykolyse gehören, zeigen bei der Hydrolyse eine Änderung der freien Energie in einer Größenordnung von höchstens *16 kJ/mol.*

Im Gegensatz dazu liegt die Hydrolyseenergie des ATP und einiger anderer *„energiereicher Phosphate"* bei mehr als *30 kJ/mol.* Verbindungen dieser Art zeichnen sich gewöhnlich durch eine *Anhydridkonfiguration* (ATP, ADP, das 1-Phosphat des 3-Phosphoglyceroylphosphats), eine *Enolphosphatkonfiguration* (Phosphoenolpyruvat) bzw. eine *Phosphoguanidinkonfiguration* (Phosphokreatin, Phosphoarginin) aus.

Neben den energiereichen Phosphaten kommen noch andere biologisch wichtige energiereiche Verbindungen wie die am Lipidauf- und -abbau beteiligten *Thioester*, die bei der Proteinbiosynthese benötigten *Anhydride* von Aminosäuren, die *Aminoacyladenylate* sowie das *aktive Methionin* (S-Adenosylmethionin) vor.

Energiereiche Phosphatbindungen wurden nach einem Vorschlag von Fritz Lipmann mit dem Symbol „~ P" bezeichnet. Das Symbol „~", das heute häufig für die Schreibweise energiereicher Bindungen verwendet wird, bedeutet, daß beim Transfer der mit Hilfe der energiereichen Bindung verknüpften Gruppe auf einen Akzeptor eine entsprechend große Menge *freier Energie* übertragen wird. Der Ausdruck „Bindung mit hohem Gruppenübertragungspotential" beschreibt aus diesem Grund die tatsächlich vorliegenden Verhältnisse besser als der im biochemischen Sprachgebrauch verwurzelte Begriff der energiereichen Bindung.

In Abb. 3.5 ist die Struktur von ATP dargestellt. ATP enthält 2, ADP 1 energiereiche Phosphatbindung. Da bei dem in der Zelle vorkommenden pH von etwa 7 die Phosphatgruppen von ATP und ADP vollständig ionisiert sind, handelt es sich um stark geladene Verbindungen. Da sie mit zweiwertigen Kationen wie Magnesium oder Calcium lösliche Verbindungen bilden können, kommen sie nicht als freie Anionen, sondern als Komplexe (meist Magnesiumkomplexe) vor.

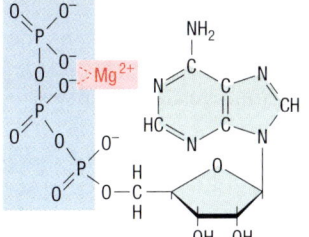

Abb. 3.5 Struktur von ATP als Magnesium-komplex

Energiereiche Phosphatgruppen können durch Transphosphorylierung unter Erhalt bzw. durch Phosphorylierung unter Verlust an freier Energie übertragen werden

Innerhalb der Klasse der energiereichen Verbindungen können energiereiche Phosphatgruppen ohne Schwierigkeit übertragen werden. Dieser Vorgang wird als *Transphosphorylierung* bezeichnet. Da er ohne Verlust an freier Energie abläuft, ist er frei reversibel. Zwei wichtige Transphosphorylierungen sind die *Adenylatkinasereaktion* (Myokinase), die der Regenerierung von ATP aus ADP dient (Gl. 1), sowie die *Kreatinkinasereaktion* (Gl. 2), die auch als ATP-Kreatin-Transphosphorylase-Reaktion bezeichnet wird.

2 Adenosindiphosphat ⇌ Adenosintriphosphat
  + Adenosinmonophosphat   (1)
Kreatin + Adenosintriphosphat ⇌ Kreatinphosphat
  + Adenosindiphosphat   (2)

Der Kreatinkinasereaktion kommt eine besondere Bedeutung im Muskelstoffwechsel zu, da sie die Energiespeicherung in Form des energiereichen *Kreatinphosphats* erlaubt (S. 960). Dieses kann bei plötzlich auftretendem Energiebedarf rasch in ATP umgewandelt werden, aus dessen Hydrolyse die Energie für die Muskelkontraktion gewonnen wird.

Im Gegensatz zu diesen Transphosphorylierungsreaktionen, bei denen die freie Energie erhalten bleibt, steht die Vielzahl der unter ATP-Verbrauch ablaufenden *Phosphorylierungsreaktionen*, bei denen ein energieärmeres Phosphat entsteht, dessen Hydrolyseenergie beträchtlich unter der des ATP liegt. Da die Differenz in der freien Energie in Form von Wärmeenergie verlorengeht, liegt das Gleichgewicht dieser Reaktionen unter physiologischen Bedingungen vollständig auf der Seite der ATP-Spaltung.

ATP wird durch Koppelung der ADP-Phosphorylierung an exergone Redoxreaktionen regeneriert

Angesichts der vielen ATP-verbrauchenden Vorgänge muß die Zelle ständig ATP aus anorganischem Phosphat und ADP regenerieren. Dies geschieht generell durch Koppelung der ATP-Bildung an Reaktionen, die ihrerseits mit einem Verlust an freier Energie verbunden sind, der mindestens in der Größe der Hydrolyseenergie der energiereichen Phosphatbindung des ATP liegen muß. Unter den intrazellulär herrschenden Bedingungen kommen hierfür vor allem Redoxreaktionen in Frage.

Man spricht von *Substratkettenphosphorylierung*, wenn die bei der Reaktion eines Stoffwechselzwischenprodukts innerhalb einer Substratkette (z. B. Glykolyse) auftretende Änderung der freien Energie in Form von ATP gespeichert werden kann. Beispiele hierfür sind die beiden energieliefernden Reaktionen der Glykolyse (S. 381) oder die Bildung von Succinat aus Succinyl-CoA im Citratcyclus (S. 489).

Der größte Teil der ATP-Bildung erfolgt jedoch während der Oxidation von Substratwasserstoff mit Sauerstoff im Rahmen der an die biologische Oxidation gekoppelten *Atmungskettenphosphorylierung* und wird auch als *Elektronentransportphosphorylierung* bezeichnet.

Redoxreaktionen liefern die für die Lebensvorgänge benötigte Energie

Der zur Energiegewinnung notwendige Abbau von organischen Molekülen zu Wasser und CO_2 kann formal als eine Kette von Redoxreaktionen aufgefaßt werden, die sich nach der Lokalisation der betreffenden Reaktion innerhalb der Zelle sowie nach dem zugrundeliegenden Reaktionsmechanismus in verschiedene Teile zerlegen läßt. Tabelle 3.3 gibt in stark vereinfachter Form einen Überblick über die Verteilung von Redoxreaktionen auf die verschiedenen Zellkompartimente.

Aus der Gleichung

$$\Delta G^{0'} = -n \times F \times \Delta E_{0'}$$

läßt sich errechnen, daß sich das Äquivalent einer energiereichen Phosphorsäureanhydridbindung im ATP von 30 kJ/mol dann durch Redoxreaktionen erreichen läßt, wenn die Differenz im Redoxpotential wenigstens 150 mV beträgt. Derartige Differenzen treten vor allen Dingen bei den Oxidationen von Aldehyden zu Carbonsäuren oder bei der Reoxidation wasserstoffüber-

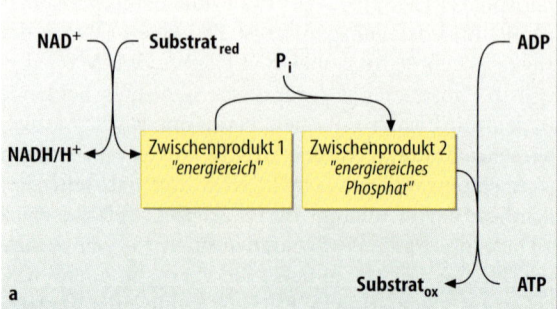

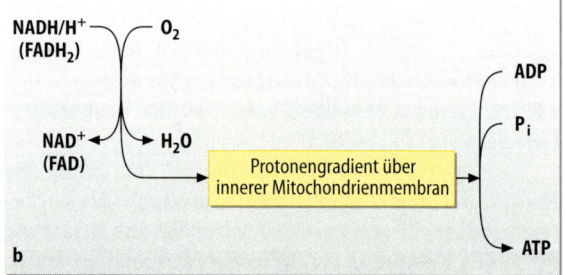

Abb. 3.6a, b Energiekonservierung bei exergonen Redoxreaktionen. **a** Exergone Redoxreaktionen von katabolen Stoffwechselwegen des Intermediärstoffwechsels liefern energiereiche Zwischenprodukte, die zur Synthese von ATP aus ADP verwendet werden können. **b** Die O_2-abhängige Reoxidation von wasserstoffübertragenden Coenzymen in der Atmungskette liefert die Energie zur ATP-Bildung aus ADP und P_i

tragender Coenzyme mit Sauerstoff auf. Eine Reihe von Mechanismen stehen zur Verfügung, um die bei derartigen Reaktionen freiwerdende Energie zur ATP-Gewinnung zu benutzen. Im Fall der in Stoffwechselketten auftretenden Redoxreaktionen geschieht dies im allgemeinen nach dem in Abb. 3.6a dargestellten Mechanismus, der auch als Substratkettenphosphorylierung bezeichnet wird. Die Oxidation des Metaboliten A wird zur Erzeugung eines energiereichen Zwischenprodukts B benutzt. Dieses erzeugt in einer zweiten Hilfsreaktion eine energiereiche *Phosphorsäureanhydrid-Bindung*, die dann der ATP-Bildung dient.

Die Reoxidation wasserstoffübertragender Coenzyme mit Sauerstoff erfolgt in der *inneren Mitochondrienmembran* (S. 496). Anders als bei der Substratkettenphosphorylierung erfolgt hier die Energiekonservierung als *elektrochemische Potentialdifferenz* über der inneren Mitochondrienmenbran, welche die Energie für die Synthese von ATP aus ADP und anorganischem Phosphat liefert (Atmungskettenphosphorylierung; Abb. 3.6b und S. 501).

Tabelle 3.3 Übersicht über die Aufteilung der wichtigsten Redoxreaktionen auf die verschiedenen Zellkompartimente

Cytosol	Mitochondrien	Mikrosomen
NAD^+-abhängige Dehydrogenasen zur Substratdehydrierung	NAD^+- und flavinabhängige Dehydrogenasen des Citratcyclus und der Fettsäureoxidation	Mischfunktionelle Oxygenasen
$NADP^+$-abhängige Dehydrogenasen für reduktive Synthesen	Oxidoreduktasen der Atmungskette	

3.2 Katalyse in biologischen Systemen

3.2.1 Allgemeine Enzymologie

Die oben geschilderten Gesetzmäßigkeiten der Energetik biologischer Reaktionen geben zwar Auskunft darüber, ob eine Reaktion spontan ablaufen kann oder nicht. Sie liefern jedoch keinerlei Anhaltspunkte für die jeweilige Reaktionsgeschwindigkeit. Untersucht man die in biologischen Systemen ablaufenden Stoffumsätze genauer, so zeigt sich sehr rasch, daß diese unter den in Biosystemen herrschenden Bedingungen bezüglich Druck und Temperatur nur außerordentlich langsam ablaufen würden. Dies ergibt zwingend die Notwendigkeit, zur Aufrechterhaltung der Lebensprozesse entsprechende Katalysatoren einzusetzen. *Katalysatoren beschleunigen chemische Reaktionen, ohne die Gleichgewichtslage zu verändern.* Während der Reaktion geht der Katalysator für kurze Zeit eine Verbindung mit dem reagierenden Stoff ein, wodurch dessen Reaktionsfähigkeit beträchtlich gesteigert wird. Nach Erreichen des Reaktionsgleichgewichts kehrt der Katalysator in seinen ursprünglichen Zustand zurück.

In biologischen Systemen übernehmen mit wenigen Ausnahmen (S. 250) *Enzyme* die Rolle der benötigten Katalysatoren. Enzyme sind Makromoleküle, meist Proteine, die die Reaktionsgeschwindigkeit um den Faktor $10^8 - 10^{20}$ im Vergleich zur nichtkatalysierten Reaktion beschleunigen können. Sie besitzen Molekulargewichte zwischen 10 und mehreren Tausend kD. Im Gegensatz zu vielen in der Chemie verwendeten Katalysatoren katalysiert ein einzelnes Enzym jeweils nur eine einzige oder nur sehr wenige Reaktionen. Enzyme sind deswegen *reaktionsspezifische Katalysatoren.* Diese Spezifität der Enzymkatalyse betrifft gelegentlich nicht das Substrat als Gesamtmolekül, sondern nur bestimmte chemische Gruppierungen des Substrates. Dies trifft besonders für den Umsatz polymerer Verbindungen wie Peptide, Polysaccharide usw. zu.

Die meisten Enzyme können ohne Verlust ihrer biologischen katalytischen Aktivität aus Zellen extrahiert und bis zur Reinheit angereichert werden. Sowohl ihr Katalysemechanismus sowie die Regulation ihrer Aktivität kann dann genau untersucht werden.

In industriellen Prozessen werden Enzyme häufig als Katalysatoren zur Synthese biologisch aktiver Verbindungen wie Hormone oder Arzneimittel u. a. verwendet. Große Bedeutung hat ihre Anwendung bei der *Racemattrennung.*

In der Medizin benutzt man die *Enzymdiagnostik* zur Diagnose und Verlaufskontrolle vieler Erkrankungen. Da der Enzymgehalt des menschlichen Serums sich bei der Erkrankung bestimmter Organe in typischer Weise verändern kann, bietet sich die Bestimmung der Serumenzymspiegel als wertvolles diagnostisches Hilfsmittel an (S. 104). Viele hereditäre Stoffwechselkrankheiten des Menschen beruhen auf *Enzymdefekten.* In Einzelfällen gelingt es, diese Defekte durch Zufuhr der korrekten Enzyme zu beheben.

Die Nomenklatur der Enzyme leitet sich von den durch sie katalysierten Reaktionen ab

In den Frühzeiten der Enzymologie wurden Enzymen recht willkürlich gewählte Namen gegeben. Später wurden Enzymnamen dadurch gebildet, daß an das von Enzymen umgesetzte Substrat die Endung -ase angefügt wurde. Enzyme, die Stärke spalten, wurden Amylasen genannt, fettspaltende Enzyme Lipasen, die auf Proteine wirkenden Proteasen. Nach ihren Funktionen wurden verschiedene Enzymgruppen als Oxidasen, Glucosidasen, Dehydrogenasen, Decarboxylasen usw. bezeichnet. Zum Teil haben sich diese Namen in den Trivialnamen der Enzyme erhalten.

Auf ein den Typ und den Mechanismus der Reaktion genauer beschreibendes Nomenklatursystem hat man sich in einer internationalen Kommission (IUB, International Union of Biochemistry) geeinigt. Neben dem *IUB-System* werden aber auch die aus sprachlichen Gründen geläufigeren Trivialnamen weiter verwendet.

Nach den von der IUB vorgeschlagenen Nomenklaturregeln hat der Name eines Enzyms zwei Teile. Der erste Teil bezeichnet den Namen des Substrats, der zweite, der auf -ase endet, bezeichnet den Typ der katalysierten Reaktion. Die Endung -ase wird also nicht mehr direkt an den Namen des Substrats angehängt. Zusätzliche Informationen über die spezielle Art der Enzymreaktionen werden in Klammern hinzugefügt. So wird z. B. das Enzym, das die Reaktion

$$\text{L-Malat} + \text{NAD}^+ \rightleftharpoons \text{Pyruvat} + CO_2 + \text{NADH} + H^+$$

katalysiert, mit seinem Trivialnamen als *Malatenzym* bezeichnet. Nach der IUB-Nomenklatur heißt es *L-Malat: NAD-Oxidoreduktase (decarboxylierend).*

Ein anderes Beispiel ist die *Hexokinase*, welche die Reaktion

$$\text{ATP} + \text{D-Hexose} \rightarrow \text{ADP} + \text{D-Hexose-6-phosphat}$$

katalysiert. Nach der IUB-Nomenklatur heißt dieses Enzym *ATP: D-Hexose-6-Phosphotransferase.*

Tabelle 3.4 zeigt die heute gültige Systematik für Enzyme. Insgesamt werden sechs Hauptklassen unterschieden:

- Die erste und besonders wichtige Hauptklasse bilden die sogenannten *Oxidoreduktasen.* Sie katalysieren Redoxreaktionen, die beim Substratabbau zur Energiegewinnung eine außerordentlich große Rolle spielen. Bei vielen Oxidoreduktasen ist ein Partner der Redoxreaktion als sog. *wasserstoffübertragendes Coenzym* mehr oder weniger fest an das Enzym ge-

Tabelle 3.4 Einteilung der Enzyme in Hauptklassen. (*S* Substrat)

Hauptklasse	Katalysierte Reaktion	Beispiele
1. Oxido-reduktasen	$S_{red} + S'_{ox} \leftrightarrows S_{ox} + S'_{red}$	Lactatdehydrogenase (S. 382) Glutamatdehydrogenase (S. 530) Succinatdehydrogenase (S. 489) Pyruvatdehydrogenase (S. 486)
2. Transferasen	$S - X + S' \leftrightarrows$ $S + S' - X$	Hexokinase (S. 379) Phosphorylase (S. 391)
3. Hydrolasen	$S - S' + H_2O \rightarrow$ $S - OH + S' - H$ Hydrolytische Abspaltung von Gruppen	Proteasen, Peptidasen Esterasen Glykosidasen
4. Lyasen	Nichthydrolytische Abspaltung von Gruppen	Aldolase (S. 379) Transketolase (S. 389) Fumarase (S. 489)
5. Isomerasen	Umwandlungen isomerer Verbindungen	Retinalisomerase (S. 653) Triosephosphatisomerase (S. 381) UDP-Galaktase-4-Epimerase (S. 397)
6. Ligasen	Energieabhängige Verknüpfung von Bindungen	Pyruvatcarboxylase (S. 384) Thiokinase (S. 428) Glutaminsynthetase (S. 530)

Tabelle 3.5 Herkunft und Funktion wichtiger Coenzyme

Coenzym	Funktion	Vitamin	Beispiel
Ascorbat	Hydroxylierungen Redoxsystem	Ascorbat Vitamin C	Prolinhydroxylase (S. 663)
Thiaminpyrophosphat	Decarboxylierung Aldehydgruppentransfer	Thiamin Vitamin B_1	Pyruvatdehydrogenase (S. 486)
Flavinmononucleotid (FMN); Flavinadenin dinucleotid (FAD)	Wasserstoffübertragung	Riboflavin Vitamin B_2	Succinatdehydrogenase (S. 489) NADH-Ubichinon-reduktase (S. 498)
Nicotinamidadenin dinucleotid (-phosphat) NAD^+; $NADP^+$	Wasserstoffübertragung	Nicotinsäure	Glucose-6-Phosphatdehydrogenase (S. 386) HMG-CoA-Reduktase (S. 465)
Pyridoxalphosphat	Transaminierung, Decarboxylierung, $\alpha-$, β-Elimination	Pyridoxin Vitamin B_6	Aspartat-Aminotransferase
Coenzym A	Acylübertragung	Pantothensäure	Citratsynthase (S. 488) Ketothiolase (S. 429)
Biotinyl-Lysyl-Enzym	Carboxylierung	Biotin	Pyruvatcarboxylase (S. 384) Acetyl-CoA-Carboxylase (S. 434)
Lipoyl-Lysyl-Enzym	Wasserstoff- und Acylgruppenübertragung	Liponsäure	Pyruvatdehydrogenase (S. 486)
Tetrahydrofolat	C1-Gruppenübertragung	Folsäure	Purinbiosynthese (S. 582)
5'-Adenosylcobalamin	1,2-Verschiebung von Alkylgruppen	Cobalamin (= Vitamin B_{12})	Methyl-Malonyl-CoA-Mutase (S. 430)
Difarnesylnaphthochinon	Carboxylierung von Glutamylresten in Proteinen	Naphthochinon (= Vitamin K)	γ-Carboxylierung von Glutamylresten des Prothrombin (S. 662)
Ubichinon	Wasserstoffübertragung	–	NADH-Ubichinon-reduktase (S. 498)
Cytochrome	Elektronenübertragung	–	Cytochrom a/a₃ (S. 499)
Adenosintriphosphat (ATP)	Phosphatübertragung Adenylübertragung	–	Hexokinase (S. 379)
Cytidindiphosphat (CDP)	Phospholipidbiosynthese	–	Übertragung von Phosphorylcholin (S. 455)
Uridindiphosphat (UDP)	Saccharidübertragung	–	Glykogensynthase (S. 390)
Adenosylmethionin	Methylgruppenübertragung	–	Cholinbiosynthese (S. 457)
Phosphoadenosyl-Phosphosulfat (PAPS)	Sulfatübertragung	–	Saccharidsulfatierung (S. 745)

bunden. Wie aus den in Tabelle 3.4 angegebenen Beispielen hervorgeht, katalysieren Oxidoreduktasen u. a. die Oxidation von CHOH-, $CHNH_2$- sowie CH_2-CH_2-Gruppen.

- Zur zweiten Hauptgruppe der Enzyme, den *Transferasen*, gehören diejenigen Enzyme, die den Transfer einer Gruppe X zwischen zwei Substraten S und S' katalysieren. Beispiele für diese wichtige Gruppe von Enzymen sind die *Kinasen*, die den Phosphattransfer von ATP auf entsprechende Substrate vermitteln. Andere Transferasen übertragen Glykosyl-, Acyl- oder Alkyl-Gruppen.

- Eine für den Abbau verschiedener Makromoleküle besonders wichtige Gruppe von Enzymen sind die *Hydrolasen*. Sie katalysieren ganz allgemein die hydrolytische Spaltung von Estern, Ethern, Peptiden, Glykosiden, Säureanhydriden oder C-C-Bindungen. Hauptvertreter dieser dritten Hauptklasse sind die vielen *Hydrolasen des Verdauungstraktes*.

- *Lyasen* katalysieren im Gegensatz zu den Hydrolasen die nichthydrolytische Abspaltung von verschiedenen Gruppen. Gespalten werden C-C-, C-O-, C-N- und C-S-Bindungen.

- *Isomerasen* sind Enzyme, die die Umwandlung der verschiedenen in der Natur vorkommenden Isomere ineinander ermöglichen. Zu ihnen gehören die *Aldose-Ketose-Isomerasen* der Glykolyse, die verschiedenen *Epimerasen* sowie die *Cis-Trans-Isomerasen*.

- Die letzte Hauptgruppe von Enzymen stellen schließlich die *Ligasen* dar. Sie werden im wesentlichen für biosynthetische Prozesse benutzt und katalysieren die energieabhängige Knüpfung von Bindungen. Der Energiedonator ist im allgemeinen das ATP, jedoch kann es durch analoge Verbindungen mit hohem Gruppenübertragungspotential ersetzt werden.

Viele Enzyme benötigen Coenzyme

Viele Enzyme, besonders diejenigen der Hauptklassen 1, 2, 5 und 6, katalysieren Reaktionen mit ihrem Substrat nur in Gegenwart eines speziellen Nichtprotein-Moleküls, das im allgemeinen als *Coenzym* bezeichnet wird. Coenzyme sollten dann besser als *Cosubstrate* bezeichnet werden, wenn sie wie ein zweites Substrat an der Reaktion teilnehmen. Dies wird besonders deutlich am Beispiel der *Oxidoreduktasen*, die alle über wasserstoffübertragende Coenzyme verfügen. Im Gegensatz zum eigentlichen Substrat ist das Coenzym oder Cosubstrat häufig relativ fest, gelegentlich auch durch covalente Bindungen, an das Enzymprotein gebunden. Der Komplex von Enzym und Coenzym wird auch als *Holoenzym* bezeichnet, der Proteinanteil allein als *Apoenzym*.

Tabelle 3.5 gibt einen Überblick über die wichtigsten Coenzyme. Die überwiegende Zahl von ihnen leitet sich interessanterweise von Vitaminen ab, kann also vom Organismus selbst nicht synthetisiert werden (S. 647). Die Funktionen der von Vitaminen abgeleiteten Coenzyme sind sehr vielfältig:
- Wasserstoffübertragungen in Redoxreaktionen,
- Decarboxylierungen,
- Carboxylierungen,
- Transaminierungen,
- C-1-Gruppenübertragungen und
- Acylgruppenverschiebungen.

Diese Tatsache macht verständlich, daß ernährungsbedingte Vitaminmangelzustände, die ja häufig mehrere Vitamine betreffen, ein eher unspezifisches jedoch schweres Krankheitsbild hervorrufen, da immer grundlegende Reaktionen des Stoffwechsels beeinträchtigt sind.

Als Coenzyme dienende Verbindungen, die vom Organismus selbst synthetisiert werden können, leiten sich zum großen Teil von Purin- oder Pyrimidinnucleotiden ab. Sie dienen der Übertragung von:
- Phosphat- oder Adenylresten,
- der Phospholipidbiosynthese,
- der Saccharidübertragung,
- der Übernahme von Methylgruppen sowie
- der Sulfatübertragung.

Als Coenzyme in den Elektronentransport der Atmungskette (S. 496) eingeschaltet sind schließlich noch das *Ubichinon* sowie die verschiedenen *Cytochrome*.

Enzyme werden durch die Bestimmung ihrer Aktivität quantifiziert

In Geweben oder biologischen Flüssigkeiten sind im allgemeinen so geringe Enzymmengen enthalten, daß sie sich der Bestimmung durch Methoden physikalisch-chemischer Art, wie sie bei der Messung von anorganischen oder organischen Substanzen sonst üblich sind, entziehen. Die Bestimmung der *katalytischen Aktivität* eines Enzyms dagegen erlaubt die rasche, empfindliche und spezifische Messung des Enzymgehalts einer Probe. Dabei wird die Reaktionsgeschwindigkeit gemessen, mit der ein von diesem Enzym katalysierter Substratumsatz erfolgt. Sind die Reaktionspartner im Überschuß vorhanden, so ist die Geschwindigkeit des *Substratumsatzes* proportional der Menge des im Test vorhandenen Enzyms.

Zur Aktivitätsbestimmung selbst ist es nötig, entweder den Substratverbrauch oder die Bildung des Reaktionsproduktes durch physikalisch-chemische Methoden genau zu bestimmen. Als gebräuchlichster

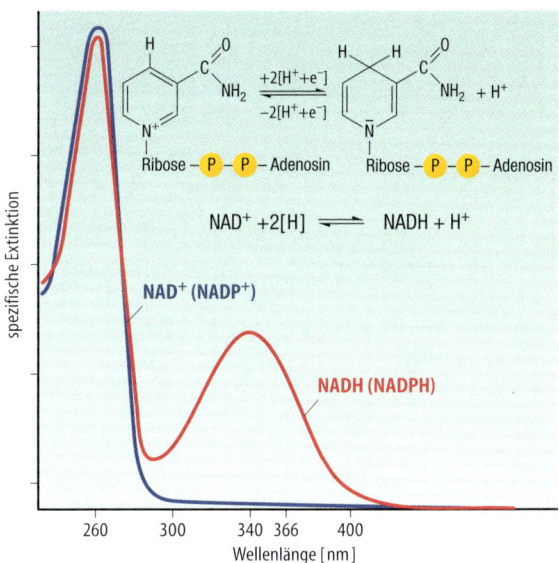

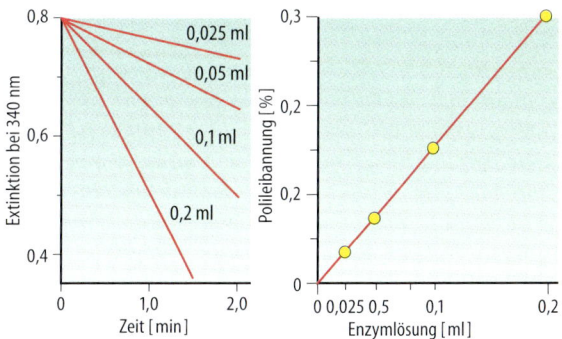

Abb. 3.7 *Oben:* UV-Absorption von NADH (NADPH) bzw. NAD⁺ (NADP⁺). *Unten:* Aktivitätsbestimmung einer NADH-abhängigen Dehydrogenase. Die Extinktion bei 340 nm fällt bei der Oxidation des reduzierten Coenzyms ab und ist proportional der eingesetzten Enzymmenge

Methode bedient man sich dabei der **photometrischen Messung.** Wenn das Substrat bzw. das Reaktionsprodukt eine spezifische Absorption bei einer definierten Wellenlänge besitzen, kann an der Extinktionsänderung der durch das Enzym katalysierte Umsatz berechnet werden. Dieses Prinzip ist vor allem von Otto Warburg als *optisch-enzymatischer Test* in die biochemische Analytik eingeführt worden. Er dient besonders der Aktivitätsmessung NAD$^+$ bzw. NADP$^+$-abhängiger Enzyme. Da NADH$^+$ bzw. NADPH$^+$ sich durch eine *spezifische Absorption* mit einem Maximum bei 340 nm von der jeweiligen oxidierten Form unterscheiden, lassen sich Änderungen der Konzentration dieser wasserstoffübertragenden Coenzyme photometrisch leicht ermitteln (Abb. 3.7). Die molaren Extinktionskoeffizienten von NADH$^+$ und NADPH$^+$ sind nahezu identisch. Der molare Extinktionskoeffizient ist für einen bestimmten Stoff bei einer definierten Wellenlänge eine charakteristische Größe und gibt die Extinktion wieder, die durch eine 1molare Lösung dieses Stoffes bei einer Schichtdicke von 1 cm bewirkt wird.

Auch Enzyme, die NAD$^+$ (NADP$^+$) nicht als Substrat benützen, können dann mit Hilfe eines optischen Tests bestimmt werden, wenn ein Umsatz von NAD$^+$ (NADP$^+$) durch eine nachgeschaltete Indikatorreaktion als Meßgröße verwendet werden kann. Ein Beispiel hierfür ist die Aktivitätsbestimmung für die *Alaninaminotransferase:*

$$\text{L-Alanin} + \alpha\text{-Ketoglutarat} \overset{1}{\rightleftharpoons} \text{Pyruvat} + \text{L-Glutamat}$$
$$\text{Pyruvat} + \text{NADH} + \text{H}^+ \overset{2}{\rightleftharpoons} \text{L-Lactat} + \text{NAD}^+$$

1 = Alaninaminotransferase, 2 = Lactatdehydrogenase

Sind die Substrate in Reaktion 1 und Cosubstrat und Hilfsenzym in Reaktion 2 im Überschuß vorhanden, so ist die Gesamtgeschwindigkeit der gekoppelten Reaktion abhängig von der Menge an Alaninaminotransferase in Reaktion 1. Der Gesamtumsatz durch diese Transaminase entspricht stöchiometrisch der Bildung von NAD$^+$ in Reaktion 2.

Nach internationaler Übereinkunft wird die Enzymaktivität in **internationalen Einheiten** (IU = engl. international Unit) angegeben. **Eine Einheit ist dabei diejenige Enzymmenge, die den Umsatz von 1 μmol Substrat pro Minute unter Standardbedingungen** (Temperatur, pH-Substratsättigung) **katalysiert.** In jüngster Zeit wurde empfohlen, als Meßgröße für die Enzymaktivität den Umsatz von *1 mol Substrat/s = 1 katal* (kat) zu verwenden. Bis jetzt hat sich diese Definition in der Praxis jedoch nicht durchgesetzt.

Selten ergibt sich die Notwendigkeit, Enzyme nicht nur durch ihre jeweilige Aktivität, sondern auch als Proteinmenge zu quantifizieren. Dies gelingt dann relativ leicht, wenn ein gegen das jeweilige Enzym ge-

richteter spezifischer Antikörper zur Verfügung steht. In diesem Fall lassen sich immunologische Bestimmungsmethoden ausarbeiten, die im Prinzip denjenigen bei der Bestimmung von Hormonen entsprechen (S. 767).

Enzyme können durch geeignete Verfahren in reiner Form dargestellt werden

Die **Reindarstellung** eines Enzyms verlangt die Anreicherung des Enzymproteins aus einem rohen Zellaufschluß, der neben einer Vielzahl von Proteinen noch andere Bestandteile enthält. Kleinere Moleküle können durch *Dialyse* entfernt werden, Nucleinsäuren durch Fällung mit *Protaminsulfat.* Das Hauptproblem liegt jedoch darin, das gewünschte Enzym aus dem Gemisch von hunderten sich physikalisch-chemisch sehr ähnlich verhaltenden Proteinen abzutrennen. Brauchbare Methoden hierfür sind:

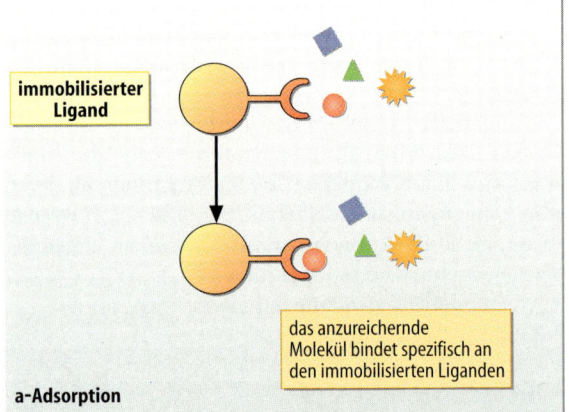

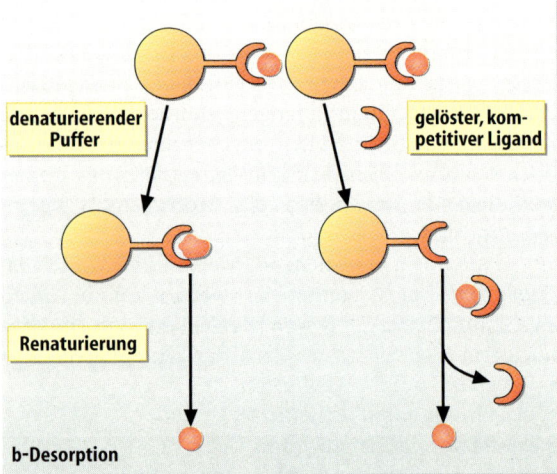

Abb. 3.8a, b Prinzip der Affinitätschromatographie. a An den an eine inerte Matrix immobilisierten Liganden bindet das zu reinigende Protein (Enzym) mit hoher Spezifität, während andere Verbindungen nicht gebunden werden. b Durch denaturierende Verbindungen oder kompetitive, lösliche Liganden wird das zu reinigende Protein von der Matrix abgelöst

Tabelle 3.6 Reinigung der Phosphofructokinase aus Schweineniere. (Das Protokoll wurde von H. Staiger, Regensburg, ausgearbeitet)

	Gesamtaktivität (U)	Gesamtprotein (mg)	Ausbeute (%)	Spezifische Aktivität (U/mg)	Anreicherung
Rohhomogenat	100.2	8487	100	0.012	1
Überstand nach Hitzedenaturierung	120.4	1229	129	0.09	7.5
Niederschlag nach Ethanolfällung	79.3	107.1	79	0.74	62
Affinitätschromatographie an ATP-Agarose	58.4	3.2	58.2	18.25	1521

- die fraktionierte Fällung durch verschiedene Salzkonzentrationen (meistens Ammoniumsulfat) oder durch Lösungsmittel (Aceton oder Ethanol),
- Denaturierung unerwünschter Proteine bei verschiedenen Hitze- oder pH-Stufen,
- fraktionierte Zentrifugation,
- Gelfiltration,
- Elektrophorese,
- selektive Adsorption und Elution von Proteinen an Anionen- bzw. Kationenaustauscher (S. 49).

Ein besonders wirkungsvolles Verfahren zur Hochreinigung von Enzymen ist die **Affinitätschromatographie** (Abb. 3.8). Bei dieser Technik wird ein Ligand des anzureichernden Enzyms, meistens das Substrat oder ein Substratanalogon, kovalent an eine inerte und poröse Matrix gebunden. Wird nun eine ungereinigte Proteinlösung über dieses Affinitätsgel gepumpt, so wird nur das Protein an die Affinitätsmatrix gebunden werden, welches mit dem Liganden in Wechselwirkung treten kann. Alle anderen Proteine werden dagegen nicht gebunden. Das an die Affinitätsmatrix gebundene Enzym kann z. B. durch Zusatz des gelösten Liganden im Überschuß eluiert werden (s. auch S. 75).

Tabelle 3.6 zeigt das Originalprotokoll einer Anreicherung von *Phosphofructokinase* aus Schweineniere. Bei den konventionellen Reinigungsschritten sind Anreicherungen um etwas weniger als 10-fache pro Schritt möglich. Bei der Anreicherung durch eine Affinitätschromatographie an ATP-Sepharose ergibt sich nur durch diesen Schritt eine Anreicherung um mehr als das 20-fache.

Isoenzyme sind Enzyme mit annähernd gleicher katalytischer Aktivität, die sich durch ihre Aminosäuresequenz unterscheiden

Häufig kommen Proteine in sog. *Isoformen* vor, im Fall von Enzymen spricht man dann von **Isoenzymen**. Diese katalysieren zwar dieselbe Reaktion, unterscheiden sich jedoch in ihrer Aminosäuresequenz. Ihre nahe Verwandtschaft, jedoch nicht Identität, befähigt sie zum Umsatz der gleichen Substrate, aber mit (gering) unterschiedlicher Aktivität. Ebenfalls unterschiedlich ist ihr Verhalten gegenüber Effektoren und gegen Substratanaloga. Ihre unterschiedliche Empfindlichkeit gegenüber Hemmstoffen kann zur Messung der Einzelaktivitäten in einem Gemisch von Isoenzymen der gleichen Art ausgenutzt werden.

Isoenzyme sind in tierischen und pflanzlichen Zellen weit verbreitet und häufig organ- oder zellspezifisch verteilt. Bisher kennt man Isoenzyme bei Dehydrogenasen, Oxidasen, Transaminasen, Phosphatasen, Transphosphorylasen und Proteasen.

Das *medizinische Interesse* für Isoenzyme wurde geweckt, als man 1957 herausfand, daß im Serum des Menschen 5 verschiedene Isoenzyme der **Lactatdehydrogenase** (LDH) nebeneinander vorkommen und daß sich das Verhältnis der Einzelaktivitäten bei bestimmten Erkrankungen signifikant verändert. Die einzelnen Isoenzyme der LDH im Serum lassen sich wegen ihrer unterschiedlichen Ladung durch Elektrophorese voneinander trennen.

Die Aufklärung der Quartärstruktur der LDH machte die Existenz der 5 LDH-Isoenzyme verständlich. Sie bestehen jeweils aus 4 Untereinheiten, von denen jede ein Molekulargewicht von etwa 32 kD besitzt. Es stellte sich heraus, daß die monomere Untereinheit in 2 unterschiedlichen Typen vorkommt, dem *Typ H* und dem *Typ M*. Diese Untereinheiten, die enzymatisch inaktiv sind, können unter geeigneten Bedingungen zu einem Tetramer assoziieren und erlangen dabei wieder enzymatische Aktivität. Es zeigte sich, daß das LDH-Isoenzym I_1 aus identischen Monomeren der Gruppe H, entsprechend das Isoenzym I_5 aus solchen der Gruppe M aufgebaut ist:

- LDH-Isoenzym I_1 H H H H
- LDH-Isoenzym I_2 M H H H
- LDH-Isoenzym I_3 M M H H
- LDH-Isoenzym I_4 M M M H
- LDH-Isoenzym I_5 M M M M

Die Biosynthese der Untereinheiten H und M der LDH wird von unterschiedlichen Genen gesteuert.

Von besonderem medizinischen Interesse sind die Isoenzyme der *Kreatinkinase* (*engl. Creatinkinase, CK*). Die CK existiert in 3 unterschiedlichen dimeren Isoenzymen:

- einer CK-MM, vorwiegend in der Skelettmuskulatur (M = muscle),
- einer CK-BB, die v. a. im Gehirn (B = brain) aber auch in Tumoren des Gastrointestinaltrakts vorkommt,
- und einer CK-MB, die zu einem beträchtlichen Anteil neben der CK-MM im Herzmuskel zu finden ist.

Die quantitative Bestimmung der verschiedenen Formen ist z. B. nach Ionenaustauschchromatographie möglich. Durch *quantitative Hemmung* mit einem nur gegen die M-Untereinheit gerichteten Antikörper läßt sich auch eine differenzierte Bestimmung durchführen, da anders als bei den LDH-Isoenzymen im Fall der CK auch die einzelnen Untereinheiten die gleiche enzymatische Aktivität besitzen. Ist nur CK-MM vorhanden, so findet man nach Antikörpervorbehandlung keine Aktivität mehr. Im Falle von CK-BB ist die volle Aktivität – wie ohne Antikörper gemessen – erhalten. Handelt es sich um CK-MB, so geht der M-Anteil an der Aktivität verloren, die B-Form bleibt meßbar (S. 105).

3.2.2 Enzymkinetik

Enzyme wirken als hochspezifische Biokatalysatoren

Für das Verständnis der katalytischen Wirkung von Enzymen ist die Kenntnis der Faktoren von besonderer Bedeutung, von denen die Geschwindigkeit chemischer Reaktionen allgemein abhängt. Nach der kinetischen oder *Kollisionstheorie* müssen Moleküle zusammenstoßen, bevor sie miteinander reagieren können. Sie müssen darüber hinaus ausreichend *Aktivierungsenergie* für ihre Reaktion aufbringen, um die Energiebarriere der jeweiligen Reaktion zu überwinden. Damit eine Reaktion A → B ablaufen kann, müssen die Moleküle A in einen aktivierten, reaktionsfähigen Zustand überführt werden, der die Umwandlung nach B erlaubt. Bei niedrigen Temperaturen wird sich nur ein kleiner Teil der Moleküle A auf höherem energetischen Niveau befinden, der größte Teil der Moleküle aber wird diesen Zustand nicht erreichen: Die Reaktion A → B verläuft sehr langsam. Wird jedoch Energie zugeführt, z. B. durch Temperaturerhöhung, dann erreichen mehr Moleküle A den reaktionsfähigen Zustand und die Geschwindigkeit der Reaktion A → B nimmt zu.

Bei den in lebenden Zellen herrschenden Temperaturen laufen die meisten chemischen Reaktionen ohne Katalysator außerordentlich langsam ab. Um sie an

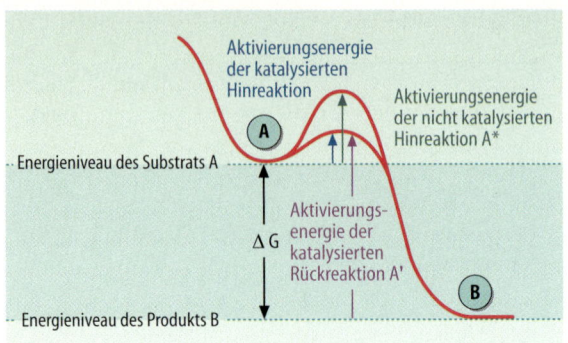

Abb. 3.9 Energiediagramm einer Reaktion in Ab- bzw. Anwesenheit eines Enzyms

die Erfordernisse lebender Systeme anzupassen, bedarf es hocheffektiver Katalysatoren, nämlich der Enzyme.

Der Mechanismus, über den Enzyme Reaktionen beschleunigen, läßt sich aus einem aus der Mechanik hergeleiteten Beispiel verständlich machen, das der Reaktion A → B entspricht (Abb. 3.9). Das Energieniveau der Kugel in A liegt deutlich über dem Energieniveau B, so daß die Reaktion spontan ablaufen kann. Allerdings muß hierfür zunächst der Buckel A*- überwunden werden. Der Energiebetrag, der hierfür notwendig ist, entspricht der Aktivierungsenergie der nichtkatalysierten Reaktion. Da dieser Betrag beim Übergang von A- nach B wieder frei wird, entspricht die Gesamtenergieänderung nur der Energiedifferenz von A nach B. Die Wirkung von Katalysatoren allgemein und von Enzymen in biologischen Systemen speziell besteht nun darin, daß sie die zur Überführung des Substrates in den reaktiven Zustand nötige *Aktivierungsenergie senken*. Um beim oben genannten Bild zu bleiben, wird durch sie die Höhe des die Aktivierungsenergie wiedergebenden Buckels gesenkt, in unserem Beispiel auf A'. Da ein geringerer Betrag an Aktivierungsenergie aufzubringen ist, erhöht sich die Wahrscheinlichkeit der Reaktion A → B beträchtlich.

Der für die Erniedrigung der Aktivierungsenergie bei Enzymkatalysatoren auftretende Mechanismus ist immer derselbe: Enzyme bilden mit ihrem jeweiligen Substrat einen *Enzym-Substrat-Komplex*, der sich in der Reaktion zum *Enzym-Produkt-Komplex* umlagert und dann rasch zum Enzym und freien Produkt zerfällt.

$$E + S \rightleftharpoons ES \rightleftharpoons EP \rightleftharpoons E + P$$
(E=Enzym, S=Substrat, P=Produkt)

Die Substratbindungsstelle befindet sich häufig an einer Vertiefung an der Enzymoberfläche, dem *aktiven Zentrum*. Hier wird das Substrat in der für eine Reaktion optimalen räumlichen Anordnung fixiert. Funktionelle Gruppen an aktiven Zentren wirken als eigentliche Katalysatoren, z. B. als Protonendonatoren, und überführen die Substratmoleküle in den reaktionsfähigen Zustand (S. 23). Der Vorteil dieses Mechanismus liegt auf der Hand. Bei Substratumsetzung in freier Lösung mit anorganischen Katalysatoren sind Zusammenstöße, die nicht zur Substratumsetzung führen, viel häufiger als erfolgreiche Kollisionen, da die reaktionsfähigen Gruppen nur selten in der richtigen Orientierung aufeinandertreffen. Dagegen ist bei der Enzymkatalyse auf Grund der zueinander passenden *sterischen Orientierung* der reagierenden Substrate die Zahl der erfolgreichen Zusammenstöße weit häufiger. So wird die für die Enzymkatalyse typische hohe Umsatzgeschwindigkeit erreicht.

Die oben genannten Überlegungen zeigen jedoch einen wichtigen Tatbestand auf, der grundsätzlich für alle katalysierten Prozesse gilt: *Katalysatoren, und damit auch Enzyme, ändern nicht die Gleichgewichtslage einer Reaktion sondern beschleunigen nur die Einstellung des Gleichgewichts.* Eine Reaktion über den Gleichgewichtszustand hinaus oder gar gegen das Gleichgewicht ist nicht möglich. Unter den in lebenden Systemen herrschenden Bedingungen kommt es trotzdem zu einem kontinuierlichen Fluß durch Enzymreaktionen, da die Reaktionsprodukte durch Nachfolgereaktionen laufend entfernt werden. Wenn die nachgeschalteten Enzymreaktionen ein günstiges Gleichgewicht besitzen, dann ist auch ein Substratfluß durch eine vorgeschaltete Reaktion mit ungünstiger Gleichgewichtslage möglich.

Infolge der allen Proteinen inhärenten Möglichkeit, hochdifferenzierte Raumstrukturen abzubilden (S. 56), überrascht es nicht, daß die Fähigkeit von Enzymen, Substrate sehr spezifisch zu binden und umzusetzen, weit über denen der in der Chemie häufig verwendeten Nichtprotein-Katalysatoren liegt. Diese *Spezifität* ist das hervorstechendste Merkmal der Enzymkatalyse. Sie ist die Voraussetzung für die Regulation des Zellstoffwechsels. Durch Änderungen der Aktvität eines Enzyms können Geschwindigkeit und gegebenenfalls Richtung von Stoffwechselwegen reguliert werden (S. 113). Dies ist bei den sogenannten Schlüsselenzymen von besonderer Bedeutung, die die Reaktionsgeschwindigkeits-bestimmenden Reaktionen von Stoffwechselketten katalysieren. Die hohe Spezifität enzymkatalysierter Reaktionen läßt sich in aller Regel auf zwei Spezifitätstypen zurückführen, die *Stereospezifität* bzw. die *geometrische Spezifität*.

Mit Ausnahme der Epimerasen (Racemasen), welche optisch isomere Moleküle ineinander überführen, weisen Enzyme eine hohe Stereospezifität auf. Dies bedeutet, daß von den optischen Isomeren eines Substratmoleküls selektiv nur eine Form umgesetzt wird. Die *Maltase* hydrolysiert z. B. ausschließlich α-, jedoch nicht β-glykosidische Bindungen, *Enzyme des Kohlenhydratabbaus* nur die Umwandlung von D-, nicht jedoch die von L-Hexosephosphaten.

Die *Lactatdehydrogenase* tierischer Organismen katalysiert ausschließlich die Oxidation von L-Lactat zu Pyruvat, während D-Lactat von diesem Enzym nicht als Substrat erkannt wird. Diese Phänomene lassen sich sehr gut aufgrund der durch viele strukturanalytische Untersuchungen gesicherten Tatsache verstehen, daß in die Substratbindungsstelle im aktiven Zentrum aufgrund der dort herrschenden räumlichen Gegebenheiten nur das L-Isomere, nicht jedoch das D-Isomere hineinpaßt.

Viele Enzyme zeigen darüber hinaus das Phänomen der *geometrischen Spezifität* oder *Gruppenspezifität*. Unter diesem Begriff versteht man die bei den meisten Enzymen nachweisbare Eigenschaft, nur auf eine bestimmte chemische Gruppierung zu wirken. So setzen beispielsweise Glykosidasen glykosidische Bindungen, Alkoholdehydrogenasen alkoholische Gruppen, Proteasen Peptidbindungen sowie Esterasen Esterbindungen um. Innerhalb dieser Einschränkungen können jedoch von Enzymen mit Gruppenspezifität eine Reihe unterschiedlicher Substrate umgesetzt werden, sofern sie nur die oben genannten Gruppen enthalten.

Besonders deutlich ist das Phänomen der geometrischen oder Gruppenspezifität am Beispiel der *Proteasen* nachweisbar.

- So katalysiert beispielsweise die *Carboxypeptidase A* die Hydrolyse aller C-terminalen Peptidbindungen, außer wenn die endständige Gruppe Arginin, Lysin oder Prolin ist.
- *Trypsin* katalysiert die proteolytischen Spaltungen von Peptidbindungen innerhalb von Proteinen hinter basischen Aminosäuren wie Arginin oder Lysin,
- *Chymotrypsin* spaltet dagegen Peptidbindungen hinter aromatischen Aminosäuren wie Phenylalanin, Tyrosin oder Tryptophan.

Die meisten *Oxidoreduktasen* benutzen spezifisch NAD$^+$ oder NADP$^+$ als Elektronenakzeptor.

- Als allgemeine Regel läßt sich feststellen, daß Oxidoreduktasen, die biosynthetische, *anabole* Stoffwechselwege katalysieren, *NADPH$^+$* als reduziertes Cosubstrat bevorzugen (z. B. Fettsäurebiosynthese, S. 433, Cholesterinbiosynthese, S. 463).
- Enzyme, die in *katabolen* Stoffwechselwegen wirken, verwenden dagegen meist *NAD$^+$* als Elektronenakzeptor.

Manche Gewebe enthalten 2 Oxidoreduktasen, die sich nur durch ihre Coenzymspezifität unterscheiden. Ein Beispiel hierfür ist die NAD$^+$- bzw. NADP$^+$-spezifische *Isocitratdehydrogenase* (S. 488).

Die Geschwindigkeit der Enzymkatalyse wird durch die Enzym- und Substratkonzentration beeinflußt

In erster Linie hängt die Geschwindigkeit einer enzymkatalysierten Reaktion von den *Konzentrationen der Reaktionsteilnehmer* ab. Dies ergibt sich schon aus der Überlegung, daß Enzym und Substrat während des Katalysecyclus einen Enzym-Substrat-Komplex bilden.

Umsatzgeschwindigkeit bei Substratüberschuß. Bei hohen Substratkonzentrationen ist die Anfangsgeschwindigkeit enzymkatalysierter Reaktionen proportional der Enzymkonzentration [E]. Das Enzym ist ja ein Reaktionsteilnehmer, da es mit einem Substrat einen Enzym-Substrat-Komplex bildet, der erst nach der Umwandlung in den Enzym-Produkt-Komplex zerfällt:

$$\text{E + S} \underset{k_{-1}}{\overset{k_1}{\rightleftharpoons}} \text{ES} \underset{k_{-2}}{\overset{k_2}{\rightleftharpoons}} \text{EP} \underset{k_{-3}}{\overset{k_3}{\rightleftharpoons}} \text{E + P}$$

Wenn die Konzentration des Substrates sehr weit über derjenigen des Enzyms liegt, ist die Geschwindigkeit der Gesamtreaktion nur noch abhängig von der Enzymkonzentration. Wichtig für die Bestimmung der Reaktionsgeschwindigkeit ist, daß die *Anfangsgeschwindigkeit* der Reaktion vermessen wird, d.h. die Geschwindigkeit bei der erst sehr wenig Substrat umgesetzt worden ist. Abbildung 3.7. zeigt die entsprechenden Verhältnisse bei der Bestimmung der Aktivität einer NAD-abhängigen Dehydrogenase.

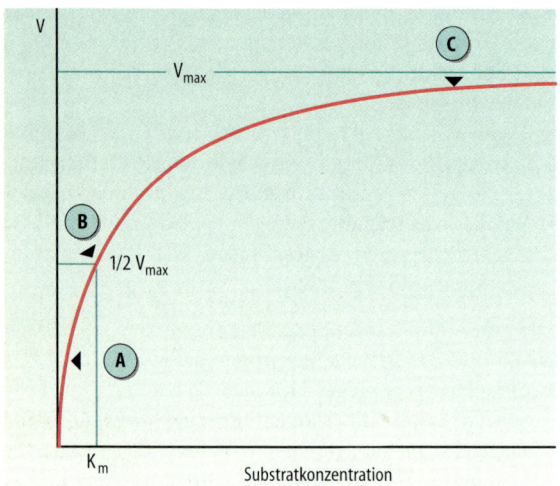

Abb. 3.10 Abhängigkeit der Reaktionsgeschwindigkeit eines Enzyms von der Substratkonzentration

Bildung des Enzym-Substrat-Komplexes. Bei der folgenden Ableitung wird vom einfachsten Fall einer enzymkatalysierten Reaktion ausgegangen:

$$\text{E + S} \underset{k_{-1}}{\overset{k_1}{\rightleftharpoons}} \text{ES} \underset{k_{-2}}{\overset{k_2}{\rightleftharpoons}} \text{E + P}$$

Wird die Substratkonzentration [S] schrittweise von 0 an erhöht, während alle anderen Bedingungen konstant bleiben, so erreicht die Anfangsgeschwindigkeit v einer enzymatischen Reaktion allmählich einen Maximalwert V_{max}, der durch weitere Substratzugabe nicht mehr überschritten werden kann (Abb. 3.10). Die Verhältnisse von Enzym- zu Substratkonzentration an den Punkten A, B und C der Abb. 3.10 sind schematisch in Abb. 3.11 dargestellt. Obwohl sehr viel mehr Substratmoleküle als Enzymmoleküle vorhanden sind, hat in den Situationen A bzw. B nicht jedes Enzymmolekül Substrat gebunden. Dies ergibt sich aus der Gleichgewichtskonstanten der Reaktion

$$\text{E + S} \longrightarrow \text{ES}$$

die nicht unendlich groß ist. In der Situation A oder B wird daher eine Erhöhung oder eine Verringerung von [S] dazu führen, daß mehr oder weniger Substrat an das Enzym in Form des Enzym-Substrat-Komplexes gebunden ist. Damit ist die Reaktionsgeschwindigkeit v abhängig von der *Substratkonzentration* [S]. In der Situation C sind dagegen alle Enzymmoleküle mit Substrat beladen, das Enzym ist substratgesättigt. Es ist klar, daß unter diesen Bedingungen eine weitere Erhöhung der Substratkonzentration die Geschwindigkeit der Reaktion nicht mehr steigern kann. Am Punkt B der Abb. 3.10 hat genau die Hälfte der Enzymmoleküle Substrat gebunden. Die gemessene Geschwindigkeit entspricht daher genau der Hälfte der Maximalgeschwindigkeit V_{max}, die mit der vorhandenen Enzymkonzentration erreicht werden kann.

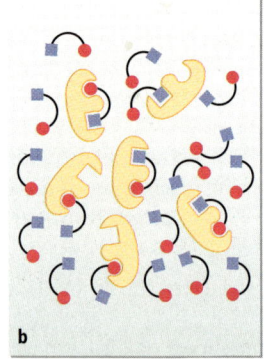
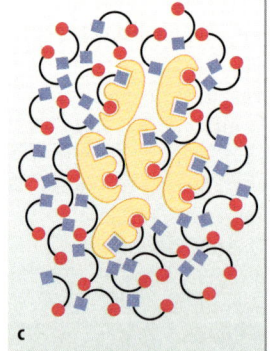

Abb. 3.11a–c Schematische Darstellung der Substratbindung eines Enzyms. **a** Niedrige Substratkonzentration; **b** Substratkonzentration bei halbmaximaler Geschwindigkeit; **c** hohe Substratkonzentration. Die Situationen A, B und C entsprechen denen in Abb. 3.10. Die Abbildung stellt insofern die Verhältnisse nicht richtig dar, als auch bei Substratsättigung des Enzyms die molare Konzentration des Substrats um mehrere Größenordnungen höher als die des Enzyms ist

Unter der Annahme, daß die Umwandlung des Enzym-Substrat-Komplexes ES zu Produkt und Enzym (P + E) den geschwindigkeitsbestimmenden Schritt darstellt, ist die Geschwindigkeit proportional der Konzentration des Enzym-Substrat-Komplexes:

$$V = k_{+2}\,[ES]$$

Setzt man für die Gesamtmenge an Enzym den Ausdruck $[E_t]$, so ergibt sich für die Maximalgeschwindigkeit der Enzymkatalyse

$$V_{max} = k_{+2}\,[E_t].$$

Die Menge an freiem Enzym entspricht $([E_t] - [ES])$.

Die Bildungsgeschwindigkeit von ES aus E und S läßt sich also ausdrücken als

$$\frac{d[ES]}{dt} = k_{+1}\,([E_t]-[ES])[S]$$

Die Rückreaktion von P + E zu ES ist zu vernachlässigen und bleibt daher unberücksichtigt. Die Geschwindigkeit des Zerfalls von ES ist die Summe zweier Reaktionen:

$$\frac{-d[ES]}{dt} = k_{-1}\,([ES]+k_{+2}[ES]$$

Im *Fließgleichgewicht* (steady state, S. 370) sind die Bildungs- und Zerfallsgeschwindigkeiten von ES gleich groß:

$$k_{+1}([E_t]-[ES])[S]=k_{-1}[ES]+k_{+2}[ES]$$

oder

$$\frac{([E_t]-[ES])[S]}{[ES]} = \frac{k_{-1}+k_{+2}}{k_{+1}} = K_m.$$

Für den Gesamtausdruck der Einzelkonstanten wird nun eine Konstante, die *„Michaelis-Menten-Konstante" K_m* verwendet.

Nach [ES] aufgelöst ergibt sich:

$$[ES] = \frac{[E_t][S]}{K_m + [S]}.$$

Wenn $v = k_{+2}[ES]$ ist, dann ist

$$V = k_{+2}\,\frac{[E_t][S]}{K_m + [S]}$$

oder

$$V = \frac{V_{max}[S]}{K_m + [S]}$$

Dieser Ausdruck ist die *Michaelis-Menten-Gleichung*, die das Aktivitätsverhalten vieler Enzyme in Abhängigkeit von der Substratkonzentration beschreibt. Ein-

schränkend muß aber gesagt werden, daß sie in dieser Form nur für die Ein-Substrat-Umsetzung gültig ist.

Die Abhängigkeit der Anfangsgeschwindigkeit einer enzymkatalysierten Reaktion von [S] und K_m läßt sich durch Umformung der Michaelis-Menten-Gleichung wie folgt veranschaulichen:

- *[S] ist sehr viel kleiner als K_m* (Situation A in Abb. 3.10, 3.11). Die Addition von [S] zu K_m ändert den Wert des Bruches nur sehr wenig, deshalb kann [S] aus dem Nenner gestrichen werden. Da V_{max} und K_m beide Konstanten sind, können sie durch eine neue, gemeinsame Konstante K' ersetzt werden:

$$V = \frac{V_{max}[S]}{K_m + [S]} \approx \frac{V_{max}[S]}{K_m} = K'[S].$$

Bei sehr niedrigen Substratkonzentrationen ist somit v direkt der Substratkonzentration [S] proportional.

- *[S] ist sehr viel größer als K_m* (Situation C, Abb. 3.10). Nun ändert die Addition von K_m zu [S] den Wert von [S] sehr wenig, deshalb wird K_m aus dem Nenner gestrichen:

$$V = \frac{V_{max}[S]}{K_m + [S]} \approx \frac{V_{max}[S]}{[S]} = V_{max}$$

Dies besagt, daß die gemessene Geschwindigkeit v dann gleich der Maximalgeschwindigkeit V_{max} ist, wenn die Substratkonzentration [S] den Wert für K_m weit übersteigt.

- Wenn $[S] = K_m$ (Situation B in Abb. 3.10), dann ist

$$V = \frac{V_{max}[S]}{K_m + [S]} = \frac{V_{max}[S]}{[S] + [S]} = \frac{V_{max}[S]}{2[S]} = \frac{V_{max}}{2}.$$

Dies bedeutet, daß der K_m-Wert diejenige Substratkonzentration angibt, bei der die gemessene Geschwindigkeit v gleich der Hälfte der Maximalgeschwindigkeit V_{max} ist. Die Michaelis-Konstante K_m hat die Dimension mol/l. Für die meisten Enzyme liegt sie im Bereich von 10^{-5} bis 10^{-3} mol/l.

K_m geht in die *Assoziationskonstante*

$$K_a = \frac{k_{-1}}{k_{+1}}$$

über, wenn, was häufig der Fall ist, $k_{+2} < k_{-1}$ ist und daher vernachlässigt werden kann. Dann entspricht K_m der Assoziationskonstanten des Enzym-Substrat-Komplexes und ist damit ein direktes Maß für die Affinität des Enzyms zum Substrat.

Eine andere, häufig gebrauchte Größe ist die *Wechselzahl* der Enzyme. Sie errechnet sich aus der Maximalgeschwindigkeit des Substratumsatzes pro Menge Enzym *(molekulare Aktivität)*, d.h. sie gibt die Anzahl der pro mol Enzym in der Zeiteinheit umgesetzten mole Substrat wieder. Dazu muß das Enzym in reiner Form vorliegen, die optimale Enzymaktivität bestimmbar, das Molekulargewicht und die Anzahl der an der Katalyse beteiligten Substratbindungsstellen bekannt sein. Die Wechselzahl wird üblicherweise in µmol Substratumsatz/min × µmol Enzym ausgedrückt.

Es wurden Werte von 100 bis mehreren Millionen gemessen. Die bisher schnellste bekannte Wechselzahl, die der *Carboanhydrase* (S. 113) beträgt in obiger Definition 36×10^6 min^{-1}.

Die Michaelis-Menten-Gleichung gibt auch an, wie der K_m-Wert zu ermitteln ist. Nach Bestimmung der Maximalgeschwindigkeit sucht man die Substratkonzentration, bei der das Enzym nur noch mit halbmaximaler Geschwindigkeit arbeitet.

Da im allgemeinen V_{max} aus der hyperbolischen Auftragung von V gegen [S] nur schwer zu bestimmen ist (Abb. 3.10), wird die Michaelisgleichung nach Lineweaver und Burk linearisiert.

Der reziproke Wert von

$$V = \frac{V_{max}[S]}{K_m + [S]} \text{ , ergibt:}$$

$$\frac{1}{V} = \frac{K_m + [S]}{V_{max}[S]} \text{ , dies entspricht}$$

$$\frac{1}{V} = \frac{K_m}{V_{max}[S]} + \frac{[S]}{V_{max}[S]} \text{ , vereinfacht}$$

$$\frac{1}{V} = \frac{K_m}{V_{max}} \times \frac{1}{[S]} + \frac{1}{V_{max}} .$$

Dies ist eine Geradengleichung der Form:

$$y = ax + b.$$

Trägt man als y den Wert von 1/v und als x den Wert von 1/[S] auf, ist der Ordinatenschnittpunkt b gleich $1/V_{max}$ und die Steigung a gleich K_m/V_{max}. Für den Abscissenschnittpunkt gilt:

$$x = -\frac{b}{a} = -\frac{1}{K_m} .$$

Unter Verwendung dieser doppeltreziproken Darstellung nach Lineweaver-Burk kann also K_m entweder aus der Steigung der Geraden und ihrem Schnittpunkt mit der Ordinate oder aus ihrem negativen Schnittpunkt mit der Abszisse berechnet werden (Abb. 3.12). Da [S] in molaren Konzentrationen angegeben wird, ist die Dimension von K_m ebenfalls mol/l. Die Geschwindigkeit v kann in jeder beliebigen Einheit ausgedrückt werden, denn K_m ist unabhängig von [E].

Die doppeltreziproke Auftragung wird häufig auch zur Bestimmung von **Inhibitorkonstanten** verwandt (S. 103). Hier wird anstelle der Reaktionsgeschwindigkeit das Ausmaß der Hemmung der Maximalgeschwindigkeit gegen die Hemmstoffkonzentration aufgetragen.

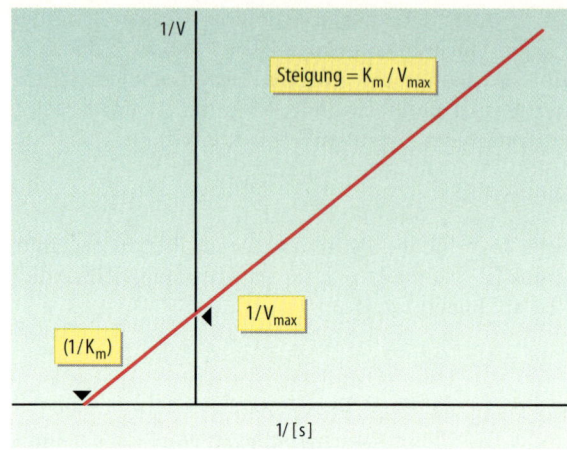

Abb. 3.12 Abhängigkeit der Reaktionsgeschwindigkeit eines Enzyms von der Substratkonzentration in doppelt reziproker Auftragung nach Lineweaver und Burk

Die Michaelis-Menten-Gleichung läßt sich auch auf andere Arten linearisieren. Trägt man z. B. die Substratkonzentration [S] auf der Abszisse gegen den Quotienten [S]/v auf der Ordinate auf, so ergibt der Schnittpunkt mit der Abszisse den Wert für -K_m, und V_{max} errechnet sich aus dem Schnittpunkt der Geraden mit der Ordinaten, durch den K_m/V_{max} ausgedrückt ist (Darstellung nach Woolf).

Temperatur, pH-Wert und Oxidationsmittel ändern die Konformation des Enzyms sowie die Eigenschaften funktioneller Gruppen

Temperaturabhängigkeit. Innerhalb eines begrenzten Temperaturbereichs erhöht sich die Geschwindigkeit der Enzymkatalyse mit steigender Temperatur. Der Beschleunigungsfaktor, der sich ergibt, wenn die Temperatur um 10°C ansteigt, wird auch Q_{10} oder *Temperaturkoeffizient* genannt. Die Geschwindigkeit vieler enzymatischer Reaktionen wird bei einer Temperaturerhöhung um 10°C ungefähr verdoppelt ($Q_{10} \approx 2$). Abbildung 3.13 zeigt die Temperaturabhängigkeit enzymatischer Reaktionen. Diese zeichnen sich durch ein *Temperaturoptimum* aus, jenseits dessen die Reaktionsgeschwindigkeit steil abfällt. Der Grund hierfür ist meist die *Hitzedenaturierung* des Enzymproteins. Für die meisten Enzyme liegt das Optimum bei der Temperatur, bei der sie auch in vivo arbeiten, bei Menschen und warmblütigen Tieren also etwa bei einer Temperatur von 37° C. Es gibt jedoch Mikroorganismen, die beispielsweise in heißen Quellen (Geysieren) leben, bei denen die Temperaturoptima von Enzymen nahe beim Siedepunkt des Wassers liegen.

Die Hitzelabilität vieler Enzyme liefert einen einfachen Nachweis für das Vorhandensein einer enzymkatalysierten Reaktion. Wenn ein katalytisch wirksamer Zellextrakt nach Kochen nämlich seine ka-

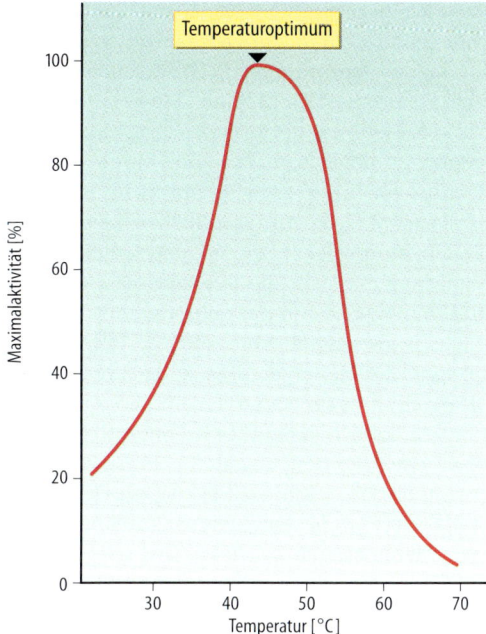

Abb. 3.13 Einfluß der Temperatur auf die Reaktionsgeschwindigkeit eines Enzyms

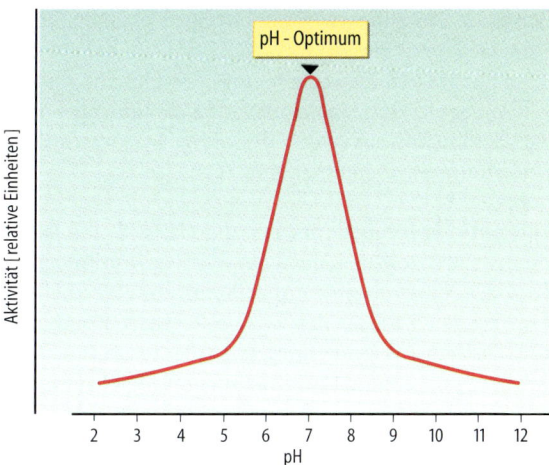

Abb. 3.14 Einfluß des pH auf die Reaktionsgeschwindigkeit eines Enzyms

talytische Aktivität verloren hat, kann man meist daraus schließen, daß der Katalysator ein Enzym war. Nur wenige Enzyme überstehen eine solche Behandlung ohne Einbuße ihrer katalytischen Aktivität. Die Ribonuclease ist ein derartiges Enzym, sie hält Erhitzen auf 100°C bei pH 3 über einige Zeit unbeschadet aus.

pH-Abhängigkeit. Bestimmt man die Aktivität eines Enzyms bei verschiedenen pH-Werten, so findet man ein Aktivitätsmaximum meist zwischen pH 4 und 9 (Abb. 3.14). Bestimmte Enzyme, die auch in vivo unter Extrembedingungen katalytisch aktiv sind wie z.B. Pepsin, zeigen eine maximale Aktivität außerhalb dieses pH-Bereichs. Die pH-Abhängigkeit eines Enzyms wird durch folgende Faktoren bestimmt:
- Bei extrem hohem oder extrem niedrigem pH wird das Enzymprotein denaturiert.
- Der Dissoziationsgrad der funktionellen Gruppen des Enzyms und seines Substrats ändert sich mit dem pH.

Derartige Änderungen können die Bindung des Substrats am aktiven Zentrum vermindern oder die Raumstruktur des Enzyms verändern. In jedem Fall wird dies mit einer Minderung der katalytischen Aktivität einhergehen.

Oxidationsmittel. Viele intrazelluläre Enzyme, besonders die Dehydrogenasen, besitzen an der enzymatischen Katalyse beteiligte *Sulfhydrylgruppen*. Unter Einwirkung von Oxidationsmitteln (u. a. auch Luftsauerstoff) bilden sich unter Verlust der katalytischen Aktivität Disulfidbrücken. Hierdurch kann es zu Konfor-

mationsänderungen des Enzymproteins kommen, in jedem Fall wird der Katalysemechanismus gestört. Im Reagenzglas läßt sich durch eine schonende Reduktion des oxidierten Enzyms die volle Enzymaktivität wieder gewinnen. Als solche Reduktionsmittel wirken z.B. *Glutathion*, *Thioglykolsäure* oder *Thioalkohole*. Sie reduzieren unter Disulfidaustausch die S-S-Bindungen des Enzyms zu SH-Gruppen. Umgekehrt besitzen besonders extracelluläre Proteine nur dann biologische Aktivität, wenn spezifische Disulfidbrücken intakt sind. Dies gilt z. B. für Trypsin, Chymotrypsin, aber auch für Insulin. In der Ribonuclease können zwei der insgesamt vier Quervernetzungen durch Disulfidbrücken gespalten werden, ohne daß es zu einem nennenswerten Aktivitätsverlust kommt. Sind dagegen alle vier Brücken geöffnet, so tritt unter Verlust der Tertiärstruktur eine Entfaltung der Polypeptidkette mit vollständigem Aktivitätsverlust ein.

Enzyme können durch Inhibitoren spezifisch gehemmt werden

Verbindungen, deren Anwesenheit die katalytische Aktivität eines Enzyms verändert, werden als *Effektoren* bezeichnet. Häufig handelt es sich dabei um negative Effektoren, d. h. um Hemmstoffe der Enzymaktivität. Physiologische Hemmstoffe der Enzymaktivität sind beispielsweise die im Serum nachweisbaren *Proteinaseinhibitoren* (α_1-Antitrypsin, Antithrombin III, α_2-Makroglobulin usw. (S. 915)). Zu den unphysiologischen Effektoren gehören viele Zellgifte, daneben aber auch eine große Zahl von Arzneimitteln.

Nach ihrer Reaktion mit dem Enzymprotein können zwei Klassen von Inhibitoren unterschieden werden, die **kompetitiven** und die **nicht kompetitiven**. Im ersteren Fall kann die Hemmung durch Erhöhung der Substratkonzentration wieder aufgehoben werden, im zweiten Fall nicht. Darüber hinaus gibt es eine Hemmung vom „gemischten Typ". Teilweise überschneidet sich diese Einteilung von Inhibitoren mit einer Einteilung nach dem Bindungsort am Enzym. Findet die Bindung am aktiven Zentrum (S. 108) des Enzyms statt, so handelt es sich um eine *isosterische Hemmung,* bindet der Hemmstoff außerhalb des aktiven Zentrums um eine *allosterische Hemmung* (S. 114).

Kompetitive Inhibitoren. Im allgemeinen ähnelt die chemische Struktur eines kompetitiven Inhibitors (I) dem des Substrats (S). Daher kann er reversibel mit dem Enzym anstelle des Enzym-Substrat-Komplexes zum Enzym-Inhibitor-Komplex (EI) reagieren. Sind Substrat und kompetitiver Hemmstoff gleichzeitig anwesend, konkurrieren sie um die gleiche Bindungsstelle. Ein besonders gut untersuchtes Beispiel einer derartigen kompetitiven Hemmung ist die Hemmung der Succinatdehydrogenase durch Malonat.

```
O = C – O⁻        O = C – O⁻
    |                 |
H – C – H         H – C – H
    |                 |
H – C – H         O = C – O⁻
    |
O = C – O⁻

  Succinat          Malonat
```

Die Succinatdehydrogenase katalysiert die Bildung von Fumarat durch Oxidation an den beiden α-C-Atomen des Succinats (S. 489). Malonat als kompetitiver Inhibitor (I) verbindet sich mit der Dehydrogenase zu einem Enzym-Inhibitor-Komplex. An diesem kann die Reduktion jedoch nicht ablaufen, da es keine Möglichkeit gibt, auch nur ein H-Atom des einzelnen α-C-Atoms von Malonat abzuspalten, ohne daß ein fünfwertiger Kohlenstoff entstehen würde. Die einzige Reaktion, zu der der Inhibitorkomplex fähig ist, ist sein Zerfall in freies Enzym und Inhibitor. Hierbei ist die Dissoziationskonstante des Enzym-Inhibitor-Komplexes:

$$K_i = \frac{[E]\,[I]}{[EI]}$$

Das Verhalten kompetitiver Inhibitoren läßt sich durch folgende Reaktionen verständlich machen:

$$
\begin{array}{c}
\pm I \nearrow \quad \text{EI (inaktiv)} \\
E \\
\pm S \searrow \quad \text{ES} \longrightarrow E + P
\end{array}
$$

Die Geschwindigkeit, mit der das Reaktionsprodukt P entsteht, ist die einzige Meßgröße für die Enzymreaktion und hängt von [ES] ab. Wird z. B. I sehr fest vom Enzym gebunden (die Affinität des Enzyms zu I ist sehr groß, K_I = numerisch klein), dann ist nur sehr wenig freies Enzym (E) vorhanden, um sich mit S zu ES zu verbinden, das anschließend wieder in E und P zerfallen kann. Die meßbare Reaktionsgeschwindigkeit ist langsam. Bei gleicher Menge eines weniger affinen Hemmstoffs (K_I = numerisch hoch) wird die Reaktionsgeschwindigkeit nur geringfügig erniedrigt. Erhöht man bei gleichbleibender Hemmstoffkonzentration die Konzentration von S, dann nimmt die Wahrscheinlichkeit zu, daß sich ES anstelle von EI bildet. Mit Erhöhung des Quotienten ES/EI nimmt die Reaktionsgeschwindigkeit zu. Bei genügend hoher Konzentration von S wird die Konzentration von EI verschwindend klein. In einem solchen Fall wirkt sich die Anwesenheit von I nicht mehr auf die Geschwindigkeit der Enzymkatalyse aus.

Abbildung 3.15 stellt die Reaktionsgeschwindigkeit V in Abhängigkeit von der Substratkonzentration bei Ab- bzw. Anwesenheit kompetitiver Hemmstoffe dar. Trägt man die Meßergebnisse in der doppeltreziproken Darstellung gegeneinander auf, so schneiden sich die Linien der Messung mit und ohne Hemmstoff auf der Ordinate. Dies bedeutet, daß bei unendlich hoher Substratkonzentration (1/[S] = 0) die Maximalgeschwindigkeit V_{max} in Anwesenheit oder in Abwesenheit von Hemmstoffen gleich ist. Der Schnittpunkt mit der Abszisse, der zu K_m in Beziehung steht, wird in Anwesenheit des Hemmstoffes jedoch verändert ($-1/K'_m < -1/K_m$). Ein kompetitiver Inhibitor erhöht also die „scheinbare K_m" (K'_m, engl. apparent K_m) für das Substrat. Da K_m andererseits die Substratkonzentration angibt, bei der eine halbmaximale Reaktionsgeschwindigkeit erreicht wird, besagt dies, daß in Hemmstoffgegenwart höhere Substratkonzentrationen hierfür nötig sind. Bei einer einfachen kompetitiven Hemmung ist der Schnittpunkt mit der Abscisse:

$$-\frac{1}{K'_m} = \frac{-1}{\dfrac{K_m(1+I)}{K_I}}.$$

K_m bzw. K'_m kann in Abwesenheit bzw. Anwesenheit einer konstanten Inhibitormenge bestimmt werden. Daraus errechnet sich mit der obigen Gleichung die Affi-

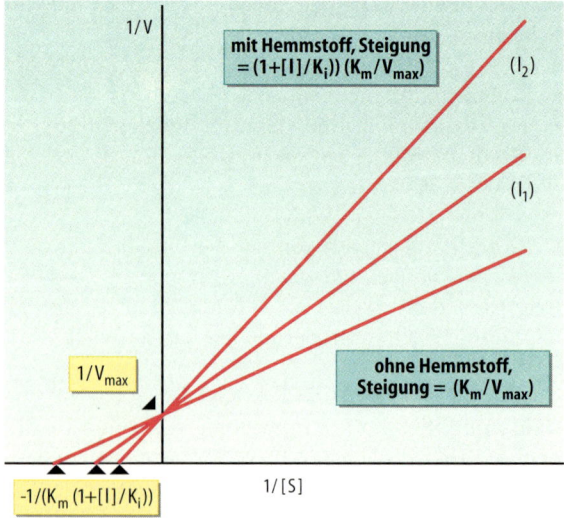

Abb. 3.15 Kompetitive Hemmung in der Auftragung nach Lineweaver und Burk

nität des Inhibitors zum Enzym, die *Inhibitionskonstante K_I*. Da die molare Konzentration von I viel größer ist als die molare Konzentration des Enzyms, kann [I] der Konzentration von I, die dem Test zugesetzt wurde, gleichgesetzt werden. Die K_I-Werte geben die Affinität eines Enzyms zum Hemmstoff wieder, ganz analog zu K_m, dessen Wert die Affinität eines Enzyms zu seinem Substrat ausdrückt. Je kleiner der numerische Wert für K_I ist, um so potenter ist der Hemmstoff für das betreffende Enzym.

Substratanaloga, die kompetitiv bestimmte Enzymreaktionen im Stoffwechsel von Mikroorganismen blockieren, werden in der Chemotherapie von Infektionskrankheiten eingesetzt. Viele Mikroorganismen synthetisieren das Vitamin Folsäure (S. 670) aus p-Aminobenzoesäure. Sulfanilamid, ein Strukturanalogon von p-Aminobenzoesäure, wirkt über eine kompetitive Hemmung der Folsäurebiosynthese bakteriostatisch auf diese Mikroorganismen. Seine Grundstruktur ist allen heute verwendeten Sulfonamiden gemeinsam. Da der Mensch die Enzyme zur Folsäurebiosynthese nicht besitzt und Folsäure für ihn ein Vitamin darstellt, ist Sulfanylamid in dieser Hinsicht nicht toxisch für den menschlichen Zellstoffwechsel.

Folsäureanaloga, die wegen ihrer strukturellen Ähnlichkeit zu Dihydrofolsäure diese von der Dihydrofolatreductase verdrängen und auch als *Folsäureantagonisten* bezeichnet werden, werden in der Tumortherapie verwandt. Dazu gehören *Aminopterin* (4-Aminofolsäure) und *Amethopterin* (S. 672).

Wichtige Werkzeuge zum Studium des Wirkungsmechanismus von B-Vitaminen sind eine Reihe von *Vitaminantagonisten*. So sind Antagonisten für Thiamin *Pyrithiamin* und *Oxythiamin*, für Nicotinamid *Pyridin-3-sulfonsäure*, für Pantothensäure *Pantoyltaurin* sowie *Methylpantothensäure*, für Pyridoxin *Desoxypyridoxin*, für Biotin *Desthiobiotin* sowie für Vitamin K die *Cumarine* (S. 928).

Auch Purin- und Pyrimidinantagonisten werden als sog. *Antimetabolite* in der Chemotherapie der Tumoren verwandt. Beispiele hierfür sind der Hypoxanthinantagonist *6-Mercaptopurin, 5-Fluoruracil, 5-Fluoruridylsäure* oder *5-Jod-2-desoxyuridin* (S. 590)). In ihrem Wirkungsmechanismus als Hemmstoffe bestimmter Enzyme gleichen sich viele dieser Substanzen. *D-Histidin* hemmt kompetitiv den Umsatz von L-Histidin durch die Histidase, *Physostigmin* kompetitiv die Hydrolyse von Acetylcholin durch die Cholinesterase.

Ein anderer Sulfonamidabkömmling, *Acetazolamid*, ist ein wirksamer Hemmstoff der Carboanhydrase (S. 113). Er besitzt keine bacteriostatische Wirkung.

Reversible nichtkompetitive Inhibitoren reduzieren V~max~ eines Enzyms

Reversible nichtkompetitive Inhibitoren. Hier wird aus dem Namen bereits klar, daß ein Hemmstoff vom nichtkompetitivem Typ (I) keine Konkurrenz mit dem Substrat S um die Bindung an das Enzymprotein ausübt. I hat wenig oder gar keine strukturelle Ähnlichkeit mit S. Nichtkompetitive Inhibitoren *reduzieren V_{max}* eines Enzyms ohne daß sich K_m ändert. Da I und S an verschiedenen Stellen des Enzymproteins gebunden werden können, ist sowohl die Bildung von EI als auch die von EIS möglich. Da EIS langsamer zum Reaktionsprodukt P zerfällt als ES, wird die Reaktion verlangsamt, jedoch nicht völlig zum Stillstand gebracht. Folgende miteinander konkurrierende Reaktionen können stattfinden:

Die einfache, nicht kompetitive Hemmung ist nur möglich, wenn die Bindung von I an E die Affinität von E bzw. EI zu S nicht ändert und durch die Bindung von I an E keine Konformationsänderung (S. 115) am aktiven Zentrum verursacht wird.

Die reine reversible, nichtkompetitive Hemmung gehört zu den seltensten Formen einer Enzymhemmung. Die graphische Darstellung einer nichtkompetitiven Hemmung in doppeltreziproker Auftragung zeigt Abb. 3.16.

Enzymgifte führen zur irreversiblen nichtkompetitiven Hemmung von Enzymen

Irreversible nichtkompetitive Inhibitoren. Eine Vielzahl von „Enzymgiften" wie z. B. *Jodacetamid, Schwermetallionen* (Ag^+, Hg^{2+}), *Oxidationsmittel* und andere hemmen die Aktivität bestimmter Enzyme durch Reaktion mit der für die Enzymkatalyse essentiellen Sulfhydrylgruppen. Diese Inhibitoren besitzen keine strukturelle Ähnlichkeit zum Substrat. Die Hemmung ist daher auch durch eine Erhöhung der Substratkonzentration i. allg. nicht zu durchbrechen. Durch einfache kinetische Analysen, wie sie oben beschrieben wurden, kann zwischen „Enzymgiften" und Hemmstoffen, die zur reversiblen nichtkompetitiven Hemmung führen, nicht unterschieden werden.

Auch physiologisch spielen irreversibel wirkende, nichtkompetitive Hemmstoffe eine Rolle. So bilden z. B. Ascariden (parasitäre Würmer im Darm des Menschen und des Hundes) einen Hemmstoff, der die enzymatische Aktivität von Pepsin und Trypsin hemmt. Auf diese Weise entgehen die Würmer der Verdauung durch diese Enzyme im Darm. Ähnliche Inhibitoren findet man auch im Pankreas, in Sojabohnen, im Hühnereiweiß und v. a. im Blutplasma (S. 915).

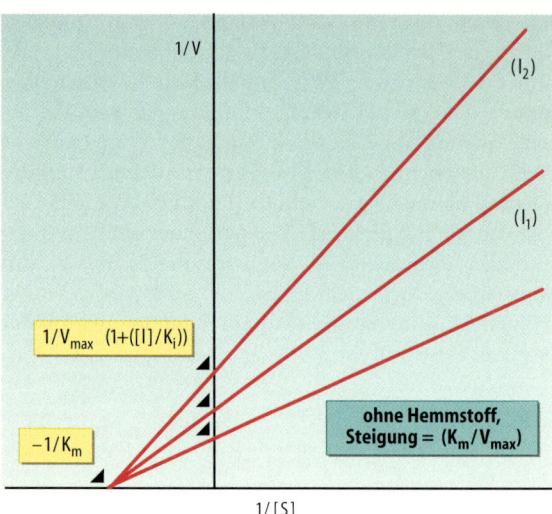

Abb. 3.16 Nichtkompetitive Hemmung in der Auftragung nach Lineweaver und Burk

Tabelle 3.7 Einteilung der im Blutplasma vorkommenden Enzyme nach Art und Funktion

Gruppe	Wirkort	Beispiele
Sekret-enzyme	Plasma	Prothrombin und andere Enzyme der Blutgerinnung, Pseudocholin-esterase, Lipoproteinlipase
	Verdauungs-trakt	Pankreas- bzw. Parotis-α-Amyla-se, Pankreaslipase
Zell-enzyme	Innerhalb der Zelle im Intermediär-stoffwechsel	Aspartataminotransferase (GOT), Alaninaminotransferase (GPT), Kreatinkinase, alkalische und saure Phosphatase, Glutamatde-hydrogenase

3.3 Klinische Bedeutung der Enzymaktivitätsmessung

Seit Otto Warburg vor über 50 Jahren zeigte, daß zelluläre Enzyme auch im Serum nachzuweisen sind, hat die Messung von Enzymaktivitäten im Plasma oder Serum, daneben aber auch im Urin und in Gewebeproben zunehmend an Bedeutung gewonnen. Heute können viele Erkrankungen und ihr Verlauf nach ihrem „Enzymmuster" im Plasma bzw. Serum diagnostiziert und überwacht werden. Bei der Vielzahl der im Plasma nachweisbaren Enzyme hat es sich als vorteilhaft erwiesen, sie nach ihrer Art und Funktion zu unterscheiden (Tabelle 3.7).

Die *Sekretenzyme* haben ihre biologische Funktion im Blutplasma und werden von den Erzeugerzellen in das Plasma sezerniert. Ihre Hauptvertreter sind die Enzyme der *Blutgerinnung*, welche in der Leber synthetisiert werden. Eine Schädigung des Herkunftsorgans, die zu einer Einschränkung der Proteinbiosynthese führt, ist von einem Absinken des Plasmaspiegels dieser Enzyme gefolgt.

Sezernierte Enzyme sind u. a. auch die *Verdauungsenzyme* des Pankreas. Bei einer Schädigung des Pankreas steigen ihre Aktivitäten im Plasma jedoch an, da die durch Entzündung und Rückstau bedingte Permeabilitätsstörung einen Übertritt aus dem Gangsystem in das Blutplasma erzwingt. Erst bei chronischer Schädigung kann die Einschränkung der Biosyntheseleistung des Pankreas überwiegen und es somit zu besonders niedrigen Plasmakonzentrationen kommen.

Während das Verhalten der Sekretenzyme, die in der Regel nur in einem bestimmten Organ synthetisiert werden, eindeutig Rückschlüsse auf den Funktionszustand des Herkunftsorgans zulassen, ist dies bei den *Zellenzymen* nicht so einfach möglich. Die Enzyme

dieser Gruppen wirken im Intermediärstoffwechsel der Zelle und sind daher häufig in vielen Zellen nachweisbar. Eine gewisse Organspezifität ergibt sich aus dem unterschiedlichen Gehalt bestimmter Enzyme in den einzelnen Zelltypen. So kommen z. B. die Enzyme des Harnstoffcyclus sowie die Sorbitdehydrogenase und die Aldolase B in nennenswerter Aktivität nur in der Leberzelle vor. Diese Enzyme werden daher auch als *organspezifische Enzyme* bezeichnet.

Nur unter **pathologischen Bedingungen** kommt es zu einem Anstieg der Aktivität zellulärer Enzyme im Blutplasma über die meist sehr niedrigen Normalwerte. Diese Normalaktivität resultiert aus der Zellmauserung, der in verschiedenem Umfang alle Zellen des Körpers unterliegen. Wesentlichen Anteil am Normalspiegel haben besonders diejenigen Zellen, die direkten Zugang zum Blutplasma haben wie die Erythrocyten und Leukocyten, sowie die Zellen der Leber und der Milz.

Zu einem Anstieg der Aktivität der Zellenzyme im Blutplasma über den Normalspiegel hinaus kommt es bei jeder Schädigung der Herkunftszellen, angefangen von einer **Permeabilitätsstörung** der Zellmembran bis zur vollständigen **Lyse**. Eine Voraussetzung ist immer nur, daß die Schädigung ein Ausmaß erreicht hat, das den Austritt hochmolekularer Zellinhaltsstoffe wie Enzyme an die Umgebung und deren Übertritt ins Blut erlaubt. Solche Noxen können beispielsweise eine akute *Mangeldurchblutung* beim Verschluß eines ernährenden Blutgefäßes oder eine akute Störung des Zellstoffwechsels durch Infekte und Vergiftungen (z. B. Tetrachlorkohlenstoff) sein. Ein besonders gut untersuchtes Beispiel für eine derartige Situation ist der **akute Myokardinfarkt**. Etwa ab der vierten Stunde nach dem Ereignis läßt sich im Blutplasma das Auftreten der durch die Nekrose des Myokardgewebes freigesetzten Enzyme nachweisen (Abb. 3.17). Das *Maximum* des Aktivitätsanstiegs ist etwa nach 2–3 Tagen erreicht, danach sinken die Enzymaktivitäten wieder ab, da sie durch Abbau aus dem Serum entfernt werden. Der besondere diagnostische Wert liegt darin, daß sie häufig noch vor dem Auftreten elektrokardiographischer Veränderungen nachweisbar sind.

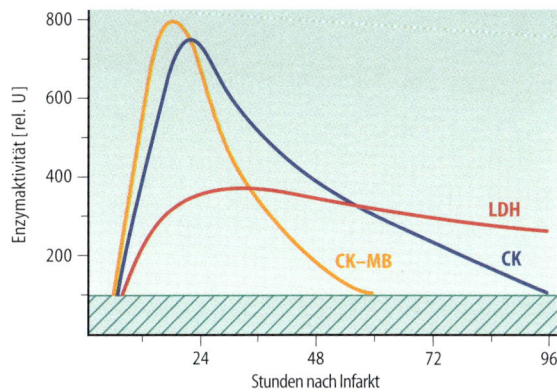

Abb. 3.17 Verhalten der LDH-, CK- und CK-MB-Aktivität im Serum nach akutem Myokardinfarkt. Angaben in relativen Einheiten; der bis 100 rel. Einheiten gehende Normalbereich ist hervorgehoben

Das Ausmaß der Schädigung der Herkunftszellen zeigt dabei eine gute Übereinstimmung mit der Höhe des beobachteten Enzymanstiegs, wie aus tierexperimentellen Befunden und auch aus klinischen Beobachtungen hervorgeht. Die Schwere der Zellstoffwechselstörung wird auch am unterschiedlichen Auftreten von Zellenzymen im Blutplasma deutlich. Findet man bei leichterer Zellschädigung bevorzugt einen Austritt der löslichen Enzyme des Cytosols aus der Zelle, so werden beim Zelltod auch mitochondriale Enzyme im Serum nachweisbar. Schwere und Geschwindigkeit der Schädigung der Herkunftszellen, die Löslichkeit intrazellulärer Enzyme im Extrazellulärraum, aber auch die Vaskularisierung des geschädigten Gewebes und die Geschwindigkeit der Enzymausscheidung und des Enzymabbaus bestimmen die Höhe der Enzymspiegel im Plasma.

! RESÜMEE

Die Gesetzmäßigkeiten der Energierhaltung und Energieumwandlung, die für biologische Systeme genauso gelten wie für nicht biologische, werden in den Hauptsätzen der Thermodynamik beschrieben. Diese sagen aus, daß ein Energieaustausch zwischen einem System und seiner Umgebung nur unter Energieerhaltung erfolgt und daß die Entropiezunahme ein Maß dafür liefert, ob eine Reaktion spontan abläuft oder nicht.

In allen biologischen Systemen fällt die hohe Geschwindigkeit und Spezifität der stattfindenden Reaktionen auf. Dies kann nur mit der Existenz spezifischer Katalysatoren, der Enzyme, erklärt werden. Enzyme sind Proteine mit einer für die jeweilige Reaktion hochspezifischen Substratbindungsstelle, dem aktiven Zentrum. Hier erfolgt die Bildung des Enzym-Substrat-Komplexes und die Umsetzung zum Produkt. Auf dieser Reaktionsfolge, die für alle Enzyme gilt, beruht die außergewöhnliche Spezifität der Enzymkatalyse. Sie erlaubt aber auch eine genaue kinetische Beschreibung enzymkatalysierter Reaktionen, die zur Formulierung der Michaeliskonstanten als einer für jedes Enzym spezifischen Größe führt.

Die Darstellung von Enzymen und ihre Zuordnung zu Stoffwechselprozessen, ihre kinetische Analyse und die Aufklärung der an ihnen ablaufenden Regulationsvorgänge sind Meilensteine der biochemischen Forschung und haben viele Entwicklungen der heutigen Biologie und vor allem der Medizin erst möglich gemacht.

Literatur

Monographien und Lehrbücher

EISENTHAL R (1992) Enzyme assays. IRL Press, England

KUBY SA (1991) A study of enzymes, vols I, II. CRC Press, Boca Raton

MEISTER A (ed) Advances in enzymology, vols 1–69. Wiley, New York

OGITA ZI, Markert CL (eds) (1990) Isoenzymes: structure, function and use in biology and medicine. Wiley, New York

WEBB EC (ed) (1992) Enzyme nomenclature. Academic Press, Orlando

Original- und Übersichtsarbeiten

ABE KR, BUTLER MH, WRIGHT BE (1990) Cellular concentrations of enzymes and their substrates. J Theor Biol 143:163–195

GOLDBERG DM (1992) Enzymes as agents for the treatment of disease. Clin Chim Acta 206:45–76

SCHRAMM VL, HORENSTEIN BA, KLINE PC (1994) Transition state analysis and inhibitor design for enzymatic reactions. J Biol Chem 269:18259–18262

SCHWEIZER BI, DICKER AP, BERTINO JR (1990) Dihydrofolate reductase as a therapeutic target. FASEB J 4:2441–2452

WALPOLE CS, WRIGGLESWORTH R (1989) Enzyme inhibitors in medicine. Nat Prod Rep 6:311–346

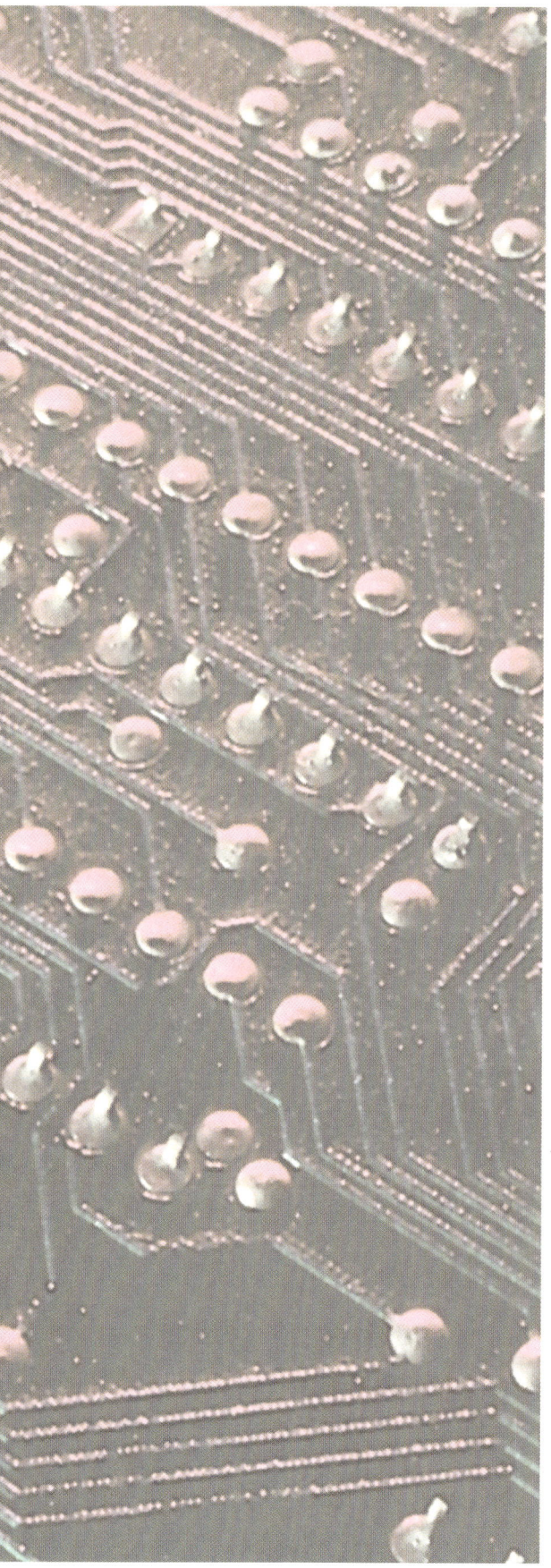

Georg Löffler

Mechanismen von Enzymkatalyse und Enzymregulation

Die ungeheure Vielfalt der räumlichen Anordnung von Proteinen erklärt die bislang unübertroffenen katalytischen Fähigkeiten von Enzymen. Sie bilden innerhalb ihrer Struktur Bindungsstellen aus, die nicht nur die selektive Anlagerung und Umsetzung von Substraten ermöglichen, sondern darüber hinaus auch noch die Regulation der katalytischen Fähigkeiten, so daß die jeweilige Enzymaktivität sehr genau an die Bedürfnisse der Zelle angepaßt werden kann.

In biologischen Systemen können gleichzeitig Tausende von Reaktionen nebeneinander ablaufen. Die dabei auftretenden Regulationsphänomene sind um ein Vielfaches komplexer als das, was die heutige Regeltechnik bewältigt. (Bild: P. S. Howell, Bildagentur Schuster/Liaison International, Oberursel)

4.1   Mechanismen der Enzymkatalyse

Im aktiven Zentrum eines Enzyms finden Substratbindung und -umwandlung statt

Die Vorstellung, daß ein bestimmter Bezirk im Enzym als *„aktives Zentrum"* oder als *„katalytisches Zentrum"* wirken müsse, ist schon vor nahezu einhundert Jahren von Emil Fischer formuliert worden. Während man früher annahm, daß Enzym und Substrat relativ starr nach dem Modell von „Schloß und Schlüssel" miteinander reagieren, wurde später von Daniel Koshland die Vorstellung von der *„induzierten Paßform"* (= *engl.* induced fit) entwickelt. Danach induziert das Substrat eine Konformationsänderung des Enzymmoleküls, wodurch eine Voraussetzung für die Enzymkatalyse geschaffen wird.

Für die heutigen mechanistischen Vorstellungen über die Wechselwirkungen von Enzym und Substrat sowie die Enzymkatalyse sind zwei methodische Entwicklungen von ganz besonderer Bedeutung gewesen. Einmal hat sich die Auflösung der für die Ermittlung der Raumstruktur von Proteinen verwendeten Methoden (Röntgenstrukturanalyse, NMR-Spektroskopie) ganz wesentlich verfeinert, zum zweiten haben die Fortschritte der Molekularbiologie es möglich gemacht, in relativ kurzer Zeit die Primärstruktur von Enzymproteinen anhand ihrer cDNA (S. 228) zu ermitteln. Eine genaue Kenntnis der Raumstruktur sowie der Primärstruktur von Proteinen ermöglicht es, die am Aufbau des aktiven Zentrums eines Enzyms beteiligten Aminosäuren zu ermitteln.

In sehr vielen Fällen stellt das aktive Zentrum eine spezifische, oft hydrophobe Tasche im Enzymmolekül dar, in der sich die für die Wechselwirkung mit dem Substrat benötigten Aminosäuren befinden. Diese sind häufig wegen der im Vergleich zum Enzym geringen Größe des Substrats sehr nahe beieinander lokalisiert. Dies entspricht jedoch keineswegs der Position dieser Aminosäuren in der Primärstruktur. Abbildung 4.1 zeigt diesen Tatbestand am Beispiel der *Ribonuclease A* aus Pankreas (RNase A). An der aus Röntgenstrukturdaten abgeleiteten Raumstruktur ist deutlich die Tasche zu sehen, in die sich das Substrat RNA einlagert. Für die Spaltungsreaktion sind zwei *Histidinreste* essentiell, die an Position 12 und 119 der Peptidkette liegen. Durch die Faltung des Proteins (Sekundär- und Tertiärstruktur) kommen diese in so

enge Nachbarschaft, daß sie die Phosphorsäurediesterbindung von RNA-Molekülen spalten können. Das Histidin Nr. 12 wirkt als *Base* und zieht ein Proton von der 2'-OH-Gruppe eines Riboserestes ab. Dadurch wird der nucleophile Angriff dieser Gruppe auf das benachbarte Phosphoratom erleichtert, wodurch ein 2', 3'-Phosphorsäurediester entsteht. Das Histidin 12 liefert einen Wasserstoff zur Protonierung der 5'-CH$_2$-OH-Gruppe des abgehenden Spaltstücks. In der zweiten Teilreaktion wird die Phosphorsäurediesterbindung hydrolysiert. Dabei wirkt Histidin 119 als *Base*, Histidin 12 als *Säure* (s. Säure-Basen-Katalyse, S. 109).

Die Wechselwirkungen zwischen den reaktiven Aminosäureresten des aktiven Zentrums und dem jeweiligen Substrat können sehr verschiedenartig sein. Die Substratbindung kann

- über elektrostatische Wechselwirkungen,
- über Ionenbindungen (positiv geladene Seitenketten von Lysin, Arginin oder der Imidazolgruppe von Histidin, negativ geladene Carboxylatgruppen von Aspartat und Glutamat),
- durch Wasserstoffbrückenbindungen,
- durch hydrophobe Wechselwirkungen oder
- nicht selten durch Ausbildung einer covalenten Bindung mit einer reaktionsfähigen Gruppe des Substrats erfolgen.

Dieser Vielfalt der Ausbildung eines Enzym-Substrat-Komplexes entspricht auch die Vielfalt der möglichen enzymatischen Mechanismen. Formal können wenigstens drei grundlegende Katalysemechanismen unterschieden werden. Es handelt sich um

- die Säure-Basen-Katalyse,
- die covalente Katalyse und
- die Metallionenkatalyse.

Sehr häufig läßt sich allerdings die Enzymkatalyse nicht auf eine der genannten drei Möglichkeiten alleine zurückführen, sondern geht auf Kombinationen der genannten Mechanismen zurück.

Vielen Enzymreaktionen liegt die Säure-Basen-Katalyse zugrunde

Bei einer großen Zahl enzymkatalysierter Reaktionen spielt die allgemeine *Säure-Basen-Katalyse* (Prinzip der Säure-Basen-Katalyse, S. 22) eine große Rolle. Ihr Prinzip beruht darauf, daß Broensted-Säuren durch Protonenabgabe an das Substrat bzw. Broensted-Basen durch Protonenaufnahme vom Substrat die Bildung ei-

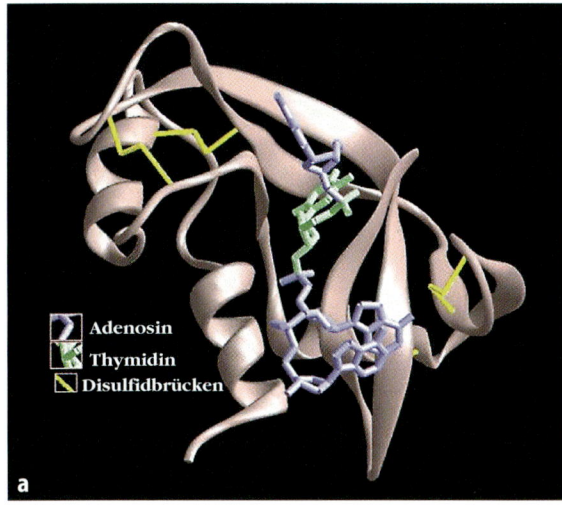

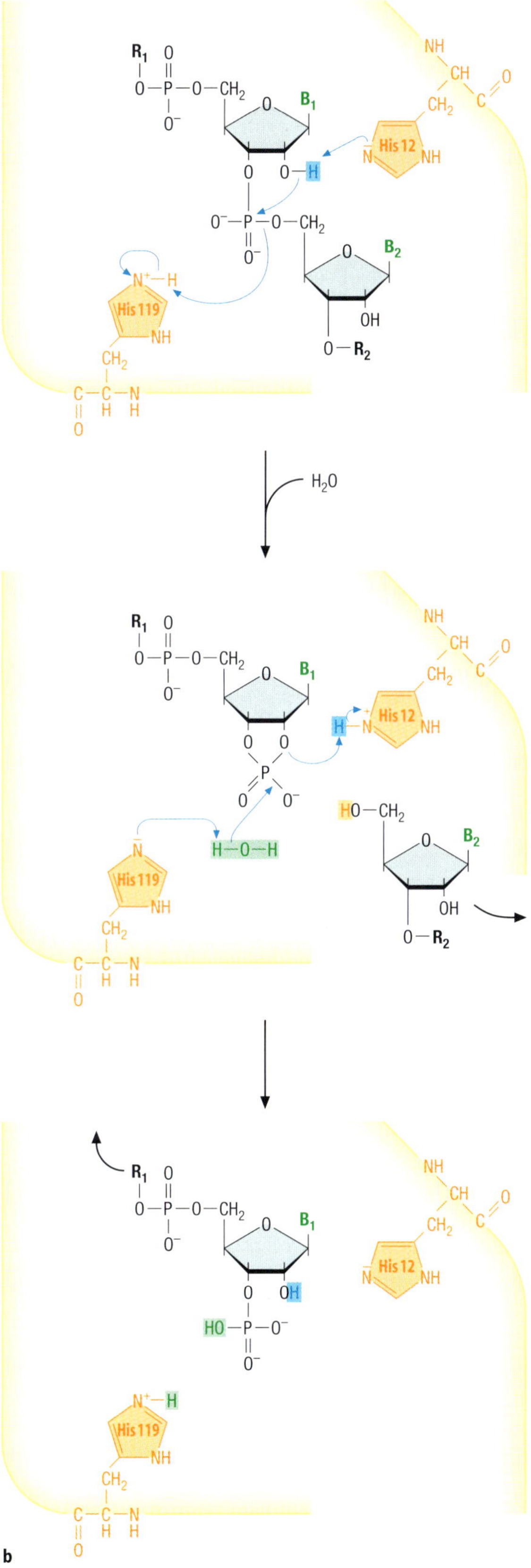

Abb. 4.1 a Raumstruktur der Ribonuclease A aus Pankreas. Die aus Röntgenstrukturdaten gewonnene Abbildung stellt lediglich das durch die Peptidbindung gegebene Rückgrat der Ribonuclease dar (Aufnahme von SWISS-3DIMAGE, Universität Genf). **b** Darstellung des Reaktionsmechanismus der Ribonuclease, an dem die beiden Histidine 12 und 119 beteiligt sind. Histidin 12 wirkt als Base und zieht ein Proton von der 2'-OH-Gruppe eines Riboserestes ab, was zur Bildung eines 2',3'-Phosphorsäurediesters führt. Das Histidin 119 liefert einen Wasserstoff zur Protonierung der 5'-CH₂-OH-Gruppe des abgehenden Spaltstücks. Bei der anschließenden Hydrolyse der Phosphorsäurediesterbindung wirkt Histidin 119 als Base, Histidin 12 als Säure ▷

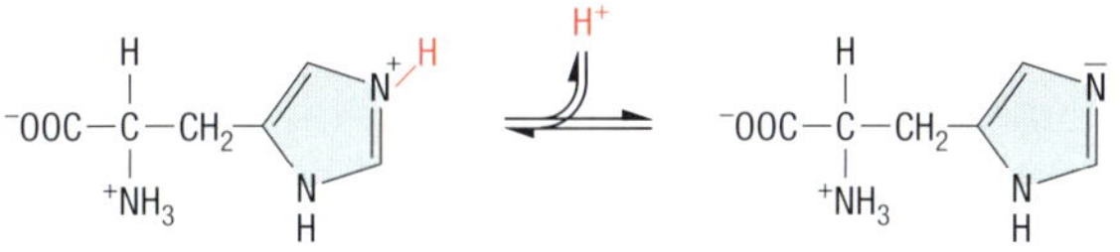

Abb. 4.2 Die Imidazolgruppe des Histidins als Protonenakzeptor bzw. Protonendonor

nes *reaktionsfähigen Übergangszustands* thermodynamisch erleichtern. Säure-Basen-Katalyse spielt bei
- der Hydrolyse von Peptiden und Estern,
- Reaktionen von Phosphatgruppen,
- Tautomerisierungen,
- Additionen an Carbonylgruppen sowie
- Redoxreaktionen eine wichtige Rolle.

Eine ganz besondere Bedeutung bei der durch Enzyme vermittelten Säure-Basen-Katalyse hat die Aminosäure *Histidin* (s. auch S. 49). Als Histidylrest von Proteinen kann sie bei physiologischem pH protoniert sein und als Broensted-Säure wirken, in deprotonierter Form dagegen als Broensted-Base (Abb. 4.2). Funktionelle Gruppen, die ebenfalls an der Säure-Basen-Katalyse teilnehmen, sind
- die Thiolgruppen von Cysteinylresten,
- die Hydroxylgruppe des Tyrosins,
- die ε-Aminogruppe des Lysins und darüber hinaus
- die Carboxylatanionen von Aminosäureseitenketten, die als Basen dienen können.

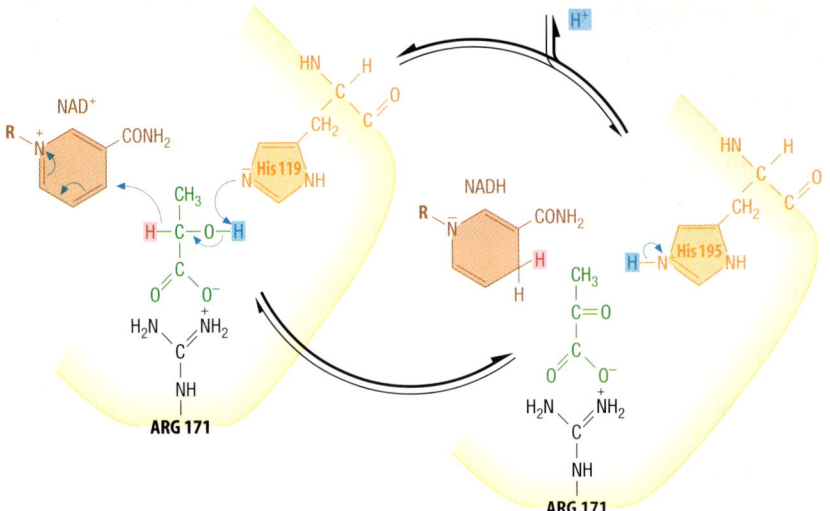

Abb. 4.3 Bedeutung des Histidin 195 für den Katalysemechanismus der Lactatdehydrogenase. Nach Bindung der Carboxylatgruppe des Lactats über eine Salzbrücke mit der Seitenkette des Arginins 171 bildet die Hydroxylgruppe des Lactats eine Wasserstoffbrückenbindung mit dem nicht protonierten Imidazolring des Histidins 195. Dies erlaubt die Entfernung des Protons von der OH-Gruppe des Lactats und die Übertragung eines Hydridanions auf den Pyridinring des NAD⁺

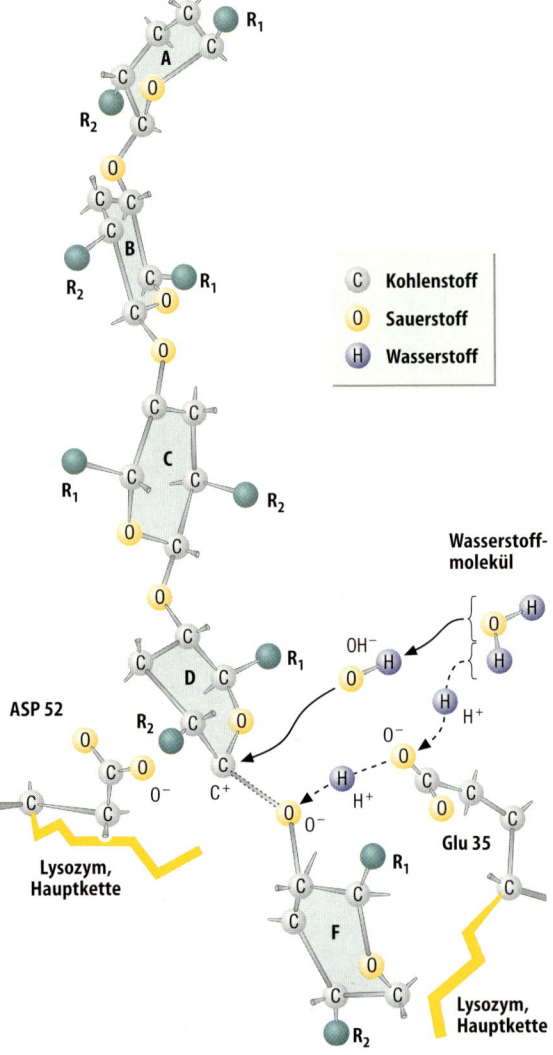

Symbol	Bedeutung
C	**Kohlenstoff**
O	**Sauerstoff**
H	**Wasserstoff**

Abb. 4.4 Katalysemechanismus des Lysozyms. Nach Bindung des Substrats wird von der Carboxylgruppe von Glu 35 ein Proton abgegeben, das sich an das Sauerstoffatom zwischen den Zuckerbausteinen D und E anlagert. Dadurch wird die Bindung zwischen den Ringen D und E aufgebrochen, am Ring D entsteht ein Carboniumion, das durch die negative Ladung des Restes Asp 52 stabilisiert wird. Ein Hydroxylion (OH⁻) und ein Proton (H⁺) aus dem Wasser sorgen für den Ladungsausgleich am Carboniumion des Substrats und an der Carboxylgruppe von Glu 35
◁

Am Beispiel der *Lactatdehydrogenase* (Abb. 4.3) ist die Bedeutung der Säure-Basen-Katalyse bei Redoxreaktionen gut abgesichert.

In der Substratbindungstasche der Lactatdehydrogenase wird das Substrat Lactat zunächst dadurch gebunden, daß seine Carboxylatgruppe über eine Salzbrücke mit der Seitenkette des Arginins 171 verknüpft wird. Die Hydroxylgruppe des Lactats bildet eine *Wasserstoffbrückenbindung* mit dem nicht protonierten Imidazolring des Histidins 195. Dies erlaubt die Entfernung des Protons von der OH-Gruppe des Lactats und die Übertragung eines Hydridanions auf den Pyridinring des NAD⁺.

Ein weiteres Beispiel für Säure-Basen-Katalyse, welches besonders gut untersucht ist, ist das *Lysozym*. Dieses Enzym spaltet β-1,4-glykosidische Bindungen von Mureinen (S. 130). Das Substratmolekül wird in einer Tasche des Lysozymmoleküls festgehalten (Abb. 4.4). Das aktive Zentrum trägt als wichtige, an der Katalyse beteiligte Aminosäurereste das *Aspartat* in Position 52 sowie das *Glutamat* in Position 35 der Lysozymkette. Nach Bindung des Substrats wird von der Carboxylgruppe des Restes Glu 35 ein Proton abgegeben, das sich an das Sauerstoffatom, das die Zuckerbausteine D und E des Substrats zusammenhält, anlagert. Dadurch wird die Bindung zwischen den Ringen D und E aufgebrochen, am Ring D entsteht ein Carboniumion, das durch die negative La-

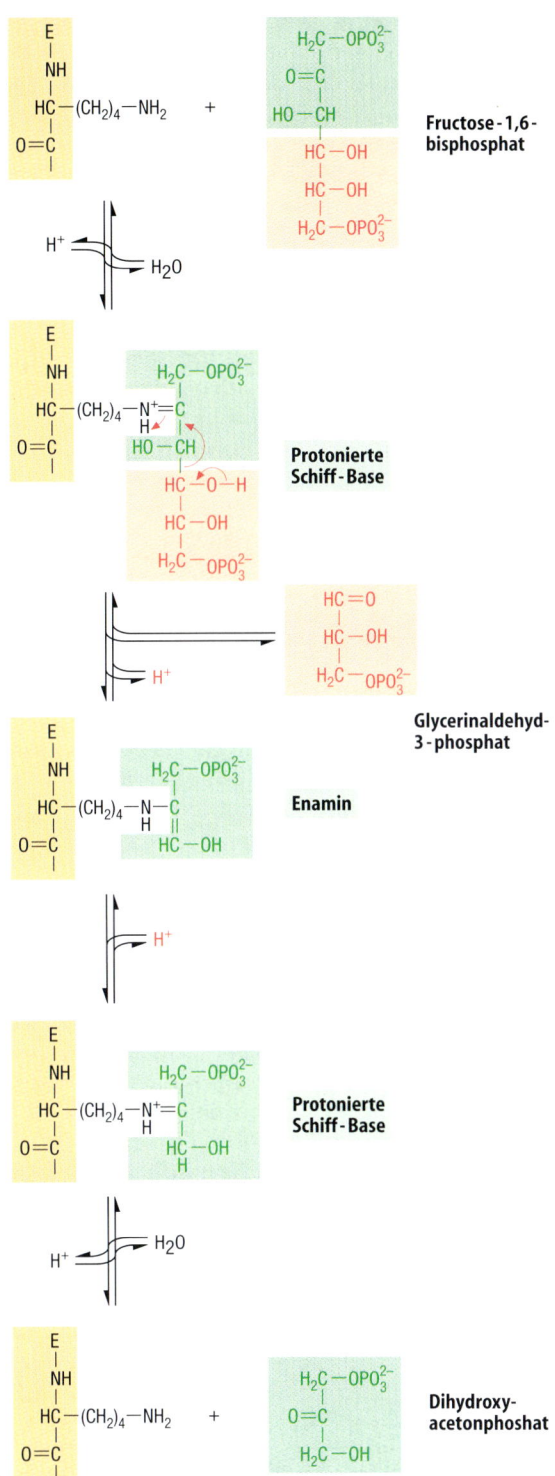

Fructose-1,6-bisphosphat

H^+

H_2O

Protonierte Schiff-Base

Glycerinaldehyd-3-phosphat

H^+

Enamin

H^+

Protonierte Schiff-Base

H^+

H_2O

Dihydroxy-acetonphoshat

a

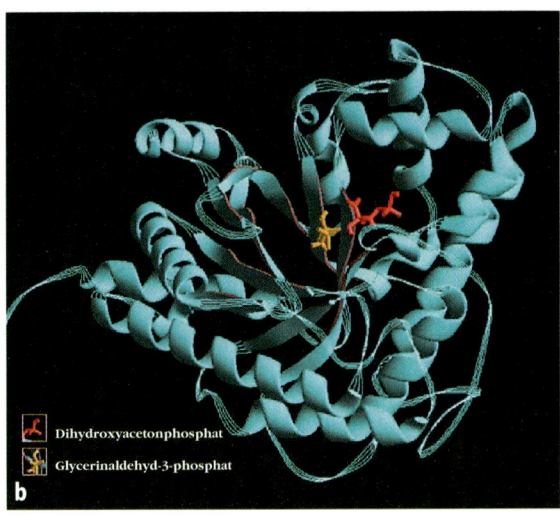

Dihydroxyacetonphosphat

Glycerinaldehyd-3-phosphat

b

Abb. 4.5 a Reaktionsmechanismus der Fructose-1,6-bisphosphat-Aldolase. Die Carbonylgruppe des Fructose-1,6-bisphosphats reagiert mit der ε-Aminogruppe eines Lysylrestes des Aldolaseenzyms unter Bildung einer Schiffbase. Diese wird protoniert und labilisiert damit die C-C-Bindung zwischen den C-Atomen 3 und 4 des Fructose-1,6-bisphosphats mit Abspaltung von Glycerinaldehyd-3-phosphat, so daß das enzymgebundene Enolatanion des Dihydroxyacetonphosphats übrigbleibt. Dieses wird nach Deprotonierung hydrolytisch vom Enzym abgespalten. **b** Raumstruktur der humanen Fructose-1,6-bisphosphat-Aldolase. Man erkennt die Substratbindungstasche mit den beiden Substraten Glycerinaldehyd-3-phosphat und Dihydroxyacetonphosphat. (Aufnahme von SWISS-3DIMAGE, Universität Genf)
◁

Bei der covalenten Katalyse entsteht ein covalenter Enzym-Substrat-Komplex

Das Prinzip der covalenten Katalyse besteht darin, daß negativ geladene nucleophile bzw. positiv geladene elektrophile Gruppen eines Enzyms mit dem Substrat unter Ausbildung einer covalenten Bindung reagieren. Das dabei entstehende covalente Enzym-Substrat-Zwischenprodukt ist besonders reaktionsfähig und wird schnell zum Produkt umgesetzt. Gelegentlich bilden auch enzymgebundene Coenzyme das covalente Enzym-Substrat-Produkt. Dies ist beispielsweise der Fall bei allen *Pyridoxalphosphat-abhängigen Enzymen* (S. 668).

Die *Fructose-1,6-bisphosphat-Aldolase* der Glykolyse (S. 379) gehört in die Gruppe derjenigen Enzyme, die ein covalentes Enzym-Substrat-Zwischenprodukt bilden. Wie aus der Abb. 4.5 a zu entnehmen ist, reagiert die Carbonylgruppe des Fructose-1,6-bisphosphats mit der ε-Aminogruppe eines Lysylrestes des Aldolaseenzyms unter Bildung einer *Schiffbase*. Diese wird protoniert und destabilisiert damit die C-C-Bindung zwischen den C-Atomen 3 und 4 des Fructose-1,6-bisphosphats so weit, daß die Abspaltung von Glycerinaldehyd-3-phosphat erfolgen kann und das enzymgebundene Enolatanion des Dihydroxyacetonphosphats übrigbleibt. Dieses wird nach Deprotonierung hydrolytisch vom Enzym abgespalten. Abbildung 4.5 b

dung des Restes Asp 52 stabilisiert wird. Ein Hydroxylion (OH^-) und ein Proton (H^+) aus dem Wasser sorgen für den Ladungsausgleich am Carboniumion des Substrats und an der Carboxylgruppe von Glu 35. Die Spaltstücke des Substratmoleküls werden freigegeben, und das Enzym kann ein neues Substratmolekül binden und umsetzen.

zeigt eine räumliche Darstellung der humanen Aldolase. Die Bindungstasche mit den beiden Substraten Glycerinaldehyd-3-phosphat und Dihydroxyacetonphosphat ist deutlich zu erkennen.

Bei der großen Gruppe der *Serinproteasen*, zu denen unter anderem viele Verdauungsenzyme, die Enzyme der Blutgerinnungskaskade (S. 922) sowie die Enzyme der Fibrinolyseaktivierung (S. 929) gehören, findet sich als Katalysemechanismus eine Mischung aus Säure-Basen-Katalyse und kovalenter Katalyse. Abbildung 4.6 stellt den zugrundeliegenden Mechanismus am Beispiel des *Chymotrypsins* dar. Für die Katalyse essentiell ist die OH-Gruppe des Serylrestes 195. Diese liegt in enger Nachbarschaft zum Histidin 57 sowie dem Aspartat 102. Wie der Abbildung 4.6 zu entnehmen ist,

wird zunächst die OH-Gruppe des Serins 195 durch das benachbarte Histidin 57 polarisiert und greift danach die Carbonylgruppe an der Spaltstelle des Peptids nucleophil an. Das dabei entstehende Oxianion wird durch NH-Gruppen des Peptidrückgrats stabilisiert. Diese covalente Katalyse wird dadurch erleichtert, daß der Imidazolring des Histidin 57 das abgespaltene Proton des Serins 195 aufnimmt, wobei ein Imidazolium-Ion entsteht. Dieser Teilschritt der Katalyse entspricht der allgemeinen Basenkatalyse und wird durch das Carboxylation des Aspartat 102 unterstützt (in der Abbildung nicht dargestellt). In der nächsten Teilreaktion zerfällt das tetraedrische Zwischenprodukt unter Deprotonierung des N_3 des Histidins 57 in das Acyl-Enzym-Zwischenprodukt. Der neue N-Terminus des Spaltstückes löst sich vom Enzym ab. An seine Stelle tritt Wasser aus dem Lösungsmittel ein, welches in den nächsten Reaktionen die Esterbindung zwischen Serin 195 und dem neuen C-Terminus spaltet.

Bei allen bisher untersuchten Serinproteasen findet sich das hier am Beispiel des Chymotrypsins dargestellte Wechselspiel zwischen einer Hydroxylgruppe eines Serylrestes sowie einem benachbarten Histidin. Darüber hinaus verfügen eine Reihe weiterer Hydrolasen (z. B. Lipasen) über ein katalytisches Zentrum, in dem Serin und Histidin in ähnlicher Weise am Katalysemechanismus beteiligt sind.

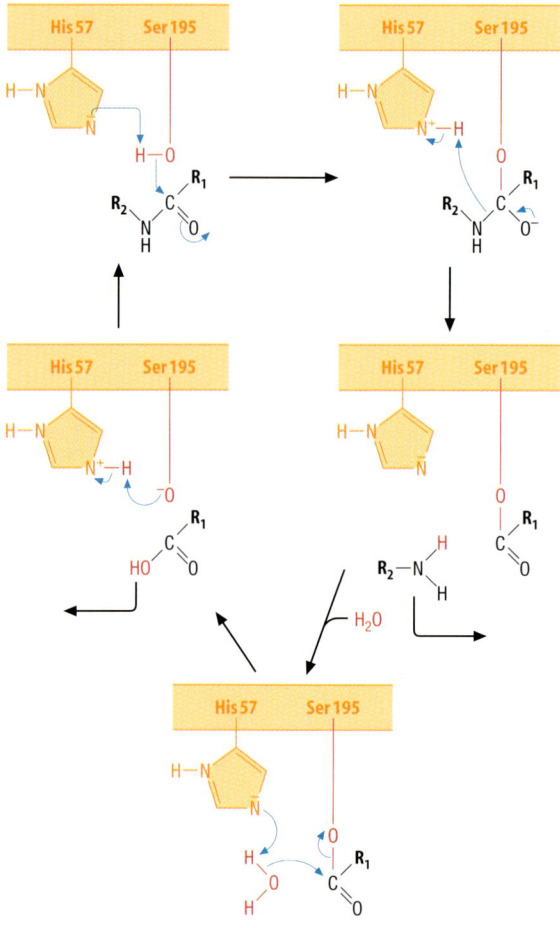

Abb. 4.6 Katalysemechanismus des Chymotrypsins. Die OH-Gruppe des Serins 195 wird durch das benachbarte Histidin 57 polarisiert und greift danach die Carbonylgruppe an der Spaltstelle des Peptids nucleophil an. Das dabei entstehende Oxianion wird durch NH-Gruppen des Peptidrückgrats stabilisiert. Der Imidazolring des Histidin 57 nimmt das abgespaltene Proton des Serins 195 unter Bildung eines Imidazolium-Ions auf. In der nächsten Teilreaktion zerfällt das tetraedrische Zwischenprodukt unter Deprotonierung des N_3 des Histidins 57 in das Acyl-Enzymzwischenprodukt. Der neue N-Terminus des Spaltstückes löst sich vom Enzym ab. An seine Stelle tritt Wasser aus dem Lösungsmittel ein, welches die Esterbindung zwischen Serin 195 und dem neuen C-Terminus spaltet

Metallionen sind die häufigsten Cofaktoren bei Enzymreaktionen

Metallionen werden als Cofaktoren von nahezu zwei Dritteln aller Enzyme benötigt. Dabei enthalten die sogenannten *Metalloenzyme* Metallionen, die in stöchiometrischem Verhältnis sehr fest an das Enzymprotein gebunden sind. Die Entfernung dieser Ionen führt zum Verlust der katalytischen Aktivität. Häufig handelt es sich um Eisen, Kupfer, Zink oder Mangan (S. 625).

Metallionen-aktivierte Enzyme binden das Metall nur locker an das Protein, wobei es jedoch auch hier für die volle enzymatische Aktivität wichtig ist. Die hier vorkommenden Metalle sind in der Regel Alkali- bzw. Erdalkalimetalle wie Na^+, K^+, Mg^{2+} oder Ca^{2+}.

Metallionen können sich dadurch in den Katalyseprozeß einschalten, daß sie

- an Substrate binden, um diese in die entsprechende Konformation zu bringen,
- durch reversible Änderung ihres Oxidationszustandes an Redoxreaktionen teilnehmen (z. B. Cytochrome, S. 497) oder
- Ladungsverteilungen stabilisieren und so die Reaktionsfähigkeiten bestimmter Atome durch Polarisierung erhöhen.

Der letztere Aspekt läßt sich besonders gut am Beispiel Zink-abhängiger Metalloenzyme demonstrieren.

Die *Carboxypeptidase A* ist eine Exopeptidase, die vom Pankreas synthetisiert und in das Duodenum abgegeben wird. Essentiell für ihre katalytische Aktivität ist ein *Zinkion*, welches an zwei Histidyl- und einen Glutamylrest der Enzymkette komplexiert ist (Abb. 4.7). Das Zink dient hier der Polarisierung der Carbonylgruppe an der zu spaltenden Bindung. Dies ermöglicht den Angriff eines Hydroxylions an dieser Gruppe wobei die Peptidbindung gespalten wird.

Die **Carboanhydrase** katalysiert die Hydratisierung von CO_2 zu Hydrogencarbonat (Bicarbonat) nach der Gleichung

$$CO_2 + H_2O \rightleftharpoons HCO_3^- + H^+$$

Das enzymgebundene Zinkion enthält hier ein sehr reaktionsfähiges Hydroxylion. Dieses wird zunächst an CO_2 addiert. Der dabei entstehende Komplex wird mit Wasser abgespalten, so daß sich die reaktionsfähige OH-Gruppe am Zinkion regeneriert und als Produkte HCO_3^- und ein Proton entstehen (Abb. 4.8).

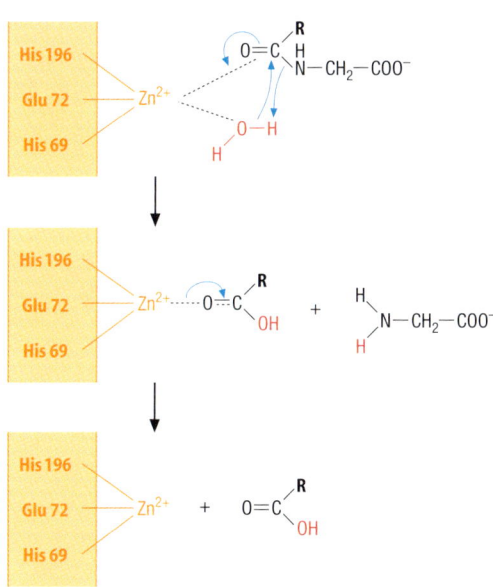

Abb. 4.7 Reaktionsmechanismus der Zinkprotease Carboxypeptidase A. Ein Zinkion, welches an zwei Histidyl- und einen Glutamylrest der Enzymkette komplexiert ist, dient der Polarisierung einer der zu spaltenden Bindung benachbarten Carboxylgruppe. Dies ermöglicht den Angriff eines Hydroxylions an diese Gruppe, wobei die Peptidbindung gespalten wird

4.2 Mechanismen der Enzymregulation

Jeder Organismus hat das Bestreben, sein extra- und intracelluläres Milieu in sehr engen Grenzen konstant zu halten. Dieses auch als **Homöostase** (S. 370) bezeichnete Phänomen setzt voraus, daß sich Geschwindigkeit und Richtung der großen Zahl möglicher Stoffwechselreaktionen den äußeren Bedingungen wirkungsvoll anpassen können. Zellen und erst recht Organismen müssen imstande sein, bestimmte Stoffwechselreaktionen oder Stoffwechselwege zu verlangsamen, stillzulegen und gleichzeitig andere Stoffwechselsequenzen zu beschleunigen. Ein wichtiges Werkzeug zur Verwirklichung dieses Ziels ist die Möglichkeit, die Aktivität bestimmter **Schlüssel-** oder **Schrittmacherenzyme** (S. 371) des Stoffwechsels zu regulieren. Regulation kann dabei auf der Ebene der **Biosynthese** oder des **Abbaus** der verschiedenen Enzyme erfolgen oder auch auf einer **Änderung der katalytischen Aktivität** bestimmter Enzyme beruhen.

Außer von der Enzymkonzentration ist die Umsatzgeschwindigkeit eines Enzyms natürlich von der aktuellen Konzentration seines Substrats am aktiven Zentrum des Enzyms abhängig. Wie in Kapitel 3 abgeleitet wurde, besteht eine hyperbole Abhängigkeit zwischen Substratkonzentration und Umsatzgeschwindigkeit eines Enzyms. Erst im Bereich der sogenannten **Substratsättigung** (S. 98) führen Änderungen der Substratkonzentration nicht mehr zu Änderungen der Umsatzgeschwindigkeit. Bei niedrigeren Substratkonzentrationen gelangt man in den Bereich, in dem schon relativ geringfügige Änderungen der Substratkonzentration große Änderungen der Umsatzgeschwindigkeit zur Folge haben. Die **Michaeliskonstante K_m** (S. 99) bezeichnet dabei die Substratkonzentration, bei der die halbmaximale Umsatzgeschwindigkeit des Enzyms erreicht ist. Aus einer großen Zahl von Messungen weiß man, daß sich die Konzentrationen der meisten Substrate in der Zelle im Bereich der K_m-Werte der einzelnen Enzyme bewegen. Infolgedessen führen schon geringe Änderungen der Substratkonzentrationen zu bedeutenden Änderungen der Umsatzgeschwindigkeit. Dieser Mechanismus hat besondere Bedeutung für die Stoffwechselreaktionen, bei denen mehrere Enzyme um ein Substrat konkurrieren. Ein gutes Beispiel hier-

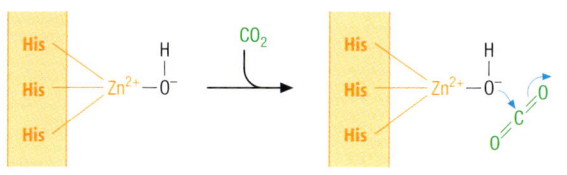

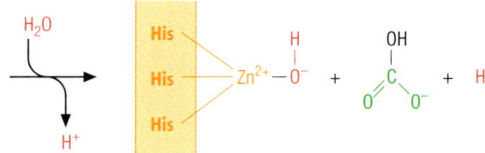

Abb. 4.8 Funktion des Zinks beim Mechanismus der Carboanhydrase. Das an das Enzym komplexierte Zinkion bindet ein sehr reaktionsfähiges Hydroxylion. An dieses wird CO_2 addiert und der dabei entstehende Komplex mit Wasser abgespalten. Dadurch wird die reaktionsfähige OH-Gruppe am Zinkion regeneriert, als Produkte entstehen HCO_3^- und ein Proton

für ist *Glucose-6-phosphat*, welches von der *Hexose-phosphatisomerase*, der *Glucose-6-Phosphatase* und der *Phosphoglucomutase* umgesetzt wird (S. 381).

Induktion bzw. Repression sind Möglichkeiten der Langzeitregulation der Enzymaktivität

Eine Möglichkeit, den Enzymbestand von Zellen oder Organismen an geänderte Umweltbedingungen anzupassen, besteht in der Erhöhung oder Erniedrigung der Enzymmenge. Da Änderungen dieser Größe nur durch Stimulierung bzw. Hemmung der Biosyntheserate bzw. durch Stimulierung oder Hemmung der Proteolyse eines bestimmten Enzymproteins zu erhalten sind, ist hierfür in jedem Fall die Änderung der *Transkriptionsrate* spezifischer, für Enzyme codierender Gene notwendig. Hierfür werden extra- bzw. intracelluläre Signale benötigt, deren Natur und Wirkungsweise ausführlich in den Kapiteln 10, 32 und 35 besprochen werden. Das Phänomen einer Erhöhung der Enzymkonzentration auf ein bestimmtes Signal hin bezeichnet man dabei als *Induktion*, umgekehrt die durch ein Signal ausgelöste Erniedrigung der Enzymkonzentration als *Repression*.

Induktion und Repression von Enzymaktivitäten dienen der längerfristigen Einstellung des Stoffwechsels auf geänderte Umweltbedingungen. Im allgemeinen vergehen Stunden bis Tage, bis die Anwesenheit eines Induktors oder Repressors an der Änderung eines biochemischen Parameters meßbar wird. Dies hängt damit zusammen, daß in den meisten Fällen für die Neueinstellung der Transkriptionsmaschinerie mehrere Stunden benötigt werden (S. 255) und daß die Halbwertszeit von Enzymen Stunden bis mehrere Tage beträgt, so daß auf diese Weise die Enzymausstattung einer Zelle relativ stabil erscheint. Darüber hinaus ist es natürlich vom energetischen Standpunkt aus eine „kostspielige" Angelegenheit, durch Steigerung der Biosynthese eines komplizierten Enzymmoleküls oder gar durch proteolytischen Abbau desselben die Durchsatzgeschwindigkeiten durch Stoffwechselwege zu regulieren.

Die Aktivität vieler Enzyme wird durch allosterische Liganden reguliert

Bei einigen der Enzyme, die genau regulierte Reaktionen katalysieren, tritt nicht die bekannte hyperbole Abhängigkeit der Reaktionsgeschwindigkeit von der Substratkonzentration auf. Häufig finden sich statt dessen *sigmoidale Beziehungen* zwischen beiden Größen. Mit ganz wenigen Ausnahmen bestehen derartige Enzyme aus zwei oder mehreren Untereinheiten, so daß man die sigmoidale Kinetik am besten durch *kooperative Effekte* zwischen den Untereinheiten erklären kann. Wie in Abb. 4.9 am Beispiel eines tetrameren Enzyms dargestellt, genügt die Annahme, daß die Untereinheiten kooperativer Enyzme in zwei Zustandsformen vor-

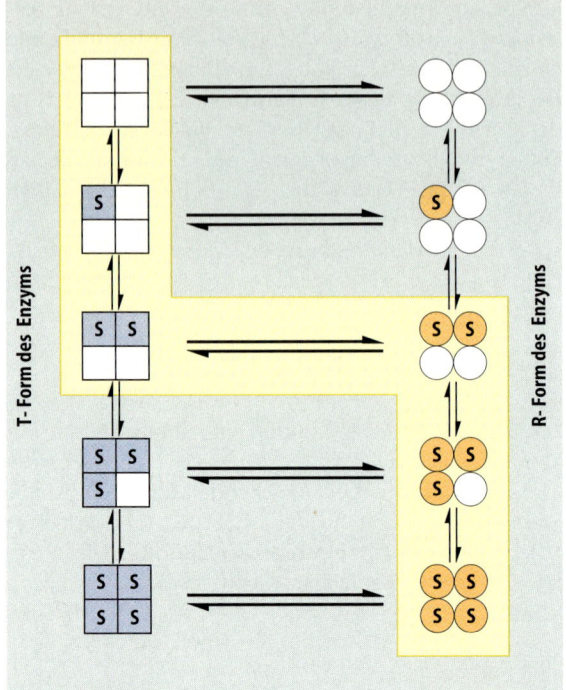

Abb. 4.9 Schematische Darstellung des kooperativen Effektes der Substratbindung an einem tetrameren Enzym nach dem konzertierten Modell. Der *gelb* unterlegte Bereich gibt die Zustandsformen des Enzyms an, die mit steigender Substratkonzentration am wahrscheinlichsten sind. (Einzelheiten s. Text)

liegen können, die als *T-Form* (*engl.* tensed: gespannt) sowie als *R-Form* (*engl.* relaxed: relaxiert) bezeichnet werden. Die Fähigkeit zur Substratbindung und Enzymkatalyse haben prinzipiell beide Formen, jedoch ist die Affinität der R-Form zum Substrat wesentlich größer. In Abwesenheit des Substrats bzw. bei sehr niedrigen Substratkonzentrationen liegt das Gleichgewicht des Übergangs zwischen der T- und der R-Form weitgehend auf seiten der T-Form, so daß nur sehr geringe Mengen des Enzyms Substrat binden können. Bei Erhöhung der Substratkonzentration kommt es zu einer immer größeren Stabilisierung der R-Form. Damit wird die Bindung weiterer Substratmoleküle erleichtert, so daß die R-Form immer mehr gegenüber der T-Form überwiegt. Eine kinetische Analyse unter Einbeziehung der experimentell ermittelten Gleichgewichtskonstanten führt tatsächlich zu der Vorhersage einer sigmoidalen Kinetik unter Annahme von R- bzw. T-Formen der Enzyme (s. Lehrbücher der Enzymkinetik). Dieses ursprünglich von Jaques Monod, Jeffries Wyman und Jean-Pierre Changeux postulierte Modell setzt voraus, daß alle Untereinheiten eines Enzymkomplexes immer in der gleichen Form, der R- bzw. der T-Form vorliegen müssen. Es wird infolge dessen auch als *konzertiertes* bzw. *alles- oder nichts-Modell* der Kooperativität bezeichnet. Von Daniel Koshland ist ein anderes, nämlich das *sequentielle Modell* entwickelt worden, das in Abb. 4.10 dargestellt ist. Der Unterschied

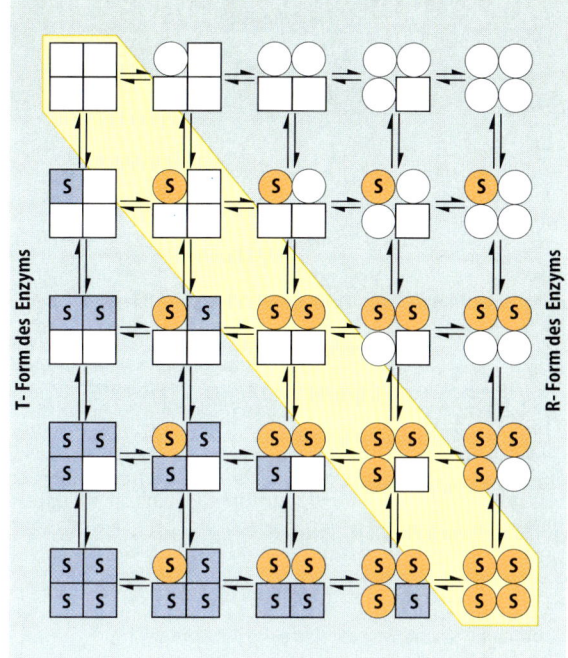

Abb. 4.10 Schematische Darstellung des kooperativen Effektes der Substratbindung an einem tetrameren Enzym nach dem sequentiellen Modell. Der *gelb* unterlegte Bereich gibt die Zustandsformen des Enzyms an, die mit steigender Substratkonzentration am wahrscheinlichsten sind. (Einzelheiten s. Text)

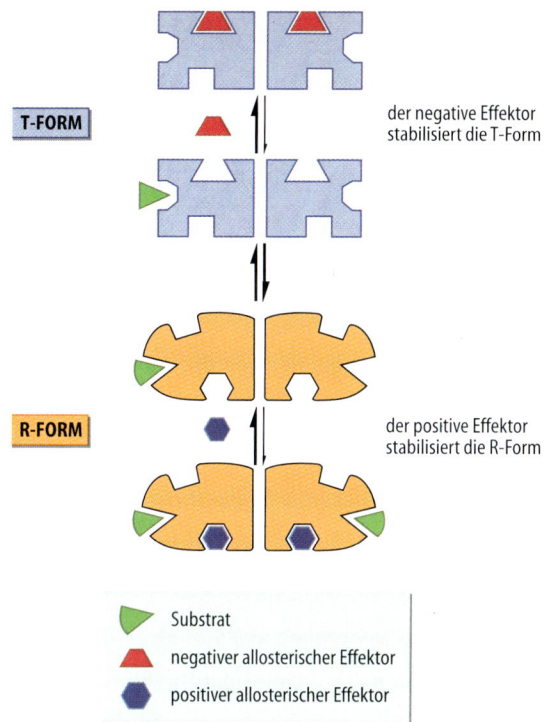

Substrat

negativer allosterischer Effektor

positiver allosterischer Effektor

Abb. 4.11 Wirkung allosterischer Effektoren auf die kooperative Substratbindung eines dimeren Enzyms. Positive allosterische Effektoren stabilisieren die aktive R-Form, negative die inaktive T-Form. (Einzelheiten s. Text)

zum konzertierten Modell beruht darauf, daß die Untereinheiten des Gesamtkomplexes jeweils in unterschiedlicher Konformation vorkommen können. Auch hier führt der Anstieg der Substratkonzentration zur Bevorzugung der höheraffinen R-Konformation. Im Gegensatz zum konzertierten Modell sind natürlich beim sequentiellen Modell wesentlich mehr Zustandsformen denkbar. Auch hier ergibt sich aus der kinetischen Analyse eine sigmoidale Abhängigkeit der Reaktionsgeschwindigkeit von der Substratkonzentration.

Führt die Bindung eines Substratmoleküls an den ersten Bindungsort zu einer erleichterten Bindung eines weiteren Substratmoleküls an den zweiten und so fort für weitere Bindungsstellen, so spricht man von *positiver Kooperativität.* Hemmt andererseits die Bindung des ersten Substratmoleküls die Bindung des zweiten usw., so zeigt das Enzym *negative Kooperativität.*

Häufig zeigen kooperative Enzyme das Phänomen der *allosterischen Regulation.* Es beruht darauf, daß meist mit dem Substrat nicht verwandte Substanzen Liganden für spezifische Bindungsstellen auf dem Enzymmolekül sind, die außerhalb des aktiven Zentrums liegen. Wie der Abb. 4.11 zu entnehmen ist, beruht die Wirkung *negativer* allosterischer Effektoren darauf, daß sie das Gleichgewicht zwischen R- und T-

Form des Enzyms zugunsten der niedrigaffinen T-Form verschieben. Im Gegensatz dazu bewirken *positive* allosterische Effektoren eine Stabilisierung der hochaffinen R-Form allosterischer Enzyme. Abbildung 4.12 stellt die Änderungen der Enzymkinetik dar, die an allosterischen Enzymen in Anwesenheit von positiven bzw. negativen Effektoren auftreten. Bei allosterischen Enzymen des *K-Typs* führen allosterische positive Effektoren zu einer Links-, negative Effektoren dagegen zu einer Rechtsverschiebung der sigmoiden Abhängigkeit der Reaktionsgeschwindigkeit von der Substratkonzentration. Die Maximalgeschwindigkeit bleibt unbeeinflußt, jedoch ändert sich die scheinbare Michaeliskonstante derartiger Enzyme durch die jeweiligen Effektoren um Größenordnungen. Bei den Enzymen des *V-Typs* bewirkt ein allosterischer Effektor dagegen eine Zunahme der Maximalgeschwindigkeit, ohne die Michaeliskonstante zu beeinflussen. Die meisten allosterischen Enzyme gehören dem K-Typ an. Ein besonders gut untersuchtes Beispiel für ein allosterisches Enzym ist die *Phosphofructokinase* (S. 415).

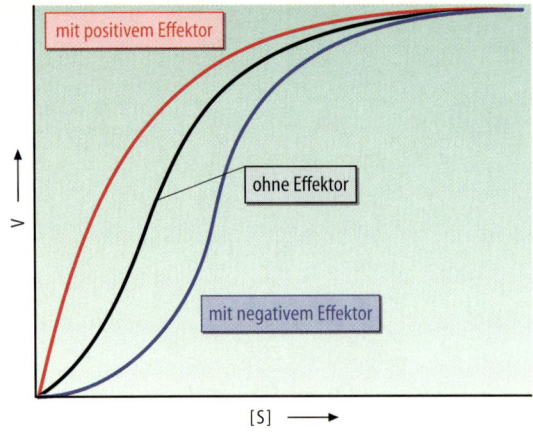

a

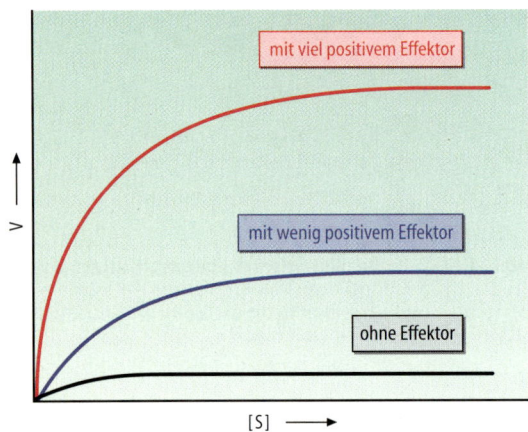

b

Abb. 4.12 a, b Kinetik allosterischer Enzyme in Anwesenheit positiver bzw. negativer allosterischer Effektoren. **a** Enzym des K-Typs. **b** Enzym des V-Typs

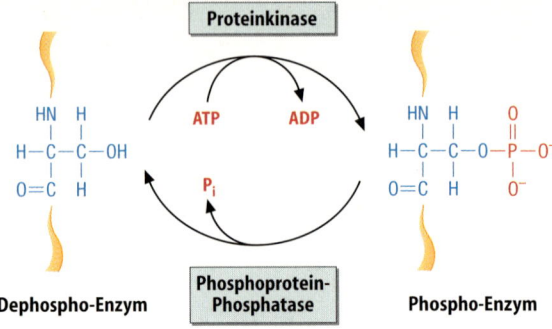

Abb. 4.13 Allgemeiner Mechanismus einer enzymatischen ATP-abhängigen Phosphorylierung bzw. Dephosphorylierung von Serylresten eines Proteins. Durch eine Kinase wird in einer ATP-abhängigen Reaktion ein spezifischer Serylrest des Proteins phosphoryliert, was zu einer Änderung der katalytischen Eigenschaften des Enzyms führt. Für die Überführung in den ursprünglichen Zustand sind spezifische Phosphoproteinphosphatasen notwendig

Tabelle 4.1 Interkonvertierbare Enzyme (Auswahl)

Namen	Aktive Form	Besprochen auf Seite
Glykogen-Phosphorylase	phosphoryliert	410
Phosphorylase-Kinase	phosphoryliert	411
Glykogen-Synthase	dephosphoryliert	412
Pyruvat-Dehydrogenase	dephosphoryliert	488
Triacylglycerin-Lipase	phosphoryliert	427
Cholesterinester-Hydrolase	phosphoryliert	830

Die Schlüsselenzyme der Hauptstoffwechselwege werden durch covalente Modifikation reguliert

Bei der covalenten Modifikation von Enzymproteinen werden bestimmte funktionelle Gruppen des Enzyms *covalent* modifiziert, wodurch es zu Änderungen der katalytischen Eigenschaften des Enzyms kommt. Die Möglichkeit, dieses Phänomen der Interkonvertierung zur Regulation der Enzymaktivität zu benutzen, ergibt sich dadurch, daß covalente Modifikationen in reversiblen Reaktionen wieder rückgängig gemacht werden können.

Die häufigste Enzymmodifikation besteht in einer enzymatischen, ATP-abhängigen *Phosphorylierung* von meist Seryl-, seltener Threonyl- oder Tyrosylresten (Abb. 4.13). Daneben kommen *Adenylylierungen* sowie *Adenosindiphosphat-Ribosylierungen* vor.

Für die covalente Modifizierung sowie deren Rückgängigmachen sind besondere Enzyme notwendig, die sich in aller Regel vom regulierten Enzym abtrennen und isolieren lassen. Damit wird also die Inter-

konvertierung durch entgegengesetzt wirkende, im einzelnen irreversible Reaktionen erreicht. Im Fall der Phosphorylierung und Dephosphorylierung sind dies *Proteinkinasen* und *Proteinphosphatasen.* Wie am Beispiel des Glykogenstoffwechsels (S. 410) dargestellt ist, kann auch die katalytische Aktivität der modifizierenden Enzyme selbst reguliert werden. Die große Bedeutung der interkonvertierbaren Enzyme für die Stoffwechselregulation liegt darin, daß entsprechend den Erfordernissen des Stoffwechsels ein stabiler Aktivitätszustand des interkonvertierbaren Enzyms eingestellt werden kann. Im Gegensatz dazu ist der Einfluß eines allosterischen Effektors weniger stabil, da sein Einfluß mit seinem Verschwinden erlischt. Interkonvertierbare Enzyme sind immer an Schaltstellen des Stoffwechsels lokalisiert. Häufig wird ihr Interkonvertierungsgrad und damit ihre Aktivität durch Hormone reguliert (S. 776). In Tabelle 4.1 sind einige interkonvertierbare Enzyme zusammengestellt, die von besonderer Bedeutung für den Intermediärstoffwechsel sind.

Außer von Enzymen kann auch die Aktivität anderer zellulärer Proteine, wie *Membranrezeptoren*

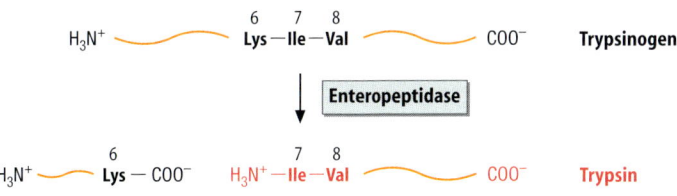

a

b

Abb. 4.14 a, b Aktivierung der Proteasen Trypsin bzw. Chymotrypsin durch limitierte Proteolyse. **a** Durch Abspaltung eines terminalen Hexapeptids entsteht Trypsin aus Trypsinogen. Das hierfür benötigte Enzym ist die Enteropeptidase. **b** Durch Abspaltung zweier Dipeptide entsteht aus Chymotrypsinogen Chymotrypsin. Hierfür benötigte Enzyme sind Trypsin und Chymotrypsin

(Insulin-, IGF-, EGF-, Acetylcholinrezeptor), *Cytoskelettproteinen* u. a. durch reversible Phosphorylierung reguliert werden. Interessanterweise sind eine Reihe von *Onkogenprodukten* Enzyme mit Proteinkinaseaktivität (S. 1092). Während Proteinkinasen, die Stoffwechselenzyme interkonvertieren, meist Serylreste in ihren Substraten phosphorylieren, handelt es sich bei den durch Onkogene codierten Enzymen um *Tyrosinkinasen*.

Limitierte Proteolyse dient der Aktivierung inaktiver Enzymvorstufen

Bestimmte Enzyme, z. B. die Proteasen des Gastrointestinaltrakts, werden als enzymatisch inaktive Vorstufen synthetisiert, als solche intracellulär gespeichert und bei Bedarf sezerniert. Am Ort ihrer Wirkung werden diese *Proenzyme* durch enzymkatalysierte, irreversible Abspaltung eines Teils ihrer Peptidkette in die aktiven Enzyme überführt. Hierbei wird das aktive Zentrum freigelegt und die Substratbindung ermöglicht. Die Größe des abgespaltenen Peptids kann bei den einzelnen Proenzymen erheblich variieren. Gelegentlich wird die Aktivierung des Proenzyms durch kleine Mengen des aktiven Enzyms selbst katalysiert. Ein Beispiel hierfür ist die autokatalytische Aktivierung von *Pepsinogen* zu *Pepsin*. Meist sind allerdings spezifische Proteasen in den Aktivierungsvorgang eingeschaltet.

Die Benennung der Enzymvorstufen erfolgt entweder durch Hinzufügen des Präfixes Pro- oder des Suffixes -ogen an den Namen des aktiven Enzyms:

$$\text{Trypsinogen} \xrightarrow{\text{Enteropeptidase}} \text{Trypsin + Peptid}$$

$$\text{Procarboxypeptidase} \xrightarrow{\text{Trypsin}} \text{Carboxypeptidase + Peptid}$$

Abbildung 4.14 stellt die Vorgänge bei der Aktivierung durch limitierte Proteolyse am Beispiel des *Trypsins* bzw. des *Chymotrypsins* genauer dar.

Die limitierte Proteolyse des Trypsinogens erfolgt durch die *Enteropeptidase*. Dieses Enzym katalysiert spezifisch die Abspaltung eines N-terminalen Hexapeptids, so daß aktives Trypsin entsteht.

Beim Chymotrypsinogen handelt es sich um ein aus 245 Aminosäuren bestehendes Protein, welches durch 2 Disulfidbrücken stabilisiert ist. Chymotrypsinogen wird aus der inaktiven Proform durch Abspaltung von 2 Dipeptiden in Chymotrypsin überführt. Dieser Vorgang wird durch Trypsin oder schon vorhandenes Chymotrypsin katalysiert. Wegen der Disulfidbrücken kommt es nicht zu einer Trennung der Bruchstücke.

Außer bei der Aktivierung der Verdauungsproteasen findet sich das Phänomen der Aktivierung durch limitierte Proteolyse bei der Blutgerinnungskaskade, bei der Fibrinolyse sowie bei der Aktivierung des Komplementsystems (S. 922, 929, 1078).

Limitierte Proteolyse ist darüber hinaus auch an der Reifung und posttranslationalen Modifikation von Proteinen beteiligt. So müssen z. B. Signalpeptide von frisch synthetisierten Proteinen abgespalten (S. 283) oder aktive Peptidhormone aus den jeweiligen Prohormonen synthetisiert werden (S. 281).

RESÜMEE Enzyme sind komplex aufgebaute Proteine, die mit ihrem jeweiligen Substrat eine reversible Bindung unter Bildung des Enzym-Substrat-Komplexes eingehen. Die hierfür verantwortliche Region des Enzymproteins wird als aktives Zentrum bezeichnet. Dieses enthält die für die jeweilige Reaktion verantwortlichen Aminosäurereste.

Der molekulare Mechanismus enzymatischer Reaktionen beruht auf wenigen Prinzipien:
Bei der Säure-Basen-Katalyse wird ein aktiver Übergangszustand des Substrates durch Anlagerung oder Abzug von Protonen erreicht, wobei häufig Histidylreste des Enzyms eine große Rolle spielen.
Bei der covalenten Katalyse liefert eine covalente Bindung zwischen Enzym und Substrat, meist über Seryl-, Cysteinyl- oder Lysylreste des Enzyms, den aktiven Übergangszustand.
Die durch Metallionen vermittelte Katalyse zeichnet sich dadurch aus, daß Metallionen durch Elektronenübertragungen oder durch Polarisierung funktioneller Gruppen den Katalysevorgang erleichtern.

Die Regulation der Enzymaktivität findet bevorzugt an den geschwindigkeitsbestimmenden Schlüsselenzymen von Stoffwechselwegen statt. Eine längerfristige Regulation läßt sich durch Vermehrung bzw. Verminderung der Menge an Enzymprotein erreichen. Wesentlich schneller ist jedoch die Enzymregulation mit Hilfe allosterischer Effektoren. Diese binden nicht-covalent an Stellen außerhalb des aktiven Zentrums, wodurch sich Konformationsänderungen ergeben, die zu einer Änderung der Enzymaktivität führen. Die covalente Modifikation des Enzymproteins durch Phosphorylierung oder Adenylylierung führt zur Aktivierung bzw. Inaktivierung mancher Enzyme. Eine irreversible Aktivierung findet sich bei einigen Enzymen nach Abspaltung unterschiedlich großer Peptide durch limitierte Proteolyse.

Literatur

Monographien und Lehrbücher

Ferscht A (1985) Enzyme structure and Mechanism. Freeman, New York
Hervé G (1989) Allosteric Enzymes. CRC Press, Boca Raton
Page MI, Williams A (eds) (1987) Enzyme mechanisms. The Royal Society of Chemistry, London
Schellenberger A (Hrsg) (1989) Enzymkatalyse. Springer, Berlin
Segel IH (1993) Enzyme Kinetics. Wiley, New York
Weber G (ed) (1994) Advances in Enzyme Regulation. Vols 1–34. Elsevier, Oxford

Original- und Übersichtsarbeiten

Aragon JJ, Sols A (1991) Regulation of enzyme activity in the cell: effect of enzyme concentration. FASEB J 5, 2945–2950
Libonati M, Sorrentino S (1992) Revisiting the action of bovine ribonuclease A and pancreatic type ribonucleases on double stranded RNA. Mol Cell Biochem 117, 139–151
Srere PA, Ovadi J (1990) Enzyme-enzyme interactions and their metabolic role. FEBS Lett 268, 360–364
Westerhoff HV, Welch GR (1992) Enzyme organization and the direction of metabolic flow: physicochemical considerations. Curr Top Cell Regul 33, 361 –390

Kohlenhydrate

Der größte Teil der von lebenden Organismen synthetisierten Verbindungen sind Kohlenhydrate. Sie werden nicht nur von photosynthetischen Organismen aus CO_2 und Wasser gebildet, sondern auch in heterotrophen Lebewesen aus einer großen Zahl von Ausgangsverbindungen. Dementsprechend sind ihre Funktionen außerordentlich vielfältig. Sie kommen als rasch metabolisierbare Substrate oder Speicherstoffe hoher Energiedichte vor. Sie sind die Gerüstsubstanz mancher Organismen, bilden einen wichtigen Bestandteil der extrazellulären Matrix und sind Bauteile vieler Proteine.

Kohlenhydrate sollen bei gesunder Ernährung mehr als 50 % unserer Kalorienzufuhr ausmachen. Im Zellstoffwechsel können sie unter Energiegewinnung oxidiert oder zu einer großen Zahl unterschiedlicher Verbindungen umgewandelt werden.
(Bild: Okapia Bildarchiv, Frankfurt)

5.1 Monosaccharide

Über den chemischen Aufbau, die Stereochemie und die chemischen Reaktionsmöglichkeiten der Monosaccharide orientieren die Lehrbücher der organischen Chemie.

5.1.1 Hexosen und Pentosen

Die höchsten Umsatzraten im Organismus und die größte biologische Bedeutung haben *Hexosen* und *Pentosen*.

Daneben kommen in geringem Umfang als Zwischenprodukte des Hexosemonophosphatweges der Glucose (S. 387) der aus 4 C-Atomen bestehende Zucker *Erythrose* sowie der aus 7 C-Atomen bestehende Zucker *Sedoheptulose* in Form ihrer Phosphorsäureester vor.

Glucose hat eine zentrale Stellung innerhalb der Hexosen

Tabelle 5.1 enthält eine Zusammenstellung der wichtigsten Hexosen, wobei die größte Bedeutung der *Glucose* zukommt (S. 378). Fast alle mit der Nahrung aufgenommenen Kohlenhydrate müssen in Glucose umgewandelt werden, bevor sie unter Energiegewinn abgebaut werden können. Glucose ist also mengenmäßig der bedeutendste Energielieferant des Organismus. Darüber hinaus können auch alle im Organismus vorkommenden Monosaccharide aus Glucose synthetisiert werden.

Da Glucose das Hauptsubstrat des Stoffwechsels menschlicher Zellen ist, ist die Kenntnis der Blutglucosekonzentration ein wichtiges Kriterium für die Beurteilung des Glucosestoffwechsels. Ihre Bestimmung erfolgt heute i. allg. mit Hilfe optisch-enzymatischer Teste (S. 93), meist mit Hilfe von Hexokinase und Glucose-6-phosphat-Dehydrogenase:

Tabelle 5.1 Biochemisch wichtige Hexosen (Auswahl)

Name	Vorkommen und biologische Bedeutung
D-Glucose	Fruchtsäfte; Bestandteil von Stärke, Glykogen, Saccharose, Lactose. Wichtigstes vom Organismus verwertetes Monosaccharid; Blutzucker (S. 406)
D-Galaktose	Bestandteil der Lactose; wird vom Organismus in Sphingolipide (S. 141) und Glykoproteine eingebaut. Abbau nur nach Umwandlung in Glucose möglich (S. 397)
D-Mannose	Bestandteil von tierischen und pflanzlichen Glykoproteinen. Dient zur Adressierung lysosomaler Proteine (S. 191). Abbau erst nach Umwandlung in Glucose
L-Fucose	Bestandteil der Milcholigosaccharide und vieler Glykoproteine; Biosynthese aus Glucose
D-Fructose	Fruchtsäfte; Bestandteil der Saccharose; Biosynthese aus Glucose in verschiedenen Geweben (S. 394); Abbau erst nach Umwandlung in Glucose, in der Leber jedoch direkter Abbau möglich (S. 394)

Glucose + ATP $\longrightarrow$ Glucose-6-phosphat + ADP

Glucose-6-phosphat + NADP$^+$ $\longrightarrow$
            6-Phosphogluconat + NADPH + H$^+$

Meßgröße ist die spezifische Absorption von NADPH bei 340 nm (S. 93)

Pentosen sind Bestandteile von Nucleotiden und Nucleinsäuren

Tabelle 5.2 faßt die am häufigsten vorkommenden Monosaccharide mit 5 C-Atomen zusammen. *Pentosen* werden nicht in größerer Menge mit der Nahrung aufgenommen, sondern im Verlauf des *Glucosestoffwechsels* intracellulär gebildet und dann als wichtige Bestandteile von Nucleotiden und Nucleinsäuren verwendet (S. 150).

5.1.2 Derivate der Monosaccharide

Die Hydroxylgruppen der Monosaccharide können verestert werden (vgl. Lehrbücher der organischen Chemie). Von biochemischem Interesse sind die **Phosphorsäureester,** da in der Zelle hauptsächlich phosphorylierte Monosaccharide umgesetzt werden (S. 378).

Durch *Oxidation* der endständigen –CH$_2$OH-Gruppe von Monosacchariden entstehen die **Uronsäuren.** Der bedeutendste Vertreter dieser Gruppe ist die *Glucuronsäure* (Abb. 5.1), an die ausscheidungspflichtige körpereigene wie auch körperfremde Substanzen gekoppelt werden (S. 1030). Uronsäuren sind weiterhin Bestandteile wichtiger Polysaccharide (s. unten).

Die durch den Ringschluß gebildete Hydroxylgruppe am C-Atom 1 von Monosacchariden, die glykosidische Hydroxylgruppe, ist besonders reaktionsfähig. Sie geht die glykosidische Bindung ein, die wegen ihrer allgemeinen Bedeutung gesondert behandelt wird (s. 5.2.1).

Durch *Reduktion* am C-Atom 1 entstehen aus Monosacchariden die entsprechenden mehrwertigen **Alkohole** (aus Glucose *Sorbitol,* aus Mannose *Mannitol* usw.) (Abb. 5.1). Sorbitol wird insulinunabhängig von den Geweben aufgenommen und kann deswegen als Kohlenhydratersatz bei Patienten mit Insulinmangel (Diabetes mellitus, S. 806) gegeben werden. Mannitol wird verwendet, um eine osmotische Diurese zu erzwingen.

Durch *Oxidation* wird die glykosidische Hydroxylgruppe zum Lacton dehydriert, das durch Wasseranlagerung in die entsprechende Carbonsäure übergeht (Abb. 5.1). Diese wird i. allg. durch die Endung *-on* gekennzeichnet (aus Glucose entsteht *Gluconsäure*).

Formal entstehen *Aminozucker* durch den Ersatz einer Hydroxylgruppe durch eine Aminogruppe. Bei den am häufigsten vorkommenden Aminozuckern *Glucosamin, Galaktosamin* und *Mannosamin* ist die Aminogruppe mit dem *C-Atom 2* des Monosaccharids verbunden. Abbildung 5.1 zeigt die Struktur von Glucosamin. Über die Biosynthese von Aminozuckern orientiert S. 398. Nicht selten ist die NH$_2$-Gruppe *acetyliert*. Die Aminozucker und ihre acetylierten Derivate kommen in verschiedenen Glykoproteinen, als Bestandteil der Proteoglykane, als Bauteil bakterieller Zellwände sowie im Chitin vor.

Tabelle 5.2 Biochemisch wichtige Pentosen (Auswahl)

Name	*Vorkommen und biologische Bedeutung*
D-Ribose	Vorkommen in Nucleinsäuren (S. 154); Biosynthese aus Glucose (S. 387); Strukturelement von Coenzymen und RNA (S. 153)
D-Desoxyribose	Vorkommen in Nucleinsäuren (S. 154); Biosynthese aus Glucose (S. 387); Strukturelement der DNA (S. 154)
D-Ribulose	Stoffwechselzwischenprodukt im Glucoseabbau über Pentosephosphatweg (S. 387)
D-Arabinose, D-Xylose	Vorkommen in Glykoproteinen (S. 127) und Proteoglykanen (S. 127)

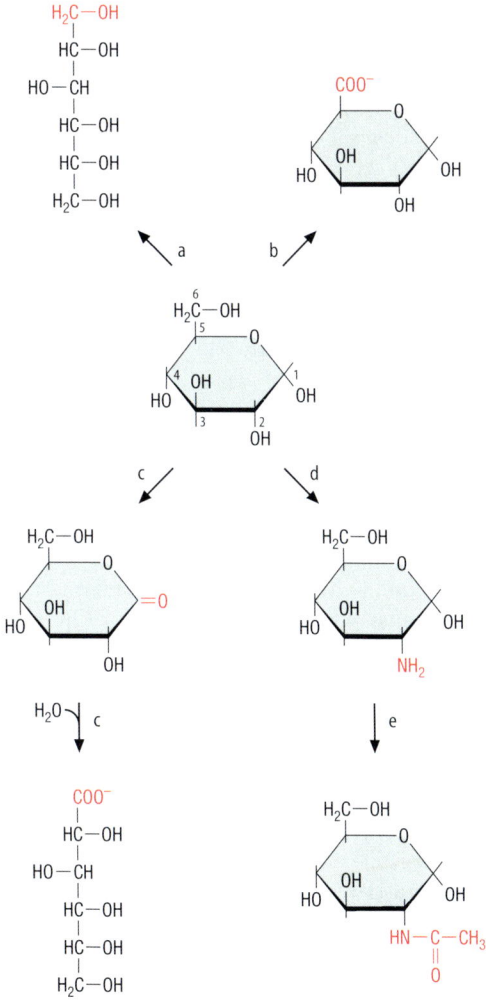

Abb. 5.1 Die wichtigsten Derivate der Glucose. *a* Durch Reduktion am C-Atom 1 entsteht Sorbitol. *b* Durch Oxidation am C-Atom 6 entsteht Glucuronsäure. *c* Durch Oxidation am C-Atom 1 entsteht zunächst Gluconolacton, welches hydrolytisch zu Gluconsäure gespalten werden kann. *d* Ersatz der Hydroxylgruppe am C-Atom 2 durch eine Aminogruppe führt zum Glucosamin. *e* Glucosamin kann an der Aminogruppe acetyliert werden, so daß N-Acetylglucosamin entsteht

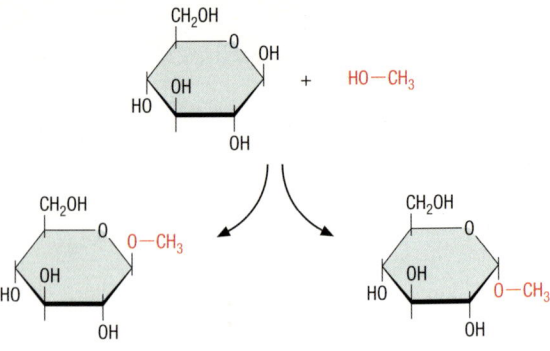

Abb. 5.2 Entstehung von α-Methylglucosid *(rechts)* bzw. β-Methylglucosid *(links)*

Abb. 5.3 Struktur der Digitalisglykoside

5.2 Disaccharide und Oligosaccharide

5.2.1 Die glykosidische Bindung

Die halbacetalische Hydroxylgruppe am *C-Atom 1* von Monosacchariden ist besonders reaktionsfähig. Analog der Bildung eines Vollacetals kann sie nach dem in Abb. 5.2 gezeigten Schema mit OH- bzw. NH_2-Gruppen unter Wasserabspaltung reagieren, wobei *Glykoside* gebildet werden.

- Stammt die OH-Gruppe von einem weiteren Monosaccharid, so entstehen *Di- und Polysaccharide.*
- Handelt es sich dagegen um Nichtkohlenhydrate, so entstehen Substanzen, die als *O-* bzw. *N-Glykoside* bezeichnet werden.

Die Verbindung wird nach dem die glykosidische Bindung eingehenden Zucker benannt (Glucosid, Galaktosid usw.), der Nichtkohlenhydratteil der entstehenden Verbindung wird auch als *Aglykon* bezeichnet.

Der α- und β-Anomerie bei den Monosacchariden (s. oben) entspricht eine α- und β-*Isomerie* bei den Glykosiden. Allerdings ist hier nicht mehr das Phänomen der Mutarotation möglich, da die Hydroxylgruppe am C-Atom 1 durch den angelagerten Rest verschlossen ist. Eine Vielzahl der im Tier- und Pflanzenreich vorkommenden O- und N-Glykoside gehört zu den biologisch wirksamsten Substanzen und hat infolgedessen z. T. Verwendung als Pharmaka gefunden (vgl. Lehrbücher der Pharmakologie). Die systematische Besprechung derartiger Verbindungen ist im Rahmen dieses Buches nicht möglich, jedoch sollen einige Vertreter kurz angeführt werden.

Zu den N-Glykosiden gehören v. a. die *Nucleotide* und *Polynucleotide,* die als Coenzyme bzw. Informationsspeicher wichtige Funktionen haben (S. 161).

Wegen ihrer Bedeutung für die Herztherapie seien an dieser Stelle die herzwirksamen Glykoside genannt. Abbildung 5.3 zeigt das Grundgerüst dieser Stoffgruppe als Vertreter dieser Gruppe. Das Aglykon ist ein Pflanzensterol, dessen Seitenkette wie bei allen

Abb. 5.4 Struktur des Streptomycins

herzwirksamen Glykosiden als fünfgliedriges, ungesättigtes Lacton vorliegt. Über den Wirkungsmechanismus der Digitalisglykoside orientiert S. 958.

Auch die aus Streptomycesarten gewonnenen Antibiotika gehören zu der Gruppe der Glykoside. Abbildung 5.4 zeigt das *Streptomycin,* das als Aglykon einen N-haltigen Inositol und als Zucker die verzweigte Streptose und das N-Methyl-L-glucosamin enthält (S. 398).

5.2.2 Disaccharide

In ähnlicher Weise wie die Verbindung zwischen der glykosidischen Hydroxylgruppe und einem Aglykon möglich ist, ist auch eine Verbindung zwischen einer glykosidischen Hydroxylgruppe und einer alkoholischen Gruppe eines weiteren Monosaccharidmoleküls möglich. In Tabelle 5.3 sind einige der wichtigsten Di-

Tabelle 5.3 Biochemisch wichtige Disaccharide

Name	Vorkommen und biologische Bedeutung
Maltose	Zwischenprodukt bei der Glykogen- und Stärkeverdauung (S. 1000)
Laktose	Milchzucker; Biosynthese im Organismus aus Glucose (S. 397); kann während der Schwangerschaft im Urin auftreten
Saccharose	Vorkommen in Zuckerrohr, Zuckerrüben und Früchten
Trehalose	Vorkommen in Pilzen und Hefen; Haupt-kohlenhydrat der Hämolymphe von Insekten
Cellobiose	Grundbaustein der Cellulose

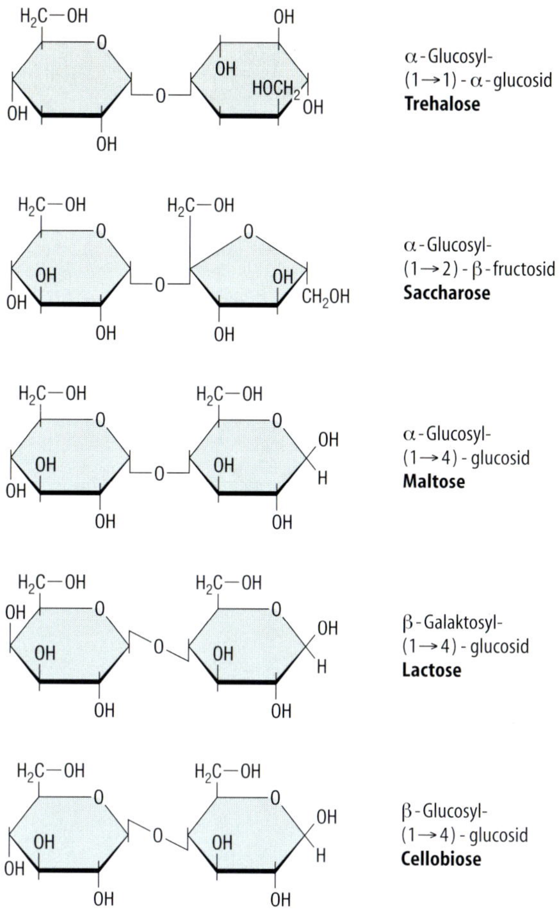

Abb. 5.5 Struktur wichtiger Disaccharide

saccharide zusammengestellt. Die Nomenklatur der entstehenden Verbindungen ist kompliziert. Man gibt zuerst die entsprechende anomere Form desjenigen Zuckers an, dessen halbacetalisches Hydroxyl die glykosidische Bindung eingegangen ist. Danach wird in einer Klammer die Richtung der glykosidischen Bindung von der halbacetalischen Hydroxylgruppe zur alkoholischen oder ebenfalls halbacetalischen Hydroxylgruppe des folgenden Zuckers angegeben, dessen Name sich anschließt (Abb. 5.5). Lactulose (β-Glaktosidofructose) ist ein von den intestinalen Disaccharidasen nicht spaltbares Disaccharid. Es wird deshalb als osmotisch wirkendes Abführmittel verwendet.

Disaccharide vom Trehalosetyp entstehen bei der Reaktion zweier glykosidischer Hydroxylgruppen

Unter Disacchariden vom Trehalosetyp versteht man solche, deren Struktur der natürlich vorkommenden *Trehalose* entspricht. Diese ist ein *α-Glucosyl(1 → 1)-α-glucosid*. Es handelt sich also um Disaccharide, bei denen die beiden glykosidischen Hydroxylgruppen am C-Atom 1 miteinander reagiert haben. Aus diesem Grund sind hier die Gruppeneigenschaften von Monosacchariden, die auf der besonderen Reaktionsfreudigkeit der glykosidischen Hydroxylgruppe beruhen, verschwunden (Mutarotation, reduzierende Eigenschaften, Fähigkeit zur Glykosidbildung). Trehalose kommt in Pilzen vor und ist als der „Blutzucker" der Insekten identifiziert worden. Ein weiteres Disaccharid vom Trehalosetyp ist die *Saccharose* (im angelsächsischen Schrifttum Sucrose). Es handelt sich um das *α-Glucosyl(1 → 2)-β-fructosid* (Abb. 5.5). Saccharose kommt in Zuckerrohr, Zuckerrüben und anderen Pflanzen vor.

Disaccharide vom Maltosetyp enthalten noch eine reduzierende Hydroxylgruppe

Sie entsprechen in ihrem Bauplan der *Maltose*. Es handelt sich um das *α-Glucosyl(1 → 4)-glucosid* (Abb. 5.5). Da die glykosidische Bindung mit der an Position 4 des zweiten Glucosemoleküls liegenden Hydroxylgruppe eingegangen wurde, enthält das Molekül noch eine glykosidische Hydroxylgruppe, zeigt demnach die Fähigkeit zur Mutarotation und ist imstande, weitere glykosidische Bindungen einzugehen. Andere Disaccharide vom Maltosetyp sind die *Laktose (β-Galaktosyl(1 → 4)-glucosid)* sowie die *Cellobiose (β-Glucosyl(1 → 4)-glucosid)*. Laktose ist das wichtigste Kohlenhydrat der Milch (menschliche Muttermilch: 5–7 g Laktose/100 ml).

Da die zur Disaccharidspaltung geeigneten Enzyme nur in der Dünndarmmucosa vorhanden sind, können intravenös zugeführte Disaccharide nicht abgebaut werden.

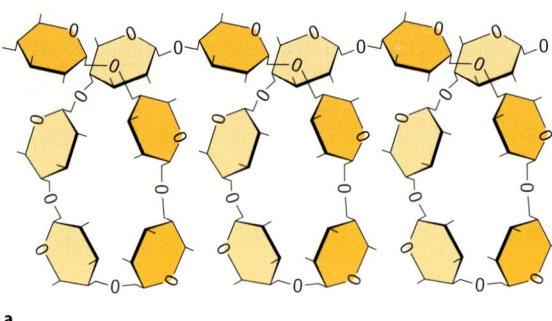

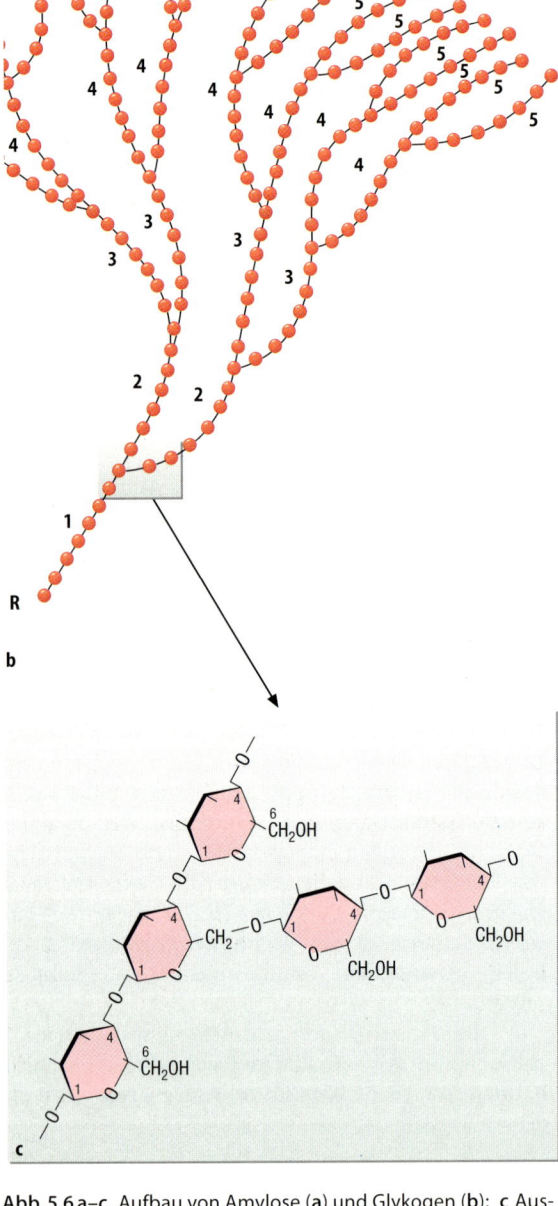

Abb. 5.6 a–c Aufbau von Amylose (**a**) und Glykogen (**b**); **c** Ausschnitt des Amylopectin- und Glykogenmoleküls mit einer Verzweigungsstelle

5.2.3 Oligosaccharide

Oligosaccharide sind Verbindungen, die 3 bis maximal 9 *glykosidisch* verknüpfte *Monosaccharide* enthalten. Sie kommen im Pflanzenreich vor; im Tierreich trifft man freie Oligosaccharide nur in geringsten Konzentrationen an. Eine Ausnahme machen die 4–6 Monosaccharide enthaltenden Oligosaccharide der *Milch,* die die charakteristischen Strukturen des Kohlenhydratanteils der *Blutgruppenglykoproteine* enthalten und in geringen Mengen auch im Urin ausgeschieden werden (S. 907). In gebundener Form haben Oligosaccharide dagegen als Bestandteile der *Glykoproteine* (s. u.) und der *Gangliosi-de* eine weite Verbreitung (S. 141).

5.3 Polysaccharide

Polysaccharide sind Verbindungen, die sich aus einer Vielzahl von Monosacchariden zusammensetzen, wobei das schon bei den Disacchariden verwendete Bauprinzip der Verknüpfung über glykosidische Bindungen beibehalten wird. Grundsätzlich unterscheidet man **Homoglykane** (Polysaccharide, die nur ein Monosaccharid als Baustein enthalten) und **Heteroglykane** (Polysaccharide aus verschiedenen, meist 2–3 Grundbausteinen). Diese treten zusätzlich häufig in Verbindungen mit Proteinen und Lipiden auf.

5.3.1 Homoglykane

Homoglykane sind Biopolymere aus nur einem Grundbaustein. Aus **Glucose** aufgebaut sind die Homoglykane *Cellulose, Stärke, Glykogen* und *Dextran.*

Stärke ist das wichtigste pflanzliche Homoglykan. Sie wird in Form von Stärkekörnern in vielen Pflanzen abgelagert und besteht aus zwei Bestandteilen, der Amylose und dem Amylopectin.

- *Amylose* ist ein aus 250–300 Glucoseresten bestehendes Kettenmolekül. Die Glucosereste sind wie bei der Maltose durch $\alpha(1 \rightarrow 4)$*-glykosidische* Bindungen verknüpft. Aus sterischen Gründen ergibt sich dadurch eine schraubenförmige Windung des Amylosemoleküls mit ca. 6 Glucoseeinheiten pro Schraubengang (Abb. 5.6 a).
- *Amylopektin* ist grundsätzlich ähnlich aufgebaut wie Amylose. Es enthält jedoch zusätzlich *Verzweigungsstellen* über die Hydroxylgruppe am *C-Atom 6* (α (1 $\rightarrow$ 6)-glykosidische Bindungen; Abb. 5.6 c). Da sich die Seitenketten ihrerseits wieder verästeln können, bilden sich stark verzweigte Riesenmoleküle. Im Amylopektin kommt es im Mittel bei jedem 25. Glucoserest zu einer Verzweigung. Das Molekulargewicht des Amylopektins ist mit etwa 10^6 D sehr hoch.

Tabelle 5.4 Einteilung der Heteroglykane

Bezeichnung	Kohlenhydrat	Nichtkohlenhydrat	Funktion
Glykoproteine	Oligosaccharide aus 2–20 verschiedenen Monosacchariden	Verschiedenste Proteine	Vielseitig, vom Protein abhängend
Proteoglykane	Glykosaminoglykane mit sich wiederholenden Disacchariden; Molekulargewicht 2×10^3–3×10^6 D	Einfach aufgebaute Proteinskelette („core protein")	Bildung der extrazellulären Matrix
Peptidoglykane	Disaccharid aus N-Acetylglucoseamin und N-Acetylmuraminsäure	Peptide aus 4–5 Aminosäuren	Bildung der bakteriellen Zellwand
Glykolipide	Oligosaccharide Oligosaccharide	Ceramid, Diacylglycerin Polyprenole	Bauteile zellulärer Membranen, Zwischenprodukt bei der Glykoproteinbiosynthese

Glykogen ist das tierische Reservekohlenhydrat. In besonders hoher Konzentration kommt es in der *Leber* (bis maximal 10 g/100 g Frischgewicht) und im *Muskel* (ca. 1 g/100 g Frischgewicht) vor. In seiner Struktur entspricht es weitgehend dem Amylopektin, nur ist es noch stärker verzweigt (ca. alle 6–10 Glucosereste) (Abb. 5.6 b). Das Molekulargewicht des Glykogens kann zwischen 10^6 und $1{,}6 \times 10^7$ D schwanken. Über Biosynthese, Speicherung und Abbau von Glykogen orientieren S. 389 ff.

Cellulose ist die auf der Erde am weitesten verbreitete organische Substanz. Sie besteht aus Glucosemolekülen, die *4β-glykosidisch* miteinander verknüpft sind. Ein Cellulosemolekül besteht aus etwa 8000–12 000 Glucoseeinheiten. Infolge der 4β-glykosidischen Bindung liegt das Molekül als fadenförmiges Kettenmolekül vor, das in sich gefaltet und durch Wasserstoffbrückenbindungen verknüpft ist. Wegen dieser Stabilisierung eignet sich Cellulose als pflanzliche Stützsubstanz.

Dextrane sind die ebenfalls aus Glucoseresten bestehenden Polysaccharide, die v. a. in Bakterienmembranen vorkommen. Die Glucosereste sind 6-glykosidisch verbunden. Verzweigungsstellen kommen in 2-, 3- oder 4-glykosidischen Bindungen vor. Das Molekulargewicht der Dextrane geht bis zu 4×10^6 D. Außer als Blutplasmaersatz bei starken Blutverlusten findet Dextran Verwendung als Molekularsieb bei der Dextrangelchromatographie (S. 45).

Von besonderem medizinischem Interesse ist das Polysaccharid **Inulin**. Es handelt sich um ein *Polyfructosan,* in dem etwa 30 Fructosemoleküle 1β-glykosidisch miteinander verbunden sind. Es wird zur Bestimmung des extrazellulären Raumes und der glomerulären Filtrationsleistung der Nieren verwendet.

5.3.2 Heteroglykane

Heteroglykane sind Oligo- bzw. Polysaccharide, in denen mehrere unterschiedliche Monosaccharidbausteine vorkommen. Neben einfachen Monosacchariden enthalten sie auch von diesen abgeleitete Verbindungen wie *Aminozucker* und *Uronsäuren*. Häufig handelt es sich um verzweigte Moleküle. Fast ausnahmslos treten Heteroglykane in covalenter Verknüpfung, meist mit Proteinen, aber auch mit Lipiden auf.

Tabelle 5.4 zeigt die heute gültige Einteilung der Heteroglykane.

Export- und Membranproteine sind meist Glykoproteine

Glykoproteine sind Proteine, an die über glykosidische Bindungen Kohlenhydrate geknüpft sind. Die Kohlenhydratreste variieren dabei in ihrer Größe von einzelnen Monosacchariden über *Di-* und *Oligosaccharide* bis zu *Polysacchariden.*

Glykoproteine sind in der Natur weit verbreitet. Wahrscheinlich gibt es wesentlich mehr Proteine mit covalent gebundenen Kohlenhydraten als Kohlenhydrat-freie Proteine. Als Regel gilt, daß alle *Exportproteine* sowie *Membranproteine* Glykoproteine sind oder wenigstens während ihrer Biosynthese die Stufe von Glykoproteinen durchlaufen haben. Von den über 60 aus dem menschlichen Plasma isolierten Plasmaproteinen tragen nur Albumin und Präalbumin keine Zuckerreste.

Der Kohlenhydratanteil der Glykoproteine kann von wenigen Prozent (Ribonuclease, Thyreoglobulin) bis zu 85 % (Blutgruppensubstanzen, S. 906) betragen (Abb. 5.7).

Die biologische Aktivität von Glykoproteinen wird vor allem durch das zugrundeliegende Protein bestimmt.

Es kann sich um

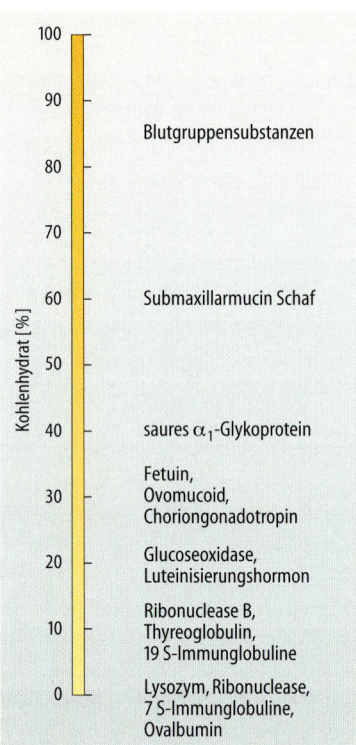

Abb. 5.7 Prozentualer Kohlenhydratgehalt verschiedener Glykoproteine

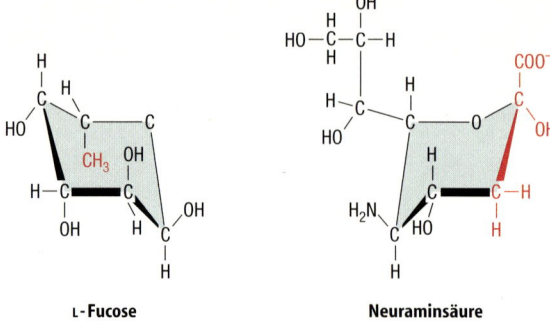

L-Fucose **Neuraminsäure**

Abb. 5.8 Struktur von L-Fucose und Neuraminsäure. D-Mannose stellt das Grundskelett der L-Fucose. Die Hydroxymethylgruppe des C-Atoms 6 der Mannose ist durch eine Methylgruppe (*rot* hervorgehoben) ersetzt, außerdem hat eine Epimerisierung der Substituenten des C-Atoms 5 stattgefunden. Neuraminsäure entsteht durch Addition von Pyruvat (die Kohlenstoffatome des Pyruvats sind *rot* hervorgehoben) an Mannosamin

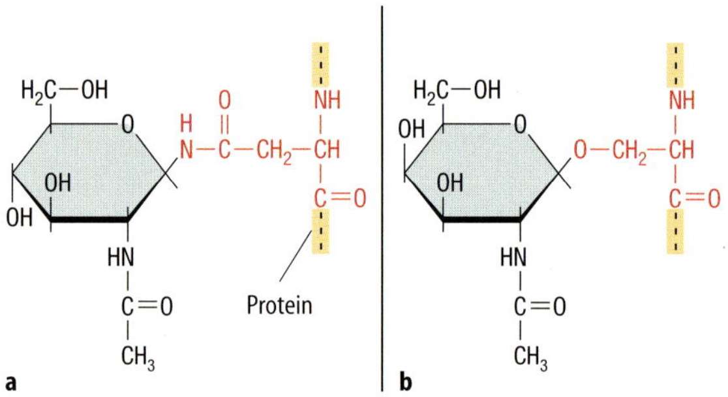

Abb. 5.9 a, b Typische in Glykoproteinen vorkommende Verknüpfungen zwischen der Peptidkette und der Oligosaccharidkette. **a** N-glykosidische Bindung zwischen dem Asparaginylrest der Peptidkette und einem N-Acetylglucosamin. **b** O-glykosidische Bindung zwischen einem Serylrest der Peptidkette und N-Acetylgalaktosamin

- *Strukturproteine* (Kollagen),
- *Enzyme* (z. B. Ribonuclease, Amylase, Acetylcholinesterase, Glucocerebrosidase),
- *Transportproteine* (z. B. Caeruloplasmin, Transferrin) oder
- *Peptidhormone* (z. B. Luteinisierungshormon, follikelstimulierendes Hormon u. a.) handeln.

Auch *Immunglobuline, Fibrinogen* und *Blutgruppensubstanzen* gehören in die Gruppe der Glykoproteine.

In den Glykoproteinen der tierischen Gewebe kommen als Monosaccharidbausteine *Glucose, Galaktose, Mannose,* sowie die Aminozucker *N-Acetylglucosamin* und *N-Acetylgalaktosamin* vor. Häufig finden sich darüber hinaus besonders in den peripheren Teilen der Kohlenhydratketten der Glykoproteine die Desoxyhexose *L-Fucose* (Abb. 5.8) sowie *Sialinsäure.* Unter dieser Bezeichnung faßt man die N- bzw. O-substituierten *Neuraminsäuren* (Abb. 5.8) zusammen, die formal durch Addition von *Pyruvat* (α-Ketopropionsäure) an *Mannosamin* entstehen. Über die Ketogruppe des Pyruvats bildet sich dabei ein pyranoider Halbacetalring aus.

Die kovalente Verknüpfung zwischen Kohlenhydratanteil und Peptidkette erfolgt dabei in
- *N-glykosidischer* Bindung über *Asparaginyl* seitenketten,

- in *O-glykosidischer* Bindung über Hydroxylgruppen der *Threonyl-* oder häufiger *Seryl* seitenketten (Abb. 5.9 a, b)
- sowie im Kollagen über *Hydroxylysin.*

Abbildung 5.10 stellt einige typische Strukturmerkmale der N- bzw. O-glykosidisch gebundenen Oligosaccharidreste von Glykoproteinen dar. Der innerste Zucker eines O-glykosidisch an Serin oder Threonin gebundenen Oligosaccharides ist in aller Regel *N-Acetylgalaktosamin,* an welches Galaktose- oder Neuraminsäurereste geknüpft sind. Auch bei Glykoproteinen, deren Oligosaccharidketten N-glykosidisch über Asparaginylreste an das Protein geknüpft sind, finden sich typische Strukturmerkmale. An den Asparaginylrest schließt sich zunächst ein Disaccharid aus *N-Acetylglucosamin* an (Diacetylchitobiose). Bei den sog. *„High-mannose"-Ketten* finden sich darüber hinaus nur noch Mannosereste. N-glykosidisch verknüpfte Oligosaccharidketten des *komplexen Typs* bestehen

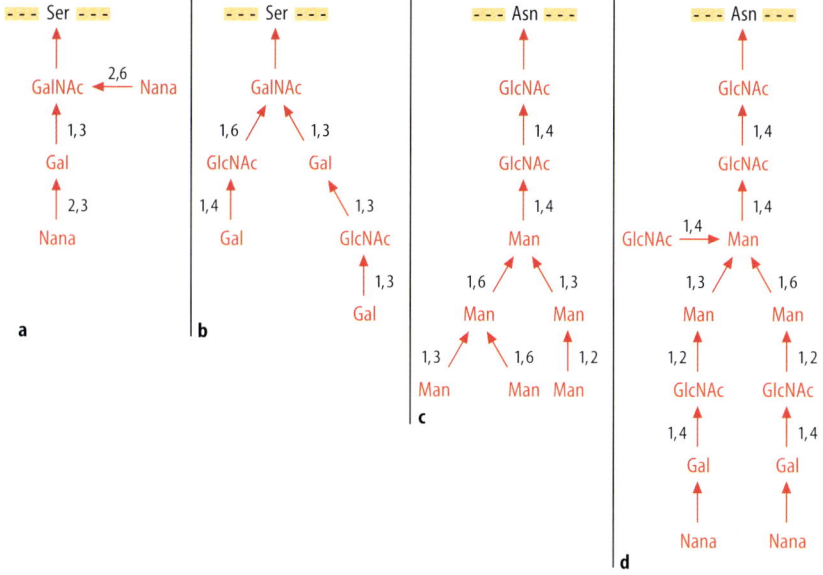

Abb. 5.10 a–d Strukturen typischer O- bzw. N-glykosidisch verknüpfter Oligosaccharide von Glykoproteinen. **a** Struktur aus dem Sialoglykoprotein der Erythrocytenmembran des Menschen. Eine gleichartige Struktur kommt auch im Kininogen vor. **b** Struktur in der Kernregion von Blutgruppensubstanzen. **c** „High-Mannose"-Oligosaccharid aus Eialbumin. **d** Komplexe Oligosaccharidkette, die in vielen Glykoproteinen nachweisbar ist. *Nana* N-Acetyl-Neuraminsäure

Tabelle 5.5 Disaccharide der Glykosaminoglykane

	Molekulargewicht (D)	Hexosen	Stellung des Sulfats	Bindung	Vorkommen
Hyaluronsäure[a]	$1–3 \times 10^6$	N-Acetylglucosamin, Glucuronsäure	–	$\beta(1 \to 4)$ $\beta(1 \to 3)$	Synovialflüssigkeit, Glaskörper, Nabelschnur
Chondroitin-4-sulfat (Chondroitinsulfat A)	$2–5 \times 10^4$	N-Acetylgalaktosamin, Glucuronsäure	4	$\beta(1 \to 4)$ $\beta(1 \to 3)$	Knorpel, Aorta
Chondroitin-6-sulfat (Chondroitinsulfat C)	$2–5 \times 10^4$	N-Acetylgalaktosamin, Glucuronsäure	6	$\beta(1 \to 4)$ $\beta(1 \to 3)$	Herzklappen
Dermatansulfat (Chondroitinsulfat B)	$2–5 \times 10^4$	N-Acetylgalaktosamin, Iduronsäure oder Glucuronsäure	4	$\beta(1 \to 4)$ $\alpha(1 \to 3)^b$ $\beta(1 \to 3)$	Haut, Blutgefäße, Herzklappen
Heparin	$0.5–3 \times 10^4$	Glucosamin, Glucuronsäure oder Iduronsäure	3, 6, N	$\alpha(1 \to 4)$ $\beta(1 \to 4)$ $\alpha(1 \to 4)^b$	Lunge, Mastzellen
Heparansulfat (Heparitinsulfat)	$2–10 \times 10^3$	Glucosamin oder N-Acetylglucosamin, Glucuronsäure oder Iduronsäure	N ?, 3, 6 2	$\alpha(1 \to 4)$ $\beta(1 \to 4)$ $\alpha(1 \to 4)^b$	Blutgefäße, Zelloberfläche
Keratansulfat	$5–20 \times 10^3$	N-Acetylglucosamin, Galaktose	6 6	$\beta(1 \to 3)$ $\beta(1 \to 4)$	Cornea, Nucleus pulposus, Knorpel

[a] Eine Bindung von Hyaluronsäure an Protein ist nicht nachgewiesen.

[b] Diese glykosidische Bindung der L-Iduronsäure entspricht sterisch der β–glykosidischen Bindung der D-Glucuronsäure, wird jedoch wegen der L-Konfiguration der Iduronsäure als α-glykosidisch bezeichnet.

über die Diacetylchitobiose hinaus aus Mannose, Galaktose, Neuraminsäure, N-Acetylgalaktosamin und Fucose, wobei häufig stark verzweigte Strukturen entstehen.

Über Biosynthese und Funktion von Glykoproteinen s. S. 400–403.

Proteoglykane sind Bestandteile der extrazellulären Matrix

Wie die Glykoproteine setzen sich auch die Proteoglykane aus Peptidketten zusammen, an die kovalent Polysaccharidseitenketten geknüpft sind. Während jedoch bei den Glykoproteinen die Kohlenhydratseitenketten selten mehr als 18–20 Monosaccharideinheiten groß sind, bestehen Proteoglykane aus einem relativ *einfach* gebauten *Proteinskelett,* an das außerordentlich lange lineare *Heteroglykanketten* geheftet sind, die zum größten Teil aus sich wiederholenden identischen Disaccharideinheiten bestehen. Eines der Monosaccharide dieser Disaccharideinheiten ist immer ein *Hexosamin* (Glucosamin, Galaktosamin bzw. die N-acetilierten Derivate beider Aminozucker), das andere ein stickstofffreies Monosaccharid, meist *Glucuronsäure.* Häufig finden sich zusätzlich Sulfatgruppen, die über Esterbindungen mit den Hydroxylgruppen der Monosaccharide verknüpft sind. Wegen ihrer typischen Zusammensetzung aus Hexosaminen sowie stickstofffreien Monosacchariden werden die in Proteoglykanen vorkommenden Heteroglykane mit dem Sammelbegriff *Glykosaminoglykane* bezeichnet (Tabelle 5.5, Abb. 5.11). Die Verknüpfung der repetitiven Disaccharideinheiten an die zugehörige Peptidkette erfolgt O-glykosidisch i. allg. über die Sequenz: Ser–Xyl– Gal–Gal–.

Eine ältere Bezeichnung für Glykosaminoglykane ist Mucopolysaccharide. Sie ist heute nicht mehr gebräuchlich und findet sich lediglich noch in der Gruppenbezeichnung von Erkrankungen, die auf einer gestörten Biosynthese bzw. einem gestörten Abbau der Glykosaminoglykane beruhen, nämlich den *Mucopolysaccharidosen* (S. 751).

Hyaluronsäure bildet langkettige und unverzweigte Moleküle aus bis zu 25 000 Disaccharideinheiten (Molekulargewicht ca. 8×10^6 D) und ist damit wesentlich größer als andere Glykosaminoglykane. Außer durch ihre Größe unterscheidet sie sich von diesen auch dadurch, daß sie *kein* als Skelett dienendes Protein enthält und ihr darüber hinaus Sulfat fehlt. Hyaluronsäure kommt in großen Mengen in Bindegewebe, in der Synovialflüssigkeit, im Glaskörper des Auges sowie in der Nabelschnur vor.

Chondroitinsulfate erreichen ein Molekulargewicht zwischen 20 und 50 kD. Sie kommen in großen Mengen im Knorpel vor, wo sie bis zu 40 % des Trockengewichtes ausmachen. Daneben finden sie sich im Bindegewebe, in der Haut und in der Hornhaut.

Dermatansulfat unterscheidet sich von den Chondroitinsulfaten dadurch, daß 10–20 % der Glucuronsäure durch *L-Iduronsäure* ersetzt ist. Dermatansulfat kommt in großen Mengen in der Haut, im Bindegewebe und in den Herzklappen vor.

Ein nur in Cornea und Knorpel vorkommendes Glykosaminoglykan ist das *Keratansulfat,* das sich dadurch auszeichnet, daß es keine Uronsäuren enthält.

Wichtige Glykosaminoglykane sind schließlich *Heparin* und *Heparansulfat,* bei denen im Gegensatz zu den anderen Glykosaminoglykanen Disaccharide auch durch eine α-glykosidische Bindung verknüpft sind. Ihr Molekulargewicht beträgt etwa 5–30 kD. Heparin wirkt *gerinnungshemmend* (S. 927) und aktiviert die intravasale *Lipoproteinhydrolyse* (S. 473).

Hyaluronsäure
[β-Glucuronat(1→3)-β-GlcNAc(1→4)-]$_n$

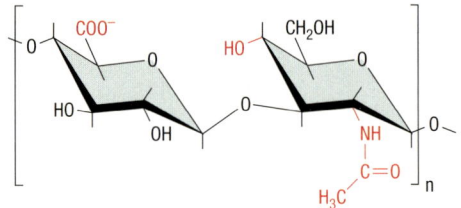

Chondroitin-6-sulfat
[β-Glucuronat(1→3)-β-GalNAc-6-sulfat(1→4)-]$_n$

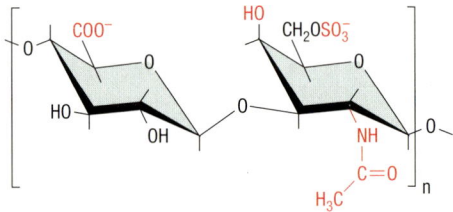

Chondroitin-4-sulfat
[β-Glucuronat(1→3)-β-GalNAc-4-sulfat(1→4)-]$_n$

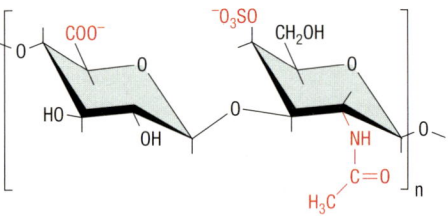

Dermatansulfat
[α-Iduronat(1→3)-β-GalNAc-4-sulfat(1→4)-]$_n$

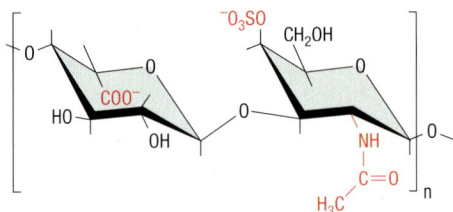

Abb. 5.11 Struktur der wichtigsten Glykosaminoglykane. Um eine bessere Übersicht über die räumliche Struktur zu ermöglichen, wurde zur Darstellung der pyranoiden Ringe die den natürlichen Verhältnissen näherkommende Sesselform gewählt. Die funktionellen Gruppen sind *rot* hervorgehoben

Proteoglykane sind weit verbreitet, kommen jedoch im wesentlichen in der sog. *extracellulären Matrix* vor. Entsprechend den Änderungen der physikalisch-chemischen Eigenschaften dieser Grundsubstanzen während des Alterungsprozesses ändert sich auch die Zusammensetzung der Proteoglykane mit fortschreitendem Alter. Störungen in der normalen Verteilung, der Synthese sowie des Abbaus von Proteoglykanen führen zu schweren Abnormitäten.

Während die biologische Aktivität von *Glykoproteinen* durch ihre Peptidkette bestimmt wird, werden die Eigenschaften der *Proteoglykane* in erster Linie durch die Besonderheiten der Glykosaminoglykane geprägt. Infolge der Häufungen von negativen Ladungen wirken sie als **Polyanionen.**

Sie tragen deswegen wesentlich zu den Ladungsverhältnissen an Zelloberflächen bei und sind imstande, die unterschiedlichsten Moleküle reversibel zu binden. Neben Wasser gehören hierzu Kationen wie Calcium (Ionenaustauschereffekt!), Peptidhormone (z. B. FGF (S. 764)) oder andere extrazelluläre Proteine. Proteoglykane haben die Eigenschaft, sich zu assoziieren und geordnete Strukturen auszubilden (Abb. 26.18, S. 746).

Peptidoglykane sind Bestandteile der Zellwand von Bakterien

Unter den verschiedenen Bestandteilen der bakteriellen Zellwand ist das für das Überleben der Bakterien wichtigste das Peptidoglykan **Murein,** das auch als Glykopeptid oder Mucopeptid bezeichnet wird. Murein findet sich mit wenigen Ausnahmen in allen Prokaryonten. Es ist ein einziges, sehr großes Makromolekül, das je nach Bakterienart 3–60 nm Länge besitzt. Grundbaustein ist ein aus **N-Acetylglucosamin** und **N-Acetylmuraminsäure** bestehendes Disaccharid (Abb. 5.12). Formal ist Muraminsäure ein 3-O-Ether des Glucosamins mit Lactat. An der Carboxylgruppe des Lactatrestes hängen kurze Peptidketten, die die Querverbindungen zwischen den Polysaccharidketten darstellen und auf diese Weise ein netzförmiges Riesenmolekül bilden (Abb. 5.12). Muraminsäureketten werden spezifisch durch **Muraminidase** gespalten. Dieses auch als **Lysozym** (S. 110) bezeichnete Enzym ist im Tierreich weit verbreitet. Es findet sich v. a. in der Nasenschleimhaut und der Tränenflüssigkeit und hat dort offenbar die Aufgabe, die mit der Luft eindringenden Mikroorganismen zu zerstören. Es ist von besonderem Interesse, daß einige Antibiotika – v. a. Bacitracin und Penicillin – ihre bacteriostatische Wirkung durch eine Hemmung der Mureinbiosynthese erzielen (S. 402).

Glykolipide sind Membranbestandteile

Als Glykolipide werden Verbindungen von meist komplex aufgebauten Oligosacchariden mit Lipiden bezeichnet, die überwiegend als Membranbestandteile vorkommen und hochspezifische Funktionen ausüben. Je nach der in ihnen vorkommenden Lipidstruktur unterscheidet man
- **Sphingolipide,**
- **Glyceroglykolipide** und
- **Isoprenol-Glykolipide.**

Grundbaustein der **Sphingolipide** ist das *Ceramid,* an das glykosidisch Oligosaccharidseitenketten angeheftet sind. Typische Vertreter der Glykolipide sind die **Ganglioside** (S. 141).

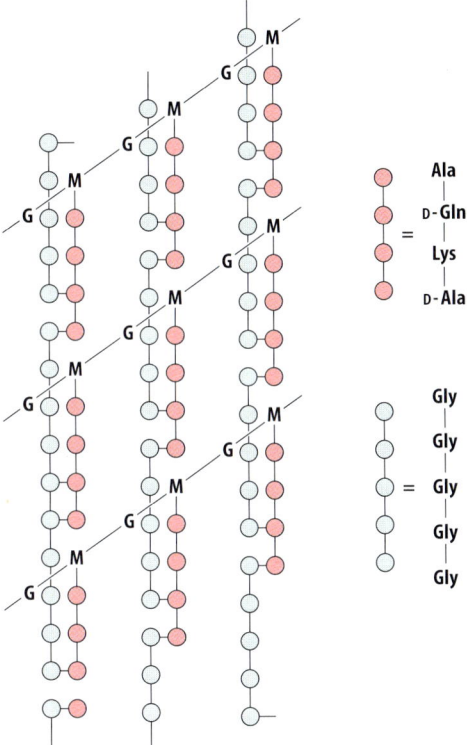

NAc-Glucosamin — NAc-Muraminsäure

Abb. 5.12 Struktur des Mureins. *G* NAc-Glucosamin; *M* NAc-Muraminsäure

Der Lipidanteil, der vor allem in Bakterien und Pflanzen vorkommenden *Glyceroglykolipide* besteht aus *Diacylglycerin.* Seine freie OH-Gruppe ist in glykosidischer Bindung mit Oligosacchariden der verschiedensten Größe verknüpft.

Eine wichtige Rolle bei der Biosynthese der Polysaccharide bakterieller Zellwände sowie der Membranglykoproteine tierischer Zellen spielen *Isoprenol-Glykolipide.* Die an Proteine gebundenen Oligosaccharide werden nämlich zunächst Schritt für Schritt auf spezifische Lipide übertragen. Danach wird das fertige Oligosaccharid in einem Schritt mit dem jeweiligen Protein verknüpft (S. 400). Für diese Aufgabe verwendete Lipide sind meist *Polyprenole.* In den tierischen Geweben handelt es sich hauptsächlich um das *Do-*

lichol bzw. seine Phosphorsäureester (Abb. 6.12, S. 142), bei Prokaryonten übernimmt diese Aufgabe das sehr ähnlich aufgebaute *Bactoprenol.* Es ist von großem Interesse, daß auch das *Retinol* (Vitamin A, S. 451) als Retinolphosphat eine derartige Aufgabe übernehmen kann. Damit könnten die verschiedenen Wirkungen von Vitamin A auf die Integrität besonders epithelialer Oberflächen eine Erklärung finden.

RESÜMEE

Chemisch sind Kohlenhydrate Aldehyde oder Ketone mehrwertiger Alkohole. Sie kommen sowohl als Monomer als auch als Oligo- oder Polymer vor und können mit einer großen Zahl von anderen Substanzen Verbindungen eingehen. Diese Fähigkeit beruht auf der sehr reaktionsfähigen Aldehydgruppe, die glykosidische Bindungen ausbilden kann. Die Aldehydgruppe kann außerdem oxidiert bzw. reduziert werden, wodurch entsprechende Säuren bzw. Alkohole entstehen. Die verschiedenen Hydroxylgruppen können oxidiert, isomerisiert oder chemisch modifiziert werden, was zu einer großen Zahl unterschiedlicher Verbindungen führt. Neben den Disacchariden sind die Polysaccharide von besonderem Interesse, die als Homoglykane Speichersubstanzen bilden und als Heteroglykane in der extracellulären Matrix vorkommen bzw. Bauteile wichtiger Proteine oder Lipide sind.

Literatur

Monographien und Lehrbücher

Allen HJ, Kisailus EC (eds) (1992) Glycoconjugates; composition, structure and function. Dekker, New York

Ciba Foundation Symposium 124 (1986) Functions of proteoglycans. Wiley, Chichester

Wiegandt H (ed) (1985) Glycolipids. New comprehensive biochemistry, vol 10. Elsevier, Amsterdam

Original- und Übersichtsarbeiten

Dwek RA, Edge CJ, Harvey DJ, Wormald MR, Perek RB (1993) Analysis of glycoprotein associated oligosaccharides. Annu Rev Biochem 62: 65–100

England PT (1993) Structure and biosynthesis of glycosylphosphatidylinositol anchors. Annu Rev Biochem 62: 121–138

Fukada M (1985) Cell surface glycoconjugates as onco differentiation markers in hematopoietic cells. Biochem Biophys Acta 780: 119–150

Kjellén L, Lindahl U (1991) Proteoglycans: structures and interactions. Annu Rev Biochem 60: 121–138

Marshall RP (1979) Structures and functions of glycoproteins. In: Offord RE (ed) International review of biochemistry, vol 25. University Park Press, Baltimore, pp 1–53

Lipide

Ohne Lipide könnte keine der auf unserem Planeten
vorkommenden Lebensformen existieren. Zur Klasse
der Lipide gehören nämlich die amphiphilen Phospholipide und Sphingolipide, welche die Membranstrukturen aller Zellen mit Ausnahme einiger Mikroorganismen bilden. Triacylglycerine sind die energiedichtesten
Speicherverbindungen und werden bei Vertebraten in
einem spezialisierten Gewebe, dem Fettgewebe, gespeichert. Wegen ihrer Fähigkeit zur Polymerisation
sind Isoprene zur Bildung der besonders umfangreichen Isoprenlipide imstande. Zu diesen gehören u. a.
eine Reihe fettlöslicher Vitamine, Cholesterin als essentieller Membranbaustein, die vom Cholesterin abgeleiteten Steroidhormone sowie die für die Fettverdauung
unerläßlichen Gallensäuren.

*Das im Wasser nahezu unlösliche Cholesterin ist
ein unerlässlicher Bestandteil zellulärer Membranen und
ein Ausgangspunkt für die Biosynthese vieler Hormone.
(Bild: S. Walker, Tony Stone Bilderwelten, München)*

6.1 Klassifizierung der Lipide

Entsprechend der Verschiedenartigkeit ihrer chemischen Natur gibt es eine Vielzahl von Einteilungsmöglichkeiten für die Lipide. Die in Tabelle 6.1 dargestellte Klassifizierung teilt die Lipide in 2 Hauptgruppen ein, die *einfachen, nicht durch Alkalibehandlung verseifbaren Lipide* und die *zusammengesetzten,* Esterbindungen enthaltenden und damit *verseifbaren Lipide.*

Zu den ersteren gehören, neben den *Fettsäuren* bzw. deren Derivaten, die sich von Isopren ableitenden Lipide mit den *Terpenen* und *Steroiden* als wichtigste Vertreter.

Die verseifbaren Lipide enthalten immer 1–3 Acylreste, die mit einem Alkohol, meist *Glycerin, Glycerin-3-phosphat* oder *Sphingosin* verestert sind. Häufig finden sich weitere geladene oder polare Komponenten. Auch Isoprenderivate können in verseifbarer Form vorkommen. So enthalten Cholesterinester Fettsäuren.

6.2 Biologische Bedeutung der Lipide

Triacylglycerine (Triglyceride) sind ein wichtiger Bestandteil der Nahrung. Die Fettverbrennung ergibt im Vergleich mit anderen Nahrungsstoffen die *höchste* Energieausbeute. 1 g Protein oder 1 g Kohlenhydrate liefern bei ihrer Oxidation 18,6 kJ (4,4 kcal) bzw. 17,5 kJ (4,2 kcal), 1 g Fett jedoch 39,6 kJ (9,5 kcal) (S. 711). Neben ihrem energetischen Wert haben die Nahrungslipide auch deshalb Bedeutung, weil sie die Träger der *essentiellen Fettsäuren* und der fettlöslichen Vitamine *Retinol, Calciferol,* der *Tocopherole* sowie der *Phyllochinone* sind (S. 651 ff.).

Im tierischen Organismus findet sich die höchste Lipidkonzentration im Fettgewebe. Hier dienen die Lipide in Form von Triacylglycerinen als *Energiespeicher,* der *Wärmeisolierung* (subcutanes Fettgewebe) oder als *Druckpolster* (Fett der Nierenlager, der Fußsohle, der Orbita). Die Möglichkeit der Fettspeicherung im Fettgewebe gewährleistet über längere Zeit eine gewisse Unabhängigkeit von der Nahrungszufuhr. Ein Erwachsener speichert etwa 10 000 g Fett (bei Überge-

Tabelle 6.1 Klassifizierung der Lipide

Nicht verseifbare Lipide			Verseifbare (zusammengesetzte) Lipide			
Fettsäuren und Derivate	Isoprenderivate		Acyl-reste	Verestert mit	Weitere Komponenten	Bezeichnung
	Terpene	Steroide				
Gesättigte Fettsäuren	Retinol Phyllochinone	Cholesterin Steroidhormone	1	Langkettigen Alkoholen	–	Wachse
Ungesättigte Fettsäuren	Tocopherol Dolichol	D-Vitamine Gallensäuren	1–3	Glycerin	–	Acylglycerine
Essentielle Fettsäuren			1–2	Glycerin-3-phosphat	Serin, Ethanolamin, Cholin, Inositol	Phosphoglyceride
Prostaglandine			1	Sphingosin	Phosphorylcholin, Galaktose, Oligosaccharide	Sphingolipide
			1	Cholesterin	–	Cholesterinester

wicht wesentlich mehr!), aber nur maximal 500 g Kohlenhydrate in Form von Glykogen.

Eine außergewöhnliche Bedeutung haben *Phosphoglyceride, Sphingolipide* sowie das *Cholesterin* als wichtige Strukturbauteile aller Zellen. Sie sind Bestandteile der *Plasmamembran* und *intracellulärer Membranen*, z.B. der *Mitochondrien*, der *Lysosomen* und des *endoplasmatischen Reticulums* (Kap. 8).

Eine besondere Bedeutung kommt den Lipiden bei der Regulation des Stoffwechsels sowie bei der Differenzierung und dem Wachstum zu, da die *Steroidhormone* der *Nebennierenrinde* und der *Gonaden* ihrer Natur nach Lipide sind (S. 827 ff.). Das gleiche trifft für die *Prostaglandine* und *Leukotriene* zu, die in vielen Geweben eine hormonähnliche Wirkung entfalten (S. 442).

6.3 Chemische Eigenschaften der Lipide

Fettsäuren bestehen aus einer Kohlenwasserstoffkette und einer Carboxylgruppe

Fettsäuren, die in natürlichen Lipiden als Bausteine von *Acylglycerinen, Phosphoglyceriden* und *Sphingolipiden* vorkommen, enthalten gewöhnlich eine gerade Anzahl von Kohlenstoffatomen, was ihrer Biosynthese aus 2 Kohlenstoffeinheiten entspricht, und bestehen aus einer *unverzweigten* Kette. Fettsäuren können *eine* oder *mehrere* Doppelbindungen enthalten (einfach oder mehrfach ungesättigte Fettsäuren).

In der chemischen Nomenklatur werden Fettsäuren nach den analogen Kohlenwasserstoffen mit gleicher Kettenlänge benannt. So heißt beispielsweise eine gesättigte Fettsäure mit 6 C-Atomen Hexansäure (Trivialname Capronsäure) (Tabelle 6.2). Ungesättigte Fettsäuren werden nach der gleichen Regel bezeichnet. In diesem Falle endet der Name jedoch – wie auch bei den Kohlenwasserstoffen – mit der Endung -en bei einfach ungesättigten Fettsäuren, mit -dien im Falle von 2 und mit -trien im Falle von 3 Doppelbindungen. Die C-Atome der Fettsäuren werden fortlaufend vom Carboxylende her mit arabischen Ziffern numeriert, wobei das C-Atom der Carboxylgruppe die Nummer 1 erhält. Das der Carboxylgruppe benachbarte C-Atom mit der Nummer 2 wird auch als α-C-Atom, C-Atom 3 als β-C-Atom usw. bezeichnet. Der Kohlenstoff der endständigen Methylgruppe wird mit ω gekennzeichnet.

Die Stellung einer Doppelbindung in einer Fettsäure wird durch Δ (großes Delta) angegeben. So bezeichnet Δ^9 eine Doppelbindung zwischen den C-Atomen 9 und 10 einer Fettsäure (Abb. 6.1). Diese Position kommt bei den natürlichen ungesättigten Fettsäuren häufig vor.

Die Doppelbindungen fixieren die räumliche Anordnung der Kohlenstoffkette in ungesättigten Fettsäuren. Es kommt zur Ausbildung isomerer Formen, der *cis-* und *trans-*Form. Wie üblich spricht man von *cis-*Isomerie, wenn gleichartige Substituenten auf derselben Seite der Doppelbindungen liegen, andernfalls von *trans-*Isomerie. Fast alle in der Natur vorkommenden ungesättigten Fettsäuren liegen in der *cis-Form* vor (Abb. 6.1).

Sind 2 oder mehr Doppelbindungen in einer Fettsäure enthalten, so sind diese immer durch 2 C-C-Bindungen getrennt, es handelt sich also um *isolierte Doppelbindungen*. Eine Reihe dieser Fettsäuren können vom tierischen Organismus nicht synthetisiert werden. Da sie jedoch wichtige Funktionen erfüllen (s. S. 441), müssen sie mit der Nahrung zugeführt werden und werden deshalb auch als *essentielle Fettsäuren* bezeichnet. Sie zeichnen sich dadurch aus, daß sie Doppelbindungen enthalten, die mehr als 9 C-Atome von der Carboxylgruppe entfernt sind. Eine wichtige essentielle Fettsäure ist die *Linolsäure* oder $\Delta^{9,12}$-Octadecadiensäure mit 18 C-Atomen. Die zweite Doppelbindung ist hier 12 C-Atome von der Carboxylgruppe entfernt und liegt demzufolge 6-C-Atome vor dem endständigen ω-C-Atom. Man rechnet die Linolsäure daher auch zu den *ω-6-Fettsäuren*. Eine ebenfalls essentielle Fettsäure ist die *Linolensäure* ($\Delta^{9,12,15}$-Octadecatriensäure). Sie findet sich vor allen Dingen in maritimen Organismen und wird wegen der spezifischen Position der am weitesten von der Carboxylgruppe entfernten Doppelbindung auch zu der Gruppe der *ω-3-Fettsäuren* gerechnet.

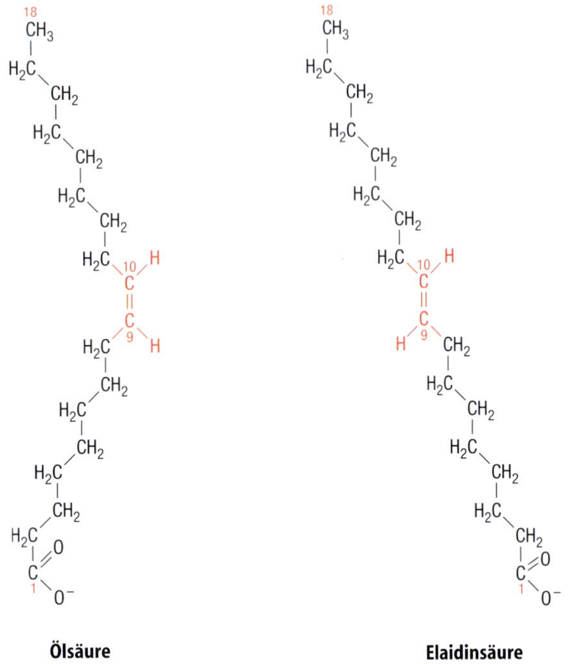

Ölsäure
(cis-Form)

Elaidinsäure
(trans-Form)

Abb. 6.1 Ölsäure und Elaidinsäure als Beispiele für die cis-trans-Isomerie ungesättigter Fettsäuren

Tabelle 6.2 Wichtige Fettsäuren

A. Gesättigte Fettsäuren: Summenformel $C_nH_{2n+1}COOH$

Trivialname	Chemischer Name	Formel	Mol.-Gew.	Vorkommen
Essigsäure	Ethansäure	$C_2H_4O_2$	60,05	Endprodukt des bakteriellen Kohlenhydratabbaues; als Acetyl-CoA im Intermediärstoffwechsel
Propionsäure	Propansäure	$C_3H_6O_2$	74,08	Endprodukt des bakteriellen Kohlenhydratabbaues; als Propionyl-CoA im Intermediärstoffwechsel; Endprodukt beim Abbau ungeradzahliger Fettsäuren
n-Buttersäure	Butansäure	$C_4H_8O_2$	88,11	In Fetten, z. B. Butter
Isovaleriansäure	Isopentansäure	$C_5H_{10}O_2$	102,13	Als Isovaleryl-CoA Intermediat beim Abbau verzweigtkettiger Aminosäuren
Myristinsäure	Tetradecansäure	$C_{14}H_{28}O_2$	228,38	Anker für Membranproteine
Palmitinsäure	Hexadecansäure	$C_{16}H_{32}O_2$	256,43	Bestandteil tierischer und pflanzlicher Lipide
Stearinsäure	Octadecansäure	$C_{18}H_{36}O_2$	284,49	Bestandteil tierischer und pflanzlicher Lipide
Lignocerinsäure	Tetracosansäure	$C_{24}H_{48}O_2$	368,65	Bestandteil der Cerebroside und Sphingomyeline

B. Einfach ungesättigte Fettsäuren: Summenformel $C_nH_{2n-1}COOH$

Trivialname	Chemischer Name	Formel	Mol.-Gew.	Vorkommen
Crotonsäure	trans-Butensäure	$C_4H_6O_2$	86,09	Als Crotonyl-CoA Metabolit beim Fettsäureabbau
Palmitoleinsäure	cis-Δ^9-Hexadecensäure	$C_{16}H_{30}O_2$	254,42	In Milchfett und Depotfett, Bestandteil der Pflanzenöle
Ölsäure	cis-Δ^9-Octadecensäure	$C_{18}H_{34}O_2$	282,47	Hauptbestandteil aller Fette und Öle
Nervonsäure	cis-Δ^{15}-Tetracosensäure	$C_{24}H_{46}O_2$	366,63	In Cerebrosiden

C. Mehrfach ungesättigte Fettsäuren

Trivialname	Chemischer Name	Formel	Mol.-Gew.	Vorkommen
Linolsäure[a]	$\Delta^{9,12}$-Octadecadiensäure	$C_{18}H_{32}O_2$	280,45	In Pflanzenölen und Depotfett
Linolensäure[a]	$\Delta^{9,12,15}$-Octadecatriensäure	$C_{18}H_{30}O_2$	278,44	In Fischölen
Arachidonsäure	$\Delta^{5,8,11,14}$-Eicosatetraensäure	$C_{20}H_{32}O_2$	304,48	In Fischölen, Bestandteil vieler Phosphoglyceride

[a] Essentielle Fettsäuren (S. 441).

Besondere biologische Wirksamkeit als Fettsäurederivate haben die *Prostaglandine* und *Leukotriene.* Sie entstehen aus mehrfach ungesättigten Fettsäuren, besonders der Arachidonsäure. Wegen ihrer Wirkung auf den Zellstoffwechsel in geringsten Konzentrationen (10^{-10}–10^{-8} mol/l) werden sie zu den Gewebehormonen gerechnet. Über Biosynthese, Struktur und Wirkungsweise der Prostaglandine und Leukotriene s. S. 441.

Acylglycerine entstehen durch Veresterung von Hydroxylgruppen des Glycerins mit Fettsäuren

Acylglycerine enthalten als gemeinsamen Bauteil, gewissermaßen als Rückgrat, den dreiwertigen Alkohol *Glycerin.* Sind alle 3 Hydroxylgruppen des Glycerins mit Fettsäuren verestert, dann spricht man von *Triacylglycerinen* (Triglyceriden) (Abb. 6.2).

Werden alle 3 Hydroxylgruppen des Glycerins durch dieselbe Fettsäure besetzt, handelt es sich um *einfache* Triacylglycerine (z. B. Tristearoylglycerin, Tripalmitoylglycerin).

Ein großer Teil der im tierischen Fettgewebe vorkommenden Triacylglycerine ist *gemischt.* Hier sind die 3 Hydroxylgruppen des Glycerins mit Fettsäuren verschiedener Kettenlänge und unterschiedlichen Sättigungsgrad verestert.

In geringer Menge finden sich in den Geweben auch **Monoacylglycerine** und **Diacylglycerine,** bei denen nur 1 bzw. 2 der 3 alkoholischen Gruppen des Glycerins mit Fettsäuren verestert sind. Diese Verbindungen kommen als Zwischenprodukte beim Auf- und Abbau der Triacylglycerine vor. Das Vorkommen freier Hydroxylgruppen in Monoacyl- bzw. Diacylglycerinen bedingt, daß diese Verbindungen neben ihren hydrophoben, durch die Kohlenwasserstoffketten der Fettsäuren bedingten Gruppen auch hydrophile Reste tragen (S. 144).

Phosphoglyceride sind amphiphile Verbindungen

Ähnlich wie bei Acylglycerinen ist auch bei den **Phosphogliceriden** der dreiwertige Alkohol **Glycerin** der entscheidende Bauteil. Zwei der Hydroxylgruppen des Glycerins sind mit *langkettigen Fettsäuren* verestert, die dritte mit *Phosphorsäure.* Aus diesem Grund können Phosphoglyceride auch als Derivate des Glycerin-3-phosphats angesehen werden. Wie aus Abb. 6.3 hervorgeht, wird das C-Atom 2 durch die Veresterung der Hydroxylgruppen 1 und 3 des Glycerins mit verschiedenen Substituenten asymmetrisch. Die natürlicherweise vorkommenden Phosphoglyceride sind Derivate des L-Phosphoglycerins.

Die in Abb. 6.3 dargestellte **Phosphatidsäure** ist der einfachste Vertreter der Phosphoglyceride. Man findet sie nur in Spuren in den Geweben; sie ist jedoch ein wichtiges Zwischenprodukt auf dem Weg der Triacylglycerin- und Phosphoglyceridbiosynthese. Alle anderen Phosphoglyceride sind formal *Phosphorsäurediester,* da der Phosphatrest der Phosphatidsäure mit einem weiteren Alkohol verknüpft ist (Abb. 6.4).

In natürlichen Phosphoglyceriden kommt am häufigsten das **Phosphatidylcholin** (Lecithin) vor. Es ist ein Phosphorsäurediester von Diacylglycerin und dem Aminoalkohol *Cholin.* In allen tierischen und pflanzlichen Zellen ist es als Baustein biologischer Membranen weit verbreitet. Besonders hoch ist der Phosphatidylcholingehalt im Nervengewebe, im Eidotter und in der Sojabohne. Beim α-Phosphatidylcholin findet sich der Phosphorylcholinrest am C-Atom 3, beim β-Phosphatidylcholin am C-Atom 2 des Glycerins.

Beim **Phosphatidylethanolamin** bzw. **Phosphatidylserin** ist Cholin durch *Ethanolamin* bzw. durch die Aminosäure *Serin* ersetzt. Wie beim Phosphatidylcholin gibt es α- und β-Formen.

Ein weiteres, häufig vorkommendes Phosphoglycerid ist das **Phosphatidylinositol** (Abb. 6.4). Hier ist der Phosphorsäurediester mit dem cyclischen sechswertigen Alkohol Inositol verknüpft. Phosphatidylinositol ist nicht nur ein besonders wichtiger Membranbaustein (S. 455), sondern dient auch als Membranan-

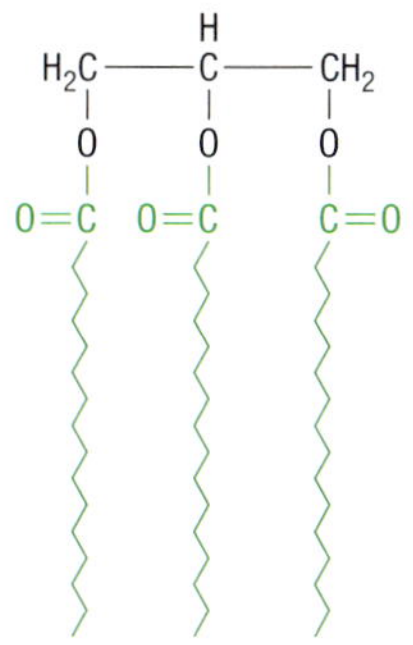

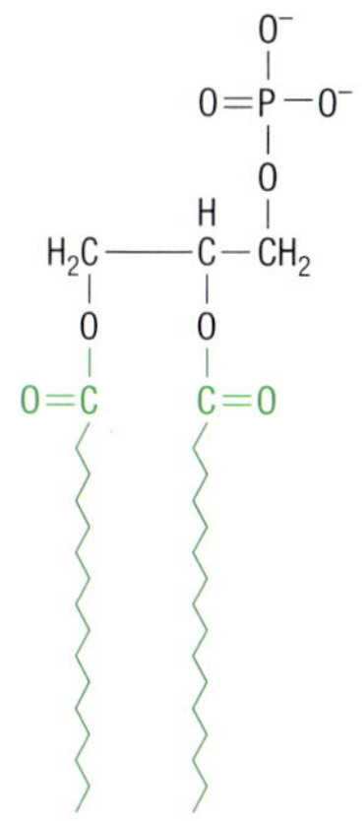

Abb. 6.2 *(links)* Tripalmitoylglycerin als Beispiel für ein Triacylglycerin

Abb. 6.3 *(rechts)* Struktur der Dipalmitoylphosphatidsäure

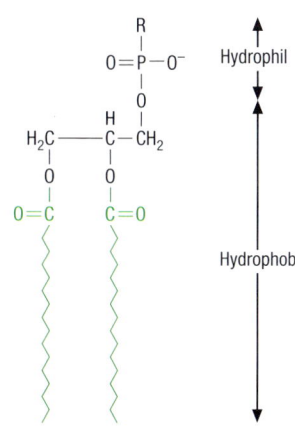

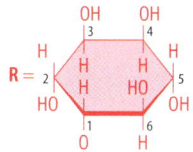

Phosphatidylcholin

Phosphatidylserin

Phosphatidylethanolamin

Phosphatidylinositol

Abb. 6.4 Aufbau von Phosphogliceriden. Der hydrophobe Teil des Moleküls besteht aus den Alkanketten der Fettsäurereste, die mit 2 der 3 Hydroxylgruppen des Glycerins verestert sind. Die dritte Hydroxylgruppe ist mit Phosphorsäure verestert, welche in Form eines Diesters mit den als R bezeichneten Substituenten verknüpft ist, die für die hydrophilen Eigenschaften des Moleküls verantwortlich sind

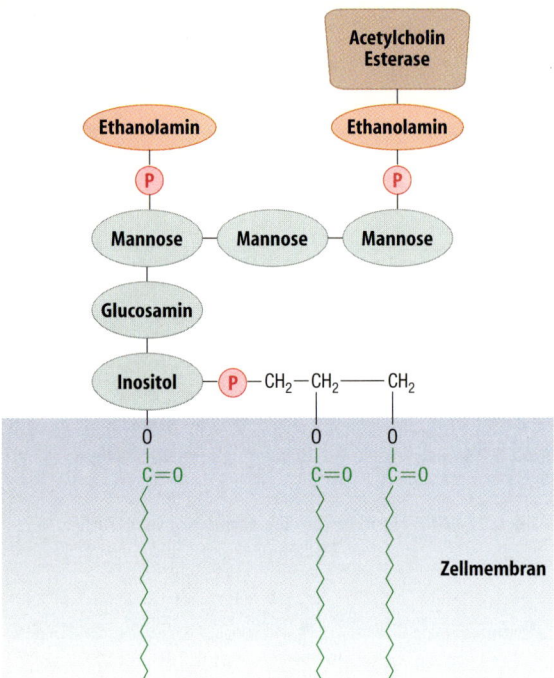

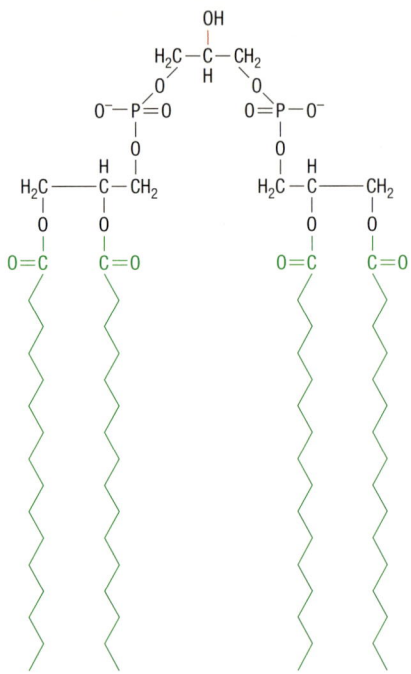

Abb. 6.5 Schema des Aufbaus des GPI-Ankers der Acetylcholinesterase des Erythrocyten. Die Verankerung des Enzyms in der Membran erfolgt durch ein Phosphatidylinositolmolekül, dessen Inositol mit einer Palmitinsäure verestert ist. Außerdem ist an den Inositolrest ein Tetrasaccharid geknüpft, mit welchem über ein Ethanolaminphosphat mittels einer Säureamidbindung der C-Terminus der Acetylcholinesterase verbunden ist

Abb. 6.6 Struktur des Cardiolipins

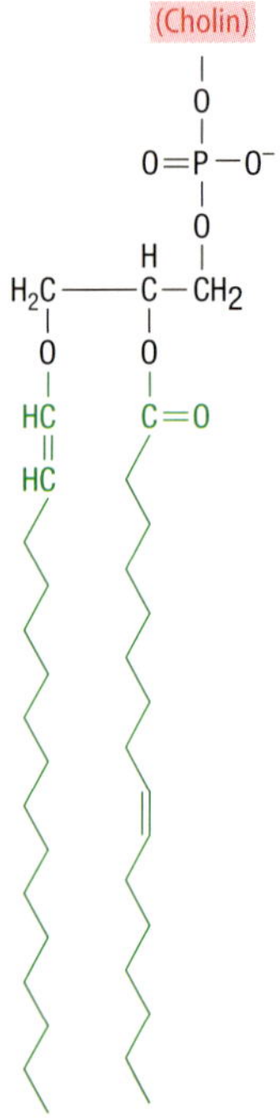

Abb. 6.7 Aufbau von Plasmalogenen

ker für eine Reihe auf der Außenseite der Zellmembran lokalisierter Proteine, z. B. der Acetylcholinesterase der Erythrocytenmembran (S. 178) oder der alkalischen Phosphatase (S. 638, 748). Abbildung 6.5 zeigt den komplizierten Aufbau dieser auch als Glycosyl-Phosphatidylinositolanker *(GPI-Anker)* bezeichneten Strukturen.

Ein speziell in Mitochondrienmembranen in hoher Konzentration vorkommendes Phosphoglycerid ist das *Diphosphatidylglycerin* (Cardiolipin). Auch hier ist das Rückgrat des Moleküls ein Glycerin, bei dem die Hydroxylgruppen des C-Atoms 1 und 3 mit je einer Phosphatidsäure verestert sind (Abb. 6.6).

Unter Einwirkung von Phospholipasen entstehen aus Phosphoglyceriden durch Abspaltung einer Fettsäure die entsprechenden *Lysophosphoglyceride.* Der bekannteste Vertreter dieser Gruppe ist das *Lysophosphatidylcholin,* welches schon in geringsten Mengen hämolytisch wirkt. Phospholipasen, die zur Bildung von Lysophosphoglyceriden führen können, kommen u. a. in Schlangengiften vor und sind mit ein Grund für die Gefährlichkeit dieser Gifte (S. 459).

Mehr als 10 % der Phospholipide des Gehirns und der Muskeln gehören zur Gruppe der *Plasmalogene.* Sie stehen strukturell dem Phosphatidylcholin bzw. Phosphatidylethanolamin nahe, jedoch ist am C-

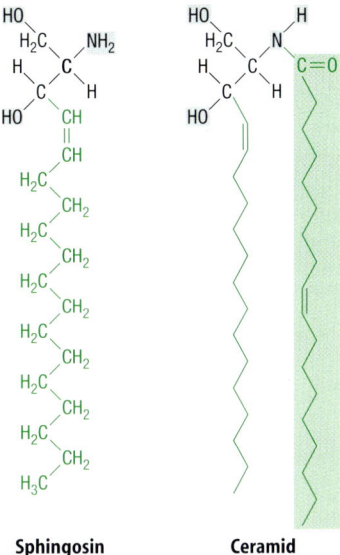

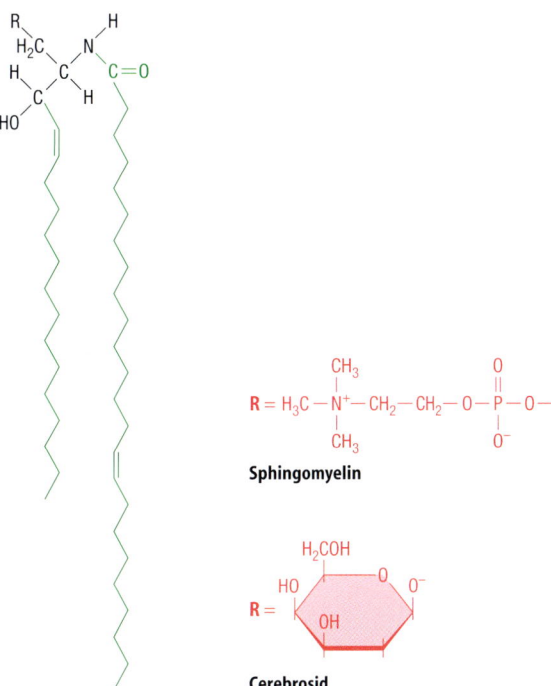

Abb. 6.8 Sphingosin als die alkoholische Komponente der Sphingolipide. Das Molekül trägt 2 Hydroxyl- und eine Aminogruppe. Geht diese eine Amidbindung mit einer, meist ungesättigten Fettsäure ein, entsteht Ceramid

Abb. 6.9 Struktur von Sphingomyelin und Cerebrosid: Durch Veresterung einer Hydroxylgruppe des Ceramids mit Phosphorylcholin bzw. Galaktose entsteht Sphingomyelin bzw. Cerebrosid

Atom 1 des Glycerins anstelle einer Fettsäure ein Fettsäurealdehyd als Enolether gebunden. Die zweite, als Ester gebundene Fettsäure ist immer ungesättigt. Als stickstoffhaltige Alkohole dienen in der Regel Ethanolamin oder Cholin (Abb. 6.7).

Sphingolipide enthalten als Alkohol Sphingosin

Bei den **Sphingolipiden** übernimmt der Aminodialkohol **Sphingosin** (Abb. 6.8) die Rolle des zugrunde liegenden Alkohols. Wenn die Aminogruppe des Sphingosins mit einer Fettsäure in Säureamidbindung verknüpft ist, entsteht **Ceramid,** das einfachste Sphingolipid (Abb. 6.8).

Die als **Sphingomyeline** bezeichnete Gruppe der Sphingolipide trägt an der endständigen Hydroxylgruppe des Ceramidanteils einen *Phosphorylcholinrest* (Abb. 6.9). Bevorzugte Fettsäuren sind *Lignocerinsäure* und *Nervonsäure* (Tabelle 6.2). Der Name Sphingomyelin leitet sich vom typischen Vorkommen dieser Lipide in den Myelinscheiden des Nervengewebes ab.

Eine weitere Gruppe der Sphingolipide sind die **Glykosphingolipide.** Im Gegensatz zum Sphingomyelin ist bei ihnen die terminale Hydroxylgruppe des Ceramids nicht mit Phosphorylcholin verestert, sondern glykosidisch an das C-Atom 1 eines Zuckers gebunden. Ist dieser Zucker *Galaktose,* so handelt es sich um ein **Cerebrosid** (Abb. 6.9). Cerebroside kommen in besonders hoher Konzentration im Zentralnervensystem vor, finden sich jedoch auch in vielen anderen Geweben. Untereinander unterscheiden sich die Cerebroside

besonders durch die Fettsäurereste. Bei den als **Sulfatiden** bezeichneten Sphingolipiden ist der Galaktosylrest eines Cerebrosids am C-Atom 3 mit *Schwefelsäure* verestert.

Anstelle eines Monosaccharids wie Galaktose enthalten die **Ganglioside** einen komplexen, häufig verzweigten Oligosaccharidrest, der glykosidisch an das Ceramid gebunden ist. Als Kohlenhydratreste werden Glukose, Galaktose, Galaktosamin und N-Acetylneuraminsäure (Sialinsäure) (S. 127) gefunden. Wie ihr Name sagt, gehören Ganglioside zu den bevorzugten Bausteinen des Nervengewebes, insbesondere der grauen Substanz des Gehirns. Sie finden sich daneben aber auch in den Membranen der verschiedensten anderen Zellen. Abbildung 6.10 zeigt den Aufbau des Gangliosides GM-1.

Durch Polymerisierung von Isopren entstehen die Isoprenlipide

Wie der Name sagt, ist der Baustein der als Isoprenderivate bezeichneten Lipide das in Abb. 6.11 dargestellte *2-Methyl-Δ¹,³-butadien,* das **Isopren.** Durch Polymerisierung von Isopren entstehen **Terpene,** einkettige Moleküle, die unter bestimmten Umständen intramolekular cyclisieren können. Terpene aus 2 Isopreneinheiten werden *Monoterpene,* solche aus 3 Isopreneinheiten

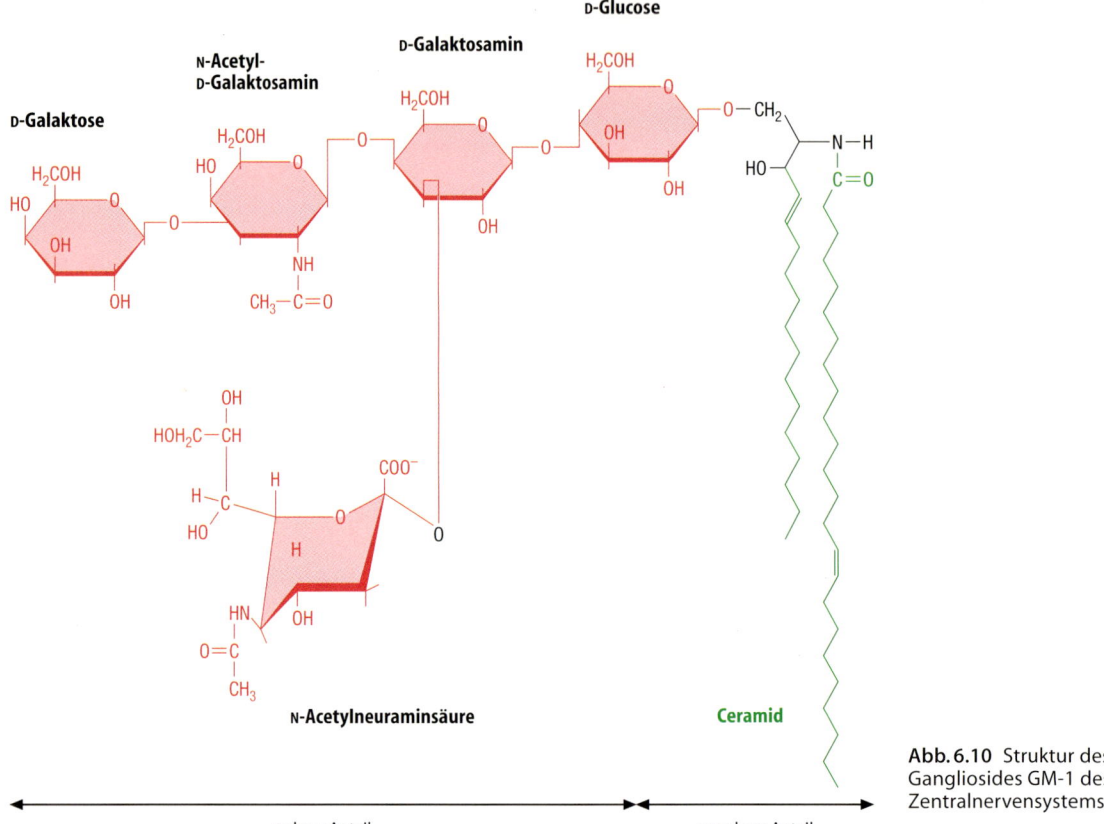

Abb. 6.10 Struktur des Gangliosides GM-1 des Zentralnervensystems

D-Glucose

D-Galaktosamin

N-Acetyl-D-Galaktosamin

D-Galaktose

N-Acetylneuraminsäure

Ceramid

← polarer Anteil →   ← unpolarer Anteil →

Abb. 6.11 *(links)* Isopren als Grundkörper der Lipide vom Typ Isoprenderivate

Abb. 6.12 *(rechts)* Dolichol als Polyprenol

Sesquiterpene genannt. Bei Polymerisierung von 4, 6 oder 8 Isopreneinheiten spricht man von *Di-, Tri-* bzw. *Tetraterpenen.*

Eine besonders weite Verbreitung haben Terpene im Pflanzenreich, wo sie Bestandteile der Duftstoffe bzw. der Pflanzenöle sind (Geraniol, Menthol, Kampfer). Naturkautschuk ist ein Polyterpen, das aus Tausenden von Isopreneinheiten besteht.

Terpene mit besonderer Bedeutung für den tierischen Organismus sind die fettlöslichen Vitamine *Retinol, Tocopherol* sowie *Phyllochinon* (S. 651, 659, 661).

Ebenfalls ein Isoprenderivat ist das in Abb. 6.12 dargestellte Polyprenol *Dolichol,* das auch in phosphorylierter Form als *Dolicholphosphat* vorkommt. Dolichol besteht aus 19 Isopreneinheiten. Bei der Synthese von Glykoproteinen im endoplasmatischen Reticulum dienen die langen apolaren Kohlenwasserstoffketten des Dolichols bzw. des Dolicholphosphates als Träger für Oligosaccharidketten, die wahrscheinlich auf diese Weise leichter Zugang zu hydrophoben Bezirken der Proteinkette der jeweiligen Glykoproteine erlangen (S. 400).

Ähnlich wie die Terpene sind auch die *Steroide* Derivate des Isoprens. Sie entstehen nämlich durch Cyclisierung des Triterpens *Squalen,* das aus 6 Isopreneinheiten aufgebaut ist (S. 466). Chemisch leiten sich alle Steroide vom *Perhydrocyclopentanophenanthren* ab (Abb. 6.13). Die im tierischen Organismus wichtigen Steroide tragen je eine Methylgruppe am C-Atom 10 bzw. 13 des Perhydrocyclopentanophenanthrens.

Wie aus Abb. 6.14 hervorgeht, liegen die C-Atome der Cyclohexanringe der Steroide nicht in einer Ebene. Von den 2 thermodynamisch möglichen Konformationen wird i. allg. die *Sesselform* bevorzugt.

Da die C-Atome 3, 10, 11, 13 und 17 bei vielen Steroiden substituiert sind, ergibt sich eine Vielzahl von möglichen sterischen Isomeren. Nach einer

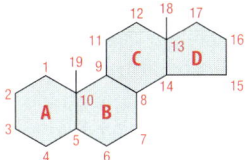

Abb. 6.13 Perhydrocyclopentanophenanthren-Gerüst. Bei den in tierischen Zellen vorkommenden Steroiden sind die C-Atome 10 und 13 mit je einer Methylgruppe substituiert, deren C-Atom die Nummern 19 bzw. 18 erhält

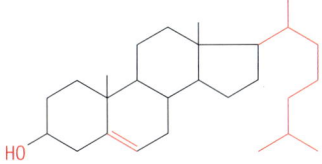

Abb. 6.15 Struktur des Cholesterins

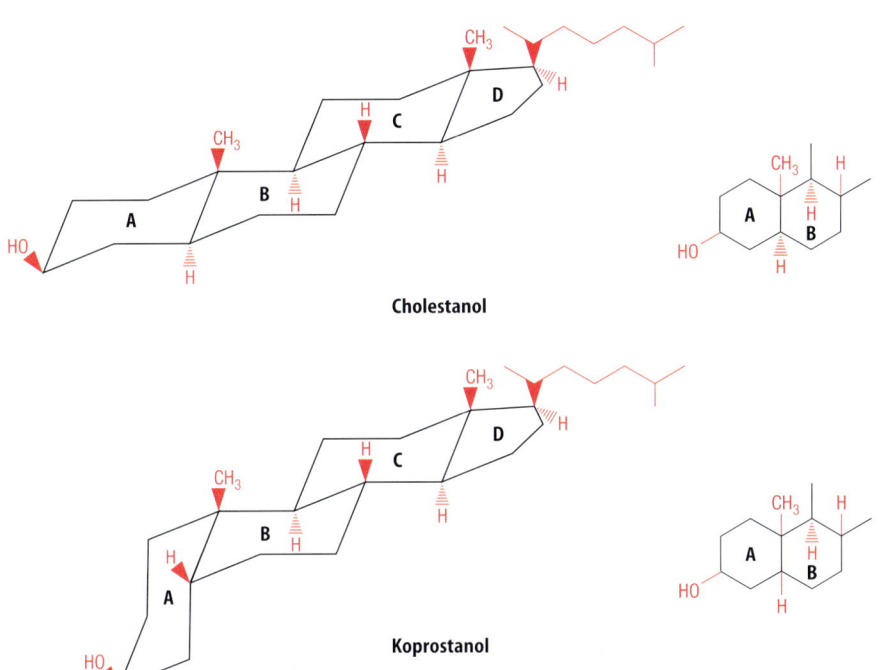

Cholestanol

Koprostanol

Abb. 6.14 Konformation von Steroidalkoholen (Sterolen). Die 6gliedrigen Ringe aller natürlichen Sterole kommen in der energetisch begünstigten Sesselform vor. Substituenten in cis-Stellung zur Methylgruppe am C-Atom 10 haben β-Orientierung, solche in trans-Stellung α-Orientierung. Die meisten Sterole haben eine dem Cholestanol entsprechende Konforma-tion, bei der die Substituenten an der Verbindung der Ringe A und B sich in trans-Konfiguration befinden. Seltener befinden sich die Substituenten in cis-Konfiguration, wie z. B. beim Koprostanol, das im Dickdarm durch bakteriellen Abbau von Cholesterin entsteht

Übereinkunft werden Substituenten des Moleküls nach ihrer Stellung im Vergleich zur *Methylgruppe am C-Atom 10* benannt. Befinden sie sich auf der gleichen Seite, so handelt es sich um die *cis-(β-)Stellung,* befinden sie sich auf der entgegengesetzten Seite, so handelt es sich um die *trans-(α-)Stellung.* In der normalen Schreibweise wird eine Substitution in cis-Form als ausgezogene Linie, in trans-Form als punktierte Linie gezeichnet. Die natürlich vorkommenden Steroide zeichnen sich dadurch aus, daß die Substituenten der C-Atome 17 und 10 in der β-Konfiguration vorliegen. Weitere allgemeine Richtlinien über die Nomenklatur von Steroiden sind in Tabelle 6.3 dargestellt.

Cholesterin, das in tierischen Geweben aus Acetyl-CoA synthetisiert werden kann, kommt in großer Menge in allen tierischen Zellen, besonders im Nervengewebe und in der Nebennierenrinde vor (Abb. 6.15). Es ist ein wichtiger Bestandteil tierischer Zellmembranen, jedoch nicht der mitochondrialen Membranen.

Cholesterin ist die Muttersubstanz für die Biosynthese der zahlreiche Vertreter umfassenden Gruppe der *Steroidhormone,* die in der Nebennierenrinde sowie in den Gonaden gebildet werden (S. 827 ff.).

Weitere wichtige Steroide sind die *Gallensäuren* (S. 469) sowie die *D-Vitamine* (D-Hormone) (S. 657). Von mehr pharmakologischem als biochemischem Interesse sind die vielen Pflanzensterine, die neben Hydroxylgruppen auch Ether- und Lactongruppierungen enthalten können und häufig als Glykoside vorkommen. Beispiele für derartige Pflanzensteroide sind die Herzglykoside (Abb. 5.3, S. 124).

Tabelle 6.3 Nomenklatur der Steroide

Vorsilbe	Endung	Bedeutung
Allo-		trans- (im Gegensatz zu cis-) Konfiguration der Ringe A und B
Epi-		Die Konfiguration unterscheidet sich an einem einzigen C-Atom von der Ausgangssubstanz
	-an	C-Atome gesättigt
	-en	1 Doppelbindung im Ring
Hydroxy-	-ol, -diol,	Alkohole
Dihydroxy-	etc.	
Oxo-	-on, dion	Ketone
Dehydro-		Dehydrierung einer HC – OH- zu einer C = O-Gruppe
Dihydro-		Einführung zweier H-Atome
cis-		Anordnung zweier Gruppen in der gleichen Ebene
trans-		Anordnung zweier Gruppen in entgegengesetzten Ebenen
α-		Eine Gruppe in trans-Position zur Methylgruppe an C_{10}
β-		Eine Gruppe in cis-Position zur Methylgruppe an C_{10}
Nor-		1 C-Atom in einer Seitenkette weniger als die Ausgangssubstanz (z. B. 19-Nor- bedeutet den Verlust der Methylgruppe an C_{10})

6.4 Physikalisch-chemische Eigenschaften der Lipide

Mono- und Diacylglycerine sind polarer als Triacylglycerine

Triacylglycerine mit langkettigen Fettsäuren, die den Hauptteil des sog. Speicherfettes im Fettgewebe darstellen, sind *wasserunlöslich,* da alle 3 Hydroxylgruppen des Glycerins verestert sind. Aus diesem Grund sind sie nicht imstande, an wäßrigen Grenzflächen geordnete Strukturen (s. unten) auszubilden. Von großer Bedeutung für die Konsistenz des Speicherfettes ist die Zusammensetzung der Fettsäurereste in Triacylglycerinen. Je länger die Kohlenwasserstoffketten der Fettsäurereste sind und je weniger Doppelbindungen diese enthalten, um so höher liegt der Schmelzpunkt der Triacylglycerine. Einen besonders hohen Anteil an hochungesättigten Fettsäureresten mit deswegen besonders niedrigem Schmelzpunkt findet man im subcutanen Fettgewebe von Meeressäugern *(Waltran).*

Im Gegensatz zu den Triacylglycerinen bedingt das Vorkommen freier Hydroxylgruppen in *Monoacyl-* bzw. *Diacylglycerinen,* daß diese Verbindungen neben ihren hydrophoben, durch die Kohlenwasserstoffketten der Fettsäuren bedingten Bezirken auch hydrophile Gruppen besitzen. Sie sind deswegen zur Bildung von *Micellen* und anderen geordneten Strukturen (s. unten) an wäßrigen Grenzflächen imstande und spielen eine wichtige Rolle bei der *Emulgierung von Lipiden* während der duodenalen Resorption (S. 1013).

Phosphoglyceride und Sphingolipide bilden als amphiphile Moleküle Membranstrukturen aus

Im Gegensatz zu den Acylglycerinen ist der Anteil *geladener* bzw. *polarer* Gruppen bei **Phosphoglyceriden** und **Sphingolipiden** beträchtlich. So tragen alle Phosphoglyceride eine negative Ladung an der Phosphatgruppe (pK' = 1–2). *Phosphatidylethanolamin* und *Phosphatidylcholin* haben bei physiologischem pH eine positive Ladung am Stickstoff, während bei pH 7 das *Phosphatidylserin* wegen einer zusätzlichen Carboxylgruppe zwei negative und eine positiv geladene Gruppe (Aminogruppe) besitzt. Ähnliche Eigenschaften haben die geladenen „Kopfteile" der *Sphingomyeline.* Kohlenhydratreste von Phosphoglyceriden und Sphingolipiden haben zwar keine elektrische Ladung, sind jedoch wegen ihrer vielen Hydroxylgruppen *polar* und damit ebenfalls hydrophil.

Da die sowohl bei den Phosphoglyceriden als auch den Sphingolipiden vorkommenden Kohlenwasserstoffketten der langkettigen Fettsäuren ausgesprochen hydrophob sind, gehören Phosphoglyceride und Sphingolipide zu den sog. *amphiphilen* Verbindungen, die sich durch hydrophobe und hydrophile Regionen in einem Molekül auszeichnen. Derartige amphiphile Verbindungen, zu denen auch Mono- und Diacylglycerine sowie die Alkalisalze von Fettsäuren gehören, zeichnen sich dadurch aus, daß sie an Grenzflächen oder in Wasser geordnete Strukturen ausbilden (Abb. 6.16). An der Oberfläche wäßriger Lösungen breiten sich amphiphile Lipide in Form von **monomolekularen Filmen** aus, in denen der polare Anteil des Moleküls ins Wasser ragt, während sich die hydrophoben Kohlenwasserstoffreste zur Luft hin orientieren. Eine ähnliche Orientierung findet sich an Öl-Wasser-Grenzschichten, wo der polare Anteil dem Wasser zugewandt ist, während die apolare, hydrophobe Gruppe in der Ölphase steckt. In bestimmten Konzentrationsbereichen ordnen sich amphiphile Lipide in Form von **Micellen** an. Die hydrophoben Fettsäureketten sind dabei gegeneinander gerichtet und nach außen zur wäßrigen Phase hin durch die polaren, hydrophilen Anteile der Moleküle abgeschirmt. Andere Lipide, die selbst nicht in der Lage sind, Micellen zu bilden (Triacylglycerine, Cholesterin), vermögen sich an polare Lipide zu assoziieren und bilden so *gemischte Micellen.* Derartige gemischte Micellen sind eine entscheidende Voraussetzung für die Lipidresorption im Duodenum (S. 1013).

Von besonderer Bedeutung für die Ausbildung biologischer Membranen ist die Tatsache, daß amphi-

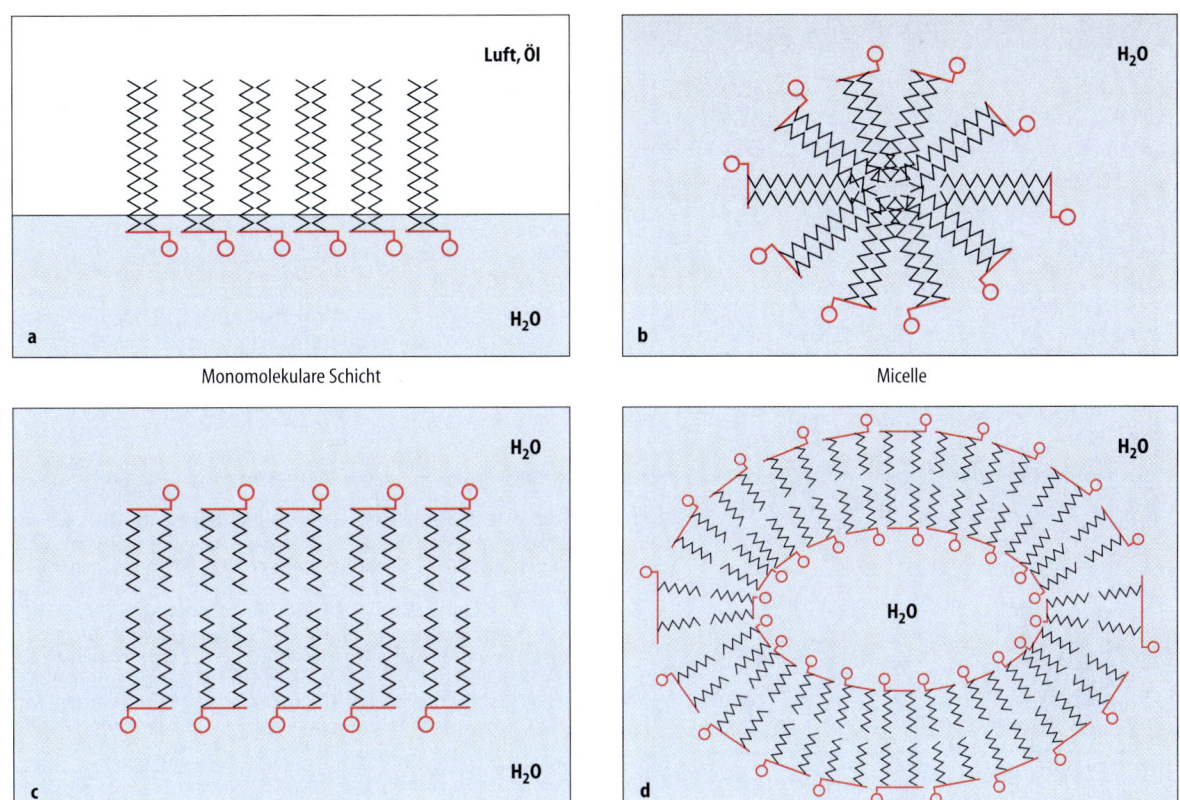

Abb. 6.16 a Möglichkeiten der Anordnung von amphiphilen Lipiden in Grenzschichten, **b–d** im Wasser. Die *rot* hervorgehobenen Teile der Phospholipidmoleküle stellen die hydrophilen Bezirke, die *schwarz* gezeichneten und hydrophoben Bezirke dar

phile Lipide, speziell Phosphoglyceride und Sphingolipide, die in Abb. 6.16 dargestellten *Doppelschichten* (*„bilayer"*) ausbilden können. Das Phänomen der Doppelschichtbildung beruht auf der Tatsache, daß sich die hydrophoben Kohlenwasserstoffketten der Fettsäurereste von amphiphilen Lipiden gegeneinander orientieren, während die hydrophilen Teile sich zur wäßrigen Phase hin ausrichten.

Werden Lipiddoppelschichten mit Ultraschall behandelt, so entstehen *Liposomen,* die aufgrund ihrer strukturellen Ähnlichkeit mit cellulären Membranen die Plasmamembran vieler Zellen relativ leicht permeieren können. Aus diesem Grund werden gelegentlich Liposomen mit an sich nicht membrangängigen Wirkstoffen beladen und auf diese Weise als Vehikel benutzt, so daß Arzneimittel, Enzyme, DNA u. a. in den intracellulären Raum transportiert werden können.

Lipiddoppelschichten sind auch die Grundstruktur aller cellulären Membranen (Kapitel 8). Für die außerordentliche Vielfalt der Funktionen biologischer Membranen spielt neben der Variation in der Zusammensetzung von Fettsäureresten und hydrophilen „Kopfgruppen" auch die „*Fluidität*" von Lipiddoppelschichten eine Rolle. Die diesem Phänomen zugrundeliegenden physikalisch-chemischen Tatsachen sowie ihre Auswirkung sind in Abb. 6.17 zusammengestellt.

Reines Dipalmitoyl-Phosphatidylcholin schmilzt bei etwa 80–100 °C. Der Ausdruck „schmelzen" gibt in diesem Zusammenhang die Zustandsänderung wider, die bei langsamer Erhöhung der Temperatur zu beobachten ist. Sie läßt sich am besten damit beschreiben, daß unterhalb der Schmelztemperatur die Alkanketten der Fettsäurereste relativ starr, dicht gepackt und maximal gestreckt sind. Oberhalb der Schmelztemperatur erhalten sie jedoch eine wesentlich höhere Beweglichkeit, wobei sich die Abstände zwischen den Alkanketten deutlich vergrößern. Bei Zusatz von Wasser fällt die Schmelztemperatur des Phosphoglycerides auf etwa 50 °C ab.

Der Schmelzpunkt biologischer Membranen liegt zwischen 10 und 40 °C. Er steigt mit zunehmender Kettenlänge und abnehmender Zahl der Doppelbindung der Fettsäureanteile. Darüber hinaus wird der Schmelzpunkt durch eine Reihe von Ionen wie Natrium-, Kalium- und Calciumionen sowie möglicherweise auch durch Membranproteine verändert. *Cholesterin* als wichtiger Bestandteil tierischer Membranen lagert sich zwischen die Alkanketten der Fettsäurereste, wobei seine OH-Gruppe in Richtung der hydrophilen Kopfgruppen der Phospholipide orientiert ist (Abb. 6.18). Es senkt die Membranfluidität und verbreitert den Temperaturbereich, in dem das Schmelzen der Membranen erfolgt. Eine Reihe von hydrophoben or-

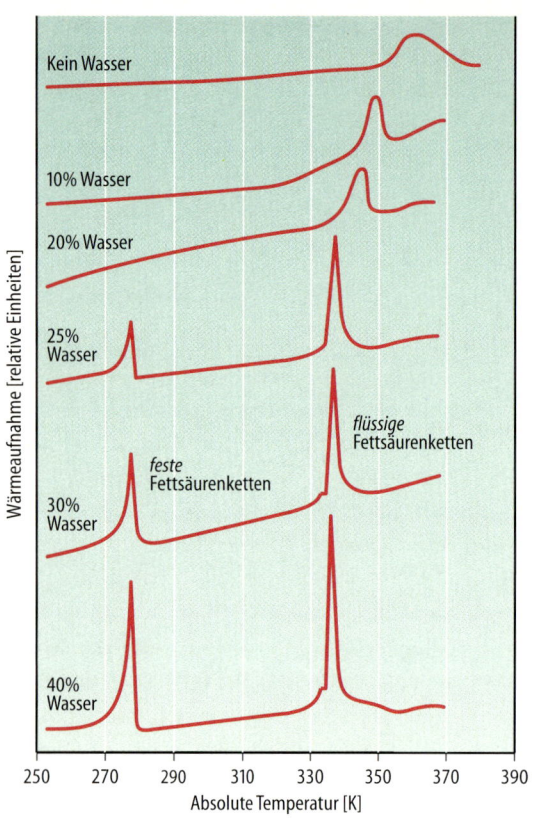

◁ **Abb. 6.17** Schmelzdiagramm von Distearoylphosphatidylcholin. Erwärmt man das Phosphatidylcholin in einem Calorimeter, so findet sich in Abwesenheit von Wasser bis etwa 350 K (~ 80 °C) eine gleichmäßige Wärmeaufnahme. Der über 350 K beobachtete steile Anstieg der Wärmeaufnahme läßt sich durch einen Übergang des Phosphatidylcholins in einen anderen Zustand erklären, bei dem zwar das Glycerin und die polaren Gruppen noch in geordneter Struktur vorliegen, die Fettsäureketten jedoch eine beträchtlich erhöhte Beweglichkeit erhalten. Diese Zustandsänderung wird als „Schmelzen" bezeichnet. Zusatz von steigenden Mengen Wasser führt zu einer Erniedrigung des Schmelzpunktes bis etwa 320 K (50 °C). Der bei 273 K auftretende Temperatursprung entspricht dem Schmelzpunkt von Wasser. Das Phosphatidylcholin kann demnach bis 20 % Wasser so binden, daß dieses nicht gefriert. (Nach Chapman 1975)

Abb. 6.18 Schematische Darstellung der Lipidstruktur einer Myelinmembran. Die polaren Gruppen der amphiphilen Lipide liegen zu beiden Seiten der Membran in Richtung der wäßrigen Phase. Im Inneren der Lipidmembran finden sich die „flüssigen" Fettsäureketten, während Cholesterinmoleküle auf beiden Seiten der Innenzone für eine gewisse „Verfestigung" sorgen. Der dargestellte Ausschnitt (ca. 3 × 3 nm) enthält 6 Moleküle Cholesterin, 5 Moleküle Phosphoglyceride und 4 Moleküle Sphingolipide. Der Übersichtlichkeit halber wurden fast alle C-Atome weggelassen und auf die sterisch richtige Anordnung der Hydroxylgruppen der Glykolipide verzichtet. (Nach Chapman 1975)

▽

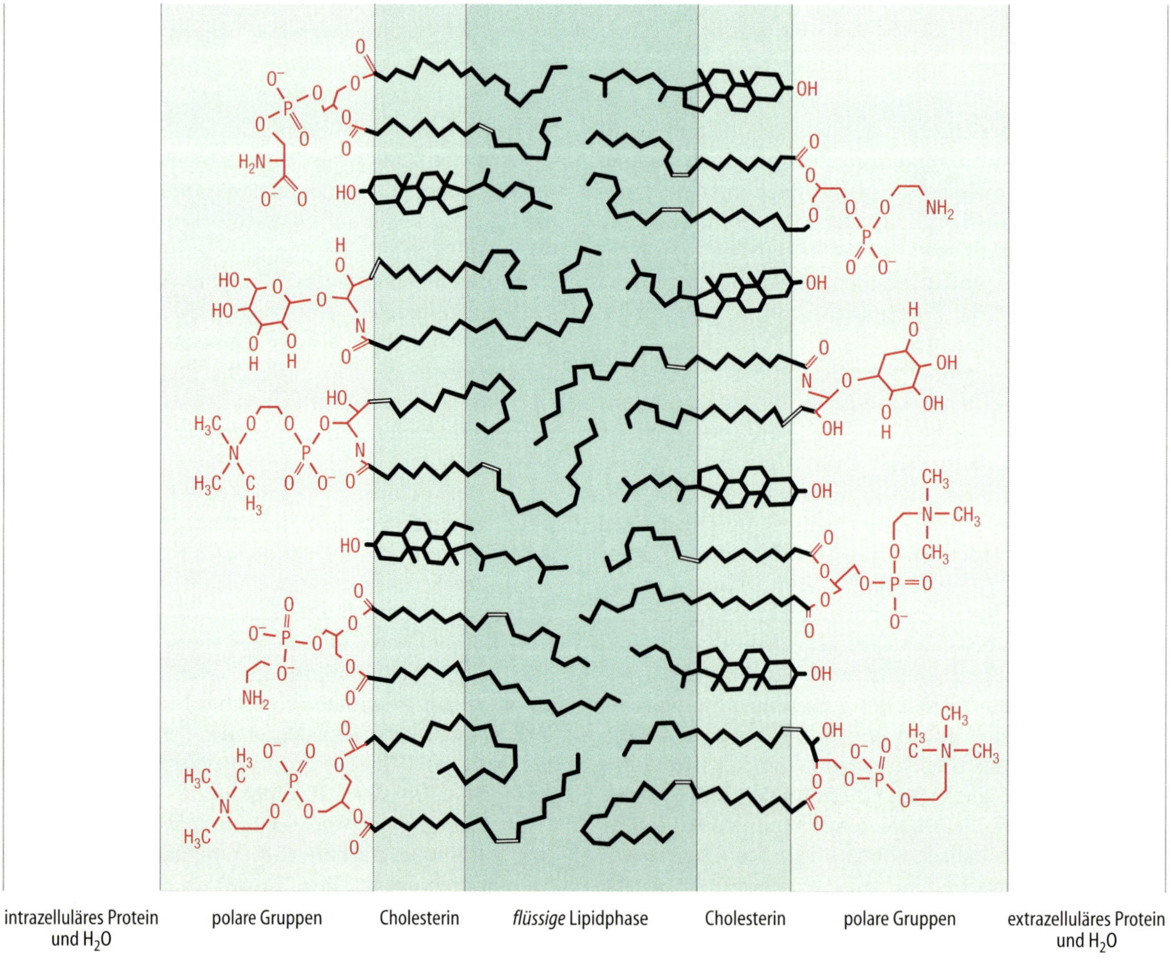

ganischen Verbindungen lagert sich in die Alkanphase biologischer Membranen ein und verändert auf diese Weise deren Eigenschaften. Zu ihnen gehören u. a. eine Reihe gasförmiger Narkotika (z. B. *Halothan*).

6.5 Analytische Methoden zur Charakterisierung der Lipide

Die chemischen Methoden zur Charakterisierung der Lipide sind in den Lehrbüchern der organischen Chemie sowie der Lebensmittelchemie abgehandelt. Für die Biochemie sind die *chromatographischen Methoden* zur Auftrennung von Lipidgemischen von großer Bedeutung. Dabei haben sich v. a. zwei Techniken als vorteilhaft erwiesen: die *Gas-Flüssigkeits-Chromatographie* (Gaschromatographie) und die *Dünnschichtchromatographie*. Bei der Gaschromatographie wird die unterschiedliche Verteilung der Lipide bzw. ihrer methylier-

ten Derivate im dampfförmigen Zustand zwischen einer mobilen Phase (Trägergas, z. B. Argon oder Helium) und einem lipophilen Flüssigkeitsfilm (z. B. Polyester von Dicarbonsäuren mit niedermolekularen zweiwertigen Alkoholen) zur Trennung benutzt. Dieses Verfahren ist nicht nur zur Identifizierung und quantitativen Bestimmung von Fettsäuren, sondern auch zur Identifizierung von Steroiden, Kohlenwasserstoffen und einer Reihe weiterer Verbindungen geeignet. Bei der Dünnschichtchromatographie, deren Prinzip in Kapitel 2, beschrieben ist, werden zur Trennung von Lipiden Adsorbentia wie Kieselgel, Aluminiumoxid oder Kieselgur verwandt. Die Vorteile dieser Technik liegen zum einen in ihrem geringen Zeitaufwand und zum anderen in ihrem ausgezeichneten Trennvermögen.

Einen großen Raum nimmt die analytische Bestimmung der Serumlipide in der klinischen Chemie ein, deren Prinzipien in den Lehrbüchern dieses Faches abgehandelt sind.

RESÜMEE Lipide sind eine sehr heterogene Gruppe von Verbindungen und erfüllen eine Reihe außerordentlich bedeutsamer Funktionen. Zu den Lipiden ohne Esterbindungen gehören zunächst die Fettsäuren. Diese sind Bestandteile vieler verseifbarer Lipide, darüber hinaus entstehen aus ihnen extrazelluläre Signalstoffe wie die Prostaglandine, Thromboxane und Leukotriene. Das Cholesterin, die Vitamine A, K und E sowie viele andere Naturstoffe sind Isoprenderivate. Umfangreicher als die Lipide ohne Esterbindungen ist die Gruppe der verseifbaren Lipide. In ihnen sind Esterbindungen zwischen einem oder mehreren Acylresten mit einer Reihe unterschiedlicher Alkohole das entscheidende Strukturelement. Da noch eine Reihe weiterer Komponenten an ihrem Aufbau beteiligt sein können, ergibt sich eine große Zahl komplexer Strukturen, die im wesentlichen als Membranbestandteile oder im Speicherfett vorkommen.

Literatur

Monographien und Lehrbücher

CHAPMAN D (1975) Lipid dynamics in cell membranes. In: Weissman G, Claiborne R (eds) Cell membranes, biochemistry, cell biology and pathology. HP Publishing, New York

CHENG KUANG CHOW (ed) (1992) Fatty acids in foods and their health implications. Dekker, New York

GREGORIADIS G, ALLISON AC (1980) Liposomes in biological systems. Wiley, Chichester

HAWTHORNE JN, ANSELL GB (eds) (1982) Phospholipids. New comprehensive biochemistry, vol 4. Elsevier, Amsterdam

MEAD JF, ALFIN-SLATER BB, HORTON DR, POPJÁK G (1986) Lipids: chemistry, biochemistry and nutrition. Plenum, New York

PACE-ASCIAK C, GRAUSTRÖM E (eds) (1983) Prostaglandins and related substances. New comprehensive biochemistry, vol 5. Elsevier, Amsterdam

PIKE JE, MORTON DR (1985) Chemistry of the prostaglandins and leukotrienes. Advances in prostaglandin, thromboxane and leukotriene research, vol 14. Raven, New York

ZEELEN FJ (1990) Medicinal chemistry of steroids. Elsevier, Amsterdam

Original- und Übersichtsarbeiten

ENGLAND PT (1993) Structure and biosynthesis of glycosylphosphatidylinositol anchors. Annu Rev Biochem 62: 121–138

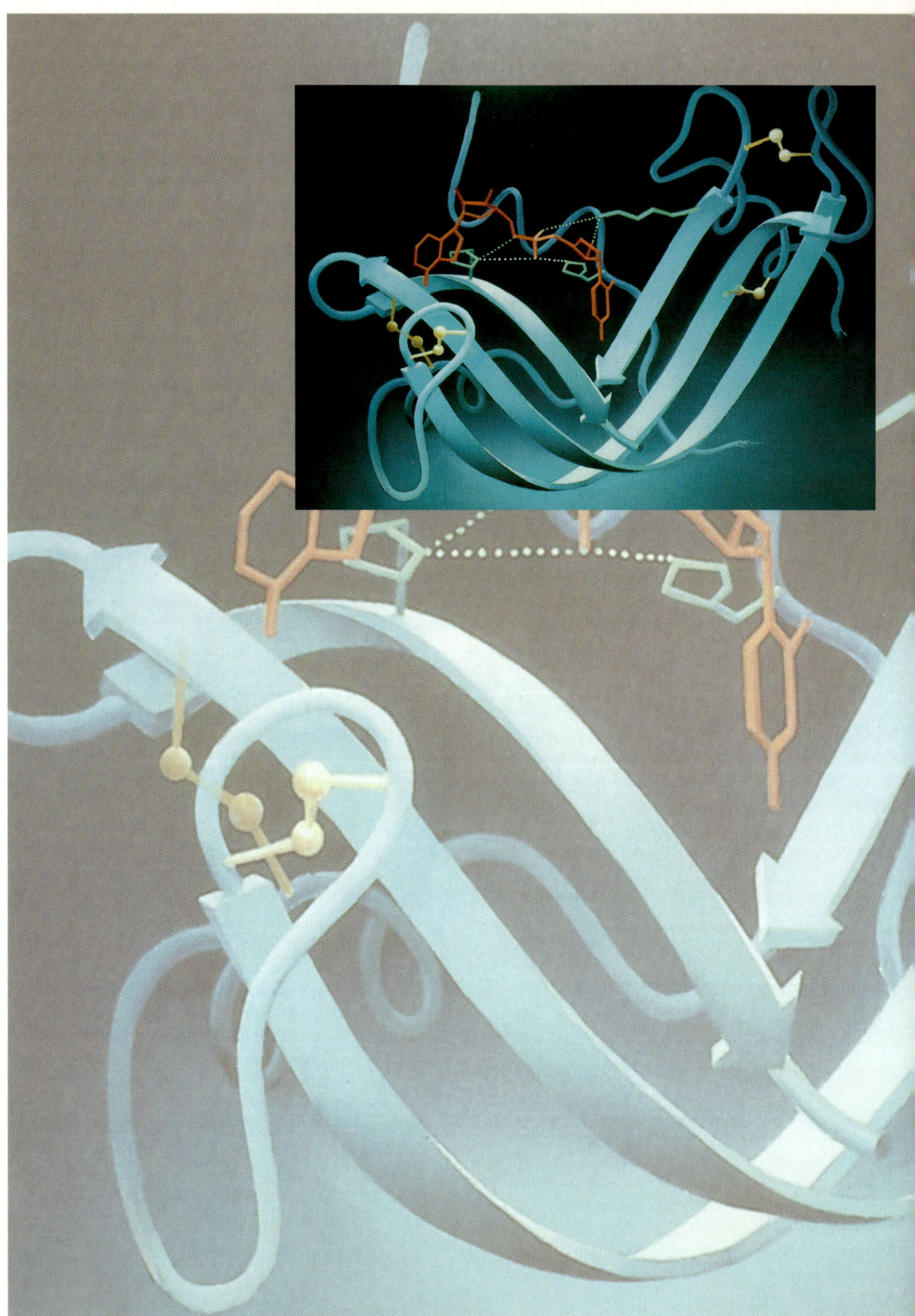

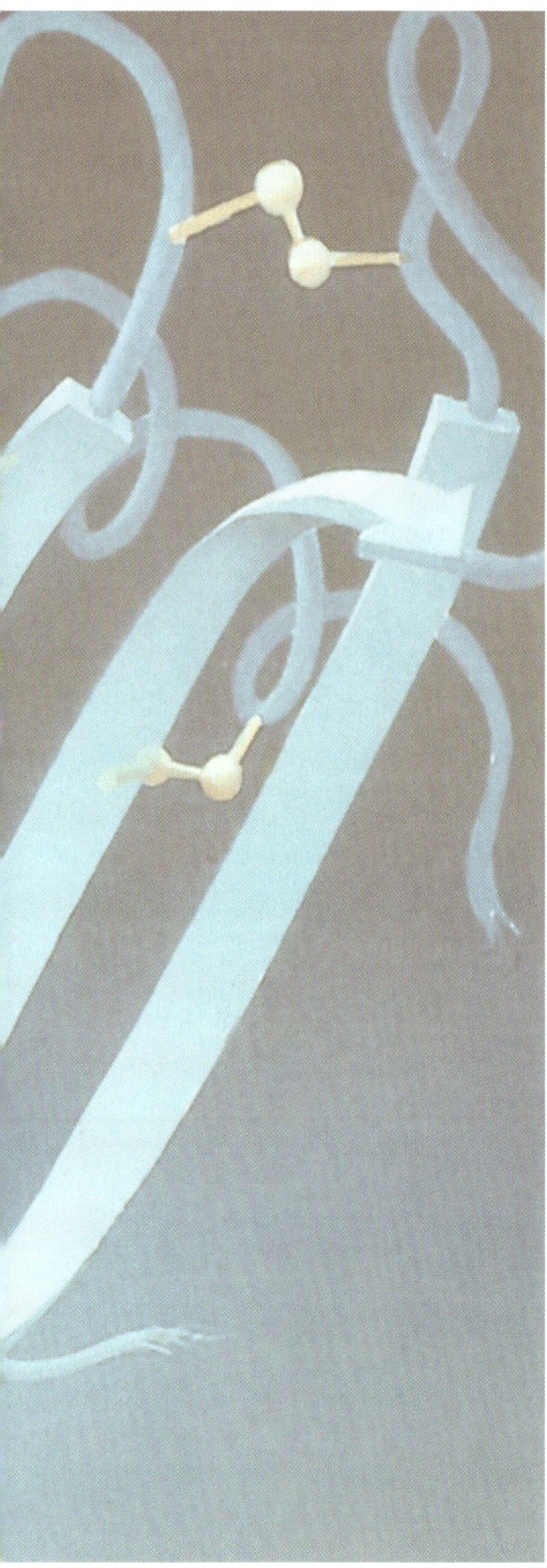

Nucleotide und Nucleinsäuren

Nucleotide und Nucleinsäuren sind für die Lebensvorgänge aller bekannten Organismen von überragender Bedeutung. In Form der energiereichen Nucleosidtriphosphate sind Mononucleotide an zellulären Energietransformationen beteiligt, außerdem Teile von Coenzymen und nehmen als Träger aktivierter Bausteine an Biosynthesen teil. Nucleinsäuren, die Polymere von Mononucleotiden, dienen in Form der DNA als die universalen Träger genetischer Information. Die verschiedenen RNA-Typen sind Bauelemente von Ribosomen und anderen RNA-enthaltenden Komplexen, Träger von aktivierten Aminosäuren bei der Proteinbiosynthese, nehmen an der Prozessierung von DNA-Transkripten teil und dienen schließlich als Matrize bei der Proteinbiosynthese.

Die Entwicklung der technischen Verfahren zur Strukturaufklärung der Basensequenz von Nucleinsäuren ist eine der großen Leistungen der biochemischen Forschung und hat Entscheidendes für das Verständnis der molekularen Genetik, des Zustandekommens von genetischen Erkrankungen und der Regulation der Genexpression beigetragen. Sie hat darüber hinaus die Basis für die gentechnische Modifizierung von Organismen geliefert und damit eine neue Dimension der Biologie eröffnet.

Bei der Analyse von Nucleinsäuren spielen für deren Abbau verantwortliche Enzyme eine große Rolle. Deshalb wurde die Raumstruktur und der Wirkmechanismus der hier dargestellten RNAse sehr genau untersucht.
(Bild: P. Geis/P. Arnold, Okapia Bild-Archiv, Frankfurt)

7.1 Nucleoside und Mononucleotide

7.1.1 Aufbau von Nucleosiden und Nucleotiden

Nucleoside und Nucleotide setzen sich aus je einer Base, einer Pentose bzw. einer Base, einer Pentose und einem Phosphatrest zusammen (Abb. 7.1).

Ribose oder Desoxyribose sind die in Nucleosiden und Nucleotiden vorkommenden Pentosen

Als Zucker finden sich in Mono- bzw. Polynucleotiden sowie in Nucleosiden ausschließlich die Pentose *D-Ribose* bzw. die am C-Atom 2 reduzierte Pentose *2-Desoxy-D-ribose* (Abb. 7.2).

Dementsprechend enthalten *Monoribonucleotide* Ribose, *Monodesoxyribonucleotide* Desoxyribose. Für die zugehörigen Polymeren, die Polynucleotide, werden die Synonyme *Polyribonucleotide (Ribonucleinsäuren, RNA)* bzw. *Polydesoxyribonucleotide (Desoxyribonucleinsäuren, DNA)* verwendet. Wichtig ist, daß in einem Polynucleotid niemals Ribose und Desoxyribose als Zucker nebeneinander vorkommeh.

Purin- und Pyrimidinbasen bilden die individuellen Strukturelemente von Nucleosiden und Nucleotiden

Die verschiedenen in den Nucleotiden vorkommenden Basen leiten sich formal von *Purin* bzw. *Pyrimidin* ab. Die Struktur beider Verbindungen mit der Numerierung der einzelnen Atome ist in Abb. 7.3 dargestellt. Durch Substitution von H-Atomen durch Hydroxyl-, Amino- oder Methylgruppen entstehen die in den Nucleinsäuren vorkommenden Pyrimidin- bzw. Purinbasen.

Die häufigsten *Pyrimidinbasen* sind *Cytosin, Thymin* und *Uracil* (Abb. 7.4). *Cytosin (2-Hydroxy-4-*

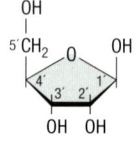

D-Ribose

Bestandteil von Ribosiden, Monoribonucleotiden, Polyribonucleotiden (Ribonucleinsäuren, RNA)

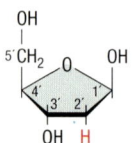

2-Desoxy-D-Ribose

Bestandteil von Desoxyribosiden, Monodesoxyribonucleotiden, Polydesoxyribonucleotiden (Desoxyribonucleinsäuren, DNA)

Abb. 7.2 Ribose und Desoxyribose

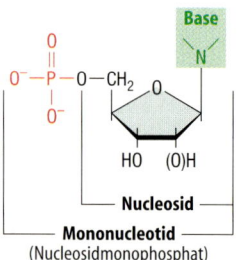

Abb. 7.1 Aufbau von Nucleosiden und Nucleotiden

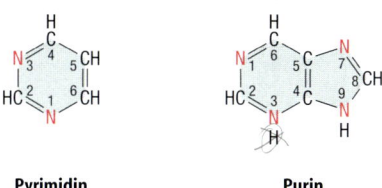

Pyrimidin   **Purin**

Abb. 7.3 Struktur von Pyrimidin und Purin

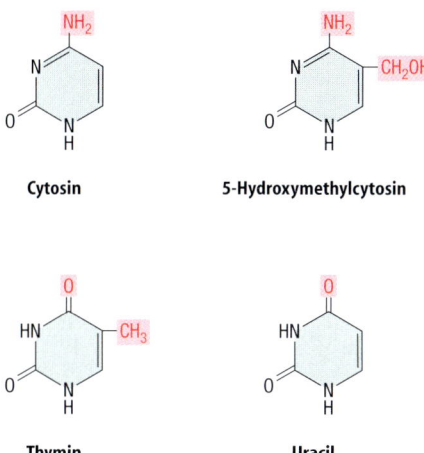

Cytosin   **5-Hydroxymethylcytosin**

Thymin   **Uracil**

Abb. 7.4 Strukturformeln häufiger Pyrimidinbasen

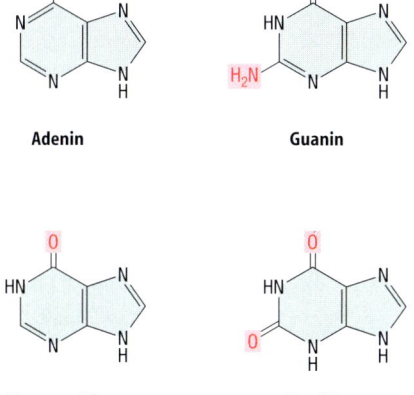

Adenin   **Guanin**

Hypoxanthin   **Xanthin**

Abb. 7.5 Strukturformeln häufiger Purinbasen

aminopyrimidin) kommt in allen Nucleinsäuren vor. Lediglich die DNA gewisser Bacteriophagen (Coliphagen T_2, T_4, T_6) enthält statt Cytosin *5-Hydroxymethylcytosin* (HMC). *Thymin (2,4-Dihydroxy-5-methylpyrimidin)* findet sich hauptsächlich in der DNA, in geringen Mengen ist es auch in der Transfer-RNA (S. 165) nachweisbar. *Uracil (2,4-Dihyroxypyrimidin)* wird ausschließlich als Baustein der RNA verwendet.

In Abb. 7.5 sind die wichtigsten Purinbasen zusammengestellt. *Adenin* und *Guanin* kommen außer in Mononucleotiden sowohl in der DNA als auch in der RNA vor. Durch Desaminierung entsteht aus Adenin

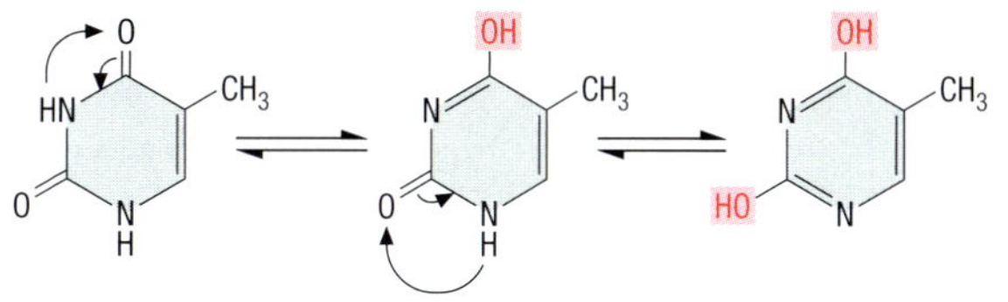

Abb. 7.6 Keto-Enol-Tautomerie von Thymin

Hypoxanthin (6-Hydroxypurin) und aus Guanin *Xanthin (2,6-Dihydroxypurin).*

Zwei Xanthinderivate besitzen eine gewisse medizinische Bedeutung: das im Kaffee vorkommende *1,3,7-Trimethylxanthin* (Coffein) und das im Tee nachweisbare *1,3-Dimethylxanthin* (Theophyllin).

Oxypurine und Oxypyrimidine zeigen das Phänomen der *Keto-Enol-Tautomerie,* wie in Abb. 7.6 am Beispiel des Thymins dargestellt ist. Das Gleichgewicht liegt dabei stark auf der Seite der Ketoform. Für die korrekte Informationsübertragung (S. 164) muß die Ketoform vorliegen, da durch die Enolform Fehlablesungen zustande kommen können (S. 327).

Sowohl Ribonucleinsäuren als auch Desoxyribonucleinsäuren enthalten in geringer Menge außer den Basen Adenin, Guanin, Cytosin, Thymin oder Uracil bei Mikroorganismen N_6-Methyladenin und bei Pflanzen oder Tieren *5-Methylcytosin.* In der ribosomalen und der Transfer-RNA kommen außerdem weitere methylierte Purin- und Pyrimidinbasen vor. Sie werden durch die Wirkung spezifischer Methylasen gebildet, die die Methylgruppen auf die Basen erst nach deren Einbau in die Polynucleinsäuren übertragen.

Nucleoside bestehen aus einer Base, die durch eine N-glykosidische Bindung mit einer Pentose verknüpft ist

Zwischen dem halbacetalischen C-Atom 1′ einer Pentose (Ribose bzw. Desoxyribose) sowie einer NH-Gruppe einer Base liegt die für Nucleoside typische N-glykosidische C-N-Bindung (Abb. 7.7). Im allgemeinen wird

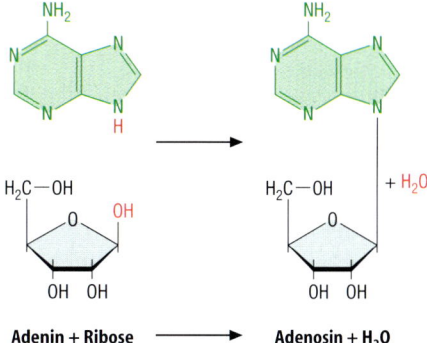

Adenin + Ribose ⟶ Adenosin + H₂O

Abb. 7.7 Bildung von Adenosin durch Wasserabspaltung zwischen Adenin und Ribose. Der hier dargestellte formale Mechanismus entspricht nicht der Biosynthese von Adenosin

Tabelle 7.1 Nomenklatur der Nucleoside

Base	Ab-kür-zung	Pentose	Nucleosid	Ab-kür-zung
Cytosin	Cyt	Ribose	Cytidin	C
		Desoxyribose	Desoxycytidin	dC
Thymin	Thy	Ribose	Thyminribosid	–
		Desoxyribose	Thymidin	dT
Uracil	Ura	Ribose	Uridin	U
		Desoxyribose	Desoxyuridin	dU
Adenin	Ade	Ribose	Adenosin	A
		Desoxyribose	Desoxyadenosin	dA
Guanin	Gua	Ribose	Guanosin	G
		Desoxyribose	Desoxyguanosin	dG
Hypo-xanthin	Hyp	Ribose	Inosin	I
		Desoxyribose	Desoxyinosin	dI
Xanthin	Xan	Ribose	Xanthosin	X
		Desoxyribose	Desoxyxanthosin	dX

Tabelle 7.2 Nomenklatur der Adeninnucleotide

Nucleosid	Ver-estertes C-Atom	Nucleotid	Abkürzung
Adenosin	5'	Adenosin-5'-mono-phosphat	(5'-)AMP
	3'	Adenosin-3'-mono-phosphat	3'-AMP
Desoxy-adenosin	5'	Desoxyadenosin-5'-monophosphat	5'-dAMP
	3'	Desoxyadenosin-3'-monophosphat	3'-dAMP

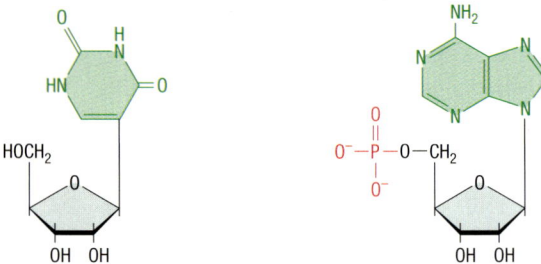

Abb. 7.8 *(links)* Pseudouridin

Abb. 7.9 *(rechts)* Adenosin-5'-Monophosphat

sie von Pyrimidinnucleosiden am N-Atom 1 des Pyrimidinkerns geknüpft, bei Purinnucleosiden am N-Atom 9 des Purinkerns. Eine Ausnahme bildet *Pseudouridin (ψ)*. Bei ihm ist die Ribose mit dem C-Atom 5 von Uracil verbunden, wobei also statt einer C-N-Bindung eine C-C-Bindung entsteht (Abb. 7.8).

Die Benennung der Nucleoside leitet sich von den jeweiligen Basenbestandteilen ab. Wie aus Tabelle 7.1 hervorgeht, wird i. allg. bei *Pyrimidinbasen* die Endung *-idin,* bei *Purinbasen* die Endung *-osin* angehängt.

Mononucleotide sind 5'- bzw. 3'-Nucleosidmonophosphate

Durch Veresterung einer Hydroxylgruppe der Pentose eines Nucleosids mit Phosphat entsteht aus einem Nucleosid ein **Nucleotid** (Abb. 7.9). Die Veresterung erfolgt dabei am C-Atom 3' oder häufiger am C-Atom 5' der Pentose. Tabelle 7.2 zeigt am Beispiel der Adenin-

nucleotide die Nomenklatur der Nucleotide. In analoger Weise erfolgt die Benennung der Guanin-, Cytosin-, Uracil- und Thyminnucleotide. Die Stellung des Phosphatrestes wird durch eine arabische Zahl angegeben. Ein adeninenthaltendes Nucleotid wird demnach als *Adenosin-3'-monophosphat* bezeichnet, wenn der Phosphorsäurerest am *C-Atom 3'* der *Ribose* sitzt. Wenn *Desoxyribose* die Pentose im Adeninnucleotid ist, wird es als *Desoxyadenosin-3'-monophosphat* bezeichnet.

In einer abgekürzten Schreibweise werden die Buchstaben A, G, C, T oder U zur Benennung des jeweiligen Nucleotids entsprechend seiner Purin- bzw. Pyrimidinbase verwendet, wobei das Präfix d angefügt werden muß, wenn die Desoxyribose als Zucker eingebaut ist. Kommt das Nucleotid in seiner freien Form vor, wird die Bezeichnung Monophosphat (-MP) hinzugefügt. Die an den Reaktionen des Intermediärstoffwechsels beteiligten Nucleotide tragen wie Adenosinmonophosphat (AMP) i. allg. die Phosphatgruppen am *C-Atom 5'* der Pentose. Nach Konvention wird diese sehr häufig vorkommende Position nicht durch das Präfix 5' bezeichnet. AMP ist also die Verbindung, bei der das Nucleosid Adenosin mit Phosphat am C-Atom 5' der Ribose verestert ist. In Abb. 7.10 sind die Formelschemata einiger wichtiger Nucleotide dargestellt.

7.1.2 Funktionen von Nucleosiden und Mononucleotiden

Nucleoside dienen als extrazelluläre Signalmoleküle

Die 5'-Phosphatester der Nucleoside sind die biologisch bedeutsamste Form dieser Verbindungen und werden deshalb gesondert besprochen (s. unten).

Ein wichtiges Nucleosid ist das „*aktive Methionin*", das v. a. bei der Übertragung von Methylgruppen von Bedeutung ist (S. 549). Es handelt sich um das *S-Adenosylmethionin* (Abb. 7.11). Purinnucleotide und

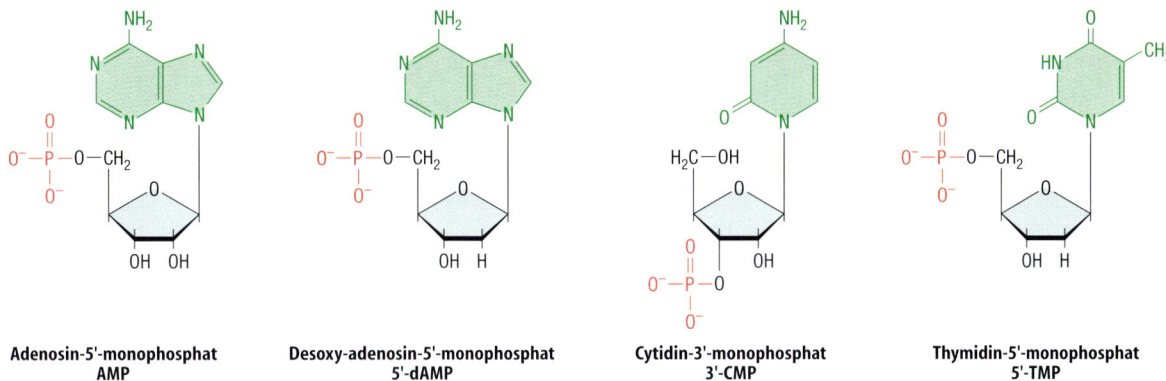

Adenosin-5'-monophosphat AMP

Desoxy-adenosin-5'-monophosphat 5'-dAMP

Cytidin-3'-monophosphat 3'-CMP

Thymidin-5'-monophosphat 5'-TMP

Abb. 7.10 Strukturformeln wichtiger Mononucleotide (Auswahl)

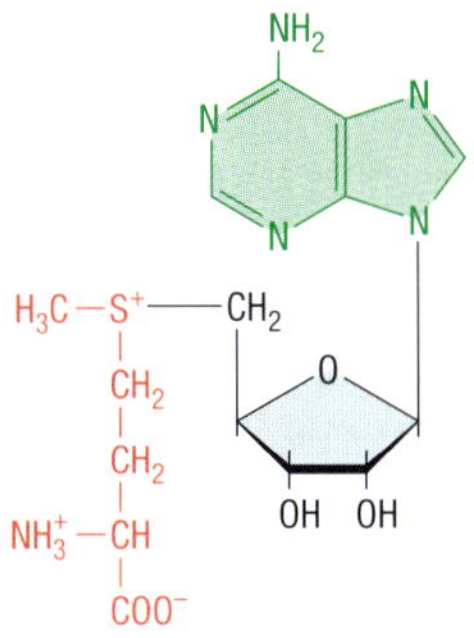

Abb. 7.11 S-Adenosylmethionin

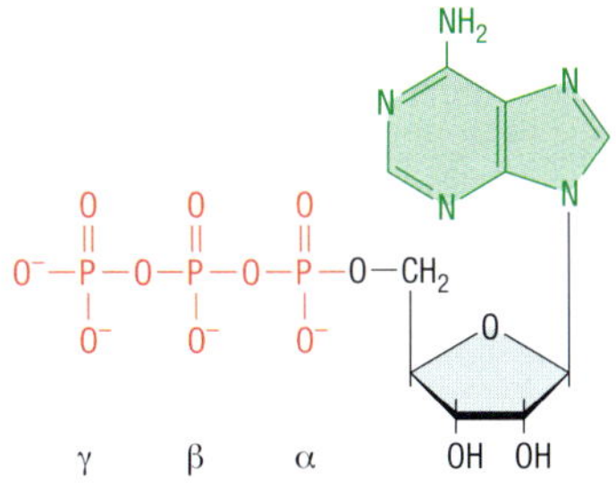

Abb. 7.12 Adenosin-5′-triphosphat

hier besonders das Adenosin ist als extrazelluläres Signalmolekül, das die Durchblutung vieler Gewebe reguliert, von großer Bedeutung. Modifizierte Nucleoside werden von vielen Zellen aufgenommen und in die entsprechenden Nucleosidtriphosphate umgewandelt. Diese sind häufig Hemmstoffe der Purin- und Pyrimidinbiosynthese, weswegen solche Verbindungen für die Therapie von Tumor- oder Viruserkrankungen eingesetzt werden (S. 308, 590).

Mononucleotide sind die Träger energiereicher Phosphate

Durch Anlagerung weiterer Phosphorsäuremoleküle an die Phosphatgruppe von Mononucleotiden entstehen aus Nucleosidmonophosphaten *Nucleosiddi-* und *Nucleosidtriphosphate.* Eine besondere Bedeutung im Stoffwechsel hat das in Abb. 7.12 dargestellte *Adenosin-5′-triphosphat* (ATP). Nucleosiddi- und -triphosphate gibt es außerdem von *Inosin, Guanosin, Uridin* und *Cytidin* (ITP, IDP, GTP, GDP, UTP, UDP, CTP, CDP). Bei den Bindungen zwischen dem α- und β- bzw. dem β- und γ-Phosphat von Nucleosiddiphosphaten bzw. -triphosphaten handelt es sich um *Säureanhydridbindungen,* die infolgedessen in die Klasse der *energiereichen Bindungen* gehören (S. 88).

Da die reaktionsfähigen Gruppen der Nucleosiddi- und -triphosphate gleichartig sind, können die γ-Phosphatreste nach der folgenden Gleichung von

Nucleosidtriphosphaten auf Nucleosiddiphosphate übertragen werden:

$$UDP + ATP \rightleftharpoons UTP + ADP$$
$$IDP + ATP \rightleftharpoons ITP + ADP$$
$$GDP + ATP \rightleftharpoons GTP + ADP$$

Die hierfür benötigten *Phosphotransferasen* kommen in allen Zellen vor.

Zur Einführung von *Sulfat* in Verbindungen wie Glykosaminoglykane (z. B. Chondroitinsulfat, Keratansulfat) wird *„aktives Sulfat"* benötigt. Diese auch als *3′-Phosphoadenosyl-5′-phosphosulfat* bezeichnete Verbindung (Abb. 7.13) entsteht in einer ATP-abhängigen Reaktion aus ATP und Sulfat.

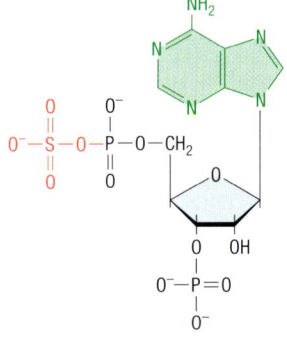

Abb. 7.13 3′-Phosphoadenosyl-5′-Phosphosulfat

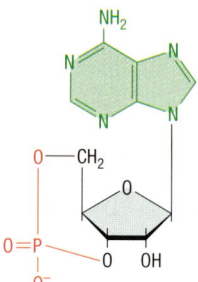

Abb. 7.14 Cyclisches Adenosin-3′,5′-Monophosphat (3′,5′-cyclo-AMP, cAMP)

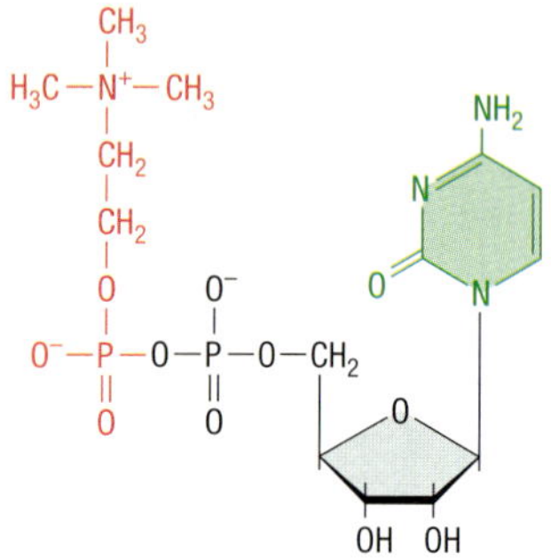

Abb. 7.16 Cytidindiphosphatcholin

Nucleosidcyclophosphate sind intrazelluläre Signalmoleküle

Wichtige Derivate der Nucleosidtriphosphate ATP und GTP sind das *cyclische Adenosin-3′,5′-monophosphat* (3′,5′-cyclo-AMP; cAMP) (Abb. 7.14) sowie das *cyclische Guanosin-3′,5′-monophosphat* (3′,5′-cyclo-GMP; cGMP). Beide Nucleotide entstehen intrazellulär unter Einwirkung spezifischer **Cyclasen,** wobei Pyrophosphat abgespalten wird. Sie dienen als „second messenger" und übernehmen wichtige Aufgaben bei der Regulation von Zellstoffwechsel, Wachstum und Differenzierung (S. 774).

Mononucleotide sind Bausteine gruppenübertragender Coenzyme

In ihrer aktiven Form, d. h. als gruppenübertragende Coenzyme, enthalten verschiedene Vitamine der B-Gruppe Nucleotidbausteine. Dies trifft zu für Riboflavin, das als **Flavin-adenin-dinucleotid** (FAD) oder als **Flavin-mononucleotid** (FMN) vorkommt. Außerdem enthalten die wasserstoffübertragenden Coenzyme **NAD** bzw. **NADP** Adenosinmonophosphat. Schließlich sind Nucleotide Bausteine von **Coenzym A** sowie **Vitamin B₁₂** (S. 673).

Nucleosidderivate von Sacchariden und Lipiden sind Bausteine für Biosynthesen

Nucleotide werden bei einigen wichtigen Biosynthesen zur Aktivierung von Bauteilen verwendet.

Für den *Kohlenhydratstoffwechsel* sind *Uridinnucleotide* hierbei von größter Bedeutung. Wichtig ist die in Abb. 7.15 gezeigte **Uridindiphosphatglucose** (UDPG), die als *„aktivierte" Glucose* durch Reaktion von *Glucose-1-phosphat* mit *UTP* entsteht. Als UDPG kann Glucose auf andere Verbindungen mit Hydroxylgruppen übertragen werden (S. 399). Auch *Galaktose, Glucuronsäure* und *Aminozucker* bilden Verbindungen mit UTP (S. 396). Lediglich bei der Übertragung von *Mannosylresten* wird ein anderes Nucleotid zur Aktivierung verwendet. Es handelt sich um das *Guanosintriphosphat,* das mit *Mannose-1-phosphat* unter Bildung von **GDP-Mannose** reagiert (S. 398).

In ähnlicher Weise dient *Cytidintriphosphat* (CTP) der Biosynthese von Phosphoglyceriden bzw. Sphingolipiden. Im einzelnen handelt es sich dabei um das **Cytidindiphosphatcholin** (bzw. -ethanolamin bzw. -serin), das durch Reaktion von CTP mit *Phosphorylcholin* (-serin, -ethanolamin) entsteht (Abb. 7.16). Die auf diese Weise aktivierten Bauteile werden für die Biosynthese von *Phosphatidylcholin* (-serin, -ethanolamin) bzw. der *Sphingomyeline* verwendet. Bei der Biosynthese von *Diphosphatidylglycerin (Cardiolipin)* wird Phosphatidsäure mit CTP unter Bildung von **CDP-Diacylglycerin** aktiviert (S. 455). CTP spielt nicht nur eine Rolle im Rahmen der Lipidbiosynthese, sondern auch bei der Glykoproteinbiosynthese, wo es für die Anknüpfung der terminalen N-Acetylneuraminsäurereste an die Glykoproteinseitenketten benötigt wird (S. 399).

7.2 Zusammensetzung und Primärstruktur der Nucleinsäuren

Nucleinsäuren sind *Polymere,* die aus Ketten von Mononucleotiden bestehen, welche untereinander durch *Phosphodiesterbindungen* verknüpft sind. Ähnlich wie bei den Proteinen handelt es sich dabei um außerordentlich lange, immer unverzweigte Ketten. In Abb. 7.17 ist ein hypothetisches Tetranucleotid aus je einem DNA- bzw. RNA-Strang dargestellt. Nach Konvention wird das *5′-Phosphatende* der Kette links, d. h. an den Anfang, das *3′-OH-Ende* rechts bzw. an das Ende der Kette geschrieben. Die stickstoffhaltigen Purin- oder

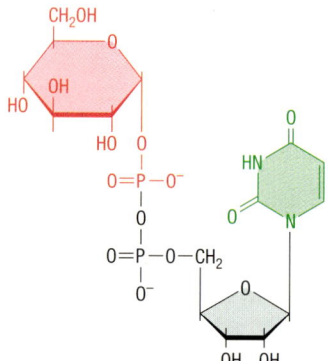

Abb. 7.15 Zusammensetzung von Uridindiphosphatglucose aus Glucose-1-Phosphat und UMP

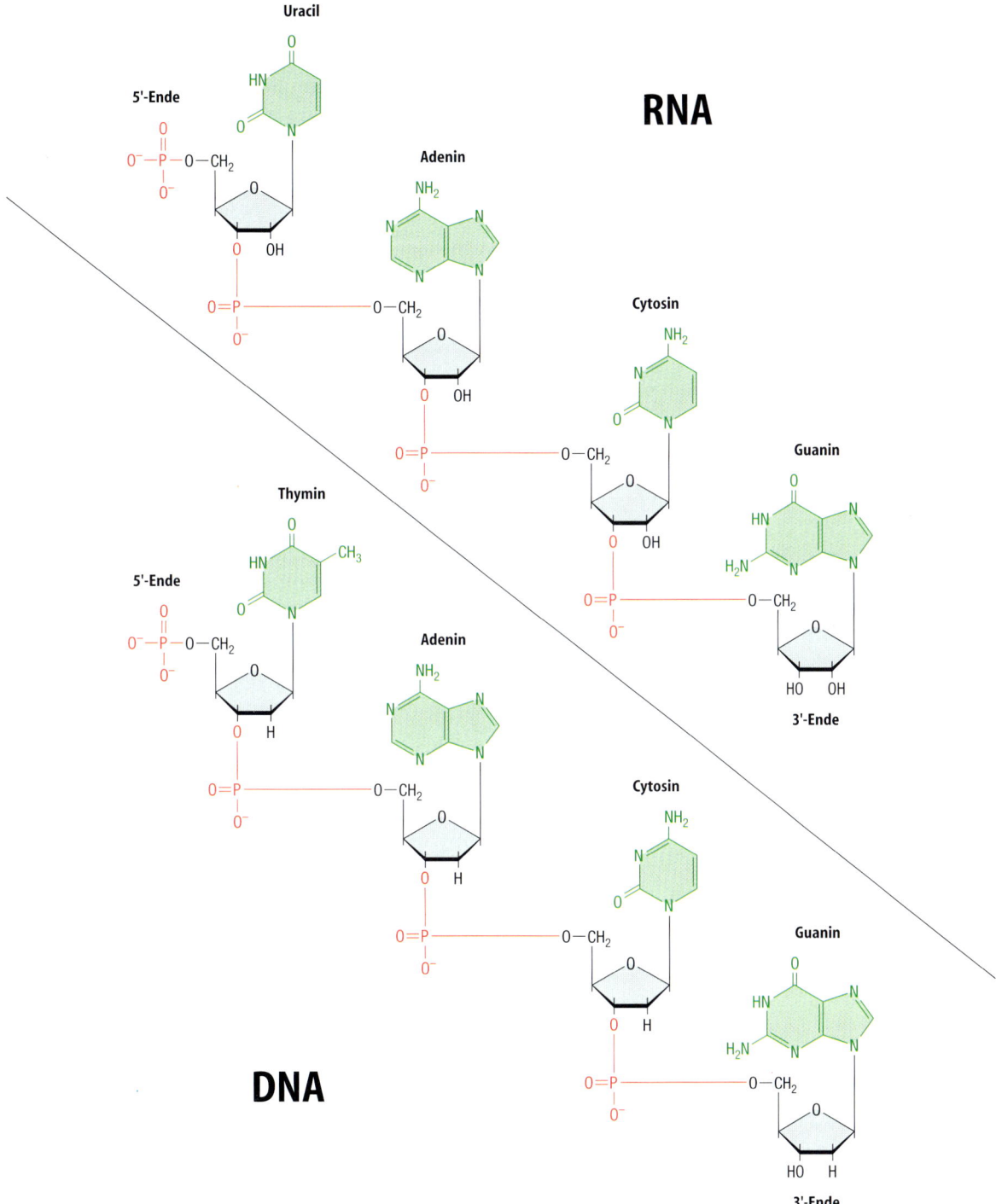

Abb. 7.17 Primärstruktur einer hypothetischen Sequenz von RNA bzw. DNA

Pyrimidinbasen sind stets über eine glykosidische Bindung an das C-Atom 1′ der Pentose gebunden. Die Verbindung zwischen den einzelnen Mononucleotiden erfolgt durch eine Phosphodiesterbindung zwischen dem C-Atom 3′ der einen Pentose und dem terminalen C-Atom 5′ der nächsten. In der DNA ist diese 3′,5′-Bindung die einzig mögliche, da in der Desoxyribose keine weiteren Hydroxylgruppen für die Bindung von Phos-

phatestern frei sind. Auch in der RNA kommen am häufigsten 3′,5′-Bindungen vor, obwohl auch 2′,3′-Bindungen möglich sind.

Die Struktur einer Nucleinsäurekette kann in abgekürzter Form angegeben werden. Die Buchstaben A, G, C und U oder T dienen dabei als Symbole für die Basen. Der Buchstabe p bezeichnet Phosphat. p auf der linken Seite der Nucleosidabkürzung stellt eine 5′-

Tabelle 7.3 Bauteile von DNA und RNA

	DNA	*RNA*
Pentose	2-Desoxy-D-ribose	D-Ribose
Purinbasen	Adenin	Adenin
	Guanin	Guanin
Pyrimidinbasen	Cytosin	Cytosin
	Thymin	Uracil

Zuckerphosphatbindung dar, auf der rechten Seite der Nucleosidabkürzung eine 3′-Zuckerphosphatbindung. So wird beispielsweise mit dem Ausdruck dpG Desoxyguanosin-5′-phosphat bezeichnet. Ein dGp steht dagegen für Desoxyguanosin-3′-phosphat. Die in Abb. 7.17 dargestellten Tetranucleotide würden in der Kurzschreibweise als d(pA-T-C-G) bzw. pA-U-C-G bezeichnet werden. Damit werden als Verknüpfung Phosphodiesterbindungen zwischen dem C-Atom 3′ des einen Zuckermoleküls und dem C-Atom 5′ des nächsten angenommen.

Infolge der Phosphatgruppen sind Nucleinsäuren starke mehrbasische Säuren, die bei pH-Werten über 4 vollständig dissoziiert sind.

DNA und RNA unterscheiden sich nicht nur durch die Art der als Basenbestandteile verwendeten Zucker, sondern auch durch die Basenzusammensetzung (Tabelle 7.3).

In der DNA kommen *Adenin* und *Thymin* sowie *Guanin* und *Cytosin* im *molaren Verhältnis* von 1 vor. Bei den meisten tierischen Organismen liegt das Molverhältnis der Basenpaare Adenin/Thymin zu Guanin/Cytosin bei 1.3–1.5. In der RNA findet sich dagegen statt der in der DNA vorkommenden Pyrimidinbase Thymin das Uracil.

7.3 Aufbau der DNA

7.3.1 Die DNA-Doppelhelix

Das in Abb. 7.17 dargestellte zweidimensionale Bild einer DNA-Sequenz entspricht nicht der Wirlichkeit. Ähnlich wie bei den Proteinen treten zwischen den einzelnen Gliedern des DNA-Moleküls Wasserstoffbrückenbindungen und hydrophobe Wechselwirkungen auf, die eine definierte räumliche Struktur ermöglichen. Aufgrund des konstanten Basenverhältnisses Adenin: Thymin bzw. Guanin: Cytosin von 1 sowie von Röntgenstrukturanalysen (S. 57) schlugen James D. Watson und Francis Crick 1953 ein Strukturmodell für die DNA vor, dessen Richtigkeit inzwischen gesichert ist. Wegen des konstanten Basenverhältnisses machten sie die Annahme, daß sich zwischen *Adenin* und *Thymin* sowie *Guanin* und *Cytosin* Wasserstoffbrücken ausbilden (Abb. 7.18). Unter Berücksichtigung der Röntgenstrukturanalysen ergibt sich aus dieser Annahme die Anordnung des DNA-Moleküls in Form eines **Doppelstranges** als einzig mögliche (Abb. 7.18, 7.19). Der Doppelstrang besteht aus **2 Nucleotidketten,** die außen die durch Phosphodiesterbindungen verknüpften hydrophilen Zuckerreste und innen die hydrophoben Purin- bzw. Pyrimidinbasen tragen. Ähnlich wie bei Proteinen ergibt sich damit eine Struktur, bei der die hydrophilen Teile an der Oberfläche, die hydrophoben Teile im Inneren des Moleküls angeordnet sind. Aus sterischen Gründen ist diese auch thermodynamisch bevorzugte Konformation nur dann möglich, wenn sich ausschließlich Adenin und Thymin bzw. Guanin und Cytosin gegenüber stehen. Diese Basenpaarung, die obligat eingehalten werden muß, hat also zur Folge, daß die *Struktur eines Stranges* die des anderen *vollständig* bestimmt oder zu ihr komplementär ist. Die beiden Stränge verlaufen außerdem *antiparal-*

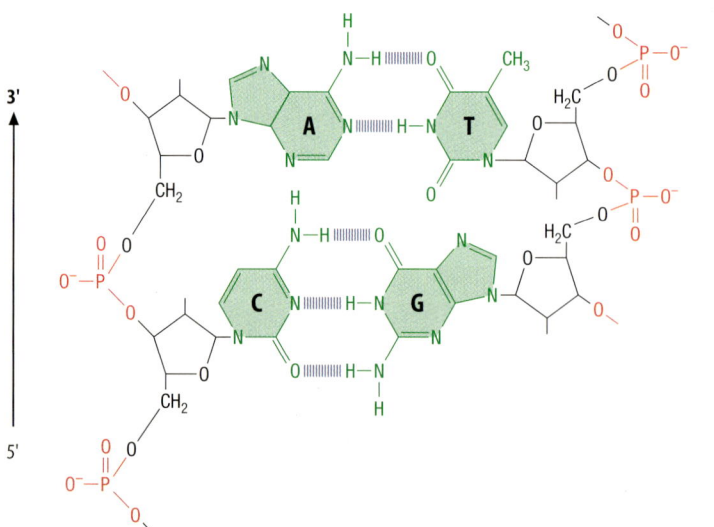

Abb. 7.18 Ausbildung von Wasserstoffbrücken zwischen Adenin und Thymin bzw. Cytosin und Guanin

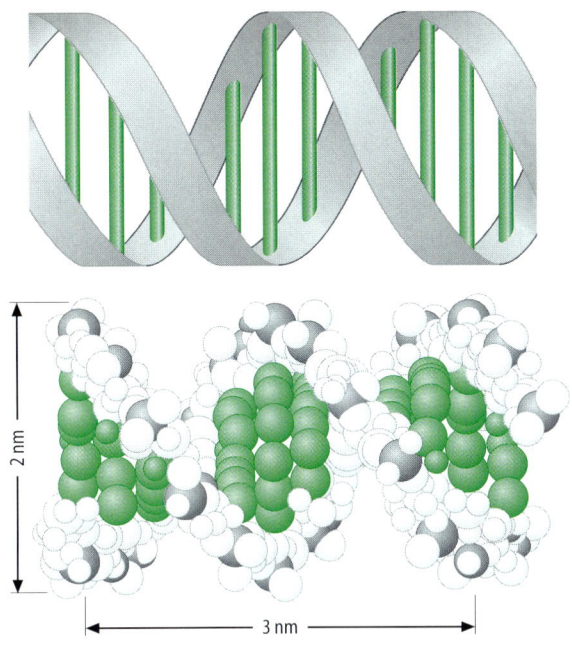

Abb. 7.19 Struktur der DNA-Doppelhelix Typ B. *Oben:* schematisch; *Unten:* Atommodell

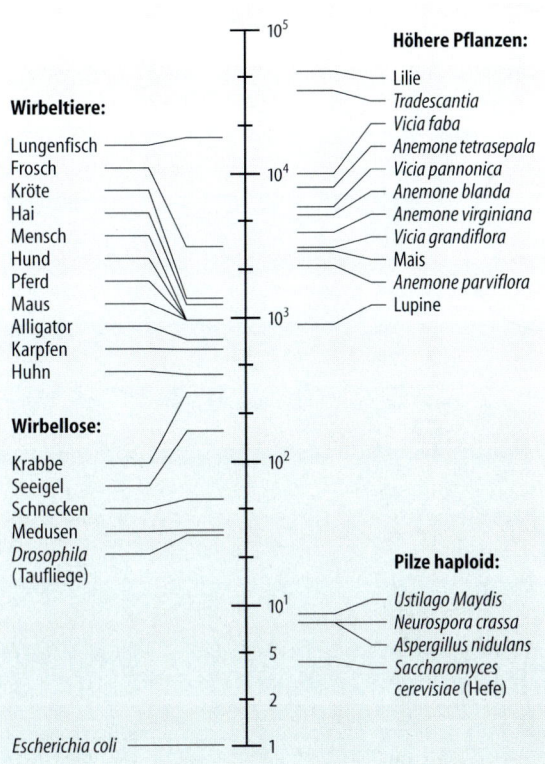

Abb. 7.20 Relative Verhältnisse der DNA-Gehalte von Prokaryonten und verschiedenen Eukaryonten

lel, d. h. die Richtung der Sequenz p-5′-drib-3′-p-5′-drib-3′- erfolgt in einem Strang in umgekehrter Richtung wie im anderen. Wasserstoffbrückenbindungen sowie die Wechselwirkungen zwischen den hydrophoben Basen ergeben eine Verdrillung des Doppelstranges. Dadurch entsteht die dreidimensionale Struktur einer **Doppelhelix.** Die Röntgenstrukturanalyse von DNA-Doppelhelices hat ergeben, daß diese in drei unterschiedlichen Konformationen vorkommen können. Der größte Teil der DNA liegt in vivo in der *B-Form* vor (Abb. 7.19). B-DNA ist eine rechtsgängige Doppelhelix mit etwa 10 Basenpaaren pro Wendelgang auf einer Länge von 3,3 nm. Der Durchmesser dieser Helix liegt bei 2,37 nm. Bei experimenteller Dehydratisierung der B-Doppelhelix wandelt sich diese in die ebenfalls rechtsgängige *A-Form* um. Sie ist breiter als die B-Form, ein Wendelgang umfaßt 11 Basenpaare. Wahrscheinlich kommt die A-DNA-Doppelhelix in vivo nicht vor, jedoch nehmen DNA-RNA-Doppelhelices die A-Konformation an.

Anders aufgebaut ist DNA in der *Z-Form.* Hier handelt es sich um eine linksgängige Doppelhelix mit einer Ganghöhe von 4,56 nm und 12 Basenpaaren pro Windung. Z-DNA findet sich vor allem in GC-reichen DNA-Sequenzen und macht insgesamt nur einen sehr kleinen Teil der zellulären DNA aus. Über ihre physiologische Bedeutung besteht noch keine Klarheit.

Der **DNA-Gehalt** von Säugetierzellen liegt je nach Spezies zwischen 4 und 8 pg/Zelle. Der zelluläre DNA-Gehalt anderer Organismen kann hiervon sehr weit abweichen (Abb. 7.20). Setzt man nämlich den DNA-Gehalt von E. coli gleich 1, so können andere Wirbeltiere oder höhere Pflanzen einen bis zu 20000mal

höheren DNA-Gehalt besitzen. Dementsprechend variabel ist auch die sogenannte **Konturlänge** der DNA. Dieser Wert ergibt sich unter der Annahme, daß die gesamte DNA einer Zelle als ein lineares Makromolekül vorliegen würde. E. coli hätte demnach eine Konturlänge von 1,36 μm, die diploide humane DNA dagegen eine von etwa 1,8 m!

7.3.2 Die Struktur des Chromatins

Die DNA prokaryoter Mikroorganismen ist meist ringförmig als stark gefaltetes Gebilde im Cytoplasma lokalisiert (Abb. 7.21). Im Gegensatz dazu befindet sich die DNA aller eukaryoten Zellen mit Ausnahme der mitochondrialen DNA (S. 190, 325) in *kondensierter* Form als **Chromatin** im Zellkern und assoziiert dort mit den **Histonproteinen** (Tabelle 7.4). Histone werden in fünf Klassen eingeteilt und zeichnen sich durch einen hohen Gehalt an basischen Aminosäuren aus. Die Histone H2A, H2B, H3 und H4 sind besonders gut konservierte Proteine, d. h., sie unterscheiden sich beim Vergleich zwischen verschiedenartigsten Spezies nur um sehr wenige Aminosäuren. Diese Tatsache spricht für ihre besondere Bedeutung bei der DNA-Kondensation im Zellkern.

Da inzwischen die Histonproteine ganz unterschiedlicher Spezies kloniert und sequenziert wurden,

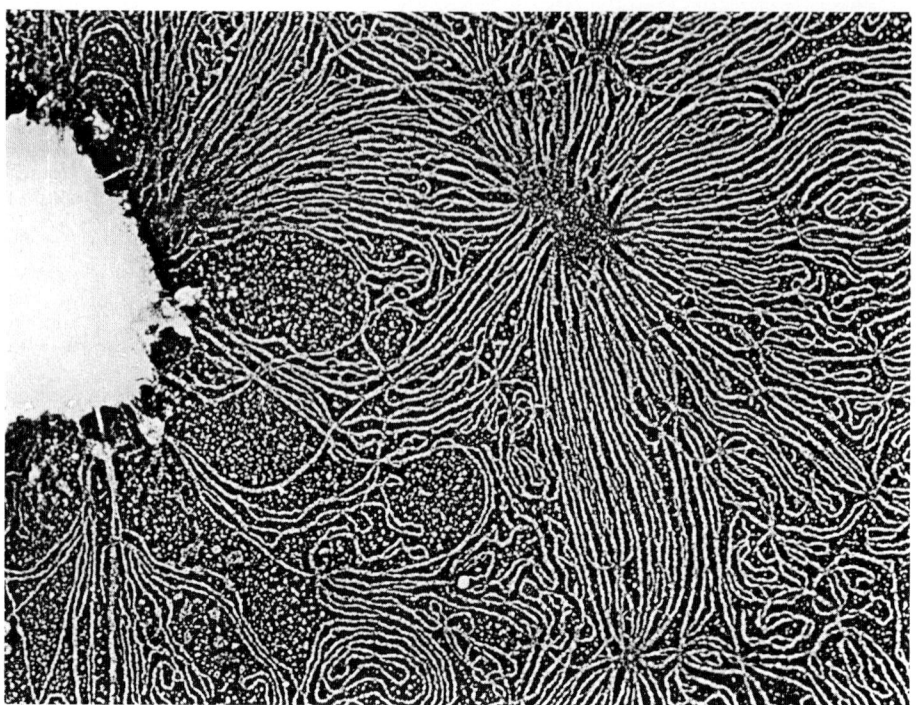

Abb. 7.21 DNA von zwei auf dem Objektträger durch osmotischen Schock aufgerissenen Protoplasten des Bakteriums Micrococcus lysodeicticus. Als Protoplast wird eine Bakterienzelle bezeichnet, deren Zellwand enzymatisch abgebaut wurde und die somit nur noch durch die Zellmembran zusammenge- halten wird. So beschädigte Zellen platzen in einem hypotonen Medium. Vergrößerung 52 000fach. (Aus Bresch C, Hausmann R (1972) Klassische und molekulare Genetik, 3. Aufl. Springer, Berlin Heidelberg New York)

Tabelle 7.4 Die 5 Histonproteine

Bezeichnung	% Arginin	% Lysin	Molekulargewicht (kD)
H1	1	29	19–23
H2A	9	11	14
H2B	6	16	14
H3	13	10	15
H4	14	11	11

sind Daten über ihre *Raumstruktur* erhältlich. Allen Histonen ist gemeinsam, daß sie über eine nichtpolare Domäne verfügen, welche eine *globuläre Struktur* ausbildet. Beim Histon H1 liegt diese Domäne N-terminal, bei allen anderen Histonen C-terminal. Auf der N- sowie der C-terminalen Hälfte aller Histone ist darüber hinaus eine *DNA-bindende Domäne* lokalisiert.

Roger Kornberg entdeckte 1974 die **Nucleosomen** als unterste Organisationsebene des Chromatins. Diese enthalten Dimere der Histonproteine H2A und H2B sowie H3 und H4. Je 4 derartiger Dimere bilden ein octameres scheibenförmiges *Nucleosomencore* der Struktur (H2B/H2A)-H4/H3)-(H3-H4)-(H2A/H2B). Um dieses windet sich DNA in einer Länge von 140–150 Basenpaaren, wobei sie eine flache, linksgängige Superhelix mit 1.8 Windungen bildet. Wie aus Abb. 7.22 zu entnehmen

ist, wiederholen sich derartige Nucleosomenpartikel, wobei die zwischen ihnen gelegene sogenannte Verbindungs-DNA in der Regel etwa 50–60 Basenpaare lang ist. Das Histon H1 verschließt gewissermaßen das Nucleosom und bestimmt möglicherweise die Länge der Verbindungs-DNA.

Bei physiologischen Salzkonzentrationen bildet die Nucleosomenkette eine 30 nm dicke Faser, die dadurch entsteht, daß die Nucleosomenfaser sich spulenförmig aufwickelt, wobei jede Windung etwa 6 Nucleosomen enthält. Dieses sog. *Solenoid* wird durch die H1-Moleküle stabilisiert.

Die 30 nm-Faser schließlich faltet sich zu vielen Schleifen, an deren Bildung sogenannte *Nicht-Histonproteine* beteiligt sind, die insgesamt etwa 10 % der Proteinmenge von Chromosomen ausmachen. Über die weitere Strukturbildung in Chromosomen, die im Vergleich zur DNA-Doppelhelix etwa um den Faktor 8000 kondensiert sein müssen, ist so gut wie nichts bekannt. Bei Replikation und Transkription muß die Struktur der Nucleosomen aufgelöst werden.

7.4 DNA als Träger der Erbinformation

Die Identifizierung der DNA als Träger genetischer Informationen gehört zu den aufregendsten Kapiteln der Biowissenschaften. Sie begann streng genommen 1866

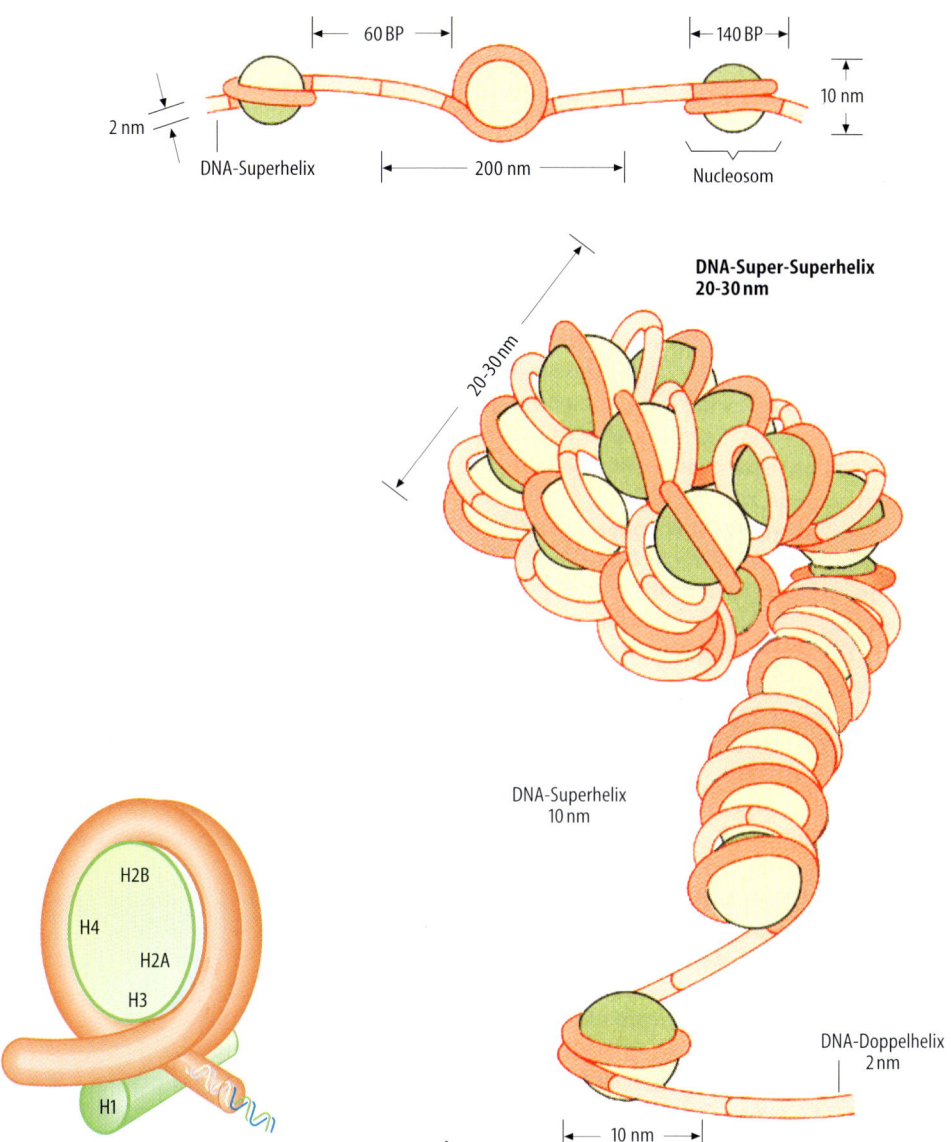

Abb. 7.22 a, b Schematische Darstellung des DNA-Histon-Komplexes im Chromatin. **a** Die DNA-Doppelhelix windet sich um octamere Proteinkomplexe aus den Histonen H2A, H2B, H3 und H4. Das Histon H1 ist an das Zwischenstück assoziiert. **b** Die so gebildeten Nucleosomen sind zur 30 nm Faser verdrillt, die ihrerseits intensiv gefaltet ist. (Nach Jungermann/Möhler (1980) Biochemie)

mit der Veröffentlichung der grundlegenden Gesetze der Vererbung durch Gregor Mendel und führte nach der Identifizierung der DNA als Träger der Erbmerkmale durch Oswald Avery (1944) zur Strukturaufklärung der DNA durch James Watson und Francis Crick im Jahre 1953. Dies leitete die stürmische Entwicklung der Molekularbiologie ein, welche nicht nur das Verständnis für die Komplexität der Lebensvorgänge enorm erweiterte, sondern auch zur Entwicklung der *Gentechnologie* geführt hat. Für die Medizin ist die Gentechnologie von außerordentlicher Bedeutung, da sie schon bis heute eine große Zahl diagnostischer und therapeutischer Verfahren geliefert hat und in Zukunft noch liefern wird.

7.4.1 Die Mendel'schen Gesetze

Gregor Mendel kam zu den nach ihm benannten Gesetzen durch die sorgsame Auswertung von Kreuzungsversuchen an Pflanzen (Abb. 7.23). Bei der Kreuzung eines Erbsenstammes mit glatten Samen mit solchen mit runzligen Samen fand er, daß alle Nachkommen der ersten Generation (F_1-Generation) glatte Samen besitzen. In der nächsten Nachkommenschaft, der F_2-Generation haben jedoch 25 % der Nachkommen runzlige, der Rest glatte Samen. Dieses Phänomen erklärte Gregor Mendel durch folgende Hypothesen:

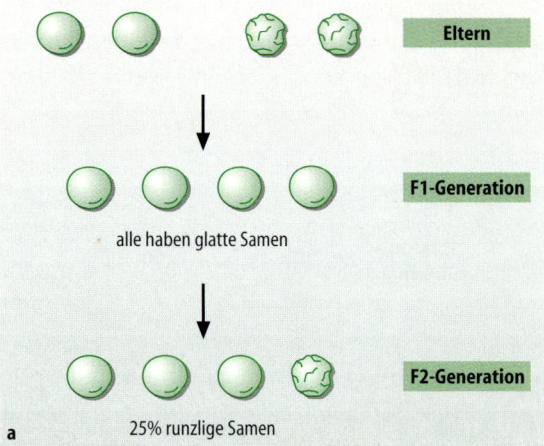

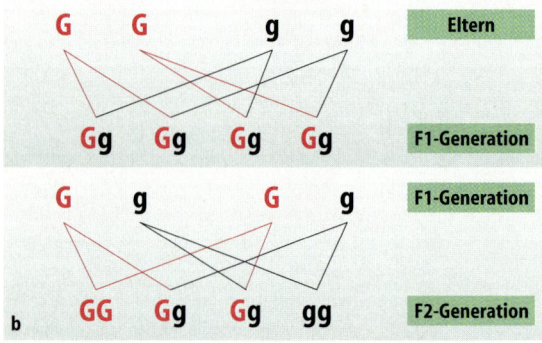

Abb. 7.23 a, b Vererbung unterschiedlicher Samenformen in der F$_1$- und F$_2$-Generation. **a** Kreuzt man Erbsen mit reinerbig glatten bzw. reinerbig runzligen Samen, so sind in der ersten Generation (F$_1$-Generation) nur Exemplare mit glatten Samen vorhanden, in der zweiten Generation (F$_2$-Generation) 25 % Exemplare mit runzligen Samen. **b** Zustandekommen des in **a** dargestellten Phänomens unter der Annahme, daß jede Pflanze zwei für die Samenform verantwortliche Allele besitzt, von denen *G* für glatte und *g* für runzlige Samen bestimmend ist. Wenn *G* dominant über *g* ist, wird das Ergebnis des Kreuzungsversuches verständlich

- Merkmale werden als Einheiten oder Faktoren vererbt. Heute bezeichnet man diese Einheiten als Gene. Die für ein Merkmal verantwortlichen Faktoren oder Gene kommen in zwei sich ausschließenden Formen vor, welche heute als Allele bezeichnet werden.
- Jedes der beiden Allele stammt von einem Elternpaar. Ein Vermischen der beiden Allele wird nicht beobachtet, sie werden unabhängig voneinander durch die Gameten auf die Nachkommen weitergegeben (Abb. 7.23). Sind die beiden Allele für eine Eigenschaft identisch, so ist der Merkmalsträger **homozygot,** sind sie unterschiedlich, so ist er **heterozygot.** Bestimmt ein Allel den Phänotyp eines heterozygoten Merkmalsträgers, ist es das dominante, das andere das rezessive. Über weitere Konsequenzen aus der Mendelschen Vererbungslehre siehe Lehrbücher der Genetik und Humangenetik.

7.4.2. Aufbau und Funktion der Chromosomen

Chromosomen zeigen für Mitose und Meiose spezifische Strukturen

Etwa gleichzeitig mit der Entwicklung der Mendelschen Vererbungslehre beobachtete Friedrich Miescher, daß in eukaryoten Zellkernen Partikel nachweisbar sind, die sich mit basischen Farbstoffen anfärben lassen und demzufolge als **Chromosomen** bezeichnet wurden. Zu Beginn dieses Jahrhunderts wurde klar, daß die von Gregor Mendel postulierten Erbfaktoren oder Gene auf Chromosomen lokalisiert sind.

Die Zahl der Chromosomen, die allerdings nur während der Zellteilung gut zu beobachten sind, ist in somatischen Zellen speziesspezifisch festgelegt. Somatische Zellen enthalten darüber hinaus normalerweise zwei Kopien jedes Chromosoms, Gameten jedoch nur eine, weswegen man den somatischen Chromosomensatz als **diploid,** denjenigen der Gameten als **haploid** bezeichnet. So enthalten somatische humane Zellen den aus 46 Chromosomen bestehenden diploiden, humane Gameten den aus 23 Chromosomen bestehenden haploiden Chromosomensatz.

Bei der auch als **Mitose** bezeichneten Teilung somatischer Zellen machen die Chromosomen eine Reihe charakteristischer Veränderungen durch (Abb. 7.24). Vor der Mitose kommt es in der *S-Phase* des Zellcyclus (S. 206) zur Verdopplung jedes einzelnen Chromosoms, so daß eine Zelle mit dem vierfachen Chromosomensatz entsteht. Während der Mitose heften sich die Chromosomen mit ihren **Zentromeren** (s. u.) an die *Mitosespindel*, ordnen sich dann während der *Metaphase* äquatorial in der Zelle an und werden dann so auf die entstehenden Tochterzellen verteilt, daß jede wieder den diploiden Chromosomensatz enthält (näheres s. Lehrbücher der Biologie). Die in der medizinischen Diagnostik häufig durchgeführten Chromosomenuntersuchungen basieren auf der Analyse der **Metaphasechromosomen** (Abb. 7.25). Zu diesem Zeitpunkt hat die DNA-Verdoppelung bereits stattgefunden, weswegen jedes Chromosom aus 2 **Schwesterchromatiden** besteht, die nur noch am Zentromer zusammenhängen. Von diesem ausgehend finden sich bei allen Chromosomen die kurzen *p-Arme* und die langen *q-Arme*. Die Enden der Chromatiden werden auch als **Telomere** bezeichnet und enthalten die für diese Position spezifischen DNA-Sequenzen (S. 218). Durch Anfärben mit Giemsa-Lösung bzw. Quinacrin entstehen die G- bzw. die an gleicher Stelle liegenden Q-Banden. Es ist zwar nicht sicher bekannt, welche spezifischen chromosomalen Eigenschaften für die Bandenbildung verantwortlich sind, aber da sie für jedes Chromosom typisch sind, eignen sie sich zur Orientierung. So können Gene oder Gengruppen bestimmten Banden zugeordnet oder, unter meist pathologischen Bedingungen,

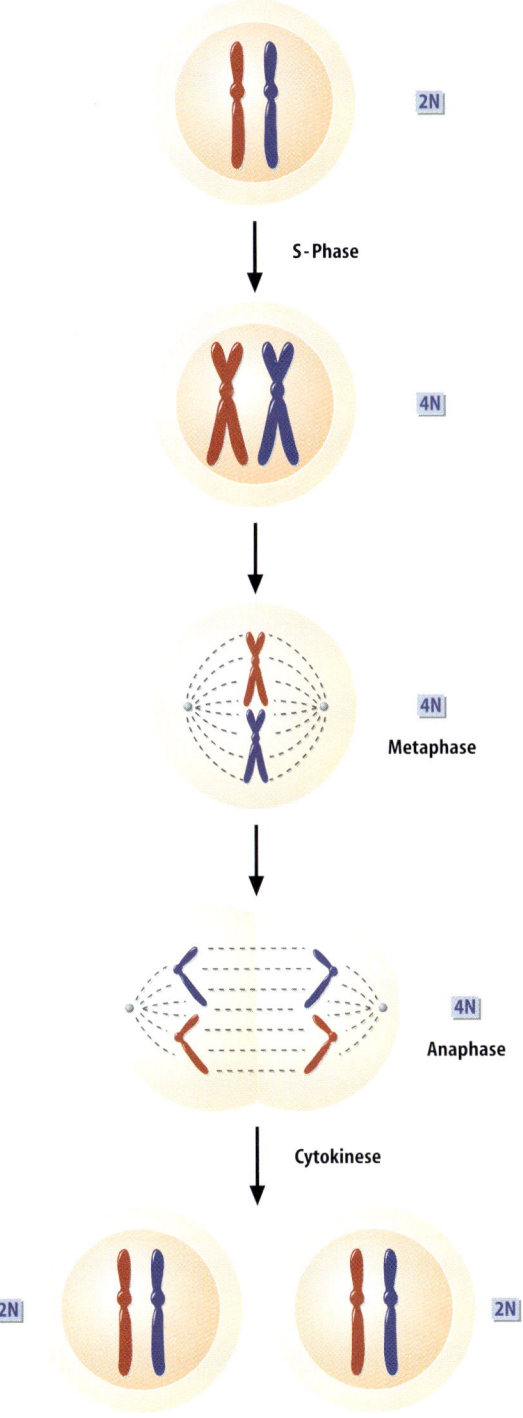

S-Phase 2N

4N

Metaphase 4N

Anaphase 4N

Cytokinese

2N 2N

Abb. 7.24 Darstellung der einzelnen Phasen der Mitose. (Einzelheiten s. Text)

der Austausch genetischen Materials zwischen einzelnen Chromosomen festgestellt werden (Translokation, S. 326).

Bei der als *Meiose* bezeichneten Teilung der Keimzellen wird ebenfalls vom Zustand nach der Replikation ausgegangen, also vom vierfachen Chromosomensatz. Während der ersten Reifeteilung kommt es

zur Trennung der homologen Chromosomen, bei der zweiten Reifeteilung zur Trennung der Schwesterchromatiden, so daß jeweils vier Zellen mit dem haploiden Chromosomensatz entstehen (Abb. 7.26).

Der Allelaustausch während der Meiose ist die Grundlage der biologischen Vielfalt

Eine genaue Untersuchung der bei der Meiose stattfindenden Vorgänge führte zur Entdeckung des *Austauschs von Genen* auf homologen Chromosomen, was auch als **homologe Rekombination** bezeichnet wird (Abb. 7.27). Homologe Chromosomen ordnen sich zu Beginn der Meiose parallel an und umschlingen sich. Durch dieses „*crossing over*" kommt es dann zum Austausch chromosomalen Materials zwischen homologen Chromosomen. Da die Chromosomen bei der ersten und zweiten meiotischen Teilung vereinzelt werden, entstehen in den Gametenzellen Chromosomen mit einer unterschiedlichen Verteilung paternaler und maternaler Gene. Dies stellt die zellbiologische Grundlage für das Zustandekommen der Vielfalt in der Nachkommenschaft eines Elternpaares dar.

7.4.3 Prinzip der Informationsspeicherung in der DNA

Mit Ausnahme der geringen Menge mitochondrialer DNA ist die DNA eukaryoter Zellen in den Chromosomen enthalten. Nach der Entdeckung, daß genetisch fixierte Eigenschaften in der DNA verschlüsselt sind, konnte vor allen Dingen durch die Analysen vieler Genetiker gezeigt werden, daß jedem *Gen* als der kleinsten vererbbaren Einheit auf einem DNA-Molekül eine Peptidkette zugeordnet werden kann. Eine Ausnahme von dieser Regel machen die Gene für die ribosomale und die Transfer-RNA. In Fortführung der genetischen Analyse kam man zu der Erkenntnis, daß Gene auf der DNA in einer *linearen Sequenz* angeordnet sind. Durch die Analyse von Mutanten und chromosomalen Markern war es möglich, zunächst für die Chromosomen einfacher Organismen, heute aber auch des Menschen, sogenannte *Genkarten* aufzustellen, die die räumlichen Beziehungen vieler einzelner Gene zueinander genau wiedergeben.

Überlappende Gene kommen, soweit man bis heute weiß, nur in seltenen Fällen bei einigen Viren vor.

Wenn also einem Gen, d. h. einem definierten Abschnitt auf der DNA, ein Peptid entspricht, so folgt daraus zwingend, daß die individuelle Sequenz der einzelnen Aminosäuren dieses Peptids in einem *eindeutigen Code* auf der DNA festgelegt sein muß. Die Aufklärung dieses Codes gehört zu den großen Leistungen der biochemischen Forschung. Die DNA ist durch die festgelegte Sequenz der vier Basen Adenin, Thymin, Guanin und Cytosin gekennzeichnet. Nimmt man an,

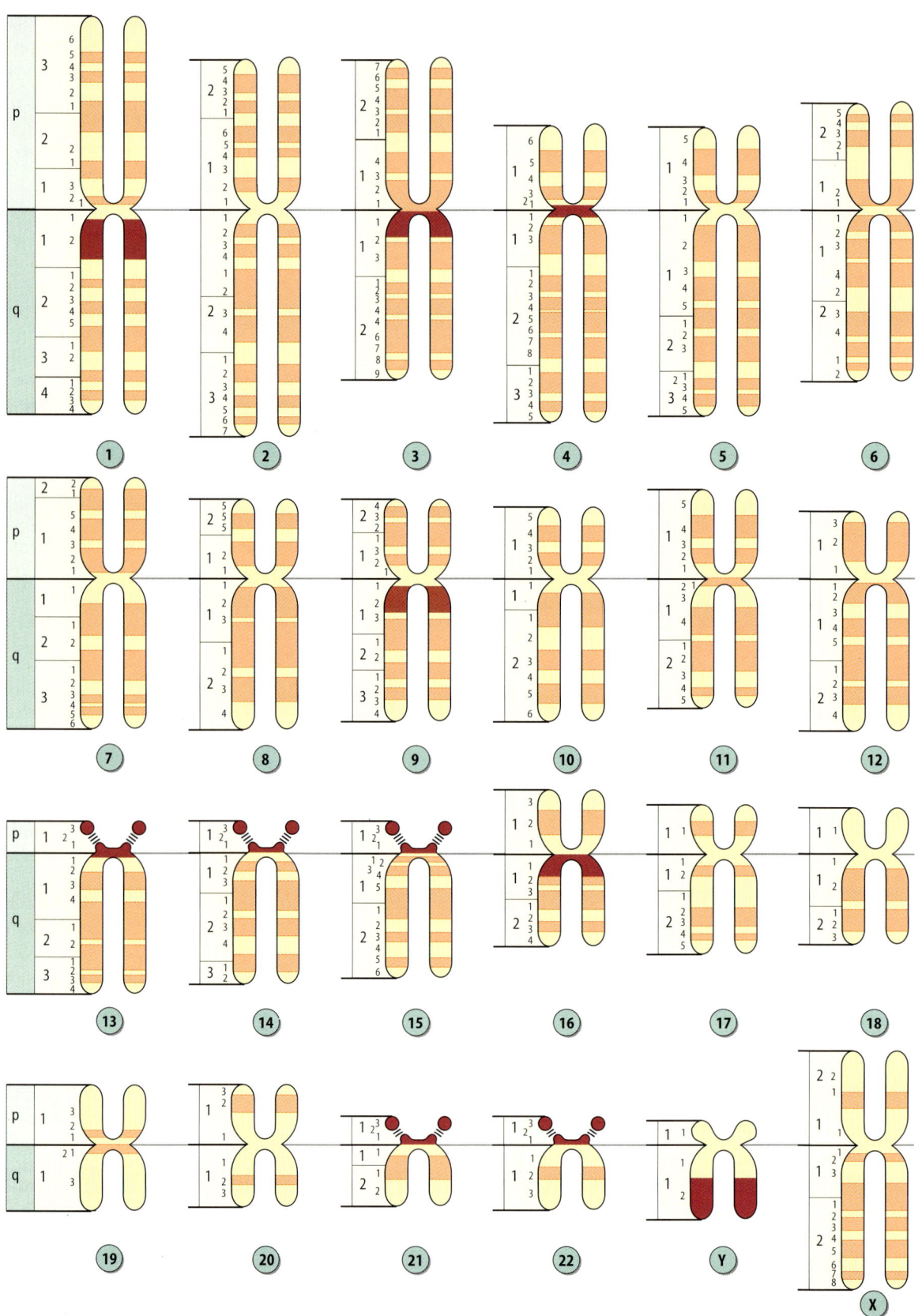

Abb. 7.25 Schematische Darstellung der menschlichen Chromosomen in der Metaphase. Man erkennt jeweils die beiden Schwesterchromatiden, die durch das Zentromer zusammengehalten werden. Die Bandenbildung nach Giemsa-Färbung erlaubt die Zuordnung von Genen bzw. Gengruppen auf definierte Positionen der p- bzw. q-Arme der Chromosomen

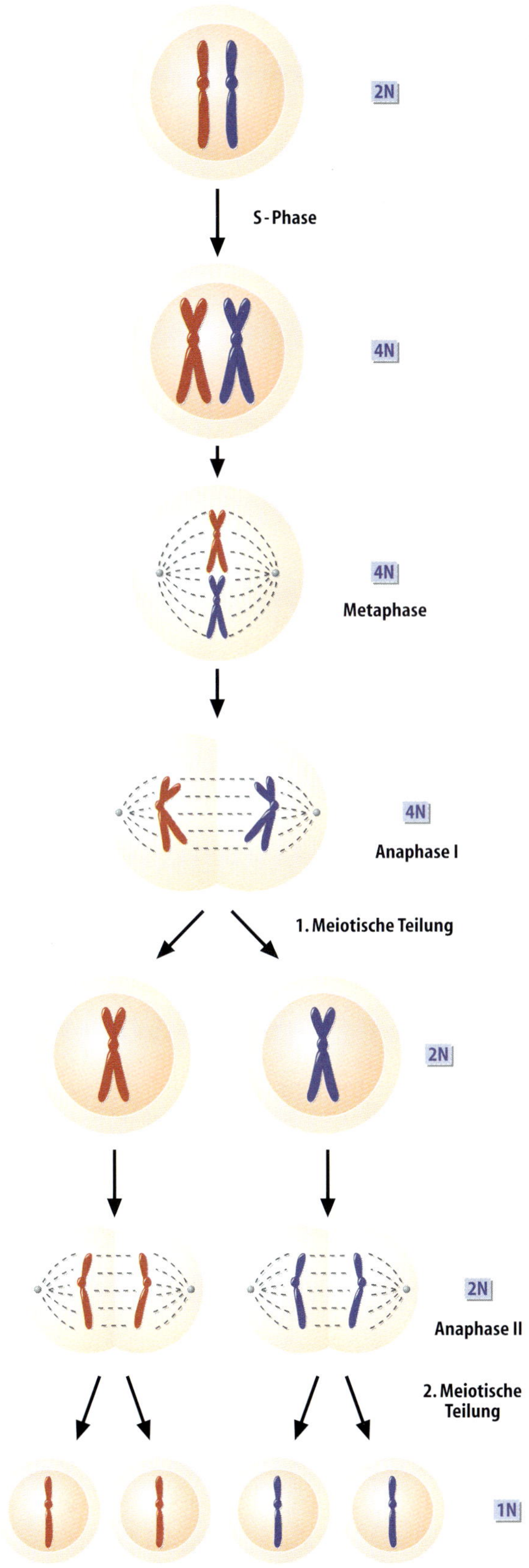

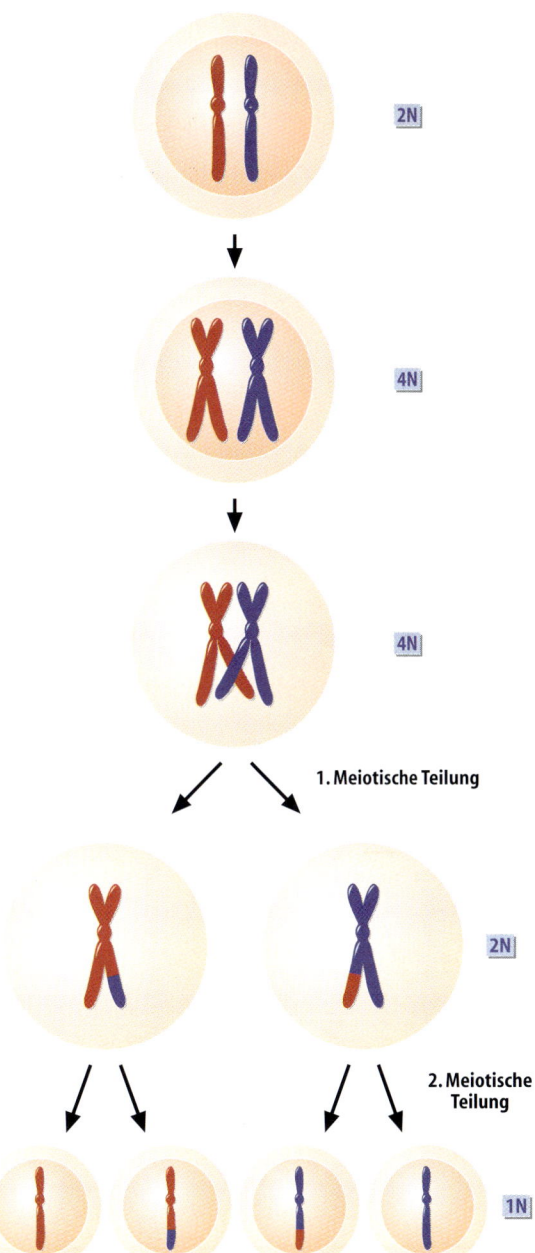

Abb. 7.26 Phasen der Meiose. (Einzelheiten s. Text)

Abb. 7.27 Kombination homologer Chromosomen bei der Meiose. (Einzelheiten s. S. 161)

daß aus ihnen ein „Alphabet" mit den vier Buchstaben A, T, G und C gebildet wird, so läßt sich leicht berechnen, wie viele Basen für die Festlegung einer Aminosäure benötigt werden. Bausteine aller Proteine sind die 20 unterschiedlichen proteinogenen Aminosäuren. Wenn eine Folge von je 2 Basen eine Aminosäure beschreiben würde, so wäre der Code *unvollständig,* da mit ihm nur $4^2 = 16$ Worte geschrieben werden könnten. In der DNA wird also eine Sequenz von mindestens drei Basen benötigt, um eine Aminosäure zu bezeichnen. Allerdings können mit drei Zeichen pro Wort schon $4^3 = 64$ Worte geschrieben werden. Wie man

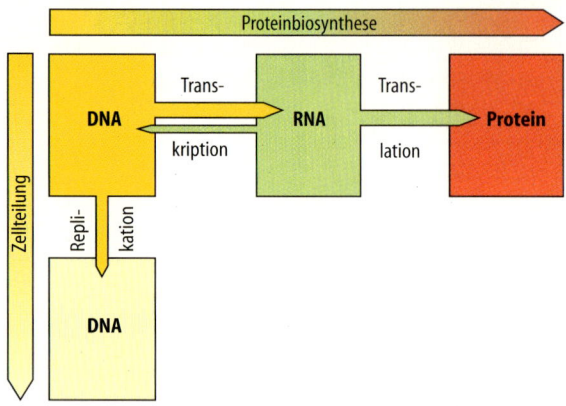

Abb. 7.28 Zentrales Dogma der Molekularbiologie

Das in Abb. 7.28 dargestellte *zentrale Dogma der Molekularbiologie* formuliert die Beziehungen des Nucleinsäurestoffwechsels zu den wesentlichen zellulären Vorgängen und legt die Richtung des Informationsflusses fest. Bei der Zellteilung und Fortpflanzung muß die in der DNA gespeicherte Information unverändert weitergegeben werden, die DNA muß also die Fähigkeit zur **Replikation** (identische Reduplikation) besitzen. Für die Proteinbiosynthese und die Regulation vieler zellulärer Vorgänge werden jedoch nur Einzelteile des DNA-Strangs benötigt, die in Form eines RNA-Moleküls kopiert werden. Dieser Vorgang wird als **Transkription** bezeichnet. Die RNA wiederum dient an den Ribosomen, den für die Proteinbiosynthese verantwortlichen Organellen, als Matrize für die Verknüpfung der Aminosäuren. Die Übertragung der in der RNA-Kette enthaltenen Information in einer Aminosäuresequenz wird als **Translation** bezeichnet.

Das zentrale Dogma postuliert, daß beim Vorgang der Informationsübertragung zwischen DNA und Protein nur die Richtung von der DNA zum Protein, nicht aber die umgekehrte Richtung, eingeschlagen wird. In einem Proteinmolekül kann also nicht die Information zur DNA-Biosynthese gespeichert sein. Eine Vielzahl von Beobachtungen hat die Richtigkeit des zentralen Dogmas bestätigt. Allerdings ist zumindest bei bestimmten Viren, den **Retroviren,** eine Informationsübertragung von der RNA in die DNA möglich (S. 292).

heute weiß, gibt es eine Reihe von Aminosäuren, die durch unterschiedliche Codeworte determiniert sind. Dieses Phänomen wird auch als *Degeneration* des Codes bezeichnet (S. 268). Unter Zugrundelegung dieser Codierung ist es möglich, in einem Gen die Aminosäuresequenz eines Peptids und in der Gesamtmenge aller DNA-Moleküle eines Organismus die Sequenz aller in ihm vorkommenden Proteine aufzuzeichnen. Die kleinste Informationseinheit ist dann eine Gruppe aus drei Basen, ein sogenanntes **Basentriplett,** das auch als **Codon** bezeichnet wird.

Tabelle 7.5 Klassifizierung der RNA

Bezeichnung	Nucleotidreste	Struktur	Funktion	Besprochen auf Seite
Heterogene nucleäre RNA (hnRNA)	Sehr variabel	Einzelstrang	Primäres Transkriptionsprodukt	244
Messenger RNA (mRNA; Boten RNA)	Sehr variabel	Einzelstrang	Entsteht aus heterogener nucleärer RNA (hnRNA) und dient als Matrize bei der Proteinbiosynthese	247
Transfer RNA (tRNA)	– 110	Viele Basenpaarungen innerhalb eines Einzelstrangs	Bindung von Aminosäuren, Positionierung für Proteinbiosynthese	247
Ribosomale RNA (rRNA)	– 5400 als 28S, 18S, 5,8S und 5S rRNA	Einzelstrang, viele Basenpaarungen innerhalb des Einzelstrangs	Strukturelement bei der Bildung der großen und der kleinen ribosomalen Untereinheit	247
small nuclear RNA (snRNA; kleine nucleare RNA)	– 300 als U1–U6- snRNA	Assoziiert an Proteine	Beim Spleißen der hnRNA als Bestandteil des Spleißosoms	250
small cytoplasmic RNA (scRNA; kleine cytoplasmatische RNA)		Assoziiert an Proteine	Beim intrazellulären Proteintransport als Bestandteil des Signal recognition particles (SRP)	283

7.5 Struktur und biologische Bedeutung der RNA

Zellen enthalten wesentlich mehr RNA als DNA. Nach ihrer Funktion und ihrem Vorkommen unterscheidet man sechs RNA-Klassen (Tabelle 7.5):

- Vom Molekulargewicht her am variabelsten ist die **heterogene nucleäre RNA** (hnRNA). Wie ihr Name sagt, kommt sie nur im Zellkern vor und schwankt in ihrer Größe außerordentlich (bis 10^6 Nucleotide!).
- **Messenger RNA** entsteht aus hnRNA. Sie dient als *Matrize* bei der Proteinsynthese und codiert in Form von Basentripletts die Aminosäuresequenz der verschiedenen Proteine. Dies macht verständlich, warum auch ihre Größe entsprechend der Länge der codierten Proteine außerordentlich variabel ist.
- Die *Transfer RNA's* (tRNA) bestehen aus je 65 bis 110 Nucleotidresten. Allen tRNA-Molekülen liegt ein gemeinsamer Bauplan zugrunde. Ordnet man ihre Struktur entsprechend der maximal möglichen intrachenaren Basenpaarungen, so ergibt sich eine *Kleeblatt-förmige* Struktur (Abb. 7.29). Aus Röntgenstruktur-Untersuchungen weiß man allerdings, daß die verschiedenen Schleifen sehr eng anliegen, so

daß sich insgesamt das Bild eines stäbchenförmigen Gebildes ergibt. Die tRNA dient nach Beladung mit der jeweiligen Aminosäure als *Adaptermolekül* für die Proteinbiosynthese (S. 266). Da in Proteinen insgesamt 20 unterschiedliche Aminosäuren vorkommen können, muß die Minimalausstattung einer Zelle aus wenigstens 20 tRNA-Molekülen bestehen. In Wirklichkeit wird diese Zahl aber höher liegen, da für die einzelnen Aminosäuren eine unterschiedliche Zahl von Codons (Degeneriertheit des genetischen Codes, S. 268) vorkommen.

- Die **ribosomale RNA** (rRNA) kommt in verschiedenen Fraktionen mit Sedimentationskoeffizienten zwischen 5 und 24 S und entsprechend unterschiedlichen Molekulargewichten vor. Sie stellt einen integrierenden Bauteil der *Ribosomen* dar, deren Funktion auf S. 271 besprochen wird. Abb. 7.30 zeigt als Beispiel die vollständige Basensequenz der 5 S rRNA der Ribosomen menschlicher Zellen. Man erkennt, daß es sich hier um ein stäbchenförmiges Gebilde mit insgesamt 4 Schleifen handelt, wobei ein beträchtlicher Teil der Basen in gepaarter Form vorliegen.
- Einen relativ großen Anteil der im Kern lokalisierten RNA macht die sogenannte **small nuclear RNA** (snRNA) aus. Bis heute sind insgesamt 6 snRNA-Spezies

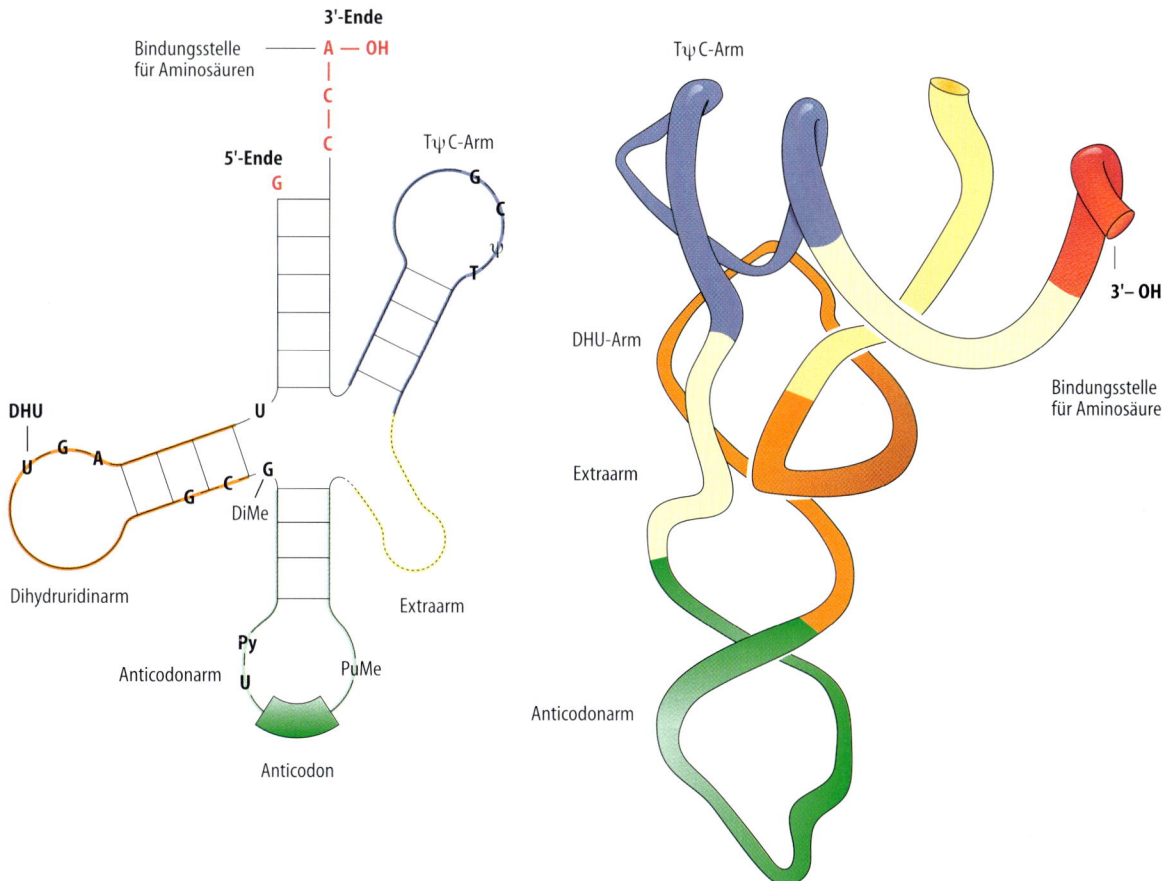

Abb. 7.29 *Links:* Schematische Darstellung der Struktur einer tRNA (Kleeblattstruktur). *Rechts:* Räumliche Struktur der Phenylalanin-tRNA. (Nach Kim et al. 1973)

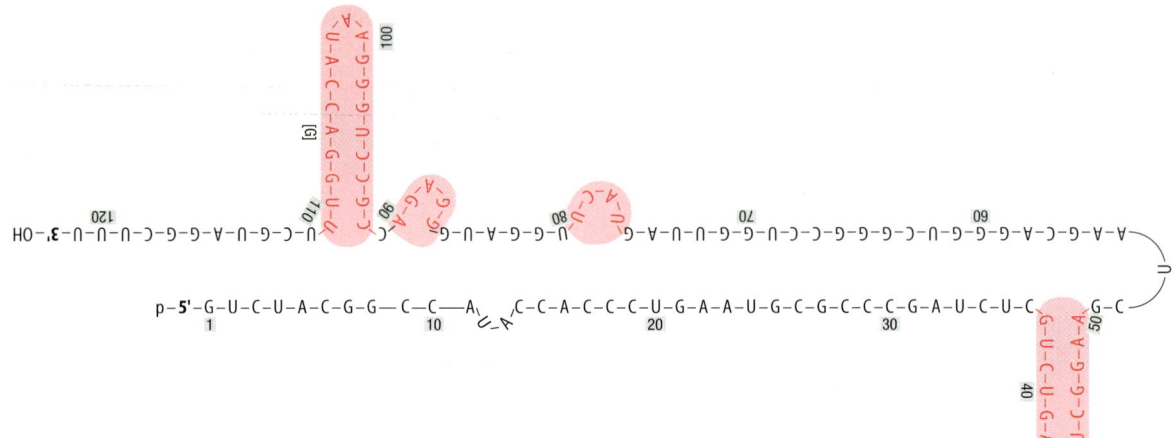

Abb. 7.30 5 S rRNA menschlicher Zellen

beschrieben worden, die als U1–U6-snRNA bezeichnet werden. Assoziiert an unterschiedliche Proteine bilden sie das sogenannte *Spleißosom,* das bei der Bildung der reifen mRNA aus hnRNA während der Entfernung des Introns (S. 251) beteiligt ist.

- Die Fraktion der **small cytoplasmic-RNA** (scRNA) kommt als Bestandteil des cytoplasmatisch lokalisierten *Signal Recognition Particle* (SRP) vor und ist am Transport von Proteinen in das endoplasmatische Reticulum beteiligt (S. 283).
- Neben diesen im Kern codierten RNA-Spezies findet sich in geringen Mengen noch *mitochondriale* mRNA, rRNA und tRNA.

7.6 Experimenteller Umgang mit Nucleinsäuren

7.6.1 Denaturierung und Renaturierung von Nucleinsäuren

Ein spezifisches Merkmal aller Nucleinsäuren ist das Phänomen der *Wasserstoffbrückenbildung* zwischen komplementären Basen. Am ausgeprägtesten ist dies bei der DNA, die mit ganz wenigen Ausnahmen (kleine DNA-Viren, S. 292) als doppelsträngiges Molekül vorkommt. RNA-Moleküle sind im allgemeinen einzelsträngig, jedoch findet sich auch hier durch Basenpaarungen innerhalb eines Einzelstranges zum Teil über weite Strecken eine doppelsträngige Anordnung des Moleküls, was zu funktionell sehr bedeutsamen Struktureigenschaften führt. Die Stabilität von Nucleinsäuredoppelsträngen wird durch *hydrophobe Wechselwirkungen* infolge Basenstapelung, durch *ionische Wechselwirkungen* der geladenen Phosphatgruppen sowie zu einem geringeren Teil durch die *Wasserstoffbrückenbindungen* zwischen komplementären Basen gewährleistet. Es überrascht infolgedessen nicht, daß durch

eine Reihe physikalischer Faktoren die Stabilität von Doppelsträngen gestört werden kann.

Bei Erhitzen einer doppelsträngigen DNA-Lösung über einen bestimmten Temperaturbereich hinaus kommt es zur Trennung der komplementären Stränge, wobei die entstehenden DNA-Einzelstränge eine zufällige, verknäulte Konfiguration annehmen (Abb. 7.31). Dieser auch als **DNA-Denaturierung** oder DNA-Schmelzen bezeichnete Vorgang ist von einigen charakteristischen Änderungen der physikalischen Eigenschaften der DNA-Lösung begleitet. Besonders auffallend ist die Zunahme der UV-Absorption der DNA um ca. 40 %, die auch als *hyperchromer Effekt* bezeichnet wird. DNA absorbiert wegen des Vorkommens der heterocyclischen Basen UV-Licht der Wellenlänge von 260 nm. In der DNA-Doppelhelix ergeben sich jedoch

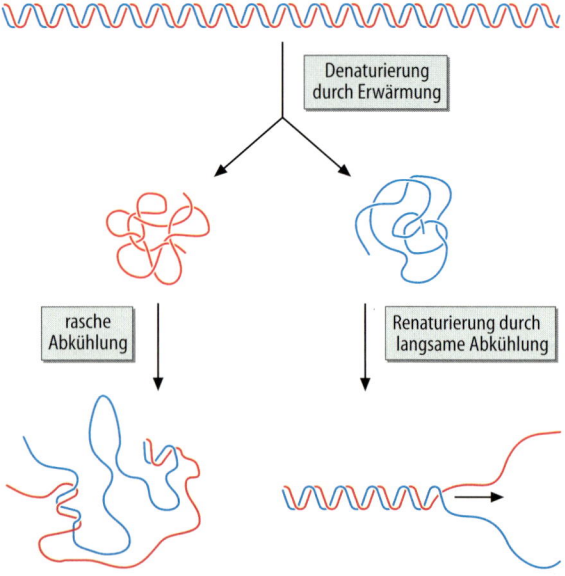

Abb. 7.31 Strukturänderung eines DNA-Doppelstrangs beim Erwärmen

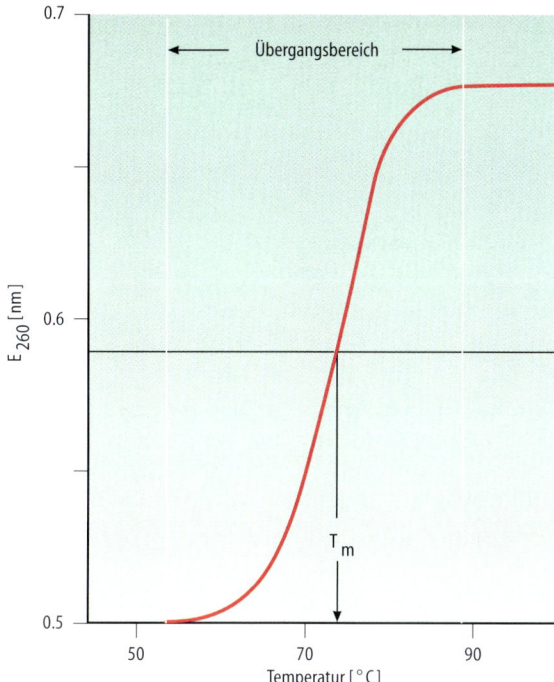

Abb. 7.32 Schmelzkurve einer typischen DNA. Beim Erwärmen einer DNA-Lösung ergibt sich in einem Temperaturbereich zwischen 55° und 75°C eine Zunahme der Absorption bei 260 nm. Dieser Vorgang ist der Ausdruck einer DNA-Denaturierung, die in diesem Temperaturbereich erfolgt

Wechselwirkungen zwischen den Elektronen der komplementären Basen, was zu einer Verminderung der Absorption führt. Bei der Denaturierung gehen diese Wechselwirkungen verloren und die UV-Absorption eines denaturierten DNA-Doppelstrangs entspricht derjenigen von Mononucleotiden.

Ein anderes beim Denaturieren von DNA auftretendes Phänomen ist die Abnahme der *Viskosität* der Lösung. Doppelsträngige DNA ist infolge des großen Achsenverhältnisses der DNA-Moleküle sowie ihrer relativen Starrheit eine hochviskose Lösung. Diese hohe Viskosität wird infolge der bei der Denaturierung entstehenden DNA-Zufallsknäule drastisch vermindert. Abbildung 7.32 gibt eine DNA-Schmelzkurve anhand der Änderung der Absorption bei 60 nm wieder. Man erkennt, daß die Änderung der Absorption in einem relativ schmalen Temperaturbereich erfolgt. Als *Schmelztemperatur* T_m ist dabei diejenige Temperatur definiert, bei der 50 % der maximalen Absorptionsänderung erfolgt sind. Die absolute Größe von T_m ist von einer Reihe von Faktoren abhängig. T_m steigt mit dem Gehalt einer DNA an GC-Paaren an, da diese drei Wasserstoffbrückenbindungen ausbilden können, AT-Paare jedoch nur zwei. Darüber hinaus ist die T_m von der Natur des Lösungsmittels, der Konzentration der Ionen des Lösungsmittels sowie dem pH-Wert abhängig.

Beim raschen Abkühlen einer denaturierten DNA-Lösung bleibt die DNA denaturiert. Nur über kurze Strecken können sich allenfalls korrekte komplementäre Bereiche ausbilden und werden durch die rasche Temperaturabsenkung quasi eingefroren. Hält man jedoch die Temperatur der DNA-Lösung etwa 20–25 °C unter der T_m-Temperatur, so können sich fehlerhaft gebildete Komplementärbereiche wieder trennen und erneut nach Partnern für die Basenpaarung suchen. Steht genügend Zeit für diesen Prozeß zur Verfügung, so kommt es zur Ausbildung immer längerer komplementärer Bereiche und schließlich zur vollständigen korrekten Reassoziation zum DNA-Doppelstrang. Dieser Vorgang wird als **DNA-Renaturierung** bezeichnet.

Es ist klar, daß das oben Gesagte in sehr ähnlicher Weise auch für die Denaturierung und Renaturierung von hybriden DNA-RNA-Doppelsträngen sowie von RNA-RNA-Doppelsträngen zutrifft.

7.6.2 Analyse der Basensequenz von Nucleinsäuren

Für die Bestimmung des DNA- bzw. RNA-Gehaltes von Zellen stehen seit langer Zeit eine große Zahl unterschiedlicher Methoden zur Verfügung, die im allgemeinen auf einer Desoxyribose- bzw. Ribosebestimmung beruhen (vgl. Lehrbücher der biochemischen Analytik). Besonders einfach, aber nur für gereinigte Nucleinsäurelösungen anwendbar, ist ihre Quantifizierung anhand der Messung ihrer *Absorption bei 260 nm*. Von wesentlich größerer Bedeutung sind all die Verfahren, welche für Strukturaufklärung und Strukturvergleich von Nucleinsäuren benötigt werden. Sie setzen jedoch die Beherrschung einer Reihe von Techniken voraus, die im Folgenden beschrieben werden sollen.

Nucleinsäuren können in hochreiner Form aus Zellen extrahiert werden

Zelluläre Nucleinsäuren liegen immer als Nucleinsäure/Proteinkomplexe vor. Der erste Schritt in der Isolierung von Nucleinsäuren muß infolgedessen darin bestehen, die Proteine nach der Lyse der entsprechenden Zellen von den Nucleinsäuren zu trennen. Dies geschieht im allgemeinen durch Behandlung der Protein-Nucleinsäure-Mischung mit einer *Phenollösung*, wobei die Proteine ausfallen und durch Zentrifugation entfernt werden können. Das dabei erhaltene Nucleinsäuregemisch aus DNA und RNA kann nun durch *Fällungsreaktionen* z.B. mit Ethanol, oder einer Reihe chromatographischer Verfahren weiter gereinigt werden. Benötigt man reine DNA, so kann die Kontamination mit RNA durch Behandlung mit RNA-spezifischen Nucleasen (RNasen, S. 169) entfernt werden. Sind dagegen reine RNA-Präparationen gewünscht, muß die DNA durch DNasen entfernt werden (S. 170).

Ein weiteres gut etabliertes Trennverfahren für DNA bzw. RNA ist die *präparative Ultrazentrifugation.*

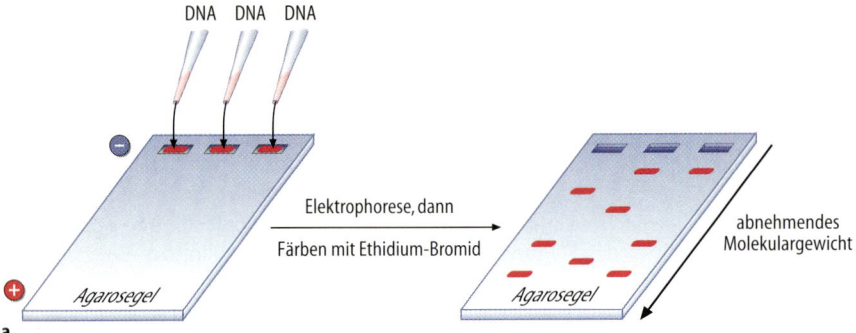

DNA   DNA   DNA

Elektrophorese, dann
Färben mit Ethidium-Bromid

abnehmendes
Molekulargewicht

Agarosegel

Agarosegel

a

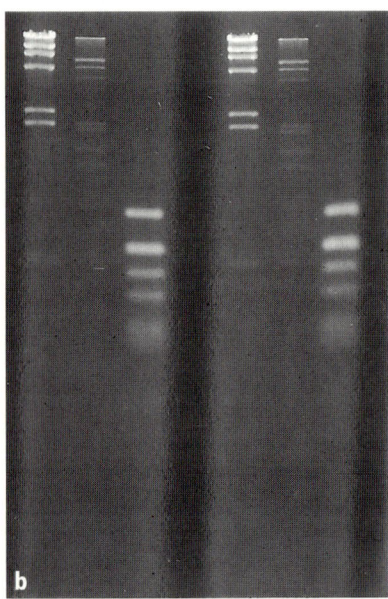

b

Abb. 7.33 a, b Experimentelles Vorgehen bei der Agarosegel-Elektrophorese. **a** Plattenförmige Agarosegele, dienen als Träger für die elektrophoretische Auftrennung von DNA-Stücken entsprechend ihrer Größe. Nach Fertigstellung der Elektrophorese wird das Gel in eine Lösung mit Ethidiumbromid getaucht und anschließend im UV-Licht die DNA-Banden sichtbar gemacht. **b** Mit Ethidiumbromid angefärbte DNA-Bruchstücke, die durch Behandlung der DNA des Phagen λ mit den Restriktionsendonucleasen HindIII *(linke Spur)*, Sta VIII *(mittlere Spur)* und AluI *(rechte Spur)* entstehen. Die Ansätze sind zweimal aufgetragen

Sie erlaubt beispielsweise, unterschiedliche DNA-Spezies nach ihrem G/C-Gehalt zu separieren oder unterschiedlich große RNA-Spezies präparativ zu gewinnen.

Apparativ wenig aufwendig können Nucleinsäuren mit der *Agarosegelelektrophorese* aufgetrennt werden. Agarose ist ein pflanzliches Polysaccharid, das im Gel „netzähnliche" Strukturen bildet, durch die die DNA-Fragmente während der Elektrophorese ihrer Größe entsprechend wandern (Abb. 7.33). Vor ihrer Isolierung aus dem Gel müssen die verschiedenen DNA-Banden sichtbar gemacht werden. Dies geschieht im allgemeinen dadurch, daß doppelsträngige DNA durch sogenannte *intercalierende Fluoreszenzfarbstoffe* angefärbt wird. Diese sind meist planare aromatische Katio-

nen, die sich zwischen die gestapelten Basen schieben, wobei ihre Fluoreszenz im Vergleich zum freien Farbstoff intensiviert wird. Am häufigsten verwendet wird dabei das in Abb. 7.34 dargestellte **Ethidiumbromid.**

Durch Blotten und Hybridisieren können Nucleinsäuresequenzen identifiziert werden

Für präparative Zwecke können Nucleinsäuren aus Agarosegelen eluiert, durch Fällung mit Ethanol konzentriert und dann weiter verarbeitet werden. Häufig ist es aber notwendig, in dem durch Agarosegelelektrophorese aufgetrennten Nucleinsäuregemisch eine bestimmte Sequenz zu identifizieren. Zu diesem Zweck hat sich ein Verfahren allgemein durchgesetzt, das von Edwin Southern entwickelt wurde und nach ihm als **Southern Blot** bezeichnet wird. Diese Technik beruht auf der Tatsache, daß einzelsträngige DNA besonders fest an *Nitrozellulose-* oder *Nylonfolien* bindet. Das von Southern entwickelte Verfahren, welches schematisch in Abb. 7.35 dargestellt ist, umfaßt zunächst die Denaturierung der in dem Agarosegel befindlichen DNA mit Natronlauge. Nach dieser Behandlung wird das Gel mit einem Blatt Nitrozellulosefolie bedeckt und anschließend mit einem Gewicht beschwert. Dadurch wird die Flüssigkeit aus dem Agarosegel zusammen mit der DNA durch die Nitrozellulose gepreßt. Auf diese Weise entsteht ein naturgetreuer Abklatsch (*engl.* blot) des Agarosegels auf der Nitrozellulose. Im Gegensatz zum Agarosegel ist nun die einzelsträngige DNA auf der Nitrozellulose fest fixiert und läßt sich auch durch Waschen mit den verschiedensten Puffern nicht mehr ablösen. Zum Auffinden einer spezifischen Sequenz der zu untersuchenden DNA wird die Nitrozellulose in ei-

−NH$_2$

N$^+$

C$_2$H$_5$

Abb. 7.34 Ethidiumbromid

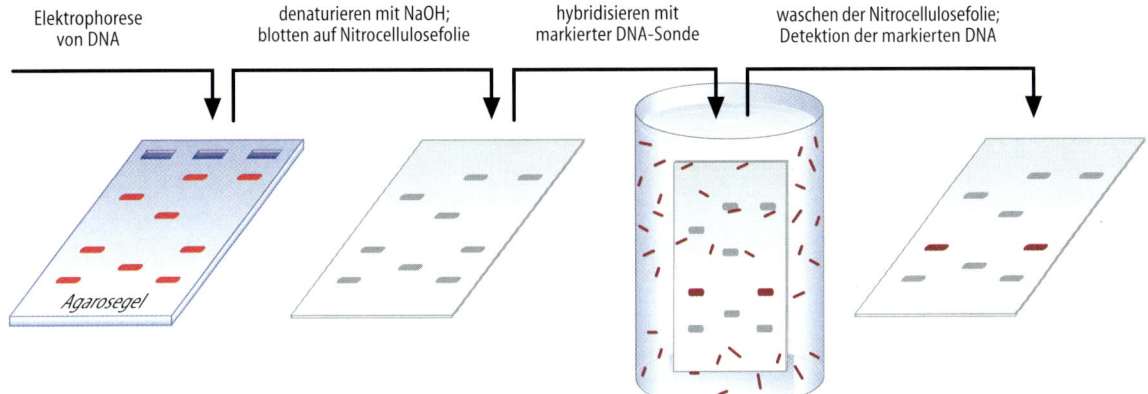

Elektrophorese von DNA — denaturieren mit NaOH; blotten auf Nitrocellulosefolie — hybridisieren mit markierter DNA-Sonde — waschen der Nitrocellulosefolie; Detektion der markierten DNA

Agarosegel

Abb. 7.35 Experimentelles Vorgehen bei der Herstellung und Entwicklung eines Southern Blot. Ein DNA-Gemisch wird durch Agarosegelelektrophorese aufgetrennt. Die Agarose wird danach in Natronlauge gewaschen und auf Nitrozellulose geblottet. Der Nachweis einer gesuchten DNA-Sequenz *(rot)* wird durch Hybridisierung in einer Lösung durchgeführt, die eine komplementäre Sequenz als markierte Sonde enthält. Das dadurch entstehende Hybrid kann anhand der spezifischen Markierung nachgewiesen werden

ner Lösung inkubiert, die als **Sonde** eine markierte einzelsträngige DNA (oder RNA) mit der komplementären Sequenz zur gesuchten DNA enthält. Wenn die für die Hybridisierung notwendige Renaturierungstemperatur mehrere Stunden eingehalten wird, kann die markierte Sonde an die gesuchten Sequenzen auf der Nitrozellulose binden und läßt sich dann anhand ihrer spezifischen Markierung leicht nachweisen. Sehr häufig verwendet man als Sonde DNA-Moleküle, in die das radioaktive *Isotop* ^{32}P eingebaut ist. *Nicht-radioaktive* Verfahren beruhen auf der Markierung mit verschiedenen Chromophoren.

Die für die oben beschriebene **Hybridisierung** verwendeten Sonden können Isolate aus entsprechenden Genbanken (S. 228) sein. Ein sehr erfolgreiches Verfahren zur Herstellung spezifischer Sonden ist schließlich die Verstärkung der gewünschten DNA-Abschnitte aus biologischem Material durch die *Polymerase-Kettenreaktion* (PCR, S. 229). Schließlich ist es auch möglich, chemisch synthetisierte Oligonucleotide einzusetzen, die automatisiert hergestellt werden können.

Eine Variante des Southern Blot wird als **Northern Blot** bezeichnet. Sie ermöglicht die Erkennung von spezifischen RNAs. Anstatt DNA wie beim Southern-Blot wird RNA auf einem Nitrozellulosefilter fixiert und anschließend mit einer komplementären, markierten RNA- bzw. DNA-Sonde detektiert. Über Prinzip und Einsatz des Western Blot s. S. 52.

Nucleinsäure-abbauende Enzyme werden als Nucleasen bezeichnet

Eine große Zahl von Enzymen sind zum Abbau von Nucleinsäuren imstande. Es handelt sich generell um *Phosphodiesterasen,* welche die Bindung zwischen den Nucleotiden aufspalten und als sogenannte Nucleasen bezeichnet werden. Nach ihrem Angriffspunkt am Ende bzw. innerhalb einer Nucleotidkette lassen sich

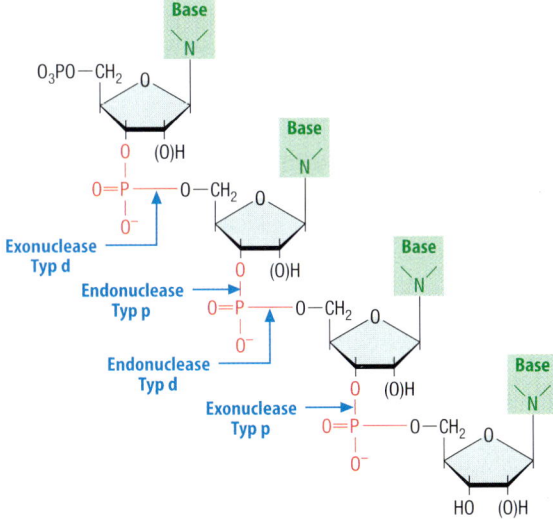

Abb. 7.36 Spaltungsspezifität von Nucleasen

Exo- bzw. *Endonucleasen* unterscheiden, von der Spezifität her **Ribonucleasen** und **Desoxyribonucleasen.** Abbildung 7.36 stellt die möglichen Spaltungsspezifitäten von Nucleasen dar. Je nachdem ob eine Nuclease *proximal* (p) oder *distal* (d) zu der Base spaltet, welche an der 3'-Position der attackierten Bindung lokalisiert ist, unterscheidet man Nucleasen des p- bzw. d-Typs. Beim d-Typ entstehen Nucleotide mit einem 3'-Phosphatende, beim p-Typ solche mit einem 5'-Phosphatende. Tabelle 7.6 gibt eine Auswahl aus den bis heute identifizierten Nucleasen.

Die aus *Pankreas* isolierten Nucleasen haben eine wichtige Funktion im Rahmen der Verdauung der in den Nahrungsmitteln enthaltenen Nucleinsäuren. Darüber hinaus müssen Nucleinsäuren in großem Umfang auch intrazellulär abgebaut werden. Dies ist besonders wichtig bei der Prozessierung der verschiede-

Tabelle 7.6 DNA- und RNA-spezifische Nucleasen (Auswahl)

Bezeichnung	Typ	Substrat
Schlangengift Phosphodiesterase	Exonuclease, p-Typ	Einzelsträngige DNA oder RNA
Bovine Milzphosphodiesterase	Exonuclease, d-Typ	Einzelsträngige DNA oder RNA
Bovine Pankreas DNase (DNase I)	Endonuclease, p-Typ	Einzel- oder doppelsträngige DNA
Kalbsthymus DNase (DNase II)	Endonuclease, d-Typ	Einzel- oder doppelsträngige DNA
RNase II aus E. coli	Exonuclease, p-Typ	Einzelsträngige RNA
RNase H aus Tumorviren	Exonuclease, p-Typ	Spaltet RNA aus DNA/RNA-Hybriden
Pankreas RNase	Endonuclease, d-Typ	Spaltet einzelsträngige RNA nach Pyrimidinen
RNase I alkalisch aus Rattenleber	Endonuclease, p-Typ	Spaltet einzelsträngige RNA

nen RNA-Spezies (S. 164). DNA wird im großen Umfang z. B. bei der *Apoptose,* dem programmierten physiologischen Zelltod (S. 209), abgebaut. Eine besondere Bedeutung als Werkzeuge im Rahmen der Gentechnologie haben die **Restriktionsendonucleasen** erhalten, die nur bei Bakterien vorkommen. Bakterien schützen sich mit Hilfe dieser Enzyme vor dem Eindringen fremder DNA. Ihre eigene DNA wird nämlich mit Hilfe einer Reihe *spezifischer Methylasen* durch Anheftung von Methylgruppen modifiziert. Fremde, in die Bakterienzellen eingedrungene DNA (z. B. durch Viren) unterliegt dieser Modifikation nicht und wird infolgedessen durch die von bakteriellen Zellen gebildeten Restriktionsendonucleasen abgebaut. Restriktionsendonucleasen zeichnen sich vor allen anderen Nucleasen durch ihre hohe Spaltungsspezifität aus, da sie doppelsträngige DNA an spezifischen Sequenzen spalten. Diese bestehen aus wenigstens vier Basen und zeichnen sich durch eine *palindromische Struktur* aus (die Basensequenz in den beiden Einzelsträngen muß, jeweils vom 5′-Ende her gelesen, identisch sein) (Abb. 7.37). Man kennt bis heute weit über 100 derartiger Enzyme. Tabelle 7.7 gibt eine Auswahl der in der Gentechnologie besonders häufig gebrauchten Restriktionsendonucleasen. Ihr besonderer Vorteil ist, daß DNA-Präparationen mit Hilfe dieser Enzyme in Bruchstücke gespalten werden können, bei denen die Basensequenzen an den Enden entsprechend der Spezifität der jeweils benützten Restriktionsendonucleasen genau definiert sind (über die Verwendung von Restriktionsendonucleasen in der Gentechnologie S. 224 ff.).

Tabelle 7.7 Spezifitäten einiger Restriktionsendonucleasen

Enzym	Spaltungsstelle	Mikroorganismus
Alu I	AGCT	*Arthrobacter luteus*
BSU I	GGCC	*Bacillus subtilis*
Hap II	CCGG	*Haemophilus apherophilus*
Taq I	TCGA	*Thermus aquaticus*
Eco R I	GAATTC	*Escherichia coli*
Hind III	AAGCTT	*Haemophilus influenzae*

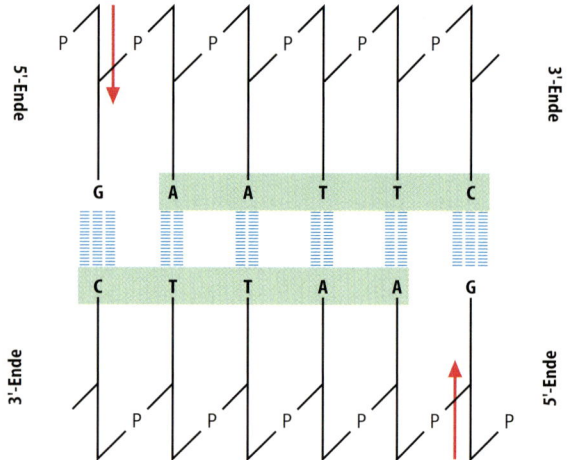

Abb. 7.37 Spaltungsspezifität der Restriktionsendonuclease Eco RI. Die Restriktionsendonuclease erkennt eine Doppelhelix an der Stelle der als Palindrom vorliegenden Basensequenz GAATTC und spaltet zwischen Guanin und Adenin

Die Analyse der Basensequenz der DNA beruht auf der gezielten Herstellung definierter Fragmente

Für die Sequenzaufklärung auch sehr großer DNA-Stücke wurde durch Alan Maxam und Walter Gilbert ein chemisches und durch Frederick Sanger ein enzymatisches Verfahren eingeführt. Das letztere, das sich inzwischen durchgesetzt hat, kann auch automatisiert werden. Deswegen besteht heute die Möglichkeit beispielsweise das gesamte menschliche Genom zu se-

quenzieren. Da es im allgemeinen wesentlich leichter ist, die Basensequenz eines Gens zu ermitteln als die Aminosäuresequenz des zugrundeliegenden Proteins, nimmt die Zahl der durch Nucleinsäuresequenzierung identifizierten Proteine in einem noch vor wenigen Jahren für unvorstellbar gehaltenen Ausmaß zu. Abb. 7.38 stellt eine der Strategien dar, die zur Sequenzaufklärung größerer DNA-Abschnitte verwendet werden kann. Sie beginnt damit, das DNA-Stück mit Hilfe mehrerer *Restriktionsendonucleasen* in definierte Bruchstücke zu spalten. Sie können auf einem Agarose-

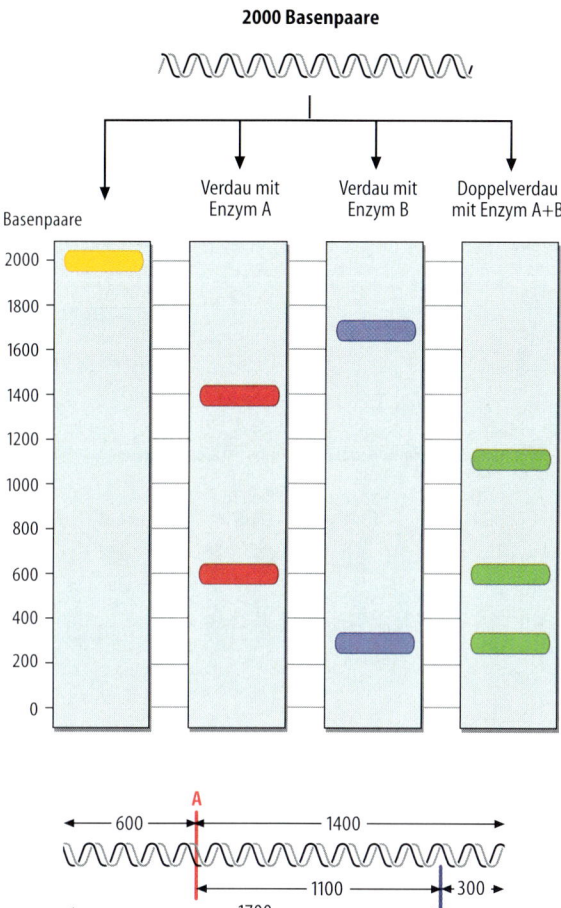

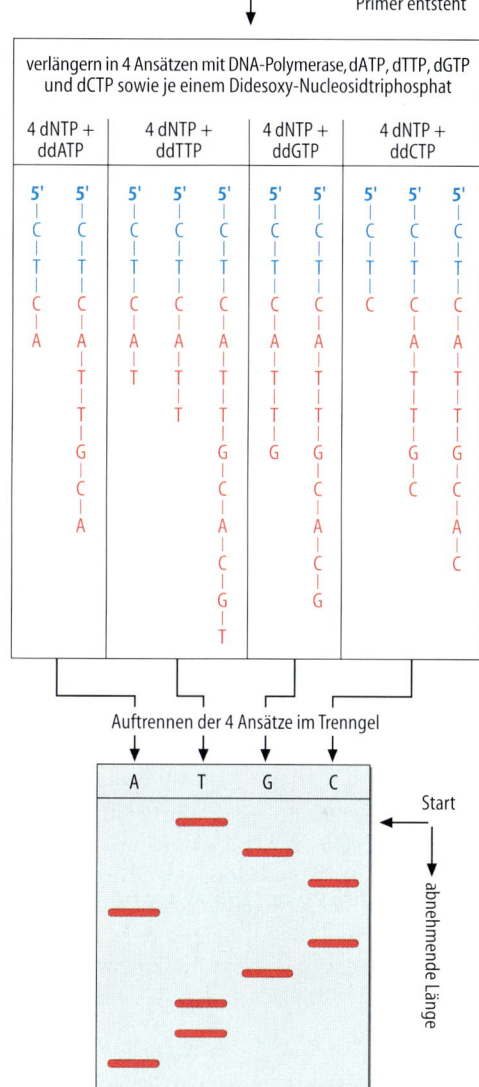

5' — A — C — G — T — G — C — A — A — T — G — A — G — 3'

HO — T — C — 5'

hybridisieren, so daß Primer entsteht

verlängern in 4 Ansätzen mit DNA-Polymerase, dATP, dTTP, dGTP und dCTP sowie je einem Didesoxy-Nucleosidtriphosphat

| 4 dNTP + ddATP | 4 dNTP + ddTTP | 4 dNTP + ddGTP | 4 dNTP + ddCTP |

Auftrennen der 4 Ansätze im Trenngel

A T G C

Start

abnehmende Länge

vom Trenngel abgelesene Sequenz:

5' — C — A — T — T — G — C — A — C — G — T — 3'

komplementäre Sequenz:

5' — A — C — G — T — G — C — A — A — T — G — 3'

Abb. 7.38 Vorbehandlung einer DNA zur Sequenzaufklärung. Die zu sequenzierende DNA wird mit wenigstens zwei unterschiedlichen Restriktionsendonucleasen einzeln und im Doppelverdau geschnitten und die einzelnen Bruchstücke durch Agarosegelelektrophorese separiert. Anhand der Fragmentgrößen kann dann die relative Lage der Bruchstücke zueinander bestimmt werden. Nach der Sequenzierung der Bruchstücke kann anschließend die komplette Sequenz anhand der überlappenden Partialsequenzen ermittelt werden

gel leicht entsprechend ihrer Größe separiert werden und dienen dann der Erstellung von sog. *Restriktionskarten,* die die Bruchstücke relativ zueinander zuordnen.

Für die anschließende Sequenzierung wird heute ganz überwiegend die von Frederick Sanger entwickelte enzymatische Kettenabbruchmethode verwendet, deren einzelnen Schritte in Abb. 7.39 schematisch dargestellt sind. Zunächst wird der zu sequenzierende DNA-Abschnitt an seinem 3'-Ende mit einer *komplementären DNA-Matrize* hybridisiert. Dies ist im allgemeinen deswegen gut möglich, weil infolge der Vorbehandlung mit Restriktionsendonucleasen die Sequenz am 3'-Ende des DNA-Stückes genau bekannt ist. Mit Hilfe der DNA-Polymerase I (S. 214) kann nun an diese als Primer dienende Sequenz ein zum zu sequenzierenden DNA-Abschnitt *komplementärer Strang* syn-

Abb. 7.39 Prinzip der DNA-Sequenzierungstechnik nach Sanger und Coulson. Einzelsträngige DNA mit einem bekannten 3'-Ende (Behandlung mit einer Restriktionsendonuclease) wird in vier Ansätze verteilt. In jeden Ansatz kommt ein dem 3'-Ende komplementäres Oligonucleotid, ein Gemisch aus dATP, dTTP, dCTP, dGTP sowie, α^{32}P-dATP zur radioaktiven Markierung. Anschließend wird zu jedem Ansatz eine genau bemessene Menge eines der vier Didesoxynucleosidtriphosphate zusammen mit DNA-Polymerase I gegeben. Dies führt bei der DNA-Polymerisierung zum Kettenabbruch an spezifischen Positionen. Die vier Ansätze werden anschließend in einem Sequenziergel getrennt und die Sequenz abgelesen

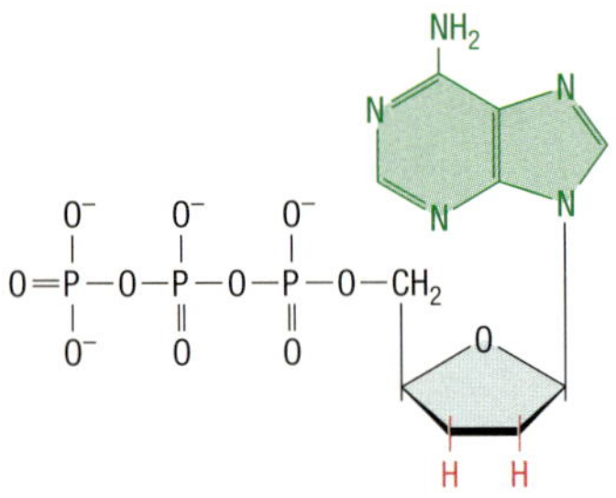

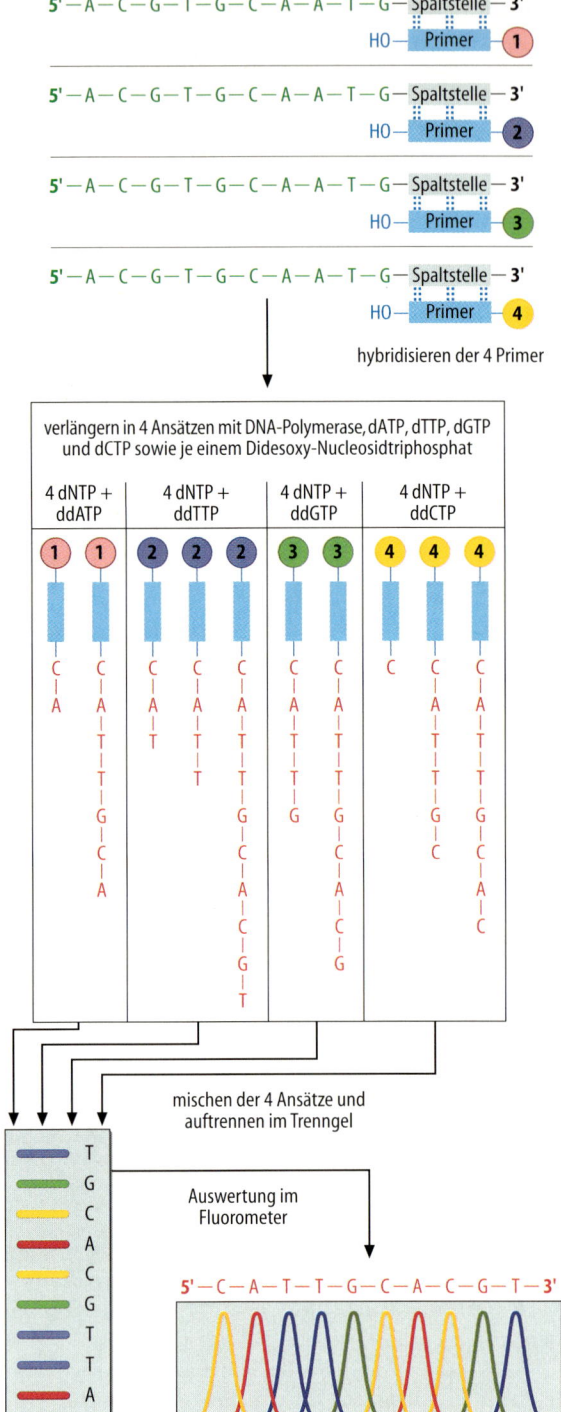

Abb. 7.40 Dideoxy-ATP als Beispiel für ein Dideoxynucleosid-Triphosphat

thetisiert werden. Eine Voraussetzung ist, daß die vier benötigten Basen als Desoxyribonucleosidtriphosphate vorhanden sind. Ein *sequenzspezifischer Kettenabbruch* wird dadurch erzwungen, daß der Sequenzierungsansatz in vier gleiche Teile geteilt wird und in jeden Ansatz eine geringe Menge eines entsprechenden *2′,3′-Didesoxyribonucleosidtriphosphates* (Abb. 7.40) gegeben wird. Wird dieses Nucleotid anstelle des normalen Nucleotids in die wachsende Polynucleotidkette eingebaut, so wird das Kettenwachstum beendet, da keine freie 3′-OH-Gruppe für die Polymerisierung mehr vorhanden ist. Ist die Menge an Didesoxyribonucleosidtriphosphat gering genug, so entsteht ein ganzer Satz verkürzter Ketten, welche auf einem *Sequenzierungsgel* elektrophoretisch ihrer Länge nach aufgetrennt werden können. Ist zusätzlich eines der Desoxynucleosidtriphosphate radioaktiv markiert, kann ein solches Sequenzierungsgel durch Auflegen eines Röntgenfilms entwickelt und die Sequenz abgelesen werden. Wegen der Verwendung der DNA-Polymerase ergibt sich mit der Kettenabbruchmethode allerdings die Sequenz des komplementären Strangs. Die Abbildung auf S. 171 zeigt das Autoradiogramm eines derartigen Sequenzierungsgels und die daraus abgeleitete Sequenz.

Für die *automatisierte DNA-Sequenzierung* ist eine spezielle Variante der Kettenabbruchmethode entwickelt worden (Abb. 7.41). Sie beruht auf der Verwendung von Primern, die mit Fluoreszenzfarbstoffen markiert sind. Verwendet man für jedes der vier Nucleotide einen Primer mit jeweils einem anderen Fluoreszenzfarbstoff, so genügt es, anschließend die vier Ansätze zu mischen und in einer Spur des Sequenziergels aufzutrennen. Mit einem spezifischen Laser-Photometer, welches zwischen den vier Fluoreszenzfarbstoffen unterscheiden kann, läßt sich dann die Sequenz automatisiert ablesen. Für Projekte wie die Sequenzierung des Genoms einfacher Eukaryonter oder aber des humanen Genoms ist die Verwendung derartiger Techniken eine unabdingbare Voraussetzung.

Abb. 7.41 Automatisierte DNA-Sequenzierung. Einzelsträngige DNA wird in 4 Ansätze verteilt. Zu jedem Ansatz wird anschließend ein mit einem jeweils unterschiedlichen Fluoreszenzfarbstoff markierter, zum 3′-Ende komplementärer Primer sowie ein Gemisch aus den 4 Deoxyribonucleosidtriphosphaten gegeben. Nach anschließender Zugabe der Dideoxyribonucleosidtriphosphate wie in Abb. 7.39 wird die Reaktion mit DNA-Polymerase gestartet. Nach Beendigung der Reaktion werden die 4 Ansätze vereinigt, auf einer Spur des Sequenziergels aufgetrennt und mittels eines speziellen Laser-Fluorometers die Fluoreszenz der einzelnen Bruchstücke vermessen. Die komplementäre Basensequenz kann direkt abgelesen werden

RESÜMEE

Nucleotide und Nucleinsäuren sind relativ einfach aufgebaut. Sie enthalten als einzige Bauteile vier, gelegentlich modifizierte, Basen, Ribose oder Desoxyribose sowie Phosphat. Die Basen sind immer durch N-glykosidische Bindungen mit dem C-Atom 1 der Ribose bzw. Desoxyribose verbunden. Das Phosphat ist jeweils durch eine Esterbindung mit der Hydroxylgruppe am C-Atom 3 oder am C-Atom 5 der Ribose verknüpft.

Durch Errichtung von Phosphorsäureanhydrid-Bindungen entstehen aus Nucleosid-Monophosphaten die entsprechenden Di- und Triphosphate. Dank der energiereichen Phosphorsäureanhydrid-Bindung kann mit ihrer Hilfe freie Energie übertragen werden, womit endergone Reaktionen möglich gemacht werden und Zwischenprodukte des Intermediärstoffwechsels eine gesteigerte Reaktionsfähigkeit erhalten.

Mononucleotidbausteine bilden durch Verknüpfung über Phosphorsäurediesterbrücken zwischen den C-Atomen 5 und 3 der Ribose bzw. Desoxyribose lange kettenförmige Moleküle, die Nucleinsäuren. DNA bildet die Erbsubstanz aller lebenden Organismen, lediglich einige Viren benutzen RNA als genetisches Material. Bei Eukaryoten ist die DNA mit Hilfe von Histon- und Nichthistonproteinen im Kern kondensiert und bildet eine komplexe, als Chromatin bezeichnete Struktur.

Für die Proteinbiosynthese ist eine Transkription der als Gene bezeichneten DNA-Abschnitte in Form von RNA notwendig. RNA dient dabei als funktioneller Bauteil von Ribosomen, als Träger aktivierter Aminosäuren sowie als Matrize für die Codierung der Aminosäuresequenz von Proteinen.

Einen methodischen Durchbruch auf dem Gebiet der Molekularbiologie stellt die Ausarbeitung von Verfahren zur DNA-Sequenzierung dar. Bei der heute allgemein üblichen Kettenabbruch-Methode wird mit Hilfe der DNA-Polymerase eine Replikation des zu sequenzierenden DNA-Stückes durchgeführt, wobei durch Zugabe von Dideoxynucleotidtriphosphaten sequenzspezifische Bruchstücke erzeugt werden.

Literatur

Monographien und Lehrbücher

LEWIN B (1994) Genes V. Oxford University Press, Oxford

SINGER M, Berg P (1992) Gene und Genome. Spektrum, Heidelberg

Original- und Übersichtsarbeiten

FELSENFELD FG, McGHEE JD (1986) Structure of the 30 nm chromatin fiber. Cell 44: 375–377

KIM SH, QUIGLEY GJ, SUDDATH FL ET AL (1973) Three dimensional structure of yeast phenylalanine transfer RNA: folding of the polynucleotide chain. Science 179: 285–288

KORNBERG RD, LORCH Y (1992) Chromatin structure and transcription. Annu Cell Biol 8: 563–587

MAXAM AM, GILBERT W (1977) A new method for sequencing DNA. Proc Natl Acad Sci USA 74: 560–564

SANGER F, COULSON AR (1975) A rapid method for determining sequences in DNA by primed synthesis with DNA polymerase. J Mol Biol 94: 441–448

SVAREN J, HORZ W (1993) Histones, nucleosomes and transcription. Curr Opin Genet Dev 3: 219–225

WOLFFE AP (1992) New insights into chromatin function in transcriptional control. FASEB J 6: 3354–3361

Zelluläre Organellen und Strukturen

Die naturwissenschaftlich begründete Medizin begann u. a. mit einer sorgfältigen Beschreibung der anatomischen Veränderungen bei krankhaften Zuständen durch Rudolf Virchow. Physiologie und Biochemie haben in unserer Zeit das methodische Repertoire für eine molekulare Analyse von Krankheiten geschaffen. Heute zeigt sich mehr und mehr, daß die medizinische Biochemie durch eine genaue Kenntnis des Aufbaus eukaryoter Zellen, der Struktur und Funktion ihrer Organellen sowie der vielfältigen Wechselwirkungen mit anderen Zellen ergänzt werden muß, um biochemischen Veränderungen funktionelle Störungen auf zellulärem Niveau zuordnen zu können. Die Grundlagen hierfür wurden durch die Anwendung mikroskopischer, elektronenmikroskopischer, physiologischer, genetischer, immunologischer und biochemischer Techniken geschaffen und haben zur heutigen Zellbiologie geführt. Der Erfolg dieses Konzeptes läßt sich an der raschen Zunahme unserer Kenntnisse über das Zustandekommen, den Verlauf und gegebenenfalls auch die Therapie vieler Erkrankungen ablesen.

Eine wichtige Technik der modernen Zellbiologie ist die Anlage von Zellkulturen in vitro. Die hier dargestellten Kulturen von humanen Hautzellen können z. B. für den Hautersatz nach Verbrennungen genutzt werden. (Bild: B. Luster, Mauritius, Stuttgart)

8.1 Aufbau eukaryoter Zellen

8.1.1 Organellen im elektronenmikroskopischen Bild

Abbildung 8.1 zeigt einen Ausschnitt einer elektronenmikroskopischen Aufnahme einer Rattenleberzelle bei 19.000facher Vergrößerung. Zwar ist ein so wichtiges Gebilde wie der Kern auf diesem Ausschnitt nicht getroffen, dennoch zeigt sich deutlich, in welchem Ausmaß die Zelle von den verschiedensten Strukturen und Membranen erfüllt ist. Neben den relativ großen Mitochondrien fallen vor allem die schlauchartigen Gebilde des endoplasmatischen Reticulums und die Glykogenablagerungen auf. Daneben finden sich Lysosomen, Peroxisomen und der Golgi-Apparat.

Die Spezialisierung der einzelnen Gewebe des Organismus äußert sich natürlich auch in einer typischen Struktur der einzelnen, dem jeweiligen Gewebe zugrundeliegenden Zellen. Es ist infolgedessen klar, daß es keine „typische Zelle" gibt. Aus der elektronenmikroskopischen Untersuchung vieler einzelner Zellen lassen sich jedoch einige allgemeine Prinzipien des Aufbaus eukaryoter tierischer Zellen entwickeln, die in Abb. 8.2 dargestellt sind.

Umhüllt wird die Zelle von einer Membran, die auch als *Plasmamembran* bezeichnet wird. Ihre Aufgabe besteht nicht nur in einer Abgrenzung des Zellinneren vom Zelläußeren, vielmehr dient sie auch der Vermittlung und Regulation des Stofftransportes zwischen innen und außen, enthält Strukturen, die für die Assoziation individueller Zellen zu einem funktionsfähigen Gewebe benötigt werden und trägt darüber hinaus eine große Zahl unterschiedlicher *Rezeptoren*, die der Nachrichtenübermittlung zwischen innen und außen dienen.

Die auffallendste intrazelluläre Struktur ist der *Zellkern*, der seinerseits wieder typische Strukturelemente wie die *Nucleoli* zeigt und von einer Kernmembran umhüllt ist. Diese steht in Verbindung mit den schlauchähnlichen, z. T. sehr dichten, membranösen Gebilden des *endoplasmatischen Reticulums.* Ist dieses mit Ribosomen besetzt, handelt es sich um das *rauhe endoplasmatische Reticulum,* bei Fehlen der Ribosomen um das glatte. Außer membrangebundenen Ribosomen kommen in der Zelle zusätzlich freie Ribosomen vor.

Außer dem Membransystem des endoplasmatischen Reticulums läßt sich noch ein weiteres membranhaltiges Gebilde erkennen, der *Golgi-Apparat,* der gelegentlich auch als Dictyosom bezeichnet wird. Dieser hat wichtige Funktionen bei der Herstellung von Glykoproteinen und Sekretionsprodukten. Daneben finden sich als weitere Vesikel die Lysosomen, zu deren Hauptaufgabe die intrazelluläre Phagocytose gehört. Eine weitere typische Struktur der eukaryoten Zelle sind die *Mitochondrien,* die der Energieerzeugung dienen.

Das *Cytoskelett* verleiht schließlich allen eukaryoten Zellen ihre jeweils typische Form, ihre Polarität sowie gegebenenfalls ihre Beweglichkeit. Die nach Abtrennung der genannten Strukturen erhaltene wäßrige Phase wird als *Cytosol* oder *Cytoplasma* bezeichnet. Sie enthält u. a. die Enzyme und Metabolite für eine Reihe wichtiger Stoffwechselketten, so z. B. die der Glykolyse bzw. der Gluconeogenese.

8.1.2 Zelluläre Membranen

Die verschiedenen Membranen tierischer Zellen bestehen überwiegend aus Proteinen und Lipiden, daneben kommen mit weniger als 10 % noch Kohlenhydrate vor (Tabelle 8.1). Das Protein-Lipid-Verhältnis schwankt zwischen Werten um 1 bis etwa 4. Sehr variabel ist auch das Verhältnis von Cholesterin (S. 143) zu polaren Lipiden, welches zwischen 0,3 und 1,2 liegt. Die wichtigsten Vertreter dieser polaren Lipide sind die *Phosphoglyceride* (S. 139) sowie die *Sphingolipide* (S. 140). Wie in Kap. 6 ausgeführt, bilden derartige Lipide in wässriger Lösung Lipiddoppelschichten aus (S. 144). Auch in

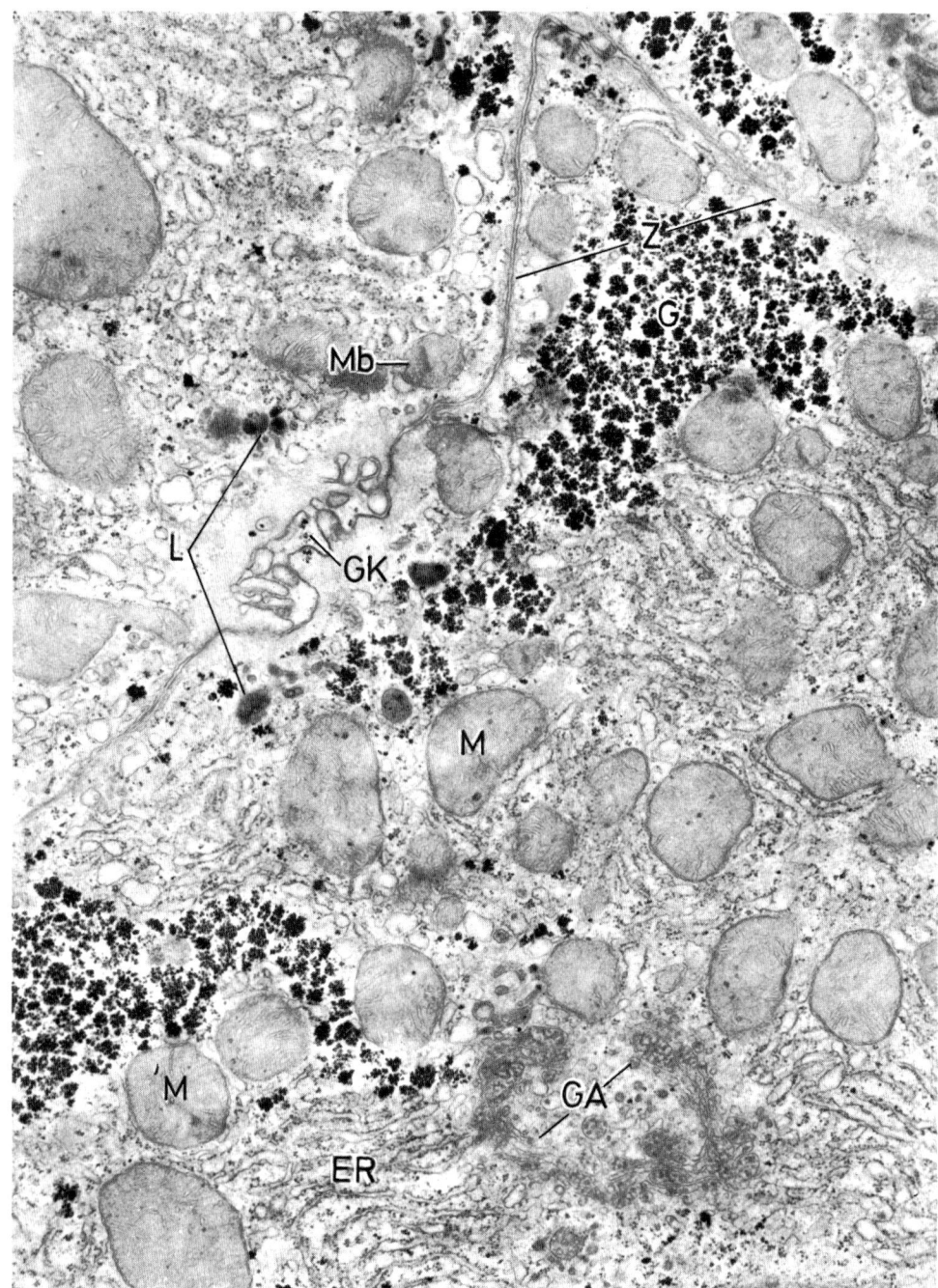

Abb. 8.1 Ausschnitt aus einer elektronenmikroskopischen Aufnahme einer Rattenleberzelle (Aufnahme von E. Siess, München). *Z* Zellmembran; *Mb* Peroxisom (microbody); *L* Lysosom; *GK* Gallenkapillare; *M* Mitochondrium; *ER* endoplasmatisches Reticulum; *GA* Golgi-Apparat. Vergrößerung 19.000 : 1

natürlichen Membranen ordnen sich die dort vorkommenden Lipide in diesen typischen Doppelschichten an (Abb. 8.3). Diese Tatsache ist aufgrund vieler physikalischer sowie elektronenmikroskopischer Untersuchungen gesichert. Ein auffälliger Befund ist die asymmetrische Verteilung von Sphingolipiden und Phospholipiden in Membranen. So findet sich z. B. in der Plasmamembran von Erythrocyten im äußeren Blatt der Doppelschicht bevorzugt Sphingomyelin und Phosphatidylcholin, im inneren Blatt dagegen Phosphatidylethanolamin, Phosphatidylserin und Phosphatidylinositol. Cholesterin findet man dagegen auf beide Seiten der Plasmamembran. Es ist sehr unwahrscheinlich, daß diese Asymmetrie dadurch zustande kommt, daß Membranlipide unkatalysiert von einer Seite auf die andere gelangen. Sehr viel spricht dafür, daß hierfür spezifische Proteine erforderlich sind und möglicherweise sogar ATP gebraucht wird (S. 459).

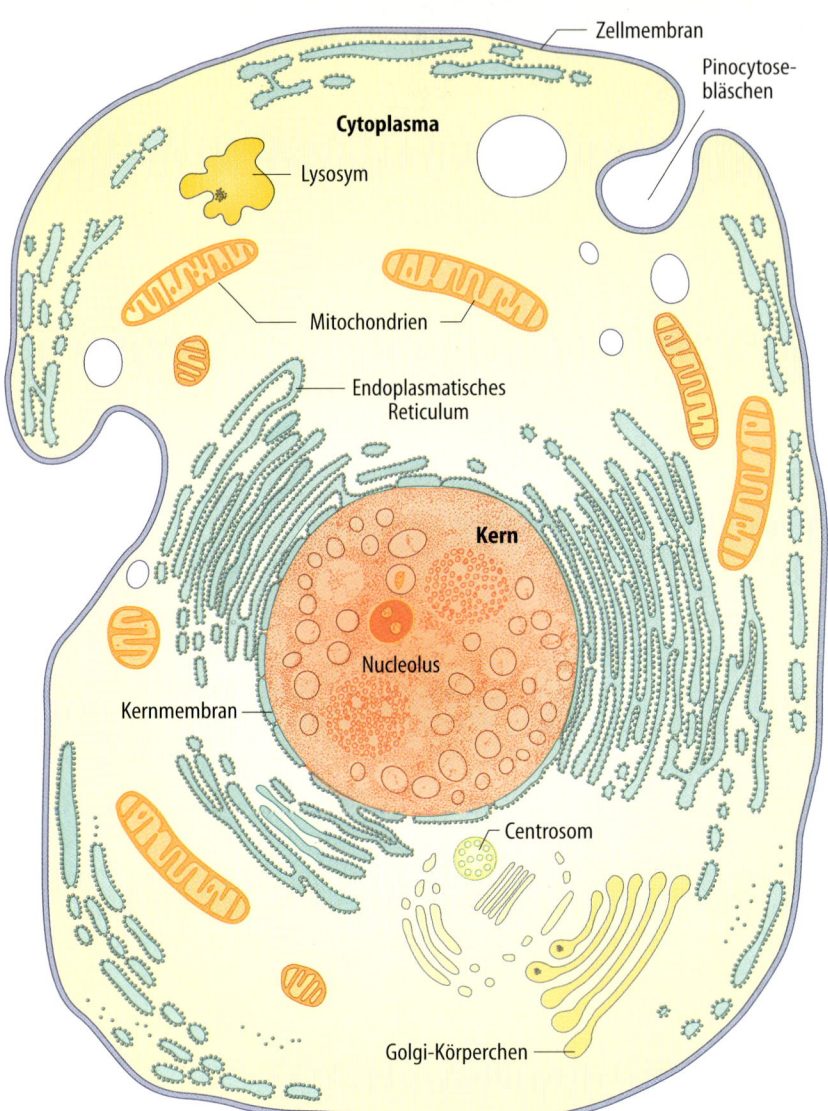

Zellmembran

Pinocytose-
bläschen

Cytoplasma

Lysosym

Mitochondrien

Endoplasmatisches
Reticulum

Kern

Nucleolus

Kernmembran

Centrosom

Golgi-Körperchen

Abb. 8.2 Schematische Darstellung des Aufbaus einer idealisierten eukaryoten Zelle

8.2 Die wichtigsten Bestandteile von Zellen

8.2.1 Die Plasmamembran

20 – 40 % der Masse der Plasmamembranen der verschiedenen Zellen besteht aus Proteinen. Die Anordnung dieser Proteine in der Lipiddoppelschicht war lange Gegenstand der Diskussion. Aufgrund der heute möglichen Untersuchungstechniken weiß man, daß Membranproteine meist an bestimmten Arealen ihrer Oberfläche Anhäufungen von hydrophoben Aminosäuren aufweisen. Mit diesen treten sie mit der hydrophoben Phase der Membranlipide in Wechselbeziehungen. Bei den sog. *integralen Membranproteinen*, die ganz durch eine Plasmamembran hindurchgehen, finden sich beispielsweise hydrophobe α-Helices von gerade der Länge der Membrandicke. Wie in Abb. 8.3 dargestellt ist, „schwimmen" also die Membranproteine in der flüssigen Lipiddoppelschicht. Viele Membranproteine tragen covalent verknüpfte, oft verzweigte Kohlenhydratketten, sind also *Glykoproteine* (S. 127). Diese befinden sich immer auf der zum extrazellulären Raum gerichteten Seite der Membran.

Tabelle 8.1 Zusammensetzung verschiedener zellulärer Membranen

	Protein %	Lipid %	Kohlenhydrat %
Hepatocyt-Plasmamembran	46	54	2–4
Erythrocyt-Plasmamembran	49	43	8
Innere Mitochondrienmembran	76	24	–
Myelinmembranen	18	79	3

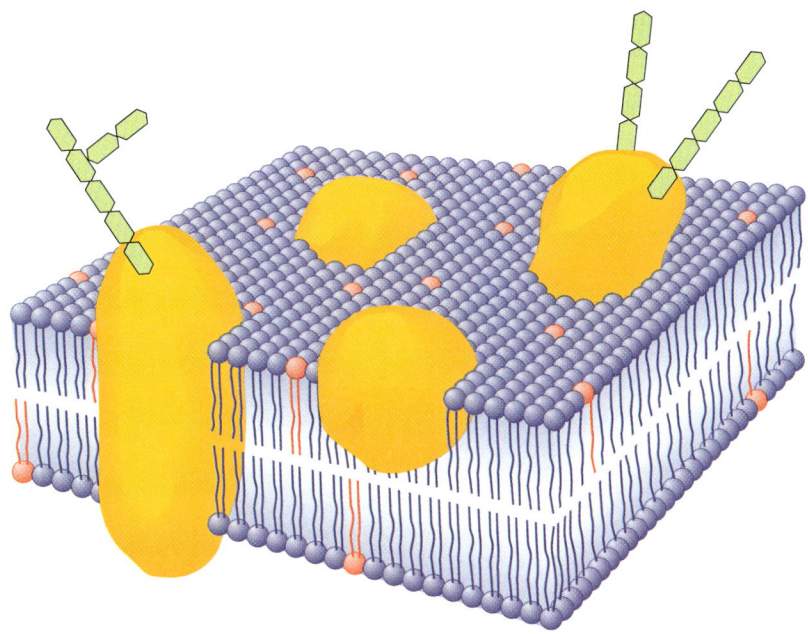

Abb. 8.3 Schematische Darstellung des Membranmodells nach Singer und Nicolson. In der Lipiddoppelschicht aus Phosphoglyceriden und Sphingolipiden schwimmen Membranproteine. Integrale Membranproteine durchspannen die ganze Membran, periphere Membranproteine stecken in der Membran. Kohlenhydratseitenketten zeigen immer auf die Außenseite der Membran

Die primäre Funktion der Plasmamembran aller Zellen ist die Abtrennung des Inneren der Zelle von der Umgebung. Dank ihrer Existenz kommt es zur Ausbildung teilweise außerordentlich großer Gradienten zwischen intra- und extrazellulärem Raum. Dies trifft besonders für *Ionen* (Natrium, Kalium, Calcium) zu, daneben aber auch für *niedermolekulare Verbindungen* wie Glucose, Aminosäuren u. a.. Die Plasmamembran ist undurchlässig für die nur intrazellulär vorkommenden Stoffwechselzwischenprodukte, sowie für viele Zellenzyme. Einigermaßen gut permeabel ist sie eigentlich nur für H_2O, gelöste Gase wie O_2, CO_2 und NH_3 sowie kleine polare Moleküle wie Ethanol oder Harnstoff.

Trotz dieser Dichtigkeit der Plasmamembran müssen natürlich viele von der Zelle benötigte Verbindungen, die nur in der extrazellulären Flüssigkeit angeboten werden, gezielt durch die Zelle aufgenommen und andere von ihr abgegeben werden können. Zu diesem Zweck enthält die Plasmamembran eine Reihe unterschiedlicher *Transportsysteme*. Manche von ihnen transportieren eine Verbindung oder ein Ion nur in eine Richtung, was auch als *Uniport* bezeichnet wird. Gelegentlich muß für den Hineintransport der einen Verbindung eine andere aus der Zelle heraustransportiert werden. Transportprozesse diese Art werden als *Antiport* bezeichnet. Werden von einem Transportsystem zwei Verbindungen gleichzeitig in der gleichen Richtung durch eine Membran transportiert, so spricht man von *Symport* (Abb. 8.4).

Außer den genannten Transportsystemen finden sich in Plasmamembranen Strukturen, die z. B. für Zell-Zell-Wechselwirkungen verantwortlich sind oder als Rezeptoren die Reaktion von Zellen auf extrazelluläre Botenstoffe wie z. B. Hormone ermöglichen.

Der Transport durch Membranen erfordert Transportproteine, die auch als Carrier bezeichnet werden

Ähnlich wie die Substratumsetzungen des Stoffwechsels gehorchen auch die vielen Transportvorgänge über Membranen den Gesetzen der Thermodynamik. So errechnet sich z. B. die Änderung der freien Energie beim Transport eines *ungeladenen Moleküls* durch die Plasmamembran nach der Formel:

$$\Delta G' = RT \ln \left[\frac{[C]_{innen}}{[C]_{außen}} \right]$$

Bei negativem $\Delta G'$ erfolgt der Transport spontan von außen nach innen, bei positivem muß Energie für den Transport in dieser Richtung aufgebracht werden.

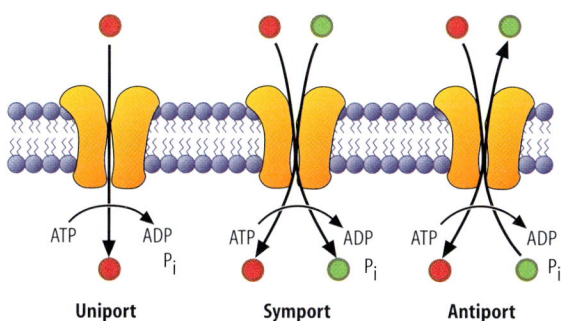

Abb. 8.4 Uniport, Symport und Antiport als allgemeine Mechanismen des Membrantransports (Einzelheiten s. Text). Die Kopplung von Transport und ATP-Verbrauch ist nicht immer gegeben

Für den Transport *geladener Moleküle* muß noch das elektrische Potential berücksichtigt werden:

$$\Delta G' = RT \ln \left(\frac{[C]_{innen}}{[C]_{außen}} \right) + ZF \, \Delta\Psi$$

Z=Ladung des Ions; F=Faraday Konstante (96 500 J × V^{-1} × mol^{-1}); $\Delta\Psi$ = elektrisches Potential über der Membran; ln=natürlicher Logarithmus
Da das elektrische Potential über der Zellmembran Werte zwischen −50 bis −100 mV annehmen kann, trägt der zweite Term der Gleichung erheblich zum Wert für $\Delta G'$ bei. Tabelle 8.2 gibt einen Überblick über die in eukaryoten Zellen vorkommenden Membrantransportsysteme.

Eine *direkte Verbindung* zwischen zwei Zellen sind die sog. *gap junctions*, die eine Kommunikation zwischen den beiden cytosolischen Räumen ermöglichen. Gap junctions, die sich in großen Clustern in Membranen ansammeln, bestehen aus einem durch Connexine gebildeten Kanal, welcher groß genug ist, um Moleküle bis zu einem Molekulargewicht von etwa 1500 frei diffundieren zu lassen. Connexine bilden eine Familie von sehr ähnlich aufgebauten Proteinen mit Molekulargewichten zwischen 30 und 45 kD. Aus elektronenmikroskopischen Untersuchungen weiß man, daß sich gap junctions in dicht gepackten regulären hexagonalen Strukturen an entsprechenden Stellen der Zellmembran anordnen. Im Querschnitt gesehen (Abb. 8.5) bildet jede Zelle einen aus je 6 Connexinmolekülen gebildeten „Halbkanal". Damit eine stabile Verbindung entsteht, müssen je zwei dieser Halbkanäle der Zell-Zell-Verbindung sich genau aneinanderlagern. Zugabe von Calcium zu den Connexinproteinen führt zu einer leichten Konformationsänderung, die jedoch ausreicht, um die gap junction zu verschließen. Der Besitz von gap junctions bietet Zellen u. a. die Möglichkeit der elektrischen Kopplung. So können sich beispiels-

weise Aktionspotentiale sehr schnell von Zelle zu Zelle ausbreiten. Dem entsprechend finden sich gap junctions auch in besonderer Häufigkeit im Nervensystem (S. 977) oder im Myokard. Darüber hinaus ergibt sich wegen der relativ großen Pore in gap junctions die Möglichkeit eines schnellen Stoffaustausches zwischen Zellen. Dies scheint möglicherweise für die Embryonalentwicklung von Bedeutung zu sein. Jedenfalls enthalten embryonale Gewebe gap junctions in besonders großer Zahl.

Membrankanäle erlauben den Transport vieler Moleküle, speziell von Kationen und Anionen. Strukturell sind sie aus *Kanalproteinen* aufgebaut, die über mehrere α-helikale Transmembrandomänen (S. 60) verfügen. Diese bilden eine wäßrige Pore, die die Diffusion der genannten Moleküle entlang eines Konzentrationsgradienten ermöglicht. Im Gegensatz zu gap junctions sind Membrankanäle *substratspezifisch* und durch eine Reihe unterschiedlicher Mechanismen regulierbar. So gibt es beispielsweise *spannungsabhängige* oder *ligandenregulierte* Kanäle. Ein besonders gut untersuchter Membrankanal ist der nikotinische Acetylcholinrezeptor, dessen Aufbau in Abb. 8.6 dargestellt ist. Er öffnet sich nach Reaktion mit dem Liganden Acetylcholin (S. 182) für Na^+-Ionen, die in die Zelle strömen und zur Depolarisierung führen.

Im Unterschied zu Kanälen läuft der Transport durch *Transportproteine* oder *Carrier* nach Bindung der zu translozierendenbstanz an den Carrier ab. Im einfachsten Fall erfolgt der Transport entlang eines Konzentrationsgradienten. Man spricht in diesem Fall von *Carrier-vermittelter* oder *erleichterter Diffusion*. Da sich beim Transportvorgang intermediär ein Komplex von Substrat und Transportprotein bildet, kann die Kinetik eines derartigen Transportprozesses ähnlich wie eine einfache Enzymkinetik (S. 96) beschrieben werden. Sie zeigt häufig eine hyperbolische Abhängigkeit von der Substratkonzentration und damit auch

Tabelle 8.2 Übersicht über Membrantransportsysteme

Typ	Sättigungskinetik	Transportprotein	Energieabhängiger Transport gegen Konzentrationsgradienten	Beispiel
Gap junction	keine	Connexine	nein	Elektrische Kopplung von Cardiomyocyten
Membrankanal	keine	Kanalproteine	nein	Viele Ionenkanäle (S. 979)
Erleichterte Diffusion	ja	Carrier	nein	Glucosetransport durch Plasmamembran des Skelettmuskels (S. 408)
Primär aktiver Transport	ja	Carrier	ja	Na/K-ATPase; Ca-ATPase (S. 183)
Sekundär aktiver Transport	ja	Carrier	ja	Natriumabhängiger Glucosetransport im Intestinaltrakt (S. 1011)

eine „scheinbare" Michaeliskonstante (Abb. 8.7). Beispiele für derartige Transportprozesse sind der Glucosetransport durch die Membranen von Leber-, Muskel- und Fettgewebszellen (S. 408). Andere Transportsysteme arbeiten gegen einen Konzentrationsgradienten, was infolgedessen auch als *aktiver Transport* bezeichnet wird. Sie benötigen immer Energie, meist in Form von ATP.

Ist die Spaltung von ATP direkt mit dem Transportprozeß gekoppelt, so spricht man von **primär aktivem Transport**. Besonders gut untersuchte Transportsysteme dieser Art sind die Na/K-ATPase (S. 688), die Ca-ATPase (S. 182) oder die verschiedenen Protonenpumpen (S. 501, 997). Nach ihrem Mechanismus können die für den primär aktiven Ionentransport verant-

wortlichen ATPasen in drei Gruppen eingeteilt werden (Tabelle 8.3).

- Die **P-ATPasen**, zu denen u. a. die Na/K-ATPase oder die Cu-ATPase gehören, werden während des Katalysecyclus durch ATP phosphoryliert. Diese Phosphorylierung erfolgt an einem *Aspartyl-Rest* des ATPase-Proteins, also unter Bildung einer energiereichen Verbindung (Abb. 8.8). Die dabei übertragene Energie ermöglicht die für den aktiven Transport benötigte Konformationsänderung des Enzymproteins (s. u.).
- Die **V-ATPasen** finden sich in vielen zellulären Vesikeln und katalysieren den aktiven Transport von Protonen in diese Vesikel, wodurch das Innere angesäuert wird. Auf diese Weise wird beispielsweise der für die Aktivierung lysosomaler Enzyme benötigte niedrige pH erzeugt. V-ATPasen werden während des Katalysecyclus nicht phosphoryliert, ihr Katalysemechanismus ist derzeit noch unklar.
- Die **F-ATPasen** finden sich in den der ATP-Erzeugung dienenden Membranen der Mitochondrien und Chloroplasten. Ihre eigentliche Funktion liegt weniger in der ATP-Spaltung als in der ATP-Synthese. Ihr Aufbau und Mechanismus wird in Kap. 18 besprochen.

Beim **sekundär aktiven Transport** gehört der ATP-verbrauchende Schritt des Transports zu einer anderen Reaktion. So wird beispielsweise der gegen einen Konzentrationsgradienten erfolgende Glucosetransport in die Enterocyten des Dünndarms (S. 1012) oder in die renalen Tubulusepithelien (S. 1045) durch den Natriumgradienten getrieben. Die hierfür notwendigen sehr niedrigen zellulären Natriumkonzentrationen werden durch die hohe Aktivität der Na/K-ATPase aufrecht erhalten (Abb. 8.9).

Eine ganz andersartige Gruppe von Transport-ATPasen wird auch als **ABC-Transporter-Superfamilie**

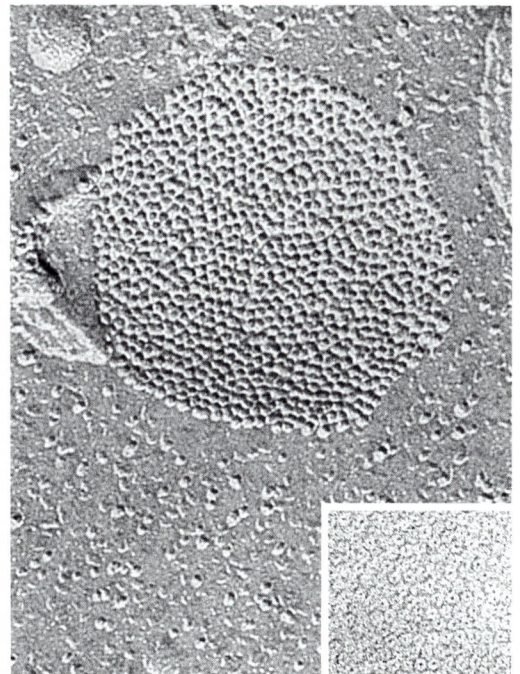

a

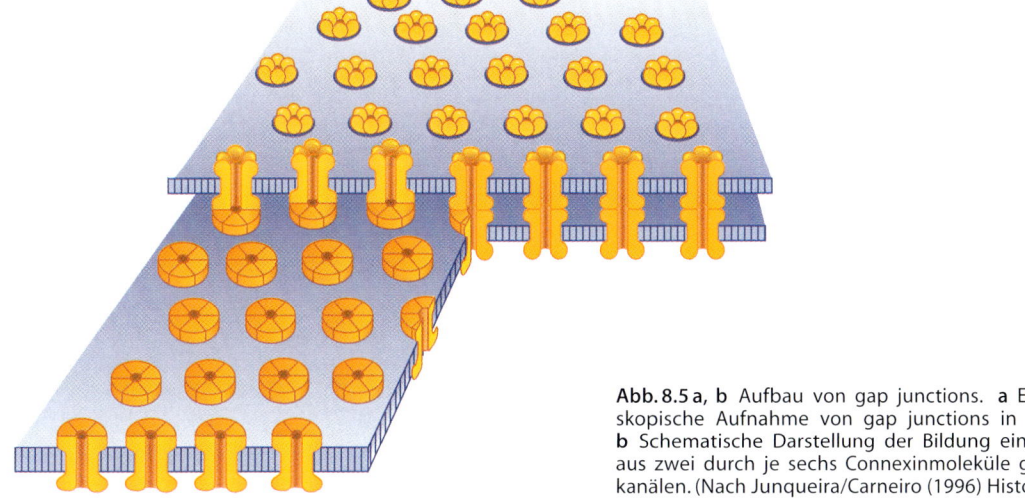

b

Abb. 8.5 a, b Aufbau von gap junctions. **a** Elektronenmikroskopische Aufnahme von gap junctions in einer Glia-Zelle. **b** Schematische Darstellung der Bildung einer gap junction aus zwei durch je sechs Connexinmoleküle gebildeten Halbkanälen. (Nach Junqueira/Carneiro (1996) Histologie, 4. Aufl.)

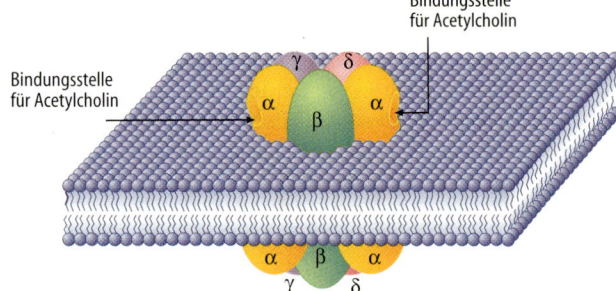

Bindungsstelle für Acetylcholin

Bindungsstelle für Acetylcholin

Abb. 8.6 Schematische Darstellung des Aufbaus des nikotinischen Acetylcholinrezeptors. Der Rezeptor ist ein pentameres Protein der Struktur $\alpha_2\beta\gamma\delta$, wobei die einzelnen Untereinheiten eine gewisse Homologie zeigen. Die beiden α-Untereinheiten tragen die Bindungsstellen für Acetylcholin. Die 5 Untereinheiten bilden eine ringförmige Struktur mit einer zentralen Pore, die in Abwesenheit des Liganden durch eine Leucin-reiche hydrophobe Struktur verschlossen ist. Nach Bindung von Acetylcholin an die beiden α-Untereinheiten ergibt sich eine Konformationsänderung, die mit einer Öffnung des Kanals einhergeht. Wahrscheinlich schließt sich der Kanal auch in Anwesenheit von Acetylcholin relativ schnell wieder, wobei das Acetylcholin aus der Bindungsstelle abdiffundiert

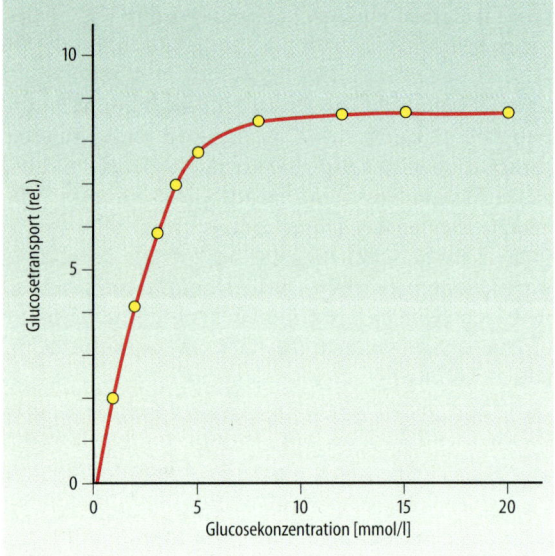

Abb. 8.7 Abhängigkeit der Geschwindigkeit des Glucosetransports in isolierte Fettzellen von der Glucosekonzentration. Mit steigender Glucosekonzentration nimmt die Geschwindigkeit des Glucosetransports zu. Die Kinetik ist wie bei einer klassischen Enzymkinetik hyperbolisch. Diese Sättigungskinetik ist ein wichtiger Hinweis dafür, daß eine Carrier-vermittelte Diffusion mit einer limitierten Zahl von Transportproteinen erfolgt

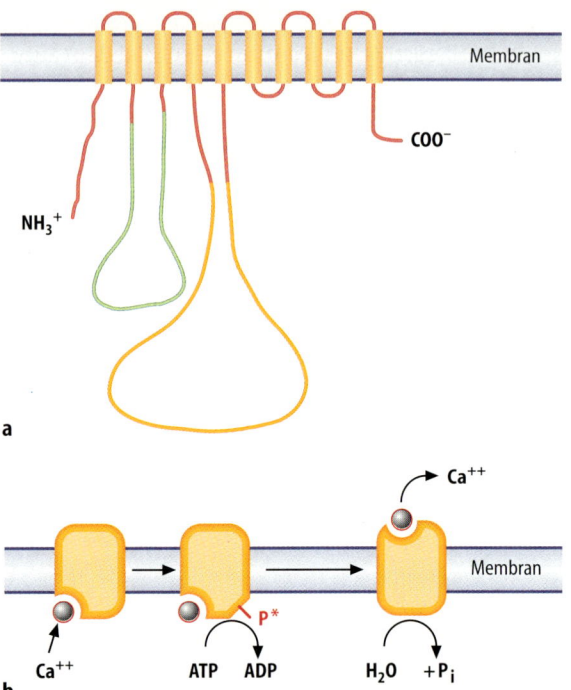

Abb. 8.8 a, b Aktivierungscyclus der Ca-ATPase des sarcoplasmatischen Reticulums. **a** Die Ca-ATPase besteht aus 10 Transmembrandomänen. N-terminal befindet sich die Bindungsstelle für Calcium. Die erste intrazelluläre Schleife *(grün)* ist für die Translokation essentiell, die zweite *(orange)* für die Phosphorylierung des Aspartylrestes, so daß eine energiereiche Acylphosphatbindung entsteht. **b** Die Ca-ATPase ist eine ATPase des P-Typs. ATP-abhängig kommt es zu einer Phosphorylierung eines Aspartyl-Restes. Die dadurch gebildete Acylphosphatbindung liefert die freie Energie für den mit einer Konformationsänderung der ATPase einhergehenden Transport gegen ein Konzentrationsgefälle

bezeichnet. Ursprünglich wurden diese Transport-ATPasen in Bakterien entdeckt, wo sie die Energie der ATP-Hydrolyse benützen, um Zucker, Aminosäuren oder kleine Peptide aktiv in die Bakterienzelle zu pumpen. Als gemeinsames Strukturelement verfügen diese ATPasen über eine ATP-bindende Kassette (*A*TP-*B*inding-*C*assette). Überraschenderweise finden sich Transport-ATPasen der gleichen Familie auch in vielen eukaryoten Zellen. Beim Menschen wurden sie primär als die Transportproteine identifiziert, die in Carcinomzellen für die Mehrfachresistenz gegenüber Cytostatika verantwortlich sind. Diese Eigenschaft verdanken sie dem zur Familie der ABC-ATPasen gehörenden, als MDR-Protein (MDR = *engl.* multidrug resistance) bezeichneten Transporter (Abb. 8.10). Dieser wird auch als **P-Glykoprotein** bezeichnet und ist imstande, Cytostatika auch unterschiedlicher chemischer Natur rasch und effektiv wieder nach außen zu transportieren. Weiterführende Untersuchungen haben gezeigt, daß ABC-Transporter auch für den Transport von Peptidfragmenten aus dem Cytosol in das endoplasmatische Reticulum verantwortlich sind, wo diese dann mit den neu synthetisierten MHC-Proteinen assoziieren (S. 1060). Ein besonderes medizinisches Problem stellt die zunehmende Resistenz des Malariaerregers *Plasmodium falciparum* gegenüber einer Vielzahl von Chemotherapeutika dar. Die Resistenz dieser Organismen wird dadurch erzeugt, daß unter dem Selektionsdruck diejenigen Organismen bevorzugt werden, die infolge des Besitzes eines entsprechenden MDR-Proteins unempfindlich gegenüber den Arzneimitteln geworden sind.

Tabelle 8.3 Übersicht über Ionen-transportierende ATPasen (Auswahl)

ATPase Typ	Typ des Transportes	Beispiel	Funktion
P-ATPasen	Na$^+$/K$^+$ Antiport	Na/K-ATPase (S.688)	Erzeugung des Membranpotentials
	Ca^{++} Uniport	Ca-ATPase (S.689)	Erzeugung niedriger cytosolischer Ca^{++}-Konzentrationen
	H$^+$/K$^+$ Antiport	H$^+$/K$^+$-ATPase (S.997)	Säuresekretion der Belegzellen des Magens
V-ATPasen	H$^+$-Uniport	H$^+$-ATPase (S.190)	Ansäuern des Inhalts von Lysosomen und Endosomen
F-ATPasen	H$^+$-Uniport	F$_1$/F$_o$-ATPase (S.501)	ATP-Erzeugung in der inneren Mitochondrienmembran

Abbildung 8.11 gibt einen Überblick über die heute noch nicht vollständig aufgeklärte Funktionsweise der besprochenen Carrier- oder Transportproteine. Man nimmt an, daß der Carrier meist als dimeres oder oligomeres Protein vorliegt. Um einen gerichteten Transport zu ermöglichen, ist es am wahrscheinlichsten, daß er in zwei unterschiedlichen Konformationszuständen vorkommt. In der einen Konformation ist die zur Aufnahme der zu transportierenden Verbindung geeignete Bindungsstelle vom Extrazellulärraum zugänglich, in der anderen jedoch vom Intrazellulärraum. Durch Wechsel zwischen den beiden Konformationszuständen würde sich ein gerichteter Transport ergeben.

Auf einem ganz anderen Prinzip beruht der *Transport durch Gruppentransfer.* Wie Abb. 8.12 darstellt, können viele Aminosäuren durch dieses System aufgenommen werden. Das Membranenzym *γ-Glutamyltranspeptidase* katalysiert unter Verbrauch von Glutathion (S.75) die Bildung von Isopeptidbindungen von extrazellulären Aminosäuren mit Glutamat, wobei das entsprechende Dipeptid und Cysteinylglycin entstehen. Durch eine γ-Glutamylcyclotransferase wird das Dipeptid durch die Plasmamembran transportiert und unter Freisetzung der Aminosäure gespalten. Das dabei entstehende 5-Oxoprolin wird unter ATP-Verbrauch zu Glutamat gespalten, welches anschließend zur Resynthese von Glutathion verwendet wird.

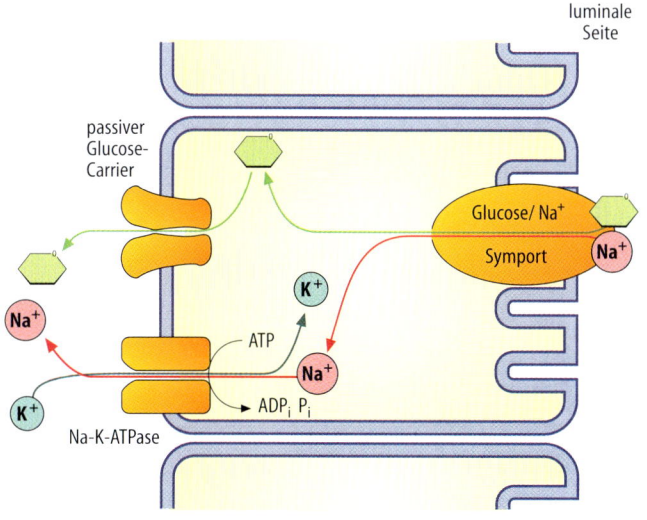

Abb. 8.9 Mechanismus des sekundär aktiven Glucosetransports in intestinale Epithelzellen. Der Glucosetransporter bildet mit Glucose und Natrium luminal einen ternären Komplex. Das Konzentrationsgefälle zwischen dem luminalen und intrazellulären Natrium liefert die freie Energie für den Glucosetransport gegen ein Konzentrationsgefälle

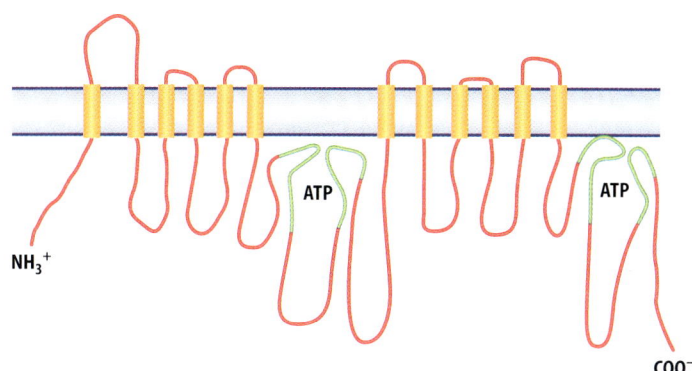

Abb. 8.10 Schematischer Aufbau des P-Glykoproteins als Beispiel für einen typischen ABC-Transporter. Das Protein besteht wie viele Carrierproteine aus insgesamt 12 Transmembrandomänen, wobei eine große Schleife zwischen der 6. und der 7. Transmembrandomäne sowie C-terminal gebildet wird. Die beiden großen Schleifen tragen die ATP-bindenden Kassetten. Über den Transportmechanismus ist nichts bekannt

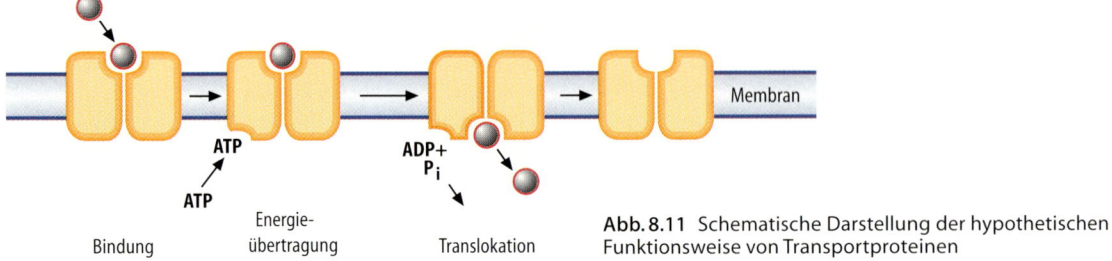

Abb. 8.11 Schematische Darstellung der hypothetischen Funktionsweise von Transportproteinen

ATP

ATP

ADP+ Pᵢ

Bindung

Energie-übertragung

Translokation

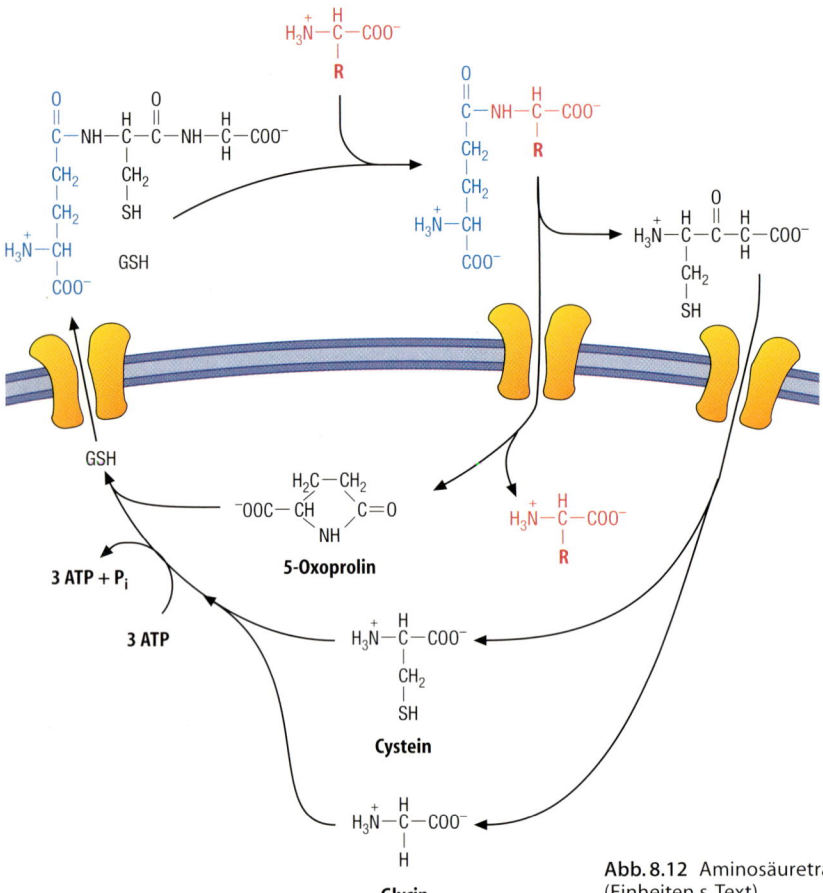

GSH

5-Oxoprolin

3 ATP + Pᵢ

3 ATP

Cystein

Glycin

Abb. 8.12 Aminosäuretransport durch den γ-Glutamylcyclus. (Einheiten s. Text)

Interzelluläre Verbindungen stabilisieren die Gewebearchitektur

Neben der Abgrenzung des intrazellulären vom extrazellulären Raum und der Aufrechterhaltung der benötigten Transportvorgänge dient die Plasmamembran der Ausbildung *interzellulärer Verbindungen*. Diese sind von essentieller Bedeutung für die Entwicklung vielzelliger Organismen mit unterschiedlichen Organsystemen. Sie steuern die Morphogenese und Gewebsregenerierung, halten Epithelien zusammen, bestimmen über die Polarität von Zellen und können bei einer Vielzahl von Erkrankungen beteiligt sein.

Angesichts der Verschiedenheit sowohl des Ursprungs wie auch der Funktion der Zellen, die die un-

terschiedlichen Organe bilden, ist es nicht verwunderlich, daß eine Reihe unterschiedlicher Mechanismen der Zell-Zell-Adhäsion existieren. Als morphologische Einheiten wurden Zell-Zell-Verbindungen zunächst bei epithelialen Geweben entdeckt, da hier natürlich die Verknüpfung der einzelnen Zellen zur Bildung einer epithelialen Schicht von besonderer Bedeutung ist. Später konnte gezeigt werden, daß ähnliche Zell-Zell-Kontakte auch in anderen Geweben vorkommen und offenbar für den geordneten Verlauf der Embryogenese eine besondere Rolle spielen.

Prinzipiell können zwei Typen von Zell-Zell-Verknüpfungen unterschieden werden, die sog. *tight junctions* und die Strukturen, die die *Zell-Zell-Adhäsion* unter Beteiligung des Cytoskeletts vermitteln.

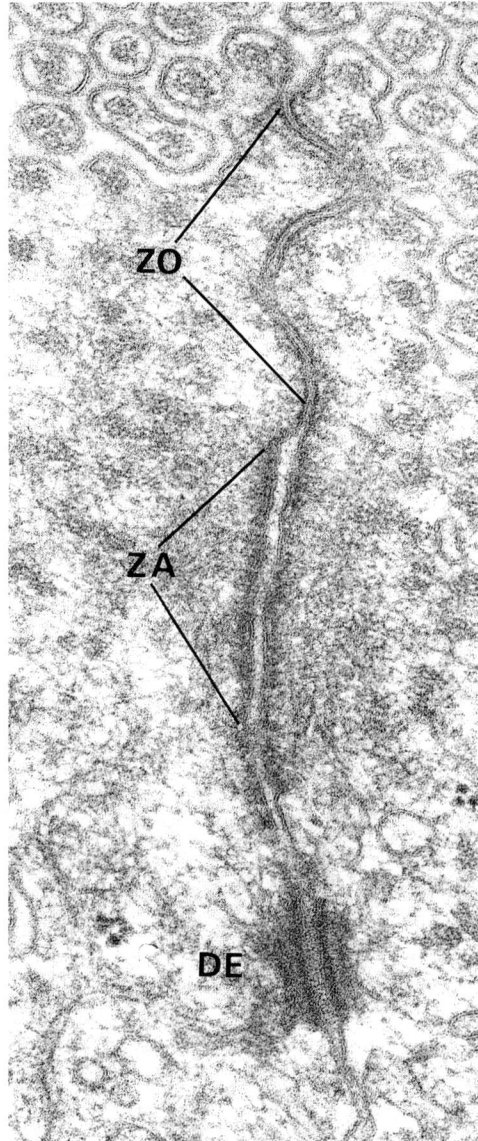

Abb. 8.13 Darstellung von Verbindungsstrukturen zwischen benachbarten Epithelzellen des Dickdarms. *Z* Zonula occludens oder tight junction; *ZA* Zonula adhaerens; *DE* Desmoson. (Aus Junqueira/Carneiro (1996) Histologie, 4. Aufl.)

- Typisch für die tight junction (Abb. 8.13) ist, daß in ihrem Bereich der normale Zwischenzellraum von etwa 20 nm Breite völlig verschwindet und die hydrophilen Kopfgruppen der Phosphoglyceride der beiden Plasmamembranaußenseiten in unmittelbaren Kontakt miteinander kommen. Im elektronenmikroskopischen Bild sieht es gelegentlich so aus, als ob die beiden äußeren Schichten der Lipiddoppelmembran miteinander verschmelzen. Tight junctions finden sich bevorzugt an den Orten, wo eine strenge physikalische Trennung zwischen zwei Kompartimenten notwendig ist. So bilden beispielsweise tight junctions das sogenannte *terminale Netz* oder die *Zonula occludens*, die das eigentliche Darmlumen

von dem extrazellulären Raum der Mucosazellen trennt (S. 1018). In ähnlicher Weise sind tight junctions am Aufbau der *Blut-Hirn-Schranke* beteiligt (S. 973). Biochemisch ist über am Aufbau von tight junctions beteiligte Moleküle noch wenig bekannt.

- **Zell-Zell-Verknüpfungen** unter Einbeziehung des *Cytoskeletts* dienen der mechanisch stabilen Verknüpfung von Zellen zu Gewebsverbänden (häufig Epithelien) oder zur Befestigung von Zellen auf der extrazellulären Matrix (häufig der Basalmembran). Wenn bei der Ausbildung der Zell-Zell- bzw. Zell-Matrix-Verknüpfung *Actinfilamente* des Cytoskeletts (S. 198) beteiligt sind, so spricht man im Fall von Epithelien von *Zonula adhaerens*, bei anderen Zellen von *Desmosomen Typ II* oder *Punctus adhaerens*. Zell-Zell-Kontakte unter Einbeziehung der *Intermediärfilamente* des Cytoskeletts (S. 199) werden dagegen als *Desmosomen Typ I* bezeichnet, Zell-Matrix-Kontakte unter Beteiligung von Intermediärfilamenten als *Hemidesmosomen* (Tabelle 8.4).

Der Aufbau der genannten Zell-Zell- bzw. Zell-Matrix-Kontakte erfolgt immer nach dem gleichen Schema (Abb. 8.14). Im Bereich der Zonula adhaerens bzw. des Punctus adhaerens wird die Zell-Zell-Verbindung durch sogenannte **Cadherine** geknüpft. Cadherine sind eine Familie integraler Membranproteine, die über eine große N-terminale extrazelluläre Domäne verfügen und zu deren Aufgaben die Aufrechterhaltung der Calcium-abhängigen Zelladhäsion gehört. Man unterscheidet

- E-Cadherine auf epithelialen Zellen,
- N-Cadherine auf Nerven- und Muskelzellen sowie
- P-Cadherine in der Plazenta und der Epidermis.

Bei der Knüpfung des Zellkontaktes assoziieren je zwei Cadherine benachbarter Zellen, gehen also eine sog. *homophile Bindung* ein. Für die Verankerung mit den Actinfilamenten des Cytoskeletts ist der intrazelluläre C-Terminus der Cadherine verantwortlich. Über eine als **Catenine** bezeichnete Familie von Proteinen erfolgt die Bindung an Actin. Für die Verknüpfung der Proteine der extrazellulären Matrix (S. 734) mit den intrazellulären Actinfilamenten wird eine andere Familie von Proteinen benötigt, die **Integrine**. Diese sind heterodimere Transmembranproteine aus einer α- und einer β-Kette. Extrazellulär tragen sie eine Domäne, die ihre Assoziation mit Kollagen, Fibronectin und Laminin ermöglicht, wobei ebenfalls divalente Kationen eine wichtige Rolle spielen. Hier erfolgt die Bindung also *heterophil*. Auch Integrine benötigen Adapterproteine für die Assoziation an Actinfilamente. Es handelt sich um Proteine Talin, Vinculin bzw. α-Actinin.

Die Typ I Desmosomen- bzw. Hemidesmosomenbildenden Transmembranproteine sind ebenfalls **Cadherine** bzw. **Integrine**. Der Unterschied zu den Gebilden der Zonula adhaerens bzw. der Typ II Desmosomen besteht in der Art der Adapterproteine, die die As-

Tabelle 8.4 Cadherin- und Integrin-vermittelte Kontakte

Kontakt	Adhäsionsmolekül	Ligand	Cytoskelett-Assoziation
Zonula adhärens; Desmosomen Typ II	Cadherine	Cadherin auf benachbarter Zelle	Actinfilamente
Desmosomen Typ I	Cadherine	Cadherin auf benachbarter Zelle	Intermediärfilamente
Fokale Kontakte	Integrine	Extrazelluläre Matrixproteine	Actinfilamente
Hemidesmosomen	Integrine	Extrazelluläre Matrixproteine	Intermediärfilamente

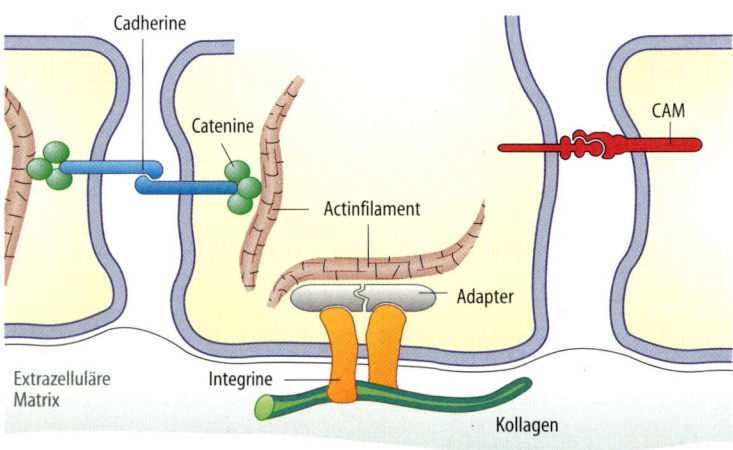

Abb. 8.14 Schematische Darstellung des Aufbaus von Zell-Zell- bzw. Zell-Matrix-Kontakten. (Einzelheiten s. Text)

Tabelle 8.5 Übersicht über Zell-Adhäsionsmoleküle (Auswahl)

	Typ	Ca-Abhängigkeit	Art der Wechselwirkung
Zell-Zell-Verbindungen	Cadherine (Typ E, N, P)	ja	homophil
	CAMs aus der Immunglobulin-Großfamilie	nein	homophil oder heterophil
	Selektine	ja	heterophil
Zell-Matrix-Verbindungen	Integrine	ja	heterophil

soziation mit den Intermediärfilamenten ermöglichen (Tabelle 8.4 und 8.5).

Eine Calcium-unabhängige Zell-Zell-Adhäsion wird durch die Mitglieder einer zur Immunglobulin-Großfamilie gehörenden Gruppe von Zelladhäsionsmolekülen katalysiert. Sie werden als CAMs bezeichnet (CAM = *engl. Cell Adhaesion Molecule*) (Tabelle 8.5):

- Im Nervengewebe findet sich das neurale N-CAM,
- im Immunsystem kommt das I-CAM vor,
- schließlich ist das als Tumormarker häufig gemessene carcinoembryonale Antigen (CEA) ebenfalls ein Mitglied dieser Familie von Proteinen.

Von allen CAMs gibt es eine große Zahl von Isoformen, die durch alternatives Spleißen des jeweiligen Gens entstehen. Sie sind mit Hilfe von Transmembrandomänen und C-terminalen intrazellulären Domänen in ihren Zellen verankert, gelegentlich aber auch über einen Glykosylphosphatidylinositol-Anker (S. 140). Auch die CAMs gehen homophile Bindungen ein, allerdings sind diese wesentlich schwächer als die durch Cadherine vermittelten. Ungeachtet ihres häufigen Vorkommens in den verschiedensten Zellen besteht eine gewisse Unsicherheit über ihre physiologische Bedeutung, da die Ausschaltung der CAM-Gene durch molekularbiologische Maßnahmen (knock out Mäuse, S. 235) bei den betroffenen Versuchstieren zu nur geringfügigen Veränderungen des Phänotyps führte.

Rezeptoren vermitteln zelluläre Antworten auf extrazelluläre Signale

Eine große Zahl von Membranproteinen dient in Form der sogenannten **Rezeptoren** der Erkennung körpereigener und körperfremder Substanzen und der Weiterleitung der durch diese Substanzen vermittelten Signale ins Innere der Zelle. Rezeptorproteine sind meist Transmembranproteine. Sie tragen häufig nach außen gerichtete Kohlenhydratseitenketten mit terminalen N-Acetyl-Neuraminsäure-Resten. In vielen Fällen erzeugt die Beladung eines Rezeptors mit einem spezifischen Liganden ein intrazelluläres Signal (s. Adenylatcyclasesystem, S. 774). In anderen Fällen ist dieser Vorgang mit der Öffnung von Ionenkanälen oder der Phosphorylierung bestimmter Proteine verknüpft (S. 771, S. 779). Wegen der besonderen Bedeutung von Rezeptoren für die hormonelle Signaltransduktion werden sie ausführlich im Kapitel 27 besprochen.

Gelegentlich sind die Liganden für Membranrezeptoren keine löslichen Verbindungen, sondern Makromoleküle innerhalb definierter Strukturen. So wird die reversible Bindung von Leukocyten an die Endothelzellen der Blutgefäße durch die sogenannten *Selectine* vermittelt (S. 402). Selectine sind Transmembranproteine, die als Rezeptoren für spezifische Oligosaccharide auf der Oberfläche benachbarter anderer Zellen dienen. Diese Lectin-ähnliche Bindung ist calciumabhängig (Tabelle 8.5).

Liganden für *T-Zellrezeptoren* (S. 1072) im Verlauf der T-zellvermittelten Immunantwort sind Peptidfragmente, die von anderen Zellen über deren MHC I- bzw. MHC II-Proteine präsentiert werden. Auch hier ist somit der Ligand für den Rezeptor eine Struktur auf einer Zelle und nicht eine lösliche Verbindung.

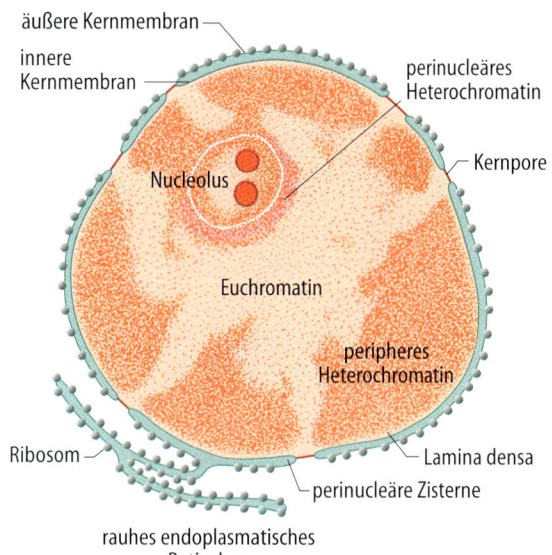

Abb. 8.15 Idealisierte Darstellung eines elektronenmikroskopischen Schnitts durch einen Zellkern. *Ä. M.* äußere Kernmembran; *I. M.* innere Kernmembran: *K. P.* Kernpore; *Nu* Nucleolus; *PNH* perinucleoläres Heterochromatin; *E* Euchromatin; *PH* peripheres Heterochromatin; *LD* Lamina densa; *PZ* perinucleäre Zisterne; *R* Ribosom; *RER* rauhes endoplasmatisches Reticulum

8.2.2 Intrazelluläre Organellen

Der Zellkern ist für die Speicherung, Replikation und Transkription der DNA zuständig

Die auffälligste auch im Lichtmikroskop gut sichtbare intrazelluläre Struktur ist der *Zellkern*. Während der Zellteilung macht der Zellkern eine Reihe charakteristischer Veränderungen durch, deren Morphologie schon vor längerer Zeit beschrieben wurde. Untersucht man Zellkerne elektronenmikroskopisch, so zeigt sich, daß sie eine typische Strukturierung aufweisen und über ausgeprägte Verbindungsstellen zu anderen Kompartimenten der Zelle verfügen.

Abbildung 8.15 zeigt die Struktur eines typischen Zellkerns. Er ist von einer *Doppelmembran* umhüllt, so daß eine innere und äußere Kernmembran unterschieden werden kann. Häufig scheinen jedoch die beiden Membranen zu verschmelzen und bilden dann die sogenannten *Kernporen* (s. u.). An mehreren Stellen steht die Kernmembran mit ihrem äußeren Blatt in direkter Verbindung mit dem rauhen endoplasmatischen Reticulum.

Im Zellkern befindet sich nahezu die gesamte DNA der Zelle. Sie liegt dort jedoch nicht wie bei Prokaryonten „nackt" vor, sondern als *Chromatin* oder Desoxyribonucleoprotein (DNP). Dieses stellt ein Fibrillen-ähnliches Gebilde dar, in dem die DNA mit Histonen (S. 157), Nicht-Histonproteinen und etwas RNA assoziiert ist. Ist das DNP besonders dicht gepackt, so spricht man auch von *Heterochromatin*, bei lockerer Packung von *Euchromatin*. Euchromatin wird wegen

seiner weniger dichten Packung ohne Schwierigkeiten transkribiert, Heterochromatin scheint dagegen nur in geringem Umfang transkribiert zu werden.

Die deutlichste Struktur im Kern ist der *Nucleolus*. Er ist umhüllt von dem sogenannten perinucleolären Heterochromatin, das sich in seiner Dichte nicht vom sogenannten peripheren Heterochromatin unterscheidet. Der größte Teil des peripheren Heterochromatins scheint mit dem inneren Blatt der Kernmembran assoziiert zu sein. Für diese Assoziation ist eine Gruppe von Proteinen verantwortlich, die als *Lamine* (S. 199) bezeichnet werden und während des Zellcyclus charakteristische Veränderungen durchmachen.

Abbildung 8.16 stellt die vielfältigen Beziehungen zwischen Cytosol und Kern dar. Zur Mitose führende Signale (S. 206) werden im Cytosol erzeugt und gelangen von dort an den Kern. Setzt die Replikation oder die Transkription ein, so müssen die für beide Vorgänge notwendigen Desoxyribonucleosid- bzw. Nucleosidtriphosphate durch die Kernmembran in das Kerninnere transportiert werden. Messenger-RNA (mRNA), die im Kern durch Transkription und posttranskriptionale Prozessierung (S. 274) erzeugt wird, muß anschließend durch die Kernmembran in das Cytosol transportiert werden. Ribosomale RNA wird im Nucleolus erzeugt und posttranskriptional modifiziert. Sie assoziiert noch im Kern mit im Cytosol erzeugten und in den Kern transportierten ribosomalen Proteinen zu ribosomalen Untereinheiten, die dann erst im Cytosol mit mRNA Ribosomen bilden. Durch cytosolische Proteinbiosynthese entstehen schließlich Histone und Nicht-Histonproteine, die in den Kern ge-

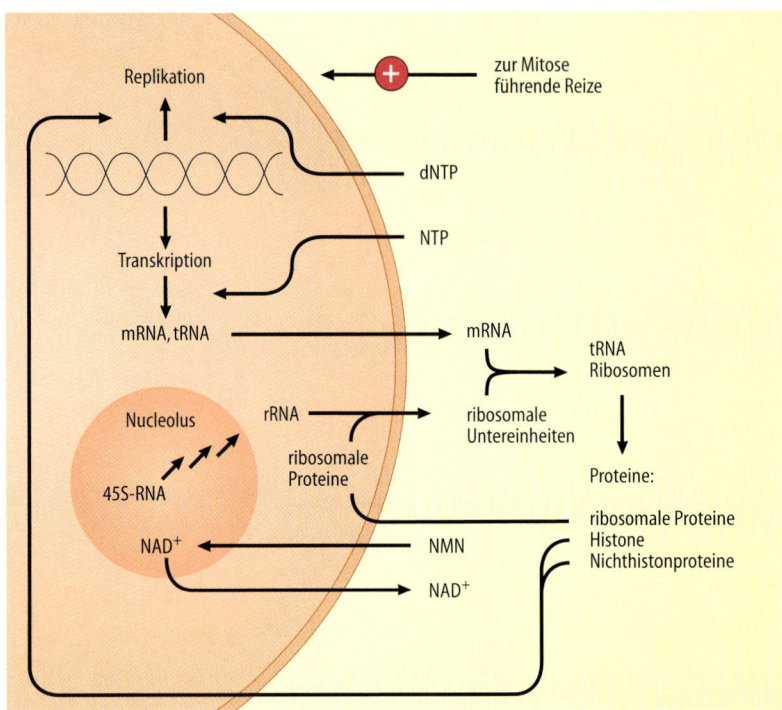

Abb. 8.16 Beziehungen zwischen Zellkern und Cytosol. *dNTP* Desoxiribonucleosidtriphosphat; *NTP* Ribonucleosidtriphosphat; *mRNA* Messenger-RNA; *rRNA* ribosomale RNA; *NMN* Nikotinatmononucleotid. (Erklärung im Text)

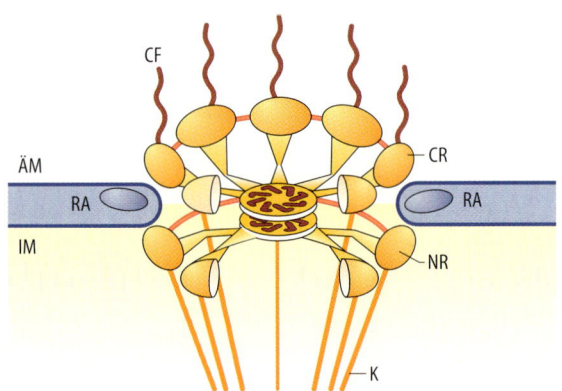

Abb. 8.17 Schematische Darstellung des Aufbaus einer Kernpore. Die Kernpore ist ein ringförmiges Gebilde, das aus einer Reihe von Untereinheiten gebildet wird. Die Grundstruktur bilden Proteinuntereinheiten, die zur cytosolischen bzw. zur nucleären Seite mit einer Reihe weiterer Untereinheiten bedeckt sind und z. T. fibrilläre Extensionen tragen. Eine luminale Komponente verankert die Pore in der Kernmembran, eine anuläre Komponente dient möglicherweise der Veränderung des Porendurchmessers und damit der Regulation des Transports. *ÄM* äußere Kernmembran; *IM* innere Kernmembran; *CR* cytoplasmatisches Ringprotein; *NR* nucleäres Ringprotein; *CF* cytoplasmatische Filamente; *K* korbähnliche nucleäre Struktur; *RA* radiale Arme. (Modifiziert nach Forbes 1992)

langen und dort während der Replikationsphase für die Strukturierung der neu gebildeten DNA zur Verfügung stehen müssen.

Die Kernporen ermöglichen die geschilderten Transportvorgänge. Abbildung 8.17 zeigt schematisch den Aufbau einer derartigen Kernpore. Es handelt sich um eine außerordentlich komplexe Struktur mit einem Molekulargewicht von vielen Millionen, die aus möglicherweise etwa hundert unterschiedlichen Proteinen besteht. Durch diese wird eine regulierbare Pore gebildet, deren Durchmesser etwa 9 nm beträgt und die 15 nm lang ist. Sie ist durchlässig für Proteine mit Molekulargewichten unter 60 kD. Der Import verschiedener auch größerer Proteine des Chromatins durch die Kernporen vom Cytoplasma in den Kern ist relativ gut untersucht.

In einer ersten Phase der Aufnahme binden für den Kern bestimmte Proteine an spezifische Rezeptoren der cytoplasmatischen Seite der Kernpore. Als Adresse ist hierfür ist eine Signalsequenz (S. 283) notwendig, die viele basische Aminosäuren enthält. Außerdem werden noch nicht genau identifizierte cytoplasmatische Proteine benötigt. In einem zweiten, diesmal ATP-abhängigen Schritt folgt nun die Aufnahme des jeweiligen Proteins in den Kern, wobei die Pore beträchtlich erweitert werden kann.

Aus einer Reihe von Untersuchungen weiß man, daß auch für den Export von im Kern synthetisierten Verbindungen die wichtigste Route die Kernporen sind. So treten beispielsweise durch sie die im Kern synthetisierten mRNA-Moleküle aus.

Im Nucleolus erfolgt auch die **NAD-Synthese**. Hierzu muß im Cytosol gebildetes Nicotinatmononucleotid (NMN) in den Nucleolus transportiert werden, wo die NAD-Biosynthese stattfindet. Da das NAD jedoch überwiegend im Cytosol und in den Mitochondrien benötigt wird, sind entsprechende Ausschleusungs- und Translokationsprozesse notwendig.

In den Mitochondrien wird der größte Teil der von Zellen benötigten Energie erzeugt

Besonders hoch strukturierte zelluläre Organellen sind die *Mitochondrien*. Sie sind annähernd ellipsoide, gelegentlich auch kugelförmige, 2–4 μm lange und 1 μm dicke Körperchen, die in wechselnder Zahl in allen sauerstoffverbrauchenden Geweben vorkommen. Gewebe mit besonders hohem Substratdurchsatz und Sauerstoffverbrauch haben eine besonders große Zahl von Mitochondrien. Ein Beispiel hierfür ist der Herzmuskel.

Die Abb. 8.18 und 8.19 zeigen das elektronenmikroskopische Aussehen von Mitochondrien sowie eine daraus abgeleitete schematische Darstellung des Mitochondrienaufbaus. Alle Mitochondrien besitzen zwei sich deutlich voneinander abhebende Membranstrukturen, nämlich die *Außenmembran*, die das Mitochondrium vom Cytosol abgrenzt, sowie die *Innenmembran*. Die mitochondriale Außenmembran enthält eine Reihe von Poren und ist damit für viele Substanzen gut durchgängig. Sehr viel strukturierter ist die mitochondriale Innenmembran. Sie zeigt zahlreiche Einstülpungen, die als *Cristae* bezeichnet werden. Dies trägt zu einer enormen Vergrößerung der Membranoberfläche bei. Sie beträgt beispielsweise für Mitochondrien aus

1 g Leber 3.3 qm. Die Auffaltung der inneren Mitochondrienmembran zeigt dabei eine gewisse Abhängigkeit von der Stoffwechselaktivität der jeweiligen Zellen.

In den Mitochondrien sind spezifische zelluläre Funktionen lokalisiert. In der mitochondrialen Matrix befinden sich u. a. die Enzyme der β-Oxidation der Fettsäuren, des Citratcyclus sowie Teile des Harnstoffcyclus.

Die mitochondriale *Innenmembran* stellt ein hochorganisiertes Gebilde dar. Von entscheidender Bedeutung für den Zellstoffwechsel ist sie als Träger der Enzymsysteme der biologischen Oxidation sowie der oxidativen Phosphorylierung (S. 499). In ihr findet also der weitaus größte Teil der Energiegewinnung des Organismus statt. Für die Koordinierung der Stoffwechselvorgänge enthält die Innenmembran, die für die meisten Verbindungen impermeabel ist, entsprechende *Carriersysteme* für intramitochondrial umgesetzte Stoffwechselzwischenprodukte sowie für Adeninnucleotide (S. 503).

Die besondere Bedeutung der mitochondrialen Innenmembran läßt sich auch aus der Tatsache ableiten, daß sie sich vor allen anderen Membranen durch ihren Proteinreichtum auszeichnet. 75 % des Membranmaterials sind Proteine und nur 25 % Lipide. 90 % der Membranlipide der mitochondrialen Innenmem-

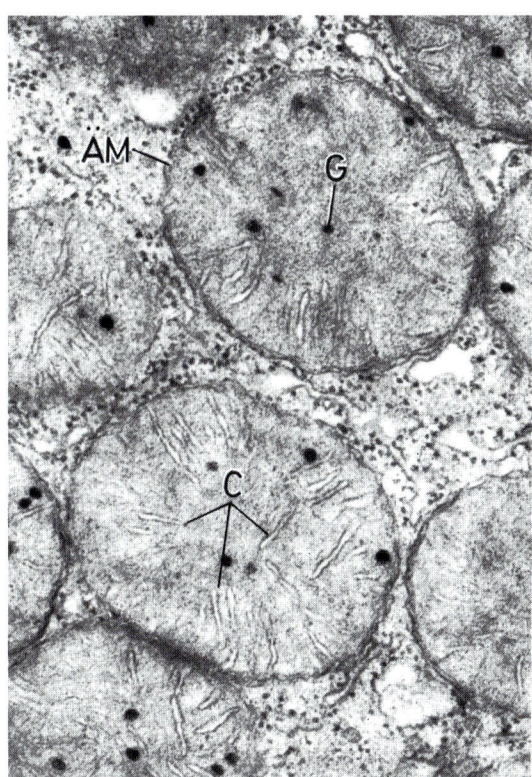
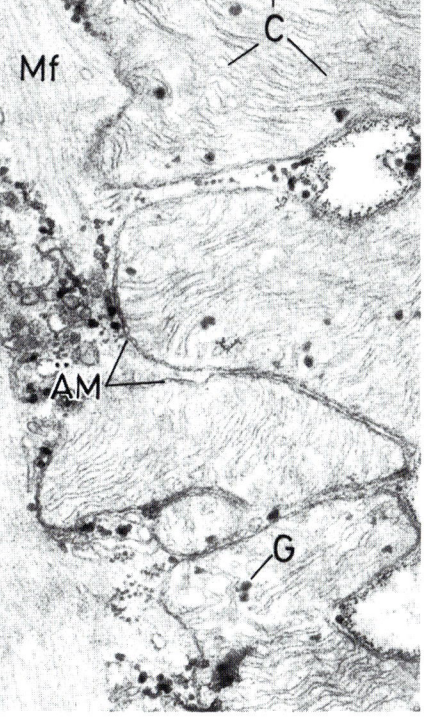

Abb. 8.18 *Links:* Rattenlebermitochondrien. *Ä.M.* äußere Mitochondrienmembran; *C* Cristae; *G* Elektronendichtegranula, wahrscheinlich Calciumspeicher. Vergrößerung 42.000 : 1. *Rechts:* Herzmuskelmitochondrien. Ä.M., C und G wie links; *Mf* Myofibrillen. Vergrößerung 26.000 : 1. Die Cristae mitochondriales in Herzmuskelmitochondrien sind im Vergleich zu Lebermitochondrien viel dichter gepackt. (Aufnahmen von E. Siess, München)

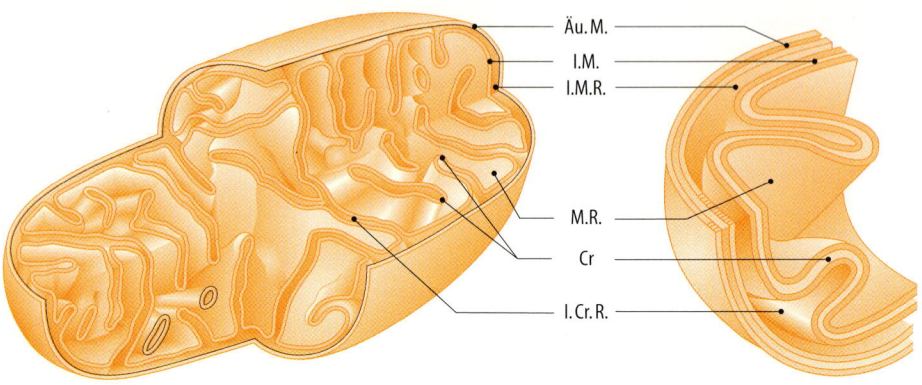

Abb. 8.19 Schematische Darstellung und Ausschnittvergrößerung des Aufbaus eines Mitochondriums. *Ä. M.* äußere Membran; *I. M.* innere Membran; *IMR* Intermembranraum; *CR* Cristae; *ICR* Intercristaeraum; *MR* Matrixraum

bran bestehen aus Phosphatidylcholin, Phosphatidylethanolamin und Cardiolipin in einem molaren Verhältnis von etwa 4:3:2. 30–40 % des Membranproteins werden durch die Enzyme des Elektronentransports sowie der ATP-Synthese beansprucht. Der Rest sind andere Enzyme, daneben Transportproteine und möglicherweise einige Strukturproteine.

Die Theorie, daß Mitochondrien von Prokaryonten abstammen, die im Verlauf der Evolution von eukaryoten Zellen aufgenommen wurden und sich dort zu Endosymbionten entwickelt haben, gilt heute allgemein als gesichert. Eine Stütze für sie ist u. a. der Befund, daß Mitochondrien wie Prokaryonten ein eigenes, *ringförmiges DNA-Molekül* besitzen und darüber hinaus über Ribosomen verfügen, die Ähnlichkeit mit prokaryoten Ribosomen haben.

Die menschliche mitochondriale DNA ist inzwischen vollständig sequenziert worden. Sie hat eine Größe von 16.569 Basenpaaren. Diese codieren für die zwei rRNAs mitochondrialer Ribosomen sowie die 22 für die Proteinbiosynthese benötigten tRNAs. Darüber hinaus enthält die mitochondriale DNA die Gene von 13 Proteinen, welche Bestandteile der Enzymkomplexe I, III und IV sowie der mitochondrialen F_0/F_1-ATPase sind. Damit werden etwa 15 % der mitochondrialen Proteine durch die mitochondrieneigene Proteinbiosynthese synthetisiert, 85 % der Proteine sind jedoch kerncodiert, werden an cytosolischen Ribosomen synthetisiert und müssen über spezifische Transportprozesse (S. 284) in die verschiedenen mitochondrialen Kompartimente transportiert werden.

Bei höheren Organismen werden Mitochondrien *maternal* vererbt, da Spermatozoen nicht mehr über Mitochondrien verfügen. Die einzelnen Schritte der Mitochondrienbiogenese sind am besten an Einzellern untersucht, die sowohl aerob als auch anaerob lebensfähig sind. Hält man Hefezellen beispielsweise unter anaeroben Bedingungen, so fehlt ihnen der gesamte Satz der Enzymkomplexe der Atmungskette, der F_0/F_1-ATPase-Komplex, sowie die Enzyme des Citratcyclus. Morphologisch können keine intakten Mitochondrien

nachgewiesen werden, wohl aber kleine mit einer Doppelmembran ausgestattete Vesikel, die als *Prämitochondrien* bezeichnet werden. Nach Zugabe von Sauerstoff zu anaerober Hefe erfolgt außerordentlich schnell die Synthese der im Kern bzw. durch das mitochondriale Genom codierten Proteine. Eine besondere Bedeutung kommt dabei dem Häm zu, dessen Biosynthese durch Sauerstoff induziert wird. Häm ist ein wichtiger Transkriptionsfaktor für die kerncodierten Gene der Cytochrome und anderer mitochondrialer Proteine. Die bei chronischem Sauerstoffmangel, aber auch während forcierten Trainings beim Menschen zu beobachtende Zunahme der Mitochondrienzahl der Skelettmuskulatur kommt über gleichartige Regulationsprozesse zustande.

Lysosomen sind die Organellen der Abfallbeseitigung

Lysosomen sind subzelluläre Organellen mit einem Durchmesser von etwa 0,5 μm. Im Gegensatz zu den Mitochondrien sind sie nur von einer Membran umhüllt und besitzen keine weiteren inneren Strukturen. Wie aus Tabelle 8.6 hervorgeht, enthalten sie dagegen eine große Zahl von **hydrolytischen Enzymen** wie *Nucleasen, Phosphatasen, Proteinasen, Lipasen* sowie *Glykosidasen*. Im Innen des Lysosoms herrscht ein pH-Wert von etwa 5, der auch dem pH-Optimum der lysosomalen Hydrolasen von 4–6 entspricht. Er wird durch eine in die Lysosomenmembran integrierte **V-Protonen-ATPase** aufrecht erhalten. Abbildung 8.20 zeigt in schematischer Form die Grundzüge der Lysosomenentstehung und ihrer Funktion. *Primäre* Lysosomen schnüren sich von den Membranen des Golgi-Apparates ab. Ihre Hauptaufgabe besteht im *Abbau intrazellulärer Materialien*. Dies können beispielsweise defekte zelluläre Organellen, z. B. Mitochondrien, oder aber auch durch Pinocytose bzw. über spezifische Rezeptoren aufgenommene Vesikel oder Komplexe sein. Nach Verschmelzen dieser Strukturelemente mit dem primären Lysosom bildet sich ein sogenanntes *sekun-*

Tabelle 8.6 Lysosomale Hydrolasen (Auswahl)

Substrat	Enzym
Nucleinsäuren	DNase
	RNase
	Phosphodiesterase
Proteine	Kathepsin
	Kollagenase
	Elastase
	Peptidase
Lipide	Phospholipase
	Esterase
	Triacylglycerin-Lipase
	Glucocerebrosidase
Kohlenhydrate	α-Glucosidase
	α-Mannosidase
	β-Glucuronidase
	β-Galaktosidase
	Hyaluronidase
Verschiedene	Sulfatidase
	Neuraminidase

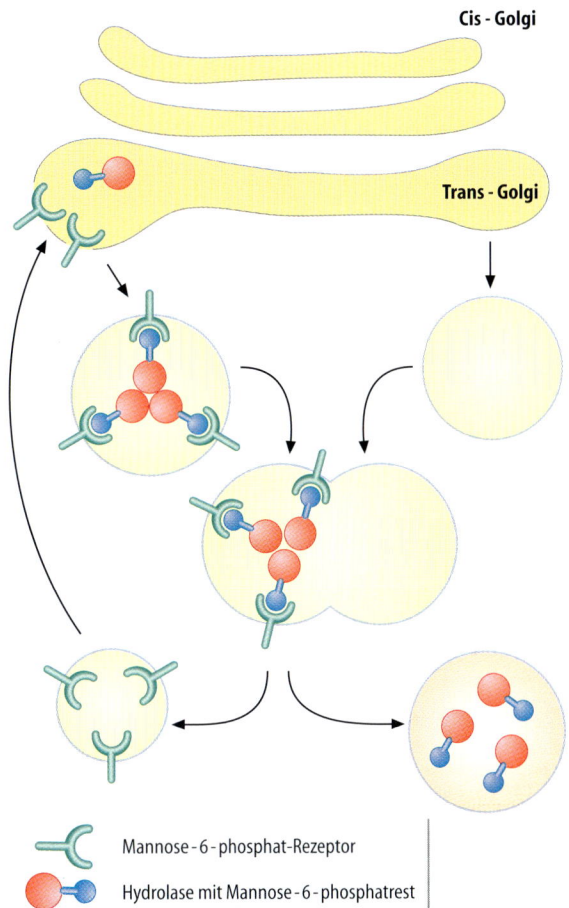

Mannose-6-phosphat-Rezeptor

Hydrolase mit Mannose-6-phosphatrest

Abb. 8.21 Einbau einer lysosomalen Hydrolase in das Lysosom. Im Golgi-Apparat erfolgt die Anheftung eines Mannose-6-Phosphatrestes an lysosomale Hydrolasen. Im Trans-Golgi (s. S. 192) befinden sich Membranproteine, die als Rezeptoren für Mannose-6-Phosphat-haltige Proteine dienen. Sie binden die markierten Hydrolasen, schnüren sich vom Golgi-Apparat ab und fusionieren mit der Lysosomenmembran. Wegen des dort herrschenden sauren pHs dissoziieren die Hydrolasen ab. Membranvesikel mit dem jetzt leeren Rezeptor schnüren sich vom Lysosom ab und recyclisieren in den Golgi-Apparat

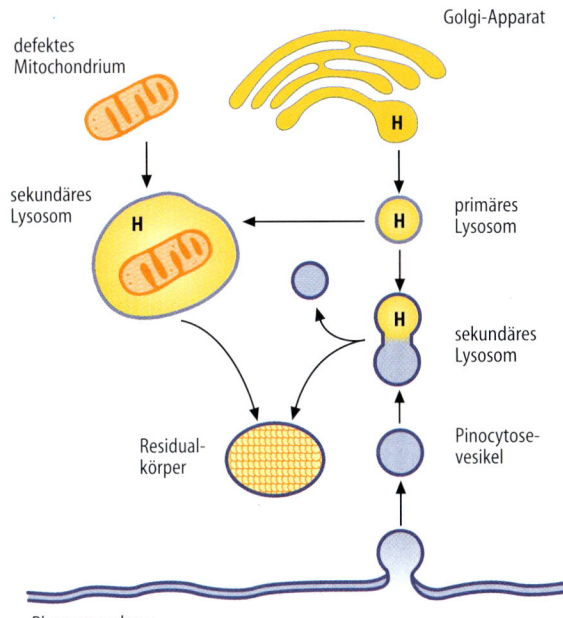

Abb. 8.20 Schematische Darstellung der Entstehung und Funktion von Lysosomen. *H* lysosomale Hydrolase. (Einzelheiten s. Text)

däres Lysosom, in dem der hydrolytische Abbau der genannten Strukturen erfolgt, bis sich gelegentlich ein sogenannter Residualkörper bildet, der abgegeben wird. Nur bei schweren zur *Nekrose* führenden Zellschädigungen erfolgt ein intrazelluläres Aufbrechen der Lysosomenmembran mit Freisetzen der lysosomalen Hydrolasen, woran sich die rasche Auflösung (Autolyse) der Zelle anschließt.

Für die Integration der Hydrolasen vom Golgi-Apparat in das Lysosom ist ein spezifischer Adressierungsmechanismus notwendig (Abb. 8.21). Er beruht darauf, daß die immer als Glykoproteine vorliegenden Hydrolasen einen *Mannose-6-phosphatrest* erhalten. Dieser verankert die Hydrolase an einem spezifischen Rezeptorprotein, das Bestandteil eines Transportvesikels ist. Es transportiert die Hydrolase in das entstehende Lysosom, wo der Phosphatrest der Mannosegruppe abgespalten wird. Rezeptorproteine schnüren sich ab und gelangen wieder in den Golgi-Apparat, wo sie für die Aufnahme der nächsten Hydrolase bereitstehen.

In Peroxisomen finden viele sauerstoffabhängige Reaktionen statt

Weitere, wenig strukturierte intrazelluläre Organellen sind die **Peroxisomen** (*engl.* microbodies). Sie sind von einer Membran umhüllt und haben typischerweise einen Durchmesser von etwa 0,5 μm. Peroxisomen enthalten besondere Enzyme des Fettsäure- und Aminosäureabbaus (S. 432, 534). Sie katalysieren sauerstoffabhängige Substratoxidationen, in deren Verlauf größere Mengen Wasserstoffperoxid (H_2O_2) gebildet wird. Dieses wird durch eine ebenfalls in Peroxisomen enthaltene *Katalase* abgebaut:

$$2\,H_2O_2 \;\rightleftharpoons\; 2\,H_2O + O_2$$

Man nimmt an, daß die eigentliche Funktion der Peroxisomen im Schutz leicht oxidierbarer zellulärer Strukturen vor dem Angriff von Sauerstoff besteht.

Im endoplasmatischen Reticulum und Golgi-Apparat werden Lipide, Glykoproteine und Membranen synthetisiert

In allen Zellen außer Erythrocyten findet sich ein weit verzweigtes Netzwerk intrazellulärer Schläuche, Lamellen und Vesikel, das durch die Membranen des *endoplasmatischen Reticulums* (ER) und des *Golgi-Apparates* gebildet wird. Die quantitative Bedeutung dieses Netzwerkes geht aus der Tatsache hervor, daß ca. 20 % der intrazellulären Proteine, 50 % der zellulären Phospholipide und etwa 60 % der zellulären RNA mit diesem Membransystem assoziiert sind.

Morphologisch kann man zwischen rauhem und glattem ER unterscheiden. Am rauhen ER (RER) sind Ribosomen (S. 266) gebunden. Sie sind für die Biosynthese all der Proteine verantwortlich, die nicht im Cytosol vorkommen, sondern auf die verschiedenen intrazellulären Kompartimente wie Membranen, Mitochondrien, Zellkern, Peroxisomen, Lysosomen usw. verteilt oder aus der Zelle sezerniert werden (S. 283).

Die Funktionen der Proteine des glatten ER (SER = *engl.* smooth ER) sind vielfältig. Sie reichen von der Biosynthese der Lipide oder deren Assoziation zu Membranstrukturen über Teilreaktionen des Glykogenabbaus bis zur Metabolisierung körpereigener und körperfremder Verbindungen einschließlich vieler Pharmaka (S. 459, 1029).

Von besonderer Bedeutung für viele zelluläre Funktionen ist der *Golgi-Apparat* oder das Dictyosom. Morphologisch stellt er eine Ansammlung übereinander gestapelter Vesikel oder Zisternen mit einer hochorganisierten Membranstruktur dar (Abb. 8.22). Die topographische Anordnung des Golgi-Apparates innerhalb einer Zelle ist genau festgelegt. Eine Seite, die Cis-Seite, ist immer zu den Membranen des rauhen ER orientiert, die gegenüberliegende Trans-Seite dagegen zu sekretorischen Vesikeln und Zentriolen. Funk-

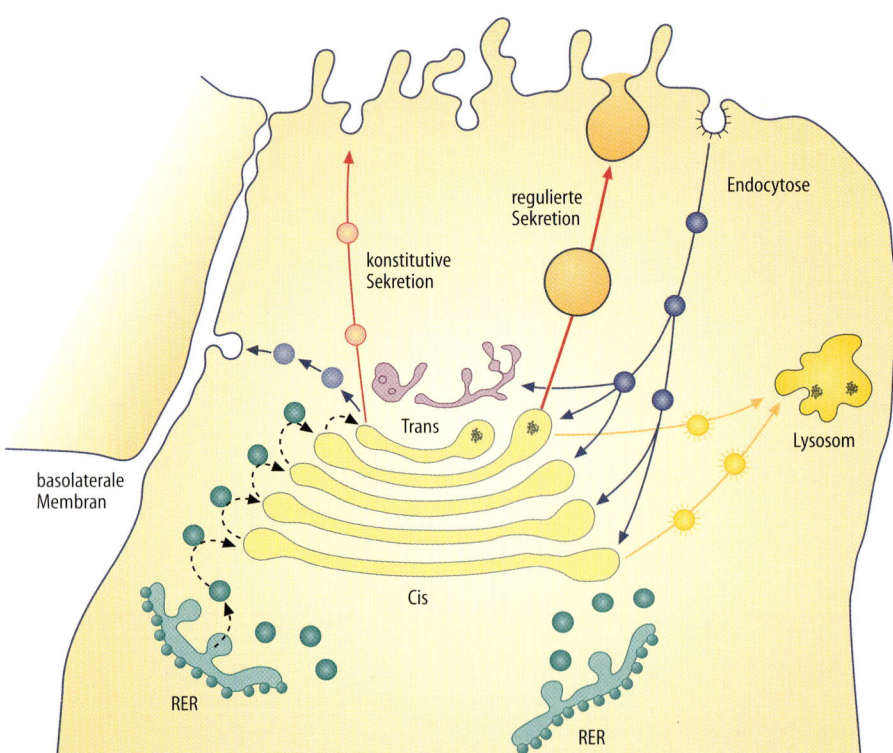

Abb. 8.22 Der Golgi-Apparat als zentrale Station für die Adressierung zellulärer Proteine. Im rauhen endoplasmatischen Reticulum synthetisierte Proteine werden im Golgi-Apparat schrittweise von Cis nach Trans transportiert und erhalten dabei ihre endgültigen Glykosylreste (S. 400). Vom Golgi-Apparat erfolgt dann die Verteilung der fertigen Proteine in Sekretgranula, Vesikel bzw. Lysosomen. In den Golgi-Apparat werden darüber hinaus die durch Endocytose aufgenommenen Membranproteine transportiert. (Einzelheiten s. Text)

tionell stellt der Golgi-Apparat das wichtigste Organell für die *Adressierung* kompartimentierter Proteine sowie der Membranbestandteile dar. Dazu gehören vor allem:

- Adressierung von *sekretorischen* bzw. *Membranglykoproteinen*: Im rauhen ER synthetisierte sekretorische oder Membranproteine (S. 283), erhalten noch dort ein N-glykosidisch angeknüpftes Oligosaccharid aus Mannose und Glucoseresten. Erst nach Entfernung der Glucosereste – möglicherweise ist dies das entscheidende Signal – erfolgt der Transport dieser Proteine auf die Cis-Seite des Golgi-Apparates und von dort weiter, immer in Vesikel verpackt, über den mittleren Teil des Golgi-Apparates zur Trans-Seite. Auf diesem etwa 10–20 Minuten dauernden Weg werden sämtliche weiteren für das jeweilige Glykoprotein typischen Saccharidreste angeknüpft, wobei die hierfür verantwortlichen *Glykosyltransferasen* sequentiell auf den Zisternenstapeln angeordnet sind (über den Mechanismus der Glykoproteinbiosynthese S. 400). Vom Trans-Golgi-Apparat aus erfolgt schließlich die Abschnürung von Sekret- bzw. Membranproteinen in entsprechende Vesikel, die *reguliert* (sekretorische Vesikel) bzw. *konstitutiv* (Vesikel mit Membranproteinen) mit der Plasmamembran zur Verschmelzung gebracht werden.

- Adressierung *lysosomaler Proteine*: Lysosomale Proteine sind ebenfalls in der Regel Glykoproteine. Sie werden im rauhen ER synthetisiert und erhalten während ihres Weges durch den Golgi-Apparat einen terminalen *Mannose-6-phosphatrest*. Dieser stellt die Adresse dar, die zur Auffindung desjenigen Areals der Golgi-Membranen benötigt wird, aus dem sich die lysosomalen Vesikel abschnüren (s. o.) und das deswegen einen spezifischen Mannose-6-phosphatrezeptor trägt (S. 191).

- Beteiligung an der *Recyclisierung* von Membranen. In allen eukaryoten Zellen findet ständig ein lebhafter Austausch von Membranteilen zwischen der Plasmamembran und intrazellulären Membranen statt. Am besten verständlich wird dies am Beispiel *sekretorischer Zellen*. Bei jeder Exocytose würde sich ja nach dem in Abb. 8.22 dargestellten Mechanismus die Membranoberfläche vergrößern. Daß dies nicht der Fall ist, wird durch einen Endocytosevorgang verhindert. Die mit den Sekretgranula assoziierten Membranareale schnüren sich nach innen als kleine Vesikel ab, werden zum Golgi-Apparat transportiert, mit dem sie verschmelzen, und stehen dann für einen erneuten Transportcyclus zur Verfügung.

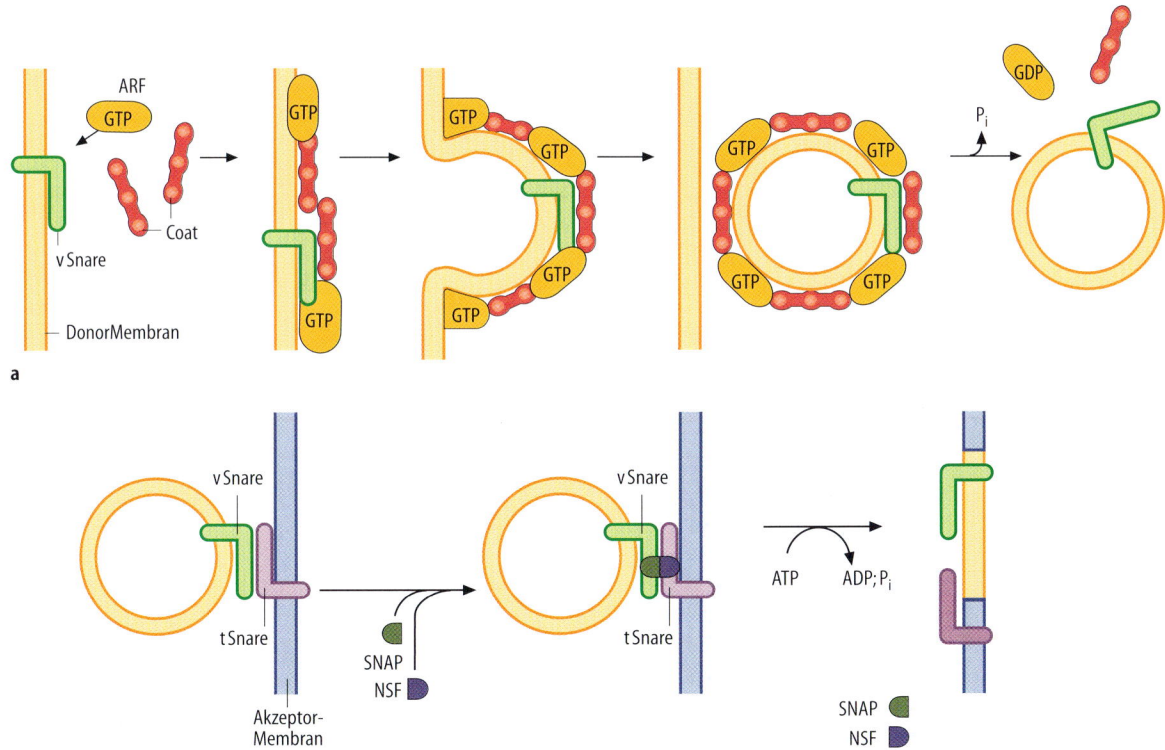

Abb. 8.23 a,b Mechanismus des vesikulären Transportes zwischen Membrankompartimenten. **a** Das Ausknospen der Vesikel aus der Donormembran wird durch Ablagerung von GTP-ARF eingeleitet. Diesem folgt die Ausbildung des aus Coatproteinen (COPs) bestehenden Coatomers, gefolgt vom Ausknospen und der Abschnürung des Vesikels. Meist gehen hierbei der Coatomer und die ARF-Proteine verloren. **b** Die Wechselwirkung zwischen vesikulären (v-) und zur Akzeptormembran gehörenden (t-)SNAREs ermöglicht das Andocken des Vesikels an die Akzeptormembran. An den SNARE-Komplex lagern sich SNAP- und NSF-Proteine an, wobei die Membranfusionierung unter ATP-Verbrauch eingeleitet wird

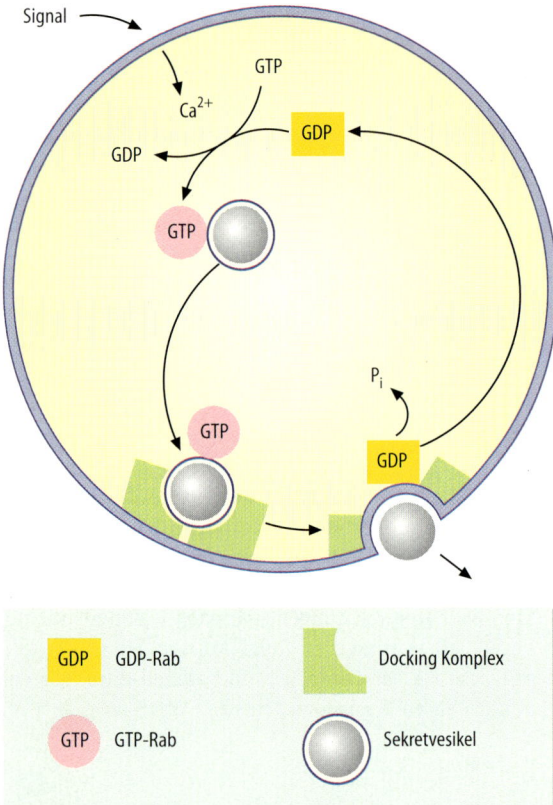

| GDP | GDP-Rab | | Docking Komplex |
| GTP | GTP-Rab | | Sekretvesikel |

Abb. 8.24 Mechanismus der regulierten Exocytose. Im Cytosol befindliche sekretorische Vesikel reagieren mit GTP-Rab, was ein Signal für den Transport zur Cytoplasmemebran und das Andocken des Vesikels an spezifische Proteine darstellt. Die Exocytose geht mit der Hydrolyse des gebundenen GTP einher

Ein derartiger vesikulärer Austausch von Membranbestandteilen mit integrierten Membranproteinen ist ein häufiger und enorm wichtiger Vorgang, dessen Mechanismus zunehmend besser verstanden wird. Er beruht auf definierten Wechselwirkungen zwischen einer Donor- und einer Akzeptormembran.

Beim vesikulären Transport zwischen endoplasmatischem Reticulum und Golgi-Apparat sowie innerhalb des Golgi-Apparates sind hieran sog. *Coat-Proteine* und eine kleines G-Protein (S. 733), das *ARF*, beteiligt (Abb. 8.23 a). Zunächst bindet GTP-ARF an die Donormembran. Dies führt zur schrittweisen Anlagerung von Coatproteinen, die schließlich eine als *Coatomer* bezeichnete Struktur bilden, welche eine Ausknospung der Membran und schließlich die Bildung eines Vesikels auslösen. Die Hydrolyse des ARF-gebundenen GTP zu GDP führt zur Abdissoziation von GDP-ARF und der Coatproteine.

Für den Transport des nun freien Vesikels zur Akzeptormembran werden *Rab-Proteine* benötigt, die ebenfalls zu den G-Proteinen gehören (Abb. 8.24). Rab-GTP ermöglicht den Docking-Vorgang, in dessen Verlauf das Vesikel an die Akzeptormembran angelagert und die Membranfusionierung eingeleitet wird. Die Wechselwirkungen der hieran beteiligten Proteine sind

in Abb. 8.23 b dargestellt. Entscheidend ist dabei, daß ein als *vesikulärer SNAP-Rezeptor* (v-SNARE) bezeichnetes integrales Membranprotein der Vesikelmembran mit seiner als coiled coil vorliegenden extrazellulären Domäne in Wechselwirkung mit einem SNAP-Rezeptor der Akzeptor (Target-)Membran (t-SNARE) in Wechselwirkung tritt. SNAREs sind spezifisch für Vesikel und jeweilige Akzeptormembranen.

Die Bindung von v- und t-SNAREs ist eine Voraussetzung für die Fusion der Vesikelmembran mit der Akzeptormembran. An die SNAREs lagern sich nämlich als *SNAP* bezeichnete Proteine an, die schließlich die ATPase *NSF* binden (NSF = *engl.* N-Ethylmaleimid sensitives fusion-protein; SNAP = *engl.* soluble NSF attachment protein). Dies löst auf noch unbekanntem Wege die Membranfusion aus.

Ein mit dem Vesikeltransport in engem Zusammenhang stehendes Phänomen ist das Recyclisieren von Rezeptoren (LDL-Rezeptor, S. 474) oder Transportmolekülen (Glucosetransporter, S. 407) zwischen der Plasmamembran und intrazellulären Vesikeln. Besonders beim retrograden Transport aus der Plasmamembran spielt das Protein Klathrin eine besondere Rolle, die in Abb. 8.25 dargestellt ist. Klathrin ist ein dimeres Protein, dessen eine Untereinheit, die schwere Kette, ein Molekulargewicht von 180.000 D, die andere Untereinheit oder leichte Kette eines von 40.000 D hat. Je drei Klathrinmoleküle lagern sich unter Bildung einer sternähnlichen Figur zusammen, die auch als *Triskelion* bezeichnet wird. Eine größere Zahl derartiger Triskelien sammelt sich in bestimmen Arealen unterhalb der Plasmamembran an. Diese Gebiete werden auch als *„coated pit"* bezeichnet. An diesen Stellen kommt es während der Endocytose zur *Invagination* der Membran und zur Bildung eines Endocytosevesikels. Dabei polymerisieren die Triskelien des Klathrins derartig, daß sie eine *käfigartige Struktur* um das Endocytosevesikel bilden (Coated Vesicle). Während der Wanderung des Endocytosevesikels in das Zellinnere dissoziieren die Klathrinmoleküle wieder ab und sammeln sich erneut in coated pits der Plasmamembran.

8.2.3 Das Cytoskelett

Schon im letzten Jahrhundert war es Gegenstand einer heftigen Auseinandersetzung, ob Zellen über ein Cytoskelett und damit über ein strukturiertes Cytoplasma verfügen. Während man lange die gelegentlich in mikroskopischen Schnitten aufzufindenden faserartigen Strukturen für Fixierungsartefakte hielt, weiß man heute v. a. aufgrund immunhistochemischer Untersuchungen, daß alle eukaryoten Zellen über ein sehr genau strukturiertes und dynamisch organisiertes Cytoskelettsystem verfügen. Dieses ist an wichtigen zellbiologischen Phänomenen wie Zellteilung, der Formerhaltung von Zellen, der Zellmotilität und der Zellpolarität beteiligt.

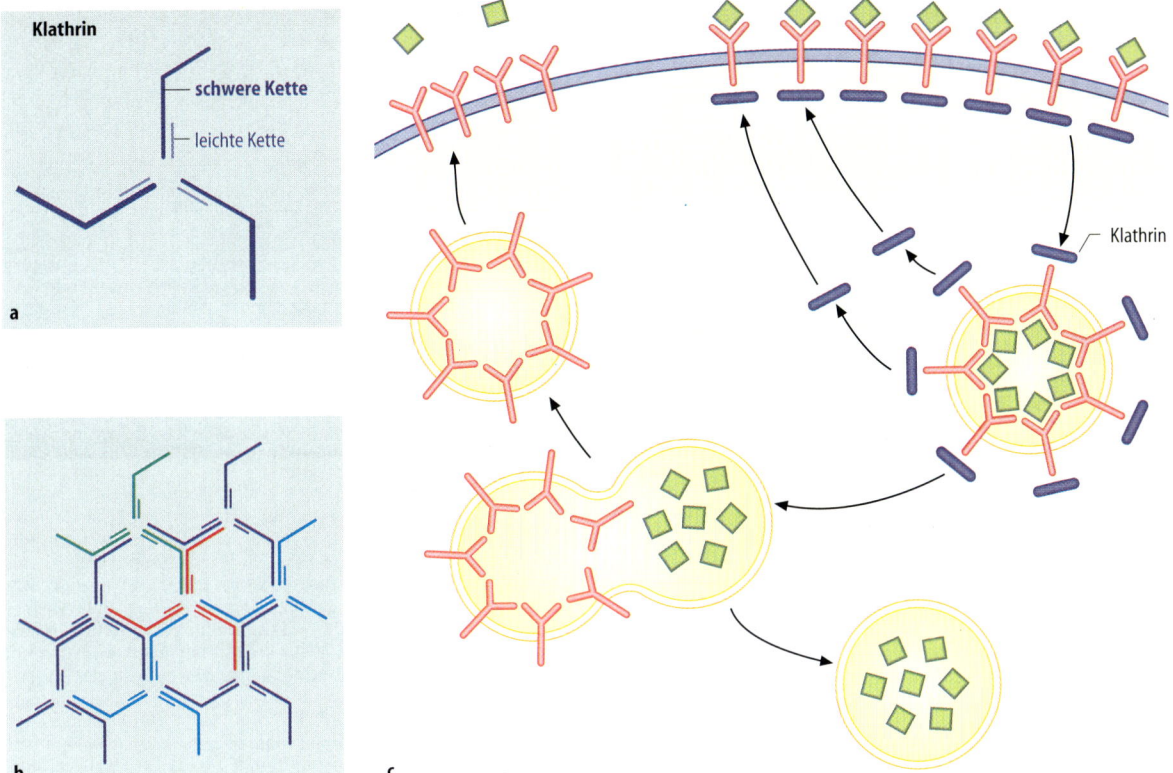

Abb. 8.25 a–c Klathrin und dessen Funktion beim Vesikeltransport. **a** Bildung eines Triskelions aus Klathrinmolekülen. Jedes Klathrin ist ein dimeres Protein aus einer leichten und einer schweren Kette. **b** Klathrintriskelien assoziieren zu einer wabenförmigen Struktur. Außer den in der Abbildung dargestellten sechseckigen kommen auch fünfeckige Strukturen vor, so daß käfigähnliche Gebilde entstehen können. **c** Die Funktion von Klathrin beim Vesikeltransport. Nach Beladung von Rezeptoren mit ihren Liganden kommt es zur Assoziation mit Klathrin unter Bildung der coated pits. Dies liefert ein Endocytosesignal. Nach der Endocytose zerfallen die coated pits, Klathrin sammelt sich wieder an der Plasmamembran. Nach Abtrennung der Liganden werden die leeren Rezeptoren durch Vesikeltransport wieder in die Plasmamembran zurückverlagert

Tabelle 8.7 Mikrotubuli und Actinfilamente

Typ	*Monomere*	*Assoziierte Proteine*	*Vorkommen und Funktion (Auswahl)*
Mikrotubuli Durchmesser 25 nm	α-Tubulin β-Tubulin	Dynein, Kinesin Nexin MAPs Tau-Proteine	Bewegung und Transport von Organellen Bildung von Mitosespindeln Bewegung von Cilien und Flagellen
Actinfilamente Durchmesser 7 nm	β-Actin γ-Actin	Myosin Tropomyosin Filamin, Fimbrin, Profilin, Villin, Gelsolin, Vinculin	Zellmobilität, Phagocytose Bestandteil von Mikrovilli und Stereocilien Bildung der Zonula adhaerens Kontraktiler Ring bei Zellteilung

In den Tabellen 8.7 und 8.8 sind die einzelnen bis heute bekannten Bestandteile des Cytoskeletts zusammengestellt. Es handelt sich meist um polymere Proteine, die langgestreckte, häufig helikale Strukturen ausbilden. Den geringsten Durchmesser haben die *Actinfilamente*, gefolgt von den *intermediären Filamenten* und den *Mikrotubuli*. Abbildung 8.26 vermittelt eine Vorstellung von der Anordnung der genannten Filamente in verschiedenen eukaryonten Zellen.

Mikrotubuli bilden ein aus Tubulinen aufgebautes System dynamischer Strukturen

Mikrotubuli sind in allen eukaryoten Zellen vorkommende röhrenförmige Gebilde von 25 nm Durchmesser und sehr variabler Länge. Wie aus Abb. 8.27 a, b hervorgeht, bestehen sie aus zwei globulären Proteinen, dem *α-Tubulin* (53 kD) sowie dem *β-Tubulin* (55 kD). Diese bilden Dimere, aus welchen in einem GTP-abhängigen

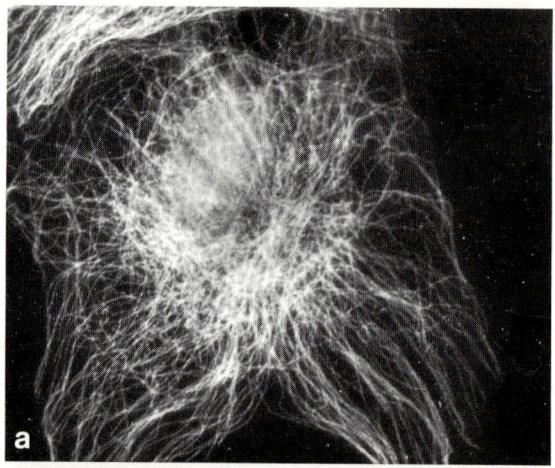

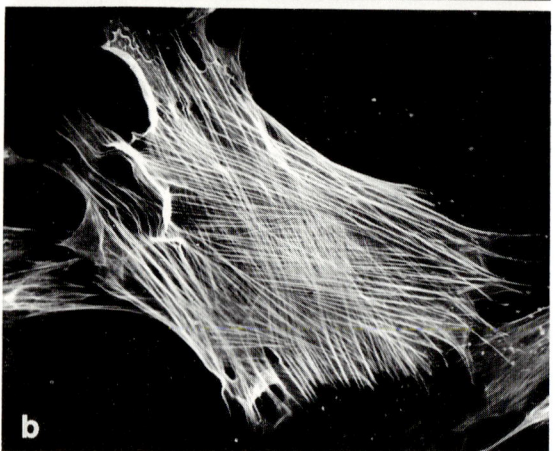

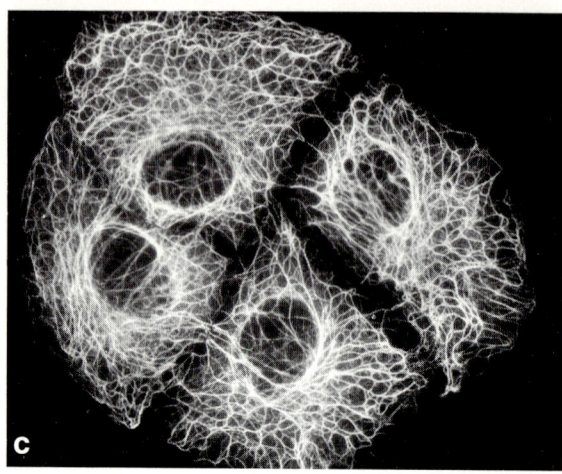

Abb. 8.26 a–c Darstellung wichtiger Elemente des Cytoskeletts durch Immunfluoreszenz-Mikroskopie. **a** Darstellung von Mikrotubuli in einer kultivierten Rinderlinsen-Epithelzelle mit Tubulin-Antikörpern. Die flexiblen Mikrotubuli erstrecken sich vorwiegend in radiärer Anordnung über das Cytoplasma. Gesamtvergrößerung 540 : 1. **b** Darstellung von Actinfilamenten in kultivierten glatten Muskelzellen mit Actin-Antikörpern. Die starren Actinfilamentbündel erstrecken sich an der Bodenseite der Zelle über das gesamte Cytoplasma hin. Gesamtvergrößerung: 350 : 1. **c** Darstellung von Intermediärfilamenten des Cytokeratin-Typs in einer vierzelligen Kolonie kultivierter menschlicher Lebercarcinomzellen (Linie PLC) mit Cytokeratin-Antikörpern. Das wabige Flechtwerk der Filamentbündel erstreckt sich über das Cytoplasma und läuft auf die die interzellulären Bindungsstrukturen bildenden Desmosomen zu, an denen die Filamente verankert sind. Gesamtvergrößerung: 500 : 1. (Aufnahmen freundlicherweise überlassen von W.W. Franke, Heidelberg)

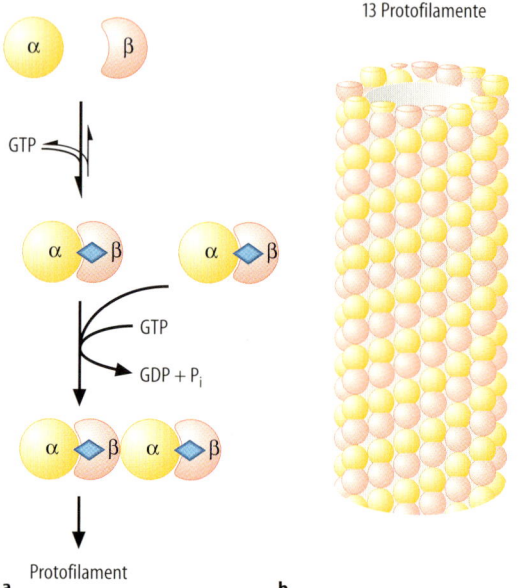

13 Protofilamente

Protofilament

a   **b**

Abb. 8.27 a, b Assemblierung von Mikrotubuli aus Tubulindimeren. **a** Nach Bindung von GTP an α,β-Tubulindimere bilden sich Protofilamente. **b** Je 13 Protofilamente bilden intermediär ein flaches Gebilde, welches sich zu den röhrenförmigen Mikrotubuli rollt

Vorgang *Protofilamente* entstehen. Je 13 Protofilamente lagern sich gestaffelt aneinander an und bilden damit einen Zylinder, den **Mikrotubulus**.

Mikrotubuli sind polare Strukturen. Am *Plusende* erfolgt rasches Wachstum, während das *Minusende* ohne weitere Stabilisierung Untereinheiten verliert. In den meisten Zellen ist jedoch das Minusende dadurch stabilisiert, daß es mit einem als **Zentrosom** bezeichneten Gebilde assoziiert. Es liegt im allgemeinen im Zentrum der Zelle in der Nähe des Zellkerns. Eine Depolymerisierung der Mikrotubuli kann auch am Plusende stattfinden. Sie hängt allerdings von einer Hydrolyse des GTPs ab, das durch die β-Einheiten gebunden wird. α-β-Dimere lösen sich vom Mikrotubulus ab und sind erst zur Reassoziation imstande, wenn das GDP gegen ein GTP ausgetauscht worden ist.

Mikrotubuli sind außerordentlich dynamische Strukturen. In vielen Zellen liegt die Halbwertszeit eines jeweiligen individuellen Mikrotubulus bei etwa 10 Minuten, während die Halbwertszeit des Tubulins mehr als 20 Stunden beträgt. Die Stabilität von Mikrotubuli wird durch **Mikrotubuli-assoziierte Proteine** (MAPs) sowie die sogenannten **τ-Proteine** gewährleistet. MAPs beschleunigen die Assoziation von Tubulindimeren an vorhandene Mikrotubuli und verhindern die Depolymerisierung. Sie vermitteln darüber hinaus

Tabelle 8.8 Intermediärfilamente (Auswahl)

Filament	Monomer	Vorkommen
Vimentinfilamente	Vimentin	Mesenchymale Zellen, Endothelzellen, Fettgewebe
Desminfilamente	Desmin	Muskelzellen (Z-Scheiben)
Neurofilamente	Neurofilament Protein NF_l, NF_m, NF_h	Axone zentraler und peripherer Neurone
	Saures fibrilläres Gliaprotein	Intermediärfilamente in Gliazellen
Keratinfilamente	Saure Cytokeratine neutrale/basische Cytokeratine	Epitheliale Zellen
Kernlamina	Lamine	Zellkerne

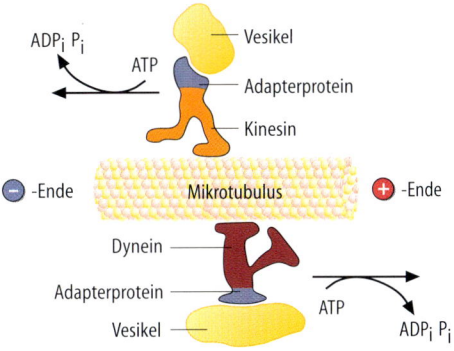

Abb. 8.28 Funktion der Mikrotubuli beim intrazellulären Transport. Die Motorproteine Kinesin bzw. Dynein binden Adapterproteine und können dann mit Organellen bzw. Proteinen beladen werden. Der Transport erfolgt unter Spaltung von ATP

Wechselwirkungen mit anderen Bestandteilen des Cytoskeletts, so z. B. den Actinfilamenten sowie den intermediären Filamenten.

Während der *Interphase* bilden Mikrotubuli eine dichte Struktur, welche sich radial von den Zentriolen nach allen Seiten erstreckt. Funktionell vermitteln Mikrotubuli die *intrazelluläre Bewegung* von endocytotischen bzw. exocytotischen Vesikeln, womit sie in wesentliche zellbiologische Phänomene wie Phagocytose oder Sekretion eingeschaltet sind. In den Nervenzellen sind Mikrotubuli für die Ausbildung von **Axonen** und **Dendriten** unerläßlich und am **axoplasmatischen Transport** beteiligt. Während der Mitose kommt es zur Depolymerisierung der für die Interphase typischen Tubuli. Aus dem dabei gebildeten monomeren Material entstehen sowohl die **Mitosespindel** als auch die von den Kinetochoren ausgehenden Mikrotubuli, die beide für die Bildung der Tochterkerne und damit für die Zellteilung unerläßlich sind. Mikrotubuli spielen eine wichtige Rolle bei der *Organisation des endoplasmatischen Reticulums*. Jedenfalls führen depolymerisierende Wirkstoffe zu seinem Kollaps und außerdem zur Fragmentierung des Golgi-Apparates.

Eine besondere Bedeutung haben Mikrotubuli beim intrazellulären Organellentransport (Abb. 8.28). Die Motorproteine für diesen Transport gehören zu zwei Proteinfamilien. *Kinesine* können mit Hilfe eines Adapterproteins mit Organellen oder Proteinen beladen werden und wandern im allgemeinen gegen das Plusende eines Mikrotubulus. *Dyneine* katalysieren dagegen nach Beladung den Transport zum Minusende.

Eine besondere Struktur bilden die Mikrotubuli in Form von **Cilien** bzw. **Flagellen**. Cilien sind haarähnliche Gebilde von etwa 250 nm Durchmesser, die viele Zellen besitzen und dazu benutzen, Flüssigkeit über die Zelloberfläche zu bewegen. Besonders eindrucks-

voll sind die Cilien auf den Epithelien des Atmungstraktes, wo sie mit einer Dichte von $10^9/cm^2$ vorkommen. Die Flagellen oder Geißeln, mit denen sich Einzeller fortbewegen, unterscheiden sich nur durch ihre Größe von Cilien.

Abbildung 8.29 stellt schematisch den Aufbau von Cilien dar. Sie bestehen aus einem äußeren Ring aus 9 jeweils als Doublette angeordneten mikrobulären Gebilden sowie einer zentralen Doublette. Äußere und zentrale Doublette sind über *Speichenproteine* miteinander verbunden. Die Doubletten des äußeren Ringes sind über zwei Proteine, *Nexin* und *Dynein*, miteinander verknüpft. Das Dynein der Cilien entspricht in seiner Funktion dem für den Organellentransport verwendeten Dynein. Es handelt sich allerdings um einen außerordentlich großen Proteinkomplex mit einem Molekulargewicht von 2.000 kD. Ciliendynein ist mit einer Domäne fest mit einer mikrobulären Doublette verknüpft und trägt auf einer anderen Domäne eine ATP-Bindungsstelle. In Abhängigkeit von der ATP-Spaltung kann diese Domäne analog dem Wandern der Myosinköpfe auf den Actinfilament des Muskels (S. 956) wandern. Da das gesamte Gebilde durch Nexin stabilisiert ist, muß daraus eine Verbiegung der Cilien resultieren, was sich morphologisch im Ciliensschlag äußert.

Zur Aufklärung der biologischen Bedeutung der Mikrotubuli haben eine Reihe von Giften beigetragen. *Colchicin*, ein Alkaloid der Herbstzeitlose, bindet an Tubulindimere und verhindert auf diese Weise die Polymerisierung. Ähnlich wirken *Vinca-Alkaloide* (Vinblastin, Vincristin), welche als Cytostatika verwendet werden, da sie die Tubulinpolymerisierung und damit die in Krebsgeweben häufigeren Mitosen hemmen. Ebenfalls als Cytostatikum benützt wird *Taxol*, welches freie Tubulindimere zur Polymerisation bringt und auf diese Weise Mikrotubuli stabilisiert. Dies führt zu einer Arretierung der Zellen in der Mitosephase, was dafür spricht, daß bei der Zellteilung auch eine Depolymerisierung von Mikrotubuli stattfinden muß.

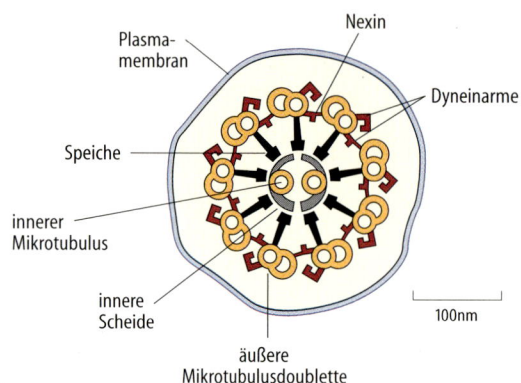

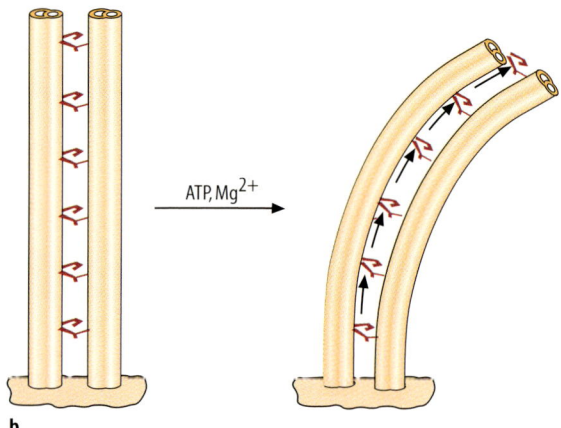

Abb. 8.29 a, b Aufbau und Funktion einer Cilie. **a** Querschnitt durch eine Cilie. Man erkennt 9 äußere Mikrotubulusdubletten sowie zwei innere Mikrotubuli (*rot*). Diese sind durch Speichenproteine miteinander verknüpft. Zwischen den äußeren Mikrotubulusdubletten wird durch Dyneinarme sowie das Protein Nexin eine Verbindung hergestellt. **b** Zwei äußere Mikrotubulusdubletten, die durch das Protein Dynein verbunden sind. In Anwesenheit von ATP wird die Dynein-ATPase aktiviert. Es kommt zum Wandern der Dyneinarme auf der benachbarten Mikrotubulusdublette. Da die Mikrotubuli der Cilien in der Basalplatte fest verankert sind, muß dies zu einer Verbiegung der Cilie führen

Actinfilamente vermitteln Zell-Zell-Kontakte und sind für die zelluläre Motilität notwendig

Actinfilamente finden sich nicht nur als Polymere des α-Actins in den verschiedenen Muskelzellen (S. 954), sondern kommen in überraschend hohen Konzentrationen auch in vielen Nicht-Muskelzellen vor. So bestehen etwa 10 % des Gesamtproteins von Fibroblasten aus Actin. Nicht-Muskelactin ist ein Polymeres der beiden globulären Komponenten *β*- und *γ*-*Actin*. In Gegenwart von Mg^{2+} und K^+-Ionen assoziieren globuläre Actinmonomere zu Actinfilamenten, die große Ähnlichkeit mit dem F-Actin der Muskelzellen haben. In Nicht-Muskelzellen besteht ein dynamisches Gleichgewicht zwischen monomerem und polymerem Actin. Die Polymerisierung benötigt ATP, welches vom Actin gebunden wird. Die Hydrolyse des gebundenen ATPs ist eine Voraussetzung für die Depolymerisierung der Actinmonomeren.

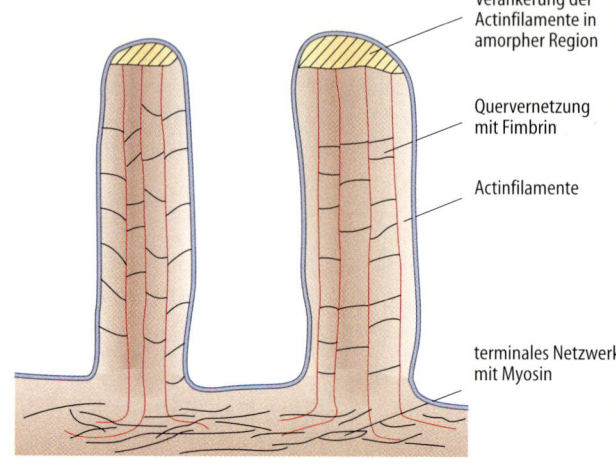

Abb. 8.30 Schematische Darstellung des Aufbaus von Mikrovilli. Actinfilamente bilden das Grundgerüst. Sie sind in einer amorphen Region an der Spitze des Mikrovillus verankert und assoziieren an der Basis mit dem sogenannten terminalen Netzwerk, in dem Myosin enthalten ist. Die einzelnen Actinfilamente sind mit Fimbrin quervernetzt

Einige Verbindungen beeinflussen den Polymerisierungs-Depolymerisierungscyclus von Actin. Hemmstoffe der Actinpolymerisierung sind z. B. die *Cytochalasine*, eine Gruppe von Pilzmetaboliten. Eine Giftkomponente des Knollenblätterpilzes, das *Phalloidin*, stabilisiert Actinfilamente und verhindert deren Depolymerisierung. Die Proteine *Thymosin* oder *Profilin* sind dagegen Actinmonomer-bindende Proteine und verhindern damit die Bildung von neuen Actinfilamenten.

Actinfilamente kommen als Faserbündel vor, die vielen Zellen eine gewisse mechanische Stabilität verleihen. So sind sie an der Ausbildung der *Zonula adhaerens* sowie der *Typ II Desmosomen* (S. 185) beteiligt. Die besonders auf den intestinalen Epithelien vorkommenden Mikrovilli erhalten ihre stabile Struktur durch etwa 40 Actinfilamente pro Mikrovillus. Diese sind durch das Protein *Fimbrin* quervernetzt und assoziieren an ihrer Basis mit Nicht-Muskelmyosin (Abb. 8.30). Weitere Strukturen, die besonders reich an Actinfilamenten sind, sind die Stereocilien des Innenohres.

Ähnlich wie in Muskelzellen vermitteln Actinfilamente auch in Nicht-Muskelzellen durch ihre Wechselwirkung mit Nicht-Muskelmyosin und -Tropomyosin das Phänomen der Motilität. Hierher gehören z. B. die Formveränderung von Blutplättchen bei deren Aggregation, Phagocytose oder die amöboide Fortbewegung vieler Zellen, die mit der Ausbildung spezifischer Strukturen wie *Filopodien* bzw. *Lamellipodien* einhergeht. Auch für die Bildung des kontraktilen Rings, der für die Abschnürung der Tochterzelle und damit für den Abschluß der Zellteilung notwendig ist, sind Actinfilamente zusammen mit Myosin notwendig.

Während in Muskelzellen Actin-Myosin-Filamente permanente Strukturen sind, treten sie bei

Nichtmuskelzellen häufig nur in bestimmten Situationen oder während bestimmter Stadien des Zellcyclus auf und verschwinden anschließend wieder.

Eine Reihe von Proteinen stabilisieren den monomeren bzw. polymeren Zustand von Actin. So wirken *Actinin, Filamin* oder *Fimbrin* durch ihre quervernetzende Wirkung stabilisierend auf Actinfilamente, während *Profilin, Gelsolin* bzw. *Villin* Actinmonomere binden bzw. Actinfilamente fragmentieren können. Über die Regulation des Wechselspiels der genannten Faktoren ist allerdings noch recht wenig bekannt.

Intermediäre Filamente verleihen Zellen und Geweben mechanische Stabilität

Auch *intermediäre Filamente* sind Polymere aus monomeren Untereinheiten, die jeweils für einen gegebenen Zelltyp spezifisch sind (s. Tabelle 8.8). Im Gegensatz zu Actinfilamenten und Tubulin sind die monomeren Bausteine der Intermediärfilamente nicht globulär, sondern lange, faserförmige Moleküle, die leicht dimerisieren. Derartige Dimere assoziieren zu langen *Filamenten*, welche vom Zellkern auszugehen scheinen und sich in die Peripherie der Zelle erstrecken, wo sie in Wechselwirkung mit der Plasmamembran treten (S. 196). Zu den Intermediärfilamenten gehören auch die die *Kernlamina* bildenden Lamine (S. 207).

Während man früher annahm, daß Intermediärfilamente statische Strukturen sind, weiß man heute, daß auch sie sich in ihrer Zahl, Länge und Position verändern können. Eine wichtige Rolle spielt dabei offensichtlich die Phosphorylierung ihrer Proteinuntereinheiten. Ein gut untersuchtes Beispiel hierfür ist der durch Phosphorylierung hervorgerufene Zerfall der Kernlamina während des Zellcyclus (S. 206).

Eine Hauptaufgabe der intermediären Filamente ist die Vermittlung der Stabilität gegenüber mechanischem Streß. Sie spielen eine wichtige Rolle bei der „Vernietung" epithelialer Schichten durch Desmosomen (Keratinfilamente), verleihen neuronalen Strukturen die benötigte Festigkeit (Neurofilamente) und stabilisieren eine Reihe weiterer Zelltypen wie Fibroblasten, Muskelzellen etc. (Vimentin-Filamente).

8.3 Zellbiologische Methoden

8.3.1 Auftrennung und Reinigung von Zellbestandteilen

Unerläßlich zum Verständnis der biochemischen Funktion der verschiedenen subzellulären Organellen sind Techniken, die die Reindarstellung dieser Organellen gewährleisten. Normalerweise werden hierzu Zellen in schwach hypotonem Medium lysiert oder durch schonendes Homogenisieren fragmentiert. Die Zellorganellen können dann durch **Differentialzentrifugation** voneinander abgetrennt und danach auf Stoffwechselleistungen und Enzymaktivitäten untersucht werden. Zur **Homogenisierung** wird das Gewebe in einem Glasgefäß mit eingepaßtem Teflonstempel, der motorgetrieben um seine eigene Achse rotiert, unter Kühlung aufgeschlossen (Abb. 8.31). Durch Hineinpressen der Gewebepartikel in den kapillären Spalt zwischen Glasgefäß und rotierendem Stempel werden die Zellen durch die auftretenden Scherkräfte fragmentiert, die viel kleineren intrazellulären Partikel wie Kerne, Mitochondrien, Lysosomen usw. jedoch unversehrt gelassen. Aufgrund ihrer unterschiedlichen Dichte sedimentieren die in diesem Homogenisat suspendierten Partikel beim anschließenden Zentrifugieren unterschiedlich rasch zum Boden des Zentrifugenglases. Schon nach 5 Minuten Zentrifugieren mit ca. 600 g haben sich übriggebliebene ganze Zellen, größere Zelltrümmer, Plasmamembranen und Zellkerne abgesetzt. Mitochondrien und Lysosomen lassen sich nach 30 Minuten bei 10.000 g abzentrifugieren. Die Mikrosomen, die aus Bruchstücken der Schläuche des endoplasmatischen Reticulums, den Ribosomen und dem Golgi-Apparat bestehen, sind zum größten Teil erst nach 60 Minuten

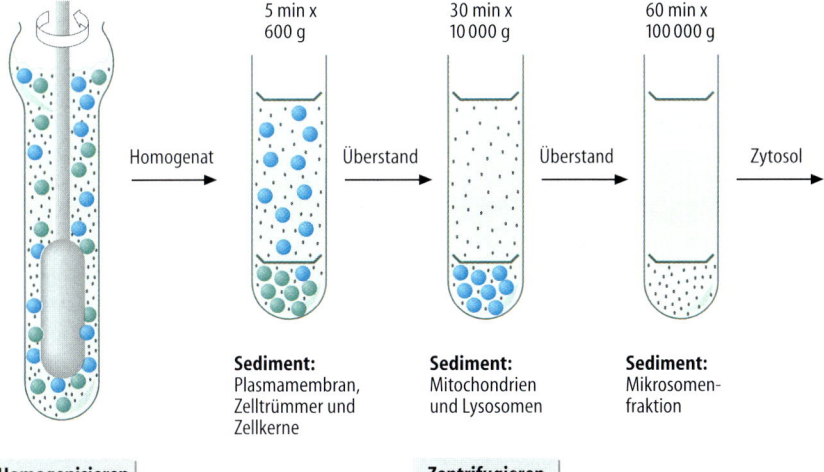

Sediment:
Plasmamembran, Zelltrümmer und Zellkerne

Sediment:
Mitochondrien und Lysosomen

Sediment:
Mikrosomenfraktion

Homogenisieren

Zentrifugieren

Abb. 8.31 Homogenisierung einer Gewebeprobe mit anschließender fraktionierter Zentrifugation

bei 100.000 g abgesetzt. Übrig bleiben die löslichen Bestandteile, das Cytosol.

Eine feinere Auftrennung läßt sich durch Verwendung von *Dichtegradienten* beim Zentrifugieren erreichen (S. 54). Phasen abnehmender Dichte (z. B. eine Saccharoselösung) werden dabei in ein Zentrifugenglas eingefüllt und mit dem zu trennenden Homogenisat überschichtet. Nach mehrstündigem Zentrifugieren bei mindestens 100.000 g haben sich die verschiedenen Partikel entsprechend ihrer Dichte in den verschiedenen Phasen der Saccharoselösung verteilt und können danach gewonnen werden.

8.3.2 Zellkultur

Viele der heute vorhandenen Kenntnisse über Zellteilung, Zelldifferenzierung, Organisation des Cytoskeletts, Beziehungen zwischen einzelnen Zellen oder innerhalb der zellulären Organellen, Behandlung von Zellen mit Pharmaka usw. wären ohne die Technik der *Zellkultur* nicht gewonnen worden. Sie hat erst die morphologische und biochemische Beobachtung von einzelnen Zellen unter den verschiedensten experimentellen Bedingungen ermöglicht.

Im Prinzip werden bei der Zellkultur Einzelzellen, die z. B. durch Trypsinverdauung aus den verschiedensten Geweben gewonnen werden können, in einem Petrischälchen kultiviert und zur Vermehrung gebracht. Eine Voraussetzung für das Gedeihen dieser sogenannten *Primärkulturen* ist, daß die Zellen eine geeignete Oberfläche zur Anheftung vorfinden, da die meisten tierischen Zellen anders als Bakterien nicht in Suspension überleben können. In Anwesenheit eines geeigneten *Kulturmediums* (s. u.) teilen sich die Zellen und bilden schließlich einen Zellrasen. Durch die dann auftretende Kontakthemmung hört die Zellteilung auf, die Kultur wird stationär. Zellen aus einem Kulturschälchen können nach Vermehrung von der Oberfläche abgelöst und entsprechend verdünnt subkultiviert werden, so daß eine Primärkultur oft über Wochen und Monate am Leben erhalten werden kann.

Vertebratenzellen können sich meist nur etwa 30 bis maximal 50mal teilen und sterben dann ab (S. 218). Gelegentlich spontan, meist aber durch entsprechende experimentelle Maßnahmen induziert, kommt es zur *Immortalisierung* von Zellen. Aus der Primärkultur wird jetzt eine *permanente Zellinie*. Derartige Zellinien können unbeschränkt oft kultiviert werden, zeigen aber noch viele Eigenschaften ihrer Herkunftszellen, wie z. B. die Fähigkeit zur zellspezifischen Differenzierung. In Abb. 8.30 wird dies am Beispiel der 3T3-L1-Zellinie demonstriert, die aus embryonalen Mäusefibroblasten gewonnen wurde. Derartige Zellen wachsen mit einer fibroblastenähnlichen Morphologie bis zur Konfluenz (Abb. 8.32a) und differenzieren dann in Anwesenheit von Insulin, Glucocorticoiden und be-

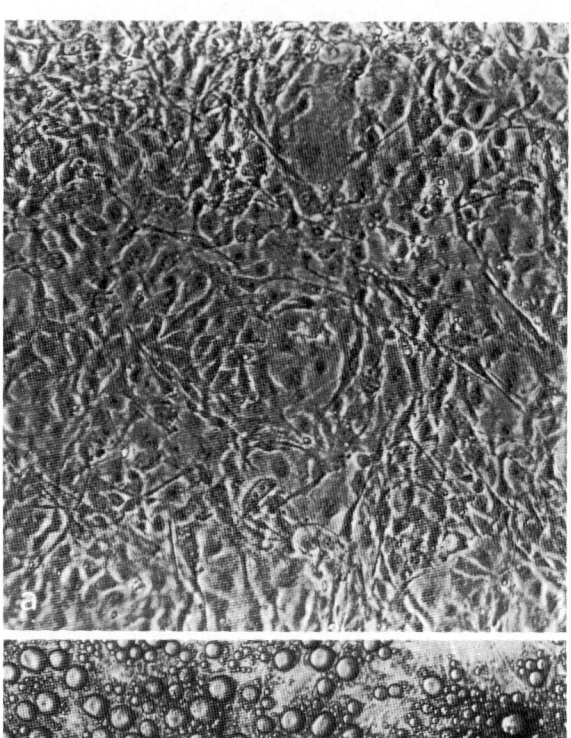
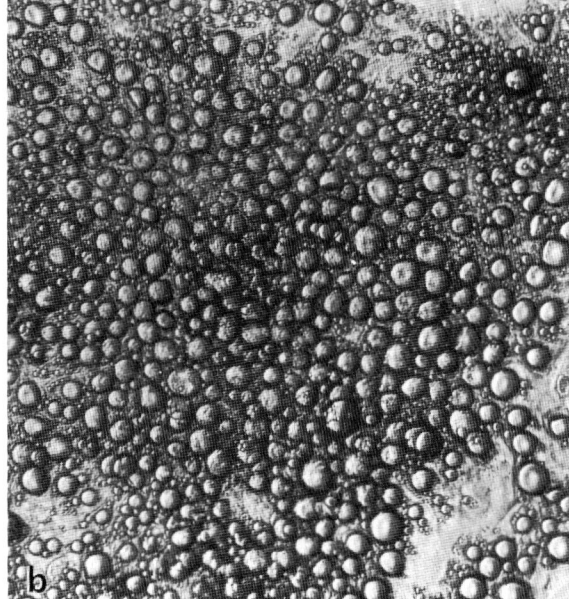

Abb. 8.32 a, b 3T3-L1-Zellen vor und nach Differenzierung zu Fettzellen. **a** 3T3-L1-Zellen, die eine von embryonalen Mäusefibroblasten abstammende Zellinie darstellen, wachsen in Zellkultur aus Fibroblasten, bis ein dichter Zellrasen gebildet ist und das Phänomen der Kontakthemmung auftritt. **b** Nach Zusatz von Wachstumsfaktoren, Insulin und Glucocorticoiden differenzieren sie sich bei hohem cAMP-Spiegel innerhalb von 8–10 Tagen und ähneln dann morphologisch und biochemisch weitgehend Fettzellen

stimmten Zytokinen zu Fettzellen (Abb. 8.30b). Bei *maligne transformierten Zellen* handelt es sich um Zellen, die die Eigenschaften von Tumorzellen besitzen. Bei Injektion in ein Versuchstier lösen sie eine Tumorbildung aus, in Zellkultur erscheinen sie immortalisiert, es fehlt ihnen das Phänomen der Kontakthemmung und sie sind imstande, in Suspensionskulturen, d. h. wie Mikroorganismen, zu leben.

Kultivierte Zellen überleben nur in Anwesenheit geeigneter Medien. Während früher Mischungen der verschiedensten Seren verwendet wurden, strebt man heute die Verwendung chemisch definierter Medien an. Diese bestehen meist aus einer mit Aminosäuren und Vitaminen versetzten Salzlösung, die zusätzlich von den Zellen benötigte Wachstums- und Differenzierungsfaktoren in gereinigter Form enthalten müssen. Wenn diese Wachstumsfaktoren nicht zur Verfügung stehen, werden sie i. allg. durch Zusatz von fetalem Kälberserum ersetzt.

RESÜMEE

Das elektronenmikroskopische Bild einer eukaryoten Zelle zeigt ihren außerordentlichen Organisationsgrad. Am auffallendsten ist dabei die Vielzahl der zellulären Membranen.

Die Plasmamembran grenzt die Zelle nach außen hin ab. Um trotzdem den notwendigen Stoffaustausch zu gewährleisten, gibt es eine große Zahl meist regulierter Kanäle und Transportsysteme, deren molekulare Strukturen und Funktionsweisen in zunehmendem Maße aufgeklärt werden und damit u. a. auch dem pharmakologischen Zugriff zugänglich werden. Die Plasmamembran ist darüber hinaus der Träger wesentlicher Zell-Zell- und Zell-Matrix-Kontakte und damit für die normale Gewebearchitektur verantwortlich. Sie trägt außerdem eine große Zahl von Rezeptoren, die die Reaktion der Zelle auf von außen an sie herantretende Signalstoffe wie beispielsweise Hormone vermitteln.

Von intrazellulären Membranen umkleidete Organellen sind der Zellkern, die Mitochondrien, die Lysosomen, die Peroxisomen und das Membransystem des endoplasmatischen Reticulums und Golgi-Apparates. Jeder dieser Organellen kommen spezifische Funktionen im Rahmen des Zellstoffwechsels zu, jede dieser Organellen ist mit Hilfe spezifischer Transportprozesse auf den Austausch mit dem umgebenden Cytoplasma angewiesen.

Das Cytoskelett eukaryoter Zellen besteht aus drei Elementen. Mikrotubuli bilden das primäre Gerüst der Zellen, an dem sich die anderen Bestandteile des Cytoskeletts orientieren. Sie legen das Zentrum einer Zelle fest, bestimmen die künftige Teilungsebene von Zellen und die Position des den Teilungsvorgang abschnürenden kontraktilen Ringes aus Actinfilamenten.

Actinfilamente liegen häufig in Bündeln oder als Netzwerk vor und bilden u. a. eine corticale Schicht unterhalb der Plasmamembran. Sie vermitteln Wechselwirkungen mit der extrazellulären Matrix, sind an Zell-Zell-Kontakten beteiligt und für die Motilität von Zellen verantwortlich.

Intermediärfilamente schließlich verleihen Zellen mechanische Stabilität und liefern beispielsweise die Widerlager von Zell-Zell- und Zell-Matrix-Kontakten.

Literatur

Monographien und Lehrbücher

ALBERTS B, BRAY D, LEWIS J, RAFF M, ROBERTS K, WATSON JD (1994) Molekularbiologie der Zelle. VCH, Weinheim

ALFRED M, GOLDSTEIN L, BEERMANN W, PORTER KR (eds) (1975 ff.) Cell Biology Monographs. Vol 1 ff. Springer, Wien

Annual Reviews in Cell Biology, Vol 1 ff

BRONNER F (ed) (1970 ff.) Current topics in membranes and transport, Vol 1 ff. Acadenic Press, Orlando

DARNELL J, LODISH H, BALTIMORE D (1990) Molecular Cell Biology. Freeman and Company, New York

Original- und Übersichtsarbeiten

CARAFOLI E (1991) Calcium Pump of the Plasma Membrane. Physiol Rev. 71:129–153

EDELMAN GM, CROSSIN KL (1991) Cell adhesion molecules: Implications for a molecular histology. Annu Rev Biochem 60: 155–190

MARGER MD, SAIER MH (1993) A major superfamily of transmembrane facilitators that catalyse uniport, symport and antiport. TIBS 18: 13–20

HIGGINS CF, GOTTESMAN MM (1992) Is the multidrug transporter a flippase? TIBS 17: 18–21

ROTHMAN IE, WIELAND FT (1996) Protein sorting by transport vesicles. Science 272: 227–234

SCHRENK D (1994) P-Glykoprotein: ein Mediator der Mehrfachresistenz von Tumorzellen. Dtsch. Ärzteblatt 91: C1517–1519

VALE RD (1992) Microtubule motors: many new modes of the assembly line. TIBS 17: 300–304

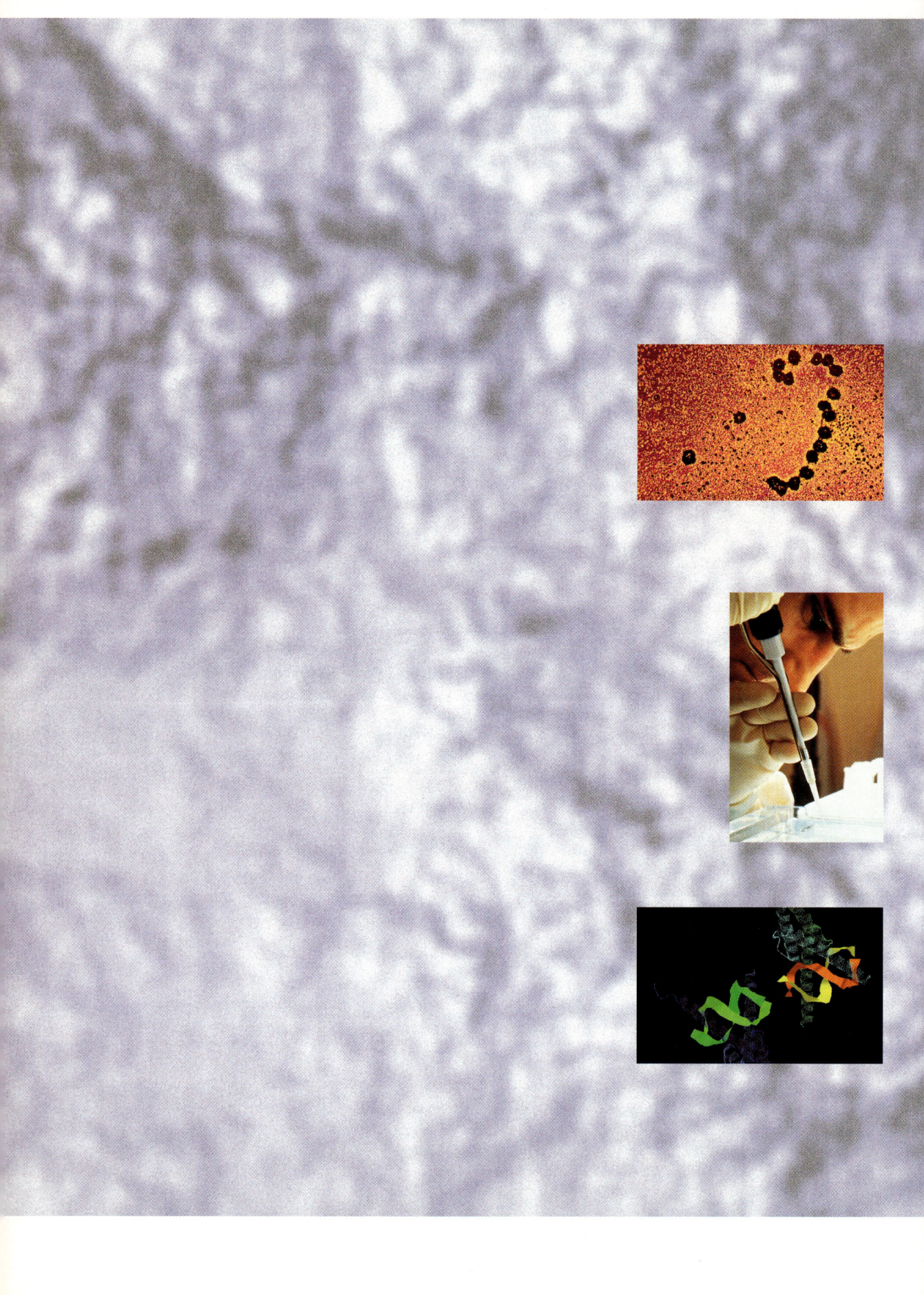

Stoffwechsel der Zelle: Weitergabe und Realisierung der Erbinformationen

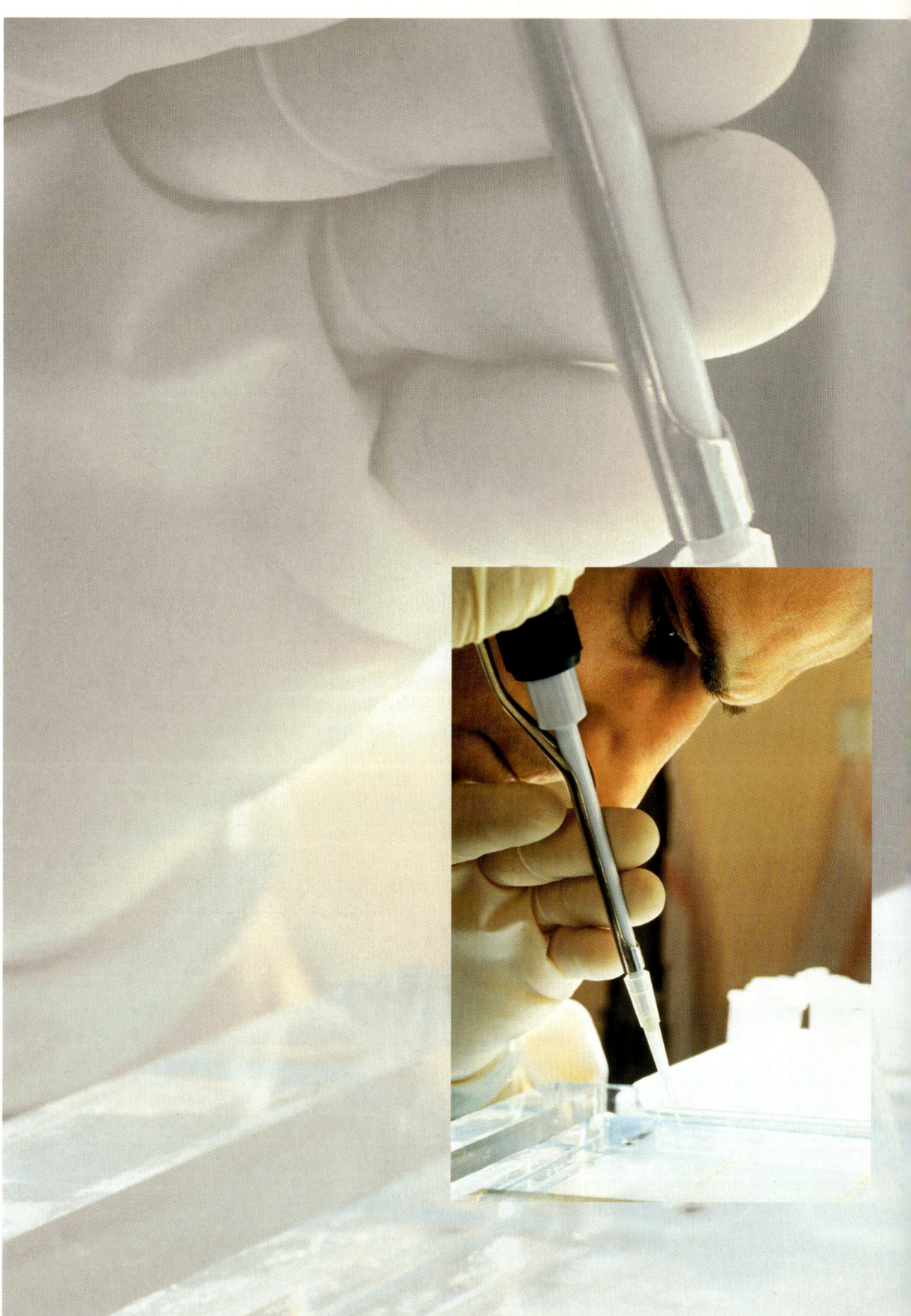

Georg Löffler

Replikation und Gentechnik

Es gehört zu den aufregendsten Erkenntnissen dieses Jahrhunderts, daß die für den Aufbau eines Organismus, seine Differenzierung aus einer befruchteten Eizelle und die Aufrechterhaltung seiner individuellen Funktionen benötigte Information als Basensequenz auf einem oder sehr wenigen DNA-Makromolekülen niedergelegt ist. Durch den Vorgang der Replikation wird diese Information mit einem hohen Maß an Genauigkeit kopiert und bei der Zellteilung an die Tochterzellen weitergegeben.

Im Leben einer eukaryoten Zelle sind Zellteilung und Replikation der DNA zeitlich voneinander getrennt, was eine präzise Steuerung des Zellcyclus voraussetzt. Die Replikation wird durch sehr komplexe Multienzymsysteme katalysiert, die dafür sorgen, daß die Fehlerrate ungewöhnlich niedrig ist. Spontane, durch physikalische oder chemische Noxen verursachte DNA-Schädigungen werden durch hocheffiziente Reparatursysteme behoben.

Die genaue Kenntnis der Organisation pro- und eukaryoter Genome hat zur Entwicklung der Gentechnik geführt, die die Herstellung von Organismen mit neuen genetisch fixierten Eigenschaften erlaubt. Für die Medizin ist dies von ganz besonderer Bedeutung, da mit der Gentechnik Werkzeuge zur Aufklärung so elementarer Vorgänge wie beispielsweise der Immunantwort oder der Entstehung der malignen Transformation geschaffen wurden. Darüber hinaus können gentechnisch neuartige Arzneimittel hergestellt und vielleicht schon in naher Zukunft Erkrankungen des Menschen geheilt werden.

Mit Hilfe der Agarose-Gelenktrophorese können Nucleinsäuren entsprechend ihrer Größe aufgetrennt werden.
(Bild: F. Ivaldi, Tony Stone Bilderwelten, München)

9.1 Der Zellcyclus

Die individuelle Existenz jeder Zelle beginnt mit einer mitotischen (oder meiotischen) Teilung (S. 161) und endet mit dem Eintritt in die nächste Zellteilung. Allein deshalb ist die biochemische Analyse der Zellteilung sowie der zu ihr führenden Vorgänge von allergrößtem Interesse. Die Zellteilung ist nicht nur für das Wachstum von Geweben und Organen verantwortlich, sondern auch für die Differenzierung vieler Zellen. Darüber hinaus bilden Störungen in der Kontrolle der Zellteilung häufig die Grundlage für das Zustandekommen bösartiger Tumoren, und man hofft, diese durch Eingriffe in die an der Zellteilung beteiligten Vorgänge eines Tages besser therapieren zu können. Der Vorgang der Zellteilung selbst, die Mitose, ist mit einer Reihe eindrucksvoller, der lichtmikroskopischen Beobachtung zugänglicher Veränderungen verknüpft (S. 161) und deswegen schon vor langer Zeit eingehend beschrieben worden. Ursprünglich ging man davon aus, daß zwischen zwei Mitosen, also in der Interphase, das zelluläre Wachstum sowie die Verdoppelung des genetischen Materials nebeneinander erfolgen. Die intensive Beschäftigung mit dem Zellcyclus und seiner Regulation begann mit der vor 40 Jahren gemachten Entdeckung, daß innerhalb der Interphase die DNA-Synthese nur zu einem genau festgelegten Zeitpunkt stattfindet und einen für jeden Zelltyp spezifischen Zeitbedarf hat.

9.1.1 Der zeitliche Ablauf des Zellcyclus

Das heute gültige Konzept des Zellcyclus umfaßt 4 Phasen (Abb. 9.1). Unmittelbar nach Beendigung einer Mitose treten proliferierende Zellen in die sogenannte *G_1-Phase* (G = *engl.* gap: Lücke) des Zellcyclus ein. Die jetzt diploide Zelle wächst und synthetisiert zelluläre Proteine, Membranlipide, Saccharide sowie viele für die Nucleinsäurebiosynthese benötigte Bausteine. Fehlen Wachstumsfaktoren (S. 763), besteht Substratmangel oder als Antwort auf noch unbekannte Signale, können Zellen von der G_1-Phase in die sogenannte *G_0-Phase* eintreten, in der sie sich über sehr lange Zeiträume (u.U. lebenslang) aufhalten können. Für das weitere Durchlaufen des Zellcyclus sind in der G_1-Phase verschiedene Wachstumsfaktoren notwendig, die auch im Serum vorkommen. Unter ihrem Einfluß überschreitet die Zelle einen als *Restriktionspunkt* (R) bezeichneten

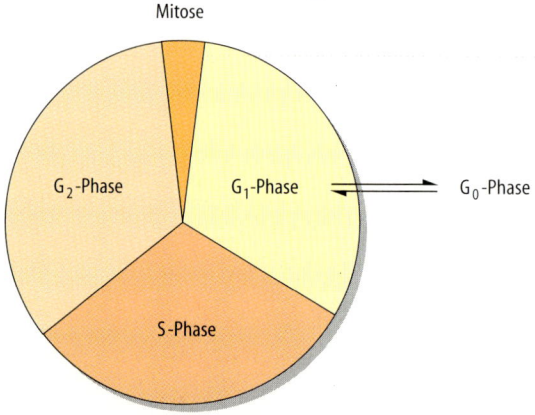

Abb. 9.1 Die einzelnen Phasen des Zellcyclus (Einzelheiten s. Text)

Zeitpunkt der G₁-Phase, von dem aus Wachstumsfaktoren nicht mehr benötigt werden und die Zelle keine Möglichkeit mehr hat, in der G₁-Phase zu verharren oder in die G₀-Phase überzutreten.

Die nächste Phase des Zellcyclus ist die sogenannte *S-Phase* (S = Synthese der DNA). In ihr erfolgt die Replikation der DNA, so daß die Zelle am Ende der S-Phase tetraploid ist. Dieser Vorgang der Replikation (S. 211) ist bei menschlichen Zellen nach etwa acht Stunden abgeschlossen. Die Zellen treten danach in die sogenannte *G₂-Phase* ein, die häufig relativ kurz ist und in der sich die Zellen auf die nächste Mitose (M-Phase) vorbereiten.

9.1.2 Die Regulation des Zellcyclus durch Cyclin-aktivierte Proteinkinasen

Der für die einzelnen Zellen typische und in seinem zeitlichen Verlauf genau festgelegte Ablauf des Zellcyclus legt nahe, daß der Übergang von einer Phase in die andere sehr genau reguliert sein muß. Die an dieser Regulation beteiligten Proteine wurden ursprünglich bei niederen Eukaryonten, besonders Hefezellen, entdeckt. Bei diesen kommen Mutanten vor, die sich dadurch auszeichnen, daß die betroffenen Zellen an spezifischen Stellen des Zellcyclus quasi „steckenbleiben". Der zugrundeliegende Defekt betrifft häufig die Aktivität zellcyclusspezifischer *Proteinkinasen*. Bei der Übertragung der an Hefe gewonnenen Erkenntnisse auf tierische und menschliche Zellen zeigte sich, daß diese Proteinkinasen hoch konserviert sind und bei allen untersuchten eukaryoten Zellen vorkommen. Sie werden zwar während des gesamten Zellcyclus exprimiert, sind jedoch nur an spezifischen Übergängen im Zellcyclus enzymatisch aktiv. Dies beruht auf der Tatsache, daß sie als *Heterodimer* im Komplex mit einem sogenannten *Cyclin-Protein* vorliegen müssen, welches für die jeweilige Zellcyclusphase spezifisch ist. Deswegen werden diese Proteinkinasen auch als *Cyclin-abhängige Kinasen* (*engl.* cyclin dependent kinases oder CDK) bezeichnet. Während in Hefezellen nur eine CDK vorkommt (cdc2), bilden sie bei Säugerzellen eine größere Familie; bis heute sind auf Grund der Strukturhomologie wenigstens 10 unterschiedliche CDK's entdeckt worden.

Der CDK1-Cyclin B-Komplex ist für den Übergang von der G₂-Phase zur Mitose verantwortlich

Der Übergang von der G₂-Phase zur Mitose ist von einer Reihe auch morphologisch gut definierter Veränderungen der Zelle begleitet. Zu diesen gehören v. a.
- der Zerfall der Kernlamina (S. 199) sowie
- eine Reorganisation des Cytoskeletts.

Interessanterweise sind die am Aufbau der Kernlamina beteiligten *Lamine*, sowie die an der Organisation des Cytoskeletts beteiligten Proteine *Vimentin* und *Caldesmon* (S. 199) während der Mitose phosphoryliert. In vitro Untersuchungen haben ergeben, daß diese Phos-

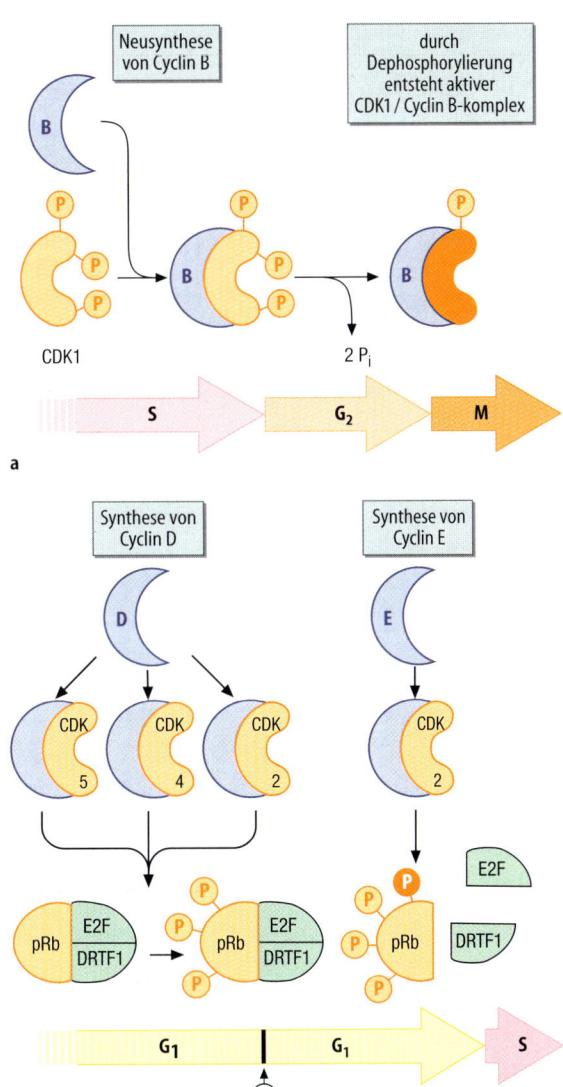

Abb. 9.2 a Regulation des Übergangs von der G₂-Phase zur M-Phase des Zellcyclus durch CDK 1. Die Proteinkinase CDK 1 wird während des gesamten Zellcyclus synthetisiert. Sie kann mit Cyclin B assoziieren, welches während der G₂-Phase synthetisiert wird. Wegen der Phosphorylierung der Aminosäuren Thr 14 und Tyr 15 in der ATP-Bindungsstelle der Kinase ist der Komplex jedoch inaktiv. Ein am Ende der S-Phase entstehendes Signal dephosphoryliert die genannten Aminosäurereste und legt damit das aktive Zentrum des CDK 1-Cyclin B-Komplexes frei. **b** Regulation des Übergangs von der G₁-Phase in die S-Phase des Zellcyclus. Die CDK's 5, 4 und 2 sind während des gesamten Zellcyclus nachweisbar. Vor dem Restriktionspunkt werden sie durch Assoziation mit Cyclin D aktiviert. Sie phosphorylieren dann das Retinoblastom Protein pRb, welches die Transkriptionsfaktoren E2F und DRTF1 bindet. Nach dem Restriktionspunkt (R) wird Cyclin E synthetisiert, welches die CDK2 aktiviert. Diese phosphoryliert jetzt das pRb-Protein (Rb 105) an einer vierten Stelle, was zu einer Freisetzung der Transkriptionsfaktoren führt, die für die S-Phase benötigt werden

phorylierung durch den aktiven CDK1-Cyclin B-Komplex erfolgt. Da das CDK1-Protein während des größten Teils des Zellcyclus nachweisbar ist, erhebt sich die Frage nach dem Mechanismus der Aktivierung der CDK1 genau am Übergang von G_2- zur M-Phase. Die heutigen Vorstellungen über diesen Vorgang sind in Abb. 9.2a zusammengefaßt. Zu Beginn der G_1-Phase wird das während der vorangegangenen Mitose aktive Cyclin B proteolytisch in einem Ubiquitin-abhängigen Vorgang (S. 285) abgebaut. CDK1, welches konstitutiv gebildet wird, assoziiert mit neu synthetisiertem Cyclin B, anschließend wird der Komplex durch Phosphorylierung am Threonin 161 in eine potentiell aktive Form gebracht. Allerdings können die Substrate noch nicht phosphoryliert werden, da die in der ATP-Bindungsstelle der Kinase lokalisierten Aminosäuren Threonin 14 und Tyrosin 15 ebenfalls in phosphorylierter Form vorliegen. Durch den Abschluß der DNA-Replikation am Ende der S-Phase entsteht ein Signal, welches durch Aktivierung einer Phosphoproteinphosphatase die genannten Aminosäurereste dephosphoryliert und damit das aktive Zentrum des CDK1-Cyclin B-Komplexes freilegt. CDK1-Cyclin B ist die Kinase, die durch Phosphorylierung der oben genannten Substrate die M-Phase einleitet.

Für den Übergang von der G_1-Phase zur S-Phase werden verschiedene Cyclin-aktivierte Proteinkinasen benötigt

Im Vergleich zum Übergang von der G_2- in die M-Phase ist in tierischen Zellen der Übergang von der G_1- zur S-Phase viel schwieriger zu beobachten und außerdem wesentlich komplexer reguliert (Abb. 9.2b). Eine zentrale Rolle spielt u. a. das **Retinoblastom-Protein pRb**. Es ist bei mehr als 60 % aller beim Menschen auftretenden Tumoren deletiert oder zur funktionellen Inaktivität mutiert. Damit gilt es als ein echtes Tumor-Suppressorprotein. pRb wird unmittelbar nach der M-Phase dephosphoryliert und ist in dieser Form imstande, Transkriptionsfaktoren, besonders das Heterodimer aus den Faktoren E2F und DRTF1, zu binden. Damit wird die Transkription einer Reihe von Genen verhindert, deren Genprodukte für die S-Phase benötigt werden. Vom Beginn der G1-Phase bis zum Restriktions-

punkt erfolgt nun unter der Einwirkung von Komplexen der CDK's 5,4 und 2 mit Cyclin D eine schrittweise Phosphorylierung von pRb. Nach Überschreiten des Restriktionspunktes wird CDK2 durch das Cyclin E aktiviert, wonach pRb ein viertes Mal phosphoryliert wird und die Transkriptionsfaktoren freisetzt.

Extracelluläre Faktoren regulieren den Zellcyclus

Es ist seit langer Zeit bekannt, daß Säugetierzellen in Zellkultur nur dann proliferieren, wenn dem Kulturmedium Serum zugesetzt wird. Serum enthält nämlich eine Reihe von mitogen wirkenden Wachstumsfaktoren (Tabelle 9.1). In Abwesenheit dieser Faktoren gehen Zellen in die G_0-Phase des Zellcyclus über oder sterben durch Apoptose (S. 209). Die genannten Wachstumsfaktoren gehören zur Gruppe der Zytokine im weiteren Sinne. Die Zellen verfügen über Rezeptoren mit Tyrosinkinaseaktivität (S. 779), die die Transkription von Genen steigern, die für

• gesteigerten Stoffwechsel,
• Biosynthese von extrazellulärer Matrix,
• Nucleotid- und DNA-Biosynthese,
• Transkriptionsfaktoren und
• Signaltransduktion verantwortlich sind.

Von besonderem Interesse für den Zellcyclus ist, daß die Transkription von CDK 1, CDK 2 und CDK 4 sowie der Cycline der Familie A, B, D und E ebenfalls durch die genannten Wachstumsfaktoren induziert wird.

Abbildung 9.3 stellt die heutigen Vorstellungen über den Signaltransduktionsweg der mitogenen Wachstumsfaktoren zusammen. Nach Bindung des Liganden werden spezifische Tyrosylreste der jeweiligen Rezeptoren phosphoryliert und dienen dann als Bindungsstellen für eine Reihe von **Adapterproteinen**. Diese verfügen hierzu über eine sog. **SH2-Domäne** (engl. Src Homology Domain), die ursprünglich in der viralen src-Kinase (S. 780) entdeckt wurde. Für die Induktion der für die mitogene Antwort verantwortlichen Gene ist dabei die **Mitogen-aktivierte Proteinkinase** (MAK) von besonderer Bedeutung. Sie wird durch eine Phosphorylierungskaskade analog der beim Glykogenabbau verwendeten aktiviert, wobei das primäre Ereig-

Tabelle 9.1 Wachstumsfaktoren im Serum (Auswahl)

Faktor	Funktion
Plättchen-Wachstumsfaktor (PDGF)	Dient als sog. Kompetenzfaktor, d. h. führt dazu, daß Zellen für andere Wachstumsfaktoren sensitiv werden.
Epidermaler Wachstumsfaktor (EGF) Fibroblasten-Wachstumsfaktor (FGF)	Dienen als Progressionsfaktoren, d. h. stimulieren Proliferation von Zellen, die durch PDGF kompetent gemacht wurden.
Insulinähnliche Wachstumsfaktoren (IGF-I und IGF-II)	Dienen als Proliferations- und Differenzierungsfaktoren.

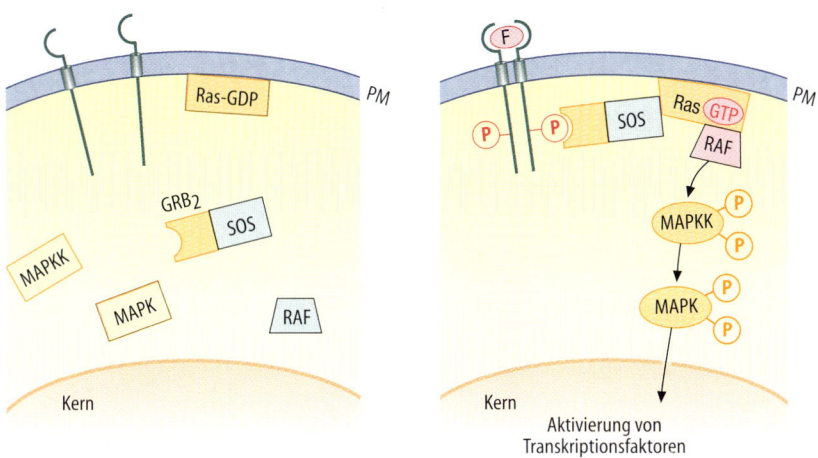

Abb. 9.3 Steuerung des Zellcyclus durch extrazelluläre Wachstumsfaktoren. Die Bindung von Wachstumsfaktoren an die entsprechenden Rezeptoren führt über bestimmte Adapterproteine zu einer Aktivierung einer Proteinkinase-Kaskade und letztendlich zur Aktivierung der mitogen aktivierten Proteinkinase MAK. Diese phosphoryliert und aktiviert Transkriptionsfaktoren für Proteine, die an der Regulation des Zellcyclus beteiligt sind, wie CDK-Kinasen und Cycline. GRB2 ist ein Adapterprotein mit SH2-Domänen, SOS katalysiert den Austausch von GDP mit GTP am zur Familie der kleinen G-Proteine gehörigen Ras-Protein. Dieses aktiviert die Raf-Kinase, was in einer Kaskade zur Aktivierung der MAP-Kinase führt. Hierdurch können u. a. Transkriptionsfaktoren aktiviert werden. *MAP* Mitogen aktivierte Proteinkinase; *MAPK* MAP-Kinase; *MAPKK* MAPK-Kinase

nis die Aktivierung der **Raf-Kinase** durch ein als **Ras** bezeichnetes G-Protein ist. Ras ist seinerseits über die Adapterproteine SOS und Grb 2 mit den Rezeptortyrosinkinasen verknüpft.

Außer den genannten aktivierenden Faktoren kann der Zellcyclus durch extracelluläre Faktoren auch gehemmt werden. Besonders gut ist dies für den *transformierenden Wachstumsfaktor β1* (TGF β1) belegt. Dieser blockiert den Übergang zwischen der G_1- und S-Phase dadurch, daß er ein Inhibitorprotein (Kip1) aktiviert, welches das Cyclin E aus seiner Bindung an CDK2 verdrängt.

9.1.3 Apoptose oder der programmierte Zelltod

Bei vielzelligen Organismen ist die Differenzierung der verschiedenen Gewebe und Organe während der Wachstumsphase sowie die Aufrechterhaltung konstanter Organgrößen und die Involution von Organen unter den verschiedensten physiologischen und pathologischen Bedingungen nicht nur vom ungestörten Ablauf der Zellproliferation und -differenzierung abhängig, sondern auch davon, daß Zellen unter entsprechenden Bedingungen eliminiert werden können (Tabelle 9.2). So kommt es während der Embryonalentwicklung von Säugetieren zur Zerstörung funktionsloser Neurone oder zur Eliminierung autoreaktiver T-Lymphocyten (S. 1081). Beim Erwachsenen findet sich die Entfernung von Zellen speziell bei den Organen, die einer reversiblen Expansion unterliegen. Beispiele hierfür sind das Epithel der Brustdrüse oder der Prostata. Wahrscheinlich ist die Entfernung und Abtötung nicht gebrauchter Zellen ein in allen Geweben des Organismus vorkommender Vorgang, der z. B. auch für das Schicksal virusbefallener Zellen oder mancher Tumorzellen von großer Bedeutung ist.

Schon in den 50 er Jahren durchgeführte meist morphologische Untersuchungen machten klar, daß die oben aufgeführten Eliminierungen von Zellen nach einem genau festgelegten Programm erfolgen, weswegen man sie auch als programmierten Zelltod oder **Apoptose** bezeichnet. Zu diesem Begriff gehört morphologisch, daß nur einzelne, individuelle Zellen in einem sonst gesunden Organ absterben. Ihr Sterben beginnt mit einer Schrumpfung des Zellkerns, relativ spät kommt es zum Zerfall der Plasmamembran in viele Vesikel und so zur Auflösung der Zelle. Die DNA der betroffenen Zellen wird rasch abgebaut und bildet häufig Bruchstücke, die den Nucleosomen-assoziierten DNA-Teilen entsprechen. Die abgestorbenen Zellen bzw. das aus ihnen entstandene Material wird rasch von benachbarten Makrophagen aufgenommen; es kommt nicht zu Entzündungsreaktionen oder zur Antikörperbildung. Biochemisch ist die Apoptose ein induzierbarer, energieabhängiger Vorgang mit gesteigerter RNA-

Tabelle 9.2 Organe, in denen eine physiologische Apoptose stattfindet (Auswahl)

Organ	*Auslöser*
Lactierende Milchdrüse	Prolactinabfall
Prostata	Mangel an Androgenen
Leber	Hunger
Lymphocyten	Glucocorticoide
Neuronen	Mangel an NGF

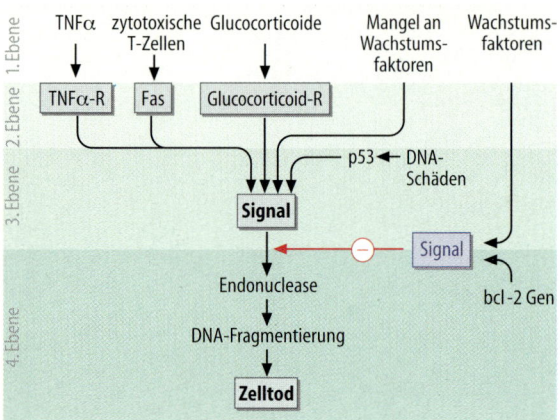

Abb. 9.4 Mechanismen, die eine Apoptose auslösen können. Dargestellt sind eine Reihe von Auslösern der Apoptose, wobei über die intracellulären Signalkaskaden, die zur Apoptose führen, noch wenig bekannt ist. (Einzelheiten s. Text)

und Proteinbiosynthese. Dies macht die Apoptose klar unterscheidbar von der *Zellnekrose*, die häufig mehrere Zellen eines geschädigten Organs betrifft, bei der es zur Zellschwellung und zum Verlust der Membranintegrität, aber erst relativ spät zum DNA-Abbau kommt und bei der regelmäßig eine entzündliche und immunologische Reaktion zu beobachten ist.

Die heute bekannten biochemischen Vorgänge, die ein Signal zur Apoptose darstellen, sind in Abb. 9.4 zusammengestellt. Die Aktivierung einer spezifischen *Endonuclease* ist ein zentrales Ereignis bei der Apoptose. Sie führt zur Fragmentierung des Chromatins und löst somit den Zelltod aus. Eine Reihe ganz unterschiedlicher Signalwege leiten in wahrscheinlich für verschiedene Zellen unterschiedlicher Weise die Aktivierung dieser Endonuclease ein. Dabei ist über die Einzelheiten der jeweiligen Transduktion noch wenig bekannt. Bei Thymocyten ist ein als *Apo1* bezeichnetes Zelloberflächenantigen für die Apoptose essentiell. Apo1 hat große Ähnlichkeit mit dem Rezeptor für den Tumornekrosefaktor TNF-α. Glucocorticoide führen bei Lymphocyten, Mangel an Wachstumsfaktoren bei vielen Fibroblasten zur Apoptose. Diese Tatsache erklärt die Wirkungsweise von Glucocorticoiden bei der Chemotherapie von Lymphomen. Der molekulare Mechanismus dieser Glucocorticoidwirkung ist noch nicht aufgeklärt. Sie ist jedoch ein klarer Hinweis dafür, daß eine rationale Tumortherapie eher auf einer Zerstörung von Tumorzellen durch Apoptose und weniger auf einer Hemmung ihrer Proliferation beruhen sollte. DNA-Schädigungen, wie sie beispielsweise bei Bestrahlungen oder durch zytotoxische Arzneimittel hervorgerufen werden, können ebenfalls die Apoptose einleiten. Die genannten DNA-Schäden können die vermehrte Expression eines als *p53* bezeichneten Proteins auslösen, welches für die Apoptose notwendig ist (S. 209). Das p53-Protein wird der Klasse der Tumor-Suppressor-Proteine zugerechnet, da man beobachtet hat, daß

Mutationen in seinem Gen bei Mäusen zu vielfältigen Tumoren führen können. Von besonderem Interesse für die Apoptose ist das *bcl-2-Onkogen*. Es wurde ursprünglich bei humanen B-Zelltumoren entdeckt, wo es nach einer Translokation in den Immunglobulinlocus überexprimiert wird. Die experimentell hervorgerufene Überexpression des bcl-2-Gens hemmt in einer Vielzahl von Zellen die Apoptose und macht Zellen relativ unempfindlich gegenüber Bestrahlung oder Cytostatika. Über den Mechanismus der Wirkung des bcl-2-Produktes besteht noch keine Klarheit. Sicher ist lediglich, daß es keine Proliferation auslöst, sondern die Zellen außerhalb des Zellcyclus überleben läßt.

9.2 Die Replikation der DNA

Die korrekte *Replikation* der DNA ist das zentrale Ereignis im Zellcyclus. Sie ist eine Voraussetzung für die während der M-Phase erfolgende mitotische Teilung und damit die molekulare Grundlage für die Weitergabe der genetischen Information auf die Tochterzellen. Daß es sich bei der DNA-Replikation um einen sehr genau kontrollierten Prozeß handeln muß, geht allein aus der Überlegung hervor, daß sie erst dann erfolgen kann, wenn die Zelle durch entsprechendes Wachstum und Biosynthese der Bausteine die für die anschließende Teilung erforderliche Masse erhalten hat und daß die Zellteilung in der Mitose erst dann stattfinden kann, wenn die gesamte DNA der Zelle vollständig repliziert ist.

Ursprünglich wurden die mit der Replikation verknüpften enzymatischen Vorgänge ausschließlich an Bakterienzellen, vor allem an E.coli, untersucht, da diese Organismen sich durch eine besonders hohe Replikationsrate auszeichnen und infolge der Möglichkeit, beliebige Mutationen zu erzeugen, ein hervorragendes Werkzeug für diese Untersuchungen waren. Die Übertragung der an Prokaryonten gewonnenen Erkenntnisse auf eukaryote Organismen und damit auch auf Säugetiere ist in den letzten Jahren erfolgreich gelungen. Dabei hat sich herausgestellt, daß das Prinzip der Replikation bei pro- und eukaryoten Organismen identisch ist, daß jedoch bei den letzteren infolge der größeren Komplexität ihres Genoms kompliziertere Regulationsvorgänge vorliegen.

9.2.1 Das Prinzip der semikonservativen DNA-Replikation

Nachdem gezeigt worden war, daß mit Ausnahme einiger Viren (S. 290) in allen Organismen die DNA in Form eines Doppelstrangs aus zwei antiparallel verlaufenden Einzelsträngen vorliegt (S. 156), ergab sich die Frage nach dem Mechanismus ihrer Verdopplung

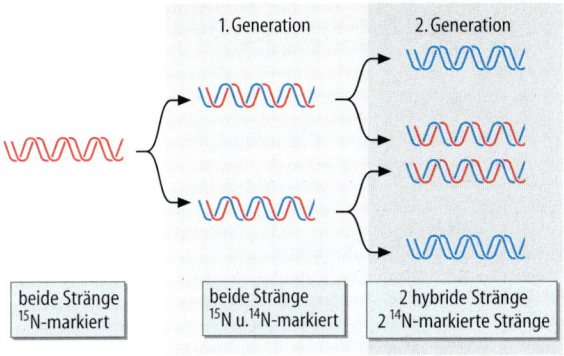

1. Generation   **2. Generation**

| beide Stränge ¹⁵N-markiert | beide Stränge ¹⁵N u. ¹⁴N-markiert | 2 hybride Stränge 2 ¹⁴N-markierte Stränge |

Abb. 9.5 Nachweis des semikonservativen Mechanismus der DNA-Replikation. Coli-Bakterien bauen das schwere Stickstoffisotop ¹⁵N in die DNA ein, die dadurch dichter wird. Läßt man derartige Bakterien in einem Medium mit dem normalen Isotop ¹⁴N weiter wachsen, so zeigt die DNA nach einer Generation eine intermediäre Dichte zwischen derjenigen der ¹⁵N- bzw. ¹⁴N-markierten DNA, in der zweiten Generation jedoch zu 50 % ¹⁴N-markierte DNA und DNA der intermediären Dichte

während der Replikation. Matthew Meselson und Franklin Stahl zeigten schon 1958 in einem eleganten Experiment, daß die DNA-Replikation *semikonservativ* erfolgt (Abb. 9.5). Sie verwendeten hierzu E.coli-Bakterien, die sie über viele Generationen in einem Medium gezüchtet hatten, das das schwere Stickstoffisotop ¹⁵N statt des normalen Isotops ¹⁴N enthielt. Nach Synchronisierung der Coli-Bakterien stellten sie das Medium auf das normale Isotop ¹⁴N um und untersuchten die Dichte der aus den Bakterien gewonnenen DNA. Während sie zu Beginn des Experiments natürlich nur eine DNA-Bande mit der dem Stickstoffisotop ¹⁵N entsprechenden Dichte nachweisen konnten, hatte nach einer Generation die isolierte DNA eine Dichte, die genau zwischen der der ¹⁵N- und ¹⁴N-markierten DNA lag. Nach zwei Generationen fanden sich zwei DNA-Species, von denen die eine die Dichte der normalen ¹⁴N-markierten DNA aufwies, die zweite die intermediäre Dichte. Dieses Ergebnis konnte nur durch die Annahme erklärt werden, daß es bei der DNA-Replikation zu einer Aufspaltung der beiden Doppelstränge kommt, von denen dann jeder als Matrize für die Synthese eines neuen Strangs dient. Damit besteht jeder aus einer Replikation hervorgegangene DNA-Doppelstrang aus einem parentalen und einem neu synthetisierten Einzelstrang. Spätere Untersuchungen haben gezeigt, daß dieser Mechanismus der semikonservativen Replikation nicht auf Bakterienzellen beschränkt ist, sondern universal für alle Organismen gilt, deren Genom aus doppelsträngiger DNA besteht.

9.2.2 Das Replikon als Grundeinheit der Replikation

Der Befund, daß die DNA-Replikation semikonservativ erfolgt, gibt zunächst noch keine Antwort auf die Frage nach den zugrundeliegenden enzymatischen Mechanismen. Auch hier waren Untersuchungen an bakteriellen Systemen, die im Vergleich zu eukaryoten Zellen wesentlich weniger DNA in nur einem ringförmigen bakteriellen Chromosom enthalten, äußerst hilfreich. Sie zeigten klar, daß die Replikation an einer definierten Stelle des Chromosoms, dem sogenannten *origin of replication* oder *origin* beginnt. Die Stelle, an der die neu synthetisierte DNA sichtbar wird, wird auch als *Replikationsgabel* bezeichnet. Von dort aus verläuft die bakterielle Replikation entlang des ringförmigen Chromosoms, so daß am Ende zwei ringförmige Doppelstränge entstanden sind (Abb. 9.6). Als *Replikon* bezeichnet man dabei diejenige Einheit der DNA, in der die einzelnen Schritte der Replikation stattfinden. Jedes Replikon muß über einen „origin" verfügen. Da bakterielle Chromosomen nur einen „origin" enthalten, stellen sie auch nur ein Replikon dar.

Replikationsblasen vergrößern sich bidirektional

Eine wichtige Frage für die Replikation war diejenige nach der Richtung, in der sich die am „origin" entstehende Replikationsgabel bewegt. Prinzipiell sind hier eine unidirektionale und eine bidirektionale Replikation möglich, dementsprechend müssen jeweils eine bzw. zwei funktionelle Replikationsgabeln entstehen. Durch Untersuchung elektronenmikroskopischer Aufnahmen von replizierender DNA ist diese Frage nicht zu entscheiden. Wenn jedoch während der DNA-Replikation radioaktive Präkursoren gegeben werden, werden die synthetisch aktiven Replikationsgabeln markiert: im Falle der unidirektionalen Replikation nur eine, bei bidirektionaler Replikation jedoch beide. Dabei hat sich gezeigt, daß pro- und eukaryote Chromosomen während der S-Phase des Zellcyclus durch *bidirektionale Replikation* verdoppelt werden.

Bei der Replikation des eukaryoten Genoms treten multiple Replikationsblasen auf

Die Replikation der eukaryoten DNA ist auf die S-Phase des Zellcyclus beschränkt. Bei Säugetieren dauert diese etwa 8 Stunden, in denen die ca. 10⁹ Basenpaare verdoppelt werden sollen. Auf Grund der maximalen Aktivität der für die Replikation verantwortlichen DNA-Polymerasen (s. u.), ist es von vornherein ausgeschlossen, daß wie bei Bakterien jedes Chromosom ein Replikon darstellt. Es enthält vielmehr eine große Zahl unterschiedlicher Replikons, die jeweils zu unter-

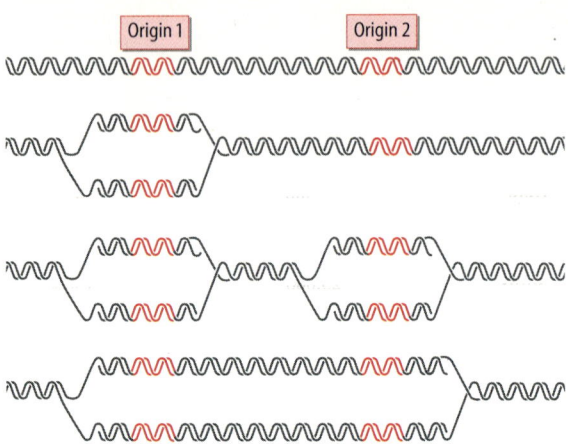

Abb. 9.7 Replikation der eukaryonten DNA mit Hilfe multipler Replikationsblasen. Der Plasmidvektor vor der Klonierung mit einer entsprechenden Restriktionsendonuclease aufgeschnitten. (Einzelheiten s. Text)

schiedlichen Zeiten der S-Phase repliziert werden. Der Ablauf der Replikation in Anwesenheit vieler Replikationsblasen ist schematisch in Abb. 9.7 dargestellt. Die Replikation erfolgt in den Replikationsblasen bidirektional und wird dadurch beendet, daß zwei aufeinander zulaufende Replikationsblasen miteinander verschmelzen.

Wie aus Tabelle 9.3 zu entnehmen ist, sind die Replikons bei eukaryoten Zellen relativ klein und replizieren die DNA wesentlich langsamer als die bakteriellen Replikons. Einer der Gründe hierfür mag in dem wesentlich komplexeren Aufbau des eukaryoten Chromatins (S. 157) liegen.

9.2.3 Für die Replikation benötigte Enzymaktivitäten

In Anbetracht der Komplexizität der Chromatinstruktur ist es einleuchtend, daß Zellen einen außerordentlich komplizierten Apparat zur Replikation ihrer DNA benötigen. Vom Konzept her kann man diesen Vorgang in die drei Stadien

- Initiation,
- Elongation und
- Termination einteilen (die gleiche Einteilung wird auch für Transkription und Proteinbiosynthese (Kapitel 10 und 11) verwendet.

Die Initiation beginnt damit, daß ein Origin von entsprechenden Proteinkomplexen erkannt und damit der Start der Replikation festgelegt wird. Damit dieser erfolgen kann, muß dafür Sorge getragen werden, daß an dieser Stelle der DNA-Doppelstrang in die beiden Einzelstränge getrennt wird, was einem Schmelzen der DNA (S. 166) entspricht. So lange die neu synthetisierten Stränge zur Verfügung stehen, muß verhindert werden,

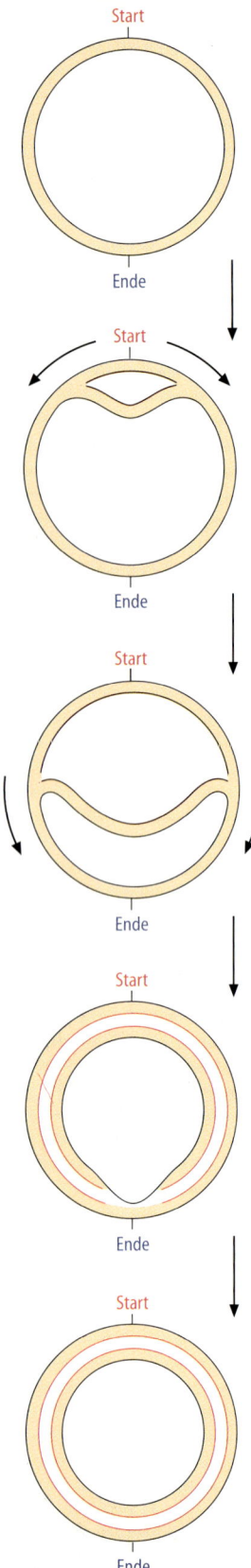

Abb. 9.6 Replikation des aus einem Replikon bestehenden ringförmigen bakteriellen Chromosoms

Tabelle 9.3 Pro- und eukaryote Replikons

Organismus	Replikons	Durchschnittliche Länge	Replikations- geschwindigkeit	Organismus
Bakterium	1	4.200 kb	50.000 Bp/min	E.coli
Hefe	500	40 kb	3.600 Bp/min	S. cerevisiae
Fruchtfliege	3.500	40 kb	2.600 Bp/min	D. melanogaster
Maus	25.000	150 kb	2.200 Bp/min	M. musculus
Pflanze	35.000	300 kb		V. faba

daß die beiden parentalen Stränge wieder reassoziieren. Für die Elongation der DNA wird ein auch als *Replisom* bezeichneter Proteinkomplex benötigt, der sich am Origin assembliert und danach als „Organell" an der Replikationsgabel entlangwandert. Die Termination der Replikation erfolgt während des Zusammenstoßens zweier Replikationsgabeln, macht jedoch an den Enden linearer DNA-Moleküle besondere Probleme.

Vor dem Start der DNA-Replikation ist eine lokale Denaturierung der DNA notwendig

Die Vorgänge bei der Initiation der DNA-Replikation eukaryoter Zellen sind noch nicht sehr genau bekannt. Im Gegensatz dazu liegen bei Prokaryonten wesentlich mehr gesicherte Kenntnisse vor. Wie aus Abb. 9.8 her-

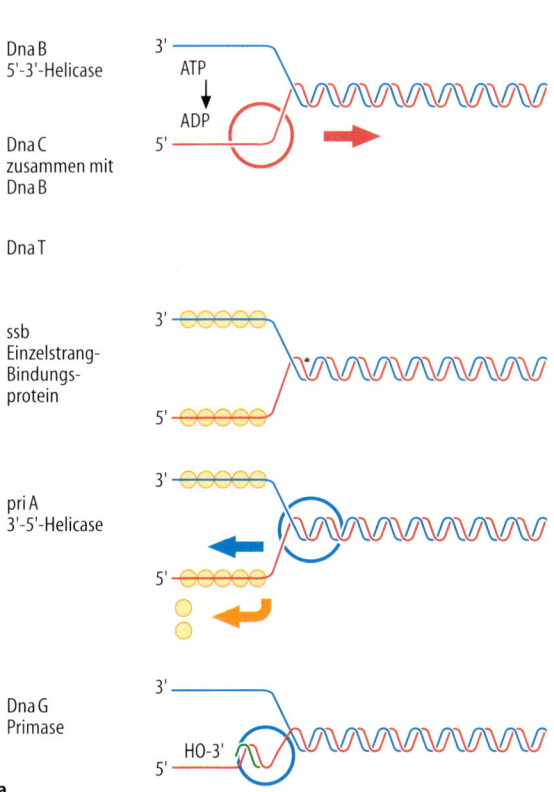

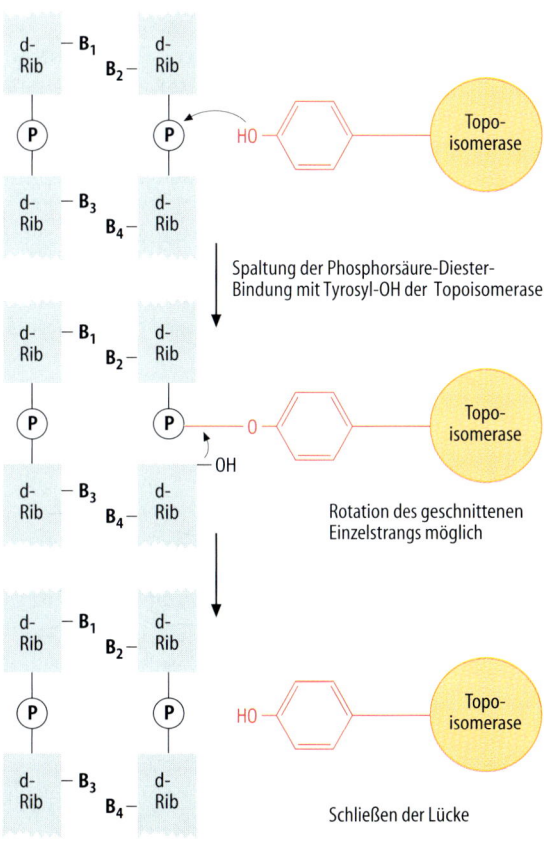

Abb. 9.8 a, b Initiation der DNA-Replikation bei E.coli. **a** Für die Initiation der Replikation muß zunächst durch die Helicase (DnaB) zusammen mit dem Produkt des Gens DnaC eine lokale Entwindung der DNA stattfinden. Die dadurch entstehende Verdrillung des oberhalb gelegenen DNA-Stücks wird durch Topoisomerasen (s. **b**) aufgehoben. Einzelstrangbindungsproteine verhindern die Reassoziation der beiden Einzelstränge, anschließend werden die Primer synthetisiert. **b** Mechanismus der DNA-Topoisomerase I. Ein Tyrosylrest des Topoisomerase-proteins greift an einer DNA-Phosphodiester-Bindung an, so daß ein Strangbruch entsteht. Das Tyrosyl-OH bildet mit dem DNA-Phosphat eine energiereiche Bindung aus. Die beiden Enden der DNA-Doppelhelix können nun umeinander rotieren. Da die Bindungsenergie im Phosphotyrosin des Enzym-Substrat-Komplexes gespeichert ist, kann in einer reversiblen Reaktion der Strangbruch geschlossen werden

vorgeht, sind bei E.coli wenigstens fünf Proteine für diesen Vorgang notwendig.

- Das DnaA-Protein bindet an spezifische Sequenzen des Origin und öffnet hierbei den Doppelstrang. Für diesen Vorgang wird ATP benötigt.
- Durch das DnaB-Protein wird die DNA nach beiden Richtungen hin entspiralisiert, so daß bereits zwei Replikationsgabeln präformiert werden.
- Die Reassoziation der beiden Einzelstränge wird dadurch verhindert, daß ein als SSB (single strand binding protein) bezeichnetes Protein an die einzelsträngige DNA assoziiert.
- Die durch die DNA-Entspiralisierung entstandene Spannung des DNA-Doppelfadens wird schließlich durch die DNA-Topoisomerase I beseitigt.

Topoisomerasen des Typs I verursachen die Auftrennung eines der beiden Doppelstränge, solche des Typs II die ATP-abhängige Auftrennung beider Doppelstränge, jeweils mit anschließender Wiederverknüpfung. Bei Prokaryonten wird die Topoisomerase II auch als **DNA-Gyrase** bezeichnet und ist für die Verpackung der DNA in diesen Organismen von großer Bedeutung.

Über die Regulation dieser Initiation ist noch relativ wenig bekannt. Es scheint jedoch festzustehen, daß die Replikation durch Regulation der Initiationsphase gesteuert wird.

Bei Eukaryonten sind die Verhältnisse wegen der Komplexizität des eukaryoten Genoms wesentlich komplizierter. Bei der Hefe ist ein DNA-Motiv gefunden worden, das dieselbe Funktion hat wie der bakterielle Origin und welches als **ARS** (autonomously replicating sequence) bezeichnet wird. Darüber hinaus haben sich auch in Eukaryonten Einzelstrangbindungsproteine nachweisen lassen.

DNA-Polymerasen sind für Replikation der DNA verantwortlich

Nach einer Reihe vergeblicher Versuche, eine DNA-polymerisierende Aktivität aus Leberzellen anzureichern, gelang Mitte der 50er Jahre Arthur Kornberg die Isolierung eines als **DNA-Polymerase I** bezeichneten Enzyms aus E.coli. In späteren Untersuchungen wurde herausgefunden, daß die Funktion dieses Enzyms eher in der DNA-Reparatur besteht und daß alle bekannten Zellen über mehrere DNA-Polymerasen verfügen. Tabelle 9.4 gibt einen Überblick über Aufbau und Funktion der DNA-Polymerasen eukaryoter Zellen.

Allen DNA-Polymerasen sind eine Reihe von Eigenschaften gemeinsam. Hierzu gehört zunächst der Reaktionsmechanismus, der in Abb. 9.9 dargestellt ist. Es handelt sich um einen nucleophilen Angriff der freien 3'-OH-Gruppe des zu verlängernden DNA-Strangs an die Pyrophosphatbindung zwischen dem α- und β-Phosphat des anzuknüpfenden Desoxynucleosidtriphosphats. Als Desoxyribonucleosidtriphosphate für die DNA-Polymerasen werden die Purinnucleotide dATP und dGTP sowie die Pyrimidinnucleotide dCTP sowie dTTP verwendet. Durch diesen Reaktionsmechanismus ist die Richtung der Kettenverlängerung festgelegt: Sie erfolgt immer vom **5'-Ende zum 3'-Ende** hin. Ein unentbehrlicher Cofaktor für die Polymerisation ist das Magnesiumion.

DNA-Polymerasen benötigen einen als **Matrize** bezeichneten Einzelstrang, dessen Basensequenz die Reihenfolge der für die Verlängerungsreaktion gewählten Desoxyribonucleotidtriphosphate bestimmt. Hierdurch wird gewährleistet, daß der neue Strang tatsächlich komplementär zum parentalen Strang ist.

Einige, aber nicht alle DNA-Polymerasen haben die Fähigkeit zum Korrekturlesen. Sie verfügen hierzu über eine **3'-5'-Exonucleaseaktivität**, können also Nucleotide am 3'-Ende eines DNA-Moleküls abspalten. Der biologische Sinn dieser Nucleaseaktivität liegt darin, daß falsch eingebaute Nucleotide erkannt und unmittelbar nach ihrem Einbau wieder hydrolytisch abgespalten werden. Bei der DNA-Polymerase III aus E.coli führt dies zu einer 10^3-fachen Steigerung der Genauigkeit.

Die **Aktivität** der verschiedenen zellulären DNA-Polymerasen schwankt zwischen weniger als 10–50 bis maximal 1.000 Nucleotiden pro Sekunde. Dieser Wert allein ist jedoch nicht ausreichend zur Charakterisierung von DNA-Polymerasen. Eine ihrer wesentlichen Eigenschaften wird auch als **Prozessivität** bezeichnet. Diese wird als die Zahl von Nucleotiden bestimmt, die im Durchschnitt von einem DNA-Polyme-

Tabelle 9.4 Beim Säuger vorkommende DNA-Polymerasen

DNA-Polymerase	α	δ	ε	β	γ
Lokalisation	Kern	Kern	Kern	Kern	Mitochondrien
Funktion	Synthese des Primers und des Verzögerungsstrangs; enthält Primaseaktivität	Synthese des Führungsstrangs; enthält PCNA	Reparatur	Reparatur	Replikation der mitochondrialen DNA
Molekulargewicht (D)	300.000	170.000–230.000	250.000	4.000	180.000–300.000

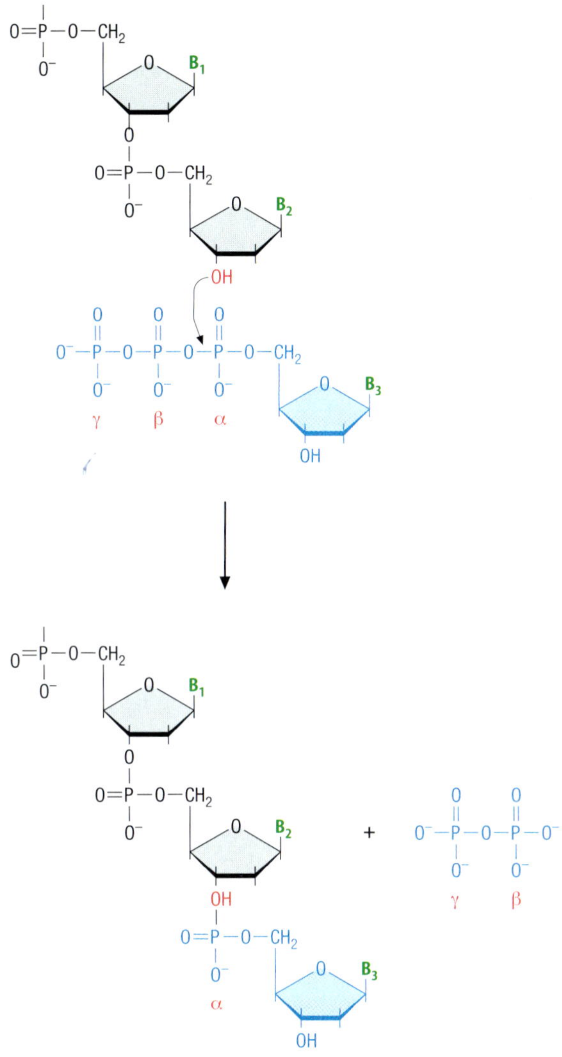

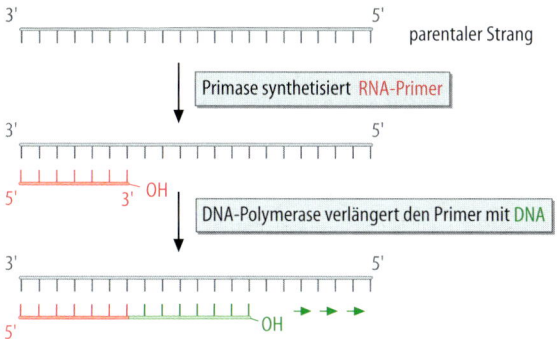

Abb. 9.10 Start der DNA-Replikation durch Synthese eines RNA-Primers. Die hierfür benötigte Primase ist bei Prokaryonten ein eigenes Enzym, bei Eukaryonten eine Teilaktivität der DNA-Polymerase α

Abb. 9.9 Mechanismus der DNA-Replikation durch Kettenverlängerung am 3′-OH-Ende eines DNA-Einzelstrangs durch die DNA-abhängige DNA-Polymerase. Der Kettenverlängerung liegt ein nucleophiler Angriff der 3′-OH-Gruppe am α-Phosphatatom des anzukondensierenden Desoxynucleosidtriphosphats zugrunde. (Einzelheiten s. Text)

rasemolekül an eine wachsende DNA-Kette angefügt werden, bevor das Enzym von seinem Substrat, der DNA-Kette, abdissoziiert. Für die verschiedenen DNA-Polymerasen schwankt der Wert für die Prozessivität von weniger als 10 bis mehr als 1.000.

Jede DNA-Replikation startet mit der Synthese eines RNA-Primers

Eine weitere, allen DNA-Polymerasen gemeinsame Eigenschaft beruht darauf, daß diese Klasse von Enzymen nicht imstande ist, das freie 3′-OH-Ende zu produzieren, an das weitere Nucleotide angeknüpft werden können. DNA-Polymerasen können deswegen nur an einen bereits bestehenden DNA-Doppelstrang neue Basen ankondensieren. Daraus ergeben sich Probleme

für die Replikation der DNA, die auf unterschiedliche Weise gelöst worden sind.

- Bei Prokaryonten wird durch eine als *Primase* bezeichnete RNA-Polymerase (s. auch S. 241) ein kurzes RNA-Stück synthetisiert, das dann als sog. *Primer* für die Ankondensation weiterer Desoxynucleosidtriphosphate mit Hilfe der DNA-Polymerase dient,
- bei Eukaryonten ist die Primase eine Teilaktivität der DNA-Polymerase α (Abb. 9.10).

Eine von manchen Viren benutzte Möglichkeit besteht darin, daß ein Nucleotid-bindendes Protein an den DNA-Einzelstrang bindet, so daß an diesem Nucleotid die DNA-Polymerasen angreifen und weitere Nucleotide ankondensieren können.

Bei der DNA-Synthese wird der Verzögerungsstrang diskontinuierlich synthetisiert

Ein besonderes Problem für die DNA-Replikation ergibt sich daraus, daß DNA-Polymerasen die Synthese des neuen Strangs nur in der 5′-3′-Richtung durchführen können, die DNA-Doppelstränge aller bekannten Organismen jedoch *antiparallel* verlaufen. In Abb. 9.11 sind die Verhältnisse schematisch dargestellt. Die Richtung der DNA-Polymerisierung durch die DNA-Polymerase entspricht nur an einem der beiden neu synthetisierten Stränge der Wanderungsrichtung der Replikationsgabel. Dieser Strang wird, nachdem einmal ein Primer-Molekül synthetisiert wurde, kontinuierlich in einem Stück synthetisiert und als sogenannter *Führungsstrang* (engl. leading strand) bezeichnet.

Beim anderen Strang verläuft die Polymerisierungsrichtung dagegen von der Replikationsgabel weg. Der Japaner Reiji Okazaki fand heraus, daß die DNA-Synthese in diesem Strang diskontinuierlich in Stücken aus 1.000–2.000 Basen erfolgt, welche nach ihm auch als *Okazaki-Fragmente* bezeichnet werden. Sie entstehen dadurch, daß nach der Synthese eines derartigen Fragments jeweils wieder an der Replikationsgabel ein

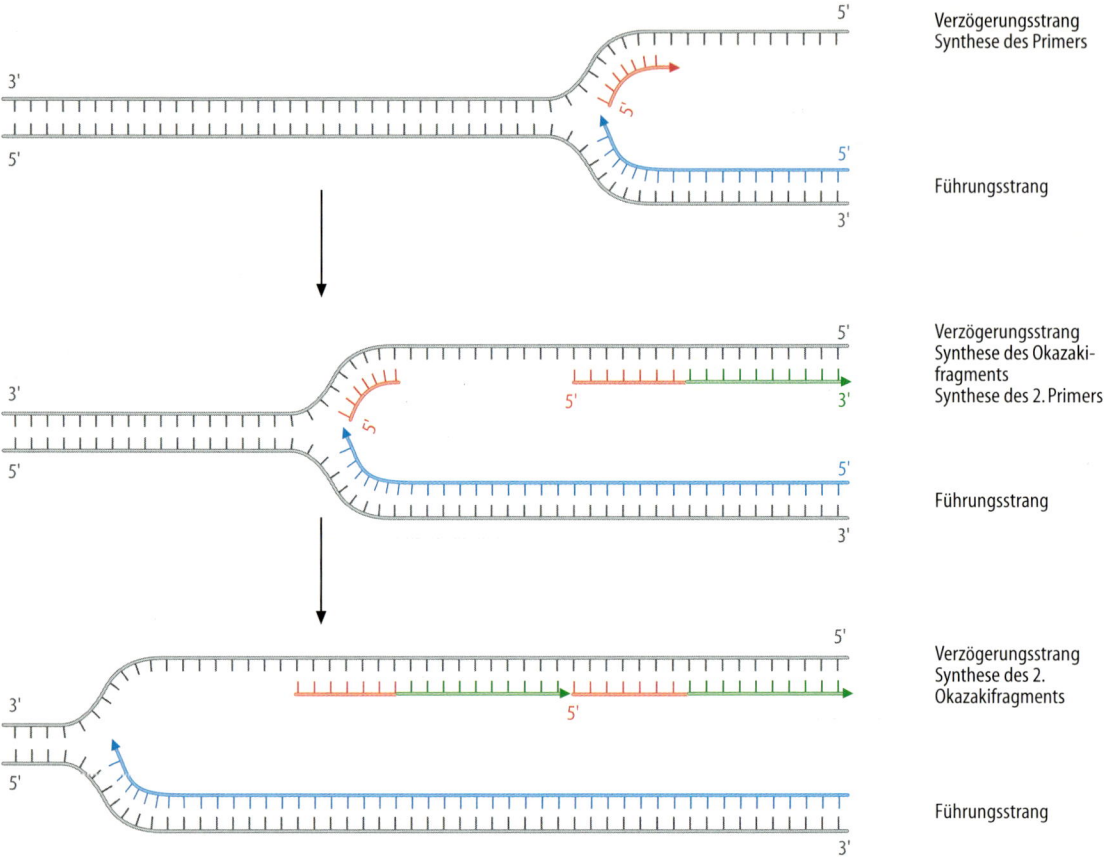

Abb. 9.11 Die Replikation der DNA-Doppelhelix. Da die Strang-verlängerung immer nur in 5'-3'-Richtung erfolgen kann, kann die Replikation nur in einem der beiden Einzelstränge, dem sog. Führungsstrang kontinuierlich ablaufen. Im antiparallelen sog. Verzögerungsstrang erfolgt die Replikation wegen der Syntheserichtung der DNA-Polymerase diskontinuierlich

neuer Primer synthetisiert und durch die DNA-Poly-merase solange verlängert wird, bis er an das vorher synthetisierte Fragment stößt. Der diskontinuierlich synthetisierte Strang wird auch als *verzögerter Strang* (*engl.* lagging strand) bezeichnet.

5'-3'-Exonuclease und DNA-Ligase werden für den Abschluß der DNA-Replikation benötigt

Um bei der Replikation zwei funktionell äquivalente DNA-Doppelstränge zu erhalten, müssen natürlich die Okazaki-Fragmente entsprechend bearbeitet und da-nach zusammengefügt werden. Bei Prokaryonten wer-den hierfür zwei weitere Enzyme, die **DNA-Polymerase I** sowie die **DNA-Ligase** benötigt. Die DNA-Polymerase I verfügt über eine *5'-3'-Exonucleaseaktivität*, mit de-ren Hilfe spezifisch der RNA-Primer entfernt wird (Abb. 9.12). Gleichzeitig fügt dieses Enzym, beginnend mit dem freien 3'-OH-Ende des vorangegangenen DNA-Stückes Desoxyribonucleosidtriphosphate ent-sprechend der Basensequenz des Matrizenstrangs in die entstehende Lücke ein. Dadurch entsteht ein Muster aus aneinanderstoßenden DNA-Strängen im neu syn-

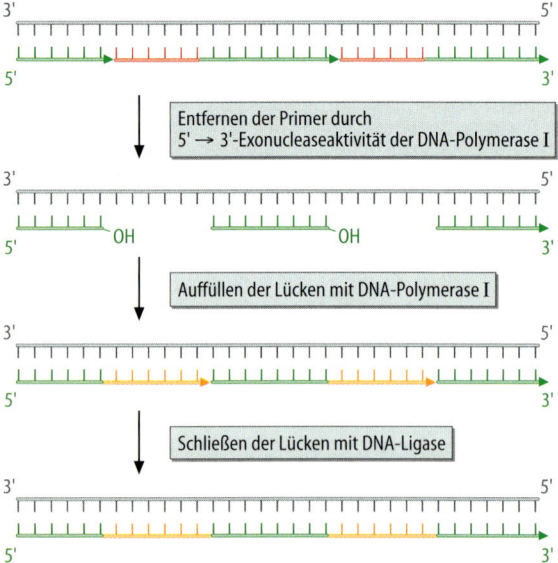

Abb. 9.12 Funktion der DNA-Polymerase I bei der Prozessie-rung des Verzögerungsstrangs. Von besonderer Bedeutung für diesen Vorgang ist die 5'-3'-Exonucleaseaktivität der DNA-Po-lymerase I. Das bei Eukaryonten für diese Funktion benötigte Enzym konnte noch nicht mit Sicherheit identifiziert werden

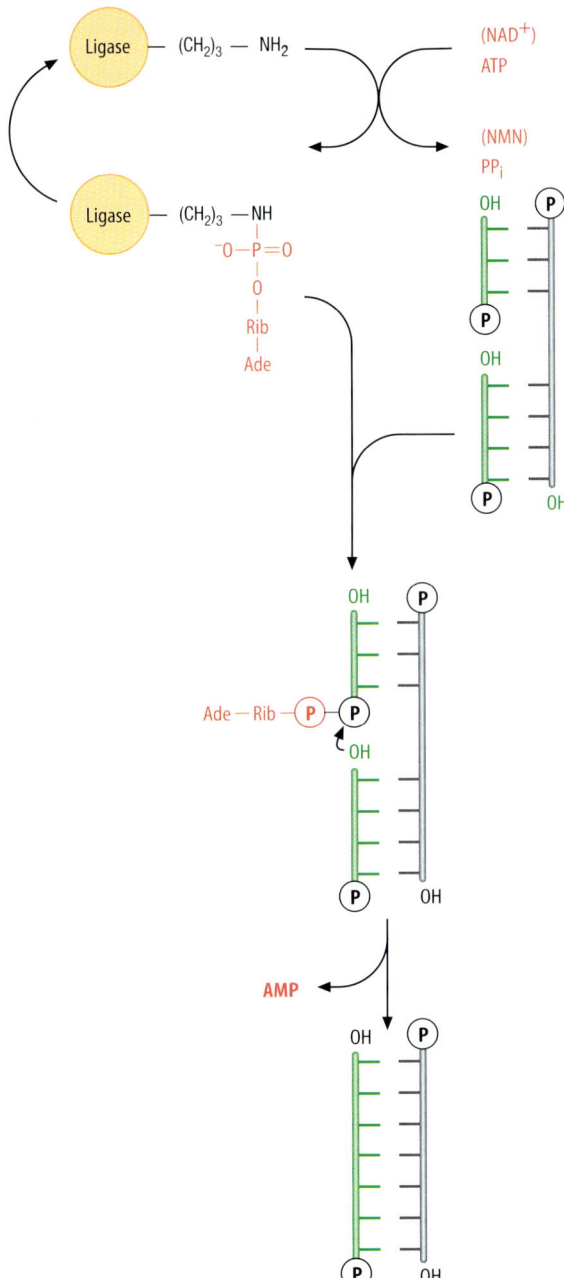

Abb. 9.13 Mechanismus der DNA-Ligasen. (Einzelheiten s. Text)

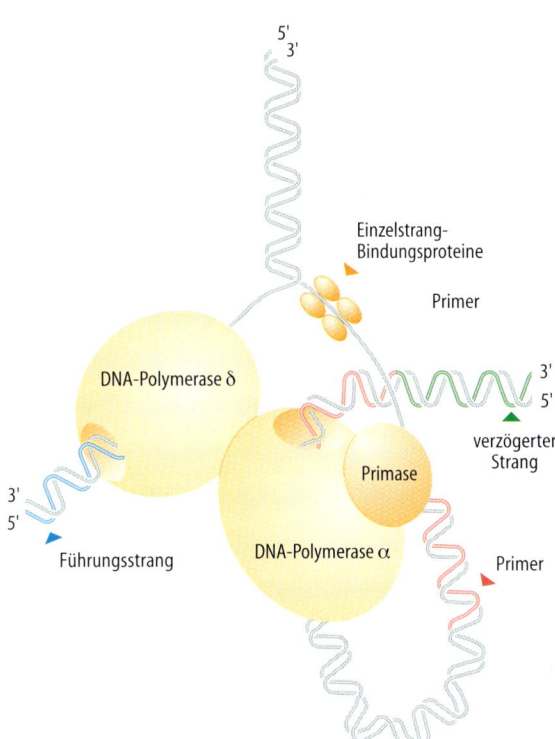

Abb. 9.14 Organisation des für die Replikation eukaryoter DNA benötigten Multienzymkomplexes. Der Verzögerungsstrang bildet eine Schleife, so daß die beiden DNA-Polymerasen in enger Assoziation bleiben können. Die Primase ist eine Untereinheit der DNA-Polymerase α. Helicasen und Topoisomerasen sind zur Vereinfachung weggelasssen. (Einzelheiten s. Text)

Unter Abspaltung dieses Restes kann nun die Verknüpfung zwischen dem 5'-Phosphatende des einen DNA- mit dem 3'-OH-Ende des nächsten DNA-Bruchstückes erfolgen, womit die Verknüpfung beendet ist. Welche Enzyme bei Eukaryonten die Funktion der 5'-3'-Exonucleaseaktivität der DNA-Polymerase I übernehmen ist noch nicht sicher bekannt.

Die für die Replikation benötigten Proteine sind im Replisom assoziiert

Abbildung 9.14 stellt den an der Replikationsgabel eukaryoter Zellen befindlichen Multienzymkomplex dar, der für die DNA-Replikation verantwortlich ist und auch mit dem Ausdruck **Replisom** bezeichnet wird. Nach der Zerlegung des ursprünglichen DNA-Doppelstranges während der Initiationsphase in die beiden Einzelstränge (S. 213) wird der Führungsstrang über ein kurzes Stück durch Einzelstrangbindungsproteine stabilisiert, danach bindet die *DNA-Polymerase δ*, die die Synthese des Führungsstrangs übernimmt. Es handelt sich um ein dimeres Enzym mit einem Molekulargewicht von 170.000–230.000. Für die Synthese des verzögerten Strangs ist die *DNA-Polymerase α* verantwortlich. Dieses tetramere Enzym mit einem Molekulargewicht von 300.000 enthält als eine Untereinheit

thetisierten Strang, die mit Hilfe der DNA-Ligase miteinander verknüpft werden. Abbildung 9.13 stellt den allgemeinen Mechanismus der DNA-Ligasen dar. NAD⁺ (oder ATP) dient dabei als Donor eines AMP-Restes, der mit einer Amidophosphatbindung covalent mit der ε-Aminogruppe eines Lysylrestes des Ligaseproteins verknüpft wird. Die Spaltung dieser energiereichen Bindung dient dazu, den AMP-Rest auf das 5'-Phosphatende der einen DNA-Kette zu übertragen. Dabei entsteht eine Phosphorsäureanhydrid-Bindung zwischen AMP und dem 5'-Phosphatende der DNA.

die Primaseaktivität, die für die Synthese der immer wieder benötigten RNA-Primer verantwortlich ist. Während ihres Voranschreitens verdrängt die DNA-Polymerase α Einzelstrangbindungsproteine, die die Lücke zwischen ihr und dem vorher synthetisierten DNA-Stück besetzt halten. Die DNA-Polymerase δ enthält als weitere Untereinheit ein als *PCNA* bezeichnetes Protein. Dieses erhöht die Prozessivität der DNA-Polymerase δ sehr stark, beeinflußt jedoch auch die DNA-Polymerase α. Welche Enzyme bei eukaryoten Zellen für die Exzision der RNA-Primer sowie das Auffüllen der dabei entstehenden Lücke verantwortlich sind, ist noch nicht sicher bekannt. Möglicherweise kommen hierfür gesonderte Enzymaktivitäten vor.

Für die Replikation der Enden doppelsträngiger DNA werden besondere Mechanismen benötigt

Die beschriebenen Mechanismen der DNA-Replikation sind in perfekter Weise dafür geeignet, die zirkulären Genome vieler Viren und Bakterien zu replizieren. Ein zusätzliches Problem ergibt sich jedoch bei der Replikation linearer DNA-Doppelstränge, wie sie in den Chromosomen der Eukaryonten vorliegen. Wie aus Abb. 9.15 hervorgeht, kann zwar das 5'-Ende des parentalen Strangs ohne besondere Schwierigkeiten vollständig repliziert werden, da hier der Führungsstrang vorliegt. Anders ist es aber beim komplementären parentalen Strang, der an dieser Position das 3'-Ende bildet. Hier liegt unmittelbar nach der Replikation der RNA-Primer,

der nach erfolgter Replikation durch die 5'-3'-Exonuclease entfernt wird. Die DNA-Polymerase hat jedoch an diesem Ende keine Möglichkeit mehr, die entstandene Lücke aufzufüllen. Dies müßte dazu führen, daß die Chromosomen mit jeder Replikation um ein definiertes Stück kleiner werden, was letztendlich zur Instabilität der Chromosomen und zum Verlust der Lebensfähigkeit der betreffenden Zelle führen würde.

Diese Schwierigkeit wird durch einen für die Enden doppelsträngiger DNA spezifischen Replikationsapparat behoben. Analysiert man die auch als *Telomeren* bezeichneten Enden von Chromosomen, so findet man bei allen Eukaryonten sehr ähnliche Strukturen. Telomerische DNA besteht aus einigen hundert (einfache Eukaryonte wie Hefe) bis einigen tausend (Vertebraten) Basenpaaren, bei denen G-reiche repetitive Sequenzen vorkommen. Bei Säugern und damit auch beim Menschen lautet diese Sequenz 5'-TTAGGG-3'. Diese G-reiche Sequenz befindet sich immer am 3'-Ende jedes parentalen Einzelstranges und ragt zwölf bis sechzehn Nucleotide über den komplementären C-reichen Strang hinaus. Bei jeder Replikation gehen 50–200 Nucleotide dieser telomerischen Sequenz verloren, so daß man Telomere auch als eine Art *molekularer Uhr* ansehen kann, mit deren Hilfe Zellen die Zahl ihrer Mitosen zählen können. Auf jeden Fall bieten die Telomere eine Erklärung dafür, daß die Zahl der möglichen Teilungen somatischer Zellen höherer Eukaryonter wie auch des Menschen auf 30–50 beschränkt ist.

Niedere Eukaryonte wie Hefe oder Tetrahymena enthalten ein für die Replikation der Telomeren verantwortliches Enzym, die *Telomerase*. Es ist für die Tatsa-

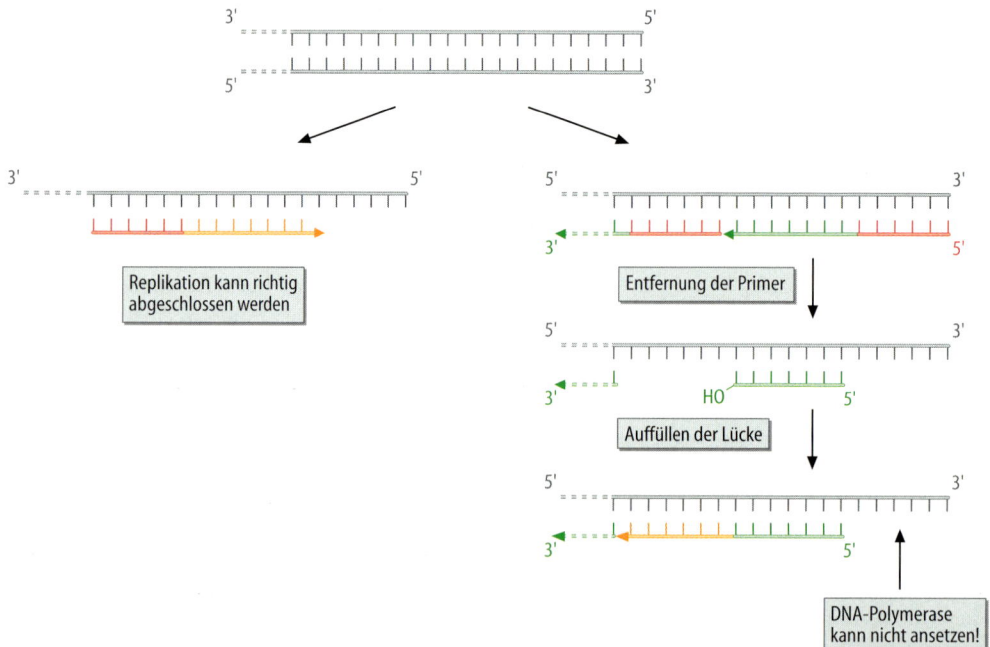

Abb. 9.15 Replikation an den Telomeren der Chromosomen. Der am 3'-Ende des parentalen Stranges gelegene Primer kann zwar noch entfernt werden, es gibt jedoch keine DNA-Polymerase, die die dadurch entstehende Lücke auffüllen könnte

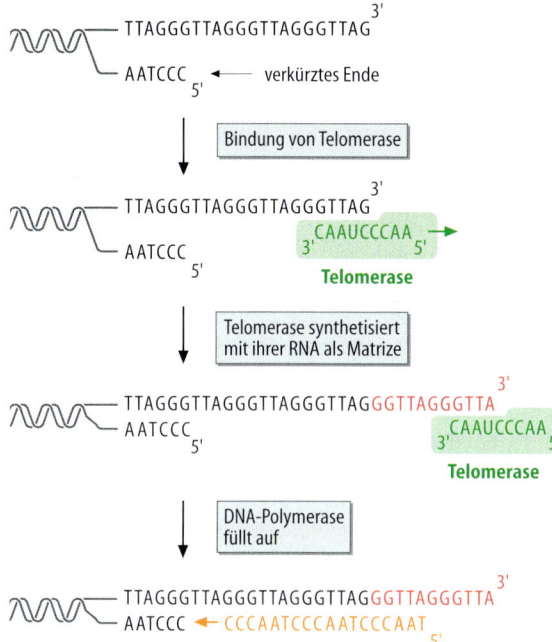

Abb. 9.16 Mechanismus der für die Replikation der Telomeren verantwortlichen Telomerase. Telomerasen sind Ribonucleoproteine. Sie enthalten eine RNA-Sequenz, die als Matrize für die Verlängerung des 3'-Endes eines parentalen Stranges dient. Dabei entsteht eine beträchtlich verlängerte Sequenz, die dann die komplementäre Sequenz für die Auffüllung der Verkürzung am Verzögerungsstrang liefert

che verantwortlich, daß diese Zellen sich beliebig oft teilen können. Telomerasen sind *Ribonucleoprotein-Enzyme*. Sie enthalten ein RNA-Stück, welches eine der telomeren Sequenz komplementäre Basensequenz enthält und für die Telomerenreplikation essentiell ist (Abb. 9.16). Die terminalen Nucleotide des G-reichen überhängenden Endes paaren mit der entsprechenden Sequenz der Telomerase-RNA. Anschließend erfolgt die Verlängerung des 3'-Endes, wobei wiederum die Telomerase-RNA als Matrize dient. Substrat sind die entsprechenden Desoxynucleosidtriphosphate. Dieser Vorgang wiederholt sich mehrmals, so daß die repetitive, G-reiche Sequenz entsteht. Die Polymerisation sowie die Anlagerung der Telomerase erfolgt ohne ATP-Verbrauch.

Die Telomerase ist damit eigentlich eine reverse Transkriptase (S. 292), deren RNA-Matrize ein intrinsischer Bestandteil des Enzyms ist. Die durch die Telomerase verlängerten 3'-Enden werden bei der nächsten Replikationsrunde zwar verkürzt repliziert (s. o.), jedoch kann dieser Defekt in der darauf folgenden Replikationsrunde durch Verlängerung mit der Telomerase wieder behoben werden.

Bei niederen Eukaryonten führt der Verlust der Telomerasefunktion in Folge von Mutationen zur allmählichen Verkürzung der Chromosomen und schließlich zum Zelltod. Normale somatische menschliche Zellen enthalten keine Telomerase, jedoch ist eine solche in den Keimbahnzellen der Testes und der Ovarien vorhanden. Darüber hinaus hat sich eine aktive Telomerase bei allen bisher untersuchten Carcinomen und Leukämien nachweisen lassen. Offenbar ist dieses Enzym normalerweise reprimiert und wird erst bei der malignen Transformation aktiviert (S. 200).

Hemmstoffe der Replikation können als experimentelle Werkzeuge oder zur Tumortherapie eingesetzt werden

Einige Antibiotika hemmen die Replikation der DNA bzw. die Transkription und haben sich deswegen als wertvolle Hilfsmittel bei der Aufklärung der molekularen Mechanismen der Replikation erwiesen und darüber hinaus teilweise Eingang in die Tumortherapie gefunden:

Mitomycin. Mitomycin verursacht die Bildung covalenter Quervernetzungen zwischen den DNA-Strängen und verhindert dadurch deren Trennung, die bei der Zellteilung für die Replikation notwendig ist. Da es sowohl bei Mikroorganismen als auch bei Eukaryonten als Mitosehemmstoff wirkt, hat es nur in der Tumortherapie Bedeutung.

Actinomycin D. In niedrigen Konzentrationen hemmt Actinomycin D die DNA-abhängige RNA-Biosynthese (S. 241), in höheren auch die DNA-Replikation. Dabei kommt es zur Bildung eines Komplexes von Actinomycin D mit den Guaninresten der DNA. Actinomycin D findet Anwendung in der Tumortherapie sowie bei experimentellen Fragestellungen, bei denen geklärt werden soll, ob ein beobachteter Effekt auf die Neubildung von RNA zurückgeführt werden kann.

Gyrasehemmstoffe. Eine Reihe einfacher, von der 4-Oxochinolin-3-carbonsäure abstammender Verbindungen sind wirksame Hemmstoffe der prokaryotischen DNA-Gyrase (S. 214). Wegen dieser Wirkung beeinträchtigen sie die bakterielle Replikation und Transkription und können zur Therapie eines breiten Spektrums bakterieller Infekte eingesetzt werden.

9.3 Veränderungen der DNA-Sequenz

Das Überleben eines Individuums hängt davon ab, daß seine DNA während der oft außerordentlich langen Lebenszeiten seiner Zellen stabil bleibt und bei der DNA-Replikation mit großer Genauigkeit verdoppelt wird. Treten dennoch stabile, vererbbare Änderungen der DNA-Struktur auf, so spricht man von Mutationen. Wie in Kapitel 13 ausführlich erörtert, haben derartige Mutationen wegen der Degeneration des genetischen Codes in einem Teil der Fälle keinerlei Konsequenzen für das betreffende Protein. Gelegentlich kommt es zum

Austausch ähnlicher Aminosäuren, so daß die funktionellen Konsequenzen gering sind und nur in den relativ seltenen Fällen, wo durch die Mutationen schwerwiegende strukturelle Änderungen des betroffenen Proteins ausgelöst werden, ergeben sich entsprechende Defekte mit häufig deletären Konsequenzen für den betreffenden Organismus. Derartige Mutationen werden sich infolgedessen innerhalb einer Art nicht durchsetzen, da das betroffene Individuum entweder nicht in das fortpflanzungsfähige Alter kommt oder in seiner Fortpflanzungsfähigkeit erheblich vermindert ist. Dies führt zu einer beträchtlichen Stabilität der DNA innerhalb einer Species. Aus Untersuchungen der Fibrinopeptide (S. 924), bei denen Änderungen der Aminosäuresequenz wenig funktionelle Konsequenzen haben, läßt sich errechnen, daß für ein durchschnittliches Protein aus 400 Aminosäuren eine stabile Änderung einer Aminosäure etwa einmal pro 200 000 Jahre erfolgt. Ähnliche Zahlen lassen sich aus der Häufigkeit von Änderungen der Basensequenz in nicht für Proteine codierenden DNA-Strukturen ableiten.

Erstaunlicherweise steht dieser biologischen Stabilität der DNA nicht eine gleichwertige chemische Stabilität gegenüber. Eine Reihe von Bindungen in der DNA ist nämlich relativ labil. So kommt es beispielsweise bereits bei der normalen Körpertemperatur zur *thermischen Spaltung* der N-glykosidischen Bindung von Purinbasen mit der Desoxyribose. Dieser Vorgang der **Depurinierung** betrifft beim Menschen etwa 5.000 Purinbasen pro Zelle und 24 Stunden. Kaum weniger häufig ist die spontane **Desaminierung** von Cytosin in der DNA. Da hierbei Uracil entsteht, welches komplementär zu Thymin ist, ist diese Desaminierung auf jeden Fall mutagen.

Über diese spontanen Änderungen der DNA-Struktur hinaus ist die DNA anfällig gegenüber einer großen Zahl von schädigenden Agentien. Hierzu gehören die *ultraviolette Strahlung,* welche zur Ausbildung von **Thymindimeren** führt (Abb. 9.17). Oxidative Schädigungen durch *Sauerstoffradikale* (S. 512) führen beispielsweise zu **Thyminglykol-Derivaten,** zu 8-Oxoguanin oder Formamidopyrimidinen. Insgesamt sind bis heute etwa 100 unterschiedliche radikalische Schädigungen der DNA-Basen identifiziert worden. Die Tatsache, daß ein großer Teil von ihnen mutagen ist, führt zwingend zu dem Schluß, daß in jeder Zelle hochaktive DNA-Reparatursysteme wirken müssen, die die permanent auftretenden DNA-Schäden erkennen und reparieren.

9.3.1 Reparatur von DNA-Schäden

Die Behebung eines DNA-Schadens ist immer dann relativ unproblematisch, wenn dieser sich auf einen der beiden Einzelstränge der Doppelhelix beschränkt. Die zur Behebung des Schadens notwendigen Schritte (Abb. 9.18) bestehen in der

- Erkennung des beschädigten Nucleotids,
- Exzision des beschädigten Nucleotids,
- Auffüllung der Lücke mit den zu dem unbeschädigten Strang komplementären Basen und
- Schließen der Lücke.

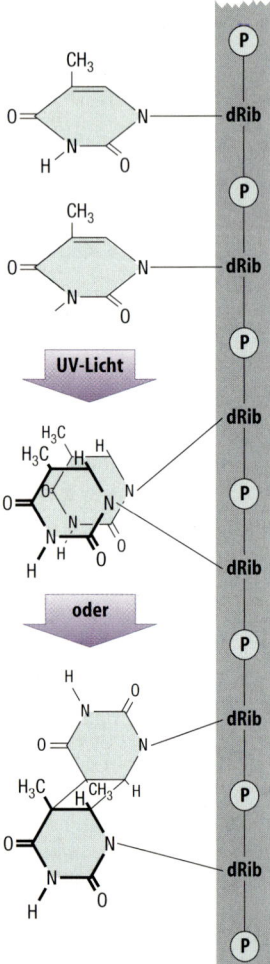

Abb. 9.17 Dimerisierung von benachbarten Thyminresten durch UV-Licht

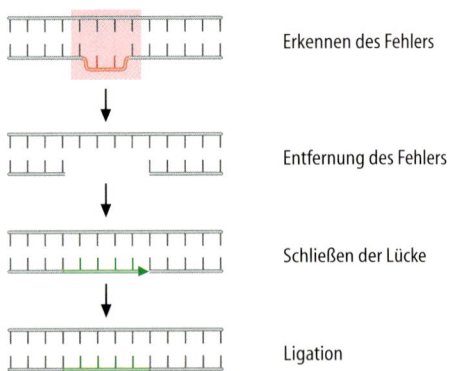

Erkennen des Fehlers

Entfernung des Fehlers

Schließen der Lücke

Ligation

Abb. 9.18 Allgemeine Strategie zur Behebung von DNA-Schäden. (Einzelheiten s. Text)

Während für die Exzision der beschädigten Region spezifische enzymatische Aktivitäten notwendig sind, können für die sich anschließenden Schritte dieselben Enzymaktivitäten benutzt werden, die auch für die Verknüpfung der Okazaki-Fragmente während der DNA-Replikation benötigt werden. Für das Auffüllen der Lücke wird eine DNA-Polymerase benötigt, für das Schließen der Lücke die DNA-Ligase.

Für die Basenexzisionsreparatur werden DNA-Glykosylasen und AP-Endonucleasen benötigt

Die einzelnen Schritte der *Basenexzisionsreparatur* sind in Abb. 9.19 dargestellt. Die zugrundeliegenden Mechanismen finden sich in gleicher Weise sowohl bei pro- als auch bei eukaryoten Organismen, sind allerdings bei den Ersteren wesentlich besser untersucht.

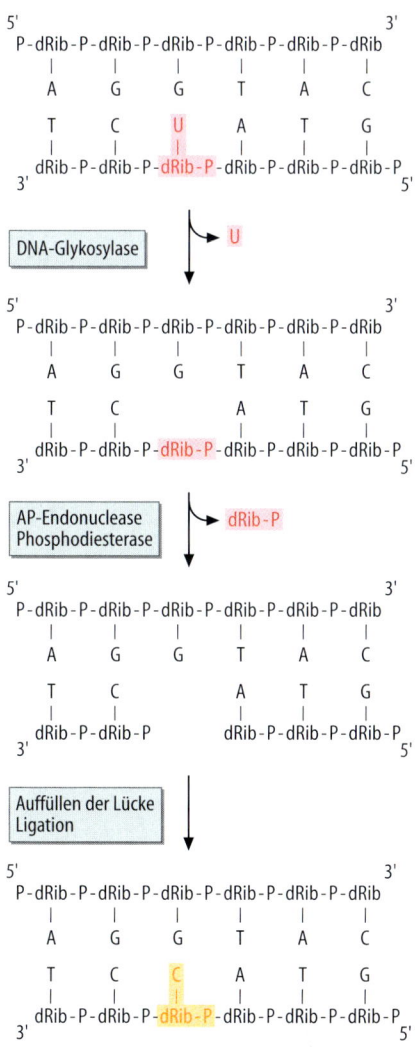

Basenveränderungen, die meist im Gefolge von oxidativen Schädigungen auftreten, werden als Änderung der Raumstruktur der DNA von spezifischen Proteinen erkannt. Diese bilden mit *DNA-Glykosylasen* aktive Komplexe, welche die beschädigte Base eliminieren. DNA-Glykosylasen bilden eine Familie von Enzymen unterschiedlicher Spezifität, die die einzelnen Typen geschädigter Basen, aber auch das durch Desaminierung von Cytosin entstehende Uracil erkennen und entfernen. Um die richtige Base einsetzen zu können, muß nun das Desoxyribosephosphat entfernt werden, zu dem die durch die DNA-Glykosylase herausgeschnittene Base gehörte. Hierfür ist zunächst eine *AP-Endonuclease* notwendig (AP = *engl.* apurinic bzw. apyrimidinic). Die Entfernung von Desoxyribose und Phosphat erfolgt dann durch eine *Phosphodiesterase*. Durch DNA-Polymerase und DNA-Ligase kann nun die Lücke aufgefüllt und geschlossen werden.

Für die Behebung der durch spontane Depurinierung (s. o.) entstandenen DNA-Schädigungen werden im Prinzip dieselben Schritte benötigt, es fällt lediglich die durch die DNA-Glykosylase katalysierte Entfernung der beschädigten Basen weg.

Pyrimidindimere werden durch Nucleotidexzisions-Reparatur entfernt

Besonders durch UV-Licht, jedoch auch unter der Einwirkung verschiedener oxidativer Schädigungen kommt es zur *Pyrimidindimerisierung*, die in Abb. 9.20 am Beispiel der Thymindimeren dargestellt ist. Derartige Schäden werden durch *Nucleotid-Exzisionsreparatur* behoben. Im Prinzip geht das aus einer Reihe unterschiedlicher Untereinheiten bestehende hierfür verantwortliche Reparatursystem so vor, daß nach Erkennen der Schädigung durch den Multienzymkomplex ein aus etwa 10–20 Nucleotiden bestehendes Oligonucleotid aus dem geschädigten Einzelstrang entfernt wird. Dies geschieht durch eine *Nucleaseaktivität,* die oberhalb und unterhalb der Schädigung schneidet und

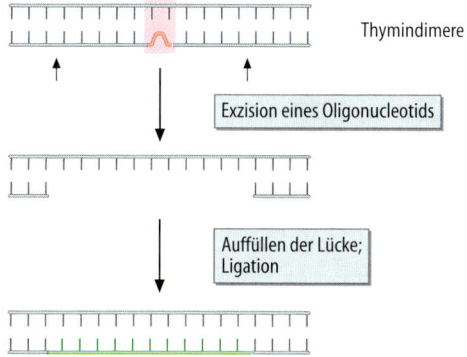

Thymindimere

Exzision eines Oligonucleotids

Auffüllen der Lücke; Ligation

Abb. 9.19 Mechanismus der Basenexzisionsreparatur. Nach dem Lokalisieren der beschädigten Stelle erfolgt durch DNA-Glykosylasen die Exzision der Base, anschließend die Entfernung des zugehörigen Deoxyribosephosphats durch AP-Endonucleasen. Danach wird die Lücke aufgefüllt

Abb. 9.20 Mechanismus der Nucleotidexzisions-Reparatur. Der Reparaturkomplex enthält eine Nucleaseaktivität, die ein etwa 10–20 Basen langes Oligonucleotid in der Umgebung der beschädigten Stelle entfernt. Die dabei entstehende Lücke wird anschließend geschlossen

durch eine *DNA-Helicaseaktivität*, die das entsprechende Oligonucleotid entfernt. Die entsprechende Lücke wird durch DNA-Polymerase und Ligase aufgefüllt und geschlossen.

Die allgemeine Bedeutung dieses Reparatursystems durch Nucleotidexzision geht aus einer relativ seltenen hereditären Erkrankung des Menschen hervor, die als *Xeroderma pigmentosum* bezeichnet wird. Die betroffenen Patienten sind sehr empfindlich gegenüber Sonnenbestrahlung, zeigen Störungen ihrer Hautpigmentierung und neigen zur Bildung von Hautcarcinomen besonders an den dem Sonnenlicht ausgesetzten Stellen. Gelegentlich treten zusätzlich neurologische Störungen und eine beschleunigte Neurodegeneration auf. Bis heute sind neun Subtypen dieser Erkrankung aufgedeckt worden, von denen jede ein anderes an der Nucleotidexzisions-Reparatur beteiligtes Protein betrifft.

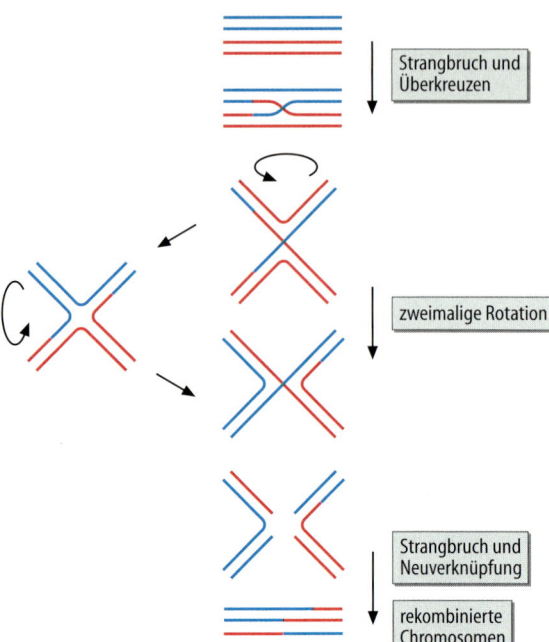

Abb. 9.21 Schematische Darstellung der Vorgänge bei der homologen Rekombination. (Einzelheiten s. Text)

9.3.2 Rekombination, Transposition und Retrotransposition

Aus genetischen Experimenten ist seit langer Zeit bekannt, daß Paare alleler Gene ihre Plätze auf den Chromosomen austauschen können. Dieser Vorgang wird als genetische oder homologe Rekombination bezeichnet und ist der Grund für die unterschiedlichen Phänotypen der Nachkommen von Eltern.

Seit den Anfang der 40er Jahre durchgeführten Untersuchungen von Barbara McClintock weiß man, daß auch bei eukaryoten Zellen ähnlich wie bei Bakterien in der DNA transponierbare Elemente vorkommen, die ihre Position innerhalb der Chromosomen oder von Chromosom zu Chromosom verändern können. Derartige Elemente kommen in variabler Anzahl in pro- und eukaryoten Genomen vor und stellen möglicherweise wichtige Motoren der Evolution dar. Sie werden als *Transposons* bezeichnet. In noch größerem Umfang erfolgen bei Eukaryonten Verschiebungen genetischer Elemente innerhalb eines Genoms dadurch, daß zunächst RNA-Transkripte hergestellt und diese anschließend nach Umschreibung in DNA in andere Stellen des Genoms reintegriert werden. Solche Elemente werden als *Retroelemente* oder als *Retrotransposons* bezeichnet. Aus diesen Beobachtungen leitet sich als wichtige Erkenntnis ab, daß das in der DNA niedergeschriebene Genom einer Zelle nicht etwas Stabiles, nur mit großem Aufwand Veränderliches darstellt, sondern sich im Gegenteil in beträchtlichem Umfang umgruppieren kann.

Durch genetische Rekombination entstehen neue DNA-Moleküle

Während der Meiose (S. 161) erfolgt der als genetische oder *homologe Rekombination* bezeichnete Austausch von Material zwischen zwei DNA-Strängen (Abb. 9.21). Der Vorgang beginnt damit, daß in den beiden DNA-Doppelsträngen an einander homologen Strängen Einzelstrangbrüche entstehen. Da die dabei gebildeten freien Enden beweglich sind, können sie ihren jeweiligen Partner verlassen und überkreuz mit dem komplementären Einzelstrang im anderen DNA-Molekül paaren. Die neu entstandenen Verbindungen zwischen den beiden Einzelsträngen werden durch eine Ligase geschlossen, anschließend bewegt sich die Überkreuzungsstelle durch einen auch als *Schenkelwanderung* bezeichneten Vorgang. Aus der hierbei gebildeten sogenannten *Heteroduplexstruktur* kann durch Rotation ein flaches Molekül entstehen, in welchem jetzt eine Trennung der beiden Doppelstränge durch erneute Einführung von Einzelstrangbrüchen erfolgt. Je nachdem in welcher Ebene diese Brüche eingebracht werden, entstehen rekombinierte oder nichtrekombinierte Moleküle, immer jedoch verbunden mit einem Austausch genetischen Materials.

Transposons vermitteln die Verschiebung chromosomaler Elemente

Die durch *Transposons* vermittelte Verschiebung genetischer Elemente innerhalb des Genoms setzt nicht Verwandtschaftsbeziehungen zwischen Donor- und Akzeptorstelle voraus, wie sie für die homologe Rekombination notwendig sind. Transpositionen von Transposons führen jedoch zur Umordnungen im Genom. Diese können

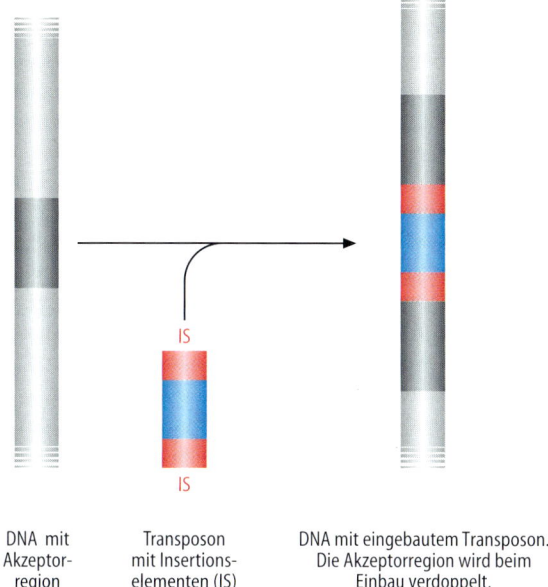

DNA mit
Akzeptor-
region

Transposon
mit Insertions-
elementen (IS)

DNA mit eingebautem Transposon.
Die Akzeptorregion wird beim
Einbau verdoppelt.

Abb. 9.22 Einbau von Transposons in die Rezipienten-DNA. Beim Einbau wird die Akzeptorregion der Rezipienten-DNA verdoppelt

- Deletionen,
- Inversionen oder
- Translokationen auslösen.

Am besten untersucht sind die bakteriellen Transposons. Diese werden im einfachsten Fall als *Insertionssequenzen* oder *IS-Elemente* bezeichnet und kommen in mehreren Kopien in bakteriellen Chromosomen oder Plasmiden (s. u.) vor. Jedes IS-Element codiert ausschließlich Proteine, die es für seine eigene Transposition benötigt und zeigt einen charakteristischen Aufbau. An den Enden derartiger Elemente kommen invertierte Sequenzwiederholungen mit einer Länge zwischen 15 und 25 Basenpaaren vor (Abb. 9.22). Ihre Integration in die Rezipientenstelle erfolgt an charakteristischen, sehr kurzen Sequenzen, die beim Einbau des Transposons verdoppelt werden. Im einfachsten Fall codiert das Transposon ausschließlich für das für die Transposition benötigte Enzym, die *Transposase.*

Eine Reihe bakterieller Transposons enthalten außer den für die Transposons wichtigen Genen die Gene für Antibiotikaresistenzen oder gelegentlich andere Funktionen und werden mit der Abkürzung *Tn* bezeichnet. Viele von ihnen sind inzwischen sehr gut untersucht. Abbildung 9.23 stellt die Struktur des Transposons Tn 3 dar. Wie alle anderen Transposons enthält es an beiden Enden inverse repetitive Elemente. Darüber hinaus trägt es drei Gene, eines für die *Transposase,* ein *Repressorgen* sowie schließlich das Gen für die *β-Lactamase,* welches für die Penicillinresistenz codiert (S. 76).

Auf Plasmiden positionierte Transposons mit Antibiotikaresistenzen können durch den als *Konjuga-*

38	3066	558	861	38
IR	tnpA	tnpR	amp^R	IR

Abb. 9.23 Struktur des Transposons Tn3. An beiden Enden des Transposons befinden sich invertierte terminale Sequenzwiederholungen aus 38 Bp. Das Transposon besteht aus 3 Genen, von denen tnpA und tnpR für die Transposition benötigt werden, amp^r für eine β-Lactamase codiert und somit für Penicillinresistenz verantwortlich ist. tnpA wird in umgekehrter Richtung abgelesen wie tnpR und amp^r

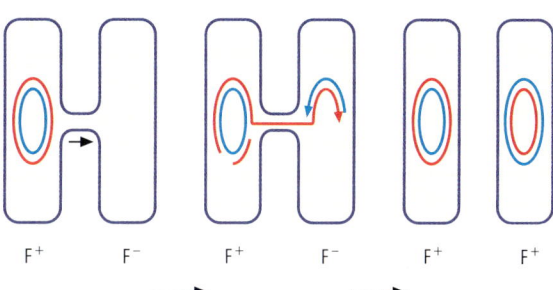

F^+ $\quad\quad$ F^- $\quad\quad$ F^+ $\quad\quad$ F^- $\quad\quad$ F^+ $\quad\quad$ F^+

Abb. 9.24 Austausch von genetischem Material bei Prokaryonten durch Konjugation. Die Donorzelle (F$^+$) enthält das Plasmid. Nach Herstellung des Pilus wird eine Kopie einzelsträngiger DNA des Plasmids in die F$^-$-Zelle übertragen, wo diese dann zum Doppelstrang ergänzt wird. Der Einfachheit halber ist das Hauptchromosom der beiden Bakterienzellen nicht dargestellt

tion bezeichneten Vorgang des genetischen Austausches zwischen Bakterienzellen verbreitet werden. Die prinzipiellen Vorgänge bei der Konjugation sind in Abb. 9.24 dargestellt. Zunächst ist ein enger Kontakt zwischen den Bakterienzellen notwendig, der durch einen *Pilus* hergestellt wird. Wesentlich ist weiter, daß die Übertragung des Genmaterials nur in einer Richtung, nämlich von einer Donorzelle auf eine Akzeptorzelle erfolgen kann. Die Donorzelle verfügt über das Plasmid, welches auch als *F-Faktor* (F = Fruchtbarkeit, *engl.* fertility) bezeichnet wird. Durch die Zell-Zell-Verbindung erfolgt nun eine Übertragung einzelsträngiger DNA von der Donor- in die Akzeptorstelle, wo an den eingeführten Einzelstrang eine komplementäre Sequenz ankondensiert wird oder der Einzelstrang durch Rekombination in das Hauptchromosom des Empfängers eingebaut wird. Für diesen Vorgang sind *Rekombinationsproteine* (Rec-Proteine) notwendig. Im Prinzip könnten nicht nur Plasmide, sondern das gesamte Chromosom des Donors auf den Empfänger übertragen werden. In aller Regel findet dies jedoch nicht statt, da der Zell-Zell-Kontakt vorher abbricht.

Eine besondere Eigenschaft zusammengesetzter Transposons wie des Transposons Tn 3 besteht darin, daß sie nicht nur eine einfache sondern auch eine *replikative Transposition* durchmachen können. In diesem Fall wird nur eine Kopie des Transposons innerhalb des Genoms verschoben, während das ursprüngliche Transposon an der alten Stelle bleibt. Es ist klar, daß auf diese Weise Resistenzgene für Antibiotika vermehrt werden können.

Transposition von genetischen Elementen ist bei Bakterien ein wichtiger evolutionärer Vorgang. Dies geht in besonders eindrucksvoller Weise aus der Tatsache hervor, daß seit der Einführung des allgemeinen Gebrauchs von Antibiotika für die Therapie von Infektionserkrankungen eine Anhäufung von Plasmiden innerhalb der Bakterienpopulationen zu beobachten ist, die Transposons für Antibiotikaresistenzen tragen.

Wie man aus den Untersuchungen von Barbara McClintock an der Maispflanze weiß, kommen auch bei Eukaryonten den Transposons ähnliche DNA-Elemente vor. Es handelt sich um Kontrollelemente, die die Entwicklung der Pflanze steuern. Auch bei Drosophila wurden transponierbare Elemente entdeckt, die für das Phänomen der Hybrid-Dysgenese verantwortlich sind (s. Lehrbücher der Genetik). Aus diesen Beobachtungen läßt sich auf jeden Fall schließen, daß Transposons nicht nur bei pro- sondern auch bei eukaryoten Organismen vorkommen.

Im allgemeinen werden bei Eukaryonten genetische Elemente durch Retrotransposition übertragen

Ein beträchtlicher Teil der eukaryoten Genome so weit entfernter Organismen wie Pflanzen, Drosophila und Säugerzellen enthält transponierbares genetisches Material. Bei einer genauen Strukturanalyse hat sich ergeben, daß im allgemeinen eine beachtliche Sequenzhomologie zum Genom von Retroviren besteht. Infolgedessen werden derartige Transposons im allgemeinen auch als *Retrotransposons* bezeichnet.

Ihr allgemeiner Aufbau ist in Abb. 9.25 dargestellt. Ähnlich wie Retroviren (S. 292) tragen Retrotransposons an beiden Enden terminale Wiederholungen (*engl.* terminal repeat). Von dem Retrotransposon wird zunächst, meist durch die **RNA-Polymerase II** (S. 242) ein RNA-Transkript hergestellt. Dieses wird durch eine **reverse Transkriptase** (S. 292) wieder in einen DNA-Strang umkopiert und an einer neuen Stelle im Genom integriert. Meist enthalten derartige Retrotransposons die für die Transposition notwendigen Gene für die *reverse Transkriptase* und eine *Integrase*. Retrotransposons unterscheiden sich von Retroviren im wesentlichen dadurch, daß sie keine Gene für die Herstellung der Hüllproteine (S. 290 ff.) tragen und damit nicht infektiös werden können.

Abb. 9.25 Allgemeiner Aufbau von eukaryoten Retrotransposons. Viele eukaryote Transposons gehören in die Familie der Retrotransposons. Sie haben wie Retroviren lange terminale Sequenzwiederholungen und verfügen über offene Leseraster für reverse Transkriptase oder Integrase. Ihre Transposition setzt die Transkription zur RNA und die anschließende Übertragung in DNA voraus

Verschiedene in der eukaryoten DNA vorkommende Strukturelemente könnten durch die Aktivität von Retrotransposons entstanden sein. Hierzu gehören u. a. die häufig vorkommenden sogenannten **Pseudogene**. Es handelt sich um Kopien zellulärer Gene, denen die Promotorsequenzen sowie die Introns fehlen und die aus diesem Grund funktionslos sind. Besonders das Fehlen der Introns läßt sich mit der Annahme erklären, daß die den Pseudogenen zugrundeliegenden zellulären Gene in ein Retrotransposon eingebaut wurden, von dessen Transkript durch Spleißen die Introns entfernt wurden. Wird die so entstandene mRNA durch die reverse Transkriptase umgeschrieben, kommt man zu einem intronlosen Gen.

Die im menschlichen Genom nachweisbaren mittel- bzw. hochrepetitiven DNA-Elemente könnten ebenfalls auf der Aktivität von Retrotransposons beruhen.

9.4 Gentechnik

Das zunehmende Verständnis für die DNA-Replikation und die Transkription (S. 240 ff.) sowie für die Translation (S. 266 ff.) hat völlig neue Möglichkeiten zur praktischen Anwendung dieser Erkenntnisse sowohl für die Grundlagenforschung wie auch für die technische Herstellung von Nucleinsäuren oder Proteinen erbracht. Die für derartige Anwendungen benötigten Techniken werden auch zusammenfassend als Gentechnik bezeichnet.

Alle gentechnischen Verfahren beruhen darauf, daß Zellen oder Organismen dazu gebracht werden, fremde DNA mit spezifischen Eigenschaften aufzunehmen, gegebenenfalls in ihr Genom zu integrieren, zu replizieren und die in der fremden DNA enthaltene Information zu exprimieren. Hierzu sind eine Reihe von Schritten notwendig, denen man bei gentechnischen Arbeiten immer wieder begegnet. Nach der Isolierung der gewünschten DNA-Sequenzen, die im Folgenden als Fremd-DNA bezeichnet werden sollen, müssen diese mit einer geeigneten Träger-DNA verknüpft werden, die die Aufnahme in die Empfängerzelle, die Replikation und gegebenenfalls die Integration in das Genom ermöglichen.

- Derartige Träger-DNA-Moleküle werden als Vektoren bezeichnet,
- das Konstrukt aus Fremd-DNA und Vektor auch als rekombinante DNA.
- Den Einbau von fremder DNA in einen Vektor bezeichnet man auch als Klonierung dieser DNA,
- den Vorgang der Einschleusung rekombinanter DNA in Empfängerzellen als Transfektion.

Gelegentlich wird hierfür auch der Ausdruck Transformation benutzt, der jedoch leicht mit der Wachstumstransformation eukaryoter Zellen (S. 200) verwechselt werden kann.

9.4.1 Vektoren zum Einschleusen fremder DNA in Zellen

Bakterielle Vektoren leiten sich von natürlichen Plasmiden oder Bakteriophagen ab

Für alle gentechnischen Verfahren ist die Vermehrung isolierter, spezifischer DNA-Sequenzen in beliebigen Mengen eine unabdingbare Voraussetzung. Da es relativ leicht gelingt, DNA unabhängig von ihrer Herkunft in Bakterienzellen einzuschleusen und wegen der enormen Vermehrungsfähigkeit von Bakterien auch zu vermehren, sind diese ein ideales Werkzeug zu diesem Zweck.

Abbildung 9.26 stellt die Grundzüge der hierzu verwendeten Verfahren dar. Bakterienzellen verfügen häufig über sogenannte Satelliten-DNA oder *Plasmide*. In Wildtypbakterien tragen derartige Plasmide die Gene für die Konjugation von Bakterienzellen (Fertilitäts-Plasmide) und gelegentlich auch für Antibiotikaresistenzen (Resistenz-Plasmide, S. 223).

Plasmide, die aus einigen tausend bis etwa hunderttausend Basenpaaren doppelsträngiger DNA be-

stehen, können nach Lyse der Bakterien durch einfache Zentrifugationsschritte vom bakteriellen Hauptchromosom abgetrennt und in hoher Reinheit isoliert werden. Auf diese Weise isolierte Plasmide werden von intakten Bakterien wieder aufgenommen, wenn diese durch eine entsprechende Vorbehandlung (Temperaturerhöhung, Erhöhung der Calciumkonzentration) hierfür kompetent gemacht werden. Gelingt es, nach der Isolierung in ein derartiges Plasmid eine fremde DNA einzubauen (zu klonieren), so können mit diesen „künstlichen" Plasmiden Bakterien transfiziert und damit mit neuen, für die Bakterienzelle untypischen Eigenschaften ausgestattet werden.

Ein geeignetes Plasmid soll eine Reihe von spezifischen Eigenschaften besitzen (Abb. 9.27). Es muß zunächst über einen *Marker* verfügen, der den Nachweis zuläßt, daß das Plasmid auch wirklich in Bakterienzellen vorhanden ist. Meist geschieht dies durch Einführung eines *Resistenzgens*. So enthält der in Abbildung 9.27 dargestellte, sehr häufig verwendete Vektor pUC18 hierfür das Gen für die Ampicillin-Resistenz. Bakterien, die mit diesem Plasmid erfolgreich transfiziert wurden, können auf Ampicillin-haltigen Nährböden wachsen.

Damit ein derartiges Plasmid auch als erfolgreicher Vektor verwendet werden kann, muß der Einbau

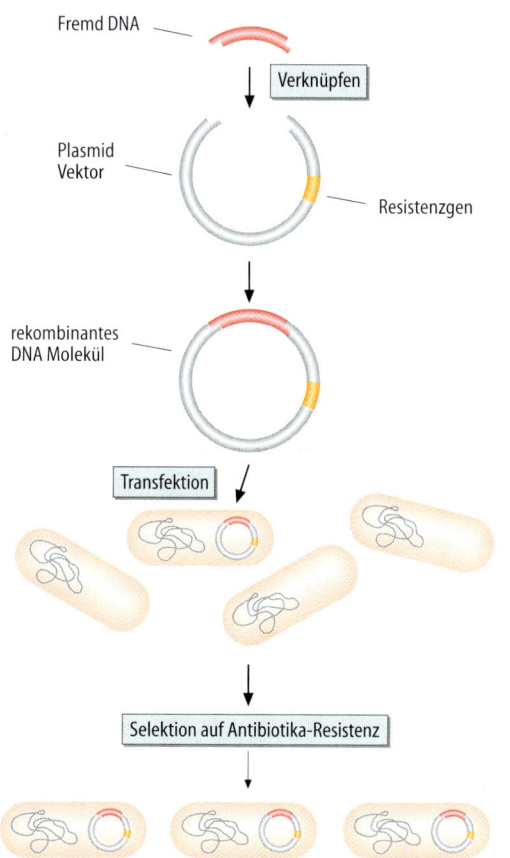

Abb. 9.26 Klonierung fremder DNA in ein Plasmid und Transfektion von Bakterienzellen

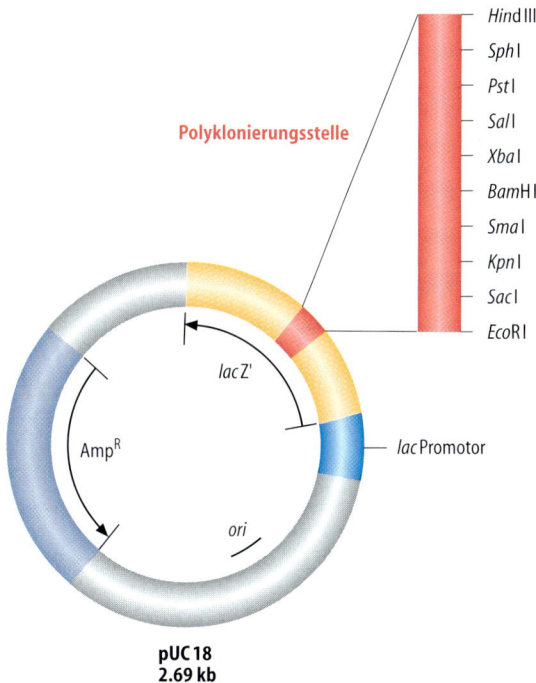

Abb. 9.27 Aufbau des Vektors pUC 18 als Beispiel für einen typischen Plasmidvektor. *ori* Startstelle für die Replikation in Bakterien; *amp^r* Gen für Ampicillinresistenz als Selektionsmarker; *Polyklonierungsstelle* Sequenz mit den Schnittstellen für die angegebenen Restriktionsendonucleasen. Derartige Polyklonierungsstellen bieten entsprechende Möglichkeiten bei der Wahl der verwendeten Restriktionsendonucleasen; *lacZ'* Fragment des lacZ-Gens aus E. coli, welches für β-Galaktosidase codiert; *lac promotor* Promotor für das lacZ'-Gen

fremder DNA möglichst einfach gemacht werden. Im Prinzip muß hierfür das Plasmid an einer definierten Stelle aufgeschnitten werden, so daß ein lineares Molekül entsteht, in welches die fremde DNA eingefügt werden kann. Nach Verknüpfung der Fremd-DNA mit dem Plasmid entsteht wieder ein ringförmiges DNA-Molekül, mit dem Bakterien transfiziert werden können.

Um das Einfügen der fremden DNA zu erleichtern, verfügen die für gentechnische Zwecke verwendeten Plasmide über eine sogenannte *Polyklonierungsstelle* (Abb. 9.27). Sie besteht aus einer Basensequenz, in der hintereinander die Schnittstellen häufig verwendeter Restriktionsendonucleasen (S. 170) eingefügt sind. Mit der entsprechenden Restriktionsnuclease wird das Plasmid zunächst aufgeschnitten. Sorgt man dafür, daß die fremde DNA die für diese Restriktionsnuclease typischen Basensequenzen am 3'- bzw. 5'-Ende trägt, so fügt sie sich unter entsprechenden Inkubationsbedingungen in die Lücke ein und kann danach mit Hilfe der DNA-Ligase (S. 216) fest in das Plasmid eingebaut werden. Bakterienzellen, die mit derartigen Plasmiden transfiziert wurden, sind diese sog. *gentechnisch veränderte Organismen*, da sie eine fremde, für sie nicht typische DNA tragen.

Da die Ausbeute der Plasmidherstellung häufig weniger als 100 % beträgt, ergibt sich das Problem, diejenigen Bakterien, die ein Plasmid mit eingebauter Fremd-DNA tragen, von denjenigen zu unterscheiden, die ein Plasmid ohne fremde DNA enthalten. Verwendet man das Plasmid pUC18, ist dies besonders leicht. Hier ist nämlich die Polyklonierungsstelle in das *lacZ-Gen* von E.coli inkorporiert, das für die β-Galaktosidase codiert. Da die Polyklonierungsstelle alleine die Expression des lacZ-Gens nicht stört, exprimieren Coli-Zellen, die das Plasmid ohne eingebaute Fremd-DNA enthalten, die β-Galaktosidase. Derartige Bakterien können leicht daran erkannt werden, daß sie eine Verbindung mit einer galaktosidischen Bindung (X-Gal) unter Bildung eines blauen Farbstoffs spalten können, also in blau gefärbten Kolonien wachsen. Wird in die Polyklonierungsstelle eine fremde DNA eingeschleust, so wird der Leserahmen des lacZ-Gens zerstört und die Bakterien sind nicht mehr imstande, β-Galaktosidase zu produzieren. Sie bilden aus diesem Grund weiß gefärbte Kolonien.

Es ist klar, daß aufgrund ihrer beschränkten Größe Plasmide fremde DNA nur in einer Länge von einigen tausend Basenpaaren aufnehmen können. Für größere DNA-Abschnitte empfiehlt sich deren Einbau in bestimmte Bakteriophagen, speziell den *λ-Phagen.* Im Prinzip wird dabei so vorgegangen, daß die lineare λ-Phagen-DNA durch entsprechende Restriktionsenzyme aufgeschnitten und in die entstandene Lücke die fremde DNA eingebaut wird. Derartig modifizierte Phagen-DNA kann in vitro in infektiöse Phagenköpfe verpackt und damit zur Transfektion von Bakterien verwendet werden.

Für Hefezellen können künstliche Chromosomen hergestellt werden

Bakterien können für die Expression eukaryoter Gene dann von Nachteil sein, wenn die exprimierten Proteine posttranslational, beispielsweise durch Anfügung von Kohlenhydratseitenketten, modifiziert werden müssen. In diesem Fall ist eine Amplifizierung der fremden DNA in eukaryoten Zellen notwendig. Häufig werden hierfür *Hefezellen* verwendet, da diese wie Bakterien in beliebig großen Suspensionskulturen, wie z. B. auch bei der Bier- und Weinherstellung, gehalten werden können und ihre Genetik außerordentlich gut untersucht ist.

Viele der für die Transfektion von Hefezellen verwendeten Plasmide leiten sich von bakteriellen Plasmiden ab. Damit sie in Hefezellen auch repliziert werden können, benötigen sie lediglich ein für Hefe typisches Element, welches auch als *ARS-Element* (autonom replizierende Sequenz) bezeichnet wird.

Sehr große Bruchstücke fremder DNA (bis etwa 300 kb) können mit Hilfe *künstlicher Hefechromosomen*, der sogenannten *YAC's*, in Hefezellen eingebaut werden (YAC = engl. yeast artificial chromosomes). Wie aus Abb. 9.28 zu entnehmen ist, handelt es sich um lineare DNA-Moleküle, die die typischen Eigenschaften von Chromosomen zeigen. An den beiden Enden findet sich eine telomere Sequenz, darüber hinaus trägt das künstliche Chromosom eine ARS-Sequenz, ein Zentromer sowie einen Selektionsmarker, Leu 2+, der die Identifizierung transfizierter Hefezellen ermöglicht. Das YAC verfügt über eine Schnittstelle für eine Restriktionsendonuclease, an der fremde DNA nach dem für bakterielle Vektoren beschriebenen Vorgehen einligiert werden kann.

Vektoren für tierische Zellen enthalten häufig virale Promotoren

Bereits in den 60er Jahren wurde beschrieben, daß auch tierische Zellen von außen zugesetzte DNA aufnehmen können. Meist wird hierzu die DNA mit Calciumphosphat kopräzipitiert und die dabei entstehenden DNA-Calciumphosphat-Granula durch Phagocytose in die Zellen aufgenommen. Die stabile Integra-

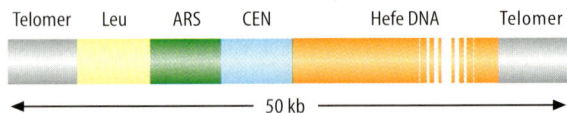

| Telomer | Leu | ARS | CEN | Hefe DNA | Telomer |

50 kb

Abb. 9.28 Aufbau eines YAC's. Das künstliche Hefechromosom besitzt an beiden Enden ein Telomer sowie ein ARS-Element für die zelluläre Replikation. Dieses wird durch ein Zentromer (CEN) stabilisiert. In die Hefe-DNA kann über eine Polyklonierungstelle Fremd-DNA einkloniert werden. Das Leu-Gen ist ein Selektionsmarker, der für die Verwendung von Hefestämmen geeignet ist, die einen Defekt bei der Biosynthese der Aminosäure Leucin zeigen. Zellen, die dieses YAC aufgenommen haben, können auf Leucin-freien Nährböden wachsen

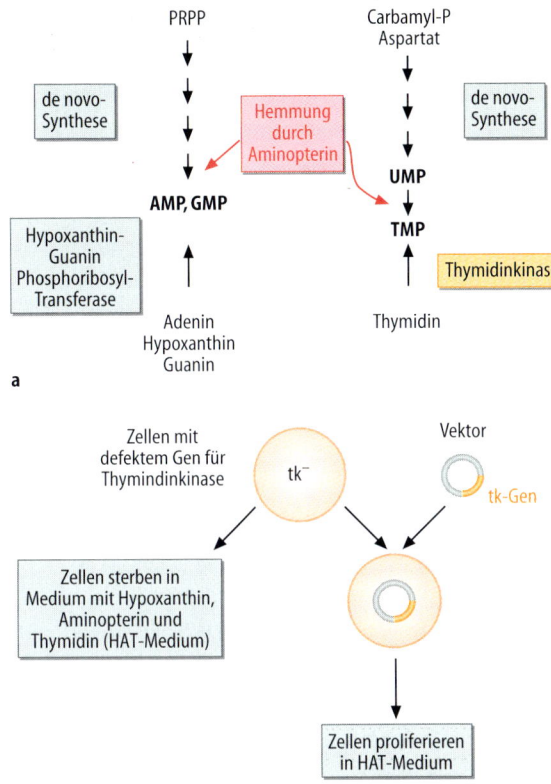

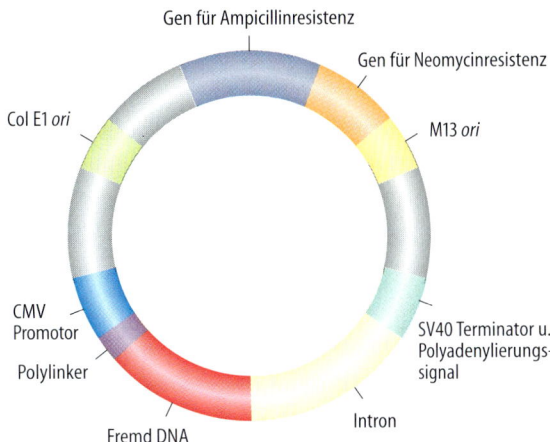

Abb. 9.30 Zusammensetzung eines typischen, für tierische Zellen geeigneten Expressionsvektors. Der Vektor enthält den Promotor des Cytomegalievirus als starken eukaryoten Promotor, hinter dem sich die Polyklonierungsstelle befindet. Anschließend an die Fremd-DNA befindet sich zur Verbesserung der Expression ein Intron sowie ein Polyadenylierungssignal (S. 248) sowie eine Terminationssequenz aus dem SV40-Virus. Für die Verwendung in Prokaryonten trägt der Vektor das Ampicillinresistenzgen amp^r sowie einen bakteriellen Origin

Abb. 9.29 a, b Verwendung des Thymidinkinasegens als Selektionsmarker für eukaryote Zellen. **a** Aminopterin hemmt die de novo Biosynthese von Purin- und Pyrimidinnucleotiden. **b** Mit Aminopterin behandelte Zellen sterben nicht ab, wenn sie über die Enzyme des salvage pathways (S. 591) verfügen und mit Hypoxanthin und Thymidin behandelt werden. Bei Zellen mit einem Defekt der Thymidinkinase (tk⁻-Zellen) nützt eine derartige Behandlung nichts. Nur diejenigen können überleben, die mit einem Vektor mit dem Thymidinkinasegen transfiziert worden sind

tion der DNA in der Kern-DNA ist zwar ein relativ seltenes Ereignis, tritt aber häufig genug auf, um stabile Transfektanten isolieren zu können. Für viele Zwecke ist jedoch eine Stabilität der eingeführten DNA über viele Zellgenerationen gar nicht notwendig. So können beispielsweise Untersuchungen über die Regulation der Expression bestimmter Gene auch mit transient transfizierten Zellen durchgeführt werden (s. u.).

Auf jeden Fall muß die Aufnahme der fremden DNA in tierische Zellen mit einem für diese typischen Selektionsmarker nachgewiesen werden. Bei Zellen, die keinen Salvage-Weg für den Pyrimidin-Stoffwechsel haben, kann das aus dem Herpes-Virus (S. 292) isolierte Thymidinkinase-Gen ein solcher Marker sein, wenn diese Zellen mit einem Hemmstoff der Dihydrofolat-Reductase behandelt werden (S. 1078, Abb. 9.29). Im allg. verwendet man heute jedoch Resistenzgene für bestimmte Antibiotika. So sind viele eukaryote Zellen empfindlich gegenüber **Neomycin** oder ähnliche Antibiotika. Befindet sich auf dem eingebrachten Vektor ein entsprechendes Resistenzgen, so können

transfizierte Zellen danach selektiert werden, ob sie in Gentamycin-haltigen Medien wachsen können.

Für tierische Zellen geeignete Vektoren sind häufig aus den unterschiedlichsten Bauteilen zusammengesetzt (Abb. 9.30).

- Sie enthalten starke Promotoren, die eine hohe Expressionsrate gewährleisten und häufig aus Viren stammen.
- Ein Intron, häufig aus dem β-Globingen, führt dazu, daß das primäre Transkript des Vektors gespleißt werden muß, was seinen Transport vom Kern in das Cytosol zur Translation erleichtert.
- Polyadenylierungssignale tragen auch zur korrekten posttranskriptionalen Prozessierung bei (S. 248).
- Damit derartige Vektoren leicht in Bakterien vermehrt werden können, tragen sie darüber hinaus ein Resistenzgen für Ampicillin sowie
- einen bakteriellen Replikationsorigin (S. 211).

9.4.2 Herstellung spezifischer DNA-Sequenzen

Die erfolgreiche Verwendung der oben beschriebenen Vektoren setzt natürlich voraus, daß die gewünschte fremde DNA in hoher Reinheit zur Verfügung steht und darüber hinaus die für die Einfügung passenden, den Schnittstellen der jeweils verwendeten Restriktionsendonucleasen entsprechenden Sequenzen enthält. Die Auswahl der verwendeten Fremd-DNA hängt vom Ziel der geplanten Untersuchungen ab. Häufig wird man genomische DNA benötigen, besonders für wissenschaftliche Untersuchungen, deren Ziel beispiels-

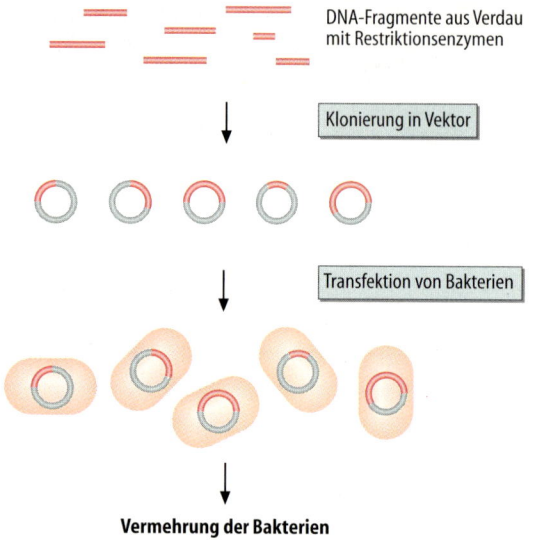

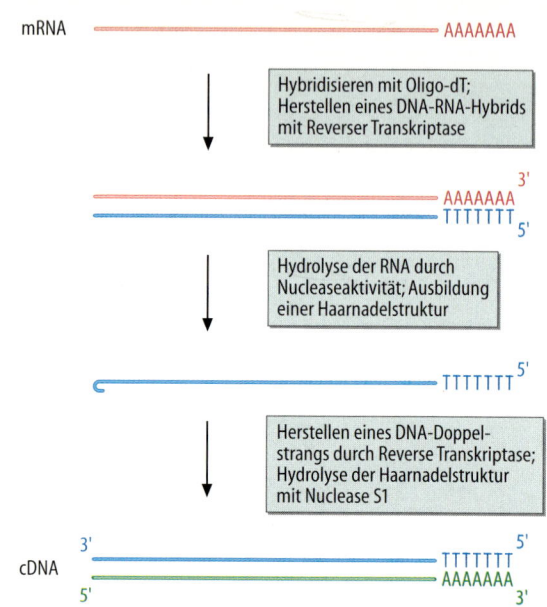

DNA-Fragmente aus Verdau
mit Restriktionsenzymen

Klonierung in Vektor

Transfektion von Bakterien

Vermehrung der Bakterien

mRNA   AAAAAAA

Hybridisieren mit Oligo-dT;
Herstellen eines DNA-RNA-Hybrids
mit Reverser Transkriptase

AAAAAAA 3'
TTTTTTT 5'

Hydrolyse der RNA durch
Nucleaseaktivität; Ausbildung
einer Haarnadelstruktur

TTTTTTT 5'

Herstellen eines DNA-Doppelstrangs durch Reverse Transkriptase;
Hydrolyse der Haarnadelstruktur
mit Nuclease S1

cDNA   3'   TTTTTTT 5'
       5'   AAAAAAA 3'

Abb. 9.31 Schematische Darstellung der Herstellung einer genomischen Genbank. (Einzelheiten s. Text)

Abb. 9.32 Herstellung von cDNA durch Behandlung von mRNA mit reverser Transkriptase

weise die Erforschung von Genregulation ist. Kommt es dagegen auf die Produktion eines spezifischen Proteins an, so wird es günstig sein, ein DNA-Molekül zu verwenden, dessen Sequenz derjenigen der mRNA entspricht, d. h. keine Introns mehr enthält. Eine besonders elegante Möglichkeit ist schließlich die Herstellung spezifischer DNA-Sequenzen durch die Polymerase-Kettenreaktion.

Genomische DNA wird in genomischen DNA-Bänken amplifiziert

Zur Herstellung einer genomischen Genbank geht man nach dem in Abb. 9.31 dargestellten Schema vor. Die Gesamt-DNA einer Zellpopulation wird isoliert (S. 167) und mit Hilfe geeigneter Restriktionsenzyme (S. 170) in entsprechende Bruchstücke zerschnitten. Je nach der Art der gewählten Restriktionsendonuclease werden diese Bruchstücke unterschiedliche Längen, jedoch identische 5'- und 3'-Enden haben. Dieses Gemisch von DNA-Bruchstücken wird nun mit einer entsprechenden Menge von mit derselben Restriktionsendonuclease aufgeschnittenen Vektoren inkubiert und anschließend ligiert. Wählt man die Bedingungen richtig, so läßt sich die gesamte DNA des betroffenen Organismus in Bruchstücke zerlegen und so in Vektore einbauen, daß jeder Vektor möglichst nur ein Bruchstück enthält. Transfiziert man nun eine entsprechende Bakterienpopulation mit diesen Bruchstücken, lassen sich die Bedingungen so wählen, daß durchschnittlich eine Bakterienzelle ein Plasmid aufgenommen hat. Die gesamte DNA des betreffenden Organismus ist nun in Bruchstücke zerschnitten und in Form von Plasmiden auf Bakterien verteilt.

cDNA-Bänke enthalten DNA-Sequenzen, die komplementär zu mRNA sind

Bei der Isolierung von Protein-codierenden eukaryoten Genabschnitten stören die in ihnen enthaltenen Introns besonders dann, wenn das zugehörige Protein von Bakterien produziert werden soll, da diese Introns nicht durch Spleißen entfernt werden können. Einen Ausweg aus dieser Situation bietet die Möglichkeit, DNA-Kopien von mRNA-Molekülen herzustellen (Abb. 9.32). Hierzu werden zunächst die in einer Zellpopulation vorhandenen mRNA-Moleküle isoliert. Da sie alle über eine längere PolyA-Sequenz am 3'-Ende verfügen, gelingt dies leicht mit Hilfe einer Affinitätschromatographie an Oligo-dT-Cellulose. Anschließend werden die mRNA-Moleküle in sogenannte *cDNA* umgeschrieben (cDNA = *engl.* complementary DNA). Hierfür wird ein aus Retroviren (S. 292) isoliertes Enzym verwendet, die *reverse Transkriptase*. Sie ist eine RNA-abhängige DNA-Polymerase und kann als Matrize sowohl RNA- wie DNA-Einzelstränge verwenden. Die reverse Transkription wird dadurch gestartet, daß an das Poly-A-Ende der mRNA-Moleküle ein Thymin-Oligonucleotid anhybridisiert wird, welches als Matrize für die weitere Kettenverlängerung dient. Als Teilaktivität enthält die reverse Transkriptase eine *Ribonuclease* (RNase H), welche den RNA-Teil des entstehenden RNA-DNA-Hybridstranges hydrolysiert, so daß in einem zweiten Durchgang die reverse Transkriptase einen vollständigen DNA-Doppelstrang synthetisieren kann. Wenn man an die auf diese Weise entstandenen cDNA-Moleküle Oligonucleotide ansynthetisiert, die spezifischen Restriktionssequenzen entsprechen, so können die cDNA-Moleküle in Plasmide und andere Vektoren einligiert werden. Nach Transfektion in Bakterien entsteht auf diese Weise eine cDNA-Bank.

Wenn nicht nur die Amplifizierung einer bestimmten DNA-Sequenz gewünscht ist, sondern auch die Herstellung des gewünschten Genprodukts in Form eines Proteins, so bietet sich als Möglichkeit die Herstellung einer *Expressions-cDNA-Bank* an. Hierzu müssen die verwendeten Plasmide oder andere Vektoren so modifiziert werden, daß sie starke *bakterielle Promotoren* (S. 253) enthalten. Ein häufig verwendeter Promotor ist derjenige für das *Lactoseoperon*. Behandelt man derartige Zellen mit dem zugehörigen Induktor, in diesem Fall einem Galaktosid, so wird die mit dem Vektor eingeschleuste DNA nicht nur repliziert, sondern auch transkribiert und evtl. als Protein exprimiert.

Aus DNA-Bänken können spezifische DNA-Sequenzen isoliert werden

Die oben geschilderten Verfahren zur Herstellung von Gen-Bänken liefern eine Sammlung von Bruchstücken von genomischer DNA oder von revers transkribierter mRNA. Da sich Bakterien nahezu unbegrenzt vermehren lassen, können derartige Sequenzen auf diese Weise beliebig amplifiziert werden, was den Vorteil bietet, auch in nur geringer Kopienzahl vorkommende DNA-Sequenzen in großer Menge zur Verfügung zu haben.

Das Problem, aus diesem Gemisch jeweils eine spezifische DNA-Sequenz zu isolieren, wird durch das Durchmustern oder *screenen* von DNA-Bänken gelöst. Eine hierfür häufig verwendete Methode ist in Abb. 9.33 dargestellt. Zunächst ist es notwendig, die Bakterienpopulation in Petrischälchen zu vereinzeln und zu Einzelzellkulturen hochzuziehen. Von der Petrischale wird ein Abklatsch gemacht, die auf dem Abklatsch befindlichen Bakterien lysiert und mit einer entsprechenden Sonde (S. 169) auf dem Abklatsch nach denjenigen Bakterienkulturen gesucht, die eine DNA besitzen, die mit der Sonde hybridisiert. Die entsprechenden Bakterienkolonien auf der Petrischale können danach aufgesucht, in Kultur genommen und hochgezogen werden.

Die benötigten DNA-Sonden können dann besonders leicht hergestellt werden, wenn bereits Teilsequenzen der gesuchten DNA bekannt sind. Die minimale Länge einer derartigen Sonde sollte etwa 20 Nucleotide betragen.

Soll mit Hilfe gentechnischer Verfahren die gesamte Aminosäuresequenz eines Proteins ermittelt werden, so genügt es, aus dem gereinigten Protein durch proteolytische Verdauung einige geeignete Bruchstücke herzustellen, die sequenziert werden können. Aus den erhaltenen Partialsequenzen lassen sich leicht die zugehörigen Oligonucleotidsequenzen ableiten, die chemisch synthetisiert und als Sonden verwertet werden können. Eine Alternative ist das Durchmustern von Expressionsbänken mit Hilfe von Antikörpern für das synthetisierte Protein.

Spezifische DNA-Sequenzen können durch die Polymerase-Kettenreaktion amplifiziert werden

1984 veröffentlichte Kary Mullis eine Methode zur in vitro-Amplifizierung von Nucleinsäure-Fragmenten, die inzwischen zu einer der am meisten benutzten Standardmethoden der Molekularbiologie geworden ist, da sie ungewöhnlich einfach durchzuführen ist und ohne die Verwendung von Zellen als Werkzeuge zur Amplifizierung von DNA auskommt. Das Prinzip dieser auch als *Polymerasekettenreaktion* (PCR = engl. polymerase chain reaction) ist in Abb. 9.34 am Beispiel der Amplifizierung einer spezifischen Sequenz eines DNA-Doppelstranges dargestellt. Dieser wird zunächst durch Erhöhung der Temperatur auf etwa 90 °C denaturiert. Danach wird das Gemisch auf etwa 50 °C abgekühlt und zwei aus ca. 15–25 Basen bestehende Oligonucleotide zugesetzt, die der Sequenz an den 5'-Enden der beiden Einzelstränge komplementär sind. Durch Zusatz einer DNA-Polymerase werden die beiden Einzelstränge nun zum jeweiligen Doppelstrang komplementiert. Anschließend wiederholt sich derselbe Reaktionscyclus, welcher aus

- Denaturierung,
- Anheften der Oligonucleotide sowie
- Extension zu neuen Doppelsträngen besteht.

Werden diese Cyclen mehrfach wiederholt, so ergibt sich eine exponentielle Zunahme der amplifizierten DNA-Moleküle. In der Theorie ist die Amplifizierung mit dieser Methode außerordentlich effektiv. Mit nur 20 Reaktionscyclen ergibt sich eine 2^{20} (=10^6-)-fache Amplifizierung eines Moleküls doppelsträngiger DNA. In der Praxis werden unter diesen Bedingungen aus verschiedenen Gründen nur Amplifizierungen von etwa 10^5-fach erreicht.

In der ursprünglichen Vorschrift war die DNA-Amplifizierung nach der oben beschriebenen Methode teuer und aufwendig, da nach jeder Denaturierung bei 90 °C die damals verwendete bakterielle DNA-Polymerase inaktiviert war und erneut zugesetzt werden mußte. Heute werden jedoch hierfür DNA-Polymerasen verwendet, die aus thermophilen Bakterien isoliert werden. Diese Bakterien leben beispielsweise in heißen Quellen und produzieren Enzyme, die auch bei Temperaturen von 90–95 °C stabil sind. Das für die PCR heute am meisten verwendete Enzym stammt aus dem Organismus Thermus aquaticus und wird infolgedessen als *Taq-Polymerase* bezeichnet. Die einzelnen Reaktionscyclen werden in der modernen PCR in automatisierten Thermostaten (Thermocycler) durchgeführt, so daß für 20 Reaktionscyclen wenig mehr als 1 Stunde benötigt wird.

Das PCR-Verfahren wurde ursprünglich für die Amplifizierung von DNA-Fragmenten beschrieben und eignet sich für DNA-Stücke von einigen 100 bis maximal einigen 1000 Basenpaaren Länge. Inzwischen

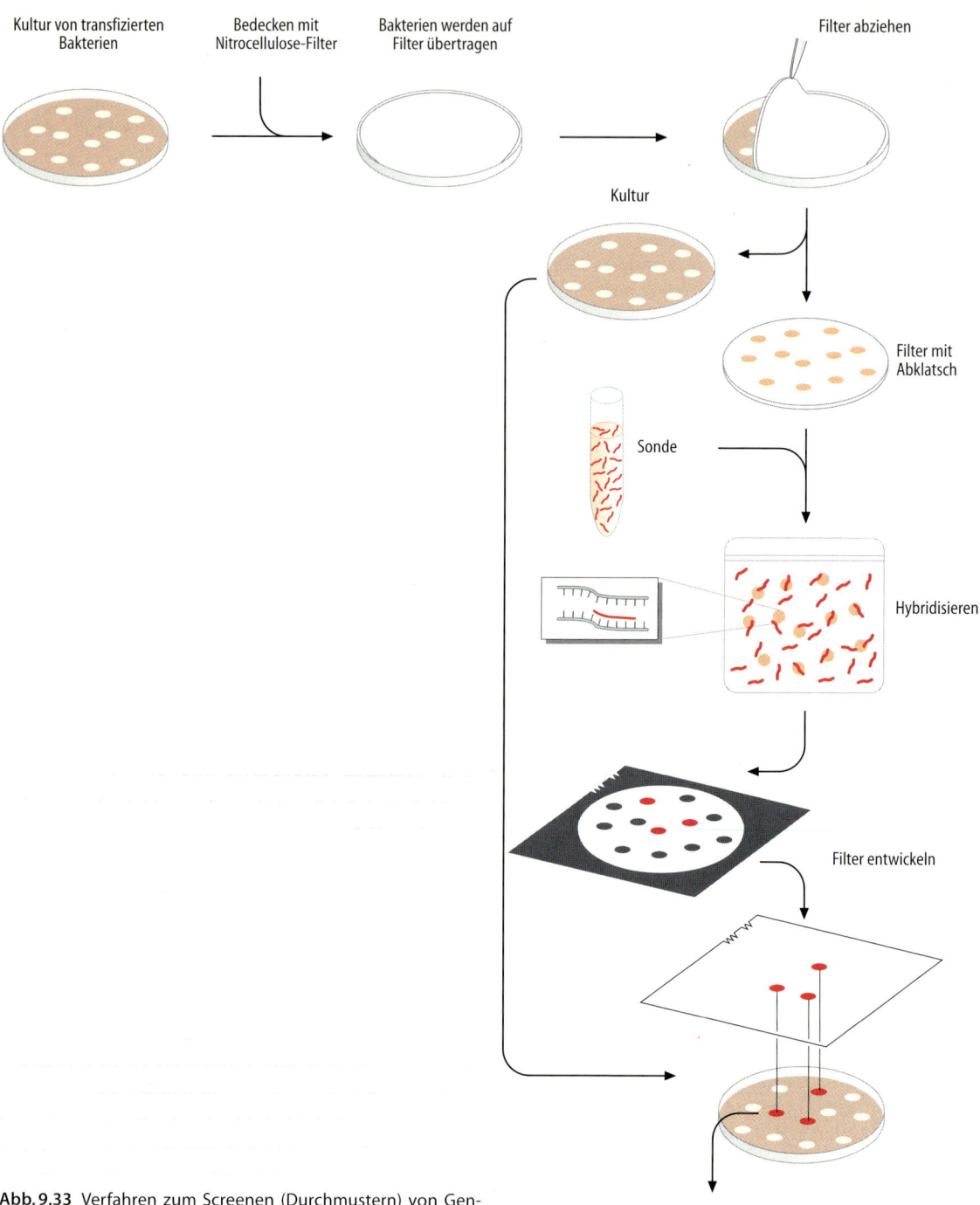

Kultur von transfizierten
Bakterien

Bedecken mit
Nitrocellulose-Filter

Bakterien werden auf
Filter übertragen

Filter abziehen

Kultur

Filter mit
Abklatsch

Sonde

Hybridisieren

Filter entwickeln

Bakterien weiterverarbeiten

Abb. 9.33 Verfahren zum Screenen (Durchmustern) von Gen-
bänken

sind eine Reihe von Varianten der PCR-Technik beschrieben worden. So ist es beispielsweise mit Hilfe der
RT-PCR (Reverse Transkription-PCR) möglich, auch
RNA als Ausgangsmaterial zu verwenden. Isolierte
mRNA wird zunächst mit der reversen Transkriptase
in cDNA umgeschrieben, die dann als Ausgangsmatri-
ze für die Amplifikation dient.

Die PCR-Methodik hat ein ungewöhnlich breites
Feld von Anwendungsmöglichkeiten. Mit ihrer Hilfe
können nicht nur herkömmliche molekularbiologische

Aufgaben wesentlich einfacher durchgeführt werden,
sondern auch charakteristische DNA-Sequenzen einzelner Zellen analysiert, neue Gene identifiziert, neue
Krankheitserreger bestimmt und Untersuchungen
über die Evolution der Arten durchgeführt werden.
Ohne die PCR-Techniken wäre beispielsweise ein Pro-
jekt wie die Sequenzierung des menschlichen Genoms
wesentlich schwieriger und mühevoller.

Eine mit der besonders hohen Amplifikations-
fähigkeit der PCR-Methode zusammenhängende Feh-

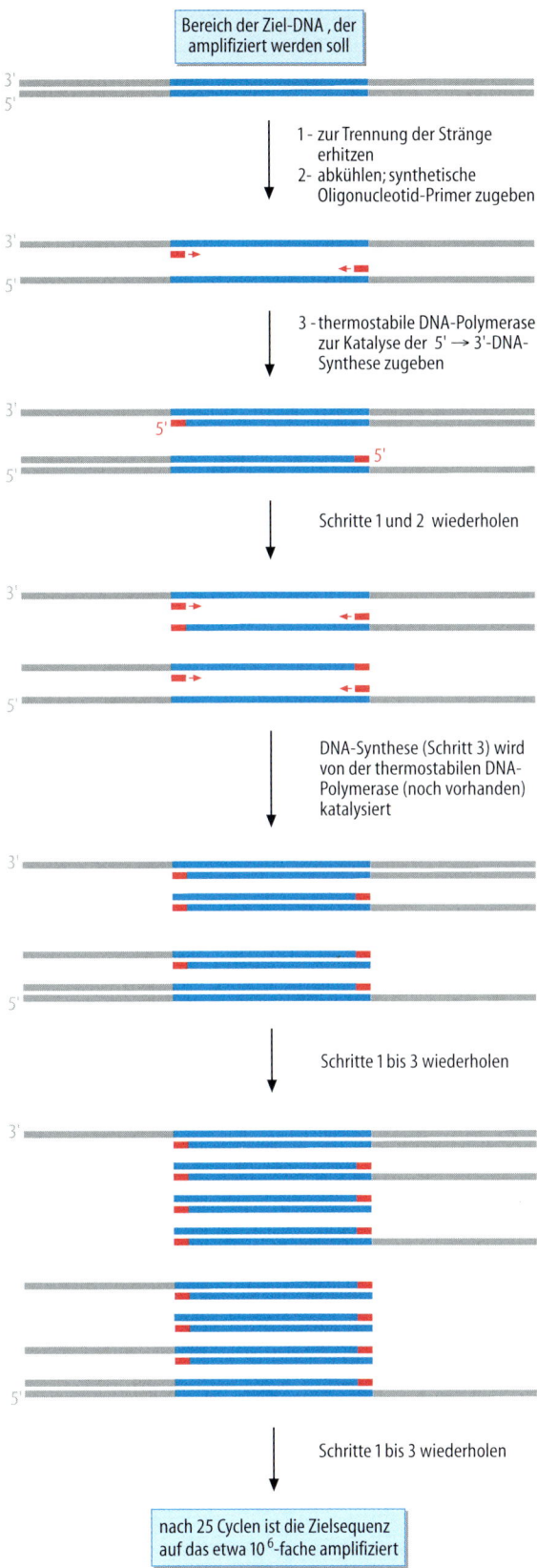

Bereich der Ziel-DNA, der amplifiziert werden soll

1 - zur Trennung der Stränge erhitzen
2 - abkühlen; synthetische Oligonucleotid-Primer zugeben

3 - thermostabile DNA-Polymerase zur Katalyse der 5' → 3'-DNA-Synthese zugeben

Schritte 1 und 2 wiederholen

DNA-Synthese (Schritt 3) wird von der thermostabilen DNA-Polymerase (noch vorhanden) katalysiert

Schritte 1 bis 3 wiederholen

Schritte 1 bis 3 wiederholen

nach 25 Cyclen ist die Zielsequenz auf das etwa 10^6-fache amplifiziert

Abb. 9.34 Amplifizierung einer spezifischen DNA-Sequenz durch die Polymerase-Kettenreaktion

lerquelle besteht in der **Kontamination** durch nicht in den PCR-Ansatz gehörende DNA. Diese kann z. B. aus Hautschuppen oder im Speichel enthaltenen Zellen des Experimentators stammen, am häufigsten aber aus vorangegangenen PCR-Ansätzen. Aus diesem Grund sind für alle PCR-Experimente die verschiedensten Negativkontrollen eine unabdingbare Voraussetzung.

9.4.3 Gentechnik und Grundlagenwissenschaften

Gentechnische Verfahren ermöglichen eine derartige Fülle von Anwendungsmöglichkeiten, daß sie für die heutige molekular orientierte Biochemie, aber auch für viele Aspekte der Mikrobiologie, Botanik, Zoologie sowie besonders der Medizin von ganz besonderer Bedeutung sind. Im Folgenden sollen einige besonders häufig angewandte gentechnische Verfahren eingehender geschildert werden.

Im einfachsten Fall dienen gentechnische Verfahren der Analyse der Struktur neuer unbekannter Gene

Im Prinzip müssen hierzu die durch das Durchmustern von Genbänken aufgefundenen spezifischen DNA-Sequenzen noch einmal in einer Reinkultur der betroffenen Bakterien amplifiziert und danach sequenziert werden. Die hierfür notwendigen Techniken sind inzwischen so weit verfeinert, daß so gewaltige Projekte wie die vollständige Sequenzierung des Hefegenoms oder gar des menschlichen Genoms bereits abgeschlossen oder in Bearbeitung sind.

Gentechnische Verfahren erlauben die Analyse von Struktur/Funktionsbeziehungen in Proteinen

Die Möglichkeiten zur Untersuchung von Struktur/Funktionsbeziehungen von Proteinen sind durch gentechnische Verfahren ganz wesentlich erweitert worden. So gelingt es beispielsweise relativ leicht, gezielte Mutationen in die cDNA von interessierenden Proteinen einzuführen. Im einfachsten Fall geschieht dies durch Behandlung mit mutagenen Verbindungen. Die mutagenisierten Plasmide werden anschließend zur Transfektion von Bakterien verwendet, so daß eine Genbank mutierter Plasmide entsteht. Aus ihnen können in entsprechenden Expressionssystemen mutierte Proteine hergestellt und auf ihre Funktion untersucht werden. Ein besonders elegantes Verfahren für die Mutagenese benützt die gezielte Einführung von Basenaustauschen mit Hilfe der Polymerase-Kettenreaktion.

Die Funktion regulatorischer Sequenzen kann durch gentechnische Verfahren analysiert werden

Die Expression aller eukaryoten Gene hängt ebenso wie die von prokaryoten Genen, von der Anwesenheit häufig umfangreicher Kontrollelemente ab. Diese befinden sich meist, aber nicht immer in DNA-Bereichen, die sich am 5'-Ende, d. h. oberhalb des Startpunktes für die Transkription, über mehrere hundert Basen erstrecken und auch als Promotoren bezeichnet werden (S. 240). Die Analyse derartiger Kontrollelemente ist natürlich für das Verständnis der Genregulation von ganz besonderer Bedeutung. Sie kann sich jedoch außerordentlich schwierig gestalten, wenn die Funktion des zugehörigen Genprodukts nur langwierig und unter Mühen zu untersuchen ist.

Einen besonderen Fortschritt für die Analyse von Promotoren bietet in diesen Fällen die Verwendung sogenannter **Reportergene**. Meist wird hierfür das aus Bakterien isolierte Gen für die *Chloramphenicol Acetyl-Transferase* (CAT) verwendet. Dieses Enzym acetyliert das Antibiotikum Chloramphenicol. Die Ver-

wendung des CAT-Gens für die Promotoranalyse ist in Abb. 9.35 dargestellt. Zunächst wird die interessierende Promotorsequenz bzw. Bruchstücke derselben isoliert und mit dem CAT-Gen fusioniert. Eukaryote Zellen werden mit den auf diese Weise hergestellten Konstrukten transfiziert. Aktive Promotoren können anschließend sehr leicht anhand der CAT-Aktivität in Zell-Lysaten analysiert werden. Zu ihnen muß lediglich ¹⁴C-markiertes Chloramphenicol und Acetyl-CoA gegeben werden. Das Auftreten von acetyliertem Chloramphenicol, welches sich leicht durch Dünnschichtchromatographie nachweisen läßt, ist ein Indiz für einen aktiven Promotor bzw. dessen Fragment.

Durch gentechnische Verfahren können Gene gezielt ausgeschaltet werden

Antisense-RNA und DNA. Ein besonders elegantes Verfahren zur Ausschaltung spezifischer Genprodukte greift an der mRNA der Gene an. Es beruht im Prinzip darauf, in Zellen ein RNA-Molekül einzuführen, welches komplementär zur mRNA des auszuschaltenden

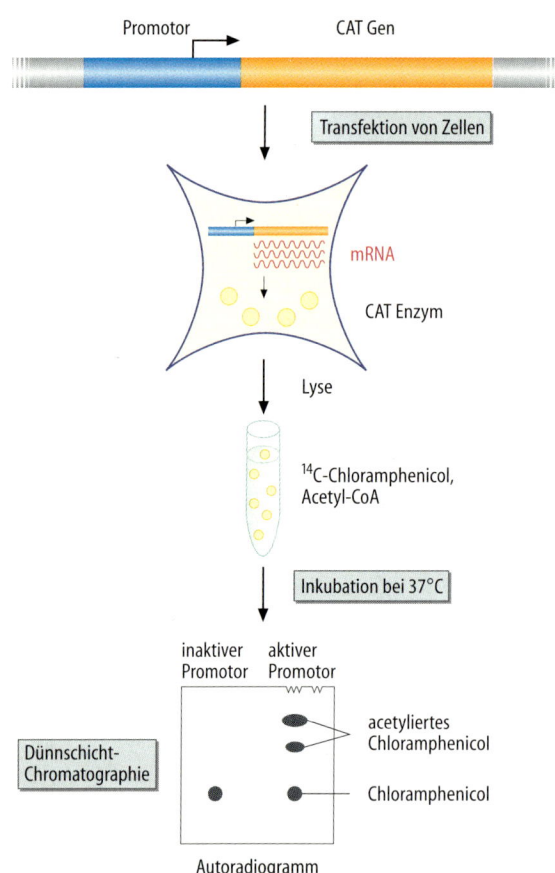

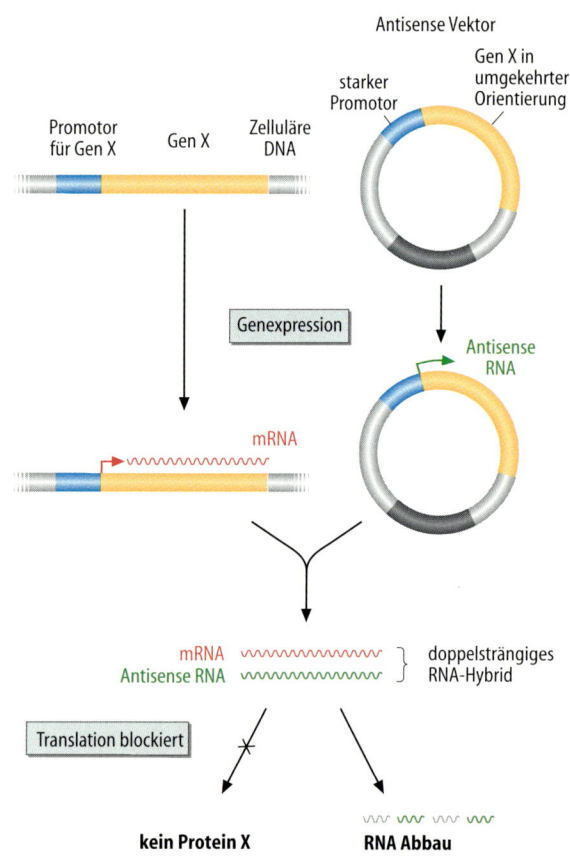

Abb. 9.35 Verwendung des Chloramphenicol-Acetyltransferase (CAT)-Gens als Reportergen für die Funktionsanalyse von Promotoren. An einen vollständigen bzw. einen partiell deletierten Promotor wird das CAT-Gen fusioniert und in mit diesem Konstrukt transfizierten Zellen anschließend die CAT-Aktivität bestimmt

Abb. 9.36 Verwendung von Antisense-RNA zur gezielten Ausschaltung von Genen. Zellen werden mit einem Vektor transfiziert, welcher hinter einem starken Promotor das auszuschaltende Gen, jedoch in umgekehrter Polarität enthält. Das RNA-Transkript dieses Gens ist komplementär zur Sequenz des entsprechenden zellulären Gens, so daß ein RNA-Doppelstrang entsteht, der rasch abgebaut wird

Gens ist (Abb. 9.36). Dieses *Antisense-Molekül* hybridisiert mit der nativen mRNA des betreffenden Proteins. Die dabei entstehende *doppelsträngige RNA* kann natürlich nicht als Matrize für die Proteinbiosynthese (S. 266) dienen und wird sehr rasch durch RNasen abgebaut, welche spezifisch für doppelsträngige RNA sind. Im allgemeinen wird die Antisense-RNA mit Hilfe von *Expressionsvektoren* erzeugt, die das auszuschaltende Gen in umgekehrter Richtung enthalten, so daß bei dessen Transkription Antisense-RNA entsteht.

Eine alternative Strategie für die Ausschaltung spezifischer Gene ist die Verwendung synthetischer einzelsträngiger *DNA-Oligonucleotide.* Sie beruht auf der Beobachtung, daß kurze Oligonucleotide, welche komplementär zur Sequenz um den Translationsstartpunkt der zugehörigen mRNA sind, ein Hybrid mit der mRNA bilden und damit die Translation hemmen. Dies gelingt besonders gut mit chemisch modifizierten Oligonucleotiden, deren Aufnahme in Zellen gesteigert und deren Abbau vermindert ist.

Insgesamt besteht die Hoffnung, die Antisense-Technik nicht nur zur Lösung wissenschaftlicher Fragestellungen, sondern auch zur Therapie für die Behandlung von viralen Erkrankungen oder Carcinomen verwenden zu können (S. 1111).

Genausschaltung durch homologe Rekombination.

Fremde DNA, welche von eukaryoten Zellen aufgenommen wird, wird zu einem geringen Anteil durch Rekombination in das Genom der Wirtszelle aufgenommen. Dies geschieht in aller Regel durch heterologe Rekombination, d. h. Einbau in eine mit dem aufgenommenen Gen nicht verwandte Sequenz. Homologe Rekombination, d. h. Aufnahme in die identische Sequenz des Genoms, findet sich zwar häufig bei Bakterien, Hefen und bestimmten Viren, jedoch außerordentlich selten bei tierischen Zellen. Da jedoch in der Theorie die homologe Rekombination ein ideales Verfahren zur gezielten Modifikation oder Ausschaltung von Genen darstellt, sind hochempfindliche Selektionsverfahren entwickelt worden, die das Auffinden der wenigen homologen Rekombinanten aus einer großen Zellpopulation erlauben. Eines der häufig verwendeten Verfahren ist in Abb. 9.37 dargestellt. Es beruht darauf, daß in das durch homologe Rekombination einzubauende Gen durch gentechnische Verfahren ein Resistenzgen für ein zytotoxisches Antibiotikum, z. B. Neomycin, eingeführt wird. Dieses Gen darf allerdings keinen eigenen Promotor enthalten. Wird ein derartiges Konstrukt durch heterologe Rekombination in das Genom der Wirtszelle integriert, so wird wegen des Fehlens eines Promotors das Resistenzgen nicht aktiviert und die Zellen bleiben empfindlich gegenüber dem zytotoxischen Antibiotikum. Bei homologer Rekombination gelangt jedoch das Resistenzgen unter die Kontrolle des Promotors für das auszuschaltende Gen, die Zellen werden resistent gegenüber Neomycin und können aufgrund dieser Eigenschaft selektiert werden.

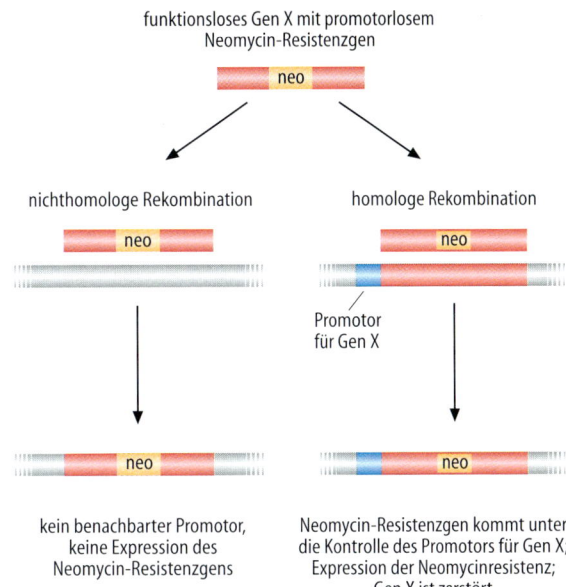

Abb. 9.37 Genausschaltung durch homologe Rekombination. In die klonierte DNA des auszuschaltenden Gens wird, allerdings ohne Promotor, ein Resistenzgen für ein zytotoxisches Antibiotikum eingebaut. Nur bei homologer Rekombination kommt dieses unter die Kontrolle eines Promotors und macht somit die Zellen resistent gegenüber dem Antibiotikum

9.4.4 Biotechnische Anwendungen der Gentechnologie

Schwer zugängliche Proteine können in großer Menge synthetisiert werden

Es ist klar, daß mit der Entwicklung der gentechnischen Verfahren sehr schnell die Frage aufkam, inwieweit Gentechnik dazu benutzt werden kann, beispielsweise sonst schwer zugängliche Proteine von medizinischem Interesse durch gentechnische Verfahren als rekombinante Proteine herstellen zu lassen. In der Tat hat sich gezeigt, daß die mit der gentechnischen Herstellung von Proteinen verbundenen Probleme im Prinzip lösbar sind, so daß heute bereits eine Reihe von Proteinen wie

- Insulin,
- Wachstumshormon,
- Erythropoietin,
- Interferone und
- Interleukine für therapeutische Zwecke zur Verfügung stehen oder sich in der klinischen Prüfung befinden.

Im Prinzip ist die Herstellung eines rekombinanten humanen Proteins relativ einfach. Das für die Herstellung von *humanem Wachstumshormon* (hGH) verwendete Verfahren ist als Beispiel in Abb. 9.38 dargestellt. Es geht von einer vollständigen cDNA für hGH aus, welche noch die eukaryote Signalsequenz enthält. Durch Spal-

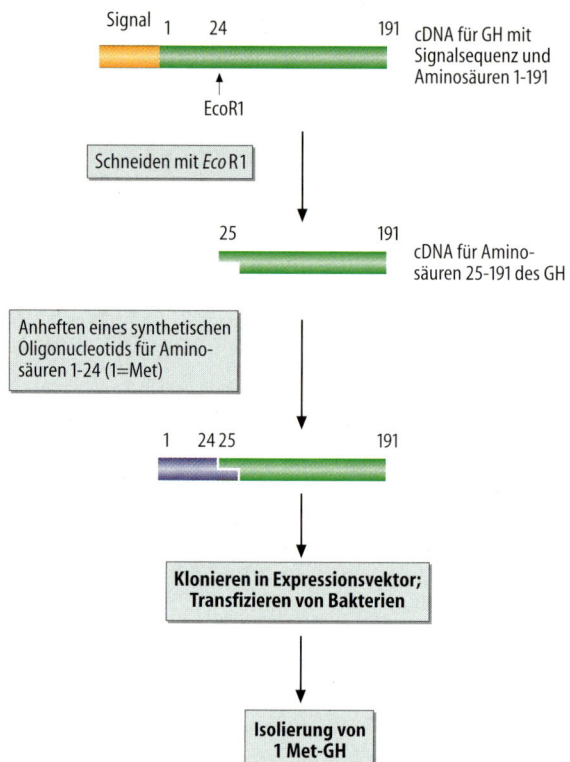

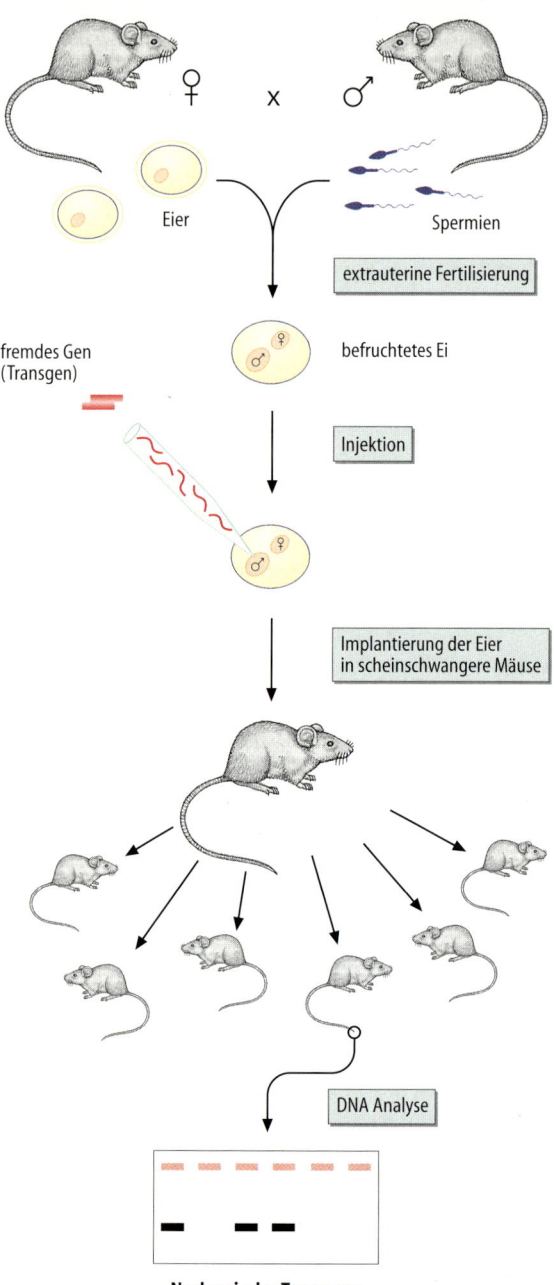

Abb. 9.38 Verfahren zur gentechnischen Herstellung von humanem Wachstumshormon. (Einzelheiten s. Text)

tung mit der Restriktionsendonuclease EcoR I wird diese einschließlich der Codons für die ersten 24 Aminosäuren entfernt. Anschließend wird ein synthetisches Oligonucleotid für diese Aminosäuren sowie ein Codon für Methionin für den Start der Translation eingeführt. Dieses Konstrukt wird in einen entsprechenden Expressionsvektor eingebaut und Bakterien hiermit transfiziert. Solche Bakterien produzieren in großen Mengen Wachstumshormon, welches sich vom humanen Wachstumshormon lediglich dadurch unterscheidet, daß es N-terminal einen Methionylrest enthält (Abb. 2.30, S. 55). Es kann aus Bakterienlysaten angereichert werden und steht somit für die Therapie zur Verfügung. Derartige bakterielle Systeme zur Produktion rekombinanter Proteine haben einige Einschränkungen in ihrer Verwendbarkeit. Bakterien lagern die für sie fremden Proteine sehr häufig in denaturierter Form in sogenannten *Einschlußkörperchen* (*engl.* inclusion bodies) ein. Diese können zwar relativ leicht isoliert werden, jedoch bereitet die Renaturierung der synthetisierten Proteine gelegentlich Schwierigkeiten. Ein weiteres Problem beruht auf der Tatsache, daß viele Proteine von Säugetieren posttranslational, beispielsweise durch Anheftung von Kohlenhydratseitenketten, modifiziert werden. Hierzu sind Bakterienzellen nicht imstande. In derartigen Fällen muß auf die Verwendung von Hefe- oder sogar von Säugerzellen zurückgegriffen werden, für die jedoch inzwischen entsprechende Vektoren zur Verfügung stehen.

Abb. 9.39 Herstellung transgener Mäuse. (Einzelheiten s. Text)

Durch Einführung fremder Gene in die Keimbahn entstehen transgene höhere Organismen

Die bisher besprochenen Veränderungen des genetischen Materials durch Einbringung fremder DNA betrafen Prokaryonten, einzellige eukaryote Organismen und kultivierte Zellen höherer Organismen. Ein ganz anderes Verfahren ist dafür nötig, höhere Organismen mit stabilen, d. h. an die Nachkommen vererbbaren, neuen genetischen Eigenschaften auszustatten. Die Technik zur Herstellung derartiger *transgener Orga-*

nismen ist ursprünglich an Mäusen entwickelt worden. Inzwischen hat sich gezeigt, daß nicht nur tierische, sondern auch pflanzliche Organismen genetisch manipuliert werden können.

Das Vorgehen zur Herstellung transgener Mäuse ist schematisch in Abb. 9.39 dargestellt. Es beginnt mit der in vitro-Fertilisierung von Mäuseeiern. Fremde DNA kann mit einer Ausbeute von bis zu 40 % erfolgreich in das Mäusegenom eingebracht werden, wenn sie in einen der beiden unmittelbar nach der Fertilisie-

rung nachzuweisenden Pronuclei injiziert werden. Das Injektionsvolumen beträgt etwa 2 Picoliter, normalerweise werden einige hundert Kopien der fremden DNA injiziert. Bringt man so modifizierte Eier in scheinschwangere Mäuse ein, so entwickeln sie sich normal. Das Vorhandensein des fremden Gens kann bei den Jungen durch PCR-Analyse nachgewiesen werden. Meist nimmt man hierzu eine kleine Gewebeprobe vom Schwanz.

Viele Untersuchungen haben gezeigt, daß die auf diese Weise eingeführte Fremd-DNA stabil in das Genom dieser Mäuse integriert wird und sich nach Mendel'schen Regeln vererbt. Durch geeignete Züchtung können für die fremde DNA homozygote Mäuselinien hergestellt werden.

Eine Alternative zu dem beschriebenen Verfahren besteht darin, aus der durch Kaiserschnitt entnommenen Blastocyste *embryonale Stammzellen* in Kultur zu nehmen (Abb. 9.40). Dabei können sie mit der fremden DNA transfiziert werden. Durch Injektion derartiger Zellen in neue Blastocysten nehmen diese an der folgenden Embryonalentwicklung teil und bilden schließlich *chimäre Mäuse* entsprechend der Verteilung der Stammzellen auf die unterschiedlichen Gewebe während der Embryogenese. Normalerweise verwendet man als Donoren der embryonalen Stammzellen sowie der Empfänger-Blastocysten Mäuse unterschiedlicher Fellfarbe, so daß chimerische Nachkommen an der Fellfarbe leicht erkannt werden können.

An derartigen transgenen Mäusen werden viele Untersuchungen z. B.
- zur Regulation der Embryogenese,
- zur gewebsspezifischen Genexpression, oder
- zur Biochemie der Geschlechtsausprägung durchgeführt.

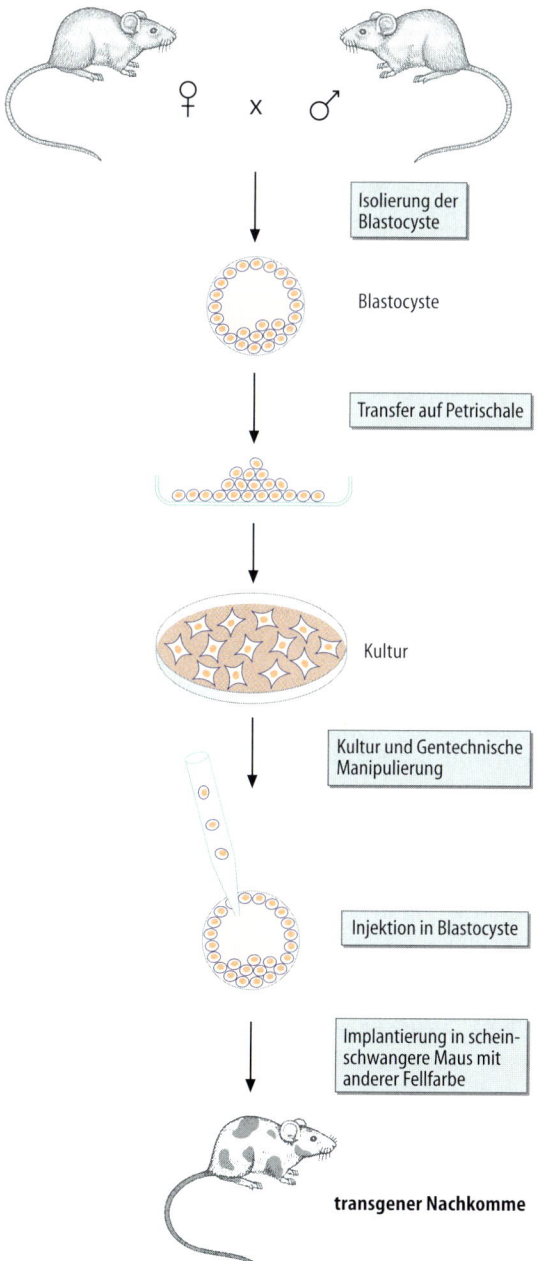

Abb. 9.40 Herstellung transgener chimärer Mäuse durch gentechnische Manipulation von Zellen aus der Blastocyste. (Einzelheiten s. Text)

Ein besonders elegantes Verfahren zur Funktionsanalyse spezifischer Genprodukte beruht auf der Ausschaltung dieser Gene in embryonalen Stammzellen durch homologe Rekombination mit einem funktionslosen Gen (S. 161). Nach Injektion derartiger Transfektanten in neue Blastocysten entstehen chimäre Mäuse mit dem entsprechend ausgeschalteten Gen, aus denen durch Zuchtverfahren eine homozygote Mäuselinie hergestellt werden kann. Derartige *„knock out-Mäuse"* haben bereits zu überraschenden Erkenntnissen über die Funktion unterschiedlichster Genprodukte geführt.

Es ist klar, daß die beschriebenen Verfahren sich grundsätzlich bei allen Säugetieren anwenden lassen. So gibt es Projekte, transgene Nutztiere des Menschen herzustellen, die beispielsweise resistent gegen Krankheitserreger sind oder sich durch eine bessere Ausnutzung des Futters auszeichnen. Ob derartige Verfahren wirklich zu einer Verbesserung der Ernährungslage beitragen werden, bleibt abzuwarten. Die Aussicht, auf diese Weise auch in das menschliche Genom eingreifen zu können, hat sehr viel zu der mangelnden Akzeptanz der Gentechnik in der Bevölkerung beigetragen.

Die Herstellung transgener Pflanzen hat ursprünglich wesentlich größere Schwierigkeiten bereitet als diejenige transgener Tiere. Inzwischen sind jedoch auch auf diesem Sektor erhebliche Fortschritte gemacht worden, so daß bereits die Frage diskutiert wird, auf welche Weise gentechnisch manipulierte pflanzliche Nahrungsstoffe des Menschen für den Verbraucher kenntlich gemacht werden müssen.

RESÜMEE

Der Lebenscyclus eukaryoter Zellen wird als Zellcyclus bezeichnet und in vier Phasen eingeteilt. Unmittelbar nach der zur Zellentstehung führenden Mitose finden sich die Zellen in der G_1-Phase, in der Wachstum und Vorbereitung auf die in der S-Phase erfolgende DNA-Synthese stattfindet. Nach der Verdopplung der zellulären DNA in der S-Phase erfolgt nach einem als G_2-Phase bezeichneten Intervall die nächste Mitose. Bei Mangel an Nahrungsstoffen, bei Fehlen von Wachstumsfaktoren oder auf Grund endogener Signale können Zellen von der G_1- in die G_0-Phase übertreten, in der sie sich über Tage, Wochen und Jahre, ja bisweilen lebenslang, aufhalten können. Um aus der G_0-Phase wieder in den Zellcyclus eintreten zu können, sind spezifische, durch Wachstumsfaktoren vermittelte Vorgänge notwendig.

Der Übergang von der G_1- in die S-Phase sowie von der G_2-Phase in die Mitose wird durch die Cyclin-abhängige Aktivierung spezifischer Kinasen, der CDK's eingeleitet. Diese phosphorylieren eine Reihe zum Teil noch unbekannter Substrate und leiten damit den nächsten Schritt des Zellcyclus ein. Die Menge der Cycline oszilliert während des Zellcyclus, wobei über die Natur der Taktgeber noch wenig Klarheit besteht.

Bei allen mehrzelligen Organismen, und damit auch bei Säugetieren, spielt der programmierte Zelltod, die Apoptose, eine wichtige Rolle während der Embryogenese, bei Involutionsvorgängen, der Eliminierung von Zellen mit geschädigter DNA oder von virusbefallenen Zellen. Apoptose erfolgt nach einem genetisch fixierten Programm, das durch verschiedene exogene oder endogene Stimuli ausgelöst werden kann und welches zur Aktivierung einer Endonuclease führt, die die DNA der befallenen Zellen fragmentiert.

Die Replikation der DNA findet in der S-Phase des Zellcyclus statt. Sie beginnt mit einer durch Helicasen katalysierten Strangtrennung, anschließend kommt es zur semikonservativen Replikation durch das Zusammenspiel von Primasen, DNA-Polymerasen, Exonucleasen und DNA-Ligasen.

Zellen verfügen über eine umfangreiche Ausstattung mit Enzymen, die Fehler in der DNA korrigieren können. Diese entstehen durch spontane Vorgänge oder sind durch eine große Zahl exogener Noxen ausgelöst. Störungen der Reparatursysteme führen zu einer Zunahme der Carcinomhäufigkeit.

Genetische Elemente können innerhalb des Genoms verschoben werden. Bei der Meiose findet dies als homologe Rekombination statt, außerdem kommen, wenngleich selten, Transpositionen vor, die häufig eine Umschreibung des transponierten Elements in RNA mit anschließender reverser Transkription benötigen.

In den letzten 15 Jahren ist es gelungen, Methoden auszuarbeiten, die es erlauben, einzelne Genabschnitte von Organismen zu isolieren, deren Basensequenz zu analysieren und sie vor allem in geeignete Vektoren zu verpacken, die ihren Transfer in fremde Organismen ermöglichen. Auf diese Weise können Bakterien, Hefen oder auch tierische Zellinien hergestellt werden, die imstande sind, fremde Nucleinsäuren zu produzieren und unter entsprechenden Bedingungen auch zu exprimieren. Diese auch als Gentechnik bezeichnete Methodologie ermöglicht neuartige Untersuchungen über wichtige zellbiologische Phänomene, erlaubt die gezielte Herstellung großer Mengen sonst nicht oder nur schwer darstellbarer Proteine, z. B. für therapeutische Zwecke und eröffnet Möglichkeiten zur Gentherapie beim Menschen.

Literatur

Monographien und Lehrbücher

Watson JD, Gilman M, Witkowski J, Zoller M (1992) Recombinant DNA. 2nd Edition, W. H. Freeman

Original- und Übersichtsarbeiten

Avruch J, Zhang X, Kyriakis JM (1994) Raf meet Ras: completing the framework of a signal transduction pathway. TIBS 19, 279–283

Blackburn EH (1991) Structure and function of telomeres. Nature 350, 569–573

Blackburn EH (1991) Telomeres. TIBS 16, 378–381

Cobrinik D, Dowdy SF, Hinds PW, Mittnacht S, Weinberg RA (1992) The retinoblastoma protein and the regulation of cell cycling. TIBS 17, 312–315

Collins MKL, Lopez Rivas A (1993) The control of apoptosis in mammalian cells. TIBS 18, 307–309

Demple B, Harrison L (1994) Repair of oxidative damage to DNA: Enzymology and Biology. Annu Rev Biochem 63, 915–948

Ellis RE, Yuan J, Horvitz HR (1991) Mechanisms and functions of cell death. Annu Rev Cell Biol 7, 663–698

Hoeijmakers JHJ (1993) Nucleotide excision repair I: from E.coli to yeast. Trends in Genetics 9, 5

Hoeijmakers JHJ (1993) Nucleotide excision repair II: from yeast to mammals. Trends in Genetics 9, 6

Kim NW, Piatyszek MA, Prowse KR, Harley CB, West MD, Ho PLC, Coviello GM, Wright WE, Weinrich SL, Shay JW (1994) Specific association of human telomerase activity with immortal cells and cancer. Science 266, 2011–2015

Kirschner M (1992) The cell cycle then and now. TIBS 17, 281–285

Müller R, Mumberg D, Lucibello FC (1993) Signals and genes in the control of cell-cycle progression. Biochim Biophys Acta 1155, 151–179

Norbury C, Nurse P (1992) Animal cell cycles and their control. Annu Rev Biochem 61, 441–470

Pines J (1993) Cyclins and cyclin dependent kinases take your partners. TIBS 18, 195–197

Pines J (1994) Arresting developments in cell-cycle control. TIBS 19, 143–145

Sadowski PD (1993) Site-specific genetic recombination: hops, flips and flops. FASEB J 7, 760–767

Schwerpunkt: Molekulare und medizinische Genetik. Deutsches Ärzteblatt (1994) 91, C1150-C1169

Sherr CJ (1993) Mammalian G1 cyclins. Cell 73, 1059–1065

Vaux DL (1993) Toward an understanding of the molecular mechanisms of physiological cell death. Proc Natl Acad Sci USA 90, 786–789

Waga S, Stillman B (1994) Anatomy of a DNA replication fork revealed by reconstitution of SV40 DNA replication in vitro. Nature 369, 207–212

Williams GT, Smith CA (1993) Molecular regulation of apoptosis: Genetic controls on cell death. Cell 74, 777–779

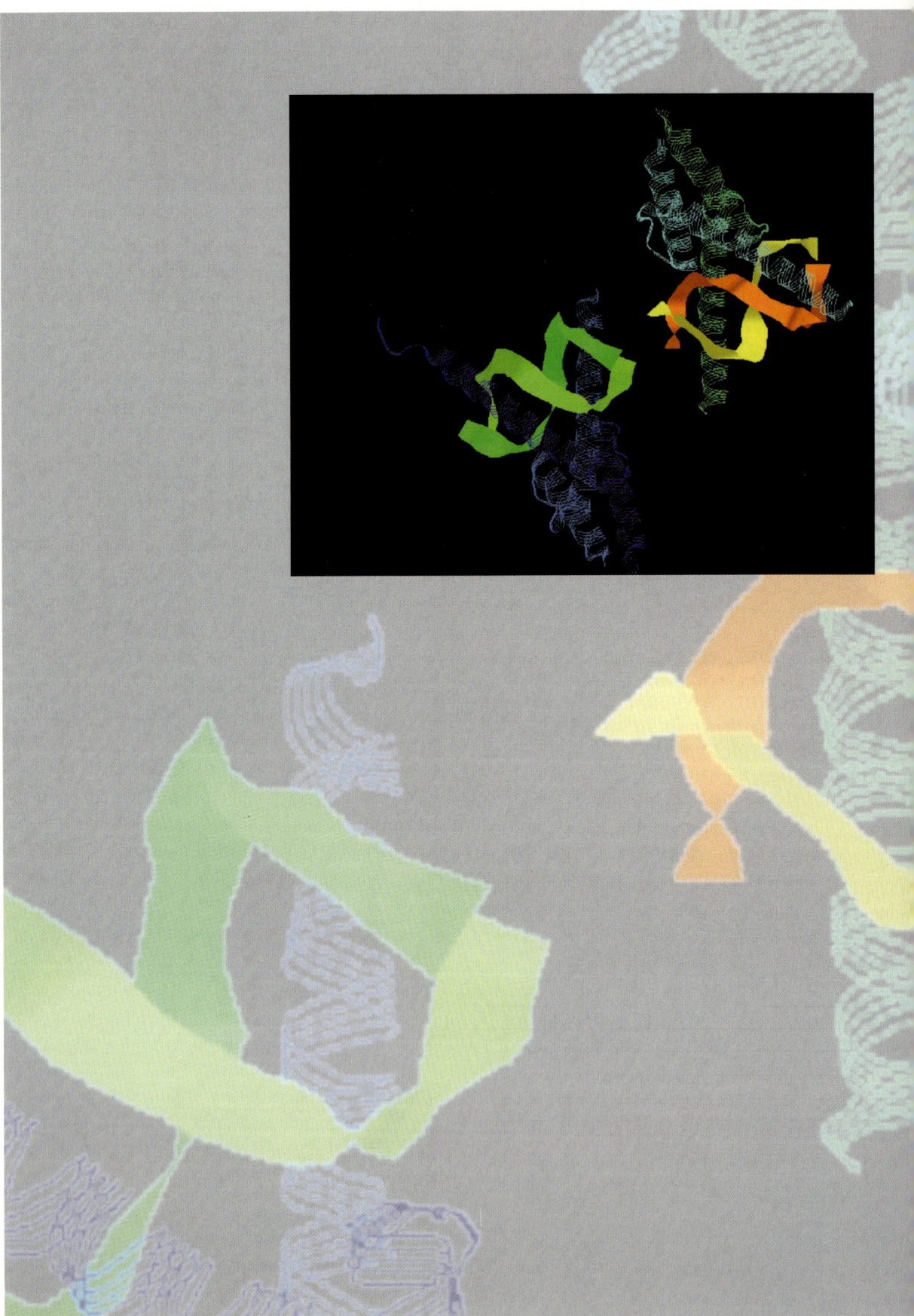

Transkription und posttranskriptionale Prozessierung der RNA

Die DNA enthält eine Sammlung von Genen, welche für den Aufbau aller Proteine codieren, darüber hinaus aber auch die Information für die Synthese anderer Polynucleotide, z. B. der ribosomalen RNA oder der transfer-RNA. Da zu einem gegebenen Zeitpunkt eine Zelle in Abhängigkeit von ihrem Differenzierungszustand, ihrer jeweiligen biologischen Aktivität sowie vieler extrazellulärer Signalstoffe nur einen geringen Teil der codierten Gene in Form der entsprechenden Genprodukte benötigt, ergibt sich zwingend, daß jeweils nur bestimmte DNA-Abschnitte primär in eine Form umgeschrieben werden müssen, die ihre weitere Verarbeitung, z. B. für die Proteinbiosynthese, ermöglicht. Dieser Vorgang des Umschreibens wird auch als Transkription bezeichnet und beinhaltet die Herstellung einer Kopie eines Gens in Form eines einzelsträngigen RNA-Moleküls. Sie findet im Zellkern statt und führt in der Regel noch nicht zu funktionsfähigen Molekülen. Die primären Transkriptionsprodukte müssen zum Teil recht erhebliche posttranskriptionale Veränderungen durchlaufen, bevor sie durch die Kernporen in das Cytosol transportiert werden, um dort ihren verschiedenen Funktionen im Rahmen der Proteinbiosynthese nachzukommen. Es ist klar, daß die Transkription selbst, aber auch die posttranskriptionale Modifikation, der Transport und der Abbau der primären Transkriptionsprodukte durch jeweils unterschiedliche Mechanismen reguliert werden können.

Das hier dargestellte Myo-D-Protein spielt eine große Rolle bei der Expression muskelspezifischer Proteine.
Es ist ein homodimeres DNA-Bindungsprotein.
(Bild: SWISS-3DIMAGE, Universität Genf)

10.1 Mechanismus der Transkription

Unter dem Begriff *Transkription* versteht man die Herstellung einer Kopie eines Gens in Form eines einzelsträngigen RNA-Moleküls. Die beiden Einzelstränge der DNA haben hier eine unterschiedliche Funktion.

- Der Strang, der als Matrize für die RNA-Synthese dient, wird auch als Matrizenstrang oder Minusstrang bezeichnet. In einem Chromosom können verschiedene Gene unterschiedliche Stränge als Matrize verwenden.
- Die Basensequenz des zum Matrizenstrang komplementären DNA-Strangs entspricht der Basensequenz des RNA-Transkriptes. Dieser Strang wird auch als codierender Strang, Plusstrang oder einfach als Nicht-Matrizenstrang bezeichnet.

Die für die Transkription verantwortlichen Enzyme sind die *DNA-abhängigen RNA-Polymerasen*. Ihre Assoziation mit der DNA sowie die bei der Transkription notwendigen Veränderungen des DNA-Doppelstrangs sind in Abb. 10.1 dargestellt. Damit die RNA-Polymerase das einzelsträngige Transkript herstellen kann, muß der DNA-Doppelstrang über ein kurzes Stück, das sogenannte *Transkriptionsauge*, entspiralisiert, dahinter jedoch wieder neu verdrillt werden. Dies würde zu einer beträchtlichen Rotation der DNA führen, die je-

doch aus strukturellen Gründen eingeschränkt ist. Die sich hieraus ergebenden topologischen Probleme werden von Topoisomerasen (S. 213) bewältigt. Prinzipiell kann man die Transkription in die drei Stadien
- Initiation,
- Elongation und
- Termination einteilen.

Das wichtigste Problem bei der Initiation ist das korrekte Auffinden der Startstelle für die Transkription, so daß möglichst nur der für die Funktion des betreffenden Gens benötigte DNA-Abschnitt transkribiert wird. Hierfür verfügen pro- und eukaryote Gene über sog. *Promotoren* oder Promotorregionen. Diese sind die Träger von Strukturelementen, die die Bindung der RNA-Polymerasen an den Transkriptions-Startpunkt ermöglichen und Informationen darüber geben können, mit welcher Effizienz ein Gen transkribiert wird bzw. wie seine Transkription reguliert ist. Derartige Strukturen der Promotorregionen werden auch als cis-Elemente, spezifisch an sie bindende Proteine als trans-Elemente bezeichnet (s. Abb. 10.5, 10.6)

Die Elongation setzt lediglich das Vorhandensein entsprechender Nucleosidtriphosphate voraus, für die Termination müssen jedoch wieder spezifische Signale vorhanden sein, so daß verhindert wird, daß unter Energieaufwand große nichtcodierende Bereiche hinter Genen transkribiert werden.

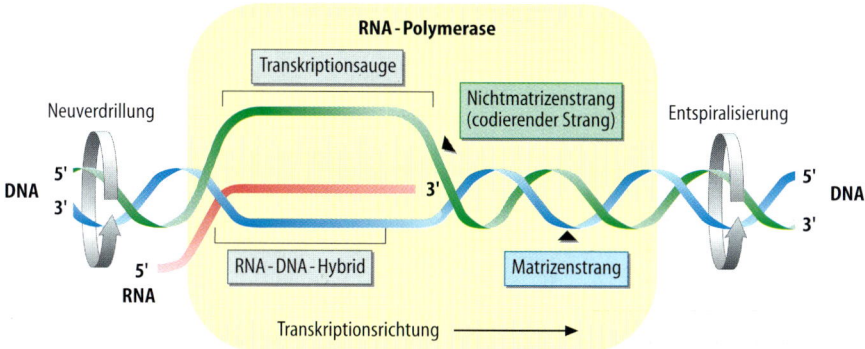

Abb. 10.1 Prinzip der DNA-Transkription durch RNA-Polymerasen. In der Gegend der Startstelle der Transkription muß die DNA lokal entwunden werden, woraufhin die RNA-Polymerase mit dem Transkriptionsvorgang beginnt und auf der DNA ent-

langläuft. Dabei muß vor der RNA-Polymerase die DNA entwunden und hinter ihr die DNA wieder zur Doppelhelix verwunden werden

Ein gerade für die Medizin besonders wichtiges Problem ist das der Regulation der Transkription. Die zur Aufrechterhaltung der basalen Funktionen von Zellen benötigten Gene werden im allgemeinen mit etwa gleichbleibender Geschwindigkeit transkribiert. Man bezeichnet dies auch als konstitutive Transkription, die betreffenden Gene auch als „house keeping genes". Die Transkriptionsgeschwindigkeit der regulierten Gene kann im Gegensatz dazu um Größenordnungen variieren und wird durch eine große Zahl intra- bzw. extrazellulärer Faktoren beeinflußt.

10.1.1 Pro- und eukaryote RNA-Polymerasen

Die durch RNA-Polymerasen katalysierte Reaktion ist bei pro- und eukaryoten Organismen identisch

Chemisch entspricht der Reaktionsmechanismus aller RNA-Polymerasen demjenigen der DNA-Polymerasen (Abb. 10.2). Das 3'-OH-Ende eines Nucleotids greift die Phosphorsäureanhydrid-Bindung zwischen dem α- und β-Phosphat des nächsten anzukondensierenden Ribonucleotids an, so daß dieses unter Pyrophosphatabspaltung in die wachsende RNA-Kette eingebaut wird. Die Sequenz der durch diese Verlängerung eingebauten Ribonucleotide ist komplementär der Basensequenz des Matrizenstrangs und entspricht damit demjenigen des codogenen Strangs. Ein wichtiger Unterschied im Vergleich zu DNA-Polymerasen ist, daß zur Einleitung der RNA-Biosynthese kein Primer benötigt wird, das neu gebildete RNA-Molekül infolgedessen zunächst ein Triphosphatende hat.

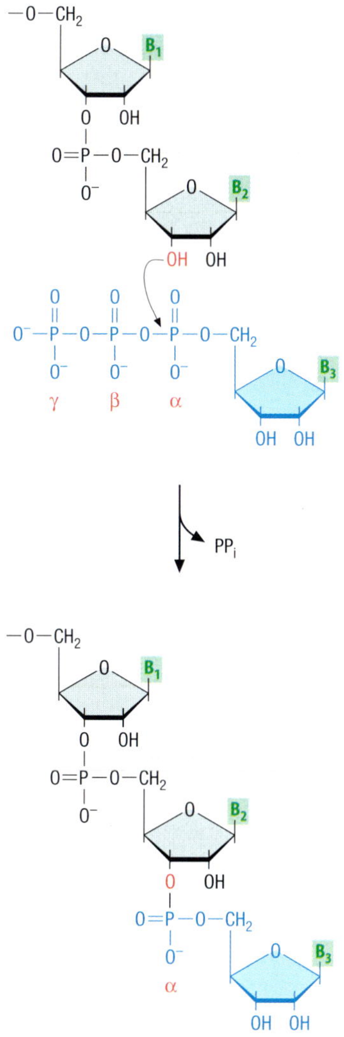

Abb. 10.2 Reaktionsmechanismus der RNA-Polymerasen. Analog zum Mechanismus der DNA-Polymerasen handelt es sich auch hier um den Angriff des 3'-OH-Endes eines Nucleotids auf die Phosphorsäureanhydrid-Bindung zwischen α- und β-Phosphat des nächsten anzukondensierenden Ribonucleotids

Prokaryonten besitzen eine, Eukaryonten drei unterschiedliche RNA-Polymerasen

Die RNA-Polymerase von Prokaryonten ist ein großer Enzymkomplex. Bei E.coli hat das Holoenzym ein Molekulargewicht von 480 000 Da. Es kann in das sogenannte *core-Enzym* und den **Sigmafaktor** getrennt werden. Das erstere ist tetramer und besteht aus den Untereinheiten α_2,β,β'. Das core-Enzym allein kann zwar RNA in Anwesenheit einer DNA-Matrize synthetisieren, ist jedoch nicht imstande, die richtigen Startstellen für die Transkription zu finden. Hierfür ist die Assoziation mit dem Sigmafaktor (σ-Faktor) notwendig, der für die Elongation und Termination der RNA-Polymerisierung nicht mehr benötigt wird.

Der Nachweis der drei eukaryoten RNA-Polymerasen war im Vergleich zu den prokaryoten Enzymen wesentlich schwieriger, da diese Enzyme in einer wesentlich geringeren Kopienzahl in der Zelle vorkommen. Aufgrund ihrer Empfindlichkeit gegenüber dem Gift des Knollenblätterpilzes α-Amanitin unterscheidet man drei RNA-Polymerasen (Tabelle 10.1). Die **RNA-Polymerase I** ist im Nucleolus lokalisiert und transkribiert die Gene für die ribosomale RNA. Die **RNA-Polymerasen II** und **III** kommen im Zellkern vor und transkribieren die Gene für die hnRNA (heterogene nucleäre RNA, S. 165) und damit die mRNA sowie die Gene für die tRNA.

Alle drei eukaryoten RNA-Polymerasen haben mindestens 10, wahrscheinlich mehr Untereinheiten. Ihr Molekulargewicht liegt bei etwa 500 kD, es handelt sich also um außerordentlich große Proteine. Zur Transkription brauchen sie die Anwesenheit sogenannter *allgemeiner Transkriptionsfaktoren* (s. unten).

10.1.2 Transkription bei Prokaryonten

Abbildung 10.3 zeigt die bei der Transkription prokaryoter Gene stattfindenden Vorgänge in schematischer Form. Sie beginnt mit der Bindung der RNA-Polymerase an die DNA. Für das Auffinden des Transkriptionsstartpunktes enthalten alle prokaryoten Gene im Promotor **AT-reiche Regionen**, die bei E.coli etwa 10 und 35 Basenpaare oberhalb des Transkriptionsstarts gelegen sind. Da die Wasserstoffbrückenbindungen zwischen AT-Paaren schwächer sind als zwischen GC-Paaren, kann hier die für die Transkription notwendige

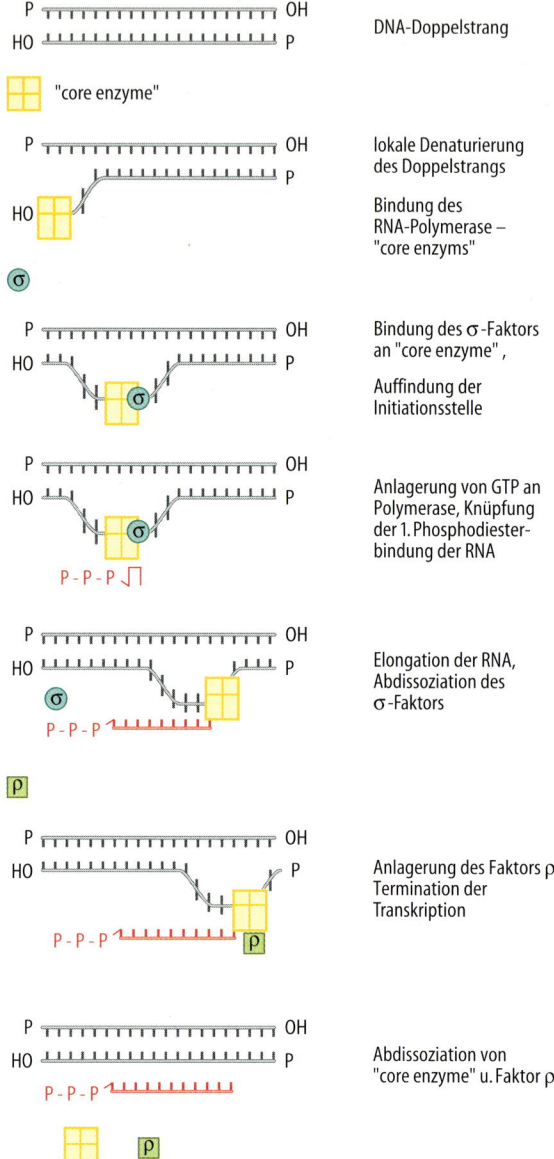

Abb. 10.3 Transkription prokaryoter Gene. Die RNA-Biosynthese bei Prokayonten kommt durch das Zusammenwirken von DNA-abhängiger RNA-Polymerase als tetrameres Enyzm sowie der Faktoren Sigma für die Initiation und Rho für die Termination zustande. (Einzelheiten s. Text)

Trennung in codogenen Strang und Matrizenstrang am leichtesten erfolgen. Für die Anlagerung der RNA-Polymerase an die Promotorregion wird der σ-Faktor benötigt. Nachdem die **Initiationsstelle** aufgefunden ist, lagert die RNA-Polymerase das erste Nucleosidtri-

Tabelle 10.1 Eukaryote RNA-Polymerasen

Typ	*Vorkommen*	*Produkt*	*Hemmbarkeit durch a-Amanitin*
RNA-Polymerase I	Nucleolus	Ribosomale RNA	–
RNA-Polymerase II	Nucleus	hnRNA, nach Prozessierung mRNA	+
RNA-Polymerase III	Nucleus	transfer-RNA	(+)

phosphat an, welches immer GTP oder ATP ist, und bildet auf diese Weise den *Initiationskomplex.* Die Knüpfung der ersten Phosphodiesterbindung erfolgt gewöhnlich mit einem Pyrimidinnucleotid. Nach Knüpfung von etwa 10 Phosphodiesterbindungen kommt es zur Abdissoziation des σ-Faktors, da die weitere Transkription durch das core Enzym alleine möglich ist.

Für das Auffinden der *Terminationsstelle* auf dem codogenen DNA-Strang, der das Ende des bei Prokaryonten häufig polycistronischen Strukturgens anzeigt, sind weitere Proteinfaktoren notwendig, die mit ρ oder τ bezeichnet werden. An dieser Stelle kommt es zur Abdissoziation des core Enzymes, worauf der Transkriptionscyclus erneut beginnen kann. Analog zu den Promotoren finden sich im bakteriellen Genom auch entsprechende *Terminationssignale,* die etwa 40 Basenpaare lang sind und die die in Abb. 10.4 dargestellten Strukturmerkmale aufweisen. Sie enthalten alle eine umgekehrte, also palindromartige repetitive Sequenz (S. 170), an die sich eine Serie von AT-Basenpaaren anschließt. Die Anordnung der repetitiven Sequenz ist dabei derartig, daß das RNA-Transkript durch Bildung

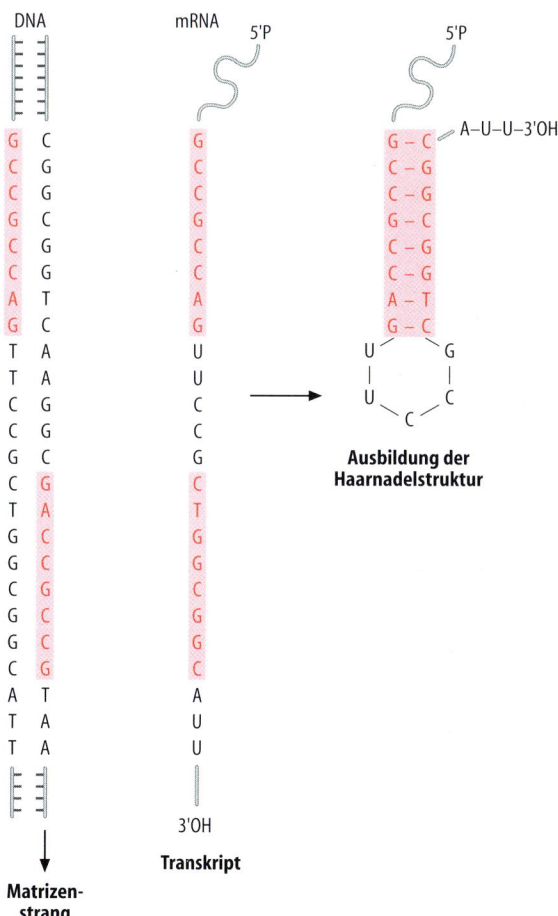

Abb. 10.4 Palindromartige repetitive Sequenz als Terminationssignal bakterieller Gene. In den RNA-Transkripten entsteht durch diese Anordnung eine Haarnadelstruktur, die als Terminationssignal dient

von intramolekularen Wasserstoffbrückenbindungen zwischen komplementären Basen eine Haarnadelstruktur ausbilden kann, welche offensichtlich ein Signal für die Terminationsproteine ρ bzw. τ darstellt.

10.1.3 Transkription bei Eukaryonten

Die Transkription eukaryoter Gene geht mit Änderungen der Nucleosomenstruktur einher

Die native DNA liegt in Form der 30 nm Faser vor, ist stark kondensiert und ihre Transkription reprimiert. Durch einen als *Antirepression* bezeichneten Vorgang kommt es zu einer Lockerung der Struktur der 30 nm Faser oder sogar zum Übergang in die 10 nm Faser (S. 158). Hierbei spielt möglicherweise die *Acetylierung* des Histonproteins H 4 eine wichtige Rolle, durch die positive Ladungen der Lysylreste der Histonproteine neutralisiert und damit die Wechselwirkung von Histonproteinen mit der DNA geschwächt werden. Der Übergang zum aktiven, d. h. zur Transkription bereiten Chromatin erfordert in vielen Fällen eine Umgruppierung bzw. sogar eine lokale Auflösung der Nucleosomenstruktur, deren Mechanismus noch nicht gut verstanden wird.

Für die Bildung des eukaryoten Initiationskomplexes sind allgemeine Transkriptionsfaktoren notwendig

Im Gegensatz zu den prokaryoten sind eukaryote RNA-Polymerasen nicht imstande, alleine an DNA zu binden. Sie benötigen hierzu eine Reihe von Faktoren, die als *allgemeine Transkriptionsfaktoren* bezeichnet werden und die den sog. *Initiationskomplex* bilden, der für die korrekte Bindung der Polymerase an der Startstelle der Transkription verantwortlich ist. Auch bei der Transkription eukaryoter Gene spielt eine im im Promotorbereich lokalisierte AT-reiche Sequenz, die auch als *TATA-Box* bezeichnet wird, eine entscheidende Rolle (s. u.). Die jeweilige Zugehörigkeit zu einer RNA-Polymerase wird dadurch zum Ausdruck gebracht, daß an die Abkürzung für den Transkriptionsfaktor (TF) römische Ziffern angefügt werden, die mit der Numerierung der RNA-Polymerasen übereinstimmen.

Die drei verschiedenen RNA-Polymerasen eukaryoter Zellen sind für die Transkription jeweils ganz unterschiedlicher Gruppen von Genen verantwortlich, die dementsprechend auch unterschiedliche Promotoren besitzen. Es ist infolgedessen nicht erstaunlich, daß die Bildung der Initiationskomplexe jeweils unterschiedlich abläuft (Abb. 10.5).

Der Initiationskomplex der RNA-Polymerase I. Die RNA-Polymerase I transkribiert die Gene der riboso-

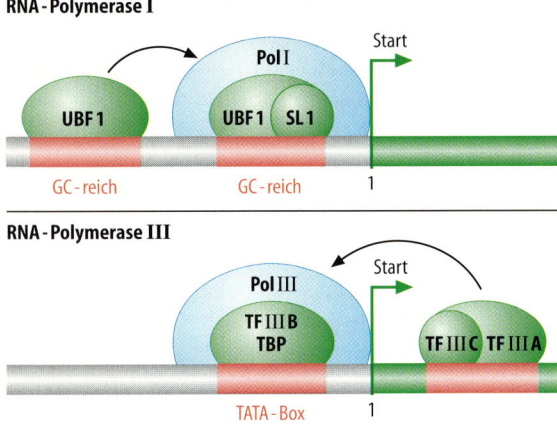

RNA-Polymerase I

UBF 1 — GC-reich — Pol I · UBF 1 · SL 1 — GC-reich — Start · 1

RNA-Polymerase III

Pol III · TF III B · TBP — TATA-Box — Start · 1 — TF III C · TF III A

Abb. 10.5 Strukturmerkmale der Promotorregionen eukaryoter Gene. Mit Ausnahme der von der RNA-Polymerase I transkribierten Gene liegt etwa 20 Basen oberhalb des Transkriptionsstartpunktes eine AT-reiche Region, die sogenannte TATA-Box. An sie bindet die RNA-Polymerase. Weitere noch weiter vom Startpunkt entfernte Sequenzen sind die Bindungsstellen für die jeweiligen Transkriptionsfaktoren, die eine effektive Transkription erst ermöglichen. *F* Transkriptionsfaktor. (Einzelheiten s. Text)

malen RNA. Der zugehörige Promotor besteht aus zwei Teilen, einem sogenannten *core-Promotor* im Bereich der Startstelle der Transkription und einem *Kontrollelement,* das 100 bis 180 Basenpaare oberhalb der Startstelle gelegen ist. Beide Promotorregionen sind, anders als bakterielle Promotoren, reich an GC-Basenpaaren. Die Bildung des Initiationskomplexes beginnt damit, daß zunächst ein als *UBF I* bezeichnetes Protein spezifisch an die beiden Promotoren bindet. Anschließend lagert sich ein zweiter Proteinfaktor ein, der als *SL1* bezeichnet wird und aus vier Proteinen besteht. Eine seiner Untereinheiten wird als *TBP* (TBP = *engl.* TATA box binding protein) bezeichnet und ist auch an der Bildung des Initiationskomplexes der RNA-Polymerasen II und III beteiligt. Erst nach der Bindung von UBF I und SL 1 lagert sich die RNA-Polymerase I an, womit der vollständige Initiationskomplex gebildet und die Transkription der rRNA-Gene beginnen kann.

Der Initiationskomplex der RNA-Polymerase III. Im Vergleich zur RNA-Polymerase I ist der Aufbau des Initiationskomplexes der RNA-Polymerase III wesentlich komplexer. Die Promotoren für die 5 S- und tRNA-Gene liegen *innerhalb* der codierten Sequenz unterhalb des Startpunktes der Transkription. Dagegen sind die Promotoren für die snRNA wie die Promotoren anderer Gene oberhalb des Startpunktes der Transkription lokalisiert. Zur Bildung des Initiationskomplexes müssen zunächst die Transkriptionsfaktoren *TF III C* und *TF III A* an die internen Promotoren binden, was dem Transkriptionsfaktor *TF III B* ermöglicht, an die Basensequenz an der Startstelle der Transkription zu binden. Eine der Untereinheiten von TF III B ist wiederum das TATA-Box-Bindungsprotein *TBP.* Erst nach

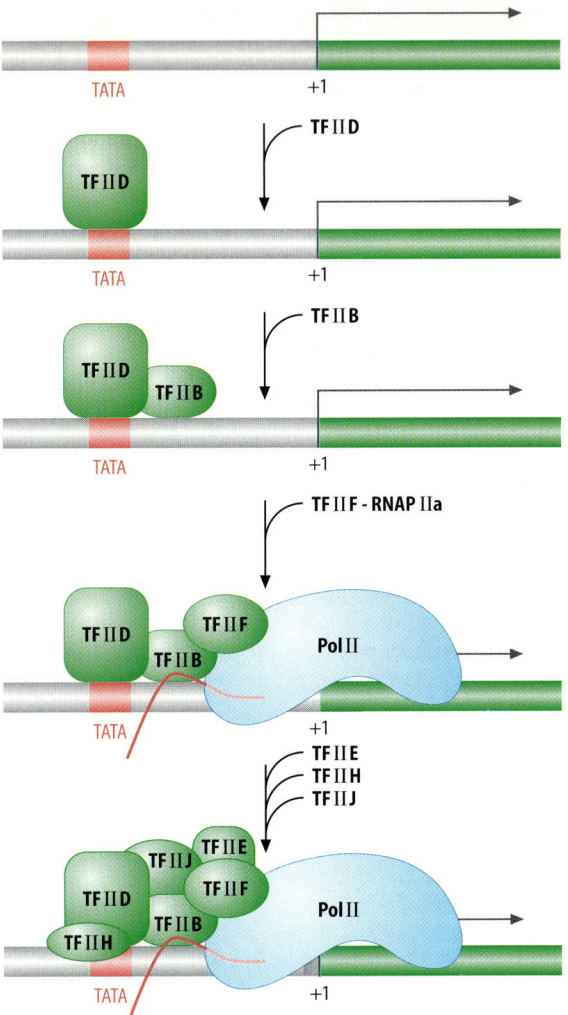

Abb. 10.6 Aufbau des RNA-Polymerase-II-Holoenzyms und Bindung an die TATA-Box. *TF* Transkriptionsfaktor

Anlagerung dieser Proteinfaktoren ist die RNA-Polymerase III imstande, DNA zu binden und am korrekten Startpunkt mit der Transkription zu beginnen.

Der Initiationskomplex der RNA-Polymerase II. Die RNA-Polymerase II benötigt die größte Zahl von allgemeinen Transkriptionsfaktoren. Man nimmt an, daß sich in Anwesenheit von DNA ein Multienzymkomplex aus der DNA-Polymerase II und den Transkriptionsfaktoren *TF II B, TF II H, TF II F* und *TF II E* bildet, der auch als *RNA-Polymerase II-Holoenzym* bezeichnet wird. Darüber hinaus enthält das Holoenzym noch eine Gruppe von Proteinen, die nicht zu den allgemeinen Transkriptionsfaktoren gerechnet werden, sondern als *SRB-Proteine* (SRB = *engl.* suppressor of RNA polymerase B) bezeichnet werden. Ihre Entfernung durch entsprechende Mutagenese führt jedenfalls zu einer schwerwiegenden Störung der Transkription. Das RNA-Polymerase-Holoenzym (Abb. 10.6) ist imstande, fest an die AT-reichen Regionen von eukaryoten Genen zu binden, wenn diese durch den Transkriptionsfaktor *TF II D* belegt sind. TF II D ist ein großer, aus mehreren Untereinheiten bestehender Proteinkomplex. Eine der Untereinheiten ist das TATA-Box-Bindungsprotein *TBP*, welches AT-reiche Regionen und andere promotorspezifische Sequenzen erkennen und binden kann.

Für die Initiation der Transkription sind weitere regulatorische Elemente notwendig

Die Bildung des Initiationskomplexes ist eine Voraussetzung dafür, daß die RNA-Polymerase die korrekte Startstelle der Transkription auffindet und prinzipiell zur Transkription befähigt ist. Es finden sich allerdings in der Promotorregion eukaryoter Gene noch eine Reihe weiter oberhalb der TATA-Box lokalisierte Sequenzen, an die Transkriptionsfaktoren gebunden werden, die nicht am Aufbau des RNA-Polymerase II-Holoenzyms beteiligt sind. Abbildung 10.7 stellt dies in schematischer Form anhand des Aufbaus des *Thymidinkinase-Promotors* dar.

- In der Position –20, gerechnet vom Startpunkt der Transkription aus, befindet sich die TATA-Box, an der sich der Transkriptionsfaktor TF II D anlagert und auf diese Weise den Initiationskomplex bildet.
- Etwa 40 Basenpaare oberhalb des Startpunktes befindet sich die sogenannte GC-Box, die in vielen Genen vorkommt und die Konsensussequenz GGGCGG aufweist.
- Ungefähr 70 Basenpaare oberhalb des Startpunktes der Transkription findet sich ein weiteres Element, das auch als CAAT-Box bezeichnet wird und die Konsensussequenz GGCCAATCT aufweist.
- Die Oktamer-Box schließlich befindet sich noch weiter oberhalb der Transkriptionsstartstelle.

All den genannten Sequenzelementen ist gemeinsam, daß sie jeweils spezifische Proteinfaktoren binden können (Abb. 10.8), welche als Aktivatoren der Transkription dienen und entweder mit dem Transkriptionsfaktor TF II D oder dem RNA-Polymerase-Holoenzym direkt in Wechselwirkung treten. Sie werden als
- Transkriptionsaktivatoren,
- Transkriptions-aktivierende Faktoren oder
- englisch als upstream regulatory factors (URF) bezeichnet.

Vergleicht man die Anordnung der genannten DNA-Elemente bei verschiedenen eukaryoten Genen, so zei-

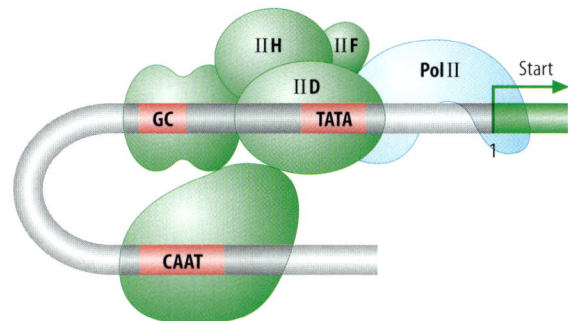

Abb. 10.8 Wirkung von Transkriptionsaktivatoren. Transkriptionsaktivatoren binden DNA-Elemente, die gelegentlich mehr als 100 Basenpaare von der Transkriptionsstartstelle und damit von der RNA-Polymerase entfernt liegen. Man nimmt an, daß die räumlichen Beziehungen so sind, daß ungeachtet dieser Entfernung eine direkte Assoziation der Transkriptionsaktivatoren mit dem Initiationskomplex der RNA-Polymerase erfolgen kann

gen sich große Unterschiede. Der Promotor des frühen Gens des Papovavirus SV 40 enthält beispielsweise als einzige Elemente 6 GC-Boxen, das Gen für das Histon H2B dagegen außer der TATA-Box 2 Oktamer- sowie 2 CAAT-Elemente. Insgesamt entscheidet die Zahl, weniger die räumliche Anordnung der genannten Elemente über die Effektivität, mit der ein Promotor die Transkription eines spezifischen Gens beeinflußt.

Die Mechanismen für die Elongation und Termination der Transkription sind nicht genau bekannt

Für die Elongation und Termination der Transkription eukaryoter Gene sind viele der Proteine des Initiationskomplexes nicht mehr notwendig. Die deswegen stattfindende *Dissoziation des Initiationskomplexes* ist am besten an der RNA-Polymerase II untersucht (Abb. 10.9). Entscheidend für ihre Aufklärung war die Beobachtung, daß nicht die Bildung des Initiationskomplexes und die Initiation der Transkription, sondern die Elongation einen ATP-abhängigen Schritt beinhaltet. Später zeigte sich, daß das ATP u. a. dazu benutzt wird, das *C-terminale Fragment* der größten Untereinheit der RNA-Polymerase II zu phosphorylieren. Dieses Fragment besteht aus einer repetitiven Sequenz des Heptapeptides -Tyr-Ser-Pro-Thr-Ser-Pro-Ser-.

Dieses ist bei so unterschiedlichen Organismen wie der Hefe und dem Menschen in gleicher Weise vorhanden. Seine Entfernung durch Mutagenese ist letal. Die humane RNA-Polymerase II enthält 52 Kopien dieses Heptapeptides, niedere Eukaryote verfügen über eine etwas geringere Kopienzahl. In vivo findet sich die C-terminale Domäne der RNA-Polymerase II entweder *unphosphoryliert* oder in *phosphorylierter* Form, wobei im wesentlichen die Seryl- und Threonylreste phosphoryliert sind.

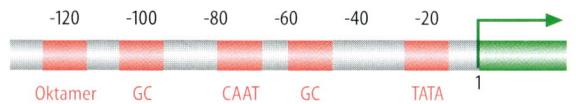

Abb. 10.7 Aufbau des Thymidinkinase-Promotors

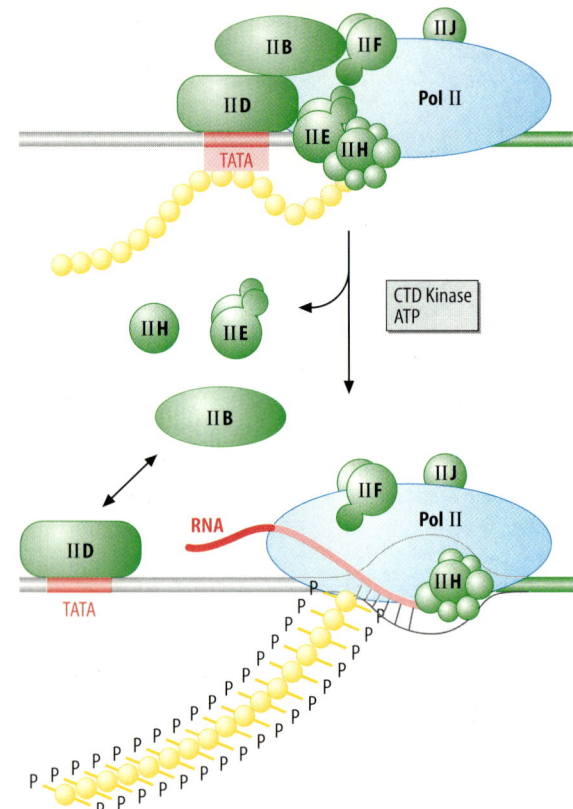

Abb. 10.9 Vorgänge beim Übergang zur Elongationsphase der Transkription. Für den Übergang von der Initiation zur Elongation der Transkription ist die Phosphorylierung des C-terminalen repetitiven Heptapeptides (*gelb*) der RNA-Polymerase II entscheidend, der ihre Bindung an Transkriptionsfaktoren löst. (Einzelheiten s. Text) (Nach Draßkin und Reinberg 1994)

Die C-terminale Domäne der RNA-Polymerase II spielt eine entscheidende Rolle bei dem Übergang von Initiation zu Elongation der Transkription. In nicht phosphorylierter Form ist sie für den Zusammenhalt des Initiationskomplexes notwendig, da sie eine spezifische Wechselwirkung mit dem TATA-Box-Bindungsprotein des Transkriptionsfaktors TF II D eingeht. Eine spezifische Proteinkinaseaktivität, welche möglicherweise ein Teil des TF II H ist, führt zur Phosphorylierung der C-terminalen Domäne der RNA-Polymerase II. Dies löst ihre Bindung an den Transkriptionsfaktor TF II D und führt darüber hinaus zum Zerfall des Initiationskomplexes, so daß lediglich die Polymerase II zusammen mit den Transkriptionsfaktoren TF II F und TF II J in die Elongationsphase eintritt.

Für die *Termination* der Transkription eukaryoter Gene sind bei der RNA-Polymerase I und III ähnliche Signale verantwortlich wie bei prokaryoten Genen. Die Transkriptionstermination bei Genen, die durch die RNA-Polymerase II transkribiert werden, ist mechanistisch noch nicht aufgeklärt. Häufig hört die Transkription mehr als tausend Basenpaare unterhalb des 3'-Endes der fertigen mRNA auf. Bei der posttran-

skriptionalen Modifikation (s. u.) müssen derartig lange 3'-Enden entsprechend verkürzt werden.

10.1.4 Hemmstoffe der Transkription

Eine Reihe von Verbindungen, darunter auch einige Antibiotika, hemmen die Transkription. Sie haben sich zum Teil als wertvolle Hilfsmittel bei der Aufklärung der molekularen Mechanismen dieses Vorgangs erwiesen, darüber hinaus auch teilweise Eingang in die Therapie gefunden.

Das *Actinomycin D* (Abb. 10.10) hemmt in niedrigen Konzentrationen die Transkription, in höheren auch die Replikation. Das Molekül verfügt über ein planares Ringsystem, welches sich wie ein interkalierender Farbstoff (S. 168) zwischen GC-Paare doppelsträngiger DNA schiebt. Die sich dadurch ergebende Verformung der DNA führt zur Hemmung der Transkription. Aus dem Wirkungsmechanismus geht hervor, daß Actinomycin sowohl bei Pro- als auch bei Eukaryonten wirkt.

Rifampicin hemmt selektiv die RNA-Polymerase von Prokaryonten, da es an die β-Untereinheit dieses Enzyms bindet. Da das entsprechende Enzym der Eukaryonten unbeeinflußt bleibt, kann Rifampicin bei der Therapie bakterieller Infektionen angewandt werden.

Ein spezifischer Inhibitor der eukaryoten RNA-Polymerase II ist schließlich das *α-Amanitin*. Es ist die für die Giftwirkung des Knollenblätterpilzes verantwortliche Komponente. Bei der Knollenblätterpilzvergiftung steht seine hemmende Wirkung auf die Transkription wichtiger Proteine der Leber im Vordergrund, was die mit den Zeichen einer akuten Zerstörung des Leberparenchyms einhergehende klinische Symptomatik bestimmt.

Eine Reihe einfacher, von der 4-Oxochinolin-3-carbonsäure abstammender Verbindungen sind wirksame Hemmstoffe der prokaryoten DNA-Gyrase (S. 214). Wegen dieser Wirkung beeinträchtigen der-

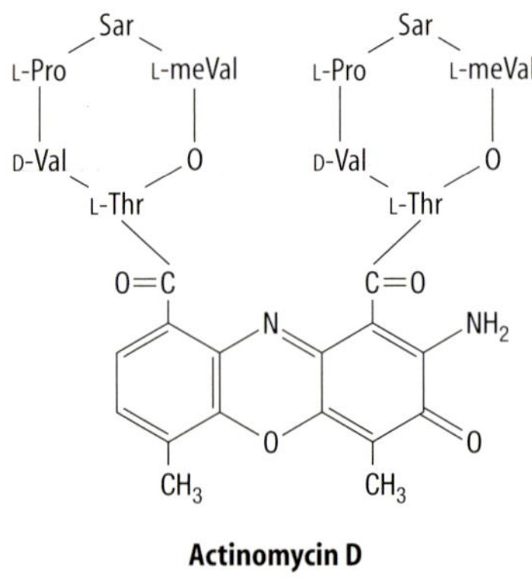

Actinomycin D

Abb. 10.10 Struktur des Actinomycin D. *Sar* Sarcosin (Methylglycin)

artige *Gyrase-Hemmstoffe* die bakterielle Replikation und Transkription und können deswegen zur Therapie eines breiten Spektrums bakterieller Infekte eingesetzt werden.

10.2 Posttranskriptionale Modifikationen der primären RNA-Transkripte

Die primären RNA-Transkripte sind sowohl bei Pro- als auch bei Eukaryonten häufig noch keine funktionsfähigen Moleküle, sondern müssen durch posttranskriptionale Modifikationen in die biologisch aktive Form überführt werden. Dies trifft bei Prokaryonten für die *mRNA* allerdings nicht zu, die ohne weitere Veränderungen direkt für die Proteinbiosynthese verwendet werden kann (S. 266).

10.2.1 Prozessierung der Transkripte der tRNA-Gene

In den meisten Zellen finden sich 40–50 unterschiedliche tRNA-Moleküle. Diese entstehen aus längeren RNA-Transkripten, die durch entsprechende Nucleasen prozessiert werden müssen (Abb. 10.11). Die bei allen Organismen vorkommende Endonuclease **RNase P** entfernt RNA am 5'-Ende der tRNA-Abschnitte. Sie benötigt für ihre Funktion ein spezifisches RNA-Molekül, welches für die katalytische Aktivität essentiell ist und sogar in Abwesenheit des Proteinanteils wirkt. Damit gehört die RNase P eigentlich in die Klasse der **Ribozyme** (S. 250).

Nach der Entfernung überzähliger Basen am 3'-OH-Ende durch die **RNase D** erfolgt schließlich die An-

heftung der für alle tRNA-Moleküle typischen CCA-Sequenz durch die **tRNA-Nucleotidyltransferase**. Als letztes werden die für die tRNA spezifischen Basenmodifikationen, z. B. Methylierungen, eingefügt.

10.2.2 Prozessierung der Transkripte für ribosomale RNA

Die Bildung ribosomaler RNA-Moleküle bei Eukaryonten entspricht im Prinzip derjenigen bei Prokaryonten. Gene für rRNA finden sich in vielen tausend Kopien im Genom und sind in Form großer Vorläufermoleküle jeweils als Tandem angeordnet. Bei Eukaryonten ist der Vorläufer der rRNA ein Präkursor mit einer Sedimentationskonstante von 45 S und einem Molekulargewicht von $4{,}1 \times 10^6$ D (Abb. 10.12). Er enthält die für die eukaryote rRNA charakteristischen 18 S-, 28 S- und 5,8 S-rRNA-Moleküle. Zunächst erfolgt eine umfangreiche Methylierung an den 2'-OH-Gruppen der Ribosereste, die in den späteren rRNA-Molekülen erhalten bleiben. Anschließend werden sequenziell durch entsprechende Nucleasen die fertigen rRNA-Moleküle aus dem primären Transkript geschnitten.

10.2.3 Herstellung eukaryoter mRNA

Von allen primären RNA-Transkripten werden diejenigen für die spätere mRNA am umfangreichsten posttranskriptional prozessiert. Abbildung 10.13 gibt in schematischer Form eine Übersicht über die einzelnen Schritte dieser posttranskriptionalen Modifikation. Sie bestehen in der

- Anheftung einer Kopfgruppe oder Cap-Gruppe am 5'-Ende,

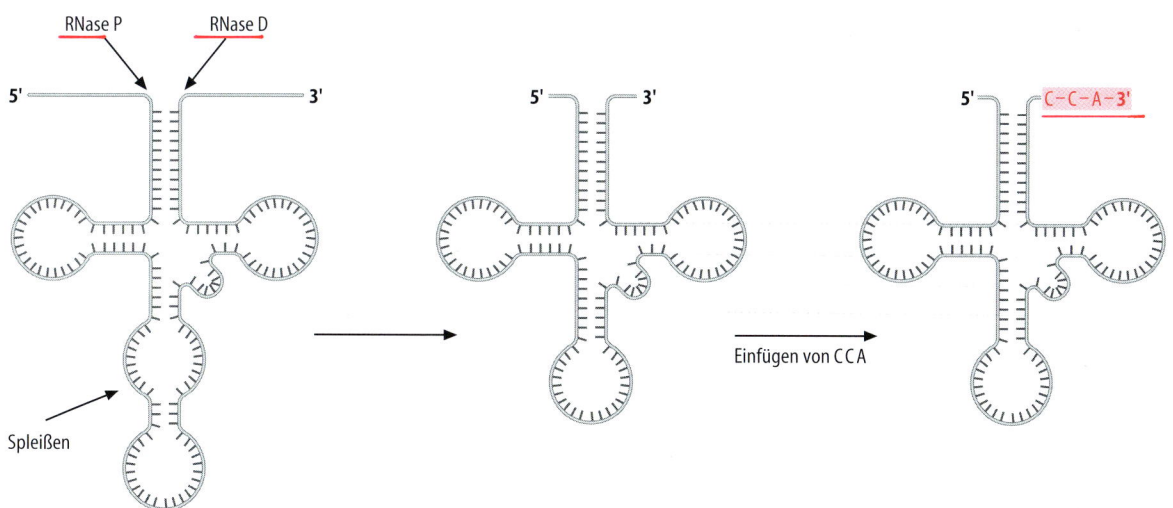

Abb. 10.11 Entstehung der tRNA-Moleküle durch posttranskriptionale Prozessierung der primären Transkripte von tRNA-Genen durch RNase P, RNase D und tRNA-Nucleotidyltransferase

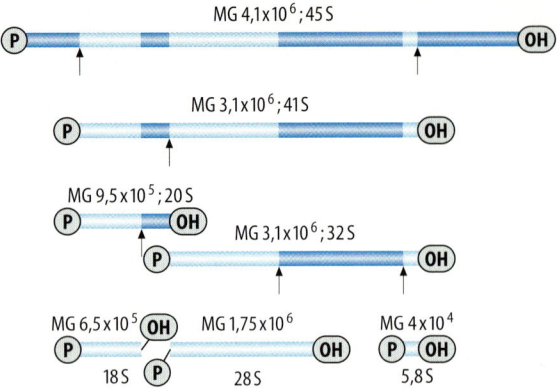

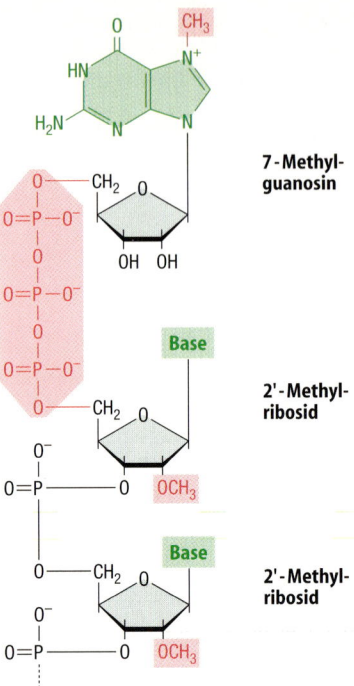

Abb. 10.12 Entstehung der 18 S-, 28 S- und 5,8 S-rRNA durch posttranskriptionale Prozessierung der eukaryoten nucleolären 45 S-RNA

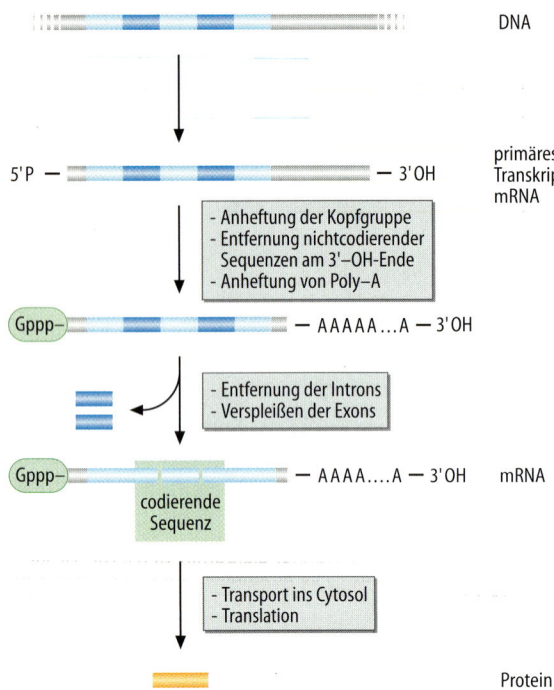

Abb. 10.13 Die einzelnen Schritte der posttranskriptionalen Modifikation der hnRNA zu mRNA-Molekülen

Abb. 10.14 Die Sequenz 7-Methylguanosin-2'-Methylribosid-2'-Methylribosid als häufig aufgefundene, posttranskriptional angeheftete Kopfgruppe der mRNA, die auch als Cap bezeichnet wird

der beiden anschließenden Nucleotide angefügt. Donor der Methylgruppen ist S-Adenosyl-Methionin (S. 548).

- Eine wichtige Funktion der Kopfgruppe besteht im Schutz der entstehenden RNA vor dem Abbau durch entsprechende Nucleasen.
- Darüber hinaus ist die Kopfgruppe ein Signal für den Transport der mRNA durch die Kernporen (s. u.) und
- wird für die Anheftung der mRNA an das entstehende Ribosom benötigt, wo sie das Auffinden des Startpunktes der Translation ermöglicht (S. 273)

Am 3'-Ende der mRNA wird ein Poly-A-Ende angefügt

Sehr häufig trägt das 3'-Ende eukaryoter mRNA ein Poly-A-Ende aus 50 bis etwa 200 oder mehr Adenylresten, das *Poly(A)-Ende* bzw. der *Poly(A)-Schwanz*. Ihre Anheftung erfolgt meist nicht an der Stelle, an der die Transkription des primären Transkriptes aufgehört hat (Abb. 10.15). Das eigentliche Signal für die Anheftung des Poly(A)-Endes ist eine spezifische Sequenz aus sechs Basen. Diese bildet eine Erkennungsregion zur Bindung eines Multienzymkomplexes mit zwei Funktionen.

- Eine Endonucleaseaktivität des Komplexes entfernt den Teil des Transkripts, der unterhalb des Spaltsignals liegt,

- Modifikation am 3'-OH-Ende durch Verkürzung der 3'-untranslatierten Region und Anheftung eines Poly-A-Endes sowie schließlich
- Entfernung nicht codierender Sequenzen.

Schon während der Transkription erhält die spätere mRNA eine Kopfgruppe

Bei allen eukaryotischen mRNA-Molekülen wird bereits während der Transkription das 5'-Ende durch die Anheftung einer Kopfgruppe aus einem 7-Methylguanosintriphosphat modifiziert (Abb. 10.14). Häufig werden weitere Methylgruppen an die 2'-Hydroxygruppen

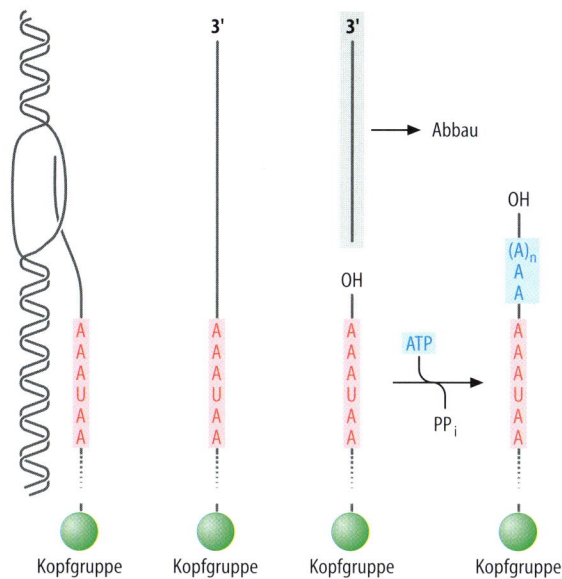

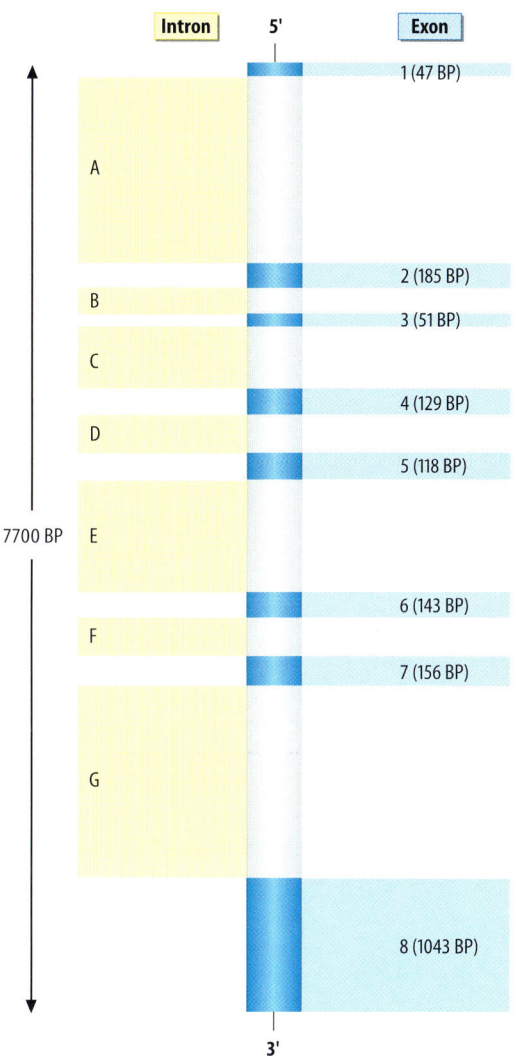

Abb. 10.15 Modifikation des 3'-Endes der hnRNA zu der für die mRNA typischen Struktur mit einem Poly(A)-Ende

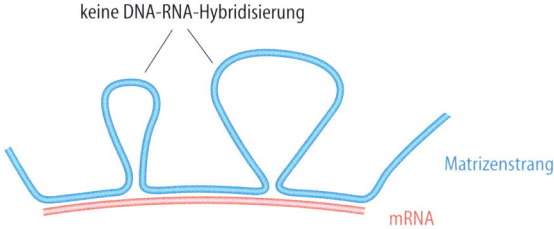

Abb. 10.16 Schematische Darstellung einer DNA-mRNA-Hybridisierung eines eukaryoten Gens mit intervenierenden Sequenzen

Abb. 10.17 Aufbau des Hühner-Eialbumin-Gens. Die Gesamtlänge des Gens beträgt 7.700 Basenpaare (BP). Es enthält 7 Introns (A-G) von insgesamt 5.828 BP-Länge. Die Exons (1–8) variieren in der Größe zwischen 47 und 1.043 Basenpaare und ergeben eine Gesamtlänge von 1.872 Basenpaaren

- eine Polyadenylatpolymerase katalysiert die Anheftung von Adenylatresten, die aus ATP entstehen.

Eine Reihe von Hinweisen spricht dafür, daß der Poly(A)-Schwanz, der sich auf den meisten eukaryoten mRNA-Molekülen befindet, einen Schutz der mRNA vor enzymatischem Abbau liefert und eine wichtige Funktion bei der Bestimmung der Halbwertszeit der mRNA hat (s. u.).

Die meisten Gene höherer Eukaryonter sind diskontinuierlich angeordnet

1977 wurde in einer Reihe von Laboratorien entdeckt, daß Gene von eukaryoten Zellen diskontinuierlich auf der DNA angeordnet sind. Dies ergab sich aus elektronenmikroskopischen Untersuchungen von Hybriden zwischen der mRNA für das Eialbumin des Huhns und dem aus der DNA isolierten Gen für dasselbe Protein. Wie schematisch in Abb. 10.16 dargestellt, fanden sich bei der Hybridisierung Schleifen doppelsträngiger DNA, die nicht mit der mRNA in Wechselwirkung tra-

ten. Aus diesem Ergebnis mußte geschlossen werden, daß das Gen für Hühner-Eialbumin nichtcodierende „intervenierende" Sequenzen enthält (Abb. 10.17). Die intervenierenden Sequenzen werden als *Introns* bezeichnet, die in der mRNA erscheinenden und damit exprimierten Sequenzen als *Exons*.

Derartige diskontinuierlich angeordnete Gene sind typisch für höhere Eukaryonten, finden sich dagegen nicht in der Hefe oder anderen Einzellern (Tabelle 10.2).

Es ist klar, daß das korrekte Entfernen der nichtcodierenden Sequenzen des primären Transkriptes sowie die Zusammenfügung der Exons zur funktionsfähigen mRNA einen komplizierten Prozeß darstellt, der mit höchster Genauigkeit ablaufen muß, da sonst funktionsunfähige Transkripte entstehen würden. Der hierzu ablaufende Vorgang wird als *Spleißen* (*engl.*

Tabelle 10.2 Charakteristika eukaryoter, für Proteine codierender Gene (kb = 10³ Basen)

Art	Durchschnittliche Zahl der Exons	Durchschnittliche Genlänge [kB]	mRNA-Länge [kB]
Hefe	1	1,6	1,6
Drosophila	4	11,3	2,7
Huhn	9	13,9	2,4
Säuger	7	16,6	2,2

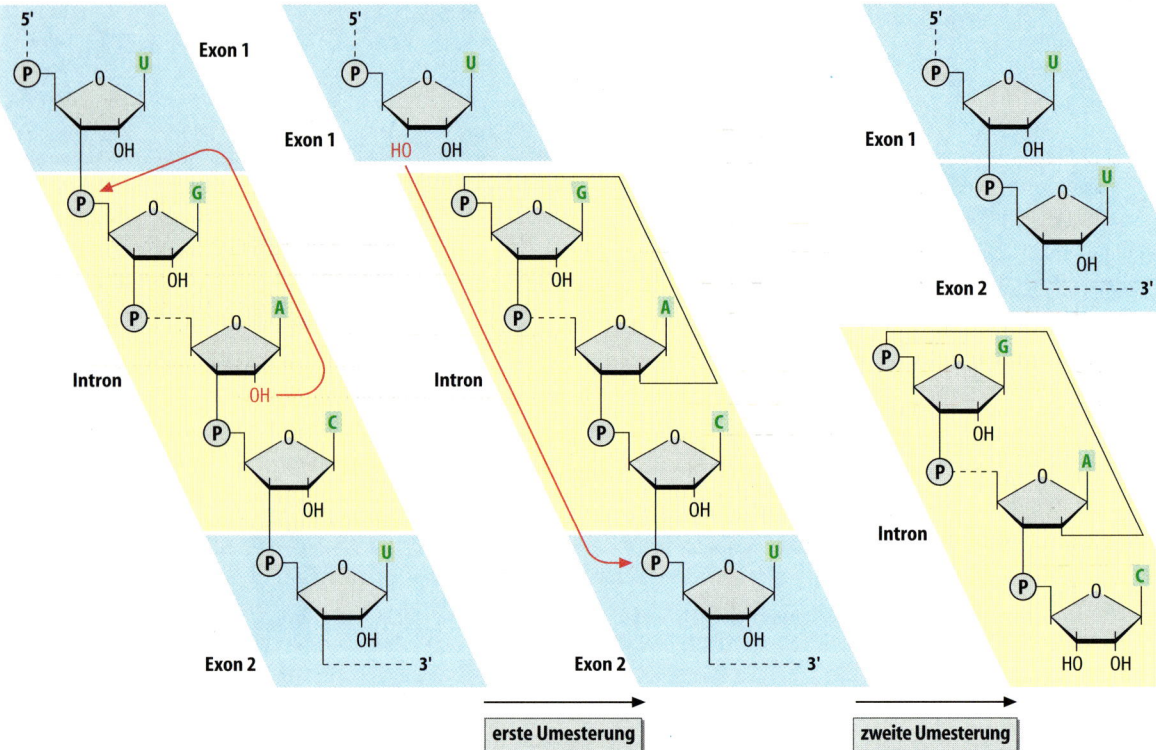

Abb. 10.18 Chemischer Mechanismus der Intron-Entfernung durch Spleißen. (Einzelheiten der zweimaligen Umesterung s. Text)

splicing) der hnRNA bezeichnet und mechanistisch auf unterschiedliche Weise gelöst.

Abbildung 10.18 stellt das bei allen Spleißvorgängen verwendete mechanistische Prinzip dar. Dieses beruht auf mehrfachen **Umesterungen**. Eine freie OH-Gruppe eines Nucleotids, welches meistens innerhalb des Introns lokalisiert ist, greift die Phosphodiesterbindung am Exon-Intron-Übergang an. Dadurch kommt es an dieser Stelle zum Bruch des RNA-Strangs, im Intron bildet sich durch diesen Vorgang eine Lasso-Struktur (=engl. lariat). Das dabei entstandene freie 3'-Ende des ersten Exons greift nun am Übergang zum Exon II an, wodurch das Intron entfernt und die beiden Exons verspleißt werden. Im Prinzip ist für die Katalyse dieses Vorgangs kein entsprechendes Enzym notwendig. Vielmehr hat die RNA selbst die nötige katalytische Aktivität. Die komplexe, durch die Basensequenz und die innerhalb eines Stranges vorkommenden Ba-

senpaarungen vorgegebene Raumstruktur der RNA bildet eine wesentliche Voraussetzung für das richtige Auffinden der Verspleißungsstellen.

Ein derartiges, proteinfreies Spleißen von RNA-Molekülen ist allerdings bisher nur bei einfachen Eukaryonten nachgewiesen worden. Immerhin hat es gezeigt, daß auch RNA-Moleküle katalytische Eigenschaften besitzen, diese also nicht auf die Proteine beschränkt sind. Im Gegensatz zu den als Proteine vorliegenden Enzymen nennt man katalytisch aktive RNA-Moleküle auch **Ribozyme**.

Bei höheren Eukaryonten ist für das korrekte Spleißen der hnRNA ein sehr komplexer Apparat notwendig, bei dem Ribonucleoproteine benötigt werden und der auch als **Spleißosom** bezeichnet wird. Für das korrekte Spleißen sind auf der hnRNA leicht variable Sequenzen notwendig. Derartige Sequenzmotive auf Nucleinsäuren werden auch als Consensussequenz be-

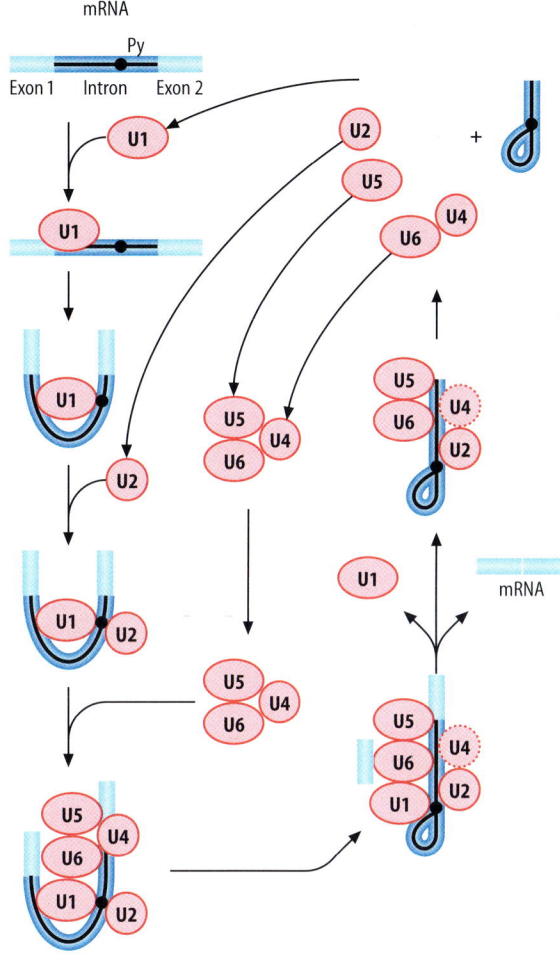

mRNA

Exon 1   Intron   Exon 2

mRNA

Abb. 10.19 Für höhere Eukaryonten typische Spleißvorgänge an einem Spleißosom. (Einzelheiten s. Text)

zeichnet. Für den Spleißvorgang werden eine Reihe von kleinen RNA-Molekülen, die snRNA's (= engl. small nuclear RNA's, S. 164) benötigt. Diese liegen im Komplex mit Proteinen vor, so daß sie auch als **snRNP's** (RNP = engl. ribonucleoprotein) bezeichnet werden. Der Spleißvorgang beginnt damit, daß das **snRNP U1** an eine Consensussequenz am 5'-Ende des Introns bindet, die immer mit den zwei Basen GU anfängt (Abb. 10.19). Diese Bindung gewinnt ihre Spezifität dadurch, daß die RNA des U1 snRNP mit der Consensussequenz hybridisiert. Hierfür ist allerdings der Proteinanteil essentiell. Im nächsten Schritt bindet das **snRNP U2** an eine innerhalb des Introns, meist in der Nähe des 3'-Endes gelegene Consensussequenz aus sieben Basen. Die Anlagerung der **snRNP's U4, U5** und **U6** bringt U1 und U2 in enge Nachbarschaft und erzeugt die strukturellen Voraussetzungen dafür, daß sich eine Lassostruktur durch Knüpfung einer Phosphodiesterbindung mit der 5'-terminalen GU-Sequenz bilden kann, die das 3'-OH-Ende des Exons 1 freilegt. Während dieses Vorgangs wird das snRNP U1 freigesetzt. Anschließend greift die nun freie 3'-OH-Gruppe des

Exons 1 am Intron-Exon-Übergang an, womit das in Lassostruktur vorliegende Intron entfernt und nach Abdissoziation der Faktoren U2, U4, U5 und U6 abgebaut wird.

Über die biologische Bedeutung der diskontinuierlichen Anordnung der Gene höherer Eukaryonten gibt es viele Spekulationen. In der Tat wird der größte Teil der Basensequenz von primären RNA-Transkripten durch die posttranskriptionale Prozessierung wieder entfernt, so daß nur ein kleiner Teil der transkribierten primären RNA den Zellkern verläßt. Möglicherweise entstehen bei dieser RNA-Prozessierung spezifische Signale, die den Transport der RNA aus dem Zellkern in das Cytosol regulieren. Durch gentechnologische Verfahren gelingt es, Gene ohne Introns herzustellen (cDNA, S. 228). Derartige modifizierte Gene können wieder in das Genom kultivierter Zellen eingebaut werden, so daß sie wie normale Gene transkribiert werden. Überraschenderweise konnte dabei festgestellt werden, daß bei vielen, allerdings nicht allen Genen, wenigstens ein Intron in einem primären Transkript vorhanden sein muß, damit der Export aus dem Kern stattfindet.

Eine genaue Analyse der Struktur vieler Proteine hat ergeben, daß sie häufig aus als **Domänen** (S. 62) bezeichneten Bauteilen zusammengesetzt sind. Bei allen NAD$^+$-abhängigen Dehydrogenasen zeigt beispielsweise der für die Bindung des Coenzyms verantwortliche Bereich der jeweiligen Proteine ein hohes Ausmaß an Homologie. Vergleicht man nun Protein- und Genstruktur, so kommt man zu der überraschenden Feststellung, daß häufig die am Aufbau eines Proteins beteiligten Domänen jeweils einem Exon entsprechen. Die Evolution von Proteinen könnte demnach so erfolgt sein, daß durch Genduplikation entstandene Exons zu Proteinen neuer Funktion zusammengesetzt werden. Die Aufgabe der nicht in die Proteinstruktur translatierten Introns würde dann darin bestehen, die Zusammensetzung dieser neuen Proteine zu erleichtern (Exon shuffling, S. 80).

10.2.4 Export von RNA aus dem Zellkern

Eine der wichtigsten Funktionen der **Kernporen** (S. 187) ist der Export von RNA. tRNA, kleine cytoplasmatische RNA-Moleküle (scRNA), sowie reife mRNA müssen auf der inneren Seite der Kernpore erkannt und exportiert werden, andere RNA-Spezies, besonders noch nicht gespleißte RNA's müssen dagegen vom Transport ausgeschlossen werden. Der RNA-Transport durch die Kernporen ist **unidirektional,** was aus der Beobachtung hervorgeht, daß markierte, in den Zellkern injizierte RNA diesen rasch verlassen kann, während markierte cytoplasmatische RNA nicht in den Zellkern aufgenommen wird.

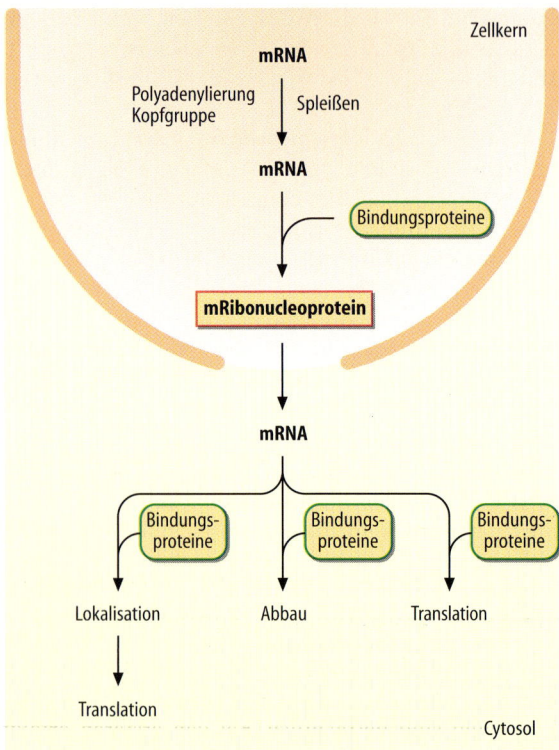

Abb. 10.20 Der Transport durch die Kernpore entscheidet über das weitere Schicksal von RNA-Molekülen. Vor der fertigen Prozessierung ist ein Transport von RNA-Molekülen durch die Kernporen nicht möglich. Nach erfolgtem Transport konkurrieren verschiedene Bindungsproteine um die RNA, die die Schritte zur Translation, zum Abbau oder zur Lokalisation der RNA einleiten

Die einzelnen Stadien des RNA-Exports sind in Abb. 10.20 zusammengestellt. Eine Voraussetzung für den Export von mRNA-Molekülen ist die *Kopfgruppe* (S. 247). Eine Reihe von Proteinen, die spezifisch die Kopfgruppe binden, sind inzwischen identifiziert worden. Es ist jedoch nicht klar, ob sie Teil des dem Export dienenden Rezeptors sind oder lediglich in die zum Export führende Signalkette eingeschaltet sind. Genauere Untersuchungen haben ergeben, daß der mRNA-Export eine *Sättigungskinetik* aufweist und *ATP-abhängig* ist. Seine Hemmbarkeit durch Lektine weist auf die Beteiligung von Glykoproteinen beim Transport hin. Während oder unmittelbar nach dem Export durch die Kernporen erfolgt die Bindung der mRNA an *cytosolische RNA-Bindungsproteine.* Diese sind wichtige Cofaktoren bei der ribosomalen Translation (S. 266), dienen der cytoplasmatischen Lokalisation der mRNA oder führen sie dem Abbau zu.

10.2.5 Abbau von mRNA

Die Genexpression eukaryoter Zellen wird in wesentlichem Ausmaß nicht nur von der Geschwindigkeit der RNA-Biosynthese, sondern auch von deren Abbau bestimmt. Dieser findet im cytosolischen Raum statt und wird durch eine Reihe unterschiedlicher RNasen katalysiert. Da viele Untersuchungen gezeigt haben, daß mRNA-Moleküle mit jeweils unterschiedlicher Geschwindigkeit abgebaut werden, muß man davon ausgehen, daß gewisse Strukturmerkmale für die Geschwindigkeit ihres Abbaus bestimmend sind.

Am besten aufgeklärt sind die Vorgänge beim *deadenylierungsabhängigen mRNA-Abbau* (Abb. 10.21). In diesem Fall beginnt der mRNA-Abbau durch eine Deadenylierung, d. h., die schrittweise Verkürzung des 3'-Poly(A)-Endes. Dieser Vorgang verläuft initial sehr langsam und nimmt mit steigender Verkürzung des Poly(A)-Endes an Geschwindigkeit zu. Das hierfür verantwortliche Enzym ist eine *Poly(A)-Nuclease.* Eine Verkürzung des Poly(A)-Schwanzes auf wenige Nucleotide liefert das Signal zur Entfernung der 5'-Kopfgruppe, was anschließend den raschen RNA-Abbau durch eine *5', 3'-Exonuclease* auslöst. Eine Alternative zu diesem Weg ist eine sequenzspezifische endonucleolytische Spaltung der mRNA, was ebenfalls anschließend das Signal zum 5', 3'-exonucleolytischen Abbau liefert.

Eine Reihe von Strukturelementen beeinflußt die Geschwindigkeit des mRNA-Abbaus. So enthalten die mRNAs für eine Reihe von Wachstumsfaktoren mit sehr kurzer Halbwertszeit im 3'-nichttranslatierten Ende ein AU-reiches Element, was eine besonders schnelle Deadenylierung auslöst. Auch für den endonucleolytischen Abbauweg kommen Signale in der 3'-nichttranslatierten Region vor. Ein regulierter Abbau der mRNA ist schließlich für den Transferrinrezeptor beschrieben worden (S. 633).

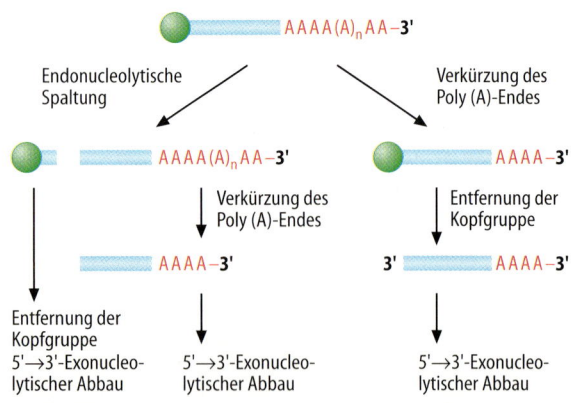

Abb. 10.21 Deadenylierung bzw. endonucleolytische Spaltung als Signale für den exonucleolytischen Abbau der mRNA

10.3 Regulation der Transkription bei Prokaryonten

Für die Regulation der Transkription und damit der Genexpression bei Prokaryonten liefert das von François Jacob und Jacques Monod erstmalig formulierte *Operonmodell* die beste Erklärung (Abb. 10.22). Im Prinzip beruhen alle Varianten dieses Modells darauf, daß eine Operatorregion in unmittelbarer Nachbarschaft zum Promotor vor einem Strukturgen lokalisiert ist. Im Fall der negativen Kontrolle verhindert ein an den Operator gebundenes *Repressorprotein* die Transkription des Strukturgens durch die RNA-Polymerase. Im allgemeinen wird das Repressorprotein durch einen Liganden, den *Induktor*, entfernt, womit die Transkription beginnen kann. Es sind jedoch auch Fälle bekannt, wo der Komplex aus Repressor und Ligand den Operator belegt und damit die Transkription verhindert. In diesem Fall führt die Entfernung des Liganden zu einer Freigabe des Operators und damit zur Transkription des Gens.

Bei der positiven Kontrolle nach dem Operonmodell erlaubt ein an den Operator gebundenes Aktivatorprotein erst den Angriff der RNA-Polymerase und die Transkription des Gens. Bei manchen Genen wird durch Addition eines Liganden das Aktivatorprotein vom Operator entfernt und das Gen damit abgeschaltet. In anderen Fällen ist der Komplex aus Ligand und Aktivatorprotein am Operator aktiv und erlaubt die Transkription. In diesem Fall führt die Entfernung des Ligandens (Induktors) zur Abdissoziation des Aktivatorproteins und damit zum Stop der Transkription.

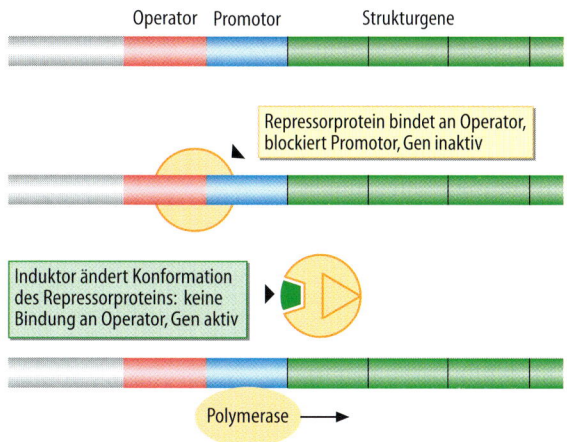

Abb. 10.22 Regulation der Transkription bei Prokaryonten nach dem Operonmodell. (Einzelheiten s. Text)

10.4 Regulation der Genexpression bei Eukaryonten

Die Unterschiede der Genexpression bei Pro- und Eukaryonten sind beträchtlich. Bei den ersteren erfolgt die Proteinbiosynthese häufig noch während der Transkription, d. h. am entstehenden RNA-Strang. Dies ist natürlich nur deshalb möglich, weil die DNA von Prokaryonten nicht in einem Zellkern kondensiert ist und aus diesem Grund Transkription und Translation im gleichen Kompartiment der Zelle stattfinden. Die Halbwertszeit der RNA liegt bei Prokaryonten im Be-

Tabelle 10.3 Möglichkeiten, die Transkription eukaryoter Gene zu regulieren

Regulierter Schritt	*Mechanismus*	*Vorkommen (Beispiele)*
(In-)Aktivierung von Genen	Inaktivierung durch Methylierung an CG-Paaren, Aktivierung durch Demethylierung	Viele differenzierungsabhängige Gene, „Imprinting"
Initiation der Transkription	Aktivierung des Transkriptionskomplexes durch Liganden-aktivierte Transkriptionsfaktoren	Aktivierung der Transkription durch Steroidhormonrezeptoren, Rezeptoren für Metabolite u. a.
Hemmung der Transkription	Hemmung des Importes von Transkriptionsfaktoren in den Kern, Hemmung der Bindung von Transkriptionsfaktoren an DNA	Hemmung von NFϰB durch IϰB, SV 40 T-Antigen-Bindung an Promotoren, Hemmung der Transkription durch Histone
RNA-Editing	Posttranskriptionaler Basenaustausch auf der RNA	Erzeugung von Isoformen des Apolipoprotein B
Alternatives Spleißen	Verwendung alternativer Spleißstellen; Regulationsmechanismus unbekannt	Immunglobulingene, ribosomale Proteine, SV40-Antigen, Ras, Calcitonin/CGRP-Gene u. a.
Transport und Lokalisierung der RNA	RNA-Bindungsproteine für den Transport spezifischer RNA's	Transport viraler RNA durch Rev-Protein
Abbau der RNA	Verhinderung des endonucleolytischen Abbaus durch RNA-Bindungsproteine	Stabilität der Transferrinrezeptor-mRNA

reich von Minuten, weswegen jede Regulation der Transkription unmittelbar die Biosynthese der entsprechenden Proteine, d.h. die Genexpression beeinflußt.

Anders liegen die Verhältnisse bei Eukaryonten. Sie zeichnen sich durch den Besitz eines Kerns aus, in dem mit Ausnahme der mitochondrialen DNA die gesamte DNA der Zelle kondensiert ist. Im Kern erfolgt die Transkription und posttranskriptionale Prozessierung der primären Gentranskripte. Anders als bei Prokaryonten findet die Translation des RNA-Strangs in eine Aminosäuresequenz, also die Proteinbiosynthese, bei Eukaryonten im Cytosol statt, was einen Export der RNA durch die Kernporen voraussetzt.

Für die Expression eines zell- oder gewebetypischen Phänotyps sowie für die Anpassung sämtlicher Leistungen von Zellen an geänderte Umweltbedingungen ist die Möglichkeit, die Expression spezifischer Gene entsprechend zu regulieren, eine unabdingbare Voraussetzung. Änderungen der Genexpression spielen darüber hinaus beim Zustandekommen pathobiochemischer Vorgänge wie der Reaktion von Zellen auf Streß, toxische oder infektiöse Verbindungen oder bei der malignen Transformation eine entscheidende Rolle. Im Prinzip können Änderungen der Genexpression bei

- der Aktivierung der Genstruktur,
- der Initiation der Transkription,
- Hemmung der Transkription,
- der Prozessierung des Transkriptes,
- dem Transport ins Cytoplasma,
- dem Abbau der RNA oder
- der Translation der mRNA vorkommen (Tabelle 10.3).

Tatsächlich hat sich gezeigt, daß die genannten Vorgänge in unterschiedlichem Ausmaß an der Regulation der Genexpression beteiligt sind.

10.4.1 Aktivierung und Inaktivierung von Genen

Bei Prokaryonten und einzelligen Eukaryonten ist die Genexpression und damit die Ausstattung mit Proteinen bei allen Nachkommen einer Zelle identisch. Anders liegen dagegen die Verhältnisse bei höheren vielzelligen Organismen. Diese entstammen alle einer befruchteten, diploiden Eizelle. Durch Replikation wird jeweils das gesamte genetische Material auf alle Tochterzellen dieser Eizelle, d.h. auf jede Zelle des differenzierten vielzelligen Organismus weitergegeben. Daß tatsächlich im Zellkern einer somatischen Zelle noch die gesamte Information für den jeweiligen Organismus enthalten ist, ist jedem botanisch Interessierten bekannt: Im allgemeinen kann aus jeder differenzierten Zelle eines pflanzlichen Organismus (Blattzelle,

Wurzelzelle usw.) unter entsprechenden Bedingungen wieder ein neuer und vollständiger Organismus entstehen. Dies trifft im Prinzip auch auf tierische Organismen zu. Es ist möglich, einer befruchteten Eizelle eines Frosches den Kern zu entnehmen und durch den Kern einer beliebigen somatischen Zelle zu ersetzen. Auch dann entsteht aus der befruchteten Eizelle ein vollständiger Frosch.

Ungeachtet dieser Tatsache ist es klar, daß die Vielfalt der verschiedenen Zellen eines höheren Organismus sich nur dadurch erklären läßt, daß während des Differenzierungsvorgangs spezifische Gene an- und andere wieder abgeschaltet werden. So findet sich z.B Hämoglobin ausschließlich in den Erythrocyten und einigen ihrer Vorläufer, nicht dagegen in den anderen Zellen des Organismus. Man weiß heute mit Sicherheit, daß dies nicht auf einem Verlust des Hämoglobins in den nicht-Hämoglobin-produzierenden Zellen beruht. Vielmehr werden in ihnen die für die Hämoglobinbiosynthese zuständigen Gene abgeschaltet. Offensichtlich entwickelt jede differenzierte Zelle ein spezifisches Muster von an- bzw. abgeschalteten Genen, das bei der Zellteilung unverändert an die Nachkommen weitergegeben wird.

Eine Möglichkeit hierfür besteht im Einbringen spezifischer *Methylierungsmuster* in das Genom sich differenzierender Zellen. Der hierbei zugrundeliegende Mechanismus ist in Abb. 10.23 dargestellt. Die Inaktivierung eines Gens beginnt danach mit der Methylierung am C-Atom 5 eines Cytosinrestes in einer Kontrollregion des Gens. Wesentlich dabei ist, daß auf den Cytosinrest immer ein Guanin folgt. Für die Weitergabe dieses Methylierungsmusters während der Replikation bedarf es einer spezifischen *Methyltransferase*, die die palindromartige CG-Sequenz im komplementären Strang erkennt und den C-Rest nur dann methyliert, wenn der parentale Strang eine entsprechende Methylgruppe trägt. In der Tat können Änderungen des Methylierungsmusters während Differenzierungsprozessen festgestellt werden, und es ist inzwischen nachgewiesen worden, daß sehr viele inaktive Gene stärker methyliert sind als aktive.

Ein wichtiges Werkzeug zum Studium der Methylierungsmuster der DNA ist die Base *5-Aza-Cytosin*. Wird sie anstelle des normalen Cytosins in DNA eingebaut, so wird die Methylierung an dieser Stelle wegen des in Position 5 anstatt eines C-Atoms befindlichen N-Atoms verhindert. Zur Vorstellung des Abschaltens von Genen durch Methylierung paßt der Befund, daß es nach Behandlung von Zellen mit Aza-Cytosin in vielen Fällen zu einer Zunahme der Genexpression kommt, wobei vor allem embryonale Gene betroffen sind.

Unterschiede im Methylierungsmuster sind auch für das *genomic imprinting* verantwortlich. Man versteht hierunter das Phänomen, daß gleiche Allele paternaler und maternaler Gene unterschiedlich exprimiert werden. So wird beispielsweise nur das väterliche Allel für IGF II (= *engl.* Insulin like growth factor II)

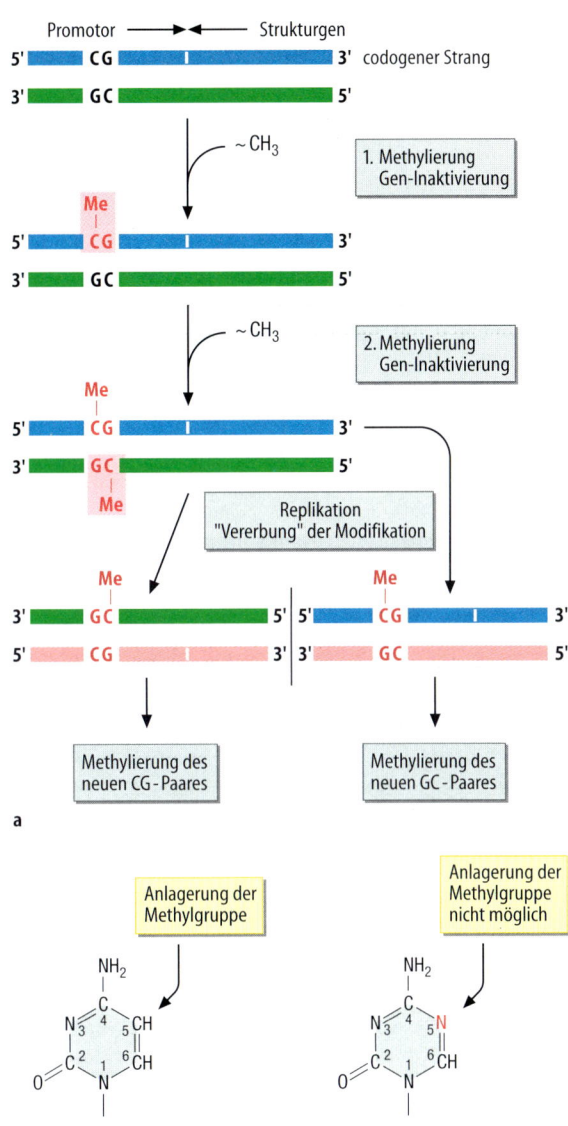

Abb. 10.23 a Methylierung an CG-Paaren als Signal zur Inaktivierung von Genen. Da die Methylierung während der Replikation kopiert wird, ergeben sich stabile Muster. (Einzelheiten s. Text) **b** Struktur von Cytosin und Aza-Cytosin

transkribiert, nicht jedoch das der Mutter. In den Oocyten ist tatsächlich das IGF II-Gen methyliert, nicht jedoch in den Spermatocyten. Da dieses Methylierungsmuster auf alle von der befruchteten Eizelle abstammenden Zellen weitergegeben wird, ist in ihnen nur das paternale Allel für IGF II aktiv.

Die DNA-Methylierung ist jedoch mit Sicherheit nicht der einzige Mechanismus zur Etablierung von Differenzierungsmustern. So ist z. B. das gesamte Genom der Taufliege Drosophila melanogaster frei von Methylcytosin. Bei ihr müssen also gänzlich andere Differenzierungsmechanismen realisiert sein, zu deren Aufklärung die Genetik des Insektes viel beigetragen

hat. Bei ihm sind nämlich Mutationen einzelner Gene bekannt, die einen Teil (ein Segment) des Organismus in einen anderen umwandeln. So beruht z. B. die als *Antennapedia* bezeichnete Mutation auf der Umwandlung derjenigen Zellgruppe, die normalerweise für die Antennenbildung verantwortlich ist, zu Zellen, welche ein zusätzliches Beinpaar ausbilden. Derartige Mutationen werden auch als **homöotische Mutationen** bezeichnet. Man weiß inzwischen, daß sie Gene betreffen, die für regulatorische Proteine codieren, welche ihrerseits eine große Zahl nachgeordneter Gene steuern und auf diese Weise für die Ausbildung von Differenzierungsmustern verantwortlich sind. Alle homöotischen Gene verfügen über eine meist im 3'-Teil gelegene hochkonservierte Region, die auch als **Homöobox** bezeichnet wird und die für eine DNA-bindende Domäne codiert. Obwohl die von homöotischen Genen gesteuerten Strukturgene im einzelnen noch nicht bekannt sind, nimmt man an, daß sie für die bei Drosophila auftretenden Entwicklungsmuster verantwortlich sind. Interessanterweise sind homöotische Gene bei allen segmentierten eukaryoten Vielzellern vom Regenwurm bis zum Menschen nachgewiesen worden. Sie werden als **Hox-Gene** bezeichnet und haben wichtige Funktionen bei der Embryogenese.

10.4.2 Regulation der Initiation der Transkription

Die Gene von eukaryoten Zellen werden mit ganz unterschiedlicher Häufigkeit transkribiert, was auch aus der unterschiedlichen Mengenverteilung der einzelnen mRNA-Moleküle hervorgeht.

Bei der Untersuchung der Transkriptionsgeschwindigkeit viraler Gene stieß man erstmalig auf Kontrollelemente, deren Vorhandensein zu einer vielfachen Steigerung der Transkription dieser Gene führte. Weitere Untersuchungen ergaben schließlich, daß in allen regulierbaren eukaryoten Genen sogenannte *enhancer* (= engl. Verstärker)-sequenzen vorkommen, die auch als *Cis-aktivierende Elemente* bezeichnet werden. Enhancer liegen meist einige hundert Basenpaare oberhalb der Promotorregion, können jedoch in Einzelfällen auch unterhalb oder innerhalb des Gens lokalisiert sein. Gentechnische Experimente haben ergeben, daß enhancer auch dann noch voll aktiv sind, wenn sie mit der entgegengesetzten Polarität in das Genom eingebaut werden, und daß sie darüber hinaus auch noch über Entfernungen von einigen tausend Basenpaaren wirken können.

Die Steigerung der Transkription durch enhancer findet nur dann statt, wenn **diffusible, induzierbare DNA-bindende Proteine** an die enhancer binden. Der dabei entstehende Komplex wirkt als zusätzlicher Transkriptionsfaktor für die RNA-Polymerase II und stimuliert die Initiation der Transkription (Abb. 10.24).

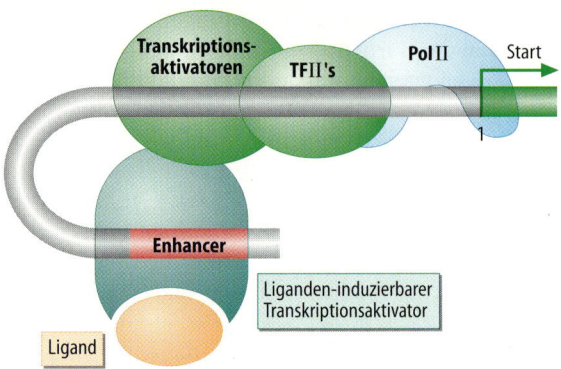

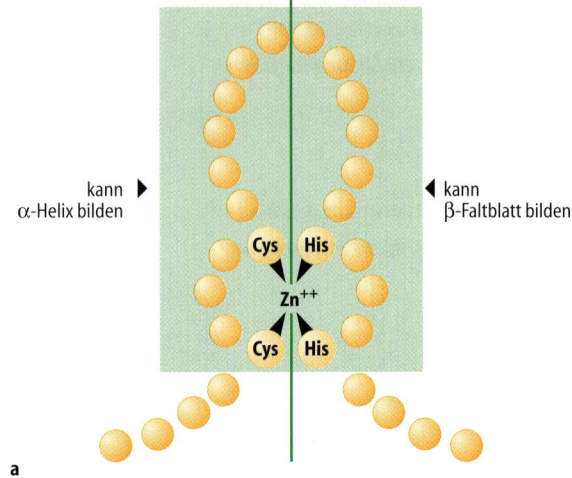

kann
α-Helix bilden ▶

◀ kann
β-Faltblatt bilden

a

Abb. 10.24 Funktion eines enhancer-Elements bei der Transkription. Enhancer-Elemente, die mehrere tausend Basenpaare vom Transkriptionsstartpunkt entfernt sein können, binden induzier-(aktivier-)bare DNA-Bindungsproteine, die auch als induzierbare oder regulierbare Transkriptionsfaktoren oder Transkriptions-regulierende Faktoren bezeichnet werden. Auch diese sind imstande, Assoziationen mit dem Initiationskomplex der Transkription einzugehen

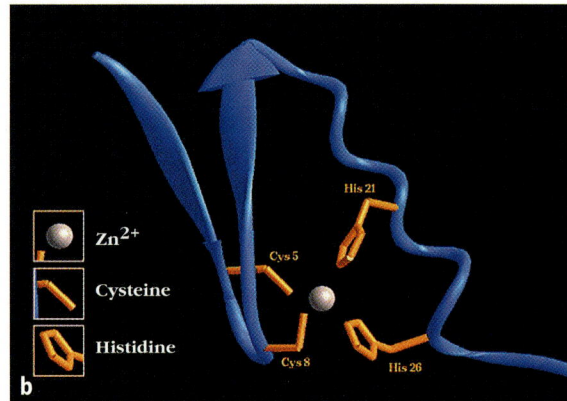

b

Abb. 10.25 Allgemeine Struktur eines Zinkfingerproteins. (Aufnahme von SWISS-3DIMAGE, Universität Genf)

Tabelle 10.4 stellt einige wichtige enhancer-Elemente und die zugehörigen Proteinfaktoren zusammen, die diese als *Trans-Aktivierung* bezeichnete Genregulation vermitteln.

10.4.3 Aufbau und Wirkungsmechanismus von Transkriptions-regulierenden Faktoren

Vom beobachteten Wirkungsmechanismus her kann vorhergesagt werden, daß ein die Transkription regulierender induzierbarer Proteinfaktor für die Trans-Aktivierung der Transkription wenigstens drei Domänen benötigt:

- eine für die Bindung des aktivierenden Liganden,
- eine für die DNA-Bindung sowie
- eine Domäne, die den Initiationskomplex der Transkription aktiviert.

Wegen der Vielfältigkeit der möglichen Liganden ist es schwierig, gemeinsame Motive in den Ligandenbindungsdomänen dieser Proteine aufzufinden. Anders ist es jedoch mit der DNA-Bindungsdomäne. Ungeachtet der Unterschiede in den Basensequenzen finden sich in allen Cis-Elementen der DNA einige Gemeinsamkeiten. So handelt es sich meist um Basensequenzen aus wenig mehr als maximal 20 Basen. Sehr häufig sind es

Tabelle 10.4 Enhancer und induzierbare Transkriptionsfaktoren (Auswahl)

Auslöser	*DNA-Bindungsprotein*	*Enhancer-Bezeichnung*	*Consensussequenz*
Glucocorticoide	Glucocorticoid-Rezeptor	GRE	TGGTACAAATGTTCT
Cyclo-AMP	CREBP	CRE	TGACGTCA
Serum	Serum-Response Factor (SRF)	SRE	CCATATTAGG
Hitzeschock	Hitzeschock-Transkriptionsfaktor	HSRE	CNNGAANNTCCNNG
Oxidativer Streß, TNFα	NF-ϰB	ϰBRE	GGGRNNYCC

GRE Glucocorticoid responsive Element; *CRE* cAMP responsive Element; *SRE* Serum response Element; *HSE* Heat shock responsive Element; *ϰBRE* ϰB responsive Element.

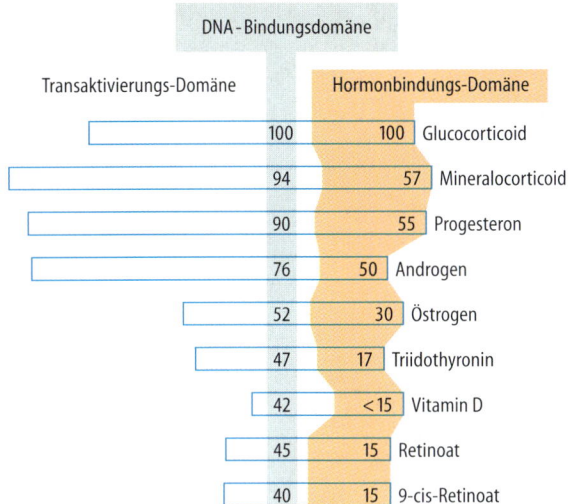

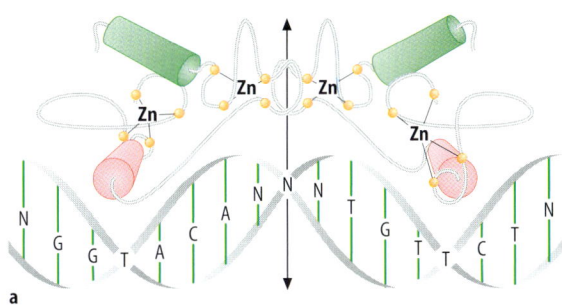

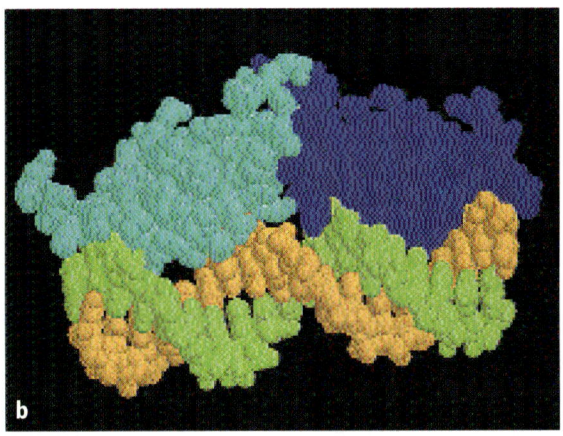

Transaktivierungs-Domäne	DNA-Bindungsdomäne	Hormonbindungs-Domäne	
	100	100	Glucocorticoid
	94	57	Mineralocorticoid
	90	55	Progesteron
	76	50	Androgen
	52	30	Östrogen
	47	17	Triiodothyronin
	42	<15	Vitamin D
	45	15	Retinoat
	40	15	9-cis-Retinoat

Abb. 10.26 Allgemeine Domänenstruktur der regulierbaren Transkriptionsfaktoren aus der Familie der Steroidhormonrezeptoren. (Einzelheiten s. Text)

palindromische Sequenzen oder gleichartige bzw. sehr ähnliche, als Tandem wiederholte Sequenzen. Hierzu paßt, daß im allgemeinen Transkriptions-regulierende Faktoren als Homo- oder Heterodimere wirken.

In vielen regulierbaren DNA-Bindungsproteinen kommen Zinkfingerdomänen vor

Ein in vielen DNA- (und RNA-)bindenden Proteinen anzutreffendes Motiv ist das sogenannte *Zinkfingermotiv*, dessen schematischer Aufbau in Abb. 10.25 dargestellt ist (s. auch S. 639, 824). Zinkfinger wurden ursprünglich beim Transkriptionsfaktor TF IIIA beobachtet. Die Fingerstruktur entsteht dadurch, daß Cysteinyl- oder Histidylreste in der Peptidkette so positioniert sind, daß sie durch ein Zink-Atom komplexiert werden können, wobei eine schleifenförmige Struktur, der Zinkfinger, entsteht. Diese Schleifen bilden α-helikale oder β-Faltblattstrukturen, die imstande sind, in der großen Furche der DNA basenspezifische Kontakte zu knüpfen. Man unterscheidet Cys_2/His_2- bzw. Cys_2/Cys_2-Zinkfinger, wobei die letzteren bevorzugt in der Großfamilie der *Steroidhormonrezeptoren* vorkommen. Diese Familie von Liganden aktivierbaren regulatorischen Transkriptionsfaktoren zeigt einen allen Mitgliedern gemeinsamen modularen Aufbau (Abb. 10.26). N-terminal finden sich Domänen, die die Aktivierung der Transkription vermitteln können. Daran anschließend kommt eine relativ kurze DNA-Bindungsdomäne gefolgt von der C-terminalen Hormonbindungsdomäne. Diese enthält außerdem Signale für die Dimerisierung, die bei sämtlichen Rezeptoren dieses Typus vorkommt. In der DNA-Bindungsdomäne finden sich typischerweise zwei Zinkfinger des Typs Cys_2/Cys_2 (Abb. 10.27).

Abb. 10.27 a, b DNA-Bindungsdomäne des Glucocorticoidrezeptors. **a** Schematische Darstellung der Wechselwirkung zwischen DNA und aktiviertem Rezeptor-Dimer. **b** Aus Röntgenstrukturdaten gewonnene Darstellung der DNA-Rezeptor-Wechselwirkungen im Glucocorticoidrezeptor. (Aufnahme von SWISS-3DIMAGE, Universität Genf)

Das Strukturmotiv des Leucin-Zippers gewährleistet spezifische DNA-Bindung und Dimerisierung

In vielen DNA-Bindungsproteinen kommt als wichtiges Motiv der sogenannte *Leucin-Zipper* (= engl. Reißverschluß) (Abb. 10.28) vor. Als Monomere enthalten Leucin-Zipper-Proteine zwei Domänen. Die eine bildet eine besonders Leucin-reiche α-Helix, die andere eine Region meist basischer Aminosäuren, die die sequenzspezifische Bindung an DNA ermöglicht. Das besondere an Leucin-Zipper-Proteinen ist ihre Fähigkeit zur Dimerisierung, welche durch die Leucin-reiche α-Helix aufgrund an einen Reißverschluß erinnernden hydrophober Wechselwirkungen zwischen den Leucinresten ermöglicht wird. Leucin-Zipper-Proteine können sowohl als Homo- wie auch als Heterodimere vorkommen, was eine große Zahl von Kombinationen ermöglicht. Dementsprechend finden sich Leucin-Zipper-Motive bei vielen Transkriptionsaktivatoren und Transkriptions-regulierenden Faktoren.

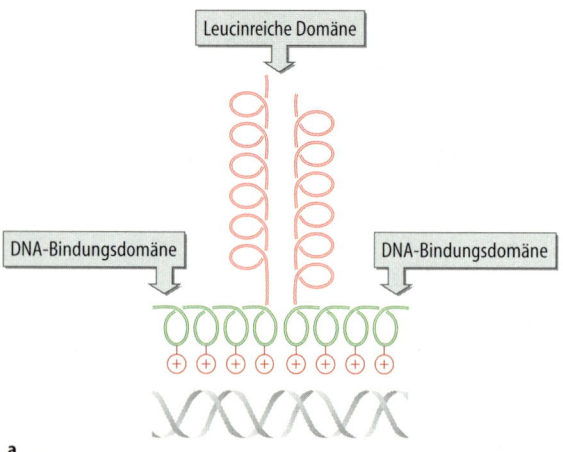

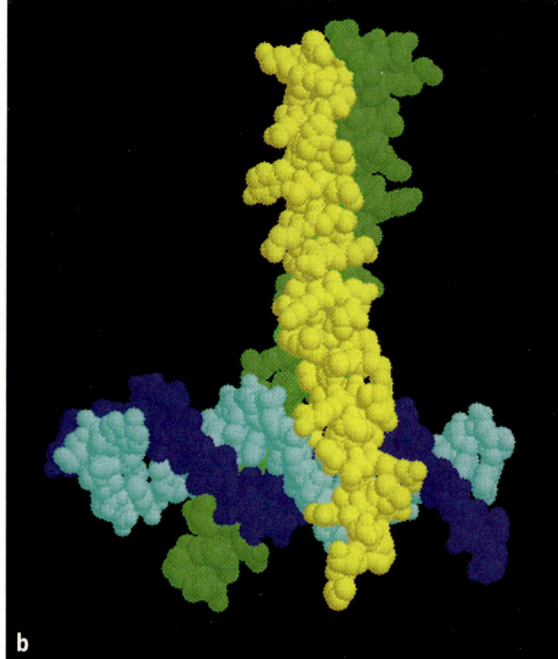

Abb. 10.28 a, b Der Leucin-Zipper als DNA-Bindungsprotein. **a** Aufbau des Leucin-Zippers aus 2 Domänen und Bildung von Homo- und Heterodimeren. **b** Aus Röntgenstrukturdaten errechneter Aufbau des Leucin-Zippers und Wechselwirkung mit der DNA. (Aufnahme von SWISS-3DIMAGE, Universität Genf)

In vielen regulierbaren DNA-Bindungsproteinen kommen Helix-Loop-Helix-Strukturen vor

In gewisser Weise mit dem Leucin-Zipper-Motiv verwandt ist das ***Helix-Loop-Helix-Motiv*** (HLH-Motiv). Die monomere Struktur der DNA-Bindungsproteine mit dem Helix-Loop-Helix-Motiv besteht aus zwei α-Helices, die über eine relativ flexible Schleife miteinander verbunden sind. Die nicht an der DNA-Bindung beteiligte α-Helix liefert ein starkes Dimerisierungssignal, was ähnlich wie die Leucin-reiche Helix im Leucin-Zipper die Bildung von Homo- bzw. Heterodimeren ermöglicht (Abb. 10.29). DNA-Bindungsproteine

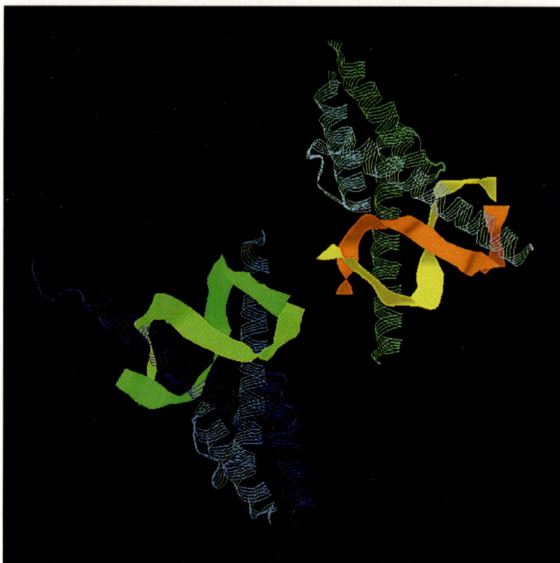

Abb. 10.29 Aufbau von DNA-Bindungsproteinen mit Helix-Loop-Helix-Motiven. Dargestellt ist das an der Muskeldifferenzierung beteiligte MyoD-Protein. (Aufnahme von SWISS-3DIMAGE, Universität Genf)

mit Helix-Loop-Helix-Motiven spielen u. a. bei der Muskeldifferenzierung eine bedeutende Rolle.

10.4.4 Hemmung der Transkription

Eine Möglichkeit der negativen Regulation der Gentranskription beruht darauf, den Transport von Transkriptions-aktivierenden Faktoren vom Cytosol als dem Ort ihrer Biosynthese in den Kern als den Ort ihrer Wirkung zu regulieren. Ein besonders gut untersuchtes Beispiel dieser Regulation ist der induzierbare ***Transkriptionsfaktor NF-ϰB***.

NF-ϰB ist ein Transkriptionsfaktor, der in vielen unterschiedlichen Zelltypen als Antwort auf eine Reihe von Streßsituationen aktiviert wird. Dies können primäre pathogene Stimuli wie Viren, Bakterien oder oxidativer Streß sein. Außerdem haben auch sekundäre pathogene Stimuli wie inflammatorische Zytokine eine aktivierende Wirkung. Der aktivierte Faktor NF-ϰB führt zu einer schnellen Induktion von Genen, die für eine frühe Abwehr- bzw. Entzündungsreaktion verantwortlich sind. Außerdem gibt es zunehmend Hinweise dafür, daß NF-ϰB und verwandte Proteine eine Rolle bei der Regulation von Differenzierung und Wachstum spielen und darüber hinaus regulierend in die Glykoproteinbiosynthese im endoplasmatischen Reticulum eingreifen.

Der aktivierte Transkriptionsfaktor NF-ϰB ist ein heterodimeres DNA-Bindungsprotein aus zwei als p50 und p65 bezeichneten Untereinheiten, die die Consensussequenz 5'-GGGACTTTCC-3' erkennen (Abb. 10.30).

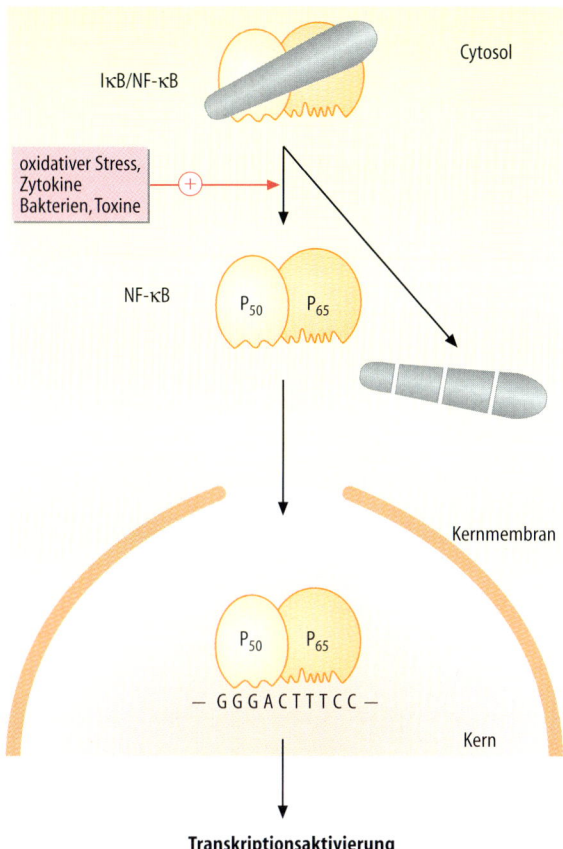

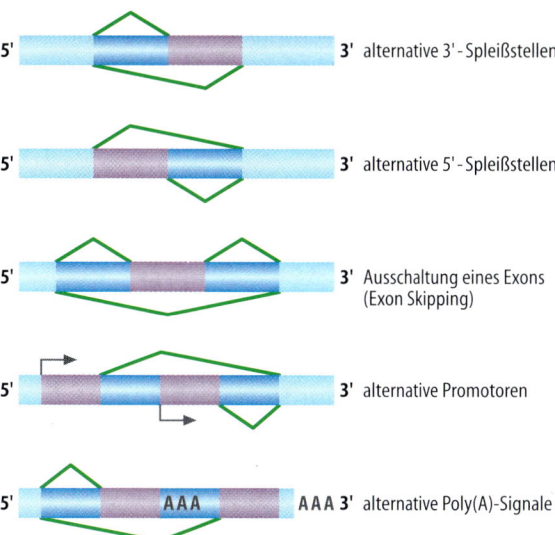

Abb. 10.31 Prinzipielle Möglichkeiten des alternativen Spleißens. Die verschiedenen in der Abbildung dargestellten Möglichkeiten des alternativen Spleißens führen zu jeweils unterschiedlichen Transkripten, die für funktionell unterschiedliche, strukturell jedoch ähnliche Proteine codieren, denen meist eine oder mehrere Domänen fehlen

Abb. 10.30 Modell der Aktivierung von NF-κB. Das heterodimere NF-κB-Protein liegt im Cytosol in Bindung an den Inhibitor IκB vor. Extrazelluläre Stimuli führen zu einer Veränderung von IκB, was die Dissoziation des Komplexes, den Abbau von IκB und die Translokation von NF-κB in den Zellkern auslöst

In nicht stimulierten Zellen liegt NF-κB im Cytosol in Bindung an einen als *IκB* bezeichneten Inhibitor seines nucleären Transportes vor. IκB hat ein Molekulargewicht von 37 kD und bindet spezifisch an die p65-Untereinheit von NF-κB.

Die Aktivierung von NF-κB erfolgt dadurch, daß extracelluläre Stimuli über derzeit noch nicht genau aufgeklärte Signaltransduktionsvorgänge zu einer Modifikation von IκB führen, die die Bindung des Inhibitors an NF-κB aufheben. IκB wird anschließend rasch proteolytisch abgebaut, NF-κB dank eines Translokationssignals in den Kern aufgenommen, wo es als Transkriptionsfaktor wirkt.

10.4.5 Alternatives Spleißen

Ein völlig neuer Mechanismus zur Regulation der Genexpression eukaryoter Organismen ergab sich durch die Entdeckung, daß das Spleißen der Transkripte eukaryoter Gene durchaus nicht nur zum Entfernen der Introns dient, sondern in sehr vielen Fällen unter-

schiedliche mRNA-Transkripte und damit auch unterschiedliche Proteine entstehen läßt. Dieser Vorgang wird als *alternatives Spleißen* bezeichnet, welches in einer Reihe unterschiedlicher Varianten vorkommen kann (Abb. 10.31).

So werden durch die Verwendung alternativer 3'- bzw. 5'-Spleißstellen Teile des primären Transkriptes entfernt, wodurch unterschiedliche mRNA-Moleküle entstehen. Alternatives Spleißen ermöglicht auch das *Entfernen* ganzer Exons (Exon-Skipping), die Verwendung *alternativer Promotoren* oder *unterschiedlicher Polyadenylierungssignale*.

Ein Beispiel für die Bedeutung der Verwendung unterschiedlicher 3'-Spleißstellen ist das *Calcitonin/CGRP-Gen* (S. 818). Die mRNA für Calcitonin wird durch Spleißen der Exons 1, 2, 3, 4 dieses Gens und diejenige für CGRP durch Spleißen der Exons 1, 2, 3 und 5 gewonnen. In Neuronen findet bevorzugt das Spleißen zum CGRP statt, dagegen in den C-Zellen der Schilddrüse (und allen anderen Körperzellen nach Transfektion mit dem entsprechenden Gen) das Spleißen zum Calcitonin. Über die gewebsspezifischen Faktoren, die in die Wahl der Spleißstellen eingreifen, ist noch nichts bekannt.

Von besonderer Bedeutung für die Immunantwort ist die Produktion von Transmembran- und sezernierten Formen von *Immunglobulinen*, die durch die alternative Wahl von 5'-Spleißstellen entstehen (Abb. 10.32). Das vollständige Gen für die schwere Kette des IgM enthält eine Signalsequenz, das Exon für die variable Region der schweren Kette gefolgt von vier Exons für den konstanten Teil der schweren Kette. Das vierte Exon dieses Komplexes trägt am 3'-Ende eine

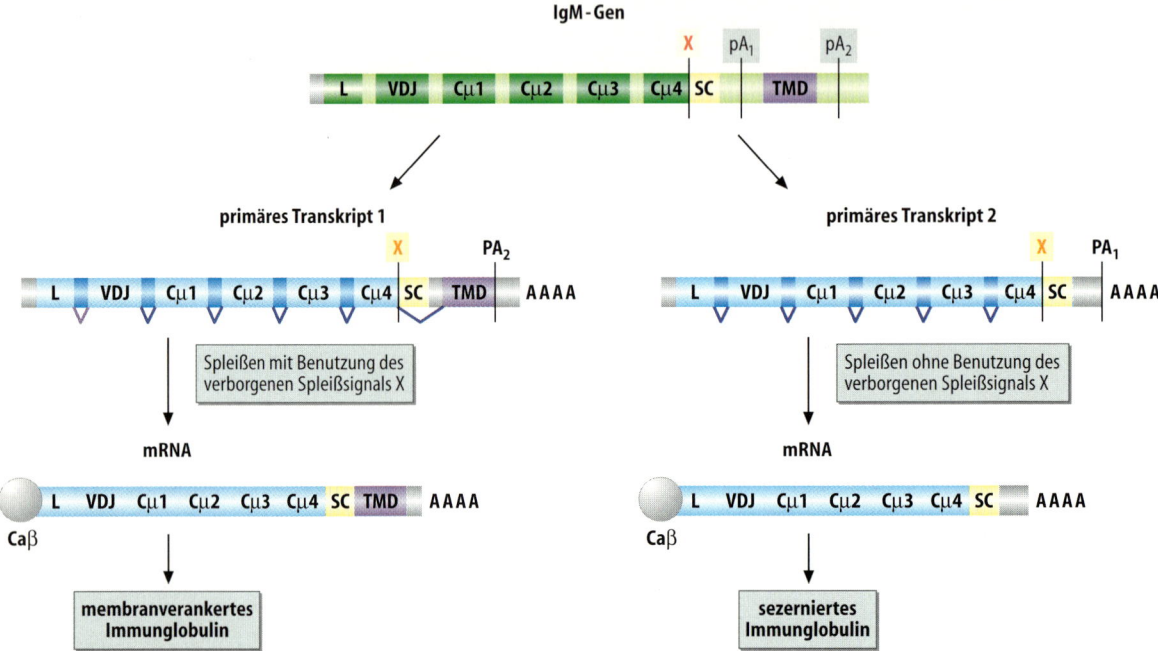

Abb. 10.32 Entstehung von Membran-gebundenen bzw. se- der konstanten Kette; *SC* sekretorische Domäne; TMD Trans-
zernierten IgM-Molekülen durch alternatives Spleißen. *VDJ* VDJ membrandomäne. (Einzelheiten s. Text)
Gen für den variablen Teil des Immunglobulins; *Cμ1–Cμ4* Exons

sog. SC-Sequenz, die das carboxyterminale Ende der
sezernierten IgM-Form codiert. Zwei weitere 3'-gelege-
ne Exons codieren für eine Transmembrandomäne sowie eine cytoplasmatische Sequenz. Zwei potentielle
Transkriptionsstop-Signale befinden sich im Intron
hinter dem Exon 5 und am 3'- gelegenen Polyadenylie-
rungs-Signal. Von diesem Gen gibt es je nach Verwendung des Transkriptionsstopsignals zwei primäre
Transkripte. Eines von diesen wird zur sezernierten
Form des IgM gespleißt. Beim anderen wird eine ver-
borgene Spleißstelle im vierten Exon der C-Region verwendet, was unter Verlust der SC-Domäne zu einer
mRNA führt, die an ihrem 3'-Ende für die Transmembrandomäne und das cytoplasmatische Ende codiert.
Damit entsteht ein Translationsprodukt, das eine Verankerung in der Membran ermöglicht.

Eine sehr eindrucksvolle Transkriptionsregula-
tion findet sich bei der Prozessierung des *p21-ras-Pro-
toonkogens* (S. 1093). Unter normalen Bedingungen
wird nur ein kleiner Teil der primären Transkripte des
ras-Protoonkogens so gespleißt, daß eine relativ stabile
mRNA für das ras-Protein entsteht. Der größte Teil der
primären Transkripte wird so gespleißt, daß sie ein Ex-
tra-Exon zwischen den Exons 3 und 4 erhalten. Dieses
enthält eine Reihe von Stopcodons für die Translation,
was zu verkürzten und damit funktionell inaktiven
Formen des ras-Proteins führt. Man nimmt an, daß das
Ausmaß des in diesem Fall vorliegenden Exon-Skipping über die Menge des aktiven p21-ras-Protoonko-
gens bestimmt, obwohl über die zugrundeliegenden
Regulationsvorgänge ebenfalls noch nichts bekannt ist.

10.4.6 mRNA-Editing

Unter dem Begriff des **RNA-Editing** versteht man die
Modifikation der fertigen mRNA durch Vorgänge, die
zu einer Veränderung der Basensequenz führen. So
kommt es bei niederen Eukaryonten durch Einfügen
von Basen nach dem Transkriptionsvorgang bei Transkripten mitochondrialer Gene zu Rasterverschiebun-
gen und damit zu einer Änderung der Basensequenz
der mRNA im Vergleich zur genomischen Sequenz.
Auch beim Menschen ist RNA-Editing nachgewiesen
worden. Das **Apolipoprotein B** (S. 471) kommt in zwei
Formen vor;
- dem in der Leber synthetisierten Apolipoprotein B
  100 mit einem Molekulargewicht von 513 kD und
- dem im Darm synthetisierten Apolipoprotein B 48
  mit einem Molekulargewicht von 250 kD.

Beide Apolipoproteine werden durch dasselbe Gen codiert, dementsprechend ist auch die mRNA für beide
Isoformen identisch. Durch einen spezifisch nur im

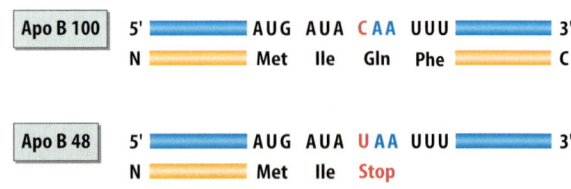

Abb. 10.33 Entstehung von Apo B-100 und Apo B-48 durch
RNA-Editing. (Einzelheiten s. Text)

Darm vorkommenden Vorgang des RNA-Editing wird am Codon 2153 der Apolipoprotein B-mRNA ein Cytosin gegen ein Uracil ausgetauscht (Abb. 10.33). Hierdurch entsteht das Terminations-Codon UAA und damit im Darm eine entsprechend verkürzte Form des Apolipoproteins B.

10.4.7 Regulation der Genexpression auf der Ebene des RNA-Exportes und des RNA-Abbaus

Die Kenntnisse über den RNA-Export aus dem Zellkern in das Cytosol sind noch so lückenhaft, daß derzeit keine gesicherten Feststellungen darüber getroffen werden können, ob auch regulatorische Vorgänge an diesem Schritt ansetzen. Es erscheint jedoch sicher, daß eine Regulation der Geschwindigkeit des mRNA-Abbaus für die Genregulation eine wichtige Rolle spielen kann. So wird beispielsweise die Stabilität der mRNA für den Transferrinrezeptor durch das Eisenangebot im Organismus reguliert. Die hierbei stattfindenden Vorgänge sind auf S. 632 dargestellt.

!

RESÜMEE   Unter dem Begriff Transkription versteht man die Herstellung einer Kopie eines Gens in Form eines einzelsträngigen RNA-Moleküls. Auf diese Weise werden nicht nur die für die Proteinbiosynthese notwendigen mRNA-Moleküle, sondern auch die anderen in einer Zelle vorkommenden RNA-Spezies, d. h. die ribosomale RNA, die transfer-RNA sowie die kleinen nucleären und cytoplasmatischen RNA-Moleküle gebildet.

Die bei der Transkription entstehenden einzelsträngigen RNA-Moleküle sind komplementär zu einem der beiden Stränge des DNA-Doppelstrangs, wobei auch hier die für die DNA geschilderten Basenpaarungsregeln gelten. Allerdings ist in der RNA die für Adenin komplementäre Base das Uracil. Die für die Transkription verantwortlichen Enzyme sind die in drei unterschiedlichen Formen vorkommenden DNA-abhängigen RNA-Polymerasen. Sie benutzen einen der beiden Einzelstränge der DNA, den Matrizenstrang, als Matrize für die RNA-Synthese.

Ein Hauptproblem bei der Transkription ist das Auffinden der korrekten Startstelle. Um dies zu ermöglichen, verfügen Gene über eine zum Teil sehr umfangreiche Promotorregion. In der Nähe der Startstelle enthält diese meist eine AT-reiche Region, an der sich ein Initiationskomplex, bestehend aus der jeweiligen RNA-Polymerase und einer gelegentlich großen Zahl von Transkriptionsfaktoren bildet. Hierdurch wird die RNA-Polymerase funktionell und kann die Transkription des jeweiligen Gens beginnen. Die Elongation setzt das Vorhandensein entsprechender Nucleosidtriphosphate voraus, für die Termination müssen jedoch spezifische Signale vorhanden sein.

Eine Regulation der Transkription kann durch die Aktivierung vorher inaktiver, quasi abgeschalteter Gene, auf der Ebene der Transkriptionsinitiation, der posttranskriptionalen Modifikation, des nucleocytoplasmatischen Transportes sowie des Abbaus der mRNA erfolgen. Am besten untersucht sind die Vorgänge bei der Regulation der Transkriptionsinitiation. Induzierbare oder regulierte Transkriptionsfaktoren können, zum Teil erst nach Bindung von extrazellulären Signalen wie Hormonen, an enhancer-Sequenzen, die zum Teil weit oberhalb des Startpunktes der Transkription lokalisiert sind, binden und dadurch die Transkription um ein Vielfaches beschleunigen.

Literatur

Monographien und Lehrbücher

Conaway RC, Conaway JW (eds) (1994) Transcription mechanisms and regulation. Raven Press series on molecular and cellular biology, Raven Press, New York

Latchman DS (1991) Eukaryotic transcription factors. Academic Press, London

Original- und Übersichtsarbeiten

Adams CC, Workman JL (1993) Nucleosome Displacement in Transcription. Cell 72, 305–308

Binder R, Horowitz JA, Basilion JP, Koeller DM, Klausner RD, Harford JG (1994) Evidence, that the pathway of transferrin receptor mRNA degradation involves an endonucleolytic cleavage within the 3'UTR and does not involve poly(A) tail shortening. EMBO J 13,1969–1980

Coleman JE (1992) Zinc Proteins: Enzymes, Storage Proteins, Transcription Factors, and Replication Proteins. Annu Rev Biochem 61, 897–946

Comai L, Zomerdijk JCBM, Beckmann H, Zhou S, Admon A, Tjian R (1994) Reconstitution of transcription factor SL1: Exclusive binding of TBP by SL1 or TFIID subunits. Science 266, 1966–1972

Conaway RC, Conaway JW (1993) General initiation factors for RNA polymerase II. Annu Rev Biochem 62, 161–190

Dargemont C, Kühn LC (1992) Export of mRNA from Microinjected Nuclei of Xenopus laevis Oocytes. J Cell Biology 118, 1–9

Das A (1993) Control of Transcription Termination by RNA-Binding Proteins. Annu Rev Biochem 62, 893–930

Decker CJ, Parker R (1994) Mechanisms of mRNA degradation in eukaryotes. TIBS 19, 336–340

Drapkin R, Reinberg D (1994) The multifunctional TFIIH complex and transcriptional control. TIBS 19, 504–508

Forbes DJ (1992) Structure and Function of the Nuclear Pore Complex. Annu Rev Cell Biol 8, 495–527

Grimm S, Bäuerle A (1993) The inducible transcription factor NF-ϰB: structure-function relationship of its protein subunits. Biochem J, 290, 297–308

Gronemeyer H, Moras D (1995) How to finger DNA. Nature 375, 190–191

Grunstein M (1992) Histones as Regulators of Genes. Scientific American X,. 40–47

Hanover JA (1992) The nuclear pore: at the crossroads. FASEB J. 6, 2288–2295

Herschbach BM, Johnson AD (1993) Transcriptional Repression in Eukaryotes. Annu Rev Cell Biol 9, 479–509

Kim JL, Nikolov DB, Burley SK (1993) Co-crystal structure of TBP recognizing the minor groove of a TATA element. Nature 365, 520–527

Kim Y, Geiger JH, Hahn S, Sigler PB (1993) Complex structure of a yeast TBP/TATA-box complex. Nature 365, 512–520

Koleske AJ, Young RA (1995) The RNA-Polymerase II holoenzyme and its implications for gene regulation. TIBS 20, 113–116

Kronberg RD, Lorch Y (1992) Chromatin Structure and Transcription. Annu Rev Cell Biol 8, 563–587

Mattaj IW, Tollervey D, Séraphin B (1993) Small nuclear RNAs in messenger RNA and ribosomal RNA processing. FASEB J. 7, 47–53

McCarthy JEG, Kollmus H (1995) Cytoplasmic mRNA-protein interactions in eukaryotic gene expression. TIBS 20, 191–197

McKeown M (1992) Alternative mRNA Splicing. Annu Rev Cell Biol 8, 133–155

Mermoud JE, Cohen PTW, Lamond AI (1994) Regulation of mammalian spliceosome assembly by a protein phosphorylation mechanism. EMBO 13, 5679–5688

Nagai K, Oubridge C, Ito N, Avis J, Evans P (1995) The RNP domain: a sequence-specific RNA-binding domain involved in processing and transport of RNA. TIBS 20, 235–240

Paranjape SM, Kamakaka RT, Kadonaga JT (1994) Role of Chromatin Structure in the Regulation of Transcription by RNA Polymerase II. Annu Rev Biochem 63, 265–297

Roesler WJ, Vandenbark GR, Hanson RW (1988) Cyclic AMP and the Induction of Eukaryotic Gene Transcription. J Biol Chem 263, 9063–9066

Rosbash M, Singer RH (1993) RNA Travel: Tracks from DNA to Cytoplasm. Cell 75, 399–401

Strobl JS (1990) A Role for DNA Methylation in Vertebrate Gene Expression? Mol Endocr 4, 181–183

White RJ, Khoo BCE, Inostroza JA, Reinberg D, Jackson SP (1994) Differential regulation of RNA polymerases I, II and III by the TBP-binding repressor Dr1. Science 266, 448–450

Wilhelm JE, Vale RD (1993) RNA on the move: The mRNA localization pathway. J Cell Biol 123, 269–274

Wolffe AP (1994) Nucleosome positioning and modification: chromatin structures that potentiate transcription. TIBS 19, 240–244

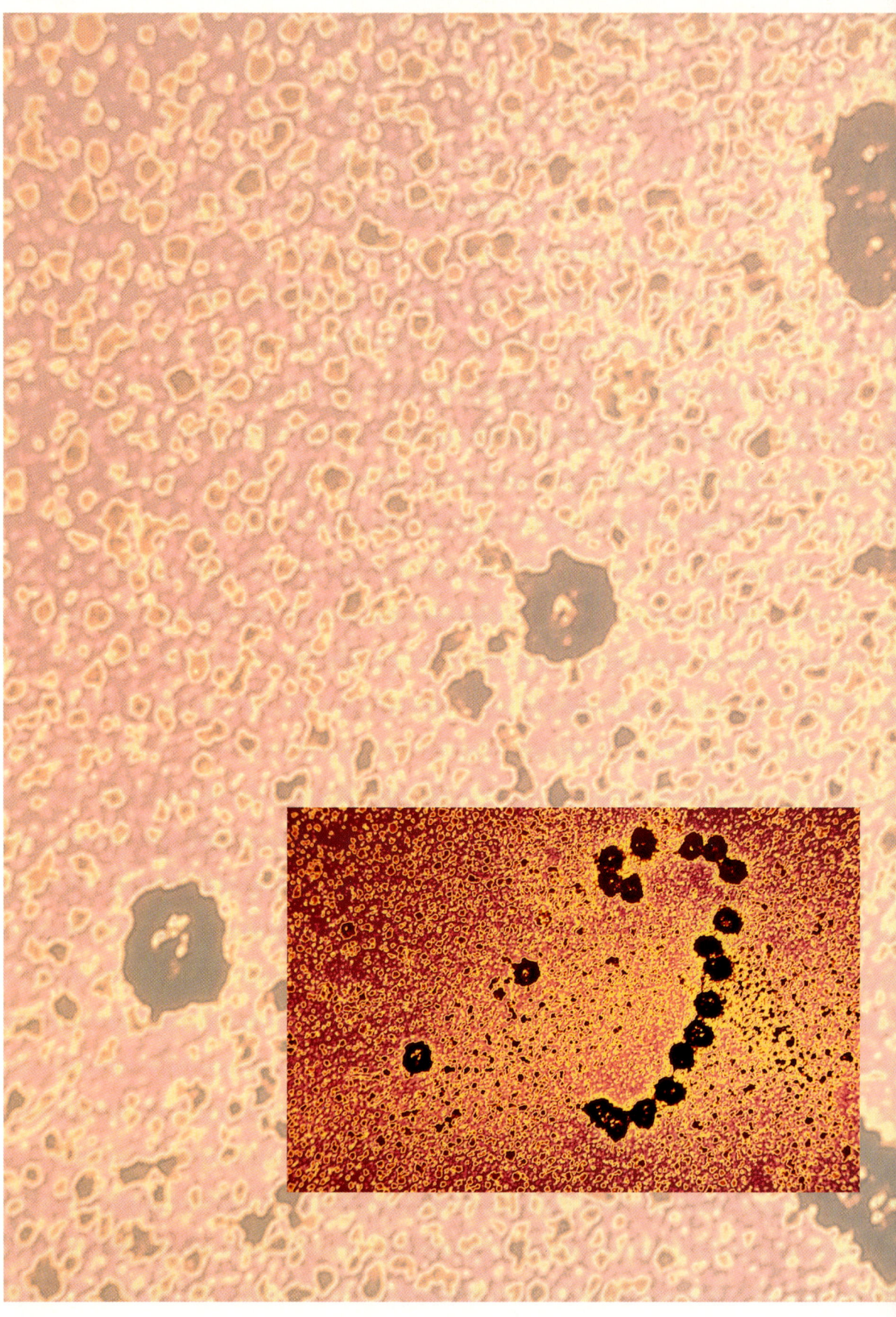

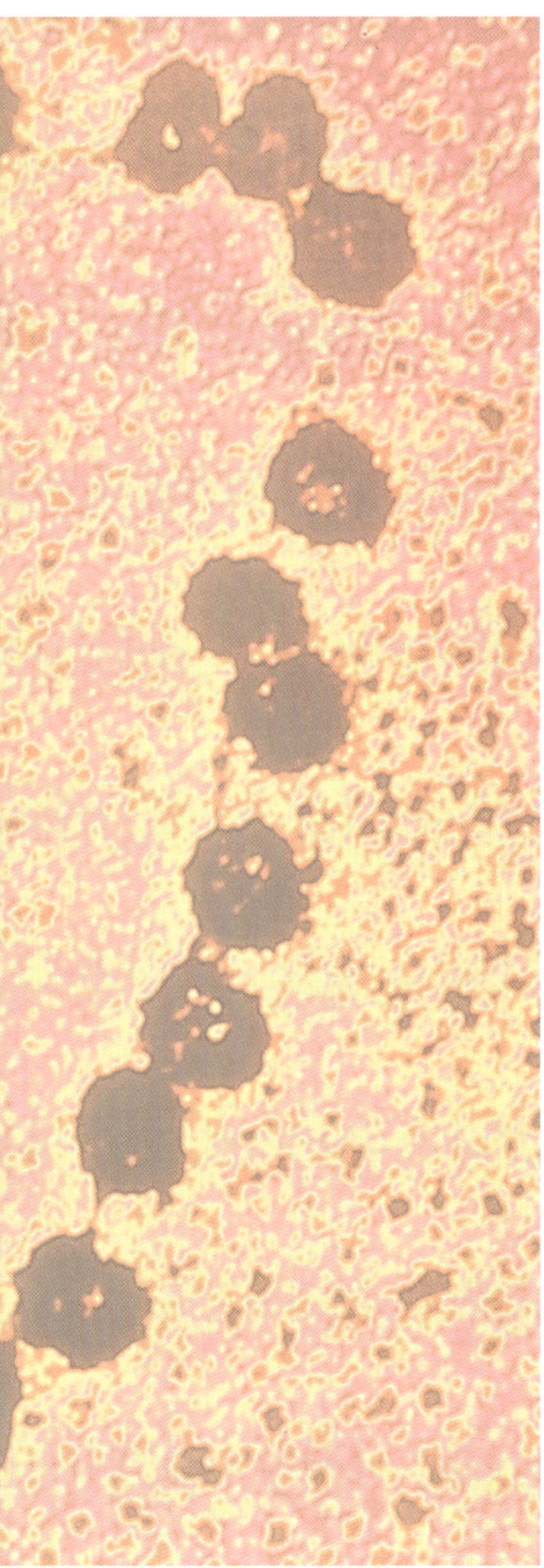

GEORG LÖFFLER

Proteinbiosynthese, Proteinmodifizierung und Proteinabbau

Die Aufklärung des biochemischen Mechanismus der Proteinbiosynthese stellt neben der Identifikation der DNA als informationstragendem Molekül eine der größten Leistungen der biologischen Forschung dieses Jahrhunderts dar. Da die Individualität jedes Organismus durch die von ihm synthetisierten Proteine gegeben ist, ist jede Entdeckung über den Ablauf und die Regulation der Proteinbiosynthese von eminenter biologischer Bedeutung. Außerdem kann ein großer Teil von Erkrankungen als Konsequenz einer gestörten Proteinbiosynthese aufgefaßt werden.

Schon während der Aufklärung der molekularen Vorgänge bei der Proteinbiosynthese an Ribosomen im cytosolischen Raum oder am endoplasmatischen Reticulum wurde klar, daß ein Protein nach seiner Biosynthese keineswegs funktionsbereit ist. Jedes Protein, das als lineare Sequenz von Aminosäuren synthetisiert wird, muß sich in die für es einmalige und typische Raumstruktur falten, die seine volle biologische Aktivität ermöglicht. Es muß ggf. mit Cofaktoren ausgestattet werden und erfährt in vielen Fällen eine umfangreiche posttranslationale Modifikation, z. B. durch Anheftung von Kohlenhydratseitenketten oder hydrophoben Gruppen. In den letzten Jahren wurde entdeckt, daß die als Chaperone bezeichnete Gruppe von Hitzeschock-Proteinen bei dem Vorgang der Proteinfaltung eine bedeutende Rolle spielt.

Viele Proteasen bzw. Peptidasen sind für den Abbau von Proteinen verantwortlich. Dieser Abbau dient nicht nur den Resorptionsvorgängen im Intestinaltrakt bzw. der Eliminierung geschädigter, falsch gefalteter oder falsch synthetisierter Proteine, sondern führt oft zu proteolytischen Kaskaden, die Aktivierung so wichtiger Vorgänge wie der Blutgerinnung oder der Fibrinolyse dienen.

Ribosomen, die für die Proteinbiosynthese verantwortlichen cytosolischen Organellen, lassen sich im Elektronenmikroskop gut analysieren.
(Bild: Omikron/PR Science Source, Okapia Bild-Archiv, Frankfurt)

11.1 Proteinbiosynthese

11.1.1 Das Prinzip der Proteinbiosynthese und der genetische Code

Die vielfältigen Erkenntnisse der formalen und molekularen Genetik haben in eindrucksvoller Weise gezeigt, daß bei Eukaryonten die im Zellkern lokalisierte DNA das informationstragende Molekül jeder Zelle ist. Während der Transkription, die ebenfalls noch im Zellkern erfolgt, wird unter Beibehaltung der wesentlichen Eigenschaften des Informationscodes der jeweils benötigte Teil eines Genoms kopiert. Er enthält dann die Information für die Biosynthese eines Proteins. Dieser Vorgang muß besonders gut reguliert sein, da die Geschwindigkeit und Effektivität der Transkription sehr wesentlich über die Menge der für die Proteinbiosynthese zur Verfügung stehenden mRNA entscheidet.

Das wesentliche Problem bei der Proteinbiosynthese ist jedoch, daß sie die Übersetzung des Nucleinsäurecodes in eine Sequenz von Aminosäuren erfordert. Die Aufklärung dieser als *Translation* bezeichneten Vorgänge ist eine der großen Leistungen der Biochemie der 60er Jahre des 20. Jahrhunderts gewesen. Drei wesentliche Entdeckungen oder Ideen waren hierfür von entscheidender Bedeutung:

- Unter Verwendung markierter Aminosäuren konnte Paul Zamecnik zeigen, daß die Synthese von Proteinen in Ribonucleoprotein-Partikeln erfolgt, die als *Ribosomen* bezeichnet werden. Ribosomen befinden sich bei Prokaryonten im Cytosol, bei Eukaryonten teilweise im Cytosol, teilweise jedoch auch an die Membranen des endoplasmatischen Reticulums assoziiert, wo sie die Struktur des sogenannten rauhen endoplasmatischen Reticulums bilden (Abb. 11.1).

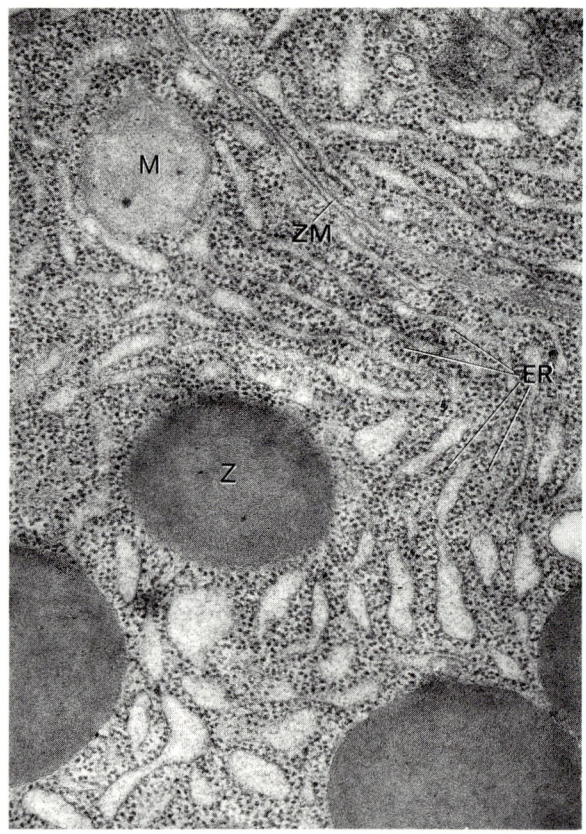

Abb. 11.1 Elektronenmikroskopische Aufnahme vom rauhen endoplasmatischen Reticulum im exokrinen Teil des Pankreas. *Z* Zymogengranulum; *M* Mitochondrium (Querschnitt); *ZM* Zellmembran; *ER* rauhes endoplasmatisches Reticulum. (Aufnahme von Elmar Siess, Universität München)

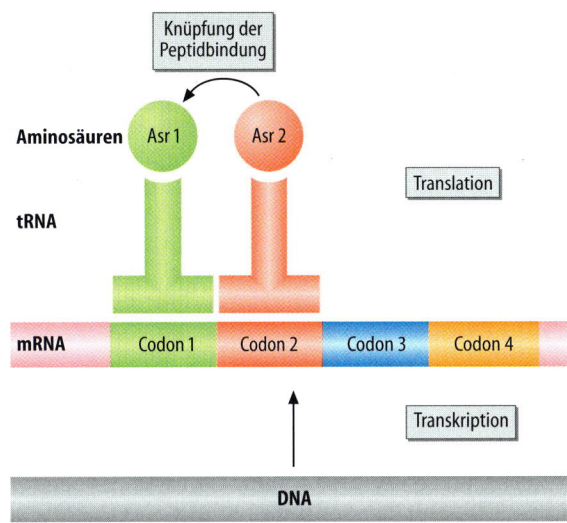

Abb. 11.2 Schematische Darstellung des Prinzips der Proteinbiosynthese. Aminoacyl-tRNA-Moleküle wirken als Adaptoren, die sequenzspezifisch an die mRNA binden und damit die Reihenfolge der Aminosäuren in einem Protein festlegen

- Aminosäuren sind nur dann Substrate für die Proteinbiosynthese, wenn sie in einem ATP-abhängigen Vorgang unter Katalyse von cytosolischen Enzymen an Transfer-RNA (tRNA) gebunden werden. Sie liegen dann als *Aminoacyl-tRNA-Moleküle* vor, die für die Aktivierung notwendigen Enzyme sind die Aminoacyl-tRNA-Synthetasen.
- Francis Crick war es schließlich, der die Hypothese formulierte, daß die tRNA bei der Proteinbiosynthese als Adaptor dient: Ein Teil des Moleküls bindet die Aminosäure, ein anderer die Nucleotidsequenz auf der mRNA, die für die entsprechende Aminosäure codiert. Wenn die für die einzelnen Aminosäuren codierenden Abschnitte der mRNA in linearer Weise hintereinander liegen, so müssen sich die mit den entsprechenden Aminosäuren beladenen tRNA-Moleküle hintereinander an die mRNA binden, um die Aminosäuren in die richtige Reihenfolge des Proteins zu bringen. Sie müßten dann nur noch durch ein entsprechendes Enzym miteinander verknüpft werden (Abb. 11.2).

Systeme zur in vitro-Proteinbiosynthese dienten zur Entschlüsselung des genetischen Codes

Anfang der 60er Jahre war bekannt, daß eine Proteinbiosynthese auch in einem zellfreien System möglich ist. Man benötigt hierzu lediglich Ribosomen, mRNA, die 20 proteinogenen Aminosäuren, tRNA-Moleküle, cytosolische Proteinfaktoren sowie ATP und GTP in geeigneten Konzentrationen. Marshall Nirenberg und Heinrich Matthaei verwendeten 1961 dieses System. Sie

Tabelle 11.1 Translation von synthetischen Polynucleotiden

Polynucleotid	Translationsprodukt	Folgerung
→ 5'-UUUUUUUUUUUU-3'	H_3N^+-Phe-Phe-Phe-COO$^-$	Codon für Phe ist UUU
→ 5'-AAAAAAAAAAAA-3'	H_3N^+-Lys-Lys-Lys-COO$^-$	Codon für Lys ist AAA
→ 5'-AGAGAGAGAGAG-3'	H_3N^+- Arg-Glu-Arg-Glu-COO$^-$	Ein Basentriplett codiert für eine Aminosäure, AGA für Arginin, GAG für Glutamat
→ 5'-UUCUUCUUCUUC-3'	H_3N^+-Phe-Phe-Phe-Phe-COO$^-$	Codon für Phe ist UUC
→ 5'-UUCUUCUUCUUC-3'	H_3N^+-Ser-Ser-Ser-COO$^-$	Startpunkt verschoben, Codon für Ser ist UCU
→ 5'-UUCUUCUUCUUC-3'	H_3N^+-Leu-Leu-Leu-COO$^-$	Startpunkt verschoben, Codon für Leu ist CUU
→ 5'-UUUUUUUUUUUG-3'	H_3N^+-Phe-Phe-Phe-Leu-COO$^-$	mRNA wird von 5' und 3' abgelesen; Codon für Phe ist UUU; Codon für Leu ist UUG

setzten als mRNA ein synthetische Polyribonucleotide bekannter Sequenzen zu (Tabelle 11.1). Bestand dieses z. B. nur aus Uridyl-Resten (Poly-U), so wurde ein Peptid synthetisiert, das nur Phenylalaninreste aufwies. Daraus schlossen sie, daß ein aus Uridylresten bestehendes Codon für die Aminosäure Phenylalanin codiert. Ähnliche Polynucleotide aus Adenin- bzw. Cytosin-Resten führten zur Bildung von Polylysin bzw. Polyprolin. Durch Verbesserung der Synthesetechniken, vor allen Dingen durch die Arbeiten von Gobind Khorana gelang es, auch aus verschiedenen Basen zusammengesetzte Polynucleotide herzustellen. Diese Experimente halfen nicht nur, das gesamte Code-Lexikon (s. u.) zu entziffern, sondern führten zu wichtigen Erkenntnissen über den Mechanismus des Translationsvorgangs.

Die Verwendung eines aus Adenyl- und Guanylresten bestehenden Polynucleotides (Poly-AG) bewirkt die Synthese eines Peptids, das abwechselnd aus Arginyl- und Glutamylresten besteht. Dieses Ergebnis beweist, daß – wie theoretisch zu erwarten – ein Basentriplett für eine Aminosäure codiert (S. 163). Ein Polynucleotid der Basensequenz (UUC)$_n$ liefert ein Gemisch von Peptiden, die nur aus Phenylalanin bzw. Serin oder Leucin bestehen. Dies zeigt, daß unter Verwendung derartiger synthetischer Polynucleotide als Matrizen für die Proteinbiosynthese der Ablesestartpunkt nicht genau festgelegt ist. Er kann an jeder beliebigen Stelle des Polynucleotids beginnen, folgt dann aber der linearen Einteilung der Nucleotide in Basentripletts. Dieses Phänomen der *Rasterverschiebung* tritt in vivo dann auf, wenn durch Mutationen eine Base in einem DNA-Strang inseriert oder deletiert ist. Es ist leicht einzusehen, daß unter diesen Bedingungen Translationsprodukte mit völlig anderer Aminosäuresequenz entstehen müssen. Ein aus Poly-U bestehendes Polynucleotid, dessen letztes Basentriplett die Sequenz UUG hat, liefert als Translationsprodukt ein aus Phenylalanylresten bestehendes Peptid, das am Carboxyterminus Leucin trägt. Dieses Experiment liefert den Beweis dafür, daß die mRNA von 5' nach 3' abgelesen wird und die Proteinbiosynthese vom N- zum C-Terminus erfolgt.

In einer nach dem Zufallsprinzip zusammengesetzten Ribonucleotidkette tritt etwa alle 20 Codons ein Stopcodon auf, gleichgültig welches Leseraster benutzt wird. Für Proteine codierende mRNA-Moleküle haben natürlich meist nur ein, selten mehrere Stopcodons. Da bei der Analyse von mRNA-Molekülen das Startcodon häufig nicht mit Sicherheit zu identifizieren ist, wird das korrekte *Leseraster* als dasjenige identifiziert, bei dem es nicht oder nur einmal zu einem Stopcodon kommt. Dabei wird jede Sequenz, bei der mehr als 50 für Aminosäuren codierende Tripletts hintereinander folgen, als *offener Leserahmen* (*engl.* open reading frame) bezeichnet.

Der genetische Code ist universal, degeneriert und konservativ

Unter Einsatz der oben geschilderten Methoden konnte bis etwa Mitte der 60er Jahre der gesamte genetische Code entziffert werden (Abb. 11.3). Wie schon auf S. 163 ausführlich diskutiert, würden bei Verwendung von nur zwei Basen als Codons nicht alle 20 in Proteinen vorkommenden Aminosäuren codiert werden können. Ein aus Basentripletts bestehender Code umfaßt jedoch 64 Positionen. Zieht man die drei Stop-Codons ab, so bleiben noch 61 Codons für die 20 proteinogenen Aminosäuren. Mit Ausnahmen von *Tryptophan* und *Methionin* besitzen in der Tat alle Aminosäuren wenigstens zwei Basentripletts. Dieses Phänomen wird auch als *Degeneriertheit* des genetischen Codes bezeichnet.

- Der genetische Code ist *universal*, d. h. er gilt sowohl für Prokaryonten als auch für Eukaryonten. Diese Universalität ist auch die Grundlage dafür, daß Gene höherer Eukaryonten, z. B. des Menschen, bei gentechnischen Verfahren in niederen Eukaryonten wie der Hefe oder gar in Prokaryonten exprimiert werden können. Es gibt allerdings einige geringfügige

1.Position	2.Position				3.Position
	U (A)	C (G)	A (T)	G (C)	
U (A)	Phe	Ser	Tyr	Cys	U (A)
	Phe	Ser	Tyr	Cys	C (G)
	Leu	Ser	Ende	Ende	A (T)
	Leu	Ser	Ende	Trp	G (C)
C (G)	Leu	Pro	His	Arg	U (A)
	Leu	Pro	His	Arg	C (G)
	Leu	Pro	Gln	Arg	A (T)
	Leu	Pro	Gln	Arg	G (C)
A (T)	Ile	Thr	Asn	Ser	U (A)
	Ile	Thr	Asn	Ser	C (G)
	Ile	Thr	Lys	Arg	A (T)
	Met^a	Thr	Lys	Arg	G (C)
G (C)	Val	Ala	Asp	Gly	U (A)
	Val	Ala	Asp	Gly	C (G)
	Val	Ala	Glu	Gly	A (T)
	Val	Ala	Glu	Gly	G (C)

Abb. 11.3 Der genetische Code. Die hydrophoben Aminosäuren sind mit einem *gelben*, die hydrophilen mit einem *orangen* und die amphiphilen mit einem *braunen* Raster hinterlegt. Die drei Stop-Codons sind hervorgehoben. *In Klammern* sind die entsprechenden Basen auf der DNA angegeben.
^{a} Start-Codon

Ausnahmen von dieser Universalität. Sie finden sich in Organismen mit sehr kleinen Genomen, die nur für wenige Proteine codieren. Bei höheren Eukaryonten kommen sie ausschließlich in den Mitochondrien vor. Bei ihnen codiert beispielsweise das normale Stop-Codon UGA für die Aminosäure Tryptophan oder das normalerweise für Isoleucin codierende AUA für Methionin.

- Der Code ist *degeneriert*, jedoch lassen sich hier gewisse Gesetzmäßigkeiten erkennen. Bei den Basen in der *dritten Position* wird lediglich die Unterscheidung zwischen *Purinen* und *Pyrimidinen* getroffen. Adenin ist gegen Guanin, Cytosin gegen Uracil austauschbar. Die *zweite Base* eines Codons entscheidet, ob das Triplett für eine *hydrophobe*, eine *hydrophile* oder *amphiphile* Aminosäure codiert. Alle Tripletts mit Uracil als zweiter Base codieren beispielsweise für Aminosäuren mit hydrophoben Seitenketten. Daraus folgt, daß nicht jede zufällige Änderung der Basensequenz durch Mutationen der DNA und damit der mRNA eine Veränderung der Aminosäuresequenz des zu bildenden Proteins bewirkt. So stehen beispielsweise für die Aminosäure Valin die vier Codons GUU, GUC, GUA und GUG zur Verfügung. Dies bedeutet, daß Mutationen im Bereich der dritten Position des Codons keinerlei Konsequenzen für die Aminosäure haben. Mutationen im Bereich der ersten Base ändern zwar die Aminosäuresequenz, jedoch werden statt Valin andere hydrophobe Aminosäuren wie Isoleucin, Leucin oder Phenylalanin verwendet. Man kann also annehmen, daß unter diesen Bedingungen die Proteinkonformation nicht schwerwiegend modifiziert wird. Nur bei Mutationen im Bereich der zweiten Base können amphiphile oder hydrophile Aminosäuren entstehen, die damit die Proteinstruktur verändern. Aufgrund dieses Aufbaus des genetischen Codes kann man ihn auch als *konservativ* bezeichnen.

- Die Wechselwirkung zwischen tRNA und mRNA ist nicht eindeutig. Da ein Basentriplett auf einer mRNA mit dem als Anticodon bezeichneten komplementären Triplett auf der tRNA in Wechselwirkung treten muß, sollte es eigentlich genauso viele tRNA-Moleküle wie Codes für Aminosäuren geben. Tatsächlich werden jedoch nur maximal 32 verschiedene tRNA-Moleküle für die Proteinbiosynthese benötigt, manche Organismen kommen sogar mit noch weniger aus. Die Ursache hierfür ist, daß nur die ersten beiden Basen eines Codons starke Wasserstoffbrücken-Bindungen mit den entsprechenden Basen des Anticodons ausbilden. Die erste Base eines Anticodons und damit die dritte Base eines Codons bestimmt über die Spezifität der Codon-Anticodon-Wechselwirkung. Ist die erste Base des Anticodons C oder A, so kann nur ein Codon von der tRNA gelesen werden. Ist sie jedoch U oder G, so können zwei verschiedene Codons abgelesen werden. Kommt dagegen als erstes Nucleotid eines Anticodons Inosinat

Tabelle 11.2 Basenpaarungen zwischen Anticodon der tRNA und Codon der mRNA (Wobble-Hypothese)

Base des Anticodons der tRNA	Base des Codons der mRNA
U (Ψ)[a]	G
C	G
A	U
I	C, U

[a] Pseudouridin besitzt die Paarungseigenschaften von Uridin.

(I) vor, so ist die Bindung am wenigsten spezifisch, da Inosinat mit U, C und A Wasserstoffbrücken bilden kann, welche allerdings im Vergleich zu den normalen Wasserstoffbrücken-Bindungen relativ schwach sind. Diese Vorstellungen über die relativ lockere Wechselwirkung von Codon und Anticodon wurde von Francis Crick auch als Wackeln (*engl.* wobble) bezeichnet und als **Wobble-Hypothese** formuliert. Diese Beziehungen sind in Tabelle 11.2 zusammengefaßt.

11.1.2 Aminoacyl-tRNA als Adapter zwischen mRNA und Proteinbiosynthese

Wie schematisch in Abb. 11.2 dargestellt, kommt der Aminoacyl-tRNA eine entscheidende Rolle bei der Proteinbiosynthese zu. Diese Moleküle stellen das Bindeglied zwischen der „Nucleinsäuresprache" der mRNA und der „Aminosäuresprache" der Proteine dar. Mit ihrem *Anticodon* (S. 165) erkennen sie die für die einzelne Aminosäure codierenden *Basentripletts* auf der mRNA. Wenn sie mit der korrekten Aminosäure beladen sind, führt dies zum Einbau der richtigen Aminosäure in die wachsende Peptidkette. Es ist klar, daß sowohl die Beladung mit der Aminosäure als auch die Wechselwirkung mit der mRNA Vorgänge sind, die von der Zelle höchste Genauigkeit verlangen, da jeder Fehler in dieser Übersetzungsmaschinerie die Gefahr in sich birgt, daß Änderungen der Aminosäuresequenzen zu funktionellen Störungen des betreffenden Proteins führen.

Aminoacyl-tRNA-Synthetasen katalysieren Beladung von tRNA-Molekülen mit Aminosäuren

Die Beladung von tRNA-Molekülen mit den zugehörigen Aminosäuren ist ein enzymkatalysierter Vorgang. Die hierfür verantwortlichen Enzyme sind die **Aminoacyl-tRNA Synthetasen**, von denen es für jede proteinogene Aminosäure wenigstens eine gibt. Diese Enzyme müssen mit hoher Genauigkeit sowohl die jeweilige Aminosäure als auch die zugehörige tRNA erkennen

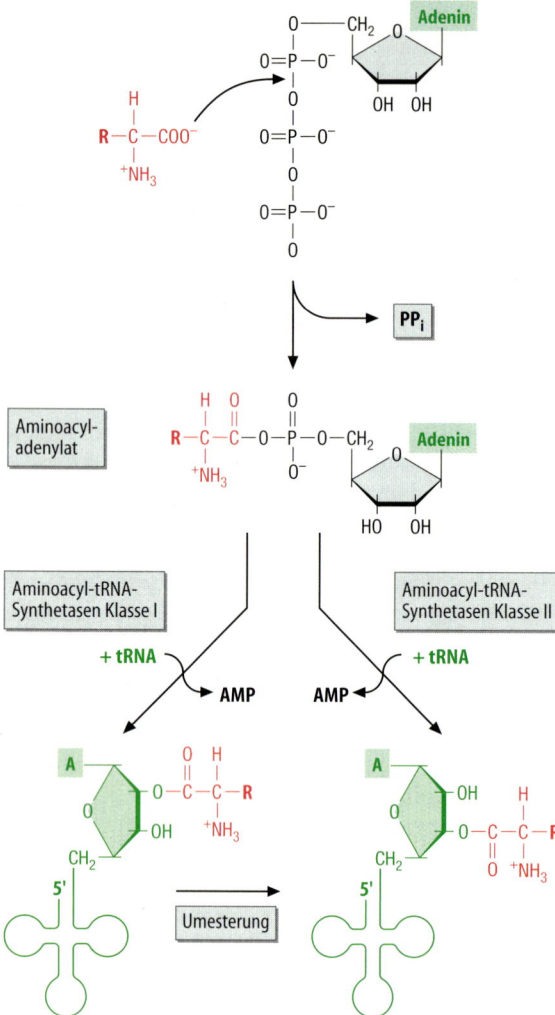

tRNA-Synthetasen nach Unterschieden in dieser zweiten Teilreaktion in zwei Klassen eingeteilt werden, die sich bei allen Organismen in gleicher Weise finden. Bei einem Teil der Aminoacyl-tRNA-Synthetasen wird der Aminoacyl-Rest auf die 2'-Hydroxylgruppe am 3'-Ende der tRNA übertragen und muß anschließend auf die endgültige 3'-Position umgeestert werden. Bei einer zweiten Klasse von Aminoacyl-tRNA-Synthetasen erfolgt die Übertragung von vornherein auf die richtige 3'-OH-Gruppe.

Die Summenreaktion der Beladung von tRNA-Molekülen mit der Aminosäure lautet demnach:

$$\text{Aminosäure} + \text{tRNA} + \text{ATP} \longrightarrow \text{Aminoacyl-tRNA} + \text{AMP} + \text{Pyrophosphat}$$

$$\text{Pyrophosphat} + H_2O \longrightarrow 2P_i$$

Da wie bei vielen derartigen Reaktionen anorganisches Pyrophosphat durch Pyrophosphatasen zu zwei Phosphaten gespalten wird, liegt das Gleichgewicht der Aminoacyl-tRNA-Bildung ganz auf der rechten Seite. Die Bindung zwischen der Aminosäure und der tRNA hat eine relativ hohe Hydrolyseenergie ($\Delta G^{o'} = -29$ kJ/mol). Sie fällt damit in die Klasse der energiereichen Verbindungen.

Durch Korrekturlesen können einige Aminoacyl-tRNA-Synthetasen zwischen verwandten Aminosäuren unterscheiden

Für die Genauigkeit der Proteinbiosynthese ist es essentiell, daß nur die dem Anticodon entsprechende Aminosäure auf die tRNA geladen wird. Bei einer Reihe von Aminosäuren wird dieses Ziel mit der für enzymatische Reaktionen üblichen Genauigkeit gut erreicht. Schwieriger wird es bei strukturhomologen Aminosäuren, die sich nur in wenigen Strukturelementen unterscheiden. Ein besonders gut untersuchtes Beispiel ist die *Isoleucin-tRNA-Synthetase* (Ile-tRNA^{Ile}-Synthetase), die zwischen *Isoleucin* als ihrem eigentlichen Substrat und *Valin* unterscheiden muß, welche sich nur in einer Methylgruppe voneinander unterscheiden. Tatsächlich tritt auch bei der Bildung des Acyl-AMP-Zwischenproduktes ein Fehler von 1/200 auf. Dieser Fehler ist jedoch größer als die in Proteinen meßbare Rate des Austauschs von Valin für Isoleucin, die bei etwa 1/3000 liegt. Die Erklärung für dieses Phänomen ist, daß die Ile-tRNA^{Ile}-Synthetase über ein zweites aktives Zentrum verfügt, das eine *Hydrolaseaktivität* trägt. In dieses Zentrum paßt das etwas kleinere Valin-AMP noch hinein und wird hydrolysiert, das richtige Isoleucin-AMP jedoch nicht (Abb. 11.5). Andere Aminoacyl-tRNA-Synthetasen sind imstande, die Esterbindung zwischen Aminosäure und tRNA-Molekülen in der Aminoacyl-tRNA wieder zu hydrolysieren. Diese Hydrolyse erfolgt bei fehlerhaften Aminoacyl-tRNA-Molekülen wesentlich rascher als bei den

Abb. 11.4 Mechanismus der Aminoacylierung einer tRNA durch Aminoacyl-tRNA-Synthetasen. In der ersten Teilreaktion erfolgt die Bildung des energiereichen Aminoacyl-Adenylates, in der zweiten Teilreaktion die Übertragung des Aminoacylrestes auf die tRNA. Die beiden Möglichkeiten dieser Teilreaktion, die die Grundlage der Unterscheidung von Aminoacyl-tRNA-Synthetasen in zwei Klassen bilden, sind dargestellt. (Einzelheiten s. Text)

und miteinander verknüpfen. Abbildung 11.4 stellt die einzelnen Schritte bei der Beladung von tRNA mit Aminosäuren dar. Dieser Vorgang läßt sich im Prinzip in zwei Stufen einteilen. Zunächst kommt es durch Reaktion der Carboxylgruppe der Aminosäure mit ATP unter Abspaltung von Pyrophosphat zur Ausbildung eines *Aminoacyladenylates* (Aminoacyl-AMP). Durch diese Reaktion, die formal Ähnlichkeit mit der Aktivierung von Fettsäuren zu Acyl-Adenylat (S. 428) hat, entsteht ein energiereiches Carbonsäure-Phosphorsäure-Anhydrid. Dieses ist reaktiv und wird in der zweiten Teilreaktion durch eine der beiden am 3'-Ende der tRNA vorhandenen freien OH-Gruppen angegriffen, so daß unter AMP-Abspaltung das *Aminoacyl-tRNA-Molekül* entsteht. Mechanistisch können die Aminoacyl-

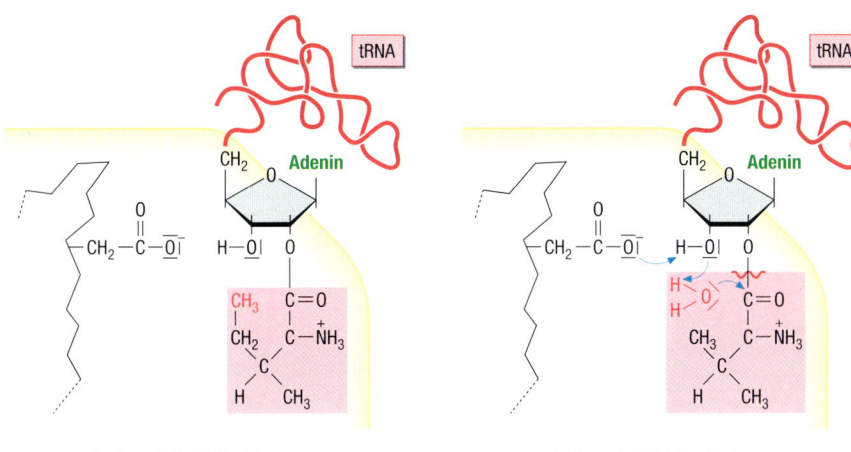

Isoleucyl-tRNA-Synthetase,
beladen mit Isoleucin

Isoleucyl-tRNA-Synthetase,
beladen mit Valin

Abb. 11.5 Steigerung der Genauigkeit der Aminoacyl-tRNA-Synthetase durch Korrekturlesen. Bei der Isoleucin-Aminoacyl-tRNA-Synthetase sorgt eine Hydrolaseaktivität dafür, daß feh- lerhaft zu Aminoacyladenylat aktivierte Substrate wieder hy- drolysiert werden, bevor sie auf tRNA übertragen werden. (Ein- zelheiten s. Text)

richtigen, so daß auch auf dieser Stufe noch evtl. Fehler ausgemerzt werden können. Insgesamt liegt die Feh- lerrate der Aminoacyl-tRNA-Synthetasen mit etwa 1/60000 deutlich unterhalb der Fehlerrate der Protein- biosynthese mit etwa 1/10000.

Wenige definierte Bereiche auf der tRNA dienen als Erkennungssequenzen für die Aminoacyl-tRNA-Synthetasen

Jede Aminoacyl-tRNA-Synthetase erkennt nur eine Aminosäure, jedoch alle tRNA-Moleküle, die mit ihr beladen werden sollen, d. h. die das für die jeweilige Aminosäure spezifische Anticodon (s. o.) tragen. Die zu einer Aminoacyl-tRNA-Synthetase gehörigen tRNAs bezeichnet man gelegentlich auch als *cognate* oder *herkunftsgleiche tRNA.*

Die genauen Strukturmerkmale, die die Verwen- dung einer cognaten tRNA durch eine Synthetase er- möglichen, sind in vielen Fällen noch nicht bekannt. Definierte Erkennungsbereiche in tRNA-Molekülen sind in Abb. 11.6 dargestellt. Häufig sind es nur wenige Basen, die sich meist in drei unterschiedlichen Berei- chen des tRNA-Moleküls befinden.

- Einmal handelt es sich um den Akzeptorstiel, weil an seinem 3'-Ende die Beladung mit der Aminosäure er- folgt.
- Ein zweiter Erkennungsbereich liegt im *D-Stiel,* der auf jeden Fall zur Kontaktzone der Synthetase gehört.
- Häufig ist der Anticodonstiel an der Erkennung be- teiligt, allerdings nicht immer das Anticodon selbst.

Ein besonders einfaches Erkennungsmerkmal findet sich auf der tRNA[Ala]. Hier ist es nur ein einziges G=U- Basenpaar, welches das für die Bindung an die Amino- acyl-tRNA-Synthetase notwendige Signal ergibt. Jeden-

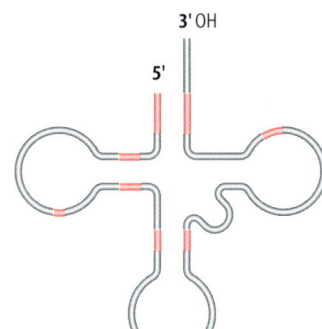

Abb. 11.6 Erkennungsbereiche von tRNA-Molekülen, die für die Bindung an Aminoacyl-tRNA-Synthetasen und Beladung mit der richtigen Aminosäure notwendig sind. Die *rot* hervor- gehobenen Bereiche können bei unterschiedlichen tRNA-Mo- lekülen Informationen für die Bindung an die Synthetase und die Beladung tragen, die *grau* dargestellten Teile tragen dage- gen nicht zur Spezifität bei. Das Anticodon ist *grün* hervorge- hoben. (Einzelheiten s. Text)

falls wird ein um 53 Nucleotide verkürztes Fragment der tRNA[Ala], welches lediglich noch das G=U-Paar ent- hält, fast genauso wirkungsvoll mit Alanin aminoacy- liert wie die native tRNA[Ala].

11.1.3 Ribosomen, die Organellen der Proteinbiosynthese

Nachdem bereits in den 50er Jahren gefunden worden war, daß die Proteinbiosynthese an intracellulären Ri- bonucleoprotein-Partikeln, den **Ribosomen**, erfolgt, wurden große Anstrengungen gemacht, um die Struk- tur dieser Partikel aufzuklären. Ribosomen können durch entsprechende Zentrifugationstechniken (S. 54)

Tabelle 11.3 Aufbau von pro- bzw. eukaryoten Ribosomen

	Prokaryote Ribosomen	Eukaryote Ribosomen
Sedimentationskonstante	70 S	80 S
große Untereinheit	50 S	60 S
kleine Untereinheit	30 S	40 S
Molekulargewicht (kD)	2570	4220
RNA's der großen Untereinheit	23 S; 5 S	28S; 7.8 S; 5 S
RNA's der kleinen Untereinheit	16 S	18 S
Proteine in der großen Untereinheit	31	49
Proteine in der kleinen Untereinheit	21	33

aus pro- bzw. eukaryoten Zellen angereichert werden und sind, was ihre Struktur angeht, ganz besonders gut untersuchte und analysierte zelluläre Organellen. Tabelle 11.3 stellt die Zusammensetzung von pro- und eukaryoten Ribosomen dar. Im Prinzip sind diese gleichartig aufgebaut, wobei die prokaryoten Ribosomen im Vergleich zu den eukaryoten etwas kleiner sind. Beide lassen sich jedoch unter entsprechenden Bedingungen in eine **große** sowie eine **kleine Untereinheit** aufteilen. Diese haben bei eukaryoten Ribosomen eine Sedimentationskonstante von 60 S bzw. 40 S. Die große Untereinheit eukaryoter Ribosomen enthält 49 verschiedene Proteinuntereinheiten sowie drei ribosomale RNA's (rRNA's) mit Sedimentationskonstanten von 28 S, 7, 8 S und 5 S. Die kleine Untereinheit verfügt dagegen über nur 33 Proteine und eine einzige RNA mit einer Sedimentationskonstante von 18 S. Aus vielen meist elektronenmikroskopischen Untersuchungen gibt es genauere Vorstellungen über den Aufbau von Ribosomen (Abb. 11.7). Sie besitzen nicht die Kugelgestalt, die oft für die schematische Darstellung der Ribosomen bei der Proteinbiosynthese verwendet wird. Vielmehr handelt es sich um kompakte Partikel mit einer **Basis,** ei-

nem **Stiel** sowie einem **Höcker,** die eine relativ komplexe Raumstruktur ausbilden.

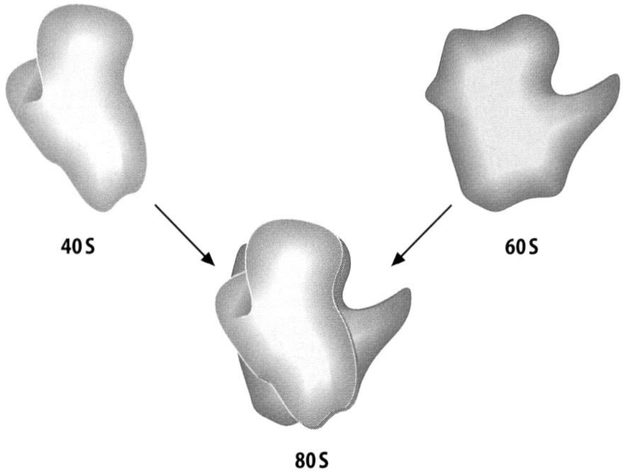

Nur ein kleiner Teil (ca. 25 %) der in eukaryoten Zellen vorkommenden Ribosomen befindet sich in relativ freier Form im Cytosol. Der größere Teil liegt dagegen an den Membranen des endoplasmatischen Reticulums gebunden vor und bildet auf diese Weise das **rauhe endoplasmatische Reticulum** (RER). Die Zahl der Ribosomen ist relativ groß. So enthält beispielsweise eine Leberzelle über eine Million Ribosomen. Auf der Oberfläche der Ribosomen befinden sich eine Reihe von Strukturen, die für die Funktion der Ribosomen als Maschinerie der Proteinbiosynthese von entscheidender Bedeutung sind. Zu den wichtigsten gehören

- die Bindungsstelle für die mRNA und
- zwei unterschiedliche Bindungsstellen für Aminoacyl-tRNA, die als Peptidyl- bzw. Aminoacyl-Stelle bezeichnet werden (s. u.).
- Eine Peptidyl-Transferase-Stelle trägt die katalytische Aktivität für die Knüpfung neuer Peptidbindungen,
- darüber hinaus finden sich eine große Zahl von Bindungsstellen für regulatorische Faktoren.

Zwischen den beiden Untereinheiten entsteht eine Spalte, durch die die mRNA sich hindurchbewegt, während die Proteinbiosynthese vonstatten geht.

Wie viele biologische Makrostrukturen zeigen auch Ribosomen eine bedeutende Tendenz zur **Selbstassoziation.** Mischt man jedenfalls die 34 Proteine der 50 S-Einheit mit den 5 S- bzw. 23 S-ribosomalen Ribonucleinsäuren zusammen, so kommt es zu einer spontanen Assoziation zur funktionellen Ribosomenuntereinheit.

Abb. 11.7 Schematische Darstellung eines eukaryoten Ribosoms. Das Ribosom ist aus einer großen und einer kleinen Untereinheit aufgebaut. Die große Untereinheit verfügt über einen Höcker und einen Stiel, die kleine zeigt dagegen wenig auffallende Strukturmerkmale. (Einzelheiten s. Text)

11.1.4 Mechanismus der Proteinbiosynthese

Ähnlich wie die Synthese der RNA (S. 243 ff) kann auch die Proteinbiosynthese an den Ribosomen mechanistisch in die drei Phasen *Initiation, Elongation* und *Termination* eingeteilt werden.

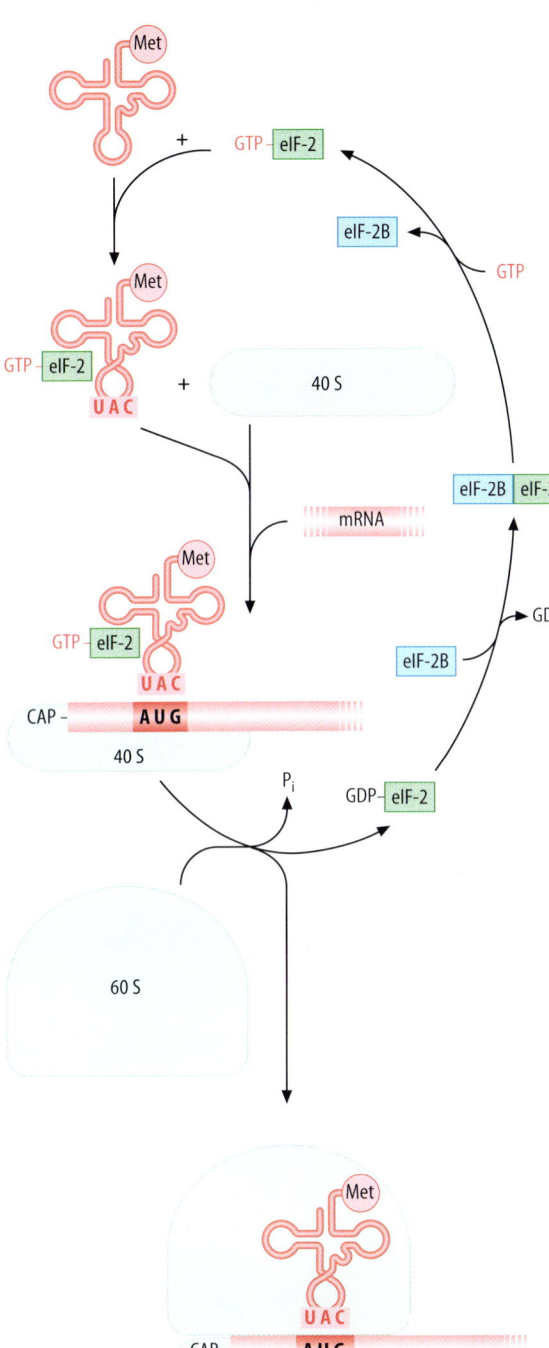

Während der Initiationsphase wird das funktionelle Ribosom aus seinen Untereinheiten zusammengesetzt

Unmittelbar nach Beendigung eines Translationsvorgangs zerfallen die Ribosomen in die beiden Untereinheiten. Während der Initiation muß zunächst aus diesen Untereinheiten ein funktionsfähiges Ribosom gebildet werden. Hierzu wird, außer den beiden Untereinheiten,

- mRNA mit dem Initiationscodon AUG benötigt,
- außerdem eine Starter-tRNA,
- eine Reihe von Initiationsfaktoren sowie
- GTP.

Die einzelnen Schritte des Initiationsvorgangs sind in Abb. 11.8 dargestellt. Zunächst bindet die Starter-Aminoacyl-tRNA an den eukaryoten Initiationsfaktor 2 (eIF-2, Tabelle 11.4). Als Starter-Aminosäure wird sowohl bei Pro- als auch bei Eukaryonten *Methionin* verwendet. Für dieses gibt es zwar nur ein Codon (AUG), jedoch *zwei* tRNAs. Bei Bakterien ist das Startermethionin immer zu *N-Formyl-Methionin* (fMet) modifiziert. Hierfür wird ein spezifisches Enzym benötigt, das nur mit der für die Initiation spezifischen $tRNA_i^{Met}$ reagiert, die aus diesem Grunde auch tRNA^{fMet} bezeichnet wird. Für die Formylierungsreaktion wird N^{10}-Formyltetrahydrofolat (S. 671) benötigt:

$$N^{10}\text{-Formyltetrahydrofolat} + \text{Met-tRNA}^{fMet} \longrightarrow$$
$$\text{fMet–RNA}^{fMet} + \text{Tetrahydrofolat}$$

Auch bei eukaryoten Zellen gibt es zwei unterschiedliche tRNA-Moleküle für Methionin, eines für den Start,

Abb. 11.8 eIF-2 und der eukaryote Initiationscyclus. eIF-2 bindet spezifisch die Starter-Aminoacyl-tRNA met-tRNA $_i^{Met}$ und bindet sie an die kleine 40 S-ribosomale Untereinheit. Hieran ist der Initiationsfaktor eIF-3 beteiligt. Nach Anlagerung von mRNA wird diese nach dem Startcodon abgesucht und anschließend unter GTP-Hydrolyse der Faktor eIF-2 in GDP-beladener Form abgespalten. Dies gibt das Signal für die Anlagerung der großen 60 S-ribosomalen Untereinheit. Die Regenerierung von eIF-2 benötigt einen Guaninnucleotid-Exchange-Factor eIF-2B, wonach unter GTP-Anlagerung eIF-2 regeneriert wird

Tabelle 11.4 Eukaryote Initiations-, Elongations- und Terminationsfaktoren der Proteinbiosynthese

Faktor	Funktion
Initiationsfaktoren	
eIF-1	Bindung der mRNA an das Ribosom
eIF-2	Transfer von Starter-Aminoacyl-tRNA auf die kleine ribosomale Untereinheit
eIF-2B	Guaninnucleotid-Exchange-Protein für eIF-2
eIF-3	Bindung der kleinen ribosomalen Untereinheit an eIF-2-Aminoacyl-tRNA$_i^{Met}$
eIF-4	Bindung der Kopfgruppe der mRNA
eIF-5	Assemblierung des vollständigen Ribosoms während der Initiation
Elongationsfaktoren	
eEF-1α	Transfer von Aminoacyl-tRNA auf die Aminoacylstelle des Ribosoms
eEF-1β	Guaninnucleotid-Exchange-Protein für eEF-1α
eEF-2	Translokation der Peptidyl-tRNA mit der mRNA auf die Peptidylstelle des Ribosoms
Terminationsfaktoren	
eRF	Freisetzungsfaktor (Release Factor)

das andere für innere Methionylreste. Die tRNA$_i^{Met}$, wird nur dann benutzt, wenn AUG als Initiationscodon verwendet wird, die andere dient der Einfügung von Methioninresten im Inneren der wachsenden Peptidkette. Die Auswahl, welche der beiden tRNA^{Met}-Moleküle verwendet werden soll, wird während der Initiationsphase der Proteinbiosynthese getroffen. Eine Formylierung des Starter-Methionins findet aber nicht statt.

Für die notwendige Unterscheidung zwischen den beiden Met-tRNA^{Met}-Arten dient der **eukaryote Initiationsfaktor 2** oder eIF-2, dessen Funktion bei der Initiation der Proteinbiosynthese in Abb. 11.8 dargestellt ist. eIF-2 gehört zu der Familie der *G-Proteine*. In der aktiven, GTP-beladenen Form bindet er die Starter-Aminoacyl-tRNA. Dieser Komplex lagert sich dann an die kleine 40 S-Untereinheit an. Erst jetzt kann mRNA mit der kleinen 40 S-Untereinheit assoziieren und bildet nun den 48 S-Initiationskomplex. Mit Hilfe des eIF-2 tastet nun die Starter-Aminoacyl-tRNA die mRNA so lange ab, bis das Startcodon AUG gefunden ist. Ein wesentlicher Orientierungspunkt ist hierbei die Kopfgruppe der mRNA, die über ein als **CBP** bezeichnetes Protein (*engl.* cap-binding protein, eIF-4) am Ribosom fixiert wird. Als Startcodon ist immer das *erste* AUG-Triplett nach der Kopfgruppe definiert. Erst wenn die Starter-Aminoacyl-tRNA mit ihrem Anticodon an das AUG-Codon der mRNA gebunden hat, lagert sich die große 60 S-Untereinheit des Ribosoms an, wobei unter Beteiligung des eIF-5 eIF-2 unter Spaltung von GTP zu GDP abdissoziiert.

Damit ist das funktionsfähige 80 S-Ribosom assembliert. Es enthält die mRNA, die über das Codon AUG die mit Methionin beladene Starter-tRNA gebunden hat. Diese ist dabei so lokalisiert, daß sie mit dem als Peptidylstelle bezeichneten Areal auf dem Ribosom in Wechselwirkung tritt.

Für die **Regenerierung** des eIF-2 ist ein weiterer Proteinfaktor notwendig, der auch als **GEF** (*engl.* guanin nucleotide exchange factor) oder **eIF-2B** bezeichnet wird. Er katalysiert die Abspaltung des GDP von eIF-2, welches anschließend mit GTP beladen wird und dem nächsten Initiationscyclus zur Verfügung steht.

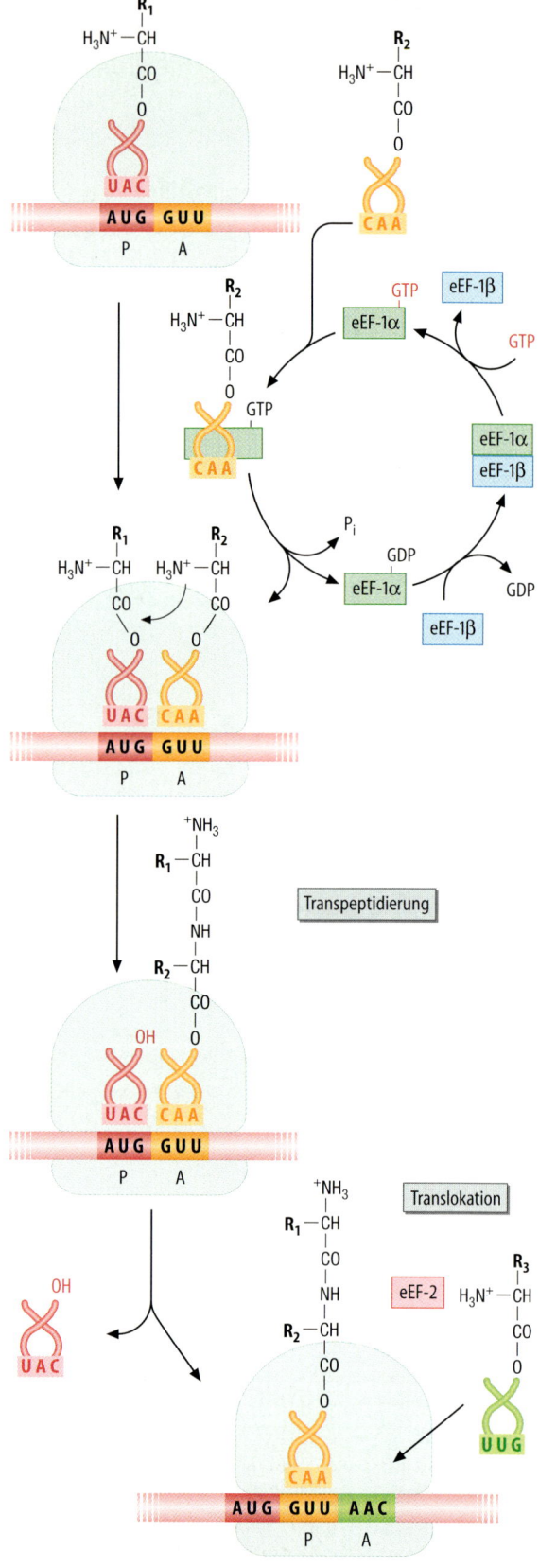

Abb. 11.9 Der Elongationscyclus bei Eukaryonten. Die Peptidylstelle ist mit der Starter-Aminoacyl-RNA besetzt. Auf die noch freie Aminoacyl-Bindungsstelle wird die folgende Aminoacyl-tRNA entsprechend der Codon-Anticodon-Wechselwirkung geladen. Hierfür ist der eukaryote Elongationsfaktor 1 (eEF-1) notwendig, dessen Aktivierungs- und Inaktivierungscyclus demjenigen des eIF-2 (Abb. 11.8) entspricht. Durch eine Transpeptidase kommt es anschließend zur Knüpfung einer Peptidbindung zwischen der Aminogruppe der auf der Aminoacylbindungsstelle sitzenden Aminoacyl-tRNA und der Carboxylgruppe der auf der Peptidyl-Stelle sitzenden Peptidyl-tRNA. Für diese auch als Transpeptidierung bezeichnete Reaktion wird keine Energie benötigt. Der letzte Schritt des Elongationscyclus ist die Translokation der Peptidyl-tRNA auf die Peptidyl-Stelle. tRNA-Darstellung aus Platzgründen stark schematisiert. R$_1$–R$_3$ Aminosäureseitenketten

In der Elongationsphase erfolgt die Verlängerung der Peptidkette am Carboxylende

Der Elongationscyclus bei der Proteinbiosynthese ist bei Pro- und Eukaryonten außerordentlich ähnlich und wird im folgenden ausgehend vom intakten Initiationskomplex (s.o.) dargestellt (Abb. 11.9). Ausgangspunkt ist also ein intaktes Ribosom, das an der Peptidyl-Stelle eine Starter-Aminoacyl-tRNA gebunden hat. An die freie Aminoacyl-Stelle muß nun die Aminoacyl-tRNA gebunden werden, deren Anticodon komplementär zum nächstfolgenden Basentriplett auf der mRNA ist. Das Auffinden dieser Position wird durch den *eukaryoten Elongationsfaktor 1* (eEF-1α) ermöglicht. Es handelt sich ebenfalls um ein *G-Protein*, welches in seiner aktiven, GTP-beladenen Form Aminoacyl-tRNA Moleküle binden und auf der mRNA positionieren kann. Dabei wird das gebundene GTP zu GDP gespalten. Eine Untereinheit des eEF-1β dient als *Guaninnucleotid-Austauschfaktor:* GDP verläßt die Bindungsstelle am eEF-1 und wird durch GTP ersetzt. Bei Prokaryonten wird der eEF-1α als *EF-Tu* bezeichnet, die für den Guaninnucleotid-Austausch benötigte Untereinheit eEF-1β als *EF-TS*.

Die Knüpfung der *Peptidbindung* zwischen der auf der Peptidylstelle sitzenden Starter-Aminoacyl-tRNA und der auf der Aminoacyl-Seite sitzenden Aminoacyl-tRNA erfolgt durch Angriff der freien Aminogruppe der Aminoacyl-tRNA an die Esterbindung zwischen der Starter-Aminoacyl-tRNA und dem Methionin. Für diese Reaktion wird keinerlei Energie benötigt, da die Bindung von Aminosäuren an ihre cognate tRNA energiereich ist (S. 88). Im Ergebnis findet sich nun ein Dipeptid, das über eine tRNA auf der Aminoacylstelle des Ribosoms lokalisiert ist.

Der folgende und letzte Schritt des Elongationscyclus ist die Abspaltung der unbeladenen tRNA von der Peptidyl-Stelle und die Translokation der auf der Aminoacyl-Stelle lokalisierten Peptidyl-tRNA zusammen mit der mRNA auf die Peptidyl-Stelle. Hierfür ist ein weiteres G-Protein notwendig, das als eukaryoter Elongationsfaktor eEF-2 bezeichnet wird. Er bindet in GTP-beladener Form an das Ribosom und verläßt es nach GTP-Hydrolyse wieder.

Für die Termination der Proteinbiosynthese sind Release-Faktoren notwendig

Sobald eines der drei Stopcodons auf der Aminoacyl-Stelle des Ribosoms liegt, kommt es zum Abbruch der Proteinbiosynthese. Hierfür sind Release-Faktoren (RFs) notwendig. Bei Eukaryonten handelt es sich im wesentlichen um den **eukaryoten Release Faktor** eRF. Er bindet zusammen mit GTP an das Ribosom. Seine Anwesenheit führt dazu, daß die Peptidyltransferase die Peptidkette von der Peptidyl-Stelle auf Wasser

überträgt. Dadurch wird die nun fertige Peptidkette freigesetzt, gleichzeitg wird unter Spaltung des an eRF gebundenen GTPs zu GDP die unbeladene tRNA auf der Peptidyl-Stelle freigesetzt, anschließend zerfällt das Ribosom in seine Untereinheiten und steht für den nächsten Synthesecyclus zur Verfügung (Abb. 11.10).

An einem mRNA-Molekül können gleichzeitig mehrere Ribosomen die Translation durchführen

Bei sehr effektiv translatierten mRNA-Molekülen können gleichzeitig mehrere Ribosomen binden und das jeweilige Protein synthetisieren. Dies führt zu einer zeitverschobenen Mehrfachablesung der Information von einem mRNA-Molekül. In Reticulocyten hängen beispielsweise bei der Biosynthese der α- bzw. β-Ketten des Hämoglobins jeweils 3–4 bzw. 5–6 Ribosomen an einer mRNA (Abb. 11.11). Wenn Myosin in den Skelettmuskelzellen synthetisiert wird, hängen sogar 50–60 Ribosomen an einem für Myosin codierenden mRNA-Molekül.

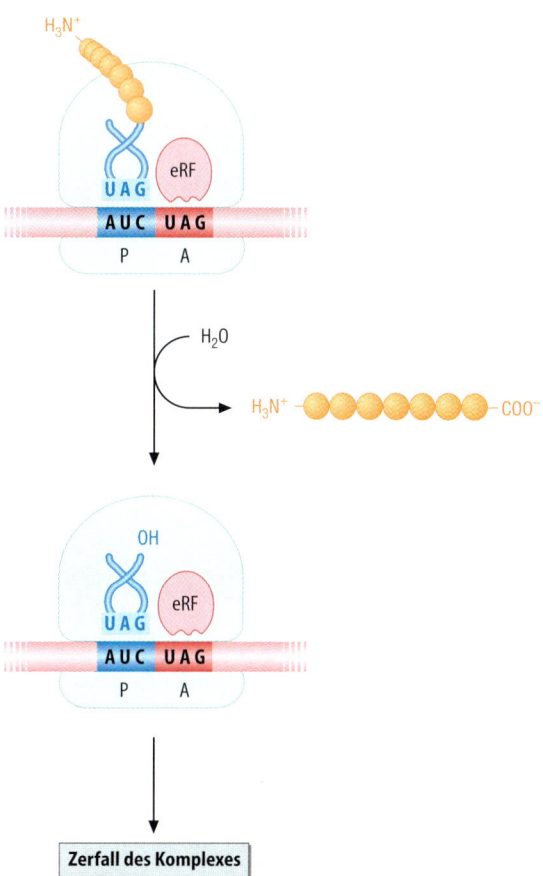

Abb. 11.10 Schematische Darstellung der Termination der Proteinbiosynthese. Wenn ein Stop-Codon auf der Aminoacyl-Stelle liegt, wird statt einer Aminoacyl-tRNA der Release Faktor eRF gebunden. Die Transpeptidase überträgt nun die Peptidkette von der Aminoacyl-Stelle auf Wasser, wonach die Peptidkette freigesetzt wird. (Einzelheiten s. Text)

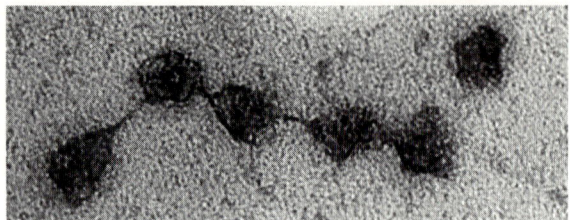

Abb. 11.11 Elektronenmikroskopische Aufnahme von Polyribosomen aus Hämoglobin-synthetisierenden Reticulocyten. Durch eine spezielle Färbung erkennt man die mRNA als schwarzen Faden

Tabelle 11.5 Hemmstoffe der Translation

Hemmstoff	Mechanismus der Hemmung	Therapeutische Anwendung
Tetracycline	Bindung der Aminoacyl-tRNA an Akzeptorstelle (vorwiegend bei 70S-Ribosomen)	Breitbandantibiotikum
Streptomycin	Bindung an 30S-Untereinheit mit nachfolgender Konformationsänderung des Ribosoms	Tuberkulose
Chloramphenicol	Hemmung der Peptidyltransferase von 70S-Ribosomen	Breitbandantibiotikum (heute nur noch selten indiziert)
Fusidinsäure	Hemmung der Translokase	Staphylokokken
Puromycin	Kettenabbruch bei 70S- und 80S-Ribosomen	Nur experimentelle Anwendung
Cycloheximid	Hemmung der Translokase von 80S-Ribosomen (?)	Nur experimentelle Anwendung
Diphtherietoxin	Hemmung der Translokase von 80S-Ribosomen	

Verschiedene Antibiotika sind wirksame Hemmstoffe der Proteinbiosynthese

Eine Reihe von Antibiotika, darunter viele wichtige Medikamente, blockieren die Translation. Sie haben sich auch bei der Analyse der an den Ribosomen stattfindenden Vorgänge als wertvolle Werkzeuge erwiesen. Ein Teil von ihnen hemmt spezifisch nur die prokaryote Proteinbiosynthese, weswegen sich derartige Antibiotika ganz besonders für die Behandlung bakterieller Infektionskrankheiten eignen. Tabelle 11.5 faßt die Wirkungsweise und mögliche therapeutische Anwendung der wichtigsten derartigen Antibiotika zusammen. Te-

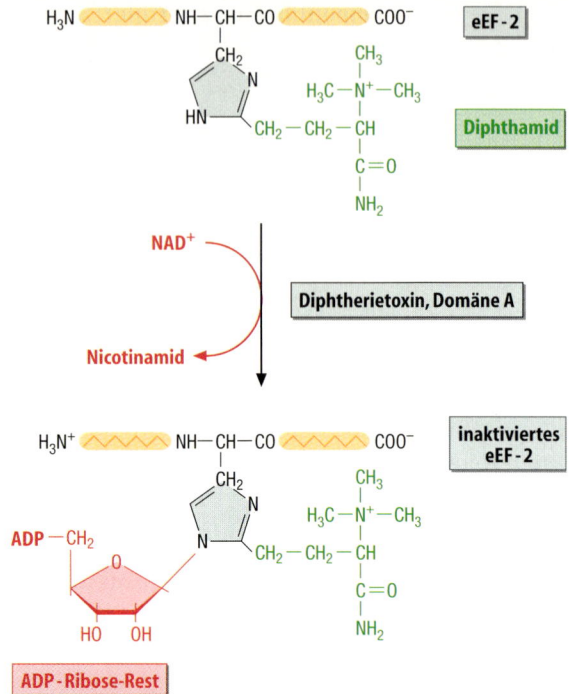

Abb. 11.12 ADP-Ribosylierung des eEF-2 durch Diphtherietoxin. Ein ADP-Riboserest wird aus NAD⁺ abgespalten und durch die A-Domäne des Diphtherietoxins auf einen modifizierten Histidylrest des eEF-2 übertragen. Der modifizierte Histidylrest wird auch als Diphthamid bezeichnet und kommt ausschließlich im eEF-2 vor

tracycline binden an die kleine Untereinheit prokaryotischer Ribosomen und verhindern dort die Bindung der Aminoacyl-tRNA. In hohen Konzentrationen blockieren sie allerdings auch die eukaryotische Proteinbiosynthese. Streptomycin bindet an die 30 S-Untereinheit prokaryoter Ribosomen, was zu Ablesefehlern bei der Proteinbiosynthese führt. Streptomycin-resistente Bakterien sind relativ häufig. Bei ihnen handelt es sich um Mutanten, bei denen ein Aminosäureaustausch bei einem Protein der kleinen Untereinheit stattgefunden hat. Dies führt dazu, daß das Streptomycin nicht mehr an die Untereinheit binden kann oder aber, daß das Bakterium überhaupt nur noch in Gegenwart von Streptomycin wächst. Chloramphenicol ist ein Breitbandantibiotikum, das wahrscheinlich die Peptidyl-Transferase von prokaryoten Ribosomen hemmt. Fusidinsäure und das Diphtherietoxin hemmen die Translokaseaktivität und damit den Elongationscyclus prokaryoter Ribosomen. Das Diphtherietoxin besteht aus zwei durch Trypsinspaltung voneinander abzutrennenden Domänen. Die B-Domäne ist für die Aufnahme des Toxins in die Zelle verantwortlich. Die A-Domäne katalysiert im Cytosol die ADP-Ribosylierung von eIF-2 durch NAD⁺ (Abb. 11.12).

Cycloheximid oder Puromycin sind Hemmstoffe der Proteinbiosynthese, die sowohl an pro- als auch eukaryoten Ribosomen wirken. Cycloheximid hemmt die Translokaseaktivität der Ribosomen, Puromycin ist ein

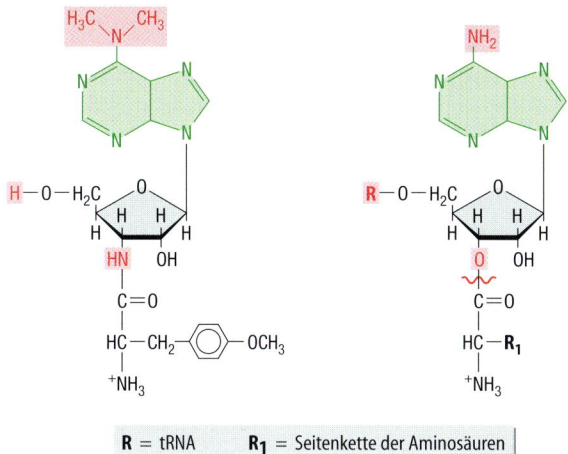

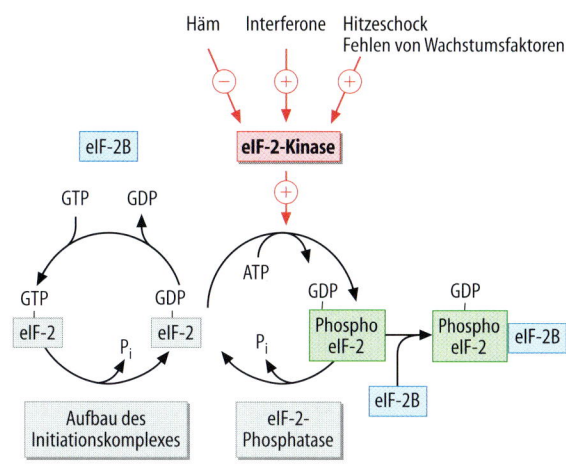

Abb. 11.13 Strukturelle Ähnlichkeit von Puromycin und dem Aminoacyl-Adenosin-Ende von tRNA-Molekülen. Die Unterschiede zwischen beiden Molekülen sind *farbig* hervorgehoben

Abb. 11.14 Der Initiationsfaktor eIF-2 wird durch Phosphorylierung/Dephosphorylierung reguliert. Der Elongationsfaktor eIF-2 ist ein G-Protein. Nach Beendigung der Positionierung der Starter-Aminoacyl-tRNA wird das gebundene GTP zu GDP hydrolysiert. Der Initiationsfaktor eIF-2B wirkt als Guaninnucleotid-Release-Faktor. Durch spezifische Proteinkinasen kann eIF-2 phosphoryliert werden. Es bindet dann wesentlich stärker an eIF-2B, so daß eine GTP-Anlagerung und damit Reaktivierung von eIF-2 unmöglich wird

Strukturanaloges eines Aminoacyl-Adenosin-Endes einer tRNA (Abb. 11.13) , weswegen es einen vorzeitigen Abbruch der Proteinbiosynthese auslöst.

11.1.5 Regulation der Proteinbiosynthese

Prinzipiell kann die Proteinbiosynthese auf der Ebene der Transkription sowie der Regulation der mRNA-Stabilität (S. 252) oder auf der Ebene der mRNA-Translation reguliert werden. Über die ersten beiden Aspekte der Regulation der Genexpression liegen zur Zeit viele Untersuchungen vor. Dagegen ist der dritte Aspekt, nämlich die Regulation der Proteinbiosynthese auf der Ebene der Translation weniger gut untersucht.

Eine Regulation ist auf der Ebene der Initiation der Proteinbiosynthese möglich. Hier steht der eukaryote Initiationsfaktor *eIF-2* im Mittelpunkt (Abb. 11.14). Dieses G-Protein ist für die Initiation der Proteinbiosynthese essentiell, da es die Starter-Aminoacyl-tRNA an die Startposition auf der mRNA dirigiert (s. o.). Während der Assemblierung zum funktionsfähigen Ribosom wird das an eIF-2 gebundene GTP zu GDP hydrolysiert. Zur Reaktivierung von eIF-2 wird ein Guaninnucleotid-Exchange-Faktor (GEF) benötigt, der auch als *eIF-2B* bezeichnet wird. Eine Reihe von Verbindungen aktivieren Kinasen, die spezifisch den Transkriptionsfaktor eIF-2 phosphorylieren. In dieser Form wird er von eIF-2B besonders fest gebunden und somit quasi aus dem Verkehr gezogen. Erst durch eine spezifische Phosphatase kann dieser Vorgang rückgängig gemacht werden. Eine Reihe von Faktoren greifen in das Gleichgewicht zwischen phosphoryliertem und nicht-phosphoryliertem eIF-2 ein:

- Häm hemmt die eIF-2-Kinase und erleichtert auf diese Weise die Reaktivierung von eIF-2. Dies erklärt die Aktivierung der Globinbiosynthese in Gegenwart von Häm in Reticulocyten.
- Interferone sind Zytokine, die als Antwort auf virale Infekte von verschiedenen Zellen produziert werden (S. 304). Sie hemmen die ribosomale Proteinbiosynthese und verhindern damit die Translation viraler Proteine. Ihr Mechanismus beruht auf einer Aktivierung der eIF-2-Kinase.
- Andere Bedingungen, die zu einer vermehrten Phosphorylierung von eIF-2 führen, sind Hitzeschock, Mangel an Wachstumsfaktoren oder Aminosäuren.

11.2 Das Problem der Raumstruktur von Proteinen

11.2.1 Proteinfaltung in vitro

Durch den Vorgang der ribosomalen Translation entsteht zunächst keineswegs ein funktionsfähiges Protein. Die neu synthetisierte Aminosäurekette muß noch die für jedes Protein spezifische und einmalige Raumstruktur oder Konformation einnehmen. Dieses Problem ist in keiner Weise trivial. Würde jede einzelne Konformationsmöglichkeit des Polypeptidrückgrats eines Proteins von nur 100 Aminosäuren auf seine Funktionsfähigkeit quasi getestet werden, so würde es wenigstens 10^{50} (!) Jahre dauern, bis die native, biologisch aktive Form dieses Proteins erreicht wird. Diese Überlegung deutet darauf hin, daß die Proteinfaltung zur korrekten Raumstruktur auf einem zielgerichteten Verfahren basieren muß.

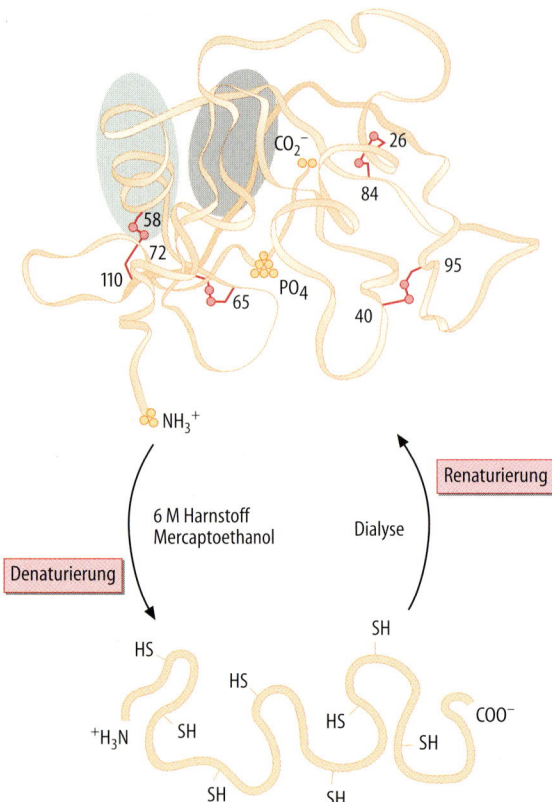

Abb. 11.15 Denaturierung und Renaturierung der Ribonuclease aus Pankreas. Das native Enzym mit den 4 Disulfidbrücken wird durch Behandlung mit einem Überschuß an Thiolen (z. B. Mercaptoethanol) in Gegenwart hoher Harnstoffkonzentrationen entfaltet und somit denaturiert. Nach Entfernung von Harnstoff und Mercaptoethanol durch Dialyse erreicht das Enzym wieder seine ursprüngliche Aktivität und Raumstruktur. Es ist renaturiert

Christian Anfinsen hat schon in den 50er Jahren dieses Problem experimentell angegangen. Er verwendete für seine Untersuchungen die **Pankreas-Ribonuclease.** Dieses Enzym besteht aus 124 Aminosäureresten und enthält vier Disulfidbindungen (Abb. 11.15). Im nativen, biologisch aktiven Enzym sind diese durchaus zwischen weit voneinander entfernten Cysteinylresten geknüpft so daß sich die komplizierte, für die RNAse typische Raumstruktur ergibt, die eine Voraussetzung für ihre biologische Aktivität ist. Anfinsen fand zunächst heraus, daß sich diese Disulfidbrücken durch Zugabe eines Reduktionsmittels lösen lassen und daß außerdem die Raumstruktur der RNase durch Zugabe von Harnstoff in hohen Konzentrationen zerstört werden kann. Nach einer derartigen Behandlung liegt die RNase in einer zufälligen Konformation vor und ist biologisch völlig inaktiv, also denaturiert. Entfernt man nun den Harnstoff und das Reduktionsmittel durch Dialyse, so faltet sich die Ribonuclease spontan in ihre ursprünglich biologisch aktive Konformation zurück. Unter dem Einfluß geringer Mengen eines Oxidationsmittels (meist genügt der in den Lösungs-mitteln gelöste Sauerstoff) werden die Disulfidbrücken wieder über die richtigen, ursprünglichen Cysteinylreste verknüpft und das Ribonucleaseprotein auf diese Weise in seiner Raumstruktur stabilisiert und somit renaturiert.

Dieses Experiment ist in der Tat verblüffend. Die Chance, daß sich die richtigen Disulfidbrücken durch einen reinen Zufallsprozeß finden, beträgt 1/105. Da die RNAse 8 Cysteinylreste hat, beträgt die Zufallschance für die richtige Knüpfung der ersten Disulfidbrücke 1/7, für die dann verbleibenden 1/5, 1/3 und 1/1. Die Wahrscheinlichkeit für die richtige Verknüpfung der acht Cysteinylreste zu Disulfidbrücken ist daher $1/7 \times 5 \times 3 \times 1 = 1/105$. Die einzige Erklärung für diesen Befund ist, daß bereits in der Primärstruktur, d. h. in der Aminosäuresequenz eines Proteins, die vollständige Information zur Ausbildung der korrekten und für das Protein einmaligen Raumstruktur liegt.

Seit diesen Untersuchungen von Anfinsen haben eine große Zahl von Experimenten eindeutig gezeigt, daß diese Annahme richtig ist. Viele Proteine, auch solche mit aufwendiger Raumstruktur oder gar mit Quartärstruktur lassen sich, meist unter einem gewissen Zeitaufwand in vitro aus einer durch Zugabe von Harnstoff oder ähnlich wirkenden Verbindungen hergestellten denaturierten Form renaturieren. Es ist jedoch außerordentlich schwierig, allgemein gültige Gesetze dieses spontan ablaufenden Vorgangs aufzustellen.

Eine attraktive Vorstellung geht von der Annahme aus, daß sich zunächst kleinere lokale Domänen des denaturierten Proteins zu definierten Strukturen falten und diese dann quasi als Keime für den anschließenden Faltungsprozeß des Gesamtproteins dienen. Ein wesentlicher Vorgang bei der Renaturierung ist dabei, daß hydrophobe Bestandteile der sich faltenden Proteinkette unter Ausschluß von Wasser in das Innere des sich bildenden Knäuels verlagert werden und dort beispielsweise die für viele Katalysevorgänge wichtigen hydrophoben Bezirke ausbilden. So lange diese hydrophoben Bezirke noch nach außen exponiert sind, besteht die große Gefahr, daß die sich bildenden Faltungsintermediate über diese hydrophoben Bezirke aggregieren und damit dem Faltungsvorgang entzogen werden. Tatsächlich ist die Proteinaggregation ein bei allen in vitro-Faltungsversuchen zu beobachtendes Phänomen. Aus diesem Grunde gelingt auch im allgemeinen die Proteinrenaturierung bei verdünnten Proteinlösungen wesentlich leichter als bei konzentrierten.

11.2.2 Proteinfaltung in vivo

Ungeachtet der Tatsache, daß im Vergleich zu den Verhältnissen in vitro die Bedingungen für die Proteinfaltung in vivo selten erfüllt sind, bleibt doch die Tatsache bestehen, daß in vivo die vollständige Raumstruktur eines Proteins längstens innerhalb weniger Minuten

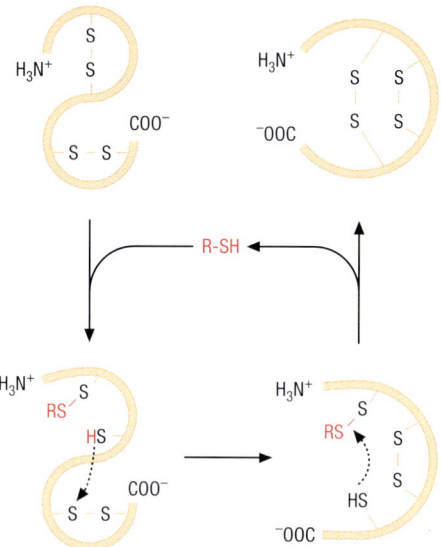

Abb. 11.16 Eine katalytisch wirksame Thiolgruppe R-SH katalysiert durch Ausbildung von gemischten Disulfiden Austauschreaktionen zwischen Disulfidbrücken innerhalb eines Proteins. Die Reaktionssequenz läuft so lange, bis die thermodynamisch stabilste Form des Proteins erreicht ist

nach seiner Synthese erreicht ist, während dies in vitro Zeiträume zwischen wenigen Sekunden und vielen Stunden bis Tagen in Anspruch nimmt. Daraus ist schon frühzeitig der Schluß gezogen worden, daß intracellulär eine Reihe von Hilfsmechanismen bzw. Hilfsproteinen vorhanden sein müssen, welche imstande sind, die Geschwindigkeit der Einstellung der durch die Primärstruktur eines Proteins vorgegebenen Raumstruktur katalytisch zu beschleunigen.

Proteindisulfidisomerasen katalysieren Disulfidaustauschreaktionen in Proteinen

Schon Christian Anfinsen hat beobachtet, daß sehr geringe Mengen an Thiolen wie beispielsweise **2-Mercaptoethanol** die Geschwindigkeit der Ausbildung der korrekten Disulfidbrücken bei der Renaturierung der Ribonuclease in vitro sehr deutlich beschleunigen kön-

nen. Der zugrundeliegende Mechanismus ist der in Abb. 11.16 dargestellte Mechanismus von **Disulfidaustauschreaktionen**. Die Thiolgruppe dient dabei zur Spaltung einer bereits vorhandenen „falschen" Disulfidbrücke eines Protein unter Bildung eines gemischten Disulfides. Dabei werden im Protein Thiolgruppen frei, die wiederum andere Disulfidbrücken spalten könne. Der Endzustand ist dann erreicht, wenn die thermodynamisch stabilste Form des Proteins vorliegt. In vivo übernimmt ein als **Proteindisulfid-Isomerase** (PDI) bezeichnetes Protein die Rolle des Thiols. Proteindisulfid-Isomerasen verfügen über wenigstens drei Cysteinylreste, von denen einer für die enzymatische Aktivität in der Thiolform vorliegen muß. PDI's kommen in außerordentlich vielen Zellen der unterschiedlichsten Organismen in hohen Konzentrationen vor, katalysieren zufällige Disulfidaustauschreaktionen und damit den Austausch der Disulfidbrücken in Proteinen. Die Bedeutung der PDIs wird durch den Befund unterstrichen, daß in Hefe Mutationen, die zum Verlust der PDI-Aktivität führen, letal sind.

Prolyl-cis-trans-Isomerasen katalysieren die Isomerisierung von Peptidyl-Prolyl-Bindungen

Im allgemeinen liegen in Proteinen nahezu 100 % aller Peptidbindungen in der trans-Konformation vor. Eine Ausnahme machen Prolyl-Peptidbindungen, die zu etwa 6 % in der cis-Konformation vorliegen (Abb. 11.17), was die Ausbildung sogenannter β-Schleifen ermöglicht. Für die rasche Einstellung des Gleichgewichts dieser Isomerie ist die Gruppe der **Prolyl-cis-trans-Isomerasen** (PPI's) verantwortlich. Überraschenderweise hat sich herausgestellt, daß die PPI's identisch sind mit den zur Gruppe der **Immunophiline** gehörenden **Cyclophiline**. Diese binden die zur Immunsuppression z. B. nach Transplantationen eingesetzten Cyclosporine (S. 1082) und hemmen in dieser Form die zur T-Zell-vermittelten Immunantwort gehörenden Reaktionen. Auch die PPI's sind ubiquitär in hoher Konzentration in den bisher untersuchten Zellen vorkommende Proteine, deren Ausschaltung durch entsprechende

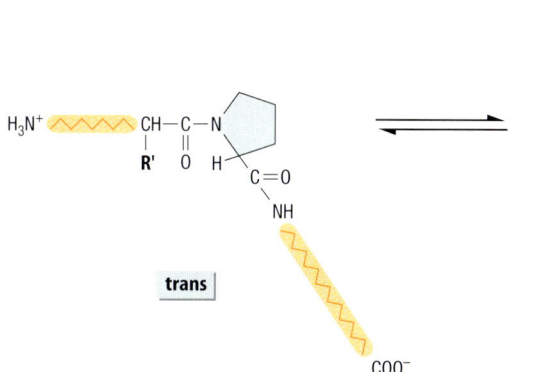

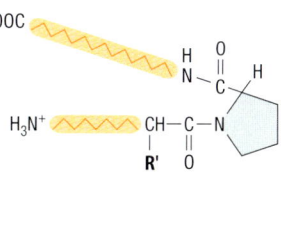

Abb. 11.17 Cis-trans-Isomerie bei Prolyl-Peptidbindungen in Proteinen. An der Ausbildung der Cis-trans-Isomerie ist der Imino-Stickstoff der Aminosäure Prolin beteiligt. (Einzelheiten s. Text)

Mutagenese eine Reihe von schwerwiegenden Störungen nach sich zieht.

Molekulare Chaperone sind die wichtigsten Katalysatoren der Proteinfaltung

Schon in den 60er Jahren wurde entdeckt, daß Larven der Fruchtfliege Drosophila einen neuartigen Satz von Proteinen synthetisieren, wenn sie bei supraphysiologischen Temperaturen gehalten werden. Später zeigte es sich, daß diese *Hitzeschock-Proteine* (Hsps; Tabelle 11.6) in homologer Form in pro- und eukaryoten Zellen vorkommen und daß ihre Synthese nicht nur durch Hitzeschock, sondern durch eine Reihe anderer Schädigungen ausgelöst werden kann. Allen genannten Zuständen ist gemeinsam, daß die Zahl nicht oder fehlerhaft gefalteter Proteine in einer Zelle zunimmt und daß dies auf noch vollständig unbekannte Weise die Synthese dieser Hitzeschock-Proteine auslöst.

Dieser Befund hat zur Hypothese geführt, daß Hitzeschock-Proteine, die ja auch unter normalen Temperaturbedingungen synthetisiert werden, physiologischerweise die Funktion haben, die Erreichung des nativen, korrekt gefalteten Zustands von Proteinen zu beschleunigen:

- Sie hemmen die Proteinaggregation während der Proteinfaltung,
- sie hemmen die Aggregation während der Entfaltung eines Proteins,
- sie beeinflussen die Ausbeute und Kinetik während der Proteinfaltung und
- wirken in nahezu stöchiometrischem Verhältnis zu den Proteinen.

Eine ihrer Hauptfunktionen ist damit also die Verhinderung unerwünschter, zur Aggregation führender Wechselbeziehungen zwischen Proteinen. Aus diesem Grund werden sie auch als *molekulare Chaperone* (*engl.* Chaperone: Anstandsdame) bezeichnet.

Abbildung 11.18 faßt beispielhaft einige Funktionen zusammen, die vom großen Hitzeschock-Protein Hsp90, das in großen Mengen in allen eukaryoten Zellen vorkommt, wahrgenommen werden. Es bindet beispielsweise zusammen mit einigen akzessorischen Proteinen ATP-abhängig neu synthetisierte Rezeptoren der Steroidhormongroßfamilie (S. 257) und hält sie in einer Konformation, die ihren Transport in den Zellkern und die dortige Assoziation mit entsprechenden DNA-Elementen verhindert. Erst nach Bindung des zugehörigen Hormons kommt es zur Entfernung der Hitzeschock-Proteine und der Hormon-Rezeptor-Komplex kann nun in den Kern transloziert werden und dort seine Funktion erfüllen. Hitzeschock-Proteine der Familie Hsp90 können mit Tyrosinkinasen wie dem oncogenen Virusprotein v-Src (S. 310) interagieren und bindet neu synthetisiertes v-Src so lange, bis das Protein nach Myristoylierung in der Plasmamembran verankert ist (S. 310). Die wichtigste Funktion für Hsp 90 besteht wahrscheinlich darin, daß es Bestandteil einer Chaperon-Maschinerie ist, in der Chaperone der Gruppe Hsp90, Hsp70, Hsp56 und andere Proteine eine übergeordnete Struktur bilden, an der neu synthetisierte oder durch unterschiedlichste Schädigungen in ihrer Konformation beeinträchtigte Proteine gebunden werden. Sie erlangen dadurch die Möglichkeit, sich in die native, biologisch aktive Form zu falten. Über die molekularen Mechanismen diese Vorgangs wird derzeit allerdings noch spekuliert. Aus Bakterien konnte

Tabelle 11.6 Hitzeschock-Proteine bei Pro- und Eukaryonten (Auswahl)

Familie	Organismus	Bezeichnung	Funktion
Hsp70	E. coli	DnaK	Erleichterung der Proteinfaltung; Proteinexport
	Hefe, Cytosol	Ssa1-4p	Stimulierung des Proteintransports in ER, Mitochondrien, Zellkern; bindet neu synthetisierte Proteine, stimuliert lysosomalen Abbau von Proteinen
	Mensch, Cytosol	Hsc73	
	Hefe, ER	Kar2P	Stimulierung des Proteintransports ins ER; bindet fehlgefaltete ER-Proteine
	Mensch, ER	BiP, Grp 78	
	Hefe, Mitochondrien	Ssc1p	Stimuliert Proteinimport in Mitochondrien
Hsp60	E. coli	GroEL	Zusammen mit GroES Proteinfaltung; stabilisiert Proteine bei Hitzeschock
	Hefe, Mitochondrien	Hsp60	Erleichtert Faltung frisch importierter Proteine
	Säuger, Mitochondrien	Hsp58	Erleichtert Faltung frisch importierter Proteine
Hsp90	E. coli	HtpG	Unbekannt
	Säuger, Cytosol	Hsp90	Bindet Steroidrezeptoren und andere Transkriptionsfaktoren, bindet Tyrosinkinasen; katalysiert die Faltung frisch synthetisierter Proteine

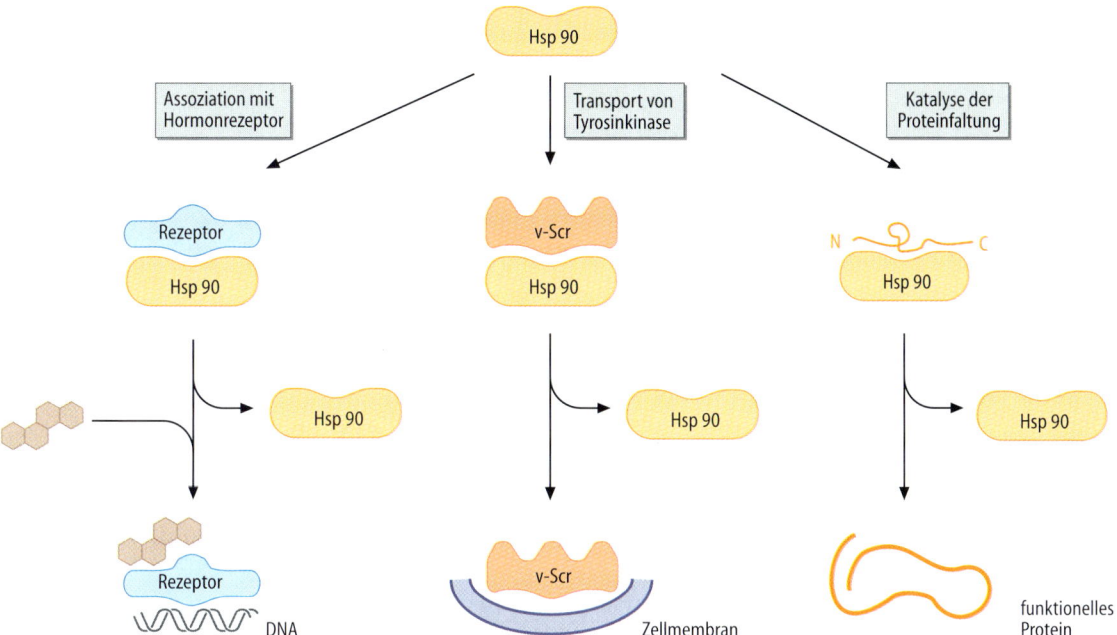

Abb. 11.18 Funktionen des Hitzeschock-Proteins Hsp90. Hsp90 kann zusammen mit anderen akzessorischen Proteinen vorübergehend Konformationen von Proteinen stabilisieren, die deren biologische Aktivität verhindern. Außerdem dient es als wichtiger Bestandteil eines Systems zur Katalyse der Faltung neu synthetisierter Proteine. (Einzelheiten s. Text)

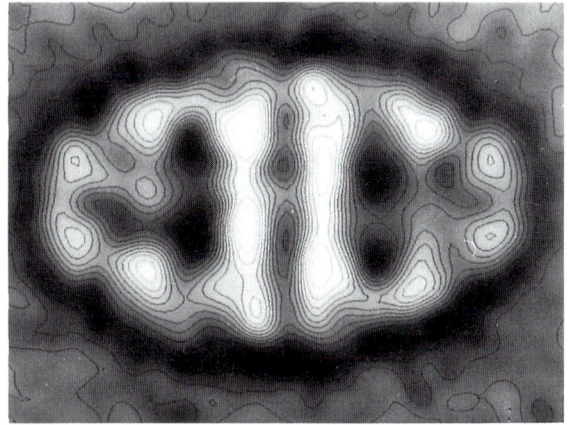

Abb. 11.19 Elektronenmikroskopische Aufnahme eines Chaperon-Partikels von E. coli, welches durch die beiden Proteine GroEL und GroES gebildet wird. GroEL und GroES bestehen aus 14 bzw. 7 Untereinheiten, der Komplex hat ein Molekulargewicht von ca. 900 kD und eine Dimension von 24 nm ×14 nm. [Die Aufnahme wurde freundlicherweise zur Verfügung gestellt von J. Buchner, Regensburg. (Nach Schmidt M. et al. (1994), Science 265, 656–659)]

inzwischen ein aus Hsps bestehendes Chaperon-Aggregat isoliert werden, das eine zylinderförmige Struktur bildet, an der die Proteinfaltung erleichtert wird (Abb. 11.19). Es gibt Anhaltspunkte dafür, daß sich ähnliche Strukturen auch in eukaryoten Zellen nachweisen lassen.

11.3 Co- und posttranslationale Modifikationen von Proteinen

Außerordentlich häufig geht gleichzeitig mit oder unmittelbar nach der Faltung der neu synthetisierten Proteine der Vorgang der *posttranslationalen Modifikation* einher. Er beinhaltet u. a. covalente Modifikationen der neu synthetisierten Proteine und damit auch diejenigen Vorgänge, die mit der Adressierung von Proteinen zu bestimmten zellulären Kompartimenten verknüpft sind.

11.3.1 Covalente Modifikationen der neu synthetisierten Proteine

Häufig werden neu synthetisierte Proteine covalent modifiziert (Tabelle 11.7). Unter der Modifikation durch *gezielte Proteolyse* versteht man zunächst jedwede Art der proteolytischen Modifikation des neu synthetisierten Proteins. Sehr häufig betrifft dies nur Änderungen am Amino- bzw. Carboxyterminus der Proteine. So müßten beispielsweise theoretisch alle Proteine als N-terminale Aminosäure einen Methioninrest haben. Tatsächlich kommen jedoch sehr häufig andere Aminosäuren vor. Dies bedeutet, daß der Methioninrest proteolytisch abgetrennt werden muß. Ähnliche Modifikationen finden sich auch am Carboxyl-Terminus, wo auch die Peptidkette durch gezielte Proteolyse verkürzt werden kann.

Modifikation	Mechanismus
Proteolyse	Entfernung von C- bzw. N-terminalen Aminosäuren; Entfernung von Signalpeptiden; proteolytische Spaltung von Präkursorproteinen
Glykosylierung	N- bzw. O-glykosidische Verknüpfung mit Kohlenhydratseitenketten
Anheftung von Lipidankern	Verknüpfung des Proteins mit Myristoyl- oder Farnesylresten, Übertragung auf einen Phosphatidylinosit-Anker
Modifikation einzelner Aminosäurereste	Acetylierung, Carboxylierung, Hydroxylierung, Phosphorylierung, Sulfatierung

Für immer mehr Proteine wird nachgewiesen, daß sie aus einem wesentlich größeren Präkursor durch gezielte Proteolyse quasi herausgeschnitten werden müssen. Ein Paradebeispiel hierfür ist das **Proopiomelanocortin** (Abb. 33.20). Dieses in der Hypophyse und bestimmten hypothalamischen Arealen synthetisierte Protein mit einem Molekulargewicht von etwa 30 kD enthält in seiner Sequenz die Peptidhormone

- ACTH (S. 828),
- Melanocyten-stimulierendes Hormon in verschiedenen Isoformen (S. 817),
- Endorphine (S. 990) und
- Enkephalin.

Jede der in der Abbildung dargestellten Spaltstellen muß durch eine sequenzspezifische Protease zur Her-

stellung der genannten Hormone gespalten werden. Auch bei der Adressierung von Proteinen spielen proteolytische Vorgänge eine große Rolle (s. u.).

Außer der proteolytischen Modifikation von Proteinen können einzelne Aminosäuren *modifiziert* werden. Hierzu gehört die bei etwa 40 % aller Proteine zu beobachtende **Acetylierung** des Aminoterminus. Bei Membranproteinen und sezernierten Proteinen werden häufig Kohlenhydratseitenketten an die Aminosäuren Serin, Threonin (O-glykosidisch) bzw. Asparagin (N-glykosidisch) geknüpft (S. 400). Auf diese Weise entsteht die Gruppe der **Glykoproteine**, deren Biosynthese ausführlich in Kapitel 15 dargestellt ist. Prolin- und Lysinreste können **hydroxyliert** werden (S. 740), Serin-, Threonin- und Tyrosinreste können ATP-abhängig **phosphoryliert** werden, was meist mit einer Änderung der biologischen Aktivität des jeweiligen Proteins einhergeht.

Bei vielen Membranproteinen erfolgt die Verankerung in der Lipidphase der Membran durch eine hydrophobe α-Helix. Andere Proteine verankern sich dagegen in der Membran durch covalente Modifikation mit lipophilen Verbindungen. So sind eine Reihe von Membranproteinen über eine covalent an einen Cysteinylrest geknüpfte **Farnesylgruppe** in der Membran verankert (Abb. 11.20). Ähnlich wirken **Myristyl-Reste,** die durch Ausbildung einer Amid-Bindung zwischen der N-terminalen Aminogruppe und der Fettsäure covalent mit dem Protein verknüpft sind und es in der Lipiddoppelschicht fixieren. Eine ähnliche Rolle übernimmt der **Phosphatidylinosit-Anker**, dessen Zusammensetzung auf S. 140 beschrieben ist.

Andere Modifikationen beinhalten die Anheftung von zusätzlichen Carboxylgruppen wie beispielsweise im *γ-Carboxyglutamat* (S. 661) oder die covalente Verknüpfung eines Proteins mit Coenzymen, beispielsweise mit **Biotin** (S. 670).

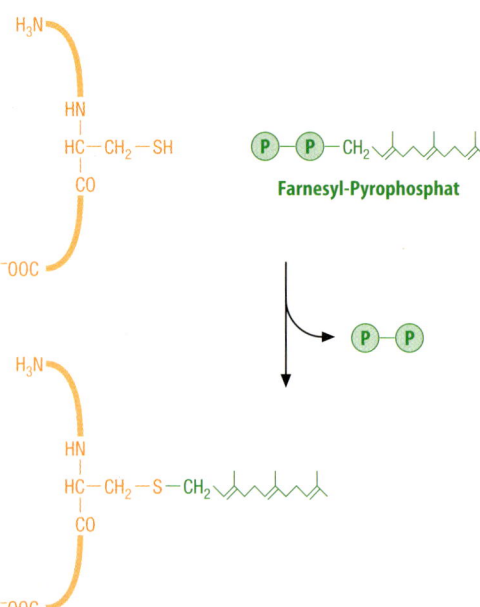

Abb. 11.20 Mechanismus der Farnesylierung von Proteinen. Durch die covalente Anheftung einer Farnesylgruppe an Cysteinylreste von Proteinen entsteht eine große hydrophobe Gruppe, die das Protein in der Membran verankert. (Einzelheiten s. Text)

11.3.2 Adressierung von Proteinen

Die durch die ribosomale Proteinbiosynthese entstandenen Proteine befinden sich entweder im Cytosol, oder werden auf verschiedene zelluläre Kompartimente wie Mitochondrien, Lysosomen, Sekretvesikel verteilt oder als Membranproteine in die Plasmamembran eingebaut. Dies bedeutet, daß synthetisierte Proteine in irgendeiner Form mit einer *Adresse* versehen werden müssen, die ihre zelluläre Verteilung in die für sie vorgesehenen Kompartimente ermöglicht.

Ribosomen des rauhen endoplasmatischen Reticulums synthetisieren lysosomale Proteine, Membranproteine und Sekretproteine

70 % der Ribosomen einer Zelle erscheinen im elektronenmikroskopischen Bild an die Membranen des *endoplasmatischen Reticulums* gebunden und bilden somit das rauhe endoplasmatische Reticulum (RER) (Abb. 11.1, S. 266). Wie man heute weiß, sind sie für die Synthese von Proteinen verantwortlich, die in *Lysosomen, Sekretvesikeln* oder in der *Cytoplasmamembran* lokalisiert werden müssen. Dies setzt natürlich einen hochspezifischen und selektiven Erkennungsmechanismus für die jeweiligen mRNA-Moleküle voraus. Der Mechanismus, über den diese Erkennung abläuft, ist von George Palade und Günter Blobel entdeckt und genau beschrieben worden. Er ist in Abb. 11.21 dargestellt. Ausgangspunkt ist der Befund, daß die mRNA für alle Proteine, die durch membrangebundene Ribosomen synthetisiert werden müssen, für eine N-terminale Signalsequenz codiert. Die Länge dieser Signalsequenzen variiert von Protein zu Protein, jedoch enthalten sie immer eine Abfolge *hydrophober Aminosäuren* (10–15 Reste), einige *positiv geladene Aminosäuren* N-terminal und

eine kurze Sequenz *polarer Aminosäuren* in der Nähe der Spaltstelle. mRNA-Moleküle mit dieser Sequenz werden genau wie andere mRNA-Moleküle zunächst von cytosolischen Ribosomen gebunden, an denen auch die Translation der mRNA beginnt. Sobald die Signalsequenz synthetisiert ist und quasi aus dem Ribosom hervorschaut, wird sie an ein Ribonucleoproteinpartikel gebunden, das als *SRP* bezeichnet wird (SRP = *engl.* signal recognition particle). Das SRP bindet sehr fest an das Ribosom und blockiert zunächst die weitere Translation der gebundenen mRNA. Auf der Oberfläche des endoplasmatischen Reticulums befindet sich ein *SRP-Rezeptor*, welcher das SRP-beladene Ribosom bindet und auf diese Weise an die Membran des ER andockt. Dadurch kommt das Ribosom in die Nähe eines spezifischen Ribosomenrezeptors der ER-Membran, welcher auch als *Translokon* bezeichnet wird. Er bildet wahrscheinlich einen wäßrigen Kanal, durch den der bereits synthetisierte Bereich des Proteins gefädelt wird, wobei gleichzeitig die Bindung des Ribosoms an das SRP gelöst wird. Im Inneren des ER befindet sich eine *Signalpeptidase*, die spezifisch noch während der Translation das Signalpeptid abtrennt. Lysosomale und Sekretproteine werden direkt in das Lumen des ER synthetisiert, Transmembranproteine bleiben mit ihrer Transmembranhelix in der ER-Membran stecken.

In den Membranen des endoplasmatischen Reticulums sowie im Golgi-Apparat erfolgt anschließend die weitere Prozessierung derartiger Proteine, die überwiegend in der Anheftung zum Teil sehr komplexer Kohlenhydratstrukturen besteht und im einzelnen in Kapitel 15 besprochen ist.

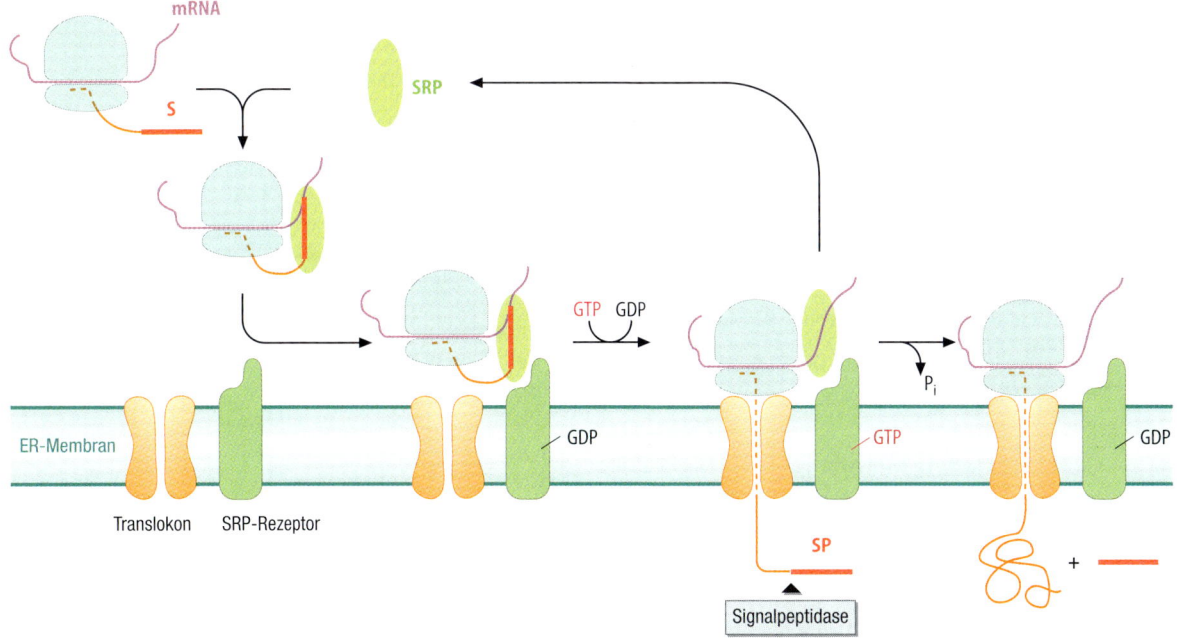

Abb. 11.21 Mechanismus der Signalpeptid-abhängigen Assoziation von Ribosomen an das endoplasmatische Reticulum und Import der Proteine in das Schlauchwerk des ER. *S* Signalsequenz; *SRP* signal recognition particle; *SP* Signalpeptidase. (Einzelheiten s. Text)

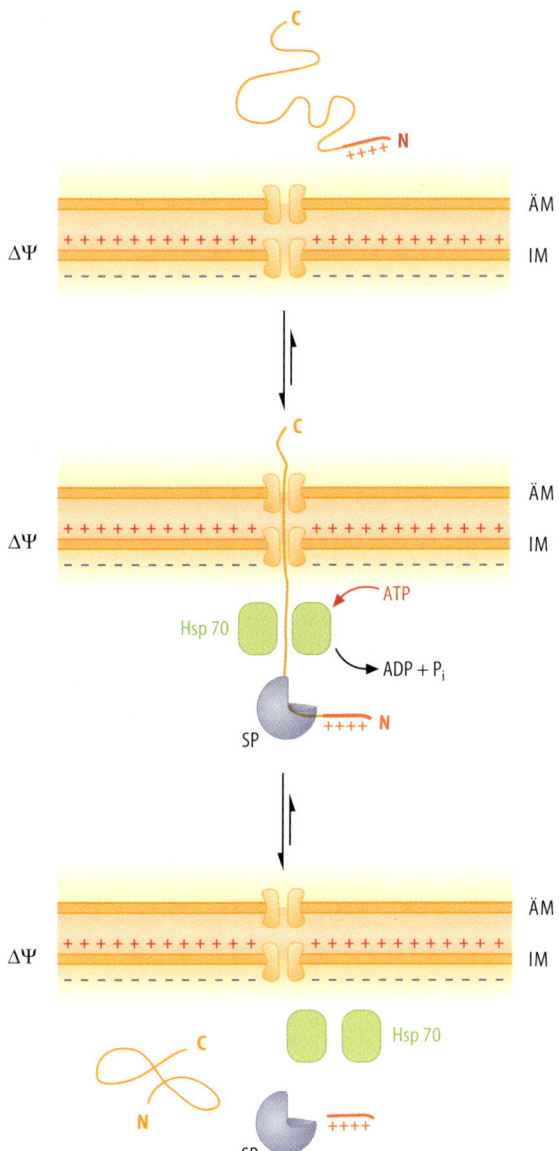

Abb. 11.22 Import von im Cytosol synthetisierten Proteinen in den Matrixraum von Mitochondrien. Cytosolisch synthetisierte Proteine können nur in denaturierter Form in den Matrixraum transportiert werden. Hierfür ist neben dem Hitzeschock-Protein Hsp 70 auch eine positiv geladene Signalsequenz notwendig. Die Triebkraft für die Translokation entstammt der Potentialdifferenz über der inneren Mitochondrienmembran sowie der ATP-Hydrolyse. *ÄM* äußere Mitochondrienmembran; *IM* innere Mitochondrienmembran; *Hsp 70* Hitzeschockprotein; *SP* Signalpeptidase. (Einzelheiten s. Text)

Nur entfaltete Matrixproteine werden durch die innere Mitochondrienmembran transloziert

Ein vollständig andersartiger Mechanismus findet sich bei Proteinen, welche zwar im Kern codiert werden, jedoch in den Matrixraum der Mitochondrien transloziert werden müssen. Abbildung 11.22 stellt schematisch die hierbei ablaufenden Vorgänge dar. Entscheidend für ihr Verständnis ist, daß offensichtlich korrekt

gefaltete Proteine nicht mehr durch Membranen transloziert werden können. Aus diesem Grund werden durch cytosolische Ribosomen synthetisierte mitochondriale Matrixproteine wahrscheinlich zunächst durch Assoziation an das cytosolische Chaperon Hsp70 in einem partiell entfalteten Zustand gehalten. Sie verfügen ebenfalls über eine Signalsequenz, die jedoch überwiegend aus positiv geladenen Aminosäureresten besteht. Diese wird an der äußeren Mitochondrienmembran durch entsprechende Rezeptoren gebunden und danach in den Matrixraum transloziert. Hierfür ist die Potentialdifferenz über der inneren Mitochondrienmembran wichtig, die zur Erleichterung der unidirektionalen Translokation der positiv geladenen Signalsequenz des Proteins durch entsprechende Poren der inneren Mitochondrienmembran in den Matrixraum beiträgt. In einem ATP-abhängigen Vorgang bindet dann die Signalsequenz an ein mitochondriales Hsp70. Nach Abtrennung der Signalsequenz durch eine entsprechende Peptidase kommt es dann unter weiterer Beteiligung des mitochondrialen Hsp70 und zusätzlicher akzessorischer Proteine zur korrekten Faltung des Proteins, dessen Export aus der mitochondrialen Matrix damit verhindert wird.

11.4 Abbau von Proteinen

Der tägliche Umsatz an Proteinen ist beträchtlich und beträgt beim Menschen etwa 300 g/24 h (S. 522). So lange ein Organismus sich im Stickstoffgleichgewicht befindet, stehen den Vorgängen der Proteinbiosynthese entsprechende *proteolytische Prozesse* gegenüber. Diese werden durch eine große Zahl unterschiedlicher Proteasen katalysiert.

Es ist sicher, daß die Proteolyse an die jeweiligen Bedürfnisse des Organismus angepaßt und damit sehr genau reguliert ist, allerdings ist über die zugrundeliegenden Mechanismen noch nicht allzuviel bekannt.

11.4.1 Die Proteasen

In eukaryoten Zellen läßt sich eine große Zahl unterschiedlicher Proteasen (Proteinasen) mit den verschiedensten Funktionen nachweisen. Vom Angriffsort her unterscheidet man *Exopeptidasen* und *Endopeptidasen*. Exopeptidasen zeichnen sich dadurch aus, daß sie Aminosäurereste vom Ende einer Peptidkette her abspalten. Aus diesem Grund unterscheidet man *Carboxy-* bzw. *Aminopeptidasen*. Endopeptidasen dagegen spalten an Stellen innerhalb einer Peptidkette, wobei häufig eine hohe Spezifität bezüglich der Aminosäurereste besteht, die die zu spaltende Peptidbindung ausmachen (S. 97). Von ihrer physiologischen Bedeutung her kann man *extrazelluläre* und *intrazelluläre Proteasen* (Peptidasen) unterscheiden (Tabelle 11.8).

Tabelle 11.8 Beispiele für extra- und intrazelluläre Proteasen

Extrazelluläre Proteasen	Verdauungsproteasen, z. B. Trypsin, Chymotrypsin, Aminopeptidase, Carboxypeptidase, Pepsin u. a.; Proteinasen der Blutgerinnung, der Fibrinolyse, des Komplementsystems; Matrix-Metalloproteasen
Intrazelluläre Proteasen	Signalpeptidasen; Cathepsin B, D der Lysosomen multikatalytische cytosolische Protease (Proteasom)

Die *extrazellulären, sezernierten Proteasen* sind im tierischen Organismus zunächst die Proteasen des Verdauungstraktes, die dort für die hydrolytische Spaltung der Nahrungsproteine sorgen (S.1000). In der extrazellulären Flüssigkeit finden sich zusätzlich Proteasen mit sehr spezifischen Funktionen. Zu solchen gehören die Proteasen des Blutgerinnungssystems, des Komplementsystems und des fibrinolytischen Systems (S.926, 929, 1078). Extrazelluläre Proteasen sind auch die für die Kininproduktion verantwortlichen Kallikreine (S.1027) und eine Reihe von Metallo- und Serinproteasen, die von vielen Zellen sezerniert werden und für den ständigen Umsatz der extrazellulären Matrix sorgen. Hierzu gehören u.a. die verschiedenen Isoformen der Kollagenase (S.43). Zum Teil werden die Aktivitäten dieser Proteasen durch limitierte Proteolyse freigesetzt (S.116), zum Teil auch durch eine Reihe sehr aktiver Proteaseinhibitoren gehemmt, deren Bedeutung u.a. in Kapitel 26 besprochen wird.

Intrazelluläre Proteasen sind in den verschiedensten zellulären Kompartimenten zu finden und erfüllen hier eine Vielzahl unterschiedlicher Aufgaben. So spalten die Signalpeptidasen spezifisch als Adressen verwendete Signalpeptide (S.283) von Proteinen ab, andere Peptidasen spalten Proteinpräkursoren an spezifischen Stellen zu den entsprechenden funktionellen Proteinen. In den Lysosomen finden sich Proteasen mit pH-Optima im schwach sauren, die Cathepsine B und D. Sie sorgen für den Abbau von Proteinmaterial, das sich in sekundären Lysosomen (S.190) befindet. Im cytosolisch lokalisierten Proteasom (s.u.) findet sich schließlich eine unspezifische Protease, welche den vollständigen Abbau von Proteinen zu den einzelnen Aminosäuren katalysieren kann.

11.4.2 Das ATP-abhängige proteolytische System

In allen eukaryoten Zellen findet sich ein ATP-abhängiges proteolytisches System. Es ist im Cytosol lokalisiert und für den Umsatz normaler Proteine und den bevorzugten Abbau von falsch synthetisierten oder durch die unterschiedlichsten Vorgänge geschädigten Proteine verantwortlich. Diese müssen zunächst markiert und danach dem proteolytischen Abbau zugeführt werden.

Zum Abbau vorgesehene Proteine werden mit Ubiquitin markiert

Die *Ubiquitierung* von Proteinen markiert diese für den anschließenden Abbau. Abbildung 11.23 stellt die einzelnen Phasen dieses Vorgangs dar. Ubiquitin ist ein relativ kleines, aus 76 Aminosäureresten bestehendes Protein, das in der Evolution sehr hoch konserviert ist. Es ist imstande, mit Lysylresten von Proteinen Isopeptidbindungen einzugehen und diese so zu markieren. Der erste Schritt im Ubiquitierungscyclus besteht darin, daß zunächst das C-terminale Glycin mit ATP aktiviert wird, so daß ein Acyl-AMP-Ubiquitin entsteht. Mit Hilfe des Ubiquitin-aktivierenden Enzyms (E1) entsteht ein über einen Thioester verknüpftes covalentes Zwischenprodukt aus Ubiquitin und E1. Von ihm aus wird der Ubiquitinrest auf das Ubiquitincarrier-Protein E2 übertragen, wobei wiederum ein Thioester entsteht. Ubiquitin-Proteinligasen katalysieren schließlich die Übertragung des Ubiquitinrestes auf ε-Aminogruppen von Lysylresten der jeweiligen Akzeptorproteine. Gelegentlich bilden sich dabei Ketten von Ubiquitinresten aus, wobei jeweils die Endgruppe des neu hinzutretenden Ubiquitinmoleküls mit der Aminogruppe eines Lysylrestes im bereits vorhandenen Ubiquitin reagiert.

Ubiquitin-markierte Proteine werden im Proteasom abgebaut

Proteasomen wurden als Proteinpartikel einer Größe von 17 × 11 nm bereits vor 25 Jahren in menschlichen

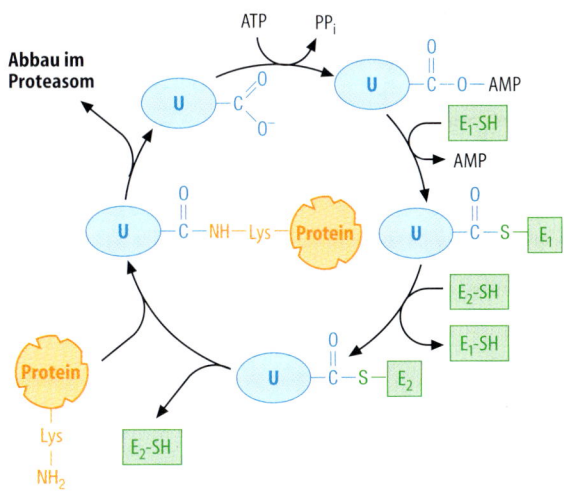

Abb. 11.23 Mechanismus der Ubiquitierung von Proteinen. In dem dargestellten Ubiquitierungscyclus wird der Ubiquitin-Rest als Thioester über die Transferproteine E1 und E2 auf das Substrat übertragen. Über die Natur der Erkennungssignale zur Ubiquitierung ist noch nicht viel bekannt. (Einzelheiten s.Text)

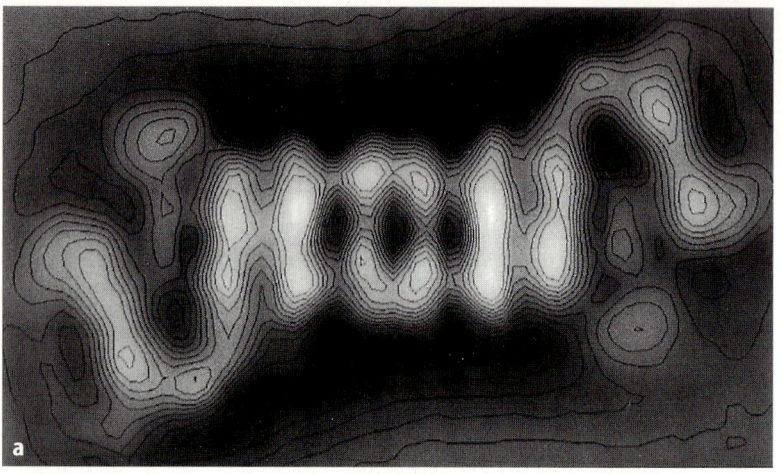

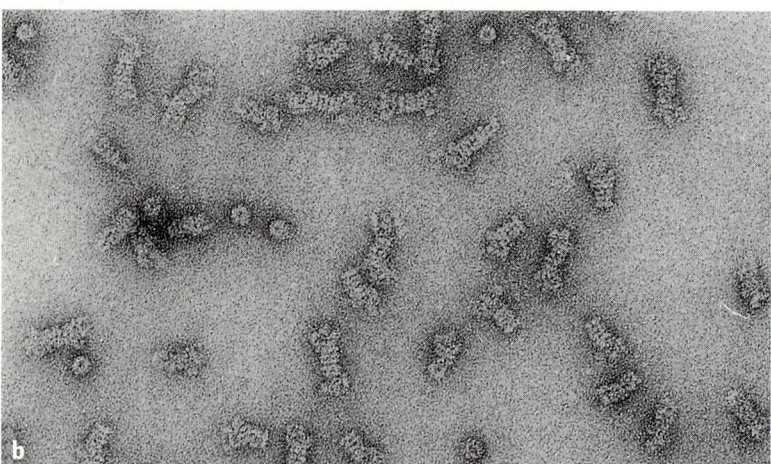

Abb. 11.24 a, b Das 26S-Proteasom. **a** Das 26S-Proteasom besteht aus dem 20S-Proteasomencore mit vier ringförmigen Untereinheiten, die ein zylinderförmiges Gebilde bilden. An den beiden Enden des Zylinders sitzen jeweils wie eine Kappe zwei weitere Untereinheiten. Das gesamte Proteasom ist 44 nm lang und 19 nm breit. **b** Elektronenmikroskopische Aufnahme von 26S-Proteasomen aus Oocyten von Xenopus laevis. (Aufnahmen freundlicherweise zur Verfügung gestellt von Wolfgang Baumeister und Zdenka Cejka, Max Planck Institut für Biochemie, Martinsried)

Erythrocyten entdeckt und später auch im Cytosol und Kern vieler eukaryoter Zellen nachgewiesen. Die Grundstruktur von Proteasomen hat eine Sedimentationskonstante von 20 S und besteht aus vier zylindrischen Ringen, die aus 12–15 unterschiedlichen Polypeptiduntereinheiten aufgebaut sind. Dieses 20 S-Proteasom enthält als wesentlichen Bestandteil die sogenannte *multikatalytische Proteinase*. Diese zeichnet sich durch die ungewöhnliche Eigenschaft aus, daß sie Peptidbindungen nach basischen, hydrophoben und sauren Aminosäuren spalten kann. Dabei besteht keine klare Spezifität in bezug auf das Proteinsubstrat, der Abbau von Proteinen und Peptiden ist ATP-unabhängig.

Das 20 S-Proteasom ist Teil eines wesentlich größeren 26 S Proteasoms, welches in Abb. 11.24 dargestellt ist. Es enthält zusätzlich zum 20 S-Komplex weitere Peptide, die jeweils eine Art Kappenstruktur auf dem 20 S-Zylinder bilden. Die Proteolyse durch das 26 S-Proteasom setzt die Markierung der abzubauenden Proteine mit Ubiquitin voraus, außerdem ist sie ATP-abhängig.

Ubiquitierte Proteine, welche im Proteasom abgebaut werden, sind z. B. fehlgefaltete oder durch oxidative Einflüsse beschädigte Proteine. Viele Proteine haben außerordentlich hohe Umsatzraten wie beispielsweise das Tumorsuppressorprotein p53 oder der Transkriptionsfaktor cMyc. Sie werden vom Ubiquitinsystem erkannt und somit dem Abbau zugeführt.

RESÜMEE Für die Proteinbiosynthese werden außer den ribosomalen Untereinheiten mRNA, Aminoacyl-tRNA, GTP und eine Reihe von Initiations-, Elongations- und Terminationsfaktoren benötigt. Die Assemblierung eines funktionellen Ribosoms hängt von der Anwesenheit der Starter-Aminoacyl-tRNA, der mRNA, des eukaryoten Initiationsfaktors 2 und GTP ab. Der dabei entstehende Initiationskomplex trägt die Starter-Aminoacyl-tRNA auf der Peptidylstelle und lagert während der Elongation auf der Aminoacyl-Stelle die nächstfolgende Aminoacyl-tRNA an, wobei das auf das Startcodon folgende Codon für die Auswahl der Aminoacyl-RNA verantwortlich ist. Nach dem Peptidyltransfer erfolgt ein Translokationsschritt, so daß das jetzt vorhandene Dipeptid auf der Peptidyl-Stelle lokalisiert, die Aminoacyl-Stelle frei und die mRNA um eine Position weitergerückt ist. Derartige Elongationscyclen, die von der Anwesenheit entsprechender Elongationsfaktoren abhängen, wiederholen sich, bis ein Stop-Codon auf der mRNA erscheint, welches die Bindung von Freisetzungsfaktoren auslöst und den Prozeß der Biosynthese abbricht. Eine Regulation der Proteinbiosynthese erfolgt auf der Stufe der Initiation durch Phosphorylierung des eukaryoten Initiationsfaktors II, der dadurch funktionell ausgeschaltet wird. Nach ihrer Biosynthese müssen Proteine ihre native Konformation erhalten. Die Information für diesen Vorgang liegt in der Primärstruktur der synthetisierten Proteine, jedoch erfordern die intrazellulär herrschenden Bedingungen die Anwesenheit von Faktoren, die die Faltung katalysieren können. Eine wichtige Rolle spielen dabei die als Chaperone bezeichneten Hitzeschock-Proteine.

Posttranslationale Modifikationen beinhalten proteolytische Modifikationen, Anheftung von Kohlenhydrat- oder Lipidseitenketten und die Translokation in entsprechende zelluläre Kompartimente. Proteine, die in Lysosomen verpackt, sezerniert oder in Membranen inseriert werden, werden dabei in das Schlauchsystem des endoplasmatischen Reticulums eingeschleust, mitochondriale Proteine durch spezifische, wiederum von Hitzeschock-Proteinen abhängige Translokationsschritte in den Matrixraum importiert.

Ein wichtiger Aspekt des Proteinstoffwechsels ist die Tatsache, daß Proteine von einer großen Zahl unterschiedlicher Proteasen angegriffen werden können. Proteasen sind beteiligt an der intestinalen Proteinverdauung, am lysosomalen Abbau intracellulärer Proteine, am cytoplasmatischen Proteinabbau durch Proteasomen und schließlich an der Modifikation von Proteinen. Zu diesem Aspekt gehören die Aktivierung von Proteinen durch limitierte Proteolyse, wie sie beispielsweise bei der Blutgerinnung oder der Fibrinolyse stattfinden. Eine andere Funktion hat die Abspaltung der Signalpeptide durch Signalpeptidasen, die für viele Proteine erst die Entwicklung der korrekten Raumstruktur ermöglicht.

Literatur

Monographien und Lehrbücher

WILK S (guest editor) (1993) Proteasomes: Multicatalytic proteinase complexes. In : Enzyme & Protein, Vol 47, No. 4–6

Original- und Übersichtsarbeiten

ALTMANN M, TRACHSEL H (1993) Regulation of translation initiation and modulation of cellular physiology. TIBS 18, 429–432

CIECHANOVER A, SCHWARTZ AL (1994) The ubiquitin-mediated proteolytic pathway: mechanism of recognition of the proteolytic substrate and involvement in the degradation of native cellular proteins. FASEB J 8, 182–1991

DALBEY RE, HEIJNE G (1992) Signal peptidases in prokaryotes and eukaryotes – a new protease family. TIBS 17, 474–478

FRUMAN DA, BURAKOFF SJ, BIERER BE (1994) Immunophilins in protein folding and immunosuppression. FASEB J 8, 391–400

GEORGOPOULOS C, WELCH WJ (1993) Role of the major heat shock proteins as molecular chaperones. Annu Rev Cell Biol 9, 601–634

HENDRICK JP, HARTL FU (1993) Molecular chaperone functions of heat shock proteins. Annu Rev Biochem 62, 349–384

JAENICKE R, BUCHNER J (1993) Protein folding: from unboiling an egg to catalysis of folding. Chemtracts – Biochemistry and molecular Biology 4, 1–30

JAENICKE R (1995) Folding and association versus misfolding and aggregation of proteins. Phil Trans R Soc Lond. B 348, 97–105

KOZAK M (1992) Regulation of translation in eukaryotic systems. Annu Rev Cell Biol 8, 197–225

PETERS JM (1994) Proteasomes: Protein degradation machines of the cell. TIBS 19, 377–382

STUART RA, CYR DM, CRAIG EA, NEUPERT W (1994) Mitochondrial molecular chaperones: their role in protein translocation. TIBS 19, 87–92

TROWBRIDGE IS, COLLAWN JF, HOPKINS CR (1993) Signal dependent membrane trafficking in the endocytic pathway. Annu Rev Cell Biol 9, 129–161

WALTER P, JOHNSON AE (1994) Signal sequence recognition and protein targeting to the endoplasmic reticulum membrane. Annu Rev Cell Biol 10, 87–119

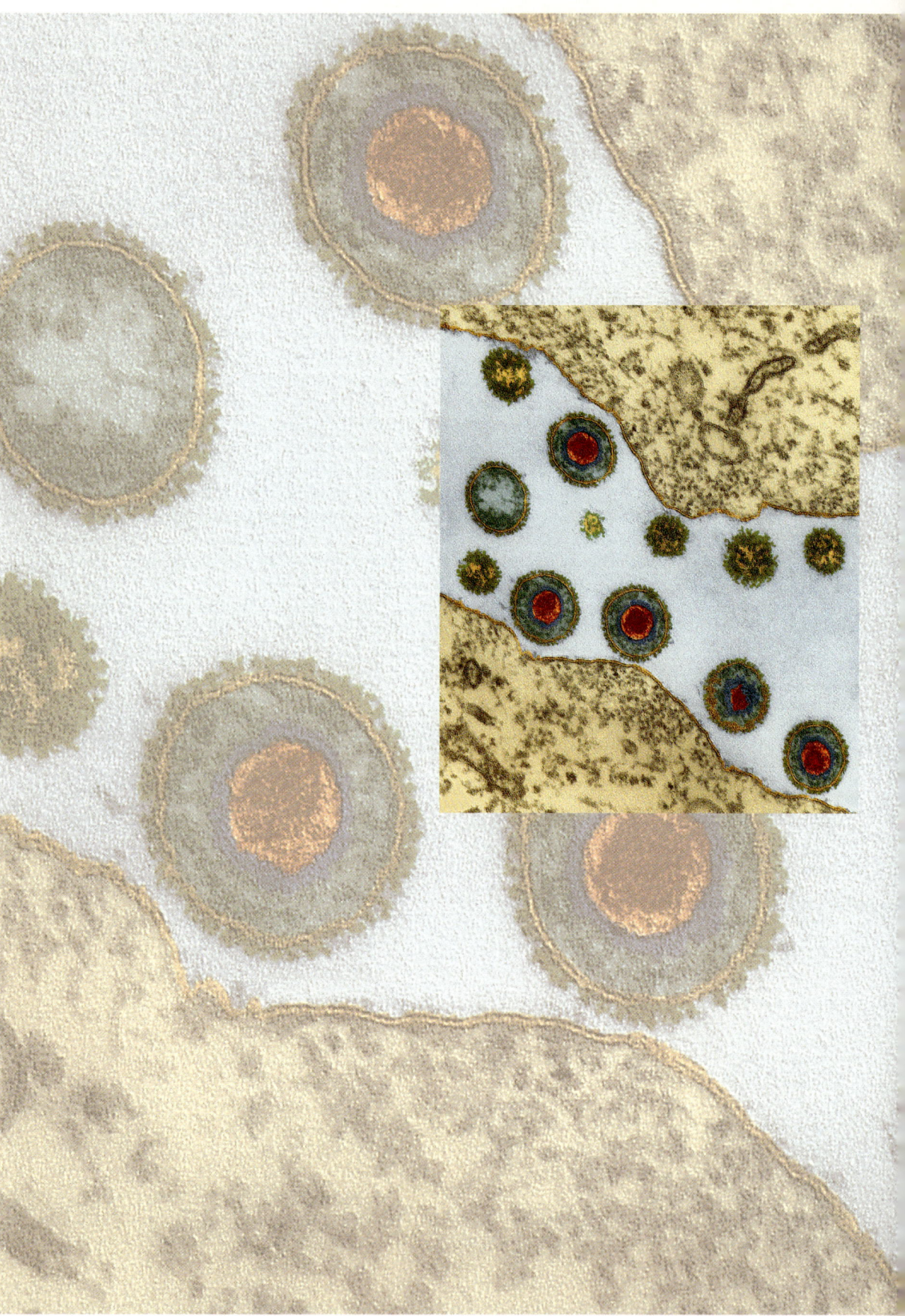

Viren

Viren sind hochmolekulare Strukturen, die vorwiegend aus Nucleinsäuren und Proteinen bestehen. Sie verursachen Infektionen wie Grippe, Mumps, Windpocken, Kinderlähmung, Hepatitis oder die Immunschwäche AIDS und sind auch an der Entstehung von Krebserkrankungen beim Menschen beteiligt.

Im Gegensatz zu Bakterien besitzen Viren keinen eigenen Stoffwechsel, sondern bedienen sich vorhandener Stoffwechselsysteme der Wirtszelle. Da Viren für ihre Fortpflanzung lediglich ihre eigene genetische Information bereitstellen, sonst aber auf Wirtszellen angewiesen sind, die die Energie, den Syntheseapparat sowie niedermolekulare Baubestandteile zur Verfügung stellen, werden sie auch als „vagabundierende Gene" bezeichnet. Diese Eigenschaften der Viren werden in der Gentherapie (Kapitel 13) genutzt, mit der Gendefekte bei Patienten mit bestimmten Viren behandelt werden, in die das dem Patienten fehlende Gen eingebaut worden ist.

Das Auftreten des Rinderwahnsinns hat auch die übertragbaren, spongiformen Encephalopathien (langsam verlaufende Hirnerkrankungen) in das öffentliche Interesse gerückt. Diese wegen ihres langsamen Verlaufes früher auch als Slow Virus-Erkrankungen bezeichneten Encephalopathien zeichnen sich beim Menschen durch Störungen der Gehirnfunktion (Gang- und Koordinationsunsicherheit, Schlafstörungen, Verwirrtheitszustände) aus. Das ursächlich verantwortliche Agens wird als Prion (proteinaceous infectious agent) bezeichnet. Diese Bezeichnung wurde deshalb gewählt, weil es trotz intensiver Suche nicht gelungen ist, Viren eindeutig als Ursache dieser Erkrankungen zu identifizieren.

Ein wichtiger Teil im Vermehrungscyclus der Viren – auch des hier dargestellten Herpes-Virus – ist deren Assoziation mit spezifischen Rezeptoren auf der Plasmamembran der Wirtszellen.
(Bild: O. Meckes, eye of science, Reutlingen)

12.1 Aufbau der Viren

Viren bestehen aus einer Nucleinsäure, die von symmetrisch angeordneten Proteinen eingehüllt wird

Der aus *RNA* (RNA-Viren) oder *DNA* (DNA-Viren) bestehende Kern (Nucleus) des Virus, der die genetische Information trägt, wird von einer Proteinhülle, dem *Capsid,* umgeben. Dieses aus den einzelnen *Capsomeren* (Untereinheiten) aufgebaute Nucleocapsid stellt das Architekturprinzip aller Virusarten dar (Abb. 12.1). Es werden Capside mit morphologisch faßbaren Capsomeren, die in Form eines geometrischen Körpers mit den Symmetrieverhältnissen eines Ikosaeders (= *griech.* Zwanzigflächner) angeordnet sind (isometrische Nucleocapsidsymmetrie) von Capsiden ohne morphologisch faßbare Capsomere unterschieden, bei denen Proteinbausteine um einen zentralen Hohlraum gewunden sind (helikale Nucleocapsidsymmetrie). Zusätzlich zum Nucleocapsid besitzen viele Virusarten eine weitere *Hüllmembran.* Die Lipide dieser umhüllten Viren bestehen im wesentlichen aus Teilen der Wirtszellmembran.

- Die *Nucleinsäure* trägt die Information für den Bauplan des Virus und determiniert die Wirkung des Virus auf die Zielzelle,
- die *Proteinhülle* bestimmt die Gestalt und Antigenität (S. 1059) des Virus, bietet Schutz vor nucleinsäureabbauenden Enzymen und ist für die Wechselwirkung des Virus mit der Membranoberfläche der von ihm befallenen Wirtszelle verantwortlich.

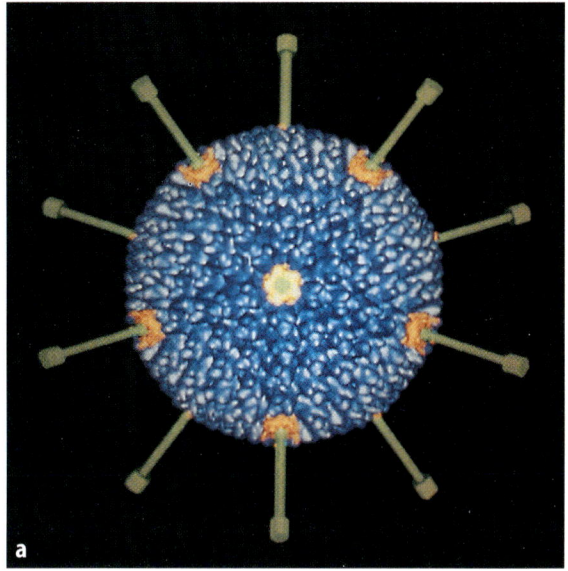

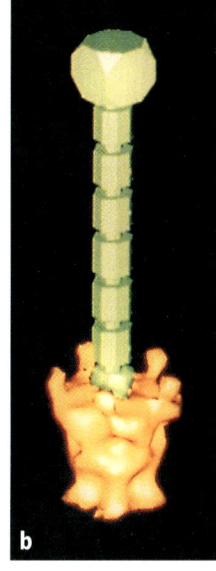

Abb. 12.1a Modell des Adenovirus. Adenoviren enthalten doppelsträngige DNA als genetische Information. Das Capsid besteht aus 240 (*blau* dargestellten) Hexonen (Sechseckler). Nur auf den 12 Ecken sitzen andere *orange* dargestellte Capsomere, sog. Pentone (Fünfeckler). **b** An diese sind zusätzlich Stäbe oder Fasern geknüpft. (Aufnahmen von P. Stewart und R. Burnett, Wistar Institut)

12.2 Spezifität der Viren

Rezeptoren auf der Zelloberfläche sind die Voraussetzung für die Virusinfektion

Viren können nur diejenigen Zellen infizieren, die auf ihrer Membran spezifische **Rezeptoren** tragen, an die das Virus gebunden werden kann. Da es unwahrscheinlich ist, daß Zellen Rezeptoren aufweisen, die eigens für die Wechselwirkung mit Viren zur Verfügung stehen, ist eher anzunehmen, daß die Interaktion durch **Kreuzreaktion** des Virus mit dem Rezeptor für ein **körpereigenes Molekül** zustande kommt (Tabelle 12.1). So erfolgt z. B. die Anheftung des Epstein-Barr-Virus an B-Lymphocyten oder epitheliale Zellen des Nasopharynx über CD 21, das auch als Rezeptor der C 3 d-Komponente des Komplementsystems bekannt ist (S. 1080). Die Verteilung derartiger Rezeptoren bestimmt, welche Viren welche Zielzellen (Epithelzellen, Nervenzellen, Hepatocyten, Monocyten, T- oder B-Lymphocyten) befallen.

Tabelle 12.1. Zelloberflächenmoleküle, die als Virusrezeptoren dienen

Zelloberflächenmolekül	Virus	Familie
IgG-Großfamilienmitglieder		
ICAM-1	Rhinovirus	Picornaviren
CD 4	HIV-1	Retroviren
Integrine		
	Coxsackie-Virus	Picornaviren
	Adenovirus	Adenoviren
Andere Proteine		
CD 21 (Complement-Rezeptor CR 2)	Epstein-Barr-Virus	Herpesviren
Kohlenhydrate und Lipide		
N-Acetylneuraminsäure enthaltende Glykoproteine und Glykolipide	Influenza-Virus	Orthomyxoviren
Heparinsulfat	Herpes-simplex-Virus	Herpesviren

12.3 Einteilung der Viren

Nach ihrem Genom werden RNA- und DNA-Viren unterschieden

Nach ihrer Nucleinsäure, die einzel- oder doppelsträngig, linear oder zirkulär sein kann, werden RNA- und DNA-Viren unterschieden (Tabelle 12.2). Die Länge der Nucleinsäure variiert dabei sehr stark: von 3200 Basenpaaren (beim Hepatitis B-Virus) bis zu 250 000–300 000 Basenpaaren beim Pockenvirus. Bei Viren mit sehr kleinem Genom wird die Nucleinsäure durch Verwendung **unterschiedlicher Leseraster** (S. 267) mehrfach abgelesen. Durch die Entwicklung der DNA-Sequenziertechniken (S. 170) ist die Nucleinsäuresequenz vieler Viren bekannt, die entweder direkt (bei DNA-Viren) oder indirekt (bei RNA-Viren) nach Umschreibung der RNA in cDNA ermittelt wird. Die Nucleinsäuren codieren

• für Strukturproteine des Virus, die meist als Polyproteine synthetisiert werden, aus denen dann die ein-

Tabelle 12.2. Einteilung wichtiger Viren beim Menschen

Virusgruppe	Capsid-symme-trie (Iko-saeder)	Capso-meren-anzahl	Hüll-mem-bran	Größe des Virus-partikels [nm] (Durch-messer)	Größe der Nucleinsäure [kb]	Zahl der Gene	Verursachte Krankheiten
RNA-Viren							
Picornaviren	+	32	–	20–30	2–2,8	12	Poliomyelitis Erkältungskrankheiten Hepatitis A
Reoviren	+	92	–	75–80	15	40	Schnupfen Enteritis
Togaviren	+	32	+	35–40	3	15	Röteln
Oncornaviren	–	–	+	100	10–13	50	Leukämie
Paramyxoviren	–	–	+	150–300	4–8	30	Masern Mumps
Retroviren	–	–	+	100	8–10	8	AIDS (HIV)
DNA-Viren							
Papovaviren	+	72	–	4,5–53	3–5	10	Warzen (Papillome) Gebärmutterhalskrebs
Adenoviren	+	252	–	60–90	36	50	Pharyngitis
Herpesviren	+	162	+	100	150	180	Windpocken Neuritis
Pockenviren	–		+	230–300	160	400	Pocken
Hepadnaviren			+	42	3,2	4	Hepatitis B

zelnen Proteine durch limitierte Proteolyse entstehen,
- für Enzymproteine, die für die Vervielfältigung (Replikation) und ggf. die Integration in das Genom der Wirtszelle erforderlich sind und
- für Regulatorproteine, die die Transkription des Virusgenoms beeinflussen.

12.4 RNA-Viren

12.4.1 Aufbau des RNA-Virusgenoms

Die RNA von Viren kann unterschiedliche Polarität aufweisen

Je nachdem, ob die RNA eines RNA-Virus direkt als Matrize für die Proteinbiosynthese verwendet werden kann, werden Viren mit *positiver Polarität* (also mit Sequenzen, die der zellulären mRNA entsprechen) von solchen mit *negativer Polarität* (bei denen die Sequenz komplementär zu der der mRNA ist) unterschieden.

Doppelsträngige RNA-Viren besitzen positive und negative RNA, die zusammen die genomische RNA bilden. Bei Viren mit *positiver* Polarität wird die Virus-RNA, die am 5'-Ende eine CAP-Struktur und am 3'-Ende einen Poly-A-Schwanz aufweist, zunächst als mRNA zur ribosomalen Proteinsynthese verwendet und nach Fertigstellung der viruscodierten RNA-abhängigen RNA-Polymerase zur Replikation des RNA-Genoms verwendet. Zur Replikation von Viren mit *negativer* Polarität bzw. einem Doppelstrang muß die genomische RNA zunächst durch ein viruscodiertes Enzym transkribiert werden.

12.4.2 Retroviren

Einzelne RNA-Viren können ihr genetisches Material durch den Besitz des viruscodierten Enzyms *reverse Transkriptase,* das die RNA in DNA umschreibt, in das Wirtsgenom integrieren. Diese RNA-Viren, zu denen auch das humane Immundefizienz-Virus (HIV-1) gehört, werden deshalb auch als *Retroviren* bezeichnet.

Das Genom von Retroviren, das etwa 8 bis 10 kb umfaßt, codiert für die Basisausstattung von drei viralen Proteinen:

- ein Strukturprotein, das mit der RNA im Kern des Virus assoziiert ist (gruppenspezifisches *A*ntigen oder *GAG-Protein*),
- eine Polymerase *(POL-Protein)* und
- ein Glykoprotein, das sich in der Proteinhüllmembran befindet, in der es die Bindung des Virus an die Wirtszellmembran bewirkt (*ENV-Protein* nach dem englischen Begriff für Hülle, envelope).

Dieses Architekturprinzip ist bei allen Retroviren identisch.

12.4.3 Humanes Immundefizienzvirus (HIV-1)

**Das HIV-1 ist
das am besten untersuchte Virus
der Medizingeschichte**

Das HIV-1 stellt ein doppelsträngiges Retrovirus dar, dessen Capsid die Struktur eines Zylinders aufweist, der sich an einem Ende verjüngt (Abb. 12.2). Das Nucleocapsid, das die reverse Transkriptase enthält, wird von einer *Hüllmembran* umgeben, in der sich 72 ENV-Proteine befinden. Das Virus wird

- durch Geschlechtsverkehr (über abgeschürfte Schleimhautepithelien),
- Kontakt mit infiziertem Blut oder Blutprodukten oder
- von der infizierten Mutter auf das Kind (in utero oder durch Stillen) übertragen und verursacht die erworbene Immunschwäche (AIDS).

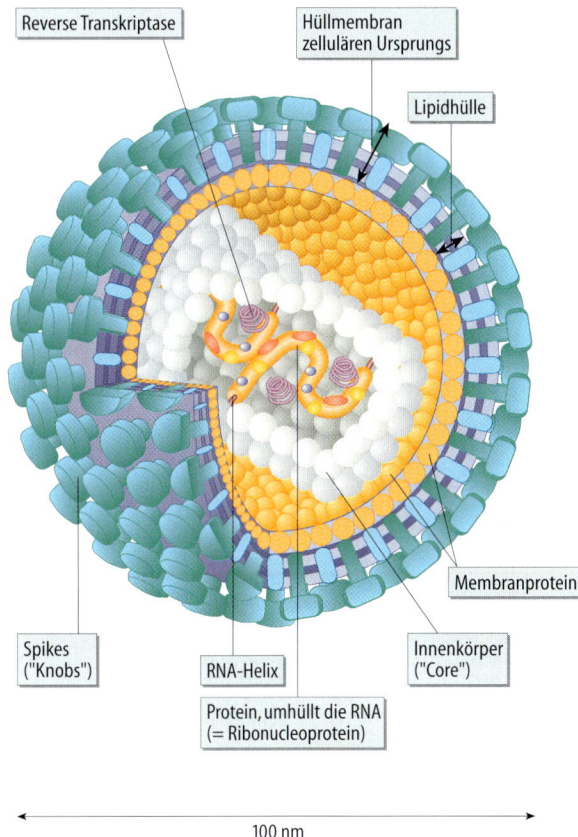

Reverse Transkriptase

Hüllmembran zellulären Ursprungs

Lipidhülle

Membranprotein

Innenkörper ("Core")

Spikes ("Knobs")

RNA-Helix

Protein, umhüllt die RNA (= Ribonucleoprotein)

100 nm

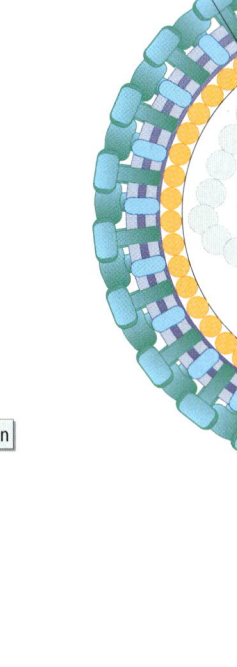

Reverse Transkriptase (p66/51)   p10   p17   p24   gp41   gp120

p9(NC)   Integrase (p32)

p10 (GAG/POL-Protease)
p17 (Matrix-Protein MA)
p24 (Capsid-Protein CA)
gp41 (Transmembran-Protein gp41)
gp120 (externes Hüllprotein)

Abb. 12.2 *Links:* Räumliches Modell des Immundefizienzvirus (HIV-1), das beim Menschen das erworbene Immunmangelsyndrom (AIDS) erzeugt (nach Gatermann und Gelderblom, Copyright Spiegel-Verlag Hamburg). *Rechts:* Querschnitt durch das HIV-1 (*p 10* DAG/POL-Protease, *p 17* Matrixprotein MA, *p 24* Capsidprotein CA, *gp 41* Transmembranprotein, *gp 120* externes Hüllprotein)

HIV-1 besitzt zehn Gene

Zusätzlich zu den GAG-, POL- und ENV-Genen besitzt das HIV-1 weitere Gene (Abb. 12.3). Die sog. **LTR-(long terminal repeat) Gene** am 5′- und 3′-Ende des Genoms besitzen zwei Funktionen:

- zum einen weisen sie Promotor-enhancer-Funktion (S. 256) auf, d.h. sie sorgen für die effiziente Transkription der Virusinformation,
- zum anderen fördern sie die Integration der gebildeten Virus-DNA in das Wirtsgenom.

Das **GAG-Gen** codiert für das **Polyprotein p 53,** d.h. für ein Protein mit einem Molekulargewicht von 53 Kilodalton, dessen N-Terminus mit Myristinsäure (S. 138) verestert ist. Diese langkettige Fettsäure mit 13 CH$_2$-Gruppen erlaubt die Wechselwirkung des Proteins mit Lipiden der Hüllmembran. Aus dem GAG-Polyprotein entstehen durch **limitierte Proteolyse**

- die Capsid-Proteine p 17 und p 24 sowie
- die im Viruskern befindlichen p 15, p 7 und p 9 (Tabelle 12.3).

Die Transkription des **POL-Gens** führt zur Bildung einer **p 150-Vorstufe,** aus der durch limitierte Proteolyse drei Enzyme gebildet werden:

- p 16, eine Protease, die das GAG-Polyprotein spaltet,
- p 51, die reverse Transkriptase, und
- p 34, eine DNA-Endonuklease oder -integrase, die an der Integration der gebildeten Virus-DNA in das Wirtsgenom beteiligt ist.

Die limitierte Proteolyse der Polyproteine erfolgt durch die **HIV-1-Protease.** Da dieses Enzym eine kritische Bedeutung für den Zusammenbau des Virus besitzt, sind HIV-1-**Protease-Inhibitoren** entwickelt worden, die bereits klinisch zum Einsatz bei HIV-Patienten kommen.

Das **ENV-Gen** codiert für das Glykoprotein **gp 160** (d.h. für ein Glykoprotein mit einem Molekular-

Tabelle 12.3. Funktion der durch das HIV-Genom codierten Proteine

Gen	MG (kD)	Funktion
Strukturgene		
GAG: MA	p 16	Interaktion mit Hüll- bzw. Plasmamembran über Myristinsäure
CA	p 24	Capsid-Protein
NC	p 9	Nucleocapsid (Ribonucleoproteinkomplex)
	p 7	Freisetzung des Virus aus der Zelle
POL: PR	p 10	Protease (GAG/POL-Prozessierung)
RT	p 66/51	Reverse Transkriptase
IN	p 32	Integrase (Provirus-Bildung)
ENV: IU	Gp 120	Rezeptorbindung
TM	Gp 41	Internalisierung
Regulatorgene		
TAT	p 15	Regulation der Genexpression
REV	p 19	Regulation der Genexpression
TEV/TNF	p 28	Noch unbekannt
NEF	p 27	Aufrechterhaltung der Virusverbreitung
VPR	p 15	
Zusatzgene		
VIF	p 23	ENV-Prozessierung und Konformation
VPU	p 15	Virusreifung und -freisetzung

p Protein; *gp* Glykoprotein.

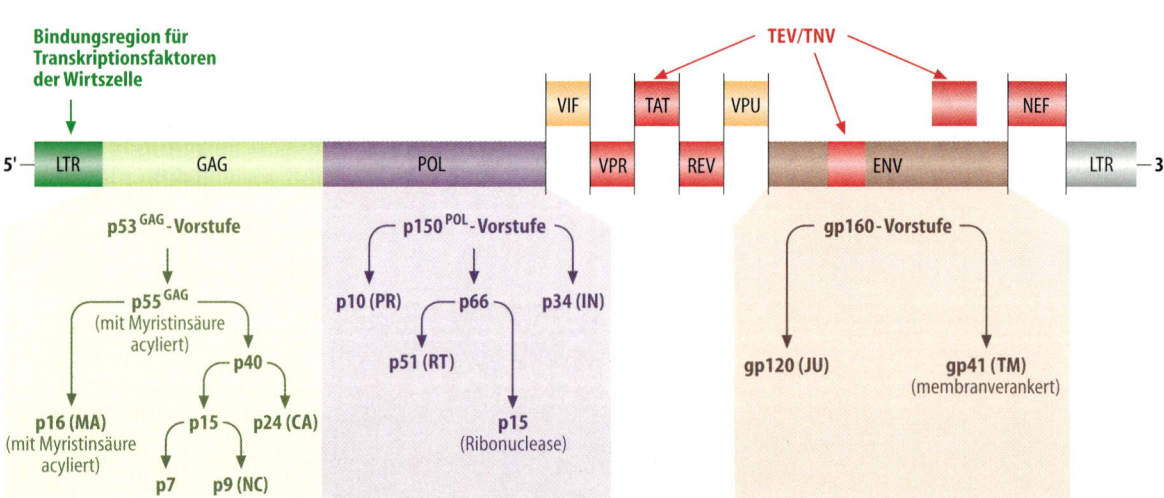

Abb. 12.3 Organisation des HIV-1-Genoms mit den entsprechenden Genprodukten und deren Prozessierung. Abkürzungen s. Tabelle 12.3

gewicht von 160 kD), das Bestandteil der *Hüllmembran* des Virus ist, wobei der gp 120-Anteil an der Außenseite und der gp 41-Anteil in der Virusmembran liegen (Abb. 12.4). Die beiden Anteile entstehen durch Spaltung einer Peptidbindung von gp 160. Da die beiden Proteine durch nicht-covalente Bindungen zusammengehalten werden, geht ein Teil der gp 120-Proteine dem Virus kontinuierlich verloren.

Die Hüllmembran umgibt das Capsid des Virus, das aus den GAG-Proteinen p 17, das direkt mit der Hüllmembran über seinen Myristinsäureanteil verbunden ist, und p 24 besteht. Im Capsid befindet sich die Virus-RNA zusammen mit mehreren Molekülen der reversen Transkriptase und Integrase (Abb. 12.3, S. 294). Darüberhinaus enthält das HIV-Genom *Regulatorgene,* die auf noch unbekannte Weise an der Entstehung der AIDS-Erkrankung beteiligt sind. Die Zusatzgene VPU und VIF sind für die Viruspartikelreifung und -freisetzung sowie die Infektiosität des Virus von Bedeutung.

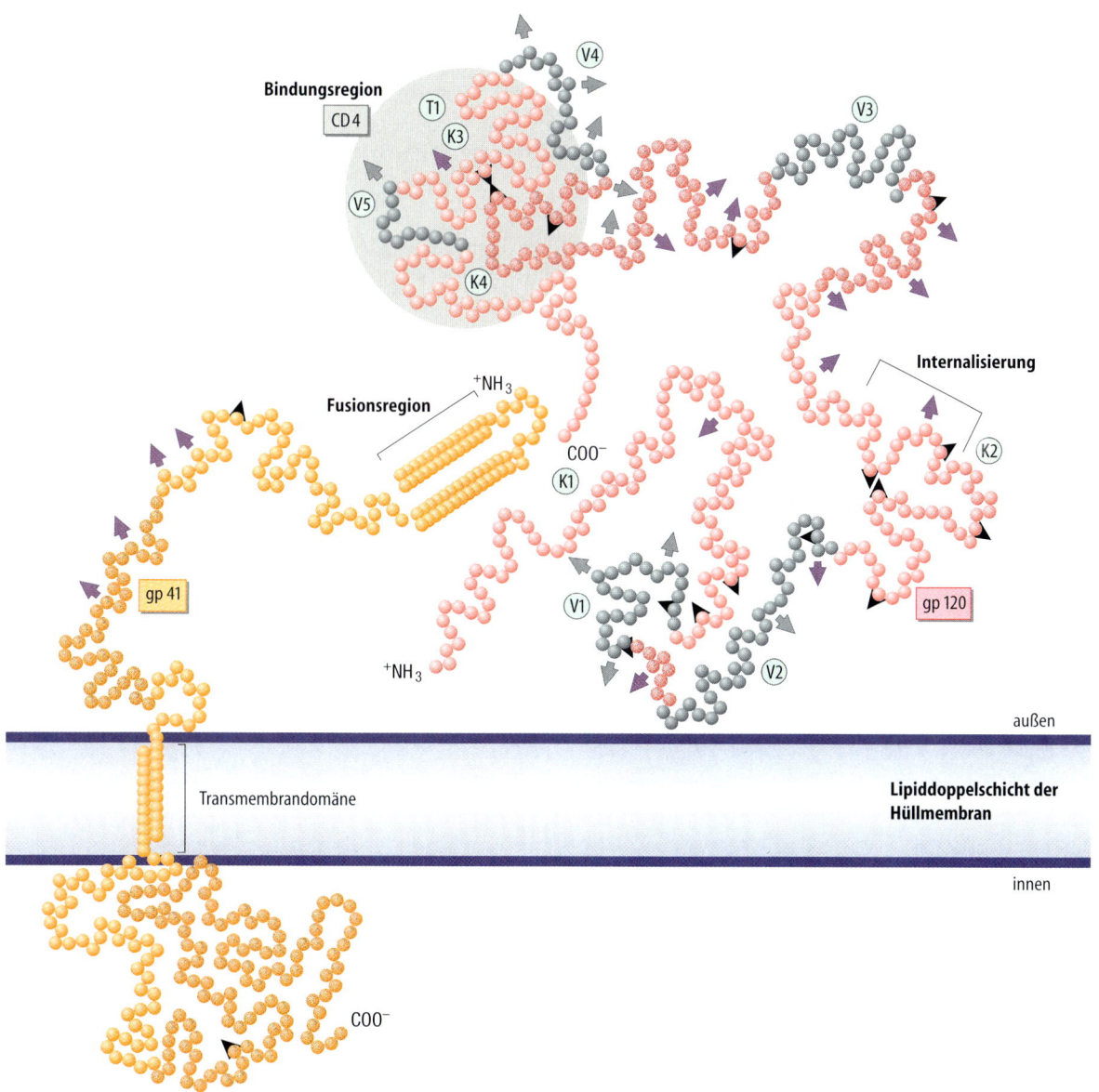

Abb. 12.4 Modell der Struktur des Hüllproteins gp 160 mit dem innen gelegenen, C-terminalen gp 41-Anteil, der durch eine Transmembrandomäne in der Lipiddoppelschicht der Hüllmembran verankert ist. Das gp 120-Molekül ist durch nicht-covalente Wechselwirkungen mit gp 41 verbunden. Hervorgehoben sind die Region im gp 41, welche für die Fusion von Virushüllmembran und Plasmamembran verantwortlich ist, und die Region, die an den CD 4-Rezeptor in T$_4$-Lymphocyten bindet.

Regionen, an denen eine Kohlenhydratseitenkette sitzen kann, sind mit einem *Pfeil* markiert. *Dreiecke* zeigen Cysteinylreste, die zur Ausbildung von Disulfidbrücken zur Verfügung stehen. Die Bereiche V 1, V 2, V 3 und V 4 geben variable Sequenzen an, durch die sich die einzelnen HIV-Stämme voneinander unterscheiden, die Regionen K 1 und K 4 sind die konservierten Regionen. (Verändert nach S. Modrow, Regensburg)

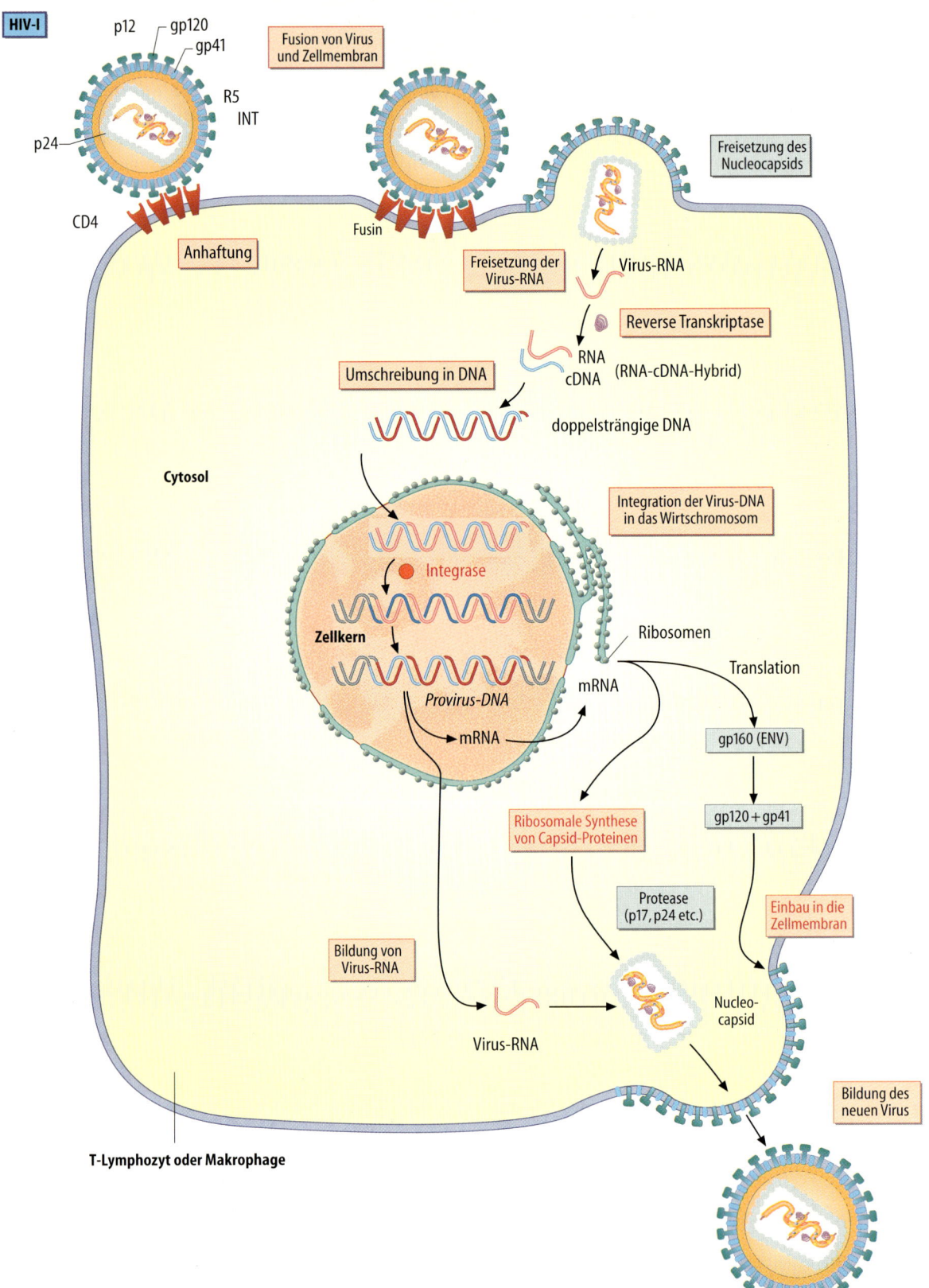

Abb. 12.5 Infektionscyclus des HIV-1

Die Bindung des Virus an den spezifischen Zellmembranrezeptor ist der erste Schritt der Virusinfektion

Die Infektion einer Zelle mit dem HIV-1 läuft in mehreren Phasen ab, deren Gesamtdauer zwischen Stunden und Tagen liegt (Abb. 12.5).

Auf das Zusammentreffen des HIV-1 und einer Zelle folgt bei Vorhandensein eines spezifischen Rezeptors die Bindung an die Zellmembran. HIV-1 bindet über das Glykoprotein gp 120 seiner Hüllmembran an das sog. *CD 4-Protein,* das auf

- T 4-Lymphocyten,
- epidermalen Langerhans-Zellen und
- Monocyten bzw. Makrophagen vorkommt.

Dieses Protein bindet normalerweise MHC-Klasse-II-Moleküle (S. 1060). Die Bindung an den CD 4-Rezeptor ist zwar die Voraussetzung für die Aufnahme, diese wird jedoch nur durch zusätzliche Bindung an gp 41 möglich. Die Internalisierung erfolgt über eine Fusion der Virus- mit der Zellmembran, die durch Domänen auf dem gp 41/gp 120-Komplex (Abb. 12.4, S. 295) und das Membranprotein *Fusin* vermittelt wird. Durch diesen Vorgang wird das Nucleocapsid in die Zelle gebracht, wo die Auflösung der Capsidmembran und damit die Freisetzung der Nucleinsäuren erfolgt. Damit ist die sog. *Frühphase* des Vermehrungscyclus abgeschlossen.

Viele andere Viren wie Adenoviren (S. 303) gelangen dagegen über einen als Endocytose bezeichneten Vorgang in die Zelle.

Während der Eklipse sind die Virusteilchen in der Zelle nicht mehr zu erkennen

In der nun folgenden Phase der *Eklipse* (= *griech.* Verschwinden) sind die Virusteilchen scheinbar völlig verschwunden. Aber gerade in dieser Phase beginnt die Virusnucleinsäure aktiv zu werden und mit den wirtseigenen Nucleinsäuren in den Wettstreit um die Enzyme der Nucleinsäure- und Proteinvermehrung zu treten. Beim HIV-1 dient die RNA als Matrize für die Biosynthese komplementärer DNA (cDNA) durch die virale reverse Transkriptase. Anschließend wird doppelsträngige DNA gebildet, die unter dem Einfluß des Enzyms Integrase als Provirus-DNA in das Wirtschromosom eingebaut wird (Abb. 12.5). Durch die Bindung des zellulären *Transkriptionsfaktors NF-κB* (S. 258), der an die LTR-Regionen des Virusgenoms bindet, wird die Transkription der HIV-1-DNA gestartet. Dabei werden zunächst RNAs gebildet, die in kleine, etwa 2 kb-Fragmente gespleißt werden. Diese RNAs tragen die Informationen für die regulatorischen Proteine *TAT, NEF* und *REV.* Diese Regulatoren treten in den Zellkern über und beschleunigen dort durch Bindung die Transkription der Provirus-DNA auf das Tausendfache. Im nächsten Schritt werden dann größere mRNAs von 4,5 bis 9,2 kb Länge gebildet, die nach Transfer ins Cytosol durch Translation zur Bildung von Virusstruktur- (GAG, ENV) und Enzymproteinen (POL) führen.

Nach Assoziation zum Nucleocapsid wird HIV-1 durch Ausstülpung der Zellmembran freigesetzt

Nach der Assoziation der von der Wirtszelle gebildeten viralen Struktur- und Enzymproteine und RNA zu neuen infektiösen Viren erfolgt in der *Spätphase* die Ausschleusung in den Extracellulärraum. Dabei tritt das Nucleocapsid im halbfertigen Zustand von innen an die Zellmembran (in die zwischenzeitlich auch ENV-Proteine eingebaut worden sind) heran, stülpt diese nach außen aus und wird – nachdem es vollständig umschlossen ist – von der Zellmembran abgeschnürt (Abb. 12.6). Deshalb besitzt die Hüllmembran des HIV-1 außer den eigenen ENV-Proteinen zusätzlich Lipide und Glykoproteine (wie z.B. MHC-Antigene), die für die Membran der befallenen Zelle charakteristisch sind.

Während HIV-1 befallene T₄-Lymphocyten nach Wochen bis Monaten sterben, dienen Makrophagen als Virusreservoir, da sie nicht zugrunde gehen. Der zytopathische Effekt von HIV-1 kommt möglicherweise durch die Aktivierung einer Apoptose (S. 209) durch

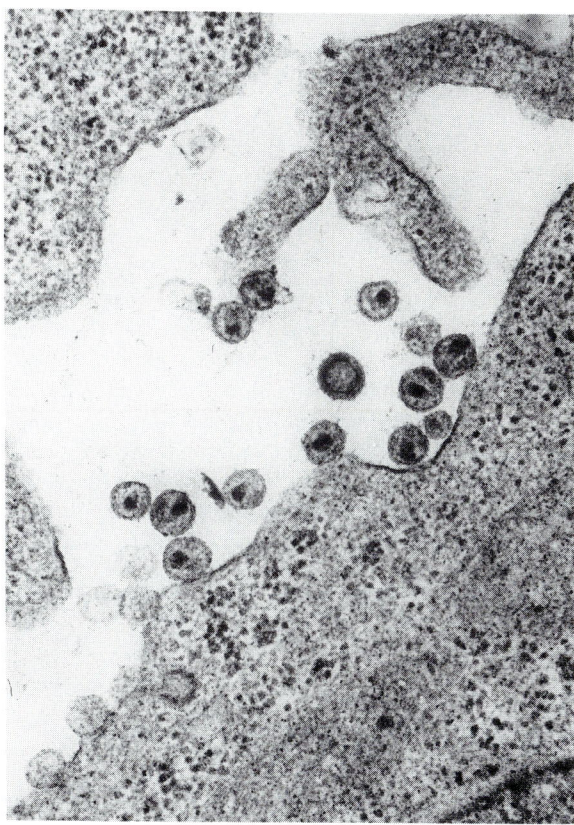

Abb. 12.6 Elektronenmikroskopische Aufnahme von HIV, das aus T-Lymphocyten freigesetzt wird. (Aufnahme von H. Frank, Tübingen, aus Kulturen von R. Kurth, Frankfurt) Vergr. 66 000 : 1

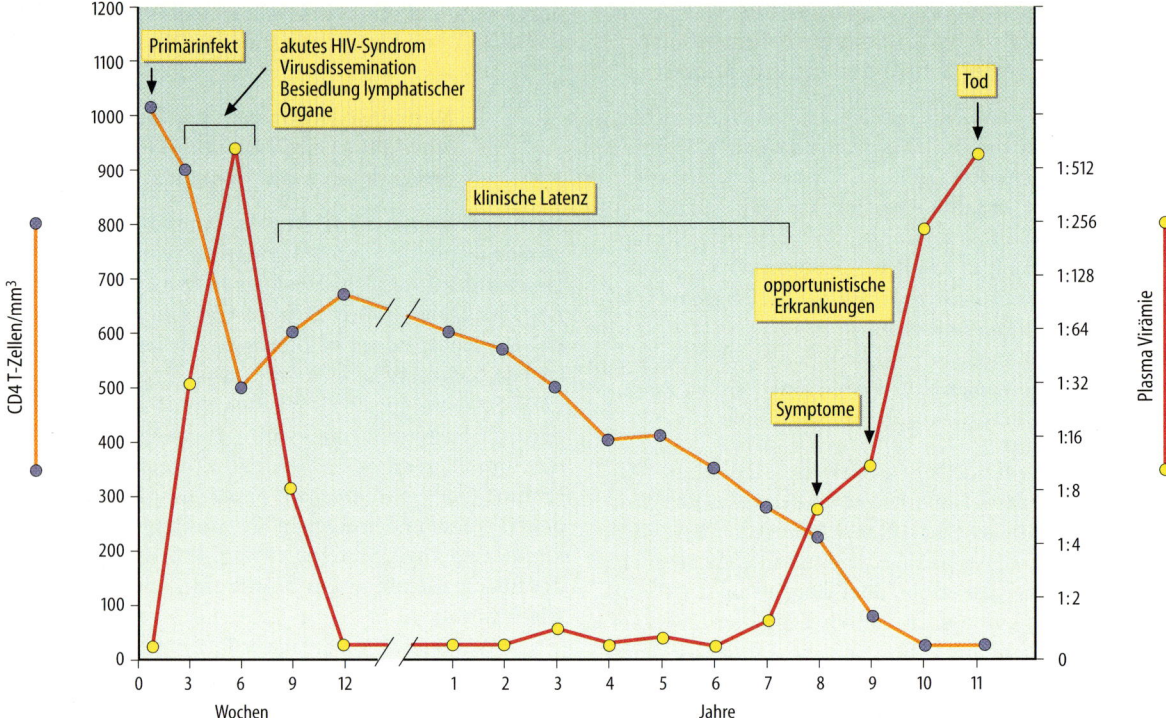

Abb. 12.7 Typischer Verlauf der HIV-1-Infektion. Nach der primären Infektion Dissemination des Virus und starker Abfall der CD4-Lymphocyten. Bei Einsetzen der Immunantwort Rückgang der Virämie mit klinischer Latenz. Die CD4-Lymphocyten fallen langsam ab, bis schließlich schwere Infektionen auftreten. (Nach Pantaleo et al. (1993), New Engl J Med 328, 327)

intracelluläre gp160-CD4-Komplexe zustande. Damit der Pool an infizierten Zellen im Organismus unverändert bleibt, müssen ständig neue CD4-Zellen (v. a. in Lymphknoten) mit HIV-1 infiziert werden.

HIV-1 weist erhebliche genomische Heterogenität auf

Die fehlerhafte Arbeit der reversen Transkriptase kann aufgrund des Fehlens eines Reparaturenzyms nicht kompensiert werden. Wahrscheinlich tritt pro Synthese eines Virusgenoms eine Mutation (S. 326) auf, die auch die genetische Information für das Enzym reverse Transkriptase betreffen kann (S. 294). Diese hohe Mutationsrate führt dazu, daß bei einem HIV-infizierten Patienten ständig neue Virusmutanten entstehen. Dies ist auch einer der Gründe, weshalb die HIV-1-Infektion bisher nicht effektiv behandelt werden kann (S. 309).

Die HIV-1-Infektion zeigt einen typischen Verlauf

Auf die primäre Infektion mit HIV-1, die mit **hohen Plasmavirusspiegeln** vergesellschaftet ist, folgt innerhalb von ein bis zwölf Wochen eine humorale und zelluläre **Immunantwort** (S. 1061) auf das Virus. Anschließend weist der Patient über einen Zeitraum **klinischer Latenz** von mehreren Jahren keine Symptome auf, bis schließlich opportunistische Infektionen auftreten, die

nicht mehr abgewehrt werden können, so daß der Infizierte stirbt (Abb. 12.7).

Obwohl sich die AIDS-Erkrankung bei den meisten Menschen, die mit dem HIV-1 infiziert sind, innerhalb von zehn Jahren entwickelt, bleiben einige Individuen für längere Zeiträume symptomfrei. Etwa 5 % der Patienten mit HIV-1-Antikörpern haben weder eine HIV-1-induzierte Erkrankung noch einen Abfall der Plasmakonzentration der T4-Lymphocyten. Die PCR-Amplifikation und Sequenzierung der HIV-1-DNA bei einem Patienten mit einer solchen nicht fortschreitenden HIV-1-Infektion erbrachte den Nachweis von **Deletionen im NEF-Gen,** einem Regulatorgen des Virus (S. 294). Dies spricht dafür, daß dieses Gen für die Entwicklung der Erkrankung mit von entscheidender Bedeutung ist.

12.5 DNA-Viren

Alle DNA-Viren mit Ausnahme der Parvoviren besitzen eine doppelsträngige DNA

Diese Viren verursachen verschiedene Erkrankungen wie Pocken oder Entzündungen des Rachenraumes (Pharyngitis), der Nerven (Neuritis) oder der Leber (Hepatitis). Die weitverbreitete **Virushepatitis** wird durch mindestens fünf verschiedene Viren verursacht, von denen jedoch nur das Hepatitis B-Virus (HBV) zu den DNA-Viren (deshalb auch als Hepadna-Virus bezeichnet) gehört. Das HBV kann akute (mild, aber auch fulminant verlaufende) und chronische Entzündungen der Leber hervorrufen und ist an der Entstehung des Leberkrebses (hepatozelluläres Carcinom) beteiligt. Ebenso wie die HIV-1-Infektion stellt auch die HBV-Infektion ein gesundheitsmedizinisches Problem von außerordentlicher Tragweite dar, da etwa 250 Millionen Menschen auf der Erde mit diesem Virus infiziert sind.

12.5.1 Hepatitis B-Virus

Das Hepatitis B-Virus besitzt ein extrem kleines Genom

Das Hepatitis B-Virus (HBV) ist ein umhülltes Virus mit einem Durchmesser von 42 nm, dessen Capsid Ikosaederstruktur aufweist (Abb. 12.8). Die äußere Hüllmembran enthält außer Lipiden, die aus dem Mem-

branbestand der befallenen Wirtszelle stammen, drei strukturell verwandte Proteine, die alle eine Domäne von 226 Aminosäuren beinhalten:
- das kleine S-Protein (nur diese 226 Aminosäuren),
- das mittlere Prä-S 2-Protein (226 plus 55 = 281 Aminosäuren) und
- das große Prä-S 1-Protein (226 plus 55 plus 128 = 409 Aminosäuren).

Da Prä-S 1 und -S 2 aus der Hüllmembran herausragen, bestimmen sie die Wechselwirkung mit der Membran der Zielzelle.

Die innere Kapsel, das Capsid, besteht nur aus einer Proteinart, dem **HBc-Antigen,** das die Virusnucleinsäure umgibt und zusammen mit dieser das Nucleocapsid bildet. Die DNA ist ein winziges, ringförmiges Molekül von nur 3200 Nucleotiden (3,2 kb) Länge. Sie ist zwar doppelsträngig, aber nicht über das gesamte Genom: der sog. **Plusstrang** ist um 20–50 % kürzer als der gegenläufige **Minusstrang.** Zum Ring wird das Genom durch komplementäre, basengepaarte Überlappungen an einem Ende der Stränge (Abb. 12.9). Das Genom ist mit nur vier bekannten Genen (S, C, P und X), die sich weit überlappen, extrem kompakt. Durch Verschiebung des **Leserasters** wird dasselbe DNA-Stück mehrfach genutzt. Selbst die regulatorischen Sequenzen, die die Produktion der viralen Proteine und den Vermehrungscyclus (s. u.) regulieren, liegen innerhalb der proteinkodierenden Sequenzen:
- Das S-Gen (S = *engl.* Surface: Oberfläche) trägt die Bauanweisung für die drei Oberflächenproteine S, Prä-S 1 und Prä-S 2.
- Das PräC/C-Gen kodiert für das Capsidprotein (C-Protein oder HBc-Antigen). Darüber hinaus trägt es die Information für das kürzere sog. HBe-Antigen (PräC-Protein), ein von virusinfizierten Zellen sezerniertes Protein unbekannter Funktion.
- Das P-Gen ist das größte der 4 Gene des Hepatitis B-Virus, es schließt Teile aller anderen Gene ein. Es codiert für ein Protein von etwa 90 kD, das P-Protein, das mindestens 4 Enzymaktivitäten enthält, welche für die Biosynthese des Virusgenoms aus dem Prä-Genom (s. u.) benötigt wird. Hierzu gehören eine RNA- bzw. DNA-abhängige DNA-Polymerase, die RNAse H sowie eine reverse Transkriptase.
- Das X-Gen ist dagegen kurz und erstreckt sich über die überlappenden Enden des langen viralen DNA-Stranges (Minus-Strang). Sein Proteinprodukt reguliert die Expression aller viralen Gene, indem es mit den entsprechenden Sequenzen im Genom in Wechselwirkung tritt (S. 301).

Für die Transkription der einzelnen Gene existieren 4 Promotoren. Außerdem finden sich cis-regulatorische Transkriptionsverstärker-Elemente: Von den beiden Enhancer-Elementen ENH 1 und ENH 2 ist nur ENH 1 in Hepatocyten wirksam. Es besitzt auch ein Retinsäure-empfindliches Element, was für eine Bedeu-

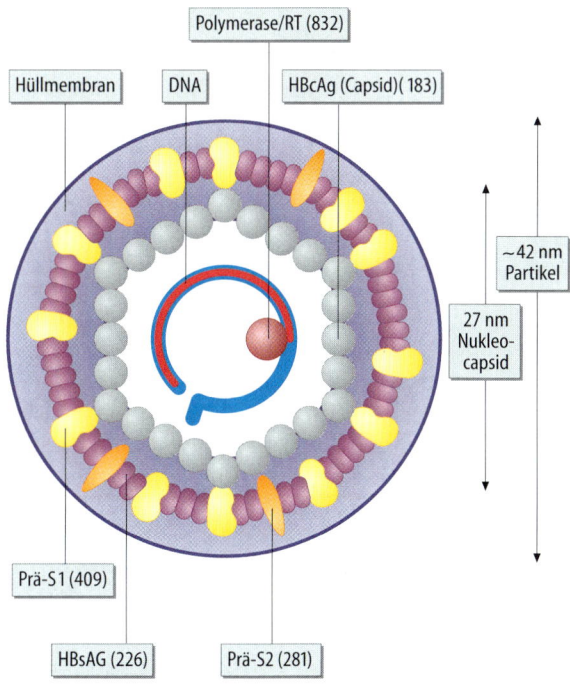

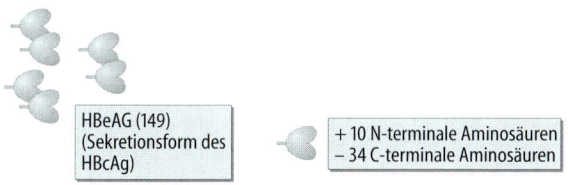

Abb. 12.8 Aufbau des Hepatitis B-Virus. *In Klammern* die Zahl der Aminosäuren in dem betreffenden Protein

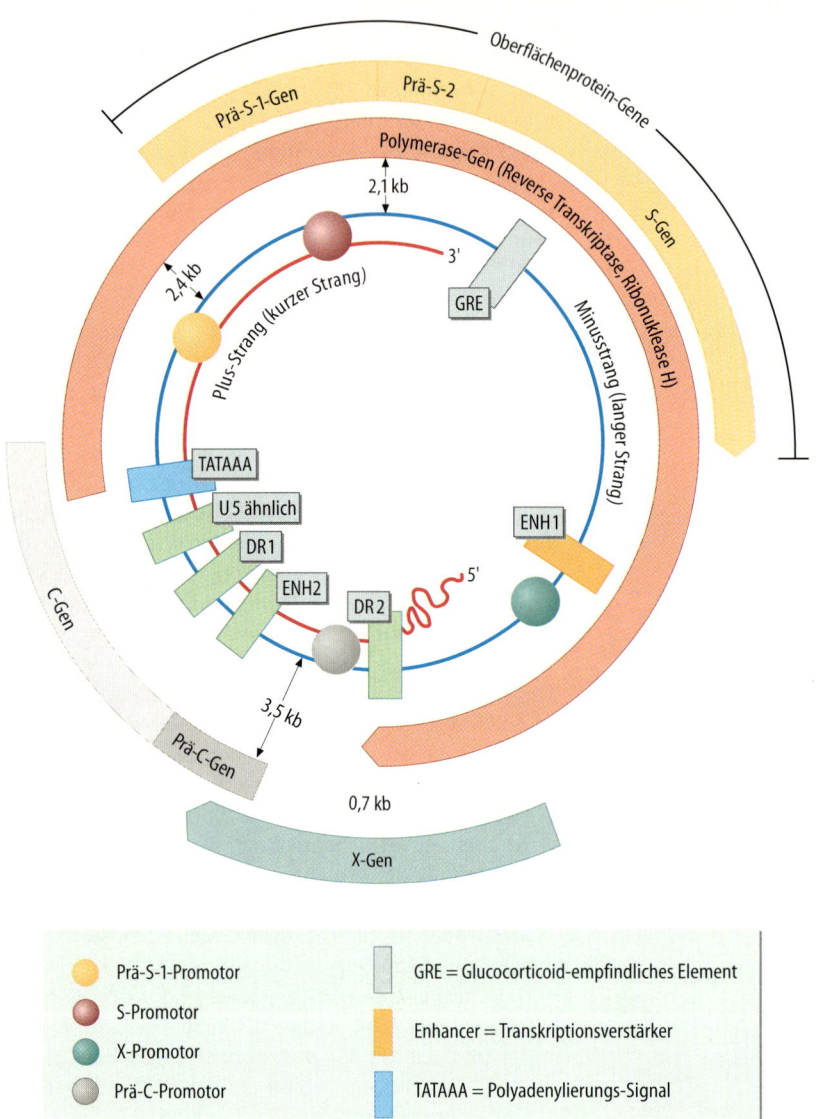

Abb. 12.9 Organisation des Hepatitis B-Genoms

tung von Vitamin A bei der Leber-spezifischen Regulation der HBV-Genexpression spricht. ENH 2 stimuliert die Transkriptionsaktivität der Promotoren des S-Gens. Ein GRE (= engl. Glucocorticoid Responsive Element) ist für die Stimulierung der Genexpression verantwortlich, die in Gegenwart dieses Hormones auftritt. Die am stärksten konservierte Region des Virusgenoms ist eine Domäne von 62 Nucleotiden im PräC/C-Gen, die an der Verpackung der Nucleinsäure in das Capsid beteiligt ist. DR 1- und DR 2-Elemente sind für die virale DNA-Biosynthese von Bedeutung.

Bei der Replikation des HBV-Genoms wird ein RNA-Strang als Zwischenstufe gebildet

Nach Anhaftung des HBV an einen noch unbekannten Rezeptor, möglicherweise den für Interleukin 6 (S. 918),

der Zelloberfläche und Internalisierung wird die Hüllmembran abgestreift und das Virus-Capsid in den Zellkern transportiert. Das Virus beschreitet einen für DNA-Viren ungewöhnlichen Vermehrungsweg, da für die Replikation der DNA in einem Umweg ein RNA-Strang als Zwischenstufe gebildet wird. Hierzu wird zunächst die offene, ringförmige Virus-DNA in eine geschlossene zirkuläre DNA umgewandelt, die als Matrize für DNA-abhängige RNA-Polymerasen der Wirtszelle dient. Die Virus-DNA verbleibt als covalente, zirkuläre DNA im Kern der Wirtszelle, ohne wie bei Retroviren (S. 292) in das Genom derselben integriert zu werden, da die Viren keine Integrase besitzen. Auch periphere Blutlymphocyten, Monocyten oder die Milz können als HBV-Reservoire dienen. Die Viruspersistenz kommt wahrscheinlich dadurch zustande, daß T-Lymphocyten die HBV-Antigene nicht erkennen können (S. 1072).

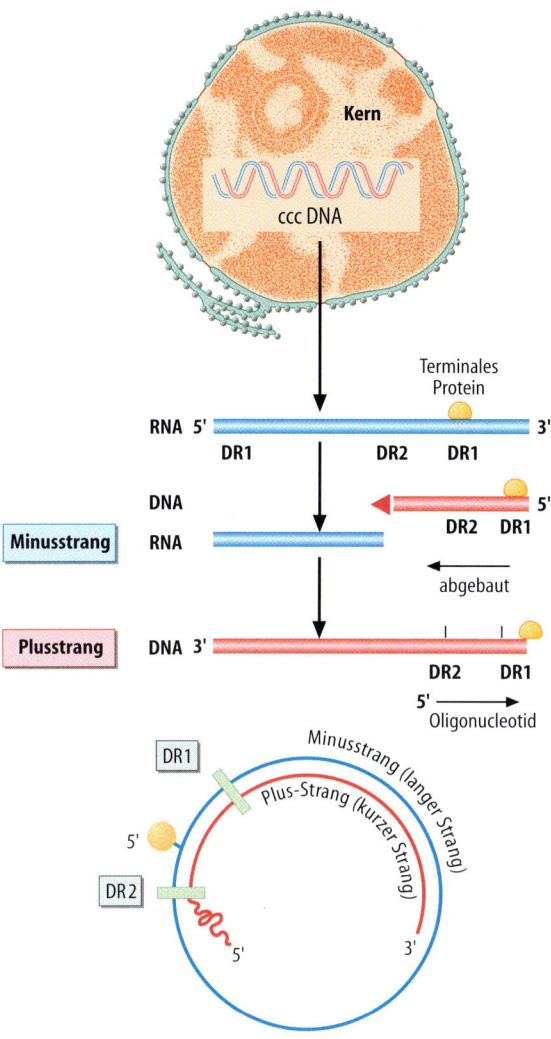

Abb. 12.10 Replikation des Hepatitis B-Virus-Genoms. *ccc* geschlossene zirkuläre DNA

Durch die Transkription der HBV-DNA entstehen Ribonucleinsäuren unterschiedlicher Länge: eine RNA mit 3,5 kb wird als **Prä-Genom** bezeichnet, die anderen (s. u.) dienen der Bildung der Virusproteine. Zusammen mit der viralen Polymerase wird das Prä-Genom in ein neu gebildetes Capsid verpackt und in das Cytosol transportiert. Dort fängt die virale Polymerase an, das RNA-Prä-Genom in einen DNA-Minusstrang umzuschreiben. Damit wirkt es wie die reverse Transkriptase der Retroviren (Abb. 12.10). Sobald der DNA-Minusstrang fertiggestellt ist, zerstört die RNAse-Domäne der Polymerase die RNA-Vorlage, so daß anschließend der Plusstrang synthetisiert werden kann. Dadurch entsteht ein offenes, ringförmiges Molekül.

Für die Biosynthese der Virusproteine werden vier mRNA's gebildet

Für die Bildung der Virusproteine (Tabelle 12.4) werden vier mRNA-Transkripte gebildet:
- Das längste ist wie das Prä-Genom 3,5 kb lang und für die Expression des Capsidproteins (HBc-Antigen), des sezernierten PräC-Proteins (HBe-Antigen) sowie des Polymeraseproteins (P-Protein) verantwortlich. Der vom PräC/C-Gen transkribierte Teil dieser mRNA trägt die Information für das Capsidantigen (C-Protein bzw. HBc-Antigen) sowie für das mit ihm verwandte HBe-Antigen. Beginnt die Translation am ersten AUG-Initiationscodon (S. 273), so führt dies zur Synthese eines 25 kD-Proteins, aus dem nach proteolytischer Prozessierung ein 16 kD-Protein entsteht, welches als HBe-Antigen (e = exportiert) von der Zelle sezerniert wird. Beginnt die Translation hingegen beim zweiten AUG-Codon, so entsteht das 22 kD-Capsidprotein (C-Protein). Beide Proteine besitzen dieselbe zentrale Sequenz von etwa

Tabelle 12.4. Die sieben Hepatitis B-kodierten Proteine und ihre Herkunft

Gen	mRNA-Transkript	Protein Bezeichnung	Aminosäuren	Funktion
S	2,4 kB Transkript	Prä-S 1	409	Hüllprotein;
		Prä-S 2	281	Bindung und
		S	226	Internalisierung;
				Vakzinierungsprotein
	2,1 kB Transkript	Prä-S 2	281	Hüllprotein;
		S	226	Bindung und
				Internalisierung;
				Vakzinierungsprotein
Prä C/C	3,5 kB Transkript	C-Protein	183	Capsidprotein;
P		Prä-C-Protein	212	HBe-Antigen;
		P-Protein	832	DNA- und RNA-Polymerase; RNAse
X	0,7 kB Transkript	X-Protein	154	Proteinkinase; mögliche Transaktivierung

160 Aminosäuren, unterscheiden sich jedoch am N- und C-Terminus (Abb. 12.8). Welche Funktion das HBe-Antigen für die Virusinfektion hat ist noch unklar. Möglicherweise führt seine Wechselwirkung mit dem Immunsystem des Wirtes zur Immuntoleranz. Da das HBc- und das HBe-Antigen simultan gebildet werden, stellt das sezernierte HBe-Antigen für die Hepatitisdiagnostik einen guten Parameter zur Bestimmung des Ausmaßes der Virusreplikation dar.

- Das 2,4 kb-Transkript codiert für alle drei Hüllproteine (Prä-S1, Prä-S2 und S),
- das 2,1 kb-Transkript trägt dagegen nur die Information für das Prä-S2 und das S-Hüllprotein. Die größeren Hüllproteine Prä-S1 und Prä-S2 sind für die Wechselwirkung des Virus mit der Membran der Zielzelle verantwortlich. Da das kleine Hüllprotein im Überschuß produziert wird, tritt es von der Leberzelle in das Blutplasma über und ist dort nachweisbar.
- Gelegentlich wird ein kleines Transkript von 0,7 kb Länge gefunden, welches für das X-Protein kodiert. Dieser Befund läßt sich allerdings nur in Hepatozytenkulturen (S. 200), nicht jedoch in mit HBV infizierter Leber nachweisen.

Wie oben erwähnt, findet die DNA-Replikation im Nucleocapsid statt. Noch vor Abschluß der Synthese des Plusstranges verläßt das Virus den Hepatocyten; beim Austritt wird es von Teilen der Zellmembran umschlossen, in die zwischenzeitlich die drei viralen Hüllproteine eingebaut worden sind. Mit dem Verlassen der Zelle stoppt sofort die Verlängerung des Plusstranges, so daß er eine variable Länge aufweist.

Die Vermehrung des Hepatitis B-Virus verläuft damit ähnlich wie die der Retroviren, zu denen das HIV-1 gehört (S. 293). Dabei entsprechen die Gene C, P und S des Hepatitis B-Virus in Anordnung und Funktion den retroviralen Genen GAG, POL und ENV. Interessanterweise können beide Viren auch Krebs auslösen (S. 312).

Wie beim HIV-1 treten auch beim Hepatitis B-Virus Varianten auf

Aufgrund der Replikation des HBV über eine RNA-Zwischenform und der zum Teil extrem starken Vermehrung können auch beim HBV Varianten (Mutanten) auftreten. Eine hohe Mutationsfrequenz stellt für die Viren einen Selektionsvorteil dar. Die Mutationsfrequenz von DNA-Viren ist im allgemeinen geringer als bei RNA-Viren, aber höher als im menschlichen Erbgut (S. 326). Die Entstehung und Selektion von Mutanten spiegelt den dynamischen Versuch des Virus wider, sich den Abwehrmechanismen des Wirtes zu seiner Elimination zu entziehen (S. 304). Die Bedeutung der einzelnen Mutationen für den klinischen Verlauf von Hepatitis B-Infektionen ist Gegenstand intensiver Untersuchungen. Mutationen, die die Primärstruktur der Hüll-

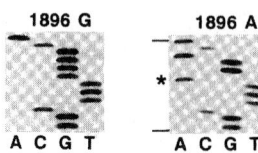

Abb. 12.11 Nachweis von HBV-Wildtyp *links* und einer Stopcodonmutation (Nucleotid 1896 G/A) *rechts* mit Hilfe der direkten Festphasensequenzierung von PCR-Produkten aus der HBV-Prä-C/C-Region. (Nach Gerken et al. (1994) Dt Ärzteblatt 91: 2408)

proteine, des Capsid- und des HBe-Proteins verändern oder in einzelnen Fällen auch ihre Synthese unmöglich machen (durch Leserastermutation oder Ausbildung von Stopcodons) werden genauer analysiert. Durch eine Punktmutation im Codon 145 des S-Gens kommt es im S-Hüllprotein zu einer Aminosäuresubstitution von Glycin zu Arginin; diese Mutation liegt im Bereich des *Epitops,* gegen das die Immunantwort hauptsächlich gerichtet ist (S. 1059). Die Substitution der Wasserstoffseitenkette von Glycin durch die sperrige Seitenkette von Arginin (vgl. Cytochrom c, S. 77) führt zu einer Konformationsänderung des Proteins, so daß dieses als *Fluchtmutante* bezeichnete Virus der Immunabwehr entgehen kann. Mutationen im Prä-C/C-Genbereich betreffen häufig das Guanin in Position 1896 (Abb. 12.11), dessen Ersatz durch Adenosin einen Abbruch der Translation des Vorläuferproteins des HBe-AG hervorruft. Die Virusvermehrung selbst bleibt unbeeinflußt, die HBe-Produktion ist jedoch blockiert. Patienten mit dieser Virusmutante können eine fulminant verlaufende Hepatitis B entwickeln.

Die Beobachtung, daß mit HBV infizierte Patienten das Virus für viele Jahre tragen können, ohne daß Zeichen einer Leberzellschädigung auftreten, spricht dafür, daß das HBV nicht zytopathisch ist, sondern daß ein immunvermittelter Mechanismus für die Zellschädigung verantwortlich ist. Dabei wirken T_4-Lymphocyten, T_8-Lymphocyten und sog. antigenpräsentierende Zellen (Makrophagen, Kupferzellen oder B-Zellen) in der Leber zusammen (S. 1059).

Zwischen chronischer Hepatitis B-Virusinfektion und der Entwicklung des sog. hepatozellulären Carcinoms besteht ein enger Zusammenhang. Die meisten hepatozellulären Carcinome bei Hepatitis B-Virusinfektion enthalten integrierte Virus-DNA (in verschiedenen Chromosomen). Wie die Integration des Hepatitis B-Virus zur Leberkrebsentstehung führt, ist jedoch noch unbekannt (S. 312).

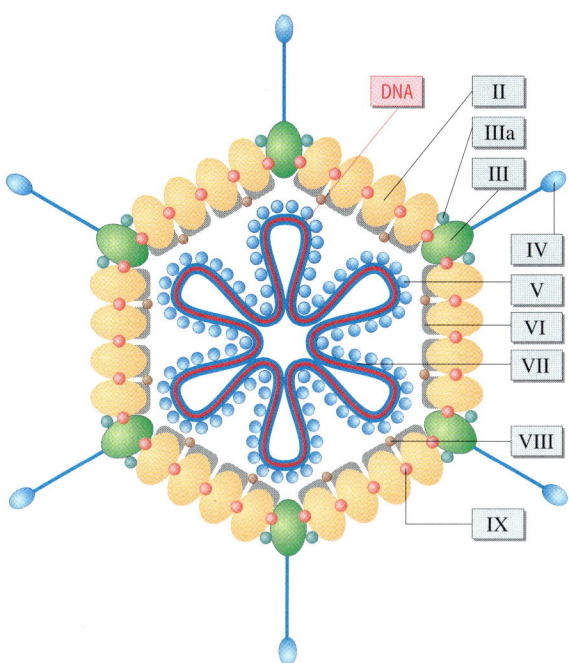

Abb. 12.12 Querschnitt durch ein Adenovirus, II bis IX sind verschiedene Polypeptide. In *grün* die Pentonbasis, an der die Faser hängt. (Verändert nach Brown DT et al. (1975) J Virol 16: 366; vgl. auch Abb. 12.1, S. 291)

12.5.2 Adenoviren

Adenoviren eignen sich als Vektoren zum therapeutischen Gentransfer beim Menschen

Adenoviren verursachen beim Menschen lokale Infekte des Atem- und Gastrointestinaltraktes (Rachen- bzw. Lungenentzündung oder Durchfall). Sie sind doppelsträngige DNA-Viren, die eine Ikosaederstruktur aufweisen, einen Durchmesser von etwa 60–90 nm haben

und keine Hüllmembran besitzen. Da sie eine Reihe geeigneter Eigenschaften aufweisen, gewinnen sie zunehmend für gentherapeutische Ansätze beim Menschen an Bedeutung (S. 353). Ihr lineares Genom ist mit etwa 36 kb zehn mal länger als das des HBV. Das Capsid wird von 20 gleichseitigen Dreiecken (Abb. 12.12) und 12 Scheitelpunkten gebildet, aus denen jeweils eine Faser herausragt. Es besteht aus 252 Capsomeren: 240 Hexonen, die die Oberflächen und Kanten der gleichseitigen Dreiecke ausmachen und 12 Pentonen, die die Scheitelpunkte darstellen. Das Hexon setzt sich aus drei Molekülen des Polypeptids II zusammen und ist mit den Polypeptiden VI, VIII und IX assoziiert. Jede Pentonbasis besteht aus 5 Molekülen Polypeptid III und jede Faser aus 3 Molekülen Polypeptid IV. Die Polypeptide V und VII sind mit der DNA verbunden.

Adenoviren infizieren eine Vielzahl von Zellen, was wahrscheinlich auf die ubiquitäre Verbreitung eines spezifischen, bisher noch nicht charakterisierten Membranrezeptors zurückzuführen ist.

Für den zweiten Schritt, die Internalisierung, sind Integrine verantwortlich. Das Polypeptid III der Pentonbasis enthält die integrinbindende Sequenz RGD (Arg-Gly-Asp). Verteilt auf jede der zwölf Seitenflächen des Ikosaeders des Viruspartikels sorgen die Pentonbasen für zwölf potentielle Anhaftungsstellen für die Integrine. Zur Aufnahme in die Zelle bindet das Virus an einen primären Zellrezeptor und über die Pentonbasen an die *Integrine* (Abb. 12.13). Dies führt zur Anhaftung und konsekutiven Internalisierung über die sog. coated pits (S. 194). Nach Aufnahme in Endosomen entgeht das Virusgenom dem Abbau in den Lysosomen, da adenovirale Capsidproteine und ein Protein, das am Ende des DNA-Stranges covalent angekoppelt ist, den Abbau durch lysosomale Nucleasen verhindern.

Durch Ruptur der Phagolysosomenmembran wird das Nucleocapsid in das Cytosol freigesetzt und das Adenovirusgenom wird nach Ablösung des Cap-

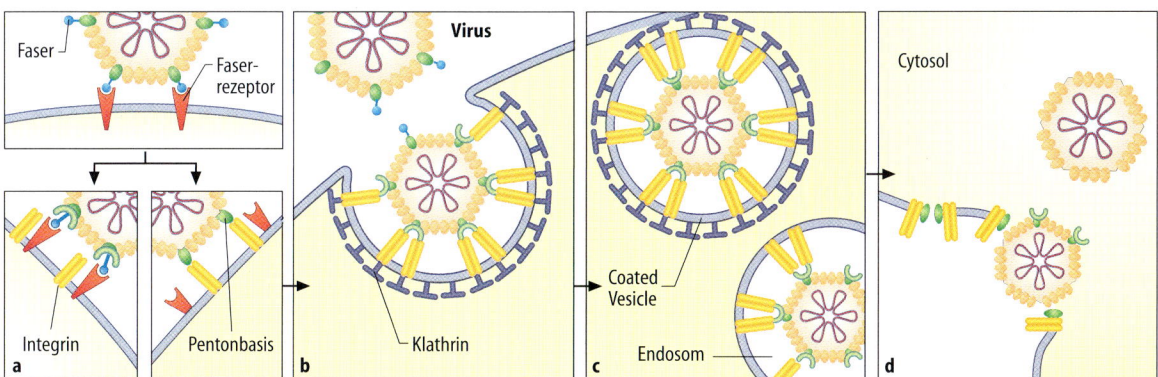

Abb. 12.13 a, b Schematische Darstellung der Aufnahme von Adenoviren in Zielzellen. **a** Bindung an die Zelloberfläche. Die Faser bindet an den Faserrezeptor, und die Pentonbasis an ein Integrin. **b** Das Virus wird in coated pits aufgenommen. **c** Das Virus wird in Endosomen überführt. **d** Das Virus durchdringt die endosomale Membran und gelangt dadurch ins Cytosol. (Vgl. Abb. 12.1 und 12.12)

sids in den Zellkern transferiert. Während dieser Eklipsephase (S. 297) ist das Virus „wie verschwunden". Die Expression der viruscodierten Gene beginnt etwa 8 Stunden nach der Infektion und läuft in zwei Phasen ab: die frühe Phase beginnt mit der Expression von E 1, das als Transaktivator die konsekutive Expression von E 2 (DNA-Polymerase), E 3 und E 4 initiiert. Die absolute Abhängigkeit der viralen Genexpression und damit der Replikation des Virusgenoms von E 1 stellt die Basis für die Konstruktion replikationsdefizienter Adenovirusvektoren dar, bei denen das endogene E 1-Gen durch ein fremdes Gen ersetzt wird. Dies ist für die Gentherapie (S. 350) von großer Bedeutung. Zu den späten Genprodukten gehören die Capsidproteine Hexon, Penton und die Faserproteine. Während der Infektion wird das Virusgenom in mehreren tausend Kopien pro Zelle repliziert. Das replizierte Genom assoziiert schnell mit den zwischenzeitlich im Cytosol gebildeten Capsidproteinen. 8 bis 10 Stunden nach der Infektion kommt es zur Hemmung der DNA-Synthese und etwa 6 Stunden später zur Hemmung der Transkription und Translation wirtseigener Gene. Dies führt zur Hemmung der Teilung und bei einer Vielzahl von Adenoviren zum Tod mit anschließender Zerstörung der infizierten Zelle (sog. lytische Infektion).

12.5.3 Adenoassoziierte Viren

Adenoassoziierte Viren benötigen Helferviren zur Replikation

Das adenoassoziierte Virus ist ein kleines (20 nm), einzelsträngiges DNA-Virus mit Ikosaederstruktur, das zur Parvovirusfamilie gehört. Das Virus ist beim Menschen nicht pathogen und deshalb ebenfalls für die Gentherapie interessant (S. 353). Es kann sich normalerweise nicht replizieren, so daß die Koinfektion mit einem Helferadeno- oder Herpesvirus für einen Replikationscyclus erforderlich ist. In Abwesenheit der Helfervirusinfektion wird das adenoassoziierte Virus in die Wirts-DNA integriert (normalerweise in Chromosom 19). Die integrierte Virus-DNA kann aber erst repliziert werden, wenn eine Helfervirusinfektion auftritt. Das 4,7-kb-Genom des adenoassoziierten Virus besteht aus zwei Genen, die für *CAP(sid)-Proteine* und *REP(likations)faktoren* codieren. Die Gene werden von Sequenzen flankiert, bei denen die DNA-Replikation beginnt, die als Verpackungssignale dienen und die auch die Genexpression beeinflussen können. Alternierendes Spleißen und die Verwendung unterschiedlicher Leseraster gestatten die Produktion von drei Capsidproteinen (VP 1, VP 2 und VP 3) von einem CAP-Genpromotor. Durch die Verwendung zwei verschiedener Promotoren und durch alternierendes Spleißen können insgesamt vier REP-Proteine gebildet werden, die als Transkriptionsfaktoren (S. 256) dienen.

12.6 Abwehr von Virusinfektionen durch den Organismus (Immunantwort)

Dem menschlichen Organismus stehen zur Abwehr eines viralen Infekts mehrere Möglichkeiten zur Verfügung. Zum einen kann die befallene Zelle durch Kontakt mit dem Virus selbst Abwehrstoffe wie Interferone bilden und freisetzen. Zum anderen aktivieren Virusproteinprodukte die humorale und zelluläre Immunantwort des Organismus.

12.6.1 Lokale Abwehr durch Zytokine

Interferone sind parakrin wirksame Zytokine

Bei den Interferonen handelt es sich um eine Familie eng verwandter Proteine mit Molekulargewichten von 15 bis 22 kD, die die Vermehrung verschiedenster Virusarten hemmen. Die Interferone gehören zu den Zytokinen (S. 763). Beim Menschen sind drei verschiedene Interferontypen (α, β und γ) identifiziert worden, die sich durch Produktionsort, Induzierbarkeit, Wirkungsweise, Stabilität, Gensequenz und antigene Eigenschaften voneinander unterscheiden. Je nach hauptsächlichem Produktionsort werden

- α- und ω-Interferone (Leukocyten) und
- β-Interferone (Fibroblasten) unterschieden.

Sie bestehen jeweils aus 165–172 Aminosäuren. Da sie mit einem gemeinsamen Rezeptor auf der Zielzelle reagieren, werden sie auch gemeinsam als *Typ-I-Interferone* bezeichnet.

- Eine weitere Interferonart, das γ- oder Immuninterferon, wird von T-Lymphocyten (s. u.) gebildet.

Die Interferonbildung ist die Grundlage der klinischen Beobachtung, daß bei einer Virusinfektion eine Superinfektion mit weiteren Viren erschwert oder gehemmt ist (Interferenz). Die Interferongene liegen auf den Chromosomen 9 (α, β) und 12 (γ). Während für α-Interferon mindestens 15 und für β-Interferon mehrere Subtypen existieren, ist bisher nur ein γ-Interferon identifiziert worden. Interessanterweise enthalten die Gene für α- und β-Interferone im Gegensatz zum γ-Interferon-Gen keine Introns. Die schützende Wirkung der Interferone richtet sich nicht direkt gegen das eindringende Virus, sondern gegen Nachbarzellen, die vor dem Virus geschützt werden sollen. Neugebildete Interferonmoleküle werden von den infizierten Zellen freigesetzt und wirken über einen parakrinen Mechanismus (S. 762) auf die Interferonrezeptoren benachbarter Zellen. Dies bewirkt in der Zielzelle Änderungen der Expression von mindestens 30 Genen, wodurch verschiedene Schritte der Virusreplikation wie

- Internalisierung,
- Freisetzung des Genoms,
- Transkription,
- Translation oder
- Assoziation des Nucleocapsids gehemmt werden können.

Bei der Fülle der verschiedenen Viren und ihren unterschiedlichen Replikationsmechanismen überrascht es nicht, daß von Virus zu Virus andere biochemische Mechanismen der Hemmung wirksam sind. Zu den interferonabhängig-regulierten Genen gehört z. B. eine Proteinkinase, die den Initiationsfaktor eIF-2 (S. 273) durch Phosphorylierung inaktiviert und damit die virale Proteinbiosynthese hemmt. Ein weiteres Enzym, die 2´,5´-Oligoadenylatsynthetase, beginnt mit der Bildung eines Oligonucleotids (aus ATP), das seinerseits eine Endoribonuclease aktiviert. Der Abbau viraler mRNA durch diese Ribonuclease vermindert die Virusreplikation. Weiterhin aktivieren Interferone die Expression von MHC-I und -II-Genen (S. 1060).

Die antivirale Wirkung von Interferonen ist Grundlage ihres therapeutischen Einsatzes. Wegen der Artspezifität kann zur Therapie beim Menschen nur Humaninterferon verwendet werden, das mit gentechnischen Methoden produziert wird.

Wahrscheinlich können die meisten oder fast alle Zelltypen in unserem Organismus Interferon α und β produzieren. Außer durch Viren wird die Interferonbiosynthese auch durch Bakterien und andere Erreger stimuliert.

Viren entwickeln Abwehrmechanismen gegen das Interferonsystem

Im Zuge der Evolution haben Viren verschiedene Gegenmechanismen zur Antagonisierung der antiviralen Wirkung der Interferone entwickelt. Einer dieser Mechanismen, die zur Interferonresistenz führen, ist eine Hemmung der beschriebenen Proteinkinase. Auch die Endoribonuclease kann gehemmt werden.

Zusätzlich zu ihren antiviralen Eigenschaften besitzen Interferone Modulatorfunktion auf das Immunsystem und beeinträchtigen Zellwachstum (Proliferation) und -differenzierung. Aus diesem Grunde haben sie Eingang in die Krebstherapie gefunden (S. 1112).

12.6.2 Systemische Abwehr durch antikörperbildende B-Lymphocyten

Der schnellen, schon innerhalb von wenigen Stunden einsetzenden Interferonbildung folgt zeitlich versetzt die Abwehr durch Antikörperproteine. Diese werden in B-Lymphocyten und Plasmazellen der lymphatischen Reihe gebildet, wobei Viruscapside und Hüllproteine als Antigene wirken (S. 1059). So werden z. B. bei Hepatitis B-Infektionen vom humoralen Abwehrsystem Antikörper gegen HBsAG, HBcAG und HBeAG gebildet. Der Nachweis dieser Antikörper im Plasma von Patienten spielt eine wichtige Rolle bei der Diagnostik von Viruserkrankungen (S. 306).

12.6.3 Abwehr durch zytotoxische T-Lymphocyten

Zytotoxische T-Lymphocyten attackieren die virusbefallenen Zellen

Gegen bereits in Zellen eingedrungene Viren sind humorale Antikörper machtlos. Für solche in die Zelle eingedrungene Erreger hat das Immunsystem ein spezielles, außerordentlich komplexes Abwehrsystem entwickelt, mit dem befallene Zellen erkannt und mitsamt den darin enthaltenen Viren abgetötet werden. Alle in der Zelle vorkommenden Proteine, einschließlich der für den Virusaufbau synthetisierten Proteine, sind einem ständigen Kreislauf von Auf- und Abbau unterworfen. Beim Proteinabbau entstehen als Zwischenprodukte *Peptide*, von denen ein kleiner Teil in der Zelle kontinuierlich von spezialisierten *Peptidrezeptoren* gesammelt, an die Zelloberfläche transportiert und nach außen hin zur Schau gestellt wird. Diese Peptidrezeptoren werden auch als Histokompatibilitätsantigene der Klasse I oder MHC I-Moleküle bezeichnet (S. 1060). Von jedem Protein, das in der Zelle abgebaut wird, werden einige Peptide an die Zelloberfläche transportiert. Dieser Mechanismus führt dazu, daß auf der Membranoberfläche jeder Zelle ständig kleine Bruchstücke von jedem innerhalb der Zelle umgesetzten Protein präsentiert werden. T-Lymphocyten reagieren mit den Peptidrezeptoren, die fremde, z. B. von Viren abstammende Peptide präsentieren. Auf diese Weise können vom Immunsystem Zellen erkannt und bekämpft werden, die in ihrem Inneren von Viren befallen sind, auch wenn letztere für die Antikörper unerreichbar sind. Erkennen cytotoxische T-Lymphocyten (CD 8⁺) z. B. ein Hepatitis B virusspezifisches Peptid auf einem MHC-I-Molekül einer infizierten Leberzelle, so lysieren sie diese Zelle entweder über den direkten Zellkontakt oder über die Sekretion von cytolytischen Zytokinen. Mit Hilfe der im Kapitel 2 beschriebenen HPLC-Techniken können die an den Peptidrezeptoren gebundenen Peptide isoliert und charakterisiert werden. Dies erlaubt die Aussage, welche Aminosäuren auf welchen MHC-I-Molekülen präsentiert werden. Bei der Hepatitis B-Infektion werden T-Lymphocyten durch Proteinfragmente aktiviert, die Teile des HBc-Antigens und HBe-Antigens sind. Beide Proteine sind damit auf T-Lymphocytenebene kreuzreagierend. Die präsentierten Peptide weisen im allgemeinen eine Länge von

9–10 Aminosäuren auf, wobei in Position 2 Leucin und in Position 9 Valin charakteristisch sind.

Auch CD 4⁺ T-Lymphocyten bestimmen den Infektionsverlauf

CD 4⁺-T-Helfer-Lymphocyten erkennen Virusantigene in Zusammenhang mit *MHC-II-Proteinen,* die im Gegensatz zu MHC-I-Proteinen nur auf spezialisierten Zellen, den sogenannten Antigen-präsentierenden Zellen vorkommen. Hierzu sind Makrophagen und T-Lymphocyten imstande (S. 1060). Auch diese Zellen haben auf ihrer Oberfläche Peptidrezeptoren (MHC-II-Moleküle), die im allgemeinen Peptide von einer Länge von 12–25 Aminosäuren binden. Die CD 4⁺-T-Lymphocyten bestehen aus zwei Subpopulationen (TH-1 und TH-2; TH = T-Helferzellen), die die Immunantwort über die Freisetzung von Zytokinen und cytotoxische Effekte beeinflussen.

- TH 1-Lymphocyten produzieren Interleukin 2, γ-Interferon und Tumornekrosefaktor β,
- wohingegen TH 2-Lymphocyten Interleukin 4, Interleukin 5 und Interleukin 10 sezernieren.

Über das Wirkspektrum der produzierten Zytokine sind die Zellen an unterschiedlichen immunologischen Reaktionen beteiligt:

- die TH 1-Subpopulation vermittelt die zelluläre Immunreaktion, d. h. Zytotoxizität,
- die TH 2-Subpopulation fördert die Antikörperbildung durch B-Lymphocyten.

Durch Peptidanalyse ist es auch bei MHC-II-Proteinen gelungen, die Peptidfragmente zu identifizieren, die bei verschiedenen Virusinfektionen von den Peptidrezeptoren präsentiert werden.

12.7 Akute und persistierende Virusinfektion

In der Zelle können Viren auf verschiedene Weise zum akuten Zelltod führen (lytische Infektion); sie können

- Enzyme (v. a. der Proteinbiosynthese) in ihren Dienst stellen und damit dem Zellstoffwechsel entziehen,
- intracelluläre Membranen labilisieren (wie z. B. die der Lysosomen),
- die Integrität der Plasmamembran beeinträchtigen (mit der konsekutiven Freisetzung von Enzymen in das Blut) oder
- den Lipidanteil der Zellmembran so beeinflussen, daß Riesenzellen (Syncytien) durch Verschmelzung von Einzelzellen entstehen.

Oft ist der Tod der infizierten Zelle jedoch auch durch zytotoxische T-Lymphocyten verursacht.

Bei der persistierenden oder latenten Infektion persistiert das Virus in der Zelle, ohne daß die vitalen Funktionen der befallenen Zelle beeinflußt werden. Eine Reaktivierung des Replikationscyclus (z. B. durch UV-Strahlung) kann dann zu einer lytischen Infektion führen.

12.8 Diagnostik von Virusinfektionen

Zum Nachweis einer Virusinfektion stehen mehrere Methoden zur Verfügung, mit denen entweder das Virus selbst, die Virusnucleinsäure oder Antikörper gegen Virusproteine erfaßt werden.

Virusnucleinsäuren können mit Hilfe der Polymerasekettenreaktion nachgewiesen werden

Methode der Wahl zum Virusnachweis ist die *Polymerasekettenreaktion* (*PCR,* S. 229). Bei der HIV-PCR wird die DNA meist aus Blutlymphocyten extrahiert, und anschließend die HIV-DNA durch Amplifikation verschiedener Genbereiche nachgewiesen. Die DNA des Hepatitis B-Virus kann entweder durch Hybridisierung oder PCR nachgewiesen werden. Der Nachweis der HBV-DNA auf Filtern erfolgt durch Hybridisierung der fixierten DNA mit radioaktiv markierten (^{32}P) Sonden. Durch Verwendung der PCR kann die Nachweisgrenze um zwei Zehnerpotenzen verbessert werden. Die PCR ist zwar eine sehr empfindliche Methode, kann aber durch Kontamination falsch positive Ergebnisse liefern.

Der Nachweis von Antikörpern spricht für eine stattgehabte Infektion

Antikörper (Einzelheiten S. 1064) gegen verschiedene Virusproteine, die bei stattgehabter Infektion im Blutplasma des Patienten zirkulieren, können mit dem sog. *ELISA* (Enzyme Linked Immuno Sorbent Assay) nachgewiesen werden. Dieser Test beruht auf einer Art Kettenreaktion. Zunächst werden isolierte Virusproteine an eine feste Phase gebunden und anschließend mit Serum des Patienten inkubiert. Sind Antikörper in der Probe vorhanden, so binden sie in einer Antigen-Antikörper-Reaktion (S. 1067) an die immobilisierten Virusproteine. Nachgewiesen wird der gebundene Patientenantikörper durch Hinzufügung eines Immunglobulins gegen menschliche Antikörper (Antiimmunglobulin), an das ein Enzym gebunden ist. Dieses Enzym katalysiert seinerseits eine Reaktion, bei der z. B. ein Farbstoff entsteht, der kolorimetrisch erfaßt wird. Ein auf diesem Prinzip beruhender Test wird zur Diagnostik verschiedenster Infektionen wie z. B. mit dem

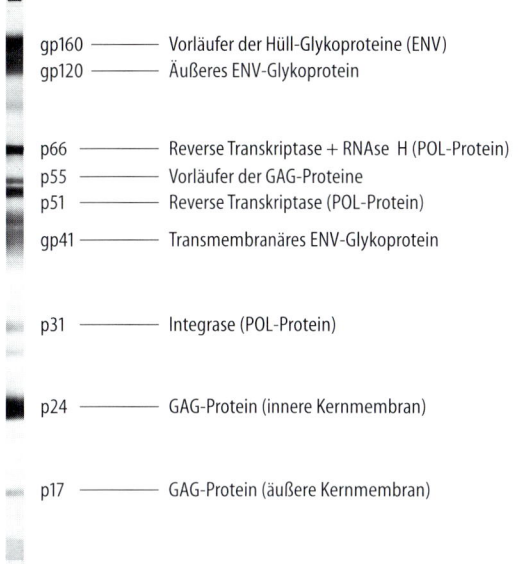

gp160	——————	Vorläufer der Hüll-Glykoproteine (ENV)
gp120	——————	Äußeres ENV-Glykoprotein
p66	——————	Reverse Transkriptase + RNAse H (POL-Protein)
p55	——————	Vorläufer der GAG-Proteine
p51	——————	Reverse Transkriptase (POL-Protein)
gp41	——————	Transmembranäres ENV-Glykoprotein
p31	——————	Integrase (POL-Protein)
p24	——————	GAG-Protein (innere Kernmembran)
p17	——————	GAG-Protein (äußere Kernmembran)

Abb. 12.14 Western-Blot-Analyse der HIV-1-Antikörper im Plasma einer infizierten Person. Das Molekulargewicht der von den Serumantikörpern erkannten HIV-1-Strukturen und Vorläuferproteine ist in kD angegeben

HIV-1 oder dem Hepatitis B-Virus verwendet. Bei der HBV-Infektion erlaubt die Bestimmung von Antikörpern gegen HBs, HBc und HBe Rückschlüsse auf einen akuten oder chronischen Verlauf der Infektion.

Bei der HIV-1-Infektion muß die Diagnose mit der Westernblot-Analyse gesichert werden

Beim HIV-1-Test wird ein besonders hohes Maß an diagnostischer Sicherheit verlangt. Bei allen positiven und fraglich positiven HIV-1-Befunden muß das Ergebnis deshalb durch eine weitere, auf einem anderen Testprinzip beruhende Untersuchungsmethode bestätigt werden. Mit Hilfe der **Western-Blot-Technik** (S. 52) wird nachgewiesen, gegen welche Virusproteine der Patient Antikörper gebildet hat. Dabei wird gereinigtes Virus über eine SDS-Gel-Elektrophorese (S. 51) in die einzelnen Capsidkomponenten aufgetrennt (Abb. 12.14). Die getrennten Proteine werden anschließend auf einen Nitrocellulosestreifen übertragen, der mit dem Patientenserum inkubiert wird. Der an das Virusprotein gebundene Patientenantikörper wird dann mit einem zweiten Antikörper (gegen menschliches Immunglobulin) sichtbar gemacht. Abbildung 12.14 zeigt das Ergebnis eines solchen Immunoblots mit dem Nachweis von Antikörpern gegen bestimmte HIV-1-Proteine. Auch bei HBV-Infektionen werden einzelne Virusproteine (HBs-Antigen, HBe-Antigen) im Patientenplasma – in diesem Fall mit monoklonalen Antikörpern – nachgewiesen.

12.9 Prophylaxe und Therapie von Virusinfektionen

12.9.1 Immuntherapie

Durch Immunisierung mit Virusproteinen kann eine Immunantwort hervorgerufen werden

Die größte Bedeutung bei der Therapie und Vorbeugung von Virusinfektionen haben die passive und aktive Immunisierung.

Bei der *passiven Immunisierung* erfolgt die Neutralisierung der Viren durch intravenöse Verabreichung von Antikörpern, die meist nur gegen einen bestimmten Virusstamm gerichtet sind (S. 1064). Sie verleiht einen sofortigen Schutz.

Der *aktiven Immunisierung* kommt wesentliche Bedeutung bei der Prophylaxe viraler Infekte zu. Durch Impfung mit inaktivierten Viren mit stark herabgesetzter Infektiosität oder einzelnen Virusbestandteilen wird eine über einen längeren Zeitraum bestehende Antikörperbildung angeregt. Ein wirksamer Antikörperspiegel wird jedoch erst nach sechs bis acht Wochen erreicht. Die aktive Immunisierung gegen die Hepatitis B-Infektion (S. 299) wird heute mit einem rekombinanten HBs-Antigen, einem Dimer aus zwei Proteinmolekülen mit jeweils 226 Aminosäuren, die über Disulfidbrücken verbunden sind, durchgeführt. Es trägt die volle Virusantigenität. Die Reduktion der Disulfidbrücken führt zur Dissoziation und zu einer drastischen Abnahme der HBsAG-Antigenität. Zur gentechnischen Herstellung wird das gesamte Gen, das die Information für das HBsAG enthält, in Hefe oder menschliche Zellen in Kultur eingebracht, die das Antigen dann produzieren. Eine Herstellung in E. coli ist in diesem Fall nicht möglich, da die Dimerisierung in diesem System nicht auftritt.

Auch durch die intramuskuläre Injektion von viraler DNA kann eine Immunantwort hervorgerufen werden

Bei der DNA-Vakzinierung werden nicht mehr komplette Viren oder virale Proteine inokuliert, sondern ein Teil der genetischen Information des Virus wird als nackte unbehüllte Nucleinsäure in den Muskel injiziert. In der Muskelzelle wird ein geringer Anteil der DNA in RNA und Protein übersetzt, was zur Induktion antiviraler Antikörper und CD8-positiver T-Lymphocyten führt. Diese in vivo-Synthese einzelner viraler Antigene besitzt die Vorteile abgeschwächter Lebendimpfstoffe, ohne das Risiko infektiöser Komplikationen zu haben. Das Konzept ist verblüffend einfach und besitzt ein großes Potential. Obwohl der genaue Wirkungsmechanismus noch unklar ist, zeigt die Anwendung im Tierversuch vielversprechende Ergebnisse, so daß Untersuchungen am Menschen begonnen wurden.

12.9.2 Chemotherapie

Virusinfekte können nur mit Stoffen behandelt werden, die selektiv den Virusstoffwechsel beeinflussen

Viren benötigen für ihre Vermehrung die protein- und nucleinsäuresynthetisierenden Enzyme der Wirtszelle. Eine Behandlung mit Stoffen, die über eine Hemmung der zelleigenen Protein- oder Nucleinsäurebiosynthese wirken, ist deshalb nicht sinnvoll. Zur Therapie von Virusinfekten sind deshalb Stoffe erforderlich, die gezielt in den Virusstoffwechsel eingreifen. Bisher haben nur wenige Chemotherapeutika Eingang in die Klinik gefunden. Sie werden vor allem bei Infektionen mit Viren der Herpesfamilie eingesetzt, zu denen

- das Herpes simplex- (Typ 1, 2 und 6),
- das Varizella zoster-,
- das Cytomegalie- und
- das Epstein-Barr-Virus gehören.

Herpesviren unterscheiden sich von anderen DNA-Viren u. a., daß sie ihre äußere Hülle bereits kurz nach dem Eindringen in menschliche Wirtszellen abstreifen. Das Capsid wird enzymatisch abgebaut, so daß das Virusgenom frei wird, in den Zellkern gelangen kann und dort die Bildung viruscodierter Frühproteine induziert. Diese sind eine Thymidinkinase und eine DNA-Polymerase, die zur vermehrten Bildung von DNA-Vorstufen bzw. zur Virus-DNA-Biosynthese führen.

Acyclovir wirkt auf die viruscodierte Thymidinkinase und DNA-Polymerase

An diesen beiden Enzymen setzt Acyclovir an (ACV), ein Analogon des Desoxyguanosins (S. 152), das zur Therapie von Herpes simplex- und zoster-Virusinfektionen verwendet wird. Es unterscheidet sich von Desoxyguanosin durch das Fehlen der Kohlenstoffatome in 2′- und 3′-Stellung, weshalb es auch als Acycloguanosin bezeichnet wird (Abb. 12.15). Durch die viruscodierte Thymidinkinase wird Acyclovir zu Acycloguanosinmonophosphat phosphoryliert (Abb. 12.16). Je nach infizierendem Herpesvirustyp phosphoryliert die viruscodierte Thymidinkinase Acyclovir 30- bis 120 mal schneller als die entsprechende zelluläre Thymidinkinase. Nichtinfizierte Zellen sowie Zellen, die mit Herpesstämmen infiziert sind, die keine Thymidinkinase (TK-negative Stämme) aufweisen, überführen Acyclovir nur in unbedeutendem Maße in das entsprechende Monophosphat (ACV-MP). Durch zelleigene Nucleotidylphosphotransferasen wird ACV-MP anschließend in das **ACV-Triphosphat** umgewandelt. Dieses Produkt

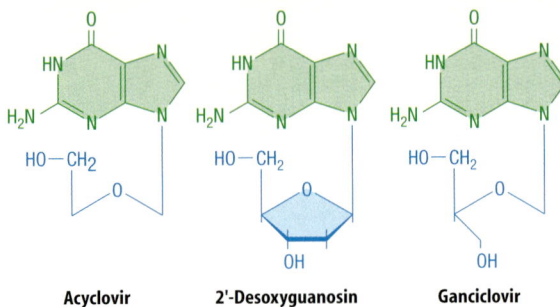

Acyclovir **2′-Desoxyguanosin** **Ganciclovir**

Abb. 12.15 Strukturformeln von Acyclovir und Ganciclovir

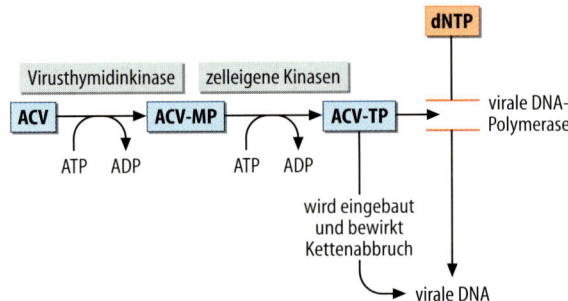

Abb. 12.16 Umwandlung von Acyclovir (ACV) in das virusstatische Agens Acyclovirtriphosphat, das in die Virus-DNA eingebaut wird und zum Kettenabbruch führt

ist das eigentliche, virusstatische Agens und besitzt eine 10- bis 30 fach höhere Affinität zur herpescodierten DNA-Polymerase als zur zellulären DNA-Polymerase. Es verdrängt dGTP kompetitiv von der DNA-Polymerase und wird stattdessen unter Abspaltung von Diphosphat in die virale DNA eingebaut. Durch das Fehlen des Kohlenstoffs in der 3′-Stellung im Acyclovirmolekül ist nach dem Einbau des Acyclovirs in die DNA die für die Kettenverlängerung notwendige 3′-5′-Verknüpfung nicht mehr möglich, so daß es zum Kettenabbruch kommt. Herpesviren können durch Mutationen ihres Thymidinkinase- oder DNA-Polymerasegens eine **Resistenz** auf Acyclovir entwickeln. So führt z. B. eine G-T-Substitution im Nukleotid 529 zu einem Ersatz von Arginin durch Tryptophan (Aminosäure 177) in dem Bereich der Thymidinkinase, der für die Bindung des Nucleosidphosphates verantwortlich ist. Damit verbunden ist eine drastische Abnahme der Enzymaktivität.

Viren, die keine Thymidinkinase besitzen, können durch Ganciclovir gehemmt werden

Diese Viren, wie z. B. das Cytomegalie-Virus, können zwar nicht durch ACV, aber durch Ganciclovir (Abb. 12.15) gehemmt werden, welches ebenfalls ein Analogon zu 2′-Desoxyguanosin darstellt, das wie dieses durch die zelluläre Guanosinkinase phosphoryliert wird. Es ist deshalb auch in nichtinfizierten Zellen

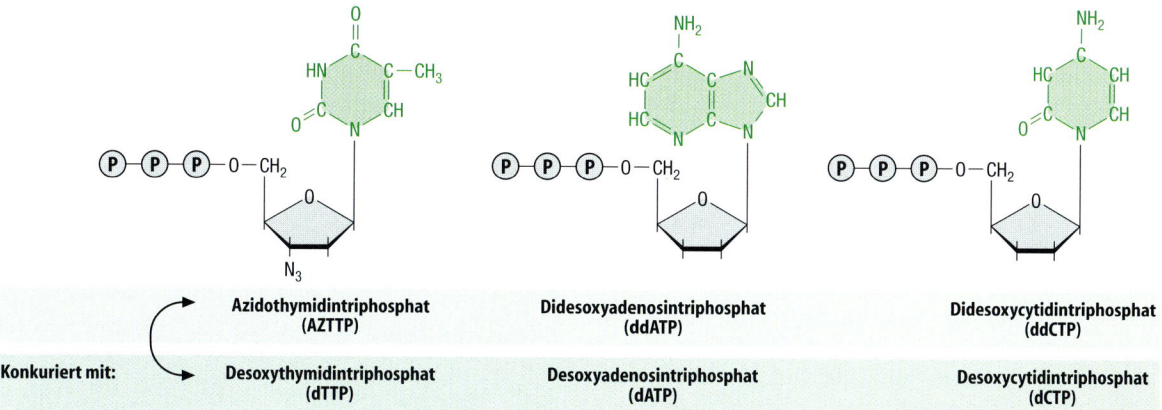

Abb. 12.17 Nucleosidanaloga zur Hemmung der reversen Transkriptase von HIV-1

Tabelle 12.5. HIV-1 Reverse Transkriptase

Mutiertes Codon	*Aminosäure-substitution*		*Nucleosid-Analogon*
41	Met	→ Leu	AZT
67	Asp	→ Asn	AZT
70	Lys	→ Arg	AZT
74	Leu	→ Val	DDI
215	Thr	→ Tyr oder Phe	AZT
219	Lys	→ Gly	AZT

wirksam. Die therapeutische Selektivität kommt dadurch zustande, daß die CMV-Infektion den Stoffwechsel der virusproduzierenden Zellen stimuliert, und das phosphorylierte Ganciclovir dadurch in diesen Zellen in wesentlich höherer Konzentration für den Einbau in DNA zur Verfügung steht.

Auch HI-Viren-1 entwickeln schnell eine Resistenz gegenüber Nucleosid-Analoga

Nucleosid-Analoga, die statt der normalen Triphosphate von der reversen Transkriptase des HIV-1 zur Synthese der komplementären DNA verwendet werden, können die DNA-Synthese stören. *3′-Azido-3′-Desoxythymidin* (Azidothymidin oder AZT), bei dem die Hydroxylgruppe in 3′-Stellung durch eine N₃-(Azido-)Gruppe ersetzt ist, wird in der Zelle wie Thymidin zum Triphosphat phosphoryliert (Abb. 12.17). Wird AZT-Triphosphat in eine wachsende DNA-Kette eingebaut, so kann aufrund der 3′-Azidosubstitution keine 5′-3′-Diesterbindung (S. 154) gebildet werden, so daß es zum Kettenabbruch kommt. Gegen dieses und andere Analoga wie z. B. Didesoxyinosin (aus dem in der Zelle Didesoxyadenosintriphosphat entsteht) entwickeln

HI-Viren schnell eine Resistenz durch Veränderungen von Codons, die für Aminosäuren in der reversen Transkriptase codieren (Tabelle 12.5). Es wurde deshalb versucht, die Neigung der HI-Viren schnell in medikamentenresistente Stämme zu mutieren, insofern auszunutzen, als durch eine Kombination von zwei Nucleosid-Analoga und einen Hemmstoff der reversen Transkriptase möglichst viele Mutationen in dem POL-Gen zu induzieren, daß dadurch die reverse Transkriptase nicht resistent, sondern inaktiviert wurde und eine Selbstmord-Mutante entstand.

HIV-1-Proteaseinhibitoren führen zu einer Abnahme der HI-Virämie

Werden Hemmstoffe der HIV-1-Protease (S. 294) mit Inhibitoren der reversen Transkriptase kombiniert, so führt dies zu einer deutlichen Abnahme der Viruskonzentration im Blut und zu einer erheblichen Verbesserung des klinischen Zustandes und der Lebenserwartung von HIV-Patienten.

12.10 Krebserzeugende Viren

12.10.1 Virusbedingte Krebsentstehung bei Tieren

Ein Retrovirus verursacht bei Hühnern Bindegewebstumoren

Das erste Tumorvirus wurde Anfang dieses Jahrhunderts von Peyton Rous (1879–1970) nachgewiesen. Es ruft bei Hühnern einen Bindegewebstumor, das Rous-Sarkom, hervor. Das *Rous-Sarkom-Virus* gehört zur Gruppe der RNA-Tumorviren, die auch bei anderen Säugetieren bösartige Geschwülste verursachen. RNA-Tumorviren integrieren ihre genetische Information nach Umschreibung der RNA in DNA durch das viruscodierte Enzym reverse Transkriptase (S. 292).

Das Genom der Retroviren besteht aus zwei identischen RNAs von jeweils etwa 8000–10 000 Basen, die eukaryoter mRNA insofern ähneln, als daß sie ebenfalls am 5'- und 3'-Ende blockiert sind (S. 248). Das Genom codiert für die uns bereits bekannten GAG-, POL- und ENV-Proteine (S. 294). Nach Herstellung der viralen DNA wird diese ins Wirtsgenom eingebaut und dann als *Provirus* bezeichnet. Während der Synthese und des Einbaues werden die Sequenzen, die das 3'- und 5'-Ende der viralen RNA bilden, an beiden Enden der DNA vervielfältigt. Sie werden dann als „long terminal repeats (LTR)" bezeichnet, die mehrere hunderttausend Basenpaare lang sind. In dem LTR am 5'-Ende liegt der Promotor für die Transkription der mRNA zur Synthese der Virusproteine.

Der Besitz eines Onkogens verleiht dem Virus stark transformierende Eigenschaften

Bei den onkogenen RNA-Viren (Oncorna-Viren) unterscheidet man zwischen

- Viren mit stark transformierenden Eigenschaften, die Zellen in Kultur (Abb. 12.18) transformieren und relativ schnell bei Versuchstieren Tumoren hervorrufen, und
- Viren mit schwach transformierenden Eigenschaften, die auf Zellen in Kultur nicht wirken und Tumoren in Tieren nur sehr langsam verursachen.

Beide Virusgruppen unterscheiden sich durch den zusätzlichen Besitz eines Gens, das für die schnelle Transformation verantwortlich ist und das deshalb als *Onkogen* bezeichnet wird. Das Onkogen des Rous-Sarkom-Virus wird als *virales Src-Gen* (v-Src) bezeichnet. Es codiert für das Src-Protein, eine Proteinkinase mit einem Molekulargewicht von 60 kD (p 60). Die Src-Proteinkinase ist über einen Myristinsäurerest an die Innenseite der Plasmamembran von virusinfizierten Zellen gebunden. Das Enzym phosphoryliert Tyrosylreste in Membran- und Cytoskelett-Proteinen (Abb. 8.26, S. 196) und beeinflußt offenbar über diesen Mechanismus die Morphologie der Zelle (Abb. 12.18). Die Phosphorylierung von Proteinen, eine für die Regulation des Zellstoffwechsels fundamentale Reaktion (S. 116), besitzt damit auch eine Schlüsselfunktion bei der Krebsentstehung.

Auch nichtinfizierte Zellen besitzen ein Src-Gen

Auf der Suche nach der Herkunft dieses Onkogens fand man überraschenderweise, daß normale Zellen ebenfalls ein Src-Gen besitzen. Mischt man nämlich radioaktiv markierte v-Src-DNA mit DNA aus nicht mit dem Virus infizierten Hühnerzellen, so findet eine Hybridisierung (S. 169) statt, da die zelluläre DNA offenbar auch Src-Sequenzen enthält (Abb. 12.19). Im Gegensatz

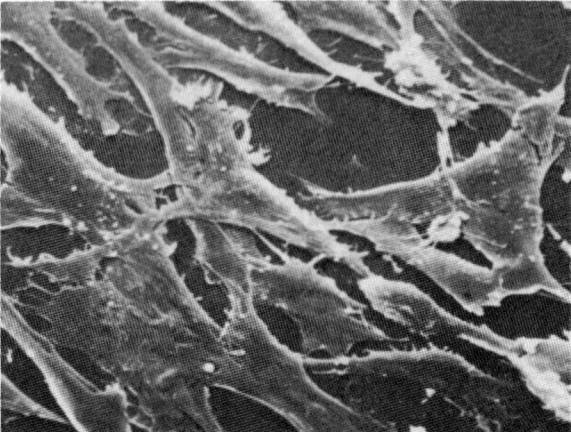

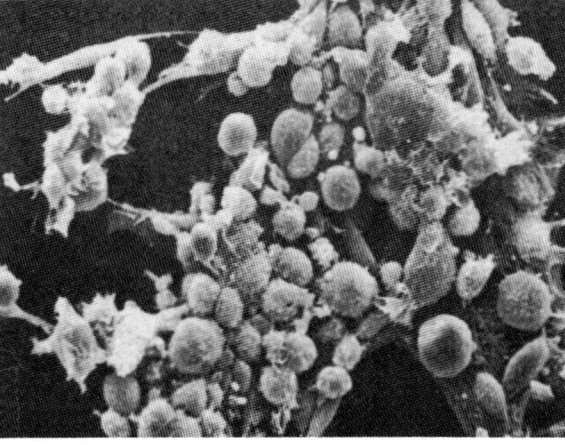

Abb. 12.18 Transformation von Fibroblasten in Kultur durch das Rous-Sarkom-Virus. Normale Fibroblasten *(oben)* sind flach und gestreckt; nach Infektion mit dem Virus runden die Zellen sich ab *(unten)* und treten zu größeren Haufen zusammen. (Aufnahme von G. S. Martin, Berkeley)

zum viralen Gen enthält das zelluläre Src-Gen (c-Src) *Introns* (Abb. 12.20). Diese Beobachtung legt den Schluß nahe, daß das zelluläre Src-Gen zellulären und nicht viralen Ursprungs ist. Wahrscheinlich sind retrovirale Onkogene durch Assimilation normaler zellulärer Gene entstanden. Auch beim Menschen und anderen Species ist das Src-Gen nachweisbar. In normalen Zellen ist die Src-Proteinkinase an der *intrazellulären Signaltransduktion* im Rahmen der Regulation der Proliferation (S. 208) beteiligt; da aber auch postmitotische Zellen eine hohe Aktivität aufweisen können, muß sie noch andere Funktionen besitzen. Bei einer Vielzahl anderer Retroviren, die bei verschiedenen Species Tumoren erzeugen, sind Onkogene gefunden worden, für die auch entsprechende zelluläre Onkogene nachgewiesen wurden (S. 1093). Die Entdeckung, daß virale Onkogene Korrelate normaler zellulärer Gene darstellen, hatte damit einen wesentlichen Einfluß auf die Krebsforschung, da es sich bei der viralen Onkogenese nicht um einen Spezialfall der Natur handelt, sondern um ein System, das Vorgänge in der Tumorzelle tatsächlich widerspiegelt.

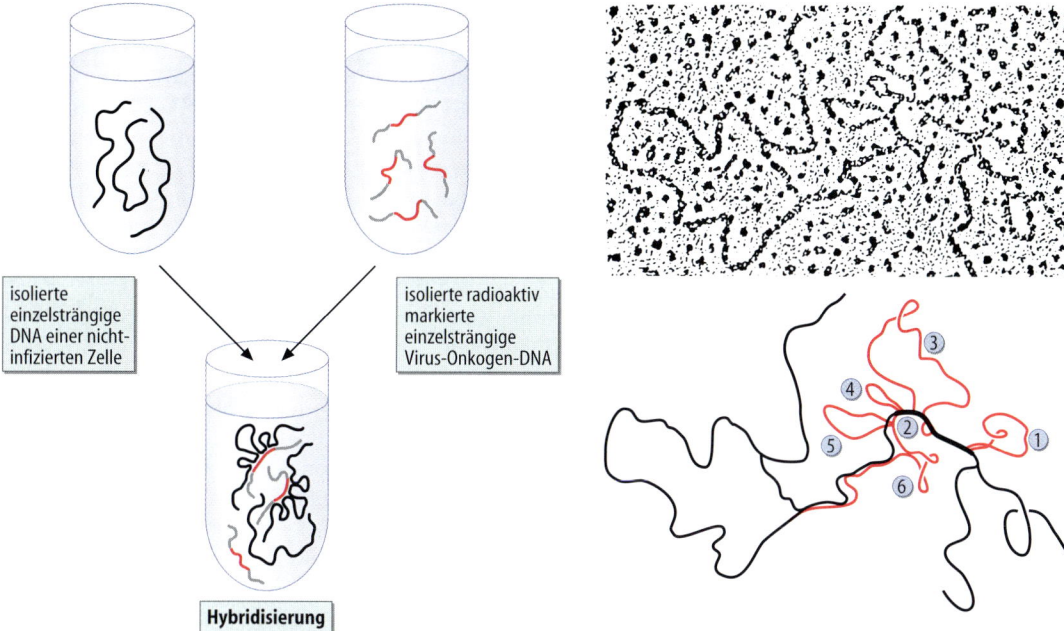

Abb. 12.19 Experiment zur Identifizierung eines viralen Onkogens in zellulärer DNA. Dazu wird ein radioaktiv markiertes einzelsträngiges virales Onkogen verwendet. Das Experiment beruht auf der Fähigkeit einzelsträngiger DNA mit ähnlichen Einzelsträngen zu hybridisieren. Bei der Mischung der Hühnchen-DNA mit dem viralen Onkogen hybridisieren einige Stränge, da das Onkogen ebenfalls in der zellulären DNA vorhanden ist

Abb. 12.20 Hybridisierte zelluläre DNA und v-Src DNA können durch Elektronenmikroskopie sichtbar gemacht werden. Die schematische Zeichnung zeigt die Hybridisierung zwischen dem Einzelstrang der viralen DNA *(schwarz)* und einem Einzelstrang zellulärer DNA *(rot)*. Zusätzliche DNA, die zur Klonierung der Gene benötigt wird, ist *grau* dargestellt. Die Schleifen in der zellulären DNA sind Introns. Da v-Src keine Introns besitzt, beweist die Gegenwart von Introns in der zellulären DNA, die mit dem viralen Onkogen hybridisiert, daß das Protoonkogen zur Zelle gehört und nicht durch Viren in die Zelle eingebracht worden ist. (Aufnahme von R. C. Parker)

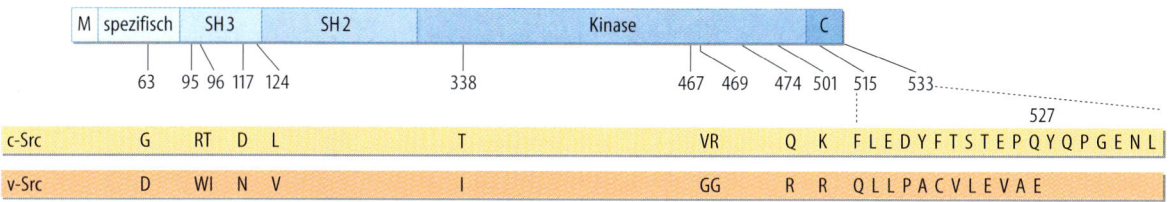

Abb. 12.21 Strukturvergleich von c-Src und v-Src beim Huhn. Mutationen sind durch Zahlen hervorgehoben. *M* Myristinsäure, *spezifisch* Region, die nur in Src und Src-Familien-Tyrosinkinasen auftritt. (Nach Liu & Parson 1994)

Virales und zelluläres Src-Onkogen unterscheiden sich durch multiple Mutationen

Da eine Überexpression des zellulären Onkogens im Experiment keine Transformation hervorruft, müssen qualitative Unterschiede in den Nucleinsäuresequenzen viraler und zellulärer Onkogene Ursache der malignen Transformation sein: das virale Src-Genprodukt (526 Aminosäuren) ist am C-Terminus um *7 Aminosäuren kürzer* als das c-Src (533 Aminosäuren). Außerdem unterscheidet es sich in *21 Aminosäurepositionen,* davon der kompletten C-terminalen Region, vom c-Src-Protein (Abb. 12.21). Damit fehlt dem viralen Onkogenprodukt z. B. der *Tyrosylrest in Position 527,* dessen reversible Phosphorylierung (durch andere Proteinkinasen und -phosphatasen) beim zellulären Onkogen Grundlage der Regulation der Proteinkinaseaktivität ist. Die Mutationen erklären die Störung der Regulierbarkeit des viruscodierten Enzyms und seine veränderte subcelluläre Lokalisation, die wahrscheinlich seine transformierenden Eigenschaften bedingen.

Viele Retroviren besitzen aber – wie oben erwähnt – keine Onkogene. Sie können zwar Zellen in Kultur nicht transformieren, rufen aber nach einer Latenzzeit von Monaten (im Vergleich zu Wochen, die die anderen Viren benötigen) bei Versuchstieren Tumoren hervor. Die Transformation kommt bei diesen Viren dadurch zustande, daß das Retrovirus in unmittelbarer Nähe eines zellulären Onkogens ins Wirtsgenom integriert wird, welches dadurch vermehrt exprimiert wird.

12.10.2 Virusbedingte Krebsentstehung beim Menschen

Seit Mitte der 80er Jahre sind durch die Entdeckung von drei Virus-Systemen neue Vorstellungen über die Bedeutung von Viren für Krebserkrankungen des Menschen entstanden:

- die bereits besprochenen Hepatitis B-Viren und ihre Bedeutung für den Leberkrebs,
- das humane T-lymphotrope Retrovirus (HTLV-1), das eine bei uns extrem seltene Leukämie verursacht, und
- die Identifizierung einer breiten Palette humanpathogener Papillomvirustypen, die vor allem Gebärmutterhalskrebs verursachen.

Eine chronische HBV-Infektion begünstigt die Entstehung von Leberkrebs

Epidemiologische Studien zeigen, daß eine *persistierende Hepatitis B-Virusinfektion* (S. 306) den wesentlichen Risikofaktor für die Entwicklung eines hepatozellulären Carcinoms darstellt. Voraussetzung für die Transformation ist die *Integration* des Virusgenoms in das Wirtszellgenom. Die Virus-DNA wird dabei offenbar über die RNA-Zwischenform (S. 300) in verschiedene Regionen einzelner Chromosomen integriert. Wenn virale transkriptionsregulatorische Elemente in der Nähe eines Wirtszellgens integriert werden, können sie die Expression dieses Gens ändern (*Cis-Aktivierung* S. 255). Über diesen Mechanismus könnten integrierte Hepatitis B-Viren zelluläre Gene verändern, die an der Regulation von Wachstum und Differenzierung beteiligt sind (S. 1092). HB-Viren enthalten auch das *X-Gen,* das als Transkriptionstransaktivator ebenfalls wichtige zelluläre Gene beeinflußt. Auf der anderen Seite gibt es Hinweise dafür, daß eine chronische Schädigung des Hepatocyten zu einer reaktiven Entzündung mit Regeneration der Leber führt. Das hepatozelluläre Carcinom soll durch eine Fehlregulation dieses Vorganges entstehen. In diesem Fall wäre das Carcinom Folge einer inadäquaten Reaktion des Organismus auf eine chronische Virusinfektion. Mit Sicherheit bestehen ursächliche Zusammenhänge zwischen einer chronischen Hepatitis B-Infektion und der Entstehung des hepatocellulären Carcinoms, ohne daß bisher jedoch die molekularen Zusammenhänge bekannt sind.

Papillomviren sind an der Entstehung von Gebärmutterhalskrebs beteiligt

Vermutungen, daß der Gebärmutterhalskrebs eine durch den Geschlechtsverkehr übertragbare, infektöse Komponente hat, wurden bereits Mitte des 19. Jahrhunderts geäußert, als das gehäufte Auftreten dieser Krebsform bei Prostituierten und seine auffallende Seltenheit bei Ordensschwestern auffiel. Heute sind über 70 humanpathogene Papillomvirustypen (HPV) bekannt, die durch eine doppelsträngige, zirkuläre DNA mit etwa 7800 Basenpaaren (7,8 kb) charakterisiert sind. Etwa 90 Prozent aller Biopsien von Patientinnen mit Gebärmutterhalskrebs enthalten HPV-DNA. In allen bisher untersuchten HPV-positiven Carcinomen sind zwei der Virusgene aktiv, die sog. *E6-* und *E7-Gene.* Ihre onkogene Wirkung entsteht dadurch, daß sie zelluläre *Antionkogene* inaktivieren. Jedes Zellgenom enthält neben Onkogenen Antionkogene oder Tumorsuppressorgene, die als ihre Gegenspieler dienen (S. 1094). Krebs kann deshalb nicht nur durch Aktivierung von Onkogenen, sondern auch durch Inaktivierung von Antionkogenen entstehen:

- das virale E6-Genprodukt inaktiviert das zelluläre p53-Antionkogenprodukt (S. 210, 1098),
- das virale E7-Genprodukt das zelluläre Rb-Tumorsuppressor-Genprodukt (S. 208, 1097).

Beide Gene sind in ihrer Kombination in der Lage, normale Zervixepithelien in der Zellkultur zu immortilisieren, d.h. sie zu dauerndem Wachstum anzuregen, während normale Epithelzellen nach wenigen Passagen absterben. Zervixcarcinome entstehen meist erst nach langer Latenzzeit von etwa 25 bis 30 Jahren. Die Virusinfektion alleine reicht damit für die Krebsentstehung nicht aus, d.h. während der Latenzzeit müssen weitere Ereignisse die infizierte Zelle zusätzlich verändern. Da die Aktivität der E6- und E7-Gene eine chromosomale Instabilität der infizierten Zelle hervorruft, treten vermehrt Mutationen im Genom der betroffenen Zellen auf. In infizierten Epithelzellen wird die Expression des viralen Genoms durch zelleigene Moleküle wie den Retinoat-Rezeptor (S. 655) zunächst unterdrückt. Erst der Ausfall dieser Hemmung durch Mutationen entsprechender Regulatorgene hebt die Unterdrückung der Virustranskription auf, so daß es zu einer Proliferationssteigerung kommt. Dieser Ausfall kann durch endogene Faktoren, also durch die mutagene Wirksamkeit der E6- und E7-Proteine oder aber auch durch exogene Mutagene bedingt sein. Offenbar müssen in einem Mehrschrittprozeß mehrere molekulare Veränderungen zusammen auftreten, damit der Gebärmutterhalskrebs entstehen kann.

12.11 Prionkrankheiten

Traberkrankheit beim Schaf und Rinderwahnsinn sind übertragbare Erkrankungen

Vor 250 Jahren wurde bei Schafen eine Krankheit entdeckt, die sich bei den Tieren durch Erregbarkeit, Jucken, Gangstörungen und schließlich Lähmungen und Tod auszeichnete. Die Krankheit ist heute als *Scrapie* im angelsächsischen Raum (da die Tiere sich zur Linderung des Juckreizes an Bäumen reiben) und als *Traberkrankheit* in Deutschland bekannt. Scrapie wurde als der Prototyp einer Gruppe von Erkrankungen erkannt, die nicht nur Tiere, sondern auch den Menschen befallen: die *übertragbaren, spongiformen* (da sie das Gehirn wie einen Schwamm durchlöchern) *Encephalopathien* oder *Prionkrankheiten,* die früher als Slow Virus-Infektionen bezeichnet wurden. Im Zusammenhang mit der Traberkrankheit steht eine weitere Prionerkrankung, die sog. Bovine Spongiforme Encephalopathie (BSE) oder der Rinderwahnsinn. Dieser kommt dadurch zustande, daß Rinder mit Schlachtabfällen von an Scrapie erkrankten Schafen gefüttert werden. Nachdem die Schlachtabfälle bei der Tiermehlherstellung anfänglich über 130 °C erhitzt wurden, reduzierte man seit Anfang der 80er Jahre die Erhitzungstemperatur auf 110 °C und verzichtete zudem auf einen Extraktionsschritt mit einem organischen Lösungsmittel. Daraufhin wurden erstmalig bei Rindern dieselben Symptome und hirnanatomischen Veränderungen wie bei Schafen beobachtet.

Die Creutzfeldt-Jakob-Krankheit ist das Pendent des Rinderwahnsinns beim Menschen

Gleichzeitig wurden beim Menschen langsam verlaufende, degenerative Erkrankungen des Zentralnervensystems beschrieben, die nach ihren Beschreibern bzw. Vorkommen als

- Creutzfeldt-Jakob-Krankheit (CJK),
- Gerstmann-Sträußler-Scheinker-Erkrankung und
- Kuru bezeichnet werden.

Die ersten Symptome sind Gedächtnisverlust oder motorische Störungen, die schließlich in Demenz und Tod enden. Während die ersten beiden Erkrankungen sehr selten sind, nahm Kuru zu Beginn dieses Jahrhunderts epidemische Ausmaße in Papua Neuginea an, wahrscheinlich weil sie durch ritualen Kannibalismus über-

tragen wurde (möglicherweise durch Verzehr des Gehirns eines an CJ-Erkrankten). Seit Bekanntwerden des Rinderwahnsinns wird befürchtet, daß die CJK durch den Verzehr von Rindfleisch erworben werden kann. Nachdem zu Beginn des Jahres 1996 in Edinburgh über 10 Creutzfeldt-Jakob-Patienten mit besonderem Krankheitsverlauf (ungewöhnlich niedriges Manifestationsalter, längerer Krankheitsverlauf, andere Gemütsveränderungen, außergewöhnliche neuropathologische Charakteristika) berichtet worden ist, wird vermutet, daß es sich um eine Krankheitsvariante handelt, die möglicherweise durch Übertragung des BSE-Erregers auf den Menschen entsteht. Seit März 1996 herrscht deshalb vorerst ein totales Ausfuhrverbot für Rinder und Rinderschlachtprodukte aus Großbritannien.

Das infektiöse Agens besitzt außergewöhnliche Eigenschaften

Die makroskopisch erkennbaren schwammartigen Veränderungen in den Gehirnen BSE-infizierter Rinder, traberkranker Schafe oder an CJK verstorbener Menschen sind nicht die einzigen Auffälligkeiten. In den veränderten Gehirnen finden sich außerdem mikroskopisch *amyloide Plaques,* die sich bei elektronenmikroskopischer Analyse als fibrilläre Ablagerungen entpuppen. Diese werden als *proteinaceous infectious particles* oder *Prions* bezeichnet. Werden diese aus dem Gehirn infizierter Hamster isoliert und in das Gehirn nichtinfizierter Hamster injiziert, so entwickeln die Versuchstiere nach zwei Monaten eine spongiforme Encephalopathie. In den Plaques konnten *extrem unlösliche Proteine* nachgewiesen werden. Diese stellen eine modifizierte Form eines *zellulären Prionproteins (PrPc)* dar. Wegen dieser Ähnlichkeit werden sie als *Scrapie-Prion-Protein (PrPsc)* bezeichnet. Obwohl zelluläres und Scrapie-Prion dieselbe Aminosäuresequenz besitzen, haben sie un-

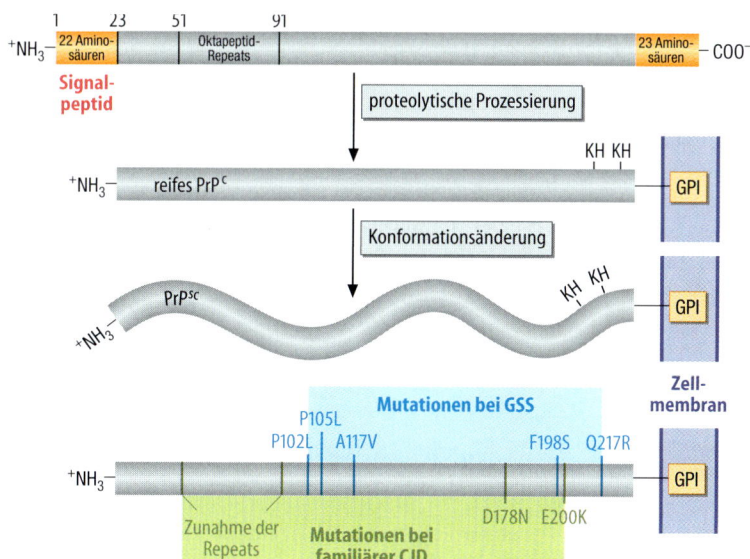

Abb. 12.22 Posttranslationale Prozessierung des zellulären Prionproteins und Verankerung in der Plasmamembran mit Hilfe eines GPI-Ankers. (Einzelheiten s. Text)

terschiedliche biochemische Eigenschaften: das infektiöse PrPsc ist extrem unlöslich, resistent gegenüber Proteasen und wenig hitzeempfindlich. Dies erklärt, warum der Rinderwahnsinn gehäuft auftrat, nachdem der Hitzesterilisationsschritt von über 130 °C auf unter 110 °C gesenkt worden war. Selbst gegenüber einer Bestrahlung mit UV-Licht oder der Behandlung mit einem sterilisierenden Agens wie Formaldehyd ist das Prionprotein extrem widerstandsfähig. Nur hohe pH-Werte oder sehr hohe Temperaturen führen zum Verlust der Infektiosität. Ganz anders verhält sich das zelluläre PrPc, das löslich und empfindlich gegenüber Proteasen und Sterilisationstechniken ist.

Das Prionprotein ist über einen GPI-Anker in der Plasmamembran verankert

Das Gen für das zelluläre Prionprotein befindet sich beim Menschen auf Chromosom 20. Das Prionprotein (Abb. 12.22) besteht zunächst aus 254 Aminosäuren, von denen am N-Terminus 22 und am C-Terminus 23 Aminosäuren abgespalten werden, so daß ein 209 Aminosäuren-Protein entsteht, das über einen sog. GPI-Anker (Serin 231) an der Außenseite der Plasmamembran befestigt ist. An zwei Asn-Resten ist das Protein glykosyliert. Das Priongen wird im Gehirn vor allem im Hippokampus exprimiert, daneben auch in zahlreichen anderen Geweben wie Skelett- oder Herzmuskel. Im Gehirn ist es wahrscheinlich an der Funktion der Synapse beteiligt. Transgene Mäuse, die kein Prionproteingen besitzen (sog. knock-out- oder Null-Mäuse, S. 235), lassen sich nicht mit PrPsc infizieren. Dies spricht für die unbedingte Notwendigkeit des wirtseigenen Prionproteins für die Entstehung der spongiformen Encephalopathie.

Mehrere Theorien versuchen den Mechanismus der Bildung von PrPsc zu erklären

Die ungewöhnlichen Eigenschaften des Scrapie-Agens haben zu Spekulationen geführt, daß es aus einer Nucleinsäure bestehen könnte, aus einem Protein oder auch einer Kombination aus beiden. Mitte der 90 er Jahre ist die am meisten akzeptierte Hypothese die *Nur-Protein-Hypothese,* nach der das Prion allein für die Infektion zuständig ist. Alternativ gibt es jedoch auch Anhänger der Auffassung, daß das Agens aus einer Nucleinsäure und einem wirtscodierten Protein besteht *(Virino-Hypothese).*

- Nach der Protein-Only-Hypothese enthält das Prion keine Nucleinsäure und ist mit dem PrPsc, einer modifizierten Form des PrPc, identisch.
- Nach der Virino-Hypothese besteht das infektiöse Agens aus einer Scrapie sepzifischen Nucleinsäure und dem PrPsc des Wirtes, welches als Hülle für die Nucleinsäure verwendet wird. Der Wirtsursprung der postulierten Hülle würde das Fehlen einer Immun- und Entzündungsantwort erklären.

Tabelle 12.6. Mutationen bei Patienten mit Prionkrankheiten

Erkrankung	*Mutationen*
Creutzfeldt-Jakob-Krankheit (CJK)	D 178 N, E 200 K
Gerstmann-Sträußler-Scheinker-Syndrom (GSS)	P 102 L, P 105 L, A 117 V
Fatale familiäre Schlaflosigkeit	D 178 N
Kuru	Keine

Prion-ProteinSc verbindet sich mit dem zellulären Prion-Protein c und konvertiert dieses zu Prion-Protein Sc

Nach einer Initialreaktion bewirkt PrionProteinSc die Umwandlung eines PrionProtein c in PrionProteinSc und dann in einer Kettenreaktion die Bildung weiterer Sc-Moleküle. Was bei der Umwandlung von PrPc in PrPsc geschieht, ist noch unklar (posttranslationale Modifikation, Konformationsänderung). Nach der gegenwärtig favorisierten Hypothese kommt es bei der Umwandlung von PrPc in PrPsc – möglicherweise unter dem Einfluß von Chaperonen (S. 280) – zu einer Konformationsänderung von α-Helix- in β-Faltblattstrukturen des Prionproteins.

Bei familiär gehäuften Encephalopathien treten Mutationen im Priongen auf

Prionerkrankungen können nicht nur spontan (sog. sporadische Formen), sondern auch in Familien gehäuft auftreten, wobei sie mit bestimmten Mutationen des Prionproteingens assoziiert sind (Tabelle 12.6). Alle bisher beschriebenen Mutationen des Prionproteins liegen in Motiven, die die statistische Wahrscheinlichkeit für eine Umwandlung der Sekundärstruktur des Proteins von einer α-Helix in eine β-Faltblattstruktur erhöhen: so z. B.

- in den Positionen 102 und 105 (jeweils die Aminosäure Prolin durch die verzweigtkettige Aminosäure Leucin ersetzt),
- in Position 198 (Substitution des aromatischen Phenylalanins durch Serin) und
- in Position 200 (Substitution des negativ geladenen Glutamats durch das positiv geladene Lysin).

Literatur

Monographien und Lehrbücher

WEBSTER RG, GRANOFF A (eds) (1994) Encyclopedia of Virology vol I–III, Academic Press, London New York

! RESÜMEE

Viren sind infektiöse Assoziate aus Nucleinsäuren (DNA oder RNA) und Proteinen, die beim Menschen verschiedenste Krankheiten von der Rachenentzündung über AIDS bis Krebs hervorrufen. Ihr Genom kann sehr klein sein wie beim Hepatitis B-Virus (3,6 kb), aber auch 100 mal so lang sein, wie beim Pockenvirus. Bei Viren mit kleinem Genom wird die DNA unter Verwendung eines unterschiedlichen Leserasters mehrfach abgelesen. Viren können nur an Zellen binden und diese infizieren, wenn auf der Membranoberfläche spezifische Rezeptoren vorhanden sind. Nach Bindung an den Rezeptor wird das Virus in einem zweiten Schritt – auf bei den einzelnen Viren unterschiedlichen Wegen – internalisiert. Vor ihrer Replikation überführen viele RNA-Viren ihr Genom durch eine viruseigene reverse Transkriptase in DNA. Auch ein DNA-Virus, das Hepatitis B-Virus, repliziert seine DNA über einen RNA-Zwischenschritt. Das Genom der Viren enthält Informationen für Strukturproteine (Capsid), Schlüsselenzyme der Replikation und auch Transkriptionsfaktoren. Die neugebildete Virusnucleinsäure wird in den Virusproteinkomplex eingebaut. Oft stülpt das Nucleocapsid beim Verlassen der Wirtszelle einen Teil der Zellmembran aus und nimmt diesen mit Virushüllproteinen und Wirtszellmembranproteinen mit. Wirtszellen können somit der Virusvermehrung dienen, aber auch durch Virusprodukte so geschädigt werden, daß sie zugrundegehen. In einzelnen Fällen verbleiben die Viren in der Zelle.

Unser Organismus verfügt über eine Vielzahl von lokalen (Zytokine wie z. B. Interferone) und systemischen Abwehrmechanismen (Antikörperproduktion und zytotoxische T-Lymphocyten). Aufgrund der hohen Mutationsneigung der Viren besteht eine dynamische Wechselwirkung mit dem Abwehrsystem des Wirtes, dem sich die Viren z. B. durch die Entwicklung von Fluchtmutanten zu entziehen suchen. Die Prophylaxe von Virusinfektionen durch Immunisierung war ein Meilenstein in der Entwicklung der modernen Medizin. Chemotherapeutika sind bisher aber nur bei einzelnen Viren erfolgreich, wobei die Viren auch hier durch Mutationen dem Behandlungsdruck auszuweichen versuchen. Viren können auch Krebs erzeugen, da z. B. eine chronische Hepatitis B-Infektion zum Leberkrebs führt. Die molekulare Virologie versucht durch Analyse der Virusinfektion beim einzelnen Patienten (z. B. über die Identifizierung von Virusmutanten) Aufschlüsse über den individuellen Verlauf der Infektion zu erhalten und daraus neue Therapiekonzepte zu entwickeln.

Infektionen mit sehr langer Inkubationszeit wurden früher als Slow Virus- und heute als Prion-Erkrankungen bezeichnet, da offenbar kein Virus, sondern allein ein Protein für die Infektion verantwortlich ist. Prionproteine werden im Organismus gebildet und können entweder durch Mutationen oder Wechselwirkungen mit bereits veränderten Prionproteinen so verändert werden, daß sich ihre räumliche Struktur ändert. Dies führt zu einem Verlust ihrer normalen Funktion und damit schweren Gehirnfunktionsstörungen.

Original- und Übersichtsarbeiten

CHOW YK et al (1993) Use of evolutionary limitations of HIV-1 multidrug resistance to optimize therapy. Nature 361: 650–653

FEITELSON MA (1994) Biology of hepatitis B virus variants. Lab Invest 71: 324–349

GÜRTLER L (1994) Rationale Diagnostik der HIV-Infektion. Dtsch Med Wschr 119: 425–428

GUTTERMAN JU (1994) Cytokine therapeutics: Lessons from interferon-α. Proc Natl Acad Sci 91: 1198–1205

HO DD (1996) Viral counts count in HIV-infection. Science 272: 1124–1125

JUNG MC, DIEPOLDER HM, PAPE GR (1994) T cell recognition of hepatitis B and C viral antigens. Eur J Clin Invest 24: 641–650

KIRCHHOFF F et al (1995) Absence of intact nef sequences in a long term survivor with non-progressive HIV-1 infection. New Engl J Med 332: 228–232

KRETZSCHMAR H (1996) BSE – Eine Herausforderung für die moderne Medizin. Internist 37: 658-650

LIU X, PAWSON T (1994) Biochemistry of the src protein-tyrosine kinase: Regulation by SH 2 and SH 3 domains. Rec Progr Horm Res 49: 149–160

ROBINSON WS (1994) Molecular events in the pathogenesis of hepadnavirus-associated hepatocellular carcinoma. Ann Rev Med 45: 297–323

WEISS RA (1996) HIV receptors and the pathogenesis of AIDS. Science 272: 1885–1886

WEISMANN C (1994) Molecular biology of prion diseases. Trends in Cell Biol 4: 10–15

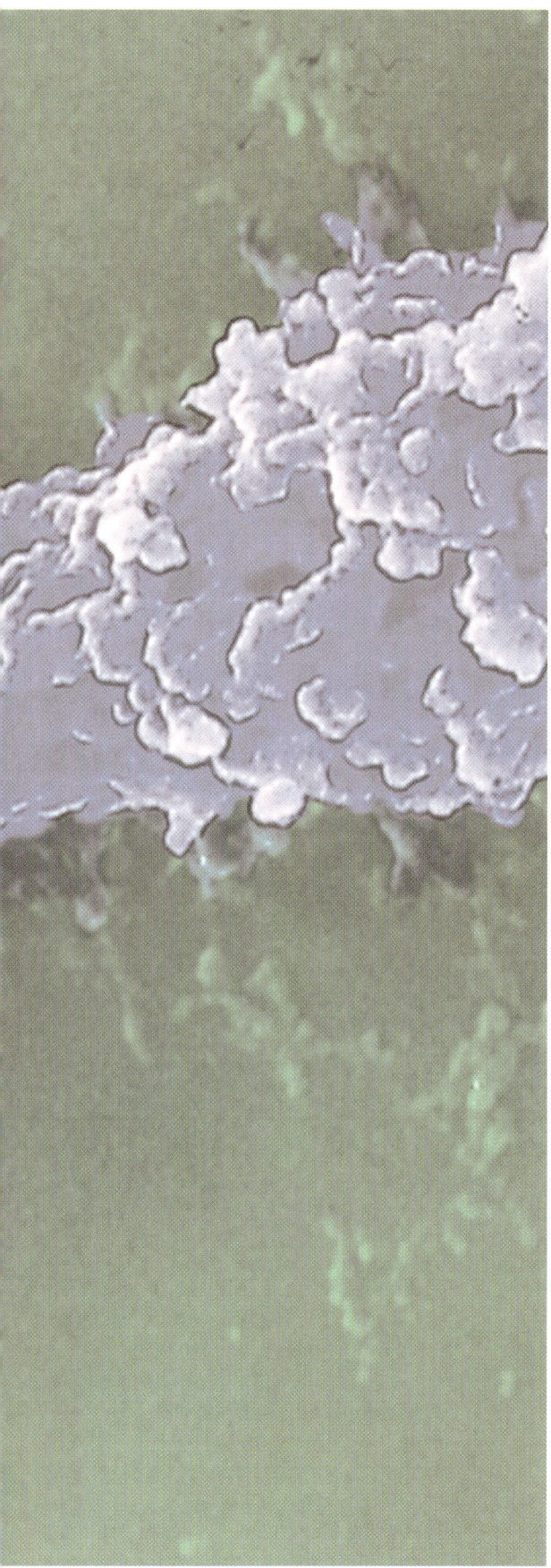

Gendiagnostik und Gentherapie

Zu Beginn des 20. Jahrhunderts begann Archibald
E. Garrod in England seine klassischen Untersuchungen
über die Alkaptonurie, eine Krankheit, die man u. a. daran erkennt, daß sich der Urin beim Stehen an der Luft
allmählich verdunkelt. Auch die Windeln des betroffenen Säuglings bzw. später die Leibwäsche sind braun
bis schwarz verfärbt. Garrod untersuchte den Urin der
Patienten und konnte dabei große Mengen Homogen-
tisinsäure nachweisen, eine Säure, die beim Abbau der
aromatischen Aminosäuren Phenylalanin und Tyrosin
entsteht. Normalerweise ist dieses Abbauprodukt im
Urin nur in Spuren nachweisbar, da es in Leber und Nieren weiter zu Kohlensäure und Wasser abgebaut wird.
Garrod stellte außerdem fest, daß diese Störung auch
bei Verwandten des Patienten auftrat. Er zog daraus
den bemerkenswerten Schluß, daß diese Krankheit
durch den erblichen Defekt an einem spezifischen Enzym zustandekommt. Etwa fünfzig Jahre später (1958)
wurde seine Hypothese bestätigt. Garrod prägte damals den heute noch gebräuchlichen Ausdruck der angeborenen Stoffwechselerkrankungen.

Da praktisch jedes der 50 000–100 000 Gene unseres Genoms von einer Mutation betroffen sein kann,
können auch alle Genprodukte, d. h. Proteine, strukturell
verändert sein: von einer genetisch bedingten Strukturänderung können neben Enzymen Transport- und
Rezeptorproteine in Zellmembranen, Proteohormone
oder Transkriptionsfaktoren, Transportproteine im Blut,
Signaltransduktionsproteine, Onkogene, Antionkogene
oder Proteine, die an Blutgerinnung oder Infektabwehr
teilnehmen, betroffen sein. Genetische Änderungen
spielen bei der Mehrzahl der Erkrankungen des Menschen (Krebs, Herzkreislauferkrankungen, Diabetes,
Nervenkrankheiten, Autoimmunprozesse, Infektionsanfälligkeit) eine Rolle. Durch die rapide Entwicklung
der Molekularbiologie können Mutationsanalysen heute leicht durchgeführt werden. Durch die Möglichkeiten
der Genklonierung werden Gene zunehmend verfügbar, so daß sie unter Verwendung geeigneter Vektoren
in Zukunft durch Gentherapie auf Patienten mit vererbbaren Erkrankungen transferiert werden können.

*In zunehmendem Maße wird klar, wie Defekte der chromo-
somalen DNA an der Reaktion unserer Zellen auf exogene
Reize sowie an der Entstehung von Krankheiten beteiligt sind.
(Bild: O. Meckes, eye of science, Reutlingen)*

13.1 Genetische Grundlagen

13.1.1 Analyse der Gene im menschlichen Genom

Bis zum Jahre 2005 sollen alle Gene unseres Genoms lokalisiert und sequenziert sein

Die Zahl der Gene in unserem Genom mit etwa 3 Milliarden Basenpaaren ist noch unbekannt. Schätzungsweise beträgt ihre Zahl zwischen 50 000 und 100 000, die im Rahmen einer als *Genomprojekt* bezeichneten internationalen Initiative identifiziert werden sollen. Das 1990 initiierte Genomprojekt hat mehrere Ziele:

- Kartierung des menschlichen Genoms,
- vollständige Sequenzierung der DNA,
- gleichzeitige Analyse des Genoms einer kleinen Zahl gut charakterisierter nicht-menschlicher Modellsysteme (Bakterien, Hefe, Würmer) und
- die Weiterentwicklung der Technologie, die zur Erreichung dieser Ziele erforderlich ist.

Das erste größere Genom, das vollständig sequenziert worden ist, war das des Bakteriums *Haemophilus influenzae,* das vor allem bei Kleinkindern zu Mittelohr- und Gehirnentzündung führt: die für 1743 Gene codierenden rund 1,8 Millionen Basenpaare wurden in einem Jahr vollständig analysiert. Seit April 1996 ist die vollständige Sequenz des Genoms der Bierhefe Saccharomyces cerevisiae mit 12,5 Millionen Basenpaaren (etwa 6000 Gene) bekannt, für 1998 wird die des Fadenwurms Caenorhabditis elegans mit 100 Millionen Basenpaaren (etwa 15 000 Gene) erwartet.

Ein weiteres Bestreben des Projektes ist es, ein öffentliches Forum zu schaffen, mit dem die enormen Konsequenzen aus dem mit dem Genomprojekt verbundenen Wissenszuwachs diskutiert werden können.

Unser Genom enthält verschiedene Arten repetitiver Sequenzen

Die 3 Milliarden Basenpaare unseres Genoms bestehen zu etwa 20 bis 30 % aus gencodierender DNA und zu 70 bis 80 % übriger DNA, die sich durch einen hohen Grad an *Basensequenz-Wiederholungen* auszeichnet (repetitive Sequenzen). Nach Dichtegradientenzentrifugation läßt sich die DNA in eine Hauptbande und drei zusätzliche *Satelliten-Banden* auftrennen. Letztere untergliedern sich

- in klassische Satelliten mit als Repeats bezeichneten Wiederholungen von 100 bis 6500 bp Länge,
- in Minisatelliten mit 20 bis 100 bp-Repeats und
- in Mikrosatelliten mit 2 bis 10 bp-Repeats.

Mikrosatelliten sind die häufigste Form repetitiver DNA: sie sind tandemartig aufgebaut und können Di-, Tri- oder Tetranucleotide enthalten (z.B. AC auf dem einen bzw. TG auf dem anderen DNA-Strang). Die Repetition liegt zwischen einigen wenigen und etwa 30 Basenpaaren. Die Funktion dieser einfachen Tandemwiederholungen (simple tandem repeats), von denen unser Genom zwischen 50 000 und 100 000 enthält, ist noch nicht bekannt. Da die Zahl dieser Blöcke stabil ist, bilden sie ein wichtiges genetisches Markersystem (S. 321). Dabei ist die Zahl der Kopien auf beiden Chromosomen oft unterschiedlich. Daneben gibt es noch lange und kurze verteilte Wiederholungssequenzen (Long bzw. short interspersed repeat elements, LINE bzw. SINE), zu denen z.B. die Alu-Sequenzen (aus zwei 130 bp-Tandemduplikationen) gehören, die mit 500 000 Kopien fast 6 % des Genoms ausmachen.

Die FISH-Technik erlaubt die Lokalisation von Genen auf Chromosomen

Der menschliche Zellkern enthält *46 Chromosomen,* von denen 44 als Autosomen und die beiden übrigen als Geschlechtschromosomen bezeichnet werden (S. 160). Die Geschlechtschromosomen sind beim Mann verschieden und werden als X- und Y-Chromosomen bezeichnet, wohingegen die Frau zwei identische X-Chromosomen besitzt. Bestimmte Gene müssen auf dem X-Chromosom lokalisiert sein, weil eine auf diesem Chromosom auftretende Strukturänderung eines Gens (Mutation) keine Kompensation durch das Y-Chromosom erfahren kann. Die Mutation führt deshalb beim männlichen Geschlecht in der Regel zu einem klinischen Erscheinungsbild. Die Lokalisation bekannter Gene erfolgt heute vorwiegend mit der *Fluoreszenz-in situ-Hybridisierung* (FISH-Technik). Mit dieser Technik können ausgewählte Chromosomen oder Chromosomenabschnitte bis hin zu einzelnen Genen selektiv angefärbt und mit einem Fluoreszenzmikroskop sichtbar gemacht werden. Die Technik beruht auf der Fähigkeit einzelsträngiger DNA, sich mit komplementären Basensequenzen zu einem doppelsträngigen Abschnitt zusammenzulagern (Hybridisierung, S. 169). Zur Markierung kann ein Hapten wie Biotin oder Digoxigenin eingebaut werden, das mit Hilfe indirekter Immunfluoreszenztechniken nachgewiesen wird. Alternativ kann die DNA-Sonde direkt mit geeigneten Fluoreszenzfarbstoffen markiert werden. Bei dem anderen Strang handelt es sich um den komple-

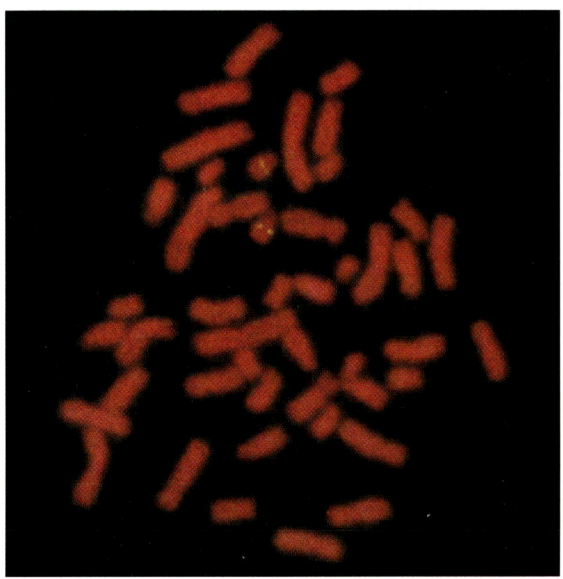

Abb. 13.1 Nachweis des bcl-Gens (gelbe Fluoreszenz) auf den Chromosomen 22 mit der FISH-Technik. (Aufnahme von A. Jauch und Th. Cremer, Heidelberg)

mentären DNA-Abschnitt in einem Chromosom der Zielzelle. Durch die Basenpaarung der DNA-Sonde mit der chromosomalen DNA entsteht eine doppelsträngige Hybrid-DNA. Mit der FISH-Technik können nicht nur Gene auf Chromosomen, sondern auch Lageveränderungen durch chromosomale Translokationen (S. 326) nachgewiesen werden (Abb. 13.1).

Bis zum Jahre 1996 sind etwa 7000 Gene auf den menschlichen Chromosomen lokalisiert worden. In jeder Woche kommen viele neue Gene auf Autosomen und den Geschlechtschromosomen hinzu. Die Ermittlung einzelner Genloci hat überraschenderweise ergeben, daß z.B. die Gene für die α- und β-Ketten des Hämoglobins bzw. für die H- und M-Ketten des Enzyms Lactatdehydrogenase jeweils auf zwei verschiedenen Chromosomen (Chromosom 16 und 11 im Fall der Globinketten) lokalisiert sind. Dabei bilden sowohl die α- und die β-Ketten die funktionelle Quartärstruktur des Hämoglobins als auch die H- und die M-Ketten die Quartärstruktur der Lactatdehydrogenase.

13.1.2 Identifizierung von Krankheitsgenen

Bei etwa 10 % der schätzungsweise 4000 genetischen Erkrankungen ist der Gendefekt bekannt. Die molekulare Analyse dieser Erkrankungen erfolgt primär über die Identifizierung und Charakterisierung des defekten Proteins und sekundär über die des dazugehörigen Gens. Klassische Beispiele für eine solche *funktionelle Klonierung* sind die Phenylketonurie (S. 558) oder die Sichelzellanämie (S. 333). Bei den übrigen 90 % ist

Haploides menschliches Genom	$3{,}0 \times 10^9$ Basenpaare
Durchschnittliche Länge eines Chromosoms	120×10^6 Basenpaare
Durchschnittliche Länge eines Gens	$100{-}200 \times 10^3$ Basenpaare
Mutation, die eine Krankheit verursachen kann	1 Basenpaar

jedoch weder bekannt, in welchem Gewebe das defekte Gen exprimiert wird, noch ist das Proteinprodukt ermittelt, dessen abnorme Struktur oder Fehlen der eigentliche Grund der Erkrankung ist. Bei einzelnen Erkrankungen kann zwar eine Vielzahl biochemischer Veränderungen beschrieben werden; auf welche Veränderung eines oder mehrerer Gene sie jedoch letztendlich zurückgehen, ist nach wie vor unklar.

Mit der positionellen Klonierung werden Gene ohne Kenntnis des Proteinproduktes identifiziert

Zur molekularen Untersuchung dieser Erkrankungen findet die positionelle Klonierung Anwendung, d. h. man versucht, die Position des defekten Gens im Genom zu bestimmen, ohne vorher das defekte Protein zu identifizieren. Wenn man sich vergegenwärtigt, daß die gesamte DNA-Menge in einem haploiden Genom 3 Milliarden Basenpaare umfaßt (Tabelle 13.1), die durchschnittliche Länge eines Chromosoms 120 Millionen Basenpaare beträgt und die durchschnittliche Länge eines Gens 100 000–200 000 Basenpaare mißt, ist dies in Anbetracht der Tatsache, daß die Veränderung eines Basenpaares (Punktmutation, S. 326) eine Erbkrankheit verursachen kann, ein gewaltiges Unterfangen.

Die positionelle Klonierung geht von der älteren Technik der *Kopplungsanalyse* aus. Diese beruht darauf, daß sich bei der Reifeteilung der Keimzellen (Meiose, S. 161) homologe Chromosomen aneinanderlagern und Blöcke von Genen, die einen beträchtlichen Anteil des Chromosoms ausmachen können, austauschen (S. 163). Dieser Vorgang wird als Rekombination bezeichnet. Sind zwei Gene auf dem Chromosom weit voneinander entfernt, können viele Rekombinationen auf dem Verbindungsstück zwischen ihnen auftreten. Umgekehrt ist die Chance, daß sie während dieses Crossing-over ausgetauscht werden, geringer und damit die Chance größer, daß sie auf demselben Chromosom verbleiben, wenn sie nahe beieinander liegen. Wenn also zwei Eigenschaften in einem größeren Maß, als es der Zufall erlauben würde, zusammen vererbt werden, muß man daraus schließen, daß sie gekoppelt sind. In unserem Beispiel besitzen alle elterlichen

Chromosomen Allele für jedes der Gene A und B, die sich voneinander unterscheiden. Dieser als *Polymorphismus* bezeichnete Unterschied ist unabdinglich, da ein Crossing-over zwischen Gen A und B nur dann festgestellt werden kann, wenn sich A von a und B von b unterscheiden. Marker für die genetische Analyse müssen demnach polymorph sein.

Im ersten Schritt müssen DNA-Marker gefunden werden, die mit der Erkrankung gekoppelt sind

Während man ursprünglich nur Gene mit Genen oder Gene mit phänotypischen Eigenschaften koppeln konnte, koppelt man bei der molekularen Kopplungsanalyse ein Gen mit den zahlreichen DNA-Polymorphismen, die normalerweise im menschlichen Genom vorkommen. Diese beruhen auf Punktmutationen (Substitutionen, Insertionen, Deletionen von Basenpaaren, S. 326). Man geht davon aus, daß sich zwei Individuen bei einer Genomlänge von 3 Milliarden Basen um etwa 3 Millionen Basen (also 0,1 %) unterscheiden. Zunächst wurden Polymorphismen, die durch Bildung oder Verlust von Schnittstellen für Restriktionsenzyme entstehen (RFLP = Restriktions-Fragment-Längen-Polymorphismen, S. 344), verwendet: so sind z. B. in dem etwa 60 000 Basenpaare umfassenden β-Globincluster (Abb. 13.20, S. 334) etwa 20 Polymorphismen vorhanden, die auch als *Haplotypen* bezeichnet werden. Heute werden die Mikrosatelliten (S. 319), die mehr oder weniger gleichmäßig über das gesamte menschliche Genom verteilt sind, verwendet. Die Wahrscheinlichkeit, daß ein Individuum für eine Veränderung in einem Mikrosatellitenmarker heterozygot ist, beträgt oft über 80 %, so daß sich diese Marker sehr gut eignen. Ein weiterer Vorteil von Mikrosatellitenmarkern ist die Tatsache, daß sie unter der Verwendung der Polymerasekettenreaktion (S. 229) analysiert werden können. Die DNA-Sequenzen, die die einzelnen Mikrosatelliten flankieren, sind bekannt und veröffentlicht worden. Zudem sind Oligonucleotid-Primer, die diese Sequenzen erkennen, käuflich erwerbbar.

Für die Analyse eignen sich Familien, bei denen die Krankheit gehäuft vorkommt

Dazu wird die DNA von Lymphocyten aus dem Blut jedes Familienmitgliedes isoliert und mit Primern, die die Mikrosatelliten flankieren, gemischt und amplifiziert (Abb. 13.2). Da die Zahl der Einheiten der repetitiven Sequenzen des untersuchten Mikrosatelliten auf beiden Chromosomen unterschiedlich ist (z. B. vier Einheiten auf einem und zehn auf dem anderen in unserem Beispiel), sind die PCR-Amplifikationsprodukte von unterschiedlicher Größe und können mit der Gelelektrophorese voneinander getrennt werden. Über einzelne Amplifikate kann dann der Krankheitsphänotyp in der Familie verfolgt werden (Abb. 13.3).

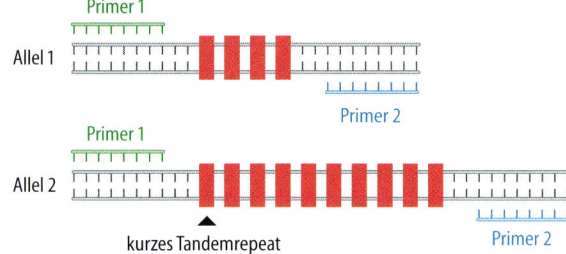

Abb. 13.2 Die Verwendung von Mikrosatelliten und der Polymerasekettenreaktion zur Bildung polymorpher Marker für die Kopplungsanalyse

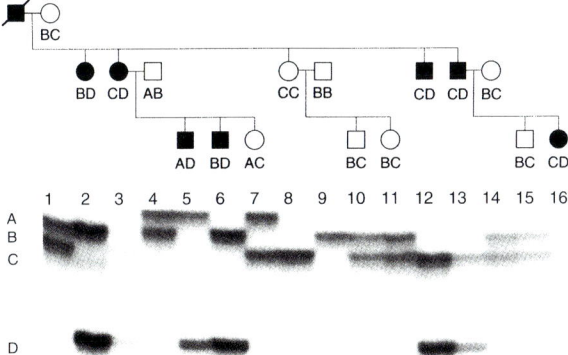

Abb. 13.3 Kopplung von Mikrosatellitenmarkern mit der Krankheitsmanifestation bei einer Familienanalyse. Die vier Banden A, B, C und D in der Autoradiographie repräsentieren Varianten, die sich durch die Zahl der Dinucleotid-Repeats unterscheiden. Die Bande D ist mit der Erkrankung assoziiert. (Nach Brook 1994)

Im zweiten Schritt muß ein weiterer Marker gefunden werden

Wenn die Kopplung zwischen einem Mikrosatellitenmarker und einer vererbbaren Erkrankung etabliert worden ist, besteht der nächste Schritt bei der positionellen Klonierung darin, einen zweiten Marker zu finden, so daß die beiden Marker den DNA-Abschnitt kennzeichnen, der das Gen enthält. Nach Identifizierung des zweiten Markers liegt die nächste Herausforderung darin, herauszufinden, wo im Genom das Krankheitsgen liegt. Meist beträgt der Abstand zwischen zwei Markern mehrere Millionen Basen. Da die konventionelle Agarosegelelektrophorese DNA-Fragmente nur in einem Bereich von 500 bis 50 000 Basenpaaren trennt, und die üblichen Klonierungsmethoden mit bakteriellen Plasmiden oder Phagen (S. 226) nur Klone zwischen 2000 und 20 000 Basenpaaren Länge produzieren, mußten neue Methoden für die Lösung dieses Problems entwickelt werden. Eine Möglichkeit sind die *artifiziellen Hefechromosomen* (YAC, S. 226), mit denen sehr große DNA-Fragmente kloniert werden können. Normalerweise ist das DNA-Stück, das durch diese Methode kloniert wird, zwischen einigen 100 Kilobasen bis einer Megabase groß. Da die Klone aus der chromosomalen DNA stammen, enthalten sie nicht-

transkribierte wie transkribierte DNA, so daß der meiste Anteil des DNA-Stückes aus nicht-codierender DNA besteht, in die die Gene eingestreut sind. Durch spezielle Methoden kann die Region, in der das Krankheitsgen liegen muß, zunehmend weiter eingegrenzt werden. Die Region kann mehrere Dutzend Gene enthalten, von denen jedes potentiell ein *Kandidat* sein kann, welcher die Krankheit verursacht. Eine Möglichkeit der weiteren Einengung des potentiellen Krankheitsgens ist die Untersuchung, ob RNA-Transkripte des Gens in den Geweben, die von der Erkrankung betroffen sind, exprimiert werden (Northern Blot, S. 169).

Der Nachweis von Mutationen erhebt das Kandidatengen zum Krankheitsgen

Den letzten Schritt zur Identifizierung stellt dann der Nachweis von Mutationen im Gen bei Patienten mit der Erkrankung dar. Sind diese nachgewiesen, so wird das Gen vom Status eines Kandidatengens in den eines Krankheitsgens erhoben. Den kritischen Schritt bei dieser Strategie stellt also die Lokalisierung des Krankheitsgens dar. Normalerweise erfolgt dies durch den

Tabelle 13.2 Beispiele für Gene angeborener Krankheiten, die durch positionelle Klonierung identifiziert worden sind

Krankheit	Jahr	Chromosomale Veränderung
Chronische granulomatöse Erkrankung	1986	+
Duchenne-Muskeldystrophie		+
Retinoblastom		+
Mukoviszidose	1989	−
Wilms-Tumor	1990	+
Neurofibromatose Typ I		+
Fragiles X-Syndrom	1991	+
Familiäre Polyposis coli		+
Myotone Dystrophie	1992	−
Lowe-Syndrom		+
Menkes-Erkrankung	1993	+
X-chromosomale Agammaglobulinämie		+
Neurofibromatose Typ II		
Chorea Huntington		−
Hippel-Lindau-Erkrankung		−
Spinocerebellare Ataxie Typ I		−
Wilson-Erkrankung		−
Tuberöse Sklerose		+
Polycystische Nierenerkrankung	1994	+
Wiskott-Aldrich-Syndrom		−
Früheinsetzendes Mamma-/ Ovarialcarcinom		−
Kongenitale adrenale Hypoplasie		+
Emery-Dreifuß-Muskeldystrophie		+
Spinale Muskelatrophie	1995	−
Chondrodysplasia punctata		+

Prozeß der genetischen Kopplung, welcher oft extrem zeitaufwendig sein kann. In einzelnen Fällen wird die Genidentifizierung dadurch wesentlich vereinfacht, daß bei einzelnen Patienten mit Hilfe der Cytogenetik chromosomale Veränderungen nachweisbar sind. So half z. B. eine Deletion im Bereich q21 des X-Chromosoms bei einem Patienten mit Duchenne'scher Muskeldystrophie unter Verzicht auf die Kopplungsanalyse, das Gen wesentlich schneller zu analysieren.

Mit der positionellen Klonierung sind von etwa 1986 bis 1996 über 30 Krankheitsgene identifiziert worden (Tabelle 13.2).

Die positionelle Klonierung wird zunehmend durch die Kombination von positioneller und Kandidatenklonierung ersetzt

Dabei wird zunächst das Gen in der richtigen chromosomalen Subregion, meist durch Kopplungsanalyse, lokalisiert und dann mit bereits bestehenden Computer-Daten verglichen, ob sich attraktive Kandidatengene in dieser Region befinden. So wurde z. B. beim *Marfan-Syndrom* (S. 752) eine Lokalisierung auf Chromosom 15q durch Standardkopplungsmethoden vorgenommen. Da zur selben Zeit das *Fibrillingen* ebenfalls auf 15q lokalisiert wurde, wurde dieses Gen innerhalb von kürzester Zeit durch den Nachweis von Mutationen bei Patienten mit Marfan-Syndrom als Ursache dieser Erkrankung ausgemacht (Tabelle 13.3). Es kommen also mehrere Entwicklungen zusammen, die sich gleichzeitig anbahnen, und die Identifizierung neuer Krankheitsgene erleichtern (Abb. 13.4). Eine zusätzliche Entwicklung ist durch die automatische Sequenzierung von partiellen cDNA-Sequenzen (expressed sequence tags, EST) in Gang gekommen. Diese Methode

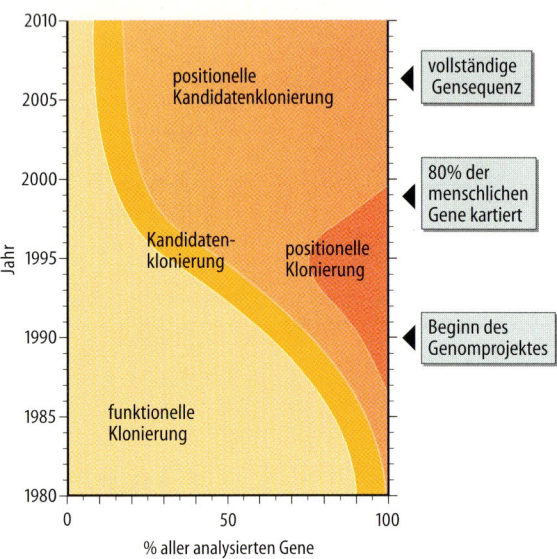

Abb. 13.4 Zukünftige Entwicklung der einzelnen Klonierungstechniken

geht von der Überlegung aus, daß in einzelnen Geweben exprimierte mRNA eine spezifische Funktion für das Gewebe haben sollte. Diese wird isoliert, durch die reverse Transkriptase in cDNA überführt, dann mit automatischen Methoden sequenziert und anschließend in Dateien, die international abrufbar sind, eingegeben.

Die wesentliche Herausforderung der nächsten Jahre liegt in der Identifizierung von Genen, die für die Prädisposition von weit verbreiteten, polygenetischen Erkrankungen wie Diabetes mellitus, Asthma bronchiale, Bluthochdruck, viele Krebsformen und psychiatrische Erkrankungen verantwortlich sind. Man kann davon ausgehen, daß praktisch jede Erkrankung irgendeine Form von genetischer Komponente besitzt,

Tabelle 13.3 Beispiele für Gene, die durch die Kombination von positioneller Klonierung und Kandidatenmethode isoliert worden sind

Erkrankung	*Gendefekt*
Alzheimer Erkrankung	β-Amyloidprotein-Vorstufe (S. 977)
Amyotrophe Lateralsklerose	Superoxiddismutase (S. 509)
Charcot-Marie-Tooth-Erkrankung Typ I A	Peripheres Myelinprotein 22 (S. 977)
Charcot-Marie-Tooth-Erkrankung Typ I B	Myelinprotein P0 (S. 977)
Crouzon-Syndrom	Fibroblasten-Wachstumsfaktor-Rezeptor 2 (S. 779)
Familiäre hypertrophe Kardiomyopathie	Schwere Kette des Herzmyosins (S. 965)
Jackson-Weiss-Syndrom	Fibroblasten-Wachstumsfaktor-Rezeptor 2
Langes QT-Syndrom	SCN5A (Natriumkanal), MERG (Kaliumkanal)-Herzionenkanäle (S. 967)
Maligne Hyperthermie	Ryanodinrezeptor (S. 342)
Marfan-Syndrom	Fibrillin (S. 752)
Multiple endokrine Neoplasie Typ II a	Rezeptor-Tyrosinkinase RET
Pfeiffer-Syndrom	Fibroblasten-Wachstumsfaktor-Rezeptor 1
Supravalvuläre Aortenstenose	Elastin (S. 743)
Retinitis pigmentosa	Peripherin, Rhodopsin (S. 652)
Waardenburg-Syndrom	Homöoboxgen PAX 3 (S. 255)

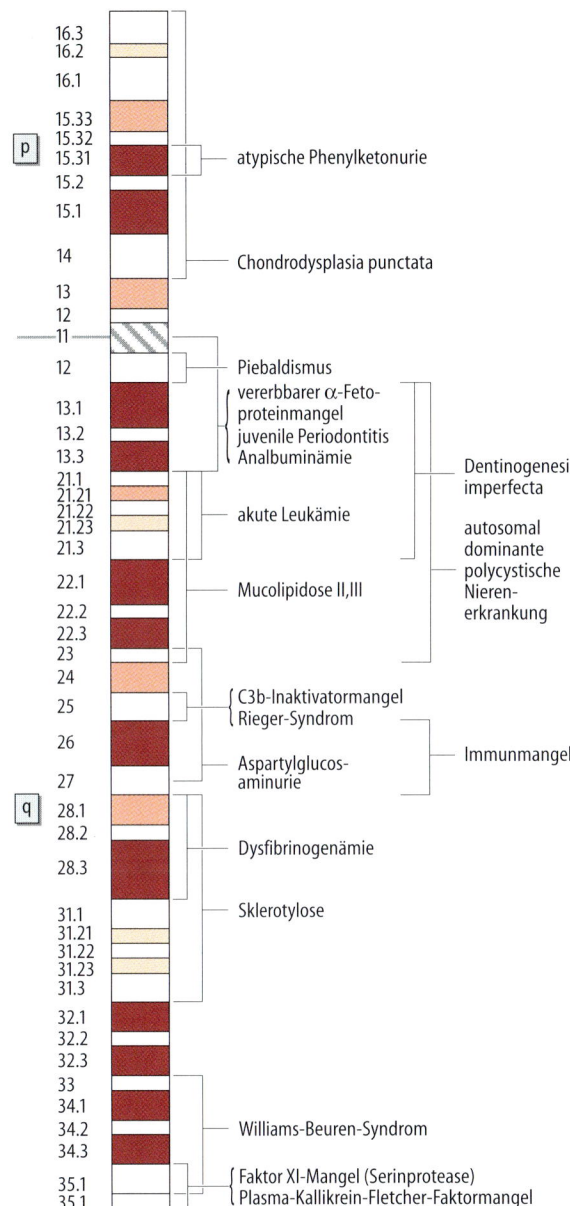

p	16.3	
	16.2	
	16.1	
	15.33	
	15.32	
	15.31	atypische Phenylketonurie
	15.2	
	15.1	
	14	Chondrodysplasia punctata
	13	
	12	
	11	
q	12	Piebaldismus

Abb. 13.5 Genkarte des menschlichen Chromosoms 4 (*p* kurzer Arm, *q* langer Arm) mit einer Auswahl von Genen, die bisher auf diesem Chromosom lokalisiert worden sind. Die dunklen Banden sind die Regionen des Chromosoms, die sich mit dem Fluoreszenzfarbstoff Quinacrin anfärben lassen, die weißen Regionen sind die nicht anfärbbaren. (Modifiziert nach Rieß et al. 1994)

Huntingtonin oder Superoxiddismutase 3 bekannt. Auf Chromosom 4 sind bereits mehr als 60 Mikrosatelliten nachgewiesen worden, so daß eine Kartierung von Genen auf diesem Chromosom zunehmend leichter wird.

13.1.3 Vererbung von Genen

Für unsere Individualität sind Unterschiede von etwa 3 Millionen Basenpaaren (0,1 % des Genoms) in den Sequenzen unseres Genoms verantwortlich. Diese Unterschiede, die im Laufe der Generationen entstanden sind, kommen durch Mutationen zustande (S. 326) und werden als *Polymorphismen* bezeichnet. Sie bestimmen nicht nur unsere Individualität, sondern sind auch für die genetischen Erkrankungen verantwortlich.

Bei rezessivem Erbgang führen zwei mutierte Allele zur klinischen Manifestation

Die Vererbung eines mutierten Gens (ganz unabhängig, ob es zur Individualität beiträgt oder an der Entstehung einer Krankheit beteiligt ist) soll an folgendem Beispiel erläutert werden: bezeichnet man das normale Gen mit *N(ormal)* und das mutierte Partnergen (Allel) als *M(utiert),* so existieren folgende genetische Grundkonstellationen (Genotypen) hinsichtlich dieses Gens und seines Allels:

- NN: homozygot normaler Genotyp,
- MM: homozygot mutierter Genotyp und
- NM: heterozygot mutierter Genotyp.

Daraus folgt, daß bei heterozygoten Eltern die Hälfte der Kinder wieder heterozygot ist, und daß je ein Viertel auf den homozygot normalen und den homozygot mutierten Genotyp entfällt (Abb. 13.6). Ist dagegen ein

und daß die Bestimmung dieser genetischen Einflüsse eine Schrittmacherfunktion für die Entwicklung der Medizin im 21. Jahrhundert besitzen wird.

Abbildung 13.5 zeigt den gegenwärtigen Stand der Kartierung von Genen auf Chromosom 4. Dieses Chromosom ist schätzungsweise 200 Millionen Basenpaare lang, so daß es etwa 5000 Gene beherbergen könnte. Von diesen sind bisher nur etwa 120, also 2,5 % wie z.B. die Gene für einzelne Untereinheiten der GABA-Rezeptoren, den epidermalen Wachstumsfaktor,

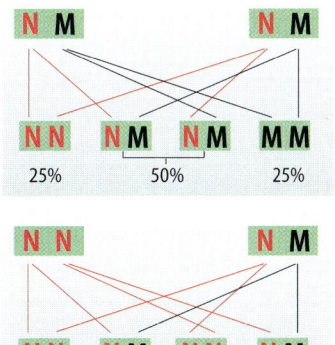

Abb. 13.6 Schema der Vererbung bei Paaren mit zwei heterozygoten Partnern *(oben)* und bei Paaren mit homo- und heterozygoten Partnern *(unten)*

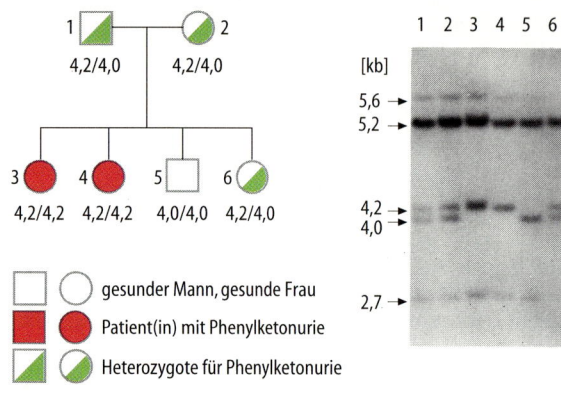

Abb. 13.7 Stammbaum einer Familie mit Phenylketonurie, aus dem hervorgeht, daß es sich um einen autosomal-rezessiven Vererbungsgang handelt. Nachweis des Gendefektes mit der Southernblot-Analyse (*4,0 kb* Bande normales Gen, *4,2 kb* defektes Gen). *Elektrophoresebahn 1* Vater, *2* Mutter, *3* und *4* die betroffenen Kinder, *5* und *6* die nicht betroffenen Kinder. Diese Verteilung weicht von der erwarteten Verteilung (Abb. 13.6) ab. (Nach Woo et al. (1983) Nature 306: 151)

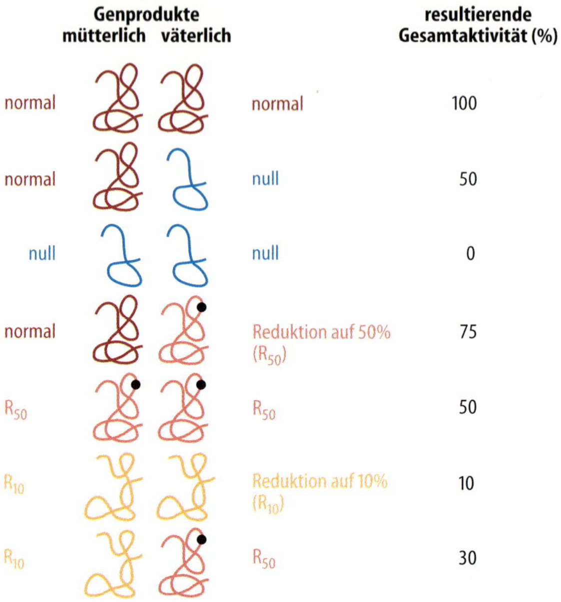

Abb. 13.8 Unterschiedliche Kombination mutierter Allele (Homozygotie, Heterozygotie und gemischte Heterozygotie)

Partner homozygot, der andere heterozygot, so ist die Hälfte der Kinder homozygot, die andere heterozygot. Daß es sich dabei lediglich um statistische Verteilungen handelt, zeigt Abb. 13.7.

Bei der Mehrzahl der monogenen Erkrankungen des Menschen kommt es erst dann zur Ausprägung klinischer Symptome, wenn das mutierte Gen in doppelter Ausführung vorliegt wie beim homozygot mutierten Genotyp. Dieser Erbgang wird als *rezessiv* bezeichnet und vom *dominanten* Erbgang unterschieden, bei dem schon das einfache Vorliegen des mutierten Gens zur Auslösung klinischer Symptome, also zu einem veränderten Phänotyp führt (Beispiel S. 340). Sind Allele identisch, spielt es keine Rolle, ob sie vom Vater oder von der Mutter stammen. In einzelnen Fällen können sich jedoch identische Gene unterschiedlich verhalten, man spricht dann von *geschlechtsspezifischer Prägung* von Genen (genomic imprinting, S. 254).

Werden von beiden Eltern unterschiedlich mutierte Gene ererbt, so entsteht eine gemischte Heterozygotie

Diese Betrachtungsweise ist in den vergangenen Jahren sehr viel differenzierter geworden. Entscheidend war die Beobachtung, daß die Mutationen auf Genen nicht identisch sein müssen, sondern daß im Gegenteil ein Gen von einer Vielzahl verschiedener Mutationen (häufig über 50) betroffen sein kann mit der Konsequenz recht unterschiedlicher Einflüsse auf die Funktion des dazugehörigen Proteins. Dadurch, daß unterschiedlich mutierte Gene von den Eltern ererbt werden können, d. h. eine sog. gemischt heterozygote Situation entsteht, kann die daraus resultierende genetische Konstellation recht unterschiedlich sein.

Abbildung 13.8 zeigt die Folgen, die durch die Kombination unterschiedlich mutierter Gene auftre-

ten. Mutationen (Einzelheiten S. 326) können entweder dazu führen, daß ein Protein seine Funktion vollständig verliert, also eine *Nullmutante* ist, oder daß die Aktivität des Proteins auf z. B. 50 (R_{50}) oder 10 % (R_{10}) reduziert wird. Sind beide Allele normal, so beträgt die Gesamtaktivität des Proteins 100 %. Sind beide Allele Nullmutanten, so ist die Gesamtaktivität 0 %. Ist ein Allel, z. B. das der Mutter, normal und das väterliche Allel eine Nullmutante, so resultiert eine Gesamtaktivität von 50 %. Ist die Aktivität eines der beiden Allele auf 50 % herabgesetzt, so resultiert eine Aktivität von 75 %, weisen beide Allele jeweils eine Aktivität von 50 % auf, so ist die Resultante 50 %. Sind beide Allele durch eine Mutation auf 10 % der optimalen Aktivität reduziert, so ist die resultierende Gesamtaktivität 10 %. Besteht eine Kombination aus einem Allel, das 10 % Aktivität hat, und einem zweiten, das 50 % Aktivität aufweist, so ist die Gesamtaktivität 30 %. Daraus folgt ein *breites Spektrum* von Aktivitäten zwischen 0 und 100 %. Hier schlagen also qualitative Änderungen von Genen in quantitative Aktivität der Genprodukte um. Bei der Bestimmung einer resultierenden Gesamtaktivität von 50 % ist ohne weitere Analyse nicht erkennbar, ob diese als Folge der Kombination eines normalen mit einem Nullallel oder zweier mutierter Allele mit jeweils 50 % Restaktivität zustandegekommen ist.

Diese Mechanismen sind mit großer Wahrscheinlichkeit nicht nur für die individuelle Ausprägung genetischer Erkrankungen verantwortlich, sondern bestimmen auch unsere Individualität. Im weiteren Sinne ist eine genetische Erkrankung oder die genetische Disposition zur Entwicklung einer Krankheit ja auch Zeichen unserer Individualität.

13.1.4 Vererbung mitochondrialer DNA

Mitochondriale DNA unterscheidet sich von Kern-DNA und wird unterschiedlich vererbt

Mitochondrien enthalten ihre eigene extrachromosomale DNA, die sich von der im Kern unterscheidet. Sie ist ein zirkuläres doppelsträngiges Molekül, das für 13 Protein-Untereinheiten und 24 RNA-Moleküle codiert. Mitochondriale DNA besitzt weder Introns noch schützende Histone oder ein Reparatursystem. Die mitochondriale DNA wird über die *Mutter* vererbt. Da jedes Mitochondrium 2 bis 10 DNA-Moleküle enthält und jede Zelle zahlreiche Mitochondrien, können in einer Zelle normale und mutierte mitochondriale DNA koexistieren, was als *Heteroplasmie* bezeichnet wird. Dadurch kann eine normalerweise letale Mutation persistieren. Im Zuge der Weitergabe der genetischen Information an die Tochterzellen kann sich das Verhältnis von mutierter zu normaler DNA jedoch so verändern, daß der mutierte Phänotyp ab einem bestimmten Schwellenverhältnis erkennbar wird. Sind alle DNA-Moleküle von der Mutation betroffen, spricht man von *Homoplasmie*. Mutationen treten in der mitochondrialen DNA etwa zehnmal häufiger auf als in der Kern-DNA. Sie verursachten Erkrankungen, die sich klinisch vor allem im Gehirn und in der Muskulatur manifestieren und deshalb als *Encephalomyopathien* (S. 516, 966) bezeichnet werden.

13.2 Genetische Erkrankungen

13.2.1 Häufigkeit der Erkrankungen und ihre medizinische Bedeutung

Genetische Erkrankungen treten mit unterschiedlicher Häufigkeit auf

In der heutigen ärztlichen Praxis hat der relative Anteil genetisch bedingter Krankheiten gegenüber früher erheblich zugenommen, nachdem chronisch-infektiöse Krankheiten wie die Tuberkulose und Krankheiten infolge Unterernährung in den Industriestaaten zurückgegangen sind. Heute sind über 4000 verschiedene genetische Erkrankungen bekannt. Nur bei einem kleinen Teil dieser Erkrankungen konnte bisher festgestellt werden, welches Gen bei *monogenen* Erkrankungen durch eine Mutation strukturell verändert ist, und welches Genprodukt (Protein) dadurch mangelhaft gebildet wird. Über viele *polygene* Krankheiten, für die wahrscheinlich mehrere Gendefekte zusammen verantwortlich sind, bestehen noch keine biochemischen Erkenntnisse. Wie wir aus Abschnitt 13.1.4 wissen, gelingt es mit Hilfe der molekularbiologischen Techniken

jedoch zunehmend, die zugrundeliegenden Gendefekte – heute meist ohne Kenntnis des defekten Proteins – zu identifizieren. Im Prinzip kann jedes unserer 50 000 bis 100 000 Gene und damit Proteine von Mutationen betroffen sein.

Mutationen im menschlichen Genom besitzen eine recht unterschiedliche Häufigkeit. Der durch eine Mutation entstandene Defekt des Enzyms, das L-Gulonolacton in Ascorbinsäure überführt, tritt beispielsweise bei allen Menschen auf (Abb. 13.9). Er verursacht jedoch keine Störung, solange Ascorbinsäure ständig mit der Nahrung zugeführt wird. Menschen mit der Blutgruppe 0 haben einen Defekt des Enzyms, das für die Biosynthese der Erythrocytenantigene A und B verantwortlich ist. Dieser Enzymdefekt kommt bei etwa 50 % der Bevölkerung vor und besitzt außer bei Erythrocytentransfusionen keine pathologische Bedeutung. Andere Defekte wie der des Hämoglobins bei der Sichelzellanämie sind weitaus seltener. Bei der Phenylketonurie, der häufigsten Erkrankung des Aminosäurestoffwechsels, kommt etwa ein Patient auf 10 000 Lebendgeburten, bei der cystischen Fibrose (Mukoviszidose) dagegen ein Patient auf 2500 Lebendgeburten. Bei diesen Berechnungen ist zu beachten, daß viele Gendefekte nur im homozygoten oder gemischt-heterozygoten Zustand klinisch manifest werden, d. h. wenn *beide Gene* für ein Protein defekt sind. Die Häufigkeit der Heterozygoten, also der Menschen, die nur ein defektes Gen besitzen, was meist nicht zu ei-

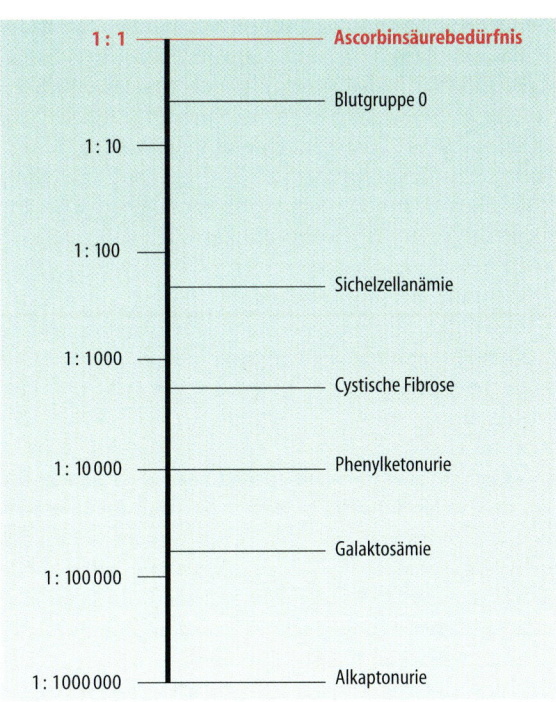

Abb. 13.9 Häufigkeit des Auftretens genetisch Erkrankter (homozygote bzw. gemischt-heterozygote) in der menschlichen Population (Fall pro Lebendgeburten). Alle Menschen sind von der Zufuhr von Ascorbinsäure (Vitamin C) abhängig

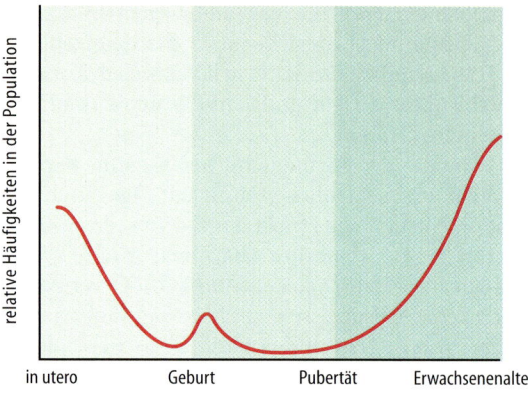

Abb. 13.10 Manifestationsalter genetischer Erkrankungen beim Menschen

ner klinischen Manifestation führt, ist dagegen wesentlich höher. Sie beträgt 1:50 bei der Phenylketonurie und 1:20 bei der cystischen Fibrose. Im heterozygoten Zustand können defekte Gene einen Selektionsvorteil bieten (z. B. bei der Resistenz gegenüber bestimmten Infektionen) oder aber auch zu Krankheiten, die sich dann im höheren Alter manifestieren, disponieren.

Genetische Erkrankungen werden klinisch in verschiedenen Lebensaltern erkennbar

Nach der Häufigkeit, mit der wöchentlich über neue Gendefekte als Ursachen von Erkrankungen des Menschen berichtet wird, und aufgrund der Überlegung, daß praktisch jedes unserer 50 000 bis 100 000 Gene von einer Mutation betroffen sein kann, besteht kein Zweifel, daß in Zukunft noch sehr viele weitere Gendefekte identifiziert werden. Nach dem Zeitpunkt ihrer klinischen Manifestation lassen sich genetische Erkrankungen in drei Gruppen unterteilen (Abb. 13.10):
• die pränatalen (intrauterinen), die in vielen Fällen Spontanaborte verursachen,
• diejenigen, die sich perinatal oder in der frühen Kindheit manifestieren und schließlich
• die häufigsten, die erst nach der Pubertät manifest werden.

Die Gruppe der perinatalen Gendefekte ist nach wie vor am besten untersucht: es handelt sich im allgemeinen um Störungen, bei denen ein Gen betroffen ist, meist das eines Stoffwechselenzyms. Die entstehende Stoffwechselveränderung wird während der Fetalperiode in vielen Fällen durch die Kommunikation mit dem mütterlichen Kreislauf kompensiert. So wird z. B. bei der Phenylketonurie (S. 558) das überschüssige Phenylalanin über die Placenta in den mütterlichen Kreislauf transportiert, wo es zu Tyrosin verstoffwechselt wird. Die Störung manifestiert sich erst nach der Geburt, wenn das Kind aufgrund der Trennung von der

Mutter seinen eigenen – defekten – Stoffwechselweg verwenden muß. Die quantitativ bedeutendste Gruppe ist die der im Erwachsenenalter auftretenden genetischen Erkrankungen: sie sind oft *polygen* und *multifaktoriell,* d. h. genetische und Umweltfaktoren spielen eine Rolle.

13.2.2 Stabile Mutationen als Ursache vererbbarer und erworbener Erkrankungen

Nichtkorrigierbare Fehler sind die molekulare Grundlage von Mutationen

Eine der wesentlichsten Eigenschaften genetischen Materials ist seine Fähigkeit zur fehlerfreien Replikation (S. 219). Träten jedoch während der DNA-Replikation niemals Fehler auf, so wäre die Entwicklung komplexer Genome kaum möglich gewesen. Änderungen der Basensequenz von Genen im Genom der *Keimzellen* sind für die vererbbaren Erkrankungen verantwortlich. Diese Mutationen können stabil oder dynamisch sein, d. h. sich von Generation zu Generation verändern. Mutationen treten auch in *somatischen* Zellen auf: kann die betroffene Zelle durch mehrfache Teilungen expandieren, so entstehen proliferative Erkrankungen, die gutartig (wie z. B. die paroxysmale nocturnale Hämoglobinurie oder PNH, S. 892) oder bösartig (Krebserkrankungen, S. 1093) sind. In vielen Fällen entsteht eine Krankheit, wenn auf eine vorbestehende Keimbahnmutation in einem Allel zusätzlich eine somatische Mutation in dem anderen Allel trifft.

Grundsätzlich wird zwischen Chromosomen- und Punktmutationen unterschieden

Das Ausmaß des einer genetischen Erkrankung (sei sie vererbt oder erworben) zugrundeliegenden Defekts kann vom Austausch einzelner DNA-Basen bis zur Abwesenheit oder Verdoppelung eines ganzen Chromosoms reichen. Mutationen, die mit Hilfe der Cytogenetik an einer mikroskopisch sichtbaren Änderung der Chromosomenstruktur erkannt werden können, heißen *Chromosomenmutationen:* dazu gehören z. B. Brüche von Chromosomen mit einem als Translokation bezeichneten Austausch der Bruchstücke (S. 1093), bei denen die Gene im Bereich der Bruchstellen fusionieren, so daß Fusionsgene entstehen (APL, CML, S. 1103).

Betrifft der Defekt den Austausch oder die Deletion einzelner DNA-Basen, liegt er also auf submikroskopischer Ebene, so spricht man von einer *Punktmutation.*

Genmutationen können spontan entstehen oder sie können induziert werden. Spontane Mutationen

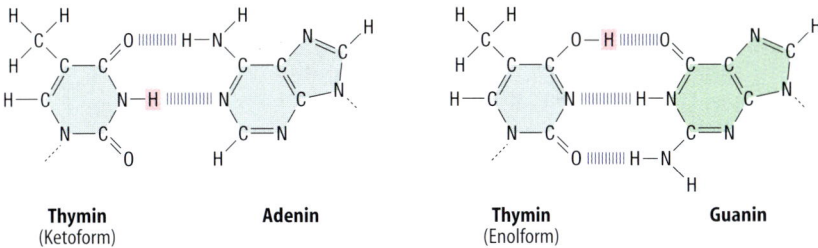

Thymin (Ketoform) **Adenin**   **Thymin** (Enolform) **Guanin**

Abb. 13.11 Keto-Enol-Tautomerie von Thymin. *Links:* Thymin bildet in seiner normalen Ketoform zwei Wasserstoffbrückenbindungen mit Adenin aus. *Rechts:* Als Folge der tautomeren Umlagerung in die Enolform bildet Thymin drei Wasserstoffbrückenbindungen mit Guanin aus. Erfolgt die Umlagerung in die Enolform während der Replikation, so wird Guanin statt Adenin in die DNA eingebaut, und in der Basensequenz steht nach einer erneuten Replikation anstelle des Adenin/Thyminpaares ein Guanin/Cytosinpaar

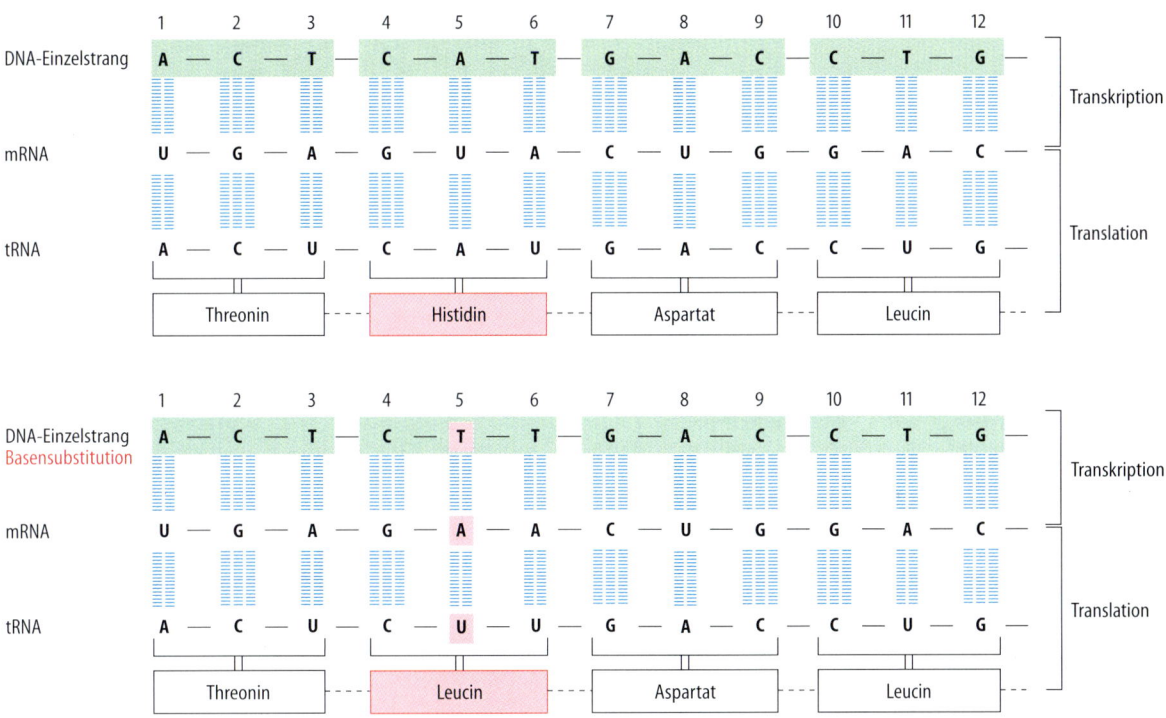

Abb. 13.12 Durch Basensubstitution (Transversion) bedingte Änderung der DNA-Sequenz, wodurch der Austausch einer Aminosäure erfolgt

sind **endogen** auftretende Mutationen, die in allen Zellen aufgrund der fehleranfälligen DNA-Replikations- und Reparaturmechanismen ständig entstehen. Induzierte Mutationen werden hervorgerufen, wenn ein Organismus einem **exogenen** Mutagen ausgesetzt wird. Solche Mutationen treten naturgemäß mit höherer Frequenz als Spontanmutationen auf. Die Mutationshäufigkeit nimmt mit der Zeit zu, mit der wir mutagenen Einflüssen ausgesetzt sind.

Spontanmutationen treten als Folge von Fehlern bei der DNA-Replikation auf

Ein Fehler bei der DNA-Replikation kann auftreten, wenn es zu falschen Basenpaarungen während der DNA-Synthese kommt. Jede DNA-Base kann in mehreren **tautomeren Formen** vorkommen, die sich durch die Stellung ihrer Atome und Bindungen zwischen den Atomen unterscheiden. Diese Formen befinden sich im Gleichgewicht. Normalerweise liegt die Base in der DNA in der **Ketoform** vor (Abb. 13.11). Kommt es zu einer Umlagerung der normalen Ketoformen in die tautomere Enolform, führt dies zu einer Fehlbasenpaarung und damit zu einer Mutation während der DNA-Replikation. Wird bei einer Mutation eine Pyrimidin-(Purin-)base durch eine andere Pyrimidin-(Purin-)base ersetzt, so spricht man von einer **Transition**, beim Austausch einer Pyrimidin- durch eine Purinbase und umgekehrt von **Transversion** (Abb. 13.12). Diese Mutationsform (auch als Missense-Mutation bezeichnet) führt zum **Austausch einer Aminosäure**.

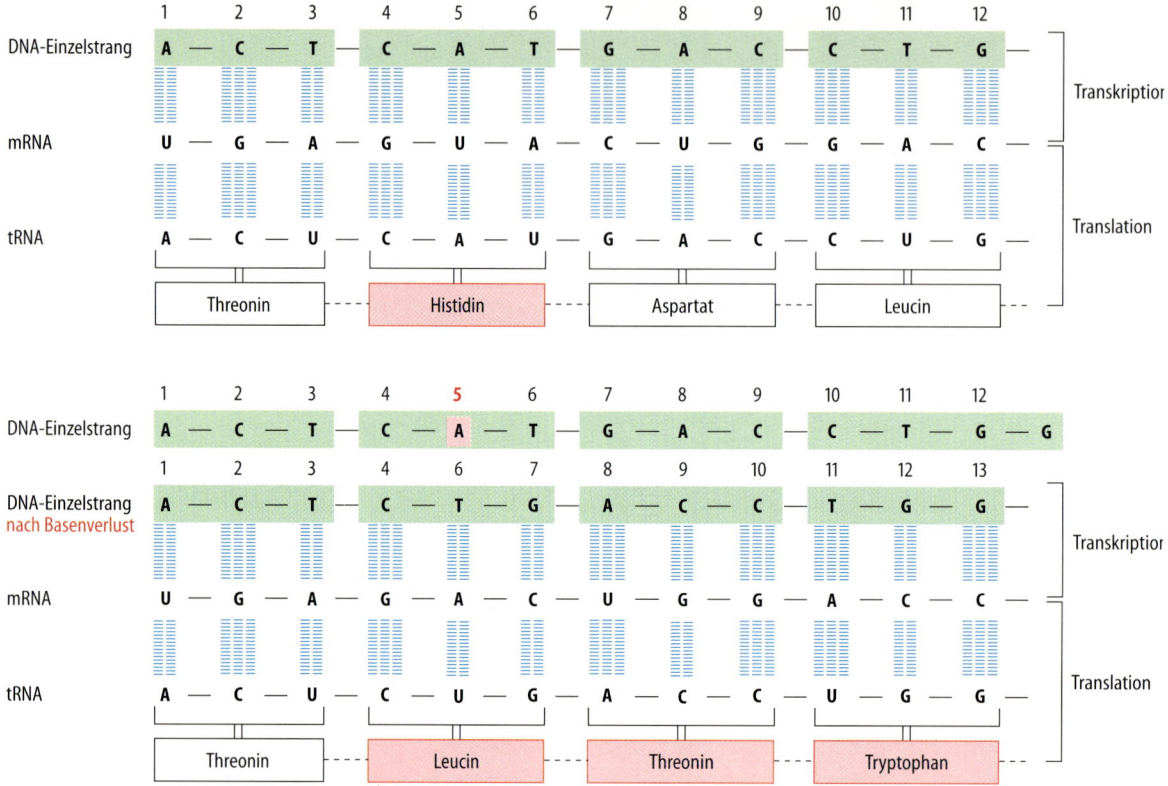

Abb. 13.13 Rasterschubmutation. Durch Basenverlust bedingte Änderung der Primärstruktur des Proteins, wodurch mehrere Aminosäuren ausgetauscht werden (Leserasteränderung)

Replikationsfehler können auch zur sog. *Rasterschubmutation* führen. Dabei kommt es durch den Verlust (Deletion) bzw. Einschub (Insertion) eines Basenpaares zur Veränderung der anschließenden Sequenz aller Triplets und damit des Informationsgehaltes der DNA (Abb. 13.13). Während manche Viren einen unterschiedlichen Leserahmen zur effizienten Ablesung ihres oft sehr kleinen Genoms nutzen können (S. 299), führt dies bei Gendefekten des Menschen meist zum vorzeitigen Abbruch der Translation der mRNA am Ribosom.

Gelegentlich ist mehr als ein Basenpaar von der Mutation betroffen. So führt z. B. der Verlust eines Triplets im CFTR-Gen (S. 703) zum Verlust der Aminosäure Phenylalanin 508 (AF 508) damit zur Mucoviszidose. Größere Deletionen und Duplikationen werden häufig in DNA-Regionen beobachtet, in denen sich repetitive Sequenzen (S. 318) finden.

Spontanmutationen treten als Folge von Depurinierungen, Desaminierungen oder oxidativen Schädigungen auf

Zusätzlich zu den Replikationsfehlern können spontane Läsionen ebenfalls Mutationen erzeugen. Die häufigsten spontanen Veränderungen sind Folge von Depurinierungen, Desaminierungen oder oxidativen Schädigungen. *Depurinierungen* (bzw. die selteneren Depyrimidinierungen) kommen durch die hydrolytische Spaltung der glykosidischen Bindung zwischen der Base und der Desoxyribose zustande, wodurch ein Guanin- oder Adeninrest aus der DNA verloren geht. Wenn diese Purinverluste nicht durch Reparatursysteme kompensiert werden (S. 220), kommt es bei der DNA-Replikation durch die DNA-Polymerase zu Fehleinbauten von Basen gegenüber der basenfreien Region.

Cytosinreste können durch *Desaminierung* in Uracil überführt werden (Abb. 13.14). Uracilreste bilden aber während der Replikation ein Basenpaar mit Adenin, so daß aus der GC-Basenpaarung eine AT-Basenpaarung wird. Diese Transition tritt jedoch nicht so häufig auf, da Uracilreste durch ein wirksames Enzym entfernt werden (S. 221). Dieses Enzym ist aber bei Thyminresten, die durch die Desaminierung methylierter Cytosinreste entstehen, wesentlich weniger wirksam (Abb. 13.14). Diese 5-Methyl-Cytosine entstehen nach Abschluß der DNA-Synthese unter dem Einfluß von Methylasen. Die Methylierung wird besonders häufig in CG-Dinucleotidbereichen (S. 255) beobachtet. Wird ein methylierter Cytosinrest desaminiert, so entsteht über Keto-Enol-Tautomerie Thymin. Verbleibende Thyminreste bilden dann eine Basenpaarung mit Adenin während der Replikation aus, was zu dem Übergang einer CG-Basenpaarung zu einer TA-Basenpaarung (eine C → T-Transition) führt.

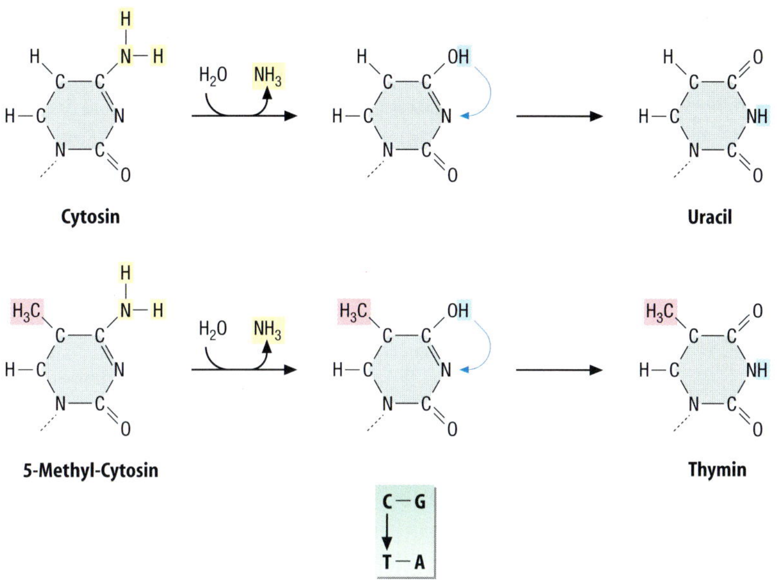

Abb. 13.14 Desaminierung von Cytosin bzw. 5-Methyl-Cytosin zu Uracil bzw. Thymin, welche während der Replikation zu einer C → T-Transversion führt

Durch aktive Sauerstoffspecies wie Superoxidradikale, Wasserstoffperoxid und Hydroxylradikale (S. 512), die im Stoffwechsel ständig entstehen, kann die DNA oxidativ geschädigt werden. Produkte wie 8-Hydroxyguanin, die bei der oxidativen Schädigung entstehen, führen zu einer Fehlbasenpaarung mit Adenin, so daß es zu G → T-Transversionen kommt.

Mutationen können experimentell induziert werden

Experimentell induzierte Mutationen besitzen eine wesentliche Bedeutung für die Mutationsforschung. Inwieweit die Ergebnisse auch für die spontanen Mutationen gelten, ist jedoch noch ungewiß, da die Mutagenese wahrscheinlich auf unterschiedlichen Mechanismen beruht. So können z. B. Basenanaloga statt der normalen Basen in die DNA eingebaut werden. Alkylierende Substanzen modifizieren bzw. ethylieren Sauerstoff- oder Stickstoffatome einzelner Basen mit Alkylresten. Dies führt zu Fehlpaarungen mit konsekutiven Transitionen bei der nächsten Replikation. UV-Strahlung führt – im Zellkulturexperiment – fast ausschließlich zu Mutationen in Sequenzen, bei denen zwei Pyrimidinbasen aufeinanderfolgen (S. 220, Abb. 9.17).

Zahlreiche Medikamente wie z. B. Cytostatica, Nahrungsmittelzusätze, Rückstände von Pestiziden oder Benzol (in Benzin) können Mutationen auslösen, so daß die Mutagenitätsforschung eine große medizinische Bedeutung besitzt.

De novo-Mutationen treten in den elterlichen Keimzellen oder in der Prä-Embryonalentwicklung auf

Da Mutationen ständig auftreten, müssen genetische Erkrankungen auch ständig neu auftreten. Sie werden als *sporadische* Erkrankung bezeichnet. Voraussetzung für den Nachweis einer de novo-Mutation, d. h. einer neu aufgetretenen Punktmutation ist, daß die genetische Veränderung nur bei der untersuchten Person, nicht aber im Genom seiner Eltern vorhanden ist und daß die Vaterschaft mit hoher Wahrscheinlichkeit gesichert ist. Die Mutation muß dann in den elterlichen Keimzellen oder einem frühen Stadium der Embryonalentwicklung auftreten. Bei der *Hämophilie A* (S. 930) geht etwa ein Drittel aller Fälle auf de novo-Mutationen zurück. Das Auftreten von de novo-Mutationen ist auch bei Familien mit der *Lesch-Nyhan-Erkrankung* (S. 596), einer Erkrankung des Purinstoffwechsels, untersucht worden, die X-chromosomal-rezessiv vererbt wird: homozygote Träger der Anlage sind infertil, der heterozygote Zustand scheint keinen Selektionsvorteil zu gewähren. Man würde demnach erwarten, daß das Syndrom durch Aussterben der Träger der Anlage langsam aus der Population verschwindet. Da dem nicht so ist, müssen in dem für die Krankheit verantwortlichen HPRT-Gen ständig de novo-Mutationen auftreten. Dies ist bei einer Familie genau untersucht worden: DNA wurde aus peripheren Lymphocyten der Großmutter mütterlicherseits, der Mutter, Schwester und Nichte des Patienten gewonnen und durch Verdauung mit dem Restriktionsenzym BglII durch Southern Blotting (Hybridisierung mit der radioaktiv markierten HPRT-cDNA-Sonde) analysiert. Die für die Mutation bei dem Patienten charakteristische 4,1 kb-Bande wurde als Marker für Träger des defekten Gens verwendet. Diese Bande fehlt nur bei der Großmutter (Abb. 13.15). Demzufolge ist die Mutation in den Keimzellen eines Großelters oder der befruchteten Eizelle, aus der der Patient sich entwickelt hat, neu aufgetreten.

Mutationen treten nicht über das gesamte Gen statistisch verteilt auf, sondern bevorzugt in bestimm-

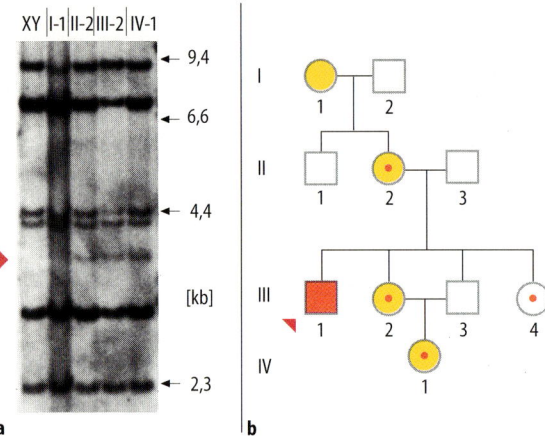

Abb. 13.15 a, b Nachweis einer de novo-Mutation durch molekularbiologische Analyse einer Familie mit einem HPRT-Defekt. **a** Southern-Blotting von BglII-verdauter DNA aus den Lymphocyten einer gesunden Kontrollperson (XY), der Großmutter mütterlicherseits (I-1), der Mutter (II-2), der Schwester (III-2) und der Nichte (IV-1) des Probanden. Der *Pfeil* zeigt die 4,1 kb-BglII-Bande an, die mit der Genmutation bei diesem Patienten assoziiert ist. **b** Der Familienstammbaum zeigt, daß es sich um eine de novo-Mutation handeln muß. ○ weiblicher gesunder Familienangehöriger; ⊙ weibliche Trägerin der Anlage; □ nicht betroffenes männliches Familienmitglied; *rot* betroffenes männliches Familienmitglied. Der Proband ist durch einen *Pfeil* gekennzeichnet

ten Regionen, den sog. *„mutational hotspots"*. Dies sind z. B. die oben beschriebenen CG-Dinucleotidregionen, in denen die Desaminierung von 5-Methylcytosin auftreten kann. So werden bei der Hämophilie B in einer CG-Region mit dem Codon in Position 39 der β-Globinkette gehäuft Mutationen beobachtet. Bei diesen tritt eine Veränderung von CAG (Glutamin) zu TAG (C → T-Transition) auf, welches für einen Translationsabbruch codiert.

13.2.3 Instabile oder dynamische Mutationen

Einzelne Erkrankungen werden durch die Vervielfachung von Trinucleotid-Repeats hervorgerufen

Wenn Mutationen auftreten, werden sie im allgemeinen unverändert von Zelle zu Zelle und von Generation zu Generation weitergegeben. Dies gilt auch für die meisten Erbkrankheiten. Im Rahmen einer bestimmten klinischen Variationsbreite bleibt ihr Erscheinungsbild von Generation zu Generation konstant. Ausnahmen von dieser Regel wie eine stets frühere Manifestation von Krankheiten, die als *Antizipation* bezeichnet wird, oder die Zunahme ihres Schweregrades, sind auf andere Veränderungen zurückzuführen. Bei einzelnen Genen kommen sog. Trinucleotid-Repeats vor, d. h. Sequenzen, die aus Blöcken von jeweils drei

DNA-Bausteinen aufgebaut sind, CTG oder CGG. Bei Gesunden findet man meistens zwischen 5 und 40 solcher repetitiven Trinucleotidblöcke, während bei schwerbetroffenen Patienten mehrere 1000 repetierte Nucleotid-Triplets vorkommen können. Die meisten klinisch unauffälligen Überträger solcher Krankheiten weisen 50 bis 200 Trinucleotid lange Repeats auf, die als *Prämutation* bezeichnet werden (Abb. 13.16). Die Repeats sind nicht stabil, d. h. abhängig von ihrer Länge zeigen sie eine Tendenz zur weiteren Größenzunahme, was in einer einzigen Generation zu einer Verlängerung mehrerer 100 Trinucleotide führen kann. Expandierende Trinucleotid-Repeats sind für das Auftreten einer Reihe von Krankheiten verantwortlich (Abb. 13.17). Beim fragilen(X)-Syndrom, der häufigsten Form der erblichen geistigen Behinderung, trägt das X-Chromosom eine fragile Stelle.

- Bei der spinobulbären Muskelatrophie, einer auch in der Kennedyfamilie vorkommenden Form des Muskelschwundes,
- bei der myotonen Dystrophie (S. 964) und
- bei der Chorea Huntington, dem erblichen Veitstanz, finden sich ebenfalls expandierende Trinucleotide.

Warum derartige Expansionen zu diesen Krankheitsbildern führen, ist noch unklar. Bei einzelnen Erkrankungen liegt die repetierte (CAG)$_N$-Sequenz *innerhalb* des codierenden Genabschnitts. CAG-Triplets werden bei der Proteinsynthese in die Aminosäure Glutamin übersetzt. Polyglutaminsubsequenzen kommen bei einer Reihe von Proteinen vor, jedoch enthalten diese Sequenzen nie mehr als 38 Glutaminylreste. Bei allen Krankheiten mit intragenen CAG-Repeats handelt es sich um neurodegenerative Störungen, was dafür spricht, daß Proteine mit langen Polyglutaminabschnitten neurotoxisch sind. Bei anderen Erkrankungen liegt die repetierte (CTG)$_N$-Sequenz *außerhalb* des codierenden Abschnitts am 3'-Ende des Gens.

Die Instabilität einfach repetierter Sequenzen im menschlichen Genom nimmt mit der Länge dieser Repeats zu. Dies gilt nicht nur für Trinucleotide, sondern auch für Di- und Tetranucleotid-Repeats. Dabei müssen die Repeats perfekt angeordnet sein, da bereits durch Insertion eines einzigen anderen DNA-Bausteins die Instabilität des Repeats aufgehoben wird. Bei allen bisher untersuchten Krankheiten findet sich eine deutliche Korrelation zwischen der Länge der Trinucleotid-Repeats und dem Schweregrad der Erkrankung.

Nicht jede Punktmutation führt zu einem veränderten Protein

Da viele Mutationen zu lebensunfähigen Mutanten führen, würde eine zu hohe Mutationshäufigkeit das Fortbestehen der Art gefährden. Infolgedessen besitzt die Zelle Vorrichtungen, durch die der Mutationsschaden beseitigt bzw. die Auswirkung der Mutation auf ein Minimum reduziert wird. Zum einen gibt es die bereits

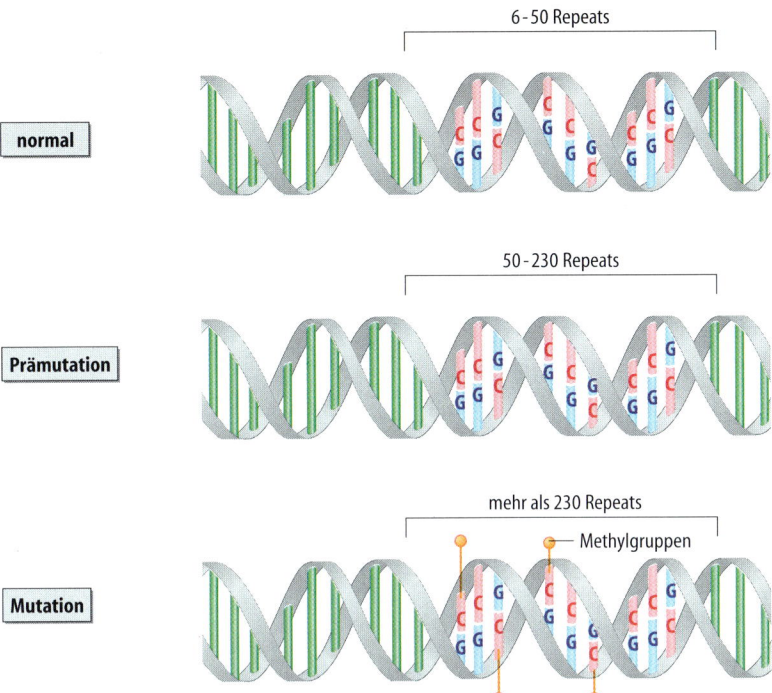

6-50 Repeats

normal

50-230 Repeats

Prämutation

mehr als 230 Repeats

Methylgruppen

Mutation

Abb. 13.16 Dynamische Mutationen am Beispiel des fragilen X-Syndroms. Gesunde haben zwischen 6 und 50 Repeats (CCG bzw. CGG in Antisense-Richtung) im FMR-1-Gen *(oben)*. Erkrankte weisen dagegen mehr als 230 Repeats auf, die auch noch methyliert sein können *(unten)*. Zwischen beiden Zuständen liegt die Prämutation, durch die asymptomische Träger der Genanlage gekennzeichnet sind *(Mitte)*. Repeats können bei der Übertragung der genetischen Information von Generation zu Generation hinzugefügt werden, so daß aus einer Prämutation eine Mutation wird

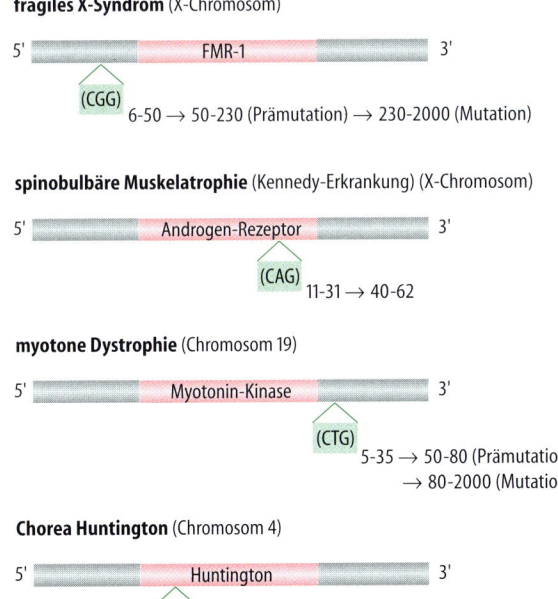

fragiles X-Syndrom (X-Chromosom)

5' —[FMR-1]— 3'

(CGG)

6-50 → 50-230 (Prämutation) → 230-2000 (Mutation)

spinobulbäre Muskelatrophie (Kennedy-Erkrankung) (X-Chromosom)

5' —[Androgen-Rezeptor]— 3'

(CAG)

11-31 → 40-62

myotone Dystrophie (Chromosom 19)

5' —[Myotonin-Kinase]— 3'

(CTG)

5-35 → 50-80 (Prämutation)
→ 80-2000 (Mutation)

Chorea Huntington (Chromosom 4)

5' —[Huntington]— 3'

(CAG)

11-34 → 30-38 (Prämutation) → 37-121 (Mutation)

Abb. 13.17 Beispiele für Trinucleotid-Repeat-Erkrankungen. Die Repeats können innerhalb und außerhalb des betroffenen Gens liegen

erwähnten Reparaturenzyme (S. 220), die eine falsche Basensequenz eliminieren und die ursprünglichen Basen wieder in die DNA-Kette einfügen können. Zum anderen ist der Code infolge seiner Degeneration so aufgebaut, daß bestimmte Änderungen von Basentriplets auf der DNA häufig keine oder nur sehr geringe Änderungen der Aminosäuresequenz des dazugehörigen Proteins nach sich ziehen (S. 268).

13.2.4 Auswirkungen von Mutationen auf die Struktur des Genproduktes oder die Genexpression

Grundsätzlich unterscheidet man zwischen strukturellen und regulatorischen Mutationen

Die meisten Mutationen, die Krankheiten beim Menschen verursachen, liegen im Bereich codierender Genabschnitte (Exons). Diese strukturellen Mutationen führen zu *qualitativen* Änderungen der Proteinstruktur durch Aminosäuresubstitutionen, durch eine Veränderung des Leserasters bei der Translation oder durch einen vorzeitigen Abbruch der Proteinsynthese, sei es aufgrund einer Deletion oder der frühzeitigen Einführung eines Abbruchcodons. Im Gegensatz zu diesen Proteinstruktur-Mutationen beeinträchtigen die regulatorischen Mutationen die Vorgänge der Genexpression und führen so zu *quantitativen* Änderungen der Proteinproduktion. Die überwiegende Zahl dieser Mutationen liegt in der Genpromotorregion, d. h. den 5'-Regulatorsequenzen, die konstitutive Promotorelemente, Enhancer, Repressoren, gewebespezifische und andere responsive Elemente enthalten.

Die Gene für Hämoglobin können von strukturellen und regulatorischen Mutationen betroffen sein

Die *Sichelzellanämie* und die *Mittelmeeranämie* (Thalassämie) sind gute Beispiele für Krankheiten, denen strukturelle bzw. regulatorische Mutationen zugrundliegen. Sie zeigen zudem die enorme Vielfalt von Mutationen, von denen praktisch alle unsere 50 000 bis 100 000 Gene betroffen sein können.

Die Mutationen treten in den beiden Genen des Hämoglobins auf und verursachen funktionelle Änderungen bzw. eine Abnahme des Hämoglobins, die mit Änderungen der Morphologie des Erythrocyten einhergehen (Abb. 13.18). Über unterschiedliche Mechanismen kommt es bei den Betroffenen zur *Blutarmut* (Anämie). Bevor wir im einzelnen besprechen, wie die Punktmutationen diese beiden Krankheitsbilder hervorrufen, soll noch einmal der Weg von der DNA zum fertigen Polypeptid für das Hämoglobin rekapituliert werden (Abb. 13.19). Die Exons und Introns enthaltenden Gene für die α- bzw. β-Kette werden in die entsprechenden Prä-mRNA umgeschrieben, die nach Entfernung der Introns als Matrize für die Globinbiosynthese an den Ribosomen dienen. Jeweils zwei α- und zwei β-Globinketten treten nach dem Einbau von Hämgerüsten zum Hämoglobintetramer zusammen. Mutationen können überall in den α- und β-Genen auftreten, d. h. in den Exon- und Intronbereichen und in der Promotorregion, die stromaufwärts – innerhalb der ersten 100 Basenpaare vom Transkriptionsstart aus gerechnet – vom Gen liegt und die die Bindungsstelle für die RNA-Polymerase und Transkriptionsfaktoren darstellt. Da viele Gene Introns in hoher Zahl besitzen, die damit in ihrer Gesamtlänge oft die der Exons übertreffen, erhöht sich der potentiell von einer Mutation betroffene Bereich ganz erheblich. Besonders kritische Bereiche sind dabei die Intron/Exonübergänge.

Das α-*Globin-Gen* liegt auf Chromosom 16p13, auf dem es in zwei Kopien vorkommt (Abb. 13.20). Daneben befinden sich das embryonale ζ-Globin-Gen sowie zwei sog. Pseudogene (ψ-α und ψ-ζ). *Pseudogene* sind aus den eigentlichen Genen durch Duplikation entstanden, aber offenbar zu einem frühesten Zeitpunkt der Evolution so mutiert worden, daß sie entweder nicht mehr exprimiert werden, oder die Expressionsprodukte funktionell inaktiv sind. Die Existenz zweier α-Globin-Gene erklärt, warum klinisch bedeutsame Veränderungen dieses Gens viel seltener sind als

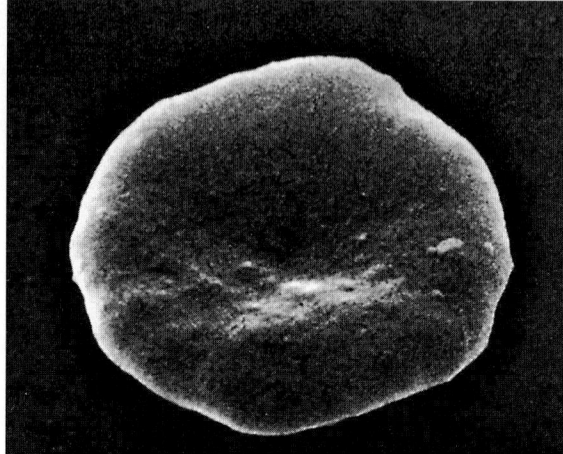
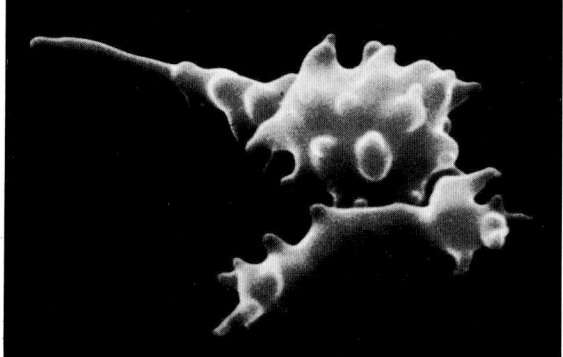
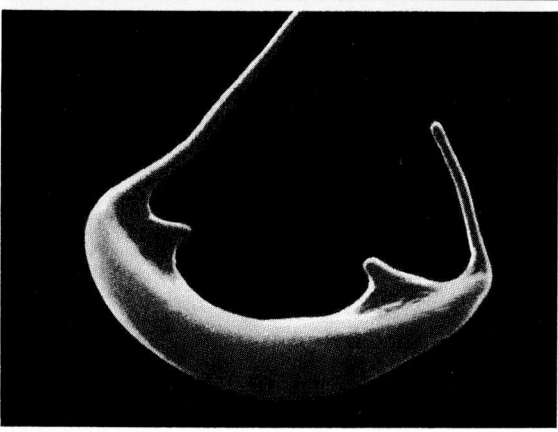

Abb. 13.18 Rasterelektronenmikroskopische Aufnahmen eines normalen Erythrocyten *(oben)*, eines Thalassämie-Erythrocyten *(Mitte)* und eines Sichelzell-Erythrocyten *(unten)*. (Nach Bessis, M (1973) Red Blood Cells and Their Ultrastructure. Springer Berlin)

die des β-Globin-Gens: ist ein α-Globin-Gen von einer Mutation betroffen, so kann das zweite α-Globin-Gen seine Funktion übernehmen. Das β-*Globin-Gen* auf Chromosom 11p15.5 kommt in nur einer Kopie vor (Abb. 13.20). Neben diesem Gen findet sich das δ-Gen (das für ein dem β-Globin-Gen ähnliches Produkt codiert, welches jedoch nur 2 % der biologischen Aktivität des β-Globin-Gens aufweist), das ψ-β-Globin-Gen, zwei Kopien des γ-Globin-Gens (des fetalen β-Globin-Gens) sowie eine Kopie des embryonalen ε-

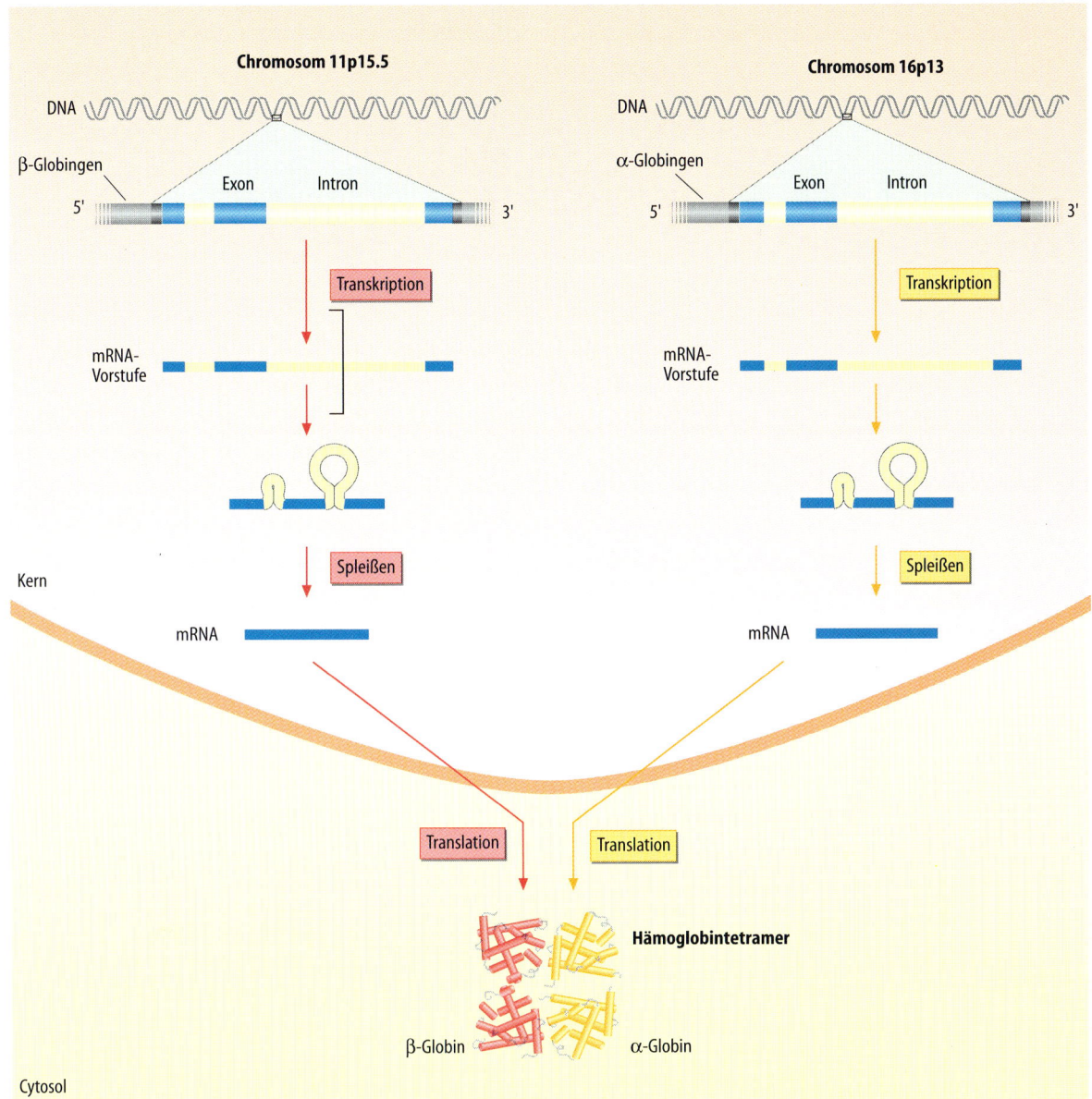

Abb. 13.19 Biosynthese der α- und β-Ketten des Hämoglobins: die Genexpression beginnt im Kern mit der Transkription des gesamten Gens, d.h. mit Introns und Exons. Durch RNA-Prozessierung (Spleißen) werden die Introns entfernt. Die verbundenen Exons treten als reife mRNAs in das Cytosol über, wo die Translation am Ribosom und die anschließende Assoziation zum Hämoglobintetramer stattfindet

Globin-Gens. Da das menschliche Genom nur jeweils ein β-Globin-Gen auf beiden Chromosomen 11 enthält, sind Mutationen dieses Gens wesentlich häufiger von klinischen Symptomen begleitet.

Eine heteropolare Mutation im Codon 6 der β-Globinkette verursacht die Sichelzellanämie

Über 500 strukturelle Mutationen sind bisher in den verschiedenen Globingenen beschrieben worden. Als Prototyp gilt die Sichelzellanämie, die aus einer Mutation (GAG → GTG) in Codon 6 der β-Globinkette resultiert, die mit Hilfe der Restriktionsenzymanalyse nachgewiesen werden kann (Abb. 13.21). Durch die Mutation wird an der Oberfläche des Hämoglobins ein **hydrophiler** Glutamylrest durch einen **hydrophoben** Valylrest ersetzt (Abb. 13.22). Die Sauerstoffanlagerung ist beim Sichelzell-Hämoglobin (HbS) nicht gestört; die mit diesem Hämoglobin beladenen Erythrocyten besitzen jedoch die besondere Neigung, im peripheren Blut eine Sichelzellform anzunehmen, da die HbS-Moleküle aggregieren. Auffällig ist dabei, daß dies nur im venösen Blut auftritt. Offenbar bewirkt die Sauerstoffentladung

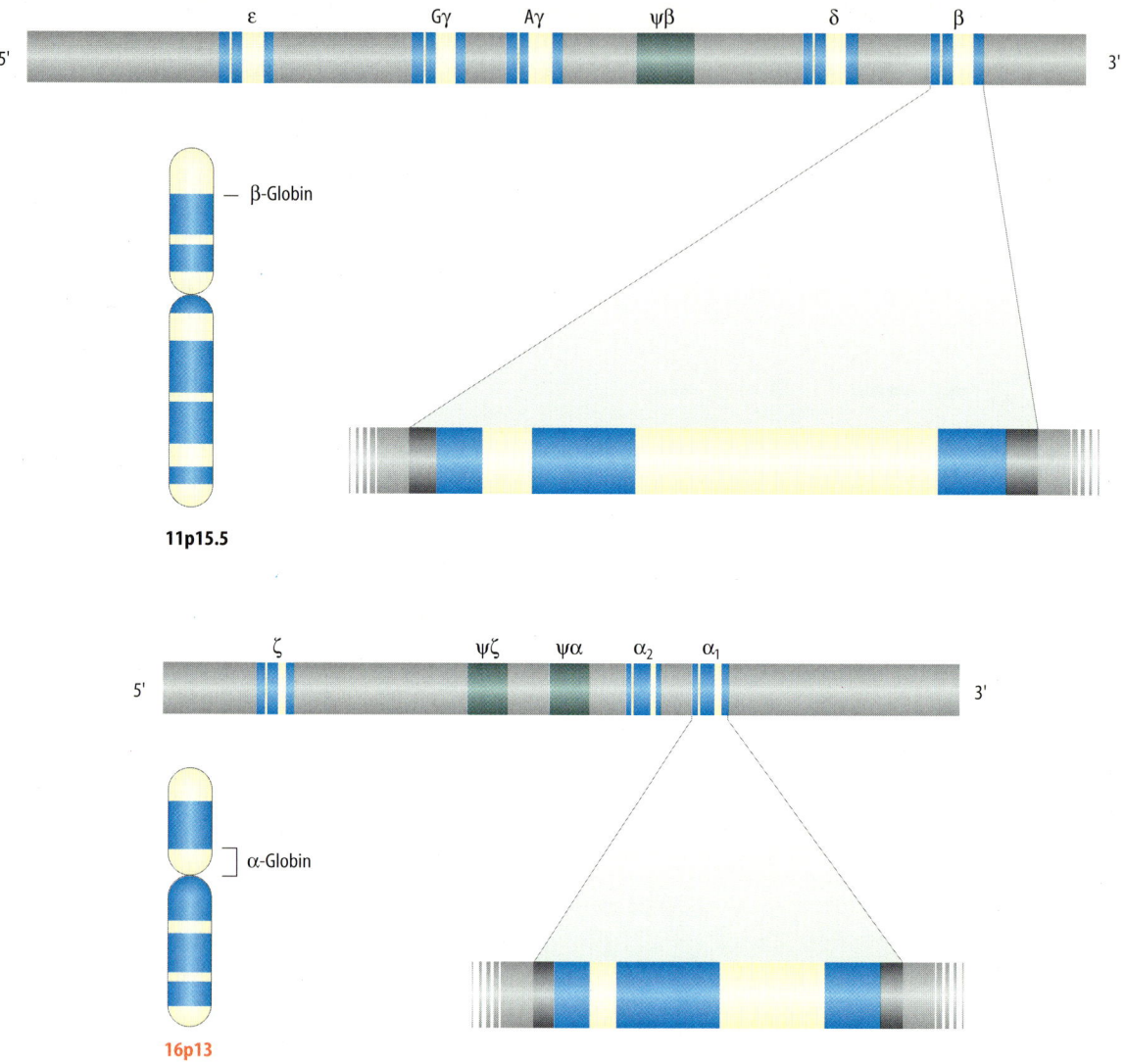

Abb. 13.20 Gruppen(cluster)artige Anordnung der α- und β-Globingene. Das α-Globin-Gen kommt in zwei Kopien vor. Neben dem α-Globin-Gen liegen vier α-Analoga: das ψ-α-Gen, das ζ-Gen, ein embryonales α-Gen und das ψ-ζ-Gen. Das β-Globin-Gen existiert dagegen in nur einer Kopie. Das δ-Gen produziert zwar ebenfalls eine β-Kette, die jedoch nur eine geringe biologische Aktivität aufweist. Das ψ-β-Gen wird nicht transkribiert. Das γ-Gen (zwei Kopien) und das γ-Gen werden nur während der Embryonal- und Fetalentwicklung exprimiert

des Hämoglobins im venösen Blut eine Veränderung der Konformation des Hämoglobintetramers, infolge derer die HbS-Moleküle polymerisieren und die Erythrocyten die Sichelform annehmen. Als Ursache der Aggregation wird vermutet, daß – wie durch Abb. 13.23 veranschaulicht – durch die mit der Sauerstoffabgabe einhergehende *Konformationsänderung* des Hämoglobins zwei hydrophobe Bezirke (Leucyl- und Phenylalanylreste der zweiten β-Globinkette) an der Oberfläche der Moleküle sichtbar werden, mit denen die hydrophoben Valylreste der β-Globinkette nach dem Schlüssel-Schloß-Prinzip (S. 108) reagieren können. Durch die Aggregation schrumpfen die das mutierte HbS tragenden Erythrocyten, wodurch hämolytische Krisen verursacht werden, die durch eine Vielzahl nachfolgender Komplikationen den Tod herbeiführen können. Die meisten Menschen mit einer homozygoten Anlage für dieses mutierte Gen sterben deshalb im Kindesalter (Ausnahmen, S. 341). *Heterozygote,* die nur ein abnormes Gen aufweisen, sind klinisch gesund und scheinen – besonders als Kind – vor schwerer Malaria geschützt zu sein. Die Folge davon ist, daß die Heterozygoten in Malariagebieten begünstigt sind, so daß diese Gene und damit die Sichelzellanämie dort relativ häufig sind. Wie hoch auch die Genverluste durch den Tod von Homozygoten sein mögen, in Malariagebieten besitzen die Heterozygoten einen Selektionsvorteil und vermehren sich stärker als andere Individuen. So ist das häufige Auftreten der Sichelzellanämie in Afrika, Mittel- und Südamerika zu erklären.

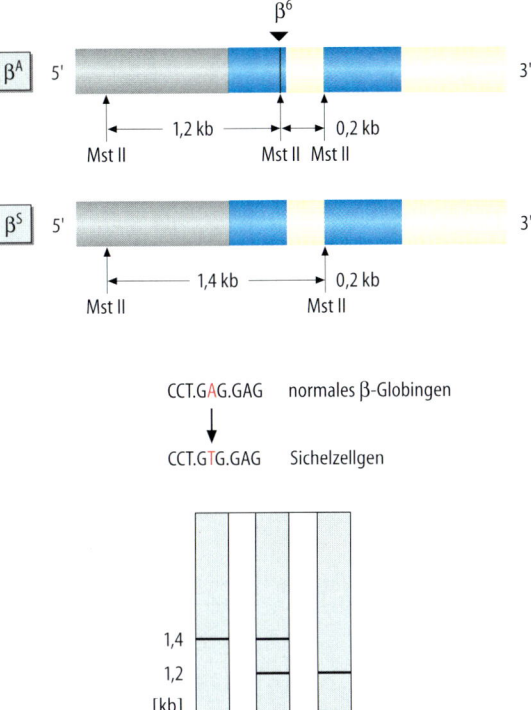

CCT.G**A**G.GAG normales β-Globingen

↓

CCT.G**T**G.GAG Sichelzellgen

1,4
1,2
[kb]

β^Sβ^S β^Aβ^S β^Aβ^A

Abb. 13.21 Nachweis der Sichelzellmutation durch Restriktionsenzymanalyse. Die Mutation von Adenin zu Thymin zerstört die Erkennungsregion für das Restriktionsenzym Mst II. Es entstehen nicht mehr zwei DNA-Fragmente (1,2 kb und 0,2 kb), sondern nur noch eines (1,4 kb). Homozygote haben nur die 1,4 kb-Bande, Heterozygote die 1,4 und die 1,2 kb-Bande und Gesunde nur die 1,2 kb-Bande

Glutamylseitenkette   **Valylseitenkette**

Abb. 13.22 Substitution der hydrophilen Glutamyl- durch die hydrophobe Valylseitenkette im Sichelzellhämoglobin

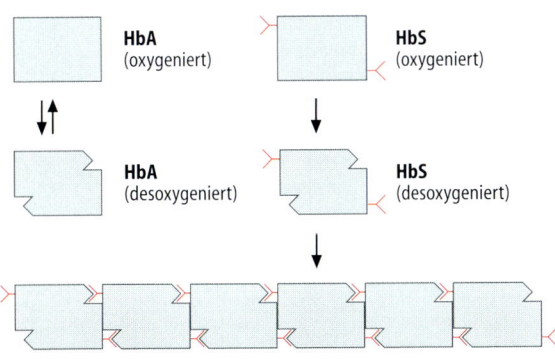

Abb. 13.23 Polymerisierung des Sichelzellhämoglobins im desoxygenierten Zustand

Die Thalassämien kommen durch quantitative Störungen der Globinkettenproduktion zustande

Die Thalassämien oder Mittelmeeranämien (da sie in der Mittelmeerregion weit verbreitet sind) sind dadurch charakterisiert, daß eine der beiden Globinketten nicht mehr ausreichend produziert wird. Fast 100 verschiedene Mutationen sind zwischenzeitlich als Grundlage für die verschiedenen Formen der Thalassämien beschrieben worden. Bei dem sehr heterogenen Krankheitsbild wird zwischen α- und β-Thalassämien unterschieden, die weiter unterteilt werden

- in die α^o- oder β^o-Thalassämien, bei denen keine α- oder β-Globinketten mehr produziert weden, und
- die α^+- oder β^+-Thalassämien, bei denen diese Ketten in nur sehr geringen Mengen gebildet werden.

Dadurch ist die Stöchiometrie der Bildung des Hämoglobintetramers gestört. Die überschüssigen α-Globinketten (bei den β-Thalassämien) werden entweder durch Proteolyse abgebaut, assoziieren mit γ-Ketten zu fetalem Hämoglobin (HbF) oder fallen in den Erythrocytenvorstufen aus. Klinische Folge bei den Nullvarianten ist eine schwere *Anämie* und eine hochgradige Steigerung der Erythrocytenbildung, die aufgrund des molekularen Defektes jedoch ineffektiv ist und zu Beschwerden wie Milz- und Lebervergrößerung führt.

Den β^o-Thalassämien liegen meist Rasterschubmutationen zugrunde

Deletionen oder Additionen von Basen verursachen Rasterschubmutationen mit der nachfolgenden Bildung eines völlig veränderten und damit funktionslosen Produktes (Tabelle 13.4). Nonsense-Mutationen in verschiedenen Codons führen zur Entstehung eines Abbruchcodons während der Translation. Mutationen im Bereich der Intron-Exon-Übergänge, den Spleißverbindungen und den daneben liegenden Konsensussequenzen besitzen ebenfalls entscheidende Konsequenzen. Zur Entfernung der Introns bildet die hnRNA eine Schleife (Abb. 13.19, S. 333), so daß das stromabwärts gelegene Ende eines Exons, der Donorbereich, in die Nachbarschaft des stromaufwärts gelegenen Endes des nächsten Exons, den Akzeptorbereich, gelangt. Bei der folgenden enzymatischen Entfernung des Introns vereinigen sich Donor- und Akzeptorbereich. Voraussetzung für die Aneinanderlagerung sind Erkennungsbereiche, die bei allen bisher untersuchten Genen sehr ähnlich sind. Bei diesen Consensussequenzen (S. 250) handelt es sich um sechs aufeinanderfolgende Nucleotide, von denen die ersten beiden (G und T) identisch und die übrigen vier sehr ähnlich sind bzw. um eine Folge von fünf Basen, von denen die beiden letzten (A und G) immer gleich sind (Abb. 13.24). Mutationen, die die Nucleotide G oder T im Donorbereich und A oder

Tabelle 13.4 Mutationen der für die β-Kette des Hämoglobins codierenden DNA (β-Thalassämie). Eine Reihe von Mutationen führt zum Verlust der β-Globinkettenbildung (β°-Thalassämien), andere zur Reduktion (β⁺-Thalassämien)

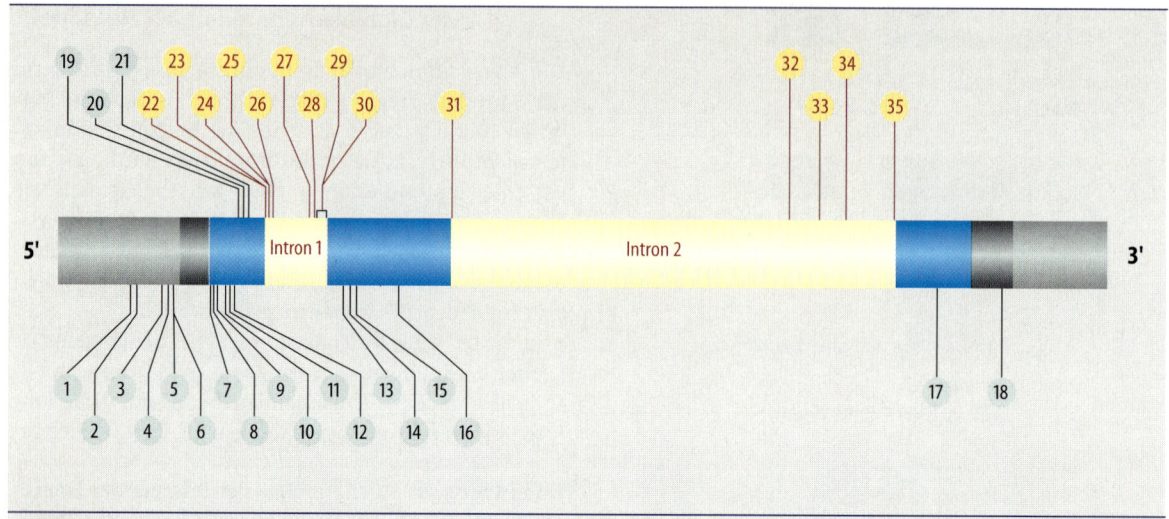

Mutationsart		Typ	Ethnische Herkunft des Genträgers
A. Nicht funktionierende mRNA			
Nonsensemutanten (Translationsabbruch)			
12	Codon 17 (A → T)	$\beta°$	Chinesisch
13	Codon 39 (C → T)	$\beta°$	Mediterran
10	Codon 15 (G → A)	$\beta°$	Indisch (Asien)
17	Codon 121 (G → T)	$\beta°$	Polnisch
Rasterschubmutanten durch Deletionen (−) oder Additionen (+)			
7	− 1 von Codon 6	$\beta°$	Mediterran
8	− 2 von Codon 8	$\beta°$	Türkisch
9	+ 1 zwischen Codons 8 und 9	$\beta°$	Indisch (Asien)
11	− 1 von Codon 16	$\beta°$	Indisch (Asien)
14	− 4 von Codons 41/42	$\beta°$	Indisch (Asien)
15	− 1 von Codon 44	$\beta°$	Kurdisch
16	+ 1 zwischen Codons 71 und 72	$\beta°$	Chinesisch
B. RNA-Prozessierungsmutanten			
Spleißverbindungen-Veränderungen			
22	Intron-1 Position 1 (G → A)	$\beta°$	Mediterran
23	Intron-1 Position 1 (G → T)	$\beta°$	Indisch (Asien)
29	Intron-1 3'-Ende −25 Basenpaare	$\beta°$	Indisch (Asien)
30	Intron-1 3'-Ende −17 Basenpaare	$\beta°$	Kuwait
31	Intron-2 Position 1 (G → A)	$\beta°$	Mediterran
33	Intron-2 3'-Ende (A → G)	$\beta°$	Schwarz (USA)
Consensusänderungen (anliegend an Spleißverbindungen)			
24	Intron-1 Position 5 (G → T)	?	Mediterran
25	Intron-1 Position 5 (G → C)	$\beta⁺$	Indisch (USA)
26	Intron-1 Position 6 (T → C)	$\beta⁺$	Mediterran
Interne Änderungen, die verborgene Regionen betreffen			
19	Codon 24 (T → A)	$\beta⁺$	Schwarz (USA)
20	Codon 26 (G → A)	E	Südostasien
21	Codon 27 (G → T)	Knossos	Mediterran
27	Intron-1 Position 110 (G → A)	$\beta⁺$	Mediterran
28	Intron-1 Position 116 (T → G)	?	Mediterran
32	Intron-2 Position 654 (C → T)	$\beta°$	Chinesisch
33	Intron-2 Position 705 (T → G)	$\beta⁺$	Mediterran
34	Intron-2 Position 745 (C → G)	$\beta⁺$	Mediterran

Tabelle 13.4 (Fortsetzung)

Mutationsart		Typ	Ethnische Herkunft des Genträgers
C. Promotorregionmutanten	**% der normalen Transkriptionsrate**		
1 −88 (C → T)	40	β⁺	Schwarz (USA)
2 −87 (C → G)	10	β⁺	Mediterran
3 −31 (A → G)	55	β⁺	Japanisch
4 −29 (A → G)	25	β⁺	Schwarz (USA)
5 −28 (A → G)	10	β⁺	Chinesisch
6 −28 (A → C)	?	β⁺	Kurdisch
D. RNA-Spaltungsmutante			
18 AATAAA → AAGAAA		β⁺	Schwarz (USA)

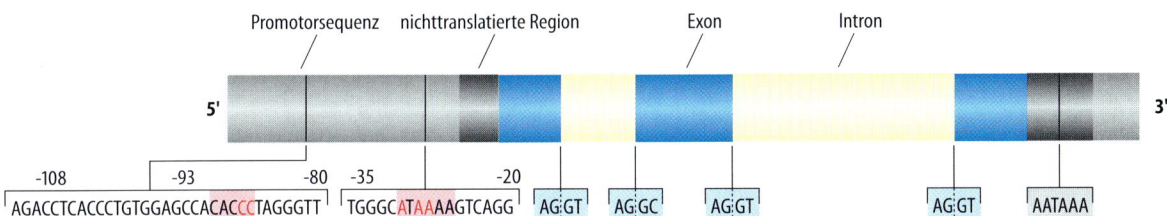

Abb. 13.24 Prinzip der Struktur aller Globingene des Menschen: Nucleotidsequenzen am 5'-Ende dienen als Promotorsequenz für die Initiation der Transkription. Charakteristisch sind die TATA-Box und die CACCC-Sequenz *(Rotraster)*. Positionen von Mutationen sind durch *rote* Buchstaben hervorgehoben. Eine Region zwischen der Promotorsequenz und dem ersten Exon wird zwar transkribiert, aber nicht translatiert. Die drei codierenden Sequenzen, die Exons, werden durch zwei Introns unterbrochen. Eine weitere nicht-translatierte Region am 3'-Ende enthält die AATAAA-Sequenz, die als Signal für die Polyadenylierung der mRNA dient. AG und GT stellen Anteile von Consensussequenzen dar. Die häufigsten Mutationen bei der β-Thalassämie verursachen ein falsches Spleißen oder stören die Translation der Globinkette

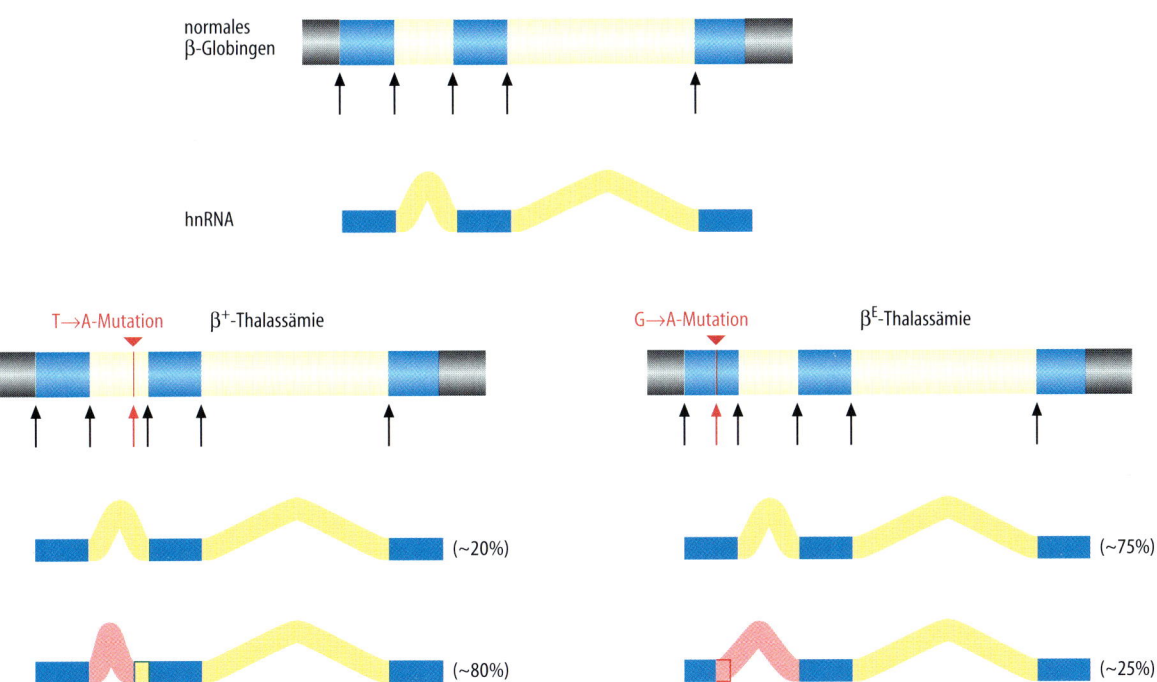

Abb. 13.25 Mutationen können kryptische *(rote Pfeile)* in aktive Spleißregionen überführen. In den meisten Fällen wird dann an beiden Erkennungsregionen geschnitten. Bei der β⁺-Thalassämie *(links)* ist die Anzahl der β-Globinketten, bei denen in der falschen Region geschnitten wird, etwa viermal größer als in der normalen β-Kette; bei der βᴱ-Thalassämie *(rechts)* beträgt dieses Verhältnis 1 : 3

G im Akzeptorbereich betreffen, führen dazu, daß an dieser Region kein Spleißen mehr stattfinden kann und das Exon ausgespart wird. Dies wird als Exon überspringen (exon skipping) bezeichnet.

β^+-Thalassämien entstehen durch Mutationen in der Promotorregion oder kryptischen Spleißregionen

Mutationen in der Promotorregion (etwa 30 bzw. 88–90 Nucleotide stromaufwärts vom β-Globingen) sind auf zwei Subregionen konzentriert: die erste – ein *CACCC-Motiv* (-91 bis -86) – ist für die perinatale Aktivierung des β-Globingens von Bedeutung, die zweite – die *TATA-Box* (bei etwa -30) – für die Bildung des Transkriptionskomplexes (Abb. 13.24). Sie führen zu einer Abnahme der Transkriptionsrate auf 10 bis 55 % des Normalwertes und damit zu relativ milden Defekten der β-Globinbiosynthese (Tabelle 13.4). Sowohl in Exon- als auch in Intronbereichen befinden sich sog. kryptische Spleißbereiche, die große Ähnlichkeit mit den normalen Spleißregionen aufweisen. Ist eine derartige Region von einer Mutation betroffen, so kann sie in eine zusätzliche Spleiß-Erkennungsregion umgewandelt werden, so daß zumindest ein Teil des Spleißens in diesem Bereich erfolgt. Dieses verkehrte Spleißen führt dazu, daß eine mRNA gebildet wird, der entweder ein Teil eines Exons fehlt oder die zusätzlich Intronanteile enthält. Durch Translation dieser mRNA entsteht eine nicht mehr funktionsfähige β-Kette. In den meisten Fällen dienen beide Spleißregionen als Schnittstellen, aber in unterschiedlichem Maß. Bei einer Form der β^+-Thalassämie ist die Expression der Gene, in denen die vorher kryptischen und durch die Mutation aktivierten Spleißregionen vorliegen, etwa viermal so hoch wie die der normalen Ketten. Bei einer anderen, der weitaus milderen β^E-Thalassämie, beträgt dieses Verhältnis 1 : 3 (Abb. 13.25).

Diese extreme Vielfalt der Mutationen erklärt das weite Spektrum von Thalassämie-Varianten unterschiedlichster Ausprägung, die von der vollständigen Abwesenheit der β-Globinsynthese und einer ausgeprägten Anämie bis zu einer sehr milden Anämie, die weitgehend asymptomisch ist, reichen kann.

13.2.5 Zellbiologische Folgen des Defektes des Genproduktes

Der Einfluß des veränderten Genproduktes wird durch die Funktion des Proteins in der Zelle bestimmt

Da z. B. jedes katalytisch wirksame Protein in ein System von Stoffwechselreaktionen und -cyclen mit anderen Enzymen eingebunden ist, beeinflußt seine Störung

Tabelle 13.5 Prototypen genetischer Erkrankungen

Defekt	Erkrankung	Proteintyp
Phenylalanin-hydroxylase	Phenylketonurie	Enzym
LDL-Rezeptor	Familiäre Hyper-cholesterinämie	Rezeptor
Chloridtrans-porter	Cystische Fibrose, Mukoviszidose	Ionenkanal
Faktor VIII	Hämophilie	Gerinnungsfaktor
Hämoglobin	Sichelzellanämie	O_2-Transportprotein
Dystrophin	Duchenne Muskeldystrophie	Cytoskelettprotein
Myosin	Kardiomyopathie	Myosin-ATPase
BRCA1	Brustkrebs	Transkriptionsfaktor

auch die mit ihm verbundenen, anderen Enzymsysteme. Durch die Untersuchung der Stoffwechseländerung bei einigen genetischen Anomalien mit bekanntem Enzymdefekt konnten die Stellung und Bedeutung, die dieses Enzym im Gesamtstoffwechsel im Normalzustand einnimmt, näher definiert werden.

Da alle Gene von Mutationen betroffen sein können, können damit auch alle Genprodukte, also Proteine, von einem Defekt betroffen sein:
- die im Blut zirkulierende Proteine (Hämoglobin, Blutgerinnungsfaktoren, Antikörper, Hormone, Zytokine),
- die Strukturproteine, zu denen die Transportsysteme, Rezeptoren in Zellmembranen oder Cytoskelettproteine (Kollagene, Dystrophin, Elastin) gehören, und
- die am intrazellulären Stoffwechsel beteiligten Enzymproteine (Tabelle 13.5).

In ihrer historischen Entwicklung hat sich die Biochemie zunächst mit der Erforschung des Intermediärstoffwechsels auseinander gesetzt, weshalb Störungen der Enzymaktivität bisher am besten untersucht sind.

Abbildung 13.26 zeigt die Beziehung eines Stoffes zum Stoffwechsel einer Zelle in schematischer Darstellung. Der Stoff A wird durch ein membranständiges Transportsystem in die Zelle aufgenommen, in der er auf dem Hauptweg durch verschiedene Enzyme über die Stoffe A, B und C in D umgewandelt wird. Das entstandene Produkt D kann über einen negativen Rückkopplungsprozeß die Aktivität des Enzyms E_{AB} beeinflussen. Daneben existieren in unserem Beispiel noch zwei weitere Möglichkeiten der Umwandlung des Stoffes A in A_1 oder A_2, die jedoch nur von untergeordneter Bedeutung sind. Aufgrund verschiedener Defekte kann eine Vielzahl von Störungen des Stoffwechsels unterschieden werden.

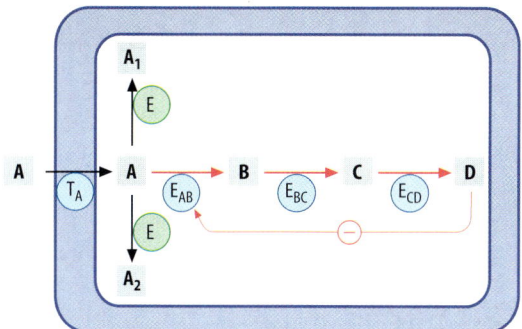

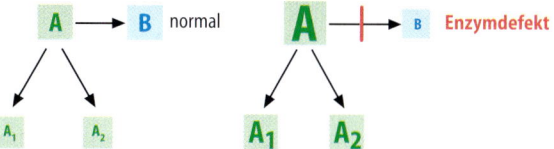

Abb. 13.27 Anhäufung eines Metaboliten durch Blockade eines Stoffwechselweges aufgrund des Fehlens oder der Verminderung eines Enzymproteins mit konsekutiver, vermehrter Bildung alternativer Produkte

Abb. 13.26 Die Beziehung eines Stoffes zu einer Zelle (unter Vernachlässigung subzellulärer Kompartimente). Durch ein membranständiges Transportsystem (T_A) gelangt der Stoff A vom Extra- in den Intrazellulärraum, wo er durch die Enzyme E_{AB}, E_{BC} und E_{CD} in die Stoffe B, C und D überführt wird *(rote Pfeile)*. Daneben ist auch die katalytische Umwandlung von A in A1 oder A2 möglich. Der *dünne rote Pfeil* zeigt die negative Rückkopplung des Endproduktes auf das Enzym E_{AB} an (vgl. z. B. Porphyrinbiosynthese, S. 602)

Störungen auf Membranebene führen zu extrazellulärem Überschuß und intrazellulärem Mangel

Wird der Stoff A aufgrund eines Defektes des Rezeptor- bzw. Transportsystems nicht von der Zelle erkannt bzw. nicht in diese transportiert, so kommt es zu einem intracellulären Mangel und zu einem extracellulären Überschuß des Stoffes A. Als Folge davon kann A nicht in die Stoffe B, C oder D überführt werden, die möglicherweise wichtige Stoffwechselfunktionen besitzen. Membranrezeptordefekte (z. B. des LDL- oder Insulinrezeptors) treten in einer Vielzahl von Zellen auf, bei Transportsystemstörungen sind häufig Darm- und Nierenzellen betroffen. Die mangelnde Resorption im Darm und die vermehrte Ausscheidung in den Urin verringert die Verfügbarkeit des Stoffes A im Organismus. Auf der anderen Seite kann der nicht resorbierte Stoff A dem Stoffwechsel von Mikroorganismen im Darm anheimfallen, deren Produkte ins Pfortaderblut übertreten und Störungen verursachen können.

Mutationen in Genen der Membrantransporter für Ionen wie Chlorid oder Sulfat führen ebenfalls zu Ungleichgewichten dieser Stoffe zwischen Intra- und Extracellulärraum mit z. B. Störungen der Schweißsekretion (bei der Mukoviszidose, S. 703).

Bei Störungen des intrazellulären Stoffwechsels weicht der Stoffwechsel auf Nebenwege aus

Die fehlende oder reduzierte Aktivität eines Enzyms verursacht die vollständige oder partielle Blockade einer Reaktionskette mit konsekutiver Anhäufung bzw. Verminderung einzelner Reaktionsteilnehmer. So führt der Defekt des Enzyms E_{AB}, das das Substrat A in das Produkt B überführt, zu einer Akkumulation von A und einem Konzentrationsabfall von B (Abb. 13.27). Infolge des erhöhten Substratdruckes durch A werden

dann normalerweise kaum beschrittene Nebenwege eingeschlagen, durch deren Stoffwechsel A_1 und A_2 in Geweben, Blut und Urin vermehrt nachweisbar werden. Die vermehrte Bildung der Stoffwechselzwischenprodukte A_1 und A_2, die Akkumulation des Substrates A oder die verminderte Bildung von B, C oder D führen zu *Gewebeschädigungen,* die das betreffende Krankheitsbild bestimmen. Die Erhöhung der Plasmakonzentration der sich anhäufenden Stoffe kann zur sekundären, d. h. nicht durch einen Nierenschaden verursachten Ausscheidung in den Urin führen. Ursache dafür ist die Überschreitung der maximalen Transportkapazität des Nierentubulus für die akkumulierten Stoffe. Wird durch eine Mutation nicht die Aktivität eines Enzyms beeinflußt, aber der Bereich, an dem die allosterische Regulation stattfindet (S. 114), so kann dadurch die negative Rückkopplung bei der Biosynthese eines Stoffes ausfallen, wodurch dieser Stoff über den Bedarf der Zelle hinaus produziert wird.

Störungen des lysosomalen Abbaus führen zur intrazellulären Akkumulation von Stoffen

In der Zelle unterliegen alle Stoffe einem ständigen Auf- und Abbau. Wird die Aktivität eines Enzyms, das am Abbau beteiligt ist, gestört, so kommt es zur intracellulären Ablagerung dieses Stoffes. Krankheiten, bei denen der lysosomale Abbau einzelner Stoffe z. B. in Makrophagen betroffen ist, werden als *Speicherkrankheiten* des reticuloendothelialen Systems bezeichnet. So ist bei der *Gaucher'schen Erkrankung* der Abbau von Glucocerebrosiden zu Ceramid (Abb. 13.28) durch

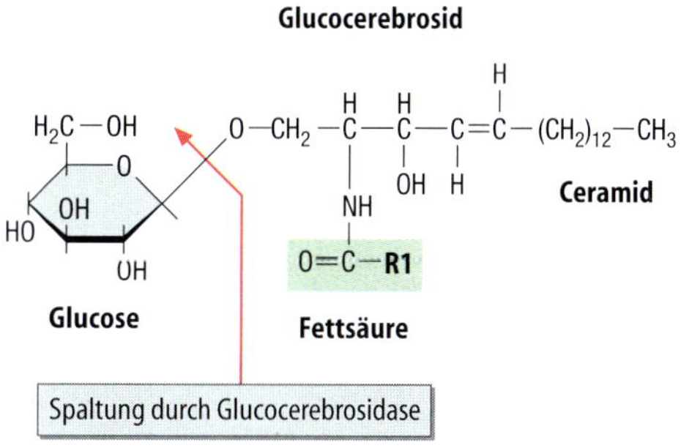

Abb. 13.28 Abbau von Glucocerebrosid in den Lysosomen durch das Enzym Glucocerebrosidase

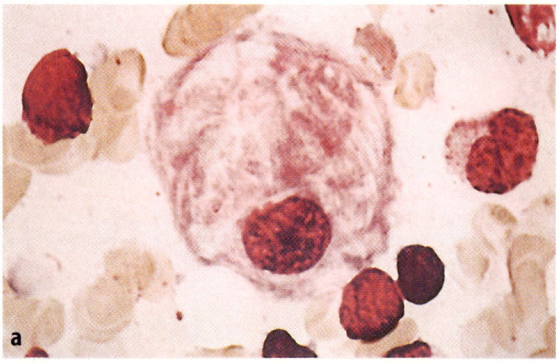

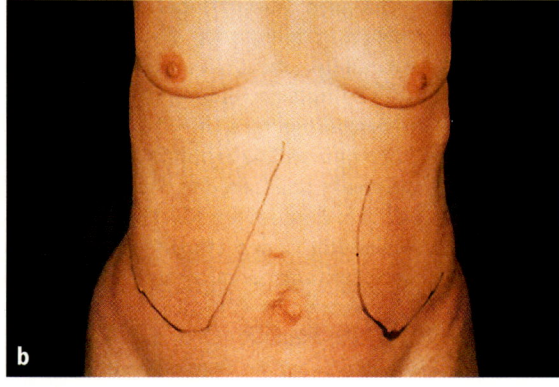

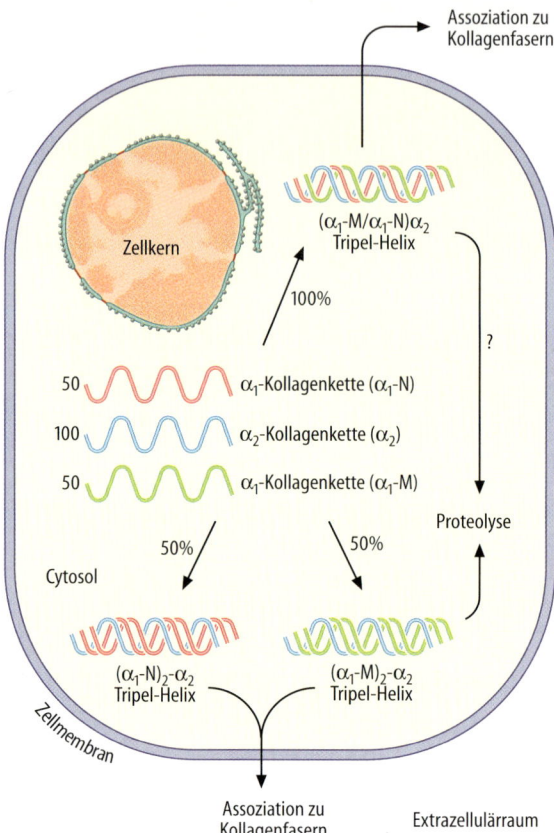

Abb. 13.29 **a** Makrophage, **b** Leber- und Milzvergrößerung (Hepatosplenomegalie) bei Patienten mit M. Gaucher

Abb. 13.30 Dominante Vererbung von Mutationen in den Kollagenketten-Genen bei angeborenen Bindegewebserkrankungen. Die Assoziation normaler (α1-N), mutierter (α1-M) und normaler α2-Ketten zu Tripelhelices (Einzelheiten s. Text) führt zu einer Schwächung der Kollagenfasern im Bindegewebe

Mutationen des Enzyms Glucocerebrosidase in den Makrophagen gestört. Die Makrophagen akkumulieren deshalb die nicht abgebauten Lipide und nehmen kontinuierlich an Größe zu (Abb. 13.29). Als Folge davon entstehen extreme Leber- und Milzvergrößerungen und Knochenstörungen.

Störungen der Assoziation extrazellulärer Matrix-Proteine bewirken einen negativ dominanten Effekt

Die extracelluläre Matrix unserer Gewebe wird durch *Kollagene* und andere Makromoleküle gebildet. Kollagen-Moleküle bestehen aus drei Polypeptidketten, die zu einer *Tripelhelix* (S. 61) verdrillt sind. Typ I-Kollagen setzt sich aus zwei α1- und einer α2-Kette zusammen. Tritt nun eine heterozygote Mutation in dem Gen für die α1-Kollagenkette auf, so besteht folgende Ausgangssituation für die Assoziation zur Tripelhelix (Abb. 13.30): auf 100 normale α2-Ketten kommen jeweils 50 normale α1-Ketten (α1-N) und 50 mutierte α1-Ketten (α1-M). Diese können nun zu 100 Tripelhelices mit der Zusammensetzung α1-N/α1-M/α2 oder auch

zu je 50 Tripelhelices mit der Zusammensetzung (α1-N)$_2$-α2 und (α1-M)$_2$-α2 assoziieren. Im ersten Fall sind alle Kollagenmoleküle von einer Störung ihrer Architektur betroffen, obwohl nur 50 % der α1-Ketten mutiert sind. Im zweiten Fall bestehen zwei Möglichkeiten: entweder werden beide Tripelhelix-Varianten in den Extracellulärraum sezerniert und bilden dort Fasern aus oder die Tripelhelices, die mutierte Ketten enthalten, fallen in der Zelle der Proteolyse anheim, so daß nur die intakten Helices sezerniert werden (also 50 %). In allen Fällen wird die Architektur der extrazellulären Matrix erheblich gestört – obwohl nur 50 % der α1-Ketten mutiert sind, was als (negativ) *dominanter Effekt* bezeichnet wird.

Eine Mutation in der Bindungsregion macht ein Substrat resistent gegenüber seinem abbauenden Enzym

Bei Gefäßverletzungen wird die Blutgerinnung durch eine Kaskade proteolytischer Reaktionen vermittelt, die zur Bildung von Thrombin führt. Zur Vermeidung der Gerinnung im strömenden Blut werden Gerinnungsfaktoren wie die Protease *Faktor V* durch eine andere Protease wie *Protein c* inaktiviert. Eine Beeinträchtigung einer solchen Inaktivierung kann nicht nur durch Mutationen im Protein c-Gen (mit Enzymaktivitätsverlust) auftreten, sondern auch durch eine *Mutation im Faktor V-Gen:* die Substitution eines Arginylrestes durch einen Glutaminylrest in Position 506 im Faktor V (Faktor Leiden) bewirkt, daß das Substrat resistent gegenüber einer Proteolyse durch aktiviertes Protein c wird (APC-Resistenz).

Mutationen in Onkogenen begünstigen die Entwicklung von Krebserkrankungen

Ungefähr 10 % aller Brustkrebserkrankungen treten familiär gehäuft auf. Bei diesen Patientinnen sind Krebsgene (Onkogene) auf den Chromosomen 17q21 und 13q12–13 mutiert, von denen das auf Chromosom 17 als das *Breast Cancer 1-Gen (BRCA 1)* identifiziert worden ist. Patientinnen mit familiärem Brustkrebs haben eine Keimbahnmutation in diesem Gen; trifft nun eine weitere – in diesem Fall somatische – Mutation das zweite noch intakte Allel dieses Gens in einer Zelle des Brustgewebes, so ist diese Zelle homozygot für die Mutation und wird damit zur Tumorzelle. Das BRCA 1-Gen codiert für einen *Transkriptionsfaktor* (Zinkfingerprotein), der die Expression anderer Gene reguliert, die für das Zellwachstum von Bedeutung sind. Das Vorliegen einer Keimbahnmutation bedeutet nicht, daß die Patientin in jedem Fall an Brustkrebs erkrankt. Das Risiko, diese Krankheit zu entwickeln ist jedoch deutlich erhöht und steigt bis zum 70. Lebensjahr auf etwa 80 % an.

13.2.6 Genotyp-Phänotyp-Beziehungen

Wie die Mutation bzw. der Defekt des Genproduktes und das Ausmaß der klinischen Manifestation bzw. das Alter des Patienten, in dem sich die Krankheit manifestiert, zusammenhängen, ist Gegenstand intensiver Untersuchungen. In der klinischen Symptomatik sind alle Abstufungen möglich: darauf wurde bereits bei der Besprechung der Thalassämien hingewiesen. Einzelne Erkrankungen können im frühen Kindesalter oder aber auch erst im Erwachsenenalter manifest werden. Ursache ist die *extreme molekulare Heterogenität,* die den meisten genetischen Erkrankungen zugrundeliegt, aber auch die genetische Individualität dessen, der von der Erkrankung betroffen ist. Beim M. Gaucher (S. 339) sind über 50 verschiedene Mutationen im Glucocerebrosidasegen bekannt. Fünf dieser Mutationen machen – je nach ethnischer Zugehörigkeit – über 80 % aller Mutationen bei Patienten mit dieser Erkrankung aus (Abb. 13.31). Die häufigsten Mutationen sind die 1226G und 1448C, bei denen ein Asparaginyl- durch einen

cDNA	genomische DNA	Nucleotidänderung	Art der Änderung	Folge
1226	5841	A → G	Punktmutation	Asn370Ser
1448	6433	T → C	Punktmutation	Leu444Pro
1297	5912	C → T	Punktmutation	Val394Pro
IVS2+1	1067	G → A	Punktmutation	Spleißstörung
84	1035	G → GG	Insertion	Rasterschub

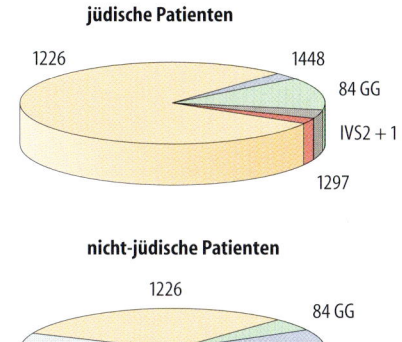

Abb. 13.31 Mutationsverteilung im Glucocerebrosidasegen beim M. Gaucher (Typ 1) bei jüdischen und nicht-jüdischen Patienten. (Nach Petrides 1995)

Serylrest (Asn370Ser oder N370S) bzw. ein Leucyl- durch einen Prolylrest ersetzt ist (Leu444Pro oder L444P). Patienten, die homozygot für die 1448C-Mutation sind, entwickeln die Krankheit früh, während für 1226G homozygote Patienten einen milden Verlauf aufweisen und erste Krankheitszeichen in der Adoleszenz entwickeln. Patienten, die ein 1226G-Allel in Kombination mit einem anderen besitzen, also *gemischt-heterozygot* sind, haben eine mittlere bis schwere Krankheitsausprägung (Abb. 13.32).

Derartige Genotyp-Phänotyp-Beziehungen haben sich bisher nur für wenige Erkrankungen erarbeiten lassen. Auch bei einzelnen Erkrankungen, die durch nur eine Mutation herbeigeführt werden, wie z. B. die *Sichelzellanämie* (Mutation in Codon 6, S. 333), kann das klinische Erscheinungsbild sehr unterschiedlich sein: einzelne Patienten haben eine schwere Anämie mit Herzbeschwerden und Knocheninfarkten, wohingegen andere jahrelang schwere körperliche Arbeit z. B. auf Ölfeldern verrichten, ohne Symptome zu entwickeln. Dies spricht dafür, daß bei diesen Erkrankungen zusätzliche Faktoren – wie z. B. die Persistenz fetalen Hämoglobins (HbF, S. 894) – bestimmen, wie sich der molekulare Defekt klinisch manifestiert.

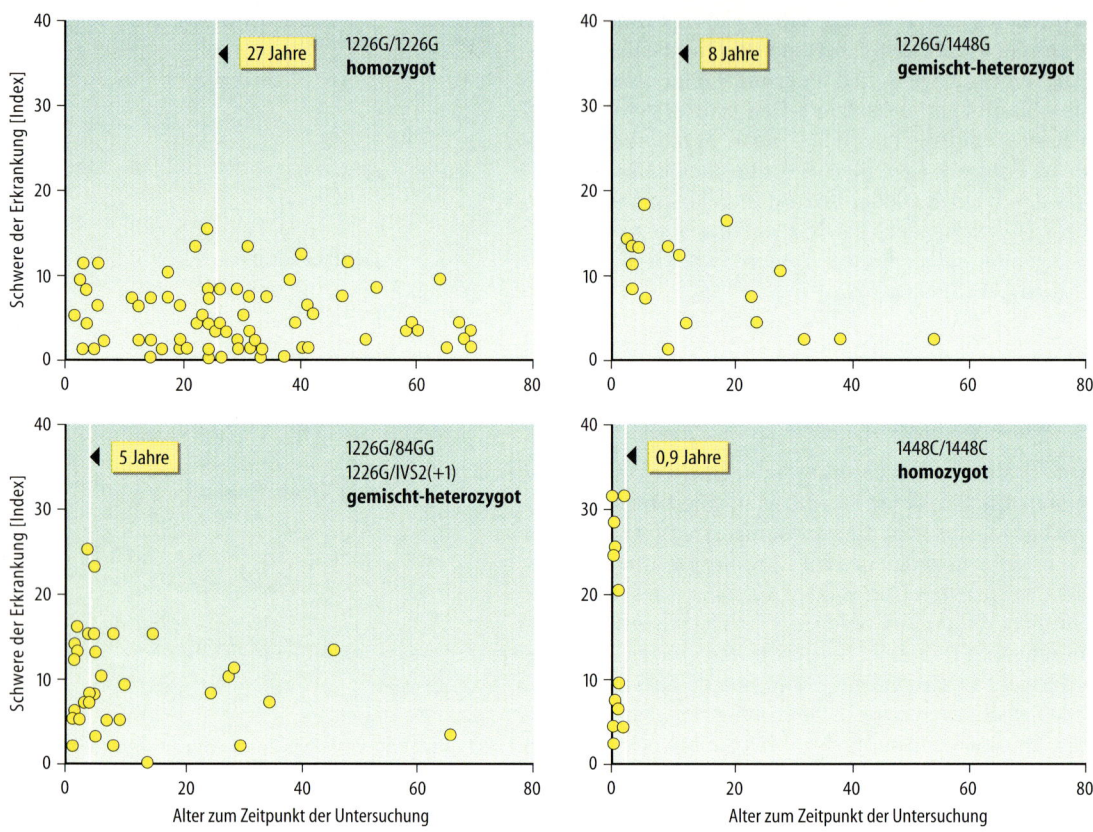

Abb. 13.32 Genotyp/Phänotypbeziehung beim M. Gaucher. Die unterschiedliche Kombination von Mutationen (1226G, 1448C, 84GG, IVS2) führt zu unterschiedlichem Manifestationsalter (*Abszisse*) und klinischer Ausprägung (*Ordinate*)

13.2.7 Bedeutung von Umwelteinflüssen für die Manifestation genetischer Erkrankungen

Mutationen in einem Calciumkanalgen im Muskel verursachen die maligne Hyperthermie

Einzelne genetische Erkrankungen konnten nur deshalb identifiziert werden, weil der betroffene Mensch auf die Einnahme eines Medikaments ungewöhnlich reagierte. Wie Arzneimittelwirkungen durch genetische Faktoren bestimmt werden, ist Gegenstand der Pharmakogenetik. Grundsätzlich unterscheidet man pharmakogenetische Reaktionsweisen, die durch die *Überempfindlichkeit* gegenüber einem Medikament oder durch die *Resistenz* gegen eine Arzneimittelbehandlung charakterisiert sind. Beispiel für die Überempfindlichkeit ist die *maligne Hyperthermie (MH)*. Dies ist eine lebensgefährliche, akut pharmakogenetische Erkrankung, die während oder nach einer allgemeinen Anästhesie auftreten kann. Das Krankheitsbild wird bei genetischer Disposition durch sog. *Triggersubstanzen* ausgelöst. Zu diesen gehören flüchtige Anästhetika wie Chloroform oder Halothan und

depolarisierende Muskelrelaxantien wie z. B. Succinyldicholin. Das Krankheitsbild der malignen Hyperthermie ist durch einen lebensbedrohlichen Zustand mit hoher Stoffwechselaktivität geprägt, der ohne Therapie zum Tod des Patienten führen kann. Durch flüchtige Anästhetika und Succinyldicholin, insbesondere jedoch durch die Kombination beider Mittel, kommt es zu einem *Anstieg der Calciumkonzentration in der Muskulatur,* der bei genetisch prädisponierten Patienten nicht mehr adäquat reguliert werden kann. Die erhöhte Calciumkonzentration führt zu einer Aktivierung der Muskelfilamente (S. 957) und erklärt die auftretende Muskelstarre während einer MH-Krise. Die Ursache der intracellulären Calciumregulationsstörung ist Gegenstand intensiver Untersuchungen. Da die intrazelluläre Calciumkonzentration durch verschiedene Zellorganellen reguliert wird, können verschiedene molekulare Mechanismen das Krankheitsbild verursachen, wie z. B. Veränderungen von Genen, die für Ionenkanäle oder andere Membranbausteine codieren. Bei einem Teil von Familien mit maligner Hyperthermie finden sich Mutationen im sog. *Ryanodinrezeptorgen* auf Chromosom 19. Ryanodin, ein pflanzliches Alkaloid, bindet selektiv an den Ryanodinrezeptor, einen Calciumkanal des sarcoplasmatischen Reticulums (S. 957). Da nur ein Teil der Patienten mit

MH Mutationen in diesem Gen (so z.B. eine Punktmutation in Position 16 von Arginin zu Cystein) aufweist, müssen andere molekulare Veränderungen bei diesen Patienten verantwortlich sein. Durch die Daueraktivierung der Muskulatur kommt es zu einer Permeabilitätsstörung, aufgrund derer das Myoglobin aus der Muskulatur freigesetzt wird (Rhabdomyolyse). Die Erhöhung der Körpertemperatur (Hyperthermie) ist immer ein Spätsymptom.

Mutationen können auch Resistenzen gegenüber Medikamenten verursachen

Andere Medikamente (Sulfonamide, Antimalariamittel) oder Nahrungsmittel wie Acker- oder Saubohnen (Favismus) können akute hämolytische Krisen bei verschiedenen Formen des Glucose-6-phosphat-Dehydrogenasemangels (G-6-P-DH-Mangel) auslösen. Heute sind etwa 100 Varianten des G-6-P-DH-Mangels bekannt, von dem weltweit etwa 400 Millionen Menschen betroffen sein sollen. Ursache für die weite Verbreitung dieses Gens dürfte die Malariaresistenz bei heterozygoten Genträgern sein.

Die Überempfindlichkeit gegenüber Medikamenten spielt auch bei der Therapie der Tuberkulose eine Rolle: *Isoniacid*, ein häufig angewendetes Mittel, wird in der Leber durch Acetylierung abgebaut. Bei einzelnen Menschen ist die Acetylierung in der Leber verlangsamt, so daß hohe Blutkonzentrationen von Isoniacid bei der Therapie auftreten können, die zu sonst nicht beobachteten Nebenwirkungen führen (S. 1030).

Bei einzelnen Individuen wird eine Resistenz gegenüber Vitamin K-Antagonisten (Cumarinresistenz) beobachtet, die sich dadurch auszeichnet, daß eine Antikoagulationsbehandlung bei diesen Patienten unwirksam ist (S. 928).

13.3 Diagnostik genetischer Erkrankungen

Neutrale Polymorphismen müssen von krankheitsverursachenden Mutationen unterschieden werden

Die meisten für genetische Erkrankungen verantwortlichen Mutationen sind außergewöhnlich subtil, wenn man sich die dramatischen Wirkungen, die sie auf den Phänotyp ausüben, vor Augen hält. Die Änderung gerade einer von mehreren Tausend Basenpaaren in einem Gen kann ausreichen, um die Struktur entscheidend zu beeinträchtigen oder die Expression des Proteins stark einzuschränken oder gar aufzuheben. Auf der anderen Seite sind die genetischen Unterschiede zwischen uns Menschen (etwa 3 Millionen von 3 Milliarden Basenpaaren) erheblich, aber nicht immer von phänotypischen Konsequenzen begleitet. Änderungen können in

Regionen auftreten, die nicht für Proteine codieren (70 bis 80 % des Genoms, S. 318) oder Mutationen sein, die die Eigenschaften eines Proteins nicht ändern (neutrale Polymorphismen, S. 320). Die Herausforderung der molekularen Gendiagnostik ist deshalb zweifach: zum einen die seltenen Änderungen in der Sequenz aufzuspüren, zum anderen diese von benignen Polymorphismen zu unterscheiden. Obwohl mehr als 7000 Gene zwischenzeitlich kloniert sind, existieren relativ wenige molekulare Gendiagnostikteste für Routineuntersuchungen, da diese Teste noch sehr aufwendig sind. Die direkte *Mutationsanalyse* wird bei Erkrankungen angewendet, bei denen eine begrenzte Zahl gut charakterisierter Mutationen für die überwiegende Zahl der Patienten verantwortlich ist. Oft ist dies das Resultat des sog. *Gründereffektes,* d.h. der Einführung einer Mutation in eine kleine Population durch ein Mitglied, was zu einem relativ hohen Vorkommen dieser Mutation in der Population in zukünftigen Generationen führt. Damit können Mutationen in vielen Fällen für bestimmte Populationen oder ethnische Gruppen spezifisch sein (wie z.B. der hohe Anteil der 1226G-Mutation bei jüdischen Patienten mit M. Gaucher, Abb. 13.31, S. 341).

13.3.1 Mutationsanalyse auf Proteinebene

Die klassische Analyse stellt die *Aktivitätsbestimmung* dar, so z.B. bei Enzymen über die Enzymaktivitätsbestimmung (S. 93) in Zellen des Gewebes, in dem das Enzym gebildet wird (funktioneller Test). Daneben kann die Menge von Proteinen auch mit immunologischen Methoden analysiert werden: man spricht dann von *CRIM-Negativität* oder *-Positivität* (cross-reacting immunological material), je nachdem ob mit dem Test Aktivität nachgewiesen werden kann (immunologischer Test). Wenn z.B. im Enzymtest keine Aktivität nachgewiesen wird, der Immuntest aber CRIM-positiv ist, so bildet die Zelle zwar noch das Enzym, das enzymatisch aber nicht mehr aktiv ist. Hämoglobinvarianten können mit der SDS-Gelelektrophorese oder HPLC (S. 44) nachgewiesen werden. Proteine, bei denen die Mutation zu einem vorzeitigen Abbruch der Translation und damit zu einem verkürzten Proteinprodukt führt, können auch mit diesen Methoden analysiert werden.

13.3.2 Mutationsanalyse auf DNA-Ebene

Seit Anfang der 90er Jahre wird die Aktivitätsbestimmung zunehmend um die Analyse auf DNA-Ebene ergänzt bzw. durch diese ersetzt. Dies liegt einerseits daran, daß viele Proteindefekte auf eine Vielzahl unterschiedlicher Mutationen zurückzuführen sind und andererseits, daß mit Hilfe der molekularen Gendiagnostik Erkrankungen erkannt werden können, *bevor* sie klinisch manifest werden (S. 341). Die Mutationsanalyse dient dazu, ein Gen für bisher unbekannte Mutationen zu scannen (Mutationsscanning) und ein Gen auf bekannte Mutationen zu untersuchen (Mutationsdiagnostik).

Einzelne DNA-Abschnitte werden mit Hilfe der PCR selektiv amplifiziert und anschließend analysiert

Die für Mutationsanalyse benötigte DNA des Patienten wird aus Lymphocyten des peripheren Blutes isoliert. Dazu wird das Blut nach Entnahme zentrifugiert und weiße Blutzellen gewonnen, unter denen sich die Lymphocyten finden. Einzelheiten der DNA-Isolierung sind in Kapitel 7 beschrieben (S. 167).

Mit Hilfe der auf S. 229 beschriebenen *Polymerasekettenreaktion (PCR)* können kleine, definierte DNA-Abschnitte selektiv enzymatisch amplifiziert werden. Voraussetzung für die Anwendung dieser Technik ist die Kenntnis partieller Sequenzen der zu amplifizierenden DNA. Diese wird anschließend der weiteren Analyse unterzogen. Die dazu verwendeten Methoden beruhen auf zwei Prinzipien:

- der Analyse der gegenüber der Norm veränderten Wanderung mutierter DNA-Moleküle während der Elektrophorese. Die hierbei verwendeten Techniken sind die denaturierende Gradientengel-Elektrophorese (DGGE) bzw. die Einzelstrang-Konformations-Analyse (SSCA) oder
- dem Nachweis von Bruchstücken veränderter Größe in der Elektrophorese nach Restriktionsenzymverdau, die RFLP-Analyse.

Während mit den ersten beiden Methoden nachgewiesen werden kann, daß in dem untersuchten DNA-Abschnitt eine Mutation vorliegt, kann mit der RFLP-Analyse untersucht werden, ob eine definierte Mutation aufgetreten ist.

DGGE und SSCA liefern Hinweise auf das Vorhandensein einer Mutation

Das Prinzip der DGGE beruht auf der Fähigkeit der eine Mutation tragenden Patienten-DNA mit einer entsprechenden DNA-Sonde, deren Sequenz dem Normaltyp entspricht, zu hybridisieren (S. 169) und dabei sog. Heteroduplexe zu bilden. Diese werden der Elektrophorese in einem Polyacrylamidgel unterzogen, welches einen Gradienten eines DNA-Denaturierungsmittels (DNA-Denaturierung, S. 166) enthält. Wenn der Heteroduplex partiell denaturiert ist, bilden sich verzweigte Strukturen, die der Wanderung im Gel erheblichen Widerstand entgegensetzen und deswegen nicht weiterwandern. Je mehr Basen in Patienten-DNA und Sonden-DNA unterschiedlich sind, umso früher wird die DNA denaturieren und ihre Wanderung zum Stehen kommem (Abb. 13.33). Mit dieser Technik kann der

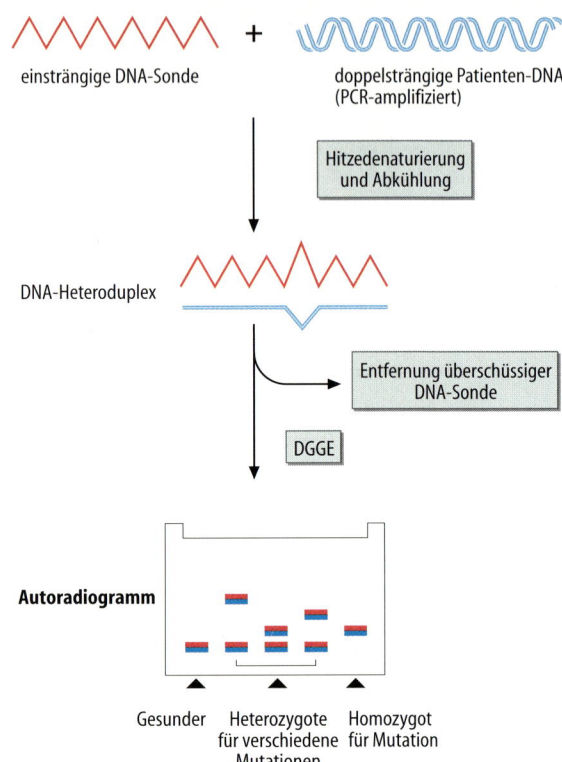

Abb. 13.33 Prinzip der DGGE-Analyse

Nachweis erbracht werden, daß sich in dem amplifizierten Fragment eine Mutation befindet.

Bei der SSCA wandert einzelsträngige DNA durch ein nicht denaturierendes Polyacrylamidgel. Unter nativen, d. h. nicht denaturierenden Bedingungen bildet die zu trennende DNA (im allgemeinen handelt es sich um Bruchstücke von 250–300 Basenpaaren) eine Konformation aus, die durch die Primärstruktur bestimmt wird. Änderungen der Primärstruktur durch Punktmutationen können zu einer Änderung der Konformation und damit zur Änderung der Wanderungseigenschaften im Gel führen. Bei dieser Methode wird also das zu untersuchende DNA-Segment mit der PCR meist unter Verwendung radioaktiv markierter Bausteine amplifiziert, so daß die amplifizierte DNA autoradiographisch nachweisbar ist. Bereits eine Basensubstitution durch eine Punktmutation kann eine Konformationsänderung auslösen, die eine veränderte Wanderung der einzelsträngigen DNA im Gel auslöst.

Mit der RFLP-Analyse kann eine bekannte Mutation direkt nachgewiesen werden

Zur RFLP-Analyse wird das PCR-amplifizierte DNA-Stück mit einem bestimmten Restriktionsenzym verdaut und die entstehenden Abbauprodukte werden in einem Agarosegel getrennt. Anschließend wird die

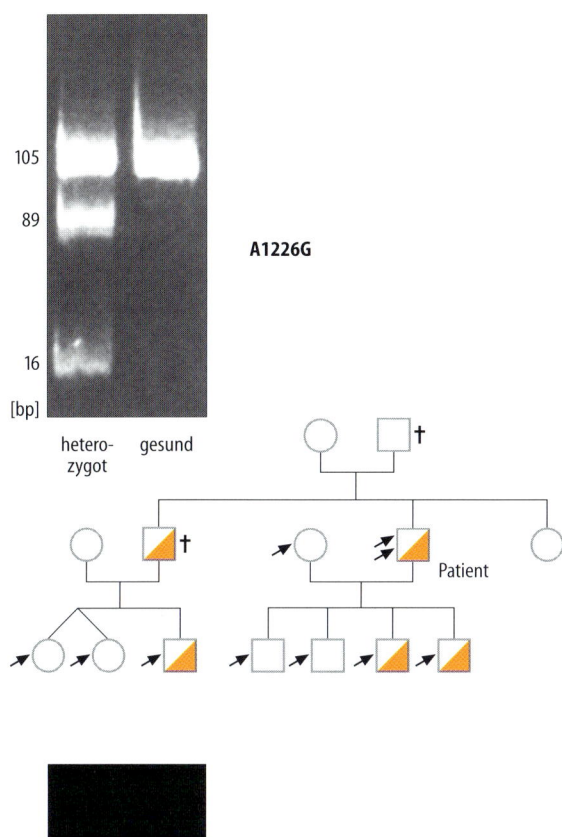

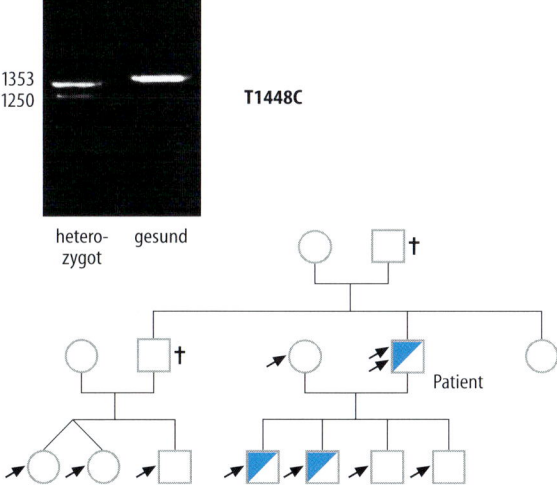

Abb. 13.34 Gendiagnostik über RFLP-Analyse bei einer Familie mit M. Gaucher. Mutation 1226G: Enzymverdau führt bei Gesunden zu einem 105 bp-Fragment, bei Genträgern zu 89 und 16 bp Fragmenten. Mutation 1448C: Enzymverdau verursacht bei Gesunden ein 1353 bp Fragment, bei Genträgern 1250 und 103 bp Fragmente. Danach ist der Patient gemischt-heterozygot für die 1226G/1448C-Mutationen. Zwei seiner Söhne haben von ihm die 1226G-Mutation geerbt, die anderen beiden die 1448C-Mutation. Da ein Neffe ebenfalls die 1226G-Mutation aufweist, muß der – zwischenzeitlich verstorbene – Bruder des Patienten ebenfalls diese Mutation von einem Elter geerbt haben. (leCoutre u. Petrides 1995)

DNA mit Ethidiumbromid (Abb. 7.34, S. 168) angefärbt. Veränderungen der Länge von beim Restriktionenzymverdau entstehenden Fragmenten bezeichnet man als **Restriktions-Fragment-Längen-Polymorphismus (RFLP)**. Ein RFLP kann zurückzuführen sein auf:

- Punktmutationen des Gens, die in den Erkennungsregionen für das Restriktionsenzym liegen (das dann nicht mehr schneiden kann) oder in einer Region, die dann zu einer zusätzlichen Schnittstelle wird (so daß das Enzym hier zusätzlich schneiden kann). Dadurch kommt es zum Verlust oder zusätzlichen Auftreten von Banden.
- größere Mutationen wie Deletionen oder Insertionen innerhalb des Gens. Dadurch kommt es zum Auftreten kürzerer oder längerer Bruchstücke (so z. B. bei den dynamischen Mutationen, S. 330).

Abbildung 13.34 zeigt die Mutationsanalyse bei einem Patienten mit M. Gaucher, der gemischt-heterozygot für die 1226/1448-Mutation ist und von seinen vier Kindern, die von ihm jeweils eines der beiden mutierten Gene geerbt haben.

13.3.3 Ermittlung von Genträgern

Abbildung 13.34 veranschaulicht auch, daß mit Hilfe der Gendiagnostik nicht nur die Mutationen bei einem Patienten mit M. Gaucher ermittelt, sondern auch die **heterozygoten Genträger** identifiziert werden können. Bei Heterozygoten ist die Aktivität des betreffenden Enzyms nur vermindert (im allgemeinen auf die Hälfte der Norm), die Aktivitätsminderung ist mit einem normalen Leben vereinbar und klinisch oft unauffällig (S. 326). Bei einzelnen Krankheiten wie z. B. den akuten Porphyrien (S. 607) kann der heterozygote Zustand dagegen – bei entsprechenden Umwelteinflüssen wie der Einnahme bestimmter Medikamente – zu lebensbedrohlichen Situationen führen, so daß die Identifizierung von Genträgern von erheblicher Bedeutung ist.

Heterozygote Träger eines mutierten Gens wurden früher durch **Enzymaktivitätsmessungen** oder **Belastungstests** erkannt: man verabreicht den Stoff, in dessen Stoffwechsel – z. B. aufgrund des gehäuften Auftretens einer Krankheit in einer Familie – eine Störung vermutet wird, in hoher Konzentration und mißt die Plasmakonzentration über einen bestimmten Zeitraum. Bei heterozygoten Trägern ist die Plasmakonzentration gegenüber gesunden Kontrollpersonen über einen längeren Zeitraum erhöht, da der Stoff aufgrund der reduzierten Enzymaktivität nur langsam abgebaut wird. Die Patienten weisen also eine verschlechterte Toleranz auf. Diese Methode wird immer mehr durch die Mutationsanalyse mit molekularbiologischen Methoden verdrängt, bei der die DNA aus peripheren Lymphocyten des Probanden gewonnen und dann mit den auf S. 343 beschriebenen Methoden analysiert wird.

Die gendiagnostischen Methoden gewinnen auch deshalb an Bedeutung, da mit ihnen Genmutationen nachgewiesen werden können, die mit einem erhöhten Risiko verbunden sind, bestimmte Krankheiten im Laufe des Lebens zu verursachen (Brustkrebsgene,

S. 341) oder mit hoher Wahrscheinlichkeit Krankheiten zu entwickeln, die erst im höheren Lebensalter manifest werden (z. B. Chorea Huntington mit etwa 40 Jahren). Deshalb besitzt die molekulare Gendiagnostik langfristig bedeutende Konsequenzen für Lebensplanung, Versicherungsmedizin, Krankenversicherung, Arbeitsleben und ist deshalb Gegenstand intensiver öffentlicher Diskussionen.

13.3.4 Reihenuntersuchungen

Bei einigen Krankheiten ist eine frühzeitige Diagnose für die Prognose entscheidend, da durch geeignete diätetische Maßnahmen die nahezu vollständige Verhinderung von Organschäden möglich ist. Die frühe Diagnose ist deshalb so wichtig, weil die Kinder zwar gesund zur Welt kommen, aber nach Beendigung der Stillperiode durch die massive Nahrungszufuhr die entsprechenden Metaboliten sich so stark anhäufen, daß – oft irreversible – Hirnschäden eintreten.

Zur Früherkennung angeborener Stoffwechselerkrankungen durch Reihenuntersuchungen (Screening) wurden biochemische Methoden entwickelt, die das Auffinden dieser Leiden in größeren Populationen ermöglichen. Soll eine Methode, mit der der sich im Blut anhäufende Metabolit bestimmt werden kann, routinemäßig anwendbar sein, so muß sie eine Reihe von Bedingungen erfüllen:
- Der Stoffwechseldefekt muß bereits in der ersten Lebenswoche, d. h. noch in der Entbindungsklinik, nachweisbar bzw. vom gesunden Stoffwechsel abgrenzbar sein. Nach diesem Zeitpunkt ist es praktisch unmöglich, alle Kinder zu erfassen.
- Die Methode muß einfach zu handhaben und nur wenig störanfällig sein, die Ergebnisse müssen leicht ablesbar sein. Materieller sowie personeller (also finanzieller) Aufwand müssen sich in vertretbaren Grenzen halten. Der Test muß ausreichend spezifisch sein und auch Werte erfassen, die nicht allzu sehr von der Norm abweichen, d. h. er soll möglichst keine falschnegativen und nur wenige falschpositive Ergebnisse liefern.
- Mit Hilfe des Tests soll die diätetische Therapie zu überwachen sein.
- Die notwendigen Substratproben müssen einfach, schnell und fehlerfrei zu gewinnen sein. Sie sollten mit der Post versendbar und längere Zeit lagerfähig sein.

Praktisch alle diese Anforderungen erfüllt der mikrobiologische Hemmtest nach Guthrie, dessen Prinzip auf S. 43 erklärt worden ist.

13.3.5 Pränatale Diagnostik

Die vorgeburtliche (pränatale) Diagnose ist durch Untersuchung der Flüssigkeit möglich, die den sich entwickelnden Fetus in der Amnionhöhle umgibt. Diese Höhle ist ein Sack, der aus zwei Zellschichten (Amnion und Chorion) besteht (Abb. 13.35). Sie ist mit einer klaren, wässrigen Flüssigkeit, dem Fruchtwasser, gefüllt, die vorwiegend dem Urin des Fetus und den Sekreten seines Respirationstraktes entstammt. In das Fruchtwasser werden von der Haut und dem Atemtrakt abgeschilferte Zellen abgegeben. Nach der *Gewinnung des Fruchtwassers* durch eine Nadelpunktion (Amniocentese) wird die gewonnene Flüssigkeit zentrifugiert, um Flüssigkeit und Zellen voneinander zu trennen. Durch Kultivierung der im Fruchtwasser enthaltenen Zellen wird genügend Material zur Chromosomen- und Enzymuntersuchung gewonnen. Aus den Zellen kann DNA gewonnen und mit Hilfe der PCR amplifiziert werden. Die Technik der Amniocentese bringt jedoch einige Nachteile mit sich:
- zum einen kann sie frühestens in der 12., meistens erst in der 16. Schwangerschaftswoche durchgeführt werden,
- zum anderen müssen die Zellen für die Chromosomenanalyse für mehrere Tage kultiviert werden, so daß das Ergebnis oft erst nach zwei bis drei Wochen vorliegt.

Deshalb wird jetzt zunehmend die Chorionzottenbiopsie durchgeführt. Dabei werden während der 9. bis 11. Schwangerschaftswoche *Chorionvilliproben* entnommen, die aus Trophoblasten- und mesenchymalen Zellen des fetalen Anteils der Placenta bestehen. Die Probenentnahme erfolgt unter sonographischer Kontrolle transvaginal mittels eines Katheters (Abb. 13.35). Neben dem Vorteil einer früheren Entnahme des Zellmaterials werden bei der Chorionzottenbiopsie schon in Proliferation befindliche Zellen gewonnen, was die cytogenetische Analyse (Chromosomenanomalien) innerhalb von Stunden erlaubt.

13.3.6 DNA-Fingerabdrucktechnik als forensische Methode

Mit der DNA-Fingerabdrucktechnik kann u. a. der Vaterschaftsnachweis erbracht werden. Grundlage der forensischen Methoden ist die DNA-Fingerabdrucktechnik (= *engl.* fingerprinting). Eine Voraussetzung hierfür ist die Existenz von DNA-Regionen, die aus nacheinander angeordneten Wiederholungen kurzer Sequenzen bestehen und auch als *Mini- oder Mikrosatelliten* bezeichnet werden (S. 319). Sie sind insofern miteinander verwandt, als sie trotz Unterschieden am 3'- und am 5'-Ende sehr ähnliche, zentrale Sequenzen mit einer Länge von etwa 10 bis 15 Basenpaaren aufweisen

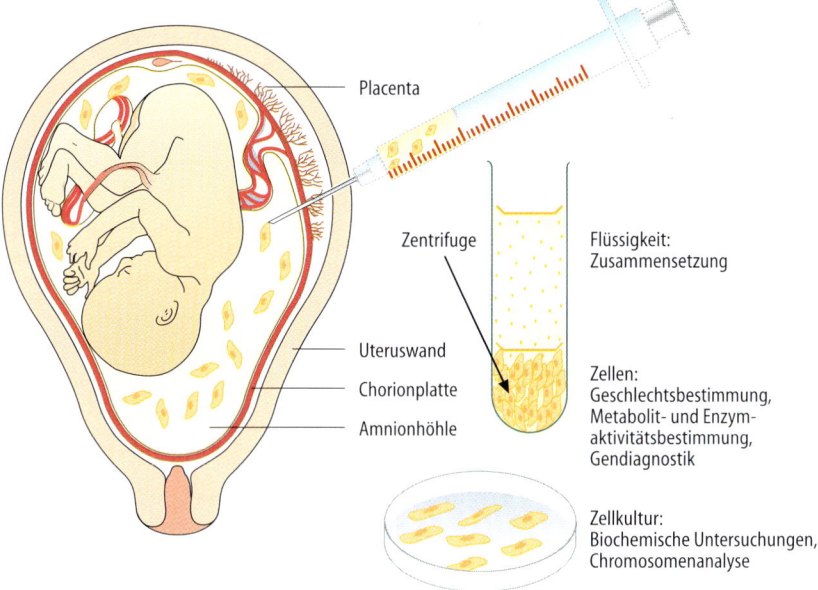

Placenta

Zentrifuge

Flüssigkeit:
Zusammensetzung

Uteruswand

Chorionplatte

Amnionhöhle

Zellen:
Geschlechtsbestimmung,
Metabolit- und Enzym-
aktivitätsbestimmung,
Gendiagnostik

Zellkultur:
Biochemische Untersuchungen,
Chromosomenanalyse

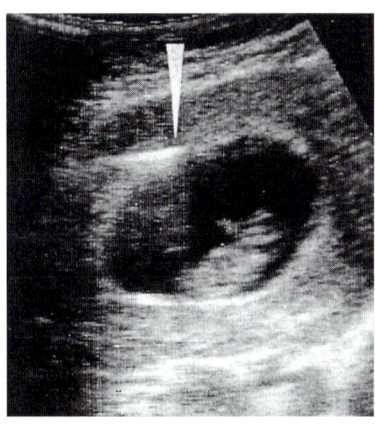

Abb. 13.35 *Oben:* Vorgeburtliche Diagnose durch Amniocentese (Einzelheiten s. Text). *Unten:* Ultraschallbilder einer Chorionzottenbiopsie. *Pfeil 1* deutet auf den Feten in der Amnionhöhle *(Pfeil 2)*. Die echodichte Region um den Feten herum ist das Choriongewebe *(Pfeil 3)*. Unter Ultraschallkontrolle
wird eine Sonde *(Pfeil 4)* zur Probeentnahme im Chorion pla-
ziert. Die Sonde kann durch die Bauchdecke oder die Vagina
der Mutter eingeführt werden

(S. 319). Verwendet man nun DNA-Sonden ähnlich wie
bei der konventionellen RFLP-Methode, die aus zentralen Sequenzen bestehen und markiert diese radioaktiv,
so kann man sie mit gelelektrophoretisch aufgetrenn-
ter genomischer DNA (die vorher mit einem Restriktionsenzym verdaut worden war) hybridisieren. Die
DNA-Sonde hybridisiert so mit jedem Fragment, das
diese Satelliten enthält.

Mit einzelnen Sonden können bis zu 80 Fragmente identifiziert werden. Für die genetische Analyse
sind die großen Fragmente, d. h. mit einer Länge von
etwa 4000 bis 20 000 Basen, am nützlichsten, da diese
längeren Fragmente oft viele Satelliten enthalten und
aufgrund verschiedener Mechanismen wie ungleichen
Überkreuzens mehr Längenvariationen aufweisen. Mit
einer Sonde können mehr als ein Dutzend hypervaria-
bler Minisatelliten in der 4- bis 20 kb-Region bei einem
Menschen produziert werden, was seinen DNA-Finger-
abdruck darstellt. Die Wahrscheinlichkeit, daß ein anderer nicht verwandter Mensch das identische Muster
aufweist, beträgt 3×10^{-11}. Unter Verwendung einer

zweiten Sonde sinkt die Wahrscheinlichkeit auf 5×10^{-19}, was praktisch gleich null ist. Die meisten der
größeren Fragmente werden nach den Mendel'schen
Gesetzen vererbt. Die extrem hohe Auflösung der Methode legt ihre Anwendung in der *Gerichtsmedizin*
nahe. Voraussetzung für viele Identifizierungszwecke
ist, daß die DNA-Fingerabdrücke somatisch stabil sind.
Die Methode kann zum Vaterschaftsnachweis (und
nicht nur zum Vaterschaftsausschluß) verwendet werden oder zum Täternachweis bei Straftaten (Sperma-
analyse bei Vergewaltigungen, Blutnachweis bei Tö-
tungsdelikten). Etwa die Hälfte der polymorphen Satel-
litenfragmente bei einem Nachkommen stammen vom
Vater; diese väterlichen Fragmente können durch den
Vergleich der DNA-Fingerabdrücke der Mutter und des
Kindes identifiziert werden. Alle vom Vater erhaltenen
Fragmente müssen in der väterlichen DNA enthalten
sein. Abbildung 13.36 zeigt die Anwendung dieser Technik bei einem Vaterschaftsdisput: DNA-Fingerprinting
von Mutter, Kind und angeklagtem Vater beweisen eindeutig, daß der Angeklagte nicht der Vater sein kann.

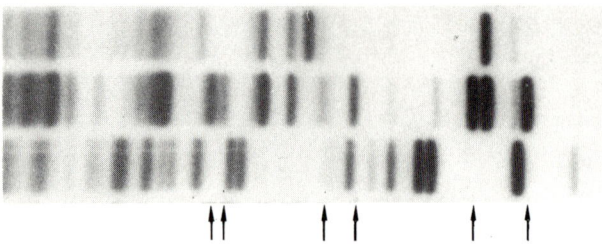

Mutter

Kind der Mutter

Herr Y - der der Vaterschaft bezichtigt wurde

Abb. 13.36 Die Resultate der Analyse bei einem Vaterschaftsprozeß zeigen, daß Herr Y nicht der Vater des Kindes sein kann. Die *Pfeile* zeigen Banden beim Kind, die nicht bei der Mutter, aber auch nicht beim angeklagten Probanden vorkommen und damit mehrfach die Vaterschaft ausschließen

13.4 Therapie genetischer Erkrankungen

Für einen Teil genetischer Erkrankungen bestehen bereits therapeutische Möglichkeiten. Je genauer der biochemische Defekt bekannt ist, umso besser läßt sich auf seiner Kenntnis die Therapie aufbauen. Für die Behandlung existieren zwei Ansätze:

- die Änderung der Umwelt und
- die Änderung des Genotyps des betroffenen Patienten.

Eine erfolgreiche Therapie ist bisher bei größeren Patientenzahlen nur mit der ersten Methode möglich, die bisherigen Teilerfolge der Gentherapie geben aber zu der berechtigten Hoffnung Anlaß, daß in Zukunft viele Patienten auch von der Gentherapie profitieren werden.

13.4.1 Änderung der Umwelt

Durch konsequente Diät können bei Patienten mit Phenylketonurie Hirnschäden verhindert werden

Generelle Krankheiten, bei denen die biochemischen Störungen und die sich daraus ableitenden, klinischen Symptome durch Akkumulation eines Metaboliten oder seines Derivates im Blut und Gewebe zustande kommen, können durch Beschränkung dieses Substrats bzw. seiner Vorstufe in der Nahrung erfolgreich behandelt werden. Voraussetzung dafür ist jedoch, daß der Metabolit im Stoffwechsel der Zellen des Organismus nicht synthetisiert werden kann, denn sonst hätte die Nahrungsbeschränkung keinen Sinn. In vielen Fällen muß die Beschränkung des betreffenden Metaboliten in der Nahrung nur während der ersten Lebensjahre durchgeführt werden, da nur während dieser Zeit verschiedene Organe besonders empfindlich auf die Stoffwechseländerung reagieren. So kann z. B. bei der Phenylketonurie, einer genetischen Störung, bei der die Hydroxylierung von Phenylalanin zu Tyrosin gehemmt ist, die schwere Hirnschädigung durch eine phenylalaninarme Kost verhindert werden.

Durch Substitutionstherapie können einige Krankheiten erfolgreich behandelt werden

Viele genetische Krankheiten werden dadurch verursacht, daß ein bestimmtes Protein oder kleineres Molekül nicht mehr gebildet werden können. In diesen Fällen wird nach Möglichkeit der fehlende Stoff substituiert.

Eine derartige Substitutionstherapie ist sehr einfach, wenn die Stoffwechselstörung z. B. die Biosynthese von Steroid- oder Schilddrüsenhormonen betrifft, da diese Hormone in unbegrenzten Mengen zur Verfügung stehen.

Eine Reihe von angeborenen Stoffwechselstörungen ist auf Mutationen zurückzuführen, die die enzymatischen Schritte der Umwandlung eines Vitamins in seine Coenzymform (S. 650) beeinflussen oder die Bindung des Coenzyms an das Apoenzym. In diesen Fällen kann der Defekt durch Gabe hoher (pharmakologischer) Dosen des Cofaktors beseitigt werden.

Bei anderen Stoffwechselstörungen werden Verbindungen in einem oder mehreren Geweben abgelagert. In dieser Situation wird man versuchen, die Ausscheidung des gespeicherten Stoffes gezielt zu erhöhen bzw. seine Bildung und Akkumulation zu reduzieren. So kann z. B. die Ablagerung von Kupfer beim Morbus Wilson durch Medikamente beeinflußt werden, die mit Kupfer einen Komplex bilden und dadurch die Kupferausscheidung in den Urin wesentlich erhöhen. Ein weiteres Beispiel ist die Ablagerung von Harnsäure bei der Gicht: ihre Ausscheidung kann mit Medikamenten erhöht oder die Bildung von Harnsäure durch Hemmstoffe reduziert werden.

Andere Stoffwechselerkrankungen müssen durch Vermeidung bestimmter Medikamente behandelt werden. So dürfen Genträger der *akuten intermittierenden Porphyrie* keinen Alkohol trinken und eine Reihe von Medikamenten nicht zu sich nehmen, von denen bekannt ist, daß sie akute Anfälle dieser Erkrankung hervorrufen. Dasselbe gilt für den Genuß be-

Tabelle 13.6 Gentechnologisch hergestellte (rekombinante) Proteine und Möglichkeiten ihres therapeutischen Einsatzes

Rekombinantes Protein	Therapeutische Anwendung	Besprochen auf Seite
Wachstumshormon (STH)	Minderwuchs bei STH-Mangel	851
Insulin	Insulinpflichtiger Diabetes mellitus	806
Interferon-α, -β, -γ	Krebs-Viruserkrankungen, multiple Sklerose	305
Faktor IX	Hämophilie B	931
Interleukin 2	Immunstimulation	1112
Gewebs-Plasminogenaktivator	Herzinfarkt	929
Erythropoietin	Anämie	881
α-Antitrypsin	Emphysem	911
Glucocerebrosidase	M. Gaucher	350
GM-CSF/G-CSF	Granulocytopenie	881
Thrombopoietin	Thrombocytopenie	881

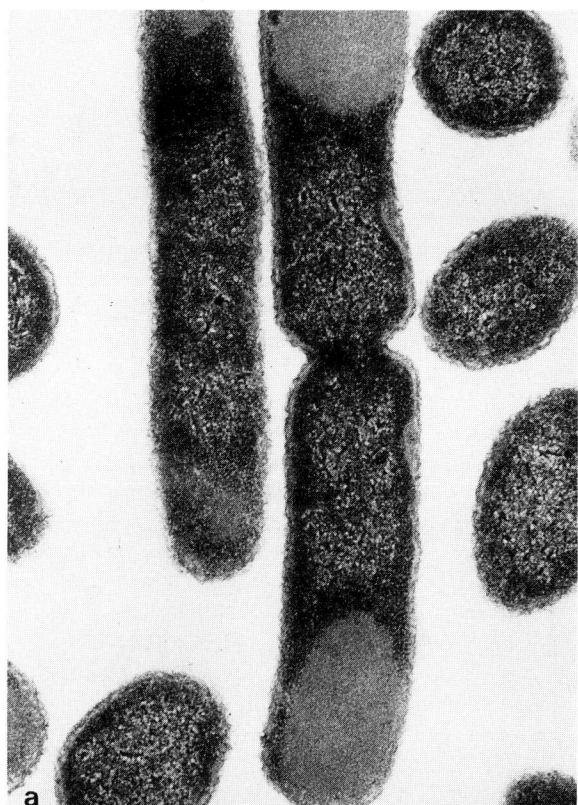

Abb. 13.37 a Gentechnisch manipulierte E. coli-Bakterien produzieren menschliches Proinsulin *(helle Areale).* **b** Kristall gentechnisch hergestellten menschlichen Insulins. (Aufnahme Fa. Hoechst AG, Frankfurt)

stimmter Bohnen oder die Einnahme verschiedener Medikamente, die bei Patienten mit Glucose-6-Phosphatdehydrogenase-Mangel eine akute hämolytische Anämie hervorrufen können (S. 891). Bei Patienten mit maligner Hyperthermie (S. 342) darf Succinyldicholin als Muskelrelaxans nicht verwendet werden.

Sehr häufig beruht jedoch die genetische Erkrankung darauf, daß nicht eine niedermolekulare Verbindung, sondern ein Protein nicht mehr gebildet werden kann, dessen Funktion für den Organismus von essentieller Bedeutung ist. Eine Substitution mit diesem Protein ist dann erfolgversprechend, wenn es sich um ein Plasmaprotein handelt.

So sprechen z. B. die Bluterkrankheit (Hämophilie) und das Antikörpermangelsyndrom auf die parenterale Behandlung mit Gerinnungsfaktoren bzw. Gammaglobulin an.

Fast alle Proteine, die zur Substitutionstherapie verwendet werden, können durch gentechnologische Verfahren produziert werden (S. 233). Damit stehen menschliche Proteine in großen Mengen und hoher Reinheit zur Verfügung (Tabelle 13.6).

Insulin kann z. B. dadurch gentechnisch hergestellt werden, daß E. coli-Zellen mit der cDNA für Proinsulin transfiziert werden. Sie produzieren dann Proinsulin, in dem allerdings die Cysteinylreste noch nicht oxidiert sind. Derartiges Proinsulin kann aus Bakterienkulturen angereichert werden, anschließend werden die Disulfidbrücken durch chemische Oxidation geknüpft und das C-Peptid proteolytisch abgespalten

(Abb. 13.37). Über die Herstellung von rekombinantem Wachstumshormon siehe S. 233.

Die Verwendung rekombinanter Proteine ist noch wichtiger geworden, seitdem bekannt wurde, daß aus menschlichen Geweben oder Blut angereicherte Proteine zur Behandlung von Erkrankungen die Erreger verschiedener Krankheiten (HIV, Jakob-Creutzfeldt-Erkrankung) enthalten können.

Liposomen eignen sich zur Einschleusung von Stoffen in bestimmte Zielzellen

Bei vielen genetischen Anomalien ist das betroffene Protein, bei dem es sich um ein Enzym oder ein Strukturprotein handeln kann, jedoch im Intrazellulärraum lokalisiert, häufig in nur sehr geringer Konzentration. Dies erschwert eine Therapie durch Substitution erheblich, da ein derartiges Protein nicht nur parenteral verabreicht werden, sondern darüber hinaus von der Zielzelle erkannt und von dieser auch aufgenommen werden muß. Man versucht deshalb, das Enzym in eine für den Empfängerorganismus ungiftige Trägerkapsel zu verpacken, die in intaktem Zustand in die Zelle aufgenommen und dort von intrazellulären Enzymen unter Freisetzung des eingekapselten Enzyms abgebaut wird. Für die Verpackung bieten sich die *Liposomen* an. Liposomen sind zwiebelartige, konzentrisch aufgebaute Lipiddoppelschichten, zwischen denen sich eine wäßrige Phase befindet, in die wasserlösliche Stoffe wie z. B. ein Fremdprotein eingelagert werden können. Sie haben sich für Modellstudien biologischer Membranen bewährt (S. 145). Durch Änderung der Zusammensetzung der Lipide kann Einfluß auf die Eigenschaften (z. B. Halbwertszeit oder Oberflächenladung) der Liposomen genommen werden (kationische Liposomen). Im Tierexperiment verabreichte, enzymhaltige Liposomen verlassen nach einigen Minuten das Blut und werden von Makrophagen der Leber und Milz aufgenommen. Dort kann ihr Inhalt nach kurzer Zeit in den Lysosomen (S. 190) nachgewiesen werden.

Die Liposomen, die keine Antikörperbildung auslösen, eröffnen ein breites Feld von Anwendungsmöglichkeiten, da sie gestatten, auch andere Stoffe wie Antibiotika (z. B. das gegen Pilzinfektionen eingesetzte Amphotericin B) gezielt in verschiedene Gewebe einzuschleusen. Bisher werden Liposomen, die man mit einem trojanischen Pferd vergleichen könnte, bevorzugt von Leber und Milz aufgenommen. Die gezielte Veränderung ihrer Oberfläche eröffnet die Möglichkeit der Aufnahme in andere Organe.

Die Abspaltung von Kohlenhydratseitenketten fördert die Aufnahme von Glucocerebrosidase in Makrophagen

Patienten mit M. Gaucher weisen Defekte im Glucocerebrosidasegen des Makrophagen auf (Abb. 13.28, S. 339). Nachdem dieses Enzym in größeren Mengen aus Placenta isoliert werden konnte, wurde es intravenös an Patienten verabreicht, die es jedoch bevorzugt in Hepatocyten und nicht Makrophagen aufnahmen. Erst durch die gezielte chemische Abspaltung von Kohlenhydratseitenketten des Enzyms mit Freilegung von Mannoseresten gelang es, ein Enzympräparat (Alglucerase) herzustellen, das nach Bindung an Mannosere-

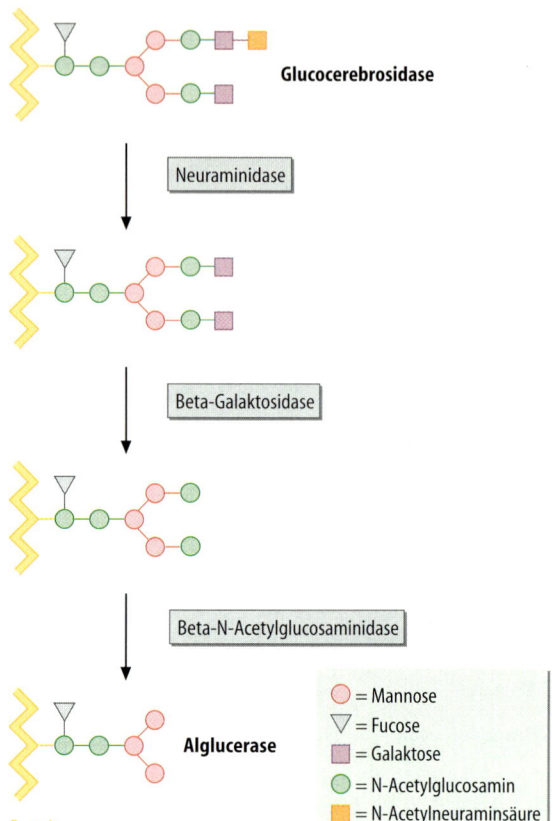

Abb. 13.38 Enzymatische Modifikation der Glucocerebrosidase zur Enzymsubstitutionstherapie. (Nach Petrides & leCoutre 1995)

zeptoren der Makrophagen bevorzugt von diesen aufgenommen und in die Lysosomen überführt wurde (Abb. 13.38). Patienten mit M. Gaucher reagieren nach Gabe dieses Enzympräparates mit einer deutlichen Rückbildung der Leber- und Milzvergrößerung (Abb. 13.29, S. 340).

13.4.2 Änderung des Genotyps (Gentherapie)

Die Gentherapie ist der therapeutische Ansatz der Zukunft

Obwohl mit den oben geschilderten Therapieformen große Erfolge erzielt worden sind, stellen sie nur eine symptomatische und keine kausale Therapie dar, da sie das Resultat der Mutation und nicht die Mutation selbst korrigieren. Ziel der Gentherapie ist die Änderung des Krankheit-verursachenden Genotyps. Für die Gentherapie bieten sich zunächst die somatischen Zellen an. Die Durchführung genetischer Veränderungen ist theoretisch auch an Keimbahnzellen möglich und hätte dann einen eher präventiven Charakter. Bisher wird diese Möglichkeit allerdings noch sehr kontrovers diskutiert. Für die somatische Gentherapie sind Fragen wie die der geeigneten Zielzelle, des optimalen Vektors für den Gentransfer (Viren, Liposomen), der Expression des zu übertragenden Gens in der Zielzelle sowie der Sicherheit dieser Experimente von entscheidender Bedeutung. Erst wenn die Wirksamkeit und Unschädlichkeit der Methode in Vorversuchen an in-vitro-Systemen und im Tierversuch bewiesen sind, darf das Verfahren beim Menschen angewendet werden. Von 1990 bis 1996 sind weltweit über 100 Gentherapieprotokolle von Institutionen wie dem Recombinant DNA Advisory Committee (RAC) in den USA zugelassen worden. Insgesamt wurden bisher etwa 300 Patienten behandelt.

Von den bisher geprüften Protokollen entfällt nur ein Fünftel auf die klassischen genetischen Erkrankungen

Die erste Gentherapie im Jahre 1990 wurde bei einem Patienten mit einer schweren angeborenen Immunschwäche (severe combined immunodeficiency, SCID, S. 1084), die auf einen *Adenosindesaminase(ADA)-Mangel* zurückzuführen ist, durchgeführt. Das Immunsystem ist beim ADA-Mangel dermaßen geschwächt, daß bereits banale Infekte zum Tod führen können. Deshalb müssen sich die Patienten ständig in einem abgeschlossenen Sterilzelt aufhalten. Zur Therapie wurden T-Lymphocyten des Patienten außerhalb des Körpers (ex vivo) mit einem retroviralen Vektor transfiziert, der das normale menschliche ADA-Gen enthielt, und dann dem Patienten retransfundiert. Diese Behandlung wird anfänglich alle zwei, später alle drei bis sechs Monate wiederholt. Es entwickelt sich eine deutlich verbesserte Immunabwehr, die den Aufenthalt außerhalb des Zeltes erlaubt. Bisher sind nur für sechs weitere klassische Enzymdefekte (cystische Fibrose, M. Gaucher, Hämophilie B, familiäre Hypercholesterinämie, Fanconi-Anämie und α_1-Antitrypsinmangel) Protokolle erschienen. Dies liegt daran, daß auch bei den Einzelgen-Erkrankungen schwerwiegende Veränderungen in verschiedenen Organsystemen auftreten, die stabile Expression des transfizierten Gens nach wie vor ein ungelöstes Problem darstellt und die Gentherapie nur beim frühzeitigen Einsatz erfolgreich ist.

Der überwiegende Teil der Gentransferprotokolle entfällt deshalb auf Markeruntersuchungen, AIDS oder Krebserkrankungen. So können T-Lymphocytenpopulationen, die direkt aus Tumoren isoliert und in vitro expandiert werden, die Rückbildung dieser Tumoren bewirken, wenn sie in den Wirt retransfundiert werden. Solche tumorinfiltrierenden Lymphocyten (TILs) sind mit einem *Markergen* transfiziert worden, um zu beweisen, daß sie tatsächlich in das Tumorgebiet zurückkehren. Strategien zur gentherapeutischen Beeinflussung von Tumorerkrankungen umfassen die Einbringung verschiedener Gene (Zytokine, Suizidgene, Suppressorgene) zur Verbesserung der Immunantwort (S. 1111).

Der Mangel an Spezifität zwingt zur ex vivo-Strategie

Aufgrund der mangelnden Spezifität für die Zielzellen wurde der überwiegende Teil der Gentherapieversuche bisher an ex vivo-Systemen durchgeführt, d. h. die Zellen des Patienten werden außerhalb des Organismus behandelt und dann retransfundiert. Eine Reihe von Zellen dient als Ziel der Gentherapie (Tabelle 13.7). Bei Krankheiten, bei denen Erythrocyten (Thalassämien), Lymphocyten (ADA-Mangel) oder Makrophagen (M. Gaucher) betroffen sind, ist die diesen Zellen gemeinsame *pluripotente Stammzelle im Knochenmark* Ziel des gentherapeutischen Eingriffes. Gene in solche hämatopoetischen Stammzellen zu transfizieren, ist nicht einfach, da sie nur einen kleinen Prozentsatz der Knochenmarkszellen darstellen, und sich oft in der G_0-Phase (Ruhephase, S. 207) des Zellcyclus befinden, so daß sie mit einem Retrovirus erst nach Wachstumsstimulation transfiziert werden können. Da auch im peripheren Blut hämatopoetische Stammzellen zirkulieren, die an der Expression des sog. CD34-Antigens (S. 881) erkannt werden, können diese aus dem Blut isoliert, in vitro manipuliert und intravenös rückverabreicht werden. Ein Problem ist ohne Zweifel, daß das Knochenmark des Patienten vor einer derartigen Therapie zerstört werden muß (z. B. durch Bestrahlung), es sei denn, die gentransfizierten und reinfundierten Zellen hätten einen Wachstumsvorteil gegenüber den Zellen, die das defekte Gen enthalten.

Viele genetische Erkrankungen betreffen die Leber, die ruhende differenzierte Hepatocyten enthält, welche gegenüber einer retroviralen Infektion refraktär sind. Aber auch Hepatocyten können nach Wachstumsstimulation in vitro transfiziert werden, so daß Gene in kultivierte Hepatocyten eingebracht werden können (S. 353).

Ein in vivo-Gentransfer ist bis jetzt nur mit den Epithelzellen des oberen Respirationstraktes gelungen. Diese sind von besonderem Interesse, da sie Ort der pulmonalen Manifestation der cystischen Fibrose (Mucoviszidose) sind. Sie können in vivo mit Adenoviren infiziert werden, die mit dem humanen Minigen (s. unten) für CFTR transfiziert sind (S. 702). Die Expression des auf diese Weise in die Epithelzellen eingebrachten CFTR-Gens konnte bis zu sechs Wochen nachgewiesen werden.

Tabelle 13.7 Zielzellen für die Gentherapie

Hämatopoietische Stammzellen (CD 34)
Tumorzellen
Hepatocyten
Respirationstrakt-Epithelien
Fibroblasten
Keratinocyten
Skelettmuskel-Myoblasten
Gefäßendothelien

13.4.3 Herstellung von Vektoren für die Gentherapie

Genomische DNA ist im allgemeinen für den Einbau in die heute zur Verfügung stehenden Vektoren zu groß. Aus diesem Grund wird die keine Introns mehr enthaltende cDNA (S. 228) verwendet, aus der durch Ankoppelung der benötigten regulatorischen Sequenzen für die Transkription und Translation des Gens das sogenannte *Minigen* entsteht.

Ein wichtiges Problem der Gentherapie ist die konstante Expression des Gens in der Zielzelle. Obwohl viele Gene in Zellen eingebracht werden können, ist dies leider eher die Ausnahme als die Regel. Man versucht deshalb, das Gen mit einem Promotor zu koppeln, unter dessen Kontrolle das Gen dann exprimiert wird. Häufig werden derartige Promotoren jedoch inaktiv, da sie offenbar durch Methylierung abgeschaltet werden. Ein Ausweg wäre die Einführung von Enhancer-Sequenzen (S. 256), die in Virusgenomen, aber auch als spezies- und gewebespezifische Enhancer vorkommen.

Für die Transfektion der Zielzellen mit Minigenen stehen eine Reihe unterschiedlicher Methoden zur Verfügung. So kann beispielsweise das Minigen in *Liposomen* verpackt und den Zellen angeboten werden. Der Aufnahmeprozeß ist relativ effizient, jedoch kommt in der Zelle kein zelleigener Mechanismus vor, um die DNA aus dem Liposomen-DNA-Komplex in den Zellkern zu übertragen. Demzufolge wird der Hauptteil des Lipids und der DNA von intrazellulären Abbausystemen zerstört. Ein Vorteil von Liposomen liegt darin, daß sie keine Immunantwort des Wirtsorganismus hervorrufen, jedoch wird dieser Vorteil durch die benötigten hohen Dosen an Liposomen zunichte gemacht.

Physikalisch-chemische Techniken sind *Mikroinjektion* oder *Elektroporation.* Bei diesen Techniken wird die DNA durch Mikroinjektion in Zellen eingebracht oder durch Anlegen eines Stroms durch die Zellmembran transportiert. Beide Techniken sind effektiv, jedoch sehr aufwendig, da nur relativ kleine Zellzahlen behandelt werden können. Besser ist die Komplexierung von DNA mit *Calciumphosphat.* Dies erleichtert die Nucleinsäureaufnahme in die Zelle, da dadurch die elektrochemische Barriere zwischen der negativ geladenen DNA und der negativ geladenen Zellmembran aufgehoben wird.

Ein Nachteil dieser Techniken ist, daß ein stabiler Einbau der in die Zellen eingebrachten DNA nicht mit Sicherheit gelingt. Hierfür wesentlich besser geeignete Verfahren beruhen auf der Verwendung von *Viren* als sog. *Genfähren.*

Für Retroviren als Genfähren werden Helferviren benötigt

Geeignete Vektoren für die Gentherapie sind *Retroviren,* mit denen die Zielzellen infiziert werden und die die Virusgene auch exprimieren. Die Ausbeute hierbei liegt bei etwa 10 % der Zielzellen. Dies ist ein entscheidender Vorteil gegenüber physiko-chemischen Methoden, bei denen die meisten Zellen zwar mehr DNA aufnehmen, aber nur eine von 10^3-10^7-Zellen das fremde Gen auch stabil exprimiert.

Bei der Konstruktion von Vektoren auf der Basis der Struktur von Retroviren geht man davon aus, daß für die Expression der Virusgene das LTR von besonderer Bedeutung ist. Es enthält die Signale zur Initiation und Termination der Transkription für die reverse Transkriptase und die Integration des Virusgenoms in die Wirts-DNA. Alle Regionen, die für die eigentlichen viralen Proteine GAG, POL und ENV (S. 294) codieren, können aus dem Virusgenom entfernt und durch andere Sequenzen ersetzt werden. Will man ein derartiges Konstrukt so amplifizieren, daß es auch tatsächlich für die Gentherapie verwendet werden kann, wird es zunächst als retroviraler Vektor in sog. *Verpackungszellen* eingebracht. Es ist jedoch replikationsdefizient, d.h. es, kann zwar die Verpackungszelle noch infizieren, sich in dieser aber nicht mehr replizieren. Um infektiöse Viruspartikel zu erhalten, muß die Verpackungszelle nach Integration des defekten Provirus mit einem *Helfervirus* infiziert werden, das die Gene für GAG, POL und ENV enthält. Durch die Replikation des Helfervirus werden die für den replikationsdefizienten retroviralen Vektor fehlenden Proteine bereitgestellt. Da dem Helfervirus die Ψ-Region fehlt, die es für den Einbau seiner RNA in die neu gebildeten Verpackungsproteine benötigt, können diese nur mit der retroviralen RNA zu einem infektiösen Virus assoziieren. Werden diese Verpackungszellen anschließend in vitro mit CD 34-positiven Knochenmarksstammzellen kultiviert, so infizieren die Viren die Knochenmarkszellen und übertragen das Minigen auf das Genom dieser Zellen. Da die Viren in diesem Fall keine Helferviren zur Verfügung haben, können sie sich in den Knochenmarkszellen nicht vermehren. Nach dieser Behandlung werden die Knochenmarkszellen in den Spender retransfundiert, dessen Knochenmark jedoch vorher durch Bestrahlung abgetötet wurde. Anschließend wird untersucht, ob die transplantierten Knochenmarkszellen auch als Minigen exprimieren.

Ein Nachteil dieses Verfahrens ist die gelegentliche Tendenz der Retroviren, während der Virusreplikation Sequenzen ihres Genomes zu deletieren. Außerdem neigen retrovirale Vektoren dazu, ihre eigene Genstruktur zu verändern und Sequenzen mit anderen Retroviren auszutauschen. Dies ist insofern von Bedeutung, als Retroviren auch humanpathogen sein können (S. 293).

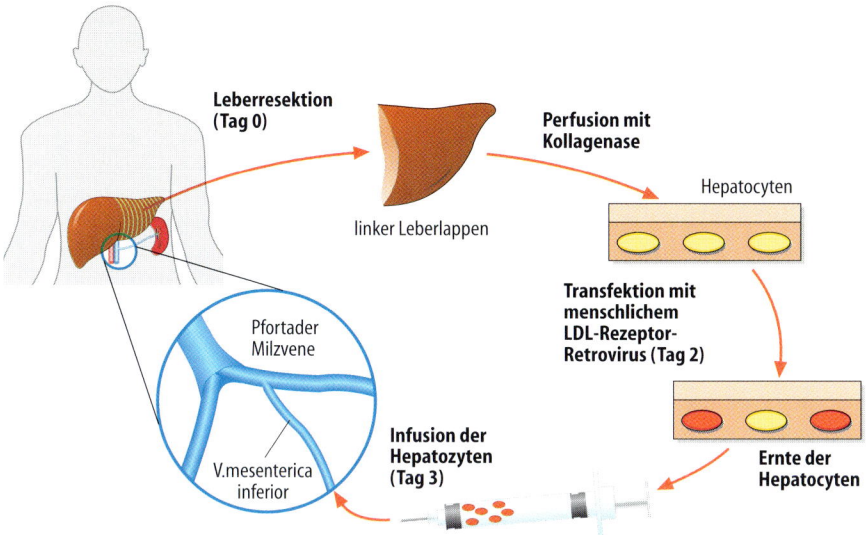

Leberresektion (Tag 0)

Perfusion mit Kollagenase

linker Leberlappen

Hepatocyten

Transfektion mit menschlichem LDL-Rezeptor-Retrovirus (Tag 2)

Pfortader Milzvene

V.mesenterica inferior

Infusion der Hepatozyten (Tag 3)

Ernte der Hepatocyten

Abb. 13.39 Hepatische Gentherapie bei der familiären Hypercholesterinämie. Nach Resektion eines Teils des linken Leberlappens wird das Gewebe in Einzelzellen zerlegt, die mit dem humanen LDL-Rezeptor-Retrovirus transfiziert werden. Nach Ernte der Hepatocyten werden diese dem Patienten reinfundiert. (Nach Wilson et al. 1994)

Alternativ zu Retroviren können auch Adenoviren verwendet werden

Adenoviren sind lineare doppelsträngige DNA-Viren mit Hüll- und Kapsidproteinen (S. 291). Durch Deletion von Teilen des Virusgenoms und Insertion der gewünschten Sequenz unter der Regulation eines konstitutiven Viruspromotors wird das Virus zu einem replikationsdefizienten Vektor. Dieser kann die exogene DNA auf differenzierte, nicht proliferierende Zellen wie z. B. in solche des Epithels des Respirationstraktes übertragen. Um in die Zellen einzudringen, tritt das Adenovirus mit Rezeptoren auf der Zelloberfläche (S. 303) in Wechselwirkung und wird von der Zielzelle aufgenommen. Aus den Endosomen gelangt es in das Cytosol, von wo aus die Vektor-DNA den Zellkern erreicht, in dem sie ohne in das Wirtsgenom integriert zu werden, zur Expression des neuen Gens führt.

Ein erster Erfolg wurde durch Gentherapie des familiären LDL-Rezeptormangels erzielt

Patienten mit schwerer familiärer Hypercholesterinämie (FH, S. 478) weisen extrem hohe Cholesterinwerte auf, weil beide Allele des LDL-Rezeptors von einer Mutation betroffen sind, so daß Cholesterin nicht mehr in Zellen aufgenommen werden kann und im Extracellulärraum akkumuliert. Solche Patienten können bereits im Kindesalter Herzinfarkte erleiden. Ziel der Gentherapie bei dieser Erkrankung ist die Einschleusung eines normalen LDL-Rezeptions-Gens in Leberzellen. Dies wurde erstmalig bei einer 28jährigen Patientin mit homozygoter FH (Mutation Trp66Gly) versucht, die im Alter von 16 Jahren einen Myokardinfarkt erlitten hatte und sich mit 26 Jahren einer coronaren Bypass-Operation unterziehen mußte. Bei dieser Patientin wurden 250 g des linken Leberlappens entfernt (Abb. 13.39), das Gewebe durch enzymatische Auflösung des Leberstromas in Einzelzellen zerlegt, auf Kulturschalen verteilt und in einem Brutschrank kultiviert. Anschließend wurden die Leberzellen mit einem rekombinanten Retrovirus, das ein LDL-Rezeptor-Minigen enthielt, transfiziert. Über einen Katheter wurden die Zellen der Patientin dann über die Vena mesenterica inferior in die Milzvene reinfundiert, von wo sie über die Pfortader in die Leber gelangten und sich dort ansiedelten. Bei der Patientin kam es über einen Beobachtungszeitraum von 18 Monaten zu einem 20 %igen Abfall des Cholesterinspiegels. Dies stellt zwar noch keinen dramatischen Behandlungserfolg dar, belegt aber, daß der Therapieansatz bei weiterer Entwicklung Aussicht auf Erfolg hat.

RESÜMEE

Unser auf 46 Chromosomen verteiltes Genom umfaßt etwa 3 Milliarden Basenpaare, das etwa 50 000 bis 100 000 Gene beherbergt. Bis Mitte der 90 er Jahre sind davon ca. 7000 Gene sequenziert und auf einzelnen Chromosomen lokalisiert worden. Das internationale Genomprojekt hat sich zum Ziel gesetzt, bis zum Jahre 2005 das gesamte Genom des Homo sapiens zu sequenzieren und alle Gene zu kartieren.

Mutationen sind der treibende Motor der Evolution. In unserem Genom sind sie zum einen Ursache unserer Individualität, da zwei Menschen sich um etwa 3 Millionen Basenpaare voneinander unterscheiden. Zum anderen verursachen sie aber auch die genetischen Erkrankungen, die vererbt (wenn sie Keimbahnzellen betreffen) oder auch erworben sein können (wenn sie somatische Zellen betreffen). Fast alle Krankheiten des Menschen sind entweder genetisch determiniert oder zumindest von genetischen Faktoren beeinflußt (Disposition). Es werden deshalb große Anstrengungen unternommen, die Gene für eine Fülle von Krankheiten zu finden. Heute werden Krankheitsgene mit der positionellen Kandidatenklonierung identifiziert. In atemberaubendem Tempo wird wöchentlich von der Entdeckung neuer Gene berichtet, die Krankheiten wie Muskeldystrophien, Entwicklungsstörungen des Knochensystems, degenerative Erkrankungen des Nervensystems etc. verursachen. Nichtkorrigierbare Fehler sind die molekulare Grundlage von Mutationen. Diese können entweder stabil oder dynamisch sein. Stabile Mutationen sind meist Punktmutationen, die zu Aminosäureaustausch oder Abbruch der Translation durch Rasterschübe führen. Mutationen in Promotorregionen oder Spleißregionen an Intron/Exonübergängen führen zu Reduktionen der Genexpression. Dynamische Mutationen betreffen Tri- oder Dinucleotid-Repeats, deren Zahl durch die Mutation deutlich erhöht wird und damit krankheitserzeugenden Einfluß gewinnt. Je nach Länge des Gens können in einem Gen über 200 verschiedene Mutationen auftreten und damit ganz unterschiedlichen Einfluß auf Struktur und Funktion des veränderten Genproduktes haben. Das bedeutet, daß wir nicht nur eine extreme molekulare Individualität aufweisen, sondern auch die genetischen Erkrankungen, an denen wir leiden können, eine extreme Variabilität aufweisen. Da praktisch jedes unserer Proteine von einer Mutation betroffen sein kann und jedes Protein, sei es Enzym, Hormon, Rezeptor, Transkriptionsfaktor, Cytoskelettprotein, Ionenkanal etc. Bestandteil eines komplexen Systems darstellt, führt die Mutation zu einer Störung in dem Netzwerk der Beziehungen, die das mutierte Protein mit den anderen Teilnehmern des Netzwerkes besitzt.

Genetische Erkrankungen werden zunehmend mit molekularbiologischen Tests diagnostiziert. Diese zeichnen sich vor allem dadurch aus, daß sie prädiktiven Charakter besitzen, da sie vorhersagen können, ob ein Individuum im Laufe seines Lebens an einer bestimmten Erkrankung erkranken wird. Die Entwicklung dieser Tests birgt politischen Zündstoff in sich, da sie von erheblicher Tragweite für versicherungsmedizinische (Lebens-, Krankenversicherung) Fragestellungen oder Arbeitsplatzfragen werden könnten. Ein Teil genetischer Erkrankungen kann heute bereits durch Gabe rekombinanter Proteine behandelt werden. Die kausale Therapieform ist jedoch die somatische Gentherapie, die international zur Behandlung verschiedener Erkrankungen weiterentwickelt wird. Als Genfähren werden replikationsdefiziente Retro- oder Adenoviren verwendet. Bei einzelnen Erkrankungen wie dem ADA-Mangel oder der familiären Hypercholesterinämie sind bereits kleine therapeutische Erfolge erzielt worden, die das langfristige Potential dieses Therapieansatzes erkennen lassen.

Literatur

Monographien und Lehrbücher

COOPER DN, KRAWCZAK M (1995) Human gene mutation. Bios Scientific Publ., Cambridge

FISCHER EP (1993) Der Einzelne und sein Genom. Libelle-Verlag Bottighofen

THE GENOME DIRECTORY (1995) Nature 377, Suppl. 6547 S

WINNACKER EL (1993) Am Faden des Lebens. Piper-Verlag München

Original- und Übersichtsarbeiten

BAYERTZ K, SCHMIDTKE J (1994) Genomanalyse: wer zieht den Gewinn in: Mannheimer Forum 93/94, Mannheim, 71–125

BROOK JD (1994) Positional cloning. Scientific American (Science and medicine) 1, 48–57

COLLINS FS (1995) Positional cloning moves from perditional to traditional. Nature Genetics 9: 347–350

COLLINS FS (1996) BRCA-1-lots of mutations, lot of dilemmas. New Engl J Med 334: 186–188

COOPER DN (1993) Human gene mutations affecting RNA processing and translation. Ann Med 25: 11–17

CREMER CT (1995) Fluoreszenz-in-situ-Hybridisierung (FISH). Dt Ärzteblatt 92: 1177–1185

CRYSTAL RG (1995) The gene as a drug. Nature Medicine 1: 15–17

D'ALTON ME, DECHERNEY AH (1993) Prenatal diagnosis. New Engl J Med 328: 114–120

DEAN M (1995) Resolving DNA-mutations. Nature Genetics 9: 103–104

FLEISCHMANN RD ET AL (1995) Whole genome random sequencing and assembly of haemophilus influenzae Rd. Science 269: 496–512

GROSSMAN M ET AL. (1994) Successful ex vivo gene therapy directed to liver in a patient with familial hypercholesterolaemia. Nature Genetics 6: 335–341

GUYER MS, COLLINS FS (1993) The human genome project and the future of medicine. AJDC 147: 1145–1152

JOHNS DR (1995) Mitochondrial DNA and disease. New Engl J Med 333: 638–644

JONSSON JJ, WEISSMAN SM (1995) From mutation mapping to phenotype cloning. Proc Nat Acad Sci 92: 83–85

KORF B (1995) Molecular diagnosis. New Engl J Med 322: 1499–1502

LANDER ES, SCHORK NJ (1994) Genetic dissection of complex traits. Science 265: 2037–2048

LANDER ES, BUDOWLE B (1994) DNA-fingerprinting dispute laid to rest. Nature 371: 735–738

LEVER AML, GOODFELLOW P (1995) Gene Therapy. Brit Med Bull 51: 1–230

LINDEMANN A ET AL (1995) Hinweise zur Planung und Durchführung klinischer Studien in den Bereichen somatischer Zell- und Gentherapie. Med Klinik 90: 103–106

OLIVER SG (1996) From DNA sequence to biological function. Nature 379: 597–600

PETRIDES PE, LAUER U (1994) Gentherapie: ethische, molekularbiologische und medizinische Aspekte. Studienstiftung des Deutschen Volkes, Bonn Bad-Godesberg

PETRIDES PE (1995) Morbus Gaucher: Diagnose und Therapie. Dtsch Med Wschr 120: 1177–1182

PETRIDES PE, LECOUTRE P (1995) Ceredase, ein Durchbruch in der Behandlung des M. Gaucher. Arzneimitteltherapie 11: 327–333

RIESS O, WINKELMANN B, EPPLEN JT (1994) Toward the complete genomic map and molecular pathology of human chromosome 4. Hum Genet 94: 1–18

SCHMITT JJ, HENNEN L, PETERMANN TH (1994) Stand und Perspektiven naturwissenschaftlicher oder medizinischer Problemlösungen bei der Entwicklung gentherapeutischer Heilmethoden. TAB, Arbeitsbericht 25, Deutscher Bundestag, Bonn

SUTHERLAND GR, RICHARDS RI (1994) Dynamic mutations. Amer Scient 82: 157–162

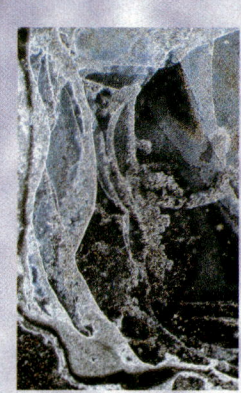

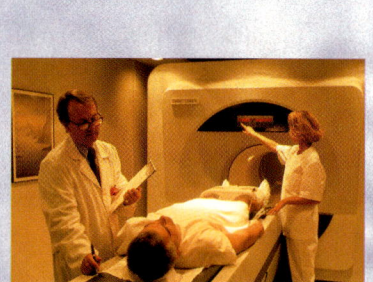

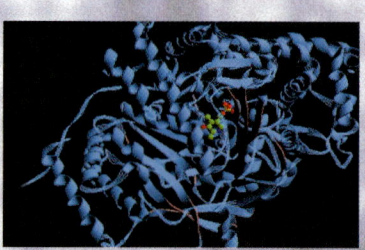

20

Stoffwechsel der Zelle: Energie- und Materieumsatz der Zelle

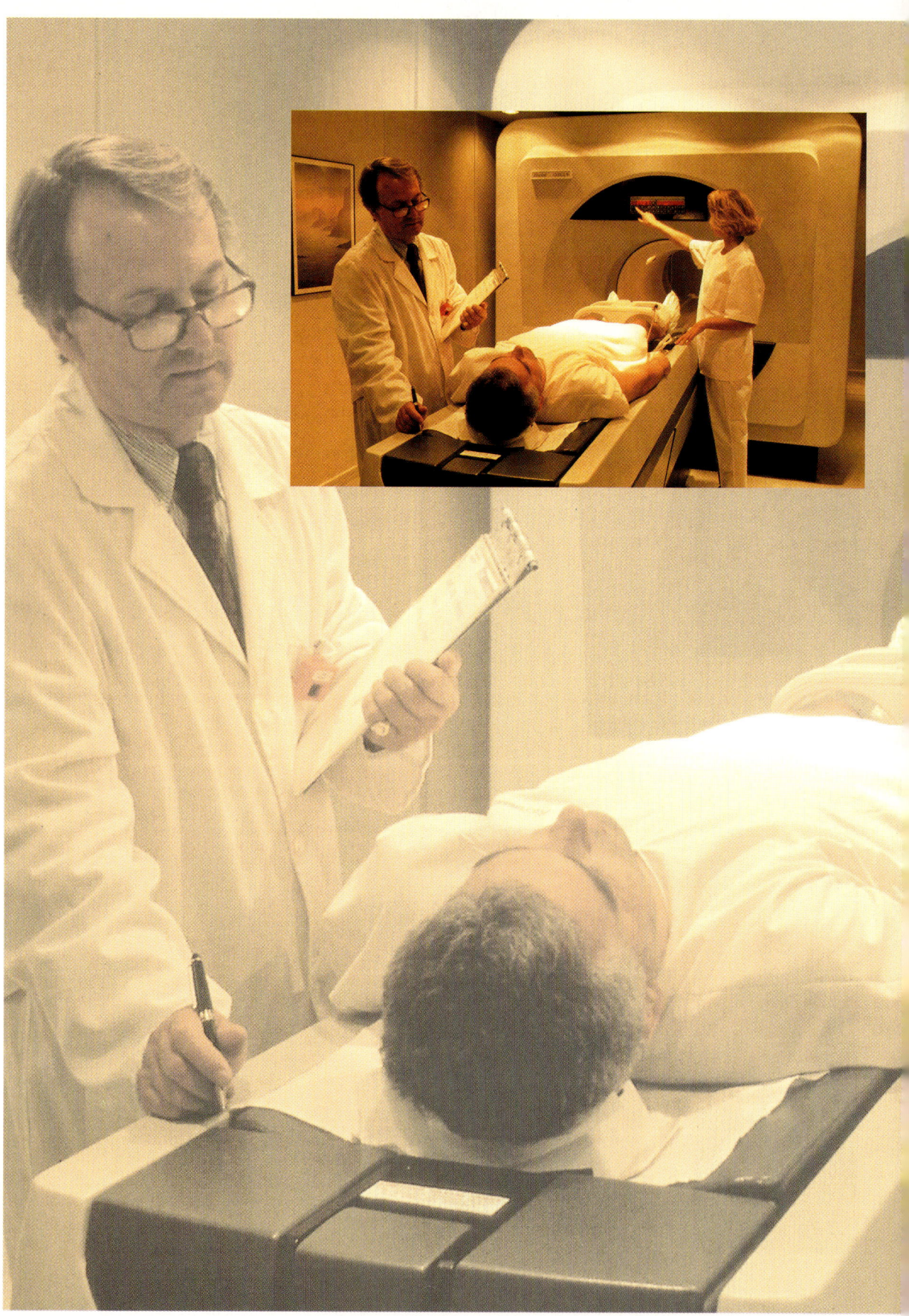

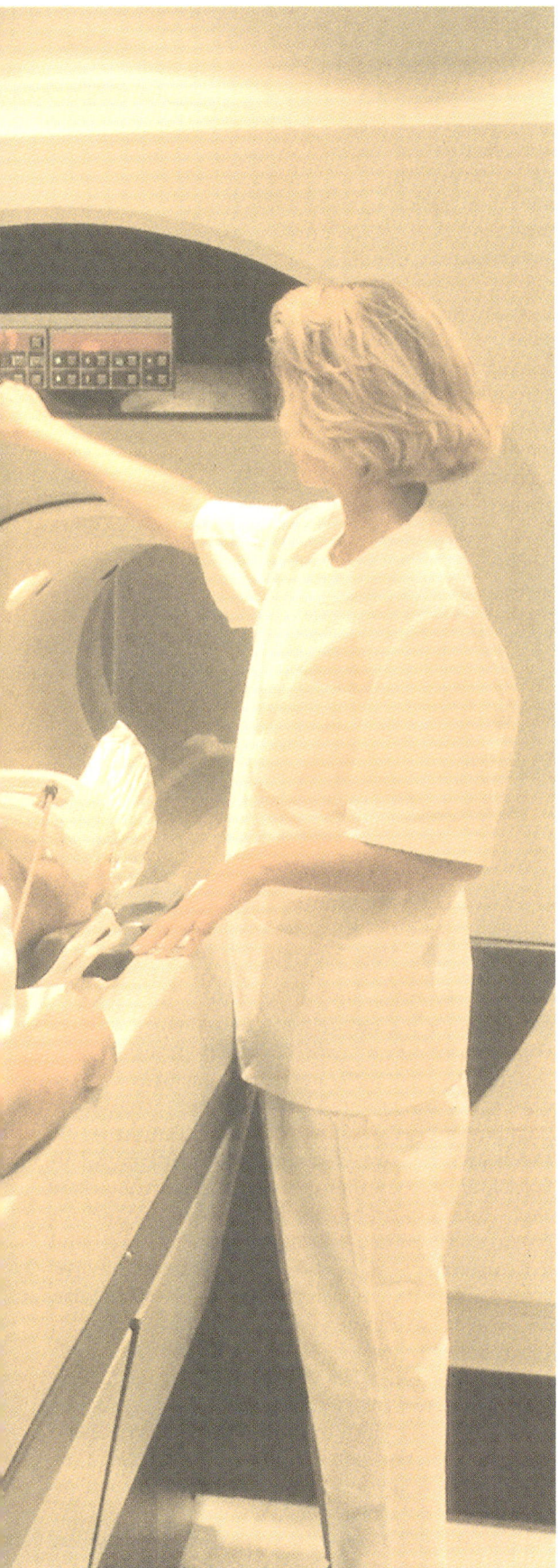

Petro E. Petrides

Grundlagen des Intermediärstoffwechsels

Als Stoffwechsel bezeichnet man jede chemisch bedingte Veränderung eines Stoffes in einem Biosystem. Der Stoffwechsel der Zelle ist ein offenes System chemischer Prozesse, welches durch verschiedene Membransysteme kompartimentiert ist. Jeder einzelne der zahlreichen Teilprozesse kann als ein Fließgleichgewichtsystem angesehen werden – wie auch die Zelle als Ganzes –, das durch einen ständigen Zu- und Abstrom von Stoffen gekennzeichnet ist. Dieses Gleichgewicht muß sich durch Regulation den verschiedensten Außenweltbedingungen anpassen. Gelingt diese Anpassung nicht, so liegt eine Fehlregulation vor. Jede Störung dieses Fließgleichgewichts, sei es durch Änderung des Zu- oder Abstroms, kann zur Krankheit führen.

Als Intermediär- (oder auch Primär-)Stoffwechsel werden diejenigen enzymatischen Vorgänge (und deren Regulation) bezeichnet, durch welche Saccharide, Lipide und Aminosäuren (sowie deren Verwandte wie Purine, Pyrimidine und Porphyrine) in der Zelle umgesetzt werden. Zum Sekundärstoffwechsel gehören diejenigen Prozesse, in denen aus Aminosäuren Proteine, aus Nucleotiden Nucleinsäuren, aus Lipiden z. B. Steroidhormone usw. synthetisiert werden.

Diese Vorgänge sind im Prinzip bei allen Lebewesen vom einfachen Bakterium bis zum Menschen gleich. Ihre Regulation hingegen unterscheidet sich bei unserem multizellulären Körper mit verschiedenen Organen erheblich von dem des einzelligen Bakteriums. Durch die modernen Verfahren der Protonen- oder Phosphor-Magnet-Resonanz-Spektroskopie (H- oder P-NMR) und die Positronen-Emissions-Tomographie (PET) lassen sich viele Stoffwechselvorgänge heute an einzelnen Organen unseres Organismus nicht-invasiv untersuchen.

Die Untersuchung des menschlichen Stoffwechsels durch nichtinvasive Methoden gewinnt an Bedeutung.
Die Abbildung stellt ein Gerät zur Kernspintomographie dar. In einer Variante dieses Verfahrens können auch Stoffwechseluntersuchungen durchgeführt werden.
(Bild: P. Coll, Mauritius, Stuttgart)

14.1 Aufbau des Stoffwechsels

14.1.1 Anabole, amphibole und katabole Stoffwechselwege

Der Citratcyclus besitzt amphibole Funktionen

Man spricht von *anabolen* Stoffwechselwegen, wenn z. B. Aminosäuren aus Glucose synthetisiert werden, und von *katabolen,* wenn z. B. die Aminosäure Phenylalanin zu Acetacetat und Fumarat abgebaut wird. Als *amphibol* werden Strecken des Stoffwechsels bezeichnet, die sowohl anabole als auch katabole Funktionen besitzen. So weist der Citratcyclus die katabole Funktion auf, Acetat (in seiner aktivierten Form Acetyl-CoA) zu Kohlendioxid und Wasser abzubauen, und die anabole Aufgabe, aus α-Ketosuccinat (Oxalacetat) das homologe α-Ketoglutarat zu bilden, das z. B. für die Biosynthese der Aminosäuren Glutamat und Glutamin benötigt wird.

14.1.2 Schlüsselmoleküle des Stoffwechsels

Die α-Ketosäuren Pyruvat, α-Ketoglutarat und Oxalacetat sind reaktive Schlüsselmoleküle

Obwohl jede enzymatische Umsetzung ihre entscheidende Bedeutung im Stoffwechsel besitzt, ohne deren Funktionieren dieser entweder zusammenbricht oder zumindest wesentlich gestört wird (genetische Enzymdefekte, S. 339), existieren Knoten- oder Verzweigungspunkte von übergeordneter Bedeutung, an denen die Fäden verschiedener Stoffwechselwege zusammenlaufen. Die an diesen Stellen gebildeten Schlüsselmoleküle sind z. B. α-Ketocarbonsäuren (S. 26), und zwar α-Keto-propionat (Pyruvat), α-Ketosuccinat (Oxalacetat) und α-Ketoglutarat (Abb. 14.1). Sie stellen aufgrund der polaren Carbonylfunktionen reaktive Verbindungen dar, die deshalb eine Anzahl verschiedener Reaktionen eingehen können. Reaktive Moleküle sind für den Stoffwechsel außerordentlich wichtig, weil sie einen kontinuierlichen Substratdurchsatz gewährleisten, so daß nicht die Gefahr einer Substratakkumulation besteht. Deshalb existieren im Stoffwechsel eine Reihe von Aktivierungsreaktionen, mit denen Moleküle in einen reaktionsfähigeren Zustand gehoben werden, um ihrer Akkumulation und damit dem Auftreten unerwünschter Nebenreaktionen vorzubeugen (Tabelle 14.1).

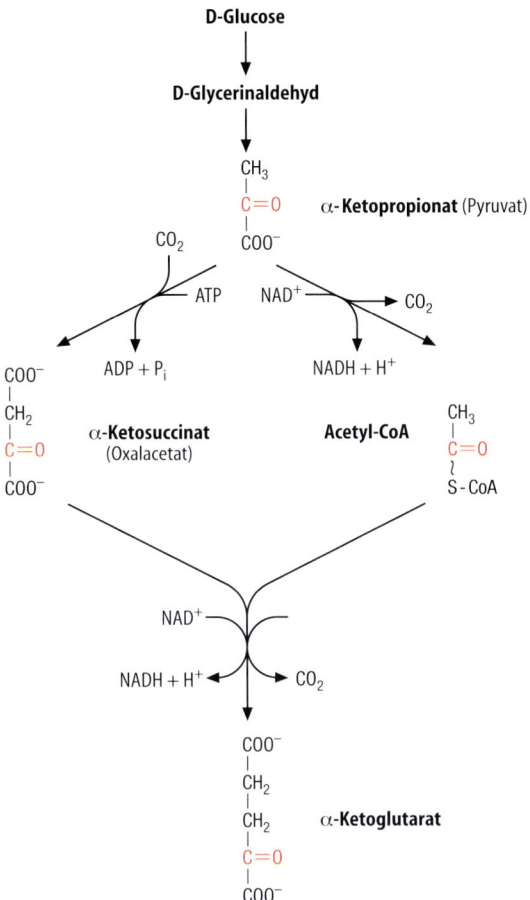

Abb. 14.1 α-Ketocarbonsäuren als Schlüsselmoleküle des Intermediärstoffwechsels (vereinfachtes Schema)

Tabelle 14.1 Aktivierung von Zwischenprodukten des Stoffwechsels

Substrat	Aktivierte Form
Phosphorsäure	ATP
Carbonsäure	Acyl-CoA
Kohlensäure	Carboxybiotin
Ribose-5-phosphat	Phosphoribosylpyrophosphat
Hexose	UDP-Hexose
Cholin	CDP-Cholin
Carbaminsäure	Carbamylphosphat

14.1.3 Organisation des Stoffwechsels

Der Stoffwechsel ist räumlich, chemisch und zeitlich organisiert

Die chemischen Prozesse in der Zelle laufen nicht mit konstanter Geschwindigkeit ab, sondern werden durch Regulation dem Stoffangebot und der -nachfrage angepaßt. Die Frage nach dem Mechanismus der Regulation führt zu der Frage nach der Arbeitsweise und Organi-

sation der Moleküle, die für die Regulation verantwortlich sind, den Enzymen. Würde man in einem Reagenzglas einige anorganische Katalysatoren mischen und Stoffe hinzugeben, so würde daraus kein so strukturiertes System wie der Zellstoffwechsel entstehen, weil diesem System zwei wesentliche Eigenschaften fehlen:

- die flexible Proteinhülle der Katalysatoren, die die Möglichkeit schafft, die katalytische Aktivität zu erhöhen oder zu verringern, sowie
- die organisierte Anordnung der einzelnen Bestandteile.

Will man das perfekte Zusammenspiel der vielfältigen Stoffwechselprozesse verstehen, so muß man zunächst die Organisationsformen untersuchen, in denen Tausende von Enzymen zusammenwirken.

Auf zellulärer Ebene unterscheiden wir:

- Eine *räumliche* Organisation in der Zelle durch Kompartimentierung des Zellraums in verschiedene Funktionsbereiche wie Cytosol, Mitochondrien, Zellkern etc. (S. 176). So sind die etwa 50 000 Enzymmoleküle der 11 verschiedenen Enzyme des Glucoseabbaus im Cytosol lokalisiert. Dort sind sie mit hoher Wahrscheinlichkeit in Form supramolekularer Assoziate, sog. *Metabolons,* zusammengefaßt. Diese architektonische Anordnung ermöglicht die **Kanalisierung,** d. h. einen Prozeß, durch den die Produkte einer enzymatischen Reaktion in einer Stoffwechselkette nicht durch Diffusion durch die wäßrige Lösung, sondern *direkt* auf das nächste Enzym übertragen werden.
- Eine *chemische* Organisation durch Rückkoppelung in Form von Kreisprozessen und Quervernetzungen mit dem Ergebnis eines **dreidimensionalen Netzwerks** höchster Komplexität, in dem etwa 2000 Enzyme und Enzymaggregate mit selbstregulierenden Eigenschaften den Umsatz bestimmen. Voraussetzung für diese selbstregulierende Eigenschaft der Biokatalysatoren ist die Flexibilität ihrer Konformation (S. 72). Zusammengestellt sind diese Prozesse auf großen Streckenkarten, die heute in jedem biochemischen Labor hängen und einen Überblick darüber vermitteln, auf welchen Wegen Moleküle zerlegt, zusammengesetzt oder oxidiert werden. So informativ diese Karten auch sein mögen, sie stellen nur eine große Vereinfachung der Realität dar, da ihnen die dritte und vierte Dimension fehlen.
- Eine *zeitliche* Organisation, die durch die Einstellung dynamischer Fahrpläne gegeben ist. Die Zeit, die für verschiedene enzymatische Umwandlungen benötigt wird, variiert sehr: So sind z. B. Reaktionen der Enzym-Substrat-Komplexe innerhalb von einigen 10^{-5} bis 10^{-3} Sekunden beendet, während die zur Regulation notwendige Konformationsänderung einige 10^{-2} bis 1 Sekunden benötigt.

14.1.4 Bedeutung von Stoffwechselketten und -cyclen

Stoffwechselketten sind zeitlich und räumlich geordnete Reaktionsfolgen

Eine Besonderheit, auf die wir schon in Kapitel 1 hingewiesen haben, ist die Existenz von Stoffwechselketten und -cyclen. Da im Stoffwechsel soweit wie möglich gemeinsame Reaktionen beschritten werden, die sich verzweigen, oder verschiedene Reaktionen in einen gemeinsamen Stoffwechselweg einmünden, entstehen zeitlich geordnete Reaktionsfolgen, sog. Stoffwechselketten. Am Beginn von Stoffwechselketten stehen meist regulatorische Enzyme, sog. *Schlüsselenzyme,* deren Aktivität den Durchsatz durch die Gesamtkette bestimmt.

Stoffwechselcyclen besitzen katalytische Funktionen

So wie es in der Natur Kohlenstoff- oder Stickstoffkreisläufe gibt, so zeigt auch der Mikrokosmos der Zelle eine Reihe von Kreisläufen, sog. *Stoffwechselcyclen.* Sie bringen eine Reihe von Vorteilen:

- Aufgrund ihrer katalytischen Funktion einen *quantitativen* Vorteil: Es reichen geringe Mengen der Zwischenprodukte aus. Damit bleiben die Konzentrationen der einzelnen Stoffe in Zellen niedrig, was wegen der beschränkten Kapazität des wässrigen Lösungsmittels notwendig ist. Außerdem wird so die Wahrscheinlichkeit unerwünschter Nebenreaktionen ansteigt. Als Beispiel sei die vermehrte Bildung von Glykohämoglobin bei dem erhöhten Glucosespiegel von Diabetikern angeführt (S. 420).
- Aufgrund der gekoppelten Reaktionen einen *thermodynamischen* Vorteil: Es ist nicht die Energetik einzelner Teilreaktionen eines Cyclus entscheidend,

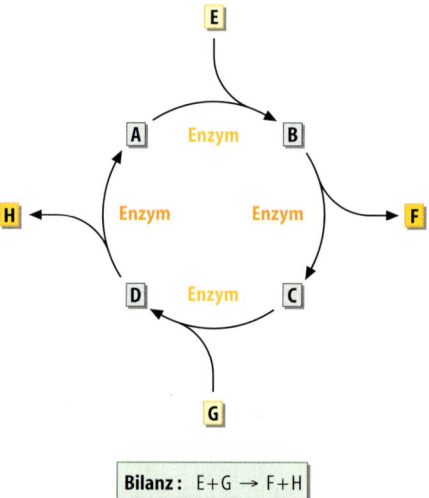

Bilanz: E+G → F+H

Abb. 14.2 Prinzip des Stoffwechselcyclus

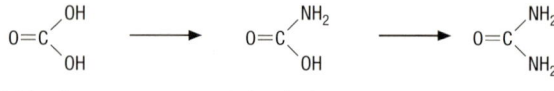

Kohlensäure　　　**Carbaminsäure**　　　**Harnstoff**

Abb. 14.3 Prinzip der Bildung von Harnstoff aus Kohlensäure. Die Bildung von Carbaminsäure erfolgt in einem Schritt, die Synthese von Harnstoff aus Carbaminsäure (nicht gezeigt) erfolgt über einen Kreisprozeß

sondern die der Bilanzgleichung; so können z. B. bei der cyclischen Umwandlung von E und G in F und H (Abb. 14.2) Teilschritte endergon sein, sie laufen jedoch spontan ab, wenn das Energieprofil des Cyclus insgesamt exergon ist.

- Schließlich erlauben die Cyclen die Umsetzung *kleinerer* Moleküle wie Acetat (Citratcyclus) oder Kohlensäure (Harnstoffcyclus), die anders nur schwer zu bewerkstelligen wären. So ist zwar die Überführung von Kohlensäure in Carbaminsäure in einem enzymatischen Schritt möglich, die Umwandlung von Carbaminsäure in Harnstoff erfordert dagegen vier weitere Schritte, die in einem Cyclus ablaufen (Abb. 14.3). Dabei wird aktivierte Carbaminsäure an ein Trägermolekül gebunden (in diesem Fall die Aminosäure Ornithin), aus dem durch mehrstufige Umwandlung die Aminosäure Arginin entsteht, von der durch Hydrolyse Harnstoff abgespalten wird (s. auch Abb. 19.13, S. 537). Die Entwicklung dieses Cyclus dürfte auch damit im Zusammenhang stehen, daß die Enzyme ursprünglich für die Argininbiosynthese existierten und später für die phylogenetisch jüngere Harnstoffbildung übernommen worden sind.

14.1.5 Energetische Aspekte des Stoffwechsels

ATP ist die Währung für anabole und katabole Prozesse

Alle energieabhängigen Prozesse der Zelle sind mit der Spaltung von ATP zu ADP und anorganischem Phosphat bzw. zu AMP und Pyrophosphat verbunden. Andererseits sind alle energieliefernden Schritte mit der Biosynthese von ATP aus ADP bzw. AMP und Phosphat gekoppelt. Eine ähnliche Funktion wie ATP (aktives Phosphat) bei der Kopplung energieverbrauchender (anaboler) und -liefernder (kataboler) Prozesse übt *NADH* aus, das auch als Träger *aktiver Elektronen* bezeichnet werden kann. Es stellt praktisch einen Kurzschluß in diesem System dar, wenn die bei katabolen Prozessen freigesetzten Elektronen nicht auf Sauerstoff zur Energie-, d. h. ATP-Gewinnung übertragen werden, sondern in einem Transferprozeß auf NAD^+ übergeben werden, das nach Zwischenübertragung auf $NADP^+$ direkt als Elektronendonator ($NADPH/H^+$) bei anabolen Reaktionen dient (Fettsäure-, Steroidbiosynthese).

Tabelle 14.2 „Verkaufswerte" einiger Zwischenprodukte des Intermediärstoffwechsels

Zwischenprodukt	ATP-Äquivalente
Glucose	38
Fructose-6-phosphat	39
Fructose-1,6-bisphosphat	40
Pyruvat	15
Lactat	18
Acetyl-CoA	12
Oxalacetat	16
α-Ketoglutarat	25
Tripalmitin	409

Während die *Elektronenausbeute* (in Form von $NADH/H^+$) bei katabolen Prozessen aufgrund der Struktur des Substrats und der Grundlagen von Reduktions- und Oxidationsprozessen genau vorhergesagt werden kann, gilt dies nicht für die *ATP-Ausbeute* beim Substratabbau, welche offenbar nicht durch chemische Zwangsläufigkeit, sondern durch biologische Adaptationen bestimmt wird. Während wir vorhersagen können, daß bei der vollständigen Oxidation von 1 mol Glucose je 6 mol Kohlendioxid und Wasser sowie 12 aktive Elektronen entstehen, können wir nicht angeben, daß die ATP-Ausbeute dieser Reaktion 38 mol sein wird (S. 383). Diese Energieausbeute hat sich offenbar im Zuge der Evolution als optimal erwiesen. ATP ist die Währung, in der in der Zelle die Kosten für anabole Prozesse bezahlt und für katabole Vorgänge ausgezahlt werden. Als Einheit dieser Währung gilt das *ATP-Äquivalent,* d. h. die Stoffwechselenergie der Umwandlung von ATP in ADP und umgekehrt. So kostet z. B. die Überführung von Glucose in Glucose-6-phosphat 1 ATP-Äquivalent. Anders ist dies bei Fettsäuren: Ihre Aktivierung erfordert die Umwandlung von ATP in AMP und Pyrophosphat, deren Regeneration zu ATP zwei Schritte (über ADP) beinhaltet. Deshalb kostet die Fettsäureaktivierung etwa 2 ATP-Äquivalente. Da das erwähnte $NADH/H^+$ die Bildung von etwa 3 mol ATP/mol $NADH/H^+$ bewirkt, beträgt sein ATP-Äquivalent etwa 3 (S. 506). Der Wert von $FADH_2$, einem weiteren Elektronentransporteur, ist dagegen nur ungefähr 2 ATP-Äquivalente. Der „Verkaufs-" bzw. „Ankaufswert" einer Verbindung ist die bei seiner Oxidation freiwerdende Menge von ATP-Äquivalenten bzw. die Menge von ATP-Äquivalenten, die die Synthese des betreffenden Stoffes kostet. Beide Werte sind – wie wir später noch sehen werden – fast immer unterschiedlich (Tabelle 14.2); so beträgt der „Verkaufswert" von Tripalmitin 409 ATP-Äquivalente, der „Ankaufswert" dagegen 500 ATP-Äquivalente. In den folgenden Kapiteln (15–21) werden wir die Verkaufs- bzw. Ankaufswerte verschiedener Stoffe des Intermediärstoffwechsels berechnen.

14.1.6 Einbahnstraßen im Stoffwechsel

Unterschiedliche Enzyme für Hin- und Rückreaktionen sind Grundlage der Stoffwechselregulation

Nahezu alle Stoffwechselketten laufen in einer Richtung ab; theoretisch ist zwar jede Reaktion reversibel, aus thermodynamischen Gründen sind jedoch im Stoffwechsel viele Reaktionen irreversibel. Bekannteste Beispiele solcher *irreversiblen Prozesse* sind:

- Photosynthese (Spaltung von Wasser in Wasserstoff und Sauerstoff) und
- Atmungskette (Bildung von Wasser aus Sauerstoff und Wasserstoff).

Diese Einbahnstraßen des Stoffwechsels erlauben überhaupt erst, daß Auf- und Abbau eines Stoffes getrennt reguliert werden können. Da Enzyme (E) grundsätzlich Hin- und Rückreaktionen katalysieren, also z. B. $A \overset{E}{\rightleftharpoons} B$, würde die Reduktion der Aktivität von E sowohl die Umwandlung von A in B (kataboler Weg) als auch die Überführung von B in A (anaboler Weg) verringern. Damit wäre jedoch keine Adaptation an die Situation eines vermehrten Anabolismus bzw. Katabolismus erreichbar. Diese Anpassung kann nur dadurch erzielt werden, daß beide Reaktionen auf verschiedenen Reaktionswegen durch verschiedene Enzyme katalysiert werden, wie z. B.

$$A \overset{E_1}{\underset{E_2}{\rightleftharpoons}} B.$$

Mit diesem System ist – insbesondere durch *gleichzeitige Steigerung der Aktivität von E_1* und *Reduktion der Aktivität von E_2* bzw. der umgekehrten Situation – eine sinnvolle Regulation möglich. Diese Stoffwechselkonstruktion erklärt auch, warum sich – wie im letzten Abschnitt erwähnt – die Verkaufs- und Ankaufswerte für Stoffe unterscheiden können. Beispiele solcher Anordnungen sind Glykolyse und Gluconeogenese, Lipolyse und Liponeogenese, Glykogenauf- und -abbau.

14.1.7 Evolution des Stoffwechsels

Vitamine und essentielle Aminosäuren entstanden durch den Verlust von Stoffwechselwegen

Wie wir bereits gesehen haben, ist die Löslichkeit des Zellwassers für Substrate und Enzyme nicht unbegrenzt. Es war deshalb offenbar im Zuge der Höherentwicklung der Evolution sinnvoll, auf verschiedene Enzyme anaboler Stoffwechselwege zu verzichten, wenn die Produkte mit der Nahrung in ausreichenden Mengen aufgenommen werden können. Zu diesen Produkten zählen die Stoffe, die wir heute als Vitamine und essentielle Aminosäuren bezeichnen. Wirbeltiere bilden nur noch die Aminosäuren, deren Kohlenstoffskelette ausgehend vom Glucoseabbau oder dem Citratcyclus in wenigen enzymatischen Schritten gebildet werden können. Nähert sich die Anzahl der gelösten Teilchen (unter ihnen Enzyme und Zwischenprodukte) in der Zelle einer kritischen Grenze, so ist die evolutionäre Entwicklung neuer Enzyme nur dann möglich, wenn alte verschwinden. So gingen etwa 50 Enzyme verloren, die die Biosynthese der heute essentiellen Aminosäuren bewerkstelligten. Da Aminosäuren als Proteinbausteine einen relativ hohen Umsatz haben, mußte auch ihr anaboler Stoffwechselweg in hoher Aktivität vorhanden sein. Mutationen der Gene der beteiligten Enzyme sind jedoch nur dann von physiologischem Vorteil, wenn die betreffenden Enzyme nicht nur nicht mehr enzymatisch aktiv, sondern überhaupt nicht mehr gebildet werden. Neben Löslichkeitsaspekten haben auch hier *energetische Gründe* eine Rolle gespielt: Im Durchschnitt liegt der Preis für die Biosynthese nichtessentieller Aminosäuren bei etwa 30 ATP-Äquivalenten, während er für essentielle Aminosäuren etwa 50 ATP-Äquivalente beträgt, so daß die Aufgabe ihrer Biosynthese auch eine Energieeinsparung bedeutete.

14.1.8 Die wichtigsten Stoffwechselwege im Überblick

Eine zentrale Stellung als Drehscheibe des Intermediärstoffwechsels (Kapitel 17) nimmt der *Citratcyclus* ein. In ihn mündet bzw. von ihm zweigt ab die *Glykolyse* bzw. die *Gluconeogenese,* d. h. die Bildung von Glucose aus Lactat oder anderen Vorstufen. Glucose kann in *Glykogen* überführt werden (Glykogenbildung und -abbau) und Vorstufe verschiedener anderer Saccharide wie Mannose, Fucose, Galaktose usw. sein (Kapitel 15).

Biosynthese und Abbau von Fettsäuren, *Liponeogenese* und *Lipolyse,* sowie Umwandlungen in andere Lipide werden in Kapitel 16 erörtert. Hauptthema des Aminosäurestoffwechsels ist der Abbau der einzelnen *Aminosäuren* sowie die Umwandlung des frei werdenden Ammoniaks in *Harnstoff* (Harnstoffcyclus, Kapitel 19). Kapitel 20 und 21 zeigen, wie aus Zwischenprodukten des Kohlenhydrat- und Aminosäurestoffwechsels *Purine, Pyrimidine* und *Porphyrine* entstehen und wie sie abgebaut werden.

14.2 Stoffwechseluntersuchung einzelner Organe unter in vivo-Bedingungen

Früher konnten Stoffwechseluntersuchungen nur durch ex vivo-Untersuchungen von entnommenen Gewebeproben durchgeführt werden. Heute stehen mit der *Positronen-Emissions-Tomographie* (PET) und der *Magnet-Resonanz-Spektroskopie* (NMR) zwei Methoden zur Verfügung, mit denen zunehmend nicht-invasive Stoffwechselstudien an Organen unseres Körpers erfolgen können. Die Prinzipien dieser in vivo-Verfahren sollen deshalb mit einigen Anwendungsbeispielen erläutert werden.

14.2.1 Positronen-Emissions-Tomographie (PET)

Ein Positron ist ein Elektron mit positiver Ladung

Mit Hilfe der Positronen-Emissions-Tomographie (PET) können Stoffwechselprozesse unter in vivo-Bedingungen mit kurzlebigen Isotopen analysiert werden. Der Proband erhält eine mit einem Isotop markierte Verbindung, die in dem zu untersuchenden Gewebe akkumuliert und dann mit Hilfe von Detektoren sichtbar gemacht werden kann. Bei der PET-Analyse werden Positronen emittierende Isotope verwendet. Ein Positron ist ein Partikel im Atomkern, dessen Masse und Ladung dem eines Elektrons äquivalent ist. Im Gegensatz zum Elektron ist das Positron jedoch positiv geladen. Bestimmte chemische Elemente besitzen *instabile Isotope,* die ein Positron vom Kern emittieren. Dadurch kann das Atom seine überschüssige Energie verlieren und auf ein stabiles Niveau zurückfallen. Nach Emission aus dem Kern bewegt sich das Positron einige Millimeter, bis es mit einem Elektron kollidiert, so daß sich beide Partikel verbinden. Die verbleibende Energie ist eine Gammastrahlung, die mit zwei Detektoren, die ringförmig um den Probanden angeordnet sind, gemessen wird (Positronkamera). Aus den gemessenen Signalen berechnet ein Computer, wo die Kollision zwischen Positron und Elektron stattgefunden hat und erzeugt nach Vermessung ausreichender Datenmengen Schnittbilder, die als Tomographien bezeichnet werden.

Viele körpereigene Substanzen können für die PET-Analyse mit einem Isotop markiert werden

Die vier wichtigsten Radionuklide sind
- Kohlenstoff-11 (^{11}C),
- Stickstoff-13 (^{13}N),
- Sauerstoff-15 (^{15}O) und
- Fluor-18 (^{18}F).

Als Vorteil der PET-Analyse erweist sich, daß die meisten biologischen Verbindungen diese Elemente aufweisen. Positron-emittierende Isotope werden in einem Cyclotron hergestellt. Die Isotope sind *kurzlebig:* die Halbwertszeit liegt zwischen einigen Minuten und 2 Stun-

Tabelle 14.3 Halbwertszeit von Radionukliden, die Positronen emittieren

Radionuklid	$t^1/_2$
Sauerstoff-15	2 Minuten
Stickstoff-13	10 Minuten
Kohlenstoff-11	20 Minuten
Fluor-18	110 Minuten

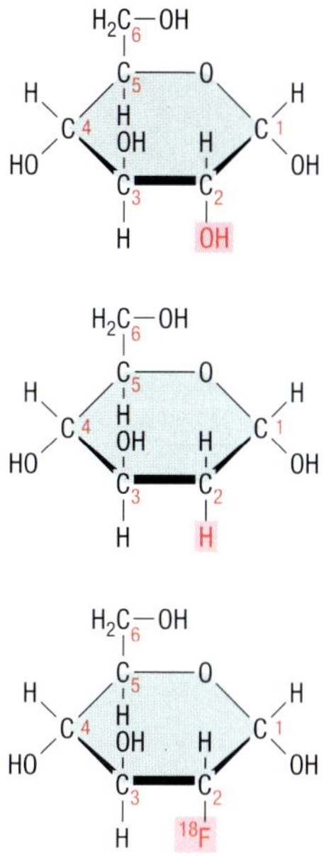

Glucose (G)

2-Desoxyglucose (DG)

2-^{18}Fluor-2-Desoxyglucose (FDG)

Abb. 14.4 Struktur von 2-^{18}F-2-Desoxyglucose

den (Tabelle 14.3). So ist z. B. bei ^{18}F nach 12 Stunden (6 Halbwertszeiten) noch 2 % der ursprünglichen Aktivität vorhanden. Die kurze Halbwertszeit bedeutet eine entsprechend geringe Strahlenbelastung für den Probanden. Das personell und apparativ aufwendige Verfahren hat den wesentlichen Vorteil, daß die zur Markierung verwendeten Atome die biochemischen Eigenschaften der Tracer kaum verändern und deshalb hochspezifische Messungen erlauben. Nach Verabreichung an einen Probanden verhält sich das markierte Molekül genauso wie das nichtradioaktive Ausgangsmolekül.

Zusätzlich zur Lokalisierung können Stoffwechselprozesse auch quantifiziert werden. Rein theoretisch kann jede körpereigene Substanz oder Medikament, welches Kohlenstoff, Sauerstoff, Stickstoff oder Fluor enthält, mit einem Positron-emittierenden Isotop ohne Änderung der chemischen Struktur markiert werden. ^{18}F substituiert dabei Wasserstoff oder die Hydroxylgruppe. Im Prinzip lassen sich beliebig viele Biomoleküle und Pharmaka für Untersuchungen der verschiedensten Funktionen des Organismus mit diesen Nukliden radioaktiv markieren. Wichtige, mit diesen Isotopen markierte Biomoleküle sind ^{18}F-Desoxyglucose (FDG), ^{11}C-Tyrosin, ^{11}C-Palmitinsäure, ^{11}C-Dopamin, ^{15}O$_2$, ^{11}CO$_2$ oder ^{13}NH$_4^+$. Mit der PET können biochemische und physiologische Grundfunktionen wie Blutfluß, Sauerstoffverbrauch und Glucose-, Aminosäure- und Fettstoffwechsel an Gehirn, Muskel und anderen Organen untersucht werden. So akkumulieren z. B. Gewebe mit hoher Proteinsyntheserate neben anderen Aminosäuren auch ^{11}C-Tyrosin. Im PET-Scan stellt sich deshalb das Pankreas als Organ mit hoher Proteinsynthese-Aktivität deutlich dar (hot spot). Auf der anderen Seite wird ein Organ mit niedriger Proteinsyntheserate wie das Gehirn entsprechend schwach (cold spot) dargestellt.

Mit 2-FDG kann der Glucosestoffwechsel untersucht werden

Die am weitesten verbreitete PET-Technik zur Messung des Glucosestoffwechsels verwendet ^{18}F-Desoxyglucose (Abb. 14.4). Sie basiert auf der radioaktiven Desoxyglucose-Methode, die 2-Desoxy-D-^{14}C-Glucose als Stoffwechsel-Tracer verwendet. Desoxyglucose ist ein Glucose-Analogon, das sich von dieser durch die Substitution der Hydroxylgruppe durch ein Wasserstoffatom am Kohlenstoffatom 2 unterscheidet. Es wird im Gewe-

be wie Glucose durch die Hexokinase unter Bildung von ^{14}C-Desoxyglucose-6-phosphat (DG-6-P) phosphoryliert. Aufgrund seiner anomalen Struktur wird es jedoch nicht weiter im Glucosestoffwechsel verstoffwechselt und in Geweben mit niedriger Aktivität der Glucose-6-Phosphatase auch nur geringfügig in Desoxyglucose rücküberführt. Demzufolge akkumuliert Glucose-6-phosphat in der Zelle, was auch als *Stoffwechselfalle* (metabolic trapping) bezeichnet wird. Für die PET wird Desoxyglucose mit dem Isotop ^{18}F unter Bildung von FDG markiert. FDG wird zu FDG-6-phosphat phosphoryliert, welches in Geweben akkumuliert. Dadurch können Gewebebezirke mit erhöhtem Glucoseumsatz identifiziert werden. Die genaue Kenntnis des biochemischen Verhaltens von FDG hat die Entwicklung quantitativer biochemischer Modelle ermöglicht und damit auch die quantitative Bestimmung des Glucoseumsatzes (µmol Glucose/100 g Gewebe/Minute).

Die PET findet Anwendung bei der Untersuchung der Gehirnfunktion und in der Tumordiagnostik

Mit der PET können Änderungen des Blutflusses (z. B. durch PET mit ^{15}O-markiertem Wasser) und des Glucosestoffwechsels (mit FDG-PET) im Gehirn untersucht werden, die auftreten, wenn wir normale Funktionen wie Sehen, Hören, Sprechen oder Gedächtnisleistungen vollbringen. Mit Hilfe der PET können auch Rezeptoren für verschiedene Überträgerstoffe im Gehirn wie Opiate, Dopamin oder Serotonin bestimmt werden (S. 982). Unter Verwendung entsprechender Rechenprogramme kann das Gehirn mit der PET in beliebiger Schnittführung dargestellt werden. Die gute Darstellung einzelner anatomischer Strukturen läßt sich durch gleich-

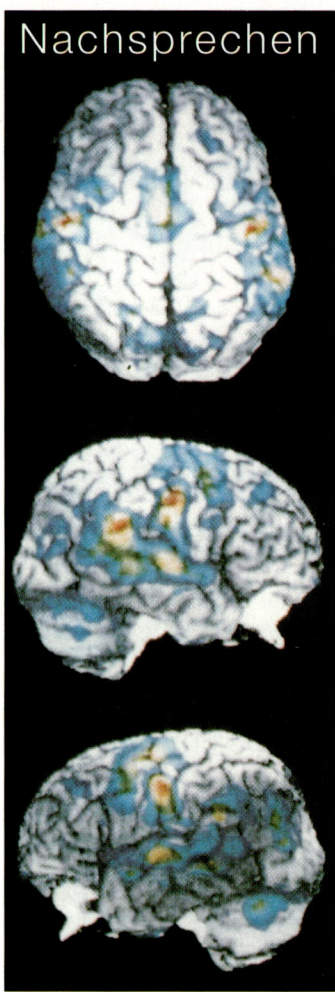

Nachsprechen

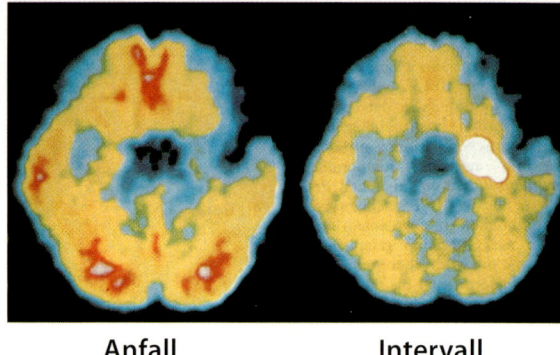

Anfall   Intervall

Abb. 14.6 PET-Schnittbild des Glucosestoffwechsels im Temporallappen bei Patienten mit epileptischen Anfällen: Im anfallsfreien Intervall zeigt sich eine große Läsion mit vermindertem Stoffwechsel; während des Anfalls kommt es im Randgebiet zu einer massiven regionalen Stoffwechselsteigerung *(rot)* aufgrund der von dort ausgehenden epileptischen Aktivität. (Nach Heiß 1995)

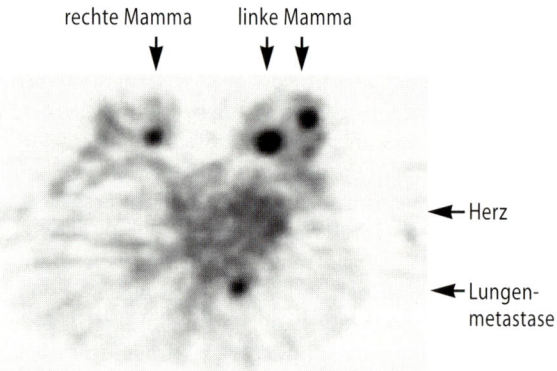

rechte Mamma   linke Mamma

←Herz

←Lungen-
metastase

Abb. 14.5 Lokale Aktivierung *(rot)* des Gehirnstoffwechsels während Nachsprechens. (Nach Heiß 1995)

Abb. 14.7 FDG-PET-Untersuchung einer Patientin mit Verdacht auf Brustkrebs: Anreicherungen *(schwarze Areale)* finden sich in beiden Mammae und in einer Lungenhälfte. (Aufnahme von Auril und Prof. Schwaiger, Klinikum rechts der Isar, München)

zeitige Registrierung mit anderen hochauflösenden, bildgebenden Verfahren wie der Kernspintomographie weiter verbessern, wodurch die Beteiligung einzelner Hirnschichten an einfachen oder komplexen Funktionen gezeigt werden kann. Solche Untersuchungen haben bereits wichtige Beiträge zur *funktionellen Neuroanatomie* geleistet. Normalerweise bezieht das Gehirn 99 % seiner Energie aus dem Glucosestoffwechsel (S. 972), so daß die Bestimmung des Glucoseumsatzes zur Beurteilung der Stoffwechselaktivität des Gehirns herangezogen werden kann. So läßt sich z. B. die lokale Aktivierung des Stoffwechsels während Nachsprechens mit der FDG-PET messen (Abb. 14.5). Bei Patienten mit epileptischen Anfällen können Regionen mit verringertem Stoffwechsel (sog. hypometabole Region) oder mangelperfundierte Regionen nachgewiesen werden, in deren Randgebieten sich Anfälle mit gesteigertem Stoffwechsel bilden können (Abb. 14.6).

Maligne Tumoren weisen einen erhöhten Umsatz von Glucose auf, die auch bei ausreichender Sauerstoff-

zufuhr vorwiegend zu Lactat abgebaut wird (S. 1109). Letzteres kann mit der NMR (s. u.) nachgewiesen werden. Gleichzeitig ist bei vielen Tumoren die Aufnahme von Aminosäuren gegenüber dem Normalgewebe erheblich gesteigert. Der erhöhte Glucoseumsatz wird über die FDG-PET in der Tumordiagnostik genutzt (Abb. 14.7).

14.2.2 Magnet-Resonanz-Spektroskopie (NMR)

Atomkerne nehmen in Magnetfeldern Energie auf und geben sie wieder ab

Die kernmagnetische Resonanz (engl. nuclear magnetic resonance; NMR) beruht auf einer Eigenschaft der Atomkerne, dem *Spin,* wodurch Kerne in starken Magnetfeldern Energie in Form elektromagnetischer Wellen im Radiofrequenzbereich aufnehmen und abgeben können. Die Elektronenhülle schirmt das Feld am Kernort geringfügig ab. Kerne in unterschiedlichen chemischen Verbindungen sind im allgemeinen von unterschiedlichen Elektronenhüllen umgeben, so daß auf sie effektiv ein unterschiedliches Magnetfeld wirkt. Da die Resonanzfrequenz über eine Naturkonstante mit der Magnetfeldstärke verknüpft ist, werden die Frequenzen in Abhängigkeit von der chemischen Umgebung der Kerne um wenige ppm (part per million) verschoben. Diesen Effekt bezeichnet man als *chemische Verschiebung* (chemical shift). Die NMR erfordert sehr homogene äußere Magnetfelder, um ähnliche Metabolite anhand ihrer chemischen Verschiebung voneinander zu unterscheiden. Normalerweise wird das untersuchte Gewebe mit einer Bandbreite von Radiofrequenzen gleichzeitig gepulst, da derselbe Kern in verschiedenen Molekülen Energie bei geringfügig unterschiedlichen Frequenzen absorbiert und emittiert. Die emittierte Energie wird dann durch eine Oberflächenspule detektiert und in ein *Frequenzspektrum* umgesetzt, wobei die Signalamplitude die Ordinate und die Frequenz (in ppm) die Abszisse darstellt. Unter idealen Bedingungen ist die Fläche unter jedem Spektrum-Peak direkt der Menge des jeweiligen Metaboliten in dem untersuchten Gewebe proportional.

Für die NMR eignen sich am besten ^{1}H, ^{19}F und ^{31}P

Für die NMR sind Kerne mit einem kernmagnetischen Moment erforderlich. Am geeignetsten sind ^{1}H, ^{19}F und ^{31}P, wobei Protonen die höchste Sensitivität aufweisen (Tabelle 14.4). Einige interessante Kerne, wie z.B. ^{12}C oder ^{16}O besitzen kein kernmagnetisches Moment. Die NMR setzt ausreichende Konzentrationen der Metabolite im *millimolaren* Bereich voraus. In der klinischen Anwendung sind heute

- die ^{1}H- (für verschiedene Metabolite),
- die ^{31}P- (für energiereiche Phosphate) und
- die ^{19}F-Spektroskopie (für Medikamente wie 5-Fluoruracil).

Langsame Reaktionen, wie z.B. die Aufnahme von Ethanol in das Gehirn, können durch wiederholte Untersuchungen analysiert werden, schnelle Reaktionen wie z.B. der Auf- und Abbau energiereicher Phosphate bei Muskelarbeit und -erholung können in einer längeren Untersuchung kontinuierlich verfolgt werden.

Tabelle 14.4 Kerne, die für die in vivo-NMR-Anwendung geeignet sind

Kern	Relative Empfindlichkeit	Anwendung
Proton (^{1}H)	1	Aminosäuren, Glucose Neurotransmitter, Alkohol
Fluor (^{19}F)	0,834	Medikamente
Phosphor (^{31}P)	0,00066	Energiereiche Phosphate

Mit der ^{1}H-NMR können verschiedene Metabolite untersucht werden

Mit der in vivo-^{1}H-NMR sind Metabolite wie Glucose, Ethanol, Kreatin oder Kreatinphosphat und die vor allem im Gehirn vorhandenen Stoffe N-Acetyl-Aspartat und verschiedene Cholinverbindungen (z.B. Phosphatidylcholin), teilweise aber auch Glutamin, Inositole und Lactat nachweisbar. Die Resonanz der Methylgruppe des N-Acetyl-Aspartats wird häufig als *Referenz* (= 2,01 ppm) für die Skala der chemischen Verschiebung herangezogen. Kreatin und Kreatinphosphat sind in der ^{1}H-NMR nicht voneinander zu unterscheiden, da die beiden Resonanzlinien von den N-CH$_3$- bzw. N-CH$_2$-Gruppen des Kreatins stammen, die durch die Phosphatgruppe nicht verändert werden. Verschiedene Cholinverbindungen tragen zu der mit Cho (3,22 ppm) bezeichneten Resonanzlinie der N-(CH$_3$)$_3$-Gruppe bei. Ein wichtiger Vorteil der ^{1}H-NMR ist die relativ hohe Signalintensität der Protonen, was eine *kurze Meßzeit* bedeutet. Da die nachweisbaren Metabolite in sehr viel geringerer Konzentration als Wasser (55 mmol/l) vorliegen, muß das Wassersignal mit geeigneten Methoden unterdrückt werden. Durch eine Kombination mit der Kernspin-Tomographie kann eine Lokalisation der gemessenen Metabolite in bestimmten Regionen des untersuchten Organs erfolgen.

Mit der ^{31}P-NMR können Phosphatverbindungen gemessen werden

Meßbar mit der in vivo-^{31}P-NMR sind Metabolite, die wie Phosphomonoester (PME), Orthophosphat (P$_i$), Phosphodiester (PDE), Kreatinphosphat (KP) oder die drei Phosphatgruppen des ATP (α, β, γ) in millimolaren Mengen vorkommen. Verbindungen, die wie ADP oder AMP normalerweise nur in *mikromolaren* Mengen vorhanden sind, entziehen sich dagegen der Analyse. Die Spiegel dieser Metabolite können nur indirekt aus denen der anderen ermittelt werden. Die phosphorylierten Glykolysezwischenprodukte (Glucose-6-phosphat, Fructose-6-phosphat usw.), AMP und IMP bilden zusammen den PME-Peak. PDE-Resonanzen können wahrscheinlich Phospholipiden zugeordnet werden, die Membranbestandteile darstellen. Die Resonanz von Kreatinphosphat wird als *Referenz* (0 ppm) für die Skala der chemischen Verschiebung herangezogen. Über die energiereichen Phosphate Kreatinphosphat und ATP sowie anorganisches Phosphat wird ein Einblick in den Energiestoffwechsel der Zellen möglich.

Die Frequenzdifferenz zwischen anorganischem Phosphat und Kreatinphosphat dient zur pH-Bestimmung

Anorganisches Phosphat existiert im physiologischen pH-Bereich in zwei Formen, Hydrogenphosphat

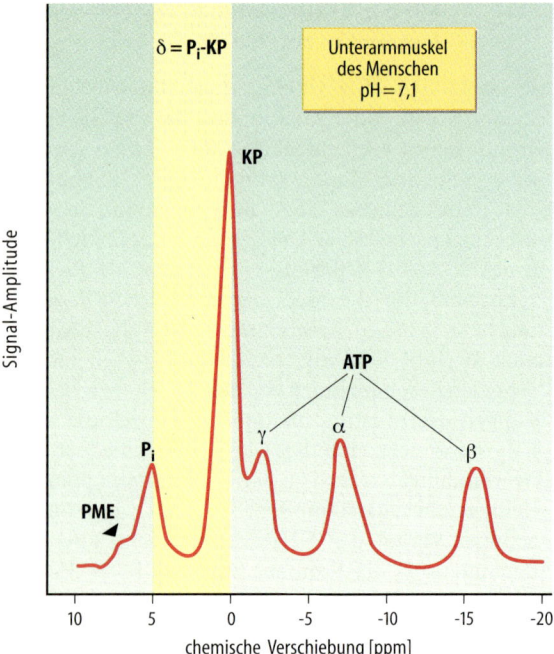

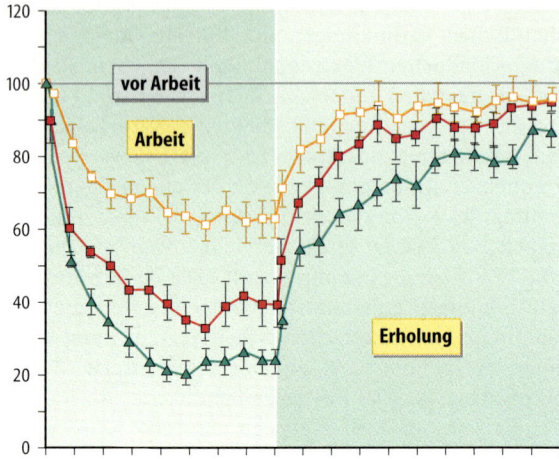

Kreatinphosphat [% des Richtwertes]

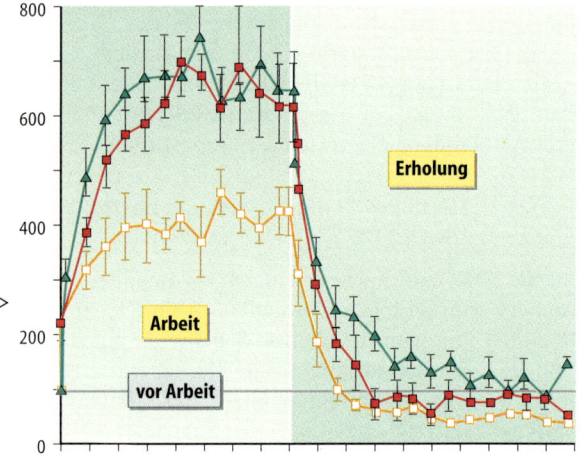

P_i [% des Ruhewertes]

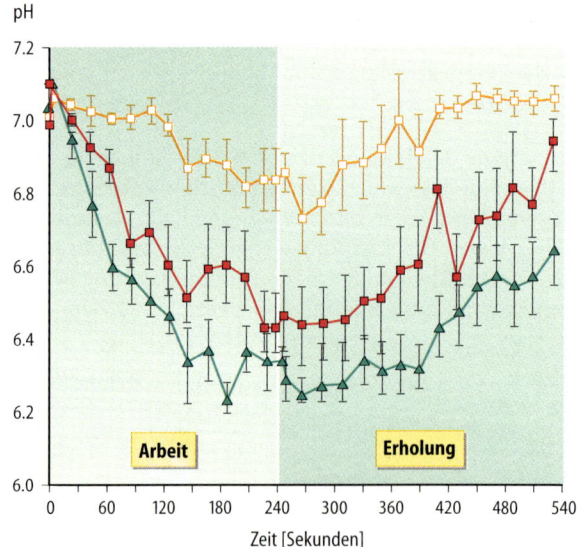

Abb. 14.8 Bestimmung des intrazellulären Muskel-pH-Wertes mit der ^{31}P-NMR. Die chemischen Verschiebungen sind in ppm angegeben. Kreatinphosphat (0 ppm) dient als Referenz

Abb. 14.9 Bestimmung von Änderungen der Konzentrationen von Kreatinphosphat (KP), anorganischem Phosphat (P_i) und dem pH-Wert im Bizepsmuskel des Oberschenkels bei gesunden Probanden in Abhängigkeit von der ergometrischen Belastung mit der ^{31}P-NMR (braun ohne Gewicht; rot mit 10 kg oder blau 30 kg Gewicht). (Verändert nach Yoshida u. Watari 1993) ▷

(HPO$_4$$^{2-}$) und Dihydrogenphosphat (H$_2$PO$_4$$^-$), die im Gleichgewicht miteinander stehen (S. 936). Dadurch entsteht eine scharfe pH-abhängige P_i-Resonanzlinie, aus deren chemischer Verschiebung δ gegenüber Kreatinphosphat (= 0,0 ppm) der intrazelluläre pH-Wert nach der Gleichung von Henderson und Hasselbalch (S. 18)

$$pH = pKa + \log\left(\frac{\delta - \sigma A}{\sigma B - \delta}\right)$$

bestimmt werden kann. Bei einer magnetischen Feldstärke von 1,5 Tesla werden z. B. für den Skelettmuskel unter physiologischen Bedingungen die Werte pKa = 6,9, σA = 3,385 und σB = 5,702 ermittelt. Dabei beziehen sich σA und σB auf die chemischen Verschiebungen von H$_2$PO$_4$$^-$ bzw. HPO$_4$$^{2-}$ und pKa auf die Dissoziationskonstante des Dihydrogen-/Hydrogenphosphat-Puffer-Systems (Tabelle 1.4, S. 15). Bei einem δ-Wert von 5 ppm (Differenz von P_i und KP) beträgt der pH-Wert 7,1 (Abb. 14.8).

pH

Zeit [Sekunden]

Die ³¹P-NMR erlaubt die Untersuchung von Stoffwechseländerungen bei Muskelarbeit

Die Muskulatur in unserem Oberschenkel enthält ausreichend energiereiche Phosphate, so daß der Energiestoffwechsel bei mechanischer Arbeit mit der ³¹Phosphor-NMR mit einer Auflösung von etwa 1 bis 5 Sekunden pro Spektrum analysiert werden kann. Mit der Muskelarbeit sind Veränderungen des pH-Wertes, von Kreatinphosphat und anorganischem Phosphat verbunden (Abb. 14.9). Während einer kurz andauernden, intensiven Belastungsphase (240 Sekunden mit verschiedenen Gewichten) wird die benötigte Energie durch den Abbau von Kreatinphosphat und Glykogen im anaeroben Stoffwechsel gedeckt. Dabei ist der Abbau von Kreatinphosphat von der Höhe der Belastung abhängig und mit einem Anstieg der anorganischen Phosphatkonzentration verbunden (Abb. 14.9). In der Erholungsphase kommt es zu einer gegenläufigen Entwicklung.

Der Phosphorgehalt im Kristallgitter der Knochen wird in ³¹P-NMR-Spektren nicht sichtbar, da durch seine limitierte Beweglichkeit kein Resonanzphänomen auftritt. Die Haut und das subkutane Fett produzieren ebenfalls keine signifikanten Signale, da sie eine relativ niedrige Stoffwechselrate aufweisen.

Das Volumen und der Bereich des Muskelgewebes, das bei Muskelarbeitsstudien untersucht wird, kann durch Änderung der Größe und Lokalisation der Oberflächenspule verändert werden. Normalerweise kann ein Volumen von wenigen Kubikzentimetern bis zum Querschnitt eines gesamten Oberschenkelmuskels untersucht werden.

Mit der ¹H-NMR können Konzentrationsänderungen verschiedener Metabolite im Gehirn entdeckt werden

Mit der ¹H-Protonen-NMR können im Gehirn Metabolite wie Myo-Inositol, Phosphatidylcholin, Kreatin und Kreatinphosphat, Glutamin und Glutamat sowie N-Acetyl-Aspartat – auch getrennt in der grauen und weißen Substanz – analysiert werden (Abb. 14.10). Aufgrund seiner ausschließlich neuronalen Lokalisation kann N-Acetyl-Aspartat als Marker für neuronales und axonales Parenchym dienen. Auf der anderen Seite befindet sich Myo-Inositol hauptsächlich in Gliazellen. Da sowohl Inositole als auch Choline als Vorstufen von Lipidmembranen dienen (Tabelle 33.3, S. 976), reflektiert der gemeinsame Anstieg bei pathologischen Prozessen im Gehirn oft eine vermehrte Bildung von Gliazellen.

Alkoholgenuß führt nach 12 Minuten zu einem nachweisbaren Signal im Gehirn

Da auch Alkohol in der ¹H-NMR ein Signal gibt, kann die Änderung des Alkoholspiegels in der grauen und

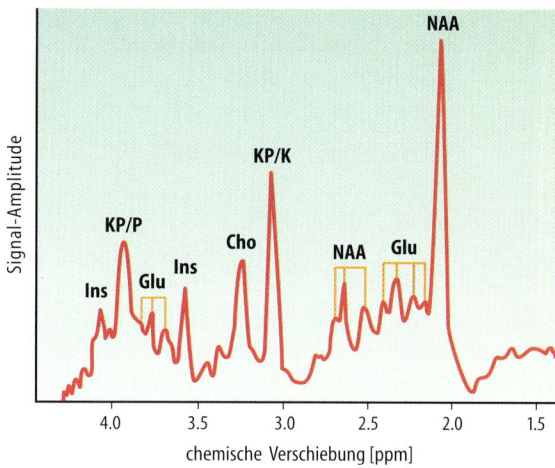

Abb. 14.10 ¹H-NMR der grauen Substanz des Gehirns eines jungen Probanden. Glutamat *(Glu)*, Kreatinphosphat *(KP)* und Kreatin *(K)*, Cholin-enthaltende Verbindungen *(Cho)* und Myo-Inositol *(Ins)*. Die chemischen Verschiebungen sind in ppm angegeben und auf 2,01 ppm für die Methylgruppe von N-Acetyl-Aspartat *(NAA)* bezogen. (Verändert nach Frahm 1993)

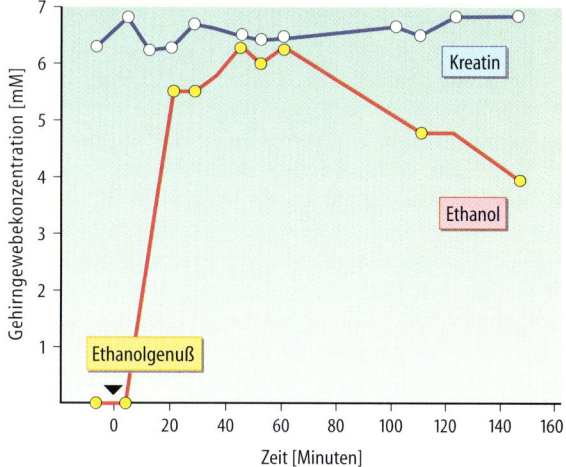

Abb. 14.11 Zeitlicher Verlauf der Aufnahme von Alkohol in die graue Substanz des Gehirns eines jungen Probanden nach Genuß von 1 ml Ethanol/kg Körpergewicht über 5 Minuten. (Verändert nach Frahm 1993)

weißen Substanz nach Alkoholgenuß bestimmt werden. Bereits zwölf Minuten nach dem Genuß von Alkohol ist das NMR-Signal von Alkohol nachweisbar, welches gleichzeitig mit den typischen Veränderungen der Stimmung und der Sprache auftritt. Die maximalen Gewebekonzentrationen in der grauen Substanz werden nach 40 bis 45 Minuten erreicht; diese Phase wird von einem sehr langsamen Abfall der Gewebekonzentration gefolgt (Abb. 14.11). In ähnlicher Weise können auch Veränderungen der Glucosekonzentration im Gehirn nach intravenöser Gabe von Glucose beobachtet werden.

14.3 Prinzipien der Regulation des Stoffwechsels

14.3.1 Homöostase durch Enzymregulation

Durch Homöostase hält unser Organismus sein extra- und intrazelluläres Milieu konstant

Diese Konstanthaltung bezieht sich auf Substrate (angebotene Stoffe), Metabolite (Zwischenprodukte) und Katabolite (Abbauprodukte) des Stoffwechsels. Während Stoffwechselwege und -cyclen beim Einzeller und beim Menschen sehr ähnlich sind, weist die *Regulation* wesentliche Unterschiede auf. Zum einen beruht dies darauf, daß der Einzeller viel stärkeren Schwankungen des umgebenden Milieus unterworfen ist als z. B. eine Muskelzelle in der Skelettmuskulatur. Zum anderen erfordert in unserem Organismus die Koordination des Stoffwechsels der einzelnen Zellen in einem Gewebe, deren Arbeitsteilung (z. B. in der Leber, S. 1028), die Wechselwirkungen zwischen Stroma- und Parenchymzellen sowie die reziproken Beziehungen zwischen den einzelnen Organen ein enorm komplexes Netzwerk von miteinander verzahnten Einzelregulationen. Unser Wissen über diese Vorgänge ist deshalb noch sehr beschränkt. Erhebliche Umstellungen des Stoffwechsels sind mit dem Wechsel vom Zustand der Nahrungsaufnahme mit reichlichem Angebot z. B. an Kohlenhydraten und Aminosäuren zu dem der Nahrungskarenz oder vom Zustand der Ruhe zu dem schwerer körperlicher Tätigkeit verbunden: nach Nahrungsaufnahme ist das Substratangebot hoch, so daß biosynthetische Prozesse wie Glykogen-, Lipid- und Proteinbiosynthesen beschleunigt werden. Im Intervall zwischen den Mahlzeiten muß zur Aufrechterhaltung des Energiestoffwechsels auf diese Depots zurückgegriffen werden: es kommt zum Glykogenabbau, zur Lipolyse und Proteolyse. Zusätzlich muß die Glucoseneusynthese aus Nichtkohlenhydraten angekurbelt werden, um Glucose, den für einzelne Organe einzig verwertbaren Nährstoff, in ausreichender Menge zur Verfügung zu haben.

Dazu ist es nicht nur wichtig, daß alle enzymkatalysierten Reaktionen auch ablaufen, sondern auch, daß sich Geschwindigkeit und Richtung der Stoffwechselwege den äußeren Bedingungen wirkungsvoll anpassen. Die Zelle muß also fähig sein, bestimmte Reaktionen eines Stoffwechselweges zu verlangsamen und gleichzeitig Reaktionen anderer Stoffwechselsequenzen zu beschleunigen.

Reversible Änderungen der Aktivität einzelner Enzyme werden über eine iso- und allosterische Beeinflussung (durch Metabolite) oder durch eine Modifikation durch enzymatische Interkonvertierung erzielt. Änderungen der Konzentration von Enzymen kommen durch Aktivierung und Hemmung der Transkription des zugehörigen Gens (S. 254) oder Veränderung

der Stabilität der mRNA für die Translation am Ribosom zustande (S. 261).

14.3.2 Intrazelluläre Regulation durch isosterische Beeinflussung von Enzymen

Änderungen der Substratkonzentration bestimmen die Umsatzgeschwindigkeit von Enzymen

Die Umsatzgeschwindigkeit eines Enzyms hängt von der aktuellen Konzentration seines Substrates in der Umgebung ab, die von der Aufnahme des Substrats in die Zelle bzw. ein subzelluläres Kompartiment über membranäre Transportsysteme bestimmt wird. Ist die Zufuhr des ersten Substrates einer Stoffwechselkette konstant, so kommt es entsprechend den Einzelaktivitäten der an dieser Sequenz beteiligten Enzyme zur Einstellung konstanter Konzentrationen der Zwischensubstrate (Zwischenprodukte). Da jedes Produkt einer Enzymreaktion wieder Substrat der Nachfolgereaktion ist, wird das Gleichgewicht der Einzelreaktionen nie erreicht, sondern es stellt sich ein *Fließgleichgewicht* der Metabolitenkonzentrationen ein.

Erhöht sich die Substratkonzentration durch Zustrom, dann nimmt die Aktivität des Enzyms zu. Die Beziehung zwischen Substratangebot und Umsatzgeschwindigkeit des Enzyms ist nicht linear, sondern *hyperbol*, so daß geringfügige Änderungen der Substratkonzentration eine relativ große Änderung der Umsatzgeschwindigkeit des Enzyms zur Folge haben. Dadurch ändert sich auch das Fließgleichgewicht, wobei sich die Metabolitenspiegel auf einem neuen Niveau einstellen. Da die Enzymaktivität von der Substratbindung an das aktive Zentrum bestimmt wird, bezeichnet man diese Form der Regulation als *isosterisch* (= *griech.* gleicher Ort). Als Größe für die Umsatzgeschwindigkeit haben wir die *Michaelis-Konstante* (K_m, S. 99) kennengelernt, die angibt, bei welcher Substratkonzentration die halbmaximale Umsatzgeschwindigkeit des Enzyms erreicht ist. Da sich die Konzentrationen der meisten Substrate im Bereich der K_m-Werte der einzelnen Enzyme bewegen, führen geringfügige Veränderungen der Substratkonzentrationen zu wesentlichen Änderungen der Umsatzgeschwindigkeiten der entsprechenden Enzyme. Dieser Mechanismus besitzt besondere Bedeutung für die Stoffwechselregulation, wenn mehrere Enzyme um das gleiche Substrat konkurrieren (wie z. B. die Phosphohexose-Isomerase, die Glucose-6-Phosphatase und die Phosphoglucomutase um Glucose-6-phosphat, S. 381).

Durch Isoenzyme ist eine zell- oder gewebeadaptierte Regulation möglich

Viele Enzyme kommen in Isoenzymformen (S. 95) vor, die sich vor allem durch ihre *kinetischen* Eigenschaften unterscheiden. Oft finden sich zu den Enzymen, die in allen Zellen des Organismus vorkommen und dort die Hausarbeit verrichten (sog. house keeping enzymes) zusätzlich in einzelnen Geweben Isoenzyme mit speziellen Funktionen. Sie können entweder von demselben Gen codiert werden und durch alternierendes Spleißen (S. 259) entstehen oder durch ein zusätzliches Gen codiert werden. So ist z. B. die *Hexokinase,* die Glucose in Glucose-6-phosphat überführt, aufgrund ihrer niedrigen K_m (0,2 mM) schnell mit ihrem Substrat gesättigt und durch sein Produkt Glucose-6-phosphat hemmbar. Auf der anderen Seite ist bei der – durch ein zusätzliches Gen codierten – *Glucokinase,* einem Hexokinase-Isoenzym, das zusätzlich in der Leber und den β-Zellen des endokrinen Pankreas vorkommt, aufgrund einer hohen K_m die halbmaximale Sättigung erst bei 5–10 mM Glucose erreicht, d. h. der Konzentration, die im Bereich der Schwankungen des Blutglucosespiegels liegt. Weiterhin ist das Enzym nicht durch Glucose-6-phosphat hemmbar. Da Hepatocyten und β-Zellen über effektive Membran-Glucosetransportsysteme verfügen, die für eine rasche Äquilibrierung zwischen Extra- und Intrazellulärraum sorgen, dient die Glucokinase in diesen Zellen als Sensor für den extrazellulären Glucosespiegel.

14.3.3 Intrazelluläre Regulation durch allosterische Beeinflussung von Enzymen

Eine wirksamere Regulation wird durch allosterische Einflüsse erreicht

Wirksamer als durch isosterische Regulation kann die Umsatzgeschwindigkeit eines Stoffwechselweges durch allosterische Regulation beeinflußt werden. Enzyme, die nicht nur eine Bindungsstelle für das spezifische Substrat (das aktive Zentrum) besitzen, sondern eine weitere, räumlich davon getrennte Bindungsstelle für einen bestimmten Effektor haben, werden als *allosterische Enzyme* bezeichnet. Diese besitzen fast immer Quartärstruktur, d. h. sie bestehen aus mindestens zwei Untereinheiten (S. 64).

Schrittmacherenzyme besitzen eine besondere Bedeutung

Die Beschleunigung oder Hemmung einer Stoffwechselkette kann entweder durch Änderungen der Aktivität oder Konzentration nur *eines bestimmten* Enzyms, des sog. Schlüssel- oder Schrittmacherenzyms (sog. Schrittmacher-Regulation) oder durch Änderun-

gen der Katalysegeschwindigkeit *mehrerer* Enzyme des betreffenden Stoffwechselweges (sog. distributive Regulation) erreicht werden. Schrittmacher-Enzyme stehen meist an besonderen Stellen des Stoffwechsels, d. h. entweder am Beginn einer Reaktionssequenz oder an Verzweigungsstellen, wo sich Stoffaufbau und -abbau kreuzen.

Das Endprodukt einer Stoffwechselkette hemmt das Schrittmacherenzym allosterisch

Für die Autoregulation von Stoffwechselwegen in der Zelle, an deren Ende ein bestimmtes Syntheseprodukt steht, ist das Rückkopplungssystem von großer Bedeutung. In der Regel ist jeweils ein bestimmtes Enzym einer Reaktionskette, oft das Anfangsenzym, mit Regulationseigenschaften ausgestattet. Die Umsatzgeschwindigkeit dieses Schrittmacherenzyms bestimmt dann den Stoffumsatz über das gesamte Fließgleichgewichtssystem, so wie der langsamste Autofahrer die Geschwindigkeit der nachfahrenden Fahrzeuge bestimmt. In einer Kette nacheinander geschalteter Reaktionen, die über die Enzyme E1 bis E5 zur Biosynthese von F aus A führen, wirkt das Endprodukt hemmend auf die erste Reaktion dieser Kette, die Umwandlung von A in B. Es findet also nicht eine einfache Produkthemmung einer Enzymkatalyse, d. h. eine Hemmung der zugehörigen Enzymreaktion durch den Rückstau der Zwischenprodukte E, D, C und B, sondern eine spezifische Hemmung des Enzyms E1 durch das Produkt F statt: F wirkt als Rückkopplungshemmer des Enzyms E1. Die Hemmung wird über einen allosterischen Effekt vermittelt. Dies soll am Beispiel der Porphyrinbiosynthese (Abb. 14.12) veranschaulicht werden: Im ersten Schritt dieses Biosyntheseweges, der zur Bildung von Häm führt, entsteht aus Glycin und Succinyl-CoA unter Vermittlung des Enzyms δ-Aminolävulinat-(ALA-) Synthase das Zwischenprodukt δ-Aminolävulinat. In fünf weiteren enzymatischen Schritten entsteht aus diesem das Endprodukt Häm. Häm hemmt nun über eine negative allosterische Rückkopplung die *Aktivität* des ersten Enzyms der Biosynthese, der δ-Aminolävulinat-Synthase. Verstärkt wird diese Regulation durch eine zusätzliche Hemmung der Expression des δ-ALA-Synthase-Gens und der Translokation des Enzyms vom Cytosol (wo es synthetisiert wird) ins Mitochondrium (seinen Arbeitsplatz). Die beiden letzten Mechanismen verursachen eine Abnahme der intramitochondrialen Enzymkonzentration.

Auch Zwischenprodukte können über eine Signalfunktion allosterisch regulierend wirken

Bestimmte Metabolite können unter dem Einfluß von Enzymen aus Hauptstoffwechselwegen abgezweigt werden und dienen dann als Metaboliten mit Signal-

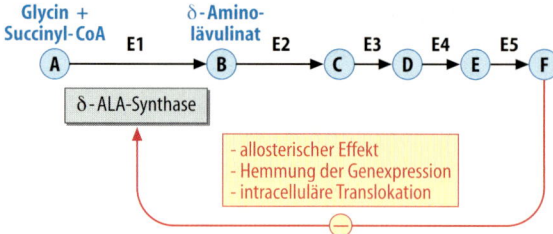

Abb. 14.12 Prinzip der Rückkopplungshemmung am Beispiel der Porphyrinbiosynthese

funktion, d.h. sie beeinflussen über einen allosterischen Effekt die Aktivität von Enzymen. Durch die Existenz in einem Nebenschluß des Stoffwechselweges kann die Konzentration des *Signalmetaboliten* unabhängig von der Hauptstoffwechselkette reguliert werden. Mit einer zusätzlichen enzymatischen Reaktion wird der Metabolit unter Energieverbrauch wieder in den Hauptstoffwechselweg zurückgeleitet. Beispiele für Signalmetaboliten sind Fructose-2,6-bisphosphat und 2,3-Bisphosphoglycerat (2-BPG), die beide aus der Glykolyse abgezweigt werden oder N-Acetylglutamat, das durch Acetylierung der Aminosäure Glutamat entsteht. Während 2,3-BPG als allosterischer Effektor des Hämoglobins im Erythrocyten dient, sind Fructose-2,6-bisphosphat und Acetyl-Glutamat an der Regulation der Glykolyse bzw. des Harnstoffcyclus beteiligt.

Nach dem Konzept der distributiven Regulation erfolgt die Regulation auf mehreren Ebenen

Das Modell der bevorzugten Regulation eines Stoffwechselweges auf der Ebene eines enzymatischen Schrittes ist nicht unumstritten. Das Konzept der distributiven Regulation postuliert alternativ dazu, daß bei einem Stoffwechselweg die Regulation auf mehreren Ebenen erfolgt. Die Bedeutung eines jeden Schrittes für die Regulation ist aus Flußänderungen des Gesamtstoffwechselweges ablesbar, die bei geringfügigen Änderungen der Enzymaktivität auftreten. Obwohl sich die Flußraten der einzelnen Enzyme unterscheiden, hat normalerweise ein Schritt nicht die ausschließliche Regulationsmöglichkeit, wie er im Schrittmacherenzym-Konzept vertreten wird, das nur dann funktioniert, wenn alle anderen Enzyme des Stoffwechselweges im Überschuß vorliegen. Dies muß jedoch nicht der Fall sein. So führt z.B. die Überproduktion der Phosphofructokinase, des vermutlich geschwindigkeitsbestimmenden Enzyms der Glykolyse, nicht zu einer Erhöhung des Substratflusses durch diesen Stoffwechselweg (S.379). Möglicherweise gilt für einzelne Stoffwechselwege die Regulation nach dem Schrittmacher-Prinzip und für andere nach dem Prinzip der distributiven Regulation.

Die Enzyme von Stoffwechselketten und -cyclen lagern sich möglicherweise zu Metabolons zusammen

Möglicherweise kommen Stoffwechseländerungen eher durch assoziierte Komplexe verschiedener Enzyme als durch individuelle, nicht miteinander interagierende Enzyme zustande. Vieles spricht dafür, daß neben den bekannten Multienzymkomplexen wie der Pyruvatdehydrogenase oder der Fettsäuresynthetase andere Multienzymkomplexe, sog. Metabolons, in Stoffwechselwegen wie der Glykolyse, des Citratcyclus, der Harnstoff- oder der Porphyrinsynthese existieren. Da in solchen Komplexen das Produkt direkt auf das nächste Enzym weitergereicht wird und die einzelnen Enzyme in direktem physischen Kontakt miteinander stehen, gelten wahrscheinlich noch zusätzliche Faktoren für die Regulation. Da diese Komplexe offenbar häufig bei ihrer Isolierung zerfallen, kann ihre Existenz nicht so leicht bewiesen werden.

14.3.4 Extrazelluläre Regulation durch limitierte Proteolyse von Enzymen

Durch Abspaltung von Peptiden werden inaktive Proenzyme irreversibel aktiviert

Bestimmte Enzyme, insbesondere *Prote(in)asen,* die ihre Wirkung im Extracellulärraum entfalten, werden von der Zelle als enzymatisch inaktive Vorstufen synthetisiert, als solche in Granula gespeichert und aus diesen bei Bedarf sezerniert [Metalloproteinasen (MMP), Verdauungsenzyme]. Andere Proteasen wie die Gerinnungsfaktoren zirkulieren im Blut in Form inaktiver Proenzyme, von denen durch wieder andere Enzyme ein Teil ihrer Peptidkette (limitierte Proteolyse) abgespalten wird. Dadurch wird das aktive Zentrum freigelegt und der Substratbindung zugänglich gemacht. Die Länge des abgespaltenen Peptids kann bei den einzelnen Proenzymen erheblich variieren. Bei einzelnen Enzymen wird die Überführung der inaktiven Vorstufe in das aktive Enzym durch eine kleine Menge des aktiven Enzyms selbst katalysiert, wie z.B. bei der Überführung von Trypsinogen in Trypsin. Man spricht dann von einer *autokatalytischen Aktivierung* (S.116).

Die Benennung der inaktiven Enzymvorstufen erfolgt entweder durch Hinzufügen des Präfixes „Pro-" oder des Suffixes „-ogen" an den Namen des aktiven Enzyms (Trypsinogen, Prothrombin, Pro-MMP).

14.3.5 Interzelluläre Stoffwechselregulation durch Hormone und Zytokine

Unser Organismus besteht aus einer Vielzahl von Geweben und Organen, so daß es notwendig wird, Stoffwechselwege in verschiedenen Zellen dieser Gewebe zu koordinieren. Diese **metabolische Synchronisation** wird dadurch ermöglicht, daß die geschilderte intrazelluläre Autoregulation mit Regulationsmechanismen durch Hormone und Zytokine (S. 762) überbaut ist. Diese Überträgerstoffe werden von einer Zelle gebildet, freigesetzt und gelangen dann entweder über das Interstitium zu benachbarten Zellen (parakrine Regulation) oder über die Blutbahn zum jeweiligen Erfolgsorgan (endokrine Regulation), wo sie eine Synchronisation des Stoffwechsels bewirken. Diese erfolgt entweder über Änderungen der Aktivität einzelner Enzyme (durch chemische Modifikation) oder über eine Veränderung der Konzentration einzelner Enzyme durch Modulation der Expression der zugehörigen Gene.

Hormone können ihre Wirkung über eine reversible enzymatische Modifikation von Enzymen entfalten

Bei der reversiblen enzymatischen Modifikation, der **Interconvertierung,** werden bestimmte funktionelle Gruppen an ein Enzymmolekül covalent gebunden bzw. von diesem durch Spaltung covalenter Bindungen wieder gelöst. Die wichtigste Reaktion ist die Phosphorylierung der Hydroxylgruppe von Seryl- oder Threonylresten. Daneben kommen auch Adenylierungen und Adenosindiphosphatribosylierungen und entsprechende Umkehrreaktionen vor (S. 115).

Interkonvertierbare Enzyme sind an Schaltstellen des Stoffwechsels lokalisiert. Die Übertragung der Hormonwirkung von der Zellmembran auf das interkonvertierbare Enzym erfolgt entweder über das Adenylatcyclasesystem (S. 774) oder über Tyrosinkinaserezeptoren (S. 779). Auch die Aktivität der Rezeptoren für Zytokine, Wachstumsfaktoren und Neurotransmitter sowie die von Ionenkanälen, kontraktilen Muskelproteinen oder Cytoskelettproteinen wird durch reversible Phosphorylierung reguliert, so daß sie ein grundlegendes, weit verbreitetes Regulationsprinzip darstellt.

! **RESÜMEE**   Der Intermediärstoffwechsel beschreibt den Aufbau und die Regulation der enzymatischen Prozesse, durch die Glucose, Aminosäuren, Fettsäuren und verwandte Substanzen ab- und aufgebaut und ineinander überführt werden. Die α-Ketosäuren Pyruvat, α-Ketoglutarat und Oxalacetat genießen eine Sonderstellung im Stoffwechsel, da sie als reaktive Verbindungen an Verzweigungspunkten des Stoffwechsels liegen.

Der Stoffwechsel der Zelle weist einen hohen Organisationsgrad auf, da die Enzyme oft in Form von Multienzymkomplexen oder Metabolons auf verschiedene Zellkompartimente verteilt sind. Durch Benutzung gemeinsamer Reaktionswege entstehen Stoffwechselketten. Da aber oft unterschiedliche Enzyme für die Hin- und die Rückreaktion verantwortlich sind, können beide Richtungen getrennt reguliert werden. Eine Reihe von Stoffwechselreaktionen ist in Formen von Cyclen angeordnet (Citratcyclus, Harnstoffcyclus, Aspartatcyclus), die wie Katalysatoren wirken.

Neue Meßtechniken wie die Positronen-Emissions-Tomographie und die Magnet-Resonanz-Spektroskopie gestatten zunehmend, Stoffwechselvorgänge an Organen unseres Körpers nicht-invasiv zu untersuchen. Während für die PET-Analyse kurzlebige Isotope hergestellt werden müssen, mit denen biologische Verbindungen markiert werden, können mit der NMR Metabolite bei ausreichender Konzentration direkt analysiert werden. Diese Verfahren finden zunehmend Anwendung bei der Untersuchung der Gehirn- und Muskelfunktion und zur Tumordiagnostik. Die Koordinierung der Aktivitäten der über 2000 Enzyme des Intermediärstoffwechsels ist die Grundlage der Zellfunktion und die Voraussetzung für die Adaptation an sich kontinuierlich ändernde Stoffwechselbedingungen. Auf der Ebene der Zelle werden Enzymaktivitäten über Substratangebot, Existenz von Isoenzymen mit unterschiedlichen kinetischen Eigenschaften und allosterische Effekte zur Rückkopplungshemmung beeinflußt.

Diesem System der Autoregulation auf Zellniveau ist die Regulation durch Hormone und andere Überträgerstoffe wie Zytokine übergeordnet. Diese Stoffe wirken über die Regulation der Aktivität von Enzymen durch Interkonvertierung oder der Konzentration von Enzymen durch Änderungen der Expression der zugehörigen Gene.

Hormone können ihre Wirkung über eine Expression der Gene von Enzymen des Intermediärstoffwechsels entfalten

Bei vielen Stoffwechselwegen werden die Gene der dazugehörigen Enzyme durch transkriptionelle Regulation koordiniert reguliert. So führt z. B. die Behandlung von Hepatocyten mit dem Hormon Glucagon zu einer Erhöhung der mRNA für die Enzyme des Harnstoffcyclus. Wie sich die Aktivität dieser Gene in der Leber koordiniert auf verschiedene physiologische Änderungen (Hormone, Ernährungs- oder Entwicklungsstatus) ändert, ist noch unbekannt.

Literatur

Original- und Übersichtsarbeiten

Beekmans S, van Dreische E, Kanarek L (1993) Immobilized enzymes as tools for the demonstration of metabolon formation. A short overview. J Mol Recogn 6: 195–204

Fell D (1992) Metabolic control analysis: a survey of its theoretical and experimental development. Biochem J 286: 313–330

Frahm J (1993) Nuclear magnetic resonance studies of human brain in vivo: anatomy, function and metabolism. In: Dirnagl U et al (eds) Optical imaging of brain function and metabolism. Plenum, New York, pp 257–271

Heiss WD (1995) PET: Klinische Wertigkeit in Neurologie und Psychiatrie. Dt Ärzteblatt 92: A510–522

Hartiala J, Knuuti J (1995) Imaging the heart by NMR and PET. Ann. Med. 27: 35–45

Jones DP et al (1992) Coordinated multisite regulation of cellular energy metabolism. Annu Rev Nutr 12: 327–343

Nieweg OE (1994) Potential applications of positron emission tomography in surgical oncology. Eur J Surg Onc 20: 415–424

Schaftingen E, Detheux M, Veiga da Cunha M (1994) Short term control of glukokinase activity: role of a regulatory protein. FASEB J 8: 414–419

Shulman RG et al (1996) NMR studies of muscle and applications to exercise and diabetes. Diabetes 45: S93–98

Srere P (1994) Complexities of metabolic regulation. TIBS 19: 519–520

Srere P (1993) Wanderings (wonderings) in metabolism. Biol Chem HS 374: 833–842

Yoshida T, Watari H (1996) 31p MRS study of the time course of energy metabolism during exercise and recovery. Eur J Appl Physiol 66: 494–499

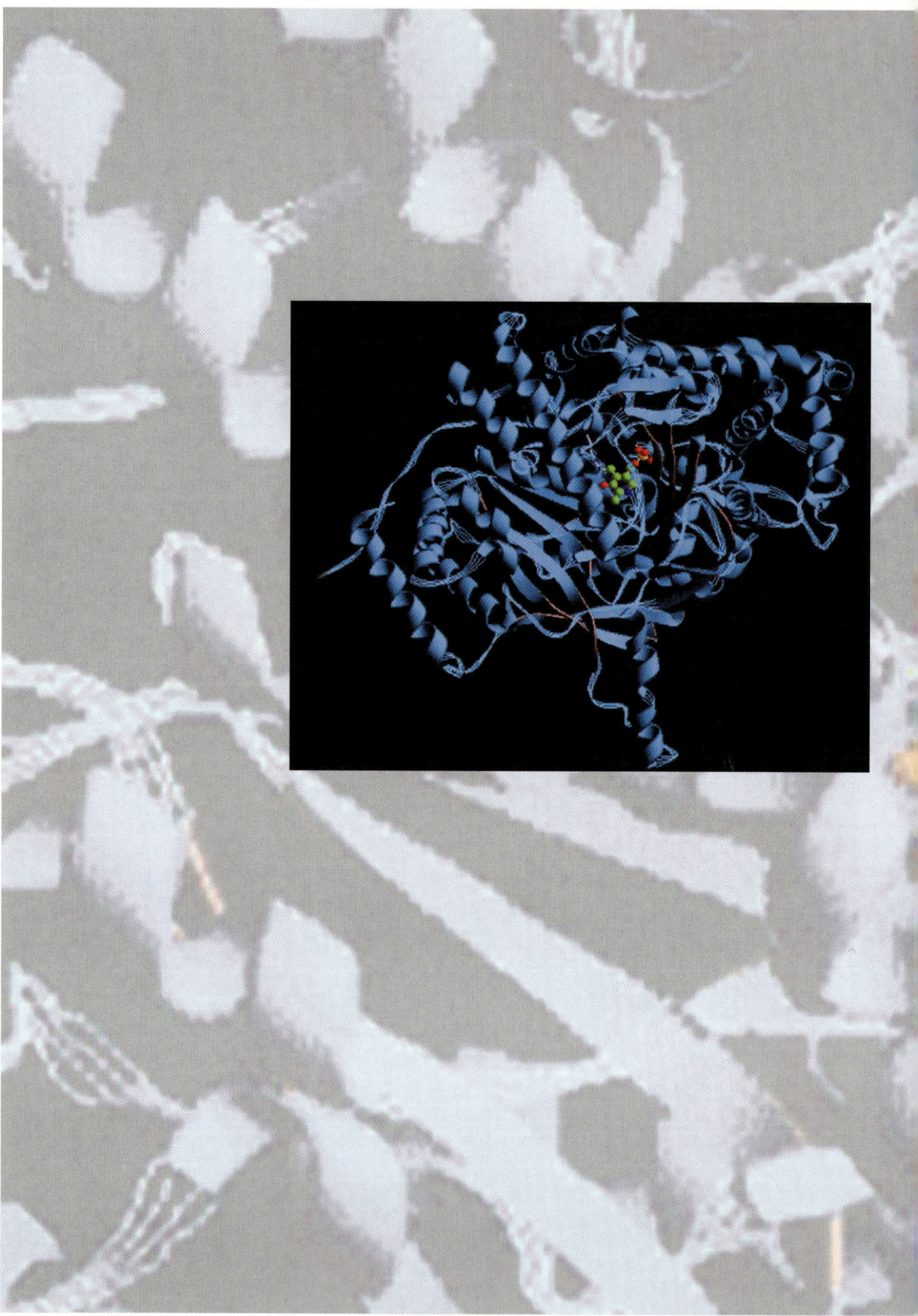

Georg Löffler

Stoffwechsel der Kohlenhydrate

Glucose ist ein Schlüsselmolekül für alle höheren Lebewesen einschließlich des Menschen. Bei gesunder Ernährung wird mehr als 50 % des Energiebedarfs durch den Abbau von Glucose gedeckt. Glucose kann in Form von Glykogen in allen tierischen Zellen gespeichert werden und dient auf diese Weise als Energiespeicher, um den Kohlenhydratbedarf des Organismus auch bei längerem Hungern zu decken. Aus Glucose werden Glykoproteine und Proteoglykane synthetisiert, die den größten Teil der Substanz der extrazellulären Matrix und nahezu alle sezernierten Proteine und Membranproteine ausmachen. In Anbetracht der Bedeutung des Glucosemoleküls ist es klar, daß Glucose durch Gluconeogenese synthetisiert werden kann. Substrate hierfür sind glucogene Aminosäuren, Lactat und Glycerin. Gluconeogenese ist bei lang dauernder Nahrungskarenz von lebenserhaltender Bedeutung.

Der Stoffwechsel der Glucose unterliegt einer komplizierten hormonellen Regulation, die die Konstanz der Blutglucosekonzentration und die Versorgung der einzelnen Gewebe des Organismus mit den jeweils benötigten Glucosemengen zum Ziel hat. Eine zentrale Funktion im Glucosestoffwechsel hat Insulin, das für Aufnahme und Speicherung der Glucose sorgt. Fehlt es oder wird es in zu geringen Mengen sezerniert, entsteht das seit Jahrtausenden bekannte Krankheitsbild des Diabetes mellitus. Eine Reihe von Insulinantagonisten werden für die endogene Glucoseproduktion z. B. zwischen den Mahlzeiten benötigt.

Die relativ hohe Glucosekonzentration in der extrazellulären Flüssigkeit führt zur nicht-enzymatischen Glykierung von Proteinen und im Anschluß daran zu einer Reihe von Folgereaktionen, die die Eigenschaften besonders der langlebigen Proteine verändern. Man nimmt an, daß diese Vorgänge bei der Entstehung der Altersveränderungen des menschlichen Organismus eine bedeutende Rolle spielen.

Eine zentrale Rolle bei der Regulation des Glykogenstoffwechsels spielt die Phosphorylase. Das hier dargestellte Enzym wird allosterisch und durch covalente Modifikation reguliert.
(Bild: SWISS-3DIMAGE, Universität Genf)

15.1 Stoffwechsel der Glucose

In tierischen und pflanzlichen Zellen, aber auch in vielen Bakterien ist Glucose der Ausgangspunkt zahlreicher Stoffwechselwege (Abb. 15.1). Der Energiegewinnung dient der Abbau der Glucose in der *Glykolyse*. Unter anaeroben Bedingungen ist Lactat, bei der Hefe Ethanol, ihr Endprodukt. Eine Alternative ist der Glucoseabbau im *Pentosephosphatweg*, bei dem es zu einer direkten Oxidation sowie Decarboxylierung zu CO_2 kommt. Die Stärke der pflanzlichen bzw. das Glykogen tierischer Zellen stellen eine intrazelluläre Speicherform der Glucose dar: während der Glykogenolyse wird die im Glykogen gespeicherte Glucose der Glykolyse verfügbar gemacht.

Die *Gluconeogenese* stellt formal eine Umkehr des glykolytischen Abbaus dar. Ihr Sinn liegt in der Biosynthese von Glucose aus Nicht-Kohlenhydrat-Vorstufen. Bis auf einige nicht umkehrbare Stoffwechselschritte werden dieselben enzymatischen Reaktionen wie bei der Glykolyse benutzt.

Aus Glucose werden nicht nur Glykogen, sondern auch eine Reihe weiterer Mono-, Di- und Polysaccharide synthetisiert. So entstehen beispielsweise Fructose, Galaktose und andere in Heteroglykanen vorkommenden Monosaccharide sowie deren Derivate aus Glucose. Von besonderer Bedeutung ist die Biosynthese der Glucuronsäure, die u. a. in der Leber für Entgiftungsreaktionen benötigt wird (S. 1030).

15.1.1 Glykolyse

Bei dem auch unter anaeroben Bedingungen ablaufenden Abbau des Glucosemoleküls in der Glykolyse entsteht *Lactat*, bei Hefe *Ethanol*. Es handelt sich wahrscheinlich entwicklungsgeschichtlich um einen der ältesten Stoffwechselwege. Die Reaktionsfolge der Glykolyse ist bei allen eukaryoten Zellen sowie den meisten Prokaryonten identisch.

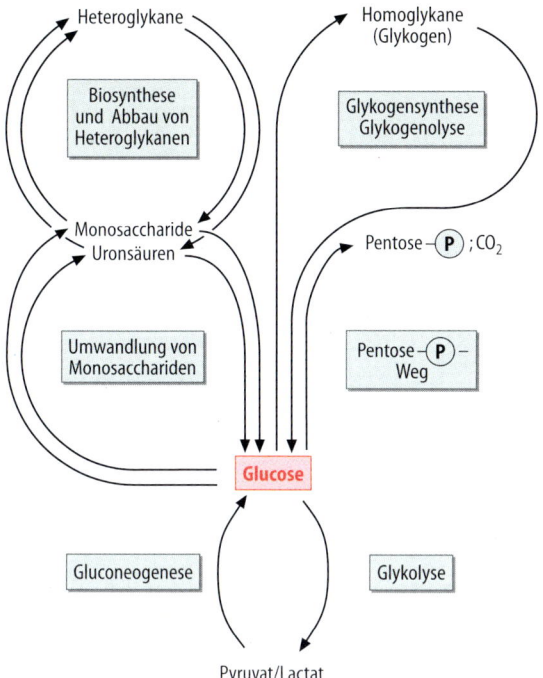

Abb. 15.1 Übersicht über die Hauptwege des Glucosestoffwechsels

Zu Beginn der Glykolyse steht die ATP-abhängige Phosphorylierung von Glucose zu *Glucose-6-phosphat*. Diese Reaktion wird durch das Enzym **Hexokinase** katalysiert. In den Hepatocyten (und den β-Zellen der Langerhans'schen Inseln des Pankreas, s. S. 788) findet sich ein weiteres, Glucose-phosphorylierendes Enzym, die **Glucokinase**. Die K_M dieses Isoenzyms für Glucose ist etwa zwanzigmal höher als die der Hexokinase. Sie liegt im Bereich der Konzentrationsschwankungen der Glucose im Pfortaderblut, so daß in der Leberzelle Glucose entsprechend ihrer Konzentration in der Pfortader phosphoryliert werden kann (S. 409). Im Gegensatz zur Hexokinase wird die Glucokinase durch ihr Produkt Glucose-6-phosphat nicht gehemmt (S. 416).

Um das Glucose-6-phosphat konkurrieren mehrere Enzyme, die zu unterschiedlichen Stoffwechselwegen führen (Abb. 15.3), nämlich

- die Glykolyse
- die verschiedenen Reaktionen der Saccharidsynthese (S. 399) sowie
- der Pentosephosphatweg (S. 387).

Im Zug der Glykolyse wird Glucose-6-phosphat durch die **Phosphohexoseisomerase** in *Fructose-6-phosphat* umgewandelt. Dieses wird anschließend am C-Atom 1 phosphoryliert, so daß *Fructose-1,6-bisphosphat* entsteht. Das hierfür notwendige Enzym ist die **Phosphofructokinase** (Fructose-6-phosphat-1-Kinase). Sie ist ein kompliziert reguliertes Enzym, das durch mehrere Faktoren allosterisch beeinflußt wird (S. 415). Die Phosphofructokinase-Reaktion stellt den geschwindigkeitsbestimmenden Schritt der Glykolyse dar. Die Verschiebung der Carbonylgruppe des Glucose-6-phosphates vom C-Atom 1 auf das C-Atom 2 unter Bildung von Fructose-1,6-bisphosphat ist die Voraussetzung für die nun folgende Spaltung von Fructose-1,6-bisphosphat in die beiden Triosephosphate *Glycerinaldehyd-3-phosphat* und *Dihydroxyacetonphosphat*. Der Reaktionsmechanismus der hierfür verantwortlichen **Fructose-1,6-bisphosphat-Aldolase** beruht auf der Reaktion der Carbonylgruppe des Fructose-1,6-bisphosphates mit der ε-Aminogruppe eines Lysylrestes des Aldolaseenzyms unter Bildung einer Schiff-Base und ist auf S. 111 ausführlich besprochen. In tierischen Geweben kommen zwei Aldolasen vor, die sich durch ihre Affinität zum Substrat Fructose-1,6-bisphosphat unterscheiden.

- Die Aldolase A wird auch als muskeltypische Form des Enzyms bezeichnet und findet sich in den meisten Geweben, während
- die Aldolase B nur in Leber und Nieren nachzuweisen ist.

Beide Enzyme können außer Fructose-1,6-bisphosphat auch Fructose-1-phosphat spalten. Das Verhältnis der Spaltungsgeschwindigkeit von Fructose-1,6-bisphos-

Die Glykolyse besteht aus 11 Einzelreaktionen und führt zur Bildung von Lactat aus Glucose

Die Summengleichung der anaeroben Glykolyse lautet:

$$\text{Glucose} \longrightarrow 2 \text{ Lactat}; \Delta G^{o'} = -197 \text{ kJ/mol}$$

Ein der Glykolyse oder *Milchsäuregärung* sehr ähnlicher Stoffwechselprozeß findet in der Hefe statt und wird als *alkoholische Gärung* bezeichnet:

$$\text{Glucose} \longrightarrow 2 \text{ Ethanol} + 2 \text{ } CO_2; \Delta G^{o'} = -226 \text{ kJ/mol}$$

Wie dem negativen $\Delta G^{o'}$ beider Reaktionen zu entnehmen ist, handelt es sich um stark exergone Reaktionen. Ein Teil der freiwerdenden Energie kann aus diesem Grund in Form von ATP konserviert werden.

Bei eukaryoten Zellen sind die Enzyme der Glykolyse im Cytosol lokalisiert. Sie umfaßt in tierischen Zellen 11, in der Hefe 13 Einzelschritte.

Wie der in Abb. 15.2 zusammengestellten Reaktionssequenz der Glykolyse zu entnehmen ist, kann diese in zwei unterschiedliche Phasen eingeteilt werden:

- Die erste Phase dient dem Umbau des Glucosemoleküls, so daß dieses in zwei gleichartige Verbindungen aus je 3 C-Atomen gespalten werden kann.
- In der zweiten Phase der Glykolyse sind die beiden energieliefernden Reaktionen lokalisiert, die letztendlich zur Bildung von Lactat bzw. Ethanol führen.

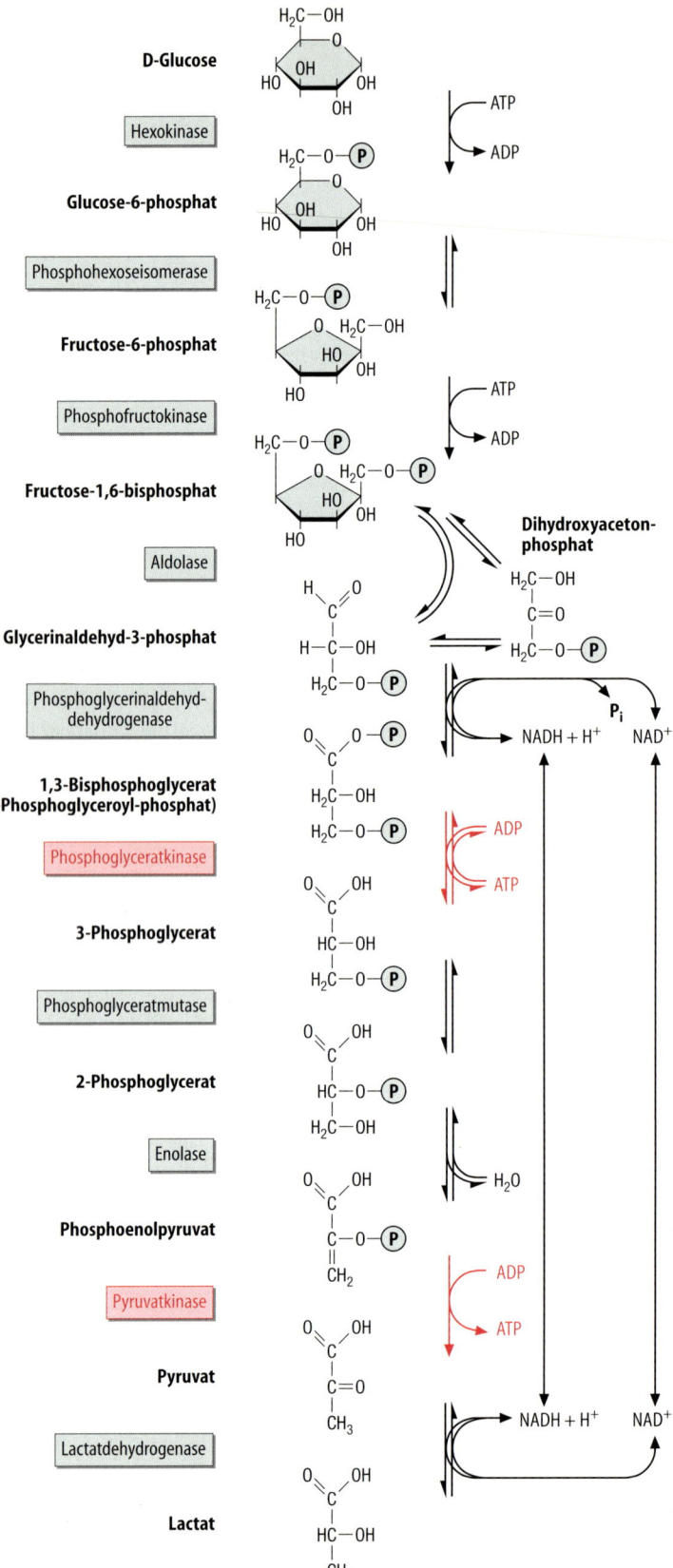

Abb. 15.2 Reaktionsfolge der Glykolyse

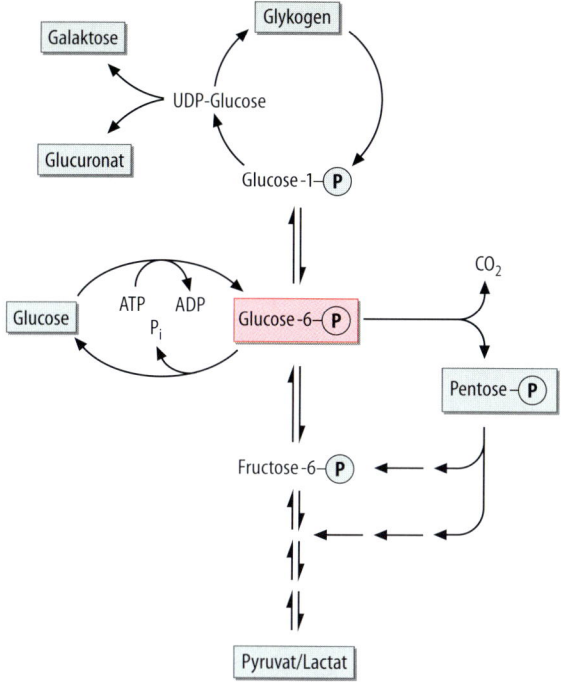

Abb. 15.3 Stellung des Gluose-6-phosphats im Glucosestoffwechsel

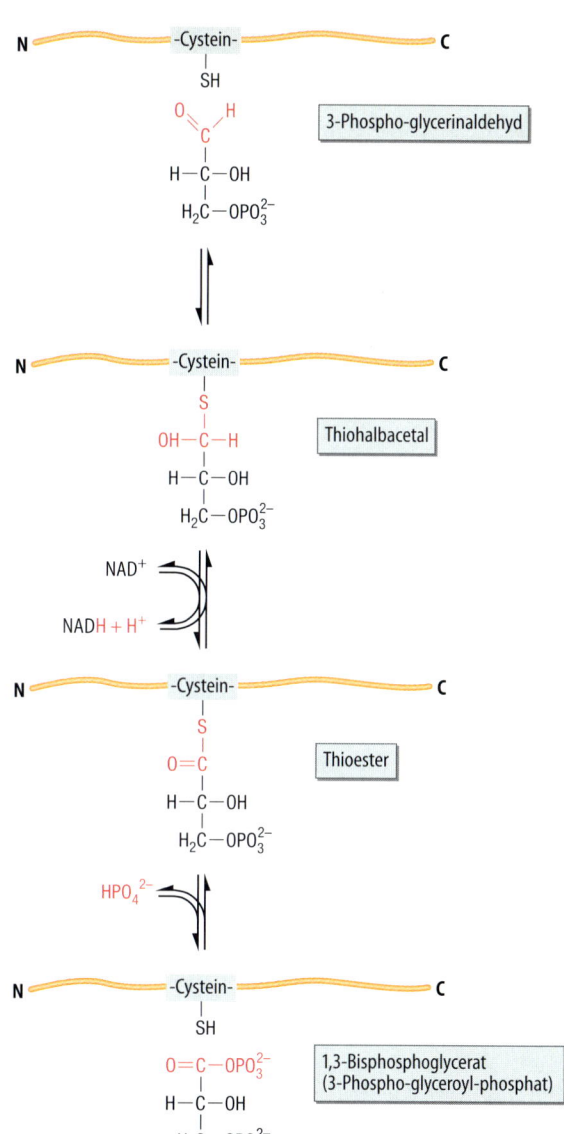

Abb. 15.4 Reaktionsmechanismus der Glycerinaldehyd-3-phosphat-Dehydrogenase. An die funktionelle SH-Gruppe des Enzymproteins addiert sich der Carbonyl-Kohlenstoff des 3-Phosphoglycerinaldehyds. Das entstehende Thiohalbacetal wird zum Thioester reduziert, der phosphorolytisch vom Enzymprotein unter Bildung von 3-Phospho-glyceroylphosphat (1,3-Bisphosphoglycerat) abgespalten wird

phat und Fructose-1-phosphat beträgt für das Muskelenzym 50:1, für das Leberenzym jedoch etwa 1:1, was für den Fructosestoffwechsel von Bedeutung ist (S. 395).

Die durch die Aldolase gebildeten Triosephosphate Glycerinaldehyd-3-phosphat und Dihydroxyacetonphosphat sind Isomere und können infolgedessen durch die **Triosephosphatisomerase** (Abb. 2.42, S. 62) leicht ineinander überführt werden.

In der zweiten Phase der Glykolyse erfolgt die Energiekonservierung

In den sich nun anschließenden energieliefernden Reaktionen der zweiten Phase der Glykolyse wird Glycerinaldehyd-3-phosphat zweimal dehydriert, wobei als Endprodukt *Pyruvat* entsteht, welches leicht in Lactat überführt werden kann. Zunächst wird hierbei Glycerinaldehyd-3-phosphat zum *1,3-Bisphosphoglycerat* oxidiert. Diese Bezeichnung ist, obwohl allgemein eingeführt, nicht korrekt. Da es sich um das Phosphorsäureanhydrid der 3-Phosphoglycerinsäure handelt, müßte es strenggenommen 3-Phosphoglyceroylphosphat heißen. Dihydroxyacetonphosphat beschreitet nach Isomerisierung zu Glycerinaldehyd-3-phosphat ebenfalls diesen Weg.

Das für die Oxidation verantwortliche Enzym, die **Glycerinaldehyd-3-phosphat-Dehydrogenase** benützt NAD$^+$ als Oxidationsmittel. Das aktive Enzym ist ein Tetramer aus vier identischen Polypeptidketten. Im aktiven Zentrum jeder monomeren Peptidkette befindet sich ein Cysteinylrest, dessen SH-Gruppe an der en-

zymatischen Reaktion teilnimmt (Abb. 15.4). Außerdem ist NAD$^+$ in einer spezifischen Tasche des Enzyms nicht covalent gebunden.

Zunächst reagiert die Carbonylgruppe des 3-Phosphoglycerinaldehyds mit der SH-Gruppe im aktiven Zentrum des Enzyms, wobei ein Thiohalbacetal gebildet wird. Dieses wird mit dem enzymgebundenen NAD$^+$ oxidiert, womit ein **Thioester** entsteht.

Im Gegensatz zu Thiohalbacetalen haben Thioester ein hohes Gruppenübertragungspotential und gehören somit zu den *energiereichen Verbindungen* (S. 88). Würde man den Thioester durch Hydrolyse unter Bildung von 3-Phosphoglycerinsäure vom Enzym abspalten, so würde die Reaktion mit einem ΔG°' von – 48 kJ/mol ablaufen. Dieser Betrag liegt nur wenig unter dem ΔG°' von – 67 kJ/mol, der der Oxidation eines Aldehyds zur Säure entspricht. Da die Zelle jedoch danach bestrebt ist, die bei derartigen Reaktionen auftretende Energie in Form von ATP zu konservieren, wird der durch Oxidation des Phosphoglycerinaldehyds entstandene Thioester nicht hydrolytisch, sondern *phosphorolytisch* gespalten. Dabei wird die SH-Gruppe des Enzyms regeneriert und es entsteht 3-Phosphoglyceroylphosphat (1,3-Bisphosphoglycerat). Die beiden im Molekül vorliegenden Phosphatgruppen unterscheiden sich grundsätzlich. Diejenige in Position 3 ist ein einfacher Phosphorsäureester, dagegen handelt es sich bei dem Phosphat in Position 1 um ein *gemischtes Phosphorsäureanhydrid*. Phosphorsäureanhydride gehören ebenfalls in die Gruppe energiereicher Verbindungen. Damit wird durch die phosphorolytische Spaltung das hohe Gruppenübertragungspotential des Thioesters in Form eines gemischten Phosphorsäureanhydrids erhalten, was insgesamt einer Konservierung der durch die Redoxreaktion freigewordenen Energie entspricht.

Experimentell kann der enzymgebundene Thioester statt durch Phosphat auch durch *Arsenat* gespalten werden. Hierbei entsteht als Zwischenprodukt 3-Phosphoglyceroylarsenat, welches instabil ist und deswegen spontan zu 3-Phosphoglycerat und Arsenat hydrolysiert. Dieser Effekt des Arsenats hat Ähnlichkeit mit seiner entkoppelnden Wirkung auf die oxidative Phosphorylierung der Mitochondrien (S. 496).

Die Glycerinaldehyd-3-phosphat-Dehydrogenase wird durch Verbindungen gehemmt, die die reaktive SH-Gruppe modifizieren. *Jodacetat* wirkt dabei durch Carboxymethylierung, durch *Parachloromercuribenzoat* wird diese mit einer Mercuribenzoatgruppe versehen. Die Wirkung von Parachloromercuribenzoat kann wie die anderer Quecksilberverbindungen experimentell durch einen Überschuß an Mercaptanen (z. B. Thioglykol, HO-CH$_2$-CH$_2$-SH) wieder aufgehoben werden. Aus diesem Grunde können Mercaptane als Gegenmittel bei Vergiftungen mit Quecksilberverbindungen verwendet werden.

In der anschließenden *Phosphoglyceratkinase-Reaktion* wird die energiereiche Phosphatbindung des 3-Phosphoglyceroylphosphats (1,3-Bisphosphoglycerates) zur Bildung von ATP aus ADP benutzt, wobei *3-Phosphoglycerat* entsteht. Die Phosphoglyceratkinase ist ein monomeres Enzym, von dem eine Reihe genetischer Defekte bekannt sind, die zu Störungen der Glykolyse führen (S. 892). Da in der Glykolyse aus einem Glucosemolekül zwei Moleküle Triosephosphat gebildet werden, werden auch zwei Moleküle ATP regeneriert. Dieser Vorgang wird als *Substratkettenphosphorylierung* (S. 90) bezeichnet.

Durch das Enzym *Phosphoglyceratmutase* wird 3-Phosphoglycerat in *2-Phosphoglycerat* überführt. Das Enzym, das die Übertragung eines Phosphatrestes von Position 3 nach Position 2 des Phosphoglycerats katalysiert, benötigt als Cofaktor *2,3-Bisphosphoglycerat* (Abb. 15.5).

Der nun folgende Schritt wird durch das Enzym *Enolase* katalysiert und schließt die Dehydratation und Umverteilung von Energie innerhalb des 2-Phosphoglycerates ein, wodurch der Phosphatrest in Position 2 energiereich wird und *Phosphoenolpyruvat* entsteht.

Durch das Enzym *Pyruvatkinase* wird jetzt das energiereiche Enolphosphat des Phosphoenolpyruvats unter ATP-Bildung auf ADP übertragen. In der Bilanz werden also pro Mol Glucose noch einmal durch Substratkettenphosphorylierung zwei Mol ATP gebildet. Das während der Reaktion gebildete Enolpyruvat lagert sich spontan in die Ketoform, das *Pyruvat*, um.

Durch Reduktion entsteht aus Pyruvat das *L-Lactat*. Die hierfür verantwortliche *Lactatdehydroge-*

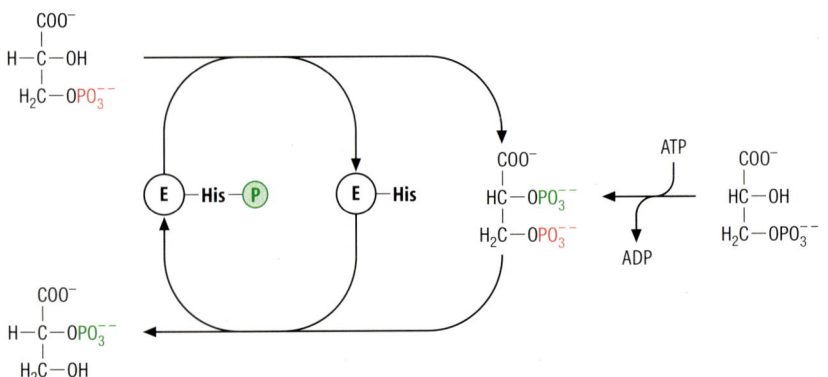

Abb. 15.5 Reaktionsmechanismus der Phosphoglyceratmutase. Das Enzym verfügt über einen Histidylrest, der phosphoryliert sein kann. Der Katalysecyclus startet mit der Übertragung dieses Phosphatrestes auf 3-Phosphoglycerat, wobei 2,3-Bisphosphoglycerat entsteht. Im zweiten Schritt wird das 3-Phosphat des 2,3-Bisphosphoglycerats auf den Histidylrest der Mutase übertragen, so daß das phosphorylierte Enzym und 2-Phosphoglycerat entstehen. Da das Histidylphosphat auch hydrolytisch abgespalten werden kann, kann 2,3-Bisphosphoglycerat auch durch eine spezifische Kinase aus 3-Phosphoglycerat gebildet werden. *E* Phosphoglyceratmutase

nase ist ein tetrameres Enzym, das in Form von fünf verschiedenen Isoenzymen vorkommt, die sich durch ihre Kinetik bei niedrigen Pyruvatkonzentrationen sowie ihre Substratspezifität unterscheiden (S. 95). Als Reduktionsmittel dient NADH/H+, das dabei zu NAD+ reoxidiert wird. Damit wird das für die Glycerinaldehyd-3-phosphat-Dehydrogenase benötigte NAD+ hier regeneriert, so daß die Glykolyse auch bei vollständigem Sauerstoffmangel ablaufen kann.

Die anaerobe Glykolyse stellt somit einen Stoffwechselweg dar, der der ATP-Erzeugung in Abwesenheit von Sauerstoff dient. Dabei werden 2 mol Glucose zu 2 mol Lactat nach folgender Gleichung zerlegt:

Glucose + 2 P_i + 2 ADP $\rightleftharpoons$
2 Lactat + 2 ATP; $\Delta G^{o'} = -136$ kJ/mol

In der **Hefezelle** endet unter anaeroben Bedingungen die Glykolyse nicht beim Lactat. Hier wird vielmehr Pyruvat zunächst durch Decarboxylierung in *Acetaldehyd* umgewandelt, welches dann analog der Lactatdehydrogenase durch die **Alkoholdehydrogenase** in einer NADH/H+-abhängigen Reaktion zu *Ethanol* reduziert wird. Damit wird auch hier das für die Glykolyse benötigte NAD+ regeneriert:

Pyruvat $\rightarrow$ Acetaldehyd + CO_2
Acetaldehyd + NADH + H+ $\rightleftharpoons$ Ethanol + NAD+

Die Decarboxylierung des Pyruvats zum Acetaldehyd ähnelt der Anfangsreaktion des Pyruvatdehydrogenase-Komplexes (S. 486). Wie dort benötigt die **Pyruvatdecarboxylase** der Hefe das Vitamin Thiamin in Form des Thiaminpyrophosphats als Cofaktor. An diesem Cofaktor wird Pyruvat unter Bildung von Hydroxyethylthiaminpyrophosphat decarboxyliert, welches dann durch Heterolyse zu Thiaminpyrophosphat und Acetaldehyd gespalten wird.

Unter aeroben Bedingungen wird das in der Glykolyse gebildete Pyruvat in die mitochondriale Matrix transloziert und dort durch den Pyruvatdehydrogenase-Komplex zu Acetyl-Coenzym A umgesetzt (S. 486). Außerdem kann Pyruvat durch Transaminierung in Alanin überführt werden (S. 533).

In Erythrocyten kann die Phosphoglyceratkinase umgangen werden

Mit Hilfe der **Bisphosphoglyceromutase** wird 1,3-Bisphosphoglycerat unter Verlust der energiereichen Bindung in *2,3-Bisphosphoglycerat* umgewandelt. Dieses wirkt am Hämoglobin als allosterischer Effektor, durch den die Affinität zu Sauerstoff reduziert und die Dissoziationskurve des Oxyhämoglobins nach rechts verschoben wird. In Anwesenheit von 2,3-Bisphosphoglycerat wird damit den Erythrocyten die Abgabe des Sauerstoffs an die Gewebe erleichtert (S. 897). Ein Abbau von 2,3-Bisphosphoglycerat erfolgt durch die **2,3-Bisphosphoglyceratphosphatase**, wobei 3-Phosphoglycerat und anorganisches Phosphat entsteht. Die meisten Reaktionen der Glykolyse sind grundsätzlich reversibel. Dies trifft jedoch nicht für die durch
• die Hexokinase (Glucokinase),
• die Phosphofructokinase sowie
• die Pyruvatkinase katalysierten Reaktionen zu.

Diese sind unter physiologischen Bedingungen irreversibel und müssen dann umgangen werden, wenn

Tabelle 15.1 ATP-Ausbeute bei anaerober Glykolyse bzw. bei Glucoseoxidation zu CO_2 und Wasser

Stoffwechselweg	Enzym	Bildungsart der energiereichen Bindung		Zahl der energiereichen Bindungen als ATP[a]
Glykolyse anaerob	Phosphoglyceratkinase	Substratkettenphosphorylierung		2
	Pyruvatkinase	Substratkettenphosphorylierung		2
	Abzüglich ATP-Verbrauch durch Hexokinase- und Phosphofructokinasereaktion		Netto	2
Glykolyse aerob	Glycerinaldehyd-3-phosphat-Dehydrogenase	Atmungskettenphosphorylierung von 2 NADH		6 (4)
Citratcyclus	Pyruvatdehydrogenase	Atmungskettenphosphorylierung von 2 NADH		6
	Isocitratdehydrogenase	Atmungskettenphosphorylierung von 2 NADH		6
	α-Ketoglutaratdehydrogenase	Atmungskettenphosphorylierung von 2 NADH		6
	Succinatthiokinase	Substratkettenphosphorylierung		2
	Succinatdehydrogenase	Atmungskettenphosphorylierung von 2 $FADH_2$		4
	Malatdehydrogenase	Atmungskettenphosphorylierung von 2 NADH		6
			Netto	38 (36)

[a] Die Berechnung geht von P/O-Quotienten von 3 für NADH und 2 für $FADH_2$ aus, die in Wirklichkeit nicht ganz erreicht werden (S. 506).

Glucose aus Nicht-Kohlenhydrat-Vorstufen synthetisiert werden muß. Die Umgehungsreaktionen, die die Regulation von Glykolyse und Gluconeogenese erst ermöglichen werden ausführlich im Abschnitt Gluconeogenese besprochen.

Die Energieausbeute bei der anaeroben Glykolyse beträgt 2 ATP pro Glucose

Tabelle 15.1 faßt die Energiebilanz der Glykolyse zusammen. Unter **anaeroben** Bedingungen werden pro mol Glucose 2 mol ATP benötigt, um das Fructose-1,6-bisphosphat zu bilden. Die beiden energieliefernden Reaktionen der Glykolyse führen zur Bildung von zusammen 4 mol ATP, so daß in der Endbilanz pro mol abgebauter Glucose ein Energiegewinn von **2 mol ATP** erzielt wird.

Unter **aeroben** Verhältnissen ist die Energiebilanz wesentlich günstiger. So kann durch die Glycerinaldehyd-3-phosphat-Dehydrogenase anfallende NADH/H$^+$ in der *Atmungskette* oxidiert werden. Hierzu ist allerdings der Transport der Reduktionsäquivalente des NADH/H$^+$ vom cytosolischen in den mitochondrialen Raum erforderlich. Da NADH/H$^+$ nicht durch die innere Mitochondrienmembran permeieren kann, stehen für diesen Prozeß der *Malatcyclus* sowie der α-*Glycerophosphatcyclus* zur Verfügung (S. 504). Der erstere, der im wesentlichen in der Leberzelle abläuft, führt zur Bildung von mitochondrialem NADH/H$^+$ auf Kosten von cytosolischem. Der in manchen Geweben ablaufende α-Glycerophosphatcyclus liefert aus cytosolischem NADH/H$^+$ intramitochondriales FADH$_2$.

Das in der mitochondrialen Matrix aus Pyruvat entstehende Acetyl-CoA kann im Citratzyklus zu CO$_2$ abgebaut werden. Bei diesem Vorgang entstehen pro Pyruvat insgesamt **vier NADH/H$^+$**, ein FADH$_2$, sowie **ein GTP** durch Substratkettenphosphorylierung (S. 489). Über die ATP-Ausbeute bei der Reoxidation von NADH/H$^+$ bzw. FADH$_2$ durch Atmungskettenphosphorylierung s. S. 506.

15.1.2 Gluconeogenese

Drei Schlüsselreaktionen unterscheiden Gluconeogenese und Glykolyse

Die Glucosebiosynthese aus Nicht-Kohlenhydrat-Vorstufen wird als **Gluconeogenese** bezeichnet. Sie stellt die Versorgung des Organismus mit Glucose sicher, auch wenn diese nicht mit der Nahrung aufgenommen wird.
- Dies ist von besonderer Bedeutung für das Nervengewebe, die Erythrocyten und das Nierenmark, die Glucose als einzige Energiequelle benützen.
- Glucose ist darüber hinaus der einzige Brennstoff, der vom Skelettmuskel unter anaeroben Bedingungen verbraucht werden kann.

- Glucose dient als Substrat der verschiedenen Saccharidbiosynthesen, z.B. der Lactosesynthese in der Milchdrüse oder der Bausteine, die für die Heteropolysaccharid-Biosynthese benötigt werden.

Bei Säugern und damit beim Menschen ist die enzymatische Ausstattung zur vollständigen Synthese von Glucose nur in **Leber** und **Nieren** vorhanden.

Als Ausgangspunkt für die Gluconeogenese dient das von Muskulatur und Erythrocyten produzierte *Lactat*, sowie das *Glycerin*, das durch das Fettgewebe freigesetzt wird (S. 448). Von besonderer Bedeutung sind außerdem die verschiedenen *glucogenen Aminosäuren*, die vor allem in der Muskulatur durch Proteolyse freigesetzt werden können (S. 545).

Die Reaktionen der Gluconeogenese sind überwiegend eine Umkehr der Glykolyse. Allerdings müssen die drei aus thermodynamischen Gründen quasi irreversiblen Reaktionen, die **Hexokinase** (Glucokinase), die **Phosphofructokinase** sowie die **Pyruvatkinase** umgangen werden (Abb. 15.6). Das ΔG$^{o'}$ aller drei Reaktionen ist so negativ, daß ein nennenswerter Substratdurchsatz bei den in der Zelle vorkommenden Metabolitkonzentrationen in der für die Gluconeogenese notwendigen Richtung unmöglich erscheint.

Betrachtet man die Gluconeogenese aus Lactat oder Alanin, so ist nach Umwandlung dieser Verbindungen in Pyruvat die erste für die Gluconeogenese typische Reaktionssequenz die Bildung von *Phosphoenolpyruvat* (Abb. 15.7). Diese Umgehung der Pyruvatkinase kommt dadurch zustande, daß zunächst durch das mitochondriale Enzym **Pyruvatcarboxylase** Pyruvat zu *Oxalacetat* carboxyliert wird. Diese Reaktion ist auch eine der sog. *anaplerotischen Reaktionen* des Citratcyclus und dient somit der Wiederauffüllung des Cyclus mit Verbindungen aus vier C-Atomen, wenn diese durch etwaige Biosynthesen verbraucht werden (S. 490). Die Pyruvatcarboxylase gehört in die Gruppe der biotinabhängigen Carboxylasen (S. 670). Durch die **Phosphoenolpyruvat-Carboxykinase** (PEPCK) wird nun das durch die Pyruvatcarboxylase gebildete Oxalacetat decarboxyliert und gleichzeitig phosphoryliert. Die Triebkraft für die Bildung des Phosphoenolpyruvates liegt in der Decarboxylierung des Oxalacetates, wobei gleichzeitig die Einführung einer energiereichen Enolphosphat-Bindung durch Verbrauch von GTP möglich ist:

Oxalacetat + GTP $\rightleftharpoons$ Phosphoenolpyruvat +
$$\text{GDP} + CO_2; \Delta G^{o'} = 4,2 \text{ kJ/mol}$$

Formal gehört die Reaktion ebenfalls in die Gruppe der CO$_2$-fixierenden Reaktionen, da sie ohne weiteres reversibel ist. Im Gegensatz zur Pyruvatcarboxylase ist hier jedoch Biotin nicht als Coenzym beteiligt.

Die Phosphoenolpyruvat-Carboxykinase ist überwiegend cytosolisch lokalisiert. Da Oxalacetat mangels eines entsprechenden Transportsystems nicht durch die mitochondriale Innenmembran gelangen

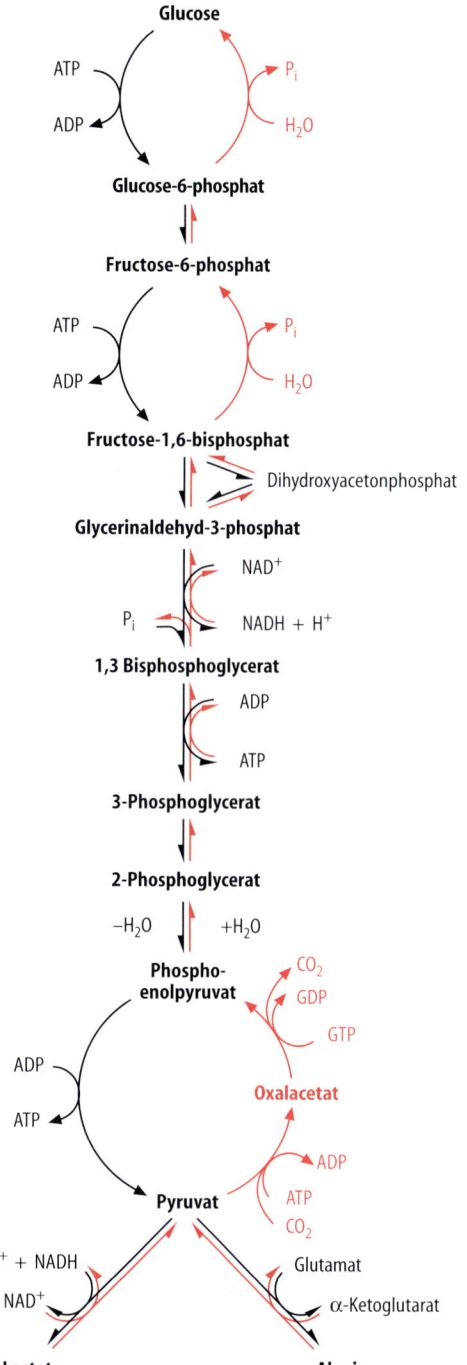

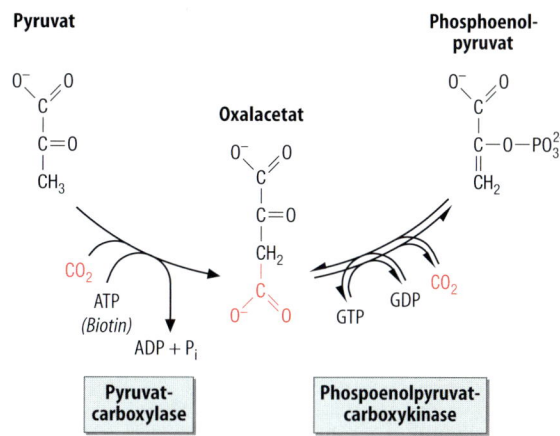

Abb. 15.7 Biotinabhängige Carboxylierung von Pyruvat zu Oxalacetat und Decarboxylierung und Phosphorylierung von Oxalacetat zu Phosphoenolpyruvat

Abb. 15.6 Einzelreaktionen von Glykolyse und Gluconeogenese. Die Reaktionsfolge der Gluconeogenese ist *rot* hervorgehoben. Es wird ersichtlich, daß die Bildung von Phosphoenolpyruvat aus Pyruvat, von Fructose-6-phosphat aus Fructose-1,6-bisphosphat sowie von Glucose aus Glucose-6-phosphat eine andere enzymatische Ausstattung benötigt als die Glykolyse

kann, müssen die in Abb. 15.8 dargestellten Transportcyclen eingeschaltet werden. Sie beruhen darauf, daß durch Pyruvatcarboxylase gebildetes Oxalacetat intramitochondrial zu *Malat* reduziert wird, dieses durch ein spezifisches Transportsystem (Dicarboxylat-Carrier, S. 503) in den cytosolischen Raum gelangt, wo es durch die cytosolische Malatdehydrogenase in Oxalacetat umgewandelt werden kann. Eine Alternative hierzu ist die Reaktion von Oxalacetat mit Acetyl-CoA unter Bildung von *Citrat*. Dieses wird ebenfalls durch die mitochondriale Innenmembran nach außen transportiert (Tricarboxylat-Carrier, S. 503) und dort durch die ATP-Citratlyase unter Bildung von Acetyl-CoA und Oxalacetat gespalten.

Die Umwandlung von Fructose-1,6-bisphosphat zu Fructose-6-phosphat, die durch die Phosphofructokinase nicht katalysiert werden kann, geschieht durch eine *Fructose-1,6-bisphosphatase*. Das Enzym kommt in Leber und Nieren sowie in geringer Aktivität auch im quergestreiften Muskel vor.

Die Glucosebildung aus Glucose-6-phosphat ist nur in Gegenwart einer weiteren spezifischen Phosphatase, der *Glucose-6-Phosphatase*, möglich. Dieses Enzym ist in der intestinalen Mucosa, in Leber und Nieren nachgewiesen worden. Somit können diese Gewebe Glucose in das zirkulierende Blut abgeben. Das Enzym, welches an das endoplasmatische Reticulum (S. 176) gebunden ist, hat auch Pyrophosphataseaktivität. In der quergestreiften Muskulatur und im Fettgewebe ist es nicht nachweisbar.

Die Gluconeogenese aus Pyruvat benötigt beträchtliche Energiemengen. Vom Pyruvat bis auf die Stufe der Triosephosphate werden 3 mol ATP pro mol Triosephosphat, also 6 mol ATP pro mol Glucose verbraucht. Davon werden je eines für die Bildung von Oxalacetat aus Pyruvat, von Phosphoenolpyruvat aus Oxalacetat (GTP kann energetisch ATP äquivalent gesetzt werden) sowie von 1,3-Bisphosphoglycerat aus 3-Phosphoglycerat benötigt.

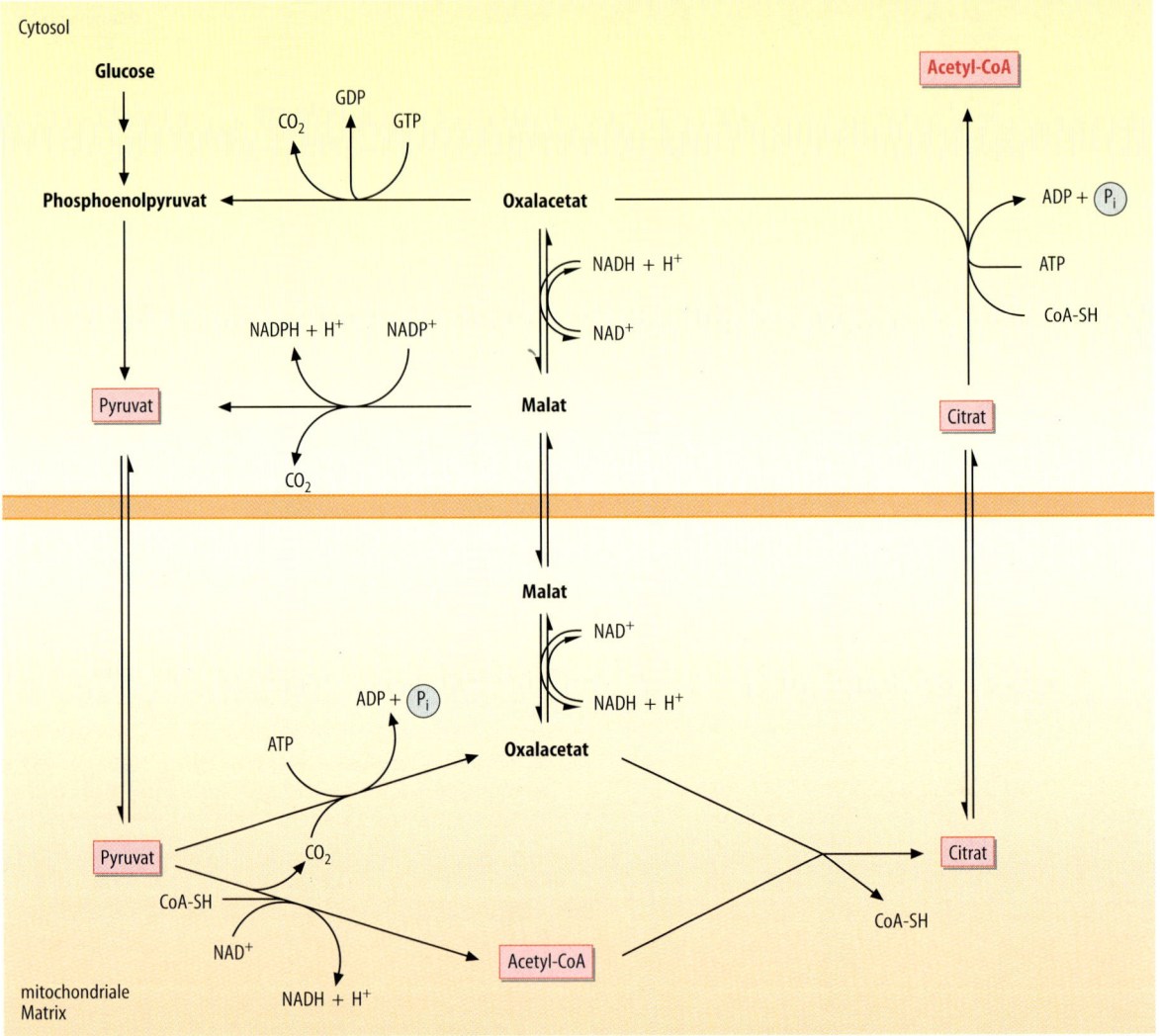

Abb. 15.8 Verteilung der Reaktionen zur Bildung von Phosphoenolpyruvat aus Pyruvat auf das mitochondriale und cytoplasmatische Kompartiment. Infolge der Impermeabilität der inneren Mitochondrienmembran für Oxalacetat muß dieses in Malat oder Citrat umgewandelt werden, welches mit Hilfe der mitochondrialen Anionencarrier (S. 503) ins Cytosol transportiert und dort wieder in Oxalacetat umgewandelt wird

Die Gluconeogenese hat enge Beziehungen zum Lipid- und Aminosäurestoffwechsel

Während der *Lipolyse* gibt das Fettgewebe nicht nur Fettsäuren, sondern auch Glycerin in beträchtlichen Mengen ab (S. 448). Glycerin kann besonders in der Leber erneut in den Stoffwechsel eingeschleust werden. Die Leber verfügt über das hierzu notwendige Enzym *Glycerokinase*:

$$\text{Glycerin} + \text{ATP} \longrightarrow \alpha\text{-Glycerophosphat} + \text{ADP}$$

Glycerophosphat kann durch die *Glycerophosphat-Dehydrogenase* leicht in Dihydroxyacetonphosphat umgewandelt und der Gluconeogenese zugeführt werden:

$$\alpha\text{-Glycerophosphat} + \text{NAD}^+ \rightleftharpoons$$
$$\text{Dihydroxyacetonphosphat} + \text{NADH} + \text{H}^+$$

Mengenmäßig noch bedeutender für die Gluconeogenese sind die *glucogenen Aminosäuren* (S. 545). Diese werden bevorzugt in der Skelettmuskulatur, daneben natürlich in vielen anderen Geweben, freigesetzt. Nach Transaminierung (S. 526) liefern sie entweder *Pyruvat* oder *Zwischenprodukte* des Citratcyclus mit vier oder mehr C-Atomen.

Auch *Propionat*, das im Stoffwechsel ungeradzahliger Fettsäuren entsteht, kann zur Gluconeogenese beitragen. Bei Wiederkäuern entstehen große Mengen an Propionat im Pansen und bilden ein wichtiges Substrat für die Gluconeogenese. Die hierfür notwendigen Reaktionen bestehen in einer Carboxylierung von Propionat mit anschließender Umlagerung zu *Succinyl-CoA*, welches über den Citratcyclus in die Gluconeogenese eintreten kann (S. 430).

15.1.3 Hexosemonophosphat-Weg

Im Hexosemonophosphat-Weg findet eine oxidative Decarboxylierung von Glucose statt

Im *Hexosemonophosphat-Weg* (Synonyme: Pentosephosphat-Weg, Pentosephosphat-Cyclus) werden im Cytosol aus Glucose-6-phosphat durch Dehydrierung und Decarboxylierung am C-Atom 1 *Pentosephosphate* gebildet. Diese werden entweder als essentielle Bausteine für die Nucleotidbiosynthese benutzt oder in einem cyclischen Prozeß in Fructose-6-phosphat und 3-Phosphoglycerinaldehyd umgewandelt. In der Bilanz kann auf diese Weise Glucose im Hexosemonophosphat-Weg durch mehrfaches Cyclisieren vollständig zu CO_2 oxidiert werden. Ein wichtiger Unterschied zur Glykolyse ist, daß der bei den Dehydrierungsreaktionen entstehende Wasserstoff auf $NADP^+$ und nicht auf NAD^+ übertragen wird. $NADPH/H^+$ ist das Wasserstoff-übertragende Coenzym für *reduktive, hydrierende Biosynthesen*, beispielsweise die Fettsäure- oder Steroidbiosynthese. In seiner cyclischen Form lautet die Summenformel der Reaktionen des Hexosemonophosphat-Weges:

$$\text{Glucose-6-phosphat} + 6\,H_2O + 12\,NADP^+ \rightleftharpoons$$
$$6\,CO_2 + P_i + 12\,NADPH + 12\,H^+$$

Formal kann man die Reaktionsfolge des Hexosemonophosphat-Weges in zwei Phasen einteilen.
- Die erste beinhaltet die Dehydrierung und Decarboxylierung von Glucose-6-phosphat, wobei die Pentose *Ribulose-5-phosphat* entsteht,
- die zweite die Bildung von Fructose-6-phosphat aus Ribulose-5-phosphat.

Das Enzym *Glucose-6-phosphat-Dehydrogenase* katalysiert die Dehydrierung von Glucose-6-phosphat zu *6-Phosphogluconat*, wobei intermediär das 6-Phosphogluconolacton entsteht (Abb. 15.9). Als Oxidationsmittel dient hierbei $NADP^+$. Die Reaktion wird durch einige Arzneimittel, z. B. Sulfonamide, gehemmt. Der sich anschließende Schritt ist ebenfalls oxidativ und wird durch die *6-Phosphogluconat-Dehydrogenase* katalysiert. Auch dieses Enzym benötigt $NADP^+$ als Wasserstoffakzeptor. Das bei der Reaktion entstehende 3-Keto-6-phosphogluconat trägt die Konfiguration einer β-Ketosäure und decarboxyliert infolgedessen sehr rasch spontan, wobei die Pentose *Ribulose-5-phosphat* entsteht (Abb. 15.9).

Für die zweite Phase des Hexosemonophosphat-Weges sind die beiden Enzyme *Transketolase* und

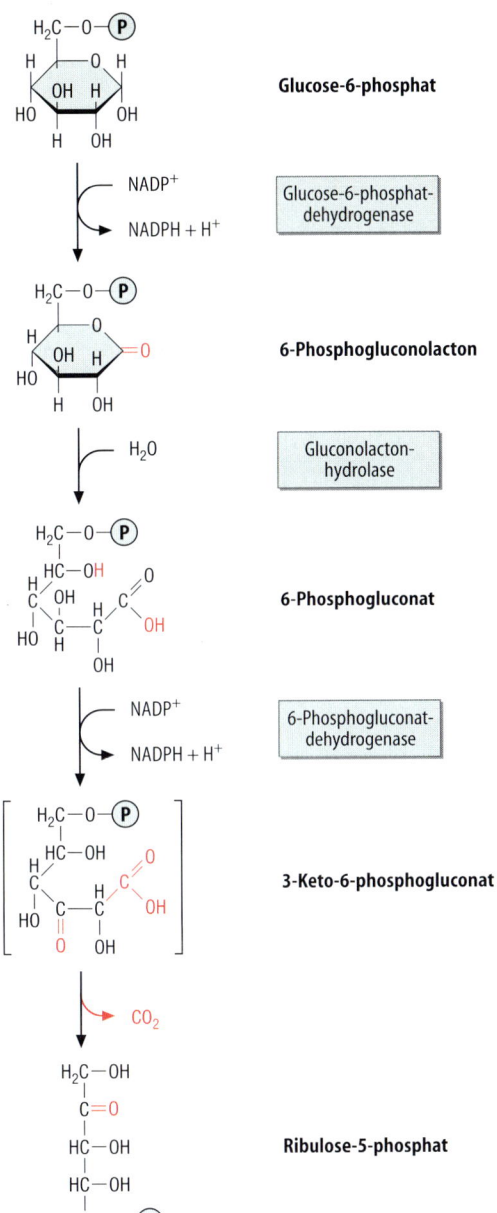

Abb. 15.9 Oxidation und Decarboxylierung von Glucose-6-phosphat zur Ribulose-5-phosphat im Hexosemonophosphat-weg

Transaldolase von besonderer Bedeutung (Abb. 15.10). Ribulose-5-phosphat ist allerdings kein Substrat dieser Enzyme. Es muß durch zwei weitere Enzyme umgelagert werden. Die *Ribulose-5-phosphat-Epimerase* führt zu einer Änderung der Konfiguration am C-Atom 3 der Ribulose, wobei *Xylulose-5-phosphat* entsteht. Außerdem kann durch die *Ribulose-5-phosphat-Ketoisomerase* die entsprechende Aldopentose, nämlich *Ribose-5-phosphat*, gebildet werden. Diese Reaktion gleicht der Umwandlung von Glucose-6-phosphat in Fructose-6-phosphat in der Glykolyse. Ribose-5-phosphat dient als Baustein für die Biosynthese von Nucleosiden und Nucleotiden (S. 582 ff.).

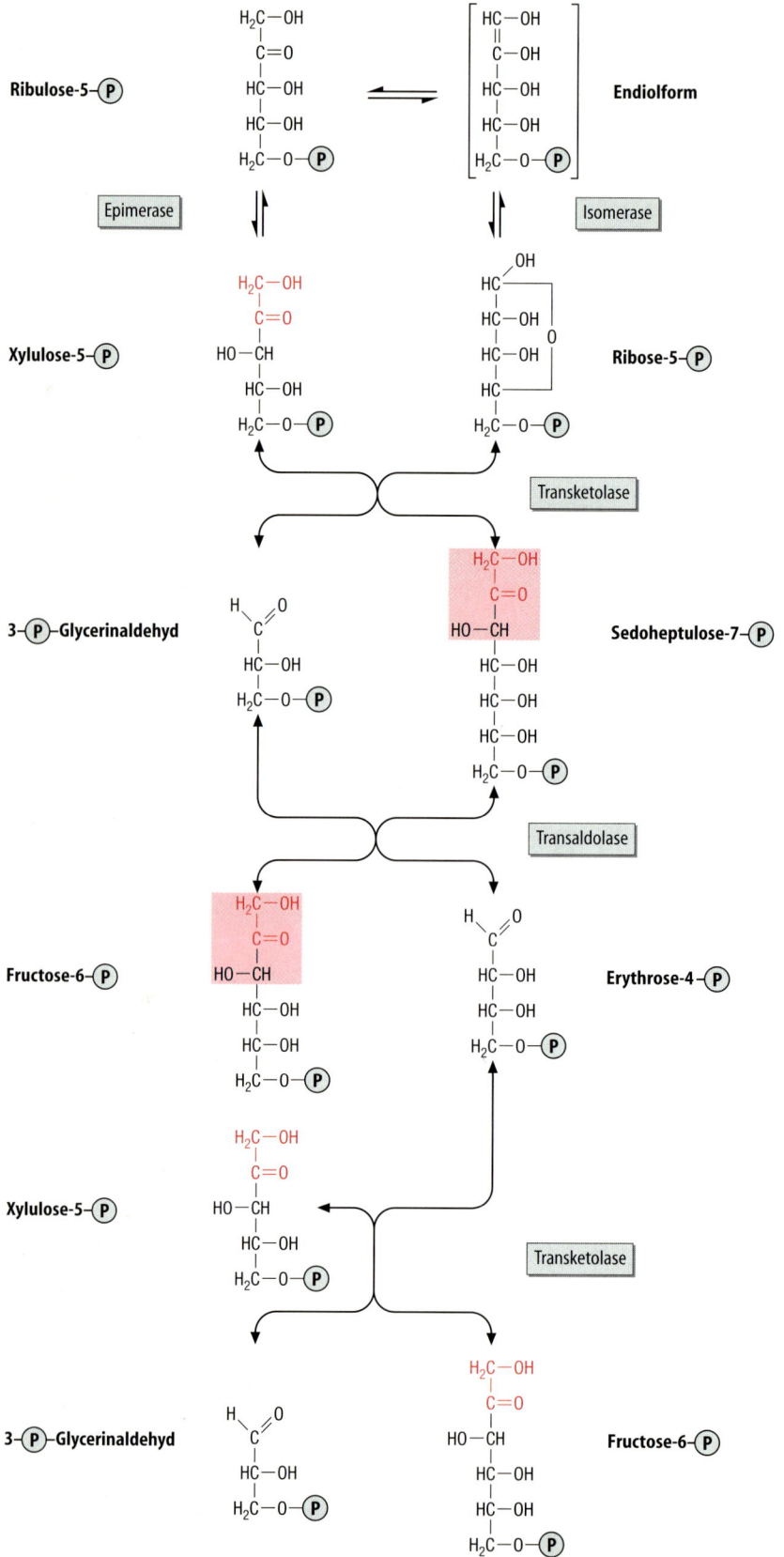

Abb. 15.10 Bildung von Fructose-6-phosphat und 3-Phosphoglycerinaldehyd aus Ribulose-5-phosphat durch Ribulose-5-phosphat-Epimerase, Ribulose-5-phosphat-Ketoisomerase, Transketolase und Transaldolase

Transketolasen katalysieren allgemein die Übertragung der C-Atome 1 und 2 einer Ketose auf den Carbonyl-Kohlenstoff einer Aldose. Auf diese Weise entstehen aus einer Ketose eine um 2 C-Atome verkürzte Aldose und gleichzeitig aus einer Aldose eine um 2 C-Atome verlängerte Ketose. Cofaktoren der Transketolase sind *Thiaminpyrophosphat* sowie *Magnesiumionen*. Der Ketozucker wird dabei an Thiaminpyrophosphat addiert, nach Aufspaltung des Moleküls bleibt ein Rest aus 2 C-Atomen als aktiver Glykolaldehyd am Thiaminpyrophosphat gebunden und wird so übertragen. Formal entspricht der Mechanismus der Aufspaltung der Ketose in aktiven Glykolaldehyd und eine Aldose also der Decarboxylierung des Pyruvates zu Acetaldehyd und CO_2 (S. 486). Zunächst entsteht durch die Transketolase aus Xylulose-5-phosphat und Ribose-5-phosphat der aus 7 C-Atomen bestehende Ketozucker *Sedoheptulose-7-phosphat* sowie die Aldose *Glycerinaldehyd-3-phosphat*. Diese beiden Verbindungen reagieren mit dem Enzym *Transaldolase*. Dieses ermöglicht die Übertragung eines Dihydroxyaceton-Restes aus den C-Atomen 1 bis 3 der Sedoheptulose-7-phosphat auf die Aldose Glycerinaldehyd-3-phosphat. Dabei entstehen *Fructose-6-phosphat* und die Aldose *Erythrose-4-phosphat* mit 4 C-Atomen. Ein weiteres Molekül Xylulose-5-phosphat dient unter Katalyse der Transketolase als Donor eines aktiven Glykolaldehydes, der auf Erythrose-4-phosphat übertragen wird. Dabei entsteht ein zusätzliches Molekül Fructose-6-phosphat und Glycerinaldehyd-3-phosphat (Abb. 15.10).

Der Hexosemonophosphat-Weg dient der Erzeugung von $NADPH/H^+$ und Pentosen

Betrachtet man lediglich die Bilanz des Hexosemonophosphat-Weges in seiner cyclischen Form, so besteht er in einem oxidativen Abbau von Glucose zu CO_2 und $NADPH/H^+$. Im Gegensatz zur Glykolyse enthält er jedoch keine Reaktion, die eine Reoxidation des gebildeten $NADPH/H^+$ ermöglichen würde. Diese erfolgt vielmehr in anderen Stoffwechselwegen, beispielsweise der Fettsäure bzw. der Steroidbiosynthese. Eine Ausnahme davon bildet der Erythrocyt, bei dem $NADPH/H^+$ durch die dort in besonders hoher Aktivität vorkommende *Gluthationreduktase* reoxidiert wird (S. 889).

Der Hexosemonophosphat-Weg spielt quantitativ eine besondere Rolle bei den Geweben, in denen $NADPH/H^+$-abhängige reduktive Biosynthesen in größerem Umfang ablaufen. Hierzu gehören

- die Leber, das Fettgewebe und die lactierende Brustdrüse wegen ihrer sehr aktiven Fettsäurebiosynthese,
- die Nebennierenrinde, Ovarien und Testes wegen der Cholesterin- und Steroidhormonbiosynthese.

In Skelett- und Herzmuskel ist die Aktivität des Hexosemonophosphat-Weges dagegen außerordentlich gering. Die Bildung von $NADPH/H^+$ im Hexosemonophosphat-Weg ist für Erythrocyten von besonderer Bedeutung. $NADPH/H^+$ dient dort als Wasserstoff-Donator zur Reduktion von Glutathion-Disulfid (S. 515) durch das Enzym *Glutathion-Reduktase*. Reduziertes Glutathion schützt funktionell wichtige Thiolgruppen von Erythrocytenproteinen vor der Oxidation zum Disulfid, was sonst zur Hämolyse führen würde. Darüber hinaus ist es für die Peroxideliminierung von großer Bedeutung (S. 515).

Da nur geringe Mengen von Pentosen über die Nahrung aufgenommen werden, ist der Hexosemonophosphat-Weg für die Nucleotid- und Nucleinsäure-Biosynthese wichtig (S. 582). Dies trifft auch für diejenigen Gewebe zu, die nur eine geringe Aktivität der Glucose-6-phosphat- sowie der 6-Phosphogluconat-Dehydrogenase haben. Hier laufen die Reaktionen des Hexosemonophosphat-Wegs ausgehend von Fructose-6-phosphat und Glycerinaldehyd-3-phosphat unter Zuhilfenahme der Enzyme Transketolase und Transaldolase bis auf die Stufe der Pentosephosphate rückwärts.

15.1.4 Glykogenstoffwechsel

UDP-Glucose ist Ausgangspunkt für die Glykogenbiosynthese

Außer in Erythrocyten läßt sich Glykogen in wenn auch relativ geringen Mengen in allen Zellen des Organismus nachweisen. Die Hauptmasse findet sich jedoch in *Leber* und *Muskulatur* (Tabelle 15.2). Kurz nach einer kohlenhydratreichen Mahlzeit kann die Leber 5–10 % Glykogen enthalten, nach 12–18-stündigem Fasten ist sie dagegen praktisch glykogenfrei. Der Glykogengehalt der Muskulatur steigt normalerweise nicht über 1 %.

Für den Einbau von Glucose in Glykogen im Rahmen der Glykogenbiosynthese muß das Glucosemolekül aktiviert werden. Dies geschieht durch Reaktion mit Uridintriphosphat (UTP) unter Bildung von *Uridindiphosphat-Glucose* (UDP-Glucose) (Abb. 15.11). Ausgangspunkt ist *Glucose-6-phosphat*, welches durch Phosphorylierung von Glucose oder im Verlauf der Gluconeogenese gebildet wird. Durch das Enzym *Phos-*

Tabelle 15.2 Kohlenhydratspeicher in verschiedenen Geweben des Menschen (maximale Werte)

Gewebe	Konzentration [g/100 g Gewebe]	Gesamtmenge [g]
Leberglykogen	10	150
Muskelglykogen	1	250
Extrazelluläre Glucose	0,1	15
	Zusammen	415

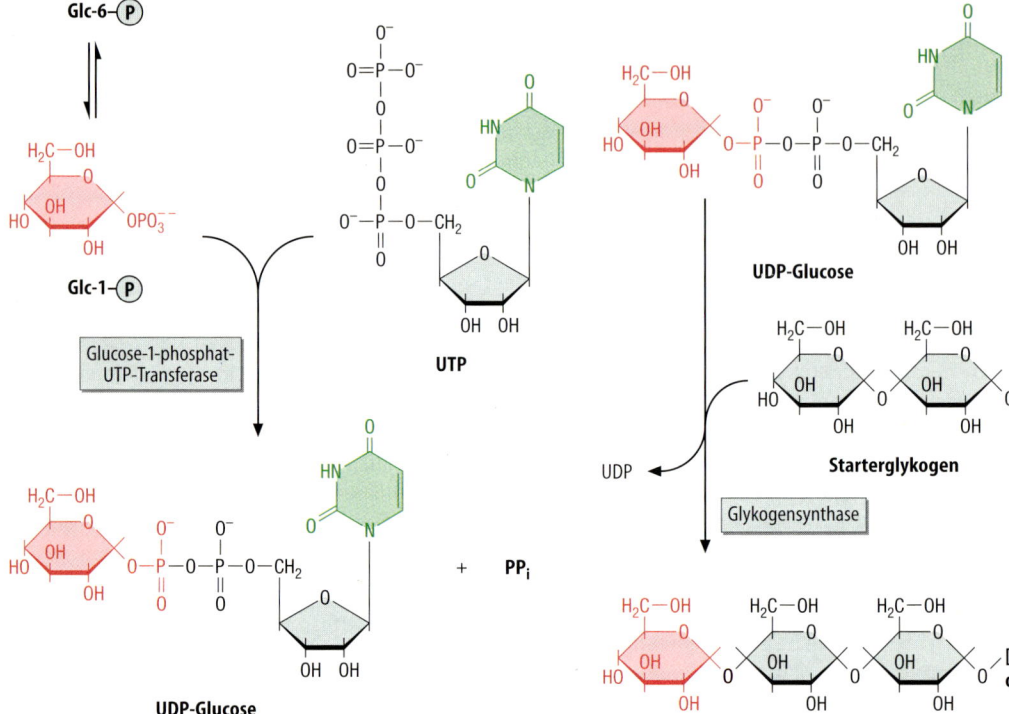

Abb. 15.11 Bildung von UDP-Glucose aus Glucose-6-phosphat. Glucose-6-phosphat wird durch die Phosphoglucomutase in Glucose-1-phosphat überführt, welches mit UTP zu UDP-Glucose reagiert

Abb. 15.12 Mechanismus der Kettenverlängerung im Glykogen. Der Glucoserest der UDP-Glucose wird auf die terminale 4-OH-Gruppe eines Starterglykogens übertragen, wobei UDP freigesetzt und das Glykogen um eine Glykosyleinheit verlängert wird . Als Starterglykogen dient normalerweise zelluläres Glykogen. Soll ein neues Glykogenmolekül synthetisiert werden, so wird hierfür ein als Glykogenin bezeichnetes Protein benötigt, welches sich selbst mit Hilfe einer Glykosyltransferase-Aktivität glucosyliert und auf diese Weise die als Substrat benötigten Glucosylreste erzeugt

phoglucomutase wird Glucose-6-phosphat in *Glucose-1-phosphat* überführt. Der Mechanismus des Enzyms entspricht dabei dem der Phosphoglyceratmutase (S. 382), *Glucose-1,6-bisphosphat* ist ein Zwischenprodukt der Reaktion.

Das für die Bildung von UDP-Glucose verantwortliche Enzym ist die *Glucose-1-phosphat-UTP-Transferase* oder *UDP-Glucose-Pyrophosphorylase*. Es katalysiert die Knüpfung einer Phosphorsäureanhydrid-Bindung zwischen dem 1-Phosphat der Glucose und dem α-Phosphat des UTP, wobei dessen β- und γ-Phosphat als Pyrophosphat abgespalten werden. Da Pyrophosphatasen in jeder Zelle in hoher Aktivität vorkommen, wird dieses rasch gespalten, was das Gleichgewicht der UDP-Glucose-Biosynthese in Richtung der UDP-Glucose verschiebt.

Das auf diese Weise aktivierte Glucosemolekül wird unter Einwirkung des Enzyms *UDP-Glykogen-Transglucosylase* oder *Glykogensynthase* auf ein Starterglykogen (engl. primer-Glycogen) übertragen (Abb. 15.12). Hierbei wird eine glykosidische Bindung zwischen dem C-Atom 1 der aktivierten Glucose und dem C-Atom 4 des terminalen Glucosylrest am Starterglykogen geknüpft. Uridindiphosphat wird frei und in einer ATP-abhängigen Reaktion zum Uridintriphosphat rephosphoryliert (Nucleosiddiphosphat-Kinase). Auf diese Weise werden die Zweige des Glykogenbaums durch 1,4-glykosidische Bindungen verlängert. Hat die Kette eine Länge von 6–11 Glucoseresten erreicht, so

tritt als weiteres Enzym das *branching enzyme* oder die *Amylo-1,4 → 1,6-Transglucosylase* in Aktion. Dieses Enzym überträgt einen aus wenigstens 6 Glucoseresten bestehenden Teil der 1,4-glykosidisch verknüpften Kette auf eine benachbarte Kette, wobei eine 1,6-glykosidische Bindung entsteht (Abb. 15.13). Durch diesen Vorgang kommt es zu den für Glykogen (und Stärke) typischen Verzweigungsstellen. Bei der Biosynthese eines neuen Glykogenmoleküls werden die ersten Glucosereste an ein als Glykogenin bezeichnetes Protein geknüpft. Aus diesem Grund beträgt in jedem Glykogenmolekül das molare Verhältnis Glykogen/Glykogenin 1.

Die Schlüsselreaktion des Glykogenabbaus ist die phosphorolytische Spaltung zu Glucose-1-phosphat

Der Abbau des Glykogens erfolgt nicht, wie eigentlich nach seiner Struktur anzunehmen wäre, durch eine hydrolytische Abspaltung der einzelnen Glucosereste. Das erste Produkt des Glykogenabbaus ist nämlich *Glucose-1-phosphat*, das durch phosphorolytische Spal-

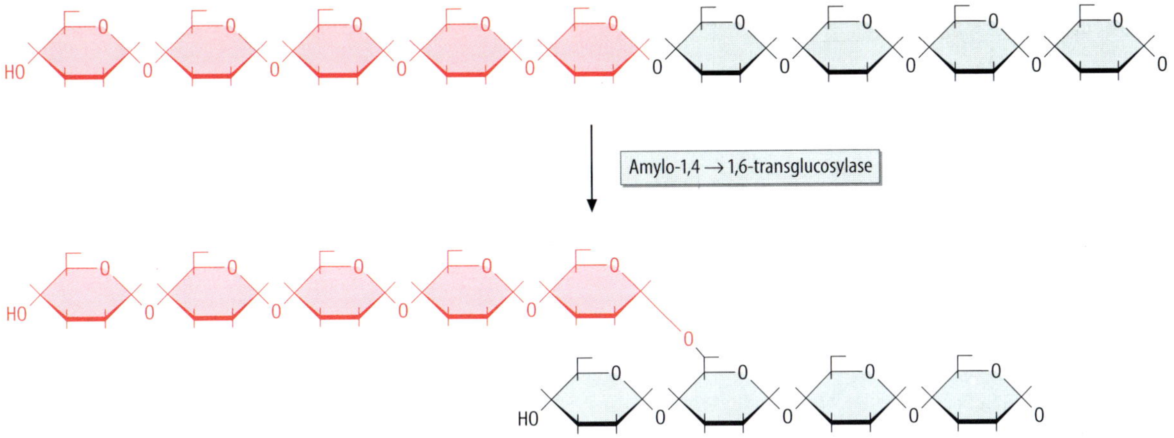

Abb. 15.13 Biosynthese der Verzweigungsstellen in Glykogenmolekülen durch die Amylo-1,4 → 1,6-Transglucosylase

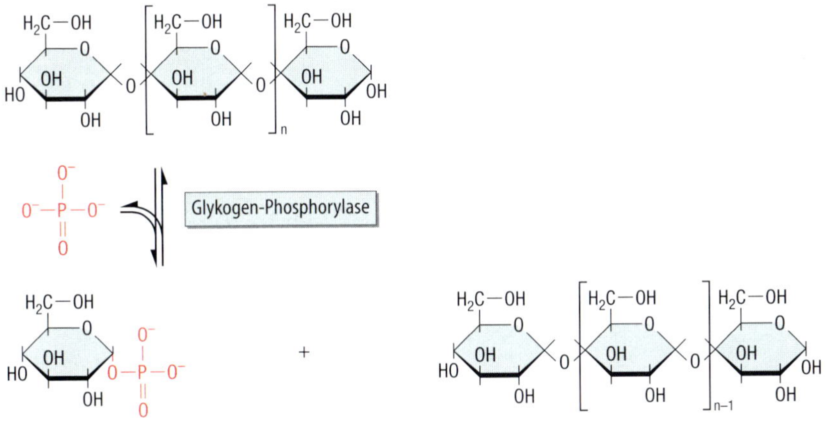

Abb. 15.14 Phosphorolytische Spaltung des Glykogens zu Glucose-1-phosphat unter Katalyse der Glykogen-Phosphorylase

tung der 1,4-glykosidischen Bindungen im Glykogen entsteht. Das hierfür verantwortliche Enzym ist die *Glykogen-Phosphorylase* (Abb. 15.14). Dieses Enzym ist für den Glykogenabbau (Glykogenolyse) reaktionsgeschwindigkeitsbestimmend. Es baut Glykogen so lange ab, bis die äußeren Ketten des Glykogenmoleküls eine Länge von etwa 4 Glucoseeinheiten, gerechnet von einer 1,6-glykosidischen Verzweigungsstelle erreicht haben. Jetzt wird unter Einwirkung des Enzyms *α (1,4) → α (1,4)-Glucantransferase* eine Trisaccharideinheit auf eine andere Kette übertragen, wobei die Verzweigungspunkte freigelegt werden. Die Spaltung der 1,6-glykosidischen Bindung erfordert die Wirkung eines spezifischen Enzyms, der *Amylo-1,6-Glucosidase* oder des *debranching enzyme* (Abb. 15.15). Nur die 1,6-glykosidischen Bindungen werden somit hydrolytisch gespalten, was im Gegensatz zur phosphorolytischen Spaltung durch die Phosphorylase zur Bildung von freier Glucose führt. Dieser Abbaumechanismus führt i. allg. maximal zum sog. Proglykogen. Dieses hat mit 400 kD ein im Vergleich zum normalen Glykogen (Molekulargewicht 10^4 kD) wesentlich geringeres Molekulargewicht. Ein vollständiger Abbau bis auf die Stufe des Glykogenins kommt praktisch nicht vor. Durch die gemeinsame Wirkung von α(1,4) → α (1,4)-Glu-

cantransferase, der Amylo-1,6-Glucosidase sowie der Phosphorylase wird Glykogen zu Glucose-1-phosphat und Glucose abgebaut. Wegen der Reversibilität der Phosphoglucomutase wird Glucose-1-phosphat leicht zu Glucose-6-phosphat umgewandelt und in Leber und Niere, nicht aber in der Muskulatur durch die *Glucose-6-Phosphatase* zu Glucose dephosphoryliert. Diese wird ins Blut abgegeben und dient unter entsprechenden Bedingungen der Aufrechterhaltung der Blutglucose-Konzentration (S. 406).

15.1.5 Biosynthese und Stoffwechsel der Glucuronsäure

UDP-Glucuronat entsteht durch Oxidation von UDP-Glucose

Formal entstehen Uronsäuren durch Oxidation der Hydroxylgruppe am C-Atom 6 von Hexosen. Die aus Glucose abgeleitete *Glucuronsäure* hat eine Reihe wichtiger Stoffwechselfunktionen. Ihre Biosynthese ist in Abb. 15.16 dargestellt. Glucose-6-phosphat wird nach Überführung in Glucose-1-phosphat mit UTP unter Bildung von UDP-Glucose umgesetzt. Bis zu diesem

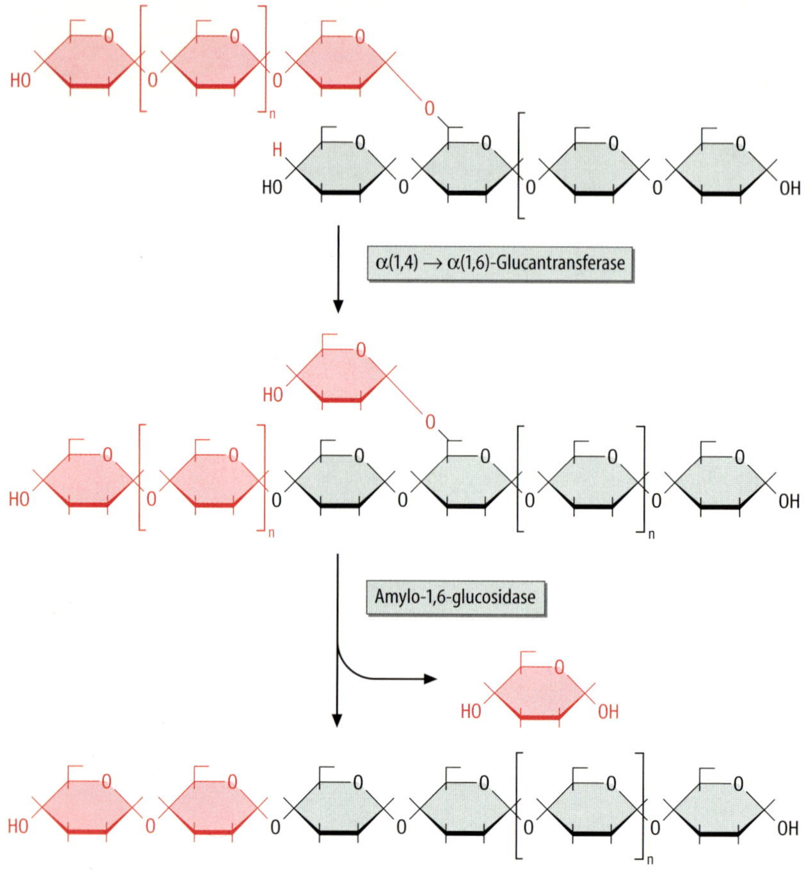

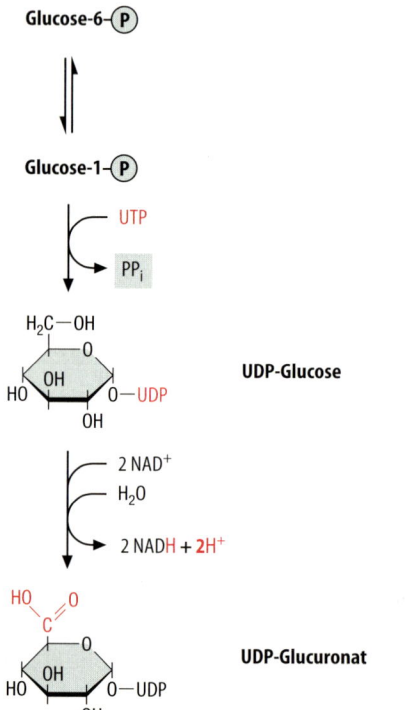

Abb. 15.15 Abbau der Verzweigungsstellen im Glykogenmolekül durch die α(1,4) → α(1,4)-Glucantransferase sowie die Amylo-1,6-Glucosidase

Glucose-6-(P)

Glucose-1-(P)

UTP

PP$_i$

UDP-Glucose

2 NAD$^+$
H$_2$O

2 NADH + 2H$^+$

UDP-Glucuronat

Abb. 15.16 Biosynthese von UDP-Glucuronsäure aus Glucose-6-Phosphat

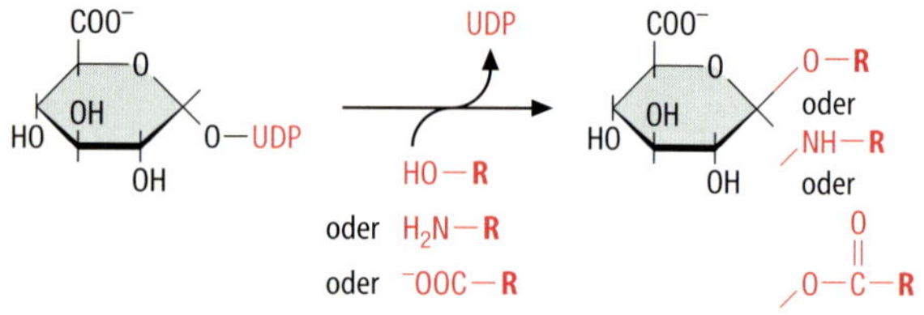

COO$^-$
HO   OH   O—UDP
OH

UDP

HO—R
oder H$_2$N—R
oder $^-$OOC—R

COO$^-$
HO   OH   O—R
OH   oder
          NH—R
          oder
          O
          O—C—R

Abb. 15.17 Biosynthese von Glucuroniden aus UDP-Glucuronat

Punkt gleicht die Reaktionsfolge der Glucuronsäure-Biosynthese dem der Glykogen-Biosynthese. UDP-Glucose wird nun jedoch am C-Atom 6 in zwei Schritten unter Katalyse durch die NAD$^+$-abhängige **UDP-Glucose-Dehydrogenase** zu *UDP-Glucuronsäure* oxidiert. Diese stellt die aktive Form der Glucuronsäure dar und wird für deren weitere Reaktionen benötigt.

Viele Verbindungen werden durch Glucuronidierung ausscheidungsfähig gemacht

Viele körpereigene und körperfremde Verbindungen reagieren mit UDP-Glucuronat unter Bildung von *Glucuroniden*. Diese enthalten Glucuronat in β-glykosidischer Bindung mit den entsprechenden Aglykonen verknüpft (Abb. 15.17). Als Substrate kommen

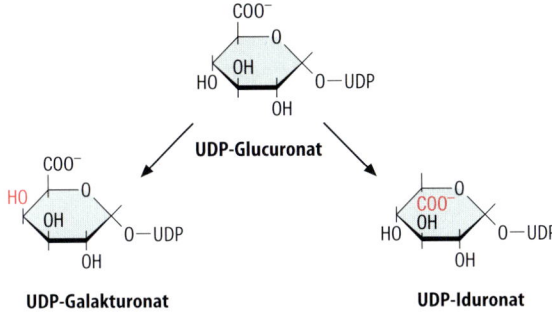

UDP-Glucuronat

UDP-Galakturonat   **UDP-Iduronat**

Abb. 15.18 Synthese von UDP-D-Galakturonat und UDP-L-Iduronat

- Alkohole (Steroide, Arzneimittel),
- primäre Amine (Arzneimittel), aber auch
- Verbindungen mit Carboxylgruppen, z. B. Bilirubin, infrage.

Die für diese Reaktionen verantwortlichen **UDP-Glucuronat-Transferasen** zeigen eine breite Substratspezifität und kommen in besonders hoher Aktivität in der Leber vor, wo sie für die zweite Phase der Biotransformation von besonderer Bedeutung sind (S. 1029).

Aus Glucuronsäure werden andere Uronsäuren, Ascorbinsäure und Pentosen synthetisiert

Auch für die Biosynthese von Glykosaminoglykanen und anderen Heterosacchariden ist UDP-Glucuronat notwendig (S. 745). Durch Inversion am C-Atom 4 bzw. 5 entsteht aus UDP-D-Glucuronat deren Bausteine **UDP-D-Galakturonat** bzw. das **UDP-L-Iduronat** (Abb. 15.18).

Durch hydrolytische Abspaltung von UDP bzw. unter Einwirkung von lysosomalen Glucuronidasen entsteht aus UDP-Glucuronat bzw. Glucuroniden die Glucuronsäure. Diese kann in einer NADPH/H⁺-abhängigen Reaktion am C-Atom 1 zu **L-Gulonsäure** reduziert werden (in L-Gulonat trägt das C-Atom der Carboxylgruppe [C-Atom 6 des Glucuronat] die Nummer 1, was den Übergang von der D- in die L-Reihe verständlich macht).

L-Gulonat wird in einer NAD⁺-abhängigen Reaktion am C-Atom 3 zu 3-Keto-L-Gulonat oxidiert, welches spontan unter Bildung von **L-Xylulose** decarboxyliert. Diese kann in den Hexosemonophosphat-Weg eingeschleust werden, wozu allerdings ihre Umwandlung in das entsprechende D-Isomere notwendig ist. Diese Reaktion wird durch eine NADPH/H⁺-abhängige Reduktion von L-Xylulose zu Xylitol eingeleitet, welches anschließend in einer NAD⁺-abhängigen Reaktion zu D-Xylulose oxidiert wird.

Außer bei Primaten und Meerschweinchen ist Glucuronsäure auch der Ausgangspunkt für die **Ascorbinsäure-Synthese** (S. 663) (Abb. 15.19).

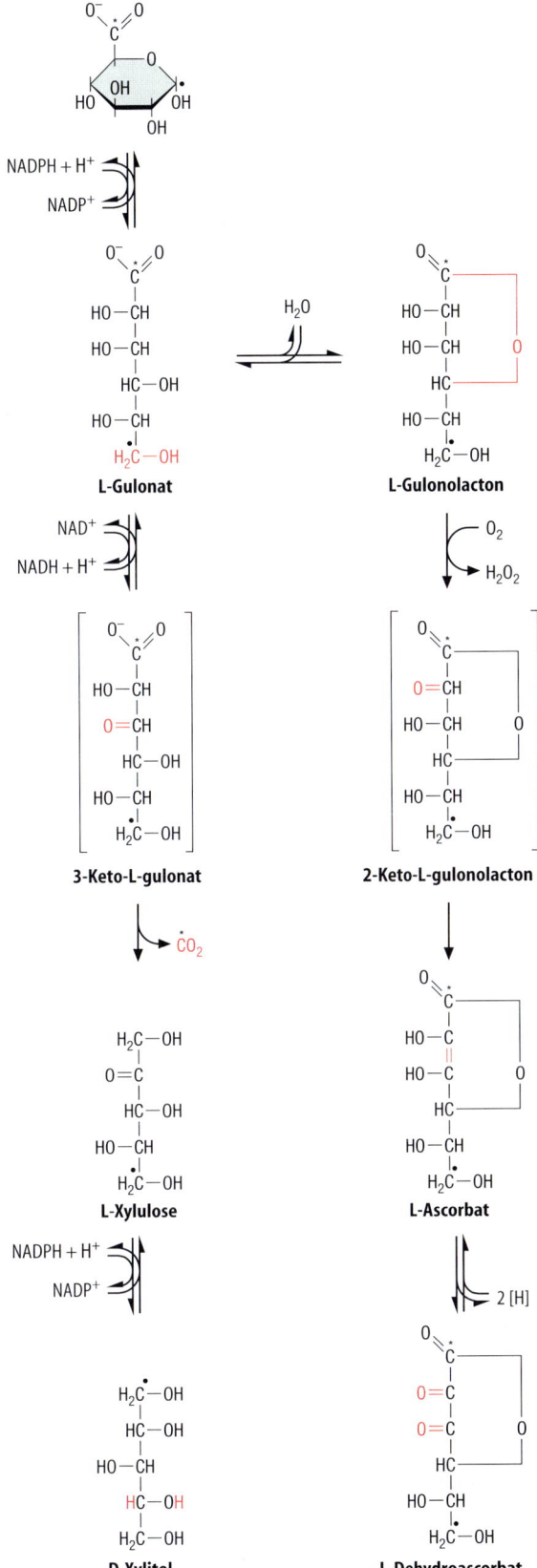

L-Gulonat   **L-Gulonolacton**

3-Keto-L-gulonat   **2-Keto-L-gulonolacton**

L-Xylulose   **L-Ascorbat**

D-Xylitol   **L-Dehydroascorbat**

Abb. 15.19 Biosynthese von L-Ascorbat und Xylitol aus Glucuronat. Zum besseren Verständnis sind die C-Atome 1 und 6 des Glucuronates durch einen *Punkt* bzw. einen *Stern* markiert

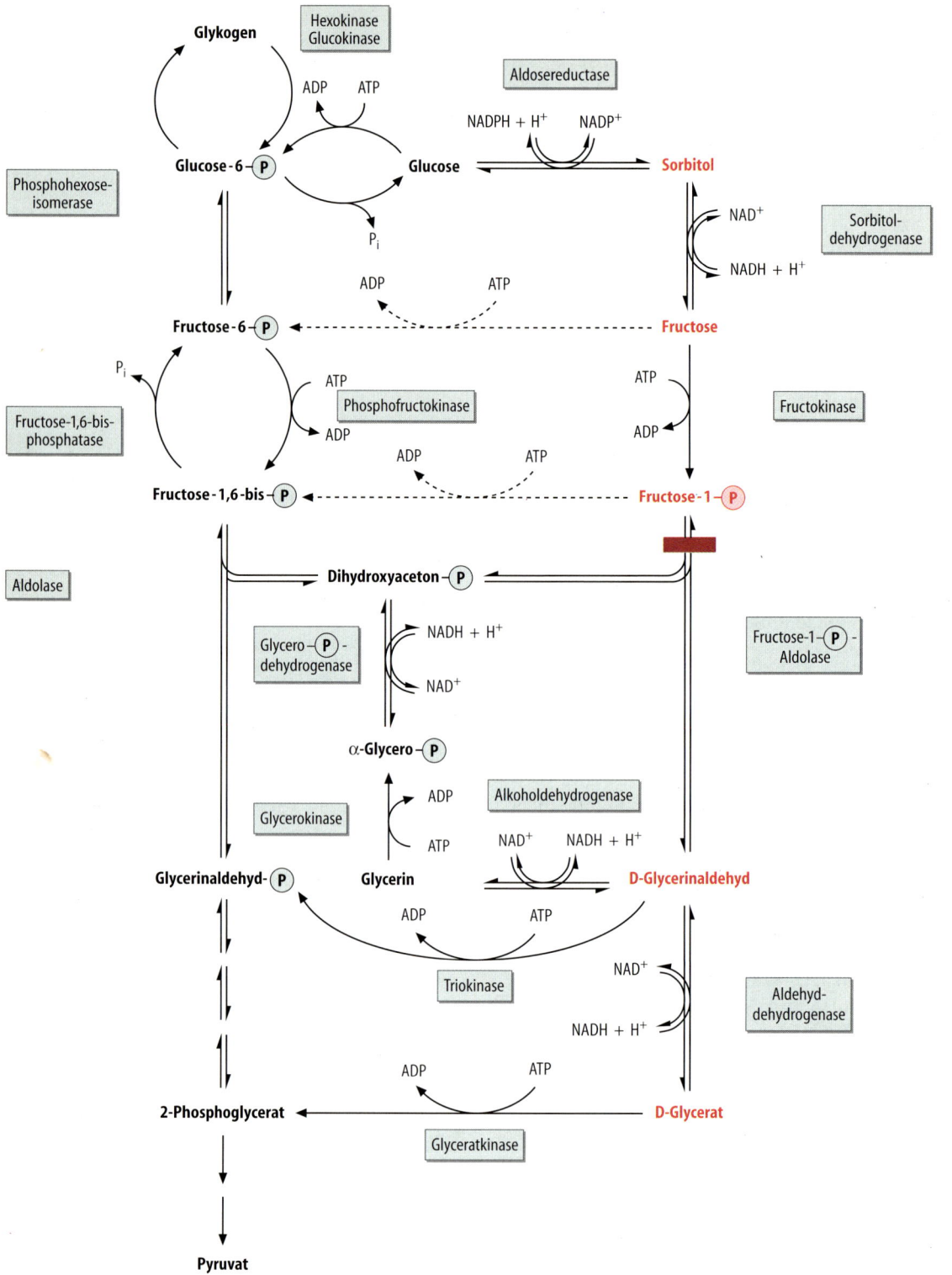

Abb. 15.20 Fructosestoffwechsel der Leber. Die für die Leberzelle typischen Reaktionen des Fructosestoffwechsels sind die durch Fructokinase und Aldolase B katalysierten Reaktionen. Der *rote Balken* gibt den bei hereditärer Fructoseintoleranz vorliegenden Enzymdefekt wieder. Dessen Symptomatik erklärt sich durch den dadurch erfolgenden Anstau von Fructose und Fructose-1-phosphat

15.2 Stoffwechsel von anderen Monosacchariden

15.2.1 Stoffwechsel der Fructose

Die Leber ist das wichtigste Organ für den Fructose-Abbau

Fructose wird in zum Teil beträchtlichen Mengen mit der Nahrung zugeführt, im wesentlichen in Form des Disaccharides *Saccharose* (Speisezucker, Obst). Im Intestinaltrakt wird Saccharose durch die dort lokalisierten **Disaccharidasen** (S. 1011) gespalten und die dabei freigesetzte Fructose nach Resorption über die Pfortader zur Leber transportiert. Sie ist das einzige Organ, das Fructose abbauen kann.

Zunächst wird hierzu das Fructosemolekül durch die **Fructokinase** phosphoryliert, wobei Fructose-1-phosphat entsteht (Abb. 15.20). Die Aktivität der Fructokinase wird im Gegensatz zu Glucokinase nicht durch Hungern oder Hormone beeinflußt. Deshalb wird Fructose auch aus dem Blut diabetischer Patienten mit normaler Geschwindigkeit in die Leber aufgenommen.

Durch die in der Leber und den Nieren vorkommende **Aldolase B** wird Fructose-1-phosphat mit derselben Geschwindigkeit wie Fructose-1,6-bisphosphat gespalten. Die Reaktionsprodukte sind jedoch *D-Glycerinaldehyd* und *Dihydroxyacetonphosphat*.

D-Glycerinaldehyd kann auf drei unterschiedlichen Wegen in die Glykolyse eingeschleust werden. In einer durch das Enzym **Alkoholdehydrogenase** katalysierten Reaktion wird Glycerinaldehyd NADH/H$^+$-abhängig zu *Glycerin* reduziert, welches anschließend mit Hilfe der **Glycerokinase** zu α-*Glycerophosphat* phosphoryliert werden kann. α-Glycerophosphat wird zu *Dihydroxyacetonphosphat* oxidiert. Die zweite Möglichkeit besteht in der Oxidation von Glycerinaldehyd zu *Glycerat* durch die **Aldehyddehydrogenase**. Der Hauptstoffwechselweg für Glycerinaldehyd besteht in der direkten Phosphorylierung zu *Glycerinaldehyd-3-phosphat* durch das Enzym **Triokinase**.

Je nach Stoffwechsellage werden die aus dem Fructoseabbau entstandenen Triosephosphate in der Glykolyse abgebaut oder für die Gluconeogenese verwendet.

Die für den Fructoseabbau benötigten Reaktionen laufen schneller als die Glykolyse ab. Wahrscheinlich ist dies darauf zurückzuführen, daß die durch Glucokinase, Phosphohexoseisomerase und Phosphofructokinase katalysierten Reaktionen umgangen werden.

Eine weitere Möglichkeit des Fructosestoffwechsels besteht darin, daß Fructose-1-phosphat durch das Enzym *1-Phosphofructokinase* in Position 6 phosphoryliert wird, wobei Fructose-1,6-bisphosphat entsteht. Das Enzym ist zwar in Muskel und Leber nachweisbar, spielt jedoch offensichtlich im Stoffwechsel keine große Rolle, weil sonst die **hereditäre Fructoseintoleranz** nicht vorkommen dürfte. Bei diesem sehr seltenen Leiden kommt in Leber und Nieren *Aldolase A* statt Aldolase B vor. Diese Aldolase-Isoform spaltet Fructose-1-phosphat wesentlich langsamer als Fructose-6-phosphat. Nach alimentärer Fructosezufuhr häuft sich infolgedessen in der Leber neben Fructose auch Fructose-1-phosphat an. Dieses hemmt sowohl die Fructose-1,6-Bisphosphatase als auch die Aldolase A, weswegen sowohl der Abbau von Glucose wie auch die Gluconeogenese blockiert werden. Die Patienten leiden infolgedessen an protrahierten hypoglykämischen Zuständen, vor allem nach obsthaltigen Mahlzeiten (S. 421).

In extrahepatischen Geweben kann Fructose aus Glucose gebildet werden

In extrahepatischen Geweben findet nur ein außerordentlich langsamer Fructoseabbau statt. Fructose kann jedoch durch die Enzyme des sogenannten **Polyolwegs** aus Glucose gebildet werden. Dabei katalysiert zunächst das Enzym **Aldosereductase** (Polyoldehydrogenase) die NADPH/H$^+$-abhängige Reduktion von Glucose zu *Sorbitol*. Dieses kann seinerseits durch das Enzym **Ketosereductase** in einer NAD$^+$-abhängigen Reaktion zu *Fructose* oxidiert werden (Abb. 15.21).

In den Samenblasen läuft diese Reaktion mit besonders hoher Geschwindigkeit ab und liefert die dort in beträchtlichen Mengen produzierte Fructose. Da die Biosynthese der beiden Enzyme des Polyolwegs in den Samenblasen unter der Kontrolle von Testosteron steht, erlaubt die Bestimmung der Fructosekonzentration in der Spermaflüssigkeit Rückschlüsse auf die Testosteronproduktion der Testes bzw. die Funktion der Samenblasen.

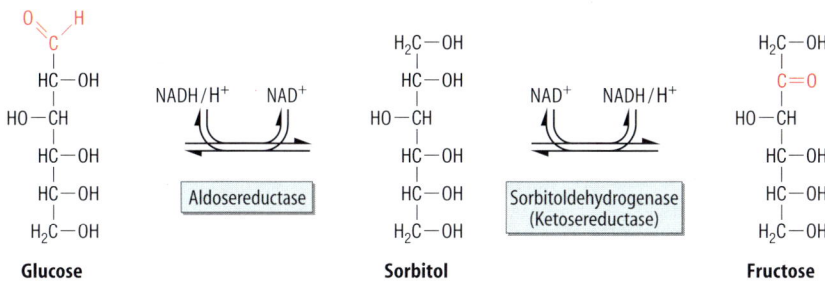

Abb. 15.21 Extrahepatische Synthese von Fructose aus Glucose mit Hilfe der Aldosereductase sowie der Ketosereductase

Die Enzyme des Polyolwegs finden sich außer in den Samenblasen in vielen Insulin-unabhängigen Geweben. So kommt es, daß bei erhöhten Blutglucose-Konzentrationen (Diabetes mellitus) dort über den Polyolweg die Fructosekonzentration ansteigt. Dies spielt eine besondere Rolle im Linsengewebe des Auges. Da Fructose im Gegensatz zu Glucose das Linsengewebe mangels eines entsprechenden Transportsystems nicht mehr verlassen kann, kann der Anstieg der Fructosekonzentration derartige Ausmaße annehmen, daß osmotisch wirksame Konzentrationen erreicht werden. Dies führt zu verstärktem Wassereinstrom in das Linsengewebe mit Schwellung und Störung der optischen Eigenschaften, die letztendlich zum Zustandsbild der *diabetischen Katarakt* (Linsentrübung) führen (S. 809).

15.2.2 Stoffwechsel von Galaktose, Mannose und Aminozuckern

Monosaccharide müssen für viele Stoffwechselreaktionen aktiviert werden

Glucose ist ein wichtiges Substrat zur Deckung des Energiebedarfs verschiedener Gewebe und muß deswegen auch aus Nicht-Kohlenhydrat-Vorstufen synthetisiert werden können. Sie stellt außerdem die Ausgangssubstanz für die Biosynthese der verschiedenen in *Heteropolysacchariden* vorkommenden Monosaccharide bzw. deren Derivate dar. Im wesentlichen handelt es sich dabei um

- Galaktose,
- Mannose,
- Fucose,
- einige Uronsäuren sowie
- die verschiedenen Aminozucker (Abb. 15.22).

Für die vielfältigen Reaktionen, die für die genannten Umwandlungen notwendig sind, müssen die jeweiligen Monosaccharide vorher aktiviert werden. Diese Aktivierung erfolgt durch Reaktion eines Monosaccharid-1-phosphates mit einem Nucleosidtriphosphat (NTP):

Monosaccharid-1-phosphat + NTP $\rightleftharpoons$
NDP-Monosaccharid + Pyrophosphat

Ein Beispiel für eine derartige Reaktion ist die schon besprochene Bildung von UDP-Glucose aus Glucose-1-phosphat und UTP, die bei der Biosynthese von Glykogen und Glucuronsäure benötigt wird (s. Abb. 15.11). Die für solche Reaktionen benötigten Enzyme werden allgemein als *Glykosyl-1-phosphat-Nucleotid-Transferasen* oder *Glykosyl-Pyrophosphorylasen* bezeichnet.

Wie die NTP's enthalten auch NDP-Monosaccharide zwei Bindungen mit hohem Gruppenübertragungspotential, nämlich die Bindung zwischen beiden

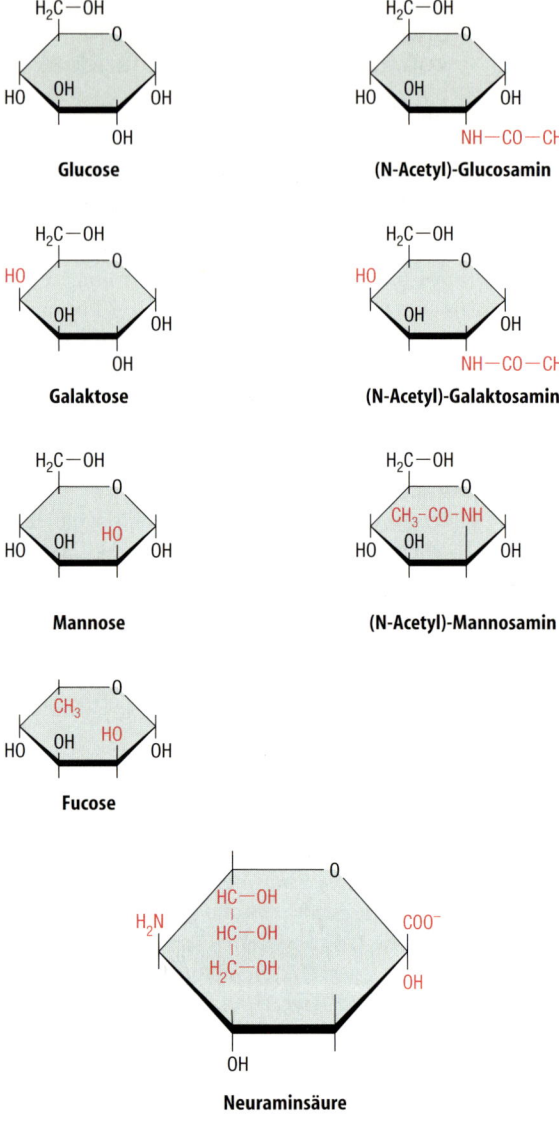

Abb. 15.22 In Heteropolysacchariden vorkommende Monosaccharide, die aus Glucose synthetisiert werden können

Phosphaten sowie die Bindung zwischen dem C-Atom 1 des Monosaccharids und Phosphat. Die Bildung des NDP-Monosaccharids erfolgt demnach in einer frei reversiblen Reaktion. Erst die Hydrolyse des dabei gebildeten Pyrophosphats zu zwei anorganischen Phosphaten mit Hilfe der in jedem Gewebe vorkommenden Pyrophosphatasen verschiebt das Gleichgewicht der Reaktion in Richtung der Biosynthese des aktivierten Zuckers.

In tierischen Zellen ist das bevorzugte Nucleosidtriphosphat zur Zuckeraktivierung das *UTP*. Daneben finden das *GTP* im *Mannosestoffwechsel* (S. 389) und das *CTP* im *Acetylneuraminsäurestoffwechsel* (S. 399) Verwendung.

Auf diese Weise aktivierte Monosaccharide können vielfältige Reaktionen eingehen. Die wichtigsten sind

- Oxidationen,
- Reduktionen,
- Epimerisierungen sowie
- Transfer auf andere Zucker oder Zuckerpolymere.

Galaktose wird nach Aktivierung zu UDP-Galaktose zu UDP-Glucose epimerisiert

Das Hauptkohlenhydrat der Milch ist das Disaccharid *Lactose*. Sein Stoffwechsel ist vor allem beim Säugling und Kleinkind von größter Bedeutung. Wie andere Disaccharide wird Lactose im Intestinaltrakt durch die dort anwesenden **Disaccharidasen** (S. 1011) hydrolytisch gespalten und die der Lactose zugrundeliegenden Monosaccharide *Glucose* und *Galaktose* in die Pfortader resorbiert. Der Galaktoseabbau findet im wesentlichen in der Leber statt (Abb. 15.23). Ähnlich wie Fructose wird Galaktose zunächst durch eine spezifische **Galaktokinase** mit Hilfe von ATP zu *Galaktose-1-phosphat* phosphoryliert, das anschließend mit UDP-Glucose unter Bildung von *UDP-Galaktose* und Glucose-1-phosphat reagiert. Diese durch das Enzym **Galaktose-1-phosphat-Uridyltransferase** vermittelte Reaktion besteht also in einem Austausch von Galaktose und Glucose am Uridindiphosphat. In der Folgereaktion kommt es an der aktivierten Galaktose zur *Epimerisierung* am C-Atom 4. Das hierfür verantwortliche Enzym ist die **UDP-Galaktose-4-Epimerase**. Ihr Produkt ist UDP-Glucose. Die Epimerisierung findet wahrscheinlich über eine NAD$^+$-abhängige Oxidation und Reduktion am C-Atom 4 des Hexosemoleküls statt. Die entstandene UDP-Glucose kann in Glykogen eingebaut und auf dem Weg der Glykogenolyse in den Stoffwechsel eingeschleust werden.

Hereditäre Galaktosämien sind angeborene Störungen des Galaktosestoffwechsels (S. 421). Eine leichtere Form dieser Erkrankungen zeichnet sich durch einen Anstieg der Galaktosekonzentration im Blut aus, weil der Zucker offenbar nicht abgebaut werden kann. Gleichzeitig tritt eine Galaktosurie auf. Die Ursache der Erkrankung liegt in einem Mangel an Galaktokinase. Einen wesentlich schwereren Verlauf der Erkrankung findet man bei einem Mangel der Galaktose-1-phosphat-Uridyl-Transferase. Da die Aktivität der Galaktokinase normal ist, kommt es zu einem Anstieg des Galaktose-1-phosphats. Dieses hemmt die Phosphoglucomutase, Glucose-6-Phosphatase und Glucose-6-Phosphatdehydrogenase, führt also zu einer schweren Störung des Glucosestoffwechsels. Die Betroffenen erkranken unmittelbar nach der Geburt an Erbrechen, Durchfällen, Gewichtsabnahme und Ikterus. Bei Belastung mit Galaktose kommt es zu schweren, protrahierten Hypoglykämien, die auf eine Hemmung der Gluconeogenese zurückzuführen sind. Die Synthese von UDP-Galaktose verläuft bei den Betroffenen ungestört, da die Epimerase in entsprechender Aktivität vorhanden ist. Die Betroffenen sind also auch bei Galaktose-freier Kost, die die einzig erfolgreiche Therapie des Leidens darstellt, zur Synthese der Galaktose-enthaltenden Glykoproteine und Ganglioside befähigt.

Galaktose ist Bestandteil einer Reihe von Heteroglykanen (S. 400). Daraus ergibt sich die Notwendigkeit, diesen Zucker auch dann zur Verfügung zu haben, wenn die Nahrung Galaktose-frei ist. Dies gelingt leicht mit UDP-Glucose, da die durch die UDP-Galaktose-4-Epimerase katalysierte Reaktion reversibel ist.

Von besonderer Bedeutung ist Galaktose für die Lactosesynthese in der lactierenden Milchdrüse. Diese erfolgt durch Übertragung von UDP-Galaktose auf Glucose unter Bildung von Lactose nach der Gleichung:

UDP-Galaktose + Glucose $\longrightarrow$ UDP + Lactose.

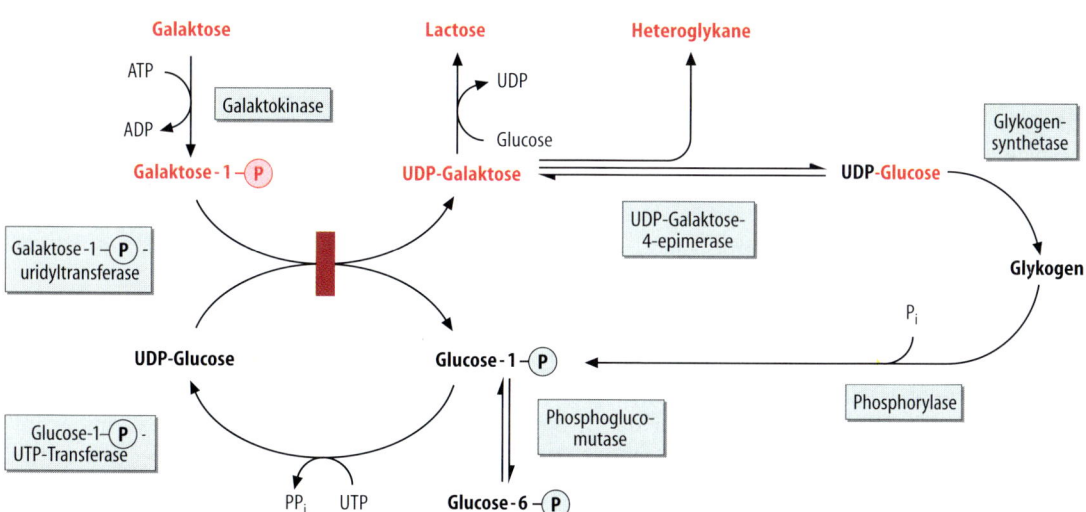

Abb. 15.23 Stoffwechsel der Galaktose. (Einzelheiten s. Text) Der *rote Balken* gibt den Stoffwechseldefekt bei der hereditären Galaktosämie wieder

Das hierfür benötigte Enzym ist die *Lactosesynthase*. Sie ist ein heterodimeres Enzym aus den beiden Untereinheiten A und B. Träger einer Galactosyltransferase-Aktivität ist das Protein A, welches die Reaktion:

UDP-Galaktose + N-Acetylglucosamin $\longrightarrow$
$\qquad$ UDP + N-Acetyllactosamin

katalysiert. Es ist damit ein Bestandteil der Enzymsysteme, welche für die *Heterosaccharidsynthese* (S. 400) verantwortlich sind. Zur Biosynthese von Lactose ist es alleine nicht imstande, weil seine K_M für Glucose als Akzeptor außerordentlich groß ist. Erst zusammen mit der Untereinheit B, dem α-Lactalbumin, wird die Spezifität der Untereinheit A derart modifiziert, daß Glucose als Akzeptor bevorzugt wird. Während der Schwangerschaft werden die Zellen der Milchdrüse durch die Hormone Insulin (S. 789), Cortisol (S. 830) und Prolactin (S. 840) in sekretorische Zellen umgewandelt und dabei die Biosynthese der Untereinheit A induziert. Im Gegensatz dazu wird die Biosynthese der Untereinheit B durch Progesteron gehemmt. Mit dem unmittelbar vor der Geburt einsetzenden Progesteronabfall fällt diese Hemmung fort, so daß mit Beginn der Milchbildung Lactose in benötigtem Umfang synthetisiert werden kann.

Nucleosiddiphosphat-Derivate sind die Zwischenprodukte für die Synthese von Mannose und Fucose

Mannose und Fucose sind wichtige Bestandteile vieler Glykoproteine. Mannose unterscheidet sich von der Glucose durch die Konfiguration am C-Atom 2. Die Mannose-Biosynthese (Abb. 15.24) beginnt deshalb mit der Isomerisierung von Glucose-6-phosphat zu *Fructose-6-phosphat* mit Hilfe des Glykolyseenzyms *Phosphohexose-Isomerase*. Eine zweite Isomerase wandelt jetzt Fructose-6-phosphat wieder in eine Aldose um, wobei sich die sterische Konfiguration am C-Atom 2 so ändert, daß *Mannose-6-phosphat* entsteht. Dieses muß zum Einbau in entsprechende Heteropolysaccharide zunächst zu Mannose-1-phosphat umgewandelt und in einer nachfolgenden Reaktion mit GTP zu GDP-Mannose aktiviert werden. Der Mechanismus gleicht demjenigen der Bildung von UDP-Glucose aus Glucose-6-phosphat.

GDP-Mannose ist nicht nur Substrat für die Biosynthese von Mannose-haltigen Glykoproteinen, sondern auch für die des 6-Desoxyzuckers L-Fucose, der ebenfalls in Glykoproteinen vorkommt (S. 401). Formal ist dieser komplizierte, mehrstufige Prozeß eine mit einer Wasserabspaltung einhergehende Reduktion der CH$_2$OH-Gruppe des C-Atoms 6 zu einer Methylgruppe (Abb. 15.24):

GDP-D-Mannose + NADPH + H$^+$ $\longrightarrow$
$\qquad$ GDP-L-Fucose + NADP$^+$ + H$_2$O

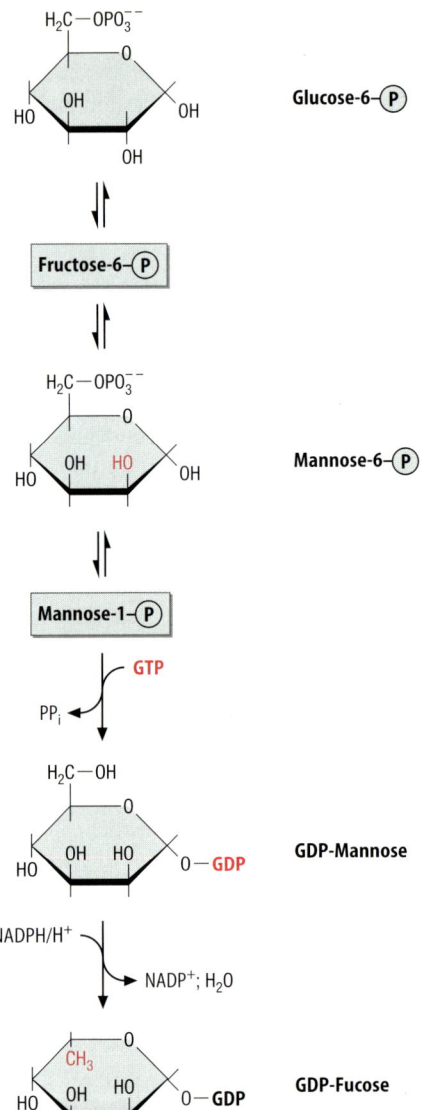

Abb. 15.24 Biosynthese von GDP-Mannose und GDP-Fucose aus Glucose-6-phosphat. (Einzelheiten s. Text)

Die NH$_2$-Gruppe der Aminozucker wird durch Glutamin bereitgestellt

Sowohl in Glykosaminoglykanen als auch in Glykoproteinen kommen häufig Monosaccharide mit Aminogruppen vor, die meist zusätzlich acetyliert sind. Diese befinden sich immer am C-Atom 2 des zugrundeliegenden Monosaccharids. Die Grundzüge der Biosynthese dieser Aminozucker sind in Abb. 15.25 zusammengestellt. Da es sich um eine Substitution am C-Atom 2 handelt, beginnt die Biosynthese immer mit der Isomerisierung von Glucose-6-phosphat zu Fructose-6-phosphat. Dieses reagiert anschließend mit dem Amid-Stickstoff des Glutamins unter Bildung von *Glucosamin-6-phosphat*. Wahrscheinlich bildet sich als Zwischenprodukt eine Schiff-Base zwischen dem Car-

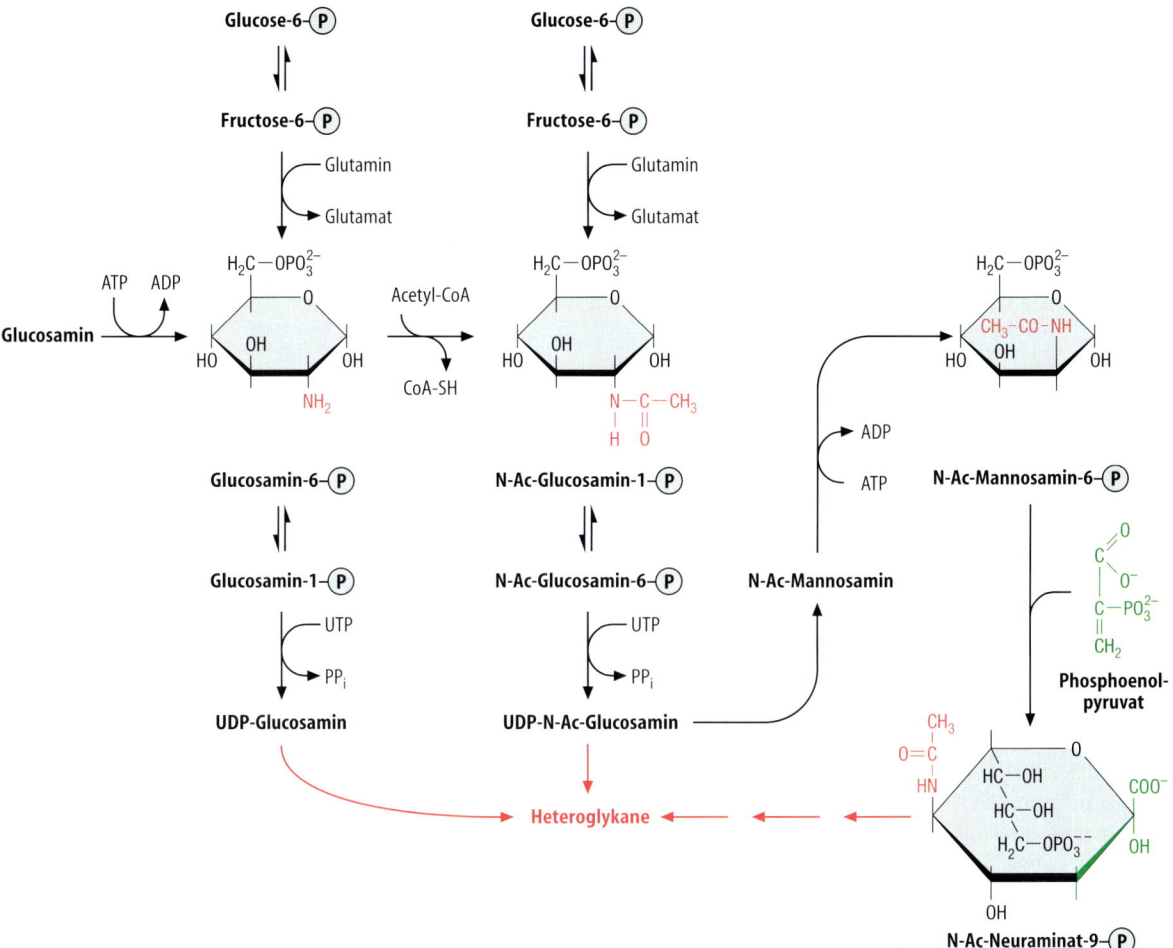

Abb. 15.25 Biosynthese und Stoffwechsel von Glucosamin, N-Acetylglucosamin, Mannosamin und N-Acetylmannosamin sowie N-Acetylneuraminsäure. (Einzelheiten s. Text)

bonyl-C-Atom der Fructose und dem Amid-N-Atom des Glutamins aus. Eine zweite Möglichkeit der Glucosamin-6-phosphat-Biosynthese besteht in der direkten Phosphorylierung von Glucosamin. Durch Acetylierung mit Acetyl-CoA entsteht aus Glucosamin-6-phosphat das *N-Acetylglucosamin-6-phosphat*.

Die weiteren Reaktionen beider Verbindungen verlaufen analog den schon beim Stoffwechsel von Mannose und Fucose besprochenen Reaktionen (S. 398). Nach Umlagerung der Phosphatgruppe auf das C-Atom 1 erfolgt die Reaktion mit UTP unter Bildung von *UDP-Glucosamin* bzw. *UDP-N-Acetylglucosamin*, womit beide Aminozucker für die Heteropolysaccharid-Biosynthese bereitstehen. Durch eine spezielle *Epimerase* entsteht aus UDP-N-Acetylglucosamin das *UDP-N-Acetylgalaktosamin*.

Auch die Biosynthese der **N-Acetylneuraminsäure** (Sialinsäure, S. 127) nimmt vom UDP-N-Acetyl-Glucosamin ihren Ausgang. Dieses wird zunächst unter Abspaltung von UDP in *N-Acetylmannosamin* umgewandelt, das sich vom N-Acetylglucosamin durch die Konfiguration am C-Atom 2 unterscheidet. Durch ATP-

abhängige Phosphorylierung entsteht *N-Acetylmannosamin-6-phosphat*, das anschließend mit Phosphoenolpyruvat reagiert. Dabei addiert sich das nach Phosphatabspaltung entstehende Enolation des Pyruvats an das Carbonyl-C-Atom des N-Acetylmannosamin-6-phosphats, so daß *N-Acetylneuraminat-9-phosphat* entsteht. Dieses wird analog zu schon geschilderten Reaktionen diesmal mit CTP zu *CMP-N-Acetylneuraminat* aktiviert und steht damit der Glykoprotein-Biosynthese zur Verfügung (S. 400).

15.3 Biosynthese der Heteroglykane

15.3.1 Allgemeine Prinzipien

Im Gegensatz zur Biosynthese von Nucleinsäuren (Kapitel 9,10) oder Proteinen (Kapitel 11) erfolgt die Biosynthese der Heteroglykane nicht nach einem in einer Matrize (DNA für Nucleinsäuren oder mRNA für Proteine) codierten Plan. Sie beginnt vielmehr mit der Anheftung des ersten Glykosylrestes, der dazu in *Nucleosiddiphos-*

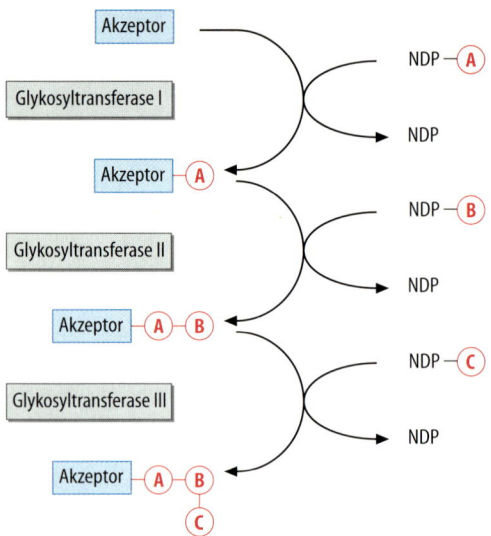

Abb. 15.26 Schema der Heteropolysaccharidbiosynthese. An einen Akzeptor wird mit Hilfe der ersten Glykosyltransferase das innerste Monosaccharid der wachsenden Polysaccharidkette geheftet. Weitere Glykosyltransferasen mit jeweils verschiedener Spezifität übernehmen die Verknüpfung mit den nächsten Monosaccharidresten

phat-aktivierter Form vorliegen muß, an einen Akzeptor (Abb. 15.26). Die hierfür nötige Glykosyltransferase hat jeweils die nötige Spezifität hinsichtlich des Akzeptors sowie des Nucleosiddiphosphatzuckers. Weitere Glykosyltransferasen mit jeweils genau erforderlichen Spezifitäten übernehmen danach die schrittweise Verlängerung der wachsenden Kohlenhydratkette.

15.3.2 Biosynthese der Glykoproteine

In Glykoproteinen kommen zwei Typen von Sacchariden vor. Zum größeren Teil sind sie über *N-glykosidische Bindungen* mit einem Asparaginylrest des Glykoproteins verknüpft, zum kleineren Teil über *O-glykosidische Bindungen* mit Seryl- bzw. Threonyl-Resten.

Die N-glykosidisch an Glykoproteine gebundenen Saccharidketten werden an einem Lipidanker synthetisiert

Ein großer Teil der in tierischen Organismen vorkommenden N-glykosidisch verknüpften Glykoproteinen ist vom **komplexen Typ** (S. 129). Die Biosynthese dieser stark verzweigten Strukturen erfolgt in einem zweistufigen Prozeß am endoplasmatischen Reticulum sowie im Golgi-Apparat.

An den Membranen des endoplasmatischen Reticulums wird die innere Kernregion (Core-Region) der Saccharidkette zusammengesetzt. Mechanistisch beruht sie auf der schrittweisen Anheftung Nucleosiddiphosphat-aktivierter Zucker an einen Akzeptor. Die-

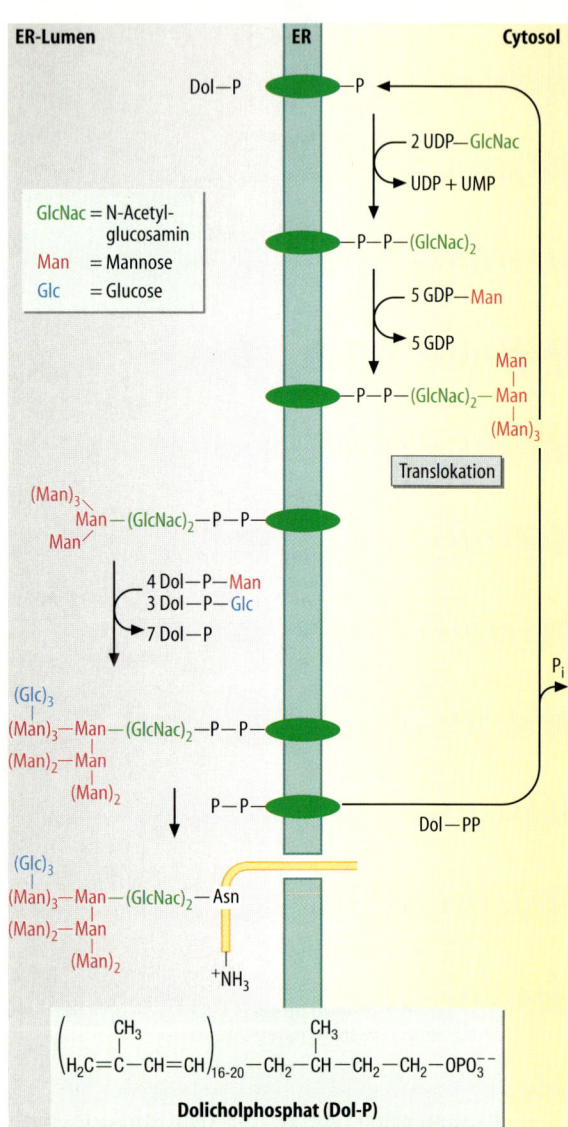

Abb. 15.27 Biosynthese der in Glykoproteinen vorkommenden Heterosaccharide an Dolicholphosphat als Lipidanker. In den Membranen des endoplasmatischen Reticulums wird an Dolicholphosphat als Lipidanker die dargestellte Heterosaccharidstruktur synthetisiert. Für jeden Verknüpfungsschritt sind besondere Glykosyltransferasen notwendig. Der biologische Vorteil dieses Verfahrens besteht offensichtlich darin, die wachsende Saccharidkette mit dem Dolicholphosphatrest in der Lipidphase der Membran zu verankern. (Einzelheiten s. Text)

ser ist allerdings zunächst nicht das jeweilige Protein, sondern das Isoprenderivat **Dolicholphosphat** (S. 142), welches für eine Verankerung der wachsenden Saccharidkette in den Membranen des endoplasmatischen Reticulums sorgt. Die im Rahmen dieser Biosynthese stattfindenden Vorgänge sind schematisch in Abb. 15.27 dargestellt. Dolicholphosphat ist dabei so in die Membran des endoplasmatischen Reticulums integriert, daß der Phosphatrest auf die cytosolische Seite ragt. An diese Phosphatgruppe wird zunächst ein aus UDP-GlcNAc stammendes N-Acetyl-glucosamin-1-phosphat

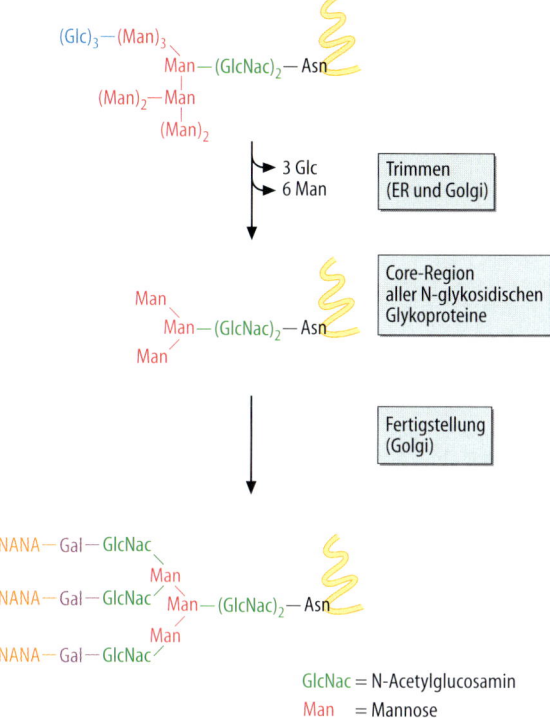

(Glc)$_3$—(Man)$_3$
    Man—(GlcNac)$_2$—Asn
(Man)$_2$—Man
    (Man)$_2$

→ 3 Glc
→ 6 Man

Trimmen
(ER und Golgi)

Man
    Man—(GlcNac)$_2$—Asn
Man

Core-Region
aller N-glykosidischen
Glykoproteine

Fertigstellung
(Golgi)

NANA—Gal—GlcNac
            Man
NANA—Gal—GlcNac   Man—(GlcNac)$_2$—Asn
            Man
NANA—Gal—GlcNac

GlcNac = N-Acetylglucosamin
Man   = Mannose
Gal   = Galaktose
NANA   = N-Acetylneuraminsäure

Abb. 15.28 Prozessierung N-glykosidisch verknüpfter Heterosaccharidreste an Glykoproteinen. Dieser auch als Trimmen bezeichnete Schritt findet während der Passage des Glykoproteins vom endoplasmatischen Reticulum durch die Zisternen des Golgi-Apparates statt. Schrittweise werden Glucose- und Mannosereste entfernt, so daß schließlich eine Kernregion übrig bleibt, an die hauptsächlich im medialen und trans-Golgi-Apparat die für das jeweilige Glykoprotein typischen peripheren Saccharidreste angeheftet werden

geknüpft, so daß ein N-Acetylglucosaminyl-pyrophosphoryl-Dolichol (Dol-PP-GlcNAc) entsteht. In den nächsten Schritten werden an dieses ein weiteres GlcNAc sowie fünf Mannosereste angeheftet, wobei die Nucleosiddiphosphat-aktivierte Form des jeweiligen Zuckers das Substrat darstellt. In einem in seinen Einzelheiten noch nicht verstandenen Schritt erfolgt anschließend eine Translokation des Dol-PP-Saccharides, so daß der Pyrophosphat-Rest mit der angehefteten Saccharidkette jetzt ins Lumen des endoplasmatischen Reticulums ragt. Hier erfolgt die Anheftung weiterer Saccharidketten aus Mannose-bzw. Glucoseresten. Auch diese werden zunächst einzeln mit Hilfe ihrer Nucleosiddiphosphatderivate an einem Dolicholphosphat-Rest aufgebaut und von diesem auf die bereits bestehende Saccharidkette übertragen. Nachdem diese fertiggestellt ist, wird sie in einem Schritt auf einen spezifischen Asparaginylrest der Polypeptidkette übertragen. Das hierfür verantwortliche membrangebundene Enzym erkennt die Aminosäuresequenz **Asn-X-Ser/Thr** in Proteinen. Es besteht allerdings Grund zu der Annahme, daß noch weitere Strukturelemente das

Erkennen der Anknüpfungssequenz erleichtern. Von dem während der Übertragungsreaktion entstehenden Dolicholpyrophosphat wird Phosphat abgespalten, der Dolichyl-Rest wird in der Membran transloziert und steht damit dem nächsten Cyclus zur Verfügung.

Noch in den Membranen des endoplasmatischen Reticulums, mehr aber im Golgi-Apparat, erfolgt nun das sogenannte *Trimmen* des noch unfertigen Glykoproteins (Abb. 15.28). Es beginnt mit der schrittweisen Entfernung von Glucose- und Mannoseresten, so daß schließlich eine Kernregion übrig bleibt, die nur noch N-Acetylglucosamin- und Mannosereste trägt. An diese werden nun, hauptsächlich im medialen und trans-Golgi-Apparat, mit Hilfe spezifischer Glykosyltransferasen die für das jeweilige Glykoprotein typischen peripheren Saccharidreste angeheftet. Im einzelnen handelt es sich um N-Acetylglucosamin-, Galaktose-, Fucose- oder Sialinsäurereste.

O-glykosidisch an Glykoproteine geknüpfte Saccharidketten werden im Golgi-Apparat schrittweise aufgebaut

Die Biosynthese O-glykosidisch verknüpfter Glykoproteine erfolgt anders als bei den N-glykosidisch verknüpften Glykoproteinen *posttranslational* in den Zisternen des Golgi-Apparates. Ein lipidgebundenes Saccharid als Zwischenstufe ist hier nicht beteiligt, die Anheftung der Glykosylreste erfolgt mit Hilfe jeweils spezifischer *Glykosyltransferasen* zunächst auf den betreffenden Seryl- bzw. Threonylrest der Peptidkette, danach auf das wachsende Saccharid. Substrate sind in jedem Fall die Nucleosiddiphosphat-Derivate der jeweiligen Zucker.

15.3.3 Biologische Bedeutung der Proteinglykosylierung sowie der Glykoproteine

Die Glykosylierung von Proteinen ist die häufigste Proteinmodifikation. Glykoproteine kommen besonders in eukaryoten Zellen vor, finden sich aber auch in Archaebakterien und Viren. Sie sind überwiegend *sezernierte Proteine* bzw. *Membranproteine*, wobei dann der Kohlenhydratanteil auf die extrazelluläre Seite zeigt.
Die von Glykoproteinen ausgeübten Funktionen sind vielfältig. So sind mit Ausnahme des Albumins alle im *Plasma* vorkommenden Proteine Glykoproteine. Sie dienen als *Immunglobuline* der körpereigenen Abwehr, als *Transportmoleküle* für Vitamine, Lipide usw., als *Hormone* sowie als enzymatisch aktive Bestandteile des *Blutgerinnungs-, Fibrinolyse-* oder *Komplementsystems*. Glykoproteine sind in Form des *Kollagens* bzw. *Elastins* wichtige Bestandteile der **extrazellulären Matrix** und wirken in Form von *Mucinen* als Schmiermittel sowie wichtiger Schutzfaktor auf epithelialen Ober

flächen. Außerordentlich vielfältig sind schließlich die Funktionen der *Membranglykoproteine.* Sie bilden *Rezeptoren* für extracelluläre Liganden, z.B für Hormone, und vermitteln viele und komplexe *Zell-Zell-Wechselwirkungen,* z.B. als Bestandteile der Histokompatibilitäts-Antigene.

Im allgemeinen wird die biologische Aktivität von Glykoproteinen durch ihren Proteinanteil bestimmt. Obwohl die Biosynthese der Heteroglykan-Bestandteile von Glykoproteinen vom Organismus einen außerordentlichen Aufwand verlangt (für jede glykosidische Verbindung wird ein besonderes spezifisches Enzym benötigt), weiß man über die eigentlichen Funktionen des Saccharidanteils von Glykoproteinen noch relativ wenig. Gesichert ist die Tatsache, daß die Zusammensetzung der Zuckerkette über das Schicksal der Plasmaglykoproteine entscheidet. Diese tragen im allgemeinen terminale *N-Acetylneuraminsäurereste.* Werden diese entfernt, so werden die betreffenden Glykoproteine sehr rasch von der Leber aufgenommen und abgebaut, da Hepatocyten einen spezifischen Rezeptor für Saccharidketten mit einem terminalen Galactoserest besitzen, den sog. *Asialoglykoproteinrezeptor.* Da Galactose immer auf Sialinsäurereste folgt, er-

kennen also Hepatocyten sialinfreie Glykoproteine und binden diese an den Rezeptor, was zur Internalisierung und zum Abbau führt.

Auch an der biologischen Aktivität von Glykoproteinhormonen sind offensichtlich die Kohlenhydratketten beteiligt. Entfernt man beispielsweise durch Behandlung mit konzentrierter Fluorwasserstoffsäure oder enzymatisch die Kohlenhydratketten des *Choriongonadotropins* (S. 849), so verhält sich das deglykosilierte Hormon zwar noch gegenüber den entsprechenden Antikörpern wie ein natives Hormon und bindet mit derselben Kinetik und Affinität an die spezifischen Rezeptoren der Zielzellen. Es zeigt jedoch keinerlei biologische Wirkung mehr und ist beispielsweise nicht imstande, in den Zielzellen die cAMP-Konzentration zu steigern, was zum Wirkungsspektrum des nativen Hormons gehört. Ähnliche Untersuchungen sind mit dem *thyreotropen Hormon* (S. 820) durchgeführt worden und haben zu vergleichbaren Ergebnissen geführt.

Offensichtlich sind spezifische Erkennungsregionen auf Oligosaccharidketten von Proteinen auch wichtig für die Verteilung synthetisierter Proteine auf intracelluläre Organellen (S. 191). So werden Glykoproteine, die als äußersten Zucker einen *Mannose-6-phosphatrest* tragen, in Lysosomen aufgenommen. Fehlt beispielsweise aufgrund eines hereditären Enzymdefekts bei einer eigentlich lysosomalen Hydrolase der entsprechende Mannose-6-phosphatrest, so wird dieses Protein nicht in die Lysosomen aufgenommen, sondern in großem Umfang von den entsprechenden Zellen sezerniert (I-Zellenkrankheit, S. 751).

Lektine sind zelluläre Proteine, die spezifische Kohlenhydratstrukturen erkennen und binden können. Sie wurden ursprünglich in Pflanzen entdeckt, kommen jedoch in beträchtlichem Umfang auch in tierischen Zellen vor. Eine besonders gut untersuchte Gruppe von Lektinen sind die sogenannten *Selektine.* Diese sind vor allem auf Endothelien vorkommende Glykoproteine, die eine extrazelluläre Lektindomäne tragen (Abb. 15.29). Diese erkennt und bindet spezifische, auf Leukocyten bzw. Lymphocyten vorkommende, protein- bzw. lipidgebundene Kohlenhydratketten. Damit wird eine Bindung der entsprechenden Zellen an die Endothelien ausgelöst, was beispielsweise eine wichtige Rolle bei Entzündungsreaktionen spielt (S. 883).

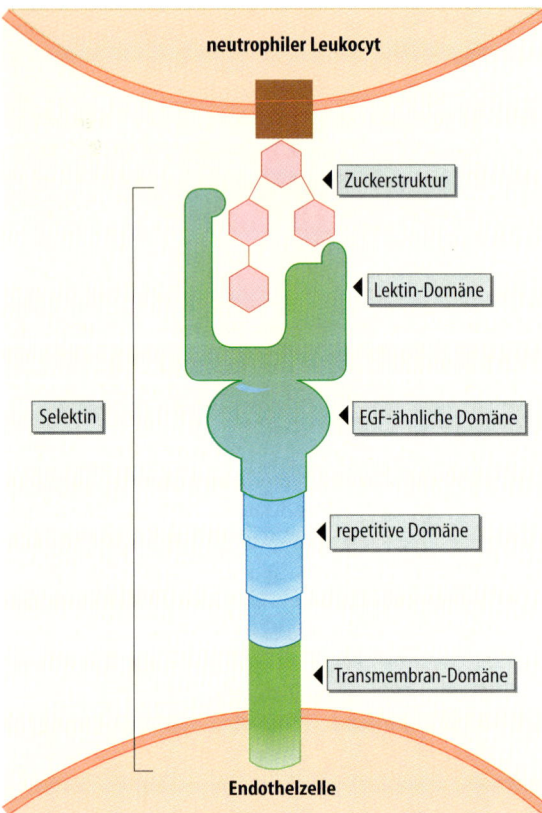

Abb. 15.29 Funktion von Selektinen bei der Bindung von Lymphocyten oder Granulocyten an Endothelzellen. Selektine sind integrale Membranproteine von Endothelzellen, welche eine Lektin-Domäne enthalten, die spezifische Zuckerstrukturen auf der Zelloberfläche von Granulocyten oder Lymphocyten erkennt und bindet

15.3.4 Penicillin und die Glykopeptidbiosynthese der bakteriellen Zellwand

Penicillin (Abb. 15.30) wurde 1928 von Alexander Fleming entdeckt. Es wird von dem Mikroorganismus Penicillium notatum synthetisiert und Fleming fand, daß es ein außerordentlich wirkungsvoller Hemmstoff des

Wachstums vor allem *gram-positiver Bakterien* ist. Mehr als zehn Jahre später gelang seine Isolierung und Anreicherung und kurze Zeit danach erfolgte sein medizinischer Einsatz bei der Bekämpfung von Erkrankungen, die durch gram-positive Bakterien ausgelöst werden. Damit ist Penicillin das erste Antibiotikum, welches zur Bekämpfung von Infektionskrankheiten eingesetzt werden konnte.

Bakteriologische Untersuchungen zeigten sehr rasch, daß der bakteriostatische Effekt des Penicillins auf einer Hemmung der Biosynthese der bakteriellen Zellwand beruht. Diese auch als *Murein* (S. 130) bezeichnete Struktur stellt ein netz- oder käfigartiges Makromolekül mit Glykopeptidstruktur dar. Es besteht aus einer linearen Kette eines repetitiven Disaccharids, bei dem jeder zweite Zucker ein Tetrapeptid trägt. Diese Tetrapeptide sind über Pentaglycinbrücken miteinander verknüpft (Abb. 15.31a).

Wie Jack Strominger zeigen konnte, hemmt Penicillin die letzte Reaktion der Biosynthese dieser Zellwand, nämlich die *Quervernetzung* des C-Terminus der an die Zuckereinheiten gehefteten Tetrapeptide mit dem N-Terminus der Pentaglycinbrücken. Mechanistisch beruht diese durch das Enzym *Glykopeptid-Transpeptidase* katalysierte Reaktion darauf, daß das Enzym, welches einen für die Katalyse essentiellen Serylrest besitzt, in einem ersten Teilschritt die Peptidbindung zwischen zwei D-Alaninresten des an die Zuckerkette geknüpften Peptids angreift, so daß sich unter Abspaltung des terminalen D-Alanins ein Acyl-Enzym-Zwischenprodukt bildet. In einem zweiten Teilschritt wird nun die dabei entstandene Esterbindung zwischen Alanin und Enzym durch die terminale Aminogruppe des Pentaglycins gespalten, wobei das Enzym regeneriert und die die Quervernetzung bildende Peptidbindung gebildet wird (Abb. 15.31b).

Penicillin ist ein außerordentlich wirksamer Inhibitor der Glykopeptid-Transpeptidase. Der für alle Penicillin-Antibiotika typische, sehr reaktive *β-Lactamring* ähnelt in seiner Raumstruktur der terminalen D-Ala-D-Ala-Einheit. Aus diesem Grund ist das Penicillin ein gutes Substrat der Glykopeptid-Transpeptidase. Mit Hilfe ihrer reaktiven OH-Gruppe spaltet sie den β-Lactamring und bildet einen *Penicilloyl-Enzym-Komplex,* der die Glykopeptidtranspeptidase irreversibel inaktiviert und damit die Biosynthese der bakteriellen Zellwand verhindert (Abb. 15.32).

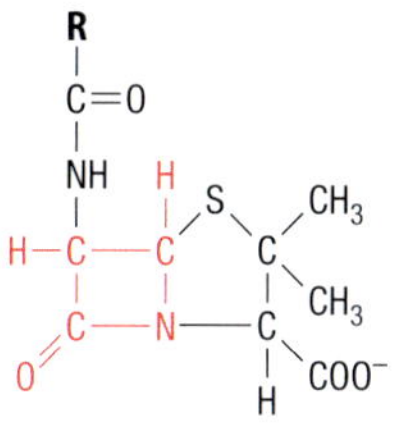

15.4 Umsatz der Glucose im Organismus

15.4.1 Glucoseproduktion und Glucoseverbrauch

Glucose hat mit einer Halbwertszeit von 15–20 min einen sehr raschen Umsatz. In Anbetracht der Vielfalt der Stoffwechselmöglichkeiten der Glucose sowie der Tat-

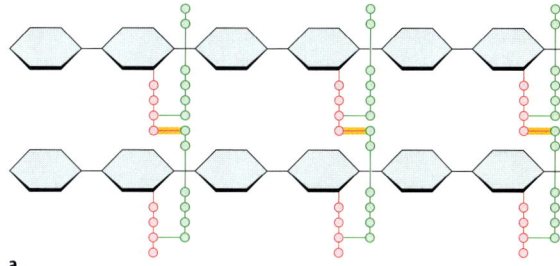

Abb. 15.30 Strukturformel des Antibiotikums Penicillin. Penicillin besteht aus einem Thiazolidinring, an den ein viergliedriger *β*-Lactamring geknüpft ist. Dieser trägt zusätzlich eine variable Gruppe, z. B. eine Benzylgruppe beim Benzyl-Penicillin

Abb. 15.31 a, b Mechanismus der Biosynthese des Mureinmoleküls. **a** Das Mureinmolekül ist ein Glykopeptid und besteht aus einer linearen Sequenz eines repetitiven Disaccharids. An jeden zweiten Zucker ist ein Tetrapeptid geknüpft. Die Tetrapeptide sind über Pentaglycinketten verknüpft. Diese Quervernetzung stellt den letzten Schritt der Mureinbiosynthese dar. **b** Für die Quervernetzung ist die Glykopeptid-Transpeptidase verantwortlich. Das Enzym reagiert zunächst mit den an die Zuckerreste geknüpften Peptiden, die terminal einen Dialanylrest tragen. Die die beiden Alaninreste verknüpfende Peptidbindung wird durch das Enzym unter Bildung eines Acylenzym-Zwischenproduktes gespalten, das wiederum durch die Aminogruppe des Pentaglycinpeptides unter Bildung der Quervernetzung angegriffen wird

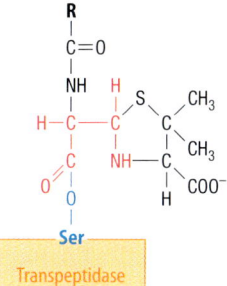

Abb. 15.32 Struktur des enzymatisch inaktiven Penicilloyl-Enzym-Komplexes. Dieser Komplex kann nicht mehr gespalten werden, so daß das Enzym irreversibel inaktiviert wird

sache, daß die alimentäre Kohlenhydratzufuhr nicht etwa gleichmäßig über den Tag verteilt, sondern vielmehr stoßweise im Verlauf einer oder einiger weniger Mahlzeiten erfolgt, ist die Konstanz der Glucosekonzentration in der extrazellulären Flüssigkeit erstaunlich. Bei ausgewogener Ernährung schwankt sie zwischen *5 und 6 mmol/l* (80 und 120 mg/100 ml). Diese Tatsache ist nicht nur von allgemein biologischem Interesse, sondern erfordert auch die Aufmerksamkeit des Mediziners, da einige der klassischen Stoffwechselkrankheiten mit einer Störung im Bereich der Glucosehomöosthase einhergehen (z. B. Diabetes mellitus, S. 806).

Die Konstanz der Blutglucose-Konzentration resultiert aus einem fein abgewogenen Gleichgewicht zwischen Glucose-liefernden und Glucose-verbrauchenden Reaktionen.

Exogene Glucosezufuhr und endogene Glucoseproduktion liefern Glucose zur Aufrechterhaltung der Blutglucosekonzentration

In Tabelle 15.3 sind die wichtigsten Glucose-liefernden Reaktionen den Glucose-verbrauchenden gegenübergestellt. Bei den ersteren ist zu unterscheiden zwischen exogener Glucosezufuhr und endogener Glucosebildung entweder durch Abbau von *Glykogen* oder durch *Gluconeogenese*. Bei ausgewogener Ernährung ist die täglich zuzuführende Kohlenhydratmenge vom Körpergewicht und der zu leistenden Arbeit abhängig, sollte jedoch etwa *45–50 %* des täglichen Energiebedarfs betragen. Ein 70 kg schwerer Mann sollte infolgedessen bei mittelschwerer Arbeit täglich etwa *300 g* Kohlenhydrate zu sich nehmen. Der größte Teil der Nahrungskohlenhydrate besteht normalerweise aus *Stärke*. Im Fleisch enthaltenes Glykogen ist im allgemeinen während der Lagerung vollständig abgebaut worden. Nur ein verhältnismäßig geringer Teil der Nahrungskohlenhydrate wird in Form von Saccharose – bei Ernährung mit Früchten – oder von Lactose bei Milchernährung zugeführt. Mit Ausnahme der *Fructo-*

se (S. 395) werden alle Nahrungskohlenhydrate vor ihrem Eintritt in den Intermediärstoffwechsel in Glucose umgewandelt.

Auf die Glucosesynthese aus endogenen Quellen greift der Organismus dann zurück, wenn die alimentäre Kohlenhydratzufuhr zu gering ist oder vollständig fehlt. Zunächst kommt für diesen Vorgang das in den Körperzellen gespeicherte Glykogen infrage, das zu Glucose-6-phosphat abgebaut und in der Glykolyse verstoffwechselt wird oder im Fall von Leber und Nieren als Glucose in das Blut freigesetzt werden kann (S. 385). Die Glykogenkonzentration in Leber, Nieren und Muskulatur schwankt innerhalb eines weiten Bereiches und ist sehr stark vom Ernährungszustand sowie von endokrinen Einflüssen abhängig (s. u.). Maximal können in der Leber *150 g Glykogen* (Glykogenkonzentration 100 mg/g Leber, Lebergewicht 1,5 kg) sowie in der Muskulatur *250 g Glykogen* (Glykogenkonzentration 10 mg/g Muskulatur, Muskelmasse 25 kg) gespeichert werden. Der Glykogengehalt der anderen Körperzellen fällt demgegenüber nicht ins Gewicht.

Von diesen 400 g Glykogen ist jedoch nur der in der Leber enthaltene Glykogenvorrat unmittelbar für die Aufrechterhaltung der Glucosekonzentration im Blut verfügbar, da nur die Leber über ausreichende Aktivitäten an *Glucose-6-phosphatase* verfügt. Das Muskelglykogen kann infolge Fehlens dieses Enzyms nicht zu Glucose abgebaut werden, sondern dient der Bereitstellung von Energie für den Kontraktionsvorgang.

Bei plötzlich notwendiger maximaler Arbeitsleistung durch die Muskelzelle reicht die Sauerstoffzufuhr nicht mehr zur vollständigen Oxidation der Glucose aus. In diesem Fall wird Glucose lediglich bis zum Lactat abgebaut. Dieses wird dann in großen Mengen von der Muskulatur abgegeben und gelangt auf dem Blutweg zur Leber, wo es im Zug der Gluconeogenese wieder zu Glucose resynthetisiert wird. Da diese wiederum der Muskulatur als Brennstoff zur Verfügung gestellt werden kann, ergibt sich ein Kreislauf des Glucosekohlenstoffs zwischen Muskelzelle und Leber, der nach seinem Erstbeschreiber Carl Cori als *Cori-Cyclus* bezeichnet wird (Abb. 15.33). Eine Variante dieses Cyclus besteht darin, daß im Verlauf der Glykolyse in der Muskulatur gebildetes Pyruvat durch Transaminierung in die Aminosäure Alanin überführt wird (Alanincyclus, S. 405). Ähnlich wie Lactat gelangt dieses über den Blutweg zur Leber, wo es ebenfalls der Gluconeogenese dient. Da beim Abbau von Glucose zu Lactat bzw. Alanin das Kohlenstoffskelett der Glucose weitgehend erhalten bleibt, trägt auch das in der Muskelmasse enthaltene Glykogen auf diese Weise zur Glucosebildung für den Organismus bei. Unter optimalen Bedingungen können also aus den Glykogenvorräten des Organismus etwa 350 g Glucose gebildet werden, was gerade dem 24-h-Bedarf bei mittelschwerer Arbeit entspricht.

Da die in der extrazellulären Flüssigkeit enthaltene Glucosemenge von insgesamt 15–17 g mengenmäßig keine große Rolle spielt, würden bei Wegfall von

Tabelle 15.3 Übersicht über glucoseliefernde und glucoseverbrauchende Reaktionen des menschlichen Organismus

Glucoselieferung	*Glucoseverbrauch*
Nahrung: ca. 300 g/Tag	Obligater Verbrauch durch Nervengewebe, Nierenmark und Erythrocyten: ca. 200 g/Tag
Bei Fehlen von alimentären Kohlenhydraten: Glykogenolyse: ca. 400 g/Tag Gluconeogenese: ca. 200 g/Tag	Fakultativer Verbrauch durch Leber, Muskulatur und Fettgewebe: je nach alimentärem Angebot

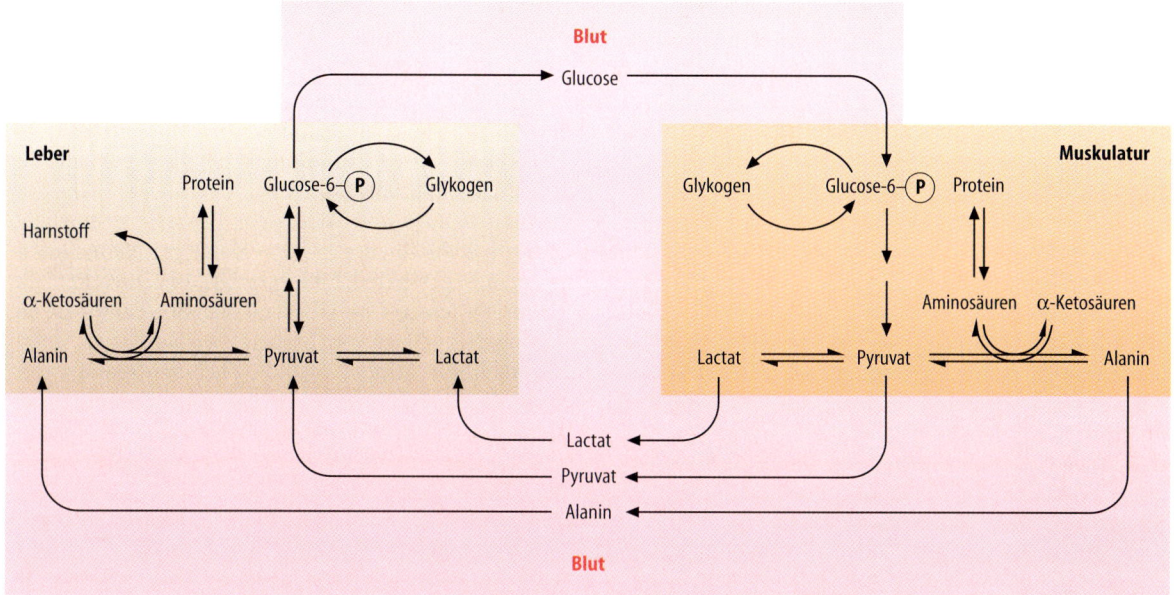

Abb. 15.33 Cori-Cyclus und Alanin-Cyclus. In der Muskulatur wird durch Glykolyse Glucose zu Pyruvat bzw. Lactat abgebaut. Diese verlassen, evtl. nach Transaminierung zu Alanin, die Muskelzellen und gelangen auf dem Blutweg zur Leber, wo sie als Substrate für die Gluconeogenese dienen. Durch Gluconeogenese entstandene Glucose wird von der Leberzelle an das Blut abgegeben und dient in der Muskulatur wieder als Substrat zur Deckung des Energiebedarfs

Nahrungskohlenhydraten die endogenen Vorräte also nur etwa 24 Stunden zur Deckung des Energiebedarfs ausreichen. Der Mensch kann jedoch ebenso wie viele andere Großsäuger Fastenperioden von mehreren Tagen bis Wochen ohne ein gefährliches Absinken der Blutglucosekonzentration ertragen. In diesen Fällen übernimmt die *Gluconeogenese* die Deckung der Glucoseversorgung. Tatsächlich können Leber und Nieren durch Gluconeogenese den gesamten Kohlenhydratbedarf des Menschen, der bei absoluter Nahrungskarenz bei normalgewichtigen Erwachsenen etwa 200 g/Tag beträgt, decken. Die Glucoseneusynthese geht zum größeren Teil von *glucogenen Aminosäuren* aus, die durch Proteolyse im wesentlichen in der Muskulatur entstehen. Daneben spielen das bei der Lipolyse im Fettgewebe freiwerdende Glycerin sowie Lactat und Alanin aus der Muskulatur eine wichtige Rolle.

Nervengewebe, Nierenmark und Erythrocyten sind auf kontinuierliche Glucosezufuhr angewiesen

Gewebe, die *obligat* auf die Zufuhr von Glucose angewiesen sind, sind
- das Nervengewebe,
- das Nierenmark und
- die Erythrocyten.

Der Glucoseverbrauch des menschlichen Nervensystems liegt bei etwa 140–150 g/24 Std. Damit dient der größte Teil der täglichen Glucoseproduktion bei Nahrungskarenz der Deckung des Glucoseverbrauchs des Nervengewebes. Erst wenn der Hungerzustand über mehr als vier bis sechs Tage anhält, gewinnt das Gehirn die Fähigkeit zur Oxidation auch anderer Substrate, vor allem der Ketonkörper (S. 973).

Der tägliche Glucoseverbrauch durch Erythrocyten und Nierenmark beläuft sich auf etwa 36 g. Beiden Geweben ist gemeinsam, daß die Enzymsysteme für den oxidativen Endabbau der Glucose im Citratcyclus fehlen bzw. nur in geringer Aktivität vorhanden sind. Beide Gewebe betreiben statt dessen anaerobe Glykolyse, wobei als Endprodukt Lactat gebildet und an die Blutbahn abgegeben wird. In der Leber dient dieses dann wiederum als Substrat für die Gluconeogenese. Der biologische Vorteil dieses nur partiellen Glucoseabbaus besteht in der Erhaltung des Kohlenstoff-Skeletts der Glucose, so daß ihre Neusynthese relativ einfach möglich ist.

Unter den Geweben, die Glucose *nicht* als *obligates* Substrat zur Deckung ihres Energiebedarfs benötigen, sondern ebenso auf Substrate wie Fettsäuren oder Aminosäuren zurückgreifen können, sind von ihrer Masse her die bedeutendsten
- die Muskulatur,
- das Fettgewebe und
- die Leber.

Die Stellung der Leber im Stoffwechsel läßt sich aus den Besonderheiten ihrer anatomischen Situation verstehen. Sie ist als *Speicher* und *Verteiler* zwischen dem Darm als dem Ort der Resorption von Nahrungsstoffen und die Zellen des übrigen Organismus eingeschaltet, deren optimales Funktionieren von der Konstanz des

„inneren Milieus" abhängt. Aus diesem Grund ist es verständlich, daß Richtung und Verlauf des Leberstoffwechsels in besonderem Maß von dem jeweiligen Angebot an Substraten abhängt.

So wird beispielsweise nach kohlenhydratreichen Mahlzeiten von der Leber Glucose in Abhängigkeit von ihrer Konzentration in der Pfortader aufgenommen und je nach dem Bedarf der peripheren Gewebe als Glykogen gespeichert oder an die Blutbahn weitergegeben. Im Zustand des Kohlenhydratmangels dagegen, also beispielsweise bei Hunger, ist das Kohlenhydratangebot an die Leberzelle gering. Sie wird unter diesen Umständen bevorzugt andere Substrate, vor allen Dingen Fettsäuren (S. 1026) zur Deckung ihres Energiebedarfs verwenden und die Enzymsysteme zur Glucoseneusynthese aus Lactat, Aminosäuren und Glycerin aktivieren, da sie für die Konstanthaltung der Blutglucosekonzentration verantwortlich ist.

Im Gegensatz zur Leber wird die Glucoseaufnahme von Fett- bzw. Muskelzellen durch das Hormon *Insulin* (S. 789) reguliert. Insulin beschleunigt diesen Prozeß bis etwa um das Zehnfache (s. u.). Da jeder Anstieg der Blutglucosekonzentration zu einer vermehrten Insulinsekretion führt, resultiert dies in einer gesteigerten Aufnahme und Metabolisierung von Glucose durch Fett- und Muskelzellen. Da die Insulinsekretion bei Absinken der Glucosekonzentration im Blut, beispielsweise durch Hungern, zu nahezu vollständigem Versiegen kommt, wird auch die Glucoseaufnahme und der Glucosestoffwechsel der oben genannten Gewebe stark vermindert sein.

15.4.2 Homöostase der Blutglucosekonzentration

In Abb. 15.34 sind die Faktoren zusammengestellt, deren koordiniertes Zusammenspiel die Konstanz der Blutglucosekonzentration trotz der Vielzahl Glucoseverbrauchender und -bildender Prozesse ermöglicht. Hört die Kohlenhydratzufuhr infolge von *Nahrungskarenz* auf, so sinkt die Blutglucosekonzentration. Ein weiterer wichtiger blutzuckersenkender Faktor ist ein gesteigerter Glucoseverbrauch beispielsweise durch *Muskelarbeit*. Unter pathologischen Bedingungen kann die Blutglucosekonzentration auch dann absinken, wenn die *Insulinsekretion* unabhängig von Änderungen der Blutglucosekonzentration erfolgt (Inselzelladenom, S. 419).

Ein Anstieg der Blutglucosekonzentration ergibt sich bei einem Mißverhältnis des *alimentären Kohlenhydratangebots* zum Kohlenhydratverbrauch des Organismus. Außerdem führt eine gesteigerte Sekretion von *Katecholaminen* (Streß!) und *Glucagon* zu vermehrter Glucoseproduktion durch Glykogenolyse und Gluconeogenese. Ebenfalls stimulierend auf die Glucoseproduktion wirken *Glucocorticoide*, was bei der Dauertherapie mit Steroidhormonen beachtet werden sollte (S. 832).

Würde die Blutglucosekonzentration lediglich durch das Verhältnis von alimentärer und endogener Lieferung der Glucose und Glucoseverbrauch durch Oxidation sowie Biosyntheseleistungen bestimmt, so

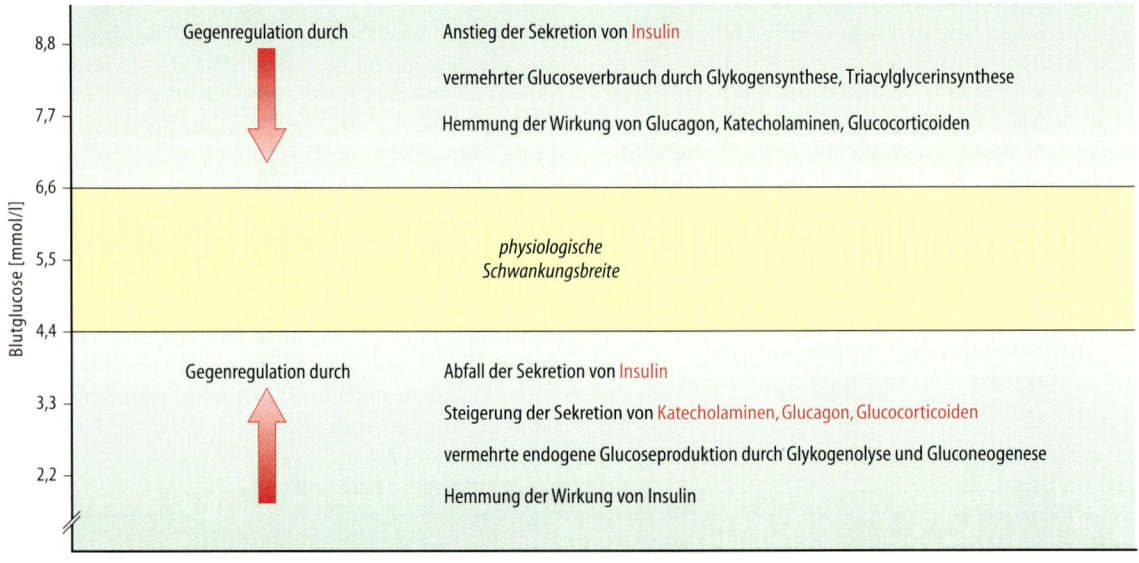

Abb. 15.34 Homöostase der Blutglucosekonzentration. Die physiologische Schwankungsbreite der Glucosekonzentration im Blut liegt zwischen 4,4 und 6,6 mmol/l. Zufuhr kohlenhydrathaltiger Nahrungsmittel oder Verminderung des Glucoseverbrauchs würde zu einem Anstieg der Blutglucosekonzentration über den Grenzwert von 6,6 mmol/l führen, fehlende Kohlenhydratzufuhr, z. B. bei Hunger oder gesteigertem Glucoseverbrauch, zu einem Abfall unter den Grenzwert von 4,4 mmol/l. Eine Reihe von hormonalen Gegenreaktionsmechanismen sorgt dafür, daß trotz starker Variation von Kohlenhydratzufuhr und Kohlenhydratverbrauch die physiologische Schwankungsbreite eingehalten wird

wären starke Schwankungen des Blutzuckers unvermeidlich, da es sicher nicht möglich wäre, diese Vorgänge exakt aufeinander abzustimmen.

Zur Vermeidung derartiger Schwankungen bestehen eine Reihe von Gegenregulationsmechanismen. Diese gewährleisten, daß die Glucosekonzentration unabhängig von Nahrungsangebot und körperlicher Tätigkeit nur in engen Grenzen schwankt. Da die Gegenregulation notwendigerweise in einer koordinierten Stoffwechselumstellung des gesamten Organismus besteht, wird sie unter Einschaltung von **Hormonen** vermittelt, die auf dem Blutweg an die verschiedenen am Kohlenhydratumsatz beteiligten Gewebe herangebracht werden und dort für entsprechende Stoffwechselumstellungen sorgen.

Jedes **Absinken** der Blutglucosekonzentration unter einen Schwellenwert von etwa 3,5–4 mmol/l führt zu einer *Hemmung der Insulinsekretion* und damit zu einer Verminderung des Glucoseeinstroms in Muskulatur und Fettgewebe. Zusätzlich wird sowohl die Katecholamin- als auch die Glukagonsekretion stimuliert. Dies führt zu einer *gesteigerten Glucosefreisetzung* aus der Leber, da beide Hormone sowohl die Glykogenolyse als auch die Gluconeogenese stimulieren (s. u.). Glucocorticoide schließlich bewirken über die Induktion der entsprechenden Enzyme die Stimulierung der *hepatischen Glucoseneubildung* sowie durch eine Verminderung der Glucoseaufnahme eine *Hemmung des Glucoseverbrauchs* in Muskulatur und Fettgewebe.

Einem **Anstieg** der Glucosekonzentration über 6–6,5 mmol/l (120–140 mg/100 ml), also einer Hyperglykämie, wird durch eine *Stimulierung der Insulinsekretion* entgegengetreten. Dies führt in der Leber, der Skelettmuskulatur sowie im Fettgewebe zu einer *Steigerung des Glucoseeinstroms* und daran anschließend zur Stimulierung der Glykogensynthese. Da beim Menschen die Umwandlung von Kohlenhydraten in Lipide nur mit begrenzter Geschwindigkeit ablaufen kann (S. 448), muß ein Kohlenhydratüberangebot über mehrere Tage bestehen, bis eine deutliche Stimulierung der Liponeogenese (S. 436) aus Kohlenhydraten nachweisbar wird. An der Leber hemmt Insulin zusätzlich die *Gluconeogenese*, in dieselbe Richtung wirkt die durch die Hyperglykämie auftretende Hemmung der *Glucagonsekretion* (S. 799).

15.4.3 Glucosetoleranztest

Das Zusammenspiel der oben geschilderten hormonellen Faktoren führt dazu, daß beim Gesunden Hypoglykämien vermieden und jede Steigerung der Blutglucosekonzentration auch durch exzessive alimentäre Zufuhr rasch abgefangen wird. Die Reaktion des Blutzuckers auf eine Kohlenhydratbelastung ist dabei so zuverlässig, daß sie zu Grundlagen von Suchtests nach Kohlenhydratstoffwechsel-Störungen in Form von

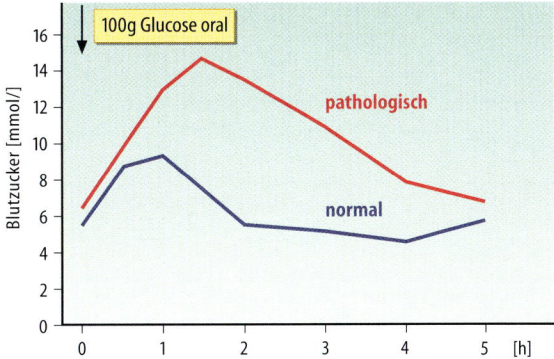

Abb. 15.35 Oraler Glucosetoleranztest. *Blaue Linie:* Verlauf der Blutglucosekonzentration bei Gesunden; *rote Linie:* pathologischer Verlauf der Blutglucosekonzentration, z.B. bei Diabetes mellitus

Glucosetoleranz-Tests gemacht wird. Abbildung 15.35 zeigt den Verlauf der Blutglucosekonzentration bei einem **oralen Glucosetoleranz-Test** (OGTT), während dem der Proband mit 100 g Glucose per os belastet wird. Es kommt zunächst zu einem raschen Anstieg der Blutglucose innerhalb der ersten 30 Minuten, wonach die Gegenregulation einsetzt und sich bis spätestens 2 Stunden nach Beginn der Belastung eine weitgehende Normalisierung des Blutzuckers einstellt. Bei Patienten mit einer schweren Störung des Kohlenhydratstoffwechsels, wie beispielsweise dem Diabetes mellitus, ist neben einem steilen Anstieg des Blutzuckers in der ersten Phase der Belastung v. a. der Abfall nach Ansetzen der Gegenregulation stark verzögert.

15.5 Regulation des Glucosestoffwechsels auf molekularer Ebene

15.5.1 Glucosetransportproteine und ihre Regulation

Nahezu alle Zelltypen von den einfachsten Bakterien bis hin zu den komplexesten Neuronen des menschlichen Zentralnervensystems können Glucose mit Hilfe entsprechender Transportsysteme durch ihre Plasmamembran transportieren. Sie sind damit imstande, das Substrat zu benützen, das in der Natur in größtem Überfluß vorkommt. Beim Säuger und damit auch beim Menschen kommen im Prinzip zwei mechanistisch unterschiedliche Glucosetransportsysteme vor:

- das eine katalysiert den sekundär aktiven, natriumabhängigen Glucosetransport an der luminalen Seite der Epithelien des Intestinaltrakts und der Nieren (S. 183, 1011),
- das andere die Glucoseaufnahme durch erleichterte Diffusion (S. 180) in allen Zellen des Organismus.

Das Phänomen der erleichterten Diffusion von Glucose beruht auf der Funktion spezifischer, als **Glucose-**

Tabelle 15.4 Glucose-Transporter-Isoformen

Bezeichnung	Eigenschaften und Gewebsverteilung	Funktion
Glut 1	Viele fetale und adulte Gewebe; Erythrocyten, Endothelzellen, $K_M \cong 20$ mmol/l	Basale Glucoseversorgung vieler Gewebe, Bluthirnschranke
Glut 2	Hepatocyten, β-Zellen der Langerhans'schen Inseln des Pankreas, Epithelzellen der Nieren und des Intestinaltraktes, $K_M \cong 40$ mmol/l	Transepithelialer Transport; Teil des Glucostat-Mechanismus (S. 792); Hepatische Glucoseaufnahme
Glut 3	Viele Gewebe, besonders Zentrales Nervensystem; $K_M \cong 10$ mmol/l	Basale Glucoseversorgung; Glucoseaufnahme aus der cerebrospinalen Flüssigkeit
Glut 4	Skelettmuskulatur, Fettgewebe; wird insulinabhängig in Plasmamembran transloziert	Insulinabhängiger Glucoseumsatz des Organismus
Glut 5	Intestinaltrakt, Spermatozoen, in geringem Umfang auch in anderen Geweben	Fructosetransport
Glut 7	Leber	Glucosetransport bei Gluconeogenese

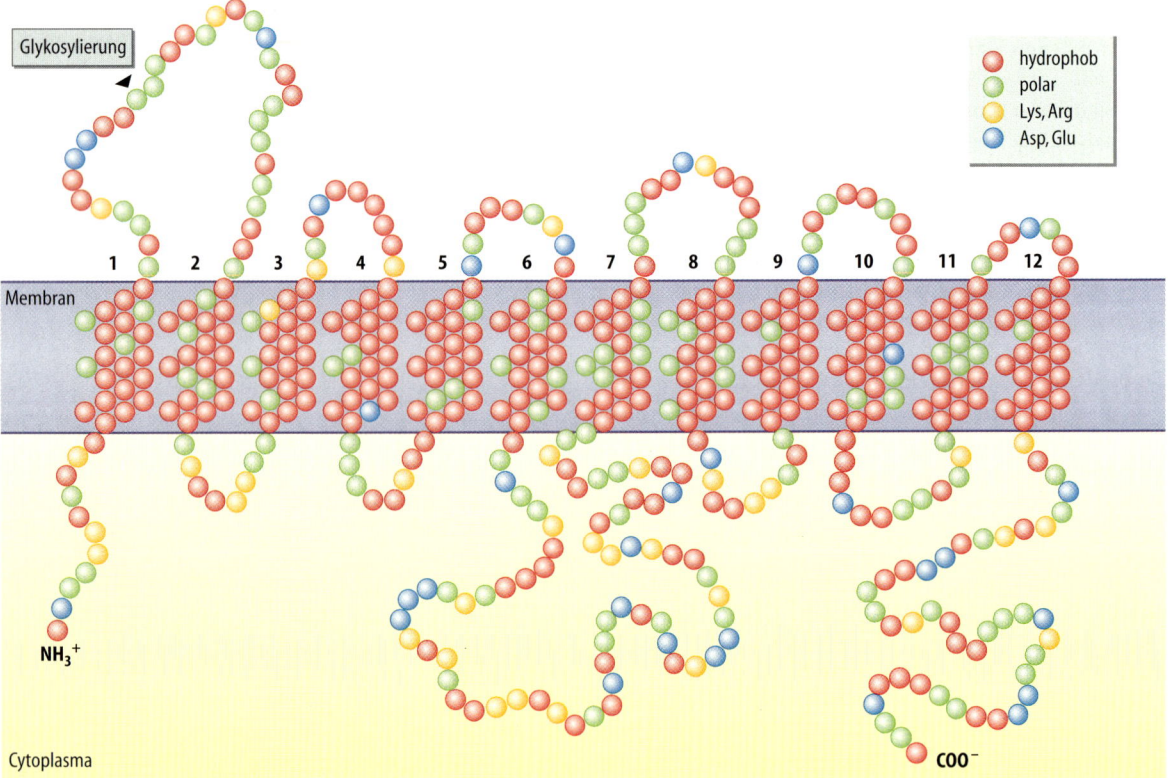

Abb. 15.36 Membrantopologie von Glucosetransportern am Beispiel des Glut 1. Die 12 postulierten Transmembran-Helices sind entsprechend numeriert. Die Position des N-glykosidisch verknüpften Oligosaccharides ist markiert

transporter dienender Proteincarrier in der Plasmamembran, da freie Glucose nicht durch die Lipiddoppelschicht der Membranen passieren kann. Man kennt heute insgesamt sechs unterschiedliche Glucosetransporter, welche untereinander beträchtliche Ähnlichkeiten aufweisen, gewebs- bzw. zellspezifisch exprimiert werden und zum Teil durch externe Stimuli reguliert werden können (Tabelle 15.4).

In ihrem allgemeinen Aufbau zeigen die Glucosetransporter Glut 1 bis Glut 7, die bis auf Glut 7 alle kloniert sind, große Ähnlichkeiten. Die aus der cDNA abgeleitete Aminosäuresequenz aller Glucosetransporter erlaubt die Annahme, daß sie sich jeweils mit insgesamt **12 hydrophoben Transmembrandomänen** in der Cytoplasmamembran anordnen (Abb. 15.36). Quervernetzungsexperimente lassen den Schluß zu, daß funktionelle Glucosetransporter als Di- oder Tetramere in der Membran vorliegen. Da es bis jetzt nicht gelungen ist, Röntgenstrukturdaten über die Glucosetransport-Proteine zu erhalten, ist über den molekularen Mechanismus des Transportvorgangs nichts bekannt.

Die Glucoseaufnahme und ihre Regulation ist natürlich für den Glucosestoffwechsel von ausschlaggebender Bedeutung. Die Austattung der verschiedenen Gewebe bzw. Zellen mit jeweils unterschiedlichen *Isoformen* der Glucosetransporter legt nahe, daß dies etwas mit den jeweils spezifischen Anforderungen der Gewebe an den Glucosetransport zu tun haben muß. So ist der Transporter *Glut 1* am weitesten verbreitet. Er kommt besonders in fetalen, aber auch in vielen adulten Säugerzellen vor, häufig allerdings in Verbindung mit anderen gewebsspezifischeren Transporterisoformen. Offensichtlich hat Glut 1 eine besondere Bedeutung für die Glucoseversorgung der Zellen des *Zentralnervensystems*, da es in den Kapillaren des Zentralnervensystems, die die Blut-Hirn-Schranke bilden, sehr stark exprimiert wird (S. 973).

Der *Glut 2-Transporter* wird in Hepatocyten, den β-Zellen der Pankreasinseln und auf der apikalen Seite der Epithelzellen von intestinaler Mucosa und Nieren exprimiert. Auffallend ist seine K_M für Glucose. Sie beträgt 42 mmol/l und ist damit etwa doppelt so hoch wie die des Glut 1-Transporters mit 18–21 mmol/l. In Leber und den β-Zellen der Langerhans'schen Inseln (S. 789) bildet das Glut 2-Transportprotein zusammen mit der nur in diesen Geweben vorkommenden *Glucokinase* (Hexokinase IV) ein System, das schon auf geringe Änderungen der Blutglucose-Konzentration mit entsprechenden Änderungen von Glucoseaufnahme und Glucosestoffwechsel reagiert, weswegen es auch als Teil eines *Glucosesensors* dient (S. 792). Da die Transportkapazität über Glut 2 die Glucokinaseaktivität bei weitem übertrifft, wird die Glucokinase geschwindigkeitsbestimmend für die Glucoseaufnahme in diesen Zellen. In den Epithelzellen des Intestinaltraktes und den Nieren wird das Glut 2-Transportsystem für die Bewältigung der hohen transepithelialen Substratflüsse nach kohlenhydratreichen Mahlzeiten benötigt.

Der Transporter *Glut 3* findet sich bevorzugt in den *Neuronen* des Gehirns. Die Glucosekonzentration in der interstitiellen Flüssigkeit des Gehirns ist niedriger als im Serum, da Glucose zunächst mit Hilfe von Glut 1 durch die Kapillarendothelien des Gehirns transportiert werden muß (Blut-Hirn-Schranke, S. 973). Es ist daher sinnvoll, daß Glut 3 sich durch eine besonders niedrige K_m für Glucose auszeichnet, die eine ausreichende Glucoseaufnahme im Nervensystem auch bei den niedrigen Glucosekonzentrationen gewährleistet.

Die Glucosetransporter-Isoform *Glut 4* findet sich ausschließlich in Adipocyten und Muskelzellen. Glut 4 ist für die Regulierbarkeit der Glucoseaufnahme durch *Insulin* in beiden Geweben verantwortlich. Diese

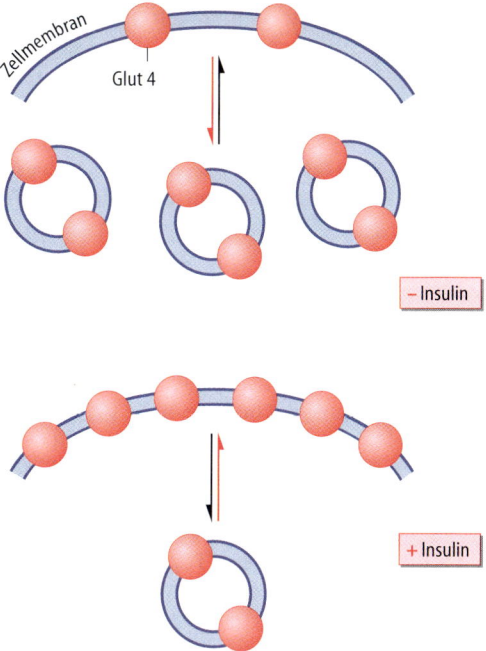

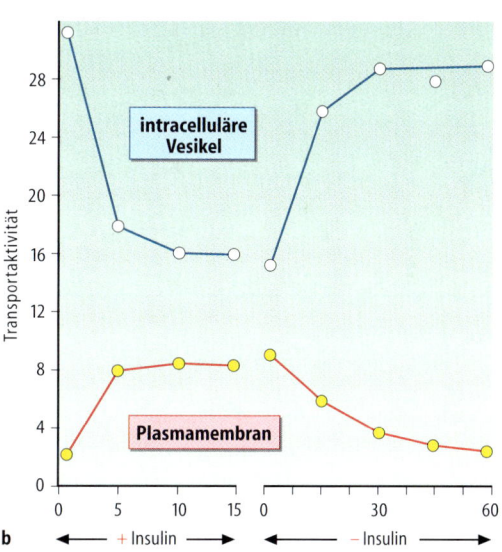

Abb. 15.37 a, b Beeinflussung der Verteilung von Glut 4-Transportern zwischen Plasmamembran bzw. intrazellulären Vesikeln durch Insulin. **a** Ohne Insulin liegen die Transporter bevorzugt an intrazelluläre Vesikel gebunden vor. Bindungen von Insulin an seinen Rezeptor löst ein noch unbekanntes Signal aus, welches für die Translokation von in intrazellulären Vesikeln gebundenen Glut 4-Transportern in die Plasmamembran verantwortlich ist. **b** Da intrazelluläre Vesikel durch Zentrifugation von der Plasmamembran abgetrennt werden können (S. 199) läßt sich die Kinetik der durch Insulin stimulierten Umverteilung der Glut 4-Transporter experimentell verfolgen. Die Abbildung zeigt die Kinetik des Auftauchens bzw. Verschwindens von Glut 4-Transportern in der Cytoplasmamembran von Adipocyten in An- bzw. Abwesenheit von Insulin. Meßgröße ist die in der jeweiligen Fraktion gemessene Transportaktivität für Glucose

Tatsache ist von beträchtlicher Bedeutung, da im Nüchternzustand 20 %, bei erhöhten Insulinkonzentrationen jedoch 75–95 % des Glucoseumsatzes des Organismus auf die Skelettmuskulatur entfallen, in der die vermehrt aufgenommene Glucose nahezu vollständig in Glykogen umgewandelt wird. Der zellbiologische Mechanismus des Insulineffektes auf den Glucosetransport ist in Abb. 15.37 dargestellt. Glut 4-Transporter befinden sich sowohl in der Plasmamembran wie auch in einem spezifischen, vesikulären Kompartiment des Golgi-Apparats. Zwischen der Plasmamembran und dem Golgi-Apparat können Glut 4-Transporter durch vesikuläre Endo- bzw. Exocytose ausgetauscht werden. Bei niedrigen Insulinkonzentrationen ist der Klathrin-abhängige endocytotische Weg bevorzugt, so daß nur wenig funktionelle Transporter in der Plasmamembran vorhanden sind. Insulin ist imstande, das Gleichgewicht in Richtung der Exocytose zu verschieben, so daß die Zahl der funktionellen Transportmoleküle in der Plasmamembran deutlich zunimmt.

Die Glut-Isoformen 5 und 7 sind am wenigsten gut untersucht. *Glut 5* ist offensichtlich ein *Fructose-Transportprotein* und kommt in hoher Konzentration an den apikalen Membranen der intestinalen Enterocyten und der Plasmamembran reifer Spermatocyten vor. *Glut 7* findet sich bevorzugt in den Geweben, die die enzymatische Ausstattung für *Gluconeogenese* besitzen. Man nimmt an, daß es für den Hinaustransport von Glucose aus den entsprechenden Zellen verantwortlich ist.

Das in der DNA nachweisbare *Glut 6-Gen* ist ein Pseudogen und wird nicht als Protein exprimiert.

15.5.2 Regulation des Glykogenstoffwechsels

Die Aufrechterhaltung seiner *Glykogenvorräte* ist für den Organismus von entscheidender Bedeutung. Einmal stellt Glykogen für jede Zelle einen leicht mobilisierbaren *Energiespeicher* dar, der in wenigen Schritten in ATP-liefernde Reaktionswege eingeschleust werden kann und schließlich noch bei Hypo- bzw. Anoxie einen gewissen Energiebeitrag zu liefern vermag. Darüber hinaus kann aus dem Glykogen der Leber und in gewissem Umfang auch der Muskulatur (Cori-Cyclus, S. 404) *Glucose* zur Aufrechterhaltung der Blutglucosekonzentration während kürzerer Fastenperioden entnommen werden, was für die Aufrechterhaltung der Funktion vor allem des Zentralnervensystems von ausschlaggebender Bedeutung ist. Deswegen ist es nicht verwunderlich, daß der Glykogenstoffwechsel durch eine Reihe von Mechanismen sehr genau reguliert wird. Diese gewährleisten die rasche Freisetzung von Glucose-6-phosphat bzw. Glucose aus Glykogen während gesteigerten Energiebedarfs und bei Kohlenhydratmangel und, sobald Nahrungskohlenhydrate zur Verfügung stehen, die schnelle Wiederauffüllung der Glykogenvorräte.

Die Regulation der Glykogenolyse beruht auf der Regulation der Glykogenphosphorylase

Das geschwindigkeitsbestimmende Enzym für die Glykogenolyse (Glykogenabbau) ist die *Glykogenphosphorylase*. Dieses Enzym ist insofern bemerkenswert, als es sowohl durch *allosterische Regulation* wie auch durch *covalente Modifikation* reguliert werden kann (Abb. 15.38).

Die dimere Glykogenphosphorylase (S. 391), die auch als *Phosphorylase b* bezeichnet wird, kann durch *AMP* allosterisch von der inaktiven T- in die enzymatisch aktive R-Form überführt werden. *ATP* bzw. *Glucose-6-phosphat* sind ebenfalls allosterische Liganden, die jedoch die inaktive Form der Phosphorylase b stabilisieren. Mit Hilfe dieser allosterischen Liganden ist die Phosphorylase ein Sensor für die Energieladung einer Zelle. Bricht diese zusammen, z.B. bei Hypoxie oder Anoxie (z.B. Myocardinfarkt, S. 515), so führt dies über die rasch ansteigenden AMP-Spiegel zu einer Stimulierung der Glykogenolyse. Enthält die Glykolyse jedoch ausreichend Substrat bzw. ist der ATP-Spiegel normal, so wird die inaktive Form des Enzyms bevorzugt.

Schon 1938 fand Carl Cori, daß es eine zweite Form der Glykogenphosphorylase gibt, die auch in Abwesenheit von AMP aktiv ist. Er nannte diese Form *Phosphorylase a* und Jahre später konnten Edwin Krebs und Edmund Fischer zeigen, daß diese aus der inaktiven T-Form der Phosphorylase b durch *enzymkatalysierte, ATP-abhängige Phosphorylierung* entsteht. Die Phosphorylierung, die am Serylrest 14 des Phosphorylaseproteins stattfindet, verschiebt das Gleichgewicht zwischen T- und R-Form in *Abwesen-*

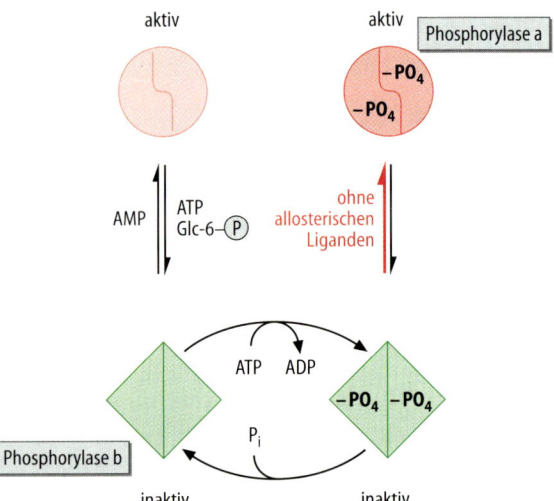

Abb. 15.38 Regulation der Glykogenphosphorylase durch allosterische Liganden und covalente Modifikation. Die enzymatisch inaktive Phosphorylase b kann durch allosterische Liganden aktiviert werden. Covalente Modifikation durch Phosphorylierung eines Serylrestes verschiebt das Gleichgewicht zwischen inaktiver und aktiver Form zugunsten der letzteren. (Einzelheiten s. Text)

heit allosterischer Liganden vollständig auf die Seite der enzymatisch aktiven R-Form. Als einziger allosterischer Ligand führt Glucose in hohen Konzentrationen zu einer Inaktivierung der Phosphorylase a.

Wie später durch Earl Sutherland und Edwin Krebs gefunden wurde, vermittelt die Regulierbarkeit der Glykogenphosphorylase durch covalente, enzymkatalysierte Modifikation ihre Regulierbarkeit durch Hormone (Abb. 15.39). Für die Phosphorylierung der Phosphorylase b zur aktiven Phosphorylase a ist eine Proteinkinase verantwortlich, die als *Phosphorylasekinase* bezeichnet wird. Auch dieses Enzym kommt in einer aktiven und inaktiven Form vor, auch hier beruht der Unterschied zwischen den beiden Formen auf der Phosphorylierung eines spezifischen Serylrestes. Die für die Phosphorylierung der Phosphorylasekinase verantwortliche Proteinkinase wird als *Proteinkinase A* bezeichnet. Diese ist ein relativ unspezifisches Enzym, das eine Reihe von Proteinen zu phosphorylieren vermag. Ihre Besonderheit ist, daß sie über den in Abb. 15.40 dargestellten Mechanismus durch *3′,5′-cyclo-AMP* (cAMP) aktiviert werden kann. Sie ist in Abwesenheit von cAMP ein *enzymatisch inaktives* tetrameres Protein aus je zwei identischen Untereinheiten, hat also die Struktur R_2C_2. Die R-Untereinheiten tragen je zwei Bindungsstellen für cAMP, die sich geringfügig in ihrer Affinität unterscheiden. Bindung von je zwei cAMP-Molekülen an jede der R-Untereinheiten führt zur Dissoziation des tetrameren Komplexes mit Freisetzung der beiden C-Untereinheiten, die die katalytische Aktivität tragen und nun auch *enzymatisch aktiv* sind.

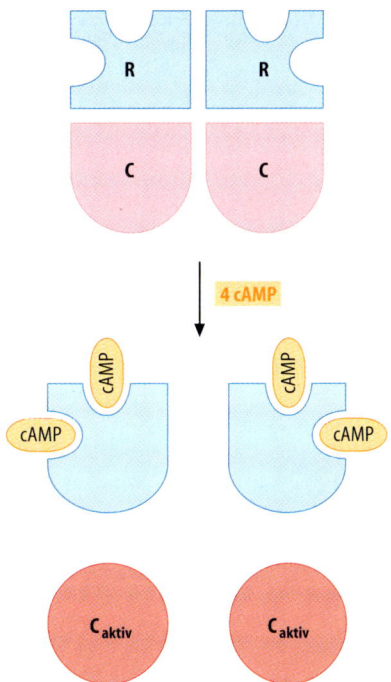

Abb. 15.40 Mechanismus der Aktivierung der Proteinkinase A. (Einzelheiten s. Text)

cAMP entsteht durch die Katalyse des Enzyms *Adenylatcyclase*. Dieses ist ein Membranenzym, das über große G-Proteine (S. 772) mit aktivierenden und inhibierenden Hormonrezeptoren verknüpft ist (S. 773). *Adrenalin, Noradrenalin* und in der Leber *Glu-*

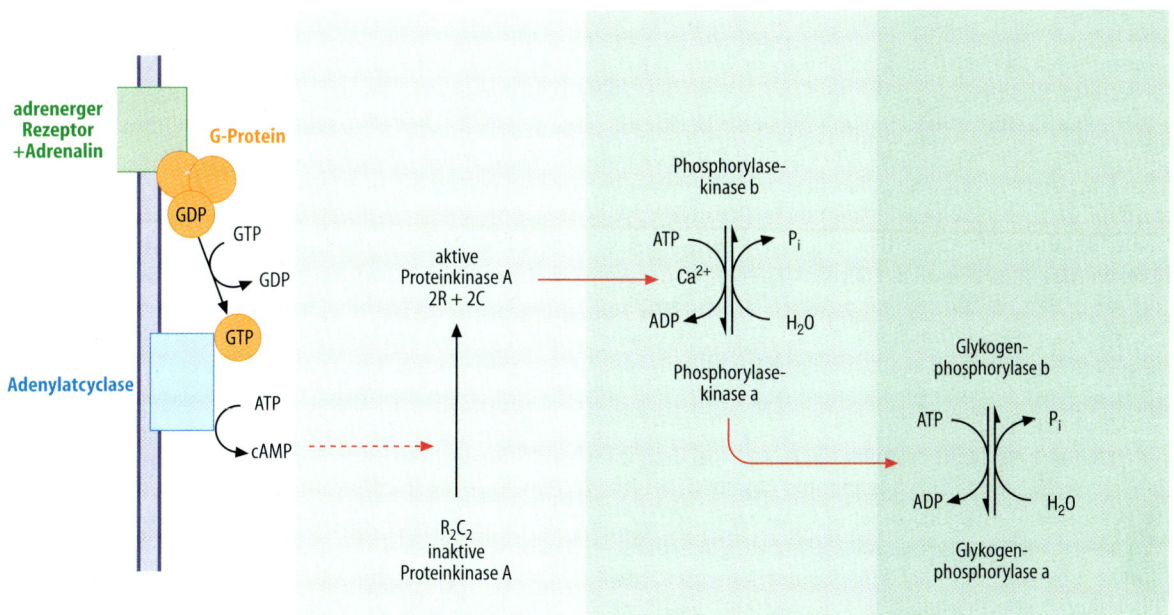

Abb. 15.39 Mechanismus der hormonell induzierten Aktivierung der Glykogenphosphorylase. Für die Phosphorylierung der Glykogenphosphorylase ist eine Phosphorylase-Kinase verantwortlich, die ihrerseits durch eine Proteinkinase A-vermittelte Phosphorylierung aktiviert wird. Die Aktivität der Proteinkinase A hängt davon ab, ob cAMP an ihre regulatorische Untereinheit bindet

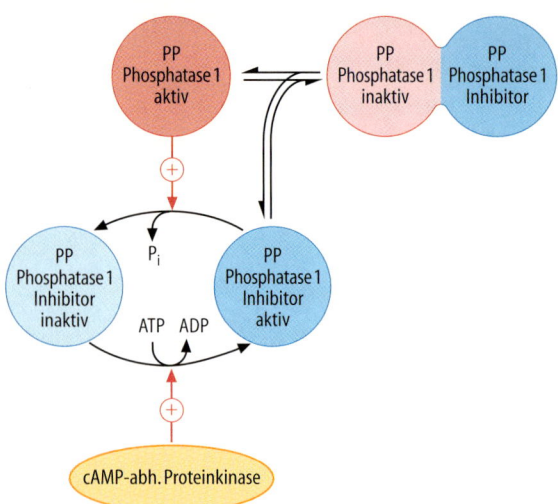

Abb. 15.41 Regulation der Phosphoprotein-Phosphatase-1. Phosphoprotein-Phosphatase-1 wird durch Assoziation an ein Inhibitorprotein inaktiviert. Dieses wird durch Proteinkinase A abhängige Phosphorylierung aktiviert und ist in seiner Dephospho-Form inaktiv

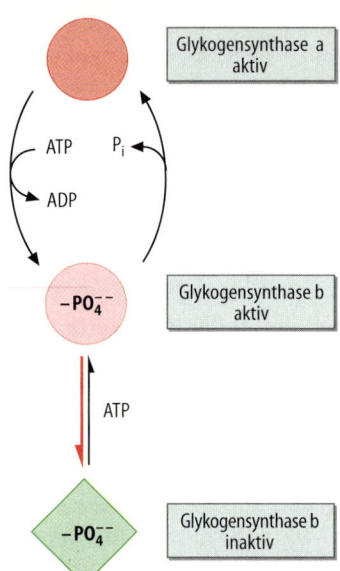

Abb. 15.42 Regulation der Glykogensynthase durch allosterische Liganden und durch covalente Modifikation. Die enzymatisch aktive, dephosphorylierte Form der Glykogensynthase wird durch Phosphorylierung an wenigstens neun Serylresten in unterschiedlichem Ausmaß inaktiviert. Physiologische Konzentrationen von Adeninnucleotiden hemmen die phosphorylierte Glykogensynthase b, so daß das Enzym unter physiologischen Bedingungen in dieser Form vollständig inaktiv ist. (Einzelheiten s. Text)

cagon führen über entsprechende Rezeptoren zu einer Aktivierung der Adenylatcyclase und damit zu gesteigerter cAMP-Bildung.

Natürlich muß die über den oben genannten Mechanismus dargestellte Aktivierung der Glykogenolyse auch rückgängig gemacht werden können. Auch dies erfordert eine Reihe enzymatischer Mechanismen. Diese beginnen mit der Inaktivierung des Adenylatcyclase-Systems durch die GTPase-Aktivität der G-Proteine (S. 772). cAMP wird durch eine cAMP-spezifische *Phosphodiesterase* abgebaut, die durch Insulin aktiviert werden kann (S. 795). Bei niedrigen cAMP-Konzentrationen ist die Bildung des inaktiven Proteinkinase A-Tetramers bevorzugt.

Für die Inaktivierung von Phosphorylasekinase und Phosphorylase ist eine spezifische Phosphoprotein-Phosphatase verantwortlich, die auch als *Phosphoprotein-Phosphatase-1* bezeichnet wird. Für eine optimale Stimulierung des Glykogenabbaus muß dieses Enzym inaktiviert werden. Hierfür ist seine Assoziation mit einem Inhibitorprotein, dem *Phosphoprotein Phosphatase-1-Inhibitor* notwendig. Wie Abb. 15.41 zeigt, wird dieser Inhibitor durch Proteinkinase A-abhängige Phosphorylierung aktiviert, während er in seiner Dephospho-Form inaktiv ist.

Damit erscheint die hormonelle Aktivierung des Glykogenabbaus als ein Vorgang, der durch einen intrazellulären Botenstoff (second messenger), nämlich das cAMP ausgelöst wird. cAMP aktiviert die Proteinkinase A, welche in ihrer aktiven Form zum einen die Phosphorylase-Kinase phosphoryliert und aktiviert, zum anderen den Phosphoprotein-Phosphatase-1-Inhibitor. Hierdurch wird die Phosphorylierung der Phosphorylase stimuliert und ihre Dephosphorylierung gehemmt.

Die Glykogensynthese wird auf der Stufe der Glykogensynthase reguliert

Das geschwindigkeitsbestimmende Enzym der Glykogenbiosynthese in allen animalen Zellen ist die *Glykogensynthase*. Auch dieses Enzym kann allosterisch und durch covalente Modifikation reguliert werden (Abb. 15.42). Die *enzymatisch aktive* Form der Glykogensynthase ist die *dephosphorylierte*. Die Glykogensynthase besitzt insgesamt neun Serylreste, die durch verschiedene Proteinkinasen phosphoryliert werden können, was zur Inaktivierung des Enzyms führt. Von besonderer Bedeutung für die Regulation der Glykogenbiosynthese ist die *cAMP-abhängige Proteinkinase*, welche fünf der neun Serylreste phosphorylieren kann. Die dadurch entstehende Glykogensynthase b ist weniger aktiv und wird durch physiologische Konzentrationen von Adeninnucleotiden allosterisch stark gehemmt. Diese Hemmung kann zwar durch supraphysiologische Konzentrationen von Glucose-6-phosphat aufgehoben werden, jedoch ist unter physiologischen Bedingungen die phosphorylierte Form der Glykogensynthase vollständig inaktiv. Dies trifft auch für die Phosphorylierung durch die anderen in Tabelle 15.5 genannten Proteinkinasen zu. Da jede von ihnen andere Phosphorylierungsstellen auf der Glykogensynthase erkennt und modifiziert, kann damit insgesamt der Aktivitätszustand der Glykogensynthase ganz besonders fein auf die Bedürfnisse der Zelle abgestimmt werden. Von besonderer Bedeutung ist offenbar die *Glyko-*

Tabelle 15.5 Phosphorylierung der Glykogensynthase durch verschiedene Proteinkinasen (Auswahl)

Kinase	Zahl der phosphorylierten Serylreste	Hemmung
cAMP-abhängige Proteinkinase	3	+
cGMP-abhängige Proteinkinase	2	+
Glykogensynthase-Kinase 3	3	+++
Glykogensynthase-Kinase 4	2	+
Caseinkinase 1	9	++++
Proteinkinase C	1	+

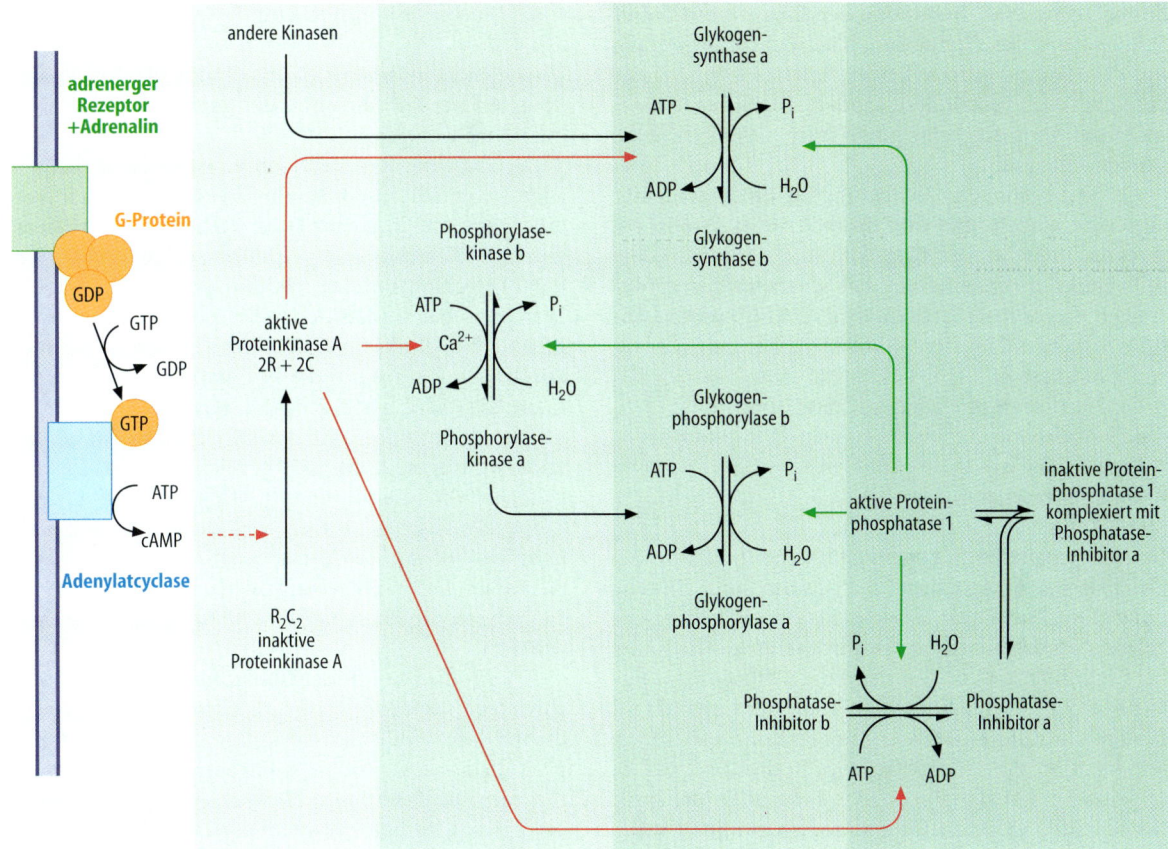

Abb. 15.43 cAMP als gemeinsamer Regulator von Glykogenolyse und Gluconeogenese. Die durch cAMP aktivierte Proteinkinase phosphoryliert Phosphorylasekinase, Glykogensynthase und Phosphoprotein-Phosphatase-1-Inhibitor, wodurch die Glykogenolyse an- und die Glykogensynthese abgeschaltet wird. (Einzelheiten s. Text)

gensynthasekinase-3. Sie phosphoryliert vier spezifische Serylreste und bewirkt dadurch eine dramatische Aktivitätsabnahme des Enzyms. Die Behandlung von Zellen mit Insulin führt zu einer raschen Entfernung dieser Phosphatreste. Da die Glykogensynthasekinase-3 auch andere regulatorische Proteine wie Protoonkogene und Transkriptionsfaktoren modifiziert, nimmt man an, daß dieses Enzym eine wichtige Rolle bei der Embryogenese und bei Differenzierungsvorgängen spielt.

Für die Dephosphorylierung und damit Aktivierung der Glykogensynthase ist, analog den Verhältnissen bei der Phosphorylasekinase und Phosphorylase die **Phosphoprotein-Phosphatase-1** verantwortlich. Bei hohen cAMP-Konzentrationen ist dieses Enzym inaktiv (S. 412), bei niederen aktiv.

Damit ist für die hormonelle Regulation des Glykogenstoffwechsels ein einziges Effektormolekül, das *cAMP*, verantwortlich, da es zu einer Aktivierung des Glykogenabbaus bei gleichzeitiger Inaktivierung der Glykogenbiosynthese führt. Sinken die cAMP-Konzentrationen in der Zelle dagegen ab, so kommt es zu einer Hemmung des Glykogenabbaus und einer Aktivierung der Glykogenbiosynthese (Abb. 15.43).

15.5.3 Regulation von Glykolyse und Gluconeogenese

Hormone regulieren die Biosynthese von Schlüsselenzymen der Glykolyse und Gluconeogenese

In Tabelle 15.6 sind die Enzyme von Glykolyse und Gluconeogenese zusammengestellt, von denen man weiß, daß ihre *Biosynthesegeschwindigkeit* durch hormonelle oder nutritive Faktoren reguliert wird. Da es sich überwiegend um Schlüsselenzyme handelt, wird durch Stimulierung bzw. Hemmung der Biosynthese dieser Schlüsselenzyme (Induktion bzw. Repression) nicht nur die Menge des betreffenden Enzyms in einer Zelle vermehrt oder vermindert, sondern auch die maximal mögliche Umsatzgeschwindigkeit in Glykolyse bzw. Gluconeogenese.

Von besonderer Bedeutung für die Enzyme der Glykolyse sind *Insulin* und *Glucose*. So ist Insulin ein direkter *Induktor* der *Glucokinase* der Leber, wobei sein Effekt unabhängig von der gleichzeitigen Anwesenheit von Glucose ist. Dies trifft nicht für weitere Insulin-sensitive Gene der Glykolyse zu, besonders
- der Aldolase B,
- der Fructose-6-phosphat-2-Kinase (s. u.),
- der Phosphofructokinase (Fructose-6-phosphat-1-Kinase) sowie
- der Pyruvatkinase.

Bei den genannten Enzymen ist für die Induktion die gleichzeitige Anwesenheit von Insulin und Glucose notwendig. Aus dieser Tatsache ist die Vorstellung abgeleitet worden, daß die Hauptfunktion des Insulins bei der Induktion von Enzymen der Glykolyse, wenigstens in der Leber, auf der Induktion der Glucokinase beruht. Liegt dieses Enzym in hohen Konzentrationen vor, kann so viel Glucose in den Stoffwechsel eingeschleust werden, daß ein noch unbekannter Metabolit der Glucose, der für die Induktion der genannten anderen Enzyme der Glykolyse notwendig ist, akkumulie-

ren kann. Tatsächlich ist in den Promotorstrukturen von Aldolase und Pyruvatkinase ein Glucose-Response-Element nachgewiesen worden, das in zwei Kopien vorliegen muß, damit die Glucoseabhängigkeit der Genexpression gewährleistet ist.

Neben seiner aktivierenden Wirkung auf die Induktion von Enzymen der Glykolyse hat Insulin einen stark *reprimierenden* Effekt auf Enzyme der Gluconeogenese. Dies betrifft vor allem
- die PEP-Carboxykinase,
- die Pyruvatcarboxylase,
- die Fructose-1,6-Bisphosphatase und
- die Glucose-6-Phosphatase.

Über den molekularen Mechanismus der Insulinwirkung auf die Transkription der genannten Gene weiß man noch wenig.

Seit einer Reihe von Jahren ist bekannt, daß vor allen Dingen die durch Insulin bzw. Glucose/Insulin regulierten Gene in umgekehrter Richtung durch Glucagon oder Katecholamine reguliert werden. Der molekulare Mechanismus zur Erklärung dieses Befundes ist besonders gut an den Genen für Pyruvatkinase sowie PEP-Carboxykinase gezeigt worden. Beide werden durch cAMP reguliert, die Pyruvatkinase wird reprimiert, die PEP-Carboxykinase dagegen induziert. In ihrer Promotorregion findet sich ein *cAMP-Response-Element*, das auch als CRE bezeichnet wird. Das zugehörige Bindungsprotein (CREB) hat eine Leucin-Zipper-Struktur (S. 257). Es wird durch die *cAMP-abhängige Proteinkinase* phosphoryliert und damit aktiviert. Für die Inaktivierung ist eine Dephosphorylierung durch die *Phosphoprotein-Phosphatase-1* verantwortlich.

Für die Enzyme der Gluconeogenese sind Glucocorticoide weitere wichtige Induktoren. Die Pyruvatcarboxylase, PEP-Carboxykinase, Fructose-1,6-Bisphosphatase und Glucose-6-Phosphatase enthalten ein *Glucocorticoid-Response-Element*, das durch den Glucocorticoid-Rezeptor aktiviert wird und die gesteigerte Transkription der entsprechenden Gene vermittelt.

Tabelle 15.6 Schlüsselenzyme der Glykolyse und Gluconeogenese, deren Transkription durch Hormone oder Glucose reguliert wird

	Glykolyse		*Gluconeogenese*		
Enzym	*Induktor*	*Repressor*	*Enzym*	*Induktor*	*Repressor*
Glucokinase	Insulin	cAMP	Pyruvat-Carboxylase	cAMP, Glucocorticoide	Insulin
Phosphofructokinase	Insulin + Glucose	cAMP	PEP-Carboxykinase	cAMP, Glucocorticoide	Insulin
Fructose-6-phosphat-2-Kinase	Insulin + Glucose, Glucocorticoide	cAMP	Fructose-1,6-Bisphosphatase	Glucocorticoide	Insulin
Pyruvatkinase	Insulin + Glucose	cAMP	Glucose-6-Phosphatase	Glucocorticoide	Insulin

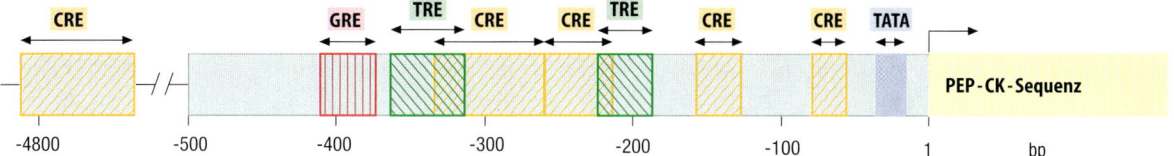

Abb. 15.44 Aufbau des PEP-Carboxykinase-Promotors. Oberhalb der TATA-Box finden sich eine Reihe von Elementen, die, zum Teil überlappend, die Regulierbarkeit durch Hormone und Vitamine gewährleisten. *CRE* cAMP-Response-Element; *GRE* Glucocorticoid-Response-Element; *TRE* T₃-Response-Element

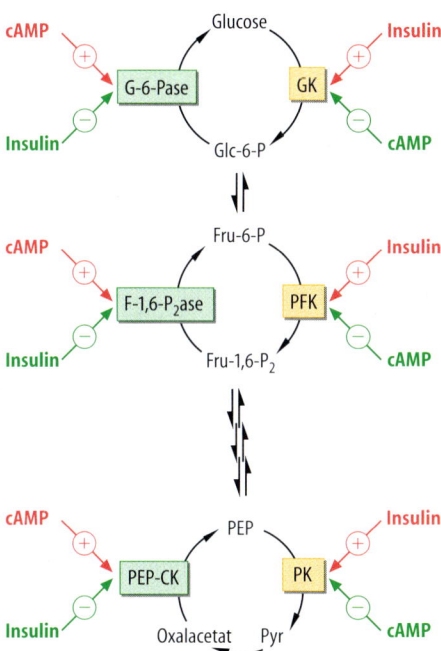

Abb. 15.45 Koordinierte transkriptionale Regulation von Glykolyse und Gluconeogenese durch Insulin und cAMP. Die durch Insulin reprimierten und durch Cyclo-AMP induzierten Enzyme sind *grün* hervorgehoben, die durch Insulin oder Insulin und Glucose induzierten und durch cAMP reprimierten *orange*. (Einzelheiten s. Text)

Eine große Zahl weiterer Untersuchungen hat gezeigt, daß die Schlüsselenzyme von Glykolyse und Gluconeogenese nicht nur durch Insulin, cAMP und Glucocorticoide, sondern durch weitere Hormone und Vitamine reguliert werden. Es ist demnach klar, daß der Aufbau ihrer Promotorstruktur sehr komplex sein muß. Dies wird in Abb. 15.44 am Beispiel der Promotorstruktur des PEP-Carboxykinasegens demonstriert. Dieser Promotor ist inzwischen bis etwa 5000 Basen oberhalb des Transkriptionsstartes charakterisiert worden. Er enthält zahlreiche Elemente, an die allgemeine, aber auch Liganden-aktivierte Transkriptionsfaktoren binden können. Die aktuelle Transkriptionsrate dieses Gens ergibt sich damit aus dem komplexen Zusammenspiel der einzelnen, den Promotor aktivierenden bzw. inhibierenden Faktoren.

Ungeachtet der Komplexität der Regulation einzelner für Glykolyse bzw. Gluconeogenese verantwort-

licher Enzyme ergibt sich doch ein Bild, das auf eine koordinierte transkriptionelle Regulation von Glykolyse und Gluconeogenese durch Insulin und cAMP schließen läßt (Abb. 15.45). Insulin stimuliert die Expression der Gene für die Schlüsselenzyme der Glykolyse und hemmt die der Gene für die Gluconeogenese. cAMP ist dagegen ein echter Antagonist des Insulins, da im allgemeinen Insulin-stimulierte Gene durch cAMP reprimiert, Insulin-reprimierte dagegen durch cAMP induziert werden.

Allosterische Liganden regulieren die Aktivität von Schlüsselenzymen der Glykolyse und Gluconeogenese

Wie in Abb. 15.46 zusammengestellt ist, werden viele Schlüsselenzyme von Glykolyse und Gluconeogenese allosterisch reguliert. Dies beginnt mit der **Hexokinase**, die durch ihr Produkt Glucose-6-phosphat gehemmt wird. Dieser Mechanismus läßt sich jedoch bei der **Glucokinase** nicht nachweisen. Für sie ist ein Inhibitorprotein beschrieben worden, das nur bei erhöhten Fructose-6-phosphat-Konzentrationen aktiv ist.

Das wichtigste regulatorische Enzym für den Glykoloseweg ist die **Phosphofructokinase**. Dieses Enzym wird allosterisch durch ATP gehemmt, während AMP und ADP Aktivatoren sind (S. 416). Eine hemmende Wirkung entfaltet außer ATP das Citrat, wohingegen Fructose-6-phosphat das Enzym zu aktivieren vermag.

Eine Folge dieses fein abgestimmten Wechselspiels verschiedener Effektoren ist, daß bei hoher Konzentration von der Glykolyse nachgeschalteten Metaboliten wie Citrat bzw. bei hoher ATP-Konzentration der Substratdurchfluß durch die Glykolyse gebremst wird, während im umgekehrten Fall, d.h. bei Anstau von oberhalb der Phosphofructokinase gelegenen Glykolysemetaboliten oder aber bei hohen Konzentrationen von ADP und AMP eine Aktivierung des glykolytischen Flusses einsetzt. Eine Regulation dieser Art liegt dem schon von Louis Pasteur und nach ihm als **Pasteur-Effekt** bezeichneten, ursprünglich an der Hefe beobachteten Phänomen zugrunde, daß viele Gewebe bei Übergang von Normoxie zu Hypoxie/Anoxie eine deutliche Zunahme der Glykolyserate zeigen.

Fehlen bzw. Vermehrt O₂

Allerdings ist es nicht möglich, die Regulation der Phosphofructokinase und damit der Glykolyse al-

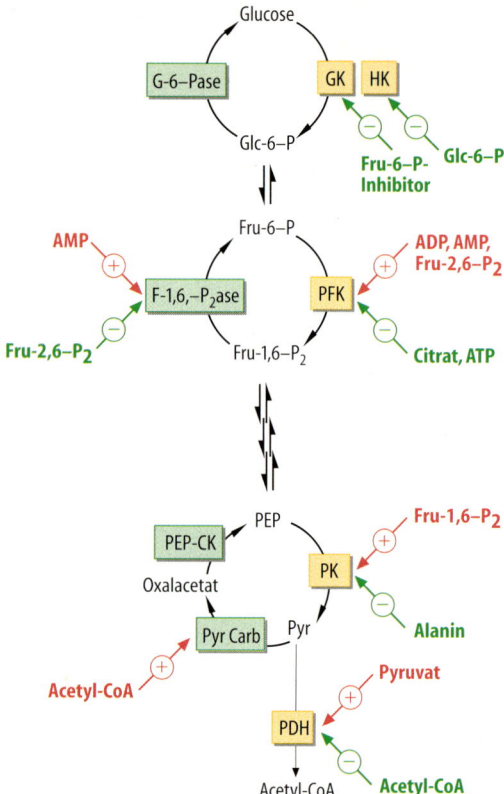

Abb. 15.46 Allosterische Regulation von Schlüsselenzymen von Glykolyse und Gluconeogenese. Aktivatoren der Glykolyse und der Gluconeogenese sind *rot,* Inhibitoren der Gluconeogenese und der Glykolyse *grün* hervorgehoben. (Einzelheiten s. Text)

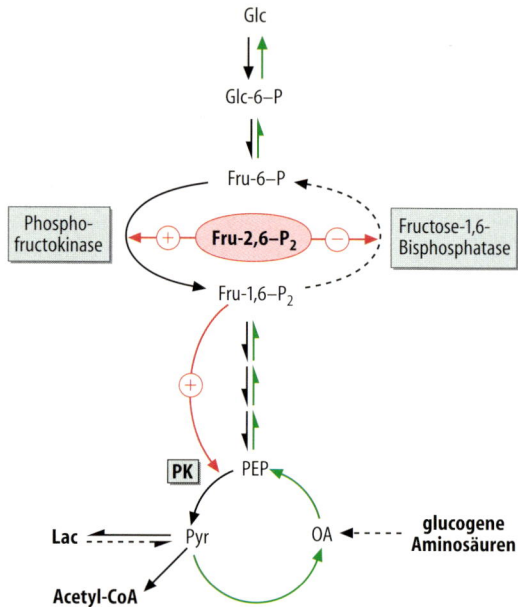

Abb. 15.47 Bedeutung von Fructose-2,6-bisphosphat für die Regulation von Glykolyse und Gluconeogenese in der Leber. Fructose-2,6-bisphosphat ist der wirksamste allosterische Aktivator der Phosphofructokinase und gleichzeitig ein Inhibitor der Fructose-1,6-bisphosphatase. Jede Aktivierung der Phosphofructokinase führt zu einer Konzentrationszunahme von Fructose-1,6-bisphosphat. Dieses Glykolyseintermediat ist ein allosterischer Aktivator der Pyruvatkinase

lein aufgrund der Konzentrationsänderungen von ATP, Citrat, Fructose-6-phosphat und ADP bzw. AMP zu erklären. Dies wird besonders deutlich am Beispiel der Leber, wo schon vor einigen Jahren darauf hingewiesen wurde, daß unter Zugrundelegung der bekannten Konzentrationen von Effektoren eigentlich nie eine Konstellation erreicht wird, bei der die Phosphofructokinase aktiv ist. Dies wies auf das Vorhandensein eines noch unbekannten allosterischen Aktivators des Enzyms hin. Dieser wurde 1980 von Henry-Geri Hers als *Fructose-2,6-bisphosphat* identifiziert (Abb. 15.47).

Liegt es in hoher Konzentration vor, wird der Substratdurchsatz in Richtung Glykolyse beschleunigt, wobei als zusätzliche Besonderheit das Endprodukt der Phosphofructokinase-Reaktion, das Fructose-1,6-bisphosphat, die *Pyruvatkinase* allosterisch aktiviert (s. u.).

cAMP reguliert die zelluläre Fructose-2,6-Bisphosphatkonzentration

Abbildung 15.48 zeigt die Mechanismen für die Biosynthese und den Abbau von Fructose-2,6-bisphosphat. Es entsteht mit Hilfe der *Fructose-6-phosphat-2-Kinase* (s. o.) aus Fructose-6-phosphat, wobei der Phosphat-

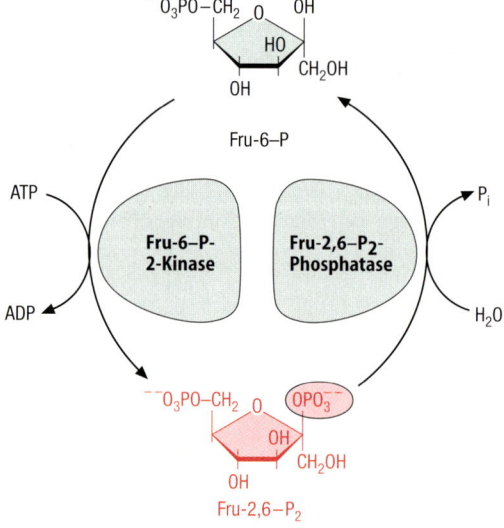

Abb. 15.48 Bildung und Abbau von Fructose-2,6-bisphosphat. Man beachte, daß es sich bei der Fructose-6-phosphat-2-Kinase sowie der Fructose-2,6-Bisphosphatase um dasselbe Enzymprotein handelt, dessen katalytische Eigenschaften durch covalente Modifizierung geändert werden (s. auch Abb. 15.49)

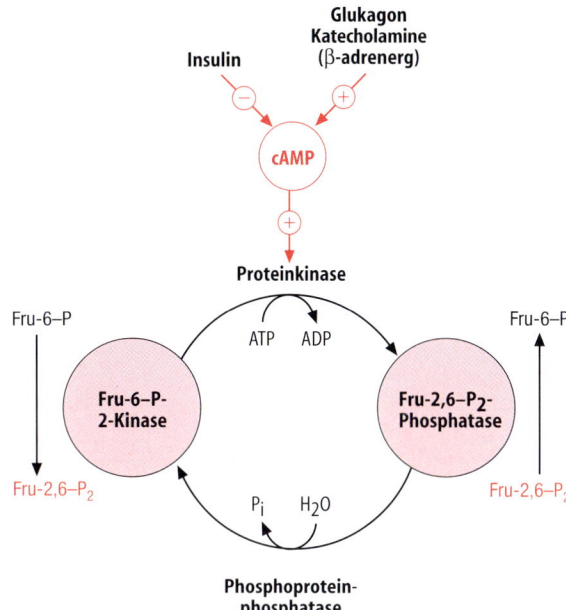

Abb. 15.49 Hormonelle Regulation der Bildung und des Verbrauchs von Fructose-2,6-bisphosphat. Die für die Bildung von Fructose-2,6-bisphosphat aus Fructose-6-phosphat verantwortliche Fructose-6-phosphat-2-Kinase wird durch eine cAMP-abhängige Proteinkinase phosphoryliert und ändert dadurch ihr katalytisches Verhalten. Sie wird zu einer Fructose-2,6-Bisphosphatase, katalysiert also den Abbau von Fructose-2,6-bisphosphat. Durch eine Phosphoprotein-Phosphatase geht die Fructose-2,6-Bisphosphatase wieder in eine Fructose-6-phosphat-2-Kinase über

rest über ATP eingeführt wird. Der Abbau des Fructose-2,6-bisphosphats erfolgt durch eine hydrolytische Phosphatabspaltung, wobei wieder Fructose-6-phosphat entsteht. Katalysiert wird diese Reaktion durch eine *Fructose-2,6-Bisphosphatase*.

Nachdem klar war, daß vor allem in der Leber die Glykolysegeschwindigkeit im wesentlichen von der jeweiligen Konzentration von Fructose-2,6-bisphosphat als allosterischem Effektor der Phosphofructokinase abhängt, rückte natürlich die Regulation seiner Bildung und seines Abbaus in den Vordergrund des Interesses. Dabei zeigte es sich, daß die Fructose-6-phosphat-2-Kinase sowie die Fructose-2,6-Bisphosphatase in Wirklichkeit ein und dasselbe Enzym sind (Abb. 15.49). Unter Einwirkung der *cAMP-abhängigen Proteinkinase* kann dieses Enzym an einem Serylrest phosphoryliert werden. In phosphorylierter Form wirkt es ausschließlich als Fructose-2,6-Bisphosphatase, baut also Fructose-2,6-bisphosphat zu Fructose-6-phosphat ab. Nach Dephosphorylierung unter Katalyse der Phosphoprotein-Phosphatase-1 verschwindet die Phosphataseaktivität, dafür gewinnt das Enzym die Fructose-6-phosphat-2-Kinase-Aktivität, die es befähigt, aus Fructose-6-phosphat Fructose-2,6-bisphosphat zu bilden.

Damit rückt wie im Fall des Glykogenstoffwechsels auch bei der Glykolyse das *cAMP* als wichtiger Re-

gulator in den Vordergrund. In Anwesenheit hoher Konzentrationen von Glucagon oder Katecholaminen steigt seine Konzentration, die dadurch aktivierte Proteinkinase favorisiert die Fructose-2,6-Bisphosphatase-Aktivität und der Fructose-2,6-bisphosphat-Spiegel der Hepatocyten sinkt ab. Damit fällt ein wesentlicher allosterischer Aktivator der Phosphofructokinase fort und die Glykolyse verlangsamt sich. Anders ist es dagegen in Anwesenheit von Insulin, welches zu einer Erniedrigung der cAMP-Spiegel führt. Diese haben eine Inaktivierung der cAMP-abhängigen Proteinkinase und eine Aktivierung der Phosphoprotein-Phosphatase-1 zur Folge, so daß durch Katalyse der jetzt aktiven Fructose-6-phosphat-2-Kinase vermehrt Fructose-2,6-bisphosphat gebildet wird. Dieses aktiviert die Phosphofructokinase, womit die Glykolyse stimuliert wird.

Pyruvatkinase und -dehydrogenase werden allosterisch sowie durch Interkonvertierung reguliert

Das nächste regulatorische Enzym in der Glykolysekette ist die *Pyruvatkinase*. Fructose-1,6-bisphosphat wirkt hier als allosterischer Aktivator, so daß ein verstärkter Glykolysefluß bei Anhäufung dieses Substrats gewährleistet ist. Ein hoher ATP-Spiegel bewirkt dagegen eine Hemmung dieses Enzyms. Interessanterweise ist auch Alanin ein effektiver Hemmstoff des Enzyms, allerdings werden zu einer wirkungsvollen Hemmung Konzentrationen über den physiologischerweise vorkommenden Alaninmengen benötigt.

Die Pyruvatkinase der Leber kann durch die cAMP-abhängige Proteinkinase phosphoryliert und durch eine spezifische Phosphoprotein-Phosphatase dephosphoryliert werden. Durch Phosphorylierung nimmt die Affinität des Enzyms für das Substrat Phosphoenolpyruvat sowie den allosterischen Aktivator Fructose-1,6-bisphosphat ab, wogegen die Affinität für allosterische Inhibitoren wie ATP und Alanin zunimmt. Insgesamt bewirken die durch Phosphorylierung des Enzyms hervorgerufenen Änderungen seiner kinetischen Eigenschaften eine deutliche Aktivitätsverminderung unter physiologischen Bedingungen.

Der Eintritt von Glucosekohlenstoff in den Citratcyclus in Form von Acetyl-CoA wird durch die *Pyruvatdehydrogenase* reguliert. Dieses Enzym, welches die Geschwindigkeit des Umbaus von Glucosekohlenstoff in Zwischenprodukte des Citratcyclus, in Fettsäuren und auch in Aminosäuren vermittelt, wird auf komplizierte Weise reguliert (S. 487). Neben seiner reversiblen Inaktivierung durch covalente Phosphorylierung wird die aktive Form des Enzyms durch Acetyl-CoA und NADH/H$^+$ in physiologischen Konzentrationen gehemmt. Auf diese Weise ist gewährleistet, daß nur der wirklich benötigte Anteil des Glucosekohlenstoffs in den Citratcyclus sowie die ihm benachbarten Stoffwechselwege eintreten kann.

Pyruvatcarboxylase, PEP-Carboxykinase und Fructose-1,6-Bisphosphatase sind regulierte Enzyme

Von ihrer enzymatischen Ausstattung her sind lediglich die Leber und die Niere zur Gluconeogenese aus Lactat bzw. Pyruvat oder glucogenen Aminosäuren befähigt. Trotzdem sind die verschiedensten Gewebe mit den Enzymen ausgerüstet, die für Teilstrecken des Gluconeogenesewegs zuständig sind. So finden sich beispielsweise relativ hohe Aktivitäten des ersten Enzyms der Gluconeogenese, der *Pyruvatcarboxylase*, außer in Leber und Nieren in der Nebenniere, der lactierenden Milchdrüse und im Fettgewebe. Außer der Bedeutung der Pyruvatcarboxylase für die Gluconeogenese wird das Enzym auch für die anaplerotische Synthese von Oxalacetat benötigt.

Im Fettgewebe findet aus Lactat eine beträchtliche Neusynthese von α-Glycerophosphat statt (Glyceroneogenese), das für die Triacylglycerinsynthese gebraucht wird. Auch hierfür wird die Pyruvatcarboxylase benötigt. Ebenso wie das zweite, für Gluconeogenese und Glyceroneogenese typische Enzym, die PEP-Carboxykinase, wird sie durch cAMP und Glucocorticoide reguliert, wobei jedoch der Einfluß der genannten Verbindung auf die Expression beider Gene im Vordergrund steht (s. o.).

Ähnlich wie die Phosphofructokinase ist auch die *Fructose-1,6-Bisphosphatase* ein vielfach reguliertes Enzym. AMP ist ein potenter allosterischer Hemmstoff. Da AMP außerdem ein Aktivator der Phosphofructokinase ist, würde derselbe Metabolit darüber entscheiden, ob Gluconeogenese oder Glykolyse stattfinden. Leider ist es fraglich, ob diese sehr attraktive Regulationsmöglichkeit auch wirklich in der Zelle verifiziert ist, weil die bisher gemessenen Schwankungen der AMP-Spiegel sehr gering sind. Der wichtigste Regulator der Fructose-1,6-Bisphosphatase ist jedoch auf jeden Fall in der Leber das Fructose-2,6-bisphosphat, das schon als allosterischer Aktivator der Phosphofructokinase beschrieben wurde (s. o.). Fructose-2,6-bisphosphat ist ein allosterischer Inhibitor der Fructose-1,6-Bisphosphatase.

Damit ergibt sich eine bemerkenswerte Analogie zur Regulation des Glykogenstoffwechsels. Bei ihm ist cAMP der wichtigste, unter hormoneller Kontrolle stehende intrazelluläre Effektor für eine Hemmung der Glykogenbiosynthese und eine Aktivierung der Glykogenolyse (S. 410), was im Fall der Leber zu einer vermehrten Bereitstellung und Abgabe von Glucose führt. Beim Wechselspiel zwischen Glykolyse und Gluconeogenese führt derselbe Effektor unter Zwischenschaltung des Fructose-2,6-bisphosphats zu einer Hemmung der Glykolyse und Stimulierung der Gluconeogenese, was ebenfalls einer vermehrten Glucoseabgabe durch die Leber dient.

Das oben geschilderte Wechselspiel zwischen Enzymaktivierung bzw. -inaktivierung durch Metaboliten ermöglicht ein sinnvolles Reagieren des Kohlenhydratstoffwechsels auf Kohlenhydratangebot bzw. -mangel, das besonders deutlich in der Leber zum Ausdruck kommt. Bei einem Überschuß an Kohlenhydraten kommt es hier zu einem gesteigerten Fluß durch die Glykolysekette, weil vermehrt gebildetes Fructose-6-phosphat über Fructose-2,6-bisphosphat die Phosphofructokinase und Fructose-1,6-bisphosphat die Pyruvatkinase stimulieren. Das vermehrt gebildete Pyruvat aktiviert schließlich die Pyruvatdehydrogenase. Das dadurch gesteigerte Angebot an Acetyl-CoA kann für Lipogenese bzw. Endoxidation zur Energiegewinnung verwendet werden.

Ganz anders ist die Regulation bei Kohlenhydratmangel. Hier muß der Organismus danach trachten, Glucose für diejenigen Gewebe zu sparen und gegebenenfalls aus Nicht-Kohlenhydrat-Vorstufen zu synthetisieren, die auf die Glucoseoxidation zur Energiegewinnung angewiesen sind. Die nur fakultativ Glucose-oxidierenden Gewebe wie Leber, Muskulatur und Fettgewebe werden auf die Oxidation anderer Energiequellen, v. a. von Fettsäuren zurückgreifen. In der Leber hat dies einen Anstieg der Konzentrationen von Citrat und Acetyl-CoA zur Folge, die auf zweifache Weise in das Wechselspiel zwischen Glykolyse und Gluconeogenese eingreifen. Acetyl-CoA dient als Hemmstoff der Pyruvatdehydrogenase, Citrat hemmt die Phosphofructokinase. Durch die während des Hungerzustands vorherrschenden Hormone Glucagon und Katecholamine kommt es zu einer vermehrten cAMP-Produktion, zu einem Absinken der Fructose-2,6-bisphosphat-Konzentration und so zu einer Stimulierung der Fructose-1,6-Bisphosphatase und Hemmung der Phosphofructokinase. Auf diese Weise werden Schlüsselenzyme der Glykolyse blockiert, so daß es v. a. bei stark gesteigerter Fettsäureoxidation zu einem nahezu vollkommenen Erliegen des Substratdurchsatzes durch diese Stoffwechselkette kommt.

In ähnlicher Weise wie in der Leber wird auch in der Muskelzelle der Glucosedurchsatz durch die Geschwindigkeit der Fettsäureoxidation und damit durch Konzentrationsänderungen von Acetyl-CoA und Citrat gesteuert (S. 962).

15.6 Pathobiochemie

15.6.1 Erworbene Störungen des Kohlenhydratstoffwechsels

Störungen des Kohlenhydratstoffwechsels verursachen verschiedene Erkrankungen

Erworbene Störungen des Kohlenhydratstoffwechsels können in den vielfältigsten Formen auftreten und führen häufig zu klassischen Stoffwechselkrankheiten (Tabelle 15.7). Beispiele hierfür sind

Tabelle 15.7 Erworbene Störungen des Kohlenhydratstoffwechsels

Bezeichnung	Ursache	Besprochen auf Seite
Diabetes mellitus	Absoluter oder relativer Insulinmangel	806
Hyperinsulinismus	Inselzelltumoren des Pankreas; Fehlen von Insulinantagonisten	419
Kohlenhydrat-Malabsorption	Gestörte intestinale Resorption von Monosacchariden	419
Hypoglykämien	Unreife der Gluconeogenese bei Frühgeborenen; Alkoholintoxikation; Insulinüberdosierung, Insulinüberproduktion	419
Lactatacidose	Störung des aeroben Glucoseabbaus bei Schocksyndrom, Krampfanfällen, Arzneimitteln (Metformin)	944
Frühgeborenen-Ikterus	Mangel an Glucuronyltransferase-Aktivität	617

- der Diabetes mellitus,
- Hyperinsulinismus oder
- die Kohlenhydratmalabsorption, die an anderer Stelle besprochen werden.

Hypoglykämien, d. h. Zustände, bei denen die Blutglucosekonzentration unter 4 mmol/l abgesunken ist, kommen bei einer Reihe von Erkrankungen vor. Diese Situation ist insofern bedrohlich, als das Zentralnervensystem zur Deckung seines Energiebedarfs auf kontinuierliche Glucosezufuhr angewiesen ist. Der Körper versucht infolgedessen, Glykogenolyse und Gluconeogenese zu aktivieren, wozu die Katecholaminsekretion stimuliert wird. Dies macht die Symptomatik verständlich: Es kommt zu Heißhunger, Schweißausbrüchen und Herzklopfen. Bei weiterem Absinken der Blutglucosekonzentration wird sie mehr und mehr von der Funktionsstörung des Zentralnervensystems gekennzeichnet: Tremor, neurologische Störungen, Bewußtseinstrübung bis hin zum Coma hypoglycämicum.

Hypoglykämien können die verschiedensten Ursachen haben. Besonders empfindlich sind nicht ausreichend mit Kohlenhydraten versorgte Frühgeborene, da bei ihnen die für die Gluconeogenese verantwortlichen Enzyme noch nicht in ausreichender Aktivität vorhanden sind. Akute Alkoholintoxikation kann ebenfalls zu Hypoglykämien führen, da das beim Ethanolabbau entstehende NADH/H⁺ die Gluconeogenese hemmt. Eine durch Tumoren der β-Zellen der Langerhans'schen Inseln ausgelöste gesteigerte und nicht regulierte Insulinsekretion kann zu schweren Hypoglykämien führen. Bei insulinpflichtigen Diabetikern kommt es gelegentlich infolge eines Mißverhältnisses des zugeführten Insulins und der aufgenommenen Nahrung zu Hypoglykämien.

Ein sehr ernst zu nehmendes Krankheitsbild ist die *Lactatacidose*, von der man spricht, wenn die Lactatkonzentration im Blut über den oberen Grenzwert von 1,2–1,5 mmol/l steigt. Sie findet sich als Symptom von Störungen des aeroben Glucoseabbaus bei Patienten mit Schocksyndrom oder generalisierten Krampfanfällen, aber auch nach bestimmten Arzneimitteln, z. B. nach Gabe des Antidiabetikums Metformin besonders bei Situationen mit gesteigerter Lactatbildung, z. B. Herzinsuffizienz. Das Krankheitsbild der Lactatacidose ist von der Symptomatik einer schweren metabolischen Acidose begleitet und muß entsprechend behandelt werden.

Ähnlich wie die Hypoglykämien von Frühgeborenen beruht auch der *Frühgeborenen-Ikterus* auf einem durch die noch unvollständige Enzymausstattung der unreifen Leber hervorgerufenen Defekt. Hier handelt es sich um einen Mangel an Glucuronyltransferase-Aktivität. Das Enzym katalysiert die Glucuronidierung von Bilirubin zu Bilirubin-Diglucuronid, bei mangelhafter Aktivität ist die Ausscheidung von Bilirubin vermindert.

Die nichtenzymatische Glykosylierung von Proteinen ist die Ursache vieler zellulärer Dysfunktionen

Aldehyde bilden spontan Schiff-Basen mit Verbindungen, die Aminogruppen enthalten. Dies trifft naturgemäß auch für Aldosen und damit in besonderem Maße für Glucose zu. Wie aus Abb. 15.50 hervorgeht, kann Glucose in der offenen Form mit Aminogruppen in Proteinen nichtenzymatisch unter Bildung einer Schiff-Base reagieren. Diese Reaktion ist reversibel, ihr Ausmaß hängt von der Dauer und der Höhe der Glucosekonzentration ab. In einem irreversiblen Schritt, einer sogenannten Amadori-Umlagerung, bildet sich aus der Schiff-Base ein Ketoamin, welches vom Organismus nicht mehr gespalten werden kann. Die Menge des auf diese Weise glykierten, d. h. mit Glucose irreversibel modifizierten, Proteins hängt von der Höhe und Dauer der Glucoseexposition, der biologischen Lebensdauer des Proteins, der Zahl der freien Aminogruppen, dem pK der Aminogruppen, der Zugänglichkeit der Aminogruppen für Glucose und dem Vorhandensein benachbarter protonierter Aminogruppen wie Histidin oder Arginin ab.

Hämoglobin gehört zu den Proteinen, die aufgrund ihrer nur von der Lebensdauer des Erythrocyten abhängenden Halbwertszeit in besonderem Umfang glykiert werden. Tatsächlich liegen beim Gesunden etwa vier bis acht Prozent des Hämoglobins in glykierter Form, als *Hb A$_D$*, vor. Bei Patienten mit Hyperglykämien, z. B. infolge eines Diabetes mellitus, steigt die Konzentration des glykierten Hämoglobins an. Infolge der Halbwertszeit des Hämoglobins erlaubt die Bestimmung des glykierten Hämoglobins bei Diabetikern eine Abschätzung über die Güte ihrer Diabeteseinstellung während der vergangenen Wochen.

Außer dem Hämoglobin werden eine Reihe weiterer Proteine glykiert. Sie finden sich entweder in der extracellulären Flüssigkeit oder in Geweben mit hoher intracellulärer Glucosekonzentration. Glykierte Anteile lassen sich im Albumin, in den Apoproteinen der LDL, im Kollagen, Myelin, in Basalmembran-Proteinen, in Linsenproteinen und in Proteinen der Erythrocytenmembran nachweisen. Sehr häufig gehen mit der Proteinglykierung Änderungen der *Proteinstruktur,* der *Halbwertszeit* oder auch der *Funktion* einher.

Werden sehr langlebige Proteine, z. B. Bestandteile der Bindegewebsproteine, glykiert, so erfolgen innerhalb von Wochen weitere Umlagerungen der primären Amadori-Produkte zu sogenannten Glykosylierungs-Endprodukten, die englisch als *advanced glycosylation endproducts, AGE's,* bezeichnet werden (Abb. 15.51a). Die zugrundeliegenden Reaktionen sind aus der Lebensmittelchemie als *Maillard-Reaktion* bekannt. Unter diesem Begriff werden nicht-enzymatische Bräunungsreaktionen von Lebensmitteln zusammengefaßt, die auf Reaktionen zwischen Aminen und Carbonylgruppen beruhen.

Die Bildung der AGE's wird mit einer Reihe physiologischer aber auch pathologischer Vorgänge in Verbindung gebracht. So nimmt man an, daß sie etwas mit den physiologischen Altersvorgängen zu tun haben. Jedenfalls nimmt mit zunehmendem Alter die Menge an AGE's im Bindegewebe linear zu, wie in Abb. 15.51b anhand des *Pentosidinspiegels* im Kollagen der Dura mater, aber auch in der Haut und in Nieren des Menschen nachgewiesen wurde. AGE's finden sich in endothelialen Proteinen, Linsenkristallinen und Hautkollagenen und treten bei Patienten mit Diabetes mellitus gehäuft auf. Auf Makrophagen und Endothelzellen sind in letzter Zeit spezifische Rezeptoren für AGE's gefunden worden, die zur Großfamilie der Immunglobuline gehören und die möglicherweise für Reaktionen mitverantwortlich sind, die zu Arteriosklerose und anderen Gefäßveränderungen führen.

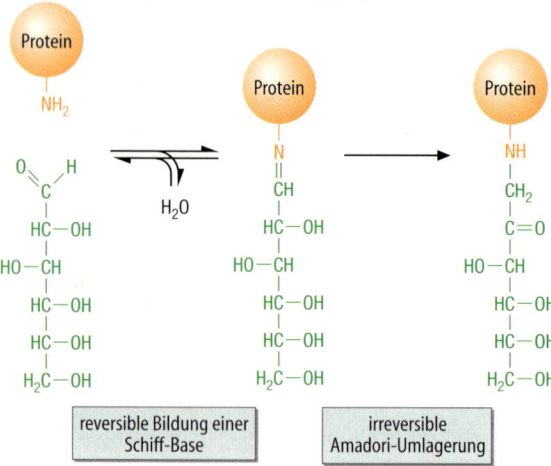

Abb. 15.50 Mechanismus der nicht-enzymatischen Glykierung von Proteinen. Die Carbonylgruppe von Aldosen, besonders von Glucose, reagiert reversibel mit Aminogruppen in Proteinen. Die dabei entstehenden Schiff-Basen erfahren eine Amadori-Umlagerung, für deren Spaltung keine Enzyme vorliegen

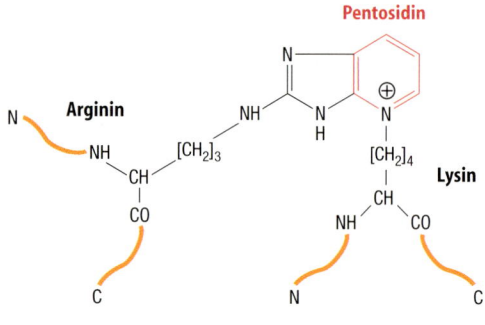

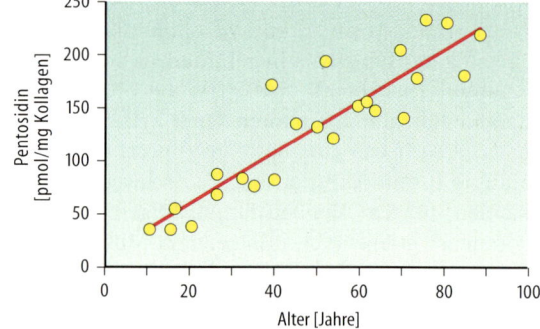

Abb. 15.51 a, b Bildung von advanced glycosylation endproducts (AGE's). **a** Durch Maillard-Reaktionen erfahren die als Ketoamine gebundenen Zuckerreste auf Proteinen komplizierte Umlagerungen, die zu den dargestellten Endprodukten führen und teilweise mit Quervernetzungen einhergehen, z. B. durch Pentosidin (*rot hervorgehoben*). **b** Zunahme der Pentosidinmenge im Kollagen menschlicher Dura mater in Abhängigkeit vom Lebensalter. (Abbildung freundlicherweise zur Verfügung gestellt von VM Monnier, Cleveland)

Tabelle 15.8 Angeborene Störungen des Kohlenhydratstoffwechsels (Auswahl)

Bezeichnung	Defektes Enzym	Hauptsymptom	Häufigkeit
Galaktosämie	Galaktose-1-phosphat-Uridyltransferase	Hypoglykämien, Leberfunktionsstörung, Lebercirrhose, geistige Retardierung	1 : 55 000
	Galaktokinase	Galaktosämie, Katarakte	selten
Fructoseintoleranz	Aldolase B	Hypoglykämien, Lebercirrhose	1 : 130 000
Glykogenose Typ I	Glucose-6-Phosphatase	Hypoglykämie, Lebervergrößerung	selten
Glykogenose Typ III	Amylo-1,6-Glucosidase	Hypoglykämie, Lebervergrößerung, Muskelschwäche	selten
Glykogenose Typ VI	Leberphosphorylase	Hypoglykämie, Lebervergrößerung	selten
Angeborene hämolytische Anämie	Pyruvatkinase	Beschleunigter Abbau von Erythrocyten	selten

15.6.2 Angeborene Störungen des Kohlenhydratstoffwechsels

Angeborene Störungen des Kohlenhydratstoffwechsels betreffen Enzymdefekte, die bei homozygoten Trägern zu schweren, meist lebensbedrohlichen und lebensverkürzenden Erkrankungen führen.

Prinzipiell können derartige Defekte natürlich jedes Enzym der beschriebenen Wege des Kohlenhydratstoffwechsels betreffen. In Tabelle 15.8 ist eine Auswahl der häufigeren angeborenen Störungen des Kohlenhydratstoffwechsels zusammengestellt. Wie man sieht, handelt es sich ganz allgemein um seltene Erkrankungen. Über die genannten Defekte hinaus sind in Einzelfällen Defekte von Enzymen
- der Gluconeogenese,
- des Glucuronsäurestoffwechsels,
- des Pentosephosphatweges und
- der Enzyme für die Biosynthese von Glykoproteinen

beschrieben worden.

Etwas häufiger sind lysosomale Defekte, die den Abbau von Proteoglykanen, Glykoproteinen und Glykolipiden betreffen und an anderer Stelle beschrieben sind (S. 462, 751).

Von den in Tabelle 15.8 beschriebenen Erkrankungen ist der angeborene Defekt der *Galaktose-1-phosphat-Uridyltransferase* mit einer Inzidenz von 1 : 55 000 der häufigste. Die Erkrankung führt zu Störungen der Gluconeogenese und damit zu Hypoglykämien und Leberfunktionsstörungen (S. 397). Außerdem tritt eine geistige Retardierung auf, deren Ursache noch nicht bekannt ist. Wesentlich seltener ist die *Fructoseintoleranz*

mit einer Inzidenz von 1 : 130 000. Die Pathobiochemie dieser Erkrankung ist auf Seite 395 beschrieben.

Bis heute sind insgesamt 12 Defekte im Glykogenstoffwechsel beschrieben worden. Sie betreffen immer einzelne Enzyme von Glykogenbiosynthese, Glykogenabbau oder Regulation des Glykogenstoffwechsels. Generell handelt es sich um außerordentlich seltene Erkrankungen (in der Tabelle sind die drei häufigsten genannt). Bei der *Glykogenose vom Typ I* liegt ein Defekt der Glucose-6-Phosphatase vor, der dazu führt, daß die Leber nicht mehr zur Glucosefreisetzung aus Glucose-6-phosphat imstande ist. Da dies zu einem Anstau von Glucose-1-phosphat führt, ergibt sich eine Hemmung der Glykogenphosphorylase und damit eine Störung des Abbaus von Glykogen. Die Patienten leiden an einer Lebervergrößerung und Hypoglykämien. Die Glykogenosen Typ III und Typ VI betreffen Enzyme des Glykogenabbaus. Auch sie sind durch Hypoglykämien und Lebervergrößerung gekennzeichnet.

Die häufigste Ursache einer *angeborenen hämolytischen Anämie* (S. 892) ist ein Defekt der Pyruvatkinase der Erythrocyten. Meist ist bei den Patienten die Aktivität des Enzyms auf etwa 20 % der Norm reduziert. Die Vorstufen der Erythrocyten entwickeln sich normal, da auch mit der geringen Aktivität der Pyruvatkinase ihr Energiebedarf gedeckt werden kann, weil sie über intakte Mitochondrien verfügen. Nach Verlust der Mitochondrien bei den reifen Erythrocyten reicht die Pyruvatkinaseaktivität jedoch nicht mehr aus, um durch die jetzt notwendige anaerobe Glykolyse genügend ATP für die Aufrechterhaltung der Erythrocytenfunktion zu synthetisieren. Aus diesem Grunde kommt es zu Störungen der Membranarchitektur der Erythrocyten und zu ihrer Lyse.

! RESÜMEE

Für alle Zellen des menschlichen Organismus ist Glucose der wichtigste Energielieferant. Glucose wird durch Glykolyse abgebaut, ein Vorgang, der auch unter anaeroben Bedingungen stattfinden kann. Vom energetischen Standpunkt aus wesentlich ergiebiger ist die physiologischerweise von allen Geweben außer Erythrocyten und Nierenmark durchgeführte sauerstoff-abhängige Oxidation von Glucose zu CO_2 und Wasser. Dies setzt das Einschleusen des in der Glykolyse entstehenden Pyruvats in den Citratcyclus voraus.

Alternative Stoffwechselwege der Glucose sind der Hexosemonophosphat-Weg, der zur Bildung von NADPH/H^+ und Pentosen führt, sowie die für Glucuronidierungen benötigte Oxidation der Glucose zur Glucuronsäure. Biosynthese und Abbau von Glykogen dienen der Speicherung überschüssig aufgenommener Kohlenhydrate sowie bei Bedarf deren Bereitstellung für die verschiedensten Gewebe.

Glucose kann in sämtliche im Organismus vorkommenden Monosaccharide umgewandelt werden. Diese dienen dann als Substrate für die Biosynthese der in Glykoproteinen und Proteoglykanen vorkommenden Saccharidsequenzen.

Die in der Nahrung neben Glucose vorkommenden Monosaccharide Fructose und Galaktose werden im wesentlichen in der Leber weiter verarbeitet. Galaktose wird dabei in Glucose umgewandelt, Fructose in einem der Glykolyse ähnlichen Stoffwechselweg abgebaut. Der Stoffwechsel der Glucose wird durch eine Reihe von Hormonen sehr genau reguliert. Die Regulation findet auf der Ebene der Glucoseaufnahme, der Expression der für die einzelnen Reaktionen des Glucosestoffwechsels geschwindigkeitsbestimmenden Enzyme sowie durch allosterische Liganden statt.

Außer auf der luminalen Seite der Epithelien des Intestinaltraktes und der Nierentubuli findet die Glucoseaufnahme mit Hilfe von Transportproteinen als erleichterte Diffusion statt. Bis heute sind in tierischen und menschlichen Geweben sechs unterschiedliche Glucosetransporter beschrieben worden, die sich durch ihre Gewebsverteilung und ihre kinetischen Eigenschaften unterscheiden und eine wichtige Rolle bei der gewebsspezifischen Rate der Glucoseaufnahme spielen. Der Glut 4-Glucosetransporter wird durch Insulin reguliert, so daß in Anwesenheit des Hormons die Glucoseaufnahme insulinempfindlicher Gewebe steigt.

Für die Transkription von Proteinen der Glykolyse sind Insulin und Glucose als Induktoren von großer Bedeutung, Insulin ist darüber hinaus ein Repressor von Schlüsselenzymen der Gluconeogenese. Eine umgekehrte Funktion haben Hormone wie Katecholamine oder Glucagon, die zu einer Erhöhung der cAMP-Konzentration führen. Sie reprimieren die Enzyme der Glykolyse und induzieren diejenigen der Gluconeogenese. Die letzteren werden darüber hinaus noch durch Glucocorticoide induziert.

Für die Kurzzeitregulation des Glucosestoffwechsels spielen allosterische Mechanismen sowie Regulation durch covalente Modifikation eine große Rolle. Jede Zunahme der zellulären cAMP-Konzentration führt zu einer Beschleunigung der Glykogenolyse und einer Hemmung der Glykogensynthese. Der Mechanismus beruht auf einer durch cAMP ausgelösten Phosphorylierung von Glykogenphosphorylase und Glykogensynthase. Dementsprechend führt jeder Abfall der cAMP-Konzentration zu einer Hemmung der Glykogenolyse und einer Stimulierung der Glykogensynthese.

Für die Glykolyse ist der wichtigste allosterische Regulator das Fructose-2,6-bisphosphat, das bei niedrigen cAMP-Konzentrationen synthetisiert wird. Es aktiviert die Phosphofructokinase und inhibiert die Fructose-1,6-Bisphosphatase. Umgekehrt führen hohe cAMP-Konzentrationen zu einem Abbau des Fructose-2,6-bisphosphates, was eine Hemmung der Glykolyse und eine Aktivierung der Gluconeogenese auslöst.

Über das Fructose-2,6-bisphosphat als allosterischem Aktivator hinaus hängt die Geschwindigkeit der Glykolyse in allen untersuchten Geweben von der Energieladung der Zellen ab. Hohe ATP- oder Citratkonzentrationen sind allosterische Inhibitoren der Phosphofructokinase; hohe AMP- und ADP-Konzentrationen aktivieren dagegen das Enzym.

Störungen des Glucosestoffwechsels führen je nach ihrer Lokalisation zu unterschiedlichsten Erkrankungen. Von den erworbenen ist der Diabetes mellitus, welcher durch absoluten oder relativen Insulinmangel ausgelöst wird, der bedeutendste. Zustände, die mit einem Mißverhältnis zwischen Kohlenhydratangebot und Insulinkonzentration im Serum einhergehen, führen zu Hyper- bzw. zu Hypoglykämien mit entsprechender Symptomatik. Schwere Störungen des Kohlenhydratstoffwechsels werden natürlich bei einer gestörten intestinalen Resorption von Monosacchariden ausgelöst. Andere Veränderungen des Kohlenhydratstoffwechsels führen beispielsweise zur Lactatacidose oder zum Frühgeborenen-Ikterus. Die während des ganzen Lebens stattfindende nicht-enzymatische Glykierung verändert Proteine strukturell und funktionell und wird mit den Altersvorgängen in Beziehung gebracht. Bei Patienten mit durch einen Diabetes mellitus ausgelösten Hyperglykämien findet diese nicht-enzymatische durch Glucose ausgelöste Modifikation von Proteinen in verstärktem Umfang statt und spielt möglicherweise als pathogenetischer Faktor bei der Entstehung der bei diesen Patienten häufigen Angiopathien eine wichtige Rolle.

Hereditäre Erkrankungen des Kohlenhydratstoffwechsels können jedes Enzym dieses Stoffwechselweges betreffen. Im allg. handelt es sich um außerordentlich seltene Erkrankungen, die jedoch immer mit einer schweren, lebensbedrohlichen Symptomatik einhergehen.

Literatur

Monographien und Lehrbücher

FINOT PA, AESCHBACHER HU, HURREL RF, LIARDON R (eds) (1990) The Maillard reaction in food processing, human nutrition and physiology. Birkhäuser, Basel

MONTREUIL J, VLIEGENTHART JFG, SCHACHTER H (eds) (1995) Glycoproteins. New Comprehensive Biochemistry, Vol 29a. Elsevier, Amsterdam

Original- und Übersichtsarbeiten

ABEIJON C, HIRSCHBERG CB (1992) Topography of glycosylation reactions in the endoplasmic reticulum. TIBS 17: 32–36

ALONSO MD, LOMAKO J, LOMAKO WM, WHELAN WJ (1995) A new look at the biogenesis of glycogen. FASEB J 9: 1126–1137

BAENZIGER JU (1994) Protein-specific glycosyltransferases: how and why they do it! FASEB J 8: 1019–1025

BROWNER MF, FLETTERICK RJ (1992) Phosphorylase: a biological transducer. TIBS 17: 66–71

COX TM (1994) Aldolase B and fructose intolerance. FASEB J 8: 62–71

CZECH MP, CLANCY BM, PESSINO A, WOON CW, HARRISON SA (1992) Complex regulation of simple sugar transport in insulin responsive cells. TIBS 17: 197–201

ENGLUND PT (1993) The structure and biosynthesis of glycosyl phosphatidylinositol protein anchors. Annu. Rev. Biochem., 62: 121–138

GOODRIDGE AG (1990) The new metabolism: molecular genetics in the analysis of metabolic regulation. FASEB J 4: 3099–3110

HUE L, ROUSSEAU GG (1993) Fructose 2,6 bisphosphate and the control of glycolysis by growth factors, tumor promotors and oncogenes. Advan Enzyme Regul 33: 97–110

JAEKEN J, CARCHON H, STIBLER H (1993) The carbohydrate deficient glycoprotein syndromes: pre-Golgi and Golgi disorders? Glycobiology 3: 423–428

KLETZIEN RF, HARRIS PKW, FOELLMI LA (1994) Glucose-6-phosphate dehydrogenase: a „housekeeping" enzyme subject to tissue-specific regulation by hormones, nutrients, and oxidant stress. FASEB J 8: 174–181

LEMAIGRE FP, ROUSSEAU GG (1994) Transcriptional control of genes that regulate glycolysis and gluconeogenesis in adult liver. Biochem J 303: 1–14

LIS H, SHARON N (1993) Protein glycosylation. Structural and functional aspects. Eur J Biochem 218: 1–27

MUECKLER M (1994) Facilitative glucose transporters. Eur J Biochem 219: 713–725

RUDERMAN NB, WILLIAMSON JR, BROWNLEE M (1992) Glucose and diabetic vascular disease. FASEB J 6: 2905–2914

SCHMIDT AM, HORI O, BRETT J, YAN SD, WAUTIER JL, STERN D (1994) Cellular receptors for advanced glycation end products. Arterioscl Thromb 14: 1521–1528

SELL DR, MONNIER VM (1989) Structure elucidation of a senescence cross-link from human extracellular matrix. J Biol Chem 264: 21597–21602

VAN SCHAFTINGEN E, DETHEUX M, VEIGA DA CUNHA M (1994) Short-term control of glucokinase activity: role of a regulatory protein. FASEB J 8: 414–419

VAULONT S, KAHN A (1994) Transcriptional control of metabolic regulation of genes by carbohydrates. FASEB J 8: 28–35

WOODGETT JR (1991) A common denominator linking glycogen metabolism, nuclear oncogenes and development. TIBS 16: 177–181

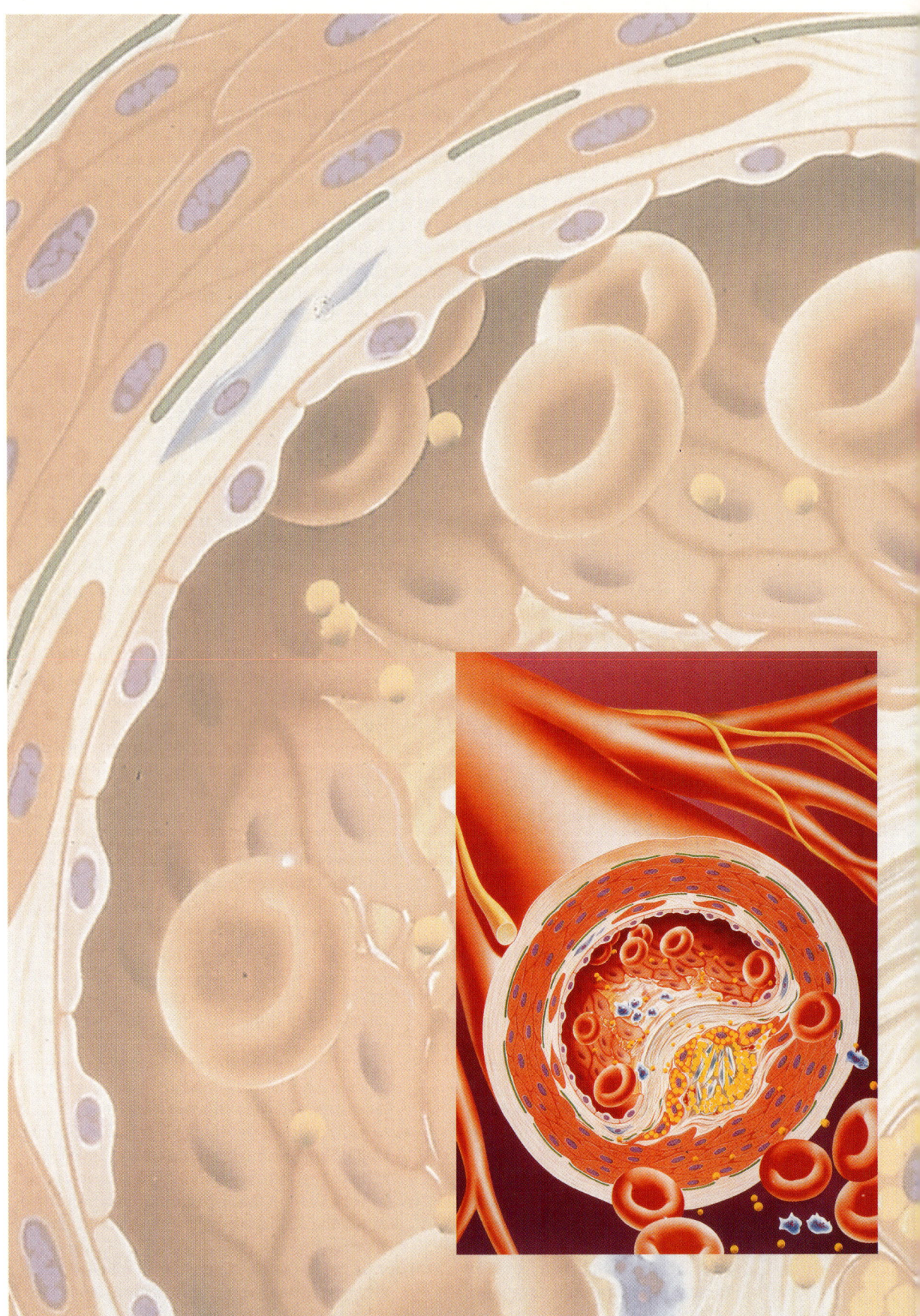

Stoffwechsel der Lipide

Wegen ihrer vielfältigen und unerläßlichen Funktionen wäre ohne Lipide Leben nicht möglich. Lipide bilden in einer ganz entscheidenden Funktion die Struktur sämtlicher zellulärer Membranen und ermöglichen auf diese Weise erst die Existenz von Zellen, deren Inneres gegen die Außenwelt abgeschirmt ist. Für diese Funktion sind amphiphile Lipide wie Phospholipide und Sphingolipide besonders geeignet, die neben den für Lipide typischen hydrophoben Alkanketten auch über hydrophile, polare und geladene Gruppen verfügen, und so die für alle zellulären Membranen typischen Doppelschichten ausbilden können.

Über diese entscheidende Funktion hinaus spielen Lipide eine große Rolle als intrazelluläre Energiespeicher. Bei höheren Organismen und damit auch beim Menschen ist für diese Energiespeicherung ein spezifisches Gewebe, das Fettgewebe vorhanden. In ihm kann in Form von Triacylglycerinen so viel Energie gespeichert werden, daß das Überleben des betreffenden Organismus über lange Zeit gesichert ist.

Lipide bilden den Ausgangspunkt für die Biosynthese einer großen Zahl biologisch aktiver Moleküle. So leiten sich vom Cholesterin sämtliche Steroidhormone ab, alle fettlöslichen Vitamine sind Lipide und Derivate ungesättiger Fettsäuren bilden die Gruppe der als Eikosanoide bezeichneten Gewebshormone.

Diesen vielfältigen Funktionen der Lipide steht ein Problem gegenüber, das gelegentlich pathobiochemische Konsequenzen hat. Lipide müssen im Organismus im Blut und der extrazellulären Flüssigkeit transportiert werden, was wegen der wäßrigen Natur dieser Transportmedien naturgemäß schwierig ist. Der Transport erfolgt in Form von Lipoproteinen, Komplexen aus spezifischen Proteinen mit definierten Mischungen der einzelnen Lipide. Überschreiten derartige Lipoproteine die normalen Konzentrationen, so kann es zu Ablagerungen von Lipiden in Blutgefäßen, zur Verengung des Lumens der Blutgefäße und damit zu einer Reihe bedrohlicher Krankheitsbilder kommen.

Lipide sind für die Aufrechterhaltung regulärer Strukturen und Funktionen unerläßlich. Sie können jedoch auch schwerwiegende Krankheitsbilder auslösen, wie die in dieser Abbildung dargestellte arteriosklerotische Veränderung der Arterienwand
(Bild: J. Bavosi, Science Photo Library/Focus, Hamburg)

16.1 Stoffwechsel der Triacylglycerine

16.1.1 Abbau der Triacylglycerine

Durch Lipolyse entstehen aus Triacylglycerinen Fettsäuren und Glycerin

Die in den Geweben des Organismus, in besonderem Umfang jedoch im Fettgewebe gespeicherten Triacylglycerine werden durch die in Abb. 16.1 dargestellten Reaktionen zu Fettsäuren und Glycerin gespalten. Die dabei beteiligten Enzyme werden als **Lipasen** bezeichnet. Entsprechend ihrer jeweiligen Substratspezifität unterscheidet man

- Triacylglycerin-,
- Diacylglycerin- und
- Monoacylglycerinlipasen.

Die intracelluläre Triacylglycerinlipase hat eine relativ hohe Substratspezifität. Sie reagiert lediglich mit Triacylglycerinen, wobei solche mit langkettigen Acylresten bevorzugt werden. Das Reaktionsprodukt ist ein α, β-Diacylglycerin. Dieses wird durch sukzessive Abspaltung von Fettsäureresten durch Diacylglycerin- und Monoacylglycerinlipasen abgebaut, die in allen Geweben in hoher Aktivität vorkommen und eine relativ geringe Substratspezifität besitzen. Das die Reaktionsgeschwindigkeit bestimmende Enzym der Triacylglycerinhydrolyse ist die Triacylglycerinlipase. Ähnlich wie die Glykogenphosphorylase kommt die Triacylglycerinlipase in einer inaktiven, dephosphorylierten und einer aktiven, phosphorylierten Form vor. Die Überführung der inaktiven in die aktive Form geschieht unter Einwirkung der cAMP-abhängigen Proteinkinase (PK A) nach folgender Reaktion:

Dephospholipase (inaktiv) + ATP $\longrightarrow$
Phospholipase (aktiv) + ADP

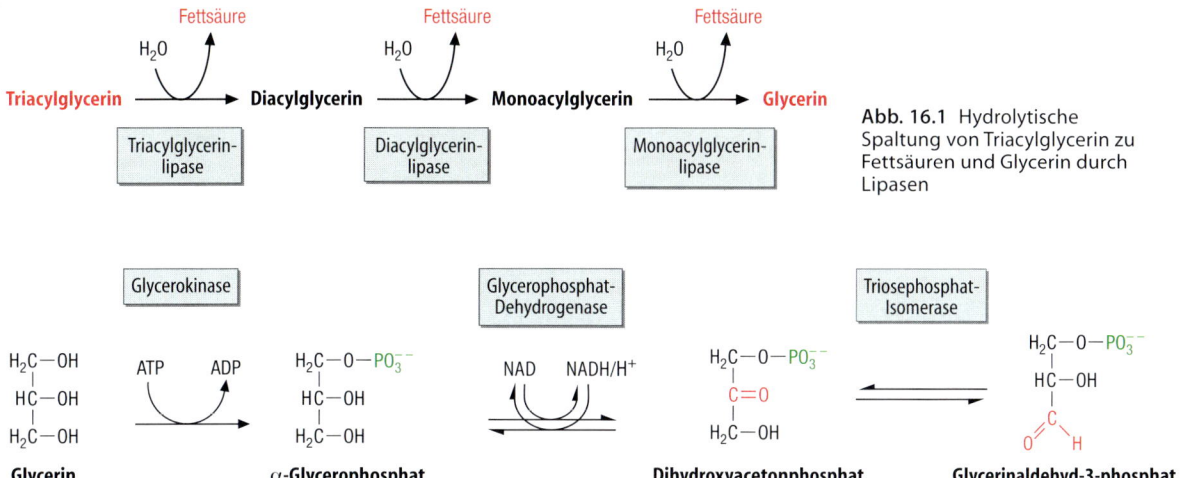

Abb. 16.1 Hydrolytische Spaltung von Triacylglycerin zu Fettsäuren und Glycerin durch Lipasen

Abb. 16.2 Einschleusung von Glycerin in den Glucosestoffwechsel

Für die Inaktivierung der Triacylglycerinlipase wird eine Phosphoprotein-Phosphatase benötigt, die die Abspaltung des enzymgebundenen Phosphats nach folgender Reaktion katalysiert:

Phospholipase (aktiv) + H_2O $\longrightarrow$
$$\text{Dephospholipase (inaktiv)} + P_i$$

Das pH-Optimum der Triacyl-, Diacyl- und Monoacylglycerinlipasen liegt im Neutralen. Neben diesen Enzymen läßt sich eine Triacylglycerinlipase nachweisen, deren pH-Optimum über 8 liegt. Das Enzym bevorzugt Triacylglycerine mit kurzkettigen Fettsäuren und wird wegen seiner geringen Substratspezifität auch den Esterasen zugerechnet. Eine weitere im Fettgewebe und v. a. in der Leber nachweisbare Triacylglycerinlipase hat ein Aktivitätsmaximum bei einem pH von etwa 5 und ist offensichtlich lysosomaler Herkunft (S. 191).

Die durch Lipolyse freigesetzten *Fettsäuren* sind für die meisten Gewebe ein gutes Substrat zur Deckung ihres Energiebedarfs. Eine Ausnahme machen die Zellen des Zentralnervensystems sowie die ausschließlich auf Glykolyse eingestellten Zellen des Nierenmarks und die Erythrocyten. Das zweite Produkt der lipolytischen Spaltung von Triacylglycerinen, das *Glycerin*, wird durch ATP-abhängige Phosphorylierung in α-Glycerophosphat umgewandelt und nach Oxidation zu Dihydroxyacetonphosphat in die Glykolyse (S. 378) eingeschleust (Abb. 16.2). Dieser Stoffwechselweg ist jedoch nur in der Leber sowie in den intestinalen Mucosazellen möglich, da nur sie über ausreichende Aktivitäten der hierfür notwendigen *Glycerokinase* verfügen.

Lipoproteinlipase und Pankreaslipase spalten extrazelluläre Triacylglycerine

Die bisher genannten Lipasen dienen dem Abbau intrazellulär abgelagerter Triacylglycerine und spielen somit eine wichtige Rolle bei der Umstellung des Organismus auf den Hungerstoffwechsel. Im Gegensatz dazu kommt der in vielen Geweben nachweisbaren *Lipoproteinlipase* eine ganz andere Aufgabe zu. Dieses Enzym, das an der Außenseite der Plasmamembran vieler Zellen lokalisiert ist, ist für die Spaltung der über den Blutstrom in Form von *VLDL* und *Chylomikronen* (S. 472) gelieferten Triacylglycerine verantwortlich, die in diesen Lipoproteinen enthalten sind und ermöglicht so deren Aufnahme durch die Zelle (S. 448).

Von besonderer Bedeutung für die intestinale Lipidverdauung (S. 1012) ist die *Pankreaslipase.* Dieses Enzym wird in den Acinuszellen des Pankreas synthetisiert und sezerniert. Es dient der Spaltung von Nahrungstriacylglycerinen in ein Gemisch von Fettsäuren, Monoacylglycerinen und Glycerin, welches nach Micellenbildung mit Gallensäuren durch die Enterocyten resorbiert werden kann (S. 1002).

16.1.2 Fettsäureabbau

Fettsäuren werden durch β-Oxidation abgebaut

Der größte Teil der im tierischen Organismus vorkommenden Fettsäuren besitzt eine gerade Zahl von C-Atomen. Daraus kann geschlossen werden, daß Biosynthese sowie Abbau von Fettsäuren durch Kondensation bzw. Abspaltung von Bruchstücken aus zwei C-Atomen erfolgt. Diese Vorstellung wurde durch die von Friedrich Knoop schon 1905 durchgeführten Untersuchungen gestützt. Er verfütterte Hunden ω-Phenylfettsäuren mit gerader bzw. ungerader Zahl von Kohlenstoffatomen (Abb. 16.3). Dabei war das Endprodukt beim Abbau geradzahliger, ω-phenylierter Fettsäuren die Phenylessigsäure, während ungeradzahlige, ω-phenylierte Fettsäuren auf die Stufe der Benzoesäure abgebaut wurden. Daraus konnte der Schluß gezogen werden, daß

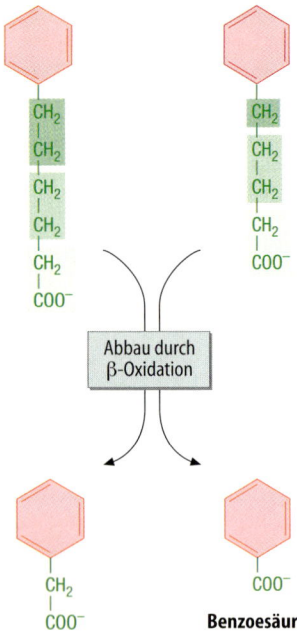

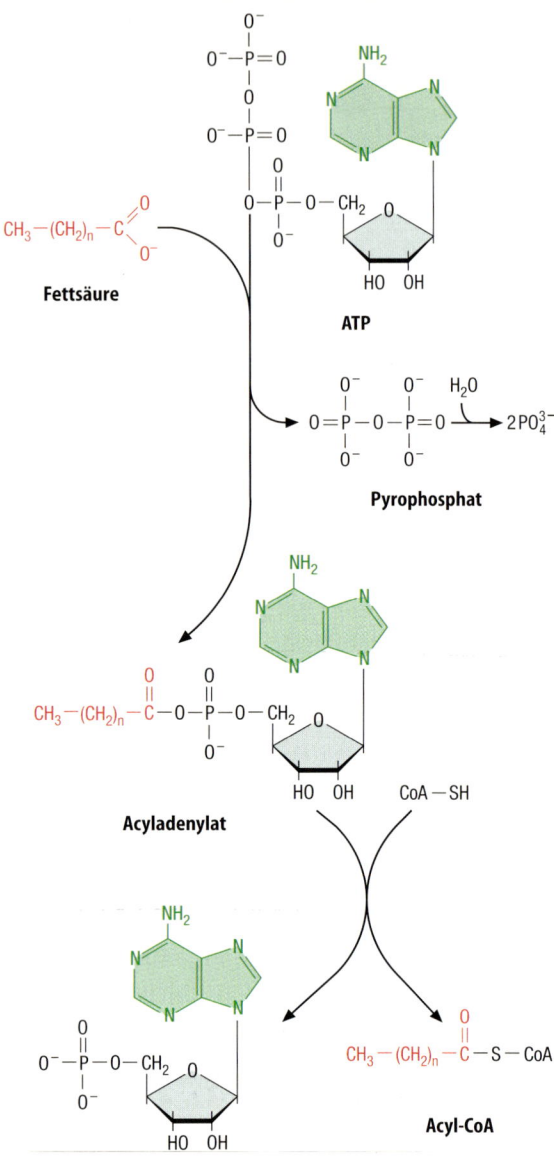

Phenylessigsäure

Benzoesäure

Abb. 16.3 Der Stoffwechsel ω-Phenyl-markierter Fettsäuren. Verfüttert man Hunden geradzahlige, ω-Phenyl-markierte Fettsäuren, scheiden sie Phenylessigsäure, bei der Verfütterung ungeradzahliger ω-phenylierter Fettsäuren dagegen Benzoesäure aus. Dies legt die Vermutung nahe, daß Fettsäuren durch Oxidation am β-C-Atom abgebaut werden

Fettsäuren durch sukzessiven Abbau am β-C-Atom verkürzt werden. Dieser auch als β-Oxidation bezeichnete Mechanismus des Fettsäureabbaus ist u. a. durch die Untersuchungen von Feodor Lynen aufgeklärt worden. Die für die β-Oxidation benötigten Enzyme sind in der mitochondrialen Matrix lokalisiert. Sie befinden sich so in der Nähe der in der mitochondrialen Innenmembran gelegenen Enzyme der Atmungskette.

Fettsäuren können nur als Thioester mit Coenzym A verstoffwechselt werden

Da Fettsäuren chemisch relativ reaktionsträge Moleküle sind, müssen sie vor ihrem Abbau zunächst in einer ATP-abhängigen Reaktion zu einem aktiven Zwischenprodukt, dem Acyl-CoA, aktiviert werden.

Für diese Umwandlung zu „aktivierten" Fettsäuren ist eine **Thiokinase** notwendig. Wie Abb. 16.4 zeigt, katalysiert diese einen zweistufigen Mechanismus, in dessen erstem Teil die Carboxylgruppe der Fettsäure mit ATP unter Bildung eines *Acyladenylates* (Acyl-AMP) und Freisetzung von anorganischem Pyrophosphat aus den β- und γ-Phosphaten des ATP reagiert. Da die Hydrolyseenergie der Acyladenylat-Bindung ungefähr derjenigen einer energiereichen Phosphatbindung entspricht, liegt das ΔG°' der Reaktion bei etwa 0. Nur die Tatsache, daß anorganisches Pyrophosphat durch die in allen Zellen vorkommenden

Abb. 16.4 Aktivierung von Fettsäuren zu Acyl-CoA durch die Thiokinase

Pyrophosphatasen in zwei anorganische Phosphate gespalten wird, verlagert das Gleichgewicht der Reaktion auf die Seite der Acyladenylat-Bildung. Im zweiten Teil der Reaktion wird das Acyladenylat mit Coenzym A gespalten, so daß *Acyl-CoA* und AMP entstehen. Auf diese Weise wird die energiereiche Anhydridbindung des Acyladenylates in eine energiereiche Thioesterbindung umgewandelt.

Fettsäureaktivierende Enzyme, die Thiokinasen, benötigen wie alle Kinasen Magnesium als Cofaktor. Sie finden sich sowohl intra- als auch extramitochondrial und unterscheiden sich in ihrer Substratspezifität hinsichtlich der Kettenlänge der zu aktivierenden Fettsäuren.

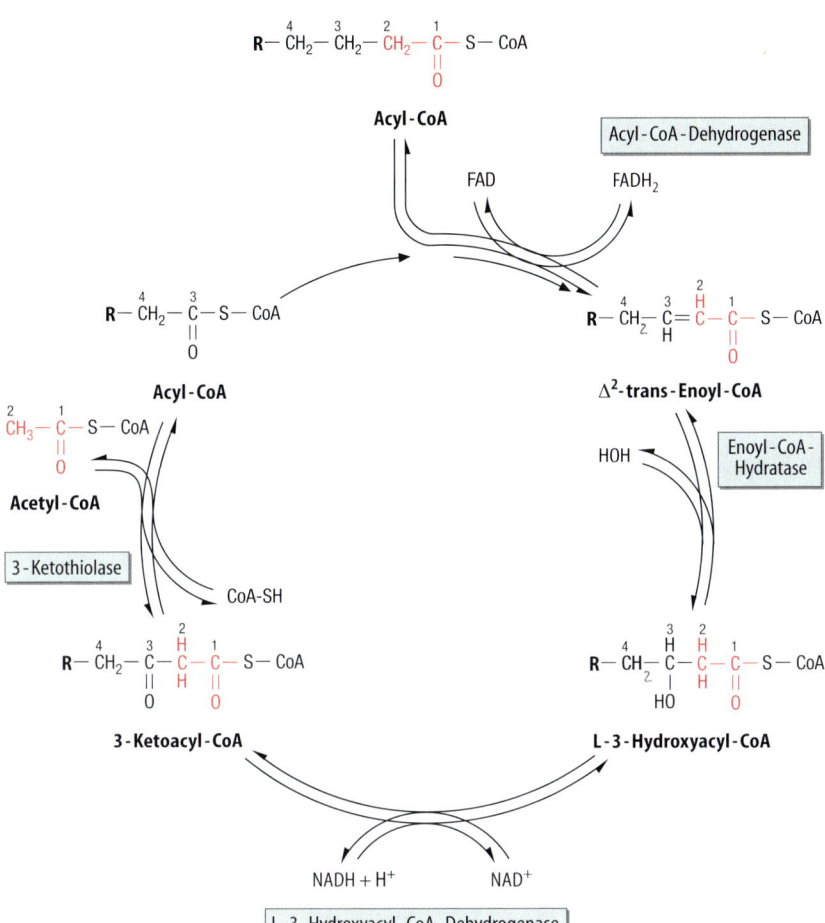

Abb. 16.5 Abbau geradzahliger Fettsäuren durch β-Oxidation. (Einzelheiten s. Text)

Die β-Oxidation der Fettsäuren besteht aus vier Einzelreaktionen

Die β-Oxidation der Fettsäuren beginnt mit dem Acyl-CoA (Abb. 16.5). Zunächst kommt es zu einer *Dehydrierung* des Acyl-CoA an den C-Atomen 2 und 3 (α und β). Das hierfür notwendige Enzym ist die **Acyl-CoA-Dehydrogenase,** die als Wasserstoff-übertragendes Coenzym FAD enthält. Das hierbei entstehende FADH$_2$ gibt seine Reduktionsäquivalente an ein anderes Flavoprotein weiter, das auch als **ETF** (electron transfering flavoprotein) bezeichnet wird. Es reagiert direkt mit dem *Ubichinon* der Atmungskette (S. 497).

Durch die Acyl-CoA-Dehydrogenase entsteht eine 2,3-ungesättigte Fettsäure in Form ihres Thioesters, die als *Δ²-trans-Enoyl-CoA* bezeichnet wird. Im Gegensatz zu den natürlich vorkommenden ungesättigten Fettsäuren finden sich also beim Fettsäureabbau als Thioester die trans-Isomere.

An das Δ²-Enoyl-CoA wird im nächsten Schritt durch die **Enoyl-CoA-Hydratase** Wasser angelagert, wobei *L-3-Hydroxyacyl-CoA* entsteht.

Die **L-3-Hydroxyacyl-CoA-Dehydrogenase** katalysiert nun die zweite Oxidationsreaktion der β-Oxidation der Fettsäuren. Das Oxidationsmittel ist diesmal NAD$^+$, das Reaktionsprodukt 3-*Ketoacyl-CoA*.

Der letzte Schritt der ß-Oxidation besteht in der Abspaltung eines Moleküls Acetyl-CoA vom 3-Ketoacyl-CoA. Würde diese Abspaltung hydrolytisch erfolgen, so entstünden als Produkte Acetyl-CoA und die um zwei C-Atome verkürzte Fettsäure. Damit bliebe aber die bei der Spaltungsreaktion freiwerdende Energie ungenützt. Sie ist so groß, daß mit ihrer Hilfe eine weitere Thioesterbindung mit CoA geknüpft werden kann. So kommt es, daß unter Katalyse durch die **β-Ketothiolase** statt der hydrolytischen die thiolytische Spaltung mit Hilfe von Coenzym A statt mit Wasser erfolgt. Demnach sind die entstehenden Reaktionsprodukte Acetyl-CoA und ein um zwei C-Atome verkürztes Acyl-CoA. Dieses kann erneut in die β-Oxidation eintreten, so daß auf diese Weise die Zerlegung geradzahliger Fettsäuren zu Acetyl-CoA als einzigem Reaktionsprodukt möglich ist.

Alle Enzyme für die β-Oxidation werden von nucleären Genen in Form von Präkursorproteinen exprimiert. Ihre N-terminal gelegene Signalsequenz erlaubt ihre Translokation in die mitochondriale Matrix,

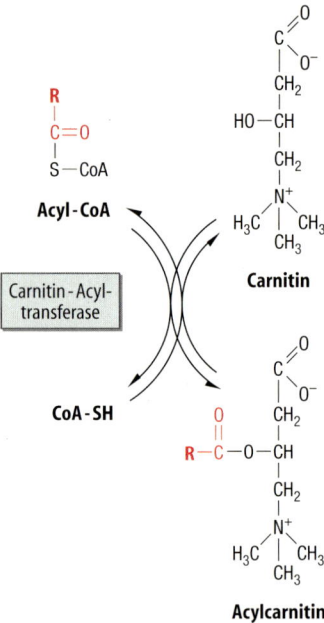

Abb. 16.6 Reversible Bildung von Acylcarnitin aus Acyl-CoA

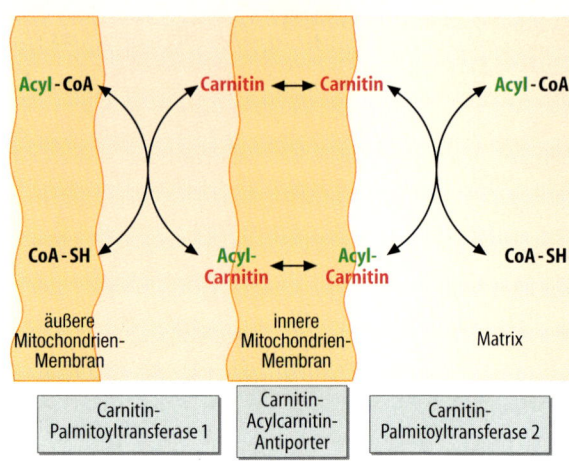

Abb. 16.7 Carnitin als Carrier im Transport langkettiger Fettsäuren durch die mitochondriale Innenmembran

wo sie mit Hilfe entsprechender Chaperone ihre endgültige Raumstruktur erhalten.

Fettsäuren werden als Carnitinester durch die innere Mitochondrienmembran transportiert

Die Enzyme der β-Oxidation der Fettsäuren sind ausschließlich im mitochondrialen *Matrixraum* lokalisiert. Der weitaus größte Teil des für die β-Oxidation verwendeten Acyl-CoA entsteht jedoch im Cytosol, sei es als Folge der Aufnahme von Fettsäuren aus dem extracellulären Raum, sei es durch intracelluläre Lipolyse. Da Acyl-CoA die mitochondriale Innenmembran nicht passieren kann, muß ein Transportsystem eingeschaltet werden: Mit der **Carnitin-Acyltransferase 1** (Synonym: Carnitin-Palmitoyltransferase 1, CPT1) wird der Thioester durch Kopplung an L-Carnitin (Trimethylammonium-β-Hydroxybuttersäure) zum *Acyl-Carnitin* umgeestert und CoA freigesetzt (Abb. 16.6). Acyl-Carnitin kann im Gegensatz zu Acyl-CoA mit Hilfe eines entsprechenden Transportsystems, der ***Carnitin-Acylcarnitin-Translokase*** (S. 503), die mitochondriale Innenmembran passieren (Abb. 16.7). Dies geht u. a. aus der experimentellen Beobachtung hervor, daß die Geschwindigkeit der β-Oxidation in einer Mitochondriensuspension, der langkettige Fettsäuren als Substrat angeboten werden, durch Carnitin beträchtlich beschleunigt werden kann. Auf der Innenseite der mitochondrialen Innenmembran findet der umgekehrte Vorgang statt. Der Fettsäurerest des Acyl-Carnitins wird durch die **Carnitin-Acyltransferase 2** auf Coenzym A übertragen, wobei Acyl-CoA entsteht und freies Carnitin regeneriert wird.

Carnitin kommt in den meisten Organen vor. Die Muskelzelle, deren Kapazität zur β-Oxidation beträchtlich ist, besitzt auch einen besonders hohen Carnitingehalt.

Beim Abbau ungeradzahliger Fettsäuren entsteht Propionyl-CoA

Beim Abbau von Fettsäuren mit einer ungeraden Zahl von C-Atomen erfolgt die β-Oxidation nach demselben Mechanismus wie bei geradzahligen Fettsäuren. Dabei bleibt allerdings beim letzten Durchgang der β-Oxidation anstelle eines Acetyl-CoA ein aus drei C-Atomen bestehendes Acyl-CoA, das *Propionyl-CoA*, übrig.

Für die Einschleusung dieses Produktes in den Citratcyclus sind insgesamt drei weitere Enzyme notwendig, die die in Abb. 16.8 dargestellte Reaktionsfolge katalysieren. Zunächst wird Propionyl-CoA durch die biotinabhängige ***Propionyl-CoA-Carboxylase*** (S. 669) zum *D-Methylmalonyl-CoA* carboxyliert. Durch eine ***Racemase*** erfolgt die Umlagerung zum *L-Methylmalonyl-CoA*. Aus ihm entsteht durch eine Vitamin-B$_{12}$-katalysierte Umgruppierung (S. 674) der Substituenten am C-Atom 2 das *Succinyl-CoA*, welches als Zwischenprodukt des Citratcyclus leicht oxidiert werden kann.

Für den Abbau ungesättigter Fettsäuren werden Hilfsenzyme gebraucht

Da in den natürlichen Fettsäuren die Doppelbindung in der cis-, bei den Zwischenprodukten der β-Oxidation der Fettsäuren jedoch in der trans-Konfiguration auftreten, ergeben sich für den Abbau ungeradzahliger Fettsäuren gewisse Schwierigkeiten. Sie können durch die Enzyme der β-Oxidation abgebaut werden, bis ein Δ^3-cis-oder ein Δ^2-cis-Enoyl-CoA in Abhängigkeit von der jeweiligen Position der Doppelbindung entsteht (Abb. 16.9). Δ^3-cis-Enoyl-CoA wird durch eine ***Δ^3-cis-***

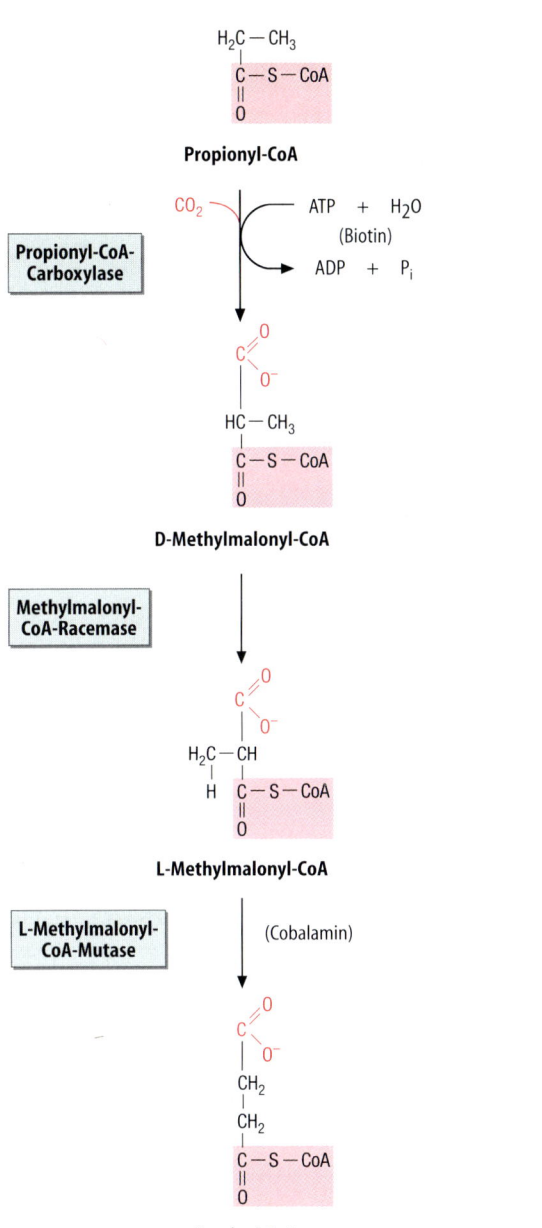

Propionyl-CoA

Propionyl-CoA-Carboxylase

CO_2

ATP + H_2O
(Biotin)

ADP + P_i

D-Methylmalonyl-CoA

Methylmalonyl-CoA-Racemase

L-Methylmalonyl-CoA

L-Methylmalonyl-CoA-Mutase

(Cobalamin)

Succinyl-CoA

Abb. 16.8 Carboxylierung von Propionyl-CoA zu Methylmalonyl-CoA und anschließende Umlagerung zu Succinyl-CoA

Isomerase

Δ^3-cis-Enoyl-CoA

Δ^2-trans-Enoyl-CoA

Hydratase

β-Oxidation

L-(+)-β-Hydroxyacyl-CoA

Epimerase

Δ^2-cis-Enoyl-CoA

Hydratase

D-(–)-β-Hydroxyacyl-CoA

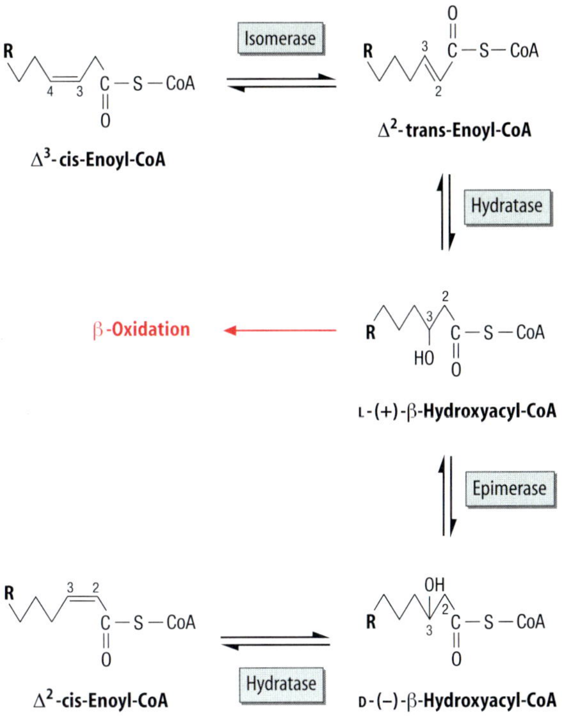

Abb. 16.9 Für die Oxidation ungesättigter Fettsäuren benötigte Hilfsmechanismen

D-β-Hydroxyacyl-CoA in L-β-Hydroxyacyl-CoA umwandelt, wonach die β-Oxidation ohne Schwierigkeiten ablaufen kann.

Bei der β-Oxidation der Fettsäuren entstehen große Mengen von NADH/H+ und FADH₂

Geht man vom Stearoyl-CoA aus, so läßt sich ein einmaliger Durchgang durch die β-Oxidation nach Gleichung (1) formulieren. Für die komplette Oxidation von Stearoyl-CoA ergibt sich dann Gleichung (2).

(1) CH_3-$(CH_2)_{16}$-CO-S-CoA + FAD + H_2O + CoA-SH $\longrightarrow$ CH_3-$(CH_2)_{14}$-CO-S-CoA + CH_3-CO-S-CoA + FADH₂ + NADH + H+

(2) Stearoyl-CoA + 8 FAD + 8 H_2O + 8 NAD+ + 8 CoA-SH $\longrightarrow$ Acetyl-CoA + 8 FADH₂ + 8 NADH + 8 H+

Daraus wird ersichtlich, daß bei der vollständigen Oxidation von Stearoyl-CoA zu Acetyl-CoA 8 × 2 [H] in Form von FADH₂ sowie 8 × 2 [H] in Form von NADH+H+ anfallen. Beide wasserstoffübertragenden Coenzyme werden in der Atmungskette mit Sauerstoff unter ATP-Gewinn reoxidiert. Es ist klar, daß die Energieausbeute der Fettsäureoxidation im Vergleich zur Oxidation von Glucose bzw. Aminosäuren beträchtlich ist, da große Mengen an wasserstoffübertragenden

---

Δ^2-trans-Enoyl-CoA-Isomerase zu Δ^2-trans-Enoyl-CoA umgelagert. Da jetzt eine trans-Konfiguration an den C-Atomen 2 und 3 erzielt ist, entsteht in der Hydratisierungsreaktion das L-β-Hydroxyacyl-CoA, so daß der weitere Abbau in der β-Oxidation ohne Schwierigkeiten abläuft.

Das Δ^2-cis-Enoyl-CoA kann von der relativ unspezifischen Enoyl-CoA-Hydratase hydratisiert werden. Wegen seiner Trans-Konfiguration entsteht dabei jedoch das D-β-Hydroxyacyl-CoA anstelle des L-β-Hydroxyacyl-CoA. Da die Hydroxyacyl-CoA-Dehydrogenase eine hohe Stereospezifität hat, ist die Einschaltung einer **β-Hydroxyacyl-CoA-Epimerase** notwendig, die

Tabelle 16.1 Maximale Energieausbeute bei der β-Oxidation der Stearinsäure

Schritt der β-Oxidation	Gebildete Reduktionsäquivalente	Bilanz der energiereichen Phosphate[a] (Maximalwerte)
Stearinsäure $\longrightarrow$ Stearoyl-CoA		– 2
Stearoyl-CoA $\longrightarrow$ 9 Acetyl-CoA	8 NADH/H$^+$ + 8 FADH$_2$	24 + 16
9 Acetyl-CoA $\longrightarrow$ 18 CO$_2$ + 18 H$_2$O	9 NADH/H$^+$ + 9 FADH$_2$	9^b + 27 + 18

[a] Über die ATP-Ausbeute bei der oxidativen Phosphorylierung s. S. 506.
[b] 9 energiereiche Phosphate als GTP fixiert durch Substratkettenphosphorylierung.

Coenzymen anfallen. Sie kann jedoch nur unter aeroben Bedingungen erfolgen, da es in den Mitochondrien keinerlei Hilfsreaktionen gibt, die wasserstoffübertragende Coenzyme in der Abwesenheit von Sauerstoff reoxidieren könnten. Tabelle 16.1 gibt eine Übersicht über die maximal mögliche Energieausbeute bei der β-Oxidation der Fettsäuren.

In Peroxisomen findet in beträchtlichem Umfang Fettsäureoxidation statt

Außer in Mitochondrien können Fettsäuren in den Peroxisomen der Leber und wahrscheinlich auch anderer Gewebe oxidiert werden. Im Prinzip werden dabei die gleichen Reaktionen wie bei der mitochondrialen β-Oxidation beschritten, allerdings ergeben sich einige Einschränkungen und für einzelne Enzyme beträchtliche mechanistische Unterschiede. So ist die Einschleusung von Acyl-CoA in die Peroxisomen offensichtlich nicht Carnitin-abhängig. Die *peroxisomale Acyl-CoA-Dehydrogenase* katalysiert folgende Reaktion:

Acyl-CoA + O$_2$ $\longrightarrow$ trans-Δ^2-Enoyl-CoA + H$_2$O$_2$

Das Enzym benötigt FAD als Cofaktor. Das entstehende H$_2$O$_2$ wird durch eine entsprechende peroxisomale *Katalase* (S. 509) eliminiert. Der weitere Verlauf der peroxisomalen β-Oxidation entspricht der der Mitochondrien. Allerdings gibt es in Peroxisomen keinerlei Mechanismen zur NADH/H$^+$-Reoxidation, so daß diese über die Abgabe von Reduktionsäquivalenten in den cytosolischen Raum reoxidiert werden müssen. Eine weitere Schwierigkeit liegt darin, daß Peroxisomen nicht die Enzyme des Citratcyclus enthalten und daher Acetyl-CoA nicht zu CO$_2$ abbauen können. Hierzu wird ein Transfer von Acetyl-Resten in den mitochondrialen Matrixraum benötigt.

Im Gegensatz zur mitochondrialen β-Oxidation verläuft die peroxisomale nur über zwei bis maximal fünf Cyclen. Offensichtlich dient sie eher der Verkürzung langkettiger Fettsäuren als der vollständigen Oxidation zu Acetyl-CoA. Interessanterweise führt ein erhöhter Lipidgehalt der Nahrung zu einer Vergrößerung von Peroxisomen sowie zu einer vermehrten Biosynthese von Enzymen der peroxisomalen β-Oxidation

der Fettsäuren. Verbindungen, die die Enzyme der mitochondrialen β-Oxidation hemmen, sind häufig Induktoren der peroxisomalen β-Oxidation. Hierzu gehören eine große Zahl von Xenobiotica (S. 1029).

16.1.3 Biosynthese und Abbau der Ketonkörper

Schon um die Jahrhundertwende war bekannt, daß in Blut und Urin von Diabetikern *Aceton, β-Hydroxybuttersäure* und *Acetessigsäure* nachweisbar sind. Wegen ihrer strukturellen Verwandtschaft zum Aceton wurden die letzteren beiden Verbindungen auch als *Ketonkörper* bezeichnet und die diabetische Hyperketonämie als entscheidendes Ereignis beim Zustandekommen der diabetischen Stoffwechselentgleisung erkannt. Heute weiß man, daß die Biosynthese von Ketonkörpern ein auch unter physiologischen Bedingungen ablaufender Vorgang ist, der in enger Beziehung zum Fettsäurestoffwechsel steht. Auch im Blut des Gesunden sind Ketonkörper nachweisbar und ihre Oxidation in extrahepatischen Geweben, besonders in der Muskulatur, kann u. U. beträchtliche Ausmaße annehmen.

Ketonkörper werden ausschließlich in der Leber synthetisiert

Die Leber hat als einziges Organ die Fähigkeit zur Ketonkörperbiosynthese, kann Ketonkörper allerdings nicht verwerten. Daher besteht ein ständiger Fluß von Ketonkörpern von der Leber zu den extrahepatischen Geweben hin.

Abbildung 16.10 gibt die Reaktion der mitochondrial lokalisierten Ketonkörperbiosynthese wieder. Sie beginnt mit der Kondensation von zwei Molekülen Acetyl-CoA zu *Acetacetyl-CoA.* Das hierfür verantwortliche Enzym ist die *β-Ketothiolase,* das letzte Enzym der β-Oxidation der Fettsäuren. Anschließend wird unter Katalyse durch die *β-Hydroxy-β-Methylglutaryl-CoA-Synthase* ein weiteres Molekül Acetyl-CoA an den Carbonyl-Kohlenstoff des Acetacetyl-CoA geheftet, wobei *β-Hydroxy-β-Methylglutaryl-CoA* (HMG-CoA) entsteht (über die Bedeutung des cytosolischen HMG-CoA für die Cholesterinbiosynthese s. S. 465). In einer

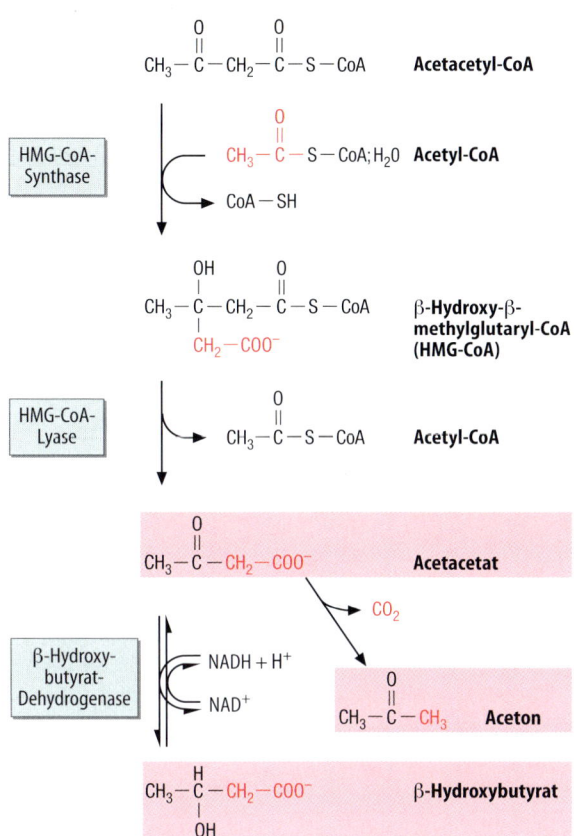

Abb. 16.10 Biosynthese von Acetacetat, β-Hydroxybutyrat und Aceton aus Acetacetyl-CoA und Acetyl-CoA

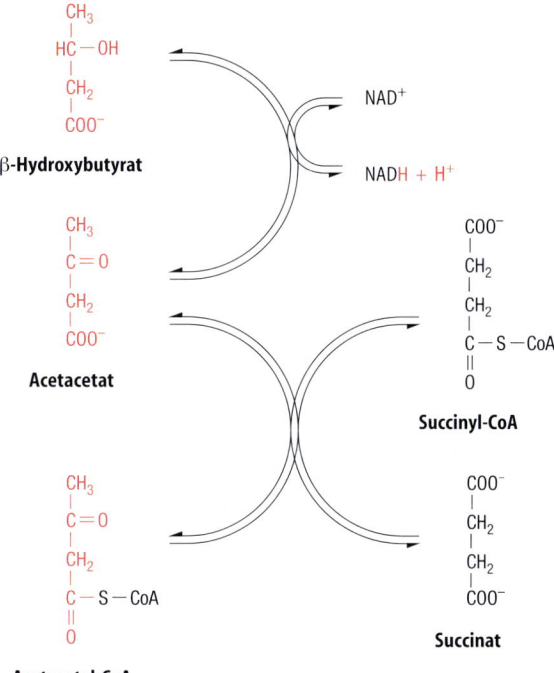

Abb. 16.11 Succinyl-CoA-abhängige Aktivierung von Ketonkörpern zu Acetacetyl-CoA

dritten Reaktion spaltet die **HMG-CoA-Lyase** unter Freisetzung von Acetacetat wieder ein Acetyl-CoA ab. Je zwei der C-Atome des Acetacetats stammen aus dem Acetyl-CoA bzw. dem Acetacetyl-CoA.

Dieser von Feodor Lynen beschriebene Stoffwechselweg ist der Hauptweg der Ketonkörperbiosynthese. Eine direkte Freisetzung von Acetacetat aus Acetacetyl-CoA durch eine Deacylase scheint nur von untergeordneter Bedeutung zu sein. Bei Zuständen gesteigerter Ketogenese ist die Aktivität der HMG-CoA-Lyase gesteigert.

Acetacetat wird durch eine NADH/H$^+$-abhängige **D-β-Hydroxybutyrat-Dehydrogenase,** die außer in der Leber auch in vielen anderen Geweben vorkommt, zu D-β-Hydroxybutyrat reduziert. Durch spontane nichtenzymatische Decarboxylierung kann aus Acetacetat auch Aceton entstehen. D-β-Hydroxybutyrat macht den Hauptanteil der Ketonkörper in Blut und Urin aus.

Die Verwertung der Ketonkörper erfordert ihre Aktivierung mit Coenzym A

Abbildung 16.11 stellt die zur Verwertung von Ketonkörpern in extrahepatischen Geweben benötigten

Reaktionen zusammen. D-β-Hydroxybutyrat wird zunächst zu Acetacetat oxidiert. Anschließend erfolgt eine Transacylierung, bei der der Succinylrest eines Succinyl-CoA gegen Acetacetat ausgetauscht wird. Das hierfür verantwortliche Enzym ist die **Succinyl-CoA-Acetacetyl-CoA-Transferase.** Das dabei gebildete Acetacetyl-CoA kann in die β-Oxidation eingeschleust werden.

Von wesentlich geringerer Bedeutung ist eine direkte, ATP-abhängige Aktivierung von Acetacetat mit Hilfe der Acetacetat-Thiokinase:

Acetacetat + ATP + CoA-SH $\longrightarrow$
$\qquad$ Acetacetyl-CoA + AMP + Pyrophosphat

Durch Decarboxylierung von Acetacetat entstandenes Aceton kann nicht in nennenswertem Umfang verwertet werden.

16.1.4 Biosynthese gesättigter Fettsäuren

Die Biosynthese gesättigter Fettsäuren findet im Cytosol statt und benötigt Malonyl-CoA

In den meisten Zellen können zum Teil in beträchtlichem Umfang langkettige Fettsäuren mit einer geraden Anzahl von C-Atomen aus Acetylresten synthetisiert werden. Dieser Vorgang ist keine Umkehr der β-Oxida-

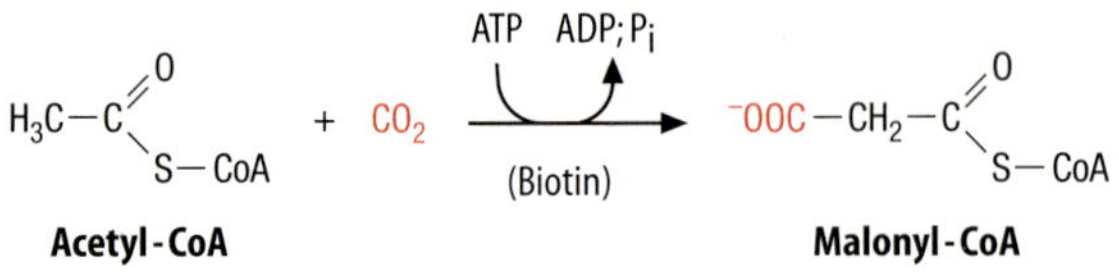

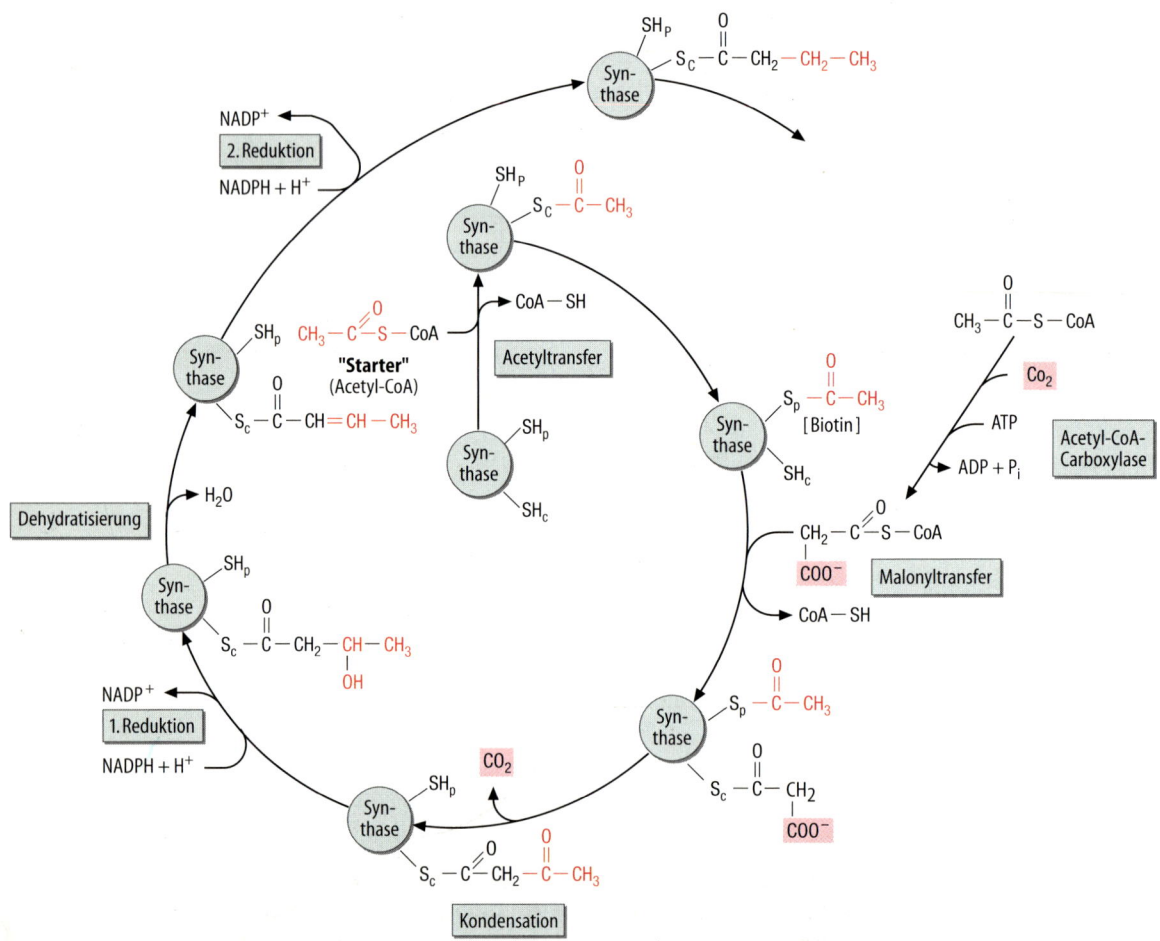

Abb. 16.12 Biotin-abhängige Carboxylierung von Acetyl-CoA zu Malonyl-CoA

tion der Fettsäuren, da bei allen Eukaryonten die Fettsäurebiosynthese im *Cytosol* stattfindet und von der Anwesenheit von CO_2 abhängt. Den Arbeitsgruppen von Feodor Lynen und Roy Vagelos ist die Aufklärung der einzelnen bei der Fettsäurebiosynthese beteiligten Reaktionen gelungen. Sie konnten zeigen, daß die energetisch ungünstige Umkehr des Thiolaseschrittes bei der β-Oxidation dadurch bewerkstelligt wird, daß für die Kondensation der Acetylreste an die wachsende Fettsäurekette nicht Acetyl-CoA sondern *Malonyl-CoA*, also das CoA-Derivat einer aus drei C-Atomen bestehenden Dicarbonsäure, benutzt wird. Die bei der zur Kettenverlängerung notwendigen Decarboxylierung freiwerdende Energie treibt dann das Gleichgewicht der Reaktion auf die Seite der Kondensation. Außerdem fanden sie, daß die Einzelreaktionen der Fettsäurebiosynthese an einem *Multienzymkomplex* ablaufen, wobei alle Zwischenprodukte covalent an das Enzym gebunden sind.

Das für die Kondensationsreaktion benötigte Malonyl-CoA wird durch eine Carboxylierungsreaktion aus Acetyl-CoA unter Katalyse der Biotin-abhängigen *Acetyl-CoA-Carboxylase* bereitgestellt (Abb. 16.12).

Der Mechanismus der Acetyl-CoA-Carboxylase entspricht damit der anderer Biotin-abhängiger Carboxylierungen (S. 670).

Die Fettsäuresynthase katalysiert sämtliche Teilreaktionen der Fettsäurebiosynthese

Bei der Fettsäurebiosynthese werden an ein als Startermolekül dienendes Acetyl-CoA sukzessive Bruchstücke aus zwei C-Atomen gehängt, die vom Malonyl-CoA abstammen. Das bedeutet, daß zur Synthese von Palmitat 7 mol, zur Synthese von Stearat 8 mol Malonyl-CoA pro mol Fettsäure verbraucht werden.

Die verschiedenen für die Fettsäurebiosynthese aus Acetyl-CoA und Malonyl-CoA notwendigen Reaktionsschritte werden durch den dimeren Multienzym-

Abb. 16.13 Einzelreaktionen der Biosynthese langkettiger, geradzahliger Fettsäuren aus Acetyl-CoA. (Einzelheiten s. Text)

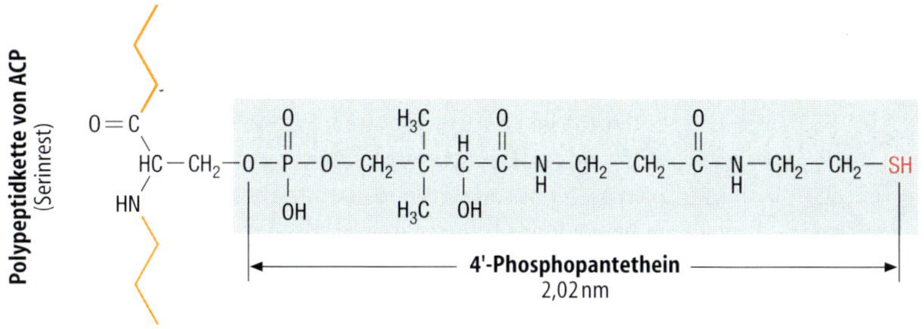

Polypeptidkette von ACP (Serinrest)

$$O=C$$
$$HC-CH_2-O-\overset{\overset{\displaystyle O}{\|}}{\underset{\underset{\displaystyle OH}{|}}{P}}-O-CH_2-\overset{\overset{\displaystyle H_3C}{|}}{\underset{\underset{\displaystyle H_3C}{|}}{C}}-\overset{\overset{\displaystyle H}{|}}{\underset{\underset{\displaystyle OH}{|}}{C}}-\overset{\overset{\displaystyle O}{\|}}{C}-\overset{H}{\underset{H}{N}}-CH_2-CH_2-\overset{\overset{\displaystyle O}{\|}}{C}-\overset{H}{\underset{H}{N}}-CH_2-CH_2-SH$$
$$HN$$

|←——————— **4'-Phosphopanthetein** ———————→|
2,02 nm

Abb. 16.14 4'-Phosphopanthetein als prosthetische Gruppe des Acyl-Carrier-Proteins (*ACP*)

komplex der *Fettsäuresynthase* katalysiert. Die dabei ablaufenden Einzelreaktionen sind in Abb. 16.13 dargestellt. Im Fettsäuresynthase-Komplex kommen in jedem Monomer zwei für seine Funktion essentielle **SH-Gruppen** vor, eine sogenannte zentrale und eine periphere. Die zentrale Sulfhydrylgruppe gehört zu einem Molekül, das sich auch als Bestandteil des Coenzym A findet. Es handelt sich um das *4'-Phosphopanthetein* (Abb. 16.14). Dieses ist covalent mit einem Serylrest der als *Acylcarrier-Protein* (ACP) bezeichneten Domäne der Fettsäuresynthase verknüpft. Die periphere Sulfhydrylgruppe gehört zu einem Cysteinylrest im aktiven Zentrum der kondensierenden Domäne.

Die Fettsäurebiosynthese startet mit der Aufnahme eines Acetylrestes vom Startermolekül Acetyl-CoA auf die zentrale Sulfhydrylgruppe. Nach Übertragung dieses Acetylrestes auf die periphere Sulfhydrylgruppe übernimmt die nun wieder freie zentrale einen Malonylrest vom Malonyl-CoA. Für diese Reaktion ist die *Malonyl/Acetyltransferase-Domäne* (MAT) der Fettsäuresynthase verantwortlich. Unter Einwirkung der kondensierenden Domäne oder *Ketoacyl-Synthase* (KS) entsteht durch Kondensation und gleichzeitige Decarboxylierung des Malonylrestes die an der zentralen Sulfhydrylgruppe des Acylcarrierproteins (ACP) mit einem *Acetacetyl-Rest* beladene Form der Fettsäuresynthase. Bei den weiteren Reaktionen bleibt dieser Acylrest als Thioester an dieser Stelle gebunden. Er wird zunächst in einer NADPH/H⁺-abhängigen Reaktion durch die *β-Ketoacylenzym-Reduktase-Domäne* (Ketoreduktase, KR) in einen D-β-Hydroxybutyryl-Rest umgewandelt. Die anschließende Reaktion besteht in einer Wasserabspaltung durch eine *Dehydrataseaktivität* (DH), der dabei entstehende Δ²-Enoyl-Rest wird in einer zweiten, wiederum NADPH/H⁺-abhängigen Reduktion unter Katalyse der *Δ²-Enoylenzym-Reduktase* (Enoylreduktase, ER) in einen gesättigten *Acylrest* umgewandelt. Im folgenden Cyclus wird dieser Acylrest von der zentralen Sulfhydrylgruppe wieder auf die periphere übertragen, die nun freie zentrale Sulfhydrylgruppe übernimmt einen neuen Malonylrest und der Cyclus beginnt erneut mit einer Kondensation. Derartige Cyclen wiederholen sich, bis der Acylrest auf eine Länge von 16–18 C-Atomen angewachsen ist.

Die Summengleichung dieser in Abb. 16.13 dargestellten Reaktion beträgt demnach:

CH_3-CO-S-CoA + 7 HOOC-CH_2-CO-S-CoA + 14 NADPH + 14 H⁺ $\longrightarrow$
CH_3-$(CH_2)_{14}$-COOH + 7 CO_2 + 6 H_2O + 8 CoA-SH + 14 NADP⁺

In der Hefe und in einigen Mikroorganismen wird die Palmitin- bzw. Stearinsäure von der zentralen Sulfhydrylgruppe direkt auf freies Coenzym A übertragen und somit als Acyl-CoA aus dem Synthasekomplex entlassen. Bei der Fettsäurebiosynthese in tierischen Organen wird durch Hydrolyse freie Fettsäure aus dem Enzymkomplex freigesetzt. Danach muß die Fettsäure zu ihrer weiteren Verwendung im Stoffwechsel in einer ATP-abhängigen Reaktion durch eine *Thiokinase* (S. 428) zum Acyl-CoA aktiviert werden.

Prinzipiell gleichen also die Reaktionsschritte der Fettsäurebiosynthese denen der β-Oxidation, allerdings ist die Reihenfolge umgekehrt. Ein Unterschied ist, daß als Zwischenprodukte die D-Isomeren anstelle der bei der β-Oxidation auftretenden L-Isomeren entstehen und daß die beiden Reduktionsschritte NADPH/H⁺ als Wasserstoffdonator benutzen.

Die tierische Fettsäuresynthase besteht aus einem dimeren Komplex zweier multifunktioneller Proteine

Bei vielen Bakterien, Pflanzen und einigen Einzellern finden sich die Teilaktivitäten der Fettsäuresynthase als individuelle, katalytisch einzeln wirksame Enzymproteine zusammen mit dem Acylcarrierprotein als Multienzymkomplex, der durch geeignete Behandlung in seine Einzelkomponenten zerlegt werden kann. Anders ist es dagegen mit der Fettsäuresynthase tierischer Organismen. Diese liegt als dimeres multifunktionelles Protein vor, das sämtliche zu einem vollständigen Reaktionscyclus benötigte Enzymaktivitäten als Domänen auf einer Peptidkette enthält (Abb. 16.15). N-terminal befindet sich die Domäne der Ketoacylsynthase, gefolgt von der Malonyl/Acetyltransferase, der Dehydratase, der Enoyl-Reduktase, der Ketoreduktase, des ACP sowie schließlich der für die Abspaltung der fertigen Fettsäure benötigten Thioesterase. Eine zentrale Domäne aus den Aminosäureresten 970–1029 hat keine katalytische, sondern eher eine strukturgebende Funktion. Interessanterweise ist allerdings eine einzelne isolierte Unter-

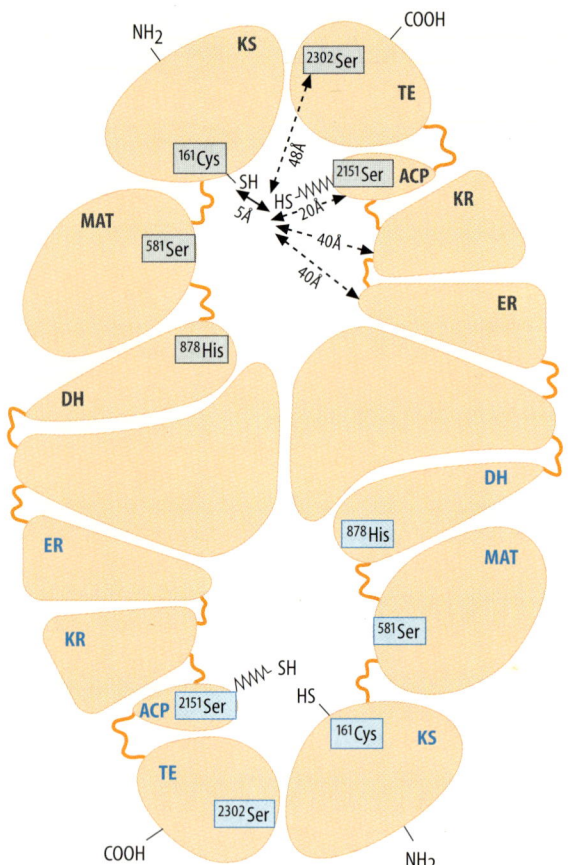

Abb. 16.15 Aufbau der tierischen Fettsäuresynthase. Die tierische Fettsäuresynthase liegt als dimeres Protein vor, wobei jede Untereinheit die für die vollständige Synthese von Fettsäuren aus Acetyl-CoA und Malonyl-CoA benötigten Untereinheiten als funktionelle Domäne trägt. *KS* Ketoacyl-Synthase; *MAT* Malonyl/Acetyl-Transferase; *DH* Dehydratase; *ER* Enoylreduktase; *KR* Ketoreduktase; *ACP* Acyl-Carrier-Protein; *TE* Thioesterase. Das Protein hat eine Größe von etwa 200 A × 150 A. Die beiden durch die spezifische Symmetrie des Moleküls gegebenen Öffnungen sind elektronenmikroskopisch nachweisbar. Je eine Hälfte einer Untereinheit bildet ein funktionelles aktives Zentrum. Der Phosphopantetheinrest des ACP dient als Schwingarm und präsentiert die wachsende Fettsäurekette den verschiedenen enzymatisch aktiven Domänen des Enzyms. (Nach Smith 1994)

einheit nicht aktiv. Dieser Befund wird dadurch erklärt, daß der Phosphopantheinrest der Acyl-Carrier-Domäne als Schwingarm dient, der die wachsende Fettsäurekette trägt. Da die beiden das funktionelle Enzym bildenden Untereinheiten mit einer Kopf/Schwanz-Symmetrie assoziiert sind, entstehen zwei katalytische Zentren. Diese sind jeweils aus der Ketoacylsynthase-, der Malonyl/Acetyltransferase- und der Dehydratase-Domäne der einen und der Enoyl-Reduktase-, der Ketoreduktase-, der ACP- und der Thioesterasedomäne der anderen Untereinheit zusammengesetzt.

Damit stellt der Fettsäuresynthase-Komplex tierischer Zellen eine vollautomatische biologische Produktionsanlage dar, bei der ein größtmöglicher Wirkungsgrad mit der geringsten Störanfälligkeit durch konkurrierende enzymatische Nebenreaktionen verbunden ist. Der oben dargestellte Mechanismus macht verständlich, daß sich der Kohlenstoff des Acetyl-CoA, das als Starter für die Fettsäurebiosynthese diente, beispielsweise im Palmitat als die C-Atome 15 und 16 wiederfindet. Alle anderen Kohlenstoffeinheiten werden über Malonyl-CoA eingebracht. Wirkt dagegen Propionyl-CoA als Startermolekül, so entsteht eine langkettige Fettsäure mit einer ungeraden Zahl von C-Atomen. Derartige Fettsäuren werden besonders bei Wiederkäuern gefunden, da in ihrem Magen durch bakteriellen Abbau neben Acetat auch Propionat entsteht.

Abbildung 16.16 stellt die genomische Struktur des Fettsäuresynthase-Gens dar: insgesamt enthält das Gen 43 Exons, die jeweils den spezifischen Domänen zugeordnet werden können. Die Fettsäuresynthase enthält einen umfangreichen Promotor, auf dem bereits eine große Zahl von Kontrollelementen lokalisiert werden konnten (s. u.).

Die für die Fettsäurebiosynthese benötigten Substrate entstammen der Glykolyse oder dem Citratcyclus

Abbildung 16.17 stellt die Beziehungen zwischen Fettsäurebiosynthese und Kohlenhydratstoffwechsel dar. Aus ihm können sowohl der für die Fettsäurebiosyn-

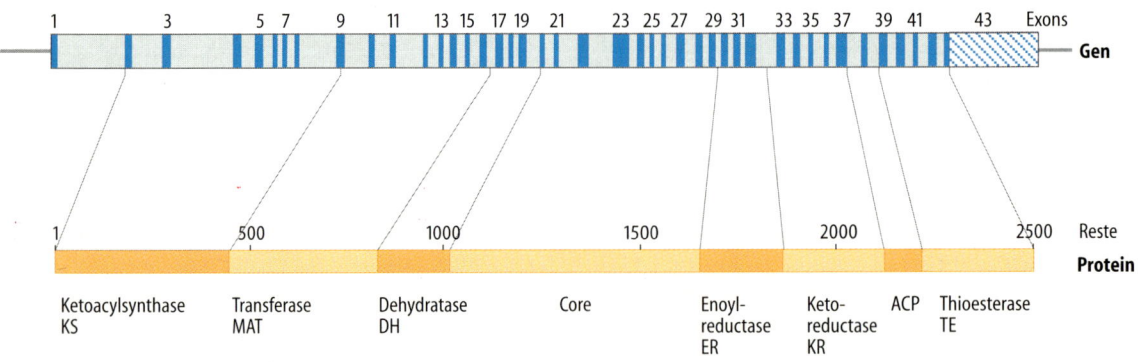

Abb. 16.16 Struktur des Fettsäuresynthase-Gens der Ratte. Das Gen enthält 43 Exons, die jeweils den unterschiedlichen Domänen des fertigen Proteins zugeordnet werden können

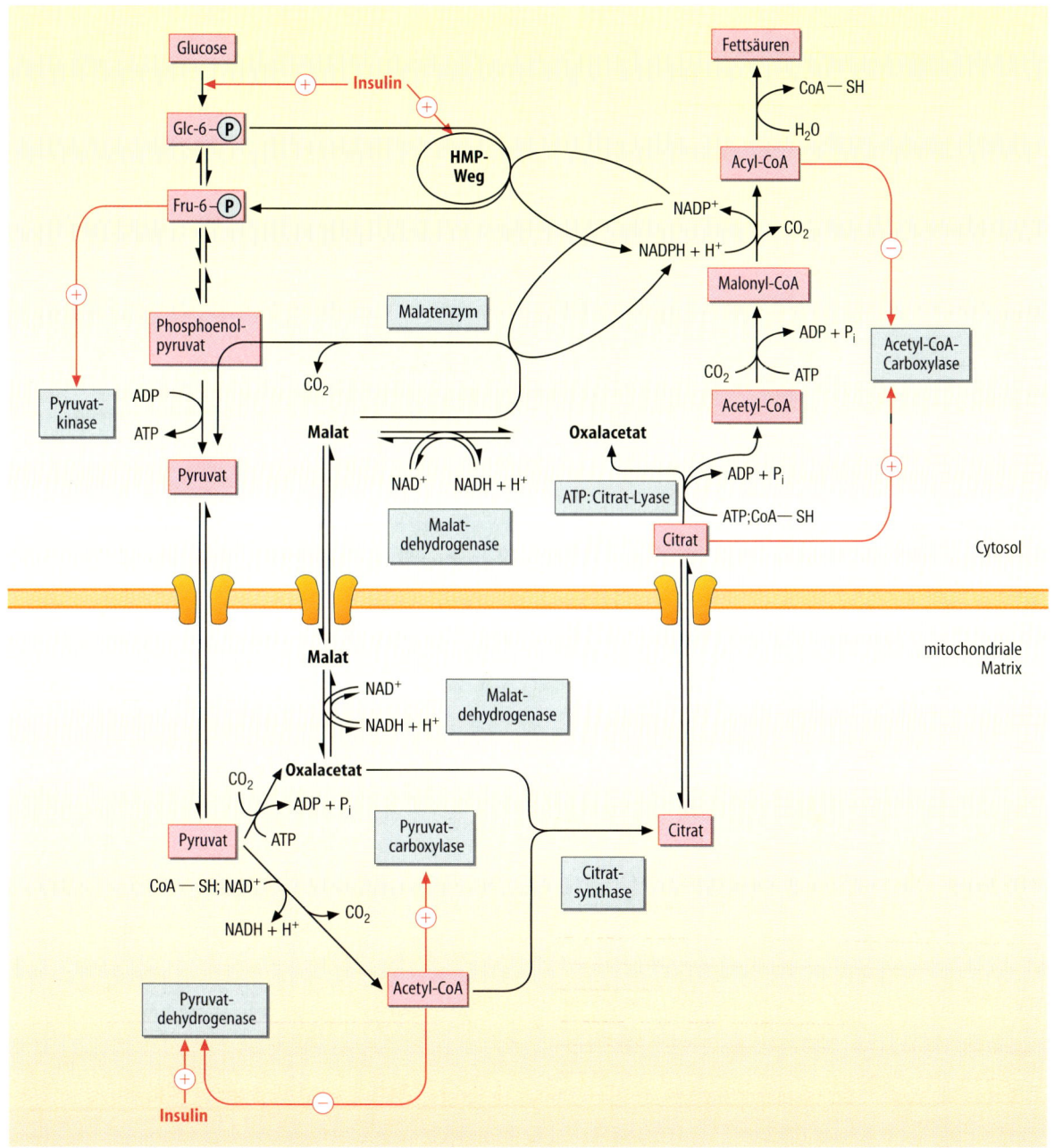

Abb. 16.17 Wechselbeziehungen zwischen Glucoseabbau und Fettsäurebiosynthese. Die für die Fettsäurebiosynthese aus Glucose wichtigen Zwischenprodukte sind *rot gerastert*. Ge-schwindigkeitsbestimmende Enzyme dieses Prozesses unter-liegen einer hormonalen bzw. metabolischen Regulation, die durch die *roten Pfeile* symbolisiert sind

these benötigte Wasserstoff als auch der Kohlenstoff entnommen werden.

Für die beiden während der Fettsäurebiosynthe-se ablaufenden Reduktionsschritte wird Wasserstoff in Form von *NADPH/H⁺* benötigt. Dieser stammt zu ei-nem großen Teil aus dem oxidativen Abbau der Gluco-se über den **Hexosemonophosphatweg** (S. 387). Be-zeichnenderweise sind diejenigen Gewebe, die über eine beträchtliche Aktivität dieses Stoffwechselwegs verfügen, auch im Besitz einer besonders aktiven Lipo-

genese. Zu ihnen gehören die Leber, das Fettgewebe und die lactierende Milchdrüse. Da sowohl der Hexose-monophosphatweg als auch die Fettsäurebiosynthese im Cytosol ablaufen, können beide Prozesse den cyto-solischen NADPH/H⁺-Pool ohne Behinderung durch Permeabilitätsschranken benutzen.

Läuft die Fettsäurebiosynthese mit maximaler Geschwindigkeit ab, so genügt der aus dem Hexosemo-nophosphatweg zur Verfügung gestellte Wasserstoff nicht mehr. In diesem Fall kann NADPH/H⁺ über die extramitochondriale *Isocitratdehydrogenase* erzeugt werden (S. 488). Wichtiger ist aber die dehydrierende Decarboxylierung von Malat zu Pyruvat, die durch das ebenfalls im Cytosol lokalisierte *Malatenzym* (S. 491) katalysiert wird. Da das für diese Reaktion benötigte extramitochondriale Malat aus Oxalacetat stammt, ergibt das Zusammenspiel von Malatdehydrogenase und Malatenzym in der Bilanz eine Wasserstoffübertragung von NADH/H$^+$ auf NADP$^+$:

Oxalacetat + NADH + H$^+$ $\rightleftharpoons$ Malat + NAD$^+$

Malat + NADP$^+$ $\rightleftharpoons$ Pyruvat + CO$_2$ + NADPH + H$^+$

Oxalacetat + NADH + H$^+$ + NADP$^+$ $\rightleftharpoons$

Pyruvat + CO$_2$ + NAD$^+$ + NADPH + H$^+$

Acetyl-CoA ist die Kohlenstoffquelle für die Biosynthese der Fettsäuren, da es sowohl das Startermolekül darstellt wie auch die Ausgangssubstanz für die Biosynthese von Malonyl-CoA ist. Ein Teil des Acetyl-CoA entsteht durch dehydrierende Decarboxylierung von Pyruvat durch die *Pyruvatdehydrogenase* (S. 486). Pyruvat ist das Endprodukt des glykolytischen Abbaus der Kohlenhydrate unter aeroben Bedingungen (S. 378). Die für die Glykolyse benötigten Enzyme sind im Cytosol der Zelle lokalisiert. Da die Pyruvatdehydrogenase ein mitochondriales Enzym ist, muß Pyruvat durch einen entsprechenden Transporter von Mitochondrien aufgenommen werden (S. 503). Intramitochondrial wird durch die Pyruvatdehydrogenase aus Pyruvat Acetyl-CoA erzeugt. Um seinen Kohlenstoff für die cytosolische Fettsäurebiosynthese nutzbar zu machen, muß dieses wieder aus dem mitochondrialen Raum ausgeschleust werden. Da jedoch Acetyl-CoA als Nucleotidderivat die mitochondriale Membran nicht permeieren kann, wird es durch Reaktion mit Oxalacetat zu Citrat umgewandelt, wofür die *Citratsynthase* zur Verfügung steht. Citrat kann nun durch ein spezifisches Transportsystem (S. 503) aus dem mitochondrialen in den cytosolischen Raum transportiert werden. Durch die hier lokalisierte *ATP-Citratlyase* wird Citrat in Oxalacetat und Acetyl-CoA umgewandelt:

Citrat + ATP + CoA-SH $\longrightarrow$ Oxalacetat + Acetyl-

CoA + ADP + P$_i$

Auf diese Weise kann Glucosekohlenstoff über den Umweg der mitochondrialen Citratbildung in Form von Acetyl-CoA der cytosolischen Fettsäurebiosynthese zur Verfügung gestellt werden. Das dabei entstehende Oxalacetat kann durch die NADH/H$^+$-abhängige *Malatdehydrogenase* zu Malat reduziert werden, welches ohne Schwierigkeit durch den Dicarboxylatcarrier in den mitochondrialen Raum zurücktransportiert werden kann. Eine weitere Möglichkeit für das cytosolische Oxalacetat besteht in der oben erwähnten Umwandlung zu Pyruvat und CO$_2$ durch Einschalten des Malatenzyms.

Die Geschwindigkeit der Fettsäurebiosynthese hängt von Hormonen und Nahrungsfaktoren ab

Die Geschwindigkeit der Fettsäurebiosynthese hängt weitgehend von Nahrungsfaktoren ab. Bei überwiegender Kohlenhydratzufuhr ist sie hoch. Dies ermöglicht nicht nur die Speicherung überschüssig aufgenommener Kohlenhydrate in Form von Triacylglycerinen, sondern stellt darüber hinaus sicher, daß die beispielsweise für die Biosynthese von Membranlipiden benötigten Fettsäuren in ausreichendem Umfang bereitgestellt werden können. Mit zunehmendem Fettgehalt der Nahrung sinkt die Fettsäurebiosynthese dramatisch ab. Bereits ein Anteil von nur 2,5 % Fett in der Nahrung führt zu einer meßbaren Reduktion der Lipogenese aus Kohlenhydraten. Dies ist verständlich, da unter diesen Bedingungen die Fettsäuren für die Biosynthese von Triacylglycerinen und Membranlipiden aus den Nahrungslipiden entnommen werden können. Da unter den bei uns herrschenden Ernährungsgewohnheiten Nahrungslipide etwa 40 % (!) des Kalorienbedarfs decken, ist verständlich, daß die Fettsäurebiosynthese nur von geringer Bedeutung ist.

Eine deutliche Hemmung der Lipogenese findet sich außer durch fettreiche Nahrung auch während längeren Fastens oder bei Diabetes mellitus.

Aus diesen Befunden ergibt sich die Frage, wie der Fettgehalt der Nahrung festgestellt und die Geschwindigkeit der Fettsäurebiosynthese reguliert wird.

Regulation der Acetyl-CoA-Carboxylase. Wie bei vielen anderen Biosynthesen, so ist auch bei der Fettsäurebiosynthese das erste Enzym in der Sequenz der Biosynthesereaktionen, also die *Acetyl-CoA-Carboxylase,* regulierbar. Langkettiges Acyl-CoA als Endprodukt der Fettsäurebiosynthese hemmt die Aktivität des Enzyms. Auf diese Weise blockiert sich anstauendes Acyl-CoA die Synthese neuer Fettsäuren, wenn es nicht rasch genug weiter verstoffwechselt werden kann. Zustände, bei denen es intrazellulär zu einem Anstieg des Acyl-CoA-Gehalts kommt, sind v. a. eine *gesteigerte Lipolyse* oder aber eine *Aufnahme von Fettsäuren* bei gesteigertem extracellulären Angebot. Unter diesen Umständen ist es nur sinnvoll, wenn die Geschwindigkeit der Fettsäurebiosynthese gedrosselt wird. Damit wird die Hemmung der Acetyl-CoA-Carboxylase zu einem wesentlich am Darniederliegen der Lipogenese bei Nahrungskarenz, bei hoher Fettzufuhr und bei Diabetes mellitus beteiligten Faktor.

In Gegenwart von Insulin und einem ausreichenden Glucoseangebot an die Zelle ist dagegen die Geschwindigkeit der Acetyl-CoA-Carboxylase hoch. Unter diesen Bedingungen läßt sich auch immer ein Abfall von langkettigem Acyl-CoA nachweisen, der wahrscheinlich auf eine gesteigerte Reveresterung von Acyl-CoA mit dem vermehrt gebildeten α-Glycerophosphat zurückzuführen ist (S. 447).

Die Acetyl-CoA-Carboxylase kommt in einer *inaktiven, monomeren Form* mit einem Molekulargewicht von 410 000 und einer *aktiven polymeren Form* mit einem Molekulargewicht von 4–8 Millionen vor. Das aktive polymere Enzym setzt sich also aus 10–20 Protomeren zusammen und erscheint im Elektronenmikroskop als filamentöse Struktur. Der Übergang der protomeren in die polymere Form des Enzyms wird in vitro durch *Tricarboxylatanionen*, besonders Citrat, stimuliert. Es ist jedoch nicht sicher, ob der Citrateffekt wirklich von großer Bedeutung ist, da beispielsweise die in der Leber gemessenen Citratspiegel viel zu niedrig sind, um eine Aktivierung des Enzyms zu bewirken. Hinzu kommt, daß auch bei maximal gesteigerter Lipogenese keine Erhöhung des Citratspiegels zu beobachten ist.

Von einiger Bedeutung könnte jedoch sein, daß die Acetyl-CoA-Carboxylase außerdem durch *covalente Modifikation* reguliert werden kann. Durch die *cAMP-abhängige Proteinkinase A* und damit unter dem Einfluß von Hormonen wie Adrenalin oder Glucagon wird sie phosphoryliert, was mit einer Dissoziation in die protomeren Untereinheiten und dem Verlust der Aktivität verbunden ist. Dephosphorylierung bei erniedrigten cAMP-Spiegeln löst dagegen die Reassoziation in die polymere Form aus.

Außer durch die oben genannten allosterischen Liganden sowie covalente Modifikation wird die Aktivität der Acetyl-CoA-Carboxylase auf der Ebene der Genexpression reguliert. Insulin ist in Anwesenheit von Glucose ein starker Induktor des Enzyms, durch Glucocorticoide wird dagegen der Insulineffekt gehemmt. Hormone, die den zellulären cAMP-Spiegel erhöhen (Katecholamine, Glucagon) dienen ebenfalls als Repressoren der Acetyl-CoA-Carboxylaseexpression.

Regulation der Pyruvatdehydrogenase. Bei sehr fettarmer Ernährung findet in beträchtlichem Umfang eine Fettsäurebiosynthese aus Glucose statt. Dabei muß das durch Glykolyse erzeugte Pyruvat intramitochondrial durch dehydrierende Decarboxylierung in Acetyl-CoA umgewandelt werden, wonach der Acetylkohlenstoff in Form von Citrat aus den Mitochondrien ausgeschleust werden kann (S. 503). Der reaktionsgeschwindigkeitsbestimmende Schritt in dieser Reaktionsfolge ist die *Pyruvatdehydrogenase,* die in einer phosphorylierten, inaktiven und einer dephosphorylierten, aktiven Form vorkommt (S. 488). In Geweben, die eine aktive Lipogenese betreiben, besteht eine direkte Proportionalität zwischen dem aktiven Anteil der Pyruvatdehydrogenase sowie der Geschwindigkeit der Fettsäurebiosynthese. Am besten untersucht ist in dieser Beziehung das Fettgewebe, wo eine lebhafte Lipogenese aus Kohlenhydraten stattfinden kann. Hier spielt *Insulin* (S. 794) eine entscheidende Rolle. Zum einen beschleunigt es den Glucosetransport in die Fettzelle und erhöht dadurch das Pyruvatangebot als Substrat für die mitochondriale Pyruvatdehydrogenase. Zum anderen wird unter dem Einfluß von Insulin die Pyruvatdehydrogenase aus ihrer inaktiven in die aktive Form überführt. Ohne Insulin, also bei Nahrungskarenz oder Diabetes mellitus, liegen weniger als 10 % der Pyruvatdehydrogenase des Fettgewebes in ihrer aktiven Form vor.

Außer dieser hormonellen findet sich auch eine *metabolische Regulation* der Pyruvatdehydrogenase. Die im Hunger und im Insulinmangel auftretende Lipolyse (S. 488) führt zu einer Beschleunigung der β-Oxidation mit Erhöhung der intramitochondrialen Quotienten Acetyl-CoA/CoA-SH sowie $NADH/H^+/NAD^+$. Änderungen dieser Quotienten führen zu einer Hemmung der Aktivität des Pyruvatdehydrogenase-Komplexes.

Induktion und Repression der Fettsäuresynthase. Über die Regulation der Fettsäuresynthase durch allosterische Liganden ist wenig bekannt. Dagegen hängen die mRNA-Spiegel des Enzyms von einer Reihe hormoneller Faktoren und Nahrungsstoffen ab. Ähnlich wie im Fall der Acetyl-CoA-Carboxylase ist Insulin in Anwesenheit von Glucose ein starker Induktor der Fettsäuresynthase-Transkription. Das zugehörige Insulin-Responsive-Element ist inzwischen als Bestandteil des Fettsäuresynthase-Promotors identifiziert worden. Hormone, die den cAMP-Spiegel steigern, führen zu einer durch cAMP-ausgelösten Hemmung der Transkription des Fettsäuresynthasegens. Ungesättigte Fettsäuren sind sehr potente Hemmstoffe, im Fettsäuresynthase-Promotor konnte ein Response-Element für mehrfach ungesättigte Fettsäuren identifiziert werden, dessen Sequenz dafür spricht, daß der zugehörige Rezeptor in die Großfamilie der Steroidhormonrezeptoren (S. 257) gehört.

16.1.5 Biosynthese ungesättigter Fettsäuren

Die für den Stoffwechsel des Säugerorganismus wichtigen ungesättigten Fettsäuren sind in Tabelle 16.2 zusammengestellt. Wegen der spezifischen Eigenschaften der tierischen *Fettsäuredesaturasen* (s. u.) können lediglich Palmitolein- und Ölsäure in tierischen Zellen synthetisiert werden. Linol- und Linolensäure müssen dagegen mit der Nahrung zugeführt werden, sind also *essentielle Fettsäuren*. Die in Tabelle 16.2 angeführte Arachidonsäure, die für die Biosynthese von Eikosanoiden von besonderer Bedeutung ist, kann zwar durch Kettenverlängerung und Desaturierung synthetisiert werden, benötigt jedoch Linolsäure als Ausgangsmaterial.

Tabelle 16.2 Für den Säuger wichtige ungesättigte Fettsäuren

Einfach ungesättigte Fettsäuren: Summenformel $C_nH_{2n-1}COOH$				
Trivialname	*Chemischer Name*	*Formel*	*Mol.-Gew.*	*Vorkommen*
Palmitoleinsäure	cis-Δ^9-Hexadecensäure	$C_{16}H_{30}O_2$	254,42	In Milchfett und Depotfett, Bestandteil der Pflanzenöle
Ölsäure	cis-Δ^9-Octadecensäure	$C_{18}H_{34}O_2$	282,47	Hauptbestandteil aller Fette und Öle
Nervonsäure	cis-Δ^{15}-Tetracosensäure	$C_{24}H_{46}O_2$	366,63	In Cerebrosiden

Mehrfach ungesättigte Fettsäuren				
Trivialname	*Chemischer Name*	*Formel*	*Mol.-Gew.*	*Vorkommen*
Linolsäure	$\Delta^{9,12}$-Octadecadiensäure	$C_{18}H_{32}O_2$	280,45	In Pflanzenölen und Depotfett
Linolensäure	$\Delta^{9,12,15}$-Octadecatriensäure	$C_{18}H_{30}O_2$	278,44	In Pflanzenölen
Arachidonsäure[a]	$\Delta^{5,8,11,14}$-Eicosatetraensäure	$C_{20}H_{32}O_2$	304,48	In Fischölen, Bestandteil vieler Phosphoglyceride

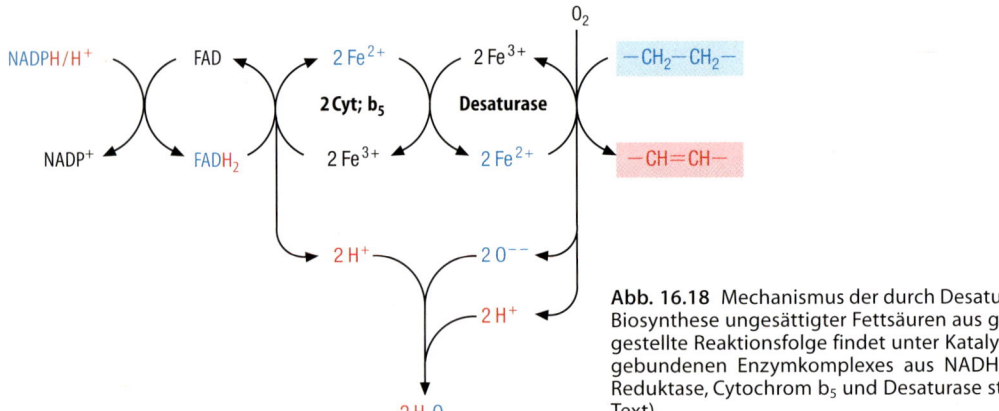

Abb. 16.18 Mechanismus der durch Desaturasen katalysierten Biosynthese ungesättigter Fettsäuren aus gesättigten. Die dargestellte Reaktionsfolge findet unter Katalyse eines Membrangebundenen Enzymkomplexes aus NADH/H$^+$-Cytochrom b$_5$-Reduktase, Cytochrom b$_5$ und Desaturase statt. (Einzelheiten s. Text)

Für die Biosynthese ungesättigter Fettsäuren aus gesättigten Fettsäuren werden Desaturasen benötigt

Das wichtigste Organ für die Biosynthese der ungesättigten Fettsäuren aus den gesättigten ist die Leber. Sie enthält ein mikrosomales Enzymsystem, das die Umwandlung von Steaoryl-CoA bzw. Palmitoyl-CoA zu Oleoyl-CoA bzw. Palmitoleoyl-CoA katalysiert (Abb. 16.18). Der Reaktionsmechanismus dieser Desaturasen entspricht dem einer mischfunktionellen Oxygenase (S. 509). Es handelt sich um einen membrangebundenen Enzymkomplex aus einer NADH/H$^+$-Cytochrom b$_5$-Reduktase, Cytochrom b$_5$ und Desaturase. Zunächst werden Elektronen von NADH/H$^+$ auf FAD übertragen, das als Coenzym der NADH-Cytochrom b$_5$-Reduktase dient. Das Hämeisen des Cytochrom b$_5$ wird dadurch zur zweiwertigen Form reduziert. Von ihm werden Elektronen auf ein Nicht-Hämeisen der Desaturase übertragen. Zwei Elektronen reagieren danach mit dem Sauerstoff und dem gesättigten Acyl-CoA. Dabei entsteht eine Doppelbindung

und zwei Moleküle Wasser werden freigesetzt. Zwei der Elektronen entstammen dem NADH/H$^+$, zwei weitere der Einfachbindung des Acyl-CoA.

Die Desaturasen tierischer Zellen zeichnen sich dadurch aus, daß sie Doppelbindungen nur zwischen der Carboxylgruppe und dem C-Atom 9 von Fettsäuren erzeugen können. Weiter entfernt gelegene Doppelbindungen können dagegen nur von pflanzlichen Organismen synthetisiert werden. Diese Tatsache erklärt das Vorkommen essentieller Fettsäuren bei tierischen Organismen (s. o.).

Mehrfach ungesättigte Fettsäuren entstehen durch Kettenverlängerung und Desaturierung

Durch Kombination von Desaturasen und Kettenverlängerung können v. a. im Pflanzenreich mehrfach ungesättigte Fettsäuren synthetisiert werden. *Linolsäure, Linolensäure* und *Arachidonsäure* sind zwar für den tierischen Organismus essentiell, jedoch kann Arachidonsäure aus Linolsäure entstehen (Abb. 16.19). In ei-

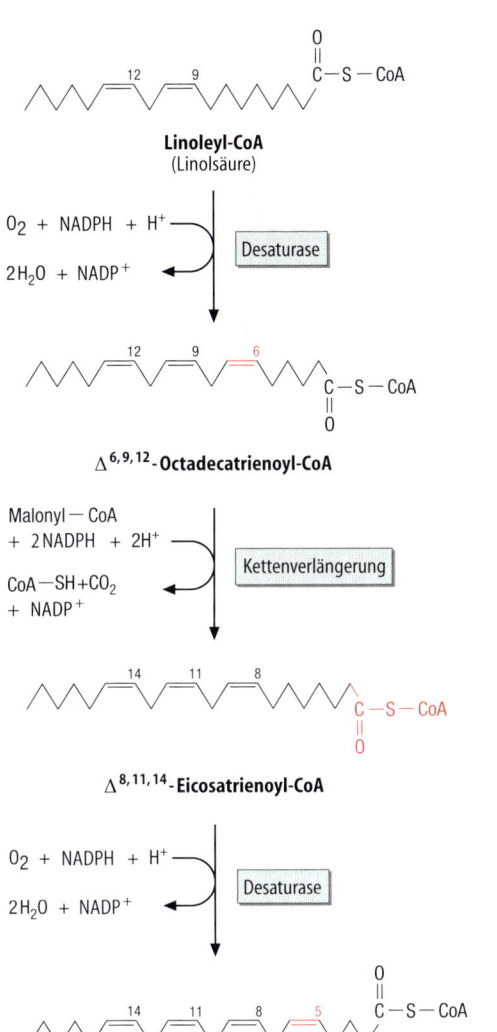

Linoleyl-CoA
(Linolsäure)

O_2 + NADPH + H^+ → Desaturase
$2H_2O$ + $NADP^+$

$\Delta^{6,9,12}$-**Octadecatrienoyl-CoA**

Malonyl—CoA
+ 2 NADPH + $2H^+$ → Kettenverlängerung
CoA—SH+CO_2
+ $NADP^+$

$\Delta^{8,11,14}$-**Eicosatrienoyl-CoA**

O_2 + NADPH + H^+ → Desaturase
$2H_2O$ + $NADP^+$

Arachidonyl-CoA

Abb. 16.19 Biosynthese von Arachidonyl-CoA aus Linoleoyl-CoA

nem ersten Schritt wird dabei in Linoleoyl-CoA durch Desaturierung eine neue Doppelbindung eingeführt, wobei ein $\Delta^{6,9,12}$-Octatrienoyl-CoA gebildet wird. Dieses kann nun um zwei C-Atome verlängert werden. Hierfür ist ein im endoplasmatischen Retikulum lokalisiertes *Kettenverlängerungssystem* notwendig. Es benutzt Malonyl-CoA als Substrat, der Mechanismus entspricht demjenigen der Fettsäurebiosynthese, jedoch befinden sich die einzelnen hierfür notwendigen Enzyme im endoplasmatischen Retikulum und die Substrate liegen als Thioester mit Coenzym A vor. Das Reduktionsmittel ist jedoch NADPH/H^+. Auf diese Weise entsteht aus der dreifach ungesättigten C 18-Fettsäure das $\Delta^{8,11,14}$-Eicosatrienoyl-CoA. In diese Verbindung wird eine weitere Doppelbindung eingeführt, so daß das $\Delta^{5,8,11,14}$-Eicosatetraenoyl-CoA, das *Arachidonyl-CoA*, entsteht.

Mit Hilfe ähnlicher Reaktionen gelingt die Biosynthese verschiedener, mehrfach ungesättigter

Fettsäuren. Allerdings kann im tierischen Organismus jede neue Doppelbindung nur zwischen bereits vorhandenen Doppelbindungen und der Carboxylgruppe der Fettsäure eingeführt werden (s. o.).

16.1.6 Prostaglandine, Thromboxane und Leukotriene

Prostaglandine, Thromboxane und Leukotriene sind Derivate mehrfach ungesättigter Fettsäuren, insbesondere der Arachidonsäure. Sie entstehen in den meisten tierischen Geweben, wo sie eine große Zahl hormoneller und andersartiger Stimuli modulieren. Darüber hinaus spielen sie eine wichtige Rolle bei Überempfindlichkeits- und Entzündungsreaktionen. Sie werden unter der Summenbezeichnung *Eikosanoide* zusammengefaßt

Für die Biosynthese von Eikosanoiden werden Cyclooxygenase und Lipoxygenase benötigt

Die Abbn. 16.20 und 16.21 zeigen in schematischer Form die Biosynthese von Eikosanoiden. Durch die Wirkung einer Phospholipase A_2 wird aus Arachidonsäure-haltigen Membranphospholipiden Arachidonat (Eikosatetraensäure) abgespalten. Durch die *Cyclooxygenase* entsteht in einem sauerstoffabhängigen Vorgang das *Prostaglandin H_2* als Muttersubstanz der Prostaglandine (PG) I_2, E_2 und F_2 sowie des Thromboxans A_2 (aus Eikosatriensäure entstehen die Prostaglandine der Serie 1 (PG_1), aus Eikosapentaensäure diejenigen der Serie 3 (PG_3)). Die einzelnen Abkömmlinge des Prostaglandins H_2 unterscheiden sich nur in der Position der einzelnen Hydroxyl- bzw. Ketogruppen.

Eine alternative Modifikation der Arachidonsäure wird durch *Lipoxygenasen* erzeugt. Die 5-Lipoxygenase führt zur Bildung einer Hydroperoxydstruktur am C-Atom 5 der Arachidonsäure, aus der durch Umlagerung der Doppelbindungen eine Verbindung mit drei konjugierten Doppelbindungen, das *Leukotrien A_4*, entsteht. Dieses ist der Ausgangspunkt für die Biosynthese der anderen Leukotriene (Abb. 16.21). Hierbei entsteht das *Leukotrien C_4* durch Anheftung von Glutathion (S. 75) über eine Thioetherbrücke. Durch schrittweise Abtrennung von Glutamat und Glycin entstehen aus dem Leukotrien C_4 die *Leukotriene D_4* und E_4.

Außer der 5-Lipoxygenase ist in verschiedenen Geweben eine 12- bzw. 15-Lipoxygenase nachgewiesen worden. Sie ist für die Bildung von 12- bzw. 15-Hydroperoxyeikosatetraen-Säuren (12-, 15-HPETE) verantwortlich. Über die biologische Bedeutung dieser Arachidonsäurederivate ist noch relativ wenig bekannt.

Prostaglandine und Thromboxane haben vielfältige hormonähnliche Wirkungen

Die wichtigsten Wirkungen von Prostaglandinen und Thromboxanen sind in Tabelle 16.3 zusammengestellt. Auf den ersten Blick ist das Bild verwirrend, da die Ef-

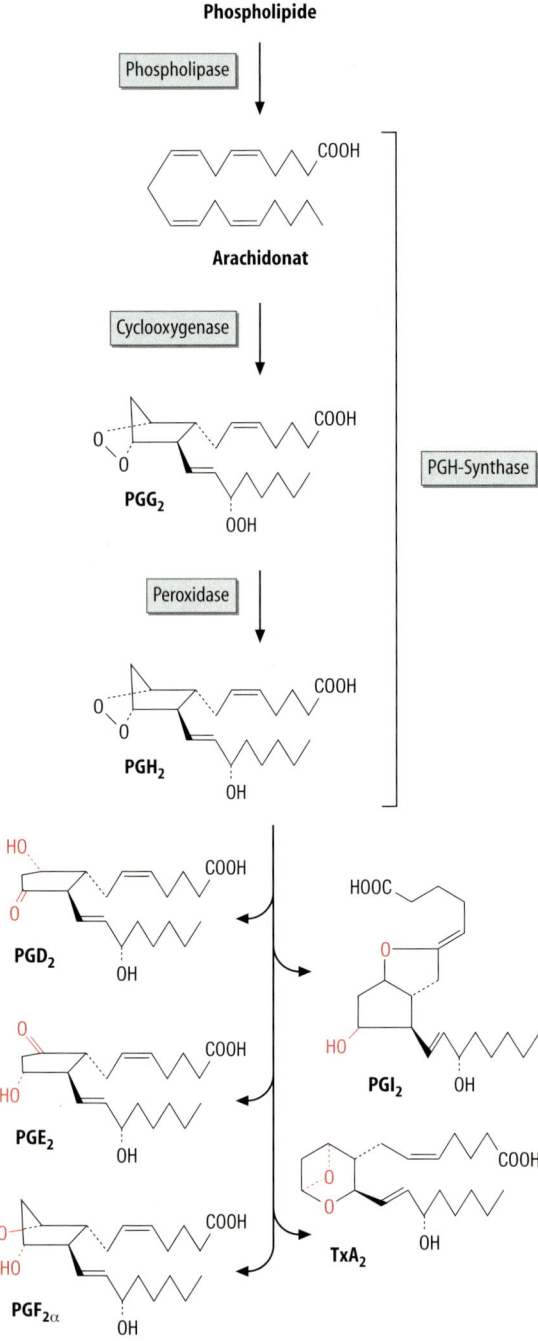

Phospholipide

Phospholipase

Arachidonat

Cyclooxygenase

PGG₂

PGH-Synthase

Peroxidase

PGH₂

PGD₂

PGE₂

PGF₂ₐ

PGI₂

TxA₂

Abb. 16.20 Biosynthese der Prostaglandine und Thromboxane aus Arachidonat. Durch eine Phospholipase A₂ wird Arachidonat aus Phospholipiden abgespalten. Eine Cyclooxygenase führt zum Prostaglandin H₂ als Muttersubstanz der weiteren Prostaglandine. Durch die Lipoxygenase entsteht 5-Hydroperoxyeikosatetraenoat (5-HPTE), von dem die Leukotriene abstammen

fekte außerordentlich vielfältig und schwer unter dem Aspekt eines einheitlichen Wirkungsmechanismus zu verstehen sind. *Prostaglandin D₂* führt zu einer Bronchokonstriktion und ist, wie andere Prostaglandine auch, mit der Entstehung von Asthma bronchiale in Verbindung gebracht worden.

In vielen, allerdings nicht allen bis jetzt untersuchten Geweben führt *Prostaglandin E₂* zu einer Zunahme des cAMP-Gehaltes, was z. B. eine Relaxierung der glatten Muskulatur hervorruft (S. 803). Dies zeigt sich besonders deutlich an der Uterusmuskulatur, an einer allgemeinen Vasodilatation sowie einer Erweiterung des Bronchialsystems. Im Magen hat Prostaglandin E₂ einen cytoprotektiven Effekt, da es die HCl-Sekretion hemmt. Am Fettgewebe ist Prostaglandin E₂ nach Insulin die am stärksten wirksame antilipolytische Verbindung, da es hier eine Senkung des cAMP-Spiegels auslöst.

Prostaglandin F₂ₐ hat in vielen Aspekten einen zum Prostaglandin E₂ antagonistischen Effekt. So führt es zu einer Bronchokonstriktion und Vasokonstriktion sowie zu einer auch klinisch ausgenützten Kontraktion der Uterusmuskulatur.

Von besonderem Interesse sind die Beziehungen zwischen dem *Prostaglandin I₂* und den *Thromboxanen.* Die letzteren entstehen bevorzugt in Blutplättchen aus Prostaglandin H₂ . Sie induzieren die Plättchenaggregation sowie die damit verbundene Freisetzungsreaktion (S. 921) und spielen somit eine wichtige Rolle

Tabelle 16.3 Überblick über die biologischen Effekte von Prostaglandinen und Thromboxanen CO Cyclooxigenase

Verbindung	*An Synthese beteiligtes Enzym*	*Wichtigste biologische Aktivität*
Prostaglandin E₂	CO, PGE-Synthase	Bronchiodilatation, Vasodilatation, Hemmung der Cl⁻-Sekretion im Magen, Antilipolyse im Fettgewebe
Prostaglandin D₂	CO, PGD-Synthase	Bronchiokonstriktion
Prostaglandin F₂ₐ	CO, PGE-Synthase	Bronchiokonstriktion, Vasokonstriktion, Konstriktion der glatten Muskulatur
Thromboxan A₂	CO, Thromboxan A₂-Synthase	Bronchiokonstriktion, Vasokonstriktion, Plättchenaggregation
Prostaglandin I₂ (Prostaglandin I₂)	CO, PG I-Synthase	Vasodilatation, Zunahme der Gefäßpermeabilität, Hemmung der Plättchenaggregation

bei der Blutstillung. Ihre Wirkung wird über einen Abfall der cAMP-Konzentration in Thrombocyten vermittelt. Ein Thromboxanantagonist ist das Prostaglandin I_2 oder Prostacyclin, das in Gefäßendothelzellen aus Prostaglandin $F_{2\alpha}$ entsteht. Es ist ein Aktivator der Adenylatcyclase in vielen Geweben und damit auch in Blutplättchen und hemmt somit die Plättchenaggregation.

Störungen im Verhältnis von Thromboxan A_2 und Prostaglandin I_2 scheinen bei einer Reihe von pathologischen Zuständen eine wichtige Rolle zu spielen. So findet sich bei Diabetes mellitus mit Gefäßkomplikationen eine Hemmung der Prostaglandin I_2-Bildung und eine Steigerung der Thromboxanbiosynthese.

Auch für die Entstehung der Arteriosklerose wird eine Störung des Gleichgewichts zwischen Thromboxanen und Prostaglandin I_2 verantwortlich gemacht. Auf jeden Fall muß angenommen werden, daß das arteriosklerotisch geschädigte Gefäßendothel eine verringerte Kapazität zur Prostaglandin I_2-Synthese hat, weswegen allein schon die Plättchen-aggregierende Wirkung der Thromboxane überwiegt. Dies ist die Basis für die durch zahlreiche Studien bekräftigte Therapie der Coronarsklerose mit Hemmstoffen der Cyclooxygenase (s. u.).

Inzwischen ist es gelungen, die Rezeptoren für sämtliche Prostaglandintypen zu charakterisieren und zu klonieren (Tabelle 16.4). Es handelt sich in jedem

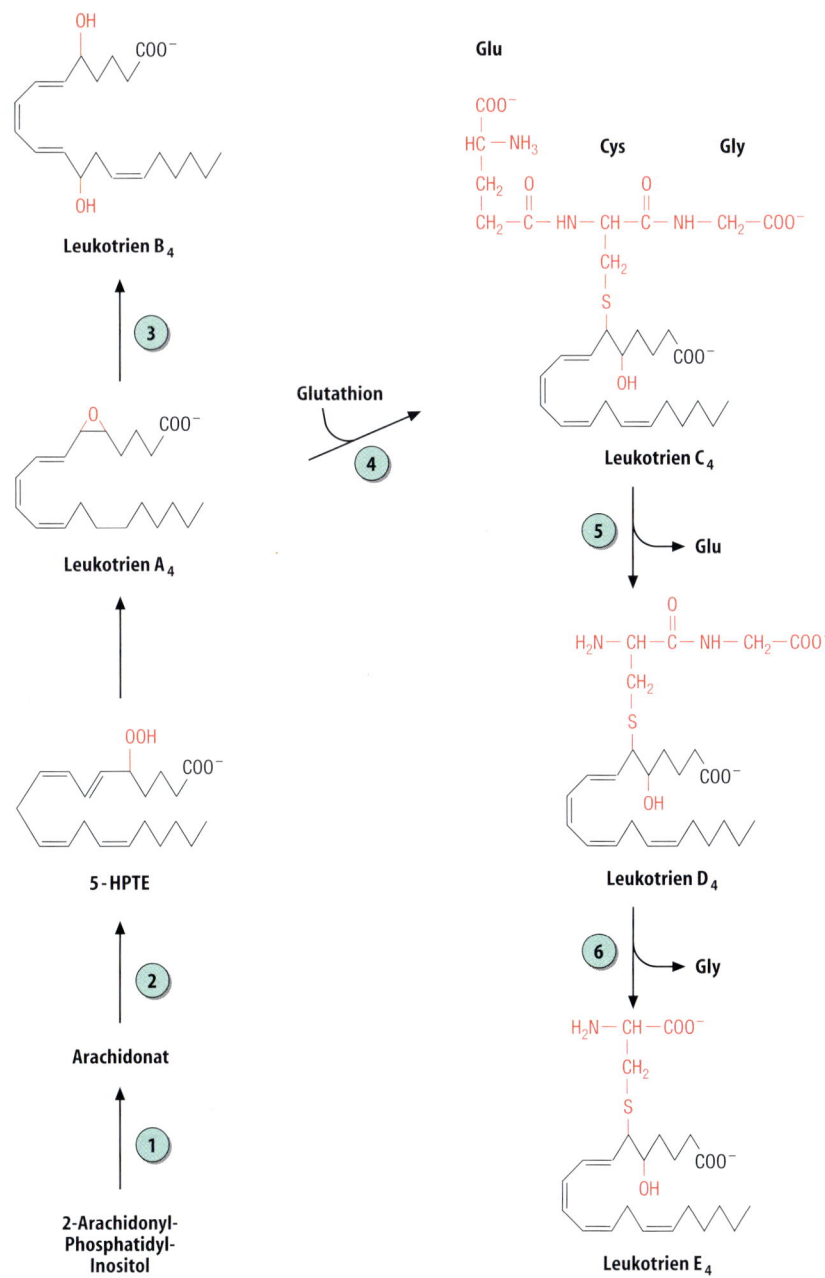

Abb. 16.21 Biosynthese der Leukotriene aus Arachidonat. Aus Arachidonat entsteht durch eine Lipoxygenase das 5-Hydroperoxyeikosatetraenoat *(5-HPTE)*, das durch Umlagerung das Leukotrien A_4 liefert. Durch eine Epoxyd-Hydrolase entsteht das Leukotrien B_4, durch Anlagerung von Glutathion das Leukotrien C_4. Die Leukotriene D_4 und E_4 werden durch schrittweise Abspaltung von Glutamat und Glycin gebildet. *1* Phospholipase A_2; *2* Lipoxygenase; *3* Leukotrien-A_4-Epoxidhydrolase; *4* Glutathion-S-Transferase; *5* γ-Glutamyl-Transferase; *6* Cysteinyl-lycin-Dipeptidase

Tabelle 16.4 Rezeptoren für Prostaglandine

Rezeptor für	Mechanismus	Nachgewiesen in
PG D$_2$	Anstieg von cAMP	Ileum
PG E$_2$		
Subtyp EP 1	Zunahme von IP$_3$	Nieren
Subtyp EP 2	Zunahme von cAMP	Thymus, Lunge, Myokard, Milz, Ileum, Uterus
Subtyp EP 3	Abfall von cAMP	Fettgewebe, Magen, Nieren, Uterus
PG F$_{2\alpha}$	Zunahme von IP$_3$	Nieren, Uterus
Thromboxan A$_2$	Abfall von cAMP	Thrombocyten, Thymus, Lunge, Nieren, Myokard
Prostaglandin I$_2$	Zunahme von cAMP	Thrombocyten, Thymus, Myokard, Milz

Falle um Rezeptoren mit sieben Transmembrandomänen, die an große, heterotrimere G-Proteine gekoppelt sind (S. 772). Sie führen je nach Typ zu einer Stimulierung bzw. Hemmung der Adenylatcyclase mit entsprechenden Veränderungen der cAMP-Konzentration oder beeinflussen die zelluläre Calciumkonzentration über den Phosphatidylinositol-Cyclus (S. 777). Prostaglandine sind damit eine außerordentlich vielfältige Gruppe von Gewebshormonen. Prinzipiell können sie von sehr vielen Zellen synthetisiert werden, da die Cyclooxygenase ein außerordentlich verbreitetes Enzym ist. Allerdings zeigen verschiedene Zellen eine gewisse Gewebsspezifität bezüglich der Synthese spezifischer Prostaglandine aus dem Prostaglandin H und, was vielleicht noch wichtiger ist, bezüglich der Verteilung der Prostaglandinrezeptoren. Hier zeichnet sich ein besonders fein differenziertes Bild ab.

So haben beispielsweise Studien mit in situ-Hybridisierung gezeigt, daß in der Niere der Subtyp EP 3 der Prostaglandin-E-Rezeptoren vornehmlich in den medullären Tubulusepithelien lokalisiert ist, der Subtyp EP1 in den Sammelrohren der Papille, der Subtyp EP 2 in den Glomeruli. Man nimmt an, daß diese Verteilung die durch Prostaglandin E$_2$ ermittelten Regulationen von Ionentransport, Wasserreabsorption und glomerulärer Filtrationsrate ermöglicht. Bei der Analyse der Prostaglandin E$_2$-Rezeptoren des Nervensystems hat sich gezeigt, daß der Subtyp EP 3 des Prostaglandin E-Rezeptors in kleinen Neuronen der Ganglien der dorsalen Wurzel besonders hoch exprimiert ist. Man spekuliert, daß sich hierin die durch Prostaglandin E$_2$ vermittelte Hyperalgesie widerspiegelt.

Leukotriene sind Mediatoren der Entzündungsreaktion

Schon vor dem 2. Weltkrieg wurde beobachtet, daß aus mit Kobragift behandelter Lunge eine Substanz freigesetzt wird, die die glatte Muskulatur zur Kontraktion bringt. Später ergab sich, daß diese als *slow reacting substance (SRS)* bezeichnete Verbindung zusammen mit anderen Mediatoren bei durch Immunglobulin E vermittelten Überempfindlichkeitsreaktionen entsteht und daß es sich bei ihr um ein Gemisch aus den *Leukotrienen A$_4$, C$_4$, D$_4$* und *E$_4$* handelt. Diese gehören zu den stärksten Constrictoren der Bronchialmuskulatur. Das Leukotrien C$_4$ ist beispielsweise 100–1000 mal wirksamer als Histamin und spielt bei der Entstehung von Asthmaanfällen eine entscheidende Rolle.

Auch in eine Reihe von entzündlichen Phänomenen sind Leukotriene eingeschaltet. Sie erhöhen die Kapillarpermeabilität und führen zu Ödemen. Das Leukotrien B$_4$ hat einen chemotaktischen Effekt auf Leukocyten. Man vermutet aus diesem Grund, daß es an der Wanderung von weißen Blutzellen in Entzündungsgebiete beteiligt ist.

Die eigentliche physiologische Funktion der Leukotriene ist allerdings nach wie vor ungeklärt. Mäuse, bei denen durch molekulargenetische Verfahren (knock out Mäuse, S. 235) das 5-Lipoxygenasegen ausgeschaltet wurde, waren erwartungsgemäß nicht mehr zur Leukotrienbiosynthese imstande, entwickelten sich jedoch normal und überstanden eine Reihe von experimentell ausgelösten Entzündungs- und Schockreaktionen besser als die Wildtypmäuse!

Natürliche und pharmakologische Hemmstoffe von Eikosanoiden haben vielfältige Wirkungen

Die Bedeutung von Arachidonsäuremetaboliten besonders für die Vermittlung von Entzündungs- und Überempfindlichkeitsreaktionen, aber auch für die Schmerzperzeption, geht aus dem Wirkungsspektrum spezifischer Hemmstoffe, ihrer Biosynthese bzw. der von Rezeptorantagonisten hervor.

So führt z. B. *Aspirin* (Acetylsalicylsäure) zu einer *irreversiblen Inaktivierung* der für die Biosynthese von Prostaglandinen und Thromboxanen verantwortlichen Cyclooxygenase. Dieses Enzym ist inzwischen kloniert und charakterisiert worden. Es kommt in zwei Isoformen vor, die auch als Prostaglandin H-Synthase bezeichnet werden. Die Prostaglandin H-Synthase 1 kommt praktisch in allen Säugergeweben vor, die Prostaglandin H-Synthase 2 jedoch nur in Prostata, Gehirn, Testes und der Lunge. Das Enzym katalysiert beide mit der Synthese von Prostaglandin H aus Arachidonsäure verknüpften Teilreaktionen, nämlich die Cyclooxygenasereaktion für die Umwandlung von Arachidonsäure zu Prostaglandin G$_2$ und die anschließende Reduktion der 15-Hydroperoxylgruppe des Pro-

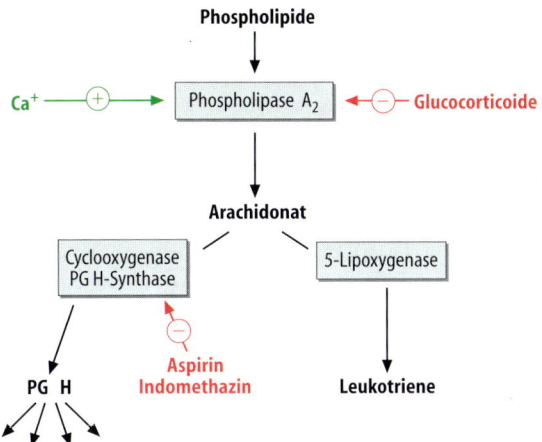

Abb. 16.22 Pharmakologische Hemmung der Eikosanoidbiosynthese. Glucocorticoide führen zu einer Hemmung der Phospholipase A₂, die auch durch Hemmung der intrazellulären Calciumakkumulation negativ beeinflußt werden kann. Nichtsteroidale Entzündungshemmer (Aspirin, Indomethazin) sind dagegen Hemmstoffe der Cyclooxygenase

staglandins G₂ zur 15-Hydroxylgruppe des Prostaglandins H₂. Es handelt sich um ein im endoplasmatischen Reticulum lokalisiertes Transmembranenzym, die für die katalysierten Reaktionen verantwortlichen Domänen sind auf der cytoplasmatischen Seite lokalisiert. Aspirin *acetyliert* den Serinrest 530 der Prostaglandin H-Synthese und verhindert damit die Bindung des Substrates Arachidonsäure. Andere nicht-steroidale Entzündungshemmer wie beispielsweise Indomethazin wirken als kompetitive Hemmstoffe an der Arachidonsäure-Bindungsstelle. Entsprechend dem Angriffsort in der Biosynthese der Prostaglandine (Abb. 16.22) sind die Effekte des Aspirins außerordentlich vielfältig. So kommt es zu einer **schmerzstillenden Wirkung**, welche möglicherweise durch eine Hemmung der Biosynthese von Prostaglandin E₂ hervorgerufen wird. In ähnlicher Weise werden alle mit der Entzündungsreaktion einhergehenden Prostaglandineffekte gedämpft. Besondere Aufmerksamkeit hat die Aspirindauerbehandlung in den letzten Jahren bei der Bekämpfung der mit einer Coronarsklerose einhergehenden **coronaren Herzerkrankung** gefunden. Da eine der ursächlichen Faktoren bei der Arteriosleroseentstehung eine Störung des Gleichgewichts zwischen Thromboxanen und Prostaglandin I₂ ist, führt die durch Aspirin hervorgerufene Hemmung der Thromboxanbiosynthese zu einer Verminderung der Plättchenaggregation und damit zu einer Erhöhung der Fluidität des Blutes. Die durch Aspirin ebenfalls ausgelöste Hemmung der Prostaglandin I₂-Bildung fällt dem gegenüber weniger ins Gewicht.

Die sogenannten nicht-steroidalen Entzündungshemmer beeinflussen aufgrund ihres Wirkungsspektrums nicht die Leukotrienbiosynthese. Für die Hemmung der Biosynthese aller Eikosanoide muß die durch **Phospholipase A₂** ausgelöste Arachidonsäurefreisetzung gehemmt werden. Hier spielen *Glucocorti-*

coide eine wichtige Rolle. Sie lösen in einer Reihe von Geweben die Biosynthese eines als *Lipocortin-1* (S. 833) bezeichneten Proteins aus, welches die durch Phospholipase A₂ katalysierte Arachidonsäurefreisetzung hemmt.

Eine weitere Möglichkeit zur Beeinflussung der Phospholipase A₂-Aktivität, außer der Verwendung direkter Hemmstoffe für das Enzym, beruht auf der Tatsache, daß es in einer relativ inaktiven Form im Cytosol lokalisiert ist. Sämtliche Signale, die zu einer Erhöhung der intracellulären Calciumkonzentration führen, katalysieren die Translokation des Enzyms in die Plasmamembran. Außerdem wird das Enzym durch Phosphorylierung aktiviert. Wirkstoffe, die in diese Vorgänge eingreifen, beeinflussen die Eikosanoidproduktion, jedoch sind die bisher entwickelten Verbindungen zu unspezifisch und eignen sich nicht für den klinischen Einsatz.

Mangel an essentiellen Fettsäuren löst ein unspezifisches Krankheitsbild aus

Versucht man im Tierexperiment durch Weglassen essentieller Fettsäuren in der Nahrung Mangelerscheinungen zu erzeugen, so beobachtet man
- eine Wachstumsverlangsamung,
- Schäden des Hautepithels und der Nieren sowie
- Fertilitätsstörungen.

Alle diese Änderungen bilden sich nach Zusatz von essentiellen Fettsäuren wieder zurück.

Beim Menschen lassen sich Ausfallserscheinungen, die auf einen Mangel an essentiellen Fettsäuren zurückzuführen sind, nicht so deutlich nachweisen. Man hat jedoch beobachtet, daß Hautveränderungen bei Kleinkindern, die mit einer speziell fettarmen Diät ernährt wurden, nach Zugabe von Linolsäure verschwinden.

16.1.7 Triacylglycerin-Biosynthese

Zur Biosynthese von Triacylglycerinen müssen zunächst sowohl die Fettsäuren als auch das Glycerin in ATP-abhängigen Reaktionen aktiviert werden. Für das Glycerin stehen hierfür zwei Stoffwechselwege zur Verfügung. *α-Glycerophosphat* kann durch Reduktion von Dihydroxyacetonphosphat mit der **α-Glycerophosphat-Dehydrogenase** gewonnen werden. Seine Verfügbarkeit steht damit in direkter Verbindung zum Glucoseabbau in der Glykolyse (S. 378). In den meisten Geweben wird α-Glycerophosphat auf diese Weise gewonnen.

Die Leber, die Niere, die Darmmucosa sowie die laktierende Milchdrüse verfügen als Alternativweg zur α-Glycerophosphat-Synthese aus Dihydroxyacetonphosphat über die Möglichkeit, Glycerin durch direkte ATP-abhängige Phosphorylierung in α-Glycerophos-

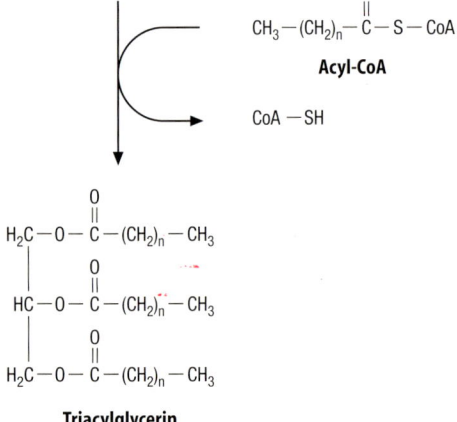

Abb. 16.23 Biosynthese von Triacylglycerinen aus α-Glycero-phosphat und Acyl-CoA. (Einzelheiten s. Text)

phat umzuwandeln. Sie sind hierzu mit einer entsprechend hohen Aktivität des Enzyms *Glycerokinase* ausgestattet.

Die für die Triacylglycerin-Biosynthese verwendeten Fettsäuren müssen mit Hilfe der auf S. 428 beschriebenen ATP-abhängigen *Thiokinase* in Acyl-CoA umgewandelt werden.

Im ersten Schritt der Biosynthese von Triacylglycerinen (Abb. 16.23) katalysiert das Enzym *Acyl-CoA-Glycerin-3-phosphat-Acyl-Transferase* die Verknüpfung von zwei Molekülen Acyl-CoA mit α-Gly-

cerophosphat zu einem zweifach acylierten Glycero-phosphat, der *Phosphatidsäure*. Die Acyltransferase zeigt nur eine geringe Kettenlängenspezifität, obgleich sie ihre höchsten Umsatzraten für Fettsäuren mit einer Kettenlänge von 16–18 C-Atomen besitzt. Aus der Phosphatidsäure wird durch eine Phosphatase, die *Phosphatidat-Phosphohydrolase,* ein α, β-Diacylglycerin gebildet. Durch eine *Diacylglycerin-Acyltransferase* wird nun durch Anheftung eines dritten Acyl-CoA die Bildung des fertigen Triacylglycerins vervollständigt. Die höchsten Aktivitäten der Acyl-CoA-Glycerin-3-phosphat-Acyltransferase sowie der Diacylglycerin-Acyltransferase befinden sich im endoplasmatischen Reticulum.

16.2 Regulation des Triacylglycerin-Stoffwechsels

16.2.1 Rolle des Fettgewebes im Fettstoffwechsel

Das Fettgewebe ist das wichtigste Organ der Energiespeicherung und -mobilisierung

Die Fähigkeit des Organismus zur Substratspeicherung im Form von Kohlenhydraten und Proteinen ist begrenzt. Rechnet man die Glykogenvorräte in Leber und Muskulatur zusammen, so ergibt sich eine maximale Menge von 400 g, deren Oxidation die Energie für wenig mehr als 24 Stunden ergeben würden. Wesentlich größer ist die Menge des im Organismus gespeicherten Proteins. Dieses kann jedoch nur teilweise zur Deckung des Energiebedarfs herangezogen werden, da das Körperprotein als Strukturprotein, als Bestandteil der kontraktilen Elemente, in Form von Enzymen, Plasmaproteinen und Immunglobulinen zu den essentiellen Bauteilen des Organismus gehört und deswegen nicht ohne weiteres abgebaut werden kann (S. 716).

Ganz anders ist dagegen die Situation bei der Energiespeicherung in Form von Triacylglycerinen. Der Körper verfügt über ein spezialisiertes Gewebe, dessen einzige Aufgabe die Speicherung von Triacylglycerinen ist, das *Fettgewebe.*

Beim normalgewichtigen Menschen macht das Fettgewebe etwa 12 % des Körpergewichtes aus. Da es zu 95 % aus Triacylglycerin besteht, errechnet sich daraus eine Fettmasse von etwa 8 kg entsprechend 308 000 kJ. Bei einem durchschnittlichen Energieverbrauch von 8.400 kJ würde diese Menge den Energiebedarf des menschlichen Körpers für 37 Tage decken. Bedenkt man, daß bei schweren Formen des Übergewichts 50 kg Fett und mehr gespeichert werden, so läßt sich leicht errechnen, für wie große Zeiträume dieser Energiespeicher theoretisch ausreichen kann.

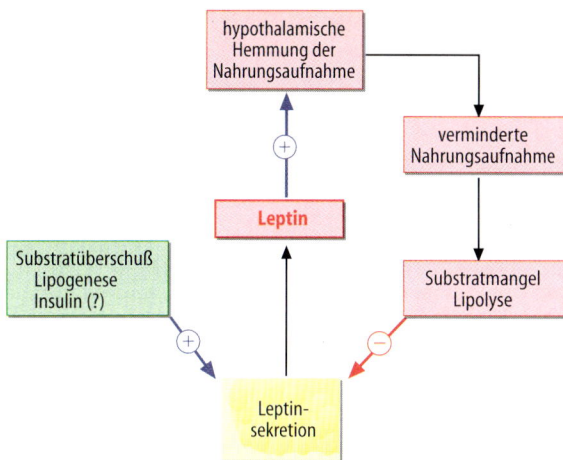

Abb. 16.24 Regulation der Fettmasse durch Leptin. Fettzelle synthetisieren und sezernieren das Protein Leptin. Massenzunahme des Fettgewebes infolge gesteigerter Lipogenese stimuliert, gesteigerte Lipolyse und Massenabnahme des Fettgewebes hemmt die Leptinsekretion. Leptin wirkt über spezifische Rezeptoren auf hypothalamische Zentren und löst so eine Reduktion der Nahrungsaufnahme aus, vermutlich über eine Hemmung der Neuropeptid Y-Sekretion. Dieser Regelkreis dient der Konstanthaltung der Fettmasse

Ungeachtet eines sehr variablen und vielfältigen Nahrungsangebotes wird bei Normalgewicht Personen die im vorhandene Fettmasse des Organismus erstaunlich konstant gehalten. Mit der 1994 erfolgten Entdeckung des von Fettzellen sezernierten Peptidhormones *Leptin* ist man der Frage nach dem Mechanismus dieser Regulation ein gutes Stück weiter gekommen. Ausgangspunkt für die Entdeckung des Leptins war die Identifizierung des Gens, das für die Entstehung der Fettsucht bei genetisch fettsüchtigen *ob/ob-Mäusen* verantwortlich ist. Es handelt sich um ein Protein aus 167 Aminosäuren inclusive einer für Sekretproteine typischen Signalsequenz. Durch eine zu einem Stoppkodon führenden Mutation wird dieses Protein bei der ob/ob-Maus nicht produziert und nicht vom Fettgewebe abgegeben. Behandlung derartiger Mäuse mit rekombinanten Leptin führt innerhalb kurzer Zeit zu einer deutlichen Gewichtsabnahme, die auf einer Einschränkung der Nahrungsaufnahme und einer Erhöhung des Energieverbrauchs beruht. Damit ergibt sich das in Abb. 16.24 dargestellte Schema der Gewichtsregulation durch Leptin. Leptin wird vom Fettgewebe besonders während aktiver Lipogenese und Massenzunahme an das Blut abgegeben. Es erreicht eine im Hypothalamus lokalisierten und inzwischen ebenfalls klonierten Leptinrezeptor. Dies führt unter anderem zu einer verminderten Sekretion des als *Neuropeptid Y* bezeichneten Neurohormons, welches das Sättigungsgefühl verhindert und zur vermehrten Energieaufnahme führt. Damit wäre ein Regelkreis geschaffen, mit Hilfe dessen die Nahrungszufuhr an die Fettmasse angepaßt werden kann.

Da unter den in Europa und Nordamerika herrschenden Ernährungsbedingungen die Fettsucht außerordentlich häufig ist, erhebt sich die Frage, ob hieran ein Defekt in dem oben geschilderten Regulationssystem schuld ist. Nach den bis jetzt vorliegenden Untersuchungen sind die Leptinspiegel im Plasma auch übergewichtiger Patienten streng mit der Körperfettmasse korreliert. Ein Defekt in der Leptin-Genexpression scheint also bei menschlichen Fettsuchtsformen nicht vorzuliegen. Es wird aber vermutet, daß eine Resistenz im Bereich des Leptinrezeptor eine mögliche Ursache für die menschliche Fettsucht ist.

Das Fettgewebe hat einen aktiven Anteil am Gesamtstoffumsatz des Organismus. In ihm laufen ständig die Vorgänge der *Lipogenese* (Triacylglycerin-Biosynthese) sowie der *Lipolyse* (Triacylglycerin-Hydrolyse) nebeneinander ab. Sie benutzen getrennte Stoffwechselwege, die einer unterschiedlichen Regulation unterliegen (s. u.). Außerdem wird ein nicht unbeträchtlicher Teil der durch die Fettzellen während der Lipolyse gebildeten Fettsäuren erneut aktiviert und im *Reveresterungscyclus* mit α-Glycerophosphat verestert. Der Spiegel an nicht veresterten Fettsäuren in der Fettzelle ist demnach die Resultierende aus der Geschwindigkeit von Lipogenese, Lipolyse und Reveresterung. Das Verhältnis dieser drei Größen wird sehr genau reguliert. Es ist

- von Ernährungsgewohnheiten,
- der Nahrungszusammensetzung,
- von hormonellen Einflüssen sowie
- vom Stoffumsatz abhängig.

Der Spiegel an nicht veresterten Fettsäuren in der Fettzelle wiederum ist von ausschlaggebender Bedeutung für die Konzentration der Fettsäuren im Blut, da das Fettgewebe nahezu die einzige Quelle der Serumfettsäuren darstellt.

Die Tatsache, daß Fettsäuren im Blut nur eine Halbwertszeit von 1–2 Minuten haben, macht ihren raschen Umsatz im Organismus deutlich. Sie dienen vielen Organen, v. a. der Muskulatur, der Leber, dem Myocard oder der Nierenrinde als gut oxidierbares Substrat und werden von diesen Geweben bevorzugt gegenüber der Glucose oxidiert.

Das wichtigste Substrat für die Lipogenese sind in Lipoproteinen enthaltene Triacylglycerine

Abbildung 16.25 stellt die wesentlichsten metabolischen Aktivitäten der Fettzelle zusammen. Eine ihrer wichtigsten Funktionen ist die Aufnahme von Fettsäuren aus den extrazellulär als *Chylomikronen* bzw. *VLDL* (S. 472) an das Fettgewebe transportierten *Triacylglycerinen.* Diese werden als Folge der Fettresorption im Intestinaltrakt oder einer gesteigerten Synthese durch die Leber im Plasma zur Fettzelle transportiert und entweder bereits am Endothel der das Fettgewebe versorgenden Kapillaren oder an der Außenseite der Plas-

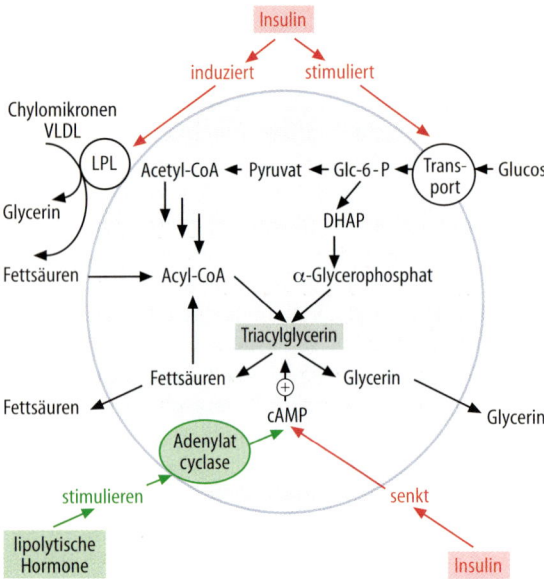

Abb. 16.25 Metabolische Aktivitäten der Fettzelle. Insulin induziert die Biosynthese der Lipoproteinlipase und stimuliert die Glucoseaufnahme, was zu vermehrter Triacylglycerinbiosynthese führt. Katecholamine aktivieren dagegen die Adenylatcyclase und damit die Lipolyse. *LPL* Lipoproteinlipase. (Einzelheiten s. Text)

mamembran der Fettzellen selbst zu Glycerin und Fettsäuren hydrolysiert. Das hierfür verantwortliche Enzym ist die *Lipoproteinlipase.* Das bei diesem *extracellulären* Triacylglycerin-Abbau entstehende *Glycerin* kann von der Fettzelle nicht verwertet werden, da sie nur über eine äußerst geringe Glycerokinase-Aktivität verfügt. Dagegen werden die Fettsäuren sehr rasch, möglicherweise durch ein spezifisches Transportsystem, aufgenommen und durch die *Thiokinase* in Acyl-CoA überführt und zur Triacylglycerin-Biosynthese verwendet. Das benötigte α-Glycerophosphat wird durch Reduktion von Dihydroxyacetonphosphat bereitgestellt und stammt somit aus dem Glucoseabbau. Damit bestehen sehr enge Beziehungen zwischen dem Fett- und Kohlenhydratstoffwechsel der Fettzelle:

- die Fettsäurereste der Triacylglycerine entstammen den Plasmalipiden,
- der Glycerinanteil dem Glucoseabbau.

Unter bestimmten Bedingungen ist das Fettgewebe zur Triacylglycerin-Biosynthese ausschließlich aus *Glucose* imstande. Hierzu wird Glucose vollständig zu *Pyruvat* abgebaut und durch dehydrierende Decarboxylierung (Pyruvatdehydrogenase) in Acetyl-CoA umgewandelt. Nach dem Transport von Acetyl-CoA aus den Mitochondrien in den cytoplasmatischen Raum (S. 437) dient Acetyl-CoA der Biosynthese von Fettsäuren. Die hierfür benötigten Reduktionsäquivalente in Form von NADPH/H$^+$ können durch Abbau von Glucose im Hexosemonophosphatweg erzeugt werden.

Der Anteil dieser Lipogenese aus Glucose an der Gesamtlipogenese des Fettgewebes variiert von Species

zu Species beträchtlich und hängt außerdem vom Fettgehalt der Nahrung ab. Bei den unter Laborbedingungen gehaltenen Nagern, die eine besonders fettarme Kost erhalten, spielt die Lipogenese aus Kohlenhydraten eine große Rolle und ist aus diesem Grund auch dort entdeckt worden. Die Bedeutung der Kohlenhydratmast für den Fettansatz ist seit langer Zeit für viele vom Menschen verwendete Nutztiere bekannt. Im Gegensatz dazu sind im menschlichen Fettgewebe die für die Fettsäuresynthese aus Kohlenhydraten benötigten Enzyme, vor allem

- die Pyruvatdehydrogenase,
- die ATP-Citratlyase,
- die Acetyl-CoA-Carboxylase sowie
- die Fettsäuresynthase in sehr geringen Aktivitäten vorhanden.

Da auch in der Leber des Menschen nur sehr geringe Aktivitäten dieser Lipogeneseenzyme nachweisbar sind, ist eine Triacylglycerin-Biosynthese aus Kohlenhydraten für den Menschen normalerweise ohne große Bedeutung. In Anbetracht der Tatsache, daß der Fettgehalt der menschlichen Nahrung, zumindest in den Industrieländern, etwa 40 % der zugeführten Kalorien beträgt, ergibt sich, daß der Fettsäurebedarf des Menschen durch das Nahrungsfett gedeckt wird.

Die Lipolyse des Fettgewebes wird durch Katecholamine aktiviert und durch Insulin gehemmt

Die zweite Funktion des Fettgewebes, die *Lipolyse,* tritt bei Nahrungsmangel in den Vordergrund und beruht auf der Fähigkeit der Fettzelle, die gespeicherten Triacylglycerine *intrazellulär* unter Bildung von Fettsäuren und Glycerin zu hydrolysieren und beide Verbindungen in das Blut abzugeben. Fettsäuren werden im Serum in Bindung an Albumin transportiert und dienen für viele Gewebe als Substrat zur Deckung des Energiebedarfs. Glycerin wird, vor allem in der Leber, zu Glycerophosphat phosphoryliert und nach Oxidation zu Dihydroxyacetonphosphat in den Kohlenhydratstoffwechsel eingeschleust. Das Reaktionsgeschwindigkeits-bestimmende Enzym für die Triacylglycerinhydrolyse ist die *Triacylglycerinlipase,* die einer hormonellen Regulation unterliegt (s. u.). Die Geschwindigkeit der Lipolyse liegt immer etwas über der Geschwindigkeit der Fettsäurefreisetzung durch die Fettzelle. Ein bestimmter Teil der gebildeten Fettsäuren wird nämlich sofort wieder mit Coenzym A aktiviert und für die Neusynthese von Triacylglycerinen verwendet. Die physiologische Bedeutung dieses Reveresterungscyclus liegt offensichtlich darin, daß er eine hormonunabhängige Regulation der Lipolyse des Fettgewebes ermöglicht. Da das für die Triacylglycerinbiosynthese benötigte α-Glycerophosphat dem Glucosestoffwechsel entnommen werden muß, besteht eine direkte Abhängigkeit zwischen Glucoseangebot und

Fettsäurefreisetzung. Je höher das Glucoseangebot wird, um so mehr steigt die Reveresterungsgeschwindigkeit und um so geringer wird die Fettsäurefreisetzung. Umgekehrt können bei sinkendem Glucoseangebot immer weniger Fettsäuren in den Reveresterungscyclus eintreten und die Fettsäurefreisetzung steigt an.

Die Geschwindigkeit der Lipogenese sowie der Lipolyse des Fettgewebes wird durch eine Reihe von Hormonen beeinflußt. Daß *Insulin* einen beachtlichen Einfluß auf den Fettstoffwechsel hat, geht aus der Beobachtung hervor, daß nach Insulingaben der Spiegel der Plasmafettsäuren drastisch absinkt (Abb. 28.10, S. 795). Sowohl am intakten Organismus als auch bei Inkubation mit Fettgewebe oder Fettzellen *hemmt* Insulin die Abgabe nichtveresterter Fettsäuren. Gleichzeitig *stimuliert* es

- die Glucoseaufnahme,
- die Lipogenese aus Glucose sowie
- die Oxidation von Glucose zu CO_2 über den Hexosemonophosphatweg.

Die meisten dieser Effekte des Insulins sind glucoseabhängig und lassen sich durch die Stimulierung der Glucoseaufnahme durch Insulin erklären (S. 409). Da jede Erhöhung der Glucosekonzentration in der extracellulären Flüssigkeit von einer Steigerung der Insulinsekretion begleitet wird (S. 791), führt dies zu einer beschleunigten Glucoseaufnahme durch die Fettzellen und zu einer erhöhten α-Glycerophosphat-Bereitstellung. Damit wird zunächst die Veresterung von Acyl-CoA beschleunigt und die Fettsäurefreisetzung vermindert. Bei Fehlen extracellulärer Lipide wird infolge des erhöhten Glucosedurchsatzes sowie in Anwesenheit hoher Insulinkonzentrationen die Geschwindigkeit der Pyruvatdehydrogenase sowie der Acetyl-CoA-Carboxylase beschleunigt, so daß es zu einer Stimulierung der Fettsäurebiosynthese kommt. Neben seiner Wirkung auf den Glucosestoffwechsel beeinflußt Insulin auch den Lipidstoffwechsel der Fettzellen. Es ist ein starker Induktor der Lipoproteinlipase, die den Geschwindigkeits-bestimmenden Schritt für die Aufnahme aus der extracellulären Triacylglycerinhydrolyse stammender Fettsäuren (s. o.) darstellt. Da die Lipoproteinlipase nur eine Halbwertszeit von etwa einer Stunde hat, beeinflussen Änderungen der Insulinkonzentration im Plasma sehr stark die Menge dieses Enzyms.

Als Insulinantagonisten wenigstens in bezug auf die Geschwindigkeit der Fettsäurefreisetzung wirken vor allen Dingen die Katecholamine *Noradrenalin* und *Adrenalin.* Diese beschleunigen über β-Rezeptoren die lipolytische Spaltung von Triacylglycerinen und steigern die Fettsäureabgabe durch das Fettgewebe, was mit einer Erhöhung der Fettsäurekonzentration im Blut einhergeht. Im Tierexperiment wirken ähnlich wie Katecholamine

- das adrenocorticotrope Hormon (ACTH),
- das β-Melanocyten-stimulierende Hormon (MSH),
- das Thyreoidea-stimulierende Hormon (TSH),
- das Vasopressin und
- das Glucagon.

Es ist jedoch nicht klar, ob die genannten Hormone eine physiologische Bedeutung für die Regulation der Lipolyse haben.

Der Mechanismus der Lipolysestimulierung durch Adrenalin und Noradrenalin beruht auf der Aktivierung des Adenylatcyclase-Systems und zeigt Analogien zur Mobilisierung des Glykogens im Kohlenhydratstoffwechsel (Abb. 16.26). Katecholamine binden an *β₂-Rezeptoren*, was unter Einschaltung heterotrimerer G-Proteine zu einer Aktivierung der Adenylatcyclase und zu erhöhten cAMP-Spiegeln führt. Diese lösen intracellulär die Aktivierung der Proteinkinase A aus, welche die Triacylglycerinlipase des Fettgewebes phosphoryliert und aktiviert. Damit kommt für das Fettgewebe allen Reaktionen, die an der Bildung oder am Abbau von cAMP beteiligt sind, besondere Bedeutung zu. Zu diesen Reaktionen gehören neben der Adenylatcyclase-Reaktion auch die *cAMP-Phosphodiesterase-Reaktion,* in welcher cAMP hydrolytisch zu AMP abgebaut wird. Dieses Enzym wird durch Insulin aktiviert, was seine Rolle als Antagonist der Katecholamine Adrenalin und Noradrenalin erklärt. Darüber hinaus kann die cAMP-Phosphodiesterase auch pharmakologisch beeinflußt werden. So sind Methylxanthine wie Koffein und Theophyllin wirksame Hemmstoffe.

Beim Menschen zeigt das Fettgewebe eine deutlich unterschiedliche Verteilung zwischen den Geschlechtern. Diesem morphologischen Unterschied entspricht auch ein funktioneller. So zeigen Fettzellen aus den gynoiden Prädilektionsstellen an den Oberschenkeln und am Gesäß außer den β₂-Rezeptoren für Katecholamine auch *α₂-Rezeptoren.* Diese führen über die Stimulierung eines inhibitorischen G-Proteins (S. 774) zur Hemmung der Adenylatcyclase. Damit wird das spezifisch weibliche, gynoide Fettgewebe relativ unempfindlich gegenüber der lipolytischen Wirkung von Katecholaminen. Die Zahl der α₂-Rezeptoren ver-

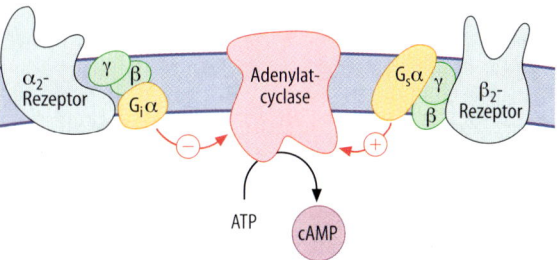

Abb. 16.26 Regulation der Adenylatcyclase der Fettzelle. β₂-Rezeptoren der Fettzelle binden Katecholamine, was über G-Proteine zu einer Aktivierung der Adenylatcyclase und erhöhten cAMP-Spiegeln führt. Neben β₂-Rezeptoren kommen, besonders in gynoiden Fettzellen, auch α₂-Rezeptoren vor, die mit inhibitorischen G-Proteinen gekoppelt sind und damit eine durch eine Senkung der Adenylatcyclaseaktivität ausgelöste Erniedrigung der cAMP-Spiegel zur Folge haben

mindert sich jedoch während der Schwangerschaft und der Lactationsphase, und man nimmt an, daß die dann vermehrt freigesetzten Fettsäuren für die Biosynthese der Milchfette bereitgestellt werden.

Einen ganz anderen Angriffspunkt haben die **Schilddrüsenhormone** sowie die **Glucocorticoide,** welche ebenfalls die Lipolyse beschleunigen können. Auffallend ist, daß ihr Effekt erst nach einer Latenzphase von 4–6 Stunden zum Vorschein kommt. Es wird vermutet, daß er durch eine Stimulierung der Biosynthese eines oder mehrerer an der Lipolyse beteiligter Proteine zustande kommt.

Einen wesentlichen Einfluß auf die lipolytische Aktivität des Fettgewebes übt das **sympathische Nervensystem** aus. Bei seiner Erregung wird durch Noradrenalin, das durch viele, jeder einzelnen Nervenzelle aufliegenden adrenergen Nervenendigungen freigesetzt wird, die Lipolyse im Fettgewebe stimuliert. Denervierung, Ganglienblockade oder pharmakologische Entleerung der Noradrenalinspeicher bringen die Sympathikuswirkung zum Verschwinden.

Die Bedeutung der hormonellen Regulation der Lipolyse des Fettgewebes wird bei der Untersuchung der tiefgreifenden Stoffwechseländerung beim Diabetes mellitus des Menschen wie beim experimentellen Diabetes des Tieres deutlich. Beim Insulinmangel kommt es zu einem raschen Abbau der Fettspeicher. Der Blutspiegel an nicht veresterten Fettsäuren steigt auf ein Mehrfaches an, mit ihm eng verbunden ist eine Beschleunigung der Ketonkörperbildung in der Leber. Die hiermit verbundene Acidose ist für einen großen Teil der resultierenden, letztendlich zum Tod führenden Stoffwechseländerungen verantwortlich (S.806). Sowohl beim Tier als auch beim Menschen gehen diese Veränderungen nach Insulingabe rasch auf die Norm zurück, womit diesem Hormon als Gegenspieler der Katecholamine ein ganz entscheidender Einfluß auf den Fettgewebsstoffwechsel zukommt.

Im braunen Fettgewebe werden Fettsäuren unter Thermogenese abgebaut

Eine besondere Form des Fettgewebes ist das sogenannte **braune Fettgewebe.** Der Grund für seine gelblich-bräunliche Farbe liegt darin, daß es ausnehmend viele Mitochondrien enthält, cytochromreich und außerdem besonders gut vascularisiert ist. Braunes Fettgewebe zeichnet sich dadurch aus, daß es die nach Stimulierung mit Adrenalin bzw. Noradrenalin ganz ähnlich wie im weißen Fettgewebe entstehenden Fettsäuren selbst oxidiert und die dabei freiwerdende Energie zur **Wärmeproduktion** (Thermogenese) heranzieht. Der zugrundeliegende Mechanismus besteht in einer regulierbaren Entkopplung der oxidativen Phosphorylierung durch ein als **Thermogenin** (Synonym: UCP = **engl.** uncoupling protein) bezeichnetes Protein, welches in der inneren Mitochondrienmem-

bran einen Protonenkanal bildet (S.508). Katecholamine (Adrenalin und Noradrenalin) stimulieren nicht nur die Lipolyse im braunen Fettgewebe sondern dienen auch als Induktoren für Thermogenin. Der Katecholamineffekt am braunen Fettgewebe wird über den β_3-Rezeptor, eine Isoform der β-Rezeptoren, vermittelt.

Das braune Fettgewebe enthält eine bemerkenswert hohe Aktivität an **Glycerokinase,** so daß es im Gegensatz zum weißen Fettgewebe das während der Lipolyse freigesetzte Glycerin phosphoryliert und entweder zur Reveresterung oder zur Oxidation benutzen kann.

Braunes Fettgewebe findet sich bei allen Säugern einschließlich des Menschen während der Neugeborenenphase. Es dient hier der Aufrechterhaltung der Körpertemperatur, da andere Mechanismen, die im adulten Leben für eine Konstanz der Körpertemperatur sorgen, noch nicht funktionsfähig sind. Nagetiere, besonders Ratten, können auch im adulten Zustand lange Kältephasen besonders gut überstehen. Sie sind imstande, unter Einwirkung von Katecholaminen weiße Fettzellen in braune Fettzellen umzuwandeln und somit ihr Fettgewebe zur Thermogenese zu benutzen. Ein ähnlicher Mechanismus konnte am Menschen bisher nicht gefunden werden.

Für **Winterschläfer** ist das braune Fettgewebe von ganz besonderer Bedeutung. Es liefert durch Thermogenese den Wärmebetrag, der für die während jeden Winterschlafs regelmäßig auftretenden Aufwachphasen benötigt wird.

16.2.2 Rolle der Leber im Fettstoffwechsel

Die Produktion der Ketonkörper hängt vom Fettsäureangebot an die Leber ab und ist eine lebenserhaltende Reaktion

In vivo findet sich eine Steigerung der Geschwindigkeit der **Ketonkörperproduktion** nur dann, wenn der Leber gesteigert Fettsäuren angeboten werden. Einer schweren Ketose geht immer ein exzessiver Anstieg der Plasmafettsäuren voraus. Da die Fettsäureaufnahme durch die Leberzelle in einem sehr weiten Konzentrationsbereich direkt proportional der Fettsäurekonzentration im Blut ist, muß die Leber bei ihrer Erhöhung über einen gewissen Grenzwert hinaus mehr Fettsäuren aufnehmen als zur Deckung ihres eigenen Energiebedarfs notwendig ist. Für die Weiterverwertung dieser Fettsäuren stehen ihr zwei Stoffwechselwege zur Verfügung:

- Die aufgenommenen Fettsäuren werden nach Aktivierung zu Acyl-CoA zur Biosynthese von Triacylglycerinen, Phosphoglyceriden oder Cholesterinestern benutzt.
- Die Fettsäuren werden über die β-Oxidation zu Acetyl-CoA abgebaut, das entweder über den Citrat-

cyclus weiter oxidiert oder über den HMG-CoA-Cyclus in Ketonkörper umgewandelt werden kann.

Das Ausmaß der Ketonkörperbildung entscheidet sich am Verhältnis dieser beiden Prozesse. Da die Kapazität der Leberzelle zur Speicherung von Triacylglycerinen und Cholesterinestern begrenzt und möglicherweise unter den Bedingungen einer gesteigerten Fettsäuremobilisierung durch einen Mangel an α-Glycerophosphat limitiert ist, bleibt nur der Ausweg über gesteigerte Ketonkörperbildung. Daß dieser Ausweg zwangsweise beschritten werden muß, ergibt sich aus den Besonderheiten der β-Oxidation. Während beim Abbau von Glucose bis zu Acetyl-CoA Reduktionsäquivalente für maximal 12 mol ATP entstehen, fallen bei der Oxidation von 1 mol Stearinsäure zu 9 mol Acetyl-CoA bereits Reduktionsäquivalente für 40 mol ATP an, die wegen der engen Nachbarschaft der β-Oxidation zur Atmungskette auch rasch in die biologische Oxidation eingeschleust werden können. Bei gesteigerter Fettsäureoxidation nimmt die Reduktion von NAD+ und FAD durch die β-Oxidation derartige Ausmaße an, daß der Hepatocyt durch Reduktionsäquivalente quasi überschwemmt wird. Unter diesen Bedingungen stehen nicht mehr genügend oxidierte Wasserstoff-übertragende Coenzyme in Form von NAD+ und FAD für den Citratcyclus zur Verfügung. Es kommt vielmehr infolge des stark angestiegenen Verhältnisses von NADH/H+/NAD+ zu einem Abfall des Oxalacetatspiegels in den Mitochondrien, so daß die Citratsynthasereaktion und mit ihr die Einschleusung von Acetyl-CoA in den Citratcyclus stark verlangsamt wird.

Jede gesteigerte Ketonkörperbildung ist demnach eine unausweichliche Reaktion der Leberzelle auf ein gesteigertes Fettsäureangebot. Für das Verständnis der Regulation der Ketonkörperbildung rücken damit diejenigen biochemischen bzw. pathobiochemischen Ereignisse in den Vordergrund, die zu einer gesteigerten Fettsäurefreisetzung aus extrahepatischen Geweben, besonders dem Fettgewebe, führen.

Wie alle anderen Gewebe des Organismus verfügt auch die Leber über Vorräte an Triacylglycerinen und die enzymatische Kapazität, diese auch hydrolytisch zu Fettsäuren und Glycerin zu spalten. Ähnlich wie im Fettgewebe ist auch in der Leber eine hormonsensitive Lipase für diesen Abbau verantwortlich. Da experimentell an der isoliert perfundierten Rattenleber gezeigt werden konnte, daß unter Gabe von Glucagon die Geschwindigkeit der Lipolyse lebereigener Triacylglycerine zunimmt und gleichzeitig die Ketonkörperbildung beschleunigt ist, kann man annehmen, daß auch die lebereigene Triacylglycerinlipase durch cAMP stimuliert werden kann. Insulin hemmt an der isoliert perfundierten Leber die durch Glucagon ausgelöste Steigerung der Ketonkörperbildung aus endogenen Quellen. Es ist jedoch wirkungslos, wenn exogen zugesetzte Fettsäuren als Substrat der Ketonkörperbildung dienen.

Beim nüchternen Erwachsenen (12–16 h nach der letzten Mahlzeit) beträgt der Spiegel an Ketonkörpern 0,08–0,2 mmol/l mit einem Quotienten β-Hydroxybutyrat/Acetacetat von etwa 3. Unter diesen Bedingungen ist die Geschwindigkeit der *Ketonkörperoxidation* in extrahepatischen Geweben proportional ihrer Konzentration im Blut. Sie werden selbst in Gegenwart von Glucose oder Fettsäuren bevorzugt verstoffwechselt. Steigt die Konzentration von Ketonkörpern im Blut, so nimmt auch ihre Oxidation in den Geweben zu. Diese Proportionalität gilt allerdings nur bis zu einem Ketonkörperspiegel von etwa 7 mmol/l Blut. Jede darüber hinausgehende Steigerung der Ketogenese vermehrt die Ausscheidungsrate von Ketonkörpern im Urin. Die oxidative Verwertung von Ketonkörpern ist bei derartig hohen Ketonkörperspiegeln maximal ausgelastet. Bis zu 90 % des Sauerstoffverbrauchs werden dann für die Oxidation von Ketonkörpern benötigt.

Im Gegensatz zu Acetacetat und β-Hydroxybutyrat, die in extrahepatischen Geweben verstoffwechselt werden können, stellt Aceton ein Endprodukt des Ketonkörperstoffwechsels dar. Der größte Teil dieser Substanz wird über die Lunge abgeatmet.

Die Fähigkeit zur Ketonkörperproduktion ist für den Organismus nützlich und u. U. lebensrettend. Bei absoluter Nahrungskarenz müssen die im Fettgewebe gespeicherten Triacylglycerine zur Deckung des Energiebedarfs herangezogen werden. Es fallen also große Mengen an Fettsäuren an, die vom Fettgewebe an den Ort ihrer Oxidation transportiert werden müssen, jedoch als Lipide auf Transportproteine angewiesen sind (S. 470). Der unvollständige, zu Ketonkörpern führende Abbau in der Leber ermöglicht dem Organismus, einen beträchtlichen Teil der Fettsäuren in eine leicht wasserlösliche und damit unbeschränkt transportierbare Form überzuführen. Ketonkörper sind leicht oxidierbare Substrate und vermögen in den extrahepatischen Geweben die Glucose zu ersetzen. Dies trifft wenigstens teilweise auch auf das *Zentralnervensystem* zu, das bei länger dauerndem Hungern die Fähigkeit zur Ketonkörperoxidation erhält. Nur dank Ketonkörperproduktion und -oxidation kann der menschliche Organismus Fastenperioden von Tagen bis Wochen überstehen. Sind allerdings die Fettvorräte aufgebraucht und kommt es dann zum Absinken der Ketonkörperproduktion, so bleibt das körpereigene Protein die einzige und sehr bald erschöpfte Energiequelle.

Bei der akuten diabetischen Stoffwechselentgleisung, dem *Coma diabeticum,* kommt es infolge des absoluten Insulinmangels zu einem derartigen Überwiegen der lipolytischen Hormone (S. 800 ff.), daß die Fettsäuremobilisierung und damit die Ketonkörperproduktion ein Ausmaß annimmt, das weit über der Maximalkapazität zur Ketonkörperoxidation liegt. Da die Fähigkeit der Nieren zur Ketonkörperausscheidung limitiert ist, steigt jetzt die Konzentration dieser Säuren im Blut so weit an, daß die Puffersysteme des Blutes überfordert sind und eine schwere metabolische Acidose entsteht. Tatsächlich finden sich im Coma diabeticum Blut-pH-Werte unter 7, die eine schwere, lebensbedrohliche Stoffwechselstörung zur Folge haben.

In der Leber werden Lipoproteine synthetisiert und abgebaut

Die Leber spielt eine zentrale Rolle im Lipidstoffwechsel:

- Sie besitzt aktive Stoffwechselwege für die Biosynthese und den Abbau von Fettsäuren, für die Synthese von Triacylglycerinen, von Cholesterin und Phosphogliceriden.
- Ein großer Teil der Plasmalipoproteine wird in der Leber synthetisiert. Zusätzlich besitzt sie als einziges Organ die Fähigkeit, Fettsäuren in Ketonkörper umzuwandeln.
- Darüber hinaus ist sie der Ort der Gallenproduktion, wodurch Cholesterin und in der Leber aus Cholesterin synthetisierte Gallensäuren in den Darm gelangen und dort die Resorption von Lipiden erst möglich machen.

Entfernt man Versuchstieren experimentell die Leber, so zeigen sich schon nach kurzer Zeit schwere Veränderungen im Spiegel der *Plasmalipoproteine*. Diese betreffen vor allem die Lipoproteine sehr niedriger Dichte (VLDL, S. 472). Die unmittelbaren Vorstufen der in den VLDL enthaltenen Triacylglycerine sind die Triacylglycerine der Leber. Ihre Synthese wird aus zwei Fettsäurequellen gespeist:

- Aus den Lipiden des Blutes, die von der Leber aufgenommen werden
- Durch Neusynthese aus Acetyl-CoA, das zum größten Teil aus dem Abbau der Kohlenhydrate stammt.

Die *Fettsäureaufnahme* der Leber aus den Blutlipiden findet in metabolisch sehr unterschiedlichen Situationen statt (Abb. 16.27):

Bei *fettreicher Ernährung* werden die im Darm produzierten Chylomikronen partiell zu sog. Remnants (S. 473) abgebaut, daneben fallen andere Lipoproteine wie VLDL und HDL an. Durch die extracellulär lokalisierte *hepatische Triacylglycerinlipase* werden die Triacylglycerine dieser Lipoproteine abgebaut und die dabei entstehenden Fettsäuren von der Leber aufgenommen.

Bei allen Zuständen mit *kataboler Stoffwechsellage* wie Diabetes mellitus, Hunger, chronischen Infekten, Intoxikationen und schwerem Streß kommt es wegen einer Stimulierung der Lipolyse im Fettgewebe zu einem Anstieg der Plasmafettsäuren und damit zu ihrer gesteigerten Aufnahme durch die Leber.

Im Hepatocyten werden die Fettsäuren zu Acyl-CoA aktiviert. Dieses ist außerdem das Endprodukt der hepatischen Fettsäurebiosynthese. Das Stoffwechsel-

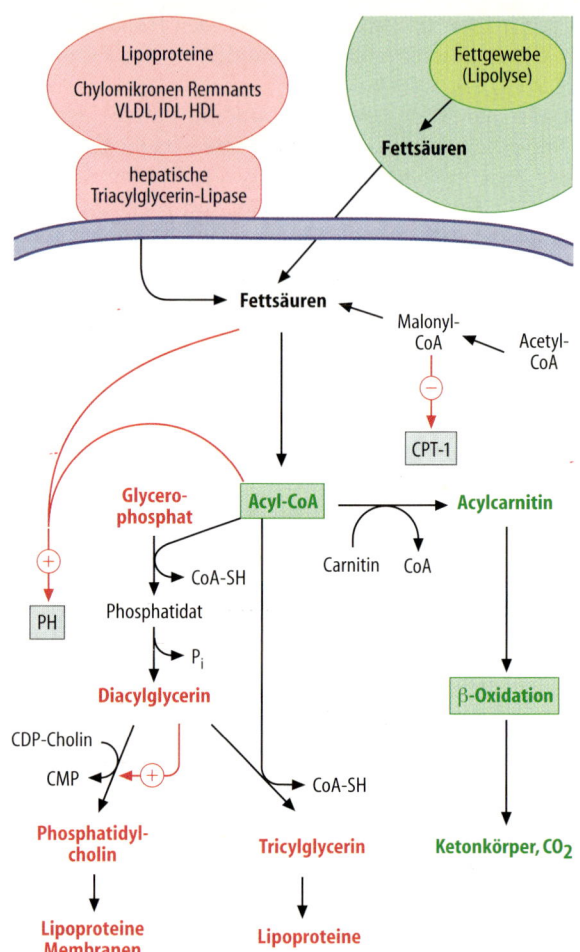

Abb. 16.27 Die Aufnahme von Fettsäuren aus Blutlipiden durch die Leber. Bei allen Zuständen mit gesteigerter Lipolyse im Fettgewebe werden Fettsäuren vermehrt durch die Leber aufgenommen. Außerdem können durch Katalyse der hepatischen Triacylglycerin-Lipase Triacylglycerine in verschiedenen Lipoproteinen gespalten und deren Fettsäuren ebenfalls vom Hepatocyten aufgenommen werden. Diese Fettsäuren können entweder abgebaut oder aber zu Triacylglycerinen und Phospholipiden verestert werden. *CPT-1* Carnitin-Palmitoyl-Transferase 1; *PH* Phosphatidat-Phosphohydrolase. (Einzelheiten s. Text)

schicksal des Acyl-CoA hängt von der jeweiligen metabolischen Situation ab. Zunächst wird es zur Deckung des Energiebedarfs der Leber und zur Ketonkörperproduktion genutzt. Da diese Vorgänge in den Mitochondrien stattfinden, ist hierfür die Umesterung zu Acylcarnitin mit Hilfe der *Carnitin-Palmitoyltransferase 1* (S. 430) notwendig. Sie wird durch Malonyl-CoA gehemmt. Dies gewährleistet, daß die β-Oxidation der Fettsäuren der bevorzugte Stoffwechselweg ist und nur bei mit gesteigerter Fettsäurebiosynthese einhergehenden Zuständen abgeschaltet wird. Dann ist Acyl-CoA die Hauptquelle für die *Triacylglycerinbiosynthese*. Allerdings wird dieser Weg auch dann bei den o. g. katabolen Zuständen beschritten, wenn die Fettsäureaufnahme durch die Leber deren Kapazität zur β-Oxidation überschreitet. In diesem Fall würden sich toxische Fettsäure- bzw. Acyl-CoA-Konzentrationen bilden, die nur über den Umweg der Triacylglycerinsynthese beseitigt werden können. Der mit diesem Zustand einhergehende Anstieg des Acyl-CoA-Gehalts der Leberzelle sorgt für eine Hemmung der Acetyl-CoA-Carboxylase und damit für eine Reduktion der Fettsäurebiosynthese aus Acetyl-CoA.

Das regulierte Enzym bei der Triacylglycerin-biosynthese ist die *Phosphatidat-Phosphohydrolase.* Sie liegt in inaktiver Form im Cytosol vor und wird unter der Einwirkung von Fettsäuren oder Acyl-CoA unter Aktivierung an die Membranen des endoplasmatischen Reticulums verlagert. cAMP-abhängige Phosphorylierung der Phosphatidat-Hydrolase erschwert deren Assoziation mit Membranen und inaktiviert das Enzym. Hohe Diacylglycerinkonzentrationen aktivieren schließlich die für die Phospholipidbiosynthese benötigte *Cytidyltransferase* (S. 457).

Übersteigt die Triacylglycerinbiosynthese die Kapazität der Leber zur VLDL-Bildung kommt es zur *Fettleber* (S. 455, 1036).

Bei Kohlenhydratzufuhr und niedriger Fettsäurekonzentration im Blut werden unter dem Einfluß von Insulin bevorzugt Fettsäuren und Triacylglycerine de novo synthetisiert. Dieser Stoffwechselweg spielt bei vielen Tierspecies eine große Rolle. Im Extremfall kann es nach einer Kohlenhydratmast zu einer Fettleber kommen. Im allgemeinen werden jedoch die neu synthetisierten Triacylglycerine entsprechend der Geschwindigkeit ihrer Synthese von der Leber abgegeben.

Die Sekretion der in der Leber synthetisierten Triacylglycerine und damit ihre Abgabe an das Blut hängt eng mit der Biosynthese der entsprechenden *Lipoproteine* zusammen. Ihr Apoproteinanteil wird im rauhen endoplasmatischen Reticulum, der Lipidanteil im glatten endoplasmatischen Reticulum synthetisiert. Im Golgi-Apparat (S. 192) verbinden sich Lipide (vor allem Triacylglycerine aber auch Phosphoglyceride und Cholesterin) mit den Glykoproteinen der Apolipoproteinen zu fertigen Lipoproteinen, bevorzugt zu *VLDL,* erst danach kann die Sekretion erfolgen (Abbau und Umsatz von Lipoproteinen S. 472).

Kohlenhydrat- und Fettstoffwechsel sind im intakten Organismus eng miteinander verknüpft

Eine ausgeglichene Ernährung sollte etwa 50–55% Kohlenhydrate und 30–35% Lipide enthalten. Diese Werte stellen jedoch keineswegs fixierte Bereiche dar; bei der heute üblichen Ernährungsweise ist der Lipidgehalt der Nahrung mit über 40% der Kalorien gegenüber früheren Zeiten deutlich erhöht. Das Ausmaß, in dem entweder aus Kohlenhydraten stammende Glucose oder aus Lipiden stammende Fettsäuren von den verschiedenen Geweben des Organismus zur Deckung

des Energiebedarfs herangezogen werden, unterliegt weiten Schwankungen.

Beim Menschen hat eine große Zahl von Untersuchungen ergeben, daß mit der Nahrung aufgenommene *Kohlenhydrate* bevorzugt zur Auffüllung der Glykogenvorräte sowie zur Deckung des Energiestoffwechsels verwendet werden. Eine Oxidation von Lipiden findet nur dann statt, wenn eine Deckung des Energiebedarfs durch Kohlenhydratoxidation und gegebenenfalls Oxidation von Proteinen nicht möglich ist. Dies bedeutet de facto, daß bei Kalorienüberschuß die Lipide der Nahrung bevorzugt im Fettgewebe gespeichert werden.

Je größer der Anteil von Kohlenhydraten in der Nahrung ist, um so mehr ergibt sich die Notwendigkeit, Nahrungskohlenhydrate in Fettsäuren und zu einem bestimmten Anteil in Triacylglycerine umzuwandeln. Dieser Vorgang der *Liponeogenese* aus Kohlenhydraten spielt bei der Kohlenhydratmast von Tieren eine große Rolle. Beim Menschen dürfte er nur unter sehr kohlenhydratreicher Nahrung von einiger Bedeutung sein, nicht jedoch bei den bei uns derzeit herrschenden Ernährungsgewohnheiten.

Während Glucose durchaus zu Fettsäuren und Triacylglycerinen umgebaut werden kann, kann aus dem Abbau von Fettsäuren kein Kohlenstoff für die Nettosynthese von Glucose gewonnen werden, da Fettsäuren bis zur Stufe des Acetyl-CoA abgebaut werden müssen und die dehydrierende Decarboxylierung von Pyruvat als irreversibler Schritt nicht in der Rückrichtung beschritten werden kann.

Bestimmte Zellen wie die des Nierenmarks und Erythrocyten sind auf die Zufuhr von Glucose als Nährstoff angewiesen. Dasselbe gilt, allerdings mit Ausnahme länger dauernden Hungerns, auch für das Zentralnervensystem (s. u.). Glucose ist außerdem als Quelle für α-Glycerophosphat in den Geweben wichtig, die nur geringe Glycerokinaseaktivität aufweisen. Auch für die Ernährung des Feten und für die Milchproduktion ist Glucose ein obligates Substrat.

Der wichtigste physiologische Zustand mit fehlender Kohlenhydratzufuhr ist die Nahrungskarenz. Um die Glucoseversorgung der oben genannten Gewebe zu sichern, treten die in Abb. 16.28 dargestellten Stoffwechselbeziehungen zwischen den verschiedenen Geweben in Kraft. Mit dem Beginn des Hungerns werden zunächst die *Glykogenspeicher* der Leber entleert, was einem Absinken der Blutglucose entgegenwirkt (S. 406). Da der Anstieg der Blutglucosekonzentration als physiologischer Reiz für die Insulinsekretion fehlt, kommt es zu einem Überwiegen von Katecholaminen und Glucagon. Mit dem Absinken des Glucoseangebots und der gleichzeitigen Verringerung des bremsenden Einflusses von Insulin werden durch *Lipolyse* im Fettgewebe Glycerin und Fettsäuren ins Blut abgegeben. Fettsäuren werden in der Muskulatur und in der Leber oxidiert. In der letzteren werden sie hierbei in beträchtlichem Umfang in *Ketonkörper* umgewandelt, die abge-

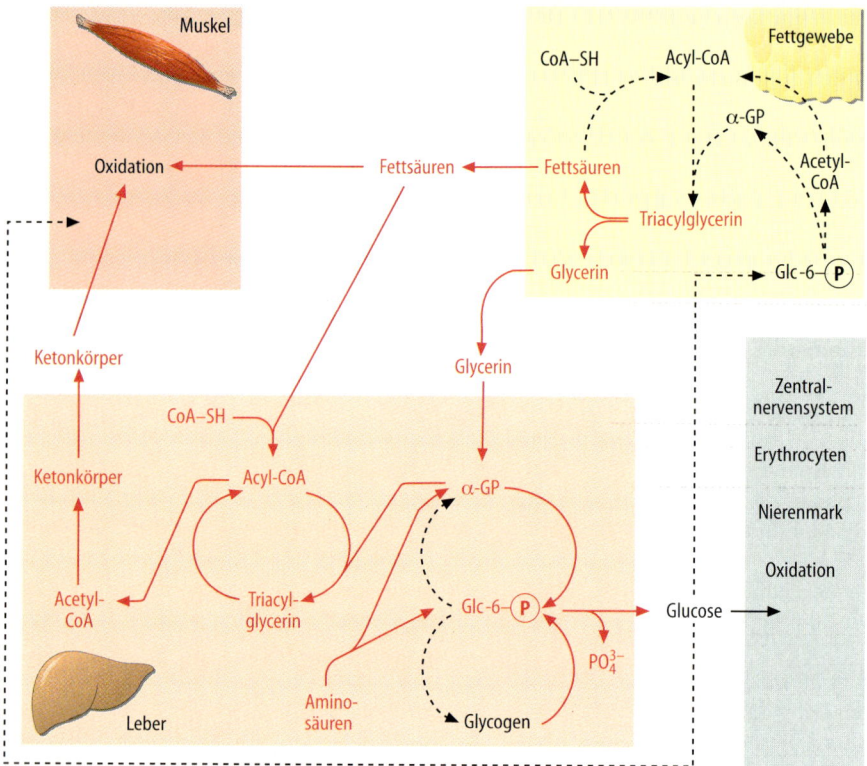

Abb. 16.28 Die Bedeutung gesteigerter Lipolyse im Fettgewebe für die Substratversorgung verschiedener Gewebe. Stoffwechselwege die beschleunigt ablaufen sind *rot,* solche die verlangsamt ablaufen gestrichelt hervorgehoben. (Einzelheiten s. Text)

geben und vor allen Dingen in der Muskelzelle oxidiert werden. Glycerin wird im wesentlichen von der Leberzelle aufgenommen und dort zu α-Glycerophosphat phosphoryliert. Dieses dient dann als Substrat für die Gluconeogenese. Die Möglichkeit, es im Zustand des Hungerns als Substrat für die Acyl-CoA-Veresterung und damit Triacylglycerinbildung in der Leber zu verwenden, spielt demgegenüber eine geringere Rolle.

Da die Glykogenvorräte des Organismus rasch aufgebraucht sind und die Glucosebildung aus Glycerin auch bei maximal laufender Lipolyse höchstens 15–20 % der benötigten Glucosemenge liefert (beim Menschen 16–20 g von etwa 200 g/Tag), muß der Organismus rasch auf die *Gluconeogenese* aus Aminosäuren umschalten. Dies bedingt eine gesteigerte *Proteolyse.* Auf diese Weise fällt während der ersten Fastentage der Blutglucosespiegel nur unwesentlich ab. Hält der Nahrungsentzug länger an, so verlangsamt sich die Gluconeogenesegeschwindigkeit, da die Proteolyserate verringert wird. Zur gleichen Zeit verliert das Zentralnervensystem seine obligate Glucoseabhängigkeit. Das Gehirn erwirbt die Fähigkeit, auch Ketonkörper anstelle der Glucose als Substrat zu verwerten. Unter diesen Bedingungen kann der Blutglucosespiegel auf Werte um 2 mmol/l absinken.

Sind reichlich Fettdepots vorhanden, kann das absolute Fasten unter ausreichender Vitamin-, Salz- und Flüssigkeitszufuhr theoretisch auf mehrere Mona-

te ausgedehnt werden. Dies haben jedenfalls die Erfahrungen mit übergewichtigen Personen gezeigt, die zur Gewichtsreduktion der heute nicht mehr verwendeten sogenannten Nulldiät ausgesetzt wurden. Außer den oben genannten hormonellen Faktoren wird intrazellulär durch verschiedene Metaboliten während des Fastens das Ausmaß des Glucoseabbaus durch die Glykolyse gebremst. Dies trifft vor allen Dingen für Skelettmuskel, Herzmuskel und Leber zu. Die bei der Fettsäureoxidation anfallenden Stoffwechselzwischenprodukte Acetyl-CoA und Citrat hemmen die *Pyruvatdehydrogenase* bzw. die *Phosphofructokinase* (S. 416, 488) wodurch es zu einer Hemmung von Glucoseaufnahme und -umsatz kommt.

16.2.3 Pathobiochemie

In der gesunden Leber ist immer eine gewisse Menge Triacylglycerine gespeichert. Eine erhöhte Fettspeicherung führt jedoch zur sogenannten *Fettleber,* die immer ein Krankheitszeichen ist. Besteht die Fettleber über längere Zeit, so kann es unter Einschränkung der Leberfunktion zu fibrotischen Veränderungen mit Übergang in die *Lebercirrhose* kommen.

Aufgrund ihrer Entstehung kann man drei unterschiedliche Typen von Fettlebern unterscheiden

Bei Vorliegen erhöhter Plasmaspiegel an nichtveresterten Fettsäuren, als Folge einer gesteigerten Lipolyse im Fettgewebe oder einer Spaltung von Triacylglycerinen der VLDL oder Chylomikronen, werden Fettsäuren mit erhöhter Geschwindigkeit aufgenommen und reverestert (s. o.). Hält die Bildung von Plasmalipoproteinen durch die Leber mit dem gesteigerten Einstrom der nichtveresterten Fettsäuren nicht Schritt, so kommt es zur Ablagerung von Triacylglycerinen. Im Hunger, bei erhöhtem Fettgehalt der Nahrung oder bei unbehandeltem bzw. schlecht eingestelltem Diabetes mellitus, bei vielen Intoxikationen und bei chronischen Infekten ist der Triacylglceringehalt der Leber signifikant erhöht. Häufig findet sich gleichzeitig außerdem eine Einschränkung der Sekretion von VLDL.

Die zweite Möglichkeit für das Entstehen einer Fettleber liegt in einer Störung der Plasmalipoprotein-Bildung. Diese Störung kann durch einen Block in der Biosynthese von Apolipoproteinen, durch eine Hemmung der Assoziation von Lipiden und Apolipoproteinen zum fertigen Lipoprotein oder durch eine Biosynthese-Hemmung von Phosphoglyceriden als integrierenden Bestandteil der Lipoproteine verursacht werden. Schließlich kann auch noch eine Hemmung des Sekretionsmechanismus für Lipoproteine vorliegen. Eine Vielzahl von Faktoren kann für eine Fettleber dieser Art verantwortlich sein. Zu ihnen gehören Zustände mit gehemmter Proteinbiosynthese, Vergiftungen (Tetrachlorkohlenstoff, Chloroform, Phosphor, Blei und Arsen), Cholinmangel, Vitamin E-Mangel, Vitamin B6-Mangel, Pantothensäure-Mangel sowie Mangel an essentiellen Fettsäuren.

Die häufigste Ursache einer Fettleber, einer Hyperlipoproteinämie, und letztlich auch einer Lebercirrhose ist *Alkoholabusus* (S. 1036). Der genaue Wirkort der Droge ist allerdings nicht bekannt. Bei verschiedenen Untersuchungen wurde nach Alkoholgaben bei Ratten ein Anstieg der nichtveresterten Fettsäuren im Blutplasma gefunden. Andere Befunde weisen darauf hin, daß die Fettsäurebiosynthese in der Leber gesteigert und gleichzeitig die Fettsäureoxidation und die Aktivität des Citratcyclus gehemmt ist. Da Ethanol in der Leberzelle im wesentlichen durch die Alkoholdehydrogenase nach der Gleichung

$$\text{Ethanol} + \text{NAD}^+ \rightleftharpoons \text{Acetaldehyd} + \text{NADH} + \text{H}^+$$

oxidiert wird, finden sich bei gesteigerter Ethanoloxidation Proteinmodifikationen mit dem sehr reaktiven Acetaldehyd ein Anstieg des Quotienten $\text{NADH/H}^+/\text{NAD}^+$. Diese Erhöhung des Redoxpotentials der Pyridinnucleotide verschiebt das Gleichgewicht der α-Glycerophosphatdehydrogenase der Glykolyse von Dihydroxyacetonphosphat zu α-Glycerophosphat

und erhöht so die Reveresterungskapazität für Fettsäuren in der Leber. Gleichzeitig wird das Gleichgewicht der Malatdehydrogenasereaktion noch weiter von Oxalacetat auf die Seite von Malat verschoben, wodurch es ähnlich wie bei der diabetischen Ketoacidose aus Mangel an Oxalacetat zu einem verlangsamten Citratcyclus kommt. Die Stimulierung der Fettsäure- und Cholesterinbiosynthese läßt sich durch Anhäufung des Metaboliten Acetat beim Alkoholabbau gut erklären. Die hepatische Proteinbiosynthese dagegen wird durch Alkoholzufuhr nicht beeinflußt.

Über die Fettsucht als häufigste Störung des Triacyglycerinstoffwechsels s. S. 714.

16.3 Stoffwechsel der Phosphoglyceride und Sphingolipide

16.3.1 Biosynthese der Phosphoglyceride

Für die Biosynthese von Phosphoglyceriden werden CDP-aktivierte Zwischenprodukte benötigt

In den ersten Reaktionen gleichen sich die Biosynthesewege von Phosphoglyceriden und Triacylglycerinen. Zunächst muß durch Veresterung von zwei Hydroxylgruppen des α-Glycerophosphats mit zwei Molekülen Acyl-CoA eine Phosphatidsäure hergestellt werden. Aus ihr entsteht durch Abspaltung von anorganischem Phosphat ein 1,2-Diacylglycerin.

Dieses verfügt über eine freie OH-Gruppe, die nun mit den für die Gruppe der Phosphoglyceride typischen hydrophilen Gruppen versehen werden muß. Im einzelnen handelt es sich dabei um

- Cholin,
- Ethanolamin,
- Serin oder
- den cyclischen Alkohol Inositol,

welche jeweils über eine Phosphorsäurediesterbindung mit dem Diacylglycerin verknüpft sind.

Die hierzu verwendeten Biosynthesewege unterscheiden sich beträchtlich (Abb. 16.29). Im Fall der Biosynthese von Phosphatidylcholin bzw. -ethanolamin werden die stickstoffhaltigen Verbindungen Cholin bzw. Ethanolamin zunächst aktiviert. Zu diesem Zweck werden sie in einer ATP-abhängigen Reaktion phosphoryliert, so daß Phosphorylcholin bzw. -ethanolamin entstehen. Ähnlich der Aktivierung bei der Biosynthese von Zuckern (S. 396) wird jetzt im nächsten Schritt ein Nucleotidderivat von Cholin bzw. Ethanolamin hergestellt. Phosphorylcholin bzw. Phosphorylethanolamin reagieren hierbei unter Pyrophosphatabspaltung mit Cytidintriphosphat (CTP), so daß Cytidindiphosphatcholin bzw. Cytidindiphosphatethanol-

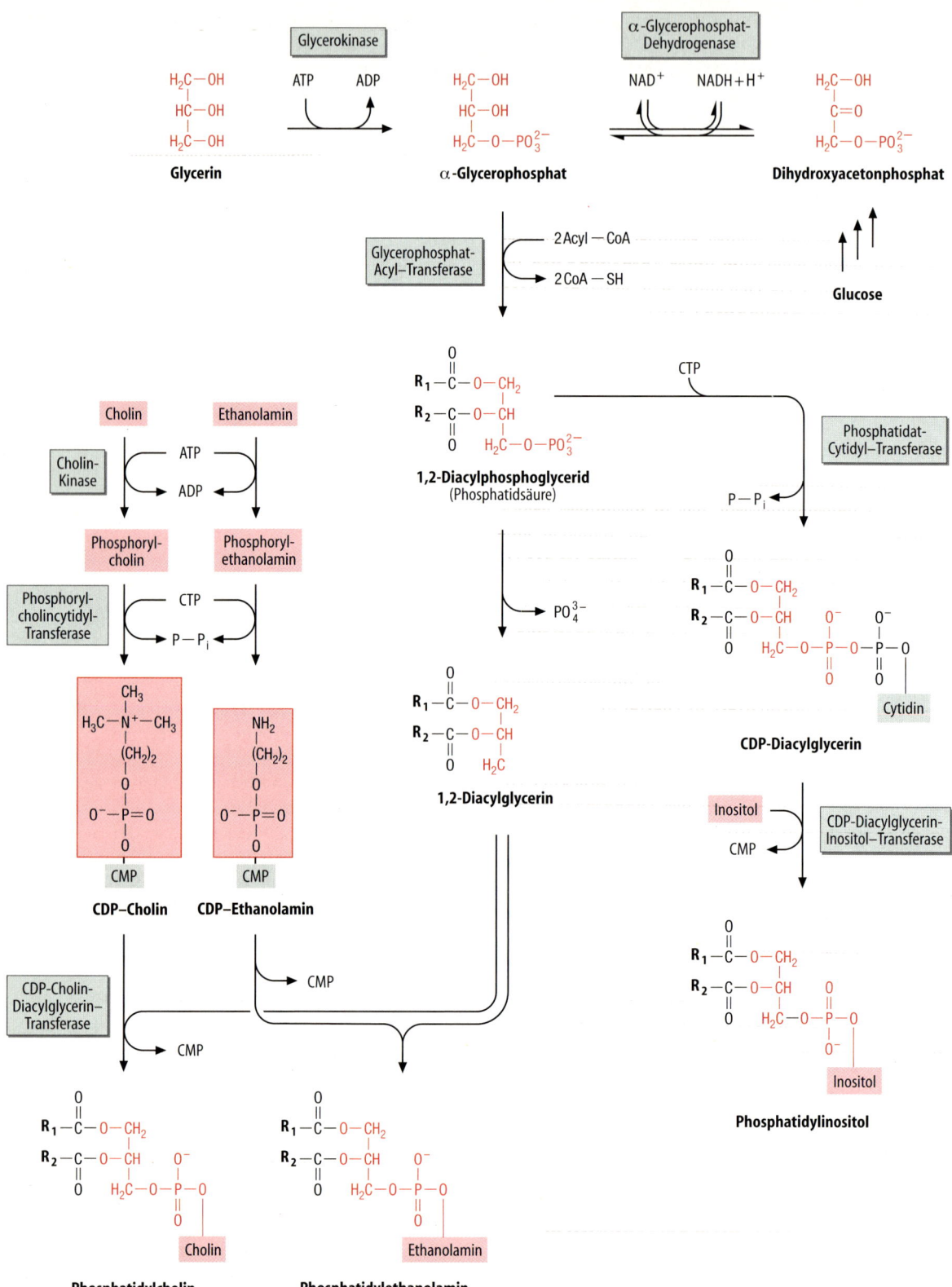

Abb. 16.29 Biosynthese der Phosphoglyceride. (Einzelheiten s. Text)

amin (CDP-Cholin, CDP-Ethanolamin) entstehen. Das dabei beteiligte Enzym ist die **CTP:Phosphocholin** (bzw. Phosphoethanolamin)-**Cytidyltransferase.** Im letzten Schritt der Biosynthese reagieren diese „aktivierten" Verbindungen mit dem 1,2-Diacylglycerin, so daß unter CMP-Abspaltung Phosphatidylcholin bzw. Phosphatidylethanolamin gebildet werden.

Bei der Biosynthese von Phosphatidylinositol wird nicht der Alkohol, sondern das Diacylglycerin aktiviert. Die Phosphatidsäure reagiert mit Cytidintriphosphat, wobei wiederum unter Abspaltung von Pyrophosphat ein CDP-Diacylglycerin entsteht. Dieses reagiert unter Abspaltung von CMP mit Inositol, so daß Phosphatidylinositol gebildet wird.

Damit enthält das CTP bei der Biosynthese der Phosphoglyceride eine ähnlich entscheidende Rolle wie das UTP bei der Biosynthese von Polysacchariden (S. 399). Entsprechende Nucleotidderivate müssen als aktivierte Zwischenprodukte vorliegen, damit die Biosynthese erfolgen kann.

Ein Phosphoglycerid, das in besonders großer Menge in Mitochondrienmembranen, daneben aber auch in der Wand von Bakterien vorkommt, ist das Diphosphatidylglycerin oder **Cardiolipin** (S. 140). Es entsteht durch Reaktion von CDP-Diacylglycerin mit α-Glycerophosphat unter Bildung von Phosphatidylglycerophosphat und Abspaltung von CMP. In Phosphatidylglycerophosphat liegt nun eine Phosphatidsäure vor, bei der der Phosphatrest als Diester mit einem Molekül Glycerophosphat verbunden ist. Durch hydrolytische Abspaltung des Phosphats entstehen Phosphatidylglycerin, welches mit einem weiteren Molekül CDP-Diacylglycerin unter Bildung des Diphosphatidylglycerins reagiert (Abb. 16.30).

Phosphoglyceride können ineinander überführt werden

Phosphoglyceride stellen integrale Bauteile aller biologischen Membranen dar. Dabei ist das Verhältnis der verschiedenen Phosphoglyceride untereinander von großer Bedeutung für den Funktionszustand der jeweiligen Membranen. Um jederzeit ausreichende Mengen von Phosphoglyceriden zur Verfügung zu haben, besteht außer der oben geschilderten Möglichkeit der de novo-Synthese aus den einzelnen Bauteilen die Möglichkeit der Umwandlung einzelner Phosphoglyceride ineinander, was in Abb. 16.31 dargestellt ist. Hier nimmt das Phosphatidylethanolamin eine zentrale Position ein. Es kann durch Methylierung am Stickstoff in Phosphatidylcholin umgewandelt werden. Der Methyldonator ist das S-Adenosylmethionin (S. 548), das bei der Phosphatidylcholin-Biosynthese aus Phosphatidylethanolamin die drei Methylgruppen liefert und dabei jeweils in Adenosylhomocystein umgewandelt wird. Durch Austausch von Ethanolamin gegen Serin kann aus Phosphatidylethanolamin unter Ethanolaminabspaltung Phosphatidylserin entstehen. In einer, aller-

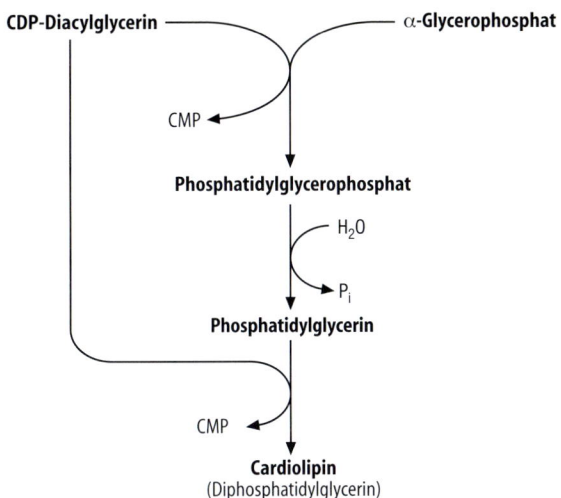

Abb. 16.30 Biosynthese von Cardiolipin

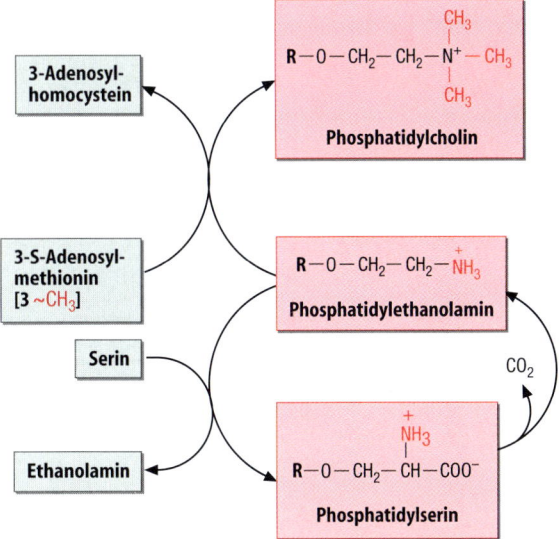

Abb. 16.31 Umwandlungen der N-haltigen Phosphoglyceride

dings irreversiblen Reaktion kann schließlich Phosphatidylserin decarboxyliert werden, wobei Phosphatidylethanolamin entsteht.

In manchen Organen wie Nervengewebe oder Leber haben Phosphoglyceride einen besonders hohen Umsatz. Dieser wird dann nicht nur durch de novo-Synthese aus den einzelnen Bauteilen oder durch Überführung einzelner Phosphoglyceride ineinander gedeckt, sondern zum Teil auch durch Resynthese aus nur teilweise abgebauten Phosphoglyceriden betrieben. Diesem Zweck dient der in Abb. 16.32 dargestellte Acylierungscyclus. Unter Einwirkung einer **Phospholipase** (s. u.) entsteht aus Phosphatidylcholin das entsprechende Lysophosphoglycerid, in diesem Fall das Lysophosphatidylcholin. Dieses kann durch direkte Acylierung mit Acyl-CoA wieder zu Phosphatidylcholin umgewandelt werden. Auf diese Weise ist ein rascher Austausch von Acylresten in Phosphoglyceriden möglich. Ein weiteres, den Acylaustausch katalysierendes Enzym ist die im Blut vorkommende *Lecithin-Cholesterin-Acyltransferase (LCAT),* die folgende Reaktion katalysiert:

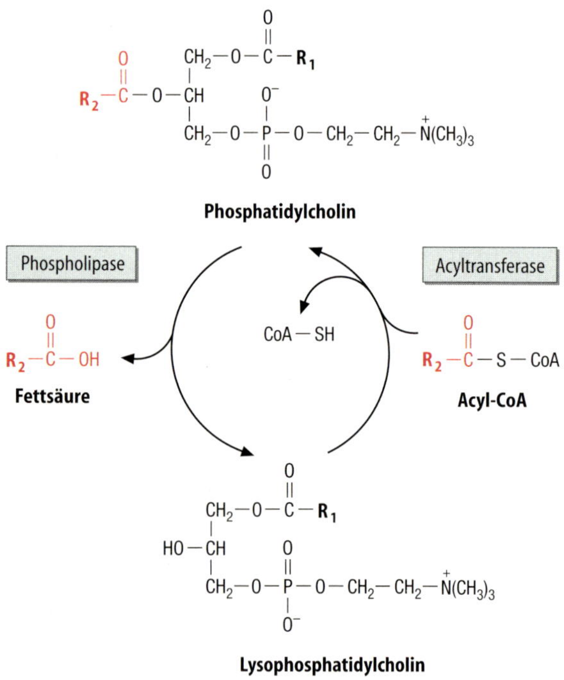

Cholesterinester + Lysophosphatidylcholin $\rightleftharpoons$
Cholesterin + Phosphatidylcholin

(Über die physiologische Bedeutung der LCAT s. S. 476).

Etherlipide sind Phosphoglyceride mit besonderen chemischen Eigenschaften

Für die Biosynthese der *Etherlipide* wird ein grundsätzlich anderer Weg benutzt (Abb. 16.33). Dihydroxyacetonphosphat wird zunächst in Position 1 mit Acyl-CoA acyliert. In einer in ihren molekularen Einzelheiten noch nicht völlig geklärten Reaktion wird die Esterbindung mit einem langkettigen Alkohol (meist C16 oder C18) unter Einführung einer Etherbindung gespalten. Nach Oxidation der Ketogruppe erfolgt die Acylierung sowie die Anheftung einer Cholin- bzw. Ethanolamin-Gruppe. Derartige *Alkylphosphoglyceride* können durch Einführung einer der Etherbindung vicinalen Doppelbindung in Alkenylphosphoglyceride oder *Plasmalogene* umgewandelt werden.

Über die physiologische Bedeutung von Etherlipiden, die beispielsweise im Zentralnervensystem, dem Herzmuskel oder der Skelettmuskulatur 20–30 % der Phospholipide stellen, ist wenig bekannt. Der in Abb. 16.34 dargestellte *Platelet Activating Factor* (PAF) ist ein derartiges Etherlipid und löst bereits in einer Konzentration von 10^{-11} mol/l (!) die Aggregation von Thrombocyten aus. Neben dieser Wirkung ist er als Mediator an Entzündungsreaktionen sowie an der Regulation des Blutdrucks beteiligt.

Abb. 16.32 Acylierungscyclus des Phosphatidylcholins. Durch eine Phospholipase wird Phosphatidylcholin in Lysophosphatidylcholin umgewandelt, welches wiederum mit Acyl-CoA acyliert werden kann

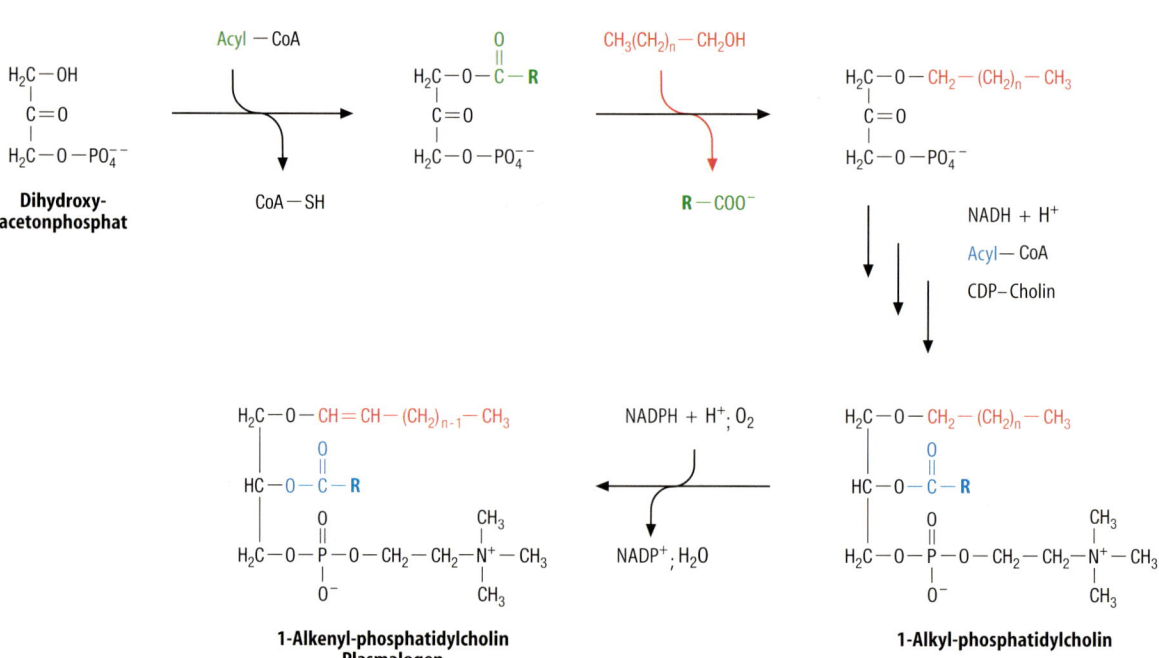

Abb. 16.33 Biosynthese von 1-Alkyl-Phosphatidylcholin und des zugehörigen Plasmalogens. (Einzelheiten s. Text)

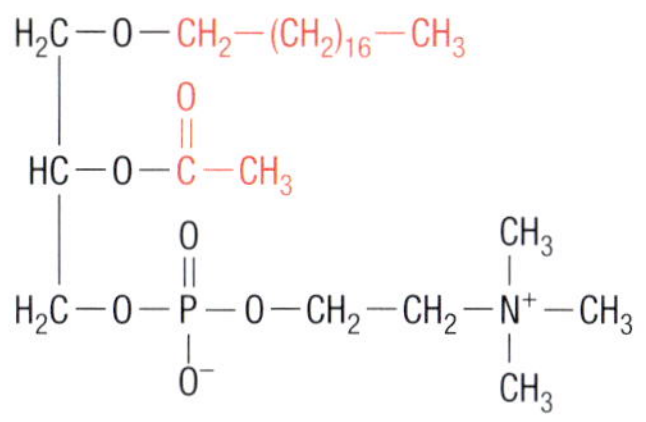

$$H_2C-O-CH_2-(CH_2)_{16}-CH_3$$

$$HC-O-\overset{\overset{\textstyle O}{\|}}{C}-CH_3$$

$$H_2C-O-\overset{\overset{\textstyle O}{\|}}{\underset{\underset{\textstyle O^-}{|}}{P}}-O-CH_2-CH_2-\overset{\overset{\textstyle CH_3}{|}}{\underset{\underset{\textstyle CH_3}{|}}{N^+}}-CH_3$$

Abb. 16.34 Platelet activating factor (PAF, 1-Octadecyl-2-Acetyl-Phosphatidylcholin)

16.3.2 Biosynthese von Membranen

Die Topologie der an der Phosphoglceridbiosynthese beteiligten Enzyme bereitet gewisse Schwierigkeiten für das Verständnis der Membranbiosynthese. Sämtliche für die Phospholipidsynthese benötigten Enzyme sind zwar in den Membranen des endoplasmatischen Reticulums verankert, ihre katalytischen Zentren zeigen jedoch auf die *cytoplasmatische Seite*. Dies bedeutet, daß neu synthetisierte Phospholipide nur auf dem cytoplasmatischen Blatt der Membranen des endoplasmatischen Reticulums angesammelt werden. Die dadurch entstehende Membranasymmetrie wird durch katalysierte und nichtkatalysierte Vorgänge verhindert. In einem relativ langsamen Vorgang können Membranlipide von einer Seite der Membran auf die andere Seite wechseln. Im allgemeinen sind hierfür jedoch Zeiträume von Stunden notwendig. Rascher geht es unter Katalyse sogenannter *Flippasen*, die den Transport von Phospholipiden durch die Membran hindurch und damit von einer Seite der Membran auf die andere katalysieren. Derartige Proteine sind bereits aus einer Reihe von Membranen isoliert worden.

Nachdem das endoplasmatische Reticulum der einzige Ort der Membranbiosynthese ist, ergibt sich die Frage, auf welche Weise die dort synthetisierten Phosphoglyceride in andere Membranen wie die Cytoplasmamembran, die Mitochondrienmembran oder die Membranen des Golgi-Apparates kommen. Die hierfür grundsätzlich infrage kommenden Mechanismen sind in Abb. 16.35 zusammengestellt. In Anbetracht der relativ geringen Löslichkeit von Phospholipiden in wäßrigen Medien ist die Diffusion von monomeren Phosphoglyceriden wahrscheinlich ein eher seltenes Ereignis. Gut charakterisiert ist jedoch der Austausch von Phospholipiden zwischen der Membran des endoplasmatischen Reticulums und beispielsweise den mitochondrialen Membranen durch *Lipidtransferproteine.* Diese sind imstande, einzelne Phosphoglyceridmoleküle zu binden und durch Diffusion zu Mitochondrien zu transportieren. Für den Austausch zwischen den Membranen des endoplasmatischen Reticulums, des Golgi-Apparates und der Plasmamembran erfolgt der Transport über *Membranvesikel* (S. 193). Einzelne Membranbestandteile lassen sich außerdem noch während der reversiblen *Fusion* zweier Doppelmembranen austauschen.

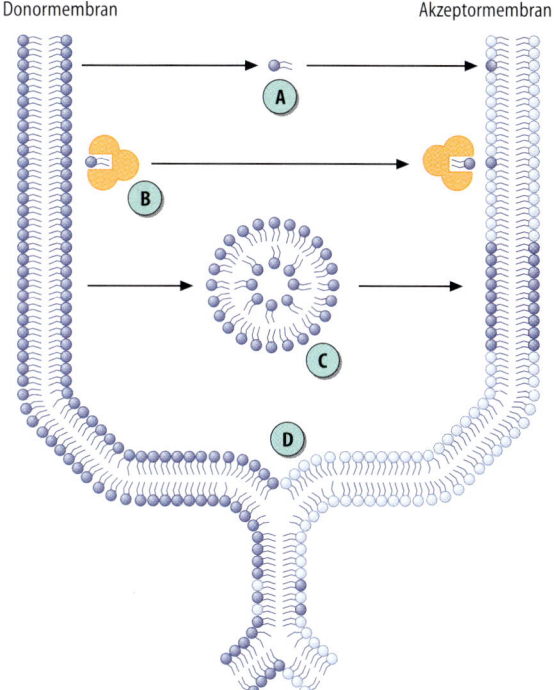

Donormembran   Akzeptormembran

Abb. 16.35 Mechanismen für den Austausch von Phosphoglyceriden zwischen dem endoplasmatischen Reticulum und anderen Membranen. *A* Transport durch Diffusion; *B* Transport mit löslichen Carrierproteinen; *C* Vesikeltransport; *D* Membranfusion

16.3.3 Abbau der Phosphoglyceride

Der Abbau der Phosphoglyceride wird durch die in allen Geweben vorkommenden, unterschiedliche Spezifität zeigenden *Phospholipasen* katalysiert. Abbildung 16.36 zeigt dies am Beispiel des Phosphatidylcholin-Abbaus. In einer ersten, durch *Phospholipase A_2* katalysierten Reaktion wird die am β-C-Atom des Glycerins veresterte Fettsäure lipolytisch abgespalten. Dabei entsteht Lysophosphatidylcholin. Dieses wird durch eine *Lysophospholipase* weiter in Glycerinphosphorylcholin gespalten. Durch den Angriff einer spezifischen *Esterase* entstehen schließlich α-Glycerophosphat und Cholin.

Extracelluläre Phospholipasen des Typs A kommen außer im Intestinum u. a. in Bienen- und Schlangengift vor. Unter ihrer Einwirkung entstehende Lysophosphoglyceride, besonders Lysophosphatidylcholin, hämolysieren die Membran der roten Blutkörperchen. Ein Teil der biologischen Wirkung der genannten Gifte läßt sich auf die in großem Umfang stattfindende Lysophosphoglycerid-Bildung in den biologischen Membranen erklären.

Am intrazellulären Abbau von Phosphoglyceriden beteiligte Phospholipasen sind in Abb. 16.37 dargestellt.

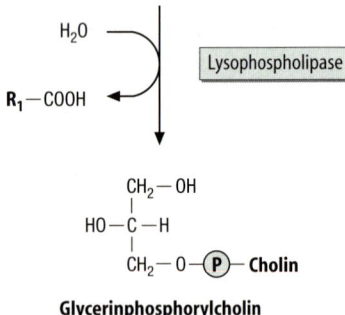

Phosphatidylcholin

Lysophosphatidylcholin

Glycerinphosphorylcholin

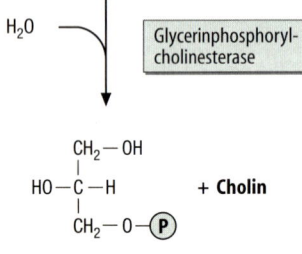

α-Glycerophosphat

Abb. 16.36 Abbau von Phosphatidylcholin

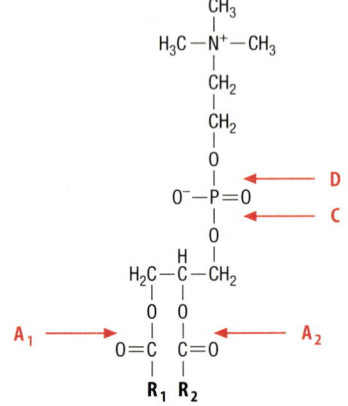

Abb. 16.37 Angriffspunkte der Phospholipasen A_1, A_2, C und D am Phosphatidylcholin. Als Phospholipase B wird ein Gemisch aus den Phospholipasen A_1 und A_2 bezeichnet

- Die Phospholipasen A_1 bzw. A_2 spalten die entsprechenden Fettsäurereste ab,
- Phospholipasen des Typs C die Phosphorsäurediester-Bindung zum Glycerin,
- Phospholipasen des Typs D diejenige zur hydrophilen Gruppe.

Neben dieser Stellungsspezifität zeigen die verschiedenen Phospholipasen auch eine hohe Spezifität bezüglich des zu spaltenden Phosphoglycerids.

Von ganz besonderem regulatorischen Interesse sind die verschiedenen Isoformen der für die Spaltung von Phosphatidylinositol verantwortlichen Phospholipasen C (S. 777), die Arachidonsäure-freisetzenden Phospholipasen A_2 (S. 445) sowie die Phospholipase D. (S. 461).

16.3.4 Bedeutung von Phospholipiden für die Signaltransduktion

Über die schon seit vielen Jahren bekannte Tatsache hinaus, daß Phospholipide den größten Teil der Mem-

Tabelle 16.5 Die Bedeutung von Phospholipiden für die Signaltransduktion

Phospholipid	Spaltung durch	Produkt	Funktion	Seite
Phosphatidylinositol-bisphosphat	Phospholipase Cβ bzw. Cγ	InsP₃; Diacylglycerin	Calciummobilisierung aus ER; Aktivierung von Proteinkinase C	777 778
Phosphatidylcholin, -ethanolamin, -serin	Phospholipase C; Phospholipase D mit Phosphohydrolase	Diacylglycerin	Aktivierung der Proteinkinase C	778
	Phospholipase A_2	Arachidonat	Eikosanoide	441
Sphingomyelin	Sphingomyelinase	Ceramid	Hemmung der Proteinkinase C	777
Ceramid	Ceramidase	Sphingosin	Hemmung der Proteinkinase C	777

InsP3 Inositol-trisphosphat; *ER* Endoplasmatisches Reticulum.

branlipide ausmachen und damit wesentliche Bauteile für die Strukturerhaltung von Zellen sind, hat sich in der letzten Zeit mehr und mehr gezeigt, daß sie ganz wesentliche Funktionen im Bereich der *Transduktion* extrazellulärer Signale in intracelluläre Änderungen des Stoffwechsels und anderer Aktivitäten von Zellen spielen. Tabelle 16.5 gibt einen Überblick über die dabei beteiligten Phospholipide und die von ihnen benützten Mechanismen.

Von ihrem Anteil an den Phosphoglyceriden relativ gering, von ihrer Bedeutung für die Signaltransduktion jedoch sehr bedeutsam ist die Fraktion der *Phosphatidylinositolphosphate,* besonders des Phosphatidylinositolbisphosphats. Durch Spaltung mit der durch *Hormonrezeptoren* aktivierten *Phospholipase Cγ* bzw. *Cβ* entstehen Inositoltrisphosphat sowie Diacylglycerin. Das erstere ist ein wichtiger Faktor für die Calciummobilisierung aus Speichern des endoplasmatischen Reticulums, das letztere ein Aktivator der Proteinkinase C (S. 777). Diacylglycerin entsteht außerdem durch Abbau von anderen Phosphoglyceriden, entweder unter Einfluß jeweils spezifischer *Phospholipase C's* oder durch das Zusammenwirken von *Phospholipase D* zusammen mit *Phosphatidat-Phosphohydrolasen.* In beiden Fällen ist eine Hormonabhängigkeit nachgewiesen worden. Der biologische Vorteil dieser Art der Aktivierung der Proteinkinase C mag darin liegen, daß sie nicht mit einer Calciummobilisierung verknüpft ist. Die durch eine Reihe von Signalen vermittelte Aktivierung der *Phospholipase A₂* führt zur Arachidonsäurefreisetzung aus vielen Phosphoglyceriden und liefert damit die Substrate für die Biosynthese von Eikosanoiden (S. 441).

Sphingomyelin liefert schließlich durch eine durch extrazelluläre Signale vermittelte Aktivierung von *Sphingomyelinase* und *Ceramidase* Ceramid und Sphingosin. Beide sind potente Hemmstoffe der *Proteinkinase C,* so daß in gewissem Sinne Phosphoglyceride und Sphingomyeline als Antagonisten aufzufassen sind.

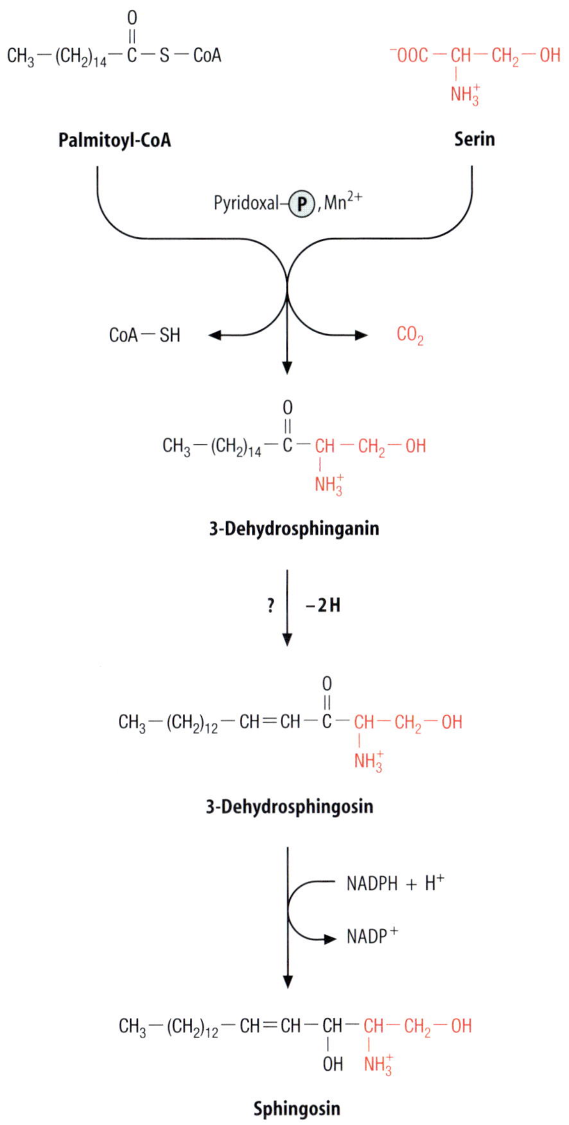

Abb. 16.38 Biosynthese von Sphingosin aus Palmitoyl-CoA und Serin

16.3.5 Biosynthese der Sphingolipide

In den *Sphingolipiden* ist das Glycerin der Phosphoglyceride durch den Aminodialkohol des Sphingosin ersetzt (über die Zusammensetzung der verschiedenen Sphingolipide s. S. 140).

Die Sphingosinbiosynthese erfolgt nach dem in Abb. 16.38 dargestellten Mechanismus. Die hierfür notwendigen Enzyme sind im glatten endoplasmatischen Reticulum lokalisiert.

Im ersten Schritt reagiert Serin unter Decarboxylierung mit Palmitoyl-CoA zum 3-Dehydrosphinganin. Die für die Addition notwendige Labilisierung der Bindung zwischen dem α-C-Atom und der Carboxylgruppe des Serins wird durch Bindung an Pyridoxalphosphat erleichtert (S. 667).

Der nächste Schritt der Sphingosinbiosynthese besteht in der Einführung einer Doppelbindung zwischen den C-Atomen 2 und 3 des Palmitoylrestes, wobei das 3-Dehydrosphingosin entsteht. Durch NADPH/H⁺-abhängige Reduktion wird schließlich die Ketogruppe des C-Atoms 1 des Acylrestes in eine Hydroxylgruppe umgewandelt.

In den *Sphingomyelinen* ist die Aminogruppe des Sphingosins in einer Amidbindung mit einer weiteren Fettsäure, die vom Serin abstammende Hydroxylgruppe mit Phosphorylcholin verestert. Die Biosynthese der Sphingomyeline kann auf zweierlei Wegen erfolgen (Abb. 16.39). Einmal wird Sphingosin mit Acyl-CoA unter Bildung von Ceramid acyliert, an welches Phosphorylcholin als CDP-Cholin unter CMP-Abspaltung angeheftet wird. Alternativ reagiert Ceramid in einer

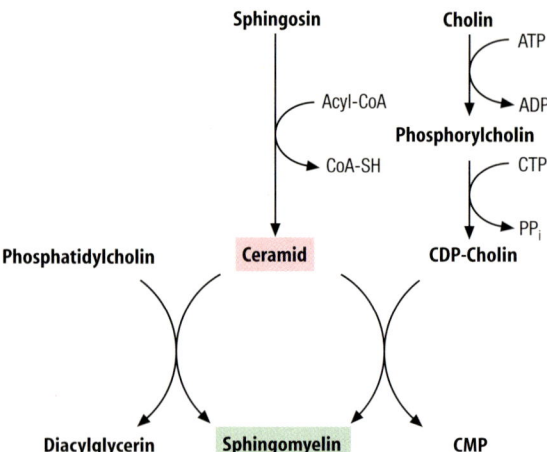

Abb. 16.39 Biosynthese von Sphingomyelin. Sphingosin wird mit Acyl-CoA unter Bildung von Ceramid acyliert. An dieses kann Phosphorylcholin aus CDP-Cholin angeheftet werden. Alternativ kann es in einer Austauschreaktion mit Phosphatidylcholin reagieren

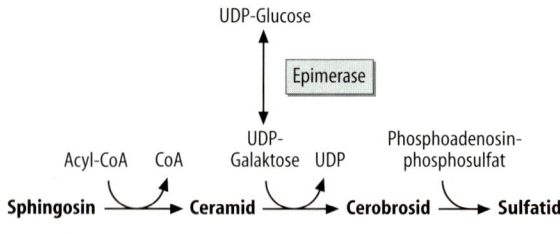

Abb. 16.40 Biosynthese von Cerebrosiden und Sulfatiden

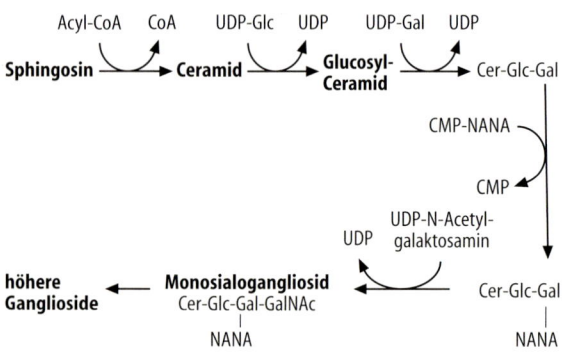

Abb. 16.41 Biosynthese von Gangliosiden. *NANA* N-Acetylneuraminsäure. (Einzelheiten s. Text)

Austauschreaktion mit Phosphatidylcholin, wobei Sphingomyelin und Diacylglycerin entstehen.

Die *Cerebroside* und *Sulfatide,* die in besonders hohen Konzentrationen im Nervensystem vorkommen, unterscheiden sich von den Sphingomyelinen in mehrfacher Hinsicht. Einmal ist der Phosphorylcholin-Rest der Sphingomyeline durch Galaktose ersetzt. Zum anderen ist die amidartig am Sphingosin gebundene Fettsäure im allgemeinen eine Fettsäure mit 24 C-Atomen, also Lignocerinsäure, Hydroxylignocerinsäure oder Nervonsäure.

Ausgangspunkt für die Biosynthese der Cerebroside und Sulfatide ist das durch Acylierung aus Sphingosin entstehende Ceramid, das mit UDP-Galaktose reagiert (S. 397). Unter UDP-Abspaltung entsteht ein mit Galaktose substituiertes Sphingolipid, das *Cerebrosid* (Abb. 16.40). Für die Sulfatidbiosynthese ist schließlich noch die Einführung eines Sulfatrestes, im allgemeinen an das C-Atom 3 der Galaktose, notwendig. Für diese Sulfatierung wird das aktive Sulfat *3'-Phosphoadenosin-5'-phosphosulfat* (S. 153) verwendet.

Auch für die *Gangliosidbiosynthese* ist das Ceramid Startpunkt. Durch schrittweise Anheftung von Uridinnucleotid-aktivierten Hexosen unter Katalyse spezifischer Transferasen wird der an Ceramid gebundene Oligosaccharidanteil synthetisiert (Abb. 16.41). Wie bei den Heteropolysacchariden dienen Uridinnucleotid-aktivierte Zucker, im Fall der N-Acetylneuraminsäure die CMP-N-Acetylneuraminsäure, als aktivierte Bausteine.

16.3.6 Abbau der Sphingolipide

Ähnlich wie die Phosphoglyceride haben auch Sphingolipide einen außerordentlich raschen Umsatz, der die Dynamik der Zellmembranstrukturen widerspiegelt. Für ihren Abbau sind eine Reihe lysosomaler Hydrolasen verantwortlich. Bei *Glykosphingolipiden* und *Gangliosiden* erfolgt der Abbau von der Kohlenhydratseitenkette aus, wobei z. B.

- durch β-Galaktosidasen die Galaktosylreste,
- durch Neuraminidasen die Neuraminsäurereste sowie
- durch Hexosaminidasen die acetylierten Galaktosaminreste gespalten werden.

Bei den *Sulfatiden* sind spezifische Sulfatidasen für die Sulfatabspaltung verantwortlich. Beim Abbau der Sphingomyeline spielt eine spezifische *Sphingomyelinase* eine bedeutende Rolle, die den Phosphorylcholinrest abspaltet und auf diese Weise Sphingomyeline in Phosphorylcholin und Ceramid zerlegt.

Das Problem, wie die genannten wasserlöslichen Enzyme mit den Sphingolipiden in den Membranen und Membranvesikeln interagieren, wird von der Zelle offensichtlich so gelöst, daß hierfür zusätzliche *Sphingolipidaktivatorproteine* (SAP's) benötigt werden. Es handelt sich um Glykoproteine, die die abzubauenden Sphingolipide binden und damit erst den Angriff der oben genannten lysosomalen Hydrolasen ermöglichen.

16.3.7 Pathobiochemie

Eine Reihe von genetischen Stoffwechseldefekten ist durch pathologische Lipidansammlungen in verschiedenen Geweben charakterisiert, weswegen für diese Er-

Krankheit	gespeicherte Verbindung	defektes Enzym
Niemann-Pick	CER — PCh Sphingomyelin	Sphingomyelinase
Gaucher	CER — Glc Glucocerebrosid	β-Glucosidase
metachromatische Leukodystrophie	CER — Gal Sulfatid — OSO₃	Sulfatidase
Angiokeratoma corporis diffusum (Fabry)	CER — Glc — Gal — Gal Ceramidtrihexosid	β-Galaktosidase
Tay-Sachs	CER — Glc — Gal — NAc-Gal Gangliosid GM₂ NANA	Hexosaminidase
generalisierte Gangliosidose	CER — Glc — Gal — NAc-Gal — Gal Gangliosid GM₁ NANA	β-Galaktosidase

Abb. 16.42 Enzymdefekte, die Sphingolipidosen verursachen (Auswahl)

krankungen auch der Sammelbegriff Lipidspeicher-krankheiten oder *Lipidosen* verwendet wird. Häufig ist das Zentralnervensystem, nicht selten aber auch Leber und Niere betroffen. Die spezielle Bezeichnung *Sphingo-lipidose* wird auf bestimmte, in der Regel autosomal-re-zessiv vererbte Stoffwechseldefekte angewandt, die meist schon im Kindesalter auftreten. Bei diesen Er-krankungen finden sich abnorme Ablagerungen von ge-legentlich falsch aufgebauten Sphingolipiden in den be-troffenen Geweben. Die Ursache dieser Sphingolipid-speicherung läßt sich auf genetisch bedingte Defekte der spezifischen, für den Abbau der betreffenden Lipide ver-antwortlichen Hydrolasen zurückführen, seltener auch auf Defekte der Sphingolipidaktivatorproteine. Abbil-dung 16.42 stellt die wichtigsten heute bekannten Sphin-golipidosen zusammen. Die Diagnose kann durch die Bestimmung des gespeicherten Lipids und v. a. durch den Nachweis des entsprechenden Enzymdefekts, häu-fig durch molekularbiologische Methoden, in Gewebe-proben von Haut, Leber, Dünndarm und auch in den Leukocyten gesichert werden. Selbst beim noch unge-borenen Kind kann durch Amniocentese, Zellgewin-nung aus dem Fruchtwasser und Anzüchtung dieser Zel-len mit anschließender Enzymbestimmung oder Gen-analyse der Lipidosenachweis durchgeführt werden.

Für die Therapie einer der Sphingolipidosen, des *Morbus Gaucher,* konnten vor kurzem wegweisende Therapiekonzepte entwickelt werden (S. 339). Die Er-krankung, die mit einer Häufigkeit von 1:40 000 vor-kommt, beruht auf dem Mangel einer spezifischen *Glu-cocerebrosidase.* Sie geht mit der Ablagerung großer Mengen an Glucocerebrosid in den Makrophagen ein-her und befällt verschiedene Organe und Gewebe. Im Knochenmark kommt es zu einer schweren Störung der Hämatopoese, am Knochen kommt es zu Nekro-

sen, Frakturen und Infarkten, Leber und Milz können extrem vergrößert sein

Für die Therapie injiziert man den Patienten die ihnen fehlende Glucocerebrosidase. In nativer Form wird dieses Enzym allerdings eher von Hepatocyten als von Makrophagen aufgenommen und ist deswegen ziemlich wirkungslos. Besser ist die Verwendung modi-fizierter Glucocerebrosidasen, die vermehrt mannose-haltige Kohlenhydratseitenketten aufweisen und des-wegen viel besser von Makrophagen internalisiert wer-den können. Hiermit sind bei einer Reihe von Patien-ten gute Erfolge erzielt worden (Abb. 13.38, S. 350).

16.4 Stoffwechsel der Isoprenlipide und des Cholesterins

Vom menschlichen Organismus werden in Form von Gallensäuren täglich etwa 1 g Cholesterin ausgeschie-den, eine ebenso große Menge muß infolgedessen nachgeliefert werden. Der größte Teil davon entsteht durch Neusynthese, da nur etwa 0,3 g Cholesterin/Tag bei ausgeglichener Ernährung mit den Nahrungsmit-teln aufgenommen werden.

Cholesterin ist ein typisches Produkt des tieri-schen Stoffwechsels und kommt daher in größeren Mengen nur in Nahrungsmitteln tierischen Ursprungs wie Muskelfleisch, Leber, Hirn und Eigelb vor.

16.4.1 Biosynthese des Cholesterins

In Anbetracht der Tatsache, daß Cholesterin ein essen-tieller Bestandteil tierischer Membranen ist, muß man davon ausgehen, daß alle Zellen des Organismus zur Cholesterinbiosynthese befähigt sind. Alle Schritte der Cholesterinbiosynthese sind mit Ausnahme der ersten

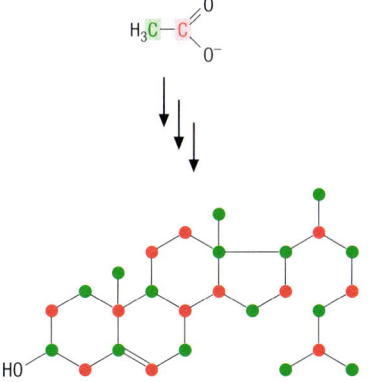

Abb. 16.43 Herkunft der C-Atome des Cholesterins. Inkubiert man Cholesterin-synthetisierende Zellen mit Methyl- bzw. Car-boxyl-markiertem Acetat, finden sich im Cholesterinmolekül in regelmäßiger Folge Methyl und Carboxyl-C-Atome des Acetats

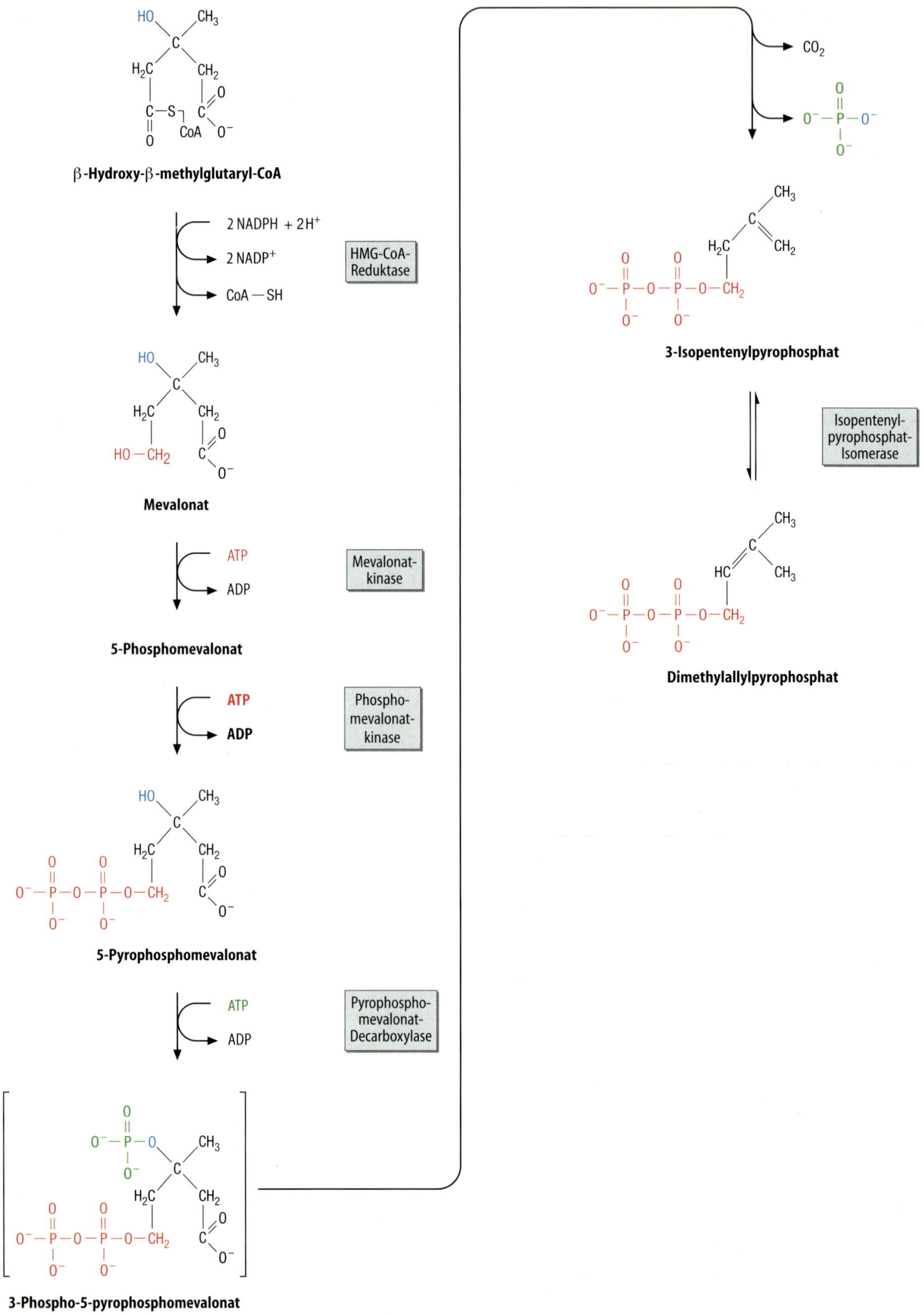

β-Hydroxy-β-methylglutaryl-CoA

2 NADPH + 2H$^+$
2 NADP$^+$
CoA—SH

HMG-CoA-Reduktase

Mevalonat

ATP
ADP

Mevalonat-kinase

5-Phosphomevalonat

ATP
ADP

Phospho-mevalonat-kinase

5-Pyrophosphomevalonat

ATP
ADP

Pyrophospho-mevalonat-Decarboxylase

3-Phospho-5-pyrophosphomevalonat

CO_2

3-Isopentenylpyrophosphat

Isopentenyl-pyrophosphat-Isomerase

Dimethylallylpyrophosphat

Abb. 16.44 Biosynthese von „aktivem Isopren" aus β-Hydroxy-β-Methylglutaryl-CoA

Reaktionen im endoplasmatischen Reticulum der Zellen lokalisiert.

Sämtliche C-Atome des Cholesterins stammen vom *Acetyl-CoA* ab (Abb. 16.43). Inkubiert man Cholesterin-synthetisierende Zellen mit Methyl- bzw. Carboxyl-markiertem Acetat, so findet sich, daß sich im Cholesterinmolekül in sehr regelmäßiger Folge Methyl- und Carboxyl-C-Atome des Acetats abwechseln. Daraus folgert, daß ein lineares, aus Acetylresten aufgebautes Molekül ein Präkursor des Cholesterins ist. Die einzelnen Schritte der Cholesterinbiosynthese wurden schließlich in den Arbeitsgruppen von Konrad Bloch und Feodor Lynen aufgeklärt.

Aktives Isopren wird aus Acetyl-CoA synthetisiert

Die erste Phase der Cholesterinbiosynthese besteht in der Herstellung aktivierter Isoprenreste. Diese leiten sich formal vom *2-Methyl-Δ^{1,3}-Butadien* ab und stellen die Ausgangsprodukte nicht nur für die Biosynthese des Cholesterins und damit der Steroide, sondern auch der Terpene dar, die die verschiedensten Funktionen in der Natur übernehmen (S. 466).

Bei der Biosynthese des aktiven Isoprens stellt sich dem Organismus das Problem, aus Acetyl-CoA einen verzweigten, aus fünf C-Atomen bestehenden Körper zu synthetisieren. Zu diesem Zweck wird zunächst durch Kondensation von drei Molekülen Acetyl-CoA mit dem Zwischenprodukt Acetacetyl-CoA das *β-Hydroxy-β-Methylglutaryl-CoA* (HMG-CoA) synthetisiert. Diese Verbindung ist auch ein Zwischenprodukt der intramitochondrial stattfindenden Ketonkörperbiosynthese (S. 432). Für die Cholesterinbiosynthese wird allerdings cytosolisches HMG-CoA benötigt. Da jedoch die beiden beteiligten Enzyme, die *Thiolase* sowie die *HMG-CoA-Synthase* in ausreichenden Aktivitäten auch im Cytosol vorhanden sind, macht diese Biosynthese keine Schwierigkeiten.

Die vom HMG-CoA zum aktiven Isopren führenden Reaktionen sind in Abb. 16.44 zusammengestellt. Zunächst wird HMG-CoA durch die *HMG-CoA-Reduktase* unter Verbrauch von zwei mol NADPH/H⁺ reduziert. Die Reduktion erfolgt an der den Thioester tragenden Carboxylgruppe des HMG-CoA unter Abspaltung von CoA-SH, das Produkt ist die *Mevalonsäure*. Diese wird nun durch zweimalige ATP-abhängige Phosphorylierung an der CH$_2$OH-Gruppe über das Zwischenprodukt 5'-Phosphomevalonsäure in *5'-Pyrophosphomevalonsäure* umgewandelt. Eine dritte, wiederum ATP-abhängige Phosphorylierung führt zur Veresterung auch der Hydroxylgruppe am C-Atom 3 der Mevalonsäure, so daß das Zwischenprodukt *3'-Phospho-5'-Pyrophosphomevalonsäure* entsteht. Diese wird decarboxyliert und unter Mitnahme des aus der Hydroxylgruppe stammenden Sauerstoffs dephosphoryliert, so daß als Zwischenprodukt *Isopentenylpyrophosphat* entsteht. Dieses aktive Isopren

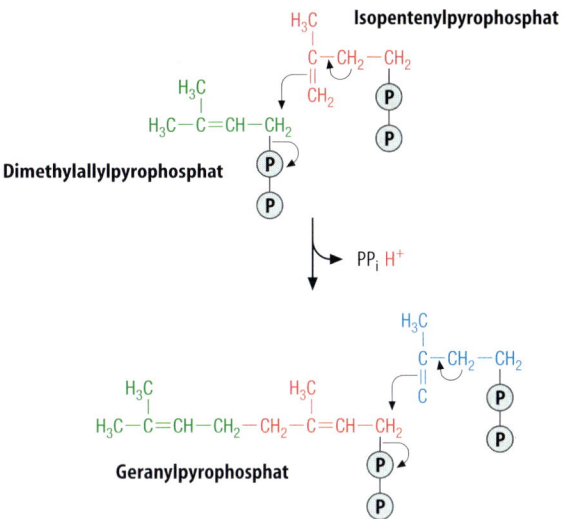

Abb. 16.45 Reaktionsmechanismus der Prenyltransferase. Durch Pyrophosphateliminierung entsteht ein Carbokation aus dem Dimethylallylpyrophosphat. An dieses kondensiert Isopentenylpyrophosphat. An das entstehende Geranylpyrophosphat kann unter Farnesylpyrophosphat-Bildung ein weiteres Isopentenylpyrophosphat ankondensieren. (Einzelheiten s. Text)

kann zum *Dimethylallylpyrophosphat* isomerisiert werden.

Aktive Isoprenreste kondensieren zu Isoprenlipiden und Cholesterin

Die aktiven Isoprene Isopentenylpyrophosphat und Dimethylallylpyrophosphat zeichnen sich durch die Fähigkeit zur enzymkatalysierten Kondensation zu Polymeren, den Isoprenoiden aus. Die *Prenyltransferase* katalysiert die Kondensation von Isopentenylpyrophosphat und Allylpyrophosphaten. Abbildung 16.45 stellt den Reaktionsmechanismus dar. Er beginnt mit der Eliminierung des Pyrophosphats vom Dimethylallylpyrophosphat, wodurch ein Carbokation entsteht. An dieses kondensiert Isopentenylpyrophosphat, wobei ein neues Carbokation entsteht, aus dem durch Abspaltung eines Protons das Produkt, nämlich *Geranylpyrophosphat* entsteht. Weitere Kondensationen werden ebenfalls durch die Prenyltransferase katalysiert und bestehen in einer nach einem gleichartigen Mechanismus erfolgenden Kopf/Schwanz-Kondensation von Geranylpyrophosphat mit Isopentenylpyrophosphat. Das Reaktionsprodukt ist das aus 15 C-Atomen bestehende *Farnesylpyrophosphat*. Das Prinzip der Kopf/Schwanz-Kondensation von aktiven Isoprenmolekülen ist in der Natur weit verbreitet und bildet den Ausgangspunkt für die Biosynthese einer großen Zahl von Naturstoffen (Abb. 16.46). Zu ihnen gehören beispielsweise

- das Dolichol (S. 142, 400),
- das Ubichinon (S. 497),
- die Carotinoide (S. 651),

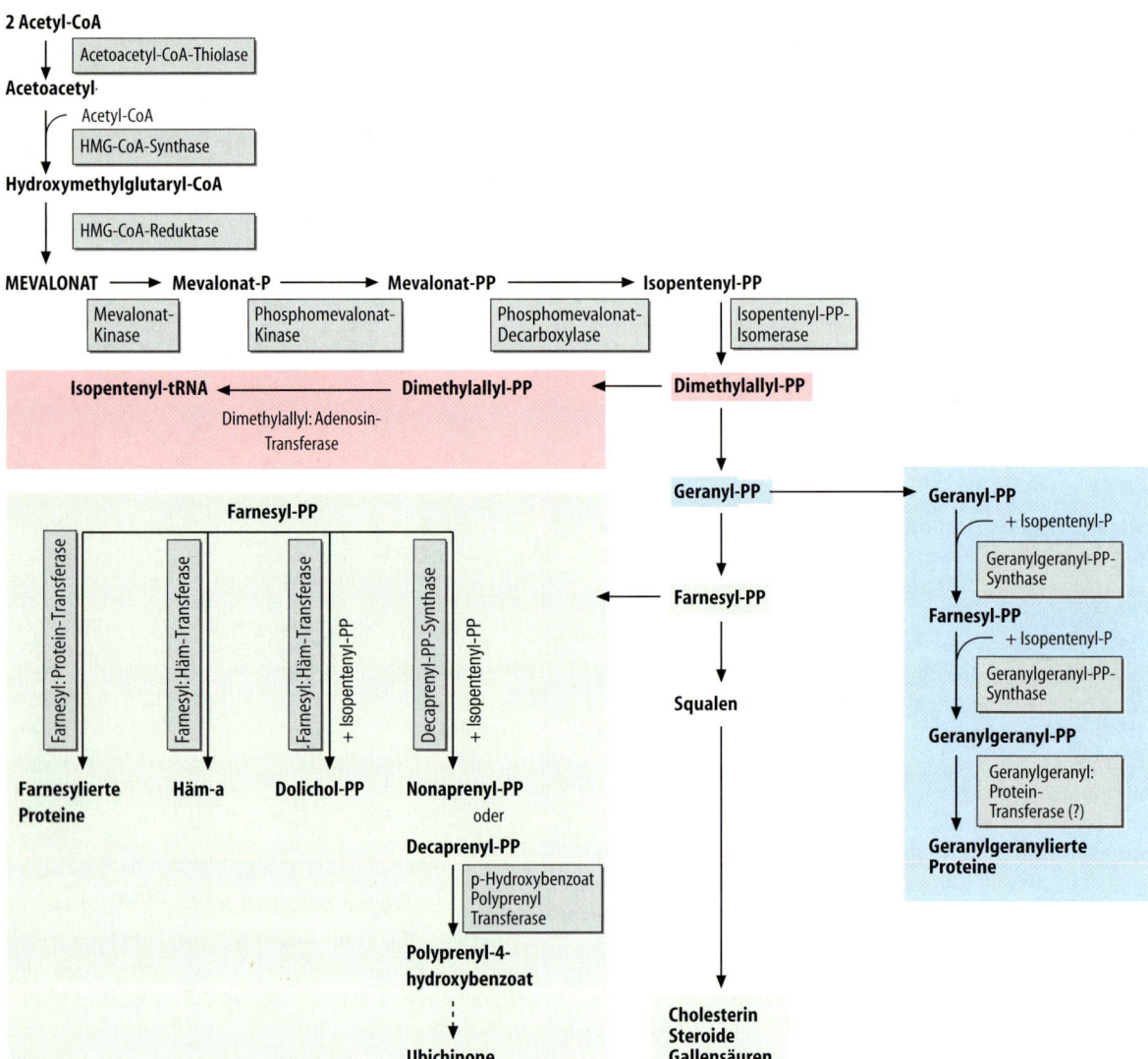

Abb. 16.46 Biosynthese wichtiger Verbindung aus „aktivem Isopren" in Säugerzellen. (Einzelheiten s. Text) (Nach Goldstein u. Brown 1990)

- das Tocopherol (S. 659), aber auch
- eine große Zahl pflanzlicher Metabolite, u. a. Kautschuk.

Darüber hinaus werden einige vor allem an Regulationsvorgängen beteiligte Proteine durch Geranylierung oder Farnesylierung mit den entsprechenden Gruppen covalent verknüpft und erhalten damit einen *Membrananker* (Abb. 16.47).

Fertiges Cholesterin hat 27 C-Atome. Wenn es durch Polymerisierung von aktiven Isoprenresten entstehen soll, so muß dabei als Zwischenprodukt ein lineares Molekül aus 6 Isoprenresten entsprechend 30 C-Atomen, auftreten. Hierfür werden zwei Farnesylpyrophosphate benötigt, die unter Katalyse durch die Squalensynthese durch Kopf/Kopf-Kondensation *Squalen* bilden. Dabei erfolgt zusätzlich eine

NADPH/H⁺-abhängige Reduktion des Moleküls und die Abspaltung von zwei Molekülen anorganischem Pyrophosphat.

Wie aus Abb. 16.48 zu sehen ist, spiegelt sich in der Struktur des Squalens bereits die Gestalt des Steroidgerüsts wider. In einer über mehrere Stufen führenden Reaktion erfolgt durch Umklappen der Doppelbindungen der Ringschluß zum *Lanosterin*. Dabei wandert die Methylgruppe am C-Atom 14 auf das C-Atom 13 und diejenige des C-Atoms 8 auf das C-Atom 14. In einer Sauerstoff-abhängigen Reaktion wird schließlich am C-Atom 3 eine Hydroxylgruppe eingeführt. Durch dreimalige Demethylierung an den C-Atomen 4 und 14 entsteht aus Lanosterin das *Zymosterin*. Es unterscheidet sich von Cholesterin nur noch durch die Lage der Doppelbindung sowie durch eine weitere Doppelbindung in der Seitenkette.

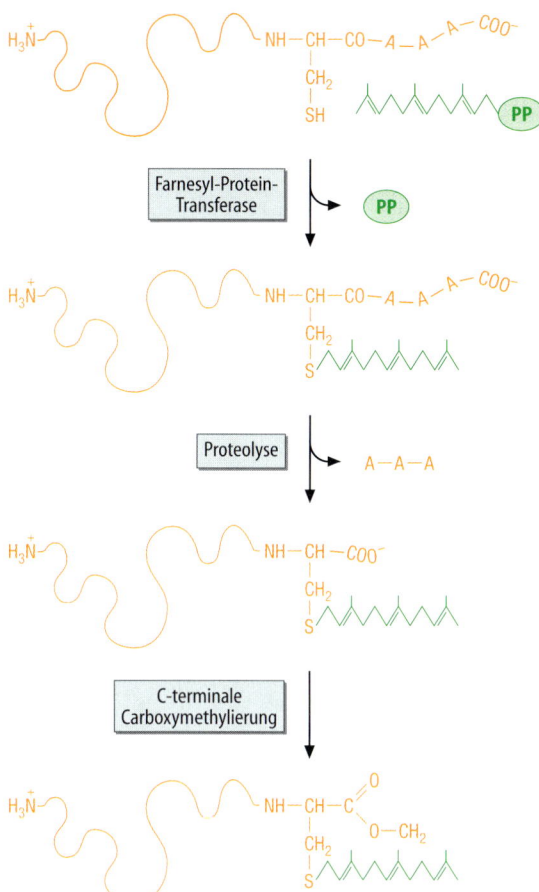

Abb. 16.47 Mechanismus der Farnesylierung von Proteinen. Die Präkursoren von farnesylierten Proteinen besitzen an der viertletzten Position einen Cysteinylrest. Dieser wird über eine Thioetherbrücke unter Katalyse einer spezifischen Prenyltransferase mit einer Farnesylgruppe versehen. Anschließend werden die drei terminalen Aminosäuren abgespalten und die zum Cysteinylrest gehörende Carboxylgruppe methyliert

16.4.2 Regulation der Cholesterinbiosynthese

Das Reaktionsgeschwindigkeits-bestimmende Enzym für die gesamte Cholesterinbiosynthese ist die **HMG-CoA-Reduktase.** Im **Hunger** ist die Aktivität dieses Enzyms deutlich reduziert, was das Absinken des Cholesterinspiegels beim Fasten erklärt. Ähnlich niedrige HMG-CoA-Reduktaseaktivitäten finden sich auch beim **Diabetes mellitus.** Hier können allerdings die Cholesterinspiegel im Blut trotzdem hoch sein, wahrscheinlich wegen einer Verlangsamung des Cholesterinumsatzes und der Cholesterinausscheidung. Eine dem Diabetes mellitus ähnliche Konstellation findet man bei der Schilddrüsenunterfunktion, der **Hypothyreose** (S. 827). Die Hyperthyreose geht dagegen trotz Erhöhung der HMG-CoA-Reduktaseaktivität mit erniedrigten Cholesterinspiegeln im Blut einher, wahr-

scheinlich weil gleichzeitig Cholesterinumsatz und -ausscheidung gesteigert sind.

Auf molekularer Ebene ist die Regulation der HMG-CoA-Reduktase außerordentlich komplex, was verständlich macht, daß die Aktivität des Enzyms um zwei Größenordnungen variieren kann.

Von besonderer Bedeutung ist die Regulation auf der Ebene der **Transkription,** die außer dem Gen für die *HMG-CoA-Reduktase* das für die *HMG-CoA-Synthase,* die *Prenyltransferase* und den *LDL-Rezeptor* in gleicher Weise betrifft. Zufuhr von Nahrungscholesterin oder Gabe von Sterolen und Mevalonsäure zu kultivierten Zellen führt zu einer raschen Abnahme der mRNA für alle vier Gene. Umgekehrt nimmt bei Cholesterinmangel die Transkription dieser Gene zu. Tatsächlich enthalten die Gene der genannten Proteine in ihrer Promotorregion in mehreren Kopien ein aus acht Nucleotiden bestehendes sogenanntes **Sterolregulationselement 1** (SRE-1). Die Entfernung dieser Elemente bringt die Transkriptionsabhängigkeit von Cholesterin und anderen Sterolen zum Verschwinden. Inzwischen sind auch eine Reihe von **Bindungsproteinen** für das Sterol-responsive Element identifiziert worden. Man nimmt an, daß sie durch Metabolite des Cholesterins, möglicherweise das 25-Hydroxycholesterin, aktiviert werden und dann die Transkription der genannten Gene vermindern (Abb. 16.49).

Von besonderer Bedeutung für die Aufklärung der posttranskriptionalen Regulation der HMG-CoA-Reduktase waren eine Reihe spezifischer Pilzmetabolite, die kompetitive Inhibitoren der HMG-CoA-Reduktase sind (Abb. 16.50). Es handelt sich um Verbindungen wie Mevinolin oder Compactin, deren Derivate auch für die Behandlung verschiedener Hypercholesterinämien verwendet werden. Sie sind kompetitive Inhibitoren der HMG-CoA-Reduktase. Da sie eine besonders hohe Affinität zu diesem Enzym besitzen, kann mit ihnen die Biosynthese von Isoprenderivaten und Cholesterin vollständig gehemmt werden. Interessanterweise nimmt allerdings die Menge der immunologisch nachweisbaren HMG-CoA-Reduktase unter Behandlung mit den genannten Inhibitoren um ein bis zwei Größenordnungen zu. Dies beruht auf einer ungefähr fünffachen Zunahme der Translation der Reduktase mRNA sowie einer Verlangsamung des Abbaus der HMG-CoA-Reduktase. Ihre Halbwertszeit beträgt normalerweise etwa zwei Stunden und verlängert sich in Gegenwart von Mevinolin ungefähr auf 11 Stunden, während Zugabe von Mevalonsäure und Hydroxysterolen die Halbwertszeit auf weniger als 40 Minuten verkürzen. Obwohl über den Mechanismus noch nichts bekannt ist, weiß man, daß er davon abhängt, daß die HMG-CoA-Reduktase mit sieben Transmembrandomänen in den Membranen des endoplasmatischen Reticulums verankert ist. Das katalytische Zentrum des Enzyms ist auf der cytosolischen Seite lokalisiert und seine Aktivität hängt nicht von der Anwesenheit dieser Transmembrandomänen ab. Sie sind offensicht-

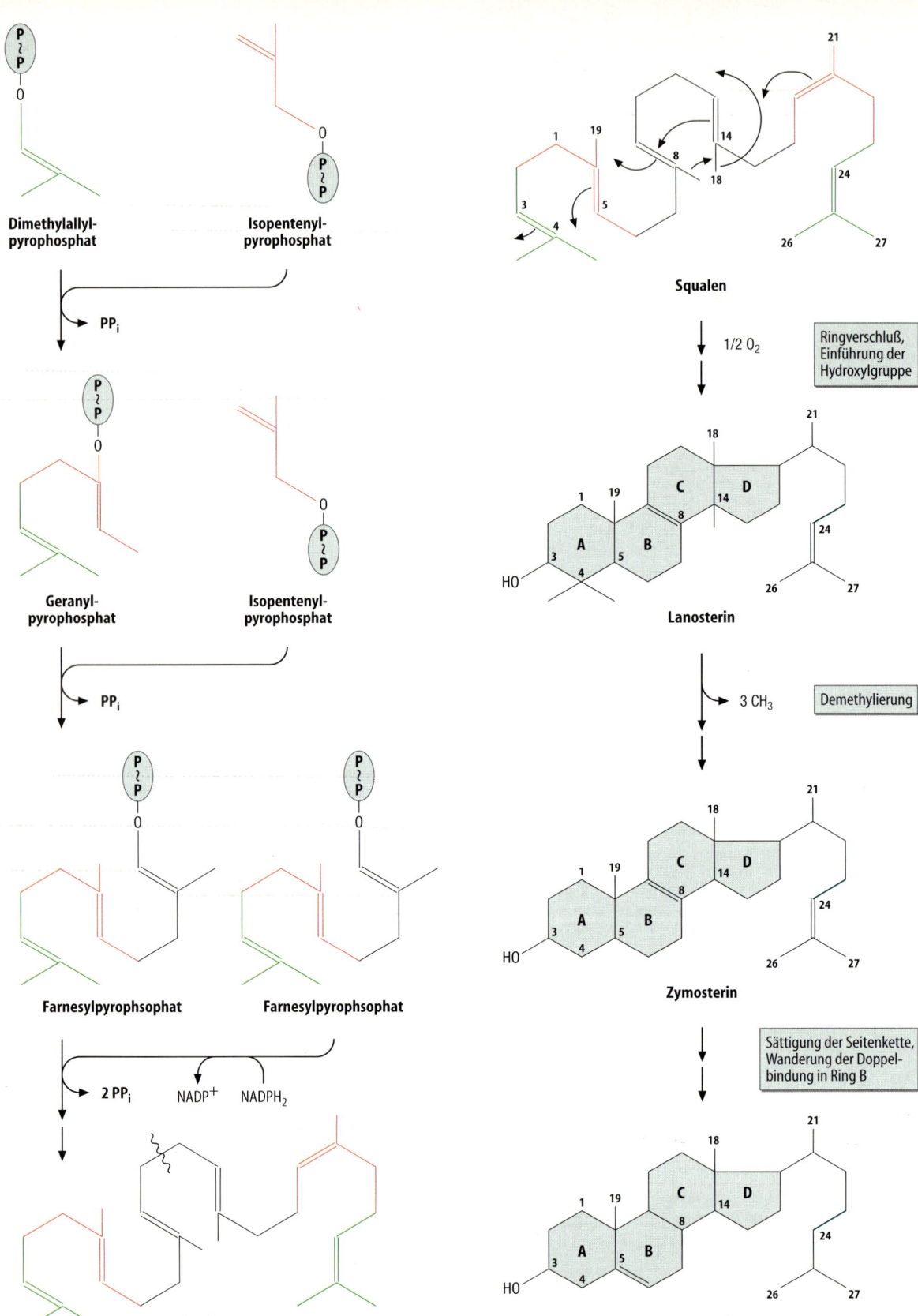

Abb. 16.48 Biosynthese von Cholesterin aus Dimethylallylpyrophosphat und Isopentenylpyrophosphat. Zwei Moleküle Farnesylpyrophosphat kondensieren Kopf an Kopf unter Bildung von Squalen. In diesem ist die Gestalt des Steroidgerüsts er-kennbar. In einer mehrstufigen Reaktion erfolgt die Bildung von Cholesterin. Die Zahlen geben die Numerierung der C-Atome des Cholesterins wieder

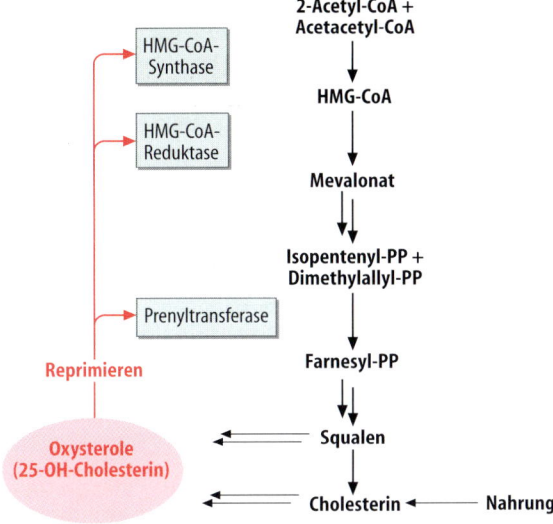

Abb. 16.49 Regulation der Transkription von HMG-CoA-Synthase, HMG-CoA-Reduktase, Prenyltransferase und LDL-Rezeptor durch Oxysterole. Oxysterole, besonders wirksam ist 25-Hydroxycholesterin, binden wahrscheinlich an Bindungsproteine für die Sterol-responsiven Elemente. Dadurch werden diese Bindungsproteine aktiviert und reduzieren die Transkription der genannten Gene

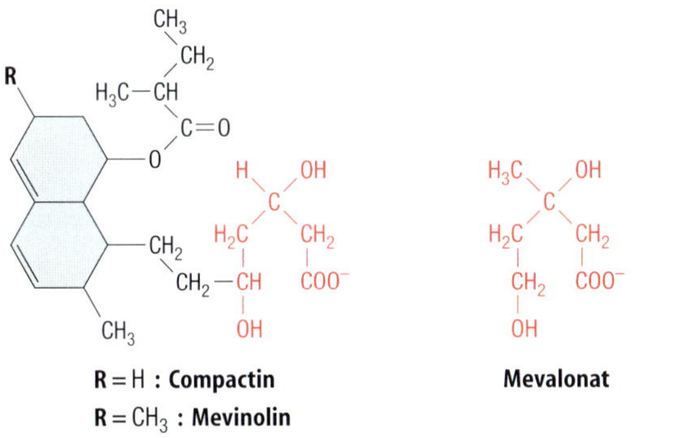

Abb. 16.50 Struktur von Compactin und Mevinolin. Der zum Mevalonat strukturhomologe Teil ist hervorgehoben

lich ausschließlich für die Regulation der Halbwertszeit des Enzyms da.

Durch eine *AMP-aktivierte Proteinkinase,* die auch die Acetyl-CoA-Carboxylase phosphoryliert und inaktiviert, kann die HMG-CoA-Reduktase inaktiviert werden. Eine Phosphoproteinphosphatase macht diesen Effekt, über dessen physiologische Bedeutung noch keine Klarheit herrscht, rückgängig.

Es ist schon lange bekannt, daß die Geschwindigkeit der Cholesterinbiosynthese der Leber von der Menge des Nahrungscholesterins abhängt. Innerhalb einzelner Species findet man große Unterschiede hinsichtlich der Bedeutung der Leber als Quelle des endogenen Cholesterins. Während sie bei Hund und Ratte für den Großteil der Biosynthese verantwortlich ist, überwiegt beim Menschen die extrahepatische Biosynthese. (Über den Einfluß von LDL auf die extrahepati-

sche Cholesterinbiosynthese s. S. 474). Ungeachtet dieser Tatsache ist auch beim Menschen der Cholesteringehalt des Plasmas entscheidend von der Menge des mit der Nahrung aufgenommenen Cholesterins abhängig. Durch Reduktion der Cholesterinaufnahme läßt sich deswegen der Cholesterinspiegel im Plasma senken. Umgekehrt führt eine Mehraufnahme von 100 mg Cholesterin/Tag zu einer Erhöhung des Cholesterinspiegels um etwa 0,13 mmol/l (5 mg/100 ml) Serum.

Auch Gallensäuren hemmen die Cholesterinbiosynthese (S. 1002). Wird die Rückresorption der Gallensäuren im Darm durch die Bindung an einen nicht resorbierbaren Ionenaustauscher unterbunden, so kommt es zu einer Steigerung der Cholesterinbiosynthese in der Leber. Da gleichzeitig jedoch die Gallensäureneubildung aus Cholesterin beträchtlich beschleunigt ist, sinkt der Serumcholesterinspiegel trotzdem ab.

16.4.3 Abbau des Cholesterins

Cholesterin findet sich als integrierender Bestandteil der Membranen tierischer Zellen und ist darüber hinaus Ausgangspunkt für die Biosynthese der Steroidhormone. Da Membranen wie auch die Steroidhormone einem raschen Umsatz unterliegen, sind Abbau und Ausscheidung von Cholesterin wichtige Vorgänge.

Die enzymatische Ausstattung des Organismus zum Abbau des Steranskeletts ist ungenügend.

Cholesterin wird hauptsächlich über die Galle ausgeschieden. Die einzige Modifikation des Steranskelettes, die dem Organismus möglich ist, ist die Umwandlung von Cholesterin in *Gallensäuren* (S. 1001). Beim Menschen werden etwa 1 g Cholesterin/24 h in der Leber in Gallensäuren umgewandelt. Im Duodenum sind diese unerläßlich für die Lipidresorption. Ein großer Teil des intestinalen Gallensäurepools wird rückresorbiert und gelangt wieder in die Leber, um erneut via Galle in den Darm ausgeschieden zu werden (enterohepatischer Kreislauf der Gallensäuren, s. S. 1002). Etwa 1 g Gallensäuren/24 h gelangt in die tieferen Darmabschnitte und wird nach bakterieller Zersetzung ausgeschieden. Dorthin gelangtes Cholesterin wird teilweise mit Hilfe von Darmbakterien zu *Koprosterin* reduziert und ausgeschieden.

Steroidhormone werden oxidativ modifiziert, anschließend sulfatiert oder glucuronidiert (S. 831, 843) und im Urin ausgeschieden.

16.5 Transport der Lipide im Blut

Extrahiert man die Lipide des Blutplasmas mit geeigneten organischen Lösungsmitteln oder trennt sie mit chemischen Methoden auf, so finden sich

Tabelle 16.6 Normale Konzentrationsbereiche der im Serum vorkommenden Lipide

Lipid	Konzentrationsbereich [mg/100 ml]	[mmol/l]
Triacylglycerine	50–150	0,62–2,5
Phosphoglyceride	160–250[a,b]	2,2–3,4[a]
Cholesterin (frei + verestert)	150–220[a]	3,9–6,2[a]
Nichtveresterte Fettsäuren	14–22	0,5–0,8

[a] Normalwerte nehmen mit steigendem Lebensalter zu.
[b] Ohne klinisch-diagnostische Bedeutung.

- Cholesterin und Cholesterinester,
- Phosphoglyceride sowie
- Triacylglycerine und in geringeren Mengen
- unveresterte langkettige Fettsäuren (Tabelle 16.6).

Bei Lipiden überwiegen die hydrophoben Eigenschaften. Es ist deswegen verständlich, daß ihr Transport in dem wäßrigen Medium des Blutplasmas schwierig ist. Für die mengenmäßig unbedeutende Fraktion der nicht veresterten Fettsäuren steht als Transportvehikel das *Serumalbumin* zur Verfügung. Alle anderen Lipide des Plasmas müssen durch Bindung an spezifische Transportproteine in Form der *Lipoproteine* transportiert werden.

16.5.1 Aufbau der Lipoproteine

Aufgrund ihrer Dichte können Lipoproteine in vier Hauptklassen eingeteilt werden

Die im Plasma vorkommenden Lipoproteine werden nach einer Reihe unterschiedlicher Kriterien eingeteilt, die in Abb. 16.51 zusammengestellt sind.

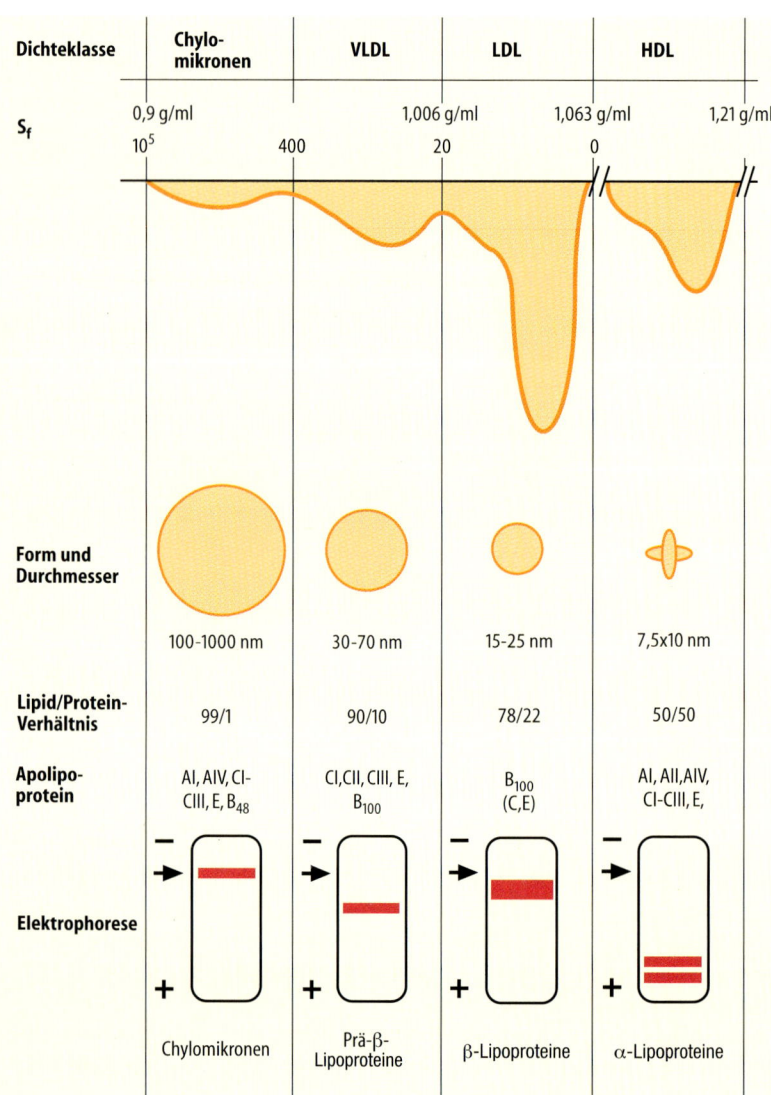

Abb. 16.51 Einteilung und Eigenschaften der Serumlipoproteine

Zunächst einmal können sie entsprechend ihrer Dichte in der präparativen Ultrazentrifuge (S. 54) aufgeteilt und klassifiziert werden. Demnach sind Plasmalipoproteine sehr geringer, geringer und hoher Dichte unterscheidbar, die auch als

- very low density lipoproteins (VLDL),
- low density lipoproteins (LDL) und
- high density lipoproteins (HDL) bezeichnet werden.
- Eine Dichte noch unterhalb der VLDL zeigen schließlich die besonders lipidreichen Chylomikronen.

Entsprechend ihrer verschiedenen Dichte unterscheiden sich die Lipoproteine sowohl bezüglich ihres Lipidgehalts als auch bezüglich des Verhältnisses von Lipiden zu Proteinen.

In den Chylomikronen beträgt dieses Verhältnis 99 : 1, 90 % der Lipide sind Triacylglycerine, 6 % Cholesterin und nur 4 % Phospholipide. Über VLDL, LDL und HDL nimmt das Lipid-Protein-Verhältnis bis auf 50 : 50 bei den HDL ab. In der gleichen Reihenfolge sinkt auch der Anteil von transportierten Triacylglycerinen. Den höchsten Cholesteringehalt zeigt die LDL-Fraktion, den höchsten Phosphoglyceridgehalt die HDL-Fraktion (Tabelle 16.6).

Daß sich die einzelnen Lipoproteinklassen auch bezüglich ihrer Proteinzusammensetzung unterscheiden, wird aus ihrem elektrophoretischen Verhalten klar, welches eine weitere Einteilungsmöglichkeit liefert (Abb. 16.50). Während Chylomikronen keine elektrophoretische Beweglichkeit haben, wandern LDL mit der β-Globulin-Fraktion, HDL mit der α-Globulin-Fraktion. Sie werden dementsprechend als *β*- bzw. *α*-*Lipoproteine* bezeichnet. VDL wandern dagegen in der Elektrophorese den β-Globulinen voraus und werden dementsprechend als *Prä-β-Lipoproteine* bezeichnet.

Die einzelnen Lipoproteinklassen sind mit jeweils spezifischen Apolipoproteinen ausgestattet

Inzwischen ist es gelungen, die einzelnen auch als Apolipoproteine bezeichneten, in Lipoproteinen vorkommenden Proteine zu klassifizieren und wenigstens teilweise strukturell aufzuklären (Tabelle 16.7). VLDL enthalten im wesentlichen die Apolipoproteine CI–CIII sowie in geringeren Anteilen die Apolipoproteine B und E. Chylomikronen besitzen darüber hinaus das Apolipoprotein B_{48} sowie AI. LDL enthalten hauptsächlich das Apolipoprotein B_{100}, daneben das Apolipoprotein E. In der Gruppe der HDL finden sich außer den Apolipoproteinen der C-Gruppe auch die Apolipoproteine AI, AII und E.

Die Primärstruktur der entsprechenden Apolipoproteine ist inzwischen aus den zugehörigen cDNA-Sequenzen ermittelt worden. Wie aus physikalisch-chemischen Untersuchungen hervorgeht, nehmen Apolipoproteine erst in Gegenwart von Phosphoglyceriden

Tabelle 16.7 Klassifizierung der Apolipoproteine des menschlichen Serums

Apolipo-protein	Lipoprotein	Molekular-gewicht [kD]	Funktion
A I	HDL	28	Aktivator der LCAT
A II	HDL	17	Strukturelemente
A IV	HDL	46	Unbekannt
B_{100}	VLDL, LDL	549	Ligand des B-Rezeptors
B_{48}	Chylomikronen	265	Strukturelement
C I	VLDL, HDL	7	Aktivator der LCAT
C II	VLDL, HDL	8,5	Aktivator der LPL
C III	VLDL, HDL	8,9	Unbekannt
D	HDL	21	Aktivator der LCAT, Strukturelement
E	VLDL, HDL, (LDL)	39	Ligand des E-Rezeptors

ihre endgültige räumliche Konformation an. Diese zeichnet sich durch einen relativ großen Gehalt an α-helikalen Bereichen aus, die häufig als sogenannte *amphiphile Helices* organisiert sind. Dies bedeutet, daß sich auf der einen Hälfte der Helixoberfläche überwiegend hydrophile auf der anderen dagegen überwiegend hydrophobe Aminosäureseitenketten befinden. Aufgrund der amphiphilen Natur der Apolipoproteine konnte ein Strukturmodell für Lipoproteine entworfen werden, das alle bekannten physikalisch-chemischen Daten einbezieht und am Beispiel der HDL dargestellt ist (Abb. 16.52). Der Kern des Lipoproteinpartikels besteht aus apolaren Lipiden, besonders Cholesterinestern. Ungefähr 80 % der Oberfläche der HDL-Partikel ist mit Apolipoproteinen AI und AII bedeckt, die sich mit ihrer hydrophilen Seitenkette zur wäßrigen Phase, also dem Plasma, mit der hydrophoben Seite dagegen zum apolaren Kern hin orientieren. Zwischen den Apolipoproteinen ragen die hydrophilen Gruppen der Phosphoglyceride und Cholesterin heraus. Die Alkanketten der Fettsäurereste sind dagegen in Richtung des apolaren Kerns der Lipoproteinpartikel orientiert. Einen ähnlichen Aufbau zeigen auch die anderen Lipoproteinpartikel.

Außer ihrer strukturgebenden Funktion haben Apolipoproteine wichtige Aufgaben im Rahmen des Metabolismus der Lipoproteine zu erfüllen (Tabelle 16.7). So sind die Apolipoproteine B_{100} sowie E Liganden für spezifische Rezeptoren, die ihre Internalisierung und damit ihren weiteren Stoffwechsel vermitteln. Das Apolipoprotein CII ist ein unerläßlicher Aktivator der Lipoproteinlipase, die Apolipoproteine AI, CI

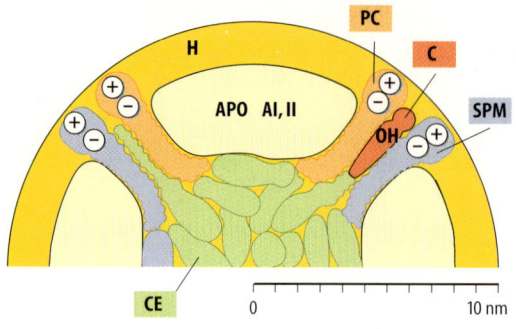

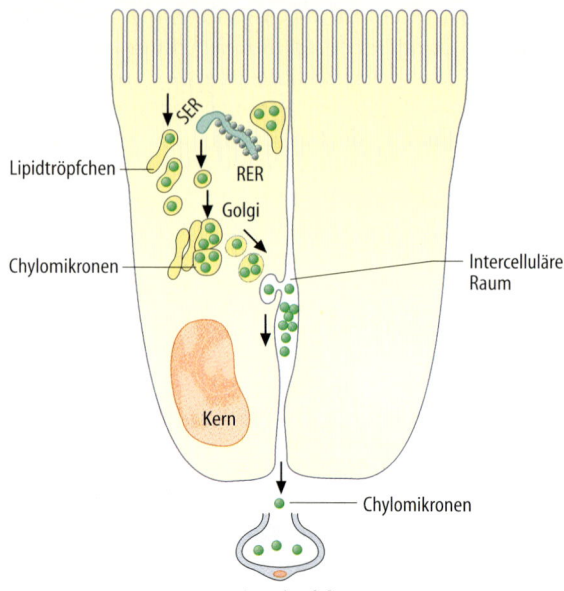

Abb. 16.53 Biosynthese und Sekretion von Chylomikronen in den Mucosazellen der duodenalen Schleimhaut. Einzelheiten siehe Text. *RER* rauhes endoplasmatisches Reticulum; *SER* glattes endoplasmatisches Reticulum

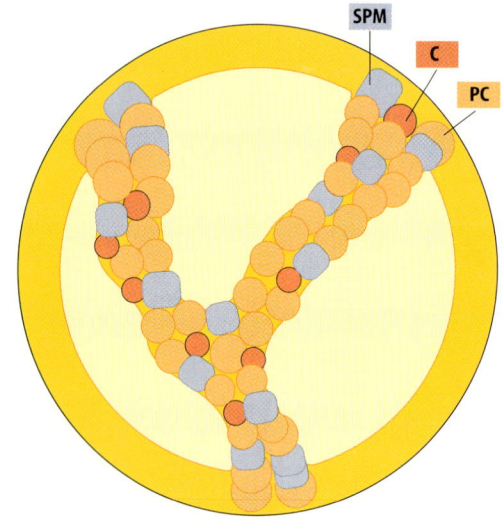

Abb. 16.52 Schematische Darstellung des Aufbaus eines HDL-Partikels. *C* Cholesterin; *CE* Cholesterinester; *PC* Phosphatidylcholin; *SPM* Sphingomyelin; *A1, 2* Apolipoprotein A1 und A2

und D aktivieren die Lecithin-Cholesterin-Acyltransferase.

16.5.2 Stoffwechsel der Lipoproteine

Triacylglycerinreiche Lipoproteine entstehen in Darm und Leber

Chylomikronen und *VLDL* sind die besonders triacylglycerinreichen Lipoproteine. Die ersteren sind für den Transport von mit der Nahrung aufgenommenen Triacylglycerinen, die letzteren für den Transport von in der Leber aus endogenen Quellen synthetisierten Triacylglycerinen verantwortlich.

Chylomikronen entstehen in den Mucosazellen der duodenalen Schleimhaut. Nach der Resynthese der bei der Resorption aufgespaltenen Triacylglycerine (S. 1012) erfolgt ihre Biosynthese durch Assoziation von Triacylglycerinen, Cholesterin und Phosphoglyceriden mit den Apolipoproteinen AI, AII und B_{48} (Abb. 16.53). Der Ort dieser Assemblierung ist der Golgi-Apparat

der Mucosazellen. Von dort werden die Chylomikronen in Sekretgranula gespeichert und unter Einschaltung des mikrotubulären Systems (S. 195) durch Exocytose an den extrazellulären Raum abgegeben. Hier sammeln sie sich in den intestinalen Lymphgängen und gelangen über den Ductus thoracicus in den Kreislauf.

Grundsätzlich gleichartig erfolgt die Assemblierung der VLDL. Die Kapazität der intestinalen Mucosa zur Synthese dieser Lipoproteinklasse ist relativ gering, jedoch sind Hepatocyten in großem Umfang zur VLDL-Biosynthese und -sekretion fähig. Auch diese Partikel sind sehr Triacylglycerin-reich, enthalten daneben auch Cholesterin, Cholesterinester und Phosphoglyceride. Die Assemblierung mit den Apolipoproteinen CI – III, B_{100} und E erfolgt ebenfalls im Golgi-Apparat, von wo aus VLDL-Partikel in Sekretgranula gespeichert und vom Hepatocyten sezerniert werden.

Triacylglycerinreiche Lipoproteine werden durch die Lipoproteinlipase abgebaut

Am Abbau der Triacylglycerin-reichen Lipoproteine sind in besonderem Umfang die extrahepatischen Gewebe beteiligt. Allerdings bestehen beträchtliche Unterschiede in den Abbauwegen für Chylomikronen und VLDL (Abb. 16.54).

Unmittelbar nach ihrem Erscheinen im Blut ändert sich die Oberfläche der *Chylomikronen.* In Abhängigkeit von der Konzentration von HDL, besonders der Untergruppe HDL_2, erfolgt ein Austausch der Apolipoproteine des Typs C und E zwischen HDL und Chylo-

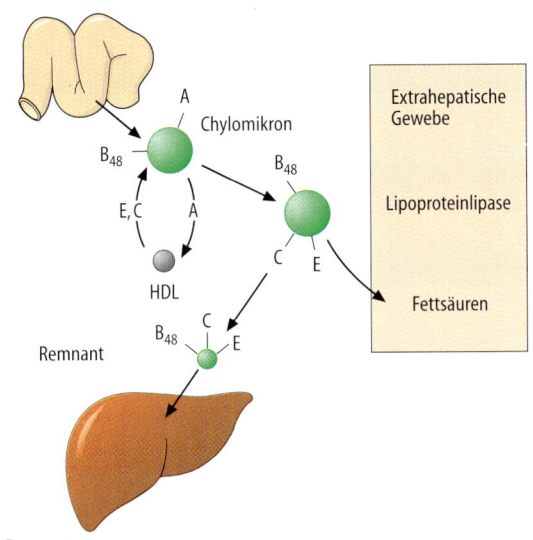

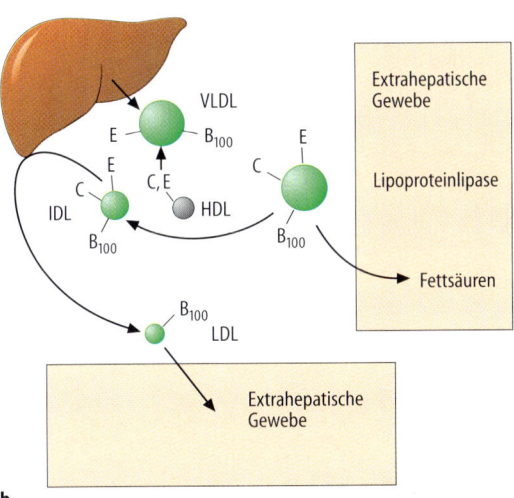

Abb. 16.54 a, b Abbau der Triacylglycerin-reichen Lipoproteine. **a** Abbau von Chylomikronen, **b** Abbau von VLDL. (Einzelheiten s. Text)

mikronen. Besonders wichtig ist das Apolipoprotein CII als ein Cofaktor der *Lipoproteinlipase.* Dieses lipolytisch wirksame Enzym (S. 427) ist an den Endothelzellen der Kapillaren sowie an der Plasmamembran der extrahepatischen Gewebe lokalisiert und katalysiert die Spaltung von Triacylglycerin zu Glycerin und Fettsäuren. Die Fettsäuren werden von den extrahepatischen Geweben aufgenommen und verstoffwechselt (S. 448), dagegen gelangt Glycerin zur Leber um dort phosphoryliert und anschließend in den Stoffwechsel eingeschleust zu werden.

Lipoproteinlipasen mit Spezifität für Triacylglycerine in Chylomikronen und in VLDL werden in vielen Geweben synthetisiert. Ihr Wirkungsort ist vor allem das Kapillarendothel, an das sie über Iduronsäurehaltige Glykosaminoglykane der Kapillarendothelzel-

len gebunden sind. Diese Beobachtung erklärt jedenfalls, daß Lipoproteinlipasen im intakten Organismus durch Injektion von Heparin (S. 130, 927) vom Kapillarendothel abgelöst werden können und nun im strömenden Blut erscheinen. Man muß aufgrund dieses Befundes annehmen, daß die Lipoproteinlipasen eine höhere Affinität zum injizierten Heparin als zu den Glykosaminoglykanen der Endothelzellen haben.

Beim Abbau der Chylomikronen durch die Lipoproteinlipase gehen 70–90 % des Triacylglyceringehalts verloren. Gleichzeitig findet ein beträchtlicher Verlust an Apolipoprotein A sowie Cholesterin statt. Beide werden offenbar auf HDL-Vorstufen, sogenannte discoidale HDL übertragen, wobei die Fraktion HDL$_3$ entsteht. Das Überbleibsel des Chylomikronenabbaus, welches auch als *Remnant* (= *engl.* Überbleibsel) bezeichnet wird, gelangt zur Leber. Dort erfolgt über spezifische Rezeptoren für die Apolipoproteine B und E eine Internalisierung und damit schließlich ein Abbau dieses Restpartikels.

Im Gegensatz zu Chylomikronen werden *VLDL* in der Leber synthetisiert und ans Blut abgegeben. Auch hier erfolgt zunächst durch Wechselwirkung mit HDL-Partikeln eine Anreicherung mit den Apolipoproteinen E und C, besonders CII. Aus diesem Grund werden VLDL-Partikel am Kapillarendothel durch die dort vorhandene Lipoproteinlipase abgebaut, wobei ein Partikel intermediärer Dichte, das *IDL* (IDL = *engl.* intermediate density lipoprotein) entsteht. Auf einem in seinen Einzelheiten nicht aufgeklärten Weg werden in der Leber aus IDL die *LDL-Partikel* gebildet. Die letzteren enthalten überwiegend das Apolipoprotein B, die auf dem IDL-Partikel noch vorhandenen Apolipoproteine C und der größte Teil der Apolipoproteine E gehen bei dieser Umwandlung verloren. Zum Teil erfolgt dies durch Austausch mit HDL-Partikeln, jedoch ist auch eine Wechselwirkung mit dem Apolipoprotein B- und E-Rezeptor der Hepatocyten notwendig. Auf jeden Fall scheint eine Wechselwirkung des IDL-Partikels mit den hepatischen Rezeptoren für die vollständige Umwandlung zum LDL notwendig zu sein.

Damit kommt den triacylglycerinreichen Lipoproteinen eine klare Funktion im Lipidstoffwechsel zu. Als Chylomikronen transportieren sie Nahrungstriacylglycerine, als VLDL endogen synthetisierte Triacylglycerine vom Darm bzw. der Leber in das Kapillarendothel und extrahepatische Gewebe. Dort erfolgt der Abbau eines großen Teils ihrer Acylglycerine, was mit einer Formänderung sowie mit einem Apolipoproteinaustausch, vor allem mit HLD-Lipoproteinen, einhergeht. Hierbei entsteht im Fall der Chylomikronen die HDL 3 sowie von der Leber abgebaute Überbleibsel, im Fall der VLDL über die Zwischenstufe der IDL letzten Endes die LDL.

Die LDL transportieren Cholesterin zu den extrahepatischen Geweben und regulieren deren Cholesterinbiosynthese

Von den Plasmalipoproteinen enthalten die **LDL** am meisten Cholesterin und Cholesterinester, die entsprechend der Herkunft der LDL aus der Leber stammen und von dort zu den extrahepatischen Geweben transportiert werden, wo sie meist als Membranbauteil Verwendung finden.

Untersucht man die Geschwindigkeit der Cholesterinbiosynthese in extrahepatischen Geweben in vivo oder in Zellkultur unter dem üblichen Serumzusatz, so ist die Geschwindigkeit der Cholesterinbiosynthese außerordentlich gering. Entfernt man jedoch die LDL aus dem Kulturmedium durch Delipidierung des Serums, so steigt die Geschwindigkeit der Cholesterinbiosynthese sehr deutlich an. Diese Beziehung zwischen der LDL-Konzentration in der extrazellulären Flüssigkeit und der Cholesterinbiosynthese spiegelt sich auch in der Aktivität der **HMG-CoA-Reduktase** wider. Bei niedriger Cholesterinzufuhr über LDL und dementsprechend hoher Cholesterinbiosynthese ist die Aktivität dieses Enzyms erhöht. Dieser Befund führte zur Entdeckung der in Abb. 16.55 dargestellten Beziehung zwischen dem in den LDL transportierten Cholesterin und der Cholesterinbiosynthese extrahepatischer Gewebe.

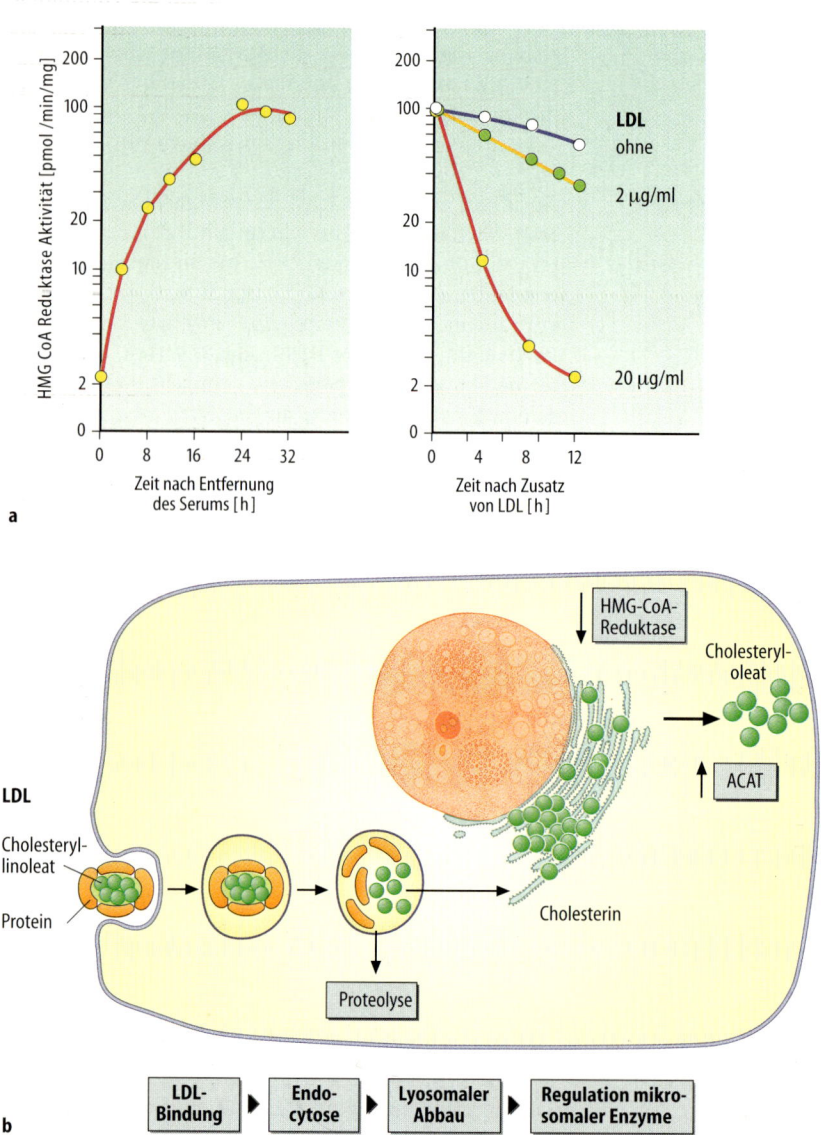

Abb. 16.55 a, b Beziehung zwischen der Plasmacholesterinkonzentration und der Cholesterinbiosynthese. **a** Kultiviert man humane Fibroblasten in Anwesenheit von LDL-haltigem Serum, so ist die Geschwindigkeit ihrer Cholesterinbiosynthese sehr gering. Entfernt man die LDL-Fraktion aus dem Serum und damit das Serumcholesterin, so steigt die endogene Cholesterinbiosynthese sehr deutlich an. Umgekehrt führt der Zusatz gereinigter LDL zu einer raschen Aktivitätsabnahme der HMG-CoA-Reduktase. **b** Aufnahme und Stoffwechsel der LDL-Partikel in extrahepatischen Geweben. (Einzelheiten s. Text)

Entscheidend hierfür ist, daß zunächst die LDL-Partikel an einen spezifischen, in der Plasmamembran der Zielzelle gelegenen Rezeptor, den *LDL-Rezeptor,* binden. Sein Ligand ist das Apolipoprotein B_{100}. Bindung von LDL an die LDL-Rezeptoren löst die Aufnahme der LDL-Partikel in die Zelle durch *Endocytose* aus. Die inkorporierten LDL assoziieren mit Lysosomen unter Bildung von sekundären Lysosomen. Intralysosomal erfolgt ihr Abbau, wobei das Apolipoprotein B_{100} durch lysosomale Proteasen gespalten wird. Die in den LDL-Partikeln enthaltenen Cholesterinester werden durch eine *lysosomale saure Lipase* hydrolysiert, wonach das freie Cholesterin das Lysosom verläßt. An den Membranen des endoplasmatischen Reticulums beeinflußt Cholesterin nun zwei Enzyme:

- Zum einen reduziert es die Aktivität der HMG-CoA-Reduktase durch eine Reduktion der Transkription des zugehörigen Gens und unterdrückt auf diese Weise die Geschwindigkeit der Cholesterinbiosynthese.
- Zum anderen aktiviert es die Acyl-CoA-Cholesterin-Acyltransferase (ACAT), was zu einer Veresterung des Cholesterins mit Speicherung der entstehenden Cholesterinester in den Lipidtropfen der Zelle führt.

Auf diese Weise spielt der LDL-Rezeptor extrahepatischer Gewebe eine bedeutende Rolle im Cholesterinstoffwechsel. Er ist für die Bindung und Aufnahme der cholesterinreichen LDL-Partikel verantwortlich und sorgt damit für eine Senkung des Cholesterinspiegels im Plasma. Zusätzlich vermittelt er eine Hemmung der Cholesterinbiosynthese extrahepatischer Gewebe und verhindert so eine Überschwemmung der Zellen mit Cholesterin.

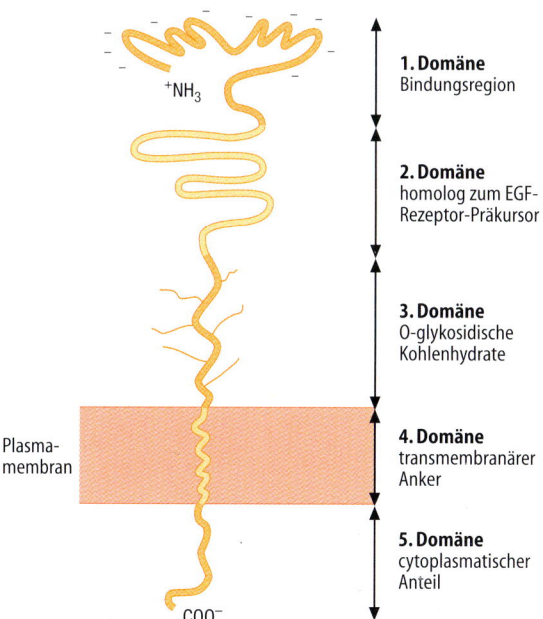

Abb. 16.56 Aufbau des LDL-Rezeptors aus verschiedenen Domänen

1. Domäne
Bindungsregion

2. Domäne
homolog zum EGF-Rezeptor-Präkursor

3. Domäne
O-glykosidische Kohlenhydrate

Plasma-membran

4. Domäne
transmembranärer Anker

5. Domäne
cytoplasmatischer Anteil

Die 1985 mit dem Nobel-Preis für Medizin ausgezeichneten Arbeiten von Joseph Goldstein und Michael Brown haben zur Strukturaufklärung des LDL-Rezeptors und zur Aufklärung seiner Wirkungsweise geführt. Wie aus Abb. 16.56 hervorgeht, stellt der aus 839 Aminosäuren bestehende LDL-Rezeptor ein Membranprotein mit einer Reihe für seine Funktion wichtiger Domänen dar. Das N-terminale Ende des Rezeptorproteins entspricht dem extrazellulären Anteil. Es enthält zunächst eine aus 292 Aminosäuren bestehende Domäne, die die Bindungsstelle für Apolipoprotein B_{100} und Apolipoprotein E enthält. Wie bei vielen Rezeptoren finden sich hier gehäuft Cysteinreste, darüber hinaus eine Anhäufung negativer Ladung. An diese Ligandenbindungsdomäne schließt eine weitere aus 400 Aminosäuren bestehende Domäne an, die Homologie zum EGF-Rezeptor-Präkursor (S. 779) zeigt. Auf sie folgt eine aus etwa 58 Aminosäuren bestehende Domäne, die über O-glykosidische Bindungen glykosyliert ist und die Verbindung zur Transmembrandomäne darstellt, die aus 22 hydrophoben Aminosäuren besteht und den LDL-Rezeptor in der Plasmamembran verankert. Im Cytoplasma liegt schließlich das C-terminale Ende des Rezeptors, das aus 50 Aminosäuren besteht.

Der LDL-Rezeptor wird im rauhen endoplasmatischen Reticulum in Form eines Präkursorproteins synthetisiert und wie alle Glykoproteine im rauhen endoplasmatischen Reticulum sowie im Golgi-Apparat prozessiert. Etwa 45 Minuten nach seiner Synthese erscheint er in korrekter Orientierung auf der Zelloberfläche (Abb. 16.57). Der cytoplasmatische Teil des Rezeptorproteins kann in Wechselwirkung mit Klathrin (S. 194) treten, so daß sich der Rezeptor in coated pits sammelt und in dieser Form zur Bindung von LDL-Partikeln bereit ist. Bereits 3–5 Minuten nach diesem Vorgang kommt es zur Endocytose dieser coated pits, wobei deren Klathrinschicht verlorengeht und endocytotische Vesikel entstehen. In ihnen sinkt der pH-Wert wegen des Vorhandenseins einer ATP-getriebenen Protonenpumpe (S. 181, 190) auf Werte unter 6,5, so daß es zur Dissoziation von LDL und Rezeptor kommt. Die ersteren werden danach in Lysosomen abgebaut, der Rezeptor jedoch kehrt in Form kleiner Vesikel wieder zur Zelloberfläche zurück und steht für die Bindung weiterer Lipoproteine zur Verfügung. Die für einen derartigen Transportcyclus benötigte Zeit beträgt etwa 10 Minuten. (Über die Bedeutung der LDL-Rezeptoren bei der familiären Hypercholesterinämie S. 478).

Die HDL sind für den reversen Cholesterintransport verantwortlich

Im Gegensatz zu anderen Lipoproteinen ist die Fraktion der *HDL* nicht einheitlich. Aufgrund eines unterschiedlichen Gehalts an Apolipoproteinen sowie unterschiedlichem Lipidgehalt können mindestens drei HDL-Gruppen unterschieden werden, die als HDL 1, HDL 2 und HDL 3 bezeichnet werden.

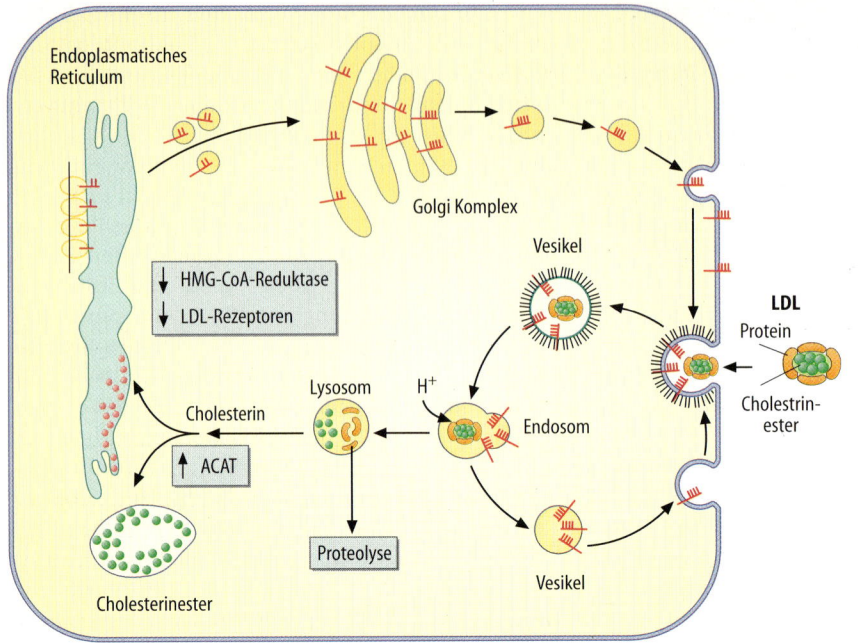

Abb. 16.57 Der intrazelluläre Kreislauf des LDL-Rezeptors. ⊨ LDL-Rezeptor; | Klathrin. (Einzelheiten s. Text)

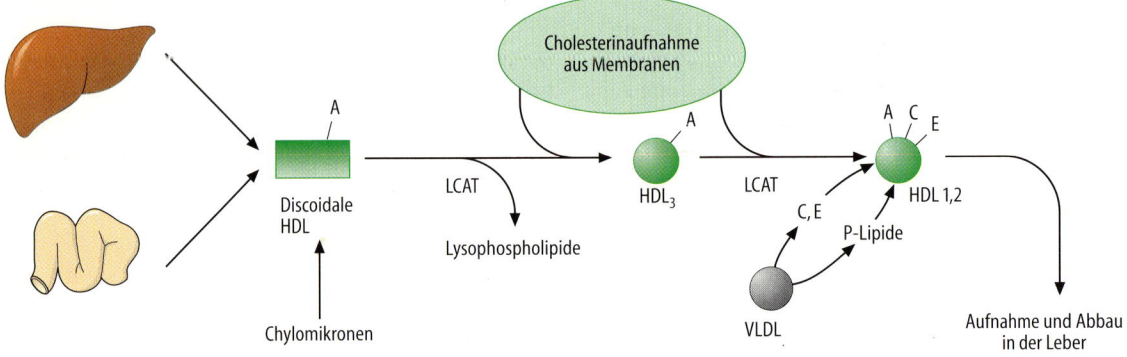

Abb. 16.58 Die Funktion der HDL beim reversen Cholesterintransport. (Einzelheiten s. Text)

Abbildung 16.58 stellt die heutigen Vorstellungen über die Funktion der HDL zusammen. Es gilt als gesichert, daß beim Abbau von Chylomikronen in extrahepatischen Geweben *discoidale HDL-Partikel* entstehen, welche bevorzugt das Apolipoprotein A, Phospholipide und Cholesterinester enthalten. Außerdem liefern wahrscheinlich auch der Darm und die Leber entsprechende HDL-Vorstufen. Dank ihres Gehalts an Apolipoprotein AI sind solche Partikel imstande, das von der Leber synthetisierte und sezernierte Enzym *Lecithin-Cholesterin-Acyltransferase* (LCAT) zu binden. Das Enzym katalysiert die Reaktion:

Cholesterin + Phosphatidylcholin $\rightleftharpoons$
Cholesterinester + Lysophosphatidylcholin

Durch die Einwirkung der LCAT nimmt der Gehalt der HDL an Cholesterinestern zu, gleichzeitig verringert sich ihr Gehalt an Phosphoglyceriden, da das gebildete

Lysophosphatidylcholin von den HDL-Partikeln abdiffundiert. Hierdurch nehmen die HDL ihre runde Form als micelläre Partikel an. Da die durch LCAT gebildeten Cholesterinester in den apolaren Kern der HDL-Partikel wandern, entsteht auf der HDL-Oberfläche Platz, in den aus den Membranen extrahepatischer Gewebe stammendes Cholesterin eingelagert werden kann. Dadurch entsteht zunächst die Fraktion der *HDL 3,* durch weiteren Angriff der LCAT und Übernahme von Material, welches beim Abbau der VLDL entsteht (Phospholipide, Apolipoproteine C, E) auch die *HDL 2* und *HDL 1.* Beide werden gut von der Leber aufgenommen und dort dem endgültigen Abbau zugeführt.

Dieser Mechanismus steht mit der Vorstellung in Übereinstimmung, daß eine der Hauptfunktionen der HDL im *reversen Cholesterintransport* besteht, nämlich dem Transport von extrahepatischem Cholesterin zur Leber als dem Hauptausscheidungsort des Cholesterins. Hierbei sind die HDL 1 von besonderer Bedeutung, da sie dank ihres hohen Gehalts an Apolipoprotein E in den extrahepatischen Geweben die LDL kompetitiv vom LDL-Rezeptor verdrängen können. Damit wird die Aufnahme von LDL-Cholesterin in extrahepatische Gewebe vermindert.

16.6 Pathobiochemie

Neben den eigentlichen Lipidspeicherkrankheiten (S. 463) gibt es eine Reihe von Erkrankungen, die sich durch Veränderungen im Lipoproteinmuster des Plasma charakterisieren lassen. Generell kann man Hypo- und Hyperlipoproteinämien unterscheiden. Neben primären Lipoprotein-Stoffwechselstörungen, die auf genetischen Defekten beruhen, kommen wesentlich häufiger sekundäre Lipoprotein-Stoffwechselstörungen vor, die durch Diätfehler oder andere Primärerkrankungen verursacht werden.

Hypolipoproteinämien beruhen meist auf genetischen Defekten

A-β-Lipoproteinämie. Die A-β-Lipoproteinämie ist charakterisiert durch das Fehlen der LDL im Plasma. Als Defekt liegt der Erkrankung eine genetisch fixierte Störung der Apolipoprotein-B-Biosynthese zugrunde. Infolge dessen findet sich zunächst eine ausgeprägte Verminderung der LDL mit entsprechender Hypocholesterinämie. Da das Apolipoprotein B aber auch integrierender Bauteil der Chylomikronen und VLDL ist, geht mit der Erkrankung eine Verminderung der Plasmatriacylglycerine einher. Nach oraler Fettbelastung fehlen die Chylomikronen. Als Ausdruck der Transportstörung findet sich eine ausgeprägte Erhöhung des Triacylglceringehaltes der Zellen der Darmmucosa und der Leber.

Hypo-α-Lipoproteinämie (Tangier-Erkrankung). Diese Erkrankung wurde erstmalig bei Geschwistern, die auf der Tangier-Insel in Virginia lebten, entdeckt. Im Plasma dieser Patienten ist der Spiegel an HDL und damit auch der Cholesteringehalt extrem erniedrigt; es

kommt dagegen zu einer Cholesterinspeicherung in den Zellen des reticuloendothelialen Systems. Der dieser Erkrankung zugrundeliegende Defekt betrifft die Apo-A-Lipoproteine. Infolgedessen reagieren die Betroffenen nach fettreicher Diät mit normaler Chylomikronenbildung und können auch nach kohlenhydratreicher Kost ungestört Triacylglycerine in Form von VLDL sezernieren.

Hyperlipoproteinämien stellen ein schweres Gesundheitsrisiko dar

Im Jahr 1992 sind in Deutschland fast 450.000 Personen an Krankheiten des Herz-Kreislauf-Systems verstorben, was knapp die Hälfte aller Todesfälle dieses Jahres ausmacht. Die Häufigkeit dieser Erkrankungen steigt von Jahr zu Jahr, wobei die coronare Herzerkrankung ein besonderes Gewicht hat. Diese beruht auf einer arteriosklerotischen Erkrankung der Coronararterien und führt u. a. zum Herzinfarkt (S. 515). Untersucht man die Betroffenen, so finden sich außerordentlich häufig die in Tabelle 16.8 zusammengestellten Risikofaktoren. Neben Adipositas, Diabetes mellitus, Hypertonie der Homocysteinämie (S. 551) und Zigarettenrauchen nehmen Hyper- und Dyslipoproteinämien einen ganz besonders hohen Rang ein. In einer Reihe von Studien konnte gezeigt werden, daß eine Korrelation zwischen der Höhe des Cholesterinspiegels und der Mortalität an coronarer Herzerkrankung besteht. Darüber hinaus haben mehrere prospektive Langzeitstudien zu der Erkenntnis geführt, daß eine Senkung des Cholesterinspiegels in der Tat das Coronarrisiko vermindert. Natürlich sind über den Faktor Hyperlipidämie hinaus noch eine Reihe weiterer pathophysiologischer Mechanismen entscheidend an der Entstehung der coronaren Herzerkrankung beteiligt (Abb. 16.59).

Tabelle 16.8 Risikofaktoren bei coronarer Herzerkrankung und arterieller peripherer Verschlußkrankheit

Coronare Herzerkrankung	Hyper- und Dyslipoproteinämie
	Zigarettenrauchen
	Hypertonie
	Diabetes mellitus
	Übergewicht
Arterielle periphere Verschlußkrankheit	Zigarettenrauchen
	Hyper- und Dyslipoproteinämie
	Diabetes mellitus

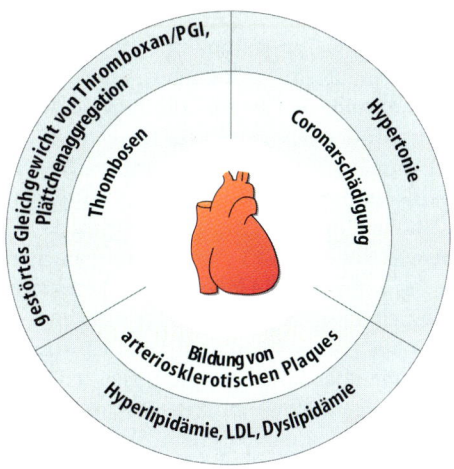

Abb. 16.59 Wechselbeziehungen der an der coronaren Herzkrankheit beteiligten Risikofaktoren

Primäre Hyperlipoproteinämien beruhen auf genetischen Defekten des Lipoproteinstoffwechsels

Man weiß heute zwar, daß die einzelnen Lipoproteine nicht statische, für den Transport einer bestimmten Lipidart spezialisierte Transporteinheiten sind, sondern in einem dynamischen Gleichgewicht untereinander stehen und ineinander übergehen können. Trotzdem lassen sich Krankheitsbilder definieren, bei denen häufig nur ein Lipoproteintyp eine erhöhte Konzentration gegenüber der Norm aufweist. Soweit es sich dabei um primäre, d. h. genetisch fixierte Defekte handelt, ist die Zuordnung zu bestimmten Apoproteindefekten wenigstens teilweise möglich gewesen. Aufgrund ihres Erscheinungsbildes lassen sich fünf Typen von primären Hyperlipoproteinämien unterscheiden.

Hyperlipoproteinämie Typ I. Bei der Hyperlipoproteinämie Typ I sind auch nach 12-stündiger Nahrungskarenz Chylomikronen im Plasma nachweisbar. Beim Stehen setzt sich aus dem trüben, lipämischen Serum eine dicke Fettschicht an der Oberfläche ab. Der Triacylglyceringehalt des Serums ist entsprechend erhöht, jedoch kann auch der Choleseringehalt gesteigert sein. Der Grund für diesen Anstieg der Plasmatriacylglycerine ist ein Mangel an Lipoproteinlipase, der autosomal-rezessiv vererbt wird. In manchen Fällen fehlt auch das Apolipoprotein C II, so daß es nicht zur Aktivierung der Lipoproteinlipase kommt. Dieser Mangel an Lipoproteinlipase-Aktivität führt dazu, daß Nahrungsfette zwar resorbiert und als Chylomikronen in das Blut eingespeist, aber nicht rasch genug verwertet werden können. Die Therapie der Erkrankung besteht in einer Reduktion der Fettzufuhr auf weniger als 3 g/Tag. Dabei sollten bevorzugt Triacylglycerine mit Fettsäuren kurzer und mittlerer Kettenlänge gegeben werden, da diese direkt an das Pfortaderblut abgegeben und nicht in Chylomikronen eingebaut werden (S. 723).

Hyperlipoproteinämie Typ II (familiäre Hypercholesterinämie). Diese autosomal-dominant vererbte Erkrankung ist durch eine sehr starke Erhöhung der Cholesterinkonzentration des Serums gekennzeichnet, die mit einer Erhöhung der LDL-Fraktion einhergeht. Die Triacylglycerinkonzentration kann normal (Typ IIa) bzw. leicht erhöht (Typ IIb) sein. Heterozygote kommen mit einer Häufigkeit von 1 : 500 vor und machen etwa 5 % der Patienten aus, die jünger als 60 Jahre sind und bereits einen Myokardinfarkt hinter sich haben. Homozygote Träger der Erkrankung kommen mit einer Frequenz von 1 : 1.000.000 vor und leiden schon in der Kindheit an einer schweren Arteriosklerose mit coronarer Herzerkrankung und Cerebralsklerose.

Die Ursache des Defektes liegt in einem Funktionsdefekt des LDL-Rezeptors. Aufgrund molekularbiologischer Untersuchungen des LDL-Rezeptors bzw. seines Gens an einer großen Zahl homozygoter Patienten konnten vier Klassen von Mutationen definiert werden, die das Krankheitsbild auslösen können. Am häufigsten (ca. 50 % der Fälle) findet sich ein Rezeptormangel. In anderen Fällen wird der Rezeptor zwar synthetisiert jedoch nicht posttranslational prozessiert und glykosyliert, so daß er nicht in die Membran eingebaut werden kann. Gelegentlich fanden sich Defekte der LDL-Bindungsstellen des Rezeptors oder infolge von Mutationen am C-terminalen Teil des Rezeptors, eine Störung der Assoziation mit Klathrin und damit der Bildung der für die Rezeptorinternalisierung wichtigen coated pits. Die genannten Defekte führen ohne Ausnahme zu einer Hemmung der LDL-Aufnahme und damit zum Anstieg des Serumcholesterins. Auf der anderen Seite fällt die Hemmung der endokrinen Cholesterinbiosynthese der extrahepatischen Gewebe durch die LDL-Aufnahme (S. 474) weg, so daß es zur überschüssigen Cholesterinbiosynthese kommt. Dies erhöht die Serumcholesterinkonzentration und damit das Arterioskleroserisiko weiter.

Die Behandlung besteht bei Homozygoten darin, das Plasma in regelmäßigen Abständen durch Affinitätschromatographie an einer mit einem Apolipoprotein B-Antikörper dotierten Matrix zu behandeln. Daneben muß die Cholesterinzufuhr gesenkt und der Cholesterinspiegel durch Gaben von Cholestyramin (S. 1003) und Nicotinsäure gesenkt werden.

Ein weiteres Therapieprinzip, das bei heterozygoten Patienten eingesetzt werden kann, besteht in der Behandlung mit Hemmstoffen der HMG-CoA-Reduktase (Mevilonin, S. 469), die außerdem zu einer vermehrten Synthese von LDL-Rezeptoren führen. Bei Homozygoten ist wegen des Befalls beider Allele des LDL-Rezeptor-Gens eine derartige Therapie nicht sinnvoll. Hier wurden jedoch bereits erste Versuche zur Gentherapie durchgeführt (S. 351).

Hyperlipoproteinämie Typ III. Kennzeichnend für diese Erkrankung ist das Auftreten einer besonders breiten Lipoproteinbande im β-Globulinbereich der Lipidelektrophorese. Die in dieser Bande wandernden Lipoproteine gehören ihrer Dichte nach zu den VLDL. Aus der gegenüber normalen VLDL geänderten elektrophoretischen Wanderungsgeschwindigkeit kann geschlossen werden, daß es sich um ein *atypisches VLDL* mit geänderter Apolipoprotein-Zusammensetzung handelt. Die Patienten sind homozygot für eine als Apo E_2 bezeichnete Variante des Apolipoprotein E. Lipoproteine mit diesem Protein werden nicht vom LDL-Rezeptor erkannt, weswegen sich im Blut relativ cholesterinreiche Apolipoproteine ansammeln, die von einem spezifischen, als *Scavenger Rezeptor* bezeichneten Makrophagenrezeptor gebunden werden. Dies führt zur Internalisierung und zur Umwandlung von Makrophagen in lipidreiche Schaumzellen. Im Serum finden sich erhöhte Triacylglycerin- und Cholesterinspiegel, außerdem lagert sich Cholesterin in der Haut der Erkrankten ab. Das Arterioskleroserisiko ist extrem hoch. Die Behandlung besteht in einer Reduktion der Cholesterinzufuhr.

Hyperlipoproteinämie Typ IV. Diese Form der Hyperlipoproteinämie zeichnet sich durch eine deutliche Zunahme der Triacylglycerine mit einer geringgradigen Zunahme des Cholesteringehalts im Serum aus. Das Serum ist in Abhängigkeit vom Ausmaß der Triacylglycerinvermehrung klar bis milchig trüb. Vermehrt sind die VLDL. Die Konzentration der Lipoproteine wird durch eine kohlenhydratreiche Mahlzeit deutlich erhöht, weswegen die Erkrankung auch als kohlenhydratinduzierte Hyperlipämie bezeichnet wird. Der metabolische Defekt der Erkrankung ist nicht bekannt, häufig handelt es sich um Patienten mit auffallendem Übergewicht, Diabetes mellitus und Hyperurikämie. Die Therapie besteht in einer Reduktion der Energie- und Kohlenhydratzufuhr.

Hyperlipoproteinämie Typ V. In ihrem Erscheinungsbild entspricht diese Form der Hyperlipoproteinämie einer Mischform der Typen I und IV. Charakteristisch sind eine exzessive Vermehrung der Triacylglycerine und eine mäßige Vermehrung des Cholesterins im Serum. In der Elektrophorese findet sich eine Zunahme der Chylomikronen und der VLDL. Der primäre Defekt der Erkrankung ist nicht bekannt, das Krankheitsbild

ist außer der Änderung der Blutfettkonzentrationen durch Ablagerung von Cholesterin in der Haut gekennzeichnet. Ein besonderes Arterioskleroserisiko besteht nicht.

Sekundäre Hypercholesterinämie. 20–25 % der erwachsenen Bevölkerung Deutschlands leidet an einer Erhöhung der Serum-Cholesterinkonzentration über dem Normalbereich. Man nimmt an, daß bei diesen Patienten eine genetische Disposition zu erhöhten LDL-Konzentrationen besteht, die jedoch durch zusätzliche exogene Faktoren wie Übergewicht oder Bewegungsmangel verstärkt werden muß.

Sekundäre Hyperlipoproteinämien sind häufig und können die verschiedensten Ursachen haben.

Bei einer Reihe von Erkrankungen wie Diabetes mellitus, Übergewicht, Verschlußikterus, nephrotisches Syndrom, Gicht, Pankreatitis, Alkoholismus, Schwangerschaft und Hypothyreose entstehen Hyperlipoproteinämien, bei denen häufig spezifische Lipoproteine vermehrt vorkommen. Am häufigsten handelt es sich um Hyperlipoproteinämien des Typs IV, gelegentlich auch des Typs II. Eine sekundäre Hyperlipoproteinämie des Typs I findet sich nur bei unbehandeltem Typ I-Diabetes und ist dementsprechend heute sehr selten. Beim Verschlußikterus sowie der Hyperthyreose finden sich darüber hinaus atypische Lipoproteine.

! **RESÜMEE** Der größte Teil der im Organismus vorkommenden Lipide enthält mit verschiedenen Alkoholen veresterte Fettsäurereste. Dabei macht mengenmäßig den größten Anteil die Fraktion der Triacylglycerine aus, die auch den größten Energiespeicher des Organismus darstellen.

Durch Lipolyse werden Triacylglycerine zu Fettsäuren und Glycerin gespalten. Fettsäuren werden intramitochondrial durch β-Oxidation zu Acetyl-CoA abgebaut, das dann der Energiegewinnung oder den verschiedensten Biosynthesen zur Verfügung steht. Bei stark gesteigerter β-Oxidation entstehen in der Leber aus Acetyl-CoA die Ketonkörper, die wasserlösliche Fettsäurederivate sind und gute Substrate für eine Reihe extrahepatischer Gewebe darstellen.

Auch die Fettsäurebiosynthese erfolgt vom Acetyl-CoA ausgehend. Sie ist im Cytosol lokalisiert und findet an einem Multienzymkomplex, der Fettsäuresynthase, statt. Ihr eigentliches Substrat ist jedoch das durch Carboxylierung von Acetyl-CoA entstehende Malonyl-CoA.

Substratzufuhr bzw. Substratmangel bestimmen das Verhältnis von Triacylglycerinbiosynthese bzw. -abbau. Im Überschuß aufgenommene Lipide werden als Triacylglycerine des Fettgewebes gespeichert und erst bei Energiemangel hydrolysiert und dem Organismus zur Verfügung gestellt. Eine fundamentale Rolle bei den Vorgängen der Lipidbiosynthese und Hydrolyse spielen dabei das Fettgewebe und die Leber. Störungen im Bereich von Energiezufuhr und Energieverbrauch können zu pathologischen Zuständen mit gesteigerter Lipidablagerung wie Fettsucht oder Fettleber führen.

Für die Biosynthese aller Membranen ist der Mechanismus der Phospholipid- und Sphingolipidbiosynthese von großer Bedeutung. Allgemein erfolgt er so, daß an Diacylglycerine die Nucleosiddiphosphat-aktivierten hydrophilen Kopfgruppen angelagert werden. Die amphiphilen Lipide in Membranen befinden sich jedoch in einem außerordentlich dynamischen Zustand. Sie unterliegen einem permanenten Umbau, der auch die Vorgänge des Phospholipid- und Spingolipidabbaus beinhaltet. Hierbei können eine große Zahl wichtiger Signalmoleküle wie Inositolphosphate, Diacylglycerine, Eikosanoide und Sphingosin freigesetzt werden.

Die Isopren-Lipide bilden eine eigene Gruppe von Lipiden mit eminenter biologischer Bedeutung. Sie entstehen durch Kondensation von aktiven Isopreneinheiten, dem Dimethylallylpyrophosphat und Isopentenylpyrophosphat. Durch diese Kondensationsreaktion entstehen eine große Zahl von Naturstoffen, zu denen viele Vitamine gehören. Ein besonders wichtiges Isoprenderivat ist das Cholesterin, das ein essentieller Bestandteil zellulärer Membranen ist, daneben aber auch den Ausgangspunkt für die Biosynthese der Steroidhormone sowie der Gallensäuren darstellt.

Im Blutplasma erreichen Lipide Konzentrationen, die ihre Löslichkeit weit übersteigen. Sie werden infolgedessen als Proteinkomplexe in Form von Lipoproteinen transportiert. Chylomikronen und VLDL sind dabei mit dem Transport von mit der Nahrung aufgenommenen bzw. in der Leber synthetisierten Triacylglycerinen betraut, aus dem Abbau von VLDL entstehen die LDL, die den Cholesterintransport zu den extrahepatischen Geweben vermitteln. Für den reversen Cholesterintransport zur Leber hin und damit zum Ort der Ausscheidung sind schließlich die als HDL bezeichneten Lipoproteine verantwortlich.

Literatur

Monographien und Lehrbücher

ASHWELL M (ed) Diet and heart disease. The British Nutrition Foundation, 1993

VANCE DE, VANCE J (eds) (1991) Biochemistry of Lipids, Lipoproteins and Membranes. New Comprehensive Biochemistry, Vol 20. Elsevier, Amsterdam

Original- und Übersichtsarbeiten

BENNETT MJ (1994) The enzymes of mitochondrial fatty acid oxidation. Clin Chim Acta 226: 211–224

BONE RC (1992) Phospholipids and their inhibitors: a critical evaluation of their role in the treatment of sepsis. Crit Care Med 20: 884–890

BRADY PS, RAMSAY RR, BRADY LJ (1993) Regulation of the long-chain carnitine acyltransferases. FASEB J. 7: 1039–1044

ENGLUND PT (1993) The structure and biosynthesis of glycosyl phosphatidylinositol protein anchors. Annu. Rev. Biochem. 62: 121–138

FIELDING CJ, FIELDING PE (1995): Molecular physiology of reverse cholesterol transport. J Lipid Res 36: 211–228

FLOWER RJ, ROTHWELL NJ (1994) Lipocortin-1: cellular mechanisms and clinical relevance. TiPS 15: 71–76

FOUFELLE F, GOUHOT B, PERDEREAU D, GIRARD J, FERRE P (1994) Regulation of lipogenic enzyme and phosphoenolpyruvate carboxykinase gene expression in cultured white adipose tissue. Glucose and insulin effects are antagonized by cAMP. Eur J Biochem 223: 893–900

FÜRST W, SANDHOFF K (1992) Activator proteins and topology of lysosomal sphingolipid catabolism. Biochim Biophys Acta 1126: 1–16

FUNK CD, CHEN XS, KURRE U, GRIFFIS G (1995) Leukotriene-deficient mice generated by targeted disruption of the 5-lipoxygenase gene. Adv. Prostaglandin, Thromboxane and Leukotriene Res. 23: 145–150

GELB MH, JAIN MK, BERG OG (1994) Inhibition of phospholipase A_2. FASEB J. 8: 916–924

GIRARD J, PERDEREAU D, FOUFELLE F, PRIP-BUUS C, FERRE P (1994) Regulation of lipogenic enzyme gene expression by nutrients and hormones. FASEB J. 8: 36–42

GOLDSTEIN JG, BROWN MS (1990) Regulation of the mevalonate pathway. Nature, 343: 425–430

HEBEBRAND J, HINNEY A, KLUG J (1996) Neue molekularbiologische Befunde zur Regulation des Körpergewichts. BIOspektrum 3: 30–32

HENRY Y, LEPOIVRE M, DRAPIER JC, DUCROCQ C, BOUCHER JL, GUISSANI A (1993) EPR characterization of molecular targets for NO in mammalian cells and organelles. FASEB J. 7: 1124–1134

JAYAKUMAR A, CHIRALA SS, CHINAULT CA, BALDINI A, ABU-ELHEIGA L, WAKIL SJ (1994) Isolation and chromosomal mapping of genomic clones encoding the human fatty acid synthase gene. Genomics 23: 420–424

LACKNER KJ, DIEPLINGER H, NOWICKA G, SCHMITZ G (1993) High Density Lipoprotein Deficiency with Xanthomas. J Clin Invest 92: 2262–2273

MASLOWSKA MH, SNIDERMAN D, MACLEAN LD, CIANFLONE K (1993) Regional differences in triacylglycerol synthesis in adipose tissue and in cultured preadipocytes. J Lipid Res 34: 219–228

MAYER RJ, MARSHALL LA (1993) New insights on mammalian phospholipase A$_2$(s); comparison of arachidonoyl-selective and -nonselective enzymes. FASEB J. 7: 339–348

NARUMIYA S (1995) Structures, Properties and Distributions of Prostanoid Receptors. Adv. Prostaglandin, Thromboxane and Leukotriene Res. 23: 17–23

NESS GC, EALES S, LOPEZ D, ZHAO Z (1994) Regulation of 3-hydroxy-3-methylglutaryl coenzyme A reductase gene expression by sterols and nonsterols in rat liver. Arch Biochem Biophys 308: 420–425

NESS GC, ZHAO Z, WIGGINS L (1994) Insulin and Glucagon Modulate Hepatic 3-Hydroxy-3-methylglutaryl-coenzyme A Reductase Activity by Affecting Immunoreactive Protein Levels. J Biol Chem 269: 29168–29172

OSMUNDSEN H, BREMER J, PEDERSEN JI (1991) Metabolic aspects of peroxisomal β-Oxidation. Biochim Biophys Acta 1085: 141–158

PETRIDES PE (1995) Morbus Gaucher, Diagnose und Therapie. Dtsch Med Wschr 120: 1177–1182

REA TJ, DEMATTOS RB, PAPE ME (1993) Hepatic expression of genes regulating lipid metabolism in rabbits. J Lipid Res 34: 1901–1910

ROHNER-JEANRENAUD F, JEANRENAUD B (1996) Obesity, leptin, and the brain. N Engl J Med 334: 324–325.

SCHMITZ G, LACKNER KJ (1993) High-density lipoproteins and atherosclerosis. Current Opinion in Lipidology 4: 392–400

SCHMITZ G, LACKNER KG (1993) The value of cellular markers for the assessment of cardiovasular risk. Current Opinion in Lipidology 4: 461–470

SCOW RO, BLANCHETTE-MACKIE EJ (1985) Why fatty acids flow in cell membranes. Prog Lipid Res 24: 197–241

SIGAL E (1991) The molecular biology of the mammalian arachidonic acid metabolism. Am J Physiol 260: L13-L28

SMITH S (1994) The animal fatty acid synthase: one gene, one polypeptide, seven enzymes. FASEB J. 8: 1248–1259

SMITH WL (1992) Prostanoid biosynthesis and mechanisms of action. Am. J. Physiol. 263: F181-F191

STALS HK, TOP W, DECLERCQ PE (1994) Regulation of triacylglycerol synthesis in permeabilized rat hepatocytes. FEBS Lett 343: 99–102

SUDGEN MC, HOLNESS MJ (1994) Interactive regulation of the pyruvate dehydrogenase complex and the carnitine palmitoyltransferase system. FASEB J 8: 54–61

TARTAGLIA LA, DEMBSKI M, WENG X, DENG N et al. (1995) Identification and expression cloning of a leptin receptor, OB-R. Cell 83: 1263-1271

ZEISEL SH (1993) Choline phospholipids: signal transduction and carcinogenesis. FASEB J. 7: 551–557

ZHANG Y, PROENCA R, MAFFEI M, BARONE M et al. (1994) Positional cloning of the mouse obese gene and its human homologue. Nature 372: 425–432

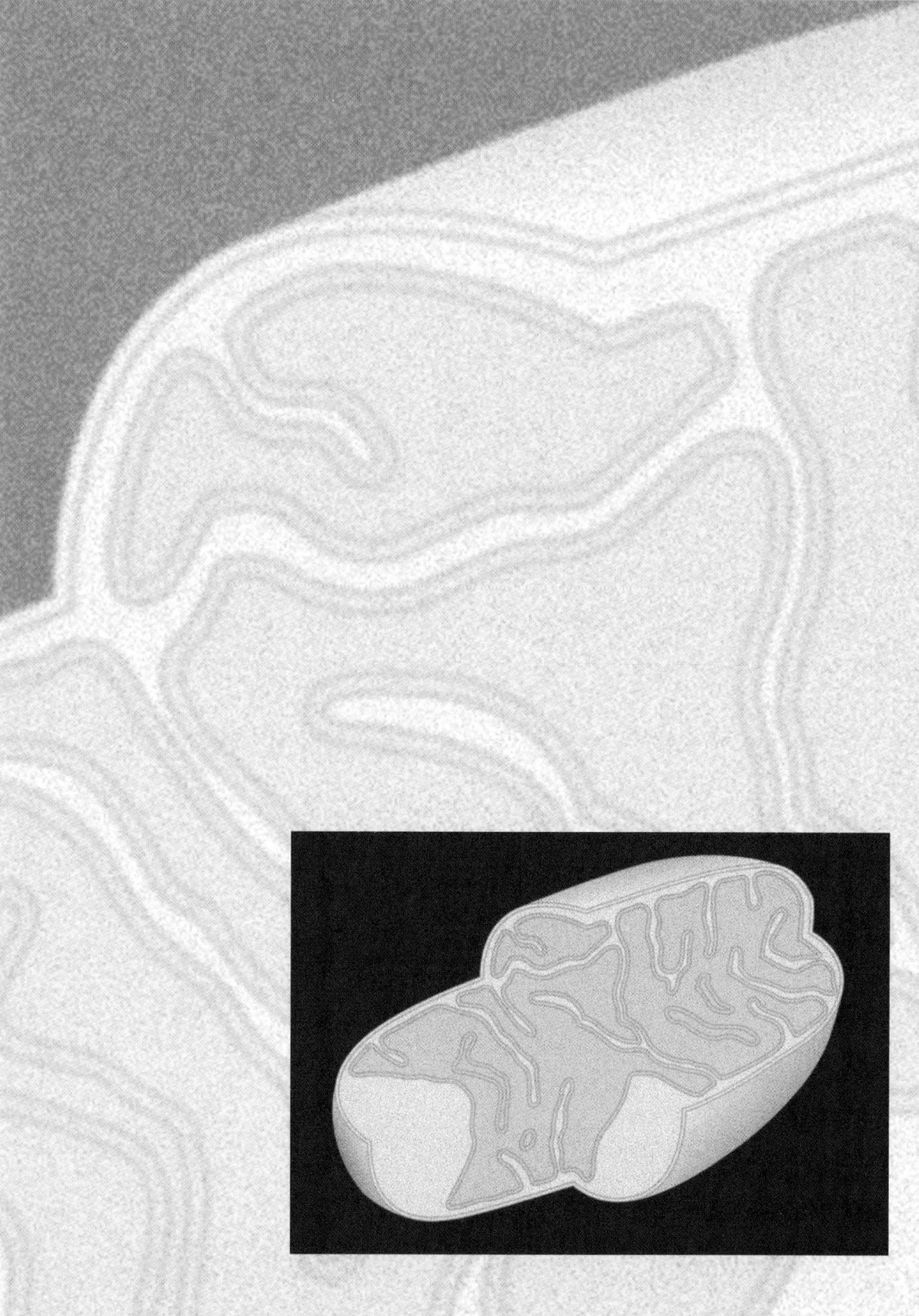

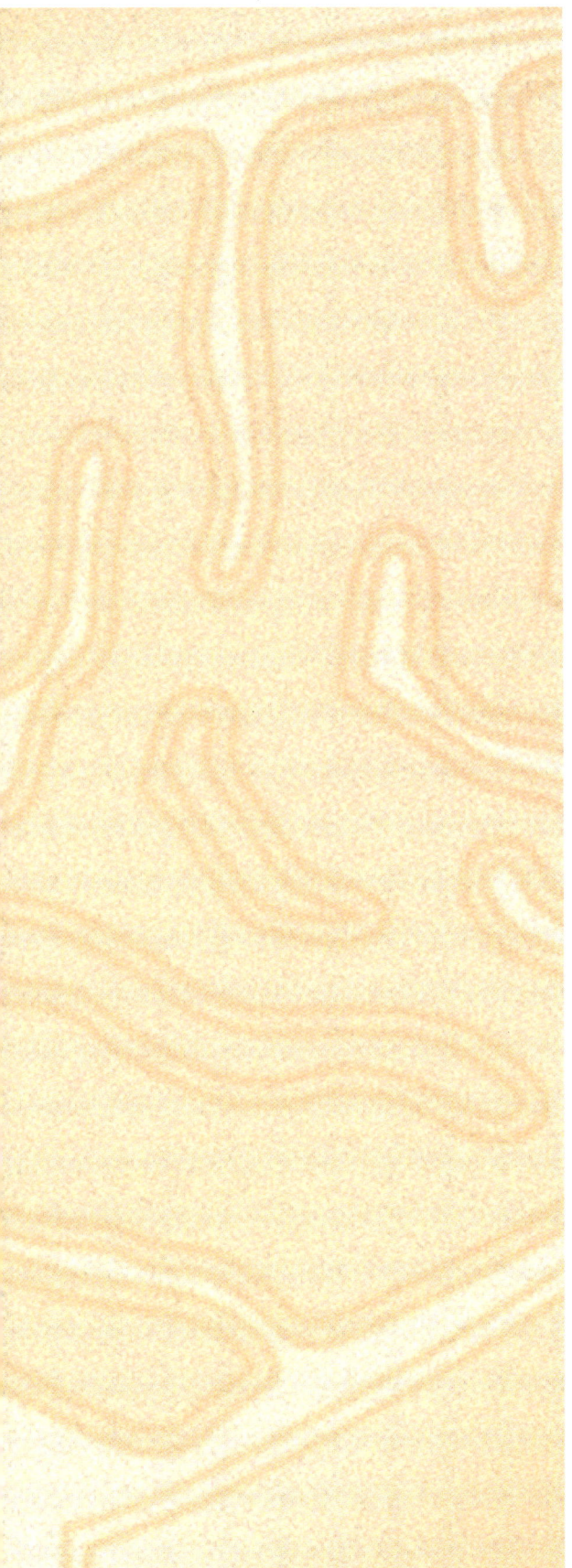

GEORG LÖFFLER

Der Citratcyclus

Es war eine überraschende Erkenntnis, daß nahezu alle katabolen Stoffwechselvorgänge zur aktivierten Essigsäure, dem Acetyl-CoA, führen. Es entsteht aus dem aus der Glykolyse stammenden Pyruvat, bei der β-Oxidation der Fettsäuren, sowie beim Abbau vieler Aminosäuren. Die Lösung der Frage des Abbaus von Acetyl-CoA gelang Hans Adolf Krebs. Er fand, daß hierfür ein cyclischer Vorgang verantwortlich ist, in dessen Verlauf Acetyl-CoA zunächst mit Oxalacetat unter Bildung von Citrat kondensiert. Citrat wird danach schrittweise wieder auf die Stufe des Oxalacetats decarboxyliert und oxidiert. Die dabei gewonnenen Reduktionsäquivalente werden in der Atmungskette reoxidiert. Zur Ehre seines Entdeckers wird der Citratcyclus auch als Krebs-Cyclus bezeichnet.

Mitochondrien sind die Kraftwerke der Zelle. In ihnen finden die im Citratcyclus ablaufenden Reaktionen statt, die dem Abbau von Acetyl-Resten zu CO_2 und Reduktionsäquivalenten dienen.
(Bild: B. Bittermann, BITmap, Mannheim)

17.1   Stellung des Citratcyclus im Stoffwechsel

Die für den Abbau von Kohlenhydraten, Fetten und Aminosäuren als den wichtigsten von der Zelle umgesetzten Verbindungen verantwortlichen Stoffwechselwege enden auf der Stufe der *aktivierten Essigsäure* oder der *α-Ketosäuren mit 3-5 C-Atomen* (Pyruvat, Oxalacetat, α-Ketoglutarat) (S. 378, 532). Große Teile des Kohlenstoffskeletts der abgebauten Verbindungen bleiben somit erhalten, energieliefernde Redoxreaktionen sind nur in beschränktem Umfang möglich, und die Energieausbeute ist relativ gering. Eine wesentliche Steigerung des Energiegewinns ist nur zu erwarten, wenn die abgebauten Substrate möglichst vollständig zerlegt werden. In Tabelle 17.1 sind die Verhältnisse am Beispiel des Glucoseabbaus dargestellt.

Erfolgt der Glucoseabbau über die Glykolyse bis auf die Stufe des *Lactats* (S. 383), was auch unter anaeroben Bedingungen möglich ist, so tritt eine Änderung an freier Energie von − 197 kJ/mol Glucose auf. Die vollständige Zerlegung des Glucosemoleküls in CO_2 und H_2O, die allerdings nur in Anwesenheit von *Sauerstoff* möglich ist, ist dagegen von einer um mehr als das zehnfache höheren Änderung der freien Energie begleitet. Unter diesen Bedingungen gewinnt die Zelle also einen ungleich größeren Energiebetrag für die von ihr zu leistende Arbeit.

Ähnlich wie bei der Glucose liegen die Verhältnisse beim Abbau von *Fetten* und *Aminosäuren* (Kapitel 16 und 19). Dabei entstehende Endprodukte sind entweder *Acetyl-CoA, Pyruvat* (α-Ketopropionat), *Oxalacetat* (α-Ketosuccinat) oder *α-Ketoglutarat*.

Das Verdienst, als erster Licht in das Dunkel dieser gemeinsamen *oxidativen Endstrecke* des Substratabbaus gebracht zu haben, gebührt dem deutsch-englischen Biochemiker *Hans Adolf Krebs.* In einer Serie von eleganten Untersuchungen, die Ende der 30er Jahre begonnen und nach dem 2. Weltkrieg beendet wurden, konnte er zeigen, daß der Substratabbau im Rahmen eines cyclischen Prozesses abläuft, bei dem Citrat als Zwischenprodukt auftritt.

Der nach dieser Verbindung *Citratcyclus* (Krebs-Cyclus, Tricarbonsäurecyclus) genannte Prozeß ist zwischen Substratabbau und oxidativer Phosphorylierung eingeschaltet und führt formal bei einem Durchgang zur Zerlegung eines Moleküls Acetat in 2 Moleküle CO_2 und 8 Wasserstoffatome (Abb. 17.1).

Die allgemeine Bedeutung des Citratcyclus für den oxidativen Stoffwechsel wird durch die Tatsache unterstrichen, daß kein anderes Bindeglied zwischen Substratabbau und biologischer Oxidation nachgewiesen werden konnte. In allen bisher untersuchten aerob

Tabelle 17.1 Änderung der freien Energie bei anaerobem (glykolytischem) und aerobem Abbau von Glucose

Abbauweg	DG^0
Glucose → 2 Lactat	− 197 kJ/mol
Glucose + 6 O_2 → 6 CO_2 + 6 H_2O	− 2881 kJ/mol

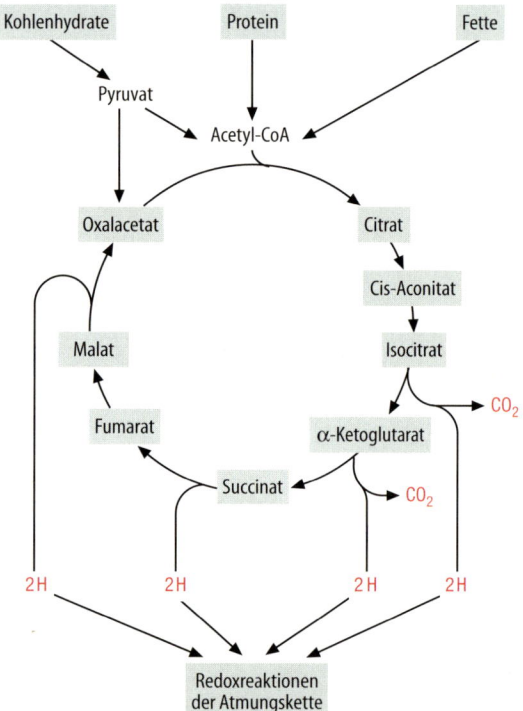

Abb. 17.1 Beziehungen des Citratcyclus zum Kohlenhydrat-, Fett- und Proteinstoffwechsel sowie zur biologischen Oxidation

arbeitenden Zellen konnte die enzymatische Ausstattung für den Citratcyclus nachgewiesen werden. Reaktionen, die einzelne Schritte des Cyclus umgehen, werden zu besonderen, meist biosynthetischen Zwecken verwendet.

Innerhalb der Zelle enthalten die *Mitochondrien* den vollständigen Satz der für den Citratcyclus notwendigen Enzyme. Er befindet sich somit in engster Nachbarschaft zu den auf S. 496 ff. geschilderten Vorgängen der an die biologische Oxidation geknüpften Energiegewinnung durch oxidative Phosphorylierung. Diese Tatsache hat für die Regulation des Citratcyclus außerordentliche Bedeutung (s. unten).

17.2 Reaktionsfolge des Citratcyclus

In Abb. 17.2 ist die Reaktionsfolge des Citratcyclus dargestellt. Diese läßt sich formal in 3 Teile einteilen:

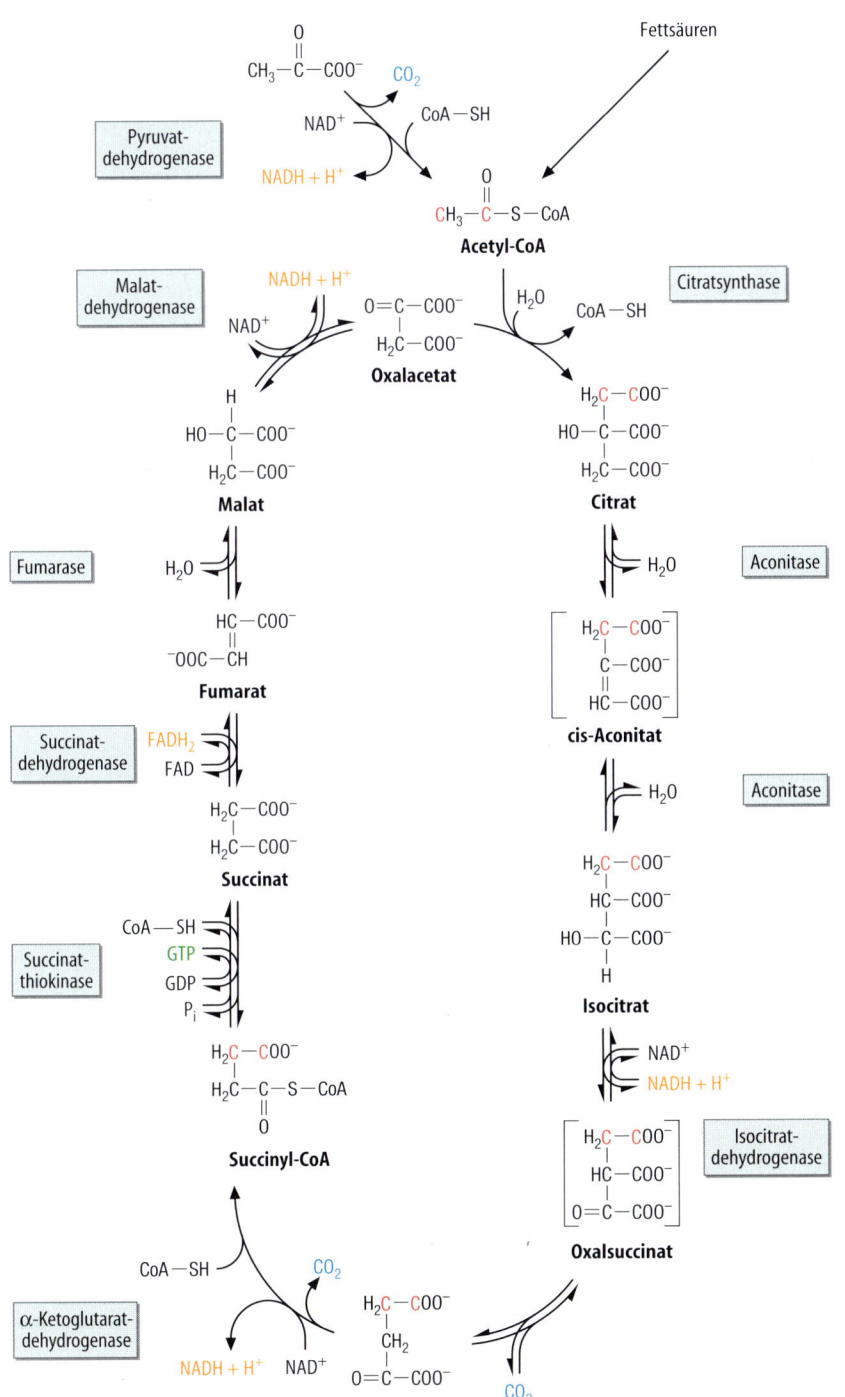

Abb. 17.2 Reaktionsfolge des Citratcyclus. Die beiden vom Acetyl-CoA abstammenden C-Atome sind *rot* hervorgehoben. Die Asymmetrie der Aconitase führt dazu, daß der bei den beiden Decarboxylierungsreaktionen in Form von CO_2 abgespaltene Kohlenstoff nicht dem Acetyl-CoA-Kohlenstoff entstammt. Dieser findet sich jedoch nach einmaligem Durchlauf des Cyclus im Oxalacetat wieder, ist hier jedoch auf alle 4 C-Atome verteilt, da Succinat eine symmetrische Verbindung ist

- Erzeugung des für den Citratcyclus notwendigen Acetats in Form der aktivierten Essigsäure, des Acetyl-CoA.
- Reaktion von Oxalacetat (α-Ketosuccinat) mit Acetyl-CoA unter Bildung von Citrat, das zweimal oxidiert und zweimal decarboxyliert wird, so daß Succinat entsteht.
- Regenerierung von Oxalacetat, das damit wieder der erneuten Reaktion mit Acetyl-CoA zur Verfügung steht. Dabei wird das durch dehydrierende Decarboxylierung von α-Ketoglutarat gebildete Succinat in einer Reaktionssequenz, die formal Ähnlichkeit mit den ersten 3 Reaktionen der Fettsäureoxidation hat, zu Oxalacetat umgebaut (S. 429).

Acetyl-CoA entsteht aus Pyruvat durch dehydrierende Decarboxylierung von Pyruvat

Mengenmäßig trägt die Oxidation von Kohlenhydraten den Hauptteil an der Deckung des Energiebedarfs der Zelle bei. Um Kohlenhydrate in den Citratcyclus einschleusen zu können, muß Pyruvat als Endprodukt der Glykolyse in die aktivierte Essigsäure, das *Acetyl-CoA*, umgewandelt werden. Dies geschieht in einer mehrstufigen, als *dehydrierende Decarboxylierung von Pyruvat* bezeichneten Reaktion. Sie wird von einem kompliziert aufgebauten Multienzymkomplex, dem *Pyruvatdehydrogenasekomplex* (PDH-Komplex) katalysiert.

Die dehydrierende Decarboxylierung von α-Ketosäuren wie Pyruvat wird auch als oxidative Decarboxylierung bezeichnet. Der erste Ausdruck beschreibt die molekularen Vorgänge jedoch besser, da Sauerstoff an der Reaktion nicht beteiligt ist, sondern Wasserstoff vom Substrat abgezogen wird (Dehydrierung). Wie in Abb. 17.3 dargestellt, wird in der Pyruvatdehydrogenasereaktion zunächst durch die *Pyruvatdecarboxylaseuntereinheit* des Enzymkomplexes Pyruvat decarboxyliert. Hierzu ist die Addition der Carbonylgruppe des Pyruvats an das dem Stickstoff benachbarte, sehr reaktionsfähige C-Atom des Thiazolrings im Thiaminpyrophosphat notwendig. Die für die Decarboxylierung zum *Hydroxyethylthiaminpyrophosphat* erforderliche Elektronenverschiebung wird dadurch erleichtert, daß dieser Ring als Elektronenakzeptor dienen kann.

Als nächster Schritt wird Hydroxyethylthiaminpyrophosphat, der „aktive Acetaldehyd", zum *Acetylrest* oxidiert und auf enzymgebundene Liponsäure übertragen, die außerdem der Akzeptor des bei der Oxidation freiwerdenden Elektronenpaares ist. Die dabei gewonnene Energie bleibt in Form des Thioesters des *S-Acetylhydrolipoats* fixiert. Infolgedessen ist für die Bildung von *Acetyl-CoA* lediglich die Transacetylierung von Acetyllipoat auf Coenzym A notwendig, wobei reduziertes Lipoat entsteht. Die für die Oxidation sowie Transacetylierung verantwortliche Untereinheit des

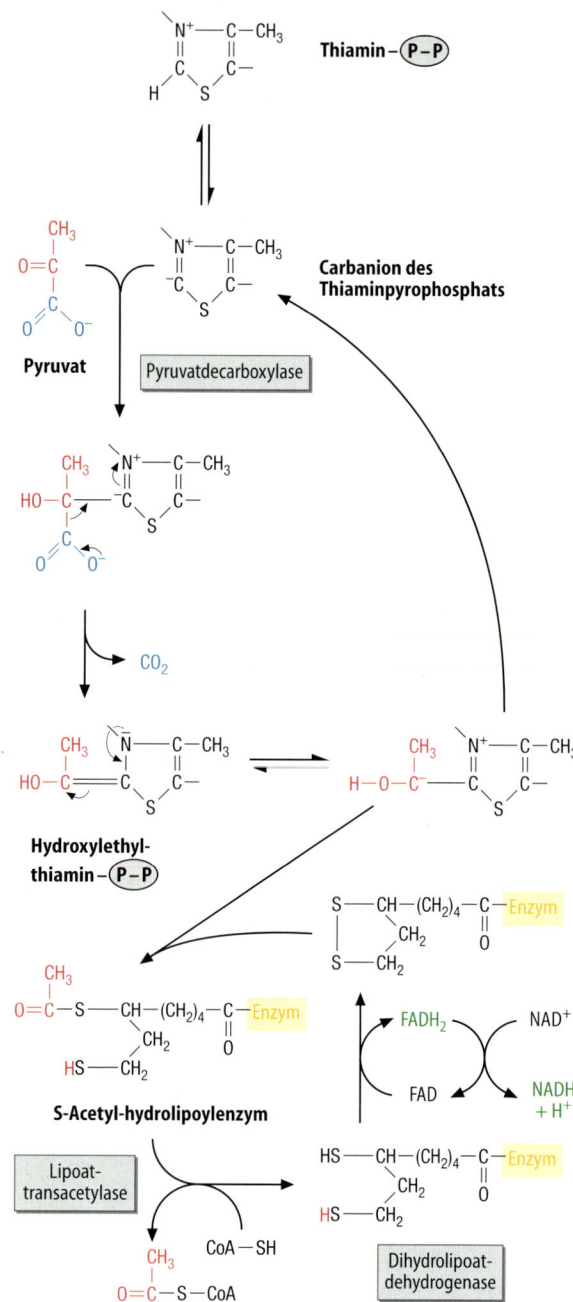

Abb. 17.3 Reaktionsfolge der dehydrierenden Decarboxylierung von Pyruvat durch den Pyruvatdehydrogenasekomplex. Die Atome des Pyruvats sind *rot* und *blau* hervorgehoben. Aus Platzgründen ist lediglich der Thiazolring des Thiaminpyrophosphats dargestellt

Pyruvatdehydrogenasekomplexes wird als *Lipoattransacetylase* bezeichnet.

Die Reoxidation des reduzierten Lipoats geschieht schließlich unter Einwirkung der *Dihydrolipoatdehydrogenase,* eines FAD-haltigen Enzyms, das seine Reduktionsäquivalente im Gegensatz zu anderen FAD-Enzymen auf NAD⁺ übertragen kann, da sein Re-

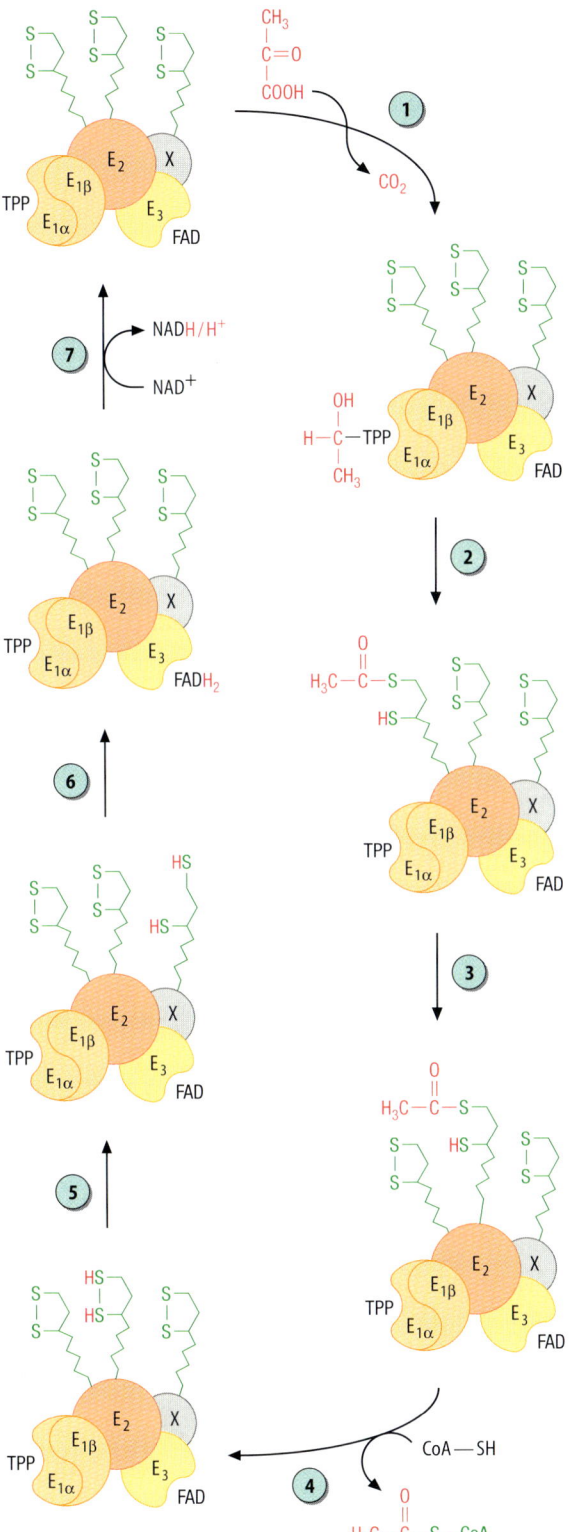

Abb. 17.4 Die Beteiligung der PDH-Untereinheiten am Reaktionscyclus. In der Reaktion *1* erfolgt die Bindung des Substrates an Thiaminpyrophosphat *(TPP)* sowie die Decarboxylierung. Die Oxidation zum Acetylrest durch α-Liponsäure geschieht in Reaktion *2*. Den Reaktionen *3* und *4* entspricht die Übertragung des Acetylrestes auf CoA, in den Reaktionen *5, 6* und *7* wird das reduzierte Lipoat reoxidiert, wobei letztlich NADH/H⁺ gebildet wird. (Einzelheiten s. Text) (Nach Patel MS, Roche TE 1990)

doxpotential negativer als das des NAD⁺/NADH-Systems ist.

In der Thioesterkonfiguration des Acetyl-CoA liegt eine der sog. **„energiereichen Verbindungen"** vor. Der bei Oxidation des Acetaldehyds zum Acetylrest freiwerdende Energiebetrag ist jedoch so groß, daß trotz der Bildung eines Thioesters die Pyruvatdehydrogenase mit einem $\Delta G^{o'}$ von − 34 kJ/mol stark exergonisch und damit unter physiologischen Bedingungen praktisch irreversibel arbeitet.

In Abb. 17.4 ist schematisch der Aufbau der für Säugergewebe typischen Form des PDH-Komplexes dargestellt. Insgesamt sind am Aufbau des Enzymkomplexes die 4 Komponenten, E_1, E_2, E_3 und X beteiligt.

- Die E_1-Komponente ist ein Tetramer der Zusammensetzung $\alpha_2\beta_2$, die die geschwindigkeitsbestimmende Teilreaktion der PDH katalysiert. Die $E_1\alpha$-Untereinheiten tragen das **Thiaminpyrophosphat.** Wahrscheinlich wird die Decarboxylierung des Pyruvates zum Thiaminpyrophosphat-gebundenen Hydroxyethylrest durch die Untereinheit $E_1\beta$ katalysiert.
- Die Untereinheit E_2 trägt zwei, die Untereinheit X einen Lipoatrest. Während des Katalysecyclus wird der Hydroxyethylrest unter Oxidation zunächst auf das erste Lipoat der E_2-Untereinheit übertragen, wobei dort ein **Acetylrest** entsteht, der durch eine Thiotransferaseaktivität auf den zweiten Lipoatrest gelangt. Von diesem wird er mit Coenzym A unter Bildung von **Acetyl-CoA** abgespalten. Der Lipoatrest auf der Untereinheit X ist das **Oxidationsmittel** für den Lipoatrest der Untereinheit E_2.
- Die Untereinheit E_3, an welche **FAD** gebunden ist, reoxidiert nun den auf der Komponente X gelegenen Lipoatrest, wobei das E_3-gebundene FAD reduziert wird. Mit Hilfe von NADH wird es reoxidiert, womit der Ausgangszustand des Komplexes wieder hergestellt ist.

Der tierische PDH-Komplex hat ein sehr hohes Molekulargewicht. Er besteht aus 20–30 E_1-Tetrameren, etwa 60 E_2-Komponenten sowie je 6 X- und E_3-Komponenten.

Die **primär biliäre Lebercirrhose,** eine relativ seltene Form der Lebercirrhose ist wahrscheinlich eine Autoimmunerkrankung. Man findet bei den betroffenen Patienten regelmäßig Autoantikörper, die gegen die E2-Untereinheit des Pyruvatdehydrogenase-Komplexes gerichtet sind. Man hat allerdings zur Zeit keine Vorstellung darüber, wie diese Autoimmunreaktion mit der Entwicklung der biliären Cirrhose in Zusammenhang zu bringen ist.

Die α-Untereinheit von E_1 kann durch eine spezifische **Kinase** phosphoryliert und inaktiviert, sowie durch eine spezifische **Phosphatase** dephosphoryliert und aktiviert werden. Die Phosphorylierung findet sequenziell an drei Serylresten der α-Untereinheit statt, wobei die Phosphorylierung des ersten Serylrestes bereits mit einer Inaktivierung um 60–70 % der Aus-

FAD = Flavin adenin dinucleotid

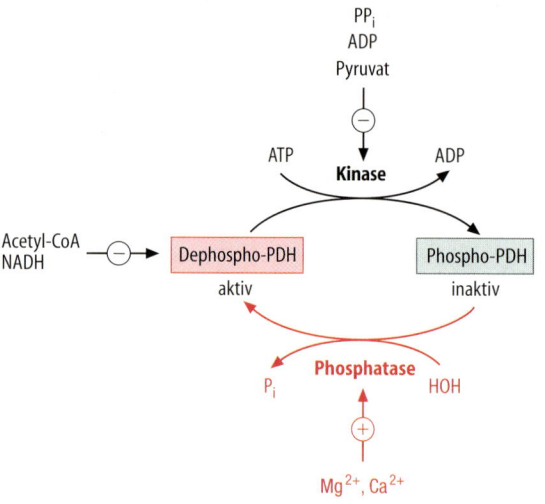

Abb. 17.5 Interconvertierung der Pyruvatdehydrogenase

gangsaktivität einhergeht. Sowohl die Kinase wie auch die Phosphatase sind Bestandteil des PDH-Komplexes, beide Enzyme können durch spezifische Effektoren aktiviert oder gehemmt werden (Abb. 17.5).

Der Pyruvatdehydrogenasekomplex gehört damit in die Gruppe der sog. *interconvertierbaren Enzyme* (S. 115). Der biologische Vorteil dieser Tatsache besteht darin, daß durch die Phosphorylierung bzw. Dephosphorylierung die Aktivität des Enzymkomplexes sehr rasch „ab- bzw. angeschaltet" werden kann.

Durch Reaktion von Acetyl-CoA mit Oxalacetat entsteht Citrat und nach zweimaliger Decarboxylierung Succinat

In der ersten Teilsequenz des Citratcyclus wird *Oxalacetat* (α-Ketosuccinat) in die homologe, um eine CH_2-Gruppe verlängerte α-Ketosäure, das *α-Ketoglutarat*, umgewandelt. Dieses wird anschließend unter Bildung von Succinat oxidiert und decarboxyliert.

Zunächst reagiert Oxalacetat mit Acetyl-CoA unter Bildung von *Citrat.* Die Reaktion entspricht formal dem Typ der Aldoladdition, da sich die durch die Thioesterbindung aktivierte CH_3-Gruppe des Acetyl-CoA an die polarisierte C = O-Gruppierung am Oxalacetat addiert. Da die Thioesterbindung dabei gelöst wird, liegt das Gleichgewicht der Reaktion ganz auf der Seite der Citratbildung *(Citratsynthase).*

Die Umwandlung von *Citrat* in *Isocitrat* erfolgt unter Einwirkung des Enzyms *Aconitase,* wobei intermediär enzymgebundenes cis-Aconitat entsteht.

Neben der mitochondrialen hat sich überraschenderweise auch eine cytosolische Aconitase nachweisen lassen. Deren Funktion besteht allerdings weniger in der Bildung von Isocitrat aus Citrat. Es hat sich vielmehr gezeigt, daß dieses Enzym identisch mit einem Protein ist, welches als trans-aktivierender Faktor eisenabhängige Gene aktiviert. Es wird infolgedessen

auch als IRE-BP (= *engl.* Iron-Responsive Element Binding Protein; *dtsch.* ES-BP) bezeichnet (S. 632).

Citrat gehört zu der Gruppe der *prochiralen* Verbindungen, da sich die beiden CH_2-COOH-Gruppen des Moleküls wie Bild und Spiegelbild verhalten. Die Aconitase erkennt die Prochiralität des Citrats und bindet ihr Substrat in einer solchen sterischen Anordnung, daß die Hydroxylgruppe nur auf den vom Oxalacetat stammenden CH_2-COOH-Rest übertragen werden kann.

Hieran schließt sich die *α-Ketoglutaratbildung* aus Isocitrat durch die *Isocitratdehydrogenase* an. Die meisten tierischen und pflanzlichen Gewebe sowie Mikroorganismen enthalten 2 Isocitratdehydrogenasen, die die Reaktion

Isocitrat + NAD⁺ (NADP⁺) $\rightleftharpoons$
α-Ketoglutarat + CO_2 + NADH (NADPH) + H⁺

katalysieren. Während die NADP⁺-abhängige Isocitratdehydrogenase in den Mitochondrien und im Cytosol gefunden wird, kommt das NAD⁺-abhängige Enzym ausschließlich in den Mitochondrien vor. Man nimmt an, daß das NAD⁺-abhängige Enzym für den Citratcyclus benutzt wird, während die NADP⁺-abhängige Isocitratdehydrogenase eine Nebenstrecke des Cyclus darstellt.

Die Dehydrierung von α-Ketoglutarat zu Succinat erfolgt über 2 Stufen. In der ersten, durch das Enzym *α-Ketoglutaratdehydrogenase* katalysierten Reaktion wird α-Ketoglutarat durch dehydrierende Decarboxylierung in *Succinyl-CoA* umgewandelt. Der Reaktionsmechanismus der α-Ketoglutaratdehydrogenase entspricht demjenigen der Pyruvatdehydrogenase. Das Enzym benötigt Thiaminpyrophosphat, α-Liponsäure, Coenzym A, NAD⁺ und FAD als Cofaktoren. Ähnlich wie bei der Pyruvatdehydrogenase sind die einzelnen für die Reaktionssequenz verantwortlichen Enzyme in einem *Multienzymkomplex* zusammengefaßt. Dieser ist jedoch im Gegensatz zur Pyruvatdehydrogenase nicht durch Phosphorylierung bzw. Dephosphorylierung zu interconvertieren. Die Änderung der freien Energie der α-Ketoglutaratdehydrogenasereaktion liegt bei – 34 kJ/mol.

In der nächsten, durch die *Succinyl-CoA-Synthetase* katalysierten Reaktion wird die Thioesterbindung unter Freisetzung von Coenzym A gespalten, wobei jedoch die freiwerdende Energie zur Bildung von *GTP* aus GDP entsprechend der folgenden Gleichung benutzt wird (Abb. 17.6).

Durch eine Phosphatgruppentransferreaktion nach der Gleichung

GTP + ADP $\rightleftharpoons$ GDP + ATP

kann ATP aus GTP erzeugt werden.

Bei der *Succinyl-CoA-Synthetase*-Reaktion wird also die in der vorangegangenen Redoxreaktion ge-

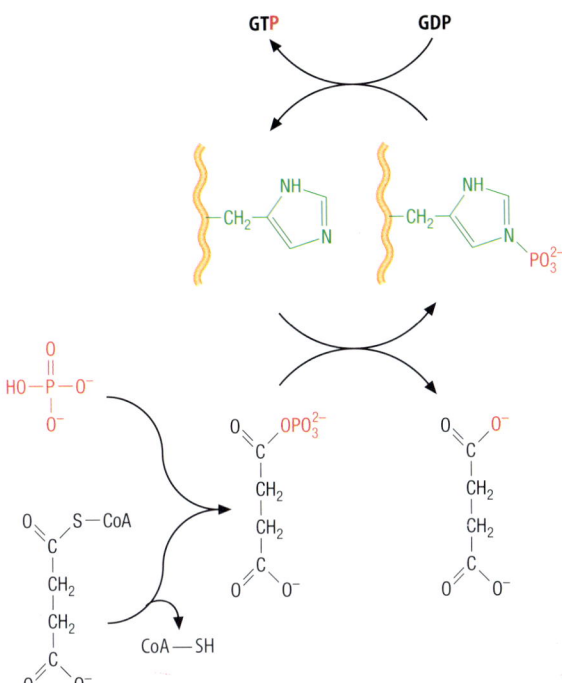

Abb. 17.6 Reaktionsmechanismus der Succinat-Thiokinase. Aus Succinyl-CoA wird zunächst durch Abspaltung von CoA mit Phosphat das energiereiche Succinylphosphat gebildet. Dieses wird anschließend unter Erhaltung einer energiereichen Bindung auf einen spezifischen Histidylrest des Enzyms übertragen und anschließend von hier aus zur Bildung eines ATP aus ADP verwendet

wonnene, freie Energie in Form von GTP konserviert, das leicht in ATP überführt werden kann. Im Gegensatz zur oxidativen Phosphorylierung wird diese Form der ATP-Gewinnung auch als *Substratkettenphosphorylierung* bezeichnet (S. 90).

Succinat wird zu Oxalacetat oxidiert

Die Dehydrierung von Succinat zu *Fumarat* erfolgt durch ein Flavoprotein, die **Succinatdehydrogenase.** Sie überträgt Reduktionsäquivalente direkt auf das Ubichinon der Atmungskette.

Durch reversible Wasseranlagerung mit Hilfe des Enzyms **Fumarase** entsteht aus Fumarat *Malat,* das durch die **Malatdehydrogenase** in *Oxalacetat* umgewandelt wird. Das Prinzip der Umwandlung einer α, β-ungesättigten Carbonsäure in eine α-Ketosäure durch Wasseranlagerung und anschließende Dehydrierung ist auch bei der *Fettsäureoxidation* verwirklicht (S. 429).

Die Energieausbeute des Citratcyclus beträgt 12 ATP pro oxidiertem Acetylrest

Die Summengleichung des Citratcyclus lautet:

$$CH_3COOH + 2\,H_2O \rightarrow 2\,CO_2 + 8\,H.$$

Tabelle 17.2 Energiebilanz bei der Oxidation von Acetyl-CoA im Citratcyclus

Schritt	*H-Akzeptor*	*ATP-Ausbeute*[a]
Isocitrat → α-Keto-glutarat	$NAD^+ \rightarrow$ $NADH + H^+$	3
α-Ketoglutarat → Succinyl-CoA	$NAD^+ \rightarrow$ $NADH + H^+$	3
Succinyl-CoA → Succinat	(Substratkettenphos-phorylierung)	1
Succinat → Fumarat	$FAD \rightarrow$ $FADH_2$	2
Malat → Oxalacetat	$NAD^+ \rightarrow$ $NADH + H^+$	3
Summe		12 ATP

[a] Über die ATP-Ausbeute bei der oxidativen Phosphorylierung s. S. 506.

Damit dient der Cyclus formal der *vollständigen Dehydrierung* von Acetat zu CO_2 und H_2. Der Acetatabbau erfolgt durch Bindung an ein **Trägermolekül** (Oxalacetat), an dem die Dehydrierung stattfindet (s. auch Harnstoffbiosynthese, S. 536). Tabelle 17.2 gibt die energetische Ausbeute der Acetatdehydrierung im Citratcyclus bei Koppelung an die biologische Oxidation wieder.

Die hohe Energieausbeute im Citratcyclus kommt also nur durch die enge Verbindung des Cyclus mit der biologischen Oxidation und oxidativen Phosphorylierung zustande. Ohne diese Koppelung könnte Energie nur durch die Substratkettenphosphorylierung im Verlauf des Citratcyclus gewonnen werden.

17.3 Regulation des Citratcyclus

Die PDH wird durch Acetyl-CoA und NADH gehemmt und durch Pyruvat aktiviert

Das für den Citratcyclus notwendige *mitochondriale Acetyl-CoA* wird durch Fettsäureoxidation (S. 429) oder dehydrierende Decarboxylierung von Pyruvat bereitgestellt. Während die Geschwindigkeit des ersten Vorgangs im wesentlichen durch das mitochondriale Fettsäureangebot bestimmt wird, regulieren komplizierte Vorgänge die Geschwindigkeit der Pyruvatoxidation zu Acetyl-CoA. Dabei kommt der Tatsache, daß die Pyruvatdehydrogenase ein interconvertierbares Enzym ist, besondere Bedeutung zu.

Die aktive Form des Enzyms wird durch *Acetyl-CoA* und *NADH* gehemmt. Dies hat beispielsweise zur Folge, daß bei gesteigerter Fettsäureoxidation Pyruvat nicht mehr in Acetyl-CoA umgewandelt werden kann.

Tabelle 17.3 Aktivatoren und Inhibitoren einzelner Enzyme des Citratcyclus in tierischen Zellen

Enzymatischer Schritt	Aktivierung	Hemmung
Citratsynthase		ATP ($\sim$P)
NAD-Isocitratdehydrogenase	ADP, Mg^{2+}, Mn^{2+}	ATP, NADH
Succinatdehydrogenase	Succinat, Fumarat	Oxalacetat
Pyruvatdehydrogenase	Pyruvat, ADP, Mg^{2+}	Acetyl-CoA, ATP, NADH

Der letzte physiologisch wichtige Kontrollpunkt des Citratcyclus liegt auf der Stufe der *Succinatdehydrogenase*. Das Enzym wird durch Oxalacetat im Sinne einer Feedback-Hemmung gehemmt. Succinat führt dagegen zu einer Aktivierung der Succinatdehydrogenase. Eine Reihe von *Stoffwechselgiften* hemmt spezifisch verschiedene Enzyme des Citratcyclus; sie haben sich als wertvolle Hilfsmittel bei der Erforschung der Reaktionssequenz des Cyclus erwiesen. So blockieren Fluoracetat bzw. Fluorcitrat die Aconitase, Malonat die Succinatdehydrogenase und Fluoroxalacetat bzw. Fluormalat die Malatdehydrogenase.

Andere Effectoren regulieren die Enzymaktivität durch Beeinflussung des Gleichgewichts zwischen aktiver und inaktiver Form des Enzyms. Eine Aktivierung wird durch Erhöhung der Konzentration von Pyruvat und ADP erreicht, während gesteigerte Fettsäureoxidation (Nahrungskarenz, Diabetes) oder Erhöhung des ATP-Spiegels zu einer Vermehrung der inaktiven Form des Enzyms führen (Tabelle 17.3).

Der zelluläre Energiebedarf ist der wichtigste Regulator des Citratcyclus

In Tabelle 17.3 sind die Aktivatoren und Inhibitoren wichtiger Enzyme des Citratcyclus zusammengestellt. Die einleitende Reaktion, die durch die *Citratsynthase* katalysiert wird, wird durch die energiereichen Adeninnucleotide, v. a. durch das *ATP*, gehemmt. Dies macht eine wirksame Kontrolle der Umsatzgeschwindigkeit im Cyclus durch den ATP-Verbrauch in der Zelle möglich. Ist dieser gering, und kommt es darüber hinaus zu einem Anstieg des *mitochondrialen ATP*, so wird die Citratsynthasereaktion gehemmt und Acetyl-CoA steht für Biosynthesen (Fettsäuresynthese, Cholesterinsynthese u. a.) zur Verfügung. Kommt es dagegen zu einem Abfall des ATP-Spiegels, wird die Citratsynthasehemmung aufgehoben, der Cyclus kann mit maximaler Geschwindigkeit laufen und Reduktionsäquivalente für die Energiegewinnung in der Atmungskette bereitstellen.

In ähnlicher Weise wird auch die *NAD$^+$-abhängige Isocitratdehydrogenase* reguliert. Während ATP und NADH, die sich bei geringem ATP-Verbrauch anhäufen, das Enzym hemmen, wird es durch ADP allosterisch aktiviert. An Herzmuskelmitochondrien konnte Klarheit über den molekularen Mechanismus der ADP-bedingten Aktivierung der Isocitratdehydrogenase gewonnen werden. Das Enzym kommt als Monomer (Molekulargewicht 330 kD) und als Dimer vor. Die Aggregation der Monomeren zum Dimer wird durch ADP begünstigt und durch NADH verhindert. Sowohl die monomere wie die dimere Form des Enzyms zeigen katalytische Aktivität, jedoch ist das Dimer wesentlich aktiver.

17.4 Amphibole Natur des Citratcyclus

Bald nach der Aufklärung der Reaktionssequenz des Citratcyclus wurde klar, daß er nicht einfach als Endstrecke des oxidativen Abbaus der Substrate aufgefaßt werden kann, sondern neben dieser *„katabolen"* Funktion auch Ausgangspunkt für eine Vielzahl biosynthetischer *„anaboler"* Reaktionssequenzen ist. In Abb. 17.7 sind die Beziehungen des Citratcyclus zu anderen Stoffwechselwegen dargestellt. Da die meisten Biosynthesen im cytosolischen und nicht im mitochondrialen Raum ablaufen, ist der Transport von Cycluszwischenprodukten durch die mitochondriale Membran notwendig. Da nicht alle Cyclusintermediate mit ausreichender Geschwindigkeit transportiert werden können, kommen Teilsequenzen des Citratcyclus auch im extramitochondrialen Raum vor. Es handelt sich um die Strecken Citrat $\rightarrow$ α-Ketoglutarat sowie Fumarat $\rightarrow$ Oxalacetat.

Von besonderer Bedeutung für die im Cytosol stattfindende *Fettsäurebiosynthese* ist die Bereitstellung von Acetyl-CoA. Dieses kann jedoch die mitochondriale Innenmembran nicht permeieren. Um es im Cytosol zu erzeugen, wird mitochondriales Citrat mit Hilfe eines spezifischen Transportsystems (S. 503) in das Cytosol transportiert und dort nach der Reaktion

Citrat + CoA-SH + ATP $\leftrightharpoons$
$\qquad$ Oxalacetat + Acetyl-CoA + ADP + P_i

durch die **ATP-Citratlyase** gespalten. Wegen seiner Fähigkeit zur Erzeugung von cytosolischem Acetyl-CoA kommt somit diesem Enzym eine Schlüsselrolle bei der Fettsäurebiosynthese zu.

Tatsächlich findet es sich in hoher Aktivität in Geweben mit großer Kapazität zur Fettsäurebiosynthese, z. B. in der Leber oder dem Fettgewebe von Nagern. Gewebe ohne die Fähigkeit zur Fettsäurebiosynthese, wie z. B. die Muskulatur, haben dagegen nur geringe ATP-Citratlyaseaktivität.

Die Bedeutung der *extramitochondrialen NAD$^+$-Isocitratdehydrogenase* liegt außer in der Erzeugung cytosolischen α-Ketoglutarats mit seinen vielfältigen

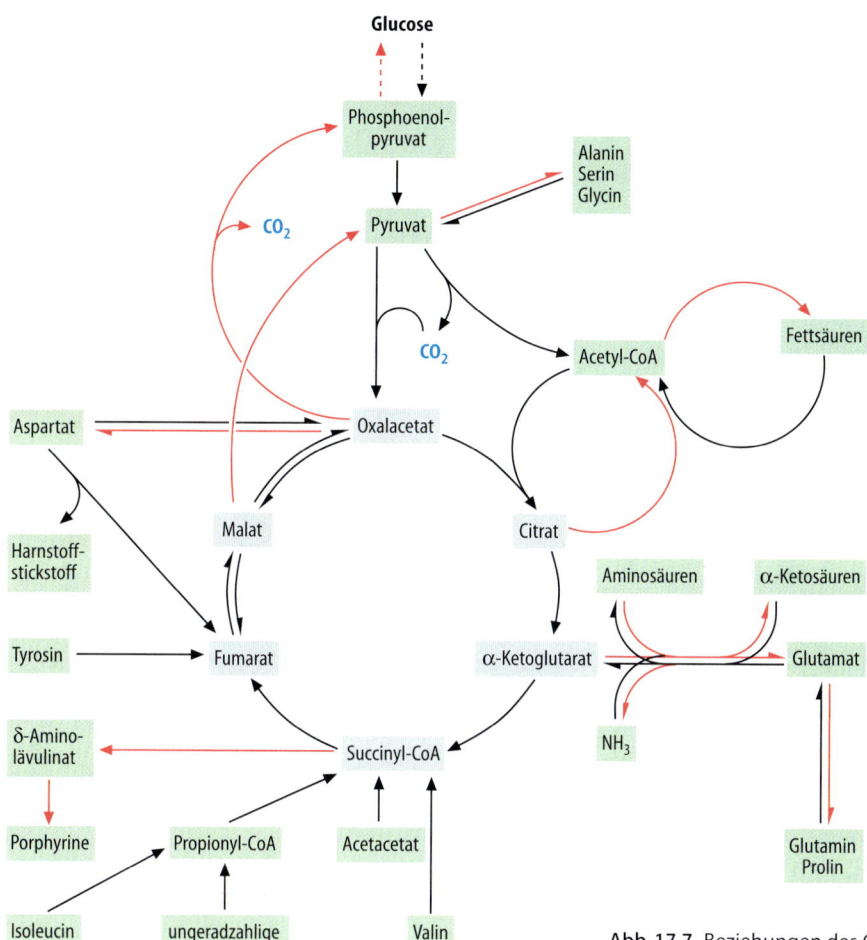

Abb. 17.7 Beziehungen des Citratcyclus zu anderen Stoffwechselwege

Beziehungen zum Stoffwechsel der Aminosäuren (S. 532) in der Erzeugung cytosolischer, für Biosynthesen benötigter Reduktionsäquivalente in Form von NADPH + H⁺ (hydrierende Biosynthesen).

Succinyl-CoA steht über 2 wichtige Reaktionen mit der Hambiosynthese (S. 602) bzw. dem Fettstoffwechsel (S. 432) in Verbindung. Durch Kondensation mit Glycin nach der Reaktion

Succinyl-CoA + Glycin ⇌

δ-Aminolävulinat + CoA-SH

entsteht δ-Aminolävulinat als Ausgangsprodukt der *Hambiosynthese.* Die zweite Succinyl-CoA-abhängige Reaktion katalysiert die Verwertung von Ketonkörpern. Es handelt sich um die *Aktivierung von Acetacetat* nach

Succinyl-CoA + Acetacetat ⇌

Succinat + Acetacetyl-CoA.

Die für diese Reaktion verantwortliche Thiotransferase kommt hauptsächlich im Muskel (S. 961) und im Fett-gewebe, nicht aber in der Leber vor, die deshalb nicht zur Verwertung von Ketonkörpern fähig ist. Die Beziehungen von Fumarat und Oxalacetat zum Stoffwechsel der Aminosäuren und zur Harnstoffbiosynthese werden ausführlich in Kapitel 19 besprochen.

Die Konzentration der verschiedenen Zwischenprodukte des Citratcyclus ist mit 10^{-5}–10^{-4} *mol/l* relativ gering. Da sie alle mit Ausnahme von Acetyl-CoA eine katalytische Funktion haben, d. h. bei einmaligem Durchgang durch den Cyclus regeneriert werden, ist eine optimale Durchsatzgeschwindigkeit trotzdem gewährleistet. Dies trifft allerdings nur zu, wenn der ständige Abfluß von Cycluszwischenprodukten bei Biosynthesen wieder ausgeglichen wird. Die hierfür verantwortlichen Reaktionen werden nach einem Vorschlag von Kornberg als *anaplerotische Reaktionen* bezeichnet. Neben den Transaminierungsreaktionen mit Aspartat (S. 533), bei denen Oxalacetat gebildet werden kann, ist die wichtigste anaplerotische Reaktion die Oxalacetatbiosynthese durch Carboxylierung von Pyruvat nach

Pyruvat + CO_2 + ATP ⇌ Oxalacetat + ADP + P_i.

Das für die Reaktion verantwortliche Enzym, die *Pyruvatcarboxylase,* ist biotinabhängig und kommt in besonders hoher Aktivität in der Leber vor. Das Enzym wird durch Acetyl-CoA in sehr geringen Konzentrationen aktiviert, so daß dann das für die Citratbildung notwendige Oxalacetat gebildet werden kann. Anaplerotisch wirken kann ferner das cytosolische *Malatenzym,* das die Malatbildung aus Pyruvat nach

$$\text{Pyruvat} + CO_2 + \text{NADPH} + H^+ \rightleftharpoons \text{Malat} + \text{NADP}^+$$

katalysiert. Die eigentliche Bedeutung des Enzyms liegt jedoch wahrscheinlich eher in der Bildung von cytosolischem NADPH in der Rückreaktion.

Durch Umkehr der *Phosphoenolpyruvatcarboxykinasereaktion* (S. 384) ist schließlich die Oxalacetatbildung aus Phosphoenolpyruvat möglich.

! RESÜMEE

Der Citratcyclus dient dem oxidativen Abbau von Acetyl-CoA. Eine wichtige Acetyl-CoA-liefernde Reaktion ist neben der β-Oxidation der Fettsäuren die oxidative Decarboxylierung von Pyruvat. Der hierfür verantwortliche Multienzymkomplex ist intramitochondrial lokalisiert und benötigt als Coenzyme 5 Vitamine bzw. vitaminähnliche Verbindungen. Die Reaktionssequenz des Citratcyclus wird mit der Übertragung eines Acetylrestes auf Oxalacetat eingeleitet, wobei Citrat entsteht. In der Bilanz wird nun der Acetylkohlenstoff unter Rückgewinnung von Oxalacetat zu CO_2 oxidiert. Dabei entstehen 3 NADH sowie 1 $FADH_2$, außerdem durch Substratkettenphosphorylierung 1 GTP.

Außer in diese katabolen Vorgänge ist der Citratcyclus in eine Reihe von Biosynthesereaktionen eingeschaltet, die Zwischenprodukte des Cyclus als Ausgangsmaterial verwenden. Zu ihnen gehören die Fettsäurebiosynthese, die Acetyl-CoA benötigt, die Synthese einer Reihe von Aminosäuren, die Häm-Biosynthese sowie als mengenmäßig wichtigste Reaktion die Neusynthese von Glucose, die von Oxalacetat ihren Ausgang nimmt.

Literatur

Original- und Übersichtsarbeiten

Attwood PV (1995) The structure and mechanism of action of pyruvate carboxylase. Int J Biochem Cell Biol 27: 231–249

Bjorkland A, Totterman TH (1994) Is primary biliary cirrhosis an autoimmune disease? Scand J Gastroenterol Suppl. 204: 32–39

Beinert H, Kennedy AM (1993) Aconitase, a two-faced protein: enzyme and iron regulatory factor. FASEB J 7: 1442–1449

Kaplan NO (1985) The role of pyridine nucleotides in regulating cellular metabolism. Curr Top Cell Reg 26: 371–381

Mason GF, Gruetter R, Rothman DL, Behar KL, Shulman RG, Novotny GJ (1995) Simultaneous determination of the rates of the TCA-cycle, glucose utilization, alpha-ketoglutarate/glutamate exchange and glutamine synthesis in human brain by NMR. J Cereb Blood Flow Metab 15: 12–25

Patel MS, Roche TE (1990) Molecular biology and biochemistry of pyruvate dehydrogenase complexes FASEB J 4: 3224–3233

Patel MS, Harris RA (1995) Alpha-Ketoacid Dehydrogenase Complexes: Nutrient control, gene regulation and genetic defects. Overview. J Nutr 125: 1744S–1745S

Reed LJ, Damuni Z, Merryfield ML (1985) Regulation of mammalian pyruvate and branched-chain a-ketoacid dehydrogenase complexes by phosphorylation-dephosphorylation. Curr Top Cell Reg 27: 41–49

Sudgen MC, Orfali KA, Holness MJ (1995) The pyruvate dehydrogenase complex: nutrient control and the pathogenesis of insulin resistance. J Nutr 125: 1746S–1752S

Wagenknecht T, Grassucci R, Radke GA, Roche TE (1991) Cryoelectron microscopy of mammalian pyruvate dehydrogenase complex. J Biol Chem 26: 24650–24656

Wieland OH (1983) The mammalian pyruvate dehydrogenase complex: structure and regulation. Rev Physiol Biochem Pharmacol 96: 123–170

Wieland OH, Köpfer-Hobelsberger B, Urumow T, Gallwitz B (1986) On the mechanism of pyruvate dehydrogenase activation by insulin. In: Belfrage P, Donner J, Sralfors P (eds) Mechanism of insulin action. Fernström Foundation Series. Elsevier, Amsterdam, pp 249–261

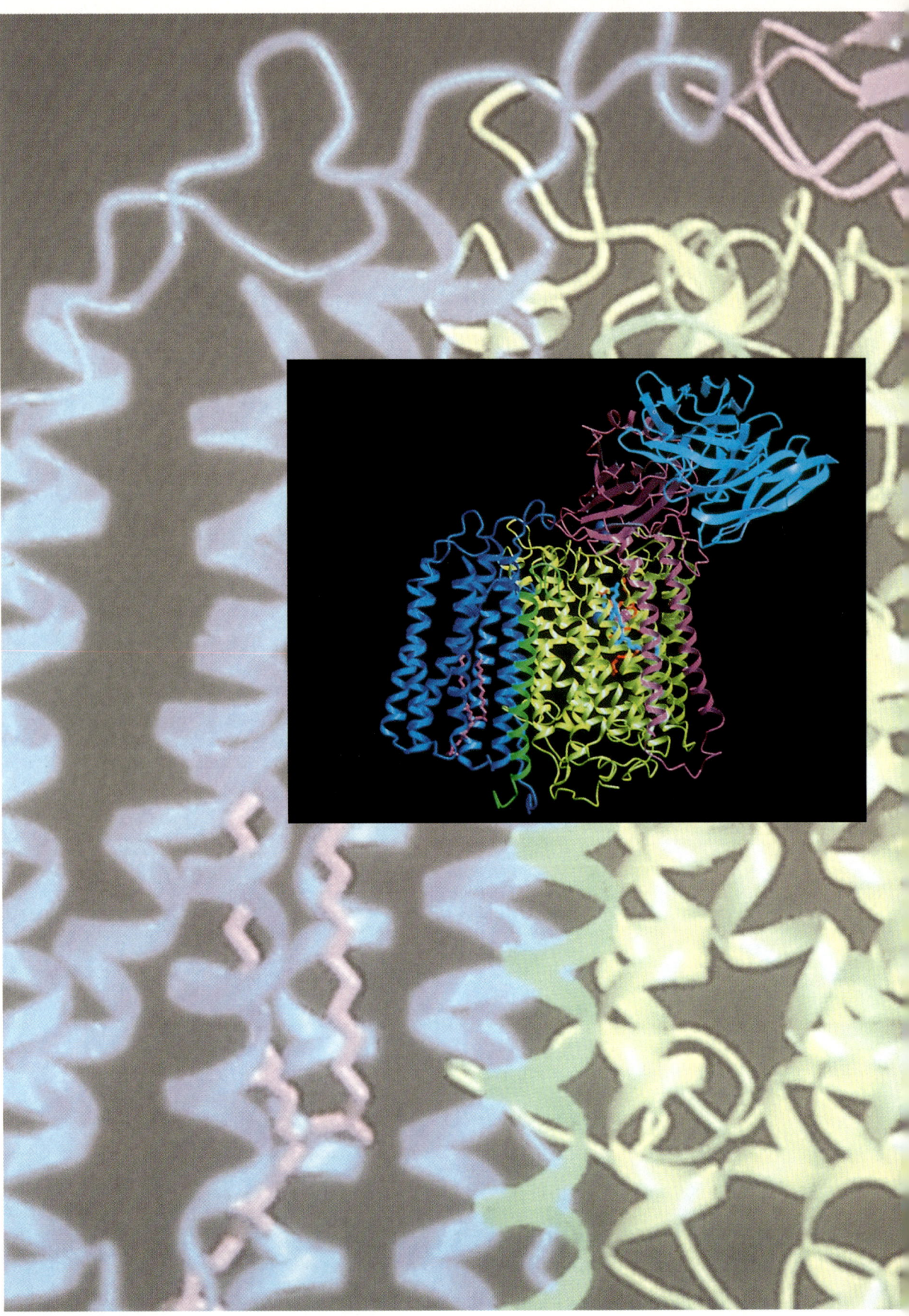

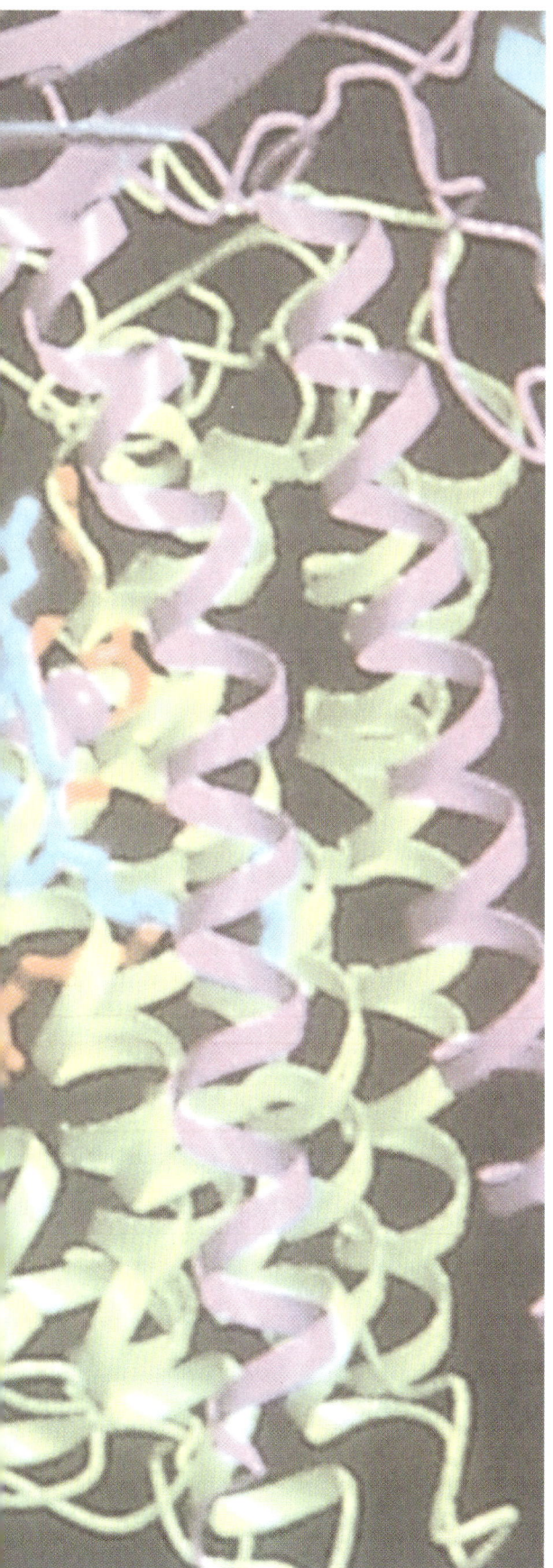

Georg Löffler

Elektronentransport und oxidative Phosphorylierung

Die Aufrechterhaltung der hochgeordneten, komplexen Strukturen aller bekannter Lebensformen, ihre unterschiedlichen biologischen Aktivitäten sowie ihre Fähigkeit zur Vermehrung hängen von einer ständigen Energiezufuhr ab. Lebensformen werden sich um so erfolgreicher durchsetzen, je besser die Energieerzeugung an ihre jeweiligen Bedürfnisse angepaßt ist und je mehr Energie zur Verfügung steht.

 Die Kopplung der Energieerzeugung an exergone Redoxreaktionen ist ein weit verbreitetes Prinzip. Die höchste Energieausbeute kommt hierbei den Reaktionen zu, bei denen Sauerstoff das Oxidationsmittel ist. Eine sauerstoffabhängige Energiekonservierung findet bei heterotrophen Prokaryoten in ihrer Cytoplasmamembran statt, bei eukaryoten Organismen ausschließlich in der inneren Mitochondrienmembran. Da mit großer Wahrscheinlichkeit Mitochondrien von prokaryoten Endosymbionten abstammen, verdanken eukaryote Zellen ihren auf einer hohen Energiezufuhr beruhenden evolutionären Erfolg einer von ursprünglichen Prokaryonten gemachten Erfindung.

 Natürlich birgt die Abhängigkeit der Lebensprozesse von ununterbrochener Sauerstoffzufuhr auch erhebliche Gefahren. Sauerstoff ist ein starkes Oxidationsmittel und dementsprechend leicht zur oxidativen Schädigung vieler biologisch aktiver Verbindungen fähig. Eine große Zahl protektiver Mechanismen ist deshalb entwickelt worden, deren Ziel die Verhinderung bzw. Beseitigung oxidativer Schäden in Biomolekülen ist.

Der Strukturaufklärung der Multienzymkomplexe des mitochondrialen Elektronentransportes ist man mit der Aufklärung der Röntgenstruktur der hier dargestellten Cytochromoxydase ein beträchtliches Stück nähergekommen. (Bild: H. Michel, Max-Planck-Institut für Biophysik, Frankfurt)

18.1 Substratdehydrierung und Energiegewinnung in den Mitochondrien

Der weitaus größte Teil der Energiegewinnung des Organismus erfolgt innerhalb der Mitochondrien durch Kopplung von Wasserstoff- bzw. Elektronentransport an die ATP-Bildung aus ADP und anorganischem Phosphat (über den Aufbau von Mitochondrien S. 189).

Das heutige Konzept dieses auch als *oxidative Phosphorylierung* bezeichneten Prozesses kann in seinen Anfängen bis Antoine Laurent de Lavoisier verfolgt werden, der entdeckte, daß tierische Organismen Luftsauerstoff aufnehmen und Kohlendioxid und Wasser abgeben, und somit die Analogie von Atmung und Verbrennung bewies. Otto Warburg fand das Atmungsferment, die *Cytochromoxidase* (S. 498), von dem er glaubte, daß es Sauerstoff aktiviere und somit dessen Reaktion mit dem Substratwasserstoff ermögliche. Heinrich Wieland stellte die Dehydrierung von Substraten nach Aktivierung durch spezifische Enzyme, die *Dehydrogenasen*, in den Vordergrund und David Keilin entdeckte schließlich die *Cytochrome* als eine weitere Gruppe von Atmungskatalysatoren. Basierend auf diesen Entdeckungen wurde schließlich das Konzept formuliert, daß in den Mitochondrien zwei miteinander gekoppelte Vorgänge ablaufen, nämlich die Reoxidation wasserstoffübertragender, reduzierter Coenzyme mit Sauerstoff unter Wasserbildung und darüber hinaus die Fixierung der bei diesem exergonen Vorgang freiwerdenden Energie in Form von ATP.

18.1.1 Mitochondrialer Elektronentransport

NADH/H$^+$ und FADH$_2$ werden mit Sauerstoff reoxidiert

Die Sequenz von Enzymen und Überträgern (Carriern), die für den Transport der Reduktionsäquivalente von NADH/H$^+$ zum molekularen Sauerstoff verantwortlich sind, wird als *Atmungskette* bezeichnet. Formal handelt es sich hierbei um die stark exergone Reaktion von Wasserstoff mit Sauerstoff unter Bildung von Wasser, die Knallgasreaktion:

$$H_2 + 1/2\ O_2 \longrightarrow H_2O;\ \Delta G^{o'} = -235\ kJ/mol$$

Im Gegensatz zur Knallgasreaktion läuft die mitochondriale Wasserbildung jedoch über ein Kaskadensystem von Redoxpartnern unterschiedlicher Redoxpotenti-

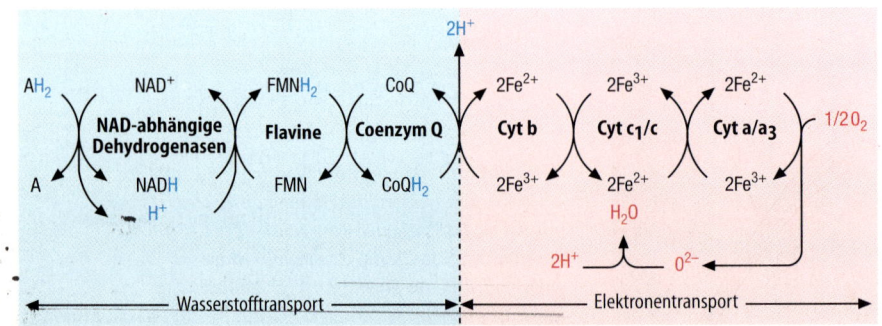

Abb. 18.1 Transport von Reduktionsäquivalenten in der Atmungskette

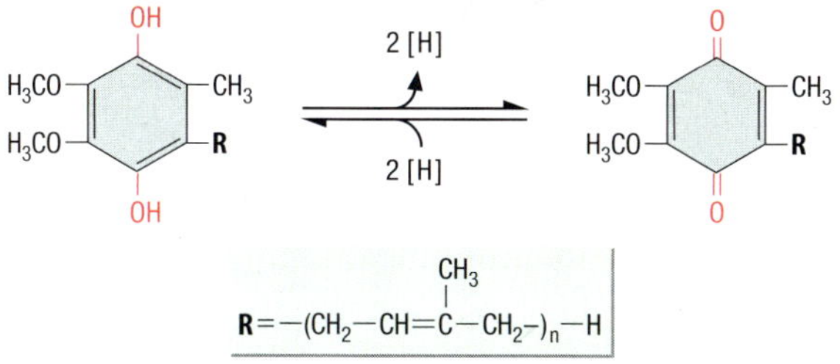

Abb. 18.2 Struktur des Ubichinon (Coenzym Q) (n = 6–10)

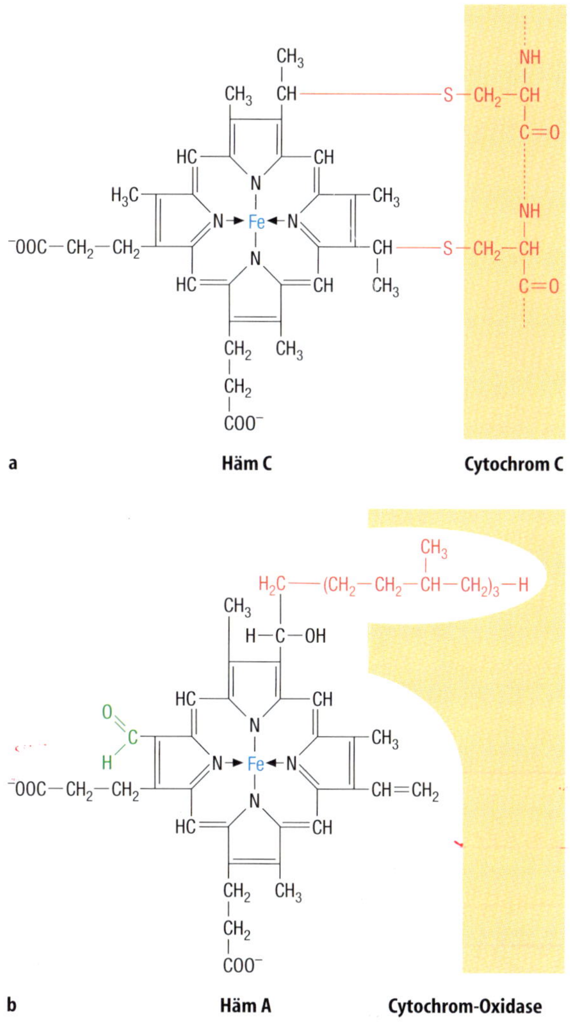

$R = -(CH_2-CH=C-CH_2-)_n-H$ mit CH_3 an der Doppelbindung

a **Häm C** **Cytochrom C**

b **Häm A** **Cytochrom-Oxidase**

Abb. 18.3 a, b Struktur von Häm C und Häm A. **a** Häm C ist über eine Thioetherbrücke mit einem Cysteinylrest des Cytochrom c-Proteins verknüpft. **b** Beim Häm A, einem wichtigen Bestandteil der Cytochromoxidase, erfolgt keine covalente Verknüpfung mit dem Enzymprotein. Die Hämgruppe ist vielmehr mit einer isoprenoiden Seitenkette in einem hydrophoben Bezirk des Cytochromoxidaseproteins fixiert

als, die in den Transport von Wasserstoff bzw. Elektronen zum Sauerstoff eingeschaltet sind.

Wie durch chemische Analysen und spektroskopische Untersuchungen gezeigt werden konnte, sind in dieser Kaskade als Coenzyme Redoxsysteme für Was-

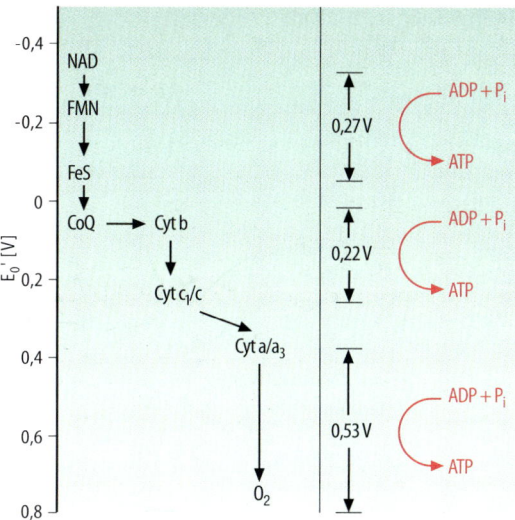

Abb. 18.4 Lokalisation der Schritte der Atmungskette, deren $\Delta E_0'$ groß genug ist, um eine ATP-Synthese zu ermöglichen

serstoff- und/oder Elektronentransport eingeschaltet, die nach steigendem Redoxpotential angeordnet werden können (Abb. 18.1).

Der Hauptweg des Wasserstoff- bzw. Elektronentransports beginnt danach mit dem **NADH/H⁺** (S. 667), dessen Redoxpotential bei etwa –360 mV liegt. Von dort werden Wasserstoff und Elektronen auf ein **Flavinmononucleotid** (FMN) übertragen, welches als Baustein das Vitamin Riboflavin besitzt (S. 665). Elektronen und Wasserstoff des FMN werden von **Ubichinon** (Coenzym Q) übernommen. Ubichinon gehört zu den mitochondrialen Lipiden (Abb. 18.2). Als Seitenkette trägt es ein Polypren aus etwa 10 Isopreneinheiten, welches seine besonders gute Mobilität in der Lipidphase der Membran gewährleistet.

Vom Ubichinon aus erfolgt in der Atmungskette nur noch ein **Elektronentransport**, wobei Eisen eine besondere Rolle spielt. Es kommt nämlich in verschiedenen an der Atmungskette beteiligten **Cytochromen** vor. In ihnen ist das Eisen wie in der Hämgruppe des Hämoglobins (S. 64) im Zentrum eines Tetrapyrrol-Ringsystems gebunden. Anders als beim Hämoglobin geht allerdings mit seiner Funktion ein entsprechender Wertigkeitswechsel einher. Die verschiedenen Cytochrome unterscheiden sich im wesentlichen durch die Substituenten an den Pyrrolringen sowie die Art der Assoziation der Hämgruppe an das jeweilige Protein. Abbildung 18.3 gibt als Beispiel die Strukturen des Häm A sowie des Häm C wieder.

Insgesamt ist die Reoxidation von NADH/H⁺ (FADH₂) mit Sauerstoff ein stark exergoner Vorgang. Ordnet man die einzelnen niedermolekularen Redoxbestandteile der Atmungskette entsprechend ihrem jeweiligen Redoxpotential, so ergeben sich an drei Stellen Differenzen, die rein rechnerisch groß genug sind, um die freie Energie für die Bildung eines ATP aus ADP und anorganischem Phosphat zu liefern (Abb. 18.4).

Tabelle 18.1 Die Enzymkomplexe der Atmungskette

Komplex No.	Bezeichnung	Molekular-gewicht (kD)	Untereinheiten[a]	Coenzyme	Protonen-transport
I	NADH: Ubichinon Oxidoreduktase	700	23–30 (7)	FMN 3–5 Eisen-Schwefel-Zentren	$2H^+/e^-$
II	Succinat: Ubichinon Oxidoreduktase	125	4 (0)	FAD 3 Eisen-Schwefel-Zentren Häm b	$0/e^-$
III	Ubichinol-Cytochrom c-Reduktase	230	11 (1)	Cytochrom b Cytochrom c_1 1 Eisen-Schwefel-Zentrum	Q-Cyclus $2H^+/e^-$
IV	Cytochrom c-Oxidase	220	13 (3)	Cytochrom a Cytochrom a_3 Cu	H^+/e^-

[a] Zahlen in Klammern geben die mitochondrial codierten Untereinheiten wieder.

Dies läßt sich aus der Beziehung zwischen ΔG und der Differenz im Redoxpotential berechnen (S. 87). Diese thermodynamische Betrachtungsweise der Atmungskette zeigt jedoch nur eine prinzipielle Möglichkeit auf und liefert keinen Anhaltspunkt für die molekularen Mechanismen der Energiekonservierung und ATP-Synthese.

Vier mitochondriale Multienzymkomplexe transportieren Elektronen zum Sauerstoff

Die Entwicklung proteinchemischer und molekularbiologischer Methoden hat wesentlich zum heutigen Konzept der strukturellen Anordnung der Atmungskette beigetragen. Sie liegt in vier *Multienzymkomplexen* vor, die den Wasserstoff- bzw. Elektronentransport katalysieren und die oben geschilderten Redoxpaare als Coenzyme enthalten (Tabelle 18.1).

Der mit Abstand größte Enzymkomplex der Atmungskette ist die *NADH:Ubichinon-Reduktase.* Dieses Enzym wird auch als Komplex I bezeichnet und katalysiert die Reaktion:

Komplex I $\quad$ NADH + H$^+$ + Ubichinon $\longrightarrow$ NAD$^+$ + Ubichinol

Der aus Säugetiermitochondrien angereicherte Komplex enthält je nach Anreicherungsart 23–30 Untereinheiten, von denen 7 durch das mitochondriale Genom codiert sind. Eine der Untereinheiten enthält als Coenzym FMN, darüber hinaus kommen eine Reihe sog. *Eisen-Schwefel-Zentren* vor. Bei diesen ist Eisen auf die in Abb. 18.5 dargestellte Weise mit Schwefelatomen komplexiert und über Cysteinylreste an die jeweilige Proteinuntereinheit gebunden. Beim Elektronentransport macht das Eisen entsprechende Wertigkeitsände-

rungen durch (S. 496). Über die Funktion der anderen Untereinheiten ist noch wenig bekannt.

Der zweite mitochondriale Atmungskomplex ist wesentlich kleiner. Es handelt sich um die *Succinat:Ubichinon-Oxidoreduktase* oder Komplex II. Das Enzym aus tierischen Mitochondrien besteht aus vier Untereinheiten, von denen eine als prosthetische Gruppe FAD über einen Histidylrest covalent gebunden hat. Eine andere enthält drei Eisen-Schwefel-Zentren, die dritte Untereinheit eine Hämgruppe. Ähnlich wie der Komplex I katalysiert auch der Komplex II die Reduktion von Ubichinon, jedoch ist in diesem Fall das Succinat das Reduktionsmittel:

Succinat + Ubichinon $\longrightarrow$ Fumarat + Ubichinol $\quad$ Kompl

Der Komplex III ist die *Ubichinol:Cytochrom c-Oxidoreduktase* und katalysiert die Reaktion:

Ubichinol + 2 Cytochrom c_{ox} $\longrightarrow$ Ubichinon + 2 Cytochrom c_{red} $\quad$ Komp

Aus diesem Grund wird das Enzym auch als *Cytochrom c-Reduktase* bezeichnet. Über die Struktur des Cytochrom c s. S. 77. Der Komplex besteht aus 11 Untereinheiten. Die ersten beiden dienen der Strukturbildung, die Untereinheit 3 trägt ein Cytochrom b, die Untereinheit 4 ein Cytochrom c_1, sowie die Untereinheit 5 ein Eisen-Schwefel-Zentrum. Über die Funktion der anderen Untereinheiten besteht noch wenig Klarheit.

Die *Cytochrom c-Oxidase* oder Komplex IV ist ebenfalls außerordentlich groß. Sie besteht bei Säugetieren aus acht Untereinheiten, und katalysiert die Reduktion von O_2 zu Wasser:

2 Cytochrom c_{red} + 1/2 O_2 + 2H$^+$ $\longrightarrow$ 2 Cytochrom c_{ox} + H$_2$O $\quad$ Kom IV

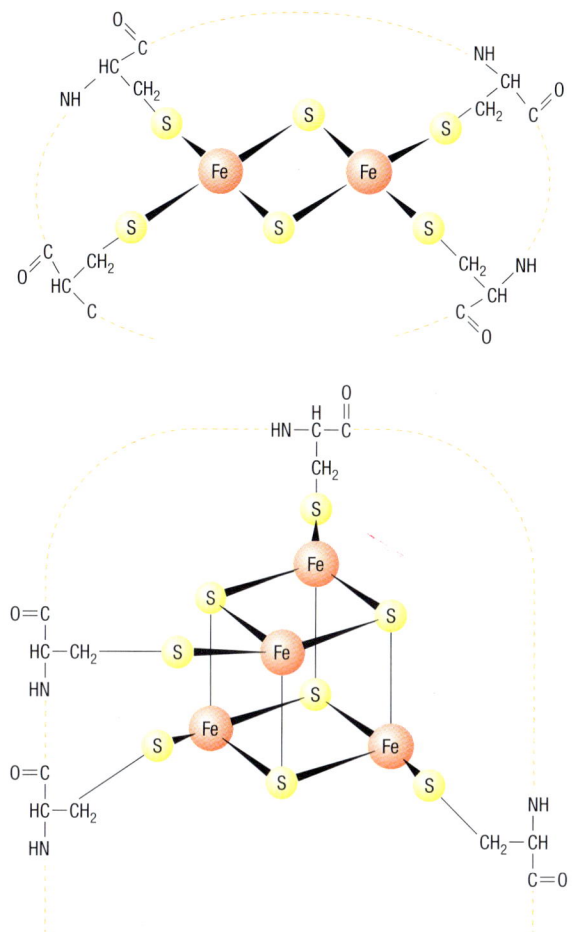

Abb. 18.5 Raumstruktur von proteingebundenen Eisen-Schwefel-Zentren aus 2 bzw. 4 Eisenatomen

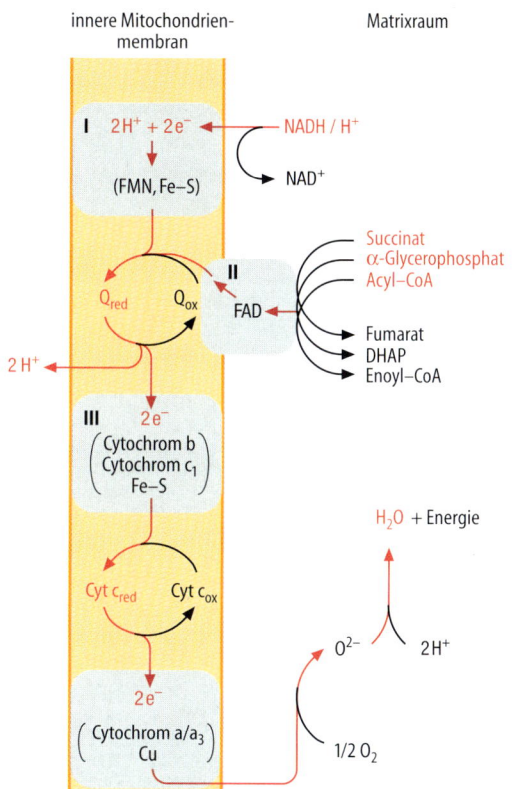

Abb. 18.6 Anordnung der Wasserstoff- und Elektronen-transportierenden Multienzymkomplexe der Atmungskette

Die Untereinheit 1 enthält die beiden Hämgruppen Häm a und Häm a₃ sowie ein am Elektronentransport beteiligtes Kupferatom, die Untereinheit 2 ein weiteres Kupferatom (S. 494).

Abbildung 18.6 gibt einen Überblick über die Anordnung der Komplexe I – IV in der Atmungskette. Komplex I überträgt Protonen und Elektronen von NADH/H⁺ auf Ubichinon, das als mobiler, lipidlöslicher Redoxcarrier in der inneren Mitochondrienmembran frei beweglich ist. Komplex II hat eine ähnliche Funktion, nur ist in diesem Fall das Reduktionsmittel Succinat.

Außer durch die Komplexe I und II kann Ubichinon durch die *Flavoprotein-Dehydrogenase* bzw. durch die *ETF:Ubichinon-Oxidoreductase* reduziert werden. Das erstere Enzym bezieht seine Reduktions-äquivalente aus dem Glycerophosphatcyclus (S. 504), das andere aus der Acyl-CoA Dehydrogenase (S. 429). Durch die genannten Vorgänge entstandenes Ubichinol reduziert mit Hilfe des Komplexes III das Cytochrom c und gibt 2 Protonen ab. Die Elektronen von Cytochrom c werden schließlich mit Hilfe des Komplexes IV auf Sauerstoff übertragen, der reduzier-

te Sauerstoff reagiert mit Protonen unter Wasserbildung.

18.1.2 Mitochondriale Energiekonservierung

Die mitochondriale Energiekonservierung beruht auf einer elektrochemischen Potentialdifferenz

Inkubiert man intakte Mitochondrien unter aeroben Bedingungen in Anwesenheit von entsprechenden Substraten, so sind sie dann zur Bildung von ATP aus ADP und anorganischem Phosphat imstande, wenn der Elektronenfluß vom Substrat zum Sauerstoff ungehindert abläuft. Dieser Vorgang wird als *oxidative Phosphorylierung*, die Verknüpfung von Elektronenfluß und ATP-Bildung als *Kopplung* von Atmungskette und oxidativer Phosphorylierung bezeichnet. Eine Vielzahl experimenteller Resultate hat gezeigt, daß die von Peter Mitchell 1973 formulierte *chemiosmotische Hypothese* der Kopplung von Elektronentransport und oxidativer Phosphorylierung richtig ist. Ihr Prinzip beruht auf der Tatsache, daß während des Elektronentransports eine *Translokation von Protonen* auf die Außenseite der in-

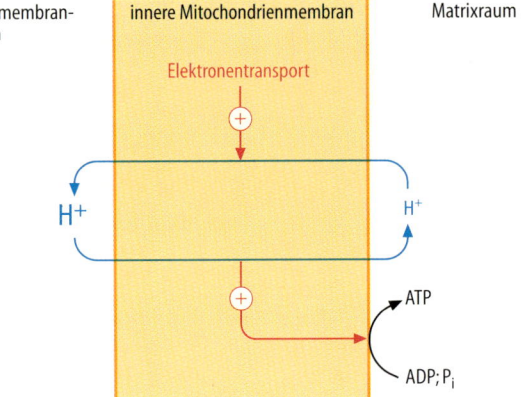

Abb. 18.7 Prinzip der Energiekonservierung in der Atmungskette nach dem chemiosmotischen Mechanismus. Der Elektronentransport in der Atmungskette liefert freie Energie, mit deren Hilfe Protonen aus dem Matrixraum durch die innere Mitochondrienmembran in den Intermembranraum transportiert werden können. Dadurch entsteht ein elektochemisches Potential über der Membran, welches aus einem pH- und Potentialgradienten besteht. Die beim Ausgleich des Gradienten freiwerdende Energie kann dazu benutzt werden, aus ADP und anorganischem Phosphat ATP zu synthetisieren

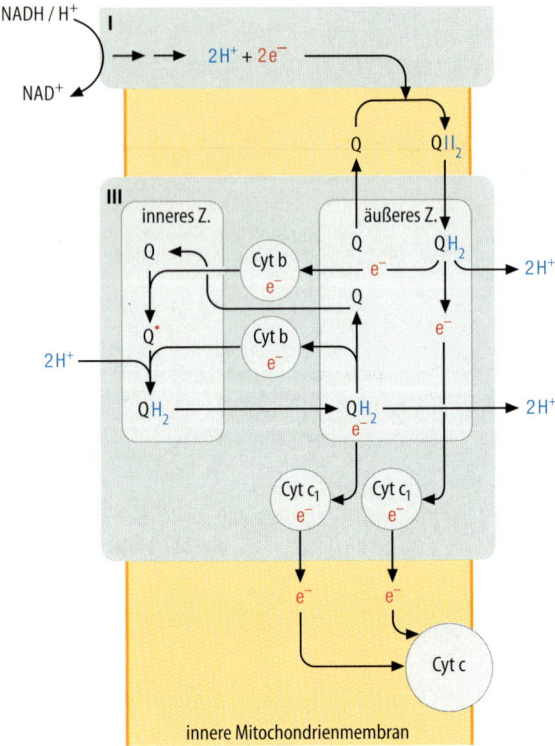

Abb. 18.8 Protonentransport mit Hilfe des durch den Komplex III katalysierten Q-Cyclus. (Einzelheiten s. Text)

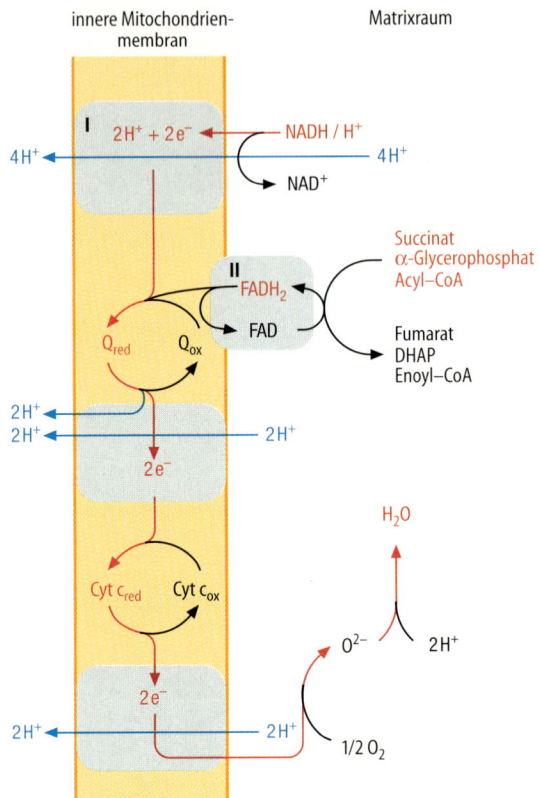

Abb. 18.9 Elektronen- und Protonentransport durch die Enzymkomplexe der Atmungskette. Pro transportiertem Elektronenpaar werden durch die drei Enzymkomplexe der Atmungskette unterschiedliche Mengen von Protonen gepumpt, nämlich in den Komplexen I und III 4 Protonen, im Komplex IV 2 Protonen. Diese Werte stellen jedoch Näherungswerte dar und können sich bei verschiedenen Funktionszuständen der Mitochondrien durchaus ändern

bran für Ionen, besonders für Protonen, nicht frei permeabel ist. Dadurch entsteht ein Ladungs- und pH-Gradient über der inneren Mitochondrienmembran, eine sog. *elektrochemische Potentialdifferenz*. Die Energiekonservierung erfolgt also primär in Form einer *energetisierten Membran*.

In den letzten Jahren konnte gezeigt werden, daß die Enzymkomplexe I und IV in der Tat Protonen aktiv von der Matrixseite in den Intermembranraum der Mitochondrien transportieren können, wobei die hierfür notwendige Energie den jeweiligen exergonen Redoxreaktionen entstammt. Auch der Komplex III ist zum aktiven Protonentransport imstande. Er katalysiert den sogenannten *Q-Cyclus*, der in Abb. 18.8 dargestellt ist und verfügt hierzu über 2 Reaktionszentren für Ubichinon. Im sogenannten äußeren Zentrum wird zunächst ein Ubichinol oxidiert und zwei Protonen in den Intermembranraum abgegeben, das dabei entstehende Ubichinon kann nun vom Komplex I reduziert werden. Von den beiden Elektronen wird das erste über ein Eisen-Schwefel-Zentrum und Cytochrom c_1 auf Cytochrom c abgegeben, das zweite über Cytochrom b auf ein Ubichinon im inneren Reaktionszentrum. Das hierbei ge-

neren Mitochondrienmembran erfolgt (Abb. 18.7). Die Energie für diesen endergonen Prozeß wird durch die exergone Reoxidation von wasserstoffübertragenden Coenzymen mit Sauerstoff bereitgestellt. Eine wichtige Voraussetzung ist, daß die innere Mitochondrienmem-

bildete *Semichinon* (Q•) bleibt proteingebunden, bis ein zweites Elektron mit der Oxidation des nächsten Ubichinol im äußeren Zentrum freigesetzt und zum inneren Zentrum transloziert wird. Danach kann das Ubichinol im inneren Zentrum 2 Protonen aufnehmen, die dann im äußeren Zentrum reoxidiert werden.

In der Bilanz wird demnach pro 2 Ubichinolmolekülen, die im äußeren Zentrum oxidiert werden, 1 Ubichinon im inneren Zentrum reduziert. Dabei werden 4 Protonen in den Intermembranraum abgegeben und 2 Protonen vom Matrixraum aufgenommen. Der gesamte Vorgang führt demnach dazu, daß pro Elektronenpaar 4 Protonen aus der Matrix in den Intermembranraum gebracht werden. Abbildung 18.9 stellt die Funktion der Enzymkomplexe I, III und IV nach dem Konzept der chemiosmotischen Kopplung dar. Im Enzymkomplex I werden 4 Protonen pro Elektronenpaar in den Intermembranraum gepumpt, nach dem Q-Cyclus des Enzymkomplexes III ebenfalls 4 Protonen pro Elektronenpaar und im Enzymkomplex IV wahrscheinlich 2 Protonen pro Elektronenpaar.

Die mitochondriale ATP-Bildung wird durch die F_1/F_0-ATPase katalysiert

Das zentrale Problem bei der Energiekonservierung in der Atmungskette besteht in der Aufklärung des Zusammenhangs zwischen elektrochemischem Potential und der Energiekonservierung durch Phosphorylierung von ADP zu ATP. Im Prinzip kann dieser Vorgang als Umkehr der durch Transport-ATPasen (S. 179) katalysierten Reaktionen aufgefaßt werden. Diese katalysieren den Transport von Na^+-, K^+- oder Ca^{2+}-Ionen gegen ein Transportgefälle, wobei die hierfür benötigte Energie der Spaltung von ATP zu ADP und P_i entnommen werden kann. Eine Umkehr dieser Transportreaktionen könnte einen über einer Membran bestehenden Ionengradienten ausnutzen, ATP aus ADP und P_i zu bilden.

Daß diese Vorstellung richtig ist, konnte inzwischen dadurch gezeigt werden, daß beispielsweise die Ca-ATPase des sarcoplasmatischen Reticulums unter bestimmten experimentellen Bedingungen die Rückreaktion, d. h. die ATP-Bildung katalysieren kann. Auf die Atmungskette übertragen bedeutet dies, daß sich in Mitochondrien eine *vektorielle, protonengetriebene ATP-Synthase* finden müßte, die in der Rückreaktion als Protonen-ATPase wirkt. Das Vorhandensein derartiger ATP-Synthasen konnte inzwischen in allen energiekonservierenden Membranen, d. h. in der mitochondrialen Innenmembran, in Chloroplasten sowie in der Cytoplasmamembran aerober Bakterien, nachgewiesen werden. In elektronenmikroskopischen Darstellungen erscheint die ATP-Synthase als pilz- oder knopfähnliches Gebilde, bei dem der Fuß fest in die mitochondriale Innenmembran integriert ist, während der Hut oder Knopf in Richtung des Matrixraums zeigt (Abb. 18.10). Sie wird auch als *F_1/F_0-ATPase* bezeichnet.

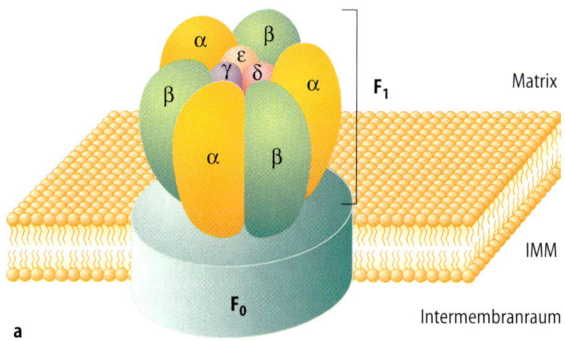

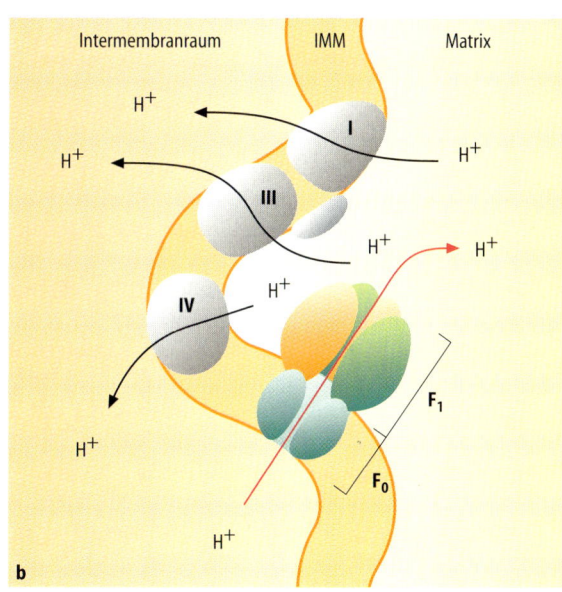

Abb. 18.10 a, b Aufbau und Membranorientierung der F_1/F_0-ATPase. **a** Aufbau der F_1/F_0-ATPase. Man beachte die dreifache Symmetrie des F_1-Teils, die für den Katalysemechanismus eine entscheidende Rolle spielt. **b** Zusammenspiel der Elektronen- und Protonen-transportierenden Enzymkomplexe mit der Protonen-translozierenden F_1/F_0-ATPase

Der aus der Membran herausragende Teil des Enzymkomplexes wird bei Mitochondrien auch als *F_1-Teil* bezeichnet. Er hat ein Molekulargewicht von 360 kD und besteht aus 5 unterschiedlichen Proteinen α, β, γ, δ und ϵ. Diese liegen im Verhältnis von α_3, β_3, γ, δ, ϵ vor. Der F_1-Teil der mitochondrialen ATP-Synthase ist in isolierter Form eine sehr aktive ATPase.

Der in die Mitochondrienmembran integrierte Stiel des ATP-Synthase-Komplexes wird auch als *F_0-Teil* bezeichnet. Er enthält ein *Oligomycin-Bindungsprotein*, ein *Inhibitorprotein* sowie eine Reihe weiterer Untereinheiten. Funktionell bildet der F_0-Teil einen regulierten Protonenkanal.

Nur der vollständige, aus dem F_0- und dem F_1-Teil bestehende ATP-Synthasekomplex ist imstande, den über der mitochondrialen Innenmembran bestehenden Protonengradienten zur ATP-Synthese auszunutzen. Die Vorstellungen über ihren Reaktionsmecha-

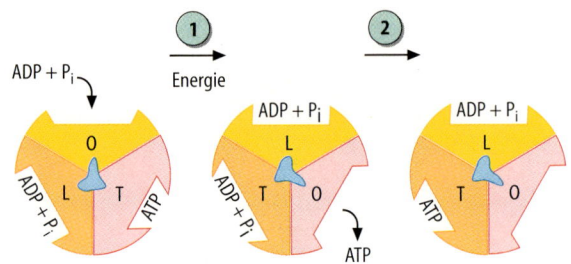

Abb. 18.11 Hypothetischer Mechanismus der ATP-Bildung durch die F_1/F_o-ATPase. Ein zentrales Gebilde aus den $\gamma\delta\epsilon$-Untereinheiten rotiert durch den Protonenfluß relativ zu den drei $\alpha\beta$-Paaren. Dies führt zu einer Änderung ihrer katalytischen Eigenschaften und ermöglicht die Bindung von ADP und P_i, die Bildung von ATP sowie schließlich dessen Freisetzung. Die ATP-Bildung erfolgt spontan, wenn ein mit ADP und P_i beladenes $\alpha\beta$-Paar sich in der T-Konformation befindet. (Einzelheiten s. Text)

nismus beruhen darauf, daß wegen der dreifachen Stöchiometrie im F_1-Teil die ATPase über drei katalytische Zentren verfügt, die aus den $\alpha\beta$-Paaren bestehen (Abb. 18.11). Eine aus den Proteinen γ, δ, ϵ sowie einem weiteren Protein aus dem F_o-Teil gebildete Struktur befindet sich in zentraler Position zu den drei katalytischen Zentren und rotiert relativ zu ihnen, wodurch diese jeweils unterschiedliche Eigenschaften erhalten. Die Triebkraft für die Rotation würde dem Protonentransport entnommen werden, womit eine gewisse Analogie zur Beweglichkeit bakterieller Geißeln hergestellt wäre. Die durch die Rotation des zentralen Teils ausgelöste Änderung der katalytischen Eigenschaften der drei aktiven Zentren führt dazu, daß diese in den Konformationen T (= engl. tight), L (= engl. loose) und O (engl. open) vorliegen können. Im Ausgangszustand enthält die T-Seite ATP, die L-Seite ADP und anorganisches Phosphat, während die O-Seite gerade mit ADP und anorganischem Phosphat beladen wird. Unter der durch den Protonentransport ausgelösten Energetisierung und Rotation wandelt sich zunächst die L- in die T-, die O- in die L- und die T- in die O-Seite um. Hierbei wird ATP von der O-Seite abgegeben, in der T-Seite erfolgt die Bildung von ATP aus ADP und anorganischem Phosphat. Beim nächsten Rotationsschritt erfolgt eine Beladung der jetzt freien O-Seite mit ADP und anorganischem Phosphat, die T-Seite wandelt sich in eine O-Seite um und gibt ATP ab, die L-Seite wandelt sich in eine T-Seite um, in der die Reaktion zu ATP erfolgt.

Es ist noch nicht mit Sicherheit bekannt, wie viele Protonen für die Bildung eines ATP benötigt werden. Vermutlich liegt ihre Zahl zwischen 2 und 3 (s. unten).

Die innere Mitochondrienmembran enthält eine große Zahl von Transportproteinen

Die äußere Mitochondrienmembran ist wegen des Vorhandenseins porenbildender Proteine für niedermole-

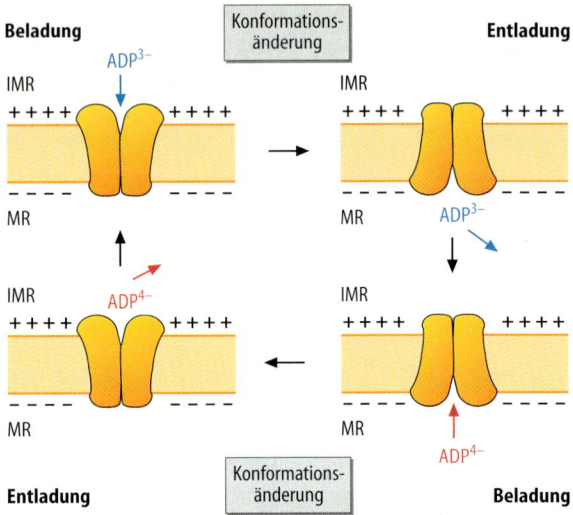

Abb. 18.12 Mechanismus der Adeninnucleotidtranslokase. Die Adeninnucleotidtranslokase enthält eine Bindungsstelle für Adeninnucleotide, die normalerweise entweder mit ATP oder mit ADP beladen werden kann. Das mit einem Adeninnucleotid beladene Protein kann dieses durch die innere Mitochondrienmembran translozieren. Wegen der Anhäufung positiver Ladungen auf der Außenseite der inneren Mitochondrienmembran erfolgt der Transport von ATP^{4-} von der Innen- auf die Außenseite etwa dreißigmal schneller als der Transport von ADP^{3-}. Dieses wird im Gegenzug schneller in der Gegenrichtung transportiert

kulare Substanzen permeabel. Dagegen ist die innere Mitochondrienmembran nur für Sauerstoff, Wasser, und CO_2 frei durchlässig. Sie enthält eine große Zahl von Transportsystemen, damit der notwendige Stoffaustausch zwischen dem mitochondrialen Matrixraum und den übrigen zellulären Kompartimenten stattfinden kann. So sind beispielsweise bis heute 13 **Anionentransportcarrier** nachgewiesen worden, zu einem erheblichen Teil ist inzwischen die Primärstruktur der jeweiligen Proteine bekannt (Tabelle 18.2):

- Der wichtigste Vertreter der ersten Gruppe von Transportproteinen ist die **Adeninnucleotid-Translokase**. Dieses Protein katalysiert die Austauschreaktion der Adeninnucleotide über der inneren Mitochondrienmembran. ADP, welches durch ATP-verbrauchende Prozesse im cytosolischen Raum entstanden ist, wird im Austausch gegen ATP in die mitochondriale Matrix transportiert. Mehr als 10 % der Proteine der inneren Mitochondrienmembran des Herzmuskels bestehen aus diesem Protein (Abb. 18.12).
- Elektroneutrale, protonenkompensierte Carrier sind beispielsweise der **Phosphatcarrier**. Im Symport mit einem Proton wird ein Phosphatanion in die mitochondriale Innenmembran transportiert. Dieses Carrierprotein ist zum Ausgleich der Phosphatbilanz bei der oxidativen Phosphorylierung essentiell. Carrier mit ähnlichen katalytischen Eigenschaften sind für den Transport von Pyruvat, Glutamat oder verzweigtkettigen Aminosäuren in die Mitochondrien erforderlich.

Tabelle 18.2 Auswahl mitochondrialer Transportproteine. (Nach Krämer u. Palmieri 1992)

Transportprotein	Wichtiges Substrat	Transportmechanismus	Stoffwechselbedeutung	Hauptsächliches Vorkommen
A Elektrogene Carrier				
Adeninnucleotid-Translocase	ADP^{3-}/ATP^{4-}	Antiport	Energietransfer	Ubiquitär
Aspartat/Glutamat Carrier	Asp/Glu	Antiport	Malat/Aspartat-Cyclus Gluconeogenese, Harnstoffsynthese	
Thermogenin	H^+	Uniport	Thermogenese	Braunes Fettgewebe
B Elektroneutrale, protonenkompensierte Carrier				
Phosphat-Carrier	Phosphat/H^+	Symport	Phosphat-Transfer	Ubiquitär
Pyruvat-Carrier	Pyruvat/H^+, Ketonkörper/H^+	Symport	Citratcyclus, Gluconeogenese	Ubiquitär
Glutamat-Carrier	Glutamat/H^+	Symport	Harnstoffsynthese	Leber
Carrier für verzweigtkettige Aminosäuren	verzweigtkettige Aminosäuren/H^+	Symport	Abbau verzweigtkettiger Aminosäuren	Skelettmuskel, Herzmuskel
C Elektroneutrale Austausch-Carrier				
Ketoglutarat/Malat-Carrier	Ketoglutarat/Malat, Succinat	Antiport	Malat/Aspartat-Cyclus Gluconeogenese	Ubiquitär
Dicarboxylat/Phosphat-Carrier	Malat, Succinat/Phosphat	Antiport	Gluconeogenese, Harnstoffsynthese	Leber
Citrat/Malat-Carrier	Citrat/Isocitrat, Malat, Succinat Phosphoenolpyruvat	Antiport	Lipogenese, Gluconeogenese	Leber
α-Glycerophosphat/Dihydroxyacetonphosphat-Carrier	α-Glycerophosphat/Dihydroxyacetonphosphat	Antiport	Glycerophosphatcyclus	Ubiquitär
Ornithin-Carrier	Ornithin, Citrullin	Antiport	Harnstoffsynthese	Leber
D Neutrale Carrier				
Carnitin-Carrier	Carnitin/Acylcarnitin	Antiport	Fettsäureoxidation	Ubiquitär
Glutamin-Carrier	Glutamin	Uniport	Glutaminabbau	Leber, Niere

- Elektroneutrale Austauschcarrier katalysieren den Austausch von Dicarboxylaten zwischen dem cytoplasmatischen Raum und dem Matrixraum. Von besonderem Interesse ist hier der **Ketoglutarat/Malatcarrier.** Er gehört zu dem in Abb. 18.13 dargestellten Cyclus, der für den Transport von Reduktionsäquivalenten aus den oder in die Mitochondrien benötigt wird. Cytoplasmatisches NADH/H^+ wird zur Reduktion von Oxalacetat zu Malat benötigt. Über den Ketoglutarat/Malatcarrier erfolgt der Transport des Malats in den Matrixraum, wo Malat durch die mitochondriale Malatdehydrogenase unter Bildung von NADH/H^+ zu Oxalacetat oxidiert wird. Da kein Carrier für Oxalacetat existiert, muß der Kohlenstoffaustausch dadurch erfolgen, daß Oxalacetat mit Glutamat zu Aspartat transaminiert wird. Wie für das Substratpaar Malat-Ketoglutarat existiert ein Transportsystem für Glutamat-Aspartat. Ebenfalls dem Transport von cytosolischen Reduktionsäquivalenten in die Atmungskette dient der Glycerophosphatcyclus (Abb. 18.14). Auf der cytosolischen Seite wird Dihydroxyacetonphosphat NADH/H^+-abhängig zu α-

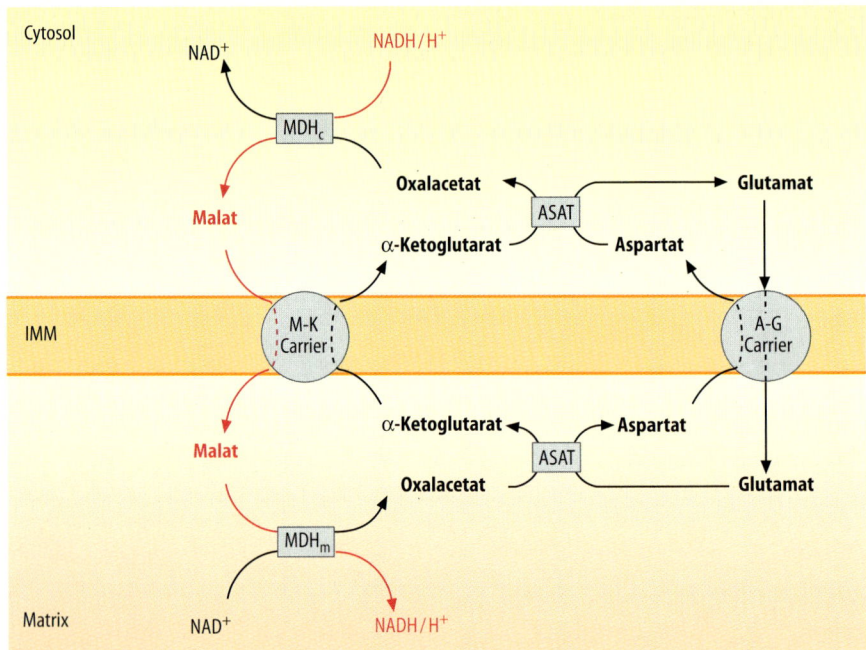

Abb. 18.13 Malatcyclus für den Transport von Reduktionsäquivalenten aus den oder in die Mitochondrien. Der Transport vom Cytosol in das Mitochondrium ist *rot* hervorgehoben. Da es sich um reversible Reaktionen handelt, kann der Transport auch in umgekehrter Richtung erfolgen. (Einzelheiten s. Text)

Glycerophosphat reduziert. Dieses wird durch die in der mitochondrialen Innenmembran gelegene Glycerophosphat Oxidase oder Flavoprotein Dehydrogenase (S. 510) FAD-abhängig reoxidiert, wobei schließlich Wasserstoff und Elektronen auf Ubichinon übertragen werden. Die anderen, in Tabelle 18.2 unter C genannten neutralen Austauschcarrier dienen der Gluconeogenese, der Lipogenese oder der Harnstoffsynthese.

- Von besonderer Bedeutung für die Fettsäureoxidation ist der *Carnitincarrier*, dessen Funktion auf S. 430

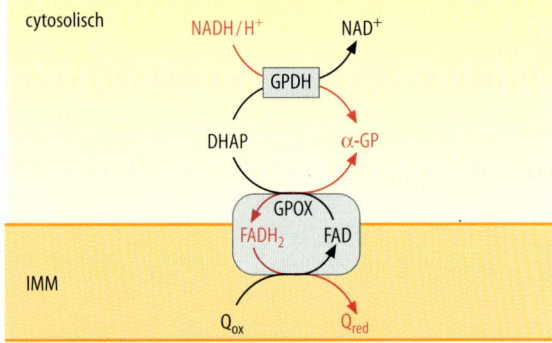

Abb. 18.14 Der Glycerophosphatcyclus für den Transport von Reduktionsäquivalenten in die Mitochondrien. Auf der cytosolischen Seite wird mit Hilfe der Glycerophosphat Dehydrogenase Dihydroxyacetonphosphat mit NADH/H+ zu α-Glycerophosphat reduziert. Durch die in der inneren Mitochondrienmembran lokalisierte Glycerophosphat Oxidase oder Flavoprotein Dehydrogenase erfolgt eine Flavin-abhängige Oxidation des Glycerophosphats zu Dihydroxyacetonphosphat. Das reduzierte FADH2 der Flavindehydrogenase wird mit Hilfe von Ubichinon reoxidiert

beschrieben ist. Der *Glutamincarrier* schließlich transportiert in den Mitochondrien der Leber und der Nieren Glutamin in den Matrixraum (S. 1028).

Neben diesen Transportsystemen für Anionen enthält die Mitochondrienmembran die Ausstattung für den aktiven Transport von mono- und divalenten *Kationen*. Von besonderer Bedeutung ist der mitochondriale Calciumstoffwechsel. So kann Calcium durch Mitochondrien in Anwesenheit von ADP und P_i bis zu einer Konzentration von 3 µmol/mg Mitochondrienprotein aufgenommen werden. Die Triebkraft hierfür ist das mitochondriale Membranpotential. Der für den Transport verantwortliche Carrier ist noch nicht mit Sicherheit identifiziert worden. Die Bedeutung der mitochondrialen Calciumaufnahme liegt weniger in der Einstellung der cytosolischen Calciumkonzentration (S. 695). Vielmehr ist Calcium ein wichtiger Aktivator der mitochondrialen *Pyruvatdehydrogenase*, der NAD+-abhängigen *Isocitratdehydrogenase* sowie der *α-Ketoglutaratdehydrogenase*.

Für die Calciumfreisetzung kommt in den Mitochondrien ein natriumabhängiger sowie ein natriumunabhängiger Mechanismus vor. Die relativen Verhältnisse der beiden Mechanismen zeigen eine spezifische Gewebsverteilung. Im Herzmuskel überwiegt der natriumabhängige Calcium-Freisetzungsmechanismus, in der Leber, den Nieren und den glatten Muskelzellen dagegen der natriumunabhängige.

Eine große Zahl von Verbindungen stimulieren die natriumunabhängige Freisetzung von Calcium durch Mitochondrien. Zu ihnen gehören Schwermetallionen, Prooxidantien, Sulfhydrylreagenzien, Entkoppler und anorganisches Phosphat.

18.1.3 Regulation von Atmungskette und oxidativer Phosphorylierung

Für die einzelnen Enzymkomplexe gibt es spezifische Hemmstoffe

Ein wichtiges Werkzeug zur Aufklärung der Reaktionsfolge des Elektronentransportes der Atmungskette sowie der oxidativen Phosphorylierung waren spezifische Hemmstoffe, die sie entsprechend ihrem Wirkungsort in Hemmstoffe der Atmungskette, Hemmstoffe der oxidativen Phosphorylierung und Entkoppler der oxidativen Phosphorylierung einteilen lassen (Tabelle 18.3).

Hemmstoffe der Atmungskette, deren Angriffsort an den Wasserstoff- und Elektronen-transportierenden Komplexen I – IV liegen, verhindern die Substrat-

Tabelle 18.3 Wichtige Hemmstoffe der Atmungskette und der oxidativen Phosphorylierung

Substanz	Wirkort/Mechanismus
Rotenon Barbiturate	Atmungskette zwischen FMN und Coenzym Q
Antimycin A	Atmungskette zwischen Cytochrom b und Cytochrom c
HCN, CO, H_2S	Atmungskette zwischen Cytochrom a und Sauerstoff
Oligomycin	Hemmung der F_0/F_1-ATPase
Entkoppler: 2,4-Dinitrophenol (DNP) oder m-Chlorcarbonyl-cyanidphenylhydrazon (CCCP)	Transport von Protonen durch innere Mitochondrienmembran
Atractylosid	ATP/ADP-Translokation

oxidation. Ein wichtiger Inhibitor der oxidativen Phosphorylierung ist das Antibiotikum *Oligomycin*, das ein spezifischer Inhibitor der F_1/F_0-ATPase ist.

Im Gegensatz zum Oligomycin besteht die Wirkung von *Entkopplern* darin, die Oxidationsvorgänge innerhalb der Atmungskette von Phosphorylierungsvorgängen abzutrennen. Als Resultat entwickelt sich eine unkontrollierte Atmung, bei der das Angebot an ADP oder anorganischem Phosphat nicht länger die Atmungsgeschwindigkeit bestimmt. Entkoppler sind generell lipophile organische Verbindungen, die leicht protoniert bzw. deprotoniert werden können. Da sie wegen ihrer lipophilen Eigenschaften gut membrangängig sind, können sie die durch die Multienzymkomplexe der Atmungskette auf die Außenseite der inneren Mitochondrienmembran transportierten Protonen binden und entlang des Konzentrationsgradienten wieder in den Matrixraum der Mitochondrien zurücktransportieren (Abb. 18.15). Dies führt zu einem Zusammenbruch des über der inneren Mitochondrienmembran aufgebauten elektrochemischen Potentials und damit trotz funktionierendem Elektronentransport zum Stop der ATP-Bildung durch oxidative Phosphorylierung.

Ein Hemmstoff der oxidativen Phosphorylierung ist *Atractylosid*, das den Transport von Adeninnucleotiden durch die innere mitochondriale Membran hemmt. Es blockiert die ATP/ADP-Translokase (s. o.) und verhindert die Ausschleusung des intramitochondrial erzeugten ATP in das Cytosol als wesentlichen Ort des ATP-Verbrauchs. Da gleichzeitig auch die Einschleusung von ADP in das Mitochondrium blockiert ist, kommt die oxidative Phosphorylierung aus Mangel an phosphorylierbarem Substrat zum Erliegen.

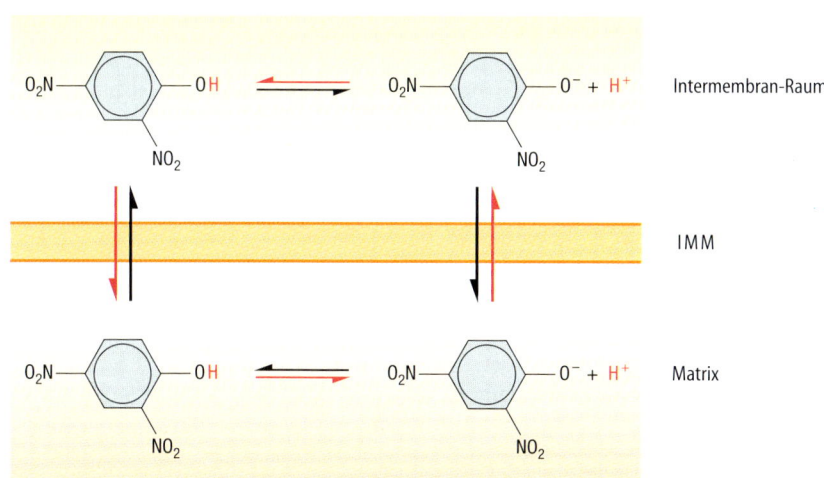

Abb. 18.15 Wirkungsmechanismus von 2,4-Dinitrophenol als Entkoppler der oxidativen Phosphorylierung

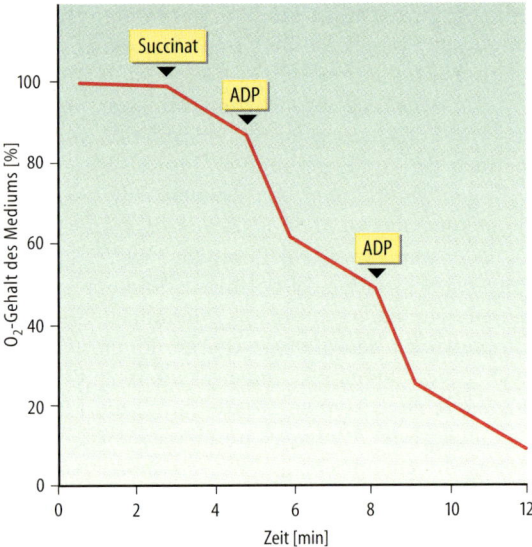

Tabelle 18.4 Status der Atmungskette

	Im Überschuß vorhanden	Begrenzung der Atmungsgeschwindigkeit durch
Status 1	O_2	ADP und Substrat
Status 2	O_2, ADP	Substrat
Status 3	O_2, ADP, Substrat	Maximalgeschwindigkeit der Enzyme der Atmungskette
Status 4	O_2, Substrat	ADP
Status 5	ADP, Substrat	O_2

Abb. 18.16 Atmungskontrolle an isolierten Lebermitochondrien der Ratte. Isolierte Rattenmitochondrien wurden mit Succinat als Substrat versetzt und die Sauerstoffaufnahme gemessen. Als Meßgröße dient die durch den Sauerstoffverbrauch der Mitochondrien hervorgerufene Abnahme der Sauerstoffkonzentration im Inkubationsmedium. An den mit den *Pfeilen* bezeichneten Stellen wurde jeweils 0,1 µmol ADP/ml zugesetzt. Die dadurch erhöhte Geschwindigkeit des Sauerstoffverbrauchs (aktiver Status) geht zurück, sobald das zugesetzte ADP zu ATP phosphoryliert worden ist

Die Atmungsgeschwindigkeit wird durch das Angebot an ADP kontrolliert

Schon vor vielen Jahren wurde beobachtet, daß isolierte Mitochondrien nur dann Substrat oxidieren und Sauerstoff verbrauchen, wenn ihnen ADP und anorganisches Phosphat angeboten wird. Diese strikte Kopplung von Substratoxidation und ATP-Bildung wird auch als *Atmungskontrolle* bezeichnet. Abbildung 18.16 stellt dieses Phänomen an isolierten Lebermitochondrien der Ratte dar. In Anwesenheit von Sauerstoff und Succinat als Substrat erhöht sich die Geschwindigkeit der Sauerstoffaufnahme erst nach Zugabe von ADP um das Fünf- bis Sechsfache und bleibt auf dieser Höhe, bis das zugesetzte ADP komplett zu ATP phosphoryliert worden ist. Durch erneute Zugabe von ADP können derartige Cyclen wiederholt werden. Auf der Basis dieser und ähnlicher Beobachtungen hat Britton Chance schon 1956 fünf Zustände definiert, bei denen die Atmungsgeschwindigkeit in Mitochondrien durch jeweils verschiedene Faktoren kontrolliert wird (Tabelle 18.4). Besondere Bedeutung kommt dem Status 3 und 4 zu. Im Status 3 sind Sauerstoff und Substrat im Überschuß vorhanden, außerdem werden den Mitochondrien ADP und anorganisches Phosphat angeboten. Unter dieser Bedingung kommt es zum *maximal möglichen* Elektronentransport durch die Enzyme der Atmungskette. Im Zustand IV wird der Sauerstoffverbrauch durch den Mangel bzw. das Fehlen von ADP limitiert.

Man spricht infolgedessen hier von kontrollierter Atmung.

Bis heute noch nicht endgültig beantwortet ist die Frage nach der quantitativen Beziehung der durch den Sauerstoffverbrauch von Mitochondrien gemessenen Substratoxidation und der ATP-Bildung. Um diese Beziehung zu definieren, wurde der Begriff des *P/O-Quotienten* geprägt, der das Verhältnis von Sauerstoffverbrauch (gemessen in Grammatom Sauerstoff) zum Phosphateinbau in ATP (gemessen in mol Phosphat) angibt.

Da man zunächst davon ausgegangen war, daß an den Enzymkomplexen I, III und IV jeweils eine einer ATP-Bildung entsprechende Energiekonservierung stattfindet, wurde angenommen, daß die theoretischen P/O-Quotienten bei der Oxidation von NADH/H^+ 3, bei der Succinatdehydrogenase 2, sowie bei Oxidation von Substraten, welche direkt mit dem Komplex IV in Wechselwirkung treten, 1 betragen. Diese Werte wurden zwar in praxi nie gefunden, jedoch schrieb man dies zunächst experimentellen Fehlern zu.

Eine quantitative Betrachtung zeigt allerdings, daß ein geradzahliges Verhältnis von Sauerstoffverbrauch und ATP-Bildung nicht unbedingt zu erwarten ist. Aus der Beziehung

$$\Delta G^{o'} = n \times F \times \Delta E_o'$$

läßt sich errechnen, daß bei der Oxidation von NADH mit O_2 maximal 220 kJ/mol gewonnen werden können (S. 87). Die für den Protonentransport benötigte Energie errechnet sich nach der Beziehung

$$\Delta G = R \times T \times \ln\left(\frac{[H^+]_{innen}}{[H^+]_{außen}}\right) + Z \times F \times \Delta\Psi$$

F = Faraday-Konstante; R = Gaskonstante, Z = Ionenladung; T = Grad Kelvin; $\Delta\Psi$ = Potentialdifferenz

Für einen Protonengradienten kann diese Gleichung umgeformt werden nach:

$$\Delta G = 2{,}3 \times R \times T \times (pH\ innen - pH\ außen) + Z \times F \times \Delta\Psi$$

Aus Messungen des Membranpotentials von Lebermitochondrien sowie des pH-Unterschieds zwischen Intermembranraum und Matrix läßt sich errechnen, daß das ΔG für den Protonentransport aus der Matrix bei 21,5 kJ/mol liegt. Da an den Komplexen I und III pro Elektronenpaar je 4 Protonen, am Komplex IV 2 Protonen gepumpt werden, ergibt sich insgesamt ein Energiebetrag von etwas über 200 kJ/mol für die Aufrichtung des elektrochemischen Potentials während der NADH-Reoxidation. Unter den physiologischerweise vorkommenden Konzentrationsverhältnissen muß für die ATP-Synthese ein Betrag von über 50 kJ/mol angesetzt werden, so daß man etwa 2–3 Protonen für die Synthese eines ATP benötigt. Da darüber hinaus für den Phosphattransport in die Mitochondrien ein Proton verlorengeht (s. o.), werden in Wirklichkeit 3–4 Protonen für 1 ATP benötigt. Für die NADH-Oxidation errechnet sich demnach ein P/O-Quotient von etwa 2,5, was sich mit den in jüngster Zeit publizierten Daten deckt. Bei der Oxidation von $FADH_2$ liegen die Werte entsprechend niedriger.

Das Problem bei der Bewertung derjenigen Faktoren, die in intakten Zellen Substratoxidation und ATP-Bildung kontrollieren, liegt darin, daß es nur mit großen experimentellen Schwierigkeiten und unvollkommen möglich ist, Metabolitkonzentrationen im cytosolischen bzw. Matrixraum getrennt und mit Genauigkeit zu bestimmen.

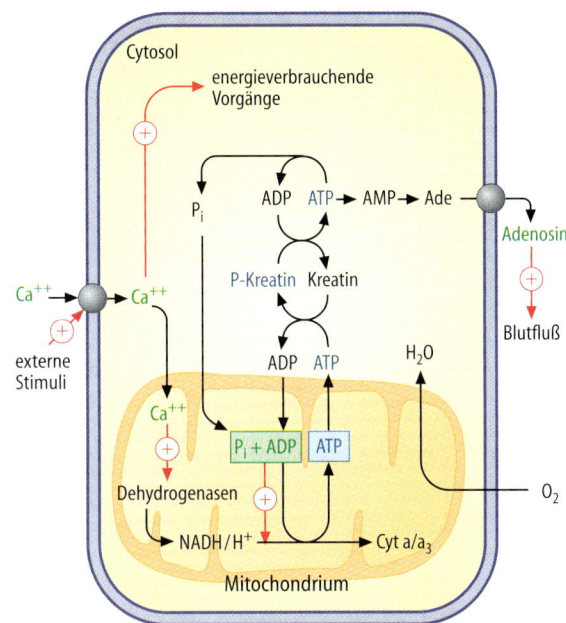

Abb. 18.17 Zelluläre Regulation der Atmungskette. Eine Beschleunigung von Elektronentransport und ATP-Bildung in den Mitochondrien kann prinzipiell durch zwei im Cytosol stattfindende Prozesse ausgelöst werden. Es handelt sich zum einen um eine durch gesteigerte Aktivität hervorgerufene schnelle Umwandlung von ATP zu ADP, so daß sich der ATP- zu ADP-Quotient verkleinert. Die zweite Möglichkeit beruht darauf, daß es durch eine zelluläre Aktivierung zu einer Erhöhung der cytosolischen Calciumkonzentration und danach der Calciumkonzentration in der mitochondrialen Matrix kommt. Gleichzeitig werden intrazellulär gespeicherte Substrate vermehrt abgebaut. Die Erhöhung der mitochondrialen Calciumkonzentration führt zu einer Aktivierung einer Reihe von Dehydrogenasen des Citratcyclus, so daß vermehrt reduzierte wasserstoffübertragende Coenzyme anfallen, die über die Elektronentransportkette reoxidiert werden müssen. (Einzelheiten s. Text)

Die zelluläre ATP-Synthese wird durch eine komplexe Regulation an die zellulären Bedürfnisse angepaßt

Für isolierte Mitochondrien ist die Verfügbarkeit von ADP als Phosphatakzeptor die einzige Größe, die die Geschwindigkeit der Substratoxidation kontrolliert. In der intakten Zelle liegen die Verhältnisse insofern wesentlich komplizierter, als eine große Zahl energieverbrauchender Stoffwechselprozesse zwar ADP und anorganisches Phosphat liefert, auf der anderen Seite aber auch die Lieferung von oxidierbarem Substrat und möglicherweise Sauerstoff einer komplexen Regulation unterliegt und damit geschwindigkeitsbestimmend werden kann. Dabei zeigen sich erhebliche Unterschiede zwischen einzelnen Geweben. Abbildung 18.17 stellt die für die Regulation bestehenden Möglichkeiten zusammen. Primär erscheint einleuchtend, daß auch in der intakten Zelle gesteigerte Arbeitsleistungen mit einem vermehrten Abbau von ATP zu ADP und anorganischem Phosphat einhergehen und dies das entsprechende Signal für die gesteigerte Substratoxidation in den Mitochondrien gibt. Allerdings ist es in vielen Geweben schwierig, eine Zunahme des cytosolischen ADP-Spiegels während gesteigerter Arbeit nachzuweisen. Dies wird besonders dann unmöglich, wenn Gewebe über das *Phosphokreatin-Kreatinsystem* (S. 89) zur Auffüllung der ATP-Speicher verfügen. Eine weitere Regulationsmöglichkeit wäre eine Steigerung des Sau-

erstoffverbrauchs durch ein gesteigertes $NADH/H^+$-Angebot. Tatsächlich konnte nachgewiesen werden, daß sich häufig bei einem gesteigerten Angebot oxidierbarer Substrate die *Atmungsgeschwindigkeit* erhöht, ohne daß Änderungen im Verhältnis von ATP zu ADP auftreten. Über den Mechanismus dieses Vorgangs gibt es nur Spekulationen. Eine von ihnen ist, daß *cytosolisches Calcium*, dessen Konzentration infolge der Aktivierung der Zellen ansteigt, durch Mitochondrien aufgenommen wird und die Dehydrogenasen des Citratcyclus aktiviert (s. oben). Am unwahrscheinlichsten ist, daß unter physiologischen Bedingungen Änderungen der Sauerstoffversorgung die Atmungsgeschwindigkeit kontrollieren können. Die Cytochromoxidase als das einzige sauerstoffverbrauchende Enzym der Atmungskette hat eine Michaeliskonstante für Sauerstoff in der Größenordnung weniger als 100 nmol/l. Aufgrund der intrazellulären Sauerstoffkonzentrationen erscheint es daher unwahrscheinlich, daß Sauerstoff unter Normalbedingungen limitierend für die Atmungsgeschwindigkeit werden kann.

18.1.4 Mitochondriale Thermogenese

Die Mitochondrien des braunen Fettgewebes sind für die Thermogenese verantwortlich

Die Fähigkeit, durch mitochondriale Substratoxidation Wärme zu produzieren, findet sich bei allen bisher untersuchten Säugetieren. Sie ist auf das **braune Fettgewebe** beschränkt, das in unterschiedlichem Ausmaß (subscapular und entlang der großen Gefäße) vorkommt und eine besondere Aktivität bei Neugeborenen zeigt. Durch den mit der Geburt einhergehenden Kälteschock kommt es zur Aktivierung *thermogenetischer Vorgänge* im braunen Fettgewebe, was dem Neugeborenen die Aufrechterhaltung seiner Körpertemperatur ermöglicht. In Abb. 18.18 ist der Mechanismus der Thermogeneseauslösung dargestellt. Hypothalamische Signale führen zu einer Stimulierung der Aktivität des sympathischen Nervensystems, was zu einer gesteigerten Freisetzung von Katecholaminen an den Nervenendigungen führt. Über nur im braunen Fettgewebe nachweisbare *ß₃-Rezeptoren* kommt es zum Anstieg der cyclo-AMP-Konzentration im braunen Fettgewebe und zur gesteigerten Lipolyse. Die dabei freigesetzten Fettsäuren werden in der mitochondrialen Matrix oxidiert und das dabei entstehende NADH/H⁺ und FADH₂ über die Atmungskette oxidiert. Gleichzeitig führt die hohe cAMP-Konzentration zur gesteigerten Transkription einiger für die Thermogenese wichtiger Proteine. Eines von ihnen ist die Lipoproteinlipase, die die Aufnahme extrazellulärer Lipide durch braune Adipocyten ermöglicht (S. 450). Das zweite ist das Protein Thermogenin, das in die innere Mitochondrienmembran integriert wird und dort eine Entkopplung der Atmungskette mit einer Verminderung der Energiekonservierung als ATP und einer Steigerung der Wärmeabgabe auslöst. Da das braune Fettgewebe ungewöhnlich gut durchblutet ist, kann die produzierte Wärme leicht abgeführt werden und dient dann der Aufrechterhaltung der Körpertemperatur. Außer der Thermogenese bei Neugeborenen dient das braune Fettgewebe auch als Wärmeproduzent für *Winterschläfer*. Ihr Stoffwechselproblem besteht darin, daß während der verschiedenen im Verlauf eines Winterschlafes intermittierend auftretenden Aufwachphasen die Körpertemperatur rasch und effektiv hochgeheizt werden muß. Auch die für diesen Vorgang benötigte Wärme entstammt der funktionellen Entkopplung der oxidativen Phosphorylierung im braunen Fettgewebe.

Mitochondrien aus braunem Fettgewebe enthalten ein Entkopplungsprotein

Martin Klingenberg hat den Mechanismus der Thermogeninwirkung im braunen Fettgewebe aufgeklärt. Thermogenin gehört zur Familie der mitochondrialen Transportproteine und katalysiert den *elektrogenen Protonenuniport* aus dem Intermembranraum in die mitochondriale Matrix. Damit werden Atmungskette und oxidative Phosphorylierung entkoppelt (S. 505). Die freie Energie der Reoxidation von reduzierenden wasserstoffübertragenden Coenzymen mit Sauerstoff

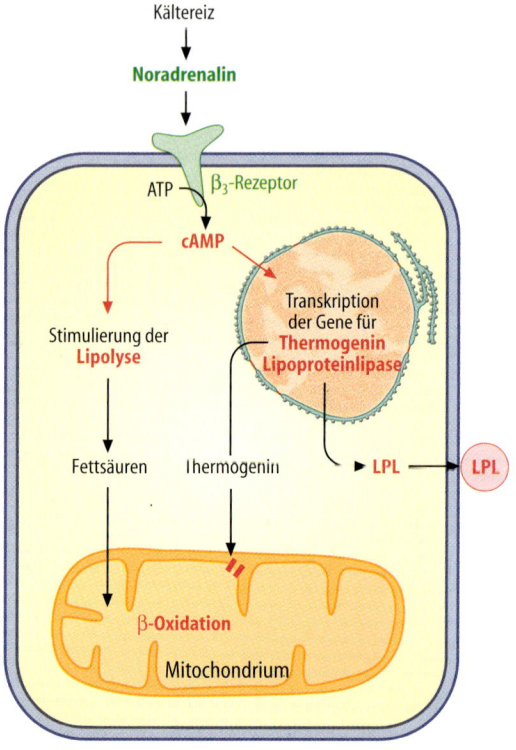

Abb. 18.18 Induktion der Thermogenese durch einen Kältereiz. Die durch Noradrenalin erhöhten cAMP-Spiegel führen nicht nur zu einer Erhöhung der Lipolyse, sondern auch zu einer gesteigerten Expression der Gene für Lipoproteinlipase und Thermogenin. Die entsprechenden Proteine werden in den Extrazellulärraum verlagert bzw. in die innere Mitochondrienmembran importiert

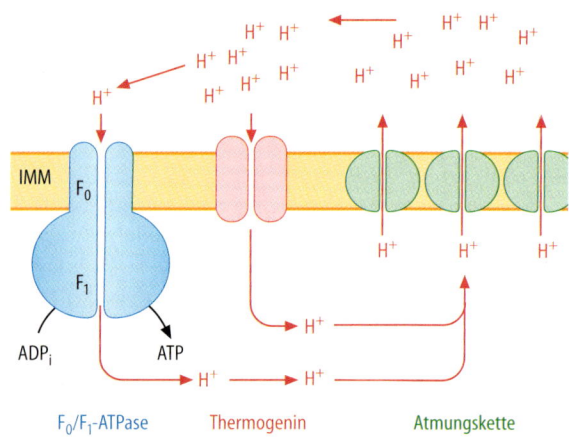

Abb. 18.19 Funktion von Thermogenin als physiologischem Entkoppler der oxidativen Phosphorylierung. Der durch Thermogenin gebildete Kanal konkurriert mit der F_1/F_0-ATPase um Protonen

wird nur noch zu einem geringen Teil in Form von ATP konserviert und zum größeren Teil als Wärme abgegeben. Abbildung 18.19 stellt die Funktion des Thermogenins bei der Thermogenese dar. Der durch Thermogenin gebildete Protonencarrier ist reguliert: Purinnucleotide, vor allem das GDP, binden an eine spezifische Bindungsstelle des Thermogenins und inaktivieren auf diese Weise den Carrier.

18.2 An Redoxreaktionen beteiligte Enzyme

Tabelle 18.5 gibt die Einteilung der an Redoxreaktionen beteiligten Enzyme wieder, die auch als *Oxidoreduktasen* bezeichnet werden. Nach ihrem Reaktionsmechanismus können sie in 5 Gruppen eingeteilt werden.

Anaerobe Dehydrogenasen katalysieren die Oxidation einer Vielzahl von im Stoffwechsel auftretenden Substraten sowie Elektronentransportvorgänge. Als Coenzyme kommen NAD$^+$ bzw. NADP$^+$ (S. 667) aber auch Flavinnucleotide (S. 666) infrage. Eine eigene Gruppe der anaeroben Dehydrogenasen sind die eisenhaltigen Hämproteine, die als *Cytochrome* in den Elektronentransport der Atmungskette eingeschaltet sind (S. 497).

Aerobe Dehydrogenasen sind demgegenüber weniger zahlreich. Auch bei ihnen dienen Flavinnucleotide als Oxidationsmittel, jedoch erfolgt eine Elektronenübertragung auf Sauerstoff, so daß cytotoxisches H_2O_2 als Endprodukt entsteht.

Für die Entgiftung von H_2O_2 sind *Hydroperoxidasen* verantwortlich. Sie benötigen ein reduziertes Substrat, das Wasserstoff und Elektronen für die Bildung von Wasser aus H_2O_2 bereitstellt. Im Fall der Katalase ist dies H_2O_2 selber.

$$\text{Substrat}_{red} + H_2O_2 \longrightarrow \text{Substrat}_{ox} + 2\,H_2O$$

$$H_2O_2 + H_2O_2 \longrightarrow O_2 + 2\,H_2O$$

Bei einer Reihe meist flavinabhängiger Reaktionen kann durch Elektronenübertragung aus Sauerstoff das hochgiftige Superoxidanion O_2^- (S. 512) entstehen. Durch die *Superoxiddismutase* wird dieses nach der Gleichung

$$2\,O_2^- + 2\,H^+ \rightleftharpoons O_2 + H_2O_2$$

umgewandelt. H_2O_2 wird durch Peroxidasen oder Katalase disproportioniert (s.o.).

Sauerstoffverbrauchende Enzyme sind Oxidasen und Oxygenasen.

Oxidasen katalysieren die Wasserbildung aus atomarem Sauerstoff mit Hilfe von Substratwasserstoff und -elektronen. Das wichtigste Beispiel für eine Oxidase ist die Cytochromoxidase (S. 498).

Bei den *Dioxygenasen* werden beide Sauerstoffatome eines Sauerstoffmoleküls in das Substrat eingebaut. Dioxygenasen finden sich vor allen Dingen im Bereich des Aminosäurestoffwechsels (S. 557, 561).

Die *Monooxygenasen* oder mischfunktionellen Hydroxylasen zeichnen sich dadurch aus, daß ein Sauerstoffatom von molekularem Sauerstoff unter Bildung einer Hydroxylgruppe in das Substrat eingebaut wird, das zweite Atom dagegen der Wasserbildung dient.

Abbildung 18.20 stellt den molekularen Mechanismus der durch Monooxygenasen katalysierten Hydroxylierungsreaktionen zusammen. Eine zentrale Funktion hierbei hat das *Cytochrom P$_{450}$*, das in besonders hoher Konzentration im glatten endoplasmatischen Reticulum von Leber und Nebennieren vorkommt. Der Reaktionscyclus beginnt zunächst damit, daß sich das zu hydroxylierende Substrat in enger Nachbarschaft von Cytochrom P$_{450}$ an das Hydroxylaseprotein anlagert. Das dreiwertige Eisen des Cytochrom P$_{450}$ wird nun zum zweiwertigen Eisen reduziert. Das hierfür benötigte Elektron entstammt häufig dem NADPH/H$^+$. Es wird dabei zunächst auf Flavoproteine übertragen und gelangt von dort, eventuell über ein proteingebundenes Eisen-Schwefelzentrum, zum Cytochrom P$_{450}$. An dieses kann sich nun Sauerstoff anlagern. Dieser wird unter Verwendung des zweiten Elektrons und unter Bildung von dreiwertigem Eisen im Cytochrom P$_{450}$ zweimal reduziert. Ein Atom dient nun der Hydroxylierungsreaktion, das andere, welches zum O^{2-} reduziert ist, der Wasserbildung.

Monooxygenasen bilden eine der größten bekannten Enzymfamilien. Sie kommen bei prokaryoten und eukaryoten Zellen vor und haben eine Reihe unterschiedlichster Funktionen im Stoffwechsel. Bis heute sind mehr als 200 derartige Enzyme beschrieben worden, die sich funktionell in eine Reihe von Unterfamilien einteilen lassen (Tabelle 18.6). Die vielen Mitglieder der Familien I und II katalysieren die Hydroxylierung der verschiedensten Fremdstoffe, der sog. *Xenobiotica*. Es handelt sich um Pflanzentoxine, Pestizide, Pharmaka, verschiedene Kohlenwasserstoffe und andere toxische Verbindungen, die vom Organismus aus der Umwelt aufgenommen werden. Andere Familien enthalten Enzyme, die die für die Biosynthese der verschiedenen Steroidhormone notwendigen Hydroxylierungsreaktionen (S. 830) oder die Hydroxylierung von Fettsäuren und Derivaten katalysieren. Auch für die Gallensäuresynthese (S. 1001), den Bilirubinstoffwechsel (S. 613), sowie den Aminosäurestoffwechsel (S. 541 ff.) sind Hydroxylasen notwendig.

Monooxygenasen kommen sowohl im *endoplasmatischen Reticulum* wie auch in den *Mitochondrien* vor. Mitochondriale Monooxygenasen haben in ihrem Aufbau große Ähnlichkeit mit Monooxygenasen prokaryoter Zellen. Sie enthalten ein Flavoprotein, ein proteingebundenes Eisen-Schwefel-Zentrum sowie schließlich das Cytochrom P$_{450}$, bestehen also aus drei Untereinheiten.

Tabelle 18.5 Übersicht über die wichtigsten Oxidoreduktasen

Gruppenbezeichnung	Mechanismus	Funktionelle Gruppe	Wichtige Vertreter
Oxidasen	SH_2 ⟶ $1/2\ O_2$ S^a ⟶ H_2O	Cytochrom a_3, Cu^{2+}	Cytochrom-c-Oxidase, Laccase, Monoaminoxidase, Uricase
Aerobe Dehydrogenasen	SH_2 ⟶ Akzeptor$_{ox}$ ← H_2O S ← Akzeptor$_{red}$ ⟶ $1/2\ O_2$	FAD, FMN, Fe^{2+}, Mo^{2+}	D-Aminooxidase, L-Aminooxidase, Xanthinoxidase, Aldehydoxidase
Anaerobe Dehydrogenasen a) NAD^+-bzw. $NADP^+$-abhängig	SH_2 ⟶ NAD^+ bzw. $NADP^+$ S ⟶ $NADH + H^+$ bzw. $NADPH + H^+$	NAD^+, $NADP^+$	Glycerophosphat-Dehydrogenase cytosolische, Malatdehydrogenase, Lactatdehydrogenase u. a.
b) FMN-bzw. FAD-abhängig	SH_2 ⟶ FMN bzw. FAD S ⟶ $FMNH_2$ bzw. $FADH_2$	FMN, FAD	Glycerophosphatoxidase mitochondrial, NADH-Dehydrogenase, Succinatdehydrogenase, Acyl-CoA-Dehydrogenase u. a.
c) Fe-haltige Hämoproteine	SH_2 ⟶ $2\ Fe^{3+}$ Cytochrom-Eisen $S + 2\ H^+$ ⟶ $2\ Fe^{2+}$	Cytochrom b, Cytochrom c, Cytochrom a	Elektronentransportierende Hämoproteine der Atmungskette
Hydroperoxidasen a) Peroxidase	SH_2 ⟶ H_2O_2 S ⟶ $2\ H_2O$	Hämeisen	Peroxidasen
b) Katalase	$H_2O_2^-$ ⟶ H_2O_2 O_2 ⟶ $2\ H_2O$	Hämeisen	Katalasen
Oxygenasen a) Dioxygenasen	$S + O_2 \rightarrow SO_2$	Fe^{2+} Hämeisen	Homogentisatdioxygenase, Tryptophandioxygenase
b) Monooxygenasen	$SH + O_2 + DH_2 \rightarrow SOH + D + H_2O$	Fe^{2+}, Cytochrom P_{450}, $DH_2 = NADPH + H^+$, Ascorbat, Tetrahydrobiopterin, Dihydroxyphenylalanin	Hydroxylasen wie beispielsweise Prolinhydroxylase, Phenylalaninhydroxylase, Phenolase, Hydroxylasen zur Arzneimittelhydroxylierung

^{a} S Substrat.

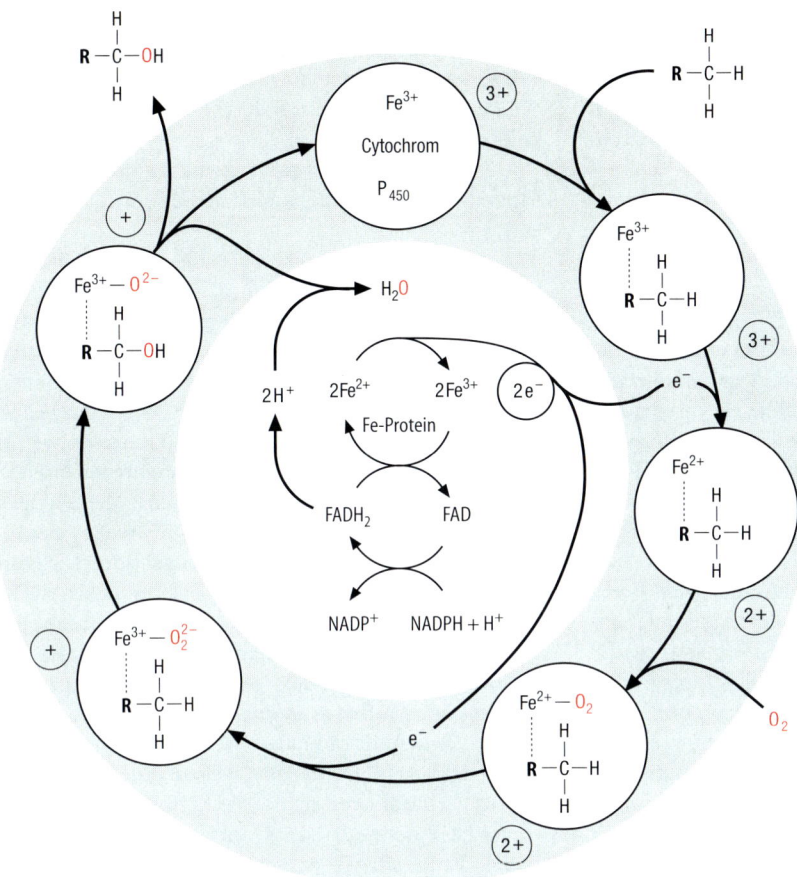

Abb. 18.20 Reaktionsmechanismus der Cytochrom P_{450}-katalysierten Hydroxylierungen. Nach Anlagerung des Substrats R-CH_3 an das Cytochrom P_{450} erfolgt die Reduktion des dreiwertigen zum zweiwertigen Eisen mit anschließender Anlagerung von Sauerstoff. Dieser wird reduziert, wonach die Hydroxylierung des Substrats mit anschließender Abdissoziation von hydroxyliertem Substrat und Wasser erfolgt. Im Zentrum der Abbildung sind die für die zweimalige Reduktion notwendigen Hilfsreaktionen dargestellt

Tabelle 18.6 Familien von Cytochrom P_{450} – Enzymen (Auswahl)

Familie No.	Lokalisation	Elekronendonor	Funktion	Induktor	Besprochen auf Seite
I	ER	NADPH	Hydroxylierung von Methylcholanthren, polycyclischen aromatischen Kohlenwasserstoffen, Dioxin u. a.	Substrate	1108
IIA-IIH	ER	NADPH	Hydroxylierung vieler Pflanzentoxine, Pesticide, Pharmaka u. a.	z. B. Phenobarbital	1030
III	ER	NADPH	Hydroxylierung vieler Steroidhormone, Xenobiotika u. a.	z. B. Rifampicin	1030
IV	ER	NADPH	ω-Oxidation von Fettsäuren, Eikosanoidsynthese (?)	?	441
XI	Mitochondrien	Adrenodoxin	Steroidhormonbiosynthese: 11β-Hydroxylierung, Bildung von Pregnenolon aus Cholesterin,	ACTH	830
XVII	ER	NADPH	17α-Hydroxylierung von Steroidhormonen	ACTH	830
XIX	ER	NADPH	Aromatisierung von Androgenen zu Oestrogenen	FSH	839
XXI	ER	NADPH	21-Hydroxylierung von C21-Steroiden (Progesteron, 17α-Hydroxyprogesteron, 11β,17α-Dihydroxyprogesteron	?	830
XXVI	Mitochondrien	Ferredoxin	26-Hydroxylierung von Cholesterin, Biosynthese von Gallensäuren	?	1001

Monooxygenasen des endoplasmatischen Reticulums bestehen nur aus zwei Untereinheiten. Eine ist ein Flavoprotein, welche FAD und FMN als Coenzyme enthält, die andere das Cytochrom P_{450}. Eng verwandt mit den Monooxygenasen ist die lösliche **Nitroxyd-Synthase** (S. 782).

18.3 Oxidativer Streß

Die Fähigkeit, den durch Photosynthese entstandenen Sauerstoff zur vollständigen und damit maximal effektiven Oxidation von Nahrungsstoffen zu verwenden, hat die Möglichkeiten biologischer Energieversorgung wesentlich verbessert und stellt ohne Zweifel eine der wichtigsten Voraussetzungen für die Entstehung höherer Lebensformen dar. Allerdings birgt der Umgang mit dem Sauerstoff auch beträchtliche Gefahren. Sauerstoff selbst und vor allem seine besonders **reaktionsfähigen Radikale** sind imstande, nahezu alle in lebenden Strukturen vorkommenden Verbindungen oxidativ zu verändern und damit funktionell schwer zu beeinträchtigen. Um dieser Gefährdung entgegenzuwirken, benutzen alle aerob lebenden Zellen die verschiedensten enzymatischen und nichtenzymatischen Schutzmechanismen.

Reaktive Sauerstoffspecies schädigen viele Biomoleküle

Tabelle. 18.7 zeigt die in biologischen Systemen besonders reaktiven Formen des Sauerstoffs.

Eine wesentliche Quelle von Sauerstoffradikalen sind *Ein-Elektronenreduktionen*, die unter anderem durch Autoxidation entsprechender zellulärer Verbindungen entstehen und zum **Superoxidradikal O_2^-** führen. Autoxidabel sind Hydrochinone, Flavine, das Hämoglobin, Glutathion und andere Thiole, sowie die Ionen von Übergangsmetallen. Das Superoxid-Radikal entsteht aber auch durch physikalische Einflüsse wie UV-Licht, Ultraschall, Röntgenstrahlen oder Gammastrahlen.

Zwei-Elektronenreduktionen führen zum Wasserstoffsuperoxid H_2O_2. Das besonders reaktive Hydroxylradikal $OH^\bullet$ entsteht durch *Drei-Elektronenreduktionen*, meist metallkatalysiert. Eine andere Möglichkeit ist die Radiolyse von Wasser.

Darüber hinaus gibt es eine Reihe organischer Sauerstoffradikale, die meist in Sekundärreaktionen entstehen.

Abbildung 18.21 zeigt anhand von zwei Beispielen die Entstehung des Superoxidradikals in biologischen Systemen. Es ist schon lange bekannt, daß Chinone und verwandte Verbindungen toxische und carcinogene Wirkungen haben. Eine der Möglichkeiten ihrer biologischen Wirkung ist in Abb. 18.21a dargestellt. Katalysiert durch Cytochrom P_{450}-Reduktasen werden diese Verbindungen in Ein-Elektronenreaktionen zu **Semichinonen** reduziert. Diese Semichinone reagieren spontan mit molekularem Sauerstoff, wobei das ursprüngliche Chinon wieder zurückgebildet wird und ein *Superoxidanion* entsteht. Dieses kann durch die Superoxiddismutase in H_2O_2 umgewandelt werden. Eine Alternative ist die durch Metallionen katalysierte Umwandlung zum besonders reaktiven *Hydroxylradikal*. Der Nettoeffekt dieses **Redox-Recyclierens** ist, daß reaktive Sauerstoffradikale unter Verbrauch von NADPH/H$^+$ gebildet werden, welche eine Vielzahl zellulärer Verbindungen schädigen können (s. u.).

Zu einem für den Organismus sehr positiven Zweck benutzen Granulocyten einen ähnlichen Mechanismus. Im Verlauf des sog. respiratory burst erzeugen sie Superoxidradikale, die bakterizid wirken. Sie benötigen hierzu die *NADPH-Oxidoreduktase* oder *NADPH-Oxidase*. Dieser membrangebundene Enzymkomplex katalysiert den Transfer eines einzelnen Elektrons von cytosolischem NADPH auf extrazellulären Sauerstoff (Abb. 18.21b). Dabei entsteht zunächst das Superoxidradikal, danach durch Dismutation H_2O_2. In diesen Zellen ist also die Entstehung eines reaktiven Sauerstoffradikals ein erwünschter Effekt zur Abwehr von Bakterien (S. 885).

Reaktive Sauerstoffspezies schädigen Biomoleküle auf mannigfache Weise. Bei der **DNA** können

Tabelle 18.7 Biologisch aktive reaktive Sauerstoffspezies

Spezies	Name	Bemerkungen
$O_2^{-\bullet}$	Superoxid-Radikal	Wird bei vielen Autooxidationsreaktionen gebildet; Abb. 18.21
$HO_2^\bullet$	Perhydroxyl	Protonierte Form von O_2^-.
H_2O_2	Wasserstoffperoxid	Zwei-Elektronen-Reduktionszustand; häufig enzymatisch gebildet
$HO^\bullet$	Hydroxyl-Radikal	Drei-Elektronen-Reduktionszustand, Entstehung metallkatalysiert
$RO^\bullet$	R-Oxyl-Radikal	Organisches Radikal; z. B. als Alkoxylradikal bei Lipidoxidation gebildet
$ROO^\bullet$	R-Dioxyl-Radikal	Organisches Radikal; z. B. als Alkyldioxylradikal bei Lipidoxidation gebildet (Abb. 18.22)
$ROOH$	R-Hydroperoxyd	Protonierte Form von Dioxylradikalen; z. B. Lipidperoxid (Abb. 18.22)

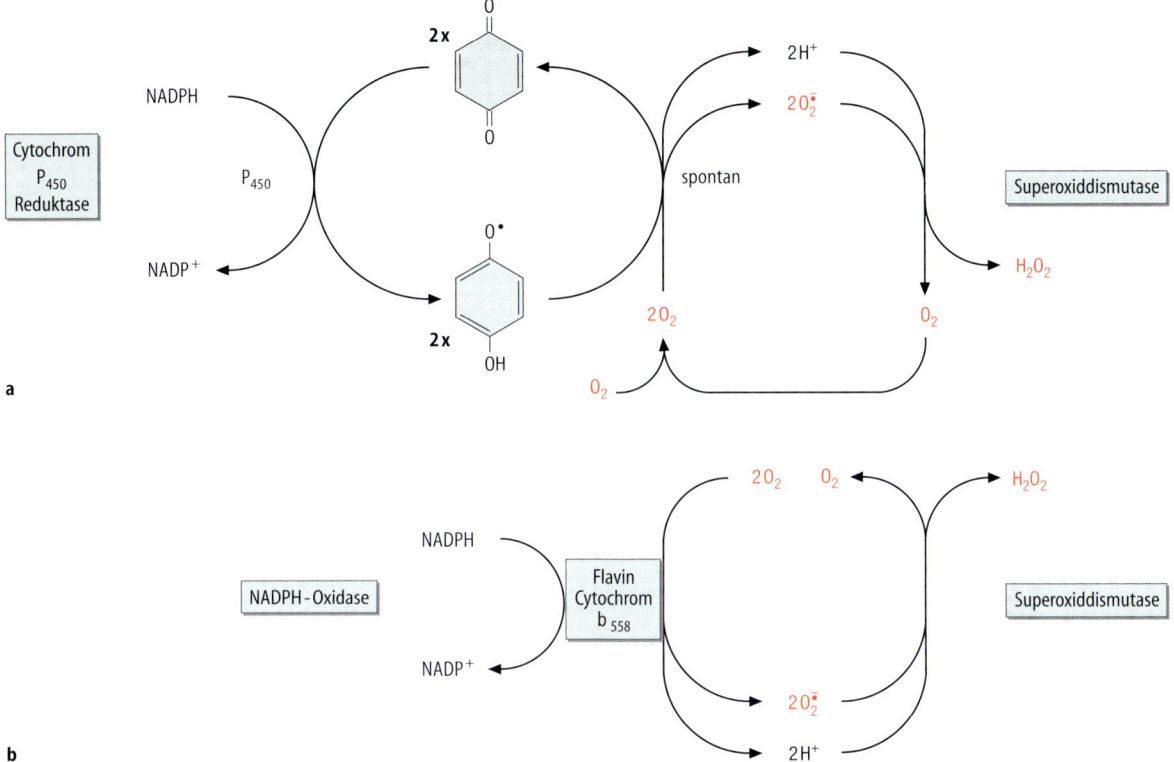

a

b

Abb. 18.21 a, b Flavinabhängige Reaktionen, die zur Bildung von O_2^--Radikalen und H_2O_2 führen. **a** Katalysiert durch die Cytochrom P_{450}-Reduktase entstehen aus Chinonen Chinonradikale, die in einer spontan ablaufenden Reaktion mit O_2 rückgebildet werden, wobei das Superoxidradikal gebildet wird, welches durch die Superoxiddismutase in H_2O_2 und O_2 umgesetzt wird. **b** Durch die NADPH-Oxidase entsteht unter Verbrauch von NADPH aus O_2 das Superoxidradikal, aus dem durch die Superoxiddismutase H_2O_2 entsteht

entweder die Desoxyribose oder die verschiedenen Basen modifiziert werden. Oxidative Modifikationen der Desoxyribosen führt häufig zu Strangbrüchen, oxidativer Abbau der verschiedenen Basen zu deren Zerstörung oder Modifikation, so daß Fehlpaarungen die Folge sind. Besonders häufige Basenmodifikationen sind *Thymindimerisierungen* (S. 220) oder die Entstehung von *8-Hydroxydeoxyguanosinresten* in der DNA. Diese führen zur Basenpaarung mit Adenin und sind damit mutagen.

In *Proteinen* sind besonders *Methionin-*, *Histidin-* und *Tryptophanreste*, daneben aber auch die *Thiolgruppen* von Cysteinen empfindlich gegenüber reaktiven Sauerstoffspezies. Derartige Reaktionen können beachtliche Veränderungen der biologischen Aktivität der betreffenden Proteine nach sich ziehen. So führt beispielsweise die Oxidation von Methionin 358 im aktiven Zentrum des *α1-Antitrypsins* zu einer drastischen Verringerung der inhibitorischen Aktivität gegen Elastase. Dies wiederum wird mit der Entstehung von Lungenemphysemen speziell bei Rauchern in Verbindung gebracht. Mit Hilfe eines gentechnologisch hergestellten artifiziellen α1-Antitrypsins, bei dem das Methionin 358 durch einen Valinrest ersetzt ist, kann dieses Protein unempfindlicher gegenüber oxidativen Störungen seiner Struktur gemacht werden. Experi-

mentell kann derartig modifiziertes α1-Antitrypsin die Entstehung eines Lungenemphysems verhindern (S. 911).

Über die Schädigung von *Kohlenhydraten* durch oxidativen Streß ist noch nicht sehr viel bekannt. Immerhin weiß man, daß Hyaluronsäure und Proteoglykane oxidativ geschädigt werden können. In der Synovialflüssigkeit vorkommende Superoxiddismutase schützt diese Verbindungen gegen diese Schädigung und die damit einhergehende Depolymerisierung.

Besonders gut untersucht ist die Auswirkung oxidativer Schädigungen auf Lipide, besonders *Membranlipide*. Hier sind es speziell die *mehrfach ungesättigten* Fettsäuren, die in einer Reihe von charakteristischen, als *Lipidperoxidation* bezeichneten Reaktionen modifiziert werden (Abb. 18.22). Bei der zwischen zwei Doppelbindungen gelegenen CH_2-Gruppe kommt es besonders leicht zur Abstraktion eines Wasserstoffs und damit zur Entstehung eines Radikals. In einer sauerstoffabhängigen Reaktion entsteht aus diesem ein *Alkyldioxyl-Radikal*. Dieses katalysiert die Wasserstoffabstraktion eines weiteren Fettsäuremoleküls, wobei ein *Lipidperoxid* und das nächste Lipidradikal entstehen. Auf diese Weise kommt es quasi autokatalytisch zur Bildung von immer mehr Lipidperoxiden. Diese können weitere Sekundärreaktionen eingehen, wobei

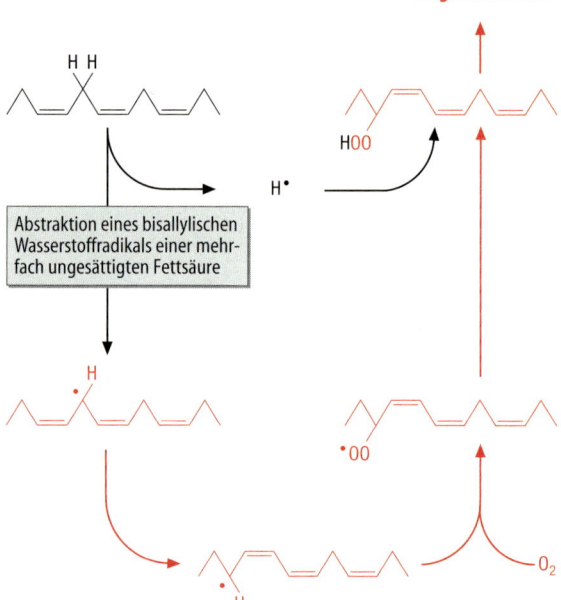

Folgereaktionen

Abstraktion eines bisallylischen Wasserstoffradikals einer mehrfach ungesättigten Fettsäure

Abb. 18.22 Entstehung von Lipidperoxiden. Bisallylische Fettsäureradikale entstehen z. B. unter der Einwirkung reaktiver Sauerstoffspezies aus mehrfach ungesättigten Fettsäuren. Die anschließende Anlagerung von O_2 führt zur Bildung von Peroxylradikalen. Diese werden durch Abstraktion eines H-Radikals aus einer weiteren ungesättigten Fettsäure in die entsprechenden Peroxide umgewandelt, so daß in der Bilanz ein cyclischer Prozeß entsteht, der große Mengen Fettsäureperoxide liefert

Aldehyde, Dialdehyde, Dicarbonyl-Verbindungen, gesättigte und ungesättigte Ketone entstehen. Außerdem kommt es zur Bildung von Hydroxy- und Ketosäuren und weiteren Umlagerungs- und Folgeprodukten. Es ist klar, daß durch derartige Modifikationen die Eigenschaften der ursprünglichen Lipide erheblich geändert werden, was sehr tiefgreifende Änderungen zellulärer Funktionen nach sich zieht. Es sei an dieser Stelle erwähnt, daß ähnliche, jedoch spezifisch durch Enzyme katalysierte Oxidationsreaktionen der Erzeugungen der *Eikosanoide* (S. 441) zugrunde liegen. In diesem Fall entstehen natürlich keine schädlichen Zwischenprodukte, sondern vom Organismus benötigte Signalmoleküle.

Für die Entgiftung reaktiver Sauerstoffspezies gibt es enzymatische und nichtenzymatische Mechanismen

Für die Entgiftung reaktiver Sauerstoffspezies werden *Antioxidantien* verwendet. Unter diesem Begriff versteht man jede Substanz, die in niedrigen Konzentrationen die Oxidation eines Substrats verzögert oder hemmt. Die zugrundeliegenden Mechanismen können nichtenzymatisch oder enzymatisch sein (Tabelle 18.8). Prinzipiell erfolgt die Abwehr auf drei Ebenen:
- durch Verhinderung der Bildung reaktiver Sauerstoffspezies (Prävention),
- durch Verhinderung ihrer Wirkung und schließlich
- durch Beseitigung und Reparatur der Schäden.

Die Entstehung vieler reaktiver Sauerstoffspezies verläuft metallkatalysiert. Ungeachtet dieser Tatsache entstehen bei einer großen Zahl durch Metalloenzyme katalysierter sauerstoffabhängiger Reaktionen keine hochreaktiven Sauerstoffradikale. Ein besonders gutes Beispiel hierfür ist die Cytochromoxidase. Offenbar verhindert der spezifische Aufbau des aktiven Zentrums dieser Enzyme im Sinne der Prävention das Entstehen schädigender Sauerstoffspezies. Ein weiterer Aspekt der Prävention liegt darin, daß es eine große Zahl enzymatischer Systeme gibt, die die Konzentrationen reaktiver Sauerstoffspezies niedrig halten. Hierzu gehört beispielsweise die Gruppe der *Glutathion-S-Transferasen* (S. 1034). Sie katalysieren die Bildung von *Thioethern* aus Glutathion und reaktiven elektrophilen Verbindungen, beispielsweise Chinonen. Diese sind dann nicht mehr imstande, reaktive Sauerstoffspezies

Tabelle 18.8 Verhinderung und Beseitigung oxidativer Schäden. (Auswahl nach Sies 1993)

System	Verbindung	Bemerkungen
Nicht enzymatisch	α-Tocopherol (Vit. E)	Unterbricht Radikalketten
	β-Carotin	Reagiert mit reaktivem O_2, unterbricht Radikalketten
	Ascorbat	Verschiedene antioxidative Funktionen
	Glutathion	Verschiedene antioxidative Funktionen
	Harnsäure	Radikalfänger
Enzymatisch	Superoxyddismutasen	Verschiedene Isoformen Bildung von H_2O_2
	Glutathionperoxidasen	Verschiedene Isoformen Abbau von Peroxiden
	Katalase	Abbau von H_2O_2
Enzymatische Hilfsmechanismen	Konjugationsenzyme	Glutathion-S-Transferase
		Glucuronyltransferasen
	Glutathionregenerierung	Glutathionreduktase
	Reparatursysteme	DNA-Reparatur
		Abbau oxidierter Proteine und Lipide

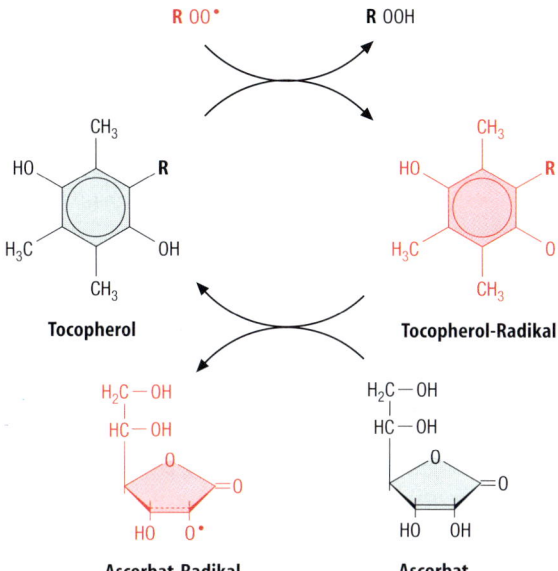

Abb. 18.23 Nicht-enzymatische Unterbrechung der Lipidperoxidationskette durch α-Tocopherol (Vitamin E). Peroxylradikale von Fettsäuren reagieren mit dem lipophilen Tocopherol (Vitamin E) unter Bildung des entsprechenden Radikals. Dieses kann mit Ascorbat reagieren. 2 Ascorbatradikale dismutieren zu Ascorbat und Dehydroascorbat

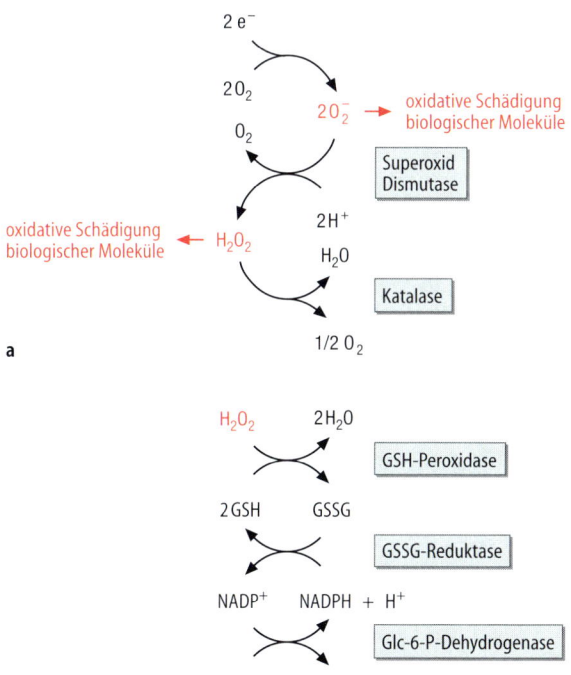

Abb. 18.24 a, b Entstehung und Abbau oxidativer Sauerstoffspezies. **a** Das Superoxidradikal O_2^- entsteht durch 1-Elektronenreduktion von Sauerstoff im Gefolge einer Reihe von biologischen Oxidationen. Durch zwei Dismutationsreaktionen erfolgt die Metabolisierung des O_2^-. **b** Durch GSH-Peroxidase und GSSG-Reduktase wird H_2O_2 metabolisiert. Die Glucose-6-phosphat-Dehydrogenase ist die wichtigste einer Reihe von Reaktionen zur NADPH/H⁺-Regenerierung. *GSH* Glutathion reduziert; *GSSG* Glutathion oxidiert

zu bilden (s. o.), sondern werden über entsprechende Transportsysteme in den extrazellulären Raum gepumpt.

Antioxidantien im engeren Sinn inaktivieren reaktive Sauerstoffspezies. Unter den nichtenzymatischen Antioxidantien spielt das *α-Tocopherol* (Vitamin E, S. 649) eine besondere Rolle. Es ist gut lipidlöslich und vermag durch die in Abb. 18.23 dargestellte Reaktionssequenz die Lipidperoxidationskette zu unterbrechen. Dabei wandelt es Peroxylradikale in die entsprechenden Lipidperoxyde um, wobei das Tocochinonradikal entsteht. Dieses zeichnet sich dadurch aus, daß es mit Hilfe von Ascorbat zum Tocochinon reoxidiert wird.

Tierische Zellen enthalten darüber hinaus sehr effektive enzymatische Systeme zur Eliminierung reaktiver Sauerstoffspezies. Zu ihnen gehören die Enzyme *Superoxiddismutase, Katalase* und *Glutathionperoxidase* (Abb. 18.24).

Von großer Bedeutung sind schließlich die Reparationsvorgänge, die oxidativ geschädigte Moleküle entfernen und ersetzen. Am wirkungsvollsten sind die Enzyme der *DNA-Reparatur* (S. 220), sowie die lipolytischen Enzyme, die dem Ersatz von Membranlipiden dienen (S. 459).

18.4 Pathobiochemie

Das Gebiet der biologischen Oxidation erstreckt sich von den elementaren Vorgängen bei der Energiekonservierung in der Atmungskette über allgemeine enzymatische Mechanismen bei den verschiedenen Oxidoreduktasen bis hin zu den Mechanismen, die für die Beseitigung des oxidativen Streß notwendig sind. Dementsprechend umfangreich sind die möglichen Pathomechanismen, die zu Schädigungen dieser Systeme führen können. Es kann infolgedessen nur möglich sein, anhand einiger ausgewählter Beispiele einen prinzipiellen Einblick in die zugrundeliegenden Vorgänge zu bieten.

18.4.1 Erworbene Störungen

Der Zusammenbruch der oxidativen Phosphorylierung führt beim Herzinfarkt zur Nekrose des Myokards

Pathophysiologisch beruht jeder Myokardinfarkt darauf, daß ein vollständiger oder partieller Verschluß einer der Coronararterien bzw. ihrer Äste zu einer Minderdurchblutung des Myokards führt. Da im menschlichen Herzmuskel keine oder nur sehr wenig kollaterale Blutgefäße vorkommen, kommt es sehr rasch zu einer schwerwiegenden, häufig zur Nekrose führenden Stoffwechselstörung des Myokards. Für diese sind prinzipiell zwei Mechanismen verantwortlich: Einmal führt das Sistieren der Sauerstoffversorgung zur Unterbrechung der energieliefernden mitochondrialen Vorgänge, zum anderen verhindert die sich durch den Gefäßverschluß ergebende Minderdurchblutung den Abtransport schädlicher sich unter diesen Bedingungen anhäufender Stoffwechselprodukte.

Die Energievorräte des Myokards sind ziemlich spärlich. Die vorhandenen Vorräte an Phosphokreatin und ATP genügen für 3 oder 4 effektive Kontraktionsvorgänge. Aus diesem Grund kommt es beim kompletten Gefäßverschluß sehr schnell zum Aufhören der Kontraktionsvorgänge im nicht durchbluteten Gebiet, was natürlich den Substratbedarf der betroffenen Cardiomyocyten herabsetzt. Da die Sauerstoffzufuhr sistiert, kommen die ATP-liefernden mitochondrialen Vorgänge rasch zum Erliegen. Reduzierte Wasserstoffübertragende Coenzyme, vor allem NADH/H$^+$ können nicht mehr reoxidiert werden, weswegen zunächst die *mitochondriale NADH-Konzentration* ansteigt. Durch Umkehr der auf S.504 geschilderten Transportcyclen kommt es auch zum Anstau von cytoplasmatischem NADH. Da die energieliefernden mitochondrialen Prozesse zum Erliegen kommen, sinkt die ATP-Konzentration in Cardiomyocyten ab. Dies ist ein Signal für das Umschalten auf **anaerobe Glykolyse**, das Substrat hierfür entstammt dem Abbau von *Glykogenvorräten* im Myokard. Da die hohe NADH-Konzentration jedoch die **Glycerinaldehydphosphat-Dehydrogenase** (S.381) hemmt, wird nur etwa ein Viertel der normalen unter aeroben Bedingungen auftretenden Glykolysegeschwindigkeit erreicht. Immerhin genügt dies, um den Abfall des myokardialen ATP etwas zu verlangsamen, so daß erst nach 30–40 Minuten nur noch 10 % des Normalwertes vorliegen. Die ADP-Konzentration steigt zunächst entsprechend dem ATP-Abbau an, durch die **Nucleosiddiphosphatkinase** (Myokinase; S.89), wird ADP zu ATP und AMP umgewandelt. Sich akkumulierendes AMP wird durch die 5'-Nukleotidase zu Adenosin und später zu Inosin und Hypoxanthin abgebaut. Wegen des herabgesetzten Blutflusses akkumulieren diese Metabolite ebenso wie das durch die Glykolyse entstehende Lactat in der Herzmuskelzelle. Diese Störungen führen zu Änderungen der Ionenverteilung im Myokard und damit auch zu frühen elektrokardiographischen Veränderungen. Etwa 20 Minuten nach dem Ende der Sauerstoffversorgung beginnen die ersten Cardiomyocyten zugrundezugehen, nach 60 Minuten ist ein großer Teil von ihnen abgestorben. Bei einem unvollständigen Verschluß kann sich dieses Ereignis um einige Stunden verzögern. Es kommt dann zu einer Auflösung der Membranstruktur und zum Austritt der in den Cardiomyocyten vorhandenen Makromoleküle, besonders der Enzyme, welche dann diagnostisch im Serum nachgewiesen werden können. Durch eine frühzeitig eingeleitete **fibrinolytische Therapie** (S.929) wird versucht, den Gefäßverschluß zu beheben und das hypoxische Gewebe zu reperfundieren. Dies kann dann zu einer Ausheilung des Schadens führen, wenn die betroffenen Cardiomyocyten noch nicht irreversibel geschädigt oder abgestorben sind. Allerdings kann es während der Reperfusion zu Ereignissen kommen, die ihrerseits das Ergebnis der Reperfusion in Frage stellen können. Es kommt zwar rasch zum Ausschwemmen der verschiedenen schädlichen Stoffwechselzwischenprodukte aus dem infarzierten Gewebe. Wegen des zum Teil beträchtlichen Abbaus kann es Tage dauern, bis der **Adeninnucleotidpool** wieder vollständig durch de novo Synthese aufgefüllt und die Kontraktionskraft der Herzmuskelzellen wieder hergestellt ist. Eine der möglichen Ursachen für weitere Schädigungen ist, daß durch die Oxygenierung während der Reperfusion **Sauerstoffradikale** entstehen, deren Auswirkungen auf die verschiedenen Strukturen des Myokards vom geschädigten Herzmuskel schwer zu beheben sind. Eine Reihe von Untersuchungen hat jedenfalls Anhaltspunkte dafür gegeben, daß Antioxidantien die Erholungsphase des Myokards verkürzen können. Gelegentlich führt erst eine erfolgreiche Reperfusion zur raschen Entwicklung nekrotischer Stellen im Myokard. Diese sind von einer charakteristischen massiven Zellschwellung und Calciumüberladung begleitet, wobei sich Calcium in Form von Calciumphosphat in den Mitochondrien ablagert. Die Myofibrillen kontrahieren und bilden große Aggregate.

Mangel an Antioxidantien führt zu Störungen bei der Bewältigung des oxidativen Streß

In Anbetracht der vielen Mechanismen, die der Behebung der schädigenden Wirkung reaktiver Sauerstoffspezies dienen, gibt es natürlich auch eine große Zahl von möglichen Störquellen dieser Vorgänge. Diese können im einzelnen hier nicht besprochen werden. Eine zur Zeit jedoch intensiv untersuchte Frage ist, ob bei normaler Ernährung die Versorgung des Organismus mit Antioxidantien in jedem Fall ausreicht. Das betrifft vor allen Dingen die Zufuhr von α-Tocopherol, aber auch von Ascorbat. Deswegen wird häufig empfohlen, vor vorhersehbaren Belastungen mit Sauerstoffradikalen Vitamin E zuzuführen.

18.4.2 Angeborene Störungen

Defekte der mitochondrialen DNA werden maternal vererbt

Durch die Verbesserung der diagnostischen Möglichkeiten durch molekularbiologische Techniken konnte nachgewiesen werden, daß sich eine Reihe genetischer Erkrankungen auf Defekte der *Enzymkomplexe der At-*

mungskette und der oxidativen Phosphorylierung zurückführen läßt. Dieses ist von prinzipiellem biologischem und genetischem Interesse, da eine Reihe unterschiedlicher Mechanismen den Erkrankungen zugrunde liegen können. Zunächst einmal können die Defekte mitochondrial oder durch den Zellkern codierte Proteine betreffen. Da das mitochondriale Genom maternal vererbt wird (alle Mitochondrien eines Organismus stammen von den in der Oocyte vorhandenen Mitochondrien ab), ergibt sich im ersteren Fall ein maternaler Erbgang, während Defekte kerncodierter mitochondrialer Proteine sich nach Mendelschen Regeln vererben. Defekte mitochondrial codierter Proteine betreffen häufig mehrere Enzymkomplexe, da es sich gelegentlich um große Deletionen oder um Defekte bei der Biosynthese der tRNA handelt. Bisher sind

genetische Erkrankungen aller vier Multienzymkomplexe der Atmungskette sowie der F_1/F_o-ATPase beschrieben worden (S. 501). Die Erkrankungen verlaufen sehr häufig unter dem Zeichen einer Myopathie, einer Encephalopathie oder von Stoffwechselerkrankungen. Eine adäquate Therapie ist zur Zeit nicht möglich.

Prinzipiell können natürlich Enzymdefekte außer bei den Reaktionen von Atmungskette und oxidativer Phosphorylierung auch bei den anderen in diesem Kapitel beschriebenen Stoffwechselwegen auftreten. Sie sind jedoch im allgemeinen sehr selten und werden hier nicht abgehandelt. Von einiger klinischer Bedeutung sind Defekte bestimmter Monooxigenasen der Familien 11, 17 und 21. Diese betreffen die Biosynthese von Steroidhormonen und werden auf S. 835 besprochen.

! **RESÜMEE** Aerob lebende Zellen gewinnen den größten Teil der von ihnen benötigten Energie durch Kopplung der sauerstoffabhängigen Reoxidation reduzierter wasserstoffübertragender Coenzyme mit der Bildung von ATP aus ADP und anorganischem Phosphat. Dieser Vorgang findet in der mitochondrialen Innenmembran statt.

Für die Reoxidation von NADH/H$^+$ sowie FADH$_2$ werden insgesamt 4 elektronentransportierende Multienzymkomplexe benötigt, wobei Ubichinon bzw. Cytochrom c die Verbindung zwischen den Komplexen gewährleisten. Drei der vier Komplexe sind zur elektronentransportabhängigen Protonentranslokation von der Matrix in den Intermembranraum imstande, wodurch eine elektrochemische Potentialdifferenz über der inneren Mitochondrienmembran aufgebaut wird. Diese liefert die von der mitochondrialen F_1/F_o-ATPase für die ATP-Bildung benötigte Energie.

Für die vielfältigen in Zellen vorkommenden Oxidationsvorgänge stehen eine große Zahl unterschiedlicher Oxidoreduktasen zur Verfügung. Die größte Gruppe unter ihnen bilden die für die Einführung von Hydroxylgruppen in die verschiedensten Substrate verantwortlichen Monooxigenasen.

Bei allen sauerstoffabhängigen Reaktionen besteht die Gefahr der Bildung reaktiver Sauerstoffspezies, die Biomoleküle auf die unterschiedlichste Weise schädigen können. Die Zelle verfügt über ein umfangreiches Arsenal protektiver Mechanismen, deren Ausfall mit einer Reihe schwerer Erkrankungen in Verbindung gebracht wird.

In Anbetracht der eminenten Bedeutung der sauerstoffabhängigen Mechanismen der Energiekonservierung ist es klar, daß Störungen der zugrundeliegenden Mechanismen zu schwerwiegenden Krankheitsbildern führen können. Ursachen für derartige Störungen können erworbene oder angeborene Defekte sein.

Literatur

Original- und Übersichtsarbeiten

ABRAHAMS JP, LESLIE AGW, LUTTER R, WALKER JE (1994) Structure at 2.8 Å resolution of F_1-ATPase from bovine heart mitochondria. Nature 370, 621–628

BALABAN RS (1990) Regulation of oxidative phosphorylation in the mammalian cell. Am J Physiol 258, C377-C389

BROWN GC (1992) Control of respiration and ATP synthesis in mammalian mitochondria. Biochem J 284, 1–13

COOPER JM, MANN VM, KRIGE D, SCHAPIRA AH (1992) Human mitochondrial complex I dysfunction. Biochim Biophys Acta 1101, 198–203

DEKTYARENKO KN, ARCHAKOV AI (1993) Molecular evolution of P450 superfamily and P450 containing monooxygenase systems. FEBS Lett 332, 1–8

DIMONTE DA (1991) Mitochondrial DNA and Parkinson's disease. Neurology 41 (Suppl 2)38–42

GERBITZ KD, GEMPEL K, BRDICZKA D (1996) Mitochondria and Diabetes: Genetic, biochemical, and clinical implications of the cellular energy circuit. Diabetes 45, 113–126

HINKLE PC, KUMAR MA, RESETAR A, HARRIS DL (1991) Mechanistic stoichiometry of mitochondrial oxidative phosphorylation. Biochemistry 30, 3576–3582

IWATA S, OSTERMEIER C, LUWIG B, MICHEL H (1995) Structure at 2.8 Å resolution of cytochrome c oxidase from Paracoccus denitrificans. Nature 376: 660–669

JENNINGS RB, REIMER KA (1991) The cell biology of acute myocardial ischemia. Annu Rev Med 42, 225–246

JUCHAU MR (1990) Substrate specificities and functions of the P450 cytochromes. Life Sci 47, 2385–2394

KRÄMER R, PALMIERI F: Metabolite carriers in mitochondria (1992) In: Ernster L. (ed) Molecular Mechanisms in Bioenergetics. New Comprehensive Biochemistry, Vol 23. Elsevier, Amsterdam, London, New York, Tokyo

MANELLA CA (1992) The „ins" and „outs" of mitochondrial membrane channels. TIBS 17, 315–320

NEDERGAARD J, CANNON B (1992) Brown adipose tissue: Development and function. In: POLIN RA, Fox WW (eds) Fetal and neonatal physiology, Vol 1, pp 314–325. Saunders, Philadelphia,

SIES H (1986) Biochemie des oxidativen Stress. Angew Chemie 98, 1061–1075

SIES H (1993) Strategies of antioxidant defense. Eur J Biochem 215, 213–219

Monographien und Lehrbücher

ERNSTER L (ed) (1992) Molecular Mechanisms in Bioenergetics. New Comprehensive Biochemistry, Vol 23. Elsevier, Amsterdam, London, New York, Tokyo

SIES H (ed) (1991) Oxidative Stress: Oxidants and Antioxidants. Academic Press, London

VON SONNTAG C (1987) The chemical basis of radiation biology. Taylor & Francis, London

Stoffwechsel der Aminosäuren

Die Aminosäuren besitzen im Stoffwechsel der Zellen vier Funktionen:

Aminosäuren sind die *20 Bausteine* für die Biosynthese der Proteine. Wie bei allen Körperbausteinen mit Ausnahme der Desoxyribonucleinsäuren besteht auch bei den Proteinen ein dynamisches Gleichgewicht zwischen Auf- und Abbau. Die Halbwertszeit der einzelnen Proteine schwankt zwischen Minuten und Stunden bei einigen Enzymen, Tagen bis Wochen bei Plasmaproteinen und Monaten bei Strukturproteinen wie dem Kollagen. Die Halbwertszeit wird auch durch das Organ in dem das betreffende Protein zu finden ist, bestimmt. Während der Vorgang der Proteinbiosynthese schon in seinen Einzelheiten bekannt ist, liegen über Mechanismus und Regulation des enzymatischen Abbaus der Proteine, der *Proteolyse,* noch nicht so detaillierte Erkenntnisse vor.

Aminosäuren wirken als Stickstoff- bzw. Aminogruppendonatoren bei der Biosynthese anderer stickstoffhaltiger Verbindungen wie Purinen, Pyrimidinen, Kreatinphosphat oder Stickmonoxid (NO).

Aminosäuren spielen eine große Rolle bei der Glucosehomöostase, da neben Metaboliten der Glykolyse und dem aus der Lipolyse stammenden Glycerin nur die glucogenen Aminosäuren als Substrat für die Gluconeogenese zur Verfügung stehen.

Aminosäuren wirken im Gehirn als exzitatorische und inhibitorische Neurotransmitter (Glutamat, GABA und Glycin).

Die außerordentliche Vielfalt aller bekannten Proteinstrukturen ergibt sich aus der Kombination von nur 20 proteinogenen Aminosäuren. Biosynthese und Abbau dieser Aminosäuren ist für die Aufrechterhaltung der Funktionsfähigkeit aller Organismen von größter Bedeutung.
(Bild: M. Meuser, Springer-Verlag, Heidelberg)

19.1 Grundzüge des Aminosäurestoffwechsels im Gesamtorganismus

19.1.1 Täglicher Umsatz der Aminosäuren

Bei einer Zufuhr von rund 30 g Protein ist der gesunde Erwachsene im Stickstoffgleichgewicht

Abbildung 19.1 zeigt den täglichen Aminosäureumsatz in den verschiedenen Kompartimenten des Körpers eines 70 kg schweren Menschen. Diese Werte sollen als erste Näherung dienen, um eine Vorstellung von der Höhe des Umsatzes zu vermitteln.

Der gesunde Erwachsene befindet sich bei einer täglichen Zufuhr von 32 g hochwertigem Protein (S. 719) im *Stickstoffgleichgewicht,* d. h. bei dieser Zufuhr halten sich Stickstoffaufnahme mit der Nahrung und Stickstoffabgabe mit den Faeces, dem Urin und über die Haut (durch Schweißabgabe, Epidermisabschilferung und Haarausfall) die Waage.

In der üblichen Nahrung in den Industriestaaten der westlichen Welt liegt die tägliche Proteinzufuhr mit mindestens 100 g jedoch erheblich höher. Zu diesen 100 g Nahrungsproteinen kommen 70 g Protein, die mit den Verdauungssäften in den Darm sezerniert werden und die aus abgeschilferten *Darmmucosazellen* stammen. Die Mucosa gehört zu den wenigen Geweben des erwachsenen Organismus, deren Zellen ständig erneuert werden. Die Pools freier Aminosäuren in den Geweben, denen diese Menge angeboten wird, machen zusammen mindestens 70 g aus und stehen in ständigem Austausch mit dem Körperprotein. Täglich werden im Organismus eines erwachsenen Mannes – bei einem *Gesamtbestand von etwa 10 000 g Protein* – ca. 300 g Protein synthetisiert. Wieviel Gramm dabei von den einzelnen Geweben (Leber, Muskel usw.) des Organismus synthetisiert werden, ist bisher aus täglichen Umsatzraten einzelner Proteine oder Freisetzung von Aminosäuren aus Geweben nur grob abschätzbar (Abb. 19.1). Auch die Menge, die täglich in den Gastrointestinaltrakt sezerniert und nicht reabsorbiert wird, ist schwer zu bestimmen. Wahrscheinlich gehen die Proteine, die bis in das Caecum gelangen, dem Organismus verloren. Untersuchungen der Darmflüssigkeit von Patienten, die wegen einer Dickdarmentzündung (Colitis ulcerosa) eine künstliche Ileumfistel (Ileostoma) erhalten hatten, zeigen, daß über den Darm der Großteil der täglich ausgeschiedenen – vor allem essentiellen – Aminosäuren verlorengeht. Besonders

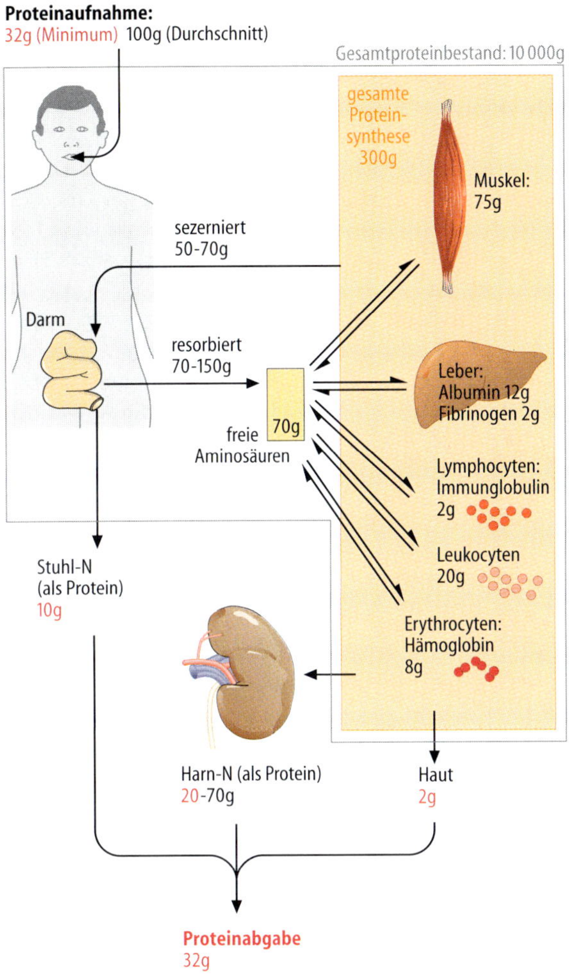

Gesamtproteinbestand: 10 000g

gesamte
Protein-
synthese
300g

Muskel:
75g

sezerniert
50–70g

Darm

resorbiert
70–150g

Leber:
Albumin 12g
Fibrinogen 2g

freie
Aminosäuren

70g

Lymphocyten:
Immunglobulin
2g

Leukocyten
20g

Erythrocyten:
Hämoglobin
8g

Stuhl-N
(als Protein)
10g

Harn-N (als Protein)
20–70g

Haut
2g

Proteinabgabe
32g

Abb. 19.1 Übersicht über den täglichen Aminosäureumsatz im Organismus eines 70 kg schweren Menschen (Angaben in g Protein)

hoch ist der Anteil an **Threonin,** was auf den hohen Threoningehalt von Mucinen (S. 998), die Proteolyseresistent sind, zurückzuführen sein dürfte.

19.1.2 Zentrale Stellung der Leber im Aminosäurestoffwechsel

Durch ihre Pufferfunktion verhindert die Leber eine Überschwemmung der peripheren Organe mit Aminosäuren

Aminosäuren werden als Protein mit der Nahrung zugeführt. Die bei der Proteinhydrolyse im Darm entstehenden Aminosäuren gelangen durch aktiven Transport über spezifische Systeme (S. 1016) ins **Pfortaderblut.** Die Verstoffwechselung einzelner Aminosäuren beginnt bereits in den **Mucosazellen,** da ein Teil des in die Zellen aufgenommenen Aspartats, Glutamats und

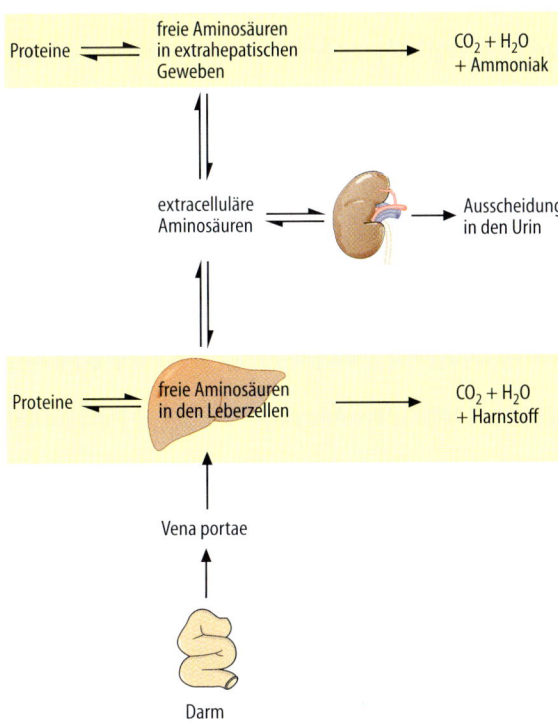

Proteine ⇌ freie Aminosäuren in extrahepatischen Geweben → $CO_2 + H_2O$ + Ammoniak

extracelluläre Aminosäuren

Ausscheidung in den Urin

Proteine ⇌ freie Aminosäuren in den Leberzellen → $CO_2 + H_2O$ + Harnstoff

Vena portae

Darm

Abb. 19.2 Übersicht über Resorption und Verteilung der Aminosäuren im Organismus

Glutamins zur Energiegewinnung abgebaut und ein Teil des Arginins in Citrullin (S. 539) überführt wird. Nach einer proteinreichen Nahrung steigen die Spiegel der meisten Aminosäuren im **Portalblut** stark an. Eine entsprechende Erhöhung tritt jedoch **nicht im Systemkreislauf** auf. Das ist darauf zurückzuführen, daß der Großteil der resorbierten Aminosäuren in die Leber aufgenommen wird (Abb. 19.2). Dort werden die Amino(carbon)säuren

- entweder zur Biosynthese von Proteinen (Leber- und Plasmaproteine) verwendet oder
- unter Ammoniakabspaltung in Ketocarbonsäuren (S. 525) umgewandelt.

Diese können in Fettsäuren oder Glucose überführt oder unter ATP-Bildung zu Kohlendioxid und Wasser oxidiert werden.

Das frei gewordene Ammoniak kann als Baustein für die Biosynthese stickstoffhaltiger Substanzen dienen; **überschüssiges Ammoniak** wird in der Leber in Harnstoff umgewandelt und nach dem Transport zu den Nieren aus dem Blut in den Urin ausgeschieden.

Der prozentuale Anteil der Aminosäuren, die entweder abgebaut oder für die **Liponeogenese** (S. 433) und **Gluconeogenese** (S. 384) verwendet werden oder als **Proteinbausteine** dienen, wird von den verschiedensten Faktoren wie Alter, Proteingehalt der Nahrung oder endokrinem Status bestimmt.

Verzweigtkettige Aminosäuren werden bevorzugt von der Muskulatur aufgenommen

Nach Versuchen an Hunden, denen allerdings eine Kost mit sehr hohem Proteingehalt verabreicht wurde, werden innerhalb der ersten 12 Stunden

- 57 % des resorbierten Stickstoffs als Harnstoff wiedergefunden,
- etwa 6 % sind im Plasmaprotein (das in der Leber synthetisiert wird) zu finden und
- 14 % verbleiben, wahrscheinlich als Protein, in der Leber.

Somit gelangt nur ein Viertel der resorbierten Aminosäuren (23 %) in den Systemkreislauf, so daß die Plasmakonzentrationen der meisten Aminosäuren unverändert bleiben. Damit ist eine ähnliche Situation wie bei der Glucose und den Fetten vorhanden, von denen bei der Passage durch die Leber rund 70 bzw. 50 % retiniert werden.

Eine Ausnahme machen die verzweigtkettigen Aminosäuren *Valin, Leucin* und *Isoleucin,* die die Leber passieren und vorwiegend von der *Muskulatur* aufgenommen werden. Die Konzentration dieser Aminosäuren steigt deshalb nach einer proteinreichen Mahlzeit im Systemkreislauf stärker an als die der anderen Aminosäuren. In ähnlicher Weise führt der Verzehr eines mageren 250 g-Steaks beim Menschen ebenfalls nur zu einem Anstieg der arteriellen Konzentration der verzweigtkettigen Aminosäuren und daneben auch von Lysin, Arginin und Tyrosin auf etwa das Doppelte. Der Leber kommt somit, bedingt durch ihre bevorzugte anatomische Lage, eine *Pufferfunktion* zu, die eine Überschwemmung der peripheren Organe mit Aminosäuren nach einer hohen Zufuhr und damit auch die Ausscheidung – bei Überschreitung der maximalen Transportkapazität des Nierentubulus – in den Urin verhindert. Weiterhin ermöglicht diese Pufferfunktion die ausreichende Versorgung der peripheren

Gewebe auch zwischen den Mahlzeiten, da die Leber *kontinuierlich* Aminosäuren an das Blut abgibt.

Aus dem Transportorgan Blut gelangen die Aminosäuren über mindestens sieben verschiedene Transportsysteme mit überlappender Spezifität unter Energieverbrauch in die Körperzellen (Tabelle 19.1). Die zwischenzeitlich begonnene Klonierung der Gene für diese transmembranären Transportsysteme wird Einblick in die Regulierbarkeit dieser Systeme durch Hormone, Zytokine, Wachstumsfaktoren, Substratangebot und -mangel erlauben.

Den intracellulären Pool freier Aminosäuren erreichen zusätzlich die Aminosäuren, die beim Abbau von Proteinen entstehen, und diejenigen, die von den Körperzellen selbst aus Kohlenstoffskeletten und Ammoniak hergestellt werden können.

Glycin, Alanin, Aspartat, Glutamat und Glutamin kommen intrazellulär in hohen Konzentrationen vor

Die *Gewebskonzentrationen* der meisten Aminosäuren bewegen sich mit Ausnahme von fünf Aminosäuren (Glycin, Alanin, Aspartat, Glutamat und Glutamin) in der Größenordnung der Plasmakonzentrationen. Die Konzentrationen dieser fünf (nichtessentiellen, S. 566) Aminosäuren in den Geweben können zehn- bis fünfzigmal höher als im Blutplasma sein; so wird z. B. ein dreißigfacher Gradient für Glutamin (22 mM im Muskel) beobachtet, das damit etwa 50 bis 60 % des freien Aminosäurepools im Muskel ausmacht.

Über die Hälfte der beim Proteinabbau entstehenden Aminosäuren (in der Rattenleber) wird bei der Biosynthese von Proteinen *reutilisiert,* der Prozentsatz kann mit abnehmender Verfügbarkeit von Aminosäuren (z. B. bei kurzandauerndem Hunger) bis auf 90 % ansteigen. Die Aminosäuren können in den peripheren Organen auch unter ATP-Bildung zu Kohlendioxid, Wasser und Ammoniak abgebaut werden.

Tabelle 19.1 Aminosäuretransportsysteme

Aminosäure-transportsystem	Bevorzugt transportierte Aminosäuren
A-	Glycin, Alanin, Serin, Prolin, Methionin
ASCP-	Alanin, Serin, Cystein, Prolin
L-	Verzweigtkettige Aminosäuren (Leu, Ile, Val), aromatische Aminosäuren (Phe, Tyr, Trp), Methionin
Ly-	Lysin, Arginin, Ornithin, Histidin
Dicarboxylat-	Aspartat, Glutamat
β-	Taurin, β-Alanin
N-	Glutamin, Asparagin, Histidin

19.1.3 Grundlagen des intrazellulären Aminosäurestoffwechsels

Zwischen Aminosäure-, Fett- und Kohlenhydratstoffwechsel bestehen enge Verknüpfungen

Der Stoffwechsel der Aminosäuren, d. h. ihre Biosynthese und ihr Abbau, bringt keine grundsätzlich neuen Reaktionen. Mit der Kenntnis der wesentlichen Grundlagen des Kohlenhydrat- und Lipidstoffwechsels sowie einigen in Kapitel 1 (S. 23 ff.) dargelegten Prinzipien können fast alle Reaktionen verstanden und logisch erklärt werden. Wie aus der Erörterung der Struktur der Aminosäuren (S. 36) bekannt, leitet sich der Großteil der Aminosäuren von den *Fettsäuren* ab, was das hydrophobe Verhalten der Seitenketten vieler Aminosäuren erklärt. Dadurch besteht eine enge Beziehung des Aminosäurestoffwechsels zum Stoffwechsel der Fettsäuren, die insbesondere beim Abbau einzelner Aminosäuren offenbar wird. Auf der anderen Seite gehen alle Stoffe der Zelle auf Glucose zurück, da durch die Photosynthese in den Chloroplasten der Pflanzen nur dieses Molekül aus Kohlendioxid und Wasser gebildet werden kann (S. 23). Demzufolge bestehen auch zwischen Aminosäure- und *Kohlenhydratstoffwechsel* enge Beziehungen.

Sollte man für den Anschluß des Aminosäurestoffwechsels an den Glucosestoffwechsel und den Citratcyclus Stoffe aus diesen Reaktionsfolgen heraussuchen, so müßten diese mit den Aminosäuren folgende gemeinsamen Eigenschaften besitzen:

- am α-C-Atom eine Carboxylgruppe sowie
- eine – wie die Aminogruppe – funktionelle Gruppe, an der eine Reaktion stattfinden kann.

Dazu eignen sich am besten die *α-Ketocarbonsäuren* (α-Ketosäuren), auf deren zentrale Bedeutung wir schon in Kapitel 14 (S. 360) hingewiesen haben: α-Ketopropionsäure (Pyruvat), α-Ketobernsteinsäure (Oxalacetat) und deren Homologes α-Ketoglutarsäure.

Substituiert man bei diesen drei α-Ketocarbonsäuren die Ketogruppe durch eine Aminogruppe, so entstehen die Aminosäuren α-Aminopropionsäure (Alanin), α-Aminobernsteinsäure (Aspartat) und α-Aminoglutarat (Glutamat).

Eine derartige – als *Aminierung* bezeichnete – Substitutionsreaktion ist mit Hilfe von Pyridoxaminphosphat, das dadurch in Pyridoxalphosphat umgewandelt wird, und Metallionen (die als Katalysatoren wirken, S. 625) schon auf nichtenzymatischem Wege möglich. Im Stoffwechsel der Zelle ist *Pyridoxalphosphat* nicht nur an Transaminierungsreaktionen als Coenzym beteiligt, sondern auch an einer Fülle anderer Reaktionen des Aminosäurestoffwechsels, so daß es eine besondere Stellung besitzt, auf die wir später zurückkommen werden.

α-Ketosäuren werden durch dehydrierende Decarboxylierung abgebaut

Die Zelle ist bestrebt, *α-Ketosäuren* zu synthetisieren, die durch Transaminierung in die entsprechenden Aminosäuren umgewandelt werden. Da es sich bei der Transaminierung um eine frei reversible Reaktion handelt, werden beim Abbau der Aminosäuren Ketosäuren gebildet, die durch *dehydrierende Decarboxylierung* in die CoA-Thioester der um ein Kohlenstoffatom ärmeren aliphatischen Fettsäuren überführt werden können. So wie bei der dehydrierenden Decarboxylierung von α-Ketopropionsäure aktivierte Essigsäure (Acetyl-CoA) und bei der von α-Ketoglutarsäure aktivierte Bernsteinsäure (Succinyl-CoA) entstehen, so werden

auch oft beim Abbau von Aminosäuren *CoA-Thioester* gebildet. Die Reaktionssequenz der Dehydrierung und Decarboxylierung findet an einem intramitochondrial lokalisierten *Multienzymkomplex* statt (S. 486). Der hohe Abfall an freier Energie der Reaktion führt dazu, daß das Reaktionsprodukt auch noch aktiviert werden kann (Thioesterbindung!), die Reaktionssequenz jedoch *nicht umkehrbar* ist, so daß die Zelle α-Ketosäuren nicht durch Umkehr dieser Reaktionskette bilden kann. Der durch den Multienzymkomplex katalysierte Schritt muß deshalb durch andere Reaktionen umgangen werden. Bei der Biosynthese der Aminosäuren werden also aus Kohlenstoffskeletten des Glucosestoffwechsels meist α-Ketosäuren gebildet, die durch Transaminierung in die entsprechenden Aminosäuren überführt werden.

19.1.4 Besondere Bedeutung von Pyridoxalphosphat als Coenzym im Aminosäurestoffwechsel

Die Ausbildung einer Schiff'schen Base ist allen Pyridoxalphosphat-abhängigen Reaktionen gemeinsam

Bei über 25 enzymatischen Reaktionen des Aminosäurestoffwechsels übernimmt *Pyridoxalphosphat* (PALP), ein Derivat von Vitamin B_6 (S. 667), die Coenzymfunktion. Da allen Pyridoxalphosphat-abhängigen Reaktionen ein prinzipiell gleicher Katalysemechanismus zugrunde liegt, dessen Kenntnis das Verständnis für die einzelnen Reaktionen des Aminosäurestoffwechsels wesentlich erleichtert, soll er kurz umrissen werden:

- Zuerst wird zwischen der Aldehydfunktion des Coenzyms und der Aminogruppe der Aminosäure eine Schiff-Base (Aldimin-Formation) gebildet, die durch eine kationische Gruppe des aktiven Zentrums des Enzyms (E^+) stabilisiert wird.
- Anschließend kommt es durch die elektronenanziehende (elektrophile) Wirkung des Pyridinstickstoffs (und auch der kationischen Gruppe) zu Elektronenverschiebungen (Ketiminformation) innerhalb des Coenzym-Substrat-Komplexes, die die Schwächung einzelner Bindungen am α-C-Atom der Aminosäure bewirken.

Je nachdem, welche Bindung – in Abhängigkeit vom Enzymprotein – labilisiert wird, werden die folgenden Substitutionen und Eliminationen unterschieden.

Bei Substitutionen werden α-Amino- und α-Ketogruppen von zwei Aminosäuren ausgetauscht

Transaminierung. Die Elektronenverschiebung bewirkt die Labilisierung der Bindung zwischen dem α-

C-Atom und seinem Wasserstoff, der als *Proton* austritt und sich an die Schiff-Base anlagert, sowie die Ausbildung einer *Doppelbindung* zwischen dem α-C-Atom und dem Aminostickstoff, deren hydrolytische Spaltung zur Freisetzung der α-Ketosäure führt.

Die Aminogruppe (der Aminosäure) bleibt covalent am Coenzym gebunden, das jetzt als *Pyridoxaminphosphat (PAMP)* bezeichnet wird. Die Aminoform des Coenzyms bildet daraufhin eine entsprechende Schiff-Base mit einer Ketosäure und gibt die Aminogruppe an diese weiter (Abb. 19.3). Zu dieser als Transaminierung bezeichneten Reaktion sind also als Substrate eine Aminosäure und eine Ketosäure notwendig, als Produkt erscheinen ebenfalls je eine Ketosäure und eine Aminosäure.

Das Coenzym tritt bei *Aminotransferasen*, die auch als *Transaminasen* bezeichnet werden, als intermediärer Träger der *Aminogruppe* auf. Der biologische Vorteil einer derartigen Reaktion liegt darin, daß die Aminogruppe in covalenter Bindung bleibt und nach Abspaltung von einer Aminosäure nicht wieder durch einen *energieverbrauchenden Prozeß* fixiert werden muß.

Bei Eliminationen werden Wasser oder Kohlendioxid abgespalten

α-, β-Eliminierung. Die Elektronenverschiebung bewirkt die Schwächung der Bindung zwischen dem α-C-Atom und seinem Wasserstoff, der als *Proton* austritt,

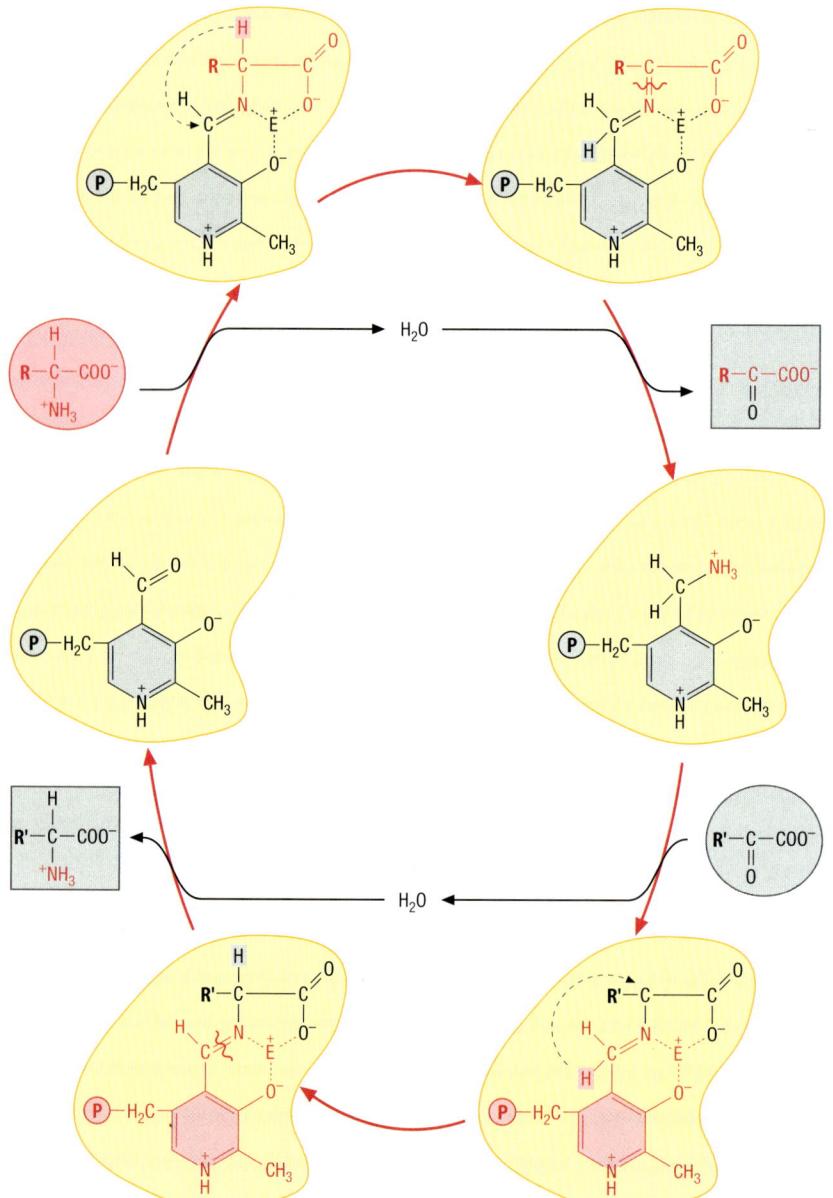

Abb. 19.3 Mechanismus der Transaminierung [Vorgänge am aktiven Zentrum des Enzyms *(Gelb)*]. Pyridoxalphosphat wirkt dabei als intermediärer Träger der Aminogruppe. Bei der Reaktion entstehen aus je einer Amino- und Ketosäure *(Kreise)* je eine Amino- und Ketosäure *(Quadrate)*

und der Bindung eines Substituenten am β-C-Atom (Abb. 19.4). Ist dieser – wie bei Serin – eine Hydroxylgruppe, so tritt sie als OH$^-$-Ion aus, das sich mit dem Proton zu Wasser verbindet.

Durch Hydrolyse der Schiff-Base wird eine ungesättigte Verbindung freigesetzt, die sich spontan zur Iminosäure umlagert und leicht unter Freisetzung von Ammoniak hydrolysiert wird. Resultat dieser Reaktion ist – im Fall von Serin – die Abspaltung von Ammoniak. Da aber durch den Katalyseprozeß Wasser abge-

spalten wird, was die Bildung eines leicht hydrolysierbaren Reaktionsproduktes herbeiführt, wird das verantwortliche Enzym nicht als Desaminase, sondern als **Dehydratase** bezeichnet.

α-, β-Eliminierungen sind aus dem Abbau von **Serin, Threonin** und **Cystein** bekannt, entsprechende – als β-, γ-Eliminationen bezeichnete – Reaktionen finden auch im Stoffwechsel von Homocystein (in Mikroorganismen) und Homoserin, den Homologen von Cystein und Serin, statt.

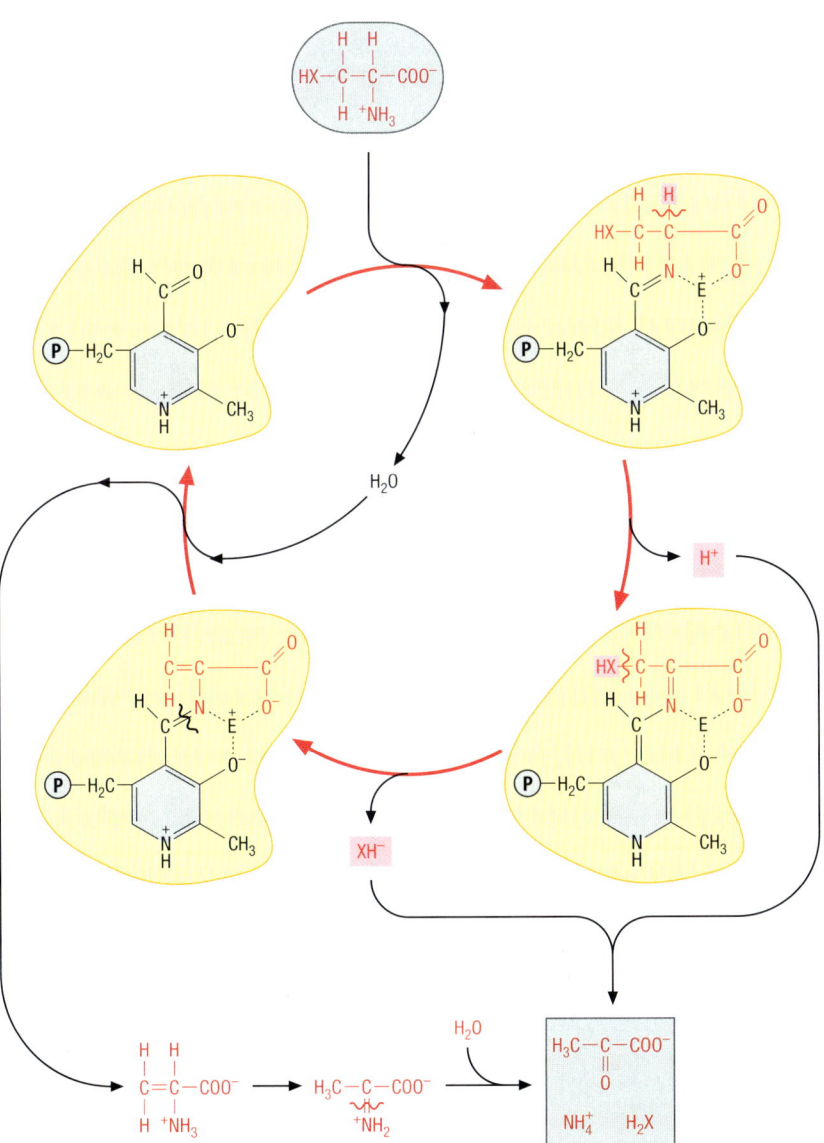

Abb. 19.4 Mechanismus der α-, β-Elimination am Beispiel von Serin und Cystein [Vorgänge am aktiven Zentrum *(Gelb)*]. Nach Kondensation der Aldehydfunktion des enzymgebundenen Pyridoxalphosphats mit der Aminogruppe der Aminosäure zu einer Aldiminformation kommt es durch die elektronenanziehende Wirkung des Pyridinstickstoffs zur Verschiebung der Doppelbindung innerhalb des Coenzym-Substrat-Komplexes mit Austritt des Protons am α-C-Atom. Der Rückfluß der Elektronen zum β-C-Atom bewirkt den Austritt des Substituenten am β-C-Atom (OH$^-$ im Fall von Serin, SH$^-$ im Fall von Cystein), der mit dem Proton H$_2$O bzw. H$_2$S bildet. Durch die Hydrolyse der Schiff-Base wird das enzymgebundene Pyridoxalphosphat regeneriert und Aminoacrylsäure freigesetzt, die nach Umlagerung zur Iminosäure zu Pyruvat und Ammoniak hydrolysiert wird

Decarboxylierung und Aldolspaltung sind ebenfalls PALP-abhängig

Decarboxylierung. Die Elektronenverschiebung bewirkt die Labilisierung der Bindung zwischen dem α-C-Atom und der Carboxylgruppe, die dadurch abgespalten wird. Die Hydrolyse der Schiff-Base bewirkt die Freisetzung des gebildeten Amins.

Aus fast allen Aminosäuren (Tabelle 19.2) können durch Pyridoxalphosphat-abhängige Decarboxylierung Amine gebildet werden, die z. B. als *Gewebehormone* oder Bestandteile von *Coenzymen* wirken.

Der Abbau kann – je nachdem, ob das Amin eine oder zwei Aminogruppen aufweist – durch *Mono- bzw. Diaminoxidasen* erfolgen. Durch diese Enzyme werden die Amine zu Iminen dehydriert, deren hydrolytische Spaltung den entsprechenden Aldehyd und Ammoniak ergibt. Die Aldehyde können durch Dehydrierung zu Carbonsäuren und anschließende β-Oxidation weiter verstoffwechselt werden. Die gezielte Hemmung von Aminoxidasen besitzt pharmakologische Bedeutung.

Aldolspaltung. Die Elektronenverschiebung bewirkt eine Labilisierung und Spaltung der Kohlenstoffbindung zwischen α- und β-C-Atom. Durch diese Reaktion kann z. B. Threonin in Glycin und Acetaldehyd, Serin in Glycin und eine Hydroxymethylgruppe gespalten werden *(Aldehydlyasen oder Aldolasen)*.

19.2 Stoffwechsel von Ammoniak bzw. der von ihm abgeleiteten Aminogruppe

Beim Abbau der Aminosäuren wird der Aminostickstoff als Ammoniak unter Bildung von Keto(carbon)-säuren abgespalten. Zuerst soll deshalb der Stoffwechsel von Ammoniak bzw. der von ihm abgeleiteten Aminogruppe und anschließend derjenige der entstehenden Ketocarbonsäuren behandelt werden.

19.2.1 Grundzüge des Ammoniakstoffwechsels

Nach der Definition von Broensted (S. 13) ist Ammoniak (NH_3) eine Base, die in saurem Milieu ein H^+ bindet und das Ammoniumion (NH_4^+) bildet. Dabei stehen das in Lipiden, wie z. B. biologischen *Membranen,* gut lösliche Ammoniak und das geladene Ammoniumion, das Zellmembranen nur schlecht permeieren kann, im Gleichgewicht. Da der pK'-Wert des Ammoniak-/Ammonium-Systems etwa 9,1 beträgt, liegen nach der Gleichung von Henderson und Hasselbalch (S. 18) beim pH-Wert des Bluts (7,40) und des Inneren der Körperzellen (6,0–7,1) etwa 99 % des Ammoniaks als NH_4^+-Ion vor. Eine *Alkalisierung* des Blutes (Alkalose, S. 939)

Tabelle 19.2 Pyridoxalphosphatabhängige Decarboxylierungen von Aminosäuren

Aminosäure	Amin	Bedeutung
Aspartat (in Mikroorganismen)	*β-Alanin*	Bestandteil von Coenzym A
Glutamat	*γ-Aminobutyrat*	Überträgerstoff im ZNS
Ornithin	*Putrescin*	Vorstufe der Polyamine
Lysin	*Cadaverin*	Produkt von Mikroorganismen im Darm
Arginin	*Agmatin*	Möglicherweise Überträgerstoff im ZNS
Cystein (in Mikroorganismen)	*Cysteamin*	Bestandteil von Coenzym A
Methionin (als S-Adenosylmethionin)	*Decarboxyliertes S-Adenosylmethionin ("Methamin")*	Propylamindonator bei der Polyaminbiosynthese
Serin	*Ethanolamin*	Phospholipidbiosynthese
Histidin	*Histamin*	Gewebehormon
Tyrosin	*Tyramin*	Produkt von Mikroorganismen im Darm
3,4-Dihydroxyphenylalanin	*3,4-Dihydroxyphenylethylamin (Dopamin)*	Überträgerstoff im ZNS; Vorstufe bei der Catecholaminbiosynthese
Tryptophan	*Tryptamin*	Produkt von Mikroorganismen im Darm und von Leber- und Nierenzellen
5-Hydroxytryptophan	*5-Hydroxytryptamin*	Gewebshormon

führt zu einer Verschiebung des Gleichgewichts mit vermehrtem Auftreten der dissoziierten, lipidlöslichen Form in Blut und Liquor cerebrospinalis.

Über die Bedeutung des Ammoniakpuffersystems bei der Säure-Basen-Regulation durch die Nieren orientieren Kapitel 31 (S. 938) und Kapitel 36 (S. 1045).

Ammoniak bzw. die von ihm abgeleitete Aminogruppe stellt für die Zellen fast aller Lebewesen ein *essentielles Molekül* dar, d. h. es muß ihnen ständig zugeführt werden.

In der pro- und eukaryoten Zelle findet Ammoniak Verwendung bei der Biosynthese von **Aminosäuren** (insbesondere Glutamin, Aspartat und Glycin), über die es auch in andere stickstoffhaltige Moleküle wie

- Porphyrine (S. 602),
- Purine (S. 582),
- Pyrimidine (S. 586),
- Kreatin (S. 960) und
- Aminozucker (S. 398) gelangt.

Wegen seiner neurotoxischen Wirkung wird Ammoniak als Harnstoff ausgeschieden

Freies Ammoniak, das im Säugetierorganismus vorwiegend beim Abbau von Aminosäuren oder deren Derivaten, aber auch im Stoffwechsel der Purine und Pyrimidine entsteht, wird entweder durch Fixierung, d. h. Überführung in eine covalent gebundene Form, für Biosynthesen *reutilisiert* oder – wenn das Angebot an freiem Ammoniak den Bedarf für biosynthetische Prozesse übersteigt – beim Menschen nach Umbau in der Leber als *Harnstoff* (90–95 %) und in kleinen Mengen auch als *freies Ammoniak* (5–10 %) in den Urin ausgeschieden. Bei längerdauerndem Hunger verschiebt sich dieses Verhältnis: in der Leber wird weniger Harnstoff gebildet, die Nieren scheiden mehr Ammoniak aus (Abb. 19.54, S. 576).

Obwohl Ammoniak eine essentielle Substanz ist, können bei Mensch und Tier schon geringe Mengen freien Ammoniaks schwere cerebrale Schäden verursachen. Als Symptome einer *Ammoniakvergiftung* (z. B. durch Einatmen von Ammoniakdämpfen) treten

- ein Flattertremor der Hände,
- eine verwaschene Sprache,
- Sehstörungen auf und
- in schweren Fällen Koma und Tod ein.

Aus diesem Grund ist unser Organismus bestrebt, im Stoffwechsel anfallendes freies Ammoniak durch Fixierung zu entgiften.

Die Konzentration an freiem Ammoniak im Blut ist gering

Mit Ausnahme des Pfortaderblutes, das einen höheren Gehalt aufweist, ist die Ammoniakkonzentration im Blut äußerst *gering* (Abb. 19.5). Das Ammoniak im Portalblut stammt aus dem Stoffwechsel von *Mikroorganismen* im Magen-Darm-Kanal, welche Aminosäuren aus der Nahrung und Harnstoff, der mit Sekreten in den Magen-Darm-Trakt gelangt ist, abbauen. Da Harnstoff durch das bakterielle Enzym *Urease* in Ammoniak und Kohlendioxid gespalten wird, ist dieser nicht in den Faeces vorhanden. Bakterien, die Urease enthalten, kommen im Magen (z. B. Helicobacter pylori), Dünndarm und ganz besonders im Colon vor. Die Harnstoffmenge, die beim normalen Erwachsenen ins Darmvolumen gelangt und von Bakterien abgebaut wird, kann bis zu **20 %** des im Organismus vorhandenen Harnstoffs betragen.

Die Leber entfernt das resorbierte Ammoniak sofort aus dem Portalblut, so daß das Lebervenenblut – ebenso wie das gesamte übrige Blut – ammoniakarm ist. Sie schützt dadurch den Organismus, insbesondere das empfindliche Gehirn, vor dem toxischen Ammoniak. Das Ammoniak im Systemkreislauf entstammt vorwiegend dem Stoffwechsel von Gehirn (S. 973), Muskel (S. 534) und Nieren (S. 1045).

Ammoniak wird durch verschiedene Enzymsysteme covalent fixiert

Die direkte Überführung von Ammoniak in eine covalente gebundene Form ist durch zwei mitochondriale

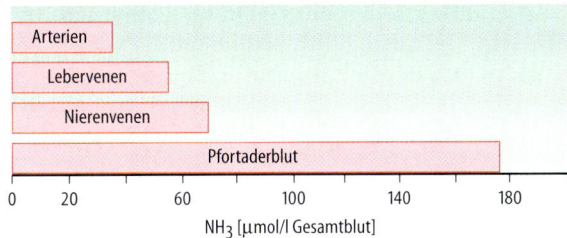

Abb. 19.5 Ammoniakkonzentration im venösen und arteriellen Blut des gesunden, fastenden Menschen. (Nach McDermott WV, Jr, Adams RD, Riddell AG (1954) Ann Surg 140: 539)

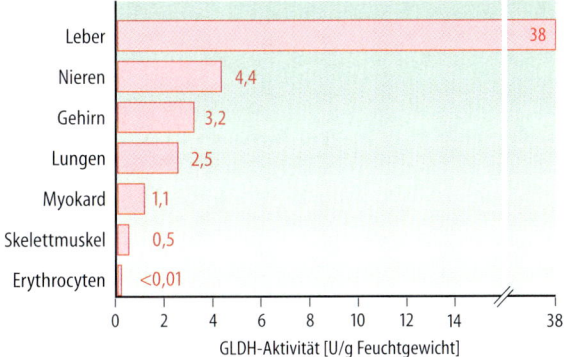

Abb. 19.6 Enzymaktivitäten der Glutamatdehydrogenase (GLDH) in menschlichen Organen. (Nach Schmidt E, Schmidt FW (1969) Enzymfibel. Boehringer, Mannheim)

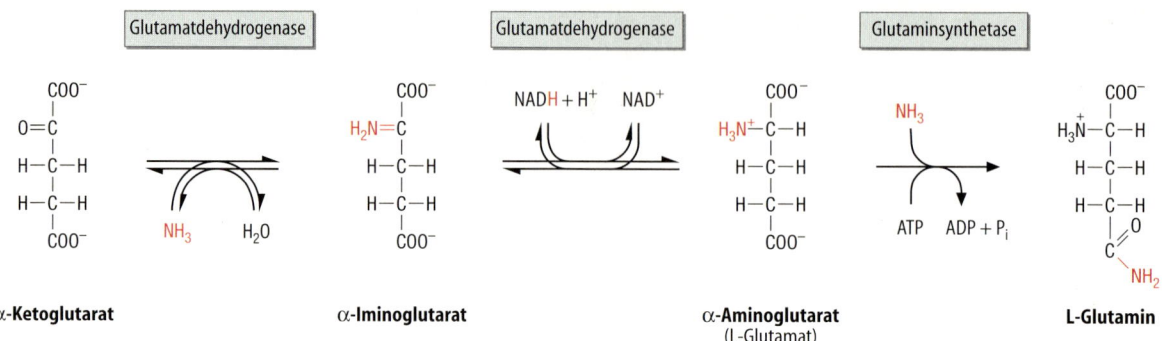

Glutamatdehydrogenase		Glutamatdehydrogenase		Glutaminsynthetase

α-Ketoglutarat   α-Iminoglutarat   α-Aminoglutarat   L-Glutamin
(L-Glutamat)

Abb. 19.7 Fixierung von Ammoniak durch die Glutamatdehydrogenasereaktion (Umwandlung von α-Ketoglutarat in Glutamat) und die Glutamin-Synthetase-Reaktion (Umwandlung von Glutamat in Glutamin). Während die Glutamatdehydrogenasereaktion reversibel ist, wird die Umkehrreaktion der Glutaminsynthetase durch ein anderes Enzym, die Glutaminase (Abb. 19.41, S. 567) katalysiert

Enzyme, die *Glutamatdehydrogenase (GLDH)* und die *Glutaminsynthetase* möglich.

Die Glutamatdehydrogenase kommt in hohen Konzentrationen in der Leber, in niedrigen Konzentrationen in vielen anderen Geweben (so z. B. den Astrocyten und Neuronen des ZNS) vor (Abb. 19.6). Bei der *reversiblen* Reaktion wird aus α-Ketoglutarat durch Anlagerung von NH_3 Iminoglutarat gebildet, aus dem durch Reduktion mit $NADH/H^+$ oder $NADPH/H^+$ Glutamat (Aminoglutarat) entsteht (Abb. 19.7). Da die höchste Aktivität (bezogen auf Gewebeprotein) in Lebermitochondrien vorliegt, gilt eine erhöhte Glutamatdehydrogenase-Aktivität im Plasma, wo sie normalerweise nur sehr gering ist, als spezifischer Indikator eines *Lebergewebezerfalls,* der mit Zerstörung von Mitochondrien einhergeht.

Die freie Energie dieser Reaktion beträgt (bei pH 7,0) etwa 27,2 kJ/mol (6,5 kcal/mol), d. h. das Gleichgewicht der Reaktion begünstigt stark die Bildung von Glutamat und nicht die Freisetzung von Ammoniak.

Die Glutaminsynthetase ist in allen untersuchten Geweben nachweisbar (S. 569). In der Leber ist sie nicht über das gesamte Organ verteilt, sondern *nur in einer kleinen Subpopulation* von perivenösen Zellen nachweisbar. Dagegen sind die Enzyme des Harnstoffcyclus (S. 536), des wesentlichen ammoniakfixierenden Systems, in der gesamten Leber mit Ausnahme dieser perivenösen Regionen lokalisiert. Offenbar sind die Stoffwechselwege in verschiedenen Zellen lokalisiert, um die Kompetition beider Systeme in einer Zelle um die Ammoniakfixierung zu verhindern (S. 1028).

Dekompensation einer chronischen Leberinsuffizienz führt zur Störung des Gehirnstoffwechsels

Bei einer z. B. durch eine Virusinfektion (S. 299), Alkohol- oder Medikamentenmißbrauch verursachten chronischen *Leberinsuffizienz* sind die einzelnen Funktionen der Leber, u. a. auch die Entgiftung von Ammoniak zu Harnstoff, erheblich eingeschränkt. Gleichzeitig bilden sich mit der häufig dabei entstehenden Fibrose aufgrund eines erhöhten Portalvenendruckes portalvenöse Anastomosen, die das Blut an der Leber vorbeileiten. Kommt es zur weiteren Reduktion der Leberfunktionen, z. B. durch eine Infektion, so tritt eine *hepatische Encephalopathie* auf. Deren Symptome ähneln der bereits beschriebenen Ammoniakvergiftung (S. 529) und können von leichten Beeinträchtigungen der zerebralen Funktion (Stadium I) bis zum *Coma hepaticum* (Stadium IV) reichen. Da bisher keine morphologischen Veränderungen des Gehirns beim auf dem Boden einer chronischen Leberinsuffizienz entstandenen Coma hepaticum nachgewiesen werden konnten, sich das Coma schnell entwickelt und bei Behandlung voll reversibel ist, wird angenommen, daß es durch eine *Stoffwechselstörung* des zentralen Nervensystems zustande kommt.

Dem beim Coma hepaticum *erhöhten Ammoniakspiegel* wird eine wesentliche Bedeutung bei dessen Entstehung zugemessen. Große Mengen des anfallenden Ammoniaks werden durch die Muskulatur und das Gehirn (dort die Astrocyten) fixiert. Studien der cerebroarteriovenösen Differenzen von Ammoniak zeigen, daß das Gehirn schon unter normalen Bedingungen bis zu etwa 11 % des Ammoniaks im Blut extrahiert. Studien, bei denen das mit einem Stickstoffisotop markierte Molekül ($^{13}NH_3$) gesunden Versuchspersonen und Patienten mit Lebererkrankungen intravenös verabreicht wurde, erhärten diese Beobachtung (Abb. 19.8). Als Folge der vermehrten Fixierung (S. 541) bei erhöhtem Ammoniakspiegel ist der *Glutaminspiegel* im Liquor cerebrospinalis bei komatösen Patienten fast immer erhöht. Jedoch ist die Kapazität dieser vorläufigen Entgiftung nicht unbegrenzt. Da zwischen Blutammoniakspiegel und dem Auftreten cerebraler Symptome zwar eine *signifikante, aber nicht sehr hohe Korrelation* besteht, wurde nach weiteren ursächlichen Faktoren gesucht.

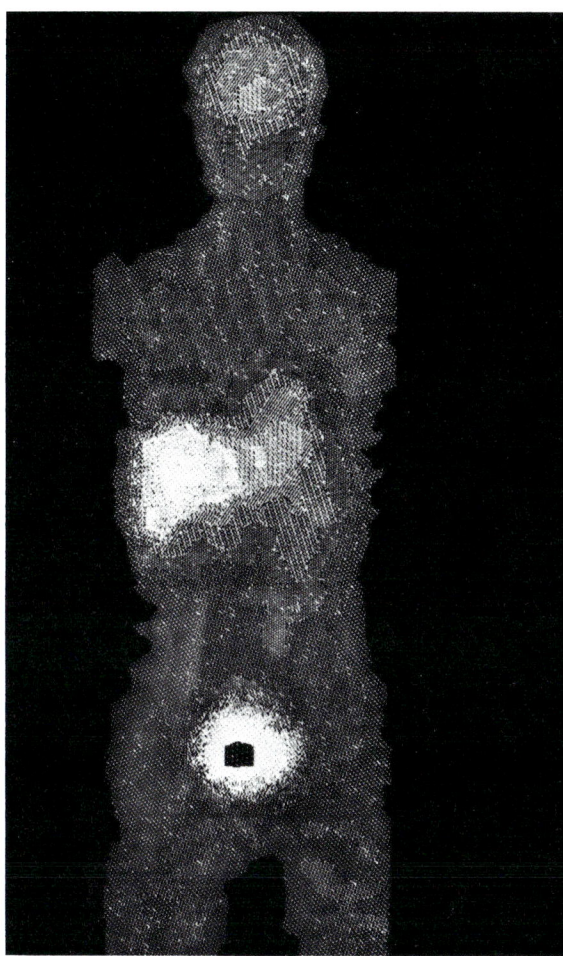

Abb. 19.8 Verteilung ^{13}N nach intravenöser Verabreichung von ^{13}N-Ammoniak: Die Aktivität ist im Gehirn, in der Leber und Harnblase, daneben auch in der Herzregion und linken Niere zu erkennen; die *dunkle Region* in der Blase stellt das Areal mit der höchsten Radioaktivität dar. Von der Gesamtradioaktivität werden etwa 7 % im Gehirn und über 50 % im Skelettmuskel fixiert. (Nach Lockwood AH et al. (1979) J Clin Invest 63: 449)

Auch andere neurotoxische Substanzen könnten an der Entstehung der Encephalopathie beteiligt sein

Bei der Entstehung der Encephalopathie handelt es sich offenbar um ein – wie im übrigen bei allen biochemischen und pathobiochemischen Prozessen – multikausales Geschehen, da die funktionelle Beeinträchtigung eines so elementaren Stoffwechselorgans wie der Leber zwangsläufig eine Vielzahl von Fehlregulationen bewirkt. Als weitere potentiell neurotoxische Substanzen gelten die *Phenol-* und *Indolkörper* (mangelnde Entgiftung in der Leber durch Koppelung mit Sulfat oder Glucuronat (S. 1030), die ebenfalls im Stoffwechsel von den Mikroorganismen im Darm beim Abbau der aromatischen Aminosäuren Phenylalanin, Tyrosin und Tryptophan entstehen.

Vor allem die Phenole *Phenylethanolamin, Tyramin* und *Octopamin,* die im Darm unter dem Einfluß

bakterieller Enzyme aus Phenylalanin und Tyrosin entstehen, sollen für die toxische Wirkung der Phenolkörper verantwortlich sein. Normalerweise werden diese Substanzen durch die *Monoaminoxidase* (S. 989) der Leber entgiftet. Sie sollen jedoch auch im Gehirn selbst entstehen, da dieses aufgrund einer Verschiebung des Plasmaaminosäuremusters (sog. Imbalance) vermehrt Vorstufen aufnimmt: Bei einer Störung des Hepatocytenstoffwechsels sind die Blutspiegel der aromatischen Aminosäuren *Phenylalanin, Tyrosin und Tryptophan* erhöht und die der verzweigtkettigen Aminosäuren *Valin, Leucin und Isoleucin* erniedrigt. Da alle diese hydrophoben Aminosäuren ein *gemeinsames Transportsystem* (Tabelle 19.1, S. 524) in das Gehirn besitzen, werden Phenylalanin und Tyrosin prozentual vermehrt aufgenommen, was eine erhöhte Synthese dieser „falschen" biogenen Amine nach sich ziehen soll. Diese Hypothese wird durch Versuche an Ratten gestützt, deren Gehirn und Myokard beim experimentellen Leberkoma die 2- bis 4fach erhöhte Konzentration von Octopamin und Phenylethanolamin aufweisen.

Diese Stoffe können Noradrenalin, den normalen Neurotransmitter (S. 986), wegen ihrer strukturellen Ähnlichkeit kompetitiv von den Rezeptoren verdrängen und damit blockieren. Diese experimentell noch nicht erhärtete Annahme kann einige Symptome der hepatischen Encephalopathie erklären.

Andere, gleichzeitig auftretende Stoffwechselverschiebungen können das Gehirn für die im Leberkoma vermehrt nachweisbaren, potentiell hirntoxischen Substanzen sensibilisieren: So begünstigt z.B. eine Alkalose die vermehrte Bildung von lipidlöslichem Ammoniak (s. oben) und damit die Aufnahme von NH_3 ins Gehirn.

Eine alternative Hypothese versucht, die hepatische Encephalopathie mit der Aktivierung des GABA$_A$-Rezeptors zu erklären, einem *Chloridkanal,* der sich nach Bindung von γ-Aminobutyrat öffnet und damit die Neurotransmission inhibiert. Dieser Rezeptor besitzt auch Bindungsstellen für Benzodiazepine, so daß endogen gebildete, bisher noch nicht charakterisierte Liganden (in Analogie zu den endogenen Digitalis-ähnlichen Substanzen und den Endorphinen, S. 990) zu seiner Aktivierung führen könnten. Gestützt wird die Hypothese dadurch, daß bei einzelnen Patienten ein Rückgang der Symptome durch Gabe von Flumazenil (Anexate), einem *Benzodiazepinantagonisten,* beobachtet wird.

Medikamentöse Darmdekontamination und -acidifizierung reduzieren Ammoniakbildung und -reabsorption

Wegen der Rolle des Darms als Produzenten cerebrotoxischer Substanzen zielt eine wirkungsvolle *Therapie* auch auf eine Zerstörung der Urease-enthaltenden Darmflora (insbesondere *Escherichia coli* und *Proteus vulgaris*) durch schwer resorbierbare Antibiotika wie

Neomycin hin, um die Ammoniak- (und auch Phenol- und Indol-)produktion durch die Mikroorganismen des Darms einzudämmen. Die therapeutische Gabe des synthetischen Disaccharids *Lactulose* (1,4-Galactosidofructose), das beim Menschen weder hydrolysiert noch resorbiert wird, führt im Darm durch bakterielle Verstoffwechselung zur Bildung von Lactat, Acetat, Formiat und Kohlendioxid. Dadurch kommt es zu einem Abfall des pH-Wertes im Darmlumen auf Werte um 5,5, was die Umwandlung von Ammoniak in das Ammoniumion im Darmlumen und nachfolgend die Diffusion – aufgrund des entstandenen Gradienten – von Ammoniak aus dem Extracellulärraum in den Darm fördert. Das *Ammoniumion* wird so im Darm abgefangen und mit dem Stuhl ausgeschieden.

Leberfunktionsstörungen treten erst im fortgeschrittenen Stadium einer Leberschädigung auf

Bemerkenswerterweise tritt eine Leberinsuffizienz erst dann ein, wenn der Großteil der Hepatocyten zerstört ist oder seine Funktion eingestellt hat. Bei der Ratte kann man $^2/_3$ *der Leber ohne Gefahr* entfernen. Die Leber erneuert sich innerhalb von ein bis zwei Wochen vollständig; in der Zwischenzeit kommt das Tier mit einem Bruchteil der normalen Leber aus, da die Kapazität der Leber als Hauptlaboratorium des Körpers viel höher als normalerweise notwendig ist. Eine Erhöhung des Blutammoniakspiegels (Hyperammonämie) ist deshalb erst dann zu erwarten, wenn entweder die Schädigung der Leber sehr groß ist, d. h. wenn 80 bis 90 % der normalen Kapazität ausgefallen sind, oder die Leber z. B. durch einen hohen Proteinanfall (d. h. Hämoglobin) bei gastrointestinalen Blutungen überlastet wird.

19.2.2 Grundzüge des Stoffwechsels der Aminogruppen der Aminosäuren

Glutamat stellt die Drehscheibe des Aminostickstoff-Stoffwechsels dar

Der Aminostickstoff der verschiedenen Aminosäuren kann durch Transaminierungen in einzelnen Aminosäuren *(Alanin, Aspartat* und *Glutamat)* gesammelt werden, von denen er – je nach Stoffwechsellage – für Biosynthesen wieder übernommen oder zwecks Ausscheidung zur Harnstoffbiosynthese herangezogen wird. Diese drei Aminosäuren bieten sich deshalb an, weil ihr Kohlenstoffskelett in Form der zugehörigen *α-Ketosäuren* ständig im Stoffwechsel produziert wird.

Unter den drei genannten Aminosäuren nimmt *Glutamat* (α-Aminoglutarat) eine Schlüsselstellung ein, es stellt sozusagen die *Drehscheibe des Aminostickstoff-Stoffwechsels* dar, weil (wie Abb. 19.9 zeigt):

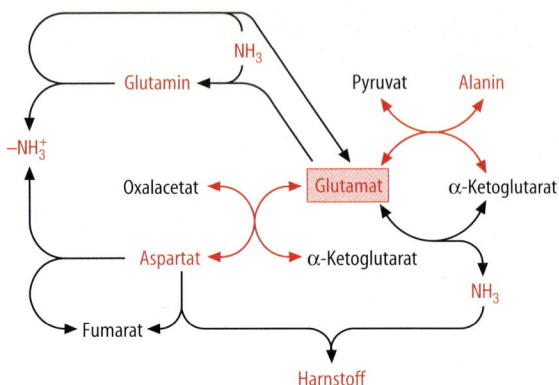

Abb. 19.9 Schlüsselstellung von Glutamat im Stoffwechsel der Aminogruppen von Aminosäuren. Glutamin und Aspartat werden als Aminogruppendonatoren ($- NH_3^+$) bei Biosynthesen verwendet

- freies Ammoniak durch Fixierung mit α-Ketoglutarat Glutamat bilden kann (S. 530),
- die Aminogruppe von Glutamat durch reversible Transaminierung auf die α-Ketosäure *Pyruvat* (α-Ketopropionat) unter Bildung von *Alanin* (α-Aminopropionat), dem wesentlichen Transportstoff für Aminogruppen im Blutplasma, übertragen werden kann,
- die Aminogruppe von Glutamat durch reversible Transaminierung auf die α-Ketosäure *Oxalacetat* (α-Ketobernsteinsäure) unter Bildung von *Aspartat* (α-Aminobernsteinsäure) übertragen werden kann, dessen Aminostickstoff für zahlreiche Biosynthesen (S. 568) und v. a. die Bildung von Harnstoff (S. 537) Verwendung findet,
- durch Fixierung von Ammoniak *Glutamin* (S. 568) gebildet wird, das ebenfalls als Aminogruppendonator bei Biosynthesen und beim Stickstofftransport im Blutplasma wirkt,
- überschüssiges Ammoniak durch Desaminierung aus Glutamat freigesetzt und zur Harnstoffbildung verwendet werden kann.

Während einzelne Organe die gesamte Enzymausstattung für alle diese Prozesse besitzen, sind andere auf einzelne Funktionen spezialisiert, so daß sie zur *metabolischen Integration* auf die Zusammenarbeit mit anderen Organen angewiesen sind.

So ist beispielsweise die Übertragung und Abspaltung von Aminogruppen verschiedener Aminosäuren in fast allen Organen möglich, die Harnstoffbiosynthese aus Ammoniak, Bicarbonat und der Aminogruppe von Aspartat (zwecks Ausscheidung überschüssigen Ammoniaks) jedoch nur in der Leber. Das bedeutet, daß nicht mehr benötigtes Ammoniak in einer ungiftigen Form (Alanin und Glutamin) von den Geweben durch das Blutplasma zur Leber transportiert werden muß.

Aminogruppen werden durch Transaminierung oder den Aspartatcyclus übertragen

Transaminierung. An einer Transaminierung, d. h. einer durch *Transaminasen* oder *Aminotransferasen* katalysierten Reaktion nehmen – wie auf S. 525 beschrieben – je ein Paar Aminosäuren (i. allg. α-Aminosäuren) und Ketosäuren (i. allg. α-Ketosäuren) teil. Die Gleichgewichtskonstante für die meisten Transaminierungsreaktionen liegt nahe bei 1, da sie leicht *reversibel* sind. Deshalb besitzen die Aminotransferasen nicht nur beim Abbau, sondern auch bei der Biosynthese der Aminosäuren aus entsprechenden Ketosäuren eine Bedeutung.

Aminotransferasen. Durch Aminotransferasen, die für die jeweiligen Aminosäuren spezifisch sind, werden die Aminogruppen auf die α-Ketosäuren α-Ketoglutarat bzw. Pyruvat unter Bildung von Glutamat bzw. Alanin übertragen. Durch zwei Aminotransferasen, die in hohen Konzentrationen in Leber, Myocard und Gehirn vorkommen, kann die Aminogruppe von Alanin auf α-Ketoglutarat unter Bildung von Glutamat und die Aminogruppe von Aspartat auf α-Ketoglutarat ebenfalls unter Bildung von Glutamat und Oxalacetat übertragen werden. Es handelt sich um die *Aspartat-Aminotransferase* oder *Glutamat-Oxalacetat-Transaminase (ASAT* oder *GOT)* bzw. die *Alanin-Aminotransferase* oder *Glutamat-Pyruvat-Transaminase (ALAT* oder *GPT)*. Umgekehrt gewährleistet dieses System die Übertragung der im Glutamat gesammelten Aminogruppen auf Oxalacetat, wobei Aspartat entsteht (Reaktion der ASAT):

Aspartat + α-Ketoglutarat $\rightleftharpoons$ Oxalacetat + Glutamat,
Alanin + α-Ketoglutarat $\rightleftharpoons$ Pyruvat + Glutamat.

Die beiden Enzyme kommen jeweils in zwei Formen mit unterschiedlich physikalisch-chemischen Eigenschaften vor (Isoenzyme, S. 95), von denen eine im *Cytosol,* die andere im *Mitochondrium* lokalisiert ist. Die unterschiedlichen Eigenschaften erklären ihre unterschiedliche Regulierbarkeit.

Beide Enzyme haben für die klinische Medizin praktische Bedeutung erlangt, da sie bei Erkrankung der *Leber,* die mit Gewebeschädigungen verbunden sind, aus den geschädigten Zellen ins Blutplasma übertreten und dort vermehrt nachgewiesen werden können (S. 104).

Aspartatcyclusreaktionen. Auf eine Reihe von Ketoverbindungen kann eine Aminogruppe dadurch übertragen werden (Abb. 19.10), daß die Aminogruppe der Aminosäure *Aspartat* mit der Ketoverbindung unter Energieverbrauch (ATP oder GTP) zu einem Kondensationsprodukt zusammentritt und das Kondensationsprodukt durch eine Lyasereaktion in die *aminier-*

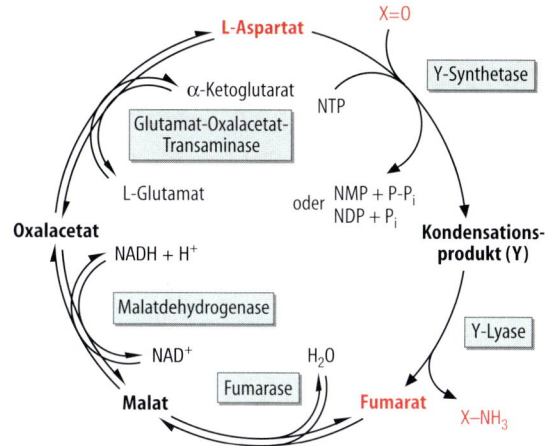

Abb. 19.10 Aspartatcyclus. *N* steht für Guanosin oder Adenosin. (Einzelheiten s. Text)

te Verbindung und *Fumarat* gespalten wird. Aspartat wird aus Fumarat durch die Fumarase-, Malatdehydrogenase- und Glutamat-Oxalacetat-Transaminase-Reaktion unter gleichzeitigem Gewinn eines *Reduktionsäquivalentes* regeneriert und steht für den erneuten Umlauf zur Verfügung. Alle genannten Reaktionen, auch die Teilreaktionen des Citratcyclus (!), laufen im Cytosol ab. Auf die Bedeutung dieses Reaktionscyclus (Tabelle 19.3) werden wir später noch zurückkommen.

Aus Aminosäuren und anderen stickstoffhaltigen Verbindungen wird Ammoniak durch Hydrolyse freigesetzt

Dies geschieht entweder durch Hydrolasen oder durch enzymatische Überführung der Aminosäure in ein Produkt, das durch Wasser leicht angegriffen werden kann (C = N-Bindung, S. 25).

Nichtdehydrierende Desaminierung. Bei einer Reihe von Aminosäuren (Serin, Threonin, Cystein, Histidin und Homoserin) wird Ammoniak über den irreversiblen Prozeß der Pyridoxalphosphat-abhängigen α-, β-Eliminierung freigesetzt. Auf die Bedeutung dieser Reaktion wird bei der Besprechung des Stoffwechsels dieser Aminosäuren eingegangen.

Freisetzung mit Hilfe des Aspartatcyclus. Wird der in Glutamat gesammelte Stickstoff durch die GOT-Reaktion auf Oxalacetat unter Bildung von Aspartat übertragen, so ist durch die in Tabelle 19.3 erwähnte Kondensation mit dem Nucleotid Inosin-5′-monophosphat im Rahmen des Aspartatcyclus die Bildung von *Adenosin-5′-monophosphat* möglich. Aus diesem kann durch Hydrolyse Ammoniak abgespalten werden, wobei wieder Inosin-5′-monophosphat entsteht, das erneut eine Aminogruppe von Aspartat übernehmen kann (*Purinnucleotidcyclus,* Abb. 19.11). Das Enzym, die *Adenylat-*

Tabelle 19.3 Stoffwechselbedeutung des Aspartatcyclus

Kondensation von Aspartat mit	Kondensationsprodukt	Aminierte Verbindung	Stoffwechselweg
Carbamylornithin	Argininosuccinat	Arginin	**Harnstoff- und Argininbiosynthese** (S. 537)
Inosin-5′-monophosphat (IMP)	Adenylsuccinat	Adenosin-5′-monophosphat (AMP)	**AMP-Biosynthese** (S. 584)
5-Imidazol-4-carbonsäure-ribonucleotid	5-Aminoimidazol-4-(N)-succinyl-carboxamid-)ribonucleotid	5-Aminoimidazol-4-carboxamid-ribonucleotid	**Purinbiosynthese** (S. 584)

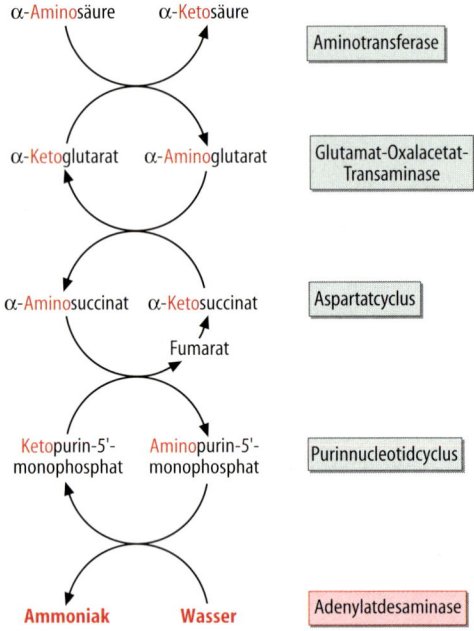

Abb. 19.11 Purinnucleotidcyclus. Statt der Trivialnamen wurden die chemischen Namen gewählt, um die Wanderung und Freisetzung der Aminogruppe darzustellen

desaminase, ist im Cytosol der Zelle lokalisiert und zeigt eine umgekehrte Gewebeverteilung wie die Glutamatdehydrogenase, d. h.

- in Organen mit hoher Glutamatdehydrogenaseaktivität (S. 529) – wie in der Leber – ist die der Adenylatdesaminase niedrig und
- in der Muskulatur mit niedriger Glutamatdehydrogenaseaktivität, ist die der Adenylatdesaminase am höchsten.

Die *Nettoreaktion* dieser Reaktionsfolge

Glutamat + NAD$^+$ + GTP + 2 H$_2$O $\rightleftharpoons$
α-Ketoglutarat + NADH + H$^+$ + GDP + NH$_4^+$ + P$_i$

entspricht der Dehydrierung von Glutamat durch die Glutamatdehydrogenasereaktion, mit dem Unterschied, daß die Hydrolyse der Phosphoanhydridbindung von GTP zur Verschiebung des Reaktionsgleich-

gewichts von links nach rechts beiträgt. Die freie Energie dieser Reaktionssequenz beträgt etwa –4,2 kJ/mol (1 kcal/mol), mit anderen Worten, der Purinnucleotidcyclus dient zusammen mit den Hilfsreaktionen des Aspartatcyclus der Freisetzung von Ammoniak. Durch diesen Cyclus kann auch die bei der *Muskelarbeit* erhöhte Ammoniakfreisetzung erklärt werden.

Hydrolytische Freisetzung beim Purin- und Pyrimidinabbau. Weiterhin wird Ammoniak beim Abbau der Pyrimidine und Purine, zu denen ja auch Adenosin-5′-monophosphat gehört, freigesetzt (S. 594).

Aminosäureoxidasen. In Leber- und Nierengewebe sind weitere Enzyme nachgewiesen worden, die Aminosäuren *irreversibel* durch Dehydrierung desaminieren. Diese Aminosäureoxidasen, die nicht mit den Mono- und Diaminoxidasen verwechselt werden dürfen, greifen entweder die proteinogenen L-Aminosäuren oder die ungewöhnlichen D-Aminosäuren an:

- D-Aminooxidasen, die in den Peroxisomen (S. 191) lokalisiert sind, benutzen als Coenzym FAD,
- L-Aminooxidasen, die sich im endoplasmatischen Reticulum finden, arbeiten mit FMN.

Die bei der Reaktion hydrierten Coenzyme werden durch molekularen Sauerstoff unter Bildung von H$_2$O$_2$ dehydriert, das durch Katalase in den Peroxisomen zu $^1/_2$ O$_2$ und H$_2$O entgiftet wird.

Bis auf eine Ausnahme (Glycinabbau, S. 571) ist die physiologische Funktion der Aminosäureoxidasen noch nicht geklärt. Da Aminoacylsynthetasen auch D-Aminosäuren aktivieren, die nicht in Proteine eingebaut werden, könnte die Aufgabe der Aminosäureoxidasen darin liegen, die D-Aminosäuren abzubauen, damit sie den Translationsvorgang nicht stören.

Ammoniak wird im Blut in Form von Glutamin und Alanin transportiert

Eine besondere Situation ist dadurch gegeben, daß zwar alle Organe einen mehr oder minder intensiven Aminosäurenstoffwechsel besitzen, jedoch nur die Le-

Tabelle 19.4 Plasmaaminosäurekonzentrationen normaler Versuchspersonen im postabsorptiven Zustand (n = 10). (Nach Felig P, Marliss E, Pozefsky T, Cahill GF (1970) Am J Clin Nutr 23: 986) Mittelwerte ± Standardabweichung des Mittelwertes

Aminosäure	Konzentration [µ mol/l]
Alanin	344 ± 29
Glycin	215 ± 8
Valin	212 ± 8
Prolin	175 ± 13
Lysin	164 ± 9
Threonin	134 ± 10
Leucin	112 ± 4
Serin	109 ± 7
1/2-Cystin	92 ± 5
Histidin	73 ± 4
Arginin	69 ± 8
Ornithin[b]	67 ± 9
Isoleucin	59 ± 2
Tyrosin	54 ± 4
Taurin[a]	51 ± 3
Phenylalanin	49 ± 2
Tryptophan	39 ± 6
Citrullin[b]	30 ± 3
Methionin	24 ± 1
α-Aminobutyrat[a]	20 ± 2
Aspartat	< 20
Glutamin	600–800
Glutamat	30– 70

[a] Taurin entsteht im Stoffwechsel aus Cystein, α-Aminobutyrat durch Transaminierung aus α-Ketobutyrat (Threonin- und Methioninabbau) (S. 552).

[b] Nichtproteinogene Aminosäuren, die an der Harnstoffbiosynthese teilnehmen (S. 536).

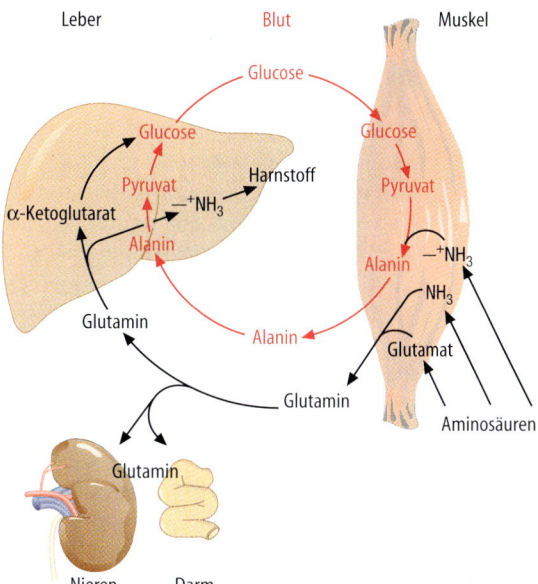

Abb. 19.12 Glucose-Alanincyclus. Die vom Muskel aufgenommene Glucose wird zu Pyruvat metabolisiert; durch Transaminierung wird eine covalent gebundene (– NH_3^+) Aminogruppe übernommen. Das entstandene Alanin verläßt die Muskulatur und wird von der Leber aufgenommen, wo es nach Übergabe der Aminogruppe auf α-Ketoglutarat wieder in Glucose umgewandelt wird

ber imstande ist, mit Hilfe der Harnstoffbildung überschüssiges Ammoniak zu entgiften. Die extrahepatischen Organe können zwar auch Ammoniak fixieren (mit Hilfe der Glutamatdehydrogenase- und der Glutaminsynthetasereaktionen, S. 529), müssen dafür aber bei großem Angebot dem Citratcylus α-Ketoglutarat entziehen, während in der Leber zur Harnstoffbiosynthese nur Bicarbonat, Ammoniak und Energie benötigt werden (S. 538). Soll von peripheren Organen Ammoniak zur Leber abtransportiert werden, so geschieht dies vorwiegend in Form von *Alanin* und *Glutamin.* Diese beiden Aminosäuren zeigen auch die höchsten Plasmakonzentrationen, die im *postabsorptiven Zustand* (9 Uhr morgens), d. h. 16 Stunden nach Aufnahme der letzten Mahlzeit (17 Uhr nachmittags) bestimmt werden (Tabelle 19.4). Auffällig ist ein dreißigfacher Konzentrationsunterschied zwischen der in höchster (Glutamin mit 600 µmol) und den in den niedrigsten Konzentrationen (Aspartat und α-Aminobutyrat mit jeweils 20 µmol) vorliegenden Aminosäuren.

Beim Transport von Aminogruppen vom Muskel zur Leber werden diese in Alanin gesammelt, das benötigte Pyruvat stammt aus dem Glucoseabbau (Glykolyse). In der Leber werden das Kohlenstoffskelett von Alanin zur Glucoseneubildung, der Aminostickstoff zur Harnstoffbildung verwendet.

Da die neugebildete Glucose die Leber verläßt und auf dem Blutweg in die Muskulatur gelangt, entsteht ein dem Lactatcyclus (S. 405) entsprechender *Glucose-Alanin-Cyclus* (Abb. 19.12). Dieser Cyclus, der offenbar auch an der Regulation der Gluconeogenese beteiligt ist (S. 404), gewinnt bei Muskeltätigkeit noch an quantitativer Bedeutung.

Wie Alanin wird auch *Glutamin* aus der Muskulatur freigesetzt. Im Gegensatz zu Alanin stammt das Kohlenstoffgerüst des freigesetzten Glutamins jedoch aus anderen Aminosäuren, und zwar hauptsächlich aus *Glutamat* und *Aspartat.* Somit ist Glutamin wahrscheinlich eher Transportstoff für Kohlenstoffgerüste, die bei der Proteolyse frei werden. Auch in einem zweiten Punkt unterscheidet sich die Rolle des Glutamins von der des Alanins: Der Großteil dieser Aminosäure wird nicht von Hepatocyten, sondern von Darm- und Nierenzellen aufgenommen (Abb. 19.12). Neben dem Blutplasma soll auch den Erythrocyten eine wesentliche Funktion beim Transport von Aminosäuren zwischen den Geweben zukommen.

19.2.3 Ammoniakstoffwechsel von Leber, Gehirn und Nieren

Die Leber, auf deren Bedeutung im Stoffwechsel der Aminosäuren eingangs hingewiesen wurde, zeichnet sich dadurch aus, daß nur sie die enzymatische Ausstattung für eine vollständige und quantitativ bedeutsame Biosynthese von Harnstoff aus Ammoniak und Bicarbonat besitzt. Es handelt sich dabei um einen mehrstufigen Kreisprozeß, in dessen Verlauf ein Molekül Harnstoff aus je einem Molekül Ammoniak und Bicarbonat sowie dem α-Aminostickstoff von Aspartat zusammengesetzt wird.

Die energieverbrauchende Synthese von Harnstoff erfolgt deshalb, weil das von den Aminosäuren abgespaltene Ammoniak eine *äußerst toxische Substanz* darstellt, wenn es nicht wieder zur Biosynthese stickstoffhaltiger Substanzen verwendet wird. Für die meisten im Wasser lebenden Tiere, die ihre Stoffwechselendprodukte ständig an die Umgebung abgeben können, besteht nicht die Notwendigkeit der Harnstoffsynthese, da nicht die Gefahr einer Ammoniakakkumulation eintreten kann. Sie scheiden Ammoniak aus und werden als *ammonotelische* Lebewesen bezeichnet. Beim Übergang zum Landleben kann nicht mehr ständig Wasser abgegeben werden, da eine kontinuierliche Wasserzufuhr auf dem trockenen Land nicht gewährleistet ist. Amphibien bauen deshalb Ammoniak zum ungiftigen Harnstoff um, der das Endprodukt und Exkret ihres Stickstoffwechsels darstellt (*ureotelische* Lebewesen). Diese Einrichtung wird von den Säugetieren beibehalten. Vögel hingegen verlassen die Harnstoffsynthese und scheiden statt dessen die schwerlösliche Harnsäure aus (*uricotelische* Lebewesen).

Der Erwachsene bildet täglich etwa 30 g Harnstoff

Eine 70 kg schwere Normalperson bildet in 24 h etwa *0,5 mol (30 g) Harnstoff.* Bei proteinreicher Ernährung kann die Harnstoffbildung bis auf das Dreifache ansteigen. Diese Steigerung ist deshalb möglich, weil die Enzyme im Überschuß vorhanden sind und weil sich außerdem die Enzymaktivitäten bei proteinreicher Nahrung um das Zwei- bis Dreifache erhöhen können.

Im Vergleich zur Biosynthese anderer Stoffe steht die Harnstoffbildung mit etwa 1,5 mol/24 h bei hohem Proteingehalt der Nahrung quantitativ an erster Stelle. An zweiter Stelle folgt die Gluconeogenese in Leber und Nieren mit etwa 0,5–1 mol Glucose/Tag. Es gibt natürlich quantitativ bedeutendere Biosynthesen von Stoffen, die jedoch nicht End-, sondern nur Zwischenprodukte des Stoffwechsels sind. So synthetisiert ein Erwachsener bei einem täglichen Energieverbrauch von 12 600 kJ (3000 kcal) etwa 180 mol Adenosintriphosphat (ATP). Da ATP nach seiner Bildung wieder für Biosynthesen, Transportprozesse, kontraktile Vorgänge usw. verbraucht wird, häuft es sich nicht an, so daß sich im Organismus eines Erwachsenen nicht mehr als 0,1 mol ATP findet.

Die Harnstoffsynthese läuft in einem auf zwei Zellkompartimente verteilten Cyclus ab

Die Enzyme des Harnstoffcyclus – der nach seinen Entdeckern (1932), dem damaligen Medizinstudenten (!) Kurt Henseleit und dem späteren Nobelpreisträger Sir Hans Adolf Krebs auch als *Krebs-Henseleit-Cyclus* bezeichnet wird – liegen *nicht* in einem Zellkompartiment vor, denn

- die ersten beiden Schritte finden im Mitochondrium statt,
- die übrigen im Cytosol (Abb. 19.13).

Durch das Enzym *Carbamylphosphat-Synthetase I* wird unter Verbrauch von zwei Molekülen ATP aus Bicarbonat und Ammoniak das Phosphorsäureanhydrid der Carbaminsäure, das Carbamylphosphat, gebildet. *Carbamylphosphat* ist auch der Ausgangspunkt der Pyrimidinbiosynthese. Für diese Reaktion wird es jedoch durch eine cytosolische Carbamylphosphat-Synthetase II gebildet, die Glutamin, Bicarbonat und zwei Moleküle ATP benötigt (S. 586).

Die Mitochondrienmembran ist zwar für CO_2, nicht jedoch für HCO_3^- permeabel. Deswegen muß CO_2 durch eine mitochondriale Carboanhydrase in Bicarbonat überführt werden.

Ein Molekül ATP wird zur Aktivierung von Bicarbonat, ein weiteres zur Knüpfung einer covalenten Bindung zwischen dem aktivierten CO_2 und Ammoniak benötigt. Unentbehrlicher Cofaktor dieser irreversiblen Reaktion ist *N-Acetylglutamat,* das wahrscheinlich als allosterischer Aktivator wirkt. Mit der Biosynthese von Carbamylphosphat werden also sowohl *Kohlendioxid* (bzw. HCO_3^-), das Endprodukt des Kohlenstoffstoffwechsels, als auch *Ammoniak* als Endprodukt des Stickstoffstoffwechsels fixiert.

Bei einem täglichen Verzehr von etwa 90 g Protein (S. 522) entsteht beim Abbau der Aminosäuren etwa 1 mol Bicarbonat. Da diese Produktion die täglich mit dem Urin ausscheidbare Menge überschreitet, liegt die Funktion des Harnstoffcyclus möglicherweise nicht nur in der Beseitigung des potentiell toxischen Ammoniumions, sondern auch in der covalenten *Fixierung von Bicarbonat*.

Da die direkte Umwandlung von Carbamylphosphat in Harnstoff (durch Ankoppelung eines weiteren Ammoniakmoleküls) nicht möglich ist, werden für die Harnstoffbildung noch 4 weitere enzymatische Schritte benötigt, in denen der Carbamylrest nach Übertragung auf ein *Trägermolekül* (Ornithin) das Ammoniak in Form der covalent gebundenen Aminogruppe von Aspartat übernimmt und anschließend als Harnstoff wieder vom Trägermolekül abgespalten wird (S. 362).

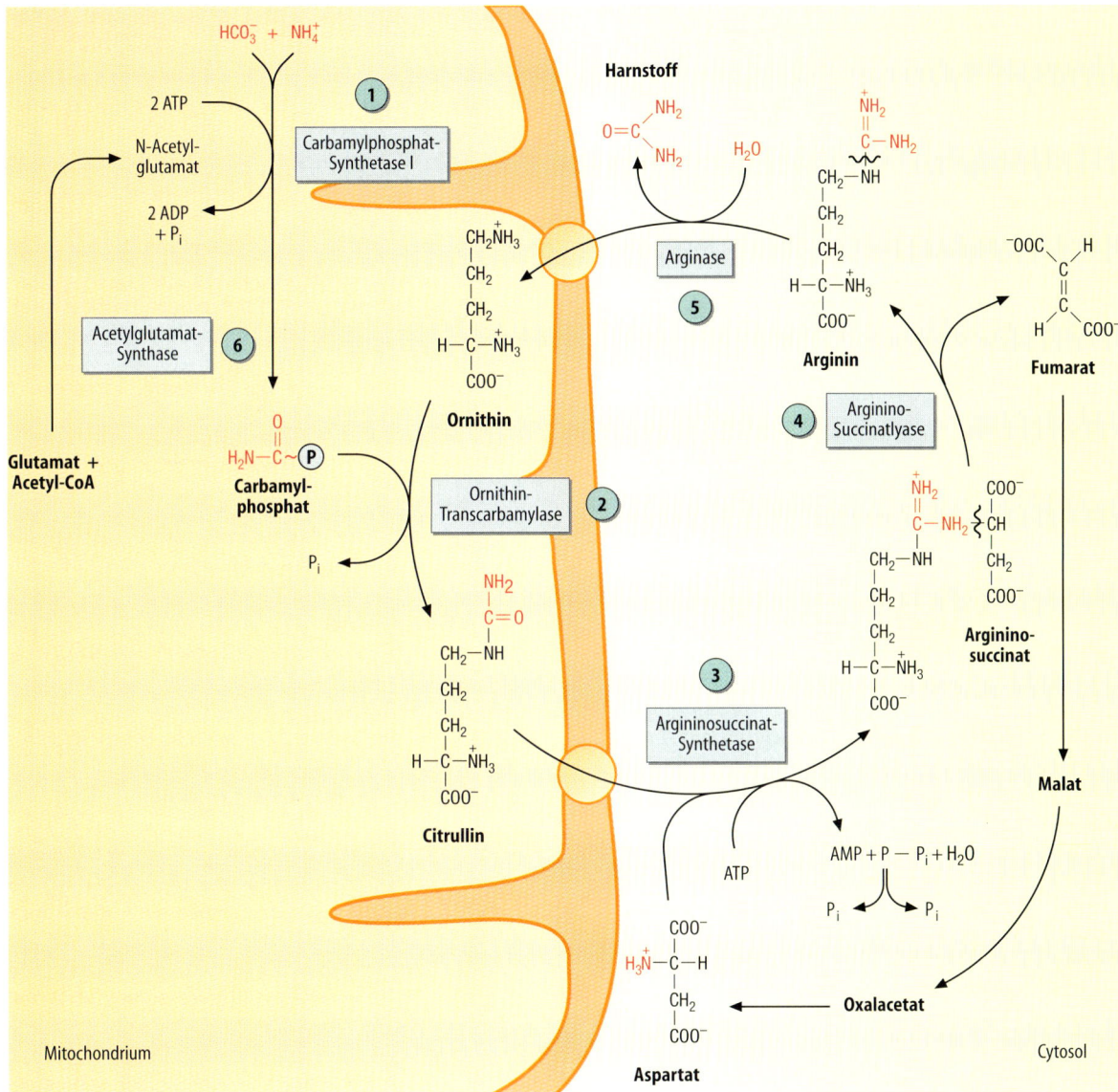

Abb. 19.13 Die auf zwei Kompartimente (Mitochondrium und Cytosol) der Leber verteilten Enzyme des Harnstoffcyclus. Die Zahlen geben die Enzymdefekte an (Tabelle 19.5, S. 540). *O* Ornithin-Citrullin-Antiport

Zunächst wird der Carbamylrest von Carbamyl-phosphat auf die nicht proteinogene Aminosäure *Or-nithin* übertragen (Ornithin-Transcarbamylase). Dabei entstehen *Citrullin,* eine ebenfalls nicht proteinogene Aminosäure und anorganisches Phosphat. Das Reaktionsgleichgewicht liegt stark auf der Seite der Citrullin-bildung.

Citrullin wird im Cytosol in Arginin überführt

Citrullin tritt durch die Mitochondrienmembran in das Cytosol über, wo alle weiteren Reaktionen des Kreisprozesses ablaufen.

Auf den an Ornithin gebundenen Carbamylrest (Citrullin) soll im nächsten Schritt eine weitere Amino-gruppe übertragen werden; da dies nicht durch eine Transaminierung möglich ist, schließt sich die als *As-partatcyclus* (S. 533) bekannte Sequenz an: Dabei kondensiert die Carbonylgruppe von Citrullin mit der Aminogruppe von Aspartat unter Bildung von *Argini-nosuccinat* (Argininosuccinat-Synthetase). Auch diese Reaktion ist ATP-abhängig, das entstehende Pyrophosphat wird durch eine Pyrophosphatase gespalten, wobei das Reaktionsgleichgewicht in Richtung Argininosuccinatbildung verschoben wird (vgl. z. B. Fettsäurenaktivierung durch ATP-abhängige Thiokinasereaktion, S. 428). Die anschließende Spaltung der C-N-Bindung (Argininosuccinat-Lyase) in die Produkte *Fuma-*

rat und die proteinogene Aminosäure *Arginin* ist im Gegensatz zu den vorhergehenden Reaktionen reversibel. Durch diese beiden Reaktionen ist die Aminogruppe von Aspartat auf Citrullin übertragen worden.

Diese Reaktionsfolge, d. h. die ATP- (oder GTP-) abhängige Bildung eines Kondensationsprodukts, das in die aminierte Akzeptorverbindung und Fumarat gespalten wird, ist allen Reaktionen gemeinsam, bei denen Aspartat als Aminogruppendonator wirkt (Aspartatcyclus, S. 533). Das entstandene Fumarat kann über die Fumarase und Malatdehydrogenase, zwei Enzyme des Citratcyclus, die auch im Cytosol auftreten, in die α-Ketosäure Oxalacetat überführt werden, deren Umwandlung in die α-Aminosäure Aspartat durch die Glutamat-Oxalacetat-Transaminase (GOT) möglich ist. Über diese drei Reaktionen wird Aspartat aus Fumarat regeneriert und gleichzeitig ein Reduktionsäquivalent gewonnen, dessen Transport vom Cytosol ins Mitochondrium auf S. 504 geschildert wurde.

Harnstoff entsteht aus Arginin unter gleichzeitiger Freisetzung von Ornithin

Der Kreisprozeß der Harnstoffbiosynthese wird durch die hydrolytische Abspaltung der *Guanidinogruppe* von Arginin geschlossen. Dabei entstehen *Harnstoff* und *Ornithin.* Das verantwortliche Enzym, die *Arginase,* ist wahrscheinlich in allen Zellen des Organismus nachweisbar. Hohe Aktivitäten können außer in der Leber in Hoden, Haut, Nieren, Brustdrüsen, Gehirn, Erythrocyten und neutrophilen Leukocyten nachgewiesen werden.

Das Enzym dient in diesen Organen der Bereitstellung von Ornithin für die Polyaminbiosynthese (S. 570).

Das gebildete Ornithin wird durch den Ornithincarrier wieder ins Mitochondrium zurücktransportiert. Dieses Protein katalysiert einen *Ornithin-Citrullin-Antiport* (S. 503). Aufgrund seiner strukturellen Verwandtschaft mit Ornithin ist Lysin (nächsthöheres Homologes!) ein starker kompetitiver Hemmstoff der Arginasereaktion. In der Leber gebildeter Harnstoff tritt ins Blut über und wird von den Nieren in den Urin ausgeschieden.

Die beiden ersten Enzyme des Harnstoffcyclus, die Carbamylphosphatsynthetase I und die Ornithintranscarbamylase sind mit der inneren Membran des Mitochondriums assoziiert, aus dem das entstehende Citrullin zu einem an der Außenmembran des Mitochondriums gebildeten Enzymkomplex aus Argininosuccinatsynthetase, Argininosuccinat-Lyase und Arginase geleitet wird, so daß ein *Metabolon* entsteht (S. 361).

Bemerkenswert an den beschriebenen Reaktionen ist, daß durch den Kreisprozeß das *Trägermolekül Ornithin* ständig regeneriert wird und auch der Aminogruppendonator Aspartat durch wenige enzymatische Schritte erneuert werden kann, wobei ein Reduktionsäquivalent gewonnen wird. Somit werden dem Hepatocyten bei der Biosynthese von Harnstoff lediglich zwei Ammoniakmoleküle, Bicarbonat (das ja ohnehin als Endprodukt ausgeschieden wird) und Energie entzogen.

Beim Menschen sind die Aktivitäten der Enzyme des Harnstoffcyclus schon im 4. oder 5. Schwangerschaftsmonat nachweisbar. Man muß annehmen, daß die Reaktionen der Harnstoffbiosynthese ursprünglich (und auch heute noch) der Biosynthese von Arginin dienten. Bei Amphibien ist während der Metamorphose eine Aktivierung der Arginasereaktion in der Leber nachweisbar.

Die Ammoniakentgiftung in der Leber wird durch Arbeitsteilung der Leberzellen koordiniert

Harnstoffcyclus und Glutaminsynthetasereaktion, die beiden Systeme zur Ammoniakentgiftung, sind im Leberacinus, der funktionellen Einheit der Leber, unterschiedlich angeordnet:
- während die Harnstoffbiosynthese in den periportalen Hepatocyten – an der Einstrombahn des Sinusoids – stattfindet,
- ist die Glutaminsynthetase ausschließlich in einer kleinen perivenösen Leberzellpopulation – an der Ausflußbahn des Sinusoids – lokalisiert.

Die Affinität der Carbamylsynthetase liegt mit 1–2 mM unter der der Glutaminsynthetase (K_m = 0,3 mM), so daß die über die Pfortader zuströmenden Ammoniumionen normalerweise nur zu etwa 70 % durch die periportale Harnstoffbiosynthese und die übrigen 30 % durch die perivenöse Glutaminbiosynthese entgiftet werden. Das durch den Harnstoffcyclus nichtfixierte Ammoniumion wird also, bevor das sinusoidale Blut die systemische Zirkulation erreicht, durch Fixierung an Glutamin eliminiert.

Die Effizienz des Harnstoffcyclus wird durch funktionelle Koordination mit der *Glutaminasereaktion* verbessert. Dieses Enzym, das Ammonium aus Glutamin freisetzt, ist in den Mitochondrien der periportalen Hepatocyten zusammen mit der Carbamylphosphatsynthetase lokalisiert. Durch Erhöhung des Ammoniumangebots an das erste Enzym der Harnstoffbiosynthese wird die Umsatzrate des Harnstoffcyclus gesteigert. Da das in den perivenösen Leberzellen gebildete Glutamin in die periportalen Hepatocyten zurückdiffundiert, entsteht ein *interzellulärer Glutamincyclus,* der die vollständige Umwandlung der mit dem Pfortaderblut anströmenden Ammoniumionen in Harnstoff garantiert (Abb. 35.4, S. 1028).

Citrullin wird von Mucosazellen im Darm synthetisiert und von anderen Organen aus dem Blut aufgenommen

Außer der Arginase sind auch noch andere Enzyme des Harnstoffcyclus in extrahepatischen Geweben nachweisbar. So enthalten z. B. die proximalen Tubuli der **Nieren** und die **Fibroblasten** der Haut die Enzyme Argininosuccinatsynthetase und -lyase. Damit ist die Harnstoffbiosynthese in diesen beiden Zelltypen von der exogenen Citrullinzufuhr abhängig. Da Citrullin von Mucosazellen des Dünndarms synthetisiert und in das Blut freigesetzt wird, ist eine Harnstoffbildung in Nierentubuli und Fibroblasten theoretisch möglich (Abb. 19.14). Zumindest in der Niere ist jedoch die Arginaseaktivität so gering, daß Arginin das Endprodukt des Stoffwechselweges darstellt. Das **Gehirn** enthält neben diesen Enzymen noch die Ornithintranscarbamylase. Dieses Enzym und die Argininosuccinatlyase konnten auch in Skelett- und Herzmuskel, Milz, Gallenblase, Testes, Pankreas und geformten Bestandteilen des Bluts nachgewiesen werden. Demzufolge sind auch extrahepatische Organe zur Harnstoffbiosynthese fähig, wenn ihnen geeignete Vorstufen durch das Blut angeboten werden. Da jedoch die Enzymaktivitäten in diesen Organen verglichen mit denen in der Leber sehr gering sind, fällt die Harnstoffbiosynthese in extrahepatischen Geweben quantitativ nicht ins Gewicht.

Die Energiebilanz des Harnstoffcyclus wird durch die Kopplung mit dem Aspartatcyclus bestimmt

Bei der Berechnung des Energiebedarfs für die Biosynthese von Harnstoff ist entscheidend, ob der verwendete Stickstoff vorwiegend covalent gebunden ist (als Aminogruppe in Alanin, Aspartat oder Glutamat) oder in freier Form (als Ammoniak) vorliegt, da die Fixierung von Ammoniak zur Glutamat- und damit auch Aspartatbiosynthese energieabhängig ist. Für die Biosynthese eines Harnstoffmoleküls aus einem Molekül Ammoniak und der α-Aminogruppe von Aspartat werden im Harnstoffcyclus drei Moleküle ATP verbraucht, von denen zwei in ADP und P_i und eines in AMP und Pyrophosphat gespalten werden. Da eine Pyrophosphatase das entstandene Pyrophosphat weiter in 2 P_i umwandelt, werden zwar drei Moleküle ATP, jedoch vier energiereiche Bindungen (und damit 4 Mol ATP zur Regeneration) benötigt. Wie oben erwähnt, führt die Regeneration von Aspartat aus Fumarat zum Gewinn eines Reduktionsäquivalents und damit von drei Molekülen ATP. In der Bilanz wird so für die Biosynthese von 1 mol Harnstoff aus 1 mol Ammoniak und der Aminogruppe von Aspartat *1 mol ATP* verbraucht.

N-Acetylglutamat wirkt als Signalmetabolit bei der kurzfristigen Regulation der Harnstoffsynthese

Die wesentliche Determinante für die Harnstoffbildung ist die Konzentration der im Plasma zirkulierenden **Aminosäuren.** Bei Proteinbelastung zeigt sich eine fast lineare Beziehung zwischen dem Gesamtplasmastickstoff und der Harnstoffbildung. Wie Abb. 19.15 zeigt, führt ein Anstieg der Aminosäurekonzentration zu einem proportional höheren Anstieg der Harnstoff-

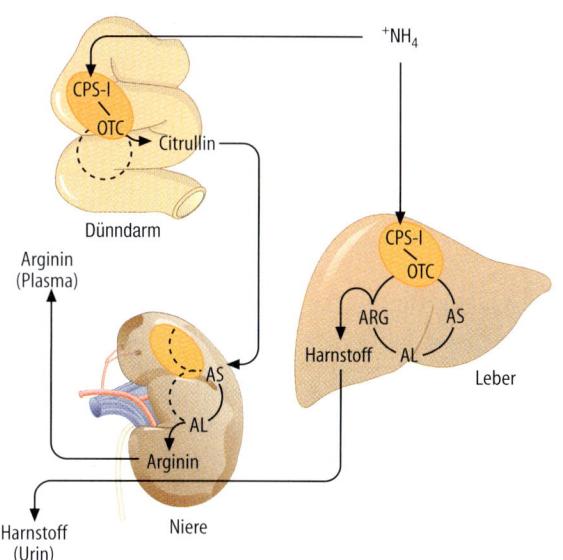

Abb. 19.14 Wechselbeziehungen einzelner Organe bei der Harnstoff- und Argininbiosynthese. *CPS-I* Carbamylphosphatsynthetase I; *OTC* Ornithintranscarbamylase; *AS* Argininosuccinatsynthetase; *AL* Argininosuccinatlyase; *ARG* Arginase

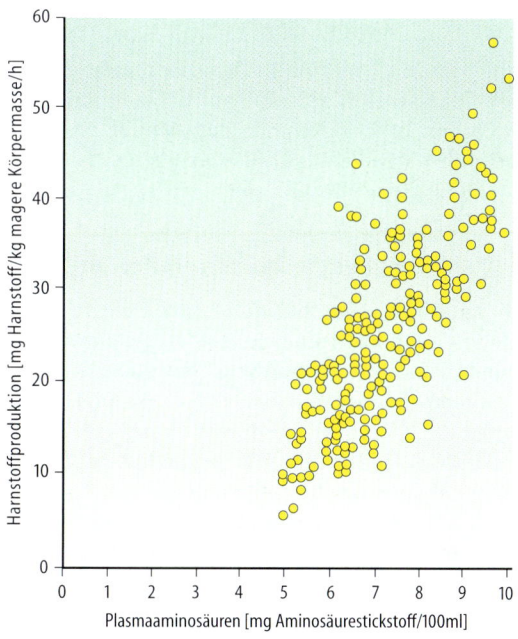

Abb. 19.15 Harnstoffbildung der gesunden Versuchspersonen in Abhängigkeit von der Gesamt-α-Aminostickstoffkonzentration im Plasma. (Nach Rafoth RC, Onstadt GR (1975) J Clin Invest 56: 1170)

Tabelle 19.5 Enzymatische Defekte des Harnstoffcyclus

Defektes Enzym	Bezeichnung der Krankheit
Carbamylphosphat-synthetase I	Kongenitale Ammoniakintoxikation (Hyperammonämie I)
Ornithintrans-carbamylase	Hyperammonämie II
Argininosuccinat-synthetase	Citrullinämie
Argininosuccinat-lyase	Argininbernsteinsäurekrankheit (Argininosuccinaturie)
Arginase	Hyperargininämie
N-Acetylglutamat Synthase	N-Acetylglutamat-Synthasemangel

bildung und damit zu einer Normalisierung der Aminosäurekonzentration. Auf der anderen Seite fällt die Harnstoffbildung proportional stärker als die Aminosäurekonzentration ab und nähert sich Null, wenn die Aminosäure-Stickstoffkonzentration etwa 4,5 mg/100 ml beträgt. Auf diese Weise könnte eine zunehmende Verarmung des Aminosäurepools durch die Harnstoffbildung bei eingeschränkter Aminosäurezufuhr verhindert werden.

N-Acetylglutamat spielt eine Schlüsselrolle bei der *schnell wirkenden* Regulation des Harnstoffcyclus. In Abwesenheit von N-Acetylglutamat ist die Carbamylphosphatsynthetase vollständig inaktiv. Wahrscheinlich führt ein vermehrtes Aminosäureangebot über eine *rasche Steigerung* des Glutamatspiegels zu einer vermehrten Bildung von Acetylglutamat, das als Signalmetabolit (S. 372) wirkt. Dagegen nimmt die *Induktion* der Harnstoffcyclusenzyme bei kontinuierlich hoher Proteinzufuhr oder unter dem Einfluß von Glucocorticoiden Stunden bis Tage in Anspruch.

Pathobiochemie: genetische Enzymdefekte des Harnstoffcyclus

Homozygote bzw. gemischt heterozygote Defekte der in Tabelle 19.5 genannten Enzyme führen zu einem Zusammenbruch des Harnstoffcyclus mit einem Anstieg der Ammoniakkonzentration. Ohne entsprechende Therapie, d. h. Hämodialyse in der Akutphase, treten Gehirnschäden (Hirnödem mit verkleinertem Ventrikelsystem, Abflachung der Gyri) und der Tod der Patienten ein. Beim Arginasemangel kommt es ebenfalls zu Schäden des Zentralnervensystems, Erhöhungen des Ammoniakspiegels sind jedoch selten. Heterozygote Träger (50 % Restaktivität) sind i. a. asymptomatisch. Menschen mit weniger als 50 % der Enzymaktivität der in Tabelle 19.5 zusammengestellten Enzyme weisen zwar selten Symptome in der Neugeborenenperiode auf, dafür aber oft in der Jugend oder im Erwachsenen-

alter. Die Beschwerden bestehen in Übelkeit, Migräne, Sprach- oder Gangstörungen und Halluzinationen, die durch Nahrung mit hohem Proteingehalt, Infekte, Schwangerschaft oder Operationen hervorgerufen werden können.

Alle homozygoten Enzymdefekte kommen mit einer Häufigkeit von 1 : 25 000 bei Neugeborenen vor. Die Symptome der neonatalen Hyperammonämie wie Lethargie, Appetitmangel, Brechen, Krämpfe, und gelegentlich Koma sind relativ unspezifisch, da sie auch bei anderen Stoffwechselerkrankungen vorkommen. Deshalb sind zur *Differentialdiagnose* Bestimmungen des pH-Werts (Acidose), der Konzentration von Ammoniak und einzelner Aminosäuren erforderlich. Eine Hyperammonämie tritt auch als sekundäres Phänomen bei angeborenen Erkrankungen des Stoffwechels organischer Säuren auf, die ebenfalls durch eine metabolische Acidose und eine Ketonurie gekennzeichnet sind (S. 552). Die dabei akkumulierenden Fettsäure-CoA-Thioester hemmen wahrscheinlich kompetitiv die Bildung von N-Acetylglutamat aus Acetyl-CoA und Glutamat. Eine Hyperammonämie in Verbindung mit einer respiratorischen Alkalose (S. 939) deutet auf einen Defekt des Harnstoffcyclus oder eine *transitorische Hyperammonämie* hin, wie sie bei Reifungsstörungen der Enzyme des Cyclus vorkommen kann. Hyperammonämien mit Werten über 400 μmol/l führen zum Koma, das einer Notfallbehandlung bedarf. Zur weiteren Differenzierung wird die Plasmakonzentration von *Citrullin* herangezogen:

- Normale bis leicht erhöhte Spiegel (etwa 50 μmol/l) werden bei transitorischen Hyperammonämien beobachtet,
- eine ausgeprägte Citrullinämie mit Werten von über 1000 μmol/l deutet auf einen Argininosuccinatsynthetasemangel hin, da Citrullin nicht in Argininosuccinat überführt werden kann.
- Eine mäßige Erhöhung des Citrullinspielges auf Werte zwischen 100 und 300 μmol/l ist für den Argininosuccinasemangel typisch.
- Auf kaum mehr bestimmbare Werte fällt der Citrullinspiegel beim Ornithintranscarbamylase-(OTC-), Carbamylphosphatsynthetase- oder N-Acetylglutamatsynthasemangel.

Eine weitere Differenzierung ist in diesem Fall dadurch möglich, daß Carbamylphosphat sich bei einem OTC-Mangel anstaut. Dieses reagiert nun mit Aspartat in einer Schlüsselreaktion der Pyrimidinbiosynthese (Abb. 20.5, S. 586) zu Carbamylaspartat, das nach Umwandlung zu *Orotat* über die Nieren ausgeschieden wird. Für einen OTC-Mangel ist daher Orotat im Urin charakteristisch.

Während früher die Patienten einfach mit einer Stickstoffreduktionskost behandelt wurden, geht man heute – in Kenntnis der Stoffwechselbiochemie – wesentlich differenzierter vor. So treten metabolische Probleme beim *Argininosuccinasemangel* nicht durch eine theoretisch mögliche Akkumulation von Argininosuccinat auf, da dieses kontinuierlich über die Nieren ausgeschieden wird, sondern dadurch, daß die gestörte Argininosuccinatspaltung zu einer Beeinträchtigung der *Ornithinregeneration* führt. Therapeutisch wird Arginin verabreicht, das nicht nur durch Harnstoffabspaltung in Ornithin umgewandelt, sondern auch als Proteinbaustein verwendet werden kann.

Beim *Argininosuccinatsynthetasemangel* staut sich Citrullin an, das im Gegensatz zu Argininosuccinat wesentlich schlechter in den Urin ausgeschieden wird. Darüber hinaus enthält Argininosuccinat gegenüber Citrullin nur ein Stickstoffatom/Molekül, so daß die Stickstoffausscheidung aufgrund dieser Tatsache und der geringeren Urinausscheidung wesentlich ineffizienter ist als die über Citrullin. In dieser Situation kann man dem Organismus Stickstoff indirekt über die Aminosäuren Glycin bzw. Glutamin entziehen. Dies erfolgt durch therapeutische Gabe von *Benzoesäure* bzw. *Phenylacetat,* die mit Glycin zu Hippursäure (Tabelle 19.14, S. 573) bzw. mit Glutamin zu Phenylacetylglutamin (Abb. 19.29, S. 558) konjugieren. Beide Konjugate werden über die Nieren ausgeschieden. Damit können dem Organismus über die Glycin- und Glutaminstickstoffatome ein bzw. zwei Stickstoffatome entzogen werden.

Eine Heilung ist gegenwärtig nur durch Lebertransplantation oder in Zukunft möglicherweise durch Gentherapie möglich.

Im Gehirn wird Ammoniak durch Glutamatdehydrogenase und Glutaminsynthetase entgiftet

Ammoniak, das im Gehirnstoffwechsel entsteht oder das Gehirn auf dem Blutweg erreicht, wird durch ATP-abhängige Glutaminbildung in den Astrozyten fixiert (Abb. 19.7, S. 530). Die Ursachen der *neurotoxischen Wirkung* von Ammoniak, dessen Konzentration z.B. bei stark beeinträchtigter Leberfunktion im Blut erhöht ist (S. 530), sind noch ungeklärt.

Entscheidend ist, daß Glutamat die Blut-Hirn-Schranke nur schlecht permeieren kann und deshalb das Glutamatangebot durch das Blut, das ohnehin nur gering ist (Tabelle 19.4, S. 535), bei erhöhter Glutaminbildung nicht ausreicht. Deshalb müssen bei vermehrter Ammoniakfixierung intrazellulär mehr Glutamat (das in Gehirn auch Neurotransmitterfunktion besitzt) und α-Ketoglutarat, die Vorstufe von Glutamat, anderen Stoffwechselwegen entzogen werden.

Bei erhöhtem Ammoniakangebot soll das Gehirn durch *vermehrte CO₂-Fixierung* (ATP-abhängige Pyruvatcarboxylasereaktion, S. 384) in der Lage sein, mehr Oxalacetat und damit α-Ketoglutarat und Glutamat für die Glutaminbildung zur Verfügung zu stellen. Danach kann eine Verarmung des Citratcyclus an α-Ketoglutarat nicht die Ursache der toxischen Wirkung von Ammoniak sein. Nach anderen Befunden soll die

CO_2-Fixierung im Gehirn dagegen nur gering sein, so daß die *verringerten α-Ketoglutaratspiegel* eine Störung des Citratcyclus und damit der ATP-Bildung bewirken. Wird nämlich Mäusen Methioninsulphoximin, ein Methioninderivat, das die Glutaminsynthetase kompetitiv hemmt, verabreicht, so haben die Tiere nach Infusion einer Ammoniumchloridlösung eine weitaus höhere Überlebensrate als die nicht mit dem Methioninderivat vorbehandelten Kontrolltiere. Methioninsulphoximin verhindert einen Abfall der α-Ketoglutaratkonzentration. Als weitere Ursachen der Entstehung der Symptome einer Ammoniakvergiftung werden

- eine Verarmung des Stammhirns an energiereichen Phosphaten (ATP und Kreatinphosphat),
- eine Störung der Acetylcholinbiosynthese,
- Änderungen des intramitochondrialen Redoxzustands der Pyridinnucleotide (Glutamatdehydrogenasereaktion!) und
- Wechselwirkungen von NH_4^+ mit Kalium, einem für die Erregungsleitung (S. 692) notwendigen Ion, diskutiert.

In den Nieren entsteht Ammoniak aus Glutamin und wird als Ammonium in den Urin ausgeschieden

Ein Teil der nichtflüchtigen Säuren (z.B. Harnsäure), die im Stoffwechsel der Zellen des Organismus entstehen, werden zur Einsparung von Kationen als Ammoniumsalze durch die Nieren ausgeschieden. Der arterielle Ammoniakspiegel ist so gering, daß auch bei einer vollständigen Extraktion des Ammoniaks aus dem Blut durch die Nieren nicht die Menge entstehen würde, die in den Urin ausgeschieden wird. Da die Ammoniakkonzentration im Nierenvenenblut (Abb. 19.5, S. 529) sogar noch höher als im arteriellen Blut ist, d.h. die Nieren Ammoniak in das Blut sezernieren, muß das ins Nierenvenenblut und in den Urin ausgeschiedene Ammoniak aus Aminosäuren stammen, die während ihres Durchflusses durch die Nieren extrahiert werden. Unter ihnen nimmt *Glutamin* eine Schlüsselstellung ein: Rund 40 % des Urinammoniaks stammen aus dem Amidstickstoff von Glutamin. Über Einzelheiten der Abspaltung des Amidstickstoffs von Glutamin (Glutaminasereaktionen I und II) und ihre Regulation orientiert Kapitel 36 (S. 1045).

19.3 Stoffwechsel der essentiellen Aminosäuren

Grundsätzlich wird unterschieden zwischen Aminosäuren, die im Stoffwechsel von Mikroorganismen, Pflanzen und Tieren aus Kohlenstoffskeletten und Ammoniak synthetisiert werden können, und solchen, deren Bildung nur in Mikroorganismen und Pflanzen, je-

Tabelle 19.6 Essentielle und nichtessentielle Aminosäuren beim Menschen

Absolut essentiell: Lysin, Methionin, Threonin, Isoleucin (Aspartatfamilie), Valin, Leucin (Pyruvatfamilie), Phenylalanin, Tryptophan (Shikimisäurefamilie), Histidin
Bedingt essentiell: Tyrosin, Cystein
Nicht essentiell: Aspartat, Asparagin, Glutamat, Glutamin, Glycin, Alanin, Serin, Prolin, Arginin

doch nicht mehr in der tierischen Zelle möglich ist. Letztere Aminosäuren werden als *essentiell* bezeichnet.

Neun Aminosäuren sind für den Menschen essentiell

Beim Menschen ist die Frage, ob eine Aminosäure ständig mit der Nahrung zugeführt werden muß, also essentiell ist, in klassischen Experimenten mit Hilfe von *Stickstoffbilanzversuchen* und in jüngerer Zeit mit Aminosäuren untersucht worden, die mit dem ^{13}C-*Kohlenstoff-Isotop* markiert waren. Bei diesen Versuchen haben sich 9 Aminosäuren als für den Menschen essentiell erwiesen (Tabelle 19.6). Interessanterweise läßt sich über ihre Biosynthesewege (Zugehörigkeit zu bestimmten Familien) in Mikroorganismen und Pflanzen erklären, warum sie vom Menschen nicht mehr synthetisiert werden. Ob *Histidin* essentiell ist, war lange umstritten, da aufgrund des hohen Histidingehaltes von Hämoglobin in den Erythrocyten und von Carnosin, eines β-Alanylhistidin-Dipeptids in der Muskulatur, ein großer Histidinpool existiert. Durch kontinuierliche Mobilisierung von Histidin aus diesem Pool dauert es relativ lange, bis die Stickstoffbilanz (S. 719) als Indikator für die Essentialität negativ wird. *Tyrosin* und *Cystein* sind bedingt essentiell, da sie nur beim Abbau essentieller Aminosäuren entstehen (Tyrosin beim Phenylalanin- und Cystein beim Methioninabbau). Diese Aminosäuren können unter veränderten Stoffwechselbedingungen absolut essentiell werden.

α-Ketosäuren können α-Aminosäuren in der Nahrung ersetzen

Bei einigen essentiellen Aminosäuren ist der erste Schritt des Abbaus reversibel, so daß der dabei entstehende Metabolit die Aminosäure in der Nahrung ersetzen kann (z.B. das durch Transaminierung aus Valin gebildete α-Ketoisovalerianat oder das durch Demethylierung aus Methionin entstehende Homocystein). Diese Aminosäuren bleiben aber nach wie vor essentiell, da sie ja nicht aus Kohlenstoffskeletten des Zwischenstoffwechsels und Ammoniak gebildet werden.

Die Tatsache, daß eine Reihe von Aminosäuren in der Nahrung durch die entsprechenden Ketosäuren ersetzt werden können, findet therapeutische Anwendung bei Erkrankungen, bei denen die Belastung des Organismus mit stickstoffhaltigen Substanzen durch die Nahrung möglichst gering gehalten werden soll, da die Entgiftung oder Ausscheidung dieser Stoffe gestört ist. Dazu gehören

- das hepatische Coma (S. 530) und
- das chronische Nierenversagen (S. 1048),

bei denen mit einer derartigen Diät bereits Erfolge erzielt wurden. Im folgenden wird auf die Biosynthese der essentiellen Aminosäuren in Mikroorganismen und Pflanzen und deren Abbau, die Stoffwechselbedeutung und die angeborenen Stoffwechselerkrankungen dieser Aminosäuren im tierischen Organismus eingegangen. Über die ernährungsphysiologische Bedeutung der essentiellen Aminosäuren orientiert Kapitel 25 (S. 720).

Die essentiellen Aminosäuren werden in Mikroorganismen gruppenweise gebildet

Ohne an dieser Stelle auf Einzelheiten der Biosynthese der für den Menschen essentiellen Aminosäuren eingehen zu wollen, soll doch das Prinzip der Biosynthese von 8 der 9 essentiellen Aminosäuren in Mikroorganismen und Pflanzen erläutert werden, weil seine Kenntnis uns in die Lage versetzt zu erkennen, warum gerade diese Aminosäuren von der menschlichen Zelle nicht mehr synthetisiert werden.

Die Kohlenstoffgerüste für die Biosynthesen der einzelnen Aminosäuren entstammen dem *Kohlenhydratstoffwechsel.* Da es sich z. T. um hydrierende Prozesse handelt, werden Reduktionsäquivalente benötigt, die in der Pflanzenzelle vorwiegend durch Photolyse von Wasser (S. 23) und im Mikroorganismus im Pentosephosphatweg entstehen (S. 387). Ammoniak wird meist durch Transaminierung mit Glutamat übernommen, das aus α-Ketoglutarat durch die Glutamatdehydrogenasereaktion gebildet wird. Direkte Ausgangsmoleküle sind α-Ketocarbonsäuren bzw. deren entsprechende α-Aminocarbonsäuren. Je nachdem, welche Carbonsäure *die gemeinsame Vorstufe* einer Gruppe von Aminosäuren bildet, wird zwischen drei Familien unterschieden (Tabelle 19.6):

- der Familie von Aspartat (Ausgangspunkt der Synthese von Lysin, Methionin, Threonin und Isoleucin), das durch Transaminierung der α-Ketosäure Oxalacetat entsteht.
- der Familie der α-Ketosäure Pyruvat (Vorstufe von Leucin und Valin) und schließlich
- der Familie der Shikimisäure (Vorstufe der aromatischen Aminosäuren Phenylalanin, Tyrosin und Tryptophan), einer α-Ketosäure mit 7 C-Atomen, die aus Zwischenprodukten der Glykolyse und des Pentosephosphatwegs entsteht.

Im Gegensatz zur später zu besprechenden Biosynthese der nichtessentiellen Aminosäuren ist die aller essentiellen Aminosäuren sehr umfangreich, da bis zu 11 enzymatische Schritte (z.B. beim Tryptophanaufbau) erforderlich sein können. Dies gilt auch für *Histidin,* das über eine separate Stoffwechselkette synthetisiert wird. Die Synthesen enthalten die gesamte Palette enzymatischer Reaktionen, die die Zelle aufzuweisen hat:

- Hydrierungen von Carboxyl- zu Aldehydfunktionen (die dann Aldoladditionen eingehen können),
- Transaminierungen,
- Isomerisierungen,
- Decarboxylierungen,
- Dehydratisierungen,
- Cyclisierungen usw.

Die Bildung beschreitet so weit wie möglich gemeinsame Wege, die sich dann immer weiter verzweigen. Das bringt auf der einen Seite den Vorteil mit sich, daß weniger Enzyme benötigt werden, macht aber das System auf der anderen Seite empfindlicher gegen Störungen, da der Ausfall eines relativ frühen Enzyms die Unfähigkeit der Bildung mehrerer Endprodukte bewirken kann. Treten während der Reaktionssequenzen α-Ketosäuren auf, die in ihr nächst höheres Homologes überführt werden sollen, so wird auf die aus dem Citratcyclus (Umwandlung von α-Ketobernsteinsäure in α-Ketoglutarsäure, S. 488) bekannte Reaktionsfolge zurückgegriffen, die sich offenbar als optimal erwiesen hat: Ankoppelung eines Acetyl-CoA-Restes mit anschließender Dehydrierung und Decarboxylierung.

Der Ausfall von drei Schlüsselenzymen bewirkt den Verlust der Fähigkeit zur Synthese von 8 Aminosäuren

Die fehlende Biosynthese ist auf den Mangel an Enzymen zurückzuführen, die an den Biosyntheseketten beteiligt sind, Auf den ersten Blick erscheint die Gruppe der 9 für den Menschen essentiellen Aminosäuren als ein heterogenes Gemisch von Aminosäuren mit den unterschiedlichsten, meist recht komplizierten Seitenketten. Da wir jedoch wissen, daß diese Aminosäuren im Mikroorganismus und in der Pflanzenzelle gruppenweise gebildet werden, fällt auf, daß immer die Biosynthese einer gesamten Familie von Aminosäuren nicht mehr vollzogen werden kann. Man muß daraus schließen, daß bei den drei Gruppen jeweils zumindest ein früher – den Endprodukten noch gemeinsamer – Biosyntheseschritt ausgefallen ist:

- Wird bei den Aspartatfamilie die enzymatische Überführung von Aspartat in sein Folgeprodukt blockiert (Mutation des entsprechenden Enzyms), so ist der gesamte Biosyntheseweg von *Lysin, Threonin* und *Methionin* nicht mehr aktiv.
- Bei der Pyruvatfamilie führt ebenfalls der Ausfall des ersten Enzyms zur Blockade des Syntheseweges für *Valin* und *Leucin.*
- Und schließlich ist es bei den aromatischen Aminosäuren das Enzym, das die Bildung der Shikimisäure

aus Zwischenprodukten der Glykolyse und des Pentosephosphatweges katalysiert, dessen Mutation (mit Verlust der enzymatischen Aktivität) die Bildung von *Phenylalanin* und *Tryptophan* unmöglich macht.

Die Fähigkeit zur Biosynthese der Gruppe der essentiellen Aminosäuren ging einem frühen Vorläufer der Tiere vor etlichen Millionen Jahren verloren. Für ihn, der sich von den reichlich vorhandenen Pflanzen ernährte, bedeuteten bei dem ständigen Aminosäurenangebot die enzymatischen Schritte zur Aminosäurenbiosynthese nur eine unnötige Belastung. Da die Energie für die Biosynthese der notwendigen Enzyme und die Biosynthese der Aminosäuren gewinnbringender verwendet werden konnte, brachte ihm der durch eine Mutation bedingte Verlust eines Enzyms einer Biosynthesekette einen Selektionsvorteil, der natürlich um so größer war, je mehr Aminosäuren durch diesen Enzymmangel nicht mehr synthetisiert werden konnten.

Ein weiterer Grund, warum gerade diese Aminosäuren im Laufe der Evolution essentiell wurden, ist ihr außerordentlich komplizierter Biosyntheseweg, an dem bis zu einem Dutzend Enzyme beteiligt sein können. So sind für die Biosynthese

- von Tryptophan 11,
- von Phenylalanin und Tyrosin je 10,
- von Lysin und Leucin je 9,
- von Methionin 7 und
- von Threonin, Valin und Isoleucin je 5 Enzyme erforderlich.

Bei keiner der später zu besprechenden Biosynthesen der nichtessentiellen Aminosäuren sind dagegen mehr als drei Enzyme beteiligt. Bei Bakterien konnte in experimentellen Untersuchungen nachgewiesen werden, daß eine Mutante, die die Biosynthese eines bestimmten Moleküls nicht mehr vollziehen kann, bei reichlichem Angebot dieses Moleküls eine bessere Überlebenschance als der (nicht mutierte) Wildtyp besitzt.

Von Bedeutung war wahrscheinlich auch, daß es sich um hydrierende Biosynthesen handelt, die durch $NADPH + H^+$ getrieben werden, das von der pflanzlichen Zelle durch Photolyse von Wasser, von der tierischen Zelle jedoch nur aus Nahrungsstoffen (z.B. Pentosephosphatweg beim Glucoseabbau) gewonnen werden kann.

Aus diesen Gründen hat dem gemeinsamen Vorläufer der Tiere z.B. ein Ausfall des Enzyms, das die komplizierte Biosynthese der aromatischen Aminosäuren [von denen im übrigen auch die Biosynthese der *p-Aminobenzoesäure* (Bestandteil von Folsäure) und des *Naphthochinons* (Grundgerüst von Vitamin K) ausgeht, S. 661] einleitet, bei dem reichlichen Angebot aromatischer Aminosäuren durch die pflanzliche Nahrung einen entscheidenden Selektionsvorteil gebracht. Dadurch konnte die Energie für die Biosynthese der zahlreichen an der Bildung der aromatischen Aminosäuren beteiligten Enzyme und für die Bildung der aromatischen Aminosäuren selbst für andere Stoffwechselwege verwendet werden.

Was dem Vorfahren vor einigen Millionen Jahren zum Überlebensvorteil gereichte, bedeutet für uns Menschen heute auf vielen Teilen der Erde – bei der mangelnden Aminosäurenversorgung – einen oft fatalen Nachteil (S. 722).

19.3.1 Abbau, Stoffwechselbedeutung und Pathobiochemie der essentiellen Aminosäuren

Aminosäuren werden nach Verlust der Aminogruppe als α-Ketosäuren dehydriert und decarboxyliert

Grundzüge des Abbaus. Die Zusammenstellung der nachfolgend beschriebenen Abbauwege der essentiel-

len Aminosäuren erhebt keinen Anspruch auf Vollständigkeit. In einigen Fällen existieren mehrere Abbaumöglichkeiten, von denen die mit der größten quantitativen Bedeutung ausgewählt wurde, in anderen Fällen sind sicherlich noch nicht alle Abbauwege bekannt.

Der Abbau der essentiellen Aminosäuren stellt – wie bereits auf S. 542 betont – wegen der Irreversibilität der dehydrierenden Decarboxylierung **keine Umkehr der Biosynthesewege** dar.

Im allgemeinen werden die α-Aminosäuren durch ein- oder mehrfache **nichtdehydrierende Desaminierung** (Threonin) oder **Transaminierung** (alle übrigen Aminosäuren mit Ausnahme von Tryptophan) in α-Ketosäuren überführt, aus denen durch die aus dem Abbau von (Pyruvat) α-Ketopropionat und α-Ketoglutarat bekannte dehydrierende Decarboxylierung Fettsäure-CoA-Thioester entstehen. Diese werden direkt (z. B. durch Carboxylierung von Propionyl-CoA über Methylmalonyl-CoA zu Succinyl-CoA) oder über

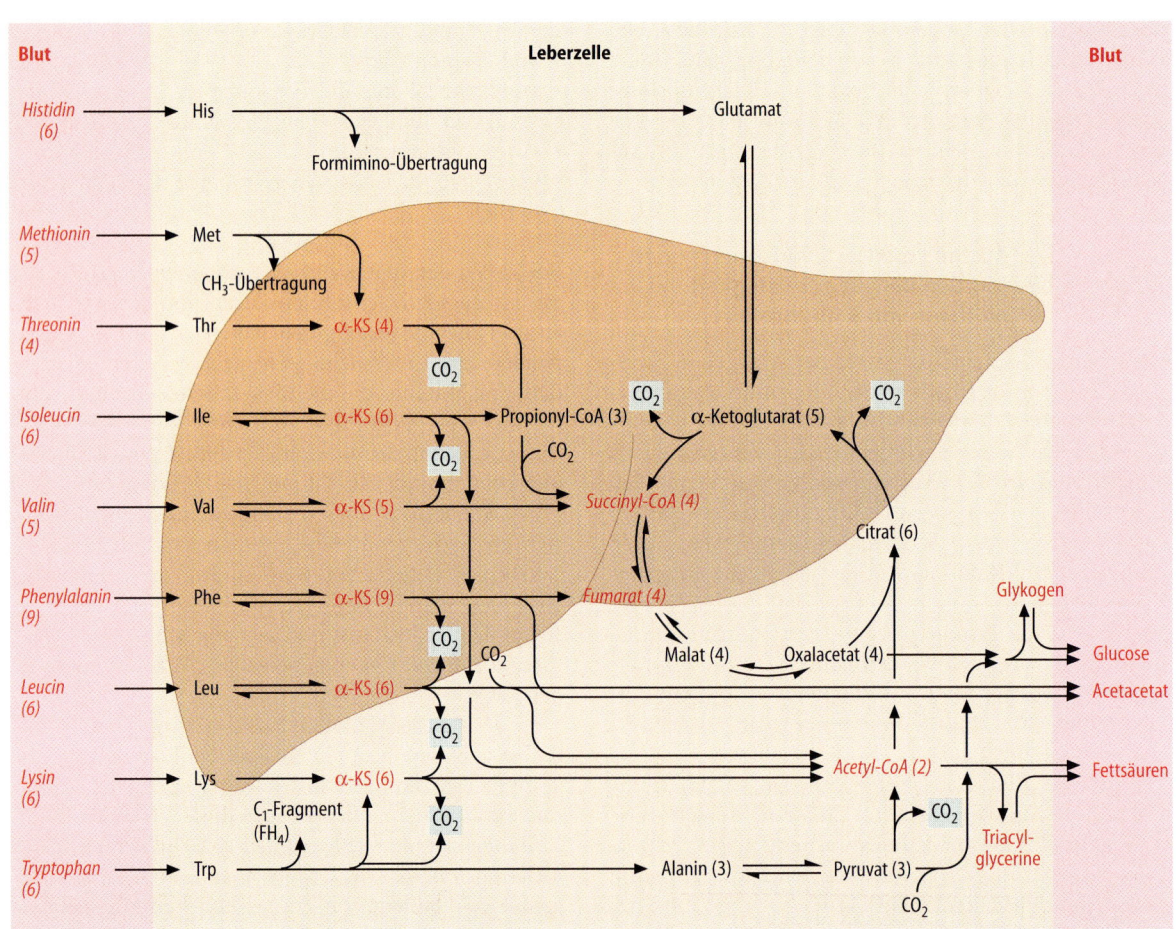

Abb. 19.16 Übersicht über den Stoffwechsel der essentiellen Aminosäuren in der Leber. (In *Klammern* ist die Anzahl der Kohlenstoffatome der jeweiligen Verbindung angegeben.) Die durch Des- oder Transaminierung gebildeten α-Ketosäuren *(α-KS)* werden durch dehydrierende Decarboxylierung in Fettsäu-

re-CoA-Thioester überführt. Die Abbildung zeigt auch deutlich, wie der Hepatocyt als Substrattransformator wirkt: *links* die angebotenen Aminosäuren, *rechts* die im Leberzellstoffwechsel entstehenden Produkte Glucose, Fettsäuren und Acetacetat

Tabelle 19.7 Gluco- und ketogene essentielle Aminosäuren

Aminosäure	Abbauprodukte	Keto-gen	Gluco-gen
Lysin	2 Acetyl-CoA	×	
Methionin	Succinyl-CoA		×
Threonin	Succinyl-CoA		×
Isoleucin	Acetyl-CoA und Succinyl-CoA	×	×
Valin	Succinyl-CoA		×
Leucin	Acetyl-CoA und Acetacetat	×	
Phenylalanin (Tyrosin)	Fumarat und Acetacetat	×	×
Tryptophan	2 Acetyl-CoA und Alanin	×	×
Histidin	α-Ketoglutarat		×

die β-Oxidation (S. 429) in Zwischenprodukte des *Citratcyclus* umgebaut (Abb. 19.16). Als solche können sie entweder zum Energiegewinn (ATP) vollständig zu Kohlendioxid und Wasser oxidiert oder in Ketonkörper und Fettsäuren (Liponeogenese, S. 433) umgewandelt werden. Der Wasserstoff wird von den Kohlenstoffgerüsten bei der dehydrierenden Decarboxylierung und bei der Dehydrierung von (Semi-)Aldehyden zu (Di-)Carbonsäuren abgezogen. Von diesem Abbauschema weicht nur *Histidin* ab.

Je nachdem, ob die beim Abbau entstandenen Kohlenstoffskelette zur Biosynthese von Ketonkörpern und Fettsäuren bzw. Glucose herangezogen werden, wird zwischen *keto-* und *glucogenen Aminosäuren* unterschieden (Tabelle 19.7). Da einige Aminosäuren zu mehreren kleineren Kohlenstoffgerüsten abgebaut werden, sind sie sowohl gluco- als auch ketogen.

Nicht immer dient der Abbau einer Aminosäure nur der Beseitigung überschüssiger Mengen dieses Stoffes:

- So entsteht beim Abbau von Phenylalanin Tyrosin und
- bei dem von Methionin Cystein.
  Weiterhin werden
- die beim Methioninabbau abgespaltene Methylgruppe und
- das beim Tryptophanabbau entstehende Formiat (nach Abgabe an Tetrahydrofolsäure, S. 671) für Biosynthesen anderer Stoffe verwendet.

Der Abbau der meisten essentiellen Aminosäuren findet in der Leber statt

Der Abbau der essentiellen Aminosäuren ist im wesentlichen auf die *Leber* beschränkt (Abb. 19.16). Eine Ausnahme machen die verzweigtkettigen Aminosäuren, die vorwiegend in *peripheren Geweben* verstoff-

wechselt werden. Die Lokalisation der Abbauenzyme (Cytosol und/oder Mitochondrium), die für die Regulation eines Stoffwechselwegs im eukaryoten Organismus eine große Bedeutung besitzt, ist noch nicht in allen Fällen bekannt. Oft existieren von einem Enzym *zwei* Formen, von denen eine im Cytosol, die andere im Mitochondrium lokalisiert ist (Isoenzyme) und die unterschiedlich regulierbar sind. Einzelne enzymatische Schritte, wie z. B. die Aktivierung von Methionin (zur Abgabe der Methylgruppe an andere Verbindungen), finden auch in extrahepatischen Geweben statt.

Über die Regulation des Abbaus von Aminosäuren liegt eine Vielzahl von Untersuchungen vor, die sich jedoch bisher nur in Grundzügen zu einem Gesamtbild zusammenfügen lassen. Praktisch alle bisher untersuchten Enzyme des Aminosäurestoffwechsels unterliegen dem Einfluß von *Hormonen* (Insulin, Glucagon, Somatotropin usw.). Deshalb wird die Aktivität vieler Enzyme durch Zustände beeinflußt, die mit Änderungen der Sekretionsrate einzelner Hormone einhergehen, wie z. B.

- die Schwangerschaft,
- die Einnahme von Contrazeptiva oder
- den Diabetes mellitus (S. 806).

Einzelne Enzyme unterliegen auch tageszeitlichen Aktivitätsschwankungen (circadiane Rhythmik). Allgemein scheint nur ein *sehr hohes Angebot* einer essentiellen Aminosäure zu einer Erhöhung der Spiegel der abbauenden Enzyme zu führen. Dies ist insofern wichtig, als daß der Mensch zu den periodischen Essern gehört, so daß eine ständige Versorgung mit essentiellen Aminosäuren nicht gewährleistet ist. Würden diese bei einem erhöhten Angebot sofort in Fettsäuren oder Kohlenhydrate umgewandelt oder vollständig oxidiert werden, so stünden im Bedarfsfall keine Aminosäuren zur Verfügung.

Tatsächlich führt – wie Abb. 19.17 zeigt – eine Erhöhung des Proteins Casein in der Nahrung zu unterschiedlichen Änderungen der Aktivität einzelner Rattenleberenzyme. Die Aktivität der ASAT, die für den Stoffwechsel von Aspartat und Glutamat verantwortlich ist, steigt linear mit dem Prozentsatz der Caseinzufuhr, während die Aktivität der *Threonin-Serin-Dehydratase,* deren bevorzugtes Substrat die essentielle Aminosäure Threonin ist, niedrig bleibt, bis der Caseingehalt der Nahrung 20 % erreicht.

Bei veränderten Stoffwechselbedingungen werden Aminosäuren zwischen Organen ausgetauscht

Verschiedene Mechanismen bewirken die Verschiebung von essentiellen und nichtessentiellen Aminosäuren zwischen einzelnen Geweben des Organismus. Die *Muskulatur* und die *Leber* spielen dabei eine wichtige Rolle. Der Umsatz des typischen Muskelproteins ist

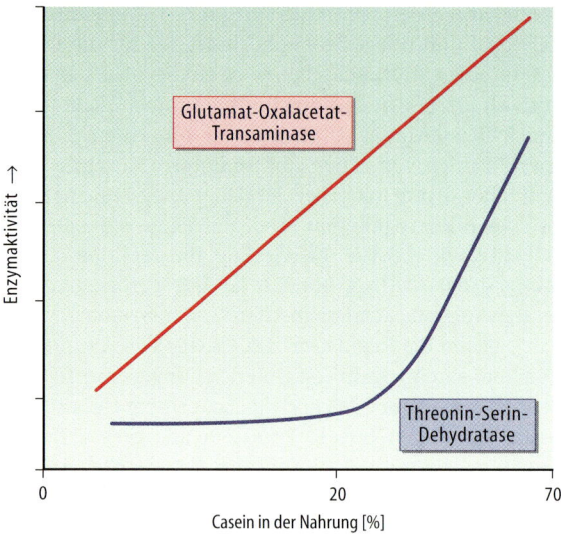

Abb. 19.17 Enzymaktivitäten der Glutamat-Oxalacetat-Transaminase (ASAT) und Threonin-Serin-Dehydratase in der Leber in Abhängigkeit von der Proteinzufuhr

zwar nicht so hoch wie der der Proteine in der Leber; in der Muskulatur werden jedoch die meisten Proteine synthetisiert, da sie das größte Organ darstellt. Dagegen sind – wie erwähnt – der Großteil der aminosäurenabbauenden Enzyme sowie die der Gluconeogenese und der Harnstoffbiosynthese in der Leber lokalisiert, so daß man dieses Organ als die Hauptstätte des katabolen Stoffwechsels bezeichnen kann. In Übereinstimmung damit fördern proteinanabole Faktoren die Verschiebung von Aminosäuren von der Leber zur Muskulatur. Zu diesen deshalb auch als *myotrop* bezeichneten Faktoren, die eine *positive Stickstoffbilanz* bedingen, gehören

- eine ausreichende Energiezufuhr (hauptsächlich in Form von Kohlenhydraten und Lipiden),
- die Zufuhr von Aminosäuren (in Form von Proteinen) als Proteinbausteine sowie
- die Hormone Insulin, Testosteron und Somatotropin (S. 796).

Lipide und Kohlenhydrate verhindern als Energieträger, daß unnötig Aminosäuren (und damit Proteine) abgebaut werden müssen. Kohlenhydrate führen zusammen mit Aminosäuren zu einer vermehrten Freisetzung von Insulin aus der Bauchspeicheldrüse, das die Proteinbiosynthese in der Muskulatur fördert (S. 796). Den gleichen Effekt haben Somatotropin und Testosteron.

Die entgegengesetzte Situation, die Verschiebung von Aminosäuren aus der Muskulatur in die Leber, tritt bei Energie- und Proteinmangel auf (*hepatotrope* Faktoren). Dabei werden zuerst die Organe mit der höchsten Proteinumsatzrate, wie

- der Gastrointestinaltrakt,
- die Leber,
- die Nieren und
- das Pankreas, von einem Proteinverlust betroffen.

Die Muskulatur verliert aber trotz der geringeren Proteinumsatzrate schließlich das meiste Protein, da sie das größte Organ darstellt. Die in die Leber gelangten Aminosäuren werden dort abgebaut, wobei das freigesetzte Ammoniak als Harnstoff im Urin erscheint. Eine *negative Stickstoffbilanz* tritt auch

- bei einem Mangel anaboler Hormone (Insulin, Testosteron, STH),
- bei Schilddrüsenüberfunktion (S. 827),
- bei der vermehrten Sekretion von Glucocorticoiden in Streßsituationen (S. 835) und
- der vermehrten Freisetzung von Interleukin 1 aus Makrophagen (S. 886) auf.

Die essentiellen Aminosäuren können Vorstufen einer Vielzahl niedermolekularer Verbindungen (Hormone, biogene Amine, Vitamine) sein und besitzen auch deshalb eine erhebliche Stoffwechselbedeutung.

Pathobiochemie: Angeborene und erworbene Störungen des Aminosäurestoffwechsels

Jedes Gen für ein Enzym oder auch Membrantransportsystem des Aminosäurestoffwechsels kann von Mutationen betroffen sein, so daß eine Vielzahl angeborener genetischer Erkrankungen des Aminosäurestoffwechsels bekannt sind. Da sie selten sind und in der homozygoten bzw. gemischt-heterozygoten Form in der Kindheit auftreten, werden in diesem Kapitel nur die *Phenylketonurie* (S. 558) als häufigste angeborene Krankheit und einige andere Enzymdefekte erörtert, die zur Veranschaulichung von Besonderheiten des Aminosäurestoffwechsels (z. B. Bedeutung von Vitaminen als Coenzyme, Manifestation der heterozygoten Form im Erwachsenenalter) geeignet sind. Erworbene Erkrankungen des Aminosäurestoffwechsels treten bei Störungen der Leberzellfunktion, bei Vitaminmangel oder Änderungen des Hormonhaushaltes auf.

19.3.2 Lysin, Methionin und Threonin

Der mitochondriale Lysinabbau weist eine besondere Form der Transaminierung auf

Irreversible Transaminierung. Da für die einleitende Reaktion des in den *Mitochondrien* ablaufenden Lysinabbaus, die Transaminierung der ε-Aminogruppe (Abb. 19.18), kein Enzym zur Verfügung steht, bedient sich die Zelle einer Möglichkeit, die auch bei anderen Stoffwechselwegen Verwendung findet: Das betreffende Molekül tritt mit einem geeigneten Akzeptor zu ei-

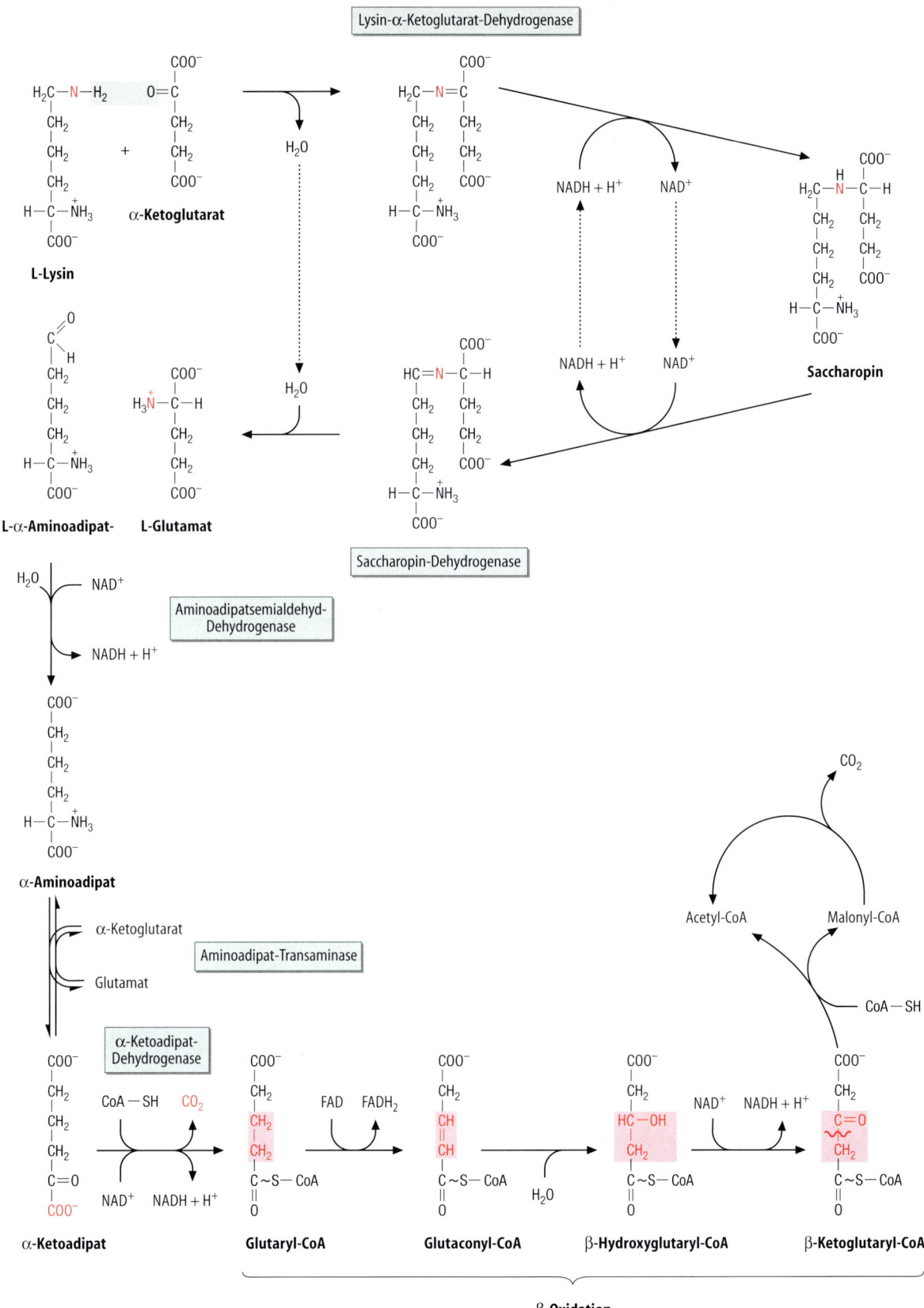

Abb. 19.18 Abbau von Lysin

ner Verbindung zusammen, deren Spaltung zwei Produkte entstehen läßt, bei denen die abzugebende Gruppe auf das Akzeptormolekül übergegangen ist (vgl. Aspartatcyclus, S. 533). Im Falle des Lysinabbaus bedeutet dies, daß die ε-Aminogruppe von Lysin mit der α-Ketogruppe von α-Ketoglutarat unter Ausbildung einer Schiff-Base kondensiert. Durch Hydrierung dieser Verbindung entsteht ein Molekül mit dem Namen *Saccharopin.* Das Enzym für diese Reaktion, die *Lysin-α-Ketoglutarat-Dehydrogenase,* ist in hohen Konzentrationen in der Leber, in geringeren Konzentrationen in Nieren, Myokard, Fibroblasten der Haut und Hirngewebe nachweisbar.

Durch diese Hydrierung und die anschließende Dehydrierung durch die *Saccharopindehydrogenase* wird die Stickstoff-Kohlenstoff-Doppelbindung vom α-C-Atom von α-Ketoglutarat zum α-C-Atom von Lysin verschoben. Die hydrolytische Spaltung dieser neugebildeten C = N-Bindung läßt α-Aminoadipat-δ-semialdehyd und Glutamat entstehen, das auf verschiedenen Wegen (Glutamat-Oxalacetat-Transaminase-, Glutamat-Pyruvat-Transaminase- oder Glutamatdehydrogenasereaktion) wieder in α-Ketoglutarat überführt wird.

Resultat der Biosynthese und Spaltung von Saccharopin (durch *zwei* Enzyme) ist die irreversible Transaminierung der ε-Aminogruppe. Warum diese Reaktionsfolge einer einfachen (reversiblen und nur ein Enzym erfordernden) Transaminierung in der Evolution vorgezogen worden ist, ist unklar, zumal im Peptidverband (Kollagen, S. 742) die direkte Desaminierung von Lysin möglich ist.

Dehydrierung und Transaminierung. Der entstandene Semialdehyd von α-Aminoadipat wird – wie bei Semialdehyden allgemein üblich – zur Dicarbonsäure dehydriert (Homologes zu Glutamat!) und anschließend durch Transaminierung in α-Ketoadipat (homolog zu α-Ketoglutarat!) überführt. Die Aktivität des verantwortlichen Enzyms, der *α-Aminoadipattransaminase,* ist in verschiedenen Geweben nachweisbar.

Dehydrierende Decarboxylierung und β-Oxidation. *α-Ketoadipat* wird als α-Ketocarbonsäure durch dehydrierende Decarboxylierung (S. 486) in Glutaryl-CoA überführt. Interessanterweise ist bei der diesen beiden α-Ketodicarbonsäuren homologen α-Ketobernsteinsäure (Oxalacetat) die dehydrierende Decarboxylierung (zu Malonyl-CoA, Abb. 19.19) im Stoffwechsel der Zelle nicht realisiert. Das Fehlen eines entsprechenden Enzyms kann wahrscheinlich damit erklärt werden, daß die Zelle ohnehin schon Schwierigkeiten hat, diese α-Ketosäure zu bilden (anaplerotische Sequenz, S. 384). Aus Glutaryl-CoA entstehen durch β-Oxidation (Dehydrierung zweier benachbarter C-Atome mit FAD Wasseranlagerung, Dehydrierung eines C-Atoms mit NAD^+ und thiolytische Spaltung) *Malonyl-CoA* und *Acetyl-CoA.*

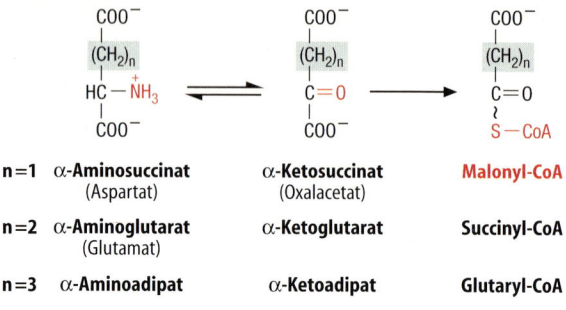

Abb. 19.19 Stoffwechselwege von drei homologen α-Ketosäuren. Die dehydrierende Decarboxylierung von Oxalacetat zu Malonyl-CoA *(rot)* ist im Zellstoffwechsel nicht realisiert

Regulation des Abbaus. Ein erhöhter Proteingehalt der Nahrung führt zu einer Steigerung der Lysinoxidation. Dabei wird der Abbau wahrscheinlich durch das Enzym, das den Abbau einleitet (Lysin-α-Ketoglutarat-Dehydrogenase), und den Lysintransport von Cytosol in das Mitochondrium reguliert, da die intramitochondriale Lysinkonzentration wesentlich geringer als die des Cytosols ist.

Stoffwechselbedeutung. Für Lysin wird eine Bedeutung als Vorstufe von *Carnitin* (S. 430) diskutiert. Das Hydroxyderivat von Lysin ist Bestandteil des Kollagens (S. 740). Das beim Kollagenabbau freigesetzte Hydroxylysin kann – ebenso wie Hydroxyprolin – für die Kollagenbiosynthese nicht wiederverwendet werden. Es wird entweder unverändert mit dem Urin ausgeschieden oder durch GTP-abhängige Phosphorylierung zu O-Phosphohydroxylysin und anschließende Umwandlung in α-Aminoadipat abgebaut. Freies Hydroxylysin findet sich deshalb im menschlichen Blut nur in sehr geringen Mengen.

Beim Abbau von Methionin wird Cystein als Zwischenprodukt gebildet

Die einleitenden Schritte des Methioninabbaus dienen der Biosynthese anderer Moleküle. Die *Methylgruppe* wird für die Biosynthese zahlreicher Verbindungen, die entstehende freie *Sulfhydrylgruppe* für die Bildung von Cystein verwendet.

Transmethylierung. Zuerst reagiert Methionin durch Katalyse eines methioninaktivierenden Enzyms mit Adenosintriphosphat unter Bildung von *S-Adenosylmethionin.* Dabei wird der Adenosylrest von ATP auf das Schwefelatom von Methionin (Abb. 19.20) übertragen. Die S-Methylbindung wird dadurch *energiereich* und die Methylgruppe leicht für Methylübertragungen (Transmethylierungen) verfügbar. Bei dieser Reaktion werden anorganisches Phosphat und Pyrophosphat frei. Da letzteres noch durch eine Pyrophosphatase gespalten wird, „kostet" die Methioninaktivierung zwei energiereiche Bindungen. S-Adenosylmethionin ist der

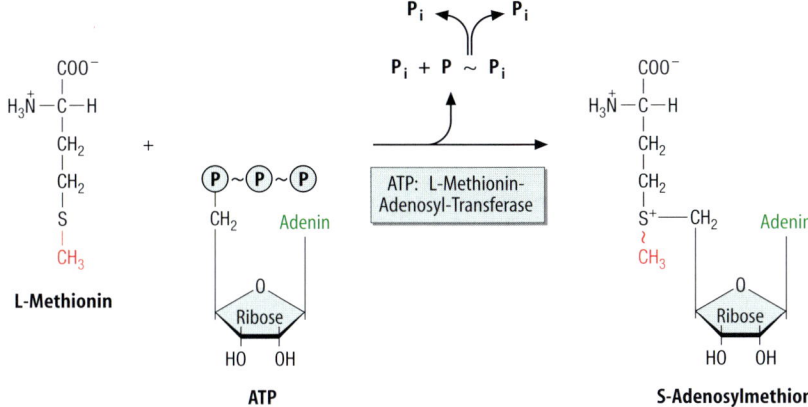

L-Methionin

ATP

ATP: L-Methionin-Adenosyl-Transferase

S-Adenosylmethionin
("aktives Methionin")

Abb. 19.20 S-Adenosylmethionin, das durch Katalyse der ATP: L-Methionin-Adenosyltransferase-Reaktion aus ATP und Methionin entsteht

Tabelle 19.8 Verbindungen, deren Methylgruppe von S-Adenosylmethionin stammt (Auswahl)

Ausgangssubstanz	Methyliertes Produkt
Methylierung von Mikromolekülen:	
Ethanolamin	Cholin (dreifache Methylierung)
Guanidinoacetat	Kreatin
N-Acetylserotonin	N-Acetyl-5-methoxyserotonin (Melatonin)
Noradrenalin	Adrenalin
Pharmaka	Methylierte Pharmaka
Methylierung von Makromolekülen:	
Basen der DNA und RNA (im Nuclein-säurenverband)	Methylierte Basen
Histidin (im Proteinverband)	3-(oder τ-)Methylhistidin

wichtigste **Methylgruppendonator** im Zellstoffwechsel. Bei den Transmethylierungen werden meist **Stickstoff-** oder **Sauerstoffatome** (N- und O-Methylierung) methyliert (Tabelle 19.8).

Nach pyridoxalphosphatabhängiger Decarboxylierung von S-Adenosylmethionin kann auch der entstehende **Propylaminrest** für Biosynthesen verwendet werden (S. 570).

Bei der Methylgruppenübertragung entsteht **S-Adenosylhomocystein,** das durch Hydrolyse weiter zu Adenosin und Homocystein, das um eine CH$_2$-Gruppe längere Homologe von Cystein (demethyliertes Methionin) aufgespalten wird. Das Gleichgewicht dieser Reaktion begünstigt die Bildung von S-Adenosylhomocystein. Adenosin wird über verschiedene Schritte wieder in ATP umgewandelt und steht erneut für die Methioninaktivierung zur Verfügung.

Remethylierung. Homocystein kann entweder zu Methionin rückverwandelt oder weiter abgebaut werden (Abb. 19.21, S. 550). Die Remethylierung von Homocy-

stein erfolgt durch die **Methioninsynthase,** ein Vitamin-B$_{12}$-abhängiges Enzym. Da Methyltetrahydrofolsäure bei dieser Reaktion als Methylgruppendonator wirkt (S. 670), besteht an diesem Punkt die **einzig bekannte Verknüpfung** des Stoffwechsels zweier Vitamine.

Außer durch die Methioninsynthasereaktion ist eine Methioninbildung auch durch die **Betain-Homocystein-Methylase** möglich, wobei die Methylgruppe von Betain übernommen wird, das dadurch in Dimethylglycin überführt wird.

Transsulfurierung. Beim Abbau von **Homocystein** verliert dieses seine Sulfhydrylgruppe durch eine Transsulfurierung. Da eine Direktübertragung nicht möglich ist, kondensiert die Sulfhydrylgruppe von Homocystein – analog zu der aus dem Lysinstoffwechsel bekannten Lysin-α-Ketoglutarat-Dehydrogenase-Reaktion – in einer **Pyridoxalphosphat-abhängigen** Reaktion mit der Hydroxylgruppe von Serin zu **Cystathionin,** das besonders im menschlichen Gehirn in hoher Konzentration vorliegt. Dieses Kondensationsprodukt wird durch **Cystathionase,** ein ebenfalls **Pyridoxalphosphat-abhängiges** Enzym, in Cystein und Homoserin gespalten. Damit ist die Sulfhydrylgruppe von Homocystein auf Serin (unter Bildung von Cystein) übertragen worden. Der Abbau von Methionin setzt somit die ständige Bereitstellung von **Serin** voraus. Da auf diesem Weg die Biosynthese der nichtessentiellen Aminosäure Cystein aus Serin und dem Schwefelatom von Methionin erfolgt, führt ein Defekt der **Cystathioninsynthase** oder Cystathionase zu einer Störung des Cysteinstoffwechsels (s. unten). In der Leber der menschlichen Feten ist die Cystathionasereaktivität noch nicht nachweisbar; Cystein gehört deshalb für Feten und Frühgeburten zu den essentiellen Aminosäuren (Tabelle 19.6, S. 542).

Cystein wird auf verschiedenen Wegen zu Pyruvat (S. 573) abgebaut, Homoserin zu α-Ketobutyrat desaminiert. Da das verantwortliche Enzym, die Homoserindehydratase, mit der Cystathionase identisch ist, tritt Homoserin nie in nennenswerten Mengen auf. α-

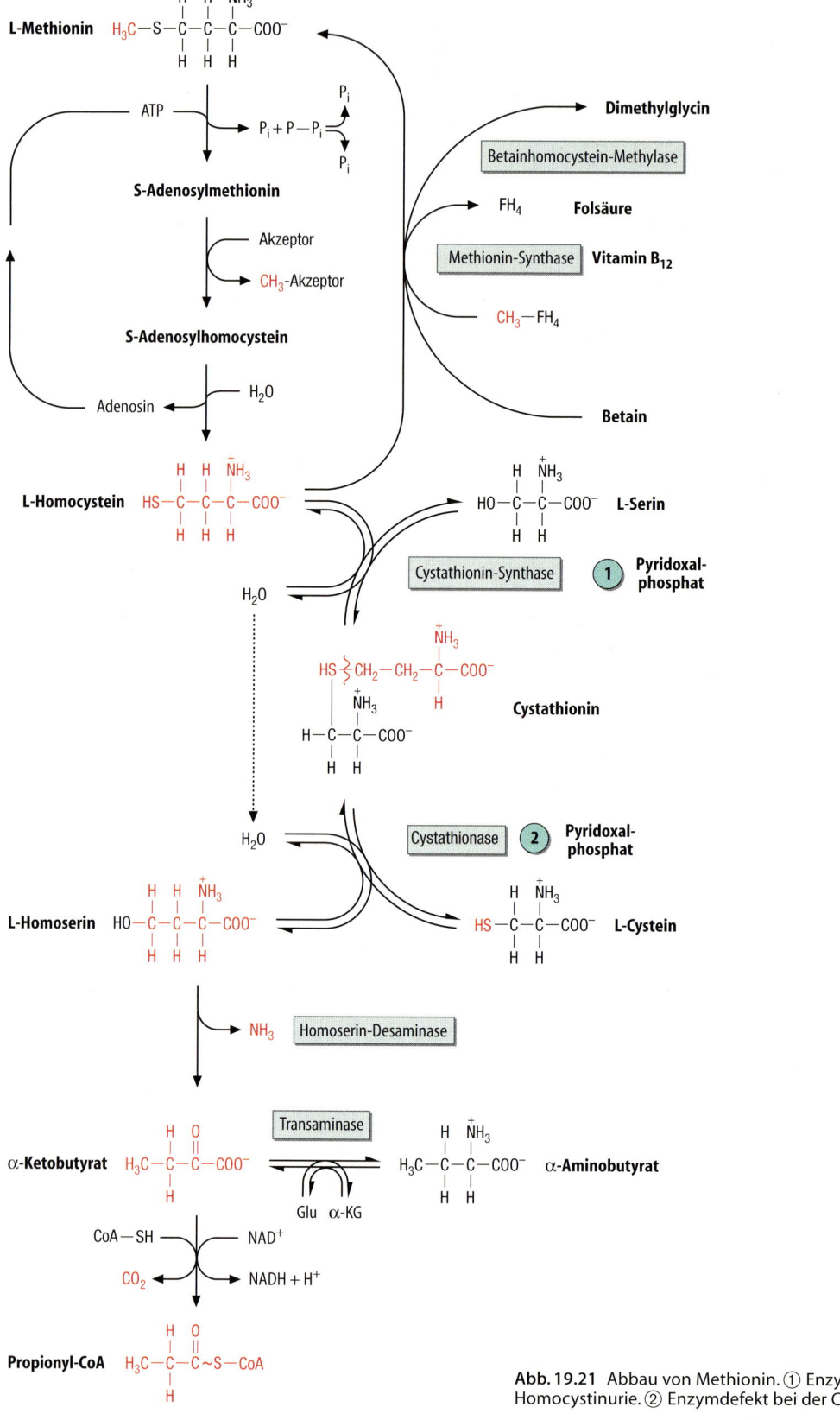

Abb. 19.21 Abbau von Methionin. ① Enzymdefekt bei der Homocystinurie. ② Enzymdefekt bei der Cystathioninurie

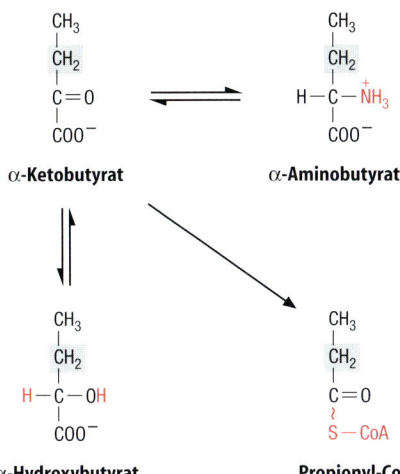

Abb. 19.22 Durch Enzyme katalysierte Reaktion von α-Ketobutyrat: Hydrierung zur α-Hydroxysäure, dehydrierende Decarboxylierung zum um ein C-Atom kürzeren CoA-Derivat und Transaminierung zur Aminosäure (vgl. die entsprechenden Reaktionen von Pyruvat)

Ketobutyrat ist das Homologe zu Pyruvat (α-Ketopropionat) und kann dementsprechend durch dehydrierende Decarboxylierung in Propionyl-CoA umgewandelt oder durch Transaminierung in α-Aminobutyrat überführt werden (Abb. 19.22). Der Großteil der Enzyme des Methioninstoffwechsels ist auch in *extrahepatischen Geweben* zu finden, da Methylgruppen für Methylierungen überall benötigt werden.

Da die *α-Ketobutyratdehydrogenase* nur in der Leber vorkommt, muß das in den peripheren Geweben durch Transmethylierung und -sulfurierung aus Methionin gebildete α-Ketobutyrat nach Transaminierung zu α-Aminobutyrat ins Blut übertreten (Tabelle 19.4, S. 535) und in die Leber gelangen, wo es weiter verstoffwechselt wird.

Da der Methioninabbau mit einem *anabolen Schritt* gekoppelt ist, erhebt sich die Frage, ob diese Koppelung sinnvoll ist, da der Bedarf an aktiven Methylgruppen bei einem Überangebot von Methionin nicht zwangsläufig erhöht ist. Es wird deshalb ein anderer Stoffwechselweg postuliert, der die Transaminierung von Methionin zu α-Methylthio-β-Ketobutyrat und anschließende dehydrierende Decarboxylierung zu α-Methylthiopropionyl-CoA einschließt. Dieses Molekül wird dann weiter zu Kohlendioxid, Wasser und anorganischem Sulfat oxidiert.

Pathobiochemie: Störungen im Homocysteinstoffwechsel verursachen eine Endothelzellschädigung

Homocystinurie. Ursache dieser autosomal-rezessiv vererbten Krankheit ist eine Störung der *Cystathioninsynthaseaktivität.* Dadurch staut sich Homocystein an, das entweder (über die beiden bekannten Wege) durch Methylierung in Methionin rückverwandelt oder durch oxidative Verknüpfung der SH-Gruppen mit einem weiteren Homocysteinmolekül in Homocystin überführt werden kann. Auch die Kondensation mit Adenosin zu S-Adenosylhomocystein ist möglich, zumal das Reaktionsgleichgewicht die Synthese begünstigt.

Die pathologische Akkumulation des Disulfids Homocystin im Blut und in Geweben verursacht bei der homozygoten Form eine schwere *Endothelschädigung,* die zu Gefäßverschlüssen führen kann. Wie die Stoffwechselstörung und die Zellschädigung zusammenhängen, ist noch ungeklärt. Cystein, das bei Menschen zu den bedingt essentiellen Aminosäuren zählt, wird durch den Enzymdefekt absolut *essentiell.* Die Therapie besteht in einer gezielten Diät, die wenig Methionin und zusätzlich Cystein enthält, und der weiterhin Folsäure zugesetzt wird, da die erhöhte Remethylierung von Methionin einen vermehrten Folsäureverbrauch bedingt.

Hyperhomocysteinämie. Patienten mit der heterozygoten Form der Erkrankung – ermittelt durch einen oralen Methioninbelastungstest (100 mg Methionin/kg Körpergewicht) – weisen eine Prädisposition für früh einsetzende *arterielle Verschlußerkrankungen* (Herz, Peripherie, Hirn) auf. Der Homocysteinspiegel ist zwar erhöht (-ämie), aber nicht so hoch, daß Homocystein in den Urin übertritt (-urie). Die Hyperhomocysteinämie führt zu einer Schädigung des Gefäßendothels, deren biochemischer Wirkungsmechanismus im einzelnen noch nicht geklärt ist. Homocystein gilt neben Cholesterin als wesentlicher Risikofaktor bei der Entstehung der Arteriosklerose (S. 477).

Vitaminmangelzustände beeinträchtigen den Methioninstoffwechsel

Da an der Umwandlung von Methionin in Cystein drei Vitamine (Cobalamin, Folsäure und Pyridoxalphosphat) beteiligt sind, ist bei einem Mangel an diesen Vitaminen auch der *Plasmahomocysteinspiegel* erhöht. Das *Narkosemittel N_2O* kann zu einer Oxidation des Kobalts im Cobalamin und damit zu einer drastischen Abnahme der Methioninsynthaseaktivität führen. Narkosen mit diesem Mittel bei Individuen mit schon vorbestehendem leichten B_{12}-Mangel können deshalb schwere neurologische Schäden auslösen (S. 674).

Threonin kann in Serin überführt werden

Threonin (Abb. 19.23) wird entweder durch die Pyridoxalphosphat-abhängige *Threoninaldolasereaktion* in Acetaldehyd und die nichtessentielle Aminosäure Glycin oder durch die ebenfalls Pyridoxalphosphat-abhängige *Threonin-Serin-Dehydratase-Reaktion* in Ammoniak und α-Ketobutyrat umgewandelt. Glycin wird

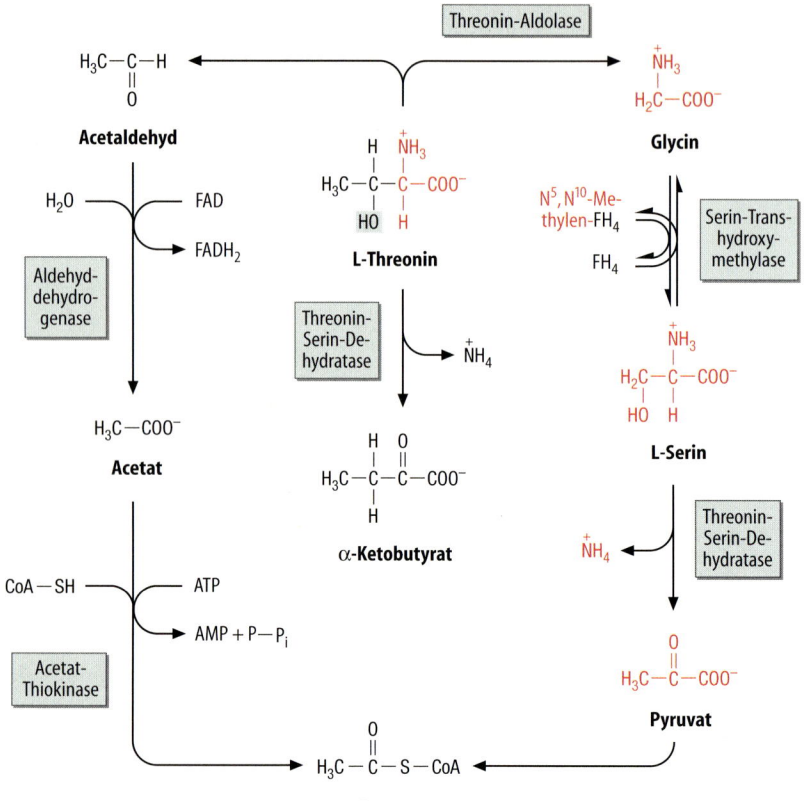

Abb. 19.23 Zwei Abbauwege von Threonin: Desaminierung (α, β-Elimination) zu α-Ketobutyrat oder Aldolspaltung zu Acetaldehyd und zur Aminosäure Glycin. Beide Reaktionen sind irreversibel

durch die reversible Übernahme einer Hydroxymethylgruppe in Serin überführt. Das verantwortliche Enzym, die *Serintranshydroxymethylase,* soll mit der Threoninaldolase identisch sein. Serin kann durch Desaminierung (α, β-Elimination durch die Threonin-Serin-Dehydratase!) in Pyruvat überführt werden. α-Ketobutyrat wird zu α-Aminobutyrat transaminiert oder zur Propionyl-CoA dehydriert und decarboxyliert. Beim Menschen dient Threonin nur als Baustein von Proteinen, in denen es häufig entweder reversibel phosphoryliert oder glykosyliert wird.

Pathobiochemie: Bei Enzymdefekten treten Propionat bzw. Methylmalonat in den Urin über

Störungen im Stoffwechsel von Propionyl-CoA und Methylmalonyl-CoA. Propionyl-CoA entsteht im Stoffwechsel der Aminosäuren Methionin, Threonin und Valin (S. 554) sowie beim Abbau des Cholesterins zu Cholsäure (S. 1002) und der ungeradzahligen Fettsäuren (Abb. 19.24). Die nachfolgende Umwandlung von Propionyl-CoA in Succinyl-CoA entspricht der Umwandlung von Acetyl-CoA in Malonyl-CoA. Da durch die Thioesterbindung nur die benachbarte Methylgruppe aktiviert wird, kann auch nur diese zu Methylmalonyl-CoA carboxyliert werden, das anschließend durch Verschiebung der Methylgruppe in Succinyl-CoA überführt wird.

Propionacidämie. Patienten mit einem Defekt der *Propionyl-CoA-Carboxylase* weisen einen hohen Plasmaspiegel von Propionsäure auf, der nach Hydrolyse von Propionyl-CoA entsteht. Zu den therapeutischen Maßnahmen zählen eine Beschränkung der Proteinzufuhr und Maßnahmen zur Beseitigung der durch die hohen Propionsäurespiegel bedingten metabolischen Acidose (S. 939).

Methylmalonacidämie und -urie. Methylmalonyl-CoA wird durch Vitamin B_{12}-abhängige Isomerisierung in Succinyl-CoA überführt. Genetische Defekte führen zum Anstieg von Methylmalonat im Plasma und Ausscheidung in den Urin. Beim *Vitamin B_{12}-Mangel* ist diese Reaktion ebenfalls beeinträchtigt, so daß die Methylmalonatkonzentration im Plasma zur Bewertung der Versorgung mit diesem Vitamin herangezogen werden kann (S. 674).

19.3.3 Valin, Leucin und Isoleucin

Die verzweigtkettigen Aminosäuren werden vorzugsweise in peripheren Organen abgebaut

Die als *verzweigtkettig* (enthalten eine von der Hauptkette abzweigende Methylgruppe) bezeichneten Aminosäuren werden im Gegensatz zu den übrigen essenti-

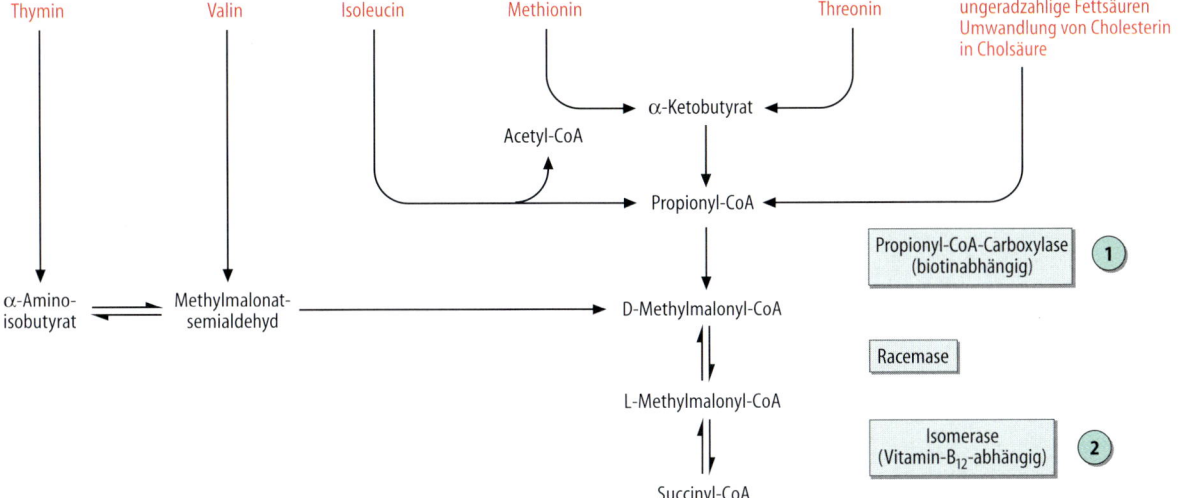

Abb. 19.24 Stoffwechsel von Propionyl-CoA und Succinyl CoA. ① Enzymdefekt bei der Propionacidämie. ② Enzymdefekt bei der Methylmalonacidämie

ellen Aminosäuren vorwiegend in den *peripheren Organen* (v. a. in der Skelett- und Herzmuskulatur sowie den Nieren) abgebaut. In diese gelangen sie unter Vermittlung des L-Transportsystems (Tabelle 19.1, S. 524). Im ersten Abbauschritt erfolgt die übliche (reversible) *Transaminierung.* Bei der Organverteilung der beteiligten Aminotransferasen fällt die geringe Aktivität in Darmmucosa und Leber auf, die auf die Notwendigkeit zurückzuführen sein könnte, die – als Proteinbausteine so wichtigen – verzweigtkettigen Aminosäuren vor einem Abbau zu schützen. Wäre die Aktivität in den Mucosazellen und Hepatocyten hoch, so wäre die Plasmakonzentration der verzweigtkettigen Aminosäuren nach der Resorption in das Portalblut und der anschließenden Leberpassage gering. Die niedrige Aktivität der Aminotransferase gewährleistet somit eine ausreichende Versorgung der peripheren Organe mit verzweigtkettigen Aminosäuren. An die Transaminierung schließt sich eine – der Pyruvat- und α-Ketoglutaratdehydrierung entsprechende – *dehydrierende Decarboxylierung* der entstandenen verzweigtkettigen α-Ketocarbonsäuren an. Alle drei α-Ketosäuren werden von einem Enzym umgesetzt, das durch *Interkonvertierung* (S. 116) regulierbar ist. Die aus dieser Reaktion hervorgehenden *Fettsäure-CoA-Thioester* werden nach dem Prinzip der *β-Oxidation* weiter abgebaut (Abb. 19.25).

Im ruhenden Skelettmuskel befindet sich die α-Ketosäuredehydrogenase vorwiegend im inaktiven Zustand, so daß die entstandenen verzweigtkettigen α-Ketosäuren das Muskelgewebe wieder verlassen und nach Aufnahme in Leber, Herzmuskel oder Nieren dort oxidiert werden. Kommt es während der Muskelarbeit durch Dephosphorylierung zu einer Aktivierung der α-Ketosäuredehydrogenase, so werden die verzweigtkettigen Aminosäuren vorwiegend in der Muskulatur oxidiert.

Der Valinabbau führt zu Succinyl-CoA

Nach Transaminierung zu α-Ketoisovalerianat entsteht durch die darauf folgende dehydrierende Decarboxylierung Isobutyryl-CoA, welches durch erneute Dehydrierung in den am α- und β-C-Atom ungesättigten CoA-Thioester der Methylacrylsäure überführt wird. Wasseranlagerung an die Doppelbindung durch eine Hydratase mit breiter Substratspezifität für L-β-OH-Acylthioester (C$_4$–C$_9$, S. 492) läßt das gesättigte β-Hydroxyisobutyryl-CoA entstehen. Da dieses Reaktionsprodukt von der entsprechenden β-Hydroxyacyldehydrogenase nicht angegriffen werden kann – offenbar deshalb, weil die Hydroxylgruppe am Ende des Moleküls steht –, muß zuerst der CoA-Rest abgespalten werden. Daraufhin erfolgt die Dehydrierung der primären Alkoholgruppe von β-Hydroxybutyrat zum Aldehyd mit Bildung des Semialdehyds von Methylmalonat (dieser entsteht auch beim Abbau der Pyrimidinbase Thymin durch Transaminierung aus β-Aminoisobutyrat, S. 594). Daran schließt sich die Dehydrierung des Semialdehyds zur Dicarbonsäure Methylmalonat, die Acylierung mit CoA zu CoA-Thioester und die Vitamin-B$_{12}$-abhängige Isomerisierung zu *Succinyl-CoA* an.

Acetyl-CoA und Propionyl-CoA sind Endprodukte des Isoleucinabbaues

Nach Transaminierung (zu α-Keto-β-methylvalerianat) und dehydrierender Decarboxylierung zu α-Methylbutyryl-CoA entsteht durch weitere Dehydrierung α-Methylcrotonyl-CoA. Wasseranlagerung und Dehydrierung ergeben α-Methylacetacetyl-CoA, das durch eine wahrscheinlich spezifische β-Ketothiolase in Acetyl-CoA und sein Homologes Propionyl-CoA gespalten wird. Letzteres wird durch Biotin- und ATP-ab-

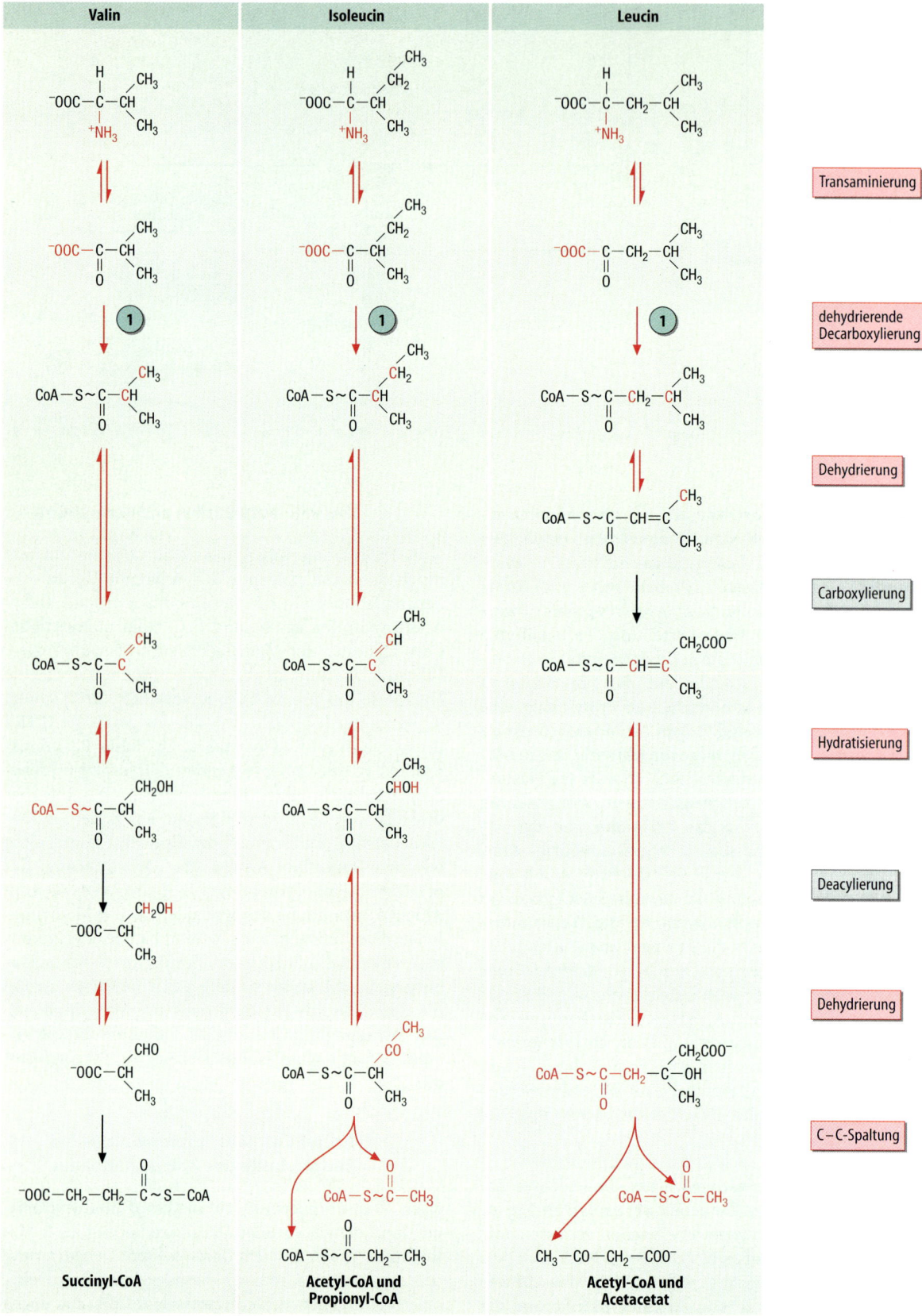

Abb. 19.25 Abbau der verzweigtkettigen Aminosäuren Valin, Leucin und Isoleucin. *Rot* sind die Reaktionen angegeben, die mindestens 2 der 3 Aminosäuren gemeinsamen sind, *schwarz* die Reaktionen, die nur bei einer Aminosäure vorkommen. ① Enzymdefekt bei der Verzweigtkettenkrankheit

hängige Carboxylierung und Isomerisierung in *Succinyl-CoA* überführt.

Der Leucinabbau führt zu β-Hydroxy-β-methylglutaryl-CoA (HMG-CoA)

Transaminierung (zu α-Ketoisocapronat), dehydrierende Decarboxylierung und eine FAD-abhängige Dehydrierung (Isovaleryl-CoA-Dehydrogenase) lassen β-Methylcrotonyl-CoA entstehen. Im Gegensatz zum Abbau der anderen verzweigtkettigen Aminosäuren wird diese Verbindung nun durch eine – der Acetylcarboxylasereaktion entsprechende – Biotin- und ATP-abhängige Carboxylierung und anschließende Wasseranlagerung in β-*Hydroxy-β-methylglutaryl-CoA* umgewandelt, welches entweder durch die mitochondriale HMG-Lyase in den Ketonkörper *Acetacetat* und *Acetyl-CoA* gespalten wird oder über *Mevalonat* zur Cholesterinbiosynthese führen kann (S. 463).

Ein Teil des Kohlenstoffgerüsts von Leucin kann zur Cholesterinbiosynthese verwendet werden, die verzweigtkettigen Fettsäure-CoA-Derivate (Isobutyryl-CoA aus Valin und α-Methylbutyryl-CoA aus Isoleucin) sind Starter der Biosynthese verzweigtkettiger *Fettsäuren*. In Pilzen dient *Valin* als Baustein der Penicillinbiosynthese (Abb. 2.58, S. 76), bei Bakterien und Pflanzen nach Transaminierung zu α-Ketoisovalerianat als Vorstufe von Pantothensäure (S. 668).

Pathobiochemie: Verzweigtkettenkrankheit (Ahornsirupkrankheit)

Bei dieser Krankheit liegt ein Defekt der dehydrierenden Decarboxylierung der drei α-Ketosäuren vor. Da der Enzymkomplex aus drei Proteinen (Decarboxylase, Transacetylase, Dehydrogenase) besteht, können *Mutationen in allen drei Genen* zu veränderten Proteinen und damit Aktivitätsänderungen des Multienzymkomplexes führen. Molekularbiologische Mutationsanalysen bei Patienten haben dementsprechend eine große *molekulare Heterogenität* ergeben.

Eine frühe Diagnose ist äußerst wichtig. Erste Hinweise geben der seltsame Geruch des Urins (und Schweiß) nach dem Sirup des Maple-Sugar-Baumes, einer amerikanischen Ahornart, oder der – in unseren Breiten besser bekannten – Maggi-Suppenwürze. Neben den vermehrt ausgeschiedenen Aminosäuren werden auch ihre α-Ketosäuren und die durch Hydrierung entstehenden α-Hydroxysäuren vermehrt im Urin nachgewiesen. Außerdem tritt bei dieser Krankheit im Plasma und Urin *L-Alloisoleucin,* eine ungewöhnliche Aminosäure (Abb. 2.10, S. 39) auf, deren Entstehung Abb. 19.26 beschreibt.

Falls nicht sofort mit einer Diät begonnen wird, die arm an, aber nicht frei (da es sich um essentielle Aminosäuren handelt) von Valin, Leucin und Isoleucin ist, treten schwere zentralnervöse Schädigungen (verbunden mit Atemnot und Cyanose) und eine Acidose auf, die meist in den ersten Lebenswochen zum Tode führen.

Bei einer Variante dieser Krankheit, der sog. *intermittierenden Verzweigtkettenkrankheit,* treten die Symptome später und nur zwischenzeitlich auf. Die Aktivität des Enzyms ist zwar niedrig, liegt jedoch erheblich über der bei der klassischen Ahornsirupkrankheit. Dies ist auf eine weniger starke Stukturveränderung des Enzyms zurückzuführen (S. 331).

19.3.4 Phenylalanin, Tryptophan und das bedingt essentielle Tyrosin

Beim Abbau der aromatischen Aminosäuren wird der Ring oxidativ gespalten

Im Verlauf des Abbaus der aromatischen Aminosäuren wird ihr Benzolring durch *Dioxygenasen* (S. 509) gespalten. Diese Reaktion, bei der die Spaltung einer C-C-Bindung durch Einführung zweier („Di") Sauerstoffatome erfolgt, ist irreversibel. Dieser Reaktion geht die *Aktivierung des Ringsystems* durch Einführung einer Hydroxylgruppe voraus. Da Phenylalanin im ersten enzymatischen Schritt seines Abbaus in Tyrosin überführt wird, ist der Phenylalaninabbau praktisch der von Tyrosin.

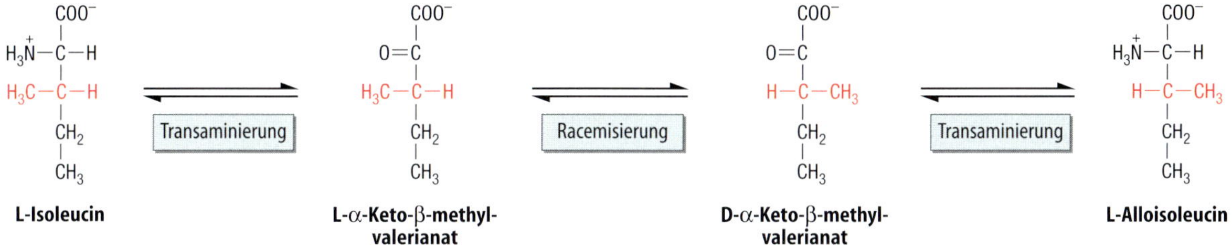

Abb. 19.26 Bildung der ungewöhnlichen Aminosäure L-Alloisoleucin bei der Verzweigtkettenkrankheit durch Racemisierung der L-α-Ketosäure zur D-α-Ketosäure

Durch Hydroxylierung von Phenylalanin entsteht Tyrosin

Zuerst wird Phenylalanin durch die *Phenylalaninhydroxylase* in p-Hydroxyphenylalanin (Tyrosin) umgewandelt. Dieses Enzym ist durch reversible Phosphorylierung *interkonvertierbar* und beim Menschen bisher nur im Cytosol der Leber nachweisbar. Es gehört zu den mischfunktionellen Oxygenasen, d. h. Enzymen, die mit molekularem Sauerstoff arbeiten und ein Sauerstoffatom in das Substrat einbauen, während das andere Sauerstoffatom mit Wasserstoff zu Wasser reagiert (S. 509).

Das Gen für das Enzym liegt auf Chromosom 12. Während die mRNA 2,4 kb lang ist, weist das Phenylalaninhydroxylasegen eine Länge von insgesamt etwa 90 kb auf. Der für das Enzymprotein codierende Bereich verteilt sich dabei auf 13 Exons (Abb. 19.32, S. 560).

Bei der *irreversiblen* Umwandlung von Phenylalanin in Tyrosin wird ein Sauerstoffatom in Parastellung in den aromatischen Ring eingeführt (Hydroxylierung); als Wasserstoffdonator für die Wasser-

bildung dient *Tetrahydrobiopterin,* das wie Folsäure ein Pteridinderivat darstellt. Ausgangspunkt für seine Biosynthese ist GTP. Das erste Enzym, die GTP-Cyclohydrolase, wird durch Zytokine wie TNF-α oder Interferon-γ stimuliert, so daß jede Aktivierung des Immunsystems (S. 1074) auch eine Erhöhung der Pteridinspiegel bewirkt. Die Biosynthesekette führt zum inaktiven 7,8-Dihydrobiopterin (Abb. 19.27). Die Dihydrofolatreduktase (S. 671) katalysiert die Bildung des Tetrahydrobiopterins. Bei der Wasserstoffabgabe im Rahmen der Phenylalaninhydroxylierung geht das Pteridingerüst vom benzoiden in den chinoiden Zustand über, eine ständige Regeneration erfolgt über eine *Dihydrobiopterinreductase.* Die Phenylalaninhydroxylase gewinnt ihre volle Aktivität erst nach der Geburt, in der Leber des menschlichen Feten sind nur ganz geringe Mengen nachweisbar.

Der Tyrosinabbau erfordert die Gegenwart von Ascorbinsäure

Tyrosin (Abb. 19.28) verliert seine Aminogruppe über die Transaminierung auf α-Ketoglutarat oder Pyruvat.

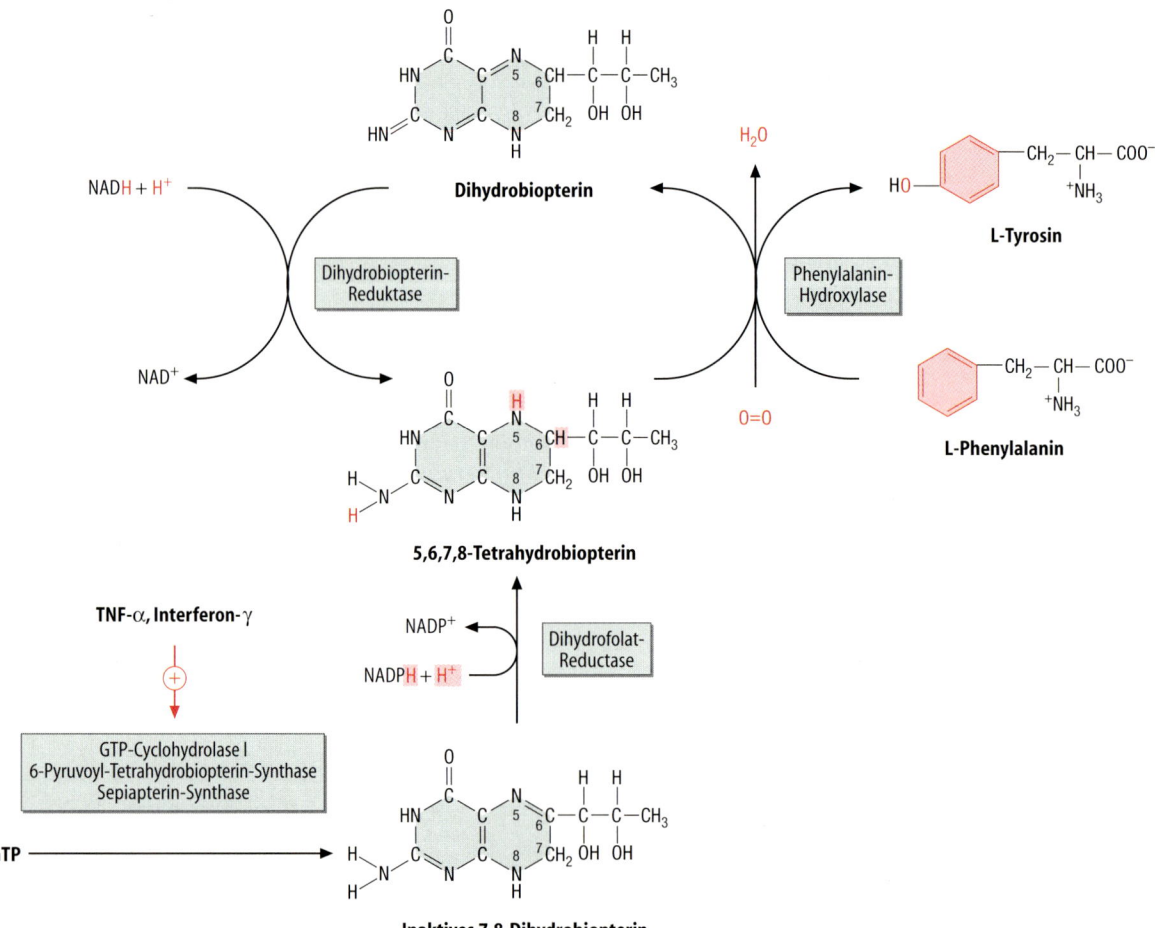

Abb. 19.27 Umwandlung von Phenylalanin in Tyrosin. Als Wasserstoffdonator dient Tetrahydrobiopterin, das ständig durch eine Pteridinreduktase regeneriert wird. Das für diese Reaktion benötigte Tetrahydrobiopterin entsteht aus seiner inaktiven Vorstufe 7,8-Dihydrobiopterin

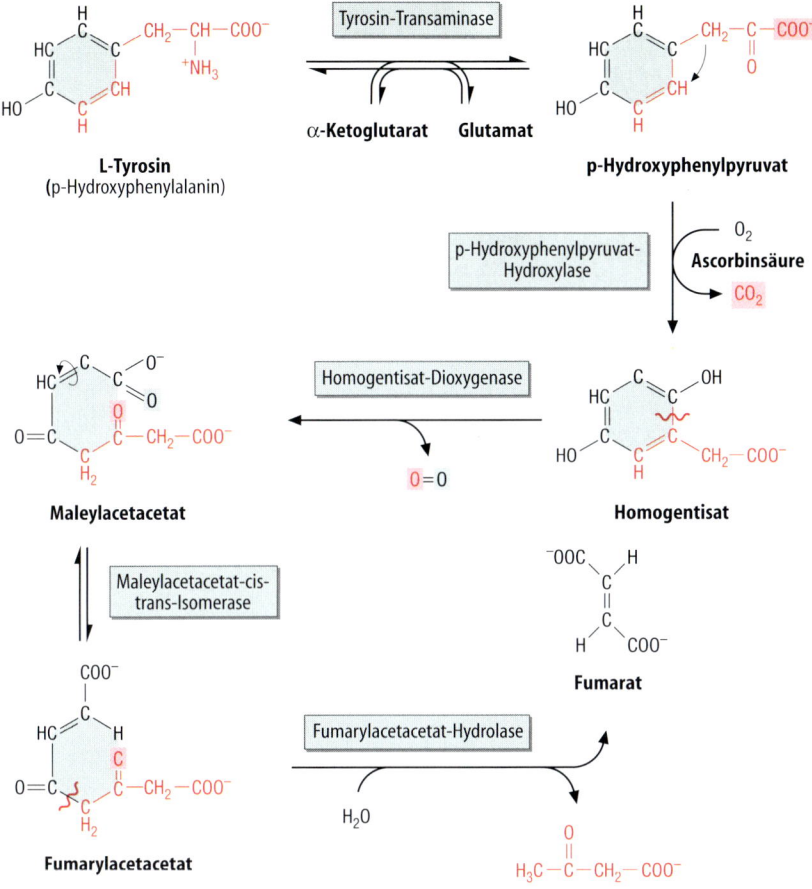

Abb. 19.28 Abbau von Tyrosin (p-Hydroxyphenylalanin)

Das verantwortliche Enzym, die *Tyrosinaminotransferase* (Tyrosintransaminase), ist sowohl im Cytosol als auch in den Mitochondrien nachweisbar. Auch die Aktivität der Tyrosintransaminase ist im Feten extrem niedrig, steigt aber nach der Geburt drastisch an.

Das entstandene p-Hydroxyphenylpyruvat wird durch die cytosolische *p-Hydroxyphenylpyruvathydroxylase,* eine kupferhaltige mischfunktionelle Oxygenase in Leber und Nieren, in Homogentisat umgewandelt. Bei dieser Reaktion, die die Anwesenheit von Ascorbinsäure (Vitamin C) oder einem anderen Reduktionsmittel erfordert, erfolgt gleichzeitig die Hydroxylierung des Benzolrings in Parastellung sowie eine Wanderung der Pyruvatseitenkette, aus der durch Dehydrierung und Decarboylierung eine Acetatseitenkette entsteht. Ein experimenteller Vitamin-C-Mangel führt zu einer vermehrten p-Hydroxyphenylpyruvatausscheidung (S. 650).

Im nächsten Schritt wird der Benzolring durch die Einführung von molekularem Sauerstoff gespalten. Katalysator ist die *Homogentisatdioxygenase,* ein eisenabhängiges Protein. Das Reaktionsprodukt Maleylacetacetat wird durch eine Glutathion-abhängige cis-trans-Isomerisierung in Fumarylacetacetat umgewandelt und anschließend hydrolytisch in *Fumarat* und *Acetacetat* gespalten. Fumarat ist ein direkter Bestandteil des Citratcyclus, Acetacetat, ein Ketonkörper, wird nach Aktivierung zu Acetacetyl-CoA (S. 432) in 2 Moleküle Acetyl-CoA gespalten. Da Ketonkörper nur von peripheren Geweben verstoffwechselt werden können, tritt beim Tyrosinabbau in der Leber gebildetes Acetacetat ins Lebervenenblut über, wird in periphere Organe (Myokard, Skelettmuskel, Gehirn, Nierenrinden) transportiert und dort utilisiert.

Phenylalanin und Tyrosin dienen als Vorstufen von Pigmenten, Neurotransmittern und Hormonen

Neben dem mit der Nahrung zugeführten Tyrosin ist Phenylalanin die Quelle für das im Stoffwechsel benötigte Tyrosin. Tyrosin dient als Vorstufe
- von Melanin, dem Pigment in Haut und Haaren (S. 756),
- dem biogenen Amin Dopamin, das in hohen Konzentrationen in den Kernarealen des extrapyramidalen Systems gefunden wird (S. 986),
- der Schilddrüsenhormone und
- der Katecholamine (S. 800).

Da die tierische Zelle mit Ausnahme des aromatischen Rings der Östrogene (S. 842) kein Benzolgerüst mehr aus aliphatischen Verbindungen synthetisieren kann, kommt für die Bildung des *Ubichinons* (S. 497) nur eine aromatische Vorstufe, wie z. B. Tyrosin in Frage. Darmbakterien können Tyrosin zu *Tyramin,* einem biogenen Amin mit blutdrucksteigender Wirkung decarboxylieren. Tyramin kommt auch in hohen Konzentrationen im Käse vor. Die Hemmung seines Abbaus im Organismus (v. a. in der Leber) durch Monoaminoxidasehemmstoffe (S. 989) kann deshalb bei gleichzeitigem Käsegenuß zu schweren Blutdruckkrisen führen.

Die im Blut und Urin auftretenden *Phenole* sind Derivate von Tyrosin, die im Stoffwechsel von Darmbakterien enstehen und ins Blut übertreten. Zur Ausscheidung mit dem Urin werden sie mit Sulfat konjugiert und stellen damit einen Teil der sog. *Ether-Schwefel-Fraktion* des Urins (S. 1051).

Pathobiochemie: Die Phenylketonurie ist die häufigste genetische Störung des Aminosäurestoffwechsels

In der Bundesrepublik Deutschland werden jährlich etwa 100 Kinder mit homozygoter Phenylketonurie geboren (1 Erkrankung auf 10 000 Neugeborene). Damit stellt die Phenylketonurie die häufigste genetische Anomalie des Aminosäurenstoffwechsels dar. Die Häufigkeit der Heterozygoten beträgt *1 : 50.* Da die Aktivität der *Phenylalaninhydroxylase* in der Leber nicht oder nur in extrem geringen Konzentrationen nachweisbar ist, kann Phenylalanin nicht oder nur sehr langsam in Tyrosin überführt werden und häuft sich im Intra- und Extracellulärraum auf Werte von 0,9 bis 3,8 mol/l an (bei Normalwerten von 0,06 bis 0,12 mol/l).

Tyrosin wird damit zur *essentiellen* Aminosäure. Durch den Enyzmblock weicht der Phenylalaninabbau auf alternative Stoffwechselwege aus:

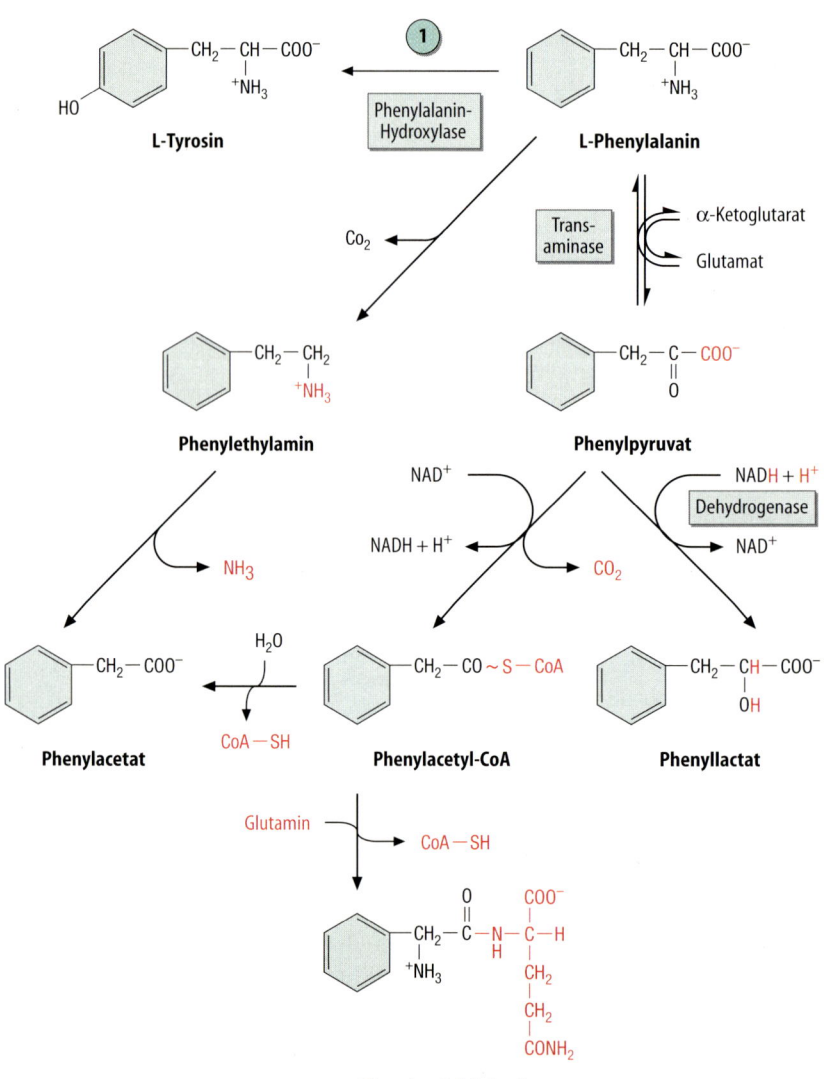

Abb. 19.29 Alternative Produkte, die vermehrt bei Patienten mit Phenylketonurie gebildet werden. ① Blockade des Phenylalaninabbaus auf der Stufe der Phenylalaninhydroxylase

Tabelle 19.9 Phenylalaninmetaboliten im Urin von Patienten mit Phenylketonurie

Metabolit	Urin [mmol/24 h]	
	Normal	Patienten mit Phenylketonurie
Phenylalanin	0,18	1,8–6,0
Phenylpyruvat	–	1,8–12,0
Phenyllactat	–	1,8–3,3
Phenylacetat	–	Erhöht
Phenylacetylglutamin	0,8–1,2	9

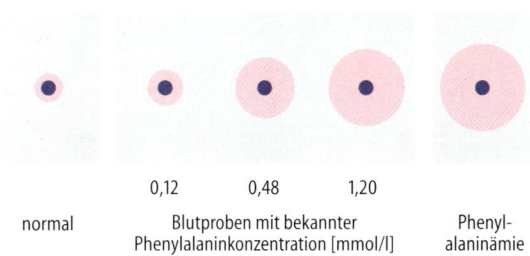

Abb. 19.30 Guthrie-Hemmtest zur Diagnose der Phenylketonurie: Mit Blut getränktes Scheibchen wird auf eine Agarplatte gebracht. Der durch Thienylalanin gehemmte *Bacillus subtilis* wächst bei Vorhandensein von Phenylalanin

- So entsteht aus Phenylalanin durch Transaminierung *Phenylpyruvat,* eine Ketocarbonsäure, deren vermehrtes Auftreten in Blut und Urin der Krankheit den Namen verliehen hat (Abb. 19.29).
- Durch Hydrierung entsteht aus Phenylpyruvat Phenyllactat.
- Durch dehydrierende Decarboxylierung Phenyl-acetyl-CoA, das vorwiegend nach Konjugation mit Glutamin im Urin als Phenylacetylglutamin nachgewiesen werden kann (Tabelle 19.9), aber auch zu Phenylacetat und CoA-SH hydrolysiert wird.
- Außerdem kann Phenylalanin zu Phenylethylamin decarboxyliert und anschließend zu Phenylacetat dehydriert und desaminiert werden.

Weiterhin sind die Spiegel von *Indolylacetat* und *-lactat* sowie von *Indican* erhöht. Die Erhöhung der Konzentrationen von Indolylacetat und -lactat könnte durch eine Hemmung des ersten Enzyms des Tryptophan-(Indolylalanin-)abbaus, der *Tryptophanpyrrolase* (S. 562), bedingt sein, wodurch Indolylalanin – in Analogie zum veränderten Stoffwechsel bei der Phenylketonurie – durch Transaminierung in Indolylpyruvat und anschließende Reduktion in Indolyllactat überführt wird. Das Vorkommen von Indican weist auf einen gesteigerten Tryptophanabbau durch die Bakterienflora des Darms hin; dabei bewirken wahrscheinlich die erhöhten Blutphenylalaninspiegel eine Hemmung der Tryptophanresorption im Darm, weshalb das nichtresorbierte Tryptophan vermehrt dem Stoffwechsel der Mikroorganismen anheim fällt, die Tryptophan in Indol, Ammoniak und Pyruvat spalten. Das Indolgerüst gelangt über die Pfortader in die Leber, wird dort mit Sulfat konjugiert und als Indican mit dem Urin ausgeschieden (S. 1051).

Bedeutendes Symptom der unbehandelten Krankheit ist die geistige Retardierung, für deren biochemische Ursache eine toxische Wirkung der vermehrt ausgeschiedenen Metaboliten (insbesondere auf die *Myelinbildung* in den Oligodendrocyten) diskutiert wird.

Da bei gesunden Neugeborenen die Aktivität der Phenylalaninhydroxylase noch sehr gering ist (S. 556) und auch bei Neugeborenen (ohne Nahrung) mit Phenylketonurie die Phenylalaninkonzentration innerhalb des Normalbereichs gesunder Neugeborener liegt, wird das erkrankte Neugeborene ohne Störungen geboren. Dies dürfte auch dadurch bedingt sein, daß Metaboliten beim Feten über die Placenta in den mütterlichen Kreislauf gelangen, wo sie entgiftet werden. Erst durch die Proteinzufuhr nach der Geburt und nach der Trennung vom mütterlichen Stoffwechsel kommt es zum drastischen Anstieg des Phenylalaninspiegels.

Die frühzeitige Diagnose durch Reihenuntersuchungen erlaubt eine wirkungsvolle Behandlung

Da die Entwicklung des Schwachsinns durch Behandlung mit phenylalaninarmer Diät, die zur Normalisierung des Spiegels von Phenylalanin und seiner Abbauprodukte führt, verhindert werden kann, ist eine *frühzeitige Diagnose* bei Neugeborenen im Rahmen von Reihenuntersuchungen unerläßlich. Dabei wird die Phenylalaninkonzentration im Blut durch den mikrobiologischen Hemmtest nach Guthrie bestimmt. Das Prinzip derartiger Nachweismethoden für Aminosäuren wurde auf S. 43 beschrieben. Ein durch β-Thienylalanin (S. 43) gehemmtes Bakterium wird durch Zusatz von phenylalaninhaltigem Blut zum Wachsen gebracht. Die Größe des Wachstumshofes dient als Maß für die Phenylalaninkonzentration (Abb. 19.30). Der Test ist dann anwendbar, wenn das Neugeborene so viel Nahrung zu sich genommen hat, daß der Phenylalaninspiegel im Krankheitsfall ansteigt (meist 4.–6. Tag). Eine genaue quantitative Phenylalaninbestimmung kann durch fluorometrische oder chromatographische (Abb. 19.31) Methoden erfolgen.

Die *Therapie,* die mindestens bis zum *Ende des 1. Lebensjahrzehnts* durchgeführt werden muß, besteht in einer speziellen *phenylalaninarmen,* nicht -freien Ernährung, da Phenylalanin eine essentielle Aminosäure darstellt. Da alle in der Natur vorkommenden Proteinarten einen recht hohen Phenylalaninanteil (4–5 %) enthalten, muß der Proteinbedarf durch spezi-

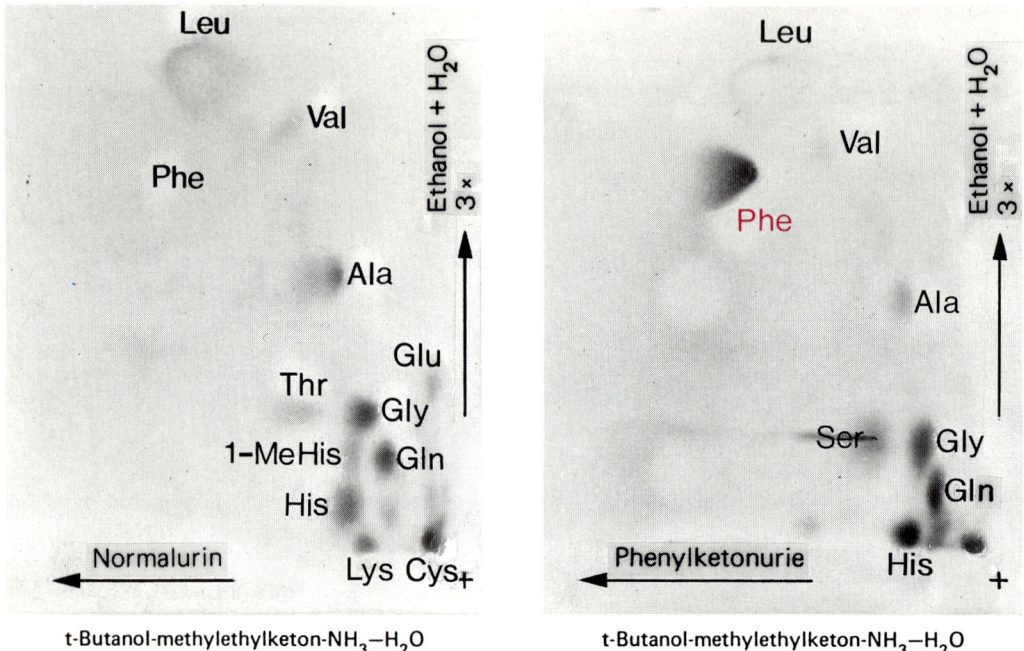

Abb. 19.31 Zweidimensionale Dünnschichtchromatogramme der Urinaminosäuren eines Kindes mit Phenylketonurie und einer gesunden Kontrollperson. (Aufnahme von J. Schaub, Universität-Kinderklinik Kiel)

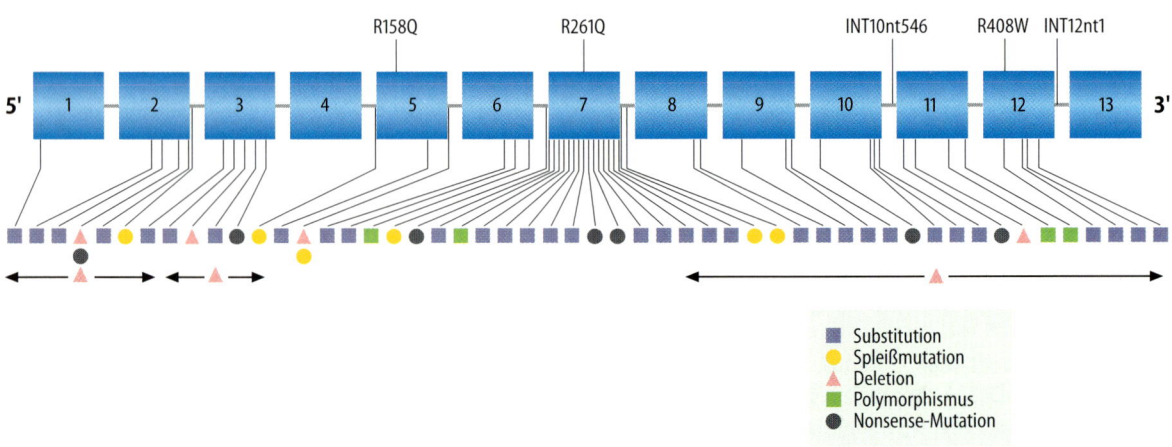

Abb. 19.32 Mutationen im Phenylalaninhydroxylase-Gen (13 Exons). Oben die in Europa häufigsten, unten alle bisher beschriebenen Mutationen und Polymorphismen. (Nach Eisensmith et a. 1992)

elle – im Handel erhältliche – Diäten gedeckt werden, aus denen Phenylalanin durch Adsorption an Kohle vollständig entfernt wurde und denen Fette, Kohlenhydrate und Mineralstoffe zugesetzt wurden. Der übrige Teil der Nahrung muß proteinarm sein. Mit dieser Kost wird ein Blutphenylalaninspiegel von 0,12 bis 0,24 mmol/l eingestellt.

Bei Frühgeborenen wird manchmal eine *passagere* Erhöhung des Phenylalanin- (und meist auch Tyrosin-)spiegels beobachtet, die durch eine mangelnde Reifung der notwendigen Enzyme bedingt ist. Die Diagnose einer Phenylketonurie muß deshalb vor dem Beginn einer Spezialdiät immer durch mehrfache Bestimmungen gesichert werden.

Über 60 verschiedene Mutationen im Phenylhydroxylasegen können eine Phenylketonurie verursachen

Die Analyse der molekularen Grundlagen der Phenylketonurie hat zur Identifikation von über 60 verschiedenen Mutationen (Abb. 19.32) geführt. Die meisten Patienten sind *gemischte Heterozygote,* d. h. ihre beiden Allele weisen unterschiedliche Mutationen auf. Die verschiedenen Genotypen erklären die individuelle Ausprägung beim einzelnen Patienten, d. h. einzelne Individuen weisen überhaupt keine Enzymaktivität auf, andere haben Restaktivitäten bis zu etwa 30 %. In Europa herrschen *fünf Mutationen* vor, d. h. Arginin- zu Gluta-

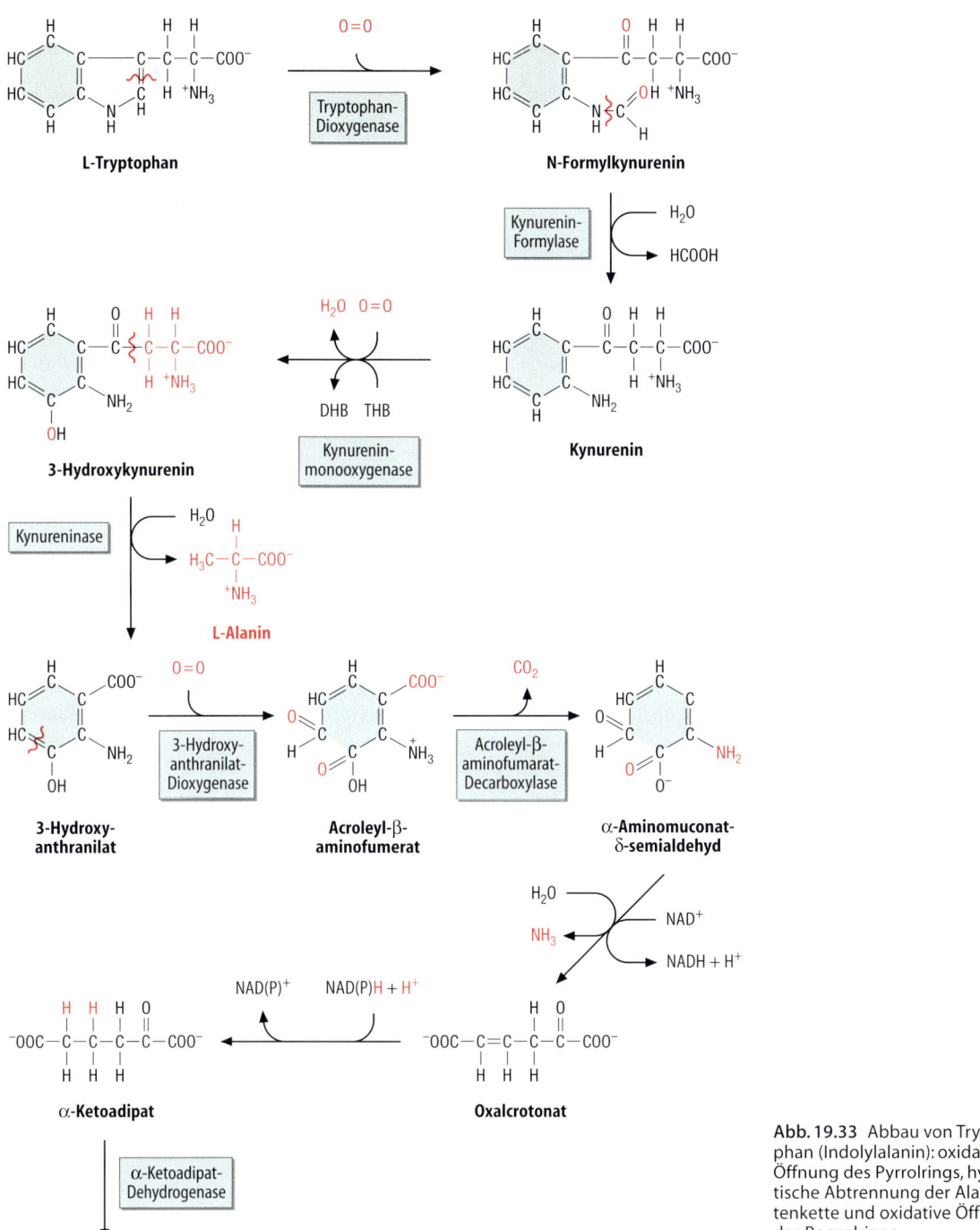

Abb. 19.33 Abbau von Tryptophan (Indolylalanin): oxidative Öffnung des Pyrrolrings, hydrolytische Abtrennung der Alaninseitenkette und oxidative Öffnung des Benzolrings

minsubstitutionen in den Positionen 158 bzw. 261 (R158Q bzw. R261Q), eine Arginin- zu Tryptophansubstitution in Position 408 (R408W) sowie Mutationen in den Introns 10 und 12 (INT10nt546 bzw. INT12nt1). Durch letztere Mutation einer Consensussequenz (G → A-Transition) kommt es – ähnlich wie bei einer β-Thalassämieform (S. 335) – zu einer abnormen mRNA-Prozessierung. Jede dieser fünf Mutationen ist jeweils mit einem der über 70 Haplotypen (S. 320) vergesell-schaftet, die durch acht Restriktionslängenpolymorphismen (RFLP, S. 344) im oder in der Nähe des Phenylalaninhydroxylasegens bedingt sind. Damit können die Mutationen auch über eine RFLP-Analyse identifiziert werden. Unterschiede in der Verteilung und Häufigkeit dieser fünf Allele in Europa sprechen für verschiedene geographische und ethnische Ursprünge der Phenylketonurie in der europäischen Bevölkerung.

Die Ringsysteme von Tryptophan werden durch Einführung molekularen Sauerstoffs gespalten

Beim Abbau von Tryptophan (Indolylalanin) erfolgt zuerst
- die oxidative Spaltung des Pyrrolrings, anschließend
- die Abtrennung der Alaninseitenkette und daraufhin
- die oxidative Öffnung des Benzolrings.

Zusätzlich kann der Indolring in das Pyridingerüst umgewandelt werden, das zur Nicotinsäurebiosynthese verwendet wird.

Im einleitenden Schritt wird der Pyrrolring durch Einführung molekularen Sauerstoffs gespalten (Abb. 19.33). Verantwortliches Enzym ist die *Tryptophanpyrrolase,* eine Dioxygenase, die bisher nur im Cytosol der Leber nachgewiesen wurde.

Vom Reaktionsprodukt Formylkynurenin wird im Cytosol Formiat abgespalten. Dieses kann in einer ATP-abhängigen Reaktion auf Tretrahydrofolsäure übertragen werden; dabei wird unter Wasserabspaltung Methenyltetrahydrofolsäure (S. 670) gebildet, die im Purinstoffwechsel (S. 582) Verwendung findet oder nach Hydrierung (Methenylreduktase) in Methyltrahydrofolsäure umgewandelt wird.

Vor der oxidativen Öffnung des Benzolrings erfolgt (wie beim Tyrosinabbau!) die Hydroxylierung des einen der beiden Kohlenstoffatome, deren Bindung gespalten werden soll: Durch eine mitochondriale, mischfunktionelle Oxygenase wird *Kynurenin* in *Hydroxykynurenin* überführt, von dem durch Pyridoxalphosphat-abhängige Katalyse im Cytosol Alanin abge-

trennt wird. Durch diese Kynureninasereaktion entsteht 3-Hydroxyanthranilat, ein Derivat der Benzoesäure.

Pathobiochemie: Bei Pyridoxinmangel wird Xanthurensäure gebildet

Bei Pyridoxinphosphatmangel weicht der Tryptophanabbau auf einen sonst nicht benutzten Stoffwechselweg aus, der auch in einer Reihe extrahepatischer Gewebe (v. a. Nieren) abläuft. Durch die Hemmung der Kynureninasereaktion stauen sich Kynurenin und 3-Hydroxykynurenin an, die nach Transaminierung der Alaninseitenkette (durch die *Kynureninaminotransferase*) unter Wasserabspaltung spontan zu Kynurensäure bzw. Xanthurensäure cyclisieren (Abb. 19.34).

Der aufmerksame Leser wird sich an dieser Stelle fragen, warum im Pyridoxalphosphatmangel ein ebenfalls PALP-abhängiges Enzym, die Kynurenintransaminase, weiterhin die Transaminierung von Kynurenin katalysiert. Dies ist um so erstaunlicher, als die Kynureninase eine höhere Affinität zu Pyridoxalphosphat besitzt als die Aminotransferase. Die Ursache für die starke Beeinträchtigung der Enzymaktivität der *Kynureninase* bei Pyridoxinmangel ist darin zu sehen, daß dieses Enzym *ausschließlich im Cytosol* zu finden ist. Die *Kynureninaminotransferase* konnte dagegen sowohl im Cytosol als auch in den Mitochondrien nachgewiesen werden. Ein Pyridoxinmangel wirkt sich deshalb vorwiegend auf im Cytosol nachweisbare Enzyme aus. Der beschriebene Nebenweg bildet die Grundlage eines klinischen Funktionstests zum Nachweis einer *Pyridoxinhypovitaminose,* bei dem die Xan-

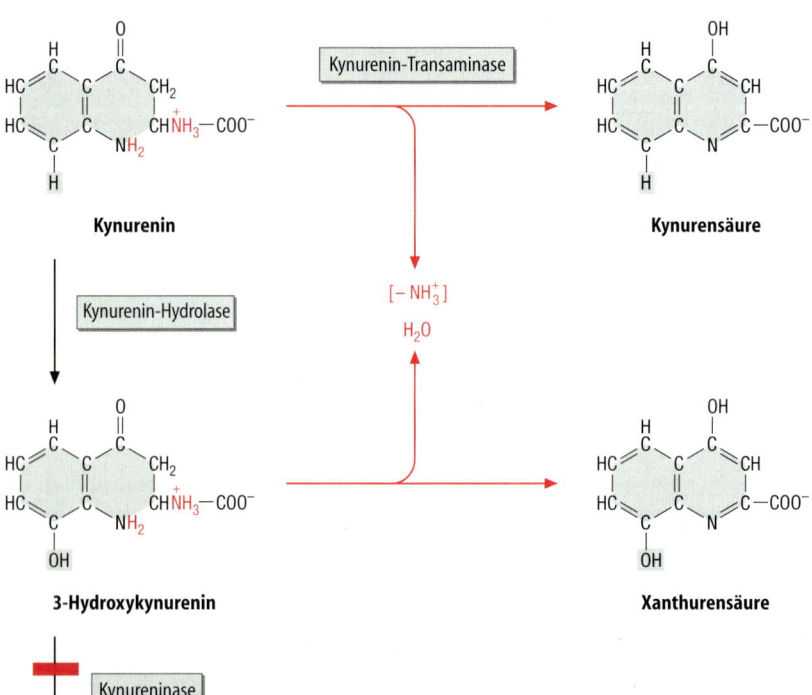

Abb. 19.34 Bildung von Xanthurensäure und Kynurensäure bei Pyridoxinmangel

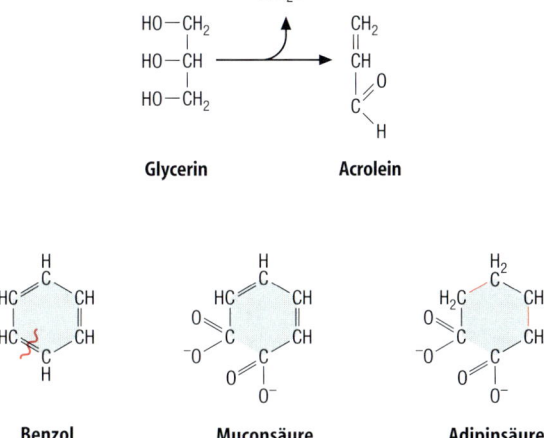

Abb. 19.35 Strukturen von Acrolein (der durch Abspaltung von 2 Molekülen Wasser aus Glycerin entsteht) und Muconsäure (die bei der oxidativen Öffnung des Benzolgerüsts entsteht und das ungesättigte Analogon der Adipinsäure darstellt)

thurensäureausscheidung in den Urin nach oraler Tryptophangabe bestimmt wird (S. 668).

Hydroxyanthranilat wird zu α-Ketoadipat abgebaut

Im Verlauf des normalen Abbauwegs wird der Benzolring von Hydroxyanthranilat durch eine *Dioxygenase* abgespalten. Das entstandene *Acroleyl-β-aminofumarat* (Synonym: α-Amino-β-carboxymuconsäure-ε-semialdehyd), das sich aus Acrolein (Abb. 19.35), einem ungesättigten Aldehyd und Aminofumarat zusammensetzt, wird durch enzymatische Decarboxylierung (Acroleyl-β-aminofumaratdecarboxylase) in den ε-Semialdehyd von α-Aminomuconsäure umgewandelt. Als *Muconsäure* wird die bei der oxidativen Spaltung des Benzolrings entstehende Dicarbonsäure bezeichnet (Abb. 19.35). Der Semialdehyd wird nach der Dehydrierung zur Dicarbonsäure in α-Ketoadipat überführt, dessen weiteres Schicksal aus dem Lysinstoffwechsel bereits bekannt ist (S. 548).

Tryptophan reguliert die hepatische Proteinbiosynthese

Tryptophan spielt eine wesentliche Rolle im *Leberstoffwechsel:* Tryptophan allein oder als Bestandteil eines Aminosäuregemischs verursacht eine relativ unspezifische Verstärkung der Proteinbiosynthese in der Leber, die sich in einer vermehrten Aggregation von Ribosomen zu Polysomen widerspiegelt.

Auf der anderen Seite führt die Verabreichung einer tryptophanfreien Kost zu einem Abfall der hepatischen Proteinbiosynthese. Diese Wirkungen sind bei anderen essentiellen Aminosäuren nicht zu beobachten. Die spezielle Empfindlichkeit der Polysomenbildung auf die Verfügbarkeit von Tryptophan wird wahr-

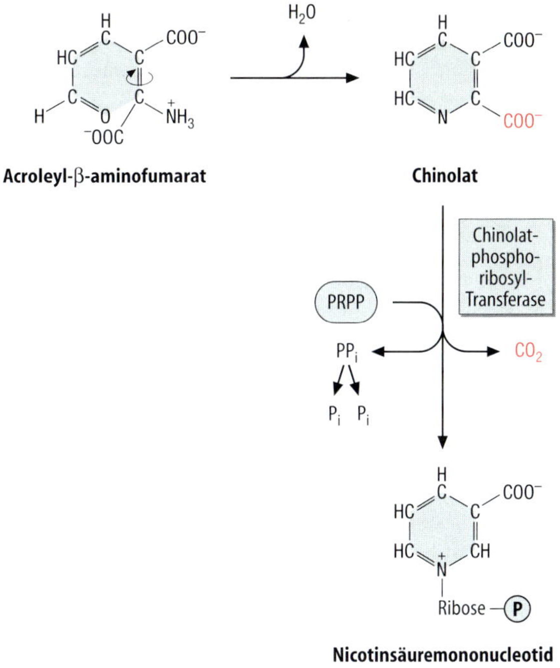

Abb. 19.36 Tryptophan als Provitamin der Nicotinsäure: die spontane Bildung des Pyridinrings aus Acroleyl-β-aminofumarat

scheinlich dadurch bedingt, daß es normalerweise die Aminosäure mit der *geringsten freien Konzentration* in der Leber darstellt.

Tryptophan ist Provitamin für die Nicotinsäuresynthese

Von *Acroleyl-β-aminofumarat* zweigt die Nicotinsäurebiosynthese ab (Abb. 19.36). Dabei stelle man sich vor, daß der Aminofumaratanteil (trans-Form) zu Aminomaleinsäure (cis-Form) isomerisiert wird. Die spontane Kondensation führt zu *Chinolinsäure,* einem Pyridinderivat, das nach Verknüpfung mit Phosphoribosylpyrophosphat (PRPP) und nachfolgender Decarboxylierung als Nicotinsäuremononucleotid zur NAD⁺-Biosynthese (S. 667) herangezogen wird.

In Kenntnis dieses Stoffwechselwegs darf Nicotinsäure nur bedingt zu den Vitaminen gezählt werden. Beim Menschen werden 3,75 mmol Tryptophan in der Nahrung benötigt, um 0,1 mmol Nicotinsäure zu ersetzen. Die empfohlene tägliche Tryptophanzufuhr (S. 721) reicht also zur Deckung des täglichen Nicotinsäurebedarfs aus. Durch die Verknüpfung des Tryptophan- und Nicotinsäurestoffwechsels müssen nahrungsbedingte Mangelzustände wie die Pellagra (S. 667) deshalb als *kombinierte Protein-*(Tryptophan-) *und Vitaminmangel-*(Niacin)Zustände betrachtet werden.

Da ein bereits erwähnter Schritt im Tryptophanabbau, die Kynureninasereaktion, Pyridoxalphosphatabhängig ist, kann ein Pyridoxinmangel durch Beeinträchtigung der Umwandlung von Tryptophan in Nicotinsäure auch deren Stoffwechsel beeinträchtigen.

Tryptophan ist Vorstufe biogener Amine

Tryptophan ist Ausgangssubstanz der Biosynthese von
- Serotonin, einem biogenen Amin (S. 988),
- Melatonin, einem Hormon der Epiphyse (S. 991), und
- Tryptamin, einem biogenen Amin, das von Darmbakterien und in Leber und Nieren gebildet werden kann.

Im Urin sind verschiedenen Indolderivate nachweisbar. Den Hauptteil macht *5-Hydroxyindolylacetat* aus, das beim Abbau von Serotonin, einem Tryptophanderivat, entsteht. Weiterhin ist Indolylacetat (besonders bei einer Tryptophanbelastung) vorhanden, das durch Transaminierung und dehydrierende Decarboxylierung aus Indolylpyruvat, der Ketosäure von Tryptophan, gebildet wird. Auf die Bedeutung dieser Derivate bei der Phenylketonurie wurde bereits hingewiesen (S. 559). Indolylacetat kann auch beim Abbau von Tryptamin, einem biogenen Amin, in Leber und Nieren sowie in Darmbakterien entstehen.

Pathobiochemie: Derivate des Tryptophanabbaus

Eosinophilie-Myalgie-Syndrom. Da Tryptophan die Vorstufe von Serotonin (S. 988) darstellt, wird diese Aminosäure auch zur Behandlung von Schlafstörungen und Depressionen eingesetzt, bei denen die Serotoninbiosynthese gestört sein soll. Nach oraler Einnahme höherer Tryptophandosen traten bei einzelnen Patienten eine Erhöhung der Eosinophilen und Muskelschmerzen auf, als deren Ursache ein bei der technischen Tryptophanherstellung gebildetes Tryptophandimer (zwei über eine Ethylgruppe verbundene Tryptophanreste) identifiziert wurde.

Kynurensäure und *Chinolinsäure* wirken als Antagonisten bzw. Agonisten des NMDA-Rezeptors (S. 988) im Gehirn, in dem sie z. B. in Astrocyten gebildet werden. Es wird ihnen deshalb eine Rolle bei der Pathogenese verschiedener neurologischer Erkrankungen zugeschrieben.

19.3.5 Histidin

Histidin wird zu α-Ketoglutarat abgebaut

Beim Histidinabbau (Abb. 19.37) wird das erste Stickstoffatom in Form von Ammoniak abgespalten, das zweite gemeinsam mit einem Kohlenstoffatom als Formiminogruppe von *Tetrahydrofolsäure* (FH$_4$) (S. 670) übernommen. Von dem an FH$_4$ gebundenen Formiminorest wird durch eine *Desaminase* Ammoniak abgespalten.

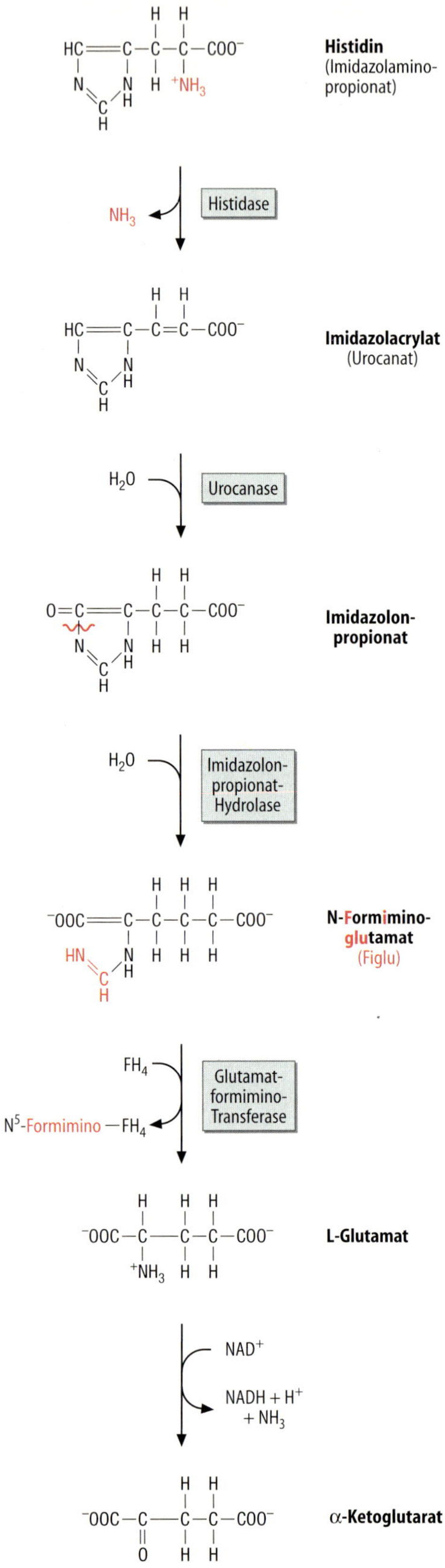

Abb. 19.37 Abbau von Histidin

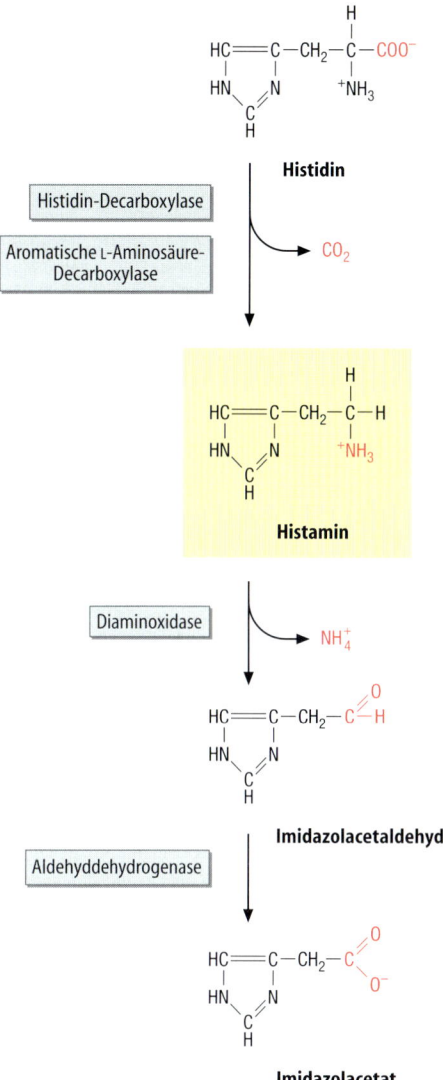

Abb. 19.38 Biosynthese und Abbau von Histamin

die Histidindecarboxylase (in fetalem Gewebe, Placenta, Magenmucosa und Knochenmark).

Histamin führt über H_1-**Rezeptoren** zur Kontraktion glatter Muskulatur im Respirations- und Gastrointestinaltrakt und zur Freisetzung von NO durch Gefäßendothelzellen, welches sekundär eine Relaxation glatter Gefäßmuskelzellen bedingt. In den Magenmucosa bindet aus Mastzellen freigesetztes Histamin an H_2-**Rezeptoren** von Belegzellen, was eine Adenylatcyclase und konsekutiv die H^+/K^+-ATPase aktiviert, so daß vermehrt Magensäure freigesetzt wird (S. 997). Demzufolge besitzen H_1- und H_2-Rezeptorantagonisten eine große klinische Bedeutung für die Behandlung allergischer Reaktionen und der Ulcuskrankheit.

Der *Abbau* erfolgt ebenfalls auf zwei Wegen:
- entweder durch Histaminase, eine Diaminoxidase (S. 509) zum entsprechenden Aldehyd, dessen Dehydrierung (Aldehyddehydrogenase) zu Imidazolacetat führt oder
- durch N-Methylierung und anschließende Oxidation zu M-Methylimidazolacetat (Abb. 19.39).

Die Aktivitäten aller Enzyme des Histaminauf- und -abbaues stehen unter dem Einfluß von Hormonen und Zytokinen.

3-(oder π-)Methylhistidin. Das *Actin* aller Muskelfasern und das *Myosin* weißer Muskelfasern (S. 955) enthält die Aminosäure 3-Methylhistidin (S. 930). Da Histidin erst nach dem Einbau in diese beiden Muskelproteine methyliert wird und beim Proteinabbau freigesetztes 3-Methylhistidin (wie Hydroxyprolin beim Kollagenabbau) nicht reutilisiert wird, kann es – zumal es unverändert in den Urin ausgeschieden wird – als *Indikator für den Proteinstoffwechsel* in der Muskulatur verwertet werden. So kann die Bestimmung der Konzentration dieser Aminosäure im Urin z. B. Hinweise über die Beeinflussung des Muskelproteinstoffwechsels durch kurz- oder längerdauernden Hunger geben.

Patienten mit einem Folsäuremangel (S. 672) scheiden *N-Formiminoglutamat* in den Urin aus, da die Übertragung der Formiminogruppe gestört ist. Ein Folsäuremangel kann deshalb klinisch nach Histidingabe durch Bestimmung von Formiminoglutamat im Urin diagnostiziert werden *(Histidinbelastungstest)*.

Stoffwechselbedeutung. Die PALP-abhängige Decarboxylierung von Histidin führt zu *Histamin,* einem biogenen Amin, das in den in unserem Organismus weit verbreiteten *Mastzellen* vorkommt. In vielen Geweben existieren zur Katalyse dieses Schrittes zwei Enzyme (Abb. 19.38):
- eine aromatische L-Aminosäuredecarboxylase (Gehirn, Nieren, Leber) mit einem breiten Substratspektrum (Phenylalanin, Tyrosin, 3,4-Dihydroxyphenylalanin, Tryptophan, 5-Hydroxytryptophan) und

19.3.6 Energiegewinn beim Abbau der essentiellen Aminosäuren

Bei der vollständigen Oxidation der essentiellen Aminosäuren (sowie von Tyrosin) zu Kohlendioxid und Wasser können zwischen 22 und 44 ATP-Äquivalente (S. 363) gebildet werden, wenn alle Schritte der oxidativen Phosphorylierung gekoppelt sind und der P/O-Quotient für die NADH-Reoxidation 3 beträgt (Abb. 19.39, S. 566). Im Vergleich dazu beträgt die Ausbeute bei der Oxidation des Kohlenhydrats Glucose 38 ATP-Äquivalente und bei der der Fettsäure Stearinsäure (C_{18}) 148 ATP-Äquivalente (Tabelle 19.10).

Nicht miteinbezogen in die Kalkulation wurden der Energieverbrauch für die Inkorporation des beim

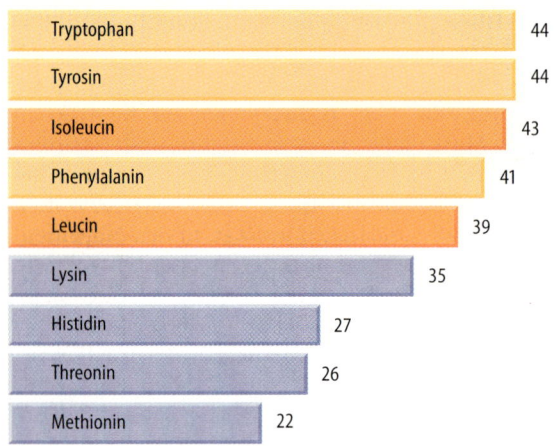

Tryptophan	44
Tyrosin	44
Isoleucin	43
Phenylalanin	41
Leucin	39
Lysin	35
Histidin	27
Threonin	26
Methionin	22

Abb. 19.39 Energiegewinn (in ATP-Äquivalenten) bei der vollständigen Oxidation der essentiellen Aminosäuren zu Kohlendioxid und Wasser. *Orange* aromatische Aminosäuren; *rot* verzweigtkettige Aminosäuren; *blau* die übrigen gekennzeichnet

Tabelle 19.10 ATP-Gewinn bei der vollständigen Oxidation von Zwischenprodukten des Citratcyclus sowie Pyruvat und Acetacetat (vgl. Tabelle 14.2, S. 363)

Metabolit	*ATP-Äquivalente*
Acetyl-CoA	12
Oxalacetat	18
α-Ketoglutarat	27
Succinyl-CoA	24
Pyruvat	15
Acetacetat	23

Abbau entstehenden freien Ammoniaks bzw. der covalent gebundenen Aminogruppe in Harnstoff. Beim Tryptophanabbau wurde der Stoffwechsel der entstehenden Ameisensäure außer acht gelassen, beim Threoninabbau der Weg der α-Ketobuttersäure gewählt und beim Methioninabbau die für die Aktivierung der Methylgruppe erforderliche Energie subtrahiert.

Da die vollständige Oxidation der Aminosäuren aber mehr ATP produzieren würde als die Leber verbrauchen kann, werden die Aminosäuren nur zu einem Teil oxidiert und zum anderen in *Glucose* (und Acetacetat) überführt (Abb. 19.16, S. 544), so daß sie auch anderen Organen indirekt als Energieträger zur Verfügung stehen.

19.4 Stoffwechsel der nichtessentiellen Aminosäuren

19.4.1 Biosynthese, Abbau und Stoffwechselbedeutung

Fast alle nichtessentiellen Aminosäuren besitzen eine einfach gebaute Seitenkette. In den meisten Fällen besteht ihr Abbau deshalb nur aus ein oder zwei enzymatischen Schritten und stellt die *Umkehrung des Biosyntheseweges* dar (Abb. 19.40). Abbau und Biosynthese erfolgen mit Ausnahme der Aminotransferaseschritte jedoch durch unterschiedliche Enzyme, wodurch der Zelle die Möglichkeit gegeben ist, Biosynthese und Abbau *getrennt* zu regulieren. Für die Regulation durch Hormone und Substratangebot sowie die Existenz von Isoenzymformen gilt dasselbe wie für die essentiellen Aminosäuren (S. 545).

Da die Kohlenstoffskelette aller nichtessentiellen Aminosäuren in *Oxalacetat,* einem C₄-Körper, angereichert werden können, sind diese Aminosäuren *gluco-*

gen. Eine Ausnahme macht das bereits besprochene Tyrosin (S. 545), das sowohl gluco- als auch ketogen ist. Im Gegensatz zu den essentiellen Aminosäuren sind die Enzyme des Stoffwechsels der nichtessentiellen Aminosäuren in fast allen Geweben nachweisbar.

Diese Aminosäuren wirken häufig als *Aminogruppendonatoren* (Aspartat und Glutamin) bei Biosynthesen; auf die Bedeutung von Glutamat und den Aspartatcyclus wurde auf Seite 533 bereits hingewiesen. Nur in wenigen Fällen sind sie Vorstufen niedermolekularer Verbindungen wie z. B. den Aminen.

Die Einteilung der nichtessentiellen Aminosäuren in verschiedene Gruppen erfolgt nach der α-*Ketosäure,* die bei ihrem Abbau entsteht:
- Oxalacetat (α-Ketobernsteinsäure),
- α-Ketoglutarsäure und
- Pyruvat (α-Ketopropionsäure).

Der Abbau von Asparagin und Aspartat liefert Oxalacetat

Abbau und Biosynthese. Alle vier Kohlenstoffatome von Asparagin und Aspartat werden in Oxalacetat überführt. Zuerst wird Asparagin zu Aspartat und Ammoniak hydrolytisch gespalten, anschließend erfolgt eine Transaminierung mit α-Ketoglutarat zu Glutamat und Oxalacetat mit Hilfe der *Glutamat-Oxalacetat-Transaminasen-(GOT oder ASAT-)Reaktion* (Abb. 19.41).

Die Biosynthese von Aspartat erfolgt durch Umkehrung der Transaminasereaktion. Aus Aspartat entsteht durch die *Asparaginsynthetasereaktion,* bei der Glutamin als Aminogruppendonor dient, Asparagin. Bei bestimmten Leukämieformen ist die normalerweise hohe Asparaginsynthetaseaktivität nur gering. Deshalb erhalten solche Patienten aus E. coli oder Meerschweinchenserum angereicherte Asparaginase über einen bestimmten Zeitraum, was zu einer Asparaginverarmung des Extrazellulärraums und damit auch der Leukämiezellen führt, deren Proteinbiosynthese und Wachstum dadurch beeinträchtigt wird.

Stoffwechselbedeutung. Eine Übersicht über die Stoffwechselbedeutung von Aspartat gibt Tabelle 19.11. Reaktionen, bei denen Aspartat als Aminogruppendonator wirkt, verlaufen über den auf S. 533 beschriebe-

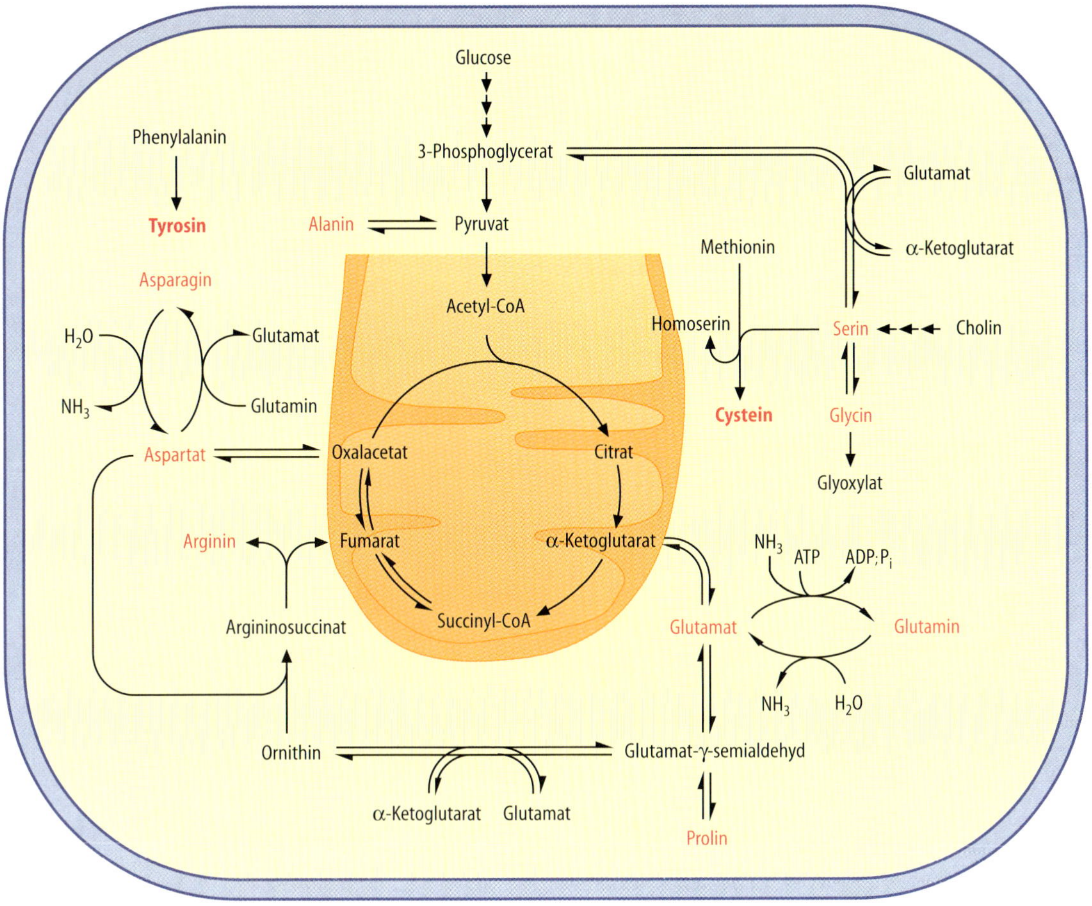

Abb. 19.40 Übersicht über den Stoffwechsel der nichtessentiellen Aminosäuren. Alanin, Aspartat und Glutamat werden durch Transaminierung aus ihren α-Ketosäuren gebildet. Die Biosynthese des Säureamids Asparagin und seines Homologen

Glutamin erfolgt durch Aminierung von Aspartat bzw. Glutamat. Cystein und Tyrosin können nur dann gebildet werden, wenn der Mensch die Vorstufen in Form von Methionin bzw. Phenylalanin aufnimmt

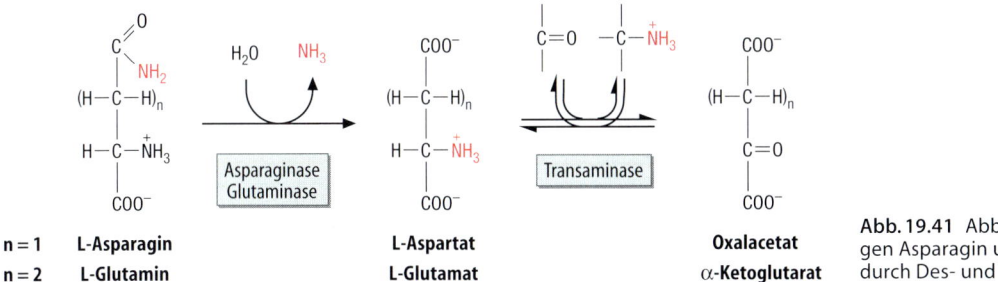

| n = 1 | **L-Asparagin** | **L-Aspartat** | **Oxalacetat** |
| n = 2 | **L-Glutamin** | **L-Glutamat** | **α-Ketoglutarat** |

Abb. 19.41 Abbau der Homologen Asparagin und Glutamin durch Des- und Transaminierung

nen *Aspartatcyclus* (Abb. 19.10, S. 533). Die Aminogruppe übernimmt Aspartat von Glutamat über die ASAT-Reaktion.

Der Abbau von Glutamin und Glutamat liefert α-Ketoglutarat

Abbau und Biosynthese. Die Reaktionen entsprechen dem Abbau und der Biosynthese von Asparagin. Für den Abbau ist die mitochondriale *Glutaminase* verantwortlich, die in zwei Isoformen (Leber- und Nierentyp) vorkommt. Hohe Aktivitäten weisen

- die Mucosa des Dünndarmes,
- Makrophagen,
- Lymphocyten,
- Nieren (vor allem bei Acidose),
- die Leber (in Assoziation mit der Carbamylphosphat-Synthetase I);
- die lactierende Mamma und
- Tumorzellen auf.

Tabelle 19.11 Stoffwechselbedeutung von Aspartat (Auswahl)

Reaktion	Produkt	Bedeutung des Reaktionsprodukts
Transaminierung	*Oxalacetat*	Abbau zum amphibolen Produkt des Citratcyclus
Amidbildung	*Asparagin*	Proteinogene Aminosäure
Kondensation mit Carbamylphosphat	*Carbamylaspartat (Ureidosuccinat)*	Einleitende Reaktion der Pyrimidinbiosynthese (S. 586)
Phosphorylierung mit ATP (in Mikroorganismen und Pflanzen)	*Aspartylphosphat*	Einleitende Reaktion der Biosynthese der Aminosäuren Methionin, Threonin, Lysin und Isoleucin in Mikroorganismen und Pflanzen
Decarboxylierung (in Mikroorganismen)	*β-Alanin*	Bestandteil von Pantothensäure (S. 668)
Aspartatcyclusreaktionen		
Kondensation mit Citrullin	*Argininosuccinat*	Aminogruppenübertragung bei der Umwandlung von Carbaminsäure in Harnstoff (S. 537)
Kondensation mit Inosin-5′-phosphat (IMP)	*Adenylosuccinat*	Aminogruppenübertragung bei der Umwandlung von IMP in Adenosin-5′-phosphat (AMP) (S. 584)
Kondensation mit 5-Aminoimidazol-4-carbonsäureribonucleotid	*5-Aminoimidazol-4-(N-succinylcarboxamid)-ribonucleotid*	Aminogruppenübertragung im Verlauf der Purinbiosynthese (S. 582)

Tabelle 19.12 Glutamin als Aminogruppendonator bei Biosynthesen (Auswahl)

Akzeptor	Produkt	Biosynthese von
Fructose-6-phosphat	*Glucosamin-6-phosphat*	Aminozuckern (S. 398)
Desamido-NAD	*NAD+*	NAD^+ (S. 667)
Phosphoribosylprophosphat	*5-Phosphoribosylamin*	Purinen (S. 582)
Xanthosinmonophosphat	*Guanosinmonophosphat (GMP)*	GMP (S. 584)
Aspartat	*Asparagin*	Asparagin
Bicarbonat und ATP	*Carbamylphosphat*	Pyrimidin (S. 586)

Tabelle 19.13 Stoffwechselbedeutung von Glutamat (Auswahl)

Reaktion	Produkt	Bedeutung des Reaktionsproduktes
Transaminierung oder dehydrierende Desaminierung	*α-Ketoglutarat*	Abbau zum amphibolen Produkt des Citratcyclus, Freisetzung von freiem Ammoniak, Abgabe der Aminogruppe auf die Akzeptorverbindung
Decarboxylierung	*γ-Aminobutyrat*	Überträgerstoff bei hemmenden Neuronen in der grauen Substanz des ZNS (S. 987)
Kondensation mit Acetyl-CoA	*Acetylglutamat*	Cofaktor der mitochondrialen Carbamylphosphatsynthetase (S. 536)
Amidbildung mit Ammoniak	*Glutamin*	Entgiftung von freiem Ammoniak im Gehirn (Ammoniakfixierung); Bildung der proteinogenen Aminosäure Glutamin

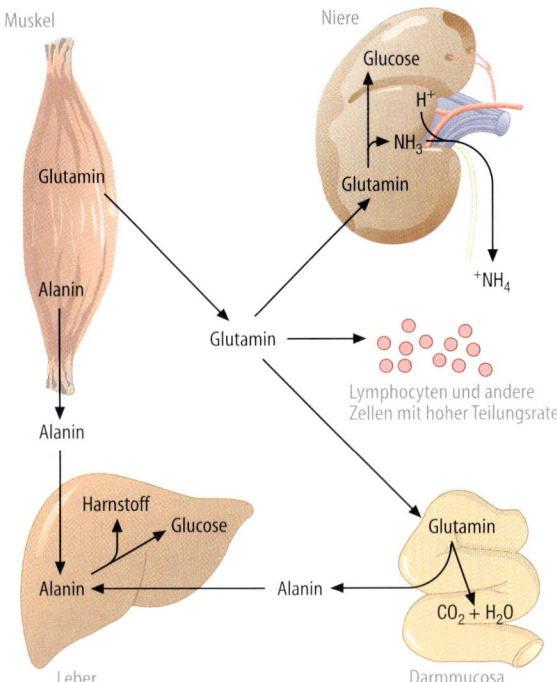

Abb. 19.42 Organbeziehungen im Glutaminstoffwechsel

weben wie Skelettmuskel, Lungen, Gehirn, Fettgewebe, Nieren und Leber nachweisbar.

Stoffwechselbedeutung. Eine Auswahl der Stoffwechselwege von *Glutamat,* auf dessen zentrale Bedeutung im Aminosäurestoffwechsel auf S. 532 hingewiesen wurde, zeigt Tabelle 19.13. Außerdem wirkt Glutamat im Gehirn auch als exzitatorischer Neurotransmitter (S. 987).

Während die Plasmakonzentration von Glutamat sehr niedrig ist, weist *Glutamin* die höchste Konzentration aller Aminosäuren im Plasma auf (Tabelle 19.4, S. 535). Der Plasmaglutaminpool hat eine hohe Umsatzrate und spielt eine wesentliche Rolle beim Transport von Kohlen- und Stickstoffgerüsten *zwischen den einzelnen Organen,* d.h. von Gehirn und Muskulatur zu Nieren, Leber und Mucosa des Gastrointestinaltraktes (Abb. 19.42).

Prolin und Arginin (Ornithin) werden über den Semialdehyd von Glutamat abgebaut

Abbau und Biosynthese. Prolin (Abb. 19.43) wird zuerst am Stickstoffatom dehydriert und dann unter hydrolytischer Ringaufspaltung in *Glutamat-γ-semialdehyd* umgewandelt. Arginin wird durch hydrolytische Abspaltung von Harnstoff in Ornithin, das Homologe von Lysin, überführt. Interessanterweise steht für die anschließende Transaminierung der δ-Aminogruppe (im Gegensatz zur Übertragung der ε-Aminogruppe von Lysin!) ein Enzym in Mitochondrien zur Verfügung (Ornithin-α-Ketosäure-Transaminase), das Ornithin in Glutamat-γ-semialdehyd überführt. Der Semialdehyd wird dann weiter zur Dicarbonsäure dehydriert.

Prolin und Ornithin werden durch Umkehr der Abbauwege, jedoch mit anderen Enzymen, synthetisiert, da z.B. die Bildung von Glutamat-γ-semialdehyd aus Glutamat die Phosphorylierung der Carboxylgruppe voraussetzt. Arginin entsteht durch die Reaktion des Harnstoffcyclus (S. 538).

Stoffwechselbedeutung. Prolin ist die Vorstufe von *Hydroxyprolin,* einer wichtigen Aminosäure in *Kolla-*

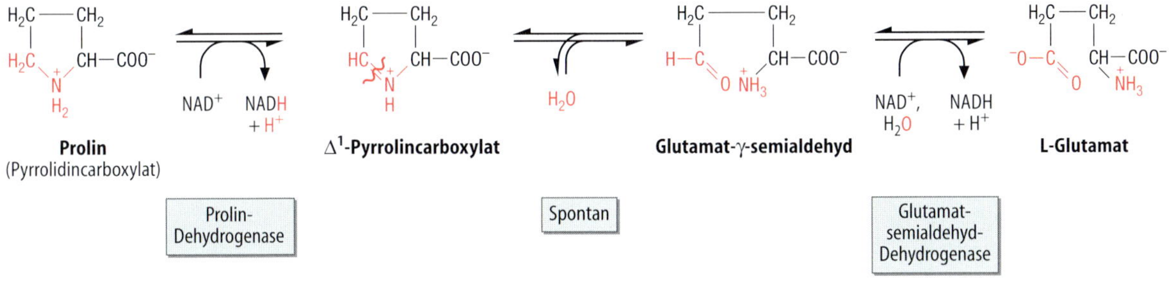

In diesen Zellen wird Glutamin entweder zur Energiegewinnung oxidiert oder als Aminostickstoffquelle (mit Bildung von Glutamat oder α-Ketoglutarat) zu Biosynthesezwecken (Tabelle 19.12) verwendet. *Mucosazellen des Darmes* oxidieren 2/3 des aufgenommenen Glutamins zu Kohlendioxid, sodaß diese Aminosäure für den Gastrointestinaltrakt ein wichtiges Energiesubstrat darstellt. In Lösungen für die *parenterale Infusion* von Aminosäuren ist Glutamin relativ wenig löslich; außerdem zerfällt es schnell in Ammoniak und Pyroglutamat. Aus diesen Gründen war es lange schwierig, Glutamin im Rahmen der parenteralen Ernährungstherapie in ausreichenden Mengen zu infundieren (S. 726). Dieses Problem ist jetzt durch die Möglichkeit der Infusion von Dipeptiden wie *Glycyl-Glutamin* oder *Alanyl-Glutamin* gelöst, die intra- und extracellulär in die Aminosäuren gespalten werden. Die *Glutamin-Synthetase* ist in einer Vielzahl von Ge-

Abb. 19.43 Abbau von Prolin

gen (10–15%) und *Elastin* (1–3%). Im Kollagen stellen Prolin und Hydroxyprolin gemeinsam etwa 25% der Aminosäuren (S. 739). Die Hydroxylierung erfolgt im Peptidverband.

Arginin ist Vorstufe von Stickmonoxid (NO), das auch als Endothel-relaxierender Faktor bezeichnet wird. Die *NO-Synthase,* ein Calcium-, Calmodulin- und Tetrahydrobiopterin-abhängiges Enzym, bildet in Endothelzellen aus Arginin unter Freisetzung von *Citrullin* das farblose Gas NO, das in die benachbarte glatte Muskelzelle diffundiert und dort eine Guanylat-Cyclase aktiviert (S. 781). Das erhöhte Cyclo-GMP bewirkt eine Gefäßrelaxation. Neben diesem konstitutiven Enzym existiert in Endothelzellen, aber auch in Muskelzellen, Makrophagen, im ZNS und im peripheren Nervensystem ein calciumunabhängiges *Isoenzym,* das durch verschiedene Zytokine stimuliert und durch Glucocorticoide gehemmt wird. Aufgrund der weiten Verbreitung dieses Enzyms im Organismus übernimmt Stickmonoxid eine Vielzahl von Funktionen als *interzellulärer Mediator.* NO wird über Nitrit zu Nitrat oxidiert (Plasmakonzentration 30 µmol/l), das in den Urin ausgeschieden wird. Citrullin wird über den Aspartatcyclus zu Arginin regeneriert, so daß man die NO-Synthese auch als einen modifizierten Harnstoffcyclus ansehen könnte.

Arginin stellt außerdem seinen Guanidylrest für die Biosynthese von *Kreatin* zur Verfügung (S. 960). Durch diese oder die Arginasereaktion entsteht die nichtproteinogene Aminosäure Ornithin, die durch eine Ornithindecarboxylase zum Diamin *Putrescin* decarboxyliert werden kann. Putrescin bildet die Vorstufe der Polyamine *Spermin* und *Spermidin,* die in allen Geweben vorkommen und ihre Bezeichnung nach dem reichlichen Auftreten in der Spermaflüssigkeit erhalten haben. Bei der Biosynthese der Polyamine kondensiert Putrescin mit decarboxyliertem S-Adenosylmethionin („Methamin"), von dem es den Propylaminrest (Abb. 19.44) übernimmt, zu Spermidin. Durch Ankopplung eines weiteren Propylaminrests entsteht Spermin. Der Abbau der Polyamine erfolgt durch N-Acetylierung.

Methylthioadenosin wird durch Phosphorylyse in Adenosin (das reutilisiert wird) und 5-Methylthioribose-1-phosphat gespalten, dessen weiteres Stoffwechselschicksal noch unbekannt ist.

Für die Funktion der Polyamine, deren Konzentration im menschlichen Samen 50–350 mg/100 ml beträgt, wird eine *Stabilisierung der DNA-Struktur* durch Assoziatbildung der sauren Phosphatgruppen mit den basischen Gruppen von Spermin bzw. Spermidin diskutiert.

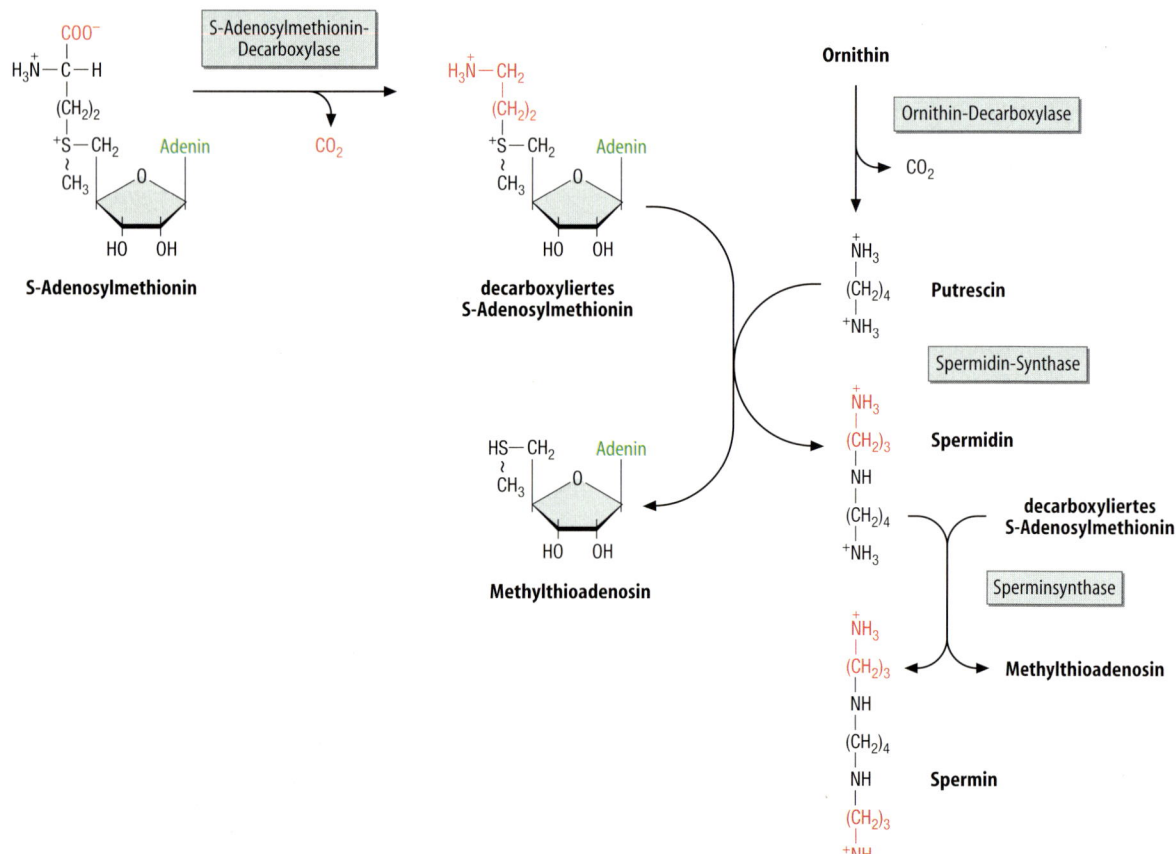

Abb. 19.44 Biosynthese der Polyamine Spermidin und Spermin aus decarboxylierten S-Adenosylmethionin („Methamin") und Putrescin

Alanin ist die wichtigste glucogene Aminosäure

Abbau und Biosynthese. Alanin wird durch reversible Transaminierung in Pyruvat überführt. Es entsteht auch beim Abbau von Tryptophan (S. 561).

Stoffwechselbedeutung. Alanin besitzt eine Schlüsselfunktion als *wichtigste glucogene Aminosäure* (S. 404). Das Kohlenstoffgerüst des von extrahepatischen Geweben freigesetzten Alanins stammt nicht nur aus dem Proteinabbau, sondern auch von Pyruvat, das im Glucosestoffwechsel entsteht (S. 382). Durch Übernahme von Aminogruppen, die beim Abbau z. B. der verzweigtkettigen Aminosäuren, die vorzugsweise in peripheren Geweben verstoffwechselt werden, frei werden, wird Alanin gebildet.

In der Grundsubstanz, der *Zellwand von Bakterien,* dem Murein (S. 130), stellt Alanin mit seiner D- und L-Form einen Hauptbestandteil des Peptidanteils dar. Die Anwesenheit von D-Aminosäuren ist ein wesentliches Charakteristikum der Bakterienzellwand. Bei *Streptococcus faecalis* ist D-Alanin mit 39–50 %, bei *Staphylococcus aureus* mit 67 % vertreten.

Die Wirkung des klinisch häufig angewendeten Antibiotikums *Penicillin* und seiner Derivate beruht auf der Hemmung spezifischer Enzyme der Biosynthese der Bakterienzellwand (S. 131).

Serin und Glycin können leicht ineinander überführt werden

Abbau und Biosynthese. Beim Serinabbau wird durch eine PALP-abhängige *Dehydratase,* die auch Threonin desaminiert, vom α- und β-C-Atom Wasser abgespalten (α-, β-Eliminierung). Das ungesättigte Reaktionsprodukt (Aminoacrylat) lagert sich zur Iminosäure um, die leicht hydrolysiert wird (Abb. 19.4, S. 527). Weiterhin kann Serin durch eine PALP-abhängige Abspaltung der Hydroxymethylgruppe (Aldospaltung, die der Spaltung von Threonin in Acetaldeyhd und Glycin entspricht), die von *Tetrahydrofolsäure* (S. 672) übernommen wird, in Glycin überführt werden. Da es sich hierbei um eine reversible Reaktion handelt, kann Serin auch aus Glycin synthetisiert werden.

Ausgangspunkt der Serinbiosynthese (Abb. 19.45) ist *3-Phosphoglycerat,* ein Zwischenprodukt der Glykolyse. Nach Dehydrierung zu 3-Hydroxypyruvat und Transaminierung zu 3-Phosphoserin wird durch Phosphatabspaltung Serin gebildet. Die Umkehr dieses Wegs wird auch für den Abbau von Serin diskutiert.

Glycin kann – wie bereits erwähnt – durch Übernahme einer Hydroxymethylgruppe von Tetrahydrofolsäure in Serin überführt weden. Weiterhin wird Glycin durch irreversible dehydrierende Desaminierung in *Glyoxylat* umgewandelt. Bei dieser von der D-Aminosäureoxidase katalysierten FAD-abhängigen Reaktion werden Ammoniak und H_2O_2 gebildet (S. 534). Für Glyoxylat bestehen – wie Abb. 19.46, S. 572 zeigt – eine Reihe von Stoffwechselmöglichkeiten:
- die irreversible Dehydrierung zu Oxalat,
- die Hydrierung (durch Lactatdehydrogenase, Xanthinoxidase oder Glykolatoxidase) zu Glykolat,
- die dehydrierende Decarboxylierung zu Formyl-CoA, das Verwendung im C_1-Stoffwechsel findet, und
- die Kondensation mit α-Ketoglutarat.

Letztere Reaktion dient – wie die Koppelung eines Acetatrests an die α-Ketosäure Oxalacetat im Citratcyclus – dem vollständigen Abbau von Glyoxylat. Vorstufen von Glycin können Serin (s. oben), Glyoxylat oder Cholin sein.

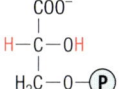

3-Phospho-D-Glycerat

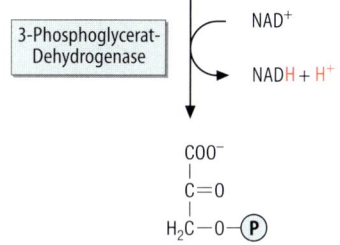

3-Phosphohydroxypyruvat

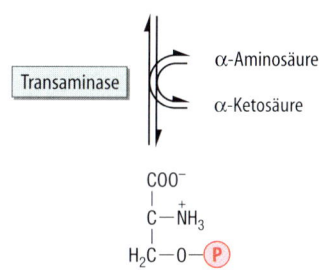

Phospho-L-Serin

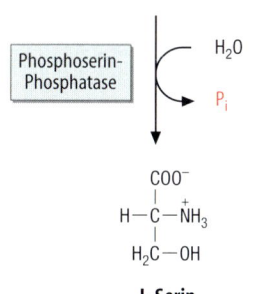

L-Serin

Abb. 19.45 Biosynthese von Serin aus 3-Phosphoglycerat, einem Zwischenprodukt der Glykolyse

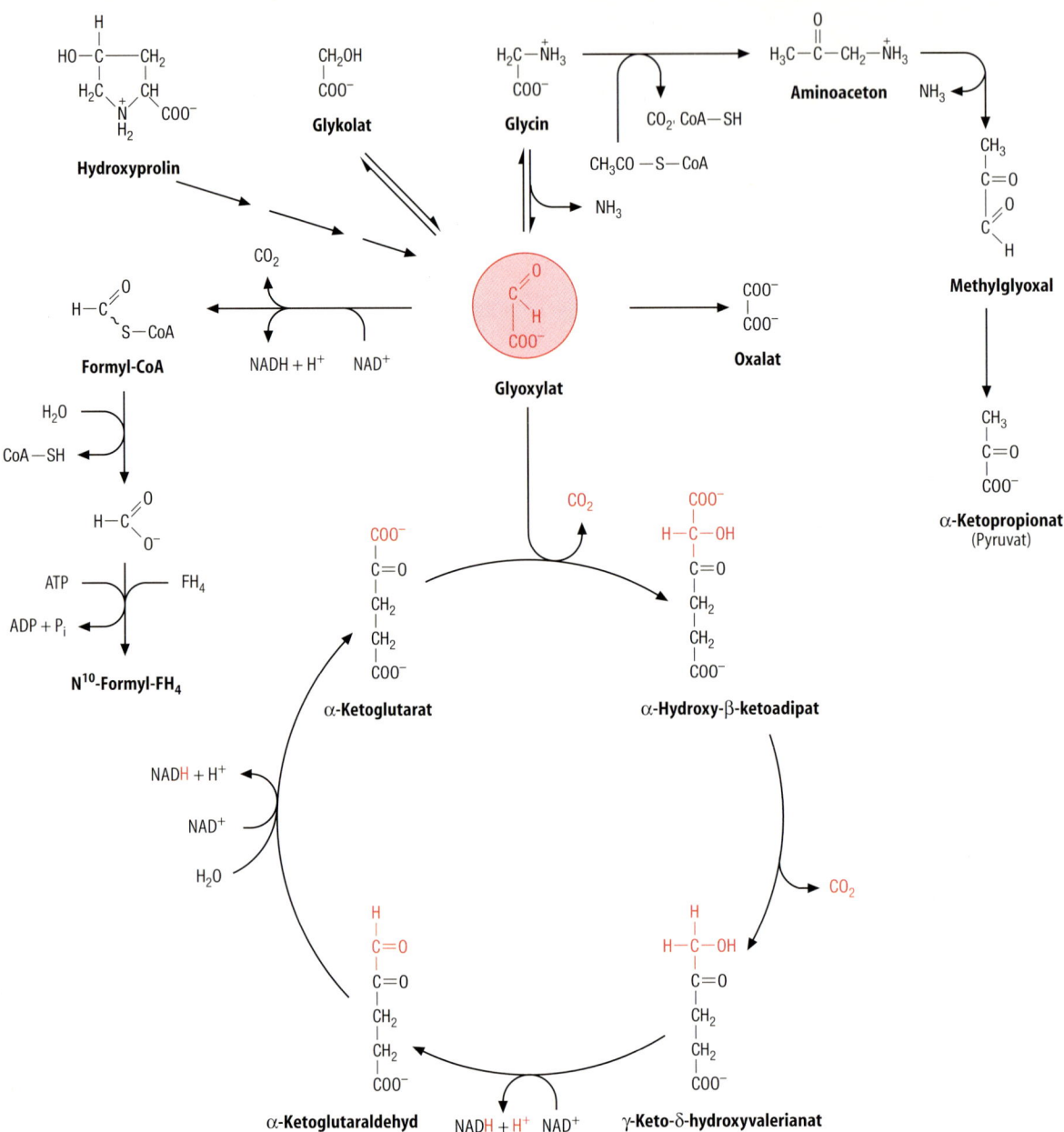

Abb. 19.46 Stoffwechsel von Glyoxylat, das beim Abbau von Glycin und Hydroxyprolin entsteht. Die Umwandlung von Glycin in Glyoxylat erfolgt über die D-Aminosäureoxidase, die Glycinbildung aus Glyoxylat durch eine Transaminase

Stoffwechselbedeutung. Serin dient als Vorstufe der Biosynthese

- der Purinbasen (S. 582),
- von Phospholipiden (S. 457) und
- Cystein (!) (S. 550).

Über die zahlreichen Stoffwechselbedeutungen von Glycin orientiert Tabelle 19.14.

Im Extrazellulärraum liegt Cystein als das Disulfid Cystin vor

Abbau und Biosynthese. Aus *Cystin* wird Cystein durch hydrierende Spaltung der Disulfidbrücke

(Abb. 19.47) freigesetzt und durch α,β-Elimination abgebaut. Produkte des Cysteinabbaus sind Pyruvat und Sulfat, die jeweils auf zwei Wegen entstehen können: Entweder wird durch eine Pyridoxalphosphat-abhängige *Desulfhydrase* vom α- und β-C-Atom H_2S abgespalten. Dabei entsteht Aminoacrylat, das nach Umlagerung zu Iminopropionat zu Pyruvat desaminiert wird (Abb. 19.48). Der freigesetzte Schwefelwasserstoff wird enzymatisch zu *anorganischem Sulfat* unter Bildung von Wasserstoffionen oxidiert, die den überwiegenden Teil der täglich im Stoffwechsel gebildeten Protonen darstellen. Dies erklärt die klinische Beobachtung, daß eine Nahrung mit hohem Protein- (und da-

Tabelle 19.14 Stoffwechselbedeutung von Glycin (Auswahl)

Reaktion	Produkt	Bedeutung des Reaktionsproduktes
Übernahme einer Hydroxymethylgruppe von FH$_4$	*Serin*	Proteinogene Aminosäure
Bildung von Peptidbindungen mit Glutamat und Cystein	*Glutathion*	Transzellulärer Aminosäuretransport, Schutz von SH-Gruppen, Bestandteil der Leukotriene
Kondensation mit Succinyl-CoA	*α-Amino-β-ketoadipinsäure*	Vorstufe bei der Porphyrinbiosynthese (S. 602)
Kondensation mit Phosphoribosylamin	*Glycinamid-ribosyl-5-phosphat*	Biosynthese der Purine (S. 582)
Konjugation mit Cholsäure	*Glykocholsäure*	Gallensäure (S. 1002)
Konjugation mit z. B. Salicylsäure [in Acetylsalicylsäure (Aspirin)] oder Benzoesäure (Konservierungsmitel)	*Glykosalicylsäure*	Entgiftungsreaktionen in der Leber (S. 1031)
Übernahme des Guanidylrests von Arginin	*Guanidinoacetat*	Kreatinbiosynthese (S. 960)

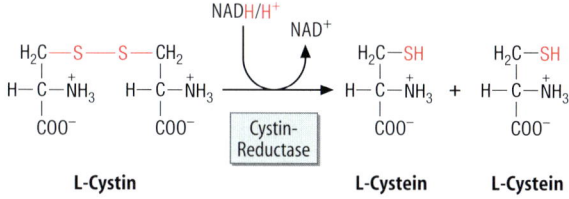

Abb. 19.47 Enzymatische Reduktion von Cystin (vgl. die Gluthationreduktase; Abb. 31.8, S. 890)

mit Methionin- und Cystein-)gehalt eine Ansäuerung des Urins bewirkt.

Alternativ wird Mercaptopyruvat durch *Transaminierung* gebildet, aus dem Pyruvat durch Übertragung des Schwefels aus Sulfit (unter Bildung von Thiosulfat) entsteht.

Sulfat wird entweder nach Aktivierung für Sulfatübertragungen [z. B. sulfatierte Glykosaminoglykane oder Entgiftungsreaktionen (Steroide, Phenole, Indoxyl)] genutzt oder in Begleitung von Kationen in den Urin ausgeschieden (S. 704).

Die einzelnen Schritte der Cysteinbiosynthese wurden bereits auf S. 550 besprochen: Das Schwefelatom von Cystein stammt aus Methionin, Serin stellt das Kohlenstoffskelett und die Aminogruppe. Da Methionin zu den essentiellen Aminosäuren zählt, beeinflußt ein Mangel an dieser Aminosäure auch die Verfügbarkeit von Cystein.

Stoffwechselbedeutung. Cystein kann durch schrittweise Oxidation der SH-Gruppe und anschließende Decarboxylierung in *Taurin* (Aminoethylsulfonsäure) umgewandelt werden, das mit Cholyl-CoA die konjugierte Gallensäure *Taurocholsäure* bildet (Abb. 34.6, S. 1002). Weiterhin ist es Bestandteil der Phäomelanine (S. 755).

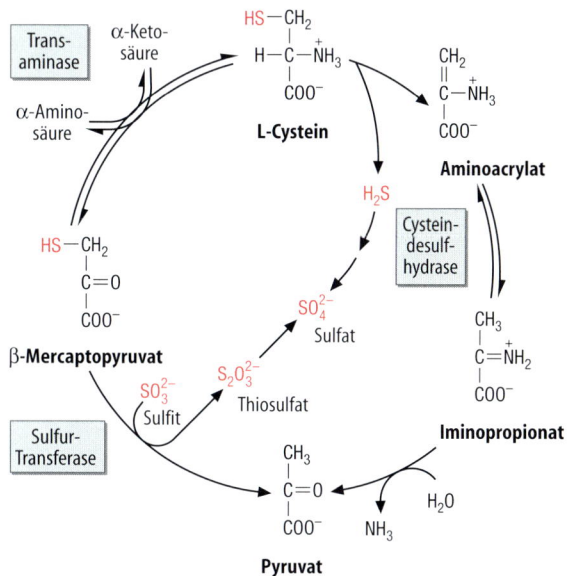

Abb. 19.48 Abbau von Cystein zu Pyruvat und Sulfat: durch Desulfurierung (α, β-Elimination) oder Transaminierung und Schwefelübertragung

Pathobiochemie: Bei der Cystinurie liegt kein Enzymdefekt, sondern ein Transportproteindefekt vor

Der Name Cystinurie ist insofern irreführend, als nicht nur die *intestinale Resorption* und *renale Reabsorption* von Cystin, sondern auch die der Diaminomonocarbonsäuren Lysin, Arginin und Ornithin beeinträchtigt ist. Sie benutzen aufgrund ihrer strukturellen Ähnlichkeit (Abb. 19.49) ein gemeinsames Transportsystem. Infolge der Störung ist insbesondere die Cystinausscheidung bis auf das 20- bis 30fache der Norm erhöht. Weiterhin werden Putrescin und Cadaverin, die durch

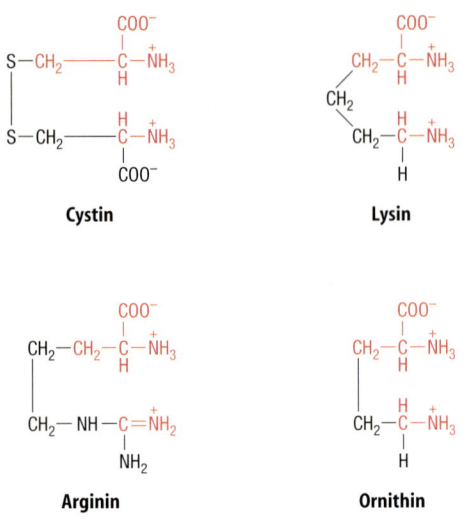

Cystin **Lysin**

Arginin **Ornithin**

Abb. 19.49 Strukturelle Verwandtschaft von Cystin mit den Diaminomonocarbonsäuren Lysin, Arginin und Ornithin

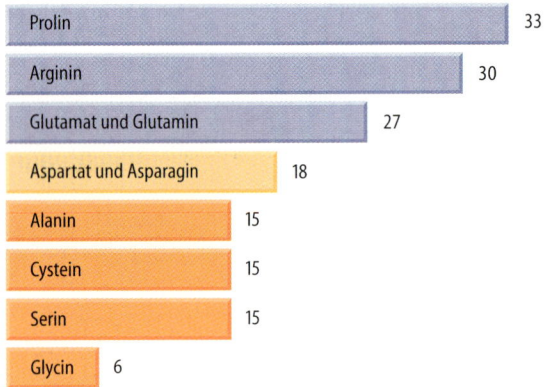

Prolin	33
Arginin	30
Glutamat und Glutamin	27
Aspartat und Asparagin	18
Alanin	15
Cystein	15
Serin	15
Glycin	6

Abb. 19.50 Energiegewinn (in ATP-Äquivalenten) bei der vollständigen Oxidation der nichtessentiellen Aminosäuren (ohne Tyrosin) zu Kohlendioxid und Wasser (vgl. Abb. 19.39, S. 566)

Decarboxylierung aus Arginin bzw. Ornithin im Darm entstehen sowie Homocystein vermehrt ausgeschieden.

Ursache des Defektes sind homozygote oder gemischt-heterozygote Mutationen des rBAT-Gens, das für den 90 kD-*Cystintransporter* codiert.

Der Abbau von Hydroxyprolin entspricht dem Prolinabbau

Abbau und Biosynthese. Der Abbau von Hydroxyprolin entspricht dem Prolinabbau. Zwischenprodukte sind die entsprechenden Hydroxyderivate. Das entstehende γ-*Hydroxyglutamat* wird nach Transaminierung zu γ-Hydroxyketoglutarat in Pyruvat und Glyoxylat gespalten. Hydroxyprolin wird während des Kollagenabbaus freigesetzt und befindet sich im Serum in drei Formen:

- als freie Aminosäure,
- als dialysierbares Hydroxyprolinpeptid und
- als nichtdialysierbares Protein (kollagenähnliches Protein).

Da Hydroxyprolin für die Kollagenbiosynthese nicht reutilisiert werden kann (es wird nur Prolin eingebaut, das anschließend hydroxyliert wird), werden etwa 75 % zu Kohlendioxid und Wasser oxidiert und der Rest unverändert in den Urin ausgeschieden. Die *Hydroxyprolinbestimmung im Urin* kann deshalb Hinweise auf den Kollagenstoffwechsel geben (S. 743). Die Biosynthese erfolgt nur im Peptidverband durch Hydroxylierung von Prolin.

19.4.2 Energiegewinn beim Abbau der nichtessentiellen Aminosäuren

Abbildung 19.50 zeigt die Energieausbeute bei vollständiger Oxidation der nichtessentiellen Aminosäuren. Auch für diese Kalkulation gelten die auf S. 566 (Tabelle 19.10) gemachten Voraussetzungen. Beim Cystein- und Serinabbau wurde der Weg über Pyruvat, beim Glycinabbau der über Glyoxylat gewählt.

19.5 Stoffwechsel der Aminosäuren bei Nahrungskarenz

Bei längerdauernder Nahrungskarenz nimmt die Gluconeogeneserate aus Aminosäuren ab

Da bei mehrtägiger Nahrungskarenz (z. B. bei Fastenkuren) bestimmte Gewebe wie z. B. rote Blutkörperchen und das Nervensystem weiterhin kontinuierlich mit Glucose als Brennstoff versorgt werden müssen (S. 405), ist die Glucosebildung aus *körpereigenen* Vorstufen notwendig, zumal die Glykogenspeicher nach 24–48 h aufgebraucht sind. Wie erwähnt, stehen der Säugetierzelle keine Enzyme zur Verfügung, mit denen sie das beim Abbau geradzahliger Fettsäuren anfallende Acetyl-CoA in einen glucogenen Stoff (wie Pyruvat oder Succinat) umwandeln kann. Die ungeradzahligen Fettsäuren – bei deren Abbau das glucogene Propionyl-CoA anfällt – machen nur einen sehr geringen Anteil des Gesamtfettsäurenpools aus (S. 431). Deshalb muß Glucose aus Stoffen wie Lactat, Pyruvat, Glycerin oder glucogenen Aminosäuren gebildet werden (S. 566). Da die Glucosesynthese aus Lactat und Pyruvat keine Nettoneusynthese (!) von Glucose darstellt, bleiben *nur die Aminosäuren* als Kohlenstoffskelettvorstufen. Andererseits dürfen die Proteine des Organismus – als Quellen der Aminosäuren für die Glucosebildung – nicht zu stark angegriffen werden, da der Mensch den Verlust von ¹/₃ bis ¹/₂ des Körperproteins nicht überlebt. Das stimmt mit der Beobachtung überein, daß die Leber

Tabelle 19.15 Gluconeogenese beim Menschen im postabsorptiven Zustand und bei längerdauernder Nahrungskarenz

Glucoseproduktion			
Tägliche Menge	Mol/Tag	Organ	
		Leber [%]	Niere [%]
Postabsorptiv	0,85–1,70	> 90	< 10
5–6 Wochen Nahrungskarenz	0,45–0,50	55	45

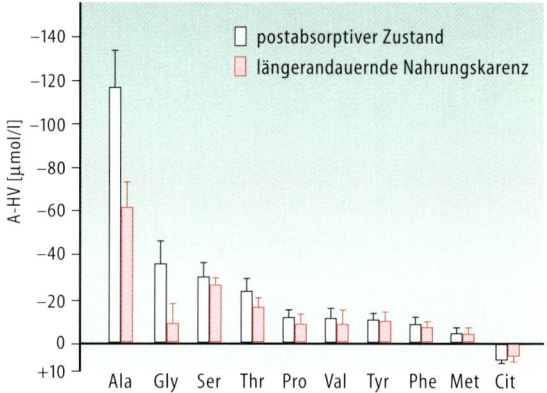

Abb. 19.51 Extraktion von Aminosäuren durch die Leber bei Personen im postabsorptiven Zustand und bei längerdauernder Nahrungskarenz (5–6 Wochen). *A-HV* arteriohepatovenöse Differenz

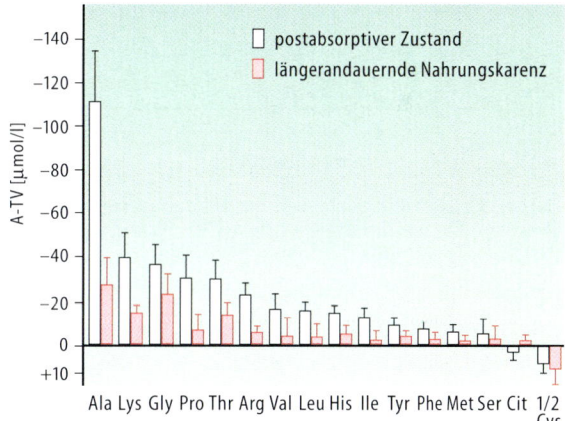

Abb. 19.52 Aminosäurenbilanz im Unterarmmuskel durch Untersuchung des Bluts tiefliegender Venen bei Personen im postabsorptiven Zustand und bei längerdauernder Nahrungskarenz. *A-TV* arterio-tiefvenöse Differenz

nach mehrwöchiger Nahrungskarenz bedeutend weniger Glucose an das Blut abgibt und daß sich das Gehirn an die Oxidation von Ketonkörpern adaptiert (S. 973). Während die tägliche Glucoseproduktion im postabsorptiven Zustand, d.h. nach 16 h Nahrungskarenz, zwischen 0,85 und 1,70 mol liegt, fällt sie bei längerdauernder Nahrungskarenz auf 0,45–0,50 mol. Gleichzeitig nimmt die Bedeutung der Nieren als Glucoseproduzent zu (Tabelle 19.15). Ein Ausdruck der Verringerung der Glucoseproduktion aus Aminosäuren ist die fortschreitende Abnahme der Urinstickstoffausscheidung bis auf Werte von 3 bis 5 g/Tag, d.h. bei längerdauernder Nahrungskarenz werden – da 1 g Stickstoff 6,25 g Protein entspricht – täglich nur noch 20–30 g Protein abgebaut.

Alanin macht die Hälfte der von der Leberarterie extrahierten Aminosäuren aus

Wie kommt nun diese Verringerung der Gluconeogenese bei längerdauernder Nahrungskarenz zustande? Ist die Aufnahme von Aminosäuren in die Leber verringert, gibt die Muskulatur weniger Aminosäuren an das Blut ab oder sind beide Faktoren wichtig? Welche Rolle spielen die bei Nahrungskarenz veränderten Plasmakonzentrationen der Hormone Insulin (erniedrigt) und Glucagon (erhöht) – Zustände, die die Gluconeogenese eher fördern als hemmen (Abb. 28.14, S. 799)? Durch die gleichzeitige Katheterisierung von A. und V. hepatica kann bestimmt werden, welche Aminosäuren in welchen Mengen von der *Leber* aufgenommen oder abgegeben werden. Im postabsorptiven Zustand und längerdauernder Nahrungskarenz werden von der Leber nur 8 Aminosäuren extrahiert, von denen *Alanin* etwa 50 % der Gesamtaminosäurenextraktion ausmacht (Abb. 19.51). Bei den übrigen Aminosäuren halten sich Aufnahme und Abgabe durch die Leber die Waage; nur eine Aminosäure, *Citrullin* (S. 539) wird von der Leber abgegeben.

Vergleicht man die Werte aus Abb. 19.51 mit der Freisetzung von Aminosäuren aus der *Muskulatur,* so ergibt sich das umgekehrte Bild (Abb. 19.52): Alanin wird in weitaus höherem Maß als alle übrigen Aminosäuren freigesetzt. Da Alanin nicht mehr als 10 % der

Aminosäuren der Muskelproteine ausmacht, kann die hohe Alaninfreisetzung nicht auf den Proteinabbau zurückzuführen sein. Obwohl alle Aminosäuren oder zumindest ein Teil ihrer Kohlenstoffgerüste mit Ausnahme von Lysin und Leucin (S. 545) in Glucose überführt werden können, ist Alanin der wesentliche Stoff beim Substratfluß zwischen der Muskulatur – dem aufgrund seiner Größe (40 % des Körpergewichts) wesentlichen peripheren Proteinreservoir des Organismus – und der Leber. Wie bei Alanin besteht auch bei den anderen Aminosäuren eine gute Korrelation zwischen Freisetzung aus der Muskulatur und Aufnahme durch die Leber.

Bei Nahrungskarenz fällt die Plasmakonzentration von Alanin am stärksten ab

Im längerdauernden Hunger zeigt der *Gesamt-α-Aminostickstoff* (bestimmt mit Ninhydrin, S. 42) im Plasma

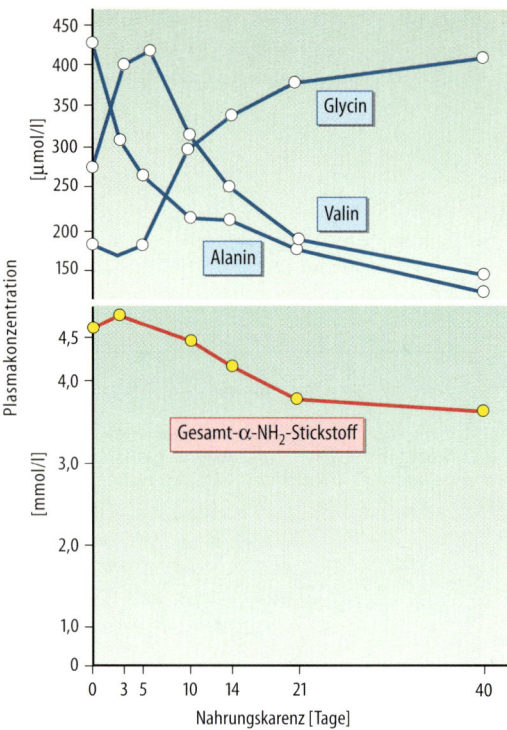

Abb. 19.53 Einfluß längerdauernder Nahrungskarenz auf die Konzentration des Gesamt-α-Aminostickstoffs im Blut und auf die Plasmakonzentration einzelner Aminosäuren

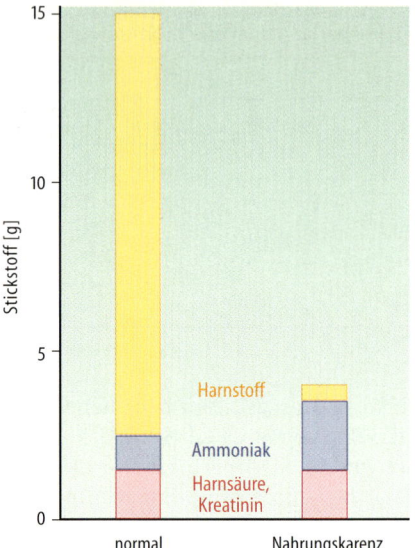

Abb. 19.54 Stickstoffausscheidung mit dem Urin bei normaler Ernährung und bei Nahrungskarenz

einen relativ schwachen Abfall, der erst nach zwei Wochen Werte von 15 bis 20 % annimmt und damit signifikant wird (Abb. 19.53). Schlüsselt man diesen Abfall jedoch nach den Konzentrationsänderungen der einzelnen Aminosäuren auf, so zeigt sich, daß es drei verschiedene Muster der Konzentrationsänderung gibt (Abb. 19.53):

- einen vorübergehenden Anstieg (wie z. B. bei Valin),
- einen kontinuierlichen Abfall (wie bei Alanin) und
- einen verzögerten Anstieg (wie z. B. Glycin).

Die vorübergehende Erhöhung in den ersten 7 bis 10 Tagen betrifft nicht nur Valin, sondern auch die beiden anderen verzweigtkettigen Aminosäuren Leucin und Isoleucin sowie Methionin und α-Aminobutyrat, das beim Abbau von Methionin und Threonin durch Transaminierung von α-Ketobutyrat entsteht (S. 552). Da diese Aminosäuren besonders empfindlich auf veränderte Plasmainsulinkonzentrationen reagieren (S. 796), ist dieser vorübergehende Anstieg wahrscheinlich auf den Abfall der Insulinkonzentration bei Nahrungskarenz zurückzuführen. Wie aus der Verringerung des Gesamt-α-Aminostickstoffs hervorgeht, sinkt die Konzentration der meisten Aminosäuren bei Nahrungskarenz schließlich ab. Dabei ist die Konzentrationsabnahme bei Alanin am stärksten, die Konzentration kann bis zu 70 % unter der im postabsorptiven Zustand liegen. Nach 5–6 Wochen Nahrungskarenz bleibt Alanin zwar die am stärksten von der Leber ex-

trahierte Aminosäure, die Extraktion ist aber in Übereinstimmung mit der verringerten Gluconeogeneserate um 50 % reduziert. Auch die Extraktion von Glycin ist stark herabgesetzt. Dies spricht dafür, daß die Verfügbarkeit von Vorstufen eine entscheidende Funktion bei der Regulation der Gluconeogenese bei Nahrungskarenz besitzt, d. h. daß die *Hypoalaninämie* die Glucosebildung in der Leber herabsetzt. Gestützt wird diese These durch den prompten Anstieg der Blutglucosekonzentration, der durch die Erhöhung des Plasmaalaninspiegels nach intravenöser Verabreichung dieser Aminosäure herbeigeführt werden kann.

Verringerte Freisetzung aus der Muskulatur ist Ursache des Abfalls der Plasmaalaninkonzentration

Es stellt sich die Frage, ob die Hypoalaninämie bei Nahrungskarenz die Folge der verringerten Freisetzung aus der Muskulatur oder der erhöhten Extraktion von Alanin durch ein extrahepatisches Organ ist. Die Untersuchung des Muskelstoffwechsels (Abb. 19.52, S. 575) zeigt, daß die reduzierte Verfügbarkeit von Alanin auf die verringerte Freisetzung aus der Muskulatur zurückzuführen ist. Nach längerdauernder Nahrungskarenz ist die periphere Freisetzung von Alanin und anderen Aminosäuren um 75 % reduziert. Damit ist zumindest für die Muskulatur sicher, daß die Mobilisierung endogener Aminosäuren durch längerdauernde Nahrungskarenz stark herabgesetzt wird.

Bei Nahrungskarenz steigt die Plasmakonzentration von Glycin

Die dritte Möglichkeit, wie sich der Plasmaspiegel einer Aminosäure bei Nahrungskarenz ändern kann, ist ein verzögerter Anstieg, der bei Glycin, Threonin und in geringerem Maß bei Serin auftritt. Der Anstieg des Glycinspiegels wird darauf zurückgeführt, daß weniger Glycin in die Leber aufgenommen wird. Zudem ist Glycin die einzige Aminosäure, deren Freisetzung aus der Muskulatur zwar sinkt, aber nur geringfügig. Das ist darauf zurückzuführen, daß nicht nur die täglich synthetisierte Glucosemenge bei Nahrungskarenz verändert ist, sondern auch der Ort der Gluconeogenese von der Leber zu den *Nieren* verlagert wird.

Glycin ist neben Glutamin eine der wenigen Aminosäuren, die ständig von den Nieren extrahiert werden (S. 1046). Mit erhöhter Glycinkonzentration im Plasma steigt die Glycinextraktion durch die Nieren und der Einbau des Glycinstickstoffs in Ammoniak. Damit im Einklang steht die vier- bis sechsfache Erhöhung der Glycinextraktion durch die Nieren bei längerdauernder Nahrungskarenz. Da die Glycinausscheidung in den Urin nicht verändert ist, wird der Glycinkohlenstoff wahrscheinlich für die Glucosebildung und der Glycinstickstoff für die bei Nahrungskarenz erhöhte Ammoniakbildung verwendet (Abb. 19.54).

Die insulinbedingte Hemmung der Gluconeogenese erfolgt nicht über Alanin

Da *Insulin* die Plasmakonzentration von Aminosäuren senkt (S. 796), erhebt sich in diesem Zusammenhang die Frage, ob die durch Insulin verursachte Hemmung der Gluconeogenese (S. 796) auf einen ähnlichen Mechanismus wie die Hemmung bei längerdauernder Nahrungskarenz zurückgeht oder durch eine direkte Wirkung des Hormons auf die Leber zustandekommt. Dazu muß auf den unterschiedlichen Einfluß des Insulins auf die Plasmakonzentration der einzelnen Aminosäuren eingegangen werden: Stimuliert man die endogene Insulinsekretion durch Glucose, so sinken die Spiegel einzelner Aminosäuren; am stärksten sind dabei – wie erwähnt – die *verzweigtkettigen* und die *aromatischen Aminosäuren Phenylalanin und Tyrosin* betroffen. Dieser Effekt ist wahrscheinlich die Folge einer verringerten Freisetzung dieser Aminosäuren aus der Muskulatur. Gleichzeitig ist die Gesamtextraktion aller Aminosäuren (einschließlich Alanin) durch die Leber um 25 % reduziert. Da der arterielle Spiegel von Alanin, der entscheidenden von der Leber extrahierten Glucosevorstufe, im Gegensatz dazu *nicht* verändert ist, können der Glucose- bzw. Insulineffekt auf die Gluconeogenese nicht durch eine veränderte Substratverfügbarkeit bedingt sein. Trotz des Anstiegs der arteriellen Lactatkonzentration ist auch die Lactatextraktion durch die Leber praktisch auf Null reduziert. Man muß deshalb annehmen, daß der enzymatische Schritt, durch dessen Beeinflussung die Gluconeogenese blockiert wird, auf die Transaminierung von Alanin zu Pyruvat folgt: das regulierte Enzym ist das Paar Phosphofructokinase/Fructose-1,6-Bisphosphatase, das

über Fructose-2,6-bisphosphat reguliert wird (S. 416). Es kann als gesichert gelten, daß die glucoseinduzierte verringerte Alaninaufnahme nicht die Folge einer herabgesetzten Verfügbarkeit ist. Andererseits kann ein Substrateffekt nicht vollständig ausgeschlossen werden, da Insulin ja die Freisetzung einzelner Aminosäuren aus der Muskulatur blockiert.

Abbildung 19.55 zeigt zusammenfassend, daß im postabsorptiven Zustand ein *Nettofluß von Aminosäuren* (v. a. Alanin) *von der Muskulatur zur Leber* herrscht (s. hierzu auch Kapitel 32, S. 963). Unter Bedingungen, bei denen die Erhaltung lebensnotwendigen Körperproteins entscheidend für das Überleben des Menschen ist, nämlich bei längerdauernder Nahrungskarenz, kommt die verringerte Glucosebiosynthese durch ein herabgesetztes Substratangebot zustande. Bei hohem Glucoseangebot und damit hoher Insulinkonzentration wird die Gluconeogenese wahrscheinlich durch die Blockierung der Aufnahme von Glucosevorstufen – durch Regulation auf Phosphofructokinase-/Fructose-1,6-Bisphosphatase-Ebene (S. 416) – in die Leber gehemmt.

postabsorptiver Zustand

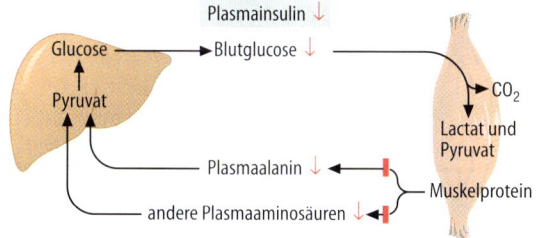

Zustand bei Nahrungskarenz (4-6 Wochen)

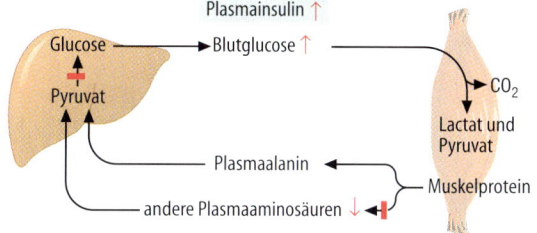

Zustand nach Glucoseinfusion

Abb. 19.55 Einfluß von Substraten und Hormonen auf die Gluconeogenese beim Menschen. Die *Balken* zeigen die postulierten Stellen, an denen die Regulation erfolgt

RESÜMEE

Für die tägliche Synthese von etwa 300 g Protein in unserem Organismus werden ständig Aminosäuren benötigt. Diese werden dem Aminosäure-Pool entnommen, in den die beim Proteinabbau freiwerdenden Aminosäuren fließen. Da aber unser Körper ständig Proteine verliert, müssen essentielle Aminosäuren mit der Nahrung aufgenommen werden, nichtessentielle Aminosäuren können dagegen aus anderen Substanzen im Stoffwechsel der Zelle synthetisiert werden.

Neben ihrer Funktion als Proteinbausteine dienen einzelne Aminosäuren als Neurotransmitter und als Vorstufen biogener Amine. Über Aminosäuren gelangt Stickstoff durch Transaminierung in andere Verbindungen wie Purine, Pyrimidine, Porphyrine oder Kreatinphosphat, auch Stickmonoxid wird aus einer Aminosäure gebildet.

Liegt ein Überschuß von Aminosäuren vor, so können diese nicht gespeichert werden und müssen abgebaut werden. Obwohl die Leber das Zentrum des Aminosäurestoffwechsels darstellt, weisen alle übrigen Organe einen intensiven Aminosäurestoffwechsel auf, der in Abhängigkeit von der Organfunktion spezialisiert sein kann. Da nicht alle Enzyme in allen Geweben gebildet werden, sind koordinierte Wechselwirkungen zwischen einzelnen Organen wie Leber, Muskel und Nieren zur Aufrechterhaltung der Homöostase erforderlich.

Aufgrund ihrer Ähnlichkeit mit Fettsäuren entsprechen einzelne Abbauschritte denen des Fettsäureabbaues. Je nach Struktur der Aminosäure werden die Abbauprodukte entweder in den Citratcyclus eingeschleust oder dienen der Gluconeogenese. Aminogruppen-Stickstoff wird entweder in Glutamat „gesammelt", das die Drehscheibe des Aminosäurestoffwechsels darstellt, oder als Ammoniak freigesetzt. Überschüssiger Ammoniak wird in einem – auf zwei Zellkompartimente verteilten – cyclischen Prozeß in der Leber in Harnstoff (30 g/Tag) überführt, der über die Nieren ausgeschieden wird. Störungen der Funktion des Hepatocyten können zu einer Beeinträchtigung des Harnstoffcyclus führen, so daß die Konzentration von Ammoniak im Blut ansteigt, was aufgrund seiner neurotoxischen Wirkung zu einer Beeinträchtigung der Gehirnfunktion bis hin zum Koma führen kann.

Änderungen der Proteinbiosyntheserate in einzelnen Organen als Reaktion des Organismus auf veränderte Umweltbedingungen (z. B. Training bei Langläufern) ziehen Änderungen des Aminosäurestoffwechsels nach sich, die einer hormonellen Regulation unterliegen. Auch bei längerer Nahrungskarenz tritt eine hormonell regulierte Umstellung des Aminosäurestoffwechsels auf.

Alle Enzyme und Transportproteine des Aminosäurestoffwechsels können von Mutationen betroffen sein. Die Phenylketonurie stellt die häufigste genetische Anomalie des Aminosäurestoffwechsels dar. Eine von 50 Individuen in unserer Population trägt ein defektes Allel. Da über 60 verschiedene Mutationen im Phenylalaninhydroxylasegen bekannt sind, haben viele Patienten mit Phenylketonurie zwei verschiedene defekte Allele von ihren Eltern geerbt, sind also gemischt-heterozygot. Durch Reihenuntersuchungen von Neugeborenen kann die Krankheit rechtzeitig entdeckt und den früher obligaten Schädigungen des Gehirns durch eine entsprechende Ernährung vorgebeugt werden. Diese Entwicklung stellt einen eindrucksvollen Beleg dafür dar, wie durch rechtzeitige Diagnose und entsprechende Therapie die Manifestation einer Erkrankung verhindert werden kann.

Literatur

Original- und Übersichtsarbeiten

Batshaw ML (1994) Inborn errors of urea synthesis. Ann Neurol 35: 133–141

Belongia EA et al (1992) The eosinophilia-myalgia syndrome and tryptophan. Annu Rev Nutr 12: 235–256

Casero RA, Pegg AE (1993) Spermidine/Spermine N1-acetyltransferase – the turning point in polyamine metabolism. FASEB J 7: 653–661

Cooper AJL (1994) Ammonia metabolism in mammals. Interorgan relationships. In: Cirrhosis, Hyperammonemia and Hepatic encephalopathy (Grisolia S, Felipo V eds) Plenum Press New York, p 21–37

Dudman NP et al (1993) Disordered methionine/homocysteine metabolism in premature vascular disease: its occurence, cofactor therapy and enzymology. Arterioscler Thromb 13: 1253–1260

Eisensmith RC et al (1992) Multiple origins for phenylketonuria in Europe. Amer J Hum Genet 51: 1355–1365

Fuller MF et al (1994) Amino acid losses in ileostomy fluid on a protein free diet. Amer J Clin Nutr 59: 70–73

Graham TC, MacLean DA (1992) Ammonia and amino acid metabolism in human skeletal muscle during exercise. Can J Physiol Pharmacol 70: 132–141

Harris RA et al (1994) Regulation of branched chain amino acid catabolism. J Nutr 124: 1499 S–1502 S

Häussinger D et al (1992) Hepatocyte heterogeneity in the metabolism of amino acids and ammonia. Enzyme 46: 72–93

Jungas RL et al (1992) Quantitative analysis of amino acid oxidation and related gluconeogeneis in humans. Physiol Rev 72: 419–448

Kaufman S (1993) The tetrahydrobiopterin dependent systems. Annu Rev Nutr 13: 261–286

McGivan JD, Pastor-Anglada M (1994) Regulatory and molecular aspects of mammalian amino acid transport. Biochem J 299: 321–334

Moncada S, Higgs A (1993) The L-Arginine-nitric oxide pathway. New Engl J Med 329: 2002–2012

Neu J et al (1996) Glutamine nutrition and metabolism: Where do we go from here. FASEB J 10: 829–837

Patel MS, Harris RA (1995) Mammalian α-keto acid dehydrogenase complexes: gene regulation and genetic defects. FASEB J 9: 1164–1172

Rennie MJ et al (1994) Glutamine transport and its metabolic effects. J Nutr 14: 1503 S–1508 S

Reyes AA et al (1994) Role of arginine in health and disease. Amer J Physiol 267: F 331–F 346

Schwarcz R (1993) Metabolism and function of brain kynurenins. Biochem Soc Transact 21: 77–82

Watford M (1993) Hepatic glutaminase expression: relationship to kidney-type glutaminase and to the urea cycle. FASEB J 7: 1468–1474

Georg Löffler

Stoffwechsel der Purine und Pyrimidine

Purine und Pyrimidine sind biochemisch ganz besonders interessante Moleküle, da sie als Bausteine von Coenzymen wichtige Aufgaben haben und außerdem als Polynucleotide die Funktion der Informationsspeicherung und -weitergabe in biologischen Systemen übernommen haben.

Die Aufklärung der Biosynthese der Purin- und Pyrimidinbasen und -nucleotide ist eine Meisterleistung der biochemischen Forschung nach dem 2. Weltkrieg gewesen. Einfache Bausteine dienen als Substrate für diese Biosynthese, wobei häufig die Form der reaktionsfreudigeren Nucleotide als Zwischenprodukte benutzt wird. Aus der Kenntnis der Biosynthesewege ergab sich nicht nur ein tieferes Verständnis für die Regulation dieses Vorgangs, sondern fanden sich auch Ansatzpunkte zur erfolgreichen Entwicklung von Arzneimitteln, die durch Beeinträchtigung der Purin- bzw. Pyrimidinbiosynthese als Cytostatika verwendet werden. Darüber hinaus hat sich die Möglichkeit zur Entwicklung von Arzneimitteln eröffnet, die für die Behandlung der Gicht als einer der klassischen, seit Jahrtausenden bekannten und gefürchteten Erkrankungen des Menschen eingesetzt werden können.

Harnsäure ist beim Menschen und vielen Säugern das Endprodukt des Purinstoffwechsels. Kristalle wie die hier dargestellten können sich z. B. in Gelenken ablagern und zum Krankheitsbild der Gicht führen.
(Bild: A. Holstege, Universität Regensburg)

20.1 Biosynthese der Purine und Pyrimidine

20.1.1 Biosynthese von Purinnucleotiden

Der Purinkern wird aus Glutamin, Aspartat, Glycin sowie Formiat und HCO$_3^-$ aufgebaut

Die ersten Einblicke in den komplizierten Reaktionsmechanismus der Purinbiosynthese wurden schon in den 50er Jahren gewonnen. Durch Einsatz radioaktiv markierter Verbindungen, die als Ausgangspunkte für die Biosynthese verwendet wurden, konnte die Herkunft der einzelnen am Aufbau des Puringerüstes beteiligten C- und N-Atome nachgewiesen werden (Abb. 20.1). So stammen die C-Atome 4 und 5 sowie das N-Atom 7 von *Glycin* ab. Bei den N-Atomen 3 und 9 handelt es sich um den Amidstickstoff des *Glutamins*, wohingegen das N-Atom 1 vom Aminostickstoff des *Aspartats* abstammt. Die C-Atome 2 und 8 werden durch *Formyltetrahydrofolat* (S. 671) bereitgestellt, das C-Atom 6 aus *CO$_2$*.

Der Purinkern wird als Ribonucleotid synthetisiert

Obwohl bekannt war, aus welchen Bausteinen der Purinkern synthetisiert wird, wurde der Mechanismus

dieser Biosynthese erst verständlich, als gezeigt werden konnte, daß entgegen den Erwartungen nicht zuerst der Purinring synthetisiert und danach die N-glykosidische Bindung mit Ribose geknüpft wird. Die Biosynthese erfolgt vielmehr von der ersten Reaktion an in Form eines zunächst offenen, später ringförmigen *Ribonucleotids*, das wesentlich reaktionsfähiger ist als die Bausteine der Purinbasen allein. Die Einzelheiten der Reaktionssequenz sind in Abb. 20.2 und 20.3 dargestellt. Die Biosynthese beginnt mit der Pyrophosphorylierung von *D-Ribose-5-phosphat* (Abb. 20.2). Diese Reaktion ist insofern ungewöhnlich, als eine aus dem β- und γ-Phosphat des ATP bestehende Pyrophosphatgruppe auf Ribose-5-phosphat übertragen wird. Das entstehende *α-5-Phosphoribosyl-1-pyrophosphat* (PRPP) ist der Ausgangspunkt für die weitere Nucleotidbiosynthese. Sie finden in gleicher Weise bei Pro- und Eukaryonten statt.

D-Ribose-5-phosphat

ATP

AMP

α-5-Phosphoribosyl-1-pyrophosphat (PRPP)

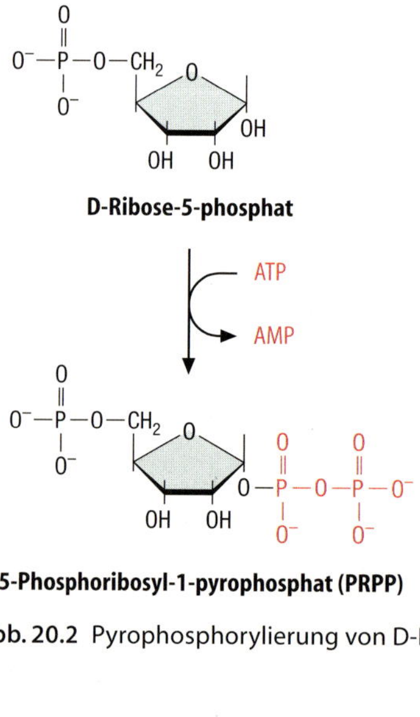

Abb. 20.2 Pyrophosphorylierung von D-Ribose-5-phosphat

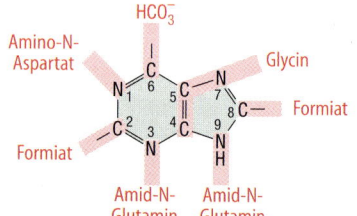

Abb. 20.1 Herkunft der Kohlenstoff- und Stickstoffatome im Purinkern

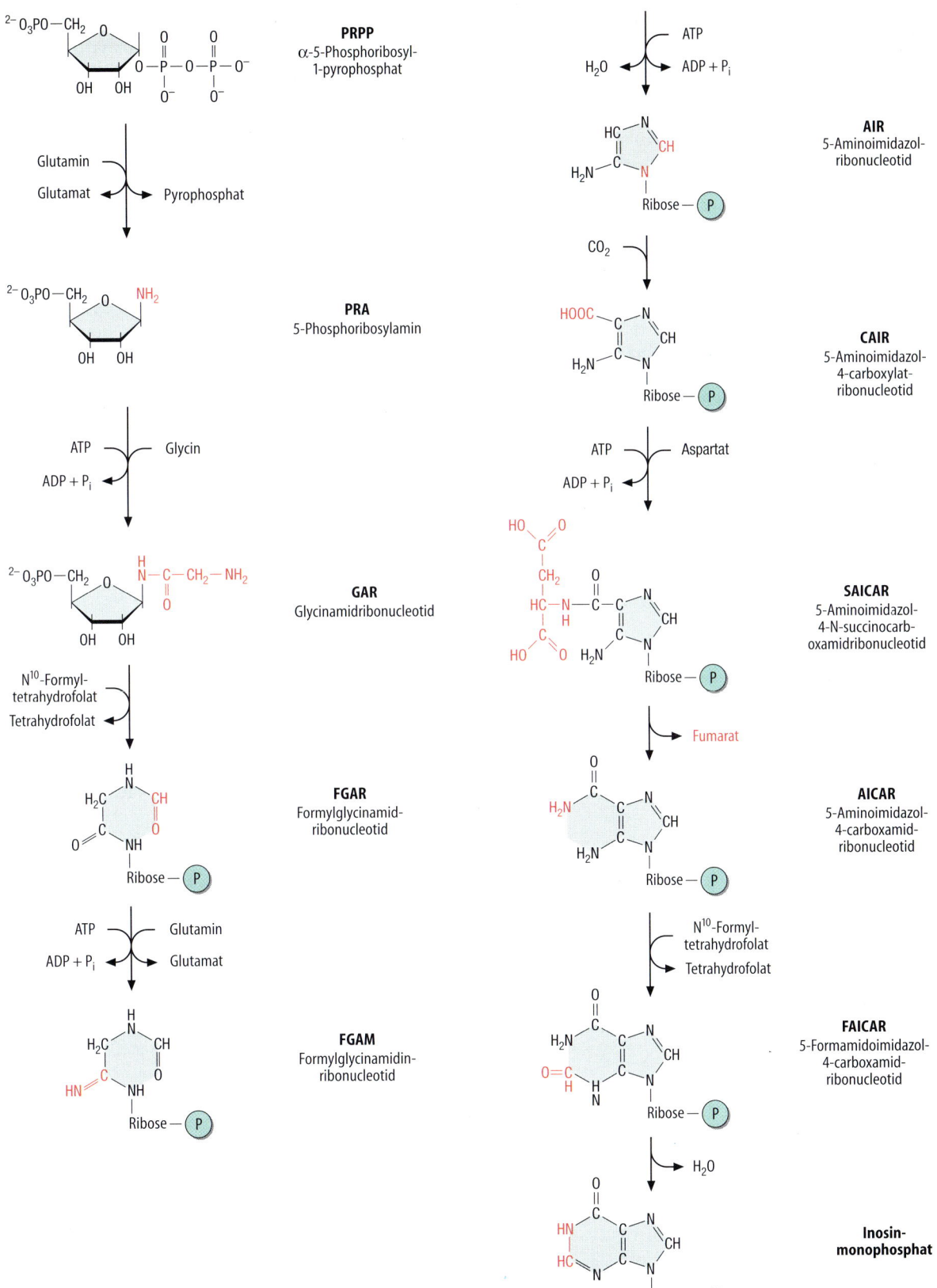

PRPP
α-5-Phosphoribosyl-
1-pyrophosphat

PRA
5-Phosphoribosylamin

GAR
Glycinamidribonucleotid

FGAR
Formylglycinamid-
ribonucleotid

FGAM
Formylglycinamidin-
ribonucleotid

AIR
5-Aminoimidazol-
ribonucleotid

CAIR
5-Aminoimidazol-
4-carboxylat-
ribonucleotid

SAICAR
5-Aminoimidazol-
4-N-succinocarb-
oxamidribonucleotid

AICAR
5-Aminoimidazol-
4-carboxamid-
ribonucleotid

FAICAR
5-Formamidoimidazol-
4-carboxamid-
ribonucleotid

**Inosin-
monophosphat**

Abb. 20.3 Reaktionen der Purinbiosynthese. (Einzelheiten s. Text)

Zunächst erfolgt die Anlagerung einer Aminogruppe in Stellung 1 des PRPP. Der Stickstoff entstammt dem Amidstickstoff des Glutamins und wird unter Abspaltung der Pyrophosphatgruppe angelagert, so daß *α-5-Phosphoribosylamin* (PRA) entsteht (Reaktion 1). An es wird in einer ATP-abhängigen Reaktion eine Säureamidbindung zwischen der Aminogruppe des 5-Phosphoribosylamins und der Carboxylgruppe des Glycins geknüpft. Die N-glykosidische Bindung des entstehenden *Glycinamidribonucleotids* (GAR) liegt in der β-anomeren Form vor. Es enthält bereits die Atome 4, 5, 7 und 9 des Purinrings. In der nächsten Reaktion wird das C-Atom 8 an die freie Aminogruppe des GAR angelagert. Es wird als Formylrest durch N^{10}-Formyltetrahydrofolat übertragen, wobei *Formylglycinamid-Ribonucleotid* (FGAR) entsteht. In einer ATP-abhängigen Reaktion erfolgt nun die Amidierung des C-Atoms 4, des ursprünglichen Carboxyl-C-Atoms des Glycins. Der Stickstoff stammt wiederum vom Amidstickstoff des Glutamins, das dabei in Glutamat übergeht. Es

entsteht *Formylglycinamidin-Ribonucleotid* (FGAM). Nun kann in einer weiteren ATP-abhängigen Reaktion der Ringschluß zwischen dem C-Atom 8 und dem N-Atom 9 unter Wasserabspaltung erfolgen. Es entsteht dabei *Aminoimidazol-ribosyl-5-phosphat* (AIR). An dieses wird in einer reversiblen Reaktion CO_2 angelagert, womit auch das C-Atom 6 des Purinkörpers gebildet ist und das *4-Carboxy-5-aminoimidazol-ribonucleotid* (CAIR) entsteht. Auffallenderweise erfolgt die Carboxylierung mit freiem CO_2 ohne Einschaltung von Biotin. In einer weiteren ATP-abhängigen Reaktion wird nun am C-Atom 6 Aspartat angelagert, so daß *5-Aminoimidazol-4-N-succinocarboxamid-ribonucleotid (SAICAR)* entsteht. Von dieser Verbindung wird Fumarat abgespalten, so daß nun auch das N-Atom 1 des Purinskeletts angeheftet ist und *5-Aminoimidazol-4-carboxamid-ribonucleotid* (AICAR) entstanden ist. Diese Art der Übertragung einer Aminogruppe kommt auch bei verschiedenen Reaktionen des Aminosäurestoffwechsels und beim Harnstoffcyclus (S. 536) vor. Fumarat stellt gewissermaßen das Trägermolekül für die Aminogruppe dar.

Das noch fehlende C-Atom 2 wird erneut in Form eines Formylrestes durch N^{10}-Formyltetrahydrofolat an das N-Atom 3 angelagert, so daß *5-Formamidoimidazol-4-carboxamid-ribonucleotid* (FAICAR) entsteht. Durch einfache Wasserabspaltung zwischen dem C-Atom 2 und dem N-Atom 1 erfolgt der Schluß des zweiten Rings, wobei *Inosinmonophosphat* (IMP, Inosinsäure) gebildet wird.

Dieser Purinkörper ist der Ausgangspunkt für die Synthese der anderen Purinnucleotide Adenosinmonophosphat (AMP, Adenylsäure) und Guanosinmonophosphat (GMP, Guanylsäure).

Wie der Abb. 20.4 zu entnehmen ist, ist zur AMP-Biosynthese der Ersatz des Sauerstoffs am C-Atom 6 des IMP durch eine Aminogruppe notwendig. Wieder ist *Aspartat* der Donor der Aminogruppe. Dieses wird zunächst in einer GTP-abhängigen Reaktion unter Wasserabspaltung an das C-Atom geheftet. Es entsteht das *Adenylosuccinat* oder Succinoadeninnucleotid. Durch Abspaltung von Fumarat wird nun *Adenosinmonophosphat* (AMP) gebildet. Zur Bildung von GMP ist zunächst die Oxidation von IMP am C-Atom 2 notwendig. Diese erfolgt durch eine mischfunktionelle Monooxygenase (S. 509). Es entsteht Xanthosinmonophosphat (Xanthylsäure), an dessen C-Atom 2 in einer ATP-abhängigen Reaktion unter Bildung von *Guanosinmonophosphat* eine Aminogruppe geheftet wird. Der Stickstoff entstammt dem Amidstickstoff des Glutamins.

Für die Überführung von AMP und GMP in die entsprechenden Di- und Triphosphate steht eine Reihe von transphosphorylierenden Reaktionen zur Verfügung:

$$GMP + ATP \rightleftharpoons GDP + ADP$$
$$GDP + ATP \rightleftharpoons GTP + ADP$$

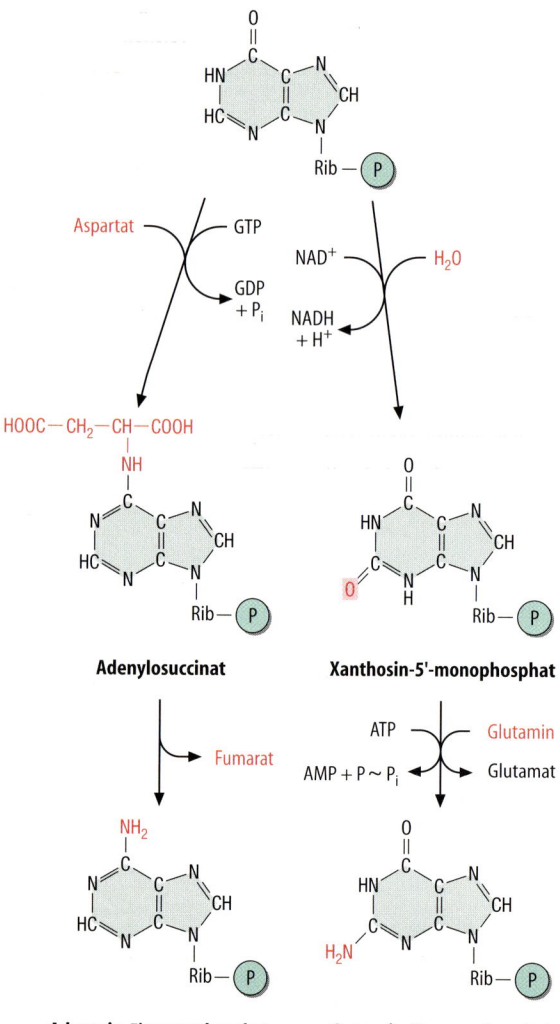

Abb. 20.4 Biosynthesen von AMP und GMP aus IMP

Tabelle 20.1
Gene und Enzyme der Purinnucleo-
tid-Synthese

Schritt	Enzym	Gen	Chromosom
1	Glutamin-PRPP-Amidotransferase	GPAT	4
2	GAR-Synthetase	GART	21
3	GAR-Transformylase	GART	21
4	FGAM-Synthetase	FGAMS	14
5	AIR-Synthetase	GART	21
6	AIR-Carboxylase	AIRC	4
7	SAICAR-Synthetase	AIRC	4
8	Adenylatsuccinatlyase	ASL	22
9	AICAR-Transformylase	IMPS	2
10	IMP-Cyclohydrolase	IMPS	2
11	Adenylosuccinat-Synthetase	ADSS	1
12	Adenylosuccinatlyase	ASL	22

GAR 5'-Phosphoribosyl-glycinamid; *FGAM* 5'-Phosphoribosyl-N-formylglycinamidin;
AICAR 5'-Phosphoribosyl-4-carboxamid-5-aminoimidazol.

Drei multifunktionelle Enzyme sind bei höheren Eukaryonten an der Purinbiosynthese beteiligt

Eine große Zahl von Untersuchungen hat gezeigt, daß die oben geschilderten Reaktionssequenzen für die Biosynthese von Purinnucleotiden bei Pro- und Eukaryonten identisch sind. Bei Prokaryonten sind inzwischen sämtliche Enzyme für die 12 benötigten Reaktionen isoliert und charakterisiert worden. Wie aus Tabelle 20.1 zu entnehmen ist, sind beim Menschen und anderen Vertebraten drei multifunktionelle Enzyme an der Purinnucleotid-Biosynthese beteiligt.

- So codiert das GART-Gen für ein multifunktionelles Protein mit einer GAR-Synthetase-, GAR-Transformylase- und AIR-Synthetase-Aktivität.
- AIR-Carboxylase und SAICAR-Synthetase werden durch das AIRC-Gen codiert,
- die AICAR-Transformylase und IMP-Cyclohydrolase schließlich durch das IMPS-Gen.

Lediglich der erste Schritt der Biosynthesekette, die Glutamin-PRPP-Amidotransferase, und die Adenylosuccinat-Synthetase stellen monofunktionelle Proteine dar. Die Adenylosuccinatlyase katalysiert jedoch die Reaktionen 8 und 12 der Purinbiosynthese, ist also für zwei Reaktionen verantwortlich.

Die Enzyme der Purinbiosynthese sind ein weiteres eindrucksvolles Beispiel für die in höheren Eukaryonten zu findende Tendenz, die Enzyme für längere Biosynthesen als multifunktionelle Proteine zusammenzufassen und damit unter die Kontrolle nur eines Promotors zu bringen (s. auch S. 436, 591).

Sechs bzw. sieben ATP werden für die Biosynthese von AMP bzw. GMP benötigt

In Tabelle 20.2 ist der für die Purinbiosynthese benötigte Energieverbrauch zusammengestellt. In der ersten Sequenz biosynthetischer Reaktionen, die zum

Tabelle 20.2 Energieverbrauch bei der Purinbiosynthese

Biosynthese von	Benötigtes Nucleotid	Zahl der benötigten energie-reichen Bindungen	kJ/mol
PRPP	ATP	2	60
Glycinamidribonucleotid	ATP	1	30
N-Formylglycinamidin-ribonucleotid	ATP	1	30
5-Aminoimidazol-4-N-succinocarboxamid-ribonucleotid	ATP	1	30
Adenylosuccinat	GTP	1	30
Guanosinmonophosphat	ATP	2	30
Gesamtverbrauch für die Biosynthese von IMP	4 ATP	5	150
Gesamtverbrauch für die Biosynthese von AMP	4 ATP + 1 GTP	6	180
Gesamtverbrauch für die Biosynthese von GMP	5 ATP	7	210

IMP führt, werden insgesamt 4 mol ATP, jedoch 5 energiereiche Bindungen benötigt. Unter Standardbedingungen entspräche dies einem energetischen Äquivalent von 150 kJ/mol IMP. Zur Biosynthese von AMP wird eine weitere energiereiche Bindung in Form von GTP benötigt, so daß insgesamt sechs energiereiche Bindungen, entsprechen 180 kJ/mol, verbraucht werden. Die Biosynthese von GMP aus IMP erfordert zwei energiereiche Bindungen, die durch ein ATP zur Verfügung gestellt werden. Pro Mol GMP müssen also insgesamt 210 kJ aufgebracht werden.

Zur Biosynthese der Mononucleotide werden also beträchtliche Mengen an Energie benötigt. Dies ist deswegen von Bedeutung, weil der Organismus nicht imstande ist, das Purinskelett vollständig zu oxidieren, womit wenigstens ein Teil der für die Biosynthese aufgewendeten energiereichen Bindungen wieder zurückgewonnen werden könnte.

20.1.2 Biosynthese von Pyrimidinnucleotiden

Aspartat und Carbamylphosphat liefern die C- und N-Atome des Pyrimidinkerns

Abbildung 20.5 gibt die Einzelreaktionen der Pyrimidinbiosynthese wieder. Während bei der Purinbiosynthese Glycin das Skelett des entstehenden Purinkörpers darstellt, setzt sich dieses bei der Pyrimidinbiosynthese aus *Aspartat* und *Carbamylphosphat* zusammen. Carbamylphosphat ist damit der Ausgangspunkt für zwei wichtige biosynthetische Stoffwechselwege: die Harnstoff- (S. 536) und die Pyrimidinbiosynthese.

Durch Kondensation von Aspartat mit Carbamylphosphat entsteht *Carbamylaspartat* (Ureidosuccinat), das damit bereits die Atome 1–6 des Pyrimidinskeletts enthält. Durch Wasserabspaltung zwischen dem N-Atom 1 sowie dem C-Atom 6 des Carbamylaspartats entsteht *Dihydroorotat*. Damit ist das Grundskelett der Pyrimidine synthetisiert. Durch die Dihydroorotat-Dehydrogenase wird *Orotat* gebildet. Erst auf dieser Stufe wird ein Nucleotid durch Anlagerung von Phosphoribosylpyrophosphat gebildet. Im Gegensatz zur Purinbiosynthese, die ja von Anfang an in Form des entsprechenden Nucleotids erfolgt, kommt es also bei der Pyrimidinbiosynthese erst relativ spät zur Anlagerung des Ribosephosphates. Durch Decarboxylierung von Orotidin-5-monophosphat (OMP) wird *Uridinmonophosphat* gebildet, das den Grundbaustein für die anderen Nucleotide der Pyrimidinreihe abgibt.

Abbildung 20.6 gibt einen Überblick über die Biosynthese weiterer Pyrimidinnucleotide aus Uridinmonophosphat. Dieses kann in zwei ATP-abhängigen Reaktionen zu *Uridindiphosphat* (UDP) und *Uridintriphosphat* (UTP) phosphoryliert werden. In einer Glutamin-abhängigen Reaktion wird eine Aminogruppe an das C-Atom 6 des UTP geheftet, wobei *Cytidintriphosphat* (CTP) entsteht. Über die Biosynthese von Thymidinnucleotiden s. S. 589.

Auch für die Pyrimidinbiosynthese werden multifunktionelle Enzyme verwendet

Im Gegensatz zu Prokaryonten und niederen Eukaryonten werden bei Vertebraten für die sechs Biosynthesereaktionen der Pyrimidinbiosynthese ledig-

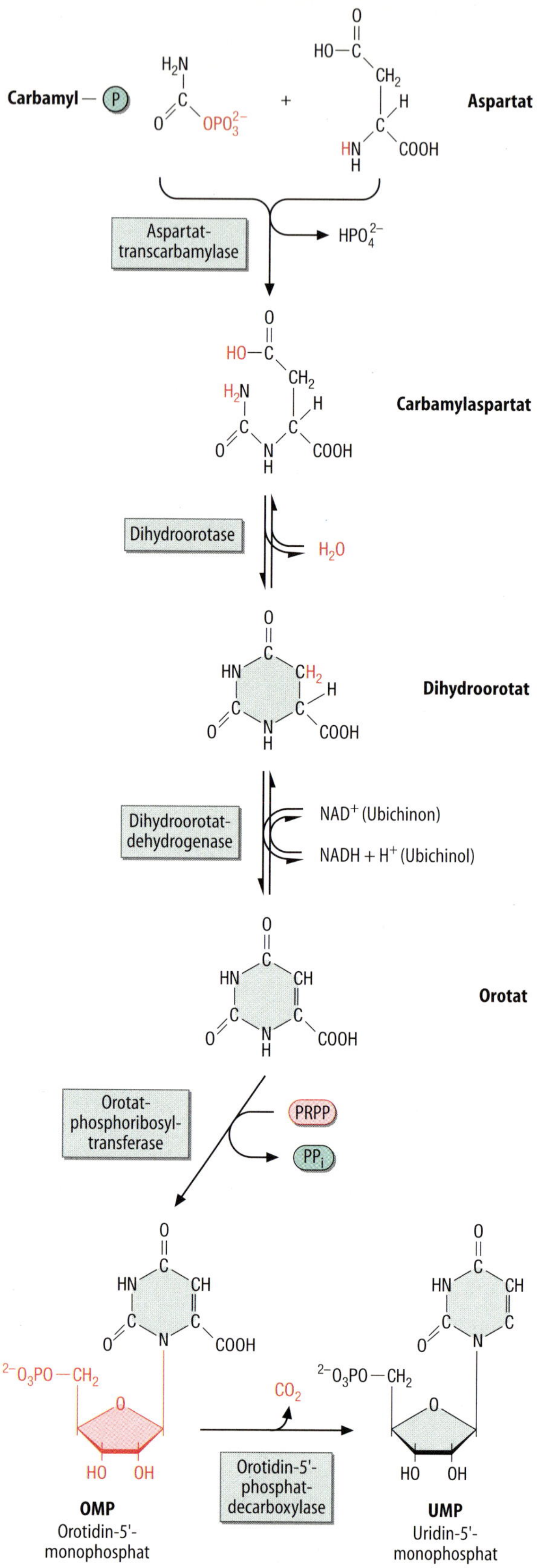

Abb. 20.5 Reaktionen der Pyrimidinbiosynthese

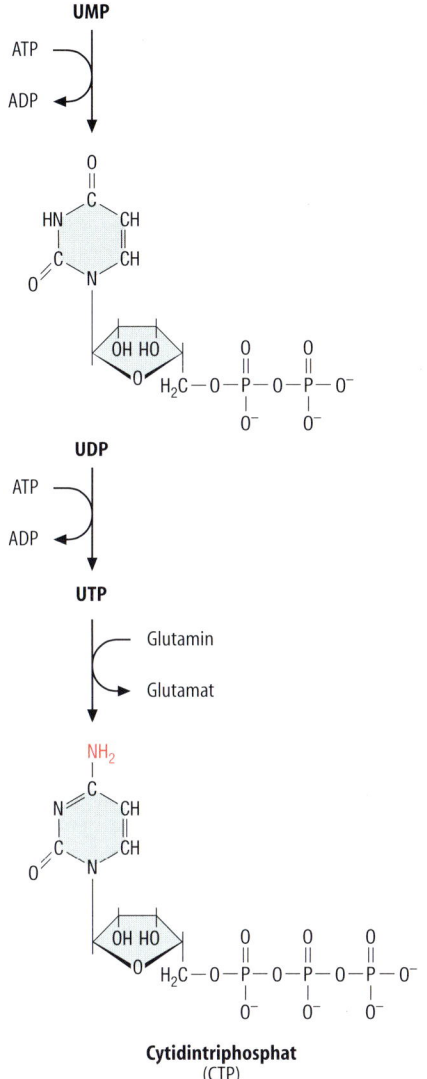

Abb. 20.6 Biosynthese von Uridin- und Cytidinnucleotiden

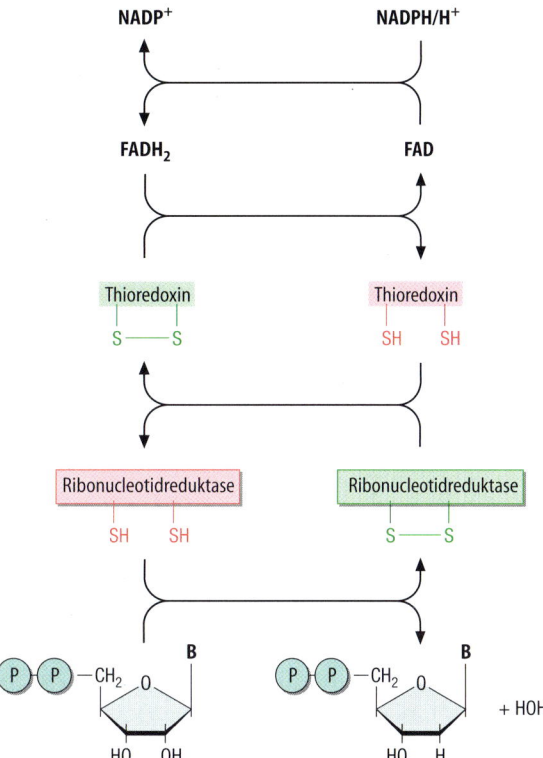

Abb. 20.7 Herkunft des Wasserstoffs für die Biosynthese von Desoxyribonucleotiden. (Einzelheiten s. Text)

Die **Dihydroorotat-Dehydrogenase** ist ein einzelnes Enzym, dagegen wird für die letzten beiden Reaktionen wieder ein multifunktionelles Protein benötigt, dessen eine Domäne die **Orotatphosphoribosyltransferase-Aktivität** trägt, die andere die **OMP-Decarboxylase**.

20.1.3 Biosynthese von Desoxyribonucleotiden

Die Ribonucleotidreduktase katalysiert die Oxidation des Riboserestes von Ribonucleotiden zum Desoxyriboserest

Ein entscheidender Schritt für alle Reaktionen, bei denen DNA synthetisiert wird (Kapitel 9, S. 205 ff.) ist die Umwandlung von Ribonucleotiden zu Desoxyribonucleotiden. Das hierfür verantwortliche Enzym ist die **Ribonucleotid-Reduktase**. Die Summengleichung der von diesem Enzym katalysierten Reaktion lautet:

Ribonucleotiddiphosphat + NADPH + H$^+$
$\longrightarrow$ Desoxyribonucleotiddiphosphat + NADP$^+$ + H$_2$O

Ungeachtet dieser relativ einfachen Summengleichung handelt es sich um eine komplizierte Reaktionsse-

lich *drei* Enzymproteine benötigt, von denen zwei multifunktionelle Proteine sind. Das erste von ihnen wird auch als **CAD-Protein** bezeichnet. Es enthält in seinen Domänen eine Carbamylphosphat-Synthetase-Aktivität, eine Aspartattranscarbamylase und eine Dihydroorotase. Von besonderem Interesse ist die Carbamylphosphat-Synthetaseaktivität, die auch als **Carbamylphosphat-Synthetase II** bezeichnet wird. Im Gegensatz zu der Carbamylphosphat-Synthetase I des Harnstoffcyclus ist bei ihr der Donor für die NH$_2$-Gruppe des Carbamylphosphates nicht Ammoniak sondern die Amidgruppe der Aminosäure Glutamin, so daß die von diesem Enzym katalysierte Reaktion lautet:

2 ATP + Glutamin + HCO$_3^-$ $\longrightarrow$
      Carbamylphosphat + ADP + P$_i$ + Glutamat

quenz, deren einzelne Schritte in Abb. 20.7 dargestellt sind. Die zwei für die Reduktion der Ribose zur Desoxyribose benötigten Wasserstoffe entstammen zwar dem NADPH/H$^+$, werden jedoch nicht direkt für die Reduktionsreaktion benutzt. Sie dienen vielmehr primär dazu, FAD zu FADH$_2$ zu reduzieren, welches anschließend eine Disulfidbrücke in einem als **Thioredoxin** bezeichneten Protein in ein Dithiol überführt. Dieses dient dazu, eine Disulfidbrücke der Ribonucleotidreduktase in zwei SH-Gruppen umzuwandeln, die dann für die eigentliche Reduktionsreaktion verwendet werden.

Die Ribonucleotidreduktase ist ein *tetrameres* Enzym aus je zwei B1- und B2-Untereinheiten. Die B1-Untereinheiten tragen Bindungsstellen für allosterische Effektoren und andere Regulatoren, außerdem die zwei für die Katalyse wichtigen Thiolgruppen. Die B2-Untereinheit enthält darüber hinaus ein **Tyrosylradikal**, dessen ganz ungewöhnliche Stabilität durch einen Eisencofaktor hervorgerufen wird. Der mögliche Mechanismus der Ribonucleotidreduktase ist in Abb. 20.8 dargestellt. Das Tyrosylradikal greift an der Position 3' des Riboserestes an, so daß ein *3'-Ribonucleotid-Radikal* entsteht. Dieses stabilisiert das am C-Atom 2' nach Austritt von H$_2$O entstehende Kation. Es wird an-

schließend zweimal reduziert, wobei die beiden Thiole zum Disulfid oxidiert werden. Der letzte Schritt der Reaktion besteht nun in der Rückgewinnung des Tyrosylradikals, der Abgabe des Desoxynucleosiddiphosphates und der Reduktion des Disulfides mit Thioredoxin.

Die durch die Ribonucleotidreduktase gebildeten Desoxyribonucleosiddiphosphate werden mit Hilfe von ATP durch entsprechende Enzyme in die Desoxyribonucleosidtriphosphate umgewandelt:

$$dNDP + ATP \rightleftharpoons dNTP + ADP.$$

Die Ribonucleotidreduktase unterliegt einer außerordentlich komplexen Regulation, deren Sinn darin liegt, die für die DNA-Biosynthese benötigten Desoxyribonucleotidtriphosphate im richtigen Verhältnis zur Verfügung zu stellen. Ein allgemeiner *allosterischer Inhibitor* des Enzyms ist dATP, während ATP ein *Aktivator* ist. Kleine Mengen von ATP steigern besonders die Reduktion von Pyrimidinnucleotiden, ein Überangebot der Pyrimidinnucleotide begünstigt dagegen die Reduktion von GDP zu dGDP. Große Mengen von dGTP fördern dagegen die Reduktion von ADP zu dADP.

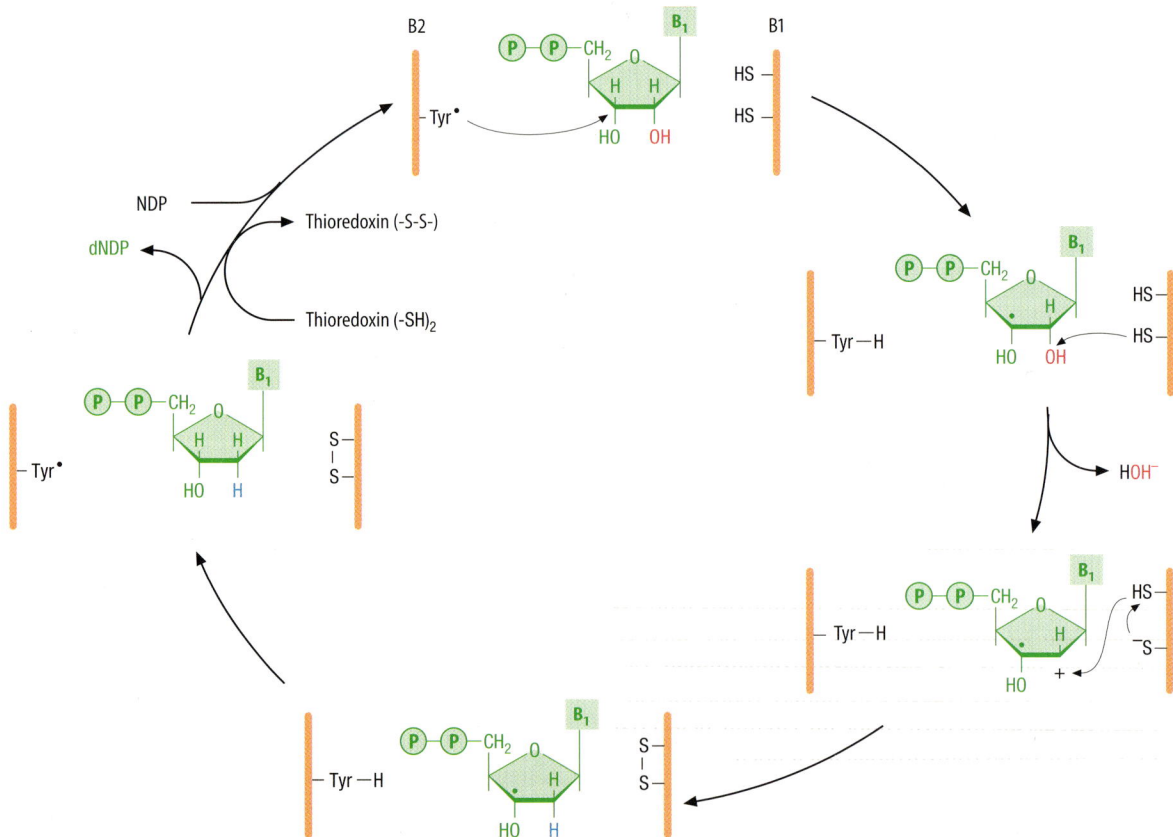

Abb. 20.8 Mechanismus der Ribonucleotidreduktasereaktion. An der Katalyse sind die SH-Gruppen als Wasserstoffdonatoren sowie ein stabiles Tyrosylradikal beteiligt, welches die Zwischenstufen der Reaktion stabilisiert. (Einzelheiten s. Text)

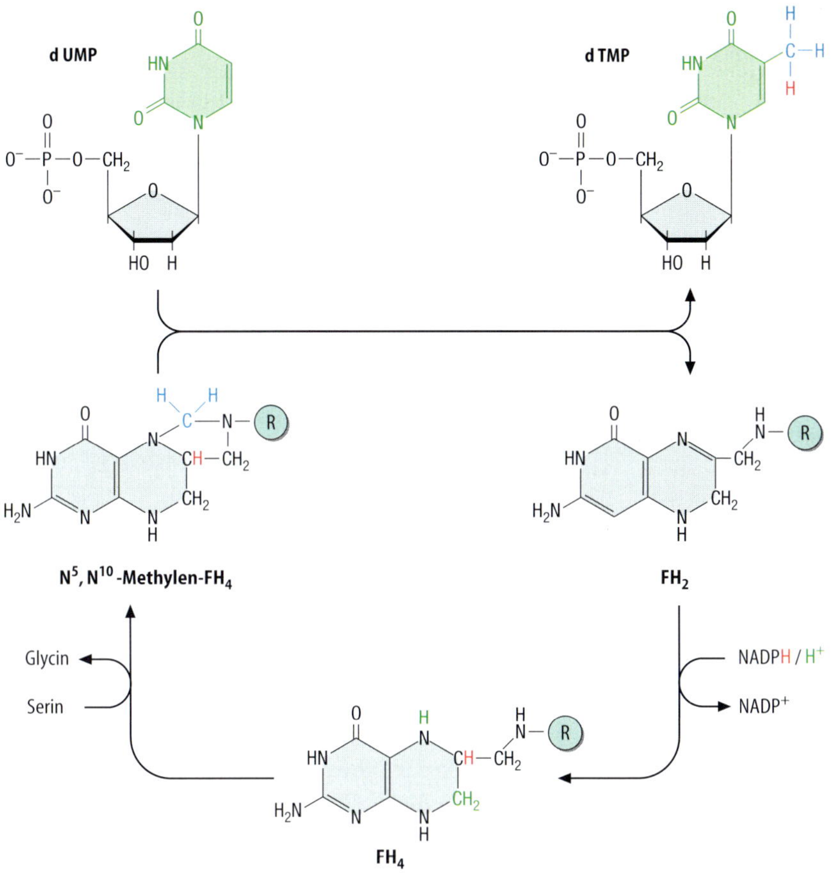

Abb. 20.9 Mechanismus der Thymidylatsynthase. Bei der Umwandlung des Methylenrestes des N⁵, N¹⁰-Methylentetrahydrofolats (N^5, N^{10}-FH_4) in die Methylgruppe des Thymidylats werden Reduktionsäquivalente aus der Tetrahydrofolsäure benötigt. Dies führt zur Oxidation der Tetrahydrofolsäure zu Dihydrofolsäure (FH_2), welche deswegen durch die Dihydrofolatreduktase zu Tetrahydrofolat (FH_4) regeneriert werden muß. (Einzelheiten s. Text)

Thyminnucleotide entstehen durch Methylierung von Desoxyuridinmonophosphat

Bezeichnend für den Unterschied zwischen DNA und RNA ist nicht nur, daß die erstere 2'-Desoxyribose enthält, sondern auch die Base Thymin anstelle des in der RNA vorkommenden Uracils. Warum dies von Vorteil ist, ist auf S. 220 dargelegt.

Das für die Biosynthese der Thyminnucleotide verantwortliche Enzym ist die *Thymidylat-Synthase*, die folgende Reaktion katalysiert:

dUMP + N⁵, N¹⁰-Methylen-Tetrahydrofolat⟶
TMP + 7,8-Dihydrofolat

Abbildung 20.9 zeigt die bei der Thymidylat-Synthese ablaufenden Mechanismen. Der Donor der Methylgruppe ist das *N⁵, N¹⁰-Methylentetrahydrofolat* (N⁵, N¹⁰-FH_4). Da dieses jedoch eine höhere Oxidationsstufe aufweist als die Methylgruppe im Thymin, liefert das N⁵, N¹⁰-Methylentetrahydrofolat auch noch Wasserstoff und Elektronen, so daß es nach der Desoxythymidin-Synthese als *Dihydrofolat* (FH_2) vorliegt. Durch ein Hilfsenzym, die *Dihydrofolat-Reduktase* wird es mit Hilfe von NADPH + H⁺ in Tetrahydrofolat umgewandelt. Dieses kann unter Katalyse der *Serin-Hydroxyme-*

thyl-Transferase einen -CH₂OH-Rest des Serins aufnehmen und liegt nach Wasserabspaltung wieder als N⁵, N¹⁰-Methylentetrahydrofolat vor (S. 671).

Damit ist die Geschwindigkeit der Thyminnucleotid-Biosynthese sehr eng mit dem Stoffwechsel der Folsäure verknüpft. Bei jeder Verminderung des Folsäureangebotes bzw. der zur Verfügung stehenden Folsäure muß es zu einer Störung der Thyminnucleotidbiosynthese und damit so wichtiger zellulärer Funktionen wie der DNA-Replikation kommen (S. 210).

20.1.4 Hemmstoffe der Purin- und Pyrimidinbiosynthese

In Abb. 20.10 sowie Tabelle 20.3 sind wichtige Hemmstoffe der Purin- und Pyrimidinbiosynthese zusammengestellt, die zum Teil auch klinische Verwendung bei der Tumortherapie finden. *Azaserin* und *Desoxynorleucin* sind Strukturanaloge des Glutamins. Sie wirken als Hemmstoffe der Reaktionen, bei denen der Amidstickstoff des Glutamins als Stickstoffdonator wirkt. Einen ähnlichen Wirkungsmechanismus hat das *Hadacidin*, das als Strukturanaloges des Aspartats die Adenylosuccinat-Bildung hemmt.

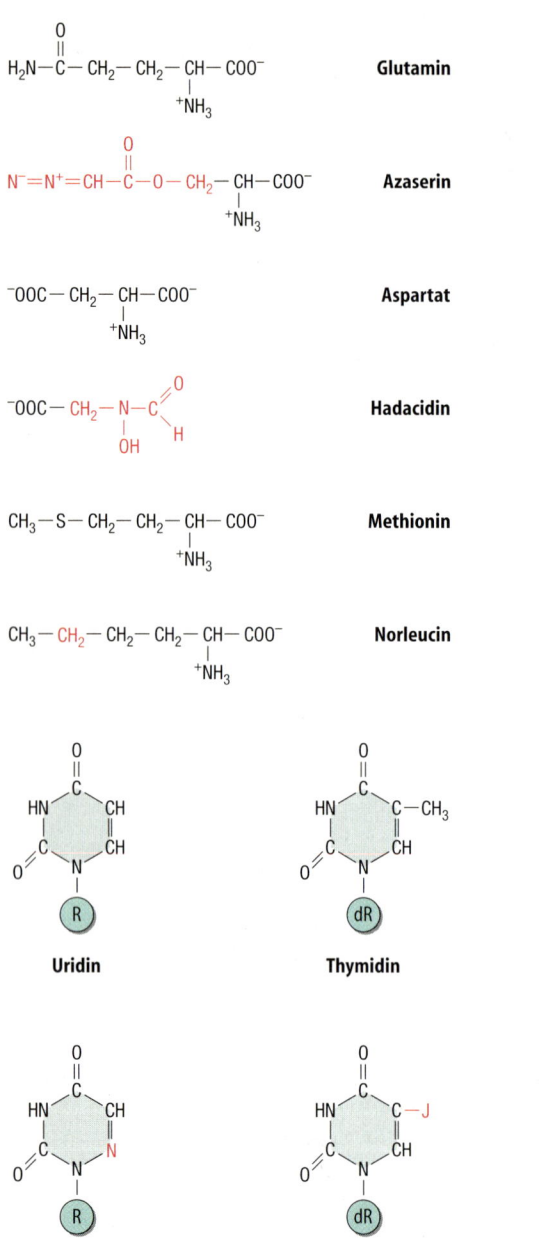

Abb. 20.10 Wichtige Hemmstoffe der Purin- bzw. Pyrimidin-biosynthese

Das Uridinanaloge *6-Azauridin* ist ein kompetitiver Hemmstoff der OMP-Decarboxylase. Ein weiterer Hemmstoff dieses Enzyms ist das Hypoxanthin-Analoge *Allopurinol*, das außerdem die Xanthinoxidase hemmt und zur Behandlung der Gicht eingesetzt wird (S. 596). Die weiteren in Abb. 20.10 dargestellten Pyrimidinanaloga hemmen weniger die Pyrimidinbiosynthese als vielmehr den Stoffwechsel dieser Substanzklasse im Rahmen der DNA-Biosynthese, besitzen deswegen eine Antitumorwirkung und haben Verbreitung in der Klinik gefunden. Die Einfügung eines Fluors am C-Atom 5 des Uracils unter Bildung von *5-Fluorouracil*

Tabelle 20.3 Hemmstoffe der Purin- und Pyrimidinbiosynthese

Substanz	Mechanismus
Azaserin	Hemmt glutaminabhängige Reaktionen wegen Strukturanalogie
Desoxynorleucin	Hemmt glutaminabhängige Reaktionen wegen Strukturanalogie
Hadacidin	Hemmt aspartatabhängige Reaktionen wegen Strukturanalogie
Amethopterin[b]	Hemmt Dihydrofolatreduktase
Sulfonamide[b]	Hemmt Folsäurebiosynthese[a]
6-Azauridin	Hemmt OMP-Decarboxylase
5-Fluorouracil[b]	Hemmt Thymidylatsynthase

[a] Nur bei Mikroorganismen.
[b] Therapeutisch eingesetzt.

führt zu einer Verbindung, die die Thymidinbiosynthese hemmt. Das Desoxyribosid *5-Jod-2'-Desoxyuridin* wird anstelle von Thymidin in die DNA eingebaut, verlangsamt jedoch die DNA-Biosynthesegeschwindigkeit. Von besonderer Bedeutung sind schließlich Hemmstoffe der Dihydrofolatreduktase wie das *Aminopterin* bzw. *Amethopterin*. Sie sind eigentlich Analoge der Folsäure und hemmen die Dihydrofolatreduktase. Damit verhindern sie die Neusynthese von Thyminnucleotiden. Amethopterin ist als *Methotrexat* seit vielen Jahren ein wichtiges, bei der Tumortherapie verwendetes Cytostatikum.

20.1.5 Regulation der Biosynthese von Purin- und Pyrimidinnucleotiden

Die Purinbiosynthese wird auf der Stufe der PRPP-Amidotransferase reguliert

Die Prinzipien der Regulation der Purinbiosynthese sind in Abb. 20.11 dargestellt. Das wichtigste regulierte Enzym ist die *PRPP-Amidotransferase*, die die Glutamin-abhängige Bildung von 5-Phosphoribosylamin katalysiert. Das Enzym kommt in einer dimeren, inaktiven und einer monomeren, aktiven Form vor. PRPP, das Substrat der Amidotransferase, stimuliert den Übergang in die monomere und damit aktive Form und somit die IMP-Biosynthese. Alle Purinnucleotide als Endprodukte der Biosynthesekette verschieben das Gleichgewicht beider Formen der Amidotransferase zugunsten der dimeren, also inaktiven Form. Dieser komplexe Mechanismus gewährleistet eine sehr genaue Anpassung der de novo-Biosynthese von Purinen an die Bedürfnisse des Organismus, ist aber auch zugleich die pathobiochemische Grundlage einiger schwerer Störungen des Purinstoffwechsels (S. 329, 595). Ein weiterer Re-

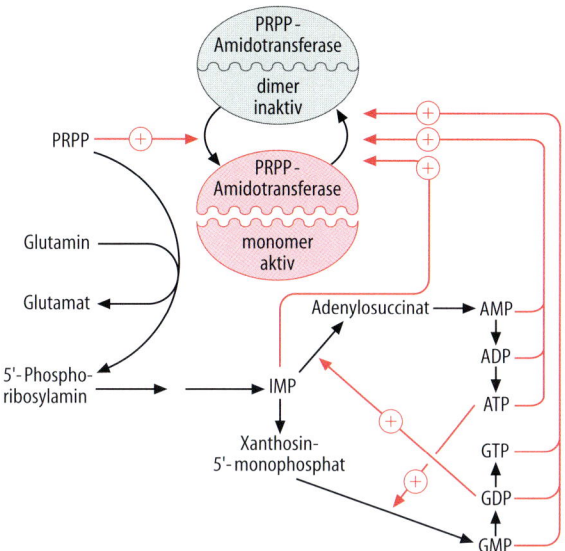

Abb. 20.11 Regulation der Purinbiosynthese. *PRPP* 5'-Phosphoribosylpyrophosphat. (Einzelheiten s. Text)

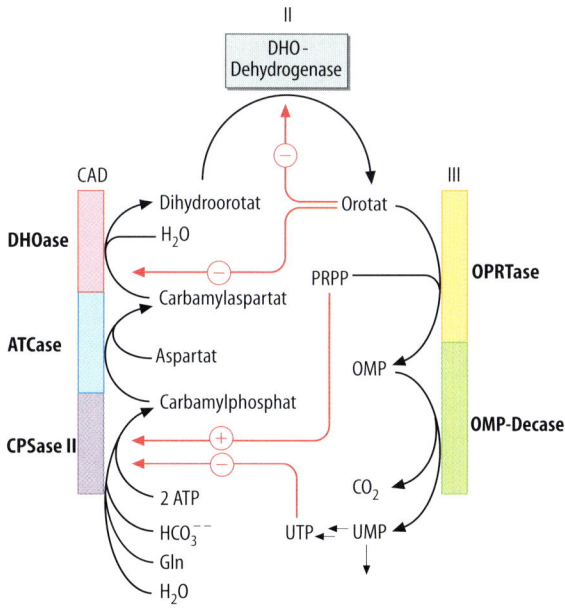

Abb. 20.12 Regulation der Pyrimidinbiosynthese. *CAD* multikatalytisches Protein mit Carbamylphosphatsynthetase-, Aspartattranscarbamylase- und Dihydroorotaseaktivität; *II* Dihydroorotat-Dehydrogenase; *III* multikatalytisches Protein mit Orotat-Phosphoribosyltransferase- und OMP-Decarboxylaseaktivität; – allosterische Hemmung; + allosterische Aktivierung

gulationsmechanismus findet sich auf der Stufe der Umwandlung von IMP zu AMP bzw. GMP. Für die Bildung von Adenylosuccinat aus IMP ist GTP als Cofaktor notwendig. Dies hat zur Folge, daß bei Vorliegen hoher Konzentrationen von GTP die AMP-Bildung gefördert wird. Das umgekehrte gilt für die GMP-Biosynthese aus IMP, die auf der Stufe der Umwandlung von Xanthosinmonophosphat zu GMP ATP-abhängig verläuft.

CAD-Protein
Dihydroorotatdehydrogenase reguliert die Pyrimidinbiosynthese

Ähnlich wie die Purinbiosynthese wird auch die Pyrimidinbiosynthese sehr genau reguliert. Bei Prokaryonten ist das allosterisch regulierte Enzym die *Aspartattranscarbamylase* (S. 586), bei Eukaryonten ist es dagegen das erste für die Pyrimidinbiosynthese spezifische Enzym, die *Carbamylphosphatsynthetase II* des CAD-Proteins (Abb. 20.12). Sie wird durch das Endprodukt der Biosynthesekette, durch *UTP*, gehemmt. Dagegen ist *PRPP* ein wirksamer allosterischer Aktivator. Die Dihydroorotase-Aktivität wird ebenso wie die Dihydroorotatdehydrogenase durch Orotat gehemmt.

20.2 Wiederverwertung von Purinen und Pyrimidinen

Im Prinzip sind alle kernhaltigen Zellen zur *Biosynthese* von Purin- und Pyrimidinnucleotiden, wenn auch in ganz unterschiedlichem Umfang, imstande. Purine und Pyrimidine fallen allerdings auch beim *intracellulären Abbau* von Nucleinsäuren an, darüber hinaus werden Purin- und Pyrimidinbasen im Zug der *intestinalen Resorption* von Nahrungsstoffen in den Organismus aufgenommen. Es verwundert also nicht, daß es eine Reihe sehr effektiver Mechanismen gibt, die die Wiederverwertung (Reutilisierung) von Purin- und Pyrimidinnucleotiden zum Ziel haben.

Für die *Wiederverwertung* (Reutilisierung; *salvage pathway*) der *Purinbasen* Adenin, Hypoxanthin und Guanin stehen zwei Enzyme zur Verfügung (Abb. 20.13). Durch die *Adenin-Phosphoribosyltransferase* (APRT) wird Adenin in einer PRPP-abhängigen Reaktion zu Adenosinmonophosphat umgewandelt. Das Enzym wird durch die Adeninnucleotide (insbesondere AMP) gehemmt. Die *Hypoxanthin-Guanin-Phosphoribosyltransferase* (HGPRT) ist für die Wiedereinführung von Hypoxanthin und Guanin in den Nucleotidstoffwechsel verantwortlich. Wieder ist PRPP der Donator des Phosphoribosylrestes. Das Enzym wird durch seine Endprodukte IMP und GMP gehemmt.

In Anbetracht der biologischen Bedeutung der Purinnucleotide muß gewährleistet sein, daß der Zelle unter allen Umständen ausreichende Mengen der einzelnen Vertreter dieser Substanzklasse zur Verfügung stehen. Zu diesem Zweck dient ein aus mehr als 15 Enzymen bestehendes System, mit dessen Hilfe es gelingt, Purine, Purinnucleoside und Purinnucleotide vollständig ineinander zu überführen. Da auf diese Weise eine gewisse Unabhängigkeit der Purinnucleotid-Neubildung von der Biosynthesegeschwindigkeit aus den Grundbausteinen gewährleistet wird, ist die biologische Bedeutung dieses „enzymatischen Netzwerkes"

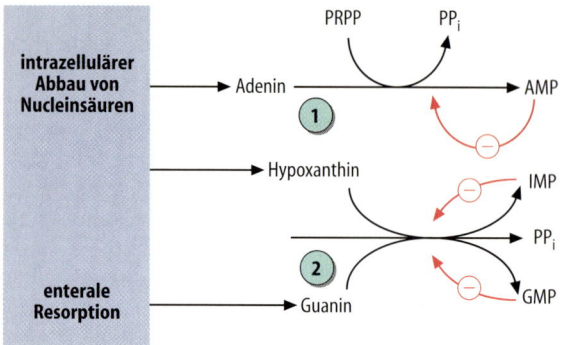

Abb. 20.13 Reutilisierung von Adenin, Hypoxanthin und Guanin. *1* Adenin-Phosphoribosyltransferase (APRT); *2* Hypoxanthin-Guanin-Phosphoribosyltransferase (HPGRT)

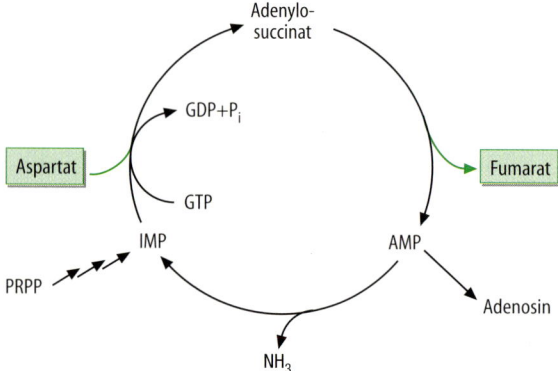

Abb. 20.14 Der Purinnucleotidcyclus. Der Purinnucleotidcyclus wird durch die Enzyme AMP-Desaminase, Adenylosuccinat-Synthetase und Adenylosuccinat-Lyase gebildet und hängt mit einer Reihe anderer Enzyme des Purinstoffwechsels zusammen. (Einzelheiten s. Text)

beträchtlich. Eines seiner möglicherweise wichtigen Bestandteile ist der sogenannte *Purinnucleotidcyclus* (Abb. 20.14, S. 533). IMP wird, wie schon bei der Biosynthese der Adeninnucleotide beschrieben, in einem zweistufigen Prozeß mit Hilfe der Enzyme *Adenylosuccinat-Synthetase* und *Adenylosuccinat-Lyase* in AMP überführt. Der Cyclus wird durch die *AMP-Desaminase* geschlossen, die unter NH_3-Abspaltung AMP in IMP überführt. Die schon in den späten 20er Jahren gemachte Beobachtung, daß gesteigerte Muskelarbeit mit einer gesteigerten NH_3-Produktion im Muskelgewebe einhergeht, wird durch die Existenz des Purinnucleotidcyclus erklärt. Seine biologische Bedeutung liegt wahrscheinlich in der Fähigkeit, Aspartat in Fumarat zu überführen und somit den Citratcyclus im Sinne einer *anaplerotischen Reaktion* (S. 491) mit Substraten zu beschicken. Der Cyclus verhindert darüber hinaus, daß bei starker Muskelkontraktion anfallendes AMP zu Adenosin gespalten wird, da er die AMP-Konzentrationen niedrig hält. Daß dieser Cyclus für den Muskelstoffwechsel von einiger Bedeutung ist, geht aus den gelegentlich zu beobachtenden schweren Störungen

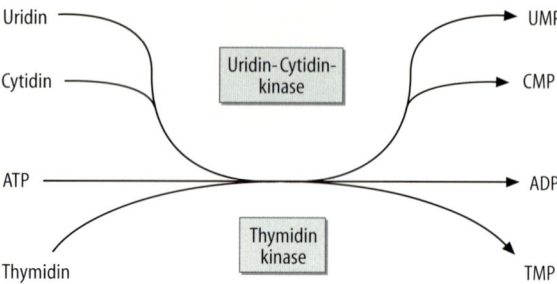

Abb. 20.15 Wiederverwertung der Pyrimidinnucleoside

der Muskelfunktion bei einem Mangel an AMP-Desaminase oder Adenylosuccinat-Lyase hervor (S. 534).

Pyrimidinnucleotide kommen in den Nucleinsäuren in etwa den gleichen Mengen vor wie Purinnucleotide. Ihre tägliche Biosyntheserate liegt beim Menschen mit etwa 400–700 mg in der gleichen Größenordnung wie die der Purinnucleotide. Man muß annehmen, daß auch für sie effektive Wiederverwertungssysteme vorkommen, über die jedoch noch recht wenig bekannt ist. Es scheint festzustehen, daß anders als bei Purinen freie Pyrimidinbasen mangels entsprechender Enzyme nicht mit PRPP zu den entsprechenden Mononucleotiden reagieren können. Dagegen werden Pyrimidinnucleoside mit ATP zu Pyrimidinnucleotiden phosphoryliert (Abb. 20.15).

Offensichtlich wird der größere Teil des Bedarfs an Purin- bzw. Pyrimidinnucleotiden durch Wiederverwertung und nicht durch de novo-Synthese gedeckt. Eine besonders schlechte Enzymausstattung zur Purinbiosynthese hat das Zentralnervensystem. Hier finden sich jedoch die höchsten Aktivitäten der Hypoxanthin-Guanin- und der Adenin-Phosphoribosyl-Transferase. Möglicherweise ist dies die Ursache für die ausgeprägte cerebrale Symptomatik beim *Lesch-Nyhan-Syndrom* (S. 329). Auch in den Erythrocyten finden sich besonders hohe Aktivitäten der Reutilisierungsenzyme, weswegen an ihnen viele Untersuchungen zur Enzymologie der Wiederverwertungsmechanismen durchgeführt wurden.

20.3 Abbau von Nucleotiden

20.3.1 Abbau von Purinnucleotiden

Die Biosynthese der Purinbasen enthält eine Reihe nicht oder nur schwer umkehrbarer Reaktionen, so daß der Abbau der Purine nach einer anderen Reaktionssequenz als ihre Biosynthese abläuft (Abb. 20.16). Ausgehend von den Purinribosiden *Adenosin, Inosin, Xanthosin* und *Guanosin*, deren Wechselbeziehungen weiter oben besprochen wurden, startet der Abbau mit einer Umwandlung der verschiedenen Purine zu *Xanthin*. Adenosin wird dabei zunächst durch die Adeno-

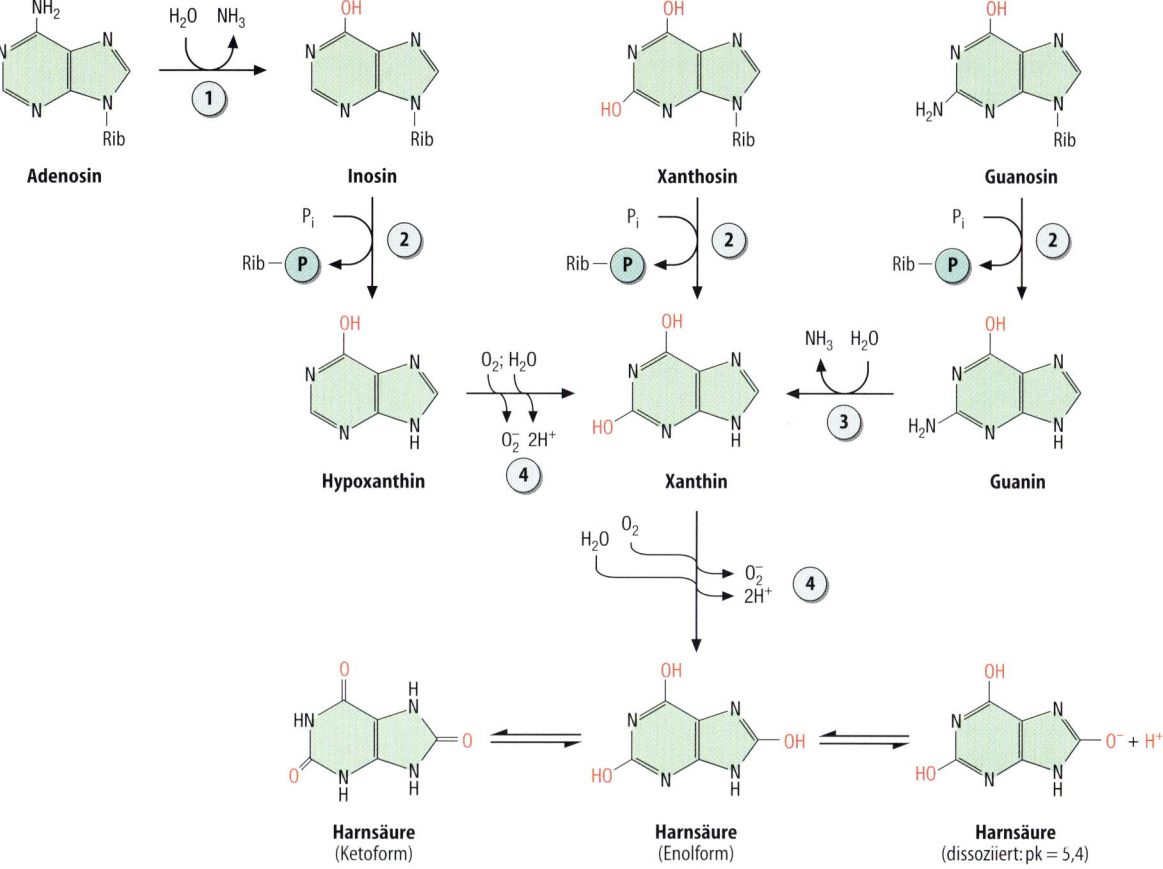

Abb. 20.16 Reaktionen des Purinabbaus. *1* Adenosindesaminase; *2* Nucleosidphosphorylase; *3* Guanase; *4* Xanthinoxidase

sindesaminase zu *Inosin* umgewandelt. Die Bildung der freien Purinbase *Hypoxanthin* aus Inosin erfolgt unter Einwirkung der Nucleosidphosphorylase, das dabei entstehende Hypoxanthin wird durch die Xanthinoxidase zu **Xanthin** oxidiert, wobei das Superoxidradikal O_2^- entsteht, welches durch die Superoxiddismutase zu H_2O_2 umgewandelt wird:

$$2O_2^- + 2H^+ \longrightarrow H_2O_2 + O_2$$

Der Abbau von **Guanosin** beginnt mit der Abspaltung von Ribose durch die Nucleosidpyrophosphorylase, wobei die freie Base *Guanin* entsteht. Diese wird durch Einwirkung der Guanase in **Xanthin** überführt. Dieses Zwischenprodukt des Purinabbaus wird nun – ebenfalls durch die Xanthinoxidase – noch einmal oxidiert, so daß **Harnsäure** entsteht. Diese ist bei Primaten, Vögeln und einigen Reptilien das Endprodukt des Purinabbaus. Sie ist sehr schwer wasserlöslich, so daß ihr Transport im Blut und ihre Ausscheidung durch die Nieren dem Organismus gewisse Schwierigkeiten machen (s. Pathobiochemie des Purinstoffwechsels). Die anderen Säuger, Reptilien sowie Mollusken sind imstande, Harnsäure zu dem wesentlich besser löslichen **Allantoin** weiter abzubauen. Fische sind schließlich in

der Lage, Allantoin nach Ringspaltung zu Allantoinsäure in *Harnstoff* und *Glyoxylsäure* umzuwandeln.

Im Gegensatz zur Oxidation von Kohlenhydraten, Fetten oder Aminosäuren kann der Purinabbau von der Zelle nicht zur Energiegewinnung herangezogen werden, da weder eine Substratkettenphosphorylierung noch die Gewinnung von Reduktionsäquivalenten zur Energiegewinnung in der Atmungskette möglich sind.

Die Gesamtmenge der durch intracellulären Purinabbau entstandenen und an die Körperflüssigkeit abgegebenen *Harnsäure* beträgt beim Menschen etwa 4–6 mmol/Tag. Von dieser Menge wird der größere Teil mit dem Urin ausgeschieden. Die kalkulierte Geschwindigkeit der Purinbiosynthese (s. o.) entspricht somit ziemlich genau der täglichen Harnsäureausscheidung. Eine Harnsäureausscheidung über den Darm spielt demgegenüber nur eine untergeordnete Rolle.

Die im Blut transportierte Harnsäure wird in den Nieren durch glomeruläre Filtration sowie durch tubuläre Sekretion ausgeschieden. Über das quantitative Verhältnis dieser beiden Mechanismen ist nichts Sicheres bekannt. Das für die Harnsäuresekretion verantwortliche tubuläre Transportsystem ist relativ unspezifisch, da es außer Harnsäure eine Anzahl weiterer organischer Säuren wie Lactat, Acetacetat, β-Hydroxybutyrat und verzweigtkettige Ketosäuren sezerniert. Ein Teil der glomerulär filtrierten oder tubulär sezernierten Harnsäure wird tubulär reabsorbiert und vermindert damit die Harnsäureausscheidung.

20.3.2 Abbau von Pyrimidinnucleotiden

Der im wesentlichen in der Leber stattfindende *Pyrimidinabbau* erfolgt nach dem in Abb. 20. 17 dargestellten Mechanismus. Ausgehend von Cytosin, Uracil und Thymin als den wichtigsten Pyrimidinbasen erfolgt in einem dreistufigen Mechanismus eine Ringspaltung. Zunächst kommt es durch Reduktion zu *Dihydrouracil* bzw. *Dihydrothymin.* Durch Wasseranlagerung kann nun der 6-Ring zwischen den Positionen 1 und 6 gespalten werden. Es entsteht *Ureidopropionat* aus Dihydrouracil bzw. *Ureidoisobutyrat* aus Dehydrothymin. Von beiden Verbindungen kann CO_2 und NH_3 abgespalten werden, so daß β-Alanin bzw. β-Aminobutyrat entstehen, die zu *Acetat* bzw. *Propionat, NH_3* und *CO_2* abgebaut werden können. Im Gegensatz zum Purinabbau entstehen beim Pyrimidinabbau in Form von Acetat und Propionat oxidierbare Verbindungen, so daß für die Zelle der Abbau der Pyrimidinbasen mit einem gewissen Energiegewinn verbunden ist.

20.4 Pathobiochemie

20.4.1 Purinstoffwechsel

Viele Regulationsmechanismen sind dafür verantwortlich, daß die Geschwindigkeit der Purinbiosynthese, der Purinwiederverwertung sowie des Purinabbaus so eingestellt werden können, daß die Zelle mit einem dem jeweiligen Bedarf angepaßten Angebot der verschiedenen Purinnucleotide versorgt werden kann. Es ist klar, daß Störungen in dieser konzertierten Aktion zu beträchtlichen Störungen des Zellstoffwechsels führen müssen. So verursachen beispielsweise durch Metabolitanaloga hervorgerufene Hemmungen der Purinnucleotidbiosynthese deswegen den Zelltod, weil die Biosynthese der Nucleinsäuren blockiert wird. Jede Überproduktion von Purinnucleotiden wird dagegen eine Zunahme der Abbaugeschwindigkeit und damit der Harnsäureproduktion nach sich ziehen. Infolge ihrer geringen Löslichkeit sind jedoch dem Transport der Harnsäure im Blut relativ enge Grenzen gesetzt. Schon der normale Serumharnsäure-Spiegel (ca. 0,4 mmol/l) ist nur deshalb möglich, weil ein beträchtlicher Teil der Serumharnsäure an Protein gebunden ist. Jede weitere Erhöhung des Harnsäurespiegels über diesen Grenzwert wird als *Hyperuricämie* bezeichnet und kann zur

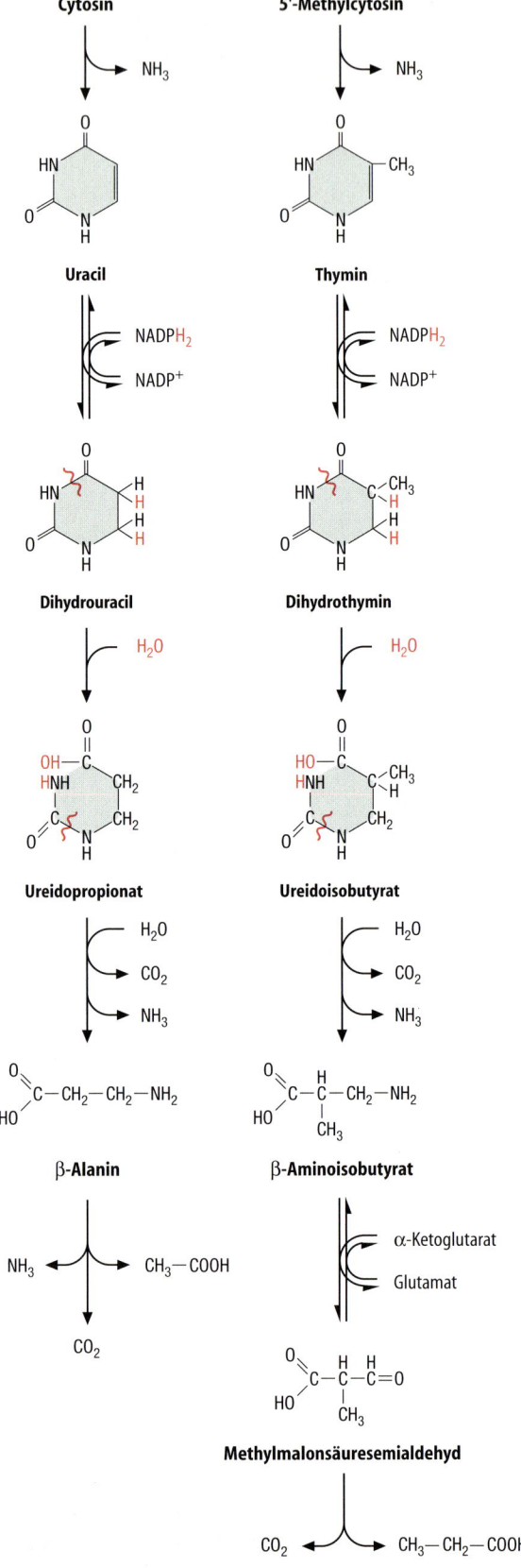

Abb. 20.17 Reaktionen des Pyrimidinabbaus

Gicht führen. Unter diesem Krankheitsbild versteht man eine durch Harnsäureablagerung in den Gelenken, den Schleimbeuteln, den Sehnenscheiden, der Subcutis und dem Nierenmark einhergehende chronische Erkrankung, die häufig von akuten Entzündungsschüben v. a. der Gelenke begleitet ist. Hyperuricämie und Gicht sind häufige Stoffwechselkrankheiten. Man nimmt an, daß in der Bundesrepublik Deutschland etwa 1–2 % der männlichen und bis zu 0,4 % der weiblichen Erwachsenen an einer häufig unerkannten Gicht leiden. Bezeichnenderweise sinkt, ähnlich wie beim Diabetes mellitus (S. 806) die Gichthäufigkeit in Notzeiten auf Werte von 0,1–0,2 % der Bevölkerung. Offenbar führt Luxuskonsum nicht nur zu einer Zunahme der Kohlenhydratstoffwechselstörungen, sondern wahrscheinlich wegen des überhöhten Fleischkonsums zu einem steigenden Angebot an Purinbasen, die abgebaut und als Harnsäure ausgeschieden werden müssen.

Grundsätzlich wird zwischen *primärer* und *sekundärer Hyperuricämie* unterschieden.

- Bei der primären Hyperuricämie handelt es sich um hereditäre Störungen des Purinstoffwechsels, wobei sowohl die Biosynthese als auch die Ausscheidung betroffen sein können.
- Bei den sekundären Formen der Hyperuricämie liegt keine Störung im Bereich des Purinstoffwechsels vor. Hier ist das Krankheitsbild die Folge von Erkrankungen, bei denen durch vermehrten Zelluntergang ein Übermaß an Purinbasen zum Abbau gelangt oder aber durch erworbene Nierenerkrankungen die Harnsäureausscheidung behindert ist.

Überproduktion oder verminderte Ausscheidung von Harnsäure führen zur primären Hyperuricämie

Die primäre Hyperuricämie ist eine erbliche Stoffwechselanomalie. Diese ist durch eine allmähliche Zunahme der Gesamtmenge der im Körperwasser gelösten Harnsäure, also des Harnsäurepools, von normal 6 mmol (s. o.) bis auf 180 mmol und mehr gekennzeichnet. Damit verbunden ist eine Zunahme der Harnsäurekonzentration im Serum auf Werte über 0,4 mmol/l und das Ausfallen von Uraten in verschiedenen Geweben.

Mehrere ursächliche Faktoren sind als Auslöser dieses Krankheitsbildes bekannt (Tabelle 20.4). Bei einem großen Teil der Patienten (75–80 %) handelt es sich um eine *renale Störung* der tubulären Harnsäuresekretion. Sehr wahrscheinlich liegt eine allgemeine epitheliale Insuffizienz der Harnsäureeliminierung vor. Dies kann jedenfalls aus der Tatsache geschlossen werden, daß nicht nur die tubuläre Sekretion der Harnsäure, sondern auch ihre Ausscheidung mit der Speichelflüssigkeit gestört ist. In der Konsequenz führt dies dazu, daß die Patienten bei gleichen Plasmaspiegeln weniger Harnsäure im Harn ausscheiden als gesunde, bzw. für die Ausscheidung gleicher Harnsäure-

Tabelle 20.4 Ursachen der primären Hyperuricämie

	Ursache	Häufigkeit
Überproduktion von Harnsäure	PRPP-Synthetase: Zunahme der Aktivität; Glutamin-PRPP-Amidotransferase: Aufhebung der Rückkoppelungshemmung; Xanthinoxidase: Zunahme der Aktivität; Hypoxanthin-Guanin-Phosphoribosyltransferase: Abnahme der Aktivität; Adeninphosphoribosyltransferase: Fehlen des Enzyms	20–25% der Gichtfälle Lesch-Nyhan-Syndrom, selten
Hemmung der renalen Ausscheidung	Tubuläre Harnsäuresekretion: Verminderung	75–80% der Gichtfälle

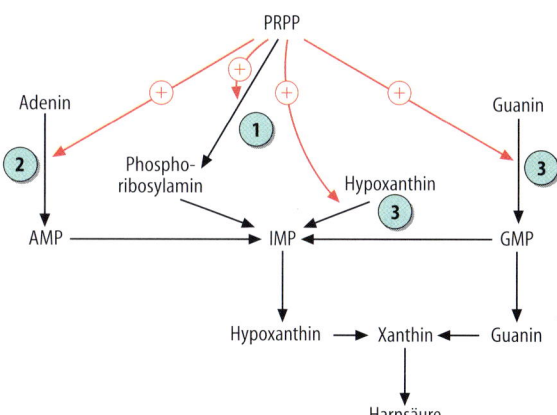

Abb. 20.18 Entstehungsmechanismen der primären, durch Überproduktion zustandekommenden Hyperuricämie. *1* vermehrte PRPP-Bildung; *2* vermindert APRT-Aktivität; *3* verminderte HGPRT-Aktivität

mengen höhere Plasmaspiegel benötigen. Bei dem anderen, etwa 20–25 % umfassenden Teil der Patienten mit Hyperuricämie, liegt der der Erkrankung zugrundeliegende Mechanismus nicht in einer Störung der renalen Ausscheidung, sondern vielmehr in der *Biosynthese* von Purinen. Abbildung 20.18 gibt eine Übersicht über die bis heute gefundenen, für die Hyperuricämie verantwortlichen Enzymdefekte. Ein großer Teil der Fälle beruht auf einer verminderten Aktivität der *Hypoxanthin-Guanin-Phosphoribosyltransferase* mit einem Anstieg der PRPP-Konzentration. Dieses steht damit der Purinbiosynthese zur Verfügung, die entsprechend mit gesteigerter Geschwindigkeit abläuft. Insgesamt führt der Enzymdefekt zu einer schon im juvenilen Alter auftretenden Gicht, die sich dadurch auszeichnet, daß die Harnsäurekonzentrationen im Serum auch bei Purin-armer Ernährung nicht absinken. Vollständiges Fehlen der Hypoxanthin-Guanin-Phosphori-

Tabelle 20.5 Ursachen der sekundären Hyperuricämie

Überproduktion durch Zunahme des Nucleinsäureumsatzes	Psoriasis, lymphatische und myeloische Leukämien, chronisch-hämolytische Anämien
Überproduktion durch gesteigerte De-novo-Biosynthese	Glucose-6-phosphatasemangel
Verminderung der renalen Ausscheidung	Chronische Nierenerkrankungen, Bleivergiftung, Berylliumvergiftung, Alkoholintoxikation, Schwangerschaftstoxikose, diabetische Ketose, Dehydration, Behandlung mit Diuretika, Salicylaten

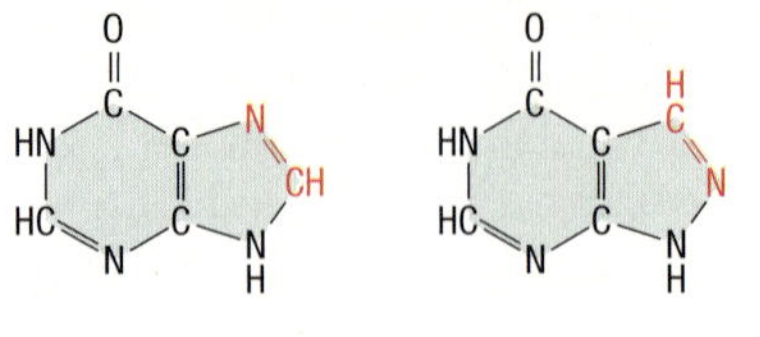

Abb. 20.19 Hypoxanthin und Allopurinol

bosyltransferase liegt beim Lesch-Nyhan-Syndrom vor. Das Krankheitsbild ist durch eine schwere Gicht und Nephrolithiasis gekennzeichnet, zusätzlich findet sich ein neurologisches Krankheitsbild mit Spastik, verzögerter geistiger und motorischer Entwicklung und einer auffallenden Tendenz zur Selbstverstümmelung. Eine sehr seltene Enzymopathie ist eine Erhöhung der Harnsäurebildung infolge einer gesteigerten Aktivität der *PRPP-Synthetase*. Darüber hinaus gibt es Fälle, bei denen die Rückkopplungshemmung der Glutamin-PRPP-Amidotransferase durch die Endprodukte der Biosynthese, Adenin und Guaninnucleotide, gestört ist.

Steigerung des Nucleinsäureumsatzes, der de novo-Biosynthese oder Verminderung der Ausscheidung verursachen sekundäre Hyperuricämien

Wie aus Tabelle 20.5 hervorgeht, können *sekundäre Hyperuricämien* viele Ursachen haben. Sie kommen zustande durch Überproduktion von Harnsäure infolge gesteigerten Nucleinsäureumsatzes. Dies tritt z. B. bei lymphatischen und myeloischen Leukämien, chronisch hämolytischen Anämien und der Psoriasis auf. Eine gesteigerte de novo-Biosynthese findet sich beim hereditären Glucose-6-Phosphatase-Mangel, der Glykogenose Typ 1 (S. 421). Die Verwertungsstörung des Glucose-6-phosphats führt zu einer vermehrten Überführung von Glucose in den Pentosephosphatweg und damit zur gesteigerten PRPP-Bildung. Eine Verminderung der renalen Ausscheidung als Ursache für die sekundäre Hyperuricämie findet sich bei verschiedenen Nierenerkrankungen, so z. B. bei chronischen Nephropathien, bei der Blei- und Berylliumvergiftung oder der Schwangerschaftstoxikose.

Für die Therapie der Hyperuricämie stehen spezifische Arzneimittel zur Verfügung

Im Vordergrund der Behandlung aller Hyperuricämien steht die *diätetische Einschränkung* der Purinzufuhr. Darüber hinaus besteht ein bewährtes therapeutisches Verfahren in dem Versuch, durch Gabe von sogenannten *Uricosurica* die renale Ausscheidung zu erhöhen. Uricosurica (z. B. Probenecid) hemmen die tubuläre Reabsorption von Harnsäure und führen auf diese Weise zu einem Anstieg der Uratausscheidung.

Auf einem ganz anderen Prinzip beruht die Therapie der Gicht mit *Allopurinol* (Abb. 20.19). Dieses Strukturanaloge des Hypoxanthins ist ein kompetitiver Hemmstoff der Xanthinoxidase. Wird es in therapeutischen Dosen gegeben, so kommt es zu einer weitgehenden Hemmung der Harnsäurebildung. Endprodukte des Purinabbaus sind nunmehr Xanthin und Hypoxanthin. Die Serum- und Urinkonzentrationen dieser beiden Purinbasen steigen auch tatsächlich stark an. Da sie sich jedoch von der Harnsäure durch ihre bessere Löslichkeit unterscheiden, können sie wesentlich leichter über die Nieren ausgeschieden werden.

Der hereditäre Adenosindesaminase-Mangel geht mit einem schweren Immundefekt einher

Die Adenosindesaminase katalysiert die Desaminierung von Adenosin und 2'-Desoxyadenosin zum entsprechenden Inosinnucleosid. Als relativ seltener hereditärer Enzymdefekt (Häufigkeit etwa 1 : 100 000 Geburten) kommt ein Mangel dieses Enzyms vor. Die Erkrankung ist meist mit einem schweren Immundefekt vergesellschaftet, dessen Ursache auf einer Proliferationshemmung der Lymphocyten beruht. Durch den Enzymdefekt kommt es nämlich zur Akkumulierung von Adenosin und 2'-Desoxyadenosin in den Lymphocyten. Beide Verbindungen werden jedoch durch die Nucleosidkinasen rasch phosphoryliert, so daß sich schließlich ATP und dATP anhäufen. Die letztere Verbindung ist der wichtigste allosterische Inhibitor der Ribonucleotidreduktase (S. 587), so daß in den Lymphocyten die zur Proliferation benötigten Desoxyribonucleotide nicht mehr erzeugt werden können. Am Adenosindesaminase-Mangel herrscht derzeit großes Interesse, da weltweit eine Reihe von Protokollen zur Gentherapie dieser Erkrankung existieren (S. 351).

20.4.2 Pyrimidinstoffwechsel

Tabelle 20.6 faßt die bis heute bekannten Störungen des Pyrimidinstoffwechsels zusammen. Der häufigste Stoffwechseldefekt ist die gesteigerte Ausscheidung von *β-Aminoisobutyrat*, einem Zwischenprodukt des Thyminabbaus (Abb. 20.17). Zugrunde liegt wahrscheinlich eine Störung der Transaminierung von β-Aminobutyrat zu Methylmalonsäuresemialdehyd. 5–10 % der weißen Bevölkerung sowie bis zu 50 % der Asiaten sind Träger dieses Merkmals, das jedoch keinerlei pathologische Bedeutung hat.

Die wichtigste genetische Erkrankung des Pyrimidinstoffwechsels ist die *hereditäre Orotacidurie*. Es handelt sich um eine relativ seltene Erkrankung, zu deren Symptomatik eine megaloblastäre Anämie, Leukopenie, Verlangsamung von Wachstum und geistiger Entwicklung und massive Ausscheidung von Orotsäure im Urin gehören. Die Ursache der Erkrankung ist ein Enzymdefekt im Bereich der Pyrimidinbiosynthese. Die Aktivitäten der *Orotatphosphoribosyltransferase* sowie der *OMP-Decarboxylase* sind nur in Spuren nachweisbar (Abb. 20.5, S. 586). Die Folge dieses Enzymdefekts ist ein beträchtlicher Anstau von Orotsäure, die im Urin ausgeschieden werden muß. Durch den Enzymdefekt kommt es zusätzlich zu einem Sistieren der Bildung von Uridinnucleotiden, was eine Verminderung des UDP-Spiegels zur Folge hat. Dadurch wird die für die Pyrimidinbiosynthese geschwindigkeitsbestimmende Carbamylphosphatsynthetase II enthemmt, was zur verstärkten Orotsäurebildung führt. Da die Fähigkeit zur Pyrimidinbiosynthese stark reduziert ist, sind schwere Störungen des Zellstoffwechsels durch den Mangel dieser wichtigen Nucleotide unvermeidlich. Eine Therapie der Erkrankung bietet sich jedoch dadurch an, daß Uridin in Dosen von 2–4 g / Tag zugeführt wird. Das Nucleosid kann durch die Uridin-Cytidin-Kinase in die entsprechenden Nucleotide umgewandelt werden. Durch den angeborenen Enzymdefekt ist somit das Uridin, das sonst leicht durch Biosynthese hergestellt werden könnte, zu einer essentiellen Substanz geworden, die wie essentielle Aminosäuren mit der Nahrung zugeführt werden muß.

Ähnlich wie bei der Pathobiochemie des Purinstoffwechsels gibt es auch sekundäre Störungen des Pyrimidinstoffwechsels. So kommt es bei gesteigertem Nucleinsäureumsatz zu einer Steigerung der Orotsäureausscheidung. Eine Orotacidurie ist bei Kindern mit Ornithintranscarbamylase-Mangel (S. 540) beobachtet worden. Offenbar kann unter diesen Umständen auch das von der Carbamylphosphatsynthetase I zum Zweck der Harnstoffbildung bereitgestellte mitochondriale Carbamylphosphat für die cytosolische Pyrimidinbiosynthese verwendet werden. Schließlich führt eine Reihe von Pharmaka zur Orotacidurie. Es handelt sich vor allem um die oben besprochenen Antimetaboliten 6-Azauridin und Allopurinol.

Tabelle 20.6 Störungen des Pyrimidinstoffwechsels

Primäre Störungen:	β-Aminobutyraturie, hereditäre Orotacidurie
Sekundäre Störungen:	Gesteigerter Nucleinsäureumsatz, Ornithintranscarbamylasemangel, Pharmaka: 6-Azauridin, Allopurinol

RESÜMEE Die Biosynthese von Purinnucleotiden geht von der Aminosäure Glycin aus, an die Schritt für Schritt die weiteren C- und N-Atome des Purinkerns angeheftet werden. Allerdings erfolgt diese Biosynthese von Anfang an in Form eines Ribonucleotids. Ähnlich ist es mit der Pyrimidinbiosynthese, die von der Reaktion von Aspartat mit Carbamylphosphat ausgeht, welche bereits sämtlich C- und N-Atome des Pyrimidinkerns liefert. Auch hier wird rasch die Stufe eines Ribonucleotids erreicht.

Ribonucleotidmono- bzw. -diphosphate sind die Substrate der für die DNA typischen Desoxynucleotide und der Thyminnucleotide. Die hierfür verantwortlichen Enzyme sind die Ribonucleotidreduktase und die Thymidylatsynthase. Das letztere Enzym benutzt N^5, N^{10}-Methylentetrahydrofolat als Donor der Methylgruppe, was den komplexen Stoffwechsel dieses Vitamins mit der Pyrimidinsynthese verknüpft und zur Entwicklung spezifischer Cytostatika geführt hat.

Neben der Enzymausstattung zur Biosynthese von Purin- und Pyrimidinnucleotiden gibt es auch die Möglichkeit, mit der Nahrung aufgenommene oder durch Abbau entstandene Basen bzw. Nucleoside zu reutilisieren. In manchen Geweben, z. B. dem Zentralnervensystem, spielt das Wiederverwertungssystem eine größere Rolle als die de novo Biosynthese.

Der Abbau von Purinbasen führt beim Menschen zur schlecht wasserlöslichen Harnsäure. Überschreitet die Harnsäureproduktion die Ausscheidungskapazität der Nieren kommt es zur Hyperuricämie und in deren Gefolge zur Gicht mit ihren beträchtlichen Konsequenzen für den Patienten. Der Abbau der Pyrimidinbasen führt dagegen zu Produkten, die im Organismus leicht verwertet werden können.

Literatur

Monographien und Lehrbücher

ZÖLLNER N (Hrsg) Hyperuricämie, Gicht und andere Störungen des Purinhaushaltes. 2. Aufl. Springer, Heidelberg, 1990

Original- und Übersichtsarbeiten

CARREY EA (1993) Phosphorylation, allosteric effectors and inter-domain contacts in CAD; their role in regulation of early steps of pyrimidine synthesis. Biochem Soc Trans 21: 191–195

EVANS DR, BEIN HI, LIU X, MOLINA JA, ZIMMERMANN BH (1993) CAD gene sequence and the domain structure of the mammalian multifunctional protein CAD. Biochem Soc Trans 21: 186–191547–561

GUY HI, EVANS DR (1994) Cloning and expression of the mammalian multifunctional protein CAD in Escherichia coli. J Biol Chem 269: 23808–23816

STONE RL, ZALKIN H, DIXON JE (1993) Expression, purification and kinetic characterization of recombinant human adenylosuccinate lyase. J Biol Chem 268: 19710–19716

VAN DEN BERGHE G, BONTEMPS F, VINCENT MF, VAN DEN BERGH F (1992) The purine nucleotide cycle and its molecular defects. Progr Neurobiol 39: 547–561

ZALKIN H (1993) Overview of multienzyme systems in biosynthetic pathways. Biochem Soc Trans 21: 203–207

Petro E. Petrides

Häm und Gallenfarbstoffe

Porphyrine sind farbige Verbindungen, die ubiquitär im Pflanzen- und Tierreich auftreten. Strukturell bestehen sie aus 4 Pyrrolringen, die über Methinbrücken (= CH−) zu einem Tetrapyrrolsystem verbunden sind. Dieses konjugierte Ringsystem mit 11 Doppelbindungen bildet leicht Komplexe mit Übergangsmetallen. Während im Pflanzenreich die Komplexbildung mit Magnesium (als Chlorophyll) überwiegt, tritt Porphyrin im Tierreich als Eisenkomplex auf, der als Häm bezeichnet wird. Ihre Funktion im Zellstoffwechsel erfüllen die Häme dabei als prosthetische Gruppe von Hämoproteinen. Der Proteinanteil seinerseits bestimmt, welche Funktionen das Eisenporphyringerüst im Proteinverband übernimmt: so den Transport, die Speicherung oder Aktivierung von Sauerstoff im Hämoglobin, Myoglobin bzw. Cytochrom P_{450}, den Abbau von H_2O_2 in den Enzymen Katalase und Peroxidase oder den Transport von Elektronen durch die verschiedenen Cytochrome der Atmungskette.

Beim Menschen werden die Porphyrine in praktisch allen Zellen in einer Sequenz von acht enzymatischen Schritten aus Glycin und Succinyl-CoA synthetisiert und kommen dort als Bestandteile der mitochondrialen Cytochrome vor. Quantitativ am bedeutendsten sind sie in den Erythroblasten des Knochenmarks (dem Ort der Hämoglobin-Synthese), den Erythrocyten (als Träger des Hämoglobins) im strömenden Blut und den Hepatocyten der Leber, die sich durch einen hohen Gehalt an Cytochrom P_{450} auszeichnen, vertreten.

Aufgrund dieser elementaren Funktion der Porphyrine ist das vollständige Fehlen eines der Enzyme der Porphyrinbiosynthese mit dem Leben nicht vereinbar. Partielle Defekte einzelner Enzyme der Hämbiosynthese treten jedoch auf und verursachen neuroviszerale oder neuropsychiatrische Symptomenkomplexe, die bei Nichterkennung lebensbedrohlichen Charakter annehmen können.

Bilirubin ist ein ausscheidungspflichtiges Endprodukt des Häm-Stoffwechsels. Bei einzelnen Neugeborenen ist die Bilirubinglucuronidierung noch nicht ausgereift, so daß es zu einer Gelbsucht kommt, die durch die im Bild dargestellte Phototherapie behandelt werden muß. (Bild: H. Segerer, Hedwigsklinik, Regensburg)

21.1 Biosynthese des Häms

21.1.1 Übersicht über die Hämbiosynthese

Einzelne Enzyme der Hämbiosynthese treten in gewebespezifischen Isoformen auf

Obwohl das Knochenmark als das wesentliche Gewebe der Hämbiosynthese (mit etwa 85 %) gilt, sind die meisten experimentellen Untersuchungen an Lebergewebe durchgeführt worden, da zum einen im Knochenmark verschiedene Zellen existieren, die zudem verschiedene Differenzierungsstufen durchlaufen, und zum anderen Lebergewebe für tierexperimentelle biochemische Studien einfacher zu gewinnen ist. Obwohl die einzelnen enzymatischen Schritte der Hämbiosynthese im Knochenmark und in der Leber identisch sind, unterscheiden sich die funktionellen Charakteristika einzelner beteiligter Enzyme durch die Existenz von Isoenzymen in diesen Organen voneinander. Die Isoformen werden entweder von unterschiedlichen Genen codiert oder entstehen durch unterschiedliches Spleißen der hnRNA desselben Gens und besitzen für die gewebespezifische Regulation der Hämbiosynthese eine elementare Bedeutung.

Die Biosynthese der Porphyrine läuft – ähnlich der Harnstoffbiosynthese – partiell im *Mitochondrium* und partiell im *Cytosol* ab (Abb. 21.1). Ausgehend vom Succinyl-CoA, einem Zwischenprodukt des mitochondrialen Citratcyclus, wird durch Kondensation mit der Aminosäure Glycin ein Produkt gebildet, das nach Übertritt ins Cytosol mit einem weiteren Molekül seinesgleichen zu einem Pyrrol kondensiert. Vier dieser Pyrrole treten zu einem *Tetrapyrrol* zusammen, das nach Decarboxylierung ins Mitochondrium zurückgelangt, wo es durch erneute Decarboxylierung und Dehydrierung sowie durch den Einbau von Eisen in Häm überführt wird. Das gebildete Häm wird nun für mitochondriale Enzyme wie Cytochrome (in allen Zellen) oder für die Bildung von Hämoglobin (in den Erythroblasten des Knochenmarks) verwendet.

21.1.2 Einzelschritte der Hämbiosynthese

Die Hämvorstufe Protoporphyrin entsteht durch Kondensation von Glycin und Succinyl-CoA

Ausgehend von Succinyl-CoA, einem Zwischenprodukt des Citratcyclus, und Glycin, der einfachsten Aminosäure, entsteht im Mitochondrium unter Abspaltung von CoA das labile Zwischenprodukt α-Amino-β-ketoadipat, das als β-Ketosäure (S. 26) spontan zu δ-Aminolävulinat (δ-ALA) decarboxyliert. Dieser Schritt wird durch die mitochondriale ***δ-Aminolävulinatsynthase*** (δ-ALA-Synthase) katalysiert (Abb. 21.2). Da dieses Enzym pyridoxalphosphat-abhängig ist, führt ein Vitamin B_6-Mangel (S. 668) zu einer Verringerung der Hämbiosynthese. Die δ-ALA-Synthase-Reaktion ist der geschwindigkeitsbestimmende Schritt der Por-

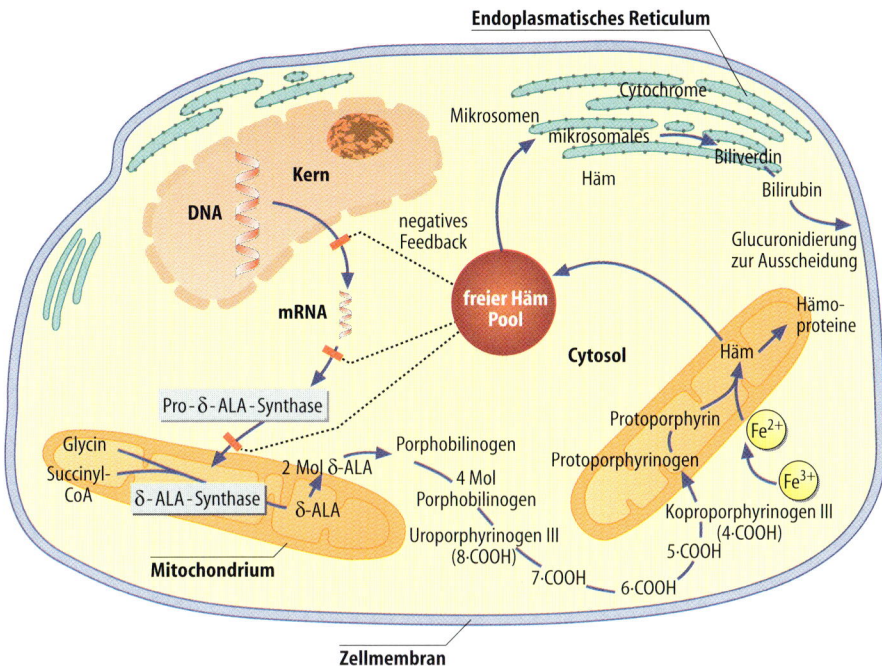

Abb. 21.1 Verteilung der Hämbiosynthese auf zwei Zellkompartimente

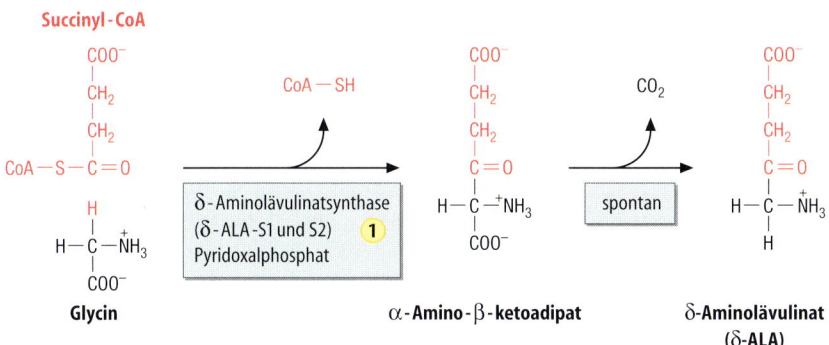

Abb. 21.2 Pyridoxalphosphat-abhängige Bildung von δ-Aminolävulinat (δ-ALA) aus Glycin und Succinyl-CoA durch die δ-ALA-S1 oder -S2. Die Zahl gibt den möglichen Enzymdefekt an

phyrinbiosynthese, da alle folgenden Enzyme im Überschuß vorliegen.

Beim Menschen codieren zwei Gene für zwei δ-ALA-Synthasen:

- das δ-ALA-S1-Gen auf Chromosom 3 (p21) trägt die Information für ein ubiquitär verbreitetes Enzym,
- das δ-ALA-S2-Gen auf dem X-Chromosom (p11–21) codiert für ein Enzym, das nur in den Erythroblasten vorkommt.

Beide Proenzyme (Pro-δ-ALA-S1 bzw. -S2) besitzen die Sequenz Cys-Pro-X-Asp-His, die Häm bindet, wodurch die Translokation des Enzyms vom Cytosol in das Mitochondrium gehemmt wird (sog. hämregulatorisches Element). Darüberhinaus weist die knochenmarkspezifische δ-ALA-S2 im Gegensatz zur δ-ALA-

S1 in der 5′-nichttranslatierten Region ihrer mRNA eine Struktur auf, die den eisenempfindlichen Elementen in den 5′-nichttranslatierten Regionen der Ferritin- und Transferrin-mRNA (S. 632) ähnelt. Diese Konstellation erlaubt die Koordination der Porphyrinbiosynthese mit dem Eisenstoffwechsel (S. 632).

Im Hepatocyten wird die Aktivität der δ-ALA-Synthase-1 durch das Endprodukt Häm gehemmt (S. 606). Daneben wird die Enzymaktivität auf noch unbekannte Weise auch durch die Gabe von Glucose (sog. Glucose-Effekt) vermindert, was von klinischer Bedeutung ist (S. 610).

Nach Übertritt ins Cytosol kondensieren zwei Moleküle δ-Aminolävulinat zu *Porphobilinogen (PBG)*, der Pyrrolvorstufe (Ring A in Abb. 21.3) der Porphyrine. Diese Reaktion wird durch die **Porphobilinogen-**

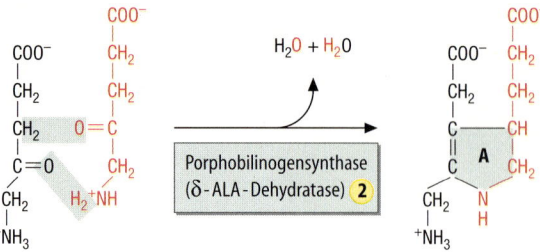

δ-Aminolävulinat (δ-ALA)   Porphobilinogen (PBG)

Abb. 21.3 Bildung des Monopyrrols Porphobilinogen *(PBG)* durch Kondensation von zwei Molekülen δ-Aminolävulinat durch die Porphobilinogen-Synthase (oder δ-ALA-Dehydratase)

synthase (δ-Aminolävulinatdehydratase) katalysiert. Das Enzym kommt in zwei Isoformen vor, von denen die eine in allen Geweben, die andere nur in Erythroblasten nachweisbar ist.

Anschließend kondensieren unter dem katalytischen Einfluß der *PBG-Desaminase* sukzessive drei weitere Porphobilinogenmoleküle (Ringe B, C und D) unter Abspaltung von vier Molekülen Ammoniak und Bildung des Zwischenproduktes *Hydroxymethylbilan* zum Tetrapyrrol (Abb. 21.4). Beim Menschen wird die PBG-Desaminase durch ein 10 kb-Gen mit 15 Exons auf Chromosom 11 q 24 codiert. Die bei der Transkription entstehende hnRNA kann unterschiedlich gespleißt werden, so daß aus einem Gen zwei Isoenzyme entstehen:

- das Erythroblasten-Isoenzym mit einem Molekulargewicht von etwa 42 kD enthält den 3'-Anteil von Exon 3 sowie die Exons 4 bis 15,
- das „House-Keeping"-Isoenzym mit einem Molekulargewicht von etwa 44 kD besteht aus Exon 1 sowie den Exons 3 bis 15.

Je nachdem in welchem Genabschnitt eine Mutation auftritt, wird die Bildung eines der beiden Enzyme oder beider Isoformen beeinflußt.

Bei der Kondensation von Ring D (Abb. 21.4) findet ein Austausch der Acetat- und Propionatseitenketten dieses Pyrrolringes statt, so daß das durch die asymmetrische Reihenfolge seiner Substituenten charakterisierte *Uroporphyrinogen III* entsteht. Daneben werden auch sehr geringe Mengen an Uroporphyrinogen I synthetisiert, bei dem diese Isomerisierung am Ring D nicht stattgefunden hat. Verantwortlich für diesen enzymatischen Schritt ist das Enzym *PBG-Isomerase* (Uroporphyrinogen-Cosynthase).

Nachfolgend werden die Acetatgruppen aller vier Ringe unter dem Einfluß der cytosolischen *Uroporphyrinogen-Decarboxylase* zu Methylgruppen decarboxyliert. Das entstandene *Koproporphyrinogen III* tritt ins Mitochondrium über, in dem die Proprionatseitenketten der Ringe A und B zu Vinylseitenketten dehydriert und decarboxyliert werden. Bei dieser von dem Enzym *Koproporphyrinogen-Oxidase* katalysier-

ten Reaktion wirkt molekularer Sauerstoff als Wasserstoffakzeptor. Das Enzym ist an der äußeren Oberfläche der inneren Mitochondrienmembran lokalisiert und spezifisch für das III-Isomer (Abb. 21.5). Das Porphyringerüst wird durch die Abspaltung von insgesamt 6 Carboxylgruppen zunehmend hydrophober, was offenbar für den späteren Einbau in das hydrophobe Innere von Proteinen wichtig ist.

Im Anschluß an diese Veränderungen der Substituenten des Tetrapyrrols wird nun das Ringsystem selbst modifiziert. Durch enzymatische Dehydrierung der die einzelnen Ringe verbindenden Methylengruppen entstehen 4 Methingruppen. Die für diese Reaktion zuständige *Protoporphyrinogenoxidase* ist ein integrales Protein der inneren Mitochondrienmembran (Abb. 21.5). Aus einem nichtkonjugierten farblosen System mit 8 Doppelbindungen ist damit ein konjugiertes farbiges Tetrapyrrolsystem mit 11 Doppelbindungen gebildet worden.

Der Einbau von Eisen in das Protoporphyrin erfolgt durch die Ferrochelatase

Der nachfolgende Ferrochelatase-katalysierte Einbau von zweiwertigem Eisen an der Matrixoberfläche der inneren Mitochondrienmembran vervollständigt die Biosynthese von Häm (Abb. 21.5). In der Bilanz ist damit aus jeweils 8 Molekülen Succinyl-CoA und Glycin sowie jeweils 1 Molekül molekularen Sauerstoffs und 1 Eisenatom 1 Molekül Häm entstanden, wobei 4 Moleküle Ammoniak, 14 Moleküle Kohlendioxid, 8 Moleküle Coenzym A, 10 Moleküle Wasser sowie 8 Wasserstoffatome freigesetzt worden sind.

21.1.3 Ausscheidung von Porphyrinen und Porphyrinvorstufen

Der Ausscheidungsweg wird durch die Wasserlöslichkeit bestimmt

In geringen Mengen können die Porphyrinvorstufen δ-Aminolävulinat (δ-ALA) und Porphobilinogen (PBG) die Zellen verlassen, in das Blutplasma gelangen und in den Urin ausgeschieden werden. Uroporphyrinogen und Koproporphyrinogen sollten als Zwischenprodukte der Hämbiosynthese ebenfalls über die Nieren in den Urin und/oder über die Galle in den Stuhl ausgeschieden werden. Tatsächlich sind im Urin jedoch vorzugsweise Uroporphyrin und Koproporphyrin (Abb. 21.6) nachweisbar, die entweder durch enzymatische Oxidation im Organismus oder – was wahrscheinlicher ist – spontan nach Exposition mit Luftsauerstoff entstehen. Zu diagnostischen Zwecken werden deshalb Urin- und Stuhlextrakte mit Verbindungen

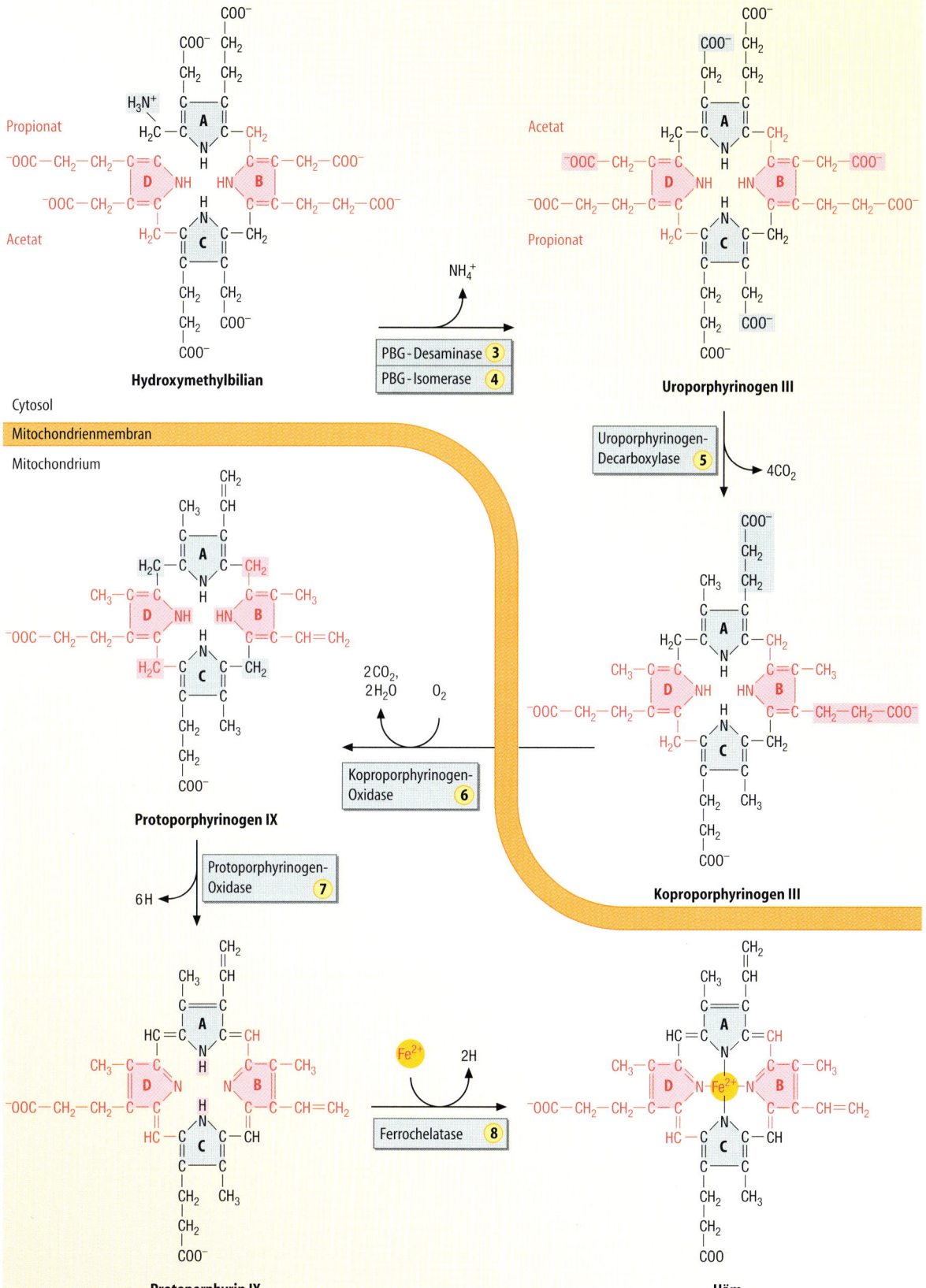

Abb. 21.4 Biosynthese von Häm durch sukzessive Kondensation von 4 Molekülen PBG, mehrfache Decarboxylierung der Seitenketten, Dehydrierung des Ringsystems und anschließenden Einbau von zweiwertigem Eisen. Die Zahlen geben mögliche Enzymdefekte an

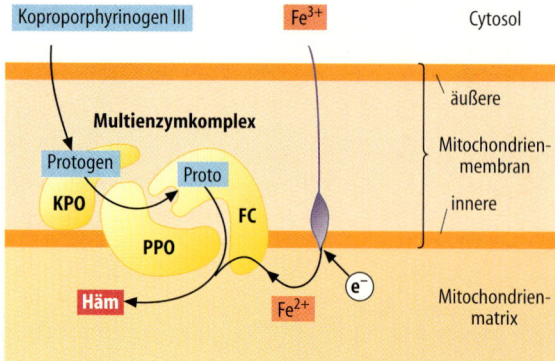

Abb. 21.5 Hypothetischer Multienzymkomplex für die letzten Schritte der Hämbiosynthese. Die Enzyme Koproporphyrinogenoxidase *(KPO)*, Protoporphyrinogenoxidase *(PO)* und Ferrochelatase *(FC)* sitzen auf der inneren Mitochondrienmembran. Durch die Assoziation dieser drei Enzyme entsteht ein Kanal, der den Eintritt von Koproporphyrinogen in das Mitochondrium erlaubt. (Proto(porphyrino)gen; Proto(porphyrin)

versetzt, die eine vollständige Oxidation der Porphyrinogene zu den entsprechenden Porphyrinen bedingen.

Die relative Verteilung eines Porphyrins zwischen Urin- und Stuhlausscheidung wird durch die Anzahl der Carboxylgruppen und damit die Wasserlöslichkeit der Verbindung bestimmt. Uroporphyrin, das 8 Carboxylgruppen und damit die höchste Wasserlöslichkeit aufweist, wird vorzugsweise in den Urin ausgeschieden. Koproporphyrin besitzt 4 Carboxylgruppen und wird sowohl in den Urin als auch in den Stuhl ausgeschieden (griech. κοπρος = Stuhl). Protoporphyrin,

welches mit 2 Carboxylgruppen nur schwach wasserlöslich ist, wird nur mit der Galle ausgeschieden.

21.1.4 Energiebedarf der Hämbiosynthese

Nur der erste Schritt der Hämbiosynthese ist energieabhängig

Von den 8 enzymatischen Schritten der Hämbiosynthese ist praktisch nur der erste wegen der Spaltung des CoA-Thioesters im Succinyl-CoA energieabhängig. Alle übrigen Schritte laufen ohne Aufwendung von Energie ab. Inwieweit die Transportvorgänge zwischen Cytosol und Mitochondrium (und umgekehrt) für die einzelnen Zwischenprodukte der Biosynthese Energie erfordern, ist noch unbekannt.

21.1.5 Regulation der Hämbiosynthese

Die Hämbiosynthese in Leber und Knochenmark wird unterschiedlich reguliert

Die Regulation der Hämbiosynthese erfolgt – wie häufig bei unverzweigten Biosynthesewegen (S. 372) – in den Hepatocyten der Leber über das erste Enzym, in diesem Fall die δ-Aminolävulinatsynthase (δ-ALA-Synthase-1). Für Enzyme mit regulatorischer Funktion

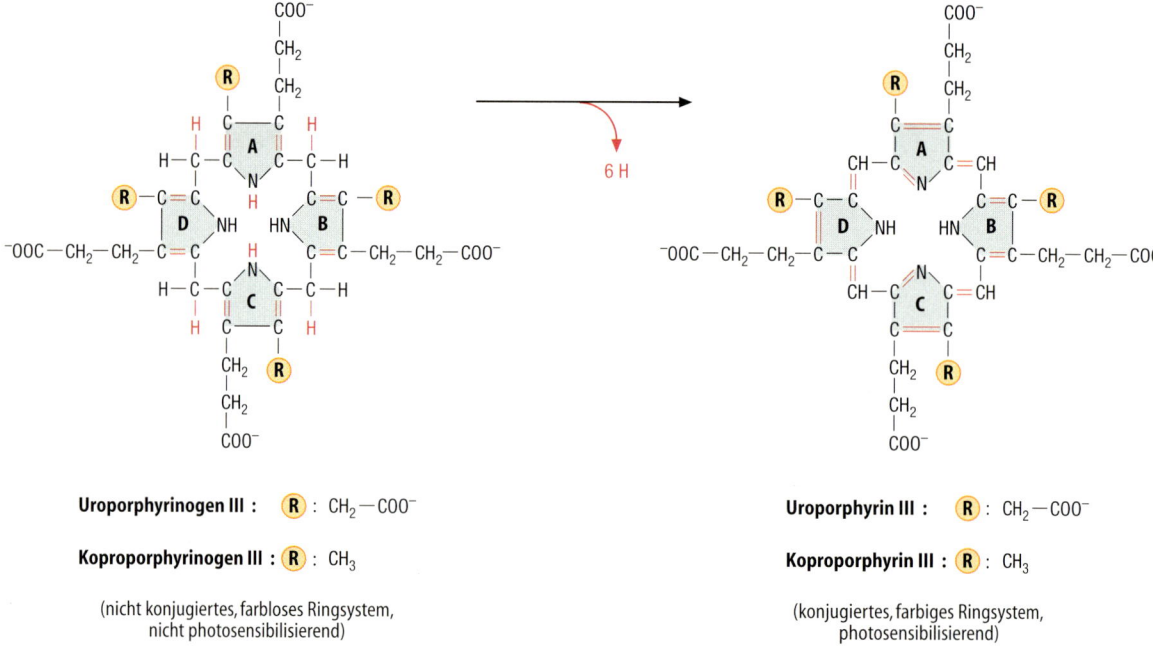

Uroporphyrinogen III : Ⓡ : CH_2—COO^-

Koproporphyrinogen III : Ⓡ : CH_3

(nicht konjugiertes, farbloses Ringsystem, nicht photosensibilisierend)

Uroporphyrin III : Ⓡ : CH_2—COO^-

Koproporphyrin III : Ⓡ : CH_3

(konjugiertes, farbiges Ringsystem, photosensibilisierend)

Abb. 21.6 Biosynthese von Uroporphyrin III (mit Acetatseitenketten) und Koproporphyrin III (mit Methylseitenketten) aus Uroporphyrinogen III bzw. Koproporphyrinogen III

ist eine hohe Umsatzrate Voraussetzung, wenn die Regulation über eine Änderung der Biosynthese- oder Abbaugeschwindigkeit des Enzyms erfolgen soll. So besitzt die δ-ALA-S1 auch nur eine sehr kurze Halbwertszeit von 60 Minuten. Als Endprodukt der Biosynthesekette reguliert Häm über eine negative Rückkoppelung die Aktivität der δ-ALA-Synthase. Häm kann seine Wirkung über drei unterschiedliche Mechanismen entfalten:

• Repression der Enzymneusynthese,
• Beeinflussung des Transportes neu synthetisierten Proenzyms vom Cytosol in das Mitochondrium über das hämregulatorische Element (S. 603) und
• direkte allosterische Hemmung der Enzymaktivität.

Durch Derepression (Induktion) kann die Enzymkonzentration bei Hämmangel bis auf das fünfzigfache gesteigert werden.

Die Konzentration an freiem Häm wird durch die Biosyntheserate, den Einbau in Hämoproteine und den Abbau durch die Hämoxygenase (s. unten) bestimmt. Deshalb beeinflussen diese Faktoren ebenfalls die Regulation der Hämbiosynthese (Abb. 21.1, S. 603). So entziehen Stoffe wie z. B. Barbiturate, die die **Cytochrom P$_{450}$-Synthese** induzieren, Häm dem freien Pool und stimulieren damit indirekt die δ-ALA-Synthase-1.

In den jungen Erythroblasten des Knochenmarks wird die Aktivität des Schlüsselenzyms δ-ALA-Synthase-2 aufgrund der notwendigen Koordination mit der Biosynthese der α- und β-Globinketten und der Verfügbarkeit von Eisen unterschiedlich reguliert. Auch hier kann Häm den Transport der Pro-δ-ALA-Synthase-2 in das Mitochondrium über hämregulatorische Elemente (s. o.) hemmen. Da die Promotorregion aber zudem strukturelle Verwandtschaft mit der des Ferrochelatasegens und der Globinkettengene aufweist, werden diese Gene durch Erythropoietin (S. 881) induziert. Weiterhin bedingt die Existenz der eisenempfindlichen Elemente (S. 628) in der mRNA nicht nur der δ-ALA-S2, sondern auch des Ferritins und des Transferrinrezeptors, daß ein Eisenmangel (S. 632) eine Hemmung der Translation der δ-ALA-S2- und Ferritin-mRNA und die gleichzeitige Stabilisierung der Transferrinrezeptor-mRNA mit erhöhter Translation bewirkt.

21.2 Pathobiochemie: Störungen der Hämbiosynthese

Störungen des ersten und geschwindigkeitsbestimmenden Schrittes der Hämbiosynthese, der δ-ALA-Synthase-2 im Knochenmark, führen zur *sideroblastischen Anämie,* wohingegen genetische Mängel an den anderen Enzymen der Hämbiosynthese *primäre Porphyrien* verursachen. Erworbene Porphyrien werden als *sekundäre Porphyrien* bezeichnet.

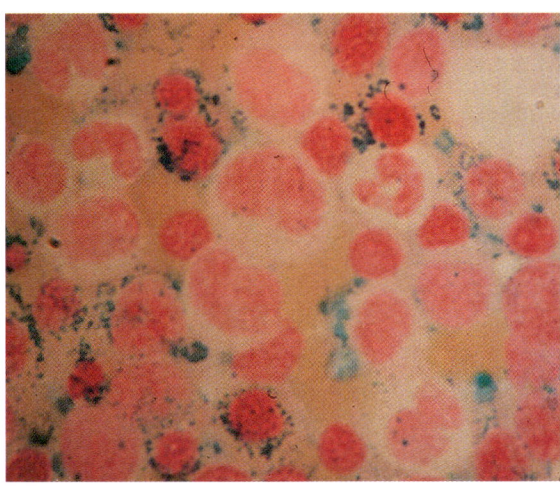

Abb. 21.7 Bildung von Ringsideroblasten bei der sideroblastischen Anämie (Berliner Blau-Färbung). (Aufnahme von R. Baumgart, Klinikum Großhadern, München)

21.2.1 Sideroblastische Anämie

Eine Störung der δ-ALA-Synthase-2 im Knochenmark führt zur Akkumulation von Eisen in den Erythroblasten

Diese Anämie hat ihren Namen von der Akkumulation von Eisen in den Mitochondrien erhalten, die ringförmig um den Zellkern angeordnet sind (Abb. 21.7). Der relative Eisenüberschuß kommt durch die verringerte Protoporphyrinbiosynthese aufgrund eines Defektes der δ-ALA-S2 zustande. Bei einer Familie erbrachte die genetische Analyse eine Punktmutation von Threonin zu Serin (T388S), wodurch die Bindung des essentiellen Cofaktors **Pyridoxalphosphat** an das Enzym reduziert wird. Ein vermehrtes Pyridoxinangebot kann bei diesen Patienten zu einer Steigerung der δ-ALA-S2-Aktivität führen.

21.2.2 Angeborene Porphyrien

Die Reduktion der Bildung des Endproduktes Häm führt zu einer Enthemmung der δ-ALA-Synthase

Die Porphyrien stellen eine Gruppe genetischer Erkrankungen dar, die durch spezifische Defekte einzelner Enzyme der Hämbiosynthese verursacht werden. Bei den **heterozygoten** Varianten der Erkrankungen ist ein Allel durch eine Mutation defekt, so daß auch die Expression des normalen Allels die Enzymaktivität zwar aufrechterhalten wird, aber auf **50 %** reduziert ist. Diese Reduktion der Enzymaktivität führt über eine Verminderung der Konzentration von Häm, das die

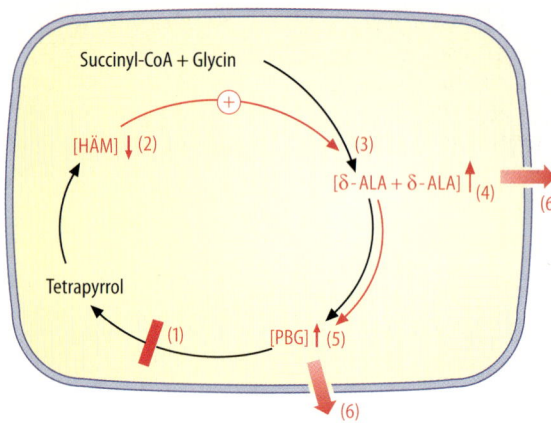

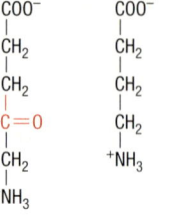

Abb. 21.9 Strukturelle Ähnlichkeit von δ-ALA und GABA

Abb. 21.8 Molekularpathogenese des erhöhten Anfalls von Porphyrinvorstufen: der partielle Enzymdefekt *(1)*, führt zu einem Abfall der Hämkonzentration *(2)*, der eine Stimulierung der δ-ALA-Synthase *(3)* bewirkt, wodurch vermehrt δ-ALA *(4)* und PBG *(5)* gebildet werden, welche aufgrund des partiellen Enzymdefektes *(1)* akkumulieren und die Zelle verlassen *(6)*

δ-ALA-Synthase hemmt, zu einer Aktivitätssteigerung dieses Schrittmacherenzyms der Hämbiosynthese (Abb. 21.8). Bei der extrem seltenen *homozygoten* Form sind beide Allele betroffen, wobei meist unterschiedliche Mutationen in beiden Allelen auftreten (sog. gemischte Heterozygote, S. 324). Dies verursacht eine vermehrte Bildung von Porphyrinvorstufen bzw. Porphyrinen, die wegen des Defektes nur teilweise für die Biosynthese verwertet werden können. Sie treten deshalb aus den produzierenden Zellen in den Extrazellulärraum über und werden in Geweben (Haut, Knochenmark, Leber) abgelagert oder in den Urin und die Galle ausgeschieden.

Die Art der akkumulierenden Zwischenprodukte bestimmt die klinische Symptomatik

Neurologische Symptome und Hauterscheinungen bestimmen die Klinik der Porphyrien. Sind bei den Erkrankungen Porphyrinvorstufen (δ-ALA und PBG) erhöht, so treten meist neurologische Symptome auf. Störungen, die mit einer Erhöhung der Uro- und Koproporphyrine einhergehen, sind durch Hautläsionen an lichtexponierten Stellen charakterisiert.

Zu den neurologischen Dysfunktionen zählen neuroviszerale Beschwerden (akutes Abdomen, Obstipation, Übelkeit, Erbrechen, Rückenschmerzen) sowie neuropsychiatrische Symptome (Krampfanfälle, Koma, Halluzinationen, Lähmungen, Areflexien). Obwohl abdominelle Beschwerden im Vordergrund stehen, kann jeder Teil des Nervensystems betroffen sein. Als Ursache der neurologischen Manifestationen wird ein Überschuß an δ-Aminolävulinat oder Porphobilinogen oder ein Mangel an Häm diskutiert. Da δ-Aminolävulinat strukturell mit γ-Aminobutyrat (GABA, S. 987, Abb. 21.9) verwandt ist und einen partiellen Ago-

nisten der GABA-Wirkung darstellt, wird eine Wirkung über eine Interferenz mit diesem inhibitorischen Neurotransmitter diskutiert. Symptome wie Koma oder Krampfanfälle könnten damit erklärt werden. Auf der anderen Seite könnte ein Mangel an Häm z. B. die Biosynthese mitochondrialer Cytochrome beeinträchtigen und damit einen ATP-Mangel hervorrufen.

Erhöhungen der Porphyrinkonzentration verursachen Hautläsionen

Während die *Porphyrinogene* (δ-Aminolävulinat, Porphobilinogen, Uroporphyrinogen I und III, Koproporphyrinogen I und III und Protoporphyrinogen IX) ungefärbt sind, sind die *Porphyrine* (Uroporphyrin I und III, Koproporphyrin I und III sowie Protoporphyrin IX und Häm) aufgrund der konjugierten Doppelbindungen farbig. Die Porphyrine zeigen sowohl im sichtbaren (800–380 nm) als auch im ultravioletten (380–180 nm) Bereich des Spektrums ein spezifisches Absorptionsverhalten. Charakteristisch ist die Absorption bei etwa 400 nm, die nach ihrem Entdecker als *Soret-Bande* bezeichnet wird. Bei Bestrahlung mit UV-Licht zeigen Porphyrine eine *rote Fluoreszenz,* die auch als Grundlage für Nachweisreaktionen dienen kann. Kopro- und Uroporphyrine besitzen andere Absorptionsspektren als Häm, da mit der Komplexbildung mit Metallionen eine Änderung der Absorption im sichtbaren Bereich des Spektrums einhergeht. Wie in Kapitel 31 (S. 895) besprochen, tritt eine weitere Veränderung des Absorptionsspektrums ein, wenn z. B. im Hämoglobin Sauerstoff angelagert wird (unterschiedliche Farbe arteriellen und venösen Bluts).

Diese Eigenschaften der Porphyrine erklären auch, warum ihre Ablagerung in der Haut zu lokalen Schädigungen durch Photosensibilisierung führt. Die Porphyrin-induzierte Photosensibilität manifestiert sich normalerweise auf zwei Wegen:
- einer erhöhten Fragilität der lichtexponierten Haut, insbesondere der Regionen, die den Handrücken und die Unterarme bedecken und
- einer akuten Rötung, Brennen und Jucken der lichtexponierten Haut, besonders im Gesicht und den Handinnenflächen.

Diese unterschiedlichen Manifestationen sind wahrscheinlich darauf zurückzuführen, daß das hydrophobe Protoporphyrin in anderen subcellulären Strukturen der Zelle akkumuliert als die hydrophilen Uro- und Koproporphyrine. Protoporphyrin häuft sich vorwiegend in Mitochondrien an, in denen es normalerweise unter Aufnahme von Eisen in Häm überführt wird. Aufgrund seiner Hydrophobizität soll Protoporphyrin mit biologischen Membranen interkalieren. Im Gegensatz dazu akkumulieren Uroporphyrine vorwiegend in Lysosomen. Die photosensibilisierenden Wirkungen der Porphyrine sind auf ihre Eigenschaft, Licht zu absorbieren, zurückzuführen. Am wirksamsten ist die Wellenlänge im UV-A-Bereich um 400 nm, durch die die Elektronen des Porphyrins in einen angeregten Zustand überführt werden, von dem sie auf ihr ursprüngliches Niveau zurückfallen und dabei einen Teil der Energie auf molekularen Sauerstoff übertragen. Aktivierter Sauerstoff kann die Zelle über verschiedene Mechanismen schädigen, wie z. B. die Peroxidation von Membranlipiden, die Vernetzung von Proteinen oder Schädigung von Nucleinsäuren (S. 512). Die Schädigung von Membranen der Lysosomen, die Uroporphyrine enthalten, kann zu einer Freisetzung von Hydrolasen und Proteasen in das Cytosol und damit zu einer Selbstverdauung der Zelle führen. Das Licht mit einer Wellenlänge um 400 nm, welches Porphyrine anregt, durchdringt normales Fensterglas, so daß die Photosensibilisierung durch Fenster von Häusern, Büros und Automobilen erfolgen kann. Die Wellenlänge des UV-B-Bereiches (um 280–315 nm) wird dagegen durch Fensterglas absorbiert. Damit können sich Patienten mit Porphyrien vor einer Photosensibilisierung *nicht* dadurch schützen, daß sie sich vorwiegend in Häusern aufhalten.

Die Molekularpathologie der Porphyrien wird zunehmend besser verstanden

Genetisch determinierte Defekte aller Enzyme der Hämbiosynthese sind bekannt (Tabelle 21.1). Da die cDNA oder auch genomische DNA aller Enzyme kloniert ist, kann die Molekularpathologie dieser Erkrankungen jetzt genau analysiert werden. Die bisherigen Analysen zeigen, daß – in Einklang mit den klinischen Beobachtungen – die molekularen Veränderungen sich von Patient zu Patient erheblich unterscheiden können. Ähnlich wie bei den Thalassämien (S. 335) finden sich die unterschiedlichsten Mutationen: Patienten mit zwei defekten Allelen (homozygote Träger) weisen meist Mutationen in unterschiedlichen Positionen auf (gemischt Heterozygote, S. 324). Während früher zwischen erythropoetischen und hepatischen Porphyrien unterschieden wurde, besprechen wir die einzelnen

Tabelle 21.1 Angeborene Porphyrien

Porphyrie	Substrat	Enzym (Genlocus)	Häufigkeit	Vererbungs-modus	Photo-sensibili-sierung	neurologische Symptomatik	
						neuro-viszeral	neuro-psychiatrisch
	δ-Aminolävulinat						
δ-ALA-Dehydratase-Mangel (ADM)		ALA-Dehydratase ② Chromosom 9	extrem selten	?	–	+	+
	Porphobilinogen						
akut intermittierende Porphyrie (AIP)		PBG-Desaminase ③ Chromosom 11q24	häufig 10/100.000	dominant	–	+	+
	Hydroxymethylbilan						
kongenitale erythropoetische Porphyrie (KEP)		Uroporphyrinogen-III-Co-Synthase ④ Chromosom 10q25	sehr selten	rezessiv	+	–	–
	Urporphyrinogen III						
Porphyria cutanea tarda (PCT)		Uroporphyrinogen-Decarboxylase ⑤ Chromosom 1p34	häufige Porphyrie	dominant	+	–	–
hepatoerythropoetische Porphyrie (HPP)			?	dominant	+	–	–
	Koproporphyrinogen						
hereditäre Koproporphyrie (HKP)		Koproporphyrinogen-III-Oxidase ⑥ Chromosom 9	unbekannt	dominant	+	+	+
	Protoporphyrinogen						
Porphyria variegata (PV)		Protoporphyrinogen-Oxidase ⑦ Chromosom 1q23	in Südafrika 3/1000	dominant	+	+	+
	Protoporphyrin						
Protoporphyrie (PP)		Ferrochelatase ⑧ Chromosom 18q21	relativ häufig	dominant	+	–	–
	Häm						

Porphyrien nach dem verursachenden *Enzymdefekt,* da es sich herausgestellt hat, daß es sich um Krankheiten handelt, die den gesamten Organismus betreffen. Bei vielen Patienten wird die genetische Disposition zur Porphyrie nur dann klinisch manifest, wenn eine bestimmte Umweltexposition (wie Medikamente) erfolgt. Warum sich zudem die phänotypische Expression einer genetischen Störung der Hämbiosynthese von Genträger zu Genträger unterscheiden kann, ist noch unbekannt.

PBG-Synthase-Mangel tritt nur selten auf

Bei dieser extrem seltenen Porphyrie treten schwere anfallsartige Beschwerden auf, im Rahmen derer große Mengen an δ-Aminolävulinat und Koproporphyrin in den Urin ausgeschieden werden. Die Aktivität der PBG-Synthase ist auf deutlich unter 50 % der Norm reduziert, was dafür spricht, daß offenbar nur homozygote Zustände klinisch manifest werden. Die molekularbiologische Analyse der PBG-Synthase-DNA eines Patienten erbrachte zwei unterschiedliche Punktmutationen in den beiden Allelen (gemischte Heterozygotie), von denen eine die Substratbindungsregion (Arg zu Trp-Substitution) mit fast vollständigem Aktivitätsverlust, die andere eine andere Region des Proteins (Ala zu Thr-Substitution) mit Reduktion auf 50 % Aktivität betraf.

PBG-Desaminase-Mangel verursacht die akut intermittierende Porphyrie (AIP)

Dieser Erkrankung liegt ein partieller Defekt der PBG-Desaminase zugrunde. Bei betroffenen Individuen beträgt die Aktivität des Enzyms etwa 50 %, was den heterozygoten Charakter der Erkrankung anzeigt. Die meisten Patienten mit dieser genetischen Enzymkonstellation bleiben jedoch *asymptomatisch.* Klinische Manifestationen in Form akuter Anfälle werden auf auslösende Faktoren wie Medikamente, Alkohol oder Kalorienmangel (z. B. beim Hungern) zurückgeführt. Auf der anderen Seite können die Attacken durch Glucosegabe behandelt werden (S. 603). Das menschliche PBG-Desaminase-Gen erstreckt sich auf Chromosom 11 über eine Länge von 10 kb und enthält 15 Exons. Durch alternierendes Spleißen werden zwei unterschiedliche mRNA's gebildet, die zur Translation unterschiedlicher Proteine führen, von denen eines nur in *Erythroblasten* (344 Aminosäuren) und das andere in *allen übrigen Zellen* (361 Aminosäuren) vorkommt.

Die molekulare Analyse des Defekts hat ergeben, daß mindestens 60 verschiedene Mutationen zu einem defekten PBG-Desaminase-Enzym führen können. *Exon 10* ist dabei offenbar eine Prädilektionsstelle: eine Mutation ändert z. B. das Codon für Tryptophan 198 in ein Stop-Codon, so daß die Translation an dieser Stelle abbricht. Bei einer anderen Familie erbrachte die moleku-

larbiologische Analyse die Substitution eines Glycin- durch einen Valinrest (G 281 V), wodurch die Halbwertszeit des Enzyms von 104 auf 4 Stunden reduziert wird.

Der mit dem partiellen Enzymdefekt (50 %) verbundene Konzentrationsabfall des Endproduktes Häm bedingt die Mehrsynthese von δ-Aminolävulinat und Porphobilinogen (durch eine Enthemmung der δ-ALA-Synthase), wodurch der relative Enzym-Mangel durch ein Substratmehrangebot weitgehend kompensiert wird. Asymptomatische Träger des AIP-Gens haben deshalb keine erhöhte δ-ALA- oder PBG-Ausscheidung in den Urin. Die Krankheit wird meist in der dritten Lebensdekade bei Frauen und in der vierten bei Männern manifest. Auslösende Faktoren akut intermittierender Attacken dieser Porphyrie sind Steroidhormone (Kontrazeptiva), Barbiturate (Schlafmittel), Hydantoine (Krampfmittel) oder Alkohol. Als Mechanismus für die Auslösung akuter Attacken durch diese Medikamente wird diskutiert, daß Barbiturate z. B. die Induktion des Häm-haltigen Enzyms *Cytochrom P$_{450}$* verursachen, so daß der Hämbedarf der Zelle gesteigert wird. Steroidhormone induzieren die Synthese der δ-ALA-Synthase.

Leitsymptome der akuten intermittierenden Porphyrie sind neurologische und psychiatrische Veränderungen: am häufigsten sind eine autonome Neuropathie, die abdominelle Koliken (akutes Abdomen), Erbrechen und Konstipation verursacht, eine Tachykardie und ein labiler Hochdruck. Motorische Lähmungen können auftreten, die Bulbär- und Atem-Muskulatur betreffen und damit lebensbedrohlich werden. Grand-mal-Anfälle treten selten auf und sind dann auf eine Hyponatriämie oder eine inadäquate ADH-Sekretion (S. 875) zurückzuführen. Im akuten Anfall führt die deutlich erhöhte Synthese von δ-Aminolävulinat und Porphobilinogen wegen der langsamen Überführung in Uroporphyrinogen III zu einer Akkumulation im Cytosol der Zelle, so daß die beiden Zwischenprodukte ins Blut übertreten und in den Urin ausgeschieden werden. Porphobilinogen ist mit dem sog. *Watson-Schwartz-Test* (S. 612) nachweisbar. Gleichzeitig sind auch Uro- und Koproporphyrine im Urin vorhanden, was angesichts des Enzymdefekts überraschen mag. Dies ist jedoch auf eine *nicht-enzymatische* Bildung aus PBG und δ-ALA im Urin zurückzuführen. Der Urin von Patienten mit klinisch manifester akuter intermittierender Porphyrie kann sich nach Licht- und Sauerstoffexposition rot oder schwarz verfärben, was der erste Hinweis auf das Vorliegen einer AIP sein kann.

Da die meisten Personen mit *klinisch latenter* Erkrankung normale Urin-PBG-Werte aufweisen, ist die PBG-Desaminase-Bestimmung in Erythrocyten die geeignete Methode zum Nachweis von Genträgern dieser Erkrankung. Bei Patienten, bei denen die PBG-Desaminase-Bestimmung keine Aussage über das Vorliegen einer AIP erlaubt, ist eine molekulargenetische Familienanalyse erforderlich.

Uroporphyrinogen III-Cosynthase-Mangel führt bei Kleinkindern zur Rotverfärbung der Windeln

Diese Porphyrie wurde als erste 1874 von Schultz in Greifswald beschrieben. Bei Kleinkindern ist die Rotfärbung der Windeln (hauptsächlich durch Uroporphyrine bedingt) der erste Hinweis auf das Vorliegen dieser Erkrankung. Die klinischen Manifestationen sind sehr unterschiedlich und reichen von milden Hautreaktionen über Rotverfärbung der Zähne (Ablagerung von Porphyrinen im Dentin) bis hin zur schweren hämolytischen Anämie (aufgrund hoher intraerythrocytärer Porphyrinspiegel). Verschiedene Mutationen sind im defekten Gen beschrieben worden: solche in Aminosäure 62 (Thr zu Ala), 73 (Cys zu Arg) und 228 (Thr zu Met) sind mit einem vollständigen, die in Aminosäure 66 (Ala zu Val) mit einem partiellen Verlust der Enzymaktivität verbunden.

Uroporphyrinogendecarboxylase-Mangel verursacht Blasen an Hand- und Fingerrücken

Die heterozygote *Porphyria cutanea tarda* (PCT) ist eine häufige Porphyrieform, vor allem in sonnigen Klimazonen. Charakteristisch ist eine vermehrte Ausscheidung von Uroporphyrinen in den Urin. Klinisch sind Blasen an Hand- und Fingerrücken (Abb. 21.10) sowie leichte Verletzbarkeit der Haut mit schlechter Heilungstendenz charakteristisch. Liegt ein schwerer Defekt der Uroporphyrinogen-Decarboxylase vor (5–10 % der Normalaktivität), so besteht die homozygote Form, die auch als *hepatoerythropoetische Porphyrie* bezeichnet wird.

Koproporphyrinogen III-Oxidasemangel bedingt neurologische und kutane Symptome

Durch einen hetero- oder homozygoten (Manifestation bereits in der Kindheit) Enzymdefekt kommt es zu einem mäßig bis deutlichen Anstieg der Koproporphyrin III-Ausscheidung in den Stuhl und zu einem geringeren Ausmaß in den Urin. Gleichzeitig ist bei akuten Anfällen auch die Urinausscheidung von δ-ALA und PBG erhöht. Aufgrund dieses Ausscheidungsmusters treten bei dieser hereditären Koproporphyrie sowohl neurologische (wie bei der akut intermittierenden Porphyrie) als auch kutane Manifestationen (ähnlich wie bei der Porphyria cutanea tarda) auf.

Der Porphyria variegata liegt ein partieller Defekt der Protoporphyrinogenoxidase zugrunde. Asymptomatische Träger der Erkrankung weisen eine normale Urinausscheidung von Porphyrinen und Porphyrinvorstufen auf, während akuter Anfälle kommt es zu einer deutlichen Zunahme der Stuhlausscheidung von Koproporphyrinen und Protoporphyrin und der Urinausscheidung von δ-ALA und PBG. Daraus lassen sich die klinischen Manifestationen (neurologische Dysfunktion, Photodermatitis) ableiten.

Ferrochelatase-Mangel bedingt eine Akkumulation von Protoporphyrin IX in den Erythrocyten

Ursache der Protoporphyrie ist ein heterozygoter Ferrochelatase-Mangel. Die Diagnose wird durch den Nachweis eines erhöhten Spiegels von Protoporphyrin IX in Erythrocyten, Plasma und Stuhl gestellt, in den es bevorzugt wegen seiner *schlechten Wasserlöslichkeit* (Verlust von 6 Carboxylgruppen, Abb. 21.4, S. 605) ausgeschieden wird. Die hauptsächliche klinische Manifestation der Protoporphyrie stellt die *Photosensibilität* dar. Die Patienten klagen über Brennen, Jucken oder Schmerz in der Haut nach Sonnenexposition, manchmal innerhalb einiger Minuten. Dies wird von einem Erythem und Oedem im Bereich der sonnenexponierten Haut gefolgt. Blasen treten nur dann auf, wenn die Sonnenexposition länger anhält, so daß die Hautläsionen von denen bei der Porphyria cutanea tarda unterschieden werden können. Die unterschiedlichen Hautmanifestationen sind durch die Hydrophobizität des Protoporphyrins bedingt, das sich vorzugsweise in Mitochondrien anhäuft (S. 609). Die molekularpathologische Analyse der Protoporphyrie zeigt verschiedene Mutationen als Ursache des Enzymdefekts: ein homozygoter Patient wies zwei Mutationen auf, eine auf einem Allel (Gly 55 Cys) und eine weitere auf dem anderen Allel (Met 267 Ile). Ein anderer Patient wies eine Punktmutation (C zu T) in der Nähe der Akzeptorregion in Intron 1 auf, so daß eine Störung des Spleißens mit einem veränderten Transkript auftrat. Diese Befunde sprechen für eine *molekulare Heterogenität* auch dieser Porphyrie.

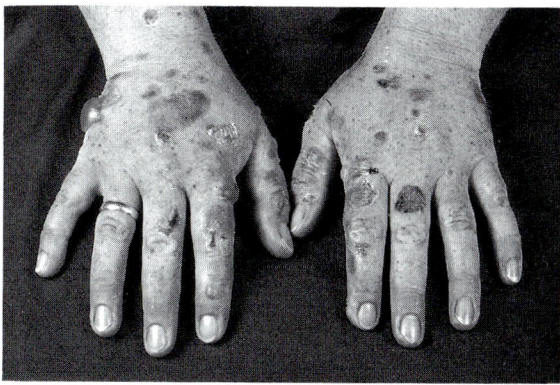

Abb. 21.10 Hautveränderungen bei Porphyria cutanea tarda

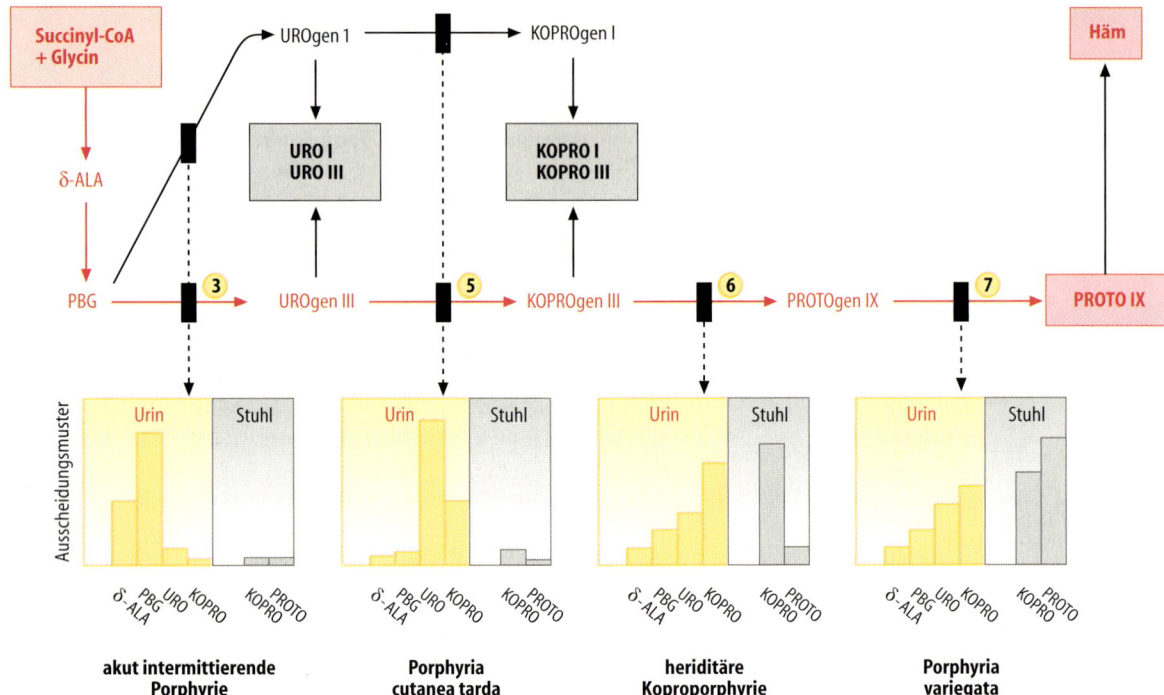

Abb. 21.11 Urinausscheidungsmuster bei den einzelnen Porphyrien. δ-ALA δ-Aminolävulinat; *PBG* Porphobilinogen; *URO* Uroporphyrin; *KOPRO* Koproporphyrin; *PROTO* Protoporphyrin.

Der Nachweis von PBG erfolgt mit dem Schwartz-Watson-Schnelltest (S. 612). Die Zahlen geben den Enzymdefekt an

Die biochemische Diagnose der Porphyrien erfolgt über den Nachweis von Porphyrinen im Urin

Die Diagnose der verschiedenen Porphyrien sollte auf der Grundlage biochemischer Befunde erfolgen. Einige Porphyrien können durch direkte *Enzymaktivitätsbestimmung* diagnostiziert werden: so z. B. bei der AIP die Aktivität der PBG-Desaminase in zirkulierenden Erythrocyten. Die meisten Diagnosen stützen sich jedoch auf den *klinischen Verdacht* und den *Nachweis übermäßiger Porphyrinproduktion.* Uro- und Koproporphyrine werden – wie ihre Bezeichnungen sagen – vorwiegend in den Urin bzw. Stuhl ausgeschieden (Abb. 21.11). Protoporphyrin ist noch weniger wasserlöslich und deshalb ausschließlich im Stuhl nachweisbar. PBG und δ-ALA werden in den Urin ausgeschieden und können dort auch nicht-enzymatisch zu Uroporphyrinogen kondensieren, das dann zu Uroporphyrin oxidiert. Uroporphyrin läßt den Urin bei längerem Stehen unter Lichteinfluß röter werden. Samuel *Schwartz* und Cecil *Watson* entwickelten einen nach ihnen benannten *Test,* der auf der Zugabe eines Aldehydreagens zu Patientenurin beruht. Enthält der Urin PBG, so führt die Zugabe des Reagens zu einer intensiven *Rotfärbung.*

Nach Diagnose einer Porphyrie werden *Genträger* in der Familie des Patienten heute zunehmend durch Molekularbiologische Methoden (S. 345) ermittelt.

21.2.3 Erworbene Porphyrien

Erworbene Porphyrien sind nicht durch einen Anstieg der δ-ALA- und PBG-Urinausscheidung gekennzeichnet

Verschiedene Erkrankungen können mit einer mittelgradigen Erhöhung der Urin-Porphyrinausscheidung (weniger als drei- bis vierfache Erhöhung gegenüber dem Normwert), insbesondere Koproporphyrinen einhergehen. Solche Patienten mit erhöhter Porphyrinausscheidung können auch abdominelle Beschwerden, Übelkeit, Erbrechen und andere Symptome entwickeln, die auf eine akute Porphyrie hinweisen. Aufgrund der erhöhten Porphyrinausscheidung in den Urin könnte fälschlicherweise eine primäre Porphyrie diagnostiziert werden. Die primären Porphyrien sind jedoch *immer* mit einer Erhöhung der Urinausscheidung von δ-ALA und/oder PBG vergesellschaftet. Mit Ausnahme einer Bleivergiftung, bei der Blei andere Metalle von aktiven Zentren von Enzymen verdrängt oder mit SH-Gruppen reagiert, sind sekundäre Porphyrien dagegen *nicht* mit einem Anstieg der Urinausscheidung von δ-ALA und PBG vergesellschaftet. Blei hemmt die Enzyme Porphobilinogen-Synthase und Ferrochelatase, so daß im Urin eine Erhöhung der δ-Aminolävulinat-Konzentration auftritt (S. 644). Da die Galle einen wesentlichen Ausscheidungsweg für die Porphyrine darstellt, steigen die Urin-Porphyrinspiegel bei verschiedenen hepatobiliären Erkrankungen an, wenn die Gallebildung gestört ist. Bei extrahepatischer Galle-Obstruktion (S. 617) wird der Anstieg der Urin-Koproporphyrinausscheidung von einem höheren Anteil des Typ-I-Isomers begleitet. Dies spiegelt die Tatsache wider, daß das Typ-I-Isomer, welches normalerweise vorzugsweise in die Galle ausgeschieden wird, den Organismus dann über die Niere verläßt. Die sekundären Porphyrien können von den asymptomatischen Formen der hereditären Koproporphyrie und der Porphyria variegata durch die **quantitative Bestimmung der Stuhlporphyrine** unterschieden werden: während bei den sekundären Porphyrien die Stuhlporphyrine normal oder nur geringgradig erhöht sind, sind sie bei den primären Porphyrien deutlich erhöht.

21.3 Abbau des Häms zu Gallenfarbstoffen

21.3.1 Abbau zu Bilirubin

Häm wird über Biliverdin zu Bilirubin hydriert und anschließend mit Glucuronat verestert

Während die beim Abbau von Hämoglobin und anderen Hämproteinen freiwerdenden Aminosäuren sowie das Eisen wieder verwertet werden, wird das Porphyringerüst nicht reutilisiert. Statt dessen wird es im Monocyten-Makrophagen-System von Leber, Milz und Knochenmark in zwei NADPH/H⁺-abhängigen Reaktionen über Biliverdin zu Bilirubin abgebaut (Abb. 21.12), Bilirubin wird über die Galle (sein Name leitet sich vom *lat.* Bilis = Galle ab) ausgeschieden. Dies ist von besonderer Bedeutung, da Bilirubin in höheren Konzentrationen toxisch wirkt.

Im ersten Schritt wird der Eisenporphyrinring selektiv an der Methinbrücke zwischen Pyrrolring A und B unter Einbau von Sauerstoff gespalten. Theoretisch könnte die Spaltung auch an den anderen Methinbrücken mit der Bildung entsprechender Spaltprodukte erfolgen. Dabei werden **Eisen** und **Kohlenmonoxid** freigesetzt. Während Eisen reutilisiert wird, wird CO mit der Atemluft ausgeschieden. Das durch die Katalyse einer mischfunktionellen Oxygenase (S. 509) entstandene offenkettige Produkt heißt aufgrund seiner grünen Farbe **Biliverdin** (grün = *lat.* viridis).

In der nachfolgenden Reaktion wird Biliverdin durch eine cytosolische Biliverdin-Reduktase zu dem aufgrund seiner rot-orangen Farbe als **Bilirubin** (rot = *lat.* ruber) bezeichneten Molekül reduziert. Dabei wird die Methingruppe zwischen Ring C und D in eine Methylengruppe umgewandelt. Da der weitere Stoffwechsel von Bilirubin in der Leber stattfindet, muß in Knochenmark und Milz gebildetes Bilirubin über das Blut dorthin transportiert werden. Aufgrund

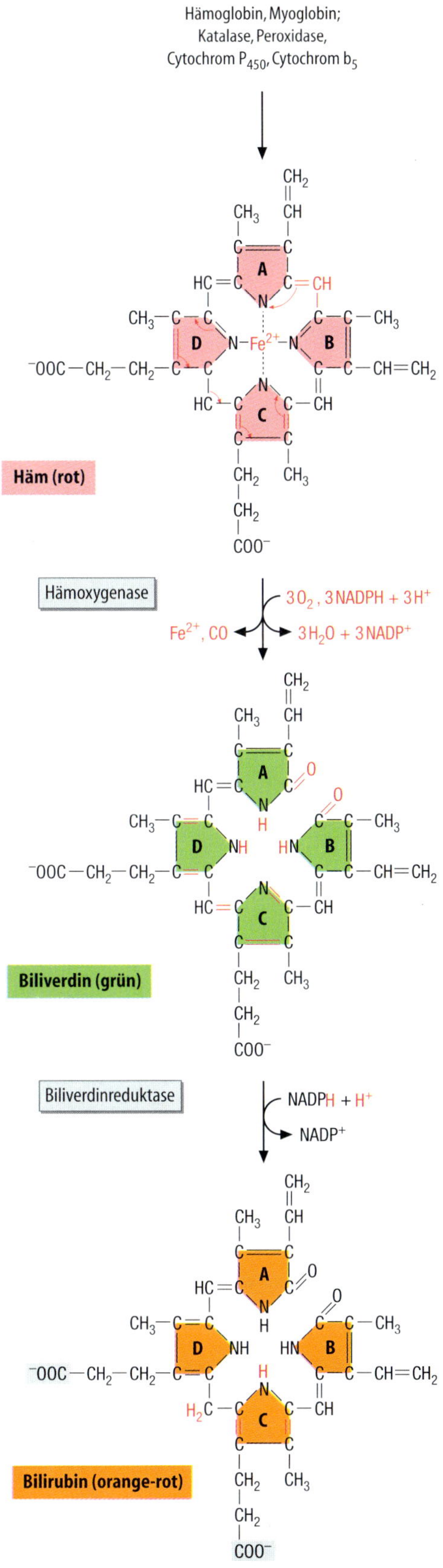

Abb. 21.12 Abbau von Häm zu Bilirubin

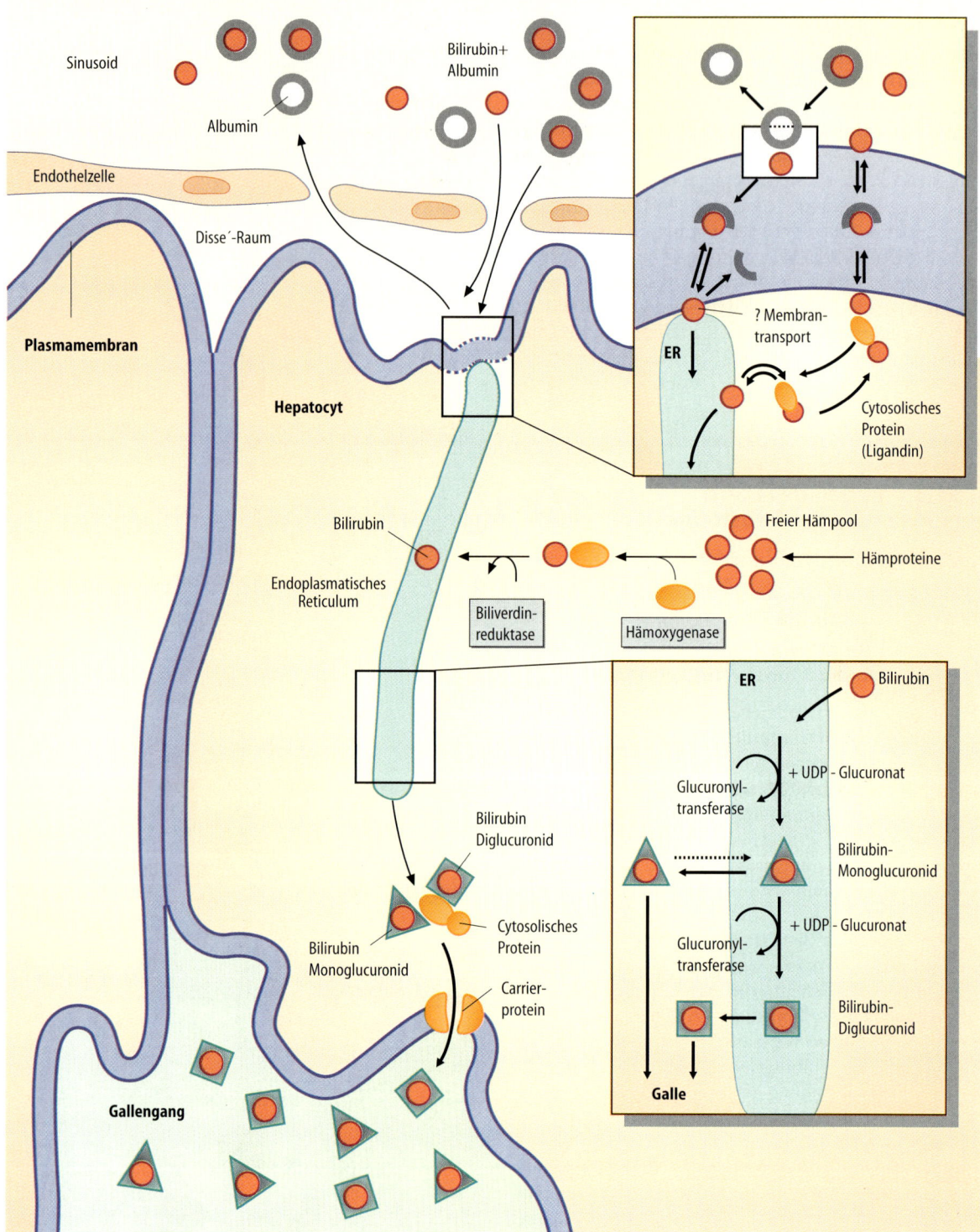

Abb. 21.13 Der Transport von Bilirubin aus dem Plasma in das Gallengangsystem. Für die Aufnahme von Bilirubin werden zwei Mechanismen postuliert: Zum einen über einen Albuminrezeptor und zum anderen direkt. In beiden Fällen kann ein Carrierprotein am transmembranären Transport beteiligt sein. Der anschließende Transport ins endoplasmatische Reticulum wird durch Bindung an das hypothetische Ligandin erleichtert oder kann auch direkt von Membran zu Membran erfolgen. Das cytosolische Bilirubin befindet sich im Gleichgewicht mit Bilirubin im endoplasmatischen Reticulum. Der untere Ausschnitt weist auf Hypothesen der Konjugation des unlöslichen Bilirubins an die polaren Glucuronide hin. Das konjugierte Bilirubin wird über den multispezifischen organischen Anionentransporter (MOAT) in das Gallengangsystem sezerniert

seiner schlechten Löslichkeit im Plasma erfolgt dieser Transport in Bindung an **Albumin.** Der normale Plasmaspiegel an albumingebundenem Bilirubin liegt zwischen 1,7 und 20,5 µmol/l (0,1–1,2 mg/100 ml). Im Dissé-Raum der Leber oder an der sinusoidalen Oberfläche des Hepatocyten dissoziiert das Bilirubin von seinem Trägerprotein, welches nicht in die Leberzelle eintritt (Abb. 21.13).

Warum Biliverdin in das schlechter lösliche Bilirubin umgewandelt wird, ist unbekannt. Daß das Molekül trotz der Existenz von zwei polaren Carboxylgruppen der Propionatgruppen schlecht löslich ist, ist darauf zurückzuführen, daß diese mit den NH-Gruppen und dem in Lactamkonfiguration vorliegenden

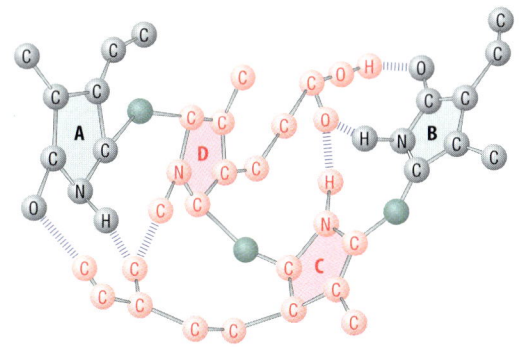

Sauerstoff (-NH-C = O) der Pyrrolringe intramolekulare Wasserstoffbrückenbindungen bilden (Abb. 21.14).

Nach Abkoppelung von Albumin wird Bilirubin in die Leberzelle aufgenommen und dort an intracelluläre Trägerproteine (z. B. Ligandin) gebunden (Abb. 21.13), die als Lösungsvermittler wirken. Vor der Ausscheidung in die Galle erfolgt eine enzymatische Veresterung der Propionatreste von Bilirubin mit Glucuronat (mikrosomale Uridylglucuronyltransferasereaktion, Phase 2 des Biotransformationssystems, S.1030), wodurch die intramolekularen Wasserstoffbrücken gelöst werden und das Molekül wasserlöslicher wird (Abb. 21.14). Als Mono- und Diglucuronid wird es durch den **multispezifischen organischen Anionentransporter** (S.1034) aktiv aus der Leberzelle in die Galle ausgeschieden oder kann auch bei Verlegung der Gallenwege über die Nieren eliminiert werden. Es stellt etwa 15–20 % des Trockengewichts der Galle (S.1001).

Das Gen für die Bilirubin-UDP-Glucuronyltransferase trägt die Information für drei mRNAs, die durch alternierendes Spleißen entstehen: sie unterscheiden sich in der 5′-Region, sind in der 3′-Region identisch und codieren für zwei Bilirubin-konjugierende Isoenzyme und ein Phenol-konjugierendes Enzym.

21.3.2 Nachweismethoden für Bilirubin im Blutplasma

Die beiden Bilirubinspecies im Plasma reagieren unterschiedlich schnell mit dem Diazoreagens

Da Bilirubinkonjugate aufgrund ihrer leichten Oxidierbarkeit relativ unstabil sind, erfolgt ihre quantitative Bestimmung vorwiegend über die stabilen Dipyrrolderivate, die in der sog. **Diazoreaktion** gebildet werden. In dieser Reaktion wird die Methylengruppe zwischen den Ringen C und D unter Freisetzung zweier diazotierter Dipyrrole gespalten und als Formaldehyd freigesetzt.

Plasma enthält zwei Bilirubinspecies: Die eine reagiert mit dem Diazoreagens innerhalb von Minuten, die andere mit der gleichen Geschwindigkeit nur in Gegenwart von Beschleunigern wie Methanol. Diese Stoffe wirken dabei wahrscheinlich über eine Lösung der intramolekularen Wasserstoffbrückenbindungen im Bilirubinmolekül (Abb. 21.14).

Das schnell reagierende Bilirubin, das auch als **direkt reagierendes** oder **konjugiertes** bezeichnet wird, stellt glucuronidiertes Bilirubin dar, während das langsam reagierende – auch als **indirekt reagierendes** bezeichnet – das Albumin-gebundene oder **unkonjugierte** Bilirubin im Plasma darstellt. Normalerweise macht das glucuronidierte Bilirubin etwa 10–20 % des Gesamtbilirubins im Plasma aus, d. h. 80–90 % des Bilirubins sind an Albumin gebunden.

Abb. 21.14 Die übliche Darstellung des Bilirubins *(oben)* gibt keine Erklärung für die Unlöslichkeit des Moleküls in Wasser. Das Raummodell dagegen *(Mitte)* zeigt, daß die Propionsäureseitenketten der Pyrrolringe D und C über Wasserstoffbrückenbindungen *(blau gestrichelte Linien)* mit Sauerstoff- und Stickstoffatomen der Ringe B und A (B zu D; A zu C) in Verbindung treten. Dadurch ist das Molekül unpolar und unlöslich. Die kovalente Bindung von Glucuronidgruppen zur Bildung des Bilirubindiglucuronids *(unten)* verhindert diese intramolekulare Wasserstoffbrückenbindungen und erhöht damit stark die Löslichkeit des Moleküls in Wasser

21.3.3 Abbau des Bilirubins im Darm

Durch Bakterien wird Bilirubin im Darm in Stercobilin überführt

Nach Passage des Dünndarms wird Bilirubin im Dickdarm durch anaerobe Bakterien weiter abgebaut (Abb. 21.15), die dadurch Energie gewinnen. Nach Abspaltung der Glucuronatreste (durch eine β-Glucuronidase) erfolgt die schrittweise Reduktion zum Stercobilinogen (*lat.* stercus = Stuhl). Zuerst entstehen durch Hydrierung der Vinylgruppen zu Ethylgruppen (entspricht einer Umkehrung der Dehydrierung dieser funktionellen Gruppe bei der Hämbiosynthese) das Zwischenprodukt Mesobilirubin (*griech.* μέσος = zwischen) und durch Hydrierung der Methingruppen (– CH =) zwischen den Ringen A und D sowie B und C zu Methylengruppen das Zwischenprodukt *Mesobilirubinogen.* Diese Überführung von Doppel- in Einfachbindungen ist mit einem Verlust der Farbe verbunden.

Durch einen weiteren Hydrierungsschritt (an den Pyrrolringen A und B) entsteht *Stercobilinogen,* das durch Dehydrierung der Methylengruppe am Ring D zu einer Methingruppe (Umkehrung der Biliverdinreduktasereaktion) in *Stercobilin* überführt wird (Ausscheidung etwa 40–280 mg/Tag).

Bei Sterilisierung des Darms unter hochdosierter oraler Antibiotikatherapie kann die Vernichtung der Anaerobier die Ausscheidung von chemisch unverändertem Bilirubin verursachen, das durch Oxidation bei Zutritt von Luftsauerstoff in Biliverdin umgewandelt wird (*grünliche Verfärbung* des Stuhls).

Ein Teil des Stercobilinogens wird durch bakterielle Enzyme weiter in Dipyrrole zerlegt (Mesobilifuchsin, Bilifuchsin). Stercobilin und diese Dipyrrole tragen zur normalen Stuhlfarbe bei. Bei verschiedenen Produkten, die aus Bilirubin im Darm entstehen, werden bis zu 20 % reabsorbiert und über die Pfortader der Leber zugeführt, wo sie erneut ausgeschieden werden (enterohepatischer Kreislauf). Ein geringer Teil gelangt über das Blut zu den Nieren, wo es als *Urobilin* oder *Urobilinogen* in den Urin ausgeschieden wird (im Mittel etwa 0,64 mg, maximal 4 mg/24-h-Urin). Bei Leberfunktionsstörungen werden diese Produkte vermehrt in den Urin ausgeschieden.

21.3.4 Hämoglobin- und Bilirubinumsatz

Täglich werden etwa 250 mg Gallenfarbstoffe produziert

Geringe Mengen von Hämoglobin werden ständig aus gealterten, im Blut zirkulierenden Erythrocyten in das Plasma freigesetzt und dort an α_2-Haptoglobin gebunden. Dieses Protein besteht aus 2 α- (83 Aminosäuren)

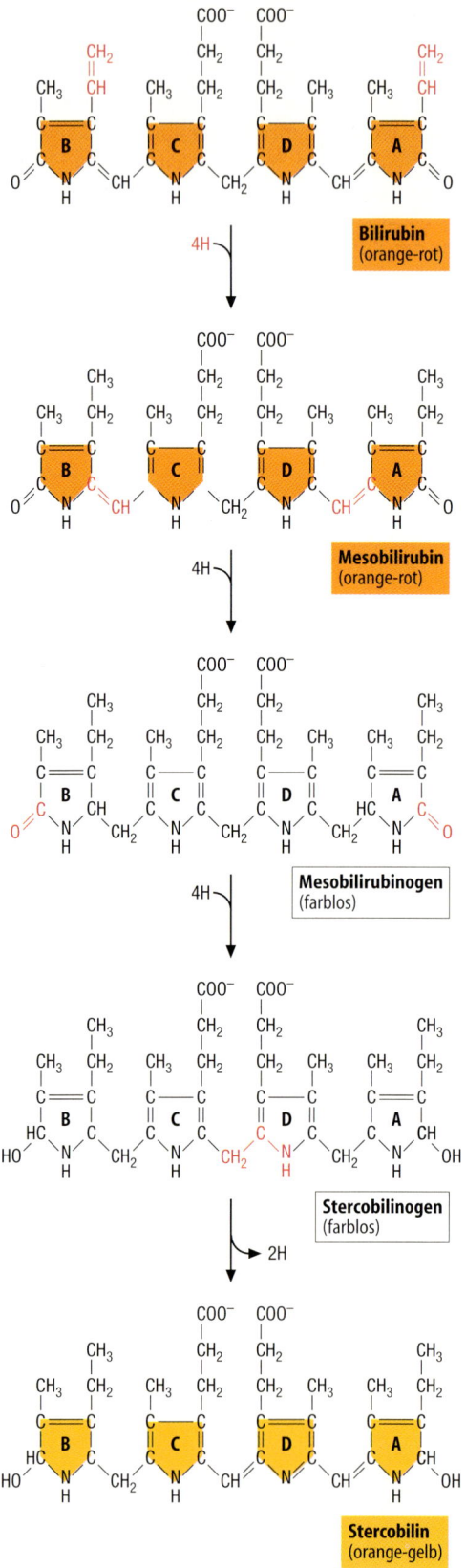

Abb. 21.15 Abbau von Bilirubin zu Stercobilin

und β-(245 Aminosäuren) Untereinheiten, von denen die β-Untereinheit Homologie mit Serinproteasen aufweist. Der Hämoglobin-Haptoglobin-Komplex wird schnell durch Aufnahme in das retikuloendotheliale System aus dem Blut geklärt (Halbwertszeit 10–30 min), wohingegen die Halbwertszeit freien Haptoglobins etwa 5 h beträgt. Aus Hämoglobin freigesetztes Häm wird an das Protein *Hämopexin* gebunden und langsam aus dem Blut geklärt (Halbwertszeit 7–8 h).

Da Hämoglobin den bei weitem größten Teil des Häms im Organismus enthält, entspricht die tägliche Ausscheidung an Gallenfarbstoffen ungefähr der Menge an Hämoglobin, das täglich gebildet und abgebaut wird. Im Hämoglobin entspricht der Porphyrinanteil (nach Abzug des Eisens) 3,5 % des Hämoglobingewichts, d. h. beim Abbau von 1 g Hämoglobin entstehen 35 mg Bilirubin. Bei einem Erwachsenen mit 70 kg Körpergewicht beträgt der tägliche Hämoglobinumsatz etwa 90 μmol (6,25 g) oder 1,3 μmol/kg Körpergewicht. Das bedeutet, daß täglich etwa 220 mg oder 380 μmol Bilirubin beim Abbau von Hämoglobin entstehen. Dazu kommen das beim Abbau von anderen Hämoproteinen (Myoglobin, Cytochrome) freigesetzte Bilirubin sowie die Nebenprodukte der Hämbiosynthese. Damit erhöht sich die Gesamtproduktion von Gallenfarbstoffen beim Menschen auf etwa 250 mg.

21.4 Pathobiochemie: Störungen des Bilirubinstoffwechsels

Ein Ikterus tritt als Folge einer Hyperbilirubinämie auf

Steigt der Gehalt an Gesamtbilirubin über eine Konzentration von 2–3 mg/100 ml (34–51 μmol/l) Plasma an, so liegt eine *Hyperbilirubinämie* vor und das Bilirubin tritt in die Gewebe über. Die damit verbundene Gelbverfärbung der Haut und Skleren bezeichnet man als Gelbsucht oder *Ikterus.*

Beim Vorliegen eines Ikterus wird als erstes untersucht, ob die Bilirubinämie direkter oder indirekter Natur ist. Dadurch können Hämolysen oder gestörte hepatische Konjugationen von hepatobiliären Erkrankungen unterschieden werden.

Eine Gelbsucht kann die Folge einer gesteigerten Bildung von Bilirubin sein, die die Ausscheidungskapazität der gesunden Leber übersteigt, oder Folge der Unfähigkeit einer geschädigten Leber sein, das in normalen Mengen produzierte Bilirubin auszuscheiden. Bei einem Verschluß der ableitenden Gallenwege, der zu einer Unterbrechung des Gallenflusses und damit der Bilirubinausscheidung führt, kommt es ebenfalls zur Hyperbilirubinämie.

Je nachdem, welcher Mechanismus der Bilirubinerhöhung zugrunde liegt, wird zwischen hämolyti-

schem, hepatocellulärem und Verschlußikterus unterschieden. Oft gibt es auch Mischformen dieser Gelbsuchtsarten.

21.4.1 Erworbene Hyperbilirubinämien

Der erhöhte Abbau von Erythrocyten kann zum Ikterus führen

Alle Zustände, die mit einem erhöhten Abbau von Erythrocyten (hämolytische Krisen) einhergehen, führen zu einer gesteigerten Bildung der Abbauprodukte des Häms, d. h. der Gallenfarbstoffe. Übersteigt die Bilirubinbildung die Glucuronidierung und anschließende Ausscheidung in die Galle, so kommt es zur Hyperbilirubinämie und damit zum hämolytisch bedingten Ikterus, bei dem das nichtkonjugierte (d. h. an Albumin gebundene) Bilirubin im Plasma erhöht ist (prähepatischer Ikterus).

Schädigung der Hepatocyten beeinträchtigt den Bilirubinstoffwechsel

Medikamente oder Hepatitisviren (S. 299) führen zu einer Schädigung der Leberparenchymzelle mit Störungen des Bilirubinexports in die Gallenkapillaren (Erhöhung des konjugierten Bilirubins). Oft führen dabei auch die akut entzündlichen Veränderungen zu einer mechanischen Beengung intrahepatischer Gallenkapillaren mit nachfolgendem intrahepatischem Gallenstau (intrahepatischer Ikterus).

Bei einer Blockade der ableitenden Gallenwege in bzw. nach der Leber kommt es in den Leberzellen zu einem Stau des Bilirubins, das weiterhin von der arteriellen Seite her aufgenommen und glucuronidiert wird. Durch Rückstau tritt das glucuronidierte Bilirubin in die Intercellulärspalten, die Lymphgefäße und die ableitenden Lebervenen über (posthepatischer Ikterus).

Bei Neugeborenen können spezielle Ikterusformen auftreten. Verglichen mit dem Erwachsenen hat jedes Neugeborene eine Hyperbilirubinämie, und etwa 50 % aller Neugeborenen sind innerhalb der ersten 5 Lebenstage ikterisch. Normalerweise steigt bei Neugeborenen der Bilirubinspiegel innerhalb der ersten 3 Tage von 1 bis 2 mg/100 ml (17–34 μmol/l) auf 5–6 mg/100 ml (85–102 μmol/l) (vorwiegend an Albumin gebunden) und fällt dann innerhalb von einer Woche auf Normalwerte ab. Dieser *physiologische Ikterus* ist das Resultat einer erhöhten Produktion (infolge des Abbaus von HbF-haltigen Erythrocyten), die der Reifung der Ausscheidungsmechanismen in der Leber zeitlich vorangeht. Kommt es während dieser Periode jedoch zu einer stärkeren Hämolyse (z. B. bei einer Rh-Inkompatibilität, S. 1082), so tritt ein *pathologischer* Neugeborenenikterus auf, der bei Nichtbehandlung mit Austauschtransfusionen zur Schädigung bestimm-

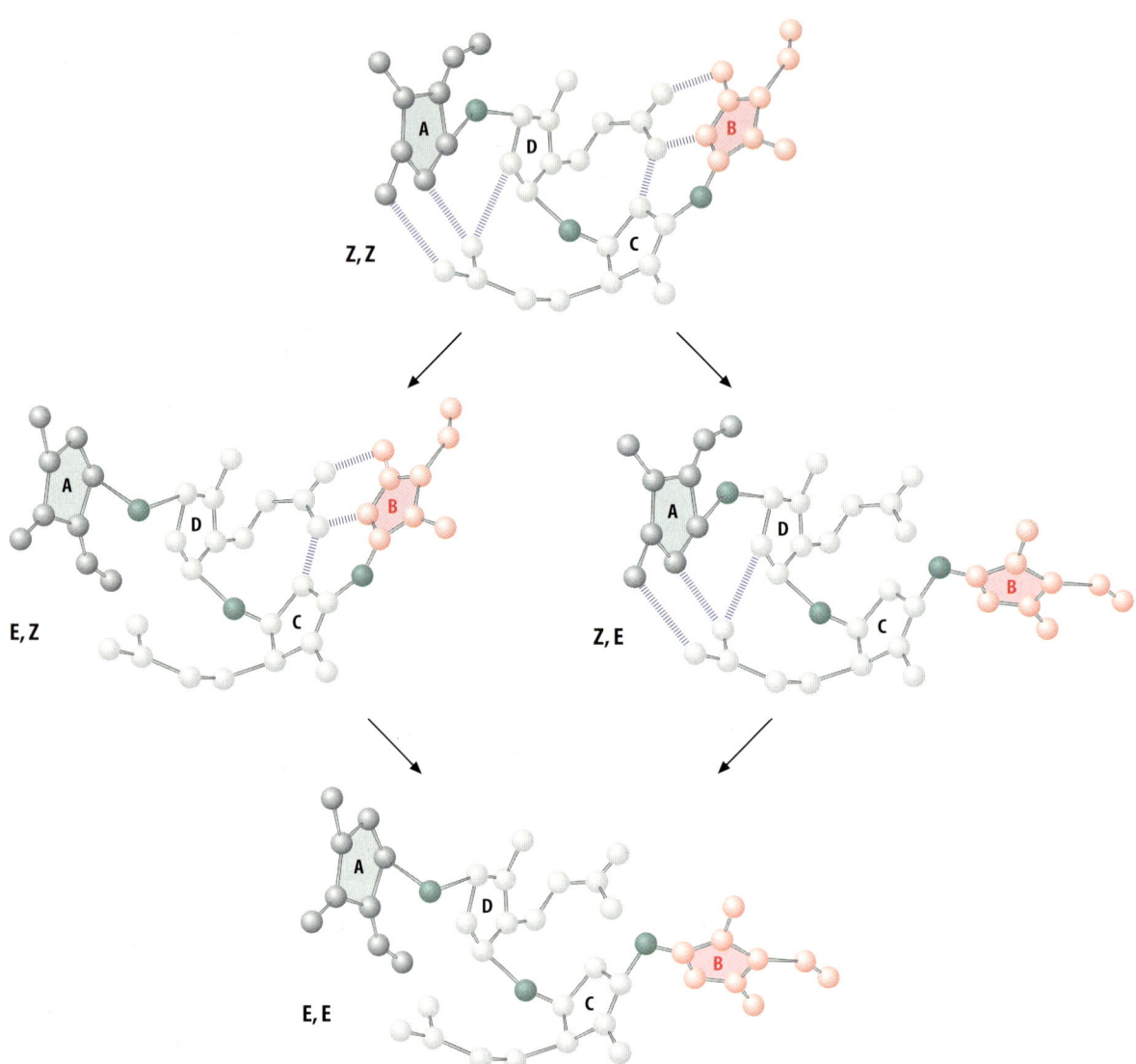

Abb. 21.16 Die Ausscheidung unkonjugierten Bilirubins in die Galle wird durch die Bestrahlung mit blauem Licht im Wellenbereich von 400 bis 500 nm erleichtert. Das natürlich vorkommende Z,Z-Isomer ist schwer löslich. Photoisomere dagegen, die durch eine Umstellung von Ring A (zur Bildung des E,Z-Isomers), Ring B (zur Bildung des Z,E-Isomers) oder der Ringe A und B (um das E,E-Isomer zu bilden) entstehen, sind polarer. Deshalb können sie ohne vorherige Konjugierung durch den Hepatocyten transportiert und in die Galle ausgeschieden werden. In der Galle bilden sich diese Photoisomere leicht zur Z,Z-Form zurück

ter Hirnkerne (deshalb auch als Kernikterus bezeichnet) führen kann.

Durch photochemische Behandlung kann Bilirubin in ein polareres Derivat überführt werden

Die Phototherapie des Neugeborenen zur Behandlung der unkonjugierten Hyperbilirubinämie hat sich als sicher und wirkungsvoll erwiesen, wenn die Serumbilirubinkonzentrationen über 5 mg/100 ml liegen. Die Bestrahlung mit blauem Licht im Frequenzbereich von 400 bis 500 nm führt zu einer Photoisomerisierung des Bilirubins und zu einer nachfolgenden Ausscheidung des unkonjugierten Bilirubins in die Galle. Entweder einer oder beide der äußeren Pyrrolringe des Bilirubins IX α (Z,Z, Abb. 21.16) – des natürlich auftretenden Isomers – schlägt um, was zur Bildung einer Mischung unstabiler Isomere führt (Z,E; E,Z; E,E). Diese Photoisomere, die man ingesamt als *Photobilirubin* bezeichnet, können keine intramolekularen Wasserstoffbindungen bilden, die für das Z,Z-Isomer charakteristisch sind. Demzufolge ist Photobilirubin polarer als Bilirubin und kann deshalb leicht in die Galle ausgeschieden werden, ohne daß es dafür mit Glucuronsäure konjugiert werden müßte. Die photochemische Umwandlung des Bilirubins in Photobilirubin durch blaues Licht soll direkt in der Haut und in subcutanen Geweben (und nicht in der Mikrozirkulation) erfolgen, von wo es in das Blut freigesetzt wird. Während Photoisomere nach Photoaktivierung aus der Haut freigesetzt werden, werden sie gleichzeitig mit Bilirubin IX α aus dem Plasma ersetzt, so daß schließlich die Gesamtplasmabilirubinkonzentration abfällt. Der relative Anteil der einzelnen unter der Phototherapie entstehenden Isomere (einschließlich der schnell ausgeschiedenen Cycloformen der E,Z und E,E-Isomere) ist zwar nicht bestimmt worden, aber insgesamt machen sie etwa 15 % des Gesamtbilirubingehalts bei ikterischen Neugeborenen aus.

Photobilirubin wird an Albumin im Plasma gebunden, in der Leber aufgenommen und ohne Konjugierung in die Gallenwege sezerniert. In der Galle fallen die instabilen geometrischen Isomere wieder in die stabile Bilirubin X α-Form zurück, die Wasserstoffbrückenbindungen aufweist, und gelangen dann in den enterohepatischen Kreislauf. Da Photobilirubin sogar bei der niedrigen Intensität des normalen Tageslichts gebildet wird, werden geringe Mengen der Photoisomere wahrscheinlich stets gebildet und von ikterischen Kindern und Patienten mit unkonjugierter Hyperbilirubinämie, wie z. B. bei der Crigler-Erkrankung (s. u.), ausgeschieden.

21.4.2 Angeborene Hyperbilirubinämien

Ein genetischer Defekt der UDP-Glucosyltransferase führt zur Hyperbilirubinämie

Beim **Morbus Meulengracht** (Gilbert-Syndrom) tritt eine vorwiegend unkonjugierte Hyperbilirubinämie (bis 6 mg/100 ml) auf, wobei das Gesamtbilirubin oft erst unter Belastung (Nahrungskarenz, Infekte) ansteigt. Ursachen dieser Hyperbilirubinämie sind Mutationen im Bereich des Promotoranteils (milde Form) bzw. Strukturanteils (schwerere Form) des UDP-Glucuronyltransferase I-Gens.

Beim *Crigler-Najjar-Syndrom* werden zwei Formen (I und II) unterschieden:
- Die extrem seltene autosomal-rezessive Form I mit hochgradiger Hyperbilirubinämie (428–769 µmol/l oder 25–40 mg/100 ml), die therapierefraktär ist, so daß die Kinder an Kernikterus sterben
- autosomal-dominante Form II, die mit Plasmabilirubinwerten von 103 bis 428 µmol/l (6–25 mg/100 ml) einhergeht.

Während normalerweise mehr als 90 % des konjugierten Bilirubins als Diglucuronid ausgeschieden werden, ist beim Crigler-Najjar-Syndrom II das Monoglucuronid das Hauptausscheidungsprodukt. Eine Besserung kann bei dieser Variante durch Phenobarbitalbehandlung erreicht werden, was dafür spricht, daß bei der Form II nur eine partielle Störung des Glucuronidierungssystems vorliegt.

Die Analyse des Gens von Patienten hat auch hier eine molekulare Heterogenität erbracht: so z. B. den Verlust von 13 Basenpaaren (Exon 2) oder eine Punktmutation, die zum vorzeitigen Kettenabbruch führt (bei Form I) oder eine Aminosäuresubstitution bei Form II.

Genetische Defekte des Bilirubintransportes rufen ebenfalls eine Hyperbilirubinämie hervor

Beim *Dubin-Johnson-* und *Rotor-Syndrom* liegen pathomechanistisch ungeklärte Defekte (Veränderungen der cytosolischen oder membranären Transportsysteme?) des Bilirubintransports durch den Hepatocyten vor. Das Dubin-Johnson-Syndrom ist durch eine chronische oder intermittierende Gelbsucht mit einer Erhöhung des konjugierten oder unkonjugierten Bilirubins gekennzeichnet. Charakteristisch sind große Mengen eines gelbbraunen oder schwarzen Pigments in den hepatischen Lysosomen, dessen chemische Zusammensetzung noch nicht geklärt ist. Das Rotor-Syndrom ist durch eine chronische konjugierte Hyperbilirubinämie charakterisiert.

RESÜMEE

Häm (Eisenporphyrin) kommt in einer Vielzahl von Proteinen unseres Organismus vor, in denen es am Sauerstoff- und Elektronentransport oder am Abbau von Wasserstoffperoxid beteiligt ist. In der Zelle wird das Hämgerüst in einer – auf zwei Zellkompartimente – verteilten Stoffwechselkette aus Succinyl-CoA und Glycin synthetisiert. Die Regulation der Hämbiosynthese unterscheidet sich in der Leber und im Knochenmark, da bei der Hämoglobinbildung in den Erythroblasten eine Koordination mit der Synthese der α- und β-Globinketten und dem Eisenstoffwechsel erforderlich ist. Ermöglicht wird dies dadurch, daß das erste Enzym der Hämbiosynthese, die δ-ALA-Synthase, in zwei Isoenzymformen (S 1 und S 2) vorkommt. Beide Enzyme werden durch das Endprodukt Häm gehemmt. Zusätzlich verfügt die mRNA des knochenmarkspezifischen S 2-Isoenzyms über eisenempfindliche Elemente, die auch in den mRNAs des Ferritins und des Transferrinrezeptors vorhanden sind, so daß eine koordinierte Expression dieser Proteine möglich ist.

Partielle Defekte einzelner Enzyme der Hämbiosynthese verursachen die Porphyrien: je nach Enzymdefekt wird zwischen akuten und chronischen Porphyrien unterschieden. Bei den akuten sind die Porphyrinvorstufen δ-Aminolävulinat (δ-ALA) und Porphobilinogen (PBG) erhöht, die aufgrund der Ähnlichkeit von δ-ALA mit γ-Aminobutyrat zu neuroviszeralen und -psychiatrischen Symptomen führen. Diese treten meist intermittierend als Attacken auf. Bei den chronischen akkumulieren dagegen Porphyrine, die aufgrund ihrer konjugierten Doppelbindungen photosensibilisierend sind und deshalb Hautreaktionen verursachen.

Durch die Klonierung aller Enzyme der Hämbiosynthese ist die genetische Analyse von Patienten mit diesen Erkrankungen möglich geworden: bei der häufigsten, der akut intermittierenden Porphyrie sind inzwischen über 60 verschiedene Mutationen identifiziert worden, die auch die schnelle Erkennung von asymptomatischen Genträgern erlauben.

Beim Abbau von Hämproteinen wird Häm freigesetzt und in Makrophagen zu Bilirubin abgebaut. Im Blutplasma wird Bilirubin entweder in Bindung an Albumin (unkonjugiertes oder indirektes Bilirubin) transportiert oder in glucuronidierter Form (konjugiertes oder direktes Bilirubin) gelöst. Bilirubin wird mit der Galle in den Darm ausgeschieden, wo es durch ortsständige Bakterien weiter abgebaut wird. Ein geringer Prozentsatz dieser Produkte kann in einem enterohepatischen Kreislauf reabsorbiert und wieder über Leber oder Nieren (als Urobilinogen) ausgeschieden werden.

Erhöhungen des Bilirubinspiegels treten bei übermäßigem Abbau von Erythrocyten, Leberfunktionsstörungen oder Galleabflußstörungen aus der Leber in den Darm auf. Da bei Neugeborenen die Blut-Hirn-Schranke für Bilirubin noch durchlässig ist, können starke Bilirubinerhöhungen bei ihnen zu Hirnschädigungen führen, wenn die Bilirubinerhöhung nicht durch Phototherapie beherrscht wird.

Literatur

Original- und Übersichtsarbeiten

Cox, TC (1994) X-linked pyridoxine responsive sideroblastic anemia due to a Thr 388 to Ser substitution in erythroid 5-aminolevulinate synthase. New Engl J Med 330: 675

Eishida N et al. (1992) Cloning and expression of the defective genes from a patient wird delta-aminolaevulinate dehydratase porphyria. J Clin Invest 89: 1431

Elder GH (1993) Molecular genetics of disorders of haem biosynthesis. J Clin Pathol 46: 977

Fitzsimons EJ, May A (1996) The molecular basis of the sideroblastic anemias, Curr Opinion Hematol 3: 167–172

Grandchamp B (1993) Molecular pathology of heme biosynthesis. Nouvelle Rev Fr Hematol 35: 313

Hauser SC et al. (1990) Mechanistic and molecular aspects of hepatic bilirubin glucuronidation. Proc Liver Dis 9: 225

Moore MR (1993) Biochemistry of porphyria. Int J Biochem 25: 1353

Nakahashi Y et al. (1992) The molecular defect of ferrochelatase in a patient with erythropoetic protoporphyria. Proc Natl Acad Sci USA 89: 281

Ponka P, Schulman HM (1993) Regulation of Heme Biosynthesis: distinct regulatory features in erythroid cells. Stem Cells 11 Suppl 1: 24

Rimington C (1989) Heme biosynthesis and porphyrias: 50 years in retrospect. J Clin Chem Clin Biochem 27:473

Sato M, et al. (1996) The genetic basis of Gilbert-Syndrome. Lancet 347: 557–558

Warner CA et al. (1992) Congenital erythropoetic porphyria: Identification and expression of exonic mutation sin the uroporphyrinogen III synthase gene. Clin Invest 89: 693

Xue-Fan G et al. (1994) Detection of eleven mutations causing acute intermittent porphyria using denaturing gradient gel electrophoresis. Hum Genet 93: 47

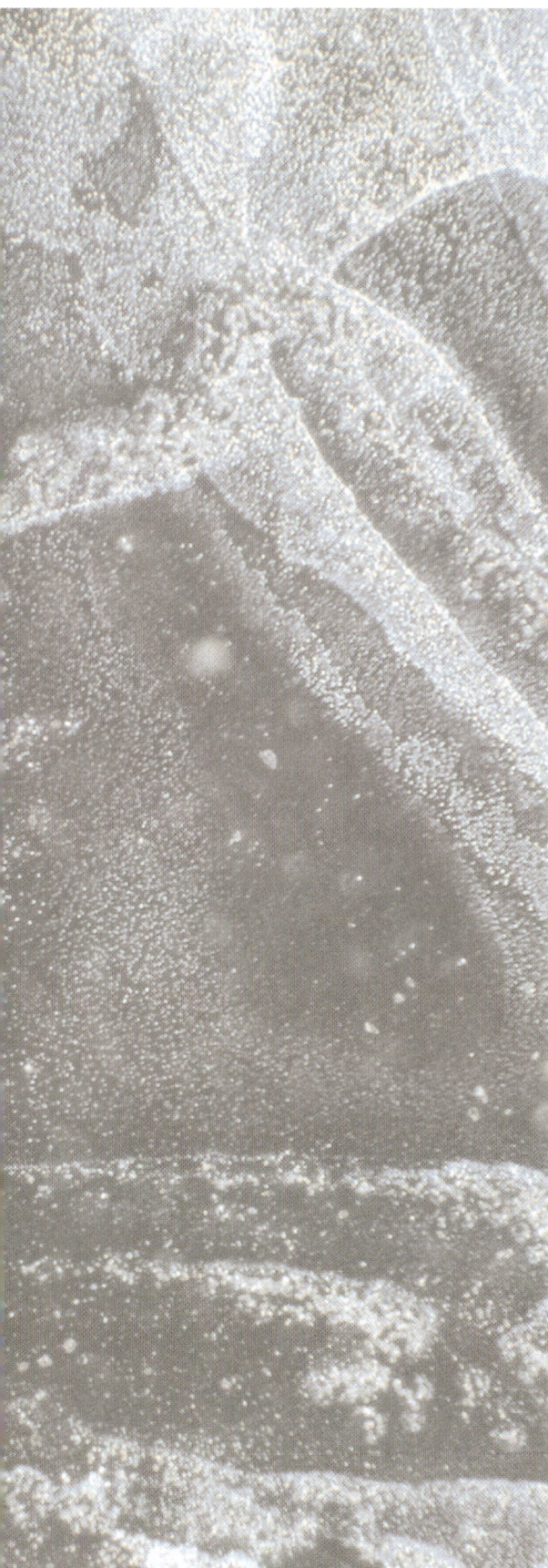

Spurenelemente

Viele Elemente kommen in lebenden Zellen in derart geringen Konzentrationen vor (1×10^{-6} bis 10^{-12} g/g Feuchtgewicht des Organs), daß es mit den früher verfügbaren analytischen Methoden unmöglich war, ihre Konzentration zu bestimmen. Man sagte deshalb, daß sie in Spuren vorkommen und bezeichnete sie demzufolge als Spuren- oder Mikroelemente. Die systematische Einteilung der Spurenelemente ist mit erheblichen Schwierigkeiten verbunden, da ihre einzige Gemeinsamkeit darin besteht, daß sie in Zellen von Mikroorganismen, Pflanzen und Tieren in geringen Konzentrationen vorkommen. Die Höhe der Konzentration unterscheidet sich u.U. ganz erheblich von Element zu Element, von Species zu Species und von Organ zu Organ. So benötigen Säugetiere beispielsweise sehr viel mehr Zink und Kupfer als Jod und Selen, und in tierischen Zellen sind die Konzentrationen von Zink und Eisen sehr viel höher als die von Mangan und Kobalt. Einige offenbar nicht lebensnotwendige Spurenelemente kommen in Blut und Geweben des Organismus in Konzentrationen vor, die höher sind als die der essentiellen Spurenelemente.

In vielen Gegenden unseres Landes leidet die Bevölkerung an einer zum Krankheitsbild des Kropfes führenden Unterversorgung mit dem hier dargestellten Element Jodid. (Bild: O. Meckes, eye of science, Reutlingen)

22.1 Allgemeine Grundlagen

22.1.1 Einteilung der Spurenelemente

Spurenelemente werden nach ihrer Lebensnotwendigkeit eingeteilt

Die Spurenelemente können nach ihrer Lebensnotwendigkeit in drei Gruppen eingeteilt werden (Tabelle 22.1):

- Die essentiellen,
- die möglicherweise essentiellen und
- die nichtessentiellen Spurenelemente.

Heute können mit Sicherheit 11 Spurenelemente als lebensnotwendig bezeichnet werden (Tabelle 1.6, S. 24); bei einer Reihe anderer (Silicium, Aluminium, Nickel, Germanium) werden intensive Untersuchungen zur Klärung dieser Frage durchgeführt. Es ist schwierig, experimentell festzustellen, ob ein Mikroelement essentiell ist, da oft schon die geringsten Mengen des Elements ausreichen, um Mangelerscheinungen des Organismus zu verhindern. Die Versuchstiere müssen zu diesem Zweck deshalb in einer Umgebung gehalten werden, die eine Kontamination mit Spurenelementen verhindert. Man verwendet heute Isolatoren mit Acrylkäfigen, da Plastikmaterial die in ihm enthaltenen Spurenelemente viel schlechter abgibt als z. B. Gummi, Glas oder Metalle. Die im Luftstaub enthaltenen Spurenelemente werden durch starke Luftfilter entfernt. Die Tiere erhalten eine Nahrung, die aus chemisch reinen Aminosäuren (statt Proteinen, die oft Mikroelemente

in fester Bindung enthalten) und anderen Stoffen besteht und der ein bestimmtes Spurenelement fehlt. Ist dieses Element lebensnotwendig, so treten Wachstums- und andere Störungen auf, die sich durch eine normale Nahrung wieder beheben lassen.

Abbildung 22.1 zeigt im unteren Teil eine Ratte, die 20 Tage in einem Isolator eine fluor-, zinn- und vanadiumfreie Nahrung erhielt. Die Ratte im oberen Teil der Abbildung erhielt zwar dieselbe Nahrung, wurde jedoch in einem normalen Käfig gehalten. Ganz offensichtlich genügen die in Staub und anderen Verunreinigungen enthaltenen Mengen an Spurenelementen, um einen Mangelzustand völlig zu verhindern. Welche biochemischen Veränderungen bei einem Mikroelementmangel zu den Wachstumsstörungen führen, ist bisher nur in wenigen Fällen bekannt. Ein Teil der nichtessentiellen Mikroelemente wirkt schon in relativ niedrigen Konzentrationen toxisch (Blei und Quecksilber). Für die anderen Spurenelemente gilt, was Paracelsus schon vor rund 450 Jahren formulierte: „Was ist das nit gifft ist? Alle ding sind gifft/und nichts ohn gifft/allein die dosis macht das ein ding kein gifft ist", d. h. alle essentiellen Mikroelemente sind toxisch, wenn sie über einen bestimmten Zeitraum in hohen Konzentrationen verabreicht werden. Während einige Spurenelemten für alle Lebewesen essentiell sind (wie z. B. Eisen), sind andere nur für bestimmte Gruppen von Lebewesen lebensnotwendig. So wird Jod – soweit heute bekannt – von den meisten Pflanzen nicht benötigt, Bor dagegen nicht von Tieren.

Tabelle 22.1 Die Spurenelemente (in Klammern die Atomgewichte zur Umrechnung in molare Einheiten)

	Gesamtbestand des 70 kg schweren Erwachsenen [g]	Plasmaspiegel [µmol/l]
Essentiell		
Eisen (56)	4–5	13–32
Kupfer (64)	0,04–0,08	13–23
Zink (65)	2–4	15–20
Molybdän (96)	–	0,16
Kobalt (59)	0,0011	–
Mangan (55)	0,012–0,020	0,27
Chrom (52)	0,006	2,7
Jod (127)	0,01–0,02	0,006–0,047
Zinn (119)	–	–
Selen (79)	0,030	–
Vanadium (51)	–	–
Möglicherweise essentiell		**Nichtessentiell**
Fluor (19)		Antimon (122)
Nickel (59)		Blei (207)
Brom (80)		Quecksilber (201)
Arsen (75)		
Cadmium (112)		
Barium (137)		
Strontium (88)		
Silicium (28)		
Aluminium (27)		

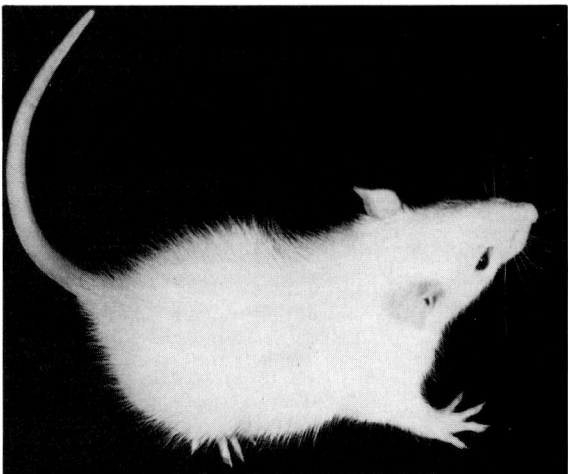

Abb. 22.1 Spurenelementmangel. Die Ratte im *unteren Teil* wurde 20 Tage in einem Spurenelementisolator gehalten, das gesunde Tier im *oberen Teil* erhielt dieselbe Nahrung, wurde jedoch unter normalen Bedingungen gehalten. (Aufnahme von K. Schwarz, Long Beach)

22.1.2 Wirkungsweise der Spurenelemente

Spurenelemente sind an katalytischen Vorgängen beteiligt

Die geringe Konzentration der Mikroelemente in der Zelle deutet darauf hin, daß sie an **katalytischen** Vorgängen beteiligt sind. So wirken die meisten Spurenelemente – die bis auf wenige Ausnahmen (Jod und Bor) Metalle sind – vorwiegend als **Katalysatoren** in Enzymsystemen der Zelle. Nahezu 30% aller Protein-Enzyme und alle RNA-Enzyme (Ribozyme, S. 247) enthalten ein **Metallion** als wesentlichen Bestandteil. Den Metallionen kommt dabei – wie aus Kapitel 1 (S. 29) und 4 (S. 112) bekannt – die Funktion eines **Säurekatalysators** zu.

Protein-Enzyme können in zwei Gruppen eingeteilt werden:
- die eigentlichen Metallenzyme und
- die metallaktivierten Enzyme.

Dieser Unterschied ist eher quantitativer als qualitativer Natur, wobei kontinuierliche Übergänge hinsichtlich der Art der Bindung zwischen Metallion und Protein existieren. Bei den eigentlichen Metallenzymen sind die Metallionen *fest* an bestimmte Stellen des Enzymproteins gebunden, so daß jedes Enzymmolekül eine bestimmte Anzahl von Metallionen besitzt. Diese können nur mit gleichzeitigem Verlust der katalytischen Aktivität des Enzyms entfernt werden. Unter günstigen Umständen kann die Aktivität des metallfreien Proteins (Apoenzyms) durch Zufügung des ursprünglichen Metallions wiederhergestellt werden. Von einigen seltenen Ausnahmen abgesehen, führt die Hinzufügung eines anderen Metalls **nicht** zur Wiederherstellung der enzymatischen Aktivität. Die Wechselwirkung zwischen dem jeweiligen Metall und dem Apoenzym muß demzufolge **hochspezifisch** sein. Metallenzyme enthalten häufig Metalle, die die stabilsten Chelate bilden, insbesondere Eisen(III), Kupfer(II), Zink(II) und Mangan(II). Für bestimmte Reaktionen werden spezifische Metalle benutzt, so
- Kupfer bei Oxidasen,
- Zink bei mehreren Dehydrogenasen und Hydrolasen,

- Eisenprotoporphyrin bei einer Reihe elektronenübertragender Enzyme und Oxygenasen.

Die zweite Enzymgruppe, die Metallionen benötigt, wird von den metallaktivierten Enzymen gebildet. Bei ihnen ist das Metall nur *locker* an das Protein gebunden, auch hier ist es jedoch wichtig für die volle enzymatische Aktivität. Bei dieser Enzymgruppe kann das Metall bei der chemischen Reindarstellung vom Protein abgetrennt werden, ohne daß das metallfreie Protein seine Aktivität vollständig verliert. Diese weniger enge Bindung läßt vermuten, daß die Beteiligung des Metallions für die Aktivität des Enzymproteins von geringerer Bedeutung ist. Trotzdem weisen auch Enzymproteine dieses Typs eine hohe Spezifität für das betreffende Metallion auf.

Zu den Metallen, die Enzyme aktivieren, gehören die Spurenelemente Eisen, Kupfer, Zink, Mangan, Molybdän und Kobalt sowie die Erdalkalimetalle Magnesium und Calcium und die Alkalimetalle Natrium und Kalium. Einige dieser metallaktivierten Enzyme lassen sich durch mehrere verschiedene Metallionen, die bestimmte Voraussetzungen hinsichtlich ihres Radius und anderer stereochemischer Bindungen erfüllen müssen, aktivieren. Unter diesen Umständen ist es oft zweifelhaft, welches spezifische Metallion das Molekül unter physiologischen Umständen aktiviert. Die Metallionen mit der stärksten Wirkung müssen nicht zwangsläufig auch die Ionen sein, die das Enzym in der Zelle tatsächlich aktivieren.

Außerdem können Metallatome auch in andere Biomoleküle eingebaut sein, die keine Proteine sind, so Kobalt im Vitamin B_{12} und Eisen im Porphyringerüst. Diese Moleküle sind aber ihrerseits Bestandteile von Proteinen (Coenzyme).

Die Bindung eines Metalls kann das aktive Zentrum beeinträchtigen

Bei einigen Metallionen hat die Bindung des Metallions einen Einfluß auf den Ladungscharakter und die Konformation des aktiven Zentrums. Der stabilste Komplex von Metall und Protein ergibt sich aus einem Kompromiß zwischen den günstigsten Struktur- und Bindungseigenschaften von Metall und Protein. Das daraus resultierende Metallprotein kann unter innerer Spannung stehen und infolgedessen *reaktionsfähiger* sein. Bei Metallenzymen, die Kupfer, Eisen oder Mangan enthalten, erleichtert dieser aktivierte Zustand u. U. den Wechsel des Oxidationszustands des Metallions (z. B. Kupfer, S. 635). Sowohl bei den Metallenzymen als auch bei metallaktivierten Enzymen kann das Metallion ferner dazu dienen, die Geometrie des aktiven Zentrums so zu „verschlüsseln", daß nur ganz bestimmte Substrate gebunden werden können. Dieser Fall ist in Abb. 22.2 a und b schematisch dargestellt: Das Metallion ist für die Aufrechterhaltung der *Tertiär- und Quartärstruktur* des Enzyms erforderlich.

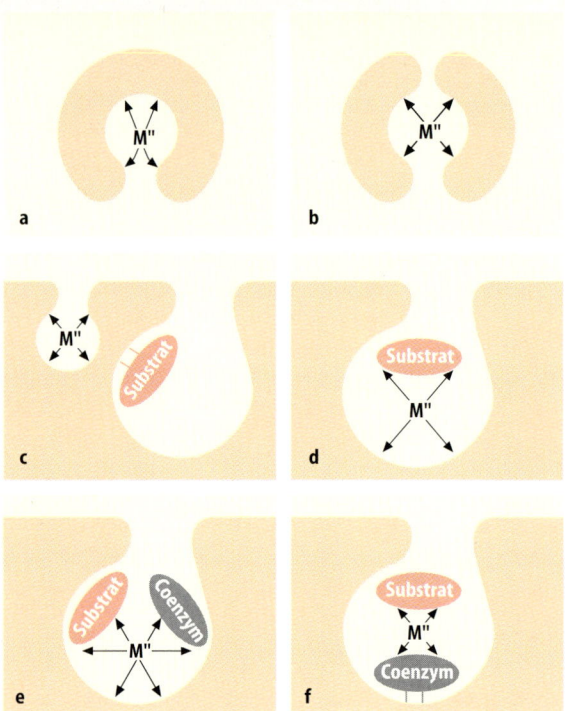

Abb. 22.2 a–f Unterschiedliche Funktionen von Metallionen im Enzymmolekül. *M"* Metallion

So kann das Metall dazu dienen, bestimmte Stellen der Polypeptidkette in die richtige Anordnung zu bringen (Abb. 22.2 a) oder verschiedene Untereinheiten eines Enzyms zusammenzuhalten (Abb. 22.2 b). In diesen Fällen führt die Abspaltung des Metallions zur Denaturierung des Enzyms bzw. zu seinem Zerfall in Untereinheiten, woraus in beiden Fällen ein Verlust der enzymatischen Aktivität resultieren kann. Ein Beispiel für diesen Typ sind die *zinkenthaltenden Dehydrogenasen* (LDH, S. 95), bei denen das Metallion sowohl katalytische als auch strukturelle Funktionen besitzt.

Ein weiteres Beispiel einer primär strukturellen Wirkungsweise ergibt sich, wenn das Metallion an einem *allosterischen Ort* gebunden ist (der also nicht mit dem aktiven Zentrum übereinstimmt, Abb. 22.2 c). Trotz seines Abstands vom aktiven Zentrum kann das Metallion die Substratbindung oder die Reaktionsfähigkeit auch in diesem Fall durch eine Verlagerung von Elektronen oder strukturelle Änderungen des aktiven Zentrums beeinflussen. Nach einer weiteren, als *„Brückentheorie"* bezeichneten Vorstellung fördert das Metall die Katalyse dadurch, daß es in der Art einer Brücke die Verbindung zwischen dem Substrat und dem aktiven Zentrum herstellt (Abb. 22.2 d). Auf diese Weise erklärt man sich z. B. die Aktivierung der Hydrolase Arginase (S. 538) durch Mangan(II) und andere zweiwertige Metallionen.

Bei der Beteiligung eines Coenzyms an der Katalyse kann das Metallion sowohl das Substrat als auch das Coenzym am aktiven Zentrum binden (Abb. 22.2 e, f). Die Coenzyme Pyridoxalphosphat, Thiaminpyrophosphat, Flavinadenin-dinucleotid u. a. enthalten häufig ein Metallion, das Substrat, Coenzym und Protein zusammenhält (Abb. 22.2 e). Es kann jedoch auch als Brücke den Enzym-Substrat-Komplex an das Coenzym binden oder – was wahrscheinlicher ist – das Substrat an einen Coenzym-Protein-Komplex (Abb. 22.2 f).

Übergangsmetalle (Eisen, Kupfer, Molybdän, Kobalt, Zink) sind die aktiven Zentren vieler Metallenzyme

Wie aus Kapitel 1 (S. 29) bekannt, bilden Übergangsmetalle (Eisen, Kupfer, Molybdän, Kobalt, Zink) in Proteinen feste koordinative Bindungen. Da Übergangsmetalle die Eigenschaft besitzen, *verschiedene stabile Oxidationsstufen* zu bilden, und da sie größere Änderungen ihrer Koordinationssphäre vertragen, eignen sie sich besonders für katalytische Aufgaben. Sie sind daher die aktiven Zentren vieler Metallenzyme. Das erklärt, warum diese Metalle trotz ihrer teilweise äußerst geringen Konzentration im Organismus eine so enorme Wirkung ausüben. Bei den Übergangsmetallen lassen sich zwei Funktionen trennen:

- zum einen die Redoxreaktion, bei der Elektronen transportiert werden,
- zum anderen Prozesse, bei denen das Metall selbst in den Reaktionsmechanismus eingreift, im einfachsten Fall nach Art einer sauren Katalyse (S. 22).

In der Zelle nehmen besonders Zink und Kobalt an derartigen Reaktionen teil.

Wie in Kapitel 18 (S. 495) beschrieben, ist die Substratoxidation in der Zelle ein mehrstufiger Prozeß, bei dem Elektronen über eine Redoxkette zum Sauerstoffmolekül gelangen. Demzufolge sind mehrere *Redoxsysteme* an der biologischen Oxidation beteiligt. Da nur die Übergangsmetalle in verschiedenen Oxidationsstufen stabil sind, eignen sie sich besonders für die Redoxeinzelschritte. Durch die feste koordinative Bindung der Übergangsmetalle in den Proteinen lassen sie ihre Redoxeigenschaften durch die Ligandenatome steuern:

- Elektronengebende Liganden stabilisieren die niedrige Oxidationsstufe des Metalls, erhöhen deren Redoxpotential und machen dadurch das Metallenzym zu einem Oxidationsmittel.
- Elektronenziehende Liganden stabilisieren die höhere Oxidationsstufe und erniedrigen das Redoxpotential.

Andererseits kann die bevorzugte Koordinationsgeometrie eines Übergangsmetalls in zwei Oxidationsstufen verschieden sein. So bevorzugt Kupfer(I) mit vier Liganden die Tetraederkonfiguration, Kupfer(II) aber die planquadratische (vierflächige) Konfiguration. Die Geometrie des Proteinliganden kann daher eine Oxidationsstufe begünstigen und auf diese Weise wiederum das Redoxpotential steuern. Umgekehrt kann das Protein dem Kupfer aber auch eine schiefe Geometrie aufzwingen, die zwischen den idealen für Kupfer(I)

und Kupfer(II) liegt. Dadurch wird nicht nur das Redoxpotential beeinflußt, sondern auch der Übergang Cu(I) → Cu(II) kinetisch erleichtert, d. h. das System zum optimalen Redoxprotein „zurechtgebogen". Diese Wechselwirkungen zwischen Metall und Protein erklären die unterschiedlichen Redoxpotentiale der einzelnen Eisen- und Kupferproteine.

22.1.3 Stoffwechsel der Spurenelemente

Der Stoffwechsel der Spurenelemente, d. h. die Aufnahme in den Organismus durch Nahrung, Trinkwasser und Luft, die Ausscheidung und die Verteilung in Blut und Gewebe (Membrantransport) sind bisher nur unzureichend untersucht. Die Studien, die – mit Ausnahme von Fluor – weitgehend an Tieren durchgeführt werden, sind dadurch erschwert, daß die Mikroelemente, so lange sie noch nicht fest in Zellbestandteile eingebaut sind, erhebliche Wechselwirkungen kompetitiver und additiver Art aufeinander ausüben (z. B. beim Membrantransport). Da Spurenelemente in hohen Konzentrationen durch ihre katalytischen Eigenschaften und z. B. durch ihre Neigung, SH-Gruppen zu blockieren, toxisch wirken, ist ihre Konzentration – ähnlich wie die der Protonen (S. 932) – einer genauen, bisher noch nicht im Detail bekannten Regulation unterworfen, an der auch Hormone und Zytokine (S. 639) beteiligt sind.

22.1.4 Klinische Bedeutung der Spurenelemente

Von medizinischem Interesse sind Mikroelemente bei der *Ernährung* des gesunden und kranken Menschen.

- So führt z. B. eine mangelhafte Versorgung des Organismus mit Jod zur Jodmangelstruma (Kropf in Jodmangelgebieten).
- Bei der Bekämpfung der Zahnkaries ist Fluor von Bedeutung.
- Zur Vermeidung der Eisenmangelanämie ist die ausreichende Nahrungszufuhr von Eisen erforderlich.

Insbesondere in Gegenden, in denen Menschen an Protein- und Energiemangelernährung leiden, treten nicht selten Spurenelementmangelzustände auf. Auch bei der Ernährung des kranken Menschen, z. B. auf parenteralem Weg oder mit speziellen Diäten (z. B. bei genetischen Stoffwechseldefekten), muß die ausreichende Versorgung mit Mikroelementen garantiert sein. Außerdem liegt eine Reihe *epidemiologischer Studien* vor, nach denen die erhöhte Konzentration einzelner Spurenelemente (z. B. Selen) in der Nahrung und im Trinkwasser das Auftreten verschiedener Krankheiten (z. B. Magenkrebs und kardiovaskuläre Schäden) verhindern soll. Auf der anderen Seite wirken einige Mikroelemente schon in geringsten Mengen toxisch. Da sie häufig in industriellen Produktionsstätten als Abfallprodukte in großen Mengen auftreten, besteht die mit dem industriellen Wachstum zunehmende Gefahr einer Verseuchung großer Bevölkerungsteile. Tatsächlich ist es bereits an verschiedenen Stellen der Erde zu entsprechenden Katastrophen gekommen. So starben Hunderte von Japanern an der Itai-Itai-Krankheit, einer Cadmiumvergiftung. Dieses entstammte den Abwässern einer Zinkraffinerie, die zur Bewässerung von Reisfeldern verwendet wurden.

22.1.5 Bedarf an Spurenelementen

Der tägliche Bedarf an Spurenelementen in der Nahrung des gesunden Menschen ist im folgenden nur in einzelnen Fällen angegeben, da derartige Angaben nur dann sinnvoll sind, wenn gleichzeitig mitgeteilt wird, welche Mengen welchen Nahrungsmittels verzehrt werden müssen, um den täglichen Bedarf zu decken. Hinzu kommt, daß von den zur Resorption angebotenen Mengen nur ein Teil resorbiert wird, dessen prozentuale Höhe wesentlich durch die Zusammensetzung der Nahrung und den Bestand des Organismus an dem Element bestimmt wird.

Sicher ist, daß der Bedarf an Mikroelementen in der *Schwangerschaft* und während der *Stillzeit* wegen des Verbrauchs durch den Fetus und Säugling erhöht ist.

22.2 Die einzelnen Spurenelemente

22.2.1 Eisen

Eisen ist am Elektronen- und Sauerstofftransport beteiligt

Eisen ist das vierthäufigste aller Elemente und das häufigste Übergangsmetall auf der Erdoberfläche und in lebenden Organismen. Die eisenhaltigen Redoxsysteme werden in *Häm(o)proteine* und *Nichthämproteine* eingeteilt. Während Metallionen normalerweise mit Anionen reagieren können, weist Eisen (und auch Kupfer) die Besonderheit auf, daß es auch mit neutralen Molekülen wie Sauerstoff reagiert. Eisen ist deshalb Bestandteil des Hämoglobins, des für den Sauerstofftransport im Blut verantwortlichen Proteins (S. 64).

- Bei den Hämproteinen dient das Hämgerüst als bioorganischer Chip, der seine Funktion in Abhängigkeit umgebender Schaltkreise, d. h. unterschiedlicher Proteinmoleküle ausführt: im *Hämoglobin* ist das Eisenporphyrin auf einer Seite des Gerüsts an Histidin gebunden, auf der anderen Seite bindet es molekularen Sauerstoff. Im *Cytochrom c* bindet es an Cystein

und Methionin (S. 77) und wirkt als Elektronentransporteur. Im *Cytochrom P450* bindet es zum einen Cystein, zum anderen Wasser, das durch die Aktivierung von Sauerstoff während der katalytischen Hydroxylierung von Kohlenwasserstoffen verdrängt wird.

- Bei den Nichthämproteinen werden z. B. mehrere über Sulfidbrücken (S^-) zusammengehaltene Eisenatome mit Cysteinresten des Proteins verbunden. Einen Sonderfall stellt das *eisensensorische Protein* (S. 632) dar. Bei zellulärem Eisenmangel ist es ein mRNA-bindendes Protein, das die Translation einer Reihe eisenabhängiger Proteine beeinflußt. Sind die Zellen dagegen ausreichend mit Eisen versorgt, so nimmt das eisensensorische Protein den in Abb. 22.3 dargestellten Schwefel-Eisencluster auf. Dies geht mit dem Verlust seiner Fähigkeit, spezifische mRNA-Sequenzen zu binden einher. Statt dessen gewinnt das Protein Aconitase-Aktivität. Inzwischen konnte gezeigt werden, daß es mit der cytosolischen Aconitase (S. 488) identisch ist.

Hämoglobin enthält fast zwei Drittel des Körpereisenbestandes

Das Gesamtkörpereisen beträgt beim gesunden Menschen etwa 3–5 g (54–90 mmol) bzw. 45 bis 60 mg (0,81–1,08 mmol)/kg Körpergewicht und ist – wie Tabelle 22.2 zeigt – auf verschiedene Fraktionen (Funktions-, Transport- und Depoteisen) verteilt. Mehr als **60%** sind im *Hämoglobin* gebunden, 4,5% im Myoglobin und nur 2% in Enzymen, die mit molekularem Sauerstoff (einzelne Cytochrome, Dioxygenasen, Hydroxylasen, NO-Synthase) oder H_2O_2 (Peroxidasen, Katalasen) arbeiten. Rund 10% des Eisens liegen in einer

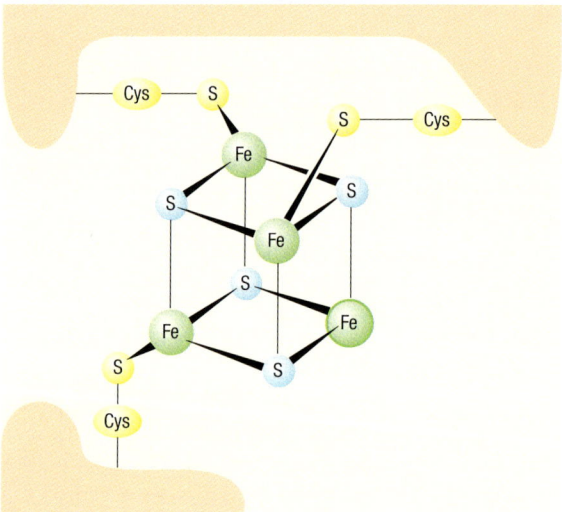

Abb. 22.3 Aktives Zentrum der cytosolischen Aconitase. Bei Eisenmangel verliert das Enzym das dargestellte Schwefel/Eisencluster und erwirbt damit die Eigenschaften eines mRNA-bindenden Proteins

Tabelle 22.2 Absolute und relative Konzentrationen der hämeisen- und der nichthämeisenenthaltenden Eisenverbindungen bei Männern und Frauen mit optimalem Gesamtkörperpool (zur Umrechnung von mg in µmol muß mit 18 multipliziert werden)

Männer (70 kg)		Fe-haltige Fraktion	Menstruierende Frauen (60 kg)	
mg	% des Pools		mg	% des Pools
2800	66,1	Hämoglobin-Fe (150 g Hb/L)	2180	62,3
200	4,7	Myoglobin-Fe (2 mg/g Muskel)	150	4,2
10	0,2	Cytochrome, Katalasen, Peroxidasen	5	0,2
420	10	Nichthämenzym-Fe	360	10,3
10	0,2	Transport-Fe (Transferrin)	5	0,2
800	18,8	Depot-Fe (Ferritin, Hämosiderin)	800	22,8
4240	100	Gesamtkörper-Fe-Pool	3500	100

Form vor, bei der das Eisen nicht in einem Porphyringerüst, sondern direkt an die Peptidkette gebunden ist (Abb. 22.3). Im Blutplasma erfolgt der Eisentransport in Bindung an das Protein *Transferrin*, in den Geweben liegt Eisen mit den Proteinen *Ferritin* und *Hämosiderin* als Speichereisen vor.

Die Eisenresorptionsquote steigt mit zunehmendem Eisenbedarf

Die Eisenresorption stellt einen komplizierten Vorgang dar, der in seinen Einzelheiten noch nicht geklärt ist. Sie erfolgt im *Duodenum.* Von dem mit der Nahrung zugeführten Eisen werden etwa 10% resorbiert, der Prozentsatz steigt mit der Höhe des Eisenbedarfs des Organismus bis auf 40% an.

Der Großteil des Eisens in der Nahrung liegt als *dreiwertiges Eisen* vor, als Eisenhydroxid oder als dreiwertige organische Eisenverbindung (Porphyrineisen). Im sauren Milieu des Magens werden diese Verbindungen in freie Eisenionen und locker gebundenes organisches Eisen gespalten. Für die Aufspaltung sind sowohl die Magensalzsäure als auch organische Säuren (in Nahrungsmitteln und Verdauungssäften) von Bedeutung. Reduzierende Substanzen in Nahrungsmitteln, wie Sulfhydrylgruppen-enthaltende Aminosäuren (Cystein in Proteinen) oder Ascorbinsäure, wandeln dreiwertiges Eisen in die *zweiwertige Form* um, in der es besser löslich und u. U. auch besser resorbierbar ist. Eine phosphatreiche Nahrung hemmt die Eisenresorption ebenso wie Phytate (im Getreide) und Oxalate.

Die Resorption des mit der Nahrung angebotenen Eisens läuft in drei Phasen ab:
- die Aufnahme aus dem Darmlumen in die Mucosazelle,
- den proteinvermittelten intrazellulären Transport,
- die Abgabe an das Eisentransportsystem im Blutplasma.

Bei saurem pH lagert sich das freie Eisen an *Mucin* (S. 998) an, welches das Eisen löslich und damit für die Resorption unter sich verändernden pH-Bedingungen (Anstieg im Duodenum) verfügbar macht. *Integrine*

(S. 184) an der Oberfläche der Membran des Bürstensaums erleichtern den Transport von Eisen durch die apikale Membran der Mucosazelle, woraufhin die Bindung an das Shuttle-Protein *Mobilferrin* erfolgt (Abb. 22.4). Das Mobilferrineisen steht im Austausch mit *Ferritin* (S. 631), einem Eisenspeicherprotein. Bei erhöhtem Eisengehalt der Mucosazelle wird die Ferritinsynthese zur Eisenspeicherung gesteigert, um eine oxidative Schädigung der Zelle durch ionisiertes Eisen zu verhindern. In die Zelle aufgenommenes *Hämeisen* wird wahrscheinlich durch die *Hämoxygenase* (S. 613) aus dem Porphyringerüst freigesetzt und in den Mobilferrin-Shuttle eingeschleust. Wie das Eisen an der dem Plasma zugewendeten basalen Membran auf das Eisentransportprotein des Plasmas, *Transferrin,* übertragen wird, ist noch unklar. Möglicherweise spielen auch hier Integrine eine Rolle.

Benötigt der Organismus vermehrt Eisen, so kann das Metall aus dem mucosalen Ferritinspeicher mobilisiert werden. Ist der Eisenbedarf des Organismus gedeckt, so geht das mucosale Ferritin nach zwei bis drei Tagen mit der *physiologischen Desquamation* der Darmepithelien verloren. Das Ausmaß der Eisenresorption steigt mit fallendem Gesamtkörpereisenbestand, der indirekt durch die Konzentration des auch im Plasma nachweisbaren (s. unten) Ferritins bestimmt werden kann. Mit zunehmender Verringerung des Plasmaferritinspiegels wird ein höherer Prozentsatz einer konstanten Menge oral zugeführten Eisens resorbiert (Abb. 22.5). Wie die Mucosazelle über den Gesamtkörperbestand an Eisen informiert und damit die Eisenaufnahme in den Organismus reguliert wird, ist noch unklar. Da an der basalen Membran Transferrinrezeptoren nachweisbar sind (Abb. 22.4), die eisenbeladenes Transferrin binden können, ist dieses System möglicherweise an der Informationsübertragung über die Eisenbedürfnisse des Organismus beteiligt (s. u.).

Eisen wird im Blutplasma an Transferrin gebunden

Aus der Mucosazelle freigesetztes Eisen wird im Blutplasma an *Transferrin,* das für den Eisentransport ver-

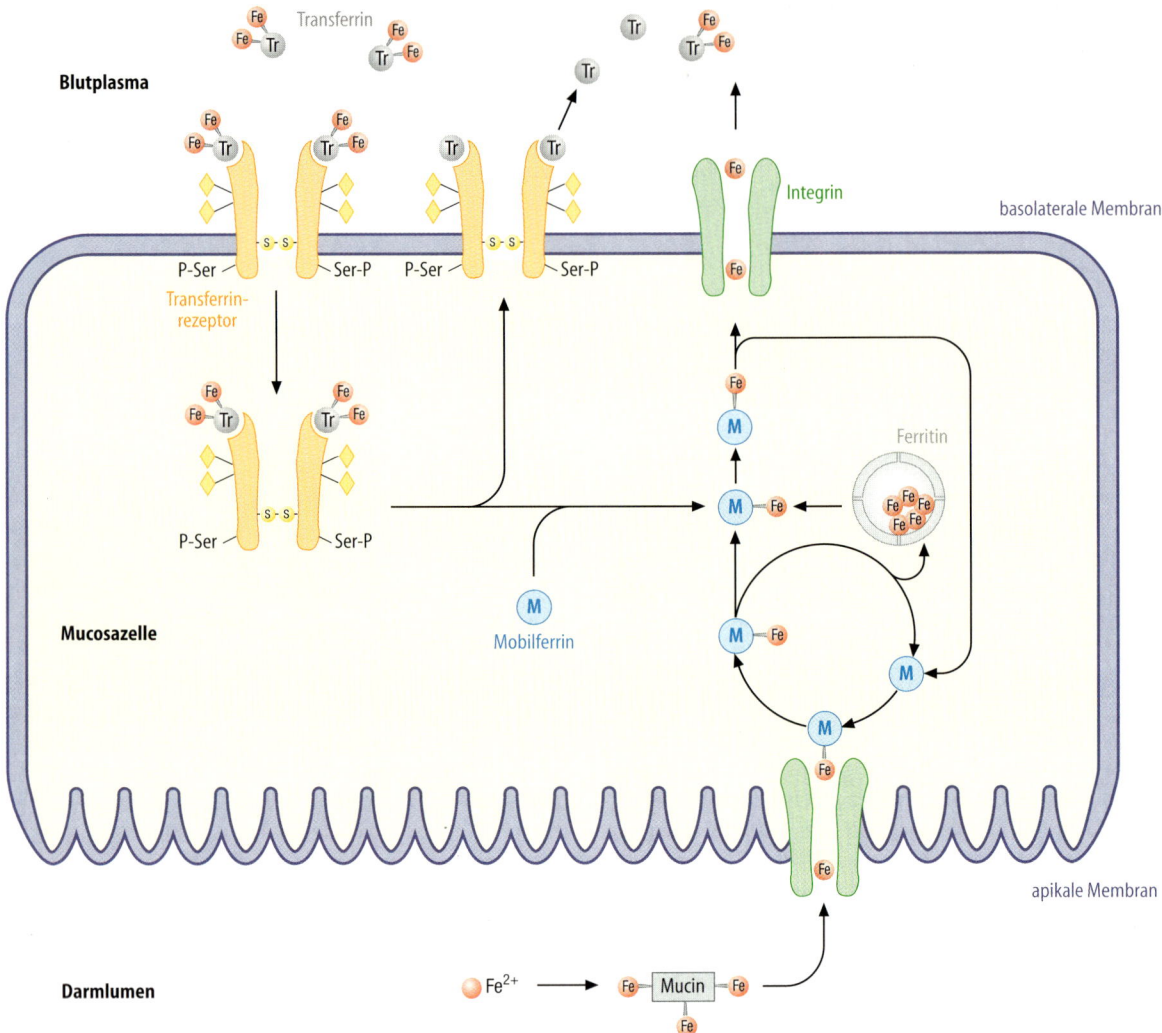

Abb. 22.4 Modell der intestinalen Eisenresorption. Möglicherweise erhält die Mucosazelle über Transferrinrezeptoren in der basolateralen Membran Information über den Eisenbestand des Organismus

antwortliche Protein, gebunden. Die Proteinbindung ist deshalb notwendig, weil das dreiwertige Eisen im wäßrigen Medium nur eine begrenzte Löslichkeit besitzt und bei physiologischem pH-Wert zur Polymerisation neigt.

Das Eisentransportprotein Transferrin ist ein heterogenes Glykoprotein mit einem Molekulargewicht von 80 kD, das elektrophoretisch mit dem β_1-Globulin wandert und von dem bisher über 20 genetische Varianten bekannt sind. Jedes Transferrinmolekül bindet – unter der gleichzeitigen Aufnahme eines Bicarbonatanions – *zwei Atome* dreiwertigen Eisens. Wahrscheinlich ist mit der Eisenbindung eine Konformationsänderung des Proteins verbunden, die dazu führt, daß eisenbeladenes Transferrin leichter an die Membran der Zelle, an die Eisen abgegeben werden soll, gebunden werden kann. Für die Membranbindung ist offenbar auch der Kohlenhydratanteil des Moleküls von Bedeutung.

Die Transferrinkonzentration im Plasma beträgt 220–370 mg/100 ml (26–42 µmol/l). Die Gesamtmenge von 7 bis 15 g Transferrin ist beim erwachsenen Menschen etwa zu gleichen Teilen auf Plasma und Interstitialraum verteilt. Neben seiner Funktion als Transporteur des Eisens im Blut dient Transferrin auch als Puffer *zum Schutz der Gewebe* vor der toxischen (d. h. oxidierenden) Wirkung freier Eisenionen und *verhindert* außerdem *die Ausscheidung* von Eisen in den Urin. Wie der überwiegende Teil der Plasmaproteine wird es in der Leber gebildet und zirkuliert im Blut mit einer Halbwertszeit von 8 bis 10 Tagen.

Der normale Gehalt des proteingebundenen Eisens im Plasma liegt
- bei Männern zwischen 90 und 180 µg/100 ml (16–32 µmol/l) und
- bei Frauen zwischen 70 und 150 µg/100 ml (13–27 µmol/l).

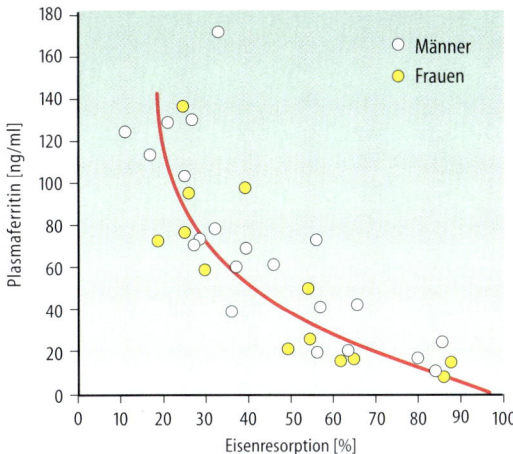

Abb. 22.5 Verhältnis zwischen dem Ausmaß der Eisenresorption und der Menge des Gesamtkörpereisens, die indirekt durch Bestimmung des Plasmaferritins ermittelt wurde. Die Eisenresorption wurde durch eine Gesamtkörpermessung nach Gabe von 10 μmol Eisenascorbinsäure quantifiziert. (Nach Valberg LS et al. (1976) Can Med Ass J 114: 417)

Damit beträgt die Gesamteisenmenge im Blutplasma etwa 3–4 mg (54–72 μmol). Da die Plasmaeisenkonzentration *tageszeitlichen Schwankungen* unterworfen ist (morgens sind die Werte am höchsten, abends am niedrigsten), soll die Blutabnahme zur Eisenbestimmung immer morgens erfolgen.

Die Transferrinkonzentration wird mit spezifischen immunchemischen Methoden direkt bestimmt. Da ein Molekül Transferrin zwei Fe^{3+}-Ionen bindet, errechnet sich bei einem Molekulargewicht von etwa 80 kD eine Bindungsfähigkeit von etwa 1,25 μg Eisen/mg Transferrin. Hieraus folgt für die Errechnung der *prozentualen Eisen-Transferrin-Sättigung*

Fe-Transferrin-Sättigung (%) =
$$\frac{\text{Plasmaeisen (μg/100 ml)} \times 100}{\text{Transferrin (mg/100 ml)} \times 1{,}25}$$

Bei einem Normalbereich des Transferrins von 220 bis 370 mg/100 ml beträgt die normale Eisen-Transferrin-Sättigung des Erwachsenen damit etwa 25–30%.

Nach Aufnahme in die Zelle recyclisiert der Transferrinrezeptor in die Plasmamembran

Rund *70–90%* des an Transferrin gebundenen Eisens werden durch die Erythrocytenvorstufen im Knochenmark für die *Hämoglobinbiosynthese* verbraucht, der Rest wird für die Biosynthese von Enzymen und Coenzymen verwendet oder wandert in die Eisenspeicher ab. In den Zellen, die das Transferrin-gebundene Eisen aufnehmen (Reticulocyten, Leberzellen, Placenta während der Schwangerschaft (siehe unten) sowie proliferierende Zellen verschiedener Gewebe) wird Trans-

ferrin an einen *spezifischen Membranrezeptor* gebunden, der aus zwei identischen Untereinheiten mit einem Molekulargewicht von jeweils etwa 90 kD besteht. Der N-terminale Anteil (mit 61 Aminosäuren) des Transferrinrezeptors ist in das Cytosol gerichtet, an das hydrophobe transmembranäre Segment schließt sich der extrazelluläre C-terminale Anteil mit 671 Aminosäuren an, in dem die beiden Proteinuntereinheiten über eine Disulfidbrücke covalent verbunden sind. An den Transferrinrezeptor gebundenes Transferrin wird von der Zelle zusammen mit dem Rezeptor internalisiert (s. unten), ohne daß jedoch ein Abbau durch lysosomale Proteasen erfolgt. Nach der intrazellulären Freisetzung des Eisens gelangt der Transferrinrezeptor in die Plasmamembran zurück, während Apotransferrin von der Zelle freigesetzt wird (Abb. 22.4, S. 630).

Ferritin ist der Eisenspeicher im Organismus

Das nicht für die Biosynthese von Hämoglobin und anderen wichtigen Proteinen verwendete Eisen wird erst als *Ferritin* (25 Gewichtsprozent Fe) und – wenn der Ferritinspeicher gefüllt ist – als *Hämosiderin* (35 Gewichtsprozent Fe) abgelagert. Diese Speicherproteine finden sich v. a.

- in den Zellen des Leberparenchyms und
- in den reticuloendothelialen Zellen von Knochenmark, Milz und Leber.

Das Apoferritin ist ein Protein mit einem Molekulargewicht von 440 kD, das aus 24 Untereinheiten besteht, die insgesamt bis zu 4500 Eisenatome aufnehmen können. Die in verschiedenen Geweben synthetisierten Ferritine weisen eine *Mikroheterogenität* auf, d. h. es existieren Isoferritine mit verschiedenen antigenen Eigenschaften und isoelektrischen Punkten (S. 52). Möglicherweise liegt dieser Mikroheterogenität eine unterschiedliche Glykosylierung zugrunde. Leber- und Milzferritin haben ihren isoelektrischen Punkt im Basischen, während Ferritine aus Herz, Nieren, Placenta und Tumoren einen sauren isoelektrischen Punkt aufweisen. Alle diese Gewebe setzen Ferritine in den Blutkreislauf frei, so daß die Polypeptide im *Plasma* nachweisbar sind. Beim gesunden Erwachsenen ist die Ferritinkonzentration im Plasma (Normalwerte bei der Frau: 20–220 ng/ml, beim Mann 30–300 ng/ml) direkt mit der verfügbaren Menge an gespeichertem Eisen korreliert, d. h. das Plasmaferritin ist bei Eisenmangel erniedrigt. Die Plasmaferritinbestimmung ist ein besserer Indikator für den Körpereisenbestand als die Bestimmung der Plasmaeisen-Konzentration. Ein auf *unter 30 ng/ml* reduzierter Plasmaferritinwert zeigt zuverlässig eine Erschöpfung der für die Hämoglobinbiosynthese zur Verfügung stehenden Gesamtkörpereisenreserven an. Auf der anderen Seite ist das Plasmaferritin bei der *Hämochromatose* (S. 634) – auf Werte von mindestens 700 ng/ml – und auch bei Hämoside-

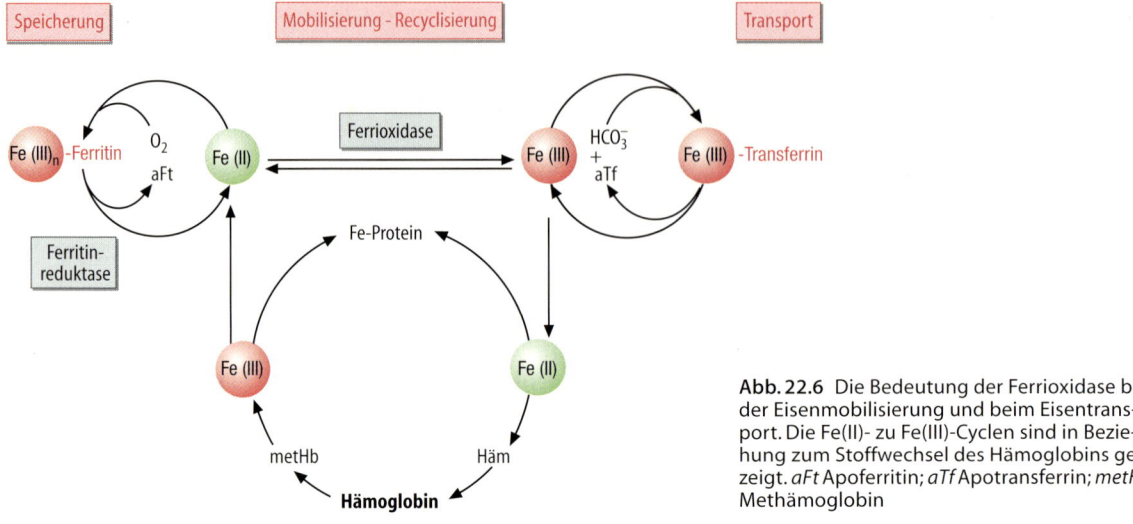

Abb. 22.6 Die Bedeutung der Ferrioxidase bei der Eisenmobilisierung und beim Eisentransport. Die Fe(II)- zu Fe(III)-Cyclen sind in Beziehung zum Stoffwechsel des Hämoglobins gezeigt. *aFt* Apoferritin; *aTf* Apotransferrin; *metHb* Methämoglobin

rosen erhöht. Beim Eisenmangel bzw. bei der Eisenüberladung korrelieren die Plasmaferritinspiegel mit den jeweils bestehenden Gesamtkörpereisenreserven. Bei vielen anderen Erkrankungen ist diese Korrelation jedoch aufgehoben. Plasmaferritinwerte sind daher auch

- bei Leberzellschädigungen infolge einer vermehrten Ferritinfreisetzung durch die Leberzellen,
- bei chronischen Entzündungen und Infekten sowie
- Carcinomen infolge vermehrter Ferritinbiosynthese durch Tumorzellen erhöht.

Die Menge des gespeicherten Eisens beträgt bei gesunden Erwachsenen etwa 1,5 g (27 mmol). Die Freisetzung von Eisen aus Ferritin erfolgt durch eine FMN- und NADH/H$^+$-abhängige *Ferritinreduktase* (Abb. 22.6). Das freigesetzte zweiwertige Eisen kann zwar spontan zu dreiwertigem Eisen reoxidieren, wird aber im wesentlichen durch das kupferhaltige Enzym *Ferrioxidase I* (1064 Aminosäuren mit bekannter Sequenz und Homologie zum Gerinnungsfaktor VIII, S. 930) oxidiert. Der biologische Vorteil der enzymatischen Oxidation scheint darin zu liegen, daß bei dieser Reaktion die bei der nichtenzymatischen Reaktion entstehenden Sauerstoffradikale oder Wasserstoffperoxid (S. 512) nicht gebildet werden.

Bei diesem auch als *Caeruloplasmin* bezeichneten Enzym handelt es sich um ein heterogenes, d. h. in genetischen Varianten existierendes Glykoprotein, das aus 8 Untereinheiten besteht und auch aromatische Diamine wie Adrenalin, Noradrenalin, Serotonin und Melatonin oxidiert. Es soll deshalb an der Regulation des Plasmaspiegels dieser Amine beteiligt sein. Ein weiteres Enzym, die *Ferrioxidase II,* oxidiert ebenfalls Eisen, aber nicht Diamine. Da die Ferrioxidase I ein *Kupferenzym* ist, stellt es die molekulare Verbindung der schon seit einem halben Jahrhundert bekannten Verknüpfung von Eisen- und Kupferstoffwechsel dar.

Hämosiderin ist wahrscheinlich ein Kondensationsprodukt von Apoferritin und Zellbestandteilen wie Nucleotiden oder Lipiden. Aus beiden Depots wird Eisen bei Blutverlusten und erhöhter Erythrocytenneubildung abgegeben. Während das Metall aus Ferritin rasch mobilisiert werden kann, ist Eisen aus dem Hämosiderin jedoch wesentlich schwerer mobilisierbar.

Die Regulation des zellulären Eisenstoffwechsels erfolgt über eisenregulatorische Proteine

Die Aufnahme, Speicherung und intrazelluläre Verwertung von Eisen, z. B. in den Hämoglobin-produzierenden Reticulocyten des Knochenmarkes wird durch die konzertierte Biosynthese von Transferrinrezeptoren, Ferritin und der δ-ALA-Synthase (S. 602) bestimmt. Verantwortlich hierfür ist ein *eisensensorisches Protein (ES-BP),* welches die Translation der mRNA für die genannten Proteine moduliert (Abb. 22.3). Bei einer niedrigen intrazellulären Eisenkonzentration bindet ES-BP an mRNA-Abschnitte von etwa 30 Basen Länge, die sich im Fall der Ferritin- und δ-ALA-Synthase in der 5'-nichttranslatierten Region der mRNA und im Fall der Transferrinrezeptor-mRNA in der 3'-nichttranslatierten Region befinden. Durch Hemmung der Initiation am Ribosom reprimiert es die Translation der Ferritin- und δ-ALA-Synthase-mRNA, durch Verhütung des Abbaus der Transferrin-Rezeptor-mRNA führt es zu einer gesteigerten Translation dieser mRNA. Damit wird vermehrt Transferrinrezeptor synthetisiert, so daß die Zelle die Eisenaufnahme erhöhen kann. Ist der intrazelluläre Eisenspiegel angestiegen, so verliert das ES-BP seine RNA-Bindungsaktivität, so daß die Translation von Ferritin und δ-ALA-Synthase erhöht werden kann. Damit kann das aufgenommene Eisen intrazellulären Speichern und der Hämsynthese zugeführt werden (Abb. 22.7). Dieser Verlust der Bin-

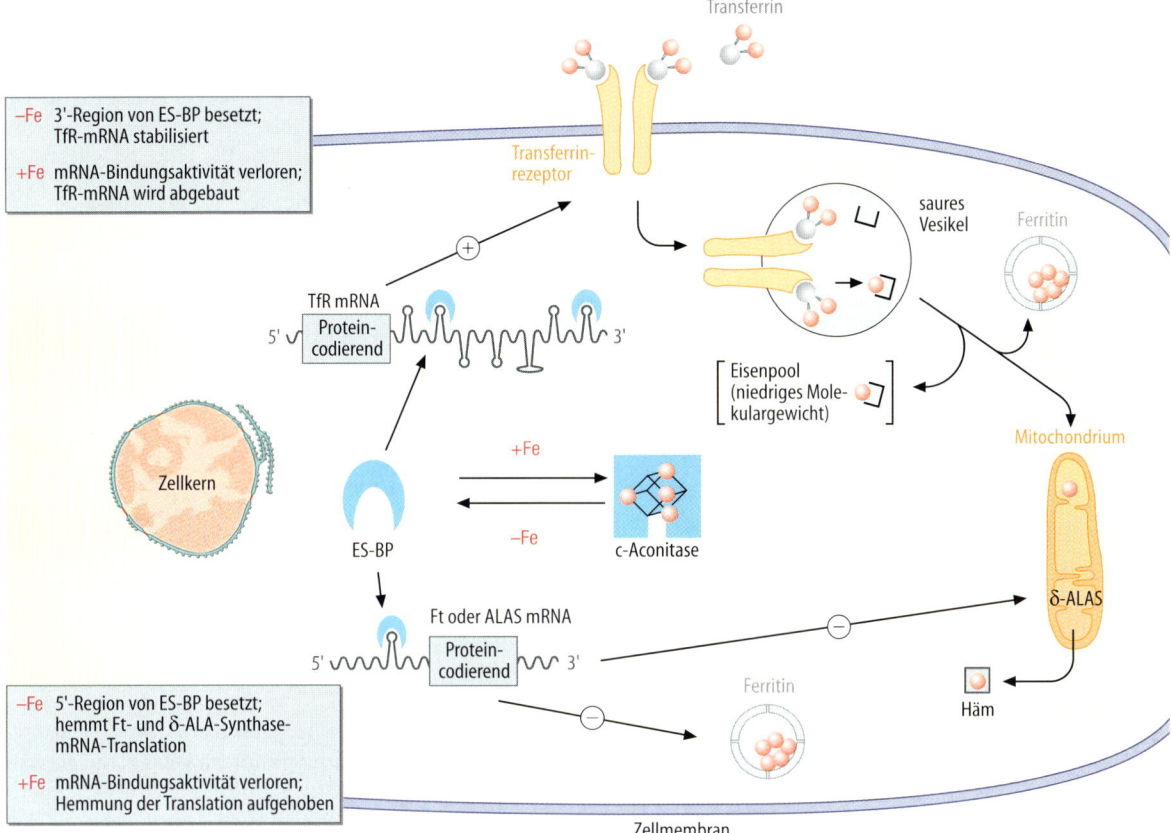

Abb. 22.7 Funktion des ES-BP für die intrazelluläre Eisenhomöostase. *Tf* Transferrin; *TfR* Transferrinrezeptor; *Ft* Ferritin; δ-ALA-S δ-ALA-Synthase. (Nach O'Halloran 1993)

dungsfähigkeit von ES-BP an mRNA geht mit der Aufnahme eines Schwefel-Eisenclusters (Abb. 22.3, S. 628) einher. Interessanterweise gewinnt das Protein damit Aconitase-Aktivität, kann also Citrat in Isocitrat überführen (S. 488). Tatsächlich entspricht das ES-BP der cytosolischen Isoform der Aconitase, über deren Bedeutung lange Zeit keine Klarheit herrschte.

Der physiologische Eisenverlust ist extrem niedrig

Eine Besonderheit des Eisenstoffwechsels, auf die schon eingangs hingewiesen wurde, ist die Unfähigkeit des Organismus, größere Eisenmengen auszuscheiden. Der Mann und die Frau nach der Menopause scheiden etwa 1–2 mg (18–36 µmol) aus. Damit ist die Bilanz von Resorption und Ausscheidung ausgeglichen. Das Eisen geht im Organismus mit der Desquamation von Darmepithel- [500 µg (9 µmol)/Tag] und Hautzellen [200–300 µg (3,6–5,4 µmol)/Tag], Urin [100 µg (1,8 µmol)/Tag], Galle und Schweiß [100 µg (1,8 µmol)/Tag] verloren.

Das im Stuhl enthaltene Eisen stammt hauptsächlich aus den Darmepithelzellen, die nach einer Lebensdauer von 2 bis 3 Tagen von der Zottenspitze abgestoßen werden. Das ausgeschiedene Eisen umfaßt jedoch nicht nur das in den abgeschilferten Zellen enthaltene Enzymeisen, sondern auch resorbiertes, aber nicht in die Blutbahn abgegebenes Eisen.

Im strengen Sinne handelt es sich nicht um eine Ausscheidung, da dieses Eisen nur vorübergehend in den Organismus aufgenommen wurde.

Größere Eisenverluste treten nur bei Blutungen durch die damit verbundenen Hämoglobinverluste auf. Da *1 mg Hämoglobin* 3,4 mg Eisen (oder 1 mol Hämoglobin 4 mol Eisen) besitzt, enthält 1 ml Blut mit einer Hämoglobinkonzentration von 15 g/100 ml (2,3 mmol/l) ungefähr 0,5 mg (9 µmol) Eisen. Mit der Menstruation gehen etwa 25–60 ml Blut verloren, wodurch 12,5–30 mg (225–540 µmol) Eisen im Monat ausgeschieden werden. Von großer Bedeutung ist auch der bei der Schwangerschaft eintretende Eisenverlust, der etwa 300 mg (5,4 mmol) beträgt. Den größten Teil dieses Verlusts stellt dabei das dem Fetus über die Placenta zugeführte Eisen dar. Hinzu kommt der Blutverlust während der Geburt und durch die anschließende Stillzeit [0,5 mg (9 µmol)/Tag]. Dieser Eisenverlust wird dadurch nahezu kompensiert, daß nach der Schwangerschaft einige Monate die Menstruationen ausbleiben.

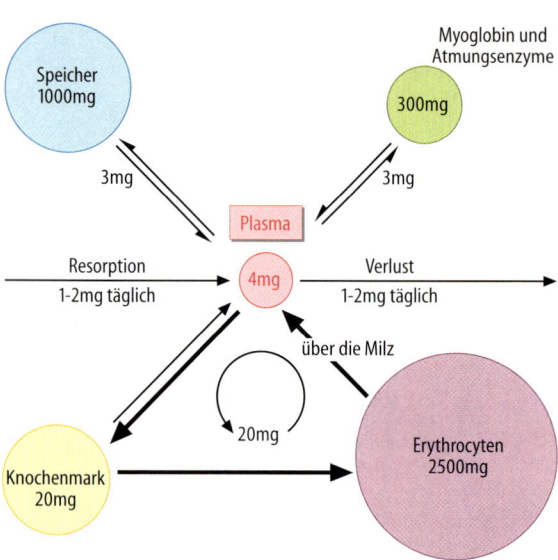

Abb. 22.8 Übersicht über den täglichen Eisenumsatz im menschlichen Organismus

Tabelle 22.3 Täglicher Eisenbedarf und notwendige tägliche Eisenzufuhr für verschiedene Altersgruppen (1 mg Eisen = 18 μmol Eisen)

	Täglicher Eisenbedarf [mg]	Notwendige tägliche Eisenzufuhr bei einer Resorption von 10% [mg]
Männer	0,5–1,0	5–10
Menstruierende Frauen	1,0–2,0	10–20
Schwangere Frauen	2,0–4,0	20–40
Jugendliche	1,5–3,0	15–30
Kinder	0,5–1,5	5–15
Kleinkinder	9–27	90–270

Das Plasmaeisen ist die Drehscheibe des Eisenstoffwechsels

Da Eisen zu den wenigen Elementen gehört, die in nur äußerst geringen Mengen ausgeschieden werden, hält der Organismus aufgenommenes Eisen sehr lange fest. Beim Mann ist intravenös injiziertes Radioeisen etwa 12 Jahre im Organismus nachweisbar.

Wie Abb. 22.8 zeigt, muß der Organismus nur 1–2 mg (18–36 μmol) Eisen resorbieren, um die Bilanz aufrecht zu erhalten. Das Plasmaeisen [4 mg (72 μmol)] stellt die *Drehscheibe des Eisenstoffwechsels* dar, über die Resorption und Ausscheidung mit dem inneren Eisenstoffwechsel verbunden sind. Da der normale Erythrocyt eine Lebensdauer von 120 Tagen besitzt, werden täglich etwa 0,8% der zirkulierenden Erythrocyten in der Milz abgebaut und im Knochenmark neu synthetisiert. Da – wie oben erwähnt – 1 ml Blut etwa 0,5 mg (9 μmol) hämoglobingebundenes Eisen enthält, besitzt der gesunde Erwachsene in seinen 5 l Blut 2,5 g (45 mmol) Hämoglobineisen. Von dieser

Menge werden 0,8%, d. h. 20 mg (360 μmol), täglich beim Hämoglobinabbau und -aufbau umgesetzt. Zusammen mit den 5 mg (90 μmol) für den Umsatz an Enzym- und Speichereisen ergibt dies einen *täglichen Umsatz von 25 mg (450 μmol).*

10 mg Eisen müssen zur Deckung des Tagesbedarfes oral aufgenommen werden

Geht man davon aus, daß der tägliche Eisenverlust bei gesunden Männern 0,5–1 mg (9–18 μmol) beträgt, so sollte täglich dieselbe Menge resorbiert werden, um eine ausgeglichene Bilanz aufzuweisen. Bei menstruierenden und schwangeren Frauen sowie während des Wachstums erhöht sich dieser Wert (Tabelle 22.3). Da das Eisen der meisten Nahrungsmittel zu 5–10% resorbiert wird, beträgt die zugeführte Menge etwa das Zehnfache der resorbierten. Fleisch ist der beste Eisenlieferant.

Chronische Eisenüberladung führt zur Störung der Zellfunktion

Eisenüberladung. Die Überladung des Organismus mit einem Stoff ist Folge einer gestörten Bilanz, die entweder durch eine übermäßige Zufuhr oder eine verringerte Ausscheidung zustande kommt. Als Ursache für die Eisenüberladung des Organismus kommt jedoch nur eine erhöhte Resorption in Frage, da die Ausscheidung dieses Elements sehr gering ist. Das überschüssige Eisen wird hauptsächlich als Hämosiderin im reticuloendothelialen System oder in den Parenchymzellen einiger Organe gespeichert. Während man eine vermehrte Eisenspeicherung ohne gleichzeitige Schädigung des Gewebes als *Hämosiderose* bezeichnet, spricht man von einer *Hämochromatose,* wenn die pathologische Eisenspeicherung einen Gewebeschaden verursacht. Bei Hämochromatosen kann der Gesamteisenbestand des Organismus von normalerweise 3–5 g (54–90 mmol) auf 20–40 g (360–720 mmol) erhöht sein.

Hämosiderosen. Bei etwa $1/3$ aller Lebercirrhosen, insbesondere aber bei alkoholischen Cirrhosen, kann eine verstärkte Eisenablagerung in der Leber nachgewiesen werden. Auch durch häufige Erythrocytentransfusionen kann eine Hämosiderose hervorgerufen werden, da mit 500 ml Erythrocytenkonzentrat 250 mg (4,5 mmol) Eisen zugeführt werden.

Hämochromatose. Als Hämochromatose wird eine angeborene Krankheit bezeichnet, die sich durch eine während des ganzen Lebens anhaltende langsame Eisenakkumulation auszeichnet.

Das Hämochromatosegen liegt auf dem kurzen Arm von Chromosom 6 etwa 350 kb von der MHC-Klasse-I-Region entfernt. Es codiert für ein Membranprotein mit 343 Aminosäuren, das aufgrund seiner

Ähnlichkeit mit den MHC-Klasse I-Proteinen (S. 1059) als *HLA-H* bezeichnet wird. Wahrscheinlich wird Eisen aufgrund einer Mutation (v. a. CYS 282 TYR) des HLA-H-Gens vermehrt durch die Mucosazellen resorbiert und dadurch in fast allen Organen, insbesondere in Leber, Pankreas, Myokard, endokrinen Drüsen und Hoden massiv abgelagert.

Die wichtigsten Folgen der Eisenablagerung sind Hautpigmentierung (Störung der Melaninbiosyntheseregulation), Vergrößerung der Leber und Diabetes mellitus. Da sich die Krankheit über viele Jahre entwickelt, braucht die tägliche Eisenresorption von normalerweise 1–2 mg (18–36 µmol) nur auf das Doppelte erhöht zu sein, um die bei Hämochromatosepatienten im Alter von 50 Jahren gefundenen Eisenablagerungen zu erklären. Behandelt werden die Patienten durch *Aderlässe,* wobei dem Organismus mit jeweils 500 ml Blut 250 mg (4,5 mmol) Eisen entzogen werden, und u. U. durch die gleichzeitige Gabe von *Desferrioxamin,* das das körpereigene Eisen als Chelat bindet und dadurch ausscheidungsfähig macht.

Eisenmangel ist an einem erniedrigten Ferritinspiegel erkennbar

Eisenmangel. Der Eisenmangel bzw. die dadurch verursachte Anämie ist der auf der Erde verbreiteteste Mangelzustand, da er nicht nur in unterentwickelten Ländern, sondern auch in Industriestaaten vorkommt. Wahrscheinlich leiden etwa 20% der Weltbevölkerung an einem Eisenmangel, dem

- eine unzureichende Eisenzufuhr (durch mangelnde Nahrungszufuhr oder -resorption),
- ein erhöhter Eisenverlust (durch Darmblutungen bei Krebs oder Ulcera) oder
- ein erhöhter Bedarf in der Schwangerschaft und während des Wachstums zugrunde liegen kann.

Eisenmangelzustände, die am besten durch Bestimmung des Ferritinspiegels erkannt werden, können durch perorale Gaben zweiwertiger Eisenpräparate behandelt werden.

22.2.2 Kupfer

Kupferhaltige Proteine sind am Elektronentransport beteiligt

Fast alle kupferhaltigen Proteine sind *Oxidasen,* d. h. sie stehen am Ende der Oxidationskette und übertragen Elektronen auf das Sauerstoffmolekül. Sie sind meist blau gefärbt [Cu(II)] und haben hohe Redoxpotentiale.

Zu den Kupferproteinen gehören Cytochrom-c-Oxidase, Superoxid-dismutase, Dopamin-β-Hydroxylase, Monoaminoxidase, Tyrosinase (Melaninbiosyn-

these) und Katalase. Da auch die *Lysyloxidase,* ein wichtiges Enzym der Kollagen- und Elastinbiosynthese (S. 742), ein Kupferprotein ist, besitzt Kupfer eine Schlüsselstellung im Bindegewebestoffwechsel. *Ferrioxidase I (Caeruloplasmin)* ist ein kupferhaltiges Enzym; damit besteht auch zwischen Kupfer- und Eisenstoffwechsel eine enge Verbindung (S. 632).

Membranständige Kupfertransportproteine regulieren den intrazellulären Kupferspiegel

Alle Gewebe des menschlichen Organismus enthalten Kupfer. Da Kupfer in höheren Konzentrationen toxisch ist, existieren *membranständige Kupferpumpen,* die den intrazellulären Kupferspiegel regulieren. Hohe Kupferkonzentrationen finden sich v. a. in Leber und Gehirn. Der Kupferbestand des Menschen beträgt etwa 40–80 mg (1,6–2,4 mmol). Bei einer täglichen Kupferzufuhr von 2–5 mg (32 bis 80 µmol) mit der Nahrung [Bedarf 2,5 mg (40 µmol)] ist die Kupferbilanz ausgeglichen.

Mit der Nahrung aufgenommenes Kupfer wird vorwiegend aus *Magen* und *Duodenum* über einen im einzelnen noch nicht geklärten Mechanismus aufgenommen. Das die Darmmucosazellen verlassende Kupfer wird im Portalblut locker an die Transportproteine *Albumin* und *Transcuprein* (ein 270 kD Protein) gebunden und bildet den sog. *direkt reagierenden Anteil* des Plasmakupfers, da es direkt mit den zum Kupfernachweis verwendeten Reagenzien reagiert. Als *indirekt reagierender Anteil* wird die Kupferfraktion bezeichnet, die nach Säurebehandlung des Plasma aus den denaturierten Proteinen, v. a. der Ferrioxidase I, freigesetzt wird. Die Summe aus beiden Werten ergibt den Gesamtplasmakupferspiegel, der normalerweise 80–150 µg/100 ml (13–23 µmol/l) beträgt. Unter der Einnahme von Ovulationshemmern und während der Schwangerschaft steigt dieser Wert an. Da die Ferrioxidase I keine wesentliche Rolle bei Kupferresorption und -transport spielen kann – weil nämlich die täglich ausgetauschte Ferrioxidase-I-Kupfermenge im Vergleich zu der im Gastrointestinaltrakt resorbierten Menge äußerst gering ist – hat die Gesamtbestimmung eigentlich keine Berechtigung mehr.

An Albumin und Transcuprein (und möglicherweise auch an niedrigmolekulare Verbindungen wie Histidin) gebunden gelangt Kupfer vom Darm in die Leber. In den Kupferpool des Plasmas tritt auch Kupfer aus den Geweben (Abb. 22.9). In der *Leber,* dem zentralen Organ des Kupferstoffwechsels, wird Kupfer in alle subcellulären Fraktionen der Parenchymzelle eingebaut. Der Transport durch die Plasmamembran und die Membranen subzellulärer Kompartimente erfolgt über ATP-abhängige Kupfertransportsysteme, sog. *Cu-ATPasen oder Kupferpumpen.* Kupfer wird in der Leber entweder gespeichert oder in die kupferhaltigen Leber-

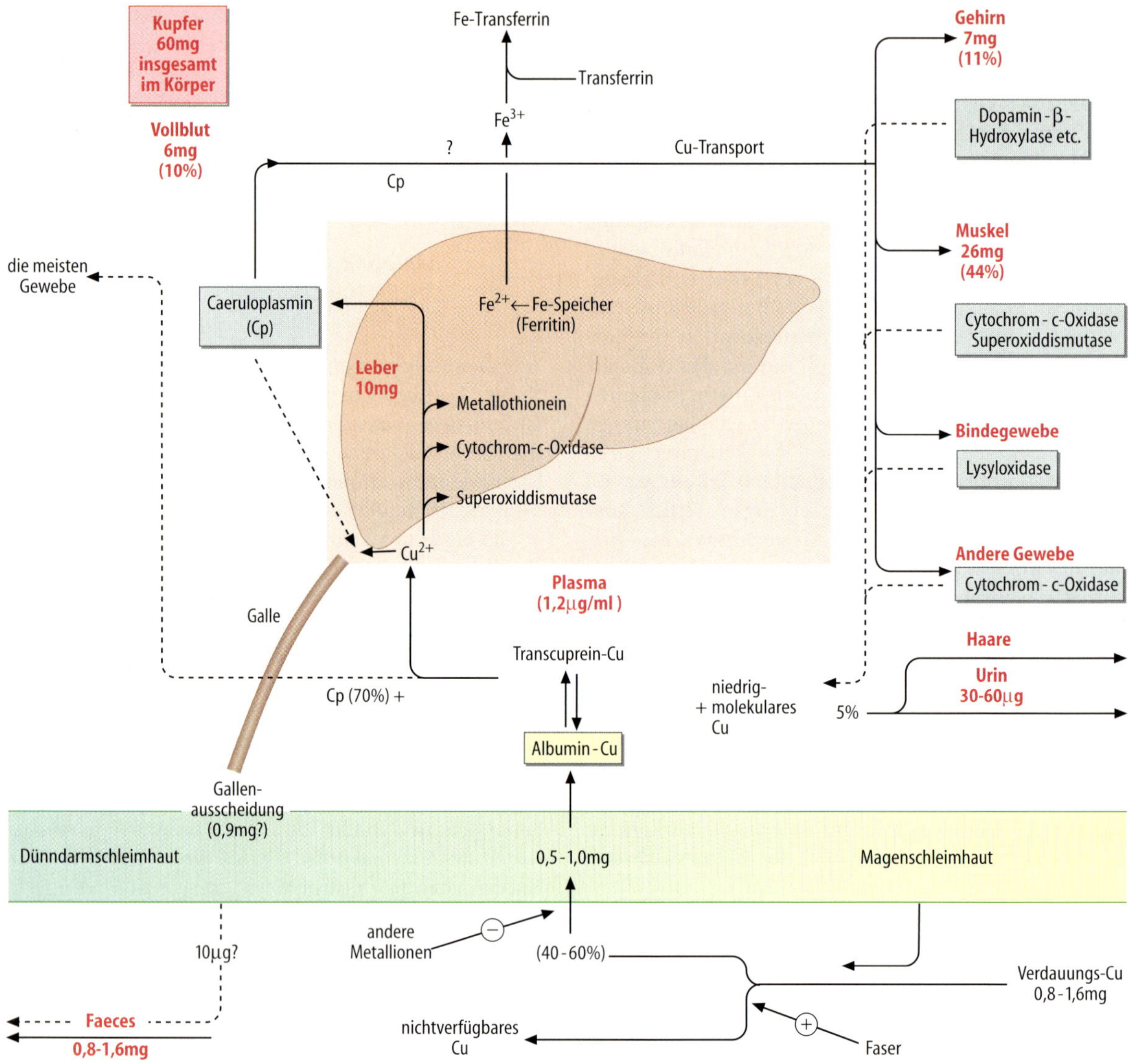

Kupfer 60mg insgesamt im Körper
Vollblut 6mg (10%)
Fe-Transferrin
Transferrin
Fe^{3+}
?
Cu-Transport
Cp
Gehirn 7mg (11%)
Dopamin-β-Hydroxylase etc.
Muskel 26mg (44%)
Cytochrom-c-Oxidase Superoxiddismutase
Bindegewebe
Lysyloxidase
Andere Gewebe
Cytochrom-c-Oxidase
die meisten Gewebe
Caeruloplasmin (Cp)
Fe^{2+} ← Fe-Speicher (Ferritin)
Leber 10mg
Metallothionein
Cytochrom-c-Oxidase
Superoxiddismutase
Cu^{2+}
Plasma (1,2μg/ml)
Galle
Transcuprein-Cu
Cp (70%) +
niedrig- + molekulares Cu
5%
Haare
Urin 30-60μg
Albumin-Cu
Gallen-ausscheidung (0,9mg?)
Dünndarmschleimhaut
0,5-1,0mg
Magenschleimhaut
10μg?
andere Metallionen
(40-60%)
Verdauungs-Cu 0,8-1,6mg
Faeces 0,8-1,6mg
nichtverfügbares Cu
Faser

Abb. 22.9 Überblick über den Kupferstoffwechsel beim Menschen. Die Werte (in mg oder μg) geben geschätzte Umsätze pro Tag an

enzyme sowie in das anschließend ins Plasma sezernierte Caeruloplasmin eingebaut.

In den ***Erythrocyten*** findet sich ein – wahrscheinlich in den Normoblasten des Knochenmarks gebildetes – kupferhaltiges Enzym, das als ***Superoxiddismutase*** bezeichnet wird. Dieses zusätzlich noch Zink enthaltende Enzym katalysiert die Reaktion

$$2\,O_2^- + 2\,H^+ \rightleftharpoons O_2 + H_2O_2,$$

wodurch ***Peroxidradikale*** entgiftet werden (Radikalreaktionen, S. 512). Das entstandene Wasserstoffperoxid wird durch Peroxidase oder Katalase (S. 515) abgebaut. Dieser ***Schutzmechanismus*** ist eine Vorbedingung für die Anpassung der lebenden Zelle an Sauerstoff als Energiequelle. Der Schutzmechanismus selbst stellt eine grundlegende Beziehung zwischen zwei Gruppen von Metallproteinen dar, nämlich zwischen einem Kupferenzym, das als Superoxiddismutase wirkt, und einem Hämenzym mit Katalase- oder Peroxidaseaktivität. Kupfer in der Leber wird auch in die Galle sezerniert und gelangt dadurch in den Darm. Daneben treten geringe Mengen Kupfer direkt in den Urin über. Die größte Menge des Kupfers in den Faeces besteht aus nichtresorbiertem und in die Galle ausgeschiedenem Kupfer. Verschiedene Hormone (ACTH, Corticoide, Schilddrüsen- und Geschlechtshormone) und Zytokine (Tumornekrosefaktor-α, Interleukin-1, Interleukin-6) beeinflussen auf noch unbekannte Weise den Kupferstoffwechsel.

Der genetische Defekt einer Kupferpumpe führt zur Akkumulation von Kupfer in der Leber

Hepatolenticuläre Degeneration (Morbus Wilson). Die wichtigste Störung des Kupferstoffwechsels ist eine autosomal recessiv vererbte Erkrankung, die erstmalig 1912 von dem Londoner Neurologen *Kinnier Wilson* beschrieben wurde.

Die Pathogenese beruht auf zwei Störungen des Kupferstoffwechsels:
- einer Abnahme des Einbaus von Kupfer in Caeruloplasmin und
- einer Abnahme der biliären Kupferausscheidung.

Diese führen zu einer *Akkumulation* dieses Metalls in der *Leber* mit zunehmender Leberfunktionsstörung und der konsekutiven *Ablagerung* von Kupfer im *Gehirn* mit Koordinationsstörungen (Nucleus lenticularis der Basalganglien). Die Krankheit wird deshalb als hepatolentikuläre Degeneration bezeichnet. Die Kupferablagerung in der *Descemet-Membran des Auges* verursacht eine goldbraune, gelbe oder grüne Umrandung der Cornea (Kayser-Fleischer-Ring, Abb. 22.10).

Bei der Krankheit ist das Gesamtplasmakupfer niedriger, da der Caeruloplasminspiegel reduziert ist. Das an Albumin gebundene Kupfer ist dagegen erhöht. Durch eine Beeinträchtigung der Nierenfunktion ist neben der Ausscheidung von Kupfer auch die von Aminosäuren und Harnsäure mit dem Urin erhöht (Tabelle 22.4).

Der Erkrankung liegt ein Defekt eines Gens auf Chromosom 13q14.3 zugrunde, das für ein *Kupfertransportprotein* mit 1411 Aminosäuren codiert (Abb. 22.11). Dieses gehört zur Familie der Kationentransportierenden P-Typ-ATPasen (S. 181) und wird hauptsächlich in Leber, Nieren und Placenta exprimiert. Über 25 verschiedene Mutationen (Insertionen, Deletionen, Missense-, Nonsense-, Spleißmutationen) können die Erkrankung verursachen. Ein Drittel aller bisher untersuchten Patienten weist die Mutationen

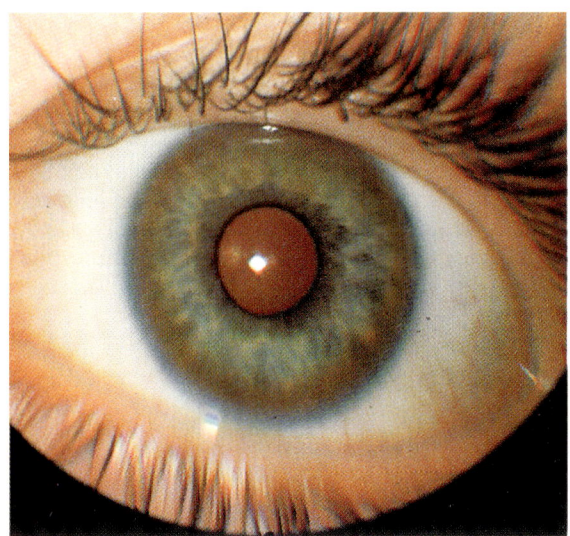

Abb. 22.10 Kayser-Fleischer-Ring beim Morbus Wilson. (Aus Kritzinger u. Wright (1985 Auge und Allgemeinkrankheiten, Springer-Verlag)

Tabelle 22.4 Laborbefunde bei Patienten mit Morbus Wilson (6 μmol = 1 mg Kupfer)

	Normalwerte	Morbus Wilson
Plasmakupfer [μmol/l]	13–23	< 11,5
Direkt reagierendes Kupfer im Plasma [μmol/l]	< 3	> 3
Caeruloplasmin [mg/100 ml]	20–40	< 10
Urinkupfer [μmol/24 h]	< 1,6	> 6,4
Leberkupfer [μmol/g Trockengewicht]	< 1,6	> 8 (16)
Urinaminostickstoff [mg/24 h]	< 400	> 500

His 1070Glu bzw. Gly 1267Lys auf, die offenbar Prädilektionsstellen darstellen. Die meisten Patienten sind gemischt-heterozygot (S. 324).

Die *Therapie* hat das Ziel, die Zunahme der Kupferablagerung und die Kupferüberladung des Organismus zu verhindern und die vorhandenen Kupferablagerungen durch Steigerung der Kupferausscheidung zu reduzieren. Das wird durch eine *kupferarme Kost* sowie durch medikamentösen Kupferentzug mit Chelatbildnern wie dem Cysteinderivat *D-Penicillamin* (β,β-Dimethylcystein, Abb. 22.12, S. 638) erreicht. Durch die Einführung der beiden hydrophoben Methylgruppen in β-Stellung wird die Lipidlöslichkeit von Cystein und damit die Permeationsfähigkeit durch Membranen erhöht.

Menkes-Erkrankung. Bei dieser X-chromosomal vererbten neurodegenerativen Erkrankung ist die *Aktivität* einer Reihe kupferhaltiger Enzyme *reduziert.* In den meisten Zellen der Patienten – mit Ausnahme des Hepatocyten – findet sich jedoch eine Kupferakkumulation, was für das Vorliegen einer *intrazellulären Kupferverteilungsstörung* spricht. Dadurch wird Kupfer in der Darmmucosa, den Nieren und dem Bindegewebe deponiert, aber nicht in andere Gewebe exportiert. Es kommt zu
- einer fortschreitenden Nervendegeneration (Dopamin-β-Hydroxylase-Mangel),
- Hypopigmentierung (Tyrosinasemangel, S. 756),
- Bindegewebsdefekten (Cutis laxa, Lysyloxidasemangel, S. 742) und
- frühem Tod in der Kindheit.

Als Ursache wurde durch positionelle Klonierung (S. 320) ein Gen auf Chromosom Xq13.3 identifiziert, das für ein 1500 Aminosäuren enthaltendes Membranprotein mit 6 Domänen codiert, das ebenfalls zur Familie der Kationen-transportierenden P-Typ-ATPasen gehört. Wilson- und Menkes-Erkrankung-Genprodukte sind zu 56% homolog. Die Mehrzahl der bisher untersuchten Menkes-Patienten wies Deletionen in diesem Gen auf.

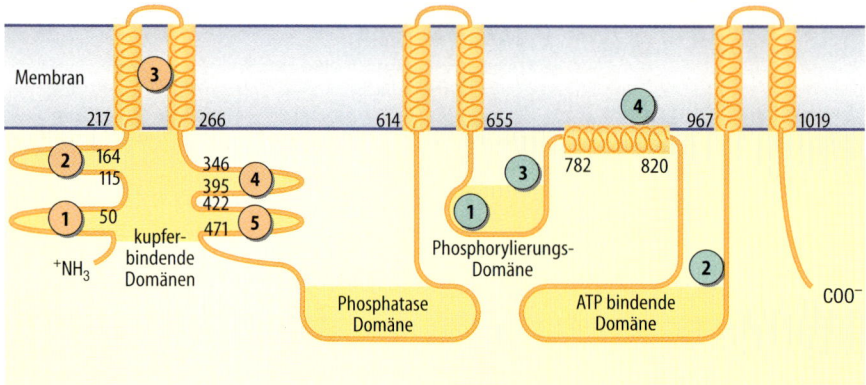

Abb. 22.11 Membranintegration des bei der Wilson'schen Erkrankung defekten Kupfer-Transportproteins. Das Protein weist die Charakteristika einer typischen P-ATPase auf. Die kupferbindenden Domänen sind *braun* markiert, die bisher aufgedeckten Mutationen sind *grün* eingezeichnet

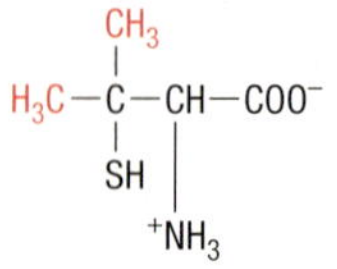

Abb. 22.12 D-Penicillamin (β,β-Dimethylcystein), das durch zwei hydrophobe Methylgruppen substituierte D-Isomer des Cysteins

22.2.3 Molybdän

Auch Molybdän ist an Elektronenübertragungen beteiligt

Molybdän ist am *Elektronentransferprozeß* der Flavoenzyme wie Xanthin-, Aldehyd- oder Sulfitoxidase beteiligt. Auch die *Stickstoffixierung,* d.h. die Umwandlung atmosphärischen Stickstoffs in Ammoniak durch bestimmte Prokaryonten (S. 29), ist ein Redoxvorgang, der an die Gegenwart von Molybdän gebunden ist. Wegen des stufenweisen Ablaufs der Redoxreaktion überrascht es nicht, daß für manche Vorgänge mehrere Metalle notwendig sind. So sind die meisten Molybdänenzyme auf die Gegenwart von Eisen (Xanthinoxidase und Aldehydoxidase!) angewiesen. Wahrscheinlich werden bei der enzymatischen Reaktion die Elektronen vom Substrat über Molybdän und Flavin auf Eisen übertragen.

Über den Molybdänstoffwechsel ist bisher nur wenig bekannt

Die Molybdänkonzentration in den Geweben ist sehr gering. Da dieses Metall nur eine geringe praktische Bedeutung in der Ernährung des Menschen besitzt, liegen bisher nur wenige Untersuchungen über seinen Stoffwechsel vor.

22.2.4 Kobalt

Kobalt- und Vitamin-B$_{12}$-Stoffwechsel sind eng verbunden

Die Funktion dieses Metalls ist an die von *Vitamin B$_{12}$* gebunden, in dessen Corrinring es fest eingebaut ist (S. 673). Dieses Vitamin ist als Coenzym an der Isomerisierung von Methylmalonyl-CoA zur Succinyl-CoA und der Methylierung von Homocystein zu Methionin (S. 551) beteiligt.

Kobalt wird im Organismus schnell umgesetzt

Der Kobaltbestand des Menschen beträgt etwa 1,1 mg (19 µmol). Mit der Nahrung aufgenommenes Kobalt wird beim Menschen – im Gegensatz zu Tieren – zu 70–100% resorbiert, dann jedoch schnell wieder mit dem Urin ausgeschieden.

Bei Versuchstieren sowie gesunden Versuchspersonen führt die Gabe von Kobaltionen (z.B. in Form von Kobaltchlorid) zu einer Steigerung der Erythrocytenproduktion, als deren Ursache eine vermehrte Biosynthese von Erythropoetin in den Nieren diskutiert wird (S. 889).

22.2.5 Zink

Zink ist Cofaktor von mehr als 300 Enzymen

Zink ist Bestandteil und Cofaktor von mehr als 300 Enzymen (Carboanhydrase, Pankreascarboxypeptidase, Alkoholdehydrogenase, Glutamatdehydrogenase, Malatdehydrogenase, Lactatdehydrogenase, alkalische

Phosphatase und Matrix-Metalloproteinasen), in denen es zwei Wirkungen besitzt (S. 29):

- Es hält durch **koordinative Bindungen** mehrere Aminosäureseiteketten des Enzymproteins in einer Anordnung fest, die zur Einleitung der chemischen Reaktion günstig ist.
- Darüber hinaus kann es selbst durch weitere koordinative Bindungen das Substrat festhalten, polarisieren und zur Reaktion aktivieren.

Zink wirkt weiterhin als **Stabilisator biologischer Membranen** und ist **Bestandteil DNA-bindender Proteine.** Diese genregulatorischen Transkriptionsfaktoren weisen bestimmte Domänen auf, die für die Bindung des Proteins an die DNA verantwortlich sind. Das Architekturprinzip dieser Proteinabschnitte beruht auf dem Verbund von Cysteinylresten oder Cysteinyl- und Histidylresten mit zwei oder drei Zinkatomen, die als Liganden für Zink dienen. Je nach entstehender dreidimensionaler Struktur wird zwischen *Zinkfinger-, Zinkcluster-* und *Zinkdrehungsproteinen* unterschieden. Zu letzteren zählt die Familie der **Steroidrezeptoren** (Abb. 10.27, S. 257).

Daneben ist Zink z. B. auch für die biologische Aktivität von **Thymulin,** einem Nonapeptid, das die Aktivität von T-Lymphocyten stimuliert, erforderlich.

In den β-Zellen des endokrinen Pankreas nimmt Zink an der Speicherform des *Insulins* teil (S. 788).

Zink wird im Plasma an Albumin gebunden

Ein gesunder Erwachsener enthält etwa 2–3 g (30–45 mmol) Zink. Davon befinden sich 99% im Intracellulärraum. Verhältnismäßig hohe Konzentrationen weisen

- die Inselzellen des Pankreas (Insulinspeicher),
- Iris und Retina des Auges (Retinoldehydrogenase) und
- Leber, Lungen und Zähne auf,
- besonders hoch ist die Zinkkonzentration in Prostata, Epididymis, Testes [und damit Spermien (Chromatinstabilisierung)] und Ovarien.

Zink wird im *Jejunum* und *Ileum* über einen noch nicht bekannten Mechanismus resorbiert, der aber Ähnlichkeiten mit der Eisenresorption aufweisen dürfte. Resorbiertes Zink wird im Blut an **Plasmaproteine** (hauptsächlich Albumin) gebunden, von denen es zur Aufnahme in die Gewebe wieder freigesetzt wird. Das im α_2-Makroglobulin nachweisbare Zink ist nicht leicht austauschbar und repräsentiert damit wahrscheinlich kein transportiertes Zink.

Das an Plasmaproteine gebundene Zink macht 22% des Zinks im Blut aus, der Rest findet sich in den Erythrocyten (75%, Carboanhydrase!) und Leukocyten (3%, alkalische Phosphatase!). Die Normalkonzentration im Plasma beträgt 100–140 µg/100 ml (15–20 µmol/l).

Der *Plasmazinkspiegel* unterliegt einer circadianen Rhythmik. Er wird durch *Hormone* und *Zytokine* beeinflußt: Glucocorticoide stimulieren die Zinkaufnahme in die Leber, Interleukin-1 und -6 führen im Rahmen der Akutphaseantwort (S. 886) zu einem Abfall des Zinkspiegels durch Aufnahme in verschiedene Gewebe.

Die Ausscheidung von Zink aus dem Organismus erfolgt vorwiegend über den Stuhl. Der tägliche Zinkbedarf liegt bei 10 bis 15 mg und wird mit der in den Industriestaaten üblichen Ernährung gedeckt.

Zinkmangel kann das Immunsystem beeinträchtigen

Angeborener Zinkmangel (Acrodermatitis enteropathica). Für diese Krankheit sind – wie ihr Name sagt – u. a. Hautefflorenzen (Vesikel- und Pustelbildung durch gestörte Basalzellproliferation) sowie gastrointestinale Symptome (Diarrhoe) charakteristisch. Zugrunde liegt offenbar ein genetischer Defekt des **Zinktransportsystems in den Mucosazellen,** der zu einem Abfall des Plasmazinkspiegels führt. Durch Zinksubstitution kann eine komplette klinische Remission erzielt werden.

Erworbener Zinkmangel. Ein Zinkmangel kann in den meisten Fällen an einer Erniedrigung des Plasmazinkspiegels erkannt werden. Ein Abfall ist für die Diagnose eines Zinkmangels jedoch *nicht* ausreichend, da dieser auch bei *akuten Entzündungen* (als Teil der Akutphaseantwort) und als Antwort auf Streßsituationen auftreten kann. Leichter ist die Diagnose bei *chronischen Zuständen* wie langzeitiger parenteraler Ernährung (unzureichende Zufuhr), Malabsorptionssyndromen (unzureichende Resorption) oder Lebercirrhose (persistierende Funktionsstörung). Erworbener Zinkmangel kann sich ebenfalls an Haut und Schleimhäuten manifestieren und mit Störungen der humoralen und zellulären Immunantwort (reduzierte Thymulinaktivität, s. o.) verbunden sein.

22.2.6 Mangan

Mangan spielt eine wichtige Rolle im Knorpelstoffwechsel

Eine Reihe von Enzymen kann in vitro durch Mangan aktiviert werden. Diese Funktion kann jedoch auch von anderen zweiwertigen Kationen übernommen werden. Die Pyruvatcarboxylase und die PEP-Carboxykinase, zwei wichtige Enzyme der Gluconeogenese, sowie die Arginase und die Mn-Superoxiddismutase sind Manganproteine. Eine spezifische Funktion besitzt Mangan bei der Biosynthese von Mucopolysaccharid-Protein-Komplexen (Proteoglykanen, S. 742) des Knorpels.

Mangan wird in Mitochondrien angereichert

Mangan wird im Gastrointestinaltrakt auf noch unbekannte Weise in geringem Ausmaß resorbiert. Nach Bindung an ein *β₁-Globulin* im Blut wird es schnell von den Geweben und dort v. a. von den *Mitochondrien* aufgenommen. Mitochondrienreiche Gewebe weisen deshalb meist eine höhere Mangankonzentration auf. Der Gesamtmanganbestand des Organismus beträgt 10–20 mg (180–360 µmol) und damit $^1/_5$ des Kupfer- und $^1/_{100}$ des Zinkbestands. Die Manganausscheidung erfolgt fast vollständig in den Darm, v. a. über die Galle, aber auch über den Pankreassaft.

Ein Manganmangel ist beim Menschen noch nicht beschrieben worden

Tierexperimenteller Manganmangel führt zu Wachstums- und Fertilitätsstörungen sowie Skelettdeformierungen, denen die Beeinträchtigung des manganabhängigen Knorpelstoffwechsels zugrunde liegt.

22.2.7 Fluor

Ob Fluor als für den Menschen lebensnotwendiges Spurenelement angesehen wird, hängt von den angewendeten Kriterien zur Beantwortung dieser Frage ab. Fluor ist zwar nicht zum Überleben notwendig, fördert aber unter den derzeitigen Lebensbedingungen Gesundheit und Wohlbefinden, da optimale Fluorgaben das Ausmaß der Karies, d. h. die Zersetzung der Zähne, herabsetzen.

Fluorid wirkt über verschiedene Mechanismen kariesprotektiv

Fluor wirkt über eine Förderung der *Remineralisierung* der Zahnoberfläche. Auflockerungsdefekte an der zellosen Oberfläche des Zahnes werden normalerweise durch den an Zahnmineral übersättigten Speichel wieder aufgefüllt (Remineralisierung).
- Überwiegt die Remineralisierungsgeschwindigkeit, so besteht Kariesresistenz.
- Überwiegt die Demineralisierung, so kommt es zu fortschreitender Karies.

Physiologische Fluordosen fördern die Remineralisierung um das Mehrfache. Der kariostatische Effekt von Fluor(id) kommt über mehrere Mechanismen zustande: zum einen über eine *lokale (topische)* Wirkung auf die Zahnoberfläche durch die Applikation fluoridierter Zahn- und Mundpflegepräparate und zum anderen über eine *systemische* Wirkung auf das Zahnmineral durch fluoridiertes Trinkwasser. Der systemische Einfluß auf die Apatitbildung [Ca₅OH(PO₄)₃] wird durch die Verdrängung des Hydroxylions (aus Hydroxylapatit) durch Fluorid (unter Bildung von Fluorapatit) erzielt, wodurch das Mineral widerstandsfähiger gegenüber den von Mikroorganismen gebildeten organischen Säuren wird.

Wesentlich für die Kariesentstehung ist offenbar die Bildung einer Plaque auf der glatten und harten Schmelzoberfläche des Zahnes. Diese Plaques bestehen aus Ablagerungen hochmolekularer *Dextrane,* in denen *säurebildende Bakterien* am Zahnschmelz haften. Die Dextrane werden hauptsächlich durch bestimmte anaerobe Streptokokken synthetisiert, denen Saccharose (S. 25) als Substrat dient. Der wesentliche zweite Schritt bei der Kariesbildung scheint auf die Bildung von Säuren (Lactat) aus niedermolekularen Kohlenhydraten wie der Saccharose durch Streptokokken und Lactobacillen (anaerobe Glykolyse) in der Plaque zu beruhen. Der mit der Säurefreisetzung verbundene *pH-Abfall* führt zu einer Demineralisierung des benachbarten Schmelzes. Daran schließt sich die Zersetzung des Dentins und des Zements durch den bakteriellen Abbau (Proteolyse) der Proteinmatrix an. Topisch applizierte Fluoridionen führen zum einen zu einer Auflösung der Oberfläche des Zahnschmelzes und der konsekutiven Repräzipitation des freigesetzten Calciums als amorphes Calciumfluorid, was den Zahnschmelz widerstandsfähiger gegen Bakterien macht. Zum anderen führen höhere Fluoridkonzentrationen zu einer Hemmung der Produktion organischer Säuren durch orale Bakterien (möglicherweise über eine Hemmung der Enolasereaktion der Glykolyse durch Fluorid).

Fluorpräparate werden auch zur Behandlung der Osteoporose eingesetzt: auch hier wird ein Teil der Wirkung über die Verdrängung von Hydroxyl- durch Fluoridionen erzielt, gleichzeitig hemmt Fluorid aber auch eine Osteoblasten-spezifische Phosphotyrosin-Phosphatase.

Fluorid besitzt eine hohe Affinität zum Knochen- und Zahnhartgewebe

Fluor ist das beim Menschen am besten untersuchte Spurenelement. Das in Nahrungsmitteln oder Getränken enthaltene Fluorid wird im Magen-Darm-Trakt zu *80–100%* resorbiert. Beim Erwachsenen finden sich 99% der Gesamtfluorkonzentration im Skelett und in den Zähnen, der Rest in den übrigen Geweben und im Extracellulärraum. Im Skelett wird es als schwerlöslicher *Fluorhydroxylapatit* gebunden, der durch Austausch von Fluoridionen gegen Hydroxylionen im Apatitkristallgitter entsteht (S. 749).

Die Fluorkonzentration im Plasma beträgt 0,01–0,02 mg/100 ml (5–10 µmol/l) und wird auch bei hoher Fluorzufuhr nur kurzfristig über Minuten erhöht. Die Plasmakonzentration wird dadurch konstant gehalten, daß Fluor im Skelett festgehalten wird und durch die Nieren (in ganz geringen Mengen auch mit dem Stuhl, Schweiß und Speichel) wieder ausgeschieden wird.

Aus der Verteilung im Organismus geht hervor, daß Fluorid eine ausgesprochene Affinität zum Knochen- und Zahnhartgewebe besitzt. Bis zur Hälfte des resorbierten Fluorids kann vom Skelett retiniert werden, wenn die vorausgegangene Fluorzufuhr sehr niedrig war. Bei anhaltender täglicher Zufuhr kleiner Fluoridmengen, wie sie z. B. bei der unten beschriebenen Trinkwasserfluoridierung vorliegen, bildet sich ein Gleichgewicht zwischen Skelett und extrazellulärem Körperwasser aus, d. h. es kommt nicht zu einem ständigen Anstieg der Fluoridkonzentration des Skeletts. Beim erwachsenen Menschen werden durchschnittlich 30% des aufgenommenen Fluorids im Skelett eingelagert, der Rest mit dem Urin ausgeschieden. Gleichzeitig wird durch die Aktivität der Osteoclasten ebensoviel Fluorid mobilisiert und durch die Nieren ausgeschieden, wie durch den Knochenanbau fixiert wird. Bei höherer Fluoridaufnahme stellt sich die Fluorkonzentration im Knochen auf ein höheres Niveau ein, jedoch bleibt die Fluorbilanz selbst beim Konsum eines Trinkwassers mit einem Gehalt von 6–8 mg (315 bis 420 µmol) Fluor/l noch ausgeglichen. Eine Fluorakkumulation in Organen und anderen Weichgeweben findet nicht statt.

Aufschluß über das Verhältnis von Aufnahme, Retention und Ausscheidung von Fluorid gibt die *Bilanz.* Beim Jugendlichen ist die Fluorbilanz zunächst noch positiv, d. h. Fluor wird vermehrt retiniert, etwa in einer Größenordnung von 50% der resorbierten Menge. Erst nach einigen Jahren hat die Fluoridkonzentration des Skeletts in Abhängigkeit von der Höhe der täglichen Fluoraufnahme eine bestimmte Höhe erreicht. Beim Erwachsenen, dessen Fluorzufuhr gering war, und der von einem bestimmten Zeitpunkt an höhere Fluordosen aufnimmt, dauert es nur wenige Wochen, bis sich Aufnahme und Ausscheidung die Waage halten. Während des Aufbaus des Skeletts wird rund die Hälfte des aufgenommenen Fluorids retiniert, während die Mobilisierung von Fluorid aus dem Knochen nur gering ist *(positive Bilanz).* Entsprechend der Höhe der täglichen Fluoraufnahme erreicht die Fluoridkonzentration des Skeletts schließlich eine bestimmte Höhe. Erst dann besteht ein Gleichgewicht zwischen resorbiertem und retiniertem Fluorid einerseits und mobilisiertem und ausgeschiedenem andererseits. Zu diesem Zeitpunkt wird Fluorid praktisch vollständig durch die Nieren ausgeschieden *(ausgeglichene Bilanz).* Ist nach Absetzen einer hohen Fluorzufuhr die Mobilisierung größer als die Retention, so kommt es zu einer *negativen Bilanz,* da Fluorid aus dem mit diesem Spurenelement stark angereicherten Knochen mobilisiert wird.

Fluorid besitzt eine wesentliche Bedeutung für die Kariesprophylaxe und Osteoporosebehandlung

Die kariesprotektive Wirkung geringer Fluoridmengen ist heute unumstritten. Die Weltgesundheitsorganisation (WHO) empfiehlt deshalb die generelle Fluoridanwendung zur Prophylaxe der Karies, die die häufigste chronische und progressive Krankheit während Kindheit und Jugend darstellt. Nach den bisherigen Erfahrungen in verschiedenen Gegenden von Nordamerika, Holland, Schweden und der ehemaligen DDR scheint die Trinkwasserfluoridierung die wirkungsvollste Form der systematischen Fluorverabreichung zu sein. Auch in der ehemaligen Bundesrepublik Deutschland wurde 1974 die gesetzliche Grundlage zur Einführung der Trinkwasserfluoridierung geschaffen. Da diese jedoch nicht realisiert worden ist, bleibt für Interessenten nur die individuelle Kariesprophylaxe durch Fluoridtabletten und lokale Fluoridapplikation durch fluoridhaltige Zahnpasta.

Die Wirkung von Fluorid bei der *Osteoporosebehandlung* kommt neben der Wirkung auf das Knochenmaterial durch einen stimulierenden Einfluß auf die Osteoblasten zustande, die neue Knochenmatrix synthetisieren.

Die *Zahnfluorose* ist die häufigste Nebenwirkung einer erhöhten Fluoridzufuhr. Infolge einer Störung der Ameloblastentätigkeit kommt es zu einer fleckenförmigen Unterentwicklung des Zahnschmelzes (gesprenkelte Zähne). Die Zahnfluorose tritt nur bei Fluorzufuhr während der Zahnbildung auf, also innerhalb der ersten 8–10 Lebensjahre; ältere Kinder und Erwachsene können nicht mehr an Zahnfluorose erkranken.

22.2.8 Jod

Die einzig bekannte Funktion von Jod ist die eines essentiellen Bestandteils der Schilddrüsenhormone *Tri- und Tetrajodthyronin* (Thyroxin, S. 821).

75% des Gesamtkörperjods finden sich in der Schilddrüse

In der Nahrung liegt Jod vorwiegend als anorganisches Jodid vor und wird in dieser Form fast vollständig im Magen-Darm-Trakt resorbiert. Die meisten Nahrungsmittel mit Ausnahme von *Meerfisch* enthalten wenig Jod. Im Blut ist die Konzentration des *anorganischen* Jodids sehr niedrig [0,08–0,60 µg/100 ml (6–47 nmol/l)], der Hauptteil ist *organisches* Jod in Form der Schilddrüsenhormone, von denen nur etwa 1 ‰ nicht an Trägerproteine des Plasmas gebunden sind. Etwa $^3/_4$ des gesamten Körperjods [10–20 mg (79–158 µmol)] finden sich in der Schilddrüse. Damit ist eine einzigartige Anreicherung eines Mikroelements in einem Organ gegeben, da die Schilddrüse nur etwa 0,05% des Körpergewichts ausmacht. Der Rest des Jods findet sich in der Muskulatur, Galle, Hypophyse, in Speicheldrüsen und bestimmten Teilen des Auges, insbesondere dem Fettgewebe der Augenhöhle und dem M. orbicularis. Beim Abbau der Schilddrüsenhormone freigesetztes Jod kann für die Biosynthese dieser Hormone reutilisiert werden.

Die Jodausscheidung erfolgt hauptsächlich mit dem *Urin,* daneben auch mit dem Schweiß und den Faeces. Bei ausreichender Jodzufuhr [100–200 μg (0,79–1,58 μmol)/Tag] mit der Nahrung soll die Jodausscheidung im Urin zwischen 75 und 150 μg (0,59 und 1,18 μmol)/Tag liegen.

Der Jodmangel ist weit verbreitet

Jodmangel, der in Deutschland wegen des niedrigen Jodgehaltes der Böden und damit auch der Agrarprodukte häufig auftritt, führt zu einer als *endemische Struma* bezeichneten Störung der Schilddrüsenfunktion (S. 827), da der Schilddrüse nicht genügend Bausteine angeboten werden. Daher wurde in verschiedenen Staaten die Strumaprophylaxe durch jodiertes Kochsalz (Vollsalz) gesetzlich eingeführt.

Zur Erfassung des *Jodstatus* ist die Jodausscheidung in den Urin ein wichtiger Parameter, da sie eng mit der Jodzufuhr korreliert. Der Sollwert der Jodausscheidung liegt bei 150 μg/Tag. Tatsächlich liegt die mittlere Jodausscheidung in Deutschland nur bei etwa 60 μg/Tag.

Eine besondere Bedeutung besitzt die ausreichende Jodversorgung während der Schwangerschaft und der Stillzeit, da eine Steigerung des mütterlichen Grundumsatzes auftritt und die fetale Schilddrüse etwa ab der 12. Schwangerschaftswoche mit der eigenen Hormonsynthese beginnt.

Experten plädieren deshalb für die gesetzliche Einführung der Jodprophylaxe mit Hilfe von jodiertem Kochsalz. Solange hierfür noch keine gesetzliche Grundlage existiert, sollen alle Ärzte an der Aufklärung der Bevölkerung aktiv teilnehmen, das *jodierte Kochsalz* freiwillig zu benutzen. Mit Jod angereichertes Kochsalz enthält 15–25 μg/kg, d. h. bei einem täglichen Salzverbrauch von 5 g beträgt die Jodzufuhr 75–125 μg. Es besteht auch keine Gefahr einer jodinduzierten Überfunktion der Schilddrüse, die erst bei täglichen Dosen von mehr als 500 μg (4 μmol) auftritt.

22.2.9 Chrom

Chrom verbessert die Glucosetoleranz

Über die biochemische Funktion von Chrom ist bisher nur wenig bekannt. Bei Ratten, die chromarm ernährt werden, tritt eine Beeinträchtigung der *Glucosetoleranz* (S. 407) auf, die sich durch Chromgaben wieder beheben läßt. Es wird spekuliert, daß dreiwertiges Chrom als Cofaktor bei der Wechselwirkung von Insulin mit dem Membranrezeptor des Erfolgsorgans wirkt. Auch beim Menschen verbessert Chrom die Glucosetoleranz. Tierexperimenteller Chrommangel führt zu Wachstumsstörungen und Beeinträchtigungen des Glucose-, Fett- und Proteinstoffwechsels. Beim Menschen werden Störungen der Glucosetoleranz beobachtet.

Chrom kann zur Markierung von Erythrozyten verwendet werden

Chrom wird nur in geringem Ausmaß resorbiert, wobei die Resorption von sechswertigem Chrom besser als die von dreiwertigem ist.

- Das resorbierte sechswertige Chromanion tritt durch die Erythrocytenmembran und bindet an den Globinanteil des *Hämoglobins.*
- Dagegen kann das dreiwertige Chromkation nicht die Erythrocytenmembran durchdringen und bindet an β-Globulin und Transferrin.

Diese Beobachtungen führten zur Entwicklung von Methoden, mit denen durch *Chrommarkierung* die Lebensdauer von Erythrocyten und Plasmaproteinen bestimmt werden kann. Die Chromausscheidung erfolgt vorwiegend mit dem Urin, in kleinen Mengen auch mit der Galle, durch den Darm und die Haut. Über die Chromverteilung in Geweben ist nur wenig bekannt. Interessanterweise nimmt der Chromgehalt des Organismus [normal etwa 6 mg (115 μmol)] – im Gegensatz zu den meisten anderen Mikroelementen – mit zunehmendem Alter ab.

22.2.10 Selen

Selen ist Bestandteil der Selenoproteine

Selen kommt als *Selenocystein* in zwei wichtigen Selenoproteinen vor, der Glutathionperoxidase sowie der Typ I-Thyroxin-5'-Dejodase (S. 823). Bei der Biosynthese dieser Selenoproteine wird unter Verwendung des Codons UGA (normalerweise ein Stopcodon) ein Serylphosphat in das entstehende Protein eingebaut, aus dem durch Einbau von Selenid Selenocystein entsteht.

Die Glutathionperoxidase ist ein wichtiger Bestandteil des antioxidativen Schutzsystems (Abb. 22.13, S. 643). Ihre besondere Bedeutung liegt in der Eliminierung von Lipidperoxiden, die durch Protonierung von organischen Dioxyl-Radikalen entstehen (S. 512). Das Enzym kommt in verschiedenen Isoformen vor, von denen einige mit durch Peroxidation geschädigten Membranphospholipiden, andere dagegen mit oxidierten Lipiden in Lipoproteinen reagieren. Die Typ-I-Thyroxin-5'-Dejodase überführt Thyroxin in das biologisch aktive Trijodthyronin. Sie spielt dabei eine wichtige Rolle bei der Biosynthese der Schilddrüsenhormone und damit deren Aktivierung (S. 823).

Selen besitzt eine relativ geringe therapeutische Breite

Die Resorption von Selen wird durch die Wertigkeit und Verbindung, in der es vorliegt, sowie die Menge des zugeführten Elements bestimmt. Im Blut erfolgt der Transport in Bindung an Plasmaproteine, von denen

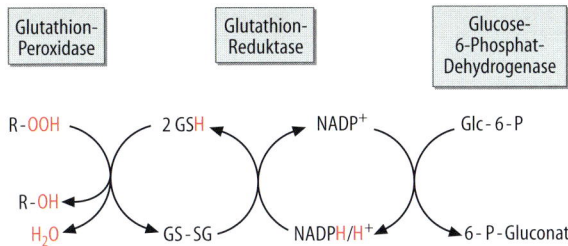

Abb. 22.13 Funktion der Glutathionperoxidase bei der Eliminierung von Lipidperoxiden. Die Glutathionperoxidase reduziert organische Peroxide, z. B. Lipidperoxide. Für die Glutationregenerierung wird als Hilfsenzym die Glutathion-Reduktase benötigt, für die NADPH+/Regenerierung beispielsweise die Glukose-6-Phosphatdehydrogenase. *GSH* Glutathion, reduziert; *GS-SG* Glutathiondisulfid

Selen in alle Gewebe einschließlich Knochen, Haare, Erythrocyten und Leukocyten gelangt. Am höchsten sind die Selenkonzentrationen in der Nierenrinde, darauf folgen Pankreas, Hypophyse und Leber. Ausgeschieden wird Selen mit den Faeces, dem Urin und mit der Ausatmungsluft.

Die Deutsche Gesellschaft für Ernährung empfiehlt eine tägliche Selenzufuhr von 100 μg. Nahrungsmittel mit hohem Selengehalt sind Eigelb, Fisch und Fleisch. Selen besitzt im Vergleich zu anderen Spurenelementen eine relativ *geringe therapeutische Breite,* da bereits ab der zehnfach empfohlenen Tagesdosis toxische Wirkungen auftreten.

Selenmangel beeinträchtigt die Schilddrüsenfunktion

Da Selen essentieller Bestandteil eines wichtigen Enzyms des Schilddrüsenhormonstoffwechsels ist, führt ein Selenmangel zur Beeinträchtigung der Bildung von Trijodthyronin. Ob dieser die Schädigung der Herz- und Skelettmuskulatur, die bei den in *China endemischen* Selenmangelerkrankungen (Keshan- und Kashin-Beckkrankheit) beobachtet wird, (mit)verursacht, ist noch unklar. Selenmangel wird auch als Folge langandauernder parenteraler Ernährung und bei Malabsorptionen beobachtet.

22.2.11 Cadmium

Cadmium gehört zu den in geringen Mengen toxischen Spurenelementen

Bisher sind keine cadmiumenthaltenden Metallenzyme beschrieben worden. In Leber, Nieren und anderen Organen des Menschen findet sich eine Familie von Proteinen, die Cadmium und Zink binden und als *Metallothioneine* bezeichnet werden. Metallothionein enthält *20 Cysteinylreste* (bei insgesamt 62 Aminosäuren). Es bindet 7 Atome Cadmium und/oder Zink pro Pro-

teinmolekül. Daneben werden auch Kupfer und Quecksilber gebunden. Da Cadmiumionen die Biosynthese des Metallothioneins aktivieren, wird diesem Protein eine Funktion bei der Bindung überschüssiger Cadmiummmengen zugeschrieben. Dabei werden die schädlichen Cadmiumionen durch die Bindung an das Protein eingekapselt und nur sehr langsam wieder ausgeschieden. Daneben induzieren auch

- andere Metalle wie Zink, Kupfer oder Wismut,
- Hormone (Dexamethason, Adrenalin) und
- Zytokine (Interleukin-1, Interleukin-6) die Metallothioneinsynthese,

d. h. das Protein wird im Rahmen einer allgemeinen Stressantwort vermehrt gebildet.

Der Stoffwechsel des Cadmiums interferiert mit dem ähnlicher Metalle

Über Aufnahme und Ausscheidung von Cadmium liegen bisher keine gesicherten Erkenntnisse vor. Der Gesamtbestand des Organismus an Cadmium beträgt etwa 30 mg (270 μmol), davon findet sich $^1/_3$ in den Nieren und etwa 4 mg (36 μmol) in der Leber (Metallothionein), der Rest in Pankreas, Milz, Placenta und Milchdrüsen. Cadmium beeinflußt aufgrund seiner chemischen Ähnlichkeit den Stoffwechsel von Zink, Kupfer und anderen Metallen.

Cadmium ist ein Kumulationsgift

Im Tierexperiment ist Cadmium – wahrscheinlich auch aufgrund seiner zink- und kupferantagonistischen Wirkung – toxisch: Beschrieben wurden kardiovaskuläre Erkrankungen (Bluthochdruck), Nierenleiden, Hodennekrose, Fehlgeburten und angeborene Mißbildungen. In Japan trat Ende der 50er Jahre eine tödliche Krankheit auf, die durch Decalcifikation der Skelettknochen und Frakturen (Itai-Itai-Krankheit) gekennzeichnet war (S. 628). Nach epidemiologischen Studien sind in Gebieten mit hohem Cadmiumgehalt der Luft (Industrieabgase) Todesfälle an hypertonischen, kardiovaskulären Leiden signifikant höher. Cadmiumverbindungen werden auch für Dekors von Porzellan- und Keramikgeschirr verwendet. Dieses Cadmium kann von der Geschirrglasur beim Kochen abgegeben werden, sich im Magen mit der Salzsäure zum giftigen Cadmiumchlorid umsetzen und in den Organismus eintreten. Da Cadmium im Meerwasser enthalten ist, nehmen z. B. auch *Miesmuscheln*, die pro Stunde bis zu 40 l Wasser filtern, dieses Schwermetall auf. Von allzu häufigem Verzehr von Muscheln wird deshalb abgeraten.

Cadmium ist ein typisches *Kumulationsgift,* das erst nach Jahren oder Jahrzehnten manifeste Organschäden hervorruft. Zielorgan sind die Nieren, in denen es aufgrund seiner langen Halbwertszeit (Metallothioneine?) angereichert und praktisch nicht mehr ausgeschieden wird.

22.2.12 Blei

Blei ist in Pflanzen und Böden weit verbreitet. In den Menschen gelangt es über Nahrungsmittel, die praktisch nicht mehr bleifrei sind, und die Atemluft. In der Bundesrepublik beträgt die tägliche Bleizufuhr mit der Nahrung etwa 500 µg (2,4 µmol). Dazu kommt das mit der Atemluft aufgenommene Blei, das vorwiegend aus Industrieabgasen stammt, nachdem der Bleiausstoß aus Autoabgasen dank der zunehmenden Verwendung bleifreier Kraftstoffe zurückgegangen ist. Als Grenzwert für den Bleispiegel im Blut gelten 70–80 µg/100 ml (3,4–3,9 µmol/l) und im Urin 80 µg (3,9 µmol)/24-h-Urin. In toxischen Konzentrationen hemmt Blei **SH-Enzyme,** insbesondere Enzyme der Porphyrinbiosynthese (S. 612), ATPasen und die Dihydrolipoatdehydrogenase (S. 486). Ein wichtiger Indikator für eine Bleivergiftung ist deshalb **δ-Aminolävulinat,** dessen Ausscheidung in den Urin mit der Bleiausscheidung parallel geht (Tabelle 22.5).

- Die *akute* Bleivergiftung ist durch Anämie (Hämoglobinmangel!), Koliken und Encephalopathien,
- die *chronische* durch Hautblässe, Kopfschmerzen und Appetitmangel gekennzeichnet.

Die Bleiausscheidung aus dem Organismus erfolgt über die Nieren, ein Teil des Bleis wird auch im Knochen gespeichert. Die Behandlung der Vergiftung erfolgt mit Komplexbildnern, die Blei zur Ausscheidung in den Urin mobilisieren.

Tabelle 22.5 Labordiagnostische Beurteilungskriterien der Bleibelastung. (Nach Haas TH, Schaller KH, Valentin H (1972) Dtsch Ärztebl 69: 1803)

Test	Normal	Akzeptabel bei beruflich exponierten Personen	Gefährlich
Blei im Blut [µmol/l]	1,5	< 3,4	> 3,4
δ-Aminolävulinat im Harn [µmol/24 h]	45	< 75	> 75

22.2.13 Quecksilber

Quecksilber wird industriell als Katalysator verwendet. Mit Abwässern in Seen und Flüsse gelangtes metallisches Quecksilber wird von Mikroorganismen in das wegen seiner Toxizität besonders gefürchtete **Dimethylquecksilber** überführt, das aufgrund seiner Lipidlöslichkeit (hydrophobe Methylgruppen!) die Blut-Hirn-Schranke passieren kann und damit im ZNS akkumuliert.

! **RESÜMEE**

Obwohl Spuren- oder Mikroelemente nur in extrem geringen Mengen in unserem Körper (etwa 4% des Gesamtkörpergewichtes) vorkommen, sind sie für die Aufrechterhaltung unserer Gesundheit von enormer Bedeutung. Diese geringen Mengen – von einigen Gramm bis zu weniger als 100 mg – deuten darauf hin, daß diese Elemente an Katalysen beteiligt sind. Ihre katalytische Wirkung entfalten sie als Bestandteile von Protein- und RNA-Enzymen.

11 Spurenelemente sind für uns essentiell, weitere 9 sind Gegenstand intensiver Untersuchungen. Die essentiellen Spurenelemente sind von großer Bedeutung für den Kliniker, da Mangelzustände vor allem bei älteren Menschen oder bei längerdauernder parenteraler Ernährung auftreten. Mängel können durch unzureichende Nahrungszufuhr, reduzierte Bioverfügbarkeit (d. h. gestörte Resorption und Wechselwirkungen zwischen verschiedenen Mikroelementen), vermehrten Verlust und physiologische Zustände hervorgerufen werden, bei denen ein erhöhter Bedarf besteht. Für die Deckung des täglichen Bedarfes der einzelnen Mikroelemente sind deshalb Empfehlungen ausgearbeitet worden.

Eisen ist das quantitativ bedeutendste Spurenelement in unserem Organismus. In den meisten Proteinen ist es über das Hämgerüst an den Proteinanteil gebunden und transportiert Elektronen oder Sauerstoff. In Zellen mit einem hohen Eisenumsatz wie den Reticulocyten des Knochenmarkes wird die Biosynthese der Proteine, die an Eisenaufnahme (Transferrinrezeptor), -speicherung (Ferritin) und -verwertung (δ-ALA-Synthese) beteiligt sind, über einen Metallsensor koordiniert. Dieses Protein bindet an die mRNAs der genannten Proteine und moduliert dadurch ihre Translation. Obwohl unser Körper nur extrem wenig Eisen ausscheidet, treten aufgrund starker Menstruation, bei chronischen Blutungen oder Resorptionsstörungen häufig Eisenmangelzustände auf.

Fast alle kupferhaltigen Proteine sind Oxidasen, d. h. sie übertragen Elektronen auf das Sauerstoffmolekül. Wie Eisen ist auch Kupfer in höheren Konzentrationen toxisch, so daß Membransysteme existieren, die den intrazellulären Kupferspiegel regulieren. Der partielle Ausfall eines dieser Systeme in der Leber durch Mutationen ist die Grundlage der Wilson-Erkrankung, bei der das Metall im Hepatocyten akkumuliert und dadurch die Leberfunktion – bis hin zum kompletten Ausfall – stört.

Zink ist Cofaktor von mehr als 300 Enzymen. Dazu gehören Metalloproteinasen, die Komponenten der extrazellulären Matrix abbauen und Transkriptionsfaktoren. Ein Zinkmangel, der z. B. bei parenteraler Ernährung oder Resorptionsstörungen auftritt, kann die Immunantwort beeinträchtigen.

Fluor besitzt eine kariesprotektive Wirkung und wirkt durch Einbau in die anorganische Substanz im Knochen der Osteoporose entgegen. Jod ist obligater Bestandteil der Schilddrüsenhormone, so daß in Jodmangelgebieten wie Deutschland Mangelzustände häufig zu einer Beeinträchtigung der Schilddrüsenfunktion führen. Chrom verbessert die Glucosetoleranz und Selen ist Bestandteil antioxidativer Schutzsysteme. Einige Spurenelemente, die vom Menschen nicht benötigt werden, sind bereits in geringen Mengen schädlich. Dazu gehören Cadmium, Blei und Quecksilber, die bei chronischer Exposition im Körper akkumulieren und dadurch toxisch wirken.

Literatur

Original- und Übersichtsarbeiten

BEINERT H, KENNEDY MC (1993) Aconitase: a twofold protein: enzyme and iron regulatory factor. FASEB J 7: 1442–1449

COHEN HJ, AVISSAR N (1993) Molecular and biochemical aspects of selenium metabolism and deficiency. Progr Clin Biol Res 380: 191–202

COLEMAN JE (1992) Zinc proteins: enzymes, storage proteins, transcription factors and replication proteins. Annu Rev Biochem 61: 887–946

CONRAD ME et al (1994) Iron absorption and cellular uptake of iron. In: Hershkoch (ed) Progress in iron research. Plenum, New York, pp 69–80

CRICHTON RR, WARD RJ (1992) Iron metabolism – new perspectives in view. Biochemistry 31: 11255–11264

DE SILVA DM et al (1996) Molecular mechanisms of iron uptake. Physiol Rev 76: 31–47

EICK V. HG, DE JONG G (1992) The physiology of iron, transferrin and ferritin. Biol Trace Elem Res 35: 13–24

FALCHUK KH (1993) Zinc in developmental biology: the role of metal dependent transcription regulation. Progr Clin Biol Res 380: 91–111

FEDER IN et al (1996) A novel MHC class I-like gene is mutated in patients with hereditary haemochromatosis. Nature Genet 13: 399–408

FINCH C (1994) Regulators of iron balance in humans. Blood 84: 1697–1702

HARRIS ED (1993) The transport of copper. Progr Clin Biol Res 380: 163

HERBERT V (1992) Everyone should be tested for iron disorders. J Am Diet Assoc 92: 1502–1555

KARLIN KD (1993) Metalloenzymes, structural motifs and inorganic models. Science 261: 701–708

MILNE DB (1994) Assessment of copper nutritional status. Clin Chem 40: 1479–1484

MONACO AP, CHELLY J (1995) Menkes and Wilson diseases. Adv Genet 33: 233–253

MORENE EC (1993) Role of fluoride in caries protection: chemical aspects. Intern Dent J 43: 71–80

O'HALLORAN TV (1993) Transition metals in control of gene expression. Science 261: 715–725

PYLE AM (1993) Ribozymes: a distinct class of metalloenzymes. Science 261: 709–714

ROUALT TA, KLAUSNER RD (1996) Iron-sulfur clusters as biosensors of oxidants and iron. TIBS 21: 174–177

SCRIBA PC, PICKAROT CR (1995) Jodprophylaxe in Deutschland. Dt Ärzteblatt 92: 1529–1531

SIEGERS CP et al (1994) Selensubstitution bei Selenmangel und Folgeerkrankungen. Dt Ärzteblatt 91: 2233–2237

SOLIOZ MM et al (1994) Copper pumping ATPases. Common concepts in bacteria and man. FEBS Lett 346: 44–47

THEIL EC (1993) The iron responsive element family: structures which regulate mRNA translation or stability. Biofactors 4: 87–93

VALLEE B, FALCHUK KH (1993) The biochemical basis of zinc deficiency. Physiol Rev 73: 79–118

VULPE CO, PACKMAN S (1995) Cellular copper transport. Ann Rev Nutr 15: 293–322

Vitamine

Mit den großen Seefahrten zu Beginn der Neuzeit wurde beobachtet, daß Menschen unter langdauernder, einseitiger Ernährung spezifische Krankheitsbilder entwickeln. Aber erst Ende des letzten Jahrhunderts wurde damit begonnen, die Entstehung dieser Krankheiten tierexperimentell durch das Verfüttern sogenannter Mangeldiäten zu untersuchen, was zur Entstehung der modernen Ernährungswissenschaft führte. Man fand, daß Versuchstiere trotz ausreichender Energiezufuhr sterben, wenn sie mit einer nur aus hochgereinigten Kohlenhydraten, Fetten, Proteinen, den notwendigen Spurenelementen und Elektrolyten bestehenden Diät ernährt werden. Die in einer derartigen Diät für das Überleben fehlenden Bestandteile wurden Vitamine genannt, weil man annahm, daß es sich ausschließlich um stickstoffhaltige Verbindungen handle. Später zeigte sich allerdings, daß viele Vitamine keinen Stickstoff enthalten, daß Vitamine untereinander keinerlei chemische Verwandtschaft aufweisen und ihr Wirkungsspektrum alle Aspekte der Biochemie höherer Zellen umfaßt.

Bei einer frucht- und gemüsereichen Ernährung ist die Versorgung mit nahezu allen Vitaminen sichergestellt. (Bild: C. Rosenfeld, Tony Stone Bilderwelten, München)

23.1 Allgemeine Grundlagen und Pathobiochemie

23.1.1 Definition und Einteilung

Vitamine sind in Mikromengen benötigte essentielle Nahrungsbestandteile

Vitamine sind Verbindungen, die in geringen Konzentrationen für die Aufrechterhaltung von Stoffwechselfunktionen benötigt werden. Pflanzen und Mikroorganismen können diese für den Zellstoffwechsel benötigten Verbindungen selbst produzieren. Die höher organisierten Lebensformen haben im Zuge der Evolution diese Fähigkeit eingebüßt. Ihnen fehlen für die Biosynthese von Vitaminen benötigte Enzymaktivitäten, so daß für sie Vitamine zu *essentiellen Nahrungsbestandteilen* geworden sind [vgl. essentielle Aminosäuren (S. 542), essentielle Fettsäuren (S. 439)].

Der mengenmäßig geringe tägliche Bedarf an Vitaminen entspricht der Tatsache, daß sie eine *katalytische* oder *regulatorische* Funktion haben. Vitamine
- wirken als Coenzyme,
- aktivieren *Transkriptionsfaktoren*,
- sind Bestandteile des Verteidigungssystems gegen den oxidativen Streß oder
- von Signaltransduktionsketten.

Gewöhnlich werden die Vitamine in wasser- bzw. fettlösliche Vitamine eingeteilt (Tabelle 23.1). Dies basiert lediglich auf einer groben chemischen Eigenschaft, hat aber keinerlei Bezug zur biochemischen Funktion.

23.1.2 Täglicher Bedarf an Vitaminen

Der tatsächliche Vitaminbedarf hängt von individuellen Gegebenheiten ab

Exakte Zahlen für den täglichen Minimalbedarf wurden an einzelnen Versuchspersonen für einige Vitamine ermittelt. Da der Bedarf in den meisten Fällen jedoch nicht genau bekannt ist, begnügt man sich mit Empfehlungen für die wünschenswerte Höhe der Zufuhr (S. 649), in denen
- die individuellen Schwankungen,
- der veränderte Bedarf bei erhöhtem Kalorienverbrauch,
- Wachstum,
- Schwangerschaft und Stillzeit.

sowie ein angemessener Sicherheitszuschlag berücksichtigt sind (Tabelle 23.2).

Bei der Schätzung der mit der Nahrung aufgenommenen Vitaminmenge sind mögliche Verluste durch Transport, industrielle Verarbeitung, Lagerung und Zubereitung der Nahrungsmittel (Kochen!) in

Tabelle 23.1 Einteilung der Vitamine nach ihrer Löslichkeit

Fettlösliche Vitamine

Buchstabe	Name	Biologisch aktive Form	Biochemische Funktion
A	Retinol	Retinol bzw. Retinal	Photorezeption, Stabilisierung von Membranen, Glykoproteinbiosynthese, Genexpression
D	Cholecalciferol	1,25-Dihydroxycholecalciferol	Regulation der extracellulären Calciumkonzentration
E	Tocopherol	Tocochinon (?)	Schutz von Membranlipiden vor (Per-)Oxidation
K	Phyllochinon	Difarnesylnaphthochinon	Carboxylierung von Glutamylresten in Proteinen (Coenzym)

Wasserlösliche Vitamine

Buchstabe	Name	Biologisch aktive Form	Biochemische Funktion
C	Ascorbinsäure	Ascorbinsäure	Redoxsystem, Hydroxylierungen
B_1	Thiamin	Thiaminpyrophosphat	Dehydrierende Decarboxylierungen (Coenzym)
B_2	Riboflavin	FMN, FAD	Wasserstoffübertragungen (Coenzym)
	Niacin(amid)	NAD^+, $NADH^+$	Wasserstoffübertragungen (Coenzym)
B_6	Pyridoxin	Pyridoxalphosphat	Transaminierungen, Decarboxylierungen, Transsulfurierung (Coenzym)
	Pantothensäure	CoA-SH, Phosphopanthethein	Acylübertragungen (Coenzym)
	Biotin	Biocytin	Carboxylierungen (Coenzym)
	Folsäure	Tetrahydrofolsäure	1-Kohlenstoffatomübertragungen (Coenzym)
B_{12}	Cobalamin	5'-Desoxyadenosylcobalamin Methylcobalamin	C-C-Umlagerungen (Coenzym) 1-Kohlenstoffatomübertragungen (Coenzym)

Tabelle 23.2 Empfohlene Höhe der Vitaminzufuhr pro Tag für gesunde Erwachsene in µmol *(linke Spalte)* bzw. mg *(rechte Spalte)*

Fettlösliche Vitamine

Retinol	5,2	$1,5^{DF}$
Cholecalciferol	0,026	$0,01^{DF}$
Tocopherol	26–78	10–30 DL-α-Tocopherylacetat
Phyllochinone	2,2	1

Wasserlösliche Vitamine

Thiamin	5,6	1,7
Riboflavin	4,8	1,8
Niacin	160	20
Pyridoxin	9–12	1,5–2,0
Pantothensäure	46	10
Biotin	1,2	0,3
Folsäuregruppe	0,1	0,05
Cobalamin	0,022–0,037	0,03–0,05
Ascorbinsäure	426	75

(D) Empfehlungen der Deutschen Gesellschaft für Ernährung.
(F) Empfehlungen des „Food and Nutrition Board" der USA.

Rechnung zu stellen, insbesondere dann, wenn aufgrund diätetischer Maßnahmen die freie Nahrungswahl eingeschränkt wird.

23.1.3 Pathobiochemie

Hypo- und Hypervitaminosen führen zu spezifischen Krankheitsbildern

Die mangelhafte Versorgung mit einem Vitamin führt in der leichten Form zur **Hypovitaminose,** in der schweren, vollausgebildeten zur **Avitaminose.** Ein Vitaminmangel kann durch

- eine unzureichende Zufuhr,
- gestörte intestinale Resorption oder
- beeinträchtigte Umwandlung des Vitamins in seine Wirkform (z. B. Überführung in die Coenzymform) verursacht werden.

Da viele Vitamine (besonders die des B-Komplexes) Coenzyme der Enzyme von Hauptstoffwechselwegen sind, ist die Symptomatik von Hypovitaminosen häufig unspezifisch, da meist der gesamte Intermediärstoffwechsel schwer gestört ist. Betroffen sind v. a. Gewebe mit hoher Stoffwechselleistung (z. B. Myokard, Gastro-

Tabelle 23.3 Biochemische Tests zur Erfassung von Vitamin-mangelzuständen

Vitamin	Beobachtung bei Mangelzuständen
Tocopherol	Vermehrte Ausscheidung von Kreatin und 1-Methylhistidin im Urin (tierexperimentell)
Phyllochinone	Verlängerung der Gerinnungszeit
L-Ascorbinsäure	Ausscheidung von p-Hydroxyphenylpyruvat im Urin nach Belastung mit Tyrosin
Thiamin	Verminderung der Aktivität der Transketolase in den Erythrocyten
Riboflavin	Vermehrte Ausscheidung von Kynurenin und 3-Hydroxykynurenin im Urin nach Belastung mit Tryptophan
Pyridoxin	Verringerte Aktivität von Transaminasen in den Erythrocyten; vermehrte Ausscheidung von Xanthurensäure, Hydroxykynurenin und Kynurensäure im Urin nach Belastung mit Tryptophan
Folsäure	Vermehrte Ausscheidung von N-Formiminoglutamat im Urin nach Belastung mit Histidin
Cobalamin	Ausscheidung von Methylmalonsäure im Urin

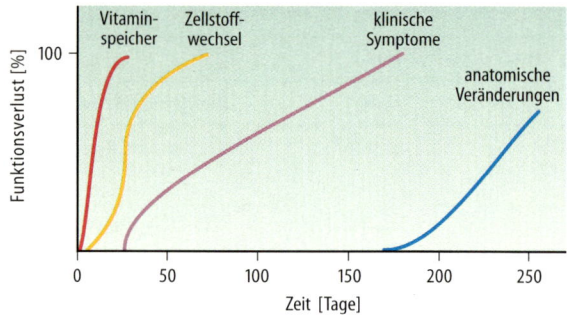

Abb. 23.1 Zeitlicher Verlauf der durch einen Vitaminmangel verursachten Störungen am Beispiel des Thiamins

intestinaltrakt) oder Vermehrungsrate (blutbildende Gewebe des Knochenmarks, epitheliale Gewebe). Ein Vitaminmangel kann – besonders auch im präklinischen Stadium – durch die Bestimmung einer vitaminabhängigen biochemischen Funktion erfaßt werden: So ist z. B. die Urinausscheidung eines Stoffes erhöht, wenn eines der Enzyme, die seinen Abbau katalysieren, vitaminabhängig ist. Durch orale Gabe einer bestimmten Menge dieses Stoffes (Belastungstest) kann die Ausscheidung des sich in der Zelle anstauenden und ins Blut und den Urin übertretenden Stoffes noch provoziert werden. Weiterhin ist die Aktivitätsminderung bestimmter Enzyme des Erythrocyten nachweisbar, wenn Störungen im Stoffwechsel der entsprechenden Vitamine vorliegen (Tabelle 23.3). Aus der Unterversorgung mit einem Vitamin resultiert eine Reihe von Störungen mit vorwiegend unspezifischer Symptomatik, zu denen mit fortschreitender Dauer des Mangels morphologische Veränderungen an den verschiedensten Organen kommen. Im Frühstadium treten nach dem Aufbrauchen der Speicher Störungen des Zellstoffwechsels auf, die graduell abgestuft sein können und denen die klinischen Symptome und anatomischen Veränderungen zeitlich folgen (Abb. 23.1). Die Erkennung und Behandlung eines Vitaminmangels ist von außerordentlicher praktischer Bedeutung. Zur Zeit

sind zwar die Bewohner der europäischen und nordamerikanischen Länder durch ein ausreichendes und vielseitiges Nahrungsangebot sowie synthetische Vitaminpräparate vor Hypovitaminosen bis auf Ausnahmesituationen. Wegen der Gefahr einer einseitigen Ernährung ist allerdings der ständig zunehmende Anteil älterer Menschen an der Population von Vitaminmangelsituationen bedroht. Daneben finden sich Vitaminmangelzustände gelegentlich während der Gravidität, Stillperiode sowie bei einseitigen Ernährungsformen. Infolge der immer mehr zunehmenden weltweiten Nahrungsmittelknappheit ist anzunehmen, daß in nicht allzu ferner Zukunft die Hypovitaminosen in erschreckendem Umfang zunehmen werden und entsprechender ärztlicher Behandlung bedürfen.

Während *überschüssige Mengen* wasserlöslicher Vitamine mit dem **Urin** ausgeschieden werden, trifft dies für fettlösliche Vitamine offenbar nicht zu. So können **Hypervitaminosen** nach hoher Gabe synthetischer Vitamin-A- oder -D-Präparate auftreten. Abgesehen von den Beobachtungen, daß der Genuß größerer Mengen Eisbärenleber (bei Eskimos) oder die bevorzugte Ernährung mit Karottensäften zu einer Vitamin-A-Hypervitaminose führen kann, verursachen auch einseitige Ernährungsformen keine Hypervitaminose.

Störungen im Vitaminstoffwechsel verlaufen häufig mit der Symptomatik eines Vitaminmangels

Wie aus Tabelle 23.1 zu entnehmen ist, dient der überwiegende Teil der Vitamine als Coenzym bei hochspezialisierten enzymatischen Reaktionen. Abbildung 23.2 faßt dabei die einzelnen Schritte zusammen, die von der Aufnahme eines Vitamins in den Organismus bis zu seinem Einbau in ein Apoenzym durchlaufen werden müssen. Zunächst muß das Vitamin durch einen meist spezifischen Prozeß *intestinal resorbiert* werden. Sein Transport im Blut zu den Zielzellen erfolgt häufig in Bindung an *spezifische Transportproteine*. Nach der Aufnahme in die Zielzelle erfolgt dort die Umwandlung des Vitamins zum entsprechenden *Coenzym* sowie anschließend dessen Assoziation mit dem Apoenzym,

Vitamin

↓

Intestinale Resorption

↓

Transport im Blut

↓

Aufnahme in Zellen

↓

Umwandlung zum Coenzym

↓

Assoziation mit Apoenzym

↓

Holoenzym

Abb. 23.2 Überblick über die einzelnen Schritte des Vitaminstoffwechsels

wobei das fertige *Holoenzym* entsteht. Wie sorgfältige klinisch biochemische Untersuchungen gezeigt haben, lassen sich eine Reihe von krankhaften Zuständen mit der Symptomatik eines Vitaminmangels auf Defekte im Vitaminstoffwechsel zurückführen, sind also nicht durch Fehlernährung verursacht. Solche Defekte treten familiär gehäuft auf und beruhen auf genetischen Störungen von Proteinen bzw. Enzymen, die für den Vitaminstoffwechsel verantwortlich sind. Sie sind bisher für die Vitamine Biotin, Cobalamin, Folsäure, Pyridoxin, Riboflavin und Thiamin beschrieben worden und können jeden einzelnen Schritt im Vitaminstoffwechsel betreffen.

Es handelt sich um relativ seltene Erkrankungen, deren Symptomatik häufig durch Zufuhr supraphysiologischer Mengen des betroffenen Vitamins behoben werden kann.

Vitaminantagonisten sind Werkzeuge zur Aufklärung des Mechanismus der Vitaminwirkung

Wie bei allen biologisch aktiven Molekülen ist auch bei den Vitaminen ein bestimmter Teil des Moleküls, die *Wirkgruppe,* für die biologische Aktivität verantwortlich. Bereits geringfügige chemische Veränderungen dieser Wirkgruppe können zum Verlust der biologischen Aktivität führen. Man gelangt dabei auch zu Verbindungen, die die biologische Wirkung des Vitamins dadurch aufheben, daß sie es durch ihre strukturelle Verwandtschaft von seinem Wirkungsort (meist dem Enzym) verdrängen, selbst aber keine biologische Aktivität besitzen. Derartige als Vitaminantagonisten oder *Antivitamine* bezeichneten Stoffe sind wertvolle Hilfsmittel bei der Aufklärung des molekularen Wirkungsmechanismus vieler Vitamine und haben darüber hinaus – wie z. B. die Cumarinderivate als Vitamin-K-Antagonisten (S. 928) – Eingang in die klinische Medizin gefunden.

23.2 Fettlösliche Vitamine

23.2.1 Retinol

Retinolderivate sind für den Sehvorgang, die Genexpression sowie die Glykoproteinbiosynthese wichtig

Chemische Struktur

Retinol (Vitamin A, Axerophthol) ist ein aus *4 Isopreneinheiten* zusammengesetzter Alkohol (Abb. 23.3). Er wird entweder als solcher oder in Form des *Provitamins β-Carotin* mit der Nahrung zugeführt. β-Carotin gehört zur Gruppe der Carotinoide, die formal aus 8 Isoprenresten bestehen und nur im Pflanzenreich synthetisiert werden.

Vorkommen

Gelbe Gemüse und Früchte (z. B. Karotten und gelbe Pfirsiche) sowie die Blätter der grünen Gemüse (Spinat, Fenchel, Grünkohl) – also nur pflanzliche Produkte – stellen die Hauptmenge des mit der Nahrung zugeführten Provitamins A dar. In tierischen Produkten sind Carotinoide mit Ausnahme von Leber, Milchprodukten und Fisch nur in geringen Konzentrationen vorhanden.

Stoffwechsel

Die intestinale Resorption von Carotin und Retinol erfolgt – wie diejenige anderer fettlöslicher Vitamine – gemeinsam mit der Fettresorption (S. 1012), Gallensäuren stellen dabei einen unerläßlichen Cofaktor dar. In den Enterocyten des Intestinaltraktes wird der größte Teil des aufgenommenen Carotins durch eine *Dioxygenase* gespalten (Abb. 23.3). Donor der notwendigen Reduktionsäquivalente ist NADPH/H$^+$. Das dabei entstehende *Retinal* wird in Chylomikronen eingebaut und zur Leber transportiert. Die Leber enthält für die Speicherung von Vitamin A spezialisierte Zellen, die sogenannten *Ito-Zellen* (S. 1036). Die Speicherung von Vitamin A erfolgt nach Reduktion des Retinals zum Retinol durch die NADH/H$^+$-abhängige *Retinoldehydrogenase* mit anschließender Veresterung mit Palmitat als *Retinylpalmitat.* Die in den Ito-Zellen der Leber gespeicherte Vitamin A-Menge ist beträchtlich und sichert den Bedarf für mehrere Monate. Bei Bedarf wird Retinylpalmitat durch eine spezifische *Esterase* freigesetzt.

Da nahezu alle Zellen des Organismus Vitamin A benötigen, kann das extrem hydrophobe Molekül nur in Bindung an spezifische Proteine transportiert werden. Bis heute sind fünf Bindungsproteine isoliert und identifiziert worden,
- die für den intrazellulären Transport von Retinol während der Resorption durch die Enterocyten,
- für den Transport des Retinols im Blut sowie
- für den zellulären Transport von Retinol oder Retinoat in den Zielzellen verantwortlich sind (Tabelle 23.4).

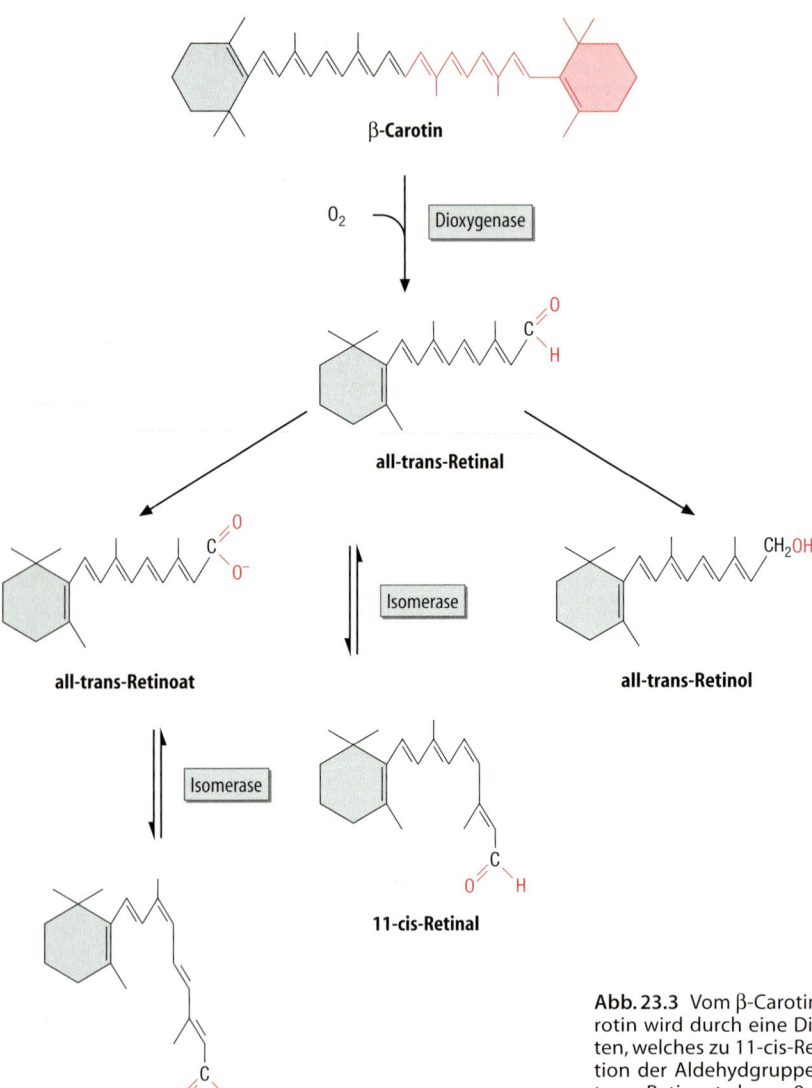

Abb. 23.3 Vom β-Carotin abgeleitete Vitamin A-Derivate. β-Carotin wird durch eine Dioxygenase zu all-trans-Retinal gespalten, welches zu 11-cis-Retinal isomerisieren kann. Durch Oxidation der Aldehydgruppe entsteht aus all-trans-Retinal das all-trans-Retinoat, das zu 9-cis-Retinoat isomerisieren kann. Durch Reduktion der Aldehydgruppe des all-trans-Retinals kommt man zum all-trans-Retinol

Intrazellulär kann Retinal entweder zu *Retinol* reduziert bzw. zu *Retinoat* (Retinsäure) oxidiert werden. Jede dieser drei Formen des Vitamin A hat spezifische biologische Funktionen (Abb. 23.4).

Molekulare Vorgänge bei der Photorezeption

Vitamin A ist in Form des *11-cis- bzw. all-trans-Retinals* Bestandteil des in den stäbchenförmigen Sinneszellen der Retina des Auges vorkommenden Sehpigments *Rhodopsin.* Rhodopsin ist ein zusammengesetztes Protein (Molekulargewicht ca. 27 kD), das aus dem Protein Opsin und Retinal besteht. Retinal ist covalent an die ε-Aminogruppe eines Lysylrests des Opsins gebunden.

Es ist inzwischen gelungen, aus den Stäbchen der Retina die cDNA des menschlichen Opsings zu isolieren, zu klonieren und zu sequenzieren, so daß die

Aminosäuresequenz dieses Membranproteins bekannt ist. Aus ihr läßt sich die in Abb. 23.5 dargestellte Anordnung des Opsinmoleküls ableiten. Der N-Terminus des Moleküls liegt auf der luminalen, extrazellulären Seite. In insgesamt sieben Helices durchzieht Opsin die Plasmamembran und geht dann in einen relativ langen cytoplasmatischen C-Terminus über. Retinal liegt in der Gegend der 7. Helix.

Die in den für das Farbsehen verantwortlichen Zapfen (s. u.) vorkommenden lichtempfindlichen Pigmente mit Absorptionsmaxima von

- 420 nm (blauempfindlich),
- 530 nm (rotempfindlich) und
- 560 nm (grünempfindlich)

sind grundsätzlich gleichartig aufgebaut.

Tabelle 23.4 Extra- und intrazelluläre Retinolbindungsproteine

Name	Natürlicher Ligand	Wirkort	Funktion
Retinol-Bindungsprotein RBP	all-trans-Retinol	Blut	Extrazellulärer Transport von Retinol
Zelluläres Retinol-Bindungsprotein, Typ I CRBP-I	all-trans-Retinol	In Zellen Vitamin A-empfindlicher Gewebe	Intrazellulärer Transport von Retinol
Zelluläres Retinol-Bindungsprotein, Typ II CRBP-II	all-trans-Retinol all-trans-Retinal	Intestinale Mucosazellen	Resorption und Transport von Vitamin A in Mucosazellen
Zelluläres Retinsäure-Bindungsprotein, Typ I CRABP-I	all-trans-Retinoat	In Zellen Vitamin A-empfindlicher Gewebe	Intrazellulärer Transport von all-trans-Retinoat
Zelluläres Retinsäure-Bindungsprotein, Typ II CRABP-II	all-trans-Retinoat	Hautzellen	Intrazellulärer Transport von all-trans-Retinoat

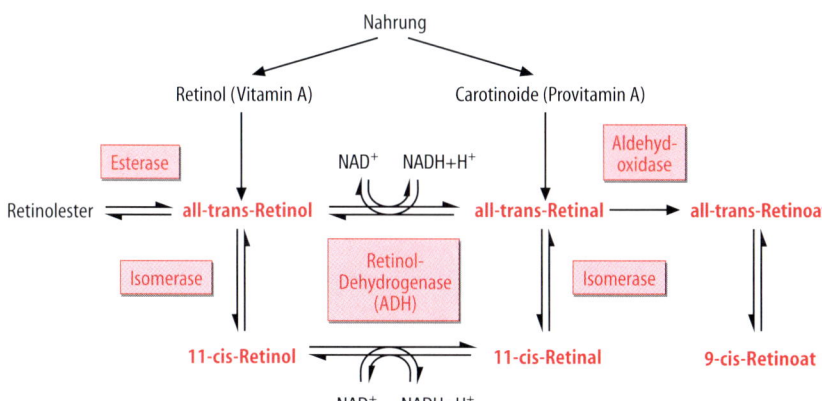

Abb. 23.4 Stoffwechsel des Vitamin A. *ADH* Alkoholdehydrogenase

Nur minimale Unterschiede in der Primärstruktur des Opsins führen zu drastischen Veränderungen der jeweiligen Absorptionsmaxima.

Diese Untersuchungen haben die Grundlage für die Aufklärung der molekularen Grundlagen der Rot-Grün-Blindheit geschaffen. Dazu wurde die genomische DNA von Patienten mit angeborener Rot-Grün-Blindheit durch Southern-blot-Hybridisierung mit den klonierten Genen für die rot- bzw. grünempfindlichen Photopigmente untersucht. Die pathologischen Genotypen sind dabei die Folge einer Genkonversion bzw. nichtreziproken Rekombination. Dies führt entweder zum völligen Verlust oder zu Strukturdefekten im Bereich des für das rotempfindliche bzw. grünempfindliche Pigment codierenden Gens.

Stäbchen und Zapfen, die Sehzellen der Wirbeltiere, sind morphologisch und funktionell in mehrere Abschnitte gegliedert (Abb. 23.6). Das Außensegment eines Stäbchens ist mit flachen Membransäcken oder -scheiben angefüllt, die wie Münzen einer Geldrolle innerhalb der Hüllmembran gestapelt sind. Sie enthalten ebenso wie die Hüllmembran das Rhodopsin. Ein Stäbchenaußensegment besteht z. B. bei der Ratte aus etwa 1000 derartigen Membransäckchen. Im Innensegment des Stäbchens befinden sich in großer Zahl Mitochondrien und endoplasmatisches Reticulum, an dem u. a. die Biosynthese des Opsins stattfindet. Darauf folgt ein Abschnitt mit dem Zellkern und ein längerer Fortsatz, der mit der nachfolgenden Nervenzelle eine Synapse bildet. Über diese Schaltstelle wird die Erregung aus der Lichtsinneszelle weitergeleitet.

Die Zapfen unterscheiden sich von den Stäbchen durch ihre konische Form und den abweichenden Aufbau des Membransystems im Außensegment. Die flachen Einfaltungen der Photorezeptormembran werden nicht als flache Säckchen abgeschnürt, sondern behalten ihre Verbindung zur Außenmembran. Statt Rhodopsin enthalten Zapfen die oben geschilderten farbempfindlichen Photopigmente.

In Ruhe, d.h. im Dunkeln, sind in den Plasmamembranen der Stäbchen und Zapfen Natriumkanäle geöffnet, was zu einer *Depolarisierung* dieser Zellen

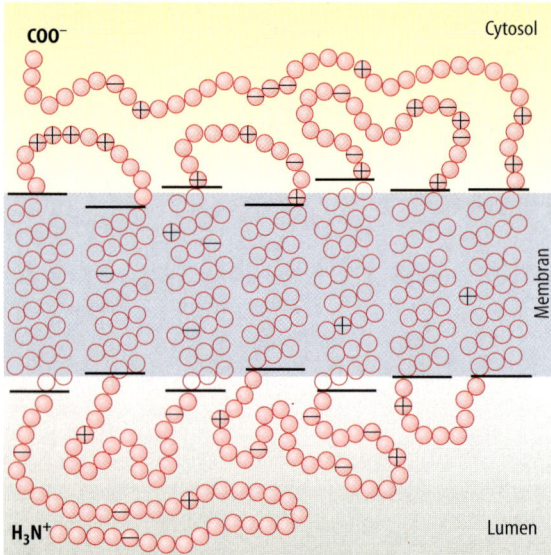

Abb. 23.5 Anordnung des Rhodopsins in der photosensiblen Membran der Stäbchen. Das N-terminale Ende des Opsins liegt auf der luminalen, das C-terminale auf der cytosolischen Seite. In sieben α-helikalen Bereichen durchzieht das Opsin die photosensible Membran. Die Nettoladung geladener Aminosäuren ist entsprechend hervorgehoben. Das Retinal ist aus Gründen der Vereinfachung weggelassen

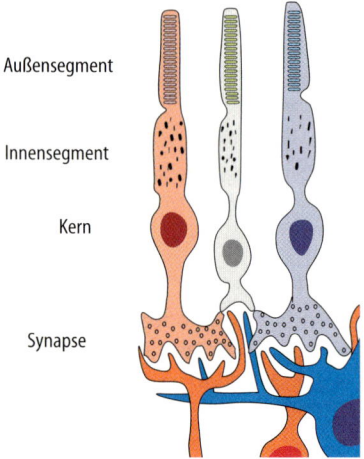

Abb. 23.6 Schematisierte Darstellung von Stäbchen aus der Meerschweinchen-Retina

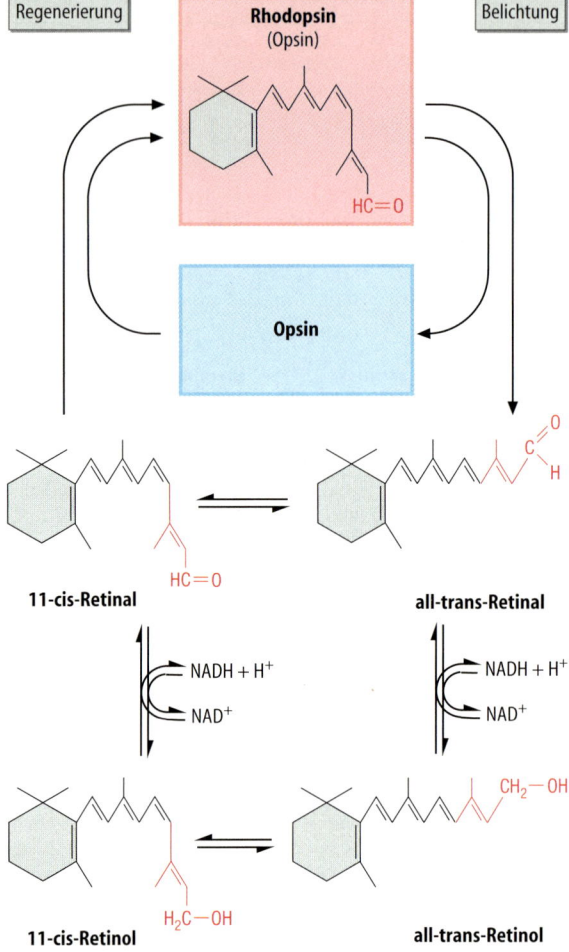

Abb. 23.7 Cyclus des Retinals bei der Belichtung der Photorezeptormembran

führt. Dies hat die Öffnung von spannungsregulierten Calciumkanälen zur Folge. Die deswegen hohe intrazelluläre Calciumkonzentration löst die Freisetzung des Transmitters **Glutamat** an der Synapse zwischen der Photorezeptorenzelle und den afferenten Neuronen, den Bipolarzellen der Retina, aus. Diese verfügen über unterschiedliche Glutamatrezeptoren, die das „Dunkelsignal" weitergeben.

Bei Belichtung der stark gefalteten Photorezeptormembran kommt es zu einer **photoinduzierten Stereoisomerisierung** der 11-cis- zur all-trans-Form des Retinals, wobei der Proteinanteil des Rhodopsins, das

Opsin, schrittweise Konformationsänderungen durchmacht, bis schließlich Retinal vom Opsin abgespalten wird (Abb. 23.7). Eine der dabei entstehenden Zwischenverbindungen wird als aktives **Rhodopsin** (R*) bezeichnet und ist für die in Abb. 23.8 dargestellte Signalübermittlung verantwortlich. R* bindet nämlich an ein als **Transducin** bezeichnetes oligomeres Membranprotein, das zur Gruppe der heterotrimeren G-Proteine gehört (S. 772), und löst dadurch den Austausch eines von diesem Protein gebundenen GDP-Moleküls mit GTP aus. Dadurch wird die das gebundene GTP tragende α-Untereinheit des Transducins freigesetzt, welche eine **cGMP-abhängige Phosphodiesterase** aktiviert, was zu einem außerordentlich raschen Abfall des cGMP-Spiegels im Stäbchen bzw. Zapfen führt.

Da cGMP das intrazelluläre Molekül ist, das die für die Depolarisierung notwendigen Ionenkanäle offenhält, schließen sich diese, und es kommt zu einer mit einem Abfall der intrazellulären Calciumkonzentration einhergehenden Hyperpolarisierung der Sehzelle. Die Glutamatfreisetzung an der Synapse hört auf, was als „Lichtsignal" dient.

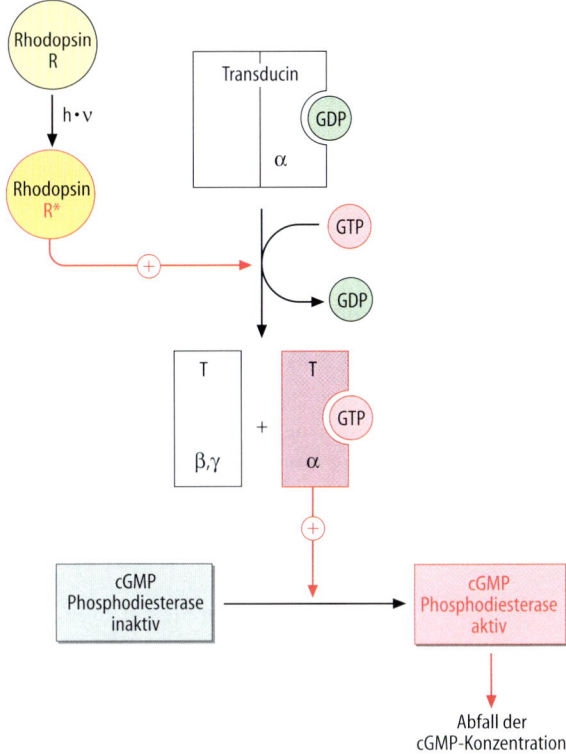

Abb. 23.8 Reaktionskaskade bei der Reizübertragung in photosensiblen Zellen. (Einzelheiten s. Text)

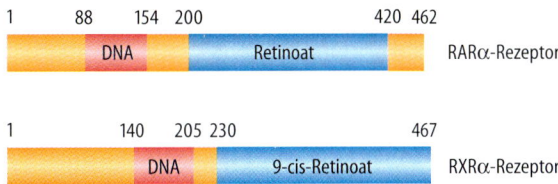

Abb. 23.9 Domänenaufbau von Retinoat-Rezeptoren. Die Zahlen geben die Nummern der Aminosäurereste an. *DNA* DNA-Bindungsdomäne; *Retinoat* Domäne für die Bindung von (all-trans)-Retinoat; *9-cis-Retinoat* Bindungsdomäne für 9-cis-Retinoat

Nach Beendigung des Lichtreizes kommt es sehr schnell zum Wiederanstieg des cGMP-Spiegels. Der Grund hierfür liegt darin, daß die α-Untereinheit des Transducins eine GTPase-Aktivität besitzt, weswegen das gebundene GTP zum GDP hydrolysiert wird. Damit geht sie in eine Konformation mit hoher Affinität zur β-Untereinheit des Transducins über, was zur Inaktivierung der cGMP-abhängigen Phosphodiesterase führt.

Die *Regenerierung* des Rhodopsins erfolgt durch eine enzymatische Isomerisierung des all-trans- zum 11-cis-Retinal mit anschließender Assoziation an das Opsin. Bei sehr starker Belichtung kommt es zusätzlich zur Reduktion von Retinal zum Vitamin-A-Alkohol, dem Retinol. Die Regenerierung des Retinals aus Retinol erfordert die Oxidation der terminalen alkoholischen Gruppe zur entsprechenden Aldehydgruppe. Diese Reaktion erfolgt durch NAD$^+$-abhängige Katalyse der Retinoldehydrogenase (s. oben). Unter normalen Umständen sind in der Retina die Geschwindigkeiten der Rhodopsinspaltung und -regeneration gleich groß. Bei Retinolmangel wird jedoch die Regeneration des Rhodopsins verlangsamt. In den Zapfen der Retina findet ein gleichartiger Prozeß statt. Auch die Photorezeptormembranen der Zapfen enthalten Retinol, jedoch andere Opsinisoformen.

Beeinflussung der Genexpression

Man weiß schon lange, daß die vom Retinal abgeleiteten *Retinoide,* besonders das all-trans-, aber auch das 9-cis-Retinoat eine große Zahl biologischer Vorgänge einschließlich

- Embryogenese,
- Morphogenese,
- Wachstum,
- Differenzierung und
- Fertilität beeinflussen können.

Retinoide werden zur Therapie verschiedener Hauterkrankungen eingesetzt und zeigen dramatische Antitumoreffekte bei Patienten mit akuter Promyelocyten-Leukämie. Die biochemische Grundlage dieser Effekte liegt in der Fähigkeit der Retinoide, die Transkription spezifischer Gene zu regulieren. Sie benötigen hierfür Rezeptoren, die zur Großfamilie der Steroidhormonrezeptoren (S. 256) gehören. Diese Rezeptoren lassen sich in zwei Gruppen mit jeweils verschiedenen Isoformen einteilen (Abb. 23.9).

- Der natürliche Ligand für die klassischen Retinoatrezeptoren RAR (RAR = *engl.* retinoic acid receptor) mit den Isoformen α, β und γ ist das all-trans-Retinoat.
- Der Retinoat-X-Rezeptor (RXR), welcher ebenfalls in drei Isoformen α, β und γ vorkommt, wird durch 9-cis-Retinoat aktiviert.

Weitere Isoformen dieser Rezeptoren können durch unterschiedliches Spleißen und die Verwendung unterschiedlicher Promotoren gewebespezifisch exprimiert werden.

Eine Analyse der Promotorstruktur von Genen, deren Transkription durch Retinoide gesteigert wird, hat gezeigt, daß ihnen eine Consensussequenz der Struktur

$$5'\text{-}{}^A_G\text{GGTCA-}3'$$

gemeinsam ist. Diese kommt in mehreren hintereinander geschalteten Wiederholungen vor, die je nach Rezeptortyp durch 1–5 Basenpaare getrennt sind. Ein wichtiger Unterschied zu den klassischen Steroidhormonrezeptoren ist, daß die Retinoatrezeptoren des

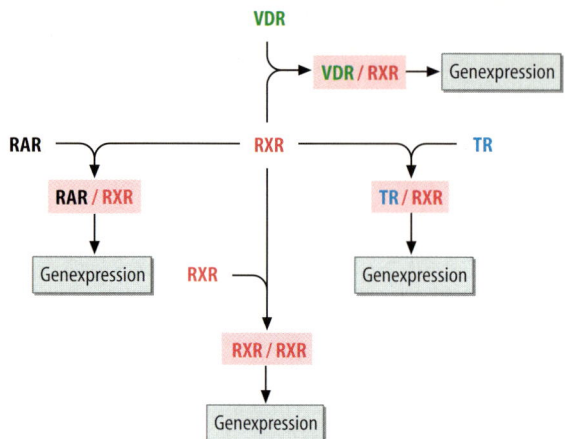

Abb. 23.10 Funktion des Retinoat-X-Rezeptors (RXR) bei der Aktivierung von Hormonrezeptoren durch Bildung von Heterodimeren. (Einzelheiten s. Text) *RAR* Retinoatrezeptor; *RXR* Retinoat-X-Rezeptor; *VDR* Vitamin D-Rezeptor; *TR* T₃-Rezeptor

Typs RAR α, β und γ ähnlich wie die Rezeptoren für Schilddrüsenhormone (S. 256) oder Vitamin D (S. 658) für die Aktivierung der entsprechenden Gene nicht als Homodimere vorliegen müssen, sondern einen zusätzlichen *nucleären Faktor* benötigen, mit dem sie ein *Heterodimer* ausbilden. Dieser Faktor wurde als Retinoat-X-Rezeptor (RXR) identifiziert. Wie in Abb. 23.10 dargestellt, besteht die zentrale Funktion des RXR darin, als Partner für die Aktivierung von RAR, Schilddrüsenhormonrezeptoren und Vitamin D-Rezeptoren zu dienen.

Bis heute konnte eine Anzahl von Genen identifiziert werden, deren Transkription durch Retinoate gesteigert wird. Zu ihnen gehören
- die Retinolbindungsproteine,
- das Laminin (S. 747),
- das Apolipoprotein A I (S. 471) und
- die PEP-Carboxykinase (S. 385)
- die Keratine (S. 754).

Es ist anzunehmen, daß die weitere Analyse RAR-abhängiger Gene zum Verständnis der vielfältigen biologischen Effekte der Retinoide beitragen wird.

Funktionen von Retinol. Vitamin A ist unerläßlich für die Erhaltung der Integrität der Epithelzellen der Haut und Schleimhaut. Außerdem ist bei Vitamin-A-Mangel das Körperwachstum gestört. Dies betrifft zunächst das Skelett, danach das Bindegewebe. Dem liegt wahrscheinlich eine Beeinträchtigung der Glykosaminoglykanbiosynthese zugrunde (S. 745). Es gibt Grund zu der Annahme, daß *Retinylphosphat* für die Biosynthese von Glykoproteinen epithelialer Zellen von Bedeutung ist. Es hat hier eine dem Dolicholphosphat (S. 400) entsprechende Funktion, d. h. es wirkt als Lipidanker, an dem die wachsende Kohlenhydratkette assembliert, bevor sie auf das jeweilige Protein übertragen wird. Da

die oxidative Phosphorylierung von Mitochondrien bei Vitamin-A-Mangel bzw. Vitamin-A-Hypervitaminose gestört ist, ist das Vitamin in einer bestimmten Konzentration für die funktionelle Intaktheit der Mitochondrienmembran nötig. Wird diese über- oder unterschritten, wird die Membran unstabil und funktionelle Änderungen der membranassoziierten Enzyme der oxidativen Phosphorylierung treten auf.

Wahrscheinlich liegt die generelle Bedeutung des Retinols in einer Erhaltung der strukturellen Integrität und der normalen Permeabilität der Membranen der Zellen sowie der subcellulären Partikel.

Pathobiochemie

Hypovitaminose. Das früheste Symptom eines Vitamin-A-Mangels ist die **Nachtblindheit** (Hemeralopie). Es handelt sich um eine mehr oder weniger ausgeprägte Störung der *Rhodopsinregenerierung.*

Ist der Retinolmangel so weit fortgeschritten, daß es zu einer Abnahme der Plasmakonzentration kommt, ist die Symptomatik durch die fehlende Wirkung von Retinol auf die Epithelien gekennzeichnet. Normales sekretorisches Epithel wird durch ein trockenes verhorntes Epithel ersetzt, das besonders leicht durch Mikroorganismen angegriffen wird. Die **Xerophthalmie,** eine zur Blindheit führende Verhornung der Cornea, ist ein spätes Symptom des Retinolmangels. Sie ist besonders in den schnell wachsenden Stadtgebieten der Entwicklungsländer eine häufige Erkrankung und besonders bei Kindern eine der Hauptursachen der Blindheit.

Bei Jugendlichen treten zusätzliche Störungen des Wachstums und der Knochenbildung auf. Bei Vitamin-A-Mangel in der Schwangerschaft kommt es zu Mißbildungen des Fetus.

Hypervitaminose. Nach Zufuhr hoher Dosen synthetischer Vitamin-A-Präparate sind bei Kindern und Heranwachsenden Hypervitaminosen beschrieben worden. Die Hauptsymptome der Vitamin-A-Hypervitaminose sind Schmerzattacken, Verdickung des Periosts der langen Knochen sowie Verlust der Haare. Nach Vitamin-A-Überdosierung während der Schwangerschaft sind auch teratogene Wirkungen bekannt geworden.

Täglicher Bedarf

Der tägliche Bedarf liegt bei 4,6 μmol (2,4 mg) β-Carotin (4000 IE) und 1 μmol (0,3 mg) Retinol (1000 IE) beim Erwachsenen (insgesamt 5000 IE). Während der Schwangerschaft und Lactation steigt der Bedarf um etwa 50 % an.

23.2.2 Calciferole

Calciferole regulieren Calciumresorption und Knochenbildung

Chemische Struktur
Die Calciferole oder D-Vitamine gehören zur Gruppe der *Steroide* (S. 143). Die beiden wichtigsten Calciferole,
- Vitamin D$_2$ (Ergocalciferol) und
- Vitamin D$_3$ (Cholecalciferol)

entstehen aus ihren Provitaminen Ergosterol bzw. 7-Dehydrocholesterin durch eine durch die *UV-Strahlung des Sonnenlichts* katalysierte Spaltung des Ringes B des Steranskeletts (Abb. 23.11). Ergocalciferol unterscheidet sich vom Cholecalciferol lediglich durch den Besitz einer Doppelbindung sowie einer zusätzlichen Methylgruppe in der Seitenkette.

Vorkommen
In hoher Konzentration kommen Calciferole in Meeresfischen vor (Lebertran). Daneben finden sich beträchtliche Mengen auch in Milchprodukten, Eiern und Speisepilzen.

Stoffwechsel
Im Gegensatz zu dem aus Hefen oder manchen Pflanzen stammenden Ergosterol kann 7-Dehydrocholesterol (Provitamin D$_3$) im Organismus (Leber) aus Squalen (S. 466) synthetisiert werden. Calciferole sind damit im eigentlichen Sinn keine Vitamine und könnten auch den Hormonen zugerechnet werden (s. unten). Durch Bestrahlung mit ultraviolettem Licht wird das in der Haut abgelagerte Provitamin in das Vitamin D$_3$, das Cholecalciferol, umgewandelt. Tatsächlich ist der Vitamin-D-Mangel bei Naturvölkern mit primitiver Lebensweise, die mit minimaler Bekleidung im wesentlichen im Freien leben, unbekannt. Erst die durch die Zivilisation und Industrialisierung geänderte Lebensweise hat die durch die Sonnenbestrahlung begrenzte Kapazität des Organismus zur Vitamin-D-Biosynthese gezeigt. Das Auftreten des Vitamin-D-Mangelsyndroms Rachitis bei Kindern, der erhöhte Vitaminbedarf in der Wachstumsphase, der Schwangerschaft und der Lactationsperiode macht eine adäquate Substitution mit Vitamin D notwendig.

Auch Cholecalciferol stellt noch nicht die biologisch aktive Form der D-Vitamine dar, sondern wird – nach dem Transport in die Leber – zu 25-Hydroxycholecalciferol hydroxyliert (Abb. 23.11). Dieses Derivat verläßt die Leber und gelangt über das Blut zu den Nieren, wo es durch ein mitochondriales Enzym erneut – diesmal in Position 1 – hydroxyliert wird. Außer dem Produkt *1,25-Dihydroxycholecalciferol,* der biologisch aktiven Form der D-Vitamine, lassen sich weitere Hydroxyderivate nachweisen, von denen das wichtigste

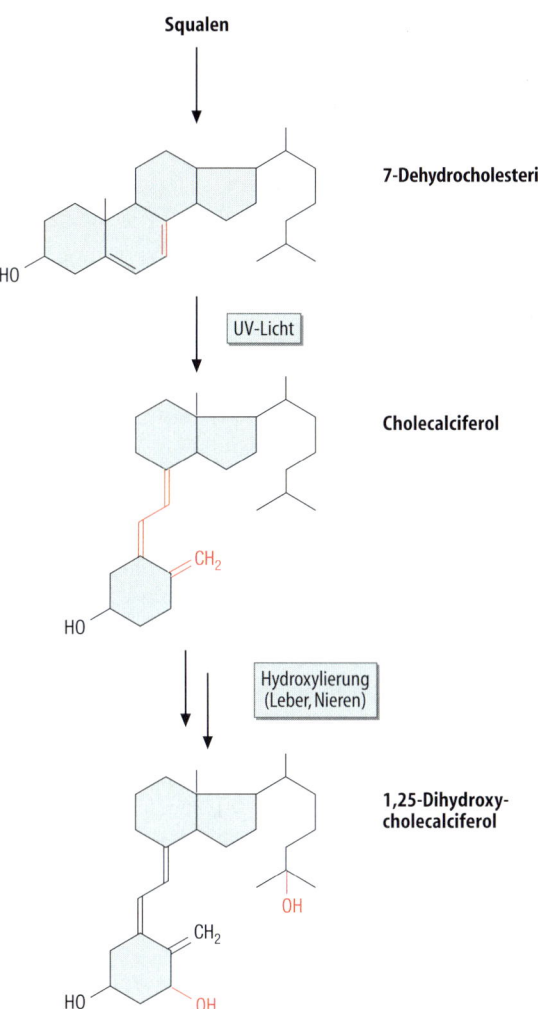

Abb. 23.11 Biosynthese von 1,25-Dihydroxycholecalciferol aus Squalen

das 24,25-Dihydroxycholecalciferol ist. Dieses zeigt nur eine geringe biologische Wirksamkeit und wird dann in größeren Mengen gebildet, wenn trotz ausreichenden Nachschubs nur geringe Mengen an 1,25-Dihydroxycholecalciferol benötigt werden.

In Anbetracht der Bedeutung der Calciferole für die Regulation der extracellulären Calciumkonzentration (S. 859) unterliegt die Biosynthese von 1,25-Dihydroxycholecalciferol einer sehr genauen Regulation. Während die hepatische Bildung von 25-Hydroxycholecalciferol lediglich durch eine einfache *Produkthemmung* gesteuert wird, ist die Regulation des für die 1,25-Dihydroxycholecalciferolbildung notwendigen renalen Enzyms komplizierter: Durch *Calcium* und *Phosphat* wird es *gehemmt.* Dies hat zur Folge, daß die für die intestinale Calciumresorption nötige Verbindung nur dann gebildet wird, wenn ein echter Calciumbedarf des Organismus vorliegt. Im Gegensatz zu den obengenannten Verbindungen *stimuliert Parathormon* (S. 859) die Bildung von 1,25-Dihydroxycholecalciferol, was wahrscheinlich auf eine Hemmung der tubulären Phosphatreabsorption mit Absinken der tubulären Phosphatkonzentration und eine damit verbundene Aktivierung der renalen Hydroxylase zurückgeführt werden kann.

Wirkungen von Calciferolen

Für die Calciumhomöostase (S. 859) sind außer Parathormon (S. 859) und Thyreocalcitonin (S. 862) die Calciferole von besonderer Bedeutung. Ihre Aufgabe besteht darin, einem Abfall des *Plasmacalciumspiegels* entgegenzuwirken. Dieses Ziel kann auf verschiedenen Wegen erreicht werden:

- durch vermehrte intestinale Calciumresorption,
- durch gesteigerte renale Calciumreabsorption und
- durch gesteigerte Calciummobilisation aus dem Skelettsystem.

Wirkung von Calciferolen auf die intestinale Calciumresorption. Für die intestinale Calciumresorption ist ein aktives Transportsystem (S. 697) notwendig, das den Calciumtransport vom Lumen auf die Serosaseite gegen ein Konzentrationsgefälle gewährleistet. Dieser Calciumtransport benötigt ein spezifisches, aus mehreren Proteinen bestehendes Transportsystem, das u. a. das calciumbindende Protein *Calbindin* enthält. Die Biosynthese dieses Transportsystems findet nur in Anwesenheit von 1,25-Dihydroxycholecalciferol statt.

Über diese Wirkung auf die Calciumresorption hinaus sind Calciferole für die Erhaltung der Integrität und der Funktionsfähigkeit der *intestinalen Villi* notwendig. Bei Vitamin D-Mangel ist die Villuslänge beträchtlich verkürzt und normalisiert sich innerhalb von Stunden nach Vitamin D-Behandlung. Eine Erklärung für diesen Effekt ist, daß Calciferole die *Ornithindecarboxylase* induzieren und somit zu einer gesteigerten Biosynthese von Polyaminen (S. 570) führen. Diese stimulieren die Proliferation intestinaler Mucosazellen.

Wirkung von Calciferolen auf die Calciumreabsorption in den Nieren. Unter Einwirkung von 1,25-Dihydroxycholecalciferol steigt die *Calcium-* und *Phosphatreabsorption* in den Nieren. Dieser Effekt läßt sich allerdings nur dann nachweisen, wenn Parathormon vorhanden ist.

Wirkung von Calciferolen auf den Knochenstoffwechsel. Vitamin D-Rezeptoren finden sich ausschließlich in *Osteoblasten,* nicht dagegen in Osteoclasten. Dementsprechend lassen sich in den ersteren auch eine Reihe von Proteinen nachweisen, die durch Calciferole induziert werden (Tabelle 23.5). Wenngleich die Funktion dieser Proteine nicht endgültig aufgeklärt ist, so scheint doch sicher, daß sie am Aufbau der Knochenmatrix und deren Calcifizierung durch Osteoblasten beteiligt sind.

Tabelle 23.5 Proteine, die durch Calciferole induziert werden

Protein	Eigenschaften und Funktion
Calbindine	Familie intrazellulärer Calciumbindungsproteine, Beteiligung an zellulärem Calciumtransport wahrscheinlich
Osteocalcin	Lösliches Osteoblastenprotein, das über γ-Carboxyglutamylreste Calcium binden kann
Matrix-Gla-Protein	Unlösliches calciumbindendes Protein der Knochenmatrix mit γ-Carboxyglutamylresten
Osteopontin	Glykoprotein in Knochenmatrix, Osteoid, Osteoblasten und Osteocyten
Kollagen Typ I	Knochenmatrix

Die bis jetzt beschriebenen Wirkungen von Calciferolen auf Osteoblasten liefern keine Erklärung dafür, daß es schon bei normaler Zufuhr von Vitamin D, erst recht jedoch bei Überdosierung zu einer Stimulierung des Knochenabbaus durch Osteoclasten kommt. Man nimmt an, daß ein durch Calciferole in Knochenmarkstammzellen und/oder Osteoblasten gebildeter Faktor für die Differenzierung von Osteoclasten aus Promonocyten des Knochenmarks und für deren Aktivierung verantwortlich ist.

Weitere Wirkungen von Calciferolen. Viele Untersuchungen haben gezeigt, daß Vitamin D-Rezeptoren (s. u.) in den verschiedenartigsten Geweben und Zellen vorkommen und daß Calciferole viele biologische Vorgänge beeinflussen können. Zu ihnen zählen u. a.

- Wachstum und Differenzierung epidermaler Zellen,
- Differenzierung von Zellen des hämatopoietischen Systems,
- Immunmodulation und
- Beeinflussung der Carcinogenese.

Im Gegensatz zu den Wirkungen von Calciferolen auf den Mineralstoffwechsel ist es bei diesen Effekten noch weitgehend unbekannt, welche Gene im Einzelnen durch Calciferole induziert werden.

Wirkungsmechanismus von Calciferolen

Nach heutiger Kenntnis beruhen alle Effekte von Calciferolen darauf, daß sie die *Transkription* spezifischer Gene beeinflussen. Sie verhalten sich in dieser Beziehung analog den Steroidhormonen, mit denen sie chemisch ja auch verwandt sind. Die biologisch aktive Form der Calciferole, das *1,25-Dihydroxycholecalciferol* bindet an einen im Kern lokalisierten Rezeptor, der strukturell zur Großfamilie der Steroidhormonrezeptoren gehört und dessen Struktur inzwischen aufgeklärt werden konnte (Abb. 23.12). Ähnlich wie die bereits besprochenen Retinoatrezeptoren des Typs RAR

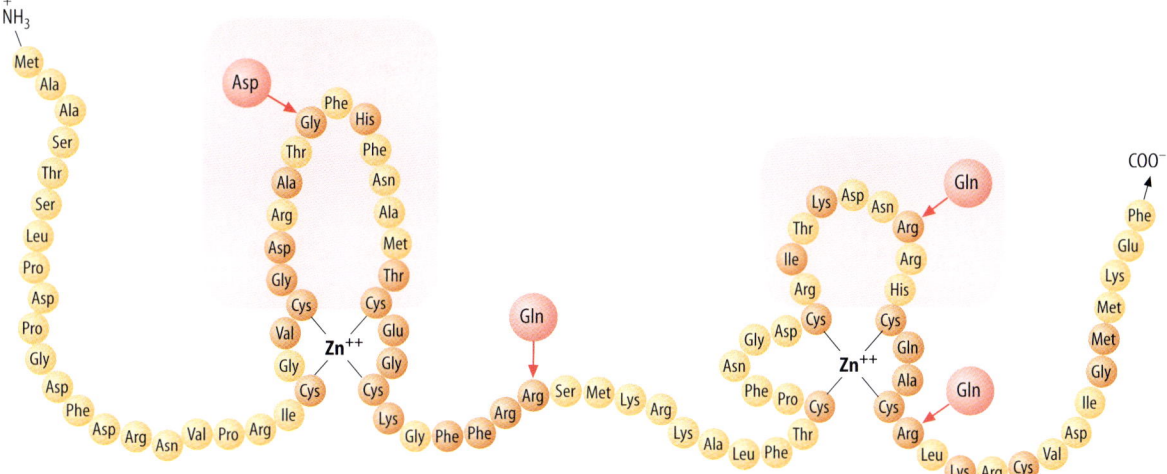

Abb. 23.12 Aminosäuresequenz der DNA-Bindungsdomäne des Vitamin D-Rezeptors. Der Rezeptor enthält zwei Zinkfingerstrukturen (S. 256), die farblich hervorgehoben sind. Die *roten*

Kreise stellen Aminosäuresubstitutionen dar, die durch Punktmutationen entstanden sind und bei den betroffenen Patienten jeweils zu einer Vitamin D-resistenten Rachitis geführt haben

oder die Schilddrüsenhormonrezeptoren (S. 256) liegt auch der aktive Vitamin D-Rezeptor als **Heterodimer** mit einem Retinoatrezeptor des Typs RXR vor (S. 656).

Pathobiochemie

Hypovitaminose. Die bekannteste D-Hypovitaminose ist die **Rachitis.** Es handelt sich um ein im Wachstumsalter auftretendes Krankheitsbild, das durch eine schwere Mineralisierungsstörung des Skelettsystems gekennzeichnet ist.

Entscheidend ist der Calciummangel, der durch das Darniederliegen der intestinalen Calciumresorption infolge des Calciferolmangels hervorgerufen wird. Daß ein Calciferolmangel trotz der Fähigkeit des Organismus, das Vitamin selbst zu synthetisieren, vorkommt, liegt daran, daß die Bevölkerung z. B. im Winter einer so geringen ultravioletten Strahlung ausgesetzt ist, daß der erste Schritt in der Calciferolbiosynthese nicht mehr mit ausreichender Geschwindigkeit vollzogen werden kann.

Vitamin-D-Mangel beim Erwachsenen wird als **Osteomalacie** bezeichnet. Sie tritt als Folge von Störungen der Vitamin-D-Resorption (z. B. chronischer Gallengangverschluß, S. 1012) auf. Bei chronischen Leber- und Nierenerkrankungen kommt es sehr häufig zum Calciumschwund des Skelettsystems, der wahrscheinlich durch eine verminderte Umwandlung von Calciferol in 1,25-Dihydroxycholecalciferol ausgelöst ist (sekundärer Hyperparathyreoidismus, S. 873).

Hypervitaminose. Eine D-Hypervitaminose durch Fehlernährung ist unbekannt, kann aber bei Überdosierung von Vitamin D-Präparaten vorkommen. Durch die mobilisierende Wirkung der Calciferole kommt es zu einer massiven Knochenentkalkung. Das aus den Knochen freigesetzte Calcium muß über die Nieren ausgeschieden werden. In Extremfällen erreicht es im

Nierentubulus eine so hohe Konzentration, daß es zur Ausfällung von Calciumphosphat und damit zur Nephrocalcinose kommt.

Täglicher Bedarf

In der Wachstumsphase ist eine tägliche Zufuhr von 0,026 µmol (10 µg) Vitamin D zur Verhinderung der Rachitis ausreichend, der Erwachsene benötigt nur etwa 0,006 γmol (2,5 µg). Der Mensch kann allerdings die täglich benötigte Menge selbst synthetisieren, wenn er sich in ausreichendem Maße der ultravioletten Strahlung der Sonne aussetzt.

23.2.3 Tocopherole

Tocopherole schützen Lipide vor oxidativer Schädigung

Chemische Struktur

Bei den Tocopherolen (Vitamin E) handelt es sich um eine verhältnismäßig große Gruppe von Substanzen, die aus einem **Chromanring** und einer **isoprenoiden Seitenkette** bestehen. In Abb. 23.13 ist die Struktur des α-Tocopherols dargestellt. Für die Vitaminwirkung sind der Chromanring und das Vorhandensein mindestens einer Methylgruppe und der Hydroxylgruppe am Ring von Bedeutung. Die verschiedenen Tocopherole unterscheiden sich durch die Zahl und Stellung der Methylgruppen am Chromanring.

Vorkommen

Tocopherole werden ausschließlich im Pflanzenreich synthetisiert. Besonders reich an Tocopherol ist keimender Weizen.

Stoffwechsel

Als lipophile Verbindungen werden Tocopherole zusammen mit den Lipiden resorbiert. Für diesen Vorgang ist die Anwesenheit von Gallensäuren unerläßlich.

Biochemische Funktion

Tocopherole können in Tocochinone umgewandelt werden und in dieser Form an Redoxreaktionen teilnehmen (Abb. 23.13). Von besonderer Bedeutung ist dabei, daß sie in 1-Elektronenreaktionen mit organischen Peroxylradikalen nach der Gleichung:

ROO• + Tocopherol-OH ⟶
ROOH + Tocopherol-O•

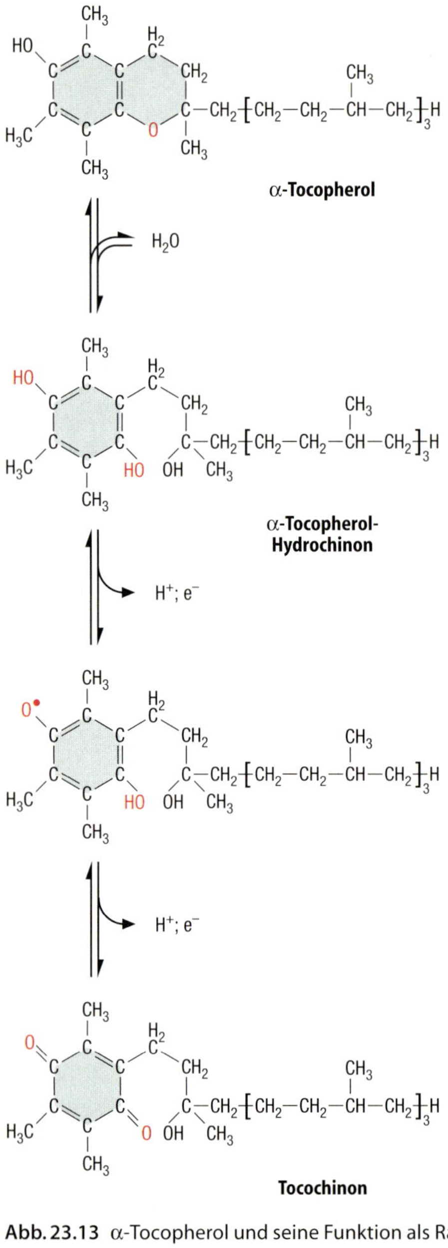

Abb. 23.13 α-Tocopherol und seine Funktion als Radikalfänger

reagieren können. Diese Reaktion ist für die Unterbrechung von Radikalketten bei der **oxidativen Schädigung** von Membranfettsäuren von besonderer Bedeutung (S. 514). Dabei ist sehr wichtig, daß das Tocopherylradikal durch Reaktion mit wasserlöslichen Antioxidantien wie **Ascorbat** oder Thiolen wie **Glutathion** reduziert wird (S. 515).

Daneben zeigen die E-Vitamine noch eine Reihe spezifischer Effekte, über deren molekularen Wirkungsmechanismus nichts bekannt ist. So verhindern sie bei einigen Tierspezies mit Kreatinurie einhergehende Muskeldystophien und Anämien.

Bemerkenswert ist die Fähigkeit des Tocopherols, die schädliche bzw. giftige Wirkung verschiedener experimenteller Nahrungsformen aufzuheben. So kommt es bei Versuchstieren unter einer Spezialdiät mit niedrigem Proteingehalt und besonderem Mangel an schwefelhaltigen Aminosäuren nach etwa 45 Tagen zu einer akut einsetzenden, massiven Lebernekrose, die durch Tocopherole verhindert oder zumindest gemildert werden kann. Eine ähnliche Schutzwirkung zeigen selenhaltige Verbindungen. Der Mechanismus der Selenwirkung ist jedoch unbekannt (S. 643).

Pathobiochemie

Hypovitaminosen. An den verschiedensten Tierspezies sind Krankheitsbilder beschrieben worden, die durch die Gabe von Tocopherolen geheilt oder entscheidend gebessert werden können. Beim Menschen findet sich eine deutliche Reduktion des Plasmatocopherol-Spiegels
- bei Frühgeborenen,
- bei Patienten mit einer Reihe von Enteropathien mit Lipidresorptionsstörungen,
- bei hämolytischen Anämien sowie
- bei Patienten, die über längere Zeit parenteral ernährt wurden.

Es ist eine zur Zeit intensiv diskutierte Frage, ob durch Zufuhr von Vitamin E, besonders in Kombination mit Carotinoiden und Ascorbinsäure, die Schädigung biologischer Strukturen durch oxidativen Streß verringert werden kann. So liegen epidemiologische Belege dafür vor, daß es primär präventive Effekte antioxidativer Vitamine bei kardiovaskulären Erkrankungen und Neoplasien gibt. Von besonderer Bedeutung ist vielleicht die antioxidative Wirkung von Vitamin E bei der Reperfusionsschädigung nach Herzoperationen. Tierexperimentell findet sich bei Vitamin E-Mangel eine erhöhte Hämolyseneigung der Erythrocyten, wahrscheinlich, weil wichtige Bestandteile der Erythrocytenmembran nicht vor Oxidation geschützt werden. Dieses Krankheitsbild kommt möglicherweise auch bei Neugeborenen vor, die unzureichend substituierte Flaschennahrung erhalten und nachgewiesenermaßen einen sehr niedrigen Plasmatocopherolspiegel haben.

Täglicher Bedarf

Die empfohlene tägliche Zufuhr von Vitamin E liegt bei 65–78 µmol (25–30 mg) und ist bei durchschnittlicher Ernährung nicht immer voll gewährleistet. Der Bedarf steigt mit der Zufuhr hochungesättigter Fettsäuren, da diese besonders leicht Peroxylradikale bilden (S. 514).

23.2.4 Phyllochinone

Phyllochinone sind Coenzyme für die Carboxylierung von Glutamylresten der Blutgerinnungsproteine

Chemische Struktur

Alle Substanzen mit Phyllochinonaktivität (K-Vitamine) leiten sich vom natürlicherweise nicht vorkommenden *2-Methyl-1,4-naphthochinon* (Menadion) ab. Für die biologische Wirkung ist die Methylgruppe in Position 2 essentiell. Die natürlicherweise vorkommenden Phyllochinone sind an Position 3 des Rings substituiert:

- Vitamin K_1 trägt eine Phytylseitenkette,
- Vitamin K_2 einen Difarnesylrest aus 6 Isopreneinheiten (Abb. 23.14).

Vorkommen

Phyllochinone kommen in allen grünen Pflanzen (daher der Name) in ausreichenden Mengen vor. Sie werden darüber hinaus in großen Mengen von den Mikroorganismen des menschlichen Darms synthetisiert.

Stoffwechsel

Als lipophile Verbindungen werden Phyllochinone zusammen mit den Lipiden resorbiert, wobei die Anwesenheit von Gallensäuren notwendig ist.

Die biologisch aktive Form der K-Vitamine ist das *Difarnesylnaphthochinon* (Vitamin K_2). Der Difar-

Vit. K_1: n = 3

Vit. K_2: n = 5–6

R = H; Vit. K_3, Menadion

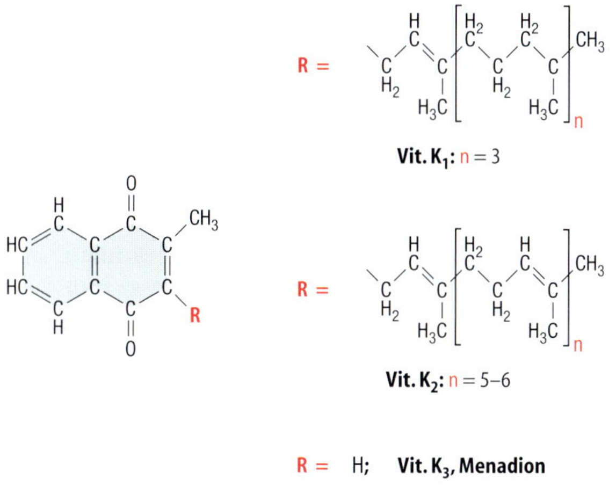

Abb. 23.14 Phyllochinone

nesylrest wird in der Leber nach Abspaltung etwaiger anderer Seitenketten angeheftet.

Biochemische Funktion

Phyllochinone sind für Biosynthese und Sekretion der für die Blutgerinnung notwendigen Faktoren VII, IX, X, Protein C und Protein S (S. 927) sowie v. a. für Prothrombin verantwortlich. Während früher der Wirkort der K-Vitamine entweder bei der Proteinbiosynthese oder bei der Anheftung der Kohlenhydratketten an die Gerinnungsproteine (die genannten Faktoren sind alle Glykoproteine) vermutet wurde, weiß man heute, daß K-Vitamine spezifische posttranslationale Modifikationen an den genannten Glykoproteinen vornehmen. Sie dienen als Cofaktoren bei der γ-Carboxylierung von Glutamylseitenketten (Abb. 23.15, S. 662), die im aminoterminalen Bereich der genannten Blutgerinnungsenzyme liegen.

Die funktionelle Bedeutung dieser γ-Carboxylgruppen, die zu einer erheblichen Vermehrung der negativen Ladungen des Peptids führen, liegt darin, daß sie erst die Bedingungen für die Wechselwirkung der Blutgerinnungsproteine mit den für die Aktivierung notwendigen Phospholipiden und Calcium ermöglichen. Man nimmt an, daß die Gerinnungsfaktoren erst nach γ-Carboxylierung ihrer Glutamylreste an Membranphospholipide gebunden werden und damit ihre enzymatische Aktivität gewinnen, wobei möglicherweise eine Art „Konzentrierungseffekt" durch die Membranbindung hervorgerufen wird. Die Faktoren VII, IX und X verlieren ihre zusätzlichen γ-Carboxylgruppen auch nach Aktivierung durch limitierte Proteolyse nicht. Anders ist es dagegen bei der Aktivierung des Prothrombins zum Thrombin. Hier liegen alle zusätzlich unter Vitamin-K-Einwirkung eingeführten γ-Carboxylgruppen auf dem durch den aktiven Faktor X abgespaltenen Rest, bleiben also membrangebunden. Das freigesetzte Thrombin hingegen, das nicht über zusätzliche γ-Carboxylgruppen verfügt, diffundiert in die Blutbahn ab (S. 922).

Weitere Proteine mit γ-Carboxyglutamylresten, die unter Vitamin-K-Katalyse synthetisiert werden, kommen im Knochen (Osteocalcin) sowie unter pathologischen Bedingungen in arteriosklerotischen Plaques der Arterien (Atherocalcin) vor. Man nimmt an, daß sie dank ihrer γ-Carboxyglutamylreste in den Calcifizierungsprozeß eingeschaltet sind.

Abbildung 23.15 faßt die heutigen Kenntnisse über den molekularen Wirkungsmechanismus der K-Vitamine zusammen. Zunächst muß das Phyllochinon durch eine NADPH/H$^+$-abhängige Reduktase zum Hydrochinon reduziert werden. Es ist der eigentliche Cofaktor für die Carboxylasereaktion, die CO_2 als Donor der Carboxylgruppe sowie die Struktur R-CH$_2$-COO$^-$ als Akzeptor der Carboxylgruppe benötigt. Außerdem ist O_2 für die Carboxylierungsreaktion essentiell. Über die chemischen Einzelheiten des Carboxylierungsmechanismus ist wenig bekannt. Außer dem γ-Carboxy-

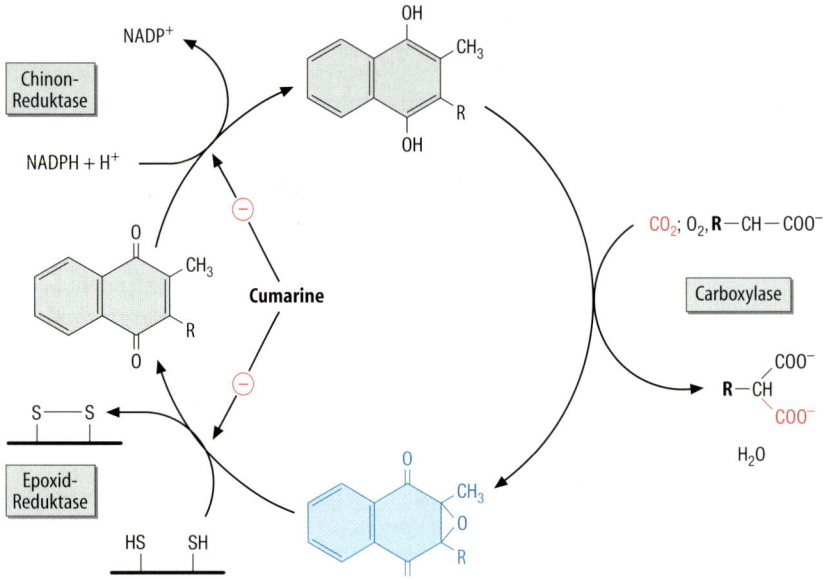

Abb. 23.15 Reaktionsmechanismus Vitamin K-abhängiger Carboxylierungen

glutamylrest entsteht als Produkt das 2,3-Epoxid des Phyllochinons. Es wird in einem zweistufigen Prozeß durch eine Epoxidreduktase zum Phyllochinon reduziert, wobei als Reduktionsmittel wahrscheinlich ein Dithiol dient. Der Wirkungsmechanismus der auf S. 662 geschilderten und als Vitamin-K-Antagonisten klinisch verwendeten Cumarine beruht auf einer spezifischen Hemmung der Epoxidreduktase.

Pathobiochemie

Hypovitaminose. Die Entstehung eines Phyllochinonmangels auf dem Boden einer Fehl- oder Mangelernährung ist beim Erwachsenen praktisch nicht möglich, da das Vitamin in ausreichender Konzentration in den Nahrungsmitteln verkommt und außerdem intestinale Mikroorganismen beträchtliche Phyllochinonmengen synthetisieren. Ein Vitamin K-Mangel kann jedoch als Folge einer langdauernden oralen Therapie mit Antibiotika entstehen, die zur Sterilisierung des Darms und damit zur Vernichtung der Vitamin K-produzierenden Bakterien führt. Dies tritt allerdings nur dann ein, wenn gleichzeitig eine Vitamin K-Mangelernährung besteht. Wie bei anderen fettlöslichen Vitaminen kommt es bei einer Störung der intestinalen Fettresorption zur verminderten Resorption von Vitamin K. Durch Verwendung wasserlöslicher, synthetischer Präparate ist jedoch auch dann meist eine ausreichende Vitamin K-Versorgung möglich.

Ein funktioneller Vitamin K-Mangel kann durch Cumarinderivate (S. 662) als Antagonisten ausgelöst werden, die als Dauertherapie bei allen Zuständen verwendet werden, bei denen die Blutgerinnungszeit verlängert werden soll (Thrombose- und Infarktprophylaxe). Eine Überdosierung mit Phyllochinonantagonisten kann durch hohe Mengen an Vitamin K behoben werden. Die durch Cumarinderivate gesenkten Prothrombinspiegel normalisieren sich gewöhnlich 12–36 h nach der Gabe des Vitamins.

Täglicher Bedarf

Der Bedarf an Vitamin K ist nicht genau bekannt. Schätzungen verschiedener Autoren schwanken zwischen 2,2 nmol und 4,4 µmol (0,001 und 2 mg) pro Tag.

23.3 Wasserlösliche Vitamine

23.3.1 L-Ascorbinsäure

L-Ascorbinsäure schützt Fe^{2+} in Hydroxylasen vor der Oxidation zu Fe^{3+}

Chemische Struktur

Mit Ausnahme des Menschen und anderer Primaten sowie des Meerschweinchens können alle Tierspezies L-Ascorbinsäure aus Glucose synthetisieren (S. 393). Dem Menschen und Tieren, die L-Ascorbinsäure (Vitamin C) nicht bilden können, fehlt aufgrund einer Genmutation das Enzym **L-Gulonolactonoxidase,** das L-Gulonolacton zu 2-Ketogulonolacton oxidiert, aus dem spontan, d. h. nichtenzymatisch, L-Ascorbinsäure (Abb. 23.16) entsteht.

Vorkommen

Ascorbinsäure kommt in erheblichen Mengen in grünen und roten Paprikaschoten, Petersilie, dem Saft von Tomaten, Zitronen, Apfelsinen und Grapefruit sowie in Spinat und Rosenkohl vor.

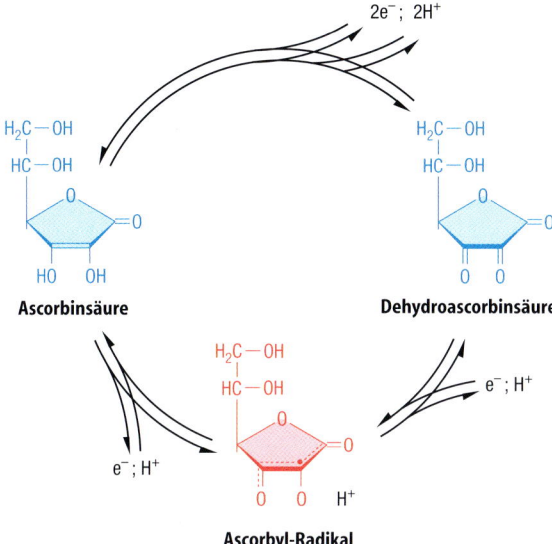

Abb. 23.16 Ascorbinsäure als Redoxsystem

Biochemische Funktion

Ascorbinsäure wirkt als klassisches, wasserlösliches **Antioxidans.** Aus Ascorbinsäure kann durch zweimalige 1-Elektronenübertragung mit der Zwischenstufe des Ascorbyl-Radikals Dehydroascorbinsäure entstehen (Abb. 23.16). Von besonderer Bedeutung ist die antioxidative Wirkung der Ascorbinsäure bei der Eliminierung von Lipid-Peroxylradikalen in Kombination mit Vitamin E (S. 660, S. 515).

Über diesen allgemein antioxidativen Effekt der Ascorbinsäure gibt es eine Reihe enzymatischer Reaktionen, die in Abwesenheit von Ascorbinsäure nicht oder nur sehr langsam ablaufen (Tabelle 23.6).

Sehr viel spricht für die Annahme, daß Ascorbinsäure bei

- der Dopamin-β-Monooxigenase,
- der 4-Hydroxyphenyl-Pyruvathydroxylase sowie
- der für die α-Amidierung von Peptidylglycinen verantwortlichen Hydroxylase

die Rolle eines **Elektronendonators** spielt, da es in stöchiometrischen Mengen zum hydroxylierten Substrat verbraucht wird.

Anders ist es dagegen bei den im Rahmen der Kollagen- sowie der Carnitinbiosynthese benötigten Hydroxylasen. Der Reaktionscyclus der Prolyl-4-Hydroxylase ist in Abb. 23.17 dargestellt. In seiner aktiven Form enthält das Enzym Fe^{2+}. In seinem aktiven Zentrum wird schrittweise O_2 und α-Ketoglutarat als Donor der benötigten Reduktionsäquivalente angelagert. Bei der anschließenden Hydroxylierung wird ein Atom des Sauerstoffmoleküls als Prolyl-OH-Gruppe eingebaut, das andere zur Oxidation der nach Decarboxylierung von α-Ketoglutarat im entstehenden Succinathalbaldehyd vorhandenen Carbonylgruppe verwendet, so daß als Endprodukt Succinat und das Fe^{2+}-haltige Enzym vorliegen. Findet der Reaktionscyclus jedoch in Abwesenheit des Substrates statt, so wird α-Ketogluta-

Stoffwechsel

Die in Nahrungsmitteln enthaltene Ascorbinsäure wird durch Kochen bei hoher Temperatur – besonders in Gegenwart von Kupfer, Eisen und anderen Metallen – leicht zerstört. Gekochte Speisen enthalten deshalb in der Regel nur etwa halb soviel Ascorbinsäure wie im rohen Zustand.

Nach der intestinalen Resorption wird L-Ascorbinsäure – nach Überführung in die Dehydroform (Abb. 23.16) – im Blut transportiert und von den Geweben aufgenommen, in denen sie wieder als Ascorbinsäure vorliegt. Den höchsten Ascorbinsäuregehalt weist die Nebennierenrinde auf. Das Vitamin wird entweder über die Nieren ausgeschieden oder zu Oxalat abgebaut.

Tabelle 23.6 Enzymatische Reaktionen, die durch Ascorbinsäure beeinflußt werden

Vorgang	Reaktion	Name	Beteiligtes Metallion	Cosubstrate
Kollagenbiosynthese	Prolinhydroxylierung	Prolyl-4-Hydroxylase	Fe^{2+}	α-Ketoglutarat, O_2
	Prolinhydroxylierung	Prolyl-3-Hydroxylase	Fe^{2+}	α-Ketoglutarat, O_2
	Lysinhydroxylierung	Lysyl-Hydroxylase	Fe^{2+}	α-Ketoglutarat, O_2
Carnitinbiosynthese	Hydroxylierung von Trimethyllysin	Trimethyllysin-Hydroxylase	Fe^{2+}	α-Ketoglutarat, O_2
Noradrenalinbiosynthese	β-Hydroxylierung von Dopamin	Dopamin-β–Monooxigenase	Cu^{2+}	O_2
Tyrosinabbau	Bildung von Homogentisat aus 4-Hydroxyphenylpyruvat	4-Hydroxyphenylpyruvat-Hydroxylase	Fe^{2+}	O_2
Herstellung von Peptidhormonen aus Präkursoren	Amidierung eines Peptids mit C-terminalem Glycin	Peptidylglycin-amidierende Monooxigenase	Fe^{2+}	O_2

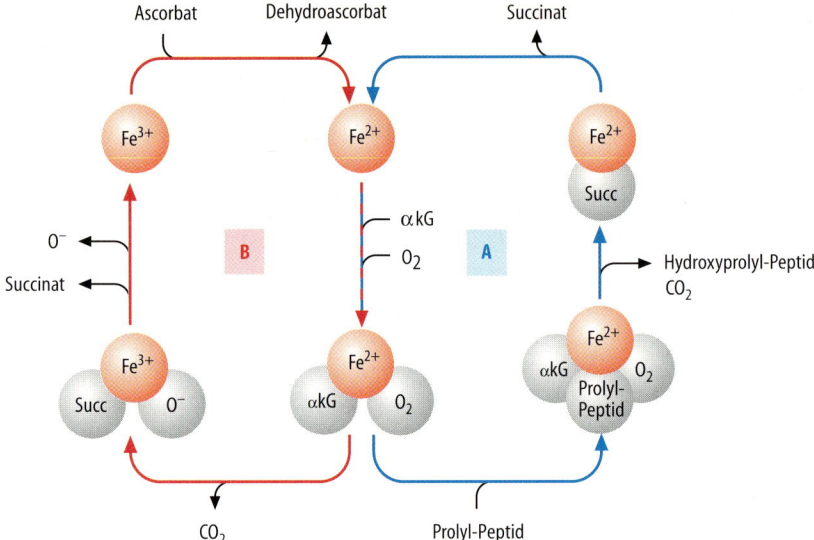

Abb. 23.17 Schema des Mechanismus der Prolylhydroxylierung durch die Prolyl-4-Hydroxylase. Beim normalen Reaktionscyclus *(A)* entsteht ein Hydroxyprolyl-Peptid unter Decarboxylierung und Oxidation von α-Ketoglutarat zu Succinat. Die Wertigkeit des enzymgebundenen Eisens ändert sich nicht. Bei nicht gekoppelten Reaktionscyclen *(B)* kommt es zur Decarboxylierung und Oxidation von α-Ketoglutarat, Sauerstoff wird dabei als O^- abgespalten und Fe^{2+} zu Fe^{3+} oxidiert. Eine Regenerierung des Enzyms mit Fe^{2+} ist mit Hilfe von Ascorbat möglich. (Nach Padh 1990)

rat noch mit O_2 unter Succinat und CO_2-Bildung decarboxyliert, wobei jedoch ein reaktiver Eisen-Oxo-Komplex übrig bleibt. Der Sauerstoff wird als Superoxidanion abgespalten und dabei Fe^{2+} in Fe^{3+} umgewandelt. Da deswegen das Enzym für den nächsten Reaktionscyclus inaktiviert wäre, muß Fe^{3+} durch Ascorbat reduziert werden. Damit beschränkt sich die Rolle des Ascorbats bei den am Kollagenstoffwechsel sowie der Carnitinbiosynthese beteiligten Hydroxylasen auf eine *Schutzfunktion.* Wie wichtig diese jedoch ist, geht aus der dramatischen Symptomatik der durch Ascorbinsäuremangel ausgelösten Skorbuterkrankung (s. u.) hervor.

Pathobiochemie

Hypovitaminose. Massiver Ascorbinsäuremangel führt zum *Skorbut,* der bei uns heute sehr selten ist. Die Krankheit beginnt nach einer Latenzzeit von einigen Monaten mit schweren Störungen des Bindegewebestoffwechsels (mangelnde Bildung von Interzellularsubstanzen wie Kollagen), da die Hydroxylierungsreaktionen der Kollagenbiosynthese (s. oben) beeinträchtigt sind. Es kommt zu Knochen- und Gelenkveränderungen sowie Blutungen des Zahnfleischs und der Haut. Die mehrmonatige Latenzzeit bis zum Ausbruch der Erkrankung wird mit der langen Halbwertszeit des Kollagens erklärt (S. 743).

Täglicher Bedarf

Die Minimaldosis von Ascorbinsäure zur Verhinderung des Skorbuts beträgt 57 µmol (10 mg)/Tag, eine optimale Versorgung ist bei Erwachsenen mit 426 µmol (75 mg)/Tag gewährleistet.

23.3.2 Thiamin

Thiamin ist Coenzym der α-Ketosäure-Decarboxylasen sowie der Transketolase

Chemische Struktur

Thiamin (Vitamin B_1) (Abb. 23.18) besteht aus einem durch CH_3- und NH_2-Gruppen substituierten *Pyrimidinring,* der über eine CH_2-Gruppe mit einem 4-Methyl-5-hydroxyethylthiazol verbunden ist. Die Substituenten am Pyrimidinring sind für die biologische Wirkung wichtig. So führt der Ersatz der Methylgruppe durch Ethyl-, Propyl- oder Butylreste zu einer weitgehenden Hemmung, der Ersatz der Aminogruppe durch eine Hydroxylgruppe zum vollständigen Aktivitätsverlust der Vitamin-B_1-Aktivität.

Vorkommen

Thiamin kommt zwar praktisch in allen pflanzlichen und tierischen Nahrungsstoffen vor, jedoch i. allg. nur

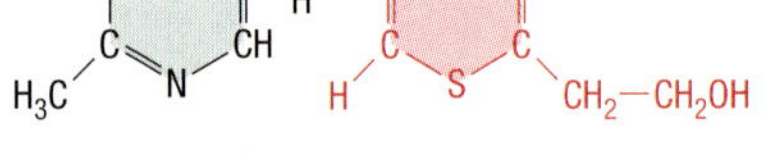

Thiamin

Abb. 23.18 Thiamin. Der für die Wirkung verantwortliche Teil des Moleküls ist *rot* hervorgehoben

in geringen Mengen. Die höchsten Konzentrationen finden sich in ungemahlenen Getreidesorten, in Leber, Herz, Nieren und magerem Schweinefleisch. Bei starkem Kochen geht das Vitamin verloren. Durch Anreicherung von Mehl, Brot, Getreide und Nudelprodukten mit Thiamin hat das Angebot des Vitamins mit der Nahrung beträchtlich zugenommen.

Stoffwechsel

In den meisten Nahrungsmitteln liegt Vitamin B_1 in der biologisch aktiven Form als *Thiaminpyrophosphat* vor. Da in dieser Form eine Resorption nicht möglich ist, muß der Pyrophosphatrest im Darm durch die dort vorhandenen Pyrophosphatasen abgespalten werden.

Durch die in den Lebermitochondrien lokalisierte Thiaminkinase erfolgt dann die Umwandlung zum Thiaminpyrophosphat. Die Reaktion führt zur Freisetzung von AMP. Besonders reich an Thiamin sind
- Herzmuskel,
- Gehirn sowie
- Leber und
- Nieren.

Von dem im Blut nachweisbaren Thiamin entfällt der größte Teil auf die korpuskulären Elemente. Bei normaler Ernährung werden etwa 50–250 µg Thiamin in 24 h mit dem Urin ausgeschieden.

Biochemische Funktion

Als Thiaminpyrophosphat ist Thiamin Coenzym bei der *dehydrierenden Decarboxylierung* von α-Ketosäuren [α-Ketopropionat (Pyruvat), α-Ketoglutarat, α-Ketoisovalerianat, α-Ketoisocapronat und α-Keto-β-methylvalerianat], an der außerdem Lipoamid, Coenzym A, Flavin-adenin-dinucleotid (FAD) und Nicotinamid-adenin-dinucleotid (NAD$^+$) teilnehmen (S. 486, 488, 525).

Thiaminpyrophosphat ist auch Coenzym der *Transketolase,* eines Enzyms des Glucoseabbaus über den Hexosemonophosphatweg (S. 387). Bei Thiaminmangel ist dieser Stoffwechselweg der Glucose infolge verringerter Aktivität der Transketolase so verlangsamt, daß die Gewebekonzentration von Pentosephosphaten ansteigt, was leicht in Erythrocyten gemessen werden kann (Tabelle 23.3). Diese biochemische Störung tritt relativ früh vor Eintreten schwerer Symptome auf.

Pathobiochemie

Hypovitaminosen. Das klassische Vitaminmangelsyndrom ist die *Beriberi*-Krankheit, die auch heute noch endemisch dort vorkommt, wo polierter (durch Polieren geht die Vitamin-B_1-enthaltende Keimanlage verloren) Reis das Hauptnahrungsmittel ist. Besonders betroffen sind die Gewebe mit hohem Glucoseumsatz (Nervensystem, Gastrointestinaltrakt und kardiovaskuläres System). Die Symptome sind Appetitmangel,

Übelkeit, Erbrechen, Müdigkeit, periphere Nervenstörungen, geistige Störungen, Muskelatrophie und gelegentlich eine Encephalopathie. Die Erkrankung stellt immer noch ein Problem in Entwicklungsländern dar. Ein der Beriberi sehr ähnliches Krankheitsbild findet sich häufig bei chronischem Alkoholismus und ist dabei auf einen Vitaminmangel infolge unzureichender Nahrungszufuhr zurückzuführen. Auch in der Schwangerschaft kommt es gelegentlich zu Thiaminhypovitaminosen.

Täglicher Bedarf

Es ist schwierig, einen festen Wert für den täglichen Thiaminbedarf anzugeben. Die benötigte Vitaminmenge steigt bei erhöhtem Stoffwechsel (Fieber, Hyperthyreose, gesteigerte Muskeltätigkeit, Schwangerschaft und Lactation). Außerdem ist sie abhängig von der Zusammensetzung der Nahrung: Fette und Proteine vermindern, Kohlenhydrate vermehren den täglichen Bedarf. Zur Errechnung des Mindestbedarfs geht man deshalb von der täglichen Energiezufuhr aus. 0,30–0,36 µmol (0,10–0,12 mg) Thiamin/1000 kJ sollten zugeführt werden. Möglicherweise wird auch ein Teil des durch Darmbakterien synthetisierten Thiamins resorbiert.

23.3.3 Riboflavin

Riboflavin ist als Bestandteil von Flavinnucleotiden am Wasserstoff- und Elektronentransport beteiligt

Chemische Struktur

Die chemische Struktur des Riboflavins (Vitamin B_2) ist in Abb. 23.19 dargestellt. Bereits geringfügige Änderungen durch Substitutionen führen zum Wirkungsverlust bzw. zur Bildung von Antivitaminen.

Vorkommen

Riboflavin ist im Pflanzen- und Tierreich weit verbreitet. Milch, Leber, Nieren und Herzmuskel sind gute Quellen. Viele Gemüse enthalten es in ausreichenden Mengen, Getreideprodukte haben jedoch einen niedrigen Riboflavingehalt. Bei der Keimung steigt die Riboflavinkonzentration in Weizen, Gerste und Mais an.

Stoffwechsel

Die biologisch aktive Form des Riboflavins ist das *Riboflavinphosphat.* Die Phosphorylierung findet in der intestinalen Mucosa statt und ist eine Voraussetzung für die Resorption des Vitamins.

Biochemische Funktion

Riboflavin ist der Baustein von zwei verschiedenen Coenzymen der *wasserstoffübertragenden Flavoproteine* (Abb. 23.19).

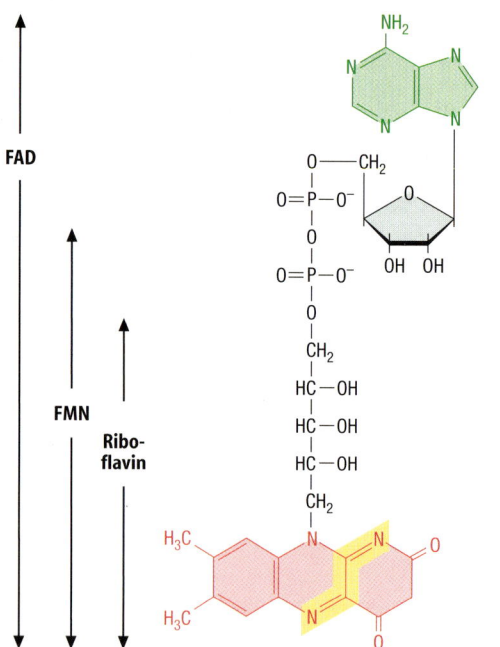

FAD

FMN

Ribo-flavin

Abb. 23.19 Riboflavin und die von ihm abgeleiteten Coenzyme

- Flavinmononucleotid (FMN) (Riboflavinphosphat) ist u. a. Bestandteil des Komplexes I der Atmungskette (S. 498) und der L-Aminooxidase (S. 534).
- Das zweite riboflavinenthaltende Coenzym, das Flavin-adenin-dinucleotid (FAD), enthält zwei Phosphatgruppen, Adenin und Ribose, und ist die prosthetische Gruppe einer Reihe von Flavoproteinen.

Flavoproteine katalysieren
- oxidative Desaminierungen (z. B. Aminosäureoxidasen, S. 534),
- Dehydrierungen von CH_2-CH_2-Gruppen zu $CH = CH$-Gruppen (z. B. Acyl-CoA-Dehydrogenase, S. 429),
- Oxidationen von Aldehyden zu Säuren (z. B. Xanthinoxidase, S. 593) sowie
- Transhydrogenierungen (Dihydrolipoatdehydrogenase, Diaphorase, S. 486).

Dabei übernimmt einer der hervorgehobenen Stickstoffatome ein Hydridanion, der andere ein Proton.

Pathobiochemie

Hypovitaminose. Der seltene isoliert auftretende Riboflavinmangel ist durch charakteristische Schäden der Lippen, Mundwinkelfissuren (Cheilosis), lokalisierte seborrhoische Dermatitis des Gesichts sowie eine besondere Form der Glossitis (Landkartenzunge) und verschiedene funktionelle und organische Störungen des Auges gekennzeichnet.

Täglicher Bedarf

Der Mindestbedarf an Riboflavin beträgt beim Erwachsenen etwa 0,3 µmol (0,1 mg)/1000 kJ. Während der Schwangerschaft und Stillzeit sollte die Riboflavinzufuhr gesteigert werden. Zur Therapie eines bestehenden Mangelsyndroms benötigt man 25–50 µmol (10–20 mg)/Tag, wobei die Mangelsymptome i. allg. nach einigen Tagen verschwinden.

23.3.4 Niacin und Niacinamid

NAD^+ und $NADP^+$ enthalten Niacin als den für ihre Funktion essentiellen Bestandteil

Chemische Struktur

Niacin (Nicotinsäure) und Niacinamid (Nicotinsäureamid) sind in gleicher Weise als Vitamine wirksam. Für die biologische Wirkung ist die Carboxyl- bzw. Säureamidgruppe notwendig, da Substitutionen zu wirkungslosen Verbindungen bzw. zu Antivitaminen führen (3-Acetylpyridin, Isonicotinsäurehydrazid).

Vorkommen

Das Vitamin kommt in der Natur vorwiegend als *Nicotinamid* vor. Besonders reiche Quellen sind Hefe, mageres Fleisch, Leber und Geflügel. Beim Rösten von Kaffee entsteht Nicotinsäure in beträchtlichen Mengen.

Stoffwechsel

Niacin bzw. Niacinamid werden nach ihrer Resorption von allen Geweben des Organismus aufgenommen und zur NAD^+ bzw. $NADP^+$-Biosynthese (Abb. 23.20) verwendet.

Das dabei als Zwischenprodukt auftretende Nicotinatmononucleotid kann auch im *Tryptophanstoffwechsel* (S. 563) gebildet werden, weshalb Niacin bzw. Niacinamid durch Tryptophan ersetzt werden können. Die Ausscheidung von Niacin erfolgt mit dem Urin nach vorheriger Methylierung zum 1-Methylnicotinsäureamid in der Leber.

Biochemische Funktion

Nicotinamid ist Bestandteil von zwei wasserstoffübertragenden Coenzymen,
- dem Nicotinamid-adenin-dinucleotid (NAD^+) und
- dem Nicotinamid-adenin-dinucleotidphosphat ($NADP^+$).

In Anbetracht der Vielzahl der Redoxreaktionen und Wasserstoffübertragungen des Intermediärstoffwechsels, an denen die beiden Coenzyme NAD^+ bzw. $NADP^+$ beteiligt sind, wird die außerordentliche Bedeutung des Niacins bzw. Tryptophans bei der Ernährung des Menschen verständlich.

Beim NAD^+ und $NADP^+$ ist Nicotinsäureamid in einer N-glykosidischen Bindung mit Ribose verknüpft.

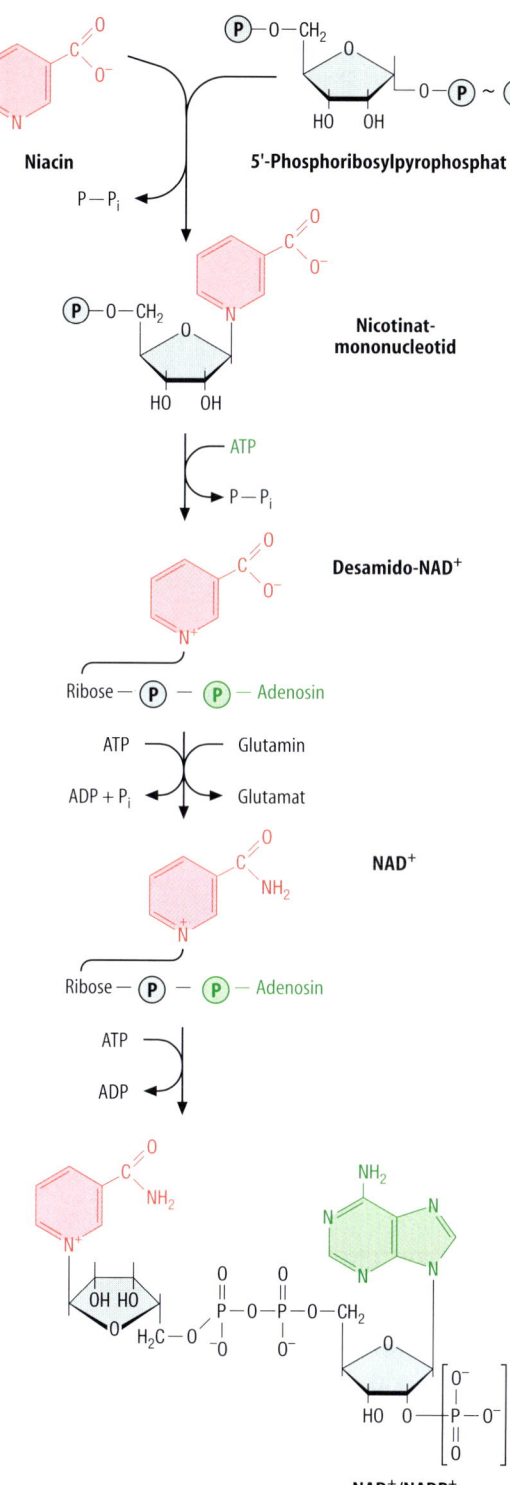

Abb. 23.20 Biosynthese von NAD$^+$ und NADP$^+$ aus Niacin

Über eine Pyrophosphatbrücke ist das Nicotinsäure-amidribosid mit Adenosin verbunden. Im NADP$^+$ trägt der Adenosinteil in 2'-Stellung einen dritten Phosphatrest (Abb. 23.20). Über die Funktion von NAD$^+$ bzw. NADP$^+$ bei Redoxreaktionen s. S. 91.

Pathobiochemie

Hypovitaminose. Niacinmangel führt zur *Pellagra* (Pelle agra = kranke Haut). Wie bei allen Vitaminmangelzuständen, die sehr häufig durch eine allgemeine Fehlernährung gekennzeichnet sind, ist auch Niacinmangel mit dem anderer Vitamine vergesellschaftet. Obwohl die Häufigkeit der Pellagra mit der Verbesserung des Nahrungsangebots abgenommen hat, kommt sie immer noch in Afrika, in Südosteuropa und in Amerika vor, wobei i. allg. Populationen betroffen werden, die eine maisreiche Nahrung zu sich nehmen. Außerdem ist der Alkoholismus ein weiterer, infolge Fehlernährung zur Pellagra führender Faktor.

Da der tierische und menschliche Organismus Niacinamid aus Tryptophan synthetisieren kann (S. 563), kommt es nur dann zur Pellagra, wenn auch der Tryptophanstoffwechsel durch einen Pyridoxinmangel gestört oder wenn wie bei der Maisernährung der Tryptophangehalt der Nahrung zu gering ist.

Täglicher Bedarf

Der Bedarf des menschlichen Organismus an Nicotinsäure wird durch die tägliche Energiezufuhr sowie v. a. durch den Proteingehalt der Nahrung beeinflußt, da die Aminosäure Tryptophan einen großen Teil des Niacinbedarfs decken kann. 3,75 mmol Tryptophan sind dabei 0,1 mg Niacin äquivalent. Zur Deckung des Bedarfs von Säuglingen, Kindern und Erwachsenen genügen 13 µmol (1,6 mg) Niacin/1000 kJ.

23.3.5 Pyridoxin

Das vom Pyridoxin abgeleitete Pyridoxalphosphat ist das Coenzym des Aminosäurestoffwechsels

Chemische Struktur

Zur Pyridoxingruppe (Vitamin B$_6$) gehören die Wirkstoffe Pyridoxol (Alkohol), Pyridoxamin (Amin) und Pyridoxal (Aldehyd, Abb. 23.21).

Vorkommen

In hoher Konzentration ist das Vitamin in Hefe, Weizen, Mais, Leber und in etwas geringerer in Milch, Eiern und grünen Gemüsen enthalten.

Stoffwechsel

Resorbiertes Pyridoxol und Pyridoxal werden im Blut zu den Geweben transportiert und dort durch die ATP-abhängige Pyridoxalkinase zu **Pyridoxalphosphat (PALP)** phosphoryliert. Zur Ausscheidung mit dem Urin wird Pyridoxal in der Leberzelle durch die Aldehydoxidase (S. 1036) zur biologisch inaktiven Pyridoxinsäure oxidiert.

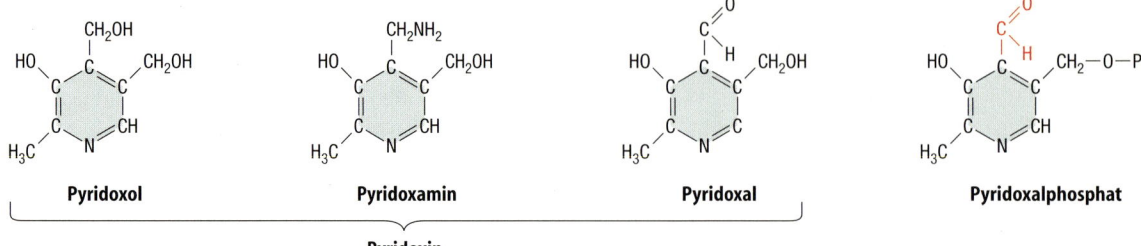

Abb. 23.21 Pyridoxol, Pyridoxamin und Pyridoxal sowie das Coenzym Pyridoxalphosphat, dessen funktionelle Gruppe *rot* hervorgehoben ist

Biochemische Funktion

Pyridoxalphosphat ist das Coenzym des *Aminosäurestoffwechsels* (S. 525). Bei allen pyridoxalphosphatabhängigen Reaktionen wird zwischen der Aldehydfunktion des Coenzyms und der Aminogruppe der Aminosäure eine Schiff-Base gebildet, die durch eine kationische Gruppe des aktiven Zentrums des Enzyms stabilisiert wird. Durch die elektronenanziehende Wirkung des Pyridinstickstoffs (und auch der kationischen Gruppe) kommt es zu Elektronenverschiebungen innerhalb des Coenzym-Substrat-Komplexes, die die Schwächung einzelner Bindungen am α-C-Atom der Aminosäure bewirken. Je nachdem, welche Bindung – in Abhängigkeit vom Enzymprotein – labilisiert wird, werden

- Transaminierungen,
- Decarboxylierungen,
- Eliminierungen usw. unterschieden (S. 527).

Pyridoxalphosphat ist außerdem Bestandteil der Glykogenphosphorylase (S. 390).

Pathobiochemie

Hypovitaminose. Die Symptome des tierexperimentellen Pyridoxinmangels sind uncharakteristisch und unterscheiden sich von Spezies zu Spezies (Dermatitis, Wachstumsstörungen, Anämien (S. 602)).

Da alle Grundnahrungsmittel Pyridoxin enthalten, tritt beim Menschen ein Mangel nur selten auf. Experimenteller Pyridoxinmangel beim Menschen führt zu ähnlichen Symptomen wie im Tierversuch und außerdem zu zentralnervösen Funktionsstörungen (Ataxien, Paresen), die vermutlich mit Störungen des Glutamatstoffwechsels zusammenhängen (pyridoxalphosphatabhängige Decarboxylierung von Glutamat zum Neurotransmitter γ-Aminobutyrat, S. 985).

Da ein enzymatischer Schritt des Tryptophanabbaus pyridoxinabhängig ist, können verschiedene Zwischen- und Nebenprodukte des Tryptophanabbaus beim Pyridoxinmangel vermehrt im Urin nachgewiesen werden (Tabelle 23.3, S. 650). Da das in der Tuberkulosetherapie eingesetzte Isonicotinsäurehydrazid (INH) als Pyridoxinantagonist wirkt, muß mit ihm gleichzeitig Pyridoxin verabreicht werden.

Täglicher Bedarf

Aufgrund der besonderen Bedeutung des Pyridoxins für den Aminosäurenstoffwechsel wird der tägliche Bedarf weitgehend durch die zugeführte Proteinmenge bestimmt: er beträgt pro 100 g zugeführtem Protein 9–12 µmol (1,5–2,0 mg).

23.3.6 Pantothensäure

Coenzym A und Fettsäuresynthase enthalten Pantothensäure

Chemische Struktur

Panthothensäure (Abb. 23.22) ist ein Dipeptid aus β-Alanin und 2,4-Dihydroxy-3,3-dimethylbutyrat. Das Buttersäurederivat kann in menschlichen und tierischen Geweben nicht synthetisiert werden.

Vorkommen

Pantothensäure ist fast in allen (daher der Name) pflanzlichen und tierischen Nahrungsmitteln enthalten. Besonders hoch ist die Konzentration in Eigelb, Nieren, Leber und Hefe. Außerdem wird Pantothensäure von Darmbakterien gebildet.

Stoffwechsel

Die biologisch aktive Form der Pantothensäure ist das *Coenzym A,* das in der Zelle durch Koppelung mit ATP und Cystein entsteht (Abb. 23.22).

Biochemische Funktion

Die Aktivierung von Metaboliten mit Coenzym A erfolgt durch Anlagerung an die Sulfhydrylgruppe unter Ausbildung eines *Thioesters.* Thioester gehören zur Gruppe der sog. *energiereichen Verbindungen.* Die bei der Hydrolyse von Thioestern auftretende Änderung der freien Energie (S. 89) liegt bei 30–42 kJ/mol und damit im Bereich der Hydrolyseenergie von ATP. Da die Sulfhydrylgruppe des Pantheinrests für den Umsatz des Coenzyms A von Bedeutung ist, hat es sich eingebürgert, für Coenzym A die Abkürzung *CoA-SH* zu verwenden.

Der für den Intermediärstoffwechsel bedeutendste Ester des Coenzyms A ist die aktivierte Essigsäure,

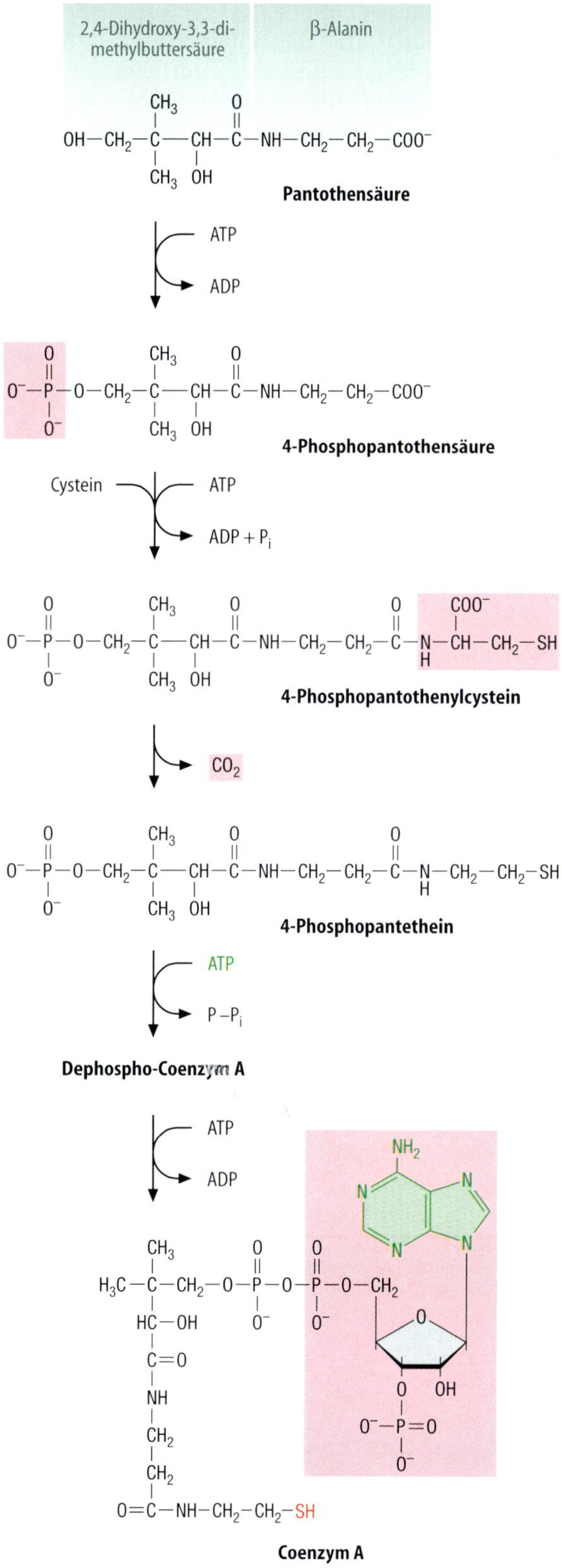

Pantothensäure

2,4-Dihydroxy-3,3-dimethylbuttersäure | β-Alanin

CH_3 O
OH—CH_2—C—CH—C—NH—CH_2—CH_2—COO^-
CH_3 OH

4-Phosphopantothensäure

4-Phosphopantothenylcystein

4-Phosphopantethein

Dephospho-Coenzym A

Coenzym A

Abb. 23.22 Biosynthese von Coenzym A aus Pantothensäure

das *Acetyl-CoA*. Diese Verbindung wird mit Recht als der Drehpunkt des Intermediärstoffwechsels bezeichnet. Acetyl-CoA stellt ein Endprodukt des Kohlenhydrat-, Fett- und Aminosäurestoffwechsels dar. Durch direkte Addition von Acetyl-CoA an Oxalacetat unter Bildung von Citrat können Kohlenhydrat-, Fett- und Aminosäurekohlenstoffatome in den *Citratcyclus* eingeschleust und unter Energiegewinnung zu CO_2 und H_2O oxidiert werden (S. 483). In Form des aktiven Acetats reagiert Essigsäure mit Cholin unter Bildung von Acetylcholin (S. 984) oder mit Arzneimitteln, die zu ihrer Ausscheidung acetyliert werden müssen (S. 1030).

Das Reaktionsprodukt der Decarboxylierung von α-Ketoglutarat im Citratcyclus, das Succinyl-CoA, ist ebenfalls ein Derivat des Coenzyms A. Aus Succinyl-CoA und Glycin entsteht δ-Aminolävulinat, das erste Zwischenprodukt der Hämbiosynthese (S. 602). Aus diesem Grund findet sich bei Pantothensäuremangel im Tierversuch häufig eine Anämie.

Eine entscheidende Rolle spielt Coenzym A im *Lipidstoffwechsel* (S. 425). Der erste Schritt der Fettsäureoxidation, der durch das Enzym Thiokinase katalysiert wird, besteht aus der Aktivierung der Fettsäuren durch Koppelung an Coenzym A unter Bildung des entsprechenden Acyl-CoA-Derivats, wobei die Energie für die Koppelungsreaktion der ATP-Spaltung entnommen wird. Die Abtrennung von Acetylresten bei der β-Oxidation wird durch eine thiolytische Spaltung mit Hilfe von Coenzym A bewirkt (S. 429). Außer als Baustein des Coenzyms A hat Pantothensäure in proteingebundener Form eine wichtige Funktion bei der *Fettsäurebiosynthese:* Sie ist Bestandteil des Acylcarrierproteins (S. 435).

Täglicher Bedarf

Infolge der weiten Verbreitung in allen Nahrungsmitteln gibt es keinen gesicherten Hinweis für die Existenz eines durch Fehlernährung hervorgerufenen Pantothensäuremangels beim Menschen. Der Bedarf des Erwachsenen wird auf 46 µmol (10 mg)/Tag geschätzt und voll durch die normale Nahrung gedeckt.

23.3.7 Biotin

Biotin wird ATP-abhängig carboxyliert und dient als Carboxylierungsmittel für verschiedene Reaktionen

Chemische Struktur

Biotin ist formal eine Verbindung aus Harnstoff und einem substituierten Thiophanring.

Vorkommen

Besonders biotinreich sind Leber, Niere, Eigelb und Hefe.

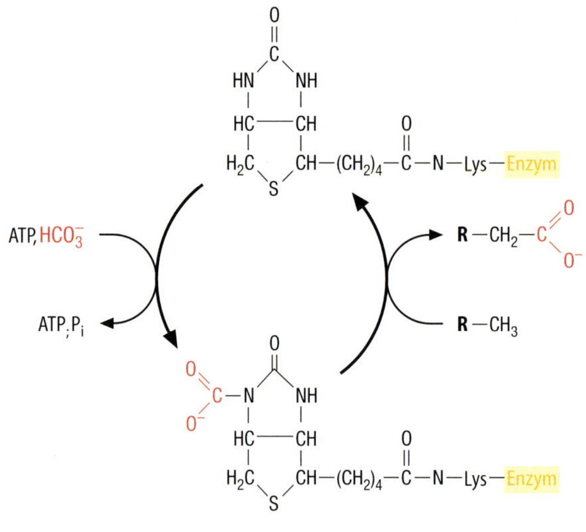

Abb. 23.23 Biotin und seine Funktion als Coenzym bei Carboxylierungen

Stoffwechsel

In seiner aktiven Form ist Biotin covalent an Enzymproteine gebunden. Die Bindung erfolgt dabei über eine Säureamidbindung an die ε-Aminogruppe eines Lysylrests der Peptidkette. Diese Art der Bindung konnte dadurch wahrscheinlich gemacht werden, daß aus tierischen Geweben isoliertes Biotin nur in Form des *Biocytins* (ε-N-Biotinyllysin) vorkommt.

Biochemische Funktion

Biotin ist das Coenzym für viele *Carboxylierungsreaktionen.* Seine Aufgabe besteht in der Bindung von CO_2 sowie der Übertragung der Carboxylgruppe, auf die zu carboxylierenden Substanzen (Abb. 23.23).

Folgende biotinabhängige Reaktionen sind im Intermediärstoffwechsel von Bedeutung:

- Acetyl-CoA-Carboxylase (S. 434),
- Pyruvatcarboxylase (S. 384),
- Propionyl-CoA-Carboxylase (S. 430) und
- Methylcrotonyl-CoA-Carboxylase (S. 554).

Davon besitzen beim Warmblüter quantitativ die größte Bedeutung die Acetyl-CoA-Carboxylase und die Pyruvatcarboxylase. Erstere ist die Startreaktion zur Fettsäurebiosynthese, da eine ausreichend schnelle Kondensationsreaktion von Acetyleinheiten mit vorgebildetem Acyl-CoA erst nach deren Carboxylierung möglich ist. Letztere gehört zu den sog. *anaplerotischen Reaktionen* des Citratcyclus (S. 491). In dieser Reaktion wird aus Pyruvat Oxalacetat gebildet, das als Kondensationspartner von Acetyl-CoA zur Citratbildung vorhanden sein muß, damit der Citratcyclus mit ausreichender Geschwindigkeit läuft. Über die Beziehungen der Pyruvatcarboxylasereaktion mit der Gluconeogenese s. S. 385.

Pathobiochemie

Hypovitaminose. Ein ernährungsbedingter Biotinmangel beim Menschen ist außerordentlich selten, da die Darmbakterien große Mengen an Biotin synthetisieren. Die Biotinausscheidung mit den Faeces übersteigt i. allg. die Zufuhr mit der Nahrung um das zwei- bis fünffache. Nur bei biotinarmer Ernährung mit medikamentöser Stillegung der Darmflora, z. B. mit Antibiotika, kommt es zu einem Biotinmangel, dessen Symptome in nervösen Störungen, Müdigkeit, Appetitlosigkeit und EKG-Veränderungen bestehen. Gelegentlich treten Anämien sowie Hypercholesterinämie auf. Ein ähnliches Krankheitsbild kann durch Aufnahme größerer Mengen von rohem Hühnereiweiß erzeugt werden. Dieses enthält das Glykoprotein *Avidin,* das Biotin bindet und sowohl im intakten Organismus wie an gereinigten Enzympräparaten die biotinkatalysierten Reaktionen hemmt.

Täglicher Bedarf

Der tägliche Biotinbedarf des Menschen liegt bei mindestens 40 nmol (10 µg); bei einer Biotinhypovitaminose muß die zehn- bis zwanzigfache Menge gegeben werden. Kleine Mengen des Vitamins werden in Leber und Gehirn gespeichert.

23.3.8 Folsäure

Folsäure ist das Coenzym für Ein-Kohlenstoffübertragungen

Chemische Struktur

Folsäure ist aus einem *Pteridinkern, p-Aminobenzoesäure* und *L-Glutamat* aufgebaut. Ähnliche Verbindungen, die in den natürlichen Nahrungsmitteln vorkommen, unterscheiden sich lediglich in der Anzahl der Glutamylreste, die am Pteridin-p-Aminobenzoesäure-Komplex angeheftet sind. Die wichtigsten sind Pteroyltriglutamat sowie Pteroylheptaglutamat, das in relativ hoher Konzentration in der Hefe vorkommt.

Vorkommen

Besonders reich an Folsäure sind Leber, Nieren, dunkelgrünes Blattgemüse und Hefe.

Stoffwechsel

Bei der Folsäurebiosynthese in Mikroorganismen reagieren ATP, CoA und p-Aminobenzoesäure mit Glutamat zu p-Aminobenzoylglutamat. Dieses verbindet sich mit dem Pteridinring zu Pteroylmonoglutamat (Folsäure). Die therapeutische Wirkung von Sulfonamiden beruht auf der kompetitiven Hemmung des Einbaus von p-Aminobenzoesäure. Damit kommt die Folsäurebiosynthese pathogener Mikroorganismen zum Erliegen.

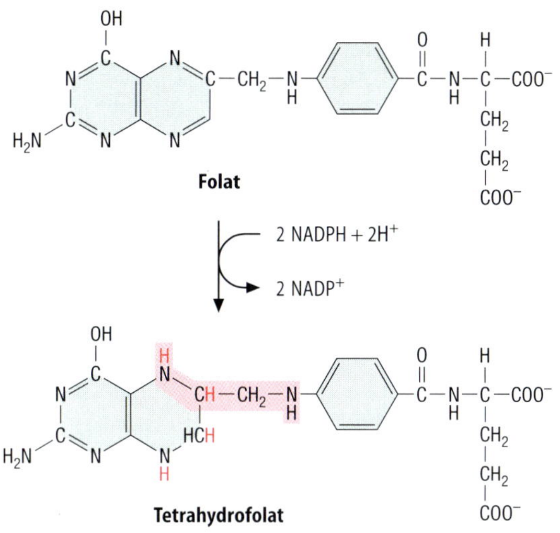

Abb. 23.24 Die Bildung von Tetrahydrofolat aus Folat

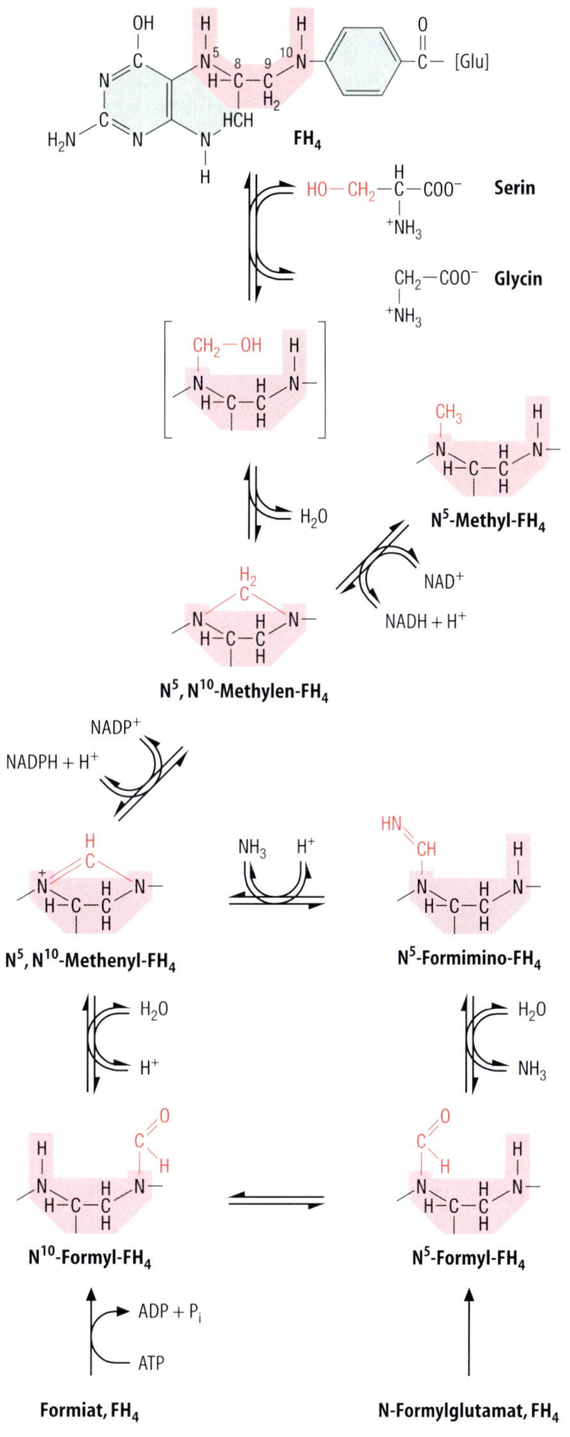

Mit den Nahrungsstoffen aufgenommene Folsäure wird durch einen spezifischen Aufnahmeprozeß in den Enterocyten resorbiert und im Plasma in Bindung an verschiedene Proteine transportiert. Die Aufnahme in die Zellen erfolgt gegen einen Konzentrationsgradienten und wird durch einen Rezeptor vermittelt, welcher mit Hilfe eines Phosphatidylinositol-Ankers in die Plasmamembran eingebaut ist.

Die biologisch aktive Form der Folsäure ist die **Tetrahydrofolsäure (FH$_4$)**, die durch Reduktion der Folsäure zu Dihydrofolsäure und anschließend zu Tetrahydrofolsäure mit Hilfe der NADPH/H$^+$-abhängigen Folsatreduktase bzw. Dihydrofolatreduktase entsteht (Abb. 23.24).

Biochemische Funktion

Die Vitamine der Folsäuregruppe sind die Coenzyme für Übertragungen von **1-Kohlenstoffresten** (Methyl-, Formyl-, Formiat-, Hydroxymethylreste).

Träger der 1-Kohlenstoffgruppen sind die **N-Atome** in Position 5 bzw. 10 des Pteroylrests (Abb. 23.25). Durch Dehydrogenase- bzw. Isomerasereaktionen können die 1-Kohlenstoffreste ineinander überführt werden. Abbildung 23.25 gibt gleichzeitig darüber Aufschluß, aus welchen Quellen die an Tetrahydrofolsäure gehefteten 1-Kohlenstoffreste stammen und welche weiteren Reaktionsmöglichkeiten im Intermediärstoffwechsel ihnen zur Verfügung stehen.

Herkunft der 1-Kohlenstoffreste. In einer ATP-abhängigen Reaktion kann unter Katalyse des Enzyms Formyltetrahydrofolsäuresynthetase Formiat direkt an Tetrahydrofolsäure angelagert werden. Infolge des geringen Formiatspiegels in der Zelle hat diese Reaktion unter physiologischen Bedingungen jedoch nur geringe Bedeutung. Wesentlich wichtiger ist die Bildung von N^5, N^{10}-Methylentetrahydrofolsäure durch Übertragung des β-Kohlenstoffs des Serins als Hydroxyme-

Abb. 23.25 Funktion der Tetrahydrofolsäure als Coenzym bei Übertragungen von 1-Kohlenstoffresten. (Einzelheiten s. Text)

thylgruppe. Sehr wahrscheinlich erfolgt zunächst eine Anlagerung der Hydroxymethylgruppe an N^5 gefolgt von einer intramolekularen Wasserabspaltung, so daß die reaktionsfreudige N^5, N^{10}-Methylenkonfiguration entsteht. In ähnlicher Weise werden die Methylgruppen von Methionin, Cholin und Thymin nach Oxidation zur Hydroxymethylgruppe in die Tetrahydrofolsäure eingebaut. Die beim Histidinabbau entstehende Formiminogruppe von Formiminoglutamat wird als N^5-Formiminotetrahydrofolsäure eingebaut, zum N^5-Formyltetrahydrofolat desaminiert und danach in N^5, N^{10}-Methylentetrahydrofolat umgewandelt (S. 564).

Schicksal der 1-Kohlenstoffreste. N^{10}-Formyltetrahydrofolat ist Kohlenstofflieferant für verschiedene wichtige Stoffwechselreaktionen: Die C-Atome 2 und 8 des Purinkerns (S. 582) werden in Form des Tetrahydrofolatderivats eingebaut. Außerdem stellt es die Formylgruppe der N-Formylmethionin-tRNA, die bei Prokaryonten die Biosynthese von Proteinen startet. N^5, N^{10}-Methylentetrahydrofolat liefert den Kohlenstoff für die Methylgruppen von Thymin und Hydroxymethylcytosin, daneben bildet es den β-Kohlenstoff des Serins bei der Umwandlung von Glycin in Serin (S. 571). In einer NAD^+-abhängigen Reaktion wird N^5, N^{10}-Methylentetrahydrofolat zu N^5-Methyltetrahydrofolat reduziert. Diese Methylgruppe wird für die Methylierung von Homocystein zu Methionin (S. 550) sowie für die Cholinbiosynthese benötigt.

Pathobiochemie

Hypovitaminose. Die Teilnahme der Folsäurecoenzyme bei der Biosynthese von Purinen und Pyrimidinen zeigt ihre fundamentale Bedeutung beim *Wachstum* und bei der *Zellteilung*. Da die blutbildenden Zellen des Knochenmarks eine besonders hohe Teilungsrate haben, sind Störungen des Blutbilds ein frühes Zeichen des Folsäuremangels. Bei länger dauerndem Mangel kommt es jedoch zu einer generellen Störung des Zellstoffwechsels, da nicht nur die Biosynthesegeschwindigkeit von Nucleinsäuren abfällt, sondern auch der Phospholipidstoffwechsel (Cholinbiosynthese) und der Aminosäurestoffwechsel beeinträchtigt sind. Beim Menschen tritt ein im Blutbild nachweisbarer Folsäuremangel (megaloblastische Anämie) dann auf, wenn weniger als 5 µg Folsäure/Tag während etwa 6 Monaten zugeführt werden. Eine gleichartige Symptomatik zeigt sich auch beim Cobalaminmangel (S. 674), die jedoch nur durch Gaben von Cobalamin und nicht durch Folsäure behoben werden kann. Deswegen sollten bei megaloblastischen Anämien grundsätzlich der Folsäure- *und* Cobalaminspiegel des Serums gemessen werden. Da Folsäure auch beim Histidinstoffwechsel bei der Umwandlung von Formiminoglutamat zu Glutamat (s. oben) beteiligt ist, kann beim *Histidinbelastungstest* eine gesteigerte Ausscheidung von Formiminoglutaminsäure im Urin als Folge eines Folsäuremangels nachgewiesen werden (Tabelle 23.3, S. 650).

Außer durch Fehlernährung kann ein Folsäuremangel medikamentös durch *Folsäureantagonisten* hervorgerufen werden. Durch Substitution der Hydroxylgruppe an Position 4 des Pteridinkerns der Folsäure durch eine Aminogruppe entsteht die 4-Aminofolsäure, das *Aminopterin.* Wird gleichzeitig an Stellung 10 methyliert, kommt man zum *Amethopterin*

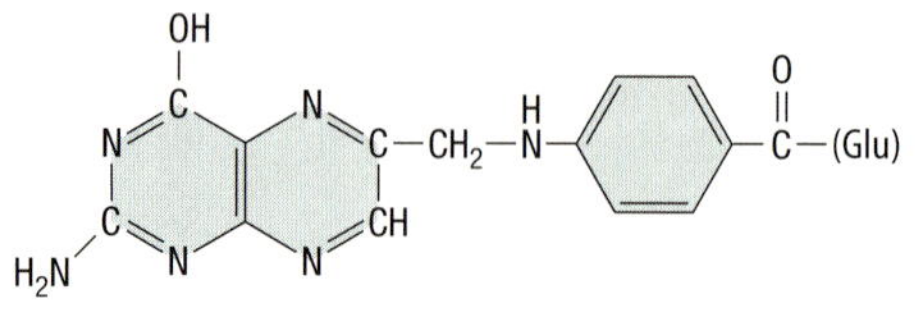

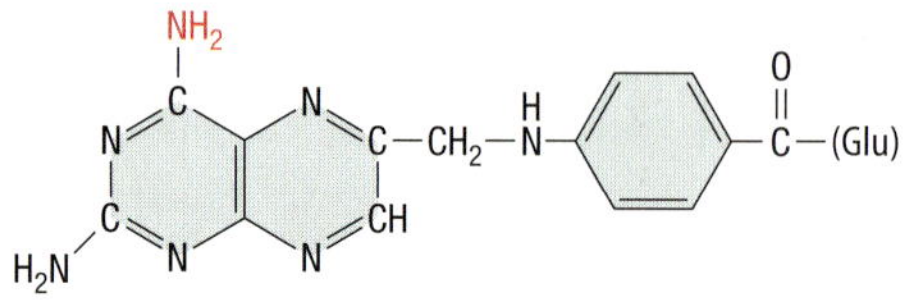

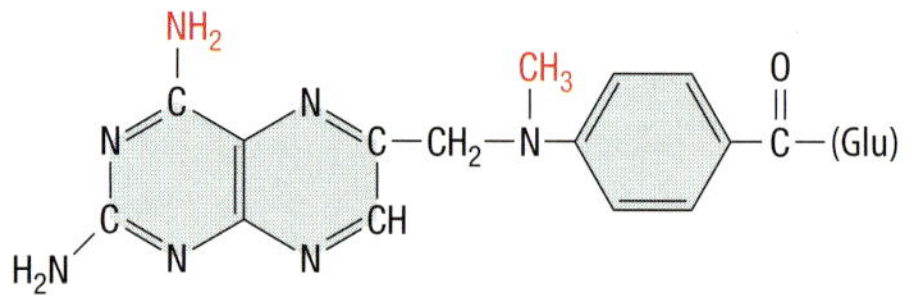

Abb. 23.26 Aminopterin und Amethopterin als Folsäureantagonisten

(Abb. 23.26). Beide Verbindungen wirken als Antivitamine, da sie durch Hemmung der *Dihydrofolatreduktase* die Bildung von Tetrahydrofolat aus Folsäure blockieren.

Durch beide Folsäureantagonisten kommt es zu einer Konzentrationsabnahme von mit 1-Kohlenstoffeinheiten beladenen Tetrahydrofolaten, besonders dem Methylentetrahydrofolat. Dadurch werden die Biosynthesen von Purin- und Pyrimidinnucleotiden schwer beeinträchtigt.

Amethopterin (Methotrexat) ist ein besonders effektiver Hemmstoff der Dihydrofolatreduktase. Bereits Konzentrationen von 10^{-8} M führen zu einem deutlichen Konzentrationsabfall der reduzierten Folate. Da sich solche Konzentrationen leicht bei therapeutischer Anwendung beim Menschen erzeugen lassen, wird Amethopterin als Cytostaticum beim Brustdrüsencarcinom, Blasentumoren oder beim osteogenen Sarkom verwendet.

Täglicher Bedarf

Der Folsäuremangel ist der am weitesten verbreitete Vitaminmangel in Nordamerika und Europa. Dies trifft besonders für die Schwangerschaft zu und hat häufig megaloblastische Anämien zur Folge. Die Symptomatik ist jedoch unspezifisch, da kombinierte Mangelzustände an Folsäure, Cobalamin (S. 674), Ascorbinsäure (S. 664), Eisen (S. 635) und anderen essentiellen Nahrungsbestandteilen sehr häufig sind.

Folsäuremangel tritt außerdem bei Alkoholismus, hämolytischer Anämie, tropischer und nichttropischer Sprue sowie bei malignen Erkrankungen auf.

Mit der normalen Ernährung werden täglich etwa 0,33–0,44 µmol (150–200 µg) Folsäure aufgenommen.

23.3.9 Cobalamin

Cobalamin wird für die Umlagerung von Alkylresten sowie für die Methylierung von Homocystein benötigt

Chemische Struktur

Der innere Teil des Cobalamin (Vitamin-B_{12}-)moleküls (Abb. 23.27) besteht aus vier reduzierten und voll substituierten Pyrrolringen, die um ein zentrales Kobaltatom gelagert sind, das koordinativ an die Stickstoffatome der Pyrrolringe gebunden ist (Corrin-Ringsystem). Cobalamin ist der einzige Naturstoff, in dem Kobalt (Name!) bisher nachgewiesen wurde. Im Gegensatz zu den ähnlich aufgebauten Porphyrinen (S. 605) sind zwei der Pyrrolringe (I und IV) direkt und nicht durch einen Methinkohlenstoff verbunden.

Cobalamin enthält weiterhin ein 5,6-Dimethylbenzimidazolribosid, das über Phosphat und Aminopropanol eine Brücke vom Kobaltatom zur Seitenkette des Rings IV bildet. Das Kobaltatom ist schließlich noch mit verschiedenen Resten (R) substituiert.

Vorkommen

Die besten Quellen für die Versorgung des Menschen mit Cobalamin sind *tierische* Lebensmittel. Nur Mikroorganismen, zu denen auch die Bakterien der Darmflora gehören, können dieses Vitamin synthetisieren.

Eine besonders hohe Konzentration des Vitamins (37 nmol [50 µg]/100 g Trockengewicht) kann im Pansen von Wiederkäuern nachgewiesen werden und ist wahrscheinlich auf den Bakterienreichtum des Pansens zurückzuführen. Deshalb ist auch die Leber von Wiederkäuern wesentlich reicher an Cobalamin als die von Nichtwiederkäuern (Schweine).

Stoffwechsel

In den Nahrungsstoffen liegt Cobalamin in proteingebundener Form vor. Durch proteolytische Vorgänge im Magen und vor allem im Duodenum wird es aus dieser Proteinbindung freigesetzt und bindet an ein von den Belegzellen der Magenschleimhaut gebildetes, speziesspezifisches Glykoprotein mit einem Molekulargewicht von etwa 50 kD, das als *Intrinsic factor (IF)* bezeichnet wird. Das Protein weist einen hohen Neuraminsäuregehalt auf, der es vor dem Abbau durch Pankreasenzyme schützt. Im Gegensatz zu den übrigen Nahrungsbestandteilen erfolgt die Resorption des Cobalamins im unteren Ileum. Die dort lokalisierten Enterocyten enthalten einen spezifischen Rezeptor der den Cobalamin-Intrinsic factor-Komplex bindet, was dessen Endocytose auslöst (Abb. 23.28). In sekundären Lysosomen erfolgt die Trennung vom Rezeptor sowie der proteolytische Abbau des Intrinsic factors. Freies Cobalamin wird an ein zweites Transportprotein gebunden, das *Transcobalamin II,* welches für den Transport von Cobalamin im Blutplasma verantwortlich ist. Für die zelluläre Aufnahme von Transcobalamin II- gebundenem Cobalamin wird ein weiterer spezifischer Rezeptor benötigt, der sich auf allen Zellmembranen nachweisen läßt und zur Endocytose des Komplexes führt. Transcobalamin II wird lysosomal abgebaut und das auf diese Weise freigesetzte Cobalamin in cytosolisches Methylcobalamin oder nach Aufnahme in Mitochondrien in Adenosyl-Cobalamin umgewandelt.

Biochemische Funktion

In Abhängigkeit vom Rest R (Abb. 23.27) unterscheidet man zwei Coenzymformen des Cobalamins,

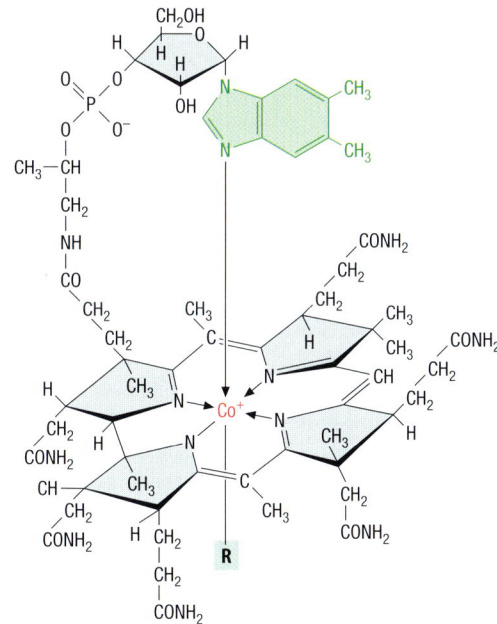

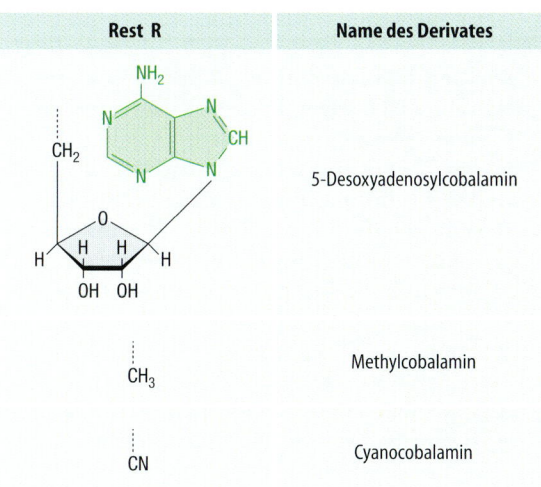

Rest R	Name des Derivates
	5-Desoxyadenosylcobalamin
CH_3	Methylcobalamin
CN	Cyanocobalamin

Abb. 23.27 Struktur von Cobalamin (Vitamin B_{12})

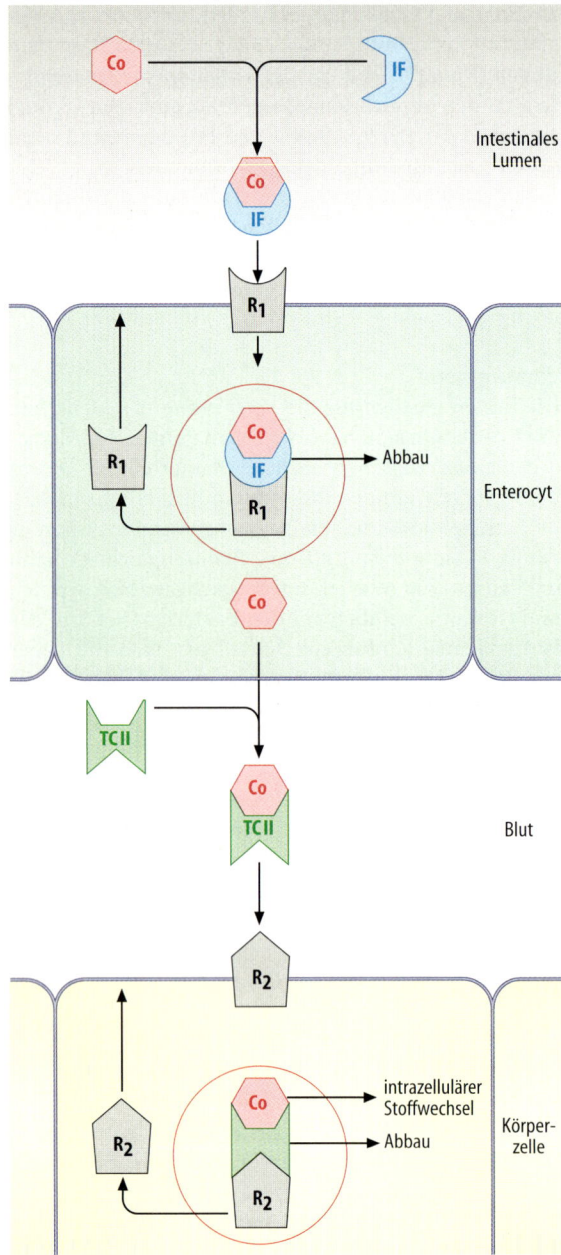

Abb. 23.28 Stoffwechsel von Cobalaminen. *Co* Cobalamine; *IF* intrinsic factor; *R₁* Rezeptor für intrinsic factor; *TcII* Transcobalamin II, *R₂* Rezeptor für Transcobalamin II

- das 5'-Desoxyadenosylcobalamin und
- das Methylcobalamin.

Die Biosynthese des Adenosylcoenzyms erfolgt in einer zweistufigen Reaktion: Nach der FAD⁺- und NAD⁺-abhängigen Reduktion des im Cobalamin zwei- oder dreiwertigen Kobalts zu einwertigem Kobalt wird die aus ATP stammende 5'-Desoxyadenosylgruppe angeheftet, wobei die drei Phosphatgruppen des ATP in Form von anorganischem Trimetaphosphat freigesetzt werden.

Eine katalytische Funktion des 5'-Desoxyadenosylcobalamins ist die intramolekulare **Umlagerung von Alkylresten** wie z. B. die Isomerisierung von Methylmalonyl-CoA zu Succinyl-CoA beim Abbau ungeradzahliger Fettsäuren (S. 431). Ist diese Reaktion beim Cobalaminmangel nicht möglich, so wird Methylmalonyl-CoA zu Methylmalonsäure hydrolysiert und mit dem Urin ausgeschieden. Die Ausscheidung dieser Säure ist deshalb ein empfindlicher Indikator eines Cobalaminmangels (Tabelle 23.3). Methylcobalamin ist

- an der folatabhängigen **Remethylierung** von Homocystein zu Methionin (Verknüpfung von Folat- und Cobalaminstoffwechsel!, Methioninsynthetase, S. 550),
- an der Methylierung von Uridin zu Thymidin und

Pathobiochemie

Längerdauernder Cobalaminmangel führt zu einem als **perniziöse** oder **megaloblastäre Anämie** bezeichneten Krankheitsbild. Der Mangelzustand wird dabei seltener durch einseitige Ernährung (Vegetarier) ausgelöst. Seine häufigsten Ursachen sind eine verminderte Resorption bei Erkrankungen der Dünndarmmucosa (z. B. Sprue, S. 1016) oder eine fehlende oder mangelhafte Sekretion des für die Resorption unerläßlichen intrinsic factor. Diese kommt bei Erkrankungen der Magenschleimhaut, nach Gastrektomie sowie im Gefolge spezifischer Autoimmunerkrankungen vor.

Darüber hinaus sind eine Reihe hereditärer Störungen des Cobalamin-Transports und intracellulären Stoffwechsels beschrieben worden, die ebenfalls zur Symptomatik der perniziösen Anämie führen. Die Störungen können dabei in allen Schritten des Cobalamin-Stoffwechsels lokalisiert sein, beginnend mit einem Defekt der Bildung von Intrinsic factor über defekte Rezeptoren für Intrinsic factor bzw. Transcobalamin II, Störungen der intracellulären Prozessierung der aufgenommenen Cobalamin-Transportprotein-Komplexe bis zur Methylierung oder Adenosylierung von Cobalamin.

Da die Leber beträchtliche Mengen an Cobalamin speichern kann, vergehen meist Jahre bis zur Manifestierung des Krankheitsbildes der perniziösen Anämie. Ihre Hauptsymptome sind eine Störung der Erythropoiese mit megaloblastärer Anämie (S. 889), Leuko- und Thrombocytopenie. In vielen Fällen treten **neurologische Störungen** des peripheren und zentralen Nervensystems vor den hämatologischen Veränderungen auf. Diese Störungen sind eine Folge der durch den Vitaminmangel ausgelösten Verminderung der Cholin- und damit Phospholipidsynthese sowie der Nucleinsäurebiosynthese. Die verminderte Umwandlung von Methylmalonyl-CoA zu Succinyl-CoA verursacht eine Anhäufung von Methylmalonat (S. 431), das einen allgemein toxischen Effekt haben soll.

Täglicher Bedarf

Erwachsene benötigen täglich etwa 1,5 bis 2,2 nmol (2–3 μg). Bei normaler Kost werden etwa 1,5–3,7 nmol (2–5 μg) resorbiert. Die von den Darmbakterien synthetisierte und mit den Faeces ausgeschiedene Cobalaminmenge beträgt 7,5–37,5 nmol (10–50 μg) und steht dem Organismus offenbar nicht zur Verfügung.

23.4 Vitaminähnliche Substanzen

Außer den eigentlichen Vitaminen gibt es noch einige vitaminähnliche Wirkstoffe, über deren Vitamincharakter, d. h. Biosyntheseweg bzw. Fähigkeit der menschlichen Zelle zur Biosynthese des betreffenden Stoffes, noch keine Klarheit existiert. Dazu gehören Inositol (S. 456), Cholin (S. 456) und die Liponsäure (S. 486).

!

RESÜMEE Unter Vitaminen versteht man eine Gruppe essentieller Nahrungsbestandteile, die dem Organismus in Mikromengen zugeführt werden müssen und ohne die der normale Ablauf der Stoffwechselprozesse nicht möglich ist. Vitaminmangelzustände oder Hypovitaminosen führen in aller Regel zu schweren Krankheitsbildern mit meist unspezifischer Symptomatik, da häufig die verschiedensten Gewebe durch den Vitaminmangel betroffen sind. Hypervitaminosen sind lediglich für die in verschiedenen Geweben gespeicherten fettlöslichen Vitamine beschrieben worden und werden in aller Regel nicht durch Fehlernährung, sondern durch zu hohe medikamentöse Zufuhr ausgelöst.

Ihrer chemischen Natur nach kann man Vitamine in fett- bzw. wasserlösliche Vitamine einteilen. Mit Ausnahme von Ascorbinsäure und Thiamin werden alle wasserlöslichen Vitamine nach Überführung in die jeweils biologisch aktive Form als gruppenübertragende Coenzyme verwendet. Übertragene Gruppen sind Wasserstoff (Niacin und Riboflavin), CO_2 (Biotin), Acyl-Reste (Pantothensäure) und 1-Kohlenstoffreste (Folsäure, Vitamin B_{12}). Thiamin ist als Coenzym an der oxidativen Decarboxylierung von α-Ketosäuren beteiligt. Ascorbinsäure ist ein sehr effektives Reduktionsmittel, hält Eisen- bzw. Kupferatome in Enzymen in der für die Katalyse notwendigen reduzierten Form und ist darüber hinaus als Radikalfänger bei der Bewältigung des oxidativen Streß von großer Bedeutung.

Die fettlöslichen Vitamine haben im Vergleich zu den wasserlöslichen wesentlich heterogenere Funktionen. Vitamin A ist als Retinol in die Glykoprotein-Biosynthese, als Retinal in den Sehvorgang und als Retinoat in die Regulation der Genexpression eingeschaltet. Vitamin D steuert Calcium-Resorption und Knochenbildung, hat darüber hinaus jedoch eine Reihe von Effekten auf die Genexpression. Vitamin E ist ein wesentlicher Bestandteil des Verteidigungssystems gegen oxidativen Streß, da es ein lipophiler Radikalfänger ist, Vitamin K schließlich ist das Coenzym für die γ-Carboxylierung von Glutamylresten in spezifischen Proteinen.

Literatur

Monographien und Lehrbüchen

Dakshinamurti K (ed) (1994) Vitamin receptors: vitamins as ligands in cell communication. Cambridge University Press, Cambridge

Venderame M (1986) CRC Handbook of hormones, vitamins and radiopaques. CRC Press, Boca Raton

Original- und Übersichtsarbeiten

Applin DR (1991) Compartmentation of folate mediated one-carbon metabolism in eukaryotes. FASEB J 5: 2645–2651

Banerjee RV, Matthews RG (1990) Cobalamin dependent methionine synthase. FASEB J 4: 1450–1459

Bayley LB (1990) Folate status assessment. J Nutr 120 [Suppl 11]: 1508–1511

Bendich A, Machlin LJ, Scandurra O, Burton GW, Wayner DDM (1986) The antioxidant role of vitamin C. Adv Free Radical Biol Med 2: 419–444

Biesalski HK (1995) Antioxidative Vitamine in der Prävention. Dtsch Ärztebl 92: C851–C855

Carlberg C, Bendik I, Wyss A, Meier E, Sturzenbecker J, Grippo JF, Hunziker W (1993) Two nuclear signalling pathways for vitamin D. Nature 361: 657–660

Darwish H, DeLuca HF (1993) Vitamin D regulated gene expression. Crit Rev Eukaryot Gene Expr 3: 89–116

Koch KW (1992) Biochemical mechanisms of light adaptation in vertebrate photoreceptors. TIBS 17: 307–311

Monaco HL, Rizzi M, Coda A (1995) Structure of a complex of two plasma proteins: transthyretin and retinol-binding protein. Science 268: 1039–1041

Nakanishi S (1995) Second-order neurones and receptor mechanisms in visual- and olfactory-information processing. TINS 18: 359–364

Padh H (1990) Cellular functions of ascorbic acid. Biochem Cell Biol 68: 1166–1173

Pfahl M (1993) Molecular mechanism of thyroid hormone and retinoic acid action. In: Moudgil VK (ed) Steroid hormone receptors. Birkhäuser, Boston, pp 193–211

Pike JW (1993) Insights into the genomic mechanism of action of vitamin D_3. In: Moudgil VK (ed) Steroid hormone receptors. Birkhäuser, Boston, pp 163–191

Shearer MJ (1992) Vitamin K metabolism and nutrition. Blood Rev 6: 92–104

Sies H (1993) Efficacy of vitamin E in the human. VERIS, the Vitamin E Research and Information Service. VERIS, La Grange

Suda T, Shinki T, Takahashi N (1990) The role of vitamin D in bone and intestinal cell differentiation. Annu Rev Nutr 10: 195–211

Zhang X, Pfahl M (1993) Regulation of retinoid and thyroid hormone action through homodimeric and heterodimeric receptors. TEM 4: 156–162

Wasser- und Elektrolythaushalt

Wasser- und Elektrolythaushalt bilden eine unzertrenn-
liche Einheit, deren Verhalten von zwei Gesetzmäßigkeiten bestimmt wird: Zum einen besteht zwischen In-
tra- und Extrazellulärraum kein osmotischer Gradient
und zum anderen befinden sich in jedem Kompartiment im Mittel genauso viele positive wie negative Ladungen (Gesetz der Elektroneutralität).

Diese Gesetze haben zur Folge, daß auf jede Bewegung osmotisch aktiver Elektrolyte, insbesondere
Natrium, eine Bewegung von Wasser und umgekehrt
folgt und daß bei jeder Verschiebung eines Ladungsträ-
gers von einem in ein anderes Kompartiment ein Ausgleich durch die Verschiebung eines anderen Ladungs-
trägers geschaffen wird. Über das Natriumion ist der
Wasser- mit dem Elektrolythaushalt verbunden; da Natriumbewegungen aus Gründen der Elektroneutralität
oft von Chloridbewegungen begleitet werden und
Chloridverschiebungen wiederum mit Bicarbonatbewegungen einhergehen, besteht auch eine enge Verbindung von Elektrolyt- und Säure-Basen-Haushalt.
Eine weitere Verknüpfung unter den Elektrolyten entsteht durch die Koppelung des transmembranären Na-
trium- und Kaliumtransports sowie durch den transmembranären Austausch von Kalium- oder Natriumionen gegen Wasserstoffionen. Obwohl aus Gründen der
Übersichtlichkeit Wasser-, Elektrolyt- und Säure-Basen-
Haushalt getrennt behandelt werden, sollte man sich
ihrer engen Verflechtung jedoch ständig bewußt sein.

*Für alle Lebensvorgänge spielt eine hohe extrazelluläre
Konzentration von Natriumchlorid, dessen Kristalle auf
dieser Abbildung dargestellt sind, eine entscheidende Rolle.
(Bild: J. Burgess, Science Photo Library/Focus, Hamburg)*

24.1 Wasserhaushalt

Die durch seine physikalisch-chemischen Eigenschaften und seine weite Verbreitung bedingte Bedeutung von Wasser für Biosysteme, seine Funktion als Lösungsmittel und Partner chemischer Reaktionen, seine Wechselwirkung mit gelösten Stoffen (hydrophobe Wechselwirkungen, Wasserstoffbrückenbindungen) sowie seine elementare Funktion als Wasserstoffdonator bei der Photosynthese (in Pflanzen) wurde ausführlich in Kapitel 1 (S. 5 ff.) besprochen. Auch der Wassergehalt von Zellen, Geweben und des Gesamtorganismus, die Abhängigkeit des Gesamtkörperwassers von Alter und Geschlecht sowie vom Fettgehalt des Probanden und die Verteilung auf Intra- und Extracellulärraum sind in Kapitel 1.1.3 erörtert.

24.1.1 Wasserzufuhr und -abgabe

Der 70 kg schwere Erwachsene nimmt in 24 h bei normalen Eß- und Trinkgewohnheiten *1,5–3,0 l* Wasser auf und scheidet ebensoviel aus (Tabelle 24.1). Diese Werte gelten als grobe Richtwerte. Wenn die Bilanz bei höheren oder zusätzlichen Flüssigkeitsverlusten (Exsudation aus Wunden, Milchabsonderung, Blutverlust, Erbrechen, Magen- oder Darmfistel, Durchfall, gesteigerte Diurese, Pleuraerguß, Ascites, Ödeme, starkes Schwitzen) erhalten bleiben soll, muß die Zufuhr entsprechend erhöht werden. Von der zugeführten Menge entfallen etwa 1200 ml auf Getränke und 900 ml auf in den Nahrungsstoffen enthaltenes Wasser. Verloren wird Wasser über die Haut, die Lungen und den Urin (S. 1049). Über Lungen und Haut wird ständig Wasserdampf abgegeben, wodurch etwa 25 % der Wärmeproduktion des Körpers verloren gehen. Dieser obligate Wasserverlust spielt eine Rolle bei der Regulation der Körperwärme und nimmt auch bei hochgradigen Flüssigkeitsverlusten nur wenig ab.

- Die Umwandlung von Wasser direkt in die gasförmige Phase wird als nichtspürbarer Verlust bezeichnet (Perspiratio insensibilis).
- Als spürbarer Verlust (Perspiratio sensibilis) bezeichnet man den Wasserverlust über den Schweiß. Dieser gewinnt besonders bei fieberhaften Erkrankungen an Bedeutung (Tabelle 24.2), wobei durch

Tabelle 24.1 Zufuhr und Verlust von Wasser beim Erwachsenen

Wasserzufuhr	ml	Wasserverlust	ml
Trinken (Wasser und Getränke)	*1200* (500–1600)	Urin	*1400* (600–1600)
Wasser der Nahrungsstoffe (Gehalt: 60–97 % Wasser)	*900* (800–1000)	Lungen und Haut (Perspiration)	*900* (850–1200)
Oxidationswasser	*300* (200–400)	Faeces	*100* (50–200)
Insgesamt	*2400* (1500–3000)		*2400* (1500–3000)

den erheblichen Elektrolytgehalt des Schweißes auch Elektrolyte verlorengehen.

Im Organismus entsteht Wasser bei der mitochondrialen Oxidation der Nahrungsstoffe (Biooxidation, S. 495). Die Oxidation von 100 g Fett liefert 107 ml, die von 100 g Kohlenhydraten 55 ml und die von 100 g Protein 41 ml Wasser. Die vom Menschen täglich gebildete Menge *Oxidationswasser* beträgt etwa 300 ml.

In die Bilanz gehen die 5–10 l Verdauungssekrete, die in den Magen-Darm-Trakt abgegeben werden, nicht mit ein, da sie schließlich wieder reabsorbiert werden (S. 997). Sie sind aber beim Erbrechen oder bei Durchfällen von Bedeutung.

Der Mensch kann wochenlang auf die Zufuhr von Nahrungsstoffen verzichten (S. 715), jedoch nur wenige Tage auf die von Wasser und Elektrolyten.

Die tägliche Wasserzufuhr und der Wasserverlust nehmen mit dem Lebensalter zu (Tabelle 24.3). Bezieht man diese Menge auf das Körpergewicht, so ist zu erkennen, daß der Flüssigkeitsbedarf des Säuglings höher liegt als der des Erwachsenen (Tabelle 24.4). Die Erklärung für den hohen Bedarf des Säuglings liegt sowohl im vermehrten Stoffwechselumsatz als auch in der noch nicht so ausgebildeten Fähigkeit, konzentrierten Urin auszuscheiden.

24.1.2 Regulation des Wasserhaushalts

Der Wasserhaushalt wird auf der Ebene der Einzelzelle und des Organismus reguliert. Dabei müssen zwei Ebenen unterschieden werden: Auf die Regulation des Intrazellulärvolumens, die durch die Zelle selbst erfolgt *(Prinzip der Autoregulation),* lagert sich die Regulation des Extracellulärvolumens, die durch **Hormone** vermittelt wird. Für die beteiligten hormonalen Systeme stellen die Nierentubuli die Erfolgszellen dar (Abb. 24.1).

- Das *antidiuretische Hormon* (ADH, S. 867) wird im Bereich des Hypothalamus gebildet und durch eine Erhöhung der Plasmaosmolarität freigesetzt, die über Osmorezeptoren in der A. carotis interna und im Gehirn erfaßt wird. Antidiuretisches Hormon führt in den Nierentubuli über die Translokation von Wasserkanälen zu einer erhöhten Reabsorption von Wasser.

Tabelle 24.2 Wasser- und Natriumverluste durch Perspiratio insensibilis und sensibilis

Zustand	Wasser [ml]	Verluste Natrium [mmol]
Afebril, kein Schwitzen, normale Außentemperatur	850–1200	–
Febril (über 38,5 °C), leichtes Schwitzen, Agitation, hohe Außentemperatur (> 32 °C)	1500	25
Dauerndes Schwitzen, hohes Fieber (> 39,5 °C), Agitation, hohe Außentemperatur (> 32 °C)	2000	50[a]

[a] Mit steigender Schweißrate steigt der Natriumgehalt.

Tabelle 24.4 Täglicher Wasserbedarf (ml/kg Körpergewicht) in Abhängigkeit vom Lebensalter

Alter	Körpergewicht [kg]	Geschätzter Wasserbedarf [ml/kg Körpergewicht]
3 Tage	3,0	80–100[a]
10 Tage	3,2	125–150[a]
3 Monate	5,4	140–160
6 Monate	7,3	130–155
9 Monate	8,6	125–145
1 Jahr	9,5	120–135
2 Jahre	11,8	115–125
4 Jahre	16,2	100–110
6 Jahre	20,0	90–100
10 Jahre	28,7	70– 85
14 Jahre	45,0	50– 60
18 Jahre	54,0	40– 50
Erwachsene	70,0	21– 43

[a] Durchschnittswerte für gestillte Säuglinge.

Tabelle 24.3 Wasserumsatz in Abhängigkeit vom Lebensalter bei Personen, die weder schwitzen noch arbeiten. (Nach Butler AM, Talbot NB (1944) New Engl J Med 231: 585)

	Säugling (2–10 kg)	Kind (10–40 kg)	Jugendlicher oder Erwachsener (40–70 kg)
Wasserverlust [ml]			
Urin	200– 500	500– 800	800–1200
Stuhl	25– 40	40– 100	100
Haut und Lungen (Perspiratio insensibilis)	75– 300	300– 600	600–1100
Insgesamt	300– 840	840–1500	1500–2300
Wasserzufuhr [ml]			
Insgesamt	330–1000	1000–1800	1800–2500

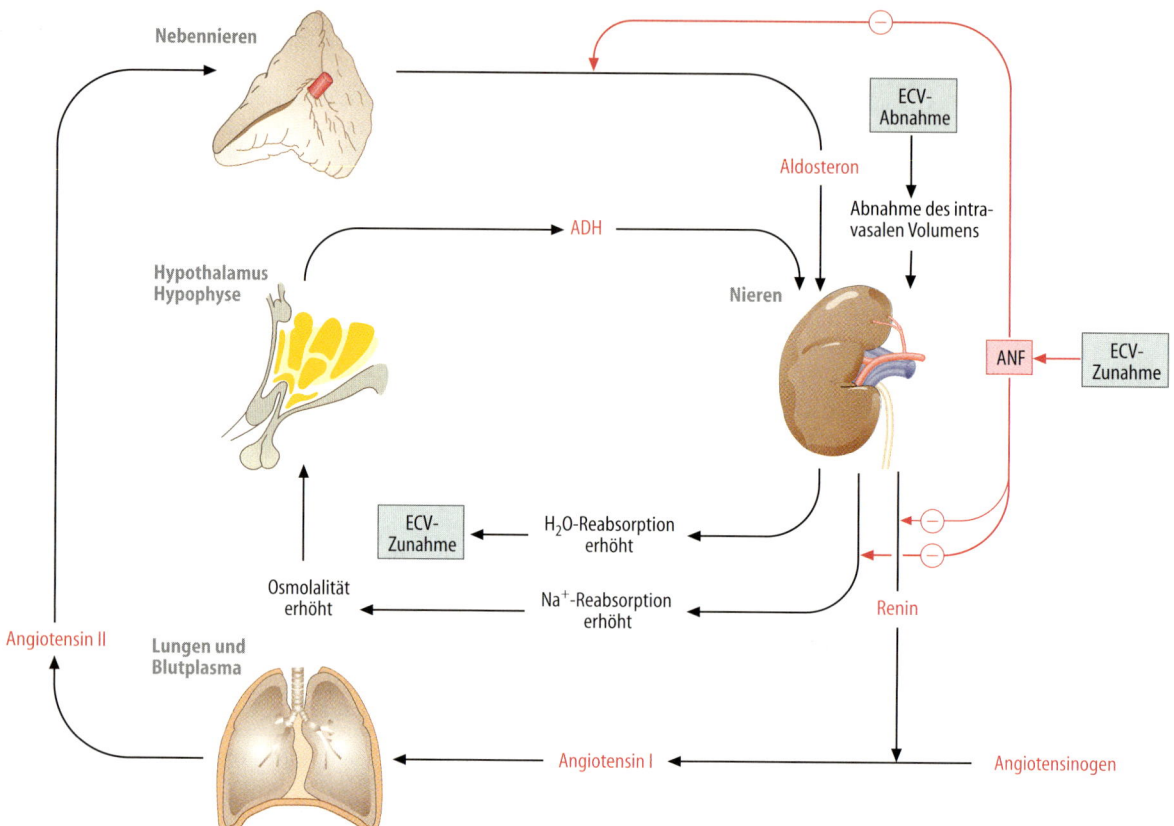

Abb. 24.1 Regulation des Extrazellulärvolumens *(ECV)* durch antidiuretisches Hormon *(ADH)*, das Renin-Angiotensin-Aldosteron-System und den atrialen natriuretischen Faktor (ANF). Das aus den Nieren freigesetzte Enzym Renin katalysiert die Umwandlung von Angiotensinogen in Angiotensin I, dessen Überführung in Angiotensin II vor allem während der Durchströmung der Lungen stattfindet. ANF interferiert mit dem Re-

ninsystem an vier Stellen: In den Nieren blockiert es die Wirkung von Aldosteron und hemmt die Reninsekretion. Das Hormon antagonisiert auch die vasokonstriktorische Wirkung von Angiotensin auf Blutgefäße (in der Abbildung nicht gezeigt) und blockiert in der Nebennierenrinde die Angiotensin-induzierte Stimulation der Aldosteronsekretion

- Das **Renin-Angiotensin II-Aldosteron-System** wird bei einer Abnahme des Extrazellulärvolumens aktiviert. Die vermehrte renale Reninproduktion und -sekretion (S. 865) erhöht über eine vermehrte Angiotensinaktivität die Biosynthese und Sekretion von Aldosteron der Nebennierenrinden. Dieses Hormon fördert in den Nierentubuli die Reabsorption von Natriumionen (S. 864).
- In diesen Regelkreis greift der *atriale natriuretische Faktor* (ANF) ein, der in den Vorhöfen des Herzens gebildet wird. Durch eine Dehnung der Vorhöfe bei Zunahme des Extrazellulärvolumens kommt es zu einer Freisetzung dieses Hormons, das mit dem Renin-Angiotensin-Aldosteron-System auf vier Ebenen interferiert: In den Nieren antagonisiert die natriuretische Wirkung des ANF die Wirkung von Aldosteron und hemmt die Reninsekretion. ANF antagonisiert ebenfalls die vasokonstriktorische Wirkung von Angiotensin auf Blutgefäße und blockiert in der Nebennierenrinde die angiotensininduzierte Stimulation der Aldosteronsekretion (S. 869).

24.1.3 Pathobiochemie: Störungen des Wasserhaushalts

Meist liegen Mischzustände von Bilanz- und Verteilungsstörungen vor

Pathologische Änderungen der Biochemie des Wasserhaushalts sind meist – wie die des Säure-Basen-Haushalts (S. 932) – Folgeerscheinungen oder Komplikationen anderer Krankheiten. Die Diagnostik erstreckt sich in solchen Fällen daher nicht nur auf die Analyse der Wasser- und Elektrolytveränderungen, sondern auch auf die Klärung der Grundkrankheit. Die Vieldeutigkeit der klinischen Symptome und die beschränkte Aussagekraft der zur Verfügung stehenden Methoden erschwert dabei die Erkennung von Störungen des Wasser- und Elektrolythaushalts. Die meisten Methoden ermöglichen nur die Erfassung von Änderungen im Extrazellulärraum, obwohl bei den Störungen der Intracellulärraum ebenfalls beteiligt ist.

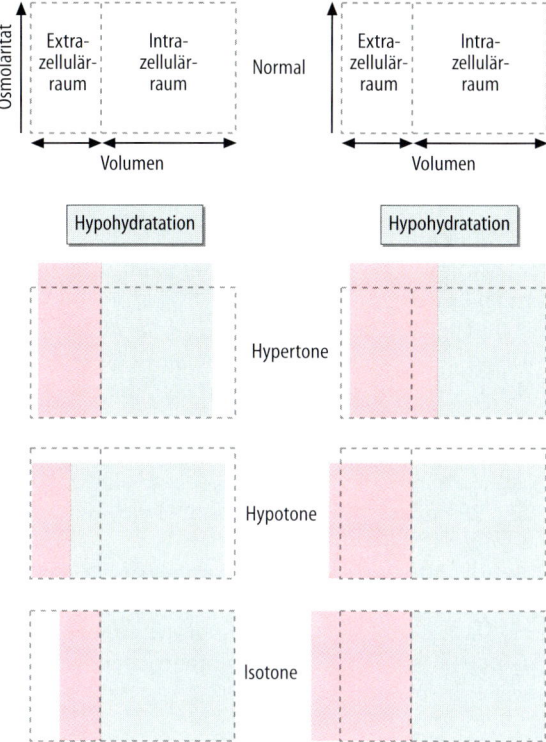

Abb. 24.2 Störungen des Wasserhaushaltes. *Links* Hypohydratations- und *rechts* Hyperhydratationsstörungen. (Einzelheiten s. Text)

Grundsätzlich kann zwischen Bilanz- und Verteilungsstörungen unterschieden werden:
- Bilanzstörungen sind auf Veränderungen der Zufuhr und/oder Abgabe von Wasser bzw. Elektrolyten zurückzuführen,
- Verteilungsstörungen bei normaler Zufuhr und Abgabe auf Wasser- und Elektrolytverschiebungen innerhalb des Organismus.

Da Bilanzstörungen Verteilungsstörungen nach sich ziehen, sind in der Praxis meist Mischzustände vorhanden.

Bilanzstörungen von Natrium und Wasser führen zu als *Hypohydratation* und *Hyperhydratation* bezeichneten Veränderungen (Abb. 24.2). Dabei ergeben sich theoretisch sechs Kombinationen, von denen eine Hälfte mit einer Verminderung (Hypohydration), die andere mit einer Erhöhung (Hyperhydration) des Extrazellulärvolumens einhergeht. Das Intracellulärvolumen kann sich dabei unterschiedlich verhalten. Jede dieser beiden Gruppen kann mit einer normalen, erhöhten oder verringerten *Natriumkonzentration* im Extrazellulärraum einhergehen, die für die Osmolarität entscheidend ist (isotone, hypertone oder hypotone Hypohydratation bzw. isotone, hypertone oder hypotone Hyperhydratation).

Die Plasmaosmolarität kann entweder direkt mit dem Osmometer (S. 12) bestimmt oder indirekt aus der Konzentration von Natrium, Glucose und Harnstoff berechnet werden. Die mit dem Membranosmometer bestimmte Osmolarität beträgt normalerweise **286 ± 4 mOsm/l H₂O.**

Die Osmolarität läßt sich **am Krankenbett** auch mit Hilfe der folgenden Formel berechnen:

$$\text{Osmolarität (mOsm/H}_2\text{O)} = \text{Natrium (mmol/l)} \times 2 + \frac{\text{Glucose (mg/dl)}}{18} + \frac{\text{Harnstoff (mg/dl)}}{6}$$

Bei Normalwerten von 140 mmol/l für Natrium, 90 mg/100 ml für Glucose (Molekulargewicht 180) und 30 mg/100 ml für Harnstoff (Molekulargewicht 60) ergibt sich damit ein Wert von 290 mOsm/l Wasser.

Bei Hypohydratationen können Wasserdefizite von bis zu 10 Liter auftreten

Die *hypertone* Hypohydratation (Wassermangel, Durstexsiccose) ist Folge einer verminderten Wasseraufnahme (mangelndes Durstgefühl bei Hirnverletzungen) und/oder eines gesteigerten Wasserverlusts [bei fieberhaften Erkrankungen (Tabelle 24.2), durch Diarrhöen, Diabetes insipidus (S. 874)]. Das Wasserdefizit kann bis zu 10 l betragen.
- Zuerst kommt es zu einem Anstieg der Natriumkonzentration (Eindickung des Blutes) im Extracellulärraum und damit zu einer Erhöhung der Osmolarität (hypertone Hypohydratation).
- Infolge des osmotischen Gradienten strömt Wasser aus dem Intrazellulärraum nach, wodurch die Osmolarität in den Zellen ansteigt. Das Volumen des Intrazellulärraums ist dabei stärker vermindert als das des Extrazellulärraums.
- Die Erhöhung der Osmolarität im Extrazellulärraum führt zu einer Erregung der Osmorezeptoren mit nachfolgender vermehrter Ausschüttung von ADH, das eine erhöhte Wasserreabsorption in den Nieren verursacht.

Die *hypotone* Hypohydratation (Natriummangel) ist Folge eines gesteigerten renalen (Nebenniereninsuffizienz, S. 874) oder extrarenalen (gehäuftes Erbrechen oder Durchfälle, starkes Schwitzen) Natriumverlustes, der den Verlust von Wasser übersteigt. Die Abnahme der Natriumkonzentration (verringerte Osmolarität) führt zu einer Hemmung der ADH-Sekretion. Dadurch erfolgt eine verstärkte Wasserausscheidung über die Nieren, die eine Verminderung des Extracellulärvolumens und die Normalisierung der Osmolarität des Extracellulärraums nach sich zieht. Die Verminderung des Extrazellulärvolumens wiederum stimuliert über das Renin-Angiotensin-System die Aldosteronsekretion, wodurch die tubuläre Natriumreabsorption erhöht und damit das Extrazellulärvolumen normalisiert wird. Bei chronischer Erniedrigung der Osmolarität des Extrazellulärraums kommt es zu einer Verschiebung von Wasser aus dem Extra- in den Intrazellulärraum.

Jeder größere Verlust an isotonen extrazellulären Flüssigkeiten, wie dem Blut und den Verdauungssekreten, führt zur *isotonen* Hypohydratation, was auch für den Verlust nach innen (z. B. ins Darmlumen) gilt, sofern die Flüssigkeit wie z. B. beim Darmverschluß (Ileus) dem Extrazellulärraum entzogen wird. Das Volumen des Intrazellulärraums ist bei der isotonen Hypohydratation nicht verändert, da durch den isolierten Verlust extrazellulärer Flüssigkeit keine Änderung der Osmolarität des Extrazellulärraums auftritt.

Bei übermäßiger parenteraler Glucosezufuhr führt entstehendes freies Wasser zur Hyperhydratation

Die *hypertone* Hyperhydratation (Natriumüberschuß) kann infolge übermäßiger Zufuhr von Kochsalz, z. B. bei Sondenernährung des bewußtlosen Patienten, auftreten. Auch das Trinken von Meerwasser mit seiner etwa dreimal höheren Kochsalzkonzentration (Schiffbrüchige) führt zur hypertonen Hyperhydratation. Die erhöhte Osmolarität des Extrazellulärraums bedingt das Nachströmen von Wasser aus dem Intracellulärraum (zelluläre Hypophydratation) und eine Erhöhung der Osmolarität im Extrazellulärraum.

Die *hypotone* Hyperhydratation (Wasserüberschuß oder -vergiftung) ist Folge einer übermäßigen Wasserzufuhr. Sie wird nach Überwässerung mit isotoner (5 %ig bzw. 0,25 mol/l) Glucoselösung beobachtet, bei der die Glucose im Organismus verstoffwechselt wird und das *freie Wasser* übrig bleibt. Durch die Zuführung freien Wassers nimmt die Natriumkonzentration im Extrazellulärraum ab, wobei es sich im Gegensatz zur Hyponatriämie bei der hypotonen Hyperhydratation nicht um eine Mangel-, sondern um eine Verdünnungshyponatriämie handelt. Da ein Teil des Wassers in den Intrazellulärraum strömt, nimmt auch dessen Volumen zu.

Die *isotone* Hyperhydratation ist Folge einer zu starken Zufuhr von isotoner Kochsalzlösung. Die Störung ist durch eine Zunahme des Volumens des Extrazellulärraums gekennzeichnet.

24.2 Elektrolythaushalt

24.2.1 Funktion der Elektrolyte

Alkali- und Erdalkalimetalle sind starke Elektrolyte

Als Elektrolyte werden Stoffe bezeichnet, die in wäßriger Lösung vollständig (starke Elektrolyte) oder zumindest teilweise (schwache Elektrolyte) in Ionen dissoziiert sind und deshalb den elektrischen Strom leiten.
- Die in diesem Abschnitt besprochenen Elektrolyte – die Alkalimetalle Natrium und Kalium, die Erdalkalimetalle Magnesium und Calcium sowie die Nichtmetallverbindungen Phosphat, Chlorid und Sulfat – sind starke Elektrolyte, d. h. sie sind vollständig dissoziiert (Besonderheiten beim Phosphat, S. 700).
- Außer starken Elektrolyten kommen im Blut auch schwache Elektrolyte, organische Säuren (Milchsäure, Harnsäure) und Proteine vor, deren dissoziable Gruppen (Carboxyl- und Aminogruppen) nur teilweise dissoziiert sind.

Da die Gesamtkonzentration der starken Elektrolyte (im Intra- und auch Extrazellulärraum) über 0,01 mol/l liegt, treten elektrostatische Wechselwirkungen zwischen ihnen auf, so daß sie sich so verhalten, als wären sie nur teilweise dissoziiert.

In wäßriger Lösung ziehen diese Ionen Wasserdipole unter Bildung einer Hydrathülle an, die verhindert, daß sich die Ionen wieder einander annähern. Für das Verhalten in Biosystemen ist deshalb nicht der Kri-

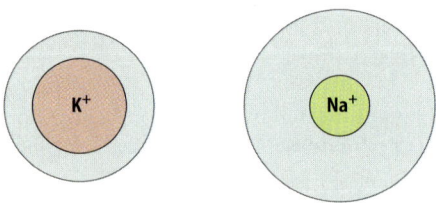

Abb. 24.3 Atom- und Hydratationsradien von Kalium und Natrium

Tabelle 24.5 Kristallionen- und Hydratationsradien [nm] der Alkali- und Erdalkalimetalle. (Nach Kartum G, Bockris J (1951) Electrochemistry, vol II. Elsevier, New York)

Ion	Kristall- ionenradius	Effektiver Hydratationsradius
Natrium	0,095	0,34
Kalium	0,133	0,22
Magnesium	0,065	0,59
Calcium	0,099	0,45

Tabelle 24.6 Die wesentlichen Alkali- und Erdalkalimetalle und Spurenelemente im Plasma des Menschen; mit steigender Neigung zur Komplexbildung nimmt die Bindung an Transportproteine zu

Metall	Konzentration im Plasma [mmol/l]	Anteil [%] Ionisiert	Gebunden	In Bindung an
Natrium	135–145	100	–	–
Kalium	3,5–5,5	100	–	–
Calcium	2,2–2,6	46	54	Proteine 40 %, organische Säuren 14 %
Magnesium	0,8–1	55	45	Proteine 32 %, organische Säuren 13 %
Eisen	0,018	–	100	Transferrin
Zink	0,018	–	100	Albumine, Globuline
Kupfer	0,016	–	100	Albumin, Caeruloplasmin

stallionen-, sondern der effektive *Hydratationsradius* entscheidend, der durch Teilchenladung und -radius bestimmt wird. Mit zunehmender Ladung und abnehmendem Radius steigt die Größe der Hydrathülle, so daß Natrium- stärker als Kalium-, Magnesium- stärker als Calciumionen und divalente stärker als monovalente Kationen hydratisiert sind (Abb. 24.3, Tabelle 24.5).

Die unterschiedliche Neigung zur Komplexbildung bestimmt die Funktion von Metallen

Die biochemische Funktion der Elektrolyte wird – sofern es sich um Metalle handelt – wesentlich durch ihre Neigung zur *Komplexbildung* bestimmt (S. 27). Die Alkalimetalle besitzen fast keine, die Erdalkalimetalle eine mäßige und die – im Abschnitt Spurenelemente besprochenen – Übergangsmetalle eine starke Tendenz zur Komplexbildung. Diese Eigenschaft bestimmt auch die Form, in der diese (Bio-)Elemente im Blutplasma transportiert werden (Tabelle 24.6).

- Natrium- und Kaliumionen wirken vorwiegend als Transporteure von Ladungen.
- Magnesium und Calcium stabilisieren organische Strukturen und übermitteln Information.
- Die Übergangsmetalle dienen in Verbindung mit Proteinen als Katalysatoren.
- Chloridionen gewährleisten die Aufrechterhaltung der Elektroneutralität bei der Verschiebung von Ladungsträgern (insbesondere HCO_3^-) zwischen Kompartimenten.
- Phosphat besitzt strukturbildende (Knochen) und Puffereigenschaften.
- Sulfat stellt das Endprodukt des Schwefelstoffwechsels dar.

24.2.2 Verteilung der Elektrolyte zwischen Extra- und Intrazellulärraum

Elektrolytkonzentrationen sollen in molaren Einheiten angegeben werden

Die meisten Elektrolyte sind nicht gleichmäßig zwischen Intra- und Extrazellulärraum verteilt, sondern weisen in einem der beiden Kompartimente eine meist wesentlich höhere Konzentration auf (Konzentrationsgefälle oder -gradient).

Tabelle 24.7 zeigt die Konzentrationen der Elektrolyte im Blutplasma, im interstitiellen Raum und in der Intrazellulärflüssigkeit. Bei den Werten handelt es sich um Mittelwerte. Alle Ionenkonzentrationen besitzen einen *Normalbereich,* der für Natrium – das häufigste Kation des Extrazellulärraums – 135–145 mmol/l beträgt und für Chlorid – das quantitativ bedeutendste Anion des Extrazellulärraums – zwischen 98 und 110 mmol/l Blutplasma liegt.

Tabelle 24.8 zeigt den Elektrolytgehalt einer Reihe von Körperflüssigkeiten, dessen Kenntnis bei Störungen des Elektrolythaushaltes, z.B. bei häufigem Erbrechen oder Durchfall, wichtig ist.

Die wenigen Millimol Proteine – die beim pH-Wert des Blutplasmas von 7,4 negativ geladen sind – nehmen aufgrund ihres teilweise sehr hohen Molekulargewichts (S. 914) ein relativ großes Volumen ein. 1 l Blutplasma mit einem Proteingehalt (Normalbereich 6–8 g/100 ml) von 60 g/l enthält deshalb nur 940 ml Wasser, in dem jedoch der weitaus größte Teil der Ionen gelöst ist (Plasmawasser). Nur eine geringe Menge aller Ionen, d.h. ein Teil der Calcium- und Magnesiumionen (Tabelle 24.6), ist aufgrund ihrer hohen Affinität zu sauerstoffhaltigen Liganden an Plasmaproteine gebunden. Die Ionenkonzentration des Plasmawassers ist deshalb um den Faktor 1000/940 höher als die des Blutplasmas.

Die Elektrolyte liefern den Hauptanteil der *Osmolarität* (S. 12) des Extra- (v. a. Natrium) und Intracellulärraums (v. a. Kalium). Obwohl die Konzentration der Kationen in der Intrazellulärflüssigkeit (etwa 174 mmol/l H_2O) bedeutend höher ist als die im Extra-

Tabelle 24.7 Konzentration der wichtigsten Elektrolyte im Plasma, in der interstitiellen und in der intrazellulären Flüssigkeit

	Plasma	Interstitielle Flüssigkeit	Intrazelluläre Flüssigkeit (Skelettmuskel, intrazelluläres Wasser 74 %)
Elektrolyt	mmol/l	mmol/l	mmol/kg H_2O
Kationen			
Alkalimetalle			
Natrium (Na^+)	142	144	10
Kalium (K^+)	4	4	150
Erdalkalimetalle			
Calcium (Ca^{2+})	2,5	1,25	1
Magnesium (Mg^{2+})	1,5	0,75	13
Insgesamt	150	150,0	174
Anionen			
Nichtmetalle			
Chlorid (Cl^-)	103	114	3
Phosphat, anorganisches (HPO_4^{2-})	1	1	50
Sulfat, anorganisches (SO_4^{2-})	0,5	0,5	10
Organische Verbindungen			
Bicarbonat (HCO_3^-)	27	30	10
Organische Säuren (A^-)	5	5	35[a]
Proteinat (Pr^{n-})	2	0	6,5[a]
Insgesamt	138,5	150,5	114,5[a]
Summe von Kat- u. Anionen	288,5		288,5

[a] Grobe Schätzung.

zellulärraum (etwa 150 mmol/l), besteht *kein osmotischer Gradient* zwischen diesen beiden Räumen, da die Zelle weniger Anionen enthält (etwa 114,5 mmol/l H_2O) als der Extrazellulärraum. Die Ladungsdifferenz wird durch Proteinat-Anionen ausgeglichen.

Aus Tabelle 24.7 geht ebenfalls hervor, daß die interstitielle Flüssigkeit, die frei von korpuskulären Bestandteilen ist, so gut wie kein Protein enthält. Deshalb ist auch die Konzentration der Erdalkalimetalle in diesem Raum um den an Plasmaproteine gebundenen Anteil niedriger. Da Wasser, Elektrolyte und andere niedermolekulare Stoffe das Kapillarendothel permeieren können, müßte die Konzentration dieser Stoffe im Plasma und in der interstitiellen Flüssigkeit gleich sein, was jedoch – wie Tabelle 24.7 zeigt – nicht der Fall ist. Die Erklärung für diese Diskrepanz, der die *Impermeabilität* des Kapillarendothels für Plasmaproteine zugrunde liegt, liefert das Donnan-Gleichgewicht.

Das Donnan-Gleichgewicht beruht auf der ungleichen Verteilung von diffusiblen Ionen

Werden zwei jeweils aus Kat- und Anionen bestehende Lösungen durch eine Membran miteinander in Kontakt gebracht, so diffundieren die Ionen so lange, bis ein Konzentrationsausgleich erfolgt ist. Enthält nun eine der beiden Lösungen zusätzlich ein Proteinanion (Na^+Proteinat$^-$), das *durch die Basalmembran* (wie z. B. des Kapillarendothels) *zurückgehalten* wird, so tritt folgende – von F. Donnan (1911) erstmalig beschriebene – Erscheinung auf: Da sich auf der einen Seite jetzt mehr Natriumionen (als vorher und auf der anderen Seite) befinden, diffundieren sie entlang ihrem Konzentrationsgradienten durch die Membran auf die andere Seite und nehmen – wegen der erforderlichen *Elektroneutralität* – Chloridionen mit. Die Bewegung der Ionen hört auf, wenn ein Gleichgewicht erreicht ist, d. h. wenn folgende Bedingungen erfüllt sind:

- Auf beiden Seiten der Membran muß die Summe der positiven und negativen Ladungen jeweils gleich sein (Gesetz der Elektroneutralität), und
- das Produkt der Konzentrationen der diffusiblen Kat- und Anionen muß auf beiden Seiten gleich sein.

Tabelle 24.8 Menge und Elektrolytgehalt bilanzmäßig wichtiger Körperflüssigkeiten

	Menge [ml/24 h]	Natrium [mmol/l]	Kalium [mmol/l]	Chlorid [mmol/l]	Bicarbonat [mmol/l]	pH
Plasma	–	135–152	3,5– 5,0	95–100	21–25	7,36–7,44
Speichel	500–1500	10– 25	15–40	10– 40	2–13	–
Magensaft mit Säure, ohne Belegzellensekret	2000–3000	–	–	–	–	–
	–	20– 70	5–15	80–160	0	Sauer
	–	70–150	5–15	80–120	25–40	Neutral bis schwach alkalisch
Pankreassaft	300–1500	140	6– 9	110–130	25–45	Alkalisch
Galle	250–1100	130–165	3–12	90–120	30	Schwach alkalisch
Dünndarm	1000–2000	82–148	2– 8	43–137	–	Schwach alkalisch
Schweiß	500–1000	5– 80	5–15	5– 70	–	–

Es gilt also $[Na^+_{innen}] \cdot [Cl^-_{innen}] = [Na^+_{außen}] \cdot [Cl^-_{außen}]$.

Das soll an folgendem Beispiel erläutert werden (Abb. 24.4): Zu einer Lösung, die je 4 Na^+ und Cl^- enthält, wird auf eine Seite eine aus Pr^{16-} und 16 Na^+ bestehende Lösung gegeben. Nimmt man als x die ursprüngliche Natrium- bzw. Chloridkonzentration und als y die Menge der diffundierenden Natrium- bzw. Chloridionen, so gilt nach obiger Gleichung:

$$[x - y + 16] \cdot [x - y] = [x + y] \cdot [x + y],$$
$$[4 - y + 16] \cdot [4 - y] = [4 + y] \cdot [4 + y].$$
$$16 + 8y + y^2 = 16 - 4y + 64 - 4y + y^2 - 16y,$$
$$32y = 64,$$
$$y = 2.$$

Es müssen also jeweils 2 Na^+ und 2 Cl^- durch die Membran diffundiert sein, damit Gleichgewichtsbedingungen erreicht sind. Nach Erreichen dieses Zustands bestehen jedoch noch Konzentrationsgradienten für Natrium- und Chloridionen, d. h. die Membran verhält

sich so, als wäre sie – zumindest partiell – für diese beiden Ionen impermeabel.

Die Differenz des osmotischen Drucks der beiden Räume beträgt $\Delta\pi = RTc$, wobei c die Differenz der Teilchen in beiden Räumen darstellt, also

$$c = [2(x - y) + nx + Pr^{n-}] - [2(x + y)],$$

wobei n die Anzahl der negativen Ladungen des Proteins bzw. die Anzahl der zur Elektroneutralisierung des Proteins erforderlichen Kationen darstellt. Die Vereinfachung der obigen Gleichung ergibt:

$$c = [Pr^{n-} + nx - 4y]$$
$$\text{und } \Delta\pi = RT[Pr^{n-} + nx - 4y].$$

So wie ein nichtdiffusibles Anion (oder auch Kation), so können auch auf einer Seite der Membranoberfläche *fixierte Ladungen* die Grundlage eines Donnan-Gleichgewichts bilden.

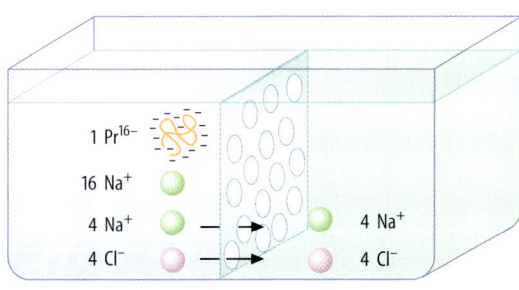

vor der Gleichgewichtseinstellung

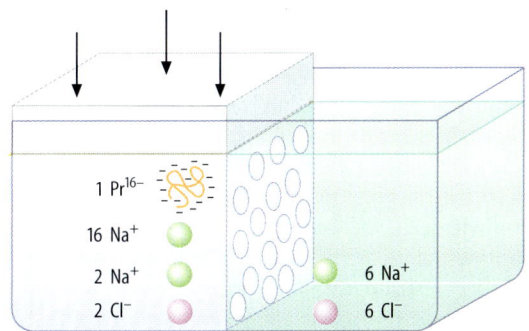

Donnan-Gleichgewicht

Abb. 24.4 Donnan-Gleichgewicht. *Links;* Vor der Gleichgewichtseinstellung. *Pr^{16-}* Proteinanion mit 16 negativen Ladungen. *Rechts;* Da die Teilchenkonzentration nach Erreichen des

Gleichgewichts in der linken Kammer höher ist, würde Wasser von rechts nach links diffundieren, wenn dem (von außen) nicht ein hydrostatischer Druck entgegenwirken würde *(Pfeile)*

Da in dem proteinhaltigen Raum eine höhere Osmolalität herrscht, strömt Wasser in diesen Raum, um den osmotischen Gradienten auszugleichen. Dieser osmotische oder – da er zumindest partiell durch ein Kolloid verursacht wird – auch als **kolloidosmotisch** bezeichnete **Druck** (S. 919) wird im Kapillarbereich durch einen nach außen gerichteten hydrostatischen Druck (Blutdruck) ausgeglichen, so daß kein Flüssigkeitsaustausch stattfindet.

Die ungleiche Verteilung diffusibler Ionen (Donnan-Verteilung) wird also durch die **asymmetrische Verteilung fixierter Ladungsträger** verursacht, für die die Basalmembran nicht durchlässig ist.

24.2.3 Aktive Ionentransportsysteme

Aktive Natrium- und Kaliumtransporte erfolgen unter ATP-Verbrauch

Eine wesentliche Voraussetzung für alle Lebensvorgänge ist die Aufrechterhaltung einer hohen extrazellulären Natrium- sowie intrazellulären Kaliumkonzentration (S. 690). Dies wird durch die Aktivität der Na^+/K^+-ATPase erreicht, die den aktiven, d. h. ATP-verbrauchenden Transport von Natrium- und Kaliumionen durch die Zellmembran katalysiert. Der aktive Natriumtransport ist eine Voraussetzung für die Bewegung von Chloridionen und von Wasser

- bei der Reabsorption des Primärharns in den basolateralen Membranen der Tubuluszellen der Nieren sowie
- z. B. bei der Sekretion des Speichels und des Pankreassaftes.
- Weiterhin ist eine aktive Natriumpumpe Voraussetzung für die Resorption von Glucose und Aminosäuren durch die Mucosazellen des Dünndarms und
- für die Reabsorption dieser Stoffe durch die Tubuluszellen der Nieren.

Die Aktivität dieses **membranständigen** Transportsystems konnte deshalb in fast allen bisher untersuchten Geweben nachgewiesen werden. Die höchsten Aktivitäten werden im Gehirn (Bioelektrizität, S. 978) und in Geweben mit sekretorischer Funktion (z. B. Nieren, Plexus chorioideus, Corpus ciliare) gefunden. Abwesend ist die Enzymaktivität nur in nichtzellulären Geweben wie der Linse und dem Glaskörper (Corpus vitreum) des Auges.

Die Energie für den Transport der Kationen wird durch die Hydrolyse von ATP gewonnen. Die Aktivität des Enzyms hängt deshalb auch von der Gegenwart von Magnesiumionen ab (S. 693).

Die Na^+/K^+-ATPase ist ein tetrameres Protein mit zwei α- und zwei β-Untereinheiten. Die **α-Untereinheit** (Abb. 24.5) mit über 1000 Aminosäuren setzt

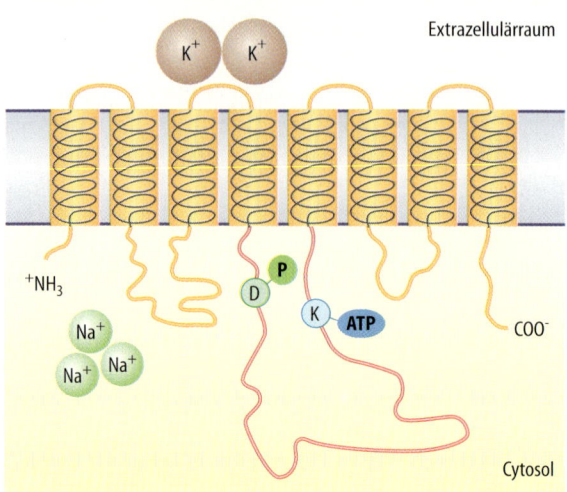

Abb. 24.5 Modell der α-Untereinheit der Na^+/K^+-ATPase. Das Protein ist über 8 stark hydrophobe α-Helices in die Membran integriert. Der mittlere Anteil des Proteins stellt den cytosolischen Bereich dar, der den reversibel phosphorylierbaren Aspartylrest *(D)* und den ATP-bindenden Lysylrest *(K)* enthält

sich funktionell aus drei Bereichen zusammen: das mittlere Drittel stellt den cytosolischen Anteil des Proteins dar, während die N- und C-terminalen Drittel jeweils in die Plasmamembran eingebaut sind. Diese beiden Abschnitte weisen 8 hydrophobe Transmembransegmente mit jeweils 20 Aminosäuren auf, die α-Helices bilden und von einigen hydrophilen Aminosäuren unterbrochen werden. Die α-Untereinheit, die streckenweise Homologie mit der sarcoplasmatischen Ca-ATPase (s. unten) und der Protonen/Kalium-Pumpe in den Belegzellen des Magens (S. 997) besitzt, enthält

- die Bindungsstellen für Natrium, Kalium und ATP über einen Lysylrest sowie
- eine Aspartylseitenkette, die reversibel phosphoryliert wird.

Die Funktion der glykosylierten β-**Untereinheit** (Kohlenhydratanteil etwa 20 %) ist noch unklar.

Nach dem gegenwärtigen Modell (Abb. 24.6) stimulieren intrazelluläre Natriumionen die Phosphorylierung des Aspartylrestes durch das an den Lysylrest gebundene ATP; dadurch werden **drei Natriumionen** in die Pumpe aufgenommen und über eine Konformationsänderung des Proteintetramers in den Extrazellulärraum abgegeben. **Zwei** gleichzeitig gebundene **Kaliumionen** führen zu einer Dephosphorylierung des Enzyms als Voraussetzung für die erneute ATP-Bindung. Präzisere Vorstellungen über den molekularen Ablauf wird jedoch – wie im Falle der Ionenkanäle (S. 979) – erst die hochauflösende Röntgenstrukturanalyse ermöglichen.

Da sowohl die α- als auch die β-Untereinheiten in jeweils **drei Subtypen** vorkommen, entsteht eine Familie von Na^+/K^+-ATPase-Isoenzymen, die sich durch

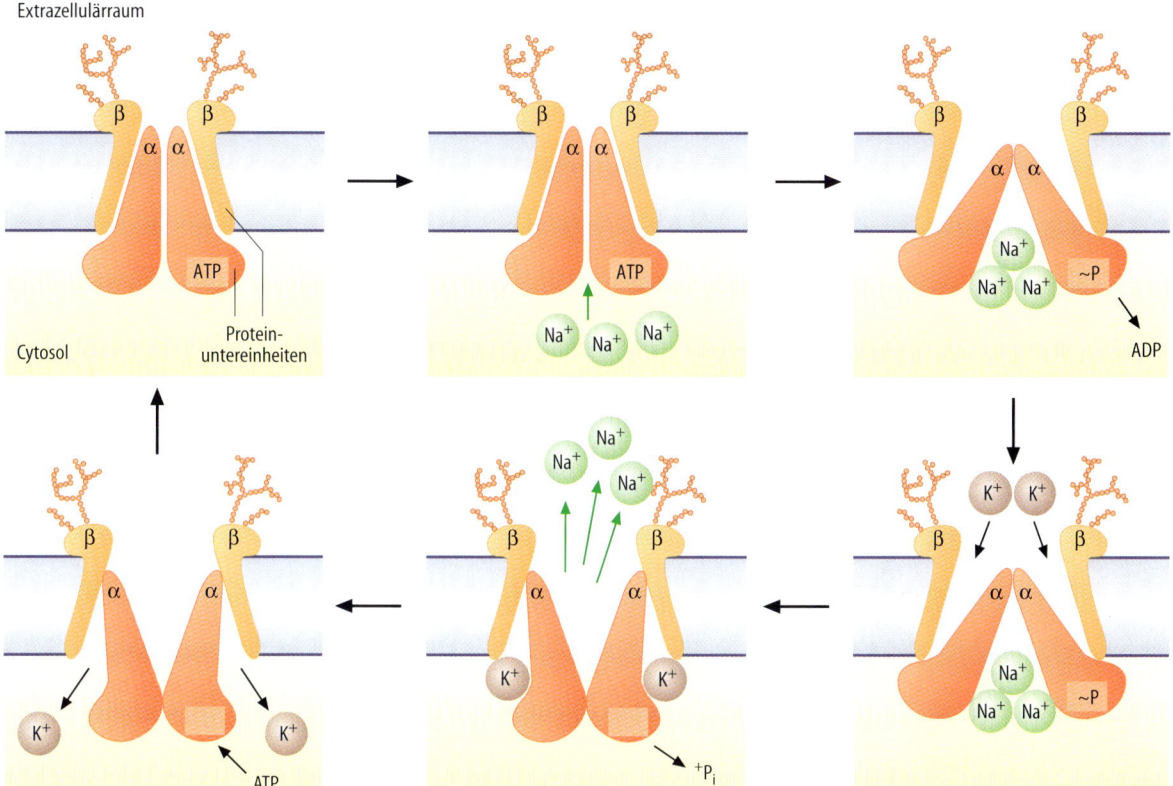

Abb. 24.6 Transmembranärer Natrium- und Kaliumtransport unter Vermittlung der ATP-getriebenen Na⁺/K⁺-ATPase

- ihre Affinität zu Natriumionen,
- hormonelle Regulierbarkeit (z. B. durch Schilddrüsenhormone, Insulin oder Glucocorticoide) und
- zelluläre Lokalisation unterscheiden.

Die Umschaltung von einem zu einem anderen Isoenzym unter Einfluß von Hormonen gestattet die *Adaptation an veränderte Stoffwechselbedingungen.*

Herzglykoside entfalten ihre Wirkung über eine Hemmung der Na⁺/K⁺-ATPase (S. 958). Die Existenz hochspezifischer Bindungsstellen für Glykoside an der α-Untereinheit legt die Vermutung nahe, daß der Organismus – in Analogie zu den endogenen Opiaten (S. 990) – auch einen endogenen Liganden für diesen Rezeptor besitzt. Obwohl Hinweise für einen endogenen digitalisähnlichen Faktor existieren, ist seine Isolierung und Charakterisierung noch nicht gelungen und seine Existenz damit noch unbewiesen.

In der ruhenden Zelle beträgt der Energieverbrauch für den aktiven Natriumtransport etwa *17–52 %* (!) der von der Zelle umgesetzten Energie (Gehirn 52 %, Nierenrinde 40 %, Leber 35 %, ruhender Muskel 17 %). Da bei dieser Reaktion – wie bei allen chemischen Reaktionen – Wärme freigesetzt wird, nimmt man an, daß ihr auch eine Bedeutung bei der *Thermogenese und -regulation* der Säugetiere zukommt.

Auch die Calciumpumpe kommt als Isoenzymfamilie vor

Auch für den aktiven Transport von Calciumionen durch Membranen existiert ein ATP-hydrolysierendes System, das besonders gut im sarkoplasmatischen Reticulum des Muskels untersucht ist (S. 958). Die Primärstruktur des Ca²⁺-ATPase-Gens zeigt starke Homologien mit der α-Untereinheit der Na⁺/K⁺-ATPase, was die Evolution von einem gemeinsamen Urgen nahelegt.

Auch die Calciumpumpe besteht aus einer Familie von Isoenzymen, die nicht nur durch unterschiedliche Gene (mindestens vier), sondern auch durch alternierendes Spleißen zustandekommen. Die Isoformvielfalt betrifft nicht die katalytische Domäne, sondern die Bereiche, die Calmodulin binden bzw. durch Proteinkinasen (A und C) phosphorylierbar sind.

Ionengegentransportsysteme werden durch Ionengradienten getrieben und tauschen Ionen elektroneutral aus

Die Zufuhr von Energie zu Ionenpumpen kann nicht nur durch Koppelung mit Stoffwechselreaktionen erfolgen, sondern auch durch Koppelung mit gleichzeitig, spontan ablaufenden Bewegungen anderer Stoffe des gleichen Systems. Ein Beispiel dafür ist der *Antiport* (S. 179).

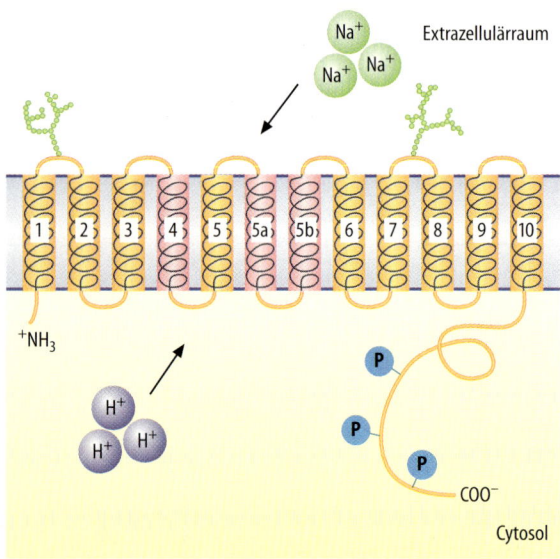

Abb. 24.7 Modell der molekularen Anatomie des Na⁺/H⁺-Austauschers-1 (NHE-1). Die Zylinder stellen die transmembranären Domänen dar. Der Ionenkanal wird von den Domänen *4, 5a* und *5b* gebildet. Die Regulation der Aktivität erfolgt über die Phosphorylierung von Serylresten *(P)*. In der Zellmembran bilden wahrscheinlich zwei Antiportmoleküle ein Dimer. (Verändert nach Düsing et al. 1994)

Der **Na⁺/H⁺-Antiport** oder -Austauscher (Na⁺/H⁺-Exchanger, NHE) ist in den Membranen aller Körperzellen enthalten und transportiert Protonen im Austausch gegen Natriumionen aus der Zelle. Treibende Kraft für den Austausch ist der zelleinwärts gerichtete Natriumgradient, der durch die oben erwähnte Na⁺/K⁺-ATPase aufrechterhalten wird. Daher sind derartige Antiporter *sekundär aktive Systeme*.

Eine Zunahme der Protonenkonzentration im Cytosol, d.h. eine *Acidose,* führt zu einer Aktivierung des Antiports. Da der Ausstrom von Protonen – zur Wahrung der Elektroneutralität – mit dem Einstrom von Natriumionen einhergeht, die osmotisch aktiv sind, nimmt die Zelle Wasser auf. Daher können Aktivitätsänderungen des Antiports mit einer Änderung des *Zellvolumens* einhergehen.

Der NHE weist zehn transmembranäre Domänen auf (von denen drei den Ionenkanal bilden) und am C-terminalen Ende mehrerer phosphorylierbare Serylreste (Abb. 24.7). Die Isoformen NHE-2, -3 und -4 kommen nur in Nieren-, Darm- und Magenepithelien vor, in denen sie an der Reabsorption von NaCl und Bicarbonat beteiligt sind (S. 1018).

Auch für andere Transportsysteme dient der Konzentrationsgradient des Natriums zwischen intra- und extrazellulärem Raum als Triebkraft. Ein besonders gut untersuchtes Beispiel hierfür ist der aktive Glucosetransport durch die Mucosazellen des Dünndarms (S. 1011) bzw. die renalen Tubulusepithelien. Ein Cotransportsystem transportiert Natriumionen und Glucose vom Darm bzw. Tubuluslumen in den intrazel-

lulären Raum. Die beim „bergab-Transport" des Natriums gewonnene freie Energie wird zum aktiven, d.h. gegen einen Konzentrationsgradienten erfolgenden Glucosetransport benutzt. Auf der lateralen Seite beider Epithelien sorgt dann ein Transporter aus der Familie der GLUT-Proteine (S. 407) für den Übertritt der Glucose in das Blut.

24.2.4 Wechselbeziehungen des Stoffwechsels der einzelnen Elektrolyte

Die verschiedenen Ionenarten bilden ein komplexes Netzwerk

Die Stoffwechselwege der einzelnen Elektrolyte laufen nicht vollständig unabhängig voneinander ab, sondern sind über zahlreiche Brücken miteinander verknüpft: So ist der transmembranäre Transport von Natrium mit dem von Kalium über die Na⁺/K⁺-ATPase gekoppelt, die ein magnesiumabhängiges Enzym darstellt, der Membrantransport von Natrium auch mit dem von *Calcium,* der Stoffwechsel von Calcium mit dem von *Phosphat* usw. Die verschiedenen extra- und intracellulären Ionenarten bilden somit ein *komplexes Netzwerk,* das eines der grundlegenden zellulären Regulationssysteme darstellt. Jeder Faktor, der die Geschwindigkeit des Fluxes einer der Ionenarten (z.B. Ca²⁺) verändert, führt schließlich zu einer Umverteilung aller miteinander in Wechselbeziehung stehenden Ionen. Demzufolge breitet sich eine Ionenmeldung (z.B. an der Zellmembran, Bioelektrizität, S. 978) innerhalb dieses Ionennetzes in der Zelle aus und bewirkt eine Verstärkung der ursprünglichen Information, die dann umgekehrt wieder Veränderungen der Zellfunktion, d.h. der Aktivität einzelner Enzyme, herbeiführt.

24.2.5 Natrium und Kalium

Natrium ist als Ladungsträger an der Entstehung der Bioelektrizität beteiligt

Natrium ist für die *Osmoregulation* der Zelle über die Na⁺/K⁺-ATPase und den Na⁺/H⁺-Antiport und ihrer Umgebung (Extrazellulärraum) sowie durch Beteiligung am Membranpotential (insbesondere Erregungsleitung) für die *Bioelektrizität* der Zellmembran verantwortlich.

Über drei Viertel des Körpernatriums befinden sich im Extrazellulärraum

Da die Natriumresorption im Darm mit der von Glucose gekoppelt ist (Cotransport), wird auf die Diskussion

Tabelle 24.9 Daten zum Natriumstoffwechsel

Verteilung von Natrium im Organismus		mmol/kg Körpergewicht	Prozentualer Anteil an der Gesamtmenge
Plasma		6,5	11,2
Interstitielle Flüssigkeit, Lymphe		16,8	29,0
Sehnen und Knorpel		6,8	11,7
Transzelluläre Flüssigkeit		1,5	2,6
Knochen (gesamte Menge)		25,0	43,1
Knochen (austauschbare Menge)		8,0	13,8
Gesamtmenge	im Extrazellulärraum (austauschbar)	39,6	68,3
	im Extrazellulärraum (gesamt)	*56,6* ◄	*97,6* ◄
	im Intrazellulärraum	1,4	2,4
	im Organismus	58,0	100,0
Natriumkonzentration des Blutplasmas	140 mmol/l		
Normalbereich	135–145 mmol/l		
Tägliche Ausscheidung mit dem Urin	100–150 mmol		
Tägliche Zufuhr mit der Nahrung	70–350 mmol		

des Glucosetransports in Kapitel 34 (S. 1012) verwiesen. Im Extrazellulärraum stellt Natrium mit einer Konzentration von etwa *140 mmol/l* (Normbereich 135–145 mmol/l) das wesentliche Kation und Ion überhaupt dar (intrazelluläre Konzentration etwa 15 mmol/l). Natriumionen machen mit 140 mosm/l H_2O etwa die Hälfte der Gesamtosmolalität des Extrazellulärraums aus (S. 683).

Etwa 75–98 % des gesamten Körpernatriums finden sich im *Extrazellulärraum* (Tabelle 24.9). Davon befinden sich etwa 40 % im Knochen, wovon jedoch nur $^1/_3$ langsam oder nicht austauschbar ist. Das gesamte, auf einer Basis von 60 mmol/kg Körpergewicht berechnete Körpernatrium muß deshalb auf *40 mmol/kg Körpergewicht austauschbares* (also 2800 mmol Natrium für den 70 kg schweren Normalerwachsenen) reduziert werden.

Die Ausscheidung erfolgt im wesentlichen über den *Urin* und liegt in Abhängigkeit von der zugeführten Menge in Mitteleuropa zwischen 100 und 150 mmol/24 h. Die Ausscheidung unterliegt einem 24 h-Rhythmus. Die Nierentubuli können dem Organismus über die vermehrte Reabsorption Natriumionen erhalten. Dieser Regulationsmechanismus steht unter dem Einfluß der Mineralocorticoide der Nebennierenrinden (Abb. 24.1, S. 682).

Eine geringe Menge (5 mmol/24 h) wird auch über den Stuhl ausgeschieden. Die Verdauungssäfte enthalten zwar viel Natrium (Tabelle 24.8, S. 687), da sie aber normalerweise im Darm reabsorbiert werden, geht dem Organismus kein Natrium verloren. Störungen der Reabsorption (Durchfälle) können dagegen zu Natriumverlusten führen. Über die Haut wird bei starkem Schwitzen Natrium verloren (20–80 mmol/l). Dabei nimmt die Natriummenge mit steigendem Schweißvolumen zu (Tabelle 24.2, S. 681). Die Regulation der Natriumkonzentration des Intracellulärraums erfolgt über die Na^+/K^+-ATPase (S. 688), die des Extrazellulärraums über das Renin-Angiotensin-Aldosteron-System und den atrialen natriuretischen Faktor (S. 865, 869).

Normalerweise führt man mit der Nahrung täglich 5–20 g NaCl zu, was 70–350 mmol Natrium entspricht. Diese Menge liegt *über* der täglich erforderlichen. Dabei enthält die täglich zugeführte Nahrung selbst selten mehr als 200 mmol Natrium, der Rest wird in Form von Tafelsalz (Kochen und Würzen) aufgenommen.

Hormonelle Fehlregulationen können den Natriumhaushalt stören

Veränderungen der Natriumkonzentration des Extrazellulärraums können durch hormonelle Störungen der renalen Natrium- (und Kalium-) ausscheidung verursacht werden:

- Hypernatriämien kommen vor als Folge der Überfunktion der Nebennierenrinde (primärer und sekundärer Hyperaldosteronismus, Cushing-Syndrom, S. 873) oder durch therapeutische Gabe von Steroidhormonen. Über Hypernatriämien bei Störungen des Wasserhaushalts s. S. 682.
- Hyponatriämien treten bei renalen Störungen (Aldosteronmangel, Bicarbonatverlust, Ketonurie, osmotische Diurese), gastrointestinalen Verlusten (Erbrechen, Diarrhoe) oder hormonellen Fehlregulationen (Glucocorticoidmangel, Hypothyreose oder Syndrom der inadäquaten ADH-Sekretion) sowie bei extremem Schwitzen auf. Über Verdünnungshyponatriämien s. S. 682.

Tabelle 24.10 Daten zum Kaliumstoffwechsel

Verteilung des Kaliums im Organismus		mmol/kg Körpergewicht	Prozentualer Anteil an der Gesamtmenge
Plasma		0,2 ⎱	0,4 ⎱
Interstitielle Flüssigkeit, Lymphe		0,5	1,0
Sehnen und Knorpel		0,2	0,4
Knochen (gesamte Menge)		4,1	7,6
Transzelluläre Flüssigkeit		0,5 ⎰	1,0 ⎰
Gesamtmenge	im Extrazellulärraum	5,5	10,4
	im Intrazellulärraum	**48,3** ◄	**89,6** ◄
	im Organismus	53,8	100,0
Kaliumkonzentration des Blutplasmas	4,0 mmol/l		
Normalbereich	3,5–5,5 mmol/l		
Tägliche Ausscheidung mit dem Urin	60–80 mmol		
Tägliche Zufuhr mit der Nahrung	50–150 mmol (Durchschnitt 65 mmol)		

Fast das gesamte Körperkalium befindet sich im Intrazellulärraum

Die biochemische Funktion des Kaliums liegt in der Beteiligung an der *Bioelektrizität* der Zellmembran: Das Ruhepotential der Zellmembran ist ein Kaliumgleichgewichtspotential (S. 978). Kalium aktiviert auch eine Reihe von Enzymen; für die Bedeutung dieser Aktivierung steht eine befriedigende Erklärung jedoch noch aus.

Über die Resorption von Kalium informiert Kapitel 34 (S. 1016). Täglich werden 50–150 mmol zugeführt (im Mittel 65 mmol). Kaliummangel oder -überschüsse sind in den seltensten Fällen nahrungsbedingt. Die Gesamtkaliummenge des Organismus beträgt rund *50 mmol/kg Körpergewicht* (also 3,5 Mol bei einem 70 kg schweren Erwachsenen). Das Kalium ist fast vollständig *intrazellulär* lokalisiert (Tabelle 24.10). Der Kaliumgehalt der Zelle weist von Gewebe zu Gewebe Unterschiede auf, in der Muskelzelle (150 mmol/l) ist er beispielsweise wesentlich höher als in der Fettzelle. Die normale Kaliumkonzentration des Blutplasmas beträgt im Mittel *4,0 mmol/l,* bei einem Normbereich von 3,5–5,5 mmol/l. Die intrazelluläre Kaliumkonzentration wird über die Na$^+$/K$^+$-ATPase, die extrazelluläre über die Mineralocorticoide (S. 864) reguliert.

Aus der Verteilung des Kaliums zwischen Intra- und Extrazellulärraum wird klar, daß – bei ungenügender Funktion der Nieren – schon der Übertritt einer relativ geringen Kaliummenge vom Intra- in den Extrazellulärraum (z. B. verursacht durch eine Störung der Na$^+$/K$^+$-ATPase) die Kaliumkonzentration des Blutplasmas erheblich erhöhen kann. Die Ausscheidung von Kalium erfolgt über den *Urin* (90 %), den Gastrointestinaltrakt (10 %) und die Haut. In den Nierentubuli wird Kalium glomerulär filtriert, tubulär reabsorbiert und sezerniert. Die Nieren können Kalium – im Gegensatz zu Natrium – nicht so gut einsparen, so daß auch bei geringer Nahrungszufuhr weiterhin eine erhebliche Ausscheidung mit dem Urin beobachtet wird.

Täglich werden in Abhängigkeit von der zugeführten Kaliummenge etwa 60–80 mmol Kalium ausgeschieden. Auch die Ausscheidung von Kaliumionen steht unter dem Einfluß der Mineralocorticoide, die über das wahrscheinlich mit dem Kaliumtransport gekoppelte Natriumtransportsystem wirken.

Hyper- und Hypokaliämien können durch Verteilungsstörungen bedingt sein

Verschiebung von Kaliumionen zwischen Intra- und Extrazellulärraum. Änderungen der Protonenkonzentration des Extrazellulärraums (Säure-Basen-Haushalt, S. 932) können Verschiebungen von Kaliumionen zwischen Intra- und Extrazellulärraum hervorrufen (Abb. 24.8). Die Erhöhung der extrazellulären H$^+$-Ionenkonzentration (Acidose) führt zu einem Eintritt von Protonen in den Intrazellulärraum und einem Austritt von Kaliumionen aus der Zelle in den Extrazellulärraum *(extrazelluläre Hyperkaliämie).*

Umgekehrt treten bei einer Erniedrigung der extrazellulären Protonenkonzentration (Alkalose) vermehrt Protonen aus der Zelle in den Extrazellulärraum und Kaliumionen dafür in den Intrazellulärraum über. Daraus resultiert eine extrazelluläre Hypokaliämie. Bei diesen Störungen des Kaliumstoffwechsels handelt es sich um *Verteilungsstörungen,* bei denen das Gesamtkörperkalium unverändert ist. Die ihnen zugrunde liegenden molekularen Mechanismen (Beeinflussung der Na$^+$/K$^+$-ATPase durch Hormone?) sind unbekannt.

Hyperkaliämie. Hyperkaliämien, d. h. Erhöhungen des Plasmakaliumspiegels über einen Grenzwert von 6,5 mmol/l, sind meist ein Zeichen der Unfähigkeit der Nieren, Kaliumionen in ausreichenden Mengen auszu-

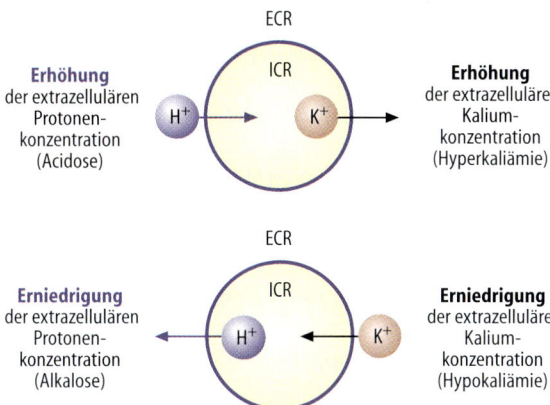

ECR

Erhöhung
der extrazellulären
Protonen-
konzentration
(Acidose)

H^+ → K^+

Erhöhung
der extrazellulären
Kalium-
konzentration
(Hyperkaliämie)

ECR

Erniedrigung
der extrazellulären
Protonen-
konzentration
(Alkalose)

H^+ ← K^+

Erniedrigung
der extrazellulären
Kalium-
konzentration
(Hypokaliämie)

Abb. 24.8 Verschiebung von Kaliumionen zwischen Intra- *(ICR)* und Extrazellulärraum *(ECR)* bei Änderungen der Protonenkonzentration des Extrazellulärraums

scheiden (Nierenversagen). Sie treten auch auf bei Nebennierenrindeninsuffizienz (S. 834), massiver Kaliumzufuhr in der Infusionstherapie, starker Hämolyse (Erythrocyten besitzen hohen Kaliumgehalt, S. 889), Muskeltraumen, Acidosen (s. oben) und bei der familiären hyperkaliämischen Paralyse (S. 964). Die erhöhte Kaliumkonzentration im Extracellulärraum führt zu einer Herabsetzung des Konzentrationsgradienten für Kalium an der Nerven- und Muskelzellmembran und damit zu einem Absinken des Membranpotentials (S. 978). Die Folge sind Störungen der Erregungsbildung und -fortleitung insbesondere am Myokard (typische Änderungen im Elektrokardiogramm), die bis zum Herzstillstand führen können. Therapeutisch wird durch

- Einschränkung der Kaliumzufuhr mit der Nahrung (Fortlassen von Obstsäften, Obst und Gemüsen),
- orale Gabe von Ionenaustauscherharzen (S. 45), die die intestinale Resorption von Kalium hemmen oder
- Verabreichung von glucosehaltigen Insulin-Infusionen, die den Übertritt von Kalium in den Intrazellulärraum fördern (S. 794), vorgegangen.

Hypokaliämie. Eine Erniedrigung des Plasmakaliumspiegels unter einen Grenzwert von 3,5 mmol/l kann durch einen enteralen oder renalen Verlust sowie eine Verteilungsstörung (s. oben) bedingt sein. Enterale Kaliumverluste werden z. B. durch den Mißbrauch von Abführmitteln, renale Verluste durch Nierenfunktions- (Kaliumverlustniere) und endokrine Störungen (Hyperaldosteronismus und Cushing-Syndrom, S. 873) verursacht. Die verringerte Kaliumkonzentration im Extrazellulärraum führt zu einer Hyperpolarisation des Membranpotentials mit nachfolgenden Störungen der Erregungsbildung und -fortleitung in Nerven und Muskel (typische Änderungen im Elektrokardiogramm). Die Therapie ist in den meisten Fällen die Behandlung der Grundkrankheit.

24.2.6 Magnesium

Magnesium ist an intrazellulären Reaktionen von Phosphatgruppen beteiligt

Magnesium spielt bei einer Fülle intrazellulärer Reaktionen eine wichtige Rolle. Es nimmt an mehr als 300 Reaktionen teil, bei denen *Phosphatgruppen übertragen, Phosphatester gespalten oder gebildet* werden, da das Substrat dieser Enzyme (z. B. ATPasen in Membranen, alkalische und saure Phosphatasen, Pyrophosphatasen) nicht ATP, sondern der *ATP²⁻-Mg²⁺-Komplex* darstellt. Magnesium macht dabei das Phosphat einem nucleophilen Angriff zugänglich (S. 22). Auch bei der oxidativen Phosphorylierung in den Mitochondrien, verschiedenen Stufen der Proteinbiosynthese im Cytosol (Assoziation der ribosomalen Untereinheiten, Aktivierung der Aminosäuren) und der Nucleinsäurebiosynthese im Kern ist Magnesium beteiligt. An der motorischen Endplatte wirkt es der calciumabhängigen Acetylcholinfreisetzung entgegen.

Von klinischer Bedeutung ist die calciumantagonistische Wirkung des Magnesiums: so blockiert es z. B. den Ionenkanal-abhängigen Eintritt von Calcium in die glatte Gefäßmuskulatur und die Herzmuskelzelle. Darauf beruht die Anwendung *pharmakologischer Magnesiumgaben* bei Schwangeren mit Hochdruck und Herzinfarktpatienten mit Rhythmusstörungen.

Über 95 % des Körpermagnesiums befinden sich im Intrazellulärraum

Magnesiumbedarf. Der Magnesiumbedarf des Menschen ist unbekannt. Er hängt nicht nur vom Gesundheitszustand, sondern auch von der Zusammensetzung der Nahrung und insbesondere deren Calcium- und Proteingehalt ab. Mit 8,2–12,3 mmol (200–300 mg) pro Tag ist die Bilanz ausgeglichen. Von der Deutschen Gesellschaft für Ernährung (S. 708) wird die tägliche Zufuhr von 14,4 mmol (350 mg) empfohlen. Reich an Magnesium sind grüne Blattgemüse aufgrund ihres hohen Chlorophyllgehaltes sowie Nüsse und Getreide.

Intestinale Resorption. Magnesium ist vorwiegend ein *Stuhlion,* da nur etwa 30 % resorbiert und etwa 70 % wieder mit den Faeces ausgeschieden werden. Die Resorption des Magnesiums erfolgt über einen noch unbekannten Mechanismus durch die Dünndarmmucosa, in geringeren Mengen auch im Magen, nachdem das Magnesium des Pflanzenchlorophylls durch Salzsäure abgespalten worden ist. Vitamin D_3, Parathormon, Wachstums- und Schilddrüsenhormone steigern die *intestinale Resorption.*

Verteilung im Organismus. Die Magnesiumkonzentration im *Blut* beträgt *0,8–1,0 mmol/l.* Davon sind etwa

32 % an Proteine (Tabelle 24.11) gebunden (Affinität zu sauerstoffhaltigen Liganden!). Der *Liquor cerebrospinalis* enthält mit 1,25–1,5 mmol/l fast doppelt soviel Magnesium. Aus dem Extrazellulärraum (1,3 % des Gesamtbestands) gelangt Magnesium in die Körperzellen (95 % des Gesamtbestands), wobei es v. a. in *Apatit* und *Proteinen des Skeletts* (67 %) und in Organen mit hoher Stoffwechselaktivität wie *Herz, Leber, Zentralnervensystem* und *Muskulatur* (31 %) angereichert wird.

Da die intrazelluläre Konzentration (Gesamtkonzentration 10–30 mmol/l; im Cytosol 0,5 ± 0,3 mmol/l) höher als die des Extrazellulärraums ist, weisen auch die Erythrocyten eine höhere Konzentration als das Blut auf (2,5–2,75 mmol/l). Im Knochen ist Magnesium nicht fest gebunden, sondern rasch mobilisierbar. Der Gesamtbestand des 70 kg schweren Erwachsenen beträgt bei 11,5–16,5 mmol/kg Körpergewicht 800–1150 mmol (etwa 24 bis 25 g) und nimmt mit dem Alter ab.

Ausscheidung. Die Ausscheidung erfolgt fast ausschließlich über die Glomeruli der *Nieren* (3–6 mmol/24 h) und wird durch die Reabsorption in den Tubuli begrenzt. Da auch hier eine Kompetition mit Calciumionen besteht, führt jede Erhöhung des Serumcalciumspiegels zu einer stärkeren Magnesiumausscheidung und umgekehrt. In geringen Mengen wird Magnesium auch mit dem Schweiß und in den Darm ausgeschieden.

Über die Regulation des Magnesiumstoffwechsels ist bisher nur wenig bekannt

Auf der Ebene der Zelle müssen komplexe Regulationsvorgänge existieren, da beim Magnesiummangel ein deutlicher Abfall der Plasmakonzentration eintritt, während die Spiegel in Zellen und Knochen nahezu unverändert bleiben. Wie die Zelle Magnesium akkumuliert (Mg-ATPase?), steht noch nicht fest. In den *Mitochondrien* wird Magnesium in Form von $Mg_3(PO_4)_2$-Komplexen angereichert, wodurch der Magnesiumspiegel in Mitochondrien höher als im Cytosol ist.

Die Schilddrüsenhormone beeinflussen den Plasma- (Erniedrigung) und Zellgehalt (Erhöhung) sowie die Urinausscheidung von Magnesium (Erhöhung). Da auch die intestinale Resorption gesteigert wird, entsteht unter der Gabe von Schilddrüsenhormonen eine positive Magnesiumbilanz. Genau die entgegengesetzten Wirkungen werden bei der Schilddrüsenunterfunktion beobachtet. Das spricht dafür, daß Magnesiumionen für die Wirkung dieser Hormone von elementarer Bedeutung sind (S. 824).

Ein Magnesiummangel wird durch vermehrten Verbrauch oder verminderte Aufnahme hervorgerufen

Die Magnesiumaufnahme beim Menschen kann durch
- proteinreiche Ernährung (hoher Magnesiumbedarf und Hemmung der Resorption),
- calciumreiche Kost,
- Mangel an Thiamin (B_1) und Pyridoxin (B_6) (durch Rückgang des Verzehrs an Mehlprodukten als Vitamin-B-Träger),
- den in den Industriestaaten steigenden Alkoholkonsum (hemmt Magnesiumresorption),
- Magnesiummangelernährung und
- Düngefehler (Verarmung der Böden und Pflanzen an Magnesium) verringert sein.

Tabelle 24.11 Daten zum Magnesiumstoffwechsel

Verteilung von Magnesium im normalen Plasma	mmol/l	Prozentualer Anteil an der Gesamtmenge
Ionisiert	0,53	55
Proteingebunden	0,30	32
Komplexiert	0,07	7
Nicht identifiziert	0,06	6
Gesamtmenge	0,96	100
Normalbereich im Blutplasma	0,8–1,0 mmol/l	
Tägliche Ausscheidung mit dem Urin	3,0–6,0 mmol/24 h	
Gesamtbestand des Organismus	115–165 mmol/kg Körpergewicht	
Empfohlene tägliche Zufuhr mit der Nahrung	8–14 mmol	

Tabelle 24.12 Krankheiten, bei denen Magnesiummangel auftreten kann

Zustände, die mit einer unzureichenden Zufuhr oder beeinträchtigten Resorption (oder beiden) vergesellschaftet sind:
Malabsorptionssyndrome,
Protein-Energie-Mangelernährung,
Alkoholismus.

Zustände mit erhöhtem Magnesiumbedarf und unzureichender Deckung des Bedarfs:
Längerdauernder oder schwerer Verlust von Körperflüssigkeiten (chronische Diarrhoe),
Lactation,
Schwangerschaft.

Zustände, bei denen die Magnesiumreabsorption durch die Nieren gestört ist:
Dekompensierter Diabetes mellitus,
Primärer Hyperaldosteronismus,
Hyperthyreose,
Therapie mit bestimmten Medikamenten (Diuretika, Cyclosporin, Cis-Platin, Antibiotika)

Auch die Beeinträchtigung der renalen Reabsorption von Magnesium kann einen Mangelzustand herbeiführen (Tabelle 24.12).

Ein Magnesiummangel kann auch vorhanden sein, wenn der Magnesiumspiegel im Plasma normal, d. h. über 0,8 mmol/l liegt. Zum Ausschluß eines Magnesiummangels sollte deshalb die Urinausscheidung nach intravenöser Magnesiumgabe (*Magnesiumtoleranztest*) bestimmt werden: liegt die Ausscheidungsrate unter 50 %, liegt ein Magnesiummangel vor.

Im Magnesiummangel können die Nieren Kalium nicht einsparen [insbesondere wenn gleichzeitig eine hypochlorämische Alkalose (S. 946) besteht]. Daraus resultiert eine *substitutionsrefraktäre Hypokaliämie*.

Symptome des Magnesiummangels sind nervöse Störungen mit Schwindelzuständen, Kribbeln in Händen und Füßen, die oft jahrelang als vegetative Dystonie verkannt werden und sich mit der Funktion von Magnesium bei der Erregungsübertragung (S. 978) erklären lassen.

24.2.7 Calcium

Calcium zeichnet sich durch seine vielseitigen Funktionen aus

Im Vergleich zu anderen Metallen wie den Alkalimetallen Natrium und Kalium besitzt Calcium eine Fülle biochemischer Funktionen, die teilweise schon sehr gut untersucht sind. Diese Funktionen sind im einzelnen:

Calcium und Knochenmineralisierung. Gemeinsam mit anorganischem Phosphat (S. 700) stellt Calcium den anorganischen Anteil des *Knochens* sowie des – prinzipiell gleich aufgebauten – Dentins und Schmelzes der *Zähne* in Form einer dem Hydroxylapatit ähnlichen Struktur (Kapitel 26, S. 749). Neben der mechanischen Funktion, die der Knochen als Stützgewebe erfüllt, dient das Knochengewebe auch als *Speicherorgan für Calciumionen,* aus dem dieses Kation bei längerdauerndem Calciummangel mobilisiert werden kann. Etwa 1 % des Calciumpools der Knochen ist zu diesem Zweck verfügbar.

Calcium und Blutgerinnung. Als freies Ion ist Calcium durch Bildung von Komplexen mit Phospholipiden und Gerinnungsfaktoren (Bindung an γ-Carboxylgruppen, S. 39) an der Aktivierung des extra- und intravaskulären Systems der Blutgerinnung entscheidend beteiligt (S. 922).

Calcium und Zellmembranstabilisierung. Die Verringerung der Calciumkonzentration des Extrazellulärraums führt zu einer Erniedrigung der Schwelle der Erregbarkeit von Muskel- und Nervenzellmembranen. Umgekehrt verursacht die Erhöhung der extrazellulären Calciumkonzentration eine Abnahme der Natriumpermeabilität und damit der Erregbarkeit der Membran *(Stabilisierung von Biomembranen).* Weiteres hierüber siehe Lehrbücher der Physiologie.

Calcium als Signal bei der Zellaktivierung. Die Calciumkonzentration im Cytosol der meisten Säugetierzellen beträgt weniger als 10^{-7} mol/l. Relativ zur extracellulären Konzentration an freien Calciumionen, die bei etwa $1,7 \times 10^{-3}$ mol/l liegt, besteht an der Plasmamembran damit ein etwa 10 000 facher Calciumgradient. Der gesamte Calciumgehalt der Zelle und der Pool des austauschbaren Calciums sind dagegen viel höher. Wäre z. B. das gesamte Calcium ionisiert und gleichmäßig in der Zelle verteilt, so würde die intrazelluläre Calciumkonzentration in der Größenordnung von 2–10 mmol/l und damit über der des extrazellulären Raums liegen. Da im Rahmen der zahlreichen Phosphat-übertragenden Prozesse ständig freies anorganisches Phosphat im Cytosol der Zelle entsteht, würde sich in größeren Mengen vorliegendes freies Calcium mit dem Phosphat, wie im Knochen, zu einem unlöslichen Komplex verbinden. Über 90 % des Zellcalciums sind jedoch nicht ionisiert, sondern befinden sich als Calciumphosphat-Komplex in den Mitochondrien oder an Proteine gebunden im endoplasmatischen Reticulum.

Als *Zellaktivierung* bezeichnet man die Stimulierung einer Zelle zur Ausübung ihrer spezifischen Funktionen, z. B. Kontraktion, Biosynthese und Sekretion von Stoffen, transzellulärem Transport von Ionen, Bereitstellung von Glucose (Glykogenolyse und/oder Gluconeogenese), Photorezeption usw. Bei vielen dieser Prozesse besitzt Calcium eine Signalfunktion, da es Informationen von der Membran der aktivierten Zelle auf Rezeptormoleküle innerhalb der Zelle überträgt.

Mit wenigen Ausnahmen geht mit der Zellaktivierung eine Erhöhung der cytosolischen Calciumkonzentration von 10^{-7} mol/l auf Werte von etwa 10^{-5} mol/l einher. Deshalb wird diese durch eine Reihe von Transportsystemen sehr genau reguliert (Abb. 24.9). Im einzelnen handelt es sich um Mechanismen für den aktiven Export von Calciumionen aus dem Cytosol sowie für den regulierten Einstrom von Calcium in dasselbe. Zu den ersteren gehören

- eine in der Plasmamembran aller Zellen nachweisbare *Ca²⁺-ATPase* (S. 689),
- ein *Ca²⁺/Na⁺-Antiportsystem,* welches den mit Hilfe Na⁺/K⁺-ATPase erzeugten Natrium-Gradienten über der Zellmembran zum sekundär aktiven Calciumexport benutzt,
- eine in den Vesikeln des endoplasmatischen Reticulums lokalisierte *Ca²⁺-ATPase,* die die Sequestrierung von Calcium in diesen Organellen ermöglicht sowie
- ein nur bei Calciumüberladung von Zellen benutztes System, das die Akkumulierung von Calcium als Calciumphosphat in den Mitochondrien ermöglicht (in Abb. 24.9 nicht dargestellt).

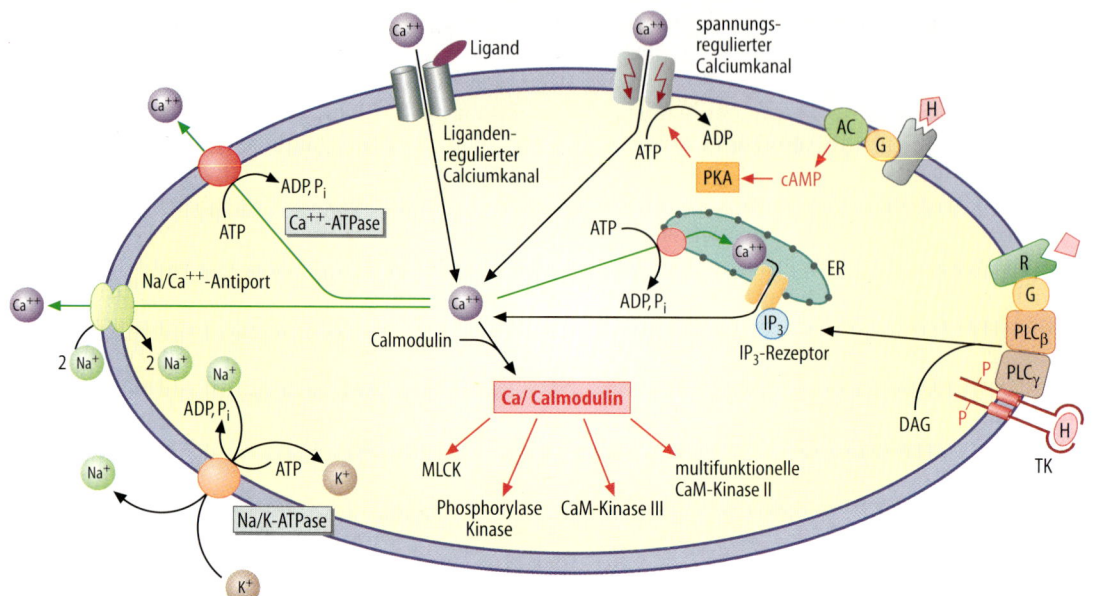

Abb. 24.9 Regulation des zellulären Calciumstoffwechsels. Calcium wird durch die Ca^{2+}-ATPase, den Ca^{2+}/Na^+-Antiport und die Calciumsequestrierung im endoplasmatischen Reticulum aus dem Cytosol exportiert. Für die Erhöhung der cytosolischen Calciumkonzentration verwendete Mechanismen beruhen auf der Aktivität von spannungs- bzw. ligandenregulierten Calciumkanälen der Plasmamembran sowie dem IP_3-Rezeptor im endoplasmatischen Reticulum. Calcium bindet an Calmodulin und aktiviert so CaM-Kinasen. *H* Hormon; *G* G-Protein; *AC* Adenylatcyclase; *R* 7-Transmembrandomänen-Rezeptor; *TK* Tyrosinkinase-Rezeptor; *PLC* Phospholipase C; *DAG* Diacylglycerin; *ER* endoplasmatisches Reticulum; *PKA* Proteinkinase A. (Einzelheiten s. Text)

Die genannten Systeme sind dafür verantwortlich, daß im Ruhezustand eine niedrige Calcium-Konzentration aufrecht erhalten werden kann. Für die Erhöhung der intrazellulären cytosolischen Calciumkonzentrationen bei Aktivierung von Zellen stehen drei Mechanismen zur Verfügung (Abb. 24.9):

- Calciumeinstrom aus dem extrazellulären Raum durch *spannungsregulierte Calciumkanäle.* Die Öffnung derartiger Kanäle, die in einer Reihe unterschiedlicher Isoformen vorkommen, erfolgt nach Depolarisierung von Zellen. Interessanterweise kann die Öffnungswahrscheinlichkeit des spannungsregulierten Calciumkanals, z. B. im Herzmuskel dadurch vergrößert werden, daß das Kanalprotein durch die cAMP-abhängige Proteinkinase A phosphoryliert wird. Dies ist eine der Möglichkeiten, die intrazelluläre Calciumkonzentration durch Hormone zu regulieren.
- Calciumeinstrom aus dem extrazellulären Raum durch *Liganden-regulierte Calciumkanäle.* Derartige Kanäle öffnen sich dann, wenn entsprechende Liganden, meist Hormone, gebunden werden. Hierzu gehören Vasopressin, Leukotriene oder extrazelluläres ATP (Purinrezeptoren).
- Calciumeinstrom aus *Calciumspeichern* im endoplasmatischen Reticulum. Das Prinzip dieses Vorgangs beruht darauf, daß eine hormonell aktivierte, in der Cytoplasmamembran lokalisierte Phospholipase C zur Spaltung von Phosphatidylinositolbisphosphat führt und das dabei freigesetzte Inositoltrisphosphat (IP_3) mit dem im endoplasmatischen Reticulum lokalisierten IP_3-Rezeptor in Wechselwirkung tritt. Dieser Rezeptor ist ein Liganden-regulierter Calciumkanal, die Bindung des Liganden IP_3 löst den Calciumefflux aus dem endoplasmatischen Reticulum aus.

Das vermehrt ins Cytosol aufgenommene Calcium tritt primär mit Rezeptorproteinen in Wechselwirkung. Im Herz- und Skelettmuskel handelt es sich dabei um das *Troponin,* das aus drei verschiedenen Untereinheiten besteht, von denen das Troponin C (*C* durch Calcium aktivierbar) als Calciumrezeptor bei der Regulation der Muskelkontraktion dient (S. 958).

Ein weiterer außer in Muskelzellen auch in allen anderen Körperzellen vorkommender Calciumrezeptor ist das *Calmodulin.* Calmodulin und Troponin C besitzen etwa 75 % Homologie. Bei einem Molekulargewicht von 16,7 kD weist Calmodulin vier Calciumbindungsstellen auf, die den entsprechenden Regionen im Parvalbumin (S. 28) ähneln (Abb. 24.10). Die Calciumbindungsregion wird dabei bei von zwei α-Helices mit jeweils etwa 10 Aminosäureresten gebildet, die durch eine nicht-helicale Schleife voneinander getrennt sind, an die Calcium unmittelbar gebunden wird (Abb. 2.43, S. 63). Da diese Helices räumlich wie ein ausgestreckter Zeigefinger und der Daumen einer Hand zueinander liegen, wird diese Struktur auch als EF-Hand (Abb. 24.10) bezeichnet, wobei EF sich auf die Helices einer der Bindungsstellen im Parvalbumin bezieht. Diese Struktur kommt in allen Calcium-bindenden Proteinen vor. Über diese Mechanismen in das Cytosol aufgenom-

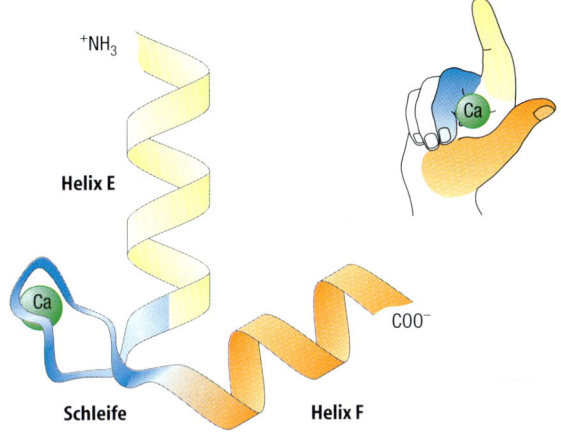

Abb. 24.10 Die calciumbindende Domäne von Troponin C. Das calciumbindende Motiv wird durch eine rechte Hand veranschaulicht. Die Helix E *(gelb)* verläuft von der Spitze bis zum Grundgelenk des Zeigefingers. Der flexierte Mittelfinger *(blau)* entspricht der Schleife, die Calcium bindet. Helix F *(rot)* entspricht dem Daumen (vgl. Abb. 2.43, S. 63). (Nach Herzberg & James (1985) Nature 313: 655)

mene Calciumionen besetzen die Bindungsstellen des Calmodulins, das dadurch seine Konformation ändert und in eine aktivierte Form überführt wird.

Der Calcium/Calmodulinkomplex ist ein Aktivator der sogenannten *Calcium/Calmodulin-Kinasen* (CaM-Kinasen). Bei diesen handelt es sich um eine Familie von Enzymen unterschiedlicher Spezifität (Abb. 24.9, S. 696).

Hohe Substratspezifität unter den CaM-Kinasen hat die auch als *Myosin-leichte-Kettenkinase* (MLCK) bezeichnete Isoform, die die leichte Kette des Myosins phosphoryliert und damit den Kontraktionscyclus der glatten Muskulatur beeinflußt (S. 958). Weitere spezifische CaM-Kinasen sind die *CaM-Kinase III,* die den Elongationsfaktor 2 bei der Proteinbiosynthese phosphoryliert (S. 275) und die *Phosphorylasekinase,* deren Bedeutung für die Glykogenolyse ausführlich besprochen wurde (S. 411). Ein besonders umfangreiches Sub-

Tabelle 24.13 Substrate der CaM-Kinase II (Auswahl)

Protein	Funktion
Acetyl-CoA-Carboxylase	Fettsäuresynthese
ATP-Citrat-Lyase	Fettsäuresynthese
Glykogen-Synthase	Glykogensynthese
HMG-CoA-Reduktase	Cholesterinsynthese
Phosphofructokinase	Glykolyse
Ca-Kanal, Typ N	Präsynaptischer Calciuminflux
EGF-Rezeptor	Proliferation
Phospholipase A$_2$	Arachidonat-Freisetzung; Phospholipidspaltung
Intermediärfilamente	Assemblierung des Cytoskeletts
Mikrotubulus-assoziierte Proteine (MAP's)	Assemblierung von Mikrotubuli

stratspektrum hat die *multifunktionelle CaM-Kinase II*. Eine Auswahl ihrer Substrate ist in Tabelle 24.13 zusammengestellt. Zu ihnen gehören Stoffwechselenzyme, aber auch Proteine, deren Funktion im Bereich der Signaltransduktion liegt, oder Strukturproteine.

Aus diesen vielfältigen Wirkungen des Calcium-Calmodulinkomplexes wird die entscheidende Bedeutung von Calcium bei der Zellaktivierung verständlich.

99 % des Körpercalciums befinden sich im Knochen

Calciumbedarf. Der tägliche Bedarf an Calcium liegt bei 20 mmol (0,8 g) beim Erwachsenen, bei 37,5 mmol (1,5 g) in der Schwangerschaft und Lactation, bei 25 mmol (1,0 g) für Kinder und bei 30 mmol (1,2 g) in der Adoleszenz. Die von der Weltgesundheitsorganisation (WHO) empfohlenen Werte liegen etwas niedriger. Milchprodukte (Käse, Magermilch), Algen (Sushi-Bars) und Sesamkeime sind gute Calciumquellen.

Intestinale Resorption. Das *Ileum* ist quantitativ der wesentliche Resorptionsort für Calcium. Wie bei der Resorption anderer Stoffe werden auch bei der Calciumresorption mehrere Schritte unterschieden:
- die Einschleusung des Stoffes aus dem Darmlumen durch den Bürstensaum (Mikrovilli, S. 198) in die Zelle,
- die Wanderung durch die Epithelzelle und
- der Austritt durch die Basalmembran in den Extrazellulärraum.

Aus dem Darmlumen wird Calcium über einen Calciumkanal in die Mucosazelle aufgenommen. Der Austritt von Calcium an der Serosaseite ist der limitierende Faktor, bei dem es sich um einen aktiven, d. h. Ca-ATPase-vermittelten Prozeß handelt. An der Resorption ist ein calciumbindendes Protein *(Calbindin)* beteiligt, dessen Gen ein Vitamin D-empfindliches Element besitzt.

Von der täglich zugeführten Menge werden **25–40 %** resorbiert. Je niedriger die Calciumzufuhr ist, desto höher ist die prozentuale Resorption und umgekehrt. Das Ausmaß der Calciumresorption fällt mit zunehmendem Alter ab. Die intestinale Calciumresorption kann durch in der Nahrung enthaltene Verbindungen wie Phytinsäure (z. B. im Hafer) und Oxalsäure (z. B. im Spinat) durch die Bildung schwerlöslicher Calciumkomplexe beeinflußt werden.

Regulation der intestinalen Calciumresorption. Eine Schlüsselstellung bei der Regulation der intestinalen Calciumresorption nehmen *Vitamin D* (Calciferole) bzw. dessen Metaboliten ein. Vitamin D (S. 657) wird nach seiner Resorption im Dünndarm (besonders im Jejunum) in der Chylomikronenfraktion der Lymphe transportiert, im Plasma an ein α-Globulin (Gc-Globulin, S. 697) gebunden und gelangt so in die Leber. Dort wird es zu einem polaren Metaboliten, dem 25-Hydroxycholecalciferol hydroxyliert, aber erst die weitere Hydroxylierung zu 1,25-Dihydroxycholecalciferol in den Nierentubuli stellt die Form dar, die die intestinale Calciumresorption fördert. Damit kommt den **Nieren** eine wesentliche Funktion bei der Regulation der Calciumresorption und damit des Calciumbestandes des Organismus zu. Da die Biosyntheserate von 1,25-Dihydroxycholecalciferol durch den Calciumspiegel reguliert wird, erhalten die Mucosazellen über diesen Metaboliten von den Nieren (die Calcium glomerulär filtrieren und tubulär reabsorbieren) die Information über die Höhe des Plasmacalciumspiegels, die die Grundlage zur Förderung oder Hemmung der intestinalen Resorption bildet.

Verteilung im Organismus. Der Gesamtbestand des Organismus beträgt 400 mmol/kg Körpergewicht (also etwa 2800 mmol beim 70 kg schweren Erwachsenen). *99 %* des Körpercalciums finden sich im **Knochen,** der ein zelluläres Gewebe darstellt, das einem ständigen Auf- und Abbau unterliegt. Der Rest des Körpercalciums ist auf den Extra- und Intrazellulärraum verteilt.

Calcium im Blut. Erythrocyten enthalten sehr wenig Calcium, da sie dieses ständig mit Hilfe eines aktiven Transportsystems aus ihrem Inneren pumpen (S. 889). So findet sich das gesamte Calcium im **Blutplasma,** und zwar in drei Fraktionen:
- Dem ionisierten, das durch die Kapillarmembran in den interstitiellen Raum übertreten kann und deshalb auch als diffusibles Calcium bezeichnet wird,
- dem an Proteine gebundenen, das aufgrund seiner Bindung die Kapillarmembran nicht permeieren kann (nichtdiffusibles Calcium) und
- einer kleinen Menge, die wahrscheinlich als Citrat- und Phosphatkomplex vorliegt, aber in dieser Form in den interstitiellen Raum übertreten kann.

Abbildung 24.11 zeigt das Verhältnis der einzelnen Fraktionen, die miteinander im Gleichgewicht stehen.

Die Calciumkonzentration liegt normalerweise – je nach Labor und Bestimmungsmethode – zwischen 2,2 und 2,6 mmol/l (8,8–10,4 mg/100 ml). Obwohl sich mit 1% des Gesamtbestands nur ein sehr geringer Teil des Körpercalciums im Blutplasma befindet, wird dieser bei wechselnder Zufuhr und Ausscheidung und ohne Rücksicht auf die Knochenmasse in engen Grenzen konstant gehalten. Für die **klinische Routine** reicht die Bestimmung der *Gesamtcalciumkonzentration* aus, obwohl keine lineare Korrelation zwischen dem ionisierten, d. h. dem biologisch aktiven, und dem Gesamtcalcium besteht.

Der *freie oder ionisierte Anteil* des Plasmacalciums ist der biochemisch entscheidende. Die Nebenschilddrüsen reagieren durch Sekretion von Parathormon auf Änderungen des ionisierten Calciums (Regulation der extrazellulären Calciumkonzentration, S. 699).

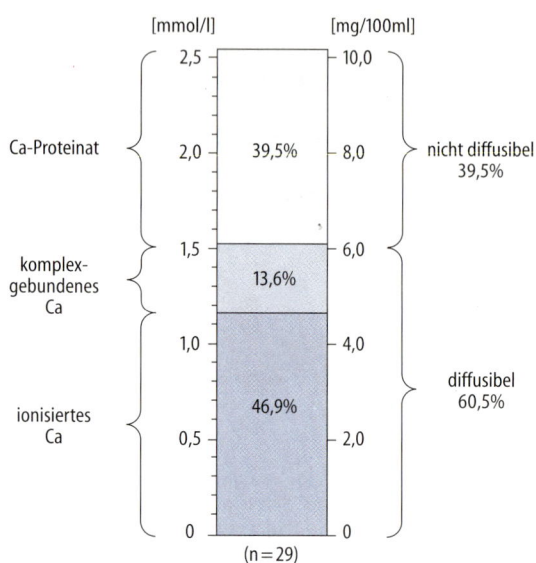

Abb. 24.11 Die einzelnen Fraktionen des Plasmacalciums (Mittelwerte von 29 Normalpersonen). (Nach Moore EW (1970) J Clin Invest 49: 318)

Die Bindung des Calciumions an die Carboxylat- und Phosphatgruppen der Plasmaproteine ist *pH-abhängig* (Dissoziation dieser Gruppen).
- Eine Erhöhung der Protonenkonzentration des Bluts (Acidose) führt zu geringerer Dissoziation dieser schwach sauren Gruppen, so daß weniger Calcium gebunden werden kann,
- eine Verringerung der Protonenkonzentration (Alkalose, S. 939) bedingt eine vermehrte Bindung von Calcium an Plasmaproteine.

Auch Änderungen der Proteinkonzentration des Blutes (S. 946) gehen mit einer entsprechenden Änderung der Konzentration an freien Calciumionen einher.

Die Calciumkonzentration in der interstitiellen Flüssigkeit beträgt etwa 1,75 mmol/l (7 mg/100 ml), im Liquor cerebrospinalis zwischen 1,12 und 1,24 mmol/l (4,5–6 mg/100 ml). Diese Werte entsprechen ungefähr der Konzentration des ionisierten Calciums, da das an Plasmaproteine gebundene Calcium nicht frei diffusibel ist.

Ausscheidung. Calcium wird im wesentlichen über die **Nieren** ausgeschieden. Das nichtproteingebundene Calcium (60%) wird glomerulär filtriert und tubulär reabsorbiert. Die tägliche Ausscheidung beträgt bei normaler Ernährung 3,75–11,25 mmol (150–450 mg), die maximale Ausscheidung liegt nur bei 25 mmol (1 g)/24 h. Wird diese Konzentration überschritten, so fällt Calcium zusammen mit anderen Stoffen in Form von Nierensteinen aus (S. 1052). Calcium und Phosphat befinden sich im Urin in einer *übersättigten Lösung,* so daß die Existenz von Substanzen angenommen werden muß, die die Ausfällung und Nierensteinbildung verhindern (S. 1052).

Mit dem Darm gelangen ebenfalls etwa 3,75–11,25 mmol (150–450 mg) zur Ausscheidung. Außerdem verliert der Organismus Calcium mit dem Schweiß (Konzentration 0,3–15 mmol/l), mit dem placentaren Kreislauf und der Milch (Lactation).

Regulation der extrazellulären Calciumkonzentration. Auf die Regulation der intracellulären Calciumkonzentration, die durch die Zelle selbst erfolgt, lagert sich die Regulation der extrazellulären Calciumkonzentration auf, die durch drei Hormone vermittelt wird: Parathormon (PTH), 1,25 Dihydroxycholecalciferol und Thyreocalcitonin. Zielgewebe dieser Hormone sind die Zellen der Darmmucosa, der Nierentubuli und der Knochen.

Das in den Nebenschilddrüsen gebildete *Parathormon* (S. 859) ist der wichtigste Regulator des Calciumspiegels im Extrazellulärraum. Jeder Abfall der Konzentration des ionisierten Calciums führt innerhalb von Minuten über einen spezifischen Calcium-Rezeptor in der Membran der Nebenschilddrüsenzellen zu einer erhöhten PTH-Sekretion. Das Hormon wirkt über die vermehrte Mobilisierung von Calcium aus den Knochen, die vermehrte tubuläre Reabsorption von Calcium und Magnesium, die verringerte tubuläre Reabsorption von Phosphat sowie die vermehrte intestinale Resorption von Calcium.

1,25-Dihydroxycholecalciferol (S. 657), die aktive Form des Vitamins D, wird in Abhängigkeit von der Plasmacalciumkonzentration in den Nieren aus 25-Hydroxycholecalciferol synthetisiert. 1,25-Dihydroxycholecalciferol fördert die Calciumresorption im Intestinaltrakt, erleichtert die Wirkung von Parathormon am Knochen und erhöht wahrscheinlich die Calciumreabsorption aus den Nierentubuli.

Welche Bedeutung das in den parafolliculären Zellen der Schilddrüse produzierte *Thyreocalcitonin* (S. 862) für die Calciumhomöostase hat ist bisher noch nicht geklärt, da sowohl nach vollständiger Entfernung seiner Produktionsstätte als auch bei hohen Konzentrationen (z. B. Thyreocalcitonin-produzierenden Tumoren der Schilddrüse) keine schwerwiegenden Störungen der Regulation des extrazellulären Calciumspiegels auftreten (S. 873).

Insgesamt ergibt sich durch diese drei Hormone ein komplexes hormonelles System der Regulation des extrazellulären Calciums, welches auf der Calciummobilisierung aus dem Knochen, der Modulation der Calciumreabsorption in den Nieren sowie der Calciumaufnahme im Intestinaltrakt beruht (Abb. 24.12).

Hyper- und Hypocalcämien können verschiedene Ursachen zugrundeliegen

Hypercalcämie. Erhöhungen des Calciumspiegels im Blut über die obere Normgrenze (etwa 2,6 mmol/l) führen in Abhängigkeit vom Ausmaß der Hypercalc-

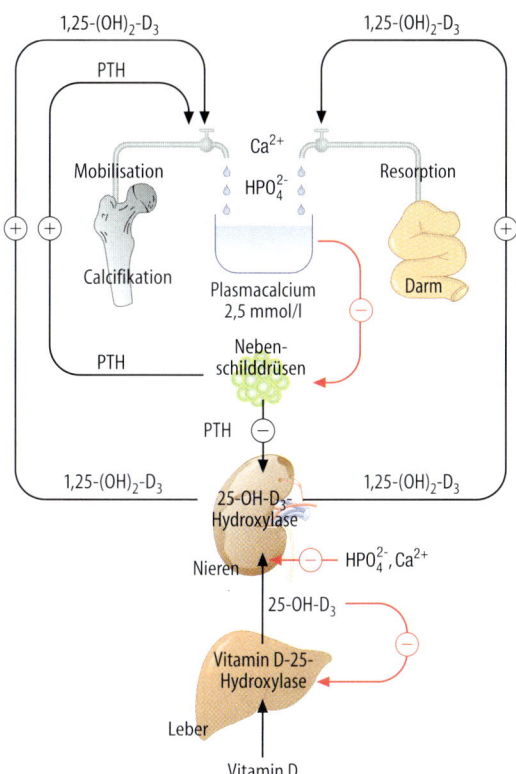

Abb. 24.12 Regulation der extrazellulären Calciumkonzentration. Ein Abfall des Plasmacalciums stimuliert die Freisetzung von Parathormon aus den Nebenschilddrüsen, das die Biosynthese von 1,25-$(OH)_2$-D_3 in den Nieren beschleunigt. Parathormon und 1,25-$(OH)_2$-D_3 fördern gemeinsam die Freisetzung von Calcium aus dem Skelettsystem. Außerdem fördert 1,25-$(OH)_2$-D_3 die intestinale Calciumresorption. Diese beiden Wirkungen führen dazu, daß der Plasmacalciumspiegel wieder den Normalwert erreicht. Das bei der Calciummobilisierung gleichzeitig aus dem Knochen freigesetzte oder im Darm resorbierte Phosphat hemmt direkt die Biosynthese von 1,25-$(OH)_2$-D_3 nach Art eines negativen Rückkoppelungsprozesses

ämie und ihrer Dauer zu mehr oder weniger charakteristischen Funktionsstörungen verschiedener Organe. Betroffen sind
- die Nieren (Polyurie, Polydipsie, Hyposthenurie, Hypokaliämie), die bei einem weiteren Anstieg des Calciumspiegels auf über 4 mmol/l (hypercalcämische Krise) ihre Funktion einstellen können,
- der Gastrointestinaltrakt und
- das Herz (EKG-Veränderungen).

Auch neurologische und psychische Störungen wie Verwirrtheit (Stabilisierung der Nervenzellmembran durch Calcium) sind für eine Hypercalcämie charakteristisch.

Verursacht werden Hypercalcämien durch eine gesteigerte Freisetzung von Calcium aus den Knochen und eine vermehrte Resorption im Darm. Den wichtigsten Komplex bilden die *osteolytischen Syndrome*. Die klassische Form ist der primäre Hyperparathyreoidismus (S. 873), bei dem Tumoren der Epithelkörperchen unabhängig vom Bedarf Parathormon sezernieren, das

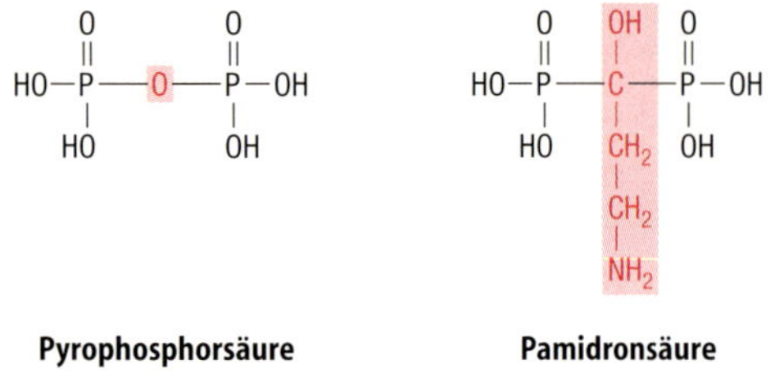

$$\text{Pyrophosphorsäure} \qquad \text{Pamidronsäure}$$

Abb. 24.13 Struktur von Pamidronat, einem Bisphosphonat, d. h. einem chemisch synthetisierten Derivat der Pyrophosphorsäure. Im Gegensatz zu Pyrophosphorsäure können Bisphosphonate durch Pyrophosphatasen (s. u.) nicht abgebaut werden

dann eine gesteigerte Osteolyse in Gang setzt. Bei der Zerstörung von 1 g Knochen werden etwa 2,5 mmol (100 mg) Calcium freigesetzt. Auch Tumoren, bei denen Tochtergeschwülste im Skelettsystem auftreten (Brustdrüsen- und Prostatacarcinom), können mit sog. *malignen Hypercalcämien* einhergehen. An der Entstehung von Tumorhypercalcämien sind von den Tumorzellen gebildete Hormone der Zytokine [wie TGF-α oder PTH-verwandtes Peptid (S. 862)] beteiligt, die Osteoclasten stimulieren.

Erhöhungen des Calciumspiegels durch eine vermehrte Resorption können bei der unvorsichtigen Dosierung von *Vitamin D-Präparaten* auftreten.

Die *Therapie* der Hypercalcämie ist die Behandlung des Grundleidens (z. B. Operation des Epithelkörperchentumors) oder bei Tumorhypercalcämien die Gabe von sog. Bisphosphonaten, die die Osteoclastentätigkeit hemmen (Abb. 24.13).

Hypocalcämie. Erniedrigungen des Calciumspiegels im Blut (Hypocalcämien) treten bei intestinalen Resorptionsstörungen, Unterfunktion der Nebenschilddrüsen (Hypoparathyreoidismus, S. 873) sowie gesteigertem Calciumbedarf in der Schwangerschaft auf. Ein Abfall des ionisierten Calciums kann durch eine Hyperventilation bewirkt werden, da die dadurch verursachte *Alkalose* (S. 939) die Dissoziation der dissoziablen Gruppen der Plasmaproteine erhöht und damit die Calciumbindung fördert. Durch den Abfall des ionisierten Anteils kommt es zu einer Tetanie (fehlende Stabilisierung der Nervenzellmembran durch Calcium), an deren Entstehung sicherlich auch andere Elektrolytveränderungen beteiligt sind. Bei zu schneller Transfusion von Erythrocytenkonzentraten kann es zu einer Citratanhäufung im Blut kommen, da dieses der Konserve zur Gerinnungshemmung zugesetzt wird. Da Citrat Calcium bindet, kann im Blut ein Abfall des Spiegels an Calciumionen auftreten. Der dadurch verursachte Kapillarspasmus (fehlende Stabilisierung der Muskelzellmembran) in den Lungen führt möglicherweise zu einer lebensgefährlichen Rechtsüberlastung des Herzens.

24.2.8 Phosphor

Phosphor ist im Organismus als anorganisches oder organisches Phosphat vorhanden

Phosphor erhält seine Funktion im biologischen System in Verbindung mit Sauerstoff als anorganisches oder organisch gebundenes Phosphat.

Zusammen mit Calcium ist *anorganisches Phosphat* der Hauptbestandteil des anorganischen Anteils des *Knochengewebes* (Knochenmineral, S. 749). Zusätzlich ist es in Form *organischer Phosphatverbindungen* [Nucleinsäuren, Phosphoproteine (Phosphorylierung und Dephosphorylierung von Proteinen, S. 373), Phospholipide, Zwischenprodukte des Kohlenhydratstoffwechsels (Hexose- und Triosephosphate, 2,3 Bisphosphoglycerat) sowie Adenosintriphosphat und Kreatinphosphat] praktisch in jeder Zelle des Organismus vertreten. In der Zelle entsteht bei Reaktionen mit Adenylattransfer (z. B. Aktivierung von Fett- und Aminosäuren und Biosynthese von Carbamylphosphat) und bei der Bildung von cAMP Pyrophosphat, das durch *Pyrophosphatasen* zu Orthophosphaten hydrolysiert wird.

Als Dihydrogenphosphat-Hydrogenphosphat-System wirkt Phosphat als *Puffer* im Intrazellulärraum (pK' = 6,80!), Blutplasma und Urin (titrierbare Acidität, S. 939).

Phosphat- und Calciumstoffwechsel sind eng verbunden

Phosphatbedarf. Der tägliche Phosphatbedarf beträgt 25–30 mmol (800–900 mg). Milchprodukte, Getreide und Fleisch sind die besten Quellen.

Intestinale Resorption. Einzelheiten der im *Jejunum* stattfindenden Resorption von Phosphat (aktiver Transport, passive Diffusion?) und deren Wechselwirkung mit der Resorption von Calcium sind noch nicht bekannt. Sie wird durch Parathormon (S. 859) und Vitamin D ($1,25\text{-}(OH)_2\text{-}D_3$) gefördert. Durchschnittlich werden 70 % der zugeführten Menge resorbiert; der Prozentsatz steigt mit abnehmendem Phosphatangebot an. Da Phosphat mit Aluminium eine unlösliche – nicht resorbierbare – Verbindung eingeht, kann die Phosphatresorption therapeutisch durch Aluminiumhydroxidgel gehemmt werden.

Organische Phosphatverbindungen werden durch Phosphatasen im Darm hydrolysiert (S. 1000). Die Resorption erfolgt ausschließlich als anorganisches Phosphat. Phytinsäure [der Hexaphosphatester des Inositols (S. 776)], die reichlich in Getreidekörnern vorkommt, ist eine schlechte Phosphatquelle, da im menschlichen Verdauungstrakt keine Phytathydrolase nachgewiesen werden kann.

Verteilung im Organismus. Etwa *85 %* des Phosphatbestands des Organismus befinden sich in *Knochen* und in den *Zähnen.* Die übrigen 15 % verteilen sich auf die Muskelzellen (6 %) und die übrigen Zellen (9 %).

Phosphat im Blut. Im Gegensatz zur Calciumkonzentration im Plasma, die in engen und während des gesamten Lebens gleichen Grenzen gehalten wird, fällt die Phosphatkonzentration im Plasma mit dem Alter ab und liegt beim Erwachsenen zwischen *1 und 2 mmol/l.* Davon sind etwa 10 % nichtcovalent an Proteine gebunden. Zusätzlich zum anorganischen Phosphat finden sich im Plasma noch organische Phosphatverbindungen (Phosphatester und lipidgebundenes Phosphat). Phosphat wirkt im Blutplasma (und Urin) als Puffer, wobei seine Pufferkapazität allerdings nur 0,4 mmol/l pH (1 % der Gesamtpufferkapazität des Bluts) beträgt (S. 936). Nach der Gleichung von Henderson und Hasselbalch (S. 18) liegen bei dem pH-Wert des Blutplasmas von 7,4 80 % des anorganischen Phosphats als HPO_4^{2-} und 20 % des $H_2PO_4^-$ vor. Die Konzentration von anorganischem Phosphat im Plasma unterliegt einem ausgeprägten – durch Parathormon nicht beeinflußbaren – *Tag-Nacht-Rhythmus* und hängt außerdem von der mit der Nahrung zugeführten Menge ab (Abb. 24.14). Mit diesem Rhythmus gehen Schwankungen der Phosphatkonzentration im Urin parallel. Das Plasma- und Urinphosphat ist am niedrigsten am Vormittag, am höchsten am Abend. Da nach Entfernung der Nebennieren oder der Hypophyse – im Tierexperiment – der normale Tag-Nacht-Rhythmus der Phosphatkonzentration im Plasma und der Phosphatausscheidung im Urin verschwindet, wird ein Zusammenhang mit den tageszeitlichen Schwankungen des *Plasmacortisolspiegels* (S. 829) diskutiert. Die Plasmaphosphatkonzentration ist die Resultante aus der Resorption im Darm, dem Einbau und der Freisetzung von Phosphat aus dem anorganischen Anteil des Knochengewebes, Verschiebungen zwischen Extra- und Intracellulärraum sowie der Ausscheidung durch die Nieren.

Wachstumshormon fördert die Phosphatreabsorption durch die Nierentubuli und führt so zu einer höheren Plasmaphosphatkonzentration während des Wachstums. Vitamin D, Parathormon, Thyroxin und eine Acidose (Freisetzung pufferwirksamen Phosphats?) fördern den Knochenabbau und damit die Freisetzung von Phosphat und Calcium in den Extracellulärraum. Parathormon und Thyreocalcitonin senken die Plasmaphosphatkonzentration über eine verstärkte Ausscheidung über die Nieren, Thyreocalcitonin außerdem über eine Hemmung der Knochenresorption sowie Insulin und Glucose über eine vermehrte Aufnahme von Phosphat in den Intracellulärraum.

Ausscheidung. Die Ausscheidung von Phosphat erfolgt hauptsächlich über die *Nierentubuli,* daneben auch über Schweiß und Stuhl. Da die Phosphatausscheidung in den Urin ebenso wie die Plasmakonzentration

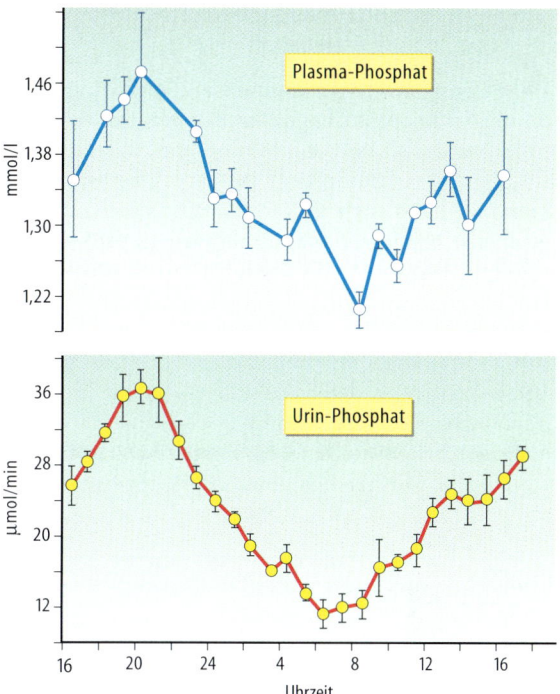

Abb. 24.14 Schwankungen des Plasmaphosphats und der Phosphatausscheidung in den Urin bei 3 gesunden Probanden. (Nach Stanbury SW (1958) Adv Intern Med 9: 31)

einem ausgeprägten – von Parathormon unabhängigen – Tag-Nacht-Rhythmus unterliegt (Abb. 24.14) muß ihre quantitative Erfassung über den 24 h-Urin erfolgen. Phosphat wird in den Glomeruli filtriert und in den Tubuli zu 85–95 % reabsorbiert. Die renale Phosphatausscheidung wird durch Parathormon, Calciumzufuhr, Östrogene, Thyroxin und eine Acidose (S. 939) erhöht, durch Wachstumshormon, Insulin und Cortisol erniedrigt.

Die Plasmaphosphatkonzentration weist stärkere Schwankungen auf als die anderer Elektrolyte

Die Plasmaphosphatkonzentration unterliegt nicht einer so genauen Regulation wie die Calciumkonzentration. Tägliche Schwankungen, insbesondere nach Mahlzeiten, sind häufig. Dies ist darauf zurückzuführen, daß Phosphat nicht nur – wie Calcium – mit dem Knochenphosphat im Gleichgewicht steht, sondern auch im Stoffwechsel der Zelle ständig umgesetzt wird ($ATP \rightleftharpoons ADP + P_i$). Die Regulation des Plasmaphosphatspiegels erfolgt im wesentlichen über die Nieren, jedoch auch über eine Verteilung des Phosphats zwischen Intra- und Extrazellulärraum. In die Zellen oder subzellulären Partikel gelangt Phosphat nicht durch aktiven Transport, sondern folgt passiv Bewegungen von Kationen, insbesondere Calcium (S. 695).

Phosphatmangel beeinträchtigt den ATP-Haushalt

Hohe Phosphatverluste kommen als Folge von Nierentubulusfunktionsstörungen vor, denen entweder ein genetischer Defekt oder eine erworbene Nierentubulusschädigung zugrunde liegt (S.1051). Eine *Hypophosphatämie* kann auch als Verteilungsstörung auftreten, wenn z. B. bei *parenteraler Ernährung* (S.726) eine gesteigerte Aufnahme von Phosphat in den Muskel und ins Fettgewebe erfolgt. Hypophosphatämien führen u. a. zum ATP- und 2,3-Bisphosphoglyceratmangel (2,3-BPG; S.859). Die Reduktion von 2,3-BPG führt zu einer Verschlechterung der Sauerstoffversorgung der peripheren Gewebe, da die Linksverschiebung der Sauerstoffdissoziationskurve (S.897) eine reduzierte Sauerstoffabgabe von Hämoglobin in der Peripherie bedingt.

24.2.9 Chlor

Chlorid hält die Elektroneutralität aufrecht

Als Chloridion stellt Chlor das Hauptanion des Extracellulärraums dar. Die Aufgabe von Chlorid – als dem Träger einer negativen Ladung – liegt in der Aufrechterhaltung der *Elektroneutralität* im Intra- und Extrazellulärraum. In Neutrophilen dient Chlorid als Vorstufe des bakterientoxischen Hypochlorits (S.885).

Chloridanionen können die Plasmamembran über verschiedene *Ionenkanalsysteme* durchqueren:
- im Erythrocyten über den Anionenkanal (Protein 3, S.890),
- in Epithelzellen über den cyclo-AMP-abhängigen Chloridkanal (auch als *CFTR* cystische Fibrose transmembranärer Leitfähigkeits-Regulator bezeichnet, da bei dieser Erkrankung gestört, s. u.),
- über das P-Glykoprotein und bestimmte Neurotransmitter-Rezeptoren (z. B. GABA$_A$-Rezeptor, Abb. 2.39, S. 60).

Chloridanionen sorgen deshalb schnell für einen Ladungsausgleich, wenn Ladungsträger wie z. B. Bicarbonationen (HCO$_3^-$) (z. B. beim Sauerstoff- und Kohlendioxidtransport in Erythrocyten, S.900) oder Protonen (Salzsäureproduktion in den Belegzellen des Magens, Abb.34.1, S.997) Zellmembranen passieren und damit Ladungsverschiebungen hervorrufen.

Chlorid- und Natriumhaushalt sind eng verknüpft

Der Gesamtchloridbestand eines gesunden männlichen Erwachsenen beträgt etwa 33 mmol/kg Körpergewicht, d. h. für den 70 kg schweren Mann etwa 2200 mmol. Etwa 85 % des Chlorids (Tabelle 24.14) befinden sich im *Extrazellulärraum* (am höchsten im Liquor cerebrospinalis, S.974), der Rest in den Zellen, von

Tabelle 24.14 Verteilung von Chlorid im Organismus

	mmol/kg Körpergewicht	Prozentualer Anteil an der Gesamtmenge
Plasma	4,5	13,6
Interstitielle Flüssigkeit, Lymphe	12,3	37,3
Dichtes Bindegewebe und Knorpel	5,6	17,0
Knochen (gesamte Menge)	5,0	15,2
Transzelluläre Flüssigkeit	1,5	4,5
Gesamtmenge im Extrazellulärraum	28,9	87,6
im Intrazellulärraum	4,1	12,4
im Organismus	33,0	100,0

denen die Erythrocyten den höchsten, Muskelzellen wahrscheinlich den niedrigsten Gehalt aufweisen.

Der Stoffwechsel von Chlorid ist eng mit den Natriumbewegungen in den (Aufnahme durch die Nahrung als Kochsalz) und aus dem Organismus (Ausscheidung durch die Nieren) gekoppelt und wird auch durch die gleichen Faktoren beeinflußt, die auf den Natriumstoffwechsel einwirken (Diarrhöen, starkes Schwitzen, endokrine Fehlregulationen, S.691). Bei vielen Störungen des Säure-Basen-Haushalts zeigt die Änderung der Chloridkonzentration ein gegensinniges Verhalten zu der von Bicarbonat (S.944). Bei längerdauerndem Erbrechen (Verlust chloridhaltigen Magensafts) übersteigt der Chlorid- den Natriumverlust. Dies führt zu einem Abfall der *Plasmachloridkonzentration* (normal *98–110 mmol/l*) mit kompensatorischem Anstieg der Bicarbonatkonzentration (*hypochlorämische Alkalose,* S.944). Umgekehrt kann eine Zunahme der Chloridkonzentration (Hyperchlorämie) die Abnahme der Bicarbonatkonzentration verursachen (*hyperchlorämische Acidose).*

Pathobiochemie: Die cystische Fibrose ist die häufigste angeborene Multisystemerkrankung

Die cystische Fibrose (oder Mukoviszidose) ist die häufigste angeborene autosomal recessive Erkrankung in Nordeuropa (etwa 1 : 2500). Diese Multisystemerkrankung betrifft Kinder und junge Erwachsene, die an der Retention zähflüssigen Schleims im unteren *Respirationstrakt* und damit verbundenen Infektionen leiden. Im *Gastrointestinaltrakt* kommt es im Pankreas zu einer Gangobstruktion und Vernarbung mit Verlust der exokrinen Funktion. Praktisch alle männlichen und viele weibliche Patienten sind infertil. Die Häufigkeit der *Heterozygoten,* die keinerlei Symptome aufweisen, beträgt 1 : 25 (!) (d. h. 4 % der Bevölkerung sind hetero-

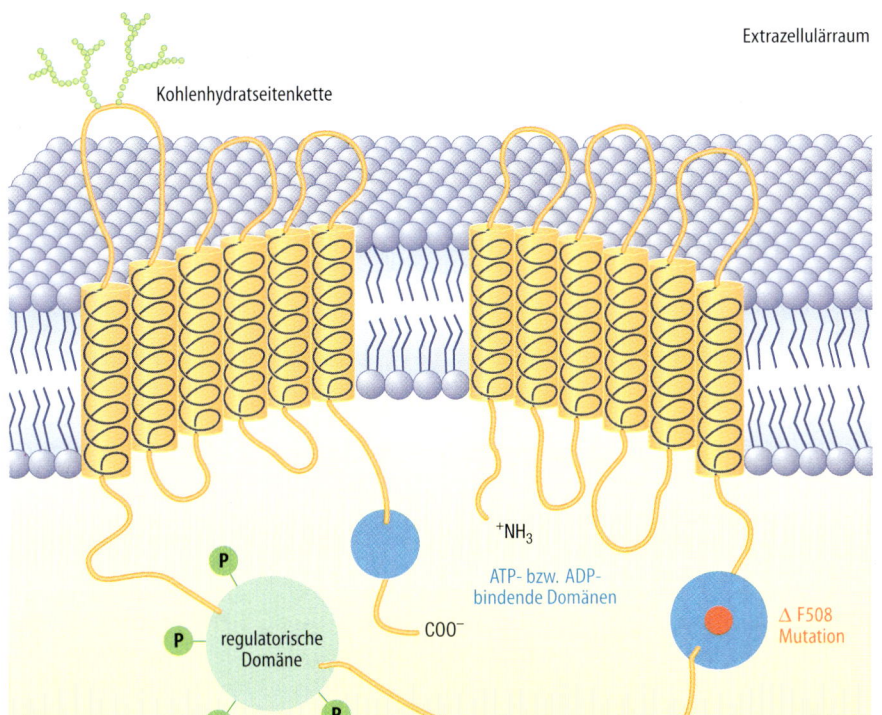

Kohlenhydratseitenkette

$^+NH_3$

ATP- bzw. ADP-
bindende Domänen

COO^-

regulatorische
Domäne

P

P

P

P

Δ F508
Mutation

Cytosol

Abb. 24.15 Modell des CFTR-Proteins. Das Protein besteht aus Regionen mit jeweils sechs membrandurchdringenden Helices, zwei nucleotidbindenden Domänen und einer regulatorischen Domäne, die an vier Serylresten phosphoryliert und dephosphoryliert werden kann. Dadurch wird der Chloridkanal geöffnet und geschlossen. Δ F508 ist die häufigste Mutation bei der cystischen Fibrose

zygote Genträger). Von der Mutation ist das das *CFTR-Gen* (bei der cystischen Fibrose mutierter transmembranärer Leitfähigkeits-Regulator, so bezeichnet wegen der anfänglichen Unklarheit über seine Funktion) auf Chromosom 7q22 betroffen. Das 230 kb umfassende Gen kodiert für ein Protein mit 1480 Aminosäuren, das aus zwei transmembranären Domänen, zwei nucleotidbindenden (NBD) und der regulatorischen R-Domäne besteht (Abb. 24.15) und als *Chloridkanal* fungiert. Es wird in der Apikalmembran von Epithelzellen des Pankreas, der Speichel- und Schweißdrüsen, des Darmes, des Respirations- (dort vor allem in den submucösen Drüsen) und des Reproduktionstraktes exprimiert. Der Chloridkanal kann offen und geschlossen sein, wobei der Übergang vom geschlossenen in den geöffneten Zustand durch eine *cyclo-AMP abhängige Proteinkinase A* vermittelt wird, die Serylreste der R-Untereinheit phosphoryliert. ATP als Phosphatdonor ist an eine nucleotidbindende Domäne, das entstehende ADP an die andere gebunden.

Die häufigste Mutation (bei 70 % der Patienten) ist eine *Deletion* von drei Basen, die zum Verlust der Aminosäure Phenylalanin (F) in Position 508 (Δ F508) der zweiten nucleotidbindenden Domäne führt. Bei den übrigen 30 % der Patienten finden sich über 200 verschiedene Mutationen, die über alle Regionen des Proteins verteilt sind. Etwa die Hälfte der Patienten sind für die Δ F508-Mutation homozygot und etwa

92 % weisen mindestens ein ΔF508-Allel auf. Was die gastrointestinalen Manifestationen betrifft, korrelieren Genotyp und Phänotyp: die ΔF508-Mutation ist mit der *schweren* cystischen Fibrose verbunden, d.h. mit ausgeprägter Pankreasinsuffizienz und hoher Ileusgefahr bei der Geburt. Auf der anderen Seite sind einzelne Mutationen mit nur *milden* Krankheitsmanifestationen verbunden. Die milden Mutationen dominieren dabei die schweren bei der Ausbildung des Phänotypes bei den Patienten, die zwei unterschiedliche Mutationen aufweisen (gemischt heterozygote, S. 324).

In den Schweißdrüsen führt der Defekt des CFTR-Proteins zu einer Unfähigkeit, Chlorid zu reabsorbieren, wodurch der *Chloridgehalt im Schweiß* ansteigt (von diagnostischer Bedeutung). Im *Pankreas* tritt eine Störung der Chloridsekretion und nachfolgend Wassersekretion auf, wodurch es zu einer Eindickung des Pankreassaftes kommt, die eine *Malabsorption* verursacht. Therapeutisch wird versucht, den transmembranären Chloridtransport über andere Kanäle mit Medikamenten zu stimulieren. Erste Versuche, bei denen die Verabreichung eines Adenovirus, der das CFTR-Gen enthält, auf die Nasenschleimhaut von Patienten mit cystischer Fibrose vorübergehend zu einer Korrektur des Chloridtransportdefektes führten, stellen einen ersten Schritt der langfristigen Verbesserung der Organfunktion bei diesen Patienten durch Gentherapie (S. 350) dar.

Sulfat ist Endprodukt des organischen Schwefelstoffwechsels und Bestandteil von Proteoglykanen

Schwefel ist wesentlicher Bestandteil der Seitenketten der proteinogenen Aminosäuren *Cystein* und *Methionin* und damit einer Vielzahl von Proteinen (z. B. Keratin, Insulin, Ribonuclease). Beim Proteinabbau im Magen-Darm-Trakt oder im Stoffwechsel der Zelle werden diese beiden Aminosäuren durch enzymatische Hydrolyse aus den Proteinen freigesetzt. Methionin kann in verschiedenen Organen in Cystein überführt werden (S. 550), bei dessen Abbau zu Kohlendioxid, Wasser und ATP der Schwefel in Form von Schwefelwasserstoff frei wird. Dieser kann nach enzymatischer Oxidation zu anorganischem **Sulfat (Plasmakonzentration 0,5–1,5 mmol/l)** in Begleitung von Kationen mit dem Urin ausgeschieden werden (anorganischer Schwefel). Die tägliche Sulfatausscheidung beträgt in Abhängigkeit von der zugeführten Proteinmenge 30–60 mmol. Sulfat kann auch zu Phosphoadenosylphosphosulfat (PAPS) aktiviert und dann für Konjugationsreaktionen in der Leber oder Biosynthesen in Leber (Heparin), Binde- und Stützgewebe (sulfatierte Mucopolysaccharide, S. 745) oder Gehirn (Cerebroside, S. 976) verwendet werden.

In die Zellen gelangt SO_4^{2-} über verschiedene Transportsysteme:
- einen SO_4^{2-}/Cl^--Antiport in Fibroblasten, Hepatocyten oder Erythrocyten,
- einen SO_4^{2-}/HCO_3^{2-}-Antiport in der kanikulären Membran von Hepatocyten oder
- einen SO_4^{2-}/Na^+-Cotransport in Hepatocyten, Epithelien des Ileums oder der Nierenrinde. Eine Mutation im Gen eines Sulfattransporters im Knorpel führt zu Störungen der Sulfatierung von Proteoglykanen und Kollagen Typ IX (S. 738), die Osteochondrodysplasien bedingen.

Die Bindung von Sulfat an ATP erfordert 67 kJ/mol (16 kcal/mol). Da die ATP- und Pyrophosphatspaltung

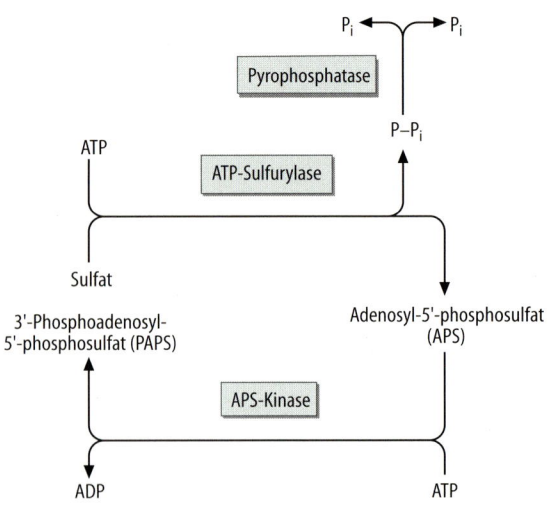

Bilanz: Sulfat + 2 ATP ⟶ aktives Sulfat + ADP + 2P$_i$

Abb. 24.16 Aktivierung von Sulfat

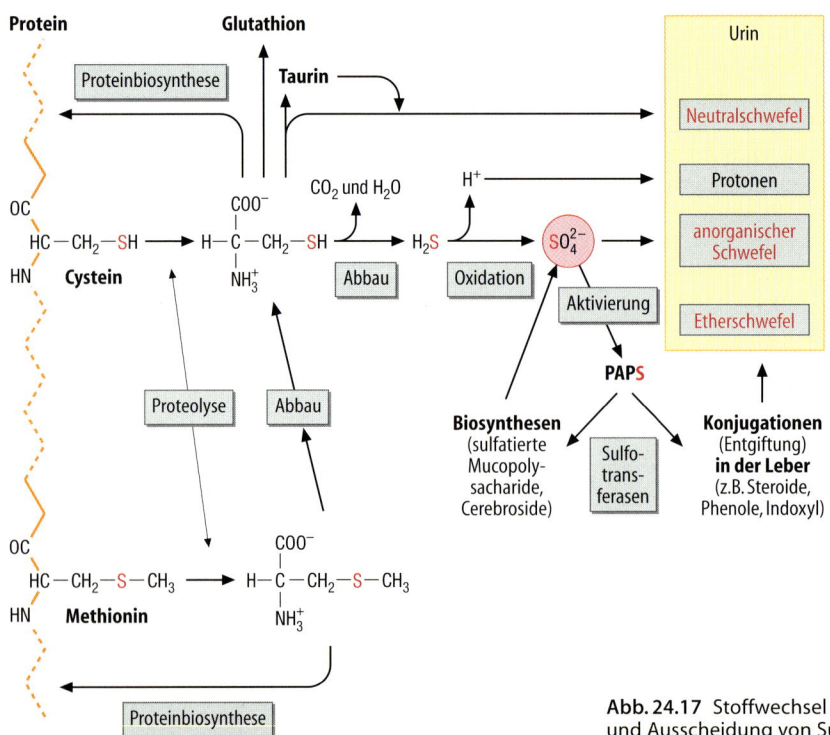

Abb. 24.17 Stoffwechsel des Schwefels (Bildung, Verwendung und Ausscheidung von Sulfat)

nur etwa 60 kJ/mol (15 kcal/mol) liefert, muß noch zusätzlich Energie bereitgestellt werden, um das Reaktionsgleichgewicht in Richtung Adenosylsulfatbiosynthese zu verschieben. Das wird durch zusätzliche Phosphorylierung der Ribose am C_3 erreicht (Abb. 24.16).

Die *Konjugation mit Sulfat* in der Leber dient der Entgiftung von Steroiden, Phenolen und Indoxyl (S. 1030); die dabei entstandenen Konjugationsproduk-te werden nach Ausscheidung in den Urin insgesamt als *Ether-Schwefel-Fraktion* bezeichnet (S. 1051). Beim Abbau sulfatierter Verbindungen wie den Mucopolysacchariden wird Sulfat durch spezifische Sulfatasen freigesetzt und kann nach Aktivierung erneut verwendet werden. In den Urin ausgeschiedenes Cystein und Taurin werden als *Neutralschwefel* bezeichnet (Abb. 24.17).

RESÜMEE

Aufgrund seiner elementaren Bedeutung für biochemische Prozesse besitzt Wasser eine überragende Stellung für die Aufrechterhaltung unserer Gesundheit. Eine Reduktion der Wasserzufuhr oder ein vermehrter Wasserverlust kann deshalb – insbesondere bei Säuglingen und älteren Menschen – lebensbedrohliche Folgen haben. Der Haushalt von Wasser ist eng mit dem Haushalt verschiedener Elektrolyte verknüpft, so daß Veränderungen des Stoffwechsels von Natrium, Kalium oder Chlorid auch den Wasserhaushalt beeinträchtigen und umgekehrt.

Natrium und Kalium sorgen für die Bioelektrizität. Calcium besitzt eine duale Funktion, da es in geringen Konzentrationen der wichtigste Regulator vieler Zellfunktionen und in höheren die wichtigste mineralische Komponente des Stützapparates ist. Magnesium ist an allen Phosphatübertragungen beteiligt. Chlorid dient der Aufrechterhaltung der Elektroneutralität, die stets bei Natrium- oder Bicarbonatbewegungen im Organismus gewährleistet sein muß. Die Konzentrationsbestimmung dieser Elektrolyte gehört deshalb zur Basis bei Blutanalysen. Chlorid durchdringt Biomembranen über Chloridkanäle. Mutationen im Gen eines dieser Chloridkanäle verursachen die cystische Fibrose (Mukoviszidose), die häufigste angeborene autosomale recessive Erkrankung in Nordeuropa. Wie Calcium besitzt auch Phosphat eine duale Funktion, da es im Knochen mit Calcium die anorganische Mineralsubstanz bildet und in Form verschiedener organischer Phosphatverbindungen an vielen intracellulären Reaktionen teilnimmt. Sulfat ist zum einen Endprodukt des organischen Schwefelstoffwechsels und wird zum anderen in verschiedene Proteoglykane eingebaut, denen es eine stark negative Ladung verleiht.

Die Regulation des Elektrolythaushaltes erfolgt über das endokrine System, so daß Veränderungen der Produktion einzelner Hormone entsprechende Elektrolytverschiebungen herbeiführen.

Literatur

Original- und Übersichtsarbeiten

BRAUN AP, SCHULMAN H (1994) The multifunctional Calcium/Calmodulin Kinase: From Form to Function. Annu Rev Physiol 57: 417–45

CARAFOLI E, STAUFFER T (1994) The plasma membrane calcium pump: functional domains, regulation of the activity and tissue specifity of isoform expression. J Neurobiol 25: 312–324

DÜSING P ET AL. (1994) Der Na⁺/H⁺-Antiport. Dt Ärzteblatt 91: 1522–1527

FLIEGEL L, FRÖHLICH O (1993) The Na⁺/H⁺ exchanger: an update on structure, regulation and cardiac physiology. Biochem J 296: 273–285

HODGSON SF, HURLEY DL (1993) Acquired hypophosphatemia. Endocr Metab Clin North Amer 22: 397–409

JOHNSON JA, KUMAR R (1994) Renal and intestinal calcium transport: roles of vitamin D and vitamin D dependent calcium binding proteins. Sem Nephrol 14: 119–128

LINGREL JB, KUNTZWEILER T (1994) Na⁺/K⁺-ATPase. J Biol Chem 269: 19659–16662

OLERICH MA, RUDE RK (1994) Should we supplement magnesium in critically ill patients? New Horizons 2: 186–192

ROOT AW, DIAMNOND FB (1994) Disorders of calcium metabolism in adolescents. Endocrinol Metab Clin North Am 22: 573–592

RUDE RK (1993) Magnesium metabolism and deficiency. Endocrin Metabol Clin North Amer 22: 377–391

SHALON LB, ACHELSON JW (1996) Cystic fibrosis. Pediatr Clin North Am 43: 157–196

VILLA A, MELDOLESI J (1994) The control of calcium homeostasis: role of intracellular rapidly exchanging Ca²⁺ stores. Cell Biol Int 18: 301–307

Ernährung

Die in den Lebensmitteln unserer Nahrung enthaltenen Nährstoffe dienen zum einen als Brennstoffe für die zahlreichen ATP-erfordernden Prozesse im Stoffwechsel jeder Zelle, zum anderen bilden sie die Bausteine zum Aufbau der bioorganischen und bioanorganischen Materie. Da Stoffwechselprozesse innerhalb des Organismus durch die gezielte Änderung des Angebots eines Nährstoffes mit der Nahrung beeinflußt werden können, nimmt die Ernährungslehre in der klinischen Medizin einen breiten Raum ein. Bei Patienten, die nicht essen können oder dürfen, spielen die enterale Ernährung durch Ernährungssonden und die parenterale Ernährung, d. h. unter Umgehung des Magen-Darm-Traktes durch intravenöse Verabreichung von Nährstoffen, eine wesentliche Rolle.

Die Ernährung ist von Bedeutung für die Entstehung von Krebserkrankungen. Über die Ernährung gelangen Kontaminationen [wie z. B. radioaktives Caesium (^{137}Cs) nach der Reaktorkatastrophe von Tschernobyl] in den Organismus. Die Mangelernährung (z. B. mit Jod) spielt eine wichtige Rolle bei der regionalen Entstehung von Krankheiten. Gute Kenntnisse auf dem Gebiet der Ernährungslehre erleichtern den Entscheidungsprozeß bei dem reichhaltigen Nährstoffangebot in den westlichen Industriestaaten. Als Kriterium gelten Geschmack, Aussehen, Preis, Gesundheitswert, Frische, Kalorien- oder Vitamingehalt. Auch für die Kenntnis der Entstehung von Lebensmittelallergien oder die Bedeutung gentechnologisch veränderter Nahrungsmittel sind Kenntnisse auf dem Gebiete der Ernährungsmedizin von Bedeutung.

Alle höheren Lebewesen sind imstande, durch zeitweise Überernährung Kohlenhydrat- und besonders Fettvorräte in spezifischen Geweben anzulegen, die bei Nahrungsmangel zur Deckung des Energiebedarfs herangezogen werden können. Die in der Abbildung dargestellten Königspinguine haben dieses Verfahren zur Meisterschaft entwickelt. Während der Fütterungsperioden werden die Jungen größer und schwerer als ihre Eltern. In der antarktischen Polarnacht zehren sie dann von diesen Fettvorräten und wandeln sich dabei in die erwachsenen Vögel um.
(Bild: A. Wolfe, Tony Stone Bilderwelten, München)

25.1   Bedeutung der Ernährungslehre

Die Ernährungslehre verlangt einen interdisziplinären Ansatz

Durch die fortschreitende Industrialisierung und soziale Umschichtung sowie die 1990 erfolgte Wiedervereinigung der beiden deutschen Teilstaaten hat sich die Ernährungssituation in Deutschland in den letzten Jahrzehnten deutlich geändert. Daher ist die Beantwortung der Frage, wie der Mensch auf verschiedene Ernährungsformen reagiert, dringender denn je. Sie erfordert die enge Zusammenarbeit von Klinikern, Ernährungsphysiologen und Biochemikern. In der Bundesrepublik Deutschland befassen sich verschiedene Gesellschaften wie die Deutsche Gesellschaft für Ernährungsmedizin (DGEM, Frankfurt), die Akademie für Ernährungsmedizin oder die Deutsche Gesellschaft für Ernährung mit Fragen der Ernährung. So ist z. B. die DGE eine von der Bundesregierung getragene und von Wissenschaftlern und Vertretern der Ernährungswirtschaft geleitete Gesellschaft. Sie gibt in regelmäßigen Abständen einen *Ernährungsbericht* (zuletzt 1992) heraus, der eine Hilfe für die Aufklärung der Bevölkerung über eine vollwertige, gesundheitsfördernde Ernährung sowie die Weiterentwicklung der interdisziplinären Ernährungsforschung und modernen Ernährungslehre sein soll. Eine ähnliche, allerdings von Staat und Wirtschaft unabhängige Einrichtung existiert in den USA (Food and Nutrition Bord des National Research Council). Diese und andere internationale Gesellschaften [Food and Agriculture Organization of the United Nations (FAO), Weltgesundheitsorganisation (WHO)] geben Empfehlungen zur täglichen Zufuhr (recommended daily allowances) der einzelnen Nährstoffe für gesunde Menschen verschiedenen Alters (Säuglinge, Kinder, Jugendliche, Erwachsene, Schwangere und Stillende) heraus. Diese Empfehlungen stellen Durchschnittswerte dar, da große Schwankungen des Bedarfs einzelner Individuen bestehen. Vieles spricht dafür, daß angeborene Unterschiede des Bedarfes an den einzelnen Nährstoffen bestehen. Weiterhin ist z. B. eine Angabe über den täglichen Ascorbinsäurebedarf, der je nach Untersuchergruppe 140 bis 420 μmol beträgt, nur dann von praktischem Wert, wenn gleichzeitig bekannt ist, wieviele Nahrungsmittel in welchen Mengen zur Deckung des Bedarfs verzehrt werden müssen, und wieviel Prozent des Vitamins z. B. durch Lagerung oder Zubereitung durch Kochen verlorengehen.

25.2 Kompartmentmodelle zur Darstellung der Körperzusammensetzung

Das Einkompartment-Modell verwendet das Körpergewicht

Als einfachster Parameter zur Beschreibung des Ernährungszustandes eines Menschen dient die Bestimmung seines Körpergewichtes. In diesem Einkompartment-Modell können bei Änderungen des Körpergewichts nur grobe Differenzierungen gemacht werden: Bei Abnahme von mehr als 500 g innerhalb von 24 Stunden kann es sich nicht nur um Gewebesubstanzverluste handeln, sondern es müssen Flüssigkeitsverluste verantwortlich sein.

Das Zweikompartment-Modell unterteilt den Organismus in Körperfett und fettfreie Körpermasse

Für viele Fragen der Ernährung ist die Kenntnis der Körperzusammensetzung von Bedeutung. Sie dient der Berechnung des Energieumsatzes, der Ermittlung des Ernährungs- und Gesundheitsstatus (Fettsucht) und der Beurteilung von Trainingserfolgen im Leistungssport- und Fitneßbereich. Bei Messungen mit dem Zweikompartment-Modell aus Körperfett und fettfreier Masse (auch als Magermasse bezeichnet) wird ein Kompartment gemessen und das andere als Differenz zum Körpergewicht berechnet. Das *Körperfett* besteht aus Struktur- und Depotfett. Das Strukturfett, zu dem z. B. die Auskleidung der Augenhöhle oder der Fettkörper des Kniegelenks gehören, macht insgesamt 5 bis 10 kg aus und ist vom Ernährungsstatus weitgehend unabhängig. Das weiße Depot-Fettgewebe befindet sich im Unterhautgewebe und in den Eingeweiden. Die *fettfreie Masse (FFM)* besteht aus 73–75 % Wasser, 2–4 % essentiellen Lipiden und 20 % festen Zellbestandteilen. Sie leistet den größten Teil der Stoffwechselarbeit, so daß der Energieverbrauch von der fettfreien Masse abhängt (S. 710). Da 50–70 % des Körperfettgewebes subkutan gespeichert werden, kann über die Bestimmung der Hautfaltendicke auf den Körperfettgehalt geschlossen werden. Normalerweise wird die Hautfaltendicke an vier bis fünf Meßpunkten (Bizeps, Trizeps, subscapulär, suprailiacal, Abdomen, Oberschenkel) bestimmt und der Körperfettgehalt über die Summe der gemessenen Hautfalten unter Berücksichtigung von Alter und Geschlecht mit Hilfe empirischer Faktoren berechnet. Aus diesem wird nach Bestimmung des Körpergewichtes die fettfreie Körpermasse berechnet.

Beim Dreikompartment-Modell wird die fettfreie Masse in die Körperzellmasse und Extrazellulärmasse unterteilt

Mit der *bioelektrischen Impedanzanalyse* können die drei Körperkompartimente innerhalb weniger Minuten bestimmt werden. Sie beruht auf der Messung des elektrischen Widerstands (Impedanz), den ein Körper einem elektrischen Strom entgegensetzt. Elektrischer Strom wird im menschlichen Körper durch im Körperwasser gelöste Elektrolyte geleitet. Der Fettanteil leitet den Strom nicht, sondern setzt ihm einen Widerstand entgegen. Daher steht die Impedanz des menschlichen Körpers in direktem Zusammenhang mit dem Körperwasser (Extrazellulärmasse). Durch Anlegung zweier Klebeelektroden an Hand- und Fußgelenk wird der elektrische Widerstand gemessen und aus diesem mittels Formeln die Fettmasse, die fettfreie Masse und das Gesamtwasser berechnet.

Eine weitere Methode ist die *Infrarotreflektionsmessung,* die auf dem Prinzip beruht, daß Substanzen die Infrarotstrahlung unterschiedlich absorbieren. Während das Absorptionsmaximum von Fett bei einer Wellenlänge von 930 nm liegt, beträgt das von Wasser 970 nm. Die Messung erfolgt am Bizeps mit einem Stab, der die Infrarotstrahlung aussendet und einem Sensor, der die Intensität der reflektierten Strahlung mißt.

25.3 Energiebilanz des menschlichen Organismus

25.3.1 Die Einheit der Energie

Das Joule hat die Kalorie ersetzt

Als Grundeinheit der Wärme galt ursprünglich die Kalorie bzw. Grammkalorie. In Anpassung an internationale Verhältnisse ist diese Einheit durch eine neue Wärmeeinheit, das Joule (ausgesprochen dschul), ersetzt worden, da Wärmemengen durch elektrische Messung genauer als mit der kalorimetrischen Methode bestimmt werden können (thermochemische Kalorie). Nach dem Joule-Gesetz entwickelt ein Strom von der Stärke 1 A (Ampère), der einen Draht mit einem Widerstand von 1 Ω (Ohm) für die Zeitdauer von einer Sekunde durchfließt, eine Wärmemenge von 0,24 cal. Die Angabe der Energiemenge auf Lebensmittelpackungen erfolgt jetzt in Joule [kJ = Kilojoule (10^3 J) und MJ = Megajoule (10^6 J)]. In Klammern wird dann hinter der Joulebezeichnung der Wert in Kalorien angegeben. Zwischen Kalorie und Joule besteht folgende mathematische Beziehung:

1 kcal = 4,184 kJ bzw. 1 kJ = 0,239 kcal.

Die Umrechnung von Kalorien in Joule erfolgt also durch Multiplikation mit 4,184, wobei für praktische Zwecke der Faktor 4,2 benutzt werden kann.

25.3.2 Energieumsatz des Organismus

Der Energieumsatz setzt sich aus Grundumsatz und Leistungszuwachs zusammen

Der Grundenergieumsatz (Ruheenergieumsatz) umfaßt die Energieproduktion zur Aufrechterhaltung aller lebensnotwendigen Funktionen im Ruhezustand, d. h. im wachen nüchternen Zustand im Bett am Morgen unter angenehmer Raumtemperatur. Dabei besitzen die einzelnen Organe einen unterschiedlichen Anteil am Energieumsatz, für den der *Sauerstoffverbrauch* ein Maß darstellt (Abb. 25.1). Die Höhe des Grundumsatzes, der beim ruhenden Menschen etwa 4,2 kJ (1 kcal) pro Stunde pro Kilogramm Körpergewicht beträgt, korreliert mit der fettfreien Körpermasse (S. 709), die mit dem Alter abnimmt. Männer haben wegen der größeren fettfreien Körpermasse einen etwa zehn Prozent höheren Grundsatz als Frauen. Daneben spielen der endokrine Status (insbesondere Hormone der Schilddrüse), das sympathische Nervensystem, genetische Faktoren und die Außentemperatur eine Rolle.

Der Leistungs(energie)zuwachs schließt alle Steigerungen des Energieumsatzes über den Grund-umsatz hinaus ein. Den größten Zuwachs bedingen spontane und willkürliche körperliche Aktivität; aber auch Nahrungszufuhr (thermogener Effekt der Nahrung) und Temperaturausgleich erhöhen den Energieumsatz (Abb. 25.2).

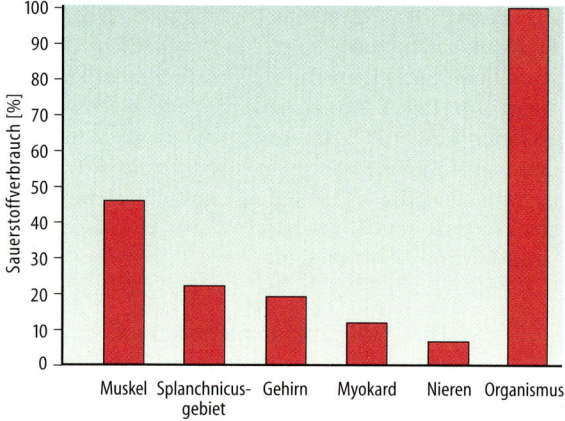

Abb. 25.1 Sauerstoffaufnahme einzelner Organe des Menschen nach nächtlichem Fasten als prozentualer Anteil des Gesamtsauerstoffverbrauches des Organismus. Das Splanchnicusgebiet umfaßt die Eingeweide und die Leber

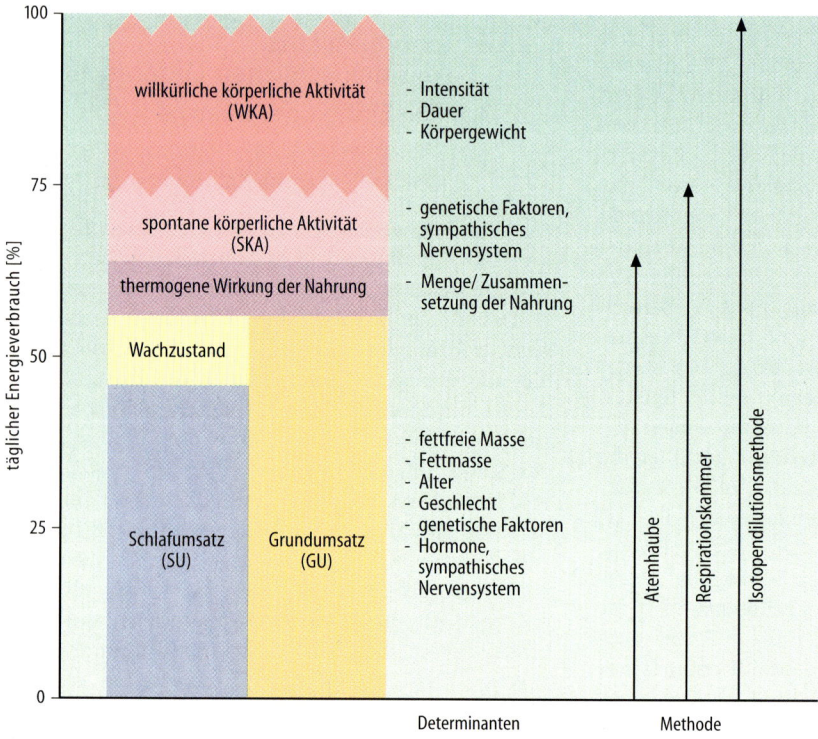

Abb. 25.2 Zusammensetzung des täglichen Energieverbrauches. Der Verbrauch läßt sich in drei Komponenten aufteilen: den Grundumsatz (*GU* die Summe des Schlafumsatzes; *SU* des Wachzustandes), der etwa 50 bis 70 % ausmacht; die thermogene Wirkung der Nahrung, die etwa 10 % beträgt und die Energie für die körperliche Aktivität [der Summe aus der spontanen körperlichen Aktivität (*SKA*) und der willkürlichen Aktivität (*WKA*)], die etwa 20 bis 40 % ausmacht. Die Determinanten der einzelnen Komponenten und Methoden zu ihrer Bestimmung sind in der Abbildung angegeben. (Nach Swinburn & Ravussin 1994)

25.3.3 Methoden zur Messung des Energieverbrauches

Während der überwiegende Teil der Stoffwechselwege in unseren Zellen heute aufgeklärt ist, ist die Regulation des Energie- und Substratstoffwechsels immer noch Gegenstand intensiver Untersuchungen. Störungen des Energiestoffwechsels treten bei Übergewichtigen, bei Fehlernährung und Kachexie auf. Klinisch wichtige Störungen des Energie- und Substratstoffwechsels kommen z. B. bei Über- und Unterfunktion der Schilddrüse oder bei schweren Allgemeinerkrankungen wie z. B. Infektionen (HIV, S. 293), Tumoren, Dysfunktionen des Immunsystems oder einer Leberzirrhose vor. Zufuhr, Verbrauch und Speicherung von Energie werden fein aufeinander abgestimmt reguliert. Wahrscheinlich sind das zentrale Nervensystem und genetische Faktoren für die Integration der einzelnen Komponenten der Energiebilanz verantwortlich.

Zur Bestimmung des Energieverbrauches existieren mehrere Methoden, die sich durch Aufwand und Aussagekraft unterscheiden. Der Energieverbrauch kann direkt oder indirekt, invasiv oder nicht-invasiv bestimmt werden. Die einzelnen Methoden sind unterschiedlich aufwendig und erfassen verschiedene Kompartimente des Energieverbrauchs. Die *indirekte Kalorimetrie* und die *Isotopendilutionsmethode* (mit den stabilen Isotopen ^2H und ^{18}O) sind die gegenwärtig am weitesten verbreiteten Methoden zur Bestimmung des Energieverbrauchs. Demgegenüber ist die direkte Kalorimetrie zunehmend in den Hintergrund getreten.

Zellen, die Energie durch Nährstoffoxidation gewinnen, verbrauchen Sauerstoff und produzieren *Kohlendioxid, Wasser* und *Wärme.* Wenn Protein verstoffwechselt wird, entsteht zusätzlich *Harnstoff* (S. 536). Da die Menge jedes dieser Produkte mit der Menge des verbrauchten Nährstoffes korreliert ist, kann der Ruheenergieumsatz bei einem Probanden durch Bestimmung eines jeden dieser Produkte ermittelt werden.

Die direkte Kalorimetrie mißt die Wärmeabgabe des Körpers durch Konvektion, Leitung und Verdunstung

Der Proband sitzt dabei in einer speziell konstruierten Meßkammer. Die Wärme wird über Luft- oder Wasser-ströme abgeführt, und die Wärmeabgabe aus Temperaturdifferenz und Flußgeschwindigkeit errechnet. Da direkte Kalorimeter etwa 1 Million DM kosten und aufwendig im Betrieb sind, wird trotz ihrer hohen Präzision häufig die indirekte Kalorimetrie verwendet, die auch mit tragbaren Geräten durchgeführt werden kann.

Mit der indirekten Kalorimetrie wird der Energieverbrauch, der Sauerstoffverbrauch und die Kohlendioxidproduktion bestimmt

Zahlreiche Geräte erlauben die kontinuierliche Messung des Gasaustausches unter stationären wie auch ambulanten Bedingungen. Der Gasaustausch kann über ein Mundstück, eine Atemmaske, unter einer Atemhaube oder in einer Respirationskammer bestimmt werden. Unter einer Atemhaube können kontinuierliche Messungen des Gasaustauschs bis zu sechs Stunden, in einer Respirationskammer bis zu sieben Tagen durchgeführt werden. Die indirekte Kalorimetrie geht davon aus, daß der energieliefernde Schritt im Stoffwechsel der Zelle die mitochondriale Wasserbiosynthese aus dem bei der Dehydrierung der Nährstoffe freigewordenen Wasserstoff und dem mit der Lungenatmung aufgenommenen Sauerstoff ist. Somit stellt der *Sauerstoffverbrauch* einen Parameter dafür dar, wieviele Nährstoffe vom gesamten Organismus oxidiert worden sind. Die vollständige Oxidation von Glucose ergibt nach der Gleichung:

$$C_6H_{12}O_6 + 6\,O_2 \rightarrow 6\,CO_2 + 6\,H_2O; \Delta G^{o'} = 2898\ \text{kJ}$$

d. h. 1 g Glucose (Molekulargewicht 180) liefert 16,1 kJ (3,81 kcal) Oxidationswärme.

Das Verhältnis von produziertem Kohlendioxid zu verbrauchtem Sauerstoff wird als *respiratorischer Quotient* (RQ) bezeichnet und beträgt für Glucose 1,0. Da pro Glucose $6 \times 22,4\,l$ Sauerstoff verbraucht werden, ist mit dem Verbrauch von 1 l Sauerstoff die Freisetzung einer Wärmemenge von $\frac{2898}{6 \times 22,4} = 21,6\,\text{kJ}$ (5,1 kcal) verbunden. Diese beim Verbrauch von 1 l Sauerstoff freigesetzte Energiemenge bezeichnet man als *energetisches Äquivalent* von Sauerstoff für Glucose.

Entsprechende Gleichungen bestehen für die Oxidation von Fettsäuren oder Aminosäuren. Tabel-

Tabelle 25.1 Respiratorischer Quotient und energetisches Äquivalent für Sauerstoff für die einzelnen Nährstoffe. *RQ* Respiratorischer Quotient

Nährstoff	Beispiel	Gleichung		R. Q.	Freigesetzte Wärme (kJ/g bzw. kcal/g)		Energetisches Äquivalent (kJ bzw. kcal/l O_2)	
Kohlenhydrat	Glucose	$C_6H_{12}O_6 + 6\,O_2$	$\rightarrow 6\,CO_2 + 6\,H_2O$	$^6/_6 = 1{,}00$	16,8	4,00	21,0	5,0
Fett	Triolein	$C_{57}H_{104}O_6 + 80\,O_2$	$\rightarrow 57\,CO_2 + 52\,H_2O$	$^{57}/_{80} = 0{,}71$	39,7	9,46	19,7	4,7
Protein	Alanin	$2\,C_3H_7O_2N + 6\,O_2$	$\rightarrow (NH_2)_2CO + 5\,CO_2 + 5H_2O$	$^5/_6 = 0{,}83$	18,1	4,32	19,3	4,6

le 25.1 zeigt die Werte für den respiratorischen Quotienten, die Oxidationswärme und das energetische Äquivalent von Sauerstoff für Kohlenhydrate, Fette und Proteine. Da Fettsäuren und Aminosäuren weniger Sauerstoff enthalten, muß zu ihrer Oxidation mehr Sauerstoff aufgenommen werden, so daß der RQ niedriger als 1,0 ist. Da das energetische Äquivalent für Sauerstoff für alle drei Nährstoffe ungefähr gleich ist, dient ein Wert von 20 kJ (4,8 kcal)/l Sauerstoff als Durchschnittswert, wenn die Nahrung wie üblich aus diesen drei Nährstoffen zusammengesetzt ist. Durch Multiplikation dieses Wertes mit dem Sauerstoffverbrauch erhält man den Energieumsatz des Organismus. Beträgt der Sauerstoffverbrauch in Ruhe z. B. 250 ml/min, so errechnet sich der Grundenergieumsatz wie folgt:

$$0,250 \times 60 \times 24 \times 20 = 7200 \text{ kJ (1730 kcal)/24 h}$$

Aminosäuren werden im Stoffwechsel der Zelle zu Kohlendioxid, Wasser und Ammoniak abgebaut, das jedoch nicht zu Salpetersäure oxidiert werden kann, sondern zu Harnstoff umgebaut und mit dem Urin ausgeschieden wird (S. 536). Da 1 g Urinstickstoff beim Abbau von 6,25 g Protein entsteht, kann bei bekanntem Sauerstoffverbrauch und bekannter Urinstickstoffausscheidung durch die Bestimmung des verbrauchten Kohlendioxids mit speziellen Gleichungen errechnet werden, wieviel Kohlenhydrate, Fettsäuren und Aminosäuren abgebaut wurden, da ihre Oxidation unterschiedliche Mengen Kohlendioxid hervorbringt.

Der Grundenergieumsatz wird mit der indirekten Kalorimetrie morgens kurz nach dem Aufwachen am ruhig liegenden, aber nicht schlafenden Probanden ermittelt, wobei alle Außenreize ferngehalten werden, und die letzte Nahrungsaufnahme mindestens zwölf Stunden zurückliegt. Der Proband sollte am Vortage, besser noch drei Tage vor der Grundenergieumsatzbestimmung kein Protein (Fleisch, Fisch, Käse oder Milch) zu sich genommen haben.

Die Isotopendilutionsmethode erlaubt die Messung des Energieverbrauches unter Alltagsbedingungen

Die Isotopendilutionsmethode mit doppelt markiertem Wasser ($^2H_2^{18}O$, DLW, *engl.* doubly labelled water) ist eine besondere Form der indirekten Kalorimetrie. Die Methode beruht auf der unterschiedlichen Elimination von ^2H (Deuterium) und ^{18}O und eignet sich besonders zur ambulanten Untersuchung des Gesamtenergieverbrauches. Nach oraler Verabreichung von doppelt markiertem Wasser werden über einen Zeitraum von ein bis zwei Wochen **täglich Urinproben** zur Analyse gewonnen. Während über ^2H der Wasserpool markiert wird, gelangt ^{18}O nicht nur in den Wasser-, sondern über die **Carboanhydrase-Reaktion** auch in den Kohlensäurepool (Abb. 25.3). Da ^{18}O den Kohlensäurepool als $C^{18}O_2$ wieder verläßt und über die

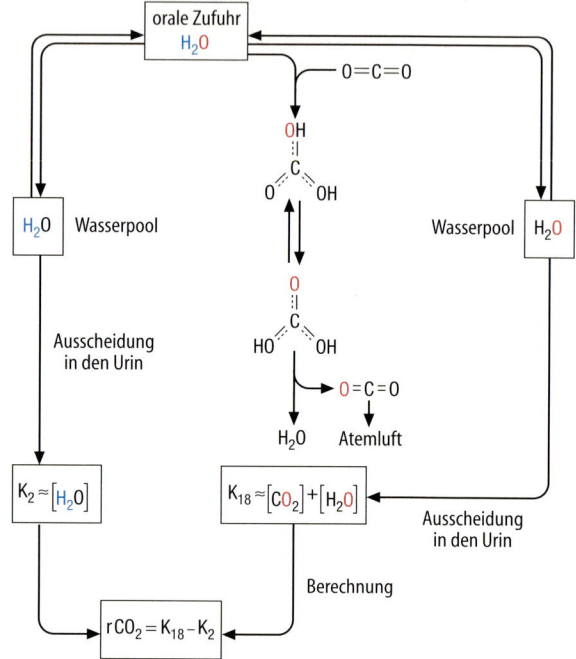

Abb. 25.3 Prinzip der DLW-Methode. Doppelt markiertes Wasser markiert den Wasserpool und wird mit der Atemluft als CO_2 abgeatmet. Aus der Differenz von ^2H und ^{18}O läßt sich die CO_2-Produktion berechnen

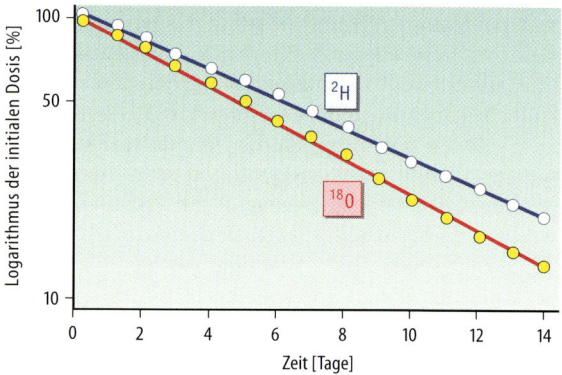

Abb. 25.4 Die CO_2-Produktion wird durch die unterschiedlichen Urin-Ausscheidungsraten von $H_2^{18}O$ und ^2H_2O berechnet

Lungen abgeatmet wird, fällt die ^{18}O-Konzentration im Urin schneller ab als die ^2H-Konzentration (Abb. 25.4). Die **Differenz** der Verschwinderaten von ^2H_2O und $H_2^{18}O$ ist deshalb ein direktes Maß der CO_2-Produktion. Unter Verwendung eines genauen Diätprotokolls (mit Angaben über die einzelnen Nährstoffe) oder der Annahme eines mittleren respiratorischen Quotienten von 0,85 kann dann aus der so ermittelten CO_2-Produktion der Sauerstoffverbrauch und daraus der Gesamtenergieumsatz (Grundumsatz plus Leistungszuwachs, s. u.) berechnet werden.

25.3.4 Leistungszuwachs

Körperliche Aktivitäten und Krankheiten steigern den Grundumsatz

Jede Steigerung über den Grundenergieumsatz hinaus wird als Leistungszuwachs bezeichnet. Der Energieumsatz unter Basalbedingungen, d. h. im Nüchternzustand bei Körperruhe, beträgt für den Erwachsenen etwa 4,2 kJ (1 kcal)/kg Körpergewicht in der Stunde 7056 kJ (1680 kcal)/Tag beim 70 kg schweren Erwachsenen). Muskelbewegung, Nahrungsaufnahme oder eine Abnahme der Außentemperatur steigern den Umsatz (Abb. 25.5). Schon beim bettlägerigen Patienten beträgt der Energieumsatz 5 kJ (1,2 kcal) und beim bloßen Aufenthalt im Zimmer außerhalb des Bettes, aber ohne eigentliche körperliche Aktivität, 6,3 kJ (1,5 kcal)/kg/h. Die körperliche Aktivität umfaßt nicht nur die meßbare Arbeit, sondern beinhaltet auch *spontane körperliche Bewegungen* (Gestikulieren, Haltungsänderungen), die im Englischen als „Fidgeting" bezeichnet werden. Diese können bis zu 20 % der gesamten körperlichen Aktivität eines Menschen betragen. Schwere körperliche Arbeit wie z. B. sportliche Betätigung führt zu einer Verdoppelung oder Verdreifachung des Umsatzes.

Krankheiten, v. a. mit Fieber, können den Energieumsatz um 20 bis 30 % erhöhen. Dafür sind Hormone (Katecholamine, Cortisol, Glucagon), Zytokine (TNF-α, Interleukin-1, -2 und -6, Interferon-γ) und Lipidmediatoren (Leukotriene etc.) verantwortlich.

Jede Nahrungsaufnahme führt zur Energieumsatzsteigerung

Diese als spezifisch-dynamische Wirkung bezeichnete Umsatzsteigerung ist am größten bei der Zufuhr von Proteinen (bzw. Aminosäuren). Als Ursachen für den thermogenen Effekt der Nahrungsaufnahme kommen die Resorption von Nahrungsstoffen, energieverbrauchende Prozesse wie die Gluconeogenese aus Aminosäuren, die Harnstoffbiosynthese aus Kohlendioxid und Ammoniak sowie Reaktionen beim Abbau einzelner Aminosäuren wie z. B. die Aktivierung von Phenylalanin zu Tyrosin durch Hydroxylierung (S. 556) in Frage. Der thermische Effekt der Nahrung kann 5–10 % des gesamten täglichen Energieumsatzes betragen.

25.3.5 Schätzung des Energieumsatzes

In der klinischen Praxis läßt sich der Grundumsatz basierend auf einer Formel von *Harris* und *Benedict* (1919) mit Hilfe von Nomogrammen berechnen, in die Geschlecht, Körpergewicht, Größe und Alter eingehen. Er beträgt etwa 100 bis 120 kJ (25 bis 30 kcal) kg/Tag. Bei Krankheiten müssen je nach Schwere 20 bis 70 % hinzugefügt werden. Andere Berechnungen werden unter Verwendung der fettfreien Masse, Fettmasse und spontanen körperlichen Aktivität durchgeführt.

25.3.6 Physikalische und physiologische Brennwerte der Nährstoffe

Der physikalische Brennwert wird mit der Kalorimeterbombe bestimmt

In der Zelle werden die Nährstoffe durch eine Reihe dehydrierender und decarboxylierender Reaktionen zu Wasser, Kohlendioxid und Ammoniak abgebaut, wobei aus letzterem in der Leberzelle Harnstoff entsteht. Da es nach den Hauptsätzen der Thermodynamik (S. 84) gleich ist, auf welchen Wegen die Stoffe zu diesen Produkten abgebaut werden, wenn nur Ausgangs- und Endprodukte gleich sind, muß jeder Weg zum gleichen Energiegewinn führen. Deshalb kann man den Energiegehalt der Stoffe auch außerhalb des Organismus mit einer Kalorimeterbombe, einem starkwandigen Stahlgefäß, bestimmen, in dem die Stoffe unter hohem Sauerstoffdruck oxidiert werden, und die freiwerdende Wärmemenge (der physikalische Brennwert oder die bereits auf

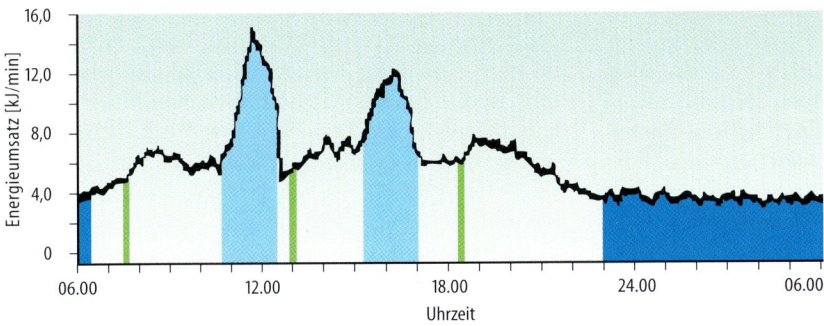

Abb. 25.5 24-Stunden-Registrierung des Energieverbrauchs bei einem Probanden, der sich in einem indirekten Kalorimeter oder in einer Respirationskammer aufhält. Der Energieverbrauch beträgt 4,2 kJ (1 kcal)/min während des Schlafes *(dunkelblau)* und ist während körperlicher Aktivität *(hellblau)* und Mahlzeiten *(grün)* erhöht

Tabelle 25.2 Physikalische Brennwerte der Grundstoffe unserer Nahrung sowie von Ethylalkohol

1 g Protein	= 17,2 kJ (4,1 kcal)
1 g Kohlenhydrat	= 17,2 kJ (4,1 kcal)
1 g Fett	= 39,1 kJ (9,3 kcal)
1 g Ethanol	= 29,8 kJ (7,1 kcal)

Tabelle 25.3 ATP-Äquivalent verschiedener Nährstoffe (physiologische Brennwerte)

	Glucose	*Tristearat*	*Leucin*	*Ethanol*
ATP-Bildung [mol/mol Substrat]	38	458	39	18
ATP-Bildung [mol/g Substrat]	0,21	0,51	0,3	0,39
Physikalischer Brennwert:				
kJ/g	15,7	39,1	26,2	29,8
kcal/g	3,75	9,30	6,52	7,10
kJ/mol ATP	74,3	76,0	91,1	76,0
kcal/mol ATP	17,7	18,1	21,7	18,1

S. 711 erwähnte Oxidationswärme) bestimmt wird. Dieser stimmt mit dem physiologischen, d. h. im Stoffwechsel der Zelle anfallenden Energiewert überein, wenn Ausgangs- und Endprodukte identisch sind. Dies trifft zwar für Kohlenhydrate und Fettsäuren zu, aber nicht für Proteine bzw. Aminosäuren, deren Abbauprodukt Ammoniak in der Kalorimeterbombe weiter zu Salpetersäure oxidiert wird, was in der Zelle wegen der damit verbundenen Protonenbelastung (S. 932) nicht realisiert ist. Tabelle 25.2 zeigt die physikalischen Brennwerte der einzelnen Nährstoffe, die Mittelwerte der Brennwerte der verschiedenen Kohlenhydrate, Fette und pflanzlichen und tierischen Proteine darstellen. Da für die Zelle jedoch nicht die bei der Oxidation eines Stoffes freiwerdende Wärme, sondern die freie Energie entscheidend ist (S. 88), kann man die Nährstoffe in ihrer Funktion als Energielieferant nicht auf der Grundlage ihrer physikalischen Brennwerte vergleichen, sondern eigentlich nur auf der Basis der *energiereichen Phosphatbindungen,* die beim Abbau von Substratketten- und Elektronentransportphosphorylierung entstehen. Für die Zelle ist ja nicht die bei der Oxidation eines Stoffes freiwerdende Wärme, sondern die freie Energie entscheidend (S. 88). Aus der Kenntnis der einzelnen Stoffwechselwege läßt sich berechnen, wieviele Kilojoule (bzw. Kilokalorien) eines Stoffes zugeführt werden müssen, um die Biosynthese von 1 mol ATP – bei demselben Kopplungsgrad der Atmungskettenphosphorylierung – zu ermöglichen. Diese Berechnungen zeigen (Tabelle 25.3), daß für die Bildung von 1 mol ATP eine ähnliche Menge der verschiedenen Nährstoffe erforderlich ist. Deshalb kann der physikalische Brennwert zur Berechnung von Energieumsätzen verwendet werden. Erschwert werden diese Berechnungen nur dadurch, daß die einzelnen Nähr-

stoffe – je nach Zusammensetzung und Menge der Nahrung – unterschiedliche Wege im Intermediärstoffwechsel beschreiten und damit unterschiedliche ATP-Mengen entstehen können.

25.3.7 Positive Energiebilanz des Organismus (Fettsucht)

Die Fettsucht stellt kein reines Kalorienbilanzproblem dar

In vielen Industriestaaten ist bis zu einem Drittel der Population von der Fettsucht betroffen. Lange Zeit wurden die Vorstellungen von der Entstehung dieser Erkrankung dadurch bestimmt, daß diese einfach durch eine übermäßige Kalorienzufuhr oder durch unzureichende Bewegung verursacht wird, also lediglich ein Bilanzproblem darstellt. Es wird jedoch zunehmend klar, daß der Organismus ein hoch kompliziertes System zur Regulation der Fettspeicher- und Energiebilanz aufweist. Versuche mit übergewichtigen Probanden zeigen, daß eine Reduktion des Körpergewichts gleichzeitig auch zu einer Abnahme des Energieverbrauches führt. Das *adrenerge System* spielt bei der Regulation des Fettstoffwechsels eine wichtige Rolle (S. 448). Katecholamine mobilisieren Lipide über eine Stimulation der Lipolyse im weißen Fettgewebe und der Thermogenese im braunen Fettgewebe. Die Katecholaminstimulierte Thermogenese im *braunen Fettgewebe,* welches beim Menschen verstreut um die großen Gefäße im Thorax und Abdomen vorkommt, wird über den β_3-adrenergen Rezeptor vermittelt. Dieser unterscheidet sich von den β_1- und β_2-Rezeptoren durch eine niedrigere Affinität zu Katecholaminen und einer Resistenz gegenüber Down-Regulation. Wegen dieser Eigenschaften steigen Lipolyse und Fettoxidation im braunen Fettgewebe nach Freisetzung kleiner Katecholaminmengen aus dem Nierenmark während eines geringfügigen Streßes nicht an. Sie können jedoch als Reaktion auf die Stimulation des sympathischen Nervensystems nach Mahlzeiten oder bei Kälteexposition erhöht sein, da relativ große Mengen von Noradrenalin an den Nervenendigungen freigesetzt werden. *Weißes Fettgewebe,* welches in erster Linie der Speicherung von Fett dient, enthält dagegen im wesentlichen β_2-adrenerge Rezeptoren, wird also bereits mit relativ geringen Mengen an Katecholaminen zur Lipolyse angeregt. Eine Ausnahme hiervon machen die an den weiblichen Prädilektionsstellen der Fettsucht (Gesäß, Oberschenkel) lokalisierten, sog. gynoiden Fettzellen, welche neben β_2-Rezeptoren auch α_2-Rezeptoren in relativ hoher Konzentration enthalten. Da α_2-Rezeptoren zu den inhibitorischen Rezeptoren der adrenergen Signaltransduktion gehören (S. 803), sind gynoide Fettzellen besonders unempfindlich gegenüber lipolytischen Stimuli. Sie verlieren diese Eigenschaft erst während der Lactationsphase (S. 450).

Genetische Faktoren können bei der Fettsuchtsentstehung eine Rolle spielen

Untersuchungen bei verschiedenen Bevölkerungsgruppen, u. a. den fettsüchtigen Pima-Indianern, haben tatsächlich gezeigt, daß bei der Fettsucht eine Mutation im Kodon 64 des Gens für den β_3-adrenergen Rezeptor vorkommt. Diese führt zu einer Substitution von Tryptophan durch Arginin. Es ist allerdings gegenwärtig noch unklar, welchen Einfluß diese Mutation auf die Funktion des Rezeptorproteins besitzt.

Bei genetisch fettsüchtigen Nagern konnte die Ursache der bei ihnen vorliegenden schweren Fettsucht entweder durch Punktmutation entstandene Defekte im Leptingen (S. 447) oder im Gen für Leptin-Rezeptoren lokalisiert werden. Da bisher bei menschlichen Fettsuchtsformen normale bis erhöhte Leptinspiegel nachgewiesen werden konnten, wird als eine Ursache für die menschliche Fettsucht eine Resistenz des Leptinrezeptors diskutiert.

25.3.8 Negative Energiebilanz des Organismus (Nahrungskarenz)

Im Nüchternzustand werden Glucose, Fettsäuren und Ketonkörper als Substrate verwendet

Untersuchungen zum Energieumsatz des Organismus bei Nahrungskarenz wurden bisher vorwiegend an fettsüchtigen Versuchspersonen durchgeführt. Fettsüchtige besitzen eine geringfügig größere Protein-

masse, die zum Tragen und zur Speicherung des Fettes erforderlich ist. Der wesentliche Unterschied zum Normalgewichtigen ist die oft mehr als fünffach erhöhte Masse der Triacylglycerine im Fettgewebe (Tabelle 25.4). Bei einem täglichen Energieumsatz von 7560 kJ (1800 kcal) ist der Energiegehalt der zirkulierenden Nährsubstrate mit etwa 420 kJ (100 kcal) verhältnismäßig gering. Die im Leber- und Muskelglykogen gespeicherten Energiemengen sind mit etwa 3780 kJ (900 kcal) höher, im Vergleich zu den Fettgewebetriacylglycerinen (592 MJ (141 000 kcal) bzw. 3160 MJ (752 000 kcal)) jedoch sehr klein. Muskel-Protein ist zwar eine nicht unwesentliche potentielle Energiequelle, sein Abbau ist aber mit funktionellen Konsequenzen verbunden.

Ein ausreichend ernährter Mensch, der täglich 7560 kJ (1800 kcal) umsetzt, oxidiert im Nüchternzustand etwa *75 g Protein* (hauptsächlich aus dem Muskel) und *160 g Fettgewebetriacylglycerine* (Abb. 25.6). Die Leber gibt etwa *180 g Glucose* ab, von denen 80 % (144 g) von den Nerven (hauptsächlich Gehirn) vollständig zu Kohlendioxid und Wasser oxidiert werden. Andere glykolysierende Gewebe wie Erythrocyten, Leukocyten, Knochenmark, Nierenmark, periphere Nerven und in geringem Ausmaß auch der normale Muskel bauen Glucose hauptsächlich zu Pyruvat und Lactat ab (anaerobe Glykolyse); dies bedeutet keinen Nettoglucoseverbrauch. Etwa 20 % (36 g) der umgesetzten Glucose unterliegen diesem Abbau, wobei die Produkte auf dem Blutwege wieder in die Hepatocyten der Leber gelangen, wo sie zu Glucose aufgebaut werden. Die zur Gluconeogenese notwendige Energie stammt aus der Fettsäureoxidation. Damit erhalten die

Tabelle 25.4 Brennstoffvorräte des fettsüchtigen und normalgewichtigen Menschen

Brennstoffe	Fettsüchtiger			Normalgewichtiger		
	kg	MJ	kcal	kg	MJ	kcal
In Geweben						
Fette (Fettgewebetriacylglycerine)	80	3158	752 000	15	592	141 000
Proteine (hauptsächlich Muskel)	8	134	32 000	6	101	24 000
Glykogen (Muskel)	0,160	2,7	640	0,150	2,5	600
Glykogen (Leber)	0,070	1,2	280	0,075	1,3	300
Summe		3296	784 920		697	165 900
In der Extrazellulärflüssigkeit						
Glucose (ECF)				0,020	336 kJ	80
Nichtveresterte Fettsäuren (Plasma)	0,025	420 kJ	100	0,0003	12,6	3
Triacylglycerine				0,0003	126	30
Summe					475	113

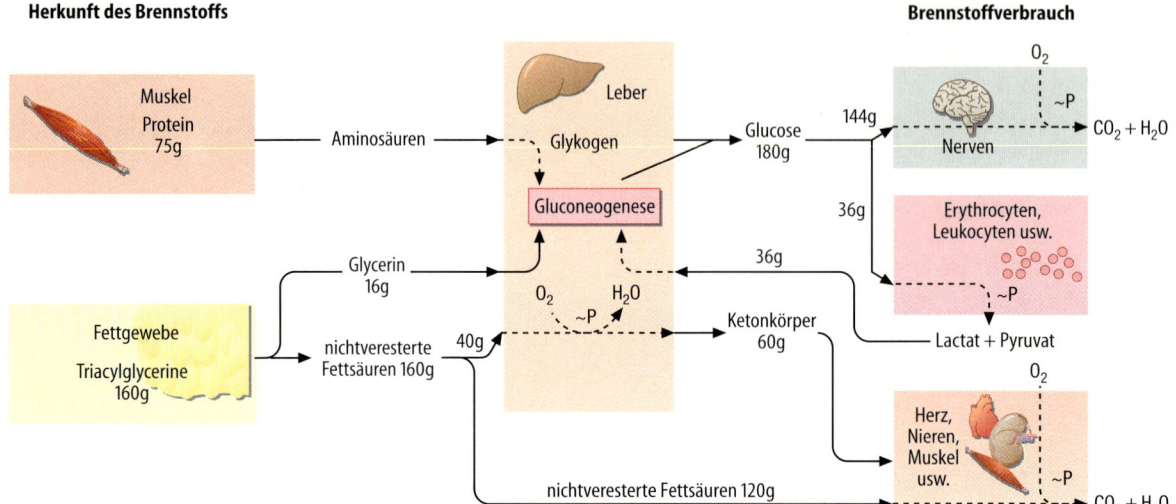

Abb. 25.6 Herkunft, Umwandlung und Verbrauch von Nährstoffen, bezogen auf einen Energieumsatz von 7560 kJ (1800 kcal)/24 h, beim fastenden gesunden Menschen. Muskel- und Fettgewebe stellen die beiden Quellen der Substrate dar, die von Nerven, Erythrocyten, Leukocyten und dem Rest des Organismus verbraucht werden. (Nach Cahill G (1970) New Engl J of Med 282: 6–8)

Gewebe, die Glucose aufnehmen und zu Lactat bzw. Pyruvat abbauen, ihre Energie *indirekt* aus der Fettsäureoxidation in der Leberzelle. Glucose dient somit als Energietransportmolekül. Dadurch wird vermieden, daß Zellen Protein hydrolysieren, deren Aminosäuren sie zur Glucoseneubildung heranziehen würden. Herz, Nierenrinde und Skelettmuskel oxidieren Fettsäuren und aus Fettsäuren im Hepatocyten entstandene *Ketonkörper,* da diese Gewebe Glucose nur bei hohem Nahrungsangebot in Gegenwart von Insulin sowie bei Anoxie und Arbeit utilisieren können. Bei Nahrungskarenz, während der der Insulinspiegel niedrig ist, bauen diese Gewebe deshalb nur wenig Glucose ab. Im Nüchternzustand haben wir also zwei wichtige *Brennstoffquellen,* Muskelproteine und Fettgewebetriacylglycerine, und drei *Brennstoffe,* die von den einzelnen Geweben utilisiert werden: Glucose aerob im Gehirn und anaerob in Erythrocyten, Fettsäuren und Ketonkörper in den übrigen Geweben. Dabei wirkt die Leberzelle als Energietransformator: sie synthetisiert Glucose aus ihren Vorstufen und entnimmt die notwendige Energie der Oxidation von Fettsäuren zu Ketonkörpern.

Intravenöse Glucoseverabreichung hemmt den Proteinabbau in der Muskulatur

Durch die intravenöse Infusion von 100–150 g Glucose kann die Hydrolyse von 50 der normalerweise bei Nahrungskarenz abgebauten 75 g Protein verhindert werden. Durch die Glucosegabe wird Insulin aus den β-Zellen des endokrinen Pankreas freigesetzt, welches die Proteolyse in der Muskelzelle hemmt. Die Glucosegabe reduziert die Gluconeogenese und gleichzeitig die Ketonkörperbildung (die die Energie zur Glucoseneubildung liefert). Diese Beobachtung besitzt eine große klinische Bedeutung: viele Patienten mit schweren Krankheiten entwickeln eine vital bedrohliche *Bronchopneumonie,* die durch eine unzureichende Klärung der Atemwege zustande kommt, da die Atemmuskulatur durch eine vermehrte Proteolyse geschwächt ist. Deshalb ist die Glucosegabe bei Patienten, die nicht essen können und deshalb parenteral ernährt werden müssen (S. 726), zur Vermeidung von Proteinverlusten extrem wichtig.

Längerdauernde Nahrungskarenz führt zur Herabsetzung des Stickstoffwechsels

Die in diesem Zustand täglich von der Leber freigesetzten 180 g Glucose (Abb. 25.6) können nicht aus der Summe von 20 g Glycerin, 36 g Lactat und Pyruvat und 75 g Aminosäuren gebildet werden, zumal einige Aminosäuren wie die verzweigtkettigen Leucin und Isoleucin ketogen und nicht glucogen sind. Die Differenz stammt aus der Glykogenolyse. Wie bereits in Kapitel 19 (S. 574) ausgeführt, würde die kontinuierliche Hydrolyse von täglich 75 g Protein in wenigen Wochen zum Abbau eines Drittels des Körperproteins führen, was eine ernsthafte Lebensbedrohung darstellen würde. Daher muß bei längerdauernder Nahrungskarenz eine Reduktion der Proteolyse auftreten, was an der Abnahme der Harnstoffausscheidung mit dem Urin erkennbar ist (Abb. 19.54, S. 576). Da weniger Harnstoff ausgeschieden wird, wird auch weniger Lösungsmittel benötigt, so daß die Urinausscheidung auf 200 ml sin-

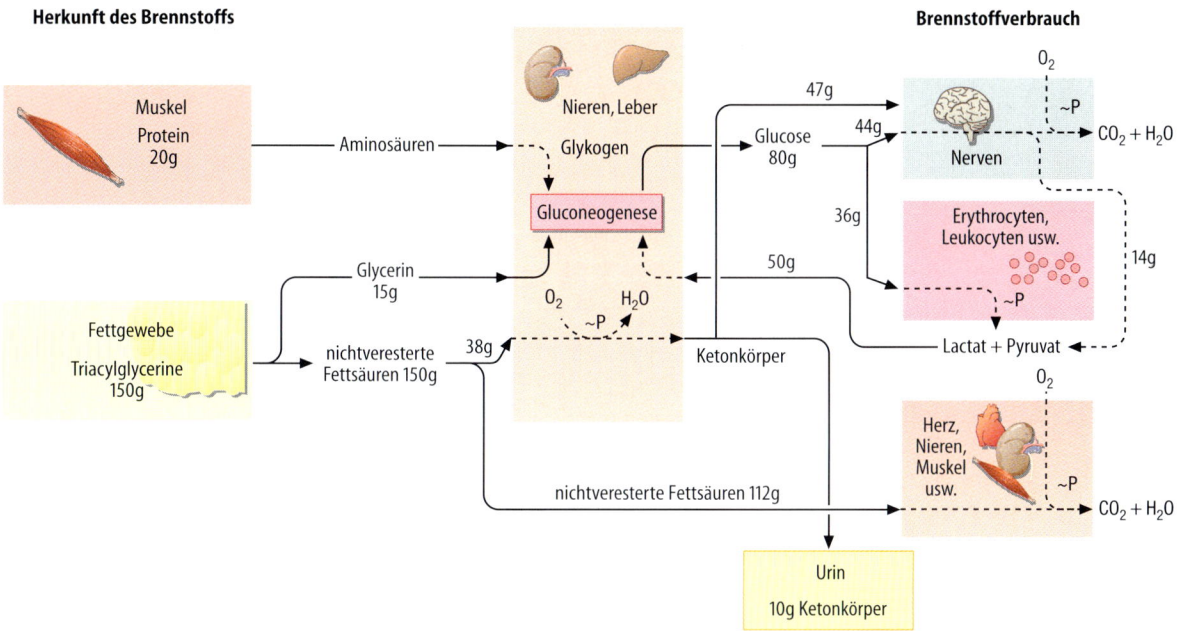

Herkunft des Brennstoffs

Brennstoffverbrauch

Abb. 25.7 Nach fünf- bis sechswöchiger Nahrungskarenz sinkt der Energiebedarf auf etwa 6300 kJ (1500 kcal)/24 h, wobei vorwiegend die Gluconeogenese aus Aminosäuren eingeschränkt wird. Das Nervensystem gewinnt die Fähigkeit zur Verwertung von Ketonkörpern. (Nach Cahill 1970)

Tabelle 25.5 Konzentrationen (mmol/l) von im Blut zirkulierenden Nährstoffen

Beobachtungsdauer	Glucose	Nicht-veresterte Fettsäuren	Acet-acetat	β-Hydroxy-butyrat	Glycerin	Amino-säuren	Lactat	Pyruvat
Postabsorptiv	4,8	0,5	0,01	0,01	0,06	4,5	0,6	0,1
Nach 1 wöchigem Hungern	3,7	1,5	1,0	4,0	0,1	4,5	0,6	0,1
Nach 4–5 wöchigem Hungern	3,7	1,5	1,5	6,0	0,1	3,5	0,6	0,1

ken kann (normal 1000–1500 ml). Da der Leber durch die verringerte Proteolyse weniger Aminosäuren zur Glucoseneubildung zur Verfügung stehen, müßte das Gehirn zunehmend einen Substratmangel erleiden, wenn es sich nicht an die Utilisation von Ketonkörpern adaptieren könnte (S. 973). Diese Anpassung erlaubt ein mehrwöchiges Hungern, dessen Dauer natürlich durch die Protein- und vor allem Fettreserven bestimmt wird. Bei längerdauernder Nahrungskarenz treten also folgende Änderungen des Brennstoffumsatzes auf (Abb. 25.7):

- die Gewebe verbrauchen weniger Glucose und mehr Fettsäuren,
- die Proteolyse ist verringert und
- das Gehirn erlangt die Fähigkeit zur Ketonkörperutilisation.

Diese Adaptation tritt ohne wesentliche Änderungen der Plasmakonzentrationen der einzelnen Substrate auf (Tabelle 25.5). In dem Maße, in dem die Harnstoffbildung abnimmt, und die Ammoniakausscheidung ansteigt (Abb. 19.54, S. 576), verlagert sich die Gluco-neogenese von der Leber in die Nierenzellen. Die Rolle, die dabei einzelne Aminosäuren, vor allem Alanin spielen, wurde in Kapitel 19 (S. 575) diskutiert.

25.3.9 Nährstoffumsatz gesunder Personen

Energie- und Nährstoffbedarf sind individuell sehr unterschiedlich

Abbildung 25.8 zeigt den durchschnittlichen Verbrauch an Nahrungsenergie pro Person und Tag, aufgeschlüsselt nach Proteinen, Fetten, Kohlenhydraten und Alkohol (aus Getränken) in der Bundesrepublik Deutschland während eines Beobachtungszeitraums von 1950 bis 1986. In dem Beobachtungszeitraum von 35 Jahren ist der Energieverbrauch angestiegen, der relative Anteil der Kohlenhydrate hat abgenommen und der prozentuale Fettverzehr hat dagegen zugenommen.

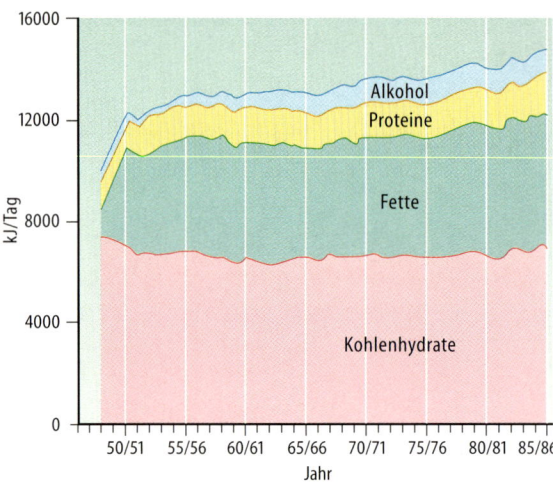

Abb. 25.8 Durchschnittlicher Verbrauch an Nahrungsenergie pro Person und Tag, aufgeschlüsselt nach Protein, Fett, Kohlenhydrat und Alkohol. (Aus Ernährungsbericht 1988)

Die tägliche Zufuhr an Proteinen, Fetten und Kohlenhydraten wird in Gramm angegeben: der Teil, den der jeweilige Nährwertträger an der täglich erforderlichen Energiemenge ausmacht, wird in Prozent angegeben, die als sog. *Nährwertrelation* bezeichnet wird. Energie- und Nährstoffbedarf sind von Mensch zu Mensch und von Tag zu Tag unterschiedlich; sie sind individuell bestimmt und hängen von vielen inneren und äußeren Einflüssen ab. Experimentell lassen sie sich nur bei definierten und kleinen Bevölkerungsgruppen bestimmen; die ermittelten Werte unterliegen einer statistischen Verteilung. Die DGE empfiehlt für eine gesunde Ernährung, daß von der Gesamtenergie-

menge etwa 15 % als Protein-, etwa 35 % als Fett- und 50 % als Kohlenhydrat-Kalorien aufgenommen werden sollen. Aus diesen Relationen können die absoluten Nahrungsmengen in Gramm in Abhängigkeit von der Höhe des täglichen Energieumsatzes errechnet werden.

25.4 Die einzelnen Nährstoffe

Unsere Nahrung setzt sich aus Stoffen zusammen, die wir selbst synthetisieren können (nichtessentielle Stoffe), und solchen, die wir nicht bilden können (essentielle Stoffe, Tabelle 25.6). Glucose könnte man als ein semiessentielles Molekül bezeichnen, da wir nicht die Enzymausstattung zur Photosynthese besitzen und aus geradzahligen Fettsäuren keine Kohlenhydrate bilden können. Die Glucosebiosynthese aus Lactat bzw. Pyruvat ist keine Nettosynthese dieses Polyalkohols, nur aus den Kohlenstoffskeletten einiger glucogener Aminosäuren ist eine Glucoseneubildung möglich.

25.4.1 Proteine

Mit Proteinen wird fast der gesamte organische Stickstoff aufgenommen

Die Proteine stellen die Form dar, in der die Aminosäuren und damit der organische Stickstoff mit der Nahrung zugeführt werden. Im Organismus besitzen die Aminosäuren drei Funktionen:

Tabelle 25.6 Für den Menschen essentielle, semiessentielle und nichtessentielle Stoffe

Essentiell	*Semiessentiell*	*Nichtessentiell*
	Glucose	Kohlenhydrate (außer Glucose)
Fettsäuren [(Linol- und Arachidonsäure = ω-6-Fettsäuren; Linolensäure = ω-3-Fettsäure) Arachidonsäure (aus Linolensäure)]	Fettsäuren (außer den essentiellen)	
Aminosäuren (Valin, Leucin, Isoleucin; Phenylalanin, Tryptophan; Lysin, Methionin, Threonin; Histidin)	Tyrosin (aus Phenylalanin); Cystein (aus Methionin)	Aminosäuren (Glycin, Serin; Glutamat, Glutamin; Aspartat, Asparagin; Alanin, Prolin, Arginin)
Elektrolyte (Natrium, Kalium; Calcium, Magnesium; Chlorid, Phosphat)	SO_4^{2-} (aus Methionin und Cystein)	
Spurenelemente (Kupfer, Eisen, Molybdän etc.)		
	Wasser (mitochondriale Biosynthese)	
Vitamine (Retinol, Ascorbinsäure, Pyridoxin, Cobalamin etc.)	Nicotinsäure	Calciferole

- Bausteine für die Biosynthese der körpereigenen Proteine,
- Vorstufen bei der Biosynthese stickstoffhaltiger Substanzen (Purine, Pyrimidine, Porphyrine) oder Neurotransmitter (Stickmonoxid) und
- Vorstufen bei der Gluconeogenese zur Regulation des Blutglucosespiegels.

Der Gesamtproteinbestand eines 70 kg schweren Menschen beträgt etwa 10 kg (davon 6 kg in der Muskulatur). Für Aminosäuren existieren im Gegensatz zu Kohlenhydraten (Glykogen) und Fettsäuren (Triacylglycerin) keine Speichermoleküle. Da viele Proteine jedoch im Überschuß vorliegen, können sie bei unzureichender Stickstoffzufuhr abgebaut und der Biosynthese anderer Proteine oder stickstoffhaltiger Substanzen zugeführt werden, ohne daß eine Funktionsstörung der Zelle auftritt.

Der erwachsene Mensch muß mindestens 32 g Protein pro Tag mit der Nahrung zuführen

Der minimale Proteinbedarf Erwachsener kann im Experiment in Bilanzstudien ermittelt werden.
- Entweder werden sämtliche Stickstoffverluste des Probanden, der sich über längere Zeit proteinfrei ernährt, täglich bestimmt und zusammengezählt (Tabelle 25.7). Die diesem Stickstoffverlust entsprechende Proteinmenge stellt den minimalen täglichen Proteinbedarf dar.
- Oder die Versuchsperson erhält verschiedene Mengen hochwertigen Proteins, wobei man die geringste Menge austitriert, mit der das Stickstoffgleichgewicht aufrecht erhalten werden kann (Bilanzminimum).

Beide Ansätze sollten zu ähnlichen Resultaten führen. Für Kinder und Jugendliche ist jedoch nicht das Stickstoffgleichgewicht (Stickstoffzufuhr = Stickstoffabgabe), sondern das optimale Wachstum das Kriterium.

Ernährt man sich eine Woche lang proteinfrei, so fällt die Stickstoffausscheidung auf einen relativ konstanten Wert ab. Der tägliche Stickstoffverlust beträgt 54 mg/kg Körpergewicht, was bei einem Umrechnungsfaktor von 6,25 0,34 g Protein pro Kilogramm Körpergewicht ergibt. Dies entspricht etwa 24 g für einen 70 kg schweren Erwachsenen. Theoretisch müßten diese 24 g zur Deckung des Verlustes und zur Aufrechterhaltung des Stickstoffgleichgewichts ausreichen. Wie bei den meisten anderen Nahrungsstoffen muß jedoch auch bei den Proteinen ein höherer Bedarf angesetzt werden. Bei den Untersuchungen schwanken die Werte um ± 30 % bei den einzelnen Probanden, so daß die täglich empfohlene Proteinmenge von 0,34 auf 0,45 g/kg Körpergewicht erhöht werden muß. Sie beträgt damit für den 70 kg schweren Erwachsenen etwa 32 g (Abb. 19.1, S. 523).

Diese Ergebnisse können durch die Verabreichung verschiedener Proteine zur Ermittlung des Minimalbedarfs überprüft werden. Wird der Proteinbedarf durch Verzehr von Volleiprotein gedeckt, so sind zur Aufrechterhaltung des Stickstoffgleichgewichts 0,41 g/kg Körpergewicht erforderlich. Dies trifft auch für andere Proteine mit Ausnahme des Weizenglutens zu, von dem weitaus mehr erforderlich ist (Tabelle 25.8). Allen Werten ist gemeinsam, daß sie deutlich über dem im Ausscheidungsversuch ermittelten Wert von 0,34 g/kg Körpergewicht liegen. Daraus folgt, daß der Erwachsene in der Regel etwa 0,45 g Protein/kg Körpergewicht benötigt. Unter Einbeziehung von 30 % Schwankungsbreite beträgt der Bedarf 0,55 g/kg Körpergewicht. Die Weltgesundheitsorganisation empfiehlt eine weitere Korrektur wegen der unterschiedlichen Wertigkeit einzelner Proteine (s. u.) auf etwa 0,7 g/kg Körpergewicht. Die Deutsche Gesellschaft für Ernährung empfiehlt 0,8 g/kg Körpergewicht bei der hierzulande üblichen Mischkost.

Tabelle 25.7 Obligatorischer Stickstoffverlust erwachsener Männer bei proteinfreier Ernährung und der entsprechende Verlust von Körperprotein (errechnet durch Multiplikation des Stickstoffverlustes mit 6,25). (Nach Munro 1974)

Obligatorische Verluste	Täglicher Stickstoffverlust [mg/kg Körpergewicht]		Entsprechende Proteinmenge [g/kg Körpergewicht]	
Urin (Harnstoff, Kreatinin, Ammoniak)	37	49	0,23	0,31
Faeces (nichtresorbierte Aminosäuren, in den Darm sezerniertes und nichtresorbiertes Protein, abgeschilferte Mucosazellen, Darmbakterien)	12		0,08	
Haut [Sekrete der (Schweiß-)Drüsen (Harnstoff), abgestoßene Epithelzellen, Haare, Nägel]	3		0,02	
Untergeordnete Ausscheidungswege	2		0,01	
Gesamt (Durchschnittswert)	54		0,34	
Gesamt (obere Grenze für den Einzelnen[a])	70		0,45	

[a] Zusätzliche 30 % zum Durchschnittswert, um den oberen Bereich der Ausscheidung (zweifache Standardabweichung vom Mittelwert) abzudecken.

Tabelle 25.8 Minimalbedarf an Protein zur Aufrechterhaltung des Stickstoffgleichgewichts bei Erwachsenen. Da die Bestimmung des Stickstoffverlusts durch die Haut schwierig ist, ist er nicht berücksichtigt. (Nach Munro HN (1972) In: Wilkinson AW (ed) Parenteral Nutrition. Churchill Livingstone, Edinburgh, p 34)

Proteinquelle	Bilanzminimum	
	mg N bzw. g Protein (pro kg Körpergewicht)	
Vollei	66	0,41
Kuhmilch	61	0,38
Casein	73	0,45
Sojaschrot	63	0,40
Reis	82	0,52
Weizenmehl	105	0,66
Bedarf auf der Grundlage der obligatorischen Verluste (Tabelle 25.7)	49	0,31

Alle Werte sind Durchschnittswerte.

Nahrungsproteine besitzen eine unterschiedliche biologische Wertigkeit

Nahezu alle Nahrungsproteine enthalten die zwanzig proteinogenen Aminosäuren, jedoch nicht im gleichen Verhältnis. Die verschiedenen Proteine zeichnen sich durch eine unterschiedliche Aminosäurezusammensetzung aus. Deshalb besitzen sie eine unterschiedliche biologische Wertigkeit. Diese ist ein Maß für die Wirkung spezifischer Stickstoffsubstanzen bei der Deckung des Stickstoffbedarfs und dem Ersatz der Stickstoffverluste. Biologisch hochwertige Proteine können diese Aufgabe bereits dann erfüllen, wenn sie in niedriger Konzentration verabreicht werden. Je geringer der biologische Wert eines Proteins ist, desto höhere Mengen werden zur Sicherung des Bedarfs benötigt. Tierische Proteine wie Milch, Eier oder Fleisch besitzen eine besonders hohe biologische Wertigkeit, wohingegen pflanzliche Proteine wie Bohnen, Mais und Weizen sowie Gelatine (denaturiertes Bindegewebe) aufgrund des Fehlens von Tryptophan eine niedrigere Wertigkeit aufweisen. Normalerweise wird *Volleiprotein* mit einem Wert von 100 als Bezugsgröße gewählt. Milchprotein als alleinige Stickstoffquelle ist von niedrigerem Wert (88). Diese Zahl resultiert aus der verschiedenen Wertigkeit der einzelnen Milchbestandteile (Casein 72, Lactalbumin 104). Die Kenntnis der biologischen Wertigkeiten einzelner Proteine ist jedoch nur von beschränkter Aussagekraft, da in der Ernährung nie reine Proteine zugeführt werden. Selbst die Zufuhr nur tierischer oder pflanzlicher Proteine kommt zumindest in Europa nur selten vor. Normalerweise führen wir eine gemischte Kost aus tierischen und pflanzlichen Bestandteilen zu. Die gleichzeitig zugeführten Bestandteile beeinflussen sich aber sehr stark in ihrer biologischen Wertigkeit. Die höchste biologische Wertigkeit, die bisher gefunden worden ist, ist die einer Mischung (bezogen auf Stickstoff) von *36 %*

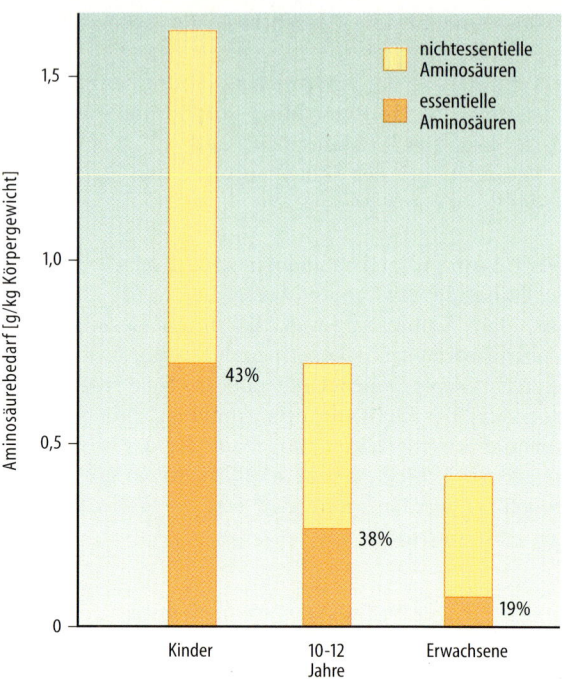

Abb. 25.9 Durchschnittlicher Bedarf gesunder Menschen verschiedenen Alters an nichtessentiellen und essentiellen Aminosäuren

Eiprotein und *64 % Kartoffelprotein:* sie beträgt 136 und ist damit erstaunlich hoch. Dieser Wert besagt, daß der Minimalbedarf eines Menschen an diesem Gemisch 0,374 g Protein/kg Körpergewicht beträgt, das sind täglich 26 g für einen 70 kg schweren Erwachsenen. Diese Proteinmenge kann durch den Verzehr von 1¹/₂ Eiern und drei Pfund Kartoffeln täglich gedeckt werden.

Der Bedarf von Proteinen und einzelnen Aminosäuren ändert sich mit dem Alter oder nach Operationen

Bei Kindern und Jugendlichen wird der Bedarf an Proteinen auf das Wachstum bezogen. Er fällt mit zunehmendem Alter ab und ist beim älteren Menschen nicht genau bekannt. Ab dem 25. Lebensjahr verlieren wir Gewebesubstanz und damit Protein, so daß sich der Proteinbestand des Organismus bis zum 60. Lebensjahr um etwa 20 % verringert. Mit zunehmendem Alter sinkt auch der minimale Bedarf an essentiellen Aminosäuren stärker als der Proteinbedarf (Abb. 25.9, Tabelle 25.9). Da die meisten Nahrungsproteine 40–50 % essentielle Aminosäuren enthalten, decken sie den Bedarf Erwachsener mehr als ausreichend, es sei denn, Weizengluten wird als schlechte Quelle verzehrt. Deshalb werden die meisten Proteine in denselben Mengen zum Bilanzminimum benötigt. Nach Operationen ist nicht nur der Gesamtproteinbedarf, sondern auch der Bedarf an essentiellen Aminosäuren erhöht (Tabelle 25.10).

Tabelle 25.9 Bedarf an essentiellen Aminosäuren und Proteinen (mg/kg Körpergewicht) bei Menschen verschiedenen Alters. (Nach Munro 1974)

Bedarf	Kinder	10–12 Jahre	Erwachsene
Valin	95	33	13
Leucin	153	49	12
Isoleucin	111	28	10
Phenylalanin u. Tyrosin	90	27	14
Tryptophan	19	3,7	3
Lysin	96	59	10
Threonin	66	34	6
Methionin und Cystin	50	27	13
Histidin	(25)	?	?
Durchschnittlicher Gesamtbedarf an essentiellen Aminosäuren mit Ausnahme von Histidin	680	261	81
Durchschnittlicher Proteinbedarf	1600	700	425
Prozentualer Anteil der essentiellen Aminosäuren am Proteinbedarf	43 %	36 %	19 %

Der Proteinstoffwechsel wird auch durch die Höhe der Energiezufuhr bestimmt

Zusätzlich zu Quantität und Qualität der Proteinzufuhr ist auch die Höhe der Gesamtenergiezufuhr entscheidend: bei niedriger Kalorienzufuhr werden mehr Aminosäuren zur Energiegewinnung abgegeben, bei ausreichender Energiezufuhr kann die Stickstoffbilanz jedoch auch positiv werden. Dies wird zum einen durch die Energiezufuhr über Kohlenhydrate und Lipide, zum anderen auch durch die glucoseinduzierte Insulinsekretion verursacht. Der erhöhte Insulinspiegel führt zu einer vermehrten Aufnahme einzelner Aminosäuren in die Muskulatur (S. 796), was auch als proteinsparender Effekt der Kohlenhydrate bezeichnet wird.

Im Postaggressionsstoffwechsel herrscht ein vermehrter Proteinabbau vor

Akute Infektionen, Operationen, Verletzungen (Traumata) und andere Erkrankungen führen zum Verlust von Körperproteinen. Auch psychischer Streß erhöht die Stickstoffausscheidung in den Urin, wie Untersuchungen an Studenten, die im Examen standen, belegen. Infektionen, die mit Fieber einhergehen, bedingen oft einen Appetitverlust, weshalb geringere Nahrungsmengen und damit auch Protein zugeführt werden. Die Reaktion des Organismus auf eine Störung der Homöostase, wie z. B. eine Operation, ein Polytrauma oder Verbrennungen, wird als Postaggressionsstoffwechsel oder Gesamtkörperinflammationssyndrom bezeichnet. Im Tierexperiment werden bei einer Störung der Homöostase, z. B. durch Nahrungsentzug, zuerst Proteine mit *kurzer Halbwertszeit,* d. h. vor allem Enzyme der Leber, des Pankreas und der Mucosazellen des Darms abgebaut. Erst später werden dann Muskelproteine zum Abbau herangezogen, der Aufbau erfolgt nach schweren Erkrankungen erst wieder nach einigen Wochen. Beim Postaggressionsstoffwechsel ist das Gleichgewicht von Proteinaufbau (Anabolie) und -abbau (Katabolie) zu ungunsten der Anabolie verschoben. Ursache der postoperativen oder posttraumatischen Proteinkatabolie sind die Immobilisierung des Patienten, Veränderungen des Hormonhaushalts (insbesondere der Streßhormone Adrenalin, Cortisol und Glukagon) und die Freisetzung von Zytokinen aus immunkompetenten Zellen (S. 1074). Dabei spielen vor allem Tumornekrosefaktor-α (TNF-α) und Interleukin-1

Tabelle 25.10 Vergleich des oralen und parenteralen Bedarfs an Aminosäuren insgesamt und an essentiellen Aminosäuren. (Nach Munro 1974)

Zugeführt auf	Gruppe	Bedarf [mg/kg Körpergewicht]		
		Aminosäuren insgesamt	Essentielle Aminosäuren	Prozentualer Anteil der essentiellen Aminosäuren
Oralem Weg	Kinder[a]	1600	680	43
	10–12 Jahre[a]	700	260	36
	Erwachsene[a]	425	80	19
Parenteralem Weg	Erwachsene[a] (normal)	< 770	< 140	< 25
Parenteralem Weg	Kinder (postoperativ)[b]	2000–3000	500–1500	25–50
	Erwachsene (postoperativ)[b]	1600–2000	400–1000	25–50
	Erwachsene (normal)[b]	800–1600	200–800	25–50
	Erwachsene (urämisch)[b]	400	100–200	25–50

[a] Experimentell ermittelte Werte.

[b] Empfohlene Werte.

Tabelle 25.11 Täglicher Substratumsatz (g) beim nüchternen und beim traumatisierten Menschen

	Nüchtern	*Traumatisiert*
Herkunft des Brennstoffs		
Muskelprotein	75	250
Fettgewebe	160	170
Leberproduktion		
Glucose	180	360
Brennstoffverbrauch		
Glucose		
Nervenzellen	144	144
Korpuskuläre Elemente des Bluts	36	36
Regenerierendes Gewebe	–	180
Triacylglycerine:		
Herz, Nieren, Muskel	160	170

eine wichtige Rolle. TNF-α wirkt über eine Stimulierung der Cyclooxygenaseaktivität und sekundär über die daraus resultierende Synthese von Arachidonsäurederivaten, die zu einer Erhöhung der Konzentration der Streßhormone Adrenalin, Noradrenalin, Cortisol und Glukagon führen, die ihrerseits für die Veränderung des Proteinstoffwechsels verantwortlich sind. Der Wirkungsmechanismus des zweiten Zytokins Interleukin-1 ist noch unklar. Möglicherweise wirkt es über das hypothalamisch-hypophysäre System (S. 829). Interleukin-1 stimuliert die Biosynthese der sog. Akutphaseproteine in der Leber und führt gleichzeitig zu einer Hemmung der Aminosäureaufnahme und Proteinsynthese im Muskel (S. 918).

Fieber wird möglicherweise durch Zytokine wie TNF-α oder Interleukin-1 hervorgerufen. Eine Erhöhung der Körpertemperatur um 1 °C führt zu einer 10–15 %igen Zunahme des Grundumsatzes. Diese Zytokine können auch einen Appetitverlust (Anorexie) auslösen (S. 887). Im Postaggressionsstoffwechsel ist eine starke Zunahme der intestinalen Glutaminaufnahme zu beobachten, die wahrscheinlich durch Cortisol bzw. Glukagon bewirkt wird.

Bei Verbrennungen kann der tägliche Stickstoffverlust bis zu 20 g (entsprechend 125 g Protein) betragen und in schweren Fällen bis 10 % des Körperbestandes (etwa 1 von 10 kg) ausmachen. Wahrscheinlich wird nach Verletzungen mehr Muskelprotein zur Gluconeogenese abgebaut und damit für regenerierende Gewebe bereitgestellt (Tabelle 25.11).

Eine schwere Proteinmangelernährung verursacht Marasmus

Der Proteinmangel, das wichtigste ernährungsphysiologische Problem in Entwicklungsländern, ist meist mit einem Energiemangel verbunden (Tabelle 25.12). Er ist dafür verantwortlich, daß in vielen Gebieten der Erde die Hälfte der Kinder das 6. Lebensjahr nicht erreichen. Der Aminosäure- und Energiemangel führt zu einem komplexen Krankheitsbild, das als *Marasmus* bezeichnet wird. Am stärksten vom Aminosäuremangel betroffen sind Zellen mit hohem Umsatz wie die der Darmmucosa und Drüsen, die Verdauungsproteine produzieren. Dadurch kommt es zu Verdauungs- und Resorptionsstörungen mit Diarrhoe, Wasser- und Elektrolytverlusten. Der Stoffwechsel des Hepatocyten ist ebenfalls gestört. Die verringerte Proteinbiosynthese führt zu Fettleber und Hypalbuminämie (mit Proteinmangelödemen).

25.4.2 Kohlenhydrate

Kohlenhydrate dienen vor allem als Energielieferanten

Neben ihrer hauptsächlichen Funktion als Energielieferanten dienen Kohlenhydrate als Kohlenstoffquelle für die Biosynthese nichtessentieller Fettsäuren und nichtessentieller Aminosäuren. Kohlenhydrate können im Stoffwechsel der Zelle aus glukogenen Aminosäuren gebildet werden; aus dem Glycerin der Triacylglycerine (Fette) kann ebenfalls Glucose entstehen. Verschiedene Organe (Gehirn, peripheres Nervensystem, Erythrocyten etc.) sind auf Glucose als Energieträger angewiesen.

In der Durchschnittskost besteht der Hauptanteil der Kohlenhydrate aus *Polysacchariden,* insbesondere der Stärke in Kartoffeln und Getreidekörnern. Glucose, Fructose, Lactose und alle anderen Zucker machen insgesamt nicht mehr als 10 % der täglichen Gesamtkohlenhydratzufuhr aus. Eine kohlenhydratfreie Ernährung ist zwar möglich, führt aber zu einem

Tabelle 25.12 Welternährungslage

	Bevölkerung [Millionen]	Tägliche Energiezufuhr [kJ bzw. kcal]		Durchschnittliche Proteinzufuhr	
				Gesamt [g]	*Tierisch [g]*
Entwicklungsländer	2450	9030	2150	58	9
Industriestaaten	950	12810	3050	90	44
Weltbevölkerung (95 %)	3400	10164	2420	68	20

Abbau von Proteinen zu Aminosäuren, die zur Gluconeogenese herangezogen werden und von Triacylglycerinen zu nichtveresterten Fettsäuren, deren erhöhtes Angebot an die Leberzelle eine Ketoacidose verursacht (Hungerketose).

Kohlenhydrate sollen etwa 50 % der gesamten Energiezufuhr ausmachen

Die in der Ernährung dominierenden Kohlenhydrate sind *Getreideerzeugnisse*. Der Kohlenhydratanteil der Nahrungszufuhr in Form von Mono- oder Disacchariden (Zucker, zuckerhaltige Getränke, Süßigkeiten) nimmt aber tendenziell zu, der Konsum von Polysacchariden (Getreide, Kartoffeln) ist in der Bundesrepublik Deutschland rückläufig. Bei der diätetischen Behandlung der Zuckerkrankheit spielt die *Broteinheit (BE)* eine Rolle, die den Kohlenhydratgehalt von Nahrungsmitteln beschreibt: eine Broteinheit entspricht 12 g Kohlenhydraten.

25.4.3 Fette

Fette wirken hauptsächlich als Energielieferanten und Kohlenstoffquelle für Biosynthesen

Lipide sind Energielieferanten, Kohlenstoffquelle für Biosynthesen, Bausteine für Membranen und als Vorstufen der Leukotriene und Prostaglandine Modulatoren biochemischer Prozesse. Eine besondere Bedeutung in der parenteralen Ernährung (S. 726) besitzen Triacylglycerine aus mittelkettigen Fettsäuren (C_8–C_{11}), die sich von den übrigen Fettsäuren dadurch unterscheiden, daß sie

- schneller im Darm hydrolysiert und resorbiert,
- über die Pfortader transportiert,
- carnitinunabhänig oxidiert und
- nicht im Eikosanoidstoffwechsel verwertet werden.

Voraussetzung für die zelluläre Aufnahme und intracelluläre Verwertung von mittel- und langkettigen Triglyceriden ist die vorherige Abspaltung der Fettsäuren durch endothelständige hepatische oder extrahepatische Lipoproteinlipasen. Zytokine wie TNF-α oder Interleukin-1, die bei Entzündungen verstärkt freigesetzt werden, hemmen die Aktivität dieser Enzyme. Daraus kann eine Verschlechterung der Lipidtoleranz mit funktionsstörenden Fetteinlagerungen in Leber, Lunge und reticuloendothelialem System folgen. Die Spaltung von mittelkettigen Triglyceriden erfolgt schneller als die langkettiger Triglyceride. Dadurch ist eine schnellere Klärung der mittelkettigen Triglyceride auch bei schweren Infektionen möglich, so daß diese Fettsäuren geeignete Energieträger bei der Ernährung von schwerkranken Patienten darstellen.

Fette sollen etwa 35 % der gesamten Energiezufuhr ausmachen

Durch Lipide kann in einem kleinen Nahrungsvolumen eine große Energiemenge zugeführt werden. Da die Kapazität des Magen-Darm-Traktes begrenzt ist, läßt sich ein hoher Energiebedarf nur durch den Verzehr von Fetten decken. Der Anteil von Fetten an der Gesamtenergieaufnahme ist seit 1950 ständig gestiegen (Abb. 25.8, S. 718).

25.4.4 Bedeutung des Ethylalkohols

Statistische Erhebungen sprechen für eine ständige Zunahme des Alkoholkonsums in den Industrieländern. Der Alkohol konsumierende Teil der Bevölkerung der Bundesrepublik Deutschland deckt im Durchschnitt 8 % der gesamten Energiezufuhr durch alkoholische Getränke, womit eine Reihe von Gesundheitsschädigungen wie Hypertriglyceridämie, Bluthochdruck sowie Organschäden verbunden sind. Außerdem stellt Alkoholkonsum durch Beeinträchtigung der Fahrtüchtigkeit im Straßenverkehr einen wichtigen Anteil an schweren, häufig tödlichen Unfällen. Aus diesem Grund werden an dieser Stelle Alkoholaufnahme, Blutalkoholgehalt und Alkoholgehalt von Getränken besprochen.

Ein Gramm Alkohol besitzt einen Brennwert von etwa 30 kJ. Zu dem Brennwert von Alkohol kommt noch die Energiemenge des unterschiedlichen Kohlenhydratgehalts, der bei Likör 10–25 g, Wein 0,1–0,5 g, Südwein, Portwein und Dessertwein 5–25 g und Bier etwa 4 g pro 100 ml beträgt.

Beim Alkoholabbau entsteht Acetaldehyd, der mit anderen Substanzen Addukte bildet

Alkohol wird auch von einigen Mikroorganismen im Darm produziert, die ihre Energie aus der Vergärung von Zucker zu Alkohol gewinnen. Dieser Alkohol gelangt nach Resorption durch die Mucosazellen ins Pfortaderblut, so daß auch ohne Alkoholkonsum stets eine äußerst geringe Menge Alkohol im Blutplasma nachweisbar ist. Im Hepatocyten wird resorbierter (aus endogenen und exogenen Quellen) Alkohol entweder durch die in mehreren Isoenzymformen auftretende cytosolische NAD^+-abhängige *Alkoholdehydrogenase* (die außerdem in Gastrointestinaltrakt, Lungen und Nieren nachweisbar ist) oder durch eine mikrosomale, mischfunktionelle Oxygenase – unter $NADPH/H^+$- und O_2-Verbrauch – in Acetaldehyd und dann über eine mitochondriale *Aldehyddehydrogenase* in Acetat überführt (Abb. 35.12, S. 1036). Letzteres tritt nach Aktivierung (Acetatthiokinase) in den Acetyl-CoA-Pool ein. Acetaldehyd stellt eine besonders reaktive Substanz dar, die mit Proteinen oder Aminen covalente Addukte bildet, zu denen *Tetrahydro-β-Carboline* (durch Reaktion mit Tryptamin) und *Salsonilol* (durch Reaktion mit Dopamin) gehören. Diese Stoffe wirken halluzinatorisch und sind möglicherweise an der Erzeugung der Alkoholsucht beteiligt. Da genetische Faktoren eine Rolle bei der Entstehung des Alkoholismus besitzen und die Alkoholtoleranz bei verschiedenen ethnischen Gruppen unterschiedlich ist, werden die Gene der einzelnen am Alkoholabbau beteiligten Enzymsysteme auf Polymorphismen (S. 320) untersucht.

Etwa 5 % des Alkohols werden im Urin sowie im Schweiß und in der Atemluft (hier auch als Acetaldehyd) ausgeschieden.

Die Alkoholresorption wird durch vorherige Nahrungsaufnahme verlangsamt

Alle im folgenden angegebenen Werte gehen von der Voraussetzung der Nüchternresorption aus. Schon da-

bei können erhebliche Schwankungen von Individuum zu Individuum und beim Einzelnen von einem Tag zum anderen auftreten. Noch unübersichtlicher werden die Verhältnisse, wenn vor der Alkoholaufnahme gegessen wurde. Ein Teil des Alkohols wird bereits von der Mundschleimhaut resorbiert. Die Alkoholresorption wird beschleunigt durch

- warmen Alkohol (Glühwein, Punsch, Grog),
- Alkohol plus Zucker,
- Alkohol plus Kohlensäure (Sekt bzw. Champagner),
- nüchtern Trinken,
- schnelles Trinken und
- bei pathologischen Verhältnissen im Magen-Darm-Trakt (z. B. bei Zustand nach Magenresektion).

Jede Nahrungsaufnahme kann die Alkoholresorption verlangsamen. Wer aus welchen Gründen auch immer trinken will oder muß, sollte darauf bedacht sein, etwa eine Viertelstunde vor Trinkbeginn eine Mahlzeit von 2100–4200 kJ (500–1000 kcal) zu sich zu nehmen. Wer danach langsam trinkt, und zwar soviel wie seine

Tabelle 25.13 Alkoholgehalt verschiedener Getränke (Umrechnung von Alkoholvolumenprozenten in Gramm reinen Alkohol)

Spirituosen	*Vol. %*	*Gramm Alkohol in 20 ml*		*Gramm Alkohol in 0,7 l*	
Kirsch und Whisky	30	5		167	
Doppelkorn	38	6		210	
Gin	40	6		224	
Cognac	42	7	1 Glas (à 20 ml = 2 cl)	233	1 Flasche
Whisky, Wodka	43	7		238	
Magenbitter	49	8		271	
Obstler	50	8		277	
Rum	70	11		388	
Alkoholhaltige Volksheilmittel	*Vol. %*	*Gramm Alkohol*		*Gramm Alkohol in 150 ml*	
Melissengeist	70	2,5	1 Teelöffel	83	1 Flasche
Medizinalweine	15	2,0	1 Eßlöffel	20	
Biere	*Vol. %*	*Gramm Alkohol in 0,3 l*		*Gramm Alkohol in 0,5 l*	
Alkoholfreie Biere	0,5	1,1		2	
Pils	4	9		16	
Weizenbier	5	12	1 Glas = 0,3 l	21	1 Glas = 0,5 l
Diätbier	6	13		24	
Starkbier	bis 8,5	20		34	
Kölsch	3–4	8		14	
Weine	*Vol. %*	*Gramm Alkohol in 150 ml*		*Gramm Alkohol in 0,7 l*	
Wein	15	18		83	
Süßweine	16	19		89	
Sherry, Portwein	22	26	1 Glas = ca. 150 ml	122	1 Flasche
Sekt bzw. Champagner	9–14	14		70	
Wermut	22	26		122	

Alle Zahlenwerte sind auf mittlere Durchschnittswerte abgerundet, die Angaben bei Bieren und Weinen können erheblich schwanken.

Tabelle 25.14 Zu erwartende Blutalkoholkonzentration

Körpergewicht [kg]	Reduktionsgewicht [kg]	Zugeführte Alkoholmenge [g]				Stündlicher Alkoholabbau
50	35	3,5	10,5	14	28	5,5
55	38,5	3,8	11,4	15	30	6
60	42	4,2	12,6	17	34	6,6
65	45,5	4,5	13,5	18	36	7,1
70	49	4,9	14,1	19,5	40	7,7
75	52,5	5,2	15,6	21	42	8,2
80	56	5,6	16,8	22,5	45	9,8
85	59,5	5,9	17,9	23,5	47	9,3
90	63	6,3	18,6	25	50	9,9
95	66,5	6,6	20	26,6	53	10,5
100	70	7,0	21	28	56	11
Resultierende Blutalkohol-konzentration [‰]:		0,1	0,3	0,4	0,8	

Diese Tabelle soll zeigen, wie wenig Alkohol im Nüchternzustand bereits genügt, um in den Bereich der Fahruntüchtigkeit zu gelangen.

Beispiel: Bei einem 70 kg schweren Menschen ist nach dem Genuß von 1 Korn (20 ml) + $\frac{1}{2}$ l Lagerbier = 23,5 g Alkohol theoretisch (nach Nüchternresorption) ein Promillewert von 0,48 zu erwarten. Dieser Alkohol dürfte unter normalen Umständen und bei gesunder Leber nach etwa 1–$3\frac{1}{2}$ h abgebaut sein.

stündliche Abbaurate beträgt, wird für die folgenden zwei Stunden – normale physiologische Funktionen, keine Medikamente, gesunde Leber vorausgesetzt – kaum nachteilige Folgen zu erwarten haben. Die Dynamik der Alkoholaufnahme in das Gehirn kann heute mit der NMR-Analyse nachgewiesen werden (Abb. 14.11, S. 369).

Die Blutalkoholkonzentration läßt sich aus aufgenommener Alkoholmenge und Reduktionsgewicht vorhersagen

Auf Getränkepackungen ist der Alkoholgehalt in Vol % angegeben. Da Alkohol eine Dichte von 0,79 besitzt, ergibt die Multiplikation der Vol%-Angabe mit diesem Wert den Prozentgehalt in Gramm (Tabelle 25.13).

Muskulatur und Gehirn nehmen relativ viel, Fettgewebe und Knochen nur sehr wenig Alkohol auf. Für die Berechnung der Beziehung von Alkoholmenge zu Körpergewicht muß deshalb das Körpergewicht mit dem Reduktionsfaktor 0,7 multipliziert werden. Die Division von getrunkener Alkoholmenge (g) durch das Reduktionsgewicht ergibt die Blutalkoholkonzentration in ‰. Dies gilt annähernd für die Nüchternresorption. Umgekehrt kann auch aus dem Reduktionsgewicht und dem Promillewert die dafür notwendige Alkoholmenge (g) errechnet werden (Tabelle 25.14); z. B. 60 kg Körpergewicht × 0,7 = 42 kg Reduktionsgewicht × 0,1 ‰ = 4,2 g Alkohol.

Unter der Voraussetzung, daß der Proband gesund ist (normale Leberfunktion, keine Medikamenteneinnahme) errechnet man, daß pro 10 kg Körpergewicht und Stunde ein Gramm Alkohol abgegeben wird.

In der klinischen Praxis wird bei Verdacht auf *Alkoholintoxikation* der Alkoholgehalt mit der Alkoholdehydrogenasereaktion im mmol/l bestimmt und in ‰ umgerechnet. Werden 1,5–2,5 g Alkohol pro kg Körpergewicht nüchtern innerhalb von einer halben Stunde getrunken (Trinkwetten) und ohne Erbrechen resorbiert, so kann dies aufgrund einer Atemlähmung zum Tode führen. Die letale Blutalkoholkonzentration liegt bei etwa 4–5 ‰.

25.4.5 Ballaststoffe

Darmbakterien können einzelne Ballaststoffe zu kurzkettigen Fettsäuren abbauen

Unter dem Sammelbegriff Ballaststoffe versteht man Bestandteile pflanzlicher Nahrung, die von den Enzymen des Gastrointestinaltraktes nicht abgebaut werden können. Dazu zählen Cellulose, Hemicellulose und Pektin. Als Richtwert für die Zufuhr von Ballaststoffen gilt beim Erwachsenen eine Menge von mindestens 30 g am Tag. Ein Teil der Ballaststoffe wird aber von Darmbakterien zu den kurzkettigen Fettsäuren Propionat, Acetat und Butyrat abgebaut. Nach der Resorption werden Propionat und Acetat an das Portalblut abgegeben, wohingegen Butyrat als Substrat für den Stoffwechsel der Dickdarmmucosa dient.

25.5 Besondere Ernährungsformen

25.5.1 Enterale Ernährung

Bei Patienten, die nicht essen können, ist eine Ernährung über Magen- oder Dünndarmsonden möglich. Je nach Funktion des Verdauungstraktes werden dann hochmolekulare Diäten, die aus natürlichen Nährstoffen hergestellt werden (nährstoffdefinierte Diäten) oder chemisch definierte Diäten, die durch Vorverdauung natürlicher Nährstoffe hergestellt werden, zugeführt. Nährsonden werden transnasal oder auch perkutan (durch PEG, perkutane endoskopische Gastrostomie) gelegt.

25.5.2 Parenterale Ernährung

Bei der parenteralen Ernährung entfällt die Pufferfunktion der Leber

Eine besondere Ernährung ist dann erforderlich, wenn eine Versorgung über eine Sonde nicht möglich ist. In dieser Zeit erfolgt eine parenterale Ernährung, d. h. die Versorgung unter Umgehung des Magen-Darm-Traktes. Dabei wird die Leber, durch die und in die normalerweise alle resorbierten Substrate fließen, umgangen, wodurch die Pufferfunktion zur Regulation der Plasmakonzentration der Substrate entfällt. Auch gastrointestinale Hormone werden nicht sezerniert, die normalerweise durch die Nährstoffe im Darm freigesetzt werden. Partiell werden bis 10 % aller Krankenhauspatienten, vollständig 5 % (auf Intensivstationen bis zu 80 %) parenteral ernährt. Basis jeder parenteralen Infusions- und Ernährungstherapie ist die Gabe von *Wasser* und *Elektrolyten* (Na, K, Ca, Mg, Cl, Phosphat). *Kohlenhydrate* nehmen in der parenteralen Ernährung aus zwei Gründen eine bevorzugte Stellung ein: zum einen sind sie rasch verwertbare Energieträger, zum anderen dienen sie als Vehikel zur Infusion von Wasser. Glucose ist das Kohlenhydrat der Wahl. Lösungen mit unterschiedlichem Glucosegehalt sind kommerziell verfügbar (5, 10, 20, 40 %). Die insulinabhängig verwertbaren Zuckeraustauschstoffe Fructose, Sorbitol oder Xylitol sollen nur dann gegeben werden, wenn die Verwertung von Glucose wie z. B. im Postaggressionsstoffwechsel (S. 721) – gestört ist. Vor ihrer Gabe muß eine Fructoseintoleranz (S. 395) ausgeschlossen sein.

Glutamin muß über Dipeptide zugeführt werden

Eine intravenöse Proteinversorgung ist nur mit solchen Aminosäuregemischen gewährleistet, die eine für die optimale Ausnutzung geeignete Zusammensetzung besitzen. Die Zusammensetzung von *Aminosäure-Standardlösungen* basiert auf dem Aminosäuremu-

Tabelle 25.15 Parenterale Ernährung mit verschiedenen Nährsubstraten

	Menge (g/kg/Tag)	*Maximale Infusionsgeschwindigkeit (g/kg/h)*
Glucose	5,0–6,0	0,25
Fette	1,0–2,0	0,15
Aminosäuren	0,8–2,0	0,10

ster hochwertiger Proteine (Kartoffel-Ei-Mischung, S. 720). Für bestimmte Stoffwechselsituationen wie z. B. schwere Leber- oder Nierenfunktionsstörungen existieren speziell adaptierte Aminosäurelösungen (z. B. Aminosteril und Nephroplasmal). Keine der verfügbaren Aminosäurelösungen für die parenterale Ernährung enthält Glutamin, obwohl diese Aminosäure ein wichtiges Substrat für Zellen des Immunsystems und Mucosazellen des Dünndarms ist (S. 567). Dies liegt daran, daß Glutamin in wässriger Lösung schlecht löslich und instabil ist, d. h. in Ammoniak und Pyroglutamat zerfällt. Dieser Nachteil wird durch Zusatz des Dipeptids *Alanyl-Glutamin* zu Infusionslösungen überwunden. Dieses stabile Dipeptid wird in vivo schnell zu Alanin und Glutamin hydrolysiert, so daß die Konzentration dieser beiden Aminosäuren im Plasma ansteigt.

Mit Lipidemulsionen können große Energiemengen zugeführt werden

Fettemulsionen besitzen den Vorteil, daß große Energiemengen in einem relativ kleinen Volumen einer isotonischen Lösung zugeführt werden können. Lipidemulsionen (z. B. Lipofundin oder Intralipid) bestehen aus langkettigen Triglyceriden (aus Sojabohnenöl), die reich an mehrfach ungesättigten Fettsäuren mit 18 C-Atomen sind (54 % Linolsäure, 8 % Linolensäure). Diese sind für Phospholipide in Membranen und intracellulären Organellen und als Vorstufen von Prostaglandinen, Thromboxanen und Leukotrienen von Bedeutung. Je nach Konzentration (10 oder 20 %) enthalten 1000 ml dieser Lösung 4200 bzw. 8400 kJ (1000 bzw. 2000 kcal). Andere Fettemulsionen enthalten auch mittelkettige Fettsäuren und Triglyceride aus Fischöl sowie Phospholipide aus Eiern (z. B. Lipofundin MCT).

Spurenelemente und Vitamine sind wichtige Zusätze der parenteralen Ernährung

Zusätzlich zu Wasser, Elektrolyten und den Nährstoffen werden Lösungen zur vollständigen parenteralen Ernährung mit *Spurenelementen* wie Eisen, Kupfer und Zink (z. B. Addel) sowie fett- und wasserlöslichen *Vitaminen* (z. B. Vitintra) ergänzt. Die verabreichten Stoffe werden dabei jeweils in Abhängigkeit von

Ernährungszustand und Körpergewicht individuell dosiert. Da Lösungen mit einer Osmolarität von über 800 mosm/l aufgrund ihrer venenreizenden Wirkung nicht in periphere Venen infundiert werden dürfen, ist für die vollständige parenterale Ernährung ein *zentralvenöser Katheter* (ZVK) erforderlich.

25.5.3 Vegetarische Ernährung

Vegetarier, die Milch, Milchprodukte und Eier zu sich nehmen, werden als Lacto-Ovo-Vegetarier bezeichnet. Wenn sie auf Eier verzichten, sind sie Ovo-Vegetarier, wenn sämtliche tierischen Produkte vermieden werden, werden sie als Vegetarier oder Veganer bezeichnet. Vegetarier haben ein geringeres Körpergewicht, ein niedrigeres Cholesterin und LDL-Cholesterin sowie niedrigere Blutdruckwerte. Bei Veganern werden Vitamin-B_{12}-Mangelzustände beobachtet, da dieses Vitamin nur in tierischen Nahrungsmitteln enthalten ist (S. 673).

RESÜMEE

Unser Energieumsatz setzt sich aus dem Grundumsatz zur Aufrechterhaltung aller lebensnotwendigen Funktionen im Ruhezustand und dem Leistungsumsatz zusammen, der durch Nahrungszufuhr, unwillkürliche und willkürliche körperliche Aktivität und Temperaturausgleich zustandekommt. Der Energieverbrauch kann mit der direkten und indirekten Kalometrie gemessen werden, denen die Messung der Wärmeprodukti-on bzw. des Sauerstoffverbrauches zugrundeliegt. Die Isotopendilutionsmethode mit doppelt markiertem Wasser erlaubt als Variante der indirekten Kalometrie die ambulante Durchführung von Energieverbrauchsmessungen. Krankheiten verändern den Energieumsatz durch die Freisetzung von Hormonen, Zytokinen und Lipidmediatoren.

Die einzelnen Nährstoffe unterscheiden sich durch ihren physiologischen Brennwert, der für Kohlenhydrate und Aminosäuren jeweils 16,8 kJ (4 kcal)/g und für Fette 29,4 kJ (7 kcal)/g beträgt. Proteine und ihre Vorstufen, die Aminosäuren, stellen die Form dar, in der organischer Stickstoff mit der Nahrung zugeführt wird. Täglich müssen etwa 32 g aufgenommen werden, wobei die einzelnen Proteine eine unterschiedliche biologische Wertigkeit aufweisen. Im Postaggressionsstoffwechsel nach akuten Infektionen oder operativen Eingriffen ist der Proteinabbau zuungunsten des Aufbaues gesteigert. Ursache für die Proteolyse sind katabole Hormone und Zytokine wie TNF-α oder Interleukin-1. Kohlenhydrate dienen als Energielieferanten und als Kohlenstoffquelle für die Biosynthese von Fettsäuren und Aminosäuren. Fette besitzen neben diesen Funktionen Aufgaben als Membranbausteine und Vorstufen von Leukotrienen und Prostaglandinen. Alkohol besitzt mit 29,4 kJ (7 kcal)/g einen hohen Brennwert. Beim Alkoholabbau gebildetes Acetaldehyd ist sehr reaktiv und bildet Addukte mit verschiedenen Proteinen und Aminen, die an der Entstehung der Alkoholsucht und der alkoholbedingten Leberschädigung beteiligt sein sollen. Genetische Unterschiede im Alkoholstoffwechsel sind möglicherweise für die unterschiedliche Alkoholtoleranz und Entstehung der Sucht verantwortlich.

Bei Nahrungskarenz oxidieren einzelne Gewebe zunehmend Fettsäuren statt Glucose, und das Gehirn erlangt die Fähigkeit zur Ketonkörperutilisation, so daß die Proteolyse von Muskelprotein vermieden werden kann.

Für Patienten, die nicht essen können, stehen enterale (Sondenkost) und parenterale Ernährungsformen (intravenöse Verabreichung über zentralen Katheter) zur Verfügung, die den Wasser-, Elektrolyt, Nährstoff-, Spurenelement- und Vitaminbedarf des Erkrankten berücksichtigen.

Die Fettsucht geht mit erhöhten Lipidspeichern einher: Untersuchungen zeigen aber, daß diese Krankheit nicht ein reines Bilanzproblem darstellt, da eine Reduktion der Energiezufuhr bei Fettsüchtigen gleichzeitig zu einer Verringerung des Energieverbrauches führt. Genetische Faktoren spielen offenbar eine entscheidende Rolle wie Mutationen des Gens für den β_3-adrenergen Rezeptor bei Probanden zeigen, die zur Fettsucht neigen (also offenbar schlechte Futterverwerter werden).

Literatur

Monographien und Lehrbücher

Ernährungsbericht 92. Herausgegeben von der Deutschen Gesellschaft für Ernährung e. V., Deutsche Gesellschaft für Ernährung, Frankfurt/Main 1992

Empfehlung für die Nährstoffzufuhr. Deutsche Gesellschaft für Ernährung, 5. Überarbeitung 1991, Umschau-Verlag, Frankfurt/Main.

KINNEY JM, TUCKER HN (Hrsg) (1992) Energy metabolism: tissue determinants and cellular corollaries. Raven Press, New York

Original- und Übersichtsarbeiten

BERDANIER CD (1994) The new age of nutrition. FASEB Journal 8: 4–80

ELWYN DH, BURSZTEIN S (1993) Carbohydrate metabolism and requirements for nutritional support. Nutrition 9: 50–66, 164–177, 255–267

FÜRST P, STEHLE P (1995) Glutaminzufuhr in der parenteralen Ernährungstherapie. Akt Ernähr Med 20: 89–97

HARTL WH, JAUCH KW (1994) Postaggressionsstoffwechsel: Versuch einer Standortbestimmung. Infusionsther Transfusionsmed 21: 30–40

KLUTHE R ET AL (1996) Kohlenhydrate in der Ernährungsmedizin unter besonderer Berücksichtigung des Zuckers. Dt Ärztebl 93: 1543–1546

LEIBEL RL, ROSENBAUM M, HIRSCH J (1995) Changes in energy expenditure resulting from altered body weight. New Engl J Med 332: 621–628

MILLWARD J (1994) Can we define indispensable amino acid requirements and assess protein quality in adults? J Nutr 1509S–1516S

MÜLLER MJ (1995) Konzepte des Energiestoffwechsels. Akt Ernähr Med 20: 38–145

RITTER MM, RICHTER WO (1995) Gesundheitliche Auswirkungen einer vegetarischen Lebensweise. Fortschr Med 113: 239–242

SCHEPPACH W (1995) Kurzkettige Fettsäuren und Dickdarm – Physiologie, Pathophysiologie und Therapie. Akt Ernähr-Med 20: 74–78

SCHRICKER TH (1993) Bedeutung der Fette als Energieträger, Membranbausteine und Immunmodulatoren in der parenteralen Ernährung. Anästhesiol Intensivmed Notfallmed Schmerzther 28: 240–243

SELBERG O (1995) Schätzung und Messung des Energieverbrauchs: Methodische Aspekte. Akt Ernähr Med 20: 146–156

STROH S (1995) Methoden zur Erfassung der Körperzusammensetzung. Ernährungsumschau 42: 88–94

SUCHNER U ET AL. (1993) Enterale Ernährung bei kritisch kranken Patienten. Infusionsther Transfusionsmed 20: 26–37

SWINBURN BA, RAVUSSIN E (1994) Energy and macronutrient metabolism. Bailliere's Clin Endo Metab 8: 527–548

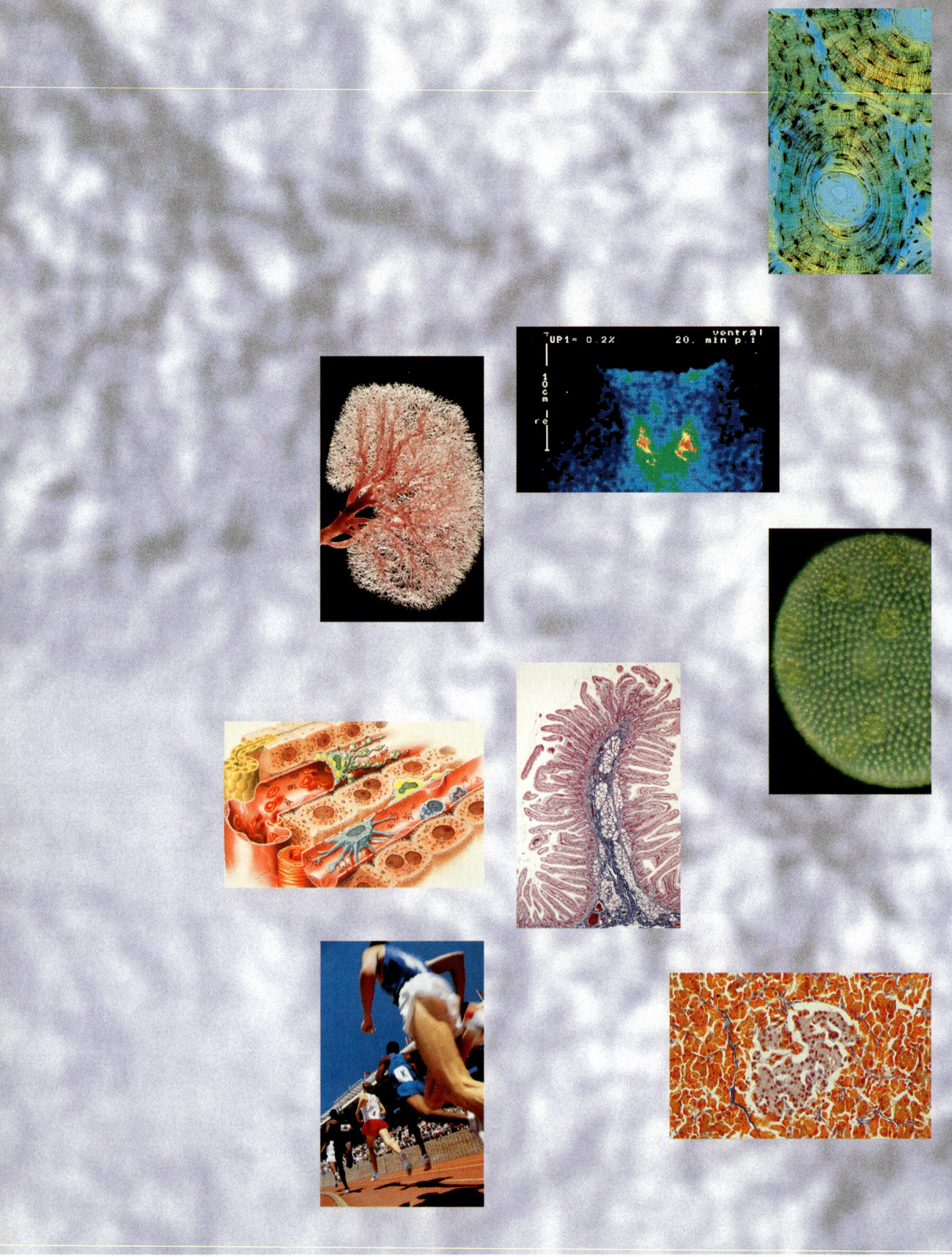

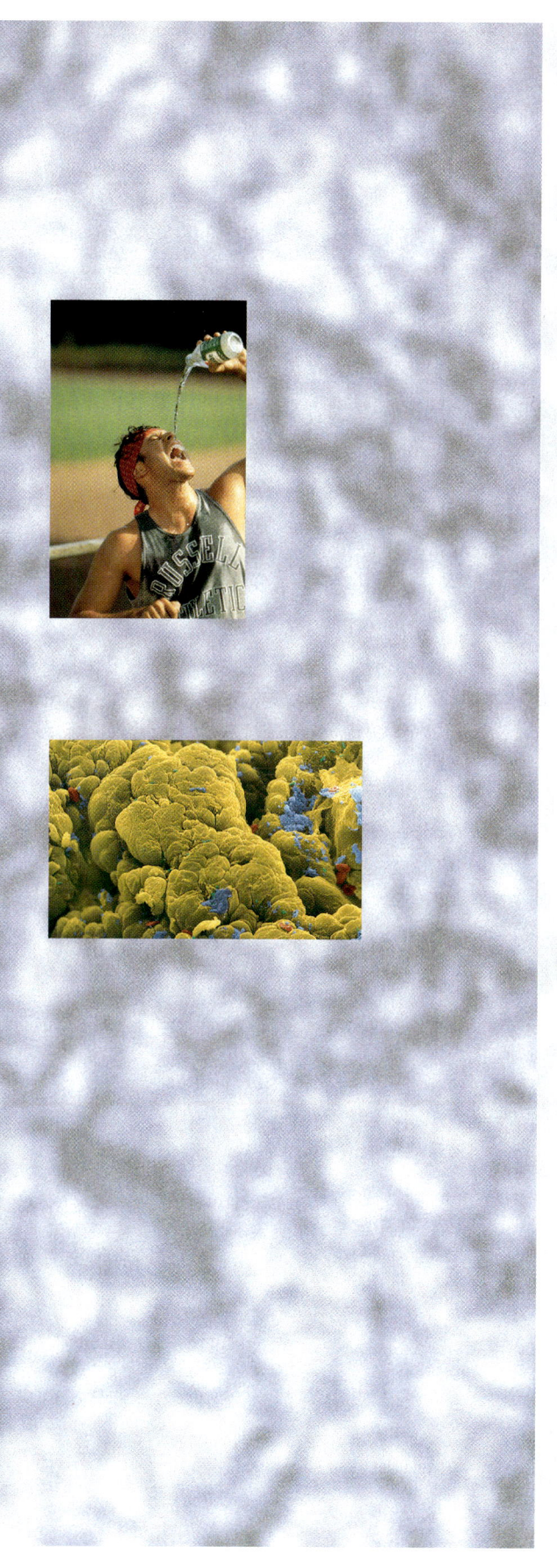

Stoffwechsel spezifischer Gewebe

Binde- und Stützgewebe

Die außerordentliche Vielfalt der extracellulären Matrix (ECM) kommt durch die unterschiedliche Kombination von Matrixkomponenten wie Kollagenen, Elastin, Proteoglykanen und Hyaluronat sowie adhäsiven Glykoproteinen zustande. Dadurch, daß diese Proteine in Großfamilien mit einer – durch neue Entdeckungen – ständig steigenden Zahl von Mitgliedern vorkommen oder durch alternierendes Spleißen in verschiedenen Varianten auftreten, wird eine extrem hohe Zahl unterschiedlicher Zusammensetzungen möglich. Die ECM bestimmt die Morphologie, Orientierung, Differenzierung und den Stoffwechsel der Zellen, die sie umgibt. Dieser Einfluß wird durch Membranrezeptoren für die einzelnen ECM-Komponenten ermöglicht, die sich auf der Zelloberfläche befinden. Dabei bestehen intensive bidirektionale Kontakte zwischen den Zellen und der ECM; so kann die ECM die Expression von Genen in den Zellen beeinflussen, deren Produkte wiederum auf die Matrix einwirken. Es besteht also eine dynamische Wechselwirkung zwischen extrazellulärer Matrix und intrazellulärem Geschehen, die während der Embryogenese und bei Wachstums-, Entzündungs- oder Wundheilungsprozessen eine Schlüsselstellung einnimmt. Diese wird durch genetische Knock-out-Experimente unterstrichen, bei denen die Ausschaltung eines ECM-Komponenten- oder Membranrezeptors zum vorzeitigen Abbruch der Embryonalentwicklung führt. Eine pathologisch veränderte ECM reguliert durch Rückkoppelung mit den Stroma- und Parenchymzellen die Auslösung und das Fortschreiten erworbener Krankheiten wie Arteriosklerose, Leber- oder Lungenfibrose, Glomerulonephritis, Sklerodermie, rheumatische Arthritis oder Langzeitkomplikationen des Diabetes mellitus.

Eine besonders hoch organisierte Form des Bindegewebes stellt dieser Knochen dar, dessen enorme Festigkeit auf der Einlagerung von Hydroxylapatit in eine hochspezialisierte extrazelluläre Matrix beruht.
(Bild: S. Walker, Tony Stone Bilderwelten, München)

26.1 Zusammensetzung des Binde- und Stützgewebes

Vier Molekültypen bilden die Makromoleküle der extrazellulären Matrix

Die Bindegewebszellen im eigentlichen Sinne sind die **Fibroblasten** bzw. Fibrocyten. Der Fibrocyt ist die zeitweise inaktive Bindegewebszelle, aus der der aktive, matrixproduzierende Fibroblast entsteht. Die verschiedenen Formen des Bindegewebes leiten sich vom embryonalen Bindegewebe **(Mesenchym)** ab. Abkömmlinge von Fibroblasten sind Chondroblasten des Knorpels, Osteoblasten des Knochens, glatte Muskelzellen der Arterienwände, Fibrocyten der Lederhaut oder Adipocyten des Fettgewebes. Aber auch quergestreifte Muskelzellen, Nervenzellen, Melanocyten, Makrophagen, Lymphocyten oder Granulocyten sind am ECM-Stoffwechsel beteiligt. Differenzierte Bindegewebe weisen in ihren relativ großen Extrazellulärräumen vier Prototypen von Makromolekülen auf:
- Kollagene,
- Elastin,
- Proteoglykane und
- Strukturglykoproteine.

Sie werden insgesamt als Makromoleküle der extracellulären Matrix bezeichnet.

Die meisten Mitglieder der **Kollagen-Großfamilie,** des quantitativ bedeutendsten Proteins unseres Organismus, haben Faserstruktur und sind ein wesentlicher Bestandteil der Haut, von Sehnen oder der organischen Grundsubstanz von Hartgeweben. Die nichtfibrillären Kollagene kommen in Assoziation mit den fibrillären Kollagenen oder z. B. in Basalmembranen vor. Bei jeder Verletzung werden Fibrocyten zu Fibroblasten aktiviert, so daß Kollagenfibrillen in den zerstörten Gewebe deponiert werden. Die Fibrillenbildung ist deswegen ein wichtiger Prozeß bei der Wundheilung. Die anderen wichtigen Bestandteile der extrazellulären Matrix sind **Elastin,** ein verwandtes fibrilläres Protein, die **Struktur-Glykoproteine** und die Gruppe der proteinhaltigen Zuckerpolymere, die als polyanionische **Proteoglykane** bezeichnet werden. Während Strukturglykoproteine vorwiegend aus Protein bestehen, überwiegt bei den Proteoglykanen der Polysaccharidanteil.

26.2 Die einzelnen Bestandteile des Bindegewebes bzw. der extrazellulären Matrix

26.2.1 Die Großfamilie der Kollagene

Kollagenfasern sind außerordentlich zugfest

Weiche Organe wie die Leber enthalten nur wenig Kollagen, während es in Geweben wie Haut und Sehnen über 70 % des Trockengewichtes ausmacht (Tabel-

Tabelle 26.1 Gehalt einiger Gewebe an Kollagen, Elastin und polyanionischen Proteoglykanen [g/100 g Trockengewebe]

Gewebe	Kollagen	Elastin	Polyanionische Proteoglykane
Leber	4	0,16–0,30	
Lungen	10	3–7	
Aorta	12–24	28–32	6,0
Ligamentum nuchae (Rind)	17	75	
Knorpel	46–64		20–37
Cornea	68		4,5
Haut	72	0,6	
Achillessehne	86	4,4	0,5
Gesamter Knochen	23		0,2
Mineralfreier Knochen	88		0,8

Tabelle 26.2 Kollagentypen (Auswahl)

Typ	Kollagenmolekül-Zusammensetzung	Gewebeverteilung
I	$[\alpha_1(I)])2\,\alpha_2(I)$ Heterotrimer	Haut, Knochen, Sehnen, Cornea, Lungen, Skleren
II	$[\alpha_1(II)]_3$ (Homotrimer)	Knorpel, Glaskörper Nucleus pulposus
III	$[\alpha_1(III)]_3$ (Homotrimer)	Haut, Blutgefäße, innere Organe etc. (Retikuline Fasern)
IV	$[\alpha_1(IV)]_2$, $\alpha_2(IV)$ $(\alpha_1 - \alpha_6)$	Basalmembranen
V	$\alpha_1(V)$, $\alpha_2(V)$, $\alpha_3(V)$ Heterotrimer	in den meisten Zwischengeweben häufig zusammen mit Kollagen Typ I und II
VI	$\alpha_1(VI)$, $\alpha_2(VI)$, $\alpha_3(VI)$	Die meisten Zwischengewebe, einschließlich Knorpel
VII	$\alpha_1(VII)_3$	Basalmembranenverankernde Fibrillen in der Haut
VIII	$[\alpha_1(VIII)_3]_2\alpha_2$ (VIII)	Endothelzellen
IX	$\alpha_1(IX)$, $\alpha_2(IX)$, $\alpha_3(IX)$	Zusammen mit Kollagen Typ II
X	$\alpha_1(X)_3$	Hypertrophierter und mineralisierender Knorpel
XI	$\alpha_1(XI)$, $\alpha_2(XI)$, $\alpha_3(XI)$	Zusammen mit Kollagen Typ II
XII	α_1 (XII)$_3$	Zusammen mit Kollagen Typ I
XIII	α_1 (XIII)$_3$	Haut, Darm
XIV	$\alpha_1(XIV)_3$	Zusammen mit Kollagen Typ I

le 26.1). Kollagen stellt zwar nur 23 % der gesamten Trockenmasse des Knochens dar, aber nahezu 90 % der organischen Matrix. Da Kollagen den Hauptanteil der meisten Binde- und Stützgewebe ausmacht, bestimmt es deren Eigenschaften. Die wesentliche Funktion des Kollagens liegt darin, Geweben und Organen mechanische Stabilität zu verleihen und die strukturelle Integrität aufrechtzuerhalten. Neben Myosin, Keratin, Hydroxyapatit des Knochens und Elastin ist Kollagen der einzige Bestandteil unseres Organismus, der eine beträchtliche Zugfestigkeit aufweist. So ist z. B. zum Zerreißen einer Kollagenfaser mit einem Durchmesser von einem Millimeter eine Last von 10 bis 40 Kilogramm erforderlich.

Die ständig wachsende Großfamilie der Kollagene hat Mitglieder mit und ohne Fibrillenstruktur

Im Jahre 1975 – bei der ersten Auflage des Buches – waren 4 Kollagentypen bekannt, bis zum Jahre 1996 ist ihre Zahl auf 19 angestiegen (Tabelle 26.2). Da einzelne Kollagene aus verschiedenen Ketten zusammengesetzt sind, codieren über 30 verschiedene Gene für die 19 Kollagentypen. Daneben gibt es eine Reihe von Proteinen in unserem Organismus, die kollagenähnliche Strukturen aufweisen. Die Großfamilie der Kollagene wird in solche unterteilt, die *Fibrillen* bilden, und die *nichtfibrillären* Kollagene, zu denen die Basalmembran-, kurzkettigen und fibrillenassoziierten Kollagene zählen. Meistens sind verschiedene Kollagentypen miteinander assoziiert. Charakteristisches Merkmal aller Kollagentypen ist, daß zumindest ein Teil des Moleküls aus drei (identischen oder nichtidentischen) Polypeptidketten besteht, die die sich wiederholende Tripeptid-Sequenz *Gly-X-Y* besitzen und in Form einer *Tripelhelix* (Abb. 2.40, S. 61) umeinander gewunden sind.

Im Elektronenmikroskop ist die unterschiedliche Anordnung der Kollagen-Mikrofibrillen erkennbar

Die mit bloßem Auge erkennbare Struktur des fibrillären Kollagens ist die Faser. Im Lichtmikroskop sind Fibrillen, im Elektronenmikroskop Mikrofibrillen erkennbar (Abb. 26.1). Die Mikrofibrillen des Kollagens sind in den verschiedenen Bindegeweben ähnlich, zeigen jedoch auch wichtige Unterschiede. In Sehnen sind alle fibrillären Einheiten parallel angeordnet, in der Haut liegen sie kreuz und quer, so daß die Haut in alle Richtungen gedehnt werden kann. In der Cornea liegen die Mikrofibrillen parallel in Schichten, wobei sich die Orientierung der Fibrillen – wie bei Sperrholzplatten – in jeder Schicht ändert. Im embryonalen Epiphysenknorpel bilden Mikrofibrillen mit einem Durchmesser um 10 nm ein lockeres Netzwerk, dessen Zwischenräume mit Proteoglykan gefüllt sind (Abb. 26.2). Ein zweiter wesentlicher Unterschied der Kollagene, die sich in den einzelnen Geweben findet, ist der Durchmesser der

Mikrofibrillen: im Knorpel beträgt er zwischen 15 und 25 nm, in der Cornea etwa 30 nm, in der Haut 60 nm und in Sehnen 30–130 nm. Außerdem ändert sich der Durchmesser der Mikrofibrillen mit dem Alter des Bindegewebes bis zu einem Grenzwert von etwa 200 nm.

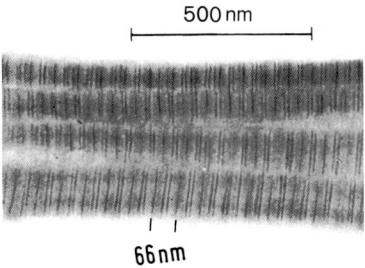

Abb. 26.1 Kollagen-Mikrofibrillen aus Rattenschwanzsehnen (Kontrastierung mit Phosphorwolframsäure)

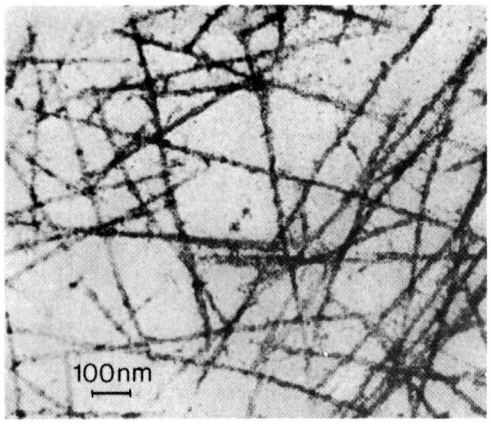

Abb. 26.2 Kollagen-Mikrofibrillen des Epiphysenknorpels eines Hühnchenembryos (Anfärbung mit Uranylacetat)

Charakteristisches Merkmal der Mikrofibrillen sind deutlich hervortretende Querstreifungen in einem Abstand von etwa 64–67 nm (Abb. 26.3), denen eine versetzte Anordnung ihrer Bausteine zugrundeliegt. Die einzelnen Kollagenmoleküle besitzen die Form eines Stäbchens mit einem Durchmesser von 1,5 nm und einer Länge von 300 nm. Dies entspricht bei einer zehnmillionenfachen Vergrößerung einem Zeigestock mit einem Durchmesser von 1,5 cm und einer Länge von 3 m. Die Periodizität der Querstreifung der Mikrofibrillen kommt dadurch zustande, daß die einzelnen Kollagenmoleküle parallel zueinander aggregieren (Abb. 26.3). Die Haupttypen *I, II* und *III* (90 % aller Körper-Kollagene) sind die interstitiellen Kollagene, die durch Parallelanlagerung die oben beschriebenen Fibrillen bilden. Jeweils drei sog. α-Ketten mit einer Länge von 300 nm lagern sich zu einer Tripelhelix zusammen (Einzelheiten s. u.).

Die Minoritäten-Kollagene zeigen eine ausgeprägte Strukturvielfalt

Andere Kollagene besitzen davon abweichende Strukturen, in denen das charakteristische Bauprinzip der Tripelhelix nur noch in einzelnen Molekülabschnitten vorkommt. Die Typen *IV bis XIX* werden in geringeren Mengen im Organismus gefunden und deshalb auch als **Minoritäten-Kollagene** bezeichnet. Dies bedeutet jedoch nicht, daß sie von untergeordneter Bedeutung sind, da Mutationen in ihren Genen erhebliche Konsequenzen besitzen. Einzelne Minoritätenkollagene wie **Typ V-** und **XI-Kollagen** bilden ebenfalls Fibrillenstrukturen aus, ihre Funktion liegt möglicherweise in der Regulation des Durchmessers der aus Kollagen Typ I bzw. II gebildeten Fibrillen (s. oben). Die anderen Minoritäten-Kollagene weisen dagegen neben fibrillären Strukturanteilen auch globuläre Domänen

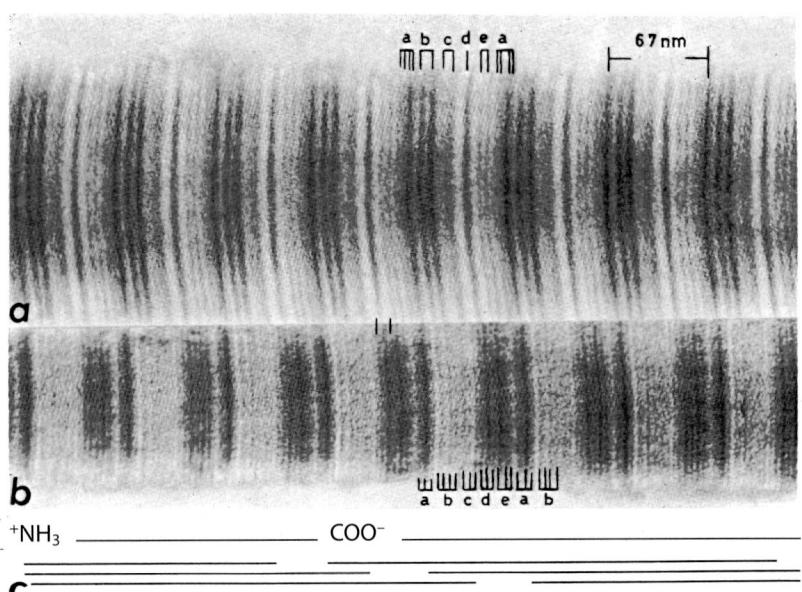

Abb. 26.3 a–c Querstreifung von Kollagen in (**a**) mit positivem und (**b**) mit negativem Kontrast infolge überschüssiger Einlagerung von Phosphorwolframsäure. **c** Schematische Darstellung des Zustandekommens einer Identitätsperiode von etwa 70 nm durch gestaffelte Parallelaggregation der etwa 280 nm langen Monomereneinheiten

auf, wodurch sich ihre Quartärstruktur erheblich von der der Haupttypen unterscheiden kann.

Typ IV-Kollagen (Abb. 26.4) ist für Basalmembranen spezifisch, d. h. für die extrazellulären Strukturen, die unter den meisten Epithel- und Endothelzellschichten liegen oder Muskeln, Nerven und glatte Muskelzellen umgeben. Ihre Funktion liegt in der Erhaltung der Architektur der Zellschichten, als Molekularsieb (z. B. im Glomerulum, S. 1042), als Barriere für den Durchtritt von Entzündungs- oder Tumorzellen und als Substrat für Zelladhäsion, -wachstum und Differenzierung. Wahrscheinlich werden die einzelnen Funktionen durch die unterschiedlichen Typ IV-α-Ketten (mindestens sechs) vermittelt. Die Typ IV-Kollagenmoleküle sind etwa 90 nm länger als die fibrillären Kollagene. Ihre Tripelhelix ist durch etwa 20 nichthelikale Abschnitte unterbrochen, in denen die Kette eine erhöhte Flexibilität aufweist. In der N-terminalen 7 S-Region (nach der Sedimentationskonstante, S. 54) befindet sich eine zusätzliche Tripelhelix, die von der Haupthelix abgeknickt ist, die C-terminale Region weist eine globuläre Konformation (nicht-kollagenartig = NK1) auf. Aus diesem Grunde können sich die Fibrillen nicht Seit-zu-Seit anlagern. Die Typ IV-Kollagen-Assoziation kommt zum einen durch die enzymatische Verknüpfung (über Disulfidbrücken) zweier NK1-Domänen zu Dimeren und zum anderen von vier 7S-Domänen zum Tetramer zustande (Abb. 26.4). Aus diesen Di- und Tetrameren entsteht das Kollagen Typ IV-Netzwerk. Dieses unterscheidet sich von den fibrillären Kollagenen zudem durch N-glycosidische Sacharidketten und einen wesentlich höheren Gehalt an hydroxylierten Lysyl- und glykosylierten Hydroxylysylresten (s. u.).

Typ VI-Kollagen (Abb. 26.5), das in den meisten interstitiellen Bindegeweben vorkommt, bildet zwar Fibrillen aus, diese unterscheiden sich aber ganz erheblich von den klassischen Kollagenfibrillen. Nur ein kleiner zentraler Bezirk der Ketten besitzt Tripelhelixstruktur, der überwiegende Teil wird durch relativ große globuläre Domänen bestimmt. Diese globulären Anteile sind auch für Wechselwirkungen mit Kollagen Typ I, anderen Matrixproteinen und – über zahlreich vorhandene **RGD-Sequenzen** – mit **Integrin-Rezeptoren der Zellmembran** verantwortlich. Dieses Tripeptid mit der Sequenz Arg-Gly-Asp (Kurzschreibweise RGD) kommt auch in anderen Proteinen der extracellulären Matrix vor. Die Moleküle assoziieren zunächst zu antiparallelen Dimeren, die sich dann Seit-zu-Seit zu Tetrameren zusammenlagern. Diese lagern sich abschließend zu einer Kette (wie Paare von Perlen auf einer Schnur) mit einer 105 nm-Periodizität aneinander.

Typ VII-Kollagen (Abb. 26.6) wird als Langkettenvariante bezeichnet, da seine Helixdomäne mit etwa 420 nm fast eineinhalbmal so lang wie die der Fibrillenkollagene ist. Dieser Kollagentyp verankert die Basalmembran unter Plattenepithelien (z. B. Dermis-Epidermis-Verbindung in der Haut) mit Ankerplaques im

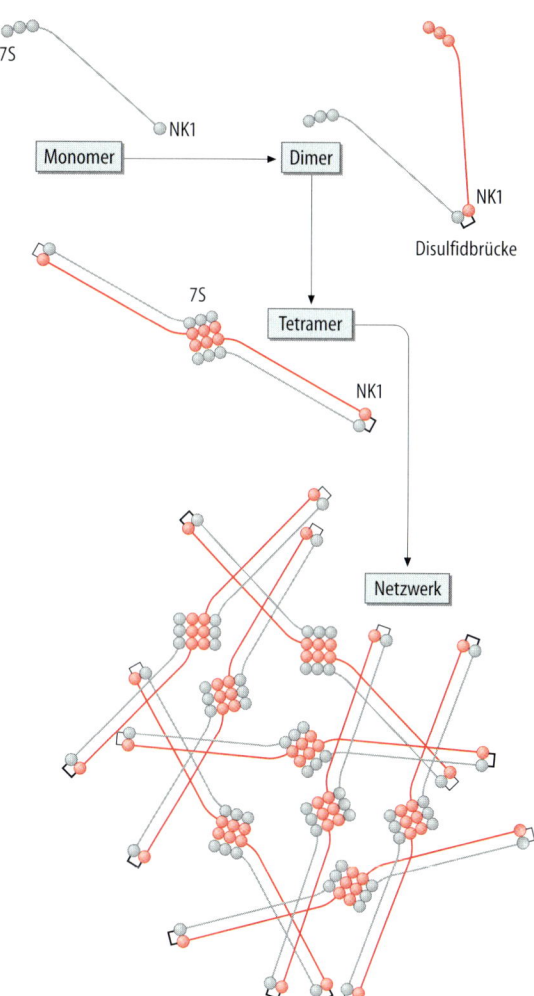

Abb. 26.4 Bildung des Kollagen Typ IV-Netzwerkes aus Tetrameren, die aus Di- bzw. Monomeren entstanden sind

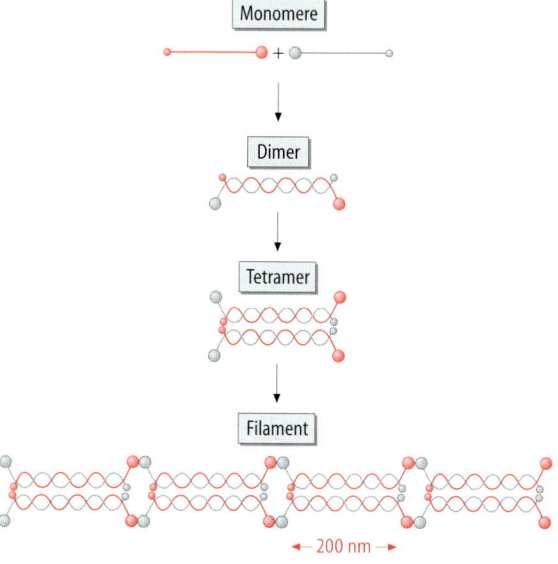

Abb. 26.5 Bildung der Kollagen Typ VI-Filamente durch antiparallele Anordnung von Monomeren, Seit-zu Seitanlagerung von Dimeren und End-zu End-Anlagerung von Tetrameren

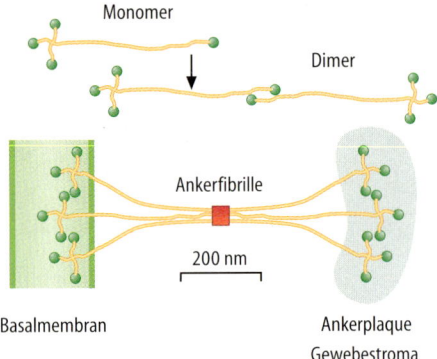

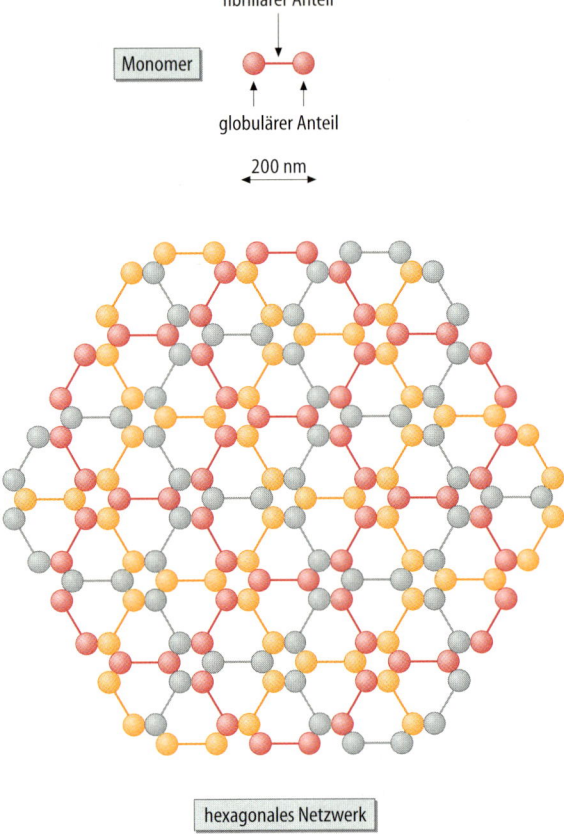

Abb. 26.6 Kollagen Typ VII als Ankerfibrille: antiparallele Anordnung von Monomeren zu Dimeren mit konsekutiver Bildung der Ankerfibrille (in *rot* der Bereich, in dem die Monomere miteinander verbunden sind)

Abb. 26.7 Hexagonales Netzwerk von Kollagen Typ VIII und X

Gewebestroma. Die Moleküle bilden antiparallele Dimere, die sich zur Ankerfibrille zusammenlagern.

Die Kurzketten-Kollagene **Typ VIII** und **X** (Abb. 26.7) sind strukturverwandt, weisen aber unterschiedliche Funktionen und Gewebeverteilung auf. Die Tripelhelixregion ist etwa 135 nm lang und wird von zwei großen globulären Domänen flankiert. Die Monomere assoziieren zu einem hexagonalen Typ VIII-Kollagen-Netzwerk, das in einer spezialisierten Basalmembran der Endothelzellen der Cornea, der sog. ***Descemet'schen Membran,*** auftritt. Diese Struktur ist offenbar besonders dazu geeignet, dem Druck des Wassers in der vorderen Augenkammer standzuhalten. Typ X-Kollagen ist das spezialisierteste aller Kollagene, da es nur als Produkt hypertrophierter Chrondrocyten des Knorpels im Rahmen der ***enchondralen Ossifikation*** beim Längenwachstum der Röhrenknochen gebildet wird. Als Funktion des ebenfalls hexagonalen Netzwerkes wird die eines Stützgitters beim Ersatz von Knorpel durch Knochen diskutiert (S. 749).

Typ IX-Kollagen (Abb. 26.8) gilt als Prototyp der fibrillenassoziierten Kollagene mit unterbrochenen Helices (fibril associated collagens with interrupted triple helices, FACIT). Zusammen mit Typ II kommt es in den calcifizierenden Bereichen des enchondralen Knorpels vor. Das Protein hat eine relativ kurze Kollagenhelix mit 150 nm und besitzt an einem Ende eine globuläre Domäne. Es enthält oft ein covalent gebundenes Glykosaminoglykan (GAG) und ist damit auch ein Proteoglykan (S. 745). Die anderen beiden FACIT-Typen (XII und XIV) kommen im Verbund mit anderen Kollagenfibrillen in Sehnen, Ligamenten oder der Haut vor. Neben diesen Kollagenen existieren andere Proteine mit ähnlichen Strukturmerkmalen, wie z. B. die Komplement-Komponente C1q (S. 1079) oder die Acetylcholinesterase (S. 985) im synaptischen Spalt zwischen Muskelendplatte und Nervenendigung. Über eine Kollagendomäne ist die Acetylcholinesterase an die Basalmembran der postsynaptischen Membran gebunden.

Verschiedene Ansätze führen zu einem besseren Verständnis der Struktur-Funktions-Beziehungen der Kollagene

Die verschiedenen Kollagentypen dienen der Ausübung bestimmter biomechanischer und biochemischer Funktionen durch die einzelnen Bindegewebstypen. Ein erster Hinweis auf ihre unterschiedliche Funktion ist die unterschiedliche Verteilung in den einzelnen Geweben und ihre unterschiedliche Expression während der Entwicklung. Mit zunehmender Kenntnis ihres architektonischen Aufbaus werden Zusammenhänge zwischen Struktur und Funktion dieser Moleküle immer besser verständlich. Darüber hinaus werden laufend neue Mutationen in den Genen der Ketten der einzelnen Kollagentypen bekannt, die uns als Experimente der Natur zeigen, wie der Funktionsausfall eines Proteins die Bindegewebefunktion beeinträchtigt. Eine weitere Möglichkeit liegt darin, gezielt mit Hilfe von Knock-out-Mäusen (S. 235) das Gen für ein Kollagenprotein spezifisch zu inaktivieren (Null-Mutante) oder strukturell zu verändern und den Einfluß dieser Veränderungen auf die Bindegewebsentwicklung der Maus zu untersuchen.

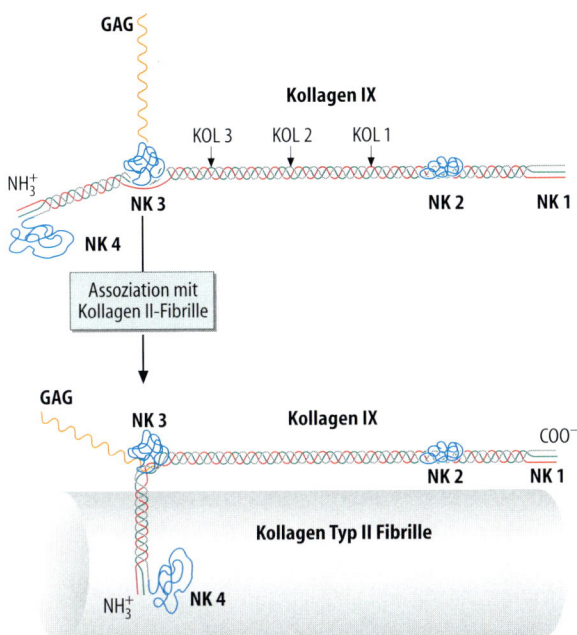

Abb. 26.8 Wechselwirkungen von Kollagen Typ IX mit einer Kollagen Typ II-Fibrille (*in Farbe* covalente Verknüpfung)

Die Tripelhelix ist die charakteristische Kollagentertiärstruktur

In den Haupttypen sind alle Ketten, in den Minoritätenkollagenen dagegen nur bestimmte Bereiche in Form einer Helix gewunden, die für diese Familie von Proteinen charakteristisch ist (S. 61). Der ungewöhnliche Aufbau der Tripelhelix kommt durch ihre ungewöhnliche Aminosäurezusammensetzung zustande: über fast die gesamte Polypeptidkette stellt *Glycin* jede dritte Aminosäure dar, weshalb Kollagen auch als Polymer von Tripeptideinheiten mit der Formel (Gly-X-Y)$_n$ bezeichnet werden kann. Da Glycin die kleinste proteinogene Aminosäure ist (die Seitenkette wird von einem Wasserstoffatom gebildet), kann sie das Zentrum eines dreisträngigen Kollagenmoleküls bilden. Dort sorgen Aminogruppen für Wasserstoffbrückenbindungen mit Ketogruppen der Peptidbindungen anderer Ketten. Die Aminosäure in der X-Position ist meist *Prolin.* Da das Stickstoffatom von Prolin in einem Ring fixiert ist, schränkt diese Aminosäure die Rotation der Polypeptidkette ein. Die Ketogruppe von Prolin sorgt außerdem in dieser Position für eine ungewöhnlich starke, elektronegative Gruppe und bildet deshalb eine Wasserstoffbrückenbindung mit einer Aminogruppe von Glycin in einer der anderen beiden Ketten aus. Die dritte Aminosäure in diesem Tripeptid ist häufig *Hydroxyprolin* (Abb. 2.8, S. 39), wodurch die Drehung der Polypeptidkette weiter eingeschränkt wird. Die drei von den einzelnen α-Ketten gebildeten Helices sind wie ein Tau umeinander gewunden. Diese Verdrillung der Ketten wird als *Tripel-* oder *Superhelix* bezeichnet (Abb. 26.9). Der hohe Gehalt an Glycin im Kollagen (ein Drittel aller

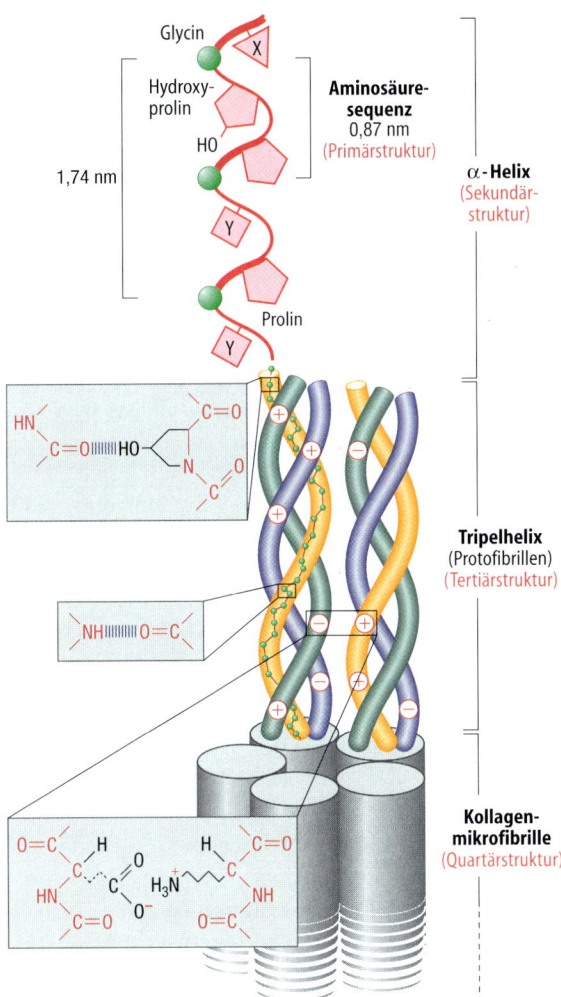

Abb. 26.9 Primär-, Sekundär, Tertiär- und Quartärstruktur des Fibrillenkollagens. Bei den eingezeichneten Polypeptidschrauben handelt es sich nicht um durchgehende Ketten. Diese sind vielmehr aus Untereinheiten aufgebaut, die in Längsrichtung an Stellen verknüpft sind, wobei sich einige Aminosäurereste vor dem jeweiligen Kettenende befinden (Telopeptide) Wechselwirkungen zwischen den einzelnen Ketten über H-Brücken oder elektrostatische Bindungen (+/–)

Aminosäurereste) unterscheidet es von allen anderen Proteinen mit Ausnahme des nahe verwandten Faserproteins Elastin. Weitere außergewöhnliche Eigenschaften des Kollagens sind der hohe Gehalt an Prolin und Hydroxyprolin (nahezu ein Viertel), das Vorkommen von Hydroxylysin (Abb. 2.8, S. 39), der relativ niedrige Gehalt an Tyrosin sowie das Fehlen von Tryptophan. An die Hydroxylgruppe von Hydroxylysin sind glykosidisch Galaktose und Glykosylgalaktose gebunden.

Die Gene für die Kollagen-Haupttyp-Ketten besitzen repetitive 54 Basenpaar-Einheiten

Die Gene für die Polypeptidketten des Typ I-Kollagens bestehen überwiegend aus Introns. So ist das Gen für

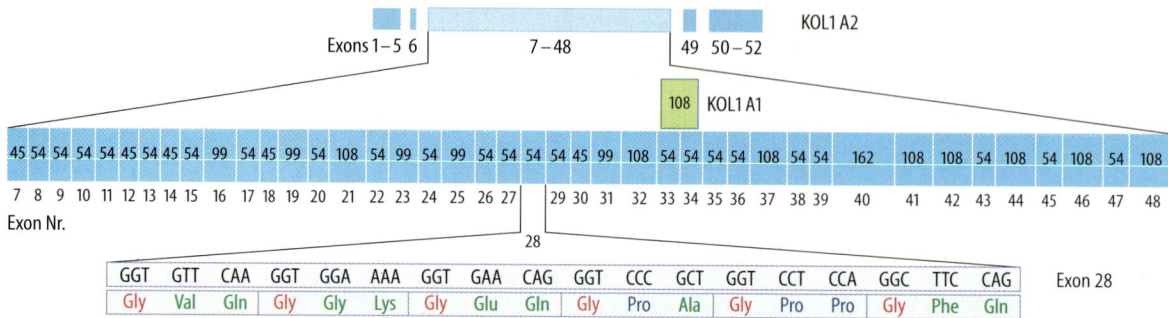

Abb. 26.10 Organisation der Gene für die α₁ (KOL1A1)- und α₂ (KOL1A2)-Ketten des Typ I-Kollagens. Alle Helix-Codons weisen 54 Bp auf oder ein Vielfaches von 9 Bp und besitzen ein Glycin-Codon am 3'-Ende. KOL1A2 besitzt 52 Exons, beim KOL1A1 sind die Exons 33 und 34 zu einem Exon kondensiert, so daß das Gen nur 51 Exons besitzt

die α₂(I)-Kette auf Chromosom 17q (Abb. 26.10) 18 kb lang, wohingegen die Polypeptidkette nur 1423 Aminosäuren enthält, d. h. nur etwa 25 % des Gens codieren für das Protein. Die Introns unterbrechen insgesamt 51 Exons, deren Lage und Größe sich in den Genen für die Typen I, II und III nicht wesentlich unterscheiden. Die meisten Exons für die α-Kette bestehen aus 54 (oder einem Vielfachen von 9) Basenpaaren, die für 6 Gly-X-Y-Einheiten codieren. Die Exons für die N- und C-terminalen Peptide sind dagegen wesentlich größer und unterscheiden sich von der 54 Basenpaar-Einheit.

In der Bindegewebszelle wird die Vorstufe Prokollagen synthetisiert

Die Biosynthese von Kollagen läuft über mehrere Stufen ab (Abb. 26.11): zunächst wird an den Polyribosomen eine Polypeptidvorstufe, das Präpro-Kollagen, gebildet. Durch Abspaltung des *Signalpeptids* entsteht Prokollagen, das in den Golgi-Apparat aufgenommen und in sekretorische Vesikel verpackt wird. Die Pro-α₁- und -α₂-Ketten werden gleichzeitig synthetisiert. Das Prokollagenmolekül enthält zusätzlich am N-terminalen Ende einen Abschnitt, das sog. *Registerpeptid,* mit 150 Aminosäuren, das Cysteinylreste besitzt und im Verlauf der Biosynthese abgespalten wird. Während der Synthese bilden die α-Ketten eine linksgewundene Helix aus. Nur am C- und N-terminalen Ende der Einzelkette finden sich nichthelikale Abschnitte, die *Telopeptide* (Ende = *griech.* Telos), die 16 bzw. 25 Aminosäuren lang sind. An der Ausbildung der Quartärstruktur der rechtsgewundenen Tripelhelix sind die Registerpeptide entscheidend beteiligt, die diese durch hydrophobe Wechselwirkungen ermöglichen und die enzymkatalysierte Bildung von Disulfidbrücken (mit Cysteinylresten anderer Registerpeptide) stabilisieren. Das Zentrum der Tripelhelix wird im wesentlichen durch Wasserstoffbrückenbindungen zusammengehalten.

Die Hydroxylierung von Lysyl- und Prolylresten ist die Voraussetzung für die Tripelhelixentstehung

Bevor die Kollagenketten beginnen können, sich vom C-Terminus ausgehend wie ein Reißverschluß zu einer Tripelhelix zusammenzulagern, müssen etwa 50 % der Prolyl- und 10–80 % der Lysylreste durch *Prolyl-4-* und *Lysyl-Hydroxylasen* hydroxyliert werden. Dabei handelt es sich um cytosolische Ascorbinsäure-abhängige Reaktionen, bei denen α-Ketoglutarat in Succinat und Kohlendioxid überführt wird (Abb. 23.17, S. 664). Sie weisen eine gewisse Ähnlichkeit mit dem System der Steroidhydroxylierung und Entgiftung in der Leber auf. Die Hydroxylierung von Prolin ist nicht nur Voraussetzung für die Ausbildung der Tripelhelix, sondern hat auch Auswirkungen auf ihre Stabilität: während die Schmelztemperatur nichthydroxylierter Proteinketten etwa 25° beträgt, steigt sie nach ausreichender Hydroxylierung auf 37°, also Körpertemperatur, an.

Nur hydroxylierte Prokollagenmoleküle gelangen durch Sekretion in die extracelluläre Matrix. Die Hydroxylierung von Prolylresten und konsekutive Tripelhelixbildung ist für die Sekretion erforderlich, da die experimentelle Hemmung der Prolylhydroxylierung zum Anstau nicht-sezernierter Prokollagenmoleküle in der Zelle führt. Die Zelle muß also über einen Erkennungsmechanismus verfügen, der die Entscheidung darüber erlaubt, welche Moleküle sezerniert werden sollen. Im Extracellulärraum werden die Registerpeptide durch zwei, jeweils für das N- und C-terminale Ende spezifische Prokollagen-Proteinasen (die zu den MMPs gehören, s. unten) abgespalten (Abb. 26.11, S. 740), so daß Kollagen entsteht.

An die Hydroxylierung schließt sich die Anheftung von Zuckerresten an einzelne Hydroxylysylreste an. Für die Glykosylierung (Abb. 26.12) sind zwei Enzyme, eine UDP-Galaktosyl- und Glucosyl-Transferase (jeweils manganabhängig), erforderlich. Die Bindung von Galaktose an Hydroxylysin ist β-glykosidisch und

Abb. 26.11 Biosynthese und Sekretion des fibrillären Kollagens ▷

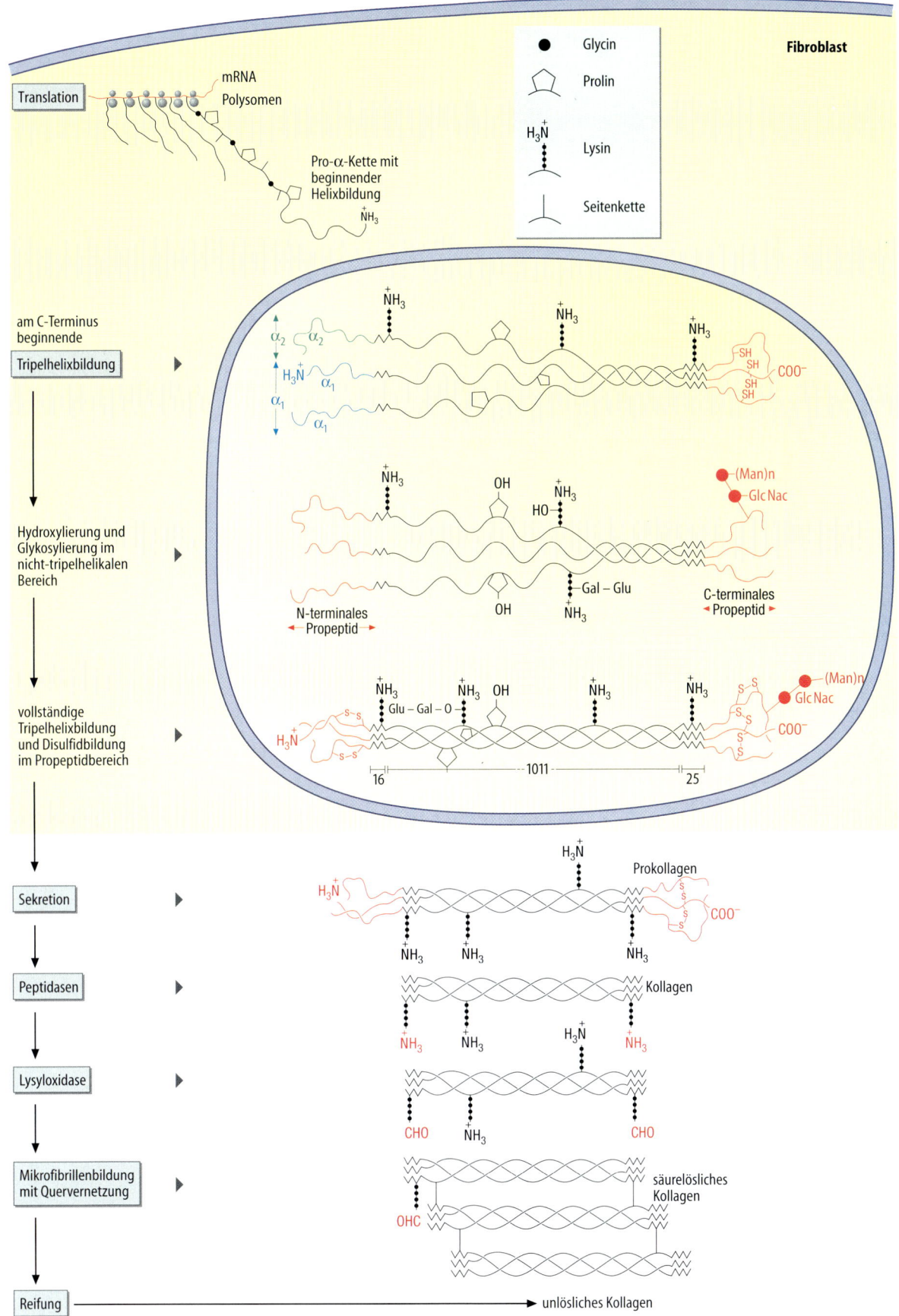

am C-Terminus
beginnende
Tripelhelixbildung

Hydroxylierung und
Glykosylierung im
nicht-tripelhelikalen
Bereich

vollständige
Tripelhelixbildung
und Disulfidbildung
im Propeptidbereich

Sekretion

Peptidasen

Lysyloxidase

Mikrofibrillenbildung
mit Quervernetzung

Reifung

Translation

mRNA
Polysomen

Pro-α-Kette mit
beginnender
Helixbildung
$\overset{+}{N}H_3$

Glycin

Prolin

$H_3\overset{+}{N}$ Lysin

Seitenkette

Fibroblast

N-terminales
◄ Propeptid ►

C-terminales
◄ Propeptid ►

(Man)n
Glc Nac

1011

16   25

Prokollagen

Kollagen

säurelösliches
Kollagen

unlösliches Kollagen

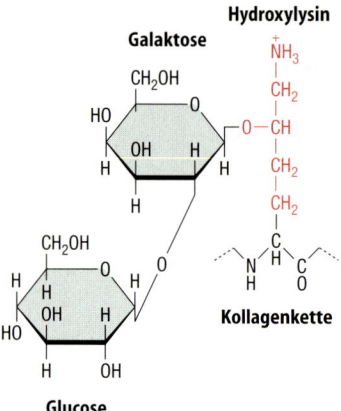

Abb. 26.12 Koppelung der Disaccharideinheit an die Hydroxylgruppe von Hydroxylysylresten der Kollagen-Peptidkette

Die Mikrofibrillenanordnung führt zu einer Erhöhung der Stabilität der Tripelhelix, die sich in einem um etwa 15 °C höheren Schmelzpunkt (52°) äußert.

Die Mikrofibrille wird durch die Ausbildung covalenter Bindungen stabilisiert

Dabei werden in den C- und N-terminalen nicht-helikalen Bereichen, den *Telopeptiden,* bestimmte Lysyl- und Hydroxylysylreste durch eine kupferabhängige *Lysyloxidase* desaminiert. Die dabei entstehenden Aldehyde bilden spontan bifunktionelle Quervernetzungen durch Addition an ε-Aminogruppen von Hydroxylysylresten tripelhelikaler Bereiche anderer α-Ketten [Aldol- und Aldimin-(Schiff-Base-) Verbindung]. Zwei solcher Verbindungen können dann weiter miteinander reagieren, so daß die trifunktionellen *Hydroxypyridinium-Quervernetzungen* entstehen (Abb. 26.14). Hauptvertreter dieser Vernetzungen, die entscheidenden Einfluß auf die Entstehung der Zugfestigkeit des Kollagens nehmen, sind *(Hydroxylysyl)-Pyridinolin (PYD),* das in Knorpel, Knochen, Aorta, Sehnen und Synovia vorkommt, und Lysyl- oder *Desoxypyridinolin (DPD),* welches nur im Dentin und Knochen nachweisbar ist. Aufgrund ihrer unterschiedlichen Verteilung in Kollagenen besitzen die Abbauprodukte dieser Verbindungen diagnostische Bedeutung (S. 743). Durch diese Quervernetzungen entstehen in Salzlösungen unlösliche Kollagenmikrofibrillen (Skleroproteine, S. 48) mit einem um weitere 15° höheren Schmelzpunkt (67°).

Auf noch unbekannte Weise entstehen aus den Mikrofibrillen durch Zunahme des Durchmessers Kollagenfibrillen. Da die meisten Kollagenfibrillen aus mehreren Kollagentypen bestehen, bestimmt möglicherweise die Wechselwirkung der verschiedenen Kollagentypen, welchen Durchmesser die Fibrille schließlich annimmt. In der Cornea bestehen die Fibrillen aus Typ I- und V-Kollagenen, im Knorpel aus Typ II, IX und XI und in der Haut aus Typ I und III-Kollagenen. Darüber hinaus interagieren Kollagene mit anderen Proteinen der extracellulären Matrix wie z. B. dem Proteoglykan Dekorin (S. 746) oder über eine RGD-Sequenz mit Zellmembranen. Andere Erkennungssequenzen vermitteln den Kontakt mit Thrombocyten (S. 921).

diejenige zwischen dem Glucosyl- und Galaktosylrest eine ungewöhnliche $\alpha_{1 \to 2}$-O-glykosidische Bindung. Erstere Bindung kann wahrscheinlich von den meisten Glucosidasen nicht angegriffen werden, weil sie sehr nahe zur ε-Aminogruppe von Hydroxylysin steht. Der Grad der Glykosylierung ist in fibrillären Kollagenen der Haut und Sehnen relativ gering, auf der anderen Seite ist sie in Typ IV-Kollagenen der Basalmembranen sehr hoch.

Die sezernierten Kollagenmoleküle lagern sich parallel zu Mikrofibrillen zusammen oder lagern sich an die Oberfläche bereits bestehender Mikrofibrillen an. Aufgrund seiner hydrophilen und hydrophoben Sequenzregionen besitzt das Kollagenmolekül eine charakteristische Ladungsverteilung mit positiven und negativen Ladungsschwerpunkten. Diese Verteilung bestimmt die Zusammenlagerung der Moleküle beim neutralen pH der extracellulären Matrix zu *pentameren Mikrofibrillen* mit einem Durchmesser von 4 nm. Bei der Zusammenlagerung neutralisieren sich die unterschiedlichen Ladungsschwerpunkte (Abb. 26.13). Dadurch werden aus einem kleinen Baustein wie dem Kollagenmolekül Mikrofibrillen unterschiedlicher Länge aufgebaut. Damit wird auch das Auftreten der etwa 70 nm-Periode bei den Mikrofibrillen verständlich (S. 736): da ein Molekül vier Perioden lang ist, muß durch die Viertelversetzung des 280 nm langen Moleküls zwangsläufig eine Periode von 70 nm auftreten.

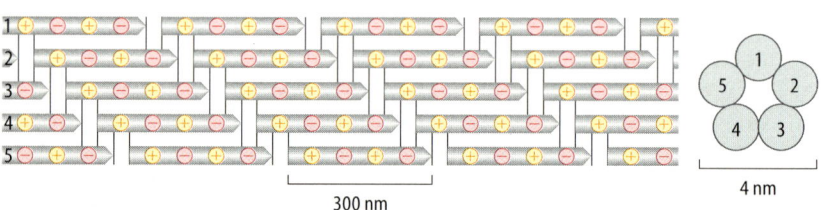

Abb. 26.13 Mikrofibrillenbildung durch versetzte Zusammenlagerung von Kollagenmolekülen. Zusammenhalt durch elektrostatische Anziehung und covalente Vernetzung der Monomeren

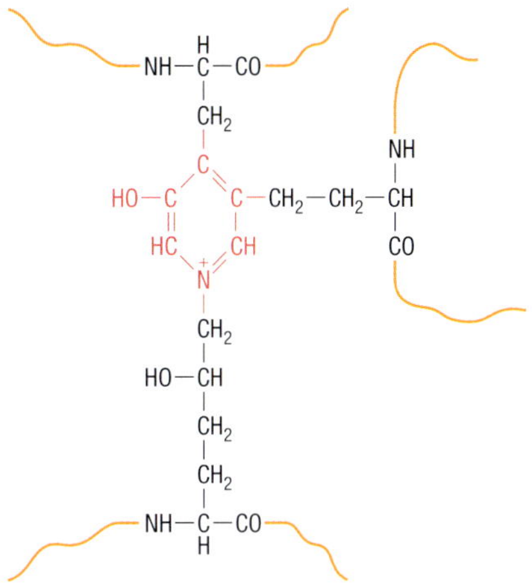

Abb. 26.14 Hydroxylysin-Pyridinolin-Bildung durch covalente Verbindung von drei Tripelhelices

Der Kollagenabbau erfolgt durch Matrix-Metallproteinasen

Die Kollagenfibrillen besitzen eine von Bindegewebe zu Bindegewebe unterschiedlich lange Halbwertszeit, die z.B. in der Haut 200 Tage, in Muskel und Leber 60 bzw. 30 Tage beträgt. In bestimmten Situationen wird Kollagen jedoch schneller abgebaut, wie z.B. bei der postpartalen Involution des Uterus, der Wundheilung, entzündlichen Prozessen wie der Arthritis oder im alternden Gewebe. Der Kollagenabbau erfolgt durch Kollagenasen, die für einzelne Kollagentypen spezifisch sind. Da diese Enzyme meist Zink als Metall enthalten, werden sie auch als *Matrix-Metalloproteinasen (MMP)* bezeichnet. Dabei handelt es sich um eine Großfamilie von mindestens 13 Enzymen mit unterschiedlicher Substratspezifität, die sich auch auf andere Matrixproteine wie Proteoglykane oder Nektine erstreckt. Die MMPs sind für einzelne Kollagene spezifisch: so spalten z.B. die Kollagenasen, die die Faserkollagene (Typ I, II und III) abbauen (MMP 1 und 8), das Typ IV-Kollagen nicht, welches nur von MMP 2 und 9 hydrolysiert wird. Stromelysine (MMP-3, 7 und 10) bauen Proteoglykane, Laminin oder Fibronektin ab. Metalloproteinasen spalten das Kollagen-Molekül an Gly-Leu- oder Gly-Ile-Bindungen in zwei Fragmente. Die Tripelhelix der entstehenden Fragmente zeigt eine erniedrigte Schmelztemperatur (29–32°), so daß sie bei Körpertemperatur wahrscheinlich in die einzelnen Peptidketten zerfällt, die von Kollagenasen und anderen proteolytischen Enzymen weiter abgebaut werden können. Die MMPs werden von Fibroblasten, Endothelzellen und anderen Zellen (z.B. auch Tumorzellen) gebildet und als *inaktive Proenzyme* in den Extracellulärraum sezerniert. Dort werden sie durch andere Proteinasen wie Plasmin (S. 929) durch limitierte Proteolyse aktiviert. Gleichzeitig werden sie durch spezifische Inhibitoren, die als *TIMPs* (Tissue inhibitors of metalloproteinases) bezeichnet werden, gehemmt (Abb. 38.18, S. 1107). Normalerweise existiert ein feinreguliertes Gleichgewicht zwischen den MMPs und den TIMPs. Störungen dieses Gleichgewichtes führen zu einem vermehrten Kollagenabbau.

Kollagenasen von Mikroorganismen erlauben diesen Organismen (wie z.B. dem Gasbranderreger Clostridium histolyticum), in die Haut und andere Bindegewebe einzudringen.

Abbauprodukte wie Hydroxyprolin oder Pyridinoline erlauben Rückschlüsse auf den Kollagenstoffwechsel

Beim Kollagenabbau entstehen Hydroxyprolin-enthaltende Peptide und freies Hydroxyprolin. Hydroxyprolin kann nicht wieder für die Kollagensynthese verwendet werden und wird deshalb entweder in der Leber abgebaut (S. 574) oder mit dem Urin ausgeschieden. Die Urin-Hydroxyprolinausscheidung dient deshalb als Indikator des Kollagenumsatzes. Sie ist bei Knochenerkrankungen, Wachstum, Akromegalie (S. 853), primärem Hyperparathyreoidismus (S. 873) und nach der Schwangerschaft erhöht. Alternativ dazu können im Urin Pyridinolin und Desoxypyridinolin (s. o.) in freier und peptidgebundener Form nachgewiesen werden, die aus reifen, d.h. quervernetzten Kollagenen stammen.

Der Umsatz einzelner Kollagene ist bei verschiedenen Erkrankungen gestört (S. 967). Dieser Störung muß eine Fehlregulation von Biosynthese bzw. Abbau der Kollagene zugrundeliegen, an der Zytokine beteiligt sind. Zytokine können über die Regulation der Expression der Gene für Kollagene, MMPs und TIMPs wirken. Bisher sind einzelne Zytokine wie *Platelet derived growth factor* (PDGF) oder *Transforming growth factor* (TGF-β) als wichtig identifiziert worden, ohne daß im einzelnen bekannt ist, wie der komplexe Stoffwechsel der einzelnen Kollagene mit dem anderer Matrixkomponenten koordiniert reguliert wird.

26.2.2 Elastin und assoziierte Glykoproteine

Elastin vermittelt die Elastizität verschiedener Gewebe

Die physiologische Funktion vieler Gewebe unseres Organismus erfordert elastische Eigenschaften. Dazu zählen vor allem das Herzkreislaufsystem (Windkesselfunktion der Aorta, Pulmonalarterien) und der Respirationstrakt (Bronchien und Lungen). Weiterhin weisen Stimmbänder, die Ligamenta flava der Wirbel, Ohr- und Epiglottisknorpel sowie die Haut elastische Eigenschaften auf. Elastisches Gewebe, vor allem die Aorta, ist – mit einem Gehalt von über 50% – reich an

oxidativer Desaminierung von Lysylresten zu Aldehyden (durch eine Lysyloxidase) durch Quervernetzungen covalent verknüpft, die den Pyridinolinverknüpfungen ähneln und als **Desmosin- bzw. Isodesmosinverbindungen** bezeichnet werden. Die Expression des auf Chromosom 7q11 liegenden Elastingens unterliegt dem Einfluß von Wachstumsfaktoren (IGF-I, S. 852) oder Zytokinen (TNF-α, Interleukin 1). Multiple Elastin-Isoformen werden durch alternierendes Spleißen erreicht. Der Elastinabbau erfolgt über das Enzym **Elastase,** das in Granulocyten, alveolären und peritonealen Makrophagen und Thrombocyten nachweisbar ist, oder auch durch Matrix-Metalloproteinasen. Ähnlich wie diese Enzyme wird auch Elastase durch einen spezifischen Inhibitor, das α₁-Antitrypsin gehemmt, dessen Mangel zu einem vermehrten Elastinabbau führt (S. 911).

Mit Elastin sind in der elastischen Faser *Fibrilline* und andere Glykoproteine vergesellschaftet. Die elastische Faser enthält Mikrofibrillen, an deren Aufbau vor allem die Familie der Fibrillinproteine beteiligt ist. Dabei handelt es sich um mindestens zwei etwa 350 kD-Glykoproteine mit einem hohen Cysteingehalt. Mit monoklonalen Antikörpern können Fibrilline in dem Ligamentum suspensorium der Linse, in der Aorta, Pleura, Perikard, Periost, Knorpel, Sehnen und vielen anderen Geweben nachgewiesen werden (Abb. 26.15). Die Gene für die homologen Fibrillin I und Fibrillin II liegen auf den Chromosomen 15q21 und 5q23. Daneben nehmen eine Reihe bisher nur teilcharakterisierter Glykoproteine am Aufbau der Mikrofibrille teil.

Abb. 26.15 Immunelektronenmikroskopischer Nachweis von Fibrillin mit monoklonalen Antikörpern auf elastischen Fasern. (Aufnahme von L. Y. Sakai, Portland, Oregon)

Elastin. Neben Elastin können elastische Fasern zu 10 % aus Mikrofibrillen mit einem Durchmesser von 10 nm bestehen, die an das Elastin angelagert sind und verschiedene Glykoproteine, unter ihnen das Fibrillin enthalten.

Wie im Falle des Kollagens synthetisieren Bindegewebszellen **Pro- oder Tropoelastin,** das nach seiner Sekretion in den Extracellulärraum und Umwandlung zu Elastin, einem Protein mit einem Molekulargewicht von 68 kD, zu Aggregaten polymerisiert. Anschließend verbindet es sich mit Kollagen und verschiedenen Glykoproteinen zur elastischen Faser. Elastin besitzt einen hohen Gehalt an hydrophoben Aminosäuren, was auf die Bedeutung hydrophober Wechselwirkungen für die Aggregation hinweist, sowie an Glycylresten. Bei der Aggregation werden jeweils zwei Elastinmoleküle nach

26.2.3 Proteoglykane und Hyaluronat

Proteoglykane entstehen durch die Verknüpfung von Kernproteinen mit langen Kohlenhydratseitenketten

Proteoglykane (S. 127) sind die quantitativ bedeutendste, strukturell vielfältigste und funktionell am vielseitigsten Gruppe der ECM-Bestandteile. Bei diesen komplexen Makromolekülen sind große Kohlenhydratketten O-glykosidisch (über Serin) oder N-glykosidisch (über Asparagin) an meist einfach gebaute, sog. *Core-Proteine* geheftet (Abb. 26.16). Die Glykanketten bestehen aus Kohlenhydratgerüsten, die sich meist aus sich wiederholenden Disaccharideinheiten von vorwiegend einem Strukturtyp zusammensetzen. Da diese polymeren Disaccharideinheiten aus acetylierten und sulfatierten Aminozuckern (d. h. den Glykosaminen D-Glucosamin oder D-Galaktosamin) und den Monosacchariden D-Glucuronat bzw. D-Iduronat (d. h. Glykanen) gebildet werden, heißen sie *Glykosaminoglykane (GAG)*. Sie wurden früher als Mucopolysaccharide bezeichnet. Wegen ihres Gehaltes an Uronat und/oder Estersulfaten werden diese Polysaccharide auch saure

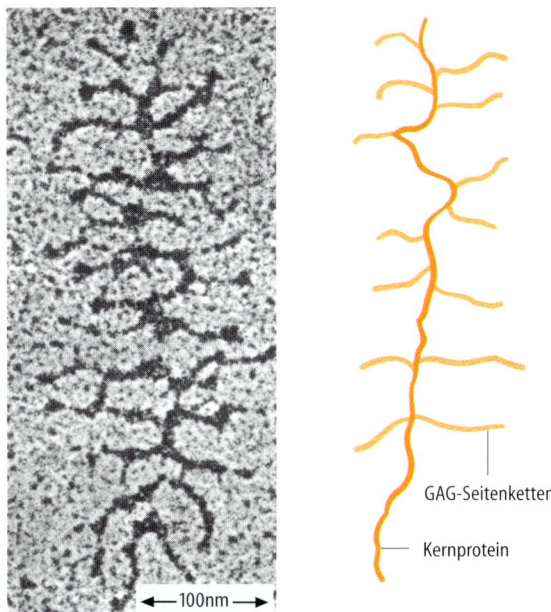

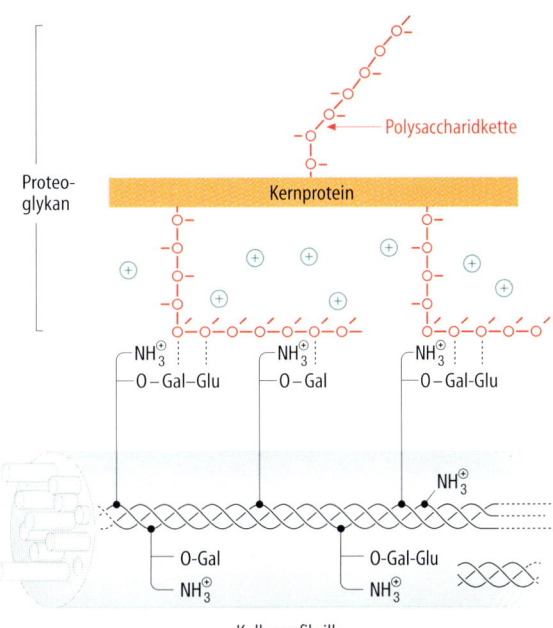

Abb. 26.16 *Links:* Elektronenmikroskopische Aufnahme eines Proteoglykans aus Rinderknorpel. *Rechts:* Schematischer Aufbau des Proteoglykans (Kern = Coreprotein)

Abb. 26.17 Wechselwirkungen von Kollagen und Proteoglykanen im Knorpel. Diese schematische Darstellung weist auf die mögliche Rolle der Lysyl- und Hydroxylysylreste sowie der glykosidisch gebundenen Kohlenhydrate bei solchen Wechselwirkungen hin. Für die Integrität der Bindegewebe können Wasserstoffbrückenbindungen und andere elektrostatische Wechselwirkungen eine wesentliche Rolle spielen. ⊕ positive Gegenionen

Glykosaminoglykane (oder saure Mucopolysaccharide nach der alten Nomenklatur) genannt.

Da bei physiologischem pH-Wert der Gegenionen jedoch nicht Protonen, sondern Natrium-, Kalium- oder Calciumionen sind, liegt die Bezeichnung polyanionische Glykosaminoglykane näher. Proteoglykane machen als membranständiger Besatz meist die hydratisierte *Glykokalix* von Zellen aus. Aufgrund ihrer makromolekularen Struktur können Proteoglykane sehr viel Wasser und Kationen binden. Durch die Verfilzung und Verzahnung dieser Makromoleküle untereinander und ihre Wechselwirkung mit Kollagenfibrillen (Abb. 26.17) bilden sie eine Permeabilitätsbarriere und beeinflussen dadurch den Stofftransport durch den Extracellulärraum.

Über den Aufbau der Glykosaminoglykane orientiert Kapitel 4 (S. 129).

Für die Glykosaminoglykan-Biosynthese werden Glykosyltransferasen und eine Sulfotransferase benötigt

Proteoglykane bestehen zu 80–94 % aus Glykosaminoglykanen und zu 6–20 % aus Proteinen. Zur Biosynthese der Proteoglykane werden als Aminosäuren als Proteinbausteine und Aminogruppen Donatoren für die Biosynthese der Aminozucker, D-Glukose als Vorstufe der verwendeten Zucker und aktiviertes Sulfat benötigt. Die Sulfataktivierung erfolgt nach Aufnahme über einen membranständigen *Sulfattransporter* durch die Enzyme ATP-Sulfurylase und APS-Kinase. Über ein Trisaccharid aus zwei Molekülen Galaktose und einem Molekül Xylose wird die Glykankette an die Hydroxylgruppe eines Seryl- oder Threonylrestes des Proteins geknüpft (S. 129). Die einzelnen Zucker- und Sulfatreste werden mittels sechs spezifischer Glykosyltransferasen und einer Sulfotransferase stufenweise an die Hydroxylgruppe von Seryl- und Threonylresten gekoppelt (Abb. 26.18). Die Zahl der Glykanseitenketten, die an das Akzeptorprotein gebunden werden, liegt zwischen 2 und 60. Die Heterogenität wird durch unterschiedliche Positionierung der Sulfatreste weiter erhöht.

Das fertige Molekül wird anschließend durch die Zisternen des endoplasmatischen Retikulums und Vesikel des Golgi-Apparates transportiert und in die extrazelluläre Matrix sezerniert. Der Gehalt polyanionischer Proteoglykane ist in den einzelnen Geweben unterschiedlich (Tabelle 26.1, S. 735), wobei sich die Zusammensetzung mit dem Alter ändert (Abb. 26.19).

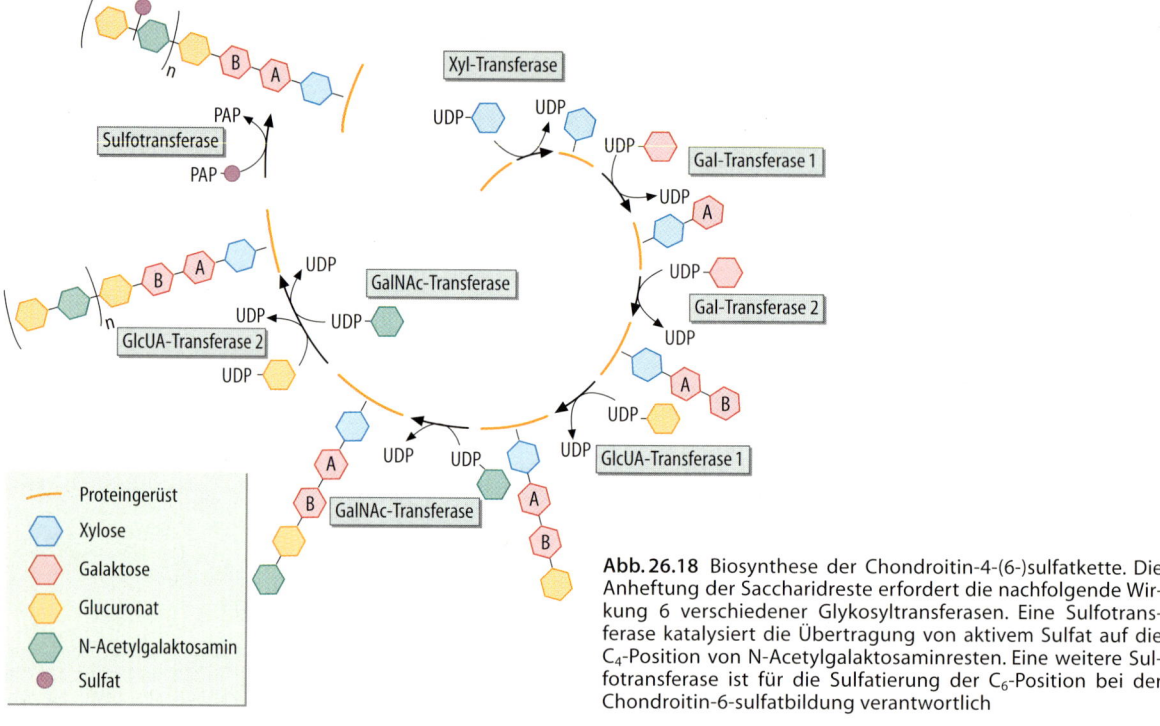

Abb. 26.18 Biosynthese der Chondroitin-4-(6-)sulfatkette. Die Anheftung der Saccharidreste erfordert die nachfolgende Wirkung 6 verschiedener Glykosyltransferasen. Eine Sulfotransferase katalysiert die Übertragung von aktivem Sulfat auf die C_4-Position von N-Acetylgalaktosaminresten. Eine weitere Sulfotransferase ist für die Sulfatierung der C_6-Position bei der Chondroitin-6-sulfatbildung verantwortlich

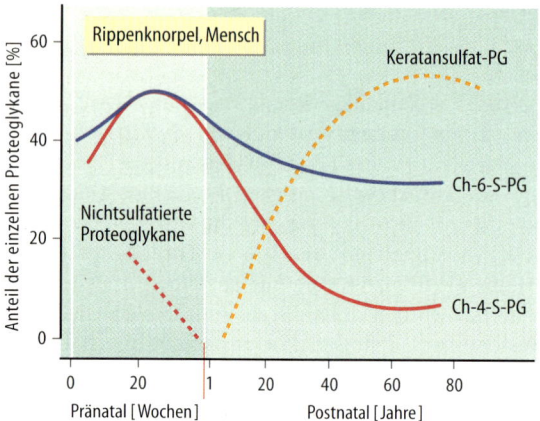

Abb. 26.19 Veränderungen des Gehalts der einzelnen Proteoglykantypen mit dem Lebensalter (menschlicher Rippenknorpel)

Proteoglykane unterscheiden sich durch Glykanseitenketten und bilden mit Hyaluronat supramolekulare Assoziate

Die Struktur der Proteoglykane ist außerordentlich vielfältig. Dies liegt daran, daß verschiedene Proteoglykane sich nicht nur im Aufbau ihres Proteinanteils unterscheiden, sondern auch in der Zahl und Art der Glykanseitenketten, die an das Akzeptorprotein gebunden werden.

Tabelle 26.3 gibt eine Auswahl von Proteoglykanen. Sie werden gewebsspezifisch exprimiert, ihre Funktion reicht von mechanischer Stützfunktion und

spezifischen Wechselwirkungen mit anderen Bestandteilen der ECM bis zur Modulation des Effektes von Wachstumsfaktoren.

Typische Vertreter der Proteoglykane sind **Aggrekan** im Knorpel, **Perlekan** (ein Proteoglykan mit drei Heparansulfatseitenketten) in Basalmembranen, **Versikan** in der Gefäßwand, Lumikan (in der Cornea) **Biglykan** (enthält zwei Glykanketten) oder **Dekorin** („dekoriert" Typ I und II Kollagenfibrillen) in der extracellulären Matrix der meisten Gewebe.

Viele Proteoglykane bilden mit Hyaluronat supramolekulare, nicht-covalente Assoziate, welche ihrerseits wiederum mit Strukturbestandteilen der ECM wie Kollagenen in Wechselwirkung treten. Hyaluronat kann über den sog. CD44-Rezeptor (S. 1063) an Zellmembranen gebunden werden. Kleinere Proteoglykane weisen oft besondere Strukturmerkmale ihrer Kernproteine auf, wie einen Reichtum an Leucylseitenketten, was auf die Bedeutung von Protein- oder Protein-Lipid-Wechselwirkungen hinweist. In anderen kommen gehäuft Seryl- und Glycylseitenketten vor, so besonders in den Sekretgranula hämatopoietischer Zellen.

Die polyanionischen Heparanseitenketten von Proteoglykanen in der ECM und auf Zellmembranen binden Wachstumsfaktoren wie bFGF (S. 764) und bestimmen dadurch deren Lokalisation und Rezeptorbindung. Andere Faktoren wie TGFβ (S. 765) können von Proteoglykanen wie Dekorin inaktiviert werden.

Der Abbau von Proteoglykanen erfolgt durch das Zusammenwirken einer Reihe von Hydrolasen, die aus den **Lysosomen** stammen. Als **Hyaluronidase** wird

Tabelle 26.3 Proteoglykane

Name	Molekulargewicht (kD)	Vorkommen
Aggrekan	3000	Knorpel
Betaglykan	200–300	Plasmamembran
Biglykan	50–200	Extrazelluläre Matrix
Dekorin	50–200	Extrazelluläre Matrix
Fibromodulin	50–200	Extrazelluläre Matrix
Heparinsulfat-Proteoglykan	800	Endothelzellen
Perlekan	400–475	Basalmembranen
Syndekan	40–100	Epithelzellen
Thrombomodulin	57	Endothelzellen
Versikan	780–860	Endothelzellen

ein Gemisch aus Endohexosaminidasen (β-N-Acetylglukosaminidase, β-N-Acetylgalaktosaminidase, β-Glukuronidase) bezeichnet, das auch bei subkutanen Injektionen zur Verbesserung der Resorption verwendet wird.

Hormone und Zytokine regulieren die Biosynthese von Proteoglykanen

Die Biosynthese von Hyaluronat und anderen Glykosaminoglykanen wird durch die Gabe hoher Dosen **Cortisol** bzw. synthetischer Steroidhormone gehemmt. Möglicherweise ist dieser Effekt an der hemmenden Wirkung dieser Hormone auf die Wundheilung beteiligt. Verschiedene Hormone (z. B. der Schilddrüse) und Zytokine hemmen (Interleukin-1, Interleukin-6) oder stimulieren (TGF-β, EGF, PDGF) Biosynthese bzw. Abbau einzelner Proteoglykane.

26.2.4 Adhäsive Glykoproteine

Außer Kollagenen, Elastin und Proteoglykanen kommen in der extrazellulären Matrix auch Glykoproteine vor. Ihr covalent gebundener Kohlenhydratanteil wird durch Monosaccharidketten aus bis zu 7 verschiedenen Zuckern gebildet, die oft verzweigt sind. Über die Struktur der in Glykoproteinen vorkommen Kohlenhydratketten s. S. 127.

Zu derartigen Glykoproteinen zählen die adhäsiven Glykoproteine oder **Nektine** (Fibronektin, Vitronektin, Osteonektin, Tenascin, Thrombospondin), die den Kontakt zu den im Bindegewebe eingelagerten Zellen vermitteln. Fibronektin z. B. ist nicht nur Bestandteil der ECM und von Basalmembranen, sondern zirkuliert auch im Blutplasma. Es ist an der Anhaftung von Zellen an die Matrix und an der gerichteten Zellbewegung (Chemotaxis) beteiligt. Weiterhin gehört zu den Glykoproteinen die Großfamilie der **Laminine**, die einen wesentlichen Beitrag zum Aufbau der Basalmembranen leistet.

Rezeptoren auf der Zelloberfläche binden Nektine und verbinden so ECM und Zellinneres

Adhäsionsrezeptoren vom Typ der heterodimeren Integrine (S. 185) oder membranassoziierte Proteoglykane sind auf allen Zellen unseres Organismus vorhanden; sie erkennen die adhäsiven Glykoproteine und andere Bestandteile der extrazellulären Matrix über das **RGD-Epitop** (S. 737) und stellen so die Verbindung zwischen Matrix und Zellinnerem her. Durch diese Kommunikation werden Vorgänge wie Anhaftung, Wanderung und Invasion von Zellen reguliert und dabei so wichtige biologische Vorgänge wie die Nidation des befruchteten Eies (S. 847), die Embryogenese, Hämostase (S. 922), Einwanderung von Granulocyten in Entzündungsgebiete (S. 883) oder Immunreaktionen (S. 1063) ermöglicht. Wie die Information von den Integrinrezeptoren ins Zellinnere übertragen wird, ist im einzelnen noch unklar, da diese Rezeptoren keine Kinaseaktivität besitzen: wahrscheinlich werden cytosolische Kinasen rekrutiert, über die Cytoskelettproteine wie Talin, Vinculin oder α-Actinin aktiviert werden (S. 199).

Laminine stellen einen wichtigen Bestandteil der Basalmembran dar

Laminine bestehen aus α-, β- und γ-Untereinheiten mit Molekulargewichten zwischen 150 und 400 kD. Aus Isoformen dieser Untereinheiten können sich verschiedene Laminine bilden, die einen wesentlichen Bestandteil der Basalmembranen ausmachen. Laminine besitzen Bindungsstellen für andere Basalmembranproteine wie Kollagen Typ IV oder Perlekan und binden über ihr RGD-Epitop an die Vielzahl der epithelialen und mesenchymalen Zellen (Muskel, Adipocyten, Neurone etc.), die von Basalmembranen begrenzt werden. Laminine enthalten EGF-ähnliche Domänen, die in intakten Basalmembranen maskiert sind, bei einer Zerstörung der Integrität der Basalmembran bei Entzündungen aber möglicherweise exponiert werden und dann als Wachstumsstimuli wirken.

26.2.5 Pathobiochemie der extrazellulären Matrix

Wechselseitige Wechselwirkungen zwischen Zellen und der extrazellulären Matrix bestimmen die Wundheilung

Unsere Kenntnisse über die molekularen Grundlagen der Wundheilung stammen aus Untersuchungen der Vorgänge bei Schnittwunden der Haut bei Erwachsenen; die Vorgänge, die bei Verletzungen oder Entzündungen innerer Organe (Leber, Lungen) zur Regeneration führen, dürften sich aber nicht wesentlich von denen in der Dermis der Haut unterscheiden. Die Wundheilung stellt eine komplexe Kaskade dar, bei der sich Abbau- und Biosynthesereaktionen abwechseln, die zeitlich fein abgestimmt sind und durch Zell-Zell- und Zell-Matrix-Wechselwirkungen bestimmt werden. Bei Gewebsverletzungen kommt es zu einer Einblutung, mit der die *Entzündungsphase* der Wundheilung beginnt. In dieser Phase geraten verschiedene Bestandteile des Blutes in Kontakt mit Bestandteilen der ECM des verletzten Gefäßes oder Gewebes, so daß die – im einzelnen in Kapitel 31 (S. 922) beschriebene – Gerinnungskaskade in Gang gesetzt wird. Dadurch werden aus den aktivierten Thrombocyten Zytokine wie PDGF, TGF-α und TGF-β freigesetzt. TGF-β und proteolytische Fragmente einzelner Matrixkomponenten wirken chemotaktisch, so daß polymorphkernige Granulocyten und Makrophagen in das Entzündungsgebiet einwandern. Aus der provisorischen ECM, die im Zuge der Gerinnung entstanden ist, wird unter dem Einfluß von Makrophagen *Granulationsgewebe* gebildet. Makrophagen halten nicht nur die Wunde aseptisch und räumen Zelltrümmer ab, sondern sezernieren Zytokine und Hydrolasen (Metalloproteinasen, Proteoglykanasen) und initiieren damit einerseits die Synthese neuer Matrixkomponenten und andererseits den Abbau nicht mehr benötigter Matrixbestandteile. Dadurch entsteht Granulationsgewebe, das von Makrophagen, Fibroblasten und Endothelzellen durchsetzt ist, die eine reiche Gefäßversorgung vermitteln und in eine lockere Matrix aus Kollagenen, Fibronektin und Proteoglykanen eingebettet sind. Die beteiligten Zellen ändern ihre Morphologie, Polarisierung, Wanderungsaktivität und Wechselwirkungen untereinander. Die Prozesse werden durch Zell-ECM-Wechselwirkungen im Granulationsgewebe bestimmt und entsprechen im Prinzip Vorgängen, die auch während der Embryogenese oder bei der Metastasierung von Tumoren ablaufen (S. 1105). Schließlich wird das Granulationsgewebe kontinuierlich durch eine organisiertere und elastischere Matrix ersetzt und die Wunde verschlossen, wobei Makrophagen wieder Abräumaufgaben übernehmen. Wie die extrazelluläre Matrix die Wundheilung dirigiert, ist bisher nur in Ansätzen bekannt.

Bei der Wundheilung sind feinregulierte Gleichgewichte zwischen dem Abbau und der Biosynthese von ECM-Bestandteilen von entscheidender Bedeutung. Es wird deshalb diskutiert, daß die bei Schädigungen einzelner Gewebe (Leber, S. 1037, Herzmuskel, S. 966) beobachtete vermehrte Ablagerung von Matrixkomponenten (Fibrose) dadurch zustande kommt, daß der Regenerationsvorgang im Sinne einer Störung dieser Gleichgewichte gestört ist.

26.3 Stützgewebe Knorpel

Knorpelspezifische Kollagene und Aggrekan bestimmen die Knorpelmatrix

Knorpel dient als Gelenksknorpel und Zwischenwirbelscheibe mechanischen Aufgaben und während des Längenwachstums in der Epiphysenfuge als Vorstufe des Knochens.

Gelenkknorpel besteht aus Chondrocyten und extrazellulärer Matrix. Chondrocyten und die sie umgebende Membran bilden eine funktionelle Einheit, das *Chondron,* welches Umsatz und Wasseraustausch der ECM reguliert. Die ECM besteht aus den Hybrid-Polymeren der knorpelspezifischen Kollagene II (95 %), IX (1 %) und XI (3 %) sowie Kollagen VI, X und Proteoglykanen. Wichtigstes Proteoglykan des Knorpels ist *Aggrekan,* das zu 90 % aus Chondroitinsulfatketten besteht. Im Knorpel findet sich Aggrekan als Aggregat (daher der Name) von bis zu 100 Monomeren, die mit Hyaluronat verbunden sind. Diese Matrix verhält sich wie ein Schwamm: unter mechanischem Druckeinfluß gibt sie Wasser ab, unter Entlastung nimmt sie das Wasser wieder auf. Die Zugkraft von Knorpel wird durch die intermolekularen Zwischenverbindungen (vorwiegend Pyridinolin beim Typ II-Kollagen) geschaffen.

Da Knorpel nur schwach vaskularisiert ist, wird er über die *Synovialflüssigkeit* ernährt, deren Zusammensetzung den Chondrocytenstoffwechsel widerspiegelt. Chondrocyten enthalten das gesamte Enzymrepertoire, das für die kontinuierliche Synthese und Abbau der einzelnen Kollagene und Proteoglykane benötigt wird. Ein Schutz vor den zahlreichen lytischen Enzymen (Kathepsin, Plasmin, Sulfatasen, Matrix-Metalloproteinasen wie Stromelysin) wird durch Gegenwart zahlreicher Enzyminhibitoren (TIMPs, α_2-Makroglobulin, Plasminogen-Aktivator-Inhibitoren und andere) erzielt. Störungen der Gleichgewichte von Synthese und Abbau z. B. durch Änderungen der Regulation lytischer Enzyme durch ihre Hemmstoffe führt zu Erkrankungen des Knorpels.

26.4 Stützgewebe Knochen

26.4.1 Funktion und Zusammensetzung des Knochens

Der Knochen erfüllt mehrere Funktionen in unserem Organismus: zum einen ist er ein hochdifferenziertes *Stützgewebe,* das an den Bewegungen und am Schutz unseres Körpers beteiligt ist, zum anderen dient er als *Speicher* für Calcium- und Phosphationen, der mit dem Extrazellulärraum im Gleichgewicht steht. Normalerweise sind weniger als 1 % des gesamten Calciumskelettpools von 1 kg für den raschen Austausch mit der Extrazellulärflüssigkeit verfügbar (S. 697). Darüberhinaus beherbergt der Knochen das *Knochenmark* als Stätte der Blutbildung, mit dem eine innige funktionelle Beziehung besteht (s. u.).

Zellen, organische Matrix und anorganisches Mineral bilden den Knochen

Makroskopisch macht die Compacta (oder Corticalis) etwa 80 % der Knochenmasse aus und befindet sich vor allem in den langen Röhrenknochen. Sie weist mit 70 % einen hohen Mineralanteil auf und hat primär mechanische Aufgaben. Die Spongiosa setzt sich aus einem Gitterwerk feiner Knochenschichten zusammen, das mit blutbildendem Knochenmark, Fettmark und Blutgefäßen gefüllt ist. Sie befindet sich in Wirbelkörpern, flachen Knochen (z. B. Sternum) und den Epiphysen der Röhrenknochen des Erwachsenen, dient der Reduktion des Skelettgewichtes und ist Ort der Knochenremodellierung.

Mikroskopisch ist für den Aufbau der Compacta des Knochens die Gliederung in Einheiten, die sog. *Osteone,* charakteristisch. Sie setzen sich aus einem engen Haverkanal mit Osteoblasten, Arterien, Kapillaren, Venen und Nervenfasern zusammen, um den die Knochensubstanz in bis zu 6 Schichten (Lamellen) angelagert ist. Zwischen den Schalen befinden sich die Osteozyten. Die Lamellenstruktur kommt durch die geordnete Anordnung der Kollagenfibrillen zustande.

Der Knochen besteht aus Zellen der Osteoblastenfamilie, zu denen Prä-Osteoblasten, reife *Osteoblasten,* Osteozyten und sog. „lining cells" gehören, und den *Osteoclasten.* Kollagene (davon zu 95 % aus Kollagen Typ I), Glykosaminoglykane und Chondroitinsulfat bilden die organische Matrix. Das anorganische Knochenmineral setzt sich vorwiegend aus Calcium und Phosphat in Form von Calciumsalzen und Kristallen zusammen, die sehr dem *Hydroxyapatit* $[Ca_{10}(PO_4)_6(OH)_2]$ ähneln. Ferner enthält der Knochen geringe Mengen Carbonat (6 %), Nitrat (1 %), Natrium (0,7 %) und Magnesium (0,7 %) sowie Spuren von Fluor.

Bei der Knochenneubildung wird zunächst die Knochenmatrix synthetisiert, in die Calciumphosphat abgelagert wird, aus dem sich eine hydroxyapatitähnliche Struktur bildet. Die Knochensubstanz setzt sich somit aus einem anorganischen Mineralanteil (etwa 70 %) und der organischen Knochenmatrix mit etwa 30 % zusammen.

Osteoblasten entstehen aus Mesenchymzellen, Osteoclasten aus Stammzellen des Knochenmarkes

Undifferenzierte Mesenchymzellen des Knochenmarkes entwickeln sich zu Präosteoblasten (Stammzellen des Knochens), aus denen die Osteoblasten und später Osteocyten hervorgehen. Die Osteoblasten sind für die Knochenneubildung verantwortlich. Sie sezernieren die organische Knochenmatrix und besitzen dafür einen gut entwickelten Golgi-Apparat. Ausdruck einer vermehrten Osteoblastenaktivität ist die Erhöhung der Konzentration der von ihnen produzierten *alkalischen Phosphatase* im Blutplasma. Bei normaler Leberfunktion (da auch die Leber dieses Enzym produziert) ist die alkalische Phosphatase in der Regel deshalb Indikator einer erhöhten Osteoblastenaktivität. Zwischen den Lamellen des kompakten Knochens befinden sich die Osteocyten, die mit Hilfe langer Fortsätze durch enge Kanälchen untereinander verbunden sind (Abb. 26.21, S. 751). Multinukleäre Osteoclasten (die aus monocytären Stammzellen des Knochenmarkes hervorgehen), die saure Phosphatase enthalten, beeinflussen den Knochenabbau.

26.4.2 Wachstum und Umbau des Knochens

Die molekularen Grundlagen des Knochenwachstums (Modeling) sind bisher nur unzureichend bekannt

Das normale Längenwachstum kommt durch die koordinierte Rekrutierung, Proliferation, Differenzierung, Reifung und schließlich Apoptose von Chondrocyten im Bereich der Epiphysenfuge zustande. Im Bereich der Wachstumsfuge sind die Chondrocyten in verschiedenen Zonen (I–VI) angeordnet, in denen sie unterschiedliche Stufen der Reifung annehmen (Abb. 26.20). In der Reservezone (I) existieren nur wenige Zellen mit einem hohen Anteil an ECM. In der Zone II, der oberen proliferativen Zone, finden Matrixproduktion und Zellteilung statt, die das Längenwachstum verursachen. In dieser Zone finden sich hohe Typ II- und XI-Kollagen- und Aggrekan-Syntheseraten. In Zone III, der unteren proliferativen Zone, ist die Kollagensynthese zwar noch hoch, die Mitoserate aber bereits niedriger. Zone IV ist die obere hypertrophe Zone, in der die Zellgröße abrupt zunimmt und die säulenartige Anordnung der Zellen nicht mehr so re-

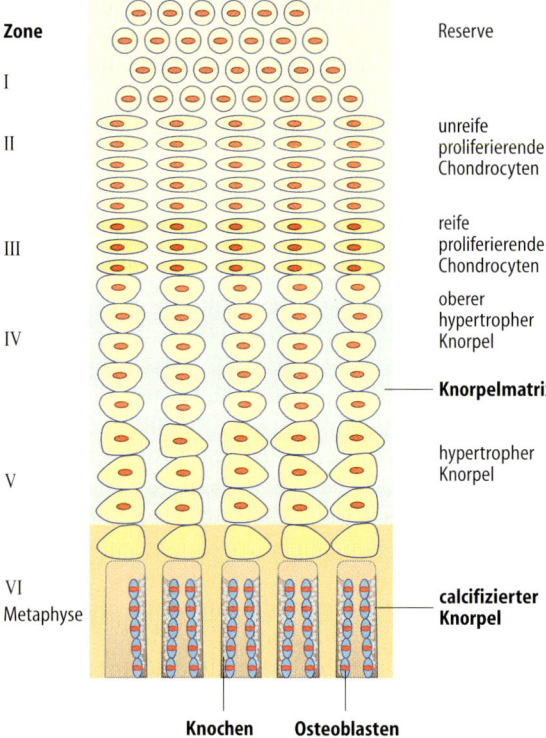

Zone

I — Reserve

II — unreife proliferierende Chondrocyten

III — reife proliferierende Chondrocyten

IV — oberer hypertropher Knorpel

— **Knorpelmatrix**

V — hypertropher Knorpel

VI Metaphyse — **calcifizierter Knorpel**

Knochen **Osteoblasten**

Abb. 26.20 Längsschnitt durch eine Epiphysenfuge

gelmäßig ist. Hier werden Kollagen Typ II und das für diese Zone spezifische Typ X-Kollagen gebildet (S. 738). In der Zone V beginnt die Matrix-Calcifizierung in den longitudinalen Septen zwischen den säulenartig angeordneten Chondrocyten. Diese verknöcherte Matrix wird zur Leitschiene für die Knochenbildung in der Metaphyse. Die nicht mehr benötigten Chondrocyten gehen durch Apoptose zugrunde. Zone VI ist die Verbindung zwischen der Wachstumsfuge und der Metaphyse, in der der Übergang vom Knorpel zum Knochen erfolgt. Dort werden die zugrundegegangenen Chondrocyten zunehmend durch Gefäßendothelzellen ersetzt, auf denen Osteoblasten mit der Synthese von Kollagen Typ I und anderen knochenspezifischen Proteinen (Osteocalcin, Osteopontin, Osteonektin) beginnen.

An der Regulation der epiphysealen Chondrocyten und den knochenproduzierenden Osteoblasten spielen wiederum Zytokine eine dominierende Rolle: u. a. sind die Insulin-ähnlichen Wachstumsfaktoren IGF I und II (S. 852), TGF-β, die Großfamilie der knochenmorphogenetischen Proteine (deren experimentelle Injektion in die Muskulatur zur lokalen Knochenbildung führt, wohingegen die von TGF-β eine Fibrose verursacht), Fibroblasten-Wachstumsfaktoren (FGF) und PDGF beteiligt, ohne daß bisher ihr genauer Beitrag zum komplexen Geschehen des Längenwachstums bekannt ist. Die Beobachtung, daß eine Mutation im Gen für den FGF-3-Rezeptor zur *Achondroplasie* (kurze Extremitäten mit normalem Rumpf) führt, unter-

streicht die elementare Bedeutung dieser Mediatorstoffe.

Beim Erwachsenen wird der Knochen ständig umgebaut (Remodeling)

Die Erneuerung des bestehenden Knochens beginnt immer mit dem Abbau, der durch Hormone und Mechanorezeptoren reguliert wird. *Parathormon* ist dabei das wichtigste Hormon (S. 859): es stimuliert einerseits die Freisetzung von Kollagenasen durch Osteoblasten, welche die oberste Schicht des Knochens degradieren, so daß der Bürstensaum des Osteoclasten aktiv werden kann, andererseits fördert es – wahrscheinlich über die lokale Produktion von Interleukin 1 – die Differenzierung von Makrophagen zu mehrkernigen Osteoclasten. Osteoclasten sind polarisierte Zellen mit einem Bürstensaum und reich an Lysosomen. Über *Mechanorezeptoren,* die wahrscheinlich auf Osteocyten oder ihren Ausläufern sitzen, werden am Knochen ansetzende physikalische Kräfte von Osteocyten auf Osteoblasten übertragen. Die aktivierten Osteoclasten stülpen sich wie ein Napf auf die teildegradierte Knochenoberfläche (Abb. 26.21). Im Bereich des Bürstensaumes des Osteoclasten werden lysosomale Proteinasen (insbesondere Kathepsine) und saure Phosphatasen freigesetzt. Da sie ihr pH-Optimum im Sauren haben, sezernieren die Osteoclasten durch aktive Transportmechanismen gleichzeitig Protonen (die unter dem Einfluß von *Carboanhydrase II* entstehen), damit die organische und anorganische Knochenmatrix abgebaut werden kann. Freiwerdende Calciumionen werden vom Osteoclasten aufgenommen und in den Extrazellulärraum transportiert. Wenn die Resorptionslakune (Howship-Lakune) eine Tiefe von etwa 70 μm erreicht hat, sistiert die Aktivität der Osteoclasten. Vor ihrer Apoptose (S. 208) senden die Osteoclasten Signale an die ruhenden Osteoblasten der Umgebung, mit denen sie diese zur Auffüllung des Defektes auffordern. Somit besteht eine *Koppelung zwischen Osteoclasten und Osteoblasten.* Die molekulare Natur dieses Signals ist noch unbekannt. Neben dem Koppelungssignal stimulieren auch *Östrogene* und TGF-β den Osteoblasten. *TGF-β* wird von Osteoblasten gebildet und in der Knochenmatrix deponiert. Aus dieser wird es unter dem Einfluß der Osteoclastenaktivität freigesetzt und stimuliert – über einen autokrinen Mechanismus (S. 762) – die Osteoblastenfunktion. Gleichzeitig hemmt TGF-β die Osteoclastenaktivität. Die Osteoblasten füllen den Defekt der Lakune durch die Ablagerung von Kollagenen und Proteoglykanen wieder auf. Zu der anschließenden Mineralisation besteht eine Verzögerung von acht bis zehn Tagen. Deshalb befindet sich im neugebildeten Knochen immer eine dünne Schicht noch nicht calcifizierten Osteoids. Da die Calcifizierung hormon- und substratabhängig ist, kann sie bei Hypoparathyreoidismus (S. 873) oder Phosphatmangel gestört sein. Zur Mineralisierung werden Calcium und Phos-

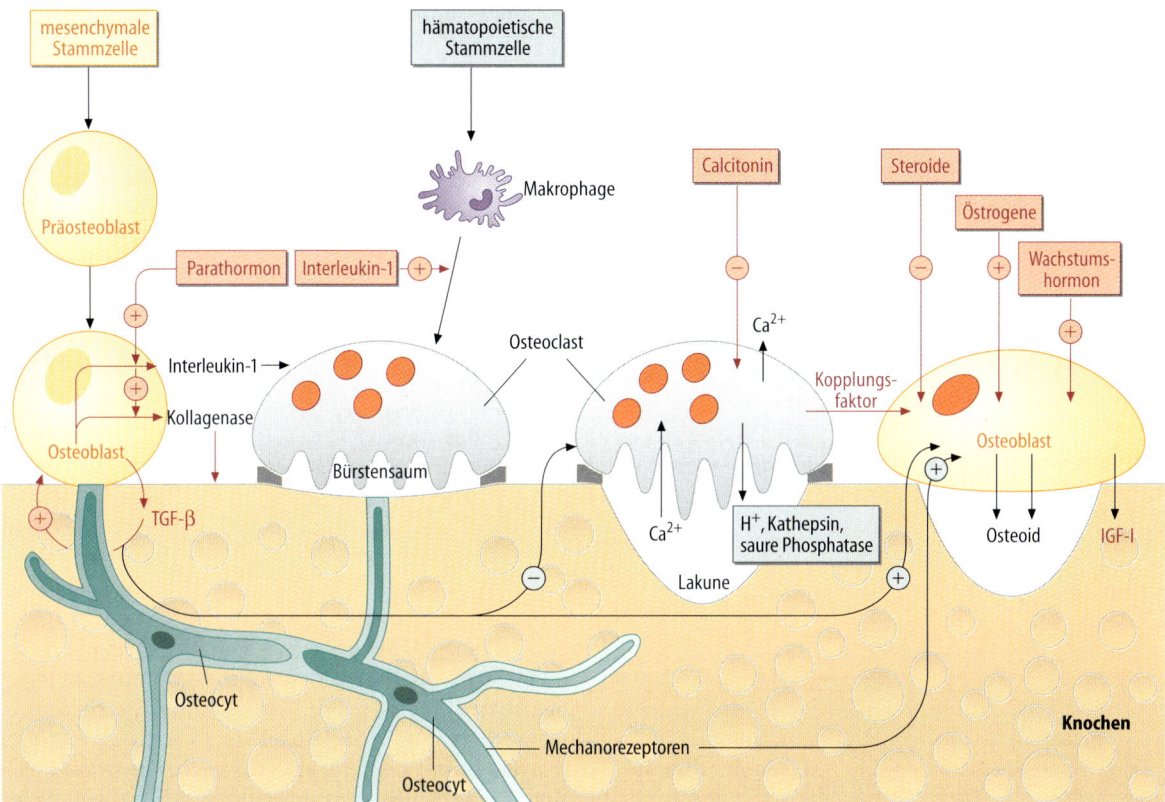

Abb. 26.21 Osteoblasten- und Osteoclastenaktivität beim Knochenumbau. (Einzelheiten s. Text)

phate von den Zellen akkumuliert, in Vesikel verpackt, die wieder aus der Zelle ausgeschleust werden und mit der extrazellulären Matrix reagieren. An der Akkumulation ist **Osteocalcin,** ein im Knochen in hoher Konzentration auftretendes Protein (S. 658), beteiligt. Es zeichnet sich durch einen hohen Gehalt an calciumbindenden γ-Carboxyglutamylresten aus (S. 39).

26.4.3 Pathobiochemie von Knorpel und Knochen

Der unvollständige Abbau von Dermatan- bzw. Heparansulfat führt zur Akkumulation in den Lysosomen

Eine Reduktion der Aktivität eines der lysosomalen Enzyme, die am Abbau der Glukosaminoglykane beteiligt sind, auf unter 50 % verursacht die **Mucopolysaccharidosen,** die durch Skelettdeformitäten und Defizite der Gehirnentwicklung gekennzeichnet sind. Je nachdem welches Enzym von einer Genmutation betroffen ist, werden z. B. Hurler- und Scheie-(α-L-Iduronidase), Hunter-(Iduronat-Sulfatase), Sanfillipo (Sulfamidase bzw. α-N-Acetylhexosaminidase) oder Morquio-(β-Galaktosidase)-Syndrom unterschieden, bei denen einzelne Glukosaminoglykane in Geweben und Körperflüssigkeiten akkumulieren. Stellvertretend für die Mucopolysaccharidosen soll die **I-Zellerkrankung** näher erläutert werden, bei der Betroffene Deformitäten des Knochensystems und schwere Störungen der geistigen Entwicklung aufweisen. Werden Zellen von Patienten mit dieser Erkrankung in Kultur gehalten, so fällt auf, daß die Zellen praktisch keine lysosomalen Enzyme enthalten. Im Plasma dieser Patienten werden jedoch sehr hohe Enzymspiegel beobachtet. Wenn lysosomale Enzyme aus einer Zelle freigesetzt werden, kann ein Teil von ihnen wieder aufgenommen und in die Lysosomen zurückverpackt werden. Für die Aufnahme in die Zelle muß das lysosomale Enzym an der Plasmamembran von einem Rezeptor erkannt werden. Voraussetzung für die Bindung an den Rezeptor ist der Besitz einer Erkennungsregion, des **Mannose-6-phosphats,** welches bei Patienten mit I-Zellerkrankung fehlt (Abb. 26.22). Dieses Kohlenhydrat ist die Adresse, mit der lysosomale Enzyme vom Golgi-Apparat in die Lysosomen dirigiert werden (S. 193). Zum anderen können lysosomale Enzyme durch Vorhandensein eines Mannose-6-phosphatrezeptors in der Zellmembran wieder in die Zelle aufgenommen werden. Werden durch einen Enzymdefekt lysosomale Enzyme nicht mit diesem Marker versehen, so werden sie zwar noch produziert und aus der Zelle freigesetzt, aber nicht mehr aufgenommen, was zu hohen Enzymkonzentra-

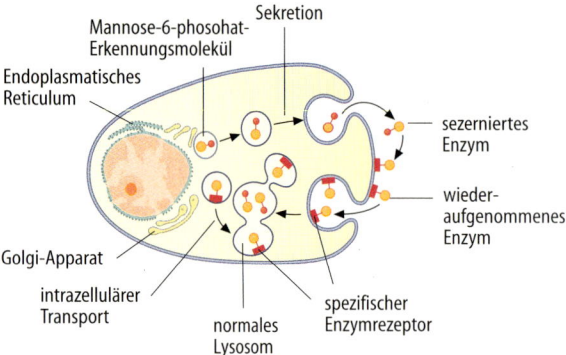

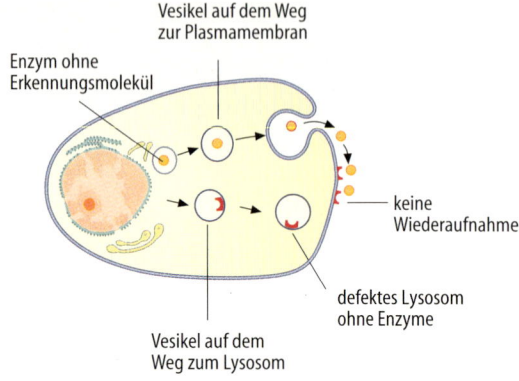

Abb. 26.22 In der normalen Zelle ist die Verpackung von Enzymen in die Lysosomen von der Ankoppelung eines Erkennungsmoleküls, des Mannose-6-phosphats abhängig. Für diesen Marker existieren spezifische Rezeptoren in den Golgi- und Plasmamembranen, die das neusynthetisierte Enzym in das Lysosom dirigieren und sezernierte Enzymmoleküle wieder in die Zelle aufnehmen. Bei der I-Zellerkrankung werden die lysosomalen Enzyme zwar synthetisiert, das Mannose-6-phosphat durch den entsprechenden Enzymdefekt jedoch nicht angekoppelt. Demzufolge können die Enzyme nicht in die Lysosomen gelangen, sondern werden von der Zelle sezerniert und können auch von der Zelle nicht aufgenommen werden

tionen im Plasma führt. Da bei dieser Erkrankung nicht ein einzelnes Enzym des GAG-Stoffwechsels betroffen ist, sondern ein genereller Defekt der Synthese lysosomaler Enzyme vorliegt, akkumulieren auch Lipide in einzelnen Geweben (Lipo-Mucopolysacharidose).

Mutationen von Proteinen, die an der Kollagenbiosynthese beteiligt sind, führen zu definierten Krankheitsbildern

Patienten mit Mutationen im *Lysylhydroxylasegen* (Ehler-Danlos-Syndrom Typ VI) haben eine samtweiche dehnbare Haut, schwere Überstreckbarkeit der Gelenke und eine Kyphoskoliose (Abb. 26.23). Darüber hinaus besteht eine Fragilität der Augenlinse und der Arterien. Ursache der seltenen Erkrankung sind Keimbahnmutationen im Lysylhydroxylasegen auf Chromoson 1p36, die zu einer Beeinträchtigung der Ausbildung von Kollagenquervernetzungen führen.

Die *Osteogenesis imperfecta* (brüchige Knochen-Erkrankung) ist eine Gruppe vererbbarer Erkrankungen mit unterschiedlichem Phänotyp (von mild bis letal), die etwa 1 von 10 000 Menschen betrifft. Leitsymptom sind brüchige Knochen, daneben sind auch an Typ I-Kollagen-reiche Gewebe wie Ligamente, Sehnen, Faszien, Skleren oder Zähne in ihrer Funktion beeinträchtigt (Abb. 26.23). Über 80 verschiedene Mutationen in den Genen für Prokollagen I sind bisher identifiziert worden. Die meisten Mutationen führen zu *Substitutionen* von *Glycylresten* durch z. B. Cysteinylreste, wodurch die Tripelhelixbildung gestört wird. Da die Tripelhelixbildung ihren Ausgang am C-Terminus des Prokollagenmoleküls nimmt, sind Mutationen im C-terminalen Bereich meist letal, wohingegen solche im N-terminalen Abschnitten eher milde

Folgen haben. Hält sich das Prokollagenmolekül länger im nichttripelhelikalen Zustand auf, so kommt es zu einer übermäßigen Hydroxylierung und Glykosylierung (S. 740). Da die Tripelhelixbildung Voraussetzung für die Sekretion ist, erfolgt eine intrazelluläre Akkumulation des Prokollagens mit konsekutivem Abbau (was als *Prokollagen-Suizid* bezeichnet wird). Folge ist eine quantitative Abnahme der Matrixproduktion. Werden mutierte Ketten dagegen sezerniert, so ist die Wirkung auf den Phänotyp größer, da die Mikrofibrillenbildung beeinträchtigt ist. Da auch heterozygote Defekte aufgrund der Multimerkonstruktion des Kollagenmoleküls klinisch manifest werden, wird die Wirkung der Mutation als dominant negativ bezeichnet (Abb. 13.30, S. 340).

Patienten mit dem von A. B. *Marfan* in Paris vor 100 Jahren beschriebenen Syndrom haben auffallend lange und grazile Knochen (Hochwuchs, Langschädel), was insbesondere an den Händen und Füßen (Spinnenfingrigkeit) sichtbar wird (Abb. 26.23). Neben Thoraxdeformitäten, Aortendilatation (die zur Ruptur prädisponiert) und einer charakteristischen Linsenluxation findet man eine ausgeprägte Bänderschlaffheit und Überstreckbarkeit der Gelenke. Ursache der Krankheit sind Mutationen im *Fibrillingen* auf Chromosom 15.

Kollagen Typ V-Knock-out-Mäuse zeigen extreme Fragilität und Streckbarkeit der Haut. Die histologische Untersuchung der Haut und Cornea zeigt bei diesen Nullmutanten-Mäusen eine Desorganisation der Kollagen I- und III-Fibrillen mit einem vergrößerten Durchmesser, was die für Typ V-Kollagen postulierte Funktion als Regulator der Fibrillenassoziation belegt.

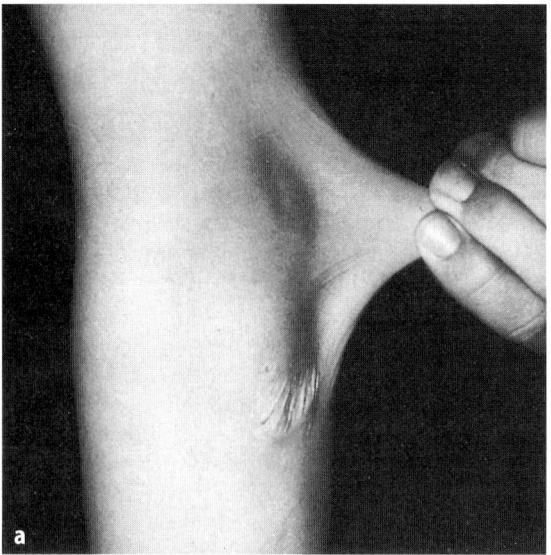

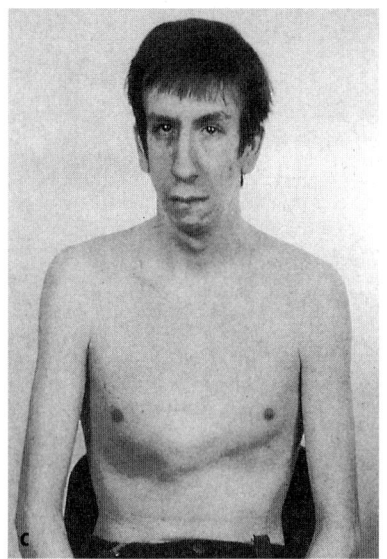

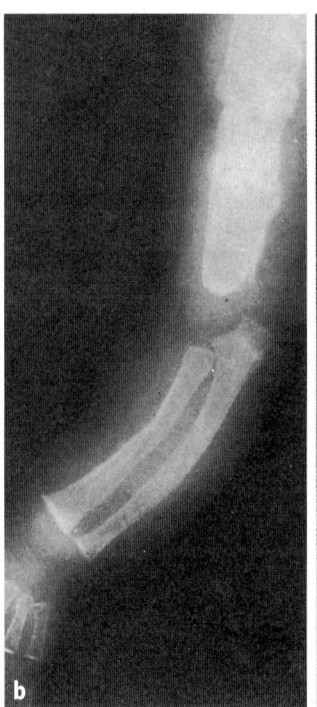

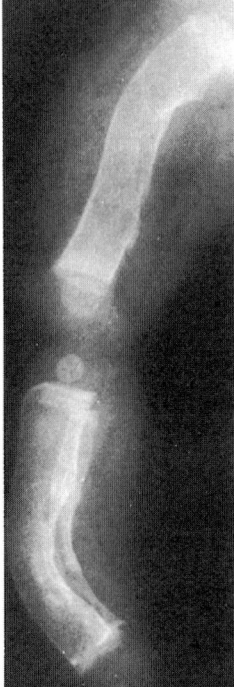

Abb. 26.23 a Dehnbarkeit der Haut bei Patienten mit Ehlers-Danlos-Erkrankung. **b** Frakturen bei Osteogenesis imperfecta. **c** Patient mit Marfan-Syndrom

26.5   Haut

26.5.1 Funktion der Haut

In den Zellschichten der Haut finden sich Keratinocyten unterschiedlicher Differenzierungsgrade

Die Haut stellt eine physikalische Schranke dar, die einen Wasserverlust verhindert und Schutz gegen mechanische, chemische und mikrobielle Belastung sowie UV-Strahlung bietet. Zur Erfüllung dieser Funktion ke-

ratinisiert die äußere Schicht der Haut (die Epidermis), wobei sich teilende Basalzellen sich zunehmend zu leblosen Schichten des Stratum corneum entwickeln. Die Epidermis besteht aus vier Zellschichten, die jeweils durch einen unterschiedlichen Reifungszustand des Keratinocyten gekennzeichnet sind (Abb. 26.24). Keratinocyten entstehen aus Stammzellen in der Basalschicht und machen eine Reihe von Differenzierungsschritten durch, bis sie abgeschilfert werden (Desquamation). In der normalen Haut besteht ein Gleichgewicht zwischen Proliferation und Desquamation, was zu einer vollständigen Erneuerung in etwa 28 Tagen führt.

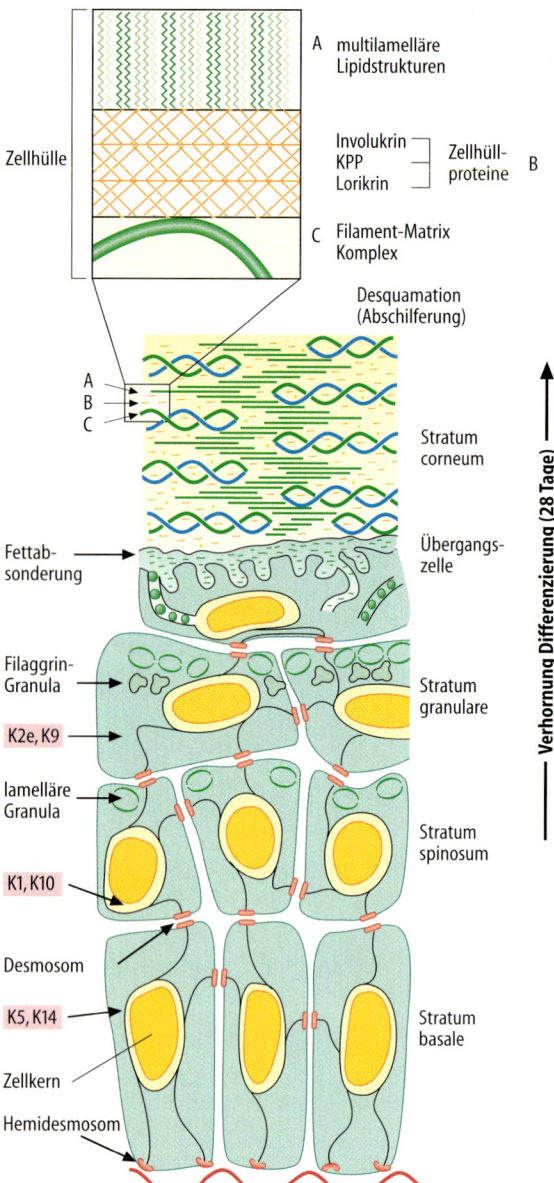

Die Keratine bilden eine Großfamilie mit mindestens 30 Mitgliedern

In der Epidermis stellen Keratine die Hauptbestandteile terminal differenzierter Strukturen dar, die schützende Funktion aufweisen (Stratum corneum, Haare, Nägel). Sie gehören zu einer Großfamilie mit über 30 Proteinen (K1, K2, K3 etc.), die sich zu Cytoskelett-Filamenten mit einem Durchmesser von 10 nm zusammenlagern, die als *Zwischenfilamente* (ZF) bezeichnet werden (Abb. 26.25). Alle Keratine besitzen eine zentrale α-helikale Domäne mit 310 bis 350 Aminosäuren, die von nicht-helikalen Kopf- und Schwanzregionen flankiert wird. Letztere unterscheiden sich erheblich durch Länge und Zusammensetzung. Die α-helikale Domäne zeichnet sich durch eine *Heptapeptid-Wiederholung* aus, in der jede erste und vierte Aminosäure hydrophob ist, und durch eine periodische Verteilung sich abwechselnder positiver und negativer Ladungen. Die Heptapeptid-Wiederholung wird durch kurze Verbindungssequenzen unterbrochen. Aufgrund der Anordnung der hydrophoben Reste bilden Keratine spontan Dimere in Parallelanordnung, die ihrerseits zu einem Tetramer in antiparalleler Anordnung (Protofilament) assoziieren. Je zwei Protofilamente bilden eine Protofibrille, die Grundstruktur der 10 nm-Fibrille (Abb. 26.25). Die beiden Keratinsubtypen (I und II) unterscheiden sich durch Größe (40–57,5 kD bzw. 53–67 kD) und Ladung (sauer bzw. basisch-neutral). Dies ist insofern von Bedeutung, als Keratine immer Heterodimere aus Typ I- und II-Ketten in einem 1:1 Verhältnis darstellen. Die Zusammensetzung der keratinhaltigen Zwischenfilamente ist Gewebsepithel-spezifisch und vom Differenzierungszustand der Zelle abhängig. So erfolgt bei Keratinocyten im Rahmen der Differenzierung eine Umschaltung von Keratin 14 (Typ I)/Keratin 5 (Typ II) auf Keratin 10 (Typ I)/Keratin 1 (Typ II) (Abb. 26.24).

Die Zwischenfilamente lagern sich in Keratinocyten zu einem Netzwerk zusammen. Normalerweise nimmt diese architektonische Struktur ihren Ausgang an einem den Zellkern umschließenden Ring, zieht durch das Cytoplasma und endet an Verbindungskomplexen an der Membran, den Desmosomen und Hemidesmosomen (S. 185). Diese Komplexe sind für die Aufrechterhaltung der Integrität der Epidermis entscheidend. Bei der normalen Differenzierung werden die Keratin-Zwischenfilament-Netzwerke durch Wechselwirkung mit *Filaggrin*, einem Matrixprotein, in eine hochorganisierte Struktur überführt. Bei der Differenzierung werden außerdem unter dem Einfluß einer *Transglutaminase K (TGK)* Glutaminyl- und Lysylreste von Proteinen covalent verknüpft, wodurch die Plasmamembran zunehmend durch eine Zellhülle ersetzt wird. Diese Zellhülle enthält außerdem Lipide auf sei-

Abb. 26.24 Verteilung der Keratine in der Haut: K5 und K14 im Stratum basale, K1 und K10 im Stratum spinosum, K2e und K9 im Stratum granulare. Diese Keratine bilden die Zwischenfilamente, die den Zellkern umschließen und mit den Desmosomen der Zellmembranen verbinden. Im Zuge der Differenzierung treten die Keratinzwischenfilamente mit Filaggrin, einem Matrixprotein zu einer hochorganisierten Struktur zusammen. Die Zellhülle ersetzt die Plasmamembran terminal differenzierter Keratinozyten. Sie besteht aus covalent verknüpften Proteinen, an die Lipide gebunden sind und dem Zwischenfilament-Matrix Komplex. Die Lipide stammen aus den lamellären Granula, aus denen sie beim Übergang zum Stratum corneum abgegeben werden

Während dieser Differenzierung werden verschiedene Gene aktiviert bzw. inaktiviert, was zu Änderungen der Expression von Strukturproteinen und z. B. zur Aktivierung von Enzymen führt, die die Synthese einzelner Lipide katalysieren.

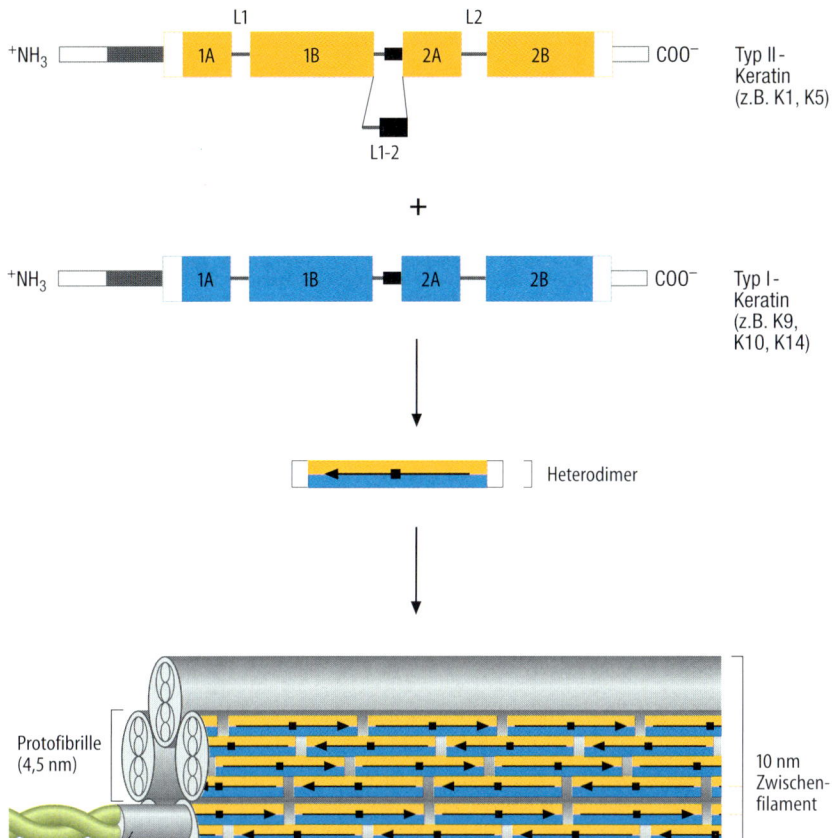

Protofibrille (4,5 nm)

Protofilament (2-3 nm)

10 nm Zwischenfilament

Abb. 26.25 Aufbau der Typ I- und II-Keratine (1A, 1B, 1B, 2B = helicale Abschnitte; L1, L1–2, L2 = nicht-helicale Abschnitte), parallele Anordnung zum Heterodimer, anti-parallele Anordnung zum Protofilament. Supramolekulare Assoziation zur Protofibrille und zum Zwischenfilament (ZF)

L1

L2

Typ II-Keratin (z.B. K1, K5)

L1-2

Typ I-Keratin (z.B. K9, K10, K14)

Heterodimer

ner Außenfläche und den sog. Filament-Matrix-Komplex an seiner Innenfläche. Die TGK verknüpft ein membrangebundenes Protein mit Involukrin, einem Cytoplasmaprotein (Abb. 26.24, S. 754). Dieses Gerüst wird durch Verknüpfung anderer Proteine wie Cornifinen, den kleinen prolinreichen Proteinen (KPP) oder Lorikrin weiter verstärkt, bis die gesamte innere Oberfläche der Zellmembran bedeckt ist. Die durch Filaggrin aggregierten Keratinfilamente treten dann mit der verstärkten Proteinhülle in Verbindung.

Melaninpigmente werden in den Melanocyten aus Tyrosin gebildet

Produktionsorte der Melaninpigmente sind die Melanocyten im Stratum basale, die zwei verschiedene, allerdings biogenetisch verwandte Klassen von Pigmenten bilden: die schwarzbraunen *Eumelanine,* die durch enzymatische Oxidation von Tyrosin entstehen, und die gelben bis rotbraunen *Phäomelanine,* die auf einem durch Reaktion mit Cystein abgewandelten Eumelaninweg entstehen. Zu den Phäomelaninen gehören auch die Trichochrome, die in roten Haaren des Menschen nachgewiesen worden sind. Im Bereich der Basalschicht der Haut bilden Melanocyten das Pigment

Eumelanin [das auch in der Chorioidea (Aderhaut des Auges) und im ZNS vorkommt] in Form kleiner Granula von etwa 1 μm Größe. Die Biosynthese der Eumelaningranula geht von den sog. Prämelanosomen aus, die aus Proteinen und Phospholipiden bestehen: an diese lagert sich das kupferhaltige Enzym *Tyrosinase* an, das die aromatische Aminosäure L-Tyrosin in 3,4-Dihydroxyphenylalanin und weiter in Dopachinon überführt (Abb. 26.26). Dieses Enzym liegt in der Haut im inaktiven Zustand vor und wird durch Bestrahlung mit UV-Licht oder auch Röntgenstrahlen aktiviert. Durch Ringschluß der Seitenkette des Dopachinons entsteht Dopachrom, das nach Umwandlung in Indol-5,6-chinon polymerisiert und sich mit dem Proteinanteil des Prämelanosoms verbindet. Dabei entsteht das Melanosom, das nach Verlust der Tyrosinaseaktivität als Melaningranulum, das Endprodukt des Melanocyten, bezeichnet wird. Da die Tyrosinase durch *Hydrochinon* hemmbar ist, werden hydrochinonhaltige Hautcremes angeboten, deren topische Applikation bei dunkelhäutigen zu einer Aufhellung der Haut führen. Die Funktion des Melaningranulums besteht im Schutz vor ultraviolettem Licht (Sonnenschirm der Cutis). Über die Entwicklungsstufen der Phäomelaningranula, die aus kleinen, locker assoziierten Partikeln mit ei-

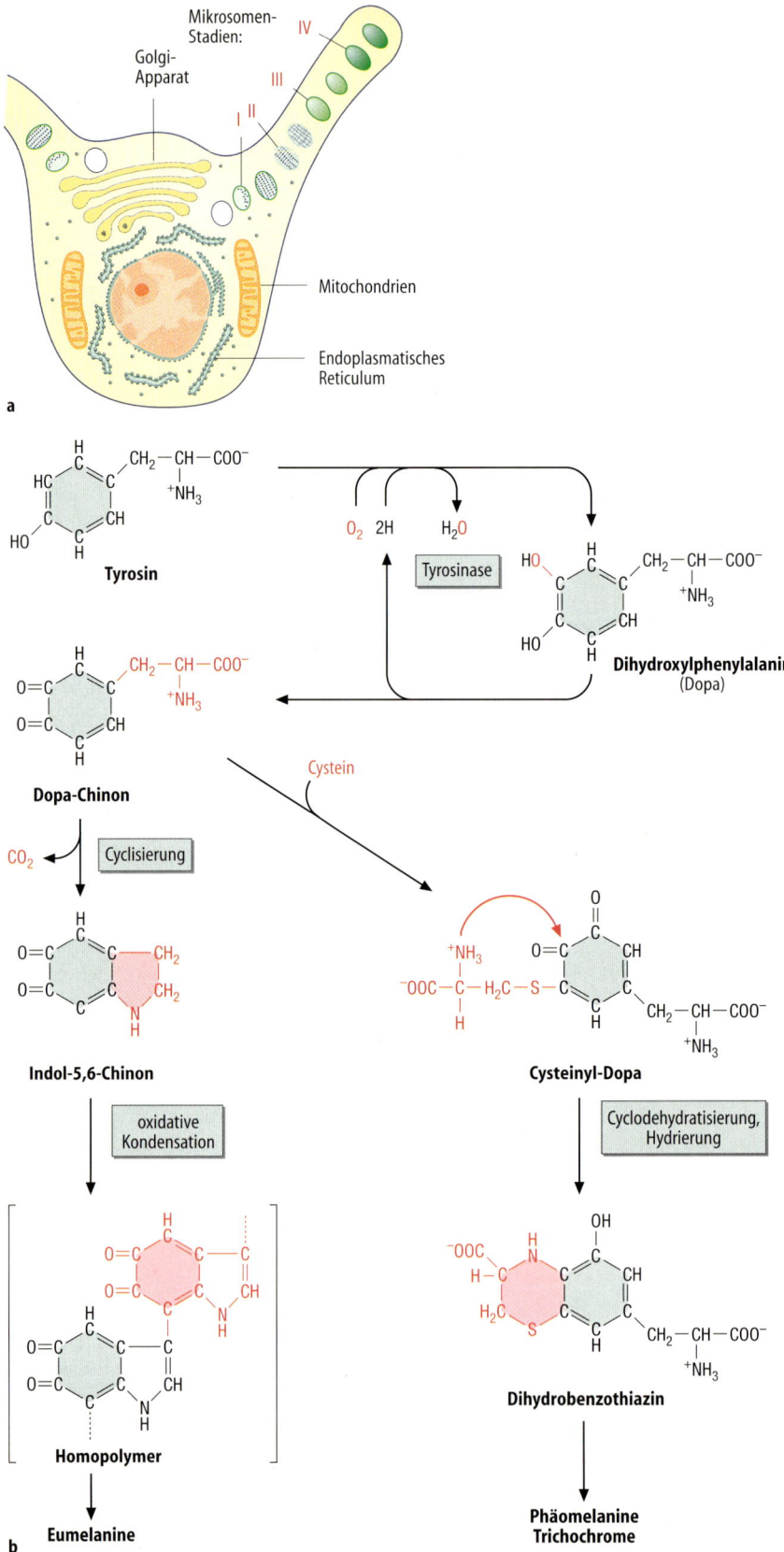

Abb. 26.26 **a** Schematische Darstellung eines Melanocyten mit Melanosomen in verschiedenen Entwicklungsstadien. *I* Golgi-Bläschen; *II* Prämelanosom; *III* Melanosom; *IV* Eumelaningranu-lum. **b** Biosynthese von Eu- und Phäomelaninen in Melano-cyten. Die Tyrosinasereaktion ist beim genetisch bedingten Al-binismus blockiert

ner Größe von 2–4 mm Durchmesser bestehen, ist weniger bekannt. Die roten und gelben Granula entwickeln sich nicht an einer Proteinmatrix, sondern durch Anlagerung an ein Netz sehr feiner Fasern.

26.5.3 Pathobiochemie der Haut

Beim Albinismus unterbleibt die Melaninsynthese

Der okulokutane Albinismus stellt eine Gruppe von Krankheiten mit reduzierter oder fehlender Biosynthese des Melanins in den Melanocyten der Haut, Haarfollikel und Augen dar. Aufgrund seines auffälligen Phänotyps war sie eine der ersten erkannten genetischen Erkrankungen. Die Haut der Patienten ist weiß und stark sonnenempfindlich, das Haar strohgelb, die Iris rot mit durchscheinender Chorioidea. Bei einem Patienten fand sich auf dem mütterlichen Allel eine Substitution (Codon 355 Threonin zu Lysin) und auf dem väterlichen eine andere (Codon 365 Aspartat zu Asparagin). Beide Substitutionen sind mit einer Ladungsveränderung verbunden und liegen in der kupferbindenden Domäne des Tyrosinase-Enzyms. Die Katecholaminbiosynthese ist bei diesen Patienten nicht gestört, da es sich bei der Tyrosinhydroxylase um ein anderes Enzym handelt.

Ichthyosen sind durch eine schuppige und verdickte Haut, Epidermolysen durch Blasenbildung gekennzeichnet

Verschiedene Defekte der Differenzierung von Basalzellen führen zu relativ ähnlichen Krankheitsbildern, die als Ichthyosen bezeichnet werden. Bei diesen Erkrankungen ist die Geschwindigkeit der Desquamation erniedrigt, was zu einer als *Hyperkeratose* bezeichneten Retention von Epidermiszellen führt. Alle Krankheiten gehen mit einer verdickten Hornschicht einher (Abb. 26.27). Die rezessive, X-chromosomale Ichthyose wird durch den Mangel einer Cholesterinsulfat-spezifischen Sulfatase herbeigeführt. Die Desulfatierung stellt eine Voraussetzung für die Desquamation dar. Die lamelläre Ichthyose wird durch den Mangel an der Transglutaminase hervorgerufen, die für die Quervernetzung von Proteinen in den oberen Schichten der Epidermis zuständig ist (Abb. 26.27).

Bei den Epidermolysis kollabiert das Zwischenfilament-Netzwerk, wodurch Verbindungen zwischen dem Filament-Matrixkomplex und dem internen Anteil der Hornschichten gestört werden. Weiterhin

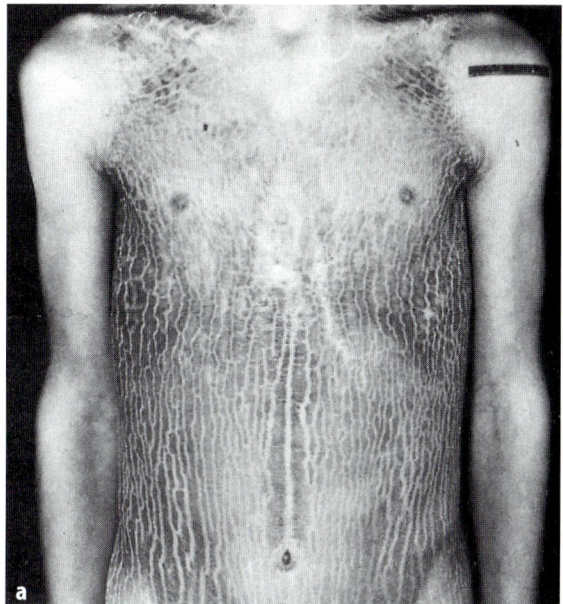

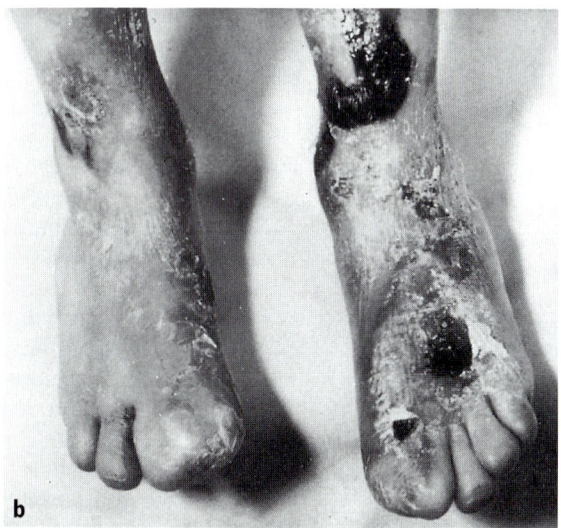

Abb. 26.27 a Patient mit lamellärer Ichthyose. **b** Patient mit Epidermolysis bullosa

werden die desmosomalen Kontakte zwischen den einzelnen Zellen beeinträchtigt. Dadurch zeigt die Haut eine starke Neigung zur Blasenbildung und mechanischen Traumen. Bei der Epidermolysis bullosa liegen Mutationen in den Genen der *Keratine* K5 und K14 der Basalschicht, bei der epidermolytischen Hyperkeratose in den Keratinen K1 oder K10 des Stratum spinosum und beim epidermolytischen palmoplantaren Keratoderm K9-Defekte im Bereich der Fußsohlen und Handinnenflächen vor.

RESÜMEE

Die extrazelluläre Matrix ist ein integraler Bestandteil aller Gewebe unseres Organismus. Als dynamische Struktur umgibt sie die Zellen, schafft Kontakte zwischen ihnen und bestimmt die Gestalt vieler Organe. Die Matrix besteht aus mehreren Grundbausteinen: den Kollagenen, Elastin und assoziierten Glykoproteinen wie Fibrillin, den Proteoglykanen und Hyluronat sowie den adhäsiven Glykoproteinen. Durch das Auftreten in Großfamilien, alternierendes Spleißen und unterschiedliche Glykosylierung oder Sulfatierung treten diese 4 Grundbausteine in vielen Varianten auf, deren unterschiedliche Kombination die verschiedenen extrazellulären gewebsspezifischen Matrices entstehen läßt.

Bei den fast 20 verschiedenen Kollagenen werden fibrilläre und nichtfibrilläre Formen unterschieden. Charakteristisches Strukturmerkmal der Kollagene ist die Glycin-X-Y-Tripeptidwiederholung, die die Grundlage der Tripelhelixbildung in den Kollagen-Homo- oder Heterotrimeren darstellt. Fibrilläre Kollagene weisen durchgehend Tripelhelixstruktur auf, nichtfibrilläre nur in bestimmten Molekülanteilen. Fibrilläre Kollagene werden als Prokollagene synthetisiert und posttranslational modifiziert, bevor sie in die extrazelluläre Matrix sezerniert werden. Dort werden sie proteolytisch modifiziert, bevor sie sich zu Mikrofibrillen zusammenlagern, die durch Quervernetzungen stabilisiert werden. Diese Quervernetzungen erzeugen die typische hohe Zugfestigkeit von Kollagenen.

Elastin und assoziierte Glykoproteine bilden elastische Fasern, die Geweben elastische Fähigkeiten vermitteln. Proteoglykane bestehen aus einem geringen Proteinanteil und hohem Anteil von Kohlenhydraten mit charakteristischer Disaccharidstruktur. Das Proteoglykan Aggrekan im Knorpel kann Wasser reversibel binden, unter mechanischem Druck abgeben und wieder aufnehmen. Adhäsive Glykoproteine wie Fibronektin oder Laminin in den Basalmembranen vermitteln die intensiven Wechselwirkungen zwischen Zellen und der extrazellulären Matrix. Diese Kontakte sind reziproker Natur, da die Matrix über Integrine und andere Membranrezeptoren auch auf die Zellen wirkt. Biosynthese und Abbau der Matrixbestandteile werden durch eine Vielzahl von Enzymen bewerkstelligt, deren Aktivität durch Zytokine reguliert wird. Diese Prozesse spielen eine besondere Rolle während der Embryogenese und bei der Wundheilung. Störungen dieser komplexen Vorgänge bilden die Grundlage von Organfibrosen oder Invasion und Metastasierung im Rahmen der Tumorerkrankungen. Knorpel und Knochen stellen spezialisierte Matrices mit Stützfunktion dar. Während über die molekularen Grundlagen des Längenwachstums bisher nur wenig bekannt ist, besitzen wir bereits relativ gute Kenntnisse vom kontinuierlichen Knochenumbau beim Erwachsenen. Auch hier spielen Zytokine wie TGF-β eine dominierende Rolle. Keimbahnmutationen in den Genen für einzelne Kollagene oder Fibrillin bzw. Enzyme des Kollagen- oder Proteoglykanstoffwechsels verursachen die verschiedensten Bindegewebserkrankungen. In der Haut sind Keratine als Cytoskelettbestandteile von besonderer Bedeutung, da Mutationen in Keratingenen die Verbindung mit der Hornschicht beeinträchtigen und dadurch eine Blasenbildung verursachen.

Literatur

Monographien und Lehrbücher

MUNDY GR (1995) Bone remodeling and its disorders. M. Dunitz, London

NODA M (1994) Cellular and molecular biology of bone. Academic, Orlando

Original- und Übersichtsarbeiten

EPSTEIN EH (1992) Molecular genetics of epidermolysis bullosa. Science 256: 799–804

EYRE DR (1991) The collagens of articular cartilage. Sem Arthritis Rheumat 21 [Suppl]: 2–11

FRANCOMANO CA (1995) Key role for a minor collagen. Nat Genet 9: 6–8

FUCHS E ET AL (1994) Cracks in the foundation: Keratin filaments and genetic disease. Trends Cell Biol 4: 321–326

GREEN J (1994) The physicochemical structure of bone: cellular and noncellular elements. Miner Electrolyte Metab 20: 7–15

JACKSON RL et al (1991) Glykosaminoglycans: molecular properties, protein interactions and role in physiological processes. Physiol Rev 71: 481–539

JULIANO RL, HASKILL S (1993) Signal transduction from the extracellular matrix. J Cell Biol 120: 577–585

KADLER K (1994) Extracellular matrix 1: fibril-forming collagens. Protein Profile 1: 519–570

KRESSE H, HAUSSER H, SCHÖNHERR E (1993) Small proteoglycans. Experientia 49: 403–412

LINDE A, GOLDBERG M (1993) Dentinogenesis. Crit Rev Oral Biol Med 4: 679–728

MUNDY GR (1993) Cytokines and growth factors in the regulation of bone remodeling. J Bone Mineral Res 8: S505–S510

MANOLAGAS SC, JILKA RL (1995) Bone marrow cytokines and bone remodeling. New Engl J Med 332: 305–311

PRICE JS et al (1994) The cell biology of bone growth. Eur J Clin Nutr 48: S131–S149

PROCKOP DJ (1992) Mutations in collagen genes as cause of connective tissue diseases. New Engl J Med 326: 540–546

RIES C, PETRIDES PE (1995) Cytokine regulation of matrix metalloproteinase activity and its regulatory dysfunction in disease. Biol Chem Hoppe-Seyler 376: 345–355

ROSENBLOOM J ET AL (1993) Extracellular matrix 4: the elastic fiber. FASEB J 7: 1208–1214

SEIBEL MJ et al (1993) Urinary hydroxy-pyridinium crosslinks of collagen as markers of bone resorption and estrogen efficacy in postmenopausal women. J Bone Mineral Res 8: 881–889

TILSTRA DJ, BEYERS PH (1994) Molecular basis of hereditary disorders of connective tissue. Annu Rev Med 45: 149–163

TIMPL R, BROWN JC (1996) Supramolecular assembly of basement membranes. Bio Essays 18: 123–132

TSIPOURAS P, DEVEREUX RB (1993) Marfan syndrome: genetic basis and clinical manifestations. Sem Dermat 12: 219–228

WRIGHT TN, KINSELLA MG, QWARNSTRÖM EE (1992) The role of proteoglycans in cell adhesion, migration and proliferation. Curr Opin Cell Biol 4: 793–801

Georg Löffler

Endokrine Gewebe I:
Grundlagen der endokrinen
Regulation von Lebensvorgängen

Die zellulären Funktionen höherer Organismen müssen besonders genau reguliert werden, damit die Funktionsfähigkeit des Organismus bei unterschiedlichen Umweltbedingungen erhalten werden kann. Eine entscheidende Rolle hierbei spielt das endokrine System. Es besteht aus endokrinen Drüsen, welche Hormone in die Blutbahn abgeben, die dort ihre Zielzellen finden. Entwicklungsgeschichtlich älter ist das System der Gewebshormone und der Zytokine, die für autokrine und parakrine Signalvermittlungen zuständig sind. Die Identifizierung und Charakterisierung der von Hormonen und Zytokinen benutzten Signaltransduktionswege haben in jüngster Zeit neue Erkenntnisse über die Regulation des Zellstoffwechsels erbracht.

Störungen der Funktion des endokrinen Systems führen zu klinisch gut definierten Krankheitsbildern. In zunehmendem Maße stellen sich darüber hinaus viele scheinbar nicht endokrine Krankheitsbilder als Konsequenzen einer gestörten Regulation durch Zytokine oder Gewebshormone dar, so daß diesem System eine zunehmende klinische Bedeutung zukommt.

Chemische Kommunikation zwischen Zellen ist bei mehrzelligen Organismen ein allgemeines Phänomen. Die hier abgebildete Kugelalge Volvox kann ein als Sexualinduktor bezeichnetes Protein sezernieren, das als Pheromon die sexuelle Differenzierung von Volvox-Kolonien auslöst. (Bild: M. Sumper, Universität Regensburg)

27.1 Definition des Hormonbegriffs

27.1.1 Hormone als Signalvermittler

Hormone erreichen ihre Zielzellen auf unterschiedlichen Wegen

Die Entwicklung vielzelliger, arbeitsteilig organisierter Lebewesen aus dem Zusammenschluß von Einzelzellen ist ein ungeheurer Fortschritt in der Evolution gewesen. Eine seiner wesentlichen Voraussetzungen ist die Entwicklung der Signalübermittlung von Zelle zu Zelle bzw. von Organ zu Organ. In Abb. 27.1 sind die verschiedenen hierfür realisierten Mechanismen zusammengestellt. Die Signale werden auf **humoralem Weg** in Form chemischer Verbindungen, nämlich der Hormone, als Signalvermittler übertragen. Erfolgt die Signalübermittlung durch Diffusion des hormonellen Faktors von der sezernierenden direkt auf eine benachbarte Zelle, so spricht man von **parakriner Sekretion.** Einen Sonderfall stellt die **juxtakrine Sekretion** dar, bei der der hormonelle Faktor in der Plasmamembran der produzierenden Zelle verankert ist und für die Wechselwirkung mit dem entsprechenden Rezeptor (s.S. 770) auf der Zielzelle ein direkter Zell-Zell-Kontakt nötig ist.

Wird dagegen das Hormon einer sezernierenden Zelle in die Blutbahn abgegeben, um seine Funktion an einer weiter entfernten Zelle auszuüben, so handelt es sich um **endokrine Sekretion.** Von parakriner und endokriner Sekretion abzugrenzen ist schließlich die **autokrine Sekretion,** die als *interne* bzw. *externe* autokrine Sekre-

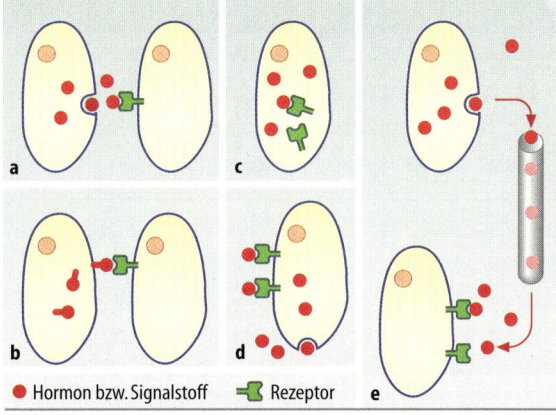

Abb. 27.1 a–e Möglichkeiten der interzellulären Signalübermittlung. **a** Parakrine Sekretion, **b** juxtakrine Sekretion, **c** interne autokrine Sekretion, **d** externe autokrine Sekretion, **e** endokrine Sekretion

● Hormon bzw. Signalstoff   ⊣ Rezeptor

tion vorkommt. Sie beruht darauf, daß von einer sezernierenden Zelle gebildete Signalmoleküle auf diese Zelle selbst rückwirken. Die autokrine Sekretion von Wachstumsfaktoren spielt bei manchen Tumoren eine wichtige Rolle. So konnte beispielsweise gezeigt werden, daß bestimmte Mammacarcinomzellen in großer Menge den insulinähnlichen Wachstumsfaktor I (IGF-I, S. 851) abgeben, der auf die Tumorzellen als Proliferationsfaktor wirkt.

Extrazelluläre hormonelle Signale müssen in intrazelluläre Antworten umgewandelt werden

Grundsätzlich sind Hormone bzw. Zytokine *extrazelluläre Signalmoleküle*. Damit sie die gewünschte intrazelluläre Antwort auslösen können, müssen sie mit einem zellulären *Rezeptor* in Wechselwirkung treten. Derartige Rezeptoren sind immer Proteine, die als intregrale Membranproteine, als zytoplasmatische Proteine oder als Kernproteine vorliegen können. Meist löst der durch die Reaktion von Hormon mit Rezeptor entstandene *Hormon-Rezeptorkomplex* die Bildung eines *intrazellulären Signalmoleküls* aus. Der Mechanismus, mit dem dies geschieht, wird auch als *Signaltransduktion* bezeichnet. Oft erfolgt die Signaltransduktion in einem mehrstufigen Prozess, was auch als *Signalkaskade* bezeichnet wird. Von großer Bedeutung ist auch die Beendigung der zellulären Antwort auf einen hormonellen Stimulus. Meist werden dabei die intrazellulär entstandenen Signalmoleküle inaktiviert. Dieser Vorgang wird auch als *Signallöschung* bezeichnet.

27.1.2 Glanduläre Hormone, Gewebshormone und Zytokine

Eine Reihe von Hormonen wird in endokrinen Drüsen gebildet und dementsprechend als *glanduläre Hormone* bezeichnet. Endokrine Drüsen sind
- die Hypophyse (Vorder- und Hinterlappen)
- die Langerhans'schen Inseln des Pankreas
- die Schilddrüse
- die Nebenschilddrüsen (Epithelkörperchen)
- die Nebennieren (Nebennierenmark und -rinde)
- die männlichen und weiblichen Keimdrüsen
- die Placenta.

Hormone, die von diesen Drüsen an das Blut abgegeben werden, regulieren in den Zellen ihrer Zielorgane Richtung und Geschwindigkeit verschiedenster Stoffwechselwege.

Im Gegensatz zu den glandulären Hormonen werden dagegen die *Gewebshormone* von besonderen, in den verschiedensten Geweben verstreuten, Zellen synthetisiert (Tabelle 27.1). Einige Gewebshormone erreichen ihre Zielzelle ähnlich wie die glandulären Hor-

Tabelle 27.1 Wichtige Gewebshormone (Auswahl)

Gruppe	*Vertreter*	*Besprochen auf Seite*
Amine	Serotonin	988
	Histamin	565
Kinine	Bradykinin	1026
	Kallidin	1026
Eikosanoide	Prostaglandine	442
	Leukotriene	443
Gastrointestinale Hormone	Gastrin	1005
	Sekretin	1007
	Cholecystokinin/Pankreozymin	1007
	Gastroinhibitorisches Peptid	1007
	Motilin	1004
	Neurotensin	1004
	Enteroglucagon	798
	Somatostatin	850

mone über den Blutweg (z. B. gastrointestinale Hormone). Die Zielzellen anderer Gewebshormone befinden sich dagegen in unmittelbarer Nachbarschaft zu den hormonproduzierenden Zellen oder sind mit diesen identisch (parakrine bzw. autokrine Sekretion).

Von besonderer Bedeutung innerhalb der Gewebshormone sind die regulatorischen Peptidfaktoren oder *Zytokine*, von denen heute bereits mehr als 45 bekannt sind (Tabelle 27.2). Sie werden von den verschiedensten Zellen freigesetzt und regulieren meist als parakrine Faktoren Proliferation bzw. Differenzierung und Funktion ihrer Zielzellen.

27.1.3 Einteilung der Hormone und Zytokine

Eine Einteilung der großen Zahl von Hormonen und Zytokinen, die den Stoffwechsel vielzelliger Organismen beeinflussen, kann natürlich nach den verschiedensten Gesichtspunkten, wie z. B. Gemeinsamkeiten des Wirkungsmechanismus oder topographischen Beziehungen der einzelnen endokrinen Drüsen, erfolgen.

Die größte Hilfe für das Verständnis der komplexen Beziehungen der einzelnen Hormone untereinander sowie der hormonellen Regulation des Stoffwechsels der verschiedenen Organe bietet ein System, das Hormone nach funktionellen Aspekten in Gruppen zusammenschließt (Abb. 27.2).

In den ersten beiden Gruppen befinden sich danach diejenigen Hormone, die Wachstums- und Differenzierungsvorgänge beeinflussen.

Es handelt sich einmal um die, entwicklungsgeschichtlich wohl älteren, *Zytokine* der Gruppe I, die als

Tabelle 27.2 Zytokine (Auswahl)

Bezeichnung	Aufbau und Molekulargewicht	Produziert von	Rezeptorfamilie	Wirkung	Besprochen auf Seite
aFGF(acidic fibroblast growth factor)	Monomeres Protein, ~ 16 kD	Mesodermale und neuroektodermale Zellen	Tyrosinkinase-Rezeptor, identisch mit bFGF-Rezeptor	Mitogen für viele Zellarten, Modulator der Zelldifferenzierung	208
bFGF (basic fibroblast growth factor)	Monomeres Protein, ~ 16 kD	Mesodermale und neuroektodermale Zellen, Endothelien	Tyrosinkinase-Rezeptor	Mitogen für viele Zellen, Modulator der Zelldifferenzierung	208
EGF (epidermal growth factor, Urogastron)	Monomeres Protein, 6,4 kD	Hirn, Nieren, Speicheldrüse, Magen; Vorkommen in vielen Körperflüssigkeiten	Tyrosinkinase-Rezeptor, Verwandtschaft mit dem erbB-Protoonkogen	Mitogen für viele Zellarten	208
EPO (Erythropoietin)	Monomeres Glykoprotein, ~ 34–37 kD	Nieren, Hepatocyten	GH, PRL, Zytokin-Rezeptorfamilie	Stimulierung der Erythropoiese	881
G-CSF (Granulocyte colony stimulating factor)	Monomeres Glykoprotein, ~ 19,6 kD	Aktivierte Monocyten und Makrophagen, Fibroblasten, Endothelzellen	GH, PRL, Zytokin-Rezeptorfamilie	Proliferation und Differenzierung von neutrophilen granulozytären Vorläufern	881
GM-CSF (Granulocyte-macrophage colony stimulating factor)	Monomeres Glykoprotein, je nach Glykosylierung ~ 14–35 kD	T-Zellen und Makrophagen	GH, PRL, Zytokin-Rezeptorfamilie	Proliferation und Differenzierung von Stammzellen für Granulocyten, Erythrocyten, Monocyten und Makrophagen	881
IFN (Interferone)	IFN α, β, γ mit vielen Subtypen, z. T. glykosyliert	α: Monocyten, Makrophagen; β: Fibroblasten; γ: T-Zellen	GH, PRL-Zytokin-Rezeptorfamilie	Antivirale und antiproliferative Wirkung, immunmodulierende Wirkung	304
IL (Interleukine; IL 1 bis IL 15)	Proteine unterschiedlichen Aufbaus	Verschiedene Klassen von Leukocyten	GH, PRL-Zytokin-Rezeptorfamilie	Mitogene und differenzierende Wirkung auf Lymphocyten, Makrophagen und andere Zellen	884, 918
IGF (insulin like growth factor, IGF-I und IGF-II)	Monomere Proteine ~ 7 kD	Leber, Fibroblasten, viele Zellen	Tyrosinkinase-Rezeptorfamilie	Mitogene und Differenzierungswirkung für viele Zellen	851
PDGF (Platelet derived growth factor)	Dimeres Protein aus verwandten Peptidketten: AA, AB, BB, verwandt mit dem sis-Protoonkogen	Megakaryocyten, Makrophagen, Endothelzellen, Gliazellen	Tyrosinkinase-Rezeptorfamilie; entspricht c erbB-Genprodukt bzw. EGF-Rezeptor	Mitogene Wirkung für mesenchymale Zellen, chemotaktische Wirkung	208
TGF α (transforming growth factor α)	Monomeres Protein ~ 6 kD	Hepatocyten, Thrombocyten, Makrophagen	Tyrosinkinase-rezeptorfamilie, entspricht c erbB-Genprodukt bzw. EGF-Rezeptor	wie EGF	748, 848

Tabelle 27.2 (Fortsetzung)

Bezeichnung	Aufbau und Molekulargewicht	Produziert von	Rezeptorfamilie	Wirkung	Besprochen auf Seite
TGF β (transforming growth factor β)	Homodimeres Protein, ~ 28–30 kD, viele Isoformen	Megakaryocyten, Makrophagen, Lymphocyten, Chondrocyten	Eigene Familie	Wachstumsinhibitor für viele Zellen, chemotaktische Wirkung	209, 747, 1092
TNF α (tumor necrosis factor α)	Monomeres Protein ~ 17 kD	Makrophagen, T-Zellen, Fibroblasten, glatte Muskelzellen	GH, PRL, Zytokin-Rezeptorfamilie	Cytolyse von Tumorzellen in vitro; chemotaktische Wirkung; Wachstums-Endothelzellen; Mitogen für Fibroblasten	723, 884, 1112
TNF β (tumor necrosis factor β)	Monomeres Glykoprotein ~ 117 kD	T-Lymphocyten, Leukocyten	Wie TNF	Wie TNF	1074

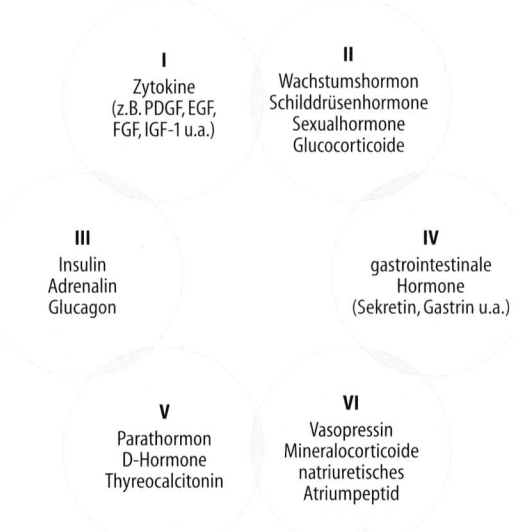

Abb. 27.2 Einteilung der Hormone nach funktionellen Zusammenhängen. (Einzelheiten s. Text)

Gewebshormone Differenzierung oder Wachstum der unterschiedlichsten Zellen beeinflussen.

In der zweiten Gruppe befinden sich eine Reihe glandulärer Hormone, die ebenfalls Wachstum und Differenzierung steuern. Neben dem *Wachstumshormon* gehören hierzu die Hormone der *Schilddrüse*, die männlichen und weiblichen *Sexualhormone* sowie die in der Nebennierenrinde gebildeten *Glucocorticoide*. Auffallend ist, daß die Aktivität dieser endokrinen Drüsen durch hypophysäre und hypothalamische Hormone reguliert wird.

In der dritten Gruppe befinden sich die Hormone, deren Wirkungseintritt sehr rasch, d. h. innerhalb weniger Minuten erfolgt und die aus diesem Grund für die schnelle Umstellungen des Stoffwechsels zu sorgen haben. Zu ihnen gehören v. a. das *Insulin*, sowie seine Gegenspieler *Glucagon* und die *Katecholamine*.

In einem vierten Funktionskreis finden sich diejenigen Hormone, die *Verdauung* und *Resorption* von Nahrungsstoffen überwachen und wahrscheinlich auch die für Hunger- bzw. Sattheitsgefühl verantwortlichen hypothalamischen Zentren regulieren.

Der fünfte endokrine Funktionskreis umfaßt Hormone, die in den Stoffwechsel von Calcium und Phosphat eingreifen. Es handelt sich um das *Parathormon* der Nebenschilddrüse, das *Thyreocalcitonin* der C-Zellen der Schilddrüse sowie die biologisch aktiven Formen des *Vitamin D* (D-Hormone).

In der sechsten Gruppe finden sich die Hormone, die den Stoffwechsel von Wasser und Elektrolyten regulieren. Hierzu gehören das *Vasopressin* aus dem Hypophysenhinterlappen, das *Angiotensin*, die *Mineralocorticoide* der Nebennierenrinde und das *natriuretische Atriumpeptid*.

Die noch verbleibenden Gewebshormone können nur schwer unter einem einheitlichen System zusammengefaßt werden. Viele von ihnen beeinflussen die Aktivität der glatten Muskulatur und sind auf diese Weise für das Kreislaufsystem verantwortlich, beteiligen sich darüber hinaus aber auch an Entzündungsvorgängen. Andere sind wichtige Wachstums- und Differenzierungsfaktoren und spielen z. B. eine wichtige Rolle bei der Wundheilung.

Selbstverständlich bestehen enge Beziehungen zwischen den einzelnen hormonellen Funktionskreisen. So können beispielsweise die insulinantagonistischen Hormone Glucagon bzw. Adrenalin nur dann an Hepatocyten wirken, wenn Glucocorticoide in ausreichenden Mengen vorhanden sind.

27.2 Stoffwechsel der Hormone

27.2.1 Biosynthese und Sekretion von Hormonen

Hormone gehören chemisch zu den unterschiedlichsten Verbindungen. Sie können
- Derivate von Aminosäuren,
- Abkömmlinge des Cholesterins oder mehrfach ungesättigter Fettsäuren oder
- Peptide und Proteine sein.

Dementsprechend unterschiedlich sind natürlich auch die Mechanismen ihrer Biosynthese. Besonders die Peptid- und Proteohormone (z.B. Insulin, Glucagon, Parathormon (PTH), ACTH) werden wie andere sekretorische Proteine in Form höhermolekularer Vorstufen synthetisiert und zum Teil so gespeichert. Gelegentlich tragen derartige Präkursoren sogar mehrere unterschiedliche Hormone, die durch entsprechende proteolytische Spaltung freigesetzt werden (z.B. Proopiomelanocortin, S. 990, Präpro-Glucagon, S. 798).

Eine große Zahl von Hormonen wird in den endokrinen Zellen gespeichert. Bei vielen Peptid- und Proteohormonen, aber auch bei Aminosäurederivaten wie den Catecholaminen erfolgt diese Speicherung in Form *intrazellulärer Sekretvesikel*. Einen besonderen Fall stellen die Schilddrüsenhormone dar, die als *Kolloid* extrazellulär in großen Mengen in der Schilddrüse gespeichert werden. Andere Hormone, z.B. Steroidhormone oder das PTH werden nur in geringem Umfang gespeichert.

Die Sekretion von in Vesikeln gespeicherten Hormonen erfolgt entsprechend den zellbiologischen Vorgängen beim *regulierten vesikulären Transport* (s. S. 183). Ein wichtiger Auslöser ist meist die Erhöhung der cytosolischen Calciumkonzentration. Bei einer Reihe von endokrinen Zellen ist experimentell nachgewiesen worden, daß ein intaktes *mikrotubuläres System* für den Transport der sekretorischen Vesikel vom Golgi-Apparat zur Plasmamembran notwendig ist. Dieser Transport ist ATP-abhängig und man nimmt an, daß *Kinesin* (s. S. 197) den für den Transport notwendigen Motor darstellt.

Auf welche Weise allerdings die eine Hormonsekretion auslösenden Reize in diese zellbiologisch zum großen Teil noch wenig aufgeklärten Vorgänge eingreifen, ist noch unbekannt. Mit wenigen Ausnahmen führen derartige Stimuli zu einer Erhöhung der cytosolischen freien Calciumkonzentration, entweder durch Erhöhung der Calciumpermeabilität der Plasmamembran der sezernierenden Zelle oder durch Mobilisierung intrazellulärer Calciumspeicher (S. 695).

27.2.2 Transport von Hormonen im Blut

Die glandulären Hormone gelangen über den Blutkreislauf an ihren Wirkungsort. Im allgemeinen sind die Plasmakonzentrationen von Hormonen äußerst gering. Für Peptid- und Proteohormone liegen sie bei etwa $10^{-12} - 10^{-10}$ mol/l, für Schilddrüsen und Steroidhormone zwischen 10^{-9} und 10^{-6} mol/l.

Die vom Cholesterin abgeleiteten Steroidhormone sowie die Hormone der Schilddrüse sind besonders hydrophob. Aus diesem Grund können sie nur in Bindung an spezifische Transportproteine im Serum transportiert werden. Da die Assoziation eines Hormons an sein Transportprotein nach dem Massenwirkungsgesetz erfolgt, liegt immer nur eine meist sehr kleine Fraktion des betreffenden Hormons in freier und damit biologisch aktiver Form vor. Es ist daher klar, daß nicht nur die Konzentration des Hormons sondern auch die seines Bindungsproteins von Bedeutung für die biologische Aktivität ist.

27.2.3 Abbau und Ausscheidung von Hormonen

Besonders unter pathologischen Bedingungen kann die Geschwindigkeit des Abbaus und der Ausscheidung von Hormonen für ihre Plasmakonzentration und damit für ihre biologische Aktivität wichtig werden. Peptid- und Proteohormone werden im allgemeinen durch Proteolyse abgebaut, die hierfür wichtigen Organe sind vor allem die Leber, daneben aber auch die Nieren.

Für den Abbau und die Ausscheidung von Steroid- bzw. Schilddrüsenhormonen oder Catecholaminen sind andere Mechanismen notwendig. Das wichtigste Organ hierfür ist die Leber. Die Metabolisierungsreaktionen für die genannten Hormone finden nach den Mechanismen der Phase I und II des Biotransformationssystems (S. 1029) statt. Bei Funktionsstörungen des Leberzellparenchyms sind naturgemäß auch diese Reaktionen betroffen, so daß es dann zu entsprechenden Störungen im Stoffwechsel der genannten Hormone kommt.

27.3 Methoden zur Hormonbestimmung

27.3.1 Biologische Nachweisverfahren

Grundlage der biologischen Nachweisverfahren für Hormone ist deren biologische Aktivität am intakten Tier, in isolierten Gewebepräparationen oder an isolierten Zellen. Dieser Nachweis ist der für die biologische Funktion eines Hormons wichtigste Test, da in ihm inaktive Vorstufen oder Abbauprodukte des Hormons nicht wirksam sind. Vor allem zur Aufdeckung neuer hormonell aktiver Verbindungen sind biologische Nachweisverfahren oft unerläßlich, da bis zur endgültigen Strukturaufklärung des Hormons andere Methoden (s. u.) nicht anwendbar sind.

Ein Nachteil biologischer Testverfahren liegt in der Komplexität und Störanfälligkeit des Bestimmungsansatzes. Es ist außerordentlich schwierig, die für derartige Tests benötigten Gewebe oder Zellpräparationen in gut reproduzierbarer Form herzustellen, darüber hinaus werden von den verschiedensten Hormonen ähnliche zelluläre Antworten ausgelöst, so daß gelegentlich auch die Spezifität derartiger Teste nicht sehr groß ist.

27.3.2 Chemische Nachweisverfahren

Zur chemischen Bestimmung der Hormone bedient man sich der klassischen Methoden der Extraktion mit verschiedenen Lösungsmitteln, der Isolierung durch Elektrophorese oder Chromatographie und schließlich kolorimetrischer oder fluorimetrischer Methoden. Der Aufwand dieser Verfahren ist meist groß und ihre Spezifität gering, da in der Regel nur Gruppenreaktionen möglich sind. Gut brauchbar sind chemische Methoden für die Bestimmung der **Catecholamine** und der **Steroide**, häufig in Kombination mit hochauflösenden chromatographischen Verfahren (s. Hochleistungsflüssigkeitschromatographie (S. 44). Bei Proteohormonen sind chemische Verfahren nicht anwendbar.

27.3.3 Immunologische Nachweisverfahren

Die Entdeckung des Prinzips der immunologischen Hormonbestimmungen durch Solomon Berson und Rosalyn Yalow Anfang der 60 er Jahre hat die Endokrinologie in ihrer heutigen Form erst möglich gemacht, da nur diese Verfahren die notwendige Spezifität und Empfindlichkeit für Hormonbestimmungen in Körperflüssigkeiten liefern. Die Methode beruht auf der Reaktion des zu bestimmenden Hormons mit spezifischen Antikörpern, die inzwischen gegen jedes bekannte Hormon in ausreichender Spezifität und Menge gewonnen werden können. Der Vorteil der immunologischen Hormonbestimmungen liegt in der Einfachheit ihrer Durchführung und in der hohen Empfindlichkeit des Nachweises. Ihr Nachteil ist, daß auch Hormonvorstufen oder Abbauprodukte vom Antikörper gebunden werden, wenn sie nur die für die Antikörperbindung notwendige Peptidsequenz enthalten. Daher ist es manchmal zur Lösung bestimmter Fragestellungen notwendig, neben der immunologischen Bestimmung auch die biologische Aktivität des Hormons zu messen.

Die ältere Variante der immunologischen Nachweisverfahren sind die kompetitiven Verfahren, empfindlicher sind im allgemeinen die immunometrischen Bestimmungen.

Kompetitive Verfahren. Die kompetitiven immunologischen Hormonbestimmungsverfahren beruhen auf der Kompetition einer konstanten Menge markierten

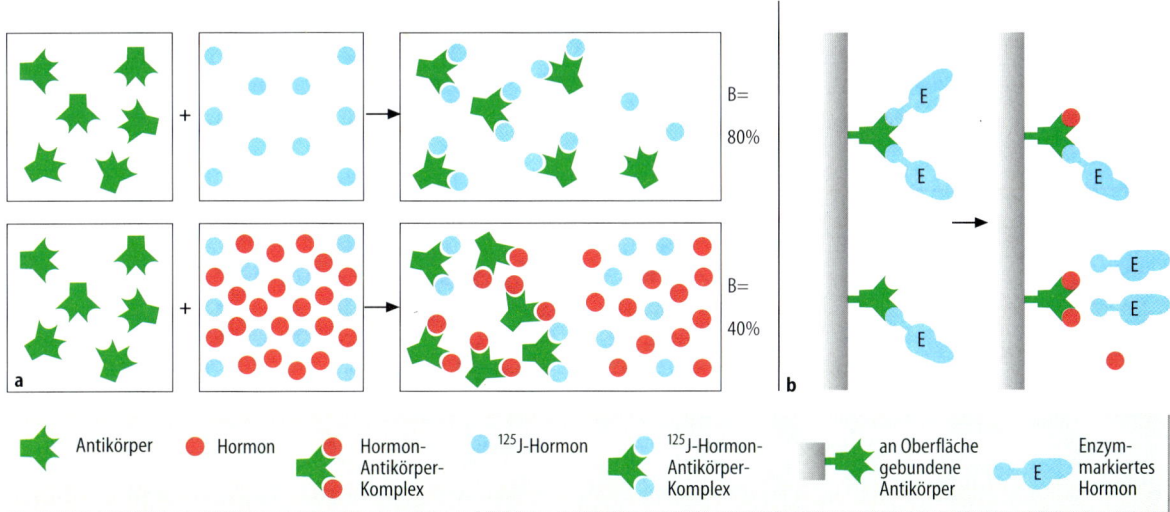

★ Antikörper	● Hormon	Hormon-Antikörper-Komplex	^{125}J-Hormon	^{125}J-Hormon-Antikörper-Komplex	an Oberfläche gebundene Antikörper	E Enzym-markiertes Hormon

Abb. 27.3 a, b Prinzip der immunologischen Hormonbestimmung durch Kompetition um Bindungsstellen auf Antikörpern. **a** Die Antigen-Antikörper-Reaktion erfolgt in Lösung. Nach Abschluß der Reaktion muß eine Trennung von freiem und an Antikörper gebundenem, markiertem Hormon erfolgen. **b** Der Antikörper ist an eine inerte Oberfläche gebunden, weswegen ein Trennungsschritt entfällt. Im dargestellten Fall ist die an den Antikörper gebundene Enzymaktivität das Meßsignal, da ein mit einem Enzym markiertes Hormon verwendet wird. Mit dieser Technik können natürlich nicht nur Hormonkonzentrationen bestimmt werden, sondern auch Konzentrationen beliebiger Verbindungen, gegen die spezifische Antikörper hergestellt werden

Hormons mit unterschiedlichen Mengen nicht markierten Hormons aus der Probe um eine limitierte Zahl von Bindungsstellen auf einer konstanten Menge eines spezifischen Antikörpers. Wie aus Abb. 27.3 zu entnehmen ist, bestimmt also die Menge an **nicht markiertem Hormon** den Anteil des markierten Hormons, der an den Antikörper bindet. Die Markierung kann

- durch Einführung eines radioaktiven Atoms (radioimmunologische Bestimmung, RIA) oder
- durch covalente Kopplung an ein geeignetes Enzym, z. B. Peroxidase (enzymimmunologische Bestimmung, EIA) erfolgen.

Die Hormonbestimmungen dieser Art unterscheiden sich hinsichtlich der Trennung des gebundenen vom freien Hormon. Elektrophoretische Trennungen, Aussalzungen, Fällungen mit einem gegen den Hormon-Antikörper-Komplex gerichteten zweiten Antikörper und Adsorption des freien Hormons an Aktivkohle oder Ionenaustauscher werden verwendet. Die Menge an markiertem – gebundenem oder auch freiem – Hormon kann mit geeigneten Geräten (im Fall des radioimmunologischen Tests durch Radioaktivitätsmessung, im Fall des enzymimmunologischen Tests durch Enzymaktivitätsbestimmung) gemessen und der Hormongehalt der Probe anhand einer Eichkurve aus bekannten Mengen nicht markierten Hormons bestimmt werden.

Immunometrische Bestimmungen. Bei den immunometrischen Nachweisverfahren handelt es sich ausschließlich um **Festphasen-Methoden,** bei denen ein Trennschritt entfällt. Außerdem wird hauptsächlich mit markierten Antikörpern gearbeitet. Wie der Abb. 27.4 zu entnehmen ist, werden bei den gängigen immunometrischen Nachweisverfahren (**IRMA** immunoradiometrischer Assay; **IEMA** immunoenzymatischer Assay) die Antikörper an eine Festphase, im allgemeinen die Wand des Reagenzröhrchens gebunden.

Der im Überschuß vorliegende Festphasenantikörper reagiert danach mit dem in der Probe vorhandenen Antigen, wobei das Antigen an den Antikörper gebunden wird. Durch einen markierten (radioaktiv oder mit einem Enzym) Antikörper gegen weitere antigene Determinanten auf dem Antigen erfolgt nun das eigentliche Nachweisverfahren. Bestimmungsgröße sind je nach Markierungsart die verbleibenden freien markierten bzw. die an die Röhrchenwand gebundenen markierten Antikörper.

In einer Variante des immunometrischen Testverfahrens kann natürlich auch der Antikörpergehalt einer Gewebeprobe oder in einer Körperflüssigkeit durch Reaktion mit an einer Festphase immobilisiertem Antigen und Nachweis mit einem zweiten Antikörper erfolgen.

27.4 Hormonrezeptoren und ihre kinetischen Eigenschaften

Unabhängig vom Wirkungsort und vom Wirkungsspektrum muß man für alle Hormone annehmen, daß sie primär mit einem **Rezeptor**(-Protein) reagieren und daß der dabei entstehende Hormon-Rezeptor-Komplex die Signale erzeugt, die für das Hormon spezifisch sind:

$$\text{Hormon} + \text{Rezeptor} \longrightarrow \left(\begin{array}{c}\text{Hormon-}\\\text{Rezeptor-}\\\text{Komplex}\end{array}\right) \longrightarrow \begin{array}{c}\text{Intra-}\\\text{zelluläre}\\\text{Signale}\end{array}$$

Für die Richtigkeit dieser Vorstellung ergaben vor allem genaue kinetische Untersuchungen der Bindung von Hormonen an ihre Zielzellen viele Indizien. Diese Bindungskinetik hat Analogien zur Bindung eines Substrats an das aktive Zentrum eines Enzyms (S. 96):

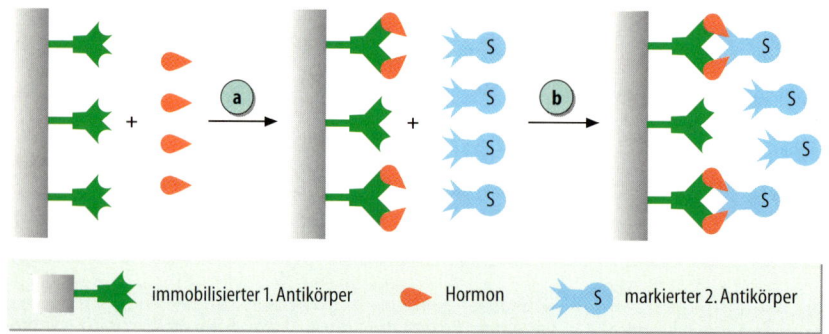

immobilisierter 1. Antikörper   Hormon   S markierter 2. Antikörper

Abb. 27.4 a, b Prinzip des immunometrischen Nachweisverfahrens. Bei der hier allgemein verwendeten Festphasentechnik ist das Antikörpermolekül an die Oberfläche des Reagenzgefäßes gebunden. Er liegt im Überschuß vor und reagiert mit dem in der Probe vorhandenen Antigen (**a**). Die Nachweisreaktion besteht darin, an weitere antigene Determinanten einen löslichen, markierten Antikörper zu binden (**b**)

Hormon + Rezeptor $\overset{k_{+1}}{\underset{k_{-1}}{\rightleftharpoons}}$ Hormon-Rezeptor-Komplex

$$[H]+[R] \overset{k_{+1}}{\underset{k_{-1}}{\rightleftharpoons}} [HR]$$

Dissoziationskonstante $K_d = k_{-1}/k_{+1-}$

Definiert man als Y den Anteil der Gesamtrezeptormenge R_o, der Hormon gebunden hat (HR), dann läßt sich durch Umformen folgende Gleichung ermitteln, die das für die Hormonbindung geltende Äquivalent der Michaelis-Menten-Gleichung ist:

$$\frac{[HR]}{[R_0]} = Y = \frac{[H]}{K_d + [H]}$$

Diese Gleichung kann nach einem von Scatchard angegebenen Verfahren folgendermaßen umgeformt werden:

$$\frac{[HR]}{[H]} = \frac{1}{K_d}[HR] + \frac{[R_0]}{K_d}$$

Trägt man also den Ausdruck [HR]/[H], der dem Verhältnis von gebundenem zu freiem Hormon (B/F) entspricht, gegen die Gesamtmenge an gebundenem Hormon (B bzw. [HR]) auf, dann erhält man eine Gerade, deren Steigung $-1/K_d$, deren Ordinatenschnittpunkt $[R_o]/K_d$ und deren Abszissenschnittpunkt $[R_o]$ beträgt. Abbildung 27.5 stellt einen derartigen Scatchard-Plot für die Bindung von Wachstumshormon an Rezeptoren auf Lymphocyten dar. Aus R_o kann die durchschnittliche Zahl der Rezeptormoleküle/Zelle leicht errechnet werden, wenn die für den Bindungsversuch verwendete Zellzahl bekannt ist:

$$\text{Rezeptorzahl} = \frac{[R_0]\,6{,}022 \times 10^{23}}{\text{Zellzahl/l}}$$

$6{,}022 \times 10^{23}$ ist die Avogadro-Zahl und gibt die Zahl der Moleküle/mol wieder).

Für das in Abb. 27.5 dargestellte Beispiel ergibt sich eine Dissoziationskonstante K_d von $1{,}7 \times 10^{-10}$ M und eine Rezeptorenzahl von etwa 4000/Zelle. Derartige Werte werden für viele Proteo- und Peptidhormone erhalten. Leider sind Scatchard-Plots häufig kurvilinear, was i.allg. als Folge unterschiedlich affiner Rezeptorpopulationen gedeutet wird.

Dank der Fortschritte der Molekularbiologie ist es inzwischen gelungen, eine große Zahl von Hormonrezeptoren zu identifizieren, aus ihrer cDNA ihre Aminosäuresequenz abzuleiten und mit Hilfe proteinchemischer Methoden Anhaltspunkte über ihre Raumstruktur zu erhalten. Dabei hat es sich gezeigt, daß Hormonrezeptoren in *Großfamilien* eingeteilt werden können. Die Mitglieder jeder Großfamilie weisen Ähn-

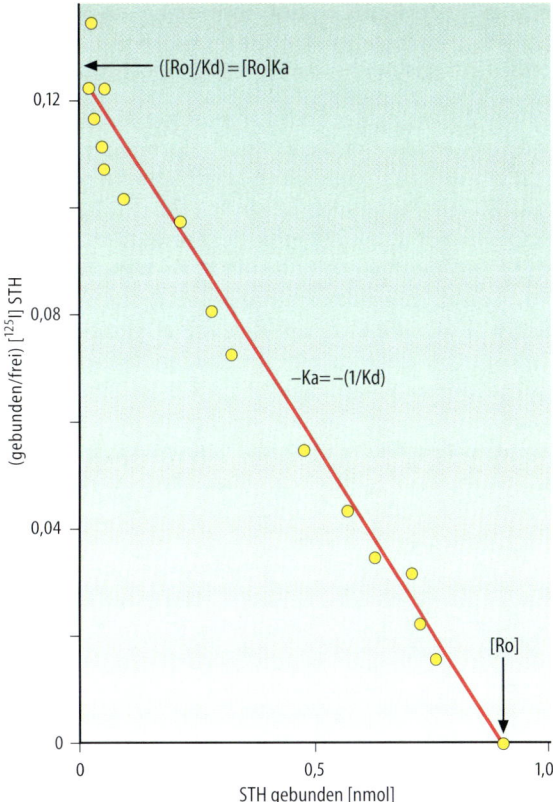

Abb. 27.5 Konzentrationsabhängigkeit der Bindung von Wachstumshormon (STH) an einen Membranrezeptor. Menschliche Lymphocyten wurden mit ^{125}J-STH und variablen Mengen nicht markiertem STH 90 Minuten inkubiert. Danach wurde die Menge der gebundenen Radioaktivität bestimmt. Trägt man das Verhältnis von gebundener zu freier Radioaktivität gegen die Menge gebundenen STH's auf (Scatchard-Plot), so ergibt sich eine Gerade, die die Bestimmung von K_d und R_o erlaubt. *Ka* Assoziationskonstante. (Einzelheiten s. Text)

lichkeiten in bezug auf die Struktur des Rezeptorproteins sowie den durch die Bindung des Liganden an den Rezeptor ausgelösten Signaltransduktionsmechanismus auf. Im folgenden werden die wichtigsten Familien von Rezeptorproteinen besprochen.

27.5 Intrazelluläre Hormonrezeptoren

Eine Reihe von Hormonen, so u.a. die Steroid- oder Schilddrüsenhormone (S. 819, 827 ff.), wirken durch Änderung der Transkription spezifischer Gene. Dies führt zu einer gesteigerten oder gehemmten Biosynthese eines spezifischen Proteins, meist eines Enzyms oder einer Gruppe spezifischer Proteine (Enzyme). Der erste Schritt in der Wirkung dieser Hormone ist die Aufnahme in die Zelle und die dortige Bindung an spezifische Rezeptorproteine, welche cytoplasmatisch oder nucleär lokalisiert sein können.

Die Bindung des Hormons an intrazelluläre Rezeptoren aktiviert diese zu Transkriptionsfaktoren

Die die Änderung der Transkription spezifischer Gene beeinflussenden intrazellulären Hormonrezeptoren gehören in die Gruppe der regulierbaren Transkriptionsfaktoren. Sie werden wegen der Ähnlichkeit ihres Aufbaus auch als Großfamilie der Steroidhormon-Rezeptoren bezeichnet und sind in Kapitel 10 besprochen.

Sie zeigen untereinander eine große Ähnlichkeit, was für ihre Herkunft von einem gemeinsamen Gen spricht. Neben einer Hormonbindungsdomäne, welche immer C-terminal lokalisiert ist, findet sich eine DNA-Bindungsdomäne, welche bestimmte Strukturelemente aufweist. Es ist von besonderem Interesse, daß einige transformierende Onkogene (S. 1091) strukturelle Verwandtschaften mit derartigen DNA-Bindungsproteinen aufweisen.

Die heutigen Vorstellungen über die Aktivierung derartiger intrazellulärer Hormonrezeptoren durch ihre jeweiligen Liganden werden in Kapitel 10 besprochen. In ihrer inaktiven Form liegen solche DNA-Bindungsproteine entweder im Cytosol (z. B. Cortisolrezeptor) oder bereits im Kern (z. B. Trijodtyroninrezeptor) meist in Bindung an andere Proteine vor, die ihre DNA-Bindungsdomäne (s. u.) blockieren. Für den Cortisolreceptor ist hierfür u. a. das *Hitzeschockprotein* (S. 280) *Hsp90* sowie weitere Proteine identifiziert worden. Die Bindung des Hormons an den Rezeptor führt zur Dissoziation der Hitzeschockproteine und anschließend zur Bildung von homodimeren Formen der jeweiligen Hormonrezeptoren (Abb. 27.6) (über die heterodimeren Hormonrezeptorkomplexe im Fall der Schilddrüsenhormone s. S. 824).

Ligandenaktivierte intracelluläre Hormonrezeptoren binden an spezifische DNA-Sequenzen

Der homo- bzw. heterodimere Hormonrezeptorkomplex ist ein Transaktivator für spezifische Enhancer-Regionen der entsprechenden regulierten Gene.

Diese Enhancer (bzw. Silencer)-Sequenzen haben meist eine palindromische Struktur, was ihre Wechselwirkung mit dem dimeren Rezeptor erleichtert (Abb. 27.7). Inzwischen gibt es gute Vorstellungen über die Raumstruktur der DNA-Bindungsdomäne derartiger Hormonrezeptoren. Sie enthalten häufig Zinkfingermotive (S. 256).

27.6 Membranassoziierte Hormonrezeptoren

Viele Hormone zeichnen sich dadurch aus, daß bis zu ihrem Wirkungseintritt nur Sekunden bis Minuten vergehen. Damit ist es wenig wahrscheinlich, daß sie über eine Änderung der Proteinbiosynthese wirken. Viele, allerdings nicht alle Hormone dieser Gruppe sind Peptidhormone mit Molekulargewichten zwischen 1000–30000. Allein aufgrund dieser Tatsache wurde

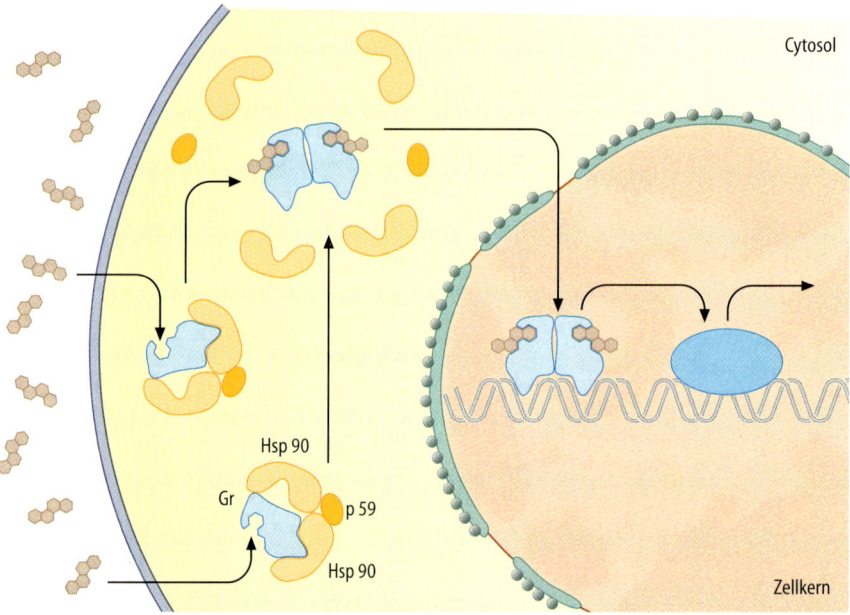

Abb. 27.6 Aktivierung intrazellulärer Hormonrezeptoren durch Liganden. Die Abbildung zeigt den bei Glucocorticoiden aufgedeckten Mechanismus. Glucocorticoide diffundieren durch die Zellmembran und binden an den durch den Glucocorticoidrezeptor *(GR)* und die Hitzeschockproteine *Hsp 90* und *p 59* gebildeten Komplex. Dies führt zur Abdissoziation der gebundenen Hitzeschockproteine sowie zur Dimerisierung des hormonbeladenen Rezeptors. Dieser wird in den Zellkern transportiert und wirkt dort je nach Gen als Transaktivator oder Repressor

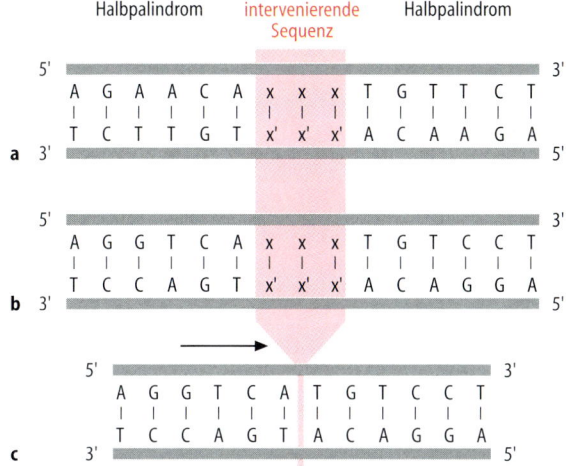

Abb. 27.7 a–c Enhancer-Sequenzen auf der DNA, die dimere, aktivierte Hormonrezeptorkomplexe erkennen. Die beiden Hälften der palindromischen Sequenzen sind identisch, wenn jeder Strang in Richtung 5'-3' gelesen wird. Gelegentlich befinden sich intervenierende Sequenzen zwischen den beiden Halbpalindromen. Die Unterschiede der Basensequenzen der einzelnen Enhancer können sehr geringfügig sein. So unterscheidet sich der Glucocorticoid- vom Östrogenrezeptor nur durch zwei Basenpaare. Der Östrogen- und der T3-Rezeptor sind identisch und unterscheiden sich nur durch die intervenierende Basensequenz. a Glucocorticoidrezeptor; b Östrogenrezeptor; c T3-Rezeptor

schon früh angenommen, daß sie von ihren Zielzellen nicht aufgenommen werden, sondern ihre Wirkung durch Bindung an einen in der **Plasmamembran** gelegenen Rezeptor entfalten und daß dieses Ereignis die Bildung intracellulärer Botenstoffe veranlaßt. Diese werden auch als second messenger und dementsprechend das Hormon als first messenger bezeichnet. Spätere Untersuchungen haben gezeigt, daß membranassoziierte Rezeptoren für Hormone auch in intracellulären Membranen vorkommen können.

27.6.1 Liganden-regulierte Ionenkanäle

Einige wichtige **Hormon-** oder allgemeiner **Liganden-gesteuerte Ionenkanäle** sind in Tabelle 27.3 zusammen-

gestellt. Viele von ihnen werden durch extrazelluläre Liganden aktiviert. Zu ihnen gehören z.B. die Neurotransmitter

- γ-Aminobutyrat,
- Acetylcholin,
- Glutamat oder
- Serotonin.

Intrazellulär aktivierte Ionenkanäle spielen eine wichtige Rolle bei der Photorezeption, der Geruchserkennung, aber auch allgemeiner bei der Regulation der intracellulären Calciumkonzentration z.B. durch Inositolphosphate, Calcium oder cyclo ADP-Ribose. Liganden-regulierte Ionenkanäle vermitteln die schnellsten bekannten zellulären Reaktionen auf Hormone oder Transmitter, da die Bindung des Liganden unmittelbar mit der spezifischen Antwort, nämlich dem Öffnen oder Schließen eines Ionenkanals verknüpft ist. Anders als bei den anderen Rezeptortypen (s. unten) ist die Erzeugung eines intrazellulären Boten (second messenger) für die Signaltransduktion nicht notwendig.

Die durch extrazelluläre Liganden aktivierten Ionenkanäle haben eine gemeinsame Grundstruktur. Sie sind jeweils aus fünf Proteinuntereinheiten zusammengesetzt. So hat z.B. der nicotinische Acetylcholinrezeptor die Struktur $\alpha_2\beta\gamma\delta$. Jede der Untereinheiten besteht aus einem integralen Membranprotein mit vier Transmembrandomänen. Der N- sowie der C-Terminus liegen extrazellulär, darüber hinaus findet sich eine relativ große cytoplasmatische Schleife (Abb. 33.15, 33.16).

Die durch intracelluläre Liganden regulierten Ionenkanäle sind weniger gut charakterisiert. Aus einer Reihe von Untersuchungen geht jedoch hervor, daß sie häufig aus Untereinheiten mit sechs Transmembrandomänen bestehen.

27.6.2 Prinzip der hormonellen Signaltransduktion

Die meisten der in die Plasmamembran integrierten Hormonrezeptoren lösen eine Reihe unterschiedlicher intracellulärer Antworten aus.

Tabelle 27.3 Liganden-regulierte Ionenkanäle (Auswahl)

Rezeptor (Kanal)	Ligand	Ionenselektivität	Besprochen auf Seite
Extrazellulär aktivierte Ionenkanäle			
Nikotinischer Acetylcholinrezeptor	Acetylcholin	Na^+, K^+, Ca^+	985
GABA-Rezeptor	GABA	Cl^-, HCO_3^{-0}	987
Glycinrezeptor	Glycin	Cl^-, HCO_3^-	987
Intrazellulär aktivierte Ionenkanäle			
InsP$_3$-abhängiger Calciumkanal	Inositol-trisphosphat	Ca^{2+}	777
Ryanodinrezeptor	cyclo ADP-Ribose	Ca^{2+}	322, 957
Na^+-Kanal der Stäbchen	cyclo GMP	Na^+	653

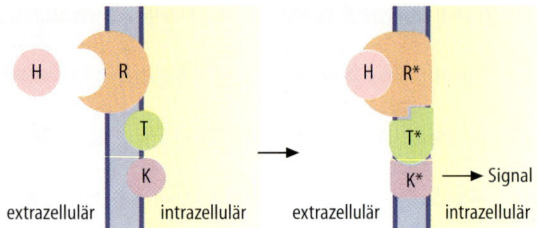

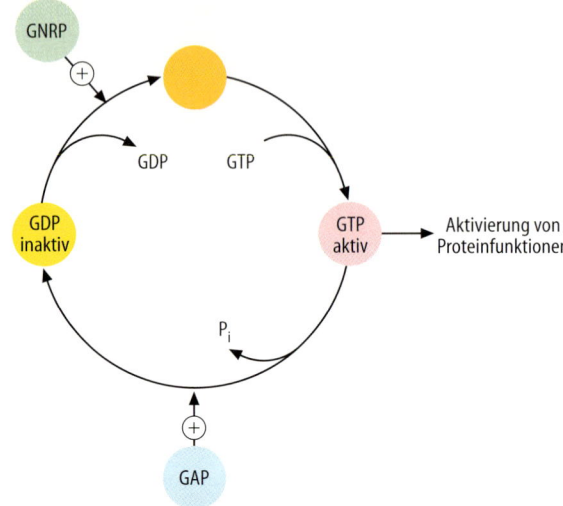

Abb. 27.8 Prinzip der für die hormonelle Signaltransduktion erforderlichen Schritte. Ein Hormon (*H*) muß an einen Rezeptor (*R*) gebunden werden. Die sich dabei ergebende Konformationsänderung wird über einen Signaltransduktor (*T*) an eine katalytische Einheit (*K*) weitergeleitet, die für die Synthese eines intrazellulären Botenstoffes sorgt. Durch das Hormon aktivierte Bestandteile des Signaltransduktionssystems sind mit * hervorgehoben

- Sie mobilisieren intrazelluläre Calciumspeicher,
- sie führen durch covalente Modifikation zur Aktivierung von Enzymen,
- sie greifen in die Genexpression ein.

Das generelle Problem bei diesen Vorgängen besteht darin, die extrazelluläre Bindung des Liganden an den Hormonrezeptor in ein intracelluläres Signal umzusetzen (Abb. 27.8). Intrazelluläre Signale können dabei kleine Signalmoleküle wie cAMP (S. 154) oder aber meist durch Phosphorylierung regulierte Enzyme sein. Für diesen auch als **Signaltransduktion** bezeichneten Vorgang stehen eine Reihe von Mechanismen zur Verfügung, bei denen eine Familie von Guaninnucleotid-bindenden Proteinen, die sogenannten **G-Proteine,** eine wichtige Rolle spielt.

G-Proteine dienen als molekulare Schalter bei der hormonellen Signaltransduktion

Häufig sind an der hormonellen Signaltransduktion **G-Proteine** beteiligt. Eine nähere Analyse ihrer Eigenschaften hat zu der Erkenntnis geführt, daß diese für eine große Zahl hormoneller und nicht hormoneller Signaltransduktions-Mechanismen als molekulare Schalter dienen. Wie aus Abb. 27.9 hervorgeht, kommen G-Proteine in zwei unterschiedlichen Zuständen vor, die sich nur durch das jeweils gebundene Guaninnucleotid unterscheiden. In aktiver Form sind sie mit **GTP** beladen und imstande, eine Reihe unterschiedlicher Proteine zu aktivieren (s. u.). Für die Überführung der aktiven in die inaktive Form des G-Proteins ist eine **GTPase-Aktivität** notwendig, die meist eine Eigenschaft des G-Proteins selbst ist, häufig aber einen aktivierenden Hilfsfaktor, ein sogenanntes *GTPase-aktivierendes Protein (GAP)*, benötigt. Soll das inaktive, **GDP**-beladene G-Protein wieder in die aktive Form überführt werden, so ist zunächst die Abdissoziation des GDP notwendig. Hierfür werden Proteinfaktoren unterschiedlichster Art benötigt, die allgemein als *Guaninnucleotid-releasing-Proteine (GNRP)* bezeichnet

Abb. 27.9 G-Proteine als molekulare Schalter. (Einzelheiten s. Text)

werden. Das Guaninnucleotid-freie G-Protein hat eine hohe Affinität für GTP und nimmt dies rasch auf, womit es wieder in den aktiven Zustand überführt wird.

Bis heute sind mehr als 50 unterschiedliche Isoformen von G-Proteinen isoliert und charakterisiert worden. Sie lassen sich in drei Untergruppen einteilen, von denen die **heterotrimeren, großen G-Proteine** für die hormonelle Signaltransduktion von besonderer Bedeutung sind (Tabelle 27.4). Daneben sind aber auch die sog. kleinen G-Proteine, v. a. die der Ras-Familie, an vielen Signaltransduktionsprozessen beteiligt.

Heterotrimere G-Proteine werden durch Rezeptoren mit sieben Transmembrandomänen aktiviert

Besonders umfangreich ist die Familie der heterotrimeren, großen G-Proteine, deren Aktivierungs-/Inaktivierungscyclus in Abb. 27.10 dargestellt ist. Er beginnt mit der Abdissoziation des gebundenen GDP, wobei ein durch den entsprechenden Liganden aktivierter Rezeptor mit sieben Transmembrandomänen als GNRP dient. Gleichzeitig erfolgt die Anlagerung der βγ-Untereinheiten an die α-Untereinheit. Der Komplex aus aktiviertem Rezeptor sowie dem leeren heterotrimeren G-Protein bindet nun GTP, was zur Abdissoziation des aktivierten Rezeptors sowie Freisetzung der ßγ-Untereinheit führt. Die α-Untereinheit des G-Proteins ist nun aktiv und assoziiert mit den für die biologische Antwort verantwortlichen Proteinen, die dadurch aktiviert bzw. gelegentlich inaktiviert werden und häufig Reaktionskaskaden auslösen. Eine intrinsische GTPase-Aktivität der α-Untereinheit sorgt für ihre Inaktivierung und damit für die Signallöschung.

Tabelle 27.5 faßt einige Rezeptoren und Effektoren für heterotrimere G-Proteine in tierischen Systemen zusammen.

Tabelle 27.4 Die Großfamilie der G-Proteine

Familie	Bezeichnung	Funktion	Vorkommen
Translationsfaktoren	If-2	Initiation	Ubiquität
	Ef-Tu; Ef-1; Ef-2	Elongation	
Heterotrimere G-Proteine	G_S	Aktivierung der Adenylatcyclase	Säuger
	G_{olf}		Olfaktorisches Epithel
	G_i	Hemmung der Adenylatcyclase	Säuger
	G_0	Aktivierung der PLC	Säuger, ZNS
	G_t	Aktivierung der cGMP-Phosphodiesterase	Retina
	G_g	unbekannt	Geschmacksknospen
	G_q	Aktivierung der PLC-β	Säuger
Kleine G-Proteine	Ras	Regulation von Wachstum und Differenzierung, Vesikeltransport, u. a.	Eukaryonte
	Rab		
	Rho		
	ARF		
	ARA		
	SAS		
	u. a.		

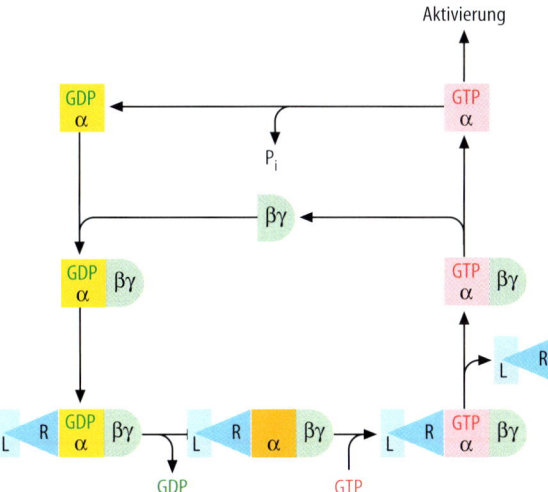

Abb. 27.10 Die Funktion von heterotrimeren G-Proteinen bei der hormonellen Signaltransduktion. α, β, γ Untereinheiten der G-Proteine; *R* Rezeptor; *L* Ligand (Hormon). (Einzelheiten s. Text)

Tabelle 27.5 Rezeptoren und Effektoren für heterotrimere G-Proteine

G-Proteine	Rezeptoren für	Gekoppelt an	Intrazellulärer Effekt
G_S	Adrenalin, Noradrenalin, Histamin, Glucagon, ACTH, LH, FSH, TSH u. a.	Adenylatcyclase Ca²⁺-Kanäle	cAMP ↑ Ca²⁺-Influx
G_i 1–3	Noradrenalin, Prostaglandine, Opiate, Angiotensin	Adenylatcyclase Phospholipase C	cAMP ↓ Inositoltris-phosphat Diacylglycerin
		Phospholipase A₂	Arachidonsäure
G_{olf}	Geruchsstoffe	Adenylatcyclase	cAMP ↑
G_t, G_{13}	Photonen	cGMP-Phosphodiesterase	cGMP ↓
G_q	?	Phospholipase C	Inositoltris-phosphat ↑ Diacylglycerin ↑
		Ca²⁺-Kanäle	Ca²⁺-Influx

Hormonrezeptoren, die heterotrimere G-Proteine für die Signaltransduktion benutzen, zeigen alle einen sehr ähnlichen, in Abb. 27.11 dargestellten Aufbau. Es handelt sich um Proteine aus 400–500 Aminosäuren und mit Molekulargewichten zwischen 60 und 80 kD. Aufgrund der aus ihrer cDNA vorhergesagten Primärstruktur lassen sie sich in sieben Transmembrandomänen anordnen, wobei der N-Terminus extra- und der C-Terminus intrazellulär liegen. Auffallend ist eine besonders große intrazelluläre Schleife zwischen der 5. und 6. Transmembrandomäne. Teile von ihr sind für die Wechselwirkung mit den heterotrimeren G-Proteinen verantwortlich, wie man aus Mutageneseexperimenten weiß.

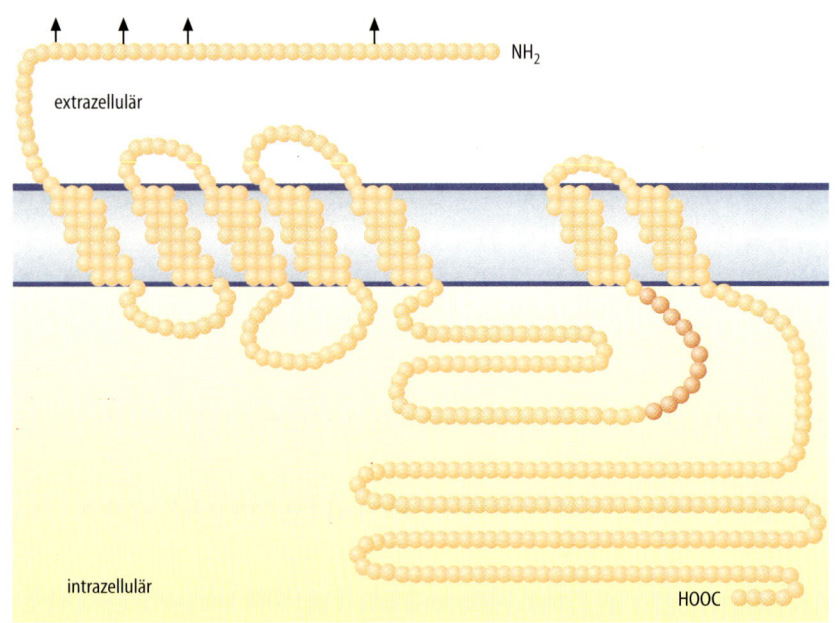

Abb. 27.11 Aufbau von Membranrezeptoren mit sieben Transmembrandomänen am Beispiel des α1-adrenergen Rezeptors. Sie bestehen im allgemeinen aus 400–500 Aminosäuren, der N-Terminus liegt extra-, der C-Terminus intrazellulär. Für die Wechselwirkung mit den G-Proteinen sind wahrscheinlich die hervorgehobenen Teile der großen intrazellulären Schleife verantwortlich. *Pfeile* Kohlenhydratseitenketten

27.6.3 Rezeptoren, die an das Adenylatcyclasesystem gekoppelt sind

Das Adenylatcyclasesystem besteht aus Rezeptoren, heterotrimeren G-Proteinen und Adenylatcyclasen

Eine große Zahl von Hormonen bedient sich des *Adenylatcyclasesystems* zur Signaltransduktion. Das als extracellulärer Botenstoff dienende Hormon wird auch als erster Informationsträger oder first messenger bezeichnet. Es bindet an einen in die Plasmamembran integrierten spezifischen Rezeptor. Dies führt über ein heterotrimeres G-Protein zu einer Aktivitätszunahme der auf der Innenseite der Zellmembran lokalisierten katalytischen Einheit, der Adenylatcyclase. Diese katalysiert die Reaktion:

$$ATP \longrightarrow 3',5'\text{-cyclo-AMP} + \text{Pyrophosphat.}$$

Der amerikanische Biochemiker Earl Sutherland entdeckte, daß das Nucleotid 3',5'-cyclo-AMP (cAMP, S. 154) als intracellulärer Vermittler der Wirkung vieler Hormone eine einzigartige Rolle spielt. Aus diesem Grund wird für diese Verbindung auch die Bezeichnung 2. Informationsträger („second messenger") verwendet.

In Abb. 27.12 ist die Feinstruktur des in die Plasmamembran integrierten Adenylatcyclasesystems dargestellt. Es besteht aus einer Reihe von Proteinen, die inzwischen angereichert und in ihrer Struktur aufgeklärt werden konnten. Zunächst gehören zum Adenylatcyclasesystem die Rezeptoren für stimulierende bzw. hemmende Hormone oder Substanzen (R_S bzw.

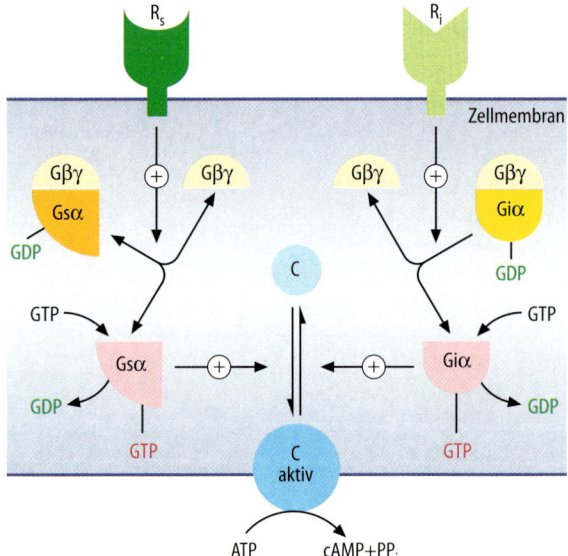

Abb. 27.12 Aufbau des Adenylatcyclasesystems. Die katalytische Untereinheit C des Adenylatcyclasesystems wird durch aktivierende bzw. hemmende G-Proteine reguliert, die ihrerseits durch stimulierende bzw. inhibierende Rezeptoren gesteuert werden. R_s bzw. G_s stimulierender Rezeptor bzw. stimulierendes G-Protein; R_i bzw. G_i inhibitorischer Rezeptor bzw. inhibitorisches G-Protein. (Einzelheiten s. Text)

R_I). Die Bindung des entsprechenden Effektors an den Rezeptor wird als Signal auf das entsprechende heterotrimere G-Protein weitergeleitet. Die aktivierten Rezeptoren dienen als GNRPs und lösen die Freisetzung des gebundenen GDP aus, wodurch es zur Dissoziation der Untereinheiten kommt. Dadurch wird die für den stimulierenden Effekt wichtige Untereinheit $G_S\alpha$ freigesetzt. Diese bindet ein GTP und ist in dieser Form zur Aktivierung der katalytischen Untereinheit

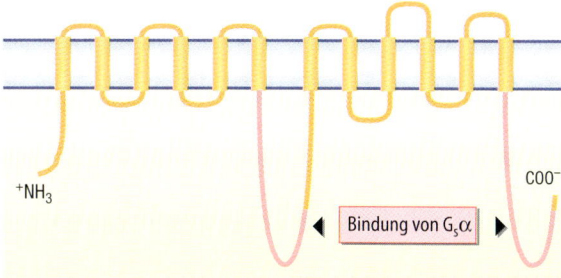

Abb. 27.13 Membrantopologie der Adenylatcyclasen. Die bisher klonierten Adenylatcyclasen sind integrale Membranproteine mit 12 Transmembrandomänen, die eine große cytoplasmatische Schleife zwischen der 6. und 7. Domäne enthalten. Diese ist für die Wechselwirkung mit dem G-Protein verantwortlich

C, der eigentlichen Adenylatcyclase, imstande, was zu einer vermehrten cAMP-Bildung führt.

Mit Hilfe der Klonierungstechniken ist in der letzten Zeit der Nachweis einer ganzen Familie unterschiedlicher Adenylatcyclasen gelungen, die sich dadurch auszeichnen, daß sie durch die α-Untereinheiten stimulierender G-Proteine aktiviert werden können. Sie zeichnen sich alle durch einen ähnlichen Aufbau aus insgesamt 12 Transmembrandomänen aus, wobei zwischen der 6. und 7. sowie am C-terminalen Ende eine große cytoplasmatische Schleife nachweisbar ist (Abb. 27.13). Man nimmt an, daß diese beiden cytoplasmatischen Extensionen für die Wechselwirkung mit dem G-Protein verantwortlich sind.

Bis heute sind acht Isoformen der Adenylatcyclase nachgewiesen worden, die eine unterschiedliche Gewebsverteilung aufweisen. So kommen Adenylatcyclasen des Typs I vorwiegend in neuronalem Gewebe vor, Adenylatcyclasen des Typs III finden sich in hoher Aktivität in olfaktorischem Gewebe, solche des Typs IV, V und VI in Leber, Lunge, Nieren und Herzmuskel. Die Unterschiede zwischen den einzelnen Subtypen liegen weniger in ihrer Stimulierbarkeit durch $G_s\alpha$-Proteine als vielmehr in ihrer Hemmung durch $G_i\alpha$-Proteine, die sich nur bei den Subtypen II, III und VI mit Sicherheit haben nachweisen lassen. Auffallend ist, daß die nur im Nervengewebe vorkommende Adenylatcyclase des Typs II sowie in schwächerem Umfang auch die Isoformen I und III durch Proteinkinase C-abhängige Phosphorylierung aktiviert werden können (S. 778).

Interessanterweise erfolgt die Informationsübertragung im Fall inhibitorischer Effektoren auf ganz ähnliche Weise. Auch hier löst die Beladung des inhibitorischen Rezeptors R_I mit seinem Effektor eine Dissoziation eines G-Proteins aus drei Untereinheiten aus. Die inhibitorische α-Untereinheit $G_i\alpha$ ist nach Bindung von GTP imstande, die aktive Form der katalytischen Untereinheit C in die inaktive zu überführen und so die cAMP-Produktion zu hemmen.

Die stimulierende Untereinheit $G_s\alpha$ verfügt ebenso wie die hemmende $G_i\alpha$ über eine intrinsische GTPase-Aktivität. Diese ist für die hydrolytische Spaltung des gebundenen GTP zu GDP und anorganischem Phosphat verantwortlich, was zur Löschung des stimulierenden bzw. inhibitorischen Signals und darüber hinaus zur Reassoziation der jeweiligen G-Protein-Komplexe führt. Ein GTPase aktivierendes Protein ist hierfür nicht notwendig.

Es ist von besonderem medizinischen Interesse, daß die Effekte einiger Bakterientoxine offensichtlich über Wechselwirkungen mit den G-Proteinen vermittelt werden. So führt beispielsweise das *Choleratoxin* zu einer ADP-Ribosylierung (S. 276) der $G_s\alpha$ Untereinheit, womit diese irreversibel aktiviert wird, was das Adenylatcyclasesystem in einen *permanent aktiven* Zustand überführt (über die Bedeutung dieses Effekts für die intestinale Symptomatik bei der Cholera S. 1019). Das Toxin des *Keuchhustenerregers* Bordetella pertussis ADP-ribosyliert dagegen die $G_i\alpha$-Untereinheit, was zu deren permanenter Hemmung führt.

In der letzten Zeit mehren sich die Hinweise für eine besondere Funktion der $\beta\gamma$-Untereinheiten der G-Proteine. Solange die α-Untereinheit GDP gebunden hat, bilden die β- und γ-Untereinheit mit ihr ein Heterotrimer. Der Austausch von GDP gegen GTP führt zu einer Dissoziation der α-Untereinheit, die β- und γ-Untereinheiten bleiben jedoch noch relativ fest aneinander gebunden. In dieser Form sind sie imstande, andere Proteine zu binden. So gibt es Hinweise dafür, daß sie die *Phospholipase C* (s.u.) und besondere Rezeptorkinasen binden können. Ein Beispiel hierfür ist die Kinase für den β-adrenergen Rezeptor (β-ARK). Dieses Enzym wird durch Bindung an die β/γ-Untereinheit der G-Proteine aktiviert und ist dann imstande, den β-Rezeptor an einem spezifischen Serylrest zu phosphorylieren, was zu dessen Inaktivierung führt.

Die Proteinkinase A wird durch cAMP aktiviert

Soweit man bis heute weiß, hat cAMP eine einzige intracelluläre Funktion: es aktiviert eine spezifische Proteinkinase, die auch als *Proteinkinase A* (PK A) bezeichnet wird. Abbildung 27.14 stellt den Aufbau der Proteinkinase A dar. Es handelt sich um ein tetrameres Enzym, welches aus je zwei unterschiedlichen Untereinheiten, der regulatorischen *R-Untereinheit* sowie der katalytischen *C-Untereinheit* besteht. In Abwesenheit von cAMP werden durch die R-Untereinheiten die Substratbindungsstellen der C-Untereinheiten blockiert. Die Bindung von jeweils zwei cAMP-Molekülen an jede R-Untereinheit führt zu einer Konformationsänderung, die eine Abdissoziation der beiden C-Untereinheiten auslöst, deren Substratbindungsstellen freilegt und sie somit katalytisch aktiv macht.

Die aktivierte PK A phosphoryliert spezifische Serylreste einer Reihe von Proteinen, von denen einige in Tabelle 27.6 zusammengestellt sind.

Erhöhte zelluläre cAMP-Spiegel beeinflussen nicht nur Stoffwechselenzyme, sondern auch die Transkription spezifischer Gene. Diese enthalten in ihrer Promotorregion eine Sequenz der Struktur

5'-TGACGTCA-3',

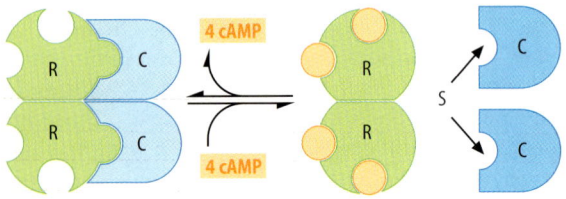

Abb. 27.14 Aktivierung der Proteinkinase A durch cAMP. Durch Bindung von cAMP an die beiden Bindungsstellen jeder R-Untereinheit erfolgt eine Konformationsänderung, die eine Abdissoziation der C-Untereinheiten auslöst

die als *cAMP-response-element* oder *CRE* bezeichnet wird. Die Aktivierung von Genen, die CRE als enhancer-Element enthalten, erfolgt nach Bindung eines Transkriptionsfaktors, des *CREB* (engl. cAMP response-element binding protein). CREB ist ein dimeres Protein, wobei eine typische Leucin-Zipper-Struktur für die Dimerisierung verantwortlich ist. Das dimere CREB wird durch die zu diesem Zweck in den Kern translozierte PK A phosphoryliert und kann danach mit dem Transkriptionsfaktor TF II D sowie der RNA-Polymerase II assoziieren, die TATA-Box lokalisieren und die Transkription des jeweiligen Gens stimulieren. Beispiele für CRE-Elemente enthaltende Gene sind diejenigen für

- Somatostatin,
- Phosphoenolpyruvat-Carboxykinase,
- Parathormon, den Transkriptionsfaktor c-fos und
- das vasoaktive intestinale Polypeptid (VIP).

Tabelle 27.6 Substrate der Proteinkinase A (Auswahl)

Auslösendes Hormon	*Phosphoryliertes Protein*	*Organ*	*Funktion*	*Besprochen auf Seite*
Glukagon	Phosphorylase	Leber	Glykogenolyse	410
	Glykogensynthase	Leber	Glykogensynthase	412
Catecholamine	Phosphorylase	Leber, Muskulatur	Glykogenolyse	410
	Glykogensynthase	Leber, Muskulatur	Glykogensynthase	412
	Hormonsensitive Lipase	Fettgewebe	Lipolyse	426
	Myosinkinase	Glatte Muskulatur	Relaxation	804
ACTH	Cholesterinester-Hydrolase	Nebennierenrinde	Steroidhormon-Biosynthese	830

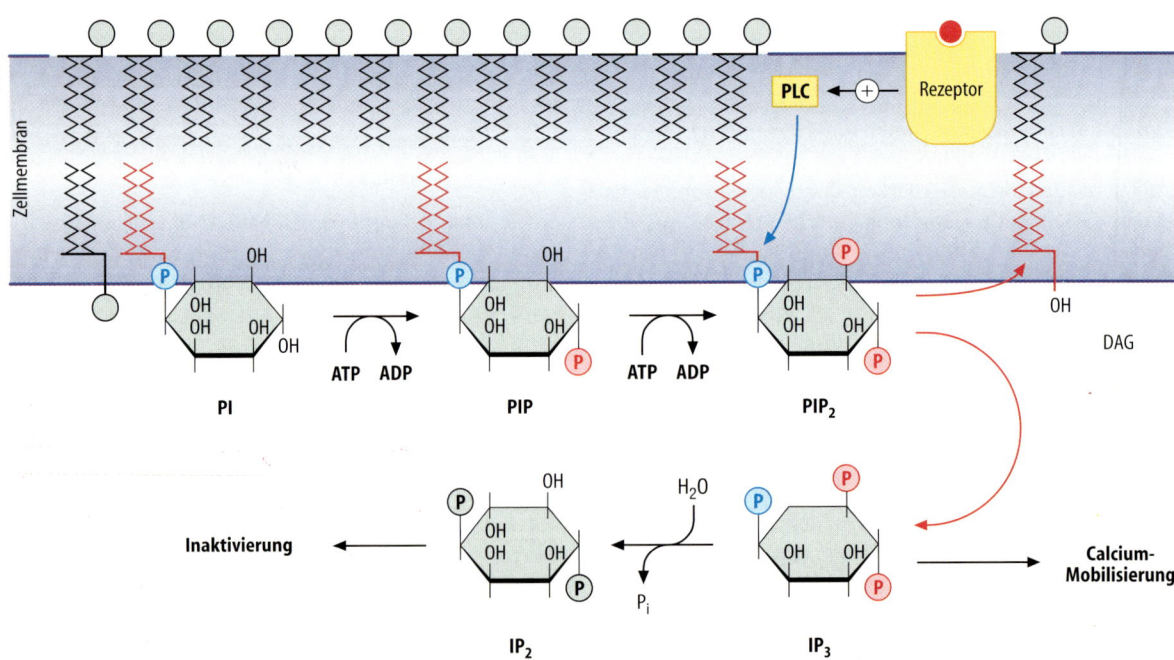

Abb. 27.15 Biosynthese und Spaltung von Phosphatidylinositol-4,5-bisphosphat *(PIP₂)*. Für die Synthese von PIP₂ aus Phosphatidylinositol sind zwei Kinasen notwendig, die Spaltung von PIP₂ erfolgt unter Katalyse einer spezifischen Phospholipase C. Dabei entsteht InsP₃ und Diacylglycerin *(DAG)*

27.6.4 Rezeptoren, die an die Phospholipase Cβ gekoppelt sind

Für eine Reihe von Hormonen ist gesichert, daß sie nach Wechselwirkung mit ihrem in der Plasmamembran lokalisierten Rezeptor einen Anstieg der intracellulären Ca^{2+}-Konzentration auslösen, was zu hormonspezifischen Änderungen des Stoffwechsels der Zielzellen führt. Vor etwa 10 Jahren ist das *Inositol-(1,4,5)-trisphosphat* (InsP$_3$) als derjenige intracelluläre Überträgerstoff identifiziert worden, der für die Erhöhung der Calciumkonzentration verantwortlich ist.

InsP$_3$ entsteht durch Spaltung eines spezifischen Membranphospholipids, des Phosphatidylinositol-4,5-bisphosphats (PIP$_2$) (Abb. 27.15). Dieses wird durch zweimalige, ATP-abhängige Phosphorylierung von Phosphatidylinositol (S. 139) gebildet. Für die Bildung von InsP$_3$ aus PIP$_2$ wird eine spezifische Phospholipase C, die Phospholipase Cβ benötigt. Ein weiteres Reaktionsprodukt außer InsP$_3$ ist Diacylglycerin (DAG), welches in der Membran zurückbleibt.

Abbildung 27.16 faßt die durch Rezeptoren mit sieben Transmembrandomänen vermittelten Vorgänge zusammen, die für die Erzeugung von InsP$_3$ aus PIP$_2$ verantwortlich sind. Es handelt sich um die α_1-Rezeptoren (S. 803) von Catecholaminen sowie Rezeptoren für Acetylcholin, Histamin, Angiotensin, Vasopressin, Pankreozymin, Scrotonin, TRH und viele Geruchsstoffe. Die Bindung des jeweiligen Hormons (oder Liganden) an seinen Rezeptor führt über ein heterotrimeres G-Protein nach Austausch von GDP mit GTP zur Aktivierung der *Phospholipase Cβ*, welche in mehreren Isoformen vorkommt. Interessanterweise binden Tyrosinkinaserezeptoren (s.u.) nach Aktivierung die *Phospholipase Cγ*, was ebenfalls zur Spaltung von PIP2 führt (s.u.)

InsP$_3$ ist imstande, die cytoplasmatische Calciumkonzentration zu erhöhen. Die Calciummobilisierung erfolgt hierbei im wesentlichen aus intracellulären Calciumspeichern, welche im endoplasmatischen Reticulum lokalisiert sind. Dort findet sich auch der inzwischen charakterisierte und in seiner Struktur aufgeklärte *InsP$_3$-Rezeptor*. Es handelt sich um ein Protein mit zwei Membrandomänen und einer großen cytoplasmatischen N-terminalen Schleife. Man nimmt an, daß hier die Bindungsstelle für InsP$_3$ liegt. Insgesamt bilden vier derartige Rezeptormoleküle ein Homotetramer, das einen durch den Liganden InsP$_3$ aktivierten Calciumkanal darstellt.

Jede Erhöhung der cytosolischen Calciumkonzentration führt zu markanten Änderungen des Zellstoffwechsels. So kommt es u.a.

- zu einer Stimulierung des Glykogenabbaus in Leber, Muskulatur und Fettgewebe,
- zu einer Stimulierung sekretorischer Prozesse (Enzymsekretion des Pankreas, S. 1007),
- sowie zur Verstärkung einer Reihe von Effekten, die eigentlich durch cAMP vermittelt sind.

Calcium-bindende Proteine vermitteln die Calciumwirkung auf zelluläre Systeme

Die cytosolische Ca^{2+}-Konzentration tierischer Zellen liegt bei etwa 10^{-7} mol/l und steigt auch nach voller hormoneller Aktivierung kaum über 10^{-5}mol/l. Jede Wechselwirkung enzymatischer Systeme mit intrazellulärem Ca^{2+} kann aufgrund dieser Tatsache nur dann erfolgen, wenn sie über hochaffine Bindungsstellen für Calcium verfügen. Darüber hinaus müssen solche Bindungsstellen sehr spezifisch für Calcium sein, da intrazellulär andere zweiwertige Kationen, vor allem Magnesium, in einer Konzentration von etwa 10^{-3} mol/l vorkommen.

Auf der Suche nach dem Mechanismus von Calciumeffekten wurde gefunden, daß Calcium meist nicht direkt, sondern unter Einschaltung calciumbindender Proteine auf die von ihm beeinflußten enzymatischen Systeme einwirkt. Das Vorkommen calciumbindender Proteine war schon aus Untersuchungen über die Muskelkontraktion bekannt. Hier ist das calciumbindende Protein das *Troponin* (S. 958). In Nichtmuskelzellen wurde als calciumbindendes Protein das *Calmodulin* nachgewiesen, ein aus einer einzelnen Peptidkette mit 148 Aminosäuren bestehendes Protein, dessen Aminosäuresequenz große Ähnlichkeit mit der des Troponin C hat (S. 696). Wie Troponin C verfügt auch Calmodulin über vier hochaffine Bindungsstellen für Calcium. Diese zeichnen sich dadurch aus, daß das Calcium über eine Reihe von *Carboxylaten* und *-C=O-Gruppen* der Peptidbindung fixiert wird (S. 28). Etwa 1% des gesamten zellulären Proteins tierischer Zellen

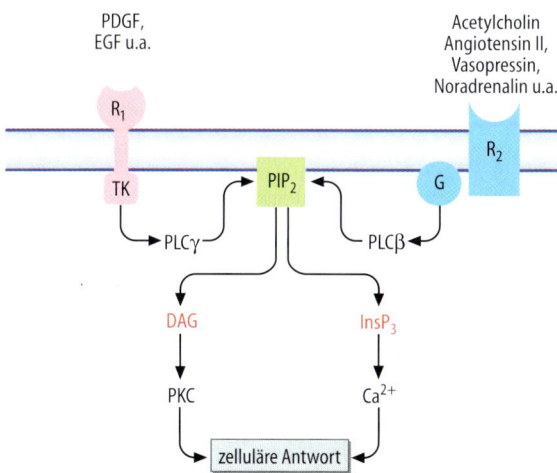

Abb. 27.16 Hormonelle Aktivierung der für die InsP$_3$-Bildung aus PIP$_2$ verantwortlichen Phospholipase C-Isoenzyme, Cβ und Cγ. *R1* Tyrosinkinaserezeptoren; *TK* Tyrosinkinasedomäne; *R2* G-Proteingekoppelte Rezeptoren; *G* G-Protein; *PIP$_2$* Phosphatidylinositol-bisphosphat; *PLC* Phospholipase C; *DAG* Diacylglycerin; *InsP$_3$* Inositoltrisphosphat; *PKC* Proteinkinase C

besteht aus Calmodulin, welches nicht nur im Cytosol vorkommt, sondern auch an verschiedene zelluläre Organellen wie Mitosespindeln, Actinfilamente und Intermediärfilamente assoziiert ist.

Nach Bindung von Calcium macht Calmodulin eine umfangreiche Konformationsänderung durch, der Calcium-Calmodulin-Komplex kann nun von den unterschiedlichsten „Zielproteinen" der Zelle gebunden werden, wodurch deren katalytische Aktivitäten geändert werden. Calcium-Calmodulin-abhängige Enzyme sind beispielsweise

- Cyclonucleotid-Phosphodiesterasen (S. 412),
- die Adenylatcyclase (S. 774),
- membrangebundene Ca-ATPasen (S. 181) und
- Phosphorylasekinase (S. 411).

Bei der oben geschilderten Spaltung von Phosphoinositiden wird nicht nur InsP$_3$ als second messenger zur intracellulären Calciummobilisierung erzeugt. Auch das dabei frei werdende *Diacylglycerin* hat eine wichtige Funktion bei der Signaltransduktion. Es aktiviert zusammen mit Calcium eine spezifische Proteinkinase, die *Proteinkinase C,* die in einer Reihe von Isoformen vorkommt. Diese Enzyme unterscheiden sich in ihrer Substratspezifität wesentlich von der cAMP-abhängigen Proteinkinase A.

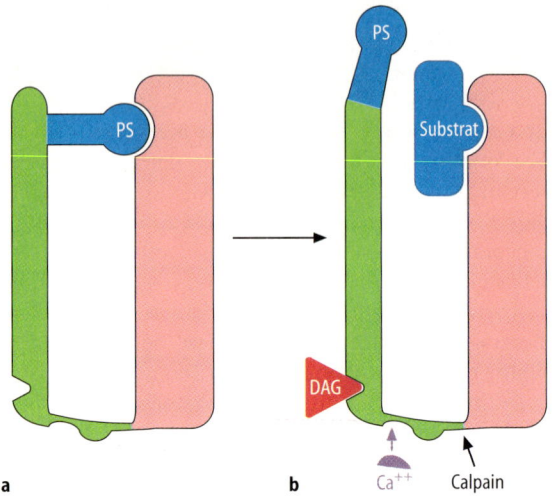

Abb. 27.17 a, b Schematische Darstellung des Aufbaus der Proteinkinase C. **a** Inaktives Enzym. Die Pseudosubstratstruktur (*PS*) der regulatorischen Domäne (*blau*) liegt im aktiven Zentrum der katalytischen Domäne (*rot*). **b** Aktives Enzym. Nach Bindung von Diacylglycerin (*DAG*) und in Anwesenheit von Calcium kommt es zu einer Konformationsänderung mit Freilegung des aktiven Zentrums und Substratbindung. Durch proteolytische Spaltung mit Calpain wird die regulatorische Domäne abgetrennt. (Nach Azzi et al. 1992)

27.6.5 Die Proteinkinase C-Familie

Unter dem Begriff der *Proteinkinase C* (PK C) faßt man eine aus mindestens 12 Mitgliedern bestehende Familie von Proteinkinasen zusammen, denen Aktivierung durch Proteolyse und Membranlipide sowie Calcium-Abhängigkeit gemeinsam ist. Da diese Proteine eine wichtige Rolle bei der hormonellen Signaltransduktion spielen und in die Regulation von Wachstum, Differenzierung und möglicherweise Carcinomentstehung eingeschaltet sind, sind sie von erheblichem Interesse.

Abbildung 27.17 stellt den allgemeinen Bauplan dar, der bei allen bisher untersuchten Mitgliedern der Proteinkinase C-Familie aufgefunden wurde. Die Proteinkinase C-Proteine lassen sich in eine durch eine Art Scharnierregion verbundene N-terminale regulatorische und C-terminale katalytische Einheit teilen. In der ersteren finden sich zwei Domänen, die die Regulierbarkeit des Enzyms durch Diacylglycerin bzw. Calcium vermitteln. Am weitesten N-terminal liegt eine Pseudosubstratdomäne, die für die Regulation des Enzyms von großer Bedeutung ist (s. u.). Die katalytische Domäne enthält eine gut konservierte ATP-Bindungsregion sowie eine Substratbindungsstelle, die bei einem Vergleich der verschiedenen Mitglieder der Proteinkinase C-Familie große Unterschiede aufweist.

In ihrer inaktiven Form liegt die Proteinkinase C als lösliches cytosolisches Protein vor. Die N-terminale Pseudosubstratsequenz liegt im aktiven Zentrum des

Enzyms. Seine Aktivierung erfolgt in Anwesenheit von Calcium durch Bindung an Diacylglycerin, welches an der Innenseite der Plasmamembran gebunden ist. Dabei macht die Peptidkette eine Konformationsänderung durch, so daß die Substratbindungsstelle im aktiven Zentrum des Enzyms freigelegt wird. Durch eine als *Calpain* bezeichnete Calcium-abhängige Protease kann das Enzym an der Verbindungsstelle zwischen regulatorischer und katalytischer Einheit gespalten werden. Dadurch verliert die Proteinkinase C ihre Calciumabhängigkeit und zeigt nun konstitutiv die volle Aktivität.

Die *Substrate* der Proteinkinase C werden an Seryl- bzw. Threonylresten phosphoryliert und ändern damit ihre biologische Aktivität. Das *alaninreiche Proteinkinase C-Substrat* ist ein in vielen Geweben vorkommendes Protein, über dessen Funktion man noch nichts weiß. Bedeutungsvoller ist möglicherweise die Phosphorylierung des *EGF-Rezeptors* (S. 779) und des *I-ϰB*-Proteins. Der erstere vermindert nach Proteinkinase C-abhängiger Phosphorylierung seine Affinität für EGF (S. 208, 764). Dieses als *Transmodulation* bezeichnete Phänomen führt damit zu einem verminderten Ansprechen EGF-abhängiger Zellen und damit zu deren reduzierter Proliferation. Einen Eingriff in die Transkription spezifischer Gene stellt die Phosphorylierung des I-ϰB-Proteins dar. Dieses Protein bindet an ein induzierbares und gewebsspezifisches Protein, das als NF-ϰB bezeichnet wird (S. 259). Der inaktive Komplex I-ϰB/NF-ϰB wird im Cytosol durch die PK C phosphoryliert. Dies führt zu seiner Dissoziation, wonach sich NF-ϰB in den Zellkern verlagert. Dort bindet es an spezifische DNA-Sequenzen in den Promotor-regionen von Genen und führt auf diese Weise zur gesteigerten Transkription derselben. Andere Substrate der Proteinkinase C sind ein Na⁺/H⁺-Austauschprotein in der Zellmembran vieler Zellen sowie andere Proteinkinasen, denen gemeinsam ist, eine Verbindung zu Proliferation und Differenzierung herzustellen.

27.6.6 Rezeptoren mit Tyrosinkinaseaktivität

Manche Rezeptoren autophosphorylieren sich nach Ligandenbindung an Tyrosylresten

Auch die in Tabelle 27.7 zusammengestellten Hormone verfügen über integrale Membranproteine als Rezeptoren. Sowohl ihr Aufbau wie auch der von ihnen benützte Signaltransduktionsweg unterscheidet sich jedoch beträchtlich von demjenigen der G-Protein-gekoppelten Rezeptoren. Zunächst handelt es sich um Polypeptide mit nur einer hydrophoben, die Membran durchspannenden Domäne (Abb. 27.18). Die funktionellen Rezeptoren entstehen nach Bindung des jeweiligen Liganden und sind Homodimere, im Fall der Rezeptoren für *Insulin* (s.S. 797) und *IGF- I* (S. 852) posttranslational entstandene Heterotetramere. Allen Rezeptoren ist gemeinsam, daß die Bindung des Hormons eine oder mehrere Autophosphorylierungen an *Tyrosylresten* des Rezeptorproteins auslöst. Der Rezeptor ist demnach ein integrales Membranprotein, das über eine ligandenaktivierte Tyrosinkinase verfügt, die eine Autophosphorylierung katalysiert. Dabei werden in der Regel nicht nur ein, sondern mehrere für den jeweiligen Rezeptor spezifische Tyrosylreste phosphoryliert.

Tabelle 27.7 Hormone, deren Rezeptoren Tyrosinkinaseaktivität zeigen

Hormon	Rezeptor-struktur	Besprochen auf Seite
Insulin	$\alpha_2\beta_2$	797
Insulinähnlicher Wachstumsfaktor I (IGF-I)	$\alpha_2\beta_2$	852
Plättchen-Wachstumsfaktor (PDGF)	monomer[a]	779
Epidermaler Wachstumsfaktor (EGF)	monomer[a]	697, 1093
Transformierender Wachstumsfaktor β (TGF-β)	monomer[a]	764
Fibroblasten Wachstumsfaktor (FGF)	monomer[a]	750, 779

[a] Dimerisierung nach Ligandenbindung

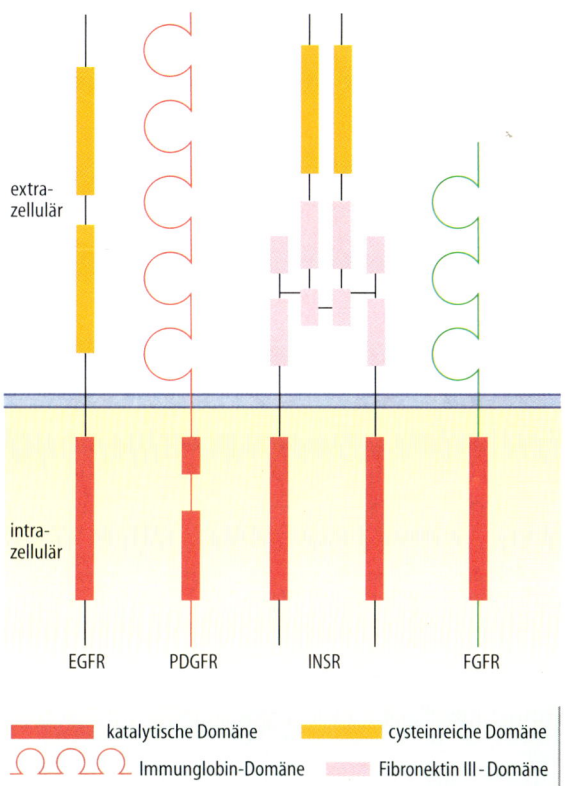

Abb. 27.18 Aufbau von Tyrosinkinaserezeptoren. Tyrosinkinaserezeptoren sind modulartig aufgebaut. Sie besitzen alle eine cytosolische Tyrosinkinasedomäne, während die extrazellulären Domänen sich von Rezeptor zu Rezeptor beträchtlich unterscheiden. *EGFR* EGF-Rezeptor; *PDGFR* PDGF-Rezeptor; *INSR* Insulinrezeptor; *FGFR* FGF-Rezeptor

Die phosphorylierten Tyrosylreste von Tyrosinkinaserezeptoren sind Erkennungssignale für intrazelluläre Proteine mit SH2-Domänen

Erst in letzter Zeit konnten Anhaltspunkte über den molekularen Mechanismus der Signalvermittlung durch Tyrosinkinaserezeptoren gewonnen werden. Ein wesentliches Werkzeug hierbei war die Möglichkeit, durch gezielte Mutagenese (S. 231) einzelne phosphorylierbare Tyrosylreste durch andere Aminosäuren, vor allen Dingen Phenylalanin (kann wegen der fehlenden OH-Gruppe nicht phosphoryliert werden), zu ersetzen und danach die Änderungen der Antwort auf den hormonellen Stimulus zu beobachten. Wie schematisch in Abb. 27.20 dargestellt ist, dienen die phosphorylierten Tyrosylreste als Erkennungssignale für die Anlagerung einer Reihe von Adapterproteinen. Diese verfügen über eine hierfür notwendige Domäne, die wegen ihrer strukturellen Verwandtschaft zur src-Kinase (S. 310) auch als *SH2-Domäne* (src homologe Domäne) bezeichnet wird. Tabelle 27.8 gibt eine Auswahl von Proteinen, die über SH2-Domänen an Tyrosinkinaserezeptoren gebunden werden können. Es handelt sich um

- Enzyme wie die PI-3-Kinase,
- reine Adapterproteine,
- Bestandteile des Cytoskeletts u. a.

Dabei entscheidet die Umgebung eines phosphorylierten Tyrosylrestes darüber, welches der genannten Proteine gebunden wird (Abb. 27.19).

Neben der Phospholipase Cγ, die zur InsP$_3$-Bildung führt (S. 777), ist ein weiteres Enzym mit SH2-Domänen die Phosphatidylinositol-3-Kinase, die über noch unbekannte Mechanismen für die mitogene Wirkung von PDGF verantwortlich ist. Auch das GTPase-aktivierende Protein (GAP) verfügt über SH2-Domänen und beschleunigt die Überführung von kleinen G-Proteinen der Ras-Familie in die inaktive Form. Aktiviert wird Ras durch einen mehrstufigen Vorgang: das Adapterprotein bindet über eine SH2-Domäne an den aktivierten Rezeptor und bindet dann ein als SOS (= engl. son of sevenless nach einem verwandten Protein bei Drosophila) bezeichnetes Protein, das am in die Membran integrierten Ras-Protein zu einem Austausch von GDP gegen GTP führt. GTP-Ras ist ein Aktivator einer als Raf bezeichneten Proteinkinase, die das erste Glied in einer Kaskade von Proteinkinase darstellt. Ihr letztes Ziel sind Transkriptionsfaktoren, welche für die Auslösung von Mitosen verantwortlich sind (s. Kapitel 9).

Beim Insulinrezeptor findet sich eine Variante dieses Mechanismus. Nach seiner Phosphorylierung bindet nur ein einziges als IRS1 bezeichnetes Protein mit einem Molekulargewicht von 185 kD an den Rezeptor. Es stellt seinerseits den Adapter dar, den andere Proteine mit SH2-Domänen benutzen (S. 797).

Unterschiedliche Rezeptoren können gleichartige Signalwege benutzen

Ein in seiner Bedeutung noch nicht vollständig verstandenes Phänomen ist, daß unterschiedliche Rezeptoren gleichartige Signalwege benutzen können. Es wird im Englischen auch als Receptor Crosstalk bezeichnet. Ein Beispiel hierfür sind die zwei unterschiedlichen Mechanismen zur Aktivierung des Phosphatidylinositolcyclus (Abb. 27.17). Der eine benutzt G-Protein-verknüpfte Rezeptoren und ist oben ausführlich beschrieben worden. Der andere benutzt Rezeptoren mit Tyrosinkinaseaktivität und führt ebenfalls zu einer InsP$_3$-Freisetzung aus PIP$_2$. Es handelt sich besonders um die Rezeptoren für PDGF (S. 779) sowie EGF (S. 697, 1093). Durch Bindung einer weiteren Isoform der PIP$_2$-spezifische Phospholipase C, der Phos-

Tabelle 27.8 Proteine, die an aktivierte (phosphorylierte) Tyrosinkinase-Rezeptoren binden (Auswahl)

Enzyme	Phospholipase Cγ-Subtypen
	Phosphatidylinositol-3-Kinase
	Src-Proteinkinase-Subtypen
	GTPase-aktivierendes Protein
Adaptorproteine	Grb 2
Strukturproteine[a]	Annexine
	Klathrin
	Catenine
	Cadherine
	Connexine

[a] Bindung erfolgt nicht über SH2-Domänen.

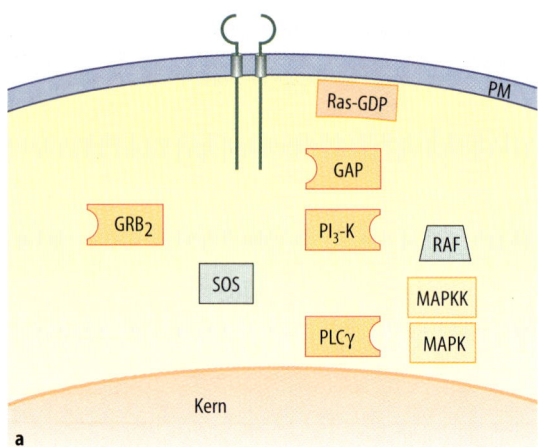

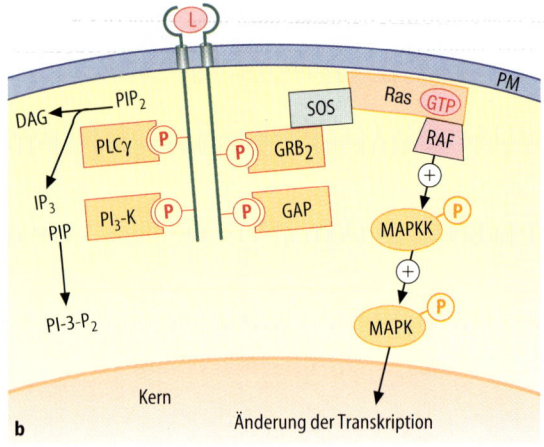

Abb. 27.19 a, b Intrazelluläre Signalkette nach ligandeninduzierter Phosphorylierung von Tyrosylresten des PDGF-Rezeptors. **a** Ohne Liganden liegen die Rezeptoren in monomerer Form vor, im Cytosol befinden sich eine Reihe von Proteinen, die nach Aktivierung mit dem Rezeptor interagieren können. **b** Die Bindung des Liganden löst die Dimerisierung des Rezeptors aus. Vier unterschiedliche Proteine, die Phosphatidylinositol-3-Kinase, die Phospholipase Cγ, das GTPase-aktivierende Protein sowie das Adapterprotein Grb2 binden an den phosphorylierten IGF-Rezeptor. Sie verfügen hierfür über eine spezifische Domäne, die als SH2-Domäne bezeichnet wird. Das Adapterprotein Grb2 bindet ein GNRP (SOS), welches das kleine G-Protein Ras aktiviert. Hieran schließt sich eine Kaskade von Proteinkinasen an, die eine Änderung der Genexpression und die Auslösung von Proliferation zur Folge hat. *MAPKK* MAP-Kinase; *MAPK* MAP-Kinase; *MAP* Mitogen aktivierte Proteinkinase

pholipase Cγ, an spezifische Phosphotyrosylreste aktivieren sie dieses Enzym, was die Bildung von InsP$_3$ und damit ebenfalls eine Erhöhung der zellulären Calciumkonzentration auslöst.

27.6.7 GH/PRL/Zytokinrezeptoren

Eine in den letzten Jahren zunehmend untersuchte Familie von Hormonrezeptoren ist diejenige der **GH/PRL/Zytokinrezeptoren.** Außer dem Rezeptor für *STH* (GH = *engl.* growth hormone) sowie **Prolaktin** (PRL) gehören hierzu die **Zytokinrezeptoren,** speziell die Rezeptoren für die *Interleukine 2–7, Erythropoietin* sowie für den *Granulocyten-Makrophagenkolonie-stimulierenden Faktor* (GM-CSF) (Tabelle 27.9). Es handelt sich um integrale Membranproteine mit zum Teil sehr umfangreichen cytoplasmatischen Strukturen. Die aus der cDNA abgeleitete Aminosäuresequenz läßt zwar eine extrazelluläre, hormonbindende Domäne erkennen, jedoch gibt die cytoplasmatische Sequenz keinerlei Anhaltspunkte für einen der bekannten

Tabelle 27.9 Hormone, deren Rezeptoren an JAK's gekoppelt sind

Hormon	JAK-Isoform	STAT-Isoform
Erythropoietin	JAK 2	STAT1 – verwandt
Somatotropin (GH)	JAK 2	n.b.
Prolactin (PRL)	JAK 2	n.b.
Interleukine 3,5	JAK 2	STAT1 – verwandt
Interleukin 6	JAK 1, TYK 2	STAT2
Interferone α, β, γ	JAK 1	STAT1
Interleukin 2,4	JAK 3	n.b.

TYK 2 ist ein Mitglied der JAK-Familie von Tyrosinkinasen; *n. b.* nicht bekannt; *STAT1-verwandt* noch nicht kloniertes Mitglied der STAT-Familie; STAT4 ist inzwischen identifiziert, jedoch ist das aktivierende Zytokin noch nicht bekannt.

Signaltransduktionsmechanismen, insbesondere fehlt eine Tyrosinkinasedomäne. Dies steht in scheinbarem Widerspruch zu der Beobachtung, daß nach Aktivierung dieser Rezeptoren mit dem jeweiligen Hormon oder Zytokin tyrosinphosphorylierte Proteine im Cytosol und im Kern auftreten.

Der für sämtliche Rezeptoren dieser Gruppe gültige Signaltransduktionsmechanismus ist in Abb. 27.20 dargestellt. Die Rezeptoren dieser Familie liegen meist in monomerer Form vor. Die Bindung des entsprechenden Liganden löst eine Dimerisierung des Rezeptors aus und aktiviert gleichzeitig an den Rezeptor assoziierte tyrosinspezifische Proteinkinasen, die auch als **JAK's** bezeichnet werden (JAK = Januskinasen; der römische Gott Janus hat ein nach vorne und ein nach hinten blickendes Gesicht, JAK's haben zwei Proteinkinasedomänen). Aktivierte JAK's, von denen bis heute wenigstens 4 Subtypen identifiziert werden konnten, phosphorylieren nicht nur sich selbst, sondern auch spezifische Tyrosylreste der zugehörigen Rezeptoren. Über SH2-Domänen binden als **STAT's** (= *engl.* signal transducers and activators of transcription) bezeichnete Transkriptionsfaktoren an diese Tyrosylphosphate. Sie werden anschließend von den assoziierten JAK's phosphoryliert, erlangen dadurch die Fähigkeit zur Dimerisierung und zur Passage in den Zellkern, wo sie die Transkription spezifischer Gene aktivieren. Da inzwischen vier STAT's kloniert wurden, beginnt man die Vielfalt der über diesen Mechanismus ausgelösten Änderungen der Gentranskription zu verstehen.

27.6.8 Cyclo-GMP als intrazellulärer Botenstoff

In das bisher beschriebene System von Hormon- und Hormonrezeptorfamilien läßt sich das erst kürzlich entdeckte **NO/cGMP-System** schlecht einordnen, weswegen es an dieser Stelle gesondert besprochen wird.

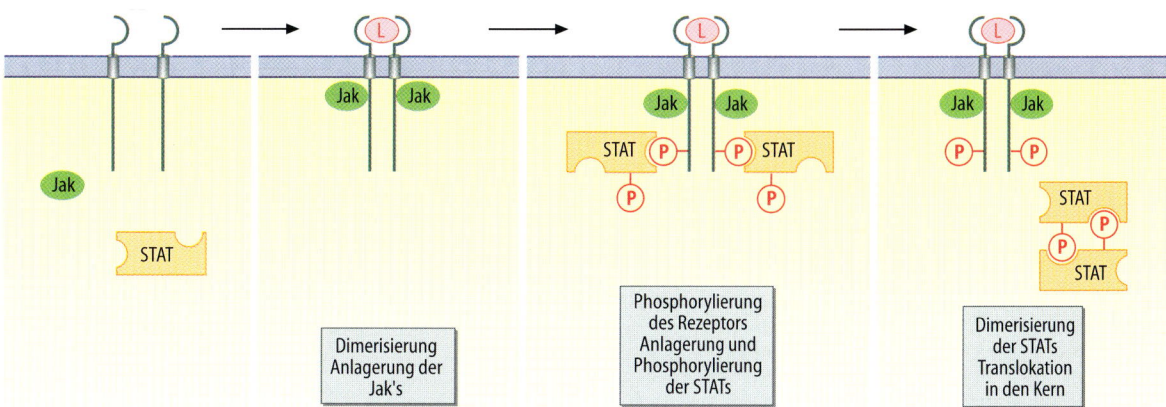

Abb. 27.20 Signaltransduktionsmechanismus der GH/PRL/Zytokinrezeptoren. Die Bindung des Liganden löst eine Dimerisierung des Rezeptorproteins und eine Aktivierung von JAK's aus. Diese phosphorylieren den Rezeptor, was die Anlagerung von STAT-Proteinen auslöst. Sie werden nach Phosphorylierung und Dimerisierung in den Kern transloziert, wo sie als Aktivatoren der Transkription dienen

Das natriuretische Atriumpeptid stimuliert die membrangebundene, NO die lösliche Guanylatcyclase

Auf hormonelle Signale durch das natriuretische Atriumpeptid, aber auch nach gesteigerter NO-Produktion (s. u.) erfolgt ein Anstieg der intrazellulären Konzentration von *cyclo-GMP* (cGMP). Dieser second messenger entspricht in seinem Aufbau dem cAMP, nur daß es aus GTP nach der Gleichung:

$$GTP \longrightarrow 3',5'\text{- cyclo-GMP} + Pyrophosphat$$

gebildet wird (Abb. 27.21).

Die durch das *natriuretische Atriumpeptid* (S. 869) stimulierte *membrangebundene Guanylatcyclase* unterscheidet sich vom Adenylatcyclasesystem dadurch, daß es sich um ein einziges Transmembranprotein handelt, auf dessen extrazellulärer Seite die Bindungsstelle für den aktivierenden Liganden liegt. Guanylatcyclase ist auf der cytoplasmatischen Seite stark phosphoryliert. Nach Bindung des Liganden kommt es zur Aktivierung des Enzyms, die Signallöschung erfolgt durch Dephosphorylierung, was zu einem Aktivitätsverlust führt, auch wenn der Ligand noch an die Cyclase gebunden ist.

Außer der membrangebundenen Guanylatcyclase findet sich in sehr vielen Zellen eine *lösliche Guanylatcyclase*. Es handelt sich um ein dimeres Enzym aus zwei identischen Untereinheiten, welches in einem inaktiven und einem aktiven Zustand vorkommt. Das Verhältnis von inaktiver zu aktiver Form des Enzyms hängt von der Konzentration von *Nitroxid (NO)* ab: je höher die NO-Konzentration, desto höher die Guanylatcyclaseaktivität.

NO ist ein in der jüngsten Zeit entdecktes intra- und intercelluläres Signalmolekül. Es entsteht enzymatisch unter Katalyse der Nitroxid-Synthase aus Arginin (Abb. 27.22). Die meisten der bis heute entdeckten sechs unterschiedlichen Isoformen der Nitroxidsynthase werden durch Erhöhung der Ca2+/Calmodulin-Konzentration aktiviert, die NO-Synthasen in Makrophagen und anderen Zellen des Immunsystems darüber hinaus durch eine Reihe von Zytokinen. Außer seiner Funktion als Stimulator der löslichen Guanylatcyclase dient NO im Nervensystem als Neurotransmitter (nitrinerge Neuronen bzw. im Immunsystem als Bestandteil des Verteidigungssystems gegen Bakterien.

cGMP aktiviert Kinasen, Ionenkanäle und Phosphodiesterasen

Im Gegensatz zu cAMP, welches als einzigen intracellulären Liganden die Proteinkinase A hat (S. 775), sind eine größere Zahl von intrazellulären cGMP-Bindungsproteinen beschrieben worden (Tabelle 27.10).

cGMP-abhängige Proteinkinasen finden sich in besonders hoher Konzentration in glatten Muskelzellen, Thrombocyten und im Kleinhirn. Die wichtigste Funktion der cGMP-abhängigen Proteinkinase der glatten Muskulatur beruht auf ihrer relaxierenden Wirkung. Dies ist übrigens auch das therapeutische Prinzip aller NO-freisetzenden Vasodilatatoren wie Nitroprussit oder dem zur Behandlung der coronaren Herzkrankheit eingesetzten Nitroglycerin. Ungeachtet der großen medizinischen Bedeutung der cGMP-abhängigen Proteinkinasen ist ihr genauer Wirkungsmechanismus noch unbekannt. Man nimmt an, daß sie eine in der Plasmamembran lokalisierte Calcium-ATPase phosphorylieren und dadurch stimulieren, so daß die cytosolische Calciumkonzentration in der glatten Muskelzelle absinkt. Auch in Thrombocyten ergibt sich unter dem Einfluß der aktivierten cGMP-abhängigen Proteinkinase eine Verminderung der zellulären Calciumkonzentration, was den aggregationshemmenden Effekt von NO erklärt.

cGMP-abhängige Ionenkanäle finden sich in den Photorezeptorzellen, dem olfaktorischen Epithel

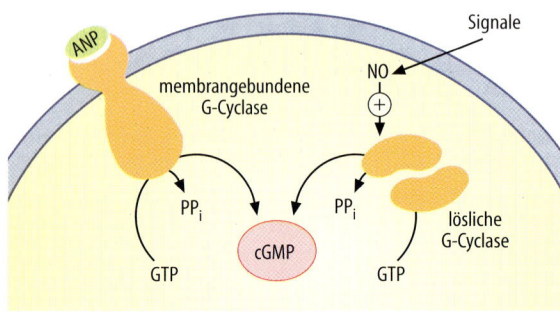

Abb. 27.21 Bildung von cyclo-GMP. Die membrangebundene Guanylatcyclase ist ein Rezeptorprotein für das natriuretische Atriumpeptid. Lösliche Guanylatcyclasen werden durch NO aktiviert. Die NO-Produktion wird durch die Nitroxidsynthase katalysiert, deren Aktivität von Ca²⁺-Calmodulin abhängt. *NAP* natriuretisches Atriumpeptid; *NO* Nitroxid

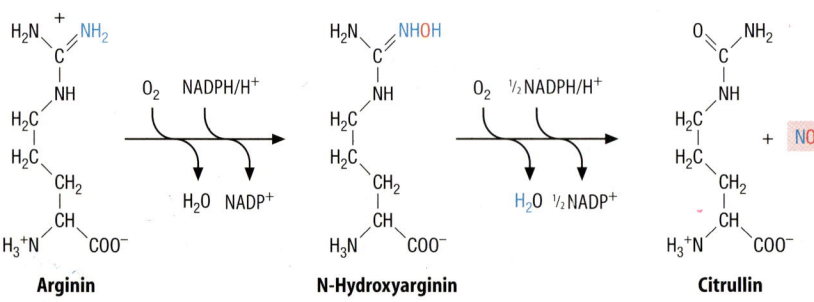

Abb. 27.22 Mechanismus der Nitroxid-Synthase. Das Substrat des in verschiedenen Isoformen vorkommenden Enzyms ist die Aminosäure Arginin. Diese wird durch zweimalige Hydroxylierung in NO und Citrullin umgewandelt

Tabelle 27.10 Intrazelluläre cGMP-Bindungsproteine

Bindungsprotein	Vorkommen	Effekt
cGMP-abhängige Proteinkinasen	Glatte Muskulatur Thrombocyten	Relaxation Hemmung der Aggregation
cGMP-abhängige Na$^+$-Kanäle	Retina (Zapfen und Stäbchen)	Photorezeption
	Olfaktorisches Epithel	Olfaktorische Rezeption
	Renales Sammelrohr	Natriurese
cGMP-abhängige Phosphodiesterasen	Viele Zellen	cGMP-Abbau

sowie dem Epithel der renalen Sammelrohre. In den ersteren der beiden Systeme spielt der cGMP-abhängige Natriumkanal eine wichtige Rolle bei der Aufrechterhaltung des im unstimulierten Zustand niedrigen Membranpotentials dieser Zelle. Erst durch Aktivierung einer cGMP-spezifischen Phosphodiesterase kommt es zur Hyperpolarisierung dieser Sinneszellen und damit zur Erregungsleitung (S. 655). In den Sammelrohrepithelien ist der cGMP-abhängige Natriumkanal möglicherweise verantwortlich für die Stimulierung der Natriurese durch das natriuretische Atriumpeptid (S. 872).

cGMP-bindende Phosphodiesterasen, die bevorzugt cGMP, aber auch cAMP hydrolysieren, sind in Säugergeweben weit verbreitet. Man nimmt an, daß ihre Hauptfunktion in der Regulation des cGMP-Abbaus in den verschiedensten Geweben zu sehen ist.

!

RESÜMEE

Ein wichtiger Teil der Koordination verschiedener Gewebe und Organe im vielzelligen Organismus erfolgt durch die hormonelle Regulation von Stoffwechselprozessen. Hormone können dabei als endokrine Faktoren von den Drüsen, in denen sie produziert werden, über den Blutweg an ihre Zielzellen gelangen, als parakrine Faktoren auf benachbarte Zellen einwirken oder aber als autokrine Faktoren auf die Zellen zurückwirken, von denen sie produziert werden.

Neben den in den klassischen endokrinen Drüsen gebildeten Hormonen kommen im Organismus eine große Zahl von Gewebshormonen vor, welche durch endokrin aktive, in den Geweben verstreute, einzelne Zellen gebildet werden. Zu diesen Gewebshormonen gehören von ihrem Mechanismus her auch die zahlreichen Wachstumsfaktoren oder Zytokine.

Die Konzentrationen von Hormonen in der extrazellulären Flüssigkeit liegen in einem Bereich zwischen 10^{-6}–10^{-11} mol/l. Die Entwicklung immunologischer Bestimmungsverfahren für Hormone stellt einen Meilenstein in der Endokrinologie dar, da nur durch sie derartig geringe Konzentrationen in spezifischer und gut reproduzierbarer Weise ermittelt werden können.

Die Interaktion mit einem spezifischen Rezeptor ist der erste Schritt in der Hormonwirkung. Intrazellulär lokalisierte Hormonrezeptoren gehören im allgemeinen zur Gruppe der ligandenaktivierten Transkriptionsfaktoren. Diese treten mit Enhancer-Sequenzen der entsprechenden Gene in Wechselwirkung und kontrollieren so die Genexpression. Ein großer Teil von Hormonrezeptoren ist in zellulären Membranen, im allgemeinen in die Plasmamembran, integriert. Nach ihrem Aufbau können Hormonrezeptoren ligandenregulierte Ionenkanäle, Rezeptoren mit sieben Transmembrandomänen oder Rezeptoren mit Tyrosinkinaseaktivität sein. Einen Sonderfall stellen die GH/PRL-Zytokinrezeptoren dar, die nach Bindung des Liganden mit einer cytosolischen Tyrosinkinase assoziieren.

Eine wichtige Rolle bei der hormonellen Signaltransduktion spielen G-Proteine. Sie werden unter dem Einfluß von Hormonen in die aktive, mit GTP beladene Form gebracht und vermitteln auf diese Weise als molekulare Schalter die intrazelluläre Hormonwirkung.

Ein wichtiger intra- bzw. extrazellulär wirkender Signalmetabolit ist das NO. Es aktiviert eine lösliche Guanylatcyclase. Das dabei entstehende cGMP wirkt relaxierend auf glatte Muskelzellen und ist ein Ligand für Ionenkanäle. Außer durch die lösliche kann cGMP auch durch eine membrangebundene Guanylatcyclase gebildet werden. Diese ist eine Domäne des Rezeptors für das natriuretische Atriumpeptid.

Literatur

Monographien und Lehrbücher

IBELGAUFTS H: Lexikon Cytokine. Medikon Verlag München, 1992

PARKER MG (ed): Nuclear Hormone Receptors: Molecular Mechanisms, Cellular Functions, Clinical Abnormalities. Academic Press, London, San Diego New York, Boston, Sidney, Tokyo, Toronto, 1991

Original- und Übersichtsarbeiten

ASAOKA Y, NAKAMURA S, YOSHIDA K, NISHIZUKA Y (1992): Proteinkinase C, calcium and phospholipid degradation. TIBS 17: 414–417

AZZI A, BOSCOBOINIK D, HENSEY C (1992): The protein kinase C family. Eur J Biochem 208: 347–357

BARINAGA M (1993) Secrets of secretion revealed. Science 260: 487–489

BENNET MK, SCHELLER RH (1993) The molecular machinery for secretion is conserved from yeast to neurons. Proc Natl Acad Sci 90: 2259–2263

BERRIDGE MJ (1993) Inositol trisphosphate and calcium signalling. Nature 361: 315–325

BOURNE HR, SANDERS DA, McCORMICK F. (1991) The GTPase superfamily: conserved structure and molecular mechanism. Nature 349: 117–127

EVANS RM (1988) The steroid and thyroid hormone receptor superfamily. Science 240: 889–895

FISCHER VON MOLLARD G, STAHL B, LI C, SÜDHOF TC, JAHN T (1994) Rab proteins in regulated exocytosis. TIBS 19: 164–168

GALIONE A, WHITE A (1994) Ca²⁺ release induced by cyclic ADP-ribose. Trends in Cell Biology 4: 431–436

GIVOL D, AVNER Y (1992) Complexity of FGF receptors: genetic basis for structural diversity and functional specificity. FASEB J. 6: 3362–3369

GRIMM S, BAEUERLE PA (1993) The inducible transcription factor NF-ϰB: structure-function relationship of its protein subunits. Biochem J 290: 297–308

HELDIN C-H, WESTERMARK B (1990) Signal transduction by the receptor for platelet-derived growth factor. J Cell Science 96: 193–196

IHLE JN, WITTHUHN BA, QUELLE FW, YAMAMOTO K, THIERFELDER WE, KREIDER B, SILVENNOINEN O (1994) Signaling by the cytokine receptor superfamily: JAKs and STATs. TIBS 19: 222–227

IYENGAR R (1993) Molecular and functional diversity of mammalian G$_S$-stimulated adenylyl cyclases. FASEB J. 7: 768–775

KAZIRO Y, ITOH H, KOZASA T, NAKAFUKU M, SATOH T (1991) Structure and function of signal-transducing GTP-binding proteins. Annu Rev Biochem 60: 349–400

KELLY PA, ALI S, ROZAKIS M, GOUJON L, NAGANO M, PELLEGRINI J, GOULD D, DIJANE J, EDERTY M, FINIDORI J, POSTEL-VINAY MC (1993) The growth hormone/prolactin receptor family. Rec Progr Horm Res 48: 123–164

LAMBRIGHT DG, NOEL JP, HAMM HE, SIGLER PB (1994) Structural determinants for activation of the α-subunit of a heterotrimeric G protein. Nature 369: 621–628

LINCOLN TM, CORNWELL TL (1993) Intracellular cyclic GMP receptor proteins. FASEB J. 7: 328–338

LUPAS AN (1993): G-Proteins and ßARK: a new twist for the coiled coil. TIBS 18: 315–317

MARSHALL CJ (1995) Specificity of receptor tyrosine kinase signaling: transient versus sustained extracellular signal-regulated kinase activation. Cell 80: 179–185

MICHAEL K (1992) Signal transduction from cell surface to nucleus in development and disease. FASEB J. 6: 2581–2590

MICHELL RH (1992): Inositol lipids in cellular signalling mechanisms. TIBS 17: 274–276

MIYAJIMA A, HARA T, KITAMURA T: Common subunits of cytokine receptors and the functional redundancy of cytokines. TIBS 17: 378–382 (1992)

MURAD F (1994) The nitric oxide – cyclic GMP signal transduction system for intracellular and intercellular communication.

NISHIZUKA Y (ed) (1992) Signal transduction: crosstalk. TIBS 17: 367–443

NUOFFER C, BALCH WE (1994) GTPases: Multifunctional molecular switches regulating vesicular traffic. Annu Rev Biochem 63: 949–990

PRINCE RC, GUNSON DE (1993) Rising interest in nitric oxide synthase. TIBS 18: 35–36

SPORN MB, ROBERTS AB (1992): Autocrine secretion – 10 years later. Ann Int Med 117: 408–414

STAHL N, FARRUGGELLA TJ, BOULTON TG, ZHONG Z, DARNELL JE, YANCOPOULOS GD (1995) Choice of STATs and other substrates specified by modular tyrosine-based motifs in cytokine receptors. Science 267: 1349–1353

STERNWEIS PC, SMRCKA AV (1992) Regulation of phospholipase C by G proteins. TIBS 17: 502–506

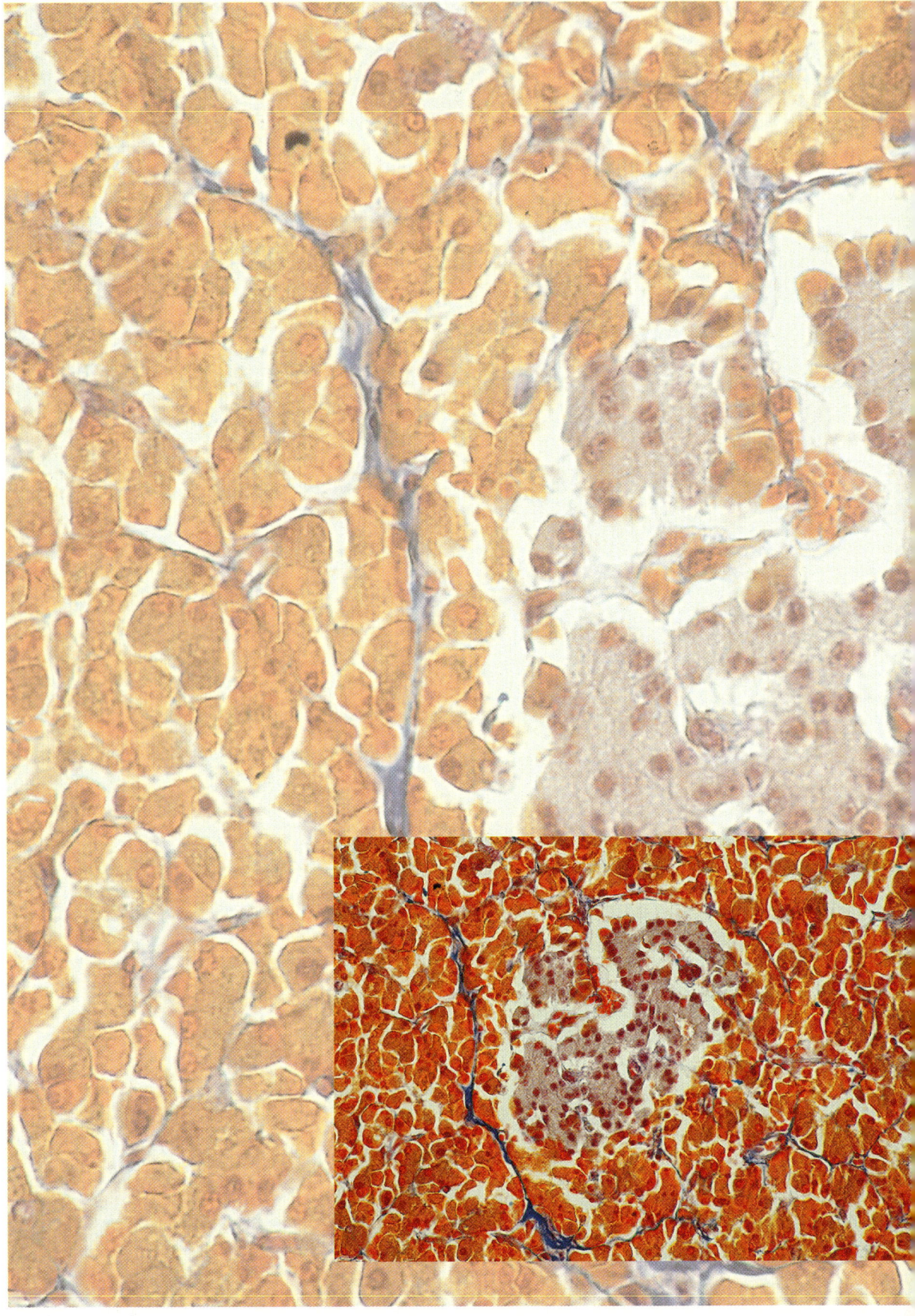

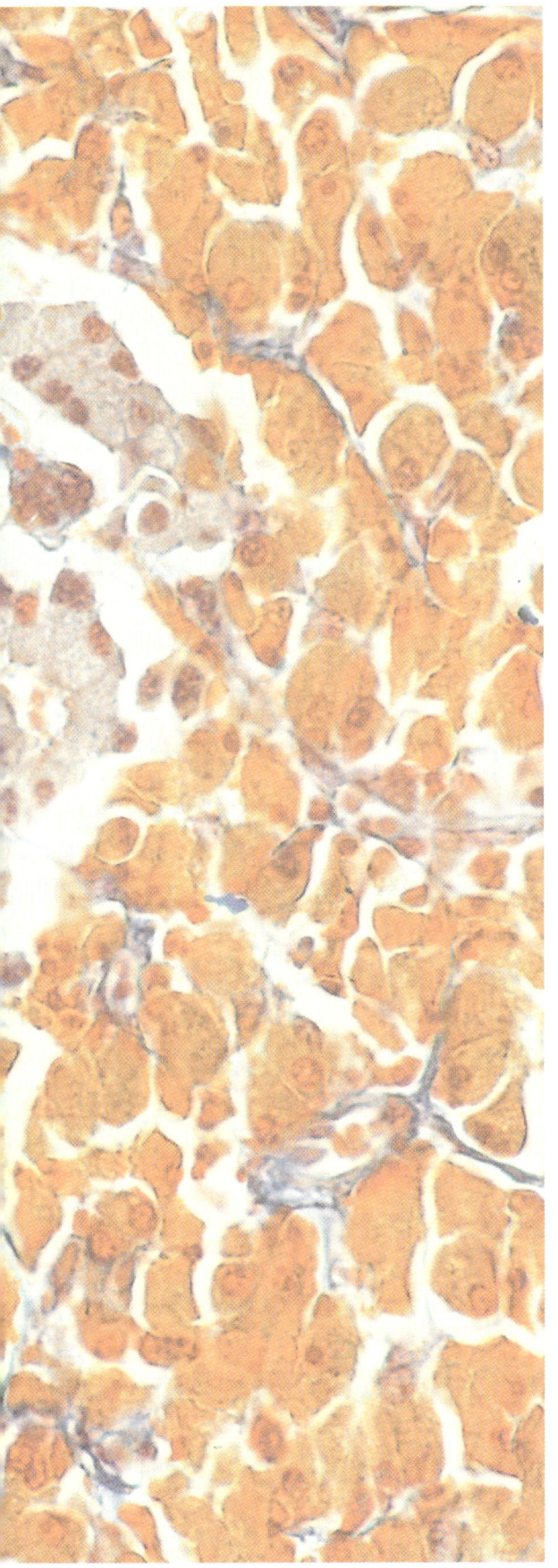

Endokrine Gewebe II:
Die schnelle Stoffwechselregulation

In diesem Kapitel wird eine Gruppe von Hormonen besprochen, zu deren Funktion die rasche Umstellung vor allem der energieliefernden Stoffwechselprozesse an geänderte Aktivitäten des Organismus gehört.

Insulin ist als das wichtigste anabole Hormon für die Regulation von Substrataufnahme und Speicherung in einer Reihe von Geweben notwendig. Sein Mangel löst den Diabetes mellitus aus, eine Erkrankung, deren klinischer Verlauf und Symptomatik schon sehr genau in den medizinischen Papyri der alten Ägypter beschrieben wurden.

Glucagon ist einer seiner direkten Gegenspieler. Es ist verantwortlich für die Stoffwechselumstellung auf fehlende Nahrungszufuhr und wirkt überwiegend auf die Leber, wo es Glykogenabbau und Gluconeogenese stimuliert.

Die Katecholamine schließlich sind die wichtigsten Hormone für die rasche Mobilisierung von gespeicherten Substraten. Sie spielen eine wesentliche Rolle bei der Reaktion des Organismus auf Streßsituationen und haben ein außerordentlich breites Wirkungsspektrum, das von der Regulation der Durchblutung verschiedener Gewebsgebiete bis zur Steuerung des Stoffwechsels reicht.

Die Entdeckung der nach ihrem Erstbeschreiber benannten Langerhans Inseln der Bauchspeicheldrüse war ein Meilenstein der Pathobiochemie. Er führte zunächst zur Isolierung von Insulin und damit zur Therapie der Zuckerkrankheit, später zur Strukturaufklärung des Insulins und seines Rezeptors sowie zu wichtigen Untersuchungen über die insulinabhängige Signaltransduktion.
(Bild: A. u. H.-F. Michler, Okapia Bild-Archiv, Frankfurt)

28.1 Insulin

28.1.1 Struktur

Insulin wurde 1923 erstmalig von Frederick Banting und Charles Best aus Rinderprankreas angereichert, so daß seither sein therapeutischer Einsatz bei der Behandlung der Zuckerkrankheit möglich ist. Erst nach dem 2. Weltkrieg gelang Frederick Sanger die Strukturaufklärung des Insulins. Es ist ein Proteohormon, welches aus zwei Peptidketten besteht, die als *A-Kette* mit 21 Aminosäuren sowie als *B-Kette* mit 30 Aminosäuren bezeichnet werden. A- und B-Kette sind durch *zwei Disulfidbrücken* miteinander verknüpft, eine dritte Disulfidbrücke im Bereich der A-Kette trägt zur Stabilisierung der Raumstruktur des Insulins bei (Abb. 28.1).

Bis heute ist die Primärstruktur der Insuline von weit über 20 Arten aufgeklärt worden. Soweit bis jetzt bekannt, ist der Bauplan aller Insuline identisch, wenn auch eine Reihe von Aminosäuren variiert. Die größte Ähnlichkeit mit dem Humaninsulin hat das *Schweineinsulin*, bei dem nur das carboxyterminale Threonin der B-Kette gegen ein Alanin ausgetauscht ist. Die Insuline des Schafes, des Pferdes und des Rindes unterscheiden sich vom Schweineinsulin durch Veränderungen der drei Aminosäuren unter der Disulfidbrücke der A-Kette. Bei anderen Arten sind bis zu 29 der insgesamt 51 Aminosäuren des Insulins ausgetauscht, obwohl sich an der biologischen Aktivität der unterschiedlichen Insuline in verschiedenen experimentellen Systemen relativ wenig Unterschiede zeigen.

Im Blut kommt Insulin sehr wahrscheinlich nur in monomerer Form vor. Bei stärkerer Konzentration und vor allem in Anwesenheit von *Zinkionen* bilden sich in vitro hexamere und dimere Insuline, die leicht kristallisieren. In den das gespeicherte Insulin enthaltenden Granula der β-Zellen der Langerhans'schen Inseln (s. u.) liegt das Insulin in stark kondensierter Form als Zinkkomplex vor. Insulinkristalle haben die Röntgenstrukturanalyse des Insulinmoleküls ermöglicht (S. 57). Dabei hat sich gezeigt, daß große Teile der A-Kette des Moleküls nach außen exponiert sind, während die B-Kette mehr im Inneren des Moleküls liegt. Diese Tatsache hat zur Annahme geführt, daß die A-Kette den größeren Anteil an der biologischen Aktivität des Insulinmoleküls hat, während die B-Kette beispielsweise für die Ausbildung von Insulinoligomeren verantwortlich ist (S. 76).

28.1.2 Biosynthese und Sekretion

Biosynthese und Sekretion von Insulin finden in den β-Zellen der Langerhans'schen Inseln des Pankreas statt

Für die Insulinbiosynthese, Speicherung und Sekretion ist der *endokrine* Teil des Pankreas verantwortlich. Er enthält die Langerhans'schen Inseln, kleine homogen

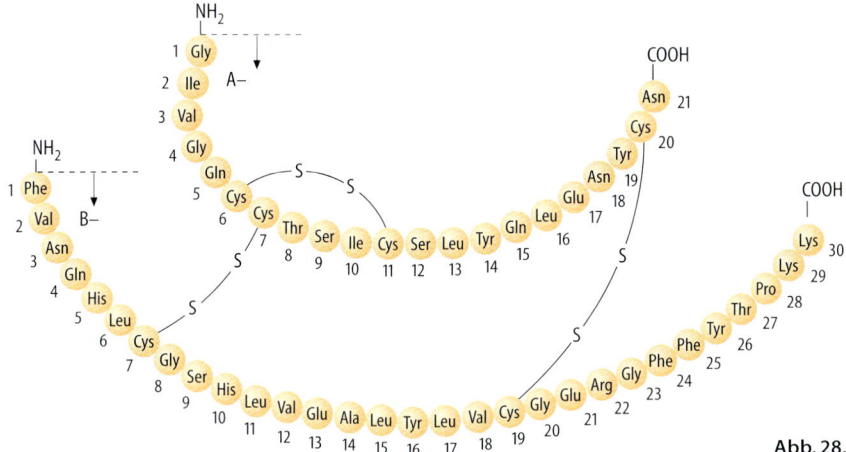

Abb. 28.1 Primärstruktur des Humaninsulins

über das Pankreas verstreute Zellaggregate, in denen verschiedene Zelltypen nachzuweisen sind:

- Die für die Produktion von Glucagon (S. 798) verantwortlichen α-Zellen,
- die β-Zellen, in denen die Insulinbiosynthese abläuft sowie
- die δ-Zellen, die Somatostatin (S. 850) produzieren.

Die β-Zellen machen etwa 80 % der gesamten Zellmasse der Langerhans'schen Inseln aus. Abbildung 28.2 zeigt die schematische Darstellung eines elektronenmikroskopischen Bildes einer Langerhans'schen Insel,

auf der die genannten drei Zellarten zu sehen sind. Sie lassen sich aufgrund ihrer unterschiedlichen Sekretgranula differenzieren.

Proinsulin ist der einkettige Insulinpräkursor

An einem menschlichen Inselzelltumor konnte der Mechanismus der *Insulinbiosynthese* von Donald Steiner aufgeklärt werden. Er zeigte, daß die beiden Ketten des Insulins Teile eines *einkettigen* Vorläufermoleküls sind. Heute ist auch die Struktur des auf dem kurzen

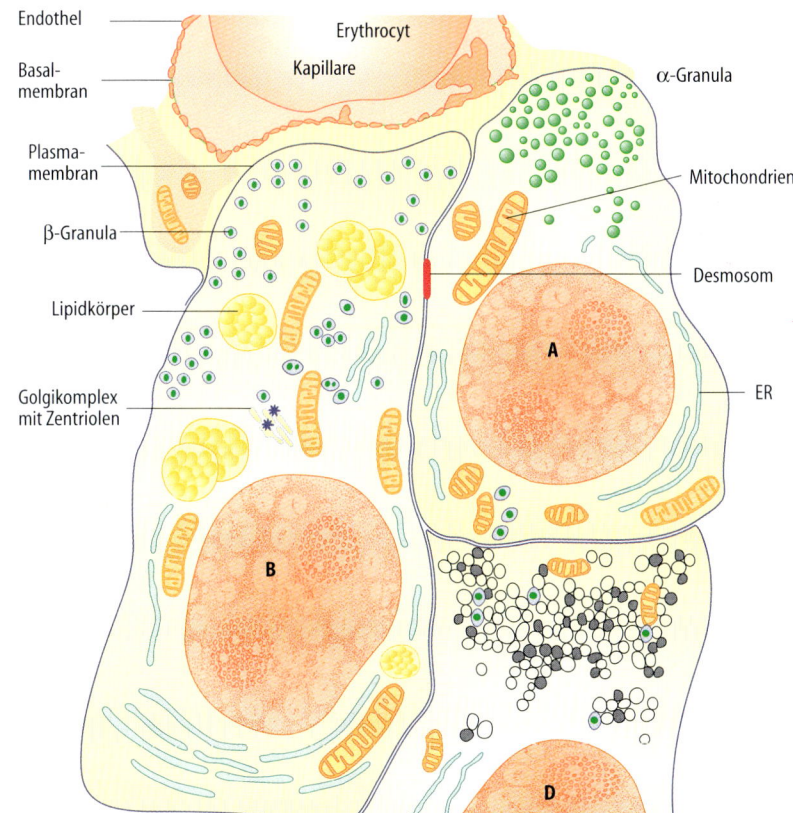

Abb. 28.2 Schematische Darstellung einer Langerhans'schen Insel des Menschen nach elektronenmikroskopischen Aufnahmen. Vergrößerung 10000 : 1. *A* α-Zelle; *B* β-Zelle; *D* δ-Zelle

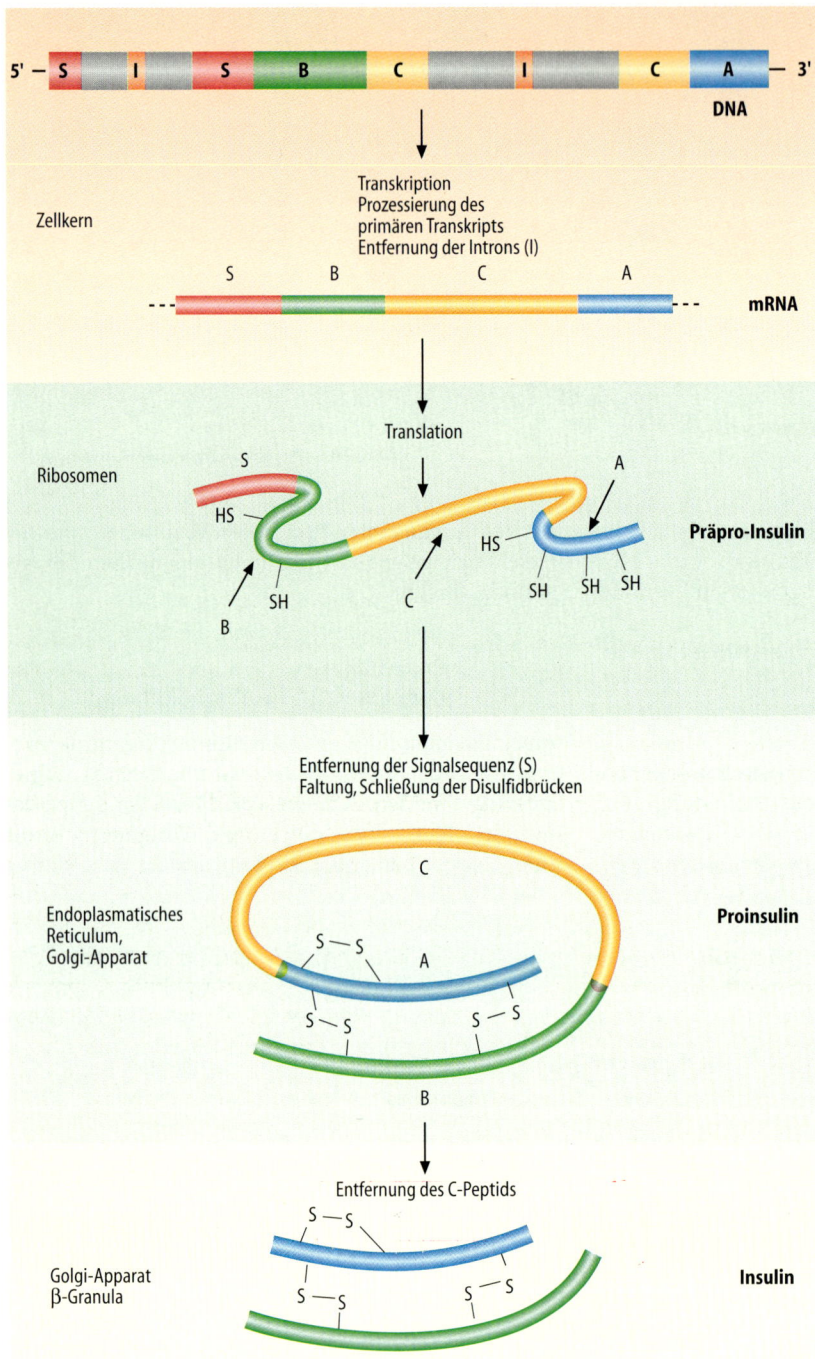

Abb. 28.3 Biosynthese von Insulin. Das Insulingen enthält zwei große Introns (I). Diese werden posttranskriptional entfernt. Nach Translation der dabei entstehenden RNA entsteht Präpro-Insulin, welches posttranslational prozessiert werden muß, damit natives Insulin entsteht. S Exon für Signalpeptid. (Einzelheiten s. Text)

Arm von Chromosom 11 gelegenen Insulingens bekannt, so daß der in Abb. 28.3 dargestellte Syntheseweg gesichert ist. Das Insulingen enthält zwei Introns. Die nach Transkription und Spleißen entstehende mRNA des Insulins codiert für ein Protein, das, vom N- zum C-Terminus zunächst ein Signalpeptid (S. 283) aus 24 Aminosäuren enthält, an das sich die vollständige Sequenz der B-Kette anschließt. Nach einem C-Peptid folgt dann die Sequenz der A-Kette. Das Translationsprodukt ist das *Präpro-Insulin,* welches je nach Species aus 104–109 Aminosäuren besteht. Wie andere Exportproteine wird auch Präpro-Insulin an den Ribosomen des rauhen endoplasmatischen Reticulums synthetisiert, wobei das Signalpeptid für die Einfädelung der synthetisierten Peptidkette in das Lumen des ER verantwortlich ist. Dort erfolgt die Abtrennung des Signalpeptids, so daß *Proinsulin* entsteht. Strukturell ist es Mitglied einer Familie stoffwechselaktiver Wachstumsfaktoren, zu denen u.a. die insulinähnlichen Wachstumsfaktoren (S. 851) sowie das Relaxin (S. 849)

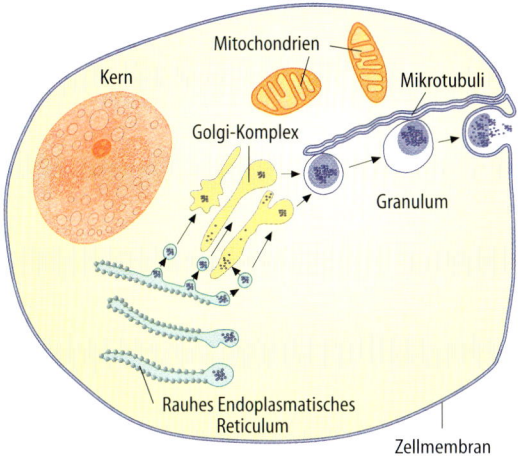

Abb. 28.4 Schematische Darstellung der Insulinsekretion der β-Zelle. (Einzelheiten s. Text)

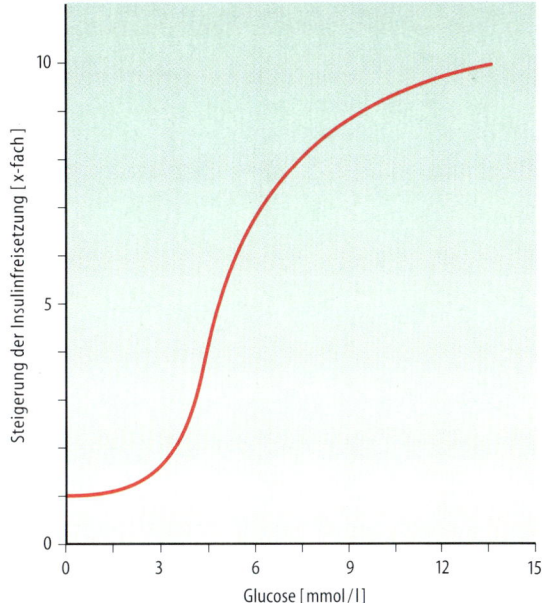

Abb. 28.5 Glucoseabhängigkeit der Insulinsekretion. Isolierte Langerhans'sche Inseln wurden 30 Minuten lang mit Glucose in den angegebenen Konzentrationen inkubiert und danach die Menge des freigesetzten Insulins ermittelt

gehören. Insulin wird unter Einschaltung einer spezifischen Protease aus der Familie der *Prohormon-Convertasen* durch Entfernung des C-Peptids gebildet. Dieser Vorgang findet im Golgi-Apparat sowie innerhalb der β-Granula statt.

Das C-Peptid wird nicht weiter proteolytisch abgebaut, so daß sich in den im Golgi-Apparat entstehenden Sekretgranula Insulin und C-Peptid in äquimolarem Verhältnis befinden. Diese Tatsache ist insofern von einiger klinischer Bedeutung, als bei der Sekretion von Insulin (s. u.) auch C-Peptid in äquimolaren Konzentrationen zum Insulin freigesetzt wird. Durch spezifische immunologische Bestimmung der *C-Peptid-Konzentration* im Plasma ist bei mit exogenem Insulin behandelten Diabetikern ein Rückschluß auf die noch vorhandene körpereigene Restsekretion von Insulin möglich.

Der wichtigste Faktor für die Expression des Insulingens ist *Glucose*. Viele Beobachtungen haben gezeigt, daß jede Erhöhung der extrazellulären Glucosekonzentration eine Zunahme der Präpro-Insulinsynthese auslöst. Hohe Insulinkonzentrationen führen dagegen zu einer Hemmung der Expression des Präpro-Insulingens.

Die Insulinsekretion hängt von der extrazellulären Glucosekonzentration ab

In Abb. 28.4 ist die aus elektronenmikroskopischen Untersuchungen abgeleitete Vorstellung über den Ablauf der Insulinsekretion der β-Zellen schematisch dargestellt. Nach seiner Biosynthese und posttranslationalen Modifikation wird Insulin zusammen mit C-Peptid in dem vom Golgi-Komplex abgeschnürten Sekretgranula in konzentrierter Form gespeichert. Jeder zur Sekretion führende Reiz bewirkt eine Wanderung der β-Granula an die innere Zellmembranoberfläche. Hier verschmilzt die Granulamembran mit der Plasmamembran, an der Nahtstelle reißt die Membran auf, so daß der Granulainhalt jetzt in den perikapillären Raum entleert werden kann.

Der Sekretionsvorgang, der also dem klassischen Ablauf der regulierten Exocytose (S. 192) entspricht, ist abhängig von der Aufrechterhaltung einer physiologischen *Calciumkonzentration* im extrazellulären Raum. *Colchicin* oder *Vinca-Alkaloide* (S. 197) sind wirkungsvolle Hemmstoffe der Insulinsekretion, was für eine Beteiligung des mikrotubulären Systems bei der Wanderung der β-Granula zur Zellmembran spricht.

Der physiologische Reiz zur Auslösung der Insulinsekretion der β-Zelle besteht in einer Erhöhung der *Glucosekonzentration* in der extrazellulären Flüssigkeit. Wie Abb. 28.5 zu entnehmen ist, beginnt die Insulinsekretion bei einer Glucosekonzentration von 2–3 mmol/l und nimmt danach bis zu einem Grenzwert von etwa 15 mmol/l mit der Glucosekonzentration zu. Diese Tatsache gewährleistet, daß jede Erhöhung der Blutglucosekonzentration über einen Grenzwert von etwa 3 mmol/l dosisabhängig von einer Insulinsekretion begleitet ist. Unter normalen Bedingungen folgt also jeder Erhöhung der Blutglucosekonzentration ein Anstieg der Insulinkonzentration im peripheren Blut (Abb. 28.6). Dieses Phänomen ist die Grundlage der *Glucosebelastungstests* zur Diagnose von Vorstadien des Diabetes mellitus (S. 407). Nur bei normaler Insulinsekretion ist der etwa 30 min nach der Glucosebelastung erfolgende Abfall der Blutglucose möglich.

Durch kombinierte biochemische und elektrophysiologische Untersuchungen hat man heute eine ei-

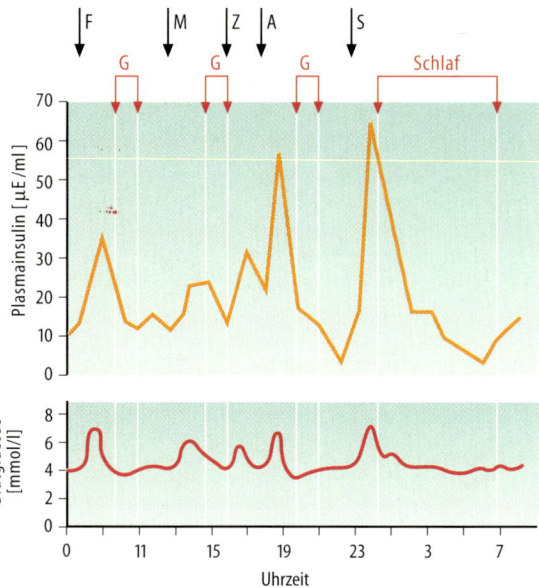

Abb. 28.6 24-Stunden-Profil von Blutglucose- und Plasmainsulin-Konzentration bei einer normalgewichtigen Versuchsperson. *F* Frühstück; *M* Mittagessen; *Z* Zwischenmahlzeit; *A* Abendessen; *S* Spätmahlzeit; *G* 1 Stunde gehen. (Nach Molnar et al. (1972) Mayo Clin Proc 47: 709)

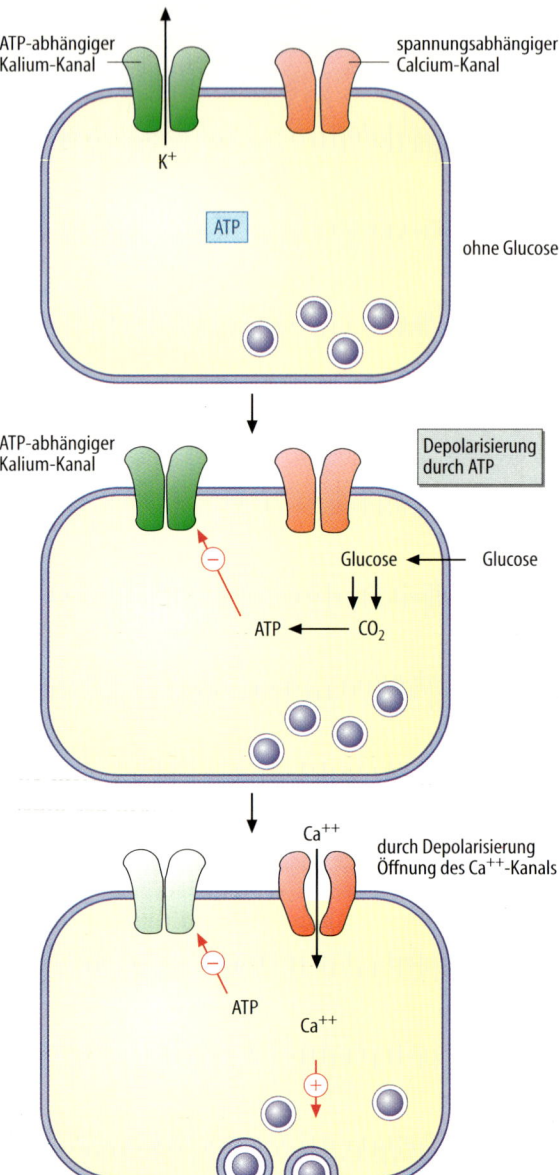

Abb. 28.7 Mechanismus der Glucose-induzierten Insulinsekretion in β-Zellen der Langerhans'schen Inseln. Der Glucosestoffwechsel der β-Zellen der Langerhans'schen Inseln führt in Abhängigkeit von der extrazellulären Glucosekonzentration zu einer Steigerung des ATP/ADP-Quotienten, der das metabolische Signal für das Schließen eines ATP-abhängigen K$^+$-Kanals abgibt. Die sich dadurch ergebende Depolarisierung führt zur Öffnung eines spannungsabhängigen Ca^{2+}-Kanals und zur Zunahme der regulären Calciumkonzentration. Diese ist der Auslöser für die gesteigerte Exocytose von β-Granula

nigermaßen sichere Vorstellung von dem biochemischen Mechanismus, mit Hilfe dessen das Signal einer erhöhten extrazellulären Glucosekonzentration in die Exocytose der Insulin-enthaltenden β-Granula umgesetzt wird (Abb. 28.7). Glucose wird von den β-Zellen in Abhängigkeit von ihrer Konzentration (s. u.) aufgenommen und verstoffwechselt. Jede Steigerung des Glucoseumsatzes in der β-Zelle resultiert in einem Anstieg des zellulären *ATP/ADP-Verhältnisses*. Dies führt zur Hemmung eines in der Plasmamembran der β-Zellen vorhandenen ATP-empfindlichen K$^+$-Kanals, was eine *Depolarisierung* der β-Zelle auslöst. Ein spannungsregulierter *Ca^{2+}-Kanal* öffnet sich infolgedessen und führt zu einem Anstieg der cytosolischen Calciumkonzentration, die wiederum der Auslöser für die gesteigerte Exocytose von β-Granula ist.

Die molekulare Ursache für die Abhängigkeit der Insulinsekretion der β-Zellen der Langerhans'schen Inseln von der extrazellulären Glucosekonzentration und vom Glucoseumsatz liegt offensichtlich in einem gewebstypischen Zusammenspiel von Glucoseaufnahme und Glucosephosphorylierung. In den β-Zellen der Langerhans'schen Inseln kommt das Glucosetransportprotein *Glut-2* mit einer besonders hohen Michaeliskonstante für Glucose vor, so daß die Glucoseaufnahme dieser Zellen nie limitierend für den Glucoseumsatz wird. Ähnlich wie die Leber verfügen β-Zellen über eine hohe *Glucokinaseaktivität*. Die Glucokinase der β-Zellen hat eine K$_M$ von etwa 8 mmol/l. Da aufgrund der Ausstattung mit Glut-2 die intrazelluläre Glucosekonzentration der β-Zellen der extrazellulären entspricht, hängt die Glucosephosphorylierung und

damit die Glykolyserate der β-Zellen direkt von der Blutglucosekonzentration ab.

Verschiedene Verbindungen modulieren die Antwort der β-Zelle auf den Glucosereiz. Außer einigen Monosacchariden können *Aminosäuren, Fettsäuren* und *Ketonkörper* zur Insulinfreisetzung führen. Allerdings ist in jedem Fall die Anwesenheit von Glucose notwendig, so daß eigentlich lediglich die Glucose-in-

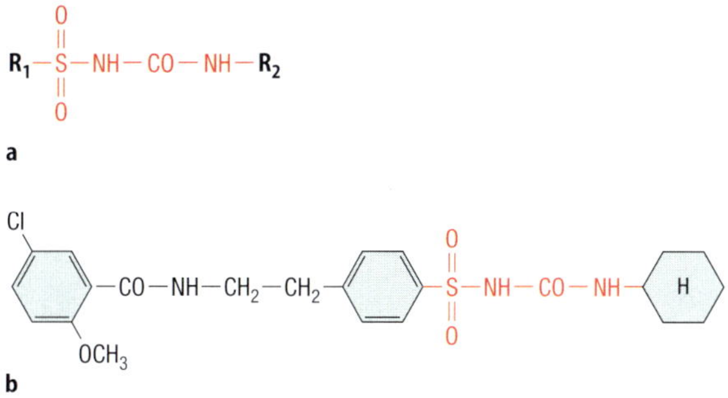

a

b

Abb. 28.8 a, b Struktur von Sulfonylharnstoffen. **a** Allgemeine Struktur der Sulfonylharnstoffe. **b** Glibenclamid als Beispiel für einen häufig verwendeten Sulfonylharnstoff

duzierte Insulinsekretion durch die genannten Verbindungen verstärkt wird. Nicht metabolisierbare Zucker wie 2-Desoxyglucose oder Mannoheptulose sind experimentelle Hemmstoffe der Insulinsekretion.

Einige Hormone üben eine regulierende Wirkung auf die Insulinfreisetzung durch die β-Zelle aus. *Noradrenalin* und besonders *Adrenalin* hemmen die Insulinsekretion. Blockade der α2-Rezeptoren (S. 803) hebt diese Hemmwirkung auf, Stimulierung der β-Rezeptoren führt dagegen zu einer Steigerung der Insulinfreisetzung, bei der das Adenylatcyclasesystem eingeschaltet ist. In ähnlicher Weise wirkt auch das Glucagon.

Seit langem ist bekannt, daß die gleiche Menge Glucose oral gegeben zu höheren Insulinspiegeln führt als bei intravenöser Zufuhr. Dies ist die Folge einer durch Enterohormone gesteigerten Insulinsekretion. Derartige Enterohormone werden auch als *Inkretine* bezeichnet. Von besonderer Bedeutung ist hier das *gastrische inhibitorische Peptid* (GIP) (S. 1004), dessen Plasmakonzentration besonders nach kohlenhydratreichen Mahlzeiten auf Werte ansteigt, die die Insulinsekretion deutlich stimulieren. Ähnlich verhält sich das aus dem Prapro-Glucagon der Mucosazellen entstehende *Glucagon-ähnliche Peptid* (GLP-1, S. 798).

Ob Insulin seine eigene Sekretion hemmt, ist nach wie vor Gegenstand der Diskussion. Dagegen ist es sicher, daß *Somatostatin*, welches u. a. in den δ-Zellen der Langerhans'schen Inseln gebildet wird, die Insulinsekretion hemmt. Die physiologische Bedeutung dieses Befundes ist noch nicht klar.

Unter den Pharmaka besitzen die von den Sulfonamiden abgeleiteten *Sulfonylharnstoffe* (Abb. 28.8) eine besonders ausgeprägte Wirkung auf die Insulinfreisetzung. Aus diesem Grund werden sie als sog. *orale Antidiabetika* zur Therapie vor allem des Typ II Diabetes (S. 807) eingesetzt.

Inzwischen ist es gelungen, den *Sulfonylharnstoff-Rezeptor* der β-Zelle zu klonieren und zu charakterisieren. Dieses SUR-Protein (*engl.* sulfonylurea receptor, SUR) ist ein Transmembranprotein mit einem Molekulargewicht von etwa 180 kD. Es ist ein Mitglied der ABC-Transporter-Familie und hat zwei Nucleotid-

Bindungsdomänen. Mutationen im Bereich dieser Domänen führen zur kindlichen familiären hyperinsulinämischen Hypoglykämie, da der Rezeptor konstitutiv aktiviert ist. Man schließt daraus, daß das SUR-Protein ein Teil des ATP-empfindlichen K^+-Kanals ist. Bindung von Sulfonylstoffen würde dann damit eine Hemmung des Kanals und die Depolarisierung der β-Zelle auslösen.

28.1.3 Plasmakonzentration und Abbau

Im zirkulierenden Blut kommt Insulin im wesentlichen als Monomer vor. Ein Bindungsprotein für Insulin ist nicht nachgewiesen worden. Die Insulinkonzentration im Blut beträgt – in Abhängigkeit von der Glucosekonzentration – beim Stoffwechselgesunden 0,4–4 ng/ml. Meist werden Insulinmengen aber in internationalen Einheiten angegeben. 1 mg Insulin entspricht etwa 25 internationalen Einheiten (IE). Dieser Wert ist mit Hilfe eines immunologischen Testverfahrens (S. 767) ermittelt worden. Die früher häufiger benutzten biologischen Bestimmungsverfahren führen zu höheren Werten, die durch die Anwesenheit von Insulin-ähnlich wirkenden Verbindungen im Plasma verursacht sind (Somatomedine, Insulin-ähnliche Wachstumsfaktoren, S. 851). Eine Reihe von sehr aktiven enzymatischen Systemen sorgt für den raschen Abbau von zirkulierendem Insulin, so daß dessen Halbwertszeit im Serum nur etwa 7–15 Minuten beträgt. So kann von einer Reihe von Zellen der Insulin-Rezeptor-Komplex (s. u.) internalisiert und durch lysosomale Enzyme abgebaut werden. Eine spezifische *Glutathion-Insulin-Transhydrogenase* katalysiert die reduktive Spaltung

Tabelle 28.1 Die Insulinempfindlichkeit verschiedener Organe und Zellen

Insulinempfindliche Organe
Muskel (Skelett- und Herzmuskel)
Fettgewebe
Leber
Leukocyten
Lactierende Brustdrüse
Samenblasen
Knorpel und Knochen
Haut
Linse des Auges
Hypophyse
Peripherer Nerv
Aorta
Insulinunempfindliche Organe
Erythrocyten
Intestinale Mucosa
Nieren

der die A- und B-Kette verbindenden Disulfidbrücken. Die nun isolierten Ketten werden rasch proteolytisch abgebaut. Speziell in der Muskulatur scheint es darüber hinaus Proteasen mit hoher Spezifität für Insulin zu geben.

28.1.4 Biologische Wirkungen

Das aus den β-Zellen der Langerhans'schen Inseln freigesetzte Insulin wirkt nicht auf alle Zellen des Organismus. Von den in Tabelle 28.1 aufgeführten insulinempfindlichen Geweben fallen aufgrund ihrer Masse und Stoffwechselbedeutung die **Muskulatur**, das **Fettgewebe** und die **Leber** besonders ins Gewicht, weswegen an ihnen die biochemischen Funktionen des Insulins dargestellt werden sollen (Tabelle 28.2).

Insulin stimuliert die Glucoseaufnahme in Fettgewebe und Skelettmuskel

Die am längsten bekannte und wichtigste Wirkung des Insulins wurde in den 40er Jahren von Rachmiel Levine entdeckt, als er zeigen konnte, daß Insulin die **Glucoseaufnahme** der Skelettmuskulatur stimuliert. Später konnte eine gleichartige Insulinwirkung auch im Fettgewebe nachgewiesen werden. Die hierdurch gesteigerte Glucoseverwertung führt am Gesamtorganismus zu einem raschen **Blutglucoseabfall** nach Insulingaben. Für die Glucoseaufnahme sowohl der Muskel- als auch der Fettzelle ist der bereits beschriebene Glucosetransporter **Glut-4** (S. 408) verantwortlich, welcher die Glucoseaufnahme durch erleichterte Diffusion katalysiert. Glut-4-Transporter sind nicht nur in der Plasmamembran verankert, sondern befinden sich auch in intracellulären Membranvesikeln, wo sie zur schnellen Mobilisierung bereitstehen. Die Wirkung des Insulins beruht darauf, daß es solche Vesikel in die *Plasmamembran* verlagert (S. 409). Ein derartiger Mechanismus paßt gut zu den Ergebnissen kinetischer Untersuchungen, wonach Insulin die Maximalgeschwindigkeit und nicht etwa die K_M des Glucosetransportsystems verändert. Im Gegensatz zur Fett- und Muskelzelle verfügt die **Leberzelle** nicht über ein insulinabhängiges Glucosetransportsystem. Sie besitzt den Glucosetransporter **Glut-2**, welcher aufgrund seiner K_M eine Glucoseaufnahme in Abhängigkeit von der extrazellulären Konzentration gewährleistet. Eine Translokation zwischen Plasmamembran und intrazellulären Vesikeln findet bei Glut-2 nicht statt. Da die Leber, ähnlich wie die β-Zellen, eine sehr aktive **Glucokinase** besitzt, wird von ihr Glucose proportional dem Glucoseangebot der extrazellulären Flüssigkeit metabolisiert.

Die gesteigerte Glucoseaufnahme in Muskel- und Fettzelle führt zu einer Reihe von charakteristischen Stoffwechseleffekten. An der **Muskelzelle** kommt es v. a. zu einer Zunahme der Glykogenbiosynthese, da-

neben zu gesteigerter Glykolyse. In der **Fettzelle** wird ein beträchtlicher Teil der vermehrt aufgenommenen Glucose im Hexosemonophosphatweg unter Bildung von NADPH/H^+ abgebaut. Außerdem steigt auch in der Fettzelle die Geschwindigkeit des Glucoseabbaus in der Glykolyse, wobei das gebildete Pyruvat zu Acetyl-CoA decarboxyliert und danach gegebenenfalls für die Fettsäurebiosynthese verwendet wird (S. 433). Ver-

Tabelle 28.2 Stoffwechselwirkungen von Insulin

Wirkungs-typ	Effekt	Stoffwechselwirkung
Schnell	Steigerung des Glucosetransports in Skelettmuskel und Adipocyt	Senkung der Blutglucosekonzentration; Steigerung der Glykogensynthese und Glykolyse der Skelettmuskulatur; Steigerung der Triacylglycerinsynthese im Fettgewebe
	Aktivierung der Glykogensynthase	Steigerung der Glykogensynthese in Leber und Skelettmuskulatur
	Aktivierung der cAMP-spezifischen Phosphodiesterase	Senkung des cAMP-Spiegels; in Fettgewebe Hemmung der Lipolyse, in Leber und Skelettmuskel Hemmung der Glykogenolyse und Stimulierung der Glykogensynthese; in Leber Hemmung der Gluconeogenese
	Steigerung des Aminosäure-transports in Skelettmuskel	Steigerung der zellulären Aminosäurekonzentration; Stimulierung der Proteinbiosynthese
Langsam	Induktion der Lipoproteinlipase	Steigerung der Spaltung von VLDL-Triacylglycerinen; Stimulierung der Triacylglycerinbiosynthese
	Induktion von Glucokinase, Phosphofructokinase, Pyruvatkinase	Stimulierung der Glykolyse
	Repression von Pyruvat-Carboxylase, PEP-Carboxykinase, Fructose-1,6-Bisphosphatase und Glucose-6-Phosphatase	Hemmung der Gluconeogenese

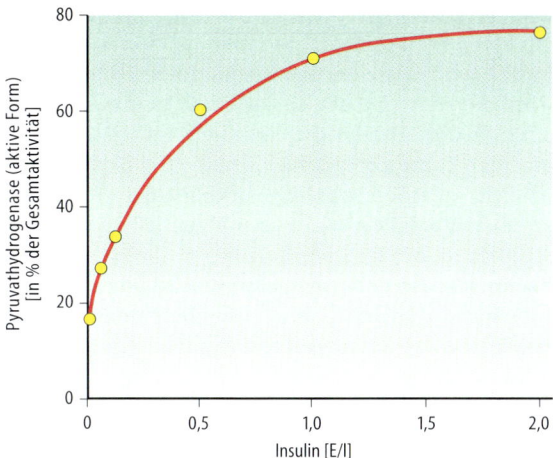

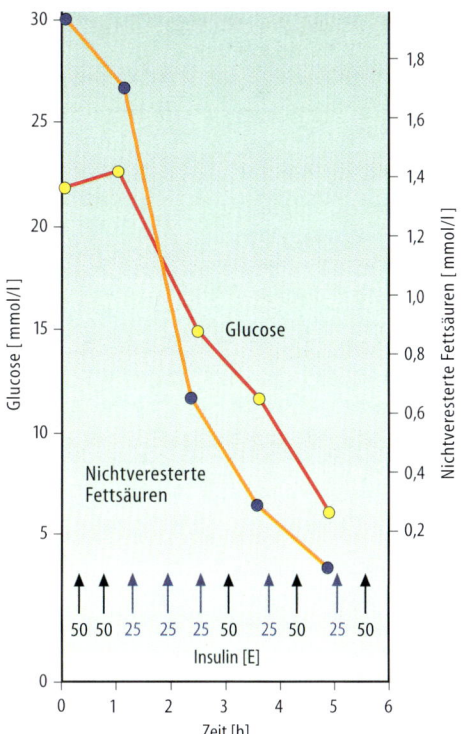

Abb. 28.9 Übergang der Pyruvatdehydrogenase des Fettgewebes in die aktive Form durch Insulin. Isolierte Fettzellen der Ratte wurden mit den angegebenen Mengen von Insulin inkubiert und anschließend die aktive Form des Pyruvatdehydrogenase-Komplexes gemessen. Daneben werden die Acetyl-CoA-Carboxylase sowie sehr wahrscheinlich das fettsäureübertragende Enzym Glycerophosphat-Acyl-Transferase allosterisch oder durch Interkonvertierung aktiviert

Abb. 28.10 Konzentrationsabfall von Glucose und nichtveresterten Fettsäuren im Blutplasma während der Therapie eines Coma diabeticum

mehrt synthetisierte Fettsäuren werden in Triacylglycerine eingebaut, womit Insulin auch an der Fettzelle den Aufbau von Speichermolekülen begünstigt. Von besonderer Bedeutung hierfür ist die durch das Insulin ausgelöste Aktivierung des in den Mitochondrien lokalisierten *Pyruvatdehydrogenase-Komplexes*. Dies führt zu einer vermehrten Bereitstellung von Acetyl-CoA für die Fettsäurebiosynthese (Abb. 28.9).

Insulin senkt den cAMP-Spiegel vieler Gewebe

Da die Glucoseaufnahme des Hepatocyten insulinunabhängig verläuft, müssen etwaige Angriffspunkte des Insulins an der Leber über andere Wege als das Glucosetransportsystem vermittelt werden. Auffallend ist, daß in der Leber Stoffwechseleffekte des Insulins mehr als bei anderen Organen im Gegenspiel zu Insulinantagonisten, also Glucagon oder Katecholaminen auftreten. So vermag Insulin wirkungsvoll die durch Glucagon (s. u.) stimulierte Gluconeogenese zu hemmen, daneben stimuliert es die Glykolyse sowie die Glykogensynthese. Die genannten Effekte gehen mit einer durch Insulin verursachten Senkung des cAMP-Spiegels der Leberzelle einher. Ursächlich hierfür ist eine durch Insulin hervorgerufene Aktivierung der für den cAMP-Abbau verantwortlichen *Phosphodiesterase*.

Jeder Abfall der cAMP-Konzentration muß zwangsläufig zu einer Hemmung des Glykogenabbaus und zu einer Stimulierung der Glykogensynthese führen. Darüber hinaus verursacht eine niedrige cAMP-Konzentration eine verminderte Phosphorylierung der Fructose-6-phosphat-2-Kinase, was nach dem auf S. 416 dargestellten Schema zur gesteigerten Bil-

dung von Fructose-2,6-bisphosphat und damit zur gesteigerten Glykolyse führen muß. Wahrscheinlich beruht die unter Insulin beobachtete Hemmung der Ketonkörperproduktion auch auf dem beschriebenen Abfall des cAMP.

Am Fettgewebe, nicht aber an der Muskulatur zeigt Insulin einen ähnlichen Hemmeffekt auf die Adenylatcyclase und führt so zu einer Senkung der durch Insulin-antagonistische Hormone gesteigerten cAMP-Konzentration. Dieses Phänomen bildet die Basis des schon lange bekannten antilipolytischen Effektes von Insulin am Fettgewebe. Dieser äußert sich besonders eindrucksvoll in dem in Abb. 28.10 dargestellten Verhalten von Blutglucose- und Fettsäurekonzentration bei der Therapie eines Patienten mit diabetischem Coma.

Insulin stimuliert die Proteinbiosynthese

Die Latenzzeit bis zum Wirkungseintritt der genannten Insulineffekte beträgt einige Sekunden bis höchstens wenige Minuten. Anders ist es dagegen mit Insulineffekten auf Wachstum und Proteinbiosynthese. Diese sind erst nach Stunden bis Tagen nachweisbar und können sich auf der Ebene der Induktion bzw. Derepression einzelner Enzyme abspielen, was zu einem geänderten Enzymbestand der Zielzelle führt, oder in einer allgemeinen Wachstumswirkung bestehen.

Tabelle 28.3 Enzyme, deren Biosynthese durch Insulin reguliert wird (Auswahl)

Gewebe	Insulin	
	Induziert	*Reprimiert*
Fettgewebe	Glut-4	
	Phosphofructokinase	
	Pyruvatkinase	
	Acetyl-CoA-Carboxylase	
	Fettsäuresynthase	
	Lipoproteinlipase	
Leber	Glucokinase	Pyruvatcarboxylase
	Phosphofructokinase	PEP-Carboxykinase
	Pyruvatkinase	Fructose-2,6-Bisphosphatase
	Acetyl-CoA-Carboxylase	
	Fettsäuresynthase	Glucose-6-Phosphatase
Muskulatur	Glut-4	
	Aminosäuretransport-Systeme	

Von immer mehr Genen wird bekannt, daß ihre Transkription durch Insulin reguliert wird. Meist handelt es sich um Enzyme, die an Schlüsselstellen des Kohlenhydrat- oder Fettstoffwechsels stehen. Tabelle 28.3 enthält eine Auswahl derartiger Enzyme. Am Fettgewebe wird die Expression der für die Umwandlung von Glucose in Fettsäuren benötigten Transportproteine und Enzyme durch Insulin induziert. Ein weiteres wichtiges, unter Insulinregulation stehendes Enzym ist die *Lipoproteinlipase* (S. 427, 472). Dieses für die Aufnahme von Triacylglycerinen aus den VLDL des Plasmas verantwortliche Enzym fehlt bei Insulinmangel im Fettgewebe fast vollständig, seine Aktivität läßt sich jedoch durch Zugabe von Insulin normalisieren.

Auch in der Leber beeinflußt Insulin in spezifischer Weise den Enzymbestand. So dient es als *Induktor* für die glykolysespezifischen Enzyme

- Glucokinase,
- Phosphofructokinase und
- Pyruvatkinase.

Gleichzeitig *reprimiert* es die Biosynthese von Schlüsselenzymen der Gluconeogenese wie

- Pyruvatcarboxylase,
- Phosphoenolpyruvat-Carboxykinase,
- Fructose-1,6-Bisphosphatase und
- Glucose-6-Phosphatase.

An der Muskelzelle ist Insulin ein Induktor des Glucosetransporters Glut 4, womit die Glucoseaufnahme und der Glucoseumsatz dieses Gewebes unter Insulinkontrolle steht. Außerdem stimuliert Insulin die Aufnahme der Aminosäuren Alanin, Glycin, Serin, Threonin, Prolin, Histidin und Methionin; in wieweit sich dies auch auf andere Aminosäuren erstreckt, ist noch nicht sicher

bekannt. Dieser Insulineffekt läßt sich erst nach einer Latenzzeit von einigen Stunden nachweisen sowie durch Hemmstoffe der Proteinbiosynthese blockieren. Möglicherweise beruht er auf einer Insulin-abhängigen Induktion der für die einzelnen Aminosäuren abhängigen Transportsysteme (S. 524).

Es ist schon sehr lange bekannt, daß Insulin für ein normales Körperwachstum essentiell ist und daß beispielsweise Wachstumshormon in Abwesenheit von Insulin gar keine oder nur geringe Wirkung zeigt. Aus Untersuchungen an isolierten Geweben weiß man, daß Insulin die Proteinbiosynthese stimuliert. Sein Effekt beruht dabei nicht nur auf einem gesteigerten Aminosäuretransport (s.o.), sondern auf seinem in seinen Einzelheiten noch nicht geklärten Effekt auf die Proteinbiosynthese.

In vielen Fällen ist es jedoch nicht eindeutig festzustellen, ob Insulin seine wachstumsstimulierende Wirkung nicht durch Wechselwirkung mit den Rezeptoren für die Insulin-ähnlichen Wachstumsfaktoren (IGF-I und IGF II, S. 851) ausübt. Dies trifft besonders dann zu, wenn im Experiment supraphysiologisch hohe Insulinkonzentrationen eingesetzt werden.

Insulin ist das wichtigste anabole Hormon des Organismus

Faßt man die geschilderten Insulinwirkungen auf den Stoffwechsel von Leber, Muskulatur und Fettgewebe zusammen, so stellt sich Insulin als ein anabol wirksames Hormon dar. Seine Sekretion wird durch ein erhöhtes Substratangebot im Blut, vornehmlich durch Glucose, ausgelöst. Es sorgt durch seine Wirkung auf die Glucosetransportsysteme von Muskulatur und Fettzelle mit nachgeschalteten Effekten auf verschiedene Enzymsysteme für die effiziente Speicherung dieses Substratangebotes in Form von Glykogen und Triacylglycerinen. Unterstützt wird diese Insulinwirkung durch die gleichzeitig erfolgende Hemmung des Adenylatcyclasesystems, was Stoffwechseleffekte von Insulin-antagonistisch wirksamen katabolen Hormonen blockiert. Insulin fördert die Aufnahme verschiedener Aminosäuren in Gewebe und damit die Proteinbiosynthese.

28.1.5 Molekularer Wirkungsmechanismus

Während das physiologische Wirkungsspektrum des Insulins ein klares Bild seiner biologischen Funktionen ergibt, kann die Frage nach seinem molekularen Wirkungsmechanismus auch heute noch nicht endgültig und befriedigend beantwortet werden. Ungeachtet der vielfältigen (pleiotropen) Effekte des Insulins auf die verschiedenen Gewebe steht eindeutig fest, daß die primäre Insulinwirkung auf molekularer Ebene in seiner Bindung an einen in der Plasmamembran der je-

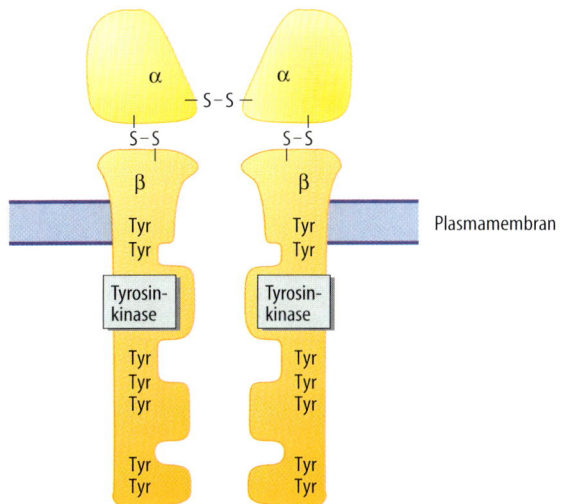

Abb. 28.11 Struktur des Insulinrezeptors. Die α-Untereinheit des Insulinrezeptors besteht aus 723 Aminosäuren und trägt die Insulin-bindende Domäne. Die beiden α-Untereinheiten sind über eine Disulfidbrücke miteinander verknüpft. Die β-Untereinheit besteht aus 620 Aminosäuren mit einer extrazellulären, einer Transmembran und einer cytosolischen Domäne. In der letzteren finden sich drei Gruppen von Tyrosinresten, die nach Insulinbindung durch die Tyrosinkinaseaktivität der β-Untereinheiten phosphoryliert werden können

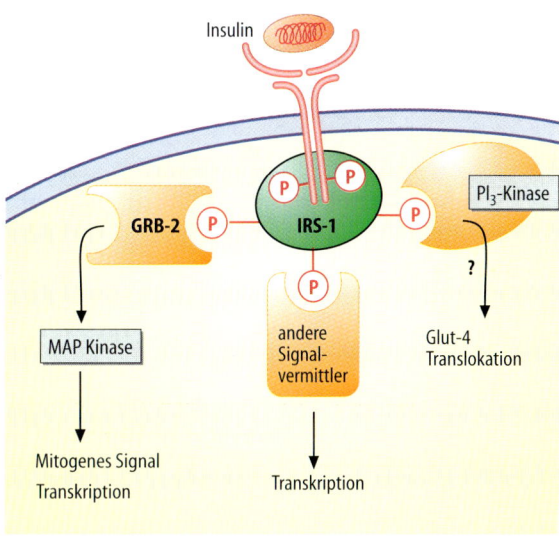

Abb. 28.12 Modell der insulinvermittelten Signaltransduktion. Die Phosphorylierung des Insulinrezeptors aktiviert dessen Tyrosinkinaseaktivität und löst damit die Phosphorylierung des Insulinrezeptorsubstrates IRS-1 aus. Eine Reihe von Tyrosylresten des IRS-1 werden durch die Tyrosinkinaseaktivität des Insulinrezeptors phosphoryliert und bilden damit Stellen für die Andockung von Proteinen mit SH-2-Domänen. Zu diesen gehören eine Phosphatidylinositol-3-Kinase, das für die Aktivierung der MAP-Kinase (S. 780) notwendige GRB-2-Protein sowie wahrscheinlich weitere Proteine mit SH-2-Domänen

weiligen Zielzelle gelegenen sehr spezifischen Rezeptor, dem *Insulinrezeptor*, besteht.

In Abb. 28.11 ist der Aufbau und die Membranintegrierung des Insulinrezeptors dargestellt. Er konnte aus einer großen Zahl von Geweben angereichert und charakterisiert werden. Da er auch aus einer humanen cDNA-Bibliothek kloniert werden konnte, ist die Aminosäuresequenz des menschlichen Insulinrezeptors bekannt. Es handelt sich um tetrameres Molekül aus je zwei identischen Untereinheiten, also der Struktur $\alpha_2\beta_2$. Die einzelnen Untereinheiten sind durch Disulfidbrücken miteinander verknüpft, die β-Untereinheiten enthalten jeweils eine α-helicale Transmembrandomäne. Ein tetramerer Rezeptor bindet jeweils ein Insulinmolekül. Für die Bindung sind die beiden nicht in die Plasmamembran integrierten α-Untereinheiten verantwortlich. Die Bindung des Insulins an sie führt zu einer Konformationsänderung der β-Untereinheit, die von der Aktivierung einer in einer spezifischen Domäne des Rezeptors lokalisierten *Tyrosinkinaseaktivität* begleitet ist (S. 779). Dies führt als erstes zu einer Autophosphorylierung spezifischer Tyrosylreste an der cytosolischen Domäne des Rezeptors. Von den insgesamt 13 Tyrosylresten in der cytoplasmatischen Domäne jeder einzelnen Insulinrezeptorhälfte werden maximal sieben Tyrosylreste phosphoryliert und spielen bei der Signaltransduktion eine wichtige Rolle. Sie sind in der Primärstruktur der β-Ketten des Insulinrezeptors in insgesamt drei Gruppen zusammengefaßt, in
- einer Juxtamembranregion,
- einer sogenannten Trityrosinregion und
- am carboxyterminalen Ende.

Am wichtigsten für die Stimulierung der Tyrosinkinaseaktivität ist offensichtlich die Trityrosindomäne. Werden diese Tyrosylreste durch gezielte Mutagenese in Phenylalaninreste umgewandelt, so wird der Rezeptor vollständig inaktiv. Die Funktion der unter dem Einfluß von Insulin ebenfalls phosphorylierten carboxyterminalen Tyrosylreste ist weniger klar, während die Funktion der Tyrosylreste in unmittelbarer Nähe der Transmembrandomäne etwas mit der Rezeptorinternalisierung zu tun haben scheint.

Außer an Tyrosylresten kann der Insulinrezeptor auch an Serin- und Threoninresten phosphoryliert werden, sehr wahrscheinlich durch die cAMP-abhängige Proteinkinase. Dies führt zu einer Verminderung der Tyrosinkinaseaktivität des Insulinrezeptors und damit der Insulinempfindlichkeit. Damit spielt sich die Beziehung zwischen Insulin und seinen Antagonisten wie beispielsweise den Katecholaminen nicht nur auf der Ebene metabolischer Effekte, sondern auch auf der Empfindlichkeit der insulinvermittelten Signaltransduktion ab.

Der Insulinrezeptor gehört also zur Familie der Tyrosinkinaserezeptoren. Jedoch löst, anders als bei den Wachstumsfaktoren mit Tyrosinkinaserezeptoren, die Autophosphorylierung des Insulinrezeptors die Assoziation eines spezifischen Proteins an den Rezeptor aus, das als *Insulinrezeptorsubstrat 1* (IRS-1) bezeichnet wird. Wie in Abb. 28.12 dargestellt, führt dies zu einer Phosphorylierung spezifischer Tyrosylreste des IRS-1, an die eine Reihe von Proteinen andocken können, welche die intrazelluläre Signaltransduktion des Insulins übernehmen. Über die weitere intrazelluläre

lagert sich an Rezeptor (handwritten)

Signalverarbeitung, welche zur Glut 4-Translokation, zur Steigerung der Phosphodiesteraseaktivität, zu Änderungen der Genexpression oder zu mitogenen Effekten führen muß, ist noch nichts Sicheres bekannt.

28.2 Glucagon

28.2.1 Struktur

Glucagon ist ein Peptidhormon mit 29 Aminosäuren und einem Molekulargewicht von 3.485. Es wird in den *α-Zellen* der Langerhans'schen Inseln des Pankreas, also in unmittelbarer Nachbarschaft zum Produktionsort des Insulins gebildet. Alle Aminosäuren des Glucagons, dessen chemische Totalsynthese gelungen ist, sind für die biologische Aktivität erforderlich.

Dem Glucagon sehr ähnliche Peptide werden in endokrin aktiven Zellen des Intestinaltraktes synthetisiert und scheinen dort u. a. für trophische Effekte auf das Epithel verantwortlich zu sein (S. 1004).

28.2.2 Biosynthese und Sekretion

Glucagon ist das proteolytische Spaltprodukt eines Präkursors

Glucagon wird wie viele Peptidhormone in Form eines wesentlich größeren Moleküls synthetisiert. Es handelt sich um das *Präpro-Glucagon*, dessen Molekulargewicht etwa 18 kD beträgt und das außer in den α-Zellen der Langerhans'schen Inseln auch in der intestinalen Mucosa vorkommt (Enteroglucagon, S. 1004).

Abbildung 28.13 zeigt den Aufbau des Präpro-Glucagons sowie seine proteolytische Prozessierung. N-terminal trägt es eine Signalsequenz, die wie bei Präpro-Insulin für die Einschleusung des entstehenden Peptids in das Lumen des endoplasmatischen Reticulums verantwortlich ist. Neben dem Glucagon enthält das Vorläuferprotein die Aminosäuresequenz für zwei weitere Peptide, deren Struktur der des Glucagons homolog ist und die infolgedessen als GLP-I und GLP-2 bezeichnet werden (GLP = *engl.* glucagon like peptide). Die jeweiligen Peptide sind durch Sequenzen basischer Aminosäuren voneinander getrennt, die Spaltstellen für die Prohormon-Convertase I und II darstellen. In den α-Zellen der Langerhans'schen Inseln entsteht durch Proteolyse zunächst ein N-terminales, als Glicentin bezeichnetes Protein sowie ein C-terminales Fragment, das Proglucagonfragment. Das letztere wird in den α-Zellen proteolytisch zerstört. Glicentin wird jedoch weiter proteolytisch gespalten, wobei je nach Spaltstelle das große 9kD-Glucagon bzw. Oxyntomodulin als Zwischenprodukte entstehen, die jedoch rasch zu fertigem Glucagon umgebaut werden.

Außer in den α-Zellen der Langerhans'schen Inseln wird Präpro-Glucagon in der intestinalen Mucosa und im Zentralnervensystem exprimiert. Hier sind die wichtigsten aus der proteolytischen Spaltung entstehenden Produkte das GLP-I und GLP-2. Vom GLP-I weiß man, daß es nach der Nahrungsaufnahme vom Intestinaltrakt freigesetzt wird und die Insulinsekretion der β-Zellen der Langerhans'schen Inseln stimuliert (s. o.).

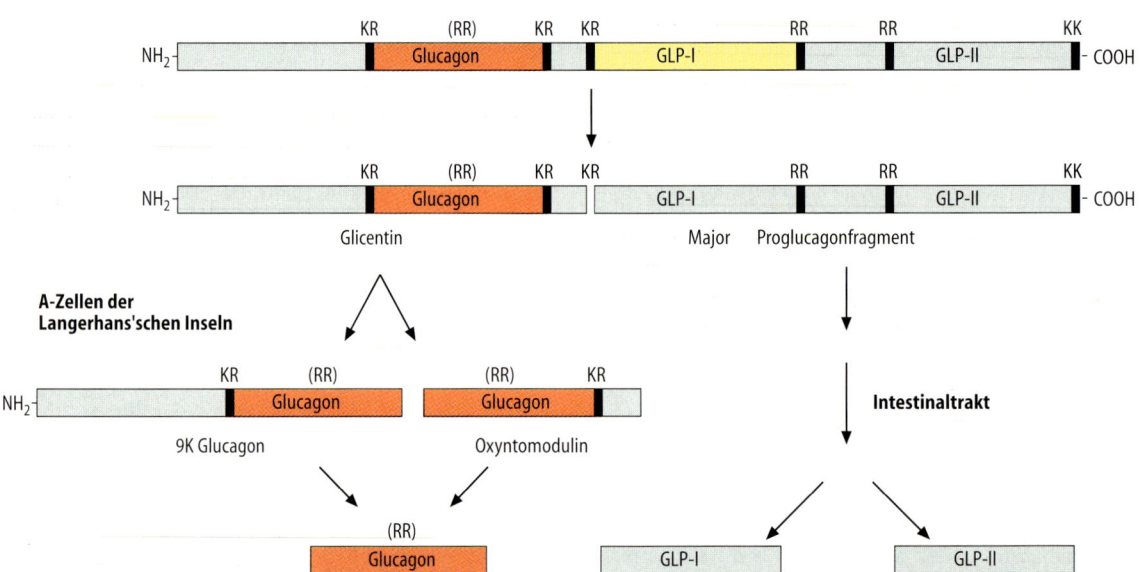

Abb. 28.13 Aufbau und proteolytische Prozessierung des Präpro-Glucagons. Das Präkursorprotein enthält die Sequenzen von Glucagon sowie GLP-1 und GLP-2. In den α-Zellen des Pankreas erfolgt eine schrittweise Spaltung dieses Präkursors, so daß als wichtigstes Spaltprodukt Glucagon entsteht. Die verschiedenen Zwischenprodukte der Spaltungsreaktion sind in den α-Zellen der Langerhans'schen Inseln des Pankreas nachgewiesen worden

Die Glucagonsekretion wird von der Glucosekonzentration beeinflußt

Auch die Glucagonsekretion erfolgt in Abhängigkeit von der extrazellulären Glucosekonzentration. Anders als beim Insulin ist hier aber ein *Abfall* der Glucosekonzentration der auslösende Stimulus für die Glucagonabgabe (Abb. 28.14). So läßt sich nach mehrtägiger Nahrungskarenz ein Abfall der Insulin- und ein Anstieg der Glucagonkonzentration im Blut beobachten, der zeitlich genau dem Abfall der Blutglucosekonzen-

tration entspricht. Auch an isolierten Langerhans'schen Inseln führt jeder Anstieg der Glucosekonzentration im Medium zu einem Abfall der Glucagonsekretion. Glucose beeinflußt also die Sekretion von Insulin und Glucagon in reziproker Weise.

Dieser Befund trifft allerdings nicht für alle physiologischen Bedingungen zu.

Außer durch Glucose kann nämlich die Glucagonsekretion auch durch die Nahrungszusammensetzung beeinflußt werden. Während nach einer kohlenhydratreichen Mahlzeit die Insulinkonzentration im Blut ansteigt und diejenige des Glucagons abfällt, findet sich nach einer proteinreichen Mahlzeit ein Anstieg sowohl der Insulin- als auch der Glucagonkonzentration (Abb. 28.15). Der biologische Sinn dieses Effektes liegt wohl darin, daß die nach einer proteinreichen Mahlzeit vermehrt resorbierten Aminosäuren die Insulinsekretion stimulieren und dadurch eine Hypoglykämie auslösen könnten Diese wird durch die gesteigerte Glucagonsekretion verhindert. Verbindungen, die die vermehrte Glucagonsekretion auslösen, sind sowohl die resorbierten Aminosäuren wie auch das bei proteinreichen Mahlzeiten gesteigert produzierte *Cholecystokinin-Pankreozymin* (S. 1007).

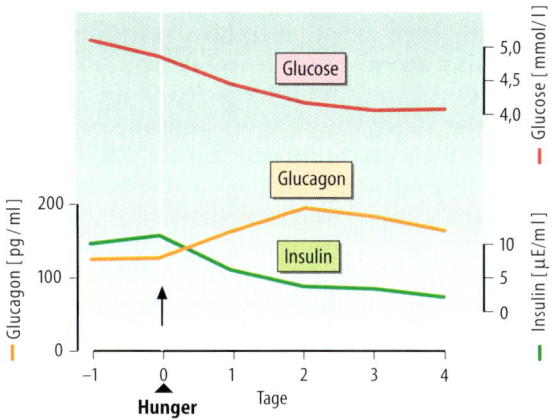

Abb. 28.14 Mittlere Glucagon-, Insulin- und Glucosekonzentrationen vor und während 3–4-tägigem totalem Fasten. Die Bestimmungen wurden jeweils um 9 Uhr morgens durchgeführt

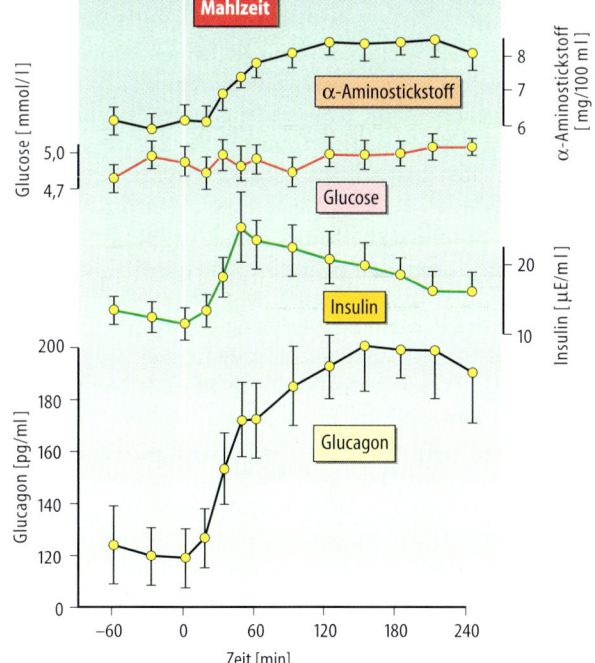

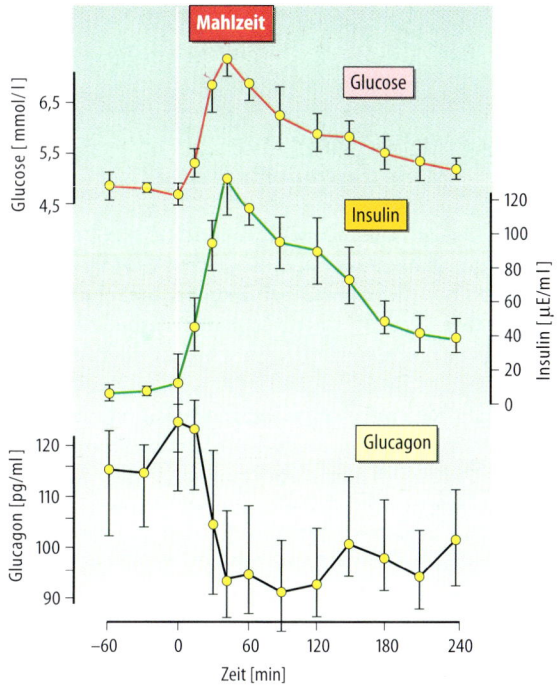

Abb. 28.15 Sekretion von Insulin und Glucagon nach zwei verschieden zusammengesetzten Mahlzeiten. *Links*: Nach einer reichhaltigen Proteinmahlzeit (Mittelwerte +/- Standardabwei-chung vom Mittelwert). *Rechts*: Nach einer reichhaltigen Kohlenhydratmahlzeit (Mittelwerte +/- Standardabweichungen vom Mittelwert)

28.2.3 Biologische Wirkungen

Der Hauptwirkort des Glucagons ist die *Leber*, an die das Hormon nach seiner Sekretion zunächst und in höchster Konzentration gelangt. Am Hepatocyten stimuliert Glucagon nur die *Adenylatcyclase*, so daß all seine Effekte auf den Leberstoffwechsel sich auf die dadurch erhöhten cAMP-Konzentrationen zurückführen lassen. So kommt es zu gesteigerter Glykogenolyse durch Aktivierung der Phosphorylase mit gleichzeitig gehemmter Glykogenbiosynthese. Darüber hinaus führt cAMP über die auf S. 416 geschilderten Mechanismen zu einer Hemmung der hepatischen Glykolyse und Stimulierung der Gluconeogenese. Damit ist Glucagon an der Leber ein Insulin-antagonistisch wirkendes Hormon, dessen Aktivität bei kataboler Stoffwechsellage notwendig ist. Es wird bei *Substratmangel* (Glucosemangel) im Blut aus den α-Zellen der Langerhans'schen Inseln freigesetzt und stimuliert die Mobilisierung von Glucosespeichern wie auch die Glucoseneusynthese. Unterstützt wird die rasche Glucagonwirkung durch die cAMP-Wirkung auf die Biosynthese von Schlüsselenzymen der Glykolyse und Gluconeogenese. cAMP dient als Repressor von Schlüsselenzymen der Glykolyse und als Induktor von solchen der Gluconeogenese (S. 415).

Am Fettgewebe von Nagern und anderen Versuchstieren ist Glucagon imstande, in physiologischen Konzentrationen die Adenylatcyclase zu aktivieren. Damit wirkt es an diesem Gewebe lipolytisch und als Insulinantagonist. Am menschlichen Fettgewebe wirkt Glucagon dagegen nicht, da menschliches Fettgewebe keine Glucagonrezeptoren (s. u.) enthält.

28.2.4 Molekularer Wirkungsmechanismus

Alle bekannten Glucagoneffekte werden durch einen in der Cytoplasmamembran lokalisierten *Glucagonrezeptor* vermittelt, der inzwischen kloniert und charakterisiert werden konnte. Er wird in einer Reihe von Geweben exprimiert, wobei die Leber ohne Zweifel der wichtigste Ort für die Glucagonwirkung ist. Es handelt sich um einen Rezeptor mit sieben Transmembrandomänen, der über G-Proteine an das Adenylatcyclasesystem gekoppelt ist. Dies macht verständlich, warum alle Glucagonwirkungen durch cAMP imitiert werden können.

Der Rezeptor für *GLP-1* hat auf der Ebene der Aminosäuren 42% Identität mit dem Glucagonrezeptor, ist also mit diesem verwandt. Er findet sich besonders in den β-Zellen der Langerhans'schen Inseln, was für die Bedeutung des GLP-1 für die Regulation der Insulinsekretion spricht (s. o.).

28.3 Katecholamine

28.3.1 Struktur

Das Nebennierenmark ist entwicklungsgeschichtlich ein Abkömmling eines sympathischen Ganglions, in welchem die postganglionären Zellen ihre Axone verloren haben und die von ihnen synthetisierten Transmitter als Hormone direkt in die Blutbahn abgeben. Dementsprechend ist auch bei einigen Species *Noradrenalin* das im Nebennierenmark synthetisierte Hormon. Bei anderen Arten, z.B. dem Menschen oder dem Hund, wird dagegen im wesentlichen *Adrenalin* synthetisiert, das durch Methylierung von Noradrenalin entsteht (Abb. 28.16). Adrenalin und Noradrenalin werden auch als *Katecholamine* bezeichnet, da sie chemisch Derivate des Katechols (1,2-Dihydroxybenzol) sind. Außer durch das Nebennierenmark wird Noradrenalin auch durch die synaptischen Endigungen der adrenergen Neuronen gebildet und gespeichert. Es wirkt hier als Neurotransmitter (S. 986).

28.3.2 Biosynthese und Sekretion

Katecholamine werden aus Tyrosin synthetisiert

Die Enzyme der Katecholaminbiosynthese finden sich sowohl in den adrenergen, postganglionären Nervenendigungen als auch in den Zellen des Nebennierenmarks. Tyrosin ist der Ausgangspunkt für die Katecholaminbiosynthese (Abb. 28.16). Bis zum Noradrenalin hin ist der Syntheseweg im Nebennierenmark und in postganglionären Nervenzellen identisch. Da die an der Katecholaminbiosynthese beteiligten Enzyme sich in verschiedenen Kompartimenten der Zelle befinden, müssen die Biosynthesezwischenprodukte zusätzlich Transportschritte durchlaufen. Das erste Enzym der Katecholaminbiosynthese ist die *Tyrosinhydroxylase*. Sie ist eine Monooxygenase, die reduziertes Tetrahydropterin, zweiwertiges Eisen und Sauerstoff benötigt. Das bei der Reaktion entstehende Dihydropterin muß mit NADPH/H$^+$ reoxidiert werden (Abb. 28.17). Das durch die Tyrosinhydroxylase aus Phenylalanin gebildete *Dihydroxyphenylalanin* (Dopa) wird im nächsten Schritt zu *Diphydroxyphenylamin* (Dopamin) decarboxyliert. Die *Dopadecarboxylase* zeigt eine breite Spezifität für aromatische L-Aminosäuren. Aus diesem Grund ist das im Cytosol lokalisierte Enzym außer an der Biosynthese der Katecholamine auch an der Bildung von Tyramin, Serotonin und Histamin beteiligt. Es sollte deswegen auch besser als *aromatische L-Aminosäuredecarboxylase* bezeichnet werden. Durch einen spezifischen Carrier wird Dopamin in die *chromaffine Granula* des Nebennierenmarks bzw. der postganglionären Neuronen aufgenommen. Hier erfolgt als

Merke: Dopamin ist decarboxyliertes Dopa P
Noradrenalin ist hydroxyliertes

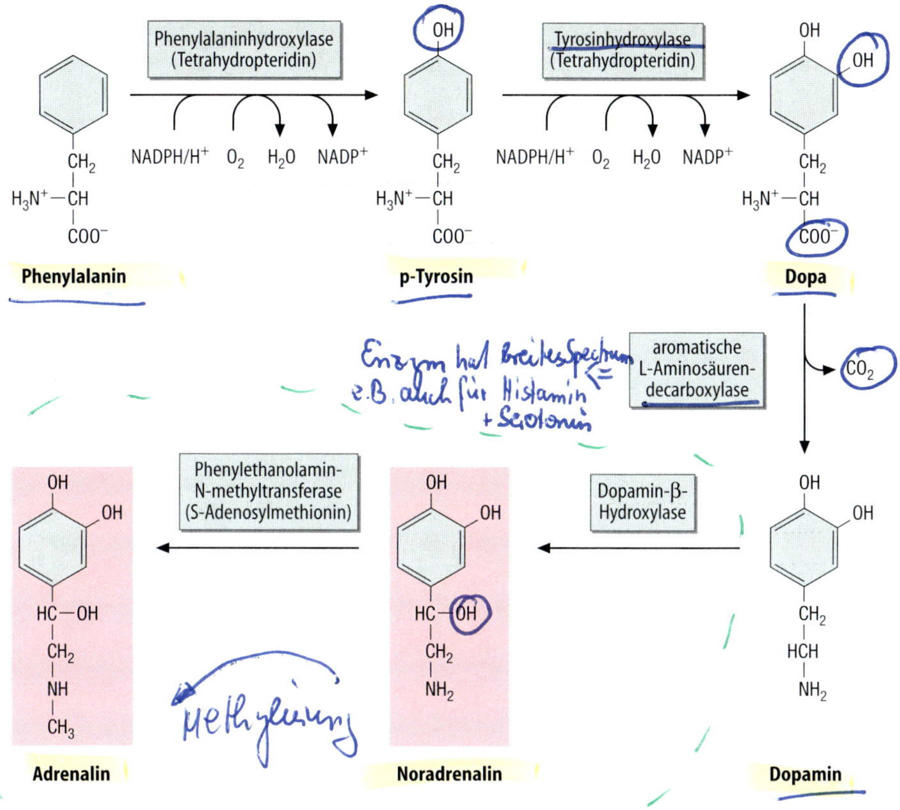

Abb. 28.16 Biosynthese der Katecholamine

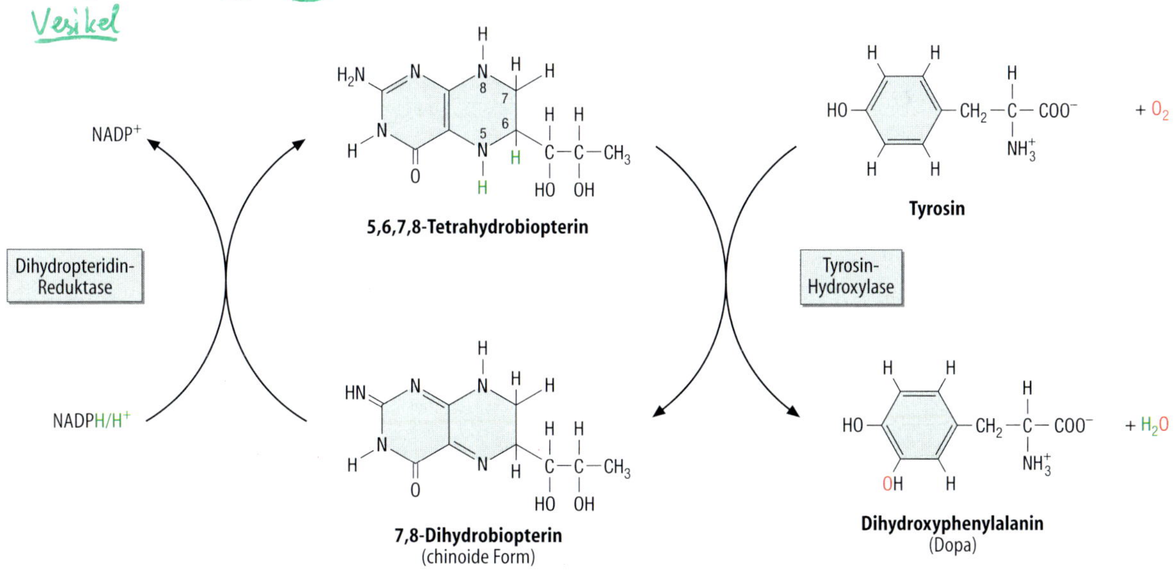

Figure labels (top pathway):

Phenylalaninhydroxylase (Tetrahydropteridin) — NADPH/H⁺ O₂ H₂O NADP⁺

Phenylalanin → **p-Tyrosin**

Tyrosinhydroxylase (Tetrahydropteridin) — NADPH/H⁺ O₂ H₂O NADP⁺

Dopa

aromatische L-Aminosäuren-decarboxylase → CO_2

Dopamin

Dopamin-β-Hydroxylase

Noradrenalin

Phenylethanolamin-N-methyltransferase (S-Adenosylmethionin)

Adrenalin

Handwritten annotations:
1: 2x Hydroxyliert
2: decarboxyliert
3: 1x hydroxyliert
4: 1x methyliert

Enzym hat breites Spektrum z.B. auch für Histamin + Serotonin

Methylierung

Vesikel

Abb. 28.17 Die Rolle des Dihydropterins bei der Tyrosinhydroxylase. Tetrahydropterin dient als Donor der Reduktionsäquivalente für die Hydroxylasereaktion. Es muß mit NADPH/H⁺ reoxidiert werden

NADP⁺
Dihydropteridin-Reduktase
NADPH/H⁺

5,6,7,8-Tetrahydrobiopterin

7,8-Dihydrobiopterin (chinoide Form)

Tyrosin + O₂

Tyrosin-Hydroxylase

Dihydroxyphenylalanin (Dopa) + H_2O

---

weiterer Schritt die Bildung von Noradrenalin aus Dopamin. Das hierfür benötigte Enzym, die **Dopamin-β-Hydroxylase**, ist eine Monooxygenase, welche zweiwertiges Kupfer und Ascorbinsäure benötigt (S. 662). Mit Hilfe der **Phenylethanolamin-N-methyltransferase** erfolgt als letzte Reaktion die N-Methylierung von Noradrenalin zu Adrenalin. Die hierfür benötigte Methylgruppe stammt vom S-Adenosylmethionin (S. 548).

Die Katecholaminbiosynthese wird nerval und durch Glucocorticoide reguliert

Angesichts der Bedeutung der Katecholamine für Streßreaktionen aller Art, einschließlich körperlicher Aktivität, Kälteadaptation u.a. ist klar, daß die Katecholaminsynthese sehr genau reguliert sein muß. Da-

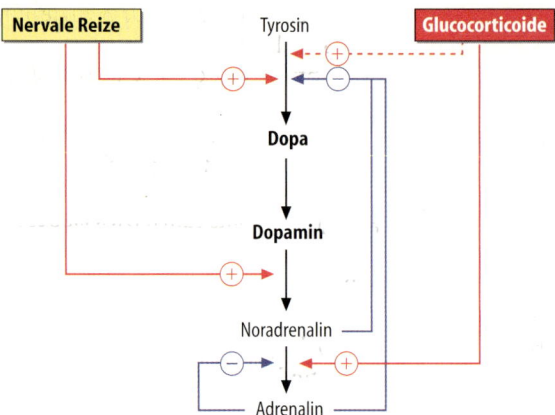

Abb. 28.18 Regulation der Katecholamin-Biosynthese. (Einzelheiten s. Text)

bei spielen sowohl nervale als auch hormonelle Faktoren eine wichtige Rolle (Abb. 28.18). Nervale, über *nicotinische Acetylcholinrezeptoren* vermittelte Impulse, sind für die Aktivierung der Katecholaminbiosynthese auf der Stufe der Tyrosinhydroxylase sowie der Dopamin-β-Hydroxylase verantwortlich, wobei der Effekt auf einer Induktion beider Enzyme beruht. *Glucocorticoide* sind schwache Induktoren der Tyrosinhydroxylase und starke der *Phenylethanolamin*-N-methyltransferase. Da Katecholamine die CRH- und ACTH-Sekretion im Hypothalamus bzw. der Hypophyse stimulieren, ergeben sich hiermit Verstärkersysteme, die rasch die Produktion großer Mengen an Katecholaminen gewährleisten. Vermindert wird die Katecholaminbiosynthese durch *Adrenalin* und *Noradrenalin*, die allosterisch die Tyrosinhydroxylase und Phenylethanolamin-N-methyltransferase hemmen.

Angesichts der Bedeutung der Katecholamine für die Entstehung des Bluthochdrucks hat es nicht an Versuchen gefehlt, ihre Biosynthese durch geeignete Pharmaka zu hemmen. Obwohl eine Reihe von Hemmstoffen für die entsprechenden Reaktionen gefunden wurden (im wesentlichen handelt es sich um halogenierte Zwischenprodukte), haben nur das *α-Methyltyrosin* sowie das *α-Methyldopa* als Mittel gegen erhöhten arteriellen Blutdruck weitere Verbreitung gefunden. Beide Verbindungen wirken als artifizielle Substrate, aus denen α-Methylnoradrenalin entsteht. Dieses verdrängt Noradrenalin von den α-Rezeptoren an der Zielzelle, ist jedoch selber unwirksam. Strukturanaloge von Katecholaminen haben weite Verbreitung als kompetitive Hemmstoffe der über β-Rezeptoren vermittelten Wirkungen erhalten (β-Blocker, s. Lehrbücher der Pharmakologie).

Die Katecholaminsekretion wird durch nervale Reize ausgelöst

Sowohl in den sympathischen Nervenendigungen als auch im Nebennierenmark werden Katecholamine in spezifischen, von einer Membran umhüllten Granula gespeichert und durch einen in seinen molekularen Einzelheiten noch unbekannten Mg^{2+}- und ATP-abhängigen Vorgang konzentriert. Sie bilden einen Komplex mit ATP im Verhältnis von 4 : 1. Außer ATP und Katecholaminen enthalten die Sekretgranula die Dopamin-β-Hydroxylase, sowie verschiedene weitere als *Chromogranine* bezeichnete Proteine. Bei den letzteren handelt es sich um eine Familie von Proteinen, welche an die Membran der Sekretgranula der neuroendokrinen Sekretion assoziiert sind und über deren Bedeutung noch nichts bekannt ist.

Bei der *Katecholaminsekretion* sowohl aus dem Nebennierenmark wie auch aus den sympathischen Nervenendigungen wandern die Sekretgranula zur Zellmembran, mit der die Granulamembranen verschmelzen, wobei der Granulainhalt nach außen abgegeben wird. Durch diese Exocytose treten auch andere Inhaltsstoffe der Sekretgranula wie ATP, Dopamin-β-Hydroxylase sowie Chromogranine in die extracelluläre Flüssigkeit aus.

Die Katecholaminsekretion wird durch nervale Reize ausgelöst. In den sympathischen Nervenendigungen ist dabei eine Erregung der präganglionären Neuronen beteiligt, die Acetylcholin freisetzen, das als chemischer Transmitter wirkt (S. 981). Aus entwicklungsgeschichtlichen Gründen bewirken ähnliche Mechanismen auch die Adrenalin- und Noradrenalinausschüttung aus dem Nebennierenmark. Auch hier wird Acetylcholin von den die sekretorischen Zellen innervierenden präganglionären Neuronen freigesetzt und löst dann die Hormonsekretion aus.

28.3.3 Biologische Wirkungen

Das Nebennierenmark bildet zusammen mit den adrenergen Nervenendigungen das *adrenerge System*. Dieses wird bei körperlicher und psychischer Belastung aktiviert. Katecholamine erhöhen die Kontraktionskraft und Frequenz des Herzens und erweitern die coronaren Blutgefäße. In den peripheren Geweben außer der Skelettmuskulatur wird durch Katecholamine eine Vasokonstriktion verursacht. Zur Deckung des erhöhten Substratverbrauchs, führen Katecholamine zur Mobilisierung zellulärer Energiespeicher. Dabei wird die Glykogenolyse und Lipolyse stimuliert, eine Resynthese der Energiespeicher wird zu einem beträchtlichen Anteil durch eine Hemmung der Insulinsekretion (S. 793) verhindert. Deswegen kommt es zu einem Anstieg der Glucose-, Lactat- und Fettsäurekonzentration im Blut. Dies gewährleistet die Substratversorgung der in Streßsituationen vermehrt in Anspruch genommenen Geweben. Die pleiotropen Effekte der Katecholamine sind nur möglich, weil ihre Wirkungen über mehrere unterschiedliche Rezeptortypen vermittelt werden, deren Expression in verschiedenen Geweben variiert, so daß sich eine große Zahl unterschiedlicher Reaktionsmöglichkeiten auf den Katecholaminstimulus ergibt.

28.3.4 Molekularer Wirkungsmechanismus

Aufgrund von Bindungsstudien sowie des Wirkungsspektrums von synthetisch hergestellten Derivaten der Katecholamine wurde schon sehr früh die Hypothese formuliert, daß diese Hormone über spezifische Rezeptoren von Zellen erkannt werden und unter Vermittlung dieser Rezeptoren ihre Wirkung ausüben. Die Fortschritte der Molekularbiologie der letzten Jahrzehnte haben diese Vorstellung in eindrucksvoller Weise bestätigt (Tabelle 28.4). Die schon aufgrund pharmakologischer Untersuchungen postulierte Unterscheidung zwischen α- und β-Rezeptoren für Katecholamine konnte dahingehend erweitert werden, daß zwei Typen von α Rezeptoren, *α₁*- und *α₂-Rezeptoren*, sowie drei Typen von β-Rezeptoren, *β₁*-, *β₂*- und *β₃-Rezeptoren*, molekularbiologisch charakterisiert werden konnten. Auffallend dabei ist, daß sowohl für die α_1- wie auch für die α_2-Rezeptoren jeweils noch drei gewebsspezifisch exprimierte Isoformen nachweisbar sind. Sämtliche bis jetzt klonierte Katecholaminrezeptoren werden durch eigene, auf verschiedenen Chromosomen lokalisierte Gene codiert.

Alle Katecholaminrezeptoren gehören in die Gruppe der an *heterotrimere G-Proteine gekoppelten Rezeptoren* mit sieben Transmembrandomänen (S. 772). Entsprechend ihrem jeweiligen Wirkungsmechanismus erfolgt jedoch diese Kopplung über unterschiedliche G-Proteine. So aktiviert der α_1-Rezeptor die

Isoform G_{16} der G-Proteine, was zu einer Aktivierung der Phospholipase Cβ und damit zu einer gesteigerten intracellulären Calciumfreisetzung führt. Dieser Effekt spielt bei der Katecholamin-induzierten Vasokonstriktion eine besondere Rolle. α_2-Rezeptoren sind an ein inhibitorisches G-Protein der Adenylatcyclase gekoppelt, so daß ihre Aktivierung durch Katecholamine zu einer Senkung des cAMP-Gehalts führt. Dies ist besonders für das Fettgewebe wichtig. Adipocyten der typischen weiblichen Prädilektionsstellen für die Fettansammlung, sog. *gynoide Adipocyten*, enthalten neben β_2- (s. u.) besonders viel α_2-Rezeptoren. Dies bedeutet, daß sie relativ unempfindlich gegenüber der lipolytischen Wirkung von Katecholaminen sind. In der Tat vermindert sich die Zahl der α_2-Rezeptoren in diesem Gewebe nur während Schwangerschaft und Lactation. Dies deutet darauf hin, daß eine wesentliche Funktion des gynoiden Fettgewebes in der während der Lactationsphase erforderlichen Bereitstellung von Lipiden für die Synthese der Milchfette besteht.

Alle bekannten β-Rezeptoren sind über stimulierende G-Proteine (G_S) mit dem Adenylatcyclasesystem gekoppelt, steigern also den zellulären cAMP-Gehalt. β_1-Rezeptoren finden sich u. a. in der Leber, wo sie für die Glucoseproduktion aus verschiedenen Quellen verantwortlich sind. Am Myocard beruht ihre Hauptfunktion in einer Steigerung der Kontraktionskraft des Herzens. β_2-Rezeptoren sind für die katecholamininduzierte Steigerung der Lipolyse des Fettgewebes verantwortlich. Außerdem führen sie zu einer *Relaxation* der glatten Muskulatur sowie der Bronchien und der Blutgefäße der Skelettmuskulatur. Die molekulare Basis dieses Effektes beruht einmal auf der durch cAMP stimulierten Calciumaufnahme in die Speicher des endoplasmatischen Reticulums. Dies führt zu einem Absinken der cytoplasmatischen Calciumkonzentration

Tabelle 28.4 Funktion und Mechanismus von Katecholaminrezeptoren

Rezeptor	Signaltransduktion	Intrazelluläres Signalmolekül	Effekt
α1	G-Protein vermittelte Aktivierung der Phospholipase Cβ	Inositoltrisphosphat; Ca^{++}-Freisetzung	Glykogenolyse Vasokonstriktion u. a. im Splanchnicusgebiet
α2	G_i-Protein vermittelte Hemmung der Adenylatcyclase	Senkung des cAMP-Gehaltes	Hemmung der Lipolyse; Hemmung der Insulinsekretion
β₁	G_s-Protein vermittelte Stimulierung der Adenylatcyclase	Steigerung des cAMP-Gehaltes	Steigerung von Glykogenolyse und Gluconeogenese der Leber; Stimulierung der Insulinsekretion; Steigerung der Kontraktionskraft des Herzens
β₂	G_s-Protein vermittelte Stimulierung der Adenylatcyclase	Steigerung des cAMP-Gehaltes	Steigerung der Lipolyse des Fettgewebes; Vasodilatation in Skelettmuskulatur
β₃	G_s-Protein vermittelte Stimulierung der Adenylatcyclase	Steigerung des cAMP-Gehaltes	Steigerung der Lipolyse und Thermogenese im braunen Fettgewebe

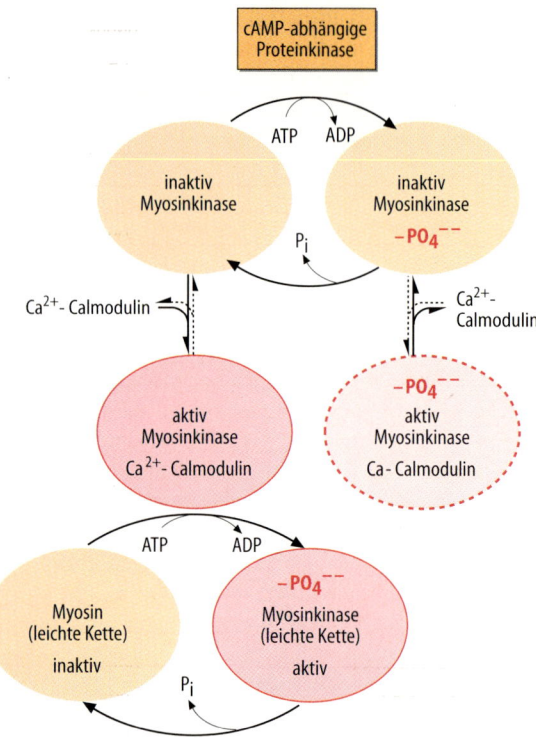

Abb. 28.19 Regulation der Kontraktion der glatten Muskulatur. Die Myosin-ATPase der glatten Muskelzellen ist nur in phosphorylierter Form aktiv. Für die Phosphorylierung wird eine Myosinkinase benötigt, die durch den Ca^{2+}-Calmodulinkomplex aktiviert wird. Katecholaminrezeptoren können in zweifacher Weise eingreifen. α_1-Rezeptoren führen über den IP_3-Cyclus zu einer Erhöhung der zellulären Calciumkonzentration. Durch Aktivierung der β-Rezeptoren erhöhte cAMP-Konzentrationen fördern einmal die Calciumsequestrierung im endoplasmatischen Retikulum, zum anderen durch die aktivierte, cAMP-abhängige Proteinkinase die Phosphorylierung der Myosinkinase. Die phosphorylierte Myosinkinase benötigt höhere Ca^{2+}-Calmodulin-Konzentrationen, um aktiv zu sein

in der glatten Muskelzelle und damit zu einer Verminderung der Aktivität der *Myosinkinase* (Abb. 28.19). Über β_2-Rezeptoren ändern Katecholamine jedoch den Kontraktionszustand der glatten Muskulatur über einen zweiten Mechanismus. Die *cAMP-abhängige Proteinkinase* phosphoryliert die Myosinkinase, wodurch deren Affinität zum Calcium-Calmodulin-Komplex wesentlich verändert wird. Im Vergleich zum nichtphosphorylierten Enzym werden wesentlich höhere Konzentrationen des Calcium-Calmodulinkomplexes benötigt, um von der inaktiven in die aktive Form überzugehen. Dies bedeutet, daß unter β_2-adrenerger Stimulierung die bei Erregung einer glatten Muskelzelle auftretende Konzentrationszunahme an freien Calciumionen nicht mehr zur Auslösung eines Kontraktionsvorgangs ausreicht. Dieser Mechanismus liegt u. a. der therapeutischen Wirkung von β_2-sympathikomimetisch wirkenden Arzneimitteln zugrunde, die in großem Umfang zur Therapie des *Bronchialasthmas* eingesetzt werden, welches durch eine gesteigerte Kon-

traktion der glatten Muskulatur des Bronchialtrakts gekennzeichnet ist.

β_3-Rezeptoren finden sich schließlich im braunen Fettgewebe, wo sie für eine Steigerung der Lipolyse sowie der Thermogenese verantwortlich sind.

Die genaue Kenntnis der Struktur der verschiedenen adrenergen Rezeptoren bietet natürlich die Möglichkeit, gezielte Hemmstoffe bzw. Aktivatoren spezifischer Rezeptoren zu entwickeln und für therapeutische Zwecke einzusetzen. Am bekanntesten sind derzeit Hemmstoffe der β-Rezeptoren, welche eine hohe Spezifität für die myokardialen β_1-Rezeptoren zeigen und u. a. für die Therapie der Hochdruckerkrankung eingesetzt werden (s. auch Lehrbücher der Pharmakologie).

28.3.5 Abbau

Die Plasmaspiegel der Katecholamine sind mit etwa 1 nmol/l (0,2 ng/ml) für Noradrenalin und 0,2 nmol/l (0,05 ng/ml) für Adrenalin außerordentlich niedrig. Nach beidseitiger Adrenalektomie im Tierexperiment fällt der Plasmaadrenalinspiegel auf 0 ab, während sich der Noradrenalinspiegel nicht ändert, da der Ausfall der Noradrenalinbiosynthese im Nebennierenmark durch entsprechende Mehrsekretion der adrenergen Nervenendigungen ausgeglichen wird.

Adrenalin und Noradrenalin werden durch eine Kombination von Oxidation und Methylierung zu biologisch inaktiven Produkten abgebaut. Die am Abbau beteiligten Enzyme sind die *Monoaminoxidase* (MAO) und die *Katechol-O-methyltransferase* (COMT) (Abb. 28.20). Die Monoaminoxidase desaminiert Amine, darunter auch Noradrenalin, Adrenalin und Dopamin, wonach die entstehenden Aldehyde entweder zur entsprechenden Säure oxidiert oder zum Alkohol reduziert werden. Monoaminoxidase ist in den verschiedensten Geweben nachweisbar und findet sich in der äusseren Mitochondrienmembran. Die Katechol-O-methyltransferase ist zur O-Methylierung verschiedener biologisch aktiver Verbindungen wie Noradrenalin, Adrenalin, Dopamin, 3-Hydroxyestradiol, Ascorbat u. a. fähig. Als Methyldonor dient S-Adenosylmethionin.

Der Abbau von zirkulierendem Noradrenalin und Adrenalin beginnt mit der O-Methylierung zu den entsprechenden 3-Methoxyverbindungen *Normetanephrin* und *Metanephrin*. Durch MAO werden beide Verbindungen zum *3-Methoxy-4-Hydroxymandelsäurealdehyd* desaminiert, wonach eine Oxidation zur *3-Methoxy-4-Hydroxymandelsäure* (Vanillinmandelsäure iVMS) erfolgt. Diese wird im Harn ausgeschieden. In den adrenergen Nervenendigungen wird Noradrenalin zunächst durch MAO zum 3,4-Dihydroxymandelsäurealdehyd desaminiert, der zum größten Teil durch COMT ebenfalls in Vanillinmandelsäure umgebaut wird.

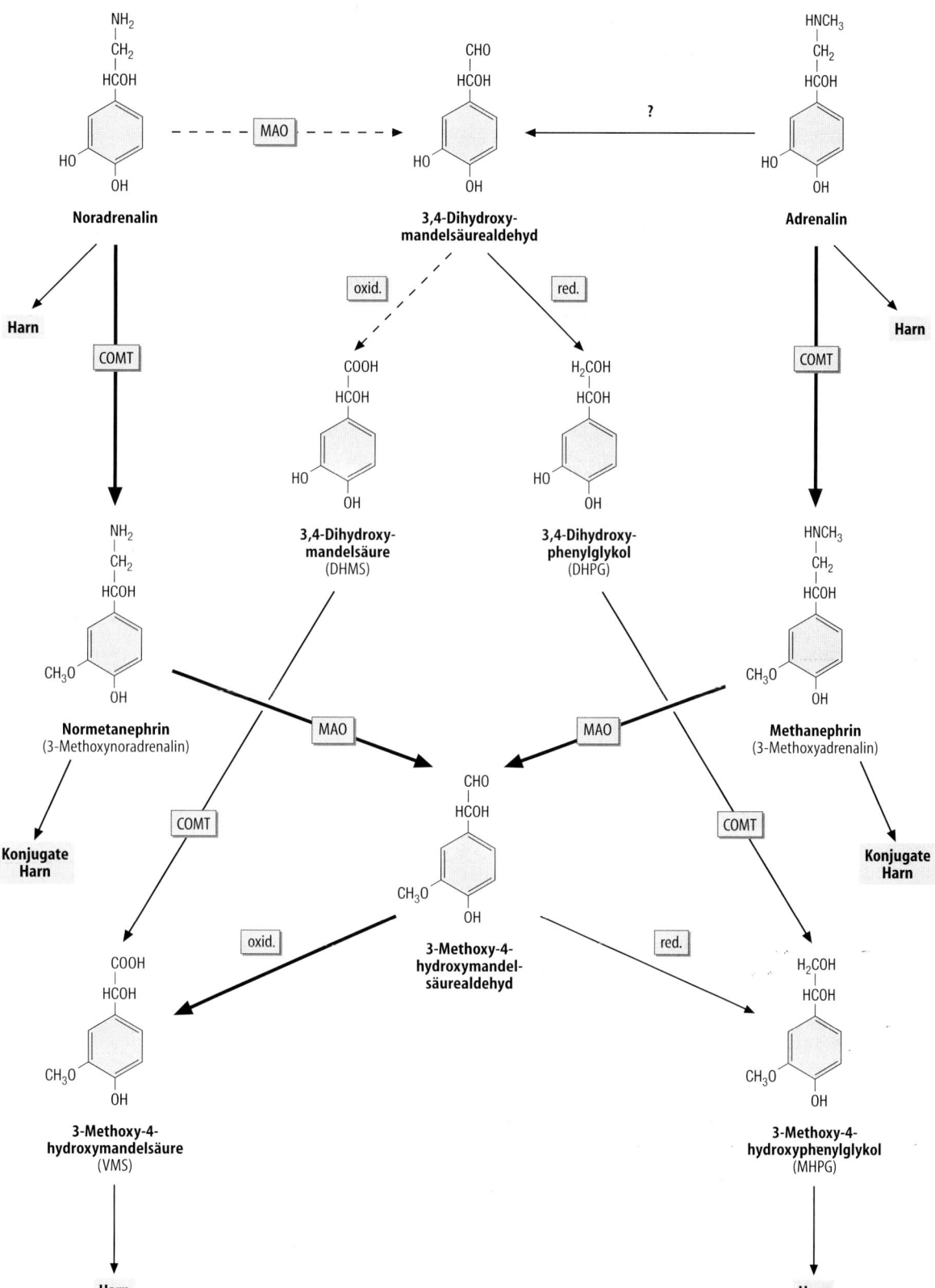

Abb. 28.20 Abbau von Noradrenalin und Adrenalin. In den adrenergen Nervenendigungen wird der Noradrenalinabbau durch MAO eingeleitet; Dihydroxymandelsäure und Dihydroxyphenylglycol gelangen in die Zirkulation und werden hauptsächlich zu VMS abgebaut. Zirkulierendes Adrenalin und Noradrenalin werden zuerst O-methyliert und dann durch MAO desaminiert. *MAO* Monoaminoxidase; *COMT* Katechol-O-Methyltransferase; − − − Abbau in adrenergen Neuronen; —— Abbau zirkulierender Katecholamine (vorwiegend in der Leber). Die quantitativ bedeutendsten Abbauwege sind hervorgehoben

Vanillinmandelsäure stellt demnach das Hauptabbauprodukt der Katecholamine dar. Um Aufschluß über die Katecholaminsekretion zu erhalten, hat es sich daher bewährt, statt der sehr aufwendigen Bestimmung der Katecholamingehalte des Plasmas die Vanillinmandelsäureausscheidung im Urin über 24 h zu messen, die außerdem Anhaltspunkte über den täglichen Umsatz gibt.

28.4 Pathobiochemie

Das koordinierte Zusammenspiel von *Insulin* und seinen Antagonisten *Glucagon* sowie den *Katecholaminen* gewährleistet, daß der Intermediärstoffwechsel des Organismus rasch und flexibel auf Änderungen der Nahrungszufuhr reagieren kann. Ein wesentliches Ziel dieser hormonellen Regulation besteht darin, unabhängig vom jeweiligen Ernährungszustand und der Art eines eventuellen Nahrungsmittels eine weitgehende Konstanz der Zusammensetzung der Körperflüssigkeiten zu erhalten, besonders was das Substratangebot angeht. Im Überschuß aufgenommene Nahrungsstoffe werden im wesentlichen unter dem Einfluß von Insulin in den Energiedepots des Organismus als Glykogen bzw. Triacylglycerine abgelagert. Im Hungerzustand kommt es zunächst zu einer Abnahme der Substratkonzentration im Blut und damit zu einer Hemmung der Insulinsekretion. Das hierdurch ausgelöste Überwiegen insulinantagonistischer Hormone sowie die Steigerung der Glucagonsekretion gewährleistet eine rasche Mobilisierung der gespeicherten Energievorräte. Dabei sorgen komplizierte Regulationsprozesse dafür, daß trotz fehlender Zufuhr die Glucosekonzentration im Blut so hoch bleibt, daß die Energieversorgung des von Glucose abhängigen Zentralnervensystems gedeckt bleibt. Aufgrund dieser Erwägungen nimmt es nicht wunder, daß endokrine Störungen, welche das Verhältnis der genannten Hormone betreffen, rasch zu schweren Erkrankungen führen können. Anhand einiger ausgewählter Beispiele soll dies im Folgenden dargestellt werden.

28.4.1 Insulinmangel – Diabetes mellitus

Der Diabetes mellitus ist eine Stoffwechselerkrankung, welche auf einem Insulinmangel beruht. Können infolge einer pathologischen Veränderung der β-Zellen der Langerhans'schen Inseln oder sehr viel seltener durch Bildung eines mutierten Insulins mit fehlerhafter Aminosäuresequenz physiologische Insulinkonzentrationen nicht aufrecht erhalten werden, spricht man von *absolutem Insulinmangel*. Das durch ihn ausgelöste Krankheitsbild wird als *Typ I-Diabetes* bezeichnet. Ein *relativer Insulinmangel* liegt dann vor, wenn trotz gele-

gentlich normaler oder sogar leicht erhöhter Insulinkonzentrationen im Blut die metabolische Antwort des Organismus nicht ausreicht. Dies kann u. a. die Folge eines Rezeptor- oder Postrezeptordefekts sein, hierdurch ausgelöste Diabetes-Formen werden als *Typ II-Diabetes* bezeichnet.

Absoluter Insulinmangel löst den Typ I Diabetes mellitus aus

Das klassische Krankheitsbild des Diabetes mellitus findet sich beim meist in juvenilem Alter auftretenden insulinabhängigen Typ I Diabetes. Eine durch *Virusinfekte* oder *Autoimmunreaktionen* ausgelöste Zerstörung der β-Zellen führt häufig sehr rasch zu einem akuten Insulinmangel.

Für den Stoffwechsel des Organismus hat dies eine Reihe von Konsequenzen (Abb. 28.21): Im *Fettgewebe* kommt es zu einer Verminderung der Glucoseaufnahme und -oxidation, was zu einer Hemmung von Fettsäure- und Triacylglycerinbiosynthese führt. Durch das Überwiegen insulinantagonistischer Hormone wird eine gesteigerte Lipolyse mit Freisetzung von Glycerin und nichtveresterten Fettsäuren in die Blutbahn ausgelöst. Dies führt zu einem Überangebot mit gesteigerter Fettsäureoxidation in der Leber und damit zu überschießender Produktion von Ketonkörpern. Die Konsequenz sind *Ketonämie* und *Ketonurie*.

In der *Muskulatur* sind der Glucosetransport und die Glucoseoxidation verlangsamt. Die Glykogenbiosynthese ist vermindert, die Proteolyse gesteigert. In der *Leber* führt dies zu einer Zunahme der Gluconeogenese aus Aminosäuren sowie zu einer gesteigerten Harnstoffbiosynthese. Proteolysesteigerung und Stimulierung der Harnstoff-Biosynthese sind die Ursache der *negativen Stickstoffbilanz*. Gestörte Glucoseaufnahme in den extrahepathischen Geweben und erhöhte Gluconeogenese in der Leber führen zu Hyperglykämie und Glucosurie, die einen erheblichen Energieverlust bedeutet. Mit dem Anstieg der Glucose im Extracellulärraum wird Wasser aus dem Intrazellulärraum abgezogen, um die Osmolalität aufrecht zu erhalten. Es kommt zur intracellulären Dehydratation.

Infolge der Glucosurie und Ketonurie stellt sich, bedingt durch osmotische Diurese mit verminderter Wasserreabsorption im proximalen Tubulus, eine Zwangspolyurie ein. Die gesteigerte Ausscheidung organischer Anionen (Acetacetat und β-Hydroxybutyrat) bringt die gleichzeitige Ausscheidung von Kationen und Ammoniumionen mit sich.

Unter akutem Insulinmangel erreichen diese Fehlregulationen in kürzester Zeit ein bedrohliches Ausmaß. Es kommt zum *Coma diabeticum*. Im schweren diabetischen Coma können täglich 4–8 l Flüssigkeit, etwa 400 mmol Natrium- und 300–400 mmol Kaliumionen durch Diurese verlorengehen. Trotz des ausgeprägten Kaliumverlustes kann im Blutplasma ein normaler Kaliumspiegel gefunden werden, da die

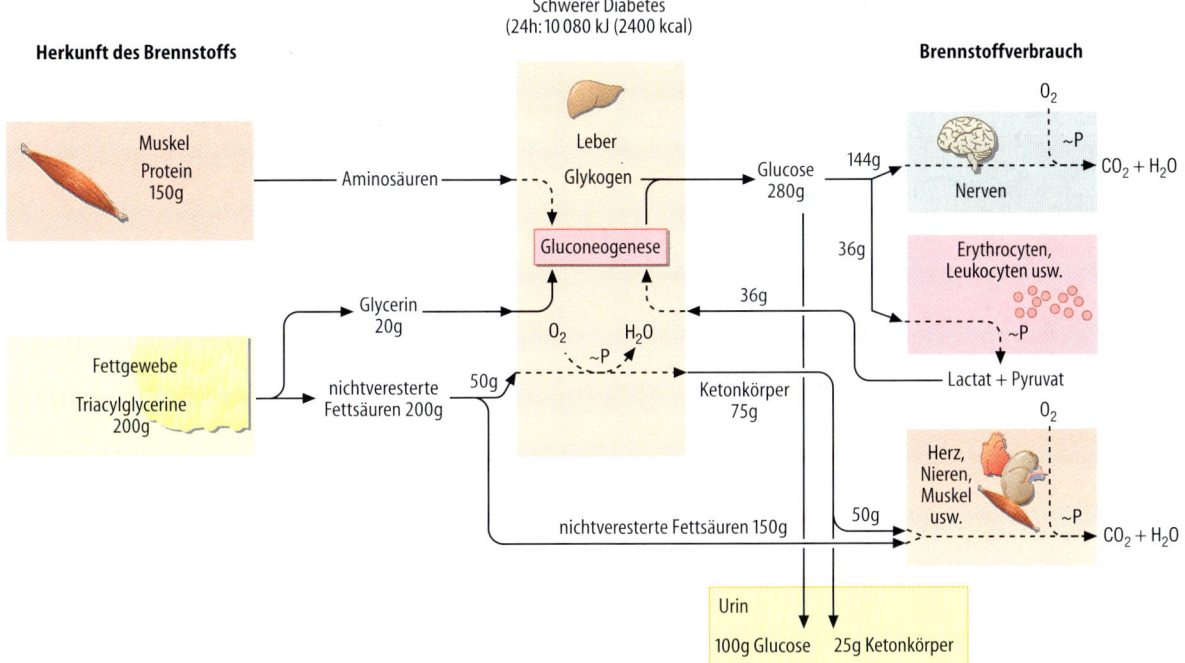

Abb. 28.21 Brennstofffluß beim schweren Diabetes mellitus

Gewebe im Insulinmangel vermehrt Kalium in den Extrazellulärraum verlieren. Anhaltende Hyperglykämie und zunehmender Flüssigkeitsverlust setzen die Osmolalität des Blutes weiter hinauf. Das zirkulierende Blutvolumen nimmt ab, es kommt zur Kollapsneigung mit cerebraler und renaler Minderdurchblutung mit entsprechenden erheblichen Funktionsstörungen. Die Anhäufung von Ketonkörpern im Blut führt zur Acidose (diabetische Ketoacidose, S. 451). Für die Hirnfunktionsstörungen im diabetischen Coma sind im wesentlichen die Elektrolytverschiebungen, intracelluläre Dehydratation und ein Sauerstoffmangel durch Minderdurchblutung verantwortlich zu machen. Die hier im einzelnen beschriebenen Fehlregulationen, die zum diabetischen Coma führen, sind schematisch in Abb. 28.22 zusammengefaßt. Für die Behandlung des Coma diabeticum ist neben der Insulinsubstitution vor allem eine ausreichende Flüssigkeitszufuhr und die Korrektur der Elektrolytstörungen erforderlich.

Ursache des Diabetes mellitus vom Typ II ist ein relativer Insulinmangel

Der Diabetes mellitus vom Typ II unterscheidet sich grundsätzlich vom Diabetes mellitus Typ I. Das Krankheitsbild stellt sich meist in höherem Lebensalter ein und die Krankheit verläuft wesentlich milder. Ungeachtet einer deutlichen Hyperglykämie mit Glucosetoleranzstörung finden sich häufig nur leicht erniedrigte, normale oder in Einzelfällen sogar erhöhte Insulinkonzentrationen im Blut. Bei einem Teil der Patienten zeigt sich eine Insulinresistenz als Ausdruck eines Rezeptor- oder Postrezeptordefekts, andere weisen nach Kohlenhydratbelastung eine gestörte Insulinsekretion auf. Sehr häufig geht der Typ II-Diabetes mit *Übergewicht, Hyperlipidämie* und *Hypertonie* einher. Diese Kombination wird auch als *metabolisches Syndrom* bezeichnet und bessert sich meist nach Gewichtsreduktion, so daß gelegentlich sogar die Behandlungsbedürftigkeit des Diabetes verschwindet.

Eine große Zahl von Untersuchungen hat deutliche Hinweise dafür gebracht, daß bei der Entstehung des Typ II-Diabetes eine genetische Komponente eine große Rolle spielt. Amerikanische Indianer oder Bewohner von Pazifik-Inseln zeigen bei westlicher Ernährungsweise eine Inzidenz an Typ II-Diabetes von 30–40 %, was weit über der Häufigkeit dieser Erkrankung in der europäischen Bevölkerung (4 %) liegt. Interessanterweise war zu Beginn des Jahrhunderts der Diabetes innerhalb dieser Bevölkerungsgruppen eine ausgesprochen seltene Erkrankung. Er trat erst zusammen mit dem metabolischen Syndrom in dieser gehäuften Form mit dem Übergang zu der in der westlichen Zivilisation üblichen Diät mit unbeschränktem Zugang zu einer großen Auswahl an Nahrungsmitteln auf. Diese und andere Beobachtungen haben zu dem Konzept geführt, daß das oder die für die Entwicklung des metabolischen Syndroms und Typ II Diabetes verantwortlichen Gen(e) für das Überleben unter Mangelbedingungen einen erheblichen Selektionsvorteil bieten, nicht aber unter den europäischen und nordamerikanischen Industriestaaten. Da die Entstehung eines

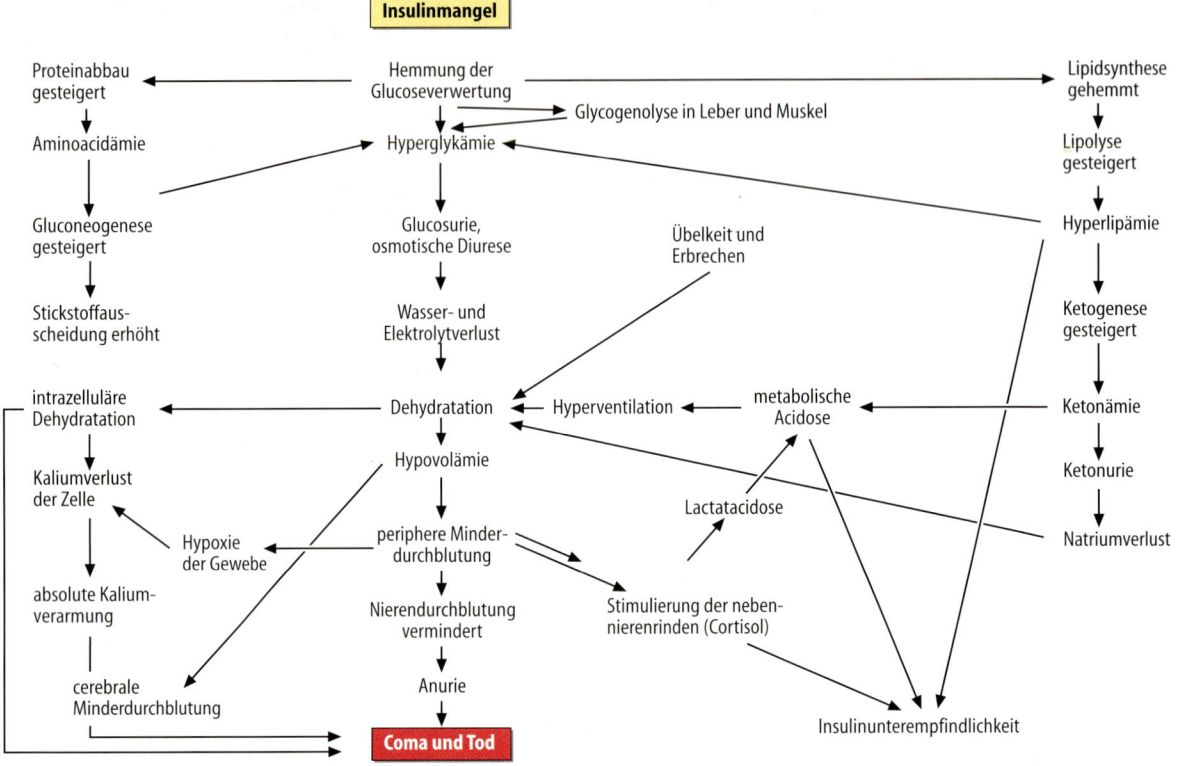

Insulinmangel

Proteinabbau gesteigert ← Hemmung der Glucoseverwertung → Lipidsynthese gehemmt

Glycogenolyse in Leber und Muskel

Aminoacidämie → Hyperglykämie ← Lipolyse gesteigert

Gluconeogenese gesteigert → Glucosurie, osmotische Diurese — Übelkeit und Erbrechen — Hyperlipämie

Stickstoffausscheidung erhöht

Wasser- und Elektrolytverlust → Ketogenese gesteigert

intrazelluläre Dehydratation ← Dehydratation ← Hyperventilation ← metabolische Acidose ← Ketonämie

Kaliumverlust der Zelle ← Hypovolämie

Hypoxie der Gewebe ← periphere Minderdurchblutung → Lactatacidose → Ketonurie

absolute Kaliumverarmung → Nierendurchblutung vermindert → Stimulierung der nebennierenrinden (Cortisol) → Natriumverlust

cerebrale Minderdurchblutung → Anurie → **Coma und Tod**

Insulinunterempfindlichkeit

Abb. 28.22 Mechanismen der Entstehung des Coma diabeticum. (Einzelheiten s. Text)

metabolischen Syndroms eine lebensverkürzende Erkrankung darstellt, vermindert sich die Zahl der Träger dieses Gens, was die relativ niedrige Inzidenz des Typ II-Diabetes in der europäischen und nordamerikanischen Bevölkerung erklären könnte. Leider gibt es noch keine Anhaltspunkte, um welche Gene es sich im einzelnen handelt.

Ein kennzeichnendes Merkmal des Typ II-Diabetes und des metabolischen Syndroms ist eine **Insulinresistenz**, vor allem der Muskulatur. Es gibt Hinweise dafür, daß bei den Betroffenen die Tyrosinkinaseaktivität des Insulinrezeptors vermindert ist oder aber Postrezeptordefekte vorliegen. Die Ursache dieser Erscheinungen, ihr Zusammenhang mit Ernährungsgewohnheiten und Übergewicht ist zur Zeit Gegenstand intensiver Untersuchungen.

Chronischer Insulinmangel und lang dauernde Hyperglykämien führen zum diabetischen Spätsyndrom

Obgleich die akute diabetische Stoffwechselentgleisung heute in der Regel gut zu beherrschen ist, hängt das Schicksal diabetischer Patienten zu einem beträchtlichen Ausmaß von Spätkomplikationen an
- Augen (Katarakt),
- Nieren (Nephropathie),
- Nerven (Neuropathie) und
- dem Gefäßsystem (Angiopathie) ab.

Der Entstehungsmechanismus dieser Spätkomplikationen ist zwar noch nicht genau bekannt, es spricht aber einiges dafür, daß die Stoffwechseleinstellung mit den konventionellen Methoden ein- oder zweimaliger subkutaner Insulininjektion in vielen Fällen inadäquat ist, da Insulin von den Depots in den Injektionsstellen kontinuierlich und nicht nach Bedarf freigesetzt wird, so daß sich Hyperglykämien nicht vermeiden lassen. Die derzeitige Auffassung von der Entstehung der Spätkomplikationen geht davon aus, daß die zeitweise erhöhte Glucosekonzentration im Blut die entscheidende Störgröße ist: Da einzelne Gewebe Glucose insulinunabhängig auf nichtglykolytischen Stoffwechselwegen umsetzen können, weicht der Glucosestoffwechsel – bei vermehrtem Angebot – offenbar auf diese Wege aus. So kann Glucose z. B. im Polyolstoffwechselweg über Fructose in Sorbitol überführt werden (S. 395). In Zellen, in denen die dazugehörigen Enzyme synthetisiert werden, verursacht deshalb ein hohes Glucoseangebot osmotische Zellschädigungen, da die Aldosereduktasereaktion praktisch irreversibel ist und die beiden Zucker nicht weiter verstoffwechselt werden, aber auch nicht in den Extrazellulärraum zurückdiffundieren können. Eines der betroffenen Organe ist die **Augenlinse**, in deren Epithelzellen die Akkumulation der osmotisch aktiven Fructose und Sorbitol den Nachstrom von Wasser und damit eine Zellschwellung bewirkt. Mit dem Wasser dringt Natrium in die Epithelzelle, was von einem gleichzeitigen

Efflux von Kalium zur Erhaltung der Elektroneutralität begleitet ist. Diese Elektrolytverschiebung stört die Membranfunktionen, so daß das Zellinnere an Aminosäuren und Proteinen, an Glutathion und ATP verarmt. Die Konsequenz dieser pathobiochemischen Veränderung ist der Zusammenbruch der Osmoregulation der Zelle, der sich klinisch als Trübung und Quellung der Linsenfasern, also als Katarakt, äußert.

Die Verteilung des Polyolstoffwechselwegs im Nervengewebe zeigt interessante Aspekte für die Entwicklung der diabetischen Neuropathie. Die Aldosereduktase ist vorwiegend in den Schwann-Zellen lokalisiert, in denen auch die ersten diabetischen Schäden auftreten. Auch an der Pathogenese der Angiopathie soll eine Fehlregulation des Polyolstoffwechsels beteiligt sein.

Die diabetische Nephropathie ist durch Veränderungen der glomerulären Basalmembran mit ihrem speziellen Typ IV-Kollagen (S. 1042) gekennzeichnet. Basalmembranen von Diabetikern weisen einen höheren Gehalt an Hydroxylysin und an Hydroxylysin-gebundenen Disacchariden auf. Dies spricht dafür, daß die Lysylreste der Basalmembrankollagene vermehrt hydroxyliert werden, so daß mehr Akzeptorgruppen zur Ankopplung von Kohlenhydratseitenketten entstehen. Auch die Biosynthese von Glykosaminoglykanen ist ein Prozeß, der offensichtlich beim Diabetes verändert ist. So sind beim Diabetiker Änderungen des Gehalts dieser Stoffe in Aorta, Nieren, Haut und Retina sowie im Blut beschrieben worden.

Als wichtiger Parameter zur Beurteilung der Qualität der Einstellung eines Diabetikers, die außerordentlich wichtig für die Verringerung von Spätkomplikationen ist, hat sich die Bestimmung der Glykohämoglobine (S. 420, S. 902) erwiesen. Normalerweise machen diese nur bis zu 6 % des gesamten Erwachsenenhämoglobins aus. Dabei korreliert ihr Anteil nicht mit der aktuellen Blutglucosekonzentration, sondern – was entscheidend für die Frage ist, ob ein Diabetiker nicht nur zum Zeitpunkt der Untersuchung sondern langfristig gut eingestellt ist – mit der über einen längeren Zeitraum erhöhten Blutglucosekonzentration. Nicht die Dauer des Diabetes oder Art der Therapie sind für die Höhe dieser glucosylierten Hämoglobine entscheidend, sondern allein die Häufigkeit und Stärke der Konzentrationsveränderungen von Glucose im Blut und damit in den Erythrocyten.

In den letzten Jahren sind viele Hinweise dafür gefunden worden, daß nicht nur Hämoglobin, sondern eine Reihe weiterer extrazellulärer Proteine nichtenzymatisch glucosyliert wird. Als Konsequenz dieser Glykierung ergeben sich sehr komplexe Umlagerungsreaktionen der im Zug der Glykierung angehängten Gruppen, die den aus der Lebensmittelchemie bekannten Bräunungsreaktionen entsprechen und zu den sogenannten Advanced Glycosylation Endproducts (AGE's, S. 420) führen. Diese treten beim Diabetiker weitaus häufiger auf als beim Nichtdiabetiker, betreffen u. a. Endothelien und könnten so für das verfrühte Auftreten von Gefäßveränderungen bei Diabetes verantwortlich sein.

! **RESÜMEE**   Eine rasche Umstellung des Stoffwechsels ist unmittelbar nach der Nahrungsaufnahme, bei Nahrungskarenz, beim Übergang von Ruhe zu körperlicher Aktivität sowie im Gefolge vieler Streßsituationen notwendig. Als Regulationssignale, die dann den Stoffwechsel des Organismus so koordinieren, daß er die für die Bewältigung der jeweiligen Situation notwendigen Leistungen erbringen kann, dienen die rasch wirksamen Hormone Insulin, Glucagon sowie die Katecholamine Adrenalin und Noradrenalin.

Insulin ist das wichtigste und deswegen auch lebensnotwendige anabole Hormon des Organismus. Es beeinflußt den Kohlenhydratstoffwechsel akut durch Stimulierung des Glucosetransportes in Fettgewebe und Muskulatur sowie durch die Induktion von Enzymen der Glykolyse und Repression der Enzyme der Gluconeogenese. Durch die Aktivierung einer cAMP-abhängigen Phosphodiesterase führt es zu erniedrigten zellulären cAMP-Konzentrationen. Dies erklärt seine hemmende Wirkung auf den Glykogenabbau und die Lipolyse, die mit einem stimulierenden Effekt auf Glykogensynthese und Lipidsynthese einhergehen. Alle Wirkungen des Insulins werden durch seine Bindung an einen membranassoziierten Insulinrezeptor vermittelt, der zur Familie der Tyrosinkinase-Rezeptoren gehört. Bindung des Insulins an den Rezeptor löst die Assoziation des Insulinrezeptorsubstrates an den Rezeptor aus, von dem aus die verschiedenen Insulineffekte ihren molekularen Ursprung nehmen.

Glucagon ist das zweite Hormon der Langerhans'schen Inseln und an der Leber ein wichtiger Insulinantagonist. Es wird beim Absinken der Blutglucosekonzentration freigesetzt und stimuliert durch eine Erhöhung der cAMP-Konzentration des Hepatocyten Glykogenolyse und Gluconeogenese. Außer in den α-Zellen der Langerhans'-schen Inseln kommt der Glucagonpräkursor im Intestinaltrakt vor. Hier wird er jedoch proteolytisch im wesentlichen zu GLP-1 abgebaut, das ein Stimulator der Insulinsekretion der Langerhans'schen Inseln ist und bei Nahrungszufuhr freigesetzt wird.

Für die Bewältigung von Streßsituationen sind die Katecholamine Adrenalin und Noradrenalin von ganz besonderer Bedeutung. Sie werden in adrenergen Nervenendigungen sowie im Nebennierenmark aus der Aminosäure Tyrosin synthetisiert und dienen dazu, den Organismus auf Streßsituationen einzustellen. Hierzu haben sie ein breites Spektrum von Wirkungen am Kreislaufsystem sowie Stoffwechselwirkungen, die im wesentlichen die Mobilisierung gespeicherter Substrate zum Ziel haben. Diese Vielfalt von Effekten kommt dadurch zustande, daß der Organismus über mindestens fünf unterschiedliche Adrenalinrezeptoren verfügt. Sie gehören alle in die Familie der Rezeptoren mit sieben Transmembrandomänen und benötigen für ihre Wirkung heterotrimere G-Proteine. Diese sind als α_1-Rezeptoren an den Phosphatidylinositcyclus gekoppelt, hemmen als α_2-Rezeptoren die Adenylatcyclaseaktivität oder stimulieren als β-Rezeptoren dieselbe. Die Antwort einer Zelle auf einen Katecholamin-Stimulus hängt damit von ihrer Ausstattung mit den unterschiedlichen Rezeptoren ab.

Der Diabetes mellitus ist die häufigste Ursache von Störungen im Bereich der rasch wirksamen Stoffwechselhormone. Als Typ 1-Diabetes beruht er auf einem absoluten Insulinmangel durch weitgehende Zerstörung der Insulin-produzierenden β-Zellen, als Typ 2-Diabetes spiegelt er eher eine gestörte Regulationskette wider, die durch eine Insulinresistenz vor allem der Muskulatur gekennzeichnet ist und häufig mit Übergewicht, Hypertonie und Hyperlipidämie einhergeht und dann als metabolisches Syndrom bezeichnet wird.

Literatur

Original- und Übersichtsarbeiten

AGULAR-BRYAN L, NICHOLS CG, WECHSLER SW et al (1995) Cloning of the β-Cell High-Affinity Sulfonylurea Receptor: A Regulator of Insulin Secretion. Science 268: 423–426

BAYNES JW (1991) Role of Oxidative Stress in Development of Complications in Diabetes. Diabetes 40: 405–412

BENNETT MK, SCHELLER RH (1993) The molecular machinery for secretion is conserved from yeast to neurons. Proc Natl Acad Sci (USA) 90: 2559–2563

CZECH MP, CLANCY BM, PESSINO A, WOON CW, HARRISON SA (1992) Complex regulation of simple sugar transport in insulin-responsive cells. TIBS 17: 197–201

EFRAT S, TAL M, LODISH HF (1994) The pancreatic β-cell glucose sensor. TIBS 19: 535–538

VAN DER GEER P, HUNTER T, LINDBERG RA (1994) Receptor Protein-Tyrosine Kinases and their Signal Transduction Pathways. Annu Rev Cell Biol 10: 251–337

GROS L, THORENS B, BATAILLE D, KERVRAN A (1993) Glucagon-Like Peptide-1-(7–36)Amide, Oxynto-modulin, and Glucagon Interact with a Common Receptor in a Somatostatin-Secreting Cell Line. Endocrinology 133: 631–638

HALES CN (1994) Fetal nutrition and adult diabetes. Sci American Science and Medicine 1: 54–63

JELINEK LJ, LOK S, ROSENBERG GB et al (1993) Expression cloning and signaling properties of the rat glucagon receptor. Science 259: 1614–1616

LEE J, PILCH PF (1994) The insulin receptor: structure, function, and signaling. Am J Physiol. 266: 319–334

MELLMAN I (1995) Enigma variations: Protein mediators of membrane fusion. Cell 82: 869–872

MOREL C, CORDIER-BUSSAT M, PHILIPPE J (1995) The Upstream Promoter Element of the Glucagon Gene, G1, Confers Pancreatic Alpha Cell-specific Expression. J Biol Chem 270: 3046–3055

MYERS MG, JR, SUN XJ, WHITE MF (1994) The IRS-1 signaling system. TIBS 19: 289–293

PHILIPPE J, MOREL C, CORDIER-BUSSAT M (1995) Islet-specific Proteins Interact with the Insulin-response Element of the Glucagon Gene. J Biol Chem 270: 3039–3045

ROTHENBERG ME, EILERTSON CD, KLEIN K et al (1995) Processing of Mouse Proglucagon by Recombinant Prohormone Convertase 1 and Immunopurified Prohormone Convertase 2 in Vitro. J Biol Chem 270: 10136–10146

Schwabe C, Büllesbach EE (1994) Relaxin: Structures, functions, promises and nonevolution. FASEB J 8: 1152–1160

Steiner DF (1992) Cellular and molecular biology of the Beta cell. Diabetologia 35: 41–48

Walsh DA, van Patte SM (1994) Multiple pathway signal transduction by the cAMP-dependent protein kinase FASEB J 8: 1227–1236

Zhang HJ, Petersen B, Robertson RP (1994) Variable regulation by insulin of insulin gene expression in HIT-T15 cells. Diabetologia 37: 559–566

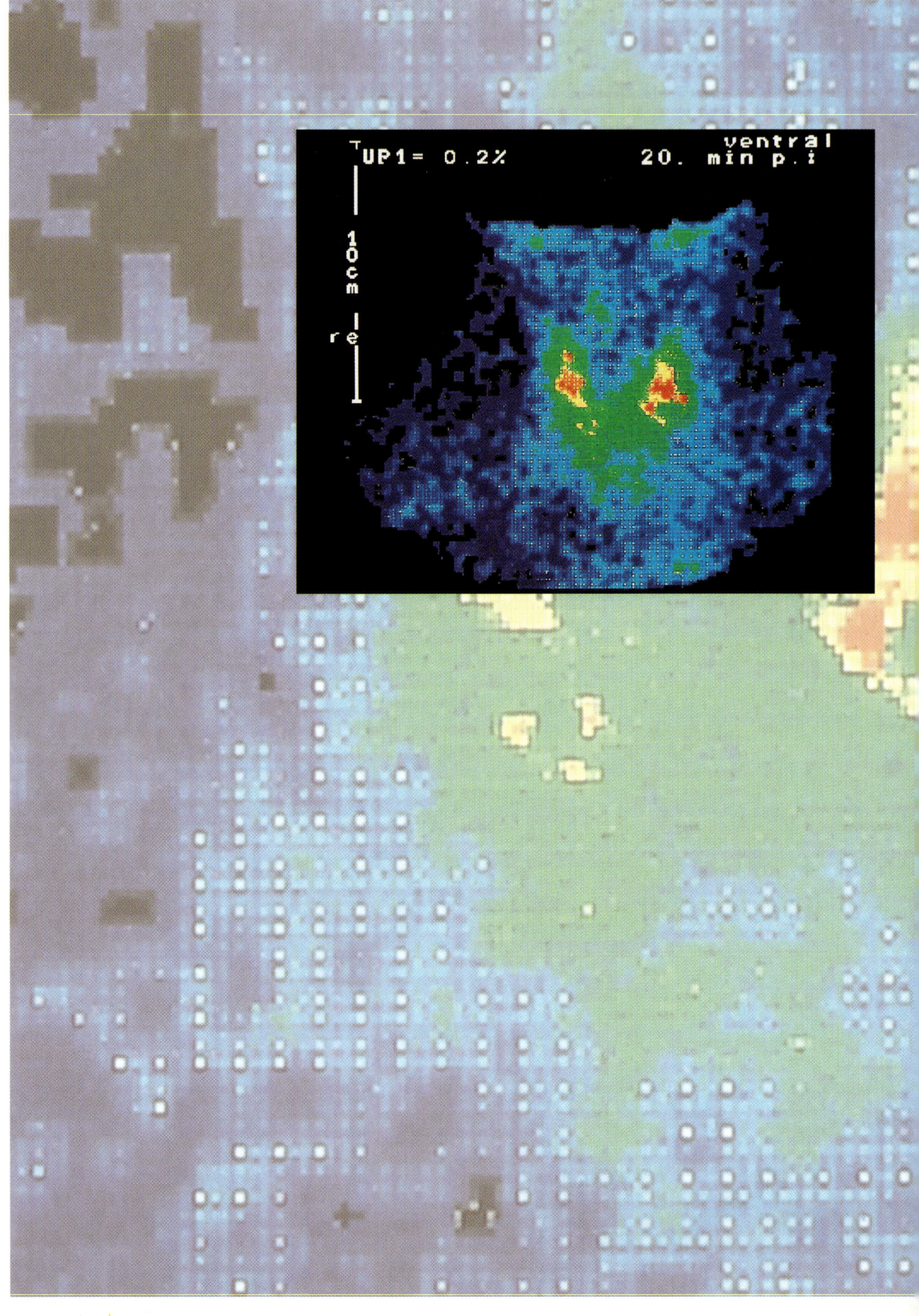

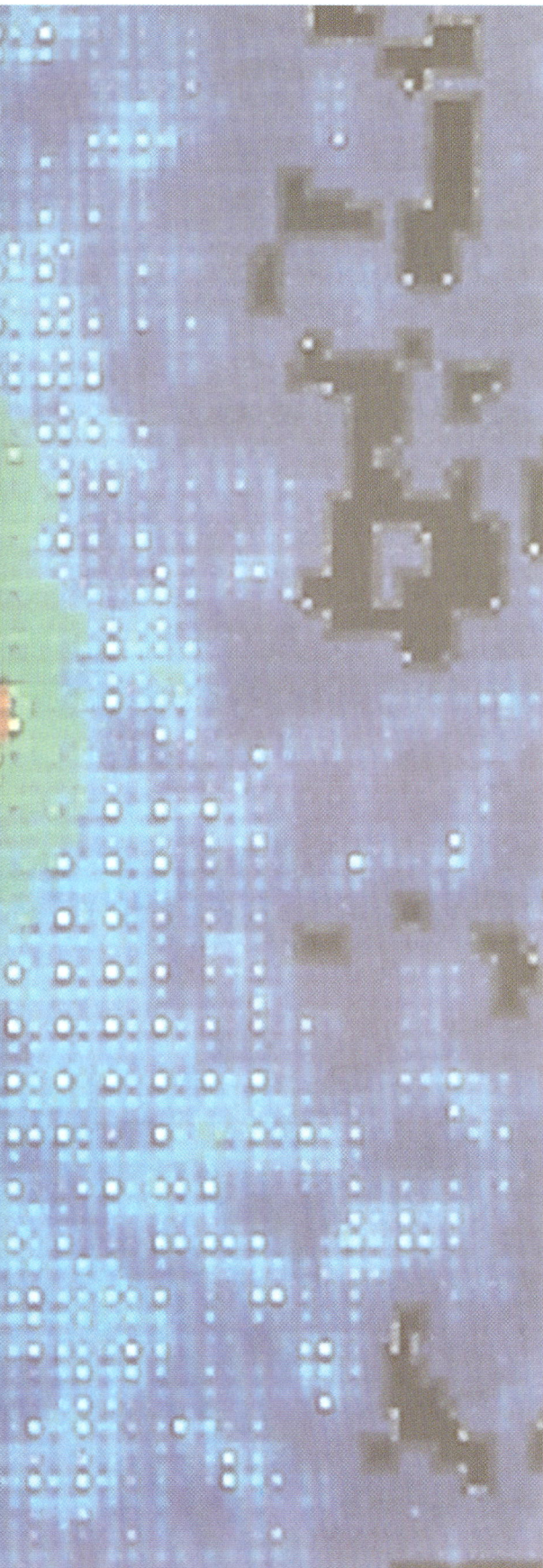

Endokrine Gewebe III: Hypothalamisch-hypophysäres System und Zielgewebe

Das hypothalamisch-hypophysäre System stellt zusammen mit seinen Zielgeweben ein komplexes neuroendokrines System dar, das die Funktionsfähigkeit elementarer Lebensvorgänge wie Wachstum, Fortpflanzung oder adäquate Reaktionen auf Streß garantiert. Das System besteht aus dem Hypothalamus, dem Hypophysenvorderlappen und verschiedenen hormonproduzierenden peripheren Geweben wie der Schilddrüse, der Zona fasciculata der Nebennierenrinde, den Keimdrüsen (Hoden bzw. Ovarien), der Leber und dem Immunsystem. Die Kommunikation zwischen den einzelnen Bestandteilen dieses Systems erfolgt über Hormone und Zytokine. Der Hypothalamus integriert chemische Informationen aus verschiedenen Hirnarealen und gibt diese an die Hypophyse weiter, in der sie in endokrine, d. h. die Regulation entfernter Zielorgane bestimmende Informationen umgesetzt werden. Von den Zielorganen erfolgt eine hormonelle Rückkoppelung über den Blutweg. Angeborene und erworbene Störungen dieser verschiedenen Achsen führen zu Krankheiten, die an Störungen des Wachstums und der Entwicklung, der Fertilität oder der Reaktion auf Streßsituationen erkennbar sind. Da praktisch alle an diesen Systemen beteiligten Hormone chemisch synthetisiert oder gentechnologisch hergestellt werden, sind die Achsen durch synthetische Hormone gezielt beeinflußbar geworden.

Bei der Schilddrüsenszintigraphie wird dem Patienten das radioaktiv strahlende Technetium gegeben, das wie Jodid von der Schilddrüse aufgenommen wird. Anhand seiner Radioaktivität kann die Technetiumaufnahme in verschiedenen Arealen der Schilddrüse verfolgt werden.
(Bild: N. Ottawa, eye of science, Reutlingen)

29.1 Hypothalamisch-hypophysäre Beziehungen

29.1.1 Hypothalamus

Der Hypothalamus kommuniziert mit der Hypophyse über Peptidhormone

Der *Hypothalamus* (Abb. 29.1) erhält Informationen von der Hirnrinde (Cortex), dem limbischen System (Hippocampus, Nucleus amygdalae, Septumregion), dem Thalamus, dem reticulären ascendierenden System und von Nervenfasern des Rückenmarks. Diese Einflüsse werden integriert und über *neurosekretorische Zellen,* d. h. spezialisierte Neuronen mit quasi-endokriner Funktion, an die Hypophyse weitergegeben. Diese neurosekretorischen Zellen werden durch Neurotransmitter (S. 982) aktiviert, die an den synaptischen Verbindungen der verschiedenen Neuronen, die sich an diesen Zellen treffen, freigesetzt werden. Die Aktivierung der neurosekretorischen Zellen führt zur Freisetzung von Polypeptiden mit regulatorischer Funktion, den sog. *Releasing-Hormonen* bzw. *Release-inhibiting-Hormonen,* über die die Freisetzung (= *engl.* release) von Hormonen aus dem Hypophysenvorderlappen gesteuert wird (Tabelle 29.1). Die regulatorischen Polypeptide des Hypothalamus stellen eine Gruppe von Molekülen mit Längen von 3 bis etwa 60 Aminosäuren dar, die sich u. a. dadurch auszeichnen, daß ihr C-terminaler Rest amidiert ist. Alle hypothalamischen Hormone, d. h. auch das kleinste, das Tripeptid TRH, entstehen durch *limitierte Proteolyse* aus hochmolekularen Vorstufen. Die Klonierung der Vorstufen für die einzelnen Polypeptide hat gezeigt, daß jeweils ein in der Vorstufe dem C-Terminus anliegender Glycylrest als Amiddonor für die enzymatische Amidierung dient. Fast alle hypothalamischen Regulatorhormone finden sich auch in extrahypothalamischen Arealen und anderen Geweben des Organismus, ohne daß jedoch ihre dortige Funktion in jedem Fall bekannt ist.

Tabelle 29.1 Hypothalamische Polypeptide mit regulatorischer Funktion auf die Hypophyse. (+) stimuliert Freisetzung des regulierten hypophysären Polypeptids; (−) hemmt Freisetzung des regulierten hypophysären Polypeptids; alle Polypeptide sind inzwischen kloniert

Bezeichnung	Abkürzung	Zahl der Aminosäuren	Reguliertes hypophysäres Polypeptid	Abkürzung
Corticotropin Releasing Hormone (+)	CRH	41	Adrenocorticotropes Hormon	ACTH
Thyreotropin Releasing Hormone (+)	TRH	3	Thyreoidin stimulierendes Hormon (Thyreotropin)	TSH
Luteotropic Hormone Releasing Hormone (+)	LH-RH	10	Luteotropes Hormon	LH
			Follikel stimulierendes Hormon	FSH
Growth Hormone Releasing Hormone (+)	GRH	44	Somatotropes Hormon (growth hormone = GH)	STH
Somatostatin (−)	SS	14/28	Somatotropes Hormon	STH
			Thyreoidea stimulierendes Hormon	TSH
Prolactin Release inhibiting Hormone	PIH	56	Prolactin	Prl

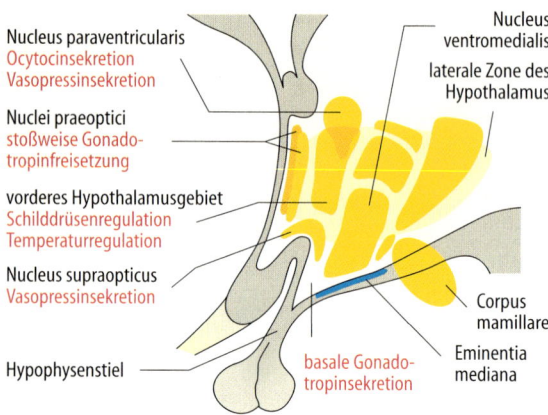

Abb. 29.1 Die einzelnen Anteile des Hypothalamus

Nucleus paraventricularis
Ocytocinsekretion
Vasopressinsekretion

Nuclei praeoptici
stoßweise Gonado-
tropinfreisetzung

vorderes Hypothalamusgebiet
Schilddrüsenregulation
Temperaturregulation

Nucleus supraopticus
Vasopressinsekretion

Hypophysenstiel

Nucleus ventromedialis

laterale Zone des
Hypothalamus

Corpus
mamillare

Eminentia
mediana

basale Gonado-
tropinsekretion

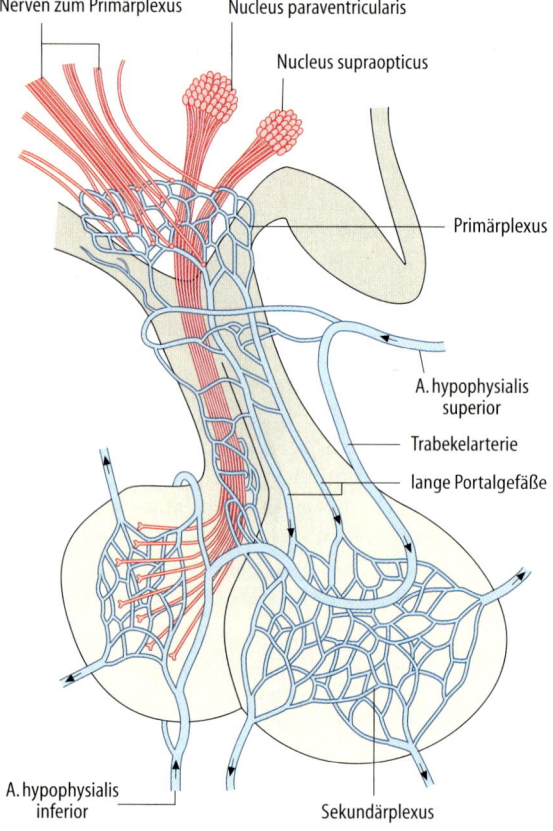

Nerven zum Primärplexus

Nucleus paraventricularis

Nucleus supraopticus

Primärplexus

A. hypophysialis
superior

Trabekelarterie

lange Portalgefäße

A. hypophysialis
inferior

Sekundärplexus

Abb. 29.2 Vasculäre und neurale Verbindungen zwischen Hypothalamus und Hypophyse. Fast das gesamte Blut, das den Hypophysenvorderlappen erreicht, muß zuerst das Gebiet der Eminentia mediana des Hypothalamus passieren. Dieses Netzwerk ermöglicht den Transport hypothalamischer regulatorischer Polypeptide in die Hypophyse. Blut aus der Eminentia mediana fließt durch einen primären Kapillarplexus in die hypophysären Portalvenen

Einzelne Releasing-Hormone werden stoßweise aus dem Hypothalamus freigesetzt

Einen weiteren essentiellen Bestandteil des neuroendokrinen Systems stellt eine biologische Uhr dar, die verschiedene hormonelle Cyclen steuert, die auch mit dem Schlaf-Wach-Rhythmus verbunden sind. Wie diese Uhr circadiane Rhythmen wie den der Cortisolsekretion (S. 829) hervorbringt, ist noch unbekannt. Andere reproduzierbare Veränderungen werden nicht von einer tageszeitlichen Rhythmik bestimmt, sondern z. B. davon, wann man einschläft: So kommt es etwa 60–90 min nach dem Einschlafen zu einem starken Anstieg der Wachstumshormonsekretion. Eine weitere bedeutende Form der Periodizität findet sich z. B. bei der Sekretion des Releasinghormons LH-RH (aber auch bei den anderen Releasinghormonen): Die pulsatile Freisetzung, d. h. das Hormon, wird nicht kontinuierlich, sondern stoßweise in Abständen von 90–120 min aus dem Hypothalamus sezerniert. Dieses Sekretionsmuster, das eine elementare Voraussetzung für die biologische Wirkung der Releasinghormone darstellt, bleibt auch dann bestehen, wenn z. B. in pathologischen Situationen die Rückkoppelung von der Peripherie gestört ist.

29.1.2 Hypophyse

Zwischen den hypothalamischen Kernen und der Hypophyse bestehen enge anatomische und funktionelle Beziehungen (Abb. 29.2). Entwicklungsgeschichtlich setzt sich die *Hypophyse* aus zwei verschiedenen Zelltypen zusammen:
- der Neurohypophyse (Hinterlappen), die über das Infundibulum (Hypophysenstiel) mit dem Hypothalamus verbunden ist, und
- der Adenohypophyse (Vorderlappen), in der die Hormone gebildet werden, deren Sekretion durch die regulatorischen Polypeptide des Hypothalamus gesteuert wird.

Die hypophysären Hormone sind untereinander strukturverwandt

Bisher sind fünf Hormone der *Adenohypophyse* charakterisiert worden (Tabelle 29.2): TSH, LH und FSH sind Dimere, die eine identische α-Untereinheit besitzen und sich nur durch die β-Untereinheit voneinander unterschieden. Prolactin und Somatotropin (Wachstumshormon) leiten sich von einem gemeinsamen Vorläufergen ab, da sie etwa 50 % Homologie besitzen. Die Vorstufe von ACTH, das Präpro-Opiomelanocortin, besitzt strukturelle Ähnlichkeit mit dem Arginin-Vasopressin-Neurophysin, der Vorstufe des Vasopressins in der Neurohypophyse (S. 867).

Tabelle 29.2 Polypeptidhormone des Hypophysenvorderlappens

Bezeichnung	Anzahl der Aminosäuren	Gen auf Chromosom
ACTH	36	
TSH	Dimer aus α (92) und β (110)	6(α)
LH	Dimer aus α (92) und β (118)	19(β) (α)
FSH	Dimer aus α (92) und β (115)	(β)
STH	191	17
Prolactin	198	6

29.1.3 Regulation von Hypothalamus und Hypophyse durch die Zielgewebe

Die aus der Hypophyse freigesetzten Hormone wirken auf bestimmte periphere Gewebe, in denen sie die Biosynthese und Sekretion *gewebespezifischer Hormone* hervorrufen. Über diese Hormonprodukte, aber auch Substrate, wie z. B. Glucose, erfolgt eine *Rückkoppelungshemmung* (Abb. 29.3) auf der Ebene des Hypothalamus und/oder der Hypophyse (long loop feedback). So verursacht z. B. ein Abfall der Plasmakonzentration von Cortisol eine vermehrte ACTH-Produktion und -Sekretion durch die Hypophyse, während auf der anderen Seite hohe Plasmacortisolkonzentrationen die ACTH-Sekretion hemmen. Neben der Hemmung durch von den peripheren Zielgeweben gebildete Hormone bilden einzelne Gewebe, wie z. B. die Gonaden, Proteohormone, die spezifisch auf hypophysärer Ebene hemmend wirken (Inhibin).

Darüber hinaus besteht offenbar auch zwischen Hypophyse und Hypothalamus eine Rückkoppelungshemmung (short loop feedback).

29.1.4 Hormone des Hypophysenmittel- und -hinterlappens

Im Hypophysenmittellappen finden sich Hormone, die die Melaninablagerungen in den Melanocyten und damit die Pigmentierung der Haut stimulieren. Die beiden bisher charakterisierten melanocytenstimulierenden Hormone (MSH) α- und β-MSH (Abb. 33.20, S. 990) besitzen strukturelle Ähnlichkeit mit ACTH, einem Hormon des Hypophysenvorderlappens (S. 828). Im Hypophysenhinterlappen finden sich die beiden Polypeptidhormone Ocytocin und Vasopres-

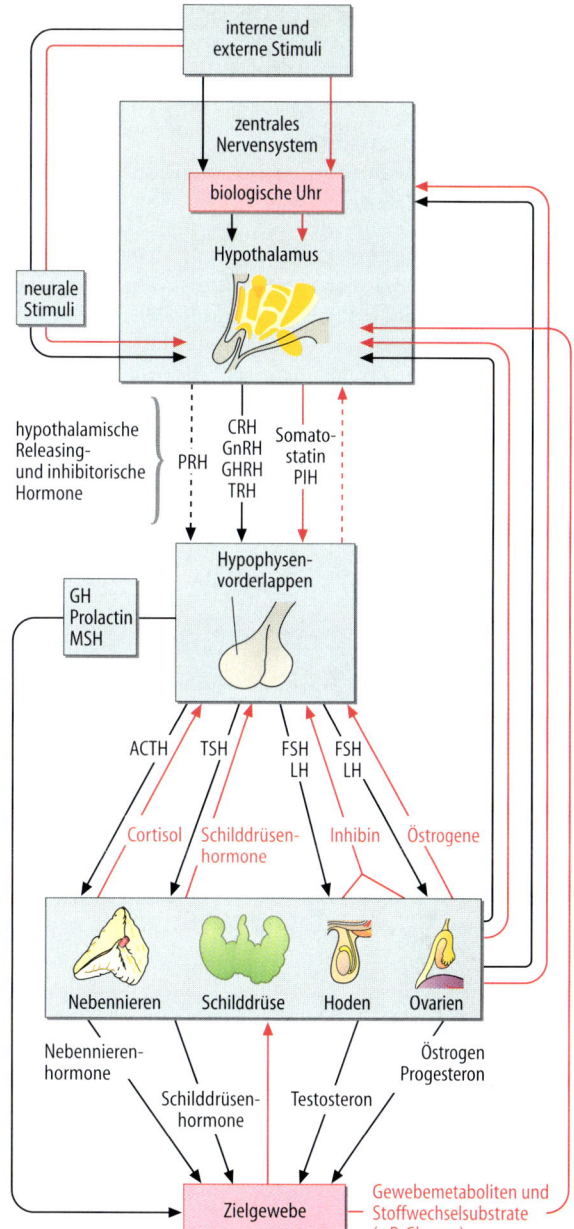

Abb. 29.3 Prinzip der Regulation des hypothalamisch-hypophysären Systems und seiner peripheren Zielgewebe

sin, über deren Bedeutung bei der Regulation des Wasser- und Elektrolythaushaltes in Kapitel 28 (S. 765) berichtet wird.

29.1.5 Weitere Hormone des Hypothalamus

CRGP entsteht durch alternierendes Spleißen der Calcitoningen-mRNA

Bei der Transkription des Gens für Calcitonin, eines Polypeptidhormons der Schilddrüse (S. 862), wird im Hypothalamus durch alternierendes Spleißen eine mRNA gebildet, deren Translation ein Peptid mit 37 Aminosäuren ergibt, das als *Calcitoningen-verwandtes Polypeptid* (CGRP = *engl.* calcitonin related gene peptide) bezeichnet wird (Abb. 29.4). CGRP kommt zwar auch in der Schilddrüse vor, es ist jedoch wesentlich stärker im ZNS verbreitet, in dem es außer

im Hypothalamus auch im Rückenmark, im limbischen System, im Trigeminusganglion und in der Hypophyse nachzuweisen ist. Auch in peripheren Nervenfasern, im Herz, den Lungen und dem Gastrointestinaltrakt kommt CGRP oft im Verbund mit der glatten Muskulatur von Blutgefäßen vor. Immunoreaktives CGRP ist im Plasma nachweisbar und kommt dort in höheren Konzentrationen als Calcitonin vor, so daß dieses Peptid u. U. das Hauptprodukt des Calcitoningens beim Menschen ist. Die Injektion in das Ventrikelsystem des Gehirns verursacht eine Erhöhung der zirkulierenden Noradrenalinspiegel im Plasma, die von einer Tachykardie und einem erhöhten Blutdruck begleitet wird, wohingegen die periphere Injektion eine Tachykardie mit einem Blutdruckabfall verursacht. Die intravenöse Verabreichung von menschlichem CGRP bei freiwilligen Versuchspersonen führt zu einer starken periphe-

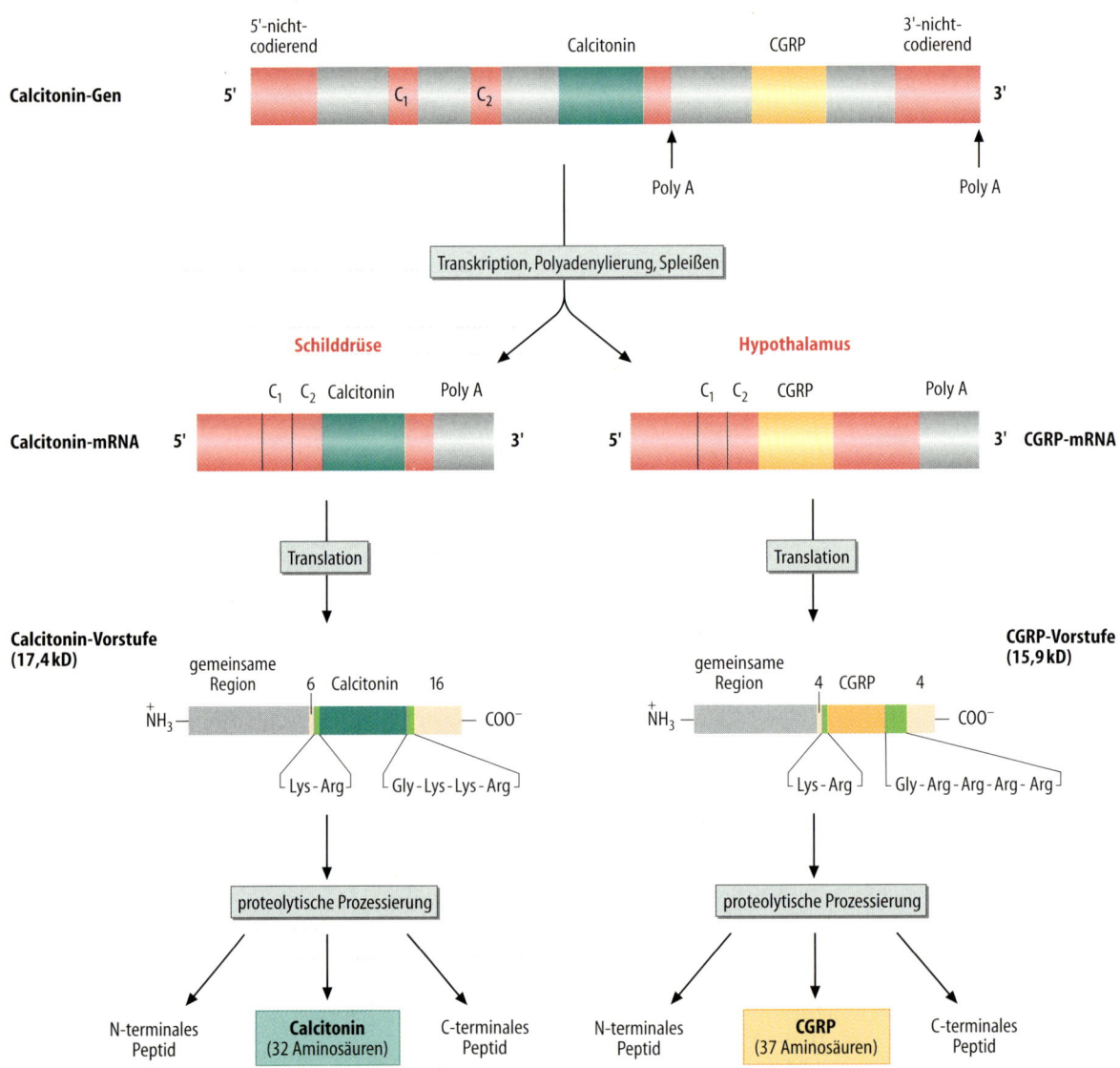

Abb. 29.4 Produktion von CGRP durch gewebespezifisches alternierendes Spleißen. Die beiden mRNA's für Calcitonin bzw. CRGP besitzen eine identische Region am 5'-Ende

ren Vasodilatation mit einem Blutdruckabfall, einer Tachykardie und erhöhten Katecholaminwerten. Das Peptid führt beim Menschen weiterhin zu einem Abfall der Magensäure- und Pepsinsekretion, die von einer länger andauernden Senkung der zirkulierenden Spiegel von Gastrin, gastrischem inhibitorischem Peptid, Glucagon und Neurotensin begleitet werden. Beim Menschen hat CGRP keinen Effekt auf den Plasmacalciumspiegel.

Die Verteilung und die starke vasoaktive Wirkung des Peptides sprechen dafür, daß es an der Regulation des peripheren Gefäßwiderstandes beteiligt ist.

29.2 Hypothalamus-Hypophysen-Schilddrüsen-Achse

29.2.1 Regulatorische Polypeptide des Hypothalamus und der Hypophyse

TRH entsteht aus einem relativ großen Prohormon

Die Regulation der Sekretion des thyreoideastimulierenden Hormons (TSH) der Hypophyse durch den Hypothalamus erfolgt über das ***TSH-Releasing-Hormon (TRH),*** ein Tripeptid mit der Struktur (pyro)Glu-His-

	ATG	CCG	GGA	CCT	TGG	TTG	CTG	CTG	GCT	CTG	CTG	TTG	ATC	TTC	ACC	CTA	ATC	GGT	
1	Met –	Pro –	Gly –	Pro –	Trp –	Trp –	Leu –	Leu –	Ala –	Leu –	Ala –	Leu –	Ile –	Phe –	Thr –	Leu –	Thr –	Gly	
	ATC	CCT	GAA	TCC	TGC	GCC	TTG	CCG	GAG	GCA	GCC	CAG	GAG	GAA	GGT	GCA	GTG	ACT	210
	Ile –	Pro –	Glu –	Ser –	Cys –	Ala –	Leu –	Pro –	Glu –	Ala –	Ala –	Gln –	Glu –	Glu –	Gly –	Ala –	Val –	Thr	
	CCT	GAC	CTT	CCT	GGC	CTG	GAG	AAT	GTT	CAG	GTC	CGG	CCA	GAA	CGT	CGA	TTC	TTG	
37	Pro –	Asp –	Leu –	Pro –	Gly –	Leu –	Glu –	Asn –	Val –	Gln –	Val –	Arg –	Pro –	Glu –	Arg –	Arg –	Phe –	Leu	
	TGG	AAA	GAC	CTC	CAG	CGG	GTG	AGA	GGG	GAC	CTC	GGT	GCT	GCC	TTA	GAC	TCC	TGG	318
	Trp –	Lys –	Asp –	Leu –	Gln –	Arg –	Val –	Arg –	Gly –	Asp –	Leu –	Gly –	Ala –	Ala –	Leu –	Asp –	Ser –	Trp	
	ATC	ACA	AAA	CGC	CAG	CAT	CCA	GGC	AAA	AGG	GAG	GAG	GAG	GAA	AAA	GAC	ATT	GAA	
73	Ile –	Thr –	Lys –	Arg –	Gln –	His –	Pro –	Gly –	Lys –	Arg –	Glu –	Glu –	Glu –	Glu –	Lys –	Asp –	Ile –	Glu	
	GCT	GAA	GAG	AGG	GGA	GAC	TTG	GGA	GAA	GGG	GGA	GCC	TGG	AGA	CTC	CAC	AAA	CGA	426
	Ala –	Glu –	Glu –	Arg –	Gly –	Asp –	Leu –	Gly –	Glu –	Gly –	Gly –	Ala –	Trp –	Arg –	Leu –	His –	Lys –	Arg	
	CAG	CAC	CCC	GGC	CGA	CGT	GCC	AAC	CAG	GAC	AAG	TAT	TCA	TGG	GCA	GAT	GAG	GAG	
109	Gln –	His –	Pro –	Gly –	Arg –	Arg –	Ala –	Asn –	Gln –	Asp –	Lys –	Tyr –	Ser –	Trp –	Ala –	Asp –	Glu –	Glu	
	GAC	AGT	GAC	TGG	ATG	CCA	CGG	TCC	TGG	TTA	CCA	GAT	TTC	TTT	CTG	GAT	TCC	TGG	534
	Asp –	Ser –	Asp –	Trp –	Met –	Pro –	Arg –	Ser –	Trp –	Leu –	Pro –	Asp –	Phe –	Phe –	Leu –	Asp –	Ser –	Trp	
	TTC	TCA	GAT	GTC	CCC	CAA	GTC	AAG	CGG	CAG	CAC	CCT	GGC	AGG	CGA	TCC	TCC	CCC	
145	Phe –	Ser –	Asp –	Val –	Pro –	Gln –	Val –	Lys –	Arg –	Gln –	His –	Pro –	Gly –	Arg –	Arg –	Ser –	Phe –	Pro	
	TGG	ATG	GAG	TCT	GAT	GTC	ACC	AAG	AGG	CAA	CAT	CCA	GGC	CGG	AGG	TTC	ATA	GAT	642
	Trp –	Met –	Glu –	Ser –	Asp –	Val –	Thr –	Lys –	Arg –	Gln –	His –	Pro –	Gly –	Arg –	Arg –	Phe –	Ile –	Asp	
	CCC	GAG	CTC	CAA	AGA	AGC	TGG	GAA	GAA	AAA	GAG	GGA	GAG	GGT	GTC	TTA	ATG	CCT	
181	Pro –	Glu –	Leu –	Gln –	Arg –	Ser –	Trp –	Glu –	Glu –	Lys –	Glu –	Gly –	Glu –	Gly –	Val –	Leu –	Met –	Pro	
	GAG	AAA	CGC	CAG	CAT	CCT	GGC	AAA	AGG	GCA	TTG	GGT	CAT	CCC	TGT	GGG	CCC	CAG	750
	Glu –	Lys –	Arg –	Gln –	His –	Pro –	Gly –	Lys –	Arg –	Ala –	Leu –	Gly –	His –	Pro –	Cys –	Gly –	Pro –	Gln	
	GGG	ACT	TGT	GGT	CAA	ACA	GGC	CTG	CTC	CAG	CTT	CTA	GGT	GAC	CTG	AGC	AGG	GGT	
217	Gly –	Thr –	Cys –	Gly –	Gln –	Thr –	Gly –	Leu –	Leu –	Gln –	Leu –	Leu –	Gly –	Asp –	Leu –	Ser –	Arg –	Gly	
	CAG	GAG	ACC	CTG	GTG	AAG	CAA	AGC	CCA	CAA	GTG	GAA	CCC	TGG	GAC	AAG	GAA	CCT	858
	Gln –	Glu –	Thr –	Leu –	Val –	Lys –	Gln –	Ser –	Pro –	Gln –	Val –	Glu –	Pro –	Trp –	Asp –	Lys –	Glu –	Pro	
	CTG	GAG	GAG	TAAGGCCAGAGTCAGGCTTTAGGTCTAGGATGATGTAAGCCCTGTATTCCCTATCCTGT															
	Leu –	Glu –	Glu	***															

Abb. 29.5 Biosynthese von TRH durch proteolytische Prozessierung des TRH-Prohormons (*violett* TRH-Abschnitte; *grün* basische Aminosäuren, an denen die proteolytische Prozessierung stattfindet). Die Zahlen *links* geben die Aminosäuren, *rechts* die Nucleotidposition an

Pro-NH₂ (Abb. 2.56, S. 75). Die Amidierung des C-terminalen Prolylrestes und die Cyclisierung des Glutaminylrestes sind Voraussetzung für die biologische Aktivität. TRH entsteht durch posttranslationale Prozessierung eines Prohormons mit 255 Aminosäuren und einem Molekulargewicht von 30 kD. In der aus der cDNA (Abb. 29.5) abgeleiteten Struktur dieses Proteins kommt die Sequenz Gln-His-Pro-Gly fünfmal vor; sie wird jeweils am N- und C-Terminus von zwei basischen Aminosäuren (Lysin bzw. Arginin) flankiert, die als Schnittstellen für proteolytische Enzyme dienen. Der Glutaminylrest cyclisiert zu Pyroglutamat, der Glycylrest dient als Donor des Amidrestes für die Bildung des C-terminalen Prolinamids. TRH ist nicht nur im Hypothalamus nachweisbar, sondern auch in anderen Hirnarealen (z. B. Hirnrinde, Epiphyse, Rückenmark) und Geweben des Organismus (z. B. Pankreas, Gastrointestinaltrakt). In ihrer Gesamtheit übersteigen die Mengen, die außerhalb des Hypothalamus gebildet werden, die in der Hypothalamusregion nachweisbaren. Während TRH als Stimulator der untergeordneten Hypophyse wirkt, wird die TSH-Sekretion durch *Somatostatin* (S. 850) gehemmt.

Die α-Untereinheit von TSH ist mit der von LH und FSH identisch

TRH bindet an spezifische Rezeptoren der Plasmamembran der basophilen Hypophysenzellen und stimuliert – unter Vermittlung der *Adenylatcyclase* und des *Phosphoinositol-Transduktionsweges* – die TSH-Sekretion. Das Hormon (Molekulargewicht 26 kD) besteht aus einer α-Untereinheit mit 92 Aminosäuren [die mit der α-Untereinheit von zwei anderen Hypophysenhormonen (LH und FSH) identisch ist] und einer β-Untereinheit mit 110 Aminosäuren. Die Assoziation der beiden Untereinheiten ist die Voraussetzung für die biologische Aktivität des Hormons. Innerhalb von wenigen Minuten bewirkt TRH eine Zunahme der TSH-Freisetzung aus der Hypophyse. Chemisch synthetisiertes TRH wird deshalb zur Untersuchung der hypothalamisch-hypophysären Schilddrüsen-Achse verwendet (S. 825). Täglich werden etwa 50 bis 200 µg TSH sezerniert, die Halbwertszeit des Hormons beträgt ca. 50 Minuten.

Der TSH-Rezeptor gehört zur Großfamilie der G-Protein-gekoppelten Rezeptoren

In der Schilddrüse bindet TSH – vor allem unter Vermittlung seiner β-Untereinheiten – an den TSH-Rezeptor (Abb. 29.6), der aus einem Glykoprotein und einem assoziierten Gangliosid besteht. Der Rezeptor besitzt eine extracelluläre, ligandenbindende Domäne, sieben transmembranäre Segmente und einen intracellulären Schwanz. Der TSH-Effekt auf die Jodaufnahme und Hormonsekretion durch die Schilddrüsenzelle wird

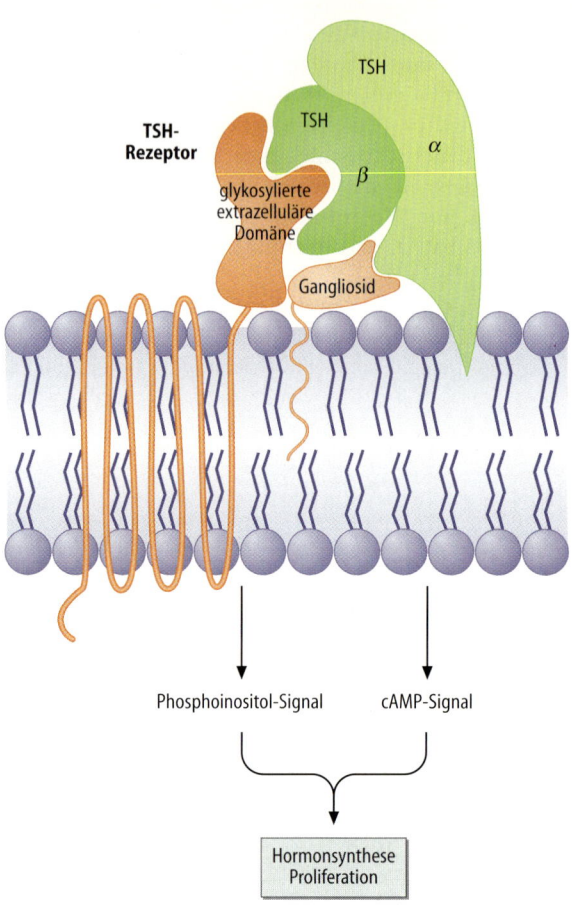

Abb. 29.6 Modell der Wechselwirkung des TSH mit dem TSH-Rezeptor der Schilddrüsenzellmembran (vgl. auch Abb. 29.14, S. 826)

über Cyclo-AMP vermittelt, die Jodierung von Thyreoglobulin und die Hormonsynthese über den Phosphoinositol-Transduktionsweg. Außerdem stimuliert TSH das Wachstum der Thyreocyten.

29.2.2 Regulation von Hypothalamus und Hypophyse

Die unter TSH-Einwirkung in der Schilddrüse vermehrt synthetisierten und freigesetzten Schilddrüsenhormone Tetra- und Trijodthyronin (T₄ und T₃) sind für die negative Rückkoppelungsregulation verantwortlich: Sie hemmen sowohl die TRH-Sekretion auf Hypothalamusebene als auch die TSH-Sekretion auf Hypophysenniveau (Abb. 29.7). Bei einer Erhöhung der T₄-Konzentration wird das Hormon vermehrt in die Hypophysenzellen aufgenommen und dort dejodiert. Das entstehende T₃ hemmt die Expression der TSH-Gene, so daß die Zelle auf ein vermehrtes TRH-Angebot nicht mehr mit einer TSH-Sekretion reagieren kann.

29.2.3 Hormone der Schilddrüse

Die Schilddrüsenhormone enthalten Jod

In der Schilddrüse werden die jodhaltigen Hormone Tetrajodthyronin (Thyroxin, T_4) und Trijodthyronin (T_3) gebildet (Abb. 29.8). Die Schilddrüse enthält etwa 3 Millionen *Follikel*, in denen die Hormonsyntheseprodukte extracellulär abgelagert werden. Die Follikel sind von einem einschichtigen Epithel ausgekleidet, dessen Zellen das jodtyrosinhaltige Prohormon Thyreoglobulin synthetisieren (Abb. 29.9). Für die Hormonbiosynthese erforderliches *Jodid* (Jodidstoffwechsel, S. 641) wird aus dem Blutplasma über die basale Zellober-fläche in einem energieabhängigen Prozeß (Jodidpumpe) aufgenommen. Eine membranständige *Thyreoperoxidase*, die im Bereich der am apicalen Teil der Epithelzelle in das Follikellumen hineinragenden Mikrovilli lokalisiert ist, oxidiert unter H_2O_2-Verbrauch Jodid, wahrscheinlich auf die Stufe des Iodonium-Ions (I^+), und baut es in Tyrosylreste des Thyreoglobulins ein.

Thyreoglobulin ist das Prohormon der Schilddrüsenhormone

Thyreoglobulin (Molekulargewicht 660 kD) besteht aus zwei identischen Untereinheiten aus jeweils fast 3000 Aminosäuren, in denen pro Untereinheit 72 Tyrosylreste vorkommen. Die zur Hormonbildung erforderliche Modifikation der Tyrosylreste erfolgt an den Mikrovilli der Epithelzellen und beinhaltet ihre Jodierung und die *intramolekulare Kopplung* zu Tetra- und Trijodthyronin, die vorerst noch Bestandteil der Peptidkette bleiben (Abb. 29.10). Die Jodierung erfolgt zunächst in Position 3 und dann in Positon 5 des aromatischen Ringes unter Bildung von Mono- bzw. Dijodtyrosin. Die 144 Tyrosylreste können also theore-

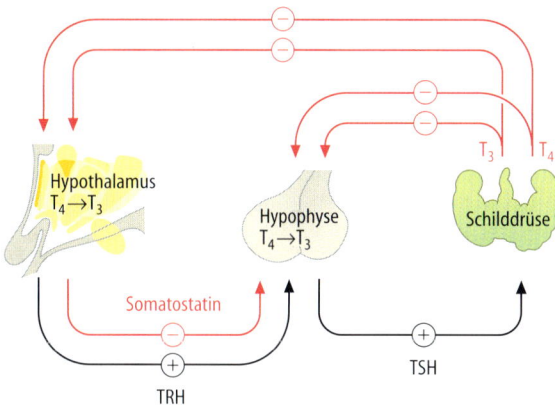

Abb. 29.7 Hemmung der TRH- bzw. TSH-Sekretion durch die Schilddrüsenhormone und Somatostatin

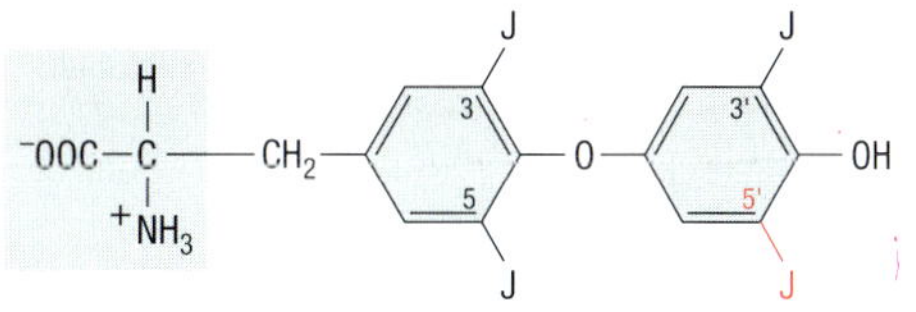

Abb. 29.8 Struktur von T_3 und T_4. *Rot* zusätzliches Jodatom im T_4

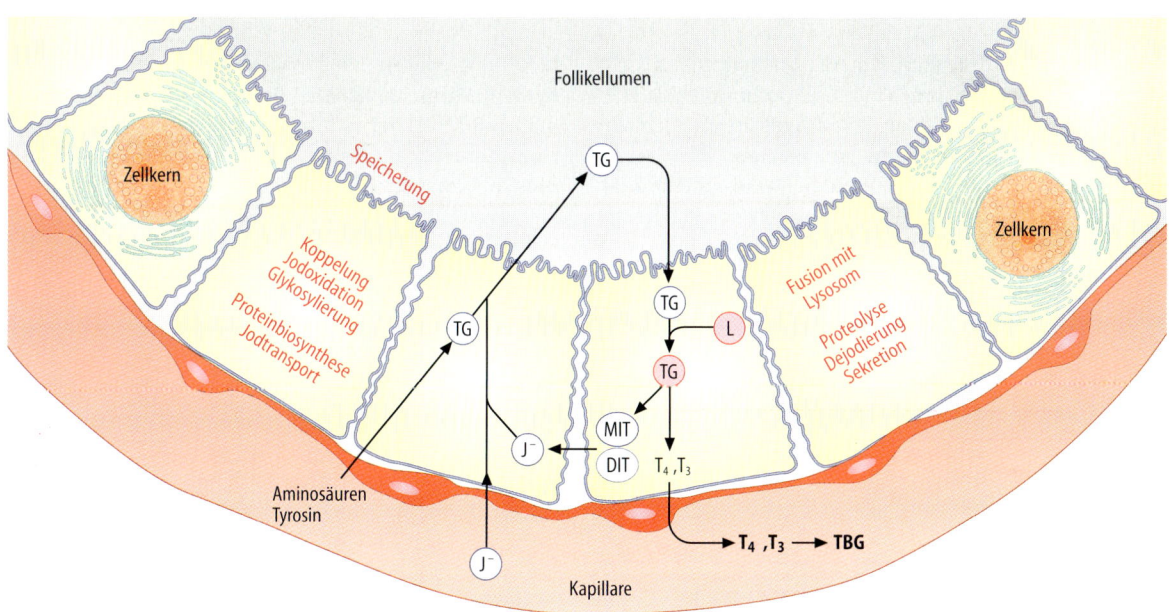

Abb. 29.9 Biosynthese der Schilddrüsenhormone in Form der Thyreoglobulinvorstufe *(TG)* in den Epithelzellen, Sekretion des Thyreoglobulins in das Follikellumen, Rückaufnahme in die Epithelzelle, Fusion mit Lysosomen *(L)* und anschließende Proteolyse und Freisetzung der Schilddrüsenhormone. *MIT* Monojodtyrosin; *DIT* Dijodtyrosin

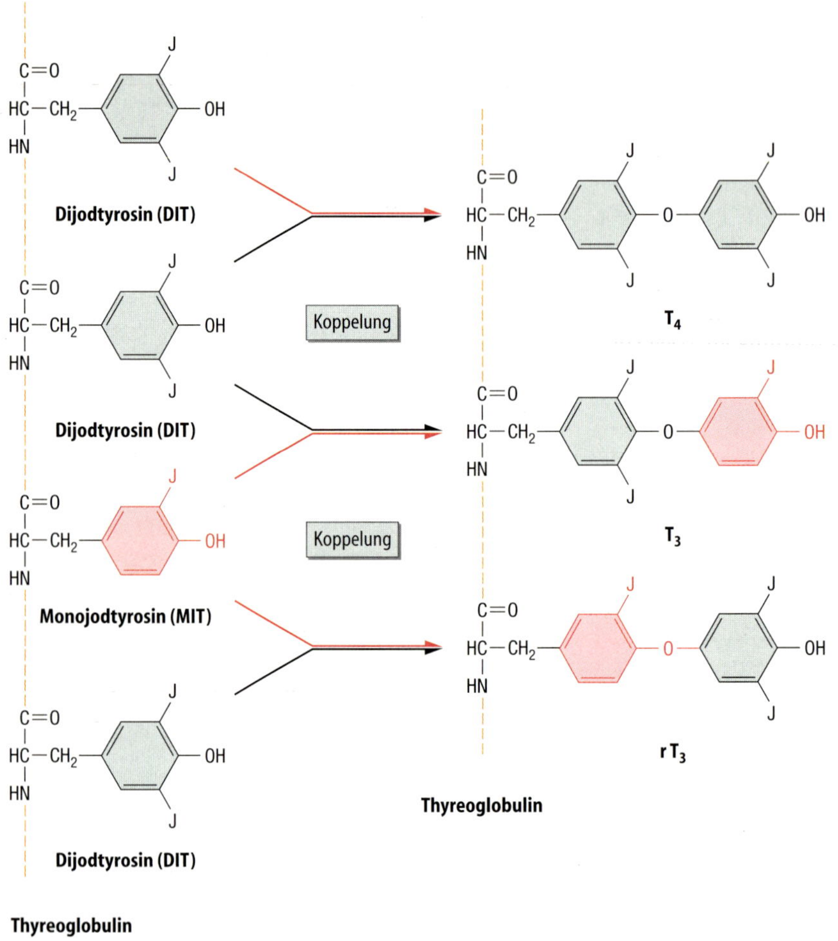

Abb. 29.10 Jodierung einzelner Tyrosylreste des Thyreoglobulins und anschließende intramolekulare Übertragung von Monojodtyrosin *(MIT)* bzw. Dijodtyrosin *(DIT)* auf DIT unter Bildung von T_3 bzw. T_4. Wird DIT auf MIT übertragen, so entsteht inaktives reverses T_3 (rT_3)

tisch 288 Jodidatome aufnehmen. Maximal finden sich jedoch nur etwa 20 pro Thyreoglobulinmolekül. Die Kopplung von 2 Molekülen Dijodthyrosin im *Thyreoglobulinmolekül* führt dann zur Bildung von Tetrajodthyronin oder Thyroxin. Werden Mono- und Dijodtyrosin intramolekular miteinander verknüpft, so entsteht Trijodthyronin.

TSH reguliert alle Einzelschritte der T_3- und T_4-Biosynthese

Voraussetzung für die Sekretion der Schilddrüsenhormone ist die Rückaufnahme des im Follikellumen gespeicherten Prohormons durch Pinocytose in die Epithelzelle. Dort fusionieren die Vesikel mit Lysosomen unter Bildung von Phagolysosomen (S. 190), in denen Thyreoglobulin durch Proteolyse vollständig abgebaut wird. Dadurch freigesetzte Schilddrüsenhormone werden in das Blutplasma sezerniert, ebenfalls entstehende Mono- und Jodtyrosine werden durch *substratspezifische Dejodasen* (die die Schilddrüsenhormone nicht angreifen) dejodiert, so daß das freigesetzte Jodid wieder in den intracellulären Jodidpool eintreten kann. Unter normalen Bedingungen werden maximal 6–8 Moleküle Schilddrüsenhormon pro Thyreoglobulinmolekül gebildet und freigesetzt. Damit ist der Biosyntheseprozeß mit einem enorm hohen Energieaufwand verbunden. Der biologische Vorteil dieses Systems scheint darin zu liegen, daß im Jodmangel das gesamte Jod in den Jodthyroninen covalent fixiert werden kann. T_3 und T_4 werden nur in bestimmten Bereichen des Prohormons gefunden, was dafür spricht, daß die Primärstruktur bestimmt, welche Tyrosylreste jodiert werden. Weiterhin bestimmt die Konformation des Proteins (Tertiärstruktur), daß die zu koppelnden Jodtyrosylreste in unmittelbarer Nähe zueinander liegen. Praktisch jeder Schritt der T_3- und T_4-Biosynthese (Thyreoglobulinbiosynthese, Jodierung, Koppelungsreaktion, Vakuolenbildung) wird durch TSH reguliert. Während diese Effekte innerhalb von Minuten nach TSH-Spiegelerhöhung auftreten, muß die TSH-Konzentration über einen längeren Zeitraum erhöht sein, damit eine andere Wirkung, nämlich die verstärkte Proliferation der Schilddrüsenzellen, auftritt.

29.2.4 Transport der Schilddrüsenhormone im Blut

Nur ein geringer Anteil der Schilddrüsenhormone liegt in freier Form vor

Die Konzentration von T_4 im Blutplasma beträgt etwa das vierzigfache der T_3-Konzentration. Im Blutplasma werden die Schilddrüsenhormone aufgrund ihrer schlechten Wasserlöslichkeit in Bindung an Trägerproteine transportiert.

Das wichtigste Trägerprotein ist das **thyroxinbindende Globulin (TBG),** ein Glykoprotein mit einem Molekulargewicht von 500 kD, das in der Serumproteinelektrophorese (S. 913) zwischen den α_1- und α_2-Globulinen wandert. Ein Mol TBG bindet ein Mol T_3 oder T_4. Es folgen das thyroxinbindende Präalbumin (TBPA), das in der Serumelektrophorese mit den Präalbuminen wandert, und Albumin, an das Schilddrüsenhormone nur bei Vorliegen sehr hoher Hormonspiegel im Blutplasma binden. Normalerweise liegen nur etwa 0,03 % des T_4 und 0,3 % des T_3 im Plasma in freier Form vor (S. 825). Die Trägerproteine dienen als **Pufferreservoir,** das eine kontinuierliche Hormonzufuhr an die Gewebe bei Fluktuationen der Hormonsekretion erlaubt. Bestimmte Pharmaka-Anionen (Salicylate, Diphenylhydantoin) können T_3 und T_4 aus der Bindung an TBG verdrängen. Da der Anteil des freien Hormons für die biologische Wirkung entscheidend ist, beeinflussen Änderungen der TBG-Konzentration über die Änderung der Konzentration des freien Hormons die biologische Aktivität der Schilddrüsenhormone: Eine Erhöhung der TBG-Konzentration erhöht die Bindung von T_4 und T_3 und verringert damit die Verfügbarkeit von freiem Hormon. Der Plasma-TBG-Spiegel stellt deshalb einen wichtigen Parameter des Schilddrüsenhormonhaushaltes dar.

Während der TBG-Spiegel bei erhöhten Östrogenspiegeln (Schwangerschaft oder Ovulationshemmer) aufgrund einer Biosynthesesteigerung im Hepatocyten ansteigt, fällt er bei Behandlung mit Androgenen oder anabolen Steroiden (S. 839) oder beim nephrotischen Syndrom (S. 1051) aufgrund des renalen Proteinverlustes ab. Sinkt die TBG-Konzentration im Plasma, so kommt es kompensatorisch zu einem Anstieg der TBPA. Da jedoch die Bindung von T_4 und T_3 an dieses Trägerprotein schwächer ist, tauschen die Hormone rascher mit dem Pool der freien Hormone aus.

Die Halbwertszeit von T_4 liegt bei 7 Tagen, die von T_3 bei 1 Tag.

29.2.5 Periphere Aktivierung und Abbau von T_4 und T_3

Thyroxin wird peripher in das aktive T_3 umgewandelt

Durch 5'-Monodejodierung wird T_4 in peripheren Geweben (Leber und Nieren) in T_3 überführt (**T_3-Neogenese),** das wieder in die Zirkulation abgegeben wird. Etwa 30 % des T_4 werden in T_3 umgewandelt, das eine etwa dreimal höhere biologische Aktivität besitzt. Etwa 80 % des im Plasma zirkulierenden T_3 stammen aus der peripheren Umwandlung aus T_4, die übrigen 20 % direkt aus der Schilddrüse (Abb. 29.11). Störungen der peripheren T_4-Dejodierung können somit auch zu einem Abfall des Plasma-T_3-Spiegels führen.

Thyroxin kann peripher auch in das biologisch inaktive, reverse T_3 umgewandelt werden

40 % des T_4 wird – in geringen Mengen auch in der Schilddrüse selbst (Abb. 29.10, S. 822) – durch Monodejodierung in **biologisch inaktives 3,3,5-T_3** (reverses T_3) überführt. Weitere 40 % werden in der Leber – wie andere Phenole (S. 1051) – durch Konjugation mit Sulfat oder Glucuronat in eine ausscheidungsfähige Form (Galle) überführt. Die übrigen 20 % werden durch oxidative Desaminierung und Decarboxylierung der Alanylseitenkette durch Enzyme des Aminosäurestoffwechsels (S. 561) in der Leber oder den Nieren zu den Acetatanaloga Tetra- und Trijodthyreoacetat abgebaut, die vor ihrer Ausscheidung noch dejodiert werden.

29.2.6 Molekularer Wirkungsmechanismus der Schilddrüsenhormone

Für T_3 existieren mehrere Rezeptoren

Aus dem Cytosol der Zielzelle gelangt T_3 in den Zellkern (Abb. 29.12). Dort findet das Hormon Rezeptoren, die an die Regulatorelemente bestimmter Gene binden und damit ihre Expression verändern. T_3-Rezeptoren gehören zur Familie der **hormonempfindlichen Tran-**

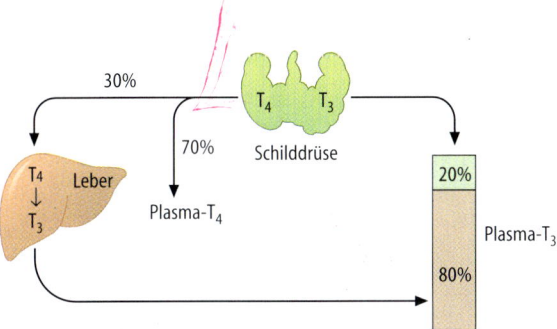

Abb. 29.11 Periphere Umwandlung von T_4 in T_3

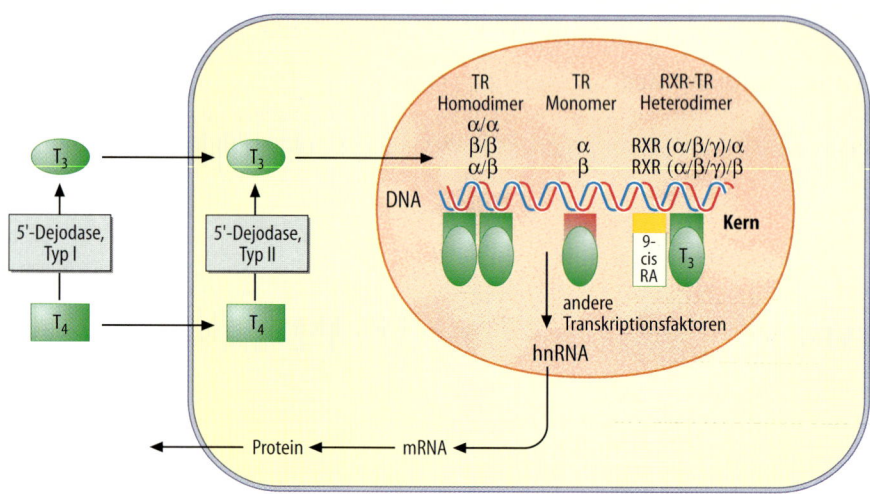

Abb. 29.12 Molekularer Wirkungsmechanismus von T_3. *TR* T_3-Rezeptor; *RXR* Retinoat-Rezeptor. (Nach Brent, 1994) (Einzelheiten s. Text)

Tabelle 29.3 Genfamilie der Schilddrüsenhormon-/Steroidhormonrezeptoren (in *Klammern* die chromosomale Lokalisation des Gens, sofern bekannt)

Nichtsteroidrezeptoren	Steroidrezeptoren
Schilddrüsenhormon (α-Typ) (17q11.2-q12)	Östrogen (6)
	Cortisol (5)
	Progesteron (11q23)
	Androgen
Schilddrüsenhormon (β-Typ) (3)	Aldosteron (4)
Vitamin-A-Säure (17q21.1)	Vitamin D

skriptionsfaktoren (Tabelle 29.3). Die Rezeptoren besitzen C- und N-terminale Domänen, die eine zentrale DNA-Bindungsdomäne einrahmen. In dieser Bindungsdomäne finden sich Cysteinylreste, die ein Zinkatom chelieren und deshalb als *Zinkfinger* bezeichnet werden (S. 256). Normalerweise dimerisieren diese Rezeptoren, damit sie funktionell aktiv werden können.

Für T_3 existieren zwei Rezeptoren (α und β) mit unterschiedlichen Subtypen (1 und 2). Die α_1-, α_2- und β_1-Rezeptoren sind ubiquitär verbreitet, wohingegen andere Subtypen nur in einzelnen Organen wie Gehirn, Leber oder Myokard vorkommen, oder auch in einzelnen Arealen dieser Gewebe unterschiedlich verteilt sind. Darüber hinaus wird auch während der Entwicklung die Expression dieser Rezeptoren unterschiedlich reguliert. Nach Bindung des Liganden wirken die Rezeptoren als Transkriptionsfaktoren, wobei sie entweder als Homodimere vorliegen müssen oder mit anderen Kernproteinen, vor allem dem Retinsäure-X-Rezeptor (RXR, S. 655) als Heterodimere mit den entsprechenden DNA-Sequenzen interagieren. T_3 kann eine Zu- oder Abnahme der Expression verschiedener Gene herbeiführen.

29.2.7 Zelluläre Wirkungen der Schilddrüsenhormone

Schilddrüsenhormone wirken auf Stoffwechsel, Wachstum und Differenzierung sowie die Kontraktionskraft des Myocards

Schilddrüsenhormone beeinflussen den Intermediärstoffwechsel. Sie aktivieren z. B. die Gluconeogenese, Glykogenolyse und Liponeogenese. Die Liponeogenese wird durch Stimulierung des Malatenzyms, der Glucose-6-Phosphat-Dehydrogenase und der Fettsäuresynthase vermittelt. T_3 wirkt auch auf den *Cholesterinstoffwechsel*, da ein Abfall der T_3-Konzentration mit einer Erhöhung des Plasmacholesterinspiegels verbunden ist, sowie auf die Expression der Gene der *Na^+/K^+-ATPase.* Dies ATP-abhängige Enzym ist für einen beträchtlichen Anteil des Sauerstoffverbrauchs der Gewebe verantwortlich. T_3 stimuliert dieses Enzymsystem, sodaß der Sauerstoffverbrauch vieler Gewebe unter dem Einfluß von Schilddrüsenhormonen steigt. Ein Teil der bei der ATP-Spaltung freiwerdenden Energie wird in Form von Wärme frei und trägt wesentlich zur Thermogenese bei. T_3 führt außerdem zusammen mit einer adrenergen Stimulation von β_3-Rezeptoren zu einer gesteigerten Expression des Entkopplungsproteins (S. 508) am braunen Fettgewebe.

Die Transkription der Gene für verschiedene lysosomale Enzyme steht ebenfalls unter dem Einfluß von T_3. Möglicherweise führt die verringerte Expression des Hyaluronidasegens bei T_3-Mangel zu der bei Schilddrüsenunterfunktion auftretenden Störung des Bindegewebsstoffwechsels (Myxödem, S. 827).

T_3 fördert das Wachstum zum einen über eine Stimulierung der Biosynthese von Wachstumshormon in der Hypophyse (S. 851) und zum anderen über einen direkten Effekt auf den Knochen, der möglicherweise durch Polypeptidwachstumsfaktoren (wie z. B. IGF und

EGF, S. 851) vermittelt wird. T_3 besitzt auch eine Schlüsselfunktion bei Differenzierungsvorgängen wie z.B. der Hirnentwicklung bei Neugeborenen durch Förderung der Dendritenbildung (möglicherweise unter Vermittlung neurotropher Faktoren, S. 992) und der Myelinisierung (S. 975).

T_3 verringert den peripheren Gefäßwiderstand, erhöht die Kontraktilität des Herzmuskels und besitzt einen positiv chronotropen Effekt am Herzen. Die Wirkungen werden über eine Verstärkung der Aktion von Katecholaminen durch Zunahme der β-Rezeptoren im Herzmuskel vermittelt. Weiterhin kommt es unter dem Einfluß von T_3 zu einer Umschaltung der Genexpression des V_3- zum V_1-Myosin, das eine höhere ATPase-Aktivität aufweist (S. 954).

29.2.8 Laborchemische Tests zur Bestimmung der Schilddrüsenfunktion

Die Bestimmung des biologisch aktiven Hormons ist am aussagekräftigsten

Die entscheidende Größe zur Beurteilung der Schilddrüsenfunktion ist die Kenntnis der Konzentrationen von T_4 und T_3 im Blut. Man muß allerdings dabei davon ausgehen, daß nur freies, d.h. nicht an Trägerproteine gebundenes T_4 bzw. T_3 biologisch aktiv ist. Da heutzutage zuverlässige Meßverfahren für ihre Bestimmung zur Verfügung stehen, bestimmt man gebundenes oder freies T_4 bzw. T_3 und verzichtet auf die früher übliche Bestimmung des Thyroxin-Bindungsindexes.

Wie der Tabelle 29.4 zu entnehmen ist, enthält Plasma etwa 40 mal soviel Gesamt-T_4 wie Gesamt-T_3. Wegen der unterschiedlichen Affinitäten von T_4 und T_3 zu den jeweiligen Bindungsproteinen ist der Konzentrationsunterschied zwischen freiem T_4 und T_3 bei weitem nicht so groß.

Über die TRH-Stimulation wird die Hypothalamus-Hypophysen-Achse getestet

Durch die radioimmunologische Bestimmung von TSH nach Stimulation der Hypophyse durch intravenö-

Tabelle 29.4 Plasmakonzentrationen der Schilddrüsenhormone

	Konzentration	
	Gesamt	Frei
Thyroxin T_4	$4,5–10,5 \times 10^3$ ng/dl (60–140 nmol/l)	0,8–2 ng/dl (10–25 pmol/l)
Trijodthyronin T_3	100–200 ng/dl (1,5–3,5 nmol/l)	0,25–0,6 ng/dl (4–9 pmol/l)

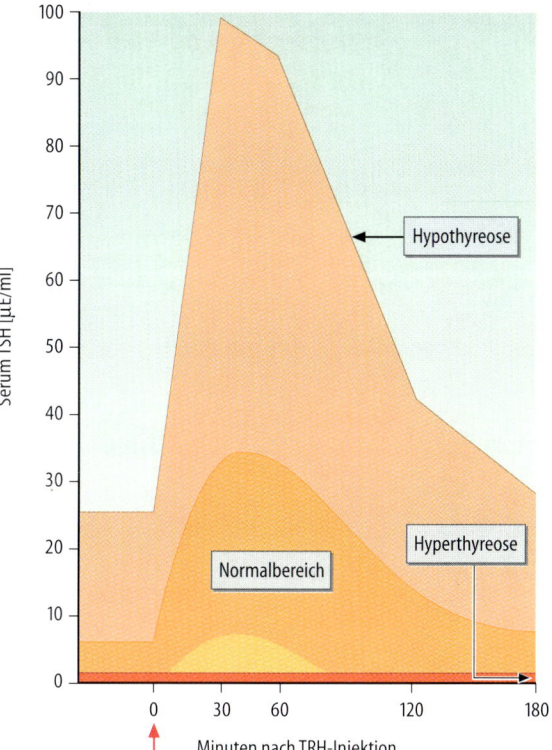

Abb. 29.13 TRH-Stimulationstest

se Verabreichung von 500 μg TRH kann der Funktionszustand der hypothalamisch-hypophysären Achse ermittelt werden. Normalerweise kommt es zu einem schnellen Anstieg des TSH-Spiegels auf das Zwei- bis Dreifache, welcher seinen Gipfel innerhalb von 20–30 Minuten erreicht. Daraufhin erfolgt ein langsamer Abfall auf den Ausgangswert innerhalb von zwei bis drei Stunden. Beim Stimulationstest wird der TSH-Spiegel deshalb vor und dreißig Minuten nach Gabe des Releasing-Hormons bestimmt. Bei primärer (d.h. auf Schilddrüsenebene liegender) Unterfunktion der Schilddrüse wird bei basal erhöhten TSH-Werten ein verstärkter Anstieg auf TRH-Gabe beobachtet (Abb. 29.13); kein Anstieg wird dagegen in einzelnen Fällen von hypophysär bedingter Schilddrüsenunterfunktion sowie bei Überfunktion der Schilddrüse gesehen.

Die Messung des **basalen TSH-Spiegels** im Plasma erlaubt beim Neugeborenen im Rahmen einer Reihenuntersuchung die Diagnose einer angeborenen Schilddrüsenunterfunktion, da der TSH-Spiegel als Folge einer mangelnden Rückkopplungshemmung durch T_4 oder T_3 auf ein Mehrfaches der Norm erhöht ist. Diese Bestimmung hat sich auch bei Erwachsenen bei Verdacht auf Schilddrüsenfehlfunktionen bewährt.

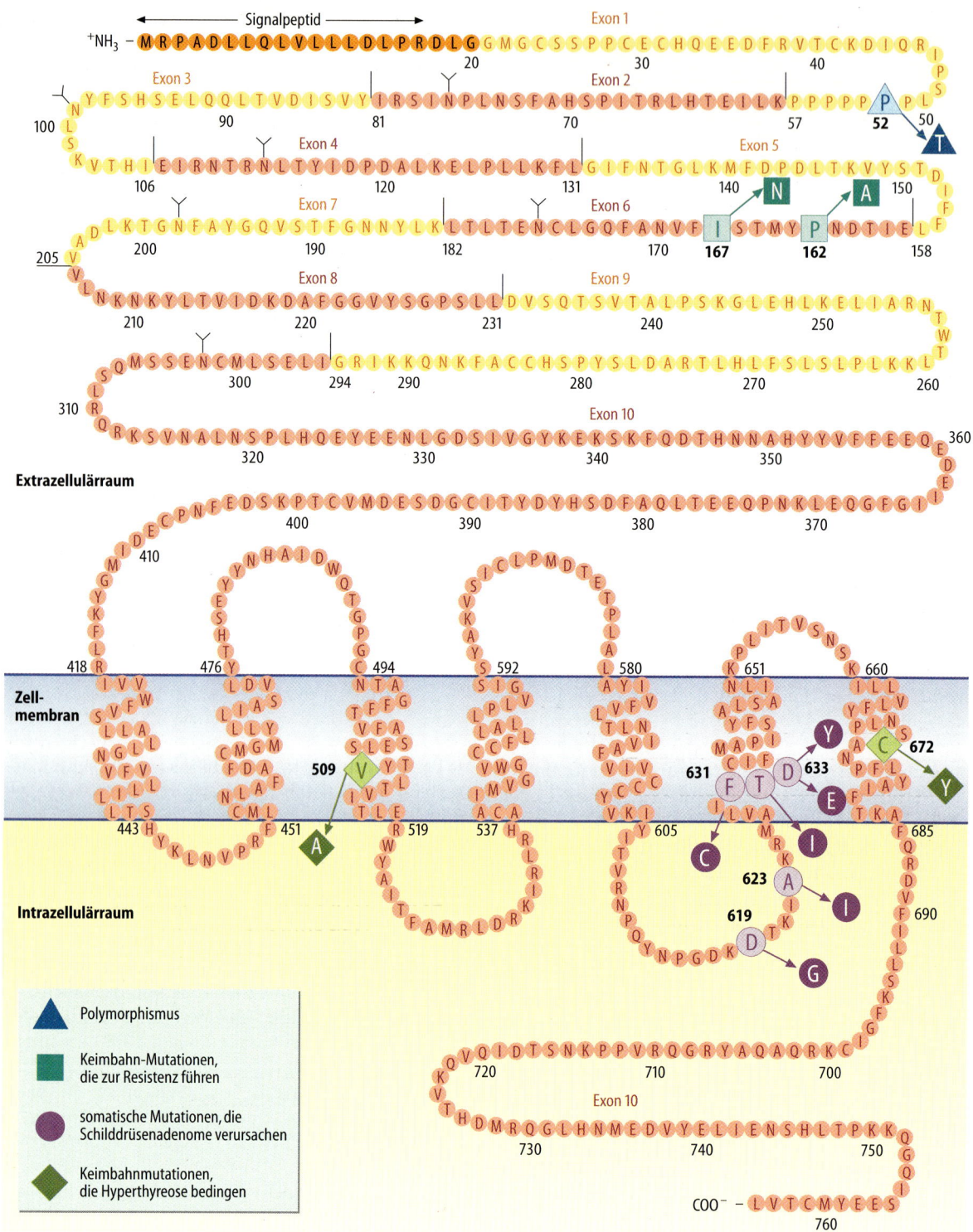

Abb. 29.14 Mutationen im Gen des TSH-Rezeptors (Y an Asparaginresten steht für mögliche Glykosylierung) (vgl. Abb. 29.6, S. 820). (Nach Sunthornthepvarakul et al. 1995)

29.2.9 Pathobiochemie

Mutationen im TSH-Rezeptor- oder T₃-Rezeptorgen können Unterfunktionen verursachen

Eine Hypothyreose im Kindesalter kann durch eine Störung auf hypothalamischer, hypophysärer oder Schilddrüsenebene verursacht sein. Genetische Defekte der einzelnen Schritte der Hormonbiosynthese in der Schilddrüse verursachen einen Hormonmangel, Mutationen in dem Anteil des T_3-Rezeptor-β-Gens, der für die ligandenbindende Domäne codiert, führen zu einer T_3-Resistenz. Mutationen in der Bindungsdomäne des TSH-Rezeptors (Abb. 29.14) bedingen eine **TSH-Resistenz**. Werden diese Defekte bei der Geburt manifest, so tritt – wenn die Krankheit nicht erkannt und deshalb nicht behandelt wird – aufgrund der fehlenden Schilddrüsenhormonwirkung auf Wachstum und Differenzierung ein schwerer physischer (Minderwuchs) und geistiger Entwicklungsrückstand innerhalb der ersten Lebensjahre auf. Die Hypothyreose im Erwachsenenalter führt zu anderen klinischen Manifestationen. Ursache kann die Produktion von gegen Schilddrüsenantigene (mikrosomale Peroxidase, Thyreoglobulin) gerichteten **Autoantikörpern** oder **Jodmangel** (S. 1081) in der Nahrung sein, der zu einer verminderten Hormonsynthese führt und dadurch konsekutiv eine vermehrte Sekretion von TSH aus der Hypophyse bewirkt. Aufgrund seines trophen, d. h. die Proliferation von Thyreocyten stimulierenden Effektes, verursacht TSH eine Vergrößerung des Schilddrüsengewebes (**Struma** bzw. Kropf).

Am häufigsten wird eine Überfunktion durch Autoantikörper verursacht, die TSH-Aktivität besitzen

Die häufigste Form (85 %) ist der Morbus Basedow, der durch die Bildung von **Autoantikörpern** der IgG-Klasse gegen den TSH-Rezeptor zustande kommt. Diese Autoantikörper wirken dabei wie TSH. Die resultierenden, erhöhten Spiegel an T_3 und T_4 supprimieren durch negative Rückkopplung die TSH-Sekretion durch die Hypophyse, ohne jedoch die zirkulierenden TSH-Rezeptor-Autoantikörper zu beeinflussen. Klinisches Zeichen der Überfunktion sind Nervosität, vermehrte Schwitzneigung, Wärmeintoleranz und Gewichtsverlust. Bei einem Drittel der Patienten tritt eine Ophthalmopathie auf, der eine Infiltration der Orbita mit Lymphocyten, Plasmazellen, Neutrophilen mit Zunahme des retrobulbären Fett- und Bindegewebes sowie Anschwellen der Augenmuskulatur (Exophthalmus, Glotzauge) zugrunde liegt. Bei etwa 10 % findet sich prätibial eine starke Hyaluronatablagerung (Myxödem).

Die Therapie der Hyperthyreose liegt einerseits in der irreversiblen Ausschaltung von Schilddrüsengewebe durch operative Entfernung (Strumektomie) oder durch Behandlung mit ¹³¹J (Radiotherapie) oder andererseits in der Behandlung mit Thyreostatica, d. h. Substanzen wie Propylthiouracil oder 1-Methyl-2-Mercaptoimidazol (Lehrbücher der Pharmakologie). Diese Substanzen hemmen den Einbau des oxidierten Jods in einzelne Tyrosylreste des Thyreoglobulins dadurch, daß sie selbst als Substrate für die Peroxidase dienen. Da sie jodiert werden, wird Jodid der Thyreoglobulinbiosynthese entzogen, so daß die Hormonbildung zum Stillstand kommt. Diese Thyreostatica werden auch von anderen Zellen, die das Enzym Peroxidase enthalten, wie Makrophagen und polymorphkernigen Leukocyten (S. 886), akkumuliert. Es wird diskutiert, daß dadurch die Aktivität von Makrophagen, die als antigenpräsentierende Zellen eine wichtige Stellung im Immunsystem (S. 1059) durch Beeinflussung der (Auto-)Antikörperproduktion einnehmen, gehemmt wird.

Keimbahnmutationen im TSH-Rezeptorgen können zu einer konstitutiven Aktivierung des TSH-Rezeptors führen. Dadurch leiden die Kinder von Geburt an unter einer Hyperthyreose und einem diffusen Kropf. **Somatische Mutationen** im TSH-Rezeptorgen verursachen autonom funktionierende Adenome, d. h. gutartige Schilddrüsentumoren (Abb. 29.14).

29.3 Hypothalamus-Hypophysen-Nebennierenrinden-(Zona fasciculata-)Achse

29.3.1 Regulatorische Polypeptide des Hypothalamus und der Hypophyse

CRH besitzt eine Schlüsselfunktion bei der Streßantwort

Die Regulation der Hypophyse durch den Hypothalamus erfolgt durch das **Corticotropin-Releasing-Hormon (CRH)**, ein am C-Terminus amidiertes Polypeptid. Auch CRH entsteht durch proteolytische Prozessierung eines Prohormons (Abb. 29.15). Dieses zeigt strukturel-

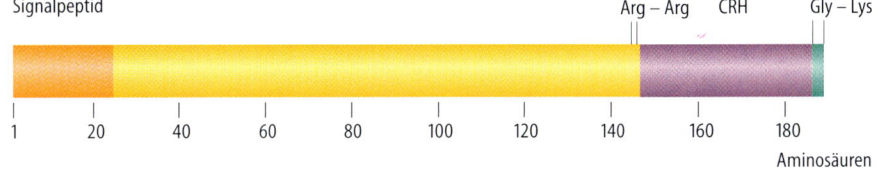

Abb. 29.15 Präpro-Hormonstruktur des CRH: Die CRH-Sequenz am C-Terminus ist *violett* hervorgehoben

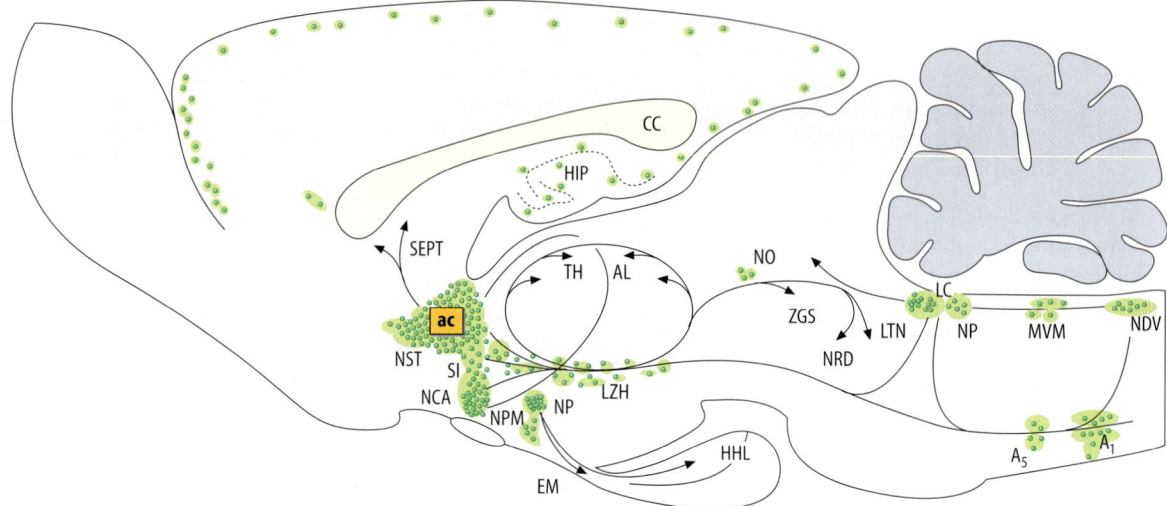

Abb. 29.16 CRH-immunoreaktive Zellen im Rattenhirn (*grün* hervorgehoben). Die wesentlichen Fasern, die den Hypophysenvorderlappen regulieren, entstehen aus dem Nucleus paraventricularis *(NP)*, jedoch gibt es auch andere CRH-positive Regionen, insbesondere um den Hypothalamus herum. *A1* und *A5* noradrenerge Zellgruppen 1 bzw. 5; *NST* Nucleus der Stria terminalis; *CC* Corpus callosum; *NCA* Nucleus centralis (Amygdala); *ZGS* zentrale graue Substanz; *NRD* Nucleus raphes dorsalis; *NDV* Nucleus dorsalis n. vagi; *HIP* Hippocampus; *LC* Locus coeruleus; *LTN* lateraler tegmentaler Nucleus; *LZH* laterale Zone des Hypothalamus; *EM* Eminentia mediana; *THAL* Thalamuskerne der Mittellinie; *NPM* Nucleus praeopticus medialis; *MVM* Nucleus vestibularis medialis; *NP* Nucleus parabrachialis; *NO* Nucleus n. oculomotorii; *HHL* Hypophysenhinterlappen; *SEPT* Septumregion; *SI* Substantia innominata

le Ähnlichkeiten mit den Pro-Opiomelanocortin-(S. 990) und Arginin-Vasopressin-Neurophysin-II-Vorstufen (S. 868), was für die Existenz einer gemeinsamen phylogenetischen Vorstufe spricht.

CRH ist ein wichtiger Bestandteil der **Streßantwort.** Bei dieser Reaktion, die auch als allgemeines Adaptationssyndrom bezeichnet wird, handelt es sich um ein stereotypisches Muster physiologischer Reaktionen, die sich im gesamten Säugetierreich finden. Die Aktivierung des Streßsystems erhöht die Aufmerksamkeit, die Muskelreflexe und die Konzentration, senkt Appetit und sexuelle Erregbarkeit und erhöht die Schmerzschwelle. Die Streßantwort wird durch das Gehirn vermittelt und integriert. Dabei haben das hypothalamisch-hypophysäre Nebennierenrinden-(NNR-) System und das sympathische Nervensystem eine Schlüsselfunktion. Die Verabreichung von CRH in den Hirnventrikel von Versuchstieren führt zu Verhaltensänderungen sowie kardiovaskulären und Stoffwechseländerungen, die große Ähnlichkeiten mit der Streßantwort aufweisen.

CRH wird in den parvozellulären Neuronen des Nucleus paraventricularis (Abb. 29.1, S. 815) gebildet. Daneben können CRH und der CRH-Rezeptor auch in verschiedenen Teilen des limbischen Systems und in Hirnarealen, die die Verbindung zum sympathischen Nervensystem herstellen, nachgewiesen werden (Abb. 29.16). CRH und noradrenerge Neurone innervieren und stimulieren sich gegenseitig. Die Aktivität des hypothalamischen CRH-Neurons wird durch mindestens zwei Stimulusarten reguliert, von denen eine streßinduziert ist und die andere einem biologischen Rhythmus folgt, der für die circadiane ACTH- und Cortisolsekretion (s. u.) verantwortlich ist.

ACTH entsteht durch Proteolyse aus dem Prohormon Pro-Opiomelanocortin

Adrenocorticotropes Hormon(ACTH) wird in den basophilen Zellen der Hypophyse synthetisiert und in Sekretgranula gespeichert. Die Biosynthese erfolgt über ein hochmolekulares Prohormon, das *Pro-Opiomelanocortin (POMC)*, das auch die Information für die opioiden Peptide β-Endorphin, β-Lipotropin und α-MSH enthält (S. 990). Die proteolytische Prozessierung des Prohormons erfolgt in Regionen, die sich durch die Aufeinanderfolge von Aminosäuren mit basischer Seitenkette (Lysin, Arginin) auszeichnen. Außer CRH sind auch noch andere Hormone wie z. B. Arginin-Vasopressin, Cholecystokinin und die Katecholamine an der basalen oder streßinduzierten Sekretion des ACTH beteiligt. ACTH besteht aus 39 Aminosäuren, von denen die 24 N-terminalen für die biologische Aktivität verantwortlich sind. Für Diagnostik und Therapie wird deshalb ein chemisch synthetisiertes Polypeptid verwendet, das nur diese Aminosäuren enthält. β-Endorphin und die anderen Peptide werden mit ACTH cosezerniert. Die Nachlieferung von ACTH erfolgt über eine Stimulierung der Transkription des POMC-Gens durch CRH.

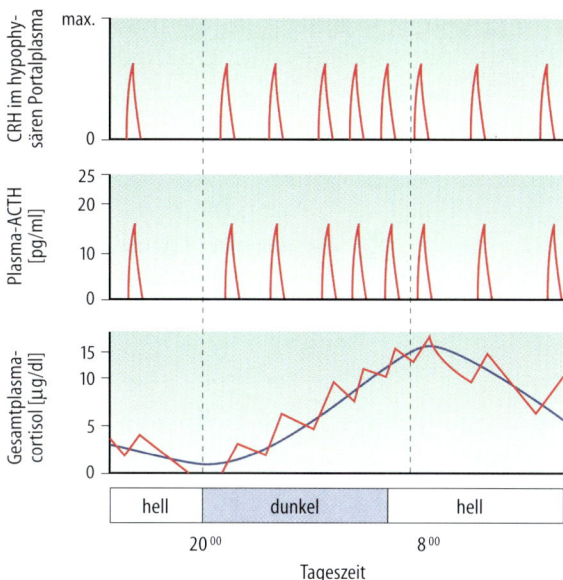

Abb. 29.17 Täglicher Plasma-ACTH- und Cortisolrhythmus bei einem gesunden, nicht gestreßten Menschen. Die Phasen, in denen ACTH sezerniert wird (etwa 7- bis 10 mal/24 h), treten häufig in den frühen Morgenstunden auf. Die entsprechende Cortisolausscheidung zu dieser Zeit führt als Folge der relativ langen Plasmahalbwertszeit des Cortisols zu einer Akkumulation und damit zu dem täglichen Cortisolanstieg am Morgen. Somit führt eine Veränderung der Frequenz der ACTH-Sekretionsstöße zu einer Modulation der Amplitude des täglichen Cortisolrhythmus. Die sekretorischen Phasen des Cortisols sind auf eine entsprechende Anzahl von Phasen zurückzuführen, in denen CRH in das hypophysäre Portalblut sezerniert wird

CRH und ACTH werden in Stößen sezerniert

Die menschliche Hypophyse enthält etwa 250 µg ACTH, von denen täglich etwa 10 bis 20 % sezerniert werden. Die Halbwertszeit des Hormons im Plasma beträgt 20 bis 25 Minuten. Der gesunde, nicht gestreßte Mensch hat jeden Tag etwa 7 bis 10 kurz andauernde Perioden, in denen es zu einer vermehrten ACTH-Sekretion kommt. Der Großteil dieser Sekretionsperioden tritt in den frühen Morgenstunden auf und ist für den morgendlichen Plasma-Cortisolanstieg verantwortlich (Abb. 29.17). Der kurzdauernde Anstieg der ACTH-Sekretion ist seinerseits durch kurzfristige Anstiege der CRH-Konzentration im hypophysären Portalsystem (2–3 Stöße pro Stunde) bedingt.

29.3.2 Regulation von Hypothalamus und Hypophyse

Cortisol ist für die negative Rückkopplungshemmung verantwortlich: Es hemmt sowohl die CRH-Sekretion auf Hypothalamusebene als auch die ACTH-Biosynthese über eine Hemmung der POMC-Transkription und -Sekretion auf Hypophysenniveau.

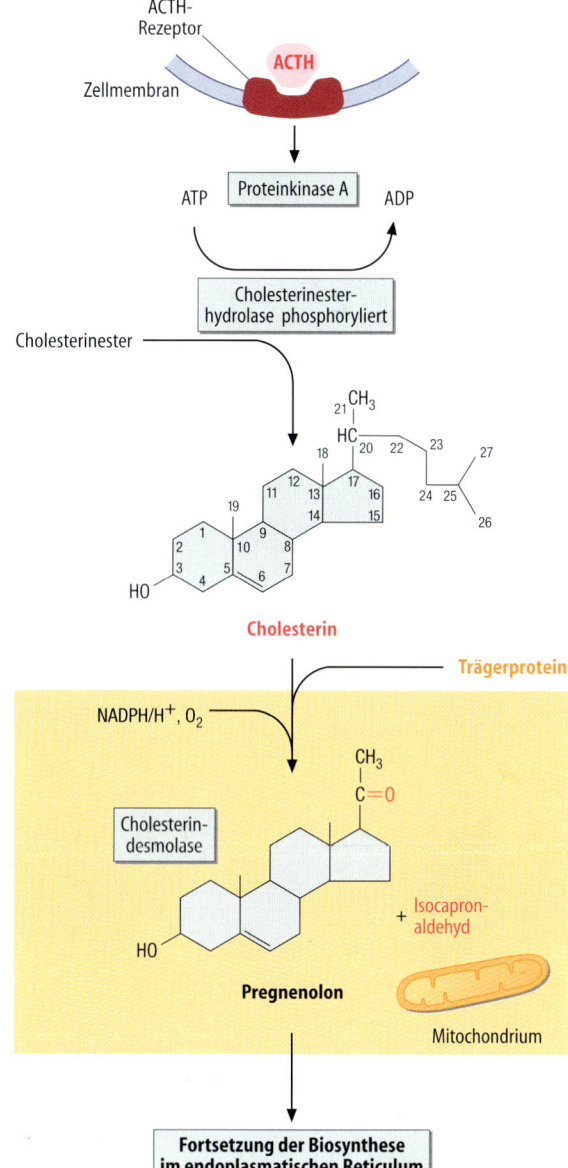

Abb. 29.18 ACTH-induzierte Freisetzung von Cholesterin aus Cholesterinestern, Transport unter Vermittlung eines Trägerproteins in das Mitochondrium und Überführung unter Katalyse der Cholesterindesmolase in das Schlüsselmolekül Pregnenolon

Verschiedene *Zytokine* wie Interleukin-1, TNF-α und Interleukin-6 oder Lipidmediatoren stimulieren das hypothalamisch-hypophysäre Nebennierenrindensystem auf allen drei Ebenen. Sie stellen damit eine Verbindung zwischen dem Streßsystem und der immunvermittelten Entzündung her.

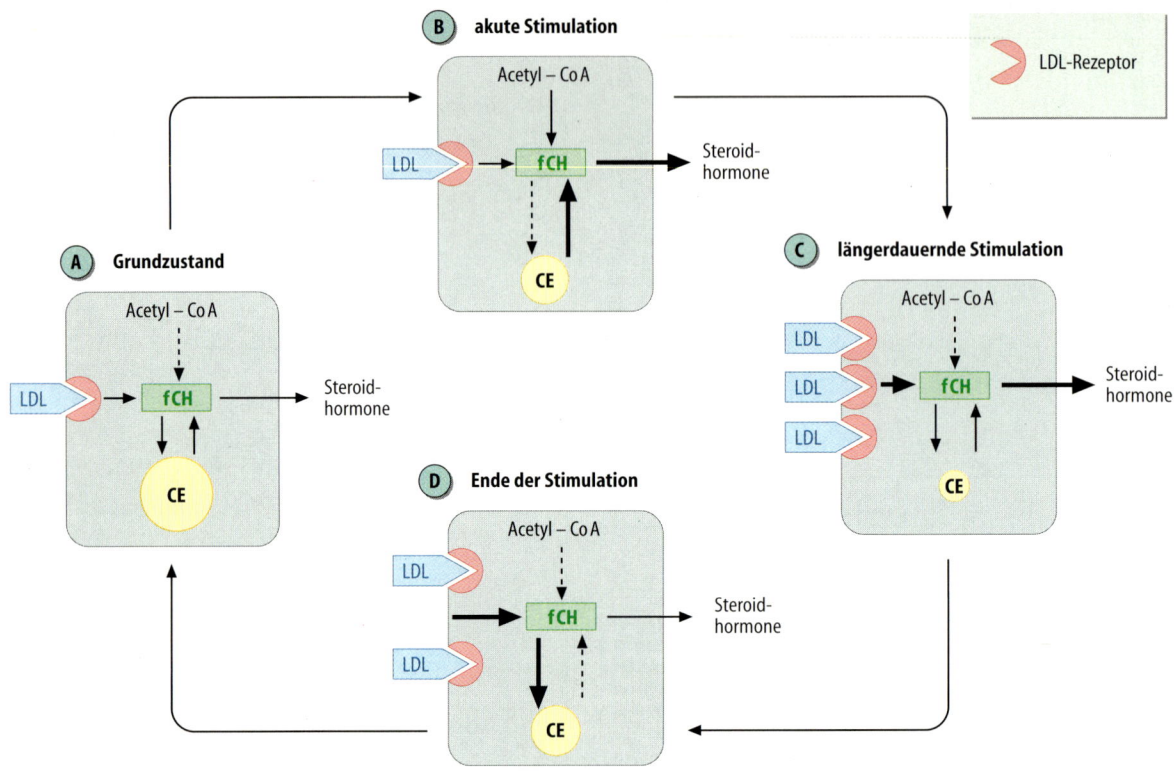

Abb. 29.19 Bildung des freien Cholesterins *(fCH)* in der steroidhormonproduzierenden Zelle durch Freisetzung aus Lipoproteinen *(LDL)*, Cholesterinestern *(CE)* oder Biosynthese aus Acetyl-CoA in Abhängigkeit von der Dauer der Stimulierung [akut *(B)* oder längeranhaltend *(C)*]

29.3.3 Hormone der Zona fasciculata der Nebennierenrinde

Cortisol leitet sich vom Cholesterin ab

Die Wechselwirkung von ACTH mit seinem Zellmembranrezeptor führt zur Aktivierung einer cyclo-AMP-abhängigen Proteinkinase A, die eine Cholesterinesterhydrolase phosphoryliert und damit aktiviert. Durch dieses Enzym wird **Cholesterin** aus den zahlreichen, cytosolisch gelegenen Lipidtröpfchen mobilisiert, in denen es als Ester gespeichert ist. Cholesterin wird dann durch ein Trägerprotein in das Mitochondrium transportiert (Abb. 29.18). In steroidhormonproduzierenden Zellen ist das in den Lipidtröpfchen gespeicherte Cholesterin entweder durch Neusynthese aus Acetyl-CoA entstanden oder aus Low-density-Lipoproteinen (LDL, S. 471) aufgenommen worden. Steroidproduzierende Zellen besitzen deshalb eine höhere Anzahl an LDL-Rezeptoren als Zellen, die keine Steroide synthetisieren. Bei akuter Stimulation der Zona fasciculata durch ACTH wird die Neusynthese aus Acetyl-CoA durch Aktivierung der HMG-CoA-Reduktase erhöht (S. 465). Nach längerer Stimulation durch ACTH verarmen die Zellen an Cholesterin und reagieren darauf mit einer Vermehrung der LDL-Rezeptoren an der Zelloberfläche, so daß vermehrt Cholesterin aus dem Extrazellulärraum aufgenommen werden kann (Abb. 29.19).

Die Cortisolbiosynthese ist auf zwei Zellkompartimente verteilt

Die Biosynthese der auch anderen Steroidhormonen (Aldosteron, Androgene und Östrogene) gemeinsamen Vorstufe **Pregnenolon** erfolgt im Mitochondrium, die nachfolgenden enzymatischen Schritte laufen im endoplasmatischen Reticulum des Cytosols ab. Pregnenolon entsteht durch Abspaltung der Seitenkette zwischen den C-Atomen 20 und 22 des Steroidgerüstes mit Einführung einer Ketogruppe am C-Atom 20 (Abb. 29.20). Dieser durch das Enzym **Cholesterindesmolase** katalysierte Schritt bestimmt die Geschwindigkeit der Cortisolbiosynthese. Das membrangebundene Enzym gehört ebenso wie die anderen Biosyntheseenzyme zur Familie der **Cytochrom-P450-Enzyme** (S. 511), die als terminale Oxidasen einer Elektronentransportkette wirken, die NADPH/H$^+$ verwendet. Pregnenolon verläßt das Mitochondrium und wird durch eine 3β-Hydroxydehydrogenase in Progesteron umgewandelt (Abb. 29.20). Durch ein weiteres spezifisches Cytochrom-P450-Enzym (P450c17) erfolgt anschließend die Hydroxylierung in 17α-Stellung zu α-Hydroxyprogesteron. Dieses Produkt wird in Stellung 21 hydroxyliert. Für das 21-Hydroxylaseenzym existieren zwei Gene auf

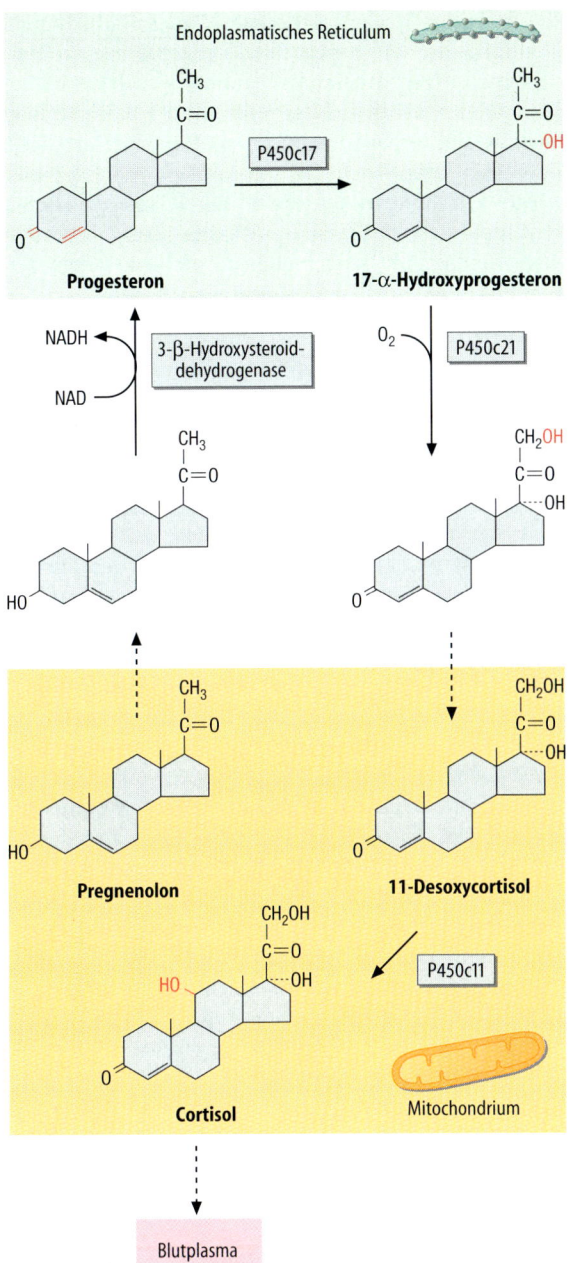

Abb. 29.20 Biosynthese des Cortisols in verschiedenen Kompartimenten der Zelle

29.3.4 Transport des Cortisols im Blut

Cortisol wird nach Sekretion aus den Zona fasciculata-Zellen im Blutplasma aufgrund seiner schlechten Wasserlöslichkeit in Bindung an **Transcortin,** ein α-Globulin, transportiert. Da Progesteron (S. 843) ebenfalls eine hohe Affinität zu diesem Bindungsprotein besitzt, kann es Cortisol verdrängen und damit zu einem Anstieg des freien Hormons im Blut führen. Bei sehr hoher Cortisolkonzentration im Blut kommt es auch zur Bindung an Albumin.

Im Ruhezustand beträgt der radioimmunologisch bestimmte Plasma-Cortisolspiegel 5–25 µg/100 ml (0,14–0,69 µmol/l) Plasma. Dieser Wert gilt für die morgendliche Nüchternblutabnahme (8.00 Uhr), da der Cortisolspiegel einem circadianen Rhythmus (Abb. 29.17, S. 829) unterliegt.

29.3.5 Abbau des Cortisols

Cortisol wird im **Hepatocyten** durch $NADPH/H^+$-abhängige, enzymatische Hydrierung am Ring und durch $NADH/H^+$- oder $NADPH/H^+$-abhängige Hydrierung der Ketogruppen inaktiviert. Die so entstandenen Tetrahydroverbindungen – aber auch noch nicht hydrierte, unveränderte Steroidhormone – werden anschließend in Glucuronid- oder Sulfatester umgewandelt. Bei den 17-Hydroxyverbindungen kann zusätzlich die Seitenkette abgespalten werden; es entstehen 17-Ketosteroide, die eine zusätzliche Keto- bzw. Hydroxygruppe am C-Atom 11 tragen. Freie und konjugierte Glucocorticoide werden über die Galle in den Darm sezerniert und z. T. über den enterohepatischen Kreislauf reabsorbiert, der Großteil wird in überwiegend konjugierter Form über die Nieren ausgeschieden. Da Cortisol primär in der Leber abgebaut wird, sind bei oraler therapeutischer Anwendung weitaus höhere Mengen als bei intravenöser Applikation erforderlich. Die Steroide gelangen nach enteraler Resorption über den Pfortaderkreislauf zuerst in die Leber und werden dort bereits z. T. inaktiviert *(„first pass effect")*.

29.3.6 Molekularer Wirkungsmechanismus des Cortisols

Nach seiner Aufnahme durch Diffusion in die Zielzelle wird Cortisol an den **Cortisolrezeptor** gebunden. Dieser ist ein Mitglied der Steroid/Schilddrüsenhormonrezeptor-Großfamilie. Der Rezeptor liegt in nicht-aktivierter Form in Bindung an die **Heatshock-Proteine** HSP70 und 90 vor. Durch Bindung von Cortisol löst sich der Rezeptor von diesen Proteinen, wird in den

Chromosom 6 im Bereich der MHC-Gene (S. 1061). Das entstehende Derivat diffundiert nun wieder in das Mitochondrium zurück, wo es durch erneute Hydroxylierung – diesmal in Stellung 11 – in Cortisol überführt wird. Die Gene aller an der Cortisolbiosynthese beteiligten Hydroxylasen werden bei länger dauernder Stimulation durch ACTH vermehrt transkribiert. Pro Tag werden von der Zona fasciculata 5 bis 30 mg (14–84 µmol) Cortisol sezerniert.

Zellkern transloziert und reguliert dort nach Dimerisierung die Transkription bestimmter Gene. Der Rezeptor zeigt den typischen Aufbau von einer DNA-Bindungsregion mit Zinkfingerarchitektur, die von einer N-terminalen, species-spezifischen und einer C-terminalen, ligandenbindenden Region flankiert wird (S. 256).

29.3.7 Zelluläre Wirkungen des Cortisols

Cortisol spielt eine wichtige Rolle als Regulator des Intermediärstoffwechsels und als Modulator des Immunsystems. Die ubiquitäre Präsenz von Cortisolrezeptoren in praktisch allen Zellen unseres Organismus erklärt die Vielfalt der Wirkungen dieses Hormons. Der

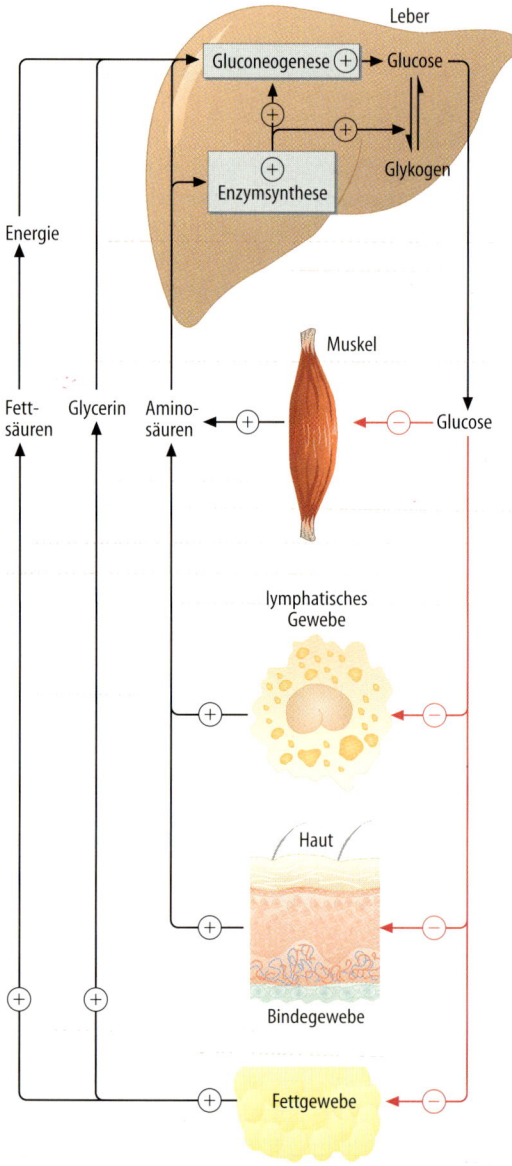

Abb. 29.21 Stoffwechseleffekte des Cortisols

Plasmacortisolspiegel unterliegt einer circadianen Rhythmik, die durch negative Rückkopplung auf Hypophyse und Hypothalamus reguliert wird. In welchem Zusammenhang diese Rhythmik mit der biologischen Wirkung des Cortisols steht, ist noch unklar. Auf diese Rhythmik lagern sich die streßinduzierten Cortisolspiegel-Erhöhungen auf, die zu einer Unterdrückung der körpereigenen Abwehrreaktionen führen. Dadurch wird offenbar ein Überschießen dieser Reaktionen und damit eine Störung der Homöostase verhindert.

Cortisol stimuliert die Gluconeogenese

Synergistisch mit Glucagon und den Katecholaminen wirkt Cortisol als **Gegenspieler des Insulins** bei der Regulation des Plasmaglucosespiegels (Abb. 29.21). Während erstere Hormone schnell wirken, tritt die Wirkung von Cortisol langsamer ein, da eine Transkription von Genen erforderlich ist. Seine wesentliche Aktion liegt in der Verstärkung und Verlängerung des durch Glucagon oder Adrenalin hervorgerufenen Blutglucoseanstiegs. Der Effekt kommt über eine Förderung der Gluconeogenese und Glykogenbildung in der Leber und über die gleichzeitige Hemmung der Glucoseaufnahme und -utilisierung im peripheren Gewebe wie Fett, Fibroblasten oder Lymphocyten zustande. Daher stammt auch die Bezeichnung **Glucocorticoide** für Cortisol. Das Ausmaß der Hyperglykämie wird durch die Nahrungszufuhr und Insulin als Antagonisten des Cortisols bestimmt: so führt z. B. die Gabe synthetischer Glucocorticoide beim Nichtdiabetiker zwar zu einer Erhöhung des Nüchternblutzuckers, der jedoch im allgemeinen noch im Normbereich liegt, wohingegen beim Diabetiker aufgrund der eingeschränkten Insulinproduktion eine wesentlich ausgeprägtere Hyperglykämie auftritt. Die Stimulierung der Gluconeogenese durch Cortisol erfolgt durch

- Induktion der Phosphoenolpyruvat-Carboxykinase,
- vermehrte Bereitstellung von Substraten für die Gluconeogenese aus peripheren Geweben sowie
- eine Verstärkung der Wirkung von Adrenalin und Glucagon auf die Glucoseneubildung.

Durch Hemmung der Proteinbiosynthese und gleichzeitige Stimulierung der Proteolyse (über die Aktivierung von Proteinasen) in Muskeln, Fettgewebe und Lymphocyten kommt es zur vermehrten Freisetzung von Aminosäuren. Erhöht sind die Spiegel an 3-Methylhistidin, den verzweigtkettigen Aminosäuren, Phenylalanin, Tyrosin und Histidin. Weiterhin wird die Gluconeogenese durch Freisetzung von Glycerin aus Adipocyten (verstärkte Lipolyse) und freie Fettsäuren (die als Energiequelle dienen) unterstützt.

Cortisol wirkt antiinflammatorisch

Erhöhte Cortisolkonzentrationen führen zu einer Unterdrückung immunologischer und entzündlicher Vorgänge. Synthetische Cortisolderivate werden deshalb dann therapeutisch eingesetzt, wenn überschießende Entzündungs- oder Abwehrreaktionen zu Schädigungen des Organismus führen. Die physiologische Bedeutung der vermehrten Cortisolsekretion in Streßsituationen (wie z. B. bei Infektion oder nach Operation) ist im einzelnen noch nicht bekannt. Möglicherweise werden damit Autoimmunprozesse (S. 1081) als Reaktion auf die Freisetzung von Antigenen bei der Zerstörung von Zellen unterdrückt. Entzündliche Reaktionen werden über eine Hemmung

- der Produktion von Zytokinen
- der Bewegung von Leukocyten in entzündete Gewebe über Adhäsionsmoleküle und
- der Funktion immunkompetenter Zellen unterdrückt.

So hemmen Glucocorticoide die Produktion von Prostaglandinen durch vermehrte Bildung von *Lipocortin,* das die Phospholipase A2 hemmt (S. 461). Außerdem werden die *Cyclooxygenase 2* (Bildung von Plateletactivating factor) und die *NO-Synthase 2* (Bildung von Stickoxid) gehemmt. Die Gabe von Glucocorticoiden führt zu einem Abfall der zirkulierenden Lymphocyten, Monocyten und Eosinophilen, die durch eine Umverteilung dieser Zellen aus der Zirkulation in andere Kompartimente oder den *programmierten Zelltod* (Apoptose, S. 208) zustande kommt. Gleichzeitig kommt es zu einem Anstieg der polymorphkernigen Leukocyten. Die Zahl dieser Zellen (wie auch von Makrophagen und Lymphocyten) in entzündeten Geweben ist deshalb stark reduziert. Glucocorticoide beeinflussen auch die Lymphocytenfunktion: so ist z. B. die klonale Antwort von T-Lymphocyten auf einen antigenen Reiz blockiert, was über eine Hemmung der Freisetzung des autokrinen Wachstumsfaktors Interleukin-2 zustande kommt. Außerdem wird die Bildung von γ-Interferon blockiert, so daß der T-Lymphocyt im Rahmen der Immunantwort keine Makrophagen mehr aktivieren kann. Die Wirkung von Glucocorticoiden auf B-Lymphocyten ist wesentlich geringer ausgeprägt als auf T-Lymphocyten: Nach Gabe von Cortisol kommt es zu einem geringen Abfall der IgG-Fraktion aufgrund einer gleichzeitig verringerten Biosynthese und eines erhöhten Abbaus. Die Reaktion von B-Lymphocyten auf Antigene ist jedoch nicht eingeschränkt. Makrophagen reagieren besonders empfindlich auf die inhibierende Wirkung von Glucocorticoiden. Die Hormone verursachen eine Monocytopenie, indem sie die Bildung von Monocyten im Knochenmark über eine Antagonisierung von M-CSF (S. 881) hemmen. Durch die Hemmung der Freisetzung von γ-Interferon aus T-Lymphocyten entfallen die Aktivierung von Makrophagen und die Expression der für die Phagocytose wichtigen Fc-Rezeptoren (S. 1076). Tumornekrosefaktor-α, Interleukin-1, Interleukin-6 und Proteinasen wie Kollagenase (MMPs), Elastase oder Plasminogenaktivator werden nicht freigesetzt.

Cortisol wirkt auch auf viele andere Zellen

In Fibroblasten hemmen Glucocorticoide die Bildung von Kollagen und Glucosaminoglykanen durch Hemmung der Transkription der Gene für Kollagen sowie für die wichtigen Enzyme Kollagengalaktosyltransferase und -hydroxylase (S. 740), was zu *Wundheilungsstörungen* führen kann. Ähnliche Wirkungen treten am Knochen auf, wo u. a. auch eine Hemmung der Osteocalcinsynthese (S. 751) beobachtet wird. In vitro stimulieren Glucocorticoide die knochenresorbierende Aktivität von Makrophagen, den Vorläufern der Osteoclasten (was eine Erklärung für die bei längerer Steroidgabe auftretende Osteoporose sein könnte). Im Nebennierenmark, das ebenfalls an der Streßantwort beteiligt ist und durch welches das die Nebennierenrinde verlassende Blut fließt, führt das Hormon zu einer Aktivierung der Phenylethanolamin-N-Methyltransferase, dem Enzym, das Noradrenalin in Adrenalin überführt (Abb. 28.16, S. 801). In der fetalen (jedoch nicht der erwachsenen) Lunge regulieren Glucocorticoide die Biosynthese von *Surfactant* (S. 910).

29.3.8 Zusammenhänge zwischen hypothalamisch-hypophysärer NNR-Achse und Immunsystem

Der entzündungsbedingte Streß teilt sich dem Hypothalamus-Hypophysen-NNR-System durch humorale Mediatoren mit. Die von Makrophagen, Lymphocyten und anderen Zellen des Immunsystems gebildeten Zytokine TNF-α, Interleukin-1 und Interleukin-6 stimulieren die Freisetzung von CRH. Sie wirken wahrscheinlich über eine Stimulierung des Hypothalamus, wobei noch unklar ist, wie sie die Blut-Hirn-Schranke überwinden können. Möglicherweise führen diese Zytokine zur sekundären Freisetzung von Überträgerstoffen durch Endothel- oder Gliazellen, von denen die hypothalamischen CRH-Neurone stimuliert werden.

29.3.9 Laborchemische Tests zur Bestimmung der Zona fasciculata-Funktion

Die Konzentration des Gesamtplasmacortisols wird mit radioimmunologischen Methoden ermittelt. Wegen der circadianen Rhythmik kann ein Referenzbereich nur für eine definierte Tageszeit (8.00) angegeben werden. Ein Wert oberhalb des Referenzbereichs spricht für eine Überfunktion der Zona fasciculata, ein Wert innerhalb des Bereichs schließt jedoch eine Überfunktion nicht aus, die durch Bestimmung des Cortisoltagesprofils (8.00, 14.00, 19.00 und 23.00 Uhr) geprüft wird. Bei Überfunktion findet der übliche Abfall des Plasmacortisols (Abb. 29.17, S. 829) im Rahmen der circadianen Rhythmik nicht statt.

Zu differentialdiagnostischen Zwecken kann in Speziallaboratorien auch die Plasmakonzentration des ACTH mit radioimmunologischen Methoden bestimmt werden.

Zur Untersuchung der Hypothalamus-Hypophysen-Zona fasciculata-Achse hat sich eine Reihe von Funktionstests bewährt (Tabelle 29.5). Da die einzelnen Hormone in chemisch synthetisierter Form erhältlich sind, kann die ACTH-Sekretion durch Verabreichung von synthetischen CRH bzw. Lysylvasopressin und die Cortisolsekretion nach Gabe von synthetischem ACTH quantitativ bestimmt werden. Durch das synthetische Steroid Dexamethason wird normalerweise die endogene ACTH-Produktion über den Rückkoppelungsmechanismus gehemmt. Bei einer autonomen, d.h. ACTH-unabhängigen Überfunktion der Zona fasciculata kommt es nicht zu dem erwarteten Cortisolabfall nach Dexamethasongabe. Metopiron hemmt den letzten Schritt der Cortisolbiosynthese, d.h. die Umwandlung von 11-Desoxycortisol in Cortisol. Der Abfall des Cortisolspiegels führt im Normalfall zu einer maximalen Sekretion von ACTH und damit zur Stimulierung der Cortisolbiosynthese, die auf der Stufe des 11-Desoxycortisols stehen bleibt (das deshalb in Blut und Urin nachweisbar wird). Durch die Gabe von Insulin wird eine Hypoglykämie erzeugt, die als Streßsituation im Normalfall zu einem Anstieg des Plasmacortisols führt.

29.3.10 Synthetische Glucocorticoidhormone

Eine Reihe synthetischer Glucocorticoidhormone ist wirksamer als Cortisol, weil sie unterschiedliche Affinitäten zu Transcortin bzw. dem cytosolischen Cortisol-Rezeptor besitzt oder langsamer abgebaut wird. *Prednisolon* z.B. (Abb. 29.22), das eine Doppel- statt einer Einfachbindung zwischen den C-Atomen 1 und 2 besitzt, ist stärker entzündungshemmend als Cortisol. Werden beim Prednisolon ein Fluoratom in Position 9 und eine Methylgruppe am C16 eingeführt, so entsteht 9α-Fluor-16α-Methyl-Prednisolon oder *Dexamethason,* das nur schwach an Transcortin bindet und etwa dreißigmal wirksamer als Cortisol ist.

29.3.11 Pathobiochemie

Ein Hypocortisolismus kann durch einen genetischen Biosynthesedefekt bedingt sein

Charakteristisch für die Unterfunktion der Zona fasciculata der Nebennierenrinde ist eine chronische Erniedrigung des Plasmacortisolspiegels auf Werte, die den Bedarf des Organismus unterschreiten. Dies ist auf eine Zerstörung der Zellen der Zona fasciculata zurückzuführen (in den meisten Fällen durch Autoantikörper, S. 1081) oder auf eine nicht ausreichende Produktion von CRH bzw. ACTH. Eine Differentialdiagnose ist mit Hilfe der Funktionstests möglich (Tabelle 29.5).

Ein Hypocortisolismus kann auch durch einen genetischen Defekt eines der fünf Enzyme entstehen, die für die Biosynthese aus Cholesterin verantwortlich sind. In 90–95 % der Fälle dieser kongenitalen, adrenalen Hyperplasien liegt ein *21-Hydroxylasedefekt* vor, der durch Mutationen auf einem der beiden 21-Hydroxylasegene verursacht wird. 17α-Hydroxyprogesteron kann deshalb nicht in 11-Desoxycortisol umgewandelt werden, aus welchem normalerweise im näch-

Tabelle 29.5 Funktionstests zur Prüfung der Hypothalamus-Hypophysen-Zona fasciculata-(Nebennierenrinden-)Achse (*NNR* Nebennierenrinde)

Test	Geprüfte Funktion	Pathologischer Ausfall z. B. bei
CRH-Stimulationstest	Stimulierbarkeit der ACTH-Sekretion	hypophysär bedingter Zona fasciculata-Insuffizienz
ACTH-Stimulationstest	Stimulierbarkeit der Cortisolsekretion	primärer Zona fasciculata-Insuffizienz
Metopirontest	Stimulierbarkeit der ACTH-Sekretion	Cushing-Syndrom bei autonomem NNR-Tumor
Lysin-Vasopressin-Test	Stimulierbarkeit der ACTH-Sekretion	Cushing-Syndrom bei autonomem NNR-Tumor
Insulin-Hypoglykämie-Test	Stimulierbarkeit des Systems durch Streß	hypophysärer NNR-Insuffizienz
Dexamethasonhemmtest	Hemmbarkeit der ACTH-Sekretion	autonomer Zona fasciculata-Überfunktion

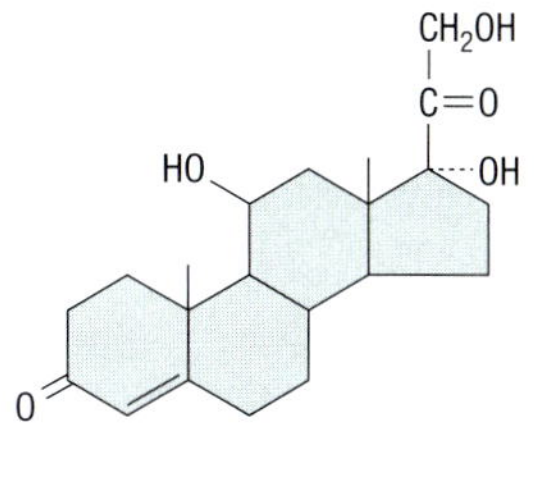

Cortisol

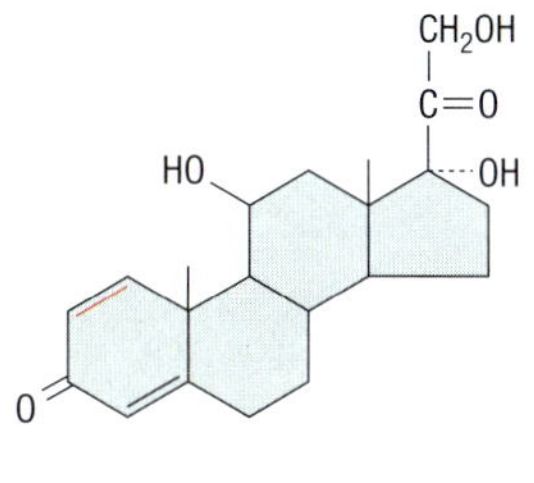

Prednisolon

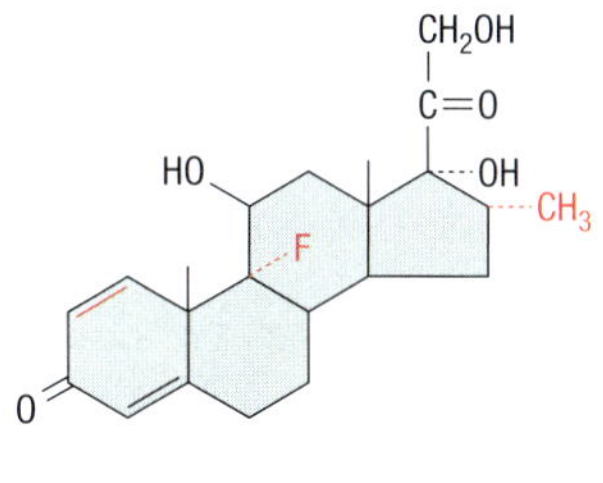

**9α-Fluor-16α-methyl-
prednisolon**
(Dexamethason)

Abb. 29.22 Synthetische
Glucocorticoidhormone

sten Schritt Cortisol entsteht. Damit entfällt die negative Rückkopplung des Endproduktes auf das hypothalamisch-hypophysäre System, so daß der Plasma-ACTH-Spiegel ansteigt. Dies führt zu einer vermehrten Stimulation der Nebennierenrinde mit Mehrproduktion und Akkumulation von Vorstufen, die vor dem nicht funktionierenden 21-Hydroxylierungsschritt liegen, wie z. B. 17α-Hydroxyprogesteron, Progesteron und Pregnenolon. Diese Vorstufen werden vermehrt zur *Androgenbiosynthese* (Abb. 29.26, S. 838) verwendet, so daß es zu einem Anstieg des Plasmaandrogenspiegels mit nachfolgenden Störungen des intrauterinen Wachstums und der Entwicklung kommt *(adrenogenitales Syndrom)*. Bei Jungen kommt es zur frühzeitigen Pubertät, bei Mädchen zur Virilisierung.

Ein Hypercortisolismus ist meist auf die Mehrproduktion von CRH oder ACTH zurückzuführen

Charakteristisch für eine Nebennierenrindenüberfunktion ist die chronische Erhöhung des Plasmacortisolspiegels auf Werte, die zur Erzeugung klinischer Symptomatik (Glucoseintoleranz, Bluthochdruck, Gewichtszunahme) ausreicht. Dem Hypercortisolismus

liegen im allgemeinen *Tumoren* zugrunde. Zwei Drittel aller Überfunktionen sind auf die tumorbedingte Mehrproduktion von CRH im Hypothalamus bzw. ACTH in der Hypophyse zurückzuführen, die sekundär zur vermehrten Sekretion von Cortisol führt (nach seinem Erstbeschreiber als *Cushing-Syndrom* bezeichnet). Liegen ein Adenom oder Carcinom der Nebennierenrinde vor, so kommt es sekundär zu einer vollständigen Unterdrückung der ACTH-Freisetzung aus der Hypophyse. Das *ektopische* Cushing-Syndrom ist Folge der autonomen Produktion von ACTH durch extrahypophysäre Tumoren, die zu einer Hemmung der hypophysären ACTH-Sekretion und zu einer Nebennierenrindenhyperplasie führt. Obwohl viele Tumoren beim Menschen ACTH und ähnliche (aus der Vorstufe Pro-Opiomelanocortin entstehende Substanzen) Polypeptide produzieren, ist das Bronchialcarcinom die häufigste Ursache. Bei klinischem Verdacht auf Cushing-Syndrom werden die auf S. 829 besprochenen Untersuchungen des Cortisol-Tagesprofils und die verschiedenen Funktionstests zur Diagnose und Differentialdiagnose der einzelnen Unterformen eingesetzt. Ein Hypercortisolismus ohne Zeichen des Cushing-Syndroms tritt bei der *familiären Glucocorticoidresistenz* auf, die durch Punktmutationen in der ligandenbindenden Domäne des Cortisol-Rezeptors verursacht wird.

29.4 Hypothalamus-Hypophysen-Leydig/Sertoli-Zellachse

29.4.1 Regulatorische Polypeptide des Hypothalamus und der Hypophyse

Auch LH-RH wird stoßweise sezerniert

Die Regulation der Hypophyse [d. h. die Sekretion des follikelstimulierenden Hormons (FSH) und des luteinisierenden Hormons (LH) aus dem Hypophysenvorderlappen] durch den Hypothalamus erfolgt über das *LH-Releasinghormon* [LH-RH oder auch G(onadotropi)n-RH], ein Dekapeptid, dessen Struktur im Zuge der Evolution konserviert worden ist. Das Hormon wird stoßweise von hypothalamischen Neuronen in den Kapillarplexus der Eminentia mediana abgegeben, wobei sich der Zeitgeber (Pulsgenerator) im Nucleus arcuatus befindet. Weiterhin ist das Peptid – wenn auch in geringeren Konzentrationen – in extrahypothalamischen Bereichen des ZNS und beim weiblichen Organismus in Brustdrüsengewebe und der Placenta nachweisbar, was für eine Reihe anderer Funktionen im Rahmen der Reproduktion spricht.

Das Gen für LH-RH mit seinen vier Exons codiert für das LH-RH-Dekapeptid mit einem C-terminalen Glycylrest als Amiddonator sowie ein Polypeptid mit 56 Aminosäuren, das als *GnRH-assoziiertes Peptid* oder

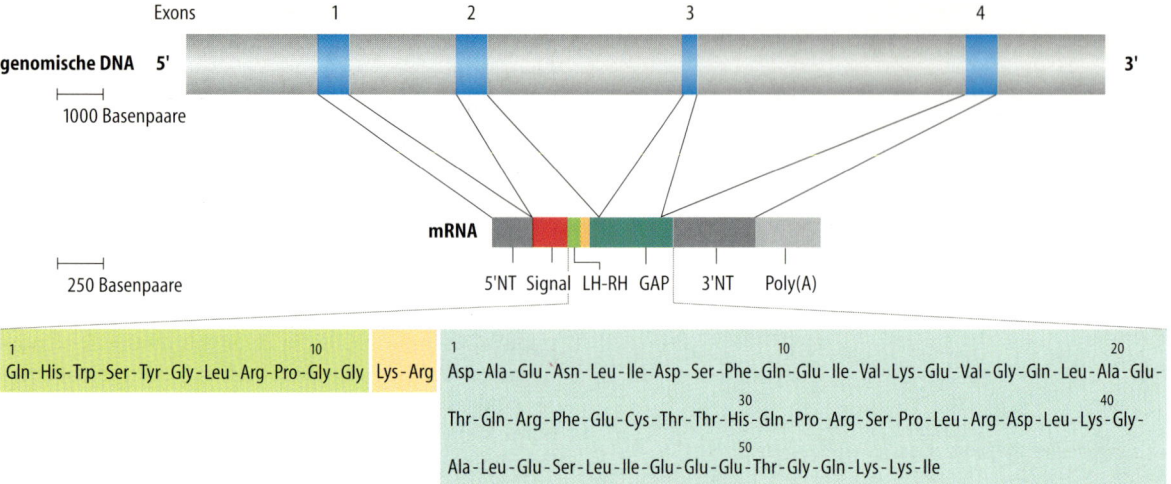

Abb. 29.23 Struktur des LH-RH-Gens, das die Information für LH-RH sowie für ein anderes Peptid, das die Prolactinsekretion hemmt, trägt *5'NT* 5' nicht translatiertes Ende; *3'NT* 3' nicht translatiertes Ende

GAP (Abb. 29.23) bezeichnet wird. Dieses Peptid wirkt als potenter *Hemmstoff der Prolactinsekretion* (s. u.).

Nur eine intermittierende Stimulierung erhält die Hypophysenfunktion

Bei Ankunft in der Hypophysenzelle bindet LH-RH an spezifische Rezeptoren und fördert die stoßweise Freisetzung der als *Gonadotropine* bezeichneten Hormone FSH und LH aus demselben Zelltyp. Beides sind Glykoproteindimere, die aus einer *α-Untereinheit* mit 92 Aminosäuren [identisch mit der des TSH und des CG (S. 850)] und einer spezifischen *β-Untereinheit* mit 115 bzw. 118 Aminosäuren bestehen. Das Gen für die β-Untereinheit von LH liegt auf Chromosom 19 zusammen mit 7 Kopien des Choriongonadotropin (CG)-Gens; bei einer Gesamtlänge von 0,97 kb (mit 3 Exons und 2 Introns) ist es wesentlich kleiner als das α-Untereinheitgen.

Auf die intermittierende Sekretion von LH-RH – in Intervallen von 90–120 min – folgt die stoßweise Freisetzung von LH und in geringerem Maß auch von FSH in die Zirkulation: Die Amplitude der Pulse zwischen dem niedrigsten und dem höchsten Wert beträgt zwischen 20 und 400 % mit einer Frequenz von 8–14 Stößen pro Tag. Diese Periodizität der Stimulierung der Sekretion ist Voraussetzung für die Erhaltung der sekretorischen Funktion der Hypophyse. Wird die Hypophyse nämlich über 1–2 Tage kontinuierlich mit LH-RH stimuliert, so wird die LH-Sekretion unterdrückt. Aus diesem Grund rufen synthetische LH-RH-Analoga, wie z. B. das Nonapeptid Buserelin, eine *paradoxe Hemmung* der Gonadotropinsekretion hervor. Der enzymatische Abbau dieser LH-RH-Analoga wird durch die Substitution der beiden Glycylreste (Abb. 29.24) verlangsamt, weswegen sie länger an den LH-RH-Rezeptor binden. Dies wird therapeutisch in

LH-RH: pGlu – His – Trp – Ser – Tyr – Gly —— Leu – Arg – Pro – Gly – NH₂

Buserelin: pGlu – His – Trp – Ser – Tyr – D – Ser – Leu – Arg – Pro – Ethylamid
bu^t

Abb. 29.24 Primärstruktur von LH-RH und seinem synthetischen Analogon Bu(tyl)se(ryl)relin, bei dem die beiden Glycylreste substituiert sind: der eine durch die D-Aminosäure (S. 39) Serin, deren Seitenkette einen Butylrest trägt, und der C-terminale durch einen Ethylamidrest. Dadurch wird der enzymatische Abbau verlangsamt und die biologische Wirkung des Polypeptids verlängert

Situationen ausgenutzt, in denen die Androgenproduktion und -sekretion unterdrückt werden soll (z. B. beim Prostatacarcinom). Die Halbwertszeit von FSH ist mit 180–200 min doppelt so lang wie die von LH (90–100 min).

29.4.2 Regulation von Hypothalamus und Hypophyse

Ein komplexes Rückkoppelungs-Regulationssystem (Abb. 29.25) hält den Spiegel von Testosteron, dem Produkt der Sertoli-Zellen der Hoden, innerhalb sehr enger Grenzen konstant. Testosteron wirkt inhibitorisch hauptsächlich auf Hypothalamusebene. Androgene und – auch beim Mann gebildete (S. 842) – Östrogene rufen dabei unterschiedliche Wirkungen auf die Frequenz der stoßweisen LH-Sekretion und auf deren Amplitude hervor. Offenbar wirken die negativen Rückkoppelungssysteme beider Hormone unabhängig voneinander. Testosteron führt zur Reduktion der Menge des in das Portalblut sezernierten Gn-RH. Bei einer kurzdauernden Gabe (d. h. 6 h bis 4 Tage) hemmt Testosteron die LH-Sekretion ausschließlich über die

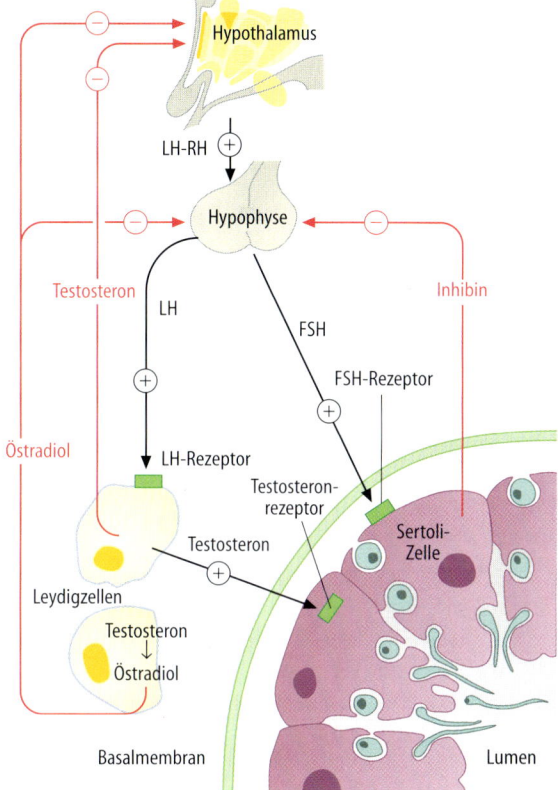

Abb. 29.25 Rückkoppelungshemmung von Hypothalamus und Hypophyse durch Testosteron, Östradiol und Inhibin

Anti-Müller-Hormons (AMH) aktiviert. AMH führt zur Rückbildung der Anlagen für die weiblichen Geschlechtsorgane beim männlichen Embryo.

Zur Vereinfachung werden die beiden in Wechselwirkung miteinander stehenden Kompartimente gesondert besprochen.

LH stimuliert die Androgenbiosynthese in den Leydig-Zellen

Die Bindung von LH an spezifische Membranrezeptoren der Leydig-Zellen in den Testes führt zur Stimulierung der Testosteronbiosynthese. Wie andere Steroidhormon-produzierende Zellen enthalten auch Leydig-Zellen große Mengen endoplasmatischen Reticulums, zahlreiche Lipidtröpfchen und viele Mitochondrien. Über einen Proteinkinase-vermittelten Effekt wird die Umwandlung von Cholesterin in Pregnenolon (Abb. 29.18, S. 829) und nachfolgend die Biosynthese der Androgene stimuliert, die auf zwei Wegen ablaufen kann ($\Delta 4$ und $\Delta 5$). Zur Produktion von Androgenen aus 17α-Pregnenolon muß die Seitenkette durch eine C17,20-Lyse abgespalten werden. Das Enzym überführt 17α-Hydroxypregnenolon zu Dehydroepiandrosteron (DHA) bzw. 17α-Hydroxyprogesteron zu Androstendion (Abb. 29.26). Letzteres wird durch Reduktion der 17-Ketogruppe in Testosteron umgewandelt. DHA wird zu 5-Androstendiol hydriert und anschließend durch einen Dehydrogenase-Isomerase-Komplex (Abb. 29.26) in Testosteron überführt. Da eine fast identische Enzymausstattung für die Biosynthese der Androgene auch in der Nebennierenrinde existiert, können auch dort Androgene gebildet werden. In der Nebennierenrinde gebildetes Dehydroepiandrosteron wird jedoch dort sulfatiert, in das Plasma abgegeben und nach Aufnahme in die Testes als Testosteronvorläufer verwendet.

Beim erwachsenen Mann werden täglich 4–12 mg (im Mittel 7 mg) sezerniert. Im Vergleich dazu werden von der Nebennierenrinde etwa 0,2 mg/Tag gebildet. Auch die Sekretion von Testosteron erfolgt nicht kontinuierlich, sondern stoßweise.

FSH unterstützt die Produktion von Spermatozoen in den Keimepithelien durch Stimulation der Sertoli-Zellen

Unter dem Einfluß von LH-RH aus der Hypophyse freigesetztes FSH wirkt auf die Sertoli-Zellen des Hodens. Diese liegen auf einer Basalmembran in den Tubuli seminiferi und phagocytieren beschädigte Samenzellen, ernähren die sich entwickelnden Spermatozoen und produzieren Proteine, die in das Tubuluslumen sezerniert werden, sowie eine – für die Spermienbewegung wichtige – kalium- und bicarbonatreiche Tubulusflüssigkeit. Außerdem sind sie Zielgewebe für Testosteron, können Östrogene aus Androgenen synthetisieren und sezernieren Inhibin (S. 838).

Hemmung der LH-RH-Sekretion. Der Effekt – an dem Endorphine (S. 990) beteiligt sind – erfolgt über eine spezifische Frequenzmodulation. Ob Androgene auch auf hypophysärer Ebene wirken, ist noch unsicher. In den Sertoli-Zellen des Hodens wird das Polypeptid *Inhibin* gebildet, das die FSH-Sekretion in der Hypophyse hemmt (Abb. 29.25).

29.4.3 Zielgewebe der Gonadotropine

Zielgewebe der Wirkungen von FSH und LH sind die *Hoden,* die aus zwei funktionellen Kompartimenten bestehen:

- dem Zwischenzellkompartiment mit den androgen-produzierenden *Leydig-Zellen* und
- dem Tubuli seminiferi-Kompartiment mit den Keimzellen und *Sertoli-Zellen.*

Während der Embryogenese wird die undifferenzierte Keimdrüsenanlage beim männlichen Embryo unter dem Einfluß von Androgenen in den Hoden umgewandelt. Der *Testis-determinierende Faktor (SRY)* ist ein DNA-bindender Transkriptionsfaktor, dessen Gen auf dem Y-Chromosom liegt und das die Expression des

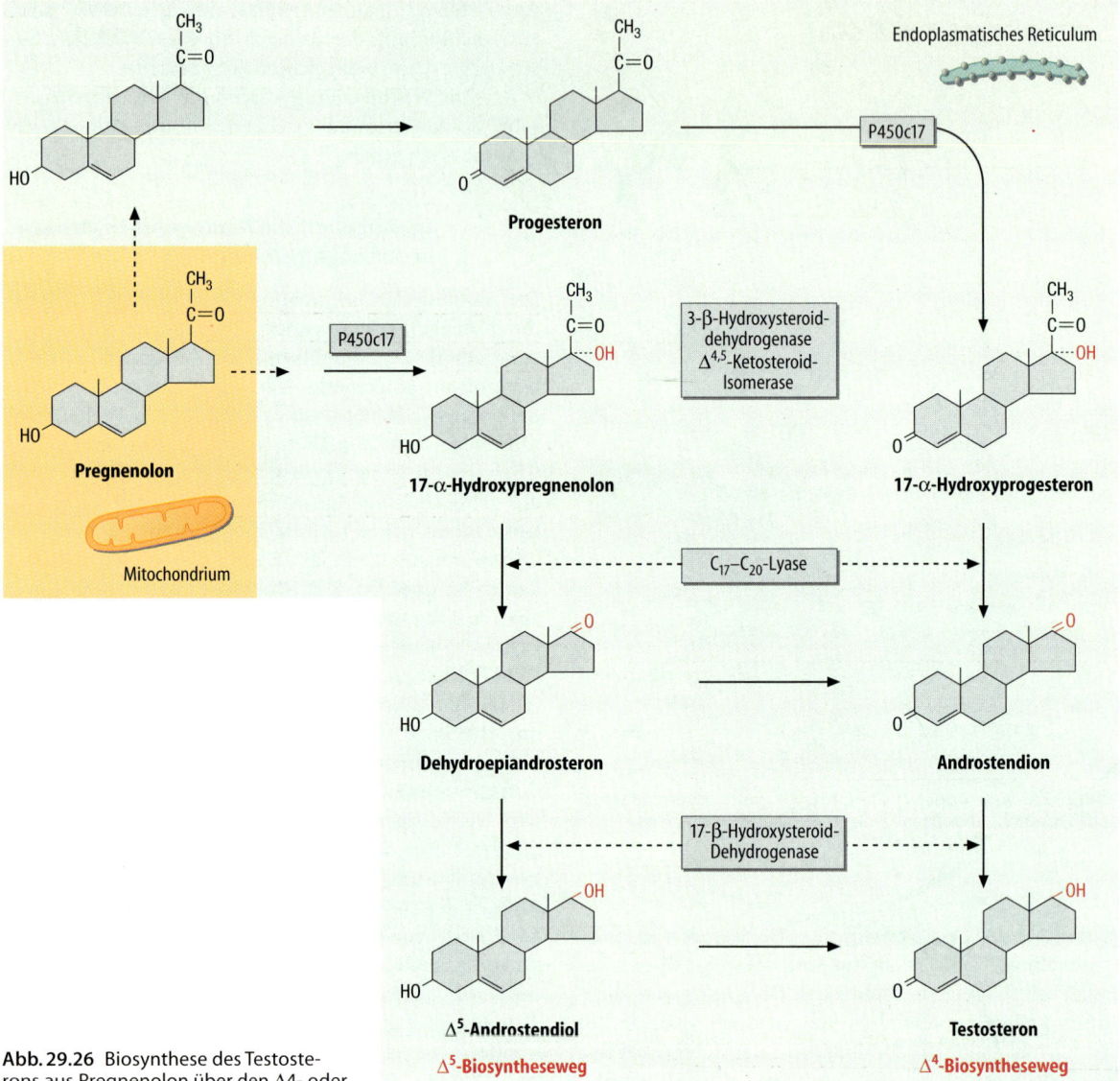

Abb. 29.26 Biosynthese des Testosterons aus Pregnenolon über den Δ4- oder den Δ5-Stoffwechselweg

Nicht nur FSH, sondern auch LH ist für die Spermatogenese erforderlich, wobei die Wirkung von LH über das in den Leydig-Zellen gebildete Testosteron vermittelt wird. Damit wirken *Testosteron und FSH* in konzertierter Aktion auf das Tubulusepithel. FSH initiiert die Spermiogenese, und Testosteron hält diesen Prozeß aufrecht. Testosteron wirkt auf die Spermatogonien und Spermatocyten I. Ordnung durch Förderung der mitotischen und meiotischen Teilungen. FSH ermöglicht die Reifung der Spermatiden zu Spermatozoen.

Daß nach Entfernung der Hoden (Orchiektomie) die FSH-Sekretion aus der Hypophyse ansteigt, spricht für die Existenz eines im Hoden gebildeten Faktors, der die Sekretion der Gonadotropine reguliert. Da Testosteron nur geringe Wirkungen auf die FSH-Sekretion besitzt, muß das als *Inhibin* bezeichnete Polypeptid für die Hemmung der FSH-Sekretion verantwortlich sein. Inhibin besteht aus zwei über Disulfidbrücken miteinander verbundenen Untereinheiten mit einem Gesamtmolekulargewicht von 32 kD und weist Homologie mit dem Polypeptidwachstumsfaktor TGFβ (S. 764) auf.

29.4.4 Transport der Androgene im Blut

Im Plasma werden Androgene zu 98 % von einem *Testosteron-Östrogen-bindenden Protein* oder – mit wesentlich geringerer Affinität – von Albumin transportiert, so daß nur 2 % in freier, d. h. biologisch aktiver Form vorliegen. Die normale Testosteronkonzentration im Plasma liegt zwischen 3 und 10 ng/ml.

29.4.5 Periphere Aktivierung oder Umwandlung von Testosteron

Unter dem Einfluß des Enzyms 5α-Reduktase wird Testosteron zu Dihydrotestosteron (Abb. 29.27), ein Androgen mit etwa zweieinhalbfacher biologischer Aktivität, reduziert. Im menschlichen Genom existieren zwei Gene (auf den Chromosomen 2 und 5) für die 5α-Reduktasen, die für zwei Isoenzyme codieren:

- das Typ-1-Enzym findet sich in niedrigen Konzentrationen in der Prostata,
- das Typ-2-Enzym wird in der Prostata in hohen Spiegeln exprimiert, aber auch in vielen anderen, androgenempfindlichen Geweben (Samenbläschen, Talgdrüsen, Nieren, Hoden und Gehirn).

Testosteron dient als Prohormon für die Biosynthese von Östrogenen. Hierfür ist das Enzym *Aromatase* (S. 842) notwendig, das außer im Ovar und der Placenta im Fettgewebe Leydig- und Sertolizellen sowie während der Embryogenese im Gehirn nachweisbar ist. Östradiol wirkt über eine negative Rückkopplungshemmung auf Hypothalamus und Hypophyse (Abb. 29.25).

29.4.6 Abbau der Androgene

Der Abbau von Testosteron erfolgt in peripheren Geweben (30-50 %) und in der Leber (50–70 %) über die Oxidation zu Androstendion mit anschließender Hydrierung der Doppelbindung in Ring A und Reduktion der Ketogruppe am C-Atom 3 zur Hydroxygruppe. Die entstehenden 17-Ketosteroide Androsteron und Etiocholanolon treten in das Blutplasma über und werden entweder in freier Form oder als sulfatierte bzw. glucuronidierte Derivate in den Urin ausgeschieden.

29.4.7 Molekularer Wirkungsmechanismus des Testosterons

Wie andere Steroidhormone bindet Testosteron oder – nach Aktivierung – Dehydrotestosteron an einen spezifischen, cytosolischen Rezeptor, der zur Großfamilie der Steroidrezeptoren gehört. Mit diesen Rezeptoren hat der Androgenrezeptor, ein Protein mit einem Molekulargewicht von 86 kD (Gen auf dem X-Chromosom), Architekturmerkmale und Wirkungsweise gemeinsam.

29.4.8 Zelluläre Wirkungen des Testosterons

Testosteron fördert Wachstum und Differenzierung der *männlichen Fortpflanzungsorgane* wie Samenleiter, Prostata, Vesikulardrüsen und Penis (androgene Wirkung) während der Embryogenese und nach der Geburt. Ebenso ist die Ausbildung sekundärer Geschlechtsmerkmale wie Bartwuchs, virile Behaarung, Vergrößerung des Kehlkopfes und Verdickung der Stimmbänder androgenabhängig. Androgene stimulieren auch die Produktion von *Erythropoietin* (S. 887). Weiterhin stimulieren sie das Wachstum der Pektoralmuskulatur und fördern Libido und Potenz. Für einen Teil dieser Wirkungen ist die vorherige Umwandlung von Testosteron in Dihydrotestosteron in der Zielzelle notwendig. Außerdem ist Testosteron für die normale *Spermatogenese* erforderlich. Dagegen sind Wachstum und Differenzierung der Hoden von der Gegenwart der Gonadotropine (FSH und LH) abhängig. Unter dem Einfluß von Androgenen kommt es vor allem in der Pubertät zum typisch männlichen Muskel- und Skelettwachstum (anabole Wirkung). Inwieweit Polypeptidwachstums- und -differenzierungsfaktoren und deren Rezeptoren (S. 764) an der Vermittlung der androgenen Wirkung beteiligt sind, ist noch Gegenstand intensiver Untersuchungen.

29.4.9 Synthetische Androgene und Antiandrogene

Wie bei den Glucocorticoiden sind auch Androgenderivate chemisch synthetisiert worden, die sich vom Testosteron ableiten. 19-Nortestosteron z.B. (Nor = N ohne Radikal) stellt ein Derivat mit anabolen, aber geringeren androgenen Wirkungen dar. *Antiandrogene*, d.h. Antagonisten des Testosterons, wie z.B. Cyproteronacetat oder Flutamid, verdrängen endogenes Testosteron kompetitiv vom cytosolischen Rezeptor und heben somit die Wirkung des Hormons auf. Sie finden

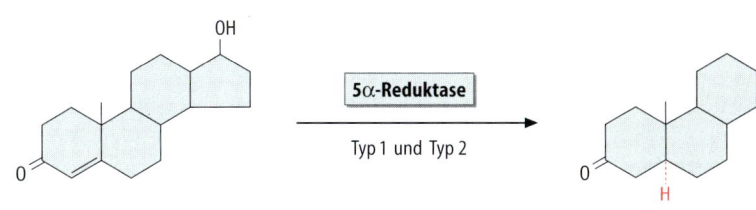

Testosteron   5α-**Reduktase**   Typ 1 und Typ 2   5α-**Dihydrotestosteron**

Abb. 29.27 Periphere Umwandlung von Testosteron in 5α-Dihydrotestosteron

klinische Anwendung z. B. beim Prostatacarcinom, einem androgenabhängigen Tumor, bei dem die wachstumsfördernde Wirkung der Hormone auf die Tumorzellen antagonisiert werden soll.

29.4.10 Modulation der LH-Wirkung durch Prolactin

Prolactin ist ein ebenfalls im Hypophysenvorderlappen gebildetes Hormon, das strukturelle Ähnlichkeit mit dem Wachstumshormon (S. 851) besitzt. Das Gen für dieses Polypeptid mit 198 Aminosäuren auf Chromosom 6 besteht aus 5 Exons und 4 Introns. Prolactin kommt im Plasma von Männern (0–11 ng/ml) und Frauen (2–16 ng/ml) vor. Die Prolactinkonzentration bei neugeborenen Knaben ist sehr hoch, fällt dann aber bis zur 6. Lebenswoche schnell ab und erreicht dann den Erwachsenenwert. Bei Mädchen tritt mit Einsetzen der Östrogenproduktion in der Pubertät eine 50 %ige Erhöhung des Prolactinspiegels im Plasma ein.

Die Prolactinsekretion wird durch Endorphine (S. 990) stimuliert und durch Prolactin Release-inhibiting Hormone gehemmt. Als derartige hemmende Faktoren werden Dopamin sowie das GAP als Teil des LH-RH-Vorläufers (Abb. 29.23, S. 836) diskutiert. Prolactin potenziert die Wirkung von LH auf Leydig-Zellen und wirkt synergistisch mit Testosteron am männlichen Reproduktionstrakt und an androgenempfindlichen Geweben.

Die Überproduktion von Prolactin (durch als *Prolactinome* bezeichnete Hypophysentumore) führt zur Hemmung der Testosteronsynthese, u. U. durch die Down-Regulation von LH-Rezeptoren an Leydig-Zellen. Ebenso werden Prolaktinrezeptoren an Zielgeweben down-reguliert, so daß es zur peripheren Testosteronresistenz kommt. Durch die Gabe von Testosteron kann deshalb die dabei auftretende Impotenz nicht beseitigt werden, sondern nur dann, wenn gleichzeitig die Prolactinkonzentration im Plasma durch Dopaminagonisten (wie Bromoergokryptin) gesenkt wird.

29.4.11 Laborchemische Tests zur Bestimmung der Leydig-Zellfunktion

Mit radioimmunologischen Methoden läßt sich die Testosterongesamtkonzentration im Plasma beim Mann mit 3,0–10 ng/ml (10–35 nmol/l) und bei der Frau mit 0,2–1,0 ng/ml (0,7–3,5 nmol/l) bestimmen. Mit Funktionstests läßt sich – ähnlich wie beim TRH-oder CRH-Test – die Kapazität der Hypophyse testen, LH und FSH zu sezernieren. Die Unterbrechung der negativen Rückkoppelung von Östradiol (Abb. 29.25, S. 837) durch Clomiphen, einem Östrogenantagonisten,

führt zur Aufhebung der hemmenden Wirkung von Östradiol auf die LH- und FSH-Sekretion, damit zur Sekretion der Gonadotropine und sekundär zu der von Testosteron und Östradiol (die radioimmunologisch bestimmt werden). Ein direkter Test der Testosteronproduktion ist durch die Verabreichung von Choriongonadotropin (CG) (S. 850) möglich.

29.4.12 Pathobiochemie

Wie bei anderen Systemen können auch hier Mutationen in den Genen aller beteiligten Faktoren auftreten, so z. B. eine *Keimbahn-Mutation in der β-Untereinheit von LH,* die zum Verlust der Fähigkeit von LH führt, an seinen Rezeptor zu binden. Im homozygoten Zustand führt diese Mutation zu einem Verlust der Pubertätsentwicklung mit konsekutiver Infertilität. Bei heterozygoten Männern treten eine Störung der Testosteronsynthese und häufig eine Infertilität trotz normaler sekundärer Geschlechtsmerkmale auf. Weibliche Heterozygote weisen eine normale sexuale Entwicklung auf und sind fertil.

Ein 5α-Reduktasemangel führt dazu, daß die Umwandlung von Testosteron in Dihydrotestosteron gestört ist, und damit die Entwicklung der äußeren Geschlechtsmerkmale (Penis und Scrotum).

Mutationen im Androgenrezeptorgen verursachen ein breites Spektrum phänotypischer Veränderungen, die dadurch bedingt sind, daß aufgrund der androgenen Resistenz die Spiegel von Androgenen und Östrogenen ansteigen und damit östrogenempfindliche Gewebe vermehrt stimuliert werden.

Bei Patienten mit metastasiertem Prostatacarcinom treten somatische Mutationen im Androgenrezeptorgen auf, die die Rezeptoren durch eine Aminosäuresubstitution konstitutiv aktivieren und damit von der Androgenzufuhr unabhängig machen. Damit können diese Rezeptoren auch nicht mehr durch Antiandrogene blockiert werden (s. o.).

29.5 Hypothalamus-Hypophysen-Ovar-Uterus-Achse

29.5.1 Regulatorische Polypeptide des Hypothalamus und der Hypophyse

Auch bei der Frau existiert eine pulsatile Sekretion von LH-RH

Wie beim männlichen Organismus sind LH-RH und die Gonadotropine LH und FSH die entscheidenden regulatorischen Polypeptide. Auch bei der Frau ist die pulsatile Sekretion von LH-RH für die Aufrechterhaltung der ebenfalls stoßweisen Gonadotropinsekretion essentiell.

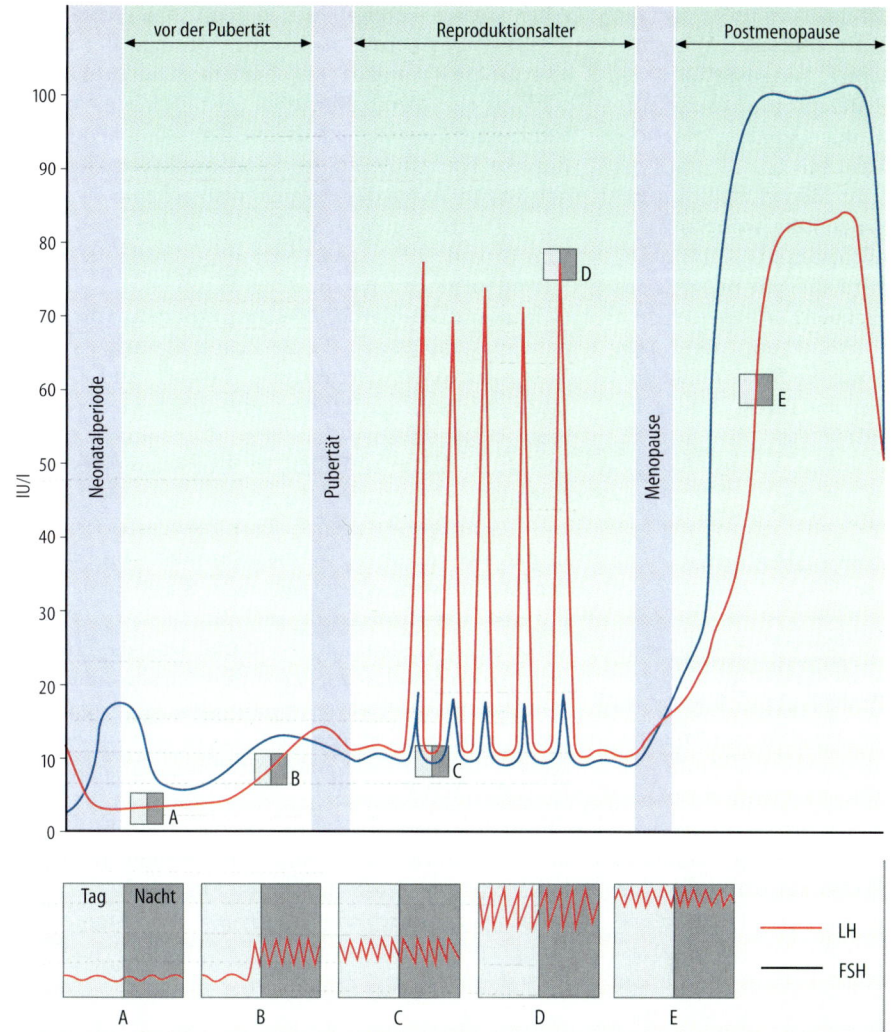

Abb. 29.28 Gonadotropinsekretion bei der Frau. Während der neonatalen und präpubertalen Phase ist die FSH-Sekretion ausgeprägter als die von LH; die stoßweise LH-Sekretion fehlt (A). Mit der Annäherung an die Pubertät steigt die LH-Sekretion während der Schlafphase (B). Nach Abschluß der Pubertät wird das für die erwachsene Frau typische Muster erreicht, das zu einer stärkeren LH- als FSH-Sekretion führt (C) und zu den cyclischen LH-Anstiegen (D) während der reproduktiven Phase. In der Zeit um die Menopause kommt es zu einem Sistieren der cyclischen LH-Ausschüttungen (E); die Spiegel beider Gonadotropine steigen aufgrund fehlender Rückkoppelung von den Ovarien an

Vor der Etablierung der Menstruationscyclen tritt eine Reifung der hypothalamisch-hypophysären Achse ein, die sich in wechselnden Mustern der Gonadotropinsekretion widerspiegelt (Abb. 29.28). In den ersten 2–4 Monaten des postnatalen Lebens wird ein starker Anstieg der FSH- und – zu einem geringeren Ausmaß – auch der LH-Konzentration im Plasma beobachtet. Damit geht ein Anstieg der Plasmaspiegel von Östradiol und 17α-Hydroxyprogesteron einher (s. u.). In den nächsten 3–4 Jahren kommt es dann wieder zu einem kontinuierlichen Abfall der Gonadotropinspiegel.

Mit dem Einsetzen der Pubertät kann erstmalig die pulsatile Sekretion der Gonadotropine beobachtet werden, die jedoch vorerst nur während des Schlafes auftritt. Die Sekretion von FSH und LH steigt an, wobei jedoch die Amplitude der LH-Stöße größer ist als die der FSH-Pulse. Mit der weiteren Reifung des Systems verschwindet das schlafbezogene Sekretionsmuster, d. h. pulsatile Sekretionen treten jetzt während des gesamten 24h-Tages auf. Am Ende der reproduktiven Phase bei der Frau führt die abfallende Hormonproduktion der Peripherie zu einem Fehlen des negativen Rückkoppelungsmechanismus (durch Steroide des Ovars und Inhibin, s. u.) und damit zu einer ungehemmten Sekretion der Gonadotropine durch die Hypophyse.

Entscheidend für die biochemische Wirkung von LH-RH ist die Bindung an spezifische Rezeptoren der Hypophysenzellmembran. Die Konzentration dieser Rezeptoren wird durch LH-RH selbst reguliert: Mit Zunahme der Amplitude der LH-RH-Sekretion nimmt auch die Rezeptoranzahl zu. Ebenso wichtig ist die Frequenz der Stimulierungen: Bei männlichen Versuchstieren wird mit Pulsen in 30 min-Abständen eine maximale Stimulation der LH-RH-Rezeptordichte und LH-Freisetzung erreicht. Kürzere oder längere Intervalle führen zu geringeren Stimulierungen.

Aus diesen Gründen ist bei Menschen die Therapie von Störungen der hypothalamisch-hypophysären-Ovar-Achse nur dann erfolgreich, wenn LH-RH mit Infusionspumpen verabreicht wird, die eine pulsatile Sekretion und Änderung der Frequenz erlauben. Neben der akuten Stimulation der Freisetzung der Gonadotropine wirkt LH-RH auch auf die Biosynthese dieser Hormone (vermutlich über die Transkription der Gene für die β-Untereinheiten).

29.5.2 Regulation von Hypothalamus und Hypophyse

Neben Östradiol hemmt auch Inhibin die FSH-Sekretion

Die in den Ovarien gebildeten Steroidhormone (Östrogene und Progesterone) regulieren die Gonadotropinsekretion durch die Hypophyse über eine Änderung der Amplitude oder der Häufigkeit der LH-RH-Freisetzung aus dem Hypothalamus. Die Wirkung kommt dabei wahrscheinlich über eine Änderung der Spiegel von Katecholaminen und endogenen Opiaten (Endorphine und Enkephaline, S. 990) im Hypothalamus zustande, die ihrerseits zu einer Erhöhung bzw. Erniedrigung der Frequenz führen. Außerdem wirken die Steroide auch direkt auf die Hypophysenzellen: Östradiol potenziert v. a. die Wirkung von LH-RH und bewirkt damit eine positive Rückkoppelung. Progesteron kann ebenfalls den LH-RH-Effekt verstärken, jedoch nur nach vorheriger Exposition der Hypophysenzellen mit Östradiol. Somit sind die synergistischen Wirkungen beider Hormone entscheidend für den LH- und FSH-Anstieg während des Menstruationscyclus (s. u.). Im Gegensatz zu seiner Wirkung auf die LH-Sekretion hemmt Östradiol die Freisetzung von FSH. Eine zusätzliche – selektive – Hemmung der FSH-Sekretion erfolgt durch Inhibin (S. 838), das in der Follikelflüssigkeit des Ovars nachweisbar ist.

29.5.3 Hormone des Ovars (Östrogene und Progesterone)

Androgene stellen die Prohormone der Östrogene dar

Östrogene und Progesterone sind die Hauptsyntheseprodukte der Zellen des Ovars. Progesteron (chemi-

scher Name: Pregn-4-en-3,20-Dion, vgl. Tabelle 6.3, S. 144) ist uns bereits als Zwischenprodukt der Cortisolsynthese bekannt (S. 831). Entscheidend für das Verständnis der Hormonbiosynthese ist die Verteilung der beteiligten Enzyme auf die beiden Kompartimente, d. h. die Theca interna- und die Granulosazellen (die den Sertoli-Zellen des Hodens entsprechen, S. 837).

Die Biosynthese beider Hormongruppen geht vom Pregnenolon aus, das einen Vorläufer aller Steroidhormone darstellt. Progesteron entsteht in den Granulosazellen durch 17β-Hydroxylierung von Pregnenolon (Abb. 29.29). Da die Zellen nur sehr geringe Konzentrationen der Enzyme P450c17 und C17,20-Lyase (zur Androgenbiosynthese) und keine P450c21- bzw. P450c11β-Enzyme (zur Cortisolbiosynthese, Abb. 29.20, S. 831) enthalten, ist Progesteron das Endprodukt.

Androgene stellen die Prohormone der Östrogene dar. Der Hauptweg für die Biosynthese im Ovar ist der Δ4-Stoffwechselweg (Abb. 29.26, S. 838), in dem die Enzyme 17α-Hydroxylase und C17,20,-Lyase Progesteron in Androstendion überführen. Da diese Enzyme nicht in den Granulosazellen vorhanden sind, muß diese enzymatische Umwandlung in den Theca interna-Zellen erfolgen. Das gebildete Androstendion diffundiert in die Granulosazellen, in denen es durch die 17β-Hydroxysteroid-Dehydrogenase teilweise zu Testosteron hydroxyliert wird. Der entscheidende Schritt ist nun die Umwandlung von Androstendion in Östron bzw. von Testosteron in Östradiol (di-ol, da 2 Hydroxylgruppen) durch den *19-Hydroxylase-Aromatase-Komplex.* Das Enzym spaltet die CH_2-OH-Seitenkette ab und aromatisiert Ring A.

Aromatasehemmer blockieren die Östrogensynthese

Durch Hemmstoffe kann die Aromatasereaktion und damit die Bildung von Östrogenen gehemmt werden, was therapeutisch bei hormonabhängigen Formen des Mammacarcinoms ausgenutzt wird.

Nach der Menopause (d. h. nach Einstellung der Funktion des Ovars) produziert das Ovar nur minimale Mengen von Östradiol bzw. Östron, so daß die Nebennierenrinde der wesentliche Faktor bei der Östrogensynthese wird. Dieses Organ setzt jedoch nicht Östrogene frei, sondern deren Prohormon Androstendion, das in peripheren Geweben, die den Aromatasekomplex besitzen (v. a. Fettgewebe aber auch Muskel, Leber, Haarfollikel oder Gehirn), in Östron überführt wird.

Östron kann zu Östronsulfat konjugiert werden, das eine Speicherform darstellt, die in Östron rücküberführt werden kann. Östriol wird v. a. im Blut und im Urin von schwangeren Frauen gefunden. Es entsteht aus Östron durch Hydroxylierung am C-Atom 16 und durch Reduktion der Ketogruppe des C-Atoms 17.

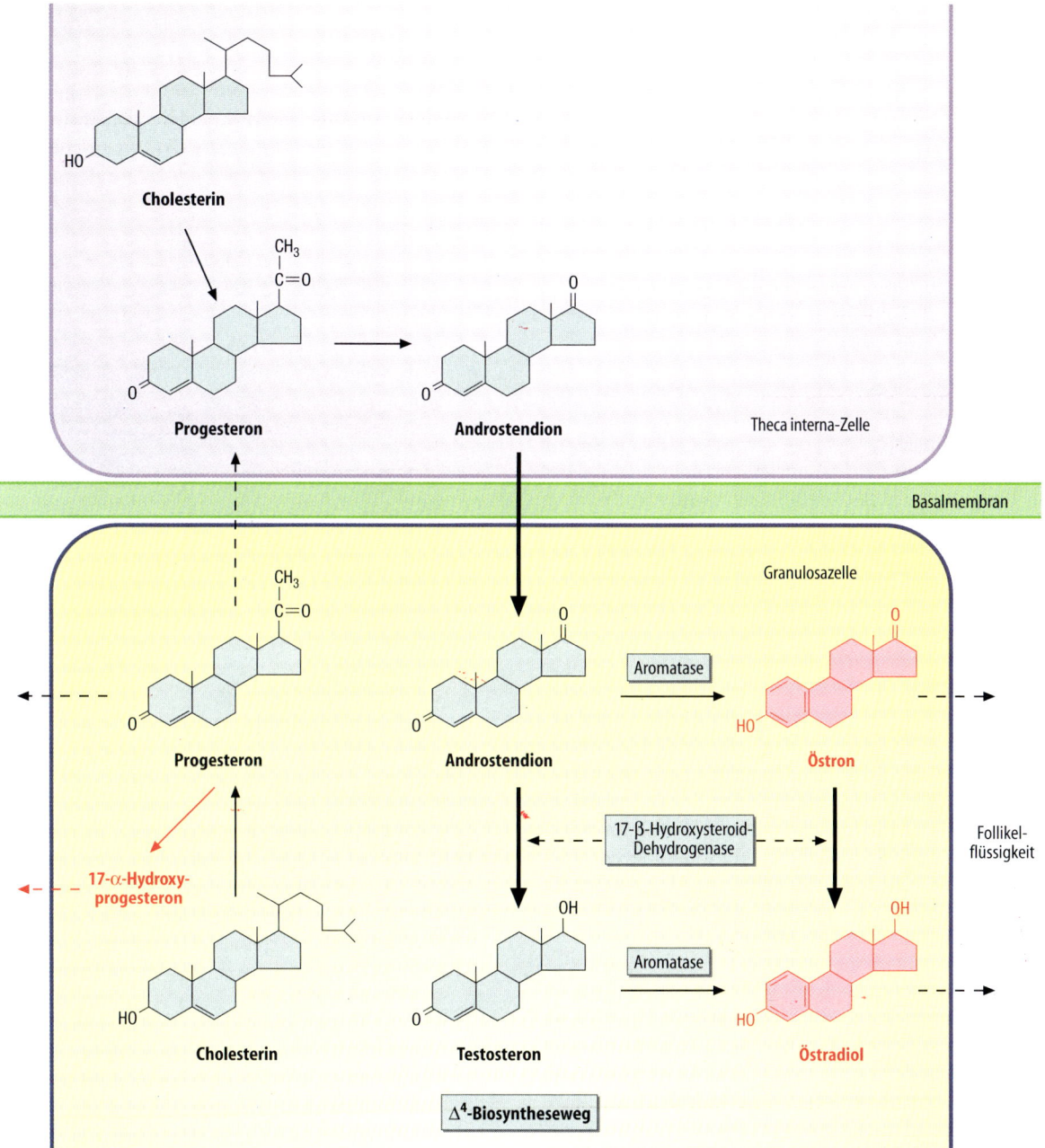

Abb. 29.29 Biosynthese der Östrogene und Progesterone. Für die Synthese der Östrogene ist die Kooperation der Granulosa- und Theca interna-Zellen erforderlich. Der Aromatase-Enzym-Komplex ist für die Umwandlung der Androgen in Östrogene verantwortlich

29.5.4 Transport der Hormone im Blut

Das Androgenbindungsprotein im Plasma (S. 838) transportiert auch die Östrogene. Der Transport von Progesteron im Plasma erfolgt in Bindung an *Transcortin,* das Cortisol-bindende α-Globulin (S. 831).

29.5.5 Abbau der Hormone

Der Hauptteil der Östrogene wird in der Leber glucuronidiert oder sulfatiert und über die Nieren ausgeschieden. Ein Teil gelangt auch mit der Galle in den Darm und kann in geringerem Ausmaß über den enterohepatischen Kreislauf resorbiert werden. Ein mangelnder Abbau und eine ungenügende Ausscheidung, z. B. bei einer Lebercirrhose, führen beim Mann zum Anstieg der Plasmaöstradiolspiegel und zur Feminisierung mit Gynäkomastie (weiblicher Brustbildung) und zur Abdominalglatze (Verlust der männlichen Behaarung).

Progesteron bzw. sein Hauptmetabolit 17α, 20α-Dihydroxyprogesteron werden – ebenfalls nach Glucuronidierung oder Sulfatierung – zu gleichen Teilen über die Galle in den Darm und in den Urin ausgeschieden.

29.5.6 Cyclische Aktivität des Hypothalamus-Hypophysen-Ovar-Systems

Der Menstruationscyclus mit einer Länge von 28 Tagen stellt das sich wiederholende Korrelat der Tätigkeit des Hypothalamus-Hypophysen-Ovar-Systems dar, die mit strukturellen und funktionellen Veränderungen in den Zielgeweben des Reproduktionstraktes, v. a. Endometrium, Uterus, Eileiter und Vagina, einhergeht.

Der Menstruationscyclus läßt sich in drei Phasen unterteilen:
- die Follikelphase (mit 1. und 2. Hälfte),
- die Ovulationsphase und
- die sich daran anschließende Lutealphase.

Änderungen der Plasmaspiegel von Östrogenen, Progesteronen, Androgenen und Gonadotropinen sind für die einzelnen Phasen des Cyclus (Abb. 29.30) charakteristisch.

Die Oogenese geht mit der über mehrere Stadien (Primär-, Sekundär- und Tertiärfollikel) ablaufenden Ausbildung von Eifollikeln einher. Der Tertiärfollikel enthält eine Flüssigkeit, den Liquor folliculi, in die Syntheseprodukte abgegeben werden.

In der Follikelphase wird ein Follikel durch die Expression von Rezeptoren hormonempfindlich

Einen Tag vor dem Beginn der Menstruation steigt der FSH-Spiegel leicht an (Abb. 29.30). Dies führt zur Rekrutierung von Follikeln (Tag 1–4), der Auswahl eines Follikels (Tag 5–7), der Reifung dieses Follikels (Tag 8–12) und schließlich der Ovulation (Tag 13–15). Die Auswahl eines Follikels für die Ovulation steht in engem Zusammenhang mit seiner Fähigkeit, Östrogene zu synthetisieren. Diese Fähigkeit wird durch die Wechselwirkung von Granulosa- und Thecazellen bestimmt, an deren Regulation endokrine, parakrine und autokrine Mechanismen (Abb. 27.1, S. 762) beteiligt sind.

FSH und Granulosazellen. Die Änderung der Morphologie des sich entwickelnden Follikels ist von charakteristischen biochemischen Veränderungen begleitet, von denen die wichtigste der Erwerb spezifischer Hormonrezeptoren ist, der die Zellen empfindlich für bestimmte hormonelle Signale macht.

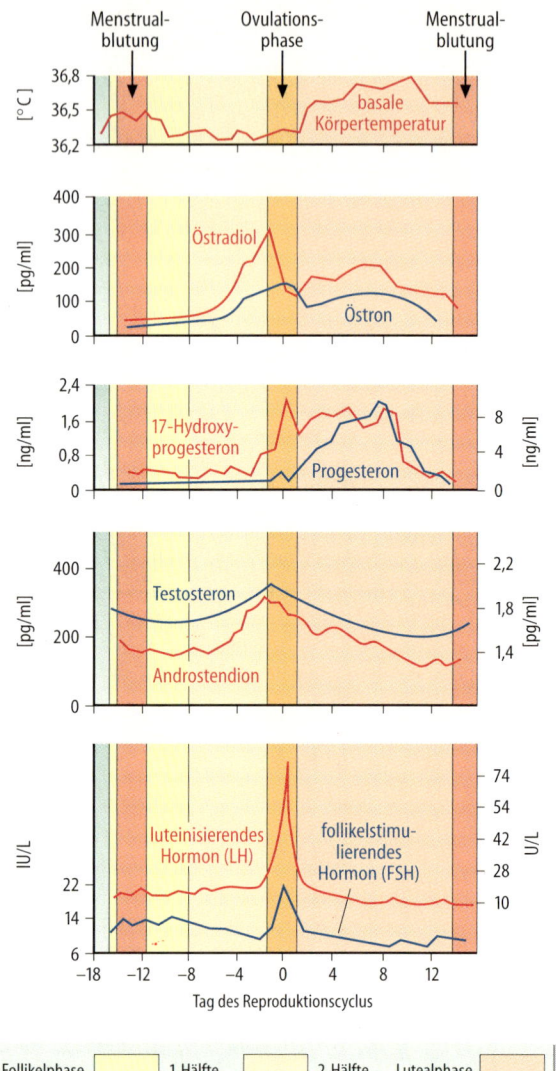

Abb. 29.30 Hormonsekretionsmuster während des 28 Tage dauernden Menstruationscyclus. In der ersten Hälfte der Follikelphase steigen die Plasmaspiegel der Gonadotropine (FSH und LH) an, in der zweiten Hälfte der Follikelphase kommt es zu einem Anstieg der Plasmaspiegel der Östrogene, der Androgene sowie des 17-Hydroxyprogesterons. Der Gipfel des Östradiolspiegels wird 1 Tag vor dem steilen Anstieg des LH-Spiegels (Ovulationsphase) erreicht. Mit dem Anstieg des Progesteronspiegels während der Lutealphase geht ein Anstieg der Körpertemperatur einher. In der späten Lutealphase fallen die Spiegel der Gonadotropine und Steroidhormone des Ovars vor dem Einsetzen der Menstruationsblutung wieder ab

Für den ersten Schritt ist die Induktion von **FSH-Rezeptoren** an der Plasmamembran des Follikelepithels, d. h. der Granulosazellen, charakteristisch. Im zweiten Schritt kommt es zur Induktion von Rezeptoren für **Östradiol, Progesteron,** Testosteron und Cortisol. Die Granulosazellen (und damit der Follikel) können damit auf diese Steroidhormone reagieren. Die Signale, die die Induktion von FSH- bzw. Steroidhormonrezeptoren herbeiführen, werden wahrscheinlich im Ovar selbst gebildet. Im folgenden Schritt gerät die

Zelle zunehmend unter den Einfluß der Hypophyse: FSH führt – unter der permissiven Wirkung von Östradiol – zur vermehrten Proliferation der Granulosazellen (Abb. 29.31). Da Polypeptidwachstumsfaktoren wie der epidermale Wachstumsfaktor (EGF, S. 764) die Granulosazellproliferation stimulieren, könnte der FSH-Effekt über derartige Faktoren vermittelt sein. Weiterhin führt FSH zur Induktion des 19-Hydroxylase-Aromatase-Komplexes und damit zum Erwerb der Östrogensynthesekapazität des Follikels sowie zur Induktion der Membranrezeptoren für *Prolactin* und *LH.* Während die Anzahl der Prolactinrezeptoren auf dem Wege der Entwicklung zum Tertiärfollikel wieder abfällt, kommt es – unter dem Einfluß von Östrogenen – zu einer kontinuierlichen Zunahme der LH-Rezeptordichte. Die Induktion führt zum Beginn der Progesteron- und 17α-Hydroxyprogesteronsynthese in den Granulosazellen.

LH und Theca interna-Zellen. Theca interna-Zellen exprimieren *LH-Rezeptoren,* deren Aktivierung die Induktion von Androgen-synthetisierenden Enzymen hervorruft (Abb. 29.31). Die gebildeten Androgene diffundieren in die Granulosazellen, in denen sie zu Östrogenen aromatisiert werden (S. 843). Bis zum 9. Tag haben sich Kapillaren entwickelt, über die die Östrogene in den Systemkreislauf und damit zu den Organen des Reproduktionstraktes und zum Hypothalamus-Hypophysen-System gelangen. Zusammen mit dem ebenfalls im Ovar gebildeten Inhibin hemmen sie die FSH-Sekretion und damit die Reifung weiterer Follikel. Low-density-Lipoproteine dienen als Cholesterinquelle für die Steroidhormonbiosynthese. Da die Basalmembran des Follikels für Substanzen mit einem Molekulargewicht von über 1 Mill. nur geringfügig permeabel ist, ist die Konzentration der LDL mit einem Molekulargewicht von 2,2 Mill. in der Follikelflüssigkeit entsprechend gering. Erst die entstehende Gefäßversorgung (Abb. 29.31 c) erlaubt die ausreichende Aufnahme von LDL durch die Granulosazellen, die spezifische LDL-Rezeptoren besitzen.

In der Ovulationsphase des Menstruationscyclus bewirken Proteinasen die Freisetzung des Follikels

Die Ausstoßung eines reifen Oocyten aus dem Ovar ist Folge der Freisetzung hydrolytischer Enzyme in bestimmten Abschnitten des präovulatorischen Follikels und eines kontraktilen Vorgangs im Bereich des basalen Abschnittes zur Follikelwand. Während des präovulatorischen Anstieges des LH-Spiegels kommt es unter Vermittlung von Prostaglandinen zur Freisetzung hydrolytischer Enzyme im sog. *Stigmabereich.* Zu den Hydrolasen gehören *Metalloproteinasen* und der *Plasminogenaktivator,* der Plasminogen in die aktive Proteinase Plasmin überführt (S. 929). Gleichzeitig kommt es unter dem Einfluß von LH zu einem Anstieg

der Progesteronproduktion. Die biochemische Bedeutung des gleichzeitig auftretenden FSH-Anstieges ist noch unbekannt.

In der Lutealphase bildet das Corpus luteum Progesteron

Nach der Ovulation entsteht aus dem Granulosa-Theca interna-Zellkomplex das *Corpus luteum,* das für 7–8 Tage nach dem LH-Gipfel erhalten bleibt. LH ist – wie der Name des Hormons sagt – für die Aufrechterhaltung des Corpus luteum verantwortlich. Ebenso kann das im Blastocysten gebildete *Choriongonadotropin* (*CG,* S. 850) die Corpus luteum-Aktivität aufrechterhalten. Die die Wirkung von LH vermittelnden LH-Rezeptoren fallen zuerst ab, steigen in der frühen Lutealphase wieder an und erreichen ein Maximum in der mittleren Lutealphase. Damit geht eine Steigerung der Progesteronbiosynthese einher.

Prolactin aktiviert – ähnlich wie LH – das Corpus luteum und stimuliert die Progesteronsekretion durch das Follikelepithel. Gleichzeitig hemmt das Hormon die Östrogenproduktion über eine Hemmung des Aromatasekomplexes. Während der Schwangerschaft ist Prolactin für die Entwicklung der Brustdrüsen und der Milchproduktion verantwortlich.

Die *Luteolyse,* d. h. die Rückbildung des Corpus luteum, geht mit einem Abfall der Progesteron- und Östradiolproduktion einher. Das Fehlen der Rückkoppelungshemmung der Steroide des Corpus luteum führt zu einem Wechsel von niedrig- zu hochfrequenter Pulsation der Freisetzung von LH und FSH durch das Hypothalamus-Hypophysen-System.

Bei der hormonellen Kontrazeption, dem wirksamsten Verfahren der Empfängnisverhütung, erfolgt eine gleichzeitige Behandlung mit oral wirksamen Östrogen- und Progesteronderivaten. Dies führt zu einer Verminderung der Gonadotropinsekretion durch den Hypophysenvorderlappen, welche vor allem den präovulatorischen Gipfel des LH betrifft. Am Ovar kommt es zu einer Unterdrückung der Ovulation, am Endometrium tritt keine volle sekretorische Transformation der Schleimhaut ein, was die *Nidation* oder *Implantation* (s. u.) erschwert.

29.5.7 Molekularer Wirkungsmechanismus der Hormone

Beide Steroidhormone binden an spezifische *cytosolische* Rezeptoren, so Östradiol an den Östrogenerezeptor, ein Protein mit 595 Aminosäuren, und Progesteron an den Progesteronrezeptor, ein Protein mit 930 Aminosäuren. Beide Rezeptoren besitzen ausgeprägte Homologie zueinander und zu den Rezeptorproteinen für Cortisol und die Schilddrüsenhormone (Tabelle 29.3,

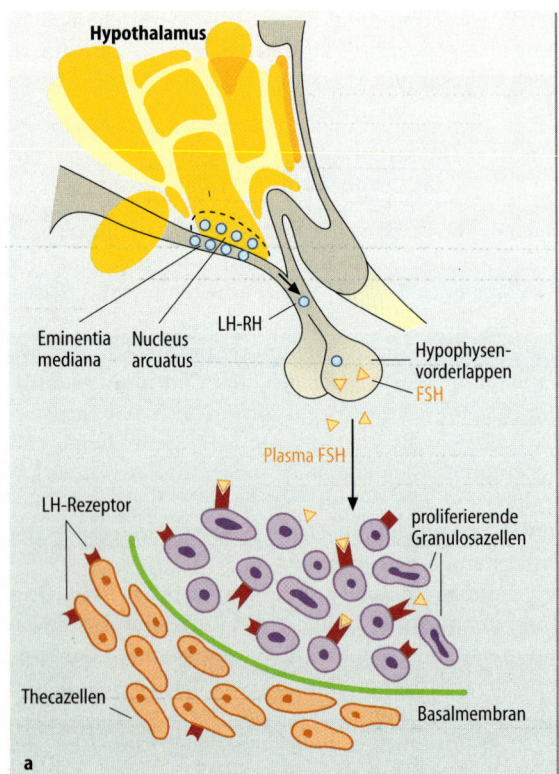

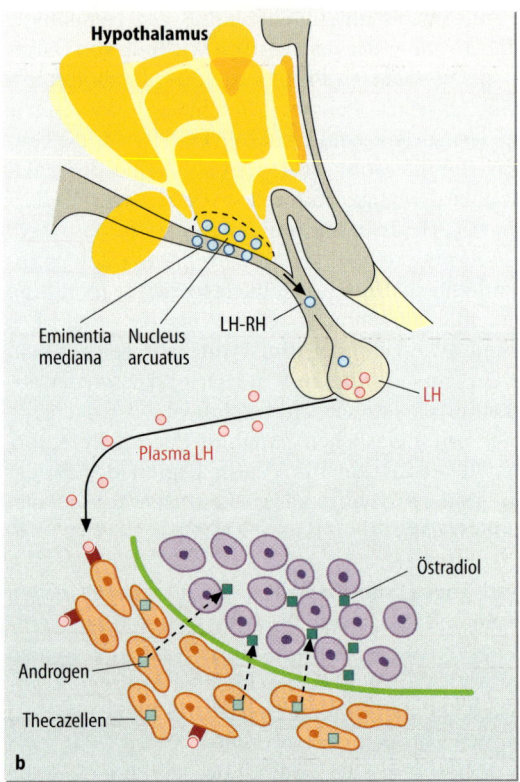

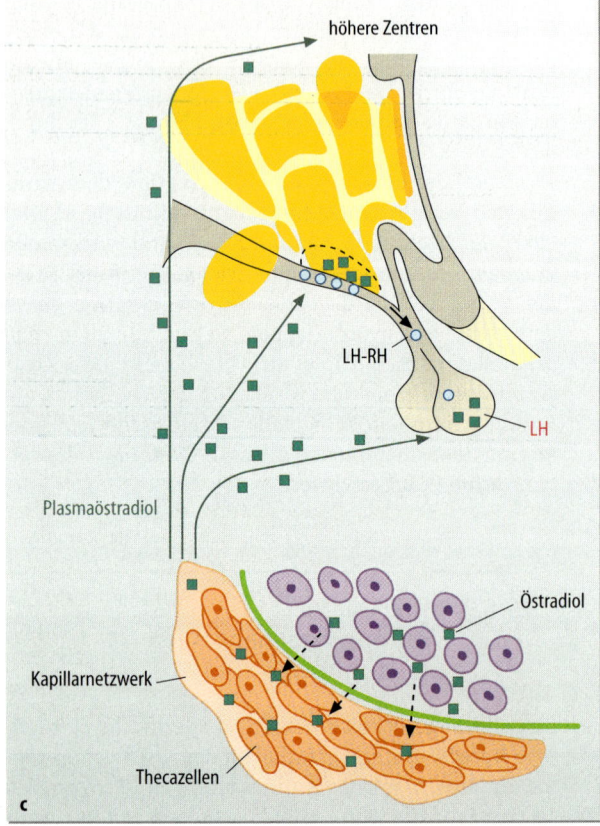

Abb. 29.31 a–c Wechselwirkung von Hypothalamus, Hypophyse und Ovar als Grundlage der Umwandlung des Primär- in den Tertiärfollikel. Zu Beginn (**a**) stimuliert FSH die Proliferation der Granulosazellen. LH stimuliert die Androgensynthese in den Theca interna-Zellen (**b**). Die Androgene werden von den Thecazellen freigesetzt, diffundieren über die Follikelflüssigkeit in die Granulosazellen und werden dort zu Östrogenen aromatisiert. Die gebildeten Östrogene diffundieren dann über ein zwischenzeitlich entstandenes Kapillarnetzwerk (**c**) in den Blutkreislauf, über den sie u. a. auch zum hypothalamisch-hypophysären System gelangen

S. 824). Daran anschließend folgt die Überführung des Komplexes in den Zellkern, die Bindung an die DNA und die Beeinflussung der Transkription spezifischer Gene.

Die quantitative Bestimmung dieser Rezeptoren in maligne entartetem Mammagewebe ist Grundlage der Entscheidung, ob Östrogenantagonisten therapeutisch eingesetzt werden sollen.

29.5.8 Zelluläre Wirkungen der Hormone

Östrogene wirken unter Vermittlung von Polypeptidwachstumsfaktoren

Eine Konsequenz der komplexen Wechselwirkungen der einzelnen Bestandteile des Hypothalamus-Hypophysen-Ovar-Systems ist die Vorbereitung des Endometriums des Uterus auf die Implantation eines befruchteten Eies. Die Sequenz von
- Wachstum (proliferative Phase),
- Differenzierung (sekretorische Phase) und
- Rückbildung (Menstruation) des Endometrium

wird durch die in den Ovarien gebildeten Steroidhormone reguliert.

Die Expression der Rezeptoren für beide Hormone ist ebenfalls cyclischen Schwankungen unterworfen. Der Östrogenrezeptor steigt zum Zeitpunkt der Cyclusmitte an und erreicht die maximale Expression während des mittleren bis späten Abschnittes der proliferativen Phase des Endometriums. Nach der Ovulation fällt der Östrogenrezeptorspiegel wieder ab. Östrogene induzieren die Proliferationsphase und bereiten den Uterus auf die anschließende Gestagenwirkung und die Schwangerschaft vor. Vermutlich unter der Vermittlung von Polypeptidwachstumsfaktoren (S. 764) kommt es zum Aufbau der Uterusschleimhaut, Verlängerung der uterinen Drüsen, Wachstum und Vermehrung der Muskelfasern und zunehmender Vaskularisierung. Gleichzeitig kommt es zu charakteristischen Veränderungen im Eileiterepithel und in der Vagina. Diese Veränderungen beginnen unmittelbar nach Beendigung der letzten Regelblutung. Weiterhin sind Östrogene auch für die Ausprägung und Aufrechterhaltung der sekundären weiblichen Geschlechtsmerkmale verantwortlich (z.B. Wachstum der Mammae). Extragenital wirken die Östrogene schwach proteinanabol. In der Leber führen sie zu einer gesteigerten Synthese bestimmter Proteine, so z.B. des thyroxinbindenden Globulins (S. 823).

Progesteron bereitet die Nidation des befruchteten Eies vor

Progesteron wird im Menstruationscyclus nach der Ovulation gebildet und führt zum Wachstum des Uterus sowie zur Umwandlung des Endometriums vom Proliferations- zum *Sekretionsstadium,* wodurch die Nidation des befruchteten Eies und die Ernährung des entstehenden Embryos vorbereitet wird. Progesteron hemmt die Ovulation und über eine hypothalamische Rückkoppelung die Sekretion von LH durch die Hypophyse.

Kommt es nicht zur Befruchtung, so fallen ungefähr am 26. Tag des Cyclus die Hormonspiegel an Östrogenen und Progesteronen steil ab (Abb. 29.30, S. 844), und die Uterusschleimhaut wird in der Menstruation (beim Beginn des neuen Cyclus) abgestoßen. *Prostaglandine* sollen an diesem Prozeß beteiligt sein. Die nicht auftretende Coagulation des Menstruationsblutes wird auf die Gegenwart *fibrinolytischer Aktivitäten* zurückgeführt (S. 929).

Kommt es zur Befruchtung, dann bleibt das Corpus luteum erhalten und wandelt sich in das *Corpus luteum gravidatatis* mit gesteigerter Progesteronbiosynthese um, die dann in der zweiten Schwangerschaftshälfte von der Placenta (s.u.) übernommen wird. In den Mammae bewirkt Progesteron die Ausbildung eines sekretionsfähigen Milchgangsystems. Eine direkte Einwirkung des Progesterons auf das Temperaturzentrum im Gehirn führt zu einem Anstieg der Körpertemperatur um 0,4–0,8 °C (thermogener Effekt, Abb. 29.30, S. 844). Extragenital wirken die Gestagene, wenn auch nur schwach, ähnlich wie Aldosteron oder Cortisol auf die Natriumretention und auf den Proteinkatabolismus.

Die Implantation des befruchteten Eies und die Entwicklung der Placenta erfolgen in einem Mehrschrittprozeß

Die Anhaftung der aus der befruchteten Eizelle hervorgegangenen Morula an das Uterusepithel wird als *Implantation* bezeichnet. Der entstehende Embryo kann sich nicht ohne die *Placenta* entwickeln, deren erste spezialisierte Struktur (bestehend aus Trophoblasten, Basalmembranen und Endodermzellen) sich nach der Implantation bildet. Durch Weiterentwicklung stellt die Placenta die für den Stoffaustausch notwendigen Gefäßverbindungen und steuert endokrine, immunologische und Stoffwechselprozesse der Mutter zum Vorteil des Embryos. Störungen dieser komplexen Vorgänge sind Ursachen für Konzeptionsprobleme und Fehlgeburten.

In den letzten Jahren haben sich die Kenntnisse über die molekularen Grundlagen dieser Vorgänge wesentlich erweitert: Nach der Befruchtung des Eies im Eileiter entsteht durch Zellteilung die Morula, die nach Erreichen des *Blastocystenstadiums* in den Uterus

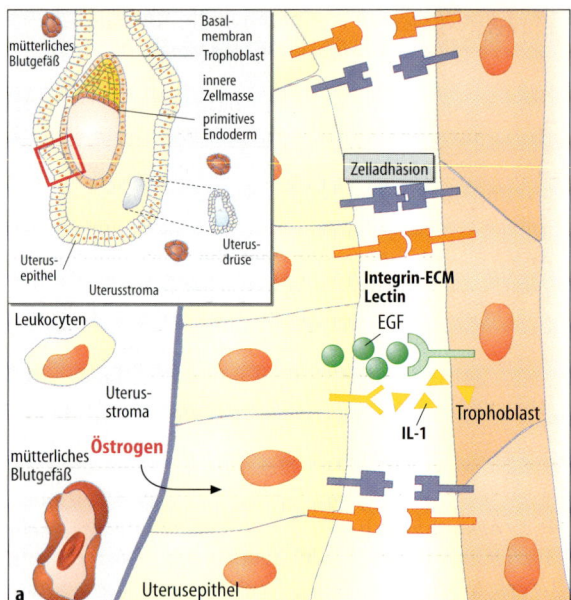

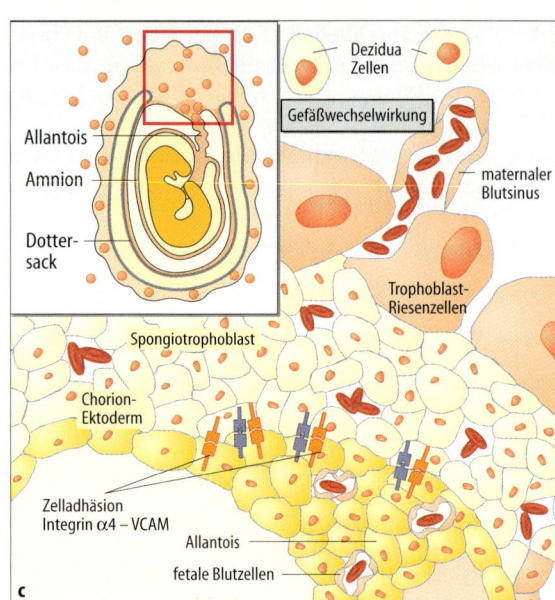

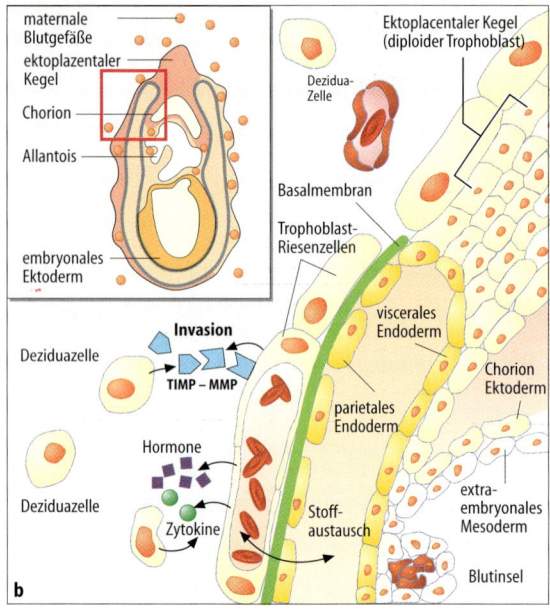

Abb. 29.32 a–c Mehrschrittprozeß der Implantation und Entwicklung der Placenta. **a** Implantation des Blastocysten, **b** frühe Postimplantations-Placenta, **c** späte Postimplantations-Placenta. (Nach Cross et al. 1994)

wandert und sich dort an das Uterusepithel anlagert. Der Blastocyst besteht aus Trophoblasten, innerer Zellmasse und primitiven Endoderm. Zwischen Uterusepithel und Trophoblasten-Anteil des Blastocysten entwickeln sich Wechselwirkungen, die die Grundlage der *Implantation* darstellt: Die Trophoblasten haften an das Uterusepithel, welches eine „Klammer" um den Blastocysten bildet (Abb. 29.32). Unter dem Einfluß von *Östrogenen* wird das Uterusepithel für die Implantation empfänglich, d.h. es bildet vermehrt Zytokine wie z.B. EGF, TGF-α und LIF (Leukemia inhibitory factor). Dazugehörige EGF-Rezeptoren finden sich auf der Trophoblasten-Oberfläche. Zusätzlich wird von den Trophoblasten Interleukin 1 sezerniert, dessen Rezep-

toren im Uterusepithel, Endometriumstroma (Decidua-Zellen) und Trophoblasten selbst nachweisbar ist. Bei der Maus führt die Gabe eines Interleukin 1-Rezeptorantagonisten zur Verhütung der Implantation, was für parakine Wechselwirkungen zwischen Trophoblasten und Uterusepithel spricht. Gleichzeitig kommt es zu einer vermehrten Expression von Adhäsionsmolekülen, die die direkte Wechselwirkung beider Zelltypen fördert: Dazu zählen Integrine und Matrixmoleküle wie Proteoglykane. Als nächstes tritt eine Reaktion des Uterus auf die Implantation des Embryo auf, die als *Decidua-Antwort* bezeichnet wird. Diese Reaktion weist erhebliche Ähnlichkeit mit der Entzündung auf: Nach einer Erhöhung der Gefäßpermeabilität tritt eine Rekrutierung der Entzündungszellen (Granulocyten, Monocyten) ein (S. 883). Dabei kommt es zur Apoptose des Uterusepithels und zur Proliferation von Deciduazellen. Poliploide Trophoblasten-Riesenzellen, die den Embryo umgeben, dringen in die Decidua ein (Abb. 29.32). Dieser Prozess wird durch Matrix-Metalloproteinasen (MMPs, S. 743), die normalerweise durch TIMPs (S. 743) gehemmt werden, und Änderungen der Expression von Adhäsionsmolekülen vermittelt. Trophoblastenzellen synthetisieren Zytokine (wie z.B. TGF-β, Inhibin oder Interleukin 10) und Hormone (z.B. Choriongonadotropin, S. 850). Während dieser Phase produzieren parietale Endodermzellen die *Reichert'sche Basalmembran.*

Diese dreischichtige Anordnung aus Riesentrophoblasten, Basalmembran und parietalem Endoderm stellt die erste Placentastruktur dar. Diese Struktur, bei der die Riesentrophoblasten als Endothelzellen dienen, ist das Haupttransportorgan zum Stoffaustausch. Eine Störung der Invasion von Trophoblasten tritt beim Menschen auf und wird als *Präeklampsie* bezeichnet.

Bei Erreichen des Gastrula-Stadiums entstehen Blutinseln, aus denen sich fetale Endothel- und Blutzellen entwickeln. Diese Zellen bilden auch die Allantois, die unter Vermittlung von Wechselwirkungen von zwischen VCAM-1 und α-4-Integrin mit dem Chorion zur Chorion-Allantois-Placenta fusioniert (Abb. 29.32). Anschließend kommt es zu einer ausgeprägten Vermischung von mütterlichen und fetalen Blutgefäßen in der Chorion-Allantois-Membran. Das folgende Wachstum des Fetus ist weitgehend durch die Ausbildung dieses Austauschorgans bestimmt.

29.5.9 Synthetische Progesterone, Östrogene und Antiöstrogene

Eine Reihe synthetischer Progesterone und Östrogene ist verfügbar. Sie werden in der Leber nur verzögert abgebaut, so daß sie oral verabreichbar sind (Aufhebung des First-pass-Effektes, S. 831). Sie werden zur Hormonsubstitution (nach der Menopause) oder Antikonzeption eingesetzt.

Antiöstrogene (wie z.B. Tamoxifen) finden Anwendung bei der Behandlung des Mammacarcinoms, da sie den Östrogeneffekt auf das Carcinomwachstum hemmen können.

29.5.10 Laborchemische Tests zur Bestimmung der Ovarfunktion

Der radioimmunologisch bestimmte *Östradiolplasmaspiegel* beträgt bei der Frau während der Follikelphase 30–120 pg/ml, während der Lutealphase 100–210 pg/ml und steigt vor der Ovulation auf Werte zwischen 150 und 300 pg/ml. Beim Mann liegt der Wert zwischen 10 und 30 pg/ml. Auch die Plasmaspiegel von LH und FSH können radioimmunologisch (Abb. 29.30, S. 844) bestimmt werden: Sie betragen prä- und postovulatorisch 2–15 bzw. 1,5–8,5 IU/l, während des Ovulationspeaks 30–110 bzw. 8–20 IU/l und ändern sich in der Postmenopause auf Werte von 20–60 bzw. 30–100 IU/l (Abb. 29.28, S. 841). Mit dem *LH-RH-Funktionstest* kann die Stimulierbarkeit der Sekretion der Gonadotropine aus der Hypophyse untersucht werden: Normalerweise steigt der LH-Wert auf das Drei- bis Achtfache, der FSH-Spiegel auf das Doppelte des Basalwertes. Die LH-Bestimmung im Urin erlaubt die Bestimmung des Ovulationszeitpunktes.

29.5.11 Weitere Hormone des Ovars

Relaxin wirkt über eine Stimulierung der Aktivität von Metalloproteinasen

Ein weiteres weibliches Sexualhormon, das in den Ovarien (im Corpus luteum) gebildet wird, das aber auch in der Placenta und im Blut von Schwangeren nachgewiesen werden kann, ist *Relaxin,* ein Proteohormon mit einem Molekulargewicht von etwa 6 kD, das zu Insulin und den insulinähnlichen Wachstumsfaktoren (IGF) homolog ist (Abb. 2.59, S. 76). Auch Relaxin wird in Form einer einkettigen Vorstufe, dem Prorelaxin, gebildet, aus der durch Abspaltung eines – allerdings sehr langen (105 Aminosäuren) – C-Peptides das zweikettige Polypeptid entsteht.

Seine Wirkung besteht in einer Auflockerung der bindegewebigen Verbindung der Symphyse und der Ileosacralgelenke mit einer Auflösung und Quellung kollagener Fasern. Der Wirkung liegt wahrscheinlich die Aktivierung von Proteoglykan- und Kollagen-abbauenden Enzymen zugrunde. Folge ist die Erweiterung des Beckenringes und damit die Geburtserleichterung.

29.5.12 Hormone der Placenta

Der Nachweis von hCG im Urin dient als Schwangerschaftstest

Während der Schwangerschaft wird in der Placenta eine Reihe von Hormonen gebildet. Jedes dieser Hormone besitzt ein Analogon in der Hypophyse oder im Hypothalamus. Zu diesen Hormonen gehören das *Choriongonadotropin* (CG), das *Chorionsomatomammotropin* (CS) und das *Chorionthyrotropin* (CT). Weiterhin produziert die Placenta ACTH-ähnliche Polypeptide, Endorphine sowie hypothalamische Polypeptide wie LH-RH, TRH oder Somatostatin.

CG (oder auch hCG für humanes CG) besitzt ein Molekulargewicht von 36–40 kD und weist Strukturähnlichkeiten mit LH (S. 836) auf: Wie dieses ist es aus zwei Untereinheiten aufgebaut, von denen die α-Untereinheit mit der des LH identisch ist, während die β-Untereinheit (für die 7 Gene auf Chromosom 7 existieren) die Spezifität des CG bestimmt. CG wird bereits 1 Tag nach der Implantation des Eies vom Blastocysten und später vom *Syncytiotrophoblasten* der Placenta gebildet. Der Nachweis von CG im Urin dient deshalb als Grundlage eines Schwangerschaftstests.

Maximale Werte werden zwischen dem 60. und 90. Tag der Schwangerschaft erreicht. Die Halbwertszeit des CG ist – im Gegensatz zu jener der Gonadotropine (S. 836) – sehr lang und beträgt etwa 35 h. CG gestattet offenbar die Umwandlung des Corpus luteum in das Corpus luteum graviditatis und damit die kontinuierliche Produktion von Progesteron für die Entwicklung der Decidua, bis die Placenta die Progesteronproduktion übernimmt. Verschiedene Organe wie Hypophyse, Hoden oder der obere Gastrointestinaltrakt enthalten CG-ähnliche Substanzen. Da verschiedene *Tumoren* (wie Leber, Pankreas, Magen oder Gonaden) CG produzieren (ektopische Produktion), findet hCG – insbesondere bei Chorioncarcinomen der Hoden oder der Ovarien – Verwendung als Tumormarker (S. 1110). Aufgrund der Strukturverwandtschaft mit TSH (S. 820) können sehr hohe hCG-Konzentrationen auch zur Stimulation der Schilddrüse führen.

Chorionsomatomammotropin (humanes CS, früher auch als placentares Lactogen bezeichnet) wird ebenfalls vom *Syncytiotrophoblasten* gebildet. Dieses Polypeptid mit 191 Aminosäuren weist 91% Homologie mit dem Wachstumshormon (S. 851) auf. Es besitzt qualitativ ähnliche biologische Wirkungen wie STH, aber nur etwa 3% von seiner biologischen Aktivität. Es wird diskutiert, daß dieses Hormon nach Freisetzung in den mütterlichen Kreislauf auf den Stoffwechsel der Mutter wirkt und die Substratflüsse zur besseren Versorgung des Fetus beeinflußt.

Auch die Decidua produziert Hormone, wie z. B. Relaxin oder Prolactin (S. 848).

29.6 Hypothalamus-Hypophysen-Leber-Knochen-Achse

29.6.1 Regulatorische Polypeptide des Hypothalamus und der Hypophyse

Somatokrinin und Somatostatin regulieren die STH-Sekretion

Die Regulation der Hypophyse (d. h. der Sekretion des somatotropen Hormons (STH)) durch den Hypothalamus erfolgt über das **Somatokrinin** (Growth hormone releasing Hormone, GRH), ein Polypeptid mit 44 Aminosäuren, das die Freisetzung von STH (Wachstumshormon) stimuliert. Somatokrinin entsteht durch proteolytische Prozessierung aus einem Prohormon mit 108 Aminosäuren, in dem es am N-Terminus durch zwei, und am C-Terminus durch eine basische Aminosäure flankiert ist (Abb. 29.33). Am C-terminalen Ende befindet sich auch ein Glycylrest als Amiddonator. Die Abgabe von GRH aus dem Hypothalamus steht unter der Steuerung *neuraler Glucorezeptoren,* die im Nucleus ventromedialis liegen und den Glucosespiegel registrieren: Dabei führt ein Abfall der Glucosekonzentration zur Stimulierung der GRH-Sekretion, ein Anstieg zur Hemmung derselben.

Gehemmt wird die STH-Sekretion durch **Somatostatin** (growth hormone release inhibiting hormone), einer Familie von Polypeptiden, zu denen das zuerst identifizierte Somatostatin 14 (S-14), das am N-Terminus verlängerte Somatostatin 28 (S-28) und ein Fragment mit den ersten 12 Aminosäuren von S-28 gehören. Somatostatin entsteht durch proteolytische Prozessierung aus einem Prohormon. Die einzelnen Somatosta-

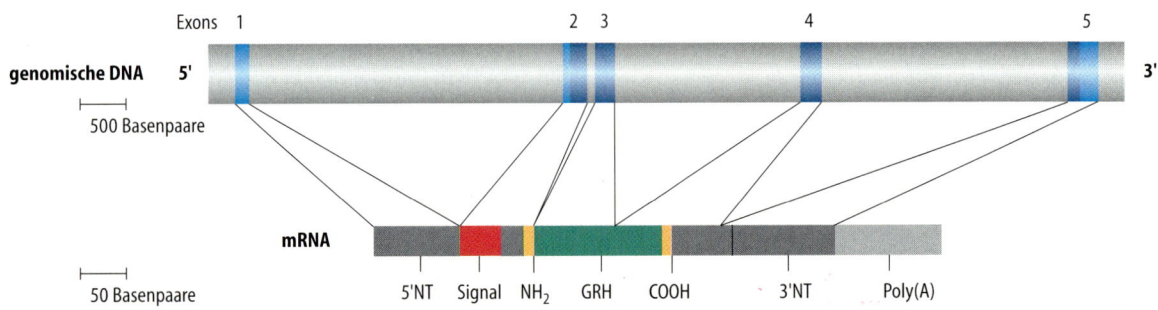

Abb. 29.33 Struktur des Gens (auf Chromosom 20) und der mRNA für GRH. *Blau* die 5 Exons. Die mRNA enthält die nichttranslatierten Anteile (5′NT und 3′NT), die Signalpeptidregion, die GRH-Region sowie flankierende Peptide zur proteolytischen Prozessierung

tinderivate unterscheiden sich in ihrer biologischen Wirksamkeit (z. B. auf die Sekretion des Insulins, s. u.).

Die Bezeichnung Somatostatin für das die STH-Sekretion hemmende Hormon ist insofern unzutreffend, als das Molekül auch die TSH-Sekretion hemmt (S. 815), im gesamten Nervensystem weit verbreitet ist und außerdem in vielen anderen Organen wie z. B. dem Gastrointestinaltrakt vorkommt, in denen es auf Epithelien sowie *exokrine* (Hemmung der Magensäure-, Bicarbonat- und Enzymsekretion) *und endokrine* (z. B. Hemmung der Insulin- und Glucagonsekretion) *Drüsen* wirkt und so auf parakrinem Wege verschiedene Funktionen ausübt. S-28 ist dabei ein wirksamerer Hemmstoff z. B. der Insulinsekretion als S-14.

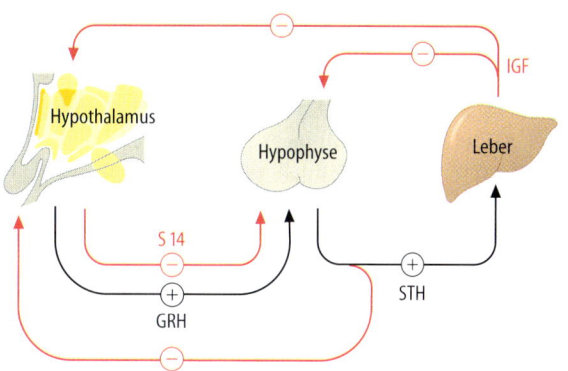

Abb. 29.34 Regulation der Wachstumshormon-Sekretion

Die Frequenz der STH-Sekretionsstöße ändert sich mit dem Alter

GRH bindet an spezifische Rezeptoren der acidophilen Zellen der Hypophyse und bewirkt dort die Sekretion von Wachstumshormon. Es besitzt keinen Einfluß auf die basale [wie im Falle des LH (S. 841)] stoßweise Freisetzung von Wachstumshormon. Kinder vor der Pubertät setzen nur wenige Stöße und während der Pubertät etwa 8 pro 24 h frei. Die Halbwertszeit des Hormons im Plasma beträgt etwa 10–15 min. Obwohl kleine Mengen während des Tages sezerniert werden, erfolgt die Sekretion der größeren Menge während der Nacht; etwa 60–90 min nach dem Einschlafen tritt ein starker Anstieg der STH-Sekretion auf.

Die Wachstumshormone stellen eine Familie von Polypeptiden dar, zu der drei Gene auf Chromosom 17 gehören. Diese Gene codieren für das eigentliche *Wachstumshormon,* ein Polypeptid mit 191 Aminosäuren (Molekulargewicht 22 kD), das in der Placenta produzierte Chorionsomatomammotropin (S. 850) und ein weiteres Protein, das sich vom Wachstumshormon bei gleicher Größe in 13 Aminosäuren unterscheidet (STH-2).

29.6.2 Regulation von Hypothalamus und Hypophyse

Die Sekretion des Wachstumshormons wird durch ein komplexes System reguliert, das innerhalb weniger Minuten eine Änderung des Plasma-STH-Spiegels um den Faktor 10 ermöglicht. Der Plasma-Wachstumshormonspiegel beträgt beim Erwachsenen zwischen 1 und 5 ng/ml (45–220 pMol/l). Der Wert ist stark von körperlicher Belastung, Nahrungsaufnahme (Glucose, s. oben) und Streß abhängig. Die Regulation erfolgt durch GRH und Somatostatin; die negativen Feedbackmechanismen erfolgen durch Wachstumshormon und die Somatomedine (Abb. 29.34). Über das limbische System kommt es zu einer Regulation der GRH-Sekretion durch den Schlaf-Wach-Rhythmus in dem Sinne, daß

tiefer Schlaf zu einem Anstieg des STH-Spiegels führt. Eine dopaminabhängige Stimulierung der GRH-Sekretion geht vom Nucleus arcuatus aus.

Die Regulation der Transkription des STH-Gens steht u. a. auch unter dem Einfluß von Schilddrüsenhormonen (S. 824).

29.6.3 Hormone der Leber

Die STH-Wirkungen werden durch die Somatomedine vermittelt

Unter der Einwirkung des Wachstumshormons werden in der Leber die *Somatomedine* oder *Insulin like growth factors I und II* (IGF I und IGF II) gebildet; sie sind im Knorpel und der Wachstumszone des Knochens ausschließlich, im Fettgewebe und in der Muskulatur zumindest partiell für die Wachstumshormonwirkung verantwortlich. IGF I und IGF II sind einkettige Polypeptide mit 67 bzw. 70 Aminosäuren, die etwa 50 % Homologie zu Insulin und etwa 70 % zueinander aufweisen (Abb. 2.59, S. 76). IGF I und IGF II entstehen aus Vorstufen mit 130 bzw. 180 Aminosäuren.

Somatomedine werden in der Leber gebildet und in das Plasma sezerniert. IGF I (auch als Somatomedin C, Somatomedin A oder basisches Somatomedin bekannt) steht unter der Regulation von Wachstumshormonen, so daß es bei der Akromegalie (S. 853) erhöht und bei Hypophysenunterfunktion erniedrigt ist. Darüber hinaus sind die normalen Spiegel altersabhängig mit niedrigem Spiegel in der Kindheit, einem Gipfel während der Adoleszenz und einem Abfall nach dem 50. Lebensjahr.

Die Plasmaspiegel von IGF II sind von der Gegenwart geringer Wachstumshormonmengen abhängig, eine Erhöhung des Wachstumshormonspiegels – wie bei der Akromegalie – führt jedoch *nicht* zu einer entsprechenden Erhöhung des IGF II-Spiegels, der bei einer Hypophysenunterfunktion erniedrigt ist.

Im Gegensatz zu IGF I sind die IGF II-Spiegel vom 2. Lebensjahr bis ins hohe Alter konstant. Wachstumshormon beeinflußt das Wachstum von der Geburt bis zum Wachstum (etwa 50–75 % der normalen Rate). Demnach müssen also noch andere bisher unbekannte Hormone für das Wachstum verantwortlich sein. Die Sekretion von Wachstumshormonen nach der Pubertät setzt sich fort, so daß man eine anabole Funktion während des Erwachsenenalters annehmen muß.

29.6.4 Transport der Somatomedine im Blut

Im Plasma werden die Somatomedine an **hochmolekulare Trägerproteine** (IGF-BP, Bindungsproteine I, II etc.) gebunden, so daß sie Halbwertszeiten von mehreren Stunden aufweisen. Die Trägerproteine stehen ihrerseits unter dem regulativen Einfluß von STH, Insulin und möglicherweise anderen Hormonen. In gebundener Form sind IGF I und II biologisch inaktiv.

29.6.5 Molekularer Wirkungsmechanismus der Somatomedine

Der IGF I-Rezeptor ähnelt dem Insulinrezeptor

IGF I und II binden an spezifische Zellmembranrezeptoren. Der IGF I-Rezeptor stellt ein aus je zwei α- und β-Untereinheiten bestehendes **Tetramer** dar, das große Ähnlichkeit mit dem Insulinrezeptor (Abb. 28.11, S. 797) aufweist. Die β-Untereinheit besitzt **Tyrosinkinaseaktivität** (S. 779), die α-Untereinheit bindet das IGF I-Molekül.

Der IGF II-Rezeptor stellt dagegen ein **einkettiges** Glykoprotein dar, das zwar Tyrosylreste, aber keine Tyrosinkinaseaktivität aufweist. Dieser Rezeptor besitzt große Ähnlichkeit mit dem Mannose-6-phosphat-Rezeptor, der für die Überführung lysosomaler Enzyme in Lysosomen verantwortlich ist (S. 193).

29.6.6 Zelluläre Wirkungen der Somatomedine

In vivo stimuliert IGF I am intakten Rippenknorpel den Einbau von Sulfat in Proteoglykane (S. 745) und den von Thymidin in DNA. In vitro wirkt IGF I auf Chondrocyten in niedriger Zelldichte nur mitogen, hat jedoch keinen Einfluß auf die Proteoglykansynthese (S. 750). Wenn die Zellen konfluent sind und ihr Wachstum einstellen, fällt der Thymidineinbau ab und IGF I führt nur zur Synthese extracellulärer Matrix. Demnach wird die Reaktion einer Zielzelle auf dieses Poly-

peptid durch ihren Proliferationszustand (Zellcyclus, S. 206) bestimmt. Knorpel in verschiedenen Geweben reagiert unterschiedlich auf IGF I, so z.B. die Wachstumsregion im Knorpel der Röhrenknochen (S. 750) wesentlich besser als Gelenkknorpel. In vivo führen die Somatomedine bei hypophysektomierten Versuchstieren (die also kein Wachstumshormon bilden) zu einer Verbreiterung des Epiphysenknorpels der Tibia, zu einer Stimulierung des Thymidineinbaus in Rippenknorpel und einer Zunahme des Körpergewichts, wobei die Wirkung von IGF I ausgeprägter ist als die von IGF II.

29.6.7 Pathobiochemie

Eine Unterfunktion der Hypophyse verursacht Minderwuchs

Störungen des Wachstums, verursacht durch das Wachstumshormonsystem, können praktisch auf jeder Ebene des Systems auftreten, d.h. auf hypothalamischer, hypophysärer oder hepatischer Ebene (der Produktionsstätte der IGF). Die Mehrzahl der Patienten mit Wachstumshormonmangel reagieren auf die **Gabe von GRH** mit der Freisetzung von STH, wenn das Releasinghormon stoßweise über einen längeren Zeitraum gegeben wird. Diese Patienten haben offenbar eher einen GRH-Mangel als einen Defekt der Wachstumshormonproduktion. Beim autosomal recessiven Wachstumshormonmangel vom Typ IA liegen Deletionen, Rasterschub- oder Nonsense-Mutationen im STH-Gen vor, die zu einem vollständigen Verlust der STH-Produktion führen. Werden diese Patienten mit rekombinantem Wachstumshormon behandelt, so bilden sie Antikörper gegen das als fremd erkannte Molekül. Bei der Typ IB-Erkrankung werden noch geringe Mengen radioimmunologisch bestimmbaren Wachstumshormons im Plasma gefunden; diese Patienten können mit rekombinantem Wachstumshormon behandelt werden (S. 233).

Bei Pygmäen in Afrika wurden die Plasmaspiegel von STH, IGF I und IGF II bei Jugendlichen, Kindern und Erwachsenen sowie bei einem Kontrollkollektiv bestimmt: Vor Beginn der Pubertät zeigen sich keine Unterschiede der Spiegel von IGF I und II gegenüber Kontrollpersonen. Mit Einsetzen der Pubertät jedoch betragen die IGF I-Spiegel – bei identischen STH-Plasmakonzentrationen – bei den Pygmäen nur $^1/_3$ des Normalwertes. Dies spricht dafür, daß als Ursache für die Wachstumsstörung eine Störung der IGF I-Sekretion aus dem Hepatocyten vorliegt.

G-Protein-Mutationen können zu Hypophysentumoren führen, die für die Akromegalie verantwortlich sind

Das eosinophile Adenom ist ein Wachstumshormon-produzierender Tumor der Hypophyse. Tritt das Krankheitsbild in der Kindheit bzw. Jugend auf, d.h. vor dem Schluß der Epiphysenfugen, so kommt es bei den Patienten zum Riesenwuchs. Bei Beginn der Erkrankung im Erwachsenenalter dagegen tritt eine Akromegalie auf, d.h. Vergrößerungen der Endglieder des Skelettsystems verursachen Deformitäten im Gesicht (Vergrößerung des Kinns, Nase, Augenwülste) sowie im Bereich der Hände und Füße.

Mutationen von G-Proteinen finden sich in etwa 30–40 % der Hypophysentumoren, die für die Akromegalie verantwortlich sind. Durch diese somatischen Mutationen kommt es zu einer konstitutiven Aktivierung der *Adenylatcyclase,* wodurch sich die Zellen der Regulation durch GH-RH entziehen und autonom proliferieren, was zu einem Tumor führt.

 RESÜMEE Das hypothalamisch-hypophysäre System ist ein komplexes neuroendokrines System, das sechs Zielgewebe aufweist. Hypothalamus und Hypophyse kommunizieren über Releasing- und Release-inhibiting-Hormone, die nicht kontinuierlich, sondern stoßweise in bestimmten zeitlichen Abständen aus dem Hypothalamus sezerniert werden. Unter dem spezifischen Einfluß hypothalamischer Faktoren werden in der Hypophyse Hormone freigesetzt, die die Schilddrüse, die Nebennierenrinde, die männlichen oder weiblichen Geschlechtsgewebe oder die Leber und sekundär den Knochen beeinflussen. Die in diesen Erfolgsorganen gebildeten Hormone binden in den Zielzellen an Rezeptoren, die ein gemeinsames Architektur- und Wirkungsprinzip besitzen.

Schilddrüsenhormone besitzen eine Vielfalt von Wirkungen, die die bei Schilddrüsenfehlfunktionen auftretende Symptome erklären. Mit einfachen Laboratoriumsuntersuchungen können Unter- und Überfunktionen der Schilddrüse erkannt werden.

Die Verbindungen von Hypothalamus, Hypophyse und Nebennierenrinde stellen die Grundlage des Streßsystems dar. Die Sekretion des Schlüsselhormons ACTH in der Hypophyse wird nicht nur durch CRH, sondern auch durch andere Stoffe wie Arginin-Vasopressin reguliert. Wie viele andere Hormone dieser Systeme entsteht auch ACTH aus einem hochmolekularen Prohormon. Zwischen den CRH-produzierenden Neuronen im Hypothalamus, den ACTH-produzierenden Zellen der Hypophyse und dem Immunsystem bestehen enge Verflechtungen. Verschiedene Zytokine wie Interleukin-1, TNFα oder Interleukin-6 stellen die Verbindung zwischen neuroendokrinem und Immunsystem her. Cortisol ist ein wichtiger Regulator des Intermediärstoffwechsels und wirkt als Immunmodulator. Störungen dieser Achse können durch Keimbahnmutationen im Genabschnitt für die Ligandenbindungsdomäne des Cortisolrezeptors auftreten, was zu einer Glucocorticoidresistenz führt.

Die Wirkungen von Hypothalamus und Hypophyse auf die beim Mann und bei der Frau wichtigen Reproduktionsorgane erfolgt über das LH-Releasing-Hormon, das ebenfalls stoßweise aus den hypothalamischen Neuronen freigesetzt wird. Dies erklärt, warum eine Dauerstimulation mit einem langwirkenden Analogon dieses Releasing-Hormons zu einer Erschöpfung der Hypophyse führt, die daraufhin keine Gonadotropine mehr freisetzt. Testosteron, das wesentliche Hormon beim Mann, fördert Wachstum und Differenzierung der männlichen Fortpflanzungsorgane während der Embryogenese und nach der Geburt. Beim Heranwachsenden werden die sekundären Geschlechtsmerkmale gefördert. Für einen Teil dieser Wirkungen ist die Umwandlung von Testosteron in Dihydrotestosteron durch die α-Reduktase erforderlich. Mutationen in den Genen verschiedener Bestandteile dieses Systems (α-Reduktase, Testosteronrezeptor, LH) stören dieses System. Androgene dienen als Vorstufe für Östrogene. Progesteron ist das zweite Hormon des Ovars. Diese Hormone sind über eine Wirkung in der Follikelphase des Menstruationscyclus an der cyclischen Aktivität des Hypothalamus-Hypophysen-Ovar-Systems entscheidend beteiligt. Weiterhin sind Östrogene für die Ausprägung und Aufrechterhaltung der sekundären weiblichen Geschlechtshormone verantwortlich.

Die im Hypothalamus gebildeten regulatorischen Polypeptide Somatokrinin und Somatostatin regulieren die Sekretion von Wachstumshormon. Dies führt sekundär zur Freisetzung der sog. Somatomedine oder insulinähnlichen Wachstumsfaktoren I und II in der Leber. Die Somatomedine vermitteln die Wachstumshormonwirkung an Knorpel, Knochen, Fettgewebe und Muskulatur. Eine Unterfunktion der Hypophyse durch partielle Deletionen im Wachstumshormongen führt zum Minderwuchs. Eine Überfunktion durch Tumoren bedingt im Erwachsenenalter die Akromegalie.

Literatur

Original- und Übersichtsarbeiten

BRENT GA (1994) The molecular basis of thyroid hormone action. New Engl J Med 331: 847–853

BRYANT P, GREENWOOD GD (1994) Human relaxins: Chemistry and biology. Endocr. Rev. 15: 5–26

CHROUSOS P (1995) The Hypothalamic-pituitary adrenal axis and immune mediated inflammation. New Engl J Med 332: 1351–1362

CROSS JC, WERB Z, FISHER SJ (1994) Implantation and the placenta: key pieces of the development puzzle. Science 266: 1508–1518

DIAS JA (1992) Recent progress in structure-function and molecular analyses of the pituitary/placental glycoprotein hormone receptors. Biochim Biophys Acta L 35: 278–294

KARL M, SCHULTE HM (1994) Familiäre Glucocorticoidresistenz als Differentialdiagnose des Hypercortisolismus. Dtsch Med Wochenschr 119: 74–79

KEENEY DS, WATERMAN MR (1993) Regulation of steroid hydroxylase gene expression: importance to physiology and disease. Pharmac Ther 58: 301–317

KOPP P ET AL (1995) Brief report: congenital hyperthyreoidism caused by a mutation in the thyreotropin receptor gene. New Engl J Med 332: 150–154

MOHR E, RICHTER D (1993) Hypothalamic neuropeptide genes. Ann NY Acad Sci 689: 50–58

ORTH DN (1995) Cushing's syndrome. New Engl J Med 332: 791–801

PHILLIPS JA, COGAN JD (1994) Molecular basis of familial growth hormone deficiency. J Clin Endo Metab 78: 11–16

RANDALL VA (1994) Role of a 5α-reductase in health and disease. Bailliere's Clin Endo Metab 8: 405–430

SUNTHORNTHIPVARAKUL T ET AL (1995) Brief report: resistance to thyreotropin caused by mutations in the thyreotropin receptor gene. New Engl J Med 332: 155–160

TAPLIN ME ET AL (1995) Mutation of the androgen-receptor gene in metastatic androgen independent prostate cancer. New Engl J Med 332: 1393–1398

WEISS J ET AL (1992) Hypogonadism caused by a single amino acid substitution in the β-subunit of lutenising hormone. New Engl J Med 326: 179–183

ZHUU ZX, WONG CI, SAR M, WILSON EM (1994) The androgen receptor: an overview. Rec Proc Hormone Res 49: 249–274

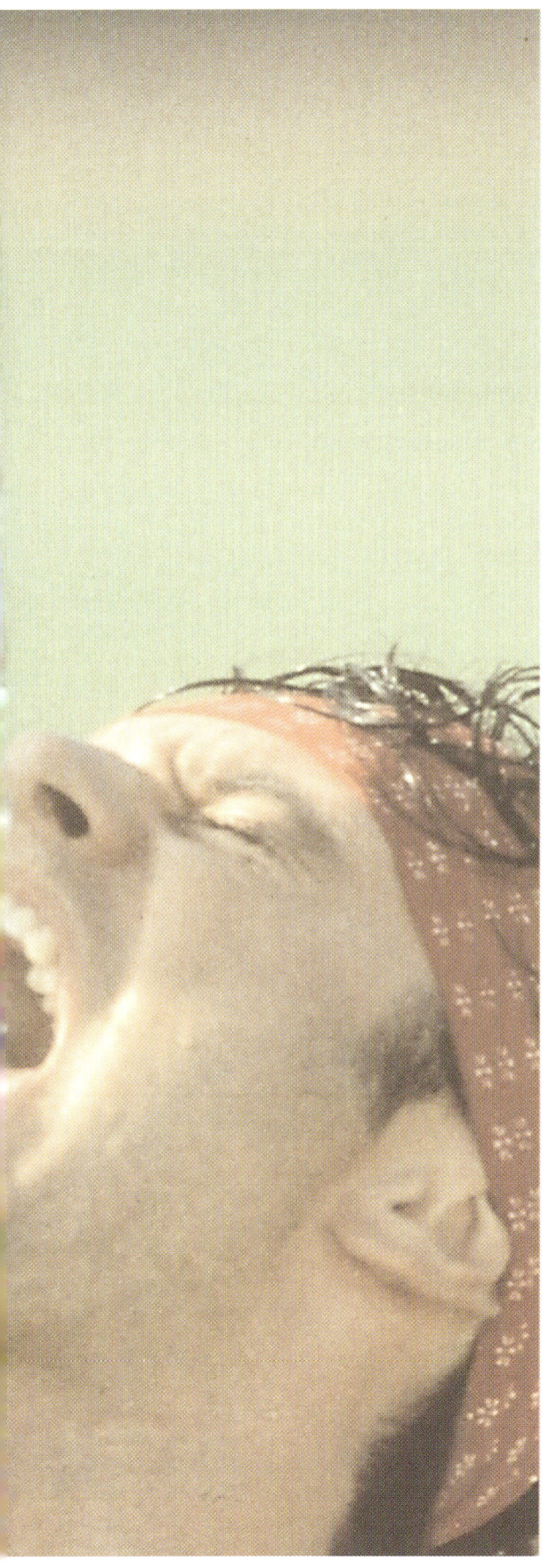

Endokrine Gewebe IV: Regulation des Elektrolyt- und Wasserhaushaltes

In diesem Kapitel wird die Wirkung der Hormone beschrieben, die den Wasser- und Elektrolythaushalt regulieren und deshalb für Landlebewesen von besonderer Bedeutung sind.

Im Anbetracht der enormen Calciumgradienten zwischen Knochengewebe, extrazellulärer Flüssigkeit und dem intrazellulären Raum und der Bedeutung von Calcium für die Aktivierung von Zellen muß der Calciumstoffwechsel sehr genau reguliert werden. Hierfür stehen drei Hormone zur Verfügung, das Parathormon, das vom Vitamin D abgeleitete D-Hormon sowie das Thyreocalcitonin. Sie stimmen die intestinale Resorption, die renale Ausscheidung und die Mobilisierung bzw. Freisetzung von Calcium aus dem Knochen so aufeinander ab, daß die Plasmacalciumkonzentration in engen Grenzen konstant ist.

Die Regulation des Wasser-, Natrium- und Kaliumstoffwechsels erfolgt durch Vasopressin, Aldosteron und das natriuretische Atriumpeptid. Ihr Ziel ist es, Natrium- und Kaliumverluste gering zu halten und eine ausgeglichene Wasserbilanz zu erreichen. Die Verbindung des Aldosterons mit dem Renin-Angiotensinsystem verknüpft die Regulation des Natrium- und Kaliumhaushaltes mit der Blutdruckregulation.

Die ausreichende Versorgung mit Wasser und Elektrolyten ist eine Voraussetzung für die Aufrechterhaltung der körperlichen Aktivität.
(Bild: Frauke, Mauritius, Stuttgart)

30.1 Hormone des Calcium- und Phosphatstoffwechsels

Calcium ist für die Aufrechterhaltung zellulärer Funktionen von allergrößter Bedeutung (S. 695). Zusammen mit *Phosphat* wird es für den Aufbau der mineralischen Substanz von *Knochen* und *Zähnen* benötigt, darüber hinaus spielt es jedoch eine essentielle Rolle für die Regulation nahezu aller zellulärer Funktionen. Normalerweise ist seine cytosolische Konzentration mit etwa 10^{-7} mol/l sehr gering. Jeder Übergang in einen aktiven Zustand ist im allgemeinen abhängig von einer Zunahme der Calciumkonzentration um ein bis zwei Größenordnungen.

Beispiele hierfür sind

- die Muskelkontraktion,
- die Nervenleitung oder
- sekretorische Vorgänge jeder Art.

Für diese Erhöhung der cytosolischen Konzentration stehen prinzipiell zwei Möglichkeiten zur Verfügung, einmal die *Aufnahme* von Calcium aus der extrazellulären Flüssigkeit, deren Calciumkonzentration mit etwa 2,5 mmol/l vergleichsweise hoch ist. Die Alternative ist die *Mobilisierung* intracellulärer Calciumspeicher. Der für diesen Zweck im allgemeinen verwendete Speicher befindet sich in einem spezifischen Kompartiment des endoplasmatischen Reticulums. Hört die Aktivierung auf, so sorgen eine Reihe sehr effektiver Mechanismen für die notwendige

Erniedrigung der cytosolischen Calciumkonzentration.

Die Calciumkonzentration in der extracellulären Flüssigkeit wird erstaunlich konstant gehalten. Sinkt sie nur wenig unter den Normwert, stellt sich Übererregbarkeit bis zu tetanischen Krämpfen ein. Bei Überschreiten des Sollwertes vermindert sich die Erregbarkeit der Muskulatur, darüber hinaus kann es zu ektopischen Calcifizierungen kommen.

Aufgrund dieser Tatsachen ist es nicht überraschend, daß ein sehr komplexes Zusammenspiel regulatorischer Faktoren für die Aufrechterhaltung der Calciumkonzentration verantwortlich ist. Im wesentlichen gehören hierzu

- das Parathormon (PTH),
- das Thyreocalcitonin (CT) und
- das 1,25-Dihydroxycholecalciferol als biologisch aktive Form der D-Vitamine (S. 657).

Abbildung 30.1 gibt eine Zusammenfassung der Wechselbeziehungen der drei Hormone. Ein Absinken der Plasmacalciumkonzentration führt zu einer *Sekretion von PTH* durch die Nebenschilddrüsen. Dessen Effekt auf den Calciumstoffwechsel von Knochen und Nieren sowie die Biosynthese des D-Hormons, das die Calciumresorption fördert, bewirken eine rasche Normalisierung des Plasmacalciums. Steigt dieses über einen Sollwert an, kommt es durch eine gesteigerte *Thyreo-*

calcitoninfreisetzung zu einer Hemmung der Knochenresorption und damit zum Absinken des Plasmacalciums.

Eine genaue Besprechung des Stoffwechsels von Calcium und Phosphat sowie des Vitamin D-Stoffwechsels findet sich auf den S. 657, 695, 700.

30.2 Parathormon

30.2.1 Struktur

Parathormon (PTH) ist ein Polypeptid aus 84 Aminosäuren. Die PTH's verschiedener Species unterscheiden sich nur geringfügig, z. B. das des Rindes von dem des Schweines in nur 7 der 84 Aminosäuren. Untersuchungen mit synthetischen Teilsequenzen zeigten, daß für die biologischen Effekte des Hormons nur die Sequenz der ersten 27 N-terminalen Aminosäuren notwendig ist.

Der Bildungsort für das PTH sind die Nebenschilddrüsen oder Epithelkörperchen. Sie sind meist vier etwa linsengroße, abgegrenzte Organe, die hinter den vier Polen der Schilddrüse liegen.

30.2.2 Biosynthese und Sekretion

Parathormon entsteht durch limitierte Proteolyse eines Präkursors

Wie bei vielen anderen Polypeptidhormonen erfolgt auch die Biosynthese des PTH als größeres Vorläufermolekül. Abbildung 30.2 zeigt den Aufbau des auf dem kurzen Arm von Chromosom 11 gelegenen *Präpro-PTH-Gens*. Es codiert die aus 115 Aminosäuren bestehende Sequenz des Präpro-PTH. Cotranslational wird im rauhen endoplasmatischen Reticulum die aminoterminale Signalsequenz abgespalten, welche aus 25 Aminosäuren besteht, so daß als Zwischenprodukt das *Pro-PTH* entsteht (über die Funktion der Signalsequenz s. S. 282). Im Golgi-Komplex erfolgt unter Bildung des reifen PTH die proteolytische Abspaltung eines N-terminalen Hexapeptids aus meist basischen Aminosäuren.

Die PTH-Sekretion wird durch die extrazelluläre Calciumkonzentration reguliert

Elektronenmikroskopische Untersuchungen der Epithelkörperchen-Struktur haben gezeigt, daß ihre Zellen nur relativ wenig Sekretgranula enthalten. Man muß daraus schließen, daß PTH nur in geringem Umfang gespeichert und zum größten Teil kontinuierlich synthetisiert und sezerniert wird. Die Sekretion von PTH wird durch den Spiegel an *ionisiertem Calcium* im

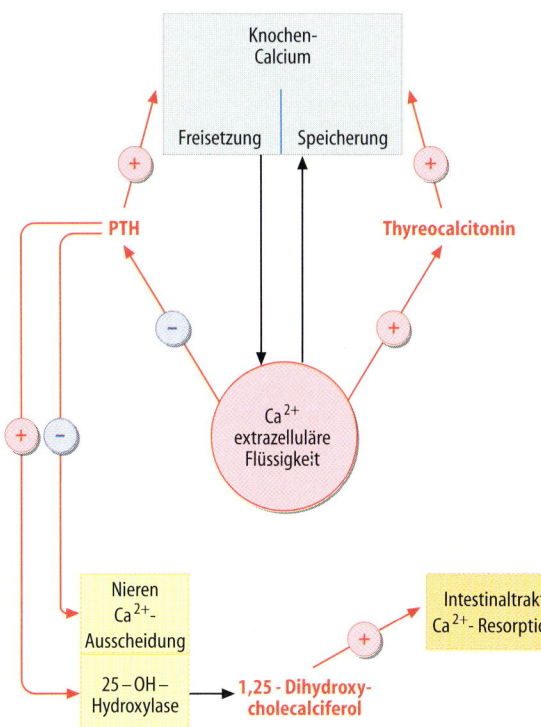

Abb. 30.1 Übersicht über die Regulation des Calciumstoffwechsels durch PTH, Thyreocalcitonin und 1,25-Dihydroxycholecalciferol. (Einzelheiten s. Text)

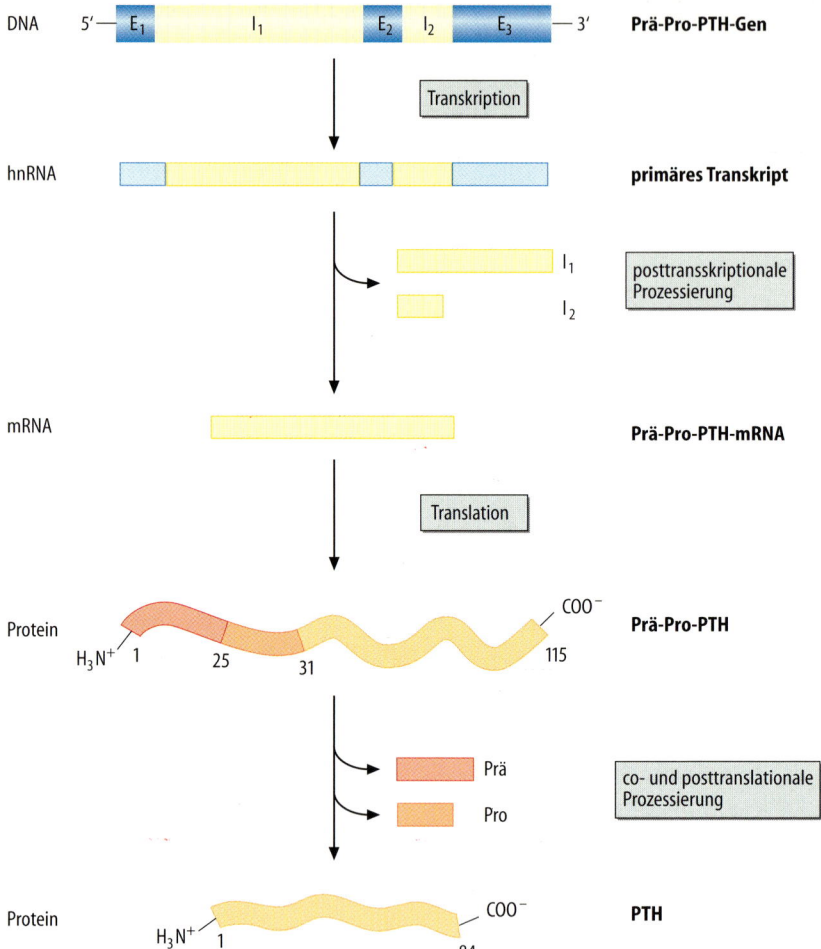

DNA 5'— E₁ I₁ E₂ I₂ E₃ —3' **Prä-Pro-PTH-Gen**

Transkription

hnRNA **primäres Transkript**

posttransskriptionale Prozessierung

I₁
I₂

mRNA **Prä-Pro-PTH-mRNA**

Translation

Protein COO⁻ **Prä-Pro-PTH**
H_3N^+ 1 25 31 115

co- und posttranslationale Prozessierung

Prä
Pro

Protein COO⁻ **PTH**
H_3N^+ 1 84

Abb. 30.2 Das Präpro-PTH-Gen und die Prozessierung seines Transkriptions- und Translationsproduktes. (Einzelheiten s. Text)

Plasma reguliert. Fällt dessen Konzentration ab, so kommt es in den Zellen der Epithelkörperchen zur gesteigerten PTH-Sekretion. Bei erhöhter Plasmacalcium-Konzentration sinkt umgekehrt die PTH-Sekretion. Diese Abhängigkeit der PTH-Sekretion von der extracellulären Calciumkonzentration läßt sich leicht experimentell mit Hilfe isolierter Epithelkörperchen-Zellen nachweisen (Abb. 30.3). Ein Effekt des Phosphatspiegels im Blut auf die Hormonfreisetzung durch die Nebenschilddrüse wurde bis jetzt nicht gefunden.

Molekular wirkt extrazelluläres Calcium über einen in der Plasmamembran der Zellen der Epithelkörperchen lokalisierten *Calcium-Rezeptor*, der auch als Calcium-Sensor bezeichnet wird. Aufgrund seiner Klonierung weiß man, daß es sich um den Typ eines 7-Transmembranrezeptors handelt, der über G-Proteine (S. 772) mit der intrazellulären Signalübertragung verknüpft ist. Auf jeden Fall führt die Aktivierung des Rezeptors durch extrazelluläres Calcium zu einem Sinken der zellulären cAMP-Konzentration, einer Erhöhung der zellulären Calciumkonzentration sowie der Konzentration an InsP₃. Außerdem kommt es zur Öffnung von K⁺-Kanälen. Jede dieser Veränderungen ist imstande, die PTH-Sekretion zu hemmen.

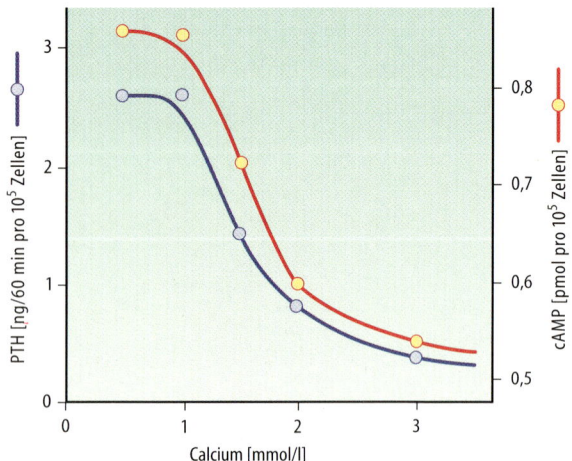

Abb. 30.3 Einfluß der extrazellulären Calciumkonzentration auf die cAMP-Konzentration und PTH-Freisetzung durch Epithelkörperchen. Isolierte Epithelkörperchenzellen wurden mit Calcium in den jeweils angegebenen Konzentrationen inkubiert und danach die intrazelluläre cAMP-Konzentration sowie die PTH-Abgabe in das Medium gemessen

30.2.3 Stoffwechsel

Sowohl innerhalb der Epithelkörperchen selbst als auch in der Leber und möglicherweise in den Nieren, erfolgt ein *proteolytischer* Abbau des PTH. Dabei kommt es zunächst zu einer Spaltung im ersten Drittel des PTH. Das dabei entstehende Bruchstück aus den Aminosäuren 1–33 besitzt noch die volle biologische Aktivität, das Bruchstück 34–84 ist dagegen inaktiv. Das N-terminale Bruchstück 1–33 wird offensichtlich schneller weiter abgebaut als das C-terminale Fragment. Jedenfalls geben Epithelkörperchen sehr viel größere Mengen dieses Fragments an das Blut ab als intaktes PTH und Fragment 1–33.

Im Blut findet sich ein Gemisch aus vollständigem PTH sowie unterschiedlich biologisch aktiven Bruchstücken. Über die physiologische Bedeutung dieses Phänomens besteht zur Zeit noch keine Klarheit. Es macht jedoch bei der Ermittlung normaler oder erniedrigter PTH-Konzentrationen im Serum gewisse Schwierigkeiten (S. 862).

30.2.4 Biologische Wirkungen und Mechanismus

PTH erhöht den Plasmacalciumspiegel durch seine Wirkung an Knochen, Nieren und Dünndarm

PTH ist zusammen mit 1,25-Dihydroxycholecalciferol (S. 657) und Thyreocalcitonin (S. 862) für die Konstanz des Spiegels an ionisiertem Calcium im Plasma verantwortlich. Der Normalspiegel des Plasmacalciums beträgt insgesamt 2,1–2,6 mmol/l. Davon liegt etwa die Hälfte in ionisierter und damit wirksamer Form vor. Die andere Hälfte ist zum größten Teil locker an Protein gebunden. Der Plasmaspiegel an Calcium wird bemerkenswert konstant gehalten, obwohl die tägliche Aufnahme und Ausscheidung im Stuhl und Urin wie auch die Ablagerungen im Knochen großen Schwankungen unterliegt.

Nach Zufuhr von PTH findet sich im Plasma ein Abfall der Konzentration des anorganischen Phosphates sowie ein Anstieg des Calciums. Diese Effekte lassen sich auf die PTH-Wirkung an drei Geweben, den *Knochen*, den Nieren sowie der intestinalen Mucosa erklären.

Am *Knochen* führt PTH nach einer Latenzphase von etwa 60 Minuten zu einer *Calciummobilisierung*, die auf einer Osteoklastenaktivierung beruht. Allerdings lassen sich Rezeptoren für PTH nur auf Osteoblasten nachweisen. Wie im Einzelnen in Kapitel 26 (S. 733) dargelegt, löst PTH in diesen Zellen die Sekretion einer Reihe von Zytokinen aus, die für Rekrutierung und Aktivierung von Osteoklasten verantwortlich sind. Eine besondere Bedeutung kommt dabei dem Interleukin 1 zu.

Unter der Einwirkung aktivierter Osteoklasten kommt es durch Aktivierung lysosomaler Hydrolasen und der Sekretion von Kollagenase zum Abbau von Knochengrundsubstanz. Der gesteigerte Kollagenabbau löst eine Freisetzung von Hydroxyprolin und Pyridinolin aus. Darüber hinaus hat PTH einen deutlichen Effekt auf die organische Knochenmatrix. Unter seiner Einwirkung kommt es zu einer Auflösung von Kollagen und Knochengrundsubstanz, wahrscheinlich weil es die Aktivität von *Kollagenasen* sowie von lysosomalen *Hydrolasen* in den Osteoclasten erhöht. Dies führt zu einer erhöhten Abgabe von *Hydroxyprolin*. Die erhöhte Ausscheidung dieser Verbindung im Urin kann als diagnostischer Parameter für eine erhöhte PTH-Aktivität verwendet werden.

An den *Nieren* führt PTH zu einer Hemmung der Phosphatreabsorption mit entsprechender Phosphaturie sowie zu einer Verminderung der Calciumausscheidung.

Ein weiterer sehr wichtiger renaler Effekt des PTH besteht darin, daß es die Hydroxylierung von 25-Hydroxycholecalciferol zum biologisch aktiven 1,25-Dihydroxycholecalciferol stimuliert. Damit schafft es die Voraussetzung zur Steigerung der intestinalen Calciumresorption bei erniedrigten Plasmacalciumkonzentrationen.

An der *Dünndarmmucosa* stimuliert PTH die Resorption von Calcium und Magnesium. Dieser Effekt ist jedoch im Vergleich zu den anderen Wirkungen des Hormons nur von geringer Bedeutung. Interessanterweise läßt er sich auch nur dann demonstrieren, wenn die Kost relativ calciumarm ist.

Der Parathormonrezeptor ist über G-Proteine mit der Adenylatcyclase gekoppelt

Parathormon wirkt auf seine Zielzellen über einen *7-Transmembrandomänen-Rezeptor,* welcher an heterotrimere, große G-Proteine gekoppelt ist und die *Adenylatcyclase* stimuliert. Die meisten, wenn nicht alle Effekte des PTH können durch Behandlung mit cAMP imitiert werden. Der Effekt des PTH auf die Adenylatcyclase der Tubulusepithelien der Nieren führt sogar zu einer deutlichen Ausscheidung von cAMP im Urin. Der PTH-Rezeptor reagiert auch mit dem PTH-Related-Protein (PTHrP (s. u.)).

Außer in den genannten Geweben sind Rezeptoren für PTH bzw. PTHrP in einer großen Zahl weiterer Gewebe nachgewiesen worden (Tabelle 30.1). Da man von diesen Geweben eigentlich nicht annehmen kann, daß sie eine besondere Bedeutung für die Regulation des Calcium- und Phosphatstoffwechsels haben, muß man vermuten, daß PTH und/oder das PTHrP (s. u.) noch unbekannte weitere Funktionen haben.

Über die Beziehung von PTH zu Vitamin D s. auch Kapitel 23 u. 24.

Tabelle 30.1 Vorkommen von Rezeptoren für PTH/PTHrP

Gewebe	Menge
Knochen	+ +
Nieren	+ + + +
Leber	+ +
Lunge	+ +
Testes	+ +
Brustdrüse	+
Ileum	+
Haut	+
Uterus	+
Skelettmuskel	+
Myokard	+
Ovar	+
Schilddrüse	−
Hypophyse	−
Prostata	−

30.2.5 Nachweismethoden

Die physiologische Bandbreite der Schwankungen des PTH-Spiegels im Serum mit Hilfe geeigneter Methoden zu ermitteln, bereitet heute noch aufgrund der oben geschilderten Heterogenität der verschiedenen Peptide mit PTH-Aktivität Schwierigkeiten. Dagegen gelingt der Nachweis eines Hyperparathyreoidismus (S. 873) mit zuverlässigen radioimmunologischen Methoden. Als Antiserum wird dabei ein Antikörper gegen ein synthetisches Peptid der Aminosäuresequenz 44–68 des PTH verwendet, welches biologisch inaktiv ist. Dasselbe Peptid dient auch als Standard und markiertes Hormon. Eine Kreuzreaktion mit dem N-terminalen oder C-terminalen Bereich des PTH tritt bei diesem Test nicht auf. Er ermittelt unabhängig von der biologischen Aktivität eine definierte Sequenz, die als Maß für die sekretorische Aktivität der Nebenschilddrüse dient und somit jede Form der Überaktivität aufdeckt. Infolge der hierdurch verbesserten diagnostischen Möglichkeiten entgeht heute kaum noch ein primärer Hyperparathyreoidismus der Diagnose und damit der Möglichkeit einer erfolgreichen chirurgischen Therapie.

30.2.6 Parathormon-Related-Protein

Seit vielen Jahren ist bekannt, daß bei verschiedenen malignen Tumoren eine Hypercalcämie vorkommen kann. Dies wurde zunächst auf die lytische Aktivität von Knochenmetastasen zurückgeführt, bei genauerer Untersuchung zeigte es sich jedoch, daß derartige Komplikationen von malignen Tumoren auch bei völligem Fehlen von Knochenmetastasen auftreten können. Aus diesem Grund wurde schon frühzeitig die Existenz eines Faktors postuliert, der eine dem PTH entsprechende Wirkung haben soll. 1987 gelang es dann in drei unabhängigen Arbeitsgruppen, ein neues Peptidhormon zu reinigen, das die erwarteten Eigenschaften hatte. Es wurde als **PTH-Related-Protein** (PTHrP) bezeichnet; seine Charakterisierung erfolgte nach mehr als 60 000-facher Anreicherung aus einem Mammacarcinom sowie aus anderen Tumorgeweben. Inzwischen ist seine Aminosäuresequenz aus der entsprechenden cDNA ermittelt und sein Gen lokalisiert worden. Beim PTHrP handelt es sich um ein Peptid, welches aufgrund unterschiedlichen Spleißens der mRNA in Isoformen aus 139–173 Aminosäuren vorkommt. Die ersten 13 Aminosäuren sind identisch mit dem biologisch aktiven aminoterminalen Ende von PTH, was die dem PTH ähnliche biologische Wirkung erklärt. Die weiteren in PTHrP vorkommenden Domänen haben keinerlei Ähnlichkeit mit dem PTH.

Das PTHrP wird in einer Reihe normaler Gewebe exprimiert. Zu ihnen gehören u. a. die Epidermis, die Placenta, die lactierende Mamma, die Nebenschilddrüsen, das Hirn, der Magen und die Leber.

Von den malignen Tumoren zeigen besonders häufig das Plattenepithelcarcinom, das Mammacarcinom und das Plasmocytom eine gesteigerte Sekretion von PTHrP.

PTHrP ist in der fetalen Nebenschilddrüse nachweisbar, offensichtlich ist es wichtig für die Calciumhomöostase des Feten und für die Bereitstellung des Calciums für das fetale Knochenwachstum. PTHrP wirkt relaxierend auf die Uterusmuskulatur, woraus geschlossen wurde, daß es für die Anpassung des Uterus an das fetale Wachstum und dessen Ruhigstellung wichtig ist. Besonders auffallend ist, daß sehr hohe Konzentrationen von PTHrP in der Muttermilch nachweisbar sind. Geringere Mengen erscheinen in der mütterlichen Zirkulation und sind möglicherweise die Ursache der Calciummobilisierung aus dem mütterlichen Skelett. Die ubiquitäre Verbreitung von PTHrP läßt daran denken, daß es über die genannten Funktionen hinaus noch als parakriner oder autokriner Faktor unbekannte Funktionen übernimmt.

30.3 Thyreocalcitonin

30.3.1 Struktur

Neben dem PTH und dem 1,25-Dihydroxycholecalciferol (S. 657) ist ein weiterer Faktor an der Regulation des Calciumspiegels im Blut beteiligt. Es handelt sich um das 1962 entdeckte und zunächst **Calcitonin** genannte Hormon, welches den Plasmacalciumspiegel senkt. Zunächst glaubte man, daß dieses Hormon von den Nebenschilddrüsen sezerniert würde, dann zeigte es sich aber, daß es in den parafollikulären Zellen, den sogenannten C-Zellen der Schilddrüse entsteht, weswegen es auch als **Thyreocalcitonin** bezeichnet wird.

Thyreocalcitonine einer Reihe von Species einschließlich des Menschen sind bis heute isoliert worden. Es handelt sich um ein Peptid aus 32 Aminosäuren, welches N-terminal eine Disulfidbrücke aufweist und dessen C-terminales Ende ein Glycinamid ist.

30.3.2 Biosynthese und Sekretion

Thyreocalcitonin entsteht durch *proteolytische* Prozessierung eines aus 136 Aminosäuren bestehenden Präkursors (Abb. 30.4). Die Thyreocalcitonin-Sequenz ist von basischen Aminosäuren flankiert, die die Signale für die proteolytische Abtrennung des Threocalcitonins sowie für die Aminierung des C-terminalen Glycins liefern. Ein über große Bereiche homologes Peptid, das *Calcitonin gene related product* (CGRP) entsteht durch alternatives Spleißen desselben Gens im Hypothalamus (Kapitel 29, S. 818). Wahrscheinlich ist der Thyreocalcitonin-Präkursor in ähnlicher Weise wie das Proopiomelanocortin (S. 990) ein Polyprotein, aus dessen Sequenz gewebsspezifisch unterschiedliche Hormone geschnitten werden können. Über mögliche Funktionen des N- bzw. C-terminalen Peptids ist allerdings noch nichts bekannt.

Jede Erhöhung des Spiegels an ionisiertem Calcium im Plasma führt zu einer Thyreocalcitoninabgabe aus der Schilddrüse.

30.3.3 Biologische Wirkung und Mechanismus

Am Knochengewebe wirkt Thyreocalcitonin als direkter *Antagonist* des PTH, d. h. es hemmt die Calciumfreisetzung. Dabei wirkt sich der Hormoneffekt über eine *Hemmung* der Osteoklastentätigkeit und über die *Stimulierung* von Knochenanbauprozessen aus. Thyreocalcitonin senkt den Spiegel des ionisierten Calciums im Plasma innerhalb von weniger als 30 Minuten, wirkt also rascher als PTH. Allerdings ist sein Effekt von geringer Dauer, was auch aus den unterschiedlichen Halbwertszeiten für die beiden Hormone hervorgeht. Die Halbwertszeiten des Thyreocalcitonins sind mit 4–12 Minuten etwa 2–3mal kürzer als die des PTH. Neben der Hemmung der Osteolyse bremst Thyreocalcitonin auch die Magen- und Pankreassekretion sowie die intestinale Motilität. Insgesamt bewirkt dies eine Verlangsamung der Verdauungsvorgänge und damit der Calciumresorption, wodurch einer vorübergehenden Hypercalcämie entgegengewirkt wird. In den Nieren fördert es die Calciumdiurese. Das Thyreocalcitonin scheint als spezifischer Gegenspieler des PTH besonders für die Feinregulation des Calciumspiegels im Blut verantwortlich zu sein.

Stark erhöhte Thyreocalcitoninspiegel im Plasma weisen auf jeden Fall auf einen *C-Zelltumor* hin, der häufig extrathyreoidal lokalisiert ist.

Inzwischen ist es gelungen, *Calcitoninrezeptoren* zu klonieren und ihre Genstruktur aufzuklären. Sie kommen in zwei Subtypen vor und sind Mitglieder einer neuen Familie von Rezeptoren mit sieben Transmembrandomänen, zu denen auch die Rezeptoren für PTH, Sekretin, VIP, GLP-I und Glukagon gehören. Der Rezeptor ist je nach Subtyp über G-Proteine an das Adenylatcyclasesystem bzw. die Phospholipase Cβ gekoppelt. Dementsprechend führt die Behandlung von Osteoclasten, aber auch anderer Zellen mit Thyreocalcitonin zur Erhöhung der cAMP-und Calciumkonzentration. Abbildung 30.5 gibt eine schematische Über-

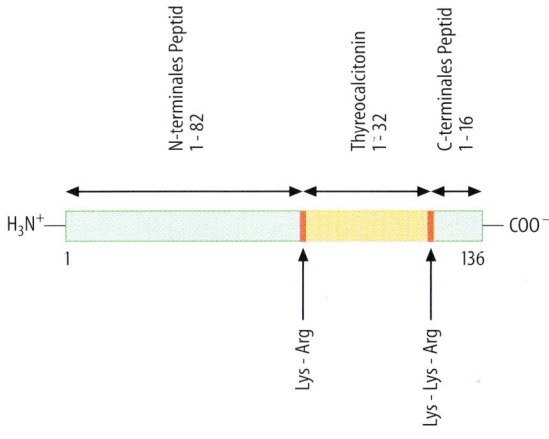

Abb. 30.4 Aufbau des Thyreocalcitonin-Präkursors

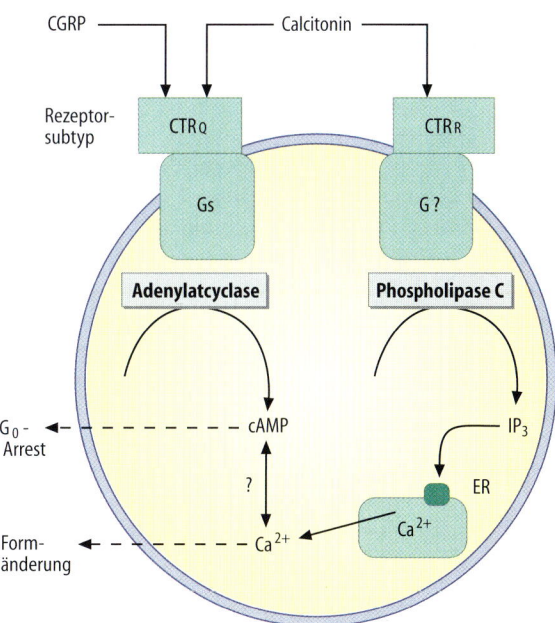

Abb. 30.5 Signaltransduktion des Thyreocalcitonin an Osteoclasten. Die beiden Rezeptorsubtypen sind über entsprechende G-Proteine an die Adenylatcyclase bzw. die Phospholipase Cβ gekoppelt. Man nimmt an, daß die Erhöhung der cAMP-Konzentration sowie der zellulären Calciumkonzentration zur Fixierung von Osteoclasten in der G_0-Phase des Zellcyclus und zu der für ihre Inaktivität typischen Formänderung führt

sicht über die molekulare Wirkung von Thyreocalcitonin an Osteoclasten.

30.4 Hormone, die den Natrium-, Kalium- und Wasserhaushalt regulieren

Mit dem Übertritt höherer Lebensformen vom Wasser auf das Land ergab sich zwingend die Notwendigkeit der genauen Regulation von Aufnahme und Ausscheidung von Wasser, Natrium und Kalium. Nur damit kann die für die Aufrechterhaltung der Lebensprozesse nötige Konstanz des „inneren Milieus" gewährleistet werden. In tierischen Organismen spielen drei Hormone hierbei eine große Rolle:

- Aus der Zona glomerulosa der Nebennierenrinde stammende Mineralocorticoide, vor allem das Aldosteron,
- das aus dem Hypophysenhinterlappen stammende Vasopressin sowie
- das im Myokard synthetisierte natriuretische Atriumpeptid. (ANF = atrial natriuretic factor; Synonyme: Auriculin, Atriopeptin).

30.5 Mineralocorticoide

30.5.1 Biosynthese und Sekretion

Die Biosynthesewege für die Mineralocorticoide *11-Desoxycorticosteron* und *Aldosteron* beginnen beim Cholesterin und gehen über die Zwischenstufe Pregnenolon (S. 830) (Abb. 30.6). Durch Oxidation am C-Atom 3 und Verschieben der Doppelbindung entsteht Progesteron, durch Hydroxylierung an den Positionen 21β, 18 und 11β wird daraus 18-Hydroxycorticosteron. Das beim Menschen wichtigste Mineralocorticoid, das Aldosteron, wird aus 18-Hydroxycorticosteron durch Oxidation der Hydroxylgruppe am C-Atom 18 gebildet. Die dabei entstehende Aldehydgruppe, welche dem Aldosteron seinen Namen gibt, kommt der Hydroxylgruppe am C-Atom 11 so nahe, daß sich eine Halbacetalform des Aldosterons ausbilden kann, in der es in wässriger Lösung bevorzugt vorliegen dürfte. 11-Desoxycorticosteron wird durch Hydroxylierung in Position 11β zum Corticosteron. Beim Menschen hat Corticosteron eine schwache Mineralocorticoid- und Glucocorticoidwirkung, bei Nagern ist es das wichtigste Glucocorticoid.

Änderungen des Blutvolumens sowie des Elektrolytgehalts des Bluts sind wichtige Determinanten der Aldosteronsekretion. Von besonderer Bedeutung ist ein Absinken der Natrium- bzw. ein Anstieg der Kaliumkonzentration, darüber hinaus eine durch entsprechende Volumenrezeptoren gemessene Abnahme der extracellulären Flüssigkeit. Zu einem Sistieren der Al-

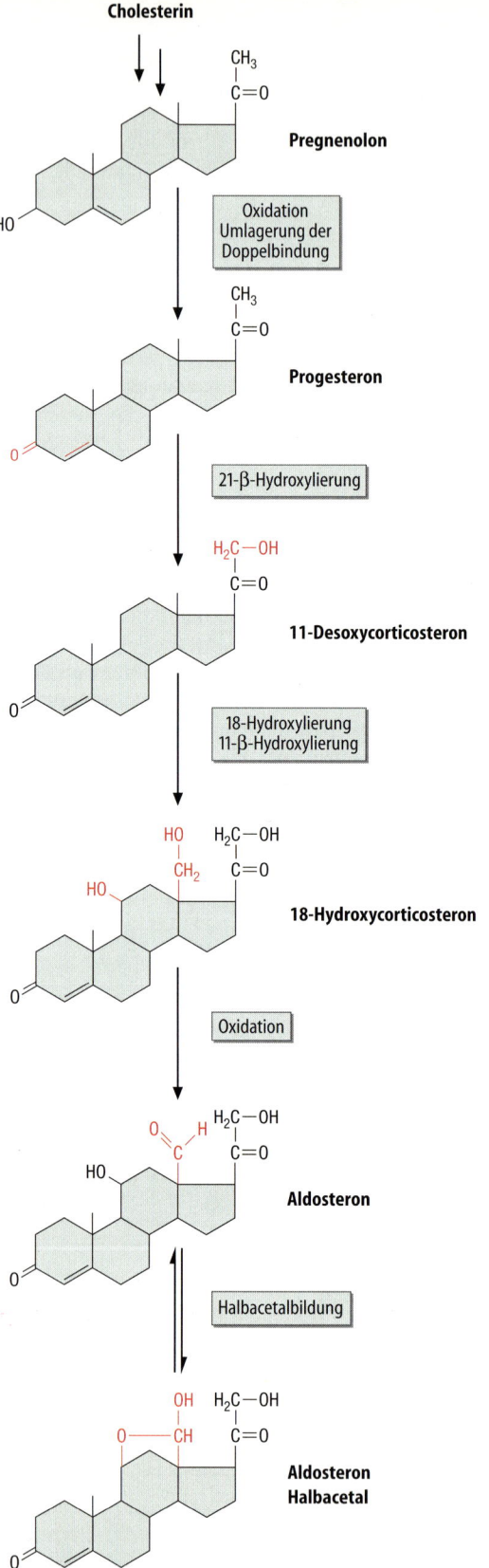

Abb. 30.6 Biosynthese der Mineralocorticoide 11-Desoxycorticosteron und Aldosteron. Für die Biosynthese des Aldosterons ist eine Hydroxylierung an den Positionen 21β, 18 und 11β des Progesterons notwendig. Vgl. hierzu die Hydroxylierungen bei der Biosynthese des Cortisols (S. 830)

dosteronbildung und -sekretion kommt es dagegen, wenn die Natriumretention durch die Nieren bzw. die Kaliumausscheidung ansteigt und es zu einer Erhöhung des extracellulären Volumens kommt. Über diese Regulation hinaus wird die Biosynthese von Mineralocorticoiden durch Substanzen mit β-adrenerger Wirkung angeregt und durch Dopamin gehemmt.

30.5.2 Das Renin-Angiotensin-System

Im Renin-Angiotensin-System wird Angiotensin II erzeugt

Von besonderer Bedeutung für die Aldosteronsekretion ist das Renin-Angiotensin-System (Abb. 30.7). *Renin* ist eine Protease, welche in den juxtaglomerulären Zellen der Niere gebildet und von dort ans Blut abgegeben wird. Es spaltet aus einem vor allem in der Leber, daneben auch von anderen Geweben, z.B. dem Fettge-

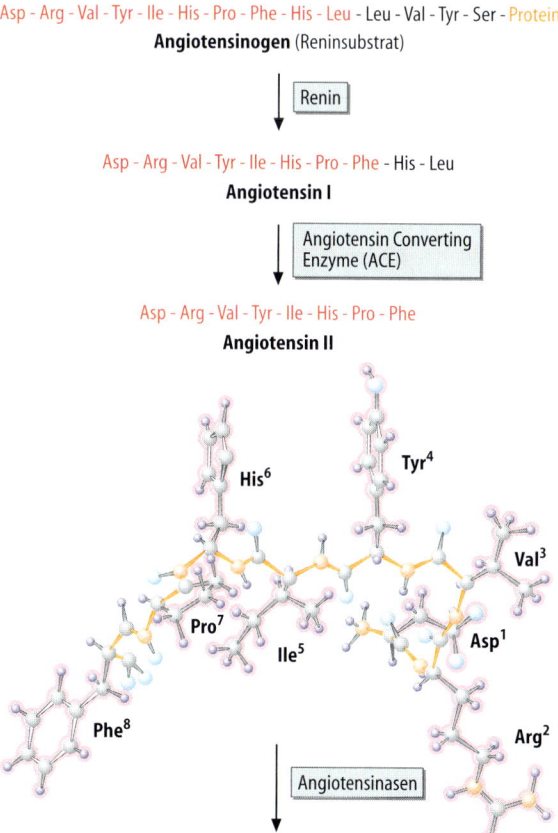

Asp - Arg - Val - Tyr - Ile - His - Pro - Phe - His - Leu - Leu - Val - Tyr - Ser - Protein
Angiotensinogen (Reninsubstrat)

↓ Renin

Asp - Arg - Val - Tyr - Ile - His - Pro - Phe - His - Leu
Angiotensin I

↓ Angiotensin Converting Enzyme (ACE)

Asp - Arg - Val - Tyr - Ile - His - Pro - Phe
Angiotensin II

His[6]   Tyr[4]   Val[3]   Pro[7]   Ile[5]   Asp[1]   Phe[8]   Arg[2]

↓ Angiotensinasen

inaktive Peptide

Abb. 30.7 Biosynthese und Abbau von Angiotensin II. Die Umwandlung von Angiotensin I in Angiotensin II erfolgt vor allem an den Gefäßendothelien durch das Angiotensin Converting Enzyme (ACE)

webe, synthetisierten und ebenfalls ans Blut abgegebenen Glykoprotein, dem Angiotensinogen, ein Decapeptid, das *Angiotensin I*, ab. Durch eine weitere Peptidase, das *Angiotensin Converting Enzyme* (ACE) wird ein Dipeptid vom Angiotensin I abgespalten, so daß das Octapeptid *Angiotensin II* entsteht.

Das Angiotensin Converting Enzyme ist membrangebunden

Das menschliche ACE ist über einen C-terminalen, hydrophoben, α-helikalen Bereich in der Plasmamembran vieler Zellen, vor allen Dingen von Endothelzellen und glatten Muskelzellen verankert. Es wird von einem Gen von 21 kb Größe codiert, welches offensichtlich aus der Duplikation eines Vorläufergens entstanden ist, da es nämlich zwei alternative Promotoren enthält (Abb. 30.8).

- Die unter Benützung des 5'-gelegenen Promotors abgelesene mRNA codiert für das *somatische ACE,* welches ein Molekulargewicht von 170 kD hat und *zwei* funktionelle Domänen mit je einem aktiven Zentrum enthält. Die Aminosäuresequenz am aktiven Zentrum entspricht derjenigen einer Zinkprotease (S. 113).

- Außer diesem somatischen ACE gibt es noch ein *Keimzell-ACE,* welches in reifen Spermatiden exprimiert wird. Es entsteht dadurch, daß der *zweite Promotor* des ACE-Gens benutzt wird und führt zu einer ACE-Form, die nur über *ein* aktives Zentrum verfügt. In geringer Aktivität läßt sich ACE auch im Plasma nachweisen.

Angiotensin II wirkt über spezifische Rezeptoren der Plasmamembran

Angiotensin II ist ein wesentlicher Faktor der *Blutdruckregulation,* da es infolge seines konstriktorischen Effektes auf der Arteriolen hypertensiv wirkt. Daneben stellt es den stärksten Stimulus für Biosynthese und Sekretion des *Aldosterons* durch die Nebennierenrinde dar. Aufgrund dieses Wirkungsspektrums ist es verständlich, daß spezifische Hemmstoffe des ACE, die *ACE-Hemmer,* eine weite Verbreitung bei der Behandlung der essentiellen Hypertonie bzw. der coronaren Herzerkrankung gefunden haben (S. 477).

Die bis jetzt bekannten Angiotensin II-Rezeptoren lassen sich in zwei Subtypen einteilen. *AT_1-Rezeptoren* kommen in einer Reihe von Geweben vor, besonders natürlich in der Zona glomerulosa der Nebennierenrinde und in glatten Muskelzellen der Blutgefäße. Sie gehören zur Familie der sieben Transmembrandomänen-Rezeptoren und sind an G-Proteine gekoppelt. Ihre Effekte beruhen auf einer Aktivierung des Phosphatidylinositolcyclus (S. 777) und damit auf einer Erhöhung der intracellulären Calciumkonzentration, auf einer Hemmung der Adenylatcyclase sowie indirekt durch Hemmung entsprechender K^+-Kanäle auf der

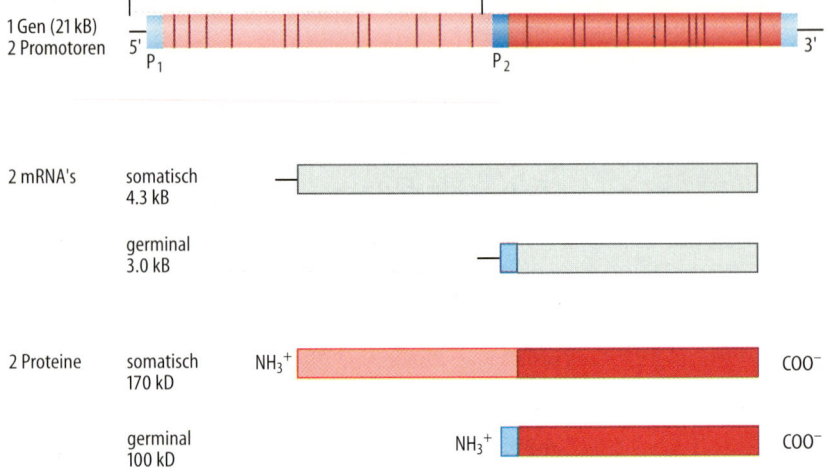

1 Gen (21 kB) 2 Promotoren		
5' P_1	P_2	3'

| 2 mRNA's | somatisch 4.3 kB | |
| | germinal 3.0 kB | |

| 2 Proteine | somatisch 170 kD | NH_3^+ ⸻ COO^- |
| | germinal 100 kD | NH_3^+ ⸻ COO^- |

Abb. 30.8 Genstruktur, Transkription und posttranskriptionale Prozessierung des ACE-Gens. Das Gen enthält zwei potentielle Promotoren, deren jeweilige Transkriptionsprodukte für somatische oder germinale ACE codieren

Aktivierung eines spannungsregulierten Calciumkanals.

In vielen fetalen Geweben finden sich als weitere Isoform des Angiotensin-Rezeptors die *AT$_2$-Rezeptoren*. Sie sind in der Aminosäuresequenz zu 34 % identisch mit der Isoform I des Angiotensin-Rezeptors und verfügen aufgrund ihrer cDNA-Sequenz möglicherweise ebenfalls über eine sieben-Transmembrandomänen-Topologie. Es ist allerdings bisher noch nicht geglückt, eine Kopplung mit G-Proteinen für diesen Rezeptor zu identifizieren. Interessanterweise wird der AT$_2$-Rezeptor beim Adulten im Areal von Hautverletzungen besonders stark exprimiert. Man nimmt an, daß er eine Rolle bei der Wundheilung spielt.

Die Reninsekretion wird durch die Natriumkonzentration in der extrazellulären Flüssigkeit reguliert

Die Reninsekretion durch die juxtaglomerulären Zellen der Niere wird durch verschiedene Faktoren gesteigert, die alle Ausdruck eines gesunkenen Natriumgehalts in der extrazellulären Flüssigkeit sind. Zu ihnen gehören eine *Hypovolämie* sowie ein *Druckabfall* im Bereich des Vas afferens des Glomerulums. Ein Abfall der *Natriumkonzentration* im Harn des distalen Tubulus aktiviert die Reninabgabe. Der physiologisch wichtigste Reiz stammt jedoch vom adrenergen System, welches über entsprechende β$_1$-Receptoren die Reninfreisetzung stimuliert.

Mineralocorticoide fördern die Natriumretention

Mit Ausnahme der Androgene steigern alle Corticosteroidhormone, besonders jedoch die Mineralocorticoide, die *Rückresorption* von Natrium- und Chloridionen im proximalen und distalen Nierentubulus. Mit der gesteigerten Natriumretention kommt es zu einer gesteigerten *Ausscheidung* von Kalium-, Wasserstoff-

und Ammoniumionen, sowie zu einer Abnahme der Kaliumkonzentration im Plasma. In den Schweißdrüsen, den Speicheldrüsen sowie im Intestinaltrakt wird die Ausscheidung von Natriumionen verlangsamt.

Die durch Mineralocorticoide verursachte Natriumretention führt zu einer entsprechenden Wasserretention und kann damit unter entsprechenden Umständen eine Ödembildung zur Folge haben.

In ihrer Wirksamkeit auf den Mineralstoffwechsel unterscheiden sich die einzelnen Steroidhormone der Nebennierenrinde beträchtlich voneinander. Aldosteron ist 1000mal wirksamer als Cortisol und ungefähr 35mal effektiver als 11-Desoxycorticosteron.

Für die Bewältigung lebensbedrohlicher Streßsituationen ist Aldosteron offenbar unerläßlich. Es ist auch das bei weitem wirksamste Steroidhormon, wenn Versuchstiere nach beidseitiger Adrenalektomie am Leben erhalten werden sollen.

Aldosteron wirkt über einen Rezeptor aus der Großfamilie der Steroidhormonrezeptoren

Der molekulare Wirkungsmechanismus des Aldosterons ähnelt dem der anderen Steroidhormone der Nebennierenrinde. Das Hormon wird in die Zelle aufgenommen und bindet an inzwischen gereinigte und charakterisierte cytoplasmatische Rezeptoren, deren Struktur der allgemeinen Struktur der Mitglieder der Superfamilie der Steroidhormone entspricht.

Eine besonders hohe Konzentration von *Aldosteronrezeptoren* findet sich in den corticalen Abschnitten der Sammelrohre, darüber hinaus im Colon und den Schweißdrüsen, was auf diese Organe als besondere Zielgewebe für die Mineralocorticoidwirkung hinweist. Wie aus Abb. 30.9 hervorgeht, gelangt der Mineralocorticoid-Rezeptor-Komplex nach entsprechender Aktivierung in den Zellkern und beeinflußt dort, analog zum allgemeinen Wirkungsmechanismus von Steroidhormonen, die Expression spezifischer Gene.

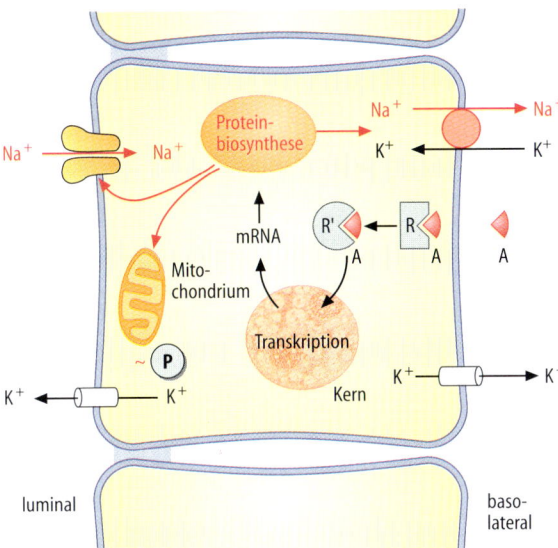

Abb. 30.9 Molekularer Mechanismus der Aldosteronwirkung auf die Tubulusepithelien. Aldosteron bindet an ein Rezeptorprotein, das nach Konformationsänderung im Zellkern die Transkription spezifischer Gene auslöst. Es kommt damit zur gesteigerten Biosynthese eines Natriumkanals, der NaK-ATPase sowie verschiedener mitochondrialer Enzyme. *A* Aldosteron; *R* Aldosteronrezeptor. (Einzelheiten s. Text)

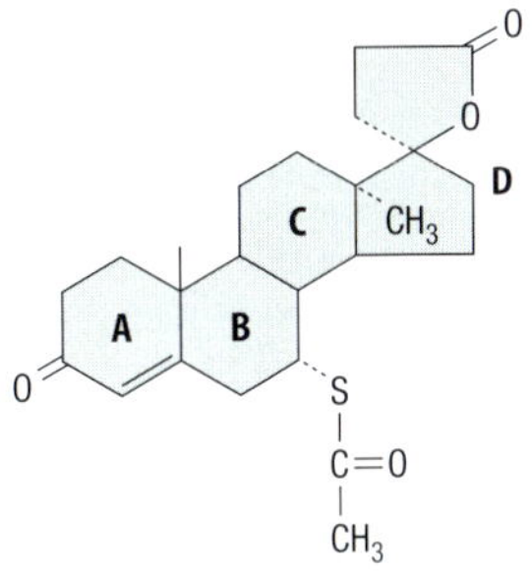

Abb. 30.10 Struktur des Aldosteronantagonisten Spironolacton. Man beachte die Lactonstruktur an der Seitenkette des Rings D

Dies führt in natriumreabsorbierenden Zellen zur vermehrten Biosynthese einer Reihe von Proteinen. Im einzelnen handelt es sich

- um einen in der apikalen Zellmembran gelegenen Natriumkanal,
- um eine NaK-ATPase sowie
- um einige Enzyme des Citratcyclus.

Die letzteren ermöglichen wahrscheinlich einen gesteigerten Substratdurchsatz und damit eine vermehrte Bereitstellung des für den Transport benötigten ATP.

Spironolactone sind eine Gruppe von Aldosteron-analogen Verbindungen, die über einen C-17-Lacton-Ring verfügen (Abb. 30.10). Sie wirken als Mineralocorticoid-Antagonisten und werden als solche auch bei der Behandlung des primären Hyperaldosteronismus (S. 873) eingesetzt. Ihr Wirkungsmechanismus beruht darauf, daß sie Aldosteron kompetitiv vom cytoplasmatischen Rezeptor verdrängen. Der dabei gebildete Rezeptor-Antagonist-Komplex kann aber nicht die zum Übertritt in den Kern notwendige Konforma-

tionsänderung (Aktivierung) durchmachen, weswegen die Änderung der Genexpression unterbleibt.

30.6 Vasopressin und Ocytocin

30.6.1 Struktur

Als blutdrucksteigerndes, antidiuretisches Peptid kommt im Hypophysenhinterlappen das **Vasopressin** (Pitressin, antidiuretisches Hormon, ADH) vor. Abbildung 30.11 zeigt seine chemische Struktur. Es handelt sich um ein Polypeptid aus 9 Aminosäuren mit einem Molekulargewicht von etwa 1 kD. Die Cysteine in den Positionen 1 und 6 bilden eine Disulfidbrücke. Ein sehr ähnliches, ebenfalls im Hypophysenhinterlappen vorkommendes Peptidhormon ist das **Ocytocin**. Es unterscheidet sich vom Vasopressin lediglich in zwei Aminosäuren. Das Phenylalanin des Vasopressins ist im Ocytocin durch Isoleucin ersetzt, das Arginin durch Leucin. Ocytocin (Oxytocin) bringt die Uterusmuskulatur zur Kontraktion.

30.6.2 Biosynthese und Sekretion

Vasopressin wird – wie Ocytocin – in den **neurosekretorischen Neuronen** der paraventriculären Kerne des Hypothalamus gebildet. Abbildung 30.12 zeigt den Aufbau des Vasopressin-Gens. Es handelt sich um ein Polyprotein-Gen, welches aus drei Exons und zwei Introns besteht. Die nach Transkription und Entfernung der Introns entstehende mRNA codiert für Präpro-Vasopressin. Nach Abtrennung der N-terminalen Signalsequenz entstehen Pro-Vasopressin und aus diesem durch weitere posttranslationale Proteolyse das N-terminal gelegene Nonapeptid **Vasopressin,** ein als **Neurophysin II** bezeichnetes Protein sowie ein Glykoprotein. Das Ocytocin-Gen ist sehr ähnlich aufgebaut und codiert für ein über weite Bereiche homologes Präpro-Ocytocin. Aus ihm entstehen **Ocytocin** sowie **Neurophysin I**. Eine zum Glykoprotein des Vasopressinpräkursors analoge Verbindung kommt beim Ocytocin nicht vor. Man nimmt an, daß das Vasopressin- und Ocytocin-Gen von einem gemeinsamen Vorläufergen abstammen.

Die Neurophysine dienen als **Trägerproteine** für Vasopressin bzw. Ocytocin während ihres Transports vom Ort der Biosynthese entlang entsprechender Axone in den Hypophysenhinterlappen, dem Ort ihrer Sekretion. Über die Funktion des C-terminalen Glykoproteins ist nichts bekannt.

Der wichtigste auslösende Reiz für die Vasopressinsekretion ist eine Abnahme der Serumosmolarität, die über Osmorezeptoren des Zentralnervensystems registriert und als nervaler Reiz an den Hypophysenhinterlappen weitergegeben wird. Schon bei einer Ab-

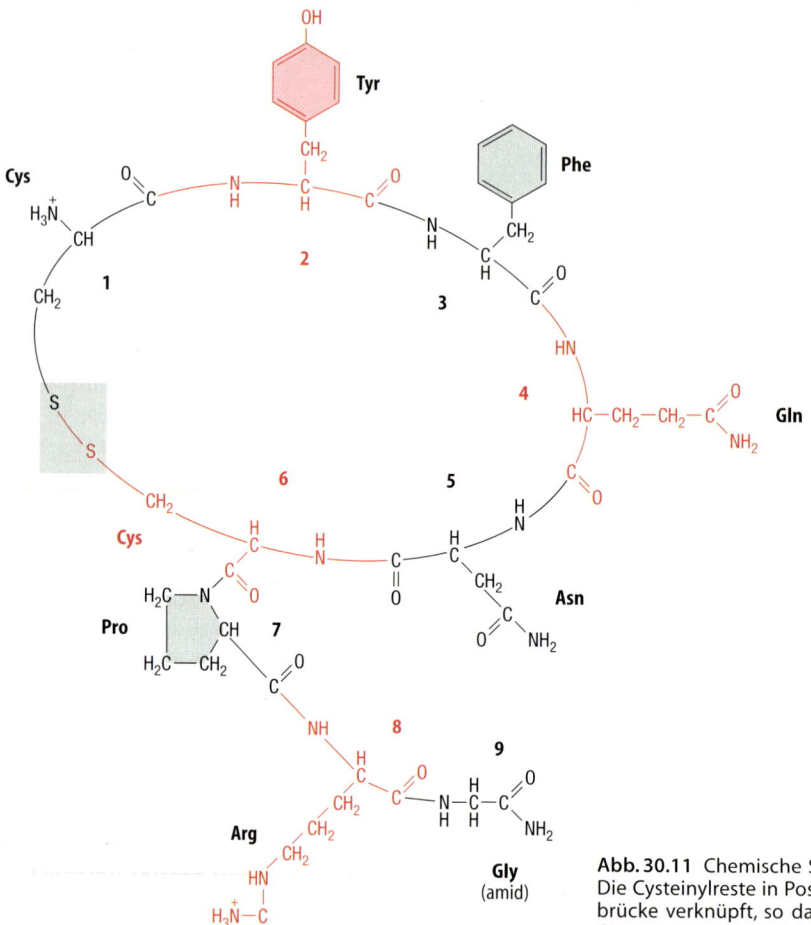

Abb. 30.11 Chemische Struktur des Nonapeptids Vasopressin. Die Cysteinylreste in Position 1 und 6 sind durch eine Disulfid-brücke verknüpft, so daß eine cyclische Struktur entsteht. Im Ocytocin sind Phenylalanin durch Isoleucin und Arginin durch Leucin ersetzt

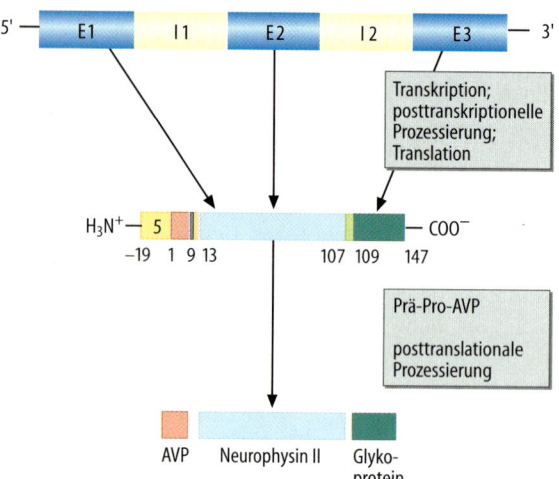

Abb. 30.12 Genstruktur und Biosynthese von Vasopressin. Das Vasopressin-Gen enthält 2 Introns und 3 Exons. Nach Transkription und posttranskriptionaler Prozessierung codiert der Messenger für das Präpro-Vasopressin, das posttranslational durch Entfernung der Leadersequenz sowie Spaltung zu Vasopressin, Neurophysin II und einem C-terminal gelegenen Glykoprotein prozessiert wird. *AVP* Arginin-Vasopressin

nahme der Osmolarität um nur 2% kann eine Vasopressinsekretion beobachtet werden. Am Hypophysenhinterlappen selbst stimulieren Acetylcholin, Nicotin und Morphin die Vasopressin-Freisetzung, Adrenalin und Ethanol sind dagegen Hemmstoffe.

30.6.3 Biologische Wirkung

Vasopressin erhöht den Blutdruck durch Erhöhung des peripheren Widerstandes über V_1-*Rezeptoren* in den glatten Muskelzellen der Blutgefäße. Diese gehören in die Familie der Rezeptoren mit sieben Transmembrandomänen und sind an den Phosphatidylinositol-Cyclus gekoppelt, ihre Aktivierung führt also zu einer Erhöhung der cytosolischen Calciumkonzentration.

Außer seiner vasopressorischen Wirkung wirkt Vasopressin antidiuretisch und wird infolgedessen auch als *antidiuretisches Hormon* (ADH) bezeichnet. Seine antidiuretische Wirkung folgt im wesentlichen aus der Stimulierung der Wasserrückresorption im Sammelrohr (Abb. 30.13).

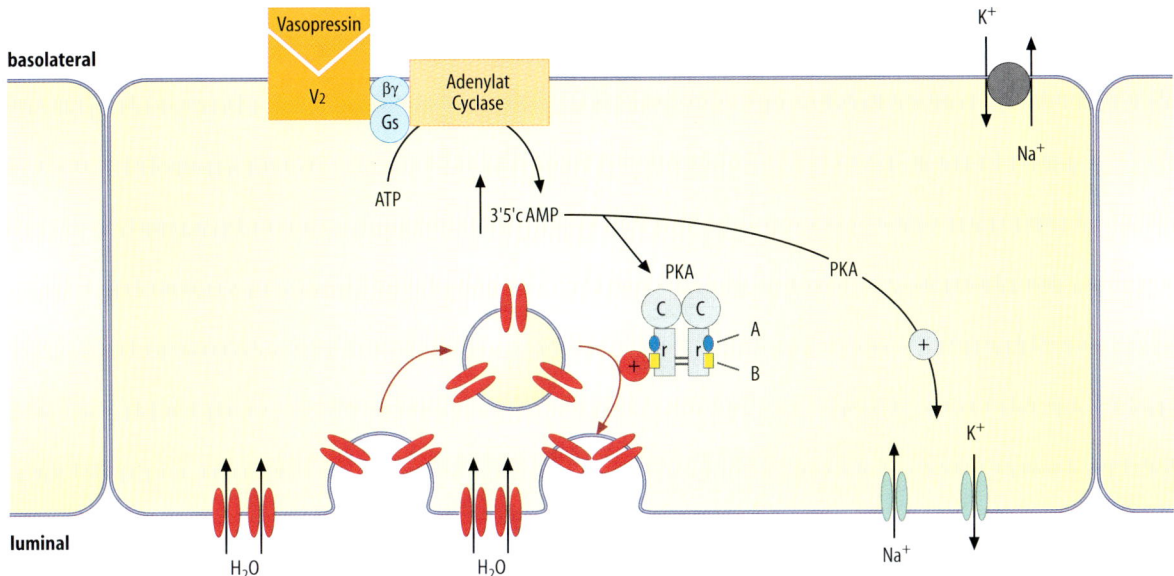

Abb. 30.13 Wirkungsmechanismus von Vasopressin an den Sammelrohrepithelien der Nieren. Über V_2-Rezeptoren kommt es zu einem Anstieg der zellulären cAMP-Konzentration. Diese löst über unbekannte Mechanismen eine Translokation von Wasser- und Natriumkanälen aus intrazellulären Vesikeln in die Plasmamembran aus

Dieser Effekt kommt dadurch zustande, daß es in der apikalen Membran der Epithelzellen der Sammelrohre die Zahl der *Wasserkanal-Moleküle* (Aquaporine) erhöht. Wasserkanäle befinden sich in den Sammelrohrepithelien in funktionslosem Zustand in intracellulären Vesikeln. Vasopressin ist imstande, diese Vesikel in die apikale Plasmamembran zu verlagern und auf diese Weise die Zahl der funktionellen Wasserkanäle dramatisch zu erhöhen. In ähnlicher Weise wird wahrscheinlich auch die Zahl der Natriumkanäle erhöht, so daß damit die Kapazität zur Natrium- und Wasserrückresorption gesteigert wird. Diese Art der Regulation entspricht der Insulin-vermittelten Translokation des Glut-4-Glucosecarriers (S. 409).

Der für diese Wirkung verantwortliche Vasopressin-Rezeptor wird auch als *V_2-Rezeptor* bezeichnet. Ähnlich wie der V_1-Rezeptor ist er ein Protein mit sieben Transmembrandomänen, das jedoch über G-Proteine an die Adenylatcyclase gekoppelt ist. Tatsächlich werden alle Effekte des Vasopressins auf die Sammelrohre durch cAMP vermittelt.

Ocytocin ist die wichtigste zur Uteruskontraktion führende Substanz und wird infolgedessen im Rahmen der Geburtshilfe verwendet. Außerdem führt es zu einer Kontraktion der glatten Muskulatur der Brustdrüse, wodurch es zur Milchexkretion kommt.

30.7 Das natriuretische Atriumpeptid

Die Funktion von Mineralocorticoiden und Vasopressin besteht in der Natrium- und Wasserretention. Damit regulieren sie eine speziell für Landlebewesen essentielle Funktion. Eine Reihe theoretischer Überlegungen und klinischer Beobachtungen hat allerdings schon vor vielen Jahren dazu geführt, ein antagonistisches, natriuretisch wirkendes Hormon zu postulieren. Erst in den letzten Jahren konnte gezeigt werden, daß dieses in Form eines Peptidhormons wirklich existiert und vor allem im rechten Vorhof des Herzens synthetisiert, gespeichert und sezerniert wird. Gebräuchliche Bezeichnungen für diese Verbindung sind *natriuretisches Atriumpeptid*, Atriopeptin, Auriculin oder ANF (= *engl.* atrial natriuretic factor).

30.7.1 Biosynthese und Sekretion

Das natriuretische Atriumpeptid (ANF) wird in myoendokrinen Zellen des Herzmuskels synthetisiert, die sich vorwiegend im rechten Vorhof, daneben aber auch im linken Vorhof und vereinzelt im Herzkammergewebe befinden. Wie der elektronenmikroskopischen Aufnahme (Abb. 30.14a) zu entnehmen ist, enthalten diese Zellen in großer Zahl Sekretgranula, deren Inhalt aus ANF sowie dessen Präkursoren besteht. Nach Vorhofdehnung (s. u.) kommt es zur ANF-Sekretion und damit zu einer deutlichen Abnahme der Zahl der Sekretgranula (Abb. 30.14b).

Abbildung 30.15 gibt einen Überblick über die ANF-Biosynthese. Das ANF-Gen enthält drei Exons und zwei Introns, nach Transkription und posttranskriptionaler Prozessierung entsteht aus ihm die Präpro-ANF-mRNA. Translation und Abtrennung des N-terminalen, aus 25 Aminosäuren bestehenden Signalpeptids führt zum Pro-ANF. Durch Proteolyse wird

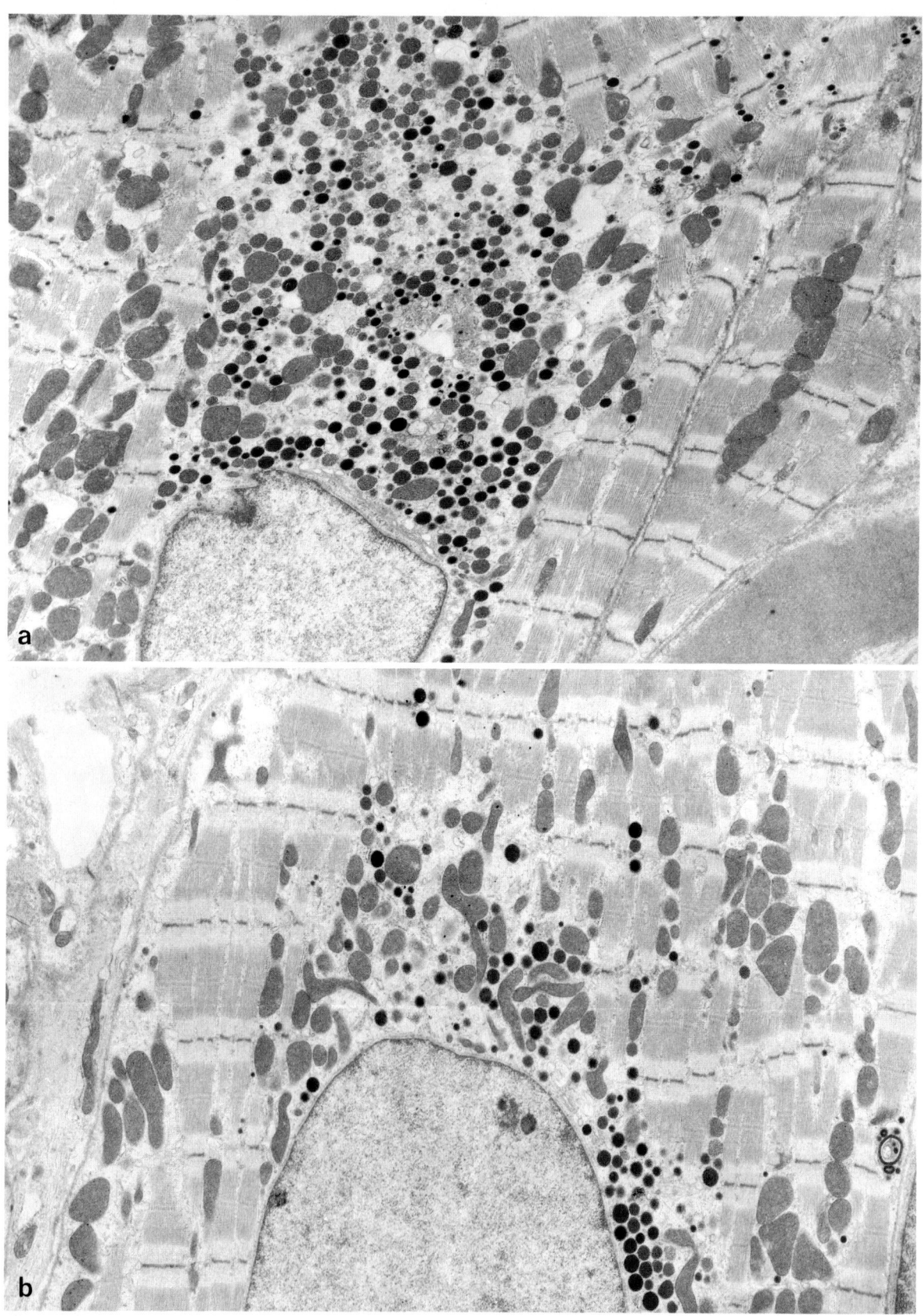

Abb. 30.14 a, b Elektronenmikroskopische Darstellung der Sekretgranula in Cardiomyocyten des rechten Vorhofs. **a** Vor und **b** nach Druckbelastung. (Aufnahmen von M. Cantin, Montreal)

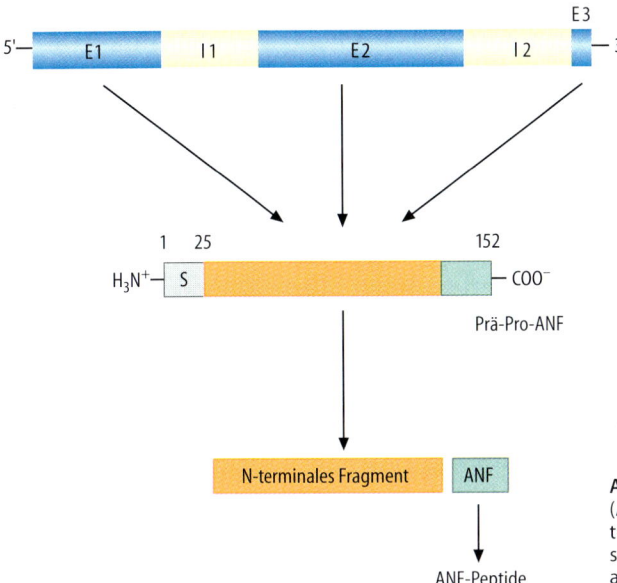

Abb. 30.15 Biosynthese des natriuretischen Atriumpeptids (ANF). Das zugehörige Gen besteht aus drei Exons und zwei Introns. Diese codieren für ein Präpro-ANF aus 152, beim Menschen 151 Aminosäuren. Dieser Präkursor trägt C-terminal das aus 33 Aminosäureresten bestehende ANF (s. auch Abb. 30.16)

```
                                                1
                                        MetGlySerPheSerIleThrLys
                    20                                          40
GlyPhePheLeuPheLeuAlaPheTrpLeuProGlyHisIleGlyAlaAsnProValTyrSerAlaValSerAsnThrAspLeuMetAspPheLysAsnLeuLeuAsp
                    60                                          80
HisLeuGluGluLysMetProValGluAspGluValMetProProGlnAlaLeuSerGluGlnThrAspGluAlaGlyAlaAlaLeuSerSerLeuSerGluValPro
                   100
Pro TrpThrGlyGluValAsnProSerGlnArgAspGlyGlyAlaLeuGlyArgGlyProTrpAspProSerAspArgSerAlaLeuLeuLysSerLysLeuArgAla
117                      130        *        140                      152
LeuLeuAlaGlyProArgSerLeuArgArgSerSerCysPheGlyGlyArgIleAspArgIleGlyAlaGlnSerGlyLeuGlyCysAsnSerPheArgTyrArgArgOH
```

natriuretische Atriumpeptide

Cardionatrin I

* humanes natriuretisches Atriumpeptid

Atriopeptin I

Atriopeptin II

Auriculum A

Auriculum B

Atriopeptin III

ANP 8 - 33

ANP 1 - 33

ANP 2 - 33

ANP 3 - 33

*Ile 134 wird Met

Abb. 30.16 Aus der cDNA abgeleitete Aminosäuresequenzen der natriuretischen Atriumpeptide. Aus dem ANF 1–33 entstehen durch proteolytische Entfernung weiterer Aminosäurereste vom N- bzw. C-Terminus die verschiedenen bisher aus Herzmuskel isolierten Peptide, die sich alle durch biologische Aktivität auszeichnen. Es ist noch nicht bekannt, ob die Peptide intracellulär oder während der Zirkulation im Blut entstehen

dieses in ein N-terminales Fragment unbekannter Funktion sowie *ANF* gespalten. Bisher sind eine Reihe unterschiedlicher ANF's isoliert worden (Abb. 30.16). Ihnen allen ist ein Peptid gemeinsam, das zwischen den eine Disulfidbrücke bildenden Cysteinen 129 und 145 liegt. Unterschiede finden sich lediglich in der Länge der N- bzw. C-terminalen Bereiche dieses Peptids, die

durch unterschiedliche Proteolyse des Pro-ANF entstanden sind.

Der auslösende Reiz für die ANF-Sekretion ist ein mit einer Vorhofdehnung einhergehender Anstieg des Vorhofdrucks. Dieser kann durch Volumen- oder Kochsalzbelastung, aber auch pharmakologisch durch Vasopressin oder Katecholamine ausgelöst werden.

Über den molekularen Mechanismus der hierbei auftretenden Signaltransduktion ist noch nichts bekannt.

30.7.2 Biologische Wirkung

Die wichtigste Wirkung von ANF besteht in einer Relaxation der glatten Muskulatur der Arteriolen, wobei sein Effekt am ausgeprägtesten an renalen Blutgefäßen ist. Dies führt zu einer Erhöhung der *glomerulären Filtrationsrate* und ist sehr wahrscheinlich die Ursache der durch ANF hervorgerufenen Steigerung der renalen Wasser- und Salzausscheidung. Direkte Wirkungen des ANF betreffen die Tubulusepithelien, wo die Natriumrückresorption gehemmt wird. Darüber hinaus hemmt ANF die Aldosteronfreisetzung sowohl durch einen direkten Effekt auf die Nebennierenrinde als auch durch Hemmung der Reninfreisetzung. Ein weiterer Hemmeffekt betrifft die Vasopressinfreisetzung. Tabelle 30.2 faßt die hämodynamischen, renalen und hormonellen Veränderungen zusammen, die an narkotisierten Hunden nach Behandlung mit synthetischem ANF zu beobachten sind.

Rezeptoren für ANF sind in einer Reihe von Geweben, den Glomerula und den medulären und papillären Vasa recta der Nieren gefunden worden, daneben aber auch im Zentralnervensystem, der Nebennierenrinde sowie Gefäßmuskel und Endothelzellen. ANF aktiviert die *membrangebundene Guanylatcylase* (S. 782) und führt auf diese Weise in seinen Zielgeweben zu erhöhten cGMP-Spiegeln. An glatten Gefäßmuskelzellen konnte gezeigt werden, daß NO die cGMP-Synthese (S. 782) stimuliert und so zu einer Relaxation führt.

Tabelle 30.2 Wirkung von synthetischem ANF auf wichtige Parameter des Wasser- und Elektrolythaushalts von narkotisierten Hunden

	ANF-Infusion	Kontrolle
Arterieller Blutdruck (mm HG)	122,4	134,5
Glomeruläre Filtrationsrate (ml/min)	32,3	25,5
Renale Na$^+$-Ausscheidung (mmol/l)	187	38
Plasmareninaktivität (Einheiten)	3,6	11,6
Plasmaaldosteron (ng/100 ml)	3,6	8,4

30.7.3 ANF und das Renin-Angiotensin-Aldosteron-System

In Abb. 30.17 ist die Regulation des Wasser- und Elektrolythaushalts sowie des peripheren Gefäßwiderstandes durch ANF, Vasopressin, Angiotensin II und Aldosteron dargestellt. Die für die Abgabe der genannten Hormone spezifischen Reize sind Änderungen des Plasmavolumens, der Plasmaosmolalität bzw. der Na$^+$-Verluste. Die letzteren lösen eine renale *Reninfreisetzung* aus, die zu erhöhter Bildung von *Angiotensin II* führt. Dies erhöht direkt den peripheren Gefäßwiderstand und löst durch seine stimulierende Wirkung auf die *Aldosteronsekretion* eine Hemmung der renalen Na$^+$-Ausscheidung aus. Eine Abnahme der Plasmaosmolalität als Folge eines Abfalls der Na$^+$-Konzentration löst die Sekretion von *Vasopressin* und damit eine Hemmung der Wasserausscheidung aus. Angiotensin-Aldosteron und Vasopressin sind damit Hormone zur Wasser- und Elektrolyteinsparung. Ihr Antagonist ist *ANF*. Es wird im Gefolge einer Dehnung des Myokards, ausgelöst durch einen Anstieg des Plasmavolumens, sezerniert und steigert indirekt durch eine Erhöhung der glomerulären Filtrationsrate die renale Na$^+$- und Wasserausscheidung. Durch Herabsetzung des peripheren Widerstands wirkt es darüber hinaus blutdrucksenkend. Der natriuretische Effekt des ANF wird dadurch

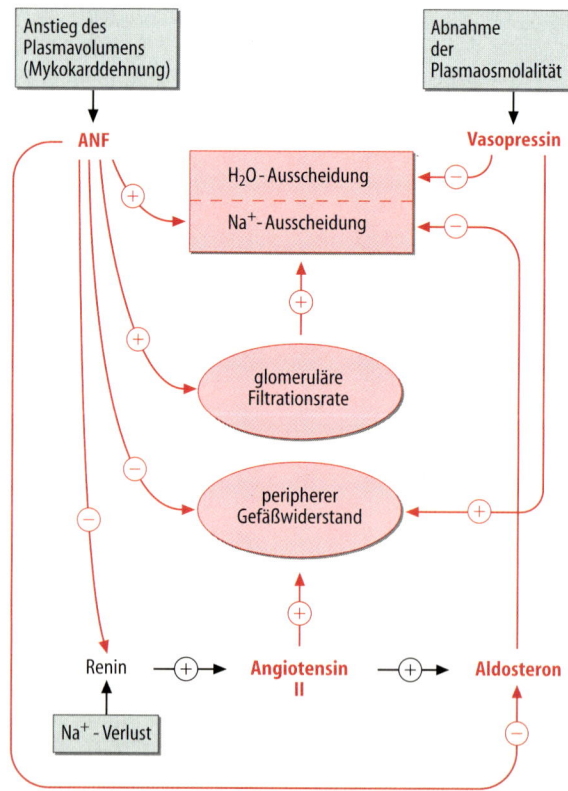

Abb. 30.17 Überblick über die hormonelle Regulation des Wasser- und Elektrolythaushalts durch ANF, Vasopressin, Angiotensin II und Aldosteron. (Einzelheiten s. Text)

verstärkt, daß es die Reninfreisetzung durch die Nieren und die Aldosteronsekretion durch die Nebennierenrinde hemmt.

30.8 Pathobiochemie

30.8.1 Parathormon

Die häufigste Ursache für eine Unterfunktion der Nebenschilddrüsen, einen *Hypoparathyreoidismus,* ist die versehentliche Entfernung der Epithelkörperchen bei Operationen an der Schilddrüse. Extrem selten kann auch eine Autoimmunerkrankung zu einer Unterfunktion der Parathyreoidea führen.

Die Hauptsymptome sind Muskelschwäche, erhöhte muskuläre Erregbarkeit und Tetanie. Bei Röntgenaufnahmen des Schädels können Verkalkungsherde in den Basalganglien gefunden werden und die Knochen haben einen höheren Calciumgehalt als normal. Tritt in früher Kindheit ein Hypoparathyreoidismus auf, dann kommt es zu einem Wachstumsstillstand, einer defekten Zahnentwicklung und einem Zurückbleiben der geistigen Entwicklung.

Das Plasmacalcium ist erniedrigt, der Plasmaphosphatspiegel erhöht. Im Urin wird wenig bis kein Calcium ausgeschieden und auch die Phosphatausscheidung ist niedrig, ohne daß eine Nierenerkrankung vorliegt. Die Serumspiegel an Magnesium und Hydroxyprolin sind ebenfalls erniedrigt. Die PTH-Spiegel, die normalerweise schon sehr niedrig sind, sind weiter abgesenkt und liegen unterhalb der möglichen Nachweisgrenze.

Zur Behandlung des Hypoparathyreoidismus werden Calcium, PTH und besonders Vitamin D oder verwandte Verbindungen angewendet. Die Wirkung des Vitamin D beruht insbesondere auf einer Steigerung der Resorption von Calcium im Dünndarm und auf einer Stimulierung der Phosphatausscheidung durch die Nieren, wodurch der Calciumspiegel im Blut angehoben wird. Vitamin D zeigt hier also einen Calcium-mobilisierenden Effekt. Dies steht nicht im Widerspruch zu dem bekannten antirachitischen Effekt von Vitamin D, der ja nur dann nachzuweisen ist, wenn vorher ein Vitamin D-Mangel vorgelegen hat. Die Rachitis ist dann eine sekundäre Erscheinung aufgrund der stark verringerten Resorption von Calcium und Phosphat im Gastrointestinaltrakt (S. 697, 700).

Beim sog. Pseudohypoparathyreoidismus liegt kein Hormonmangel vor, sondern ein Defekt des PTH-Rezeptors der Nierentubuli.

Eine gesteigerte PTH-Produktion durch endokrin aktive Tumoren der Epithelkörperchen, seltener eine ektopische Hormonproduktion durch andere Tumoren, führt zum Krankheitsbild des *primären Hyperparathyreoidismus.* Dieser ist durch eine massive Knochenentkalkung mit Schmerzen, Knochenverbiegungen, cystischen Entkalkungsherden und schließlich Spontanfrakturen gekennzeichnet. Als sekundäre Folge stellen sich Kalkablagerungen in den Weichteilen sowie in den meisten Fällen Nierensteine ein. Nicht selten finden sich auch Magengeschwüre bei den Betroffenen. Bei länger anhaltendem Krankheitsbild kommt es auch zum Magnesiummangel. Der primäre Hyperparathyreoidismus ist durch erhöhte Calcium- sowie erniedrigte Phosphatkonzentrationen im Serum gekennzeichnet. Beweisend sind die erhöhten PTH-Konzentrationen im Serum.

Beim *sekundären Hyperparathyreoidismus* liegt eine reaktive Überfunktion der Epithelkörperchen vor. Diese wird durch Hypocalcämien aufgrund der verschiedensten Erkrankungen wie Störungen der intestinalen Calciumresorption, Vitamin D-Mangel, Nierenerkrankungen usw. ausgelöst. Typisch für dieses Krankheitsbild sind erniedrigte bis normale Serumcalciumspiegel bei erhöhten PTH-Konzentrationen.

30.8.2 Thyreocalcitonin

Ein echter Thyreocalcitoninmangelzustand konnte beim Menschen noch nicht nachgewiesen werden. Ein mit Thyreocalcitoninüberproduktion einhergehendes Syndrom findet sich dagegen bei von den C-Zellen der Schilddrüse ausgehenden Schilddrüsencarcinomen. Trotz der teilweise erheblichen Thyreocalcitoninsekretion derartiger Tumoren kommt es nur bei einer Minderzahl der betroffenen Patienten zu einer Hypocalcämie. Der meist normale Calciumspiegel im Blut wird offensichtlich durch eine effektive Gegenregulation durch PTH aufrecht erhalten. Über die Ursache der bei derartigen Patienten häufigen wässrigen Durchfälle ist noch nichts bekannt.

Vor allem bei kleinzelligen Bronchialcarcinomen sowie bei Pankreascarcinomen kommt es häufig zu einer ektopischen Thyreocalcitoninproduktion. In diesen Fällen dient Thyreocalcitonin als Tumormarker (S. 1110).

Da durch Thyreocalcitonin die Zahl der Osteoclasten abnimmt, wird es gelegentlich bei der Therapie der Osteoporose eingesetzt

30.8.3 Die Mineralocorticoide

Ein *primärer Hyperaldosteronismus* (Conn-Syndrom) wird durch Adenome oder Carcinome der die Mineralocorticoide produzierenden Zellen der Nebennierenrinde verursacht. Das Krankheitsbild ist durch die Wirkung pathologisch erhöhter, autonom sezernierter Mineralocorticoide, meist Aldosteron, geprägt. Typischerweise findet sich bei den betroffenen Patienten eine erhöhte Natriumretention bei gesteigerter Kaliumausscheidung. Der letztere Effekt des Aldosterons bewirkt eine Hypokaliämie mit Folgeerscheinungen wie Müdigkeit und Muskelschwäche. Die gesteigerte Natriumretention führt zu einer gleichzeitigen Wasserretention und damit zur Ausbildung von Ödemen und häufig zur Hypertonie.

Beim *sekundären Hyperaldosteronismus* steht eine gesteigerte Aldosteronproduktion und -sekretion durch die Nebennierenrinde als Folge einer Überaktivität im Renin-Angiotensin-System im Vordergrund (s. u.). Die Symptomatik des sekundären Hyperaldosteronismus entspricht demjenigen des primären, allerdings sind die Symptome häufiger schwächer ausgeprägt. Ein wichtiges Unterscheidungsmerkmal sind die beim sekundären Hyperaldosteronismus erhöhten Renin- und Angiotensinspiegel im Serum.

Eine verminderte Biosynthese und Sekretion von Aldosteron (Hypoaldosteronismus), ist ein relativ seltenes Krankheitsbild. Es entwickelt sich im Verlauf einer allgemeinen Nebenniereninsuffizienz (Morbus Addison) sowie gelegentlich beim adrenogenitalen Syndrom (S. 835). Die Folge derartiger Krankheitsbilder besteht in einem Salzverlustsyndrom mit Hyponatriämie und Hyperkaliämie.

30.8.4 Das Renin-Angiotensin-System

Ein durch eine primäre *Renin-Überproduktion* hervorgerufenes Krankheitsbild entwickelt sich bei einseitiger Stenose der Nierenarterien. Die dabei herabgesetzte renale Durchblutung löst in der befallene Niere eine massiv gesteigerte Reninproduktion und -freisetzung aus, die zu einer Steigerung der Angiotensin-II-Konzentration im Blut und aufgrund der vasopressorischen Wirkung dieses Hormons zur *Hypertonie* führt. Warum sich dieses Krankheitsbild bei einer beidseitigen Nierenarterienstenose nicht entwickelt, ist noch ungeklärt. Eher selten finden sich erhöhte Reninkonzentrationen im Plasma auch bei essentieller Hypertonie. Sie können dann als Hinweis auf sekundäre renale Gefäßschäden gewertet werden.

Alle mit Hypovolämie bzw. Hyponatriämie einhergehenden Zustände führen ebenfalls zu einer gesteigerten Reninsekretion. Im einzelnen handelt es sich um Zustände mit ausgeprägtem Ascites, z. B. bei Leberzirrhose, ausgedehnten Ödemen oder einem Kaliumüberschuß. Bei ihnen steht die Wirkung des Angiotensins II auf die Aldosteronsekretion im Vordergrund, was zu einem sekundären Hyperaldosteronismus führt.

Unter den Erkrankungen, die mit einer Erhöhung des Blutdrucks, also einer Hypertonie einhergehen, ist die primäre oder *essentielle oder idiopathische Hypertonie* weitaus am häufigsten (ca. 95% aller Hypertonie-Formen!). Die eigentliche Ursache dieser Erkrankungen ist unklar, jedoch sind eine Reihe von Manifestationsfaktoren einigermaßen gut definiert

Tabelle 30.3 Manifestationsfaktoren der essentiellen Hypertonie

Faktor	Pathobiochemie
Kochsalzkonsum	Übernormaler Anstieg des Blutdrucks nach Kochsalzbelastung bei Salzempfindlichkeit
Übergewicht und metabolisches Syndrom	Möglicherweise Folge der Insulinresistenz
Renin-Angiotensin-System	Meist normale Reninwerte, aber Blutdrucksenkung nach ACE-Hemmern
Einengung der Gefäßlumina	Erhöhung des Gefäßwiderstandes

(Tabelle 30.3). Neben einer übermäßigen Reaktion auf Kochsalz, der Insulinresistenz bei Übergewicht und metabolischem Syndrom sowie bei der physikalisch verursachten Erhöhung des Gefäßwiderstandes durch Einengung der Gefäßlumina spielt möglicherweise das Renin-Angiotensin-System bei der Genese der essentiellen Hypertonie eine wichtige Rolle. Man findet zwar bei der Mehrzahl der Patienten normale Reninaktivitäten im Plasma, jedoch führt eine Behandlung mit ACE-Hemmstoffen zu einer sehr deutlichen Absenkung des Blutdrucks.

30.8.5 Vasopressin

Der *zentrale Diabetes insipidus* ist ein durch mangelhafte Vasopressinsekretion nach entsprechenden Reizen ausgelöstes Krankheitsbild. Infolge des fehlenden Vasopressineffektes auf die Wasserreabsorption in der Niere kommt es zur Ausscheidung großer Mengen eines hypotonen Harns, wobei im Extremfall Werte bis zu 40 l/Tag beobachtet werden. Als Ursache der Erkrankung stehen benigne oder maligne Tumoren der Hypophyse oder des Hirns im Vordergrund. Bei 40% der Fälle kann eine Ursache für das Krankheitsbild nicht gefunden werden, weswegen diese als *idiopathischer Diabetes insipidus* bezeichnet werden. Der Defekt kann die Osmorezeptoren im Hypothalamus, die Vasopressinbiosynthese oder die Vasopressinsekretion betreffen. Die Behandlung der Erkrankung erfolgt durch Vasopressinsubstitution.

Der vasopressinresistente Diabetes insipidus ist ein sehr seltenes, meist X-chromosomal vererbtes Krankheitsbild. Bei ihm liegt der Defekt in den Tubulusepithelien, die entweder keinen Vasopressin-Rezeptor besitzen oder aber bei intaktem Rezeptor und Adenylatcyclasesystem nicht durch gesteigerte Wasserreabsorption auf erhöhte intrazelluläre cAMP-Spiegel reagieren.

Ein mit gesteigerter Vasopressin-Sekretion einhergehendes Krankheitsbild (SIADH = syndrome of inappropriate antidiuretic hormone secretion) findet sich relativ häufig. Es kommt beim kleinzelligen Bronchialcarcinomen vor und wird durch eine ektopische Vasopressinsekretion der genannten Tumoren verursacht. Darüber hinaus kann das Krankheitsbild auch als Folge einer Reihe zentralnervöser Erkrankungen auftreten. Bei den Patienten findet sich eine Unfähigkeit, einen hypotonen Urin auszuscheiden. Dies führt zur Flüssigkeitsretention und infolge der dadurch ausgelösten Verdünnung zur Hyponatriämie. Da die Patienten eine ausgeprägte Natriurese haben, kann diese nicht durch Natriuminfusionen, sondern nur durch Verringerung der Flüssigkeitszufuhr reduziert werden.

!

RESÜMEE

Calciumaufnahme, Calciumstoffwechsel und Calciumausscheidung sind nicht nur mit dem Stoffwechsel des Skelettsystems eng verknüpft, sondern auch mit der Aufrechterhaltung nahezu aller zellulärer Funktionen. Infolgedessen werden der Calcium- und der mit ihm eng verknüpfte Phosphatstoffwechsel sehr genau reguliert.

Parathormon vermittelt über G-Protein-gekoppelte Rezeptoren die Calciummobilisierung aus dem Knochen und vermindert die Calciumausscheidung durch die Nieren. Es ist darüber hinaus an der Bereitstellung von 1,25-Dihydroxycholecalciferol beteiligt, da es in den Nieren die 1-Hydroxylase stimuliert. Alle Effekte des Parathormons werden durch erhöhte zelluläre cAMP-Spiegel vermittelt.

Ein Parathormon-Antagonist ist das Thyreocalcitonin. Es vermindert die Zahl der Osteoclasten und stimuliert den Calciumeinbau in den Knochen. Auch die Calcitonin-Rezeptoren sind über G-Proteine gekoppelte Rezeptoren mit sieben Transmembrandomänen.

Für die Aufrechterhaltung der Lebensvorgänge aller Landlebewesen ist eine sehr genaue Regulation des Elektrolyt- und Wasserhaushalts notwendig. Die daran beteiligten Hormone sind die Mineralocorticoide, u. a. das Aldosteron, das Vasopressin und das natriuretische Atriumpeptid.

Die Mineralocorticoide sind Steroidhormone der Nebennierenrinde. Sie lösen eine Natrium- und Wasserretention in den Nieren aus und vermindern die Natriumausscheidung im Colon und über die Schweißdrüsen. Gleichzeitig wird die Kaliumausscheidung stimuliert. Mit den Mineralocorticoiden eng verknüpft ist das Renin-Angiotensin-System. Durch die Protease Renin und das Angiotensin Converting Enzym entsteht aus Angiotensinogen das Octapeptid Angiotensin II. Dieses führt zu einer Vasokonstriktion und erhöht dadurch den Blutdruck. Als zweiter Effekt ist Angiotensin II der stärkste Stimulator der Aldosteronsynthese und -sekretion. Seine Bildung hängt von der Aktivität des in den juxtaglomerulären Zellen der Niere gebildeten Renin ab, das bei allen Zuständen mit Natriummangel vermehrt produziert und in die Blutbahn abgegeben wird.

Vasopressin ist ein Hormon, das im Hypothalamus gebildet und im Hypophysenhinterlappen sezerniert wird. Der auslösende Reiz ist eine Zunahme der Osmolarität des Plasmas. Vasopressin stimuliert die Wasser- und Natriumrückresorption in den Sammelrohrepithelien der Nieren.

Ein Antagonist der Mineralocorticoide und des Vasopressins ist das natriuretische Atriumpeptid. Es wird in myoendokrinen Zellen des Myokards freigesetzt, wobei der auslösende Reiz eine Vorhofdehnung ist. Das natriuretische Atriumpeptid steigert die glomeruläre Filtrationsrate und damit die Ausscheidung von Natrium und Wasser.

Literatur

Original- und Übersichtsarbeiten

Baxter JD, Duncan K, Chu W, James MNG, Russel RB, Haidar MA, DeNoto FM, Hsueh W, Reudelhuber TL (1991) Molecular biology of human renin and its gene. Rec Prog Horm Res 47: 211–258

Breyer MD, Ando Y (1994) Hormonal signaling and regulation of salt and water transport in the collecting duct. Annu Rev Physiol 56: 711–739

Brown E (1991) Extracellular Ca^{2+}-sensing, regulation of parathyroid cell function, and the role of calcium and other ions as extracellular (first) messengers. Physiol Rev 71: 371–411

Corvol P, Jeunemaitre X, Charru A, Kotelevtse Y, Soubrier F (1995) Role of the Renin-Angiotensin system in blood pressure regulation and in human hypertension: New insights from molecular genetics. Rec Prog Horm Res 50: 287–308

Garret JE, Capuano IV, Hammerland LG, Hung BC, Brown EM, Hebert SC, Nemeth EF, Fuller F (1995) Molecular cloning and functional expression of human parathyroid calcium receptor cDNA's. J Biol Chem 270: 1291–12925

Hatakeyama H, Miyamori I, Fujita T, Takeda Y, Takeda R, Yamamotos H. (1994) Vascular aldosterone. J Biol Chem 269: 24316–24320

Jeunemaitre X, Soubrier F, Kotelstsev YV, Lifton RP, Williams CS, Charru A, Hunt SC, Hopkins PN, Williams RR, Lalouel JM, Corvol P (1992) Molecular basis of human hypertension: role of angiotensinogen. Cell 71: 169–180

Kurtz A (1992) Physiologie und Pathophysiologie des atrialen natriuretischen Peptids. Mitteilungen der Arbeitsgemeinschaft für klinische Nephrologie, Band XXI, S. 71–83

Lomax RB, McNicholas CM, Lombés M, Sandle GI (1994) Aldosterone-induced apical Na^+ and K^+ conductances are located predominantly in surface cells in rat distal colon. Am J Physiol 266: G71-G82

Muff R, Fischer JA (1992) Parathyroid hormone receptor in control of proximal tubule function. Annu Rev Physiol 54: 67–79

Mukoyama M, Nakajima M, Horiuchi M, Sasamura H, Pratt RE, Dzau VJ (1993) Expression cloning of Type 2 Angiotensin II Receptor reveals a unique class of seven-transmembrane receptors. J Biol Chem 268: 24539–542

Naray-Fejes-Tóth A, Fejes-Tóth G (1995) Expression cloning of the aldosterone target cell-specific 11ß-hydroxysteroid dehydrogenase from rabbit collecting duct cells. Endocrinology 136: 2579–2586

Ohnishi J, Ishido M, Shibata T, Inagami T, Murakami K, Miyazaki H The rat angiotensin II AT1A receptor couples with three different signal transduction pathways. Biochem. Biophys. Res. Commun 186: 1094–101

Pfeffer JM, Fischer TA, Pfeffer MA (1995) Angiotensin-Converting enzyme inhibition and ventricular remodeling after myocardial infarction. Annu Rev Physiol 57: 805–826

Urena P, Kong XF, Abou-Samra AB, Jüppner H, Kronenberg HM, Potts JT, Segre G (1993) Parathyroid hormone (PTH)/PTH-Related peptide receptor messenger ribonucleic acids are widely distributed in rat tissues. Endocrinology 133: 617–623

Zaidi M, Shankar VS, Huang CLH, Rifkin BR, Pazianas M (1994) Molecular mechanisms of calcitonin action. Endocrine 2: 459–467

Zingg HH, Rozen F, Chu K, Larcher A, Arslan A, Richard S, Lefèbvre D (1995) Oxytocin and oxytocin receptor gene expression in the uterus. Rec Prog Horm Res 50: 255–273

Zolnierowicz S, Cron P, Solinas-Toldo S, Fries R, Lin HY, Hemmings BA (1994) Isolation, characterization, and chromosomal localization of the porcine calcitonin receptor gene. J Biol Chem 269: 19530–538

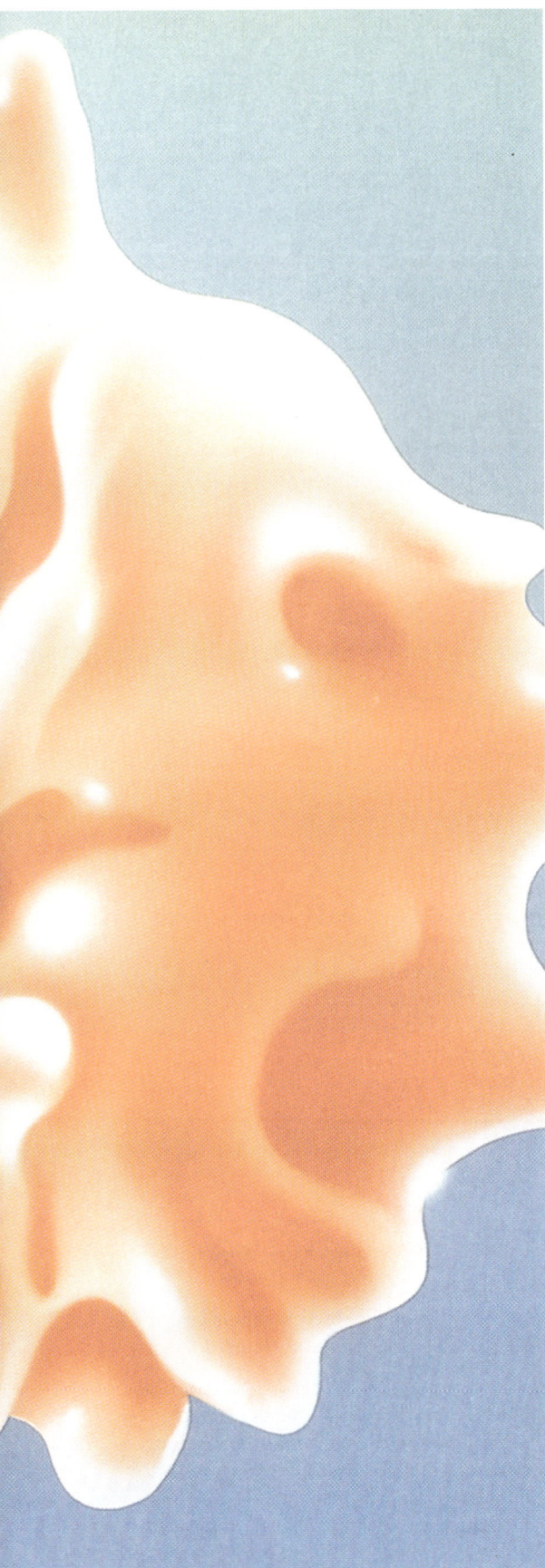

Petro E. Petrides

Blut

Blut ist das Trägermedium für die humorale Kommunikation zwischen den einzelnen Geweben, die durch das Gefäßsystem ermöglicht wird. Aufgrund seiner ständigen Bewegung eignet sich Blut zum Transport der verschiedensten Stoffe. Transportiert werden v. a. Sauerstoff von den Lungen zu den Geweben und Kohlendioxid in umgekehrter Richtung. Blut transportiert weiterhin im Magen-Darm-Trakt resorbierte Nahrungsstoffe über die Pfortader in die Leber und von dort aus in die peripheren Organe. Von den Organen gelangen Endprodukte des Stoffwechsels zu den Ausscheidungsorganen (Nieren, Lungen, Haut und Darm). Hormone werden von den endokrinen Drüsen zu den Erfolgsorganen und Metaboliten zwischen den verschiedenen Organen (z. B. Lactat und Alanin von der Muskulatur in die Leber, Ketonkörper von der Leber in die peripheren Organe) befördert. Im intrazellulären Stoffwechsel entstehende und an den Extrazellulärraum abgegebene Protonen und Kohlendioxid werden vom Blut wirksam abgepuffert und den Ausscheidungsorganen (Lungen und Nieren) zugeleitet. Gegen Viren und Bakterien kann Blut den Organismus durch den Besitz unspezifischer (Serumproteine wie C-reaktives Protein, Properdin, Faktoren des Komplements, Lysozym) und spezifischer (Antikörperproteine) Abwehrmechanismen schützen. Auch die Leukocyten nehmen durch ihre Fähigkeit zur Phagocytose an der Abwehr teil. Aufgrund der hohen spezifischen Wärme von Wasser verteilt Blut, die in einzelnen Organen gebildete Wärme (z. B. in der stoffwechselaktiven Leber) auf den Gesamtorganismus. Durch die wasseranziehende Wirkung seiner Proteine nimmt Blut Einfluß auf den Austausch von Wasser und Stoffen zwischen der zirkulierenden und der Gewebeflüssigkeit.

Wie hier am Beispiel der Thalassämie dargestellt, führen Defekte der Hämoglobinbiosynthese zur Störung der Form und der Funktion von Erythrocyten.
(Bild: J. Bavosi, Science Photo Library/Focus, Hamburg)

31.1 Korpuskuläre Elemente des Blutes

Blut enthält eine Reihe korpuskulärer Elemente, die vorwiegend im Knochenmark gebildet werden und an der Erfüllung mehrerer Aufgaben des Blutes (Sauerstofftransport, Blutstillung, Abwehr) beteiligt sind.

31.1.1 Bildung im Knochenmark

Zytokine sind entscheidende Regulatoren der Hämatopoese

Ausgangspunkt der Bildung der korpuskulären Elemente im Knochenmark sind die *Stammzellen,* die die Fähigkeit zur Selbstreplikation mit Bildung von Tochterstammzellen besitzen. Die Stammzellen sind jedoch auch *pluripotent,* d.h. sie können zu funktionell verschiedenen Zelltypen differenzieren. Dieser Vorgang läuft über mehrere Stufen ab, die mit einem schrittweisen Verlust der Pluripotenz einhergehen (Abb. 31.1). Die

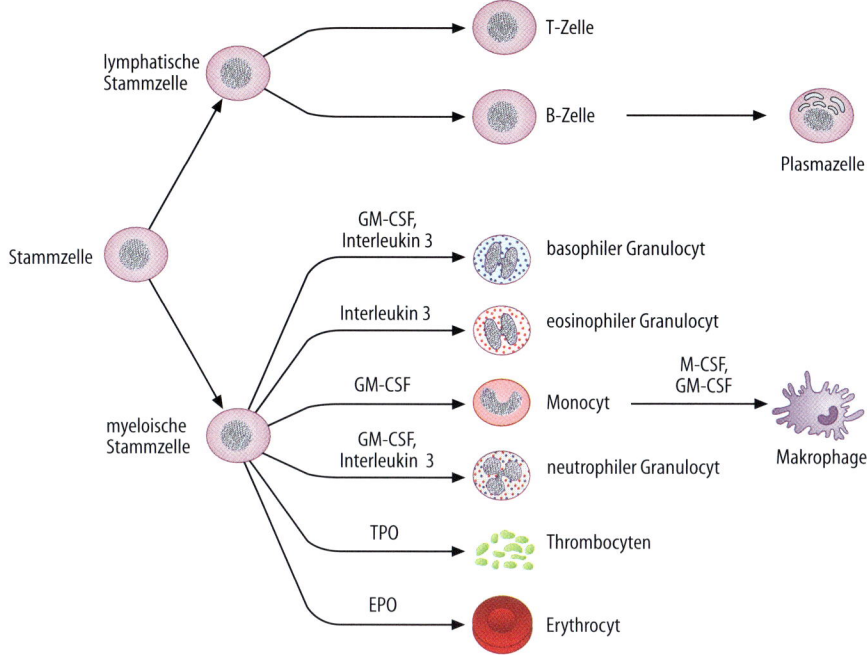

Abb. 31.1 Entwicklung der einzelnen Blutzellen aus einer pluripotenten Stammzelle im Knochenmark unter dem Einfluß hämatopoetischer Wachstumsfaktoren

primitivsten differenzierten Zellen werden als determinierte Vorläuferzellen bezeichnet, die in ihrer weiteren Entwicklung bereits auf 1 oder 2 Zelltypen festgelegt sind. Die Vorläuferzellen besitzen jedoch ein ausgeprägtes proliferatives Potential und produzieren so Tochterzellen des entsprechenden reifen Zelltyps (Einzelheiten s. Lehrbücher der Hämatologie). *In vitro* überleben oder proliferieren Knochenmarkzellen nur

in Gegenwart regulatorischer Polypeptide. Da diese Experimente in Agarkultursystemen durchgeführt werden, in denen die Zellen unter Bildung von Kolonien wachsen, werden die entstehenden Kolonien als *CFU* (colony forming units) und die Polypeptide mit Hormoncharakter als *CSF* (colony stimulating factors) bezeichnet (Abb. 31.1). Den CSF wird i. allg. ein Präfix vorangestellt (z. B. GM), das die Zellpopulation angibt

Tabelle 31.1 Rekombinante hämatopoietische Wachstumsfaktoren (Zytokine) beim Menschen (Beispiele)

Bezeichnung	Synonym	Molekulargewicht	Produziert von	Genetische Information des Glykoproteins
Interleukin-3	Multi-CSF Il-3	20–26 kD	T-Lymphocyten	cDNA: 133 Aminosäuren enthaltendes Protein. Chromosom 5
GM-CSF	CSF-α	14–35 kD	T-Lymphocyten Endothelzellen Fibroblasten	cDNA: 127 Aminosäuren enthaltendes Protein Genstruktur: 4 Exons Chromosom 5
M-CSF	CSF-1	70 kD (Dimer)	Monocyten Fibroblasten Endothelzellen	cDNA: 189 Aminosäuren enthaltendes Protein. Chromosom 5
G-CSF	CSF-β	20 kD	Monocyten Fibroblasten	cDNA: 177 Aminosäuren enthaltendes Protein Genstruktur: 5 Exons. Chromosom 17
Erythropoietin	Epo	34–39 kD	peritubuläre Nierenzellen	cDNA: 166 Aminosäuren enthaltendes Protein Genstruktur: 5 Exons Chromosom 7
Thrombopoietin	Tpo	35 kD	Leber-, Nierenzellen	cDNA: 335 Aminosäuren enthaltendes Protein Genstruktur: 5 Exons Chromosom 3q 26–27

(*Granulocyten* und *Makrophagen*), die unter dem stimulierenden Einfluß des betreffenden Proteins gebildet wird.

In den letzten Jahren sind immer mehr dieser auch als Zytokine bezeichneten, regulatorischen Polypeptide identifiziert und charakterisiert worden. Der Schritt in die gentechnologische Produktion ist relativ einfach geworden, so daß diese Faktoren als rekombinante Proteine heute für die Therapie beim Menschen in kurzer Zeit zur Verfügung stehen (Tabelle 31.1). Sie finden bisher vor allem bei der Stimulierung der hämatopoetischen Regeneration (nach Bestrahlung oder zytotoxischen Medikamenten) oder zur Verstärkung der Abwehr bei akuten Infektionen klinische Anwendung.

Nach Ausdifferenzierung müssen die reifen Blutzellen auf einen adäquaten Reiz hin die **Knochenmark-Blut-Schranke** überqueren, um Anschluß an die Blutbahn zu gewinnen. Diese Schranke stellt eine dreischichtige Struktur dar, die aus

- Adventitiazellen (einer spezialisierten Fibroblastenart),
- einer Basalmembran und
- der Endothelschicht besteht (Abb. 31.2).

Wie Signale, die z.B. die Freisetzung von Granulozyten bewirken, auf molekularer Ebene wirken und wie die Zellen diese Barriere überwinden können, ist im einzelnen noch unklar.

31.1.2 Thrombocyten

Thrombocyten sind für die Blutstillung zuständig

Thrombocyten entstehen durch Abschnürung aus dem Cytosol von Megakaryocyten des Knochenmarks. Dabei verformen sich diese Zellen und bilden Ausläufer, die sich zunehmend verlängern und den Megakaryocyten ein tintenfischartiges Aussehen verleihen. Aus diesen Ausläufern werden die Blutplättchen abgeschnürt. Das periphere Blut enthält 150 000–450 000 Thrombocyten pro µl. Thrombocyten besitzen die im Cytosol lokalisierten Enzyme der *Glykolyse* und des Pentosephosphatweges sowie *Mitochondrien,* die sie zur Ausführung der enzymatischen Schritte des Citratcyclus und der Elektronentransportphosphorylierung befähigen. Da sie noch (mitochondriale) DNA und stabile RNA besitzen, können Blutplättchen in geringem Maß Proteine, wie z.B. den Fibrin-stabilisierenden Faktor (Faktor XIII, S. 924), synthetisieren. Die Glykolyse wird teilweise durch Glucoseaufnahme aus der Umgebung, zum überwiegenden Teil aber durch eigene Glykogenvorräte gespeist. Die aus dem Glucose- und auch Fettsäureabbau gewonnene Energie dient

- der Erhaltung der Thrombocytenstruktur (Lebensdauer 8–11 Tage),
- den plasmatischen Vorgängen der Blutstillung, der Hauptfunktion der Blutplättchen, und

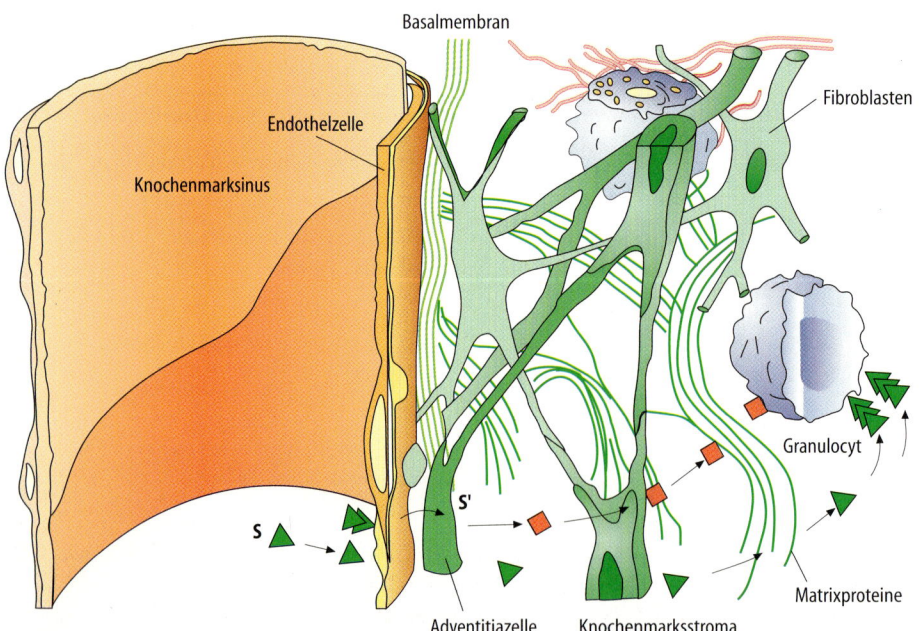

Abb. 31.2 Aufbau der Knochenmark-Blut-Schranke aus Endothelzellschicht, Basalmembran und den Adventitiazellen (*grün*), einer spezialisierten Fibroblastenart. Nach Stimulierung durch ein Signal S (wie z.B. Interleukin-8, *grünes Dreieck*), das entweder direkt auf den Granulocyten oder indirekt über ein zweites Signal (*rotes Viereck*) wirkt, wandern reife Granulocyten über die Schranke in den Knochenmarksinus. (Nach Petrides und Dittmann 1990)

Tabelle 31.2 In Thrombocytengranula gespeicherte Moleküle

Dichte Granula	Granula	Lysosomen
Anionen: ATP, ADP, GTP, GDP, P_i	Plasmaproteine: Fibrinogen, Faktor V, Faktor VII, Fibronektin, Albumin, Kallikrein, Antiplasmin, Thrombospondin	Saure Hydrolasen: β-Hexosaminidase β-Galaktosidase β-Glucuronidase α-Arabinosidase β-Glycerophosphatase
Kationen: Calcium, Serotonin	Thrombocytenspezifische Proteine: Plättchenfaktor 4, β-Thromboglobulin, PDGF	Arylsulfatase

- der Speicherung verschiedener Substanzen, zu denen biogene Amine (Serotonin) und Katecholamine gehören.

Da diese weder in den Megakaryocyten noch den Thrombocyten synthetisiert werden, müssen sie durch aktiven Transport aufgenommen worden sein. In den Blutplättchen werden sie in *dichten Granula* (dense granules) gespeichert (Tabelle 31.2). Daneben existieren die *α-Granula* und die *Lysosomen* (mit saurer Hydrolase, Arylsulfatase und saurer Phosphatase). α-Granula enthalten Proteine, die auch im Plasma vorkommen, wie Fibrinogen, Fibronektin, Albumin, Faktor V, Plasminogen oder den Willebrand-Faktor, und plättchenspezifische Proteine wie Plättchenfaktor 4, β-Thromboglobulin, PDGF (S. 764) und Thrombospondin, das auch in Endothelzellen synthetisiert wird. Die meisten dieser Proteine wirken an der Adhäsion von Thrombocyten an die subendotheliale Matrix mit (S. 921). Außerdem enthalten Thrombocyten eine Reihe weiterer Moleküle, auf die wir bei der Besprechung der Blutstillung und -gerinnung zurückkommen werden: Elastase und Kollagenase sowie Thromboxan A_2, das die Aggregation von Thrombocyten sowie die Konstriktion von Arterien fördert (S. 920).

Die *Membran* der Thrombocyten weist verschiedene Glykoproteine (GP) auf; z. B. GP I (a, b, c), II (a, b) und III. Diese Membranproteine besitzen Rezeptorfunktion für Wechselwirkungen des Plättchens mit Kollagen, Fibrinogen oder Thrombin (S. 921). Störungen ihrer Struktur (wie z. B. bei der Thrombasthenie Glanzmann) führen deshalb zu einer Beeinträchtigung der Hämostase. An der Membranoberfläche sind Plasma- und Gerinnungsproteine adsorbiert (sogenannte plasmatische Atmosphäre), die Membran selbst enthält Phosphatidylethanolamin und -serin, zwei für die Blutstillung wichtige Phospholipide (S. 455).

31.1.3 Leukocyten

Je nach Gestalt, Funktion und Biosyntheseort unterscheidet man Granulocyten, Lymphocyten und Monocyten. Da nur 1 % der Lymphocyten in der Blutbahn kreist, ist der Lymphocyt streng genommen eine Gewebezelle und wird deshalb im Kapitel Immungewebe besprochen (S. 1071).

Die Granula neutrophiler Granulozyten enthalten eine Vielzahl verschiedener Enzyme

Unter den Granulocyten (neutrophile, eosinophile und basophile) kommt den Neutrophilen eine Schlüsselstellung bei der Infektabwehr zu. Die *neutrophilen Granulocyten* – auch als polymorphkernige Leukocyten bezeichnet – phagocytieren stark, sind reich an in Granula (Name!) verpackten *Hydrolasen* [Proteasen wie Elastase (S. 744), Kollagenase oder Kathepsin G; Lysozym (Muraminidase, S. 110)] und können mit diesen und anderen Enzymen Bakterien auflösen. Bei der Reifung im Knochenmark macht der Granulocyt mehrere Phasen durch, wobei ab der zweiten Phase (also mit Ausnahme der Myeloblasten, die noch keine Granula besitzen) das Enzym *Myeloperoxidase* (S. 885) nachgewiesen werden kann. Während des Reifungsprozesses nimmt die Anzahl der Mitochondrien ab, während Glykogenspeicherung und Glykolyserate zunehmen. Der Energiegewinn durch Glykolyse bietet dem Granulocyten insofern einen Vorteil, als mit Hilfe dieses Stoffwechselweges Energie auch unter anaeroben Bedingungen wie im hypoxischen entzündeten Gewebe gewonnen werden kann.

Neutrophile Granulozyten müssen an das Endothel adhärieren, bevor sie die Zirkulation verlassen können

Die Adhäsion und die sich daran anschließende Wanderung durch das Endothel findet vor allem in den *postkapillären Venolen* statt. Dieser Prozeß ist mit charakteristischen Änderungen der Granulocytenmorphologie verbunden. Der schwimmende Leukocyt gerät zuerst in kurzen Kontakt mit der Gefäßwand, verlangsamt daraufhin seine Bewegung und rollt sich am Endothel entlang. Einige Zellen lösen sich wieder von der Gefäßwandoberfläche, wohingegen andere zu einem Stillstand kommen und ihre Gestalt innerhalb von Sekunden ändern, indem sie eine abgeflachte, adhärente Struktur annehmen. Innerhalb der nächsten Minuten wandern die Zellen zwischen den Endothelzellen hindurch in das Gewebe (Abb. 31.3). Der entscheidende Faktor für die Rekrutierung dieser Granulozyten sind Wechselwirkungen zwischen den Zellen und dem Endothelium. Für das Andocken an die Endotheloberfläche sind lektinähnliche, kohlenhydratbindende Proteine, die sog. *Selektine* (S. 402) verantwortlich.

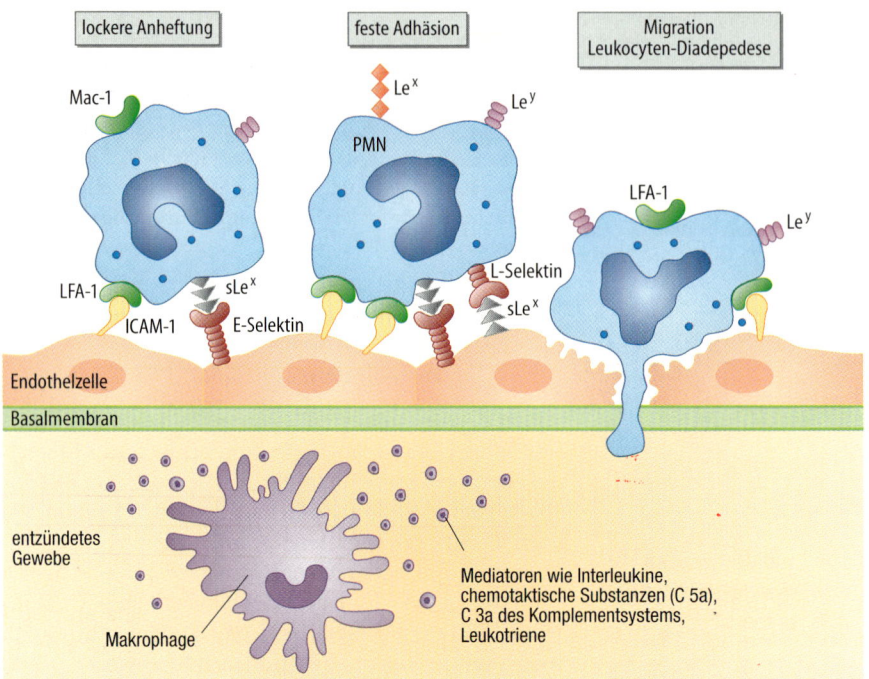

Abb. 31.3 Prozesse, die zur Auswanderung von neutrophilen Granulocyten aus dem Blutgefäßsystem bei Entzündungen führen. Im ersten Schritt kommt es zu einer lockeren Anheftung, die über ICAM-1 und E-Selektin auf Endothelzellen vermittelt wird. Im zweiten Schritt wird diese Adhäsion durch zusätzliche Adhäsionsmoleküle, wie sLe auf Endothelzellen oder die L-Selektine auf Granulocyten, intensiviert. Dies ist die Vor-aussetzung für die Wanderung der Granulocyten zwischen zwei Endothelzellen hindurch durch die Gefäßwand. Von Makrophagen freigesetzte Mediatoren wie Interleukine, chemotaktische Substanzen des Komplementsystems oder Leukotriene fördern die gerichtete Wanderung der durchgetretenen Granulocyten in den Entzündungsbereich

- **L-Selektin** findet sich auf den meisten *Leukocyten*,
- wohingegen **E-Selektin** von *E*ndothelzellen nach Aktivierung durch Zytokine synthetisiert und exprimiert wird.
- **P-Selektin** wird vom aktivierten Endothel und von Thrombocyten (*engl.* platelets) exprimiert.

Jedes dieser Selektine erkennt spezifische Kohlenhydratsequenzen auf Leukocyten (so z.B. E-Selektin das sLe^x-Molekül) oder dem Endothel. Sie sind für diese Andockungsfunktion gut geeignet, da sie lang ausgestreckt sind, so daß Leukocyten, die den entsprechenden Rezeptor aufweisen, eingefangen werden können. Die vorübergehende Natur dieser Wechselwirkung ist wichtig, da Leukocyten das Endothel auf spezifische Auslösefaktoren absuchen können, welche zu einer Aktivierung der Leukocyten und damit zu einer Auswanderung in entzündete Gewebe führen. Fehlen solche Faktoren, so führt die nur leichte Bindung an Selektine zu einer schnellen Lösung, so daß die Leukocyten im Blut weiterschwimmen können. Die feste Anhaftung an das Endothel wird durch Adhäsionsmoleküle vermittelt, die als ***Integrine*** bezeichnet werden (S. 185). Dazu gehören die β2-Integrine LFA-1 (Lymphocytenfunktion assoziiertes Antigen, CDLFA/CD 18), MAC-1 (Leukocyten-Adhäsionsrezeptor, CD 11 B/CD 18) und das β1-Integrin VLA-4, die am CAM-Molekül (S. 186) wie ICAM 1 oder 2 an Endothelzellen binden (Abb. 31.3). Diese Integrine auf zirkulierenden Leukocyten binden nur dann gut an Endothelien, wenn ihre Bindungsaktivität durch Aktivierung erhöht wird. Diese Aktivierung erfolgt durch Signale, die vorwiegend von Endothelzellen freigesetzt werden: Chemotaktisch aktive Zytokine (auch als Chemokine bezeichnet), zu denen Interleukin 8, MCP 1, MIP 1 und Rantes gehören (wobei letztere vorwiegend auf Monocyten (M), Lymphocyten und Eosinophile wirken). Nach Adhäsion an das Endothel wandern Leukocyten unter dem Einfluß von chemotaktischen Faktoren in das Gewebe. Dazu gehören Fragmente des Komplementsystems wie ***C5a*** (S. 1078) oder das Leukotrien B4. Unter dem Einfluß lokal gebildeter Entzündungsfaktoren, wie z.B. Tumornekrosefaktor-α (S. 887) oder Interleukin-1 werden interzelluläre Adhäsionsmoleküle (wie z. B. ICAM-1) auf Endothelzellen verstärkt exprimiert, sodaß noch mehr Leukozyten aus dem Blutstrom rekrutiert werden können.

Auf ***chemotaktische Reize*** ändern die Neutrophilen nach Einwanderung in das Gewebe ihre Gestalt, richten sich nach dem Gradienten aus und bewegen sich kontinuierlich auf den Ausgangspunkt der chemoattraktiven Substanz zu. Nach Kontakt mit dem Fremdkörper wird dieser von Cytosolausläufern (Pseudopodien) des Granulocyten umgeben und in den Zelleib aufgenommen. Dadurch, daß die Pseudopodien an der distalen Seite des Mikroorganismus fusionieren, entsteht eine von der Zellmembran umschlossene Phagocytosevakuole (Phagosom), in die das Bakterium eingekapselt ist. Dieses **Phagosom** löst sich von der Zellperipherie und wandert zelleinwärts. Die Aufnahme eines Fremdkörpers stellt einen energieabhängigen Vorgang dar, der mit einer Aktivitätserhöhung ATP-produzierender Prozesse einhergeht.

Degranulierung und Erzeugung hochaktiver Sauerstoffverbindungen ermöglichen die Vernichtung von Bakterien

Die Aktivierung des Leukocyten bewirkt die Bildung von zwei intrazellulären Botenstoffen, des Inositol-1,4,5-triphosphats und des Diacylglycerins (Abb. 27.15, S. 776). Während Inositoltriphosphat Calcium aus intracellulären Speichern mobilisiert, aktiviert Diacylglycerin Protein C-Kinasen, die ihrerseits kontraktile Proteine wie Actin, actinbindende Proteine, Profilin, Acumentin oder Gelsolin phosphorylieren. Das von Filamenten dieser Proteine gebildete Netzwerk bestimmt den physikalischen Zustand des Cytosols und damit die Bewegung der Pseudopodien und die Phagocytose.

Anschließend verschmelzen die Granula des Granulocyten mit dem Phagosom und verschwinden aus dem Cytosol (Degranulierung). Dabei ergießen sich die Enzyme der primären und sekundären Granula wie

- Lysozym zur Zerstörung der Bakterienwand (osmotischer Schock!),
- neutrale und saure Hydrolasen sowie
- Lactoferrin, das Eisen cheliert und damit den Mikroorganismen dieses für ihr Wachstum wichtige Metall entzieht

in die Vakuole, ohne jedoch in das Cytosol der Zelle zu gelangen. Gleichzeitig nimmt der nicht-mitochondriale Sauerstoffverbrauch des Granulocyten innerhalb von Sekunden auf das hundertfache (sog. *respiratory burst*) zu, da durch eine in der Plasmamembran lokalisierte NADPH-abhängige Oxidase Sauerstoff nach Reaktion

$$NADPH + 2\,O_2 \rightarrow NADP^+ + H^+ + 2\,O_2^-$$

zum Superoxidanion (O_2^-) reduziert wird.

Die NADPH/H$^+$-Oxidase besteht aus mehreren Komponenten: in der Membran aus dem Cytochrom b 558, das aus einer kleinen 22 kD- und einer großen 91 kD-Untereinheit besteht (Abb. 31.4). Die Aktivierung des Enzyms erfolgt über die Aktivierung einer Proteinkinase C, die ein 47 kD-Protein im Cytosol phosphoryliert, das daraufhin mit einem 67 kD-Protein assoziiert. Dieses Dimer bindet an Cytochrom b 558 und führt dadurch zu einer *Aktivierung des Enzyms* (Abb. 31.4).

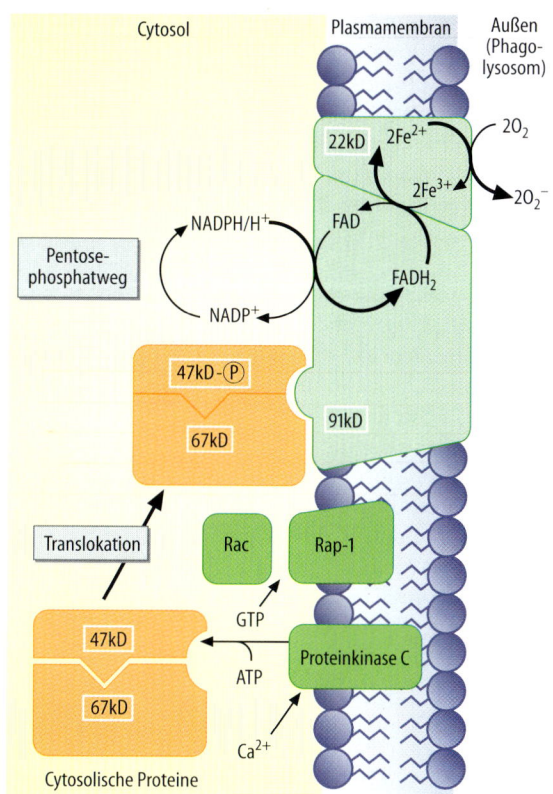

31.4 Architektonischer Aufbau des NADPH/H$^+$-Oxidase-Systems in der Plasmamembran des Granulocyten. (Nach Umeki 1991)

Das Superoxidanion wird durch die Superoxiddismutase (S. 515) zu Wasserstoffperoxid reduziert oder kann mit bereits gebildetem Wasserstoffperoxid unter Bildung hochaktiver Hydroxylradikale (OH$^\cdot$) reagieren:

$$2\,O_2^- + 2\,H^+ \rightarrow H_2O_2 + O_2$$
$$O_2^- + H_2O_2 \rightarrow OH^\cdot + OH^- + O_2$$

Unter dem Einfluß des bereits erwähnten Enzyms Myeloperoxidase werden Chloridionen durch Wasserstoffperoxid unter Bildung von Hypochloritionen oxidiert:

$$H_2O_2 + Cl^- \rightarrow H_2O + OCl^-.$$

Diese Sauerstoffverbindungen verursachen die *Peroxidation* von Membranlipiden (Radikalreaktionen, S. 512) des Bakteriums. Wasserstoffperoxid wird auch durch eine D-Aminosäureoxidase (S. 534) erzeugt, die bei der Vereinigung eines bakterienhaltigen Phagosoms mit einem Peroxisom die Oxidation von D-Aminosäuren der Bakterienwand katalysiert. Da H$_2$O$_2$ biologische Membranen relativ gut permeieren kann und dadurch aus dem Phagosom ins Cytosol gelangt, muß der Granulocyt sich durch Katalase (in Peroxisomen, S. 191) und Glutathion-abhängige Enzymsysteme (S. 890) vor H$_2$O$_2$ schützen. Das durch H$_2$O$_2$ oder Lipidperoxide oxidierte

Glutathion wird durch mit dem Pentosephosphatweg gekoppelte Enzyme regeneriert.

Sauerstoffradikale können auch mit α₁-Antitrypsin reagieren und diesen Proteaseinhibitor durch Oxidation eines entscheidenden Methionylrestes inaktivieren. Während diese Reaktion für die Bakterienabtötung keine Rolle spielt, kann sie bei Gewebeschädigungen durch Entzündungen von Bedeutung sein (S. 912).

Das Schicksal des neutrophilen Granulocyten ist mit dem der abgetöteten Bakterien unlösbar verbunden: Die mit den Enzymen angefüllte Phagocytenvakuole kann nicht mehr aus der Zelle entfernt werden; nach einigen Stunden wird ihre Wand durchlässig, der Inhalt ergießt sich in die Zelle und zerstört sie. Man bezeichnet das Phagosom deshalb auch als „suicide bag".

Auch eosinophile und basophile Granulocyten besitzen die Fähigkeit zur Phagocytose. Dadurch sind diese Zellen ebenfalls an Abwehrreaktionen (z. B. Wurminfektionen) beteiligt.

Makrophagen besitzen eine Funktion als antigenpräsentierende Zellen

Aus den Monocyten, die ebenfalls im Knochenmark gebildet werden, differenzieren sich die *Gewebemakrophagen.* Dabei nehmen sie unter Änderung ihrer Morphologie und ihres Stoffwechsels Eigenschaften an, die für das betreffende Gewebe charakteristisch sind. So gewinnen die Makrophagen in den *Lungenalveolen* ihre Energie vorwiegend durch oxidative Phosphorylierung, während Makrophagen im *Peritoneum* sie aus der Glykolyse beziehen. Der Ersatz von Gewebemakrophagen wird hauptsächlich durch den Zustrom von Blutmonocyten bestimmt, von einigen Ausnahmen – wie z. B. den Kupffer-Zellen – abgesehen, die sich in situ reduplizieren können.

Monocyten enthalten wie die neutrophilen Granulocyten cytosolische *Granula,* in denen sich Peroxidase und lysosomale Enzyme befinden. Nach Aufnahme in die Gewebe und Differenzierung zum Makrophagen verschwinden die Peroxidase-haltigen Granula, wohingegen die lysosomalen Enzyme weiterhin synthetisiert werden, dann aber in kleineren Vesikeln verpackt sind.

Makrophagen nehmen durch ihre Fähigkeit zur Erkennung, Phagocytose, Prozessierung und Präsentation von Antigenen eine Schlüsselfunktion im Immunsystem ein (S. 1059). Sie interagieren dabei v. a. mit *T-Lymphocyten.* Durch die Existenz von membranständigen Fc-Rezeptoren (die den Fc-Anteil von IgG-Antikörpern binden, S. 1066) und Rezeptoren für Komplementfaktoren werden v. a. die Antigene von Makrophagen leicht aufgenommen, die opsoniert worden sind, d. h. mit Antikörper und Komplement beladen sind (S. 1078). Im Rahmen der Phagocytose wird das Antigen internalisiert und durch proteolytische Enzyme zu Aminosäuren abgebaut. Ein kleiner Anteil des aufge-

nommenen Antigens entgeht jedoch dem vollständigen Abbau durch Proteasen, so daß Antigenfragmente zusammen mit MHC-II-Proteinen (S. 1060) in die Plasmamembran verlagert werden (Antigenpräsentation). Dieser bimolekulare Komplex wird jetzt von T-Lymphocyten erkannt, die natives, frei zirkulierendes Antigen nicht erkennen können. Die Erkennung führt zu einem direkten Zell-Zell-Kontakt zwischen T-Lymphocyten und Makrophagen, infolge dessen Interleukin-1, ein Polypeptid mit einem Molekulargewicht von etwa 17 kD, vom Makrophagen sezerniert wird. Dieses Lymphokin bindet an Interleukin 1-Rezeptoren des T-Lymphocyten und stimuliert diesen zur Sekretion von Interleukin-2 (S. 1073) und Immun- oder γ-Interferon (S. 1074), das weitere Makrophagen aktiviert.

T-Lymphocyten erkennen somit – im Gegensatz zu B-Lymphocyten (S. 1074) – antigene Determinanten (Epitope, S. 1059) nicht an nativen Polypeptiden, sondern nur in denaturierten Proteinfragmenten.

Interleukin-1 aktiviert die Akute-Phase-Antwort

Die Freisetzung von Interleukin-1 führt nicht nur zur Stimulierung von T-Lymphocyten, sondern darüberhinaus zur Aktivierung einer Reihe anderer Effektorzellen (Abb. 31.5). Diese koordinierte Reaktion des Organismus auf bakterielle Infektionen oder Gewebeverletzungen wird als *Akute-Phase-Antwort* bezeichnet. Zu dieser Reaktion gehören

- ein Anstieg der Biosynthese von etwa 30 Plasmaproteinen, den sog. *Akute-Phase-Proteinen* (S. 918), die ihrerseits zu einer erhöhten Senkungsgeschwindigkeit führen,
- ein Anstieg der neutrophilen Granulozyten,
- ein Abfall der Eisen- und Zinkkonzentration im Plasma, der eine vermehrte Freisetzung von Lactoferrin

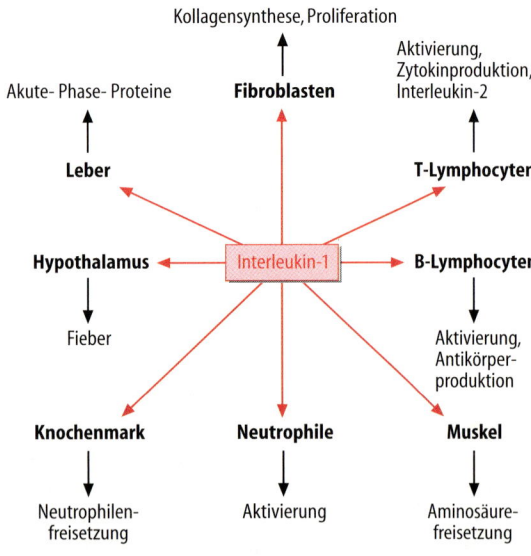

Abb. 31.5 Die biologischen Wirkungen des Interleukin-1

(S. 885) aus neutrophilen Granulozyten mit anschließender Sequestrierung als Eisen-Lactoferrin-Komplex zugrundeliegt,

- eine Steigerung der Proteolyse im Muskel mit Freisetzung von Aminosäuren sowie
- eine Temperaturverstellung im Wärmeregulationszentrum des Hypothalamus (Fieber als physiologische Antwort auf Infektionen).

Darüber hinaus stimuliert Interleukin-1 die ACTH- und Cortisolsekretion (S. 829).

Interleukin-1 wird nicht nur von Makrophagen, sondern auch von Endothelzellen, Keratinocyten oder Corneaepithelzellen gebildet.

Die Aktivierung durch γ-Interferon führt u. a. zur Freisetzung eines für Tumorzellen zytotoxischen Polypeptids (Molekulargewicht 17,3 kD) aus dem Makrophagen, das als **Tumornekrosefaktor-α (TNF-α)** oder auch Kachektin bezeichnet wird. Das Polypeptid tötet in vitro Tumorzellen ab und verursacht bei Versuchstieren Nekrosen in transplantierten Tumoren. Es unterdrückt auch die Expression der Lipoproteinlipase (S. 472) und verhindert dadurch die Aufnahme und Speicherung von Triglyceriden durch das Fettgewebe. Bei Versuchstieren führt rekombinanter TNF-α zu Appetit- und Gewichtsverlust, daher auch das Synonym Kachektin für dieses Molekül.

31.1.4 Pathobiochemie

Bei der septischen Granulomatose können die NADPH/H$^+$-Oxidase oder deren Aktivierung gestört sein

Von den zahlreichen bekannten Störungen der Funktion polymorphkerniger Leukocyten ist die **chronische granulomatose Erkrankung** (septische Granulomatose) am besten untersucht. Klinisch stellt sie die wichtigste der verschiedenen Defekte des oxidativen Stoffwechsels des Granulocyten dar. Die Krankheit ist durch das Fehlen eines vermehrten Sauerstoffverbrauches bei der oben diskutierten Reaktion auf Phagocytosestimuli gekennzeichnet. Die Leukocyten phagocytieren zwar die Mikroorganismen, können sie aber nicht abtöten. Die Patienten leiden deshalb an immer wieder auftretenden Infektionen mit Pilzen und Bakterien. Als Folge der chronischen Entzündung treten die für die Krankheit charakteristischen Granulome auf. In 60 % der Fälle wird die chronische Granulomatose X-chromosomal, in den übrigen 40 % autosomal-recessiv vererbt.

Die Diagnose wird durch einen funktionellen Test gestellt, der die respiratorische Aktivität mißt: Normalerweise wird der **NBT-Test** verwendet, dem die Reduktion des Farbstoffs Nitroblautetrazolium (NBT) zu einem violetten, unlöslichen Präzipitat durch das unter der Einwirkung der aktivierten NADPH/H$^+$-Oxi-

dase gebildeten Wasserstoffperoxids zugrundeliegt. Da bei der chronischen Granulomatose keine NBT-Reduktion nachweisbar ist, muß die NADPH/H$^+$-Oxidaseaktivität gestört sein.

Biochemisch kann diese fehlende Aktivität durch ein defektes Enzymprotein oder auch durch einen gestörten Aktivierungsmechanismus verursacht werden. Dies wird durch den oben erwähnten unterschiedlichen Vererbungsmechanismus unterstrichen. So sind **Mutationen** als Ursache der septischen Granulomatose bei Patienten nicht nur im Gen für die 91 kD-Untereinheit des Enzyms beschrieben worden, sondern auch in den Genen für die 47 und 67 kD-Untereinheiten des Aktivatorproteins (Abb. 31.4, S. 885).

31.1.5 Erythrocyten

Erythrocyten werden unter dem Einfluß des Zytokins Erythropoietin gebildet

Beim Erwachsenen erfolgt die Erythrocytenbildung (Erythropoiese) vorwiegend im Knochenmark. Dabei differenzieren sich Proerythroblasten unter dem Einfluß des Hormons **Erythropoietin** (S. 881) aus pluripotenten Stammzellen und durchlaufen mehrere Zellteilungen.

Die dabei entstehenden Erythroblasten sind in kleinen Inseln um eine zentrale Reticulumzelle angeordnet, die die Erythroblasten während des Reifungsprozesses wahrscheinlich mit notwendigen Stoffen versorgt.

Während der Teilung der Proerythroblasten setzt die Biosynthese von **Hämoglobin,** des mengenmäßig bedeutendsten Proteins des Erythrocyten, ein.

Gleichzeitig beginnt sich der Zellkern zusammenzuziehen, wird schließlich aus der Zelle ausgestoßen und von der zentralen Reticulumzelle aufgenommen. Nach dem Verlust des Zellkerns tritt der Erythrocyt, der deshalb nicht mehr als Zelle, sondern als korpuskuläres Element bezeichnet wird, in die Zirkulation über, in der er als Scheibe mit einer zentralen Delle erscheint (Abb. 31.6).

Von den älteren Erythrocyten, die schon längere Zeit im Kreislauf zirkulieren, unterscheidet sich der junge Erythrocyt durch den Besitz eines mit bestimmten Farbstoffen (z. B. Brilliantkresylblau) anfärbbaren Reticulums, das aus ribosomaler RNA und anderen Zellorganellen besteht und innerhalb der ersten 48 Stunden verlorengeht.

In diesem Stadium werden Erythrocyten als **Reticulocyten** (nicht zu verwechseln mit den Reticulumzellen) bezeichnet und dienen als Indikator der Erythrocytenproduktion. In Reticulocyten kann noch mRNA für die Hämoglobinbiosynthese nachgewiesen werden.

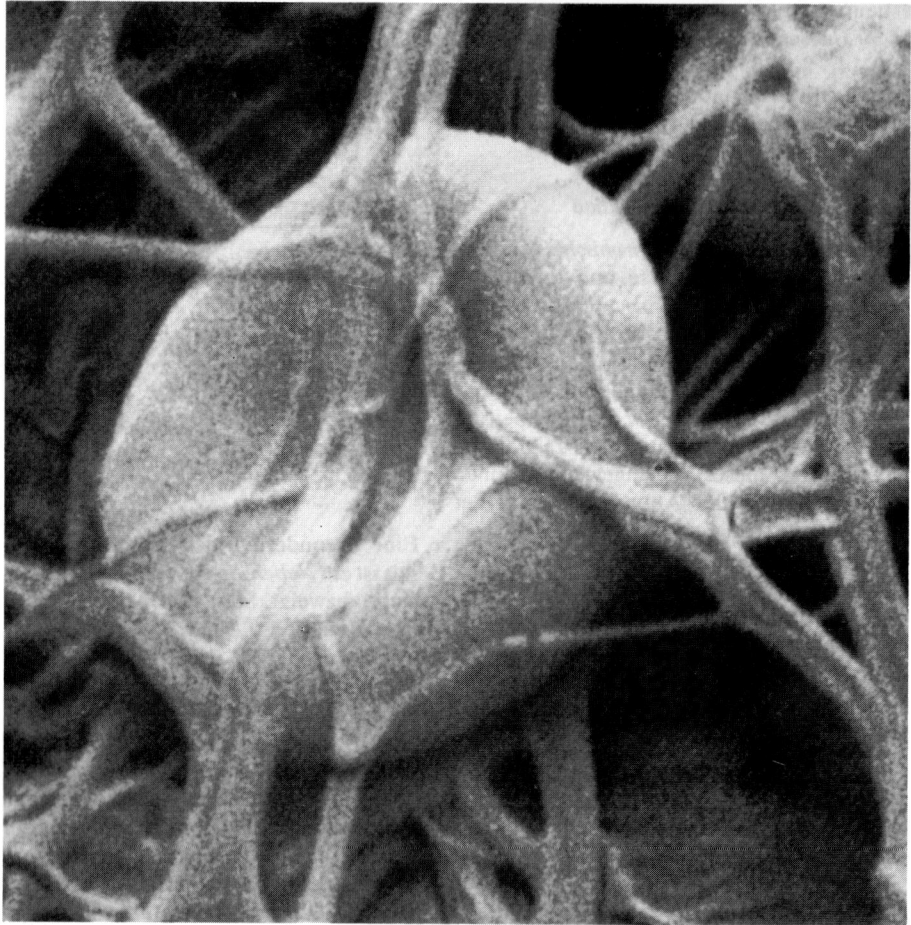

Abb. 31.6 Rasterelektronenoptische Aufnahme eines in einem Fibrinnetz liegenden Erythrocyten

Während der Reifung verlieren die Erythrocyten ebenfalls ihre Mitochondrien und damit die mit diesem Zellorganell verbundenen Stoffwechselleistungen (z. B. Pyruvatdehydrierung und oxidative Phosphorylierung). Übrig bleiben ihnen nur cytosolische Stoffwechselwege, wie die Glykolyse und Pentosephosphatweg.

Zwischen Erythropoese und Erythrocytenabbau besteht ein dynamisches Gleichgewicht

Die Lebenszeit des Erythrocyten, von denen jeder Mikroliter Blut etwa 4–6 Millionen enthält, beträgt 110–130 Tage (Tabelle 31.3). Warum Erythrocyten nicht länger überleben, ist unbekannt, könnte aber auf die Aktivitätsminderung erythrocytärer Enzyme zurückzuführen sein, da eine Proteinbiosynthese aufgrund der fehlenden genetischen Information (Verlust des Zellkerns) und der fehlenden Ribosomen und Mitochondrien (Energie!) nicht mehr möglich ist. Nach Ablauf ihrer Lebenszeit werden die Erythrocyten von Zellen des reticuloendothelialen Systems (in Milz, Kno-

Tabelle 31.3 Einige Lebensdaten des Erythrocyten

Lebensdauer	*120 Tage (110–130 Tage)*
Oberfläche aller Erythrocyten	3800 m²
Gesamtmenge	25.000 Milliarden
Täglicher Bedarf	208 Milliarden
Erythrocytenproduktion/s	2,4 Millionen
Zurückgelegter Weg während 120 Tagen	400 km
Gewicht eines Erythrocyten	3×10^{-11} g (= 30 pg)

chenmark und Leber) durch Phagocytose aufgenommen und abgebaut.

Die beim Abbau des Porphyringerüsts entstehenden *Gallenfarbstoffe* werden ausgeschieden (S. 613), das frei werdende *Eisen* (S. 628) und die beim Globinabbau entstehenden *Aminosäuren* können erneut für die Biosynthese verwertet werden.

Die Erythrocytenzahl und damit die Hämoglobinkonzentration im Blut werden in engen Grenzen konstant gehalten. Beim erwachsenen Mann beträgt die Hämoglobinkonzentration zwischen 140 und 180 g/l Blut (14 und 18 g/100 ml; 8,7 und 11,2 mmol/l, wobei das Molekulargewicht des Monomers zugrundeliegt), bei der erwachsenen Frau zwischen 120 und 160 g/l Blut. Störungen dieses Gleichgewichts können durch Änderungen von Abbau- und/oder Biosynthese verursacht werden. Die Anzahl der Erythrocyten im strömenden Blut wird durch **Erythropoietin** (Tabelle 31.1, S. 881) reguliert, das in Leber und Nieren produziert wird. Eine vermehrte Erythrocytenmenge im Blut wird als **Polycythämie,** die Abnahme der Erythrocytenmenge als **Anämie** bezeichnet. Der Verringerung der Konzentration kann eine Hämolyse, d. h. ein vermehrter Abbau von Erythrocyten vor Erreichen des normalen Lebensalters, zugrunde liegen **(hämolytische Anämie),** oder eine verringerte Biosynthese aufgrund eines Eisen- (**Eisenmangelanämie,** S. 635) oder Vitamin-B_{12}-Mangels (S. 673), der wegen des Aussehens der Erythrocyten als **megaloblastische Anämie** bezeichnet wird. Ist eine Schädigung der Stammzellen im Knochenmark die Ursache, so handelt es sich um eine **aplastische Anämie.**

Glucose wird in der Glykolyse oder im Pentosephosphatweg abgebaut

Für den Stoffwechsel des Erythrocyten stellt Glucose die wesentliche Energiequelle dar. Nach Phosphorylierung zu Glucose-6-phosphat durch die Hexokinase beschreitet der weitere Abbau die beiden bekannten Wege: Etwa 5–10 % werden zur Bildung von NADPH/H$^+$ dem Pentosephosphatweg zugeführt, die Hauptmenge (90–95 %) wird zur Bildung von ATP in der Glykolyse herangezogen.

Eine Besonderheit des Erythrocytenstoffwechsels ist ein Nebenweg, der bei 1,3-Bisphosphoglycerat abzweigt. Statt in der Phosphoglyceratkinasereaktion

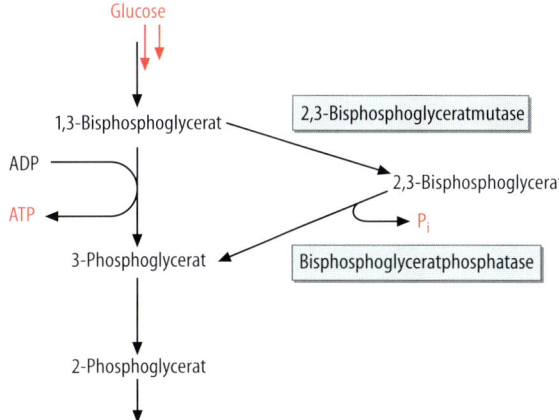

Abb. 31.7 Entstehung des Signalmetaboliten (S. 371) 2,3-Bisphosphoglycerat in einem Nebenschritt der Glykolyse des Erythrocyten

(Abb. 31.7) ATP zu bilden, werden etwa 20 % des 1,3-Bisphosphoglycerats durch eine Mutase in 2,3-Bisphosphoglycerat umgewandelt, das durch Abspaltung des Phosphatrestes am C-Atom 2 (jedoch *ohne* ATP-Gewinn!) wieder in die Glykolyse einmünden kann. Sinn dieses – als **2,3-Bisphosphoglyceratcyclus** bezeichneten – Stoffwechselweges, der zwar auch in anderen Zellen, aber dort nur in geringem Umfang abläuft, ist die Bereitstellung von 2,3-Bisphosphoglycerat. Dieses kann an die β-Ketten des Hämoglobins binden und damit – als Signalmetabolit (S. 371) – Einfluß auf die Sauerstoffaufnahme und -abgabe nehmen (S. 897).

ATP wird zum Ionentransport und zur Glutathionsynthese benötigt

Das in der Glykolyse gebildete ATP wird v. a. für den **aktiven Ionentransport** benötigt, durch den der Erythrocyt Natrium und Calcium eliminiert (die Natriumkonzentration beträgt in Erythrocyten mit 14 mmol/l etwa $^1/_{10}$ des Plasmagehalts) und Kalium akkumuliert (die Konzentration beträgt mit 140 mmol/l etwa das Dreißigfache des Plasmagehaltes). Außerdem wird ATP für die Aufrechterhaltung der Form des Erythrocyten und für die Biosynthese von **Glutathion** benötigt.

Dieses Tripeptid (Abb. 2.55, S. 75) wird im Erythrocyten durch zwei jeweils ATP-abhängige Reaktionen aus Glutamat, Glycin und Cystein synthetisiert. Glutathion, das im Erythrocyten in hoher Konzentration vorliegt (etwa 2,5 µmol/ml) und dessen Halbwertszeit 3–4 Tage beträgt, wird nicht im Erythrocyten abgebaut, sondern ins Plasma abgegeben. Die Funktion wird durch die Sulfhydrylgruppe von Cystein bestimmt, die SH-Gruppen von Enzymen (Hexokinase, Glycerinaldehydphosphat-Dehydrogenase und Glucose-6-phosphat-Dehydrogenase), von Proteinen der Erythrocytenmembran und von Hämoglobin, das 6 Sulfhydrylgruppen enthält, von denen zwei (β 93) leicht zugänglich sind, vor einer Oxidation schützt.

Oxidiertes und reduziertes Glutathion bilden ein Redoxsystem, bei dem die reduzierte Form zu 98 % vorliegt. Wegen des stark negativen Redoxpotentials ($E'_o = -0,25$ V) und der leichten Oxidierbarkeit von Glutathion muß reduziertes Glutathion ständig durch eine **Glutathionreduktase,** die mit NADPH/H$^+$ aus dem Pentosephosphatweg arbeitet, regeneriert werden.

Wasserstoffperoxid, das im Erythrocyten unter dem Einfluß bestimmter Medikamente entstehen kann, oder die Lipidperoxide in Membranlipiden von Erythrocyten werden durch eine **Selen-haltige Peroxidase**, die mit Glutathion als Cosubstrat arbeitet, entgiftet (Abb. 31.8, S. 890).

Da Erythrocyten dem Plasma ständig Glucose für ihren Stoffwechsel entnehmen, muß durch Punktion entnommenes Blut, dessen Glucosegehalt bestimmt werden soll, zur Denaturierung und damit Inaktivie-

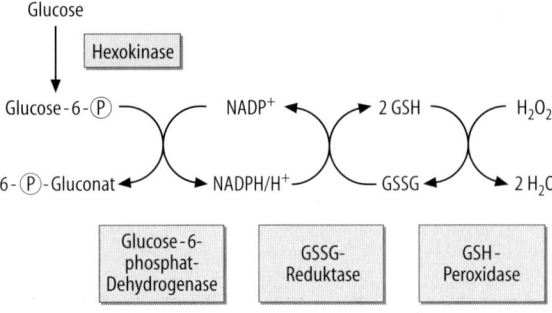

Abb. 31.8 Peroxidentgiftung durch die Glutathionperoxidasereaktion im Erythrocyten

rung der glykolytischen Enzyme z. B. mit Fluorid versetzt werden, um eine Verfälschung des Ergebnisses zu vermeiden.

Von praktischer Bedeutung ist, daß schon eine geringgradige Hämolyse, wie sie z. B. bei der langsamen Blutabnahme aus einer Vene auftreten kann, zum Austritt der in den Erythrocyten enthaltenen Enzyme und Elektrolyte führen kann. Diese führt natürlich dann zu Fehlern bei der Bestimmung solcher Werte (z. B. LDH-Aktivität oder Kaliumkonzentration) im Plasma oder Serum.

Erythrocyten können sich sehr gut verformen

Da Erythrocyten einen Durchmesser von etwa 7,5 μm (ihre Dicke liegt bei etwa 1,5 μm), Capillaren aber nur eine lichte Weite von 3 bis 5 μm aufweisen, ist eine Deformierbarkeit des Erythrocyten Voraussetzung für die ungehinderte Passage der Capillaren. Durch den Verlust des Zellkerns (S. 887) und die Flexibilität der Membran, die durch das veränderte Verhältnis Oberfläche zu Volumen des Erythrocyten erreicht wird, verformen sich rote Blutkörperchen mit Leichtigkeit

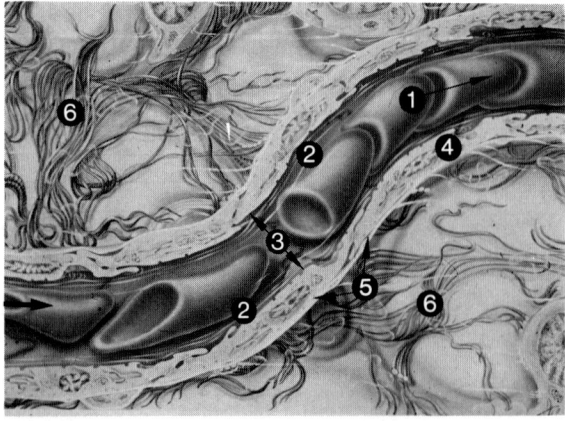

Abb. 31.9 Verformung der Erythrocyten im Kapillarbereich. *1* Erythrocytenstrom; *2* Plasmasaum; *3* Kapillarlumen (etwa 5 μm ⌀); *4* Endothelzelle; *5* Basalmembran; *6* kollagene Gitterfasern

und zwängen sich durch engste Capillaren (Abb. 31.9). Normalerweise müßte die Oberfläche eines Erythrocyten bei seinem Volumen von 90 μm³ bei einer Kugelform 95 μm² betragen; tatsächlich ist die Oberfläche durch die bikonkave Scheibenform auf 140 μm² erhöht, was offenbar eine leichtere Deformierbarkeit zur Folge hat. Die in Abb. 31.6 (S. 888) gezeigte Form gilt jedoch – das sei ausdrücklich betont – aufgrund der mechanischen Einflüsse, denen der Erythrocyt ständig ausgesetzt ist, nur als Idealform, die intravital selten auftritt.

Die Architektur der Erythrocytenmembran entspricht ihrer mechanischen Streßbelastung

Die Membran des Erythrocyten besteht zwar wie die anderer Zellen aus der typischen Lipiddoppelschicht, in die Proteine eingebaut sind (S. 176), weist aber durch den zusätzlichen Besitz eines Membranskeletts eine Strukturbesonderheit auf, die auf die speziellen Funktionen des Erythrocyten zugeschnitten ist (s. u.). Sie enthält etwa zehn Hauptproteine, die durch SDS-Gelelektrophorese (S. 51) getrennt werden können und wahrscheinlich fast 200 Proteine, die in geringeren Mengen vorkommen. Quantitativ bedeutsam sind Proteine, die Erythrocytenantigene tragen (S. 906), Rezeptoren (z. B. Glykophorine A und B) oder Transportproteine (z. B. Protein 3, der Anionenkanal oder Aquaporin, der Wasserkanal).

Alle diese Proteine sind *Glykoproteine* und liegen an der *äußeren* Membranoberfläche.

Membranproteine *ohne Kohlenhydratanteil* befinden sich an der *inneren* Oberfläche: dazu gehören bestimmte Enzyme (Bande 6 = Glycerinaldehydphosphat-Dehydrogenase), Strukturproteine wie Spectrin oder Actin und Hämoglobin. Diese peripheren Proteine sind mit der Membran assoziiert, sind untereinander verbunden oder mit den eigentlichen Membranproteinen verankert.

Die peripheren Membranproteine sind in Form eines zweidimensionalen Netzwerkes organisiert, das der inneren Membranoberfläche anliegt. Die Bezeichnung der einzelnen Proteine beruht auf ihrer elektrophoretischen Mobilität in SDS-Gelen (Abb. 2.26, S. 52). Die entscheidenden Komponenten dieses Membranskeletts sind Spectrin, Actin, Protein 4.1, Ankyrin (das aus den Proteinen 2.1, 2.2, 2.3 und 2.6 besteht) und die Bande 4.9. *Spectrin* ist ein Dimer aus zwei langen flexiblen Ketten (Protein 1 und 2), die parallel angeordnet und umeinander gewunden sind (Abb. 31.10). An ihrem Kopfende bilden Spectrindimere durch Selbstassoziation Tetra- oder Oligomere. An ihrem Schwanzende binden die Spectrinmoleküle an kurze *Actinfilamente.* Diese Bindung wird durch *Protein 4.1* verstärkt. Da ein Actinfilament mit mehreren Spectrinmolekülen in Wechselwirkung tritt, entstehen Spectrinverzweigungen und damit ein molekulares

Netzwerk (Abb. 31.11 und 31.12). Das Membranskelett ist mit der Lipiddoppelschicht über *Ankyrin* verbunden, das im Bereich der Kopfregion des Spectrins bindet und selbst mit dem cytosolischen Ende von Protein 3 verbunden ist.

31.1.6 Pathobiochemie

Glucose-6-Phosphat-Dehydrogenasemangel ist weit verbreitet

Von allen Enzymen des Erythrocytenstoffwechsels sind kongenitale Anomalien bekannt, von denen die wichtigste der *Glucose-6-phosphat-Dehydrogenasedefekt* ist. Als Folge dieser Störung des Pentosephosphatweges, von der ca. 100 Millionen Menschen betroffen sind, und von der bisher 250 Varianten mit recht unter-

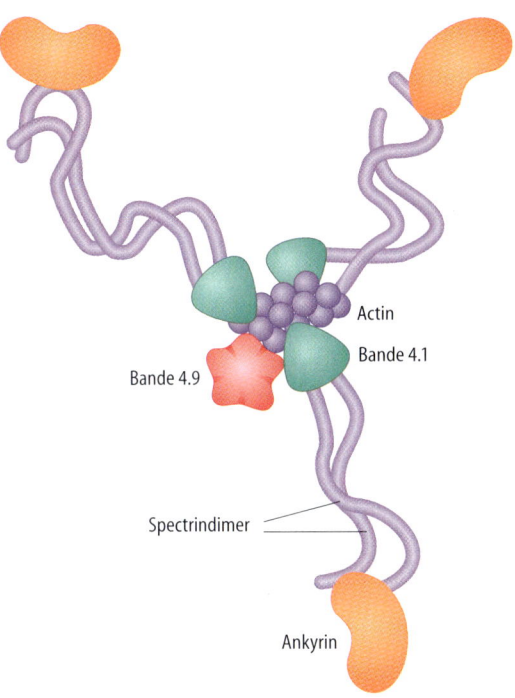

Abb. 31.10 Schematische Darstellung der molekularen Wechselwirkungen in einem Bauelement des Membranskeletts des Erythrocyten. Die Anzahl der Actinfilamente im kurzen Filament und die Anzahl der angekoppelten Spectrinmoleküle kann dabei von Bauelement zu Bauelement Unterschiede aufweisen

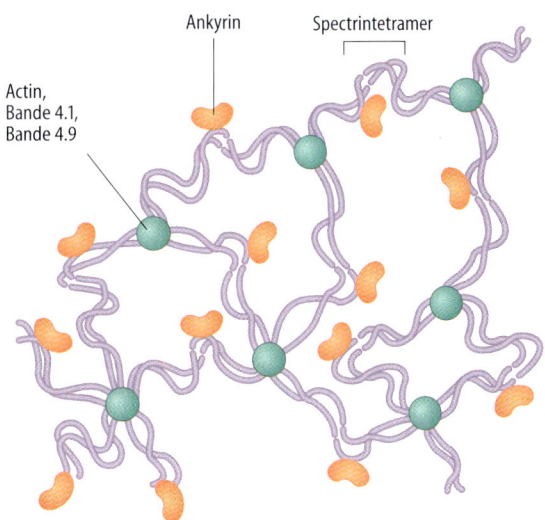

Abb. 31.11 Zweidimensionales Netzwerk des Membranskeletts, das durch die Kopf-zu-Kopf-Assoziation der Spectrindimere in den Bauelementen zustandekommt. Das Netzwerk ist in der cytosolischen Membranoberfläche über die Verbindung von Ankyrin mit dem Bande 3-Protein verankert

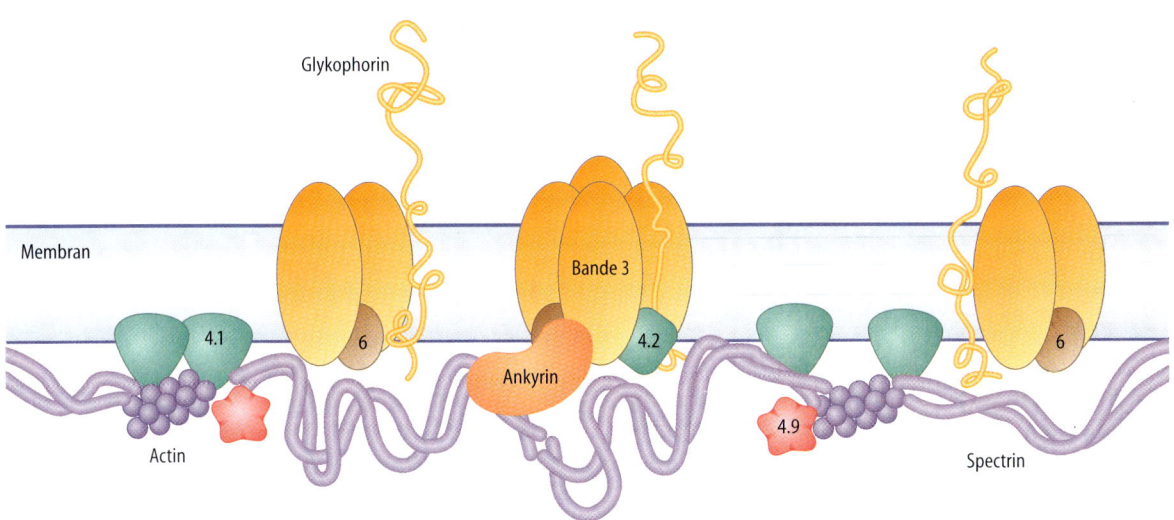

Abb. 31.12 Schematische Darstellung der Verteilung und molekularen Wechselwirkungen der wesentlichen Proteine der Erythrocytenmembran

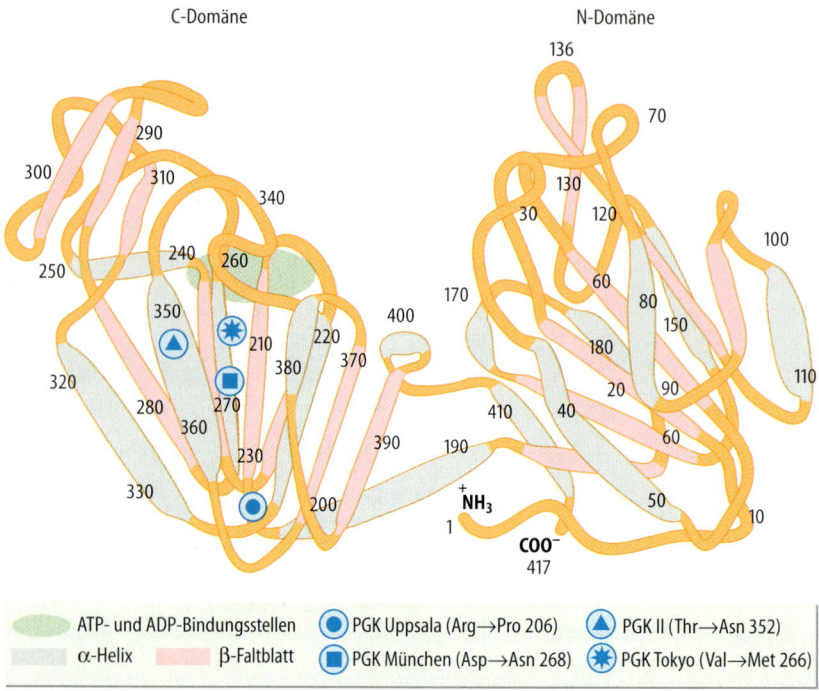

C-Domäne

N-Domäne

	ATP- und ADP-Bindungsstellen		PGK Uppsala (Arg→Pro 206)		PGK II (Thr→Asn 352)
	α-Helix		PGK München (Asp→Asn 268)		PGK Tokyo (Val→Met 266)
	β-Faltblatt				

Abb. 31.13 Dreidimensionales Modell der menschlichen Phosphoglyceratkinase mit den Aminosäuresubstitutionen bei vier Enzymvarianten

schiedlicher klinischer Symptomatik beschrieben wurden, tritt eine mangelnde Entgiftung von Peroxiden und der unzureichenden Reduktion von oxidiertem Glutathion auf, da durch den Pentosephosphatweg nicht mehr genügend $NADPH/H^+$ für die Glutathionperoxidase- und -reduktasereaktionen geliefert werden kann.

Enzym- oder Membrandefekte führen zur hämolytischen Anämie

Bei der *Phosphoglyceratkinase* (S. 382) handelt es sich um ein monomeres Protein mit einem Molekulargewicht von 49 kD (417 Aminosäuren), von dem verschiedene strukturelle Varianten beschrieben worden sind (Abb. 31.13).

Die *hereditäre Elliptocytose* ist eine heterogene Gruppe von Erkrankungen, die morphologisch durch ovalgeformte Erythrocyten gekennzeichnet ist (Abb. 31.14). Ursache ist das Fehlen des *Proteins 4.1*, das zu einer Störung der Membranintegrität des Erythrocyten und damit zur hämolytischen Anämie führt.

Bei der *hereditären Sphärocytose* liegt ebenfalls eine Störung der Architektur des Erythrocytenmembranskeletts vor, die auf einen Defekt des Spectrinmoleküls zurückgeht. Dadurch ist die Assoziation mit den anderen Membranskelettproteinen gestört, so daß der Erythrocyt Kugelform annimmt und deshalb Sphärocyt heißt (Abb. 31.14). Diese veränderten Erythrocyten werden schon nach zehntägiger (!) Lebensdauer durch Phagocytose in der Milz aus dem Blut entfernt. Die Therapie besteht in einer Entfernung der Milz,

wodurch die Lebensdauer der Sphärocyten bis auf 80 Tage erhöht werden kann.

Bei der PNH liegt eine somatische Mutation in dem Gen für die Synthese eines GPI-Ankerproteins vor

Bei der paroxysmalen nächtlichen Hämoglobinurie (PNH) liegt eine somatische Mutation (S. 326) im Gen für die Synthese eines Glykosyl-Phosphatidyl-Inositolankers (S. 140) vor.

Patienten mit dieser Erkrankung leiden an häufig nächtlich auftretenden hämolytischen Attacken, die immer wieder ein Ausmaß annehmen, daß der *Urin schwarz* verfärbt erscheint. Ursache der Hämolysen ist die Lyse der Erythrocyten, die von dieser Erkrankung betroffen sind durch das Komplementsystem (S. 1081). Auch normale Erythrocyten sind ständig durch die zellzerstörenden Komplementfaktoren bedroht, die sich auf der Erythrocytenoberfläche ansammeln, wenn sie durch Antikörper und Bakterienprodukte aktiviert worden sind. Zur Abwehr dieses lytischen Angriffs besitzen Erythrocyten drei membranverankerte Proteine:

- den *zerfallbeschleunigenden Faktor (Decay-accelerating-factor, DAF),*
- den *Membraninhibitor* der reaktiven Lyse *(CD 59)* und
- ein *C8-bindendes Protein.*

Die von der Erkrankung betroffenen Erythrocyten sind extrem empfindlich gegenüber dem Komplementsystem, da ihnen diese drei schützenden Proteine feh-

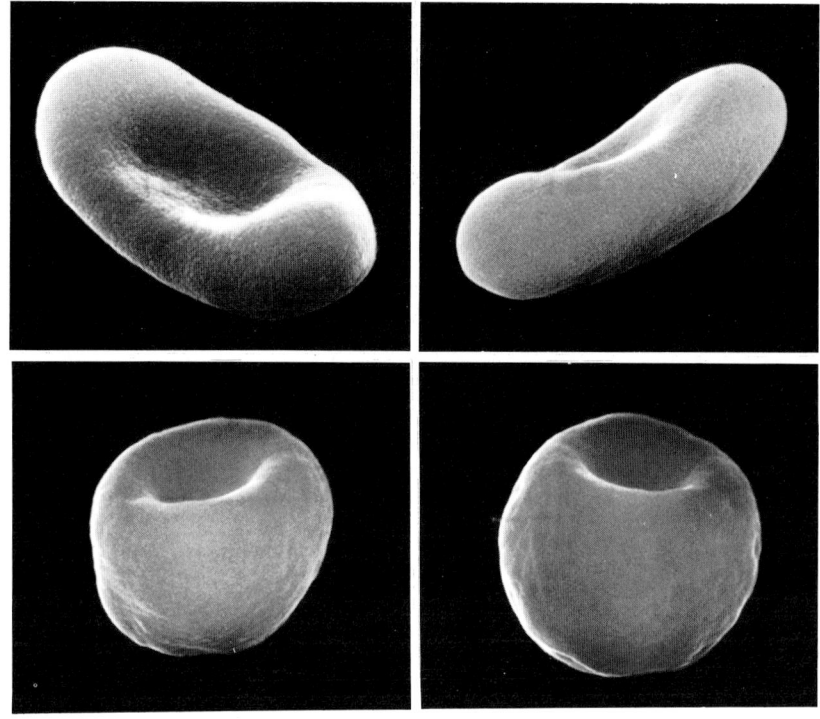

Abb. 31.14 Rasterelektronenmikroskopische Aufnahmen von Erythrocyten bei der hereditären Elliptocytose *(oben)* und Sphärocytose *(unten)*

len. Alle drei Proteine haben gemeinsam, daß sie nicht mit Hilfe einer transmembranären Proteindomäne in der Membran verankert sind, sondern mit Hilfe eines Glykosyl-Phosphatidyl-Inositol-Ankers (Abb. 6.5; S. 140). Sie gehören damit zu einer Gruppe von mehr als 40 Zelloberflächenproteinen, die über **GPI-Anker** fixiert sind. Bei der PNH liegen verschiedene Mutationen in dem **GPI-A-Gen** vor, welche für das erste Enzym der GPI-Synthese kodiert. Damit fehlt den drei oben genannten Proteinen ihr Membrananker, und sie sind für den Erythrocyten nutzlos. Im Gegensatz zu Keimbahnmutationen, die für die angeborenen Enzym- und Membrandefekte des Erythrocyten verantwortlich sind, liegt bei der PNH eine **erworbene, genetische Störung** vor. Sie kommt durch eine Mutation in einer blutbildenden Knochenmarkszelle zustande. Der betroffene Zellklon übergibt diese Mutation an all seine Abkömmlinge, d.h. Erythrocyten, Leukocyten und Thrombocyten. Diese mutierten Zellen existieren gleichzeitig mit den normalen Blutelementen, wodurch ein hämatologisches Mosaik entsteht, bei dem das Verhältnis von gestörten zu normalen Erythrocyten im Blut den Schweregrad der Krankheit bestimmt.

31.1.7 Hämoglobin

Hämoglobin macht etwa ein Drittel der Zellmasse des Erythrocyten aus

Der rote Farbstoff der Wirbeltiererythrocyten ist das Hämoglobin, ein zusammengesetztes Protein, das folgende Funktionen besitzt:
- Transport des Sauerstoffs im Blut (S. 69, 895).
- Beteiligung am Transport des Kohlendioxids im Blut (S. 899).
- Beteiligung an der Pufferung zur Aufrechterhaltung der normalen Wasserstoffionenkonzentration im Extracellulärraum (S. 902).

Der Hämoglobingehalt des einzelnen Erythrocyten kann aus Hb-Gehalt und Erythrocytenzahl errechnet werden: Bei einer Hämoglobinkonzentration von 160 g/l Blut, das 5000 Milliarden Erythrocyten enthält, beträgt der Hämoglobingehalt eines einzelnen Erythrocyten 32 pg (normal 27–34 pg).

Änderungen der Hämoglobinproduktion (z.B. bei Eisenmangel, S. 635) oder der Erythrocytenbildung (z.B. bei Vitamin B_{12}-Mangel, S. 673) bedingen eine Veränderung des Normalwertes:
- Bei Abweichung des Wertes nach unten spricht man von hypochromen Anämien (Eisenmangel),
- bei Abweichungen nach oben von hyperchromen Anämien (Vitamin B_{12}-Mangel).
- Bei Verminderung von Hämoglobinkonzentration und Erythrocytenzahl und damit normalem Hämo-

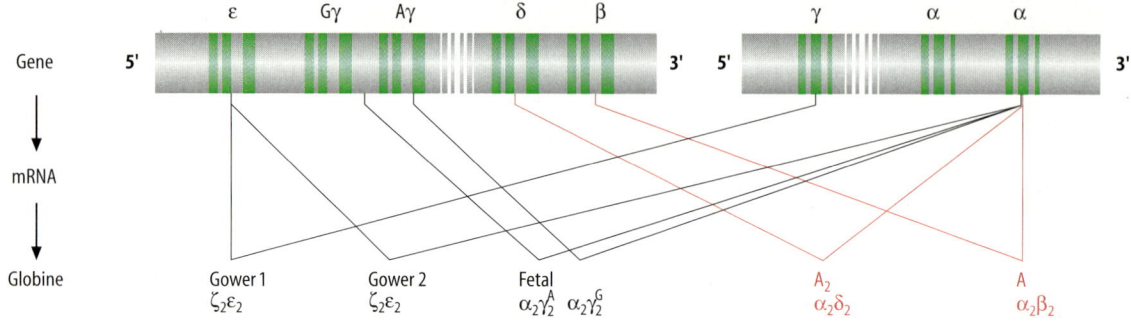

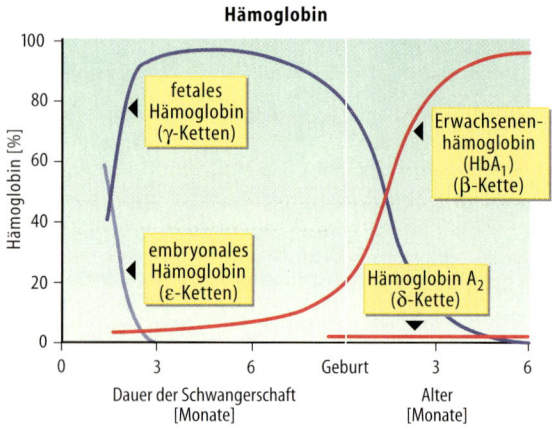

Abb. 31.15 Embryonales, fetales und Erwachsenen-Stadium der Hämoglobinbiosynthese beim Menschen. Die embryonalen Globinketten (ε und ζ) werden in der frühen Embryonalentwicklung gebildet; zu diesem Zeitpunkt werden auch geringe Mengen der γ-Globinketten des Erwachsenen synthetisiert. Mit der Anschaltung der γ-Globingene wird fetales Hämoglobin gebildet. Am Ende der Fetalperiode erfolgt die Umschaltung auf die Produktion des Erwachsenenhämoglobins

globingehalt des Einzelerythrocyten resultiert eine normochrome Anämie.

Ausgehend von einem Durchschnittswert von 160 g/l Blut (16 g% oder 9,9 mmol/l) errechnet sich der Gesamtbestand an Hämoglobin bei einem 70 kg schweren „Normalerwachsenen" mit einem Blutvolumen von 5 l zu 800 g. Davon werden pro Tag etwa 6,25 g, das ist rund 1 %, synthetisiert und abgebaut (S. 616).

Hämoglobin ist ein Tetramer aus jeweils zwei α- und β-Ketten

Hämoglobin ist ein kugelförmiges Molekül, das aus *4 Untereinheiten* besteht, von denen jede etwa ein Molekulargewicht von etwa 17 kD besitzt (S. 68). Jede Untereinheit trägt in ihrem Inneren eine *Hämgruppe,* mit der sie über eine covalente Bindung (Histidin) und hydrophobe Wechselwirkungen verbunden ist. Beim Sauerstofftransport wird der Sauerstoff reversibel an das Hämeisen angelagert (Oxygenierung), ohne daß Eisen im Schutz der koordinativen Bindung Fe-N (Histidin) oxidiert wird (ausführliche Diskussion S. 69).

Von den vier Polypeptidketten des Hämoglobins, die insgesamt als sein *Globinanteil* bezeichnet werden, sind je zwei identisch. Man unterscheidet zwischen jenen der α- und der β-Familie: So wird z. B. das normale Erwachsenenhämoglobin aus 2 α- und 2 β-

Ketten gebildet und als HbA (Adult) oder Hbα$_2$β$_2$ bezeichnet.

Die Gene für die Globinketten liegen auf verschiedenen Chromosomen in der Reihenfolge, in der sie während der Ontogenie aktiviert werden (Abb. 31.15). Die α-ähnlichen Gene auf *Chromosom 16* enthalten ein funktionelles embryonales ζ-Gen, das die Information für die embryonalen α-Gene trägt, gefolgt von einem Pseudo-ζ-Gen, dann ψ-α-Genen – die jeweils nicht exprimiert werden – und den eigentlichen α-Genen, die für die α-Kette des fetalen (HbF) und Erwachsenenhämoglobins (HbA) codieren. Die β-Globingenfamilie auf *Chromosom 11* enthält das embryonale ε-Globingen, zwei fetale Globingene (Gγ und Aγ), ein ψ-β-Gen und zwei Erwachsenenglobingene (δ und β). Der prinzipielle Aufbau der einzelnen Gene der beiden Familien ist praktisch identisch: Jedes Gen besteht aus drei Exons, die von zwei Introns unterbrochen werden. Die Sequenz am 5′-Ende enthält die Promotorregion, mit hochkonservierten Regionen für die Biosynthese der mRNA, am 3′-Ende dienen andere Sequenzen als Signale für die Beendigung der Transkription und Polyadenylierung der mRNA (S. 248). Die Biosynthese von Hämoglobin in den Erythroblasten des Knochenmarks wurde in Kapitel 13 (Abb. 13.19, S. 333) erläutert.

Während der Embryofetalentwicklung sind andere Hämoglobine aktiv als in der Postnatalperiode

Beim Embryo werden die Hämoglobine *Gower 1 und 2* gebildet, die Tetramere aus jeweils zwei ε- und ζ- bzw. α-Ketten darstellen (Abb. 31.15). Im 3. Schwangerschaftsmonat werden die embryonalen durch die *fetalen* Hämoglobine ersetzt. Das fetale Hämoglobin weist besondere Charakteristika der Sauerstoffanlagerung auf, was für die Koppelung des fetalen an den mütterlichen Kreislauf erforderlich ist. Der Austausch von fetalem Hämoglobin HbF (*F* fetal) gegen HbA beginnt durch Umschaltung der Kettenbiosynthese schon vor der Geburt, so daß bei der Geburt nur noch 60–80 % fetales Hämoglobin im Erythrocyten vorliegen. Der Kind- und Erwachsenenerythrocyt enthält das HbA (auch als HbA$_1$ bezeichnet) und daneben noch etwa 2,5 % HbA$_2$, ein Hämoglobin, bei dem die β-Ketten durch δ-Ketten ersetzt sind ($\alpha_2\delta_2$). Diese Ketten bestehen ebenfalls aus 146 Aminosäuren, unterscheiden sich aber in 10 Positionen von der β-Kette. HbA$_2$ besitzt eine höhere Sauerstoffaffinität als HbA.

Hämoglobine werden anhand ihres Absorptionsspektrums unterschieden

Mit Hilfe von Spektralanalysen lassen sich verschiedene Hämoglobine voneinander unterscheiden. Alle Hämoglobine zeigen eine charakteristische Absorptionsbande, die sog. *Soret-Bande* bei 400 nm, die durch den Porphyrinanteil hervorgerufen wird. Unterschieden werden die einzelnen Hämoglobinderivate durch die übrigen Banden (Abb. 31.16).

Da die Spektralkurven von CO-Hämoglobin und mit Sauerstoff beladenem Hämoglobin (Oxyhämoglobin) sehr ähnlich sind, behandelt man die Blutprobe zum Nachweis einer Kohlenmonoxidvergiftung mit einem leichten Reduktionsmittel (z. B. Natriumdithionit), wodurch Oxyhämoglobin seinen Sauerstoff – im Gegensatz zu CO-Hämoglobin – abgibt und dann die charakteristische Absorptionsbande des desoxygenierten Hämoglobins zeigt.

Hämoglobin transportiert den im Blut schlecht löslichen Sauerstoff

Da Sauerstoff in polaren Lösungsmitteln wie dem Plasmawasser viel schlechter löslich ist als in unpolaren (1 l Blut löst und transportiert bei einem O$_2$-Partialdruck von 100 mm Hg gerade 3 ml Sauerstoff) und die Transportstrecke von den Lungenalveolen, über die das Sauerstoffgas in den Organismus eintritt, zu den Gewebezellen sehr lang ist, könnten die Zellen durch einfache molekulare Diffusion des Sauerstoffs nicht ausreichend mit diesem lebensnotwendigen Gas versorgt werden. Deshalb ist die Anlagerung an ein spezifisches Transportprotein – das Hämoglobin – erforderlich, das mit seinem hydrophoben Porphyringerüst und seiner hydrophilen Oberfläche als Lösungsvermittler zwischen dem unpolaren Sauerstoff und dem polaren Plasmawasser wirkt. Den Vorgang der Anlagerung eines Sauerstoffmoleküls an das Porphyrineisen der Hämoglobinuntereinheit bezeichnet man als *Oxygenierung*, die Abgabe des Sauerstoffs als *Desoxygenierung.*

Da die Konzentration des Hämoglobins im Vergleich zu anderen Blutproteinen mit etwa 160 g/l sehr hoch ist (im Vergleich dazu die Albumine mit 70 g/l), bietet die Verpackung im Erythrocyten insofern einen Vorteil, als das Protein dadurch kolloidosmotisch unwirksam wird und damit nicht den Wasseraustausch im Kapillarbereich (S. 919) beeinträchtigen kann.

Durch die Vermittlung des Transportproteins Hämoglobin kann pro Liter Blut die 70fache Menge Sauerstoff, also etwa 200–210 ml (bei einem Hämoglobingehalt von 160 g/l), befördert werden.

Sauerstoffkapazität und -affinität des Blutes bestimmen den Sauerstoffaustausch

Die Sauerstoffmenge, die vom Blut in den Lungen aufgenommen und in den Geweben an die Zellen abgegeben werden kann, wird von der Sauerstoffkapazität und der Sauerstoffaffinität bestimmt.

Unter der *Sauerstoffkapazität* des Blutes versteht man seine maximale Aufnahmefähigkeit pro definierter Volumeneinheit (z. B. Liter). Sie hängt unter physiologischen O$_2$-Druckbedingungen (also etwa 100 mm Hg in den Lungenalveolen) und bei normalen Temperaturen (also etwa 37 °C) nahezu ausschließlich von der *Konzentration des Hämoglobins* ab. Dabei ist jedoch allein das sauerstoffanlagerungsfähige Hämoglobin entscheidend, da z. B. CO-Hämoglobin (Rau-

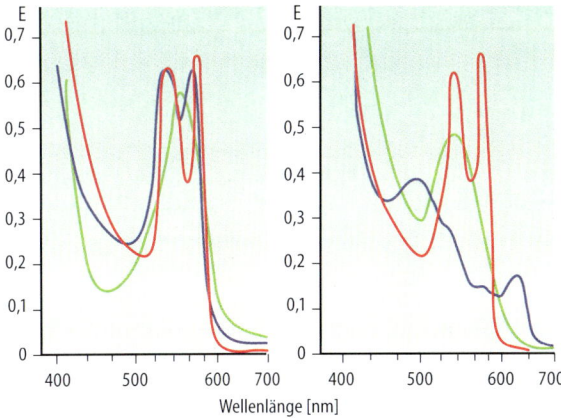

Abb. 31.16 Spektralkurven menschlichen Hämoglobins. *Links:* Oxygeniertes Hämoglobin (*rot*), desoxygeniertes Hämoglobin (*grün*), Kohlenmonoxidhämoglobin (*blau*). *Rechts:* Oxygeniertes Hämoglobin (*rot*), Cyanmethämoglobin (*grün*) und Methämoglobin (*blau*)

cher!) und Methämoglobin keinen Sauerstoff transportieren können.

Als **Sauerstoffaffinität** des Blutes wird das Verhältnis zwischen O_2-Druck (sei es im Bereich der Lungen oder der Gewebe) und der Beladung des Hämoglobinmoleküls (O_2-Sättigung) mit Sauerstoff bezeichnet, d.h. sie gibt an, wieviel **Prozent des Hämoglobins** bei einem bestimmten Sauerstoffangebot beladen sind. Ein Maß für die Affinität ist der O_2-Druck, der eine Sättigung des Hämoglobins von 50 % herbeiführt (Halbsättigungsdruck, P_{50}). Er beträgt bei pH 7,4 und 37 °C bei gesunden Erwachsenen 26,6 mm Hg. Da bei der Sauerstoffanlagerung und -abgabe eine Farbänderung des Hämoglobins auftritt (S. 895), die für die unterschiedliche Färbung des Blutes in den Venen (dunkelrot) und Arterien (hellrot) verantwortlich ist, läßt sich das Ausmaß der O_2-Anlagerung mit Hilfe eines Spektralphotometers bequem quantitativ verfolgen. Man erhält dabei eine S-förmige Kurve (S. 69), die typisch für einen kooperativen Anlagerungsprozeß ist. Das bedeutet, daß bei der Anlagerung von vier Sauerstoffmolekülen an das Hämoglobintetramer das erste nur sehr langsam, das zweite und dritte schon wesentlich leichter und das vierte mehrere hundert Male schneller aufgenommen wird („Der Appetit kommt beim Essen".) Der biologische Vorteil des sigmoiden Verlaufs der Sauerstoffanlagerungskurve liegt v. a. darin, daß Hämoglobin den Sauerstoff leicht bei dem im Bereich der Gewebezellen herrschenden niedrigen O_2-Druck (15–30 mm Hg im Kapillarbereich) abgeben kann. Im Fall einer hyperbolischen Anlagerungskurve (wie z. B. bei der isolierten β-Kette) würde ein erheblicher Teil des transportierten Sauerstoffs *nicht* an die Zellen abgegeben werden können.

Mit der Pulsoxymetrie kann die periphere arterielle Sauerstoffsättigung kontinuierlich gemessen werden

Über eine Meßsonde, die aus zwei lichtemittierenden Dioden als Lichtquelle und einem gegenüberliegenden Photodetektor als Lichtempfänger besteht, mißt das Pulsoxymeter wechselweise bei zwei definierten Wellenlängen im roten (660 nm) und infraroten (940 nm) Bereich (Abb. 31.17). Genutzt wird das unterschiedliche, spektrale Verhalten von oxygeniertem und desoxygeniertem Hämoglobin (Oxyhämoglobin absorbiert weniger rotes Licht als Desoxyhämoglobin, für den infraroten Bereich gilt das Umgekehrte). Beim Durchgang durch Knochen, Bänder, Gewebe und das venöse Blut ist die Lichtabsorption zeitlich konstant, erst der pulsatile Anteil ist für die Bestimmung der Sauerstoffsättigung des arteriellen Blutes entscheidend. Durch die pulsatilen Volumenänderungen variiert die durch das arterielle Blut hervorgerufene Absorption des Lichtes. Der zeitlich veränderliche Anteil der Absorption wird elektronisch herausgefiltert und mit den bekannten Absorptionskurven der beiden Lichtfrequenzen für oxygeniertes und desoxygeniertes Hämoglobin verglichen. Aus dem Verhältnis der Rot-/Infrarotabsorpti-

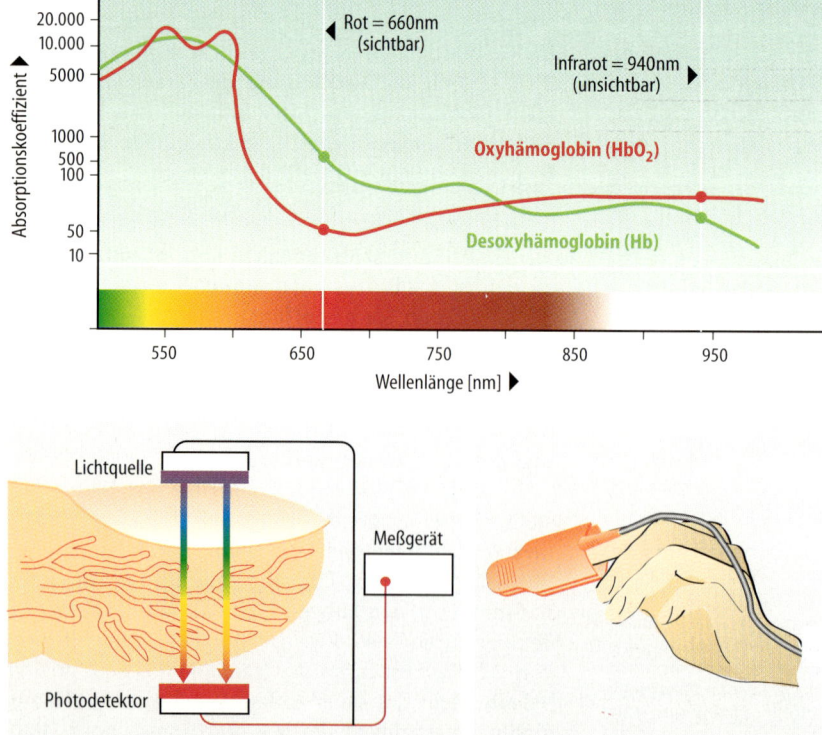

Abb. 31.17 Bestimmung der Sauerstoffsättigung über die Pulsoxymetrie. *Oben:* Messung des Oxy- und Desoxyhämoglobingehaltes im Rot- und Infrarotbereich (vgl. auch Abb. 31.16). *Unten:* Prinzip der Messung

onsrate wird die arterielle O_2-Sättigung errechnet. Die Methode ist sehr benutzerfreundlich, da der passende Sensor lediglich am peripheren Meßorgan (Fingerbeere, Zehe oder Ohrläppchen) angeklippt werden muß (Abb. 31.17).

Temperatur, pH-Wert und CO_2-Partial-Druck beeinflussen die Sauerstoffanlagerungskurve

Die Sauerstoffanlagerungskurve wird durch die Temperatur, den pH-Wert, den CO_2-Druck und andere Faktoren beeinflußt. Unter der Standard-O_2-Kurve versteht man den Kurvenverlauf bei 37 bzw. 38 °C (je nach Übereinkunft) und pH 7,4.

- Die *Linksverlagerung* dieser Kurve bedeutet eine Zunahme der Sauerstoffaffinität, d. h. die O_2-Aufnahme in den Lungen wird erleichtert, die O_2-Abgabe in den Geweben erschwert.
- Die *Rechtsverlagerung* bedeutet Abnahme der Sauerstoffaffinität, d. h. der Sauerstoff wird schwerer in den Lungen aufgenommen, aber besser in den Geweben abgegeben.

Unter physiologischen Bedingungen stehen die Wirkungen von Änderungen des pH-Wertes bzw. des CO_2-Druckes im Blut auf die Sauerstoffaffinität des Hämoglobins im Vordergrund. Beide Einflüsse werden nach ihrem Entdecker Christian Bohr (dem Vater von Niels Bohr) als *Bohr-Effekt* zusammengefaßt.

Ob die nach CO_2-Druckabnahme im Blut zu beobachtende Rechtsverlagerung der Sauerstoffanlagerungskurve ausschließlich auf den gleichzeitig damit einhergehenden Abfall des pH-Wertes (Henderson-Hasselbalch-Gleichung!, S. 18) zurückzuführen ist oder ob außerdem eine spezifische Wirkung auf die O_2-Affinität des Hämoglobins existiert, ist noch unklar. Die Erleichterung der O_2-Abgabe im sauren und CO_2-reichen Gewebebereich ist biologisch ebenso sinnvoll wie die verbesserte O_2-Abgabe bei erhöhter Temperatur (z. B. beim arbeitenden Muskel). Typische Verlagerungen der O_2-Anlagerungskurve des menschlichen Blutes können auch hervorgerufen werden durch

- infolge von Genmutationen veränderte Hämoglobine (S. 904),
- die Art des Hämoglobins (HbF oder HbA),
- die Hämoglobin- und Kationenkonzentrationen im einzelnen Erythrocyten,
- intraerythrocytäre Enzymdefekte (S. 892) sowie
- den Gehalt der Erythrocyten an organischen Phosphatverbindungen, auf deren Einfluß genauer eingegangen werden soll.

2,3-Bisphosphoglycerat verlagert die Sauerstoffanlagerungskurve nach rechts

Die Sauerstoffaffinität des Hämoglobins nimmt nach Zusatz organischer Phosphate ab, d. h. der Zusatz von

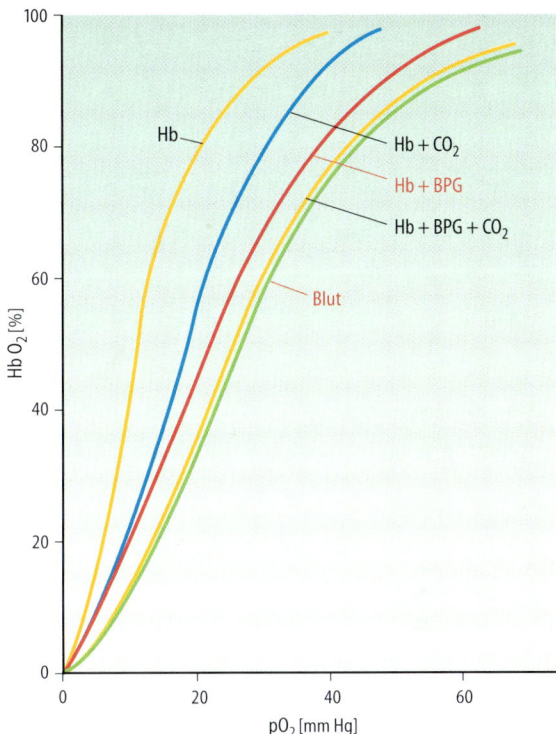

Abb. 31.18 Sauerstoffanlagerungskurven. Von *links* nach *rechts:* Hämoglobin in Abwesenheit von 2,3-Bisphosphoglycerat (BPG); Hämoglobin in Gegenwart von 40 mm Hg CO_2; Hämoglobin in Gegenwart von 2,3-Bisphosphoglycerat; Hämoglobin in Anwesenheit von 2,3-Bisphosphoglycerat und CO_2; Vollblut bei 40 mm Hg CO_2. Der pH-Wert der Hb-Lösung betrug 7,22 bei 50 % O_2-Sättigung. Der pH-Wert des Blutplasmas betrug 7,40 bei 50 % O_2-Sättigung, was einem pH-Wert von 7,22 innerhalb der Erythrocyten entspricht. (1 mm Hg ≈ 133,3 Pa)

2,3-Bisphosphoglycerat oder auch von ATP zu Hämoglobinlösungen bzw. der Konzentrationsanstieg dieser Phosphate im Erythrocyten verlagert die Sauerstoffanlagerungskurve nach rechts (Abb. 31.18). Die Erythrocyten des Menschen und der meisten Säugetiere enthalten wesentlich mehr 2,3-Bisphosphoglycerat als andere Körperzellen. 2,3-Bisphosphoglycerat, das auf einem Nebenweg der Glykolyse gebildet und abgebaut wird (S. 383), ist im menschlichen Erythrocyten etwa in der gleichen molaren Konzentration wie Hämoglobin und etwa in der vierfachen molaren Konzentration von ATP vorhanden. Durch Anlagerung des 2,3-Bisphosphoglyceratmoleküls an das desoxygenierte Hämoglobinmolekül wird die Sauerstoffaffinität von Hämoglobin herabgesetzt (Abb. 31.19). Dies erleichtert die Sauerstoffabgabe in der peripheren Zirkulation und gewährleistet eine bessere Sauerstoffversorgung der Gewebe. 2,3-Bisphosphatglycerat besitzt die Funktion eines Signals und wird deshalb als Signalmetabolit (S. 371) bezeichnet.

Der Erythrocyt besitzt mit diesem System einen Mechanismus zur Aufrechterhaltung der Sauerstoffversorgung der Gewebe unter verschiedenen ungünstigen äußeren Bedingungen. So kommt es beim Aufenthalt in

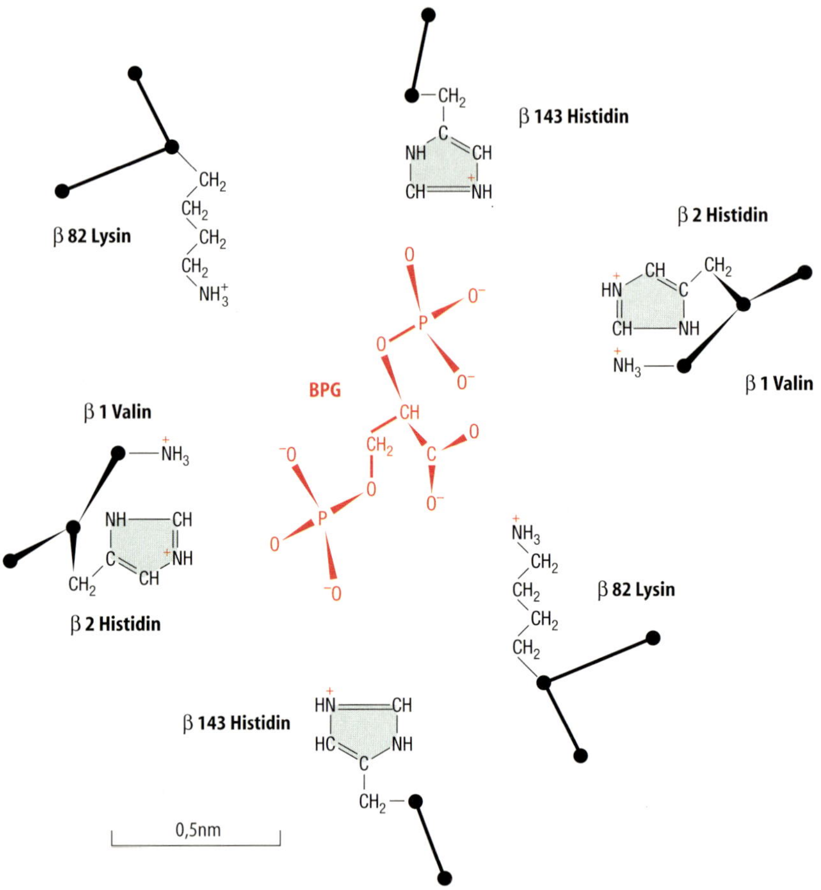

Abb. 31.19 Bindung des 2,3-Bisphosphoglycerats in der Spalte zwischen den beiden β-Ketten der Desoxyform des Hämoglobins (vgl. Abb. 2.50, S. 70)

Gebirgshöhen von 4500 m zu einer erheblichen Steigerung der 2,3-Bisphosphoglyceratkonzentration, die sich 52 Stunden nach Rückkehr der Personen ins Flachland wieder normalisiert. Gleichzeitig mit dieser 2,3-Bisphosphoglyceraterhöhung ist der Halbsättigungsdruck erhöht, d.h. derjenige Sauerstoffpartialdruck im Blut, der Hämoglobin bei einem pH von 7,40 und einer Temperatur von 37 bzw. 38 °C zu 50 % mit Sauerstoff sättigt (P_{50}). Dies entspricht einer Rechtsverlagerung der Sauerstoffanlagerungskurve. Der Organismus reagiert mit diesem Kompensationsmechanismus auch auf eine Änderung der zirkulierenden Erythrocytenmenge. Im Tierexperiment zeigen Affenerythrocyten bereits 24 Stunden nach Entnahme von etwa 40 % des Erythrocytenvolumens einen signifikanten 2,3-Bisphosphoglyceratanstieg mit entsprechender P_{50}-Erhöhung.

Die 2,3-Bisphosphoglyceraterhöhung bei Anämien soll – durch die dadurch bedingte Rechtsverlagerung – zu einer Entlastung des Herzens führen, das sein Minutenvolumen (Lehrbücher der Physiologie) entsprechend dem Hämoglobinverlust erhöhen müßte, um die Sauerstoffversorgung der Gewebe sicherzustellen. Möglicherweise führt aber weniger die Anämie als vielmehr eine intraerythrocytäre pH-Erhöhung zur 2,3-Bisphosphoglyceratvermehrung.

Die 2,3-Bisphosphoglyceratkonzentration wird über das Angebot von 1,3-Bisphosphoglycerat reguliert

An der Regulation des 2,3-Bisphosphoglyceratspiegels sind folgende Faktoren beteiligt:

1. Die Konzentration von 1,3-Bisphosphoglycerat, die mit steigendem pH-Wert des Erythrocyten ansteigt, da dadurch die Aktivität der Phosphofructokinase erhöht wird (S. 379). Außerdem wird die Konzentration von 1,3-Bisphosphoglycerat durch den $NAD^+/NADH/H^+$-Quotienten, den ADP/ATP-Quotienten und die Konzentration von anorganischem Phosphat beeinflußt. Der Einfluß dieser Stoffe auf die 1,3-Bisphosphoglyceratkonzentration beruht auf der Tatsache, daß die Glycerinaldehydphosphat-Dehydrogenase und die Phosphoglyceratkinase unter physiologischen Bedingungen sich im oder nahe am Gleichgewicht befinden. Der Spiegel von 1,3-Bisphosphoglycerat wird weiterhin indirekt durch die Aktivität der Pyruvatkinase bestimmt, die den unteren Abschnitt der Glykolyse reguliert. Alle Änderungen, die die Erhöhung der 1,3-Bisphosphoglyceratkonzentration hervorrufen, führen zu einer Beschleunigung der 2,3-Bisphosphoglyceratbiosynthese, da die Bisphosphoglyceratmutase im menschli-

chen Erythrocyten nicht mit ihrem Substrat gesättigt ist.

2. Ein weiterer Faktor bei der Regulation des 2,3-Bisphosphoglyceratstoffwechsels ist die Konzentration von 2,3-Bisphosphoglycerat selbst, das als Produkt eine starke Hemmung auf die 2,3-Bisphosphoglyceratmutase ausübt. Die Phosphatase schließlich wird durch einen pH-Abfall und einen Anstieg der 3-Phosphoglyceratkonzentration aktiviert.

Hypoxie führt zum Anstieg des 2,3-Bisphosphoglyceratspiegels im Erythrocyten

Bei den Änderungen des 2,3-Bisphosphoglyceratspiegels, die z. B. während einer *Hypoxie* (Sauerstoffmangel der Gewebe), einer *Alkalose* (Zunahme des pH-Wertes im Extracellulärraum) oder *Acidose* (Abfall des pH-Wertes im Extracellulärraum) auftreten, spielt der pH-Wert im Erythrocyten die Schlüsselrolle (Abb. 31.20).

Bei der *Hypoxie* führt der Sauerstoffmangel zu einer Hyperventilation mit vermehrtem Kohlendioxidverlust, sodaß der pH-Wert des Blutes und der Erythrocyten ansteigt (Alkalose). Gleichzeitig führt die vermehrte Bildung von Desoxyhämoglobin mit der damit verbundenen Aufnahme von Protonen (S. 900) zu einem Anstieg des intraerythrocytären pH-Wertes. Dies bewirkt die Abnahme der Konzentration von freiem 2,3-Bisphosphoglycerat, das sich ja bevorzugt an Desoxyhämoglobin bindet. Die *Alkalisierung* innerhalb des Erythrocyten führt zu einer Erhöhung der Glykolyserate vorwiegend durch Aktivierung der Phosphofructokinase, wodurch vermehrt 1,3-Bisphosphoglycerat entsteht. Demzufolge nimmt auch die Produktion von 2,3-Bisphosphoglycerat zu. Da die 2,3-Bisphosphoglyceratphosphatase durch einen pH-Anstieg gehemmt wird, tragen Hypoxie und Alkalose auch über eine Hemmung dieses Enzyms zu einem Konzentrationsanstieg bei. Auf der anderen Seite führt eine Acidose zu einer Erniedrigung der 2,3-Bisphosphoglyceratkonzentration.

Der durch diese Vorgänge vermittelte Anstieg der 2,3-Bisphosphoglyceratkonzentration während einer Hypoxie oder Alkalose wird offenbar durch einen Rückkoppelungsprozeß reguliert. Mit steigender Konzentration des nichtpermeablen 2,3-Bisphosphoglyceratanions sinkt der intraerythrocytäre pH-Wert aufgrund von Änderungen des Donnan-Gleichgewichts (S. 686) wieder ab. Der Abfall des pH-Wertes wirkt also dem durch die Hypoxie hervorgerufenen pH-Anstieg entgegen, d. h. die erhöhte 2,3-Bisphosphoglyceratbiosyntheserate wird bei hohen 2,3-Bisphosphoglyceratspiegeln wieder auf Normalwerte reduziert.

Wie wir bereits wissen, beeinflußt der Erythrocyten-pH-Wert nicht nur den 2,3-Bisphosphoglyceratstoffwechsel, sondern auch die Sauerstoffaffinität von Hämoglobin (Bohr-Effekt, S. 897). Ein Anstieg des pH-Wertes verlagert die Sauerstoffanlagerungskurve nach links. Der gleiche Anstieg des pH-Wertes verursacht jedoch einen Anstieg der 2,3-Bisphosphoglyceratkonzentration, der seinerseits eine Verlagerung der Kurve in die Gegenrichtung, nämlich nach rechts, hervorruft. Es erscheint somit wahrscheinlich, daß der 2,3-Bisphosphoglyceratmechanismus die pH-induzierte Änderung der Sauerstoffaffinität des Blutes bei chronischen Störungen des Säure-Basen-Haushaltes (S. 939) kompensiert.

Im Bereich der Gewebekapillaren wird Kohlendioxid im Erythrocyten in Bicarbonat überführt

Das im Zellstoffwechsel produzierte Kohlendioxid (Tabelle 31.12, S. 935) gelangt in den interstitiellen Raum und diffundiert von dort in das Plasma der Gewebekapillaren. Diese Vorgänge erfolgen in physikalischer Lösung. Im Plasma wird ein geringer Teil (etwa 0,1 %) zu Kohlensäure hydratisiert, die in Bicarbonat und Protonen dissoziiert, wobei letztere von Plasmapuffern abgefangen werden. Unter Verwendung des molaren Löslichkeitskoeffizienten (S. 20), der angibt, wieviel Millimol eines Gases sich in 1 l Flüssigkeit bei Einwirkung des Partialdruckes von 1 mm Hg lösen, errechnet sich die physikalisch gelöste Konzentration bei einem CO_2-Partialdruck im venösen (arteriellen) Bereich von etwa 45 (39) mm Hg mit 1,4 (1,2) mmol/l. Diese *physikalisch* gelöste Menge nimmt mit etwa 10 % am Transport teil. Die übrigen 90 % werden in *chemischer* Bindung und

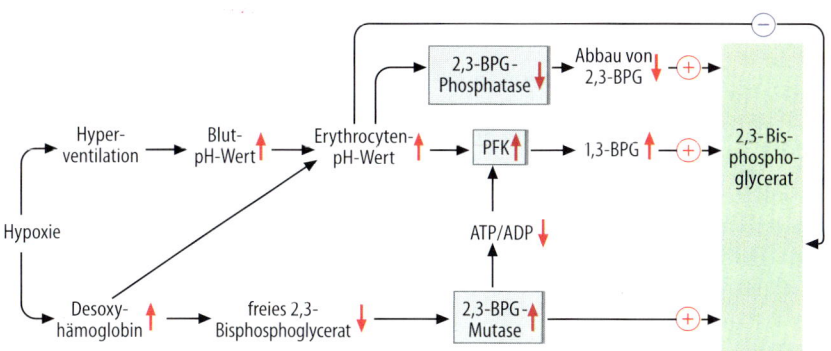

Abb. 31.20 Mechanismus des Hypoxie-induzierten Anstiegs des Erythrocyten-2,3-Bisphosphoglyceratspiegels. *BPG* Bisphosphoglycerat; *PFK* Phosphofructokinase. (Einzelheiten im Text)

als Bicarbonat befördert. Aus dem Plasma diffundiert Kohlendioxid in den Erythrocyten und wird dort an Aminogruppen des Hämoglobins (wahrscheinlich N-terminale Valylreste) in Form der Carbaminobindung (10–15 % des transportierten Kohlendioxids) gebunden. Die Reaktion verläuft nichtenzymatisch nach der Gleichung

$$R - NH_2 + CO_2 \rightleftharpoons R - NHCOO^- + H^+$$

Mit protonierten Aminogruppen (NH_3^+) bildet CO_2 *keine* Carbaminoverbindungen. Derartige Bindungen können auch mit Plasmaproteinen zustande kommen.

Der größere Teil des Kohlendioxids, der in die Erythrocyten diffundiert ist, wird unter Katalyse des im Blut nur in den Erythrocyten vorkommenden Enzyms **Carboanhydrase I** reversibel hydratisiert. Carboanhydrase I ist eines der schnellsten Enzyme: Pro Sekunde kann jedes Enzymmolekül 10^5 CO_2-Moleküle hydratisieren. Die entstandene Kohlensäure dissoziiert in Protonen und Bicarbonat. Da dadurch für Bicarbonat ein Konzentrationsgefälle ins Plasma entsteht, diffundiert es aus dem Erythrocyten ins Plasma. Die frei werdenden Protonen werden vom Hämoglobin aufgenommen, das bei der Sauerstoffabgabe in den Gewebekapillaren zu einer schwächeren Säure wird (Änderung des pK-Wertes der Aminogruppe von Valylresten und der Imidazolgruppe von Histidylresten, S. 49). Diese Abwanderung der Bicarbonatanionen als negative Ladungsträger würde die elektrische Neutralität zwischen Plasma und Erythrocyten stören, wenn nicht entweder die gleiche Menge Kationen ebenfalls aus dem Erythrocyten ins Plasma oder die gleiche Menge von Anionen aus dem Plasma in die Erythrocyten diffundieren würde. Da die Erythrocytenmembran für Kationen im Gegensatz zu Anionen schlecht permeabel ist, muß ein Anion in den Erythrocyten diffundieren. Dazu bietet sich das im Plasma in hoher Konzentration vorliegende Chloridanion an (S. 702). Dieser als **Chloridverschiebung** bezeichnete Austausch von Bicarbonat- gegen Chloridionen erfolgt über den Anionenkanal, ein transmembranäres Tetramer des **Protein 3** (Abb. 31.11, S. 891), und läuft bis zum Erreichen eines Gleichgewichtes ab. Dadurch steigt im Plasma die Konzentration von Bicarbonat an, das die wesentliche Transportform (75–80 %) von Kohlendioxid von den Geweben zu den Lungen darstellt.

Im Bereich der Lungenkapillaren wird Bicarbonat über Kohlensäure zu Kohlendioxid überführt

Im venösen Schenkel der Lungenkapillaren gerät das Blut mit dem CO_2-Partialdruck der Alveolarluft in Kontakt, der durch das Atemzentrum (Lehrbücher der Physiologie) auf 40 mm Hg eingestellt wird. Aus dem Blut diffundiert jetzt so viel CO_2 in die Gasphase, bis die CO_2-Konzentration wieder 1,2 mmol/l beträgt. Das diffundierende Kohlendioxid stammt aus zwei Quellen: Zum einen werden aus den covalenten Carbaminobindungen der Plasmaproteine und des Hämoglobins wieder CO_2-Moleküle freigesetzt, zum anderen laufen in den Erythrocyten die umgekehrten Vorgänge wie im Bereich der Gewebekapillaren ab: Die durch die Sauerstoffaufnahme stärkere Säure Oxyhämoglobin gibt Protonen ab, die mit Bicarbonat zu Kohlensäure zusammentreten. Die Carboanhydrase beschleunigt die Dehydratisierung von Kohlensäure zu Kohlendioxid, das den Erythrocyten verläßt und durch das Plasma in den Alveolarraum diffundiert. Da dadurch der Bicarbonatspiegel im Erythrocyten abfällt, diffundiert Bicarbonat aus dem Plasma nach, wobei die Erhaltung der Elektroneutralität wieder durch Chlorid, diesmal durch Abströmen durch den Anionenkanal ins Plasma, erfolgt.

Der größte Teil des CO_2-Transports verläuft also unter Vermittlung des Erythrocyten, der durch den Besitz der Carboanhydrase im Bereich der Gewebekapillaren aus dem CO_2 gut lösliches HCO_3^- für das Plasma bereitstellt und im Bereich der Lungenkapillaren das Bicarbonat wieder in das auszuscheidende, gut diffusible Kohlendioxid zurückverwandelt. Da die Erythrocyten weniger als 1 s in den Lungenkapillaren verweilen, würde diese Zeit für die nichtenzymatische Bereitstellung von CO_2 nicht ausreichen.

Täglich werden etwa 12 mol Kohlendioxid über die Lungen abgeatmet

Unter Ruhebedingungen beträgt die Gesamtmenge Kohlensäure in 1 l venösen Blutes 23,21 mmol, in derselben Menge arteriellen Blutes 21,53 mmol. Die Differenz von 1,68 mmol/l ist die Menge CO_2, die in 1 l Blut von den Geweben zu den Lungen transportiert wird und dort aus dem Blut in die Lungenalveolen diffundiert. Da die Lungen von 5 l Blut/min durchströmt werden, werden in dieser Zeit 8,4 mmol CO_2 abgegeben. Das bedeutet eine tägliche CO_2-Abgabe von 12 100 mmol **unter Ruhebedingungen.**

Wie die Gesamt-CO_2-Menge im Blut auf Plasma und Erythrocyten verteilt ist, zeigt Tabelle 31.4. Bei einem Hämatokrit von 40 % (Plasma 60 %, Erythrocyten 40 %) beträgt die CO_2-Konzentration in 600 ml venösen Plasmas 16,99 mmol, in derselben Menge arteriellen Plasmas 15,94 mmol. Die Differenz in Höhe von 1,05 mmol stellt die im **Plasma** von den Geweben zu den Lungen transportierte CO_2-Menge dar. Sie beträgt 62 % der transportierten Gesamt-CO_2-Menge (1,68 mmol). Von diesem Betrag werden nur 0,09 mmol in physikalischer Lösung und 0,96 mmol in Form von Bicarbonationen transportiert.

Die **Erythrocyten** (400 ml) transportieren 0,63 mmol CO_2 oder 38 % der Gesamtmenge, d. h. der Großteil des CO_2-Transports erfolgt im Plasma. Da aber die Bicarbonationen durch die intraerythrocytäre

Tabelle 31.4 Blutwerte des Probanden A. V. B. Konzentration des Hämoglobins = 8,93 mmol/l Blut (dieser Angabe liegt das Molekulargewicht des Monomers mit 16,7 kD zugrunde), Hämatokrit = 40 %

	Venös	*Arteriell*	*Differenz*
Gesamt-CO_2 [mmol/l Blut]	23,21	21,53	+ 1,68
Gesamt-CO_2 im *Plasma* von 1 l Blut (= 600 ml)	16,99	15,94	+ 1,05
davon: als gelöstes CO_2	0,80	0,71	+ 0,09
als HCO_3^--Ionen	16,19	15,23	+ 0,96
pH	7,429	7,455	− 0,026
Netto-negative Ladungen an Plasmaproteinen	7,80	7,89	− 0,09
Chloridionen	58,72	59,59	− 0,87
Gesamt-CO_2 in den *Erythrocyten* von 1 l Blut (= 400 ml)	6,22	5,59	+ 0,63
davon: als gelöstes CO_2	0,39	0,34	+ 0,05
als Carbamino-CO_2	1,42	0,97	+ 0,45
als HCO_3^--Ionen	4,41	4,28	+ 0,13
Netto-negative Ladungen am Hämoglobin	21,15	22,60	− 1,45
Chloridionen	18,98	18,11	+ 0,87

Alle Angaben – mit Ausnahme des pH-Wertes (ohne Dimension) – in mmol/l.

Carboanhydrase gebildet und die entstehenden Protonen durch Hämoglobin abgepuffert werden, ist der Erythrocyt Voraussetzung für den CO_2-Transport.

Wie aus Tabelle 31.4 weiterhin hervorgeht, ändert sich die negative Ladung der Plasmaproteine, da sie 0,09 mmol Protonen aufnehmen, die aus der im Plasma gebildeten Kohlensäure stammen. Die dabei gebildeten 0,09 mmol Bicarbonationen verbleiben im Plasma. Weil die gesamte transportierte Bicarbonationenmenge 0,96 mmol beträgt, müssen 0,87 mmol (0,96–0,09) aus den Erythrocyten ins Plasma übergetreten sein.

Die Bedeutung des Hämoglobins für den CO_2-Transport ist aus dem unteren Teil von Tabelle 31.4 zu ersehen: Da Hämoglobin 1,45 Einheiten negative Ladungen verliert, müssen in Erythrocyten 1,45 mmol Protonen gebildet und von Hämoglobinmolekülen aufgenommen worden sein. Davon entstehen 0,45 mmol bei der Bildung von Carbaminoverbindungen (R – $NHCOO^-$ + H^+), der Rest bei der Hydratisierung von 1 mmol CO_2 zu HCO_3^- und Protonen. Die Protonen beider Gruppen werden von Hämoglobinmolekülen abgepuffert.

Da sich die Chloridkonzentration um 0,87 mmol ändert, müssen von den 1 mmol entstandenen Bicarbonationen (s. oben) 87 % ins Plasma übergetreten sein.

Das Entscheidende beim CO_2-Transport ist, daß jedes CO_2-Molekül, das zum Transport nicht physika-

lisch gelöst wird, nur unter Freisetzung von Protonen (durch Bildung von Bicarbonationen und Carbaminoverbindungen) befördert werden kann. Die Funktion des Hämoglobins beim CO_2-Transport liegt darin, daß es den wesentlichen Teil der freigesetzten Protonen (1,45 mmol von 1,54 mmol; die restlichen 0,09 mmol werden von den Plasmaproteinen abgepuffert) aufnimmt.

Von den in Tabelle 31.4 angegebenen Meßgrößen sind nur der pH-Wert (pH-Elektrode, S. 17), die Gesamtmenge CO_2 und der pCO_2 meßbar, während für die Bestimmung von Bicarbonationen und gelöstem CO_2 keine direkten Meßmethoden existieren.

Sind die Gesamtmenge CO_2 und der pH-Wert bekannt, so können nach der Gleichung von Henderson und Hasselbalch (S. 18) die Bicarbonatkonzentration und der CO_2-Partialdruck berechnet werden:

$$pH = pK + \log \frac{[HCO_3^-]}{[CO_2]}.$$

Da die Konzentration des gelösten CO_2, die in der Gleichung für die Summe aus CO_2 und H_2CO_3 steht (S. 15), dem CO_2-Partialdruck direkt proportional ist, kann unter Verwendung des molaren Löslichkeitskoeffizienten für CO_2 in der Gleichung statt $[CO_2] = [S \cdot pCO_2]$ gesetzt werden:

$$pH = pK + \log \frac{[HCO_3^-]}{[S \cdot pCO_2]}.$$

Da die Gesamtmenge CO_2 im Plasma die Summe aus gelöstem CO_2 und Bicarbonationen darstellt, kann bei bekannter Gesamt-CO_2-Konzentration die Bicarbonatkonzentration folgendermaßen errechnet werden:

$$[\text{Gesamtmenge } CO_2]_P = [CO_2]_P + [HCO_3^-]_P;$$

$$[\text{Gesamtmenge } CO_2]_P = [S \cdot pCO_2] + [HCO_3^-]_P;$$

$$[HCO_3^-]_P = [\text{Gesamtmenge } CO_2]_P - [S \cdot pCO_2].$$

Setzt man diesen Ausdruck für HCO_3^- in die obige Henderson-Hasselbalch-Gleichung ein, so entsteht:

$$pH = pK + \log \frac{[\text{Gesamtmenge } CO_2]_P - [S \cdot pCO_2]}{[S \cdot pCO_2]}.$$

Der pK-Wert, der von Bestimmungsmethode, Temperatur und pH-Wert abhängt, beträgt im allgemeinen 6,10, der molare Löslichkeitskoeffizient für Plasma bei 37 °C 0,0304.

$$pH = 6,10 + \log \frac{[\text{Gesamtmenge } CO_2]_P - [0,0304 \cdot pCO_2]}{[0,0304 \cdot pCO_2]}.$$

Diese Gleichung enthält drei Unbekannte: den pH-Wert, die Gesamt-CO_2-Konzentration im Plasma und

Tabelle 31.5 Berechnung von pCO_2, $[CO_2]_P$ und $[HCO_3^-]_P$ nach Bestimmung des pH-Wertes und der Gesamtmenge CO_2 in Plasmaproben arteriellen und venösen Blutes

Werte	Venös	Arteriell
Gemessen		
pH-Wert	7,39	7,44
Gesamt-CO_2 [Vol%]	62,0	59,4
Errechnet		
Gesamt-CO_2 [mmol/l]	27,8	26,7
pCO_2 [mm Hg]	45	39
$[CO_2]_P$ [mmol/l]	1,4	1,2
$[HCO_3^-]_P$ [mmol/l]	26,4	25,5

den CO_2-Partialdruck. Sind zwei dieser Größen bekannt, so kann die dritte berechnet werden.

Da die Gesamtmenge CO_2 im Plasma oft in Volumenprozent angegeben wird, muß sie unter Verwendung eines Umrechnungsfaktors vor Einsetzen in die Gleichung noch in mmol/l umgerechnet werden. Zur Berechnung der CO_2-Verteilung im Plasma werden also in Plasmaproben arteriellen und venösen Blutes der pH-Wert und die Gesamtmenge CO_2 bestimmt (Tabelle 31.5).

Nach der Umrechnung der Volumenprozente in mmol/l Gesamtmenge CO_2 lassen sich aus der Henderson-Hasselbalch-Gleichung der CO_2-Partialdruck und damit auch die Konzentration des gelösten Kohlendioxids sowie die Bicarbonatkonzentration errechnen oder aus speziellen Nomogrammen (Abb. 31.21) ablesen.

Da die Erythrocyten einen wesentlichen Anteil am CO_2-Transport haben, kann auch die Verteilung des Kohlendioxids im Gesamtblut, d.h. Plasma und Erythrocyten, durch einfache – an dieser Stelle nicht erwähnte – Berechnungen ermittelt werden.

Hämoglobin ist aufgrund seiner hohen Konzentration ein wichtiges Puffersystem im Blutplasma

Nach dem Bicarbonatpuffersystem (S. 21) ist das Hämoglobinprotein das wichtigste Puffersystem im Blut, was auf die hohe Konzentration und die Histidylreste mit den günstigen pK-Werten (Abb. 2.19, S. 49) zurückzuführen ist. Wie bereits mehrfach erwähnt, führt die Oxygenierung des Hämoglobins zur Abgabe von Protonen, die Desoxygenierung zu deren Aufnahme. Normalerweise kann das Hämoglobinprotein pro 1 mol abgegebenen Sauerstoff 0,7 mol Protonen aufnehmen. Das bedeutet, daß bei einem respiratorischen Quotienten (RQ, S. 711) von 0,7 (Fettoxidation) alle durch den CO_2-Abtransport anfallenden Protonen von Hämoglobinmolekülen aufgenommen werden können. Bei einem RQ von 1,0 (Kohlenhydratoxidation) können nur 70 % gepuffert werden. Deshalb weist das venöse Blut bei normalem Stoffwechsel (RQ > 0,7) einen geringe-

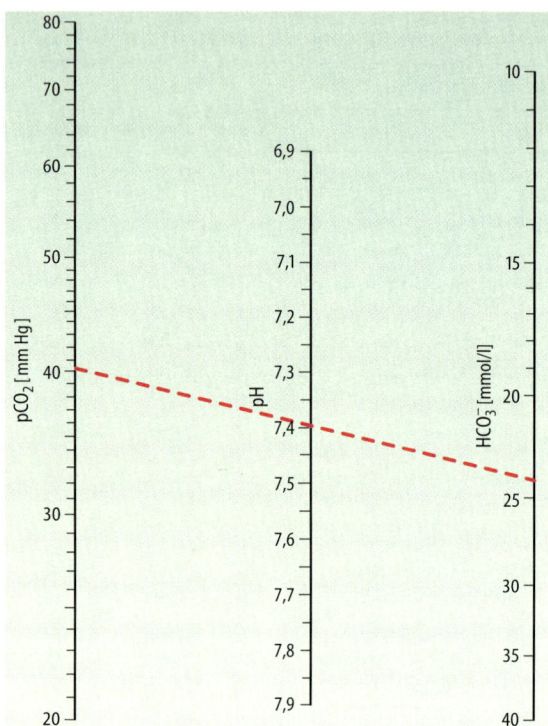

Abb. 31.21 Nomogramm zur Ermittlung des CO_2-Partialdruckes, des pH-Wertes und der Plasmabicarbonatkonzentration. Sind zwei dieser drei Größen bekannt, so kann die dritte – unter Verwendung eines Lineals – abgelesen werden

ren pH-Wert (= höhere Protonenkonzentration) als das arterielle auf.

31.1.8 Pathobiochemie

Beim Diabetiker wird vermehrt Glykohämoglobin gebildet

Ein glucoseenthaltendes Hämoglobin (HbA_{1c}) ist in einer Konzentration von 4–6 % im Erythrocyten nachweisbar. Dieses *Glykohämoglobin* entsteht durch nichtenzymatische Modifikation der terminalen Aminogruppen des Valylrestes der β-Ketten des normalen HbA und ist bei Diabetikern auf das 2- bis 3fache erhöht (S. 809). Die Ausbildung der covalenten Bindung erfolgt über die Bildung einer Schiff-Base (S. 525) zwischen der Aldehydfunktion der Glucose und dem Aminoterminus von Valin, aus der durch Umlagerung ein stabiles Ketamin entsteht.

Verschiedene Medikamente begünstigen die Bildung von Methämoglobin

Wird das zweiwertige Eisen im Hämoglobin zu dreiwertigem oxidiert, so kann das entstandene *Methämo-*

globin (Hämiglobin) keinen Sauerstoff mehr transportieren. In vivo wie in vitro kann Methämoglobin durch Einwirkung von Oxidationsmitteln wie Kaliumferricyanid, Wasserstoffperoxid oder aromatische Nitro- und Aminverbindungen (Nitroglycerin, Anilin) entstehen. Im Erythrocyten entsteht Methämoglobin ständig durch die Anlagerung des Sauerstoffes an Hämoglobin. Bei diesem als *Autoxidation* bezeichneten Vorgang führt die Übernahme eines Elektrons von Eisen zur Bildung von Methämoglobin und dem Superoxidanion (O_2^-). Daß die Methämoglobinkonzentration i. allg. 1–2 % nicht überschreitet, ist auf eine intraerythrocytäre NADH-abhängige *Methämoglobinreduktase* zurückzuführen.

Das Superoxidanion wird durch eine Superoxiddismutase (Konzentration im Erythrocyten etwa 20 mmol/l) zu H_2O_2 reduziert und anschließend durch die auf S. 889 erwähnte Peroxidase zu H_2O und O_2 entgiftet. Ist die Aktivität der Methämoglobinreduktase – wie bei der familiären Methämoglobinämie – stark vermindert, so kann das ständig gebildete Methämoglobin nicht mehr ausreichend reduziert werden, so daß die Konzentration bis auf 30 % ansteigt. Folge der dadurch verursachten mangelnden Sauerstoffversorgung der Gewebe ist eine Vermehrung der Erythrocyten im Blut (reaktive Polycythämie), die Störungen der Hämodynamik bedingt (Lehrbücher der Physiologie). Phenacetin, ein schmerzlinderndes Mittel, ist als Anilinderivat (s. oben) Methämoglobinbildner. Während bei normaler Dosierung das Maß der Hämiglobinbildung beim Erwachsenen keine Rolle spielt, wird bei Säuglingen und Kleinkindern sehr viel leichter Methämoglobin gebildet. Bei leichten Vergiftungen kann man starke Reduktionsmittel (Ascorbinsäure, Methylenblau) verabreichen, in schweren Fällen sind Austauschtransfusionen erforderlich.

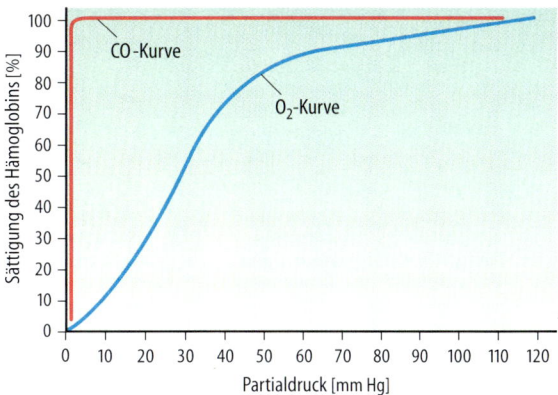

Abb. 31.22 Die Kurven zeigen, zu welchem Prozentsatz das Hämoglobin bei einem bestimmten Gasangebot (Sauerstoff bzw. Kohlenmonoxid) mit dem betreffenden Gas beladen ist. Aufgrund der hohen Affinität des Hämoglobins zu Kohlenmonoxid führen schon sehr geringe CO-Drucke zu einer 100%igen Sättigung des Hämoglobins, die beim Sauerstoff erst bei Drucken von etwa 120 mm Hg erreicht wird. Ausführlich wird diese Kurve auf S. 897 diskutiert. (1 mm Hg ≈ 133,3 Pa)

Hämoglobin besitzt eine 300fach höhere Affinität zu Kohlenmonoxid als zu Sauerstoff

Kohlenmonoxid (CO) ist ein giftiges Gas, das durch unvollständige Verbrennung organischer Verbindungen entsteht. Die Toxizität dieses farb- und geruchlosen Gases kommt dadurch zustande, daß es sich an Stelle des Sauerstoffs an das Hämoglobinmolekül anlagert und so den Sauerstofftransport blockiert. Da die Affinität des Hämoglobinmoleküls zu Kohlenmonoxid rund 300mal so hoch ist wie zu Sauerstoff (Abb. 31.22), führen schon geringe Mengen dieses Gases zu einer starken Reduktion der Sauerstofftransportfähigkeit des Blutes. Die daraus resultierende Hypoxie (Sauerstoffmangel der Gewebe) wird noch dadurch verstärkt, daß Kohlenmonoxid eine *Linksverlagerung* der Sauerstoffanlagerungskurve (S. 897) bewirkt, so daß die Abgabe des noch transportierten Sauerstoffs im Bereich der Gewebe erschwert ist. Erst durch diesen Umstand wird es verständlich, daß eine CO-Vergiftung, die mit

60 % CO-Hämoglobin einhergeht, eine tödliche Bedrohung darstellt, während eine Anämie mit 40 % des normalen Hämoglobingehaltes durchaus mit dem Leben vereinbar ist. Daneben blockiert Kohlenmonoxid auch *Myoglobin* und andere *eisenhaltige* Proteine. Wegen der reversiblen Anlagerung des Kohlenmonoxids an den Porphyrinanteil des Hämoglobins kann das CO-Hämoglobin durch hohe Sauerstoffdrucke in O_2-Hb überführt werden. Vergiftete sind deshalb schnell aus dem Kohlenmonoxid-haltigen Milieu (z. B. Abgasen in Garagen) zu bringen.

Bei Zigarettenrauchern findet man im Durchschnitt 4–9 %, bei stärkeren Rauchern auch Werte bis zu 15–20 % CO-Hämoglobin (!).

Die Thalassämien kommen durch quantitative Störungen der Globinkettenproduktion zustande

Bei den bereits in Kapitel 13 (S. 335) diskutierten Thalassämien ist die Biosynthese eines der beiden Kettentypen des Hämoglobins in den Erythroblasten des Knochenmarks verlangsamt. Die **homozygote Form** (Thalassaemia major) führt im Gegensatz zur wesentlich gutartigeren, **heterozygoten Form** (Thalassaemia minor) immer im Kindesalter zum Tode, da die molekularen Veränderungen so ausgeprägt sind, daß eine ausreichende Sauerstoffversorgung der Gewebe nicht mehr gewährleistet ist.

α-Thalassämien. Deletionen treten häufiger in der α-Globinfamilie auf, da der gesamte Komplex Sequenzhomologien aufweist und die Verdoppelung der *β*- und α-Gene (Abb. 31.15, S. 894) die Wahrscheinlichkeit der Fehlanlagerung während der Meiose erhöhen kann. Eine ungleiche Überkreuzung kann zu Chromosomen

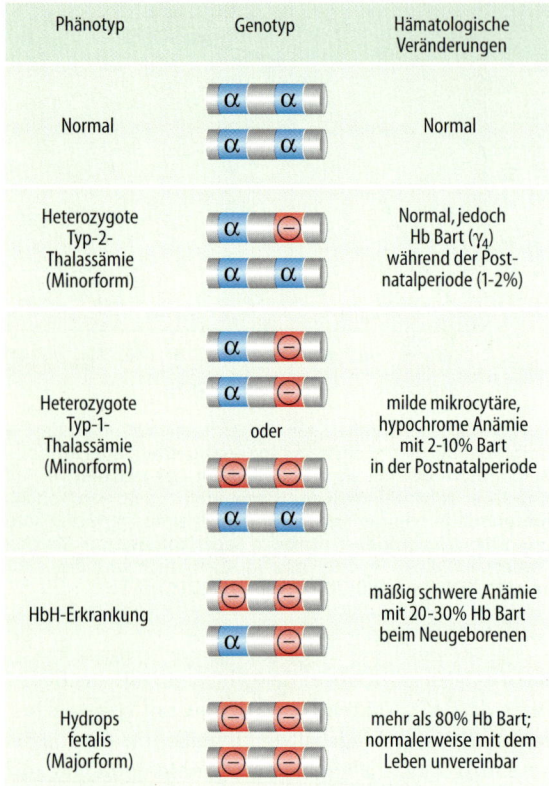

Phänotyp	Genotyp	Hämatologische Veränderungen
Normal	α α / α α	Normal
Heterozygote Typ-2-Thalassämie (Minorform)	α ⊖ / α α	Normal, jedoch Hb Bart (γ_4) während der Postnatalperiode (1–2%)
Heterozygote Typ-1-Thalassämie (Minorform)	α ⊖ / α ⊖ oder ⊖ ⊖ / α α	milde mikrocytäre, hypochrome Anämie mit 2–10% Bart in der Postnatalperiode
HbH-Erkrankung	⊖ ⊖ / α ⊖	mäßig schwere Anämie mit 20–30% Hb Bart beim Neugeborenen
Hydrops fetalis (Majorform)	⊖ ⊖ / ⊖ ⊖	mehr als 80% Hb Bart; normalerweise mit dem Leben unvereinbar

Abb. 31.23 Alle vier Genloci werden gleich stark exprimiert. Die Existenz von vier α-Genen erklärt, warum die α-Thalassämien i. allg. – mit Ausnahme der homozygoten Form – klinisch weniger dramatisch verlaufen als die β-Thalassämien. Der Verlust von 1, 2 oder 3 Genen wird zumindest teilweise durch die übrigen kompensiert

mit einer Überzahl oder verringerten Anzahl von α-Genen führen. Die Tatsache, daß vier α-Gene (jeweils zwei auf jedem Chromosom 16) existieren, erklärt, warum α-Thalassämien i. allg. weniger dramatisch verlaufen als β-Thalassämien (Abb. 31.23). Die **homozygote** α-Thalassämie, die zum Hydrops fetalis (Morbus haemolyticus neonatorum) und zum Tod in utero führt, beruht auf einer Deletion aller vier Globingene. Die Hämoglobin-H-Erkrankung, eine milde, hypochrome, hämolytische Anämie, ist in vielen Fällen auf die Deletion von drei α-Genen zurückzuführen. Die beiden **heterozygoten** Zustände werden durch die Deletion von einem oder zwei α-Genen verursacht.

Durch die Störung der Biosynthese der α-Ketten ist nicht nur die Produktion von HbA₁, sondern auch von HbA₂ und HbF verringert. Beim Embryo treten die überschüssigen γ-Ketten wegen der eingeschränkten α-Kettenbiosynthese zu γ_4-Tetrameren (Hb γ_4 oder HbBart) zusammen. Da nach der Geburt die γ-Ketten durch β-Ketten ersetzt werden, bilden β-Ketten, die keine α-Ketten zur Bildung des normalen $\alpha_2\beta_2$-Hämoglobins finden, **β_4-Tetramere** (HbH). HbBart und HbH zeigen *keinen* Bohr-Effekt mehr (S. 897), sind instabil und neigen zu Verklumpungen, wodurch die normale

Lebensdauer der Erythrocyten, die bizarre Formen aufweisen können (Abb. 13.18, S. 332), herabgesetzt wird (hämolytische Anämie).

β-Thalassämien. Im Gegensatz zur α-Thalassämie wird die β-Thalassämie erst einige Wochen oder Monate nach der Geburt manifest, wenn die γ-Ketten durch β-Ketten ersetzt werden.

Da die Biosynthese dieser Ketten jedoch reduziert ist (β^+) oder überhaupt nicht stattfindet (β°), treten überschüssige α-Ketten mit – auch im Erwachsenenalter bei der β-Thalassämie weiter synthetisierten – γ- oder δ-Ketten zusammen, wodurch bei der heterozygoten Form der Prozentsatz von HbA₂ ($\alpha_2\delta_2$) auf 4–6% (normal 2–3%) und von HbF ($\alpha_2\gamma_2$) auf 0,5–6% (normal nicht vorhanden) erhöht ist. Es werden keine α_4-Tetramere gebildet.

Die Instabilität der Erythrocyten von Patienten mit Thalassämien ist zumindest teilweise dadurch bedingt, daß freie α- und β-Ketten wesentlich rascher als im Tetramerverband des normalen Hämoglobins autoxidieren (S. 889). Dadurch wird entsprechend mehr Superoxidanion gebildet und die Kapazität des Dismutasesystems überschritten, so daß Schäden an der Erythrocytenmembran durch die Peroxidation von Membranlipiden und SH-Gruppen von Proteinen resultieren.

Daß bei der homozygoten Form der β-Thalassämie der HbF-Gehalt der Erythrocyten zwischen 50 und 100% liegen kann, erklärt die letalen Folgen dieser Krankheit, da HbF speziell für den Sauerstofftransport unter den Bedingungen des fetalen Kreislaufs (S. 894) und nicht denen des Erwachsenen geschaffen ist.

Punktmutationen in Exonbereichen der Globingene führen zu qualitativ veränderten Hämoglobinen

Abweichungen der normalen Sequenz der Globinketten werden bei etwa jedem 600sten Menschen beobachtet. Inwieweit der Austausch einer Aminosäure Einfluß auf die Struktur und Funktion des Hämoglobins besitzt, hängt davon ab, welcher Art die Substitution ist (z. B. Austausch einer hydrophoben durch eine hydrophile Aminosäure), und ob die ausgetauschte Aminosäure an der Oberfläche oder im Inneren des Moleküls liegt. Hämoglobinanomalien werden autosomalrezessiv vererbt. Bei heterozygoten Trägern, die zur Hälfte ein normales und ein pathologisches Hämoglobin besitzen, reicht die Menge des normalen Hämoglobins zur Sauerstoffversorgung der Gewebe aus, während bei homozygoten Trägern schwere Anämien und in vielen Fällen der Tod eintreten. Die anomalen Hämoglobine werden mit den großen Buchstaben des Alphabets oder mit dem Klinik-, Ortschafts- oder Patientennamen bezeichnet, der mit ihrer erstmaligen Beschreibung in Zusammenhang steht (Tabelle 31.6). Die Mutation wird entweder auf DNA-Ebene (z. B. GAG →

Tabelle 31.6 Genetische Störungen der Aminosäuresequenz von Hämoglobinen (Auswahl aus über 250 bekannten Varianten)

Hämoglobin		Störung		Substitution
HbS		Sichelzellbildung	β^6	Glu→Val
HbM	Iwate	Methämoglobin-bildung	α^{87}	His→Tyr
HbM	Boston	Methämoglobin-bildung	α^{58}	His→Tyr
HbM	Hyde Park	Methämoglobin-bildung	β^{92}	His→Tyr
HbM	Saskatoon	Methämoglobin-bildung	β^{63}	His→Tyr
HbM	Milwaukee I	Methämoglobin-bildung	β^{67}	Val→Glu
HbH	Hammersmith	Abspaltung des Hämanteils	β^{42}	Phe→Ser

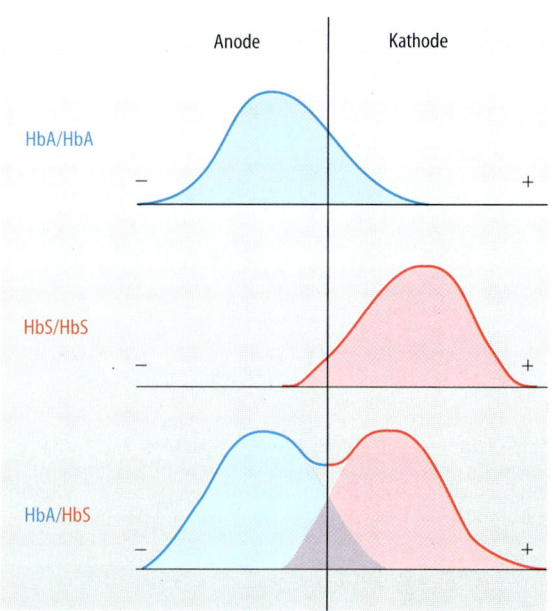

Abb. 31.24 Elektropherogramme von Hämoglobinen gesunder Personen (*HbA/HbA*) und von Patienten mit heterozygoter (*HbA/HbS*) und homozygoter (*HbS/HbS*) Sichelzellanämie

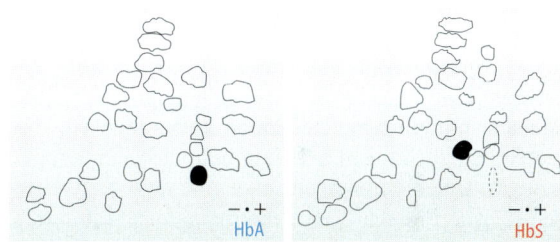

Abb. 31.25 Wanderung tryptischer Peptide normalen Hämoglobins (*HbA*) und Sichelzellhämoglobins (*HbS*). Nur ein Peptid (*schwarz*) zeigt eine unterschiedliche Wanderung

GTG) oder Proteinebene (β^6Glu → Val oder Glu6Val) beschrieben, d. h. in diesem Fall ist der Glutamylrest in Stellung 6 der β-Ketten durch einen Valylrest ersetzt.

Bei der homozygoten Form der Sichelzellkrankheit kommt es im peripheren, d. h. sauerstoffarmen Blut zum Auftreten sichelförmiger Erythrocyten, die zur Hämolyse neigen (Abb. 13.18, S. 332). Seit Ende der 40er Jahre ist bekannt, daß Patienten mit der Sichelzellkrankheit ein Hämoglobin besitzen, das eine *veränderte elektrophoretische Mobilität* (Abb. 31.24) aufweist. Die molekulare Ursache des Defekts konnte jedoch erst durch den Nachweis geklärt werden, daß der Unterschied durch den Austausch einer Aminosäure in den β-Ketten zustande kommt: nach Spaltung des Hämoglobins durch Trypsinbehandlung (S. 55) in Peptide entstehen bei der Trennung durch Elektrophorese und Chromatographie charakteristische Flecken, die als Fingerabdrücke („fingerprints") bezeichnet werden. Beim Vergleich der Wanderungen der tryptischen Peptide normalen Hämoglobins mit denen von Patienten mit der Sichelzellkrankheit fiel auf, daß – wie Abb. 31.25 zeigt – ein Peptidfragment eine veränderte Wanderungsgeschwindigkeit zeigte. Die Untersuchung dieses Bruchstücks, eines Octapeptides der β-Kette, ergab, daß es im Gegensatz zum normalen Hämoglobin A einen Valyl- statt eines Glutamylrestes enthält.

Dieser Austausch einer hydrophilen Aminosäure durch eine hydrophobe bedingt die veränderte elektrophoretische Mobilität des Sichelzellhämoglobins. Nach Aufklärung der Primärstruktur des Hämoglobins zu Anfang der 60er Jahre konnte mühelos festgestellt werden, daß der Defekt in Stellung 6 der β-Kette (HbS = $\alpha_2\beta_2$6Glu → Val) liegt, einem Bereich, der sich an der Oberfläche des Hämoglobins befindet. Diese Substitution wird durch den Ersatz einer Purinbase im Codon für Glutamat (GAG) verursacht, der es in ein Codon für Valin (GTG) umwandelt. Die Sauerstoffanlagerung ist

beim Sichelzellhämoglobin nicht gestört; die mit diesem Hämoglobin beladenen Erythrocyten besitzen jedoch die besondere Neigung, im peripheren Blut eine Sichelzellform anzunehmen. Ursache der Sichelzellbildung ist die bereits in Kapitel 13 (Abb. 13.23, S. 335) beschriebene Aggregation von Hämoglobin-S-Molekülen. Der Selektionsvorteil heterozygoter Träger der HbS-Anlage beruht darauf, daß Erythrocyten, die den Malariaparasiten enthalten, sehr viel leichter als nichtinfizierte Zellen sicheln, da sie einen niedrigeren pH-Wert aufweisen. Mit dem Sicheln im sauerstoffarmen Blut ist der Verlust von Kaliumionen verbunden, der zum Tod des Parasiten führt.

Die Sichelzellmutation ist unabhängig in drei geographischen Regionen in Afrika entstanden

Auf der Grundlage der Proteinanalyse war seit langem bekannt, daß die Mutation bei allen Populationen, bei

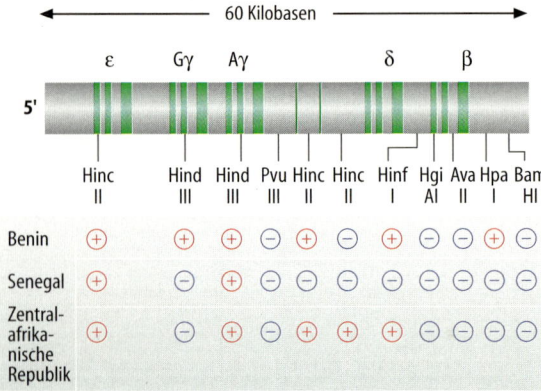

Abb. 31.26 Verteilung von drei Populationen mit Sichelzellanämie in Afrika. Die Haplotypen können mit drei verschiedenen geographischen Ursprungsregionen korreliert werden. Von diesen Regionen sind die Haplotypen nicht nur in Afrika verbreitet worden, sondern über den Sklavenhandel auch in die Karibik und die Vereinigten Staaten

denen die Krankheit auftritt, identisch ist, d. h. in Ost- und Westafrika, im Mittelmeergebiet sowie in Indien. Wie jedoch eine einzige Mutation eine derart weite Verbreitung gefunden hat, konnte erst mit molekularbiologischen Methoden geklärt werden, die der Beantwortung der Frage dienten, ob das defekte Gen einmalig entstanden ist und durch Völkerwanderungen verbreitet wurde oder ob es unabhängig in verschiedenen geographischen Regionen entstanden ist. Für diese Untersuchungen bediente man sich der Koppelung neutraler Polymorphismen mit dem Sichelzellgen (S. 320). Mit acht Restriktionsenzymen konnten in den etwa 60 000 Basenpaare umfassenden β-Globingengruppen 20 verschiedene Polymorphismen (Haplotypen) identifiziert werden. Unter Verwendung dieses Ansatzes wurden die Haplotypen für 11 Restriktionsenzymspaltstellen in der DNA von Patienten mit Sichelzellanämie und Kontrollpersonen in vier Regionen in Afrika [Senegal, Benin (Golf von Guinea), Zentralafrikanische Republik und Algerien] untersucht. Die Sichelzellmutation war – wie Abb. 31.26 zeigt – mit drei verschiedenen Haplotypen gekoppelt: Alle Individuen in Benin und Algerien hatten denselben Haplotyp (I), 85 % der Patienten in der Zentralafrikanischen Republik einen anderen (II) und 82 % in Senegal den Haplotyp III. Nach diesen Befunden muß die Sichelzellmutation unabhängig als de-novo-Mutation (S. 329) in drei geographischen Regionen in Afrika entstanden und durch Völkerwanderungen verbreitet worden sein. Unter Schwarzen in den USA und der Karibik ist das Sichelzellgen vorwiegend mit den Senegal- und Beninhaplotypen gekoppelt, was mit geschichtlichen Überlieferungen übereinstimmt, da v. a. diese Gegenden als Ressource für den Sklavenhandel dienten. Diese Untersuchungen stellen ein interessantes Modell für die Anwendung molekularbiologischer Techniken auf dem Gebiet der Anthropologie dar.

31.1.9 Erythrocyten-Antigene

Die AB0- und Rhesussysteme sind die wichtigsten Blutgruppenantigene

Die Blutgruppenunterteilungen innerhalb einer Species kommen dadurch zustande, daß bestimmte Mitglieder der Species auf ihrer Erythrocytenoberfläche Antigene (S. 1059) besitzen, die auf den Erythrocyten anderer Mitglieder derselben Species fehlen. Diese Antigene werden durch Serumantikörper entdeckt, die die Erythrocyten zur Agglutination (Zusammenballung) bringen. Die Blutgruppenantigene kommen nicht nur auf Erythrocyten, sondern auch auf sehr vielen anderen Zelloberflächen und in Körperflüssigkeiten vor. Aber sie beschränken sich nicht nur auf den Menschen: Blutgruppen und blutgruppenähnliche Verbindungen kommen bei allen Tieren und vielen Mikroorganismen vor. Deshalb werden diese Antigene als *heterophile Antigene* bezeichnet, d. h. es handelt sich um Antigene, die Affinität zu Antikörpern besitzen, die aufgrund ihrer Herkunft eigentlich nichts mehr mit dem betreffenden Antigen zu tun haben dürften. So entwickeln z. B. Kaninchen, die mit Meerschweinchenniere immunisiert wurden, hämolytisierende Antikörper gegen Schafserythrocyten. Die Blutgruppenantigene heißen also nur deshalb so, weil sie zuerst an Erythrocyten entdeckt worden sind.

Beim Menschen sind vierzehn Blutgruppensysteme bekannt, die aus mehr als hundert verschiedenen Blutgruppenantigenen bestehen. Die am längsten bekannten sind das AB0-System (vor hundert Jahren entdeckt) und das Rhesussystem (vor fünfzig Jahren entdeckt).

Beim *AB0-System* werden Träger der Blutgruppe A, B oder AB unterschieden, in deren Serum die Antikörper Anti-B (β), Anti-A (α) bzw. keine Antikörper vorkommen. Bei Menschen mit der Blutgruppe 0 finden sich im Serum die Antikörper Anti-A und Anti-B (Tabelle 31.7). Es gibt kein 0-Antigen, Gruppe-0-Erythrocyten besitzen das *H-Antigen,* die Bezeichnung Blutgruppe 0 wurde nur aus historischen Gründen beibehalten.

Die Produktion dieser Antikörper (Isoagglutinine) wird durch blutgruppensubstanzhaltige Bakterien der Darmflora stimuliert. Genetisch bedingt ist nur die

Tabelle 31.7 Das AB0-System (die prozentuale Verteilung in Mitteleuropa)

Blutgruppe	Antigen auf Erythrocyten	Antikörper im Serum
A (40 %)	A	Anti-B (β)
B (16 %)	B	Anti-A (α)
AB (4 %)	A und B	–
0 (40 %)	H	Anti-A und Anti-B

Fähigkeit, Antikörper mit einer derartigen Spezifität zu bilden. Die menschlichen Isoagglutinine sind also heterophile Antikörper. Das eigentliche antigene Stimulans, das bakterielle „Blutgruppenantigen", hat mit bestimmten Erythrocyten der menschlichen Population nur zufällig die determinante Gruppe gemeinsam. Isoagglutinine kommen außer im Blut auch in der Tränenflüssigkeit, im Vaginalsekret und im Speichel vor.

Die Blutgruppeneigenschaften sind während des ganzen Lebens konstante Merkmale, die nach den Mendel-Gesetzen vererbt werden. Klinische Bedeutung kommt ihnen bei Erythrocytentransfusionen (Gefahr der hämolytischen Reaktion infolge Transfusionen gruppenungleichen Blutes), bei Unverträglichkeitserscheinungen (Inkompatibilität) der Blutgruppen von Mutter und Kind (fetale Erythroblastose) und bei anthropologischen Studien zu.

A- und/oder B-Antigene bzw. das H-Antigen kommen auf der Oberfläche wahrscheinlich
- aller Endothel- und vieler Epithelzellen sowie auf
- Erythrocyten,
- Thrombocyten,
- Leukocyten und
- Spermatozoen vor.

Bei diesen zellgebundenen Antigenen handelt es sich meist um Glykosphingolipide. Zusätzlich gibt es als Sekretoren bezeichnete Individuen (etwa 80 % der Population), die wasserlöslichen Blutgruppensubstanzen ausscheiden, die in Urin, Speichel, Magensaft, Amnionflüssigkeit, Samenflüssigkeit, Cervicalschleim, in der pathologischen Flüssigkeit von Ovarialcysten und im Meconium, dem ersten Stuhl des Neugeborenen, nachgewiesen werden können. In den Erythrocytenvorstufen findet keine Biosynthese der Lewis-Antigene statt, da diese später von den Erythrocyten aus dem umgebenen Blutplasma aufgenommen werden.

Für die Biosynthese der ABH- und Lewis-Antigene sind Glykosyltransferasen erforderlich

Beim chemischen Aufbau der Blutgruppenantigene unterscheidet man das *Trägermolekül* und die *determinante Gruppe* (S. 1059). Letztere wird entweder durch ein Oligosaccharid – an dessen Aufbau vier verschiedene Saccharide teilnehmen können (Fucose, Galaktose, N-Acetyl-D-galaktosamin, N-Acetyl-D-glucosamin, Abb. 5.8, S. 128) – oder ein Protein gebildet. Die Kohlenhydrat-Antigene (z. B. ABH oder Lewis) sind covalent an Proteine und/oder Sphingolipide gebunden. Protein-Antigene (z. B. das Rhesussystem) werden von Proteinen, Glykoproteinen oder Proteinen mit GPI-Anker gebildet. Bei den Sphingolipiden besteht das Trägermolekül aus Ceramid (S. 141). Die primäre Alkoholgruppe stellt die Bindungsstelle für den Oligosaccharidanteil dar. Glykoproteine weisen einen Kohlenhydratanteil von bis zu 85 % auf.

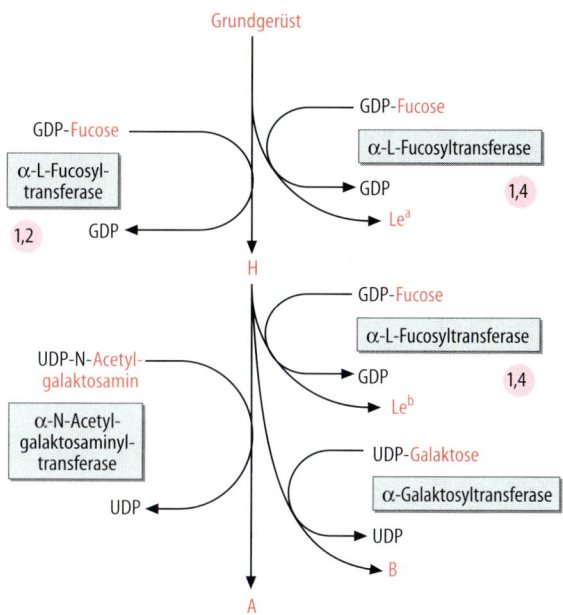

Abb. 31.27 Biosynthese der antigenen Determinanten der Blutgruppensubstanzen durch Glykosyltransferasen

Die Biosynthese einiger Blutgruppenantigene erfolgt durch *Glykosyltransferasen,* durch die schrittweise Monosaccharide (Abb. 31.27, 31.28) an eine aus D-Galaktose und N-Acetyl-D-Glucosamin bestehende Disaccharidgrundstruktur gehängt werden. Je nachdem, ob die beiden Zucker (1.3)-β-glykosidisch oder (1.4)-β-glykosidisch miteinander verbunden sind, wird zwischen *Typ-1-* und *Typ-2-Ketten* unterschieden.

Wird an das Galaktosemolekül der Grundstruktur ein Fucosylrest (1.2)-α-glykosidisch durch eine α-L-Fucosyltransferase gebunden, so entsteht eine Struktur mit H-Spezifität (Abb. 31.27, 31.28). Wird an diese H-Struktur Galaktose bzw. N-Acetylgalaktosamin gekoppelt, so entstehen die A- und B-determinanten Gruppen.

Wird der Fucosylrest nicht auf Galaktose, sondern auf den N-Acetylglucosaminanteil des Grundgerüstes übertragen, so entsteht eine Substanz mit Le^a- *(Lewis a-)Spezifität.* Ist für dieses Enzym nicht das Grundgerüst, sondern die H-determinante Gruppe das Substrat, so wird die *Le^b-Substanz* gebildet. Von den Lewis-Strukturen können keine vom Typ-2 gebildet werden, da die Bindungsstelle für den Fucosylrest schon besetzt ist.

Wenige Basensubstitutionen ändern die Spezifität der A- und B-Glykosyltransferasen

Die Klonierung der A-, B- und H-Gene hat gezeigt, daß sich die A- und B-Gene nur um einige Basensubstitutionen unterscheiden, die zur Änderung von vier Aminosäureresten führen. Dies ruft die Unterschiede

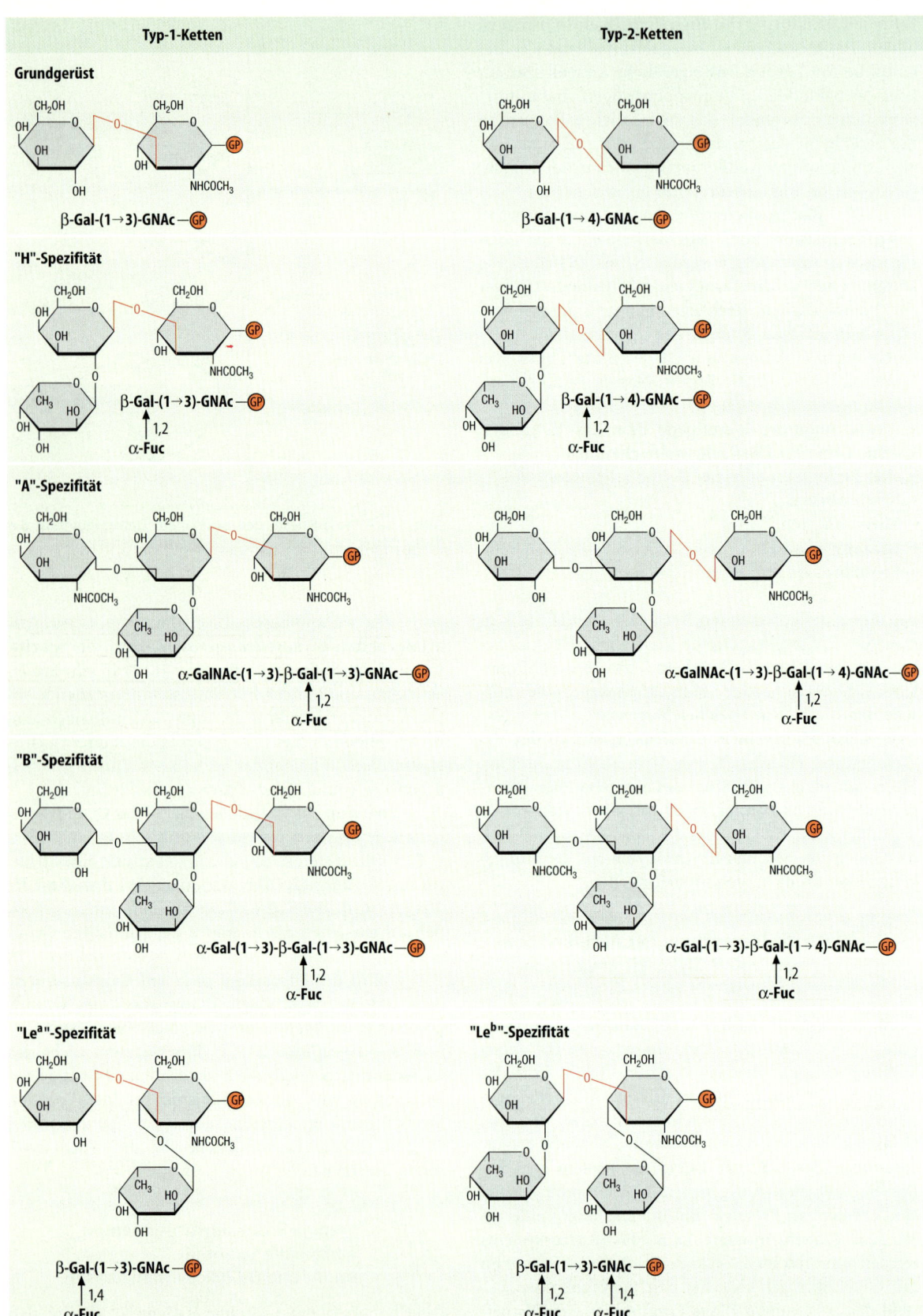

Abb. 31.28 Endständige Zuckersequenzen der Polysaccharidketten der Glykoproteine, die die Spezifitäten ‚H', ‚A', ‚B', ‚Leᵃ' und ‚Leᵇ' bestimmen (s. Text). *GP* Glykoprotein; *Gal* D-Galaktose; *GNAc* N-Acetyl-D-glucosamin; *GalNAc* N-Acetyl-D-galaktosamin; *Fuc* L-Fucose

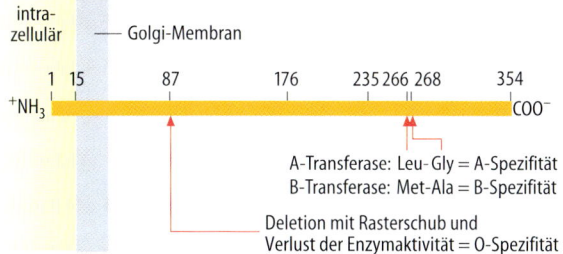

intra-
zellulär — Golgi-Membran

Abb. 31.29 Struktureller Aufbau der membranverankerten A- und B-Glykosyltransferasen. Die Gene beider Enzyme unterscheiden sich durch Codons für vier Aminosäuren, von denen zwei (266 und 268) die Substratspezifität bestimmen. Eine Deletion im Codon für die Aminosäure 87 führt zu einem Rasterschub und damit Verlust der Enzymaktivität, was die 0-Spezifität bedingt

in der Spezifität dieser beiden Transferasen hervor (Abb. 31.29). Im H-Gen findet sich die Deletion *einer* Base, die zu einem vollständig unterschiedlichen, inaktiven Protein führt, die das H-Antigen nicht mehr modifizieren kann. Daß diese Mutation Verbreitung fand, ist darauf zurückzuführen, daß sie für die betreffende Bevölkerung einen **Selektionsvorteil** brachte. Wahrscheinlich haben die seuchenhaften Infektionserkrankungen, wie z.B. die Pest, eine besondere Rolle dabei gespielt.

Bei Populationen, die mehrfach von Pestepidemien heimgesucht wurden, ist die Blutgruppe 0 zurückgegangen, während die Blutgruppe A offenbar einen Selektionsvorteil darstellte. Dies beruht wahr-scheinlich darauf, daß die Pestbazillen über H-Antigene verfügen, die einen Nachteil für Blutträger der Blutgruppe 0 darstellen, da bei der Bildung von Antikörpern gegen die Pestbazillen diese auch gegen die eigenen Blutgruppenantigene gerichtet sind. Überall dort, wo die Pestzüge nur selten hinkamen (Alpen- und Pyrenäentäler, britische Inseln), überwiegt bei weitem die Blutgruppe 0.

Die Rhesusantigene werden von zwei Genen auf Chromosom 1 codiert

Die Rhesusantigene werden nicht durch Kohlenhydrate, sondern durch Proteine codiert. Für die drei Antigene (CDE bzw. cde) werden nur zwei Gene benötigt. Das Rhesus D-Gen codiert für das D-Antigen mit 417 Aminosäuren, das für die rhesuspositive Blutgruppe verantwortlich ist. Rhesusnegative Individuen (dd) sind für eine Deletion der Rhesus D-Gensequenz homozygot. Das Rhesus CcEe-Gen ist mit dem Rhesus D-Gen homolog und unterscheidet sich in etwa dreißig Aminosäurepositionen. Aus dem primären hnRNA-Transkript entsteht durch alternierendes Spleißen entweder das normale Transkript mit 417 Aminosäuren, das für das Rhesus E/e-Antigen codiert, oder ein Protein mit 267 Aminosäuren, welches für das C/c-Antigen codiert. Rhesus E und Rhesus e unterscheiden sich durch eine Aminosäuresubstitution in Position 226 voneinander, Rhesus C und Rhesus c durch vier Aminosäuren (Abb. 31.30).

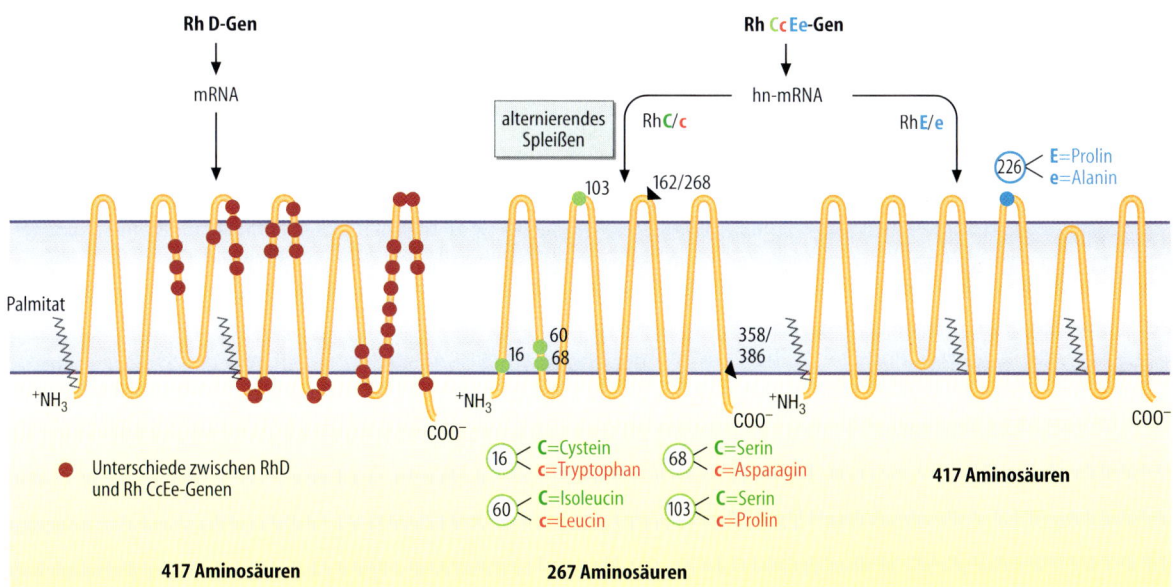

Abb. 31.30 Codierung der Antigene des Rhesussystems durch das Rh D-Gen und das Rh CcEe-Gen. Beide Gene codieren für strukturell verwandte Membranproteine mit jeweils 417 Aminosäuren, wobei beim RhCcEe-Gen durch alternierendes Spleißen ein zweites verkürztes Protein mit 267 Aminosäuren entsteht. Vier Aminosäuresubstitutionen (16, 60, 68 und 103) sind für die Unterschiede zwischen C und c verantwortlich, eine (226) für den Unterschied zwischen E und e. Bei rhesusnegativen Personen wird das Rh D-Gen durch eine Mutation nicht exprimiert

31.2 Nicht-respiratorische Funktion der Lungen

Die Lungen sind nicht nur ein passives Organ, das ausschließlich dem Austausch von Sauerstoff und Kohlendioxid dient, sondern haben auch einen intensiven Stoffwechsel. Beim Aufbau der Alveole unterscheidet man zwischen auskleidenden, sekretorischen, kontraktilen und aufräumenden Zellstrukturen. Die Alveolaroberfläche wird weitgehend von cytosolischen Ausläufern der *Pneumocyten* vom *Typ I* (10 % aller Lungenzellen) begrenzt, die die zahlreichen Lungenkapillaren mit ihren mitochondrienarmen Endothelzellen (etwa 30 %) überziehen. Hier findet der Austausch von Sauerstoff und Kohlendioxid statt. Pneumocyten vom *Typ II* (14 %) haben vorwiegend sekretorische Aufgaben: ihr wesentliches Produkt ist ein Oberflächenstoff (Surfactant), der die Alveolen auskleidet und die Oberflächenspannung herabsetzt. Zu 80–90 % besteht *Surfactant* aus Phospholipiden. Den wesentlichen Anteil macht dabei Phosphatidylcholin aus, welches vor allem als *Dipalmitoylphosphatidylcholin* (DPPC) vorliegt. Das Palmitat enthaltende DPPC muß für die Fähigkeit von Surfactant, die Oberflächenspannung zu reduzieren, verantwortlich sein, da es den einzigen Bestandteil darstellt, der in ausreichenden Mengen vorhanden ist, um die gesamte alveoläre Oberfläche zu bedecken. Da die Palmitatreste voll gesättigt sind, sind sie in einer geraden Linie angeordnet, was eine dichte Packung der DPPC-Moleküle erlaubt. Der lange Fettsäureschwanz ist sehr hydrophob. Surfactant enthält auch ein Phospholipid, das beim Menschen eher selten vorkommt (Phosphatidylglycerol). In der frühen fetalen Entwicklung ist Phosphatidylglycerol praktisch noch nicht vorhanden, seine Konzentration nimmt aber während der späten Schwangerschaft oder kurz nach der Geburt deutlich zu, was für eine wichtige Rolle von Surfactant für den Beginn der Atmung spricht. Daneben kommt eine Reihe anderer Lipide wie Phosphatidylethanolamin, Phosphatidylserin, Phosphatidylinositolsphingomyelin, Cholesterin und andere Neutrallipide vor. Die anderen wesentlichen Moleküle im Surfactant sind eine Gruppe von *Proteinen,* die nur in der Lunge gefunden werden. Insgesamt machen die vier bisher identifizierten Proteine (A, B, C und D) nur 5 % des Gewichts von Surfactant aus. Ihre Funktion liegt vor allem in der Beschleunigung der Bildung eines Oberflächenfilms an der Luft/Wasseroberfläche in der Lunge. *Pneumocyten vom Typ II* synthetisieren und speichern Phospholipide und Proteine in lamellären Körpern, aus denen Surfactant in den Alveolarraum sezerniert wird. Dort wird das sezernierte Surfactant in das *tubuläre Myelin* umgewandelt, eine hochorganisierte, gitterähnliche Struktur, die durch ein System dichtgepackter, rechtwinkliger Tubuli gekennzeichnet ist (Abb. 31.31). Wahrscheinlich ist das tubuläre Myelin die unmittelbare Vorstufe der funktionellen Surfac-

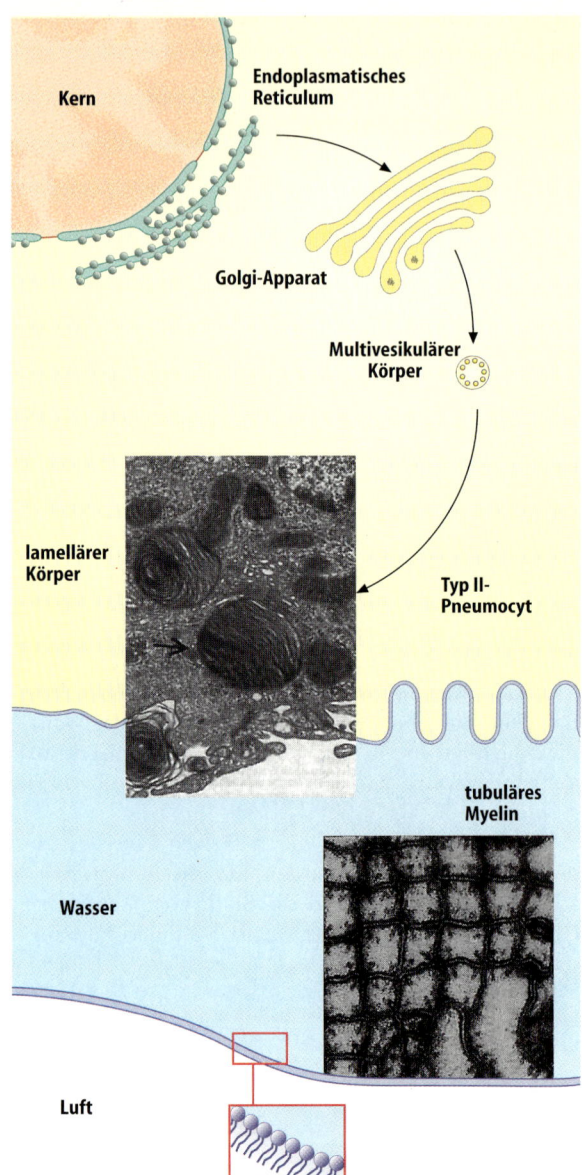

Abb. 31.31 Bildung des Surfactant in den Lungen. Der Typ II-Pneumocyt synthetisiert diesen Komplex aus Proteinen und Lipiden und verpackt ihn in multivesikuläre Körper, aus denen die lamellären Körper entstehen. Deren Inhalt wird in den Extrazellulärraum sezerniert und assoziiert dort zum tubulären Myelin, das mit Wasser assoziiert die Grenze zur Luft bildet

tantschicht. Dieses enthält die oben erwähnten Surfactantproteine A bis D. Da Surfactant kontinuierlich von den Typ II-Zellen synthetisiert und sezerniert wird, muß ein Mechanismus für seine Beseitigung existieren, da es ansonsten in der Lunge akkumulieren würde. Wahrscheinlich wird das Molekül von den Typ II-Zellen wieder aufgenommen.

Die wesentliche Rolle des Lungensurfactants ist die Erniedrigung der alveolären Oberflächenspannung bei niedrigem Lungenvolumen, wodurch ein Kollaps der Alveoli am Ende der Exspiration verhütet wird.

Im Gewebe zwischen den Kapillaren finden sich die Fibroblasten der extrazellulären Matrix (42 % aller Lungenzellen), die kontraktile Elemente aufweisen. Weiterhin ist dort **Elastin** nachweisbar, das der Lunge ihre Elastizität verleiht. Elastin kann fast bis zu 50 % des Trockengewichtes der Lunge ausmachen. Schließlich findet man in den Lungen noch **alveolare Makrophagen** mit einem hohen Gehalt an Hydrolasen (Lysozym, saure Phosphatasen, Kathepsin), die an der Infektabwehr teilnehmen. Außerdem bilden Makrophagen auch Proteaseinhibitoren wie **α-Antitrypsin.** In Endothelzellen werden Serotonin, Histamin und Bradykinin aufgenommen, gebildet oder abgebaut, sowie Angiotensin I in Angiotensin II umgewandelt. Auch Prostaglandine werden synthetisiert, freigesetzt oder abgegeben.

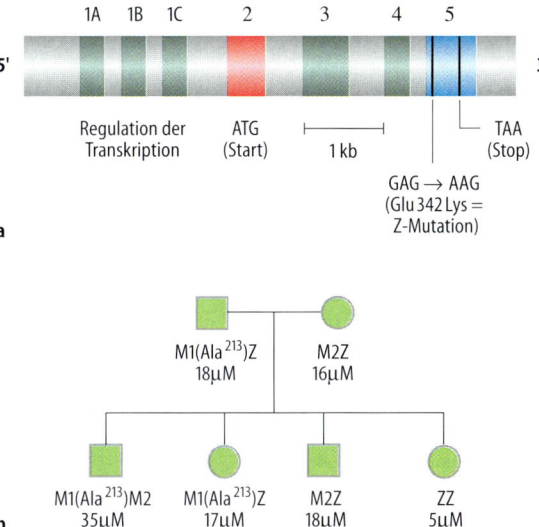

a

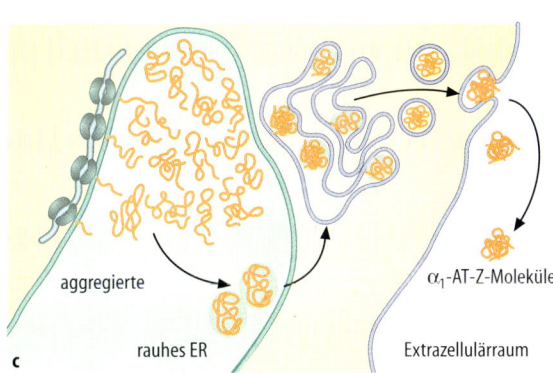

b

31.2.1 Pathobiochemie

Eine Störung der Surfactant-Produktion führt zum Atemnotsyndrom von Neugeborenen

Da die Produktion von Surfactant und die Reifung der pulmonalen Epithelzellen relativ spät während der fetalen Entwicklung auftritt, kann die Unreife der Lungen bei Frühgeborenen zu einer lebensbedrohlichen Atemnot führen. Durch die verbesserten Kenntnisse über die biochemische Zusammensetzung von Surfactant ist es möglich geworden, natürliches wie synthetisches Surfactant zu gewinnen und an Neugeborene zur Vorbeugung des Atemnotsyndroms zu verabreichen.

Homozygoter Mangel an α_1-Antitrypsin führt zum Lungenemphysem

α_1-Antitrypsin (α_1-AT), das ein breites Spektrum von Proteasen hemmt, darunter auch die Elastasen neutrophiler Granulozyten (S. 883), und deshalb besser als **α_1-Antiprotease** bezeichnet werden sollte, schützt die Lungen vor der Wirkung von Proteasen, die von Leukocyten und phagozytierenden Zellen freigesetzt werden. Normalerweise sind diese Proteasen für den Abbau beschädigter Lungenzellen und eingedrungener Bakterien erforderlich. Bei Patienten mit α_1-Antiproteasenmangel wird die protektive Funktion der Proteasen nicht durch Gegenspieler, d. h. Antiproteasen reguliert, so daß sie sich gegen intakte, körpereigene Substanzen, in diesem Fall das Elastin, und andere Proteine der extracellulären Matrix wendet, die das architektonische Rückgrat der dünnen Alveolarwände darstellen. Da die Lungenzellen postmitotisch sind, führt die kontinuierliche Zerstörung der Alveoli zum Emphysem.

α_1-Antitrypsin (394 Aminosäuren), das zu den sog. Akute-Phase-Proteinen (S. 918) gehört, wird

Abb. 31.32 a Struktur des menschlichen α_1-Antitrypsin-Gens mit der Mutation in Position 342 (Glu→Lys), die zur Z-Variante führt. **b** Vererbung der M1, M2 und Z-Allele bei gemischt-heterozygoten Personen. Eine Erniedrigung unter 11 μmol/l α_1-Antitrypsin-Plasmagehalt bei der homozygoten ZZ-Konstellation führt zu klinischen Folgen des α_1-Antitrypsinmangels. **c** Das α_1-Antithrombin-Z-Protein aggregiert zum Teil im rauhen endoplasmatischen Reticulum, so daß der Prozentsatz an Molekülen, der in den Extrazellulärraum freigesetzt wird, reduziert ist. *AT* α_1-Antitrypsin

hauptsächlich von **Hepatocyten** und in geringerem Maße von **Monocyten** und **Neutrophilen** gebildet. Das verantwortliche 12 kb-Gen liegt auf Chromosom 14q31 und besteht aus sieben Exons (Abb. 31.32). Die ersten drei Exons (1 a–c) codieren für den Genpromotor, der wichtig für die Änderung der Genexpression im Rahmen der Akute-Phase-Antwort ist. Die anderen vier Exons enthalten die Information für das α_1-Antitrypsinprotein. Der normale Phänotyp wird als P_i-(Proteaseinhibitor)-Typ bezeichnet. Insgesamt sind nahezu 75 Allele für den P_i-Locus bekannt. Mindestens 20 von ihnen können zu Mangelzuständen führen.

Die Nomenklatur für die α_1-Antitrypsin-Allele gründet sich auf der Wanderung des Proteins im elektrischen Feld, d.h. Varianten, die am schnellsten in Richtung Anode wandern, werden mit Buchstaben zu Beginn des Alphabets versehen. Die häufigen, normalen Varianten (M1 [Ala^{213}], M1 [Val^{213}], M2 und M3) wandern *in der Mitte* (daher „M"). Die häufige, mutierte *Z-Variante* ist positiv geladen und wandert deshalb zur Kathode.

Von beiden Elternteilen können wir unterschiedliche Allele erben. Die Vererbung von zwei normalen Allelen ist mit normalen α_1-Antitrypsinplasmaspiegeln verbunden, die eines normalen und eines mutierten Gens mit mittleren Spiegeln und die zweier mutierter Gene mit einem α-Antitrypsin-Mangel (Abb. 31.32). Nur bei einem Abfall der Serumspiegel unter etwa 11 μmol steigt das Risiko, ein Lungenemphysem zu entwickeln. Dies bedeutet, daß ein Individuum zwei mutierte α_1-Antitrypsingene geerbt haben muß (entweder homozygot oder gemischt heterozygot, S. 324). Darüber hinaus bedingen nur bestimmte, mutierte Allele das Risiko einer Manifestation der Erkrankung in der Leber. Normalerweise wird die α_1-Antitrypsin-mRNA am rauhen endoplasmatischen Reticulum translatiert, das neu synthetisierte Molekül in die Zisternen sezerniert, Kohlenhydrate hinzugefügt und das Molekül schließlich in das Blutplasma sezerniert. Im Falle der Z-Mutation führt die heteropolare Substitution von einem negativ geladenen Glutamyl- zu einem positiv geladenen Lysylrest zu einer Veränderung der dreidimensionalen Struktur des Moleküls, so daß es teilweise im rauhen endoplasmatischen Reticulum aggregiert (Abb. 31.32). Als Folge wird nur etwa 15 % der Z-Typ-α_1-Antitrypsinmoleküle sezerniert. Möglicherweise führt das aggregierte α_1-Antitrypsin Z zu einer Schädigung der Hepatocyten mit einer Entzündungsantwort, die bei einzelnen Patienten zur *Lebercirrhose* führt.

Das Emphysem entwickelt sich bei den Patienten im allgemeinen gegen Ende des 3. Lebensjahrzehnts. Die Krankheit wird durch Substitution mit α_1-Antitrypsin behandelt. α_1-Antitrypsin besitzt im aktiven Zentrum einen *Methionylrest,* dessen Oxidation zur Inaktivierung des Moleküls führt. Diese Oxidation kann auch durch von Neutrophilen freigesetzte Sauerstoffradikale erfolgen (S. 886). Eine gentechnologisch hergestellte Variante des Enzymhemmstoffes besitzt deshalb einen Valyl- anstelle des Methionylrestes in Position 358, der die enzymatische Aktivität nicht beeinträchtigt, das Protein aber gegen Sauerstoffradikale unempfindlich macht. Die Oxidation des Methionylrestes kann auch durch *Zigarettenrauch* und die durch die Inhalation bei Rauchern auftretenden Reaktionen in der Lunge begünstigt werden. Deshalb kommt es bei Patienten mit α_1-Antitrypsinmangel, die rauchen, zu einer schnelleren Ausbildung des Emphysems.

31.3 Plasmaproteine

31.3.1 Konzentration, Biosynthese und Abbau von Plasmaproteinen

In unserem gesamten Blutvolumen zirkulieren zwischen 180 und 240 g Proteine

Die Proteine des Plasmas stellen ein heterogenes Gemisch von 100 Proteinen, meist Glykoproteinen dar, die zum überwiegenden Teil in der Leber und im Lymphgewebe synthetisiert werden. Viele von ihnen konnten rein dargestellt werden. Von über 50 Plasmaproteinen sind inzwischen die Gene kloniert und sequenziert worden. Der Gesamtproteingehalt des Plasmas (oder auch Serums) liegt zwischen *60 und 80 g/l* (6 und 8 g Protein/100 ml).

Bei einem Gesamtblutvolumen von 5 l beträgt das Plasmavolumen bei einem Hämatokrit von 40 % 3 l, die darin enthaltene Proteinmenge zwischen 180 und 240 g. Darüber hinaus befinden sich Albumine auch im extravasalen Raum (15 l) in einer Konzentration von etwa 10 g/l (1 g/100 ml); sie stehen mit den intravasalen Plasmaproteinen im dynamischen Gleichgewicht. Unter Einbeziehung der extravasalen Proteinmenge mit etwa 150 g ergibt sich eine Gesamtmenge des extrazellulären Proteins von rund 400 g, das sind 4 % des Gesamtbestandes des Organismus von 10 kg (S. 522).

Zwischen Biosynthese und Abbau der Plasmaproteine, der u. a. durch Ausscheidung in den Gastrointestinaltrakt und Verstoffwechselung in den peripheren Organen erfolgt, besteht ein *dynamisches Gleichgewicht.* Störungen dieses Gleichgewichts z. B. durch verringerte Biosynthese bei vermindertem Aminosäureangebot im Hunger oder infolge von Leberparenchymschädigungen, durch vermehrte Ausscheidung in den Gastrointestinaltrakt (exsudative Gastroenteropathie) und bei Nierenschädigungen (Proteinurie, S. 1051) führen zum Absinken des Plasmaproteinspiegels (Hypoproteinämie). Andererseits kann eine vermehrte Biosynthese, z. B. aufgrund der klonalen Expansion von γ-Globulin produzierenden Plasmazellen (S. 1083) zu einer Erhöhung der Konzentration im Blut führen (Hyperproteinämie).

Da bei den Proteinbestimmungen nur die Konzentration, d. h. die Menge der Proteine pro Volumeneinheit, ermittelt wird, täuschen auch Vermehrungen oder Verminderungen des extrazellulären Wassers entsprechende Änderungen des Plasmaproteingehalts vor.

So können beispielsweise Wasserverluste infolge von Diarrhoen eine Eindickung des Blutes (Hämokonzentration) und damit eine scheinbare Erhöhung der Proteinkonzentration verursachen. Deshalb sollte zur Unterscheidung von Störungen des Proteinstoffwechsels und Wasserhaushaltes gleichzeitig der Hämatokrit ermittelt werden.

Die Bestimmung der Gesamtproteinkonzentration besitzt nur eine beschränkte Aussagekraft, da sie keine Information über die qualitative und quantitative Änderung einzelner Proteinfaktoren liefern kann. Deshalb ist man bestrebt, zusätzlich die große Zahl der Plasmaproteine in einzelne Fraktionen aufzutrennen, deren quantitative Veränderungen wertvolle diagnostische Hinweise geben können.

Von den zahlreichen in der Klinik angewendeten blutchemischen Untersuchungsmethoden nimmt die Trennung der Plasmaproteine in Einzelfraktionen eine zentrale Stellung ein.

31.3.2 Trennung von Plasmaproteinen in Einzelfraktionen

Zur analytischen Auftrennung der Plasmaproteine stehen die Trägerelektrophorese, eine Routinemethode, die in jedem Kliniklabor durchgeführt wird, und die Immunelektrophorese zur Verfügung, bei der die Trägerelektrophorese mit einer Immunpräzipitation kombiniert wird.

Bei der Elektrophorese werden Folien aus acetylierter Cellulose als Träger verwendet

Bei der Untersuchung trägt man die Serumprobe nahe der Kathode auf dem Trägerstreifen auf, der dann in die Elektrophoresekammer eingelegt wird. Durch Anlegung einer definierten Gleichspannung beginnen die Proteine nach *Ladung* und *Teilchengröße* (je größer das Proteinmolekül, desto mehr Widerstand muß bei der Wanderung im wäßrigen Medium überwunden werden) unterschiedlich schnell in Richtung Anode zu wandern. Nach Beendigung des Laufs entnimmt man den Trägerstreifen aus der Kammer und legt ihn in ein Färbebad, in dem die Proteine gefärbt und durch Denaturierung an die Folie fixiert werden. Anschließend erfolgt die photometrische Messung der entstandenen Farbbänder. Im gleichen Arbeitsgang wird durch Integration der Flächen unter den einzelnen Gipfeln der Extinktionskurve der relative Anteil der einzelnen Proteine errechnet (Abb. 31.33).

Bei Kenntnis der Gesamtserumproteinkonzentration können die Relativwerte in Absolutkonzentrationen umgerechnet werden. Bei der allgemein üblichen Technik werden fünf Fraktionen beobachtet, in denen sich Proteine mit ähnlicher Ladung und Teilchengröße angesammelt haben (Tabelle 31.8): *Albumine* und *Globuline* mit den Untergruppen $\alpha_1, \alpha_2, \beta$ und γ.

Die klinische Bedeutung der Trägerelektrophorese ist die Erfassung von *Dysproteinämien* (S. 919), d.h. Verschiebungen der Proportion der einzelnen Plasmaproteinfraktionen.

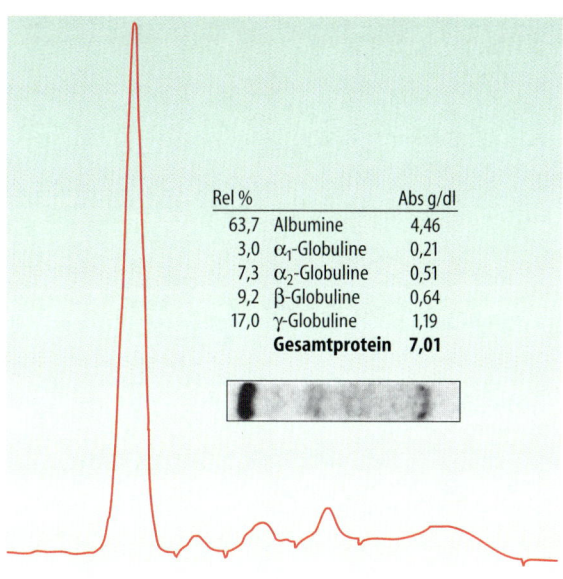

Rel %		Abs g/dl
63,7	Albumine	4,46
3,0	α_1-Globuline	0,21
7,3	α_2-Globuline	0,51
9,2	β-Globuline	0,64
17,0	γ-Globuline	1,19
	Gesamtprotein	**7,01**

Abb. 31.33 Trennung der Proteine eines normalen Serums auf Celluloseacetatfolie. *Rechts:* Trägermaterial nach Beendigung der Elektrophorese. *Links:* Die bei der photometrischen Auswertung der Färbebänder entstandene Extinktionskurve; die Zahlen geben die Werte an, die bei der Integration der Flächen unter den einzelnen Gipfeln der Extinktionskurve ermittelt werden (Relativprozente). Bei bekanntem Gesamteiweißwert kann daraus die absolute Menge (*g/dl*) der einzelnen Fraktionen berechnet werden

Tabelle 31.8 Normalwerte der Plasmaproteinfraktionen

Proteinfraktion	Relativ-prozent	Absolutkonzentration [g/dl] bei einer Konzentration von 7 g Protein/dl Serum
Albumine	55–70 (60)	3,85–4,90
α_1-Globuline	2–5 (4)	0,14–0,35
α_2-Globuline	5–10 (8)	0,35–0,7
β-Globuline	10–15 (12)	0,7–1,05
γ-Globuline	12–20 (16)	0,84–1,4

Bei der Immunelektrophorese wird die Elektrophorese mit einer anschließenden Immunfällung kombiniert

Dabei wird die Serumprobe zuerst in einem Agarosegel elektrophoretisch getrennt. Anschließend wird eine Rinne ausgestanzt, in die ein z. B. durch Immunisierung von Kaninchen gewonnenes Humanantiserum (S. 1059) gegeben wird. Das Antiserum diffundiert nun gegen die Proteine des Serums. Beim Zusammentreffen eines Serumproteins mit seinem entsprechenden Antikörper aus dem Antiserum kommt es im Verlauf mehrerer Stunden zu einer *Antigen-Antikörper-Reaktion* (S. 1067), die in Form einer halbkreisförmigen bis länglichen Präzipitationslinie sichtbar wird (Abb. 31.34).

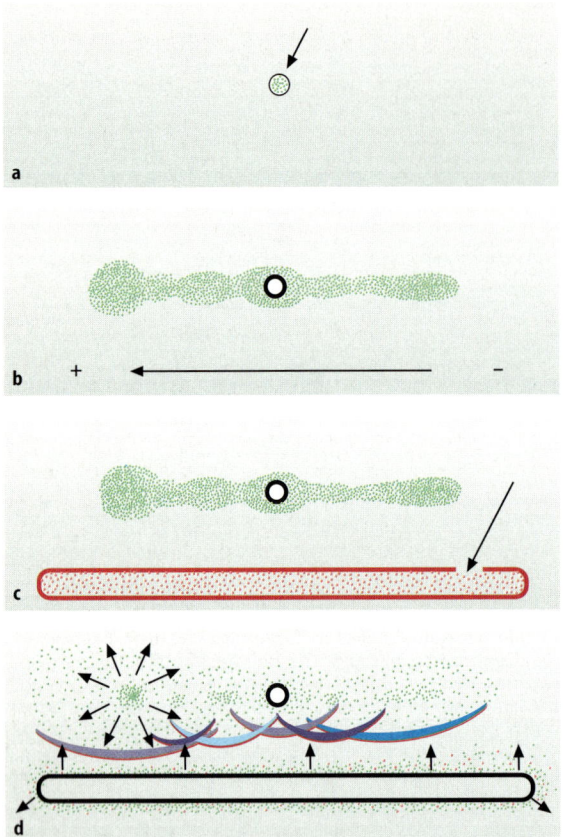

Abb. 31.34 a–d Prinzip der Immunelektrophorese. **a** Auftragung der Antigenmischung in das Probenloch. **b** Elektrophoretische Auftrennung. **c** Auftragung des Antiserums in die nach Abschluß der Elektrophorese ausgestanzte Rinne. **d** Bildung von Präzipitationslinien bei der Diffusion

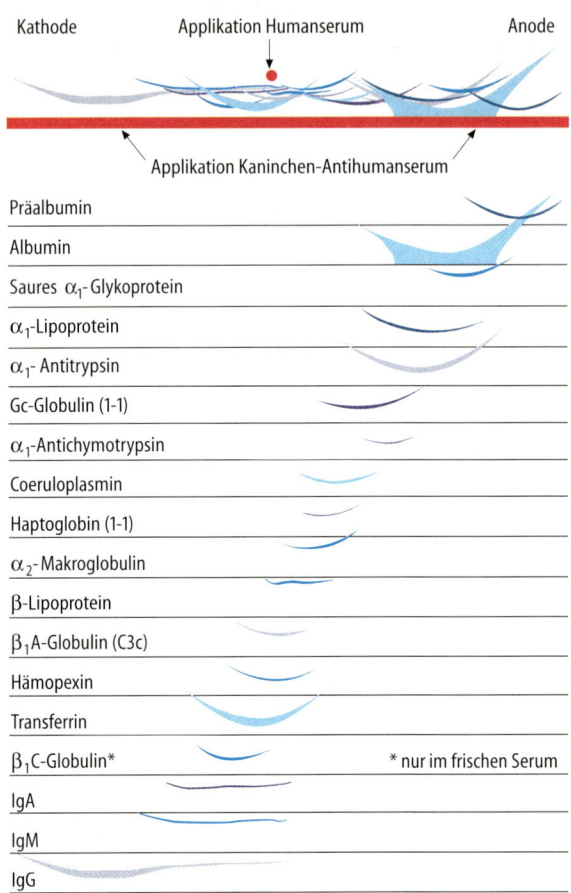

Abb. 31.35 Schematische Darstellung der immunelektrophoretisch nachweisbaren Präzipitationslinien der wichtigsten Serumproteine. Darüber das Nativpräparat einer Immunelektrophorese

Mit Hilfe der Immunelektrophorese können bis zu 40 Präzipitationslinien und damit Proteine im Serum nachgewiesen werden (Abb. 31.35 und Tabelle 31.9). Die bei der einfachen Trägerelektrophorese homogen erscheinenden Fraktionen, in denen sich Proteine ähnlicher Ladung und Teilchengröße ansammeln, können so in ihre verschiedenen Einzelbestandteile zerlegt werden. Die Immunelektrophorese gestattet jedoch nur eine qualitative und keine quantitative Bestimmung der verschiedenen Serumproteine. Soll die Konzentration eines bestimmten Serumproteins ermittelt werden, so kann dies unter Anwendung eines spezifischen Antikörperproteins, das durch Immunisierung von Versuchstieren gewonnen wird und im Handel erhältlich ist, erfolgen (ELISA, RIA etc, S. 766). Die Domäne der Immunelektrophorese ist die Diagnostik der sog. monoklonalen Gammopathien oder Paraproteinämien (S. 1082).

31.3.3 Die einzelnen Proteinfraktionen des Serums

Die Albumine stellen mit 50–60 % die Hauptfraktion der Serumproteine

Vor den Albuminen wandern in der Elektrophorese die Präalbumine, die in beschränktem Umfang Thyroxin binden können. Die *Albumine* (Halbwertszeit 17–27 Tage) transportieren nicht-veresterte Fettsäuren, Tryptophan, Pharmaka, Vitamine, Kationen (Magnesium und Calcium), Spurenelemente sowie Abbau- und toxische Produkte und besitzen eine hohe Wasserbindungsfähigkeit. Sie sollen auch eine Aminosäurereserve für den Organismus darstellen.

Die Albuminkonzentration des Serums gilt seit langem als Parameter für die Funktion der *Leber,* da die Albumine einen wesentlichen Teil der Proteine, die von der Leberzelle synthetisiert und in den Extracellulärraum sezerniert werden, ausmachen. Es darf jedoch nicht vergessen werden, daß der Serumalbuminspiegel nur die Resultante von Biosynthese im Hepa-

Tabelle 31.9 Proteine des menschlichen Blutplasmas (Auswahl)

Proteine	Molekulargewicht (kD)	Proteinanteil [%]	Normalbereich im Serum des Erwachsenen [g/l]	Funktion	Pathobiochemie
Albumine					
Präalbumin	61	99	0,1–0,4	Thyroxinbindung	↓ bei schweren Leberleiden
Albumin	69	100	35–55	Transportfunktion, kolloidosmotischer Druck	↓ bei Lebercirrhose, Nephrose
α_1-Globuline					
Saures α_1-Glykoprotein (Orosomucoid)	44	62	0,55–1,40	Unklar	↑ bei entzündlichen Prozessen, die mit Gewebezerfall einhergehen (Akute-Phase-Reaktion)
α_1-Antitrypsin (α_1-Antiprotease)	54	86	2–4	Proteaseinhibitor (Trypsin, Chymotrypsin, Plasmin, Elastase)	↑ bei entzündlichen Prozessen (Akute-Phase-Reaktion); genetisch bedingter Mangel führt zum Lungenemphysem
α_1-Lipoprotein (high density lipoprotein)	200	45	2,90–7,70	Transport von Lipiden, Hormonen	↓ bei Lebererkrankungen
Prothrombin (Gerinnungsfaktor II)	60		0.05–0,1 (Plasma)	Proenzym des Thrombins (Gerinnung)	↓ bei Lebererkrankungen, Anticoagulantentherapie
Transcortin	45	86		Cortisolbindung	
Thyroxin-bindendes Globulin	45			Thyroxinbindung	
α_1-Antichymotrypsin	68	73	0.3–0,6	Chymotrypsininhibitor	↑ bei entzündlichen Prozessen (Akute-Phase-Reaktion)
α_1-Fetoprotein	68		$< 15 \times 10^{-6}$		Nur beim Fetus und Neugeborenen nachweisbar; bei Erwachsenen mit Lebercarcinom oder Hodentumoren
Gc-Globulin (group-specific component)	50	96	0,2–0,55	Vitamin D-Bindung	↓ bei schweren Leberleiden
α_2-Globuline					
α_2-Caeruloplasmin (Ferrioxidase I)	160	89	0,2–0,6	Enzymatische Eisenoxidation	↑ bei Schwangerschaft ↓ bei Morbus Wilson
α_2-Antithrombin III	65	85	0,17–0,3	Thrombininhibitor	↓ genetisch bedingter Mangel, Verbrauchscoagulopathie
α_2-Haptoglobin	100	81	0,8–3,0	Hämoglobinbindung	↓ Leberleiden und hämolytische Anämien ↑ bei Entzündungen (Akute-Phase-Reaktion)
α_2-Makroglobulin	820	92	Plasmininhibitor		
Serumcholinesterase (Pseudocholinesterase)	348	76 E/l	3000–8000	(z. B. Lebercirrhose)	↓ bei schweren Leberleiden
Plasminogen (Profibrinolysin)	143	91	0,06–0,25	Proenzym des Plasmins (Fibrinolysins)	↑ bei entzündlichen Prozessen (Akute-Phase-Reaktion)

Tabelle 31.9 (Fortsetzung)

Proteine	Molekulargewicht (kD)	Proteinanteil [%]	Normalbereich im Serum des Erwachsenen [g/l]	Funktion	Pathobiochemie
β-Globuline					
β-Lipoprotein (low density lipoprotein)	3.200	19	2,5–8	Transport von Lipiden	↑ Nephrose
β₁C-Globulin (C′3-Komponente)	185	97	0,8–1,4	Komplementfaktor	
Hämopexin (β₁B-Globulin)	80	77	0,5–1,15	Häminbindung	↓ bei hämolytischen Anämien
Transferrin (Siderophilin)	90	95	2–4	Bindung und Transport von Eisen	↑ in der Schwangerschaft und bei Einnahme von Ovulationshemmern ↓ Anämien, Leberkrankheiten, Infekte
Fibrinogen (Gerinnungsfaktor I)	340	97	2–4,5 (Plasma)	Blutgerinnung	↑ bei Leberparenchymschäden, Hyperfibrinolyse, bei Entzündungen (Akute-Phase-Reaktion)
C-reaktives Protein	140	100	< 0,012	Phagocyseförderung	↑ bei akut entzündlichen Prozessen (Akute-Phase-Reaktion)
γ-Globuline					
IgG (γG, γ₂, 7S-γ-Globulin)	150	97	8–18	Antikörper	↑ bei Leberleiden, chronischen Infekten ↓ bei Antikörpermangelsyndrom
IgA (γA, γ₁A, β₂A-Globulin)	160 sowie Aggregate	92	0,9–4,5	Antikörper (bes. in Sekreten)	Wie oben
IgM (γM, β₂M, 19S-γ-Globulin)	900 sowie Aggregate	89	♂ 0,6–2,5 ♀ 0,7–2,8	Antikörper (Isoagglutinine u.a.)	Wie oben ↑ Makroglobulinämie Waldenström
IgD (γD-Globulin)	170	88	< 0,15	Antikörper?	↑ bei Plasmocytom
IgE (γE-Globulin)	190	89	$< 6 \times 10^{-4}$	Antikörper (Reagine)	↑ bei Plasmocytom und Allergien
Lysozym (Muraminidase)	15	100	$5–15 \times 10^{-3}$	Bakterienauflösung	↑ beim Zerfall leukämischer Varianten von Monocyten/Granulocyten

tocyten, Verteilung im Organismus und Abbau (Ort?, nicht in Plasma, Leber und Nieren) ist und daß über diese Prozesse, insbesondere die Regulation der Biosynthese – die durch die Ernährung, einzelne Aminosäuren (S. 563), Hormone und den kolloidosmotischen Druck beeinflußt wird –, nur wenig bekannt ist. Bei einem Plasmaspiegel von 3,5–4,5 g/dl beträgt die täglich synthetisierte Albuminmenge beim erwachsenen Mann (Frau) 120–200 (120–150) mg/kg Körpergewicht.

Nur etwa 40 % des gesamten Albumins im menschlichen Organismus befinden sich im Plasma. Die Hauptmenge der restlichen 60 % ist im Extracellulärraum des Hautgewebes lokalisiert. Albumine können in der Tränenflüssigkeit („specific tear albumin"), in Schweiß, Speichel, Magensaft und Ödemen nachgewiesen werden und kommen wahrscheinlich in jeder Körperflüssigkeit vor. Die Konzentrationen reichen dabei von weniger als 1 g/l bei Ödemen bis zu 20–30 g/l bei Exsudaten (durch Entzündung bedingter Austritt von Flüssigkeit aus den Blutgefäßen).

Die Globuline stellen eine äußerst heterogene Gruppe von Proteinen dar

Globuline unterscheiden sich von den Albuminen durch ihre schlechtere Wasserlöslichkeit und ihr höheres Molekulargewicht. Mit Ausnahme der Proteine, die an anderer Stelle besprochen werden, wie z. B. die Lipoproteine (S. 471), die Blutgerinnungsfaktoren (S. 632), Caeruloplasmin (Ferrioxidase) und Transferrin (S. 761), Enzyme (z. B. Pseudocholinesterase, Amylase), Hormone (z. B. Insulin und Hypophysenhormone) sowie die Immun-(γ-)Globuline (S. 1064), wird im folgenden auf einige Globuline hingewiesen.

α_1-**Globuline.** Mit einem Kohlenhydratanteil von 38 % ist das *saure α_1-Glykoprotein* das kohlenhydratreichste Serumprotein. Die Konzentration dieses Proteins, das als *Akute-Phase-Protein* (S. 918) an der Immunmodulation beteiligt ist, ist bei akuten und chronischen Infekten, bei Carcinomen und während der Schwangerschaft erhöht. Zur α_1-Fraktion gehören noch die Proteaseinhibitoren α_1-Antitrypsin und α_1-Antichymotrypsin, hormonbindende Proteine (Transcortin und Thyroxinbindendes Globulin) und das *α_1-Fetoprotein.* Letzteres ist im fetalen Plasma in höherer Konzentration vorhanden (Bildungsort: Leber und Dottersack), beim gesunden Erwachsenen jedoch nur noch in Spuren, d. h. unterhalb der Nachweisgrenze mit Immunpräzipitationsverfahren. Es besitzt die Fähigkeit zur Östrogenbindung und könnte somit den Fetus vor einem Überschuß mütterlicher Östrogene schützen. Bei Patienten mit Leberzellcarcinomen und Hodentumoren findet eine Biosynthese dieses Proteins in den Tumorzellen statt, von denen es ins Plasma abgegeben wird und dort nachgewiesen werden kann (S. 1110).

α_2-**Globuline.** *Haptoglobin* kann das bei Hämolysen frei im Serum auftretende Hämoglobin (und auch andere Stoffe?) binden, so daß dieses nicht in den Urin übertreten kann und ein Eisen- und Aminosäureverlust verhindert wird. Haptoglobin und Hämoglobin bilden einen Komplex, der schnell von der Leber aufgenommen wird. Bei Hämolysen ist deshalb der Serum-Haptoglobin-Spiegel erniedrigt.

β-**Globuline.** Zu diesen Globulinen gehören
- Hämopexin, das Hämin bindet,
- Properdin, das in unspezifischer Weise zur Abwehr beiträgt,

- Faktoren des Komplementsystems, das im Zusammenspiel mit Antikörpern bei der Immunabwehr wirkt (S. 1078), und
- das C-reaktive Protein (CRP).

Letzteres Protein hat diesen Namen erhalten, weil es *in vitro* mit dem C-Kohlenhydrat reagiert, das der Polysaccharidkapsel aller Pneumokokken (die z. B. Lungenentzündungen verursachen) gemeinsam ist. Das C-reaktive Protein kommt beim Gesunden nur in sehr geringer Konzentration vor. Es ist vermehrt bei Prozessen, die mit Gewebeläsionen (Entzündungen, bösartige Tumoren) einhergehen (s. unten).

β_2-*Mikroglobulin* (Molekulargewicht 11,8 kD) kommt in den Membranen aller bisher untersuchten Zellen vor. Es handelt sich um ein kugeliges Molekül, das eine strukturelle Ähnlichkeit mit einem Abschnitt des Immunglobulins G aufweist und in der Zellmembran Teil des Histokompatibilitätsantigens (Klasse I-Antigene, S. 1060) sein kann. Da das Protein ständig von Zellmembranen abgegeben wird, ist es in verschiedenen Körperflüssigkeiten nachweisbar (Liquor cerebrospinalis, Speichel, Colostrum, Spermaflüssigkeit, Amnionflüssigkeit, Serum und Urin). Die Serumwerte sind bei Krankheiten mit verändertem Zellumsatz, wie z. B. neoplastischen, entzündlichen oder immunologischen Prozessen, erhöht.

γ-**Globuline.** Bei den Proteinen, die bei der Elektrophorese im γ-Bereich wandern, handelt es sich um die *Antikörper,* die mit Hilfe der Immunelektrophorese in fünf Immunglobulinklassen (Abb. 31.35, S. 914) getrennt und quantifiziert werden können (IgG, IgA, IgM, IgD, IgE). Ihre Struktur und Funktion wird ausführlich in Kapitel 37 (S. 1064) diskutiert.

In diesem Bereich findet sich auch *Lysozym,* das die Mucopeptidschicht der Bakterienwand (S. 110) spaltet und somit unspezifisch zur Immunabwehr beiträgt. Außer im Blut (als Produkt von Monocyten) wird dieses Enzym in den meisten Körpersekreten (Nasenschleim, Cervicalschleim, Haut, Tränenflüssigkeit) gefunden.

31.3.4 Funktionen der Plasmaproteine

Die Plasmaproteine tragen zur Erfüllung der genannten Aufgaben des Blutes bei. Ihre wichtigste Funktion, die insbesondere von den Albuminen ausgeführt wird, ist die Aufrechterhaltung eines *konstanten Plasmavolumens.* Weiterhin *transportieren* die Plasmaproteine (Tabelle 31.9, S. 915) wasserunlösliche Substanzen (Pharmaka, Fettsäuren, Cholesterin, Bilirubin), Metalle (Eisen, Kupfer), Hormone (Thyroxin, Cortisol) und Vitamine (Vitamin B_{12}) und leisten einen entscheidenden Beitrag bei der *Blutgerinnung* (Prothrombin und Fibrinogen) und *Fibrinolyse* (Plasminogen) sowie bei der Abwehr von *Infektionen* (γ-Globuline, Lysozym, C-reaktives Protein, Faktoren des Komplements). In beschränktem Umfang können Plasmaproteine auch als Puffer wirken (Tabelle 31.15, S. 936).

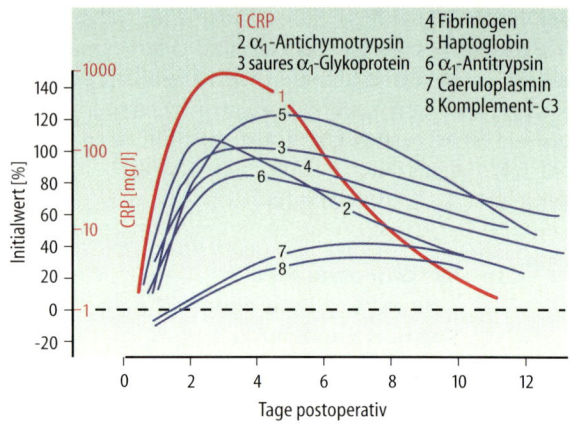

Abb. 31.36 Reaktion der Akute-Phase-Proteine nach Gallenblasenentfernung

Plasmaproteine sind im Rahmen der Akute-Phase-Reaktion an Entzündungen beteiligt

Die meisten Gewebeverletzungen (z. B. Trauma, Operation oder Infektion) gehen mit einer Reihe entzündungstypischer, zellbiologischer Veränderungen einher. Bei dieser unspezifischen Reaktion steigt die Plasmakonzentration mehrerer, meist im Hepatocyten gebildeten Proteine an (Abb. 31.36). Von den etwa 30 beteiligten und als Proteine der akuten Phase bezeich-

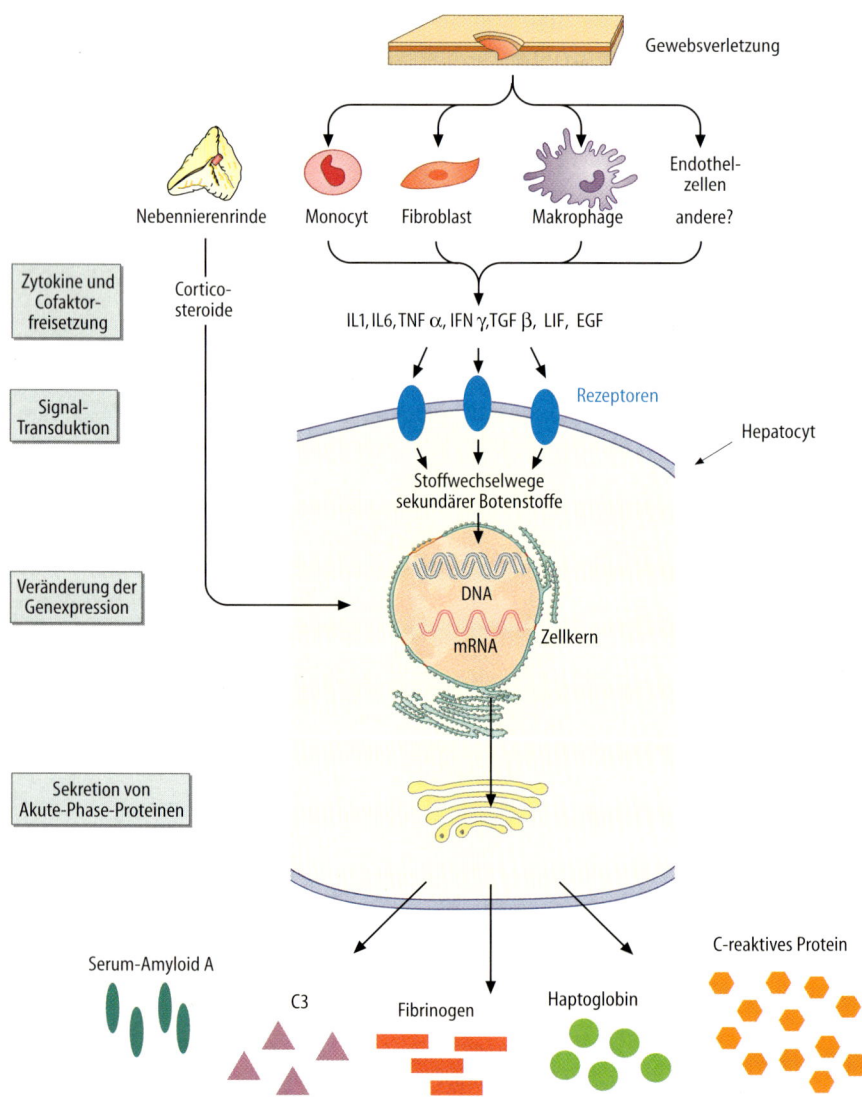

Abb. 31.37 Bildung der Proteine der Akute-Phase-Antwort. Nach Gewebeverletzung werden Entzündungszellen (Monocyten, Fibroblasten, Makrophagen) aktiviert, woraufhin sie Zytokine wie Interleukin-1, Interleukin-6 oder TNFα freisetzen, die in der Leber zur Synthese und Freisetzung von Akute-Phase-Proteinen führen. Die in Streßsituationen freigesetzten Corticosteroide wirken als Cofaktoren der Genexpression der Akute-Phase-Proteine

neten Moleküle ist das *C-reaktive Protein (CRP)* am besten für differentialdiagnostische Zwecke geeignet. Die Synthese der Akute-Phase-Proteine unterliegt der Regulation durch verschiedene Zytokine (Interleukin-1, Interleukin-6, TNFα, Interferon-γ, TGFβ, epidermaler Wachstumsfaktor [EGF], leukämieinhibierender Faktor [LIF]), die von Makrophagen und anderen Entzündungszellen auf die Verletzung hingebildet werden (Abb. 31.37).

Plasmaproteine sind an der Aufrechterhaltung eines konstanten Plasmavolumens beteiligt

Im Bereich der Kapillaren findet der Austausch von Stoffen zwischen intra- und extravasalem Raum statt. Pro Minute werden im Kapillarbereich etwa 70 % des Plasmawassers ausgetauscht. Mit dem Wasser gelangen Nährsubstrate vom Blutplasma durch die Kapillarmembran ins Gewebe und Abfallprodukte von den Geweben ins Blut. Dabei ist die Entfernung von Stoffwechselmetaboliten ebenso wichtig wie die Bereitstellung von Sauerstoff und Nährsubstraten. Treibende Kraft für den Flüssigkeitsaustausch durch die Kapillaren ist der hydrostatische Druck, der in den Kapillaren höher als außerhalb ist. Auf der anderen Seite verhindert die wasseranziehende Kraft der Plasmaproteine, die als *kolloidosmotischer (onkotischer) Druck* bezeichnet wird, daß das Plasmawasser vollständig in den interstitiellen Raum abgepreßt wird. Unterschiede in diesen beiden Drucken im arteriellen und venösen Schenkel der Kapillare (Starling-Mechanismus, Einzelheiten s. Lehrbücher der Physiologie) sorgen dafür, daß die Zelle stets in einem nährsubstratreichen Milieu gebadet wird, da mit der Flüssigkeit Glucose, Aminosäuren, Fettsäuren, Sauerstoff und andere lebenswichtige Stoffe an die Zelle herangeschwemmt werden. Auf dem gleichen Wege werden die Stoffwechselprodukte abtransportiert. Daraus wird verständlich, warum eine Reduktion des Plasmaproteinspiegels (Hypoproteinämie) Störungen des Wasseraustausches im Kapillarbereich verursacht.

31.3.5 Pathobiochemie

Abweichungen von der Norm des Serumproteinbildes werden als Pathoproteinämien bezeichnet. Diese Bezeichnung umfaßt die Dys-, Defekt- und die Paraproteinämie.

Dysproteinämien sind Verschiebungen des quantitativen Verhältnisses der einzelnen Proteinfraktionen zueinander

In Abhängigkeit davon, welche Globulinfraktion erhöht ist, werden folgende Typen unterschieden:

α-Typ. Bei deutlicher Verminderung der Albumine (Hypalbuminämie) sind die α1-Globuline vermehrt, die α2-Globuline stark (bis 25 Relativprozent) erhöht. Die γ-Globulinfraktion ist häufig erhöht oder aber auch normal. Der α-Typ ist Ausdruck akut entzündlicher Prozesse (Akute-Phase-Proteine gehören zu den α1- und α2-Globulinen (Tabelle 31.9, S. 915).

α2-β-Typ. Bei deutlicher Verminderung der Albumine sind die α2-Globuline sehr stark, die γ-Globuline deutlich vermehrt. Die γ-Globuline sind meist vermindert, können aber auch normal oder vermehrt sein. Meist besteht eine *Hypoproteinämie.* Der α2-β-Typ kommt z.B. beim nephrotischen Syndrom (degenerative Veränderungen der Glomerulumkapillaren, S. 1051) vor.

β-Typ. Die isolierte Vermehrung der β-Fraktion kommt selten vor.

γ-Typ. Bei Verminderung der Albumine sind die γ-Globuline vermehrt. Die Hyperglobulinämie ist heterogen, d.h. breitbasig *(polyklonale Gammopathie).* Immunelektrophoretisch besteht meist eine starke Vermehrung der IgG-, aber auch der IgA- und IgM-Globuline. Die Immunglobulinlinien zeigen eine allgemeine Verstärkung, jedoch keine Deformierung wie bei den Paraproteinämien (S. 920). Der γ-Typ ist Ausdruck chronisch entzündlicher Erkrankungen, der schweren Hepatitis und der Lebercirrhose (Abb. 31.38).

Defektproteinämien sind durch den genetischen Mangel einzelner Proteine gekennzeichnet

Beispiele sind die – seltenen – Krankheiten Analbuminämie, Afibrinogenämie (S. 926), A-β-Lipoproteinämie und die Agammaglobulinämie (Antikörpermangelsyndrom, S. 1083). Patienten mit *Analbuminämie* sind klinisch unauffällig; die Laboratoriumsbefunde zeigen eine ausgeprägte Hypoproteinämie, die auf dem fast vollständigen Fehlen der Albumine beruht. Gleichzeitig sind sämtliche Globulinfraktionen stark ver-

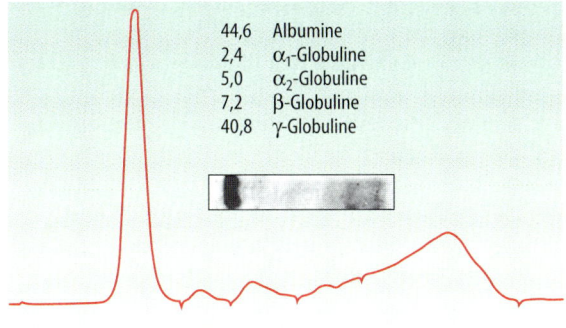

44,6	Albumine
2,4	α1-Globuline
5,0	α2-Globuline
7,2	β-Globuline
40,8	γ-Globuline

Abb. 31.38 Elektrophoresediagramm einer Dysproteinämie vom γ-Typ (Bsp. schwere Hepatitis) (vgl. auch Abb. 31.33, S. 913)

mehrt. Dieser kompensatorische Anstieg ist offenbar der Grund dafür, daß bei den betroffenen Patienten hypoproteinämische Ödeme (s. o.) nicht obligat sind.

Bei Paraproteinämien werden monoklonale Immunglobuline gebildet

Es handelt sich hierbei um einheitliche Immunglobuline, d. h. von einem Zellstamm (Klon, S. 1077) gebildete Antikörper *(monoklonale Gammopathien)*. Diese Immunglobuline werden exzessiv von Plasmazellen (Plasmocytom oder Myelom, S. 1083) oder lymphoiden Zellen (Morbus Waldenström, S. 1083) gebildet. Die Einheitlichkeit der Immunglobuline äußert sich in der Serum- und Urinelektrophorese in Form einer *schmalbasigen, hochaufstrebenden Zacke*. Da diese immer beim *Myelom* (Plasmocytom) und beim *Morbus Waldenström* (Makroglobulinämie) auftritt, wird dieser diagnostisch wichtige Hinweis auf das Vorliegen einer Paraproteinämie als *M-Gradient* bezeichnet. Der sichere Nachweis und die weitere Differenzierung sind jedoch nur durch die immunelektrophoretische Untersuchung möglich, wobei die entsprechende Immunglobulinlinie nicht nur eine Verstärkung wie bei der heterogenen polyklonalen Vermehrung der Immunglobuline (z. B. bei Patienten mit Lebercirrhose) zeigt, sondern auch eine pathologische Form. Bei den Plasmocytomen werden entweder IgG-, IgA-, IgD- oder IgE-Proteine, beim Morbus Waldenström IgM-Proteine (Makroglobulinämie) vermehrt gebildet.

31.4   Blutstillung

Mit dem Mechanismus der Blutstillung (Hämostase) besitzt der Organismus ein Werkzeug, mit dem er sich bei Gewebeverletzungen, bei denen auch kleine oberflächliche Gefäße eröffnet werden, wirksam gegen den Verlust des lebenswichtigen Organs Blut schützen kann.

Der komplizierte Vorgang der Blutstillung ist ein Zusammenspiel von
- vaskulären (dem verletzten Blutgefäß),
- zellulären (insbesondere den Thrombocyten) und
- plasmatischen (auf die Blutstillung spezialisierten Plasmaproteinen) Vorgängen.

Die plasmatischen Vorgänge werden auch als endgültige Blutstillung oder *Blutgerinnung* (Prokoagulation) bezeichnet. An die Blutstillung schließt sich die langsame Auflösung des Gerinnsels durch das *fibrinolytische System* (Antikoagulation) an, die Voraussetzung für die Rekanalisierung von Gefäßen und Heilung des geschädigten Gewebes ist.

Daneben besitzt die Fibrinolyse die Aufgabe, das Blut in flüssigem Zustand zu erhalten, um Störungen der Hämodynamik zu verhindern.

Blutgerinnung und Fibrinolyse sind enzymatisch regulierte Vorgänge, die ständig nebeneinander im strömenden Blut ablaufen (latente Gerinnung und Fibrinolyse). Normalerweise stehen beide Vorgänge miteinander im Gleichgewicht.

Bei einer Störung dieses Gleichgewichts kann es einerseits zur Blutungsneigung, die durch mangelnde Gerinnung oder/und gesteigerte Fibrinolyse gekennzeichnet ist, und andererseits zur Thromboseneigung, die durch eine gesteigerte Gerinnung oder/und verminderte Fibrinolyse hervorgerufen wird, kommen.

31.4.1 Vaskuläre Blutstillung

Als Folge einer Verletzung kommt es zu einer reflektorischen Gefäßkontraktion. Die Gefäßkontraktion durch die Reizung glatter Muskulaturen dauert etwa 60 Sekunden. Sie wird durch die Freisetzung vasokonstriktorischer Substanzen (Serotonin, Katecholamine) aus den Thrombocyten und der verletzten Gefäßwand unterstützt. Die Folge davon ist eine Verlangsamung des Blutstroms, die die zelluläre und plasmatische Blutstillung begünstigt.

31.4.2 Zelluläre Blutstillung

Normalerweise bleiben Thrombocyten weder am Gefäßendothel hängen noch verkleben sie untereinander. Gerät der Thrombocyt jedoch mit geschädigten venösen Gefäßen in Kontakt, deren Endothel zerrissen ist, so kann eine Wechselwirkung mit den darunterliegenden Matrixproteinen wie *Kollagen, Fibronektin* oder *Laminin* eintreten. Für jedes dieser Matrixproteine besitzt der Thrombocyt spezifische Membranrezeptoren, die den Integrinen (S. 185) ähnlich sind. So besteht der *Lamininrezeptor* aus einer α_6-Untereinheit, die mit dem Glykoprotein II a (GP II a) assoziiert ist. Der *Fibronektinrezeptor* besteht aus einem Dimer aus den Thrombocytenglykoproteinen GP I c und GP II a. Für die Wechselwirkung mit Kollagen Typ III sind verschiedene Membranproteinrezeptoren verantwortlich (GP I a/II a, GP VI und möglicherweise GP IV und GP II b).

Unter den Bedingungen hoher Scherkräfte, wie sie in Arteriolen und in der Mikrozirkulation vorherrschen, reichen die genannten Wechselwirkungen für diesen als Plättchenadhäsion bezeichneten Vorgang nicht aus. In diesem Bereich sind Wechselwirkungen zwischen dem *von-Willebrand-Faktor* (vWF) und seinem Thrombocytenrezeptor, dem *Glykoprotein I b/IX*, erforderlich. Der von-Willebrand-Faktor ist ein multimeres Glykoprotein, das im Plasma im Komplex mit Faktor VIII (S. 922) zirkuliert. vWF wird von Endothelzellen synthetisiert, die ihn in das Plasma sezernieren und auch in der subendothelialen Matrix deponieren und von Megakaryocyten (den Vorläufern der Thrombocyten), die es in α-Granula speichern. Für die optimale Plättchenadhäsion sind sowohl der subendotheliale als auch der lösliche vWF erforderlich. Der von-Willebrand-Faktor interagiert mit Kollagen und mit heparinähnlichen Glykosaminoglykanen im Subendothelium und schafft über den Glykoprotein I b/IX-Komplex (Abb. 31.39) die Brücke zwischen Thrombocyt und Gefäßsubendothel. Im Zuge der Anheftung an die Proteine der subendothelialen Matrix werden die genannten Membranrezeptoren aktiviert, was über intrazelluläre Botenstoffe zu einer Reihe von Folgereaktionen der Plättchen führt, die nach einer beträchtlichen Formveränderung unter Ausbildung von Pseudopodien ihren Abschluß in einer über mehrere Stufen verlaufenden Aggregation findet. Zunächst kommt es zur Ausschüttung von ADP, das eine vorerst noch reversible Aggregation der Thrombocyten bewirkt. Sie geht dann in einen irreversiblen Zustand über, wobei Serotonin, Adrenalin

und das vasokonstriktorische **Thromboxan A₂** (S. 883) freigesetzt werden, die weitere Plättchen zur Aggregation veranlassen. Die Aggregation wird durch das Gerinnungsprotein Fibrinogen gefördert, welches an den **Fibrinogen** (GP II b/GP III a)-**Rezeptor** (Abb. 31.40) bindet und damit benachbarte Thrombocyten miteinander verknüpft. Dieser Rezeptor kann Fibrinogen erst nach Aktivierung durch die erwähnten intracelluläre Botenstoffe erkennen; die Erkennung erfolgt über eine Region in der γ-Kette (Abb. 31.43, S. 924) und über die sog. **RGD-Domäne,** d. h. eine Sequenz von Arginin, Glycin und Glutamat, die in der α-Kette des Fibrinogens (und in vielen anderen Proteinen der extracellulären Matrix) vorkommen. Im Rahmen der Thrombocytenaggregation kann auch die plasmatische Gerinnung beschleunigt werden. Diese Beschleunigung kommt dadurch zustande, daß der Blutgerinnungsfaktor V an die Thrombocytenmembran bindet und dadurch aktiviert wird (S. 922). Der aus Thrombocyten gebildete Pfropf (Thrombus) kann das Gefäß jedoch nur dann dauerhaft verschließen, wenn ihm durch die anschließenden plasmatischen Vorgänge (Einbau von Fibrin in den Thrombus) eine ausreichende Festigkeit verliehen wird.

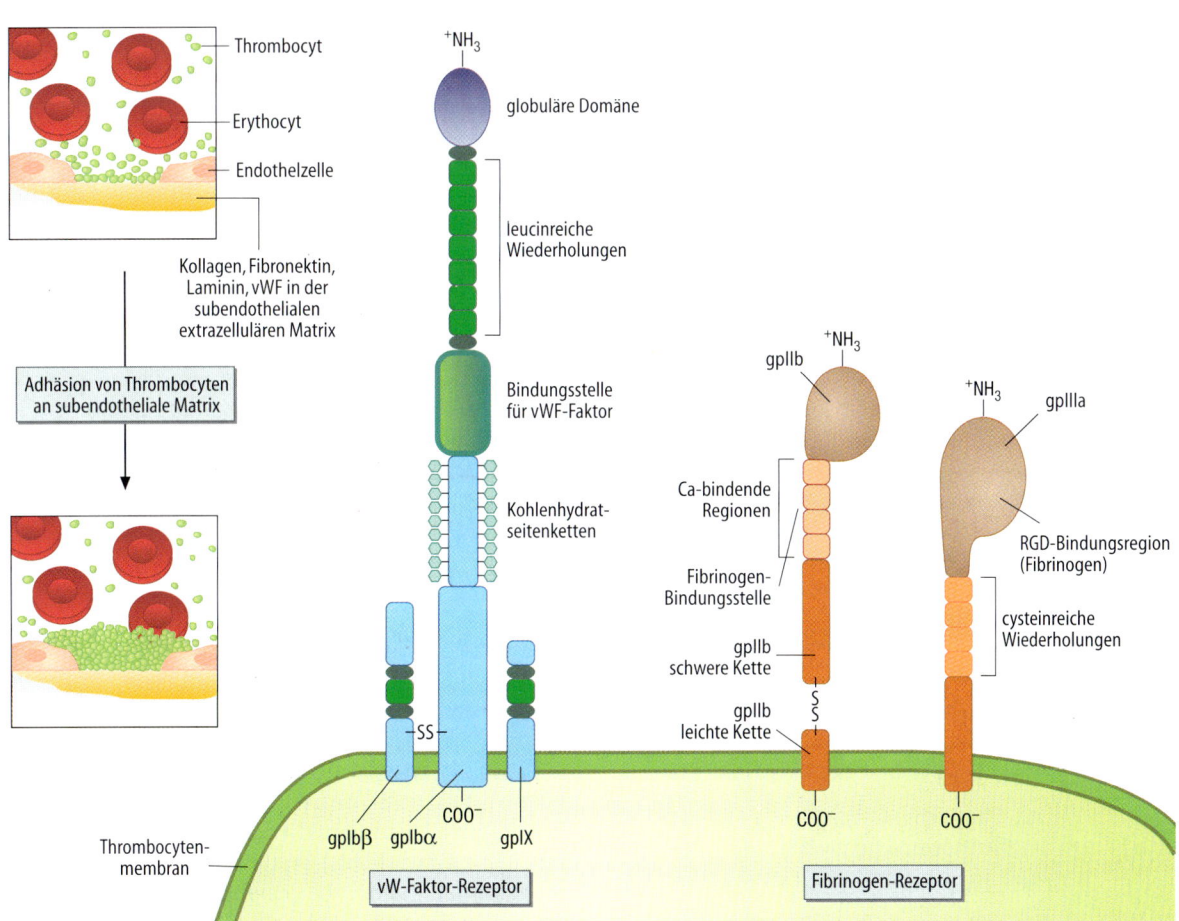

Abb. 31.39 Adhäsion von Thrombocyten an die subendotheliale Matrix unter Vermittlung des von-Willebrand-Faktor-Rezeptors und des Fibrinogenrezeptors auf der Thrombocytenmembran

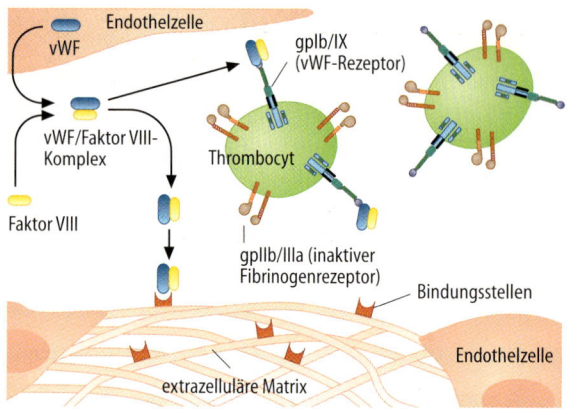

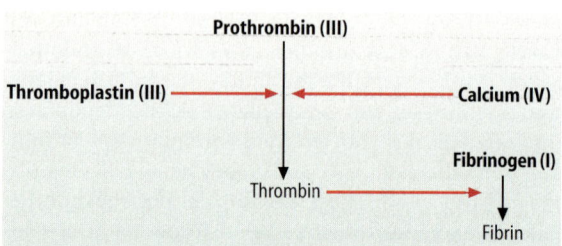

Abb. 31.41 Klassisches Schema der Blutgerinnung

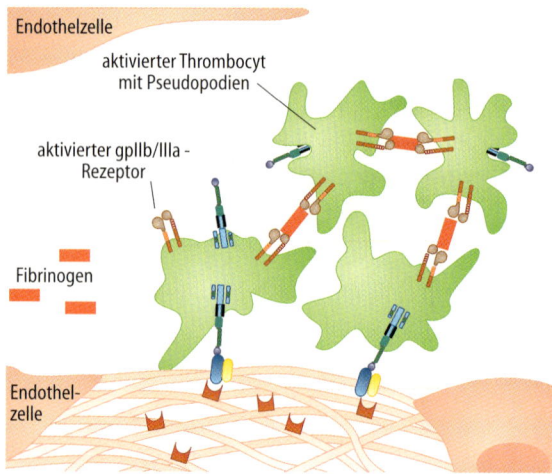

Abb. 31.40 Aktivierung des Thrombocyten durch Bindung des von-Willebrand/Faktor-VIII-Komplexes. Nach Aktivierung bildet der Thrombocyt Pseudopodien aus und verändert die Struktur des GP IIb/IIIa-Rezeptors, so daß unter Vermittlung von Fibrinogen Brücken zwischen den einzelnen Thrombocyten gebildet werden können

Das Endothel besitzt eine Reihe von Abwehrmechanismen, die der Prävention und der Rückbildung unerwünschter Aggregationen dienen. So setzen die Endothelzellen Prostacyclin (PGI$_2$) und den endothelzellproduzierten, relaxierenden Faktor (EDRF oder Stickoxid, S. 782) frei, die die Thrombocytenadhäsion, -aktivierung und -aggregation hemmen.

31.4.3 Plasmatische Vorgänge (Blutgerinnung)

Das klassische Konzept der Blutgerinnung wurde von Paul Morawitz entwickelt

An diesem Konzept sind vier Gerinnungsfaktoren beteiligt, von denen drei, nämlich Calciumionen (Faktor IV) und die beiden in Leberparenchymzellen gebil-

deten Plasmaproteine Fibrinogen (Faktor I) und Prothrombin (Faktor II), ständig im Blut zirkulieren. Diese Faktoren können eine Gerinnung jedoch nur dann in Gang setzen, wenn bei Gewebeverletzung der als *Gewebethromboplastin* bezeichnete Faktor III ins Blut übertritt. Dieser Faktor führt in Gegenwart von Calciumionen das Proenzym Prothrombin in Thrombin über, eine hochaktive Protease, die in kurzer Zeit große Mengen Fibrinogen in Fibrin umwandelt (Abb. 31.41). Die Bindung von Calciumionen an Prothrombin erfolgt dabei an N-terminal gelegene γ-Carboxyglutamylseitenketten (S. 39). Der von Paul Morawitz beschriebene Weg der Thrombinaktivierung wird heute als *extravaskuläres (exogenes)* System der Blutgerinnung bezeichnet, weil ein extravaskulärer, d. h. nicht im Blut vorhandener Faktor die Gerinnung in Gang setzt. Zusätzlich besteht noch eine weitere Möglichkeit der Aktivierung über das *intravaskuläre (endogene)* System, auf dessen Existenz die Beobachtung hinweist, daß Blut auch beim Kontakt mit Glasoberflächen gerinnt. Es müssen also auch im Blut vorhandene Faktoren die Thrombinbildung in Gang setzen können.

Obwohl das klassische Konzept nach wie vor seine Gültigkeit besitzt, ist unser gegenwärtiges Bild vom Gerinnungsvorgang wesentlich differenzierter geworden, da erkannt worden ist, daß eine Reihe weiterer, meist mit römischen Ziffern benannter Faktoren beteiligt ist. Dabei handelt es sich vorwiegend um Proteinasen, die ihre Substrate durch limitierte Proteolyse aktivieren.

Der Faktor X stellt die gemeinsame Endstrecke des intra- und extravaskulären Systems dar

Entscheidend für die Thrombinbildung ist die Überführung des Faktors X in eine aktive Form, die mit dem Faktor V, Calcium und Phospholipiden einen Komplex mit enzymatischer Aktivität bildet, der – als *Prothrombinase* bezeichnet – die Umwandlung von Prothrombin in Thrombin katalysiert. Da der Faktor X durch das intra- und extravaskuläre System aktiviert wird, bilden die Faktoren X und V die gemeinsame Endstrecke beider Systeme (Abb. 31.42).

Gewebsverletzungen bilden die Grundlage der Aktivierung des Faktor X durch das extravaskuläre System. Die Verletzung des Gewebes verursacht dabei die Freisetzung von *Gewebethromboplastin*. Dieses stellt ein Membranprotein dar, das konstitutiv auf nichtvaskulären Zellen exprimiert wird. Der extrazelluläre Anteil des Moleküls ist der *Faktor VII-Rezeptor*, der mit dem Faktor VII, Phospholipiden und Calcium einen Komplex bildet, der den Faktor X aktiviert (Abb. 31.42). Daneben wird auch der Faktor IX aktiviert.

Im Gegensatz zum extravaskulären System, das in Sekundenschnelle zur Aktivierung von Thrombin führt, läuft das endogene System erst nach einigen Minuten an. Die Aktivierung erfolgt nach Art eines Wasserfalls: zur Einleitung der Reaktion ist die Aktivierung von Faktor XII (des Hageman-Faktors) notwendig, die an Proteinen der extrazellulären Matrix oder auch Phospholipiden z. B. aus Thrombocytenmembranen, erfolgt, der seinerseits den Faktor XI in die aktive Form überführt. Faktor XI wiederum aktiviert den Faktor IX, der an eine Zellmembranoberfläche bindet,

bis er den dort ebenfalls gebundenen Faktor VIIIa trifft und mit diesem einen Komplex bildet (Abb. 31.1). Dieser Komplex verbleibt an der Membran, bis er auf den Faktor X trifft, den er zum Faktor Xa (wie beim extravaskulären System) aktiviert.

Durch Aktivierung von Prothrombin entsteht Thrombin, dessen Substrat Fibrinogen ist

Fibrinogen ist ein längliches Protein (Molekulargewicht 340 kD), das sich aus zwei identischen Untereinheiten mit je drei Polypeptidketten (α, β und γ) aus je 400–700 Aminosäuren (Abb. 31.43) zusammensetzt. Die Gene für die α, β- und γ-Ketten des Fibrinogens liegen in einem 50 kb-Segment auf dem langen Arm von Chromosom 4. Die DNA-Sequenz weist erhebliche Homologien auf, so daß man davon ausgehen kann, daß die Gene durch Duplikation und anschließende Diver-

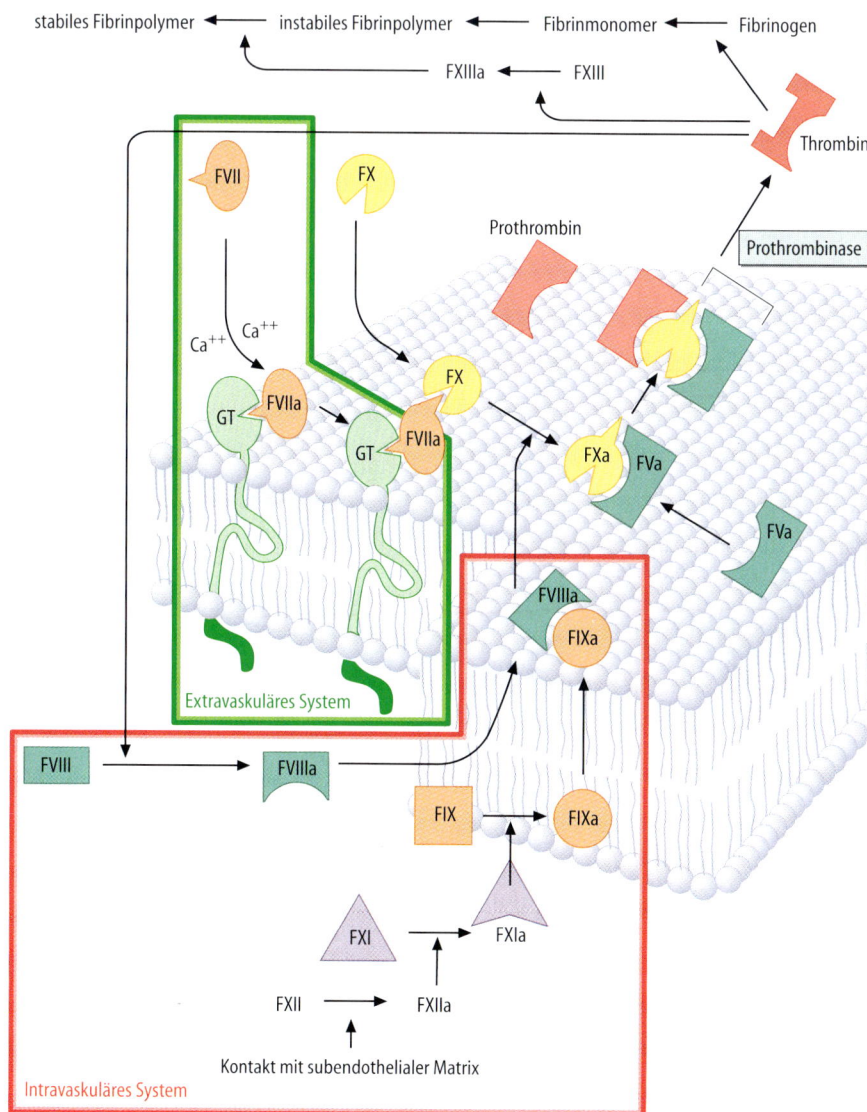

Abb. 31.42 Aktivierung der plasmatischen Gerinnung über das extravaskuläre und intravaskuläre System. Für beide Systeme ist die Aktivierung einzelner Faktoren an der Oberfläche von Zellmembranen von entscheidender Bedeutung, da nur so eine Beschränkung der Gerinnung auf den Ort der Geweberverletzung möglich ist. *GT* Gewebethromboplastin

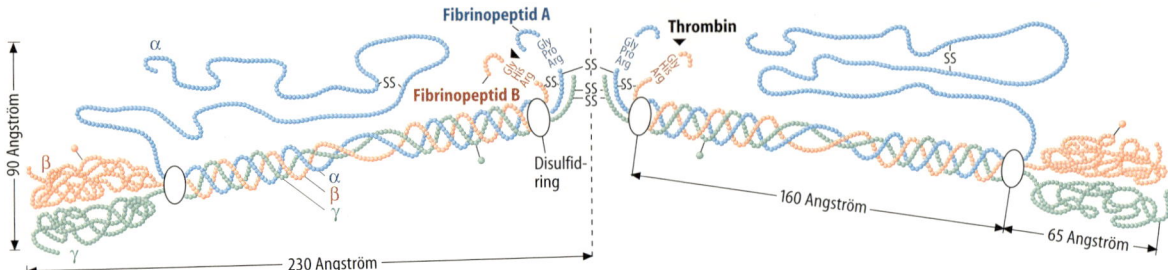

Abb. 31.43 Modell des Fibrinogendimers, das aus zwei Sätzen von drei (α, β und γ) Ketten besteht. Die Ketten sind untereinander über 29 Disulfidbrücken (-S-S-) verbunden, davon 13 in jeder Dimerhälfte und 3, die die beiden Hälften miteinander verbinden. Jeder Disulfidring enthält drei Disulfidbrücken (α→β,β→γ,α→γ). Zwischen den Disulfidringen liegen Tripel-α-Helices (S. 61). An den Enden sind die β- und γ-Ketten hydro-phob und relativ kompakt aufgebaut, wohingegen die α-Kette hydrophil ist und frei in der wäßrigen Umgebung flottiert. An jedem Monomer befinden sich zwei Kohlenhydratseitenketten (Sechsecke). An den Bereichen, an denen die Freisetzung der Fibrinopeptide zu α- bzw. β-„Knöpfen" führt, sind die Aminosäuren angegeben

sifikation eines gemeinsamen Vorläufergens entstanden sind. Von je zwei der Peptidketten (α, β) werden durch Thrombin kleine Bruchstücke (*Fibrinopeptide A und B*) abgespalten, deren Molekulargewicht insgesamt rund 2 % des Fibrinogens beträgt. Dadurch werden im Fibrinogenmolekül Bezirke freigelegt, die eine Zusammenlagerung der entstandenen Fibrinmonomeren zu Polymeren erlauben (Abb. 31.44). Da die einzelnen Bestandteile des frisch gebildeten Fibringerinnsels nur über *nichtcovalente Bindungen* (hydrophobe Wechselwirkungen und Wasserstoffbrücken) verbunden sind, ist es mechanisch noch recht unstabil und kann durch Verbindungen, die diese Bindungen schwächen (in vitro durch Harnstoff, S. 72), wieder aufgelöst werden [lösliches (solubles) Fibrin].

Erst durch die Wirkung des Faktors XIII, der durch Thrombin aktiviert wird und Fibrinmonomere durch Ausbildung von Peptidbindungen zwischen den ε-Aminogruppen von Lysylresten und Carboxylgruppen von Glutaminylresten (im Bereich antiparallel zueinander angeordneter γ-Ketten) covalent verknüpft, wird dem Fibrinpolymer die notwendige Festigkeit [jetzt unlöslich (insoluble)] verliehen. (Abb. 31.45, Abb. 31.6, S. 888). Das Gerinnsel zieht sich zusammen und preßt dabei eine Flüssigkeit ab, die im Gegensatz zum Plasma kein Fibrinogen mehr besitzt (da dies ja verbraucht worden ist) und als Serum bezeichnet wird. Durch die Retraktion, bei der das Thrombosthenin noch intakter Thrombocyten eine wesentliche Rolle spielt, nähern sich die Wundränder stark an, was entscheidend zum Wundverschluß beiträgt.

Die Blutgerinnungsfaktoren haben sich offenbar aus einem gemeinsamen Vorläufergen entwickelt

Die Enzyme, die an der Blutgerinnung beteiligt sind, sind enge Verwandte der Verdauungsproteasen Trypsin und Chymotrypsin (S. 111). Da die Blutgerinnungsenzyme ihre Funktion im Gefäßsystem ausüben, ist eine präzise Regulation erforderlich, um diese potenten, prokoagulatorischen Aktivitäten in der Region der Gewebeverletzung zu halten.

Prothrombin und die Faktoren VII, IX, X und XI weisen große Ähnlichkeiten auf (Abb. 31.46). Sie enthalten γ-Carboxyglutamat-(Gla-)Domänen, EGF-ähnliche Domänen und die drei Disulfidbrücken enthaltenden Kringle-Domänen, die für die Bildung von Proteinkomplexen von Bedeutung sind. Die Cofaktoren V und VIII sind mit den Proenzymen nicht strukturverwandt, zeigen aber untereinander eine erhebliche Homologie. Gewebethromboplastin unterscheidet sich von allen anderen Faktoren dadurch, daß es ein integrales Membranprotein mit einer cytosolischen, einer transmembranären und einer extrazellulären Domäne (Faktor VII-Rezeptor) darstellt. Die regulatorischen Proteine (s. u.), Protein C und Protein S, weisen ebenfalls strukturelle Ähnlichkeiten mit den Proenzym-Gerinnungsfaktoren auf. Fast alle Gerinnungsfaktoren werden im Hepatocyten der Leber gebildet, ihre Halbwertszeit ist relativ kurz, sie liegt zwischen Stunden und wenigen Tagen (Tabelle 31.10).

Antithrombotische Mechanismen sorgen dafür, daß die lokale Gerinnung sich nicht generalisiert

Neben den prokoagulatorischen Blutgerinnungsfaktoren enthält das Blut Inhibitoren, die die Fibrinbildung verzögern und damit eine Schutzfunktion zur Aufrechterhaltung der Zirkulation und zur Vermeidung der Generalisierung der Gerinnung ausüben (Abb. 31.47). Zu diesen gehören
- Antithrombin III, das die aktivierten Faktoren XIIa, XIa, IXa, Xa und Thrombin durch Bildung eines stabilen Enzym-Inhibitor-Komplexes hemmt,
- Protein C und S, die die Faktoren Va und IVa inaktivieren,
- Plasminogenaktivator, der die Fibrinolyse durch Aktivierung von Plasminogen zu Plasmin fördert, und
- der Gewebethromboplastininhibitor.

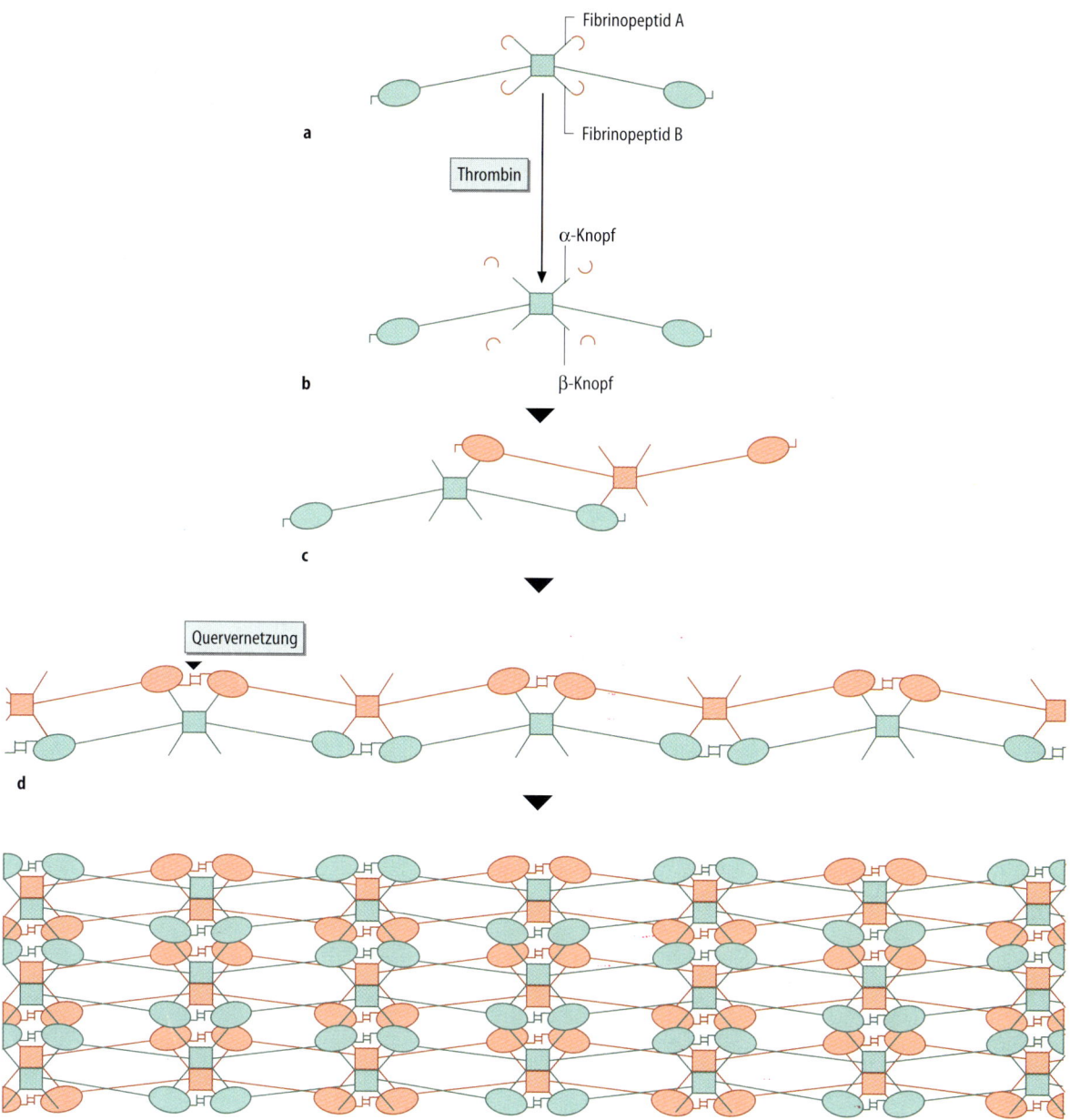

Abb. 31.44 a–e Schematische Darstellung der Polymerisation von Fibrinogen zu Fibrin. Fibrinogen (**a**) wird durch Abspaltung der Fibrinopeptide A und B (an den N-Termini) in ein Fibrinmonomer überführt. Die jetzt exponierten Enden dienen als „Knöpfe", die mit „Löchern" in den terminalen Domänen in Wechselwirkung treten; dadurch kommt es zu einer Seit-zu-Seit-Anlagerung der Monomere (**c**). Diese Anordnung wird zu einem langen Polymer verlängert, das durch die Ausbildung covalenter Quervernetzungen stabilisiert wird (**d, e**)

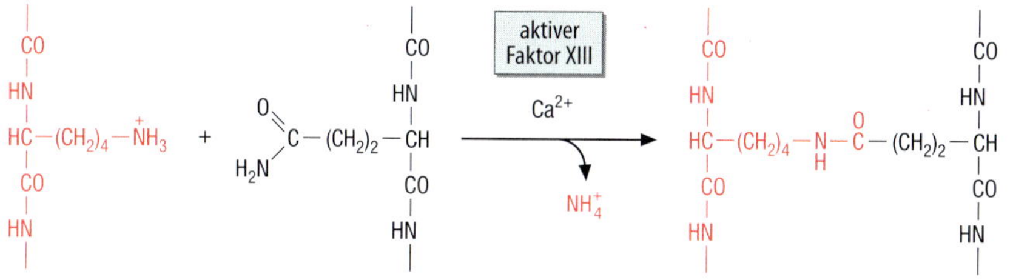

Abb. 31.45 Knüpfung einer covalenten Bindung zwischen Lysyl- und Glutaminylresten verschiedener Fibrinmonomere (unter Abspaltung von Ammoniak) durch den aktiven Faktor XIII

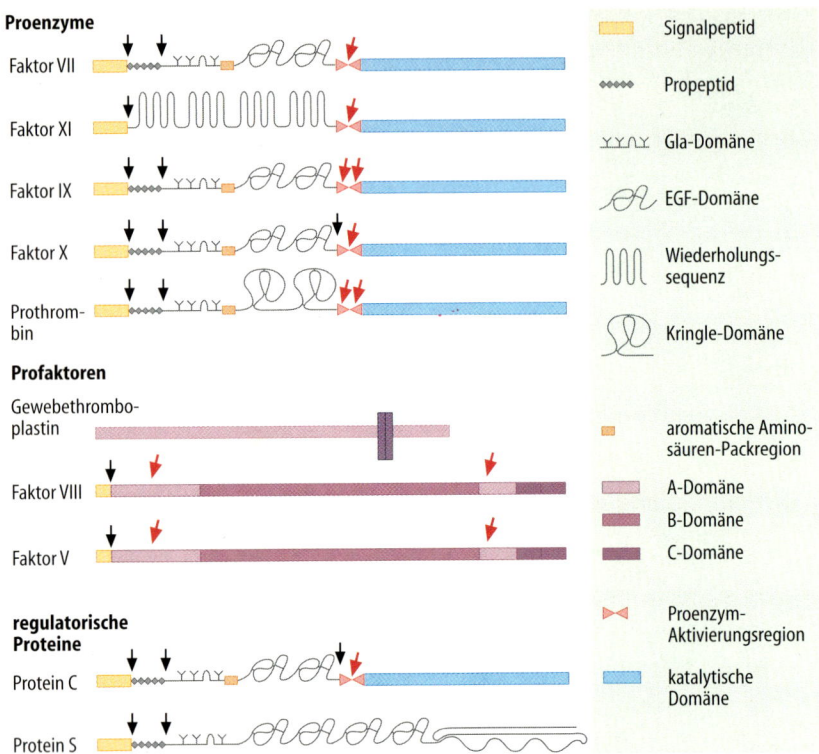

Proenzyme

Faktor VII

Faktor XI

Faktor IX

Faktor X

Prothrom-
bin

Profaktoren

Gewebethrombo-
plastin

Faktor VIII

Faktor V

**regulatorische
Proteine**

Protein C

Protein S

Signalpeptid

Propeptid

Gla-Domäne

EGF-Domäne

Wiederholungs-
sequenz

Kringle-Domäne

aromatische Amino-
säuren-Packregion

A-Domäne

B-Domäne

C-Domäne

Proenzym-
Aktivierungsregion

katalytische
Domäne

Abb. 31.46 Struktureller Aufbau der Proenzyme und Profaktoren der plasmatischen Gerinnung und Proteinen, die das System durch eine Hemmung regulieren. Die große Ähnlichkeit zwischen den Proteinen legt einen gemeinsamen Ursprung nahe. (Nach Furie und Furie 1992)

Tabelle 31.10 Blutgerinnungsfaktoren (die Existenz eines Faktors VI wird heute nicht mehr angenommen)

Faktor	Bezeichnungen	Biologische Halbwertszeit (Stunden bzw. Tage)	Biosynthese Vitamin K-abhängig	Angeborene Koagulopathien
I	Fibrinogen	ca. 5 Tage	–	Afibrinogenämie, Hypofibrinogenämie, A-, Hypo- bzw. Dysfibrinogenämie
II	Prothrombin	2–3 Tage	+	Hypoprothrombinämie
III	Gewebethromboplastin			
IV	Calcium			
V	Accelerin, Acceleratorglobulin, labiler Faktor	ca. 1 Tag	–	Hypoaccelerinämie (Parahämophilie)
VII	Proconvertin, stabiler Faktor	5 h	+	Hypoproconvertinämie
VIII	Antihämophiler Faktor A	15 h	–	Hämophilie A
IX	Antihämophiler Faktor B, Christmas-Faktor	20 h	+	Hämophilie B
X	Stuart-Prower-Faktor	2 Tage	+	Stuart-Power-Faktor-Mangel
XI	Plasma thromboplastin antecedent (PTA)	2 Tage	–	PTA-Mangel
XII	Hageman-Faktor	2 Tage	–	Hageman-Faktor-Mangel
XIII	Fibrin-stabilisierender Faktor (FSF), Loki-Lorand-Faktor	ca. 5 Tage	–	FSF-Mangel

Auch Endothelzellen sind an der Antikoagulation beteiligt: zum einen durch gebundene, heparinähnliche Glykosaminoglykane (S. 745), die die Inaktivierung von Koagulationsproteasen durch Antithrombin III beschleunigen, zum anderen durch die Biosynthese von Prostaglandin I₂ (S. 442) und durch die Sekretion von **Plasminogenaktivator** und Thrombomodulin, ein thrombinbindendes Protein, das die Spezifität von Thrombin ändert, indem es dieses in einen wirksamen Protein C-Aktivator umwandelt.

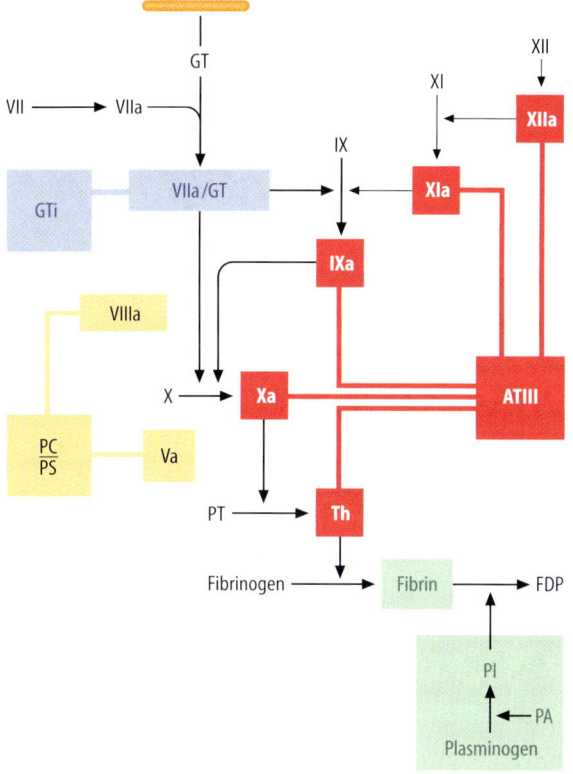

Abb. 31.47 Hemmung der Blutgerinnung durch Gewebethromboplastininhibitor *(GTI)*, das Protein C/Protein S-System, Antithrombin III oder den Plasminogenaktivator. *PC* Protein C; *PS* Protein S; *PT* Prothrombin; *Th* Thrombin; *PI* Plasmin

Die **medikamentöse Behandlung** mit gerinnungshemmenden Mitteln (sog. Antikoagulantien) ist dann angezeigt, wenn der Bildung von Thromben, d. h. Blutgerinnseln innerhalb der nicht-eröffneten Gefäßbahn vorgebeugt werden soll (z. B. nach Operationen oder Herzinfarkten). Dazu haben sich Heparine und Vitamin K-Antagonisten bewährt.

Heparine wirken über eine Bindung von Antithrombin III

Heparine werden in den basophilen Granula von **Mastzellen** im perikapillären Gewebe, in Lungen oder Leber (Name) und von Granulocyten des Blutes gebildet. Es handelt sich um ein Gemisch aus Molekülen mit unterschiedlicher Kettenlänge (Molekulargewichte von 5–30 kD, S. 130). Heparine, die nur parenteral verabreicht werden können, wirken über eine Bindung an **Antithrombin III,** die zu dessen Aktivierung führt (Abb. 31.48). Die Wirkung hängt vom Sulfatierungsgrad ab. Ein wesentlicher Vorteil des Heparins ist das schlagartige Einsetzen seiner Wirkung, die durch Verabreichung von organischen Proteinkationen (wie Protamin), die Heparin binden, ebenso schnell wieder aufgehoben werden kann. Der Abbau von Heparin erfolgt durch **Heparinasen** in der Leber.

Protein C und Protein S inaktivieren die Faktoren Va und VIIIa

Die Protease **Protein C** [so genannt, weil es bei den ersten Untersuchungen auf einer Ionenaustauschersäule (S. 45) als 3. Peak (nach A und B) eluierte] stellt ein Polypeptid aus zwei Ketten mit Molekulargewichten von 41 kD und 21 kD dar. Sie wird als inaktives Proenzym in der Leber synthetisiert. Dabei werden – ähnlich wie bei den Blutgerinnungsfaktoren – 10 Glutamylreste Vitamin K-abhängig carboxyliert. Bei einer Behandlung mit Vitamin K-Antagonisten (s. u.) sinkt deshalb auch die Aktivität dieses Proenzyms ab. Für seine enzymatische Wirkung muß Protein C aktiviert werden

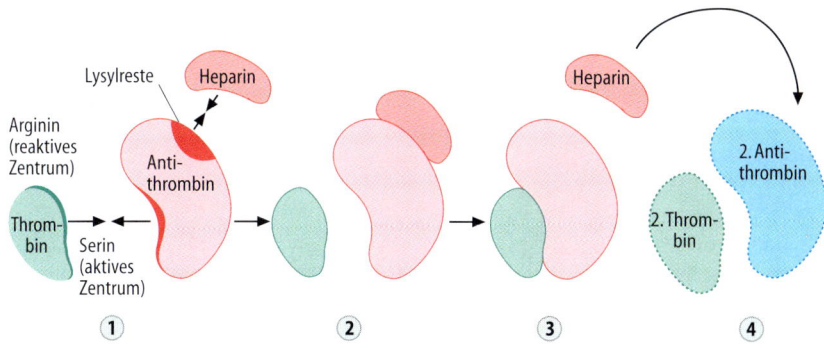

Abb. 31.48 Modell der Heparin-Antithrombin III-Wechselwirkung: *1* Für die Enzym-Inhibitor-Komplexbildung erforderlichen Bausteine; *2, 3* Beschleunigung der Komplexbildung durch Bindung von Heparin und Lysylseitenketten von Antithrombin; *4* Freisetzung von Heparin und Wechselwirkung mit weiteren Antithrombinmolekülen

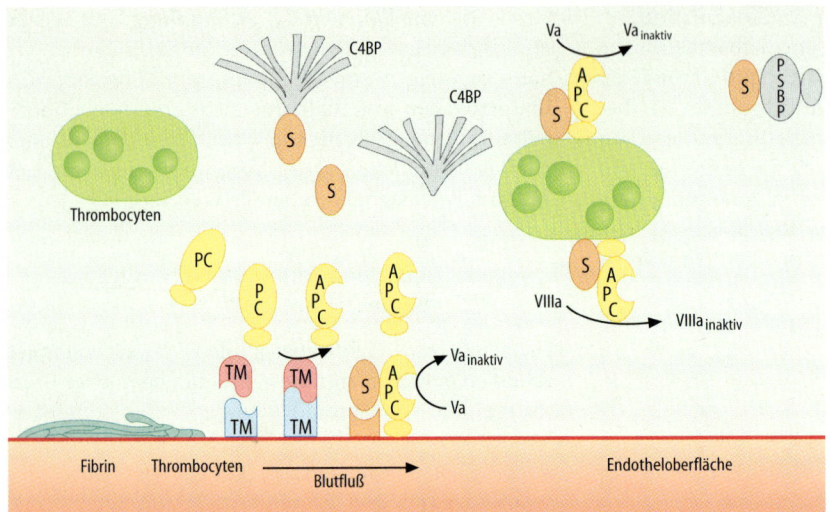

Abb. 31.49 Schematische Darstellung der Proteine und Zelloberflächen, die am Protein C-Stoffwechsel beteiligt sind. *TM* Thrombomodulin; *Th* Thrombin; *PC* Protein C; *S* Protein S; *C4BP* C4-Bindungsprotein; *PSPB* Protein S-Bindungsprotein; *APC* aktiviertes Protein C

(aktiviertes Protein C, APC). Das Proenzym wird zwar durch Thrombin aktiviert, der Vorgang läuft aber zu langsam ab, um physiologische Bedeutung zu besitzen. Eine wesentlich schnellere Aktivierung erfolgt unter Vermittlung von Thrombomodulin, einem Rezeptorprotein an der Endothelzelloberfläche (Abb. 31.49). Durch die Bindung von Thrombin (das ja eigentlich Teil der Prokoagulation ist) an Thrombomodulin wird Protein C in die aktive Form überführt. Das aktivierte Protein C kann mit Thrombocyten oder Endothelzelloberflächen in Wechselwirkung treten, optimal ist diese Interaktion jedoch nur in Gegenwart von Protein S (nach der Stadt Seattle, in der es entdeckt worden war).

Protein S wird ebenfalls Vitamin K-abhängig in der Leber synthetisiert. Im Blut zirkuliert es entweder in freier Form (S in Abb. 31.49), als Komplex mit dem C4b-Bindungsprotein (einem Inhibitor des Komplementsystems, S. 1078) oder als Komplex mit einem Protein S-Bindungsprotein. Der Komplex aus aktiviertem Protein C und Protein S inaktiviert die aktivierten Faktoren V und VIII und wirkt dadurch antikoagulierend. Gleichzeitig inaktiviert das Enzym einen Inhibitor des Gewebe-Plasminogenaktivators, so daß es indirekt auch als Stimulator der Fibrinolyse (S. 929) wirkt.

Vitamin K-Antagonisten wirken über eine Hemmung der γ-Carboxylierung von Blutgerinnungsfaktoren

Die in der Klinik häufig verwendeten Derivate von 4-Hydroxycumarin und Indan-1,3-dion (Abb. 31.50) wirken indirekt über eine kompetitive Verdrängung von Vitamin K bei der posttranslationalen Modifikation der Faktoren II, VII, IX und X sowie von Protein C und Protein S in der Leber. Vitamin K ist Cofaktor einer Carboxylase, die Glutamylreste in den genannten Proteinen posttranslational in γ-Stellung carboxyliert; dabei entstehen γ-Carboxylglutamylreste (Abb. 2.8, S. 39), deren benachbarte Carboxylgruppen leicht Calcium

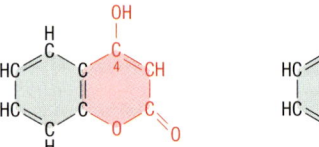

Abb. 31.50 Struktur von 4-Hydroxycumarin *(links)* und Indan-1,3-dion *(rechts)*, deren Derivate Vitamin K (Abb. 23.15, S. 662) kompetitiv bei der Biosynthese der Faktoren II, VII, IX sowie Protein C und Protein S in der Leber verdrängen

binden können. Man nimmt an, daß alle Glutamylseitenketten in den Vitamin K-abhängig synthetisierten Faktoren carboxyliert werden. Vitamin K-Antagonisten verhindern die Carboxylierung durch Verdrängung des Vitamins K an der Carboxylase, so daß Faktoren entstehen, deren Glutamylreste nicht mehr verändert sind und die demnach nicht mehr Calcium und Phospholipide binden können. Sie verlieren dadurch ihre Aktivierbarkeit.

Daraus wird verständlich, daß Vitamin K-Antagonisten nicht in vitro wirken und daß eine Wirkung erst nach einer ausreichenden Senkung (in der Regel nach 2–3 Tagen) des Blutspiegels der Faktoren II, VIII, IX und X eintritt. Eine Überdosierung mit diesen Medikamenten wird durch Gabe von Vitamin K behandelt.

Heparin, EDTA oder Citrat hemmen die Blutgerinnung in vitro

Soll bei Blutuntersuchungen die Gerinnung verhindert werden, so kann durch Punktion gewonnenes Blut in heparinisierten Röhrchen gesammelt werden. Andere Möglichkeiten sind entweder der Zusatz von EDTA, das mit dem für die Gerinnung notwendigen Calcium ein unlösliches Salz bildet oder von Citrat, das mit Calcium ebenfalls einen Komplex bildet. Citrat wird auch zur Bereitung von Transfusionsblut verwendet.

31.4.4 Fibrinolyse

Die Fibrinolyse ist ein wichtiger Gegenspieler der Blutgerinnung

Mit Hilfe des fibrinolytischen Systems, das eine auffallende Ähnlichkeit mit dem Blutgerinnungssystem aufweist, werden Thromben lysiert, die sich im intakten Gefäßsystem gebildet haben. Auch in diesem System wird eine Endopeptidase, das *Plasmin,* aus der inaktiven Vorstufe Plasminogen durch limitierte Proteolyse gebildet. Die Aktivierung erfolgt über sog. *Plasminogenaktivatoren.* Es wird zwischen körpereigenen wie Urokinase und Gewebeplasminogenaktivator [auch t(für tissue)PA] und externen wie Streptokinase (aus Streptokokken) unterschieden. t-PA ist ein Glykoprotein mit einem Molekulargewicht von 70 kD (527 Aminosäuren) und einem Kohlenhydratanteil von rund 10 %. Es kommt in den meisten Geweben vor, wenn auch in unterschiedlichen Konzentrationen. In Blutgefäßen ist es an *Endothelzellen* gebunden und kann durch Thrombin freigesetzt werden. In der Blutbahn komplexiert t-PA als (Serin-)Protease schnell mit Proteaseinhibitoren und wird dadurch inaktiviert. t-PA wird schnell in der Leber abgebaut, so daß die Halbwertszeit nur 3 min beträgt. Aufgrund seiner hohen Affinität zu Fibrin wird t-PA selektiv dort, wo Fibrin abgelagert ist oder wo sich Thromben gebildet haben, aus dem Endothelspeicher freigesetzt. Im Gegensatz zu allen anderen bekannten Serinproteasen (S. 285) entfaltet t-PA bereits in der Proform proteolytische Aktivität. Unter dem Einfluß von Plasmin wird das einkettige Polypeptid an der Peptidbindung Arg275-Ile276 gespalten, so daß ein Molekül mit einer schweren und einer leichteren Kette entsteht, die über Disulfidbrücken verbunden sind. Damit geht eine deutliche Erhöhung der Enzymaktivität einher.

In Anwesenheit von Fibrin binden t-PA und Plasminogen an den Thrombus, so daß ein ternärer Komplex entsteht, der die Plasminogenaktivierung und damit die Fibrinauflösung bewirkt (lokale Lyse).

Plasmin baut nicht nur Fibrin ab, sondern greift auch Fibrinogen und die Faktoren V und VIII an. Die beim Fibrinogenabbau entstehenden Produkte (Fibrinogenspaltprodukte) hemmen die Thrombinbildung und die Polymerisation von Fibrinmonomeren. Damit wird die gesteigerte Fibrinolyse durch die gleichzeitige Hemmung der Gerinnung unterstützt.

Streptokinase, ein Protein ohne enzymatische Eigenschaften, wirkt nicht direkt auf Plasminogen, sondern bildet mit diesem erst einen durch hydrophobe Wechselwirkungen bedingten Komplex, der dann weitere Plasminogenmoleküle in Plasmin umwandelt. Ein Nachteil der Streptokinase, die bei der Auflösung intravasaler Gerinnsel Anwendung findet, ist, daß bei Patienten, die eine Streptokokkeninfektion durchgemacht haben, Antikörper gegen Streptokinase auftreten können, die die therapeutisch zugeführte Streptokinase inaktivieren.

Während Streptokinase und Urokinase (ein aus menschlichem Urin gewonnener Aktivator, der Plasminogen ohne vorherigen Kontakt mit Fibrin aktiviert) schon seit Jahrzehnten zur Thrombolysetherapie eingesetzt werden, wird rekombinantes t-PA erst seit einigen Jahren bei arteriellen Verschlüssen (Herzinfarkt) und Venenthrombosen angewendet.

Die Fibrinolyse kann durch Medikamente gehemmt werden

Die Bildung zu hoher Mengen freien Plasmins im Blut wird durch Protein mit Antiplasminaktivität wie α_2-Makroglobulin, Antithrombin III und α_1-Antitrypsin (Tabelle 31.9, S. 915) verhindert.

Eine pathologisch gesteigerte Fibrinolyse (z. B. bei Leukämien, Operationen an Fibrinolyseaktivatorreichen Organen wie Uterus, Prostata oder Lungen sowie beim Einbruch von Fruchtwasser in die Blutbahn) kann medikamentös durch Antifibrinolytica wie die Aminosäure ε-Aminocapronsäure, p-Aminomethylbenzoesäure oder Aprotinin unterbrochen werden, die außer Plasmin auch Trypsin, Chymotrypsin und die in erster Linie für die Kininfreisetzung verantwortlichen Kallikreine (S. 1027) hemmen.

31.4.5 Pathobiochemie

Keimbahnmutationen in den Genen (auf Chromosom 17q21→23) für den Komplex GP IIb/IIIa (den Fibrinogenrezeptor) führen zu einer seltenen, autosomal recessiven Blutungserkrankung, die durch eine verlängerte Blutungszeit, normale Thrombocytenwerte und das vollständige Fehlen der Plättchenaggregation charakterisiert ist und als *Thombasthenie Glanzmann* bezeichnet wird. Bei den Plättchen ist die Gerinnselretraktion herabgesetzt oder vollständig fehlend, da die Thrombocyten offenbar die Kraft der cytoskelettalen Kontraktion nicht auf das Fibrinnetzwerk übertragen können.

Synthese- oder Strukturänderungen des vonWillebrand-Faktors bedingen ebenfalls eine Thrombocytenfunktionsstörung. Da der *von-Willebrand-Faktor* für die Plättchenadhäsion von großer Bedeutung ist, fallen Patienten mit einem Mangel an diesem Faktor durch vermehrte Blutergüsse, Nasenbluten oder Monatsblutungen bzw. starke Blutungen nach Verletzungen oder operativen Eingriffen auf.

Die Hämophilien (A und B) werden durch Fehlen der Faktoren VIII bzw. IX verursacht

Angeborene Mangelzustände sind für alle Faktoren beschrieben worden (Tabelle 31.10, S. 926). Die bekannteste Krankheit ist die *Hämophilie A,* die durch den Mangel des Faktors VIII zustandekommt. Dadurch ist die Aktivierung von Faktor X durch das intravaskuläre System gestört, so daß die Aktivierung von Prothrombin verlangsamt oder ganz verhindert wird. Die Krankheit ist durch eine erhöhte Blutungsneigung charakterisiert, wobei v. a. Blutungen nach geringfügigen Verletzungen unstillbar sind. Eine Therapie erfolgt mit – gentechnologisch hergestellten – Faktor VIII-Konzentrationen, die wegen der kurzen Halbwertszeit (6–20 h) häufig verabreicht werden müssen.

Das Gen für Faktor VIII macht etwa 0,1% des gesamten X-Chromosoms aus. Es enthält 186.000 Basenpaare mit 26 Exons, zwischen denen die Introns liegen, die etwa 95% des gesamten Gens ausmachen (Abb. 31.51). Die Exons codieren in ihrer Gesamtheit für das Protein mit 2351 Aminosäuren und einem Molekulargewicht von 400 kD (ohne die Kohlenhydratseitenketten). Da die Krankheit klinisch sehr heterogen ist, ist zu erwarten, daß – auch bedingt durch die Größe des Gens – viele verschiedene Mutationen als Ursache in Frage kommen: tatsächlich sind bis 1996 über *80 verschiedene* Missense-Mutationen und Deletionen (des gesamten Genes oder auch einer einzigen Base) beschrieben worden. Auf der anderen Seite zeigt die Analyse großer Patientenkollektive, daß bestimmte Punktmutationen, so z. B. *CG→TG-Transition* mit Bildung eines Nonsensecodons in den Exons 18 und 22 gehäuft auftreten (mutational hotspots, s. u.). Außerdem müssen bei dieser Erkrankung zur Aufrechterhaltung ihrer Häufigkeit in der Population *de novo-Mutationen* auftreten (S. 329).

Die Hämophilie A tritt mit einer Häufigkeit von 1 : 5000 beim männlichen Geschlecht auf und ist damit die häufigste, schwere Blutgerinnungsstörung des Menschen. Sie manifestiert sich klinisch nur bei Männern, heterozygote Frauen bleiben aufgrund ihres zweiten intakten X-Chromosoms symptomlos.

Die Hämophilie A zeigt kein einheitliches Krankheitsbild. Dieses reicht von schwersten, sich bereits bei der Geburt oder im Säuglingsalter manifestierenden Blutungsneigungen ibs hin zu subklinischen Verlaufsformen, die oft erst im späteren Erwachsenenalter erkannt werden.

Etwa ein Drittel aller entdeckten Punktmutationen finden sich im CG-Basendinucleotid. Dieses Nucleotid ist ein Hotspot für C/T- und G/A-Mutationen (S. 330). Das in dieser Kombination vorliegende Cytosin ist häufig methyliert, so daß nur ein Desaminierungsschritt nötig ist, um das Cytosin durch Thymin zu ersetzen (Abb. 13.14, S. 329). Auf dem codierenden Strang bewirkt die Mutation den Austausch eines Arginin-Codons (CGA) durch ein Stopcodon (TGA); auf dem nicht-codierenden Strang führt dieselbe Mutation zum Austausch der Aminosäure Arginin (CGA) durch Glutamin (CAA). Zusätzlich zu gerinnungsphysiologischen Untersuchungen werden heute Hämophilien durch molekularbiologische Analysen (z. B. Restriktions-Analyse PCR-amplifizierter DNA) untersucht. Diese methodischen Ansätze werden auch zur pränatalen Diagnostik der Hämophilien verwendet.

Die Mutationen haben z. T. auch erlaubt, Struktur-Funktions-Beziehungen des Faktor VIII-Gens besser zu verstehen. So führen z. B. Mutationen der Aminosäuren 372 bzw. 1689 zur Beeinträchtigung von Regionen, in denen die *Aktivierung durch Thrombin* stattfindet (Abb. 31.51). Eine Mutation in Position 1709 hat Einfluß auf die Bindung des von-Willebrand-Faktors, eine andere Mutation in Position 1680 führt zum Verlust eines Tyrosylrestes, dessen Sulfatierung ebenfalls an der Wechselwirkung mit dem von-Willebrand-Faktor beteiligt ist. Die Mutation von Arginin zu Glutamin in Position 2209 hat eine unterschiedliche Ausprägung zur Folge (von einer milden bis schweren

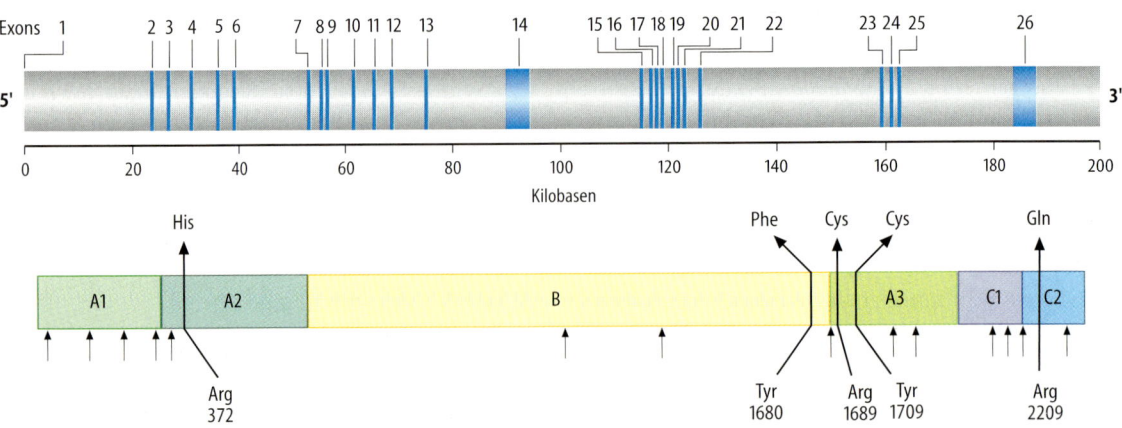

Abb. 31.51 Struktur des menschlichen Faktor VIII-Gens, das aus 186.000 Basenpaaren mit 26 Exons besteht mit Beispielen für Mutationen

Blutungsneigung), was dafür spricht, daß die Schwere der Erkrankung möglicherweise durch eine zweite Mutation oder durch Mutationen in anderen Proteinen, die mit der Faktor VIII-Funktion vergesellschaftet sind, bestimmt wird.

Das Fehlen bzw. der funktionelle Mangel des *Faktors IX* verursacht die als *Hämophilie B* bezeichnete Bluterkrankheit. Das Gen für diesen Faktor liegt ebenfalls auf dem X-Chromosom (Xq27) und besteht aus acht Exons mit einer Gesamtlänge von 40 kb. Die Expression des Gens in der Leber führt zur Bildung eines Prä-Profaktors IX, aus dem – nach Abspaltung eines Signalpeptids und einer Vorsequenz von 18 Aminosäuren – das reife Protein mit 415 Aminosäuren entsteht. Während der Biosynthese finden Glykosylierungen und γ-Carboxylierungen statt. Auch hier existiert eine erhebliche molekulare Heterogenität, die durch die Klonierung des Gens genau analysiert werden kann. Zur Aktivierung des Faktors wird ein Peptid durch Spaltungen der Peptidbindungen Arg145-Ala146 und Arg180-Val181 entfernt. Bei der Mutation, bei der der Arginylrest in Position 145 durch einen Histidylrest ersetzt wird, ist die Konzentration des Profaktors im Plasma zwar normal, seine Aktivierung jedoch gestört. Dies führt nur zu einer milden Hämophilie, wohingegen die Mutation des Arginylrestes 180 ein schweres Krankheitsbild bedingt. Dies spricht für eine unterschiedliche Bedeutung der beiden zu spaltenden Peptidbindungen für die Aktivierung von Faktor IX. Bei einer anderen Mutation führt die Substitution eines Arginyl- durch einen Serylrest im Proenzym dazu, daß die posttranslationale Prozessierung zum Enzym nicht stattfinden kann. Dadurch entsteht ein am N-terminalen Ende um 18 Aminosäuren verlängertes Polypeptid, das nicht als Substrat für die Vitamin K-abhängige Carboxylierung dienen kann, so daß γ-Glutamylreste nicht carboxyliert werden. Ein geringer Prozentsatz der Patienten (1 %) bildet *Antikörper* gegen therapeutisch substituierten Faktor IX, was wahrscheinlich durch *Deletionen des Gens* bedingt ist (so daß das Protein als körperfremd angesehen wird).

Eine interessante Variante der Hämophilie B, die eine Störung der Regulation der Genexpression anzeigt, ist der *Leyden-Phänotyp.* Normalerweise wird die Faktor IX-Genexpression im dritten Trimester angeschaltet. Bei Patienten mit der Leyden-Variante erfolgt dies jedoch erst zu Beginn der Pubertät. Dies bedeutet, daß sich die Faktor IX-Spiegel bei Kindern mit einer milden bis schweren Hämophilie nach der Kindheit normalisieren. Alle bisher untersuchten Familien mit dieser Konstellation weisen unterschiedliche Punktmutationen in einer kleinen Gruppe, der sog. Leyden-spezifischen Region, im 5′-nichttranslatierten Anteil des Faktor IX-Gens auf. Diese Region ist offenbar für die altersabhängige Regulation der Transkription dieses Gens von Bedeutung.

Mangel an Hemmstoffen der Blutgerinnung begünstigt die Entstehung von Thrombosen

Die Entstehung von Thrombosen, d. h. die Bildung von Blutgerinnseln innerhalb der nicht-eröffneten Strombahn, wird durch den partiellen Mangel an Hemmstoffen der Blutgerinnung begünstigt. Dazu gehören Protein C-, Protein S- oder Antithrombin III-Mangelzustände. Deshalb ist bei einer familiären Häufung von Thrombosen immer nach derartigen Mangelzuständen zu suchen. Die häufigste Ursache für thrombotische Geschehen ist allerdings die *sog. APC-Resistenz,* d. h. das *a*ktivierte *P*rotein *C* kann sein Substrat, den Faktor V, nicht spalten, da durch eine Mutation im Faktor V-Gen die Spaltstelle verändert wird (S. 340).

31.5 Künstliches Blut

Synthetische Sauerstoffträger könnten in der Zukunft Bluttransfusionen ersetzen

Ein künstliches Blut, das alle Vorteile des natürlichen, nicht aber seine Nachteile aufwiese, könnte zweifelsohne das natürliche Blut z. B. bei Transfusionen ersetzen. Natürlich dürfte die Verwendung dieses künstlichen Blutes nicht dieselben – oder auch neue – Probleme aufwerfen. Vollblut [bzw. die heute verwendeten Erythrocyten- und Thrombocytenkonzentrate sowie fresh frozen Plasma (FFP)] besitzt eine Reihe von Nachteilen: Es ist möglicherweise ein Krankheitsträger, da bei Transfusionen Krankheitserreger mitübertragen werden können. Vor der Transfusion müssen die Blutgruppen bestimmt und Spender- und Empfängerblut auf Unverträglichkeitsreaktionen getestet werden. Blut ist nur begrenzt lagerungsfähig, und seine Sammlung, Aufbewahrung und Verabreichung ist mit hohen Kosten verbunden.

Die wichtigste Funktion des Blutes ist der Transport von Sauerstoff, der an die Erythrocyten gebunden ist. Plasma- oder Salzwasser lösen 30 ml Sauerstoff/l, Blut durch den Besitz von Hämoglobin dagegen 200 ml. Ein künstlicher Blutersatz muß deshalb v. a. eine hohe Sauerstofflöslichkeit besitzen. Diese Eigenschaft weisen die Fluorkohlenstoffe (Perfluorocarbone) auf, eine Gruppe industriell verwendeter organischer Lösungsmittel, die Fluor statt Wasserstoff enthalten. Mäuse überleben einen einstündigen Aufenthalt in einer oxygenierten Fluorkohlenstofflösung ohne weiteres (Abb. 31.52). Die Löslichkeit von Sauerstoff in Fluorkohlenstoffen muß also so hoch sein, daß die Mäuse ohne Schwierigkeit ihren O_2-Bedarf aus dieser Lösung decken können. Fluorkohlenstoffe lösen 500 ml Sauerstoff/l; da in ihnen hydrophile Substanzen wie Ionen und Metabolite schlecht löslich sind, werden sie im Tierversuch zur Verabreichung in den Kreislauf mit

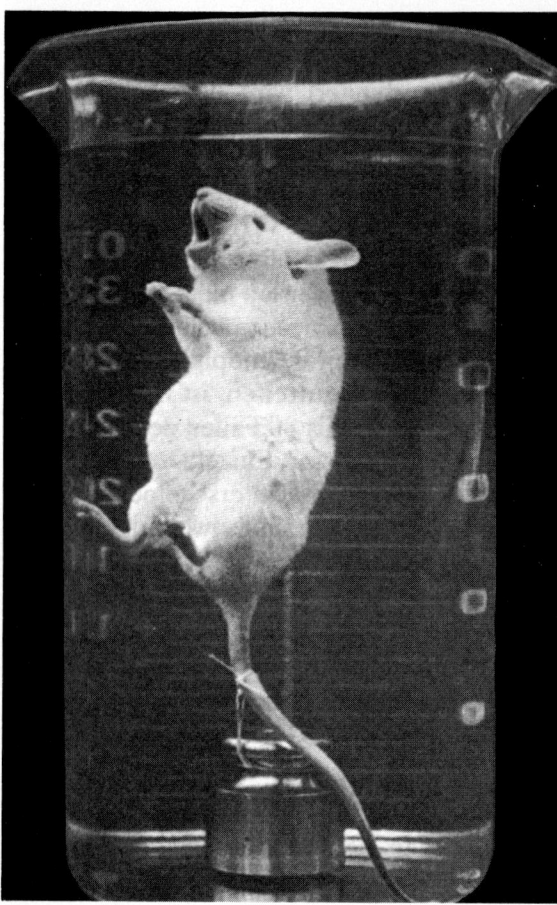

Abb. 31.52 Diese Maus, die 1 h lang in die oxygenierte Fluorkohlenstofflösung eingetaucht worden war, lebte danach „gesund und munter" weiter

- Kohlendioxid (bzw. Kohlensäure) als Endprodukt des Kohlenstoffstoffwechsels, das als Gas durch die Lungen abgegeben wird,
- Wasser als Endprodukt des Wasserstoffstoffwechsels, das den Körper über die Nieren verläßt und
- Ammoniak als Endprodukt des Stickstoffstoffwechsels, das wegen seiner hohen Wasserlöslichkeit nicht über die Lungen abgeatmet werden kann, sondern erst zu Harnstoff umgebaut und dann über die Nieren ausgeschieden wird.

Würde das beim Aminosäureabbau frei werdende Ammoniak – wie bei einigen Mikroorganismen – weiter zu Salpetersäure oxidiert werden, so wäre der Organismus bei dem hohen Stickstoffgehalt der Proteine (16 %) mit dem Problem der Ausscheidung der bei der Ammoniakoxidation entstehenden Protonen konfrontiert. Im Gegensatz dazu wird Schwefel, der in reduzierter Form [SH-Gruppen von Cystein und Methionin (bzw. dessen Abbauprodukt Homocystein)] vorliegt, in der Zelle zu Schwefelsäure oxidiert, wobei *Protonen* gebildet werden. Da Phosphor schon in oxidierter Form (als Phosphatester) vorliegt, bedeutet seine Freisetzung als Phosphorsäure keine Protonenbelastung für den Organismus.

Die Ausscheidung der beiden wichtigsten Endprodukte, des Kohlendioxids und der Protonen, wird über das Kohlendioxid/Bicarbonat-Puffersystem zum Säure-Basen-Gleichgewicht verknüpft (Abb. 31.54).

dem polaren Lösungsmittel Wasser versetzt. Diese Gemische, die etwa 200 ml O_2/l und damit genausoviel wie das Blut lösen, werden vor der Injektion noch zu Emulsionen verarbeitet, um ihre Mischbarkeit mit Blut zu verbessern. Da der Austausch großer Blutmengen gegen Fluorkohlenstoffemulsionen im Tierexperiment erfolgreich war, erscheint auch die Anwendung bei Menschen nach Kenntnis von Verteilung und Abbau dieser Stoffe im Organismus nicht ausgeschlossen.

31.6 Säure-Basen-Haushalt

31.6.1 Endprodukte des Stoffwechsels

Im Stoffwechsel entstehen Kohlendioxid, Wasser und Ammoniak

Im Zellstoffwechsel der einzelnen Gewebe entstehen laufend eine Reihe von Endprodukten, die aus dem Organismus entfernt werden müssen (Abb. 31.53):

31.6.2 Notwendigkeit der Konstanthaltung der Protonenkonzentration

Änderungen der Protonenkonzentration beeinträchtigen elektrostatische Wechselwirkungen zwischen Molekülen

Die Wechselwirkungen eines Enzyms mit seinem Substrat oder eines Hormons mit seinem Rezeptor werden von elektrostatischen Wechselwirkungen bestimmt. Diese Wechselwirkungen werden deshalb durch Änderungen der Wasserstoffionenkonzentrationen beeinflußt, die eine Protonenabspaltung bzw. -anlagerung und damit Ladungsänderung der reagierenden Moleküle verursachen. Damit die zahlreichen, zeitlich und räumlich nebeneinander ablaufenden enzymatischen Reaktionen und Reaktionsketten in der Zelle koordiniert ablaufen können, muß demzufolge die Protonenkonzentration in engen Grenzen konstant gehalten werden.

Die Konstanthaltung des pH-Wertes erfolgt durch *Puffersysteme,* von denen das wichtigste das CO_2/HCO_3^--System ist, durch das der pH-Wert des Extrazellulärraums auf 7,40 eingestellt wird. Obwohl die Regulation des pH-Wertes des Intracellulärraums

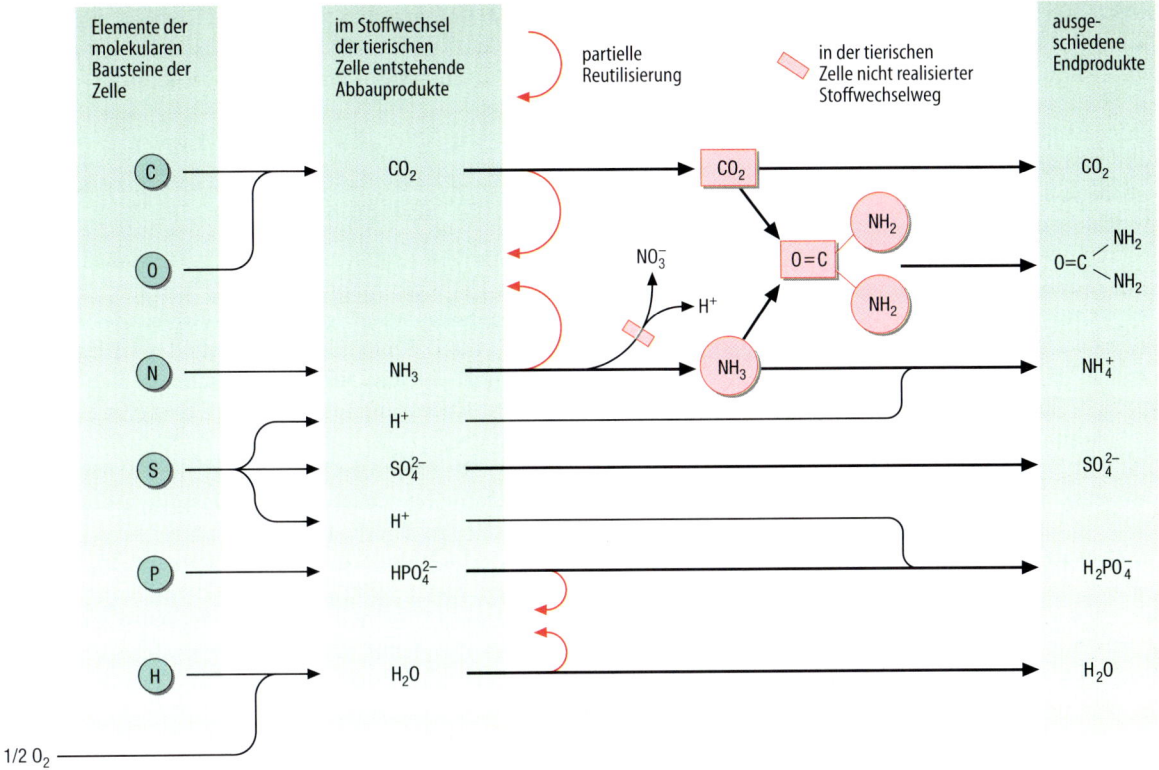

Abb. 31.53 Beim Abbau der molekularen Bausteine der tierischen Zelle entstehende Produkte. (Einzelheiten im Text)

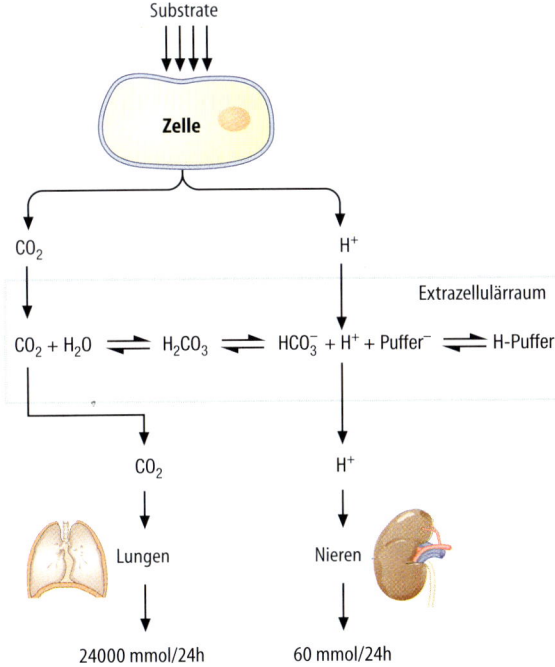

Abb. 31.54 Im Säure-Basen-Haushalt sind die Eliminationswege und Bilanzen für Kohlendioxid und die Protonen fixer Säuren völlig voneinander getrennt. Die Verknüpfung beider Komponenten zum Säure-Basen-Gleichgewicht erfolgt durch Puffersysteme

Tabelle 31.11 Beziehung zwischen pH-Wert und Protonenkonzentration. Mit einem Raster hinterlegt sind die mit dem Leben unter schweren Komplikationen noch vereinbaren Abweichungen vom normalen pH-Wert (7,4)

pH	$[H^+]$ [nmol/l]	
0	10^9	
1	10^8	
2	10^7	
3	10^6	
4	10^5	
5	10^4	
6	10^3	
6,8	160	
6,9	126	
7,0	100 (10^2)	
7,1	80	
7,2	64	Acidose
7,3	50	
7,4	40	
7,5	32	
7,6	25	Alkalose
7,7	20	
8	10 (10^1)	

wahrscheinlich wichtiger ist als die des Extrazellulärraums (Abb. 14.9, S. 368), da der Stoffwechsel im wesentlichen innerhalb der Zelle abläuft, sind unsere Kenntnisse über die Regulation des pH-Wertes im Intrazellulärraum noch nicht weit fortgeschritten. Man muß sich bei der Beurteilung des Säure-Basen-Haushaltes immer noch auf den Extrazellulärraum beschränken. Eine Abweichung des pH-Wertes des Extrazellulärraums in den sauren Bereich (ab 7,37) wird als *Acidose* (Acidämie), in den alkalischen (ab 7,44) als *Alkalose* oder Alkaliämie bezeichnet. Mit dem Leben vereinbar sind unter schwersten Komplikationen Abweichungen des pH-Wertes bis zu 6,80 (H^+-Konzentration 160 nmol/l) nach unten und 7,70 (H^+-Konzentration 20 nmol/l) nach oben (Tabelle 31.11), d. h. der Mensch kann eine achtfache Änderung der Protonenkonzentration im Extrazellulärraum ertragen, was das vierfache des Natriumbereichs (100–200 mmol/l) und etwa dasselbe wie der Bereich der Kaliumkonzentration (1,5–12 mmol/l) ist.

31.6.3 Freisetzung von Kohlendioxid im Stoffwechsel

Täglich atmen wir bei körperlicher Tätigkeit etwa 24 mol Kohlendioxid über die Lungen ab

Kohlendioxid wird bei einer Fülle kataboler Reaktionen freigesetzt, und zwar vorwiegend bei der dehydrierenden Decarboxylierung von α-Ketosäuren und der nicht-dehydrierenden Decarboxylierung von β-Ketosäuren (Tabelle 31.12): Ein ganz geringer Teil des freien Kohlendioxids kann in sog. Carboxylierungsreaktionen wieder fixiert werden, der überwiegende Teil – etwa 24.000 mmol pro Tag beim gesunden, nicht ruhenden Erwachsenen – wird durch die Lungen abgeatmet. Wie auf S. 899 geschildert, wird das von den Gewebezellen gebildete CO_2 wegen seiner unzureichenden Löslichkeit als polares HCO_3^- (das wesentlich besser löslich ist) transportiert. Die bei der Bildung von Bicarbonationen entstehenden Protonen werden vorwiegend durch Hämoglobinmoleküle abgepuffert. Im Bereich der Lungen wird Bicarbonat unter Aufnahme von Protonen wieder in Kohlensäure umgewandelt und als CO_2 abgeatmet.

31.6.4 Freisetzung von Protonen im Stoffwechsel der Zelle

Cystein und Methionin sind wichtige Protonenquellen

Protonen entstehen vorwiegend bei der Oxidation der SH-Gruppen der proteinogenen Aminosäuren *Cystein*

und *Methionin* zu Sulfat (S. 573). Durch Methioninzufuhr kann daher die Protonenausscheidung mit dem Urin fast um 2 mol Protonen/mol Methionin gesteigert werden.

Phosphat in der Nahrung gilt ebenfalls als Protonenspender

Die übrigen Protonen werden mit der Nahrung zugeführt und stammen im wesentlichen aus dem Nahrungsphosphat; anorganisches Phosphat, das z. B. in einem sauren Fruchtsaft überwiegend als Dihydrogenphosphat vorliegt, geht im alkalischen Milieu des Darmes in Hydrogenphosphat unter Freisetzung von Protonen über.

Der Aminosäureschwefel ist die Ursache für den sog. Säureüberschuß des Nahrungsproteins und damit der Nahrung überhaupt.

Mit proteinreichen Nahrungsmitteln, wie z. B. Fleisch, Eiern oder Getreideprodukten, kann man einen sauren Urin erzeugen, mit Milch, Obst und Gemüse (lactovegetabile Kost, S. 727) einen alkalischen Harn. Die normale Mischkost aus säure- und basenüberschüssigen Nahrungsstoffen liefert täglich etwa 60 ± 20 mmol Protonen, die durch die Nieren ausgeschieden werden müssen. Die durch extrem einseitige Ernährung erreichbaren Überschüsse sollen in beiden Richtungen bei etwa 150 mmol/24 h liegen. Die normale Kapazität gesunder Nieren (Tubuli), täglich bis zu 1000 mmol (1 mol) Protonen auszuscheiden oder 300–400 mmol einzusparen, kann also durch Nahrungseinflüsse nicht ausgeschöpft werden (S. 1049).

Die Menge der freien Protonen beträgt bei einem gesunden Erwachsenen 2,1 µmol, die der an Puffer gebundenen Protonen 105 mmol und die maximale Pufferfähigkeit des Organismus 700 mmol. Die Summe der freien und der an Puffer gebundenen Protonen stellt den H^+-Pool dar.

31.6.5 Pufferung im Intra- und Extrazellulärraum

Obwohl der Intrazellulärraum etwa doppelt so groß ist wie der Extrazellulärraum und er an der Gesamtpufferkapazität des Organismus zu etwa 50 % beteiligt ist, sind unsere Kenntnisse über die Puffervorgänge in diesem Kompartiment aufgrund seiner Komplexität und Differenziertheit (verschiedene Gewebe, verschiedene Zellen, subzelluläre Strukturen) gering. Der Extrazellulärraum stellt im Vergleich dazu eine homogene Flüssigkeit dar, deren pH-Wert durch verschiedene Puffersysteme eingestellt wird. Von diesen – zusammenfassend als Pufferbasen bezeichneten – Puffern stellt das *Kohlendioxid/Bicarbonat-System,* das vorwiegend im Plasma lokalisiert ist, etwa die Hälfte, die andere Hälfte entfällt auf Hämoglobin und andere Pro-

Tabelle 31.12 Stoffwechsel von Kohlendioxid in der tierischen Zelle: Decarboxylierungen und Carboxylierungen (Auswahl)

Carbonsäure	Produkt	Stoffwechselweg
Decarboxylierungen		
Dehydrierende Decarboxylierung von α-Ketosäuren		
α-Ketopropionat (Pyruvat)	Acetyl-CoA	Glucoseabbau
α-Ketobutyrat	Propionyl-CoA	Threonin- und Methioninabbau
α-Ketoisocapronat	Isovaleryl-CoA	Leucinabbau
α-Ketovalerianat	Isobutyryl-CoA	Valinabbau
α-Keto-β-methylvalerianat	α-Methylbutyryl-CoA	Isoleucinabbau
α-Ketoglutarat	Succinyl-CoA	Citratcyclus
α-Ketoadipat	Glutaryl-CoA	Lysin- und Tryptophanabbau
Spontane Decarboxylierung von β-Ketosäuren		
β-Keto-ι-phosphogluconat	D-Ribulose-5-phosphat	Pentosephosphatweg
β-Ketobutyrat (Acetacetat)	Aceton	Ketonkörper
α-Amino-β-ketoadipat	δ-Aminolävulinat	Porphyrinbiosynthese
β-Keto-L-gulonat	L-Xylulose	Uronsäureweg
Carboxylierungen		
Pyruvat	Oxalacetat	Gluconeogenese
Ammoniak bzw. Glutamin	Carbamylphosphat	Harnstoff- bzw. Pyrimidinbiosynthese
Acetyl-CoA	Malonyl-CoA	Fettsäurebiosynthese
Propionyl-CoA	D-Methylmalonyl-CoA	Fettsäureabbau
β-Methylcrotonyl-CoA	β-Methylglutaconyl-CoA	Leucinabbau
5-Aminoimidazol-ribosyl-5'-phosphat	5-Aminoimidazol-ribosyl-carboxy-5'-phosphat	Purinbiosynthese

Tabelle 31.13 Verhältnis von HCO_3^- zu CO_2: daraus resultierender pH-Wert und Protonenkonzentrationen

Verhältnis $HCO_3^-:CO_2$	8:1	10:1	12,5:1	16:1	20:1	25:1	32:1	40:1	50:1
Resultierender pH-Wert	7,0	7,1	7,2	7,3	7,4	7,5	7,6	7,7	7,8
Protonenkonzentration [nmol/l]	100	80	64	50	40	32	25	20	16

teine, sowie das Dihydrogenphosphat/Hydrogenphosphat-System. Da ihnen ein höherer pK′-Wert (als der des CO_2/HCO_3^--Systems), die vorwiegend intraerythrocytäre Lokalisation und die Nichtflüchtigkeit gemeinsam sind, werden sie gemeinsam als *Nichtbicarbonatpuffer* bezeichnet.

31.6.6 Einzelne Puffersysteme

Das Kohlendioxid-Bicarbonat-Puffersystem ist ein offenes System

Auf die fundamentale Bedeutung dieses Puffersystems haben wir ausführlich in Kapitel 1 (S. 21) hingewiesen. Da die Plasmabicarbonatkonzentration normalerweise 24 mmol/l und die des gelösten CO_2 1,2 mmol/l Plasma beträgt, ist das Konzentrationsverhältnis 20:1, was bei einem pK′-Wert von 6,10 einen pH-Wert des Extracellulärraums von 7,40 bewirkt. jede Veränderung dieses Quotienten verursacht eine pH-Verschiebung (Tabelle 31.13). Durch die Lage seines pK′-Wertes wäre dieser Puffer fast bedeutungslos, wenn er nicht an die pulmonale Gasphase gekoppelt wäre, wodurch er zu einem offenen System wird. Die dadurch nahezu unbeschränkte Verfügbarkeit und seine hohe Plasmakonzentration machen diesen Puffer somit zum Hauptpuffersystem des Extrazellulärraums.

Hämoglobin ist der wichtigste der Nicht-Bicarbonat-Puffer

Unter diesen Puffersystemen, deren Anteil an der Gesamtkonzentration 50 %, an der Gesamtpufferkapazität jedoch 25 % beträgt (Tabelle 31.14), nimmt das *Hämoglobin* aufgrund seiner hohen Konzentration (160 g/l Blut) und des Besitzes von Imidazolgruppen

Tabelle 31.14 Puffersysteme des Extracellulärraums. Die Summe aller im physiologischen pH-Bereich zur Aufnahme von Protonen fähigen Pufferanionen wird als Pufferbasen bezeichnet (Konzentration: 48 mmol/l)

Pufferanion	pK'	Konzentration [mmol/l]	Anteil an der Gesamt-konzentration [%]	Anteil der Puffer-kapazität [%]
Bicarbonatpuffer (HCO$_3^-$)	6,10	24	50	ca. 75 %
Nichtbicarbonatpuffer (Nb-Puffer$^-$)				
Desoxygeniertes Hämoglobin (Hb$^-$)	8,25			
Oxygeniertes Hämoglobin (O$_2$-Hb$^-$)	6,95	24	50	ca. 25 %
Protein (Pr$^-$)	–			
Hydrogenphosphat (HPO$_4^{2-}$)	6,80			

Tabelle 31.15 Aufschlüsselung der Pufferkapazität des Blutes

Bestandteil	Pufferkapazität [mmol/l/pH]	%
Plasmaphosphat	0,4	1
Plasmaprotein	5,0	6
Plasmabicarbonat	2,6	3
Puffer im Blutplasma	8,0	10
Puffer in Erythrocyten (Hämoglobin)	16,2	21
Puffer im Gesamtblut (geschlossenes System)	24,2	31
Normale Ventilation	52,6	69
Gesamtblutpuffer einschließlich normaler Ventilation (offenes System)	76,8	100
Kompensatorische Atemregulation	41,6	
Maximalwert	118,4	

(Abb. 2.19, S. 49), die vorrangige Stellung ein. Da der pK'-Wert des desoxygenierten Hämoglobins mit 8,25 höher als der des oxygenierten Hämoglobins mit 6,95 liegt, ist Desoxyhämoglobin die schwächere Säure und damit der bessere Puffer (S. 902). Den günstigsten pK'-Wert aller Puffer besitzt mit 6,80 (bester Pufferbereich pH = pK ± 1) das *Dihydrogen-/Hydrogenphosphat-System,* das jedoch aufgrund seiner geringen Plasmakonzentration (1 mmol/l) nur mit 1 % an der Gesamtpufferkapazität beteiligt ist. In der Zelle findet sich Phosphat in wechselnd hohen Konzentrationen (100–150 mmol/l), wobei es allerdings überwiegend an Makromoleküle gebunden ist. Für die Pufferkapazität wirkt sich besonders günstig aus, daß der pK'-Wert fast mit dem Zell-pH von 6,80–6,90 übereinstimmt. Da die isoelektrischen Punkte der Plasmaproteine im sauren Bereich (4,90–6,40) liegen, sind sie bei pH 7,40 Anionen, deren Pufferkapazität (S. 19) etwa 5 mmol/l/pH beträgt.

Dem Ammoniak/Ammonium-System kommt aufgrund seiner extrem geringen Konzentration (40 µmol/l) und des ungünstigen pK'-Wertes (9,40) keine Bedeutung bei der Pufferung im Extracellulärraum zu. Tabelle 31.15 zeigt die Pufferkapazität des Blutes. Danach hätte der Extrazellulärraum als geschlossenes System eine Pufferkapazität von rund 24 mmol/l/pH, als offenes System jedoch rund das dreifache. Davon entfallen rund $^3/_4$ auf das CO_2/HCO_3^--System. Durch die kompensatorischen Atemregulationen zur Einstellung des Kohlendioxidpartialdruckes, die aber streng genommen nicht mehr unter den Begriff der Pufferung fallen, können die Gesamtkapazität und auch der prozentuale Anteil des CO_2-Bicarbonat-Systems noch beträchtlich erhöht werden.

Alle genannten Puffersysteme stehen – als Bestandteile einer gemeinsamen Lösung – miteinander im Gleichgewicht:

$$H_2CO_3 + \text{Nichtbicarbonatpuffer}^- \rightleftharpoons$$
$$\text{Nichtbicarbonatpuffer}^-\text{-H}^+ + HCO_3^-.$$

31.6.7 Regulation der Protonenkonzentration

Obwohl die Puffersysteme des Organismus die täglich gebildeten Protonen (40–80 mmol) leicht abpuffern können, wäre ein Überleben ohne Ausscheidung der Protonen und damit Regeneration der Puffer nicht möglich. Die beiden wesentlichen Regulationsvorgänge werden durch zwei Organpaare, die *Lungen* und die *Nieren,* vermittelt.

Die Lungen sind an der Regulation über das Bicarbonat-Puffersystem beteiligt

Durch die Atmung wird direkt nur das CO_2/HCO_3^--System betroffen. Da jedoch in einer Lösung mit mehreren Puffersystemen ein Gleichgewicht zwischen den einzelnen Puffern besteht, werden indirekt auch die anderen Puffer betroffen.

Die Konzentration von Kohlendioxid in den Körperflüssigkeiten ist direkt vom Partialdruck des

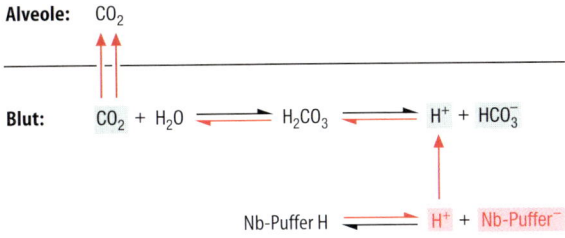

Alveole: CO_2

Blut: $CO_2 + H_2O \;\rightleftharpoons\; H_2CO_3 \;\rightleftharpoons\; H^+ + HCO_3^-$

$\text{Nb-Puffer H} \;\rightleftharpoons\; H^+ + \text{Nb-Puffer}^-$

Abb. 31.55 *Hyperventilation:* Die vermehrte Abatmung von CO_2 führt zur Abnahme des CO_2-Partialdruckes, der Bicarbonat- und der Protonenkonzentration. Durch die Nichtbicarbonatpuffer (Nb-PufferH) werden Protonen nachgeliefert und gleichzeitig Nichtbicarbonatpufferanionen gebildet, die den Verlust des Pufferanions Bicarbonat ausgleichen. Die Gesamtkonzentration der Pufferanionen bleibt deshalb unverändert. Die Größen, deren Konzentration abfällt, sind mit einem *grauen Raster* diejenigen, deren Konzentration ansteigt, mit einem *roten Raster* hinterlegt

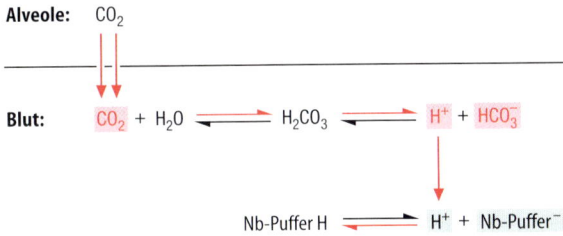

Alveole: CO_2

Blut: $CO_2 + H_2O \;\rightleftharpoons\; H_2CO_3 \;\rightleftharpoons\; H^+ + HCO_3^-$

$\text{Nb-Puffer H} \;\rightleftharpoons\; H^+ + \text{Nb-Puffer}^-$

Abb. 31.56 *Hypoventilation:* Die verringerte Abatmung von CO_2 führt zum Anstieg des CO_2-Partialdruckes, der Protonen- und Bicarbonatkonzentration. Durch die Nichtbicarbonatpuffer (Nb-Puffer$^-$) werden Protonen aufgenommen und gleichzeitig Nichtbicarbonatpufferanionen verbraucht, wodurch trotz der Erhöhung der Bicarbonatkonzentration die Gesamtkonzentration der Pufferanionen konstant bleibt

Kohlendioxids in den Lungenalveolen (40 mm Hg) abhängig ([CO_2] = S · pCO_2) (*S* molarer Löslichkeitskoeffizient).

Deshalb führt die **erhöhte Atmung** (Hyperventilation, z. B. durch Reizung des Atemzentrums oder maschinelle Überbeatmung) zu einer Abnahme des CO_2-Partialdruckes in den Alveolen (Abb. 31.55), einer Abnahme der CO_2-Konzentration im Plasma, zur Nachbildung von CO_2 nach dem Massenwirkungsgesetz und dadurch zur Abnahme der Protonenkonzentration (Zunahme des pH-Wertes, Alkalose).

Diese Reaktion kann eine schnelle Änderung der Protonenkonzentration hervorrufen, dient jedoch nicht als primärer Mechanismus zur Ausscheidung von Protonen, da bei diesem Vorgang die gleiche Menge Bicarbonat verbraucht wird. Ein Teil der Protonen wird von Nichtbicarbonatpuffern (insbesondere dem Hämoglobin) nachgeliefert. Weil dadurch der Anteil des dissoziierten Hämoglobins (Hb$^-$) zunimmt, ändert sich trotz des Abfalls der Bicarbonatkonzentration die Gesamtpufferanionenkonzentration nicht.

Auf der anderen Seite führt die **herabgesetzte Atmung** (Hypoventilation z. B. bei einem Schädel-Hirn-Trauma, einer Verlegung der oberen Luftwege oder einer Brustbeinfraktur) zu einer Erhöhung des CO_2-Partialdruckes in den Alveolen (Abb. 31.56), zu einer Zunahme der CO_2-Konzentration im Plasma, zu der Verlagerung der Reaktion auf die rechte Seite und dadurch zur Zunahme der Protonenkonzentration (Abnahme des pH-Wertes, Acidose). Diese Reaktionen, durch die der CO_2-Partialdruck auf das zwei- bis dreifache (von 40 auf 80–120 mm Hg) angehoben werden kann, führen zu einer geringen Erhöhung der Bicarbonatkonzentration. Da ein Teil der gebildeten Protonen durch Nichtbicarbonatpufferanionen aufgenommen wird, ändert sich wegen des damit verbundenen Abfalls der Nichtbicarbonatpufferanionen die Gesamtpufferanionenkonzentration trotz des Bicarbonatanstiegs nicht.

Diese beiden respiratorischen Änderungen können als Primärereignisse auftreten; sie werden dann als **respiratorische** (respiratorisch bedingte) **Alkalose** bzw. als **respiratorische** (respiratorisch bedingte) **Acidose** bezeichnet. Sie können jedoch auch Folge oder Kompensation einer nichtrespiratorischen Störung sein; d. h. wenn z. B. im Blut eines Patienten eine Erhöhung der Protonenkonzentration (die nicht respiratorisch bedingt ist und deshalb als nicht-respiratorische Acidose bezeichnet wird) auftritt, dann wird die Protonenkonzentration durch vermehrte Atmung über die oben beschriebene Reaktionsfolge erniedrigt.

Entsprechend wird auch eine Reduktion der Wasserstoffionenkonzentration (nicht-respiratorische Alkalose) durch die Herabsetzung der Atmung kompensiert. Somit kann die Atmung eine schnelle Änderung der Protonenkonzentration bewirken, wenn entweder eine primäre Störung der Atmung vorliegt oder sekundär nicht-respiratorische Störungen durch die Atmung kompensiert werden. Die Protonenbilanz wird jedoch dadurch nicht beeinflußt.

Die Leber ist an der Regulation über die Harnstoffsynthese beteiligt

Auch die Leber ist an der Regulation des Säure-Basen-Haushalts beteiligt. Bei der Oxidation des Nahrungsproteins (etwa 90 g/Tag) entstehen Bicarbonationen (etwa 60 g bzw. 1 Mol/Tag), die nicht mit dem Urin ausgeschieden werden können, sondern stattdessen in die Harnstoffbiosynthese eingehen: aus jeweils zwei Mol HCO_3^- und NH_4^+ entsteht ein Mol Harnstoff (S. 536), d. h. Bicarbonat- und Ammoniumionelimination sind miteinander gekoppelt. Muß Bicarbonat eingespart werden, so wird dadurch auch weniger Ammonium fixiert, so daß die NH_4^+-Ausscheidung auf alternative Stoffwechselwege verlagert werden muß.

Bei einer **Acidose** wird die Harnstoffbiosynthese zur Einsparung von Bicarbonat gedrosselt, das überschüssige Ammonium wird vermehrt durch Bildung von Glutamin fixiert (S. 541), welches von der Leber abgegeben wird. Das Ammoniumion wird dann in den Urin durch renale Freisetzung aus Glutamin ausgeschieden. Umgekehrt fließt bei einer *Alkalose* vermehrt Bicarbonat in den Harnstoffcyclus; das in äquimolaren Mengen erforderliche NH_4^+ wird durch die vermehrte intrahepatische Hydrolyse von Glutamin (Glutaminase-Reaktion) bereitgestellt, das in diesem Fall von der Leber aufgenommen wird.

Die Nieren sind an der Regulation über die Ausscheidung von Protonen beteiligt

Die Nieren verändern die Wasserstoffionenkonzentration zwar langsamer, können aber durch die Ausscheidung von Protonen die Pufferanionen regenerieren. Die Nierentubuli sind imstande, die Wasserstoffionenkonzentration bis auf das 1000fache zu erhöhen: von 40 nmol/l (der Konzentration im Blut und Glomerulumfiltrat) auf 40.000 nmol/l (der Konzentration im Urin bei einem pH von 4,4). Diese 0,04 mmol/l sind jedoch nur ein sehr geringer Teil der täglichen Produktion, die zwischen 40 und 80 mmol beim Erwachsenen liegt. Sollte die tägliche Bildung von etwa 60 mmol Protonen in der Tagesmenge von 1,5 l Urin ausgeschieden werden (entsprechend 40 mmol/l Urin), dann müßte ein Urin mit einem pH-Wert von 1,4 gebildet werden. Tatsächlich wird aber ein Urin-pH-Wert von 4,4 (Normalbereich 4,4–8,0) nicht unterschritten. Daß die täglich produzierte Menge Protonen dennoch ausgeschieden werden kann, ist auf die Anwesenheit von Puffern im Urin (s. u.) zurückzuführen, die die sezernierten Protonen wegfangen und damit die weitere Protonensekretion in Gang halten.

Bei der Sekretion der Protonen in den Urin (Abb. 31.57) wird in der Tubuluszelle Kohlendioxid, das entweder aus dem Stoffwechsel der Zelle selbst (Tabelle 31.12, S. 935) stammt oder aus dem Blut entnommen wird, unter Katalyse des Enzyms Carboanhydrase II (S. 1048) in Kohlensäure umgewandelt. Diese dissoziiert in Bicarbonationen und Protonen. Während letztere in den Urin diffundieren, tritt Bicarbonat in den Extrazellulärraum über und nimmt gleichzeitig ein Natriumion zur Wahrung der Elektroneutralität mit. Wie erwähnt, werden die sezernierten Protonen von Puffern im Urin abgepuffert, die entweder schon im Glomerulumfiltrat vorhanden sind oder im Stoffwechsel der Tubuluszelle entstehen (S. 1045).

Auch im Urin existiert ein offenes Puffersystem

Dihydrogenphosphat/Hydrogenphosphat-System. Dieses Puffersystem weist im Glomerulumfiltrat eine annähernd gleiche Konzentration wie im Plasma auf (1 mmol/l) und liegt bei dem pH-Wert des Glomerulumfiltrates (7,40) zu 80% als Hydrogen- und zu 20% als Dihydrogenphosphat (Verhältnis 4:1) vor. Aufgrund der günstigen Lage seines pK′-Wertes mit 6,80 (pH = pK′ ± 1 bei nichtflüchtigen Puffersystemen!)

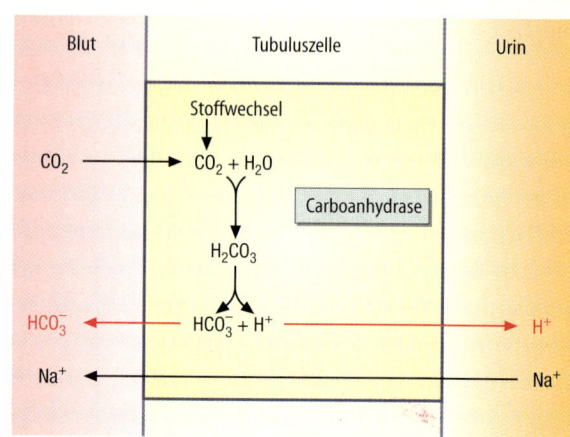

Abb. 31.57 Schematische Darstellung der Protonensekretion durch die Tubuluszelle. Für jedes eliminierte Proton wird dem Organismus ein Bicarbonation zur Verfügung gestellt. (Einzelheiten s. Text)

eignet es sich vorzüglich zur Urinpufferung. Erst bei einem pH-Wert von 4,5 ist nahezu das gesamte Hydrogenphosphat durch Aufnahme von Protonen nach Gleichung

$$HPO_4^{2-} + H^+ \rightleftharpoons H_2PO_4^-$$

in Dihydrogenphosphat umgewandelt. Auf diese Weise werden bis zu 50% der Protonen im Urin von diesem Puffersystem aufgenommen (S. 1045).

Durch Titration des Urins mit Base (0,1 n NaOH) wird diese Pufferung – in vitro – rückgängig gemacht und damit die abgepufferten Protonen quantitativ erfaßt. Dieser als titrierbare Acidität (S. 17) des Urins bezeichnete Anteil beträgt beim Gesunden zwischen 10 und 40 mmol/24 h.

Die titrierbare Acidität des Urins steigt bei Säurebelastung prompt an. Die Kapazität dieses nichtflüchtigen Puffersystems ist bei hohen Säurebelastungen jedoch verhältnismäßig gering, da Phosphat Endprodukt des Phosphorstoffwechsels ist und seine Verfügbarkeit damit auch durch die Nahrung bestimmt wird.

Ammonium/Ammoniak-System. Eine weitere Pufferungsmöglichkeit ist die Bildung von Ammoniak, die im Gegensatz zu der des Phosphatpuffersystems in den Tubuluszellen erfolgt. Da die Konzentration von Ammoniak im Extrazellulärraum und damit auch im Glomerulumfiltrat aufgrund der entgiftenden Aktivität der Hepatocyten (S. 536) sehr niedrig ist, muß das von den Tubuluszellen in den Urin freigesetzte Ammoniak aus anderen Quellen stammen. Wesentlicher Ammoniakdonator ist die Aminosäure Glutamin, die in verschiedenen Geweben (Muskulatur, Gehirn, Leber) aus Glutamat und freiem Ammoniak gebildet wird, in den Extrazellulärraum übertritt und von den Tubuluszellen aus dem arteriellen Blut entnommen wird (S. 569). Das in den Zellen des distalen und proximalen Tubulus

Tabelle 31.16 Protonenausscheidung beim Menschen

	Protonen-ausscheidung [mmol/24 h]	Verhältnis Ammoniak/ titrierbare Acidität
Beim Gesunden		
An Ammoniak gebundene Protonen	30–50	1–2,5
Titrierbare Acidität	10–30	
Bei Patienten mit diabetischer Ketoacidose (S. 945)		
An Ammoniak gebundene Protonen	300–500	1–2,5
Titrierbare Acidität	75–250	
Bei Patienten mit chronischer Nierenentzündung (Nephritis)		
An Ammoniak gebundene Protonen	0,5–1,5	0,2–1,5
Titrierbare Acidität	2,0–20	

Tabelle 31.17 Charakteristika des CO_2/HCO_3^- und des NH_4^+/NH_3-Puffersystems

	CO_2/HCO_3^-	NH_4^+/NH_3
pK'	6,10	9,40
Einer der Partner	Flüchtig	Flüchtig
Art des Systems	Offen	Offen
Ion/Gas-Verhältnis bei pH 7,4	20:1	100:1
Endprodukt des	C-Stoffwechsels	N-Stoffwechsels
Wasserlöslichkeit	Gut	Sehr gut
Diffusibilität des Gases	Sehr gut	Sehr gut
Ort der Pufferwirkung	Extracellulärraum	Urin
Puffert besonders gegen Belastung mit	Alkali	Säure
Verfügbarkeit	Unbegrenzt	Nahezu unbegrenzt

sowie der Sammelrohre durch enzymatische Hydrolyse aus Glutamin freigesetzte Ammoniak (Einzelheiten s. Kapitel 36, S. 1045) diffundiert in das Lumen und wirkt dort als Protonenakzeptor nach der Gleichung:

$$NH_3 + H^+ \rightleftharpoons NH_4^+.$$

Das entstandene Ammoniumion kann aufgrund seiner Ladung die Tubulusmembran nicht permeieren und verbleibt daher im Urin.

Die NH_4^+-Ausscheidung beträgt beim Gesunden etwa 30–50 mmol/24 h. Während das Phosphatpuffersystem auf eine Säurebelastung sofort anspricht, steigt die Ammoniumausscheidung erst innerhalb mehrerer Tage allmählich an. Sie kann dafür jedoch erheblich stärker gesteigert werden als die titrierbare Acidität und Werte bis zu 500 mmol/24 h erreichen (Tabelle 31.16). Ammoniak eignet sich besonders als Puffer, da es – wie Kohlendioxid – als Endprodukt des Stickstoffstoffwechsels in nahezu unbegrenzter Menge zur Verfügung steht. Es wird zwar in Aminierungsreaktionen (Glutamatdehydrogenase- und Glutaminsynthetasereaktion) teilweise wieder fixiert (wie Kohlendioxid in Carboxylierungsreaktionen; Tabelle 31.12, S. 935), in der tierischen Zelle gibt es jedoch keine Nettofixierung dieser Endprodukte. Bei Säurebelastungen – wie z. B. bei längerdauerndem Hunger, der mit einer Ketoacidose einhergeht – wird deshalb mehr Stickstoff in Form von Ammoniak als in Form von Harnstoff ausgeschieden (Abb. 19.54, S. 576).

Der *pK'-Wert* des Ammonium/Ammoniak-Puffersystems liegt mit 9,40 relativ ungünstig zum pH-Wert des Glomerulumfiltrates. Somit müßte dieser Puffer in einem geschlossenen System schlecht wirken. Da jedoch durch die Tubuluszellen ständig Ammoniak nachgeliefert wird, liegt der Puffer praktisch in einem offenen System vor. Da auch das Verhältnis von Ion (NH_4^+) zu Gas (NH_3) sehr hoch ist (100:1 bei pH 7,40), können dem Urin hohe Säuremengen zugeführt werden, ohne daß sich der pH-Wert wesentlich ändert. Dieses System entspricht dem in Kapitel 1 (S. 21) besprochenen CO_2/HCO_3^--System, das sich als offenes System mit einem hohen Ion/Gas-Verhältnis (20:1) und einem zum Blut-pH-Wert relativ ungünstig liegende pK'Wert von 6,1 ausgezeichnet als Puffer eignet (Tabelle 31.17).

31.6.8 Pathobiochemie

Acidosen und Alkalosen sind die Störungen des Säure-Basen-Haushalts

Als *Acidose* bezeichnet man einen Zustand, der entweder mit einem Abfall des pH-Wertes des Extracellulärraums einhergeht (nicht-kompensierte Acidose) oder bei dem ein pH-Abfall einträte, wenn er nicht durch eine Gegenregulation verhindert würde (kompensierte Acidose). Dementsprechend ist eine *Alkalose* der Zustand, der entweder mit einem Anstieg des pH-Wertes des Extracellulärraumes einhergeht (nicht-kompensierte Alkalose) oder bei dem ein pH-Anstieg einträte, wenn er nicht durch eine Gegenregulation verhindert würde (kompensierte Alkalose).

Wird eine Acidose bzw. Alkalose durch eine Störung des pulmonalen Gasaustausches verursacht, so handelt es sich um eine *respiratorische* Acidose bzw.

Alkalose. Wird sie durch Stoffwechselprozesse hervorgerufen, so spricht man von der nicht-respiratorischen oder auch *metabolischen* Acidose bzw. Alkalose. Zusätzlich gibt es auch gemischte Zustände, bei denen gleichzeitig respiratorische und nicht-respiratorische Störungen vorliegen.

Die *respiratorische Acidose* ist durch die unvollständige Abatmung des im Zellstoffwechsels gebildeten Kohlendioxids gekennzeichnet. Die dadurch verursachte Erhöhung des Kohlendioxidpartialdruckes (Hyperkapnie) bedeutet eine Vergrößerung des Nenners der Henderson-Hasselbalch-Gleichung:

$$pH = pK' + \log\frac{[HCO_3^-]}{[S \cdot pCO_2]}$$

(*S* molarer Löslichkeitskoeffizient für CO_2).

Als Folge des erniedrigten Quotienten HCO_3^-/CO_2 nimmt der pH-Wert ab (Tabelle 31.13, S. 935). Durch Pufferung und gesteigerte Bicarbonatbildung durch die Nierentubuli kann die Bicarbonatkonzentration im Plasma stark erhöht werden, dadurch der HCO_3^-/CO_2-Quotient dem Normalwert von 20:1 wieder angenähert (Abb. 31.58) und der pH-Abnahme entgegengewirkt werden.

Die *respiratorische Alkalose* ist durch die vermehrte Abatmung von Kohlendioxid gekennzeichnet. Die dadurch verursachte Verringerung des CO_2-Partialdruckes (Hypokapnie) bedeutet eine Verringerung des Nenners der Henderson-Hasselbalch-Gleichung und damit eine Zunahme des pH-Wertes. Durch Pufferung und Erhöhung der renalen Bicarbonatausscheidung wird versucht, die Bicarbonatkonzentration zu senken, um den HCO_3^-/CO_2-Quotienten wieder dem

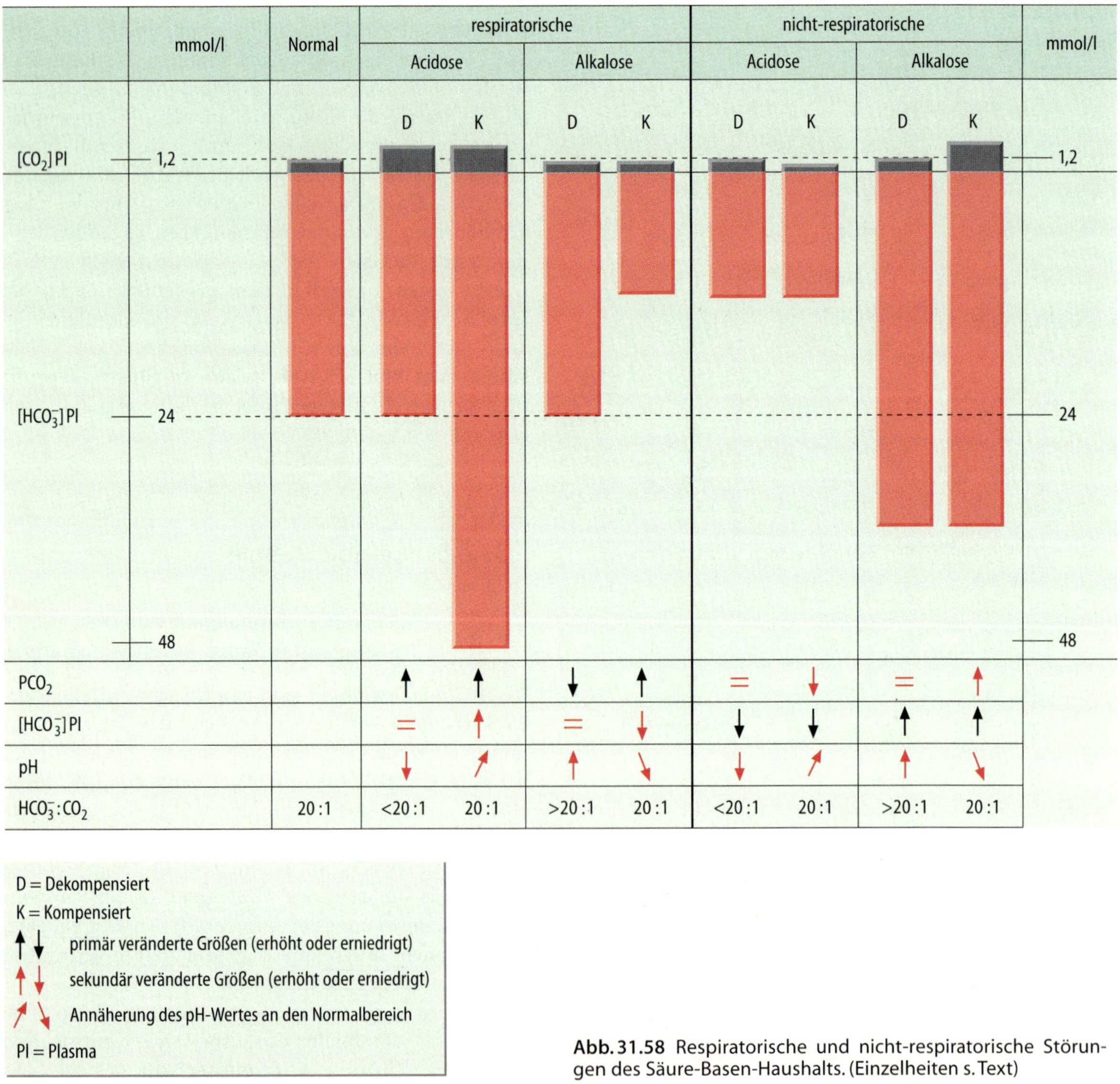

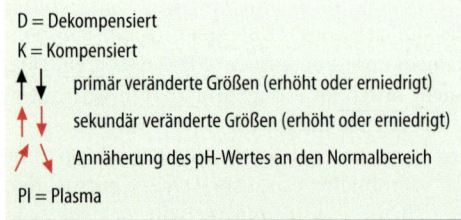

D = Dekompensiert
K = Kompensiert

↑ ↓   primär veränderte Größen (erhöht oder erniedrigt)

↑ ↓   sekundär veränderte Größen (erhöht oder erniedrigt)

↗ ↘   Annäherung des pH-Wertes an den Normalbereich

Pl = Plasma

Abb. 31.58 Respiratorische und nicht-respiratorische Störungen des Säure-Basen-Haushalts. (Einzelheiten s. Text)

Normalwert von 20:1 zu nähern und damit dem pH-Anstieg entgegenzuarbeiten (Abb. 31.58).

Respiratorische Störungen sind dadurch charakterisiert, daß sie durch nicht-respiratorische Vorgänge kompensiert werden. Inwieweit es dabei dem Organismus gelingt, eine Störung durch Pufferung und aktive Kompensation auszugleichen, kann am pH-Wert abgelesen werden. Liegt der pH-Wert im Normbereich (7,37–7,44), so gilt die Störung als vollständig kompensiert. Liegt er außerhalb des Normbereichs, so bezeichnet man die Störung als unvollständig kompensiert. Im allgemeinen erreicht die Kompensation nicht den Maximalwert.

Die *nicht-respiratorische Acidose* ist durch die Zunahme an starker Säure oder durch einen Bicarbonatmangel gekennzeichnet. Die Abnahme der Bicarbonatkonzentration bedeutet eine Verringerung des Zählers der Henderson-Hasselbalch-Gleichung und damit einen Abfall des pH-Wertes des Extrazellulärraums. Durch Pufferung und kompensatorische Senkung des CO_2-Partialdruckes (Hyperventilation) wird versucht, den normalen HCO_3^-/CO_2-Quotienten von 20:1 wieder herzustellen und damit dem pH-Abfall entgegenzuwirken (Abb. 31.58).

Die *nicht-respiratorische Alkalose* ist durch den Verlust von starker Säure oder durch einen Bicarbonatüberschuß charakterisiert. Die Bicarbonatzunahme bedeutet eine Vergrößerung des Zählers der Henderson-Hasselbalch-Gleichung und damit eine pH-Erhöhung. Durch Pufferung und kompensatorische Erhöhung des CO_2-Partialdruckes (Hypoventilation) wird der pH-Verschiebung entgegengewirkt (Abb. 31.58).

Nicht-respiratorische Störungen sind dadurch gekennzeichnet, daß sie respiratorisch kompensiert werden.

pH/Blutgas-Analysatoren erlauben die Diagnostik von Störungen des Säure-Basen-Haushalts

Bestimmt man den pH-Wert des Blutes (mit einer pH-Elektrode, S. 17), so weiß man zwar, ob bei einer Störung eine Alkalose oder Acidose vorliegt, jedoch nicht, ob diese Störung respiratorischer oder nicht-respiratorischer Genese ist. Demzufolge müssen zusätzlich der CO_2-Partialdruck mit einer pCO_2-Elektrode gemessen und die Plasma-Bicarbonat-Konzentration ($[HCO_3^-]_P$) ermittelt werden. Da es keine direkte Meßmethode für Bicarbonationen gibt, wird ihre Konzentration bei bekanntem pH-Wert und CO_2-Partialdruck entweder mit Hilfe eines Nomogramms (Abb. 31.21, S. 902) ermittelt oder aus der Henderson-Hasselbalch-Gleichung errechnet.

Moderne pH/Blutgas-Analysatoren („Gaschecks") – wie sie auf Intensivstationen verwendet werden – berechnen die Bicarbonatkonzentration automatisch nach dem im folgenden beschriebenen mathematischen Prinzip.

Bei der graphischen Darstellung der Henderson-Hasselbalch-Gleichung bilden die drei Größen dieser Gleichung das Grundgerüst des Koordinatensystems, in das die charakteristischen Daten des Blutes einzutragen sind. Da es sich um eine Gleichung mit drei Unbekannten handelt, bestehen drei Möglichkeiten, die gegenseitige Abhängigkeit von pH-Wert, HCO_3^--Konzentration und CO_2-Partialdruck graphisch darzustellen. Dabei können jeweils zwei der drei Größen auf der Ordinate (y-Achse) bzw. Abszisse (x-Achse) und die dritte als Parameter einer Kurvenschar angegeben werden.

Abbildung 31.59 zeigt eine halblogarithmische Darstellung, bei der auf der x-Achse die pH-Werte line-

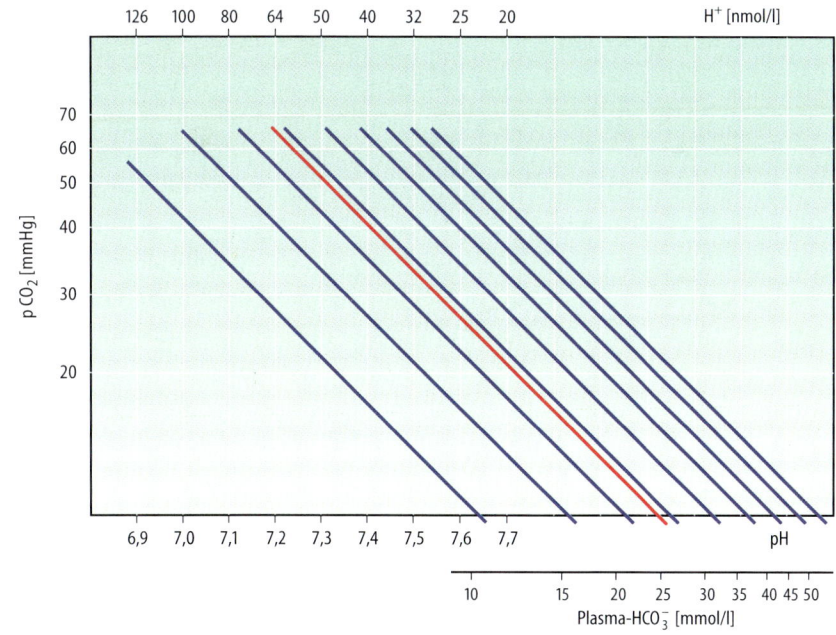

Abb. 31.59 Graphische Darstellung des Säure-Basen-Status des Blutes. Der CO_2-Partialdruck ist logarithmisch auf der *Ordinate,* der pH-Wert linear auf der *Abszisse* und die Plasmabicarbonatkonzentration als Parameter einer Kurvenschar angegeben. Die Bicarbonatlinie für normales Plasma (Plasma-HCO_3^- = 24 mmol/l, pCO_2 = 40 mm Hg und pH = 7,4) ist *rot* hervorgehoben

ar und auf der y-Achse die CO_2-Partialdrücke logarithmisch aufgetragen werden. Die pCO_2-Werte können so direkt eingetragen werden, ohne daß immer die Logarithmenwerte nachgeschlagen werden müssen. Bei dieser Darstellung wird die Kurvenschar durch die Plasmabicarbonatkonzentrationen bestimmt.

Durch Umformung der Henderson-Hasselbalch-Gleichung von

$$pH = pK' + \log \frac{[HCO_3^-]_P}{[S \cdot pCO_2]}$$

in

$$pH = pK' + \log[HCO_3^-]_P - \log pCO_2 - \log S$$

oder

$$\log pCO_2 = - pH + \log [HCO_3^-]_P + pK' - \log S,$$

entsteht die Funktion der Kurve, die in den Abb. 31.59 und 31.60 graphisch dargestellt ist. Aus dieser Gleichung geht hervor, daß es sich um eine Gerade handelt (allgemeine Gleichung y = mx + n, wobei m die Steigung und n der Schnittpunkt der Geraden mit der x-Achse ist), deren Steigung −45° (−1) beträgt und deren Schnittpunkt mit der x-Achse ($\log[HCO_3^-]_P + pK' - \log S$) durch die Plasmabicarbonatkonzentration bestimmt wird, da der pK' (6,10) und der molare Löslichkeitskoeffizient S für CO_2 (0,0304) konstante Werte darstellen. Für jede Bicarbonatkonzentration existiert deshalb eine – jeweils parallel verschobene – Gerade.

Aus dem pH-Wert und dem pCO_2-Wert kann die Plasmabicarbonatkonzentration errechnet werden

Bei der Diagnostik wurde früher, d.h. vor der Einführung automatischer Blutgasanalysatoren folgendermaßen vorgegangen: Nach der Bestimmung des pH-Wertes der Blutprobe mit einer Glaselektrode (z.B. pH 7,40) äquilibrierte man das Blut (wobei es sich um Gesamtblut handelt) zur Ermittlung des CO_2-Partialdruckes mit zwei Gasgemischen mit verschiedenen, bekannten CO_2-Drucken, d.h. es wurde ein Verteilungsgleichgewicht zwischen der Blutprobe und dem Gasgemisch hergestellt, und maß die resultierenden pH-Werte (7,29 bei 60 mm Hg und 7,48 bei 30 mm Hg in Abb. 31.60). Danach wurden die Punkte A und B durch eine Gerade verbunden, und für den anfangs bestimmten aktuellen pH-Wert (7,40) der dazugehörige aktuelle pCO_2-Wert abgelesen (40 mm Hg, Punkt C). Der Schnittpunkt dieser Geraden mit der x-Achse ergibt die Plasmabicarbonatkonzentration. Dabei fällt auf, daß diese Pufferlinie nicht – wie die theoretische Pufferlinie – eine Steigung von −45° aufweist und deshalb die x-Achse nicht bei der erwarteten Plasmabicarbonatkonzentration von 24 mmol/l, sondern bei einer niedrigeren Konzentration schneidet.

Diese Abweichungen sind darauf zurückzuführen, daß für die Diskussion des Säure-Basen-Status das CO_2/HCO_3^--Puffersystem zugrundegelegt wird, das aber nur 75 % der Gesamtpufferkapazität des Extrazellulärraums ausmacht und v. a. im Plasma lokalisiert ist. Bei Analysen wird jedoch Gesamtblut verwendet, so daß auch die Nichtbicarbonatpuffer, die vorwiegend in den Erythrocyten (Hämoglobin) lokalisiert sind und

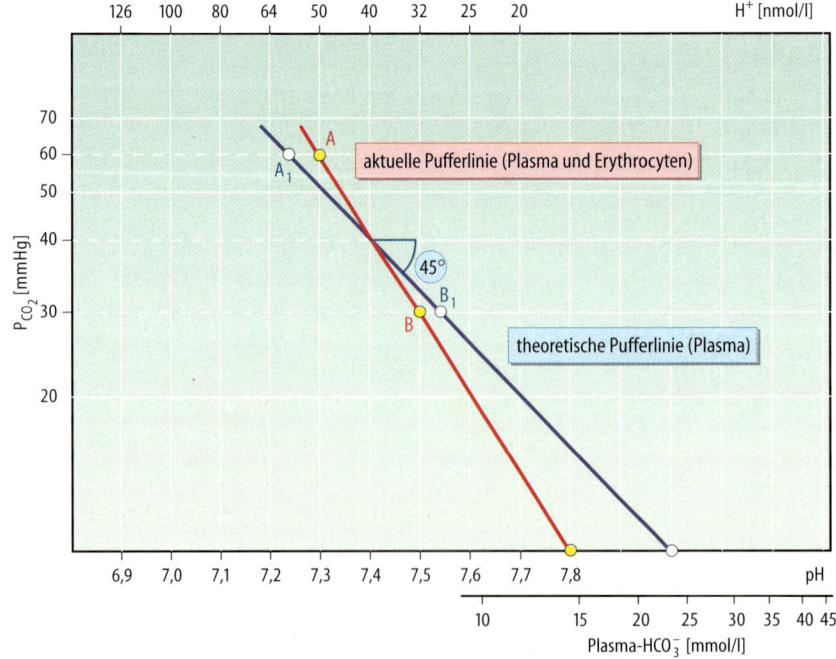

Abb. 31.60 Theoretische und aktuelle Pufferlinie des Blutes. (Einzelheiten s. Text)

mit dem CO_2/HCO_3^--System im Gleichgewicht stehen, in die Diskussion mit einbezogen werden müssen.

So werden bei der Äquilibrierung von Gesamtblut mit einem CO_2-Partialdruck von 60 mm Hg vermehrt Protonen gebildet (vgl. Hypoventilation, Abb. 31.56, S. 937), von denen ein Teil von Nichtbicarbonatpuffern aufgenommen wird, so daß der pH-Abfall nicht den theoretisch erwarteten Wert (A_1 in Abb. 31.60) erreicht. Auf der anderen Seite sinkt bei der Äquilibrierung von Gesamtblut mit einem CO_2-Partialdruck von 30 mm Hg die Protonenkonzentration ab (vgl. Hyperventilation, Abb. 31.55, S. 937), von denen jedoch ein Teil durch Nichtbicarbonatpuffer nachgeliefert wird, so daß die pH-Zunahme nicht den theoretisch erwarteten Wert (B_1 in Abb. 31.60) erreicht. Da die Lage der Punkte A_1 und B_1 somit durch die Kapazität der Nichtbicarbonatpuffer bestimmt wird, legt deren Konzentration die Steilheit der aktuellen Pufferlinie fest. Bei der Analyse von Gesamtblut ist auch die Bicarbonatkonzentration wegen der niedrigeren Konzentration in den Erythrocyten (etwa 13 mmol/l) verringert, so daß die Gerade die x-Achse an einem anderen Punkt (nämlich D) schneidet. Die aktuelle Plasmakonzentration wird dadurch ermittelt, daß im Punkt C der aktuellen Pufferlinie eine Kurve im Winkel von $-45°$ zur Horizontalen gezogen wird. Diese Gerade – die die Pufferlinie für Plasma darstellt – schneidet die x-Achse bei D_1 und gestattet die Ablesung des aktuellen Plasmabicarbonates (24 mmol/l).

Moderne, mikrocomputergesteuerte Blutgasanalysatoren errechnen die Bicarbonatkonzentration automatisch aus den gemessenen Parametern, so daß diese bei der Blutgasanalyse zusammen mit den pO_2-, pCO_2- und pH-Werten ausgedruckt wird.

Die Basenabweichung ist für Berechnungen zur Korrektur von Störungen des Säure-Basen-Haushalts geeignet

Das log pCO_2/pH-Koordinatensystem wurde von Ole Siggaard-Andersen (Kopenhagen) zur Verbesserung der Diagnostik um zwei Parameter erweitert: die *Pufferbasen* (Tabelle 31.14, S. 936) und die *Basenabweichung* (base excess, BE) (Abb. 31.61). Beide Größen gelten als Parameter für die Beurteilung nicht-respiratorischer Störungen. Da – wie bereits erwähnt – die Steilheit der Geraden durch die Konzentration der Nichtbicarbonatpuffer – der Summe der Bicarbonat- und Nichtbicarbonatpufferanionen – mit Hilfe einer zusätzlich aufgenommenen Kurve ermittelt werden. Die Pufferbasen besitzen den Vorteil, daß sie nicht vom CO_2-Partialdruck abhängig sind (S. 934), aber den Nachteil, daß sie durch die Hämoglobinkonzentration (Anämie!) beeinflußt werden. Weder vom CO_2-Partialdruck noch vom Hämoglobingehalt abhängig ist dagegen die Basenabweichung. Diese ist als die Basenkonzentration des volloxygenierten Gesamtblutes defi-

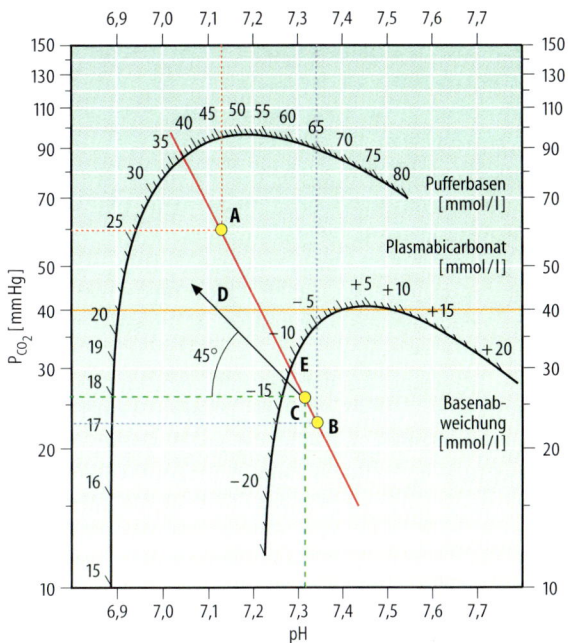

Abb. 31.61 Auf Abb. 31.59 und 31.60 basierendes Kurvennomogramm nach Siggaard-Andersen (*rot*). Die einzelnen Bicarbonatlinien sind nur noch in der Bicarbonatlinie bei 40 mm Hg angedeutet. In *Schwarz* Anwendung dieses Kurvennomogramms. (Einzelheiten s. Text)

Tabelle 31.18 Praktische Normalbereiche blutgasanalytischer Werte von arteriellem Gesamtblut bei 37 °C (Erwachsene)

	Männer	**Frauen**
pH	7,37–7,44	7,39–7,44
pCO_2 [mm Hg]	34–44	31–42
Basenabweichung [mmol/l]	– 2,5 bis + 2,5	
Plasmabicarbonat [mmol/l]	21–25	
pO_2 [mm Hg]	65–105	
	(stark altersabhängig!)	

niert, die durch Titration mit starker Säure bzw. starker Base bis zum Endpunkt von pH 7,40 bei einem CO_2-Partialdruck von 40 mm Hg und einer Temperatur von 37 °C gemessen wird. Das Blut wird also als eine Flüssigkeit betrachtet, deren Titrationsacidität (S. 17) zu bestimmen (oder zu berechnen) ist. Die Basenabweichung schwankt beim Gesunden in engen Grenzen um – 2,5 bis + 2,5 mmol/l Blut (Tabelle 31.18). Da die Basenabweichung eine direkte Aussage darüber liefert, wieviel mmol Base/l Blut überschüssig (Basenüberschuß oder positive Basenabweichung) oder zu wenig vorhanden sind (Basendefizit oder negative Basenabweichung), ist sie hervorragend für Dosisberechnungen zur Korrektur nicht-respiratorischer Störungen des Säure-Basen-Haushalts geeignet (S. 945).

In Abb. 31.61 wird an einem Beispiel die Benutzung des Siggaard-Andersen-Programms erläutert:

1. Aktuellen pH-Wert bestimmen (7,31).
2. pH nach Äquilibrierung mit Gasgemisch 1 (58 mm Hg) einzeichnen (7,13).
3. pH nach Äquilibrierung mit Gasgemisch 2 (22 mm Hg) einzeichnen (7,34).
4. Durch A und B eine Gerade legen und den zum pH-Wert von 7,31 (s. oben) gehörigen pCO_2 aufsuchen (aktueller pCO_2: 25 mm Hg).
5. Vom Punkt C eine Gerade im Winkel vom – 45° zur Horizontalen ziehen, die die Ablesung der aktuellen Plasmabicarbonatkonzentration gestattet (Punkt D, 12,1 mmol/l Plasma).
6. Den Schnittpunkt der Geraden AB mit der gekrümmten Linie in C (Basenabweichung = – 12 mmol/l Blut) und mit der gekrümmten Pufferbasenlinie in E (Pufferbasen = 37 mmol/l Blut) aufsuchen. Der Hämoglobingehalt kann annähernd dadurch ermittelt werden, daß von den Pufferbasen (37 mmol/l Blut) die Basenabweichung (– 12 mmol/l Blut) subtrahiert wird. Unter dem so erhaltenen Wert (49 mmol/l Blut) kann auf einem Teil der Pufferbasenlinie der Hämoglobingehalt abgelesen werden (170 g/l). Diese Art der Hämoglobinbestimmung ist jedoch sehr ungenau und kann deshalb für die allgemeine Anwendung nicht empfohlen werden.

Aus den ermittelten Werten ergibt sich – wie in Tabelle 31.19 zusammengefaßt –, daß der Patient, dessen Blutprobe untersucht worden ist, an einer nicht-respiratorischen, teilweise kompensierten Acidose leidet.

Störungen des Säure-Basen-Haushalts haben vielfältige Ursachen

Nicht-respiratorische (metabolische) Acidosen. Nicht-respiratorische Acidosen werden durch die Zunahme der Säurekonzentration infolge der verstärkten Produktion (Additionsacidose) bzw. verringerten Ausscheidung (Retentionsacidose) von Protonen oder die Abnahme der Bicarbonatkonzentration (Subtraktionsacidose) im Extrazellulärraum (Tabelle 31.20) verursacht.

Bei allen nicht-respiratorischen Acidosen findet man eine Basenabweichung nach der negativen Seite (also ein Basendefizit) sowie eine Abnahme des Plasmabicarbonats. Die Abnahme der Bicarbonatkonzentration führt in der Henderson-Hasselbalch-Gleichung zur Verringerung des Zählers (also zu einer Verringerung des Verhältnisses von 20:1) und damit zu einer Abnahme des pH-Wertes des Extrazellulärraumes. Durch Pufferung und gesteigerte Ventilation (die zur vermehrten Abatmung von CO_2 führt) wird versucht, das normale Verhältnis von HCO_3^- zu CO_2 wieder herzustellen und damit den normalen pH-Wert von 7,40 zu erreichen.

Nicht-respiratorische Acidosen stellen die wichtigste und häufigste Störung des Säure-Basen-Haushaltes dar; sie sind besonders häufig in der operativen Medizin.

Tabelle 31.19 Daten zu Abb. 31.59

Abgelesen
Vor Äquilibrierung aktueller pH: 7,31
Nach Äquilibrierung hoher pCO_2→pH: 7,13
niedriger pCO_2→pH: 7,34

Ergebnisse
Aktueller pCO_2: 25 mm Hg
Basenabweichung: – 12 mmol/l Blut
Pufferbasen: 37 mmol/l Blut
Aktuelles Plasmabicarbonat: 12,1 mmol/l Plasma

Diagnose: pH unter 7,37[a]→Acidose
$[HCO_3^-]$ unter 21 mmol/l Plasma→nicht-respiratorisch
Basenabweichung unter – 2,5 mmol/l blut = Basendefizit→nicht-respiratorisch bedingter Protonenüberschuß
pCO_2 unter 34→Kompensationsversuch durch gesteigerte Ventilation
also: nicht-respiratorische Acidose, teilweise kompensiert

[a] Normalwerte in Tabelle 31.18.

Die einzelnen Formen der nicht-respiratorischen Acidose. Die *Additionsacidosen* kommen dadurch zustande, daß Säuren in Mengen produziert oder zugeführt werden, die die Ausscheidungskapazität der Nieren überschreiten. Der Urin ist sauer, Ammoniakausscheidung und titrierbare Acidität sind erhöht. Nach der Säure, mit deren Anreicherung die Acidose einhergeht, werden Keto-, Lactat- und Formiatacidose (Tabelle 31.20) unterschieden: Ketoacidosen treten meist beim dekompensierten Diabetes mellitus auf, bei dem die Säuren Acetessigsäure und β-Hydroxybuttersäure vermehrt gebildet werden (S. 419). Wegen ihrer niedrigen pK-Werte (Tabelle 1.4, S. 15) dissoziieren sie fast vollständig, wobei die frei werdenden Protonen von Bicarbonationen abgepuffert werden. Die entstandenen Acetacetat- bzw. β-Hydroxybutyratanionen ersetzen die verbrauchten Anionen (Erhaltung der Elektroneutralität), können aber selbst (aufgrund der Lage ihrer pK-Werte) nicht als Puffer wirken. Acidosen durch α-Ketosäuren kommen auch beim Hunger und bei der Verzweigtkettenkrankheit (S. 555) vor.

Lactatacidosen treten auf, wenn Gewebe (v. a. die Leber) aufgrund unzureichender Blut- und damit Sauerstoffzufuhr (z. B. bei Schockzuständen) auf Energiegewinnung durch anaeroben Abbau intrazellulärer Glykogenvorräte umschalten (Typ A-Lactatacidose). Daneben treten sie bei Patienten mit Diabetes mellitus, die mit Biguaniden (S. 419) behandelt werden (Hemmung der Gluconeogenese aus Lactat?), und mit Glykogenspeicherkrankheit vom Typ I (S. 421) auf (Typ B-Lactatacidose) (Normalwerte: 1–2 mmol/l; Lactatämie bis 8 mmol/l bei körperlicher Aktivität mit Pufferung der Protonen durch die Blutpuffer; ab 8 mmol/l Lactatacidose).

Subtraktionsacidosen liegen vermehrte Bicarbonatverluste zugrunde. Da Sekrete des Pankreas und der Galle bicarbonatreich sind (Tabelle 24.8, S. 687),

Tabelle 31.20 Ursachen der einzelnen Störungen des Säure-Basen-Haushaltes

Acidosen	Alkalosen
Nicht-respiratorische Acidosen	*Nicht-respiratorische Alkalosen*

Nicht-respiratorische Acidosen

1. Additionsacidosen
  a) Ketoacidosen:
    Diabetes mellitus
    Hunger
    Verzweigtkettenkrankheit
    Isovalerianacidämie
  b) Lactatacidosen:
    Allgemeiner und lokaler O_2-Mangel (Hypoxie) (z. B. bei
    Methämoglobinämie, CO- oder CN-Vergiftungen)
    Diabetes mellitus
    Glykogenspeicherkrankheit Typ I
  c) Formiatacidose:
    Nach Methanolvergiftung

2. Subtraktionsacidosen
  Diarrhöen
  Erbrechen
  Galle- oder Pankreasfistel

3. Retentionsacidosen
  Renal-tubuläre Acidosen
  Carboanhydrasehemmstoffe

Nicht-respiratorische Alkalosen

1. Additionsalkalosen
  Milchalkalisyndrom
2. Subtraktionsalkalosen
  Magensaftverlustalkalose
  Kaliopenische Alkalose
  (z. B. bei Mißbrauch von Abführmitteln)
  Endokrin verursachte nicht-respiratorische Alkalosen
  Primärer Hyperaldosteronismus
  Sekundärer Hyperaldosteronismus

Respiratorische Acidosen

Angriffspunkt	Krankheit
ZNS	Hirntumor
	Schädel-Hirn-Trauma
Muskulatur	Myasthenia gravis
Atemwege	Fremdkörper
	Asthma bronchiale
Lungen	Ausgedehnte Lungenentzündung
	(Pneumonie)

Respiratorische Alkalosen

Direkte Stimulierung des Atemzentrums:
Psychogenes Hyperventilationssystem, Schwangerschaft

Reflektorische Stimulierung des Atemzentrums:
Erniedrigung des arteriellen pO_2 durch Diffusionsstörungen
oder Herzfehler

---

führen Fisteln (d. h. Verbindungen zwischen Darmkanal und der äußeren oder inneren Körperoberfläche) und Durchfälle zu schweren Bicarbonatverlusten, was einen Nettosäureüberschuß bedeutet.

Retentionsacidosen werden durch eine Einschränkung der Protonenausscheidung durch die Nieren verursacht. Bei der renal-tubulären Acidose sind die Tubuluszellen offenbar nicht in der Lage, einen ausreichenden pH-Gradienten zwischen Tubuluszelle und -lumen zu schaffen (S. 1045).

Die Differentialdiagnose zwischen Additionsacidosen einerseits und Subtraktions- und Retentionsacidosen andererseits kann über die sog. *Anionenlücke* erfolgen. Sie stellt einen Indikator für die organischen Säuren, wie z. B. die Keto- bzw. Hydroxycarbonsäuren, Acetacetat und Lactat, dar und wird in einem Näherungsverfahren durch Subtraktion der Summe der Anionen Chlorid und Bicarbonat von der Summe der

Kationen Natrium und Kalium errechnet. Dabei bleiben die quantitativ unbedeutenderen bzw. nicht routinemäßig bestimmten Kationen Calcium und Magnesium sowie die Anionen Phosphat, Sulfat und Proteine unberücksichtigt. Die Anionenlücke, die im Mittel etwa 10 mmol/l beträgt, ist bei Subtraktions- und Retentionsacidosen unverändert, bei Additionsacidosen – aufgrund der Erhöhung organischer Säuren im Blut – dagegen erhöht.

Therapie der nicht-respiratorischen Acidosen. Im Vordergrund steht die Therapie des Grundleidens (Diabetes mellitus, Sauerstoffmangel, Durchfall), daneben Verbesserung der Pufferung durch Zufuhr von Natriumbicarbonat und der Protonenausscheidung.

Die Dosierung alkalisierender Lösungen in Millimol erfolgt unter Verwendung des Basendefizits (S. 943) nach der empirisch ermittelten Formel:

$$\text{Basenbedarf [mmol]} =$$
$$\text{Basendefizit [mmol/l]} \cdot \text{Körpergewicht [kg]} \cdot 0{,}3.$$

Respiratorische Acidosen. Respiratorische Acidosen sind durch die Erhöhung des arteriellen CO_2-Partialdrucks charakterisiert (Ursachen: Tabelle 31.20, S. 945). Die Pufferung erfolgt durch Reaktion der Kohlensäure mit Nichtbicarbonatpuffern (v.a. Hämoglobin) unter Bicarbonatbildung und durch vermehrte Bicarbonatbereitstellung durch die Nierentubuli (Aktivierung der Carboanhydrase durch erhöhte Kohlendioxidkonzentration, Abb. 31.57, S. 938).

Nicht-respiratorische Alkalosen. Sie zeichnen sich durch einen Basenüberschuß, eine Zunahme des Plasmabicarbonats und der Pufferbasen aus. Die Kompensation, die sich innerhalb von 24 Stunden voll ausbildet, erfolgt in Form einer Einschränkung der Ventilation. Man unterscheidet – wie bei den Acidosen – zwischen Additions- und Subtraktionsalkalosen (Tabelle 31.20).

Die einzelnen Formen der nicht-respiratorischen Alkalose. Beim Milchalkalisyndrom (Burnett-Syndrom) liegt eine *Additionsalkalose* vor, da regelmäßiger täglicher Genuß von mehreren Litern Milch – bei Patienten mit Magengeschwüren früher noch zusätzlich mit Bicarbonatverabreichung verbunden – die Pufferungskapazität des Organismus überschreitet. Häufiger sind

Subtraktionsalkalosen, die meist durch Verlust von Protonen, z.B. beim häufigen Erbrechen sauren Mageninhalts, der – ohne Stimulation – bis zu 120 mmol Protonen enthält (Tagesproduktion 2–3 l, S. 997). Beim Erbrechen gehen dem Organismus neben Protonen auch Chloridionen verloren (hypochlorämische Alkalose). Die Nachbildung des Magensaftes durch die Belegzellen ist mit einem vermehrten Übertritt von Bicarbonat aus den Belegzellen in den Extrazellulärraum verbunden (Abb. 34.1, S. 997).

Bei ausgeprägtem Kaliummangel treten Kaliumionen (die wesentlichen Kationen des Intracellulärraums) aus dem Intra- in den Extrazellulärraum über (S. 693). Daraus resultiert eine extrazelluläre Alkalose bei intracellulärer Acidose (kaliopenische Alkalose).

Die verstärkte Einwirkung von Mineralocorticoiden auf die distalen Tubuluszellen führt zu Hypokaliämie und nicht-respiratorischer Alkalose (Hyperaldosteronismus, S. 873).

Respiratorische Alkalosen. Sie sind durch alveoläre Hyperventilation verursacht und durch die Abnahme des arteriellen CO_2-Partialdruckes gekennzeichnet. Respiratorische Alkalosen kommen vor beim psychogenen Hyperventilationssyndrom, bei Schädel-Hirn-Traumen sowie bei der Abnahme des arteriellen O_2-Partialdruckes unter 60–70 mm Hg, was eine reflektorische Stimulierung des Atemzentrums herbeiführt (Tabelle 31.20, S. 945).

!

RESÜMEE Das Gewebe Blut wird im Knochenmark gebildet. Dabei entstehen aus einer pluripotenten Stammzelle unter dem Einfluß spezifischer Zytokine die einzelnen zellulären Bestandteile des Blutes, die für seine vielfältigen Funktionen verantwortlich sind.

Neutrophile Granulocyten üben ihre Funktion bei der Infektabwehr mit Hilfe ihrer Ausstattung mit lysosomalen Enzymen wie Myeloperoxidase, Proteinasen oder Lysozym aus. Weiterhin besitzen sie membranständige Oxidasen, mit denen sie hochreaktive Peroxide oder Hydroxylradikale bilden können, die der Abwehr eingedrungener Mikroorganismen dienen können. Verschiedene angeborene Störungen können die funktionelle Aktivität der neutrophilen Granulocyten beeinträchtigen: Dazu gehören Störungen der Adhäsionsmoleküle oder Mutationen der für das membranständige Oxidasesystem kodierenden Gene. Eosinophile und basophile Granulocyten sind ebenfalls an der Abwehrreaktion beteiligt.

Den Monocyten/Makrophagen kommt bei der Abwehr insofern eine entscheidende Bedeutung zu, als sie als antigenpräsentierende Zellen dienen. Die Freisetzung von Zytokinen durch Makrophagen als Reaktion auf bakterielle Infektionen oder Gewebeverletzungen führen zu einer Reaktion des Wirtsorganismus, die als akute Phase-Antwort bezeichnet wird. Sie beinhaltet die Biosynthese und Freisetzung von mehr als 30 Plasmaproteinen durch die Leberzelle.

Erythrocyten verlieren im Laufe ihrer Reifung ihren Zellkern und erwerben damit eine höhere Flexibilität als Voraussetzung für ihren Transport im Blutgefäßsystem. Das einzige vom Erythrocyten umgesetzte Substrat ist Glucose. Charakteristisch für den Erythrocytenstoffwechsel ist die Bildung von 2,3-Bisphosphoglycerat. Auch die Erythrocytenmembran weist im Vergleich zu anderen Zellen einen besonderen Aufbau auf, der der mechanischen Belastung, der diese Zelle ständig unterworfen ist, entspricht. Genetische Defekte der das Membranskelett bildenden Proteine führen zu einer Störung der Membranintegrität mit vermehrter Zerstörung von Erythrocyten.

Hämoglobin ist das quantitativ bedeutendste Protein der Erythrocyten. Es ist für den Sauerstofftransport von der Lunge in die Gewebe verantwortlich und indirekt auch am CO_2-Rücktransport von den Geweben in die Lunge beteiligt. Das Hämoglobintetramer ändert sich in seiner Zusammensetzung während der Embryo/Fetalentwicklung und nach der Geburt durch die Umschaltung der Expression einzelner Kettenvarianten. Die Sauerstoffanlagerungskurve des Hämoglobins wird durch Änderung der Temperatur, des pH-Wertes des CO_2-Drucks und Liganden wie 2,3-Bisphosphoglycerat beeinflußt. Die Funktion des Hämoglobins beim Kohlendioxidtransport liegt darin, daß es den wesentlichen Teil der Protonen aufnimmt, die unter dem Einfluß der Carboanhydrasen aus Kohlensäure unter gleichzeitiger Bicarbonatentstehung gebildet werden. Mutationen in den Genen für die Globinketten führen zu schweren Erkrankungen.

Erythrocyten enthalten Oberflächenantigene, die die Grundlage der Blutgruppen sind. Die Bildung der einzelnen Blutgruppen des AB0-Systems wird durch Glykosyltransferasen bestimmt, deren Substratspezifität nur durch den Unterschied von zwei Aminosäuren in den Enzymproteinen bestimmt wird. Rhesusantigene werden nicht durch Kohlenhydrate, sondern durch Proteine bestimmt.

Blutplasma enthält über 100 verschiedene Proteine. Störungen der Verteilung des quantitativen Verhältnisses der einzelnen Proteinfraktionen im Plasma sind von erheblicher diagnostischer Bedeutung und können durch die Elektrophorese diagnostiziert werden.

Zelluläre Bestandteile des Blutes und die Blutgerinnungsproteine des Plasmas sind gemeinsam für die Blutstillung verantwortlich. Diese beruht auf einer durch Enzymkaskaden katalysierten Bildung von Fibrin aus Fibrinogen. Hierfür ist bei Gefäßverletzungen eine Thrombocytenaktivierung notwendig, die durch Wechselwirkungen der Thrombocyten mit Proteinen der subendothelialen extrazellulären Matrix und Fibrinogen zustandekommt.

Literatur

Original- und Übersichtsarbeiten

BROWN JP, KEITH WO (1993) The effects of acute exercise on levels of erythrocyte 2,3-bisphosphoglycerate. J Sports Sci 11: 479–484

COLLINS T (1995) Adhesion molecules in leukocyte emigration. Scient Amer. Science Med. 2: 38–37

DINARELLO CA, WOLFF SM (1993) The role of interleukin 1 in disease. New Engl J Med 328: 106–113

HOPKINSON DA (1993) The long and the short of the rhesus polymorphism. Nature Genetics 5: 6–7

HOYER LW (1993) Hemophilia A. New Engl J Med 330: 38–47

LASKY LA (1992) Selectins: interpreters of cell specific carbohydrate information during inflammation. Science 258: 964–969

LUZZATTO L, BESSLER M (1996) The dual pathogenesis of paroxysmal nocturnal hemoglobinuria. Curr Opinion Hematol 3: 101–110

MANN KG (1994) The coagulation explosion. Ann NY Acad Sci 714: 265–269

NORTHOFF H, MARKOWICZ A, SCHNEIDER U (1994) Künstliche Sauerstoffträger – begrabene Hoffnung oder Medikamente mit Zukunftspotential? Dt. Ärztebl 91: 2341–2345

PETRIDES PE, DITTMANN KH (1990) How do normal and malignant cells egress from the bone marrow? Morphological facts and biochemical riddles. Ann Hematol. 61: 3–13

SALEM MM, MUJAIS SK (1992) Gaps in the anion gaps. Arch Int Med 152: 1625–1629

SCHAFER AI (1994) Hypercoagulable states: molecular genetics to clinical practice. Lancet 344: 1739–1742

STATPOOLE PW (1993) Lactic acidosis. Endocrin Metab Clin NA 22: 221–243

UMEKI S (1994) Mechanisms for the activation/electron transfer of neutrophil NADPH-oxidase complex and molecular pathology of chronic granulomatous disease. Ann Hematol 68: 267–277

WAER JA, HEITSTAD DD (1993) Platelet-endothelium interactions. New Engl J Med 328: 628–635

ZANDER R (1993) Physiologie und Klinik des extrazellulären Bikarbonat-Pools: Plädoyer für einen bewußten Umgang mit HCO_3^-. Infusionsther Transfusionsmed 20: 217–235

PETRO E. PETRIDES

Muskelgewebe

Unser Körper benötigt einige 100 willkürlich schnell kontrahierbare Muskeln, um koordinierte Bewegungen des Knochengerüsts durchführen zu können. Diese Muskeln, deren Zellen eine Querstreifung aufweisen, kommen außer als Bewegungsapparat des Skeletts auch in Auge, Zunge, Gesicht sowie in einer spezialisierten Form als Muskulatur des Herzens vor. Quergestreiftes Muskelgewebe besteht nicht aus Einzelzellen, sondern stellt ein Plasmodium dar: aus einer ursprünglich vorhandenen Zelle bildet sich durch Zellwachstum und Kernteilungen ein Gebilde mit außerordentlich vielen peripher liegenden Zellkernen. Die glatte vegetativ innervierte Muskulatur der Eingeweide (Gastrointestinal- und Urogenitaltrakt) sowie der Blutgefäße weist dagegen keine Querstreifung auf. Glattes Muskelgewebe besteht aus einzelnen länglichen Zellen, ist nicht willkürlich innervierbar und kontrahiert sich wesentlich langsamer als quergestreifte Muskulatur. Die verschiedenen Muskeltypen entstehen durch eine gewebespezifische Isoformausstattung mit unterschiedlichen Ionenkanalproteinen, kontraktilen Proteinen, Regulatorproteinen und Enzymen. Alle Proteine der verschiedenen Muskelgewebe können durch Genmutationen strukturell verändert werden: So führen z. B. Mutationen von Skelettmuskelproteinen zum Muskelschwund (Dystrophie), solche von kontraktilen Proteinen und Regulatorproteinen im Herzen zur Kardiomyopathie und jene in Ionenkanalproteinen zu Lähmungserscheinungen der Skelettmuskulatur oder Herzrhythmusstörungen.

Die Entwicklung der Muskulatur als kontraktiles Gewebe war eine Voraussetzung für die Entstehung höherer Lebensformen.
(Bild: D. O'Clair, Tony Stone Bilderwelten, München)

32.1 Der kontraktile Apparat der Muskelzelle

32.1.1 Feinstruktur der Muskulatur

Der quergestreifte Muskel weist eine hierarchische Organisationsstruktur auf

Voraussetzung für das Verständnis des Mechanismus der Muskelkontraktion ist die Kenntnis der Feinstruktur der Muskulatur (Abb. 32.1). Der – *quergestreifte* – Oberarmmuskel (1 in Abb. 32.1) setzt sich aus Faserbündeln (2 in Abb. 32.1) zusammen, die noch mit bloßem Auge gut erkennbar sind. Sie werden von verschiedenen Nervenfasern erregt. Die einzelnen Muskelfasern des Bündels (3 in Abb. 32.1) sind lange Zellen mit einem Durchmesser von 10 bis 100 μm, die meist die Gesamtlänge des Muskels durchlaufen und an beiden Enden in die bindegewebigen Sehnen übergehen. Die Muskelfasern enthalten in hoher Konzentration die Proteine *Actin* und *Myosin.* Diese bilden faserförmig in der Längsrichtung der Muskelzelle angeordnete Komplexe, die als *Myofibrillen* bezeichnet werden. Bei lichtmikroskopischer Betrachtung zeigen Skelettmuskelfasern eine charakteristische Querstreifung, die dadurch entsteht, daß die in der Faser längs verlaufenden Myofibrillen quergestreift sind und streng geordnet nebeneinander liegen (Abb. 32.2). Die Querstreifung der Myofibrillen wird dadurch erzeugt, daß in ihnen das Licht stark und schwach doppelbrechende Anteile regelmäßig aufeinander folgen. Im durchfallenden Licht erscheinen die stark doppelbrechenden Streifen dunkler als die weniger doppelbrechenden. Sie werden dementsprechend als anisotrope *A-Banden* und als isotrope *I-Banden* bezeichnet. Im elektronenmikroskopischen Bild (Abb. 32.2) ist in der Mitte der I-Bande ein dünner dunkler Streifen, die sog. *Z-Membran* (4 in Abb. 32.1) erkennbar.

Das Sarkomer ist die funktionelle Einheit der Myofibrille

Das Sarkomer ist ein Zylinder mit einem Durchmesser von 1500 nm und einer Länge von 2000 nm (2 μm). Eine Längenänderung vieler oder aller Einzelsarkomere, von denen z. B. unser Bizepsmuskel etwa 10 Millionen besitzt, verursacht die Verkürzung oder Verlängerung des gesamten Muskels.

Das Sarkomer wird durch die oben erwähnten Z(wischen)-Membranen begrenzt, die die Grund- und Deckplatten des Zylinders bilden. Sie bestehen aus den Gerüstproteinen *α-Actinin* (Tabelle 32.1) und *Desmin* (S. 197). In beiden Z-Membranen sind je 2000 parallel zur Zylinderachse verlaufende *dünne Myofilamente* verankert. Da sie 5 nm dick und nur 500 nm lang sind, erreichen sie die Mitte des 2000 nm langen Sarkomers nicht. Dort findet sich ein senkrecht stehendes Gerüstprotein (M-Protein), die sog. *M(ittel)-Membran,* in der ebenfalls parallel zur Zylinderachse angeordnete Filamente verankert sind. Da diese 1500 nm lang (je 750 nm diesseits und jenseits der Mittelmembran) und 10 nm dick sind, werden sie als *dicke Myofilamente* bezeichnet. In den Überlappungszonen, die sowohl dünne als auch dicke Filamente enthalten, bietet sich im Querschnitt des Sarkomeren folgendes Bild: Jedes dicke Filament liegt im Mittelpunkt eines gleichseitigen Sechsecks, dessen Ecken von dünnen Filamenten gebildet werden (Abb. 32.3). Jedes dünne Filament besitzt 3 dicke Nachbarn (9 in Abb. 32.1).

Durch die unterschiedliche Verwendung von Muskelproteinisoformen entstehen unterschiedliche Myofibrillentypen

Die Proteine der Myofibrillen kommen in *Isoformen* vor, die sich durch ihre physikalisch-chemischen Eigenschaften unterscheiden. Protein-Isoformen können

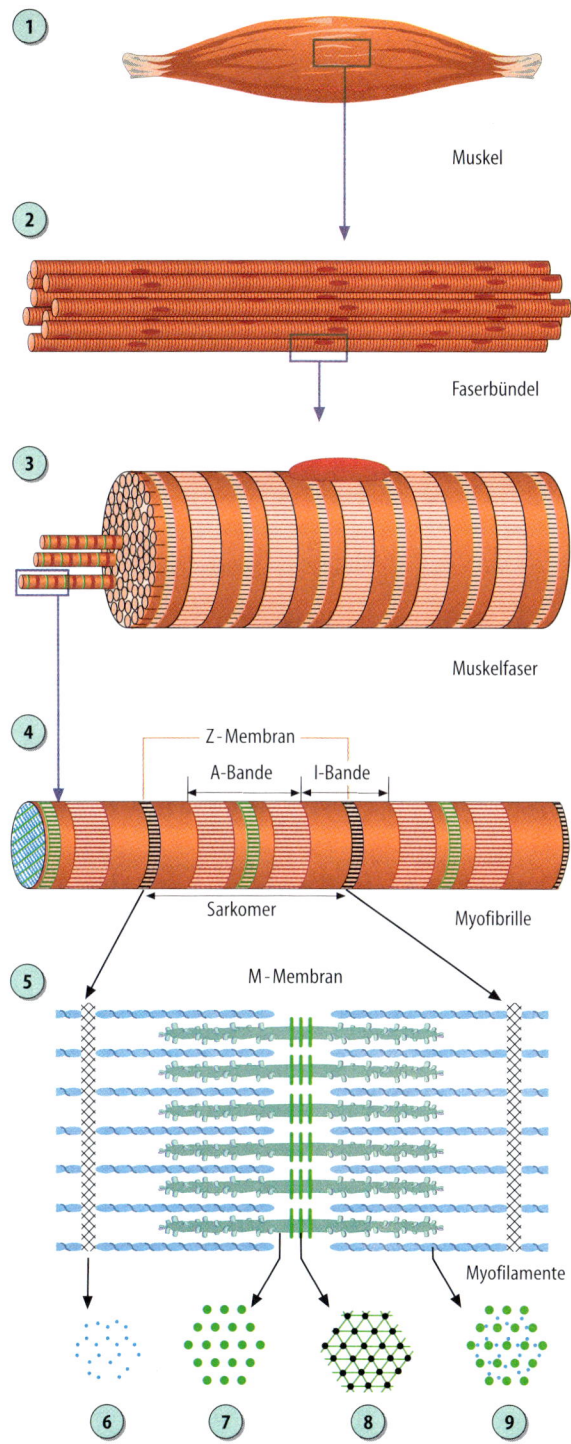

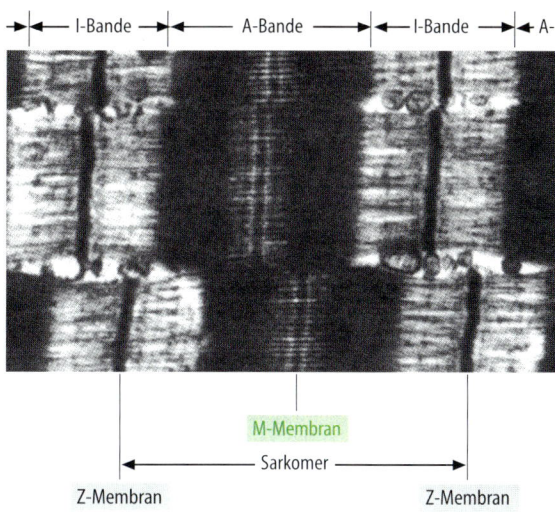

Abb. 32.2 Elektronenoptische Aufnahme (Längsschnitt) eines quergestreiften Muskels. (Aufnahme von H. E. Huxley, Cambridge). Vergr. 18 600 : 1

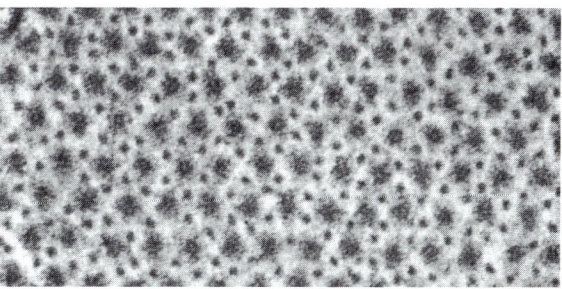

Abb. 32.3 Elektronenoptische Aufnahme (Querschnitt) eines quergestreiften Muskels. Jedes dicke Myosinfilament ist von 6 dünnen Actinfilamenten umgeben. (Aufnahme von H. E. Huxley, Cambridge). Vergr. 155 000 : 1

Abb. 32.1 Die einzelnen Organisationsebenen des quergestreiften Muskels. *1* Muskel; *2* Faserbündel; *3* Muskelfaser; *4* Myofibrille; *5* Aufbau des Sarkomers; *6* Querschnitt durch dünne Myofilamente im Bereich der Z-Membran; *7* Querschnitt durch dicke Myofilamente; *8* Querschnitt durch dicke Myofilamente im Bereich der M-Membran; *9* sich überlappende dicke und dünne Myofilamente. (Verändert nach Bloom W, Fawcett DW (1994) Textbook of Histology, Saunders, Philadelphia)

durch **Multigenfamilien** (mehrere Gene) oder durch **alternierendes Spleißen** (ein Gen) gebildet werden. Die Vielfalt dieser Protein-Isoformen (zu denen noch fetale und postnatale Varianten kommen) erlaubt dem menschlichen Organismus, nach dem Baukastenprinzip Muskelfasern verschiedener Myofibrillenstruktur für spezielle Funktionen zu bilden und diese Strukturen veränderten Umweltanforderungen (Training) durch Adaptation anzupassen. Eine Störung dieses Systems (Maladaptation) dürfte entscheidend an der Entstehung von Krankheiten der Muskulatur beteiligt sein.

Das Myosinhexamer ist das Hauptprotein der dicken Myofilamente

Die **dicken Myofilamente** bestehen im wesentlichen aus **Myosin,** einem 140 nm langen und 2 nm dicken stabförmigen Molekül, an dessen einem Ende zwei bis zu 10 nm lange Köpfe sitzen (Abb. 32.4). Jedes Myosinmolekül mit einem Molekulargewicht von 520 kD besteht aus 6 Untereinheiten:

Tabelle 32.1 Die einzelnen Muskelproteine

Protein	Gewichtsanteil (%) am Myofibrillengewicht	Molekular-gewicht	Lokalisation	Funktion
Myosin	55–60	520 kD	Dickes Filament	Brückenbildung mit Actin, ATPase-Aktivität, Kraftentwicklung
Actin	20		Dünnes Filament	Brückenbildung mit Myosin, Kraftentwicklung
Tropomyosin	4,5		Dünnes Filament	Regulation der Actin-Myosin-Wechselwirkung
Troponine T, I und C	3–5		Dünnes Filament	Regulation der Actin-Myosin-Wechselwirkung
α-Actinin	2		Z-Membran	Strukturprotein
M-Protein	0,5		M-Membran	Strukturprotein
Dystrophin	0,002	430 kD	Plasmamembran	Cytoskelettprotein
Nebulin		800 kD	Dünnes Filament	Actinanordnung
Titin		3 000 kD	Dickes Filament	Muskelelastizität

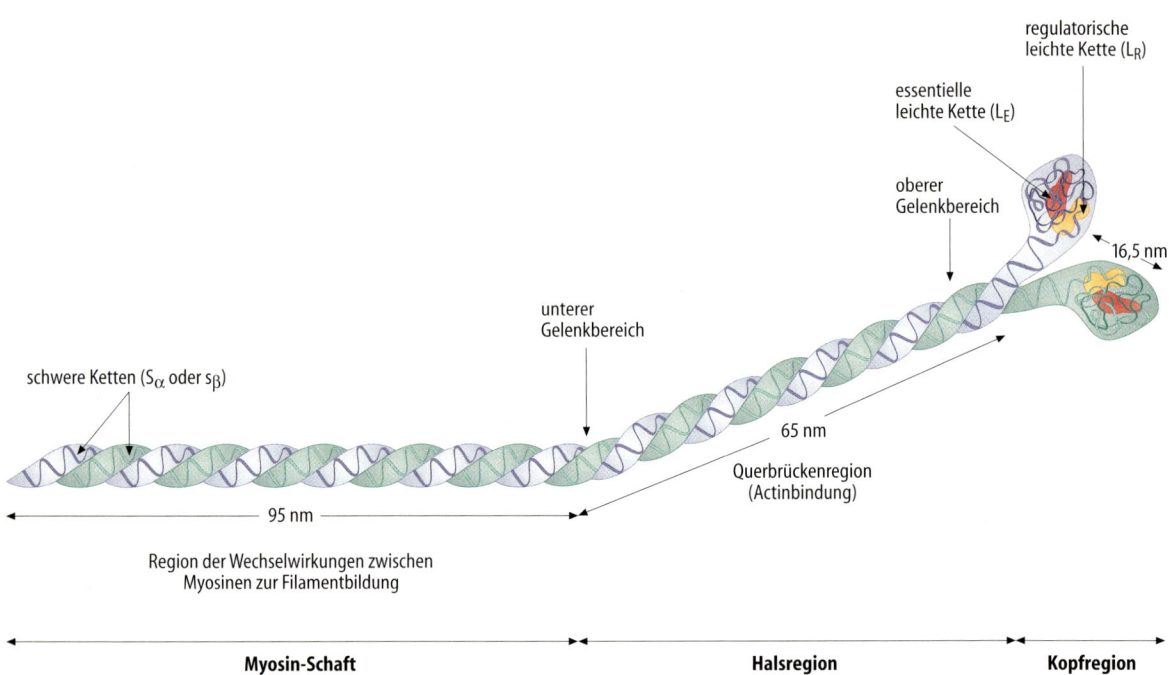

Abb. 32.4 Aufbau des Myosinhexamers aus 2 schweren (Sα oder Sβ) und 2 Paaren von leichten Ketten

- die beiden *schweren Ketten* (die vom Sα- oder Sβ-Typ sein können) mit je einem Molekulargewicht von 220 kD bestehen aus einem langen α-helikalen Bereich und einem kurzen globulären Anteil. Die α-helikalen Anteile winden sich umeinander und bilden den stabförmigen Schaft des Myosins, die globulären Anteile bilden zusammen den Kopf des Myosins.
- An jede der beiden Kopfhälften lagern sich je zwei unterschiedliche *leichte Myosinketten* (L) mit Mole-

kulargewichten von 15 kD und 22 kD an, von denen die regulatorische phosphorylierbar ist.

Demnach weist ein Myosinhexamer die Zusammensetzung S_2L_4 auf.

Im dicken Filament assoziieren die Myosinmoleküle durch hydrophobe Wechselwirkungen zu Bündeln und bilden dabei eine zigarrenähnliche Struktur, die – mit Ausnahme eines leeren Mittelabschnitts – auf ihrer gesamten Länge mit Ausläufern besetzt ist

(Abb. 32.5). Im elektronenmikroskopischen Bild erscheinen die Ausläufer als kleine **Querbrücken,** die dicke und dünne Filamente verbinden, wobei jeder Ausläufer vom Kopf eines Myosinfilaments gebildet wird. Die Moleküle sind in den dicken Filamenten mit den Köpfen nach beiden Seiten ausgerichtet, so daß die freie Zone in der Mitte entsteht. Ein dickes Filament eines normalen Muskels ist 1,5 μm lang und enthält mehrere Hundert Myosinfilamente.

Einzelne Muskeltypen enthalten unterschiedliche Myosin-Isoproteine, die sich durch die Zusammensetzung ihrer schweren (α- oder β-Typ, die von unterschiedlichen Genen auf Chromosom 14 codiert werden) und leichten Ketten unterscheiden.

- $V_1 = (S\alpha)_2, L_4$;
- $V_2 = S\alpha, S\beta, L_4$ und
- $V_3 = (S\beta)_2, L_4$.

Diese Isoformen unterscheiden sich erheblich voneinander hinsichtlich ATPase-Aktivität (s. u.) und maximaler lastfreier Verkürzungsgeschwindigkeit. ATPase-Aktivität und Verkürzungsgeschwindigkeit des V_1-Myosins sind nahezu dreimal so hoch wie die des V_3-Myosins.

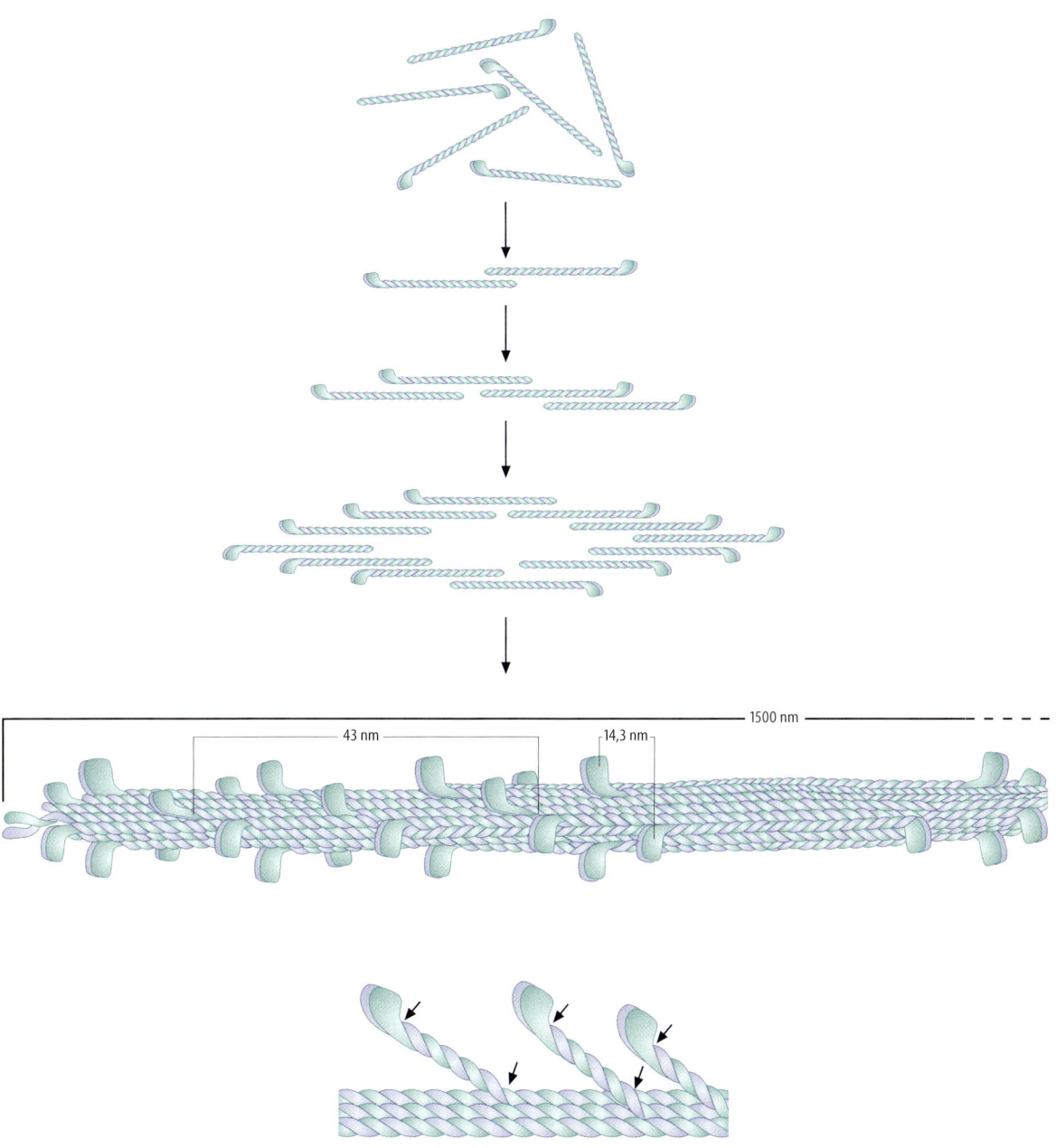

Abb. 32.5 Assoziation von Myosinhexameren zum dicken Myofilament. Die Myosinköpfe sind in 2 Bereichen (*Pfeile*) flexibel

In den Vorhöfen des menschlichen Herzens herrscht die V_1-Form zu etwa 80 % vor, in den Kammern mit etwa 90 % die V_3-Isoform. Beide leichten Myosinketten existieren ebenfalls in für Vorhof, Ventrikel und für Typ I- und Typ II-Fasern des Skelettmuskels (S. 960) spezifischen Isoformen.

Die Regulation der quantitativen Verteilung dieser und anderer Proteine im Muskelgewebe unterliegt dem Einfluß von *Zytokinen* (FGF, TGF-β, S. 825) und *Hormonen;* so führt z. B. die vermehrte Ausschüttung von Schilddrüsenhormonen (S. 825) zu einer Umschal-

tung der Synthese von V_3- zu V_1-Myosin im Ventrikel und damit zu einem Myosin mit höherer ATPase-Aktivität. Veränderungen der regionalen Verteilung der Expression dieser Isoproteine werden auch bei der pathologischen Herzhypertrophie gefunden (S. 967).

Actin ist das Hauptprotein der dünnen Filamente

Die dünnen Filamente bestehen aus *Actin,* dem *Troponinkomplex* und *Tropomyosin,* die als Regulatorproteine wirken (Tabelle 32.1). Das Actinprotein, der Partner des Myosins bei der Muskelkontraktion, ist kugelförmig und heißt deshalb globuläres oder *G-Actin.* Unter physiologischen Bedingungen lagern sich durch hydrophobe Wechselwirkungen etwa 200 Actinmoleküle zu einer Kette zusammen *[F(aden)-Actin].* Je 2 dieser (Perlen-)Ketten sind in der Längsrichtung der dünnen Filamente umeinandergewunden (Abb. 32.6). In den Rinnen zwischen den Actinketten liegen die 40 nm langen, starren *Tropomyosinmoleküle,* von denen jedes aus 2 Polypeptidketten besteht. In einem dünnen Filament erstreckt sich ein Tropomyosinmolekül über 7 Actinmoleküle, wobei auf jedem Tropomyosin zusätzlich noch der *Troponinkomplex* (I, C, T) sitzt. Dünne Filamente der Skelettmuskelzelle sind i. allg. 1 μm lang und bestehen aus 300–400 Actin- und etwa

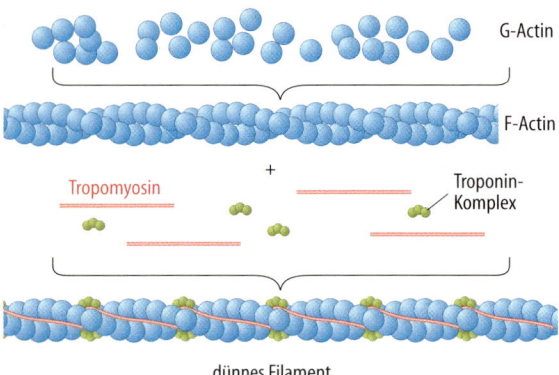

Abb. 32.6 Assoziation von Actin, Tropomyosin und dem Troponin-Komplex zum dünnen Myofilament

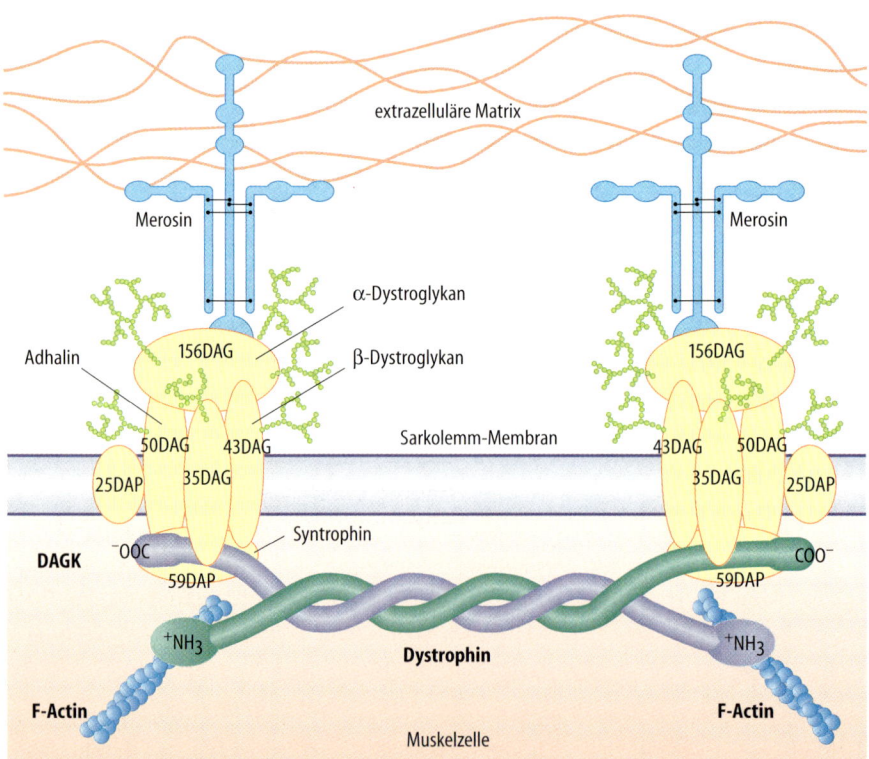

Abb. 32.7 α-Dystroglykan (auch als 156 DAG bezeichnet, d. h. ein mit *D*ystrophin *a*ssoziiertes *G*lykoprotein mit einem Molekulargewicht von 156 kD) bindet auf der einen Seite an Merosin (die Laminin-Isoform im Muskel) und auf der anderen Seite an 5 Membranproteine, die ihrerseits mit Dystrophin interagieren. Dystrophin verbindet das Cytoskelett mit dem Sarkolemm durch Assoziation mit F-Actin. (Verändert nach Campbell 1995)

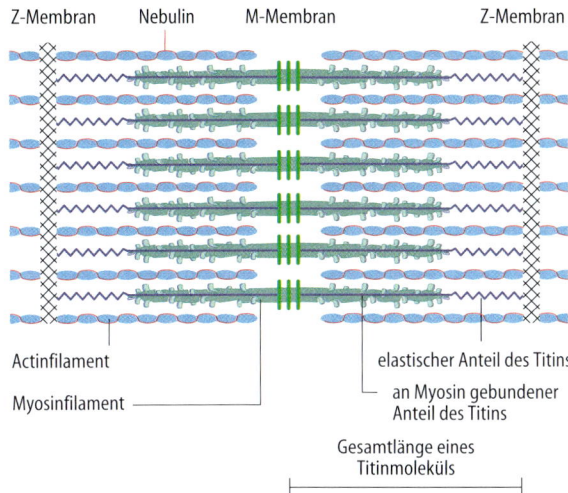

Z-Membran Nebulin M-Membran Z-Membran

Actinfilament
Myosinfilament
elastischer Anteil des Titins
an Myosin gebundener Anteil des Titins
Gesamtlänge eines Titinmoleküls

Abb. 32.8 Lokalisation des Titins als Endo-Sarkomer-Protein

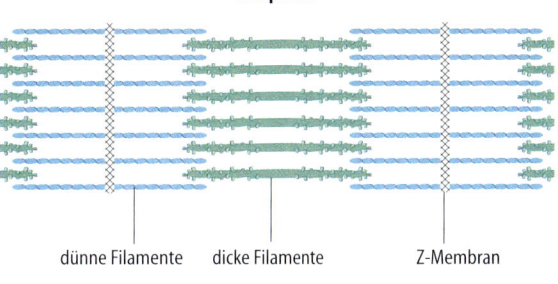

entspannt

dünne Filamente dicke Filamente Z-Membran

kontrahiert

Abb. 32.9 Gleitmodell der Muskelkontraktion. Durch Aneinandervorbeigleiten der dicken und dünnen Myofilamente kommt es zur Verkürzung des Sarkomers

40–60 Tropomyosinmolekülen. Actin- und Myosinproteine verschiedener Muskelarten zeichnen sich durch das Vorkommen der Aminosäure *3-Methylhistidin* (Abb. 2.8, S. 39) aus.

Die Tropomyosine stellen eine Familie naheverwandter dimerer Proteine dar, die Untereinheiten vom α- und/oder β-Typ enthalten können. In einzelnen Skelettmuskeltypen kommen beide Isoformen, d. h. der αα- und der ββ-Typ in unterschiedlichen Mengenverhältnissen vor. Ähnliche Proteine treten auch in der glatten Muskulatur und in Nichtmuskelzellen auf. Für die Tropomyosinfamilie existiert nur ein Gen (auf Chromosom 15q2), dessen primäres Transkript unterschiedlich gespleißt werden kann, so daß die für den glatten und den Herz- und Skelettmuskel typischen Tropomyosinproteine (α- oder β-Typ) gebildet werden.

Proteine wie Dystrophin bilden das Cytoskelett der Myofibrillen

Zusätzlich zu diesen Proteinen existiert im Muskel eine Reihe anderer Proteine, die an der Bildung des Cytoskelettes beteiligt sind:
- außerhalb des Sarkomers Proteine wie Desmin, Vimentin, Vinculin, Synemin und Dystrophin,
- innerhalb des Sarkomers Nebulin, Titin oder das C-Protein.

Die *Exo-Sarkomer-Proteine* umhüllen in einer *longitudinalen* Anordnung die Myofibrille und dienen als Bindungsregionen für Mitochondrien, Kerne und das Sarkolemm. *Transversal* ausgerichtete Proteine verbinden im Z-Bereich aneinanderstoßende Myofibrillen. Dieses Gittersystem aus longitudinalen und transversalen Proteinen wird auch als *Costamer* (Rippe = *lat.* costa) bezeichnet. *Dystrophin* (Abb. 32.7), ein mit Spectrin (S. 891) strukturell verwandtes Protein, macht bis zu 5 % des Membrancytoskelets aus; das Protein bindet auf der einen Seite am F-Actin und auf der anderen Seite über den *Dystrophin-assoziierten Glykoproteinkomplex* (DAGK) an Proteine der extrazellulären Matrix wie Merosin, die Muskelisoform von Laminin. Mutationen des verantwortlichen Gens führen zur Entstehung der Muskeldystrophien (S. 964).

Die **Endo-Sarkomer-Proteine Titin** bzw. **Nebulin** sind große Moleküle mit Gewichten von 3000 kD (und mit 1 μm etwa so lang wie die dünnen Filamente) bzw. etwa 800 kD, die für die Skelettmuskelelastizität im Ruhezustand (Abb. 32.8) bzw. für die Anordnung von Actin verantwortlich sind.

32.1.2 Molekularer Mechanismus der Muskelkontraktion

Die Querbrücken der dicken Filamente ändern cyclisch ihre räumliche Beziehung zu den dünnen Filamenten

Aus den elektronenmikroskopischen Aufnahmen entspannter und kontrahierter Muskeln haben Jean Hanson und Hugh Esmor Huxley (London) 1953 ihr *Gleitmodell der Muskelkontraktion* („sliding filaments") abgeleitet, nach dem Kontraktion und Erschlaffung dadurch zustande kommen, daß die dünnen und dicken Filamente in paralleler Anordnung aneinander vorbeigleiten (Abb. 32.9). Dabei nehmen sie die Z-Membranen mit, wodurch sich das Sarkomer verkürzt, ohne daß dabei irgendeines der Filamente seine Länge verändert.

Die treibende Kraft für das Aneinandervorbei-gleiten der Filamente kommt von den *Querbrücken* des dicken Filaments, die mit dem dünnen in einem bestimmten Winkel verbunden sind und dann auf einen veränderten Winkel übergehen, wobei die dünnen gegen die dicken Filamente verschoben werden. Damit eine genügende Verkürzung des Sarkomers zustande kommt, muß ein sich **periodisch wiederholender Prozeß** (Cyclus) ablaufen:

- Zuerst die Ankoppelung an das Actinfilament,
- die Abkoppelung,
- die Änderung des Winkels und dann
- die erneute Ankoppelung an einem anderen Punkt des Actinfilaments.

Die Myosinköpfe beginnen gleichsam auf den Actinmolekülen zu laufen, wobei sie selbst auf der Stelle treten. Die Energie für diesen Prozeß stammt wie für alle wesentlichen energieverbrauchenden Prozesse in der Zelle aus der *Hydrolyse von ATP.* Den Schlüssel zum Verständnis der Koppelung von ATP-Hydrolyse und Konformationsänderung des Myosins bot die Entdeckung, daß die Kopfregionen der Myosinmoleküle **ATPase-Aktivität** aufweisen.

Die Konformationsänderung des Myosinkopfes ist die molekulare Grundlage des Querbrückencyclus

Die gegenwärtige Vorstellung über den molekularen Mechanismus des Querbrückencyclus (Abb. 32.10) beruht auf der Beobachtung, daß die Bindung und Freisetzung von ATP Lageveränderungen von Domänen des Myosinproteins und damit eine Konformationsänderung des Myosinkopfes (induzierte Paßform-Hypothese, S. 108) hervorruft, die die Grundlage der Bewegung darstellt.

In der globulären Region des Myosinkopfes liegen *zwei Spalten,* von denen eine als **Substratbindungsregion** für ATP dient (violett und gelb markiert in Abb. 32.10). Die zweite Spalte liegt im Bereich der **Actinbindungsstelle** (grün markiert in Abb. 32.10). Während der Kraftentwicklung öffnen und schließen sich diese beiden Spalten.

- In Abwesenheit von ATP bildet Myosin eine starke Bindung mit Actin aus (Abb. 32.10, Zustand A).
- Wenn ATP an das aktive Zentrum im Myosin bindet, kommt es über eine Kommunikation mit der Actinbindungsstelle zu einer Öffnung der Spalte und damit zu einer Schwächung der Bindung von Myosin an Actin (Zustand B).
- Nach Lösung der Bindung führt das ATP im aktiven Zentrum zu einem Verschluß der ATP-Bindungsstelle (Zustand C), gleichzeitig wird ATP hydrolysiert.

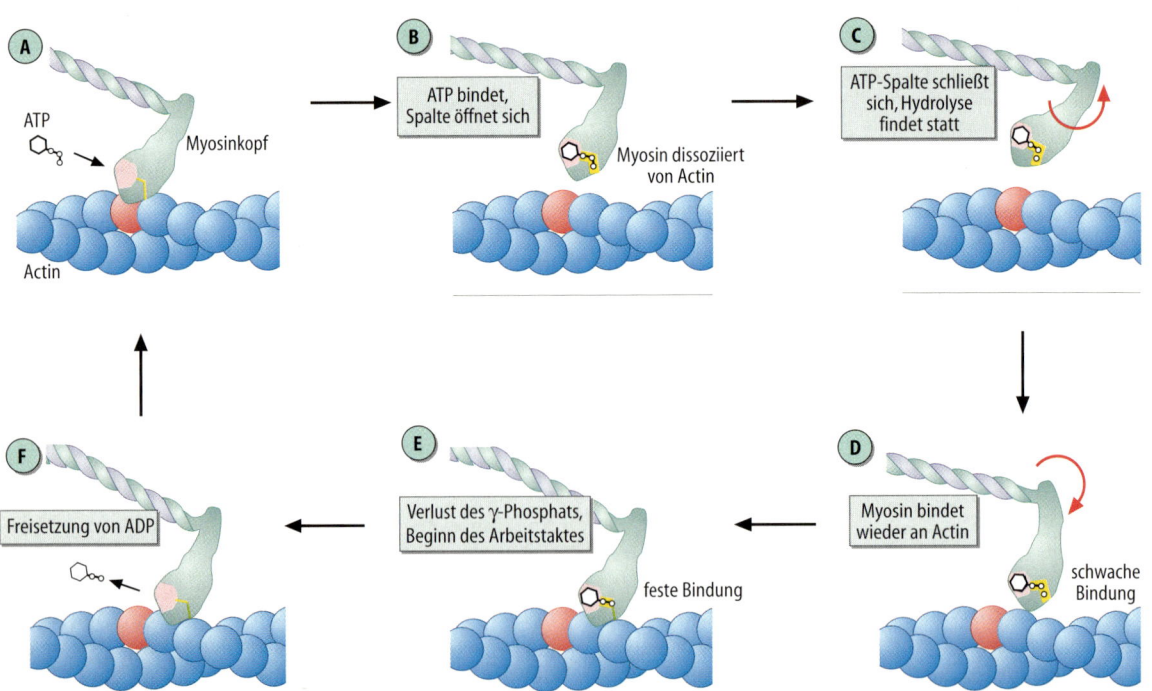

Abb. 32.10 Molekulares Modell der Kraftentwicklung im Muskel. Zwei Spalten im Bereich des globulären Myosinkopfes, d. h. eine ATP-Bindungsstelle (aktives Zentrum des Enzyms) und eine, die in der Mitte der Actinbindungsstelle liegt, sind in der offenen und geschlossenen Form dargestellt. Der Arbeitstakt, in dem die Arbeit am Actinfilament erfolgt, wird durch die Öffnung des ATP-bindenden Spaltes (aktives Zentrum des Enzyms) nach Freisetzung der Produkte der ATP-Hydrolyse angetrieben. (Verändert nach Rayment u. Holden 1994)

- Daraufhin kann Myosin wieder eine schwache Bindung mit Actin ausbilden (Zustand D).
- Der Übergang in den kraftproduzierenden Zustand ist mit der Freisetzung von anorganischem Phosphat und der Öffnung der ATP-Bindungsstelle verbunden, welche eine Bewegung der Kopf-Schaft-Verbindung von etwa 5 nm verursacht (Zustand E). Da Myosin fest an Actin gebunden ist, wird diese Bewegung auf das Actinfilament übertragen und führt so zu einer Bewegung. Somit wirkt die Halsregion des Myosinkopfes als schlagendes Ruder.
- Am Ende des Arbeitstaktes (Zustand F) wird ADP freigesetzt und Myosin wieder fest an Actin mit offener ATP-Bindungsstelle gebunden, welche zur erneuten ATP-Aufnahme bereit ist.

Für eine rasche Muskelkontraktion muß eine große Zahl derartiger Cyclen ablaufen: Jedes dicke Filament verfügt über 500 Myosinkopfgruppen, von denen jede etwa 5 Querbrückencyclen pro Sekunde durchmacht.

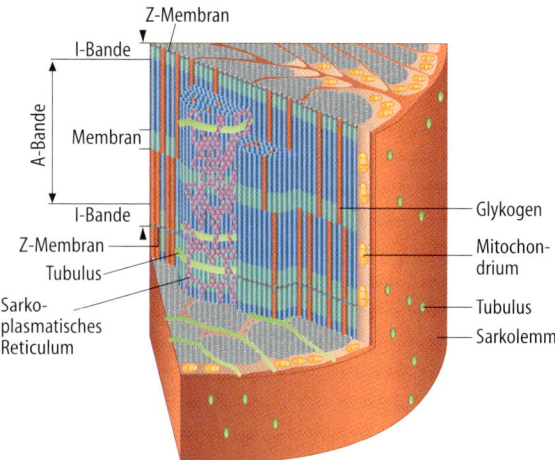

Abb. 32.11 Die transversalen Tubuli und das endoplasmatische Reticulum (auch als *sarkoplasmatisch* bezeichnet) in einer Muskelfaser. Parallel zu den Myofibrillen liegen Mitochondrien und Glykogengranula

32.1.3 Koppelung zwischen Erregung und Kontraktion

Calciumionen vermitteln die elektromechanische Koppelung

Durch Übertragung der Erregung vom Nerv auf den Muskel an der *motorischen Endplatte* entsteht ein Aktionspotential. Dieser Erregungsprozeß läuft an den äußeren Grenzmembranen (Sarkolemm) ab, die den extracellulären Raum vom Faserinneren trennen. Die Kontraktion ist dagegen ein intracellulärer Vorgang. Die zeitliche Koppelung der bioelektrischen und -mechanischen Phänomene setzt daher die Existenz eines Systems der Informationsvermittlung von der Zelloberfläche ins Innere der kontraktilen Fasern voraus. *Calciumionen* wirken dabei als Mittlersubstanzen zwischen Membranerregung und intrazellulärer Myofilamentverschiebung (elektromechanische Koppelung).

Der erste Schritt liegt in der *Steigerung der Calciumpermeabilität* der Membranen im Augenblick der Depolarisation. Calciumionen dringen dementsprechend während der Dauer des Aktionspotentials (im einfachsten Fall aus dem Extrazellulärraum) über einen L-Typ-Calciumkanal (L für länger geöffnet, S. 979) ins Faserinnere ein. Dort setzen sie die zur Kontraktion führenden Mechanismen in Gang (s.u.). Der L-Typ-Calciumkanal wird im Laufe dieses Prozesses innerhalb von Millisekunden maximal aktiviert und bleibt während der Plateauphase des Aktionspotentials geöffnet. Dünne kontraktile Gebilde sind durch die eindiffundierenden Calciumionen ohne Schwierigkeit von der äußeren Zelloberfläche her aktivierbar. Bei den dickeren Fasern des Myokards oder der Skelettmuskulatur ist dagegen auf diese einfache Art wegen der viel

weiteren Diffusionsstrecken kein rascher Anstoß des kontraktilen Systems von der äußeren Grenzmembran her möglich. Bei allen dicken Muskelfasern sind daher die äußeren Zellmembranen im Bereich der Z-Membranen in Form *transversaler Tubuli* weit ins Faserinnere eingestülpt (Abb. 32.11). Im Myokard verlaufen darüber hinaus auch Längsverbindungen zwischen den transversalen Tubuli eng parallel zu den Myofibrillen. Die extrazellulären Calciumionen kommen so unter Benutzung dieses Gangsystems, das mit dem Extracellulärraum frei kommuniziert, schon im Ruhezustand sehr nahe an die Myofibrillenbündel heran. Von diesen longitudinalen Verbindungsstücken zwischen den transversalen Tubuli sind die *longitudinalen Strukturen* des sarkoplasmatischen Reticulums streng zu unterscheiden. Seiner Funktion nach ist dieses sarkoplasmatische Longitudinalsystem als *intrazellulärer Calciumspeicher* anzusehen. Wird die Depolarisation über die transversalen Tubuli in die Tiefe der Fasern geleitet, so werden diese longitudinalen endoplasmatischen Calciumspeicher über synapsenartige Kontaktstellen zur Freisetzung von Calciumionen veranlaßt.

Die Calciumionen werden über den sog. *Ryanodinrezeptor-Calciumkanal* (S. 342) freigesetzt und aktivieren den kontraktilen Apparat. Dicke Skelettmuskelfasern verfügen aus diesem Grunde über sehr große intracelluläre Calciumdepots.

Anders ist dagegen die Situation bei *Myokardfasern.* Hier entspricht zwar das transversale System weitgehend dem der Skelettmuskulatur. Die longitudinalen endoplasmatischen Calciumspeicher sind jedoch nur recht schwach ausgebildet. Die elektromechanischen Koppelungsprozesse in den Myokardfasern sind daher stark vom extrazellulären Calciumangebot abhängig und infolgedessen auch sehr leicht vom Extrazellulärraum her im positiven oder negativen Sinne beeinflußbar (z. B. durch Calciumantagonisten).

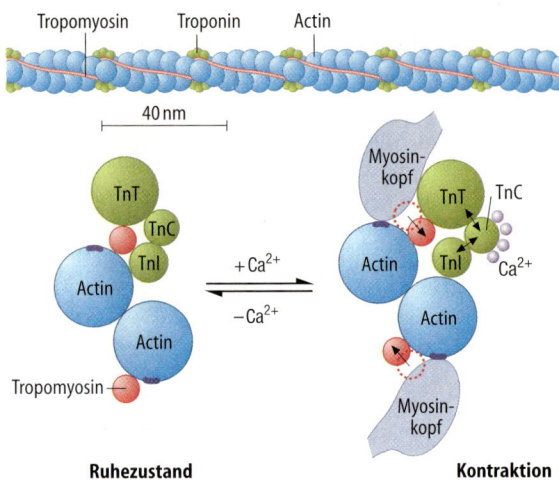

Abb. 32.12 Wechselwirkung von Actin, Tropomyosin und Troponin C, I und T. In Abwesenheit von Calcium verdeckt Tropomyosin die Myosinbindungsstelle (markiert in *lila*) am Actinmolekül. Anlagerung von Calcium an eine spezifische Bindungsregion des Troponin C führt über Konformationsänderungen der Troponine zur Freisetzung der Myosinbindungsstelle. Durch Abfall des Calciumspiegels wird der ursprüngliche Zustand wieder hergestellt

Calcium aktiviert den Actomyosinkomplex nur indirekt

Steigt die Konzentration an freien Calciumionen im Cytosol von 10^{-8} auf 10^{-5} mol/l an, so kommt es im Sarkomer zur Kontraktion. Allerdings erfolgt die aktivierende Wirkung der Calciumionen nicht direkt auf den Actomyosinkomplex, sondern läuft über das sog. *Troponin-Tropomyosin-System* ab (Abb. 32.12).

- Das langgestreckte Tropomyosinmolekül, welches in der Furche des F-Actins liegt und sich über 7 Actinmonomere erstreckt, blockiert in Abwesenheit von Calcium die Wechselwirkung zwischen Actin und Myosin. Wahrscheinlich verdeckt es die spezifischen Bindungsstellen für die Myosinköpfe.
- Durch den Troponinkomplex, der aus den 3 Untereinheiten Troponin C, I und T besteht, wird seine Lage auf dem F-Actin stabilisiert. *Troponin C,* welches weitgehende Strukturhomologie zum Calmodulin (Abb. 24.10, S. 697) zeigt, dient als Ligand für die während der Erregung freigesetzten Calciumionen und macht dabei eine Konformationsänderung durch. Diese wird über die Troponinuntereinheiten I und T auf das Tropomyosin weitergeleitet, welches dadurch die Myosinbindungsstellen freigibt, womit der Kontraktionsvorgang ausgelöst werden kann.

Auch in der glatten Muskelzelle von Blutgefäßen, Lungenepithelien, Gallenblase, Myometrium oder Harnblase ist die Wechselwirkung zwischen den Myosinkopfgruppen und dem F-Actin Grundlage des Kontraktionsprozesses. Im Gegensatz zum quergestreiften Muskel erfolgt die Calcium-abhängige Regulation je-

doch nicht über das Troponin-System, sondern über eine *Calmodulin-abhängige Myosinkinase* (S. 696), die die leichten Ketten des Myosins als Voraussetzung für die Wechselwirkung mit Actin phosphoryliert. Das Absinken des Calciumspiegels führt zur Inaktivierung der Myosinkinase und Aktivierung einer *Myosin-Leichtketten-Phosphatase,* die die leichten Ketten wieder dephosphoryliert.

32.1.4 Molekularer Mechanismus der Muskelrelaxation

Die Muskelrelaxation ist ebenfalls ein ATP-abhängiger Vorgang

Auch während des Erschlaffungsprozesses erfolgt eine *Calcium-abhängige Spaltung von ATP,* da diese durch ein ATP-getriebenes Transportsystem zustande gebracht wird, das die Calciumionen vom kontraktilen System entfernt und in die vesikuläre Granula des sarkoplasmatischen Reticulums (= longitudinales System) gegen ein Konzentrationsgefälle zurückpumpt. Pro mol ATP werden 2 mol Calciumionen aktiv transportiert.

Diese Calcium-ATPase wird durch das interkonvertierbare *Phospholamban* stimuliert. Weiterhin werden Calciumionen durch das *Na⁺/Ca²⁺-Gegentransportsystem* und eine *Ca-ATPase* über die Plasmamembran aus dem Cytosol entfernt. Ein Teil des Calciums wird auch in Mitochondrien aufgenommen. Dies dient jedoch über Calcium-empfindliche Dehydrogenasen hauptsächlich der Adaptation des oxidativen Stoffwechsels an den Energiebedarf der Muskelzelle. Insgesamt werden für diese Calciumbewegungen etwa *25 % der Energie des Myocyten* aufgewendet. Die mit der De- und Repolarisation der Plasmamembran verbundenen Änderungen des transmembranären Natrium- und Kaliumgradienten (S. 698) werden durch eine membranständige *Na⁺/K⁺-ATPase* (S. 689) rückgängig gemacht. Dieses Enzym kann im Myokard spezifisch durch Herzglykoside (Abb. 5.3, S. 124) gehemmt werden, die häufig zur Stärkung der Herzkraft eines Patienten eingesetzt werden. Mit der positiv inotropen Wirkung der Herzglykoside gehen deshalb ein Anstieg der intrazellulären Natrium- und ein Abfall der intrazellulären Kaliumkonzentration einher. Die Erhöhung des intrazellulären Natriumspiegels führt zu einer Stimulierung des Na⁺/Ca²⁺-Gegentransportsystems (S. 690) und damit zu einem Anstieg der intrazellulären Calciumkonzentration.

Neurotransmitter modulieren den myokardialen Calciumstoffwechsel

Eine positiv inotrope Modulation des Myokards über β-adrenerge Neurotransmitter (pharmakomechanische Koppelung) wie Adrenalin (β_1-Rezeptoren, S. 803) erfolgt über eine G-Protein-vermittelte Aktivierung von *cyclo-AMP abhängigen Proteinkinasen.* Diese wiederum phosphorylieren

- Calciumkanalproteine und Ca-ATPasen im Sarkolemm,
- Phospholamban im sarkoplasmatischen Reticulum, das die dortige Ca-ATPase stimuliert und
- Troponin C.

Dadurch werden gleichzeitig der transmembranäre Calciumeinstrom in das Cytosol und die Calciumaufnahme in das sarkoplasmatische Reticulum aus dem Cytosol stimuliert. Die damit verbundene kurzfristige Erhöhung des cytolischen Calciumspiegels bewirkt eine stärkere und kürzere Kontraktion. Diese wird durch eine verstärkte Relaxation unterstützt, der eine verringerte Calciumbindung des phosphorylierten Troponin C zugrunde liegt. Die Stimulierung der Ca-ATPasen dient auch der *Vermeidung einer Calcium-überladung* des Cytosols.

32.2 Energieumsatz der Muskelzelle

32.2.1 Herkunft der für den Kontraktions-Relaxations-Vorgang benötigten Energie

Da die ATP-Vorräte im Muskel begrenzt sind, wird Kreatinphosphat als Reservephosphat benötigt

Kontraktion und Relaxation sind *ATPase-abhängige Prozesse,* d. h. von der Hydrolyse von ATP zu ADP und anorganischem Phosphat abhängig. Der ATP-Vorrat des Muskels ist jedoch begrenzt: Der Gehalt in der Muskulatur eines 100 m-Läufers würde gerade 2 Sekunden zur Deckung des Energiebedarfes ausreichen. Für längere Muskeltätigkeit muß ATP aus ADP und anorganischem Phosphat regeneriert werden. Dies erfolgt durch die Mobilisierung von Energiereserven aus *Glykogen* (400–500 g in der Muskulatur, 100 g in der Leber) und *Triglyceriden* (8 kg im Fettgewebe beim 70 kg schweren Mann). Diese Prozesse werden zum einen durch die Verfügbarkeit von Glykogen, freien Fettsäuren und Sauerstoff bestimmt und nehmen zum anderen durch die Komplexität der beteiligten Stoffwechselwege Zeit in Anspruch.

Zur **schnellen Überbrückung** der Energieversorgung ist deshalb im Muskel ein Reservephosphat, das *Kreatinphosphat,* vorhanden, welches ATP kontinuierlich regeneriert. Im arbeitenden Muskel bleibt so der ATP-Spiegel weitgehend konstant, während der Kreatinphosphatspiegel abfällt und der Gehalt an anorganischem Phosphat ansteigt, wie nichtinvasive Untersuchungen mit der ^{31}P-Kernspinresonanzspektroskopie

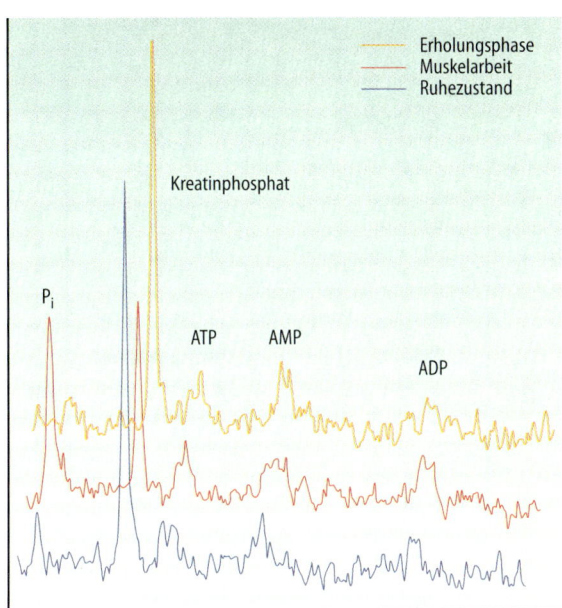

Abb. 32.13 Analyse der Dynamik der energiereichen Phosphate am Unterarmmuskel gesunder Probanden mit der ^{31}P-NMR. P_i anorganisches Phosphat steigt bei Muskelarbeit an, Kreatinphosphat fällt ab. (Nach Blei et al. 1993)

(NMR, S. 366) am Unterarm bei gesunden Probanden zeigen (Abb. 32.13).

Kreatinphosphat steht mit ADP über die *Kreatinkinasereaktion* in Beziehung:

Kreatinphosphat + ADP ⇌ Kreatin + ATP; $\Delta G°' = -12{,}6$ kJ/mol

Bei dem im Cytosol der Muskelzelle herrschenden leicht sauren pH liegt das Gleichgewicht der Kreatinkinasereaktion ganz auf der Seite der *ATP-Bildung.* Dadurch ist in der Muskelzelle ein *konstanter ATP-Spiegel* gewährleistet, der sowohl bei Sauerstoffmangel wie auch bei Arbeit auf Kosten des Kreatinphosphats aufrechterhalten werden kann.

In der Erholungsphase erfolgt eine rasche Rephosphorylierung des Kreatins zu Kreatinphosphat (Abb. 32.14). Hierfür ist nicht die cytosolische, sondern die an der Außenseite der Innenmembran der Muskelmitochondrien lokalisierte *mitochondriale Kreatinkinase* verantwortlich. Durch ihre spezifische Lokalisation ist eine rasche Kreatinrephosphorylierung durch ATP aus der oxidativen Phosphorylierung gewährleistet.

Die Kreatinkinase besitzt eine besondere Bedeutung bei der Diagnose des *Herzinfarkts.* Da Erhöhungen der Plasmakonzentration dieses Enzyms auch nach *intramuskulären Injektionen, bei starker* körperlicher Tätigkeit (Muskelkater) und bei Muskelentzündungen auftreten können, hat sich die zusätzliche Bestimmung der *herzmuskelspezfischen Kreatinkinase* (CK-MB) bewährt (S. 104).

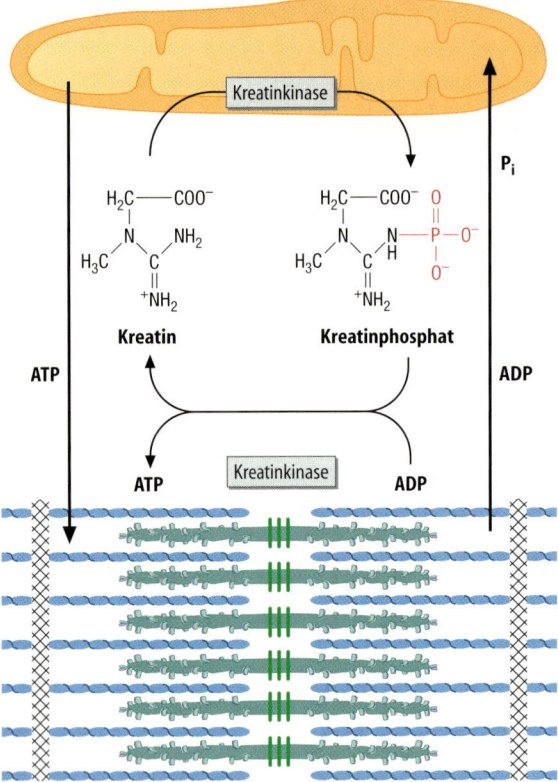

Abb. 32.14 Regeneration von ATP durch Kreatinphosphat

Die Biosynthese von Kreatin vollzieht sich in zwei Schritten

Zuerst wird in einem reversiblen Schritt die Guanidinogruppe von Arginin auf Glycin übertragen und anschließend das entstandene *Guanidinoacetat* methyliert (Abb. 32.15). Als Methylgruppendonator dient *S-Adenosylmethionin* (S. 549). Beide Enzyme, die **Transaminidase** und die **Transmethylase,** kommen beim Menschen in Leber, proximalen Nierentubuli, Gehirn, Pankreas und Milz vor.

Da die Transmethylase nicht in der Muskelzelle nachweisbar ist, wird der Kreatinstoffwechsel in der Muskelzelle durch die Aufnahme von Kreatin aus dem Blut bestimmt.

Kreatin wird als Kreatinin mit dem Urin ausgeschieden

Der zur Kreatininbildung notwendige Ringschluß erfolgt unter Abspaltung von anorganischem Phosphat aus Kreatinphosphat (Abb. 32.15). Kreatinin wird in den Nieren **glomerulär filtriert** und ausgeschieden. Da die Geschwindigkeit der Kreatininbildung nur von der Muskelmasse abhängt, sind – bei normaler Muskelfunktion – Erhöhungen des Kreatininspiegels im Plasma Ausdruck von Nierenfunktionsstörungen (S. 1050).

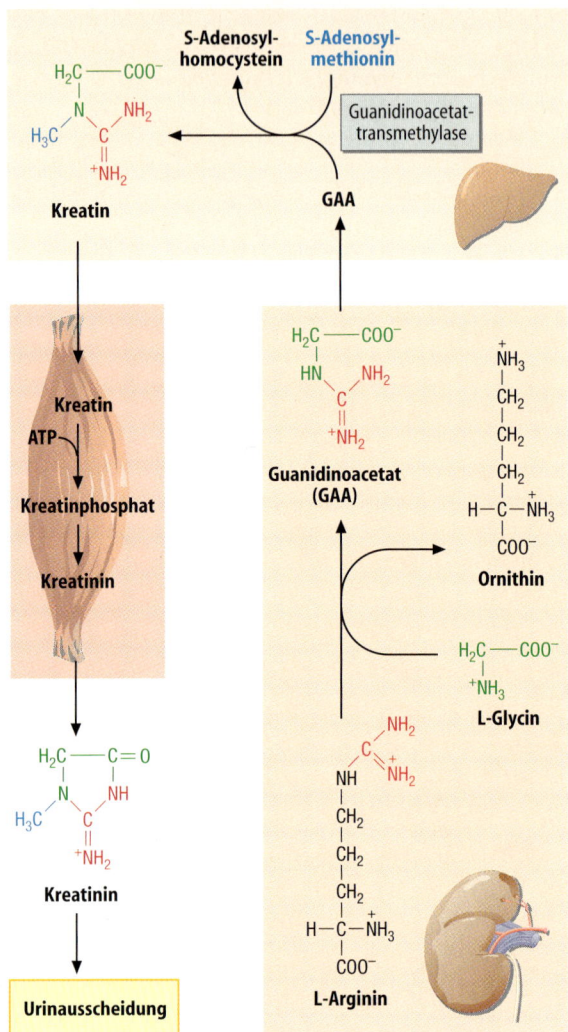

Abb. 32.15 Biosynthese von Kreatin aus Glycin, der Guanidinogruppe von Arginin und der Methylgruppe von Methionin und Abbau von Kreatinphosphat zu Kreatinin (Lactambildung) durch Phosphatabspaltung

32.2.2 Substratstoffwechsel der Muskelzelle

Die einzelnen Skelettmuskeln des Menschen enthalten unterschiedliche Mischungen von Fasertypen

Zur Ausübung verschiedener Funktionen (Dauer- bzw. Haltearbeit oder rasche Bewegungen) gibt es *Typ I-* und *Typ II-Muskelfasern,* die sich hinsichtlich Enzymausstattung (Myosin- und Ca-ATPasen), Substratbevorzugung, Mitochondrien und Myoglobingehalt und damit der Farbe voneinander unterscheiden (Tabelle 32.2). Die beiden Fasertypen weisen auch unterschiedliche Isoformen der Regulatorproteine Troponin und Tropomyosin auf. Histochemisch lassen sie sich durch ihre Reaktion für die Myosin-ATPase voneinan-

Tabelle 32.2 Fasertypen der Skelettmuskulatur des Menschen

Typ	Kontraktions- & Erschlaffungs- geschwindigkeit	Myosin- ATPase	Sarcoplasma- tische Ca-ATPase	Myoglobin- gehalt (O_2-Speicher)	Enzyme der Lactat- bildung	Enzyme der Fettsäure- oxidation	Aussehen/ Mitochon- driengehalt	Funktion
I (slow twitch)	niedrig	β-Schwere- ketten (niedrige Aktivität)	niedrig	hoch	niedrig	hoch	rot/hoch	Halte- bzw. Dauerarbeit
II (fast twitch)	hoch	α-Schwere- ketten (hohe Aktivität)	hoch	niedrig	hoch	niedrig	weiß/niedrig	rasche Bewegungen

der unterscheiden. Die Skelettmuskeln des Menschen enthalten – in Abhängigkeit von ihrer Funktion – unterschiedliche Mischungen dieser beiden Fasertypen, so z. B. der Musculus quadriceps 38 % Typ I- und 62 % Typ II-, der Soleusmuskel 86 % Typ I- und 14 % Typ II-Fasern.

Typ I-Fasern besitzen viele Mitochondrien, hohe Citratsynthase- und Hydroxyacyl-CoA-Dehydrogenase-Aktivitäten und niedrige Glykogenphosphorylase-, Glycerinaldehydphosphat-Dehydrogenase- und LDH-Aktivitäten, was eine Bevorzugung von *Fettsäuren* gegenüber Glucose als Substrat widerspiegelt. Umgekehrt ist die Enzymausstattung und Substratbevorzugung, d. h. *Glucose*, bei Typ II-Fasern.

- Ausdauertraining wie Marathon, Schwimmen oder Skilanglaufen hat keinen Einfluß auf die Größe von Typ I- oder Typ II-Fasern, sondern führt zu einer Zunahme der Typ I- und Abnahme der Typ II-Fasern.
- Gewichtheben erhöht die *Größe* von Typ II-Fasern,
- Schnelligkeitstraining den *Anteil* der schnellen glykogenolytischen Typ II-Fasern.

Die Kontraktions- und Relaxationsgeschwindigkeit von Herzmuskelfasern ist niedriger als die der Typ I-Fasern, entsprechend höher ist auch die Aktivität der Citratsynthase- und Hydroxyacyldehydrogenase-Enzyme.

Der Skelettmuskel bevorzugt Glucose und Fettsäuren als Substrat

Glucose (bzw. Glucose im Glykogen) und freie Fettsäuren stellen die Energiesubstrate für den Stoffwechsel des Muskels dar. In Gegenwart von Sauerstoff werden beide zu CO_2 und Wasser oxidiert. Bei *Sauerstoffmangel* wird das in der Glykolyse gebildete Pyruvat in *Lactat* überführt, so daß ATP auch unter anaeroben Bedingungen gebildet werden kann (S. 378). Dabei liegt jedoch die ATP-Ausbeute bei weniger als 10 % der aeroben Glykolyse, und die Glucose muß vorwiegend aus Glykogen mobilisiert werden, da das Glucosetranspor-

tersystem (Typ IV, S. 407) und die Hexokinase wesentlich geringere Aktivitäten als die Glykogenphosphorylase aufweisen. Außerdem fallen mit der Lactatbildung Protonen an (S. 419), die zu einer Acidose in der Muskelzelle führen.

Die Oxidation von *Aminosäuren* zur Deckung des Energiebedarfes spielt nur eine untergeordnete Rolle, da auch bei längerdauernder Arbeit die Harnstoffausscheidung des Organismus nicht zunimmt. Nur verzweigtkettige Aminosäuren wie Leucin (S. 555) werden im Muskel oxidiert, dabei vor allem in den Typ I-Fasern, die die von diesen Aminosäuren übernommene Aminogruppe als Alanin oder Glutamin wieder abgeben.

Im Ruhezustand werden Substrate teils oxidiert, teils gespeichert

Der Ruheumsatz des Muskels ist aerob, d. h. Glucose und Fettsäuren werden oxidiert oder als Glykogen und Triacylglycerin gespeichert. Während Glucose über ein membranständiges Transportsystem aufgenommen wird, gelangen Fettsäuren durch Diffusion in Abhängigkeit von der arteriellen Konzentration in die Zelle. Nur etwa 20 % der vom ruhenden Muskel aufgenommenen Fettsäuren erscheinen als Kohlendioxid, werden also oxidiert; der weitaus größere Teil wird als Triacylglycerin gespeichert, um bei Bedarf hydrolysiert zu werden und als Substrat zur Energiegewinnung zu dienen. Aufgrund der niedrigen Glycerokinaseaktivität muß die Muskelzelle den Glycerinanteil für die Triacylglycerinsynthese der Glykolyse entnehmen, was durch Hydrierung von Dihydroxyacetonphosphat zu α-Glycerophosphat erfolgt. Damit limitieren exogenes Glucoseangebot bzw. endogene Glykogenspeicher auch die Triacylglycerinsynthese in der Muskulatur.

Auch die Ketonkörper Acetacetat und β-Hydroxybutyrat sind potentielle Substrate der Muskelzelle. Wie Fettsäuren werden sie in Abhängigkeit von ihrer arteriellen Konzentration von der Muskelzelle aufgenommen. Das für ihre Verstoffwechselung wichtige Enzym *Succinyl-CoA-Acetacetat-Thiotransferase* ist in entsprechend hoher Konzentration in der Muskulatur vorhanden. Quantitativ spielt die Ketonkörperoxidation jedoch erst bei den mit Ketonämie einhergehenden Zuständen (Hunger, Diabetes mellitus) eine Rolle.

Bei mittelschwerer Arbeit nimmt der Muskel vermehrt Glucose und Fettsäuren auf

Dabei wird eine Mischung aus aufgenommener Glucose, gespeichertem Glykogen und freien Fettsäuren utilisiert. Bei Muskelarbeit kommt es zu einem *Abfall der Insulinkonzentration* im Plasma, bedingt durch eine adrenerge Hemmung der Insulinsekretion aus den β-Zellen (S. 792). Paradoxerweise wird dennoch vermehrt Glucose in den Muskel aufgenommen, da in einem Insulin-unabhängigen Prozeß vermehrt Glucosetransportermoleküle aus einem internen Pool in die Sarkolemmembran rekrutiert werden. Die adrenerge Stimulierung führt am Fettgewebe zu einer Steigerung der Lipolyse mit konsekutivem Anstieg freier Fettsäuren im Blutplasma und deren Aufnahme in die Muskelzelle. Mit zunehmender Dauer der Muskeltätigkeit werden die Glykogenvorräte erschöpft, so daß die Fettsäureoxidation proportional zunimmt.

Eine Steigerung der Fettsäureoxidation hemmt die Glucoseaufnahme

Die vermehrte Fettsäureoxidation im Muskel hemmt die Aufnahme und den Durchsatz von Glucose, damit diese auch noch für Glucose-abhängige Organe wie das Gehirn zur Verfügung steht. Dieser glucosesparende Effekt einer gesteigerten Fettsäureoxidation wird als *Glucose-Fettsäure-Cyclus* bezeichnet (Abb. 32.16). Die Oxidation von Fettsäuren führt zu einer Erhöhung der Konzentration von *Acetyl-CoA* und *Citrat.* Letzteres hemmt die Phosphofruktokinase, was zu einer Erhöhung der Glucose-6-phosphat-Konzentration führt, welche die Hexokinase hemmt. Acetyl-CoA hemmt die Pyruvatdehydrogenase-Reaktion; wie der Glucosetransport in die Zelle gehemmt wird, ist noch unklar. Dieser Cyclus ist besonders bei Frühsportlern von Bedeutung, wenn die Leberglykogenreserven nach nächtlicher Nahrungskarenz teilweise erschöpft sind und noch kein Frühstück eingenommen worden ist.

Bei schwerer Muskelarbeit wird vermehrt Glykogen abgebaut

Mit zunehmender Schwere der Arbeit nimmt der Anteil des Energiegewinns aus Glykogen zu, so daß die Muskelglykogenspeicher kontinuierlich erschöpft werden. Erst bei Erschöpfung der Glykogenspeicher schaltet der Muskel vollständig auf die Oxidation freier Fettsäuren um.

Während kurzdauernder maximaler Muskelarbeit sorgen die energiereichen Phosphate für die Energiebereitstellung, unterstützt durch die anaerobe Glykolyse, was zu einer vermehrten Lactatbildung und Protonenakkumulation führt.

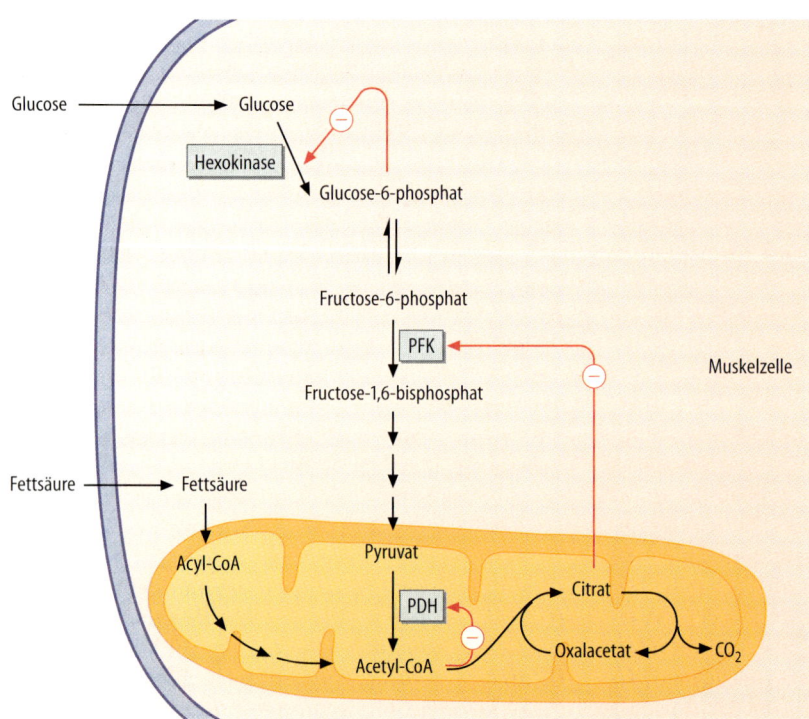

Abb. 32.16 Glucose-Fettsäure-Cyclus. *PDH* Pyruvatdehydrogenase; *PFK* Phosphofruktokinase

Im Hunger stellt die Muskelproteolyse Substrate für die Gluconeogenese bereit

Während das Muskelprotein als Substrat zur Deckung der für die Kontraktion benötigten Energie nur eine geringe Rolle spielt, hat es eine große Bedeutung für den Stoffwechsel des Organismus beim *Hungern*. Da bei Nahrungskarenz der Insulinspiegel im Blut absinkt, entfällt die stimulierende Wirkung dieses Hormons auf die Proteinbiosynthese; durch eine in ihrem Mechanismus noch nicht aufgeklärte Steigerung der Proteolyse kommt es zu einer gesteigerten *Aminosäurefreisetzung* aus der Muskelzelle, wodurch Substrat für die in Leber und Nieren stattfindende Gluconeogenese bereitgestellt wird.

Außerdem setzt die Muskelzelle unter diesen Bedingungen mehr *Alanin* und *Glutamin* frei, als der Zusammensetzung des Muskelproteins entspricht. Beide Aminosäuren entstehen im Muskelgewebe durch Transaminierung von Pyruvat bzw. Glutamat und transportieren so Aminostickstoff zur Leber. Dieser entstammt dem Aminosäureabbau in der Muskelzelle, wobei vor allem verzweigtkettige Aminosäuren oxidiert werden (S. 552).

Bei länger andauerndem Fasten über einige Wochen und mehr nimmt die Muskelproteolyse wieder ab. Der Organismus kann die Geschwindigkeit der Gluconeubildung in der Leber reduzieren, da das Zentralnervensystem sich an die hohen Ketonkörperspiegel im Blut adaptiert hat und diese oxidieren kann. Da der Verlust von mehr als der Hälfte des Körperproteins vom Organismus nicht überlebt werden kann, verlängert dieser Sparmechanismus die Überlebenszeit bei protrahiertem Hunger beträchtlich (S. 574).

Hormone und Zytokine beeinflussen ebenfalls den Substratumsatz des Muskels

Der Substratumsatz der Muskelzelle wird nicht nur durch ihren Funktionszustand sowie Substratspeicher und -angebot bestimmt, sondern auch durch Veränderungen des Hormonhaushaltes des Organismus. Aufgrund der Muskelmasse von etwa 18 kg führen deshalb normale und pathologische Schwankungen des Spiegels einzelner Hormone zu Änderungen des Substratumsatzes der Muskelzelle und damit zu veränderten Substratbewegungen im Organismus.

- *Insulin* bedingt am Muskel eine vier- bis zehnfache Steigerung der Glucoseaufnahme durch Stimulierung des Glucosetransportes und der Glykogensynthese. Weiterhin werden die Triacylglycerin- und Proteinsynthese durch vermehrte Aufnahme von Fettsäuren und Aminosäuren (über einzelne Transportsysteme, Tabelle 19.1, S. 524) gesteigert.
- *Wachstumshormon* stimuliert die Aminosäureaufnahme und Proteinbiosynthese.
- *Catecholamine* hemmen die Glucoseaufnahme und stimulieren die Glykogenolyse und Lipolyse am Muskel.
- *Glucocorticoide* führen zu einer vermehrten Proteolyse, wobei die freigesetzten Aminosäuren als Substrate für die Gluconeogenese in der Leber dienen (S. 546).
- Bei Fieber und Sepsis führt das aus Makrophagen freigesetzte *Interleukin 1* (Abb. 31.5, S. 886) zur Proteolyse und Freisetzung von Aminosäuren.

32.3 Regeneration der Muskelzelle

Die Frage, ob und in welchem Umfang Regenerationsvorgänge in den verschiedenen Muskeltypen des Organismus ablaufen können, ist von erheblicher praktischer Bedeutung, da Muskelgewebe häufig Verletzungen unterliegt. In allen Muskeltypen finden sich neben Myocyten auch stromale Zellen. So machen im Myocard die Myocyten zwar etwa 70 % des Gewebevolumens, aber nur ein Drittel aller Zellen aus. Generell sind Myocyten und Skelettmuskelzellen nicht mehr teilungsfähig. Sie können sich also nur durch Hypertrophie, d. h. Zunahme des Zellvolumens ausdehnen. Im Myocard kommen außer Myocyten auch Fibroblasten, glatte Gefäßmuskelzellen, Endothelzellen und Makrophagen vor. Sie bilden das kollagene Netzwerk, das die Anordnung der Myocyten im Rahmen der myocardialen Architektur bestimmt. Die Aktivität dieser Zelltypen ist für pathobiochemische Prozesse von großer Bedeutung. Ein Beispiel ist die Akkumulation von Typ I-Kollagen der pathologischen Myocardhypertrophie.

Im Gegensatz zum Myocard kommen im Skelettmuskel einkernige Zellen ohne Myofibrillen vor, die als Satellitenzellen bezeichnet werden. Sie sind für die Neubildung von Muskelzellen nach Muskelverletzungen verantwortlich und liegen unter der Basalmembran der Skelettmuskelfasern, wo sie nur im elektronenoptischen Bild erkennbar sind.

Glatte Muskelzellen besitzen nicht nur die Fähigkeit zur Biosynthese extrazellulärer Matrixproteine (Elastin, Kollagen, Glykosaminoglykane), sondern können sich auch teilen. Als Bestandteil von Gefäßendothelien, in denen sie proliferieren können, besitzen glatte Muskelzellen deshalb eine wichtige Bedeutung der Entstehung der Arteriosklerose und der erneuten Verengung (Restenose) der Herzkranzgefäße nach Ballondilatation.

32.4 Pathobiochemie: Angeborene und erworbene Muskelerkrankungen

32.4.1 Angeborene Muskelerkrankungen

Rasche Fortschritte der Molekularbiologie haben durch die Methode der positionellen Klonierung (S. 320) zur Identifizierung der verantwortlichen Gene bei verschiedenen Muskelerkrankungen geführt. Damit wird ein erster Bezug zur molekularen Genese dieser Erkrankungen möglich. Die Erarbeitung der Zusammenhänge zwischen dem mutierten Gen und den dadurch bedingten klinischen Manifestationen sowie die Entwicklung neuer molekular orientierter Behandlungsansätze stehen deshalb im Zentrum der Erforschung dieser Muskelerkrankungen.

Muskeldystrophien sind durch den fortschreitenden Schwund der Muskulatur gekennzeichnet

Bei Patienten mit der schweren Dystrophie vom *Duchenne-Typ* [beschrieben von *G. Duchenne* (Paris)] treten Symptome bereits im Alter von 2 bis 3 Jahren auf. Die Schwäche und Muskeldystrophie, vor allem der proximalen Muskulatur der unteren Extremität (Abb. 32.17), schreitet unaufhaltsam fort, so daß die Patienten im Alter von 12 Jahren an den Rollstuhl gefesselt sind. Die meisten Patienten sterben im Alter von etwa 20 Jahren an Lungenkomplikationen. Bei der von *Becker* (Kiel) beschriebenen Dystrophie bleiben die Patienten bis etwa zum 15. Lebensjahr gehfähig. Beiden Dystrophien liegen Mutationen im *Dystrophin-Gen* zugrunde, einem mit 35 kb und fast 80 Exons sehr großen

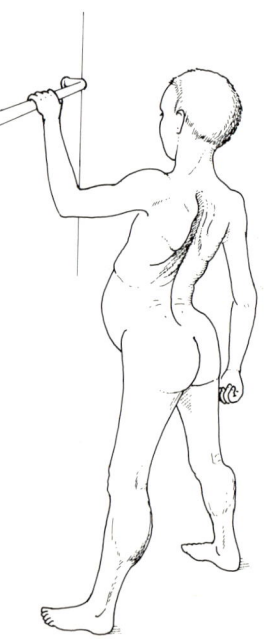

Abb. 32.17 Progressive Muskeldystrophie vom Typ Duchenne mit Hyperlordose, Scapulae alatae, vorgestrecktem Bauch, breitbeinigem Stand, atrophischer Oberschenkelmuskulatur und Pseudohypertrophie der Waden („Gnomenwaden"). [Aus Zöllner (1991) Innere Medizin, Springer-Verlag]

Gen auf dem X-Chromosom. Ein Drittel der Mutationen sind *de-Novo-Mutationen* (S. 329). Das codierte Protein (Abb. 32.7, S. 954) ist als Cytoskelettprotein in Assoziation mit den Plasmamembranen aller Muskel- (Herz, Gefäß, Skelett) und Fasertypen nachweisbar, weiterhin auch im zentralen und peripheren Nervensystem. In den einzelnen Geweben finden sich mindestens 5 verschiedene Dystrophinvarianten, je nachdem, wie das primäre Transkript gespleißt wird. Bei Duchenne-Patienten ist kein oder nur wenig Dystrophin mit der Westernblot-Technik nachweisbar, bei Becker-Patienten sind die Dystrophinmengen leicht reduziert oder die Größe des Proteins ist vermindert. Das Fehlen von Dystrophin führt zu einer Störung der Verbindung des subsarkolemmalen Cytoskeletts und dem Glykoprotein-Komplex im Muskel. Dadurch wird das Sarkolemm während der Muskelkontraktion geschädigt, sodaß es zum Zelluntergang (Nekrose) kommt. Molekulare Ursache sind partielle Gendeletionen, Punktmutationen oder Duplikationen (S. 326).

Myotone Muskelerkrankungen zeichnen sich durch eine verlangsamte Muskelrelaxation aus

Die myotonen Muskelerkrankungen stellen eine heterogene Gruppe klinisch verwandter Krankheiten dar, die das gemeinsame Charakteristikum der Myotonie aufweisen, d. h. einer verlangsamten Relaxation des Muskels nach willkürlicher Kontraktion (*Aktionsmyotonie*) oder mechanischer Stimulation mit einem Reflexhammer (*Perkussionsmyotonie*). Bei der *klassischen* Myotonie bessert sich die Myotonie mit der Erwärmung der Muskulatur, während sie sich bei der *paradoxen* Myotonie (Paramyotonie) mit wiederholter Muskelkontraktion verschlechtert. Elektrophysiologisch ist die Myotonie durch repetitive elektrische Aktivität von Muskelfasern charakterisiert. Die myotonen Muskelerkrankungen können auch mit Dystrophiezeichen vergesellschaftet sein.

Nicht-dystrophe Myotonien werden durch Mutationen in Ionenkanalproteingenen verursacht

Zu den nicht-dystrophen Myotonien gehören die *hyperkaliämische periodische Paralyse* (hypP), die *kongenitale Paramyotonie* und die *kongenitale Myotonie*. Patienten mit hypP erfahren plötzlich eine schmerzlose Schwäche der Extremitäten, so daß sie oft nicht mehr gehen oder sich aus einem Stuhl erheben können. Die Anfallsdauer unterscheidet sich bei den einzelnen Formen der hypP, meist kehrt die normale Muskelkraft nach einigen Stunden zurück. Die hypP und die kongenitale Paramyotonie sind durch Mutationen in der α-Untereinheit des *Natriumkanalgens* bedingt (Abb. 32.18). Bei beiden Krankheiten ist die Na-Kanalinaktivierung gestört, wenn erhöhte extracelluläre Ka-

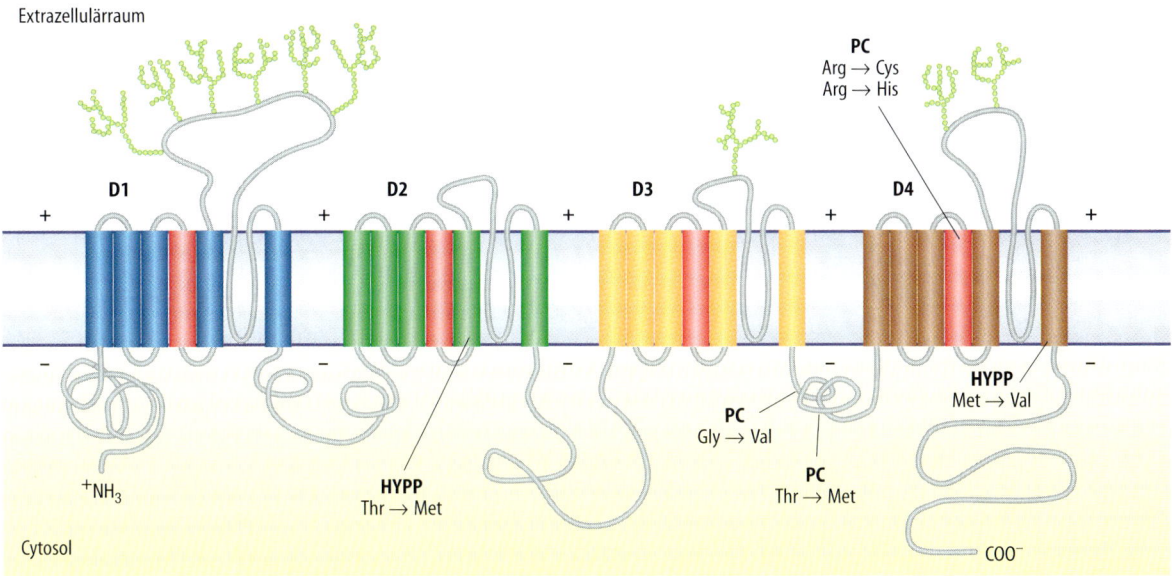

Extrazellulärraum

D1   D2   D3   D4

PC
Arg → Cys
Arg → His

PC
Gly → Val

PC
Thr → Met

HYPP
Met → Val

$^+NH_3$

HYPP
Thr → Met

Cytosol

COO^-

Abb. 32.18 Mutationen in den Domänen *(D1–D4)* des Natriumkanalproteins (lineare Darstellung) bei hyperkaliämischer Paralyse *(hypP)* und Paramyotonia congenita *(PC)*. In *Rot* der Spannungssensor. (Nach Ptacek et al. 1993)

liumkonzentrationen vorliegen. Die Mutationen treten im S5-Segment (Abb. 33.7, S. 980) der Domäne 2 und dem S6-Segment der Domäne 4 auf. Obwohl sie damit nicht in der Verbindung zwischen den Domänen 3 und 4 liegen, die das Inaktivierungstor des Natriumkanals bilden, sind diese Mutationen wie das Tor im Bereich der cytosolischen Oberfläche des Kanals lokalisiert. Wie beide Mutationen dieselbe hypP verursachen können, ist noch unklar.

Eine gestörte Inaktivierung des Natrium-Kanals liegt auch bei der kongenitalen Paramyotonie (Paramyotonia congenita, PC) vor. Klinische Symptome werden bei Abkühlung des Muskels hervorgerufen. Zwei der Mutationen treten in einem Arginylrest im S4-Segment der Domäne 4 (Abb. 32.18) auf, d. h. dem Proteinanteil, der als *Spannungssensor* wirken soll. Die anderen beiden Mutationen liegen zwischen den Domänen 3 und 4, d. h. der Region, die als *Inaktivierungstor* dient.

Bei der kongenitalen Myotonie, deren Symptome sich auf Muskelarbeit bessern, liegen Mutationen im *Chloridkanalgen* vor (Insertionsmutanten mit nachfolgender Störung der Transkription).

Dystrophe Myotonien entstehen durch die Vermehrung von Triplett-Repeats in einem Proteinkinasegen

Diese Dystrophien sind die häufigsten im Erwachsenenalter und sind durch Muskelschwund und Myotonie sowie Erregungsleitungsstörungen im Herzen charakterisiert. Bei den Patienten ist ein Gen auf Chromosom 19 (q13.3) betroffen, das für eine Serin-Threonin-spezifische cyclo-AMP-abhängige *Proteinkinase* codiert, die Ionenkanalproteine (Abb. 33.11, S. 981) phos-

phoryliert und so ihre Funktion moduliert. Von Mutationen ist jedoch nicht direkt das Gen betroffen, sondern das *Triplett CTG,* das normalerweise in 5 bis 35 Kopien am 3′-Ende des Proteinkinasegens vorliegt (Triplett-Repeats). Bei Patienten mit milden Formen der Erkrankung ist die Zahl dieses Tripletts auf mehr als 50, bei denen mit schwerer Manifestation auf über 2000 erhöht (S. 330). Die Schwere der Erkrankung nimmt normalerweise mit der Übertragung auf die nächste Generation zu (Antizipation). Das bedeutet gleichzeitig eine Zunahme der Repeats. Auf der anderen Seite sind einzelne Familien beschrieben worden, bei denen mit der Übertragung auf die nächste Generation eine Abnahme der Repeats und damit der Manifestationen der Erkrankung einhergeht.

Die familiäre hypertrophe Cardiomyopathie wird durch Mutationen in verschiedenen Sarkomerproteinen hervorgerufen

Diese Cardiomyopathie ist pathologisch anatomisch durch eine *Massenzunahme* im Bereich des interventrikulären Septums (Abb. 32.19), durch vermehrte *interstitielle Fibrose* und das Auftreten einer *ungeordneten Myofibrillenstruktur* gekennzeichnet. Die Krankheit kann mild verlaufen, aber auch eine häufige Ursache des plötzlichen Herztodes bei Kindern und jungen Erwachsenen sein. Auch diese Erkrankung weist eine molekulare Heterogenität auf, da Mutationen
- im Myosin-β-Schwereketten-Gen,
- aber auch im Troponin-T-Gen oder
- im Tropomyosingen (die für Proteine der dünnen Myofilamente codieren) die Cardiomyopathie hervorrufen können.

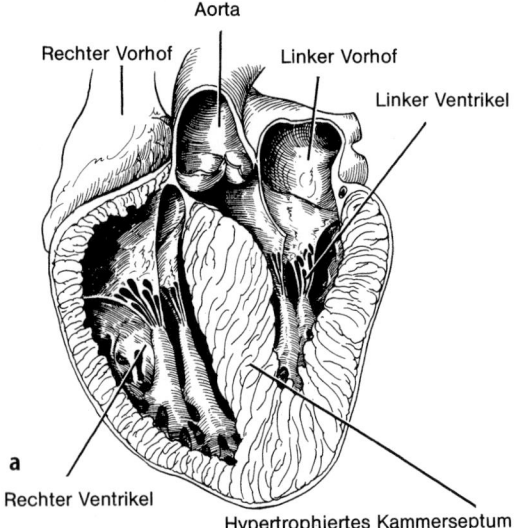

Aorta

Rechter Vorhof

Linker Vorhof

Linker Ventrikel

a

Rechter Ventrikel

Hypertrophiertes Kammerseptum

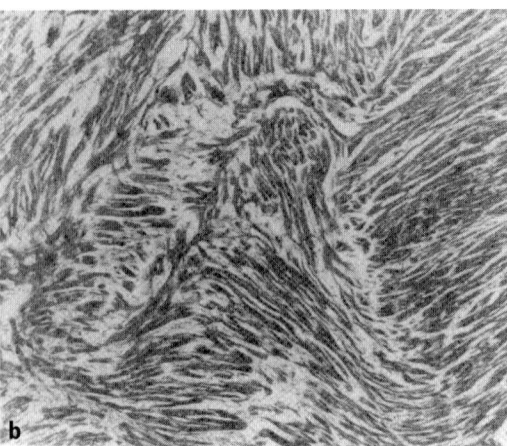

b

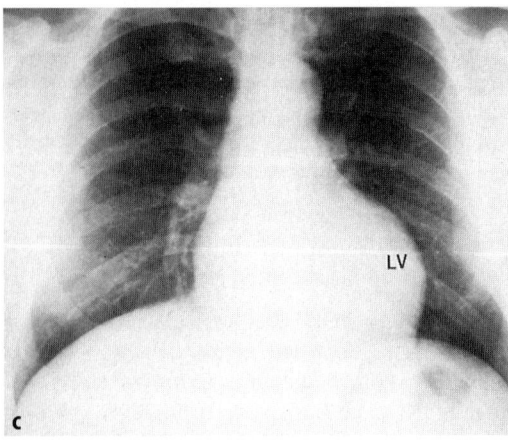

LV

c

Abb. 32.19 a–c Hypertrophe Cardiomyopathie. **a** Hypertrophie des linken Ventrikels und des Kammerseptums als Kardinalzeichen. **b** Histologisches Korrelat: Bündel hypertrophierter Zellen in unregelmäßiger Anordnung. **c** radiologisches Korrelat: linksventrikuläre Betonung des Herzschattens

Bisher wurden bei Familienuntersuchungen 16 verschiedene Punktmutationen im Myosin-β-Schwereketten-Gen nachgewiesen, die meist zu einer Änderung der Polarität der Aminosäure führen. Auffälligerweise sind die Mutationen auf den Kopfbereich des Myosins beschränkt. Wie diese Punktmutationen im β-Myosingen zur Cardiomyopathie führen, ist noch unklar, da sie weder in der ATPase-Domäne noch in den Actin- und leichte Myosinketten bindenden Domänen liegen. Möglicherweise bedingen die Myosinmutanten eine Störung entweder der strukturellen Integrität der Sarkomere oder der funktionellen Wechselwirkungen zwischen den Myofibrillen (ähnlich wie bei Ehlers-Danlos-Syndrom, S. 752). Die Art der Mutationen ist mit der Schwere der Erkrankung korreliert, d. h. isopolare Mutationen (S. 326) sind mit einer höheren Lebenserwartung verbunden.

Patienten mit Glykogenspeicherkrankheiten klagen über vorzeitig auftretende körperliche Ermüdbarkeit

Dem *McArdle-Syndrom* (S. 421) liegt ein vollständiger Defekt der *Glykogenphosphorylase des Muskels* zugrunde, wodurch sich der Glykogengehalt des Muskels auf mehr als das zehnfache der Norm erhöht. Da das Muskelglykogen bei körperlicher Belastung nicht abgebaut werden kann, resultieren eine vorzeitig auftretende körperliche Ermüdbarkeit und Muskelschwäche, die bei schwerer Belastung zu Lähmungserscheinungen führen kann. Durch eine Beeinträchtigung der Permeabilität der Muskelmembran treten die Kreatinkinase und Myoglobin in das Blutplasma über. Die Unfähigkeit, Glykogen zu mobilisieren, verursacht einen sekundären *Pyruvatmangel* (und damit auch keinen Lactatanstieg im Plasma), demzufolge die Patienten von der Verfügbarkeit alternativer Substrate wie freier Fettsäuren für ihren oxidativen Stoffwechsel während der Muskeltätigkeit abhängig sind. Die Krankheit ist auf molekularer Ebene hetcrogen, d. h. 90 % der Patienten weisen eine AUG-Stopcodon-Mutation (Codon 49 im Exon 1), die übrigen verschiedene Aminosäuresubstitutionen auf.

Mutationen in Genen der mitochondrialen DNA können Muskelerkrankungen verursachen

Mitochondrien enthalten ihre eigene zirkuläre DNA (in 5 Kopien) mit einer Länge von etwa 16 kb für insgesamt 37 Gene. Diese Gene tragen die Information für 12 tRNAs, zwei rRNAs und 13 Polypeptide, die Bestandteile der Atmungskette und der oxidativen Phosphorylierung sind (verschiedene Untereinheiten der Komplexe I, III, IV und V). Eine der mitochondrialen Myopathien ist das *MELAS-Syndrom* (*M*itochondriale *E*ncephalomyopathie mit *L*actat-*A*cidose und *S*chlaganfällen), das durch Krampfanfälle, migräneartige

Kopfschmerzen, Lactatacidose, gelegentliches Erbrechen und rezidivierenden Schlaganfällen (die zu Muskellähmungen führen) gekennzeichnet ist. Bei Patienten mit MELAS-Syndrom sind **Punktmutationen** im Gen für die Leucin-tRNA beschrieben worden, die zu einer Mitochondrienschwellung führen, ohne daß im einzelnen bisher bekannt ist, wie Gendefekt, Mitochondrienveränderung und Zellschädigung zusammenhängen.

Repolarisationsstörungen durch mutierte Ionenkanäle begünstigen Herzrhythmusstörungen

Herzrhythmusstörungen machen etwa 10 % aller natürlichen Todesfälle aus. Zu den angeborenen Ursachen gehört das **QT-Syndrom** (Verlängerung der QT-Zeit im EKG), das bei jungen, ansonst gesunden Menschen einen abrupt einsetzenden Bewußtseinsverlust (Synkope), Krämpfe und plötzlichen Tod aufgrund von ventrikulären Herzrhythmusstörungen hervorrufen kann. Viele Menschen mit QT-Syndrom haben ein verlängertes QT-Intervall im EKG, was für eine gestörte Repolarisation spricht. Ähnlich wie bei der familiären hypertrophen Cardiomyopathie sind auch beim QT-Syndrom die molekularen Ursachen heterogen: Mutationen in Genen für Kalium- (KVLQT1 bzw. HERG) oder Natriumkanalproteine (SCN5A) können das QT-Syndrom verursachen.

32.4.2 Erworbene Muskelerkrankungen

Änderungen des Stoffwechsels und der Expression verschiedener Gene in der Muskulatur treten als Folge von Änderungen der **Schilddrüsen-** und **Nebennierenrindenfunktion** (S. 827) auf. *Trijodthyronin* (S. 835) reguliert z. B. die Expression von Myosin-Isoformen, der Na/K-ATPase und der sarkoplasmatischen Ca-ATPase.

Die durch hämodynamische Belastung entstehende Cardiomyopathie stellt ein wichtiges klinisches Problem dar. Gegenstand der molekular orientierten Herzforschung ist die Aufdeckung der Mechanismen, die für die Änderungen der Genexpression verantwortlich sind, die als Reaktion des Myokards auf Volumenbelastung, Ischämie oder Infarkt auftreten. Im Myokard sind die Polypeptidwachstumsfaktoren TGF-β und verschiedene FGFs nachweisbar. Diese dürften an der Änderung der Expression von Struktur- und Enzymproteinen (Myosin, Actin) und von Ionenkanalproteinen, an der Aktivierung von Fibroblasten mit konsekutiver Typ-I-Kollagenakkumulation und von Fibrose entscheidend beteiligt sein. Daneben hemmt Bradykinin die Proliferation von Fibroblasten, wohingegen Angiotensin-II diese stimuliert.

! **RESÜMEE** Mehrere Hundert Skelettmuskeln in unserem Körper garantieren die koordinierten Bewegungen unseres Knochengerüstes, die schnell oder langsam und von längerer oder kürzerer Dauer sein können. Daneben sorgt die dauerarbeitende Herzmuskulatur für den Bluttransport und die glatte Muskulatur in Eingeweiden und Blutgefäßen für kontraktile Prozesse von langsamer Dauer. Die Vielfalt dieser unterschiedlichen Muskelfaser-Phänotypen wird zum einen durch die Expression für den einzelnen Typ spezifischer Proteine und zum anderen durch die Expression von Protein-Isoformen erreicht, deren Struktur an die jeweilige Funktion angepaßt ist. Funktionelle Einheit der Myofibrille ist das Sarkomer, welches die dicken und dünnen Myofilamente enthält. Die Proteine der Myofibrillen kommen in Isoformen vor, die durch Genfamilien oder alternierendes Spleißen gebildet werden. Durch die Vielfalt dieser Protein-Isoformen entstehen Muskelfasern unterschiedlicher Myofibrillenstruktur, die sich veränderten Umweltanforderungen durch Adaptation anpassen können. Myosin, ein Hexamer aus zwei schweren und vier leichten Ketten, kommt in drei Isoformen (V1, V2, V3) vor, die sich hinsichtlich ATPase-Aktivität und maximaler Verkürzungsgeschwindigkeit unterscheiden. In den Vorhöfen unseres Herzens herrscht die V1-Form, in den Kammern die V3-Form vor. Ihre quantitative Verteilung unterliegt der Regulation durch Cytokine und Hormone. Die dünnen Filamente bestehen aus Actin, dem Troponinkomplex und Tropomyosin, wobei letztere als Regulatorproteine wirken. Zusätzlich zu diesen Proteinen besitzt der Muskel Cytoskelettproteine wie Dystrophin, Desmin, Vimentin, Syenemin, Nebulin oder Titin. Die Muskelkontraktion kommt durch ATP-abhängige Wechselwirkungen von Actin und Myosin zustande. Dabei verursacht die Bindung von ATP an den Myosinkopf eine Konformationsänderung, die die Bindung an Actin schwächt und damit eine Gegenbewegung von Actin und Myosin erlaubt (Querbrückencyclus). Die Erregungsübertragung vom Nerven auf die Muskulatur erfolgt über Calcium-Ionen, die an Troponin C binden, wodurch Myosinbindungsstellen geöffnet werden, was den Kontraktionsvorgang auslöst. Bei der Muskelrelaxation wird ebenfalls ATP verbraucht, da die Calciumionen vom kontraktilen System entfernt werden müssen. Da die ATP-Vorräte im Muskel begrenzt sind, steht zur Überbrückung der Energieversorgung mit Kreatinphosphat ein Reservephosphat zur Verfügung, das zwischen Mitochondrien und Myofibrillen hin und her diffundiert und damit ATP kontinuierlich regeneriert. Diese Regeneration erfolgt über das Kreatinkinase-System, das aus zwei Isoenzymen besteht: das eine überträgt die Energie in den Mitochondrien von ATP auf Kreatin (unter Kreatinphosphatbildung), das andere überträgt die Energie in den Myofibrillen von Kreatinphosphat auf ADP (unter ATP-Bildung). Dieses Enzym wird bei Muskelschädigungen in das Blutplasma freigesetzt, so daß es bei V. a. Herzinfarkt und Skelettmuskelentzündungen diagnostische Bedeutung besitzt. Zur Ausübung verschiedener Funktionen, d. h. Dauer- bzw. Haltearbeit oder rasche Bewegungen) existieren in unseren Muskeln Typ I- und Typ II-Muskelfasern, die sich durch Enzymausstattung, Substratbevorzugung, Mitochondrien- und Myoglobingehalt voneinander unterscheiden. Die meisten Skelettmuskeln enthalten in Abhängigkeit von ihrer Funktion unterschiedliche Mischungen dieser beiden Fasertypen. Der Skelettmuskel bevorzugt Glucose und Fettsäuren als Substrate, deren Aufnahme mit zunehmender Arbeit steigt. Bei schwerer Muskelarbeit werden zunehmend die endogenen Glykogenreserven mobilisiert, bei deren Erschöpfung der Muskel auf die Oxidation freier Fettsäuren umschaltet. Bei maximaler Muskelarbeit setzt eine anaerobe Glykolyse ein, so daß vermehrt Lactat entsteht. Der Umsatz der einzelnen Substrate durch die Muskelzelle wird durch Hormone und Cytokine reguliert.

Während der Herzmuskel ein postmitotisches Organ darstellt, das auf Schädigungen nur mit einer Fibrosierung reagieren kann, können Skelett- und glatte Muskelzellen regenerieren. Molekularbiologische Methoden haben es ermöglicht, erstmalig die molekularen Ursachen einzelner Muskelerkrankungen zu erkennen. Muskeldystrophien sind durch den fortschreitenden Schwund der Muskulatur gekennzeichnet. Mit Hilfe der positionellen Klonierung ist es gelungen, Mutationen im Gen für das Cytoskelettprotein Dystrophin bei der Duchenne-Muskeldystrophie als verantwortliches Gen zu identifizieren. Bei den myotonen Muskelerkrankungen führen Mutationen in Kanalproteinen für Natrium- bzw. Chloridionen zu den klinischen Symptomen der verlangsamten Relaxation des Muskels nach willkürlicher Kontraktion. Bei den dystrophen Myotonien treten Muskelschwund und Myotonien gleichzeitig auf. Bei diesen Patienten ist ein Gen für eine Proteinkinase mutiert, die Ionenkanalproteine phosphoryliert (Myotonin). Von der Mutation sind Triplett (CTG-)Wiederholungen betroffen, die bei Gesunden normalerweise in etwa 5–35 Kopien am nichttranslatierten 3'-Ende des Gens vorliegen. Bei Patienten ist in Korrelation zum klinischen Schweregrad die Zahl der Tripletts auf 50 bis zu 2000 erhöht. Hypertrophe Cardiomyopathien werden durch Mutationen in verschiedenen Sarkomerproteinen (Myosin-β-Schwereketten-, Troponin-T, Tropomyosin-Gene) verursacht. Die molekulare Heterogenität reflektiert die unterschiedliche klinische Ausprägung der Erkrankung, d. h. insbesondere auch das Risiko eines plötzlichen Herztodes.

Literatur

Original- und Übersichtsarbeiten

CAMPBELL KP (1995) Three muscular dystrophies: loss of cytoskeleton-extracellular matrix linkage. Cell 80: 675–679

HARRIS JB, TURNBULL DM (eds) (1990) Muscle metabolism. Bailliere's Clinical Endocrinology and Metabolism 4: 401–691

HOFFMAN EP ET AL (1995) Overexcited or inactive: Ion channels in muscle disease. Cell 80: 681–686

KATZ AM (1993) Cardiac ion channels. New Engl J Med 328: 1244–1251

KATZ AM (1994) The cardiomyopathy of overload: an unnatural growth response in the hypertrophied heart. Ann Int Med 121: 363–371

MATSUMURA K, CAMPBELL KP (1994) Dystrophin-Glycoprotein complex: its role in the molecular pathogenesis of muscular dystrophies. Muscle nerve 17: 2–15

Morkin E (1993) Regulation of myosin heavy chain genes in the heart. Circulation 87: 1451–1460

Nadkarui MD (1994)The impact of molecular genetics on the care of patients with muscle disease. Current opinion in neurology 7: 435–447

Newsholme EA (1993) Glucose/fatty acid cycle: regulatory system. Nutrition 9: 271–273

Obinata T (1993)Contractile proteins and myofibrillogenesis. Int Rev Cytol 143: 153–189

Ptacek LJ et al (1993)Genetics and physiology of the myotonic muscle disorders. New Engl J Med 328: 482–489

Rayment I, Holden HM (1994) The three-dimensional structure of a molecular motor. TIBS 19: 129–134

Reisler E (1993) Actin: molecular structure and function. Curr Opin Cell Biol 5: 41–47

Somlyo AP, Somlyo AV (1994) Signal transduction and regulation in smooth muscle. Nature 372: 231–236

Thierfelder L et al (1994) α-Tropomyosin and cardiac troponin T mutations cause familial hypertrophic cardiomyopathy: a disease of the sarcomer. Cell 77: 701–712

Tsujinos S et al (1993) Molecular genetic heterogeneity of myophosphorylase deficiency. New Engl J Med 329: 241–243

Wang Q et al (1996) Positional cloning of a novel potassium channel gene: KVLQT1 mutations cause cardiac arrhythmias. Nature Genet 12: 1723

Watkins H et al (1995) Mutations in the genes for cardiac troponin T and α-tropomyosin in hypertrophic cardiomyopathy. New Engl J Med 332: 1058–1064

Weber KT et al (1993) Myocardial fibrosis: functional significance and regulatory factors. Cardiovasc Res 27: 341–348

Vosberg HP (1994) Myosin mutations in hypertrophic cardiomyopathy and functional implications. Herz 19: 75–83

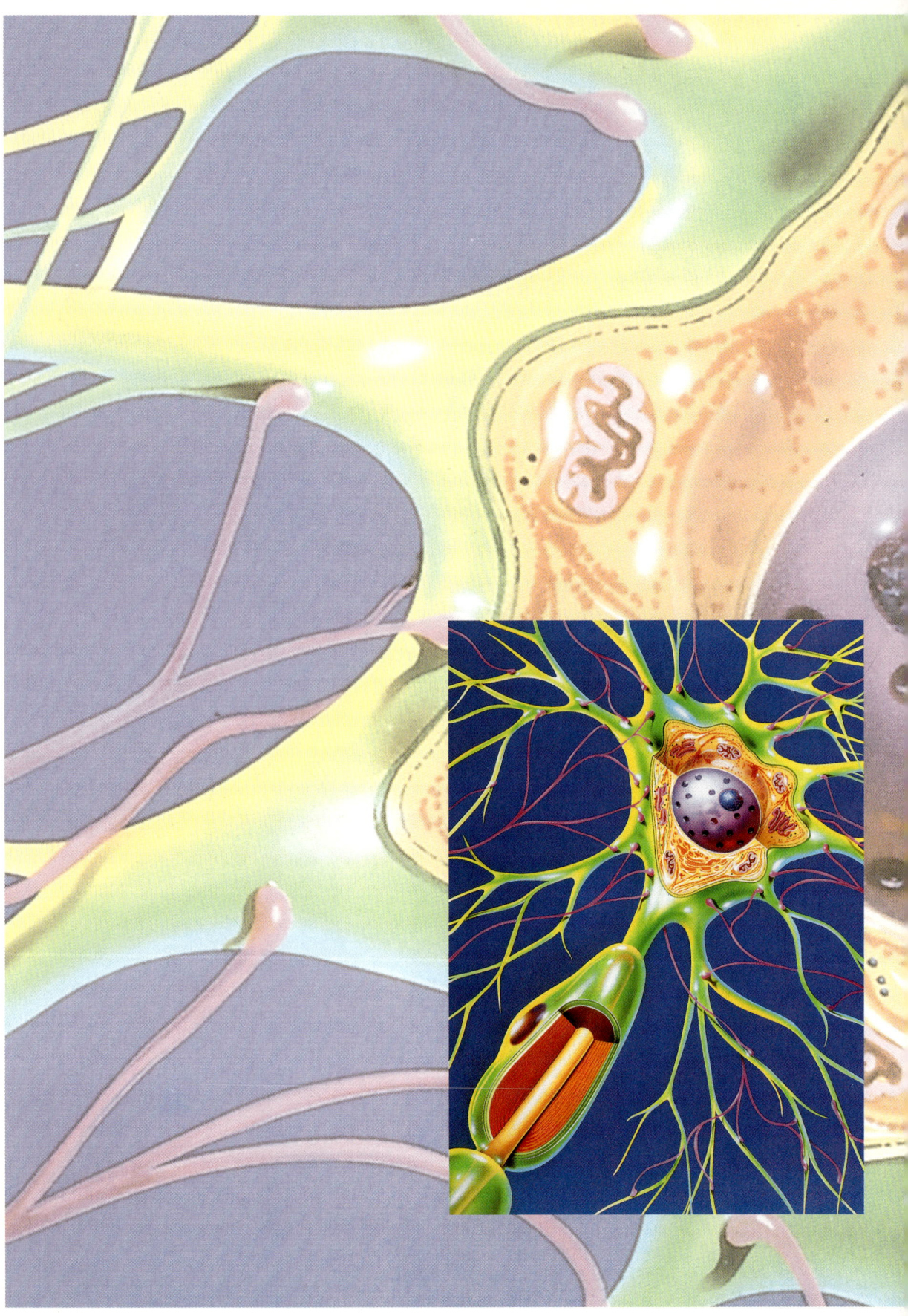

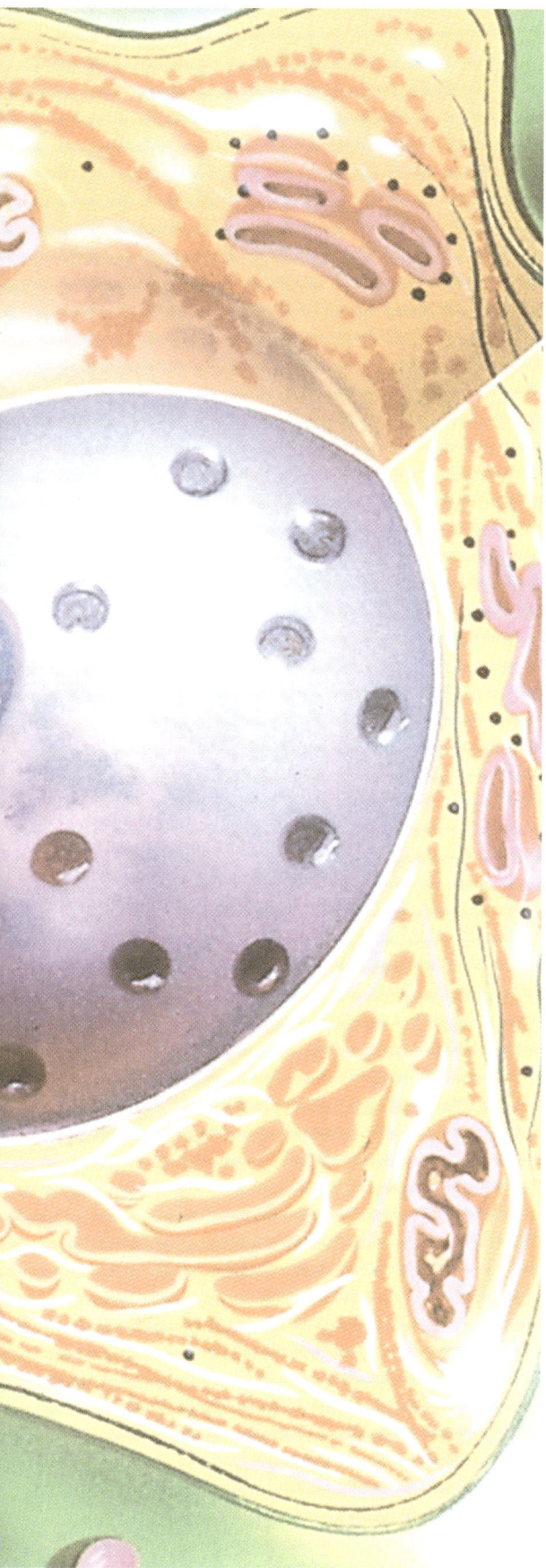

Petro E. Petrides

Nervengewebe

Das zentrale Nervensystem ist für die Koordinierung aller Vitalfunktionen des Organismus und für die Verarbeitung der von außen kommenden, über die Sinnesorgane aufgenommenen Reize verantwortlich. Das periphere Nervensystem dient als Träger der Erregungsleitung von zentral nach peripher und umgekehrt. Besondere Bedeutung kommt dabei dem sympathischen und parasympathischen Nervensystem zu. Für die Deckung seines Energiebedarfes verwertet das Gehirn normalerweise bevorzugt Glucose. Die Existenz der Blut-Hirnschranke mit ihrer Schutzfunktion hat zur Folge, daß die vom Gehirn benötigten Substrate nur durch spezifische Transcytosevorgänge durch die Endothelzellen des Schrankensystems aufgenommen werden können. An der Erregungsentstehung und Erregungsleitung sind neben der Na/K-ATPase Kanäle für Natrium-, Kalium-, Calcium- und Chloridionen entscheidend beteiligt. Die Kommunikation von Neuronen tritt an den Synapsen auf: ihr Prinzip beruht auf der Freisetzung von Transmittersubstanzen durch die präsynaptische Nervenzelle und die Reaktion dieser Transmitter mit entsprechenden Rezeptoren in der postsynaptischen Membran. Auch diese Rezeptoren zeichnen sich durch große molekulare Vielfalt aus.

Diese nach elektronenmikroskopischen Bildern rekonstruierte Darstellung einer Nervenzelle gibt einen Einblick in deren komplexen Aufbau. Deutlich sind im Zellkörper der Kern, die Mitochondrien, das endoplasmatische Reticulum und der Golgi-Apparat zu erkennen. Man erkennt die Dendriten und das myelinisierte Axon. Über Synapsen kommt die große Zahl von Verbindungen mit den rot dargestellten Dendriten der benachbarten Nervenzellen zustande. (Bild: J. Bavosi, Science Photo Library/Focus, Hamburg)

33.1 Stoffwechsel des Gehirns

33.1.1 Energiestoffwechsel des Gehirns

Das Gehirn verwertet bevorzugt Kohlenhydrate

Die Durchblutung des Gehirns, das mit etwa 1,4 kg nur 2 % des Körpergewichts des normalen Erwachsenen ausmacht, beträgt 750 ml/min, d. h. 15 % des 5 l betragenden Minutenvolumens des Herzens. Rückschlüsse auf die Art und Menge der vom Gehirn verwertenden Substrate gewinnt man aus Untersuchungen, bei der die arteriovenöse Differenz von Substraten gemessen wird. Das zur Ermittlung der Substratextraktion bei einer Hirnpassage benötigte arterielle Blut wird i. allg. einer Arterie des Arms, das venöse Blut wird der V. jugularis interna entnommen. Wie den Daten der Tabelle 33.1 zu entnehmen ist, beträgt unter Normalbedingungen, d. h. bei ausreichender Nahrungszufuhr und gesunden Probanden, das Verhältnis von abgegebenem Kohlendioxid zu aufgenommenem Sauerstoff, der sog. respiratorische Quotient, nahezu 1. Das bedeutet, daß das Nervengewebe hauptsächlich Kohlenhydrate für seinen Stoffwechsel verwendet (vgl. auch Abb. 14.5 und 14.6, S. 366). Da die Glykogenspeicher des zentralen Nervensystems nur klein sind (1 mg Glykogen/g Feuchtgewicht) und das Gehirn auch im Schlaf volle Stoffwechselaktivität zeigt, ist eine kontinuierliche Glucosezufuhr die Substrat-

quelle für dieses Organ. Die arteriovenöse Differenz für Glucose beträgt 0,5 mmol/l (Tabelle 33.1). Aus der Durchblutung von 750 ml/min läßt sich demnach eine Glucoseextraktion von 0,54 mol/Glucose 24 h berechnen. Dem entspricht ein täglicher Sauerstoffverbrauch von 3,24 mol bzw. ein ATP-Umsatz von 9,44 mol. Etwa 20 % hiervon werden für die Aufrechterhaltung von Ionengradienten an den Membranen benötigt.

Tabelle 33.1 Arteriovenöse Differenzen verschiedener Substrate nach Hirnpassage (Durchschnittswerte bei 50 ruhenden Probanden im Alter von 18–29 Jahren)

Substrat	Blutkonzentration [mmol/l]		Arteriovenöse Differenz
	Arteriell	Venös	
Sauerstoff	8,75	5,75	− 3,0
Kohlendioxid	21,5	24,4	+ 2,9
Glucose	5,1	4,6	− 0,5
Lactat	1,1	1,27	+ 0,17
Pyruvat	0,1	0,12	+ 0,02
Nichtveresterte Fettsäuren	0,78	0,78	0
Aminosäuren (α-Aminostickstoff)	4,5	4,39	− 0,11
Anorganisches Phosphat	1,15	1,15	0
Wasserstoffionen [nmol/l]	38	43	+ 5

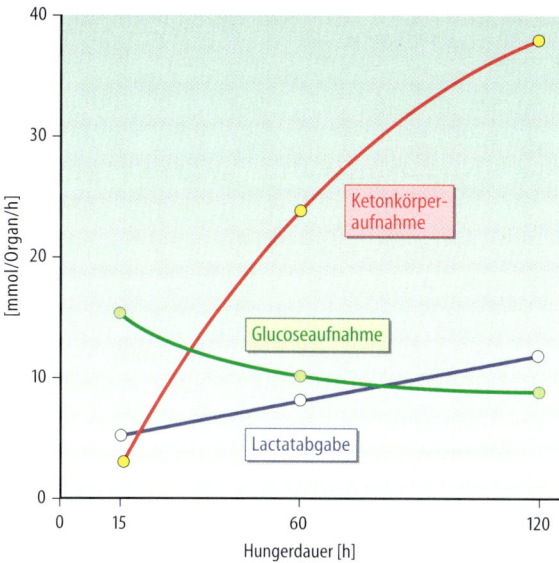

Abb. 33.1 Substratverwertung des menschlichen Gehirns bei längerem Hungern. Aus den arteriovenösen Differenzen sowie der Durchblutung wurden Glucose- und Ketonkörperaufnahme sowie Lactatabgabe ermittelt

Von der aufgenommenen Glucose wird der überwiegende Teil, nämlich 0,437 mol/24 h zu Kohlendioxyd und Wasser oxidiert, die restlichen 0,1 mol zu Lactat und Pyruvat abgebaut.

Die Abhängigkeit von einer kontinuierlichen Glucosezufuhr ist der Grund dafür, daß ein abrupter Abfall des Blutglucosespiegels (Hypoglykämie) zu einem raschen Versagen der Gehirnfunktionen mit Bewußtlosigkeit, Krämpfen und möglicherweise irreversiblen Funktionsausfällen führt.

Nach länger andauerndem *Hungern* können vom Zentralnervensystem die Ketonkörper Acetacetat und β-Hydroxybutyrat in beträchtlichem Umfang oxidiert werden und ersetzen dann in erheblichem Umfang Glucose als Substrat. Nach 120stündigem Fasten steigt die Ketonkörperverwertung auf das 20fache an (Abb. 33.1), gleichzeitig nimmt die Glucoseaufnahme um die Hälfte ab, wobei ein Großteil der aufgenommenen Glucose (63 %) wieder als Lactat abgegeben wird und somit für die Gluconeogenese zur Verfügung steht. Damit verhält sich das Gehirn unter Hungerbedingungen ähnlich wie die Muskulatur (S. 574).

Aminosäuren spielen eine zentrale Rolle für den Gehirnstoffwechsel

Aminosäuren können im Nervensystem zwar nicht als Substrate für die Glucoseneubildung verwendet werden, spielen jedoch eine wichtige Rolle für die Biosynthese von Neurotransmittern. Bis zu 60 % der freien α-Aminosäuren sind *Glutamat* und *Glutamin.* Glutamat selbst ist ein Neurotransmitter und dient außerdem als Quelle für die Biosynthese des Neurotransmitters γ-Aminobutyrat. Darüber hinaus ist Glutamat als Akzep-

tormolekül an der Ammoniakentgiftung unter Bildung von Glutamin beteiligt. Ammoniak entsteht entweder im Gehirnstoffwechsel selbst durch Umwandlung von AMP in IMP (Adenosindesaminase, S. 593) oder wird bei erhöhtem Angebot aus dem Blut aufgenommen (S. 530). Das Kohlenstoffskelett des Glutamats kann aus Glucose synthetisiert werden: Zwischenprodukt ist Pyruvat, das durch Carboxylierung zu Oxalacetat und dehydrierende Decarboxylierung zu Acetyl-CoA die Produkte liefert, aus denen im Citratcyclus α-Ketogluterat und damit Glutamat gebildet werden kann. Die Biosynthese der Neurotransmitter Dopamin, Noradrenalin und Adrenalin geht vom *Tyrosin* aus (S. 556), diejenige von Serotonin bzw. Melatonin vom *Tryptophan* (S. 562).

33.1.2 Blut-Hirn-Schranke und Liquor cerebrospinalis

Die Blut-Hirn-Schranke beruht auf der besonderen Architektur der Kapillaren des Gehirns

Eine Sonderstellung nimmt das Zentralnervensystem aufgrund des Besitzes der Blut-Hirn-Schranke ein, die auf den besonderen strukturellen Eigenschaften der Cerebralgefäße beruht. Die Gehirnkapillaren werden von Endothelzellen gebildet, die über sogenannte *Schlußleisten* fest miteinander verbunden sind. Sie werden außerdem noch von einer kontinuierlichen *Basalmembran* umgeben, auf der in dichter Anordnung Pericyten, Mikroglia und Astrocyten sitzen (Abb. 33.2). Durch diese besonderen architektonischen Eigenschaften ist die *Permeabilität* der Kapillaren des Gehirns im Vergleich zu anderen Geweben relativ gering. Die Bluthirnschranke ist

- für Gase wie CO_2, O_2 und NH_3 permeabel,
- für Elektrolyte wie HCO_3^- oder NH_4^+ und Aminosäuren jedoch kaum durchlässig.

Da die Aminosäuren Glycin und Glutamat im Gehirn als Neurotransmitter wirken, würde ihre etwa 1000 mal höhere Konzentration im Blutplasma (Tabelle 19.4, S. 535) bei freier Permeabilität in den Extrazellulärraum des Gehirns zu dessen Überflutung führen und „Kurzschlüsse" auslösen. *Glucose* als entscheidende Energiequelle und *Aminosäuren* gelangen durch **erleichterten Transport** über spezifische Systeme (Glucosetransporter GLUT-1 bzw. verschiedene Aminosäuretransporter) durch die Schranke. Ionen und andere Stoffe werden durch Diffusion, aktiven Transport oder – seltener – durch Transcytose in Vesikel aufgenommen. *Lipophile Substanzen* wie Diazepam (Valium) können die Schranke leicht überwinden. Andere lipophile Substanzen werden dagegen durch Systeme wie das *P-Glykoprotein* (S. 1111), das die Stoffe in das Kapillarlumen zurücktransportiert, an der Passage gehindert.

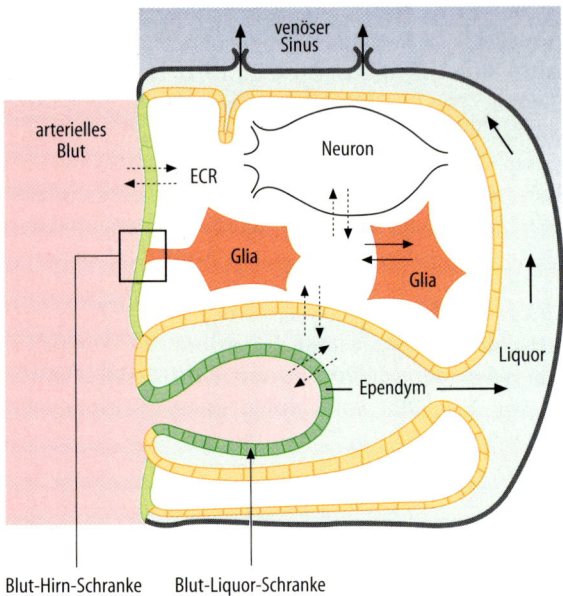

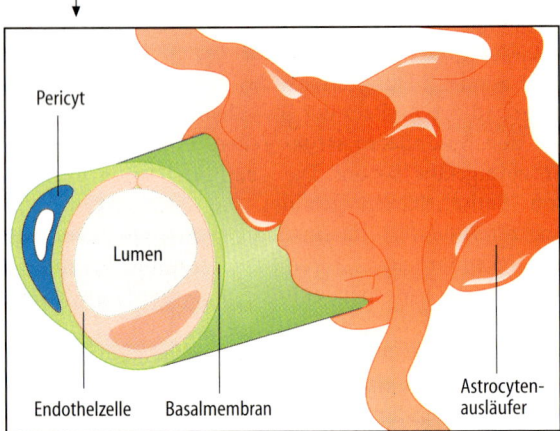

Abb. 33.2 Anatomie der Blut-Hirnschranke. *Oben:* Schematische Darstellung der Flüssigkeitskompartimente im Gehirn sowie ihrer wechselseitigen Beziehungen. Dargestellt ist die Blut-Hirn-, die Blut-Liquor sowie die Schranke zwischen Extrazellulärraum des Gehirns und Liquor. Die Neubildung von Liquor erfolgt am Plexus chorioideus sowie an der Blut-Hirnschranke, der Abtransport über den venösen Sinus in das Blut. *Unten:* Querschnitt durch eine Hirnkapillare. Die Endothelzellen bilden eine allseits geschlossene Begrenzung der Kapillare, zwischen den Endothelzellen und Pericyten bzw. Astrocyten liegt eine kontinuierliche Basalmembran

Da die Blut-Hirn-Schranke nach der Geburt noch nicht voll ausgebildet ist, kann bei der *persistierenden Hyperbilirubinämie* der Säuglinge Bilirubin in bestimmten Kernen des Stammhirns abgelagert werden und zu Hirnschäden führen (Kernikterus, S. 618). Beim Erwachsenen verhindert die Blut-Hirn-Schranke dagegen einen Bilirubindurchtritt bei Erhöhung des Plasmaspiegels.

Tabelle 33.2 Konzentrationsvergleich (mmol/l) einiger Substanzen im Liquor cerebrospinalis und im Blutplasma (*fett* diagnostisch relevante Parameter)

Substanz	Liquor	Plasma
Na$^+$	150	145
K$^+$	2,9	4,6
Ca^{2+}	1,2	2,4
Mg^{2+}	1,1	0,9
Cl$^-$	120	102
HCO$_3^-$	25	24
PO$_4^{3-}$	0,5	1,2
Lactat (mg/100 ml)	1,1–2,0	2
Glucose		
Gesamt-Protein		75
ventrikulär		
lumbal		
Albumin (lumbal)[a]	0,1–0,3	
IgG[a]	0,01–0,04	

[a] Protein in g/l.

Blut-Hirn-Schranke und Liquor dienen der Konstanthaltung des Milieus

Eine weitere Besonderheit stellt der ***Liquor cerebrospinalis*** dar. Diese Flüssigkeit, die die Gehirnventrikel und den Subarachnoidalraum ausfüllt, steht durch Diffusion in relativ raschem Austausch mit der interstitiellen Flüssigkeit des Gehirns und besitzt die gleiche oder eine ähnliche Zusammensetzung (Abb. 33.2). Der Liquor cerebrospinalis (Volumen etwa 150 ml = $^1/_{10}$ des Hirnvolumens) wird ständig durch die Plexus chorioidei der Ventrikel gebildet. Diese bestehen aus ***Ependymzellen,*** die große morphologische und funktionelle Ähnlichkeiten mit Nierentubuluszellen aufweisen und die ***Blut-Liquor-Schranke*** darstellen. Die Sekretion der Liquor cerebrospinalis beträgt etwa 0,3–0,4 ml/min (das ist etwa $^1/_3$ der Urinbildungsrate, S. 1049). Die Flüssigkeit weist einen niedrigen Proteingehalt auf Tabelle 33.2).

Die Blut-Hirn-Schranke sowie der nachgeschaltete Liquorraum sind sinnvolle Einrichtungen zur Konstanthaltung des Milieus des Gehirns. Das Gehirn ist dadurch von den meisten, im übrigen Organismus ablaufenden nichtrespiratorischen Störungen des Säure-Basen-Gleichgewichts (S. 939) und auch Störungen des Elektrolytstoffwechsels (Natrium, Kalium, Chlorid, S. 692) geschützt. So kann z. B. ***Kaliumkonzentration*** im Liquor cerebrospinalis und in der interstitiellen Flüssigkeit des Gehirns bei Veränderungen des Plasmakaliums über einen weiten Bereich konstant gehalten werden. Dies ist deshalb so wichtig, da die Funktion der Neuronen und auch der Gliazellen nur bei einer *niedrigen extracellulären Kaliumkonzentration* gewährleistet ist. Auf der anderen Seite kann die Undurchlässigkeit der Blut-Hirn-Schranke für Elektrolyte auch zum Nachteil werden, wenn die Plasmaosmolarität (S. 683) abfällt (z. B. bei einer Wasserintoxikation, S. 684). Dadurch entwickelt sich ein *osmotischer Gradient* zwischen dem

Blut einerseits und dem Gehirn und Liquor andererseits. Wegen der Undurchlässigkeit der Blut-Hirn-Schranke strömt *Wasser* vom Extrazellulärraum in das Gehirn und den Liquor, da Elektrolyte oder andere osmotisch aktive Teilchen nur sehr langsam ins Blut übertreten können. Dadurch entwickelt sich ein *Hirnödem,* das ein Mißverhältnis zwischen verfügbarem knöchernen Schädel und Schädelinhalt hervorruft. Der damit verbundene Anstieg des intrakraniellen Drucks führt zu einer Verringerung der Hirndurchblutung.

Der Bicarbonatpuffer bestimmt den pH-Wert des Liquors

Da Liquor kaum Protein (Tabelle 33.2) und auch kein Hämoglobin enthält, erfolgt die Pufferung vorwiegend durch das *Kohlendioxid-Bicarbonat-System* (S. 21, 936). Der pK′-Wert des Kohlendioxid-Bicarbonat-Systems ist aufgrund der anderen Elektrolytzusammensetzung im Vergleich zum Blut geringfügig erhöht.

- Da CO_2 die Blut-Hirn-Schranke besser als Bicarbonationen permeieren kann, teilen sich Änderungen der extracellulären CO_2-Konzentration dem Liquorraum rasch mit, während die Bicarbonatkonzentration im Liquor derjenigen des Bluts nur verzögert und unvollständig folgt. So findet man bei chronischen *nichtrespiratorischen Acidosen* und *Alkalosen* nahezu unveränderte pH-Werte des Liquor cerebrospinalis. Bei *respiratorischen Acidosen* und *Alkalosen* verschiebt sich das Liquor-pH gleichsinnig zum arteriellen Wert. Bei raschen Änderungen der arteriellen Bicarbonatkonzentration in acidotischer bzw. alkalischer Richtung kann es zu gegensinnigen pH-Bewegungen im Liquor kommen, weil sich die kompensatorische Änderung des CO_2-Partialdrucks hier sofort ausbreitet, während die Bicarbonatkonzentration im Liquor noch unverändert ist.
- Die Bicarbonatkonzentration im Liquor zeichnet sich durch eine bemerkenswerte Konstanz aus, die sie in die Lage versetzt, die extrazelluläre Protonenkonzentration in den lebenswichtigen, oberflächennahen Bereich des Zentralnervensystems vor allzu großen und plötzlichen nichtrespiratorisch bedingten Änderungen zu schützen.

Änderungen der Liquorzusammensetzung besitzen diagnostische Bedeutung

Bestimmte Erkrankung des Zentralnervensystems oder Erkrankungen, bei denen das Nervensystem mitreagiert, verursachen eine *Änderung der Zusammensetzung des Liquors (L),* der durch *Lumbalpunktion* gewonnen werden kann. Die diagnostisch wichtigsten Parameter sind
- das Gesamtprotein (oder speziell Albumin),
- Glucose,
- Lactat und
- die Immunglobuline G (S. 1075).

Die Werte für Albumin, Glucose und IgG werden jeweils auf Plasma (P) bezogen (Albuminquotient (L/P) = 1,8–7,4 · 10^{-3}; IgG-Quotient (L/P) = 0,5–3,5 · 10^{-3}; Glucose-Quotient (L/P) = 0,6–0,8).

33.2 Bauelemente des zentralen und peripheren Nervensystems

33.2.1 Neurone und Synapsen

Das menschliche Gehirn besitzt etwa 10 Milliarden Ganglienzellen (Neuronen), die die Grundeinheiten der spezifischen Gehirnleistungen darstellen.

Eine Ganglienzelle besteht aus
- einem *Zellkörper* (Soma) mit
- einer Vielzahl weit verästelter Fortsätze, den für den Erregungsempfang benötigten *Dendriten,*
- den myelinisierten bzw. nicht-myelinisierten *Axonen* (Neuriten), die die Erregung abgeben.

Verbindungen zwischen den einzelnen Neuronen werden über *Synapsen* hergestellt, wobei jedes Neuron etwa 10 000 solcher Verknüpfungen besitzt. Neurone sind terminal differenzierte Zellen und nicht mehr zur Zellteilung fähig. Allerdings ist bei den peripheren Neuronen die Fähigkeit zur *Regeneration* erhalten geblieben. Besonders ausgeprägt ist das *Cytoskelett* der Neuronen. Im Cytosol kommen spezifische Neurofilamente (S. 197) vor. Besonders die Axone sind reich an Mikrotubuli (S. 195), an denen der anterograde Transport von vesikulär verpackten Proteinen aus dem Zellkörper zu den Synapsen und der retrograde Transport von über die Synapsen aufgenommenen Molekülen (z. B. Viren) zum Zellkörper erfolgt.

33.2.2 Gliazellen und die Produktion von Myelinscheiden

Neben den Ganglienzellen kommen im Nervensystem Zellen mit Stütz- und Ernährungsfunktion vor, die als *Gliazellen* oder *Neuroglia* bezeichnet werden. Zu diesen Zellen gehören die *Oligodendrogliazellen* im zentralen Nervensystem und die *Schwannzellen* im peripheren Nervensystem, die *Astroglia* sowie die *Mikroglia.*

Oligodendroglia bilden im zentralen Nervensystem und Schwannzellen im peripheren Nervensystem das *Myelin* der Axone. In den Schwannzellen werden außerdem eine Reihe neurotropher Faktoren synthetisiert, die für das Überleben von Neuronen benötigt werden. Astrogliazellen bilden Fortsätze zu den Blutgefäßen aus und sind somit ein wichtiger Bestandteil der *Bluthirnschranke.* Die Mikrogliazellen werden schließlich für die Abräumung von bei pathologischen Prozessen entstehenden Zelltrümmern benötigt. Zwischen den Neuronen und den Gliazellen befindet sich Bindegewebe, das vor allem aus Proteoglykanen und Strukturglykoproteinen besteht. Sein Anteil an der Gehirnmasse beträgt etwa 20 %.

Die Synthese der Myelinscheiden ist eine spezifische Aufgabe der Gliazellen

Die durch die Gliazellen gebildeten *Myelinscheiden* der markhaltigen Neuronen bestehen aus einer großen Anzahl von Ausstülpungen der Plasmamembran der Gliazellen. Dabei steuert eine Gliazelle bis zu 50 verschiedene Axone an, bildet entsprechende Ausstülpungen ihrer Plasmamembran, die sich spiralig um die Axone umwickeln, wobei das Cytosol weitgehend aus den Fortsätzen abgepreßt wird. Die den intrazellulären Oberflächen der Fortsätze entsprechenden Innenseiten lagern sich dicht aneinander und erscheinen im elektronischem Bild als *dichte Linie* (Abb. 33.3). Auch die Außenflächen der Plasmamembranausstülpungen, die extrazellulären Oberflächen, treten im Verlauf der spiraligen Umwicklung in engen Kontakt und bilden die *Zwischenraumlinien.* Die die Markscheiden bildenden Myelinmembranen unterscheiden sich von den Membranen anderer Zellen durch ein besonders niedriges Verhältnis von Proteinen zu Lipiden von 3 : 7, wogegen die Myelinmembranen des zentralen und peripheren Nervensystems (Tabelle 33.3) nur wenig Unterschiede zeigen. Größere Unterschiede finden sich dagegen bei den im Myelin nachweisbaren Proteinen.

Oligodendrocyten, die die Markscheiden im *zentralen Nervensystem* bilden, synthetisieren

- den *Proteolipidkomplex,* der aus verschiedenen Isoproteinen zusammengesetzt ist,
- das *Myelin-basische Protein* (MBP), das 30–40 % der Myelinproteine ausmacht,
- die *Wolfgram-Proteine,*
- das *α-Tubulin,*

Tabelle 33.3 Zusammensetzung des Myelins von ZNS und PNS

	ZNS	PNS
Gesamtprotein (%-Anteil am Myelin)	30.0	28.7
Gesamtlipid (%-Anteil am Myelin)	70.0	71.3
Cholesterin (%-Anteil am Myelinlipid)	27.7	23.0
Sphingoglykolipide		
(%-Anteil am Myelinlipid)	27.5	22.1
Cerebroside	23.7	16.1
Sulfatide	3.8	6.0
Gesamtphospholipid		
(%-Anteil am Myelinlipid)	43.1	54.9
Phosphatidylethanolamin	16.6	19.0
Phosphatidylcholin	11.2	8.1
Phosphatidylserin und -inosit	6.4	9.2
Sphingomyelin	8.9	18.6

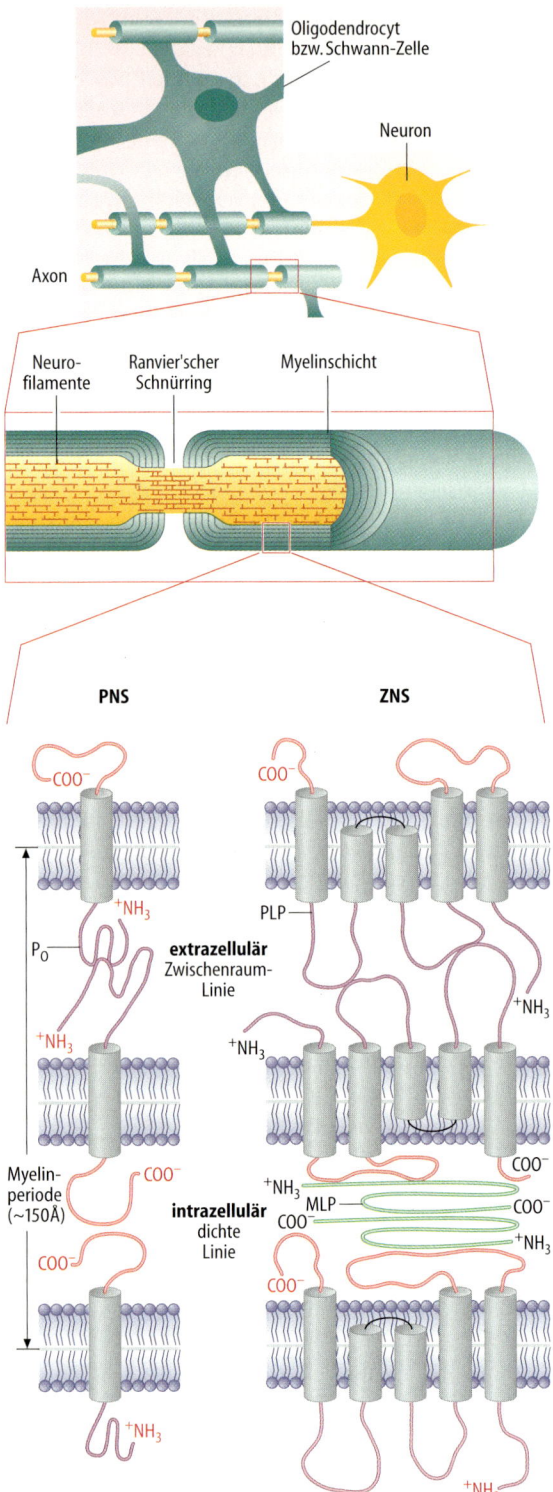

Abb. 33.3 Bildung und Aufbau von Myelinscheiden. *Oben* Bildung der Myelinscheiden um das Axon durch Oligodendrocyten im Zentralnervensystem oder Schwann-Zellen im peripheren Nervensystem. *Mitte* Längsschnitt durch ein Axon mit Ranvier'schen Schnürringen. *Unten* Organisation des Myelins durch Aneinanderlagerung der extra- und intrazellulären Schichten der Gliausläufer. Über die Funktion der Myelinproteine ist noch relativ wenig bekannt. Man nimmt an, daß das Myelin assoziierte Glykoprotein MAG sowie das Protein P_0 als Adhäsionsproteine dienen

- eine *2′,3′-Cyclonucleotidphosphodiestrase,* deren Substrat noch nicht bekannt ist sowie
- die *Myelin-assoziierten* und *Myelin-Oligodendrocyten-assoziierten* Glykoproteine (MAG und MOG).

Die von den Schwannzellen produzierte *periphere Myelinscheide* enthält als Protein
- das *Myelin-basische Protein,*
- das *Myelin assoziierte Glykoprotein,*
- das *periphere Myelinprotein* (PMP-22) mit einem Molekulargewicht von 22 kD und schließlich
- das *Protein o* (P_o), das mehr als 50 % des peripheren Myelinproteins ausmacht.

Mit Ausnahme des Myelin-basischen Proteins besitzen alle Proteine der Myelinscheiden eine oder mehrere Transmembrandomänen. Die Proteine P_o und MAG halten als Adhäsionsmoleküle die Zwischenräume der Myelinscheide zusammen.

33.2.3 Pathobiochemie: Angeborene periphere Neuropathien

Mutationen in Genen für Myelinproteine verursachen periphere Neuropathien

Im Jahr 1886 beschrieben J. M. Charcot und P. Marie in Frankreich und H. Tooth in England erstmalig eine familiäre Erkrankung, die im ersten bis dritten Lebensjahrzehnt manifest wird und durch eine langsam zunehmende symmetrische Muskelschwäche und Atrophie bei abnehmender Nervenleitgeschwindigkeit charakterisiert ist. Die Muskelschwäche ist in den Beinen stärker ausgebildet als in den Armen. Sie wird von leichten, distal betonten sensorischen Störungen begleitet. Aufgrund der unterschiedlichen Lokalisation beteiligter Gene werden 1A, 1B und X-Formen der *Charcot-Marie-Tooth-Erkrankung* (CMT-Erkrankung), die als die häufigste angeborene periphere Neuropathie gilt, unterschieden. Die Schwere der Erkrankung ist recht unterschiedlich. Im elektronenoptischen Bild weisen die Axone der Patienten sehr dünne Myelinscheiden und reduplizierte Schwan-Zellfortsätze auf, die wie Zwiebelknollen aussehen. Dies spricht für eine Störung der Myelinisierung, z. B. durch Mutationen in Myelinproteinen als Ursache der abnehmenden Nervenleitgeschwindigkeit.

Die bis heute entdeckten Mutationen sind in Tabelle 33.4 zusammengestellt. Für die Unterform CMT-1A der Erkrankung ist das Myelinprotein *PMP 22* verantwortlich. Zum einen ist eine chromosomale Duplikation des Gens beschrieben worden, zum anderen Punktmutationen in einer der Transmembranregionen. Unklar bleibt, wie damit einerseits die vermehrte Bildung des PMP 22 und andererseits die Reduktion

Tabelle 33.4 Gendefekte bei der Charcot-Marie-Tooth-Erkrankung

Bezeichnung	Betroffenes Protein	Art des Defektes
CMT1A	Peripheres Myelinprotein	Chromosomenduplikation
		Missense Mutationen
CMT1B	Protein 0	Missense Mutationen
CMTX	Connexin 32	Missense Mutationen

der Biosynthese des normalen Proteins dieselbe klinische Manifestation hervorrufen können. Für die Entstehung der CMT-1B sind Mutationen des Gens für das *Protein o* verantwortlich, das über 50 % des peripheren Myelinproteins ausmacht. Alle bisher beschriebenen Mutationen betreffen die extrazelluläre Domäne des Proteins. Bei der selteneren CMT-X-Form der Erkrankung handelt es sich um eine zum Funktionsverlust führende Mutation im *Connexin 32* (Abb. 8.5, S. 181), dem einzigen in Schwann-Zellen exprimierten Connexin. Dies führt zum Verlust funktioneller Gap-junctions, die offensichtlich für die Ernährung der lamellären Myelinscheiden von so großer Bedeutung sind, so daß es zu schwerwiegenden Störungen der Myelinisierung kommt.

33.2.4 Pathobiochemie: Zentrale neurodegenerative Erkrankungen

Der *Morbus Alzheimer* wurde 1907 von dem Münchener Pathologen Alois Alzheimer beschrieben. Es handelt sich um eine etwa ab dem 60. Lebensjahr auftretende Erkrankung, die schleichend über viele Jahre mit kleinen Vergeßlichkeiten beginnt und dann zu einer räumlichen und zeitlichen Desorientierung fortschreitet. Über 25 % der über 85jährigen in der Bundesrepublik Deutschland sollen von dieser Erkrankung betroffen sein. Im Gehirn der Patienten finden sich zwischen den Neuronen *Plaques,* d. h. kleine von degenerierenden Axonen umgebene Bereiche, in denen amorphes Material abgelagert ist und in die sich Gliafortsätze hineinschieben (Abb. 33.4). Die biochemische Analyse dieser Plaques ergab, daß ein wesentlicher Bestandteil ein Protein mit 39–43 Aminosäuren ist, das als *β-Amyloid* bezeichnet wird. Es handelt sich um ein proteolytisches Bruchstück aus einem integralen Membranprotein unbekannter Funktion, welches als *β-Amyloidproteinpräkursor* (β-APP) bezeichnet wird. β-APP gehört zu einer größeren Proteinfamilie, die außer bei Säugern auch bei Drosophila und anderen niederen Orga-

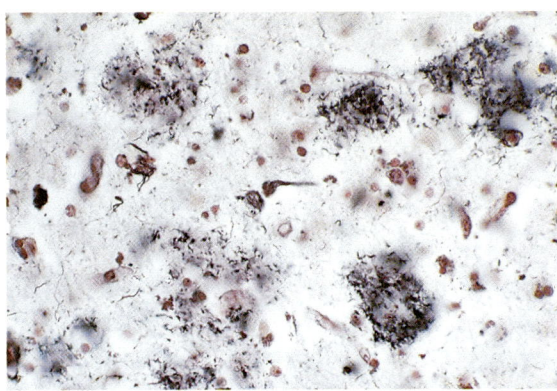

Abb. 33.4 Lichtmikroskopische Aufnahme von Alzheimer-Plaques. Die Silberfärbung zeigt Plaques, die aus kompakten kugelförmigen Amyloidablagerungen bestehen und von degenerierenden Axonen umgeben sind. (Aufnahme von K. Biese, Institut für Neuropathologie, Universität München)

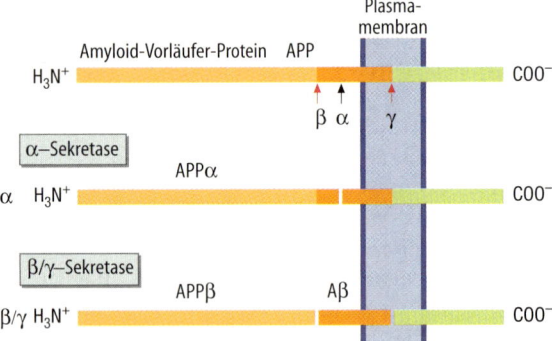

Abb. 33.5 Möglichkeiten der proteolytischen Prozessierung des β-Amyloidpräkursor-Proteins. Das Amyloidpräkursor-Protein ist ein integrales Membranprotein, welches Isoformen aus 695–770 Aminosäuren bildet und dessen Funktion nicht bekannt ist. Durch eine als α-Sekretase bezeichnete Protease wird APP in eine lösliche Form überführt und kann im Plasma nachgewiesen werden. Außer der α- kommen eine β- und γ-Secretase vor. Diese erzeugen ebenfalls ein lösliches APP und das β-Amyloid-Protein, welches zu Alzheimer Plaques assoziiert

nismus nachgewiesen worden ist. Das Protein kommt im Nervensystem in verschiedenen Isoformen vor und ist mit einer Transmembrandomäne in der Plasmamembran verankert. Die proteolytische Prozessierung des β-APP kann über meist membrangebundene Proteasen, sog. *Sekretasen,* erfolgen (Abb. 33.5). Dabei entstehen u. a. Bruchstücke, die dem β-Amyloid entsprechen und die die Tendenz haben, unter Beteiligung anderer Proteine zu fibrillären Strukturen zu aggregieren. Es ist z. Z. unklar, ob noch weitere unbekannte pathogenetische Faktoren hinzukommen müssen, damit aus der auch bei nicht-dementen Patienten meist in geringerem Umfang nachweisbaren Amyloidablagerung eine Alzheimersche Erkrankung wird. Auffallend ist, daß Mutationen im Bereich der proteolytischen Schnittstellen des β-APP-Gens eine besonders früh einsetzende hereditäre Form des Morbus Alzheimer

hervorrufen können. Auch Patienten mit einer Trisomie 21 (Down Syndrom) entwickeln meist nach dem 40. Lebensjahr schon die Alzheimersche Erkrankung. Da das Gen für β-APP auf Chromosom 21 liegt, liegt die Vermutung nahe, daß eine Überproduktion des β-APP zum Untergang von Neuronen führt.

33.3 Erregung und Erregungsleitung: Bioelektrizität

33.3.1 Entstehung von Membranpotentialen

Ionengradienten werden durch energieabhängige Transport-ATPasen und Ionenkanäle aufrecht erhalten

Wie alle anderen Körperzellen so besitzen auch Nervenzellen in Ruhe ein negatives Membranpotential in der Größenordnung von etwa −70 mV. Dieses kommt durch das Zusammenwirken der Aktivität der Na/K-ATPase (S. 688) sowie in der Cytoplasmamembran der Nervenzellen lokalisierter Ionenkanäle zustande. Zunächst entsteht durch die Aktivität der Na/K-ATPase ein Konzentrationsgradient von Natrium- und Kaliumionen in dem Sinne, daß die Kaliumkonzentration in der Zelle wesentlich höher als außerhalb, dagegen die Natriumkonzentration extrazellulär höher als intrazellulär ist. Da die Plasmamembran eine große Zahl von Kaliumkanälen enthält und somit für Kalium gut durchlässig ist, diffundieren Kaliumionen von innen nach außen. Natriumionen diffundieren mit wesentlich geringerer Geschwindigkeit in umgekehrter Richtung durch die Plasmamembran. Da die nicht diffusiblen negativ geladenen Ionen (Proteinanionen, Phosphatester) innen zurück bleiben, führt dies zu einer negativen Aufladung des Zellinneren gegenüber der Außenseite. Diese Ladungsdifferenz hemmt den Kaliumausstrom, so daß sich ein Gleichgewichtspotential einstellt, das eben dem *Ruhepotential* entspricht.

Jede Aktivierung von Zellen beginnt mit einer Abnahme des Membranpotentials. Dies führt über die Öffnung entsprechender Natriumkanäle zu einem gesteigerten Natriumeinstrom in die Zelle, was mit einer Umkehr der Ladungsverhältnisse und der Depolarisierung einhergeht und als *Aktionspotential* gemessen werden kann. Die Repolarisierung der Zellen erfolgt dann durch gesteigerten K⁺-Ausstrom sowie die Aktivität der Na/K-ATPase.

Eine Besonderheit der bioelektrischen Phänomene an der Nervenzelle ist ihre Fähigkeit zur Fortleitung des Aktionspotentials über Dendriten und Axone, wobei besonders bei den letzteren z. T. große Strecken zurückgelegt werden müssen. Diese Erregungsfortleitung erfolgt mit zum Teil beträchtlicher Geschwindigkeit (1 m/s bis 120 m/s). Ihr Prinzip beruht auf der Tatsache, daß die an einer bestimmten Stelle der Membran erfolgte Depolarisierung den Auslöser dafür gibt, daß die benachbarte, noch nicht depolarisierte Stelle der Membran ebenfalls depolarisiert wird. Bei den markhaltigen Fasern des Nervensystems ergibt sich eine besondere Steigerung der Fortleitungsgeschwindigkeit dadurch, daß die Erregung von Schnürring zu Schnürring springt. Dies unterstreicht die besondere Bedeutung der durch die Schwannzellen gebildeten Myelinlamellen (S. 976). Weitere Einzelheiten sind den Lehrbüchern der Physiologie zu entnehmen.

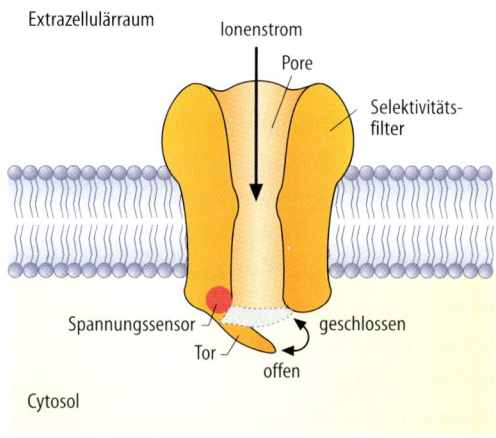

Abb. 33.6 Schematisches Modell eines spannungsregulierten Ionenkanals. Der Spannungssensor induziert Öffnen und Schließen des Tores (= *engl.* gate). Ein Selektivitätsfilter ist für die Unterscheidung einzelner Ionen verantwortlich

33.3.2 Ionenkanalproteine

Kanäle erlauben den Durchtritt von Ionen durch die Membran

Für die erregbaren Membranen sind *Ionenkanäle* von besonderer Bedeutung. Durch den Besitz polarer Aminosäuren bilden sie eine polare Umgebung, durch die kleine Ionen wie Natrium oder Kalium unter bestimmten Bedingungen mit ihrer Hydrathülle (Abb. 24.3, S. 648) durchtreten können. Man unterscheidet zwischen

- passiven Kanälen, die immer offen sind und denen das *Ruhepotential* zugrunde liegt und
- aktiven Kanälen, die – bildlich gesprochen – mit Hilfe von *Toren* (*engl.* Gates) offen oder geschlossen gehalten werden können.

Die Regulation der Tore erfolgt durch *Neurotransmitter* (Acetylcholin, γ-Aminobutyrat, Glutamat, Glycin, Serotonin) oder cyclisches GMP („ligandenregulierte Kanäle") in Photo- oder Geschmacksrezeptoren bzw. durch *Membranpotentiale* („spannungsregulierte Kanäle").

Durch aktive Kanäle kommen Aktions-, Synapsen- und Rezeptorpotentiale zustande.

- Die ligandenregulierten Ionenkanäle sind in postsynaptischen Membranen lokalisiert und öffnen eine Pore im Rahmen ihrer Funktion bei der synaptischen Übertragung;
- die spannungsregulierten Kanäle sind Membranproteine, die als Sensoren transmembranärer elektrischer Felder wirken und ionenspezifische Poren zur Produktion von Nervenimpulsen öffnen (Abb. 33.6).

Die verschiedenen Ionenkanäle weisen gemeinsame Architekturmerkmale auf

Die Klonierung der Gene verschiedener Ionenkanalproteine hat zu einer wesentlichen Verfeinerung des in Abb. 33.6 gezeigten Modells geführt. Molekularbiologische Methoden wie die gezielte Mutagenese erlauben auch, die cDNA von Kanalproteinen so zu verändern, daß bei Expression in bestimmten Systemen (z. B.

Translation im Frosch-Oocyten) molekular veränderte Ionenkanäle gebildet werden, die mit elektrophysiologischen Methoden auf die Bedeutung einzelner gezielt veränderter Aminosäuren im Gesamtprotein untersucht werden können.

Die *spannungsregulierten Ionenkanäle,* die für die Fortleitung der Erregung in Neuronen und anderen erregbaren Zellen verantwortlich zeichnen, sind Glykoproteine und gehören zu einer Großfamilie von Membranproteinen mit Molekulargewichten von 250 bis 300 kD.

- Der Natrium- und Calciumkanal sowie der Spannungssensor im Skelettmuskel (der auch L-Typ Calciumkanalfunktion besitzt, S. 957) bestehen aus *einer Polypeptidkette* mit etwa 2000 Aminosäuren, die sich in 4 homologe Domänen (D1, D2, D3 und D4) aufteilt (Abb. 33.7). Jede Domäne enthält 6 α-helikale transmembranäre Segmente (S1, S2, S3, S4, S5, S6).
- Bei Kaliumkanälen werden die 4 Domänen dagegen nicht von einem, sondern von *4 Genen* codiert und die Genprodukte durch nichtcovalente Wechselwirkungen zusammengehalten. Kaliumkanäle stellen Homo- oder Heterotetramere dar. Die Monomer-Untereinheiten werden von mindestens 10 Genen codiert, von denen einzelne zusätzlich durch alternierendes Spleißing unterschiedliche Domänestrukturen hervorrufen können. Durch vielfältige Kombinationen dieser unterschiedlichen Genprodukte entstehen eine Vielzahl verschiedener *Kaliumkanal-Isoformen.*
- Spannungsregulierte Chloridkanäle weichen von diesem Architekturprinzip ab, da sie 12 membrandurchdringende Segmente (S1 bis S12) besitzen. Über den epithelialen Liganden (cyclo-AMP)-aktivierbaren Chloridkanal, der bei der cystischen Fibrose mutiert ist, orientiert Kapitel 24 (S. 703).

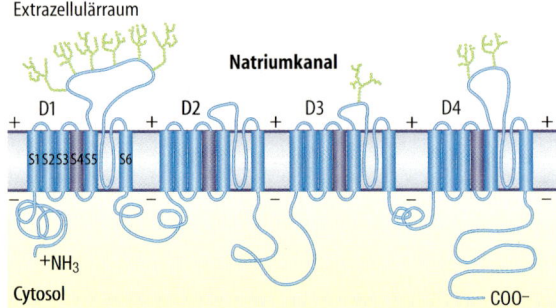

Extrazellulärraum

Natriumkanal

D1   D2   D3   D4

S1S2S3S4S5   S6

$+NH_3$

Cytosol COO^-

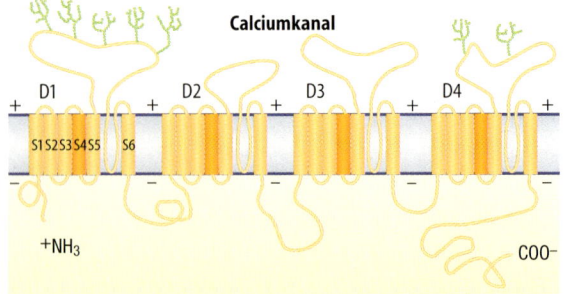

Calciumkanal

D1   D2   D3   D4

S1S2S3S4S5   S6

$+NH_3$ COO^-

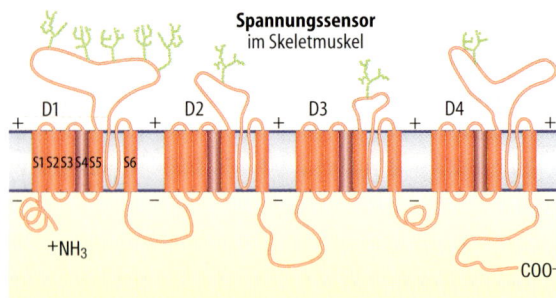

Spannungssensor
im Skeletmuskel

D1   D2   D3   D4

S1S2S3S4S5   S6

$+NH_3$ COO^-

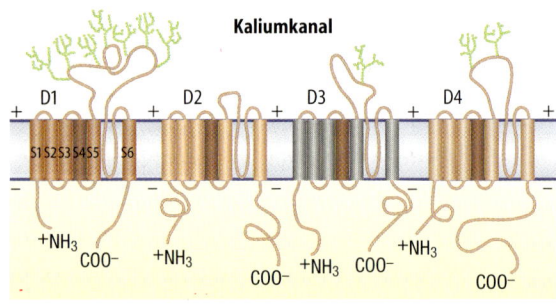

Kaliumkanal

D1   D2   D3   D4

S1S2S3S4S5   S6

$+NH_3$ COO^- $+NH_3$ $+NH_3$ COO^- $+NH_3$
         COO^- COO^- COO^-

Abb. 33.7 Lineare Darstellung der Membrantopologie einzelner Mitglieder der spannungsregulierten Ionenkanäle. Natrium- und Calciumkanal sowie der Spannungssensor im Muskel bestehen jeweils aus einer Polypeptidkette, der Kaliumkanal aus vier Polypeptidketten, die homolog zu den einzelnen Domänen des Natrium- bzw. Calciumkanals sind (vgl. Abb. 32.18, S. 965)

Die einzelnen Segmente der Kanalproteindomänen bilden die Pore und den Spannungssensor

Jede Kanalproteindomäne besteht aus 6 transmembranären Segmenten (Abb. 33.8).

- Jeweils die Helices *S5 und S6* der vier Domänen bilden zusammen mit der sie verbindenden Peptidschleife das Innere der *Pore,* durch die das Ion selektiv den offenen Kanal durchdringt. Die Peptidschleife aus etwa 21 Aminosäuren, die eine β-Haarnadelstruktur bilden (S. 62). In der aus den 4 Domänen gebildeten Pore bilden diese Haarnadelstrukturen dann zusammen ein β-Faß (S. 62), durch das die Ionen die Membranen durchdringen können (Abb. 33.8).
- Das Segment *S4* enthält viele Aminosäuren mit positiv geladener Seitenkette (Arg-X-X-Arg oder Lys-Wiederholungen) und dient als *Spannungssensor,* der seine Lage bei Änderungen des Membranpotentials wechselt (Abb. 33.9). Dieses Transmembransegment öffnet den *Natriumkanal,* wenn die Membran depolarisiert wird.

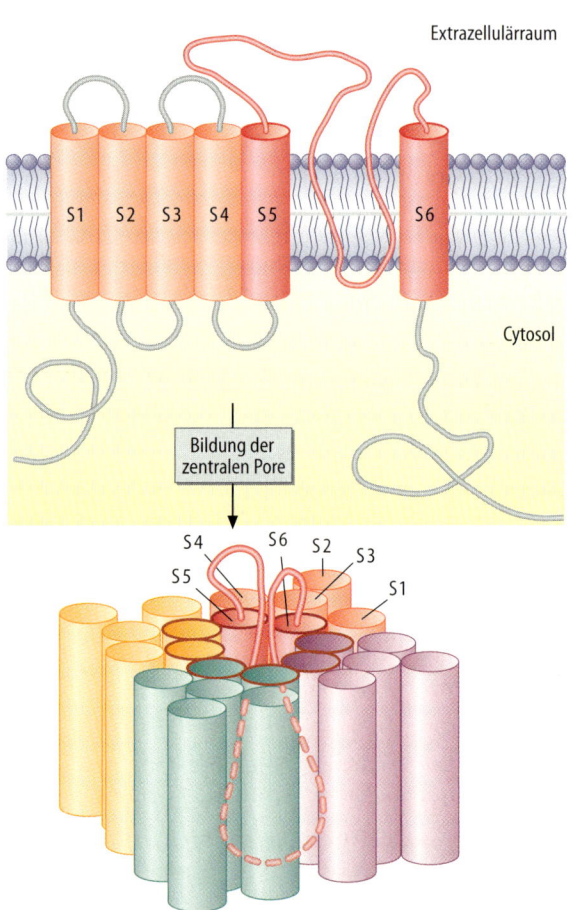

Extrazellulärraum

S1 S2 S3 S4 S5   S6

Cytosol

Bildung der
zentralen Pore

S4   S6   S2
S5   S3
                S1

Abb. 33.8 Bildung der zentralen Pore des Ionenkanals durch Assoziation der Schleifen zwischen den Transmembranhelices S5 und S6

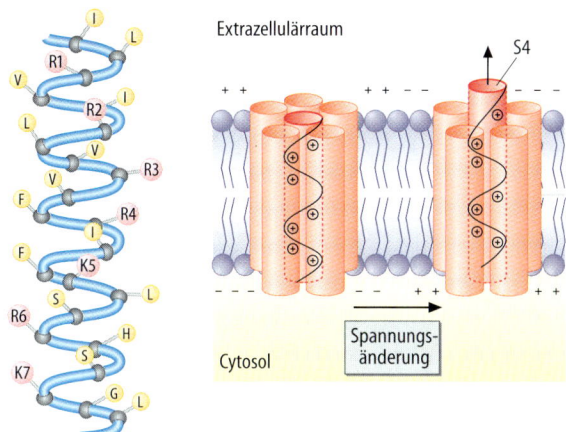

Abb. 33.9 Die Transmembranhelix S4 des Natriumkanals als Spannungssensor. *Links:* Die Transmembranhelix enthält in jeder dritten Position positiv geladene Aminosäuren (Arginin *R* und Lysin *K*), zwischen denen hydrophobe Aminosäuren liegen. *Rechts:* Unter dem Einfluß elektrostatischer Kräfte bei der Membranpolarisierung bewegt sich die Helix S4 *(Pfeil)*

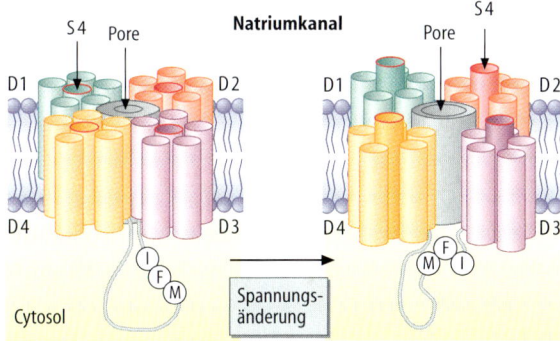

Abb. 33.10 Modell der Öffnung und Schließung des Natriumkanals. Nach der Depolarisierung öffnet sich der Kanal aufgrund einer Konformationsänderung (Abb. 33.9). Die Schließung erfolgt beim Natriumkanal dadurch, daß die Peptidschleife zwischen den Domänen 3 und 4 mit einem kritischen Phenylalaninrest *(F)* in die Pore fällt

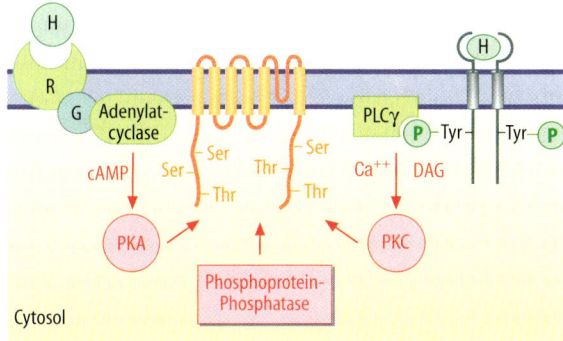

Abb. 33.11 Regulation von Ionenkanälen durch covalente Modifikation durch die Proteinkinase A, Proteinkinase C oder Phosphoproteinphosphatasen

- Die cytosolische Schleife, die das Segment S6 der Domäne 3 mit dem Segment S1 der Domäne 4 verbindet, inaktiviert den Natriumkanal: durch Lagewechsel bei Membrandepolarisation wirken die geladenen Aminosäuren dieser Schleife als Tor und schließen den Kanal durch Blockade der inneren Öffnung der Pore (Abb. 33.10).

Beim *Kaliumkanal* unterscheidet sich der Mechanismus des Torschlusses geringfügig, da diese Kanäle aufgrund ihrer Tetramerstruktur eine andere Architektur besitzen.

Ionenkanalkinasen und -phosphatasen modulieren die Aktivität von Kanalproteinen

Ionenkanalproteine enthalten Seryl-, Threonyl- und Tyroylsreste, die phosphoryliert und dephosphoryliert werden können. Dadurch wird die Aktivität von Ionenkanälen durch Hormone (z.B. über den Insulinrezeptor), Adenylatcyclasen oder Rezeptoren, die ihre Wirkung über G-Proteine entfalten, beeinflußbar (Abb. 33.11).

33.4 Signalübertragung von Neuron zu Neuron

33.4.1 Allgemeine Prinzipien

Signale können über elektrische oder chemische Synapsen übertragen werden

Eine Signalübertragung ist über *elektrische* Synapsen möglich, bei denen die Zellen direkt miteinander verbunden sind. Häufiger sind *chemische* Synapsen, bei denen ein chemischer Überträgerstoff (Neurotransmitter) indirekt die Signalübermittlung übernimmt.

Elektrische Synapsen werden von *Gap junctions* gebildet, die aus Connexinen (S. 181) bestehen. Die größte Bedeutung haben sie in den Hirnarealen, bei denen eine sehr schnelle Synchronisierung von Gruppen von Ganglienzellen notwendig ist. Als solche Kerngebiete gelten beispielsweise der *Olivenkern*. Eine alternative Theorie zur Funktion von elektrischen Synapsen beruht auf der Annahme, daß durch sie second messenger wie Calcium, cAMP oder InsP$_3$ zwischen Ganglienzellen ausgetauscht werden können.

Bei *chemischen Synapsen* wird dagegen die Information durch meist niedermolare chemische Verbindungen übermittelt. Die als Synapse bezeichnete Struktur besteht aus dem Ende eines Axons und einer Zielzelle (ein zweites Neuron oder auch eine Muskelzelle). Man unterscheidet eine präsynaptische Struktur mit einer Verdickung des Nervenendes, einen schma-

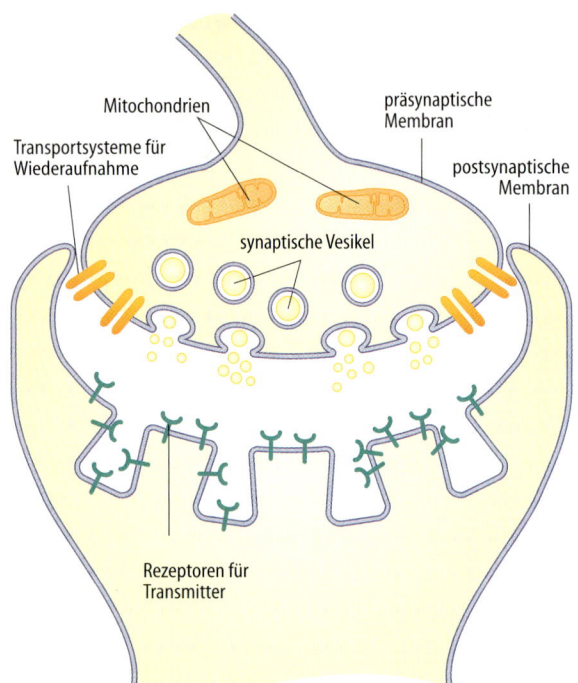

Abb. 33.12 Schematische Darstellung des Aufbaues einer chemischen Synapse. In der präsynaptischen Nervenendigung finden sich neben Mitochondrien in großer Zahl Vesikel, die mit einem oder verschiedenen Transmittern gefüllt sind. Depolarisierung des präsynaptischen Nerven führt zur Freisetzung der Transmitter durch Exocytose. Im synaptischen Spalt werden dadurch schnell hohe Konzentrationen des Transmitters erreicht, der Transmitter wird von entsprechenden Rezeptoren in der postsynaptischen Membran gebunden, wodurch die Erregung fortgeleitet wird

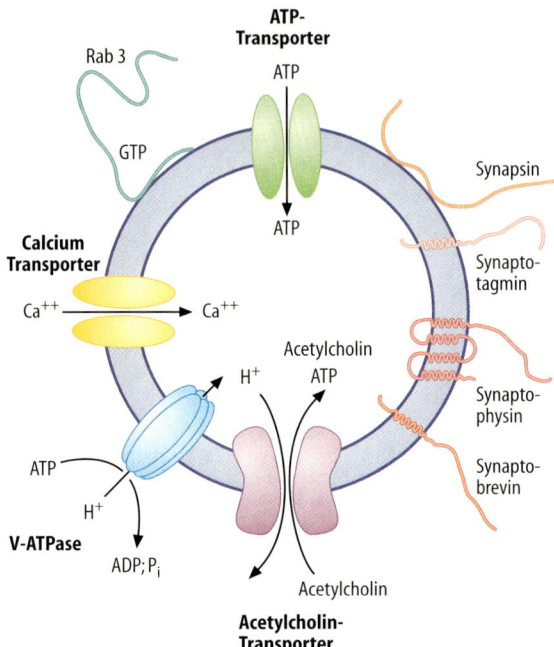

Abb. 33.13 Aufbau synaptischer Vesikel. Die Membran synaptischer Vesikel enthält Proteine für die Aufnahme von Transmittern, eine Protonen-ATPase sowie eine ATP-Translokase. Synapsin fixiert Vesikel an Bestandteile des Cytoskeletts, Synaptotagmin, Synaptophysin und Synaptobrevin sind für das Andocken an der Plasmamembran notwendig

Neurotransmitter werden von Neuronen synthetisiert, gespeichert und sezerniert

Biosynthese und Speicherung von Neurotransmittern erfolgen im Neuron. Alle Neurotransmitter mit Ausnahme von Acetylcholin sind

- Aminosäuren (Glutamat, Glycin)
- Derivate von Aminosäuren (biogene Amine) oder
- Polypeptide.

Nach ihrer Biosynthese im Cytosol werden Neurotransmitter von spezifischen, synaptischen Vesikeln aufgenommen. Abbildung 33.13 zeigt den Aufbau eines derartigen Vesikels und die Topologie der in diesen Vesikeln bisher identifizierten Membranproteine.

Für die Aufnahme der Neurotransmitter stehen spezifische Transportsysteme zur Verfügung. Diese katalysieren einen sekundär aktiven Transmitter-Protonen-Antiport. Für die Herstellung des benötigten Protonengradienten wird eine V-Typ ATPase (S. 183) benötigt. Meist sind in den synaptischen Vesikeln mehrere Transmitter colokalisiert, i. a. Acetylcholin oder Noradrenalin mit Peptidtransmittern (S. 991). Auch *ATP* läßt sich, häufig in stöchiometrischem Verhältnis zu den Transmittern nachweisen und gelangt durch ein spezifisches Transportsystem in die Vesikel. Es moduliert die Transmitterwirkung, wahrscheinlich über die inzwischen partiell charakterisierten *Purinrezeptoren.* Interessanterweise können die für die Transmitterauf-

len, etwa 20 nm breiten Spalt und einem spezialisierten Teil der Membran der Zielzelle, der postsynaptischen Membran (Abb. 33.12). Über solche unidirektionalen Kommunikationseinheiten ist jedes Neuron mit etwa 10^4 anderen Neuronen verbunden, so daß für das Gehirn ein dreidimensionales Netzwerk mit hunderttausend Milliarden (10^{14}) Synapsen entsteht.

Erreicht ein das Axon entlang wandernder Nervenimpuls das Ende des Neurons, so kann er den schmalen Spalt selbst nicht überwinden. Er bewirkt jedoch die Ausschüttung von Molekülen aus dem Nervenende, die zu der postsynaptischen Membran hinüberdiffundieren und dort einen weiteren elektrischen Nervenimpuls auslösen können. Die Kommunikation erfolgt also auf molekularem Wege, durch Moleküle einer Substanz, die man deshalb als *Neurotransmitter* (*lat.* übertragen) bezeichnet. Hirnleistungen beruhen auf der Kommunikation zwischen Neuronen, die Synapsen sind aber der eigentliche Ort dieser Kommunikation, so daß sich ein Teil neurobiologischer Forschung auf die molekularen Vorgänge in der Synapse konzentriert.

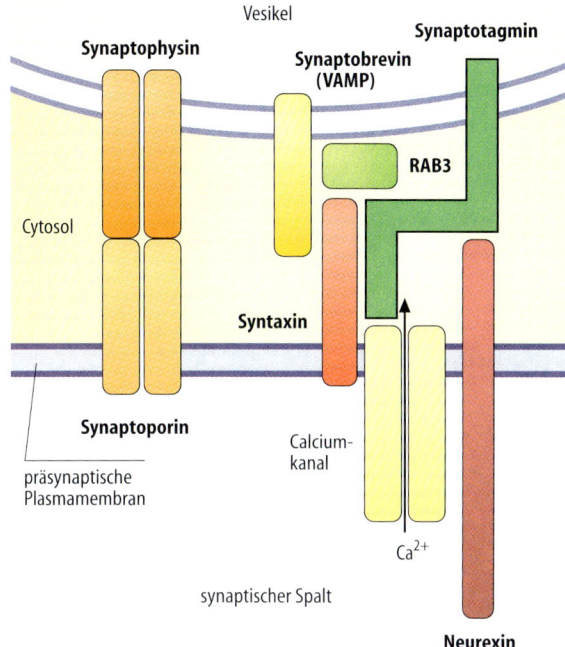

Abb. 33.14 Der synaptische Vesikel-Andockungskomplex. Synaptobrevin und Syntaxin haben die Funktion eines v- bzw. t-SNARE. Synaptotagmin bindet calciumabhängig an Neurexin, Synaptophysin und Synaptoporin bilden wahrscheinlich die Membranöffnung, durch die der Vesikelinhalt in den synaptischen Spalt tritt. (Einzelheiten s. Text)

nahme benötigten Antiporter pharmakologisch beeinflußt werden. So sind **Phesamicol** bzw. **Reserpin** Hemmstoffe der Acetylcholin- bzw. Catecholamin-Akkumulierung in synaptischen Vesikeln.

Neben diesen Transportsystemen enthält die Vesikelmembran noch eine Reihe weiterer Proteine, die für die Wechselwirkungen mit dem Cytoskelett bzw. für den eigentlichen Sekretionsvorgang von besonderer Bedeutung ist. **Synapsin** fixiert Vesikel an Bestandteile des Cytoskelettes, v. a. Actinfilamente oder Mikrotubuli. Diese Bindung wird durch Calcium-aktivierte Phosphorylierung von Synapsin aufgehoben und so die Vesikel zur Fusion und Exocytose freigegeben.

Für das korrekte Andocken der synaptischen Vesikel an die präsynaptische Plasmamembran ist eine Reihe von Proteinen notwendig, die offensichtlich generell für Sekretionsvorgänge benötigt werden und sich deswegen in konservierter Form in entwicklungsgeschichtlich so weit von einander entfernten Organismen wie Hefe und Menschen wiederfinden. Am besten charakterisiert ist der Vorgang des Vesikelandockens an den Synapsen. Der Andockungskomplex ist schematisch in Abb. 33.14 dargestellt. Auf der Vesikelseite sind die Proteine **Synaptotagmin, Synaptophysin** und **Synaptobrevin** beteiligt, wobei das letztere die Funktion eines *v-SNARE*-Proteins (S. 193) übernimmt. Diese drei Proteine gehen Wechselwirkungen mit entsprechenden Proteinen an der präsynaptischen Plasma-

membran ein. Hier ist **Syntaxin** das entsprechende t-SNARE, das mit Synaptobrevin in Wechselwirkung tritt. Möglicherweise ist hieran das G-Protein **RAB3** (S. 194) beteiligt. Die Calciumabhängigkeit der Vesikelfusion mit der synaptischen Membran wird wahrscheinlich durch das Protein **Synaptotagmin** vermittelt. Calciumabhängig bindet es an das in der präsynaptischen Membran lokalisierte Protein **Neurexin** und ist darüber hinaus an den spannungsabhängigen Calciumkanal assoziiert. Die beiden Proteine **Synaptophysin** auf der Vesikelseite und **Synaptoporin** auf der präsynaptischen Seite sind sehr wahrscheinlich an der Bildung der Membranöffnung beteiligt, durch die dann der Vesikelinhalt in den synaptischen Spalt tritt.

Von besonderem Interesse ist, daß die Toxine von **Clostridium botulinum,** die beim Menschen schwere, häufig tödlich verlaufende Erkrankungen (Botulismus nach Fleischvergiftungen) auslösen, das oben geschilderte Fusionssystem beeinflussen. Sie sind **Zinkproteasen,** welche spezifisch Synaptobrevin spalten, damit inaktivieren und so die Transmitterfreisetzung blockieren. Heute wird das Botulinustoxin rekombinant hergestellt und zur Behandlung fokaler Dystonien (Blepharospasmus, Torticollis spasmodicus) eingesetzt.

Viele Neurotransmitterrezeptoren sind Ionenkanäle

Die postsynaptische Membran weist Rezeptoren für den sezernierten Transmitter auf. Diese Rezeptoren besitzen oft **Ionenkanalfunktion** und werden durch die Bindung des Transmitters moduliert. Diese ligandenregulierten Ionenkanäle stellen – wie die spannungsregulierten Ionenkanäle – eine Großfamilie mit charakteristischen Architekturprinzipien dar, d. h. sie bestehen i. a. aus **Heteropentameren** mit mindestens zwei verschiedenen Untereinheiten. Ihre unterschiedlichen elektrophysiologischen und pharmakologischen Eigenschaften kommen durch die unterschiedliche Kombination von Untereinheiten zustande. Die Untereinheiten weisen **4 Transmembranregionen** auf, von denen die Transmembranregion 2 (Abb. 33.15) für die Bildung des Ionenkanals verantwortlich ist; N- und C-terminale Enden sind gegen den Extrazellulärraum gerichtet und binden den Neurotransmitter. Die intracelluläre Domäne weist phosphorylierbare Seitenketten auf. Alle Neurotransmitter-Rezeptoren weisen eine große Heterogenität auf, d. h. es kommen bis zu 13 Isoformen vor, die sich durch funktionelle Eigenschaften und Lokalisation der Expression unterscheiden.

Eine Reihe von Neurotransmitter-Rezeptoren sind über heterotrimere G-Proteine an entsprechende Signaltransduktionsmechanismen gekoppelt. Es handelt sich um die Rezeptoren für Catecholamine (S. 803) bzw. für Serotonin und Endorphine (S. 988). Über erhöhte cAMP-Konzentrationen bzw. Stimulierung der Phosphatidylinositol-Spaltung stimulieren sie die Pro-

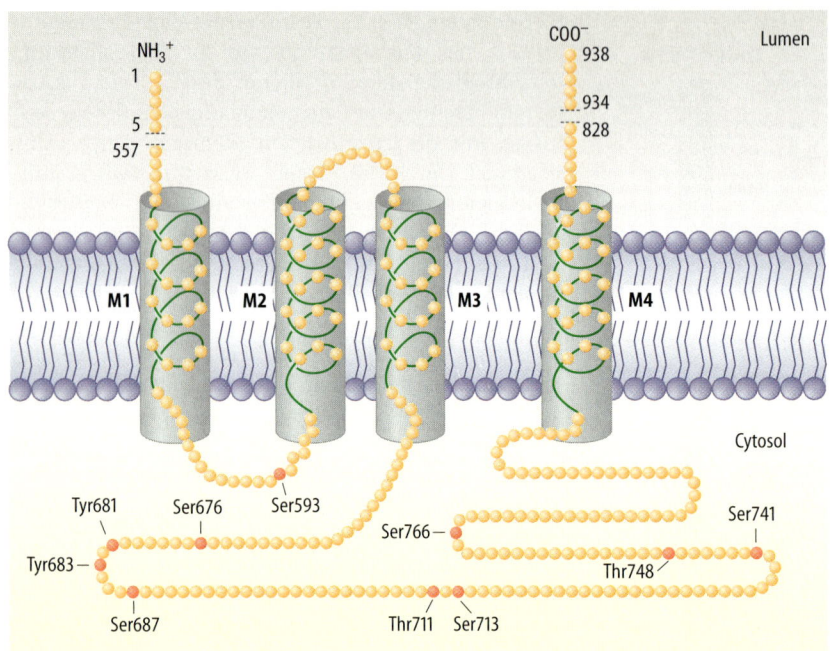

Abb. 33.15 Membrantopologie der Untereinheiten Liganden-regulierter Ionenkanäle am Beispiel des Glutamat (NMDA)-Rezeptors. Fünf der dargestellten Untereinheit bilden zusammen einen funktionellen Rezeptor. Jede Untereinheit verfügt über eine extrazelluläre N- bzw. C-terminale Domäne, die die Liganden-Bindungsstelle bilden. Die Transmembrandomäne M2 ist an der Bildung des Ionenkanals beteiligt, die intrazelluläre Domäne weist Aminosäurereste (Ser, Thr, Tyr) auf, die zur Modulation der Kanalaktivität phosphoryliert werden können

teinkinase A (S. 411) bzw. CaM-Kinasen und modulieren auf diese Weise die Aktivität von Ionenkanälen der postsynaptischen Membran.

Neurotransmitter werden nach Bindung an den Rezeptor inaktiviert

Auf die Transmittersekretion und -wirkung auf den Ionenkanal folgt die Inaktivierung entweder durch *enzymatischen Abbau* oder durch *Recycling* mit Hilfe von Neurotransmitter-Transportern, die die Transmitter natriumabhängig in den präsynaptischen Bereich zurücktransportieren. Auch diese Proteine bilden eine Großfamilie, die gemeinsame Strukturprinzipien aufweist: die bisher klonierten Transporter besitzen 12 Transmembrandomänen, die stark glykosyliert sind. Diese Topologie findet sich auch beim Natrium-abhängigen Glucosetransporter (S. 407), beim P-Glykoprotein (S. 1111) und der Adenylatcyclase (S. 775).

Die Wirkung von Transmittern kann durch Hemmstoffe selektiv blockiert werden

Eine Reihe von Hemmstoffen kann über verschiedene Mechanismen die Wirkung von Neurotransmittern hemmen (Tabelle 33.5). So blockiert z. B. *Reserpin* die Aufnahme von *Noradrenalin* in Vesikel und wird klinisch zur Behandlung des Bluthochdruckes eingesetzt. Chemisch hergestellte Antagonisten von Neurotransmittern besitzen eine zunehmende klinische Bedeutung: so wird z. B. ein Antagonist gegen den Subtyp 3 des *Serotoninrezeptors* (5 HT3) gegen das Cytostatika-induzierte Erbrechen angewendet.

33.4.2 Acetylcholin

Die Depolarisation der präsynaptischen Membran führt zum Calciumeinstrom und damit zur Acetylcholinfreisetzung

Acetylcholin, der Essigsäureester des Aminoalkohols Cholin, ist

- in verschiedenen Bereichen des Stammhirns (z. B. Basalganglien),
- im Rückenmark,
- den Ganglien des autonomen Nervensystems und
- der motorischen Endplatte nachweisbar.

Es entsteht unter Katalyse der Cholinacetyltransferase im Cytosol der Nervenendigungen und wird anschließend in Vesikel aufgenommen, die an Actinkabeln des Cytoskeletts verankert sind (s. o.). Mit dem Auftreten eines Aktionspotentials an der präsynaptischen Membran werden *spannungsregulierte Calciumkanäle* geöffnet, so daß es zum Einstrom von Calcium aus dem synaptischen Spalt in das Neuron kommt. Dies löst nach dem oben beschriebenen Mechanismus die Freisetzung von Acetylcholin in den synaptischen Spalt aus (10^7 Moleküle pro Impuls). Danach rekonstituieren sich die Vesikel und werden über die oben beschriebenen sekundär aktiven Antiporter wieder mit Acetylcholin aufgefüllt. Durch dieses Vesikelrecycling wird eine kontinuierliche Membransynthese vermieden.

Tabelle 33.5 Neurotransmitter

Transmitter Bezeichnung der entsprechenden Neurone	Vorstufen	Vorkommen	Inaktivierung	Hemmstoffe
Acetylcholin cholinerge Neurone	Acetyl-CoA (aus Citratcyclus) und Cholin	Motorische Endplatte, autonome Ganglien, Nucleus caudatus	Enzymatische Hydrolyse	Atropin (kompetitiv am Rezeptor)
Dopamin (D), **Noradrenalin** (N) und **Adrenalin** (A) dopaminerge bzw. adrenerge Neurone	Tyrosin (aus dem Blut)	D: Corpus striatum, Putamen, Nucleus caudatus N: Hypothalamus, Substantia nigra A: Nebennierenmark	Vorwiegend durch Reabsorption (Desaminierung, O-Methylierung)	Reserpin (hemmt Noradrenalinaufnahme in Vesikel)
γ-Aminobutyrat gabaerge Neuronen	Glutamat (aus α-Ketoglutarat)	Purkinje-Zellen des Rückenmarks, Cortex	Reabsorption	Pikrotoxin
Glycin glycinerge Neuronen	Serin (aus Glucose)	Rückenmark, Stammhirn	Reabsorption	Strychnin
Serotonin serotoninerge Neuronen	Tryptophan (aus dem Blut)	Hypothalamus, Nucleus caudatus, Epiphyse	Reabsorption und enzymatische Methylierung oder Desaminierung	Ondansetron
Glutamat	α-Ketoglutarat (aus Citratcyclus)	Ubiquitär	Reabsorption	
Endorphine und **Enkephaline** peptiderge Neurone	1. Proopiomelanocortin 2. Enkephalinvorläufer 3. Dynorphinvorläufer	Pars intermedia der Hypophyse Nebennieren	Enzymatische Hydrolyse	Naloxon

Nach Freisetzung in den synaptischen Spalt binden jeweils 2 Moleküle Acetylcholin an ein postsynaptisches Rezeptormolekül

Der **nicotinische Acetylcholin-Rezeptor** ist ein hochmolekulares Glykoprotein mit einem Molekulargewicht von 500 kD, bestehend aus vier verschiedenen Untereinheiten (α, β, γ, δ), die zu einem transmembranären **Pentamer** ($\alpha_2,\beta,\gamma,\delta$) assoziieren. In seinem Zentrum befindet sich der **Ionenkanal** (Abb. 33.16). Jede Untereinheit besteht aus einer großen hydrophilen, N-terminalen Region sowie vier hydrophoben membrandurchdringenden Domänen (M1-M4). Die *Acetylcholinbindungsstelle* wird hauptsächlich durch Aminosäuren der hydrophilen Region der α-Untereinheiten gestellt. Wegen der Existenz von zwei α-Untereinheiten werden *zwei Moleküle Acetylcholin pro Rezeptorpentamer* gebunden. Die Bindung verursacht über einen allosterischen Effekt eine Konformationsänderung und damit die Öffnung des **Natriumkanals.** Dieser wird durch Assoziation der fünf M2-Segmente gebildet und enthält mehrere Aminosäurereste, die die Funktion des Rezeptors bestimmen: drei negativ geladene Reste ziehen die positiv geladenen Natriumionen durch die Pore. Dadurch tritt eine Depolarisation der postsynaptischen Membran auf (Abb. 33.18). Ein Leucin im Zentrum ist an der Schließung der Pore beteiligt, die bei Dauerstimulation mit Acetylcholin (Desensitisierung) auftritt.

Verschiedene α-Untereinheiten führen zur Bildung von Acetylcholinrezeptor-Isoformen

Sieben verschiedene α-Untereinheiten (α1–α7) führen zur Assoziation verschiedener Acetylcholinrezeptor-Isoformen im Nervensystem und Muskel. Im Gehirn kommen zusätzlich **muskarinische Acetylcholinrezeptoren** vor, die jedoch aus einer Proteinkette bestehen und keine Ionenkanalfunktion besitzen, sondern **G-Protein gekoppelt** sind (S. 773).

Acetylcholin wird durch Esterasen in der postsynaptischen Membran abgebaut

In der postsynaptischen Membran bzw. der motorischen Endplatte hydrolysieren **Acetylcholinesterasen** Acetylcholin zu Cholin und Acetat, so daß die Transmission in Millisekunden beendet ist. Ein Großteil des

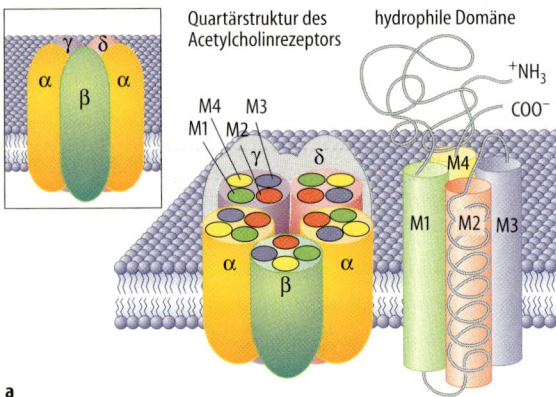

Quartärstruktur des
Acetylcholinrezeptors

hydrophile Domäne

$^+NH_3$

COO^-

M4 M3
M1 M2

γ δ

α α
β

α α
β

M4

M1 M2 M3

a

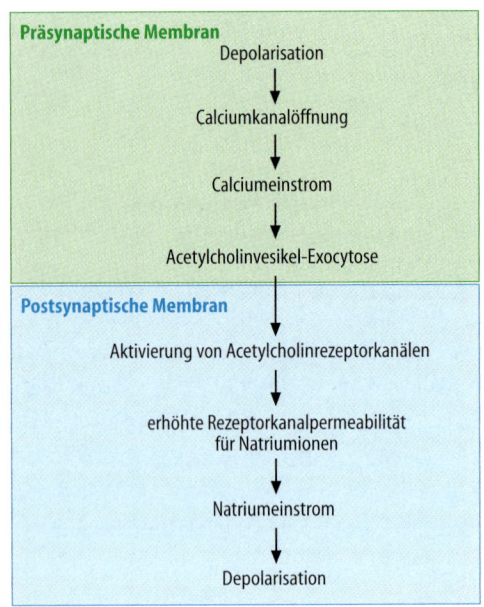

Präsynaptische Membran

Depolarisation

↓

Calciumkanalöffnung

↓

Calciumeinstrom

↓

Acetylcholinvesikel-Exocytose

↓

Postsynaptische Membran

Aktivierung von Acetylcholinrezeptorkanälen

↓

erhöhte Rezeptorkanalpermeabilität
für Natriumionen

↓

Natriumeinstrom

↓

Depolarisation

b

Abb. 33.16 a, b Molekularer Aufbau des nicotinischen Acetylcholinrezeptors. **a** Der Rezeptor besteht aus fünf Untereinheiten, die schematisch als Zylinder dargestellt sind. Jede Untereinheit weist eine extrazelluläre Domäne und die vier hydrophoben Helices M1–M4 auf. Die Bindungsstellen für Acetylcholin liegen auf den α-Untereinheiten. Der Ionenkanal entsteht durch Assoziation der vier M2-Helices. (Verändert nach Changeux 1993) **b** Molekulare Vorgänge zwischen den Depolarisationen der präsynaptischen und der postsynaptischen Membran

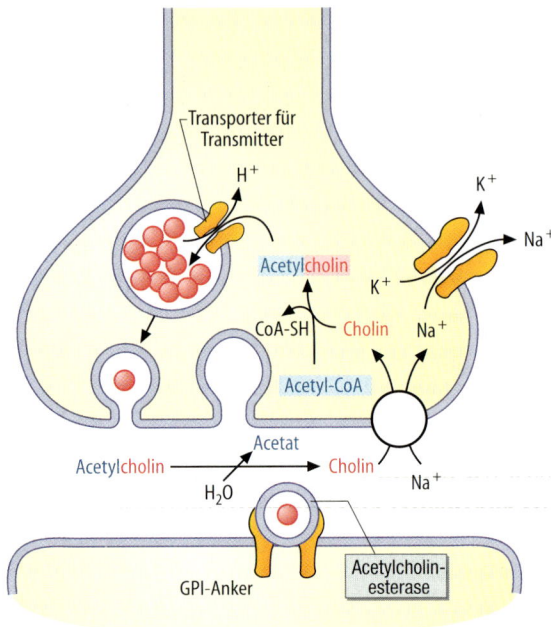

Transporter für
Transmitter

H^+

Acetylcholin

K^+

K^+

Na^+

CoA-SH

Cholin

Na^+

Acetyl-CoA

Acetylcholin

Acetat

Cholin

Na^+

H_2O

GPI-Anker

Acetylcholin-
esterase

Abb. 33.17 Abbau und Wiederaufnahme von Acetylcholin. Die für den Acetylcholinabbau benötigten Acetylcholinesterasen sind membrangebundene Enzyme. Sie sind je nach Typ der Synapse über eine Kollagentripelhelix, einen GPI-Anker (S. 140) oder über spezifische Proteine in der Membran verankert. Cholin wird durch entsprechende Transporter in die präsynaptische Nervenendigung transportiert, mit Acetyl-CoA verestert und dann in Vesikel aufgenommen

33.4.3 Dopamin, Noradrenalin und Adrenalin

Dopamin, Noradrenalin und Adrenalin werden aus Tyrosin synthetisiert

Diese Transmitter sind Zwischenprodukte eines gemeinsamen Biosynthesewegs, der von der aromatischen Aminosäure *Tyrosin* ausgeht. Je nach Enzymausstattung der Nervenendigung finden wir entweder Dopamin als Endprodukt oder, bei zusätzlicher Gegenwart der Dopa-β-Oxygenase, Noradrenalin. Bilden die Neuronen außerdem das Enzym *Phenylethanolamin-N-methyltransferase,* so entsteht Adrenalin.

Wie bei den anderen Neurotransmittern existiert auch für Dopamin eine ausgeprägte Rezeptorheterogenität mindestens fünf verschiedene Dopaminrezeptoren (D1 bis D5) sind bekannt; adrenerge Rezeptoren werden im Kapitel 28 (S. 803) diskutiert.

Während Biosynthese, Speicherung und Sekretion in bzw. aus den Vesikeln im Prinzip denen des Acetylcholins entsprechen, liegt bei diesen adrenergen Transmittern ein anderer *Inaktivierungsmechanismus* vor: Im Gegensatz zur (katabolen) enzymatischen Inaktivierung werden diese Transmitter durch *Transporter* in die Nervenendigungen reabsorbiert. Nur ein geringer Teil wird enzymatisch durch intramitochondria-

Cholins wird wieder in die Nervenendigungen aufgenommen und steht erneut für die Acetylcholinbiosynthese zur Verfügung.

Acetylcholinesterasen sind tetramere membrangebundene Enzyme. Die Art der Membranverankerung ist unterschiedlich. An der motorischen Endplatte ist das Enzym über eine Kollagentripelhelix gebunden, in Synapsen des Vertebratenhirns über Disulfidbrücken an ein integrales Membranprotein der postsynaptischen Membran (Abb. 33.17).

le *Monoaminoxidasen* (MAO Typ A und B) und eine extraneuronale *Catechol-O-methyltransferase* (COMT) inaktiviert. Obwohl diese enzymatische Inaktivierung nur einen Bruchteil ausmacht, reicht die Menge der freigesetzten Metaboliten aus, um Störungen im Stoffwechsel dieser Transmitter zu erkennen (S. 804).

Pathobiochemie: Dopaminmangel führt zu Morbus Parkinson

Bei der Schüttellähmung, dem Morbus Parkinson, ist der Dopamingehalt im *Putamen* und *Nucleus caudatus* auf die Hälfte verringert. Dadurch wird ein – für die extrapyramidale Motorik – wichtiges Gleichgewicht zwischen cholinergen und dopaminergen Neuronen gestört. Wir können diesen Patienten, die an Rigor, Tremor und Akinese der Muskeln leiden, helfen, indem wir Acetylcholinantagonisten verabreichen oder besser den fehlenden Transmitter *Dopamin* substituieren. Da Dopamin die Blut-Hirn-Schranke nicht passieren kann, verabreicht man die Vorstufe, das 3,4-Dihydroxyphenylalanin (oder Dopa). Um zu verhindern, daß dieses bereits während der Zirkulation im Blut oder während der Passage durch die Blut-Hirnschranke von aromatischen Dopa-Decarboxylasen zu Dopamin decarboxyliert wird, erfolgt die Kombination mit *Decarboxylasehemmstoffen.*

33.4.4 Glycin, γ-Aminobutyrat (GABA) und Glutamat

Glycin- und GABA-Rezeptoren sind mit Chloridkanälen gekoppelt

- Glycin ist der wesentliche *inhibitorische* Transmitter im Rückenmark und Stammhirn,
- während GABA eine hemmende Wirkung in Purkinjezellen des Kleinhirns hat.

γ-Aminobutyrat entsteht in einer pyridoxalphosphatabhängigen Reaktion durch Decarboxylierung (Glutamatdecarboxylase I in Nerven- und Gliazellen, Glutamatdecarboxylase II in verschiedenen Geweben) aus Glutamat (Abb. 33.18).

Glycin- und GABA-Rezeptoren gehören ebenfalls zur Großfamilie der Neurotransmitter-regulierten Ionenkanäle, d. h. sie sind nach dem in Abb. 33.16 dargestellten Architekturprinzip (Pentamer aus Untereinheiten, die jeweils vier Transmembransegmente aufweisen) aufgebaut. Auch bei diesen Rezeptoren existieren Isoformen (z. B. GABA$_A$ und GABA$_B$), die in unterschiedlichen Gehirnregionen mit geringfügig modifizierten funktionellen Eigenschaften auftreten können. So binden z. B. Benzodiazepine nur an die GABA$_A$-Re-

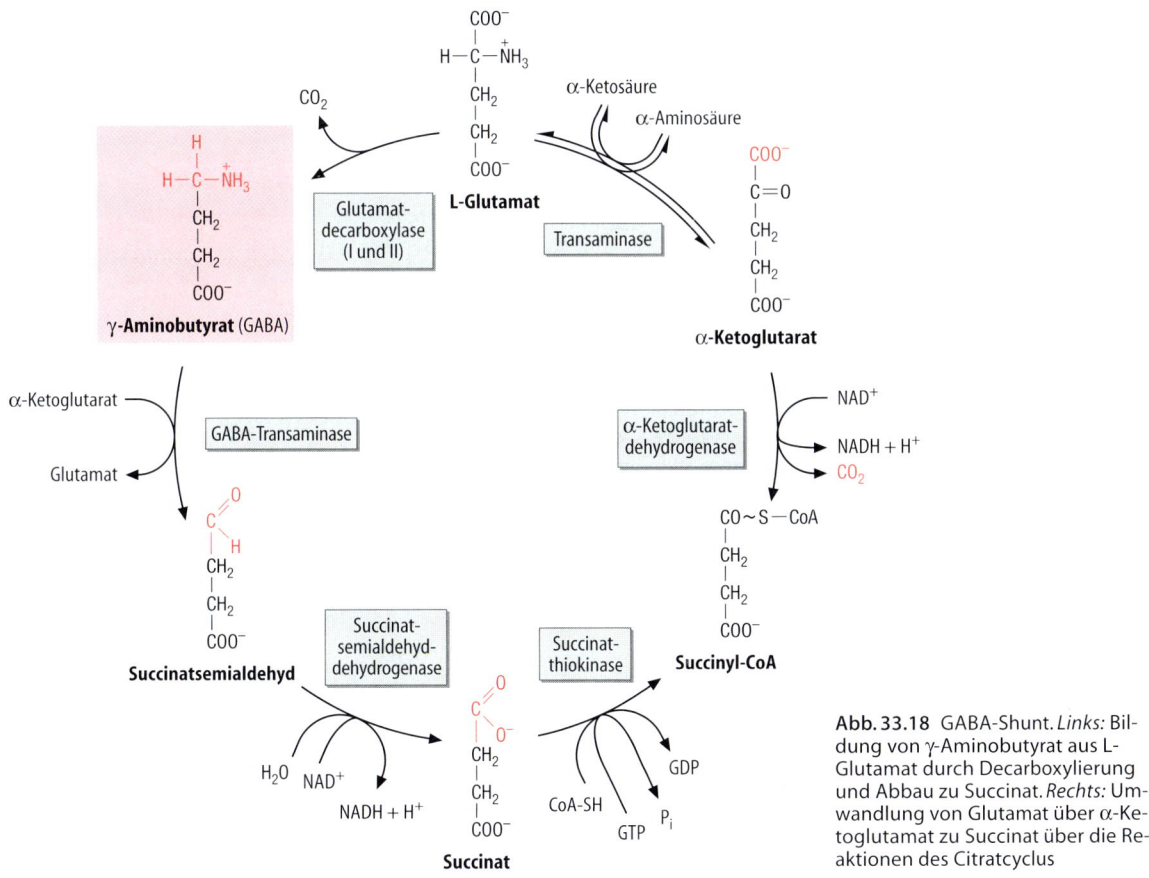

Abb. 33.18 GABA-Shunt. *Links:* Bildung von γ-Aminobutyrat aus L-Glutamat durch Decarboxylierung und Abbau zu Succinat. *Rechts:* Umwandlung von Glutamat über α-Ketoglutarat zu Succinat über die Reaktionen des Citratcyclus

zeptor-Isoform, deren α-Untereinheit eine entsprechende Bindungsstelle aufweist. GABA selbst wird an die β-Untereinheit gebunden (Abb. 2.39, S. 60). Der GABA$_A$- und der Glycinrezeptor sind **Chloridkanal-gekoppelte Rezeptoren,** wohingegen der GABA$_B$-Rezeptor mit der **Adenylatcyclase** und dem Phosphoinositolstoffwechsel verbunden ist.

Die **Inaktivierung** findet über Transporter-vermittelte Reabsorption in die Nervenendigungen und enzymatische Inaktivierung statt. Welchem dieser beiden Abbauwege die größere quantitative Bedeutung zukommt, ist noch unbekannt. Der enzymatische Abbau erfolgt durch Transaminierung zu Succinatsemialdehyd, der zur Dicarbonsäure dehydriert wird (Abb. 33.18). Mit dieser enzymatischen Reaktionssequenz wird gleichzeitig eine Umgehung der intramitochondrialen α-Ketoglutaratdehydrogenasereaktion (dehydrierende Decarboxylierung von α-Ketoglutarat zu Succinyl-CoA) geschaffen, deren Bedeutung für den Gehirnstoffwechsel ebenfalls nicht bekannt ist. Dieser GABA-Shunt (engl. Nebenweg) findet sich auch in der Nierenrinde (S. 1041).

Gutamat ist der wichtigste exzitatorische Neurotransmitter

Nach der Freisetzung aus Vesikeln wird die postsynaptische Wirkung von Glutamat durch ein Rezeptorset vermittelt, das an der Gehirnentwicklung, an synaptischer Plastizität und Gedächtnisbildung beteiligt ist.

Glutamatrezeptoren werden aufgrund ihrer Wechselwirkungen mit selektiven Agonisten, die Glutamat oder Aspartat ähneln, aber nicht in der Natur vorkommen, in

- **NMDA-** (für N-Methyl-D-Aspartat),
- **AMPA-** (für α-Amino-3-Hydroxy-5-Methyl-4-Isoxazolpropionat) oder
- **Kainat-**Rezeptoren unterteilt.

Diese ligandenregulierten Ionenkanäle erhöhen vor allem die Permeabilität für **Calciumionen.** Glutamat wird durch natriumabhängigen Transport in Neurone und Astrocyten zurücktransportiert. Eine **Überstimulation** führt zur Calciumüberladung von Neuronen und wird als neurotoxischer Mechanismus beim Schlaganfall, bei Epilepsien und neurodegenerativen Erkrankungen diskutiert. Es ist unklar, warum und wie das Gehirn eine solche Empfindlichkeit gegenüber einem eigenen Transmitter entwickeln kann.

33.4.5 Serotonin (5-Hydroxytryptamin, 5HT)

Serotonin entsteht durch Decarboxylierung aus Tryptophan

Serotonin (so bezeichnet, weil es bei der Bildung von Serum aus Thrombocyten freigesetzt wird und den Gefäßtonus erhöht) wird im Zentralnervensystem [Bulbus olfactorius, Diencephalon (insbesondere Hypophyse) und Mesencephalon] und in den enterochromaffinen Zellen des Magen-Darm-Trakts (zu 90 %) synthetisiert. Im Blut wird es in den Thrombocyten transportiert (S. 920).

Ausgangspunkt der Serotoninbiosynthese ist die für den Menschen essentielle Aminosäure **L-Tryptophan** (S. 564), die von den Serotonin-produzierenden Zellen aus dem Blut aufgenommen wird. Ins Gehirn gelangt Tryptophan über ein Transportsystem, das es mit den verzweigtkettigen Aminosäuren (Valin, Leucin und Isoleucin), Phenylalanin und Tyrosin teilt (S. 531). Die Biosynthese von 5-Hydroxytryptamin (Serotonin) aus Tryptophan entspricht der von Dopamin aus Tyrosin (S. 557). Zuerst erfolgt durch eine mischfunktionelle Oxygenase (S. 509) eine Hydroxylierung am Indolring unter Bildung von 5-Hydroxytryptophan (Abb. 33.19). Die **Tryptophanhydroxylase** besitzt (im Gehirn) eine ungewöhnlich hohe Michaelis-Konstante (S. 99), so daß wahrscheinlich das Tryptophanangebot die Geschwindigkeit der Serotoninbiosynthese bestimmt. In einer zweiten Reaktion wird 5-Hydroxytryptophan in einer Pyridoxalphosphat-abhängigen Reaktion zu 5-Hydroxytryptamin decarboxyliert (**5-Hydroxytryptamindecarboxylase**). Im Gehirn wird 5-Hydroxytryptamin im Perikaryon der Nervenzelle synthetisiert und dann über das Axoplasma den Nervenendigungen zugeführt. Eine Speicherung erfolgt in Vesikeln, aus denen das biogene Amin bei Stimulierung in den synaptischen Spalt freigesetzt wird.

Serotonin kann mit langsamen und schnellen Rezeptoren reagieren

Serotonin übt seine Wirkung durch Bindung an verschiedene Zellmembranrezeptoren aus, die pharmakologisch in mindestens vier Gruppen (5HT1, 5HT2, 5HT3, 5HT4) mit zusätzlichen Subtypen untergliedert sind und an Neuronen, Gliazellen, glatter Muskulatur, Endothel- und Epithelzellen und Thrombocyten nachweisbar sind.

- 5HT1, 5HT2 und 5HT4-Rezeptoren übermitteln extracelluläre Signale über G-Proteine (G-Protein gekoppelte Rezeptor-Großfamilie) und vermitteln **langsam** eine modulierende Zellantwort über eine Beeinflussung der Adenylatcyclase (Hemmung oder Stimulierung) oder Stimulierung der Phospholipase C (S. 777).

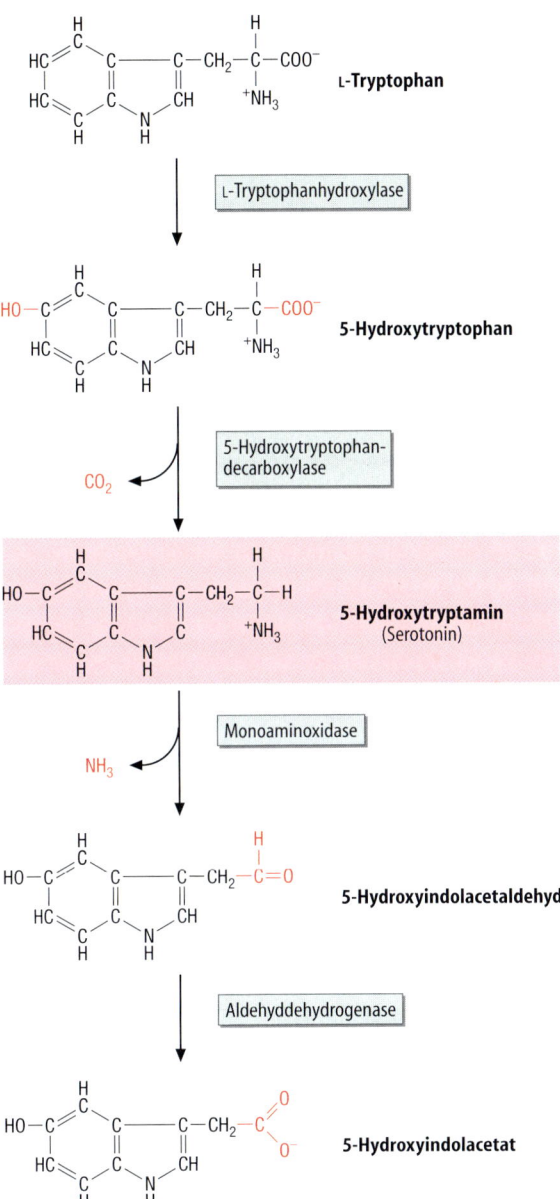

Abb. 33.19 Biosynthese und Abbau von Serotonin

- Dagegen ist der 5HT3-Rezeptor ein Liganden-regulierter Ionenkanal, der eine *schnelle* Depolarisation im Neuron verursacht. Er besitzt die charakteristische Untereinheitsstruktur mit 4 Transmembransegmenten (Abb. 33.15, S. 984).

Durch die verschiedenen Rezeptoren werden unterschiedliche biologische Effekte vermittelt:
- 5HT1-Rezeptoren verursachen eine Relaxation der glatten Muskulatur in Gefäßen und im Gastrointestinaltrakt und eine selektive Kontraktion kranialer Blutgefäße,
- 5HT2-Rezeptoren bedingen eine Kontraktion der glatten Muskulatur und Plättchenaggregation,

- 5HT3-Rezeptoren sind an der Enstehung von Übelkeit, Erbrechen, Schmerzen und Angst beteiligt. 5HT3-Rezeptorantagonisten besitzen deshalb eine wichtige Bedeutung bei der Behandlung von Übelkeit und Erbrechen.

Der Abbau von 5-Hydroxytryptamin erfolgt durch die mitochondriale *Monoaminoxidase-Typ A.* Dabei entsteht 5-Hydroxyindolacetaldehyd, dessen Dehydrierung zu 5-Hydroxyindolacetat führt (Abb. 33.19). Außer *5-Hydroxyindolacetat* (tägliche Ausscheidung 10–40 μmol) werden in geringen Mengen auch andere Produkte (z. B. N-Methyl-5-Hydroxytryptamin) in den Urin ausgeschieden.

Pathobiochemie: Tumoren enterochromaffiner Zellen bilden vermehrt Serotonin

Carcinoide sind Tumoren der enterochromaffinen Zellen, die Serotonin bilden. Die Tumoren enthalten bei hoher Decarboxylase- und niedriger Monoaminoxidaseaktivität verhältnismäßig hohe Mengen *Serotonin,* so daß der Serotoninpool beim Carcinoid-Patienten mehrere Gramm beträgt. Die Serotoninkonzentration im Blut ist fast ausnahmslos erhöht, das Abbauprodukt des 5-Hydroxytryptamins, das *5-Hydroxyindolacetat* wird vermehrt mit dem Urin ausgeschieden (0,26–1,6 mmol/24 Std). Die Tochtergeschwülste dieser Tumoren (Metastasen) in der Leber enthalten im Gegensatz zu gesundem Lebergewebe große Mengen an Kallikrein, das Enzym, das aus dem Kininogen des Blutplasmas die *Kinine* (Kallidin und Bradykinin) freisetzt (S. 763). Die erhöhten Serotonin- und Bradykininkonzentrationen im Blut führen zur typischen Symptomatik des Carcinoids (in Anfällen auftretende purpurrote Verfärbungen der Haut, Koliken, Diarrhoen und Asthma). Normalerweise werden 1 % des mit der Nahrung aufgenommenen Tryptophans in Serotonin überführt, bei Patienten mit Carcinoid kann dieser Anteil bis auf 60 % steigen. Dadurch steht weniger Tryptophan für die Biosynthese von Proteinen zur Verfügung (Hypoproteinämie), außerdem ist die Nikotinsäurebiosynthese aus Tryptophan gestört, wodurch Pellagraähnliche Symptome auftreten können (S. 667). Bei der Sicherung der Diagnose durch quantitative Bestimmung der 5-Hydroxyindolacetatkonzentration im 24-Stunden-Urin ist darauf zu achten, daß während der Urinsammlung stark Serotonin-haltige Früchte (Bananen, Walnüsse und Ananas) gemieden werden.

Pathobiochemie: Genetischer MAO-A-Mangel kann aggressives Verhalten begünstigen

Mutationen im Gen der Monoaminoxidase A (MAO-A) wurden bei einer holländischen Familie nachgewiesen, deren männliche Mitglieder eine leichte Verzögerung der geistigen Entwicklung und aggressives Verhalten

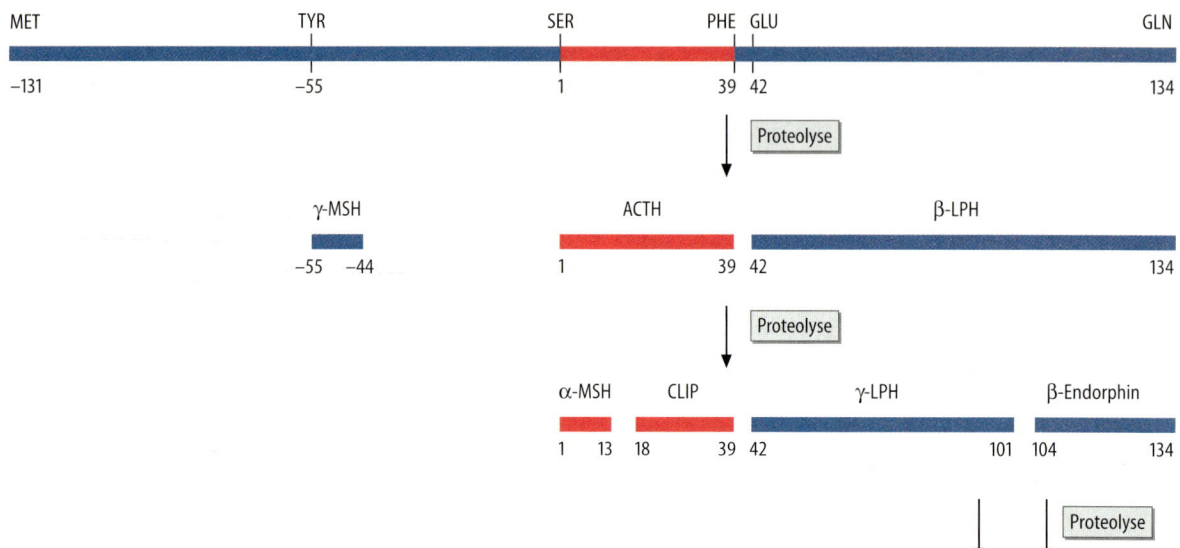

Abb. 33.20 Entstehung von Endorphinen. Endorphine entstehen durch limitierte Proteolyse von Proopiomelanocortin, in dem außerdem die Sequenz des ACTH und des β-LPH enthalten ist. *MSH* Melanocyten stimulierendes Hormon; *CLIP* Corticotropin ähnliches Peptid; *LPH* Lipotropin

aufwiesen. Der MAO-A-Mangel wurde durch Mutation eines Glutaminylrestes in ein Stopcodon ausgelöst und führte zu einer Störung des Monoaminstoffwechsels, der an einer erhöhten Ausscheidung von Tyramin, Noradrenalin und erniedrigten Konzentrationen von 5-Hydroxyindolacetat, Homovanillinsäure und Vanillinmandelsäure erkennbar war.

33.4.6 Peptiderge Neurotransmitter

Endorphine sind die endogenen Liganden für Opiatrezeptoren

Ausgehend von der Überlegung, daß für die an einzelnen Neuronen nachgewiesenen Opiatrezeptoren auch körpereigene Substanzen existieren müßten, suchte man und fand schließlich die endogenen Morphine, die sog. *Endorphine.* Sie bilden Teilsequenzen des – aus 91 Aminosäuren bestehenden – *lipotropen Hormons* (β-LPH$_0$ der β-Lipotropin), das seinerseits Teil des Proopiomelanocortins (POMC) ist (Abb. 33.20): Alle beginnen mit Position 104, so die
- α-Endorphine (104–119),
- die β-Endorphine (104–134),
- die γ-Endorphine (104–114) und
- die δ-Endorphine (104–130).

Diese Peptide mit *analgetischer Wirkung,* die auch die Körpertemperatur erhöhen oder senken, finden sich in der Pars intermedia der Hypophyse, daneben auch in anderen Hirnarealen.

Zwei weitere Pentapeptide mit opioider Wirkung sind die sog. *Enkephaline* (griech. im Kopf), darüber hinaus sind inzwischen die *Dynorphine* und *Neoendorphine* beschrieben worden.

Die einzelnen Peptide mit Opiatwirkung entstehen aus 3 verschiedenen, im Prinzip aber ähnlich aufgebauten Vorstufenproteinen mit Molekulargewichten von jeweils etwa 28 kD (Proopionmelanocortin, Proenkephalin, Prodymorphin).

Die proteolytische Prozessierung der Vorstufenproteine erfolgt meist an 2 aufeinanderfolgenden Aminosäureresten mit *basischer Seitengruppe* (Lysin/Arginin), wobei die Art der gebildeten Peptide durch den Bestand der Zelle an spezifischen Proteasen bestimmt wird, in der das Vorstufengen exprimiert wird.

Neben den endogenen Peptiden mit Opiatwirkung wurden eine Reihe anderer Peptide, v. a. des Gastrointestinaltrakts, wie Substanz P, Neuropeptid Y, Neurotensin oder Cholecystokinin im Nervensystem nachgewiesen. Ihre physiologische Bedeutung ist noch unklar.

Jede Gruppe der opioiden Peptide tritt mit ihrer eigenen Untergruppe des Opiatrezeptors in Wechselwirkung:
- Dynorphin und die anderen am C-Terminus verlängerten Leu-Enkephaline mit dem κ-Rezeptor,
- β-Endorphin und die Enkephaline mit dem μ-Rezeptor und
- die Enkephaline mit dem δ-Rezeptor. Die drei Rezeptoren, die über eine Hemmung der Adenylatcyclase wirken, weisen eine 50 %ige Strukturhomologie auf. Nach Freisetzung in den synaptischen Spalt und Bin-

dung an den Rezeptoren werden Neuropeptide durch membranständige Peptidasen inaktiviert.

Neurotransmitter und Neuropeptide können im gleichen Neuron koexistieren

In sehr vielen Neuronen kommen klassische Neurotransmitter zusammen mit Peptiden (in unterschiedlichen Vesikeln) vor, so daß diese Kolokalisation wahrscheinlich eher die Regel als die Ausnahme ist. Die funktionelle Konsequenz der Tatsache, daß ein klassischer Neurotransmitter und ein Peptid in demselben Neuron vorkommen und damit möglicherweise zusammen an der Nervenendigung freigesetzt werden, legt eine konzertierte Wirkung dieser Stoffe nahe.

33.4.7 Hormone des Gehirns: Melatonin

Melatonin wird in der *Epiphyse* (Glandula Pinealis), einem endokrinen Organ des Zentralnervensystems sowie in der *Retina* synthetisiert. Ausgangspunkt der Biosynthese ist Serotonin, das N-acetyliert und anschließend an der 5-Hydroxygruppe O-methyliert wird (Abb. 33.21).

Die Melatoninsynthese und -sekretion der Retina unterliegt einem ausgeprägten 24-Stunden-Rhythmus. Dieser wird über suprachiasmatische Kerne im Hypothalamus und die Formatio reticularis auf die Epiphyse weitergeleitet. Daraus ergibt sich, daß die Plasma-Melatonin-Konzentration tagsüber niedrig ist, am frühen Abend vor dem Einschlafen ansteigt und ein Maximum gegen Mitternacht erreicht. Sie fällt dann, unabhängig davon ob man schläft, wieder ab. Bei Reisen durch Zeitzonen wird dieser Rhythmus gestört, so daß die vorübergehende Desynchronisierung der Melatoninsekretion am „Jet-lag" beteiligt sein könnte. Aus diesem Grund wird in den USA (wo Melatonin frei verkäuflich ist) die Einnahme zur Vorbeugung des Jet-lags empfohlen. Außer dieser Funktion im Rahmen der Aufrechterhaltung einer zirkadianen Rhythmik beeinflußt Melatonin neuroendokrine Funktionen.

33.5 Periphere Nervenregeneration

Der periphere Nerv regeneriert durch die konzertierte Aktion von Neuron, Schwann-Zelle und Makrophagen

Periphere Nerven können – im Gegenstand zu zentralen – nach einer Verletzung regenerieren. Wird ein peripherer Nerv durchtrennt, so wird ein Programm aktiviert, das normalerweise zu einer Regeneration führt. Diese Rekonstitution kommt durch die konzertierte

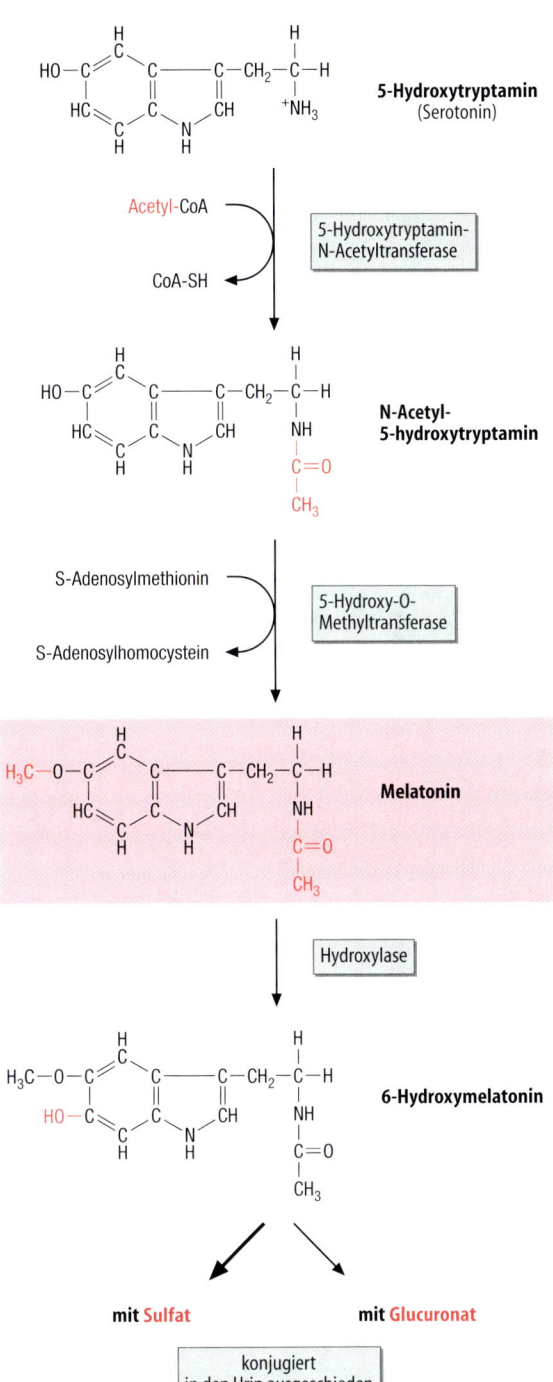

Abb. 33.21 Biosynthese und Abbau von Melatonin

Aktion des *verletzten Neurons,* aus dem neue Axone aussprossen und *Schwann-Zellen,* die dieses Wachstum unterstützen, zustande. Nach einer *Axotomie* proliferieren Schwann-Zellen und stellen ihr Syntheseprogramm von Myelinproteinen auf solche der *extrazellulären Matrix* (Laminin, Fibronektin) und Adhäsionsmoleküle (Integrine) um (Abb. 33.22). Ortsständige *Makrophagen* (Mikroglia) und einwandernde *Mono-*

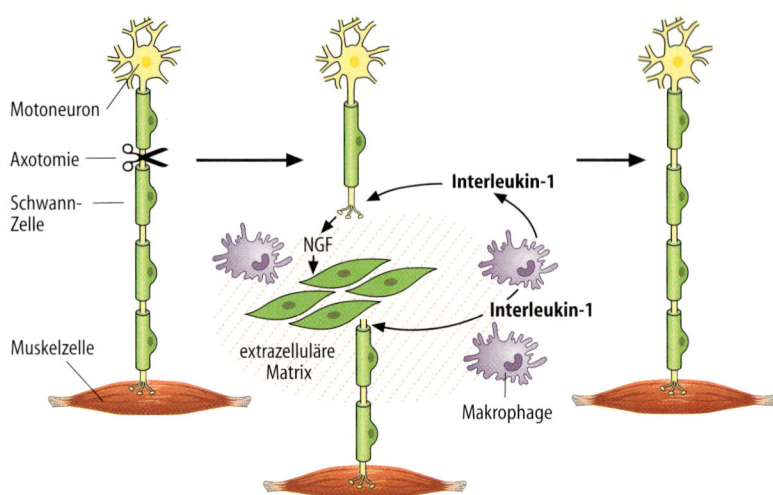

Abb. 33.22 Regeneration in peripherem Motoneuron. Nach Axotomie proliferieren Schwann-Zellen und bilden vermehrt extrazelluläre Matrix. Makrophagen räumen Zelltrümmer ab und setzen Interleukin-1 frei, welches die NGF-Synthese im Neuron und die von NGF-Rezeptoren in den Schwann-Zellen stimuliert

Labels in figure: Motoneuron, Axotomie, Schwann-Zelle, Muskelzelle, Interleukin-1, NGF, Interleukin-1, extrazelluläre Matrix, Makrophage

cyten räumen Myelinreste und Zelltrümmer durch Phagocytose ab. Gleichzeitig kommt es zur Expression sog. *neurotropher Faktoren.* Dazu gehören der *Nervenwachstumsfaktor* (NGF, nerve growth factor) und die *Neurotrophine.* NGF ist ein Zytokin, das das Überleben und die Differenzierung sympathischer und sensorischer Neurone fördert und an der Regeneration von Motoneuronen beteiligt ist. Im Rahmen der Nervenregeneration führt die Freisetzung von *Interleukin-1* aus Makrophagen zu einer Stimulierung der NGF-Biosynthese im proximalen und distalen Nervenstumpf). Gleichzeitig wird der zugehörige *Rezeptor* in Motoneuronen und Schwann-Zellen im distalen, d. h. denervierten Anteil des Nerven synthetisiert. NGF und andere neutrophe Faktoren sind damit offenbar an der Kommunikation zwischen Neuronen und Schwann-Zellen beteiligt. Wie sie auf molekularer Ebene wirken, ist allerdings noch unklar.

! **RESÜMEE**

Das Gehirn bevorzugt Glucose als Substrat zur Deckung seines Energiebedarfes, so daß bei einem abrupten Fall des Blutglucosespiegels schwere Störungen der Gehirnfunktion auftreten können. Nur bei Nahrungskarenz kann das Gehirn nach langsamer Adaptation Ketonkörper verwerten.

Dank ihres besonderen Aufbaus sorgt die Bluthirnschranke für eine Trennung des Gehirns vom Blutkreislauf. Dies hat zur Folge, daß vom Gehirn benötigte oder auszuscheidende Substanzen durch selektive Transportsysteme der Endothelzellen bewegt werden müssen.

Im Nervensystem lassen sich zwei funktionell unterschiedliche Zellsysteme unterscheiden. Neuronen- oder Ganglienzellen stellen die Grundeinheit spezifischer Gehirnleistungen dar und sind über Synapsen miteinander verknüpft. Gliazellen haben Stütz- und Ernährungsfunktion im Nervensystem, bilden das Myelin der Axone und sind ein wichtiger Bestandteil der Bluthirnschranke.

An der Entstehung der Erregung sowie der Erregungsweiterleitung sind eine große Zahl unterschiedlicher Ionenkanalproteine beteiligt, die zu einem beträchtlichen Teil kloniert und in ihrer Struktur aufgeklärt sind. Neben passiven Kanälen finden sich aktive Kanäle, die wiederum in Liganden- bzw. spannungsregulierte Ionenkanäle unterteilt werden können. Die Signalübertragung von Neuron zu Neuron kann über elektrische oder wesentlich häufiger chemische Synapsen erfolgen. Die chemische Kommunikation wird über Neurotransmitter vermittelt, deren Rezeptoren Ionenkanäle sind. Neurotransmitter, die zu den verschiedensten Stoffgruppen gehören können, werden nach Bindung an diese Rezeptoren über unterschiedliche Mechanismen inaktiviert.

Im Gegensatz zu zentralen Neuronen können periphere Neuronen nach Verletzung des Axons regenerieren. Entscheidend hierfür ist die lokale Produktion neurotropher Faktoren, die an der Kommunikation der Neuronen und Schwann-Zellen beteiligt sind.

Literatur

Monographien und Lehrbücher

DAWBARN D, ALLEN SJ (eds) (1995) Neurobiology of Alzheimer's Disease. BIOS Scientific Publishers Limited

KETTENMANN H, RANSOM BR (eds) (1995) Neuroglia. University Press, Oxford

NICHOLLS JG, MARTIN AR, WALLACE BG (Hrsg) (1995) Vom Neuron zum Gehirn. Gustav Fischer

ZIMMERMANN H (1993) Synaptic Transmission: Cellular and molecular Basis. Thieme, Stuttgart

Original- und Übersichtsarbeiten

BLONDEL O, GRAEME IB, SEINO S (1995) Inositol 1,4,5-trisphosphate receptors, secretory granules and secretion in endocrine and neuroendocrine cells. TINS 18: 157–161

BRANCHEK T (1993) More serotonin receptors? Current Biol 3: 315–317

BRUNNER HG et al. (1993) Abnormal behaviour associated with a point mutation in the structural gene for monoaminoxidase A. Science 262: 578–580

CATTERALL WA (1993) Structure and function of voltage gated ion channels. TINS 16: 500–506

CHANGEUX JP (1993) Chemical signaling in the brain. Sci Amer 269: 30–37

JAN LY, JAN YN (1994) Potassium channels and their volving gates. Nature 371: 119–122

JENTSCH TJ (1993) Chloride channels. Curr Opin Neurobiol 3: 316–321

LEVITAN IB (1994) Modulation of ion channels by protein phosphorylation and dephosphorylation. Ann Rev Physiol 56: 193–212

LIEDO PM et al. (1994) Rab3 proteins: key players in the control of exocytosis. TINS 17: 426–432

LIPTON SA, ROSENBERG PA (1994) Excitatory amino acids as final common pathway for neurologic disorders. New Engl J Med 330: 613–622

LITTLETON MT, BELLEN HJ (1995) Synaptotagmin controls and modulates synaptic-vesicle fusion in a Ca^{2+}-dependent manner. TINS 18: 177–183

MATTSON MP (1993) β-Amyloid precursor protein metabolites and loss of neuronal Ca^{2+} homeostasis in Alzheimer's disease. TINS 16: 409–414

MÜLLER U ET AL. (1994) Molecular basis and diagnosis of neurogenetic disorders. J Neurol Sci 124: 119–140

PATEL PI, LUPSKI IR (1994) Charcot-Marie Tooth disease: a new paradigm for the mechanism of inherited disease. TIG 10: 128–133

RAIVICH G, KREUZBERG GW (1993) Nerve growth factor and regeneration of peripheral nervous system. Clin Neurol Neurosurg 95: 84–88

ROSES AD (1993) Molecular genetics of neurodegenerative diseases. Curr Opin Neurol Neurosurg 6: 34–39

SCHLOSSHAUER B (1993) The blood-brain-barrier: morphology, molecules and neurothelin. Bioessays 15: 341–346

SPRAY DC, DERMIETZEL R (1995) X-Linked dominant Charcot-Marie-Tooth disease and other potential gap-junction diseases of the nervous system. TINS 18: 256–262

STAMLER JS (1996) A radical vascular connection. Nature 380: 108–111

STOFFEL W (1994) Molekulargenetische Wege zur Neuropathologie. Dt Ärzteblatt 91: 1340–1347

SUTER U, PATEL PI (1994) Genetic basis of inherited peripheral neuropathies. Hum Mutation 3: 95–102

THOMAS T, THOMAS G et al. (1996) β-Amyloid-mediated vasoactivity and vascular endothelial damage. Nature 380: 168–171

WOLF S et al. (1996) Die Blut-Hirn-Schranke: Eine Besonderheit des cerebralen Mikrozirkulationssystems. Naturwissenschaften 83: 302–311

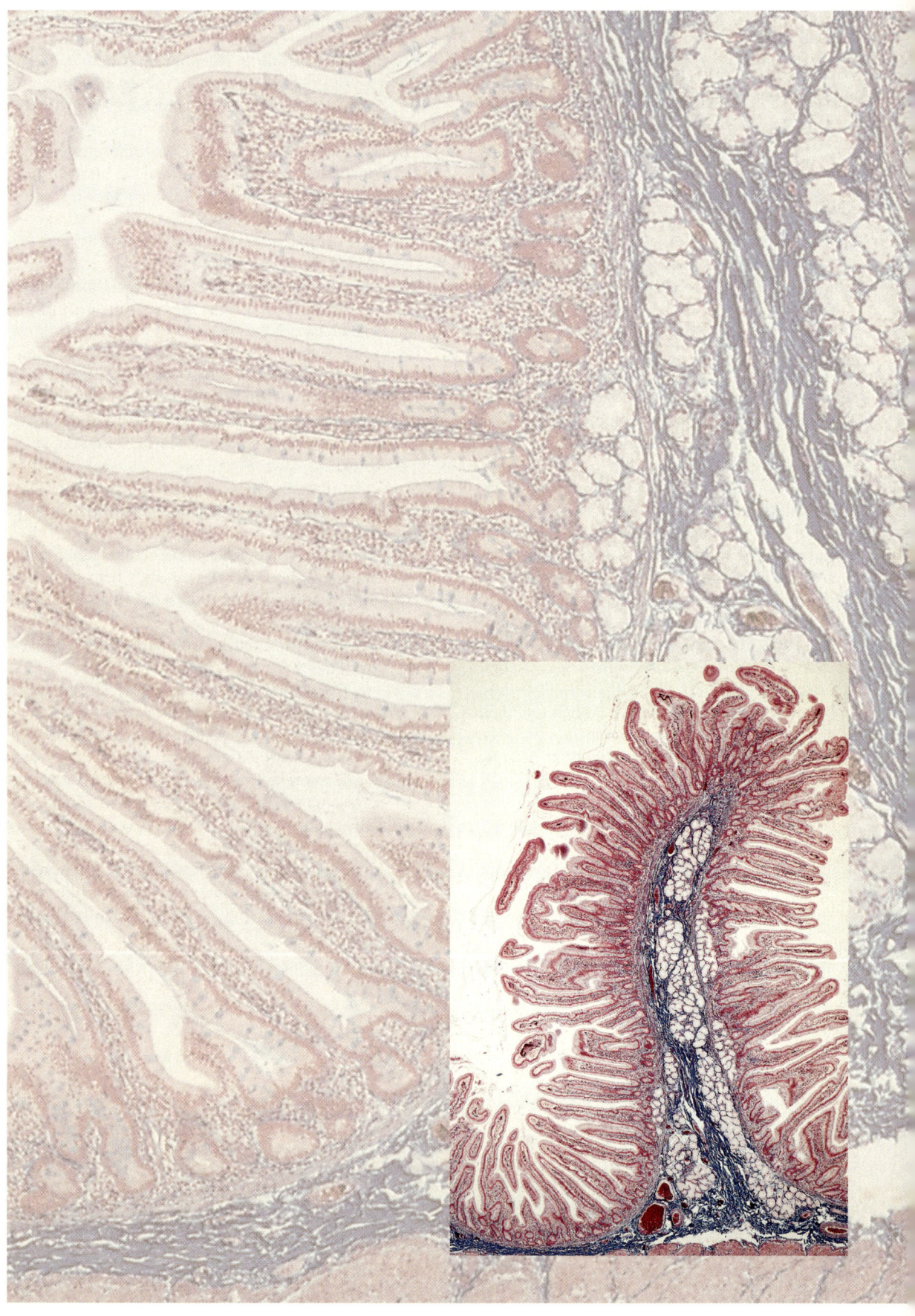

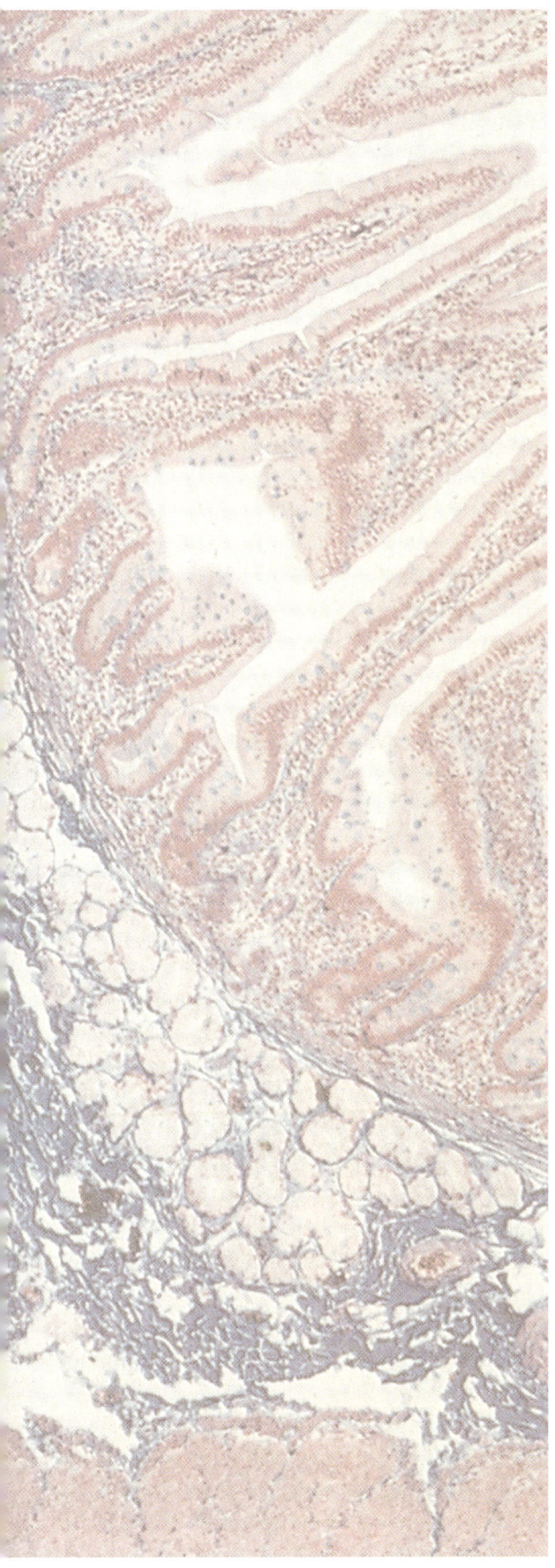

Gastrointestinaltrakt

Der Gastrointestinaltrakt ist eines der komplexesten Organsysteme des menschlichen Organismus. Er ist von vitaler Bedeutung für sämtliche Lebensvorgänge, da er für die Aufnahme der Nahrungsstoffe und damit für die Aufrechterhaltung der Energiezufuhr des Organismus verantwortlich ist. Die menschliche Nahrung besteht aus den Nährstoffen Kohlenhydraten, Fetten, Proteinen und Nucleinsäuren sowie Wasser, Elektrolyten, Vitaminen und Spurenelementen.

Die Nährstoffe können im allgemeinen in der angebotenen Form vom Organismus nicht aufgenommen werden, da es sich um hochmolekulare bzw. nicht oder nur schwer wasserlösliche Verbindungen handelt. Die Aufgabe der Verdauungsvorgänge im Magen-Darm-Trakt besteht darin, die Nahrungsstoffe zu einer für die anschließende Resorption im Duodenum und Jejunum geeigneten Form abzubauen. Dies geschieht durch hydrolytische Spaltung der hochmolekularen Verbindungen in ihre monomeren Bausteine. Sie erfolgt durch die in den verschiedenen Verdauungssäften des Magen-Darm-Traktes enthaltenen Enzyme, deren Wirkung durch Milieubedingungen wie die Salzsäurekonzentration des Magens oder die Gallensäuren des Dünndarms verstärkt wird. Die bei der Hydrolyse der Nahrungsstoffe entstehenden monomeren Einheiten werden von den Zellen der Dünndarmmucosa resorbiert und gelangen dadurch in die Blutbahn bzw. in das Lymphsystem, von wo aus sie über den gesamten Organismus verteilt werden.

Die Mikrovilli im Gastrointestinaltrakt liefern die für die Verdauung und Resorption von Nahrungsstoffen notwendige Oberfläche.
(Bild: O. Meckes, eye of science, Reutlingen)

34.1 Gastrointestinale Sekrete

34.1.1 Speichel

In den Parotiden sowie den submaxillaren und sublingualen Speicheldrüsen werden je nach Menge und Art der aufgenommenen Nahrung pro Tag etwa 1000–1500 ml Speichel produziert. Die Speichelflüssigkeit besteht zu 99,5 % aus Wasser und hat ein pH von etwa 7. Sie enthält mehrere unterschiedliche Mucine (S. 998), die die Nahrung gleitfähig machen. Verschiedene körperfremde Substanzen wie Alkohol und Morphin, außerdem anorganische Ionen wie Kalium, Calcium, Hydrogencarbonat und Jodid werden teilweise mit der Speichelflüssigkeit ausgeschieden. Außerdem sind im Speichel Blutgruppensubstanzen sowie verschiedene Antikörper enthalten.

Im Speichel kommt ein stärkespaltendes Enzym, das *Ptyalin*, vor. Es handelt sich um eine α-*Amylase*, die Stärke bis zur Maltose spaltet. Infolge ihrer geringen Aktivität und der kurzen Verweilzeit der Speise in der Mundhöhle spielt sie allerdings nur eine geringe Rolle bei der Verdauung. Das pH-Optimum des Ptyalins liegt bei 6,7, bei pH-Werten unter 4 wird das Enzym rasch inaktiviert, so daß es im sauren Milieu des Magens nicht mehr wirksam ist.

34.1.2 Magensaft

Die in der Magenschleimhaut gelegenen Magendrüsen produzieren täglich etwa 3000 ml Magensaft, dessen Bestandteile von den verschiedenen sekretorischen Zellen der Magenschleimhaut gebildet werden. Für die Produktion der einzelnen Bestandteile des Magensaftes sind jeweils unterschiedliche Epithelzellen verantwortlich:

- Während die Zellen der pylorischen Region sowie die Nebenzellen im wesentlichen das für den Schutz der Magenschleimhaut vor Selbstverdauung notwendige Mucin produzieren,
- wird in den Belegzellen (Parietalzellen) des Magenfundus die für den Magensaft charakteristische Salzsäure sezerniert.
- Die Protease Pepsin, sowie bei einigen Arten Rennin, werden in den Hauptzellen der Magenschleimhaut gebildet.

Die Belegzellen produzieren HCl und den intrinsic factor

Abbildung 34.1 zeigt die Vorgänge bei der Salzsäuresekretion durch die Belegzellen. Morphologisch zeichnen sich diese durch ein *spezifisches vesikuläres System* aus, dessen Membranen nach Stimulierung der Belegzellen mit den Membranen eines intracellulären Kanalsystems fusionieren. Dieses stellt die Verbindung mit der luminalen Seite der Belegzellen her. In die Vesikelmembranen ist eine *Protonenpumpe* integriert, welche unter ATP-Verbrauch Protonen im Austausch mit Kaliumionen gegen einen erheblichen Konzentrationsgradienten ins Lumen transportiert. Die Protonenkonzentration im Magensaft kann bis etwa 0,1 M entsprechend einem pH-Wert von 1 betragen. Da die Protonenkonzentration intrazellulär bei etwa bei 10^{-7} mol/l entsprechend einem pH von 7,0 liegt, entspricht dies einem Konzentrationsgradienten von etwa 10^6. Die für den Austausch benötigte Energie entstammt der Hydrolyse von ATP mit einer Stöchiometrie von je 2 H^+ bzw. K^+ pro ATP.

Die für die Salzsäureproduktion benötigten Protonen entstammen im wesentlichen der Dissoziation von H_2CO_3 mit Hilfe der **Carboanhydrase.** Das dabei entstehende Hydrogencarbonat wird durch einen auf der basolateralen Seite der Belegzellen lokalisierten Austauscher gegen Chloridionen ausgetauscht, die über einen speziellen Chloridkanal in das Lumen abgegeben werden. Auch die für das Funktionieren der Protonenpumpe notwendigen K^+-Ionen gelangen durch einen entsprechenden Kanal auf die luminale Seite der Belegzellen.

Da Störungen der Salzsäureproduktion zu häufigen und ernstzunehmenden Krankheitsbildern wie Gastritis, Reflux-Ösophagitis und Magengeschwüren führen, war die Aufklärung der Struktur der Protonenpumpe des Magens sowie der Regulation ihrer Expression von großer Bedeutung. Es ist in den letzten Jahren gelungen, die cDNA der Protonenpumpe zu isolieren, zu klonieren und auf diese Weise die Aminosäuresequenz der Protonen-ATPase aufzuklären. Abbildung 34.2 zeigt die aus der Aminosäuresequenz abgeleitete Transmembrantopologie der Protonenpumpe. Es handelt sich um ein dimeres Protein der Struktur αβ. Die ATP-Bindungsstelle, die ATPase-Aktivität sowie der H^+/K^+-Austausch ist auf der α-Untereinheit lokalisiert, über die Funktion der β-Untereinheit ist zur Zeit wenig bekannt. Strukturell zeigt die H^+/K^+-ATPase große Ähnlichkeit mit anderen ATPasen des P-Typs wie der Na^+/K^+-ATPase der Plasmamembran oder der Ca^{2+}-ATPase des endoplasmatischen Reticulums (S. 181). Dieser strukturellen Ähnlichkeit entspricht auch eine Ähnlichkeit im Transportmechanismus. Nach der Bindung von H^+ auf der cytosolischen Seite erfolgt der Transfer des γ-Phosphates des ATP auf einen Aspartylrest der ATPase, so daß eine energiereiche Acylophosphatbindung entsteht. Unter Hydrolyse dieser Acylphosphatbindung erfolgt der Austausch von K^+ gegen H^+.

Die Entwicklung von spezifischen Hemmstoffen der Protonenpumpe der Belegzelle ist ein wichtiger Fortschritt bei der Therapie aller Zustände mit gesteigerter HCl-Produktion gewesen. Ein heute allgemein verwendeter Hemmstoff ist das **Omeprazol** (Abb. 34.3).

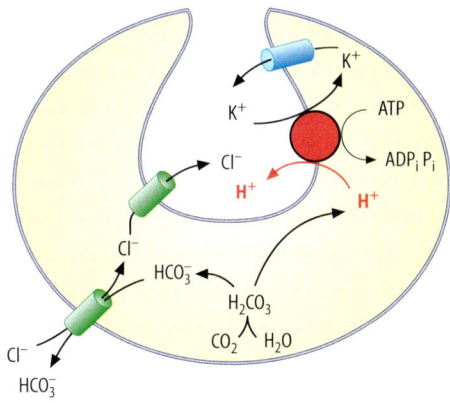

Abb. 34.1 Mechanismus der Salzsäurebildung in den Belegzellen der Magenschleimhaut

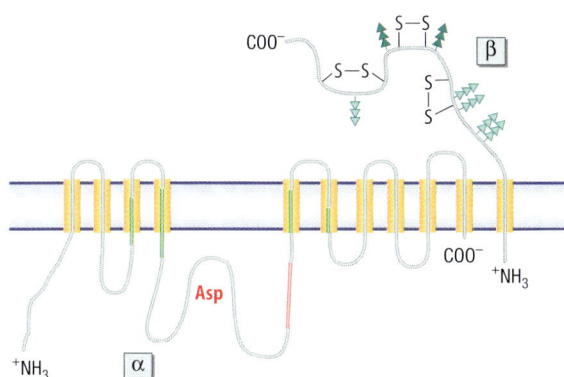

Abb. 34.2 Membrantopologie der H^+/K^+-ATPase der Belegzellen der Magenschleimhaut. Die α-Untereinheit besitzt zehn mögliche Transmembrandomänen. Die ATP-Bindungsstelle sowie Regionen, die am Ionentransport beteiligt sind, sind *rot* bzw. blau hervorgehoben. Über die Funktion der β-Untereinheit ist noch nichts Genaues bekannt. *Asp* phosphorylierbarer Asp-Rest

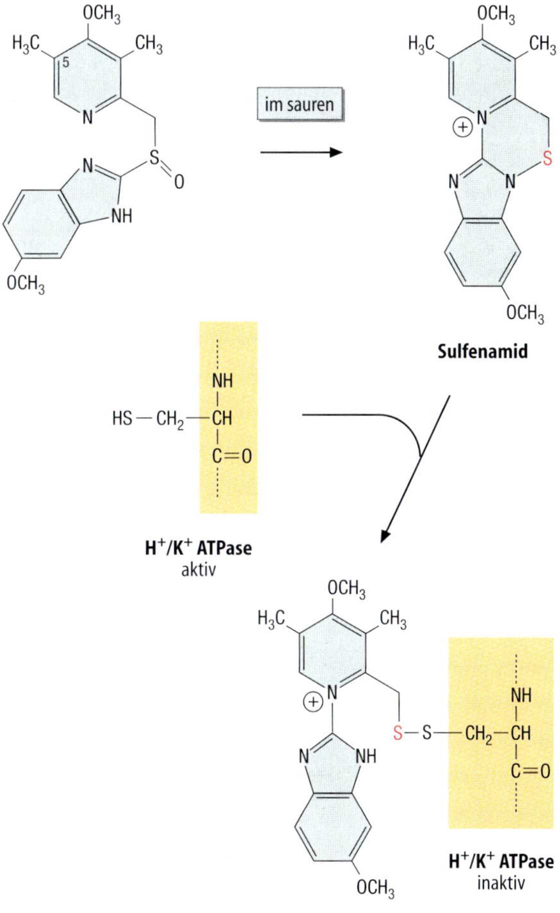

Abb. 34.3 Struktur und Wirkungsweise von Omeprazol. Nach Umlagerung zum Sulfenamid reagiert der *rot* hervorgehobene Schwefel mit SH-Gruppen der H^+/K^+-ATPase. (Einzelheiten s. Text)

Dieses wird als ungeladenes Molekül von den Belegzellen des Magens aufgenommen und erfährt im sauren Milieu der Vesikel der Belegzellen eine Umlagerung zu einem reaktiven *Sulfenamid.* Dieses reagiert mit Cysteinylresten der H⁺/K⁺-ATPase und inaktiviert auf diese Weise das Enzym irreversibel. Eine erneute HCl-Produktion ist erst nach Neusynthese der Protonenpumpe möglich. Die HCl-Produktion ist nicht die einzige Funktion der Belegzellen. Sie sind für die Biosynthese und Sekretion des intrinsic factors verantwortlich, der bei der Resorption von Cobalamin eine entscheidende Rolle spielt (S. 673).

Die Hauptzellen synthetisieren Pepsinogen und einige andere Hydrolasen

An erster Stelle unter den im Magensaft enthaltenen Verdauungsenzymen steht das *Pepsin.* Diese Protease wird in Form des inaktiven Proenzyms, des Pepsinogens, von den Hauptzellen der Magenmucosa synthetisiert und intracellulär in Form der *Zymogengranula* gespeichert. Das Molekulargewicht des Pepsinogens beträgt 42,6 kD. Im sauren pH des Mageninhalts und unter Katalyse von bereits vorhandenem Pepsin werden in Form verschiedener Peptide insgesamt 44 Aminosäuren des Pepsinogens abgespalten, wobei das aktive Enzym Pepsin mit einem Molekulargewicht von 34,5 kD entsteht. Eines der abgespaltenen Peptide wirkt bei neutralem pH als Pepsininhibitor, wird aber bei der sauren Reaktion des Magensaftes rasch vom Pepsin verdaut. Das pH-Optimum des aktiven Pepsins liegt bei 1,8. Das Enzym spaltet als Endopeptidase Peptidbindungen im Inneren von Peptidketten (S. 117), besonders leicht diejenigen, an denen aromatische Aminosäuren (Phenylalanin, Tyrosin) beteiligt sind. Bei der Pepsinverdauung entstehen Polypeptide mit Molekulargewichten zwischen 600 und 3000 D, die früher als *Peptone* bezeichnet wurden.

Pepsinogen kommt in einer seiner Sekretionsrate entsprechenden Konzentration im Serum vor und wird auch im Urin ausgeschieden (Uropepsinogen).

Neben dem Pepsin findet sich als weiteres proteolytisches Enzym im menschlichen Magensaft das **Gastricin.** Es unterscheidet sich vom Pepsin durch sein weniger saures pH-Optimum von 3,0. Seine Funktion dürfte dem im Magen von jungen Wiederkäuern vorkommenden Rennin (Labferment, Chymosin) entsprechen. Das wichtigste Substrat dieser Protease ist das lösliche Casein (Caseinogen) der Milch, das durch leichte Proteolyse in das unlösliche Casein (Paracasein) umgewandelt wird.

Außer diesen Proteasen produzieren die Hauptzellen noch die Magenlipase. Das pH-Optimum dieses Enzyms liegt bei 4–7, aber es ist relativ säurestabil, da auch bei einem pH von 2 noch kein Aktivitätsverlust eintritt. Für die Fettverdauung beim Erwachsenen spielt es wahrscheinlich keine sehr große Rolle. Man nimmt dagegen an, daß die Magenlipase bei Säuglingen zur Hydrolyse des Milchfettes herangezogen wird, da dieses Enzym eine besondere Affinität zu Triacylglycerinen mit kurzkettigen Fettsäuren (Kettenlänge 4–8 C-Atome) hat, wie sie in der Milch vorkommen.

Die Produktion von Mucinen ist eine Funktion der Nebenzellen

Seitdem Ferchault de Reaumur im 18. Jahrhundert zeigte, daß Magensaft Fleisch verdauen kann, hat es Physiologen und Kliniker beschäftigt, warum der Magen sich nicht selbst verdaut. Eine Erklärung für dieses Phänomen liefert die Tatsache, daß viele Epithelien von Säugern eine etwa 200–500 μm dicke *Schleimschicht* synthetisieren können, die zwischen dem

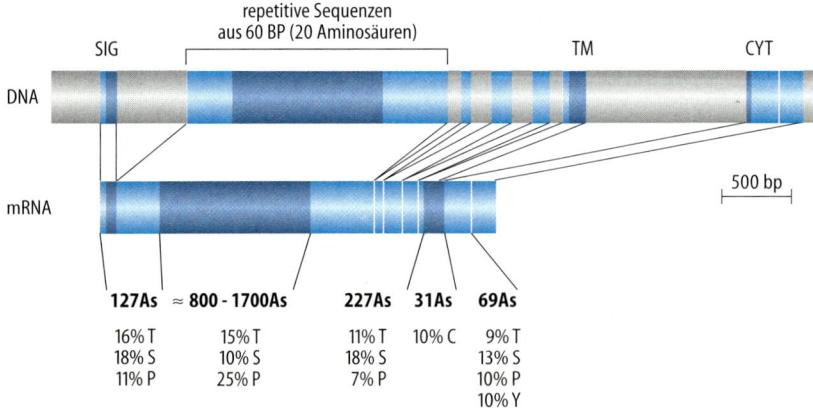

Abb. 34.4 Domänenstruktur des Mucin 1. Das MUC 1-Gen besteht aus 7 Exons und umfaßt ungefähr 6 kB. Die zugehörige mRNA umfaßt eine für den Einbau in die Cytoplasmamembran notwendige Signalsequenz *(SIG)* sowie eine Transmembrandomäne *(TM)*. Die glykosylierte Region ist von variabler Länge und besteht aus repetitiven Sequenzen von je 60 Basenpaaren, in denen die Codons für Threonin und Serin besonders häufig vorkommen. An die cytosolische Domäne *(CYT)* schließt sich eine nicht translatierte Sequenz an. *T* Threonin; *S* Serin; *P* Prolin; *Y* Tyrosin

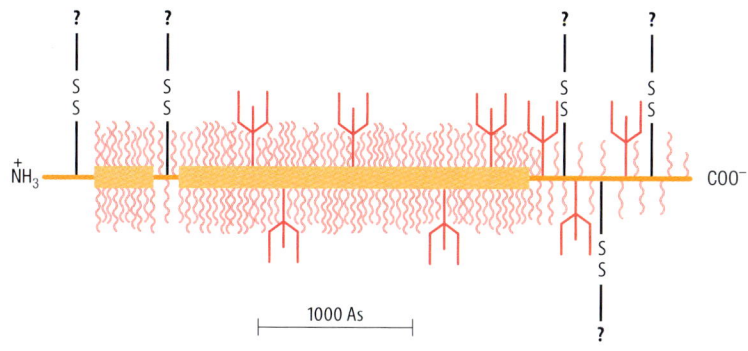

Abb. 34.5 Schematischer Aufbau eines gastrischen Mucins. Der glykosylierte Anteil ist hervorgehoben und besteht überwiegend aus O-glykosidisch verknüpften Oligosacchariden *(wellenförmige Linien)* sowie aus wenigen N-glykosidisch verknüpften Oligosacchariden (verzweigte Strukturen). Es ist nicht klar, ob die dargestellten Disulfidbrücken inter- oder intramolekular sind

Epithel und der Umgebung lokalisiert ist. Den wichtigsten Bestandteil dieser Schleimschicht bilden die sogenannten **Mucine.** Mucine sind Glykoproteine mit Molekulargewichten von vielen hunderttausend Dalton, die sich durch einen besonders hohen Gehalt an *O-glykosidisch verknüpften Saccharidseitenketten* auszeichnen. Bis heute sind die Gene für sechs unterschiedliche Mucin-Proteine kloniert und isoliert worden. Abbildung 34.4 stellt die aus der cDNA abgeleitete Domänenstruktur des Mucins 1 dar, welches durch eine Transmembranhelix in der Membran von Epithelzellen verankert ist. Auffallend an dem Mucinmolekül sind repetitive Aminosäuresequenzen, in denen Seryl- und Threonylreste etwa 50 % der Aminosäuren ausmachen und jeweils mit Kohlenhydratseitenketten versehen sind. Im Magen kommt darüber hinaus ein weiteres Mucin, das Mucin 6, vor. Es zeigt in der glykosylierten Domäne repetitive Aminosäuresequenzen aus 169 Aminosäuren, die 30 % Threonin und 18 % Serin enthalten. Abbildung 34.5 stellt schematisch den Aufbau eines derartigen Mucinmoleküls dar. Aus ihr geht der enorme Glykosylierungsgrad von Mucinmolekülen hervor. Es ist nicht klar, ob die Cysteinylreste intra- oder intermolekulare Quervernetzungen bewirken.

Eine Reihe von Untersuchungen haben gezeigt, daß die Mucinschicht des Magens tatsächlich dafür verantwortlich ist, daß ein pH-Gradient von einem pH-Wert von 1–2 im Magenlumen bis zu 6–7 an der Zelloberfläche aufrecht erhalten werden kann. Man nimmt an, daß die von den Belegzellen synthetisierte Salzsäure als wässrige Lösung wegen der hohen Viskosität der Mucinschicht durch kanalähnliche Strukturen an die luminale Oberfläche des Magens gelangt und sich dort ausbreitet. Eine Diffusion von Salzsäure durch die Mucinschicht erfolgt dann nicht mehr oder nur sehr langsam.

34.1.3 Pankreassekret

Der Mageninhalt oder Chymus, der von cremiger Konsistenz ist, wird durch die Wirkung der Pylorusmuskulatur schubweise in das Duodenum befördert und mischt sich dort mit dem duodenalen Verdauungssaft, einer Mischung aus den Sekreten der Mucosa sowie der Brunner-Drüsen des Duodenums, der Gallenflüssigkeit und dem Pankreassekret.

Alle wichtigen Verdauungsenzyme werden im Pankreas gebildet

Beim Menschen werden in Abhängigkeit von der Nahrungszufuhr pro Tag etwa 3000 ml Pankreassaft sezerniert, dessen Enzymgehalt in Tabelle 34.1 dargestellt ist. Unter seinen anorganischen Bestandteilen ist von besonderer Bedeutung der hohe Hydrogencarbonatgehalt, der dem Pankreassaft sein typisches alkalisches pH von etwa 8,0 verleiht und zur Neutralisierung des sauren Mageninhalts beiträgt.

Proteolytische Enzyme des Pankreas werden als inaktive Proenzyme sezerniert

Von besonderer Bedeutung für die Verdauung sind die im Pankreassaft reichlich vorhandenen proteolytischen Enzyme. Es handelt sich um
- das Trypsin, Chymotrypsin,
- die Carboxypeptidasen A und B sowie
- die Elastase,

die in den exokrinen Zellen des Pankreas in Form inaktiver Proenzyme synthetisiert und intrazellulär in den *Zymogengranula* gespeichert werden.

Ähnlich wie Pepsinogen zeichnen sich die inaktiven Vorstufen Trypsinogen, Chymotrypsinogen und Procarboxypeptidasen gegenüber den aktiven Enzymproteinen dadurch aus, daß sie aus einer längeren Peptidkette bestehen und durch Abspaltung einer Teilsequenz aktiviert werden. Normalerweise findet dieser Vorgang erst im Duodenum statt. Die in der intestinalen Mucosa produzierte **Enterokinase** (Enteropeptidase), ein Glykoprotein mit einem Kohlenhydratanteil von 45 %, aktiviert Trypsinogen zu Trypsin. Die Umwandlung von Chymotrypsinogen zu Chymotrypsin sowie der Procarboxypeptidasen zu Carboxypeptidasen erfolgt unter Katalyse von Trypsin.

Tabelle 34.1 Wichtige gastrointestinale Verdauungsenzyme

Bildungsort	Enzym	Inaktive Vorstufe	Cofaktoren	pH-Optimum	Substrat	Reaktions-produkt
Speicheldrüsen	Ptyalin	–	Cl'	6,7	Stärke	Maltose
Magenschleim-haut	Pepsin	Pepsinogen		1–2	Proteine	Peptide
	Renin	–	Ca^{2+}	3–4	Lösliches Casein	Unlösliches Casein
Pankreas, exokrin	Trypsin	Trypsinogen	–	7–8	Proteine, Polypeptide	Oligopeptide
	Chymotrypsin	Chymotryp-sinogen	–	7–8	Proteine, Polypeptide	Oligopeptide
	Carboxypepti-dasen A u. B	Procarboxy-peptidasen A und B	–	7–8	C-terminale Aminosäuren von Proteinen	Aminosäuren Peptide
	Elastase	Proelastase			Elastin	
	Lipase	–	Gallensäuren	8	Triacylglycerine	Fettsäuren, α- u. β -Mono-acylglycerine
	Cholesterin-esterase	–	Gallensäuren	8	Cholesterinester	Cholesterin, Fettsäuren
	α-Amylase	–	–	8	Stärke	Maltose
	Ribonuclease	–	–	7–8	Ribonuclein-säuren	Ribonucleo-tide
	Desoxyribo-nuclease	–	–	7–8	Desoxyribo-nucleinsäuren	Ribonucleo-tide
Intestinale Mucosa	Aminopepti-dase	–	–	–	N-terminale Aminosäuren von Proteinen	Aminosäuren, Peptide
	Dipeptidasen	–	–	–	Dipeptide	Aminosäuren
	Enterokinase	–	–	–	Trypsinogen	Trypsin
	Saccharase	–	–	5–7	Saccharose	Fructose, Glucose
	Maltase	–	–	5–7	Maltose	Glucose
	Lactase	–	–	5–7	Lactose	Galaktose, Glucose
	Isomaltase	–	–	5–7	Isomaltose	Glucose
	Polynucleoti-dase	–	–	–	Nucleinsäuren	Nucleotide
	Nucleosidasen	–	–	–	Nucleoside	Purin- bzw. Pyrimidinbase, Pentose
	Phosphatase	–	–	8	Organische Phosphorsäureester	Phosphat

Wie Pepsin sind Trypsin und Chymotrypsin *Endopeptidasen,* allerdings mit einem pH-Optimum zwischen 7,5 und 8,5. Denaturierte Proteine werden besonders leicht gespalten. Unter der Einwirkung von Trypsin und Chymotrypsin werden die durch die peptische Aktivität des Magensaftes entstandenen Proteinbruchstücke in kleinere Polypeptide zerlegt. Über die Substratspezifität von Trypsin und Chymotrypsin s. S. 97.

Die *Exopeptidase* Carboxypeptidase ist ein Zinkprotein mit einem Molekulargewicht von 34 kD,

das vom Pankreas ebenfalls als inaktive Vorstufe (Procarboxypeptidase, Molekulargewicht 90 kD) sezerniert und erst durch die Einwirkung von Trypsin aktiviert wird. Das Enzym spaltet die am Carboxylende stehenden Aminosäuren von Polypeptiden ab. Man unterscheidet zwei pankreatische Carboxypeptidasen:

- die Carboxypeptidase A hat eine besondere Affinität zu aromatischen Endgruppen (Phenylalanin, Tyrosin, Tryptophan),
- die Carboxypeptidase B zu carboxylendständigen basischen Aminosäuren (Lysin, Arginin, Histidin).

Andere hydrolytische Enzyme des Pankreassekrets spalten Glykogen, Lipide oder Nucleinsäuren

Außer den proteolytischen Enzymen enthält das Pankreassekret Hydrolasen zur Aufspaltung von Kohlenhydraten, Fettsäuren und Nucleinsäuren. Die **Pankreasamylase** entspricht in ihren Eigenschaften dem Ptyalin. Es handelt sich um eine *Endoamylase* oder *α-Amylase*, die die 1,4α-glykosidischen Bindungen in Polysacchariden wie Stärke oder Glykogen aufspaltet. Ihr Reaktionsprodukt sind unterschiedlich große Bruchstücke der Polysaccharidmoleküle, da das Enzym die 1,6-glykosidischen Bindungen der Verzweigungsstellen in den Polysaccharidmolekülen nicht zu spalten vermag und seine Affinität zum Substrat mit Abnahme der Kettenlänge des Polysaccharidmoleküls geringer wird.

α-Amylase wird in geringen Mengen an das Blut abgegeben und wegen ihres niedrigen Molekulargewichts mit dem Urin ausgeschieden.

Die **Pankreaslipase** ist zur Hydrolyse von Triacylglycerinen imstande, wobei als Reaktionsprodukte v. a. Monoacylglycerine, daneben Fettsäuren, Glycerin und in geringem Umfang Diacylglycerine entstehen. Ihre Anwesenheit ist zur Fettverdauung unbedingt erforderlich. Das Enzym katalysiert bevorzugt die hydrolytische Abspaltung der in 1- bzw. 3-Positionen (α bzw. α'-Position) stehenden Fettsäuren aus den Triacylglycerinen, die dabei entstehenden β-Monoacylglycerine spielen bei der Fettverdauung als Emulgatoren eine wichtige Rolle. Ein weiteres an der Lipidverdauung beteiligtes Pankreasenzym ist die **Cholesterinesterase**, die die Hydrolyse der Cholesterinester katalysiert, die erst nach Spaltung resorbiert werden können.

Der Nachweis der Amylase- bzw. Lipaseaktivität in Serum bzw. Urin hat sich als wertvolles diagnostisches Hilfsmittel bei entzündlichen Pankreaserkrankungen bewährt.

Für die Verdauung von Nucleinsäuren sind schließlich im Pankreassaft **Ribonuclease** und **Desoxyribonuclease** enthalten, deren Spezifität und Wirkungsweise in Kapitel 4 (S. 108) besprochen wurde.

Galle ist für Verdauung und Resorption unerläßlich

Bei den im Darmlumen ablaufenden Verdauungsprozessen spielt auch die Leber eine wichtige Rolle, da sie die Bildungsstätte der Galle ist. Beim Menschen und vielen anderen Warmblütern wird die von der Leber sezernierte Galle (Lebergalle) in der Gallenblase gespeichert und konzentriert. Tabelle 34.2 zeigt die Zusammensetzung menschlicher Leber- und Blasengalle.

34.1.4 Galle

Die Bedeutung der Gallenflüssigkeit bei den Verdauungsvorgängen läßt sich v. a. auf ihren hohen Gehalt an Gallensäuren zurückführen, deren Anwesenheit im Duodenalsaft eine Voraussetzung der für die Lipidresorption notwendigen *Micellenbildung* (S. 144) ist. Die wichtigsten Gallensäuren der menschlichen Galle sind

- Cholsäure und
- Chenodesoxycholsäure, deren Strukturen in Abb. 34.6 dargestellt sind.

Sie werden in der Leberzelle nach einem relativ komplizierten Mechanismus aus *Cholesterin* synthetisiert. Der erste Schritt besteht in einer Hydroxylierung des Cholesterins in Position 7 α, die wahrscheinlich der geschwindigkeitsbestimmende Schritt bei der Gallensäurenbiosynthese ist. Die Hydroxylierung wird durch ein mikrosomales Enzym katalysiert, das Sauerstoff und NADPH/H⁺ benötigt und teilweise durch Kohlenmonoxid gehemmt wird. Trotz der offensichtlichen Ähnlichkeiten mit den Monooxygenasen (S. 509) ist eine Beteiligung des Cytochroms P_{450} bei der Synthese von Gallensäuren noch nicht bewiesen. Der größte Teil der Gallensäuren wird nach Aktivierung zum Coenzym-A-Ester mit Glycin oder Taurin konjugiert und als Konjugat in die Gallengänge ausgeschieden.

Gallensäuren durchlaufen einen enterohepatischen Kreislauf

Unter der Annahme einer täglichen Gallensekretion von nur etwa 500 ml läßt sich anhand der in Tabelle 34.2 angegebenen Daten errechnen, daß der tägliche Umsatz an Gallensäuren 10 g beträgt. Wie experimentell mit Hilfe von radioaktiv markierten Vorstufen von Gallensäuren gemessen werden konnte, beträgt die tägliche Gallensäurensynthese in den Leberzellen jedoch insgesamt nur 200–500 mg. Dieser Wert entspricht genau der täglichen Ausscheidung von Gallensäuren bzw. deren bakteriellen Abbauprodukten mit den Faeces. Offensichtlich ersetzt also die Leber nur den täglichen Verlust von Gallensäuren im Stuhl, während eine weit-

Tabelle 34.2 Zusammensetzung menschlicher Leber- und Blasengalle

	Lebergalle [% des Gesamtgewichts]	Blasengalle [% des Gesamtgewichts]
Wasser	96,64	86,7
Gallensäuren	1,9	9,1
Mucin und Gallenfarbstoffe	0,5	3,0
Cholesterin	0,06	0,3
Fettsäuren	0,1	0,3
Anorganische Salze	0,8	0,6
pH	7,1	6,9–7,7

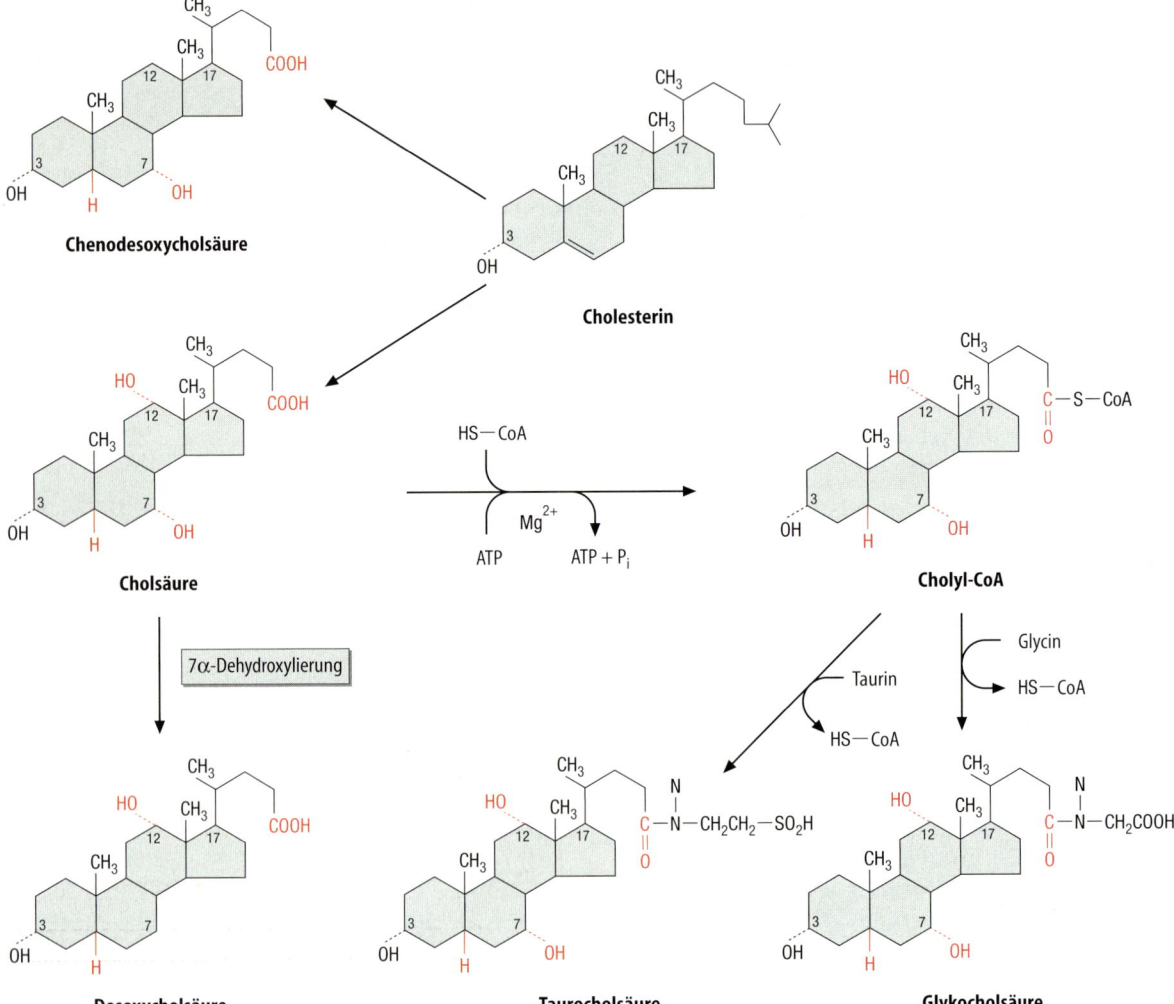

Abb. 34.6 Bildung von Gallensäuren und Gallensäurenkonjugaten

aus größere Menge von Gallensäuren sich in der Gallenflüssigkeit bzw. dem Duodenalinhalt befindet. Durch eine Reihe von Untersuchungen konnte gezeigt werden, daß die mit der Galle in das Duodenum eingebrachten Gallensäuren zu über 90 % im Ileum mit Hilfe eines *aktiven Transportsystems* resorbiert und über das Pfortadersystem zur Leber zurückgebracht werden, wo sie für die erneute Sekretion in die Gallenflüssigkeit zur Verfügung stehen. Dieser enterohepatische Kreislauf der Gallensäuren erfolgt mit beträchtlicher Geschwindigkeit, so daß die relativ geringe Gesamtmenge an Gallensäuren des menschlichen Organismus (3–5 g) etwa sechs- bis zehnmal pro Tag den Kreislauf durchläuft.

Es sei an dieser Stelle vermerkt, daß die Ausscheidung von Gallensäuren mit den Faeces für den Organismus die einzige Möglichkeit zur Ausscheidung von Cholesterin und seinen Derivaten darstellt, da Säugetiere nicht über die zur Aufspaltung des Cholesterinringsystems notwendigen Enzyme verfügen. Die Be-

stimmung der täglichen Ausscheidung von Gallensäuren ist infolgedessen ein gutes Maß zur Bestimmung der Cholesterinausscheidung.

Gallensäuren sind für die Lipidresorption unerläßlich und beeinflussen die Cholesterinsynthese

Die Gallensäuren besitzen eine Reihe wichtiger Stoffwechselfunktionen. Für die *Fettverdauung* stellen sie eine unerläßliche Komponente dar, da sie im Duodenum mit den unter der Einwirkung der Pankreaslipase entstehenden Fettsäurenseifen und Monoacylglycerinen Micellen bilden. In micellärer Form ist die Resorption lipophiler Substanzen beträchtlich erleichtert (S. 144).

Gallensäuren sind nicht nur die Ausscheidungsform des Sterangerüstes, sondern regulieren auch die *Cholesterinbiosynthese.* Diese wird primär durch die Cholesterinzufuhr mit der Nahrung gesteuert. An Versuchstieren mit Gallengangsfisteln konnte jedoch gezeigt werden, daß bei Ableitung der Gallenflüssigkeit nach außen die Geschwindigkeit der Cholesterinbiosynthese in der Leber und im Darm deutlich zunimmt. Bei Verfütterung eines nicht resorbierbaren Ionenaustauscherharzes (S. 43) mit hoher Affinität zu Gallensäuren (Cholestyramin) werden die Gallensäuren gebunden und ihre Rückresorption verhindert. Die Cholesterinbiosynthese der Leber nimmt entsprechend zu. Trotzdem sinkt der Cholesterinspiegel im Blut ab, da durch die Verhinderung der Gallensäurenrückresorption und die Verminderung der Gallensäurenkonzentration in der Leber die Umwandlung von Cholesterin in Gallensäuren stark beschleunigt wird. Der gegenteilige Effekt, nämlich eine Hemmung der Cholesterinbiosynthese, wird durch orale Zufuhr von freien und konjugierten Gallensäuren in hohen Konzentrationen erreicht.

Diese Wechselbeziehungen zwischen Cholesterinbiosynthese und Gallensäurenresorption werden auch klinisch ausgenutzt. So können Hypercholesterinämien durch Cholestyramin oder drastischer durch Entfernung des Ileums als Ort der Gallensäurenrückresorption behandelt werden.

In der Gallenflüssigkeit selbst wirken Gallensäuren als *Lösungsvermittler* für das dort, wenn auch nur in geringen Mengen (0,26 % der Gesamtgalle) vorhandene Cholesterin. In dieser Konzentration ist Cholesterin praktisch unlöslich in wäßrigen Medien. Ein Ausfallen kann nur dadurch verhindert werden, daß mit Gallensäuren und dem ebenfalls in der Galle vorkommen-

den Phosphatidylcholin micellärc Cholesterinlösungen gebildet werden. Das in Abb. 34.7 dargestellte Diagramm ermöglicht die Bestimmung der maximalen Löslichkeit von Cholesterin in menschlicher Blasengalle. Es wurde aus Untersuchungen des Verhaltens von Mischungen aus Gallensäuren, Phosphatidylcholin und Cholesterin in Wasser konstruiert. Bei allen Zusammensetzungen der Gallenflüssigkeit, die oberhalb der Linie A, B, C liegen, kommt es zur Bildung von Cholesterinkristallen, die die Keime von Cholesterinsteinen sein können.

Da 80 % der Gallensteine cholesterinreich und 50 % reine Cholesterinsteine sind, nimmt man an, daß Änderungen des Mischungsverhältnisses der drei genannten Verbindungen für das Entstehen von Gallensteinen verantwortlich sind. Bei der sog. lithogenen Galle findet sich dementsprechend auch häufig eine Abnahme des Phosphatidylcholingehaltes. Diese Beobachtungen waren der Anlaß dafür, Gallensteinleiden mit Gallensäuren zu behandeln. Diese greifen nicht nur ändernd in das Verhältnis von Cholesterin, Phosphoglyceriden und Gallensalzen ein, sondern hemmen in der Leber die Cholesterinbiosynthese und damit die Cholesterinausscheidung. In einigen Fällen konnte das Weiterwachsen von Cholesterin-(Gallen-)Steinen nicht nur verhindert, sondern sogar eine Auflösung bereits vorhandener Steine erreicht werden.

Die Gallenflüssigkeit ist ein wichtiges Vehikel für eine Vielzahl körpereigener und körperfremder Substanzen. So werden z. B.

- die Gallenfarbstoffe Biliverdin und Bilirubin, als Glucuronide sowie
- von den Hormonen v. a. die Steroide der Nebennierenrinde und der Gonaden mit der Gallenflüssigkeit ausgeschieden.

Daneben wird immer wieder über das Vorkommen auch anderer Hormone, beispielsweise des Insulins, in der Gallenflüssigkeit berichtet. Mit der Galle werden auch viele Medikamente aus dem Organismus entfernt. Störungen des Gallenflusses behindern deswegen häufig die Eliminierung von Arzneimitteln.

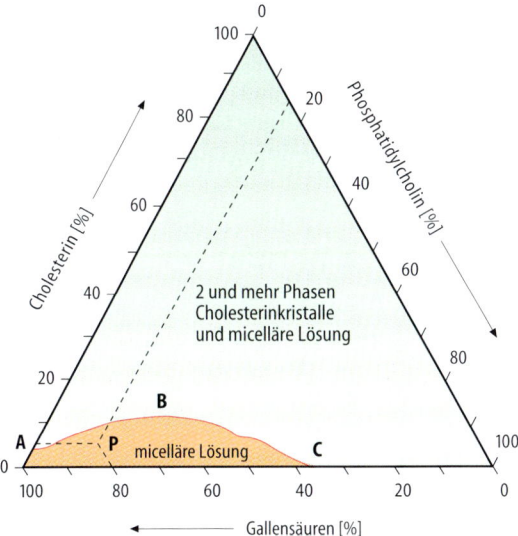

Abb. 34.7 Löslichkeit von Cholesterin in der Galle in Abhängigkeit vom Verhältnis von Phosphatidylcholin, Gallensäuren und Cholesterin. Durch die Linie A-B-C wird die maximale Löslichkeit des Cholesterins bei wechselndem Verhältnis von Gallensäuren und Phosphatidylcholin wiedergegeben. Bei einer Zusammensetzung der Galle, die unterhalb der Linie A-B-C liegt, liegt Cholesterin in micellärer Lösung vor. Bei einer Gallenzusammensetzung oberhalb der Linie A-B-C liegt Cholesterin in übersättigter Lösung vor und fällt aus

34.1.5 Duodenalsekret

Die Dünndarmschleimhaut bildet täglich 1000–2000 ml eines eigenen Verdauungsekrets. Ein wesentlicher Bestandteil dieses Darmsaftes sind **Mucine,** welche die Schleimhaut vor der Einwirkung der Magensäure oder anderer schädigender Nahrungsbestandteile schützen. Daneben kommt **Albumin** vor, das im Darm durch Proteolyse abgebaut wird. Etwa $^1/_5$ des gesamten Albuminabbaus erfolgt durch Abgabe an das Duodenum. Die bei der Albuminhydrolyse entstehenden Aminosäuren werden resorbiert und der Leber für eine erneute Proteinbiosynthese zur Verfügung gestellt (*enterohepatischer Kreislauf von Aminosäuren*).

Noch ungeklärt ist die Frage, ob auch Verdauungsenzyme aus der Dünndarmmucosa sezerniert werden. Im Darmsaft wurden zwar eine Reihe von Enzymen wie Aminopeptidasen, Dipeptidasen, Saccharase, Maltase, alkalische Phosphatase, Isomaltase, Polynucleotidase und Phospholipase nachgewiesen, es ist jedoch nicht sicher geklärt, ob es sich hierbei um tatsächliche Sekretionsprodukte handelt oder ob die betreffenden Enzyme aus abgeschilferten und zugrunde gegangenen Zellen stammen.

Gesichert ist lediglich, daß durch die duodenale Mucosa die für die Trypsinogenaktivierung notwendige Enterokinase abgegeben wird.

34.1.6 Regulation der gastrointestinalen Sekretion

Der Intestinaltrakt enthält ein umfangreiches endokrines System

Im Intestinaltrakt erfolgt die Aufarbeitung und Resorption eines ständig wechselnden Angebots an Nahrungsmitteln. Es ist daher verständlich, daß die funktionellen Zustände einzelner Darmabschnitte sowie der anderen an der Verdauung beteiligten Organe sehr genau aufeinander abgestimmt werden müssen, damit eine optimale Verdauung und Resorption der Nahrungsstoffe gewährleistet ist. Im Intestinaltrakt werden darüber hinaus große Mengen an Flüssigkeit umgesetzt, außerdem muß der größte Teil der mit den Verdauungssäften in den Intestinaltrakt gelangenden Elektrolyte hier wieder rückresorbiert werden. Die koordinierte Regulation dieser Prozesse erfolgt bei höheren tierischen Organismen sowie beim Menschen durch eine große Zahl gastrointestinaler Hormone sowie parakrin wirksamer hormonartiger Faktoren. Diese werden nicht von einzelnen endokrinen Drüsen sezerniert, sondern von endokrinen Zellen, die über den Intestinaltrakt verstreut sind. Die Bedeutung dieses endokrinen Systems wird allein aus der Tatsache verständlich, daß die Gesamtmasse der hormonell aktiven Zellen im Intestinaltrakt größer ist als die Masse aller anderen endokrinen Drüsen des Organismus. Tabelle 34.3 stellt eine Auswahl gastrointestinaler Peptidhormone und Neurotransmitter zusammen. Es handelt sich ausschließlich um Peptide mit Molekulargewichten unter 10 kD. Interessanterweise kommt ein beträchtlicher Teil von ihnen auch im Zentralnervensy-

Tabelle 34.3 Gastrointestinale Peptidhormone und Neurotransmitter

Bezeichnung	Aminosäurereste	Vorkommen	Wichtigste Funktion
Hormone			
Gastrin	17 bzw. 34	Antrum des Magens, oberes Duodenum	Stimulierung der HCl-Sekretion
Sekretin	27	Duodenum, Jejunum	Stimulierung der pankreatischen HCO_3^--Sekretion
Cholecystokinin/ Pankreozymin[a]	33	Duodenum Jejunum	Stimulierung der pankreatischen Enzymsekretion Kontraktion der Gallenblase
Gastroinhibitorisches Peptid (GIP)	43	Duodenum bis oberes Jejunum	Stimulierung der Insulinsekretion
Motilin	22	Oberes Jejunum, Duodenum	Stimulierung der Motilität von Magen und Dünndarm
Neurotensin	13	Unterer Dünndarm, Colon	Stimulierung der Sekretion von Insulin, Glucagon, Gastrin?
Enteroglucagon	~ 70	Ileum und Colon	Trophischer Faktor für Epithelzellen des Intestinaltraktes
Somatostatin[a]	14	Gesamter Intestinaltrakt, Pankreas	Hemmung sekretorischer Vorgänge
Neurotransmitter			
Vasoaktives intestinales Peptid[a]	14/28	Neurone und Nervenfasern des Intestinaltrakts	Vasodilatation, Relaxation der glatten Muskulatur
Substanz P[a]	11	Gesamter Intestinaltrakt	Kontraktion der glatten Muskulatur
Bombesin[a]	14	Magen, Duodenum Jejunum	Pankreassekretion?
Enkephalin[a]	5	Gesamter Intestinaltrakt	?

[a] Vorkommen im Zentralnervensystem gesichert.

stem vor und wirkt dort offensichtlich als Neurotransmitter.

Über die physiologische Bedeutung der Enterohormone Gastrin, Sekretin, Cholecystokinin sowie gastroinhibitorisches Peptid bestehen heute bereits einigermaßen gesicherte Erkenntnisse (s. u.). Über andere in der Tabelle genannte Peptide weiß man jedoch wesentlich weniger; ihre Wirkung läßt sich häufig nur anhand experimenteller Modellsysteme nachweisen. Es ergibt sich jedoch mehr und mehr die Erkenntnis, daß die einzelnen funktionellen Zustände des Gastrointestinaltrakts jeweils durch eine Vielzahl von Regulationsfaktoren stabilisiert werden, deren Zusammenspiel alleine die geordnete Funktion des Intestinaltrakts ausmacht. Wie kompliziert die Verhältnisse sind, mag aus der Tatsache hervorgehen, daß allein für die Regulation der HCl-Produktion im Magenfundus 16 hemmende bzw. aktivierende Faktoren beschrieben worden sind.

Die Magensaftsekretion wird hormonell und nerval reguliert

Die in den parietalen Belegzellen des Magenfundus stattfindende Salzsäureproduktion und -sekretion steht unter
- neurokriner,
- endokriner und
- parakriner Kontrolle (Abb. 34.8).

Vom Zentralnervensystem ausgehende nervale Impulse stimulieren über *muscarinische Acetylcholinrezeptoren* direkt die Salzsäureproduktion, wobei die Aktivierung des *Phosphoinositid-Systems* (S. 777) mit einer Mobilisierung von Calcium aus intracellulären Speichern der Weg der Signaltransduktion ist. Enteroendokrine Zellen im Antrum des Magens, sogenannte *Ga-*

strinzellen, setzen als Antwort auf Dehnungsreize, Anstieg des pH-Wertes, Alkohol, Coffein sowie vor allen Dingen auf Peptide, die bei der Proteinverdauung entstehen, sowie indirekt auf Vagusreizung das Peptidhormon *Gastrin* frei. Gastrinpeptide kommen als
- sogenanntes big-Gastrin (34 Aminosäuren),
- Gastrin I und II (17 Aminosäuren, Abb. 34.9), sowie
- als Minigastrin (13 Aminosäuren) vor.

Für die biologische Aktivität sind im wesentlichen die vier C-terminalen Aminosäuren verantwortlich. Über den Blutweg gelangt Gastrin zu den Parietalzellen des Magenfundus und tritt mit Gastrinrezeptoren in Wechselwirkung. Diese gehören zur Familie der *CCK/Gastrinrezeptoren,* sind integrale Membranproteine mit sieben Transmembrandomänen (S. 772) und führen über einen G-Protein-vermittelten Prozeß zur Aktivierung der *Phospholipase Cβ* und damit letztendlich zu einer Erhöhung der Ca^{2+}- und Diacylglycerinkonzentration (S. 777).

Von peptidergen postganglionären parasympathischen Nervenfasern und Neuronen des interalen Nervensystems wird ein Peptid aus 27 Aminosäuren freigesetzt, das Strukturhomologie zu einem Peptid in der Froschhaut, dem Bombesin, zeigt und als *Gastrin releasing peptide* (GRP) bezeichnet wird. GRP stimuliert die Gastrinsekretion von Gastrinzellen, womit diese im System der Regulation der Salzsäureproduktion eine zentrale Rolle einnehmen.

Ein weiterer wesentlicher, die Salzsäureproduktion stimulierender Faktor ist das Amin der Aminosäure Histidin, das *Histamin.* Es wird beim Menschen durch *Enterochromaffin-ähnliche Zellen* (ECL-Zellen) der Mucosa nach Stimulierung mit Gastrin oder Acetylcholin freigesetzt. Es tritt mit den H_2-Histaminrezeptoren der Belegzellen in Wechselwirkung, welche

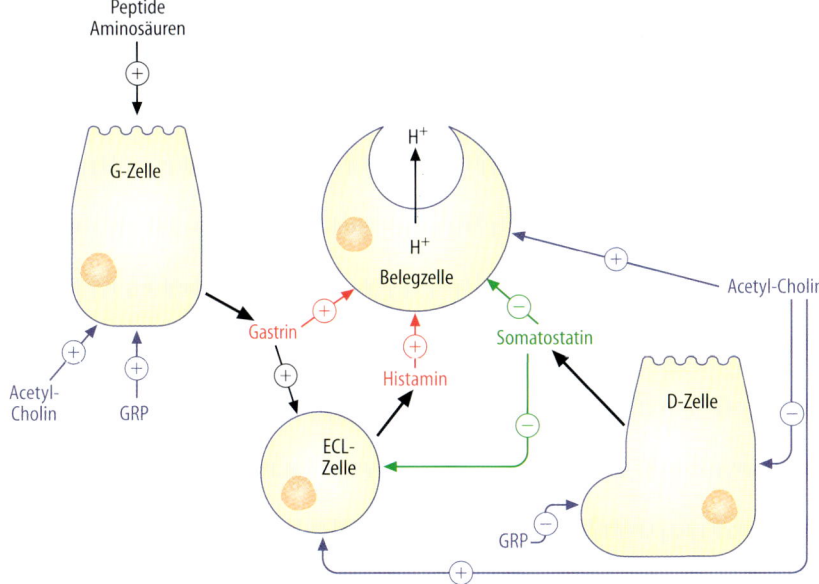

Abb. 34.8 Regulation der Salzsäurereproduktion durch die Belegzellen. Für die Regulation der Salzsäurereproduktion ist das Zusammenspiel zentralnervöser cholinerger und peptiderger *(blau)* Impulse mit dem aus den Gastrinzellen stammenden Gastrin, dem aus ECL-Zellen stammenden Histamin sowie den durch die D-Zellen gebildeten Somatostatin notwendig. *GRP* Gastrin releasing peptide. (Einzelheiten s. Text)

Abb. 34.9 Aminosäuresequenz von Big-Gastrin, Gastrin und Minigastrin. Da die *rot* hervorgehobenen Tyrosylreste sulfatiert sein können, ergeben sich insgesamt 6 biologisch wirksame Gastrinpeptide. Das unten dargestellte, zu diagnostischen Zwecken verwendete Pentagastrin besteht aus dem C-terminalen Tetrapeptid der Gastrine, das am N-Terminus durch Alanin verlängert ist und zusätzlich die tBOC-Schutzgruppe trägt. *PGL* Pyroglutamat

die Adenylatcyclase stimulieren. Dies führt über einen noch unbekannten Mechanismus ebenfalls zur gesteigerten Salzsäureproduktion. **Somatostatin** ist ein sehr wirkungsvoller Hemmstoff der Salzsäureproduktion. Es wird in enteroendokrinen Zellen des Intestinaltrakts, den sogenannten *D-Zellen*, gebildet. In der Magenschleimhaut wird die Somatostatinfreisetzung der D-Zellen durch cholinerge Neuronen sowie durch Somatostatin gehemmt, durch Gastrin, GRP und von der luminalen Seite durch hohe Protonenkonzentrationen stimuliert. Somatostatin hemmt die Histaminfreisetzung der ECL-Zellen sowie direkt die Salzsäureproduktion durch Belegzellen. Der Somatostatin-Rezeptor ist inzwischen kloniert worden und gehört zu der Gruppe der inhibitorischen Rezeptoren des Adenylatcyclasesystems, d.h. seine Stimulierung führt zu einer Senkung des cAMP-Spiegels der betroffenen Zellen (S. 774).

Die Sekretion von Pepsinogen durch die Hauptzellen des Magenfundus wird durch cholinerge nervale Reize sowie durch Gastrin stimuliert. Ein wesentlicher weiterer Reiz für die Pepsinogensekretion ist eine hohe Protonenkonzentration des Magensaftes (Abb. 34.10).

Von großer Bedeutung als Schutzmechanismus vor Selbstverdauung des Magenepithels ist die Mucinproduktion durch die Mucinzellen des Magens (Abb. 34.10). Auch sie wird durch eine hohe Protonenkonzentration in der Magenflüssigkeit stimuliert, steht daneben aber ebenfalls unter neurokriner, endokriner und parakriner Kontrolle.

Cholinerge Reize sowie Sekretin (S. 1007) stimulieren die Mucinproduktion ebenso wie Prostaglandine des E-Typs. Der inzwischen klonierte Sekretinrezeptor gehört zu den stimulierenden Rezeptoren des Adenylatcyclasesystems.

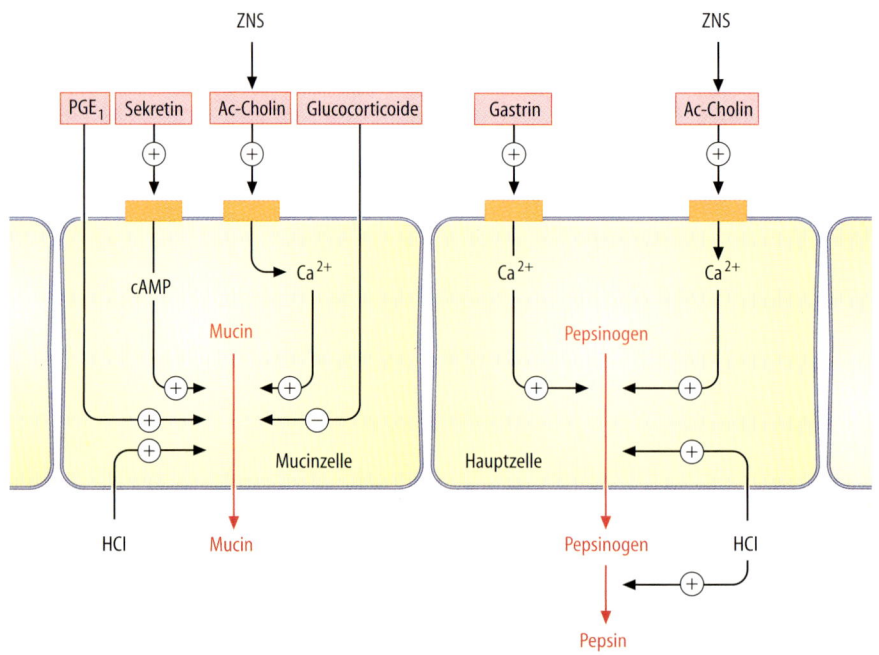

Abb. 34.10 Regulation der Mucin- und Pepsinogensekretion der Magenmucosa. (Einzelheiten s. Text)

Glucocorticoide sind sehr wirksame Hemmstoffe der Mucinproduktion (über die pathobiochemische Bedeutung der genannten Faktoren bei der Entstehung des Magen- und Duodenalgeschwürs s. S. 1009).

Durch Glucose, aber auch durch Aminosäuren und Fettsäuren, wird die Sekretion des *gastroinhibitorischen Peptides* (GIP) im Duodenum und oberen Jejunum ausgelöst. Die durch GIP bewirkte Hemmung der Magenmotorik tritt allerdings nur in unphysiologisch hohen Konzentrationen auf. Sein physiologischer Effekt ist eine durch eine Erhöhung der cAMP-Konzentration hervorgerufene Stimulierung der Insulinsekretion durch die β-Zellen der Langerhans'schen Inseln des Pankreas. Es ist damit dafür verantwortlich, daß resorbierte Nahrungsstoffe auch rasch verwertet werden können (S. 793). Ein physiologischer Hemmstoff der Magenmotorik scheint das Cholecystokinin/Pankreozymin (CCKK/PZ) zu sein.

Sekretin und Cholecystokinin/Pankreozymin regulieren die Pankreassekretion

Die Bildung des Pankressekrets wird durch eine Reihe neurokriner und endokriner Faktoren gesteuert (Abb. 34.11). Sie wird im wesentlichen von zwei Zelltypen getragen,

- den für die Sekretion der Verdauungsenzyme verantwortlichen Acinuszellen sowie
- den Pankreasgangzellen, die Wasser und Hydrogencarbonat sezernieren.

Die Wirkung von sog. Sekretagogen auf die Enzymfreisetzung von Acinuszellen kann auf zwei grundsätzlich unterschiedlichen Wegen erfolgen, wobei in einem Fall die Signaltransduktion über die Zellmembran zu einer vermehrten Mobilisierung intracellulär gespeicherten Calciums führt, im zweiten Fall zu einem Anstieg der cAMP-Konzentration. Neurokrine bzw. endokrine Faktoren für den ersteren Weg sind das über cholinerge Nervenendigungen freigesetzte Acetylcholin, zu dem ein muscarinischer Rezeptor gehört. Der wichtigste, über eine Mobilisierung intracellulären Calciums wirkende hormonelle Faktor ist das durch die Schleimhaut des Duodenums und Jejunums gebildete Peptidhormon Cholecystokinin, das mit dem 1943 entdeckten Pankreozymin identisch ist, weswegen das Hormon heute als Cholecystokinin-Pankreozymin (CCK-PZ) bezeichnet wird (Abb. 34.12). Es handelt sich um ein aus 33 Aminosäuren bestehendes Peptid, das strukturelle Beziehungen zum Gastrin hat. Für seine Freisetzung verantwortliche Stimuli sind Fettsäuren, Aminosäuren und Peptide im Duodenum. Interessanterweise konnten aus der Haut verschiedener Amphibienspecies Peptide isoliert werden, die Strukturhomologien zum CCK-PZ zeigen und die die Enzymsekretion von Acinuszellen wie CCK-PZ, d. h. über eine Mobilisierung intracellulärer Calciumspeicher stimulieren können. Die wichtigsten Vertreter dieser Peptide sind

- das Bombesin (aus Bombina Bombina),
- das Caerulein (aus Hyla caerulea) sowie
- das Physalaemin (aus Physalamus bigilonigerus).

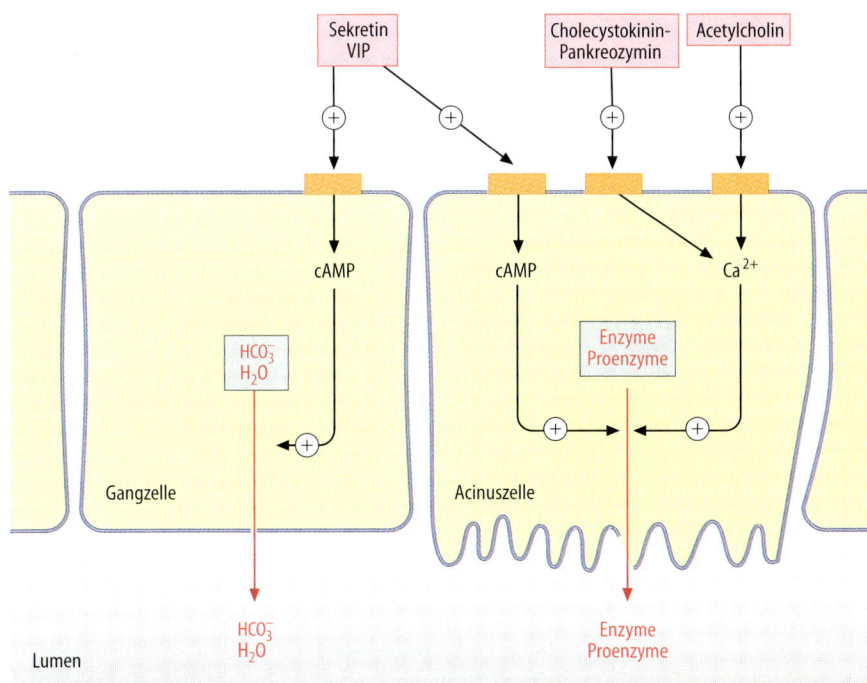

Abb. 34.11 Enzym-, Wasser- und Hydrogencarbonat-Sekretion durch Acinus- bzw. Gangzellen des Pankreas. *VIP* vasoaktives intestinales Peptid. (Einzelheiten s. Text)

1	2	3	4	5	6	7	8	9	1	11	12	13	14	15	16	17	18	19	20
Lys	Ala	Pro	Ser	Gly	Arg	Val	Ser	Met	Ile	Lys	Asn	Leu	Gln	Ser	Leu	Asp	Pro	Ser	His

21	22	23	24	5	26	27	28	29	30	31	32	33
Arg	Ile	Ser	Asp	Arg	Asp	Tyr	Met	Gly	Trp	Met	Asp	Phe	– NH₂

Abb. 34.12 Aminosäuresequenz von CCK-PZ. Die zum Gastrin homologen Aminosäuren sind *grün*, das *rot* hervorgehobene Tyrosin kann sulfatiert sein

Abb. 34.13 Aminosäuresequenz von Sekretin und *VIP* (vasoaktives intestinales Peptid). Die homologen Aminosäuren beider Peptide sind *grün* hervorgehoben

Den genannten Amphibienpeptiden homologe Verbindungen konnten inzwischen auch im Intestinaltrakt vieler Wirbeltiere einschließlich der Säuger nachgewiesen werden, z. B. bombesinähnliche Peptide sowie als Homologes zum Physalaemin ein als Substanz P bezeichnetes Peptid. Es ist jedoch z. Zt. nicht bekannt, welche physiologische Bedeutung die genannten Verbindungen haben.

Die Enzymsekretion von *pankreatischen Acinuszellen* kann auf einem zweiten Weg stimuliert werden. Sekretin (S. 1007) sowie das mit ihm strukturell nahe verwandte vasoaktive intestinale Peptid (VIP) (Abb. 34.13) stimulieren das Adenylatcyclasesystem von Acinuszellen und damit eine cAMP-abhängige Proteinkinase. Dies führt, ohne daß wie im Fall der oben genannten Peptide eine Mobilisation intracellulären Calciums erfolgt, zu einer gesteigerten Freisetzung von Verdauungsenzymen. Interessanterweise potenzieren sich die Effekte der beiden Hormongruppen. Stimuliert man pankreatische Acinuszellen beispielsweise mit CCK-PZ und Sekretin in jeweils submaximalen Konzentrationen, so ist der beobachtete Enyzmausstoß wesentlich größer als es der Summe der beiden einzelnen Effekte entsprechen würde. Für die ebenfalls im Pankreas erfolgende Sekretion von Wasser und des für die Neutralisation der Salzsäure notwendige Hydrogencarbonats sind die *Pankreasgangzellen* verantwortlich. Ausgelöst wird die Wasser- und Hydrogencarbonatsekretion dabei durch Sekretin und das vasoaktive Intestinalpeptid. Beide Hormone wirken unter Beteiligung des Adenylatcyclasesystems.

Gallensäuren stimulieren die Gallenbildung

Substanzen, die die Gallensekretion durch Hepatocyten stimulieren, werden als Choleretica bezeichnet.

Unter physiologischen Bedingungen sind die wichtigsten Choleretica die Gallensäuren. Damit hängt die Gallensekretion sehr eng mit dem enterohepatischen Kreislauf der Gallensäuren zusammen (S. 1001). Eine leicht choleretische Wirkung hat auch Sekretin. Es führt ähnlich wie am Pankreas zu einer Wasser- und Hydrogencarbonatsekretion in die Gallenflüssigkeit.

Ein ganz anderes Wirkungsspektrum für die Gallenbildung hat CCK-PZ. Es führt zu einer Kontraktion der Gallenblase mit Entleerung von Gallenflüssigkeit in das Duodenum.

34.2 Das Immunsystem des Intestinaltraktes

Schon vor vielen Jahren ist das Konzept entwickelt worden, daß eine besonders wichtige Barriere gegen das Eindringen von Bakterien, Viren, Toxinen oder anderen Fremdstoffen im Intestinaltrakt lokalisiert sein muß. Die einzelnen Bestandteile dieses *mucosalen Immunsystems* sind in Abb. 34.14 dargestellt. *Immunglobuline des Typs A* (IgA, S. 1076) sind ein besonders wichtiger Bestandteil des mucosalen Immunsystems. Aktivierte B-Lymphocyten des Intestinaltraktes sammeln sich nach Differenzierung zu IgA-produzierenden Plasmazellen in der Lamina propria des Darms. Die von ihnen gebildeten IgA-Antikörper diffundieren durch die Basalmembran und assoziieren mit einem auf der basolateralen Seite der Epithelzellen gelegenen Poly-Immunglobulinrezeptor. Dies löst die Internalisierung des Poly-IgG-Rezeptor-IgA-Komplexes aus, der dann in einem Transportvesikel an die apikale Oberfläche der Epithelzelle befördert wird. Während dieser Transcytose wird der Ig-Rezeptor enzymatisch gespalten, sein extracellulärer Anteil bleibt jedoch mit dem IgA-Dimer verknüpft. Man nimmt an, daß diese sogenannte *sekretorische Komponente* das IgA-Molekül im Intestinaltrakt vor proteolytischer Spaltung schützt.

IgA-Antikörper binden die unterschiedlichsten Antigene im Intestinaltrakt. Sie verhindern damit
- die Aufnahme bakterieller Toxine,
- die Aufnahme von Viren sowie
- die Anheftung von Bakterien an Zelloberflächen, die für die Infektiosität gerade intestinaler Bakterien von großer Bedeutung ist.

Ein weiterer wichtiger Mechanismus des intestinalen Immunabwehrsystems beruht auf *Immunglobulin E* (IgE)-vermittelten Reaktionen. Hier spielen *Mastzellen*, die unterhalb der Epithelschicht lokalisiert sind,

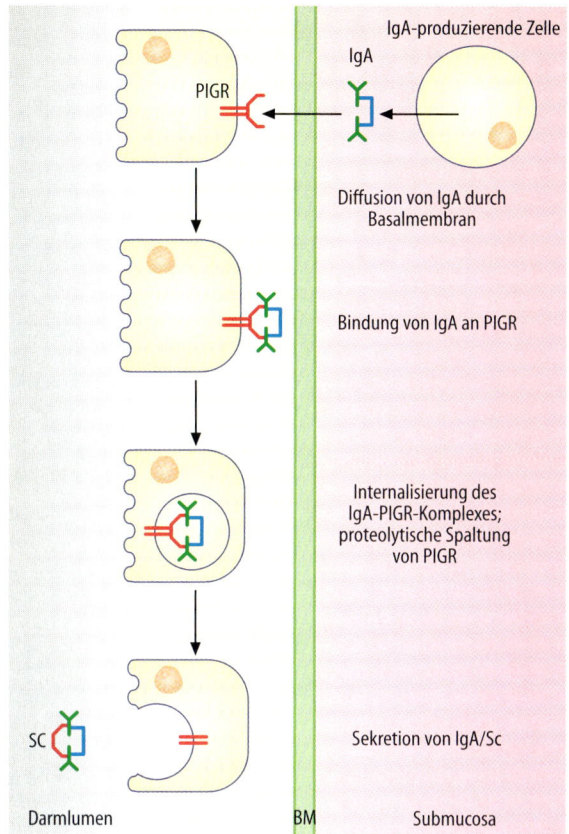

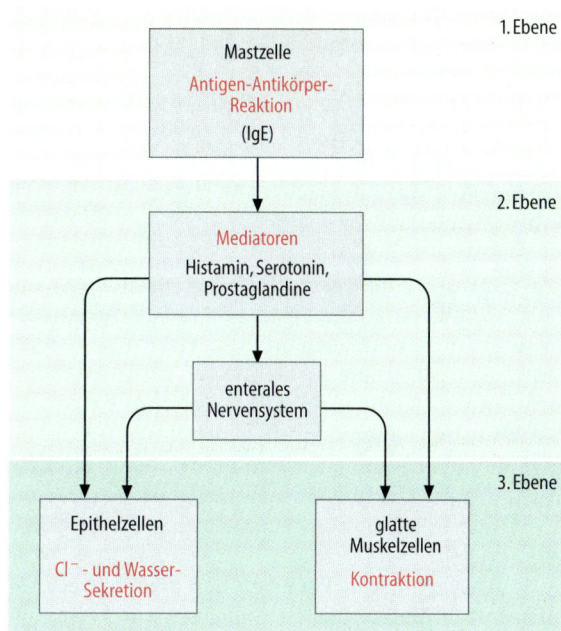

Abb. 34.15 Mechanismus der IgE-vermittelten Immunantwort im Intestinaltrakt

Abb. 34.14 Mechanismus der Transcytose von IgA durch intestinale Mucosazellen. *PIGR* Poly-IgG-Rezeptor; *SC* sekretorische Komponente

eine entscheidende Rolle. Durch die Freisetzung einer großen Zahl von Mediatorstoffen (Abb. 34.15) lösen sie eine heftige Entzündungsreaktion aus, deren Ziel die Eliminierung und gegebenenfalls Ausschwemmung des Antigens aus dem Intestinaltrakt ist. Ganz besonders effektiv ist die IgE-vermittelte mucosale Immunantwort bei der Bekämpfung von Parasiten.

Die von den aktivierten Mastzellen freigesetzten Mediatorstoffe sind im wesentlichen
- Prostaglandine,
- Leukotriene sowie
- biogene Amine wie Serotonin und Histamin.

An den Epithelzellen des Intestinaltraktes lösen diese Verbindungen eine Chlorid- und Wassersekretion aus, gleichzeitig führen sie zur Kontraktion der glatten Muskulatur, was Durchfall oder Erbrechen und damit die Eliminierung des infektiösen Agens auslöst. Wie bei anderen IgE-vermittelten Immunreaktionen besteht auch bei der IgE-vermittelten mucosalen Immunantwort die Gefahr allergischer Reaktionen. Diese äußert sich z. B. in der bekannten Symptomatik der Nahrungsmittelallergien.

Ein Sonderfall der Nahrungsmittelallergien ist die Gliadininduzierte Enteropathie, die auf einer

T-zellvermittelten Überempfindlichkeitsreaktion vom verzögerten Typ beruht (S. 1072).

34.3 Pathobiochemie

Magen- und Duodenalulcus. Bei Störungen des Gleichgewichts zwischen Salzsäure- bzw. Pepsinsekretion und Produktion der für das Epithel des oberen Intestinaltrakts essentiellen Schutzschicht aus Mucinen entstehen Geschwüre, die unbehandelt zu schweren Blutungen und im Extremfall zu Perforationen führen können. Auslöser hierfür sind i. allg. zwei unterschiedliche Pathomechanismen:
- eine verminderte Produktion oder Funktion der Mucine oder aber
- eine gesteigerte Produktion von Salzsäure.

Ursächlich für den ersteren Mechanismus ist eine Hemmung der Mucinproduktion, z. B. durch endogene oder exogene Glucocorticoide oder durch eine verminderte Bildung von Prostaglandinen (Aspirin, S. 444). Durch eine Vielzahl der verschiedensten Noxen (Hitze, Kälte, Röntgenbestrahlung, Kochsalz, Nitrate usw.) kommt es außerdem zu einer Verminderung der Bindungsstellen des Mucins an den Mucosazellen und damit zu einem Zusammenbruch der Mucosabarriere. Eine übermäßige Salzsäureproduktion ist die Folge einer gesteigerten Antwort der Belegzellen auf Vagusreize, Histamin, Gastrin oder aber auf ein Überwiegen dieser Stimuli.

Für die Therapie des Ulcusleidens wird neben einer Neutralisierung der Salzsäure durch Antacida eine Blockade der Histaminrezeptoren oder eine direkte Hemmung der Protonen-ATPase eingesetzt.

Pankreasfunktion. Die wichtigsten Störungen der Pankreasfunktion sind
- die Pankreasinsuffizienz,
- die akute Pankreatitis und
- die chronische Pankreatitis.

Die *exokrine Pankreasinsuffizienz* beruht meist auf dem Ausfall von Pankreasparenchym bei chronischer Pankreatitis, Pankreascarcinomen oder bei Abflußstörungen des Pankreassekrets. Nach Magenoperationen kann auch eine verminderte Sekretin- bzw. CCK-Sekretion zur Pankreasinsuffizienz führen. Durch Bestimmung der Aktivität verschiedener Pankreasenzyme sowie der Elektrolytkonzentration im Pankreassekret lassen sich Hinweise auf das Ausmaß der Insuffizienz erhalten.

Die häufigsten Ursachen der *akuten Pankreatitis* sind Erkrankungen der Gallenwege und Alkoholabusus (je 30 % der Fälle). Die Pathogenese der Erkrankung ist noch nicht klar. Als auslösende Faktoren werden u. a. ein Reflux von Duodenalinhalt oder Galle in das Pankreasgangsystem sowie eine veränderte Permeabilität der Acinuszellen diskutiert. Fest steht, daß der Pankreatitis eine Aktivierung der als Proenzyme vorliegenden Proteasen sowie der Phospholipase A_2 zugrunde liegt, die sich möglicherweise nicht intrazellulär, sondern in der interstitiellen Flüssigkeit des Pankreas abspielt. Hierdurch kommt es zur Selbstverdauung des Pankreas (Pankreasnekrose), die häufig mit einem schweren Kreislaufschock einhergeht.

Die *chronische Pankreatitis* ist in 60–80 % der Fälle die Folge eines chronischen Alkoholismus. Dieser führt zu den verschiedensten qualitativen und quantitativen Veränderungen des Pankreassekrets, zur Ablagerung von Kalkherden im Gangsystem und zu fortschreitender Pankreasinsuffizienz.

34.4 Verdauung und Resorption von einzelnen Nahrungsbestandteilen

Durch die enzymatischen Aktivitäten sowie die Oberflächeneigenschaften der verschiedenen Verdauungssäfte werden die Nahrungsbestandteile so aufbereitet, daß sie im Dünndarm resorbiert werden können. Für diesen Vorgang steht die gesamte Dünndarmlänge zur Verfügung, jedoch wird im **Duodenum** und **Jejunum** der größte Teil der Nahrungsstoffe resorbiert (Abb. 34.16). Durch Dünndarmzotten und Mikrovilli der Mucosazellen wird die Resorptionsfläche auf etwa 200 m² vergrößert.

Für die Aufnahme von Substanzen aus dem Dünndarmlumen in die Mucosazellen bestehen verschiedene Möglichkeiten. Bei der einfachen, *passiven*

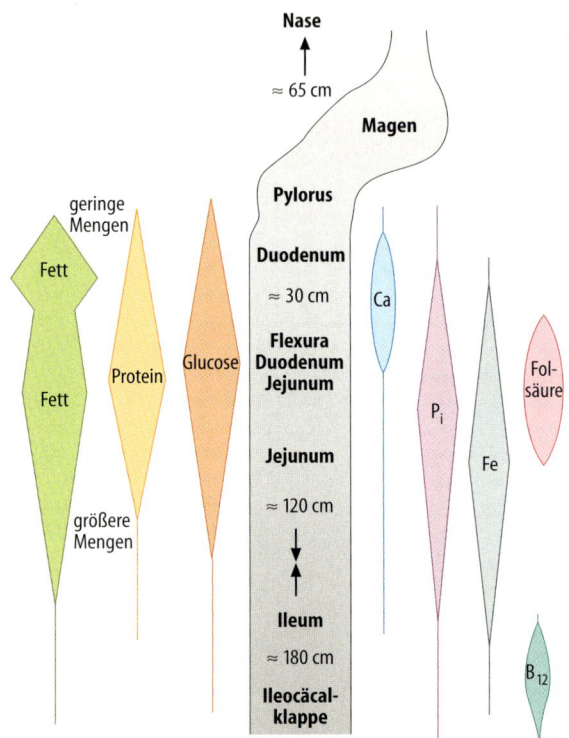

Abb. 34.16 Schematische Darstellug der Resorptionsorte der wichtigsten Nahrungsstoffe im Duodenum, Jejunum und Ileum

Diffusion erfolgt die Aufnahme entlang eines Konzentrationsgefälles. Sie kann also nur dann erfolgen, wenn die Konzentration der betreffenden Substanz im Dünndarmlumen höher als in der Mucosazelle ist und außerdem die Möglichkeit einer unbehinderten Passage durch die luminale Membran der Mucosazelle besteht. Die wichtigste, durch passive Diffusion transportierte Substanz ist das Wasser. Lipophile Substanzen wie Fettsäuren, Glyceride, Cholesterin, fettlösliche Vitamine, aber auch lipophile Arzneimittel werden ebenfalls durch passive Diffusion aufgenommen, da sie gut membrangängig sind. Die Aufnahmegeschwindigkeit ist von der Molekülgröße abhängig. Substanzen mit einem Molekulargewicht über 400 werden i. allg. nicht mehr mit meßbarer Geschwindigkeit passiv aufgenommen.

Häufiger als durch passive Diffusion erfolgt die Resorption gegen ein Konzentrationsgefälle mit Hilfe eines als *„aktiver Transport"* bezeichneten Vorgangs. Gelegentlich muß nicht nur ein *chemischer Gradient,* sondern auch eine Ladungsdifferenz zwischen innen und außen (*elektrochemischer Gradient*) überwunden werden. Die für den aktiven Transport benötigte Energie wird aus der Spaltung von ATP bezogen.

Über Vorstellungen zum Mechanismus des carriervermittelten Transports s. Kapitel 8.

34.4.1 Kohlenhydrate

Nahrungskohlenhydrate werden durch Amylase sowie verschiedene Disaccharidasen gespalten

Vor ihrer Resorption müssen Kohlenhydrate in die zugrundeliegenden Monosaccharideinheiten zerlegt werden. Der Abbau der mengenmäßig bedeutsamsten Polysaccharide *Glykogen* und *Stärke* beginnt durch die Einwirkung der in der Speichel- und Pankreasflüssigkeit enthaltenen *α-Amylase.* Wie oben erwähnt (S. 1001) entsteht unter ihrer Einwirkung ein Gemisch aus Dextrinen (Oligosaccharide aus 4–10 Glucosylresten), Maltotriose und Maltose. Neben diesen Bruchstücken müssen außerdem noch die in manchen Nahrungsmitteln enthaltenen Disaccharide Saccharose und Lactose gespalten werden. Die hierfür verantwortlichen Enzyme *Isomaltase, verschiedene Maltasen, Lactase* sowie *Saccharase* sind im Bürstensaum der Mucosazellen lokalisiert, hier findet wahrscheinlich auch die Spaltung statt. Man nimmt an, daß intracellulär die Disaccharidasen der Mucosazellen in enger Nachbarschaft zu den für die Monosaccharidresorption (s. u.) benötigten Transportsystemen angeordnet sind.

Disaccharidasemangel führt zu Durchfällen

Eine Reihe von Störungen der Kohlenhydratverdauung und -resorption sind auf verminderte Aktivitäten bzw. vollständigen Mangel an Disaccharidasen zurückzuführen. Können Nahrungsdisaccharide nicht verdaut und damit auch nicht resorbiert werden, gelangen sie in tiefere Darmabschnitte. Dort lösen sie eine osmotische Diarrhoe und wegen der Fermentierung durch Darmbakterien Meteorismus aus. Man unterscheidet im einzelnen zwischen primärem, sekundärem und relativem Disaccharidasemangel.

Primärer Disaccharidasenmangel. Die häufigste Form des primären Disaccharidasenmangels ist der *primäre Lactasemangel.* Bei diesem Leiden kommt es zu einer genetisch fixierten Abnahme der zum Zeitpunkt der Geburt noch normalen Lactaseaktivität mit zunehmendem Lebensalter. Das Leiden, das gelegentlich familiär gehäuft vorkommt, bevorzugt bestimmte Rassen. Bei amerikanischen Schwarzen, Bewohnern des Vorderen Orients und der australischen Urbevölkerung tritt es wesentlich häufiger auf als bei Europäern. Das Krankheitsbild ist abzugrenzen von dem sehr seltenen *kongenitalen Fehlen der enteralen Lactase* des Säuglings. Die Behandlung des primären Lactasemangels besteht in der Vermeidung von Milch und Milchprodukten. Neben dem primären Lactasemangel kommt, wenn auch wesentlich seltener, ein primärer Saccharase-Isomaltase-Mangel vor.

Sekundärer Disaccharidasenmangel. Auch beim sekundären Disaccharidasenmangel überwiegt der Lactasemangel. Der *sekundäre Lactasemangel* ist eine Begleiterscheinung bei vielen gastrointestinalen Erkrankungen, beispielsweise bei der Gliadin induzierten Sprue, dem Kwashiorkor, der Colitis und der Gastroenteritis. Er kann auch durch chemische Substanzen wie Colchicin und Neomycin oder durch Röntgenbestrahlung hervorgerufen werden.

Relativer Disaccharidasenmangel. Der relative Disaccharidasenmangel ist durch ein Mißverhältnis der in der Mucosa vorhandenen Disaccharidasen zu den mit der Nahrung zugeführten Disacchariden gekennzeichnet. Funktionell kann der relative Disaccharidasenmangel nach Magenresektion entstehen, wenn es zu einer raschen Entleerung des Restmagens kommt. Außerdem kann jede besonders disaccharidreiche Diät einen relativen Disaccharidasenmangel erzeugen.

Grundsätzlich kommt es beim Erwachsenen mit der normalerweise auftretenden Verminderung der Zufuhr milchhaltiger Nahrungsmittel zu einem relativen Disaccharidasenmangel. Dieser ist i. allg. jedoch gut rückgängig zu machen, da die Disaccharidasen der Dünndarmmucosa durch Zufuhr ihres Substrats induziert werden.

Für die Resorption von Monosacchariden werden spezifische Transportsysteme benötigt

In unmittelbarer Nachbarschaft zum Ort der Disaccharidspaltung im Bürstensaum der Mucosazellen befinden sich die für die Monosaccharidresorption zuständigen Transportsysteme. Auffallend ist, daß die verschiedenen Hexosen wie Glucose, Fructose und Galactose mit unterschiedlichen Geschwindigkeiten resorbiert werden und darüber hinaus der Transportvorgang streng stereospezifisch erfolgt. So wird beispielsweise die natürlicherweise vorkommende D-Glucose, nicht aber die dazu isomere L-Glucose resorbiert. Dies ist zusammen mit der Beobachtung, daß die Konzentration resorbierter Monosaccharide, insbesondere der von Glucose, in der Mucosazelle wesentlich größer als im intestinalen Lumen ist, ein deutlicher Hinweis für einen *Carrier-vermittelten aktiven Transport.*

Für die Aufklärung des Mechanismus der Glucoseresorption im Intestinaltrakt war die Beobachtung wichtig, daß der aktive Monosaccharidtransport nur in Anwesenheit von *Natriumionen* stattfindet. Dies führte zu der Annahme, daß an der luminalen Seite der Mucosazelle der zu transportierende Zucker und Natriumionen mit dem Carrier-Molekül unter Bildung eines ternären Komplexes assoziieren. Da infolge der Aktivität der an der Serosaseite gelegenen Na$^+$/K$^+$-ATPase die Natriumkonzentration in der Mucosazelle niedrig ist und zusätzlich ein negatives Potential von etwa 40 mV gegenüber dem intestinalen Lumen besteht,

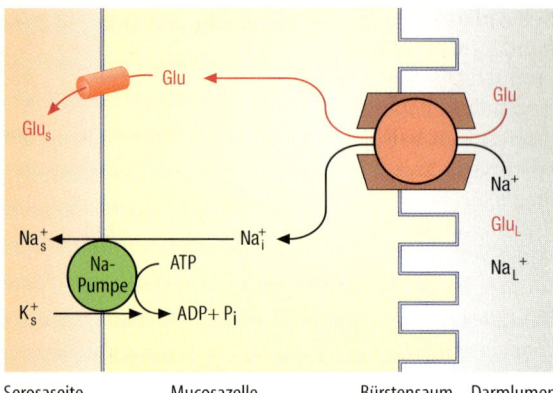

Abb. 34.17 Natriumabhängiger Transportmechanismus für Glucose. GLU_L bzw. Na^+_L Glucose bzw. Na^+ im Lumen; GLU_i bzw. Na^+_i Glucose bzw. Na^+ intrazellulär; $GLUS_S$ bzw. Na^+_S bzw. K^+_S Glucose, Na^+ bzw. K+ auf der Serosaseite

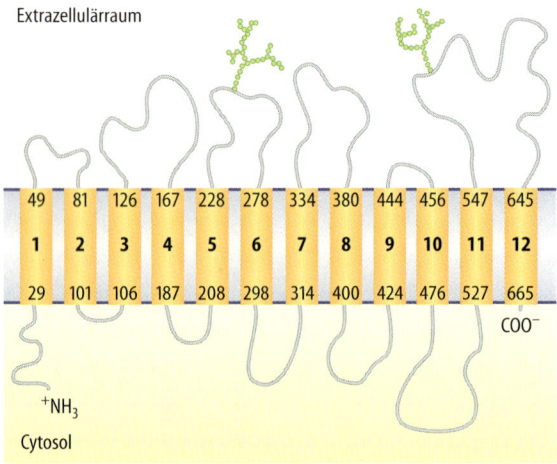

Abb. 34.18 Aus der cDNA-Sequenz abgeleitete Membrantopologie des Natrium-abhängigen Glucosetransporters. Ähnlich wie die für die erleichterte Diffusion der Glucose verantwortlichen Glucosetransporter umfaßt auch der Natrium-abhängige Glucosetransporter 12 Transmembrandomänen

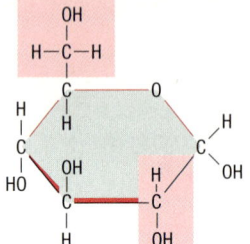

Abb. 34.19 Strukturelemente, die für den Natrium-abhängigen Hexosetransport wichtig sind. Die hervorgehobenen Bausteine und die Pyranosekonfiguration sind für den Transport notwendig

Abbildung 34.18 zeigt die aus der cDNA-abgeleitete Struktur des **natriumabhängigen Glucosetransporters** des Menschen. Ähnlich wie die für die erleichterte Diffusion der Glucose verantwortlichen Glucosetransporter der GLUT-Familie umfaßt auch der Natrium-abhängige Glucosetransporter 12 Transmembrandomänen mit zwei möglichen Glykosylierungsstellen. Das Carriermolekül zeigt eine besonders hohe Affinität zu Hexosen, die am C-Atom 2 die D-Konfiguration haben und dementsprechend an dieser Stelle nicht substituiert sein dürfen (Abb. 34.19).

Da das Glucosetransportsystem nicht insulinempfindlich ist, verläuft die Zuckerresorption beim Diabetes mellitus ungestört. Dagegen wird seine Aktivität durch Schilddrüsenhormone gesteigert (S. 823).

Die Resorption anderer Monosaccharide verläuft sehr wahrscheinlich durch erleichterte Diffusion. Dies legen jedenfalls kinetische Untersuchungen über den Verlauf der Resorption von Fructose und Galaktose nahe. Ein Fructose-transportierendes Transportsystem ist inzwischen kloniert worden und wird als GLUT 5 bezeichnet.

kann Na^+ entlang eines elektrochemischen Gradienten durch die Membran des Bürstensaums in die Mucosazelle fließen und nimmt dabei das am gleichen Carrier angelagerte Monosaccharid mit, auch wenn damit ein „Bergauftransport" verbunden ist (Abb. 34.17). Dieser Transportmechanismus arbeitet, solange die intracelluläre Natriumkonzentration durch die ATP-abhängige Natrium-Kalium-Pumpe niedrig gehalten wird. Er kommt infolgedessen zum Erliegen, wenn ihre Aktivität vermindert wird, sei es durch Hemmstoffe wie Ouabain oder durch Störung des Energiestoffwechsels. Auf der basalen Seite der Enterocyten befindet sich ein weiteres Transportsystem für Glucose, das die erleichterte Diffusion intrazellulärer Glucose in die extrazelluläre Flüssigkeit und damit in das Blut ermöglicht. Es handelt sich um einen Glucosetransporter aus der Glut-Familie, nämlich den Glut 1 (S. 408).

34.4.2 Fette

Infolge der Molekülgröße sowie der außerordentlich geringen Wasserlöslichkeit ist die Resorption von Fetten nicht ohne weiteres möglich. Daher müssen im intestinalen Lumen die mit der Nahrung aufgenommenen Fette (Triacylglycerine, Cholesterin sowie die fettlöslichen Vitamine A, D, E und K) durch teilweisen Abbau sowie feinste Emulgierung resorptionsfähig gemacht werden. Nach Aufnahme in die Mucosazellen erfolgt sodann ein Umbau der aufgenommenen Fette in eine für den Transport im Serum geeignete Form. Im folgenden sollen die einzelnen Phasen dieses komplexen Vorganges gesondert besprochen werden.

Triacylglycerine der Nahrung werden durch die Pankreaslipase abgebaut

Der Abbau und die feine Dispersion der Fette im intestinalen Lumen wird durch deren partielle Spaltung durch **Lipasen** katalysiert. Etwa 15 % der Esterbindungen in Triglyceriden werden bereits durch die *Magenli-*

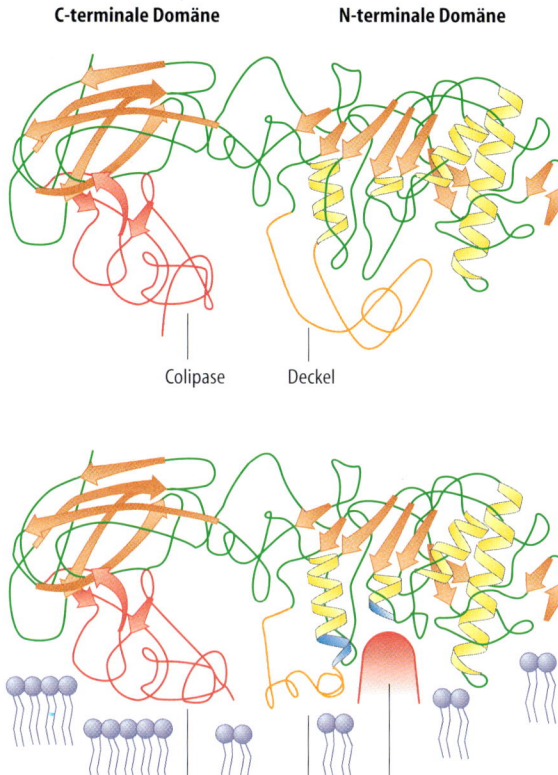

C-terminale Domäne   **N-terminale Domäne**

Colipase   Deckel

Colipase   Deckel   Akt. Zentrum

Abb. 34.20 Schematische Darstellung der Raumstruktur des Lipase-Colipase-Komplexes und Aktivierung der Lipase durch Kontakt mit Grenzflächen. In Abwesenheit von Grenzflächen ist der Deckel über dem aktiven Zentrum der Lipase geschlossen. Der durch die Colipase vermittelte Kontakt mit Grenzflächen aus Phospholipiden oder Gallensäuren führt zu einer Konformationsänderung, die den Deckel vom aktiven Zentrum abzieht. (Nach Loewe 1994)

pase (S. 1001) gespalten, der Hauptteil der Nahrungsfette jedoch im Duodenum durch die *Pankreaslipase*.

In Anbetracht der Bedeutung der Nahrungsfette für die Aufrechterhaltung der Versorgung mit Energie, essentiellen Fettsäuren und fettlöslichen Lipiden ist dieses Enzym von ganz besonderem Interesse. Es ist inzwischen kloniert und kristallisiert worden, so daß seine aus Röntgenstukturanalysen gewonnene Raumstruktur bekannt ist (Abb. 34.20). Das Enzym besteht aus zwei Domänen, wobei die N-terminale Domäne das *aktive Zentrum* enthält, welches das für die Esterbildung essentielle *Serin* trägt. Durch eine Art Deckel ist allerdings das aktive Zentrum verschlossen. Die C-terminale Domäne enthält die Bindungsstelle für ein Hilfsprotein, ohne das die Lipase nicht in die aktive Form überführt werden kann. Dieses Hilfsprotein wird als **Colipase** bezeichnet und vermittelt die Assoziation der Lipase an Lipidgrenzflächen mit Phospholipiden und Gallensäuren. Diese Assoziation führt dazu, daß sich der Deckel über dem aktiven Zentrum öffnet und damit die Lipase katalytisch aktiv werden kann.

Die durch die Pankreaslipase katalysierte Triacylglycerinverdauung führt im wesentlichen zu β-Monoacylglycerin und Fettsäuren. Die vollständige Aufspaltung in Glycerin und Fettsäuren findet nur in geringem Umfang statt, ebenso treten nur kleine Mengen von Diacylglycerinen als Reaktionsprodukte auf. Neben der Triacylglycerin-spezifischen Pankreaslipase kommt im intestinalen Lumen eine weitere Lipase vor, die auch β-Monoacylglycerine zu spalten imstande ist. Man nimmt jedoch an, daß ihr natürliches Substrat die verschiedenen Cholesterinester sind.

Die unter der Lipaseeinwirkung aus Triacylglycerinen entstehenden β-Monoacylglycerine spielen bei der weiteren Fettverdauung eine wichtige Rolle. Im Gegensatz zu den Triacylglycerinen zeichnen sie sich durch hydrophobe *und* hydrophile Eigenschaften aus, ähneln in dieser Beziehung also den Phosphoglyceriden (S. 144). Infolge dieser Eigenschaft ermöglichen sie die Bildung von *Micellen,* wenn im intestinalen Lumen in relativ hoher Konzentration Gallensäuren vorkommen. In den Micellen können zusätzlich weitere Lipide wie Fettsäuren, Cholesterin und fettlösliche Vitamine eingeschlossen werden.

Die Anwesenheit von Gallensäuren und damit die Bildung von Micellen sind die Voraussetzungen für die Resorption von Cholesterin und fettlöslichen Vitaminen. Bei allen Störungen des Gallenflusses wird also ihre Aufnahme in den Organismus blockiert sein. Triacylglycerine können dagegen, wenn auch mit deutlich verringerter Geschwindigkeit, auch in Abwesenheit von Gallensäuren resorbiert werden, wenn sie nur in Monoacylglycerine und Fettsäuren aufgespalten und anschließend möglichst fein verteilt werden. Über den eigentlichen Resorptionsvorgang, die Aufnahme der micellär gelösten Lipide in die Mucosazelle, ist noch relativ wenig bekannt. Man nimmt an, daß die gesamte Micelle in Kontakt mit dem Bürstensaum der Mucosa gerät, dort zerfällt und die verschiedenen Bestandteile der Micelle einzeln aufgenommen werden. Eine Resorption der gesamten Micelle ist wenig wahrscheinlich, da die verschiedenen Bestandteile der micellären Lösung mit unterschiedlicher Geschwindigkeit aufgenommen werden.

In der Mucosazelle erfolgt die Resynthese von Triacylglycerinen sowie die Assemblierung von Chylomikronen

Die Aufnahme von Fettsäuren, Monoacylglycerinen, Cholesterin und fettlöslichen Vitaminen in die Mucosazelle erfolgt durch einfache Diffusion.

Im Gegensatz zu den Monosacchariden und Aminosäuren konnte jedenfalls bisher ein Transportsystem für Lipide in der Mucosazelle nicht nachgewiesen werden. Wegen der außerordentlich schnellen Reveresterung von Monoacylglycerinen und Fettsäuren (s. u.) ist auch ein Lipidtransport gegen ein Konzentrationsgefälle aus dem intestinalen Lumen in die Mucosazelle kaum vorstellbar. Am endoplasmatischen Reticulum der Mucosazelle finden wahrscheinlich die in Abb. 34.21 dargestellten Reaktionen statt, deren Zweck die Umwandlung der aus dem Darm aufgenommenen Lipide in eine in Lymphe und Blut transportable Form ist. Dabei kommt es zunächst durch *Reveresterung* von Fettsäuren zur **Triacylglycerinbildung.** Der Mucosazelle stehen hierfür verschiedene Möglichkeiten zur Verfügung. Einmal können die aus dem intestinalen Lumen aufgenommenen β-Monoacylglycerine direkt mit Fettsäuren in aktivierter Form, also mit Acyl-CoA, verestert werden. Das letztere entsteht unter Einwirkung der in der intestinalen Mucosa in hoher Aktivität vorkommenden *Thiokinase* (S. 428). Neben diesem für die Mucosazelle typischen Reveresterungsmechanismus kommt als weitere Möglichkeit die Triacylglycerinbiosynthese aus α-Glycerophosphat und Acyl-CoA in Frage, wie sie in vielen Zellen des Organismus abläuft. Das für diesen Vorgang notwendige Acyl-CoA entsteht aus resorbierten Fettsäuren oder durch hydrolytische Abspaltung aus den aufgenommenen Monoacylglycerinen mit Hilfe einer in der Mucosazelle vorkommenden *Monoacylglycerinlipase.* Das außerdem benötigte α-

Glycerophosphat entstammt im wesentlichen der Glykolyse der Mucosazelle, kann aber auch durch direkte Phosphorylierung von Glycerin mit Hilfe einer ATP-abhängigen *Glycerokinase* entstehen. Diese verschiedenen Wege zur Triacylglycerinbildung bieten für die Mucosazelle Vorteile. Unter normalen Bedingungen werden aufgenommene Monoacylglycerine direkt zu Triacylglycerinen acyliert. Bei einem Überschuß von nicht veresterten Fettsäuren kann zusätzlich die Möglichkeit der Triacylglycerinbiosynthese aus α-Glycerophosphat und Fettsäuren in Anspruch genommen werden. Durch die mucosaspezifische Monoacylglycerinlipase kann schließlich ein Monoacylglycerin-Überschuß abgebaut und die dabei entstehenden Fettsäuren der Triacylglycerinbiosynthese zugeführt werden.

Außer der Triacylglycerinbildung erfolgt in der Mucosazelle auch die Veresterung von *Cholesterin,* das nur in freier Form resorbiert werden kann. Im Anschluß an die Biosynthese von Triacylglycerinen und Cholesterinestern erfolgt ihre Assoziation an das Apolipoprotein B_{48}, wobei Chylomikronen entstehen (S. 472). Hierzu müssen die im glatten endoplasmatischen Reticulum synthetisierten Triacylglycerine, Cho-

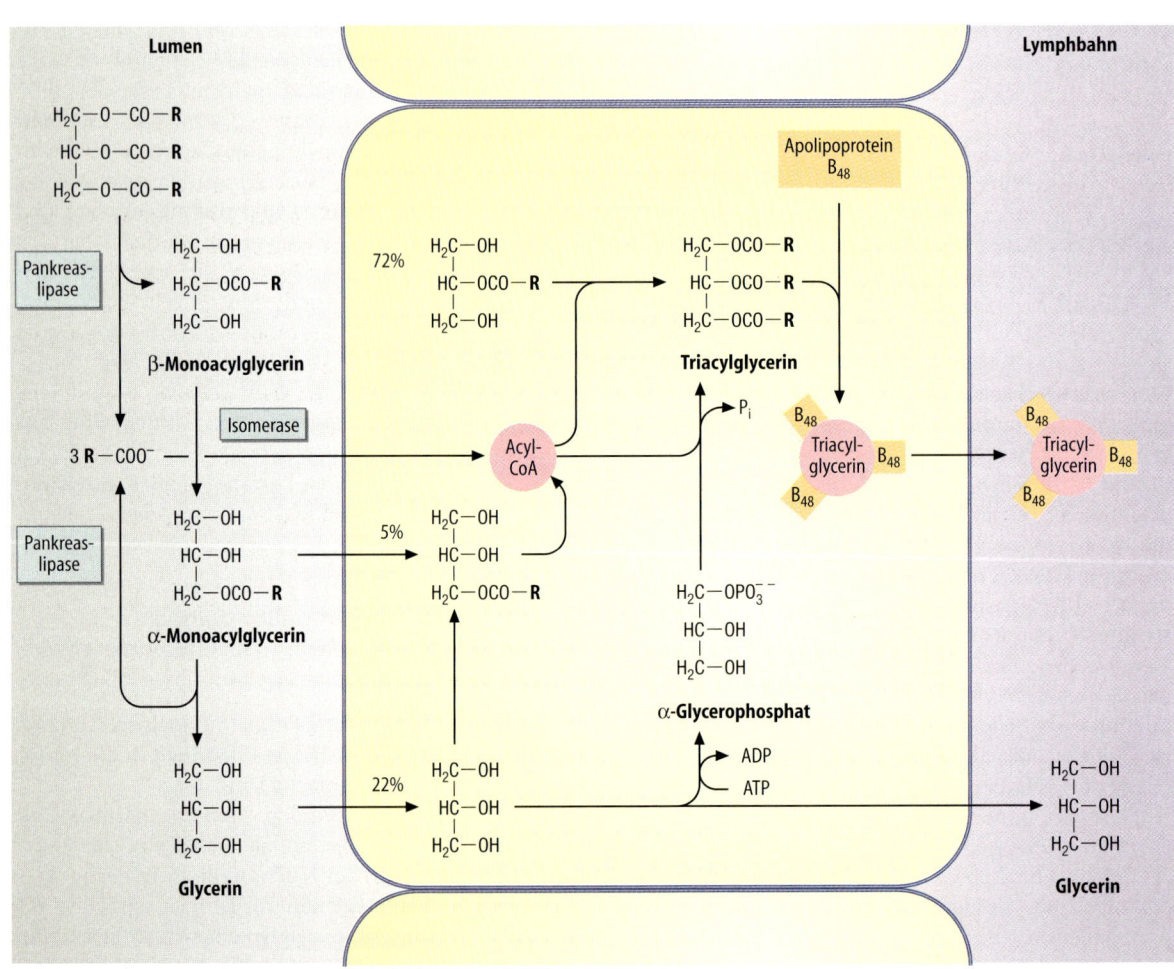

Abb. 34.21 Intestinale Spaltung und Resynthese von Triacylglycerinen. (Einzelheiten s. Text)

lesterinester und Phospholipide durch das *Triglycerid-Transfer-Protein* zum Golgi-Apparat transportiert werden. Das Triglycerid-Transfer-Protein ist ein heterodimeres Protein, dessen eine Untereinheit aus der Protein-Disulfidisomerase (S. 279) besteht und die andere wesentlich größere Untereinheit in relativ hoher Konzentration in Intestinaltrakt und Leber vorkommt. Dies sind die beiden einzigen Organe, die zur Biosynthese von Apolipoprotein B-haltigen Lipoproteinen imstande sind (S. 470). Im Golgi-Apparat erfolgt dann die Assemblierung der Triacylglycerine, Cholesterinester und Phospholipide mit dem Apolipoprotein aus B_{48}, so daß *Chylomikronen* entstehen. Diese werden durch Exocytose (S. 472) von den Enterocyten freigesetzt. Es ist zur Zeit nicht klar, wie die Chylomikronen vom Interzellulärraum durch die Basalmembran in die Lymphgefäße gelangen.

Mangel an Gallensäuren führt zu Störungen der Fettresorption

Eine Reihe von Pathomechanismen führen zu Störungen der Fettresorption, die sich im allgemeinen am Auftreten von *Fettstühlen* (Steatorrhoe) erkennen lassen und deswegen besonders bedeutsam sind, weil sie mit Resorptionsstörungen essentieller lipophiler Verbindungen wie fettlöslichen Vitaminen und essentiellen Fettsäuren einhergehen.

Häufig werden Fettresorptionsstörungen durch eine verminderte intestinale Gallensäurekonzentration ausgelöst, die durch Verlegung der ableitenden Gallenwege oder durch eine hepatische Störung der Gallensäuresynthese verursacht werden kann. Viel seltenere Ursachen sind Lipase- bzw. Colipasemangel bei Pankreasinsuffizienz oder als hereditäre Erkrankung. Ein durch massive Fetteinlagerungen in den Mucosazellen gekennzeichnetes Krankheitsbild findet sich schließlich bei der sehr seltenen *hereditären A-β-Lipoproteinämie.* Die betroffenen Patienten zeichnen sich dadurch aus, daß in ihrem Plasma keinerlei Lipoproteine mit Apolipoproteinen des Typs B nachweisbar sind. Eine genauere Untersuchung hat ergeben, daß sie zwar durchaus imstande sind, daß Apolipoprotein B_{100} bzw. B_{48} zu synthetisieren, jedoch keinerlei Triacylglycerin-Transfer-Proteine besitzen, da diese Proteine durch Mutationen ausgeschaltet sind. Triacylglycerin-Transfer-Proteine werden für die Verpackung von Triacylglycerinen in Chylomikronen-Vesikel benötigt. Dieser Befund weist auf die enorme Bedeutung des Lipidtransfers zwischen Membranen für die Biosynthese von Lipoproteinen hin.

34.4.3 Proteine, Peptide und Aminosäuren

Beim Erwachsenen werden in der Nahrung enthaltene Proteine und Peptide nicht als intakte Moleküle resorbiert und in das Blut abgegeben, sondern durch die in den gastrointestinalen Säften sowie in den Mucosazellen vorhandenen proteolytischen Enzyme zerlegt. Dementsprechend kommt es nach einer proteinreichen Mahlzeit im Pfortaderblut zu einer der Proteinzusammensetzung entsprechenden Zunahme der Konzentrationen einzelner Aminosäuren; Di-, Tri- oder gar Oligopeptide sind dagegen nicht vermehrt nachweisbar. Da besonders nach proteinreichen Mahlzeiten die Verweildauer im Duodenum zu kurz für eine vollständige Aufspaltung von Protein in Aminosäuren ist, ist schon vor Jahren die Resorption kleinerer Peptide als wesentlicher Mechanismus der Proteinresorption postuliert worden (s. unten).

Im Gegensatz zum Erwachsenen findet beim Neugeborenen eine, wenn auch nur geringgradige Aufnahme von intakten Proteinen durch die Mucosazellen statt, wahrscheinlich durch Pinocytose. Auf diese Weise können besonders in der Muttermilch enthaltene Immunglobuline von der Mutter auf den Säugling übertragen werden. Nach neueren Untersuchungen spielt dieser Vorgang jedoch im Vergleich zum placentaren Übertritt von mütterlichen Immunglobulinen beim Menschen eine geringe Rolle.

Oligopeptide werden mit einem H$^+$-abhängigen Transportsystem resorbiert

Aus einer Reihe von Befunden (Verweildauer im Duodenum für vollständige Proteolyse zu Aminosäuren zu kurz, Konzentrationen von Di- und Tripeptiden im Duodenallumen fünf- bis zehnmal größer als die Konzentration von freien Aminosäuren, Resorptionsgeschwindigkeiten von Di- und Tripeptiden größer als diejenige freier Aminosäuren) muß geschlossen werden, daß ein erheblicher Teil der Nahrungsproteine nicht in Form freier Aminosäuren, sondern als Di-, Tri- und möglicherweise auch Tetrapeptide von den Mucosazellen aufgenommen wird. Diese enthalten außerordentlich aktive cytoplasmatische Peptidasen, so daß man davon ausgehen kann, daß die aufgenommenen Peptide intracellulär auf die Stufe freier Aminosäuren gespalten und von dort in das Pfortaderblut abgegeben werden. Abbildung 34.22 stellt den nach den heutigen Erkenntnissen wahrscheinlichen Mechanismus für die Peptidaufnahme in die Mucosazellen dar. Die treibende Kraft ist, anders als bei Sacchariden (S. 1011) oder Aminosäuren (s. u.) nicht ein Natrium-, sondern ein Protonengradient über der luminalen Seite der Mucosazellen. Dieser wird durch einen Natrium-Protonenaustauscher aufrecht erhalten, der an die serosaseitig gelegene Na$^+$/K$^+$-ATPase gekoppelt ist. Peptide werden dann zusammen mit Protonen entlang des Protonengradienten in die Mucosazellen transportiert. Außer der Aufnahme von Peptiden dient das geschilderte Transportsystem auch der Aufnahme einer Reihe von Antibiotika oder anderen, von Peptiden abgeleiteten Strukturen.

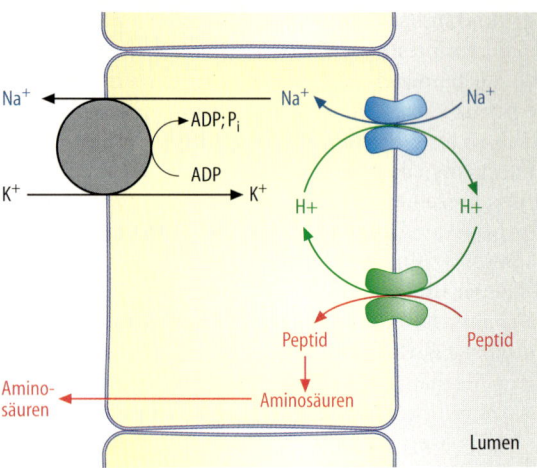

Abb. 34.22 Mechanismus der Aufnahme von Peptiden oder Peptidantibiotika durch Mucosazellen. Der Transport erfolgt gegen ein Konzentrationsgefälle als Protonencotransport. (Einzelheiten s. Text)

Basische und neutrale Aminosäuren werden durch spezifische Transportproteine aufgenommen

Ähnlich wie für Monosaccharide kommen auch für Aminosäuren spezifische Transportsysteme in der Mucosazelle vor, die einen *sekundär aktiven, energieabhängigen Transport* von Aminosäuren aus dem intestinalen Lumen in die Mucosazelle gegen ein Konzentrationsgefälle ermöglichen. Die aktive Aufnahme von Aminosäuren in die Mucosazelle ist bei diesen Transportern abhängig von der Anwesenheit von *Natriumionen.* Der Transportmechanismus hat damit Ähnlichkeit mit dem für Monosaccharide beschriebenen. Bis jetzt sind zwei derartige Transporter aus der entsprechenden cDNA charakterisiert worden, die für die Aufnahme neutraler bzw. basischer Aminosäuren verantwortlich sind. Beide Transportmoleküle kommen außer im intestinalen Lumen auch in den *renalen Tubulusepithelien* vor (S. 141, 1044).

Defekte von Proteinverdauung und Resorption haben verschiedenste Ursachen

Die häufigsten Defekte der Proteinverdauung und Resorption finden sich bei der exkretorischen Pankreasinsuffizienz, bei einer Atrophie bzw. Funktionseinschränkung der Dünndarmzotten (Sprue) sowie auch nach Dünndarmresektion. Nicht verdaute bzw. resorbierte Proteine gelangen dann in tiefere Darmabschnitte, wo sie bakteriell abgebaut werden, was zur Bildung häufig toxischer Produkte führt (S. 1019).

Seltenere Erkrankungen sind hereditäre Defekte proteolytischer Enzyme, z. B. des Trypsinogens oder der Enteropeptidase.

In der letzten Zeit sind einige Erkrankungen bekannt geworden, die durch einen genetischen Defekt eines Aminosäuretransportsystems hervorgerufen werden können. Es handelt sich um
- die Hartnup-Krankheit, die durch eine Aufnahmestörung neutraler Aminosäuren verursacht wird,
- die Cystinurie (S. 573),
- die Methioninmalabsorption und
- die Prolinmalabsorption.

Die Bedeutung der Peptidspaltung innerhalb der Mucosazellen für Verdauung und Resorption läßt sich gut am Beispiel der *gliadininduzierten Sprue* (nichttropische Sprue) zeigen. Bei diesem Krankheitsbild findet sich eine allgemeine Störung der Verdauung und Resorption von Nahrungsstoffen infolge einer weitgehenden *Atrophie der Dünndarmzotten* mit entsprechenden Veränderungen des Dünndarmepithels. Ursächlich hierfür verantwortlich ist eine genetisch bedingte Störung der Peptidspaltung innerhalb der Mucosazellen. Diese betrifft v. a. die Hydrolyse derjenigen Peptide, die aus der peptischen und tryptischen Spaltung von *Gluten,* dem wichtigsten Weizenprotein, im Darmlumen entstehen. Die dabei entstehenden, für das Krankheitsbild verantwortlichen Oligopeptide, die *Gliadine,* bestehen aus 6–7 Aminosäuren (Molekulargewichte zwischen 800 und 900).

Es ist bis jetzt nicht sicher bekannt, ob die Gliadine selbst auf das Dünndarmepithel toxisch wirken; da sie nämlich auch in die Blutbahn aufgenommen werden können, führen sie dort zur Bildung spezifischer Antikörper, die sich bei allen Patienten mit nichttropischer Sprue nachweisen lassen und die ihrerseits für die Schädigung des Dünndarmepithels verantwortlich sein könnten.

34.4.4 Resorption von Wasser und Elektrolyten

Mit dem Übergang der Meeresbewohner zum Leben am Land ergab sich die Notwendigkeit, spezielle Mechanismen zur möglichst effektiven Konservierung von Wasser und Elektrolyten zu entwickeln. Neben den Nieren und den Schweißdrüsen fällt dabei dem Magen-Darm-Trakt eine Hauptaufgabe zu. Hierfür sind v. a. zwei Gründe verantwortlich. Einmal ist der Magen-Darm-Trakt unter physiologischen Bedingungen die einzige Aufnahmestelle für Wasser und Elektrolyte. Beim Menschen müssen täglich etwa 2–3 l Wasser sowie 300 mmol Natrium und 100 mmol Kalium, die mit dem Harn und Schweiß verloren gehen, ersetzt werden. Zum anderen müssen im Magen-Darm-Trakt erhebliche Mengen der plasmaisotonen Flüssigkeit resorbiert werden, die aus den Sekreten der Verdauungsdrüsen und der Leber stammt. Wie vorne diskutiert, beträgt die Gesamtmenge dieser Sekrete beim Menschen pro Tag etwa 6–9 l. Da sie eine dem Plasma entsprechende

Elektrolytzusammensetzung haben, müssen also nicht nur Wasser sondern auch entsprechende Mengen an Elektrolyten resorbiert werden, um schwere, mit dem Leben nicht zu vereinbarende Elektrolytverluste zu vermeiden.

Im Gegensatz zu Aminosäuren, Zuckern oder Elektrolyten ist die Resorption von Wasser ein passiver Vorgang und erfolgt entlang eines osmotischen Gradienten. Da die Elektrolyte Natrium, Chlorid und Bicarbonat den überwiegenden Teil der osmotisch aktiven Substanzen im Bereich des Magen-Darm-Trakts ausmachen, sind die Vorgänge der Wasserresorption untrennbar mit denjenigen des Elektrolyttransports verbunden und werden deshalb im folgenden auch zusammen behandelt.

Wasser- oder NaCl-Sekretion in Magen und Duodenum macht den Speisebrei isoton

Im Magen und Duodenum findet *keine* Wasserresorption statt. Im Gegenteil, hier kommt es bei Vorliegen eines hypertonen Speisebreis zur *Wassersekretion,* bis ein annähernd plasmaisotoner Wert erreicht wird. Werden dagegen hypotone Lösungen (Wassertrinken) zugeführt, so wird Natriumchlorid bis zur Isotonie in das duodenale Lumen sezerniert.

Im Jejunum erfolgt der größte Teil der Wasserrückresorption

Der wichtigste Ort der gastrointestinalen Wasserrückresorption ist das Jejunum. Ist der Darminhalt an dieser Stelle noch hypoton, verläßt Wasser infolge der

osmotischen Druckdifferenz zwischen Plasma und Darmlumen den Darm. Unter normalen Bedingungen ist jedoch die Speiseflüssigkeit im Bereich des Jejunums eine isotone Lösung, die sich etwa in ionischem Gleichgewicht mit dem Plasma befindet. Unter diesen Bedingungen können nur geringe Mengen von Na^+, Chlorid oder Wasser resorbiert werden (Abb. 34.23). Der Resorptionsvorgang kommt jedoch sofort in Gang, wenn zusätzlich Zucker oder Aminosäuren im Darmlumen vorhanden sind. Eine Erklärung findet dieses Phänomen darin, daß die **treibende Kraft** für den passiv erfolgenden Wassertransport der **aktive Natriumtransport** aus dem Darmlumen in das Plasma ist, der wiederum in diesem Teil des Magen-Darm-Trakts mit dem Transport von Monosacchariden bzw. Aminosäuren gekoppelt ist.

Die im Jejunum vorliegenden Verhältnisse werden in schematischer Form in Abb. 34.24 dargestellt. *Natriumionen* werden mit *Monosacchariden* oder *Aminosäuren* aus dem intestinalen Lumen in die Mucosazelle transportiert. Durch die vor allen Dingen an der Serosaseite der Mucosazellmembran gelegene energieabhängige Natriumpumpe wird der Natriumgehalt der Mucosazelle niedrig gehalten, im Interzel-

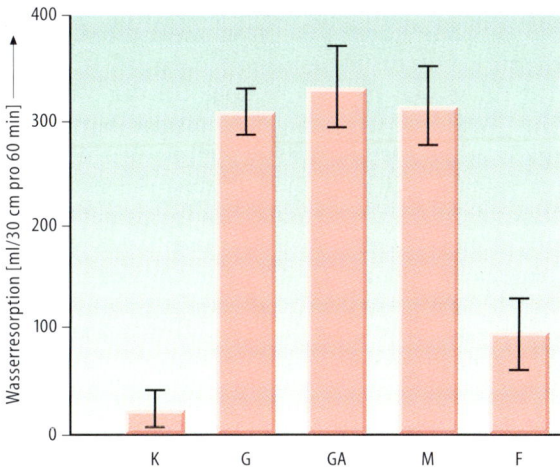

Abb. 34.23 Abhängigkeit der Wasserresorption vom Hexosetransport. 30 cm normalen menschlichen Jejunums wurden mit einer Geschwindigkeit von 20 ml/min mit den angegebenen Lösungen perfundiert und die Wasserresorption gemessen. *K* enthält 0,9% NaCl, *G* enthält 0,9% NaCl + 2,5% Glucose, *GA* enthält 0,9% NaCl + 2,5% Galactose, *M* enthält 0,9% NaCl + 2,5% Maltose, *F* enthält 0,9% NaCl + 2,5% Fructose

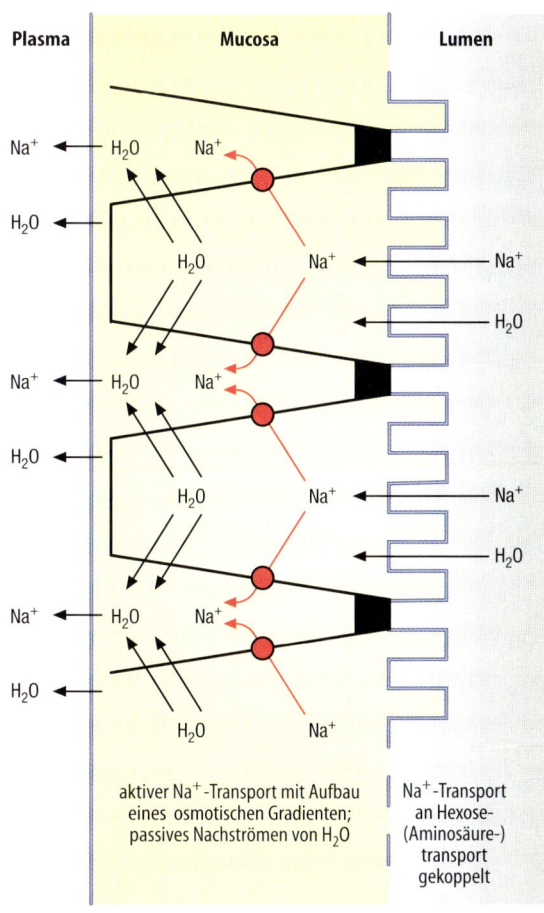

Abb. 34.24 Schematische Darstellung der Kopplung von Na^+- und Flüssigkeitstransport im Jejunum

lulärspalt jeoch ein *osmotischer Gradient* aufgebaut, so daß passiv Wasser aus dem Lumen in den Intercellulärspalt nachfließt. Ein Wasserausgleich in Richtung des intestinalen Lumens ist unmöglich, da der Intercellulärspalt der luminalen Seite durch die sog. Zonula occludens verschlossen ist.

Eine weitere wichtige Rolle bei der Wasserresorption spielt das **Bicarbonat.** Infolge der hohen Bicarbonatkonzentrationen in der Galle sowie im Pankreassekret gelangen relativ große Mengen des Anions in das Jejunum, aus dem sie rasch resorbiert werden. An die Bicarbonatresorption ist der Transport von Natrium und Wasser geknüpft. Über die molekularen Mechanismen dieses Vorgangs, der unabhängig vom Glucose- bzw. Aminosäuretransport erfolgt, besteht noch keine Klarheit.

Ileum und Colon enthalten spezifische Transportsysteme für die Wasser- und Elektrolytresorption

Im Gegensatz zum Jejunum erfolgt im Ileum und Colon die Resorption von Natrium und Wasser unabhängig von der Anwesenheit von Monosacchariden, Aminosäuren oder Bicarbonationen. Na^+ kann durch spezifische Transportsysteme gegen hohe elektrochemische Gradienten transportiert werden. Die Resorption von Wasser erfolgt dann im Sinne eines osmotischen Ausgleichs entlang des durch den aktiven Natriumtransport aufgebauten osmotischen Gradienten.

Turnberg hat das in Abb. 34.25 dargestellte Transportsystem für Na^+ und Chlorid im Austausch gegen H^+ und Bicarbonat beschrieben. Das Entscheidende an dieser Hypothese ist, daß unabhängig voneinander operierende **Anionen-** und **Kationenaustauschsysteme** bestehen, bei denen Na^+ gegen Protonen und Chlorid gegen Bicarbonationen ausgetauscht werden. Unter Einwirkung der in den Mucosazellen in hoher Aktivität vorkommenden Carboanhydrase kommt es zur Bildung der besonders leicht resorbierbaren Kohlensäure. Das mit der Kohlensäurebildung einhergehende Absinken des osmotischen Drucks im Darmlumen ermöglicht die Wasserresorption. Die Bedeutung dieses Mechanismus wird durch die Tatsache bestätigt, daß durch *Acetazolamid,* einem Hemmstoff der Carboanhydrase (S. 113), die Bicarbonat- und Natriumresorption im Ileum gehemmt werden kann.

Aldosteron und Angiotensin regulieren Natrium- und Wasserrückresorption

Die in den unteren Abschnitten des Magen-Darm-Traktes vorhandenen Natrium- und damit auch wasserkonservierenden Enzymsysteme gehören zu den für Landlebewesenj essentiellen Schutzmechanismen, die mit der Nahrung nicht wieder einbringbare Verluste von Wasser und Natrium verhindern sollen. Sie entsprechen damit funktionell gleichartigen Systemen, die

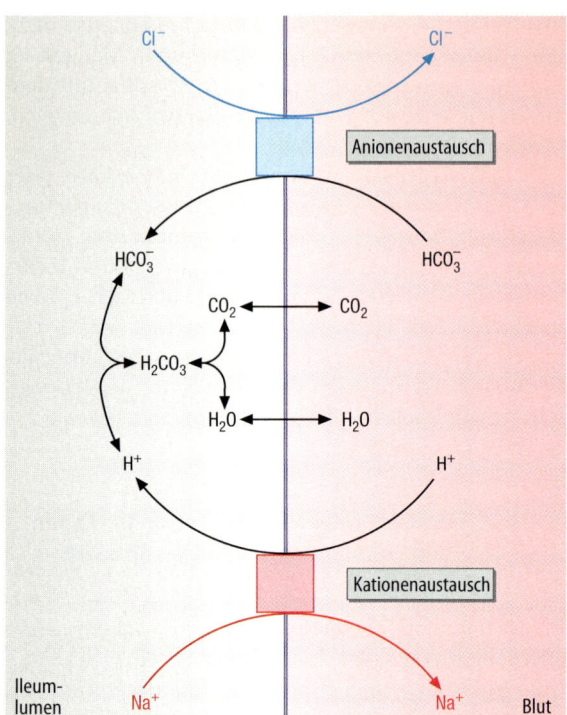

Abb. 34.25 Ionenaustauschmechanismus im Ileum

in den Nieren Wasser- und Elektrolytverluste sowie in den Schweißdrüsen Elektrolytverluste allein zu verhindern haben.

Es ist deshalb sinnvoll, daß auch im Magen-Darm-Trakt die Mineralocorticoidhormone im Sinne einer Natriumkonservierung wirken. Dies trifft v. a. für das **Aldosteron** (S. 864) zu, das neben seiner renalen Wirkung auch an Ileum und Colon die Rückresorption von Natrium stimuliert. So steigt beim normalen Menschen 24 h nach Aldosterongabe die Geschwindigkeit der Natriumresorption im Colon um etwa das dreifache an.

Eine weitere wichtige Rolle bei der Natrium- und Wasserkonservierung im Magen-Darm-Trakt spielt das **Angiotensin** (S. 865). Ähnlich wie in den Nieren stimuliert es auch im Ileum und Colon die Geschwindigkeit der Natriumrückresorption und begünstigt so die Wasseraufnahme durch den Darm. Als Wirkungsmechanismus für das Angiotensin wird eine vermehrte Biosynthese der für den aktiven Natriumtransport verantwortlichen Enzymsysteme in der Mucosazellmembran angenommen.

Im Intestinaltrakt können Wasser und Elektrolyte sezerniert werden

Neben der Aufnahme von Wasser und Elektrolyten durch die Darmwand finden ständige Flüssigkeits- und Elektrolytbewegungen in der umgekehrten Richtung, d. h. in Richtung auf das Darmlumen statt. Die absolute, als **Absorptionsrate** bezeichnete Größe des Stofftransports durch die Darmwand ergibt sich aus der Geschwindigkeitsdifferenz des Transports vom Lumen in Richtung Serosa und damit Blut *(Insorption)* und der als *Exsorption* bezeichneten Bewegung von Wasser bzw. Elektrolyten in das Darmlumen hinein.

Daß die Exsorption nicht ausschließlich durch passive Rückdiffusion hervorgerufen wird, geht aus der Beobachtung hervor, daß bei der *Cholera* eine massiv gesteigerte Flüssigkeits- und Elektrolytsekretion durch das Jejunum in das Lumen erfolgt, obwohl die Mucosa histologisch normal ist und die insorptiven Vorgänge wie aktiver Transport von Monosacchariden und Aminosäuren sowie Natriumtransport ungestört ablaufen.

Diese Diarrhoe wird durch das Choleratoxin ausgelöst. Wie schon erläutert (S. 276, 775), führt es durch ADP-Ribosylierung des aktivierenden G-Proteins des Adenylatcyclasesystems zu einer irreversiblen Aktivierung der katalytischen Untereinheit der Adenylatcyclase und damit zu deutlich erhöhten cAMP-Spiegeln in der Mucosazelle. Durch cAMP wird die Chloridsekretion in das Darmlumen beträchtlich gesteigert, wobei Wasser entlang des so entstehenden osmotischen Gradienten nachfließt. Dieses pathogenetische Prinzip findet sich nicht nur beim Choleratoxin, sondern auch bei den Toxinen einer Reihe von Mikroorganismen sowie im Rahmen der IgE-vermittelten mucosalen Immunantwort.

Resorption anderer Nahrungsbestandteile

Für eine Reihe wichtiger Nahrungsbestandteile wie die Vitamine, Calcium, Magnesium, Phosphat und Eisen bestehen spezielle Resorptionsmechanismen, die bei der Besprechung des Stoffwechsels der einzelnen Substanzen abgehandelt werden.

34.4.5 Schicksal der Nahrungsstoffe im Colon

Duodenum, Jejunum und in geringerem Umfange Ileum sind die Hauptorte der resorptiven Vorgänge. Hat der Speisebrei diese Darmabschnitte passiert, so hört die Resorption mit Ausnahme der oben besprochenen Wasser- und Elektrolytaufnahme auf. Die im Darminhalt noch vorhandenen organischen Verbindungen werden durch die im Colon vorkommenden *Bakterien* zersetzt.

Kohlenhydrate und Fette werden zu niedermolekularen organischen Säuren wie *Lactat, Acetat* und *Butyrat* vergoren, wobei verschiedene Gase wie CO_2, Methan und Wasserstoff entstehen können.

Proteine und Aminosäuren unterliegen dagegen im Dickdarm einem bakteriell induzierten *Fäulnisvorgang*.

Viele Aminosäuren werden durch die intestinale Bakterienflora zu toxischen Aminen decarboxyliert. Auf diese Weise entsteht

- aus Lysin Cadaverin,
- aus Arginin Agmatin,
- aus Tyrosin Tyramin,
- aus Ornithin Putrescin und
- aus Histidin Histamin.

Tryptophan wird in einer mehrstufigen Reaktion durch die Darmbakterien in Indol und Scatol (Methylindol) umgewandelt.

Diese mehr oder weniger toxischen Abbauprodukte werden z. T. resorbiert und gelangen über die Pfortader zur Leber, wo sie durch Koppelung an Sulfat oder Glucuronat für die Nieren ausscheidungsfähig gemacht werden. Die aus Indol durch Koppelung an Schwefelsäure entstehende Indoxylschwefelsäure wird auch als Indican bezeichnet und kann relativ leicht in Serum bzw. Urin nachgewiesen werden, da sie zu Indigo oxidiert werden kann.

Nimmt infolge chronischer Lebererkrankungen die Fähigkeit des Leberparenchyms zum Abbau bzw. zur Entgiftung toxischer Amine ab, so steigt deren Serumkonzentration an, was mit einer Funktionsstörung der Ganglienzellen des Gehirns infolge deren hoher Empfindlichkeit verbunden ist (hepatische Encephalopathie, S. 530). Ein ähnliches Krankheitsbild kann sich auch dann entwickeln, wenn zur Behandlung eines Druckanstiegs im Bereich der Pfortader ein Kurzschluß zwischen Pfortader und V. cava operativ angelegt wird und auf diese Weise ein Teil des Pfortaderbluts ohne Leberpassage direkt in den großen Kreislauf gelangt.

RESÜMEE

Im Intestinaltrakt erfolgen zwei unterschiedliche Vorgänge, nämlich der als Verdauung bezeichnete Abbau von Nahrungsstoffen zu monomeren Bausteinen sowie die Resorption dieser Bausteine und damit ihre Aufnahme in den Organismus.

Die Verdauung der Nahrungsstoffe beginnt bereits in der Mundhöhle, wird im Magen fortgesetzt und erreicht im Dünndarm ihren Höhepunkt. Sie wird katalysiert durch die Aktivität der von den verschiedenen Verdauungsdrüsen freigesetzten Hydrolasen, die Polysaccharide, Proteine, Lipide und Nucleinsäuren zu Oligo- und Monosacchariden, Oligopeptiden und Aminosäuren, Monoacylglycerinen und Fettsäuren sowie Nucleosiden spalten. Die für die Verdauung verantwortlichen Hydrolasen entstammen den Speicheldrüsen, den verschiedenen Drüsenzellen der Magenschleimhaut, sowie vor allem dem Pankreas. Die zeitgerechte Freisetzung der Verdauungsenzyme muß sehr genau reguliert werden, damit in der zur Verfügung stehenden Passagezeit durch das Duodenum auch ein vollständiger Abbau als Voraussetzung für die Resorption erzielt werden kann. Diese Regulation erfolgt über eine große Zahl von Hormonen und Transmittern, die durch zentralnervöse Reize, durch parakrine Signale sowie durch nervale Impulse freigesetzt werden. Für die Sekretion des Magensaftes ist das wichtigste Hormon das Gastrin, die Pankreassekretion wird durch Sekretin und Cholecystokinin/ Pankreozymin reguliert. Das letztere sorgt darüber hinaus durch die Entleerung der Gallenblase für die Bereitstellung der für die Lipidresorption benötigten Gallensäuren.

Für die Resorption von Monosacchariden, Aminosäuren und Oligopeptiden stehen spezifische Transportmoleküle zur Verfügung, die den Na^+- bzw. H^+-abhängigen sekundär aktiven Transport in die Mucosazelle ermöglichen. Auf der basolateralen Seite der Mucosazellen erfolgt anschließend die Abgabe der aufgenommenen Verbindungen in die extrazelluläre Flüssigkeit durch erleichterte Diffusion, ebenfalls mit Hilfe spezifischer Transportproteine. Lipide werden durch Diffusion in die Mucosazellen aufgenommen, intrazellulär zu Triacylglycerinen und Cholesterinestern resynthetisiert und anschließend zusammen mit dem Apolipoprotein B_{48} in Chylomikronen verpackt. Anschließend werden diese von den Mucosazellen sezerniert und gelangen über die Lymphbahnen in den Kreislauf.

Der Intestinaltrakt ist Ort großer Flüssigkeits- und Ionenbewegungen. Diese setzen sich aus den mit der Nahrungszufuhr einhergehenden Wasser- und Elektrolytmengen sowie aus den meist plasmaisotonen Sekreten der einzelnen Abschnitte des Intestinaltraktes zusammen und machen pro 24 Stunden mehr als 5 l Flüssigkeit aus. Sowohl das Wasser als auch die Elektrolyte müssen im Intestinaltrakt zum größten Teil wieder reabsorbiert werden, um gravierende Flüssigkeits- und Elektrolytverluste zu verhindern.

Literatur

Monographien und Lehrbücher

Fuller P, Shulkes A (eds) (1994) The gut as an endocrine organ. Baillères Clin Endocrinol Metab 8 (1)

Sharp D, Blinderman L, Combs KA, Kienzle B, Ricci B, Wagner-Smith K, Gil CM, Turck CW, Bouma ME, Rader DJ (1993) Cloning and gene defects in microsomal triglyceride transfer protein associated with abetalipoproteinemia. Nature 365: 65–69

Original- und Übersichtsarbeiten

Bansil R, Stanley E, LaMont JT (1995) Mucin biophysics. Annu Rev Physiol 57: 635–657

Caspary WF (1992) Physiology and pathophysiology of intestinal absorption. Am J Clin Nutr 55 [Suppl 1]: 299 S–308 S

Castro GA, Arntzen CJ (1993) Immunophysiology of the gut: a research frontier for integrative studies of the common mucosal immune system. Am J Physiol 265: G 599–G 610

Fei YJ, Kanai Y, Nussberger S, Ganapathy V, Leibach FH, Romero MF, Singh SK, Boron WF, Hediger MA (1994) Expression cloning of a mammalian proton-coupled oligopeptide transporter. Nature 368: 563–566

Forstner G (1995) Signal transduction, packaging and secretion of mucins. Annu Rev Physiol 57: 585–605

Gendler SJ, Spicer AP (1995) Epithelial mucin genes. Annu Rev Physiol 57: 607–634

Kostenis E, Mohr K (1994) Omeprazol. Dtsch Med Wschr 119: 1173–1174

Lee WS, Kanai Y, Wells RG, Hediger MA (1994) The high affinity Na$^+$/glucose cotransporter: Re-evalutation of function and distribution of expression. J Biol Chem 269: 12032–12039

Levy E (1992) The 1991 Borden Award Lecture: Selected aspects of intraluminal and intracellular phases of fat absorption. Can J Physiol Pharmacol 70: 413–419

Lowe ME (1994) Pancreatic triglyceride lipase and colipase: Insights into dietary fat digestion. Gastroenterology 107: 1524–1536

Maeda M (1994) Gastric protonpump (H$^+$/K$^+$-ATPase): Structure and gene regulation through GATA DNA-binding protein(s). J Biochem 115: 6–14

Moszckowitz R, Udenfriend S, Felix A, Heimer E, Tate SS (1994) Membrane topology of the rat kidney neutral and basic amino acid transporter. FASEB J 8: 1069–1074

Rehfeld JF, Bardram L, Cantor P, Hilsted L, Schwartz TW (1988) Cell-specific processing of pro-cholecystokinin and pro-gastrin. Biochimie 70: 25–31

Sachs G, Wallmark B (1989) The gastric H$^+$, K$^+$-ATPase: the site of action of omeprazole. Scand J Gastroenterol 24 [Suppl 166]: 3–11

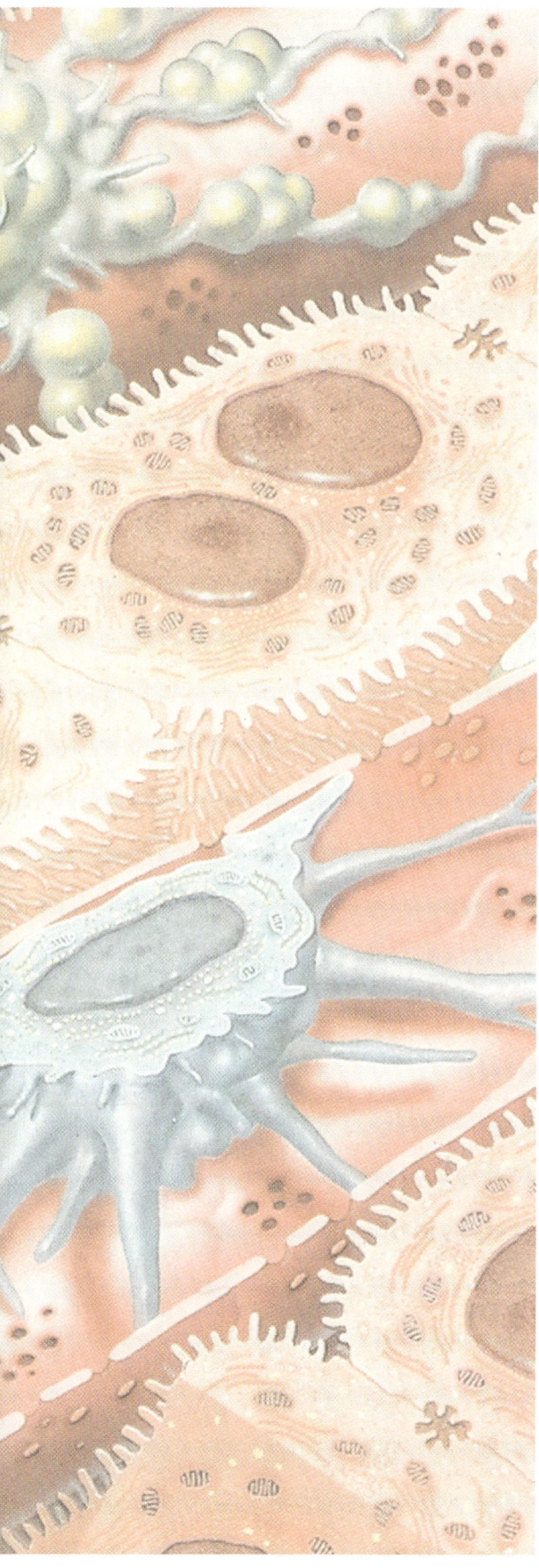

Leber

Die Leber ist eines der größten Organe des Organismus. Sie besteht zu etwa 70 % aus Parenchymzellen und zu 30 % aus Zellen der Gallengangsepithelien, Zellen des reticuloendothelialen Systems, den Kupfferzellen, den Sternzellen und Endothelzellen.

In der Leber laufen die meisten der heute bekannten Reaktionen des Intermediärstoffwechsels ab, darüber hinaus synthetisiert sie eine Reihe für den Organismus wichtiger Verbindungen, metabolisiert körpereigene und körperfremde Substanzen und ist schließlich ein wichtiges Ausscheidungsorgan.

Die Kapazität der Leber zur Erfüllung ihrer vielfältigen Funktion im Stoffwechsel ist außerordentlich groß. Dies geht allein aus der Tatsache hervor, daß erst ein Zustand, in dem mehr als 90 % der Parenchymzellen zerstört sind, mit dem Leben nicht mehr vereinbar ist. Da die Leber über eine besondere Regenerationsfähigkeit verfügt, können akute und chronische Schädigungen von ihr relativ gut bewältigt werden.

Angesichts der vielfältigen Funktionen der Leber ist es nicht verwunderlich, daß im Laufe der Entwicklung der klinischen Biochemie hunderte von Funktionsprüfungen beschrieben wurden, die über hepatische Stoffwechselrichtungen Aufschluß geben sollen. Viele von ihnen wurden durch die Entwicklung der biochemischen Analytik überholt, andere haben Aussagekraft nur im wissenschaftlichen Experiment, sind aber für die praktischen Belange der klinischen Diagnostik nicht anwendbar.

Dieser Ausschnitt aus der komplexen Architektur der Leber zeigt die aus Hepatocyten gebildeten Leberzellbalken, Ausschnitte aus den Blutgefäßen der Leber, Lipid speichernde Zellen der Leber sowie Gallenkapillaren.
(Bild: Kawada N et al (1994) Mebio 11 (6): 18–26. Copyright: Medical View Co. Ltd., Tokyo, Japan)

35.1 Zelluläre Bestandteile der Leber und ihre anatomischen Beziehungen

35.1.1 Aufbau und Funktion

Die besondere Funktion der Leber im Intermediärstoffwechsel erklärt sich aus ihrer anatomischen Lage. Sie bezieht während der *Resorptionsphase* die über den Intestinaltrakt aufgenommenen Nahrungsstoffe, Vitamine und Elektrolyte. Eine Ausnahme hiervon machen die Nahrungslipide, die über die Lymphbahnen des Intestinaltrakts gesammelt und über den Ductus thoracicus in den großen Kreislauf verteilt werden. Dementsprechend ist die Leber als einziges Organ daran angepaßt, ein sowohl von der Quantität als auch von der Qualität her sehr variables Stoffangebot zu bewältigen. Die während der Resorptionsphase angefluteten Substrate werden von ihr zu einem beträchtlichen Teil gespeichert. In der *postresorptiven* oder *Hungerphase* ist sie dann imstande, die gespeicherten Substrate in den Blutkreislauf abzugeben und den anderen Organen und Geweben des Körpers zur Deckung des Energiebedarfes zur Verfügung zu stellen. In diesem Sinne trägt die Leber entscheidend zur Aufrechterhaltung eines konstanten inneren Milieus und damit zur Funktionsfähigkeit aller extrahepatischen Organe und Gewebe bei.

Die Grundeinheit des Leberparenchyms besteht aus den um das periportale Feld gruppierten Leberzellbalken und wird als *Leberläppchen* bezeichnet. In seinem Zentrum sind der Gallengang, die Verzweigungen der Pfortader und der Leberarterie und das lymphatische System der Leber enthalten (s. Lehrbücher der Anatomie). Infolge der Besonderheiten der Leberdurchblutung ergeben sich Substrat- und Metabolit-gradienten entlang des Blutflusses von der Pfortader zur Lebervene. Dies ist der auslösende Faktor für heute gesicherte funktionelle Heterogenität von Leberzellbezirken. Die periportalen Bezirke mit dem afferenten Blutstrom zeichnen sich durch höhere Aktivität des Glykogenabbaus, der Gluconeogenese, der Fettsäureoxidation, der Harnstoffbildung aus Aminosäurestickstoff sowie der Gallensäure- und Bilirubinausscheidung aus. Dagegen stellt die perivenöse Zone den bevorzugten Ort der Glykogensynthese, der Glykolyse, Lipogenese, der Harnstoffbildung aus Ammoniak und Biotransformation körpereigener und körperfremder Stoffe dar.

35.1.2 Zusammensetzung

Nur etwa 60–70 % der Zellmasse der Leber bestehen aus den eigentlichen Leberparenchymzellen oder *Hepatocyten*. Eine weitere Gruppe epithelialer Zellen sind die als *Cholangiocyten* bezeichneten Zellen der Gallengangsepithelien. Neben diesen enthält die Leber eine Reihe von nichtepithelialen Zelltypen. Diese befinden sich bevorzugt entlang der Sinusoide und stehen sowohl anatomisch als auch funktionell in enger Beziehung zu den Parenchymzellen (Abb. 35.1). Einen erheblichen Anteil an diesen nichtepithelialen zellulären Elementen machen die sinusoidalen *Endothelzellen* aus. Sie bilden ein gefenstertes Endothel, wobei der Durchmesser der Fenster durch endogene oder exogene Verbindungen, wahrscheinlich über die Beteiligung von Elementen des Cytoskeletts, beeinflußt werden kann. Eine weitere wichtige Zellgruppe sind die zum retikulären System gehörenden *Kupfferzellen*, die ebenfalls an die Wand der Sinusoide adhärieren, aber sehr

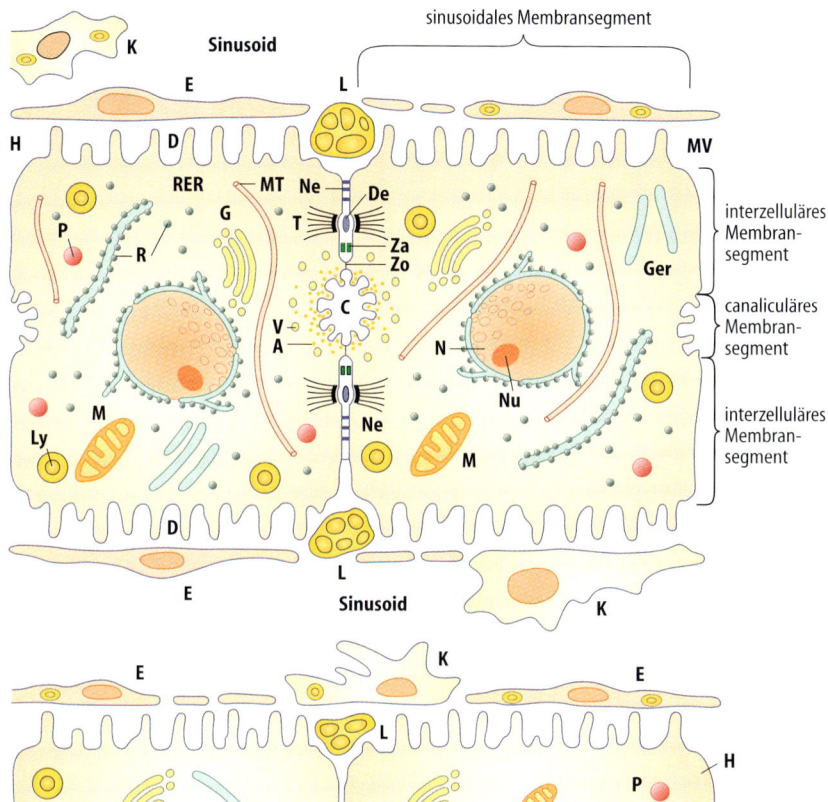

sinusoidales Membransegment

Sinusoid

K

E

L

H

D

MV

RER — MT Ne — De

G T

P R

Za

Zo

Ger

interzelluläres
Membran-
segment

V C

A N

canaliculäres
Membran-
segment

Nu

Ly M

Nu

interzelluläres
Membran-
segment

M

Ne

M

D

L

E Sinusoid K

E K E

L H

P

Abb. 35.1 Schematische Darstellung von Hepatocyten und ihren anatomischen Beziehungen zu Nicht-Parenchymzellen und dem Dissé-Raum. *A* Actinfilamente; *C* Gallecanaliculus; *D* Disse'scher Raum; *De* Desmosom; *E* Endothelzelle, *G* Golgi-Apparat; *GER* glattes endoplasmatisches Reticulum; *H* Hepatocyt, *K* Kupffer-Zelle; *Ly* Lysosomen; *M* Mitochondrien, *Mt* Mi-krotubuli; *Mv* Mikrovilli; *N* Zellkern; *Ne* Nexus; *Nu* Nucleolus; *P* Peroxisomen; *R* Ribosomen; *RER* rauhes endoplasmatisches Reticulum; *S* Sternzellen; *T* Tonofilamente; *V* pericanaliculäre Vesikel; *Za* Zona adhärens, *Zo* Zonula occludens (tight junction). (Nach Gressner 1995)

wahrscheinlich beweglich sind. *Sternzellen* (Synonym Fettspeicherzellen, Ito-Zellen) finden sich in engerer Assoziation an die Hepatocyten und entwickeln cyto-plasmatische Extensionen, die ähnlich wie Pericyten um das Endothel der Sinusoide gewickelt sind. Große granuläre Lymphocyten, die zur Gruppe der Killer-Zellen gehören, werden in der Leber auch als *Pit-Zellen* bezeichnet.

35.2 Funktionen der Leberparenchymzellen

35.2.1 Funktionen im Intermediärstoffwechsel

Die Leber ist das zentrale Organ der Glucosehomöostase des Organismus

Während der Resorptionsphase enthält das Pfortader-blut in Abhängigkeit vom Kohlenhydratgehalt der je-weiligen Nahrungsstoffe erhebliche Mengen an Gluco-se, aber auch Fructose und Galaktose. Ein großer Teil dieser Monosaccharide wird entsprechend der bereits

geschilderten Reaktionen (S. 389) nach Umwandlung zu *Glykogen* gespeichert.

In der postresorptiven Phase ist die Leber dage-gen imstande, Glykogen durch *Glykogenolyse* zu mobi-lisieren und zu Glucose abzubauen, die in die Leberve-ne abgegeben wird. Dies ist eine der Möglichkeiten der Leber, zur Glucosehomöostase des Organismus beizu-tragen. Sie kann dies wegen der für sie typischen hohen Glucose-6-Phosphatase-Aktivität (S. 391).

Bei länger dauerndem Hunger genügen die in der Leber gespeicherten Glykogenvorräte nicht zur Deckung des Energiebedarfs der obligaten Glucosever-werter, nämlich des zentralen Nervensystems, des Nie-renmarks und der Erythrocyten. Unter diesen Bedin-gungen kommt als weitere wesentliche Funktion der Leber im Kohlenhydratstoffwechsel die *Gluconeogene-se* aus Nichtkohlenhydraten zum Tragen (S. 384).

Sie ist eine der Hauptfunktionen der Leber im Hungerstoffwechsel. So müssen nach 24-stündiger Nahrungskarenz etwa 180 g Glucose/Tag, nach mehr-wöchigem Hungern immerhin noch 60 bis 90 g Gluco-se/Tag synthetisiert werden. Zur Gluconeogenese be-fähigt sind die Leber und die Nieren, wobei jedoch al-lein schon wegen ihrer Größe die Leber die Hauptmenge übernimmt. Substrate für die Gluconeogenese, deren Reaktionssequenz auf S. 384 geschildert ist, sind

- durch Proteolyse in den extrahepatischen Geweben freigesetzte glucogene Aminosäuren,
- im Fettgewebe durch Lipolyse freigesetztes Glycerin sowie
- durch Glykolyse entstandenes Lactat.

Jede länger dauernde Hungerphase geht mit einer spezifischen Änderung der enzymatischen Ausstattung der Leberparenchymzellen einher. Diese ist dadurch gekennzeichnet, daß die für die Glykolyse benötigten Enzymaktivitäten reprimiert und diejenige der Gluconeogenese und des Aminosäurestoffwechsels induziert werden. Für diese Umstellung sind neben den Katecholaminen v. a. die Glucocorticoide, beim Menschen also hauptsächlich das Cortisol, verantwortlich (S. 832).

Die Leber ist das zentrale Organ für den Ab-, Um- und Aufbau der verschiedensten Lipide

Während der Resorptionsphase besteht die wesentlichste Funktion der Leber im Lipidstoffwechsel in der Biosynthese von Triacylglycerinen, Phosphoglyceriden und Sphingolipiden aus den aufgenommenen Kohlenhydraten und Lipiden (S. 1012) sowie der Biosynthese und Sekretion von *VLDL-Lipoproteinen* (S. 472).

In der Postresorptions-/Hungerphase deckt die Leber ihren Energiebedarf nahezu vollständig durch die *Fettsäureoxidation*. Sie nimmt in diesem Zustand jedoch mehr Fettsäuren auf als hierzu notwendig sind und wandelt diese in Acetessigsäure und β-Hydroxybuttersäure, die sogenannten Ketonkörper (S. 432), um. Diese werden von der Leber nicht verwertet, sondern vollständig zur Deckung des Substratbedarfs extrahepatischer Gewebe abgegeben.

Außer Fettsäuren werden von der Leber LDL- und v. a. HDL-Lipoproteine und die in ihnen enthaltenen Lipide abgebaut (S. 475).

Die Leber ist schließlich für die Bereitstellung eines großen Teils des vom Organismus benötigten *Cholesterins* (S. 463) verantwortlich, wobei ihre Cholesterinbiosynthese u. a. vom Nahrungsangebot an Cholesterin abhängt.

Die Leber ist das zentrale Organ des Aminosäure- und Proteinstoffwechsels

Aminosäuren, die nach Verdauung und Resorption von Proteinen (S. 1015) bzw. durch intracelluläre Proteolyse in den verschiedensten Geweben und Organen entstanden sind, werden in der Leber durch Desaminierung und Transaminierung sowohl in Ketosäuren als auch in andere nichtessentielle Aminosäuren umgewandelt (Kapitel 19) und stehen dann der Proteinbiosynthese zur Verfügung.

Tabelle 35.1 Produktion für den Organismus wichtiger Verbindungen durch die Leber (Auswahl)

Proteine	Seite
Albumin	915
Angiotensinogen	865
α-Fetoprotein	1110
Orosomucoid	915
α₁-Antitrypsin	1027
α₁-Antichymotrypsin	1027
α₂-Makroglobulin	915
Antithrombin III	924
Caeruloplasmin	632
Gerinnungsfaktoren	
I, II, V, VII, VIII, IX, X, XI, XII	926
IGF-I; IGF-II	851
Kininogen	1027
Complementsystem	1078
C-reaktives Protein	916
Fibrinogen	921
Plasminogen	929
Transcortin	831
Transferrin	630
VLDL	472
Nascierende HDL	476

Die Leber hat eine besonders hohe Kapazität zur Biosynthese der verschiedensten *Proteine*. So werden eine große Zahl von im Blutplasma vorkommenden Proteinen mit unterschiedlichsten Funktionen, unter ihnen auch Hormone (IGF-I), Prohormone und Lipoproteine, in den Parenchymzellen der Leber synthetisiert (Tabelle 35.1). Hierzu gehören der größte Teil der Blutgerinnungsfaktoren, die Proteine der Fibrinolyse sowie Proteinaseinhibitoren wie das α₁-Antitrypsin und das α₂-Makroglobulin. Die Leber synthetisiert Transportproteine wie Transferrin, Transcortin oder Caeruloplasmin.

Von besonderer Bedeutung ist die Biosynthese der Prohormone wie des Angiotensinogens (S. 865) oder des Kininogens (S. 865).

Aus dem letzteren werden durch eine als Kallikreine bezeichnete Gruppe von Proteasen die sogenannten Kinine gebildet: das Nonapeptid *Bradykinin* sowie das Dekapeptid *Kallidin* (Abb. 35.2).

Kallikreine entstehen aus entsprechenden Proenzymen, den Präkallikreinen und kommen im Blutplasma (Plasmakallikreine) oder den Granulocyten, Speichel-, Tränen- und Schweißdrüsen sowie Nieren, Pankreas und Darm vor und werden dann als Gewebskallikreine bezeichnet. Plasmakallikreine setzen aus Kininogen das Bradykinin frei, Gewebskallikreine dagegen das Kallidin. Unterschiede in der Wirkung der beiden Produkte sind allerdings bisher nicht bekannt. Die Aktivierung des Prokallikreins zu Kallikrein ist an die Gegenwart des Hageman-Faktors, eines für die Blutgerinnung notwendigen Proteins, gebunden

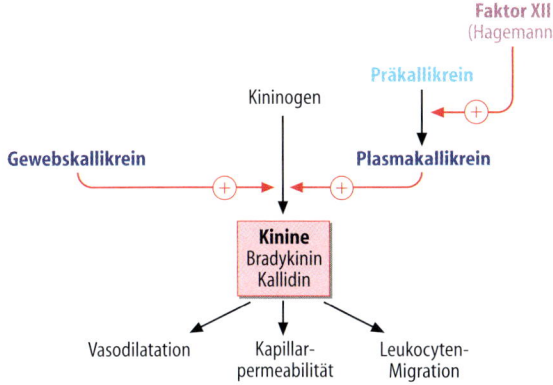

Abb. 35.2 Das Kallikrein-Kinin-System. (Einzelheiten s. Text)

(S. 926). Das aus Rinderlunge dargestellte Aprotinin (Trasylol) inaktiviert vorwiegend Kallikrein, jedoch auch Chymotrypsin (S. 999) und Plasminogen (S. 929). Außer Kallikrein können auch Trypsin, Plasmin, Pepsin (die alle zur Gruppe der sogenannten Serinproteasen gehören, S. 110), Schlangengifte und bakterielle Enzyme Kinine freisetzen.

Die aktiven Kinine besitzen eine außerordentlich kurze Halbwertszeit, da sie innerhalb von Sekunden durch Plasma-, Granulocyten- und Nierenkininhydrolase über die Abspaltung der C-terminalen Aminosäure inaktiviert werden. Kinine dienen wahrscheinlich schnell einsetzenden und nur sehr kurz dauernden Wirkungen. Dafür sprechen ihre ubiquitäre Präsenz und kurze Halbwertszeit. Sie bewirken die Erweiterung von Blutgefäßen, erhöhen die Kapillarpermeabilität, fördern die Leukocytenmigration und Spermatozoenmobilität.

Zumindest ein Teil der Kininwirkung wird über das *Prostaglandin*- bzw. das *Adenylatcyclase-System* vermittelt, da Kinine die Prostaglandinsynthese aktivieren. Dadurch entsteht Prostaglandin E, das die Dilatation arterieller Gefäße verursacht und die Adenylatcyclase aktiviert. In einzelnen Geweben wie dem Darm oder der Bronchialmuskulatur wird auch die 9-Ketoreduktase durch Kinine aktiviert, so daß Prostaglandin E weiter in Prostaglandin F überführt wird, das

eine Kontraktion der glatten Muskulatur von Darm und Bronchien bewirkt. Die freigesetzten Prostaglandine stimulieren auch Schmerzrezeptoren. Die Steigerung der Spermatozoenmobilität wird wahrscheinlich über cAMP vermittelt, das seinerseits die Aufnahme von Fructose, dem Substrat von Spermatozon stimuliert. Auch an der Glucoseverwertung des arbeitenden Muskels sollen die Kinine beteiligt sein: Bewegt man z. B. nur einen Finger, so muß der Muskel, der diesen Finger bewegt, über eine lokale Reaktion vermehrt Sauerstoff und Substrate erhalten. Offenbar führen die Kinine hier lokal zu einer vermehrten Durchblutung und Glucoseaufnahme. Dies könnte auch eine Erklärung für die, bei allgemeiner Muskelarbeit zu beobachtende Beschleunigung des Glucoseeintrittes in Muskelzellen sein.

Eine weitere wichtige Funktion der Leber beruht darauf, daß sie die sogenannten *Akute-Phase-Proteine* (Tabelle 35. 2) synthetisieren und an das Blut abgeben kann (S. 918). Den genannten Proteinen ist gemeinsam, daß ihre Konzentration innerhalb von 6–48 Stunden nach dem Auftreten einer lokalen Entzündungsreaktion im Organismus um ein Vielfaches zunimmt. Sinn dieser Reaktion ist, die Entzündung zu lokalisieren, ihre Ausbreitung zu verhindern oder den Organismus wenigstens instand zu setzen, mit einer sich ausbreitenden Entzündung adäquat fertig zu werden. So erleichtert natürlich ein Anstieg der Fibrinogenkonzentration die Thrombusbildung und erschwert so die Ausbreitung eines Infektes. Die Proteinaseinhibitoren der akuten Phase, z. B. α_1-Antitrypsin und α_1-Antichymotrypsin vermindern die durch freigesetzte Proteasen ausgelösten Gewebsschädigungen. Für andere Proteine des Akute-Phase-Systems ist die Funktion noch nicht so gut charakterisiert. Man nimmt beispielsweise an, daß das C-reaktive Protein an die Oberfläche von Fremdkörpern bindet und auf diese Weise ihre Aufnahme durch Phagocyten ermöglicht.

Alle bekannten Akute-Phase-Proteine werden von den Parenchymzellen der Leber synthetisiert (Abb. 35.3). Der adäquate Reiz hierfür sind die Interleukine Il-6 und Il-1, die von Makrophagen, Endothelzellen und Fibroblasten in den durch die Entzündung

Tabelle 35.2 Akute-Phase-Proteine (Auswahl)

Gruppe	Protein	Funktion
Gerinnungsfaktoren	Prothrombin Fibrinogen	Blutgerinnung, Hemmung der Ausbreitung der Entzündung, Reparatur
Complementsystem	Komponenten C1–C9	Opsonierung
Kallikrein-Kinin-System	Präkallikrein	Vasodilatation, Gefäßpermeabilität
Proteinaseinhibitoren	α_1-Antitrypsin α_1-Antichymotrypsin	Antiproteolyse
Opsonine	C-reaktives Protein	Opsonierung
Transportproteine	Caeruloplasmin	Radikalfänger

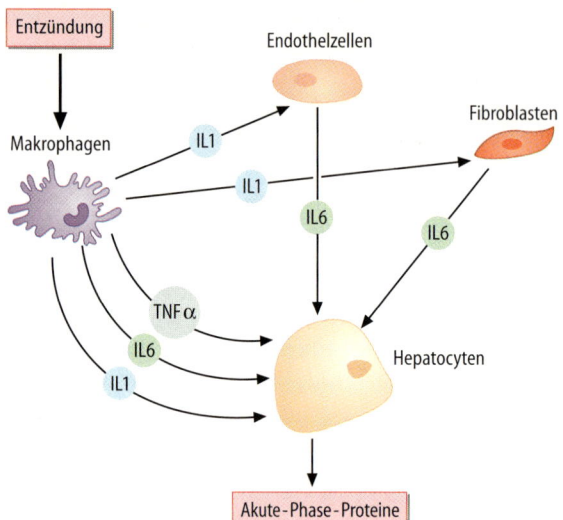

Abb. 35.3 Auslösung der Sekretion von Akute-Phase-Proteinen

geschädigten Gewebsteilen freigesetzt werden. Sie gelangen auf dem Blutweg zur Leber, werden dort durch entsprechende Rezeptoren (S. 781) gebunden und lösen danach die Biosynthese und Sekretion der Akute-Phase-Proteine aus.

Die Leber nimmt aber auch Proteine aus dem Blutplasma auf und führt sie dem lysosomalen Abbau zu. Dies trifft besonders für Glykoproteine zu, die über den *Asialoglykoprotein-Rezeptor* (S. 402) gebunden und internalisiert werden.

Die postresorptive und v. a. die Hungerphase ist durch eine gesteigerte Proteolyse der extrahepatischen

Gewebe gekennzeichnet. Die Leber nimmt die vermehrt freigesetzten Aminosäuren auf. Nach Transaminierung wird der Kohlenstoffanteil der ketogenen Aminosäuren in den Energiestoffwechsel eingeschleust, derjenige der glucogenen Aminosäuren jedoch für die in dieser Situation notwendige Gluconeogenese verwendet. Dabei frei werdende Aminogruppen werden ebenso wie der durch die verschiedenen Stoffwechselprozesse entstehende Ammoniak (S. 528) durch Umwandlung in *Harnstoff* entgiftet und danach über die Nieren ausgeschieden.

Der ausschließlich in den Leberparenchymzellen lokalisierte Harnstoffcyclus dient nicht nur der Eliminierung von durch Proteolyse und Aminosäureabbau entstandenen sowie aus dem Intestinaltrakt aufgenommenen Ammoniak, sondern auch der Aufrechterhaltung des *Säure-Basen-Haushaltes*. Der Grund hierfür ist, daß in der Harnstoffbiosynthese große Mengen an HCO_3^- fixiert und ausgeschieden werden. Daß die Leber durch Regulation der Geschwindigkeit der Harnstoffbiosynthese in den Säure-Basen-Haushalt eingreifen kann, geht aus der Beobachtung hervor, daß die Harnstoffbildung immer dann reduziert wird, wenn der pH und/oder die HCO_3^--Konzentration im extrazellulären Raum abfallen. Das dabei nicht fixierte Hydrogencarbonat dient dazu, die bestehende Acidose zu korrigieren.

Natürlich führt jede Reduktion der Geschwindigkeit der Harnstoffbiosynthese relativ zur Geschwindigkeit des Proteinabbaus zu einem Anstieg der Ammoniakkonzentration. Dieser wird dadurch aufgefangen, daß in einer ATP-abhängigen Reaktion Ammoniak als *Glutamin* fixiert werden kann (Abb. 35.4). Die hier-

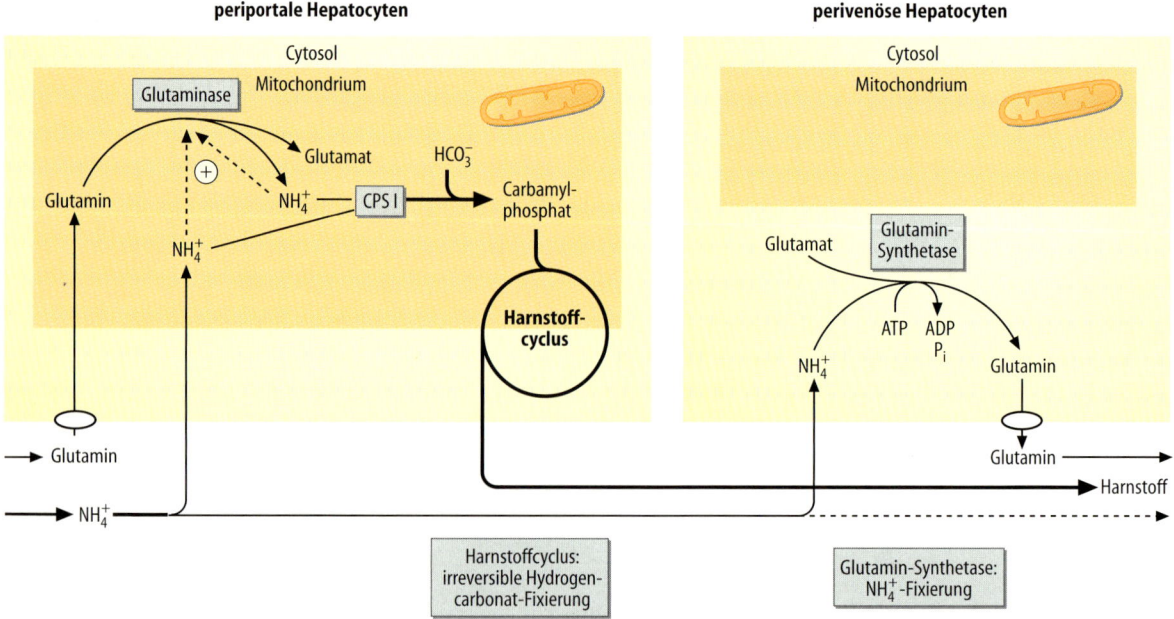

Abb. 35.4 Die Funktion der hepatischen Glutaminsynthetase bei der Eliminierung von überschüssigem NH_3; *CPS I* Carbamylphosphat-Synthetase I. (Einzelheiten s. Text)

Tabelle 35.3 Speicherung von wasserlöslichen Vitaminen in der Leber

Vitamin	Empfohlene Zufuhr (mg/Tag)	Gehalt der Leber (mg/Leber)
Thiamin	1,5	4,4
Riboflavin	1,5	32
Nicotinsäure	17	120
Pyridoxin	1,8	5,0
B_{12}	0,002	1,0
Folsäure	0,2	20,0
Biotin	0,1	1,4
Pantothensäure	7	90
Ascorbat	60	250

für notwendige Glutaminsynthetase ist ausschließlich in einer kleinen perivenösen Zellpopulation des Leberacinus lokalisiert, die kaum mehr als zwei Zellagen dick ist. Diese Zonierung des Glutaminstoffwechsels ermöglicht es, nur diejenige Menge an Ammoniak als Glutamin zu fixieren, die nicht in den weiter oberhalb gelegenen Teilen des Leberacinus durch Harnstoffbiosynthese gebunden worden ist.

Leberparenchymzellen speichern Substrate, Vitamine und Metalle

In der Leber werden nicht nur Kohlenhydrate in Form von Glykogen (S. 389) und in beschränktem Umfang Lipide als Triacylglycerine (S. 450) gespeichert, sondern auch einige Vitamine und Metalle.

Neben *Retinoiden*, die ausschließlich in den Sternzellen gespeichert werden (s. u.), enthält die Leber beträchtliche Mengen wasserlöslicher Vitamine (Tabelle 35.3). Dies trifft besonders für *Folsäure* und *Vitamin* B_{12} zu. Diese Tatsache ist für die Pathobiochemie von Vitaminmangelzuständen von großer Bedeutung. So deckt beispielsweise das in der menschlichen Leber gespeicherte Vitamin B_{12} den Bedarf für mehrere hundert Tage.

Die Leber speichert darüber hinaus das etwa 10–15 fache der täglichen Kupferzufuhr und 10 % des im Organismus vorhandenen Eisens (S. 631).

35.2.2 Funktionen bei der Biotransformation

Die Funktion der Biotransformationsreaktionen besteht darin, apolare, lipophile und damit nicht oder nur außerordentlich langsam ausscheidungsfähige Verbindungen in polare, wasserlösliche Substanzen umzuwandeln, die dann leicht über den Harn oder die Gallenflüssigkeit ausgeschieden werden können. Derartige Verbindungen können körpereigene, endogen entstandene Stoffe, sog. *Endobiotica* oder auch körper-

fremde Substanzen, die sog. *Xenobiotica* sein. Zu den ersteren gehören beispielsweise die schlecht wasserlöslichen Steroidhormone oder Stoffwechselendprodukte wie das Bilirubin. Die Zahl der Xenobiotica nimmt mit der ständigen Entwicklung chemisch-technischer Verfahren rasant zu. Zu ihnen gehören beispielsweise Pharmaka, aber auch Konservierungsmittel, Geschmacksmittel und eine Vielzahl synthetischer organischer Verbindungen, die zum Teil als Abfallprodukte in die Umwelt gelangen und diese erheblich belasten.

Biotransformationsreaktionen finden in beschränktem Umfang in nahezu allen Geweben statt. Die Leber ist jedoch nicht nur wegen ihrer Größe, sondern auch wegen ihrer besonders reichen Ausstattung mit den Enzymen der Biotransformationsreaktionen das wichtigste Organ für diese Funktion. Der größte Teil der für die Biotransformation benötigten Enzymaktivitäten ist im glatten endoplasmatischen Reticulum lokalisiert. Üblicherweise wird die Biotransformation in zwei Phasen eingeteilt (Abb. 35.5).

- In der ersten Phase werden die in Frage kommenden Verbindungen meist durch oxidative, seltener durch reduktive Reaktionen so weit modifiziert, daß sie reaktive Gruppen erhalten.
- An diese werden in der zweiten Phase der Transformationsreaktion polare oder stark geladene Verbindungen geknüpft, so daß die dabei entstehenden Konjugate besonders gut wasserlöslich werden.

Sie können nun ausgeschieden werden. Hierfür steht hauptsächlich die Gallenflüssigkeit zur Verfügung, in der tatsächlich ein großer Teil der durch die Biotransformation entstandenen Verbindungen erscheint. Eine Alternative ist die Abgabe ans Blut und die daran anschließende Ausscheidung über die Nieren. In beiden Fällen ist der Transport der auszuscheidenden Verbindungen durch die Plasmamembran der Hepatocyten notwendig. Die hierfür benötigten Transport-

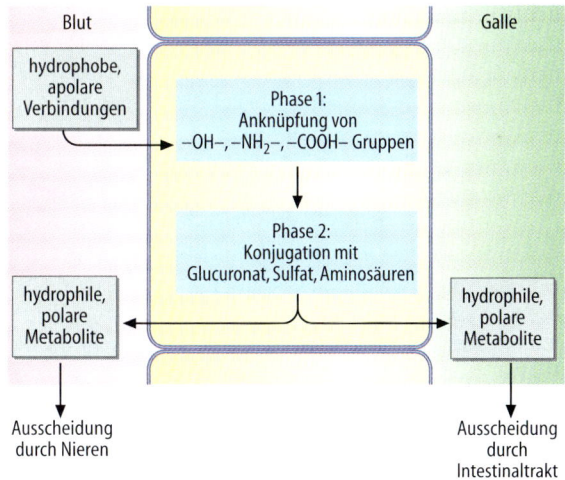

Abb. 35.5 Prinzip der zweistufigen Metabolisierung hydrophober, apolarer Verbindungen in der Leber. (Einzelheiten s. Text)

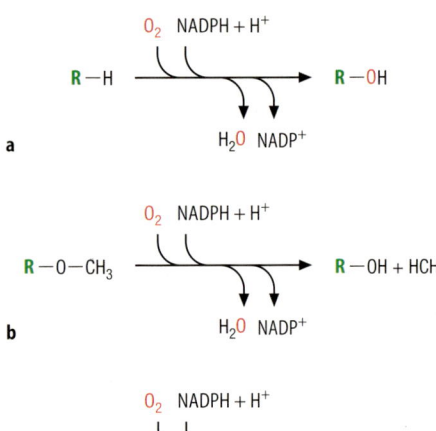

$$R-H \xrightarrow[\text{H}_2\text{O} \quad \text{NADP}^+]{\text{O}_2 \quad \text{NADPH} + \text{H}^+} R-OH$$

a

$$R-O-CH_3 \xrightarrow[\text{H}_2\text{O} \quad \text{NADP}^+]{\text{O}_2 \quad \text{NADPH} + \text{H}^+} R-OH + HCHO$$

b

$$R-\underset{R'}{N}-CH_3 \xrightarrow[\text{H}_2\text{O} \quad \text{NADP}^+]{\text{O}_2 \quad \text{NADPH} + \text{H}^+} R-\underset{R'}{NH} + HCHO$$

c

Abb. 35.6 a–c Mischfunktionelle Monooxygenasen bei Hydroxylierung (**a**), Dealkylierung (**b**), N-Dealkylierung (**c**) hydrophober Verbindungen

proteine bilden eine eigene Familie, die durch sie katalysierten Transportvorgänge werden gelegentlich auch als Phase 3 der Biotransformation bezeichnet.

In der Phase 1 der Biotransformation erfolgen oxidative bzw. reduktive Umwandlungen

Einen wesentlichen Beitrag zur Phase 1 der Biotransformation leisten die zur Großfamilie der Cytochrom P_{450}-Enzyme (S. 509) gehörenden **mikrosomalen Monooxygenasen**, die molekularen Sauerstoff und NADPH/H$^+$ als Cosubstrate benutzen. Die Aktivierung des Sauerstoffs erfolgt durch Anlagerung an das Cytochrom P_{450}. Ein Sauerstoffatom wird dabei in das Substratmolekül eingebaut, das andere zu Wasser reduziert (S. 511). Auf diese Weise wird hydroxyliert oder O- bzw. N-dealkyliert (Abb. 35.6). Weitere wichtige oxidative Reaktionen stellen die oxidative Desaminierung unter Bildung einer Ketogruppe und Freisetzung von Ammoniak (S. 528) sowie die oxidative Abspaltung der Seitenkette des Cholesterins unter Bildung der Carboxylgruppe der Gallensäuren dar (S. 1001). Seltener sind reduktive Modifikationen wie z. B. die Umwandlung einer -NO$_2$-Gruppe in eine -NH$_2$-Gruppe. Unspezifische Hydrolasen spalten Ester- bzw. Säureamid-Bindungen und setzen die entsprechenden Alkohole, Amino- und Carbonsäuren frei.

Durch die geschilderten chemischen Modifikationen der betreffenden Verbindungen werden also reaktive Gruppen wie -OH-, -NH$_2$-, -SH- bzw. -COOH gebildet.

Die Produkte der Phase 1 der Biotransformation werden in Phase 2 mit polaren Substanzen konjugiert

Die Phase 2 der Biotransformation wird auch als **Konjugationsphase** bezeichnet. In ihr werden die in der Phase 1 der Biotransformation entstandenen Verbindungen über ihre reaktiven Gruppen an polare Substanzen gekoppelt, wodurch sie sich in ausreichend hydrophile Verbindungen umwandeln (Abb. 35.7). Durch Kopplung mit Glucuronsäure entstehen so die **Glucuronide** (S. 392). Die Konjugation mit UDP-Glucuronat kann dabei mit OH-Gruppen, primären und sekundären Aminen sowie mit Carboxylgruppen erfolgen. Ein wichtiges Beispiel für diesen Reaktionstyp ist die Glucuronidierung von Bilirubin zu Bilirubindiglucuronid (S. 615).

Sulfatiert werden im allgemeinen OH-Gruppen sowie Aminogruppen. Substrat hierfür ist das aktivierte Sulfat oder 3'-Phosphoadenosin-5'-phosphosulfat (PAPS, S. 153). Östrogene werden beispielsweise meist erst nach Sulfatierung als **Sulfate** ausgeschieden. Neben der Sulfatierung kommt auch die Acetylierung mit Acetyl-CoA vor.

Eine weitere Möglichkeit ist die Kopplung von Carboxylgruppen an die Aminosäuren Glycin, Taurin bzw. Glutamin, wobei eine Säureamidgruppierung entsteht. Die die Kopplung eingehende Carboxylgruppe muß dafür allerdings zunächst in das entsprechende Coenzym A-Derivat umgewandelt werden. Beispiele hierfür sind die verschiedenen Derivate von Gallensäuren (S. 1001). Weitere Konjugationsreaktionen sind die Methylierung, die Deacetylierung sowie die Ausbildung von Thioethern, wobei meist Glutation-S-Derivate entstehen.

Viele Verbindungen induzieren das Biotransformationssystem

Die verschiedenen für die Biotransformation benötigten Enzymsysteme sind leicht induzierbar. Dies bedeutet, daß ihre Aktivität bei besonders hoher oder lang dauernder Zufuhr der zu metabolisierenden Verbindungen durch vermehrte Synthese des betreffenden Enzymproteins zunimmt. Da die Enzyme des Biotransformationssystems im allgemeinen nur eine geringe Substratspezifität zeigen, kann beispielsweise durch Enzyminduktion mit Barbituraten die Verstoffwechslung und damit die Wirkung anderer Arzneimittel wesentlich beeinflußt werden.

Zur Konkurrenz um die Enzyme des Biotransformationssystems kann es kommen, wenn mehrere Arzneimittel gleichzeitig gegeben werden. Als Folge zeigen sich dann gegebenenfalls Nebenwirkungen durch verlangsamten Abbau.

Bei Neugeborenen sind die betreffenden Enzymaktivitäten im allgemeinen außerordentlich niedrig. Dies betrifft vor allem die Konjugationsreak-

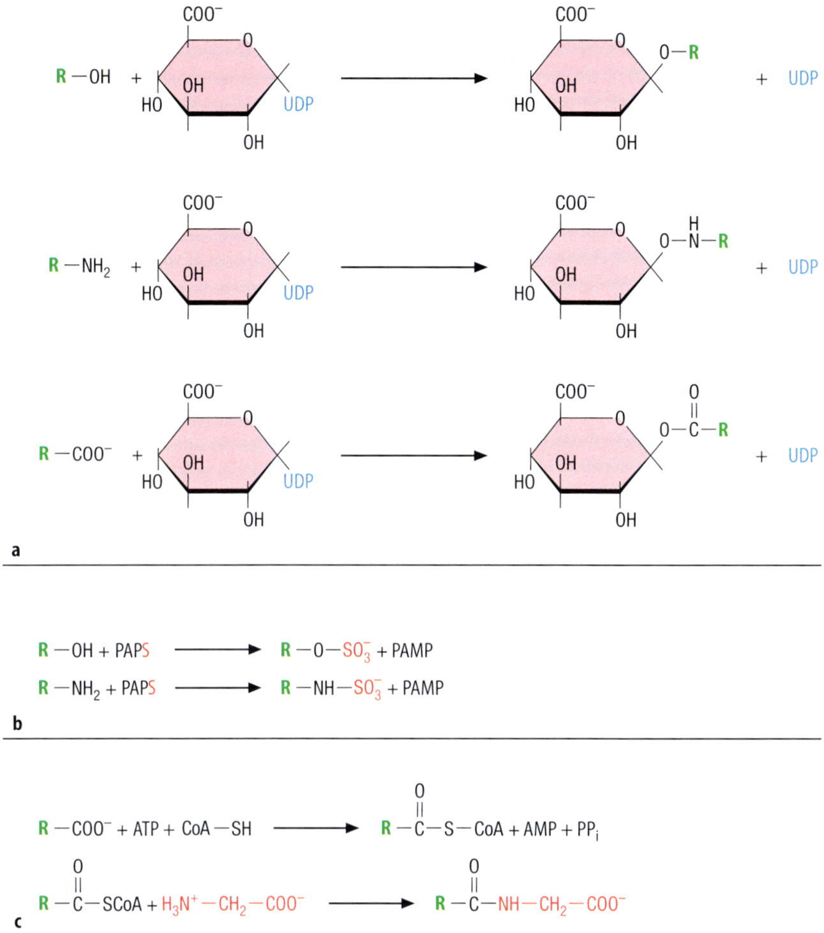

a

$$R\text{—OH} + \text{UDP-Glucuronat} \longrightarrow R\text{—O-Glucuronat} + \text{UDP}$$

$$R\text{—NH}_2 + \text{UDP-Glucuronat} \longrightarrow R\text{—NH-Glucuronat} + \text{UDP}$$

$$R\text{—COO}^- + \text{UDP-Glucuronat} \longrightarrow R\text{—CO-O-Glucuronat} + \text{UDP}$$

b

$$R\text{—OH} + \text{PAPS} \longrightarrow R\text{—O—SO}_3^- + \text{PAMP}$$

$$R\text{—NH}_2 + \text{PAPS} \longrightarrow R\text{—NH—SO}_3^- + \text{PAMP}$$

c

$$R\text{—COO}^- + \text{ATP} + \text{CoA—SH} \longrightarrow R\overset{O}{\overset{\|}{-}}C\text{—S—CoA} + \text{AMP} + \text{PP}_i$$

$$R\overset{O}{\overset{\|}{-}}C\text{—SCoA} + \text{H}_3\text{N}^+\text{—CH}_2\text{—COO}^- \longrightarrow R\overset{O}{\overset{\|}{-}}C\text{—NH—CH}_2\text{—COO}^-$$

Abb. 35.7 a–c Die wichtigsten Konjugationsreaktionen. **a** Glucuronidierung von Hydroxylgruppen, primären Aminen und Carboxylgruppen; **b** Sulfatierung von Hydroxylgruppen oder primären Aminen mit PAPS; Kopplung von Carboxylgruppen an Aminosäuren. Für die Knüpfung der Amidbindung muß die Carboxylgruppe ATP-abhängig in den CoA-Thioester umgewandelt werden; **c** Konjugation mit Glycin

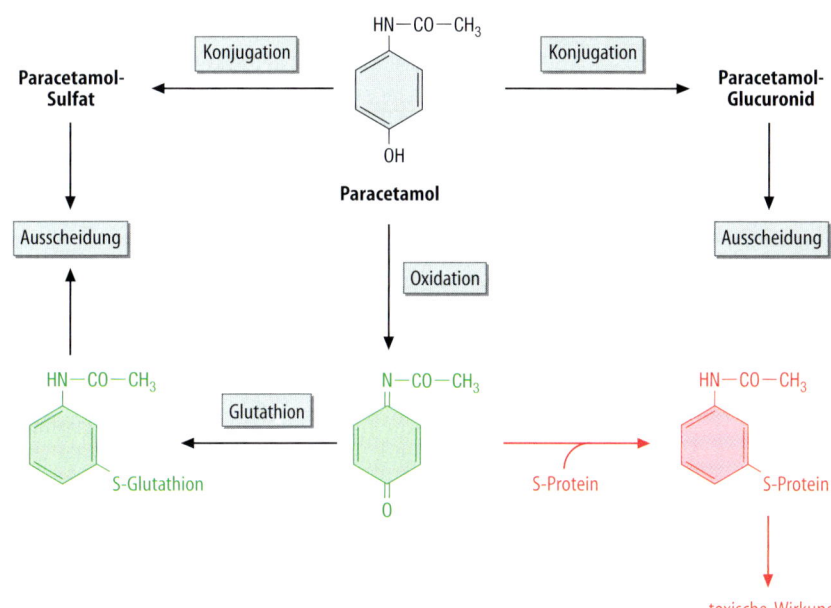

Abb. 35.8 Der Paracetamolstoffwechsel. Der zu toxischen Nebenprodukten führende Abbauweg des Paracetamol ist *rot* hervorgehoben. (Einzelheiten s. Text)

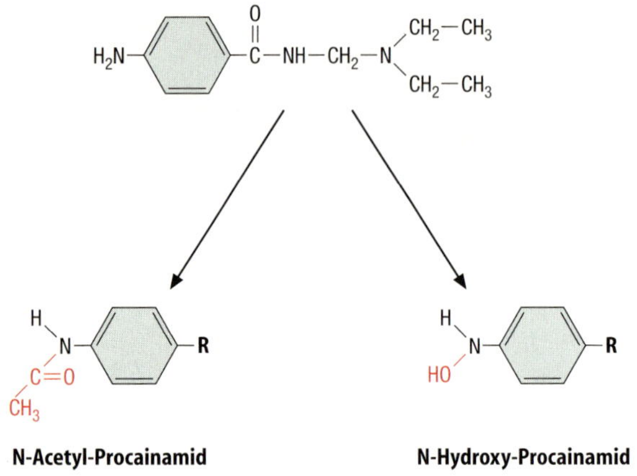

N-Acetyl-Procainamid   **N-Hydroxy-Procainamid**

Abb. 35.9 Metabolisierungsprodukte von Procainamid. (Einzelheiten s. Text)

tionen und hier die Glucuronyltransferasen. So beruht der bei ihnen gelegentlich zu beobachtende schwere Ikterus auf einer noch ungenügenden Glucuronidierung des durch den physiologischerweise gesteigerten Erythrocytenabbau entstehenden Bilirubins (S. 617). Außerdem reagieren Neugeborene gegen eine Reihe von Arzneimittel ganz besonders empfindlich.

Durch die Biotransformation kann es zur metabolischen Aktivierung kommen

Entwicklungsgeschichtlich betrachtet besteht die primäre Funktion des Biotransformationssystems in der Inaktivierung und Ausscheidung körpereigener Metabolite und möglicherweise einiger körperfremder Verbindungen, die mit der physiologischen Nahrung zugeführt werden. Unter den heutigen Lebensbedingungen wird dieses System darüber hinaus für die chemische Modifikation einer Vielzahl von in der Natur ursprünglich nicht vorkommenden, durch industrielle Prozesse entstandenen Xenobiotica, benutzt. So wird es verständlich, daß gelegentlich erst durch die Biotransformationsreaktionen Verbindungen mit biologischer Wirkung entstehen. Dies kann bei Arzneimitteln ein gewünschter Effekt sein, häufiger treten jedoch toxische, meist carcinogene Verbindungen auf.

Derartige reaktive Metabolite können auf jeder Stufe der Biotransformation entstehen. Dieser auch als *Giftung* bezeichnete Prozeß benötigt gelegentlich auch mehrere Umwandlungsschritte. Tierexperimentelle Untersuchungen über den Stoffwechsel eines Arzneimittels oder einer für andere Zwecke benötigte Verbindung lassen häufig nur eine beschränkte Aussage über die entsprechende Umwandlung beim Menschen zu, da große Speziesunterschiede im Metabolisierungsmuster bestehen und darüber hinaus bei wiederholter Applikation durch Induktion weiterer biotransformierender Enzyme innerhalb derselben Species andere Metabolite entstehen können.

Von besonderem Interesse sind metabolische Aktivierungen bei Arzneimitteln, was im Folgenden an zwei Beispielen dargestellt werden soll.

Paracetamol ist ein Acetanilid, das als mildes Analgetikum wirkt. Der größte Teil dieser Verbindung wird nach Glucuronidierung bzw. Sulfatierung wasserlöslich und damit ausscheidungsfähig. Ein Teil des Paracetamols wird jedoch oxidiert, so daß das in Abb. 35.8 dargestellte Zwischenprodukt entsteht. Dieses wird als Glutathion-S-Konjugat ausgeschieden. Es kommt jedoch gelegentlich zu Zuständen, bei denen durch konkurrierende Reaktionen die für diese Reaktion benötigte Gluthationmenge nicht zur Verfügung steht. In diesem Fall reagiert das Produkt mit SH-Gruppen auf Hepatocytenproteinen, die damit inaktiviert werden. Bei Überdosierung von Paracetamol (z. B. Intoxikation in suicidaler Absicht) läßt sich auf diese Weise eine *Lebernekrose* auslösen. Als Antidot wird N-Acetylcystein gegeben, das wegen seiner SH-Gruppe die Reaktion mit dem Protein verhindert.

Häufig werden im Verlauf von Biotransformationsreaktionen Arzneimittel acetyliert. Bei Menschen können als genetische Varianten ein langsamer und ein schneller Acetylierungstyp unterschieden werden. Diese Tatsache ist für den Stoffwechsel einer Reihe von Medikamenten von großer Bedeutung. Schnelle Acetylierer zeigen häufig gegenüber langsamen Acetylierern unterschiedliche Metabolisierungsmuster. Bei einer Reihe von Arzneimitteln hat dies wesentliche Konsequenzen. *Procainamid* (Abb. 35.9) ist ein zur Therapie von Herzrhythmusstörungen benutztes Arzneimittel. Der normale Abbau der Verbindung beginnt durch eine N-Acetylierung, wobei das entstehende Produkt die gleichen pharmakologischen Wirkungen wie die Ausgangsverbindung zeigt. Bei Personen mit langsamem Acetylierungstyp findet dagegen bevorzugt eine N-Hydroxylierung statt. N-Hydroxyprocainamid bildet jedoch eine Reihe weiterer reaktionsfähiger Zwischenprodukte, die mit zellulären Makromolekülen, z. B. mit Nucleinsäuren, covalente Verbindungen eingehen können. Diese wirken offensichtlich als Antigene. Jedenfalls erkranken Personen vom langsamen Acetylierungstyp nach Behandlung mit Procainamid in statistisch signifikant höherem Maß an systemischem *Lupus erythematodes,* einem mit Autoantikörpern gegen DNA einhergehenden Krankheitsbild.

Das in Abb. 35.10 dargestellte *Aflatoxin* ist ein Sekundär-Metabolit verschiedener Schimmelpilze. Es wird nach Aufnahme in die Hepatocyten oxidativ in ein sehr reaktionsfähiges Epoxid umgewandelt, anschließend als Gluthation-S-Konjugat löslich gemacht und durch entsprechende Transportsysteme ausgeschieden. Wegen seiner hohen Reaktionsfähigkeit ist das Epoxid imstande, mit DNA Addukte zu bilden, die mutagen und damit carcinogen sind.

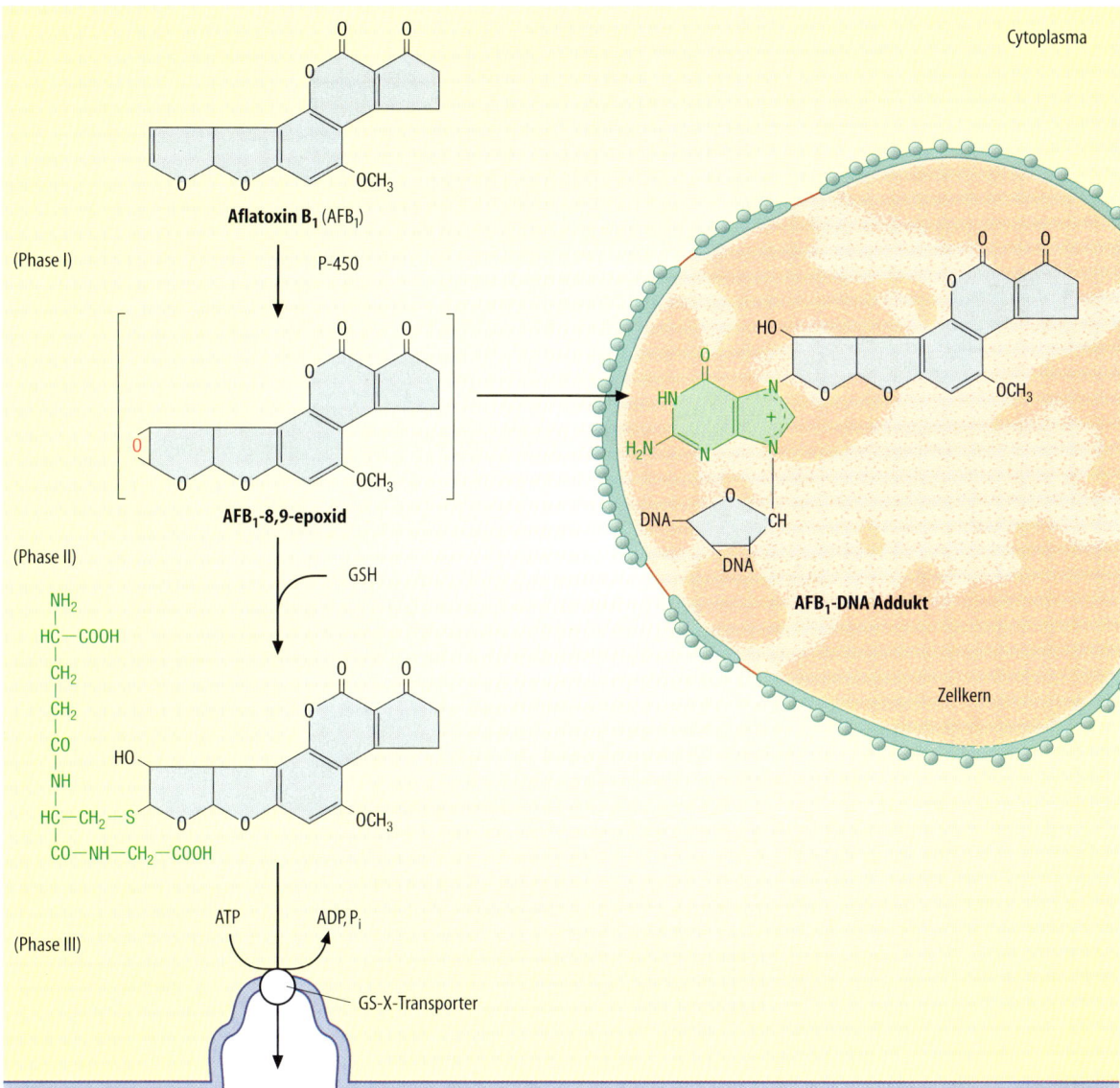

Abb. 35.10 Eliminierungsreaktionen von Aflatoxin. Das reaktive Zwischenprodukt ist *rot* hervorgehoben. (Einzelheiten s. Text) (Nach Ishikawa 1992)

35.3 Leber als exkretorisches Organ

Neben den Nieren ist die Leber ein wichtiges Ausscheidungsorgan des Organismus, da sie über die Gallenflüssigkeit eine Reihe von körpereigenen und körperfremden Verbindungen in den Intestinaltrakt abgibt.

Beim Menschen beträgt das tägliche Volumen der Gallenproduktion etwa 600–700 ml. Etwa 90 % des Trockengewichtes der Gallenflüssigkeit besteht aus Gallensäuren, Cholesterin und Phospholipiden (S. 1001). Darüber hinaus enthält sie Bilirubinkonjugate, Proteine (Albumin, verschiedene Enzyme) sowie Elektrolyte wie Na^+, K^+, Ca^{2+} und HCO_3^-.

An der Bildung der Lebergalle (S. 1001) sind die Hepatocyten und die die Gallengänge bildenden Cholangiocyten beteiligt.

35.3.1 Bedeutung der Hepatocyten für die Gallebildung

Der Hepatocyt ist eine hoch polarisierte epitheliale Zelle

Die basolaterale Membran von Hepatocyten wird auch als *sinosoidale Membran* bezeichnet. Der apikale Teil der Zelle liegt, im Gegensatz zu anderen epithelialen Zellen, den Hepatocyten „ringförmig" an und bildet die Gallenkapillare. Dieser Teil der Hepatocytenmembran, der durch tight junctions (S. 185) von der sinosoidalen Membran abgegrenzt ist, wird auch als *biliäre canaliculäre Membran* bezeichnet (Abb. 35. 11). Dadurch, daß die canaliculären Membranen zweier benachbarter Hepatocyten aneinanderstoßen, entsteht

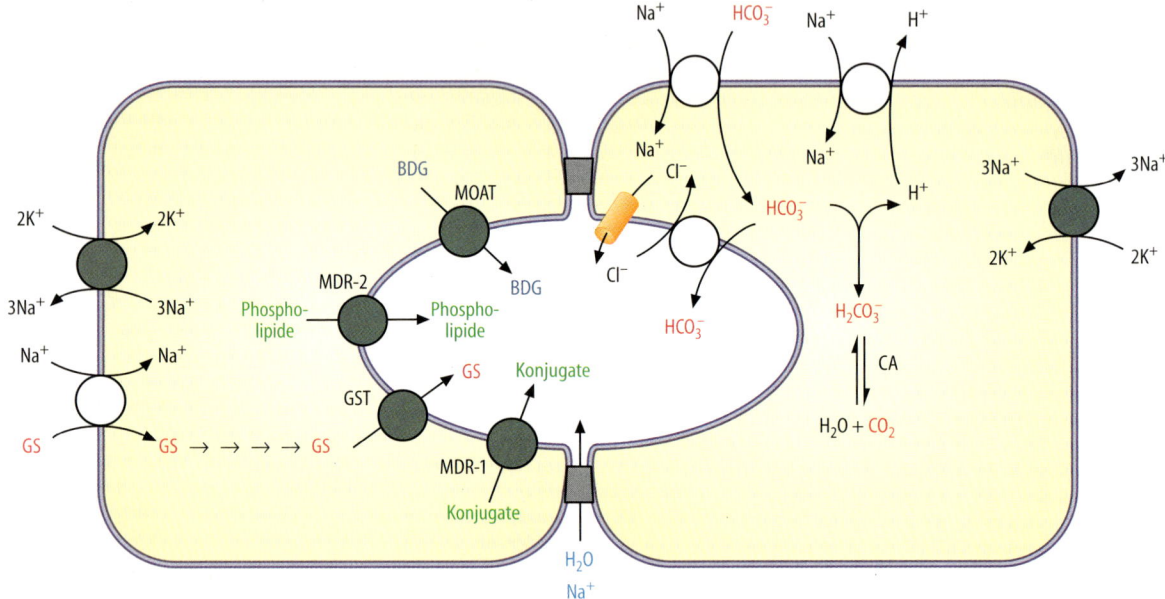

Abb. 35.11 An der Gallenbildung beteiligte hepatozelluläre Transportsysteme. *MOAT* Organischer Anionentransporter; *BDG* Bilirubindiglucuronid; *MDR* Multi Drug Resistance Transporter; *GST* Gallensäuretransporter. *CA* Carboanhydrase; *GS* Gallensäuren; geschlossene Symbole geben ATP-abhängige, offene sekundär aktive oder passive Transportsysteme wieder. (Einzelheiten s. Text)

die **Gallenkapillare**. Die eigentlichen Gallengänge, die sich aus dem Zusammenfließen mehrerer Gallenkapillaren ergeben, sind mit einem eigenen, aus Cholangiocyten gebildeten Epithel ausgekleidet (s. u.).

Die canaliculäre Membran der Hepatocyten enthält für die Gallebildung wichtige Transportsysteme

Die canaliculäre Membran der Hepatocyten enthält eine Reihe von Transportsystemen und Enzymen, die sich in den sinosoidalen Membranen nicht finden und die zu einem erheblichen Teil an der Gallebildung beteiligt sind.

Von besonderer Bedeutung ist das Transportsystem für **Gallensäuren**. Diese sind ein Abbauprodukt des Cholesterinstoffwechsels der Hepatocyten, werden von ihm in die Gallenflüssigkeit abgegeben, gelangen in den Intestinaltrakt und machen zu einem erheblichen Anteil einen enterohepatischen Kreislauf durch (S. 1001). Wie in Abb. 35.11 dargestellt ist, werden durch enterale Absorption aufgenommene Gallensäuren an der sinosoidalen Membran der Hepatocyten durch einen Natrium-abhängigen, sekundär aktiven Transport (S. 181) aufgenommen. Sie gelangen dann, an eine Reihe unterschiedlicher Proteine gebunden, zu der Canaliculusmembran. Hier sind inzwischen zwei Transportsysteme für Gallensäuren identifiziert worden, von denen das eine durch das Membranpotential getrieben, das andere ATP-abhängig ist. Durch die Wirkung der beiden Transportsysteme ergibt sich eine Anreicherung

von Gallensäuren in der Lebergalle um mehrere Größenordnungen.

Außer dem Transportsystem für Gallensäuren sind in der Canaliculusmembran weitere ATP-abhängige Transportsysteme nachgewiesen worden. Zu ihnen gehören zwei **P-ATPasen**, die zur Familie der Multi Drug Resistenz-Transporter (MDR-Transporter) gehören. Die in der Canaliculusmembran nachgewiesenen Isoformen MDR-1 bzw. MDR-3 scheinen mit dem Export verschiedener Xenobiotica befaßt zu sein, obwohl das physiologische Substrat dieser ATPase noch nicht bekannt ist. Die Isoform MDR-2 ist dagegen mit großer Wahrscheinlichkeit ein Phospholipid-Transporter, der die Phospholipidkonzentration in der Gallenflüssigkeit aufrecht erhält.

Über diese Transporter hinaus findet sich ein **multispezifischer organischer Anionentransporter** (MOAT), welcher eine große Zahl unterschiedlichster organischer Anionen ATP-abhängig in die Gallenflüssigkeit pumpt.

Glutathion ist an einem weiteren Transportsystem beteiligt. Es ist nämlich Substrat der Glutathion-S-Transferase. Dieses Enzym katalysiert die Bildung von Glutathion-Addukten mit einer Vielzahl meist lipophiler, intracellulär anfallender Verbindungen einschließlich von Arzneimitteln (z. B. Cytostatica):

$$RX + GSH \longrightarrow RSG + HX$$

Derartige Addukte werden durch spezifische Pumpen unter ATP-Verbrauch in die Gallenkapillare geschafft (S. 514).

Außer diesen ATP-abhängigen Transportern finden sich in der Canaliculusmembran Transportsysteme für Pyrimidine, Purine und Aminosäuren, die für die Reabsorption der genannten Verbindungen verantwortlich sind. Hydrogencarbonat/Chlorid- und Sulfat/OH⁻ Antiporter sind für die Aufrechterhaltung einer hohen Hydrogencarbonat- und Sulfatkonzentration der Gallenflüssigkeit verantwortlich.

Typisch für die canaliculäre Membran ist schließlich die Ausstattung mit verschiedenen Membran- bzw. Membran-assoziierten Enzymen. Zu ihnen gehören die γ-Glutamyltranspeptidase, die Leucinaminopeptidase, eine Reihe weiterer Peptidasen sowie eine Calcium-ATPase.

Die Gallensekretion ist eine Folge des osmotischen Drucks in den Gallenkapillaren

Die Gallensekretion ist eine Folge der konzertierten Aktivität der genannten Transportsysteme. Sie wird im allgemeinen in zwei Fraktionen eingeteilt (Abb. 35.11, S. 1034):

- Die Gallensäure-abhängige Sekretion macht beim Menschen etwa 30–60 % der basalen Gallensekretion aus. Sie kommt dadurch zustande, daß aus dem Blut aufgenommene sowie durch endogene Synthese entstandene Gallensäuren mit den genannten Gallensäuretransportern durch die Canaliculusmembran transportiert und in der Gallenflüssigkeit sehr stark angereichert werden. Die dadurch hervorgerufene Zunahme der Osmolalität in der primären Gallenflüssigkeit führt dazu, daß Wasser und Elektrolyte passiv nachströmen. Da ihre Konzentration in der Gallenflüssigkeit in etwa derjenigen der extracellulären Flüssigkeit entspricht, nimmt man an, daß sie zu einem beträchtlichen Teil parazellulär aus dem Disse'schen-Raum in die Gallenflüssigkeit gelangen. Die Gallensäure-abhängige Gallensekretion ist somit im wesentlichen eine Funktion des enterohepatischen Kreislaufs der Gallensäuren. Damit bestimmt letztlich Anzahl und Beschaffenheit der eingenommenen Mahlzeiten ihren Wert.
- Der Gallensäuren-unabhängige Mechanismus der Gallensekretion beruht auf der Fähigkeit der Canaliculusmembran, die Gallenflüssigkeit mit HCO_3^- anzureichern. Das Hydrogencarbonat entstammt der Dissoziation des durch die Carboanhydrase gebildeten H_2CO_3. Ladungs- und Ionenausgleich besorgen in der sinusoidalen Membran gelegene Na^+/H^+- und Na^+/HCO_3^- -Antiporter sowie die Na/K-ATPase. Auch bei der Gallensäure-unabhängigen Gallenbildung folgen den genannten Elektrolytbewegungen die Aufnahme von Wasser und Natriumionen durch parazelluläre Aufnahme.

35.3.2 Funktion der Cholangiocyten bei der Gallebildung

Die das Gallengangsepithel bildenden Cholangiocyten sind zusätzlich imstande, die Zusammensetzung der Gallenflüssigkeit zu modifizieren. Cholangiocyten können Wasser und HCO_3^- in die Gallenflüssigkeit sezernieren, wobei diese Leistung durch *Sekretin* (S. 1007) stimuliert wird. Dementsprechend tragen Cholangiocyten einen Sekretin-Rezeptor, dessen Stimulierung zu einer Erhöhung der zellulären cAMP-Konzentration führt. Außerdem sind Cholangiocyten imstande, eine Reihe von Proteinen in die Gallenflüssigkeit zu sezernieren. Zu ihnen gehört das Carcino-Embryonale Antigen (CEA, S. 186, 1110) sowie Caeruloplasmin. Cholangiocyten enthalten ein Natrium-abhängiges *Glucosetransportsystem*, das für die Reabsorption von Glucose verantwortlich ist und dessen Existenz die niedrigen Glucosekonzentrationen in der Gallenflüssigkeit erklärt. Außerdem kann über *Aquaporine* (S. 1048) Wasser durch Cholangiocyten reabsorbiert werden.

35.4 Funktionen der Nicht-Parenchymzellen der Leber

Die hepatischen Endothelzellen sind für die Eliminierung von Makromolekülen aus dem Blut verantwortlich

Die Aufnahme und Eliminierung von Makromolekülen aus dem Blut ist eine der Hauptfunktionen der hepatischen Endothelzellen. Sie verfügen, jedenfalls im Vergleich zu den anderen zellulären Zellen der Leber, über die beste Ausstattung mit Rezeptoren für Asialoglykoproteine (S. 402), F_c-Teile von Immunkomplexen (S. 1076) sowie LDL-Apolipoproteine (S. 475). Darüber hinaus können sie in beträchtlichem Umfang Kollagen sowie Proteoglykane durch Endocytose aufnehmen und auf diese Weise zum Abbau von Bindegewebskomponenten beitragen.

Kupfferzellen sind für Phagocytose und Abwehr verantwortlich

Die Kupfferzellen leiten sich von den Knochenmarksstammzellen ab und gehören in die Reihe der mononucleären Phagocyten (S. 886). Sie sind zur Phagocytose von Viren, Bakterien, Zelltrümmern, Immunkomplexen und Endotoxinen imstande. Gleichzeitig mit diesem Prozeß kommt es zu einer gesteigerten H_2O_2-Produktion, zur Prostaglandinsynthese sowie zur Sekretion von Kollagenase. Diese für die Abtötung fremder Zellen benötigten Mechanismen dienen offensichtlich v. a. der Eliminierung von Tumorzellen.

Sternzellen sind auf die Speicherung von Retinol und auf die Produktion von extrazellulärer Matrix spezialisiert

Dem Japaner Ito gelang als erstem der Nachweis, daß eine wichtige Funktion der Sternzellen (Synonyme: Lipidspeicherzellen, persinusoidale Zellen, Ito-Zellen) in der Speicherung von Retinol (S. 651) besteht. Dementsprechend sind Sternzellen nach retinolreicher Ernährung besonders gut an ihrer intensiven Fluoreszenz zu erkennen.

Von besonderer Bedeutung ist offensichtlich, daß die Sternzellen die für die Leber spezifischen Komponenten der extrazellulären Matrix produzieren. Vergleicht man die Kapazität von Leberparenchymzellen und den verschiedenen Nichtparenchymzellen zur Biosynthese von Kollagen und Proteoglykanen, so zeigt sich, daß etwa 80% dieser wichtigen Bestandteile der extracellulären Matrix in den Sternzellen synthetisiert werden. Dies betrifft die in der Leber vorkommenden Kollagene des Typs I, III, IV und VI, genauso wie Chondroitin- und Dermatansulfat-Proteoglykane.

Aus diesem Grund spielen die Sternzellen bei der Entwicklung der letzten Endes zur Lebercirrhose führenden Leberfibrosierung (s.u.) eine besondere Rolle.

35.5 Pathobiochemie

35.5.1 Toxische Leberzellschädigung

Es ist verständlich, daß die Leber aufgrund ihrer spezifischen anatomischen Situation sowie ihrer vielfältigen Stoffwechselfunktionen von einer großen Zahl der unterschiedlichsten Noxen getroffen werden kann und auf diese mit verschiedenen Mechanismen reagiert. Prinzipiell lassen sich drei pathobiochemische Reaktionsmuster unterscheiden:
- die akute Zellnekrose,
- die chronische Leberzellschädigung und
- die Cholestase.

Viele Gifte lösen eine akute Leberzellnekrose aus

Auslösende Ursache für eine *akute Zellnekrose* der Leber können Sauerstoffmangel, Vergiftung mit bakteriellen Endotoxinen, Leberzellgifte (z. B. Tetrachlorkohlenstoff, Knollenblätterpilzgift u. a.) oder Virusinfekte sein. Der direkte Auslöser für die Zellnekrose ist häufig eine Beeinträchtigung des Energiestoffwechsels, eine Aktivierung von Lysosomen, Schädigung des Cytoskelettes sowie der Zellmembranen. Ein typisches Symptom für Zellnekrosen ist der Austritt zellulärer Bestandteile in die extrazelluläre Flüssigkeit und danach ins Blut. Aufgrund der besonders einfachen Meßtechnik dient die Bestimmung hepatocellulärer Enzymaktivitäten im Serum als Maß für die Beurteilung einer

Zellnekrose. Derartige Enzyme sind z. B. die Alaninaminotransferase und/oder die Aspartataminotransferase, außerdem die Glutamatdehydrogenase. Die Prognose der akuten Zellnekrose hängt von der Menge der betroffenen Zellen ab, ist jedoch in jedem Fall ernst.

Langdauernder Alkoholabusus führt zur chronischen Leberzellschädigung

Zur *chronischen Zellschädigung* kommt es, wenn die Leber über viele Jahre schädigenden Einflüssen ausgesetzt ist. Ein leider sehr häufiges Beispiel ist die chronische Leberzellschädigung bei Alkoholismus. Diese ist auf Stoffwechselzwischenprodukte zurückzuführen, die durch den gesteigerten Alkoholabbau (Abb. 35.12) in vermehrter Menge anfallen. Eine große Rolle spielen die durch die cytosolische Alkoholdehydrogenase gebildeten *Reduktionsäquivalente*. Diese hemmen die hepatische Fettsäureoxidation und führen durch die Zunahme von NADH/H$^+$ zur vermehrten Bildung von α-Glycerophosphat, gesteigerter Fettsäure- und damit Triacylglycerinsynthese. Man nimmt an, daß die zu Beginn der chronischen Alkoholerkrankung immer festzustellende *Fettleber* hierdurch verursacht wird. Der durch die Alkoholdehydrogenase, aber auch die mikrosomale Alkoholoxidase gebildete *Acetaldehyd* ist die Ursache weiterer Schädigungen. Er bildet Proteinaddukte und aktiviert damit u. a. die Kupfferzellen. Diese sezernieren daraufhin eine Reihe von Zytokinen, darunter PDGF,

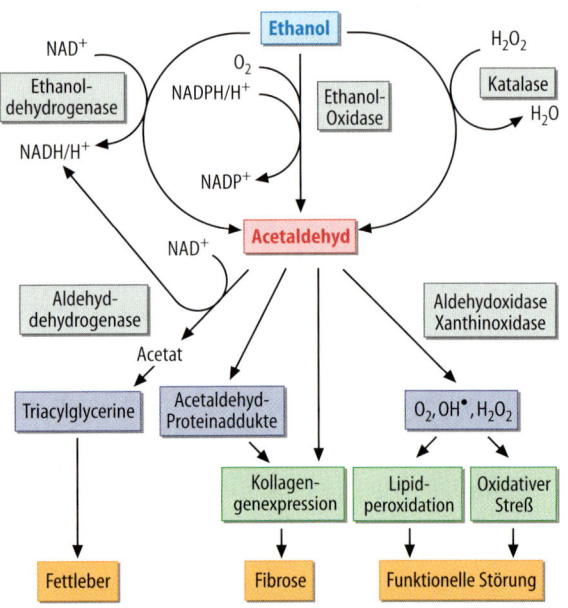

Abb. 35.12 Der Stoffwechsel des Ethanols in der Leber. Für die erste Oxidation stehen zwei Enzyme zur Verfügung. Die cytosolische Alkohol-Dehydrogenase, die den Hauptanteil an der Ethanoloxidation katalysiert, liefert NADH/H$^+$. Bei der zweiten Oxidation entsteht NADH/H$^+$ und darüber hinaus Acetat, das nach Aktivierung zu Acetyl-CoA als Substrat für die Lipidsynthese dient und so zur Fettleber beiträgt. Die mikrosomale Ethanoloxidase ist eine durch Ethanol induzierbare Monooxygenase

was die Umwandlung von Sternzellen in myoepitheliale Zellen und damit eine gesteigerte Produktion von extracellulärer Matrix auslöst. Acetaldehyd führt außerdem zur Bildung reaktiver Sauerstoffspecies, die u. a. Lipide peroxidieren und so eine Vielzahl von Membranen schädigen. Die Folge der zunächst noch reversiblen Fettleber wie auch der anderen genannten Noxen ist ein dauernder Untergang kleiner Bezirke des Leberparenchyms. Die Leber verfügt an sich über eine besondere Regenerationsfähigkeit und versucht deshalb, die entstandenen Schäden zu beheben. Dabei kommt es jedoch durch die gesteigerte Bindegewebsneubildung zu fibrotischen Veränderungen. Der myoepitheliale Zustand der Sternzellen wird durch PDGF, welches als Mitogen zu einer Proliferation dieser Zellen führt, aufrecht erhalten. Da umgewandelte Sternzellen darüber hinaus zur Synthese von PDGF imstande sind, entsteht ein autokriner Regulationscyclus, der zur Vermehrung dieser Zellpopulation und damit zur Propagierung der Fibrosierung führt. Es kommt dadurch zu einem Umbau der typischen Läppchenstruktur, der zu einer Störung der Blutzirkulation im Leberläppchen und damit zu erneutem Untergang von Lebergewebe führt. Durch diesen als Lebercirrhose bezeichneten Vorgang entsteht schließlich eine zum Tod führende Verringerung des noch funktionsfähigen Leberparenchyms. Auch andere Zellschädigungen, wie z. B. die chronisch entzündlichen Reaktionen bei chronischer Hepatitis können ein ähnliches Reaktionsmuster auslösen. Es ist schwierig, die genannten Veränderungen durch geeignete klinisch-chemische Untersuchungsverfahren aufzudecken. Im Leberpunktat können Enzyme des Kollagenstoffwechsels (z. B. Kollagenprolyl-Hydroxylase, Lysyloxidase) nachgewiesen werden. Alternativen sind die Bestimmung von Prokollagenpeptiden oder Laminin im Serum sowie die Ausscheidung von Hydroxyprolin und Glykosaminoglykanen im Urin. Den genannten Bestimmungen haftet allerdings der Fehler einer relativ geringen Leberspezifität an. Einfacher ist der histologische Nachweis der Fibrose.

Cholestase beinhaltet defekte Bildung, Sekretion oder gestörten Abfluß von Galle

Pathogenetisch kann eine Cholestase mechanisch (Gallensteine, Tumoren) oder funktionell (infektiös, toxisch, genetisch) ausgelöst werden. In jedem Fall erfolgt bei Cholestase ein Übertritt von Gallenfarbstoffen in das Blut, was sich als Gelbsucht (Ikterus) äußert. Über die Pathogenese der verschiedenen Formen des Ikterus s. S. 617.

Die genannten Formen der Leberzellschädigungen gehen je nach ihrem Ausmaß und ihrer Dauer mit einer metabolischen Insuffizienz des Leberparenchyms einher. Dies äußert sich häufig als Konzentrationsabnahme hepatogener Syntheseprodukte im Plasma. Es betrifft die verschiedenen von der Leber synthetisierten Plasmaproteine [Albumin, Gerinnungsproteine, Fibrinogen (S. 1026)]. Eine Beeinträchtigung des Stickstoffstoffwechsels der Leber wird durch einen Anstieg der NH_3-Konzentration im Serum angezeigt, Beeinträchtigungen der Biotransformationsreaktionen durch Störungen der Pharmakokinetik verschiedener Arzneimittel.

35.5.2 Gallensteine

Eine der häufigsten Erkrankungen in Westeuropa ist das *Gallensteinleiden*. Allein in Deutschland wird die Zahl der Steinträger auf ca. 5 Millionen geschätzt, wobei Frauen mehr als doppelt so häufig betroffen sind wie Männer.

Gallensteine enthalten in wechselndem Verhältnis als wichtigste Bestandteile Cholesterin, Gallenfarbstoffe sowie Calciumsalze. Je nachdem, welche dieser Verbindungen überwiegend vorkommt, spricht man von Cholesterin- bzw. Pigmentsteinen.

- Cholesterinsteine machen etwa 90 % aller Gallensteine aus und haben einen Cholesteringehalt von etwa 70 %. Sie entstehen durch Auskristallisation von Cholesterin in der Gallenblase und sind Folge einer übermäßigen Cholesterinausscheidung oder einer Störung des Verhältnisses von Cholesterin und seinen Lösungsvermittlern, den Gallensäuren und Phospholipiden (S. 1002). Durch länger dauernde Gabe von Cholsäuren kann dieses Verhältnis verbessert und therapeutisch eine Auflösung von Cholesterinsteinen und die Verhinderung einer weiteren Steinbildung erreicht werden.
- Pigmentsteine bestehen überwiegend aus den Calciumsalzen des Bilirubins sowie Calciumphosphat und -carbonat. Zu ihrer Entstehung tragen eine gesteigerte Ausscheidung von nicht an Glucuronsäure konjugiertem Bilirubin bei, wie sie bei hämolytischen Krankheitsbildern (Sichelzellanämie, S. 332, Thalassämie, S. 332 fetale Erythroblastose, S. 907) oder Defekten der Glucuronidierung der Leber auftreten. Ein wichtiger Auslöser der Pigmentsteinbildung ist darüber hinaus die Dekonjugierung von Bilirubinglucuronid in der Gallenblase. Sie tritt bei bakterieller Besiedelung der Gallenwege, besonders mit E.coli auf. Diese setzen große Mengen der β-Glucuronidase frei und sind so für die gesteigerte Dekonjugierung und die Verschlechterung der Löslichkeit von Gallenfarbstoffen verantwortlich.

RESÜMEE

Die Leber als das wichtigste Stoffwechselorgan des Organismus enthält als unterschiedliche Zelltypen die etwa 60–70 % ausmachenden eigentlichen Leberparenchymzellen oder Hepatocyten, daneben Nicht-Parenchymzellen wie Endothelzellen, Kupfferzellen und Sternzellen.

Die meisten der metabolischen Aktivitäten der Leber sind in den Hepatocyten lokalisiert. Sie betreffen vor allem den Kohlenhydratstoffwechsel innerhalb dessen die Leber das wichtigste Glykogenspeicherorgan des Organismus ist. Da sie darüber hinaus über die Fähigkeit zur Gluconeogenese verfügt, spielt sie eine zentrale Rolle im Rahmen der Glucosehomöostase. Auch im Lipidstoffwechsel ist die Leber von ausschlaggebender Bedeutung. Sie synthetisiert aus Lipiden und Kohlenhydraten Triacylglycerin-reiche Lipoproteine, die VLDL. Diese werden von der Leber sezerniert und in den extrahepatischen Geweben metabolisiert. Dabei entstehen IDL, die die Vorstufen der LDL bilden. In der postresorptiven und erst recht der Hungerphase nimmt die Leber aus dem Blut große Mengen an Fettsäuren auf, die jedoch nur zum Teil zur Deckung des Energiebedarfes herangezogen werden, zum Teil dagegen in Acetacetat und β-Hydroxybutyrat umgewandelt und wieder abgegeben werden.

Eine große Zahl von Proteinen des Blutplasmas werden in der Leber synthetisiert und von ihr sezerniert, so daß sie auch im Aminosäure- und Proteinstoffwechsel eine wichtige Rolle spielt.

Neben diesen metabolischen Funktionen ist die Leber ein wichtiges Speicherorgan vor allem für Vitamine und Spurenelemente. Dies trifft vor allem für fettlösliche Vitamine sowie für Folsäure und Vitamin B_{12} zu.

Eng mit der Funktion der Leber als Ausscheidungsorgan verbunden ist ihre Fähigkeit, im Organismus selbst hergestellte bzw. von außen aufgenommene Stoffe durch die Biotransformationsreaktionen soweit zu modifizieren, daß sie an Glucuronsäure, Schwefelsäure oder Aminosäuren gekoppelt und dann über spezifische Transportsysteme in die Galle abgegeben werden können. Die Galle enthält darüber hinaus die Gallensäuren als Endprodukte des Cholesterinabbaus, die eine essentielle Funktion bei der Verdauung und Resorption von Lipiden im Intestinaltrakt haben.

Besondere Bedeutung unter den Nicht-Parenchymzellen der Leber haben die Sternzellen oder Ito-Zellen. Diese sind imstande, spezifisch Vitamin A und Carotinoide zu speichern, sie synthetisieren außerdem den größten Teil der Bestandteile der extracellulären Matrix der Leber. Hierzu gehören die Kollagene I, III, IV und VI sowie verschiedene Proteoglykane, Laminin und Fibronectin. Chronische Schädigungen der Leber führen wahrscheinlich unter Vermittlung spezifischer Zytokine zu einer Umwandlung der Sternzellen in myoepitheliale Zellen, deren Kapazität zur Synthese von Komponenten der extracellulären Matrix wesentlich größer ist. Deswegen sind sie an einer Fibrosierung der Leber entscheidend beteiligt, was letzten Endes zum Zustand der Lebercirrhose führt. Eine besondere Bedeutung in diesem Rahmen hat ein hoher Alkoholkonsum.

Literatur

Monographien und Lehrbücher

ARIAS IM, BOYER JL, FAUSTO N, JAKOBY WB, SCHACHTER D, SHAFRITZ DA (eds) (1994) The Liver: Biology and Pathobiology. 3rd edition, Raven Press, New York

GRESSNER AM (1995) In: Greiling H, Gressner AM (Hrsg) Lehrbuch der klinischen Chemie und Pathobiochemie. Schattauer

HOLSTEGE A, HAHN EG, SCHÖLMERICH J (eds) (1995) Portal Hypertension. Falk Symposium 79. Kluwer Academic Publishers, Dordrecht

Original- und Übersichtsarbeiten

BOYER JL, GRAF J, MEIER PJ (1992) Hepatic transport systems regulating pHi, cell volume, and bile secretion. Annu Rev Physiol 54: 415–438

FRIEDMAN SL (1993) The cellular basis of hepatic fibrosis. New Engl J Med 328: 1828–1835

GOTTESMAN MM, PATSAN I (1993) Biochemistry of multidrug resistance mediated by the multidrug transporter. Annu Rev Biochem 62: 385–427

HIGGINS CF, GOTTESMAN MM (1992) Is the multidrug transporter a flippase? TIBS 17: 18–21

ISHIKAWA T (1992) The ATP-dependent glutathione S-conjugate export pump. TIBS 17: 463–468

JUNGAS RL, HALPERIN ML, BROSNAN JT (1992) Quantitative analysis of amino acid oxidation and related gluconeogenesis in humans. Physiol Rev 72: 419–448

PINZANI M (1995) Hepatic stellate (ITO) cells: expanding role for a liver-specific pericyte. J Hepatol 22: 700–706

ZAMMIT VA, MOIR AMP (1994) Monitoring the partitioning of hepatic fatty acids in vivo: keeping track of control. TIBS 19: 313–317

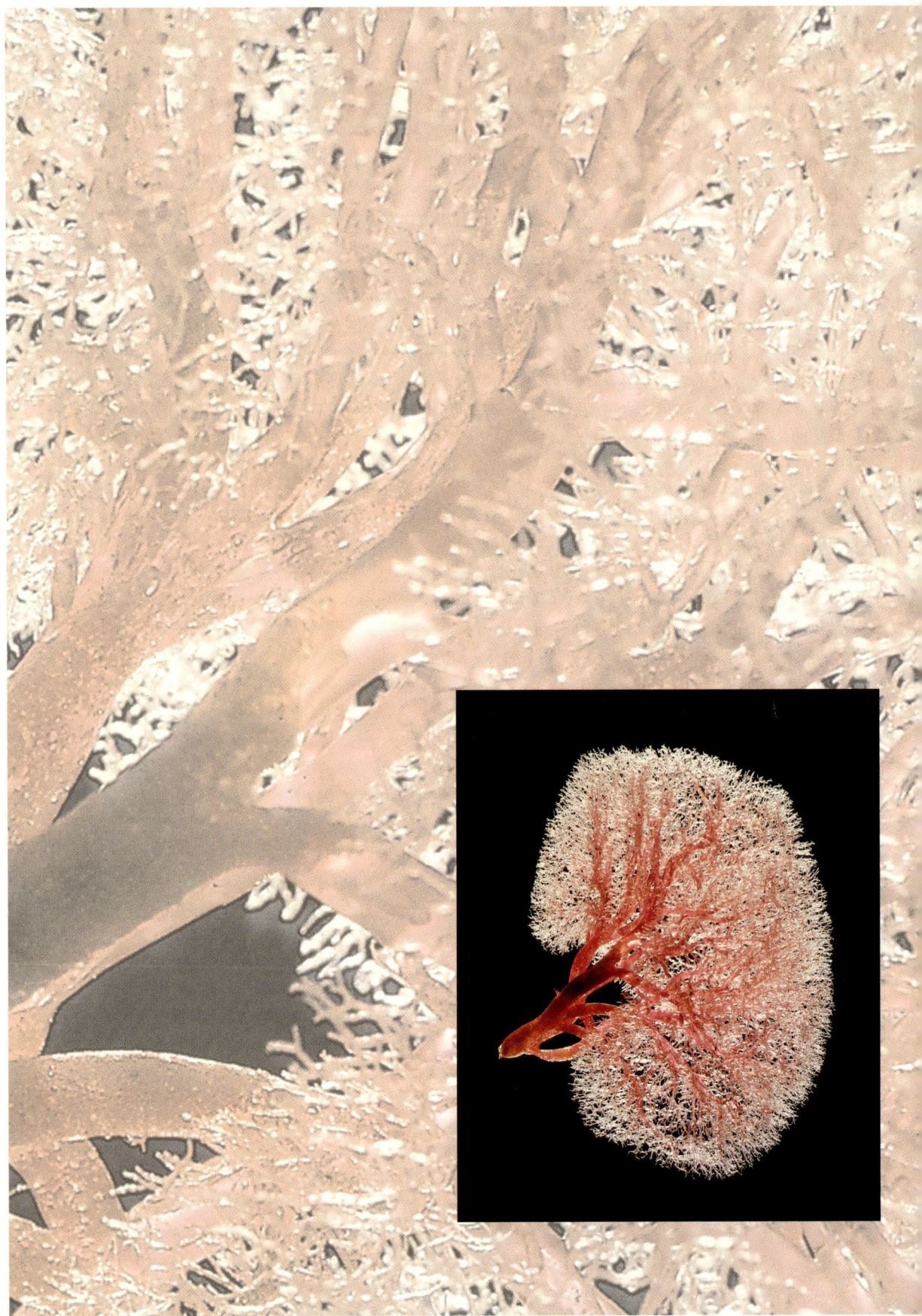

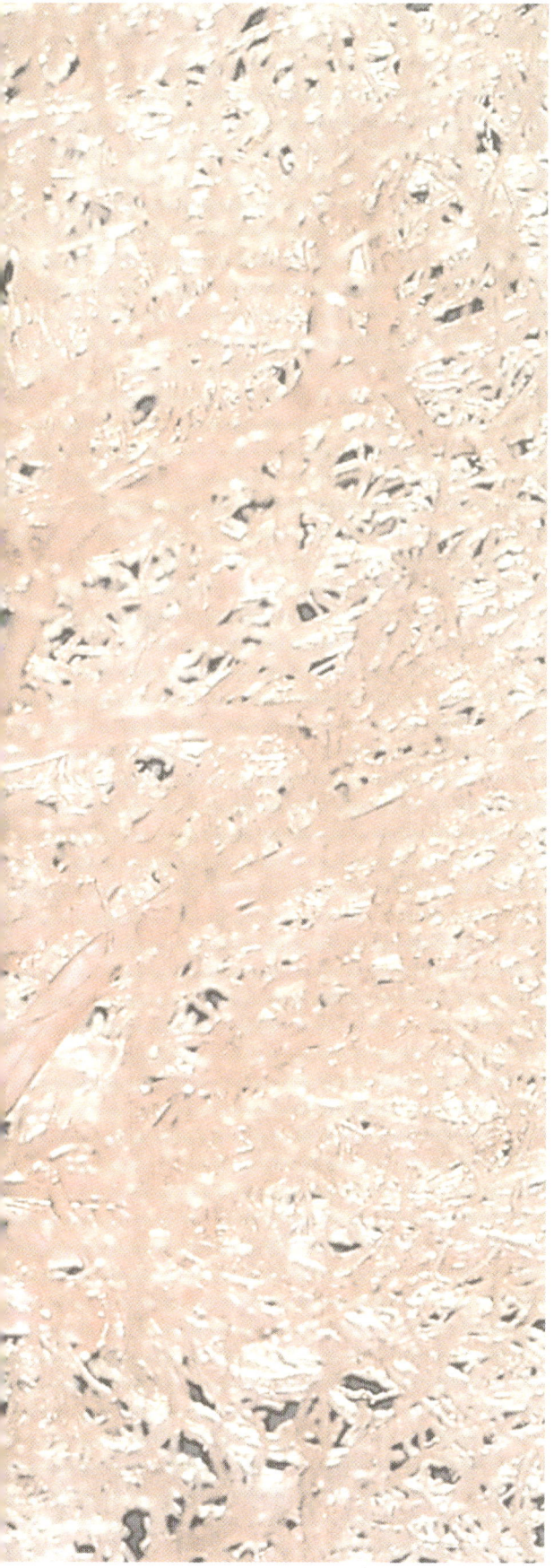

Nieren und Urin

Die Nieren dienen der Erhaltung der Konstanz der Extrazellulärflüssigkeit (und damit indirekt auch des Intracellulärraums) und bewirken die Ausscheidung eines Urins, dessen Zusammensetzung und Volumen diesem Erfordernis entspricht. Im einzelnen besitzen die Nieren folgende homöostatische Funktionen:

Sie scheiden endogen gebildete, organische, nichtflüssige und wasserlösliche Stoffwechselendprodukte (wie z. B. Harnstoff, Harnsäure, konjugiertes Bilirubin oder Kreatinin), anorganische Stoffe (Erdalkali- und Alkalimetalle, Spurenelemente) sowie exogen zugeführte, nicht abbaubare Stoffe wie Medikamente oder Vitamine aus.

Sie regulieren Volumen und Osmolarität der Körperflüssigkeiten durch selektive Reabsorption oder Sekretion von Ionen und Wasser.

Sie regulieren das Säure-Basen-Gleichgewicht durch Ausscheidung überschüssiger Säuren und Basen im Zusammenwirken mit den Lungen (CO_2-Ausscheidung).

Sie sind an der Regulation des Blutdrucks, der Erythropoiese und des extracellulären Calciumspiegels über die Biosynthese und Sekretion von Hormonen (Renin, Erythropoetin, 1,25-Dihydroxycholecalciferol) beteiligt.

Sie synthetisieren wichtige Stoffe wie Glucose, Kreatinin und γ-Aminobutyrat.

Das Korrosionspräparat einer menschlichen Niere vermittelt einen Eindruck von der komplexen Architektur dieses Organs mit seinen vielfältigen Funktionen, von der Eliminierung von Stoffwechselprodukten bis hin zur Regulation des Flüssigkeits-, Elektrolyt- und Säurebasenhaushaltes. (Bild: O. Meckes, eye of science, Reutlingen)

36.1 Nieren

36.1.1 Zellbiologische Grundlagen

Das Nephron ist die funktionelle Einheit des Nierenparenchyms

Jede Niere des Menschen besitzt etwa eine Million Nephrone. Jedes *Nephron* besteht aus

- einem Glomerulum,
- dem gewundenen proximalen Tubulus,
- dem gestreckten absteigenden und aufsteigenden Schenkel der Henle-Schleife,
- dem gewundenen distalen Tubulus und
- dem Sammelrohr, das auf der Markpapille mündet.

Da die Länge der Nephren im Durchschnitt etwa 50 mm beträgt, überschreitet die Gesamtstrecke der

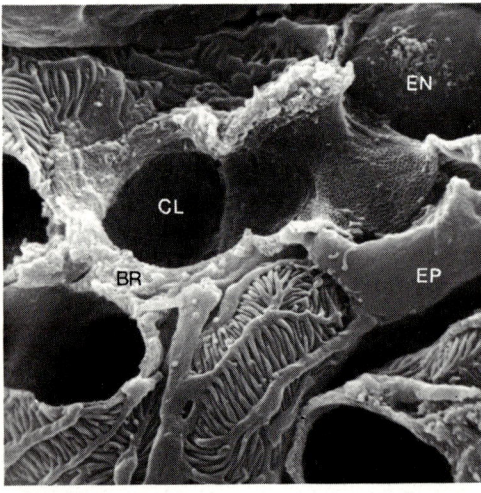

Abb. 36.1 Rasterelektronenmikroskopische Aufnahme eines Glomerulumknäuels, das teilweise aufgerissen ist. *EP* Epithelzelle mit ineinandergreifenden Fortsätzen; *KL* Kapillarlumen; *EN* Endothelzelle. (Aus Spinelli F et al (1972) Fine structure of the kidney revealed by scanning electron microscopy. Ciba-Geigy, Basel)

Nephren einer Niere 50 km. Das Glomerulum (Durchmesser etwa 200 μm, Abb. 36.1) entsteht durch die Einstülpung eines Kapillarknäuels in das erweiterte, geschlossene Ende eines Tubulus *(Bowman-Kapsel).* Den Kapillaren wird das Blut über eine afferente Arteriole zu- und über eine etwas kleinere efferente Arteriole abgeleitet.

Ein dreischichtiges System trennt das Kapillarblut vom Tubuluslumen

Die Blutflüssigkeit, die die glomeruläre Kapillare im Bereich der Glomerula verläßt und in den Tubulusraum eintritt, muß eine aus drei Strukturen bestehende Membran passieren: das *Kapillarendothel,* eine *Basalmembran* und eine komplexe *Epithelzellschicht* (Abb. 36.2). Das Kapillarendothel weist Öffnungen (Fenestrierungen) mit einem jeweiligen Durchmesser von etwa 60–100 nm auf. Die Basalmembran besteht aus mehreren Schichten, deren innere die Passage von Molekülen mit einem Durchmesser von über 10 nm vollständig, mit einem von über 6 nm teilweise verhindert. *Typ IV-Kollagen* ist ein wesentliches Strukturprotein der Basalmembran. Je zwei Kollagen IV-Monomere assoziieren am C-Terminus und jeweils vier Monomere am N-Terminus und bilden durch diese Assoziation ein supramolekulares Maschenwerk aus (Abb. 26.4, S. 737). Die Tripelhelix des Kollagens IV wird aus unterschiedlichen α-(IV)Ketten aufgebaut. Insgesamt sind bisher sechs Varianten der α-(IV)Ketten bekannt. Eine dieser Ketten, die *α-III(IV)Kette,* findet sich nur in den Basalmembranen der Nierenglomerula, der Lungenalveoli und einigen anderen Basalmembranen. Dies erklärt, warum bei einzelnen Erkrankungen, die mit Schädigungen der Basalmembran einhergehen, bevorzugt *Lungen* und *Nieren* betroffen sind.

Der Basalmembran lagern sich die Epithelzellen der Bowman-Kapsel, die Podocyten, auf, die durch Tausende cytoplasmatischer Fußfortsätze in die Basalmembran eingebettet sind. Die Podocyten sind mit einer hochgradig polyanionischen *Glykokalix* ausgestattet, die reichlich Neuraminsäure enthält. Podocalixin

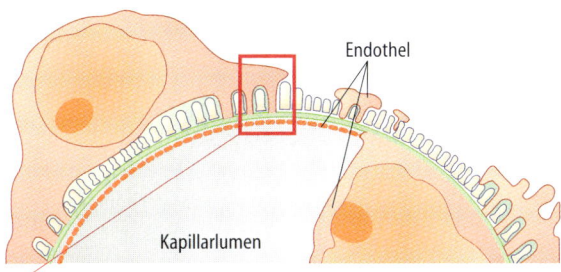

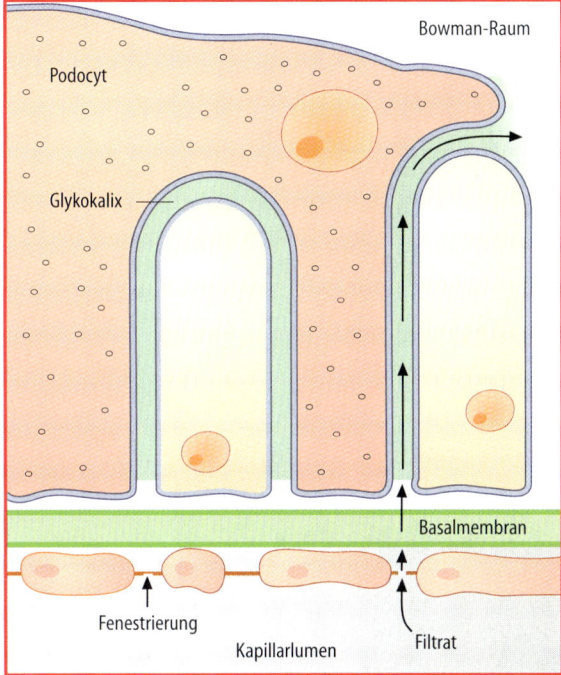

Abb. 36.2 Aufbau des Glomerulums. Die beiden Zeichnungen zeigen einen Querschnitt der glomerulären Kapillarwand mit den Fußfortsätzen. (Nach Latta HJ (1970) Ultrastr Res 32: 526)

(Molekulargewicht 140 kD) ist der hauptsächliche Träger dieser glomerulären Neuraminsäure.

Moleküle mit Gewichten von weniger als 5 kD können die Filtrationsoberfläche leicht permeieren und damit in den Tubulus eintreten. Stoffe mit einem Molekulargewicht bis zu 68 kD gelangen bis zu einem gewissen Prozentsatz in den Tubulus, der wesentliche Teil der Plasmaproteine (Albumine und Globuline) verläßt das Nephron jedoch wieder über die efferente Arteriole.

Die einzelnen Tubulusabschnitte unterscheiden sich z. B. durch den Mitochondriengehalt

Der proximale Tubulus gehört – wie das Epithel des Dünndarms und der Drüsentubuli – zu den *durchlässigen* Epithelien im Gegensatz zu den *dichten* Epithelien der Sammelrohre, der Harnblase, der Ausführungsgänge, der meisten Drüsen und des Dickdarms. Die **Epithelzellen** besitzen einen dichten Besatz von etwa 2 µm langen Fortsätzen, den **Bürstensaum** auf der Lumenoberfläche, der von den Mikrovilli der Zellen gebildet wird (Abb. 36.3). Dadurch wird die luminale Oberfläche etwa sechzigfach vergrößert. Die basale, d. h. den Blutkapillaren zugewandte Oberfläche der Zellen setzt sich aus cytoplasmatischen Ausläufern zusammen, die sich mit denen ihrer Nachbarzellen verzahnen und dadurch ein komplexes Netzwerk über der Oberfläche der Basalmembran bilden. In den Ausläufern finden sich zahlreiche Mitochondrien in unmittelbarer Nähe zur Zellmembran. Durch diese Verzahnung mit den Nachbarzellen entstehen die Zwischenzellspalten, die mit dem interstitiellen Raum basalwärts kommunizieren. Verbin-

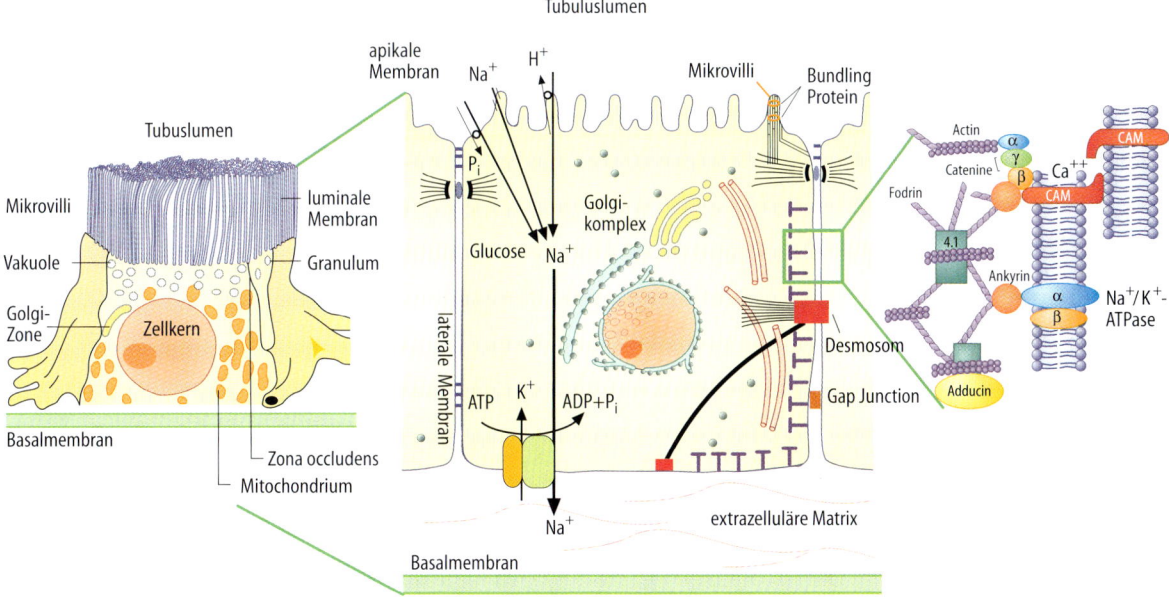

Abb. 36.3 Struktur proximaler Tubuluszellen. (Verändert nach Fish u. Molitoris 1994)

dung zwischen den Zellen werden durch den sog. *Verbindungskomplex* (Abb. 36.3) hergestellt, der eine entscheidende Funktion für die Aufrechterhaltung des polarisierten Phänotyps der Epithelzelle besitzt. Er besteht aus

- der Zonula occludens (dem sog. Schlußleistenkomplex), an der die Membranen der benachbarten Zellen weitgehend angenähert sind,
- der Zonula adhaerens,
- Desmosomen (S. 185),
- Gap-Junctions (S. 180) und
- zellulären Adhäsionsmolekülen (S. 747).

Diese Bestandteile bilden die Hauptschranke für den am Tubulus vorbeiführenden, sog. *parazellulären Passageweg* und halten die strukturelle Integrität der Epithelzellschicht aufrecht (Zwischenverbindungen und Desmosomen). Außerdem regulieren sie die Erkennung und Adhäsion zwischen den Zellen und ermöglichen die intercelluläre Kommunikation (Gap-Junctions). Stoffe, die aktiv, d. h. unter ATP-Verbrauch, transportiert werden, werden *transzellulär* reabsorbiert, da ATP in der Zelle gebildet wird. Stoffe, die passiven Bewegungen anderer Substanzen folgen wie z. B. Chloridionen, werden zumindest partiell parazellulär reabsorbiert. Die Komplexität des Aufbaus der proximalen Tubuluszellen reflektiert die Vielfalt ihrer Funktionen: in diesem Nephronabschnitt werden etwa 60–70 % der Ionen und des Wassers des Glomerulumfiltrats sowie die gesamte Glucosemenge reabsorbiert (hoher Gehalt an Mitochondrien). Aminosäuren, Harnstoff, Bicarbonat-, Phosphat-, Sulfat- und Calciumionen werden in unterschiedlichem Maß reabsorbiert, organische Säuren und Basen (z. B. Pharmaka) sowie Ammoniak und Protonen werden sezerniert.

Die Zellen des dünnen, absteigenden Segments der *Henle-Schleife* sind relativ flach und besitzen nur wenige Mikrovilli und Mitochondrien (Abb. 36.4), so daß in diesem Abschnitt, der für Ionen und andere gelöste Stoffe relativ durchlässig ist, keine aktiven Transportvorgänge stattfinden. Wasserbewegungen erfolgen in diesem Bereich aufgrund osmotischer Gradienten. Die Zellen des dicken, aufsteigenden Segments (Abb. 36.5) transportieren Ionen aktiv (Mitochondrienreichtum) und sind für Wasser relativ impermeabel. Die Zellen im ersten Abschnitt des distalen Tubulus ähneln denen im aufsteigenden Schenkel der Henle-Schleife. Mit zunehmender Länge des distalen Tubulus zeigen die Zellen jedoch immer mehr Ähnlichkeit mit denen der Sammelrohre, d. h. sie sind kubisch geformt, besitzen nur wenige Mikrovilli und nur wenige Einstülpungen auf der peritubulären Oberfläche (Abb. 36.6). Am Anfang des distalen Tubulus jedes Nephrons besteht ein Kontakt mit der afferenten und efferenten Arteriole des eigenen Glomerulums, der als *juxtaglomerulärer Apparat* bezeichnet wird.

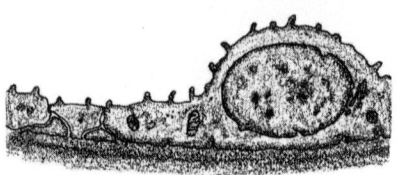

Abb. 36.4 Zelle im absteigenden Schenkel der Henle-Schleife

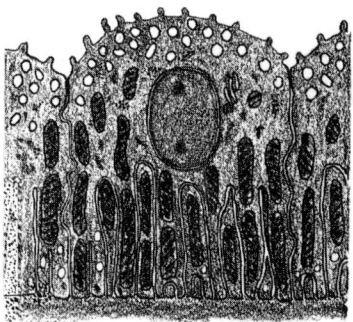

Abb. 36.5 Zelle im aufsteigenden Schenkel der Henle-Schleife und des distalen Tubulus

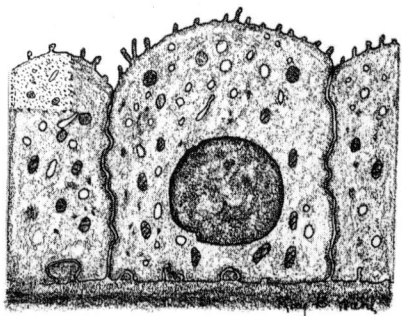

Abb. 36.6 Zelle im Sammelrohr

36.1.2 Stoffwechselleistungen des Nephrons

Bei einer Durchflußrate von 1200 ml Blut pro Minute und einer Extraktionsrate von 20 ml Sauerstoff pro Minute verbrauchen die menschlichen Nieren etwa 8 % des Gesamtsauerstoffs des Organismus, obwohl ihr Gewichtsanteil mit 300 g nur etwa 0,8 % des Körpergewichts ausmacht. Dies legt eine intensive Endoxidation von Glucose, Fettsäuren, Ketonkörpern und anderen oxidierbaren Metaboliten zur Gewinnung der für die Transportvorgänge erforderlichen Energie nahe.

Glykolyse und Gluconeogenese finden in unterschiedlichen Abschnitten des Nephrons statt

Die außerordentliche morphologische Differenzierung des Nephrons besitzt ihr biochemisches Gegenstück im Glucosestoffwechsel. Die Aktivität der Glykolyseenzyme steigt vom proximalen über den distalen Tubulus zu den Sammelrohren an, d.h. je weiter distal Glucose als Substrat angeboten wird, desto höher ist ihre Stoffwechselfunktion. Die nahezu vollständige Unfähigkeit des proximalen Tubulus, Glucose zu verwerten, steht damit in Zusammenhang, daß hier praktisch die gesamte Reabsorption der glomerulär filtrierten Glucose stattfindet, die nicht mit intrazellulären Abbauprozessen von Glucose interferieren soll. Neben der Leber sind die Nieren die einzigen Organe, die Aminosäuren, Lactat, Glycerin und Fructose in Glucose umwandeln und an das Blut abgeben können. Dabei ist die *Gluconeogeneserate* derjenigen Zellen der Nieren, die Glucose bilden können, höher als die von Hepatocyten. Wegen des geringeren Gesamtgewichts der Nieren hat aber die renale Gluconeogenese nur einen geringen Anteil an der Glucosehomöostase des Gesamtorganismus. Die Enzyme der Gluconeogenese sind auf die Zellen des proximalen Tubulus beschränkt. Im Gegensatz zu Hepatocyten bevorzugen proximale Nierentubuli Aminosäuren, vor allen Dingen *Glutamin,* als Gluconeogenesesubstrat. Hierbei wird durch die Glutaminase sowie die α-Ketoglutaratdehydrogenase zunächst Ammoniak freigesetzt. Dieser dient als Puffer bei der Säure-Basen-Regulation, weswegen diese Reaktionen von besonderer Bedeutung bei Acidosen sind. Das entstehende Ketoglutarat wird anschließend als Substrat für die Gluconeogenese benutzt. Auf diese Weise ergibt sich die für die Nieren typische Verbindung von Säuren-Basenhaushalt und Gluconeogenese.

Fettsäuren und Ketonkörper werden in den Tubuli und in aufsteigenden Teilen der Henle-Schleife oxidiert

Fettsäuren können von der Tubuluszelle nur über die Basalmembran vom Blutplasma her aufgenommen werden, da sie als Albumin-gebundene Moleküle praktisch nicht glomerulär filtriert werden. Ketonkörper werden dagegen filtriert und erreichen die Tubuluszelle deshalb zusätzlich von der Lumenseite. Bei erhöhter Ketogenese (wie z.B. im Hunger oder bei Insulinmangel) reabsorbieren die Nieren zusätzlich Ketonkörper, so daß z.B. bis zu 600 mmol/24 h aus dem Primärharn ins Blut gelangen. Bis zu 60 % der reabsorbierten Ketonkörper werden bei einer Ketose nach Reabsorption im Stoffwechsel der Tubuluszelle umgesetzt.

36.1.3 Nieren und Säure-Basen-Gleichgewicht

Urinpuffer halten die Protonensekretion in Gang

Die Regulation der Protonenkonzentration des Extracellulärraums erfolgt – wie in Kapitel 31 (S. 936) diskutiert – über das Kohlendioxid-Bicarbonat-Puffersystem. Dabei obliegt den Lungen die Konstanthaltung der Plasmakohlendioxidkonzentration (normal 1,1–1,4 mmol/l) und den Nieren die Konstanthaltung der Plasmabicarbonatkonzentration (normal 21–25 mmol/l) dieses Puffersystems.

Die Wirkung der Nierentubuli beruht dabei auf dem in Abb. 31.57 (S. 938) besprochenen Mechanismus, einem gekoppelten Prozeß, bei dem *Bicarbonationen reabsorbiert* und *Wasserstoffionen sezerniert* werden, wodurch auch einwertige Kationen (Natrium und/oder auch Kalium) eingespart werden können. Je nachdem, ob dieser Prozeß, der unter Vermittlung des Enzyms Carboanhydrase (Isoenzyme II und IV) abläuft, aktiviert oder gehemmt wird, werden Protonen in den Urin vermehrt sezerniert bzw. retiniert. Die Sekretion von Protonen erfolgt jedoch nur bis zu einem bestimmten Gradienten gegenüber dem Plasma (Urin-pH 4,4 gegenüber Plasma-pH 7,4) und kann deshalb nur durch die Gegenwart von *Urinpuffern* in Gang gehalten werden (S. 938).

Ammoniak entsteht in der Tubuluszelle durch Hydrolyse von Glutamin

Ammoniak kann in der Nierentubuluszelle nur durch Abspaltung aus Aminosäuren entstehen, da der Ammoniakspiegel im arteriellen Blut sehr niedrig ist (20–60 µmol/l) und damit kaum eine Aufnahme aus dem Blut in Frage kommt. Außerdem liegt die Ammoniakkonzentration im Nierenvenenblut (etwa 70 µmol/l) noch über der des arteriellen Bluts, da die Nierentubuluszellen ständig Ammoniak freisetzen, das ins peritubuläre Blut diffundiert. Etwa 60 % des Ammoniaks stammen aus dem *Glutamin* (davon etwa $^2/_3$ aus dem Amid- und $^1/_3$ aus dem Aminostickstoff), das beim Menschen die Aminosäure mit der höchsten Plasmakonzentration darstellt (600–800 µmol/l, Tabelle 19.4, S.535). Das ist etwa 25 % der Gesamtplasma-Aminosäurenkonzentration (2,5–3,5 mmol/l).

Die Freisetzung von Ammoniak erfolgt durch zwei Enzymsysteme:

1. Die mitochondriale *Glutaminase I,* die in zwei Isoenzymformen vorkommt, von denen eine phosphatabhängig ist, womit wahrscheinlich eine Koppelung mit dem zweiten Urinpuffer, dem Phosphatsystem geschaffen wird. Dieses Enzym desamidiert Glutamin zu Glutamat, das durch die Glutamatdehydrogenase weiter in α-Ketoglutarat und Ammoniak überführt wird.
2. Bei der *Glutaminase II* (Abb. 36.7) handelt es sich um einen aus zwei Enzymen bestehenden Komplex [Glutamin-α-Ketosäure-Transaminase und ω-Amidase (Amidhydrolase)], der Glutamin in α-Ketoglutarat überführt (dieser Enzymkomplex ist auch im Gehirn vorhanden). Welchen biologischen Vorteil die Existenz von zwei Enzymsystemen für den

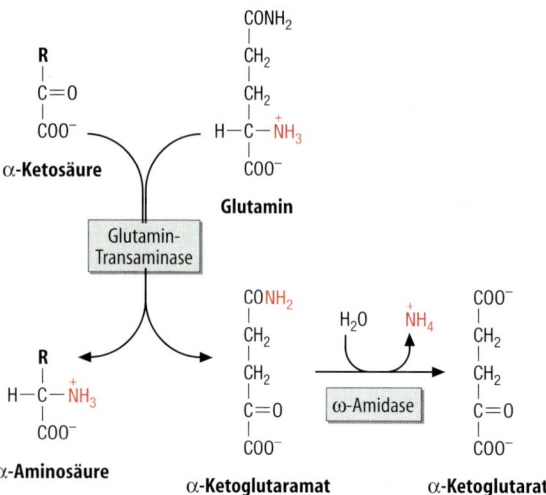

Abb. 36.7 Abbau von Glutamin über α-Ketoglutaramat zu α-Ketoglutarat (Glutaminase II-Enzymkomplex)

Glutaminabbau zu α-Ketoglutarat bringt, ist noch unklar. Glutamin wird in extrarenalen Geweben (so z. B. Gehirn, Muskel und Leber) durch Katalyse der *Glutaminsynthetase* (S. 569) gebildet, tritt aus diesen ins Blut über und wird von der Tubuluszelle aus dem Tubulusurin reabsorbiert. Bei Alkalose (d. h. Abfall der Protonenkonzentration im Extracellulärraum) tritt Glutamin zu 100 % unverändert ins peritubuläre Blut über. Bei Acidose (d. h. Zunahme der Protonenkonzentration im Extrazellulärraum) wird es durch die erwähnten Enzymsysteme desamidiert und noch zusätzlich aus dem peritubulären Blut aufgenommen.

Außer Glutamin dienen auch Alanin (das nach Glutamin die höchste Plasmakonzentration, etwa 350 μmol/l, aufweist, Tabelle 19.4, S. 535), Serin, Glycin und Aspartat als Ammoniakdonatoren. Dabei fällt auf, daß es sich bei all diesen Aminosäuren um nichtessentielle und glucogene Aminosäuren handelt. Es ist wahrscheinlich, daß die Kohlenstoffskelette dieser Aminosäuren nach Abgabe des Ammoniaks entweder oxidiert werden (zur Energiegewinnung für ATP-abhängige tubuläre Transportprozesse) oder zur Erhaltung des Kohlenstoffskeletts zu Glucose aufgebaut werden (Gluconeogenese).

Bei Acidose wird die renale Ammoniakproduktion gesteigert

Normalerweise ist die Menge des ausgeschiedenen Ammoniaks genau auf die Menge der überschüssigen – vom Organismus zu eliminierenden – Protonen abgestimmt. So werden täglich etwa 30–50 mmol Ammoniak im Urin ausgeschieden. Bei schweren Acidosen werden bis zu 500 mmol (Tabelle 31.16, S. 938) eliminiert, bei Alkalosen kann die Ammoniakausscheidung vollständig aufhören.

Der Steigerung der Ammoniakproduktion bei Acidosen liegen zwei Mechanismen zugrunde: Zum einen bilden die Nieren – wie bereits betont – ständig Ammoniak. Ob dieses Ammoniak in das Tubuluslumen oder ins peritubuläre Blut diffundiert, wird durch die relativen Protonenkonzentrationen im Blut und Tubulusurin (sowie ihre relativen Strömungsgeschwindigkeiten in ml/min) bestimmt. Mit zunehmender Protonenkonzentration steigt die *Ammoniakdiffusion* in den Tubulusurin, wo es durch Protonenaufnahme zu Ammoniumionen umgewandelt und damit im Tubulus eingefangen wird (S. 938). Somit verursacht ein Abfall des Urin-pH-Werts eine Zunahme der Ammoniakausscheidung, der jedoch nicht eine vermehrte Produktion, sondern ein Vorteil des Urins (aufgrund seiner Protonenkonzentration) bei der Kompetition mit dem venösen Abfluß zugrunde liegt. Zum anderen kommt es zu einer Erhöhung der *enzymatischen Ammoniakproduktion,* deren Ursachen noch ungeklärt sind. Diskutiert werden ein Anstieg der Aktivität der desamidierenden Enzyme, eine Änderung der Konzentrationen wichtiger Cofaktoren dieser Enzyme (z. B. Änderung des NAD^+/NADH/H^+-Quotienten) sowie ein erhöhter Transport von Glutamin ins Mitochondrium.

Verschiedene Störungen des Säure-Basen-Gleichgewichtes können renal kompensiert werden

Nichtrespiratorische Acidose. Die bei nichtrespiratorischen Acidosen (S. 944) freigesetzten Protonen der vermehrt gebildeten Säuren [z. B. β-Hydroxybuttersäure und β-Ketobuttersäure (Acetessigsäure) beim Diabetes mellitus] werden durch Bicarbonationen abgepuffert, weshalb die Bicarbonatkonzentration im Plasma absinkt. Die Säureanionen (β-Hydroxybutyrat und β-Ketobutyrat) werden zunächst mit Natriumionen (zur Wahrung der Elektroneutralität, S. 938) in den Urin ausgeschieden. Später übernehmen Kaliumionen – die vorwiegend aus dem Intrazellulärraum stammen – einen Großteil der Neutralisation. Die Nierentubuli kompensieren diese Störung auf folgende Weise: In der Zelle wird unter Katalyse der Carboanhydrase Kohlensäure gebildet, die in Bicarbonationen und Protonen dissoziiert. Die Bicarbonationen gelangen ins Blut (Regeneration der Pufferanionen), die Protonen in den Urin (Ausscheidung von Protonen), wofür Kationen eingespart werden können (Natrium- und Kaliumsparmechanismus). Damit die Protonensekretion in Gang gehalten werden kann, nehmen die Ausscheidung von Ammoniak (langsam) und Dihydrogenphosphat (schnell) zu.

Nichtrespiratorische Alkalose. Der Abfall der Protonenkonzentration im Extrazellulärraum (z. B. Magensaftverlust bei häufigem Erbrechen) führt zu einer Erhöhung der Bicarbonatkonzentration, die durch verringerte tubuläre Reabsorption von Bicarbonat und

Natrium, und damit eine erhöhte Retention von Protonen kompensiert wird. Die Protonenkonzentration des Urins sinkt (d. h. der pH-Wert steigt), titrierbare Acidität und Ammoniakausscheidung fallen ebenfalls ab, da Glutamin die Tubuluszelle unverändert verläßt.

Respiratorische Acidose und Alkalose. Die Erhöhung der Plasma-CO_2-Konzentration läßt die Protonenkonzentration ansteigen, deren Kompensation durch eine vermehrte Protonensekretion mit Urinansäuerung, Erhöhung der titrierbaren Acidität und Ammoniakausscheidung sowie Erhöhung der Natrium- und Bicarbonatreabsorption erfolgt. Bei respiratorischer Alkalose erfolgen die gleichen Vorgänge, nur in umgekehrter Richtung.

36.1.4 Pathobiochemie

Die glomeruläre Basalmembran ist an verschiedenen Erkrankungen beteiligt

Die Glomerula von Patienten mit *Diabetes mellitus* (S. 420) weisen einen erhöhten Gehalt an Basalmembran-ähnlichem Material auf. Es wird diskutiert, daß – ähnlich wie beim Glykohämoglobin (S. 809) – die nicht-enzymatische Glykosylierung von Kollagen zu einer Störung des Kollagen-Typ IV-Stoffwechsels in den glomerulären Basalmembranen führt. Autoantikörper gegen Epitope auf der α-III(IV)Kette des Typ IV-Kollagens, die vor allem in den Nierenglomerula und den Basalmembranen der Lungenalveoli vorkommt, verursacht das *Goodpasture-Syndrom,* bei dem die Bindung der Autoantikörper an das Typ IV-Kollagen zur Aktivierung der Komplementkaskade mit dem konsekutiven Influx von Entzündungszellen und zur Freisetzung von Proteinasen führt. Diese verursachen einen Abbau von Proteinen der glomerulären Basalmembran.

Bei der polycystischen Nierenerkrankung liegt eine Störung der Tubulusmorphogenese vor

Die polycystische Nierenerkrankung kann vererbt oder erworben sein. Sie ist durch eine Akkumulierung von Flüssigkeit, Proliferation von Epithelzellen und Umbau der extrazellulären Matrix charakterisiert. Dies führt zur Beeinträchtigung der Nierenfunktion. Beim Kind kann die Erkrankung einen schnellen Verlauf nehmen, beim Erwachsenen weist sie einen Altersgipfel zwischen dem 50. und 60. Lebensjahr auf. Die Erwachsenenform ist die häufigste autosomal erbliche Erkrankung in Europa und in den USA (1:1000), etwa 10–15 % der Patienten mit dialysepflichtiger Niereninsuffizienz leiden an einer polycystischen Nierendegeneration als Grunderkrankung. Mutationen im *PKD-1-Gen* auf Chromosom 16p13 sind die Ursache für diese Erkrankung. Das PKD-1-Protein, das *Polycystin* ist wahrscheinlich an Protein/Protein- und Protein/Kohlenhydratwechselwirkungen in der extracellulären Matrix beteiligt, deren Störung zu der Erkrankung führt (Abb. 36.8).

Beim renalen Diabetes insipidus fehlt die Ansprechbarkeit des distalen Nephrons auf Arginin-Vasopressin

Die Bindung von Arginin-Vasopressin (AVP) an den Vasopressin-Rezeptor auf der basolateralen Membran der Hauptzellen des Sammelrohrs führt zur Aktivierung des Adenylatcyclase-Systems und damit der Proteinkinase A. Dies löst die Translokation von in intra-

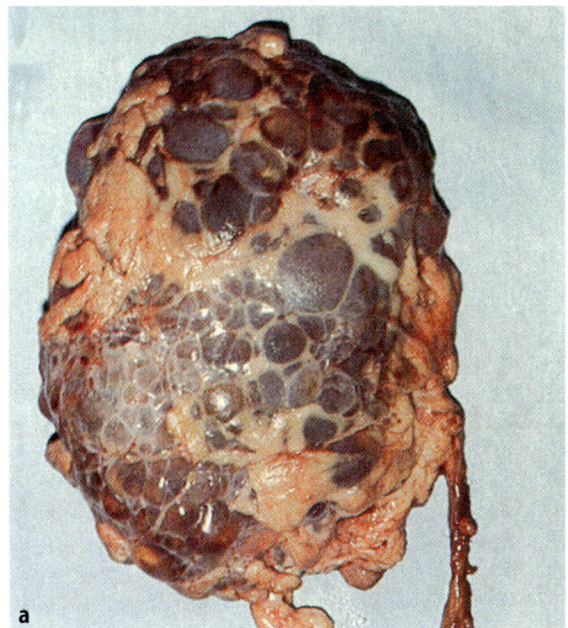

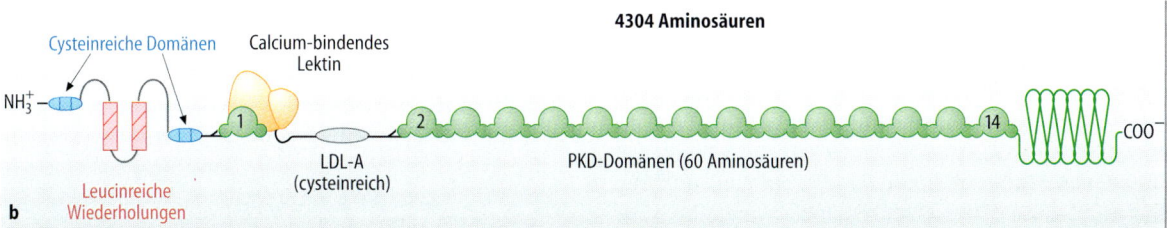

Abb. 36.8 **a** Makroskopische Aufnahme einer polycystischen Niere. **b** Molekülmodell des Polycystins

zellulären Membranvesikeln gebundenen *Wassertransportkanälen* (Aquaporin-2) in die das Lumen des Sammelrohrs auskleidenden apikalen Membranen aus. Dieser Vorgang ist reversibel, d. h. nach Entfernung des AVP's kommt es zur Endocytose der Wassertransportkanäle über die AVP-Rezeptoren.

Außer dem im Sammelrohrepithel lokalisierten Aquaporin-2 läßt sich in den Nieren, aber auch in Erythrocyten, ein weiteres Wassertransportmolekül nachweisen, das als *CHIP 28* bezeichnet wird. CHIP 28 ist vor allem in den basolateralen und apikalen Membranen der proximalen Tubuli und in der dünnen absteigenden Henle-Schleife lokalisiert. Diese Nephronsegmente weisen eine konstitutiv hohe Wasserpermeabilität auf. Zwischen *Aquaporin-2* und CHIP 28, das auch als Aquaporin-1 bezeichnet wird, besteht eine 28 % Homologie.

Die vererbbaren Formen des renalen Diabetes insipidus machen etwa 10 % aller Diabetes insipidus-Fälle in der Klinik aus. Die nicht behandelten Patienten weisen eine Hypernatriämie, Hyperthermie, Störungen der geistigen Entwicklung und rezidivierende Dehydratationsepisoden in der frühen Kindheit auf. Patienten, bei denen die Erkrankung X-chromosomal vererbt wird, haben Mutationen im Gen für den *AVP2-Rezeptor*. Bei anderen Individuen wird der renale Diabetes insipidus jedoch autosomal-recessiv vererbt, was für die Beteiligung anderer Genprodukte spricht. In der Tat konnten bei diesen Patienten Mutationen in dem *Aquaporin-2-Gen* nachgewiesen werden.

Ein Carboanhydrase II-Mangel führt zur renal-tubulären Acidose

Die Nieren enthalten zwei Isoenzyme der Carboanhydrase:
- Carboanhydrase II (CA II), die sich nur im Cytosol der proximalen und distalen Tubuluszelle findet, und
- Carboanhydrase IV (CA IV), welche sich hauptsächlich im Bürstensaum des proximalen Tubulus nachweisen läßt.

Patienten mit einem Carboanhydrase II-Mangel entwickeln eine renal-tubuläre Acidose und – da das Enzym auch in Osteoclasten und Nervenzellen vorkommt – eine Osteopetrose und Calciumablagerungen im Gehirn mit Störungen der Hirnentwicklung. Carboanhydrase II spielt eine Rolle bei der renalen Bicarbonatreabsorption und bei der Protonenproduktion durch den Osteoclasten. Sein Fehlen führt zu einer Störung der Osteoclastenfunktion und damit zu *Osteopetrose* (vermehrter Knochenaufbau). Das Fehlen der renalen Carboanhydrase II verursacht einen *Bicarbonatverlust* und damit eine *renal-tubuläre Acidose.* Die Ursachen der Calciumablagerungen im Gehirn und damit verbundenen Hirnentwicklungsstörungen sind noch unbekannt. Da in den Erythrocyten Carboanhydrase I vorkommt, findet sich keine Störung beim CO_2-Transport durch Erythrocyten.

Beim Lowe-Syndrom ist ein Schlüsselenzym des Phosphoinositol-Stoffwechsels defekt

Das Lowe-Syndrom, das auch als okulo-cerebro-renale Erkrankung bezeichnet wird, wird X-chromosomal vererbt und ist durch eine schwere geistige Minderentwicklung, Areflexie, Hypotonie, eine Vielzahl von Augenveränderungen und ein renales Fanconi-Syndrom mit einer beeinträchtigten Reabsorption von Glucose, Aminosäuren, Phosphat, Harnsäure und Bicarbonat gekennzeichnet. Die Patienten haben eine renal-tubuläre Acidose, Störungen des Knochenstoffwechsels und einen Minderwuchs. Das Syndrom wird durch Mutationen in dem sog. *OCRL-Gen* verursacht. Dieses Gen kodiert für eine Phosphatidyl-Inositol-4,5-bisphosphat-5-Phosphatase. Derartige Enzyme hemmen die Signaltransduktion im Phosphatidyl-Inositol-Weg. Das Lowe-Syndrom ist die erste beim Menschen entdeckte Krankheit, die durch einen Defekt dieses Signaltransduktionsweges verursacht wird.

Nierenversagen führt zum Anstieg harnpflichtiger Substanzen im Blut

Ist die Ausscheidungsfunktion beider Nieren aufgrund einer Schädigung chronisch eingeschränkt, so kommt es zuerst zu einer Azotämie (Stickstoff im Blut), d. h. Erhöhung der harnpflichtigen Substanzen (Rest-N-Fraktion) ohne allgemeine Vergiftungserscheinungen und später zur vollen Ausbildung des klinischen Bildes, zur *Urämie* (Urin im Blut).

Neben der Erhöhung der harnpflichtigen Substanzen lassen sich regelmäßig Fehlregulationen des Wasser- (Erhöhung der Plasmaosmolarität durch Harnstoff) und Elektrolyt- (Hyperkaliämie durch ungenügende Ausscheidung) sowie Säure-Basen-Haushalts (Herabsetzung der Protonenausscheidung) nachweisen. Diese Veränderungen sowie das Auftreten von *Urämietoxinen* wie Guanidine (Methylguanidin, Guanidinbernsteinsäure), Phenole und aliphatischen und aromatischen Aminen führen zu gravierenden Beeinträchtigungen des Zellstoffwechsels [z.B. Hemmung der Pyruvatcarboxylase (die Oxalacetat für den Citratcyclus liefert) und der mitochondrialen ATP-Bildung]. Auch die Umwandlung von 25-Cholecalciferol in 1,25-Dihydroxycholecalciferol durch die *renale* 1-α-Hydroxylase ist aufgrund der beeinträchtigten Nierenfunktion herabgesetzt.

Behandelt werden Patienten mit chronischem Nierenversagen mit speziellen Diäten [bestimmte Proteinzusammensetzung (S. 718) und Gabe von Vorstufen von Aminosäuren (S. 552) zur Herabsetzung des Anfalls stickstoffhaltiger Abbauprodukte] sowie der künstlichen Niere, mit der das Blut zur Auswaschung der harnpflichtigen Stoffe extrakorporal dialysiert wird.

36.2 Urin

36.2.1 Eigenschaften

Der gesunde Mensch bildet in Abhängigkeit von Alter und Geschlecht täglich zwischen 500 und 2000 ml Urin

Das Urinvolumen wird durch die Flüssigkeits- und Nahrungsaufnahme sowie durch extrarenale Flüssigkeitsabgabe mit Schweiß (Klima!), Atmung und Stuhl (Durchfälle, S. 945) beeinflußt.

Werden täglich weniger als 400 ml (16 ml/h) ausgeschieden, so spricht man von *Oligurie,* unterschreitet das Volumen 100 ml (4 ml/h) von *Anurie.* Umgekehrt liegt bei einer Ausscheidung von über 2,5 l (z. B. beim Diabetes mellitus, S. 806) eine *Polyurie* vor.

Stickstoffreiche Kost erhöht die Urinausscheidung, da beim Abbau der Aminosäuren Harnstoff gebildet wird, dessen Ausscheidung über die Nieren Lösungsvolumen erfordert, wohingegen das beim Fettsäuren- und Kohlenhydratabbau freigesetzte Kohlendioxid mit der Atemluft abgeatmet werden kann.

Die Urinosmolarität wird über die Gefrierpunktserniedrigung bestimmt

Das *spezifische Gewicht* hängt von Konzentration und Art aller gelösten Stoffe ab. Es liegt bei ausgeglichener Flüssigkeitsbilanz zwischen 1015 und 1022 (H_2O = 1000) sinkt bei extremer Harnverdünnung auf 1001 (50 mosm/l H_2O) und steigt bei extremer Konzentrierung bis auf etwa 1040 (1300 mosm/l H_2O). Bei der Bestimmung des spezifischen Gewichts (mit einem *Aräometer*) wird die Messung durch Beimengungen höhermolekularer Stoffe (wie z. B. Proteine) beeinträchtigt. Besser ist deshalb die Ermittlung der *Osmolarität* (Werte sind oben in Klammern angegeben) durch Bestimmung der Gefrierpunktserniedrigung (Tabelle 1.13, S. 13), die technisch jedoch aufwendiger ist.

Normaler Urin ist stroh- bis bernsteingelb

Jede Urinuntersuchung sollte mit der Beurteilung der Farbe des frisch gelassenen Urins beginnen. Manche Urinpigmente ändern ihren Farbton nach einiger Zeit durch chemische Umsetzung, was das Nachdunkeln erklärt. Die wichtigsten Urinfarbstoffe sind die beiden *Urochrome A* und *B,* die sich spektralphotometrisch trennen lassen und 25 bzw. 70 % des Harnfarbwerts ausmachen. Von untergeordneter Bedeutung ist der Gehalt an Uroerythrin (etwa 4 %). Urochrom und Uroerythrin entstammen dem Hämoglobinabbau (S. 616).

Die Farbe wird durch die Konzentration an gelösten Stoffen, durch pathologische Bestandteile, Arznei- und Nahrungsmittel beeinflußt. Bei hohem Fieber wird konzentrierter dunkler Urin ausgeschieden. Die drei

Tabelle 36.1 Gesamtsäureausscheidung im Urin

1. *Freie Protonen* (die mit pH-Messung erfaßt werden):
   Normalbereich: pH 5,6–7,0 (Grenzwerte 4,4 und 8,0), das entspricht bei einem Urinvolumen von 1 l 160–2560 nmol Protonen/24 h

2. *An Phosphat und organische Protonenakzeptoren gebundene Protonen,* die gemeinsam mit den freien Protonen die titrierbare Acidität ergeben:
   Normalbereich: 10–40 mmol
   (entspricht 10–40 Mio. nmol)/24 h

3. *Als Ammoniumionen (NH_4^+):*
   Normalbereich: 10–50 mmol/24 h

klinisch wichtigsten Ursachen eines *roten Urins* sind Hämaturie (S. 1052), Hämoglobinurie und Porphyrinurie (S. 604). Bilirubin färbt den Urin dunkelbraun.

Medikamentös und alimentär bedingte Urinverfärbungen sind ziemlich häufig. Zahlreiche Pharmaka und einige Nahrungsmittel bzw. deren Metaboliten können einen roten Urin verursachen. Grüngelbliche Fluoreszenz des Urins wird sehr häufig nach Einnahme von Multivitaminpräparaten, die Riboflavin enthalten (S. 649), beobachtet.

Frischgelassener Urin riecht aromatisch

Der Harngeruch kann nach dem Genuß mancher Speisen, Gewürze und Arzneimittel verändert werden (z. B. durch Knoblauch und Spargel). Der normale Harngeruch wird durch bakterielle Zersetzung von Harnstoff in Ammoniak (Ureasereaktion, S. 529) stechend. Ein Obstgeruch weist auf die Ausscheidung von Aceton hin (Diabetes mellitus). Urin schmeckt bitter und salzig.

Der Urin ist bei normaler Kost sauer

Mit der pH-Messung (pH 6,0; Normalbereich 5,6–7,0) werden nur die freien Protonen bestimmt, die weniger als 1 % der von den Nieren täglich zu eliminierenden Wasserstoffionen ausmachen, und somit keinen quantitativen Aufschluß über die Nierenleistung vermittelt. Daher müssen zusätzlich die an Phosphat und organische Abzeptoren gebundenen Protonen (+ freie Protonen = titrierbare Acidität, S. 17) sowie die Ammoniumionenkonzentration bestimmt werden (Tabelle 36.1). Nach längerem Stehen wird Urin durch die Aktivität harnstoffspaltender Bakterien (s. o.) alkalischer.

36.2.2 Chemische Zusammensetzung

Die chemische Zusammensetzung des Urins wird durch Menge und Zusammensetzung der Nahrung (pflanzliche und/oder tierische Kost) sowie Alter und

Tabelle **36.2** Diagnostisch wichtige organische Bestandteile des Urins

Tägliche Ausscheidung	
Harnstoff (abhängig von der Aminosäurezufuhr)	0,33–0,58 mol
Harnsäure (abhängig von der Nahrungszufuhr)	350–2000 mg
Kreatinin	8–17 mmol
Frauen: 88–222 µmol/kg Körpergewicht	
Männer: 160–280 µmol/kg Körpergewicht	
Kreatin	54–135 µmol
Aminosäuren	1–3 g
Glucose	bis 1,1 mmol
Ketonkörper	30–150 mmol
δ-Aminolävulinat	unter 45 µmol
Porphobilinogen	unter 2,4 mg
Koproporphyrine	unter 280 µg
Uroporphyrine	unter 20 µg
Proteine	3–40 mg
α-Amylase (Diastase)	100–2000 U/l

Geschlecht des Probanden bestimmt. Da die Konzentration der gelösten Stoffe im Laufe eines Tages erhebliche Schwankungen zeigen kann (Bsp. Phosphatausscheidung, Abb. 24.14, S. 701), sind für quantitative chemische Analysen Durchschnittsproben des 24 h-Urins erforderlich. Dagegen werden einzelne Harnproben zum Nachweis von Substanzen verwendet, die sich beim Stehen verändern.

Der täglich von den Nieren ausgeschiedene Urin enthält durchschnittlich etwa 60 g (50–72 g) Trockensubstanz, das entspricht etwa 5–7 gestrichenen Eßlöffeln Tafelsalz. Die im Urin vorkommenden Substanzen werden eingeteilt in solche, die physiologischerweise ausgeschieden werden (normale Harnbestandteile), und solche, die nur infolge von Krankheiten nachgewiesen werden können (pathologische Harnbestandteile, Tabelle 36.2).

Die meisten ausgeschiedenen organischen Stoffe enthalten Stickstoff

Harnstoff. Der in der Leberzelle aus Ammoniak und Bicarbonat gebildete Harnstoff ist das Endprodukt des Stickstoff-Stoffwechsels beim Menschen (S. 536). Mit einer Tagesausscheidung von 20 bis 35 g (0,33–0,58 mol) liegt er – verglichen mit allen anderen von den Nieren zu eliminierenden Stoffen – an erster Stelle. Die Harnstoffausscheidung nimmt bei erhöhtem Protein- (und damit Aminosäure-)abbau wie z. B. bei Fieber, Diabetes mellitus (S. 806) und Nebennierenüberfunktion (S. 834) zu, bei längerdauerndem Hunger (5–6 Wochen) nimmt

sie dagegen – auf Kosten der Ammoniakausscheidung (Abb. 19.54, S. 576) – ab.

Ammoniak. Normalerweise enthält frisch gelassener Urin nur sehr wenig Ammoniak (20–50 mmol/24 h). Da Ammoniak als Urinpuffersystem wirkt (S. 938), steigt die Ammoniakausscheidung bei Säurebelastung an (z. B. bei Acidosen, Hunger und Diabetes mellitus).

Kreatinin und Kreatin. Kreatinin entsteht in Muskel- und Nervenzellen aus Kreatin (Abb. 32.14, S. 960), wird von diesen kontinuierlich ins Blut abgegeben (Plasmakonzentration 8,8 µmol/l bzw. 1 mg/100 ml) und von den Nieren ausgeschieden. Da die Ausscheidung in einer in etwa konstanten Beziehung zur Muskelmasse und damit zum Körpergewicht erfolgt, kann das endogen gebildete Kreatinin als Bezugsgröße für die Ausscheidung anderer Harnbestandteile herangezogen werden.

Harnsäure. Sie ist das Endprodukt des *Purinstoffwechsels* beim Menschen (S. 593). Daneben werden auch Purinbasen wie Xanthin ausgeschieden (0,1 g). Eine Erhöhung der Harnsäurekonzentration im Urin kommt bei der Gicht und bei Krankheiten des blutbildenden Systems (erhöhter Nucleinsäurenumsatz bei Leukämie) vor (S. 595). Damit wird die Bildung renaler Harnsäuresteine (Uratsteine) begünstigt (S. 1052).

Nitrat. Diese Substanz ist im Urin stets in geringen Mengen vorhanden und stammt aus dem Abbau von NO (S. 782). Da bestimmte Bakterien Nitrat in Nitrit umwandeln, dient der Nitritnachweis im Urin (mit Teststreifen) als Hinweis für eine bakterielle Besiedlung der Harnwege.

Freie Aminosäuren. Der normale Urin kann 1–3 g Aminosäuren/Tag enthalten. Bei *Lebererkrankungen* steigt die Ausscheidung sehr stark an (Entfall der Pufferfunktion der Leber!, S. 726) und kann zur Auskristallisation von Leucin und Tyrosin führen (S. 42).

Aminosäurederivate: Hydroxyprolin, Methylhistidin und Pyridinolin-Derivate. Hydroxyprolin ist fast ausschließlich im Kollagen vorhanden. Da das beim Kollagenabbau freigesetzte Hydroxyprolin nicht für die Biosynthese dieses Bindegewebeproteins reutilisiert werden kann, sondern entweder zu Kohlendioxid und Wasser oxidiert (85–90 %) oder in den Urin ausgeschieden wird (10–15 %), dient es als Indikator für einen veränderten Bindegewebestoffwechsel. Die Hydroxyprolinbestimmung wird zunehmend durch die Bestimmung der Pyridinolin-Abbauprodukte (S. 743) ersetzt. 3-Methylhistidin, ein Bestandteil von Actin und Myosin (S. 565) gibt Informationen über den Muskelproteinansatz.

Proteine. Je nach angewandter Untersuchungsmethode können 3–40 mg Protein im 24 h-Urin nachgewiesen werden. Glykoproteine (Mucine) stammen aus der Schleimhaut der Blase und kommen ebenfalls im normalen Urin vor.

Weitere stickstoffhaltige Substanzen sind Hippursäure (0,1–1,0 g/24 h; S. 541), N-haltige Phenole und Indican (4–20 mg/24 h; S. 559).

Schwefelhaltige Substanzen. Der mit dem Urin ausgeschiedene Schwefel besteht im wesentlichen aus anorganischem Sulfat (Abb. 24.17, S. 704). Da dieses beim Abbau der Aminosäuren Methionin und Cystein (S. 548) entsteht, wird die täglich ausgeschiedene Menge an anorganischem Schwefel (tägliche Ausscheidung etwa 30–60 mmol) durch die zugeführte Proteinmenge bestimmt (S. 704). Etwa 10 % des ausgeschiedenen Schwefels liegen als konjugiertes Sulfat (z. B. Phenole und Steroide) vor und werden deshalb als *Etherschwefelfraktion* bezeichnet. Die übrigen schwefelhaltigen Verbindungen wie Cystein, Taurin und Thiocyanat werden unter dem Begriff *Neutralschwefel* zusammengefaßt.

Oxalate. Die normalerweise geringe Oxalatausscheidung [10–55 mg (0,11–0,61 mmol)/24 h] ist bei angeborenen Stoffwechselstörungen (bis auf das 20fache bei der primären Hyperoxalurie) sowie bei massiven Ascorbinsäuregaben (bei deren Abbau Oxalsäure entsteht) erhöht.

Hormone und Vitamine. Von den im Urin vorkommenden diagnostisch wichtigen Hormonen (Adrenalin, Noradrenalin, Steroide, Gonadotropine, Serotonin) bzw. deren Abbauprodukten (Vanillinmandelsäure, 17-Hydroxy- und 17-Ketosteroide, 5-Hydroxyindolessigsäure) interessieren in der Praxis v. a. das Choriongonadotropin für den Schwangerschaftsnachweis (S. 850) und das LH zur Bestimmung des Ovulationszeitpunktes (S. 836). Von den Vitaminen sind – in Abhängigkeit von der zugeführten Menge – hauptsächlich die wasserlöslichen B-Vitamine und Vitamin C vertreten.

Für Bilanzuntersuchungen werden anorganische Stoffe im 24 h-Urin bestimmt

Beim gesunden Menschen gleicht die Menge eines ausgeschiedenen Stoffes *(Natrium, Kalium, Calcium, Magnesium, Chlorid)* i. allg. dessen Zufuhr mit der Nahrung. Auf die Ausscheidung von anorganischem *Sulfat* wurde bereits eingegangen (s. oben). Die Ausscheidung von *Phosphat,* dem Endprodukt des Phosphorstoffwechsels (Abb. 31.53, S. 933), ist nahrungsabhängig und tageszeitlichen Schwankungen unterworfen (Abb. 24.14, S. 701). Sie muß deshalb im 24 h-Urin bestimmt werden. Im Glomerulumfiltrat liegt Phosphat – wie im Blutplasma – bei einem pH-Wert von 7,4 zu 80 % als Hydrogenphosphat und zu 20 % als Dihydrogenphosphat vor. Da es als Urinpuffersystem wirkt (S. 938), wird das Verhält-

nis von Hydrogen- zu Dihydrogenphosphat durch die Menge der auszuscheidenden Protonen bestimmt (titrierbare Acidität, S. 17). Verschiedene Krankheitszustände gehen mit einer Erhöhung (Hyperparathyreoidismus, S. 873) bzw. Erniedrigung (Hypoparathyreoidismus, S. 873) der Phosphatausscheidung einher.

36.2.3 Pathobiochemie

Pathologische Urinbestandteile sind nach Schädigungen der Nieren (Permeabilitätsänderung der glomerulären Kapillarmembran bzw. Einschränkung der Tubulusfunktion) oder bei pathologischer Erhöhung der Plasmakonzentration eines Stoffes (Überlaufmechanismus) nachweisbar.

Eine pathologische Proteinausscheidung tritt bei entzündlichen und degenerativen Nierenerkrankungen auf

Unter *Proteinurie* versteht man entweder eine Gesamtausscheidung von mehr als 150 mg Protein in 24 Stunden oder eine Abweichung vom Verteilungsmuster der physiologisch im Harn vorkommenden Proteine. Die normale Proteinmenge besteht zu zwei Drittel aus Plasmaprotein (Albumin 60 %, Immunglobuline und andere Globuline jeweils 20 %) und zu einem Drittel aus Gewebsproteinen. Eine Sonderstellung nimmt die *Mikroalbuminurie* ein. Eine erhöhte Albuminausscheidung in den Urin von 20–300 mg/24 h weist auf glomeruläre Schäden bei Diabetikern hin. Als *nephrotisches Syndrom* wird eine große Proteinurie mit mehr als 3,5 g pro Ausscheidung pro 24 Stunden bezeichnet. Beim Plasmocytom ist das Bence-Jones-Protein nachweisbar.

Glucosurie weist fast immer auf einen Diabetes mellitus hin

Die wichtigste und häufigste Melliturie ist die Glucosurie, Ausscheidungen anderer Zucker (Fructose, Lactose, Galaktose, Pentosen) haben wegen ihres seltenen Auftretens nur geringe Bedeutung.

D-Glucose. Normalerweise werden nicht mehr als 200 mg (~ 1 mmol) Glucose/Tag ausgeschieden. Der Nachweis von Glucose im Urin deutet fast immer auf einen Diabetes mellitus hin, da Harnzuckerausscheidungen nichtdiabetischen Ursprungs sehr selten sind.

Andere Monosaccharide. D-Fructose (Lävulose) ist nur nachweisbar bei der hereditären Fructoseintoleranz (S. 421) oder bei übermäßigem Genuß fructosehaltiger Nahrung (Obst). Lactose (Milchzucker) tritt gelegentlich bei schwangeren und stillenden Frauen in den Urin über. Bei der angeborenen Galaktosämie (S. 397) ist der Galaktosespiegel im Blut erhöht, so daß das Monosaccharid in den Urin übertritt. Da Pentosen im Organismus nur langsam abgebaut werden, kann eine Pentosurie (L-Arabinose und L-Xylose) vorübergehend nach Zufuhr pentosehaltiger Nahrungsmittel wie Steinobst bzw. daraus hergestellten Fruchtsäften auftreten.

Nahrungskarenz führt zur Ketonurie

Die normalerweise geringe Ausscheidung (3–15 mg/ 24 h bzw. 30–150 mmol/24 h) der Ketonkörper [Aceton, Acetacetat (β-Ketobutyrat) und β-Hydroxybutyrat] ist erhöht im Hungerzustand (S. 972), bei Diabetes mellitus (S. 945), während der Schwangerschaft, nach Ethernarkosen und bei einigen Alkaloseformen. Bei kohlenhydratarmer und fettreicher Kost sind aufgrund der erhöhten Lipolyserate ebenfalls Ketonkörper im Urin nachweisbar.

Der Nachweis erfolgt meist mit Hilfe eines – mit einem entsprechenden Reagens imprägnierten – Teststäbchens, das auf Acetacetat und Aceton spezifisch ist und dessen Anwendung eine große Zeitersparnis mit sich bringt. β-Hydroxybutyrat wird dabei nicht miterfaßt, was klinisch jedoch auch nicht erforderlich ist.

Die frühzeitige Diagnose der Ketonurie ist wichtig, da sie eine *Stoffwechselentgleisung* anzeigt. Die Bestimmung muß mit frisch gelassenem Urin sofort durchgeführt werden, da Acetacetat spontan zu Aceton decarboxyliert, das flüchtig ist.

Rotverfärbung des Urins tritt bei Hämoglobinurie, Hämaturie und Porphyrien auf

Freies Hämoglobin *(Hämoglobinurie)* kann nach schwerer Hämolyse oder schweren Verbrennungen, Myoglobin nach Muskelverletzungen („Crush-Syndrom"; quetschen = *engl.* to crush) in den Urin übertreten. Bei intravasaler Hämolyse tritt Hämoglobin in den Urin über, sobald die Haptoglobinbindungskapazität des Plasmas und die Reabsorptionskapazität der Tubuli für Hämoglobin überschritten werden. Dies ist in der Regel bei Hämoglobinkonzentrationen von 1,2 g/l der Fall. Über die Anwesenheit von Bilirubin, Urobilin und Urobilinogen und ihre Beziehung zur Gelbsucht informiert Kapitel 21 (S. 616). Die normale Koproporphyrinausscheidung im Urin beträgt 90–430 nmol (60–280 µg)/24 h. Das Vorkommen von Uroporphyrinen sowie vermehrter Mengen von Koproporphyrinen im Urin wird als *Porphyrinurie* (S. 604) bezeichnet. Treten Erythrocyten in den Urin über, so liegt eine *Hämaturie* vor.

36.2.4 Harn- und Nierensteine (Konkremente)

Zwei Drittel aller Harnsteine sind Oxalatsteine

Die Konzentrationsleistung der Nieren bei der Bildung des Urins ermöglicht die Ausscheidung bestimmter Stoffe in relativ hoher Konzentration. Dabei hängt die Löslichkeit der ausgeschiedenen Stoffe weitgehend von der *Protonenkonzentration* des Urins ab, da die Wasserstoffionen des Lösungsmittels die Dissoziation gelöster Stoffe und damit deren Löslichkeit bestimmen (je polarer, desto wasserlöslicher). Verschiedene Regulationsfaktoren (s. unten) verhindern, daß Stoffe bei Überschreiten ihres Löslichkeitsprodukts auskristallisieren. Bei einem verminderten Gehalt des Urins an diesen Regulationsfaktoren und entzündlichen Veränderungen von Nieren und Harnwegen können sich bestimmte Stoffe jedoch in Nieren *(Nephrolithiasis),* Harnblase oder Harnröhre *(Urolithiasis)* ablagern und dadurch größere oder kleinere Konkremente bilden. Je nach Größe unterscheidet man Sand-, Grieß- oder Steinformen.

Da die Zusammensetzung des Urins weitgehend durch die aufgenommene Nahrung bestimmt wird, ist es wichtig, die chemische Zusammensetzung der Harn-(Nieren-)Steine zu kennen, um durch eine entsprechende Diät ihrer weiteren Bildung entgegenwirken zu können.

Zwei Drittel aller untersuchten Steine sind *Calciumoxalatsteine* (Abb. 36.9) bzw. Gemische aus Calciumoxalat und Calciumphosphat in Form von Hydroxyapatit (Tabelle 36.3). Reine Apatit- oder Calciummonohydratsteine sind extrem selten. Steine aus *Magnesiumammoniumphosphat* (Struvit) machen etwa 15 % aller Nierensteine aus und kommen nahezu ausschließlich bei Patienten mit rezidivierenden Nierenweginfekten mit persistierendem alkalischem Urin vor. *Harnsäure-* (Urat-) und *Cystinsteine* machen etwa 10 % aus, der Rest besteht aus Xanthin- und Silicatsteinen sowie Artefakten.

Die Steine kommen selten in reiner Form vor, 90 % enthalten einen oder mehrere zusätzliche kristalline Bestandteile. Außerdem sind immer Proteine und Glykoproteine, die etwa 3 % des Gesamtgewichts des Steins ausmachen, vorhanden.

Verschiedene Nierenproteine hemmen die Steinbildung

Nephrocalcin, ein saures Glykoprotein, das die Aminosäure γ-Carboxyglutamat enthält, hemmt die Bildung von Calciumoxalatsteinen. Ähnlich wirkt das *Tamm-Horsfall-Glykoprotein.* Uropontin, ebenfalls von den Nieren gebildet, hemmt das Wachstum von Calciumoxalatkristallen. Möglicherweise begünstigen

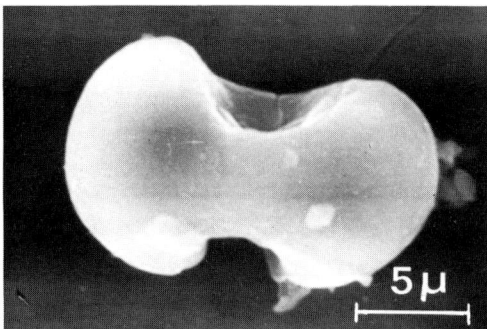

Abb. 36.9 Rasterelektronenmikroskopische Aufnahmen von Calciumoxalatkristallen. *Oben:* Bikonkav ausgehöhlte Eiform in Hantelgestalt (typische Tracht für Calciumoxalatmonohydrat = Whewellit). *Unten:* tetragonal kristallisierte Bipyramide (typische Tracht für Calciumoxalatdihydrat = Weddellit). (Aufnahmen von W. Berg, Jena)

Tabelle 36.3 Häufigkeit von Nieren- und Harnsteinen und ihre Ursachen (meist Mischformen)

Zusammensetzung	Prozentsatz	Ursachen
Calciumoxalat	66	Primärer Hyperparathyreoidismus Idiopathische Hypercalciurie Niedriger Urincitratspiegel Hyperoxalurie Hyperuricosurie
Calciumphosphat	66	Renal-tubuläre Acidose
Harnsäure	10	Niedriger Urin-pH oder Hyperuricosurie
Struvit	15	Infektionen mit Bakterien, die Urease bilden
Cystin	10	Cystinurie

Konzentrationsveränderungen derartiger Proteine die Entwicklung von Steinen. Am besten sind bisher noch die Steine erklärbar, bei denen die Konzentration eines im Stein enthaltenen Stoffes erhöht ist.

So führt z. B. eine persistierende *Hypercalciurie* [mehr als 6,25 mmol (250 mg)/24 h bei Frauen; 7,5 mmol (300 mg)/24 h bei Männern] zu einer erhöhten Frequenz von calciumhaltigen Steinen. Sie tritt auf bei Hyperparathyreoidismus (S. 873), Vitamin D-Intoxikation (S. 659) und als idiopathische Hypercalciurie, d. h. mit ungeklärter Genese.

Obwohl Oxalsäure in $^2/_3$ aller Steine vorkommt, ist die *Hyperoxalurie* als Ursache sehr selten. Oxalat kommt zwar in Gemüsen (v. a. Rhabarber und Spinat) in hohen Konzentrationen vor, wird im Darm jedoch nur zu 5–10 % resorbiert. Nur bei der primären Hyperoxalurie sowie beim Pyridoxinmangel [Pyridoxalphosphat ist auch Cofaktor der Transaminierung von

Glycin zu Glyoxylat (S. 572), so daß beim Pyridoxinmangel vermehrt Glyoxylat und damit Oxalat gebildet werden] tritt eine vermehrte Oxalatkonzentration auf, die die Calciumoxalatbildung begünstigt.

Harnsäuresteine entstehen bei *Hyperuricosurie* infolge erhöhten Purinabbaus (Gicht, S. 595) oder erhöhten Zellumsatzes (Leukämie, Polycythaemia vera, S. 903). Harnsäure besitzt zwei dissoziierbare Protonen, von denen jedoch nur das in Stellung N_9 von physiologischer Bedeutung ist, da das zweite nur bei unphysiologischem pH-Wert dissoziiert. Der pK'-Wert von Harnsäure liegt bei etwa 5,3–5,6 im menschlichen Urin (Abb. 20.16, S. 593). Urat ist wesentlich wasserlöslicher als die undissoziierte Harnsäure, so daß mit zunehmender Wasserstoffionenkonzentration des Urins immer mehr unlösliche Harnsäure gebildet wird. Damit begünstigt auch eine ständige Hyperacidität des Urins die Auskristallisation von Harnsäuresteinen.

Bei Patienten mit Infekten der ableitenden Harnwege mit harnstoffspaltenden Mikroorganismen (die Urease enthalten, S. 529) kommt es zu erhöhten Konzentrationen von Ammoniak und zur Alkalisierung des Urins (da das freiwerdende Ammoniak Protonen aufnimmt), so daß Magnesiumammoniumphosphatsteine (Struvit) ausfallen.

! RESÜMEE

Die Nieren besitzen vielfältige Funktionen als Ausscheidungsorgane für Stoffwechsel-endprodukte, als Regulatoren von Volumen und Osmolarität der Körperflüssigkeiten und als Regulatoren des Säure-Basen-Gleichgewichtes. Darüberhinaus dienen die Nieren auch als endokrines Organ, da sie Hormone wie Renin, Erythropoietin oder 1,25 Dihydroxycholecalciferol herstellen. Nierenepithelzellen weisen einen intensiven Stoffwechsel auf, der auf ihre aktiven Transportleistungen zurückzuführen ist. Dabei sind der Glucose- und Fettstoffwechsel optimal an die Funktion des einzelnen Abschnitts des Nephrons angepaßt.

In den vergangenen Jahren sind die genetischen Grundlagen einzelner Nierenerkrankungen ermittelt worden: so können z. B. beim nephrogenen Diabetes insipidus entweder genetische Defekte im AVP-Rezeptorgen 2 oder dem Arginin-Vasopressin-abhängigen Wassertransportkanal Aquaporin-2 vorliegen. Mutationen eines Proteins, das am Aufbau der extracellulären Matrix im Bereich der Nierentubuli beteiligt ist, bedingen die polycystische Nierendegeneration. Erworbene Erkrankungen des Glomerulums können z. B. durch eine vermehrte, nicht-enzymatische Glykosylierung bei Patienten mit Diabetes mellitus oder durch die Bindung von Autoantikörpern gegen bestimmte α-Ketten im Typ IV-Kollagen der Basalmembran auftreten.

Die Nieren besitzen eine wesentliche Funktion bei der Regulation des Säure-Basen-Gleichgewichtes, indem sie Bicarbonationen reabsorbieren und Wasserstoff- und Ammoniumionen sezernieren. Das benötigte Ammoniak stammt aus dem Stoffwechsel von Glutamin.

Die Analyse verschiedener Eigenschaften des Urins (Volumen, spezifisches Gewicht, Farbe, Geruch und Reaktion) spielen eine bedeutende Rolle in der klinischen Medizin. Mit Hilfe von Routinemethoden kann der Urin auf Bestandteile wie z. B. Proteine, Nitrit oder Hydroxyprolin untersucht werden. Veränderungen der Konzentration einzelner Urinbestandteile können zur Überschreitung des Löslichkeitsproduktes führen und damit die Entstehung von Nieren- und Urinsteinen begünstigen. Die chemische Analyse von gesammelten Urinsteinen erlaubt die Identifikation der einzelnen Bestandteile und damit die Möglichkeit, der Bildung von Steinen durch entsprechende diätetische Maßnahmen vorzubeugen.

Literatur

Original- und Übersichtsarbeiten

BEETHAM R, CATTELL WR (1993) Proteinuria: pathophysiology significance and recommendations for measurement in clinical practice. Ann Clin Biochem 30: 425–434

COE FL et al. (1994) Role of nephrocalcin in inhibition of calcium oxalate crystallization and nephrolithiasis. Mineral Elektrolyte Metab 20: 378–384

FISH EM, MOLITORIS BA (1994) Alterations in epithelial polarity and the pathogenesis of disease states. New Engl J Med 330: 1580–1588

FUJIWARA TM, MORGAN K (1995) Molecular biology of diabetes insipidus. Annu Rev Med 46: 331–343

KNEBELMANN B et al. (1993) A molecular approach to inherited kidney disorders. Kidney International 44: 1205–1216

MOHR E, RICHTER D (1994) Vasopressin in the regulation of body functions. J Hypertens 12: 345–348

The international polycystic kidney consortium (1995) PKD: the complete structure of the PKD-1 gene and its protein. Cell 81: 289–298

ZHANG X et al. (1995) The protein defect in Lowe syndrome is a phosphatidylinositol 4,5-biphosphate 5-Phosphatase. Proc Nat Acad Sci 92: 4853–4856

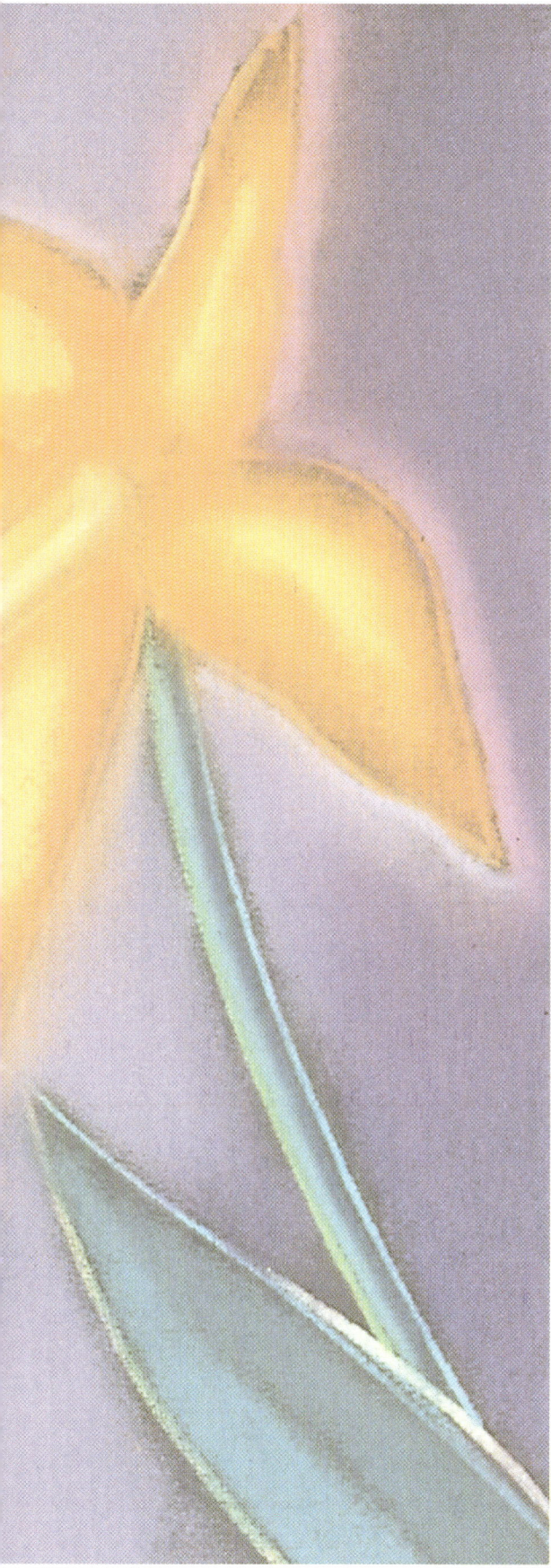

Immunsystem

Das Immunsystem ist ein multicelluläres System, das in den meisten Geweben des Organismus aktiv ist. Es besteht u. a. aus Makrophagen, die in Zusammenarbeit mit polymorphkernigen Granulocyten die erste Barriere gegen infektiöse Krankheitserreger darstellen. Auf diese unspezifische Abwehr stützt sich die einige Tage später einsetzende adaptive Immunantwort, die spezifisch gegen den Krankeitserreger gerichtet ist. Sie beruht auf der Aktivität von Lymphocyten, die in zwei Hauptpopulationen, den T- und B-Lymphocyten vorkommen. Die differenzierten Abkömmlinge der B-Lymphocyten, die Plasmazellen, synthetisieren und sezernieren etwa 10^{11} verschiedene Antikörper mit jeweils unterschiedlicher Bindungsspezifität für die jeweiligen Antigene. T-Lymphocyten sind für die zelluläre Abwehr zuständig, die vor allem gegen intrazelluläre Erreger, aber auch gegen transformierte Zellen gerichtet ist.

Zur Ausübung ihrer Funktion müssen Lymphocyten aktiviert werden. Ruhende B-und T-Lymphocyten zirkulieren im Blut und wandern kontinuierlich in sekundäre Lymphorgane wie Lymphknoten, Milz oder die Mandeln ein. Durch Kontakt mit einem Antigen werden sie aktiviert und beginnen mit der Ausübung ihrer Funktion.

Unsere Kenntnisse über den chemischen Aufbau von Antigenen und Antikörpern, ihre Wechselwirkung, die Produktion von Antikörpern durch antikörperbildende Zellen, die Prozessierung von Antigenen durch antigenprozessierende Zellen, die genetische Regulation der Immunantwort, die Wechselwirkung von Immunzellen über direkten Zellkontakt oder sekundär über Zytokine haben sich in den letzten 10 Jahren explosionsartig erweitert. Sie eröffnen nicht nur den Zugang zu einem tieferen Verständnis immunologischer Vorgänge, sondern darüber hinaus auch von grundsätzlichen biochemischen Problemen wie z. B. der Frage, wie Moleküle einander erkennen, wie die Genfunktion in höheren Organismen reguliert wird, wie Zellen miteinander kommunizieren und wie Krankheiten, wie z. B. Allergien, Krebs oder Autoimmunopathien entstehen.

Die Aktivitäten des Immunsystems können nicht nur lebenserhaltend sein, sondern auch zu einer Reihe von leichten bis schwerwiegenden Erkrankungen führen, z. B. zum Heuschnupfen.
(Bild: A. Dudzinski, Science Photo Library/Focus, Hamburg)

37.1 Angeborene oder unspezifische Immunantwort

Makrophagen und polymorphkernige Granulocyten vermitteln die unspezifische Immunantwort

Die einfachste Form der Immunantwort ist die angeborene oder unspezifische frühe Immunantwort, die den Organismus 4 bis 5 Tage schützt, bis andere Systeme wie die Lymphocyten aktiviert werden. Dieses stereotype System ist zwar nicht in der Lage, den Krankheitserreger vollständig zu vernichten, verhindert aber dessen weitere Ausbreitung. Im Zentrum dieses Abwehrsystems steht das *Komplement-System*, dessen Aktivierung zu einer Bakterienlyse führen kann (S. 1078). In einzelnen Fällen ist die Komplementaktivierung jedoch unzureichend. Dann müssen *Makrophagen* aktiviert werden, was zur Freisetzung der Zytokine Interleukin 6 und 1 und damit in der Leber zur Sekretion von C-reaktiven Protein (CRP) und anderen Akute-Phase-Proteinen (S. 886) führt. Diese machen das Bakterium für das Komplement-System angreifbar. Mit der Aktivierung des Komplementsystems ist die Freiset-zung von Komplementfragmenten wie *C5a* verbunden, die über die in Kapitel 31 beschriebenen Mechanismen zu einer Rekrutierung und Aktivierung von polymorphkernigen Granulocyten führen.

An diese initiale Phase der Abwehr schließt sich die adaptive Immunantwort durch Lymphocyten an, die spezifisch gegen einzelne Krankheitserreger gerichtet ist und durch Anpassungsmechanismen eine individualisierte Antwort auf den Erreger vermittelt. Da Makrophagen auch an dieser Immunantwort beteiligt sind, stellen sie eine Brücke zwischen beiden Systemen dar.

37.2 Molekulare und zelluläre Komponenten der adaptiven Immunantwort

Bei der adaptiven Immunantwort erlernt das Immunsystem die Eliminierung körperfremder Moleküle

Während die oben geschilderte unspezifische Immunantwort, wie ihr Name sagt, ein angeborenes und stereotypes Reaktionsmuster auf eine große Zahl von

Fremdstoffen darstellt, beruht die besondere Leistungsfähigkeit der *adaptiven Immunantwort* darauf, daß die einzelnen zellulären Bestandteile des Immunsystems, hauptsächlich die Lymphocyten, die Eliminierung der als Antigene bezeichneten körperfremden Moleküle oder Molekülaggregate quasi „erlernen". Dies ermöglicht dem Organismus, auf eine außerordentlich große Zahl von Fremdstoffen mit hoher Spezifität zu reagieren, auch dann, wenn derartige Fremdstoffe erst in jüngster Zeit erstmalig chemisch synthetisiert worden sind und spezifische Abwehrmechanismen gegen sie theoretisch im Bauplan des Organismus gar nicht enthalten sein können.

37.2.1 Chemische Natur von Antigenen

Native Antigene sind meist Proteine, gelegentlich auch Saccharide, Nucleinsäuren oder Lipide

Substanzen, die eine adaptive Immunantwort auslösen können, werden als *Antigene* bezeichnet. In der Regel handelt es sich um körperfremde Proteine, allerdings können auch Nucleinsäuren, Polysaccharide und andere Oberflächenstrukturen von Bakterien, Viren oder Pflanzen (Pollen) sowie Staubteilchen als Antigene wirken und wie fremde Proteine eine Immunantwort auslösen. Als körperfremd können auch molekulare Strukturen erkannt werden, die bei krankhaften Veränderungen (z.B. Antigene von Tumorzelloberflächen) entstehen oder die sich auf der Oberfläche transplantierter Gewebe (Transplantationsantigene) befinden.

Ein extrazelluläres Antigen, z.B. eine Bakterienzelle oder ein lösliches Protein, ruft eine durch B-Lymphocyten vermittelte humorale Immunantwort, d.h. die Produktion einer Population von *Antikörpern* hervor, die die zugehörigen Antigene binden, sie dadurch quasi „markieren" und somit der Eliminierung aus dem Organismus zuführen (s.u.). Meist zeigt die nach Kontakt mit einem Antigen gebildete Population von Antikörpern eine ausgeprägte Heterogenität in bezug auf ihre Bindungseigenschaften gegenüber dem Antigen. Dies ist dadurch bedingt, daß bei Proteinen (und häufig auch bei anderen Antigenen) mehrere Oberflächenbereiche als Antigene wirken können. Der Bereich an der Oberfläche des Antigenmoleküls, der für die Bindung und Bildung eines spezifischen Antikörpermoleküls verantwortlich ist, wird als *Epitop* oder *antigene Determinante* bezeichnet.

- Die Aminosäuren derartiger Regionen auf Proteinoberflächen stammen meist aus verschiedenen Abschnitten der Proteinsequenz, die durch Ausbildung der Konformation (S.56) nebeneinander zu liegen kommen. Solche Epitope heißen Konformations- oder *diskontinuierliche Epitope*.

- Ein Epitop, das aus einem einzigen Segment einer Peptidkette besteht, wird als lineares oder *kontinuierliches Epitop* bezeichnet.

Makromoleküle mit einer großen Oberfläche können mehrere diskontinuierliche, aber auch kontinuierliche Epitope besitzen, die eine Vielzahl von Antikörpern induzieren können (polyvalentes Antigen). Eine einzelne antigene Determinante eines Proteins oder Polysaccharids besitzt dabei meist die Größe eines Oligopeptids mit etwa 10 Aminosäuren oder eines Oligosaccharids.

Als *Antiserum* wird eine Serumpräparation bezeichnet, die durch Immunisierung eines Versuchstieres mit einem polyvalenten Antigen erhalten wird und die dann eine Vielzahl unterschiedlicher, gegen das Antigen gerichteter Antikörper enthält (polyvalentes Antiserum).

Niedermolekulare Verbindungen können alleine keine Immunantwort in Gang setzen, da dafür i. allg. ein Molekulargewicht von 2 kD nicht unterschritten werden darf. Erst wenn solche Halbantigene oder *Haptene* covalent an ein Trägerprotein unter Bildung eines Vollantigens geknüpft sind, können sie antigen wirken, da gemeinsam mit dem Trägerprotein eine Immunreaktion provoziert wird. Damit ist die z.B die allergische Immunantwort gegen niedermolekulare Arzneimittel wie Penicillin erklärbar.

Intrazelluläre Antigene entstehen beispielsweise bei Infektionskrankheiten, da sich alle Viren und gewisse Bakterien intrazellulär vermehren und dabei die für sie jeweils typischen, körperfremden Proteine und andere Zellbestandteile exprimieren. Anders als extrazelluläre, lösliche Antigene sind sie für die Auslösung der T-Zell-vermittelten zellulären Immunantwort verantwortlich.

37.2.2 Antigenpräsentation als Voraussetzung für die Immunantwort

Die Frage, warum zumindest bei Proteinantigenen immer eine größere Zahl von Oberflächenbereichen als Epitope dienen und jedes dieser Epitope die Ausbildung eines spezifischen Antikörpermoleküls im Organismus hervorruft, konnte durch die Entdeckung der *Antigenpräsentation* als einem Grundprinzip bei der Antigenerkennung befriedigend erklärt werden. Nach diesem Konzept wird beim erstmaligen Kontakt eines Antigens mit dem Organismus dieses Antigen von Antigen-präsentierenden Zellen internalisiert, intracellulär durch Proteolyse fragmentiert und die dabei entstehenden Fragmente zusammen mit spezifischen *Peptidrezeptoren* auf der Zelloberfläche präsentiert. Diese Peptidrezeptoren wurden ursprünglich bei Transplantationsexperimenten identifiziert und werden infolgedessen auch als *Haupthistokompatibilitäts-*

Komplex (MHC-Komplex) bezeichnet. Peptidrezeptoren des MHC-Komplexes kommen in zwei Klassen, I und II, vor. Da MHC-Proteine besonders auf Lymphocyten vorkommen, werden sie auch als *humane Lymphocytenantigene* (HLA) bezeichnet.

MHC-I- und -II-Peptidrezeptoren werden auf unterschiedlichen Zellen exprimiert

MHC-I-Peptidrezeptoren finden sich auf allen kernhaltigen Zellen, wobei die Expression in hämatopoietischen Zellen am höchsten ist. MHC-II-Peptidrezeptoren werden dagegen nur auf B-Lymphocyten, Makrophagen und Langerhans Zellen (S. 1072), also Zellen des Immunsystems exprimiert. Kernlose Erythrocyten enthalten keine MHC-Moleküle.

MHC-I- und -II-Rezeptoren werden auf unterschiedlichen Wegen mit Antigen-Peptiden beladen

Peptide, die von MHC-I-Molekülen präsentiert werden, entstehen durch Proteolyse intracellulär synthetisierter Proteine im *Proteasom*. Unter Vermittlung des *TAP1/TAP2-Komplexes* gelangen die dabei entstehenden Fragmente in das endoplasmatische Reticulum und werden dort von MHC-I-Rezeptoren gebunden, mit denen sie an die Zelloberfläche transportiert werden (Abb. 37.1). Dies führt dazu, daß jede Körperzelle ihrer Umgebung einen Satz von Peptiden präsentiert, durch den sie als „selbst" erkennbar ist. Werden Körperzellen z. B. von Viren befallen, die den zelleigenen Proteinbiosyntheseapparat in ihren Dienst stellen, werden körperfremde, virale Peptidfragmente präsentiert, die eine Identifikation und Eliminierung derartiger Zellen durch das Immunsystem möglich macht (S. 304). Auf ähnliche Weise werden transformierte Zellen entfernt.

Ein etwas anderer Mechanismus liegt der Präsentation extrazellulärer Antigene zugrunde. Diese werden von sog. *antigenpräsentierenden Zellen* nach Bindung an entsprechende Rezeptoren durch Endocytose aufgenommen und in sauren Endosomen (sekundäre Lysosomen) zu Peptiden fragmentiert, welche von MHC-II-Molekülen gebunden werden. Dazu müssen MHC-II-enthaltende Golgi-Vesikel mit den sauren Endosomen fusionieren und das dabei entstehende Vesikel anschließend in die Plasmamembran eingebaut werden (Abb. 37.1).

Die Gene des MHC-Komplexes sind polygen und polymorph

Die Gene des MHC-Komplexes liegen auf Chromosom 16. Wir besitzen drei Hauptgene der Klasse I, die als MHC-A, -B und -C bezeichnet werden (Abb. 37.2) und drei Paare von α- und β-Ketten-Genen für die Klasse II (MHC-DR, DP und DQ). Die MHC-DR-Region codiert

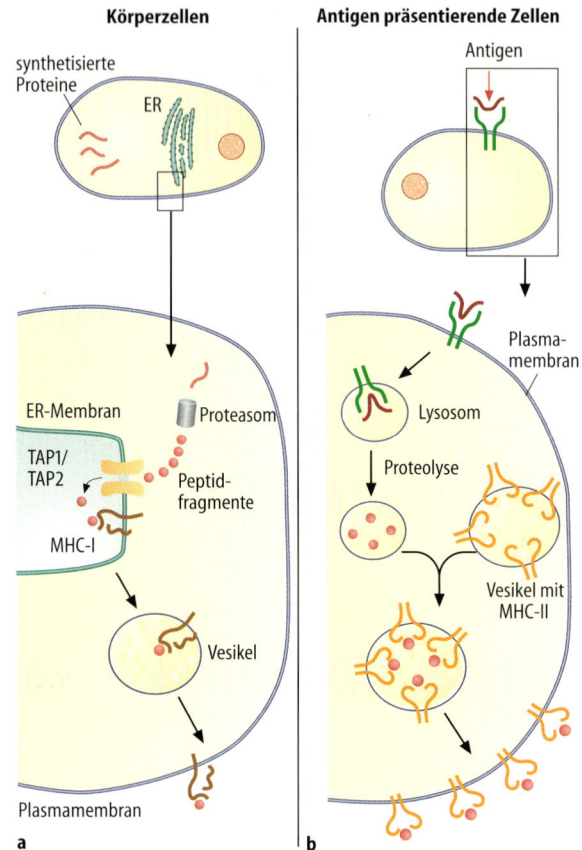

Körperzellen

Antigen präsentierende Zellen

Abb. 37.1 a, b Antigenpräsentation durch MHC-Peptidrezeptoren. **a** Ein Teil der intrazellulär synthetisierten Proteine wird im Proteasom fragmentiert. Die dabei entstehenden Peptide werden durch einen Transportkomplex (TAP 1/TAP 2) in das endoplasmatische Reticulum transportiert, wo sie von MHC I-Rezeptoren gebunden und mit ihnen an die Zelloberfläche transportiert werden. **b** Extrazelluläre Antigene werden vom Rezeptor antigenpräsentierender Zellen durch Endocytose aufgenommen und lysosomal zu Peptiden fragmentiert. Die derartige Peptide enthaltenden Lysosomen fusionieren mit aus dem Golgi-Apparat stammenden Vesikel, welche MHC II-Moleküle gebunden haben. Die Peptide binden an MHC II und werden anschließend an die Zelloberfläche transportiert

außerdem für eine zusätzliche β-Kette, deren Produkt sich an die DRα-Kette anlagern kann. Das β2-Mikroglobulin-Gen liegt dagegen auf Chromosom 15. Da es drei Gene für MHC-I-Moleküle und vier Sätze von MHC-II-Molekülen gibt, können mindestens drei verschiedene MHC-I- und vier MHC-II-Peptidrezeptoren auf Zelloberflächen exprimiert werden. Da die Gene jedoch extrem polymorph sind, ist die Zahl der verschiedenen MHC-Allele entsprechend hoch, durch die sich einzelne Menschen voneinander unterscheiden. Die für den Polymorphismus verantwortlichen Aminosäuresubstitutionen kommen gehäuft an der peptidbindenden Stelle und in Regionen vor, die einem Kontakt mit dem T-Zellrezeptor eingehen. Mit Ausnahme des DRα-Locus können die einzelnen Loci bis zu 70 verschiedene Allele (z. B. MHC-I-B 1–70) aufweisen. Die einzelnen Al-

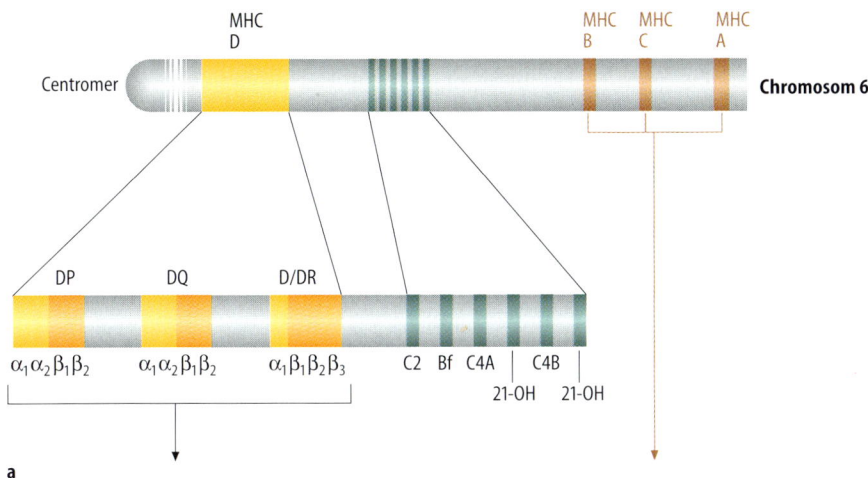

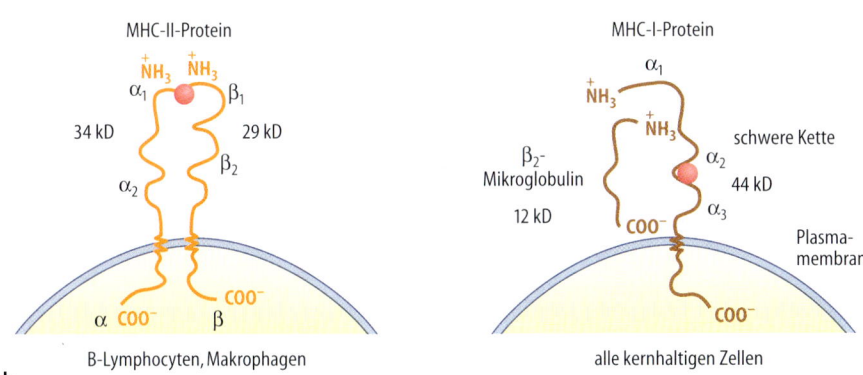

Abb. 37.2 a, b Aufbau des MHC-Komplexes und der MHC-Proteine. **a** Der MHC-Komplex liegt mit vier Genloci auf dem kurzen Arm von Chromosom 6. **b** Das MHC-I-Protein ist ein monomeres integrales Membranprotein. Das präsentierte Peptid befindet sich in einer Spalte zwischen den Domänen α_2 und α_3.

Das MHC-II-Protein ist ein symmetrisches Heterodimer aus je einer α- und β-Kette. Die Peptidbindungsstelle wird durch die beiden N-terminalen Domänen gebildet (in Klammern sind die Molekulargewichte der einzelnen Proteine angegeben)

lele kommen sehr häufig in der Population vor, so daß die meisten Menschen *heterozygot* für diese Loci sind.

Abbildung 37.2 zeigt schematisch den Aufbau und den Membraneinbau der MHC-Peptidrezeptoren. Das MHC-I-Protein ist ein monomeres integrales Membranprotein, dessen drei extrazelluläre Domänen als α_1–α_3 bezeichnet werden. Das präsentierte Peptid befindet sich in einer Spalte zwischen den Domänen α_2 und α_3. Für die Funktion des MHC-I-Proteins ist seine Assoziation an das β_2-Mikroglobulin notwendig. Anders als das MHC-I-Protein ist das MHC-II-Protein ein symmetrisches Heterodimer aus einer α- und einer β-Kette. Die Peptidbindungsstelle wird durch die N-terminalen Domänen α_1 und β_1 gebildet.

Die *Abstoßungsreaktion* nach Transplantation beruht darauf, daß die MHC-Allele des Spenders sich von denen des Empfängers unterscheiden und deswegen von dessen Immunsystem angegriffen werden (S. 1082). Es genügt bereits, daß sich die MHC-Moleküle in einer Aminosäure unterscheiden. Aus diesem Grund spielt die Gewebetypisierung durch MHC-Ana-

lyse eine überragende Rolle bei der Auswahl eines Spenders für eine Transplantation.

37.2.3 Lymphocyten als zelluläre Komponenten des adaptiven Immunsystems

Die einzelnen zellulären Bestandteile des adaptiven Immunsystems, ihre Aktivierung und Funktion sind in Abb. 37.3 dargestellt. Eine entscheidende Rolle bei diesen Reaktionen spielen *Lymphocyten.* Diese wichtigsten zellulären Bestandteile des Immunsystems kommen in zwei Subtypen, den T- bzw. den B-Lymphocyten vor. Beide Typen von Lymphocyten sind imstande, auf ihrer Oberfläche Rezeptoren zu exprimieren, die Fremdstoffe hochspezifisch erkennen.

T-Lymphocyten, die in der Thymusdrüse zu funktionellen Zellen reifen, erkennen Körperzellen, die auf ihrer Oberfläche fremde Peptide in Verbindung mit

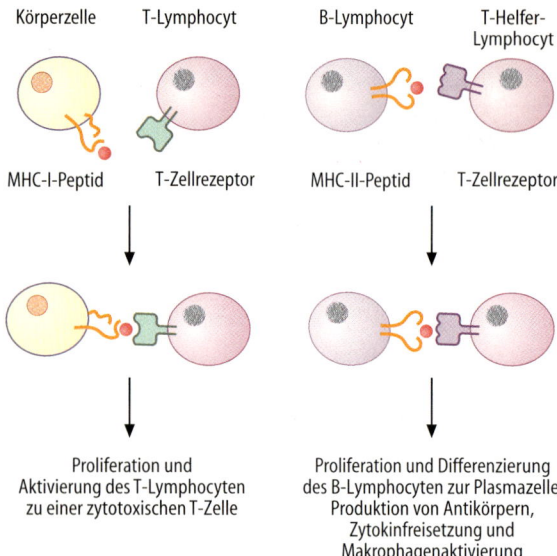

Körperzelle	T-Lymphocyt		B-Lymphocyt	T-Helfer-Lymphocyt
MHC-I-Peptid	T-Zellrezeptor		MHC-II-Peptid	T-Zellrezeptor

Proliferation und Aktivierung des T-Lymphocyten zu einer zytotoxischen T-Zelle

Proliferation und Differenzierung des B-Lymphocyten zur Plasmazelle, Produktion von Antikörpern, Zytokinfreisetzung und Makrophagenaktivierung

Abb. 37.3 Funktion der Lymphocyten im adaptiven Immunsystem. T-Lymphocyten erkennen mit ihrem T-Zellrezeptor fremde Peptide, die in Verbindung mit dem MHC-I-Komplex präsentiert werden. Dies führt zur Proliferation und Aktivierung der T-Zellen zu zytotoxischen Zellen. Der B-Zellrezeptor auf B-Lymphocyten bindet extrazelluläre Antigene, internalisiert und fragmentiert diese, woran sich die Präsentation der entstehenden Peptide mit MHC-II-Rezeptoren anschließt. Auf einem ähnlichen Mechanismus beruht die Antigenpräsentation durch Makrophagen. Durch die T-Zellrezeptoren von inflammatorischen bzw. T-Helfer-Lymphocyten werden die präsentierten MHC-II-Peptidproteine gebunden. Dies führt über Zytokine zur Makrophagenaktivierung bzw. zur Umwandlung der B-Lymphocyten zu Plasmazellen. Diese produzieren spezifische Antikörper

dem MHC-I-Komplex präsentieren. Der Komplex aus fremdem Peptid und MHC-I-Komplex wird vom T-Zellrezeptor gebunden. Dies führt zur Aktivierung der T-Zellen zu einer *zytotoxischen T-Zelle,* die die gebundene Körperzelle eliminiert.

Die humorale Immunantwort beruht im wesentlichen auf der Aktivierung von *B-Lymphocyten.* Auch diese tragen auf ihrer Oberfläche spezifische B-Zell-Rezeptoren, die jedoch mit extrazellulären Antigenen reagieren. Der Rezeptor-Antigen-Komplex wird internalisiert und nach Bindung an den MHC-II-Komplex auf der Oberfläche von B-Lymphocyten präsentiert. MHC-II-Rezeptoren kommen außer auf B-Lymphocyten noch auf Makrophagen vor, weswegen beide Zellarten auch als antigenpräsentierende Zellen bezeichnet werden. Der MHC-II-Peptidkomplex wird von einem spezifischen Rezeptor auf zwei weiteren Subpopulationen von T-Zellen, den inflammatorischen T-Zellen sowie den T-Helferzellen erkannt und gebunden. Die ersteren lösen eine Aktivierung von Makrophagen aus, die letzteren sind für die Umwandlung von B-Lymphocyten zu Plasmazellen verantwortlich. Diese synthetisieren den ursprünglichen B-Lymphocytenrezeptor jetzt als lösliches Protein, nämlich als spezifischen *Antikörper* oder *Immunglobulin.* Lösliche

Immunglobuline und Antikörper binden die zugehörigen Antigene, was zu deren Inaktivierung und Eliminierung durch unterschiedliche Mechanismen führt.

37.2.4 Reifung von T- und B-Lymphocyten im Thymus bzw. Knochenmark

Eine wesentliche Voraussetzung für die oben geschilderten Vorgänge ist die funktionelle Reifung von Lymphocyten aus Stammzellen, die sich im Knochenmark befinden. Aus diesem wandern T-Lymphocytenvorläufer aus und gelangen in den *Thymus,* ein primäres Lymphorgan, in dem sie ausreifen, ihre Antigen-Spezifität ausbilden und deshalb als T-Zellen bezeichnet werden. B-Lymphocyten bleiben dagegen im *Knochenmark* und entwickeln dort ihre Antigenspezifität und werden deshalb als B-Lymphocyten bezeichnet (B, *engl.* bone marrow: Knochenmark).

T-Lymphocyten erkennen ihr Antigen über ihren individuellen membranständigen T-Zellrezeptor, B-Lymphocyten über ihren individuellen membranständigen B-Zellrezeptor. Diese Rezeptoren unterscheiden sich unter anderem dadurch, daß der T-Zellrezeptor nur ein Antigenmolekül, der B-Zellrezeptor dagegen zwei binden kann (S. 1065).

Unreife T-Lymphocyten reifen im Thymus zu T-Lymphocyten mit unterschiedlicher T-Zell- und Korezeptorexpression

Der Thymus besteht aus mehreren Lobuli, die jeweils corticale (äußere) und medulläre (zentrale) Bereiche enthalten. Die in den *Cortex* des Thymus gelangten unreifen T-Zellen treten zunächst in eine Phase intensiver Proliferation ein. An die starke Vermehrung der Population schließt sich die Differenzierung an, im Rahmen derer die Zellen eine Reihe unterschiedlicher Stadien durchlaufen, die durch Umlagerungen der für den T-Zellrezeptor codierenden Gene und sekundär durch qualitative und quantitative Änderungen der Expression von Oberflächenmolekülen gekennzeichnet sind. Die letzteren können mit der *FACS*-(Fluoreszenz-aktivierter Cell Sorter) *Analyse* voneinander unterschieden werden. Dazu werden Zelloberflächenproteine über ihre Reaktion mit fluoreszenzmarkierten monoklonalen Antikörpern (S. 1077) nachgewiesen. Von diesen auch als *Differenzierungsantigene* (clusters of differentiation, CD, in der Reihenfolge ihrer Entdeckung numeriert) bezeichneten Oberflächenproteinen sind heute über 130 bekannt (CD1, CD2, CD3 etc.), die auf den verschiedensten Zellen des Immunsystems vorkommen. Erkenntnisse über ihre Funktion und Struktur wurden häufig erst lange nach ihrem erstmaligen Nachweis gewonnen. Zu den für die T-Zelle spezi-

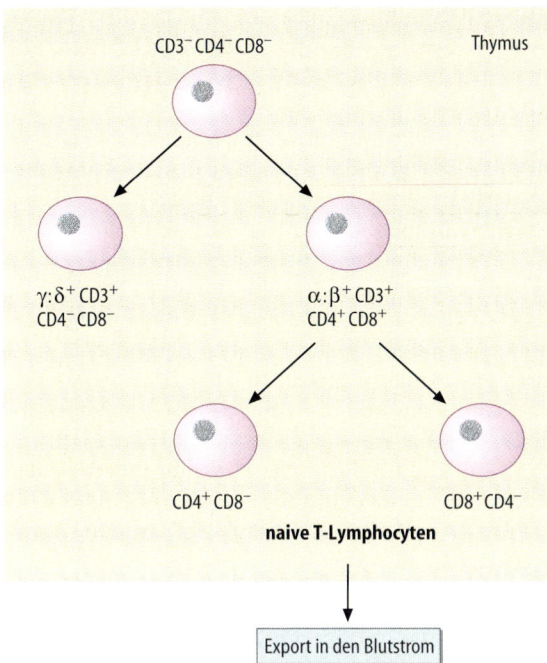

Abb. 37.4 Reifung der T-Lymphocyten im Thymus. (Einzelheiten s. Text)

Im Zuge der intrathymischen Reifung der T-Lymphocyten kommt es zur Ausbildung einer enormen Zahl von T-Zellen, die sich durch die individuelle Struktur ihres T-Zellrezeptors unterscheiden. Jede dieser Rezeptorvarianten erkennt spezifisch *ein* Antigen. Molekulare Grundlage für dieses große Repertoire von T-Zellen stellt (ähnlich wie bei den Immunglobulinen, S. 1067) der Prozeß der **T-Zellrezeptor-Genumlagerung** dar. Dabei kommt es in jedem Thymocyten zur Selektion von einem Element aus einer Vielzahl vorhandener Genelemente, die für die variablen Bereiche der α- und der β-Kette codieren (etwa 100 Gene für die α-Kette und 30 für die β-Ketten mit 5 bis 12 J-Segmenten, S. 1068). Dieser Umlagerungsprozeß ist dem für den B-Zellrezeptor sehr ähnlich (aber nicht identisch), so daß wir auf eine genauere Besprechung der Genumlagerung hier verzichten und diese am Beispiel des B-Zellrezeptors auf S. 1067 näher erläutern werden.

Die Produktion von T-Lymphocyten im Thymus nimmt mit der Involution dieses Organs nach der Pubertät ab. Die Zahl der T-Lymphocyten im strömenden Blut sinkt allerdings nicht, was dafür spricht, daß die reifen T-Zellen langlebig sind oder/und sich selbst erneuern können.

Die Reifung der B-Lymphocyten verläuft über mehrere Stufen, die durch Umlagerung von Genen zustande kommen

Die Differenzierung einer Knochenmarkstammzelle in eine unreife B-Zelle verläuft über vier Stufen, die erneut an Genumlagerungen (S. 1067) und Oberflächenmarkern erkennbar sind: die **frühe Pro-B-Zelle** haftet sich über ihren **CD44-Rezeptor** an Hyaluronat (S. 747) des Knochenmarksstromas (Abb. 37.5). Diese Wechselwirkung ermöglicht die Interaktion eines zweiten Rezeptors, des **c-Kit,** mit einem weiteren Molekül auf der Stromaoberfläche, dem c-Kit-Liganden oder **Stammzellfaktor** (SCF). Dadurch wird die Proliferation dieser Zellen stimuliert. Im späteren Pro-B-Stadium erscheinen auf der Zelloberfläche Rezeptoren für das Zytokin **Interleukin 7,** das ebenfalls von den Stromazellen freigesetzt wird. Die Zellen gehen jetzt in das Prä-B-Stadium über und verlieren damit ihre Abhängigkeit vom Kit-System, werden dafür aber von Interleukin 7 abhängig.

Wie bei den T-Lymphocyten ist für die spätere Funktion von B-Lymphocyten der Erwerb des B-Zellrezeptors oder Antigenrezeptors entscheidend. Diese Aufgabe übernehmen vollständige Antikörpermoleküle, die sich von den löslichen Immunglobulinen durch den Besitz einer zusätzlichen Domäne der schweren Ketten unterscheiden, die sie in der Plasmamembran der B-Lymphocyten verankert. Sowie ein derartiger als **Antigenrezeptor** dienender Antikörper auf ihrer Oberfläche exprimiert wird, ist das Stadium der unreifen B-Zelle erreicht, in dem – ähnlich wie bei

fischen Oberflächenproteinen gehören der für die Antigenbindung benötigte T-Zellrezeptor mit seinen α, β- und γ, δ-Ketten sowie seinem Hilfsmolekül CD3 und die Korezeptoren CD4 und CD8. Im ersten Schritt der T-Zellreifung entstehen entweder γ: δ⁺, CD3⁺, CD4⁻, CD8⁻-Zellen oder α: β⁺, CD3⁺, CD4⁺, CD8⁺-Zellen. Die eine Zellpopulation enthält also die γ: δ-Variante des T-Zellrezeptors ohne, die andere die α: β-Variante mit Korezeptoren (Abb. 37.4). Über die Funktion der Korezeptor-negativen γ: δ⁺, CD3⁺-positiven T-Zellen, die beim Erwachsenen nur etwa 10 % der Lymphocyten ausmachen, ist wenig bekannt.

Die α: β⁺, CD3⁺, CD4⁺, CD8⁺-Zellen werden dadurch in die fertigen CD4- bzw. CD8-Lymphocyten umgewandelt, daß sie entweder den CD4- oder den CD8-Korezeptor verlieren. Bevor derartige Zellen den Thymus verlassen, werden sie auf ihre Funktion hin selektioniert. Ein positiver Selektionsvorgang läßt nur solche Lymphocyten am Leben, die entweder mit MHC-I- oder mit MHC-II-Molekülen in Wechselwirkung treten können. Die negative Selektion beruht auf der Eliminierung von Lymphocyten, die mit körpereigenen Proteinen oder deren Fragmenten reagieren können. Bei diesem Vorgang gehen über 95 % der reifen T-Zellen durch *Apoptose* (S. 208) zugrunde, so daß nur ein kleiner Anteil der reifen Zellen aus der Medulla in das Blut exportiert wird. Während die γ: δ⁺-T-Lymphocyten in der frühen Entwicklung bevorzugt in die Epidermis wandern (wo sie sich als **dendritische Epidermiszellen** niederlassen), wandern sie später wie die α: β⁺-T-Lymphocyten in die sekundären Lymphorgane.

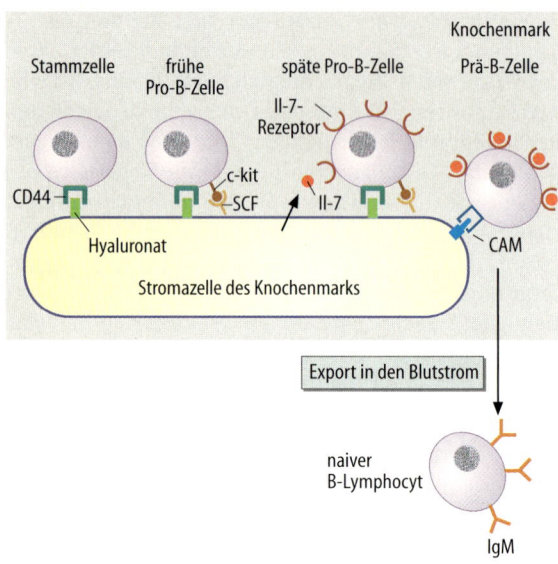

Abb. 37.5 Reifung der B-Lymphocyten im Knochenmark. (Einzelheiten s. Text)

unserer Erkenntnisse über den Aufbau von Antikörpermolekülen, ihre Klassifizierung sowie ihre Reaktion mit Antigenen mit den aus Serum isolierbaren löslichen Antikörpern gewonnen worden.

Diese sind bei der elektrophoretischen Auftrennung der Plasmaproteine (S. 913) in der γ-Globulinfraktion nachweisbar und werden deshalb auch als *Immunglobuline* bezeichnet.

Die in der Elektrophorese einheitliche Fraktion der γ-Globuline läßt sich durch Immunelektrophorese (S. 913) in fünf Hauptfraktionen auftrennen, die zwar einen prinzipiell gleichen Aufbau zeigen, sich aber durch die Aminosäuresequenz einzelner Abschnitte (und damit die Konformation), ihren Kohlenhydratgehalt, Molekulargewicht, Sedimentationskoeffizienten (S. 54) und biochemische Funktion unterscheiden (S. 1075). Sie werden als *IgG, IgA, IgM, IgD* und *IgE* bezeichnet. In 1 ml Blut sind etwa 5×10^{16} Immunglobuline gelöst (Tabelle 37.1).

Immunglobuline bestehen aus jeweils zwei leichten und schweren Ketten

Da die Immunglobuline vom *IgG-Typ* die weitaus höchste Konzentration im Humanserum aufweisen, wurden an diesen Proteinen die ersten Strukturuntersuchungen durchgeführt.

Das Immunglobulin G, das als Prototyp der Antikörper gilt, ist ein symmetrisch gebautes, vierkettiges Protein (ein Tetramer wie z. B. auch Hämoglobin), dessen Untereinheiten durch *nichtcovalente Bindungen und Disulfidbrücken* (S. 64) zusammengehalten werden. Nach Lösung dieser Bindungen (durch Mercaptoethanol und Harnstoff) entstehen zwei Kettenpaare, die aufgrund ihres unterschiedlichen Molekulargewichts als *schwere* („heavy" oder H) und *leichte* („light" oder L) Ketten bezeichnet werden (Abb. 37.6). Wird das Immunglobulin jedoch einer proteolytischen Spaltung (z. B. mit Papain, einer pflanzlichen Protease) unterzogen, so entstehen drei Bruchstücke, von denen sich zwei jeweils aus der L-Kette und dem N-terminalen Ende der H-Kette zusammensetzen: sie heißen *Fab-Fragmente,* da an diesem Teil des Moleküls das Antigen gebunden wird (Fab = Fragment, das das *A*ntigen *b*indet). Das dritte ist das *Fc-Fragment* (c deshalb, weil es

den T-Lymphocyten – eine intensive Selektion beginnt. Um die Selbsttoleranz zu gewährleisten, müssen B-Lymphocyten, die körpereigene Antigene erkennen, entfernt werden. Erst dann können sie das Knochenmark verlassen und in die peripheren Lymphgewebe auswandern.

37.2.5 Antikörper und Antigenrezeptoren von B-Lymphocyten

Antikörper sind die Moleküle, die die humorale Immunantwort durch Erkennung und Bindung von Antigenen einleiten

Antikörper zirkulieren als Produkte von Plasmazellen im Blut, befinden sich aber auch auf der Oberfläche von allen B-Lymphocyten, in denen sie durch den Besitz einer Transmembransequenz als Membranrezeptoren für Antigene wirken (S. 1059). Da diese Tatsache erst sehr viel später entdeckt wurde, ist der größte Teil

Tabelle 37.1 Die Immunglobuline des Humanserums

	IgG	*IgA*	*IgM*	*IgD*	*IgE*
Molekulargewicht	150 kD	160 kD (+ Aggregate)	900 kD (+ Aggregate)	184 kD	190 kD
Schwere Ketten	γ	α	μ	δ	ε
Leichte Ketten	κ/λ	κ/λ	κ/λ	κ/λ	κ/λ
Gesamtkohlenhydrate [%]	2,9	7,5	10,9		10,7
Gehalt im Normalplasma [g/l]	8–18	0,9–4,5	0,6–2,8	0,003–0,4	$1–14 \times 10^{-4}$

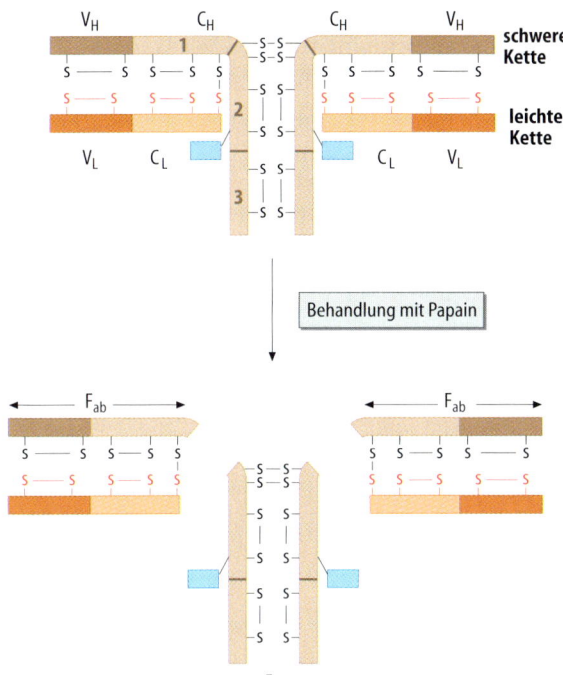

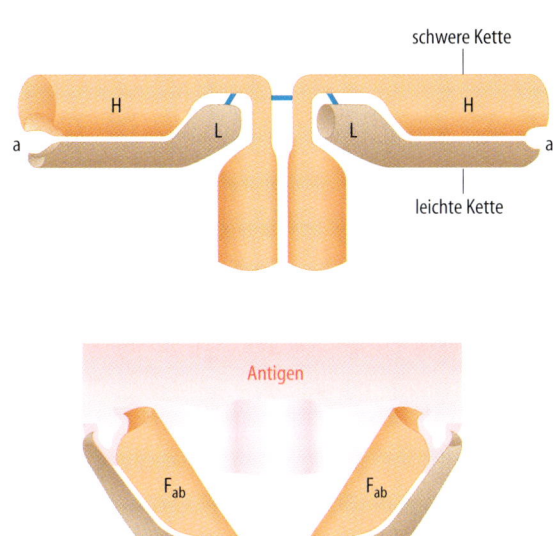

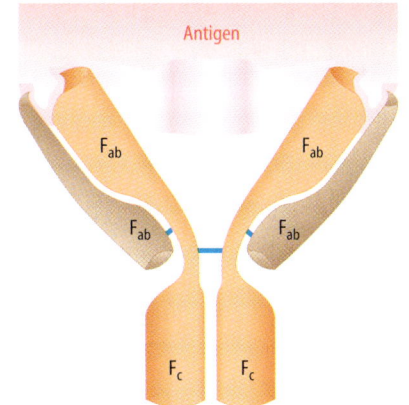

Abb. 37.6 Aufbau eines Antikörpers der IgG-Klasse. Die Ketten sind über nicht-covalente Bindungen sowie drei Disulfidbrücken miteinander verbunden. Auch innerhalb einer Kette werden jeweils innerhalb einer Homologieregion (V_L, C_L, V_H, C_{H1}, C_{H2}, C_{H3}) Disulfidbrücken ausgebildet. Aufspaltung mit Papain führt zu zwei Fab- und einem Fc-Fragment. *Blau* hervorgehoben der Kohlenhydratanteil. Die variablen Bereiche bestimmen die Spezifität der Antigen-bindenden Stelle. Da der Antikörper 2 Fab-Fragmente besitzt, ist er bivalent

Abb. 37.7 Flexibilität von Antikörpern durch freie Drehbarkeit ihrer Schenkel (Y-Modell). *Fab* Antigen-bindendes Fragment; *a* Haftstelle für Antigen; *Fc* kristallisierbares Fragment

leicht cristallisierbar ist), ein Glykoprotein, das zwei jeweils verzweigte Ketten aus etwa 9 Hexoseresten enthält. Es bestimmt die Klasse (IgG, IgA etc.), Halbwertszeit, Komplementfixierung sowie Placentapassage und dient wegen seiner Fähigkeit der Komplementfixierung vorwiegend der zweiten wichtigen Funktion der Antikörper, nämlich der Aktivierung der Abwehrmechanismen.

Das IgG-Molekül besitzt eine Y-förmige Gestalt, wobei die beiden Schenkel des Ypsilons (die Fab-Fragmente) durch die L-Ketten und Teile der H-Ketten gebildet werden. Die Fab-Fragmente sind frei schwenkbar (!) und tragen an den beiden Enden Bindungsstellen für das Antigen (Abb. 37.7).

Die Ketten weisen jeweils einen variablen und einen konstanten Anteil auf

Die erstmalige Sequenzanalyse (S. 54) der einzelnen Ketten eines Antikörpers war mit erheblichen Schwierigkeiten verbunden, da auch eine Antikörperfraktion, die mit einem chemisch genau definierten Antigen hervorgerufen wurde, wegen der häufig mehr als 30 unter-

schiedlichen Epitope noch aus entsprechend verschiedenen Antikörpern besteht.

Hier halfen die *Myelome* weiter, Tumoren von Plasmazellen, von denen schon einige Zeit bekannt war, daß sie homogene Serumproteine produzieren, die den normalen heterogenen Immunglobulinen ähneln. Einige Patienten mit Myelom scheiden im Urin Proteine aus, die in ihrer Antigenität mit den Immunglobulinen verwandt sind, deren wirkliche Natur aber seit ihrer ersten Beschreibung durch Henry Bence-Jones in London im Jahre 1847 unbekannt geblieben war. Die *Bence-Jones-Proteine* lassen sich leicht aus dem Urin in großen Mengen gewinnen, sind homogen und besitzen niedrige Molekulargewichte. Es schien naheliegend, daß diese Proteine eine der beiden Kettenarten des Immunglobulins waren, die vom Tumor synthetisiert werden, aber nicht zum homogenen Immunglobulin assoziieren und daher mit dem Urin ausgeschieden werden. Diese Annahme wurde durch die Beobachtung gestützt, daß sich aus Serumglobulinen isolierte leichte Ketten wie Bence-Jones-Proteine verhielten, d. h. daß ihre Lösungen bei Erhitzen erst trüb wurden, sich aber bei weiterem Erhitzen wieder klärten. Vergleichende Sequenzanalysen derartiger Bence-Jones-Proteine ergaben, daß L-Ketten 211–221 Aminosäuren enthalten. Daß keine zwei Patienten dasselbe Bence-Jones-Protein bilden, ist darauf zurückzuführen, daß die Kette eine variable aminoterminale (1–108) und eine invaria-

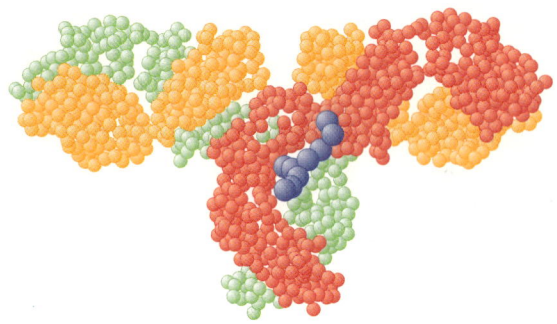

Abb. 37.8 Konformationsmodell eines Immunglobulins. Die beiden L-Ketten sind *gelb* dargestellt; die eine H-Kette ist *rot,* die andere *grün* gezeichnet, *blau* die Kohlenhydratseitenkette

ble (konstante) carboxyterminale (109 ff.) Hälfte aufweist. Nach der Entdeckung von H-Ketten-Myelomen konnten auch H-Ketten untersucht werden, die aus 440 Aminosäureresten zusammengesetzt sind und ebenfalls einen konstanten (330 Aminosäuren) und einen variablen Teil (110 Aminosäuren) besitzen. Im Anschluß an diese (Vor-)Untersuchungen gelang auch die vollständige Sequenzanalyse von Ketten des IgG durch selektive Spaltung der Peptidkette und anschließende Rekonstruktion der Aminosäuresequenz durch Bestimmung der Aminosäurefolge in sich überlappenden Bruchstücken (S. 54). Die Ketten zeigen untereinander und in einzelnen Abschnitten derselben Kette Homologie: So sind die konstanten Regionen der leichten und schweren Ketten einander homolog, die konstante Region der H-Kette besteht aus drei Abschnitten (C_{H1}, C_{H2}, C_{H3}), die untereinander und den konstanten Regionen der leichten Ketten (C_L) eng homolog sind. Jede Homologieregion besitzt eine intrapeptidale Disulfidbrücke.

Die einzelnen Domänen in Immunglobulinen besitzen unterschiedliche Funktionen

Nach röntgenstrukturanalytischen Untersuchungen sind Antikörper in zusammenhängende, aber räumlich voneinander abgesetzte Bereiche, sog. *Domänen* (S. 62) unterteilt, denen die erwähnten Homologieregionen zugrunde liegen (Abb. 37.6). Der Kohlenhydratanteil ist dabei Teil der Räume zwischen den beiden C_{H2} und zwischen den C_{H1} und C_{H2}-Domänen. Abbildung 37.9 zeigt schematisch den Kettenverlauf des Fab-Fragments eines Immunglobulins. Jede Homologieregion der H- und der L-Kette faltet sich dabei zu 2 Ebenen *antiparalleler Faltblattstrukturen,* die einen hydrophoben Kern abschirmen und die über eine Disulfidbrücke verbunden sind. In der konstanten Domäne befinden sich in der einen Ebene 4, in der anderen 3 antiparallele Faltblätter. Der Kontakt der beiden C-Domänen wird über die Ebene mit den 4 antiparallelen Faltblättern hergestellt. Auch in der V-Region zeigt die Kette eine ähnliche Faltung: Hier sind in der einen Ebene 4, in der anderen 5 Faltblätter untergebracht.

Die V-Domänen je einer leichten und schweren Kette bilden einen trichterförmigen, sich nach oben erweiternden Spalt, die *Haftstellen* des Antikörpermoleküls für das Antigen.

Der Vorteil dieser Einteilung in Domänen ist, daß jeder Raumabschnitt eine andere Funktion übernehmen kann: die V-Region die Antikörperspezifität, die C-Region z. B. eine Folgereaktion der Antigenbindung, die Komplementaktivierung (S. 1078).

Die Übergangspeptide zwischen den Domänen, die sog. „Switch"- oder Umstellpeptide zwischen V-

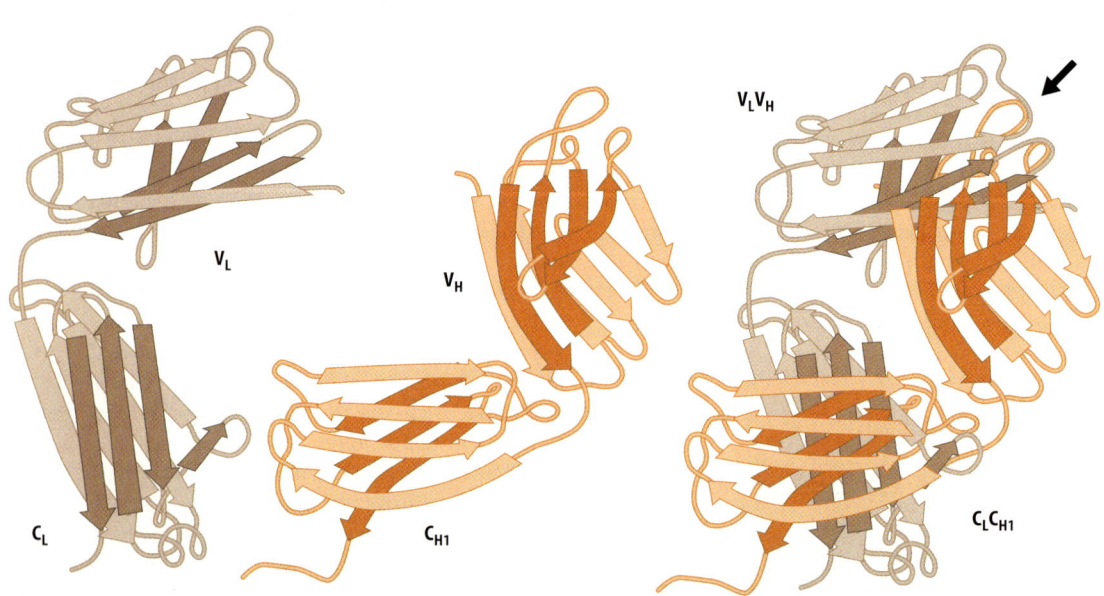

Abb. 37.9 Verlauf der L- und H-Kette in einem Antigen-bindenden Fragment (Fab). *Links* einzeln, *rechts* zusammen dargestellt. Der *Pfeil* zeigt die Haftstelle des Antigens. (Aufnahme von N. Hilschmann, Göttingen)

und C-Teil sowie die sog. „Hinge"- oder Scharnierpeptide, die Fab und Fc verbinden (bzw. C_{H1} und C_{H2}), weisen eine große Flexibilität der Konformation auf, welche eine Vielzahl möglicher räumlicher Anordnungen des Gesamtmoleküls erlaubt, die die geometrische Anpassung an das Antigen und allosterische Effekte (z. B. bei der Komplementaktivierung) gestatten.

Wechselwirkungen von Antigenen mit Antikörpern werden durch schwache nichtcovalente Bindungen bestimmt

Da die Determinante des Antigens meist von Atomen gebildet wird, die aus der Oberfläche der Trägergruppe des Antigens herausragen, wurde schon frühzeitig postuliert, daß die Bindungsstelle des Antikörpermoleküls eine komplementär angeordnete Rinne oder Höhle ist, die eine ähnliche Größe wie die antigene Determinante aufweist. Man kann die Wechselwirkungen mit denen eines Schlüssels mit einem Schloß vergleichen, wobei jedoch in diesem Fall das „Schloß" Schaumgummimaterialeigenschaften aufweist, da sowohl das Schloß selbst (die Bindungsstelle) als auch der „Türrahmen" (der Rest des Antikörpers) nicht starr wie Metall sind, sondern eine hohe Flexibilität besitzen. Dabei wird der Schlüssel so lange im Schloß probiert, bis die richtige Stellung gefunden ist. Da dieser Vorgang möglichst schnell ablaufen soll, darf die Energie der auszubildenden Bindung nicht allzu hoch sein. Erst die räumliche Anordnung sich gegenseitig ausschließender Arten von Wechselwirkungen – wie Wasserstoffbrückenbindungen und hydrophobe Wechselwirkungen (S. 63) – bringt die erforderliche Spezifität der Bindungsstelle des Antikörpers hervor.

Wie bei Wechselwirkungen zwischen einem Enzym und seinem Substrat oder einem Rezeptor mit seinem Hormon können an der Erkennung unterschiedliche Ladungsmuster (z. B. positives Ladungsmuster – Aminogruppen – auf der einen und negatives Ladungsmuster – Carboxylatgruppen – auf der anderen Seite) beteiligt sein (S. 108). Man nimmt an, daß die Größe der antigenen Determinante im Bereich eines Oligopeptids oder -saccharids liegt, was etwa der Größe des Substrats des Lysozyms entspricht (Abb. 4.4, S. 111). In diesem Enzym hat man 15–20 Aminosäurereste als wahrscheinliche Kontaktaminosäuren identifiziert, d. h. als Reste, die mit dem Substrat in Wechselwirkung treten. Dies scheint die Anzahl von Resten zu sein, die die Bindungsstelle bildet und damit die Spezifität bestimmt. Wird jede dieser 15–20 Positionen durch jede oder zumindest einen Teil der 20 proteinogenen Aminosäuren substituiert, so wird die mögliche Zahl der Varianten sehr hoch.

Änderungen der *Spezifität* können durch Substitution, Deletion oder Insertion bedingt sein, die Konformationsänderungen der Bindungsstelle hervorrufen. Eine Änderung der Ladung (wie z. B. durch Substitution von Glutamat durch Arginin) wird dagegen zu einer Änderung der Bindungskonstante, der *Affinität,* führen, da die Konformation nicht unbedingt beeinflußt sein muß.

Das Immunglobulin G weist *2 Bindungsstellen* für Antigene auf (Abb. 37.6, 37.7, S. 1065). Da das Molekül – wie bereits oben erwähnt – eine flexible Struktur besitzt (die Schenkel des Ypsilons sind frei drehbar), können sich die Bindungsstellen der Lage der Antigene bzw. ihrer Determinanten anpassen. Der Punkt, um den die Drehung erfolgt, liegt in einem Abschnitt der Kette, der eine Reihe von Prolylresten aufweist, die die freie Drehbarkeit der Polypeptidkette an dieser Stelle aufheben (S. 59), dadurch eine Versteifung derselben bewirken und damit die Bildung von Ecken und Winkeln im Molekül hervorrufen.

Durch den Besitz mehrerer Bindungsstellen kann der Antikörper mit zwei Antigenmolekülen in Wechselwirkung treten. Das ist von großem Vorteil bei der Abwehr von Mikroorganismen, die auf ihrer Oberfläche eine Fülle identischer Antigene besitzen. So können in Gegenwart spezifischer Antikörper größere Aggregate entstehen, die über Antikörperbrücken verbunden sind und von Granulocyten und Makrophagen besser phagocytiert werden können (S. 885).

37.2.6 Entstehung der Antikörpervielfalt

Die Variabilität der Antikörper und des B-Zellrezeptors entsteht durch Genumlagerungen

Die Zahl der über jeweils unterschiedliche V-Domänen möglichen Antikörper- und B-Zellrezeptorspezifitäten wird auf 10^7–10^8 geschätzt. Da der konstante und der variable Teil der L- und der H-Kette eines B-Zellrezeptors genauso wie die eines löslichen Antikörpers von unterschiedlichen Genen codiert werden, erhebt sich die Frage, wie (1) so viele unterschiedliche V-Gene bei jedem Menschen entstanden sein können und wie (2) das C-Gen mit einem der V-Gene auf der Ebene der DNA verbunden wird. Der Vergleich der Sequenzen der V-Regionen verschiedener Immunglobuline zeigt (Abb. 37.10), daß Mutationen nicht statistisch verteilt über den gesamten Abschnitt erfolgen, sondern nur an bestimmten Stellen, an denen sie meist *isopolarer* Natur sind (S. 326). Nicht jede Position weist Substitutionen auf, da bestimmte Aminoacylreste wie z. B. Cysteine, die Disulfidbrücken bilden, unverändert sind.

Auf der anderen Seite gibt es Bereiche, sog. *hypervariable Regionen,* die eine hohe Mutationsrate aufweisen. Diese Hypervariabilität besteht in 25 von 110 variablen Positionen der V-Region der L-Kette und in etwa 30 von 120 Positionen der V-Region der H-Kette. Diese Aminosäuren bilden die Bindungsstelle, d. h. sie

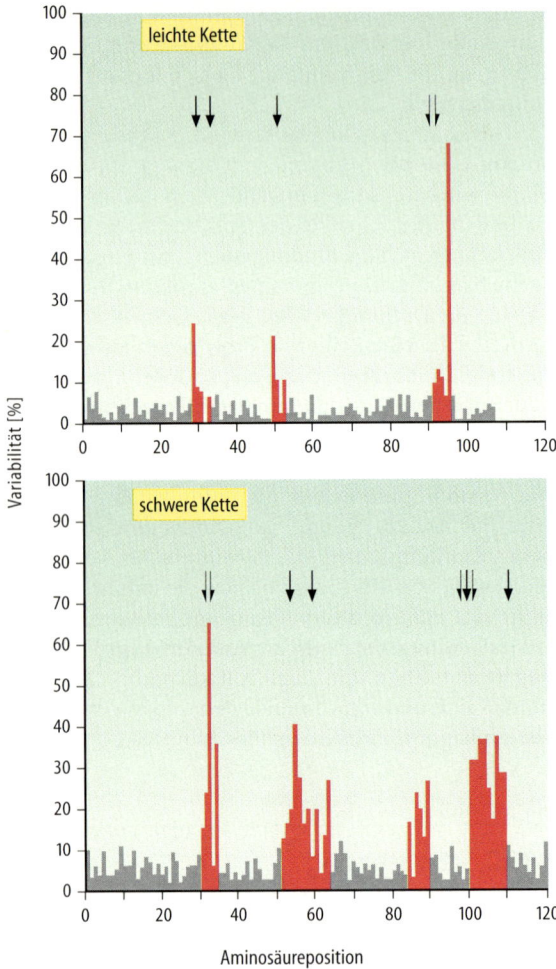

Abb. 37.10 Hypervariable Regionen *(rot)* in den variablen Abschnitten leichter und schwerer Ketten weisen weitaus mehr Substitutionen als der übrige Bereich dieser Ketten auf, was zu der Vermutung Anlaß gibt, daß sie für die Spezifität der Haftstelle verantwortlich sind

kleiden die Wand des trichterförmigen Spalts aus. Eine entscheidende Stütze für diese Annahme wurde durch Experimente erbracht, in denen man synthetische Antigene mit reaktiven Gruppen irreversibel mit Antikörpern reagieren läßt. Werden die Antikörper anschließend in ihre Peptidketten zerlegt, so finden sich die – radioaktiven – Markermoleküle genau an den hypervariablen Bereichen der V-Regionen der L- und H-Ketten (Pfeile in Abb. 37.10).

Bei der Reifung der Stammzelle im Knochenmark zum B-Lymphocyten kommt es zu Umlagerungen der embryonalen (oder Keimbahn) Anordnung der Gene für die schweren Ketten auf Chromosom 14 und der für die leichten Ketten (des κ-Kettengens auf Chromosom 2 und des λ-Kettengens auf Chromosom 22).

Die Gene für die leichten Ketten vom γ-Typ lagern sich vor denen vom λ-Typ um

Die Umlagerung kommt durch die Deletion von DNA und nicht durch das Spleißen von mRNA zustande. Die Umlagerungen sind erforderlich, da die Information für die variablen (V) und konstanten (C) Regionen der leichten und schweren Ketten auf verschiedenen Genen liegt. Die Gene für die leichten Ketten vom κ-Typ lagern sich immer vor denen vom λ-Typ um. Somit werden λ-Kettengene überhaupt nur verwendet, wenn Umlagerungen beider κ-Allele ohne Erfolg waren.

Die Sequenzierung (S. 172) menschlicher κ-Kettengene hat gezeigt, daß das variable Segment nur die Information für die Aminosäuren von Position 1–95 enthält. Die übrigen 13 Aminosäuren, d.h. 96–108, im C-terminalen Bereich der V-Region werden durch eines von 4 oder 5 unterschiedlichen Segmenten codiert, die sich etwa 3000 bis 4000 Basenpaare entfernt am 5'-Ende der C-Region befinden. Diese Segmente werden als *J-Segmente* (*engl.* to join: verbinden) bezeichnet. Die Bildung eines aktiven Gens für eine leichte Kette erfordert eine Rekombination, bei der eine der vielen variablen Regionsequenzen sich mit einer der 4 oder 5 J-Sequenzen (Abb. 37.11) verbindet. Es gibt etwa 100–200 verschiedene V-Regionsequenzen, von denen jede eine sog. *Leadersequenz* besitzt, die von dem Rest der V-Region durch eine nichtinformationstragende Sequenz getrennt ist. Die Leadersequenz enthält die Information für die hydrophoben Aminosäuren, die das Signalpeptid bilden, das später während der Kettenbiosynthese (S. 283) wieder abgespalten wird. Damit wird die variable Region einer leichten Immunglobulinkette von drei Segmenten codiert:

- der Leadersequenz
- der V-Sequenz und
- der J-Sequenz.

Die konstante Region der Kette wird vom C-Segment codiert, das in der Nähe auf demselben Chromosom liegt. Die DNA, die zwischen den V- und C-Regionen liegt (Intron) wird zwar mit in die hn-RNA eingebaut, aber anschließend durch Spleißen aus ihr entfernt.

Für die Rekombination der V- und J-Anteile sind im Falle der κ-Kette zwei kurze komplementäre Sequenzen am 3'-Ende des V-Segments sowie am 5'-Ende des J-Segments entscheidend (Abb. 37.12). Es handelt sich um eine *palindromische Sequenz* (S. 170) mit 7 Nucleotiden und eine thyminreiche Sequenz am 5'-Ende des J-Segments. Die V-Segmente besitzen entsprechende Sequenzen, d.h. die andere Hälfte des Palindroms sowie einen Bereich von hohem Gehalt an Adenin. Diese wichtigen Sequenzen sind 11 bzw. 23 Basenpaare voneinander getrennt. Da V- und J-Segmente mehrere Tausend Basenpaare voneinander entfernt liegen, müssen diese beiden Sequenzen in Form einer Schleife einander genähert werden, an deren Basis die

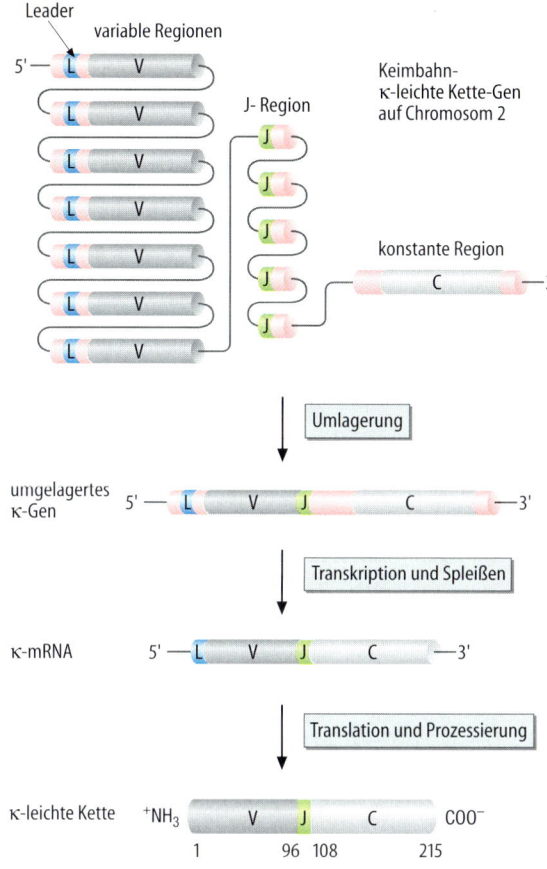

Leader
variable Regionen

5'

J-Region

Keimbahn-
κ-leichte Kette-Gen
auf Chromosom 2

konstante Region

3'

Umlagerung

umgelagertes
κ-Gen

5' — L   V   J   C — 3'

Transkription und Spleißen

κ-mRNA

5' — L   V   J   C — 3'

Translation und Prozessierung

κ-leichte Kette

⁺NH₃   V   J   C   COO⁻
1   96 108   215

Abb. 37.11 Das aktive Gen für eine leichte Kette (z. B. vom κ-Typ) entsteht durch eine Umlagerung, bei der eine der etwa 100–200 verschiedenen variablen (V) Regionen, die die Information für die Aminosäuren 1–95 enthalten, mit einer der 5 J-(joining-)Regionen (Aminosäuren 96–108) verbunden wird. Die V-Region besteht aus einer Leader-(L)Region, die von dem V-Gensegment durch eine Intronsequenz getrennt ist. Der konstante Anteil der κ-Kette wird von einem C-Gensegment kodiert, das etwa 3000–4000 Basenpaare stromabwärts von der J-Region liegt. Ein Teil der DNA zwischen den V- und C-Gensegmenten wird durch Deletion entfernt. Durch Transkription des aktiven Gens entsteht ein primäres Transkript, das durch Spleißen in die reife mRNA überführt wird

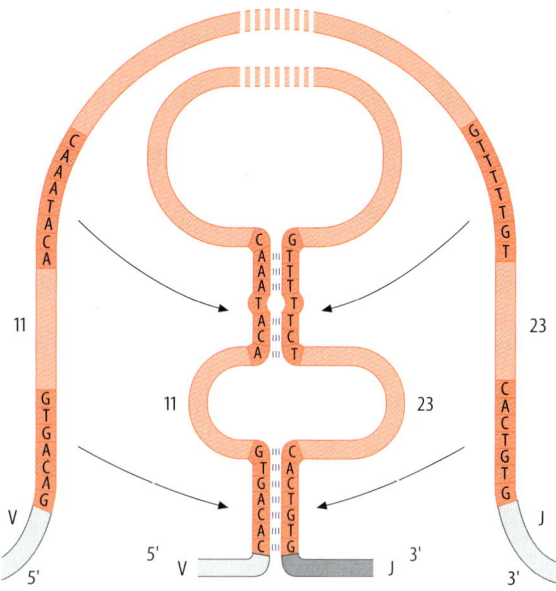

Abb. 37.12 Schleifenbildung während der V- und J-Umlagerung, bei der eine palindromische Sequenz aus Nucleotiden und Adenin-Thymin-Basenpaarungen von Bedeutung sind

was später durch Klonierung und Sequenzierung verschiedener Gene für κ-Ketten bestätigt wurde (Abb. 37.13). Der Bereich um Position 96, die uns aus Abb. 37.10 (oberer Teil, S. 1068) als hypervariable Region bekannt ist, ist an der Bildung der Antigenbindungsstelle beteiligt. Substitutionen in diesem Bereich tragen deshalb zur Vielfalt der Antikörperspezifität bei. Die Umlagerung verursacht gelegentlich die Deletion von bis zu 6 Nucleotiden aus der Keimbahngenregion. Deletionen eines Gensegments können zu einem Rasterschub (Abb. 13.13, S. 328), aber auch zur Entstehung von Nonsensegensegmenten führen, die im Rahmen der Immunantwort funktionslos bleiben.

Die Gensequenz für den variablen Anteil der schweren Ketten enthält zusätzlich das D-Segment

Obwohl sich die Struktur und die Umlagerung auf Genniveau von schweren (κ, λ) und leichten (α, μ, δ und γ) Ketten in vielerlei Hinsicht ähneln, existieren auch mehrere Unterschiede, die das Gensystem für die schweren Ketten noch komplexer machen. Die Gensequenz für den variablen Anteil der schweren Ketten besteht nämlich nicht nur aus 2, sondern aus 3 verschiedenen DNA-Segmenten: Neben den V- und J-Gensegmenten existieren zusätzlich noch **D-Segmente** (engl. diversity für Vielfalt). Die J-Gensegmente sind durch etwa 300–350 Basenpaare voneinander getrennt, die D-Gensegmente, die nur die Information für etwa 10 Aminosäuren enthalten, liegen etwa 10 000 Basenpaare entfernt. Wahrscheinlich existieren für die schweren Ketten 6 Kopien der J-Gensequenzen und eine relativ große Anzahl von D- und V-Segmenten.

V- und J-Segmente aneinanderstoßen (Abb. 37.12). Die adenin- und thyminreichen Bereiche stabilisieren diese Struktur durch Ausbildung von Wasserstoffbrückenbindungen. Mit der Umlagerung von V- und J-Segmenten soll die DNA, die zwischen den V- und J-Gensegmenten liegt, entfernt werden.

Durch die Existenz von etwa 100 V-Regionen und 5 J-Regionen können 500 verschiedene Gene für leichte Ketten entstehen. Diese Zahl wird durch zusätzliche Mechanismen weiter erhöht. So hat der Vergleich der J-Gensegmente mit den bekannten Aminosäuresequenzen in den entsprechenden Regionen leichter Ketten ergeben, daß die Aminosäure in Position 96 sich oft im Widerspruch mit Codons in Position 96 der Keimbahn-DNA-J-Sequenz befand. Dies deutet darauf hin, das V- und J-Segmente sich an verschiedenen Überkreuzungspunkten miteinander verbinden können,

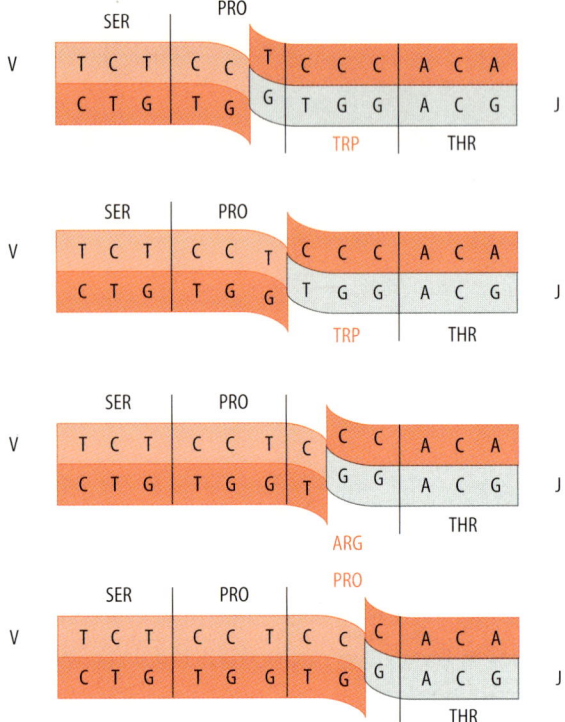

Abb. 37.13 Die Hypervariabilität in Position 96 des variablen Anteils der leichten Kette kann durch die Existenz verschiedener Überkreuzungspunkte während der Umlagerung der V- und J-Gensegmente erklärt werden. Dadurch entstehende Rasterschubveränderungen, die während der Rekombination auftreten, verändern die Codonsequenz und damit die Aminosäuresequenz des Proteins

Geht man von der Existenz von 100 V-, 50 D- und 6 J-Gensegmenten aus, so könnten damit etwa 30 000 verschiedene Kombinationen erzeugt werden. Da bei jeder dieser Kombinationen Überkreuzungspunktvariationen (s. oben) auftreten können, ist damit die Bildung von Hunderttausenden verschiedener Genen möglich. Alle Gensequenzen für die konstanten Abschnitte der 8 verschiedenen Typen [μ, δ, die beiden Kopien von α ($α_1$ und $α_2$) sowie $γ_1–γ_4$] der schweren Ketten liegen auf **Chromosom 14** in einem zusammenhängenden Bereich von etwa 100 000 Basenpaaren. Die μ- und δ-Segmente der schweren Ketten, die während der initialen Phase der B-Lymphocytendifferenzierung gleichzeitig exprimiert werden, liegen etwa 2000 Basenpaare voneinander entfernt (Abb. 37.14). Weitere 2000 Basenpaare stromaufwärts befindet sich ein Bereich von 6 aktiven J-Segmenten. Stromabwärts liegen aufeinanderfolgend die 4 γ-Segmente, das ε- und das α-Segment. Im ersten Schritt der Expression des Gens für die schwere Kette erfolgt eine Umlagerung, bei der sich ein V-Gensegment mit einem J- und einem D-Segment verbindet. Zwischen diesen Segmenten liegende DNA wird deletiert. Bei der Umlagerung finden wahrscheinlich die gleichen Signale Verwendung, die bei der besprochenen V-J-Umlagerung bei den leichten Ketten von Bedeutung sind. Die Tatsache, daß μ- und δ-Ketten immer zusammen exprimiert werden, erfordert zusätzliche Mechanismen zur Herstellung entweder der μ- oder der δ-Kette. Im Falle der μ-Kette bricht die Transkription nach Erreichen des 3′-Endes des μ-Gens ab. Im Falle der δ-Kette wird ein μ- und δ-Ketten-hnRNA-

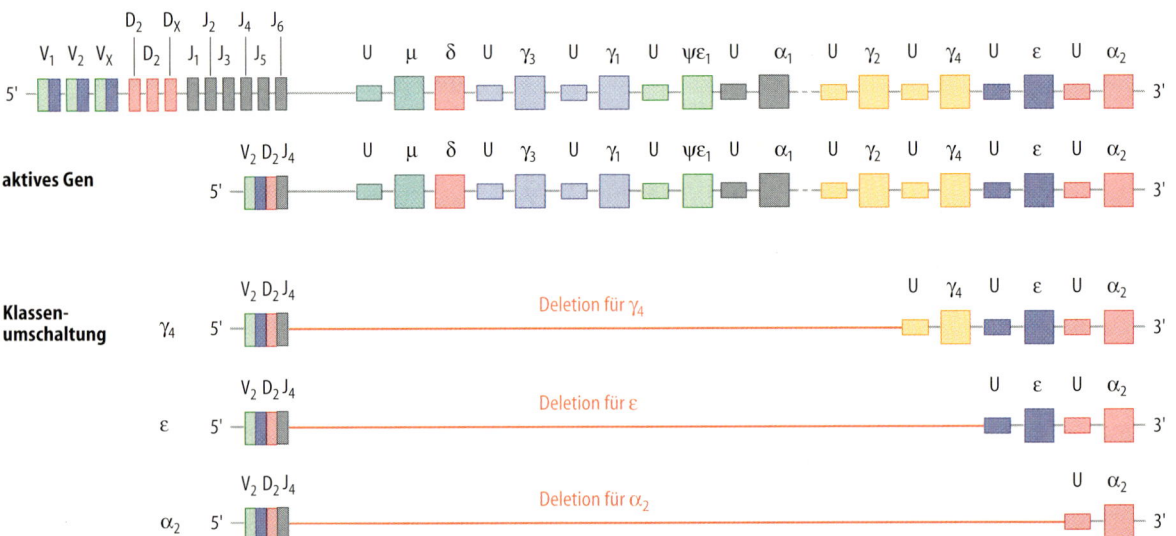

Abb. 37.14 Organisation der einzelnen Gene für die schweren Ketten auf dem Chromosom 14. Die sechs J-Sequenzbereiche liegen etwa 2000 Basenpaare stromaufwärts von der μ-Sequenz entfernt. Im ersten Schritt der Umlagerung wird eines der etwa 100 V-Gensegmente mit einem der etwa 50 D-Segmente und mit einem J-Segment unter Bildung des aktiven Gens verbunden. Die Synthese der μ-Kette erfolgt durch Trans-

kription des Gens bis zum Beginn der δ-Sequenz. Die Synthese der δ-Ketten wird durch Spleißen reguliert, bei dem der mRNA-Anteil mit der μ-Sequenz entfernt wird. Zur Bildung der γ-, ε- oder α-Ketten wird die V-D-J-Sequenz jeweils in die Nähe (an eine mit U markierte Region) des Gens für die betreffende Kette verlagert, wobei die dazwischenliegenden DNA-Regionen deletiert werden ($Ψε_1$-Pseudogen für ε)

Transkript gebildet, aus dem das µ-Kettensegment durch Spleißen entfernt wird, wodurch das V-D-J-Segment direkt mit dem δ-Kettensegment verbunden wird.

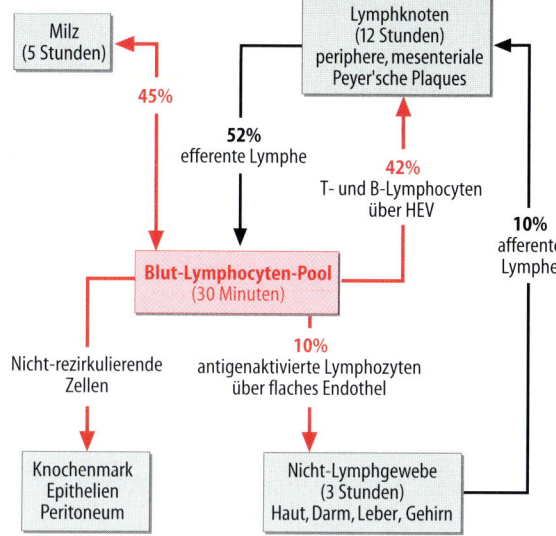

Mit der Anheftung des Genabschnittes für den konstanten Teil der schweren Kette wird das Immunglobulingen vervollständigt

Der durch die Assoziation der V-, J- und D-Segmente entstandene Genabschnitt wird anschließend mit den für die konstanten Teile der schweren Kette verantwortlichen Genen kombiniert. Diese liegen stromabwärts der VJD-Segmente (Abb. 37.14), wobei für IgG-Subtypen verschiedene Isoformen bereitstehen. Bei der Reifung von naiven B-Lymphocyten werden immer die in Nachbarschaft liegenden Genabschnitte für die schweren Ketten von IgM und IgD (µ und δ) mit den VDJ-Segmenten verknüpft und die dazwischen gelegene DNA deletiert. Das primäre RNA-Transkript enthält ebenfalls noch µ und δ. Erst durch entsprechendes Spleißen der RNA wird dann die mRNA für eine der beiden Antikörperspecies hergestellt. Bei naiven Lymphocyten (s. u.) liegen beide als membranassoziierte Antigenrezeptoren vor.

Nach der Aktivierung von B-Lymphocyten werden auch die anderen Isotypen von Antikörpern (IgA, IgG, IgE) exprimiert. Im Prinzip findet hier der gleiche Vorgang statt: es kommt zur Anlagerung der VJD-Segmente an die entsprechenden für die konstanten Regionen der schweren Ketten codierenden Genabschnitte γ_{1-4}, α_{1-2} und ε_{1-2}, von denen jedes wiederum in spezifische Abschnitte für die einzelnen Domänen unterteilt werden kann. Stromauf- und stromabwärts gelegene Teile des Immunglobulin-Genclusters werden deletiert. Über die Regulation des Klassenwechsels s. S. 1076.

Abb. 37.15 Rezirkulation der Lymphocyten mit Angabe der Kompartimente und der jeweiligen ungefähren Verweildauer. T- und B-Lymphocyten rezirkulieren zwischen der Milz und den Lymphknoten über das Blut und das Lymphsystem. Antigenaktivierte Lymphocyten wandern bevorzugt in die Nicht-Lymphorgane

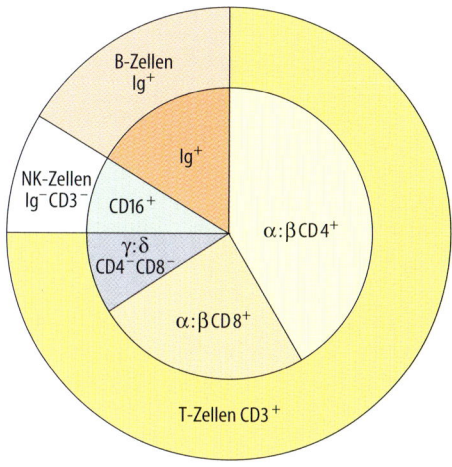

Abb. 37.16 Verteilung der Lymphocyten im Blut

37.2.7 Rezirkulation von Lymphocyten über das Lymphsystem

Durch Rezirkulation werden Antigenrezeptor-tragende Lymphocyten mit allen Spezifitäten ständig über das Immunsystem verteilt

Nach der Reifung verlassen T-Lymphocyten den Thymus und B-Lymphocyten das Knochenmark und wandern in die sekundären Lymphorgane (Lymphknoten, Milz, Peyer-Plaques des Darmes, Tonsillen, Appendix). Dort verbleiben sie aber nicht, sondern gelangen als Teil des *zirkulierenden Lymphocytenpools* (Abb. 37.15) z. B. über den Ductus thoracicus in das periphere Blut. Durch dieses System wird gewährleistet, daß Antigene, die in die sekundären Lymphorgane ge-

langt sind (s. unten) schließlich „ihren" spezifischen Lymphocyten treffen. Nur nach Aktivierung durch ihr Antigen verbleiben die Lymphocyten im Lymphorgan, ansonsten verlassen sie es wieder.

Die im peripheren Blut zirkulierenden kleinen T- und B-Lymphocyten hatten also noch keinen Kontakt mit einem Antigen und werden deshalb als *naiv* bezeichnet. T-Lymphocyten machen etwa 70 % und B-Lymphocyten etwa 10 % des zirkulierenden Pools aus, die übrigen 20 % besitzen weder T-Zell- noch Immunglobulinrezeptoren und heißen deshalb *Nullzellen*. Zu dieser Gruppe gehören auch die natürlichen Killer-(NK-)Zellen (Abb. 37.16).

In die Lymphorgane gelangen Lymphocyten durch die Wechselwirkung von Zelladhäsionsmolekülen auf den Lymphocyten, den sog. *Homing-Rezeptoren* und solchen auf den sog. postkapillären Venolen mit hohem Endothel, den vaskulären *Adressinen.* Durch dieses System sortieren Blutgefäße im Lymphknoten ständig die Zellen aus dem Blutstrom, die in das Organ aufgenommen werden sollen und lassen die passieren, die sie nicht benötigen. Auf den Lymphocyten dienen z. B. L-Selektin, Integrine ($\alpha_4\beta_7$) und CD44 als Homing-Rezeptoren, auf den Endothelzellen Glykoproteine aus der CAM-Familie (S. 186) als mucinähnliche Adressine. Die unterschiedliche Verteilung derartiger Moleküle bestimmt auch, in welches Organ die Lymphocyten wandern.

Für antigenaktivierte Lymphocyten gelten andere Mechanismen, da sie bevorzugt in das Gewebe zurückwandern, von dem die Stimulation ausgegangen ist, so z. B. in Peyer'schen Plaques aktivierte Lymphocyten in die Darmwand.

37.3 Mechanismen der Immunantwort

Die Aktivierung naiver T- oder B-Lymphocyten in peripheren lymphatischen Organen löst die adaptive Immunantwort aus

Werden B-Lymphocyten aktiviert, so entwickeln sie sich zu *Plasmazellen,* die Antikörper produzieren und freisetzen. Bei der Aktivierung von T-Lymphocyten entstehen *Effektorzellen,* die mit intrazellulären Erregern infizierte Zellen abtöten, andere Zellen des Immunsytems wie Makrophagen oder B-Lymphocyten aktivieren oder Zytokine produzieren. Die adaptive Immunantwort wird aber häufig nicht dort ausgelöst, wo ein Krankheitserreger einen Infektionsherd hervorruft (s. u.), sondern in den *peripheren lymphatischen Organen,* d. h. Lymphknoten im Bereich der Infektionsstelle, der Milz als Filterorgan des Blutes oder den Tonsillen oder Peyer'schen Plaques im Bereich der Schleimhäute. Dorthin werden das Pathogen oder seine Produkte mit der Lymphe transportiert und von Zellen abgefangen, die es verarbeiten und Antigene des Krankheitserregers den Lymphocyten präsentieren.

37.3.1 Aktivierung von T-Lymphocyten und Differenzierung zu Effektorzellen (die intrazelluläre Immunantwort)

Jede $\alpha : \beta^+$-T-Zelle besitzt eine individuelle Antigenspezifität und erkennt das Antigen nur im Zusammenhang mit dem MHC-System

Naive T-Lymphocyten werden dadurch aktiviert, daß sie auf ein Fremdantigen treffen, welches sie mit Hilfe ihres individuellen T-Zell-Antigenrezeptors erkennen (Abb. 37.17). Dieser ähnelt einem membranassoziierten Immunglobulin-Fab-Fragment (S. 1064). Der T-Zellrezeptor ist ein *Heterodimer* aus zwei Ketten (α und β), die jeweils konstante und variable Regionen besitzen. Die variablen Regionen bestimmen die Spezifität dieses Rezeptors, die durch ähnliche genetische Mechanismen zustande kommt wie die Immunglobulinvariabilität der B-Lymphocyten (S. 1067).

Allerdings erkennt der T-Zellrezeptor das Antigen nicht selbst, sondern es wird ihm in Bindung an ein *MHC-Molekül* angeboten (Abb. 37.1, S. 1060). Die antigenpräsentierenden Zellen in Lymphknoten sind Makrophagen, dendritische Zellen und B-Lymphocyten, die das MHC-II-Protein exprimieren. An sie haften naive T-Zellen jeweils kurz an, um sie auf das MHC-II-gebundene Peptid, das sie spezifisch binden können, abzusuchen. Ist die Suche negativ verlaufen, so lösen sie sich wieder ab und wandern weiter durch den Lymphknoten. Zusätzlich können auch spezialisierte dendritische Zellen in der Haut, die *Langerhans-Zellen,* von Infektionsherden, an denen sie Antigene aufgenommen haben, zu den Lymphknoten wandern und die Antigene dort präsentieren. Hat eine T-Zelle „ihr" Antigen gefunden, so wird sie durch Bindung des Antigens aktiviert. Eine Alternative ist die Erkennung von MHC-I-gebundenen Peptiden auf beliebigen Zellen des Organismus.

Die Erkennung des Antigens durch den T-Zellrezeptor erfolgt in Kooperation mit den Korezeptoren CD4 und CD8

Wie wir bereits gesehen haben, existieren zwei Untergruppen von T-Lymphocyten, die sich durch die Zelloberflächenproteine CD4 und CD8 unterscheiden. Diese beiden Oberflächenproteine bestimmen, ob sich der Lymphocyt an MHC-I- oder -II-Moleküle anlagert, da CD4 nur an Klasse II und CD8 nur an Klasse I bindet. Beide Korezeptoren erhöhen die Empfindlichkeit von T-Lymphocyten für das präsentierte Antigen um den Faktor 100.

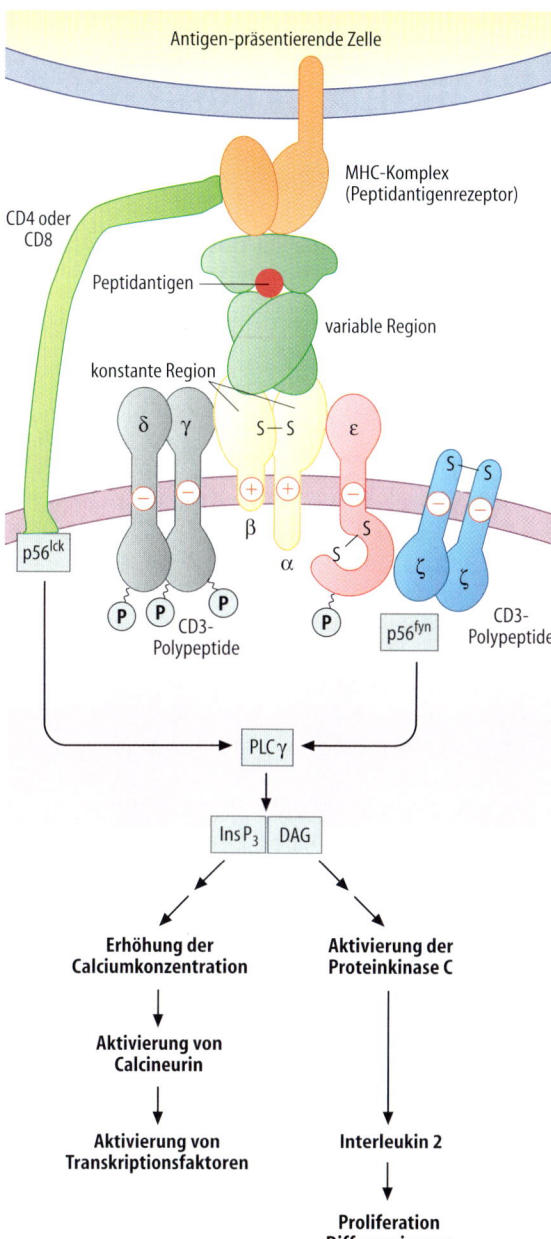

Antigen-präsentierende Zelle

MHC-Komplex
(Peptidantigenrezeptor)

CD4 oder
CD8

Peptidantigen

variable Region

konstante Region

δ γ   S–S   ε

S–S

β

α

S

S

ζ ζ

p56lck

P P P

CD3-
Polypeptide

P

p56fyn

CD3-
Polypeptide

PLCγ

InsP₃ DAG

**Erhöhung der
Calciumkonzentration**

**Aktivierung der
Proteinkinase C**

**Aktivierung von
Calcineurin**

**Aktivierung von
Transkriptionsfaktoren**

Interleukin 2

**Proliferation
Differenzierung**

Abb. 37.17 Molekularer Mechanismus der Signalübertragung im T-Lymphocyten. Nach Bindung an das präsentierende MHC-Protein ist die Aggregation des T-Zellrezeptors mit dem CD4-bzw. CD8-Antigen erforderlich. Dies führt zur Tyrosin-Phosphorylierung des aus den Proteinuntereinheiten δ, γ, ε, ζ und η bestehenden CD3-Komplexes, was die Assoziation mit den cytosolischen Tyrosinkinasen p59fyn sowie p56lck auslöst. Über zum Teil noch nicht genau aufgeklärte Zwischenstufen kommt es zu einer Aktivierung der Phospholipase C-γ *(PLCγ)*. Dies hat die Aktivierung von Proteinkinase C-Isoenzymen durch Diacylglycerin *(DAG)* und eine Erhöhung der intracellulären Calcium-Konzentration durch Inositol-Trisphosphat *(InsP₃)* zur Folge. Calcium aktiviert Calcineurin, das Transkriptionsfaktoren dephosphoryliert und damit aktiviert. Diese Signaltransduktionskette verursacht eine Änderung der Expression spezifischer Gene, insbesondere der Steigerung der Expression des Interleukin 2-Gens

Die Aktivierung des T-Lymphocyten führt zur Ausbildung einer autokrinen Stimulation über Interleukin 2

Für eine optimale Aktivierung ist also nach der Bindung des Liganden die Aggregation des T-Zellrezeptors mit dem CD4- bzw. CD8-Antigen erforderlich. Die Übertragung der Aktivierung auf das Zellinnere erfolgt kaskadenartig über den T-Zellrezeptor-assoziierten CD3-Komplex, der aus den Proteinen δ, γ, ε, ζ und η besteht (Abb. 37.17). Dabei assoziieren die ζ-Ketten mit der cytosolischen *p59fyn-Tyrosinkinase* und CD4 bzw. CD8 mit der *p56lck-Tyrosinkinase*. Dies führt zu einer Reaktionskaskade, an deren Ende die Aktivierung der Phospholipase C-γ steht, die über bekannte Schritte eine Erhöhung der intrazellulären Calcium-konzentration bewirkt (S. 696). Hierdurch wird u.a. eine als *Calcineurin* bezeichnete Serin/Threonin-Proteinphosphatase aktiviert, die cytosolische Transkriptionsfaktoren dephosphoryliert, was deren Übertritt in den Zellkern ermöglicht. Die Konsequenz der geschilderten Signaltransduktionsvorgänge ist eine Änderung der Genexpression der aktivierten Zelle, was zu Proliferation und Differenzierung führt und mit der gesteigerten Expression von Interleukin 2 einhergeht.

Für die optimale Aktivierung wird die Interaktion von B7 auf B-Zellen und CD28 auf T-Zellen benötigt

Die normale Übertragung der Information in den Zellkern führt zur Genexpression von Interleukin 2 (Il-2). Interleukin 2 ist ein Glykoprotein mit 130 Aminosäuren, das kloniert ist und deshalb auch gentechnologisch hergestellt werden kann. Für die optimale Aktivierung der Il-2-Genexpression wird aber noch ein kostimulatorisches Signal von B-Lymphocyten benötigt: binden diese mit ihren Immunglobinrezeptoren ein Antigen, so exprimieren sie daraufhin das Oberflächenmolekül B7, das an *CD28* des T-Lymphocyten bindet (Abb. 37.18) und dadurch zu einer Stabilisierung der Interleukin-2-mRNA führt. Gleichzeitig wird in den T-Lymphocyten die Expression des *Interleukin-2-Rezeptors* angeschaltet. Dadurch kommt es in der nächsten Stufe der T-Zellantwort, der eigentlichen T-Zellreplikation, zur Wechselwirkung des von der T-Zelle produzierten und freigesetzten Interleukin 2 mit dem Interleukin 2-Rezeptor auf derselben Zelle, was als *autokrine Stimulation* bezeichnet wird (S. 762).

Die Nachkommen der proliferierenden T-Lymphocyten differenzieren zu verschiedenen T-Effektorzellen

Interleukin 2 induziert nicht nur die klonale Expansion naiver T-Zellen, sondern auch die Differenzierung ihrer Nachkommen zu Effektorzellen. Diese exprimieren keine L-Selektine (s. o.) mehr, so daß sie nicht mehr in

↗ Homing-Rezeptoren S. 1072

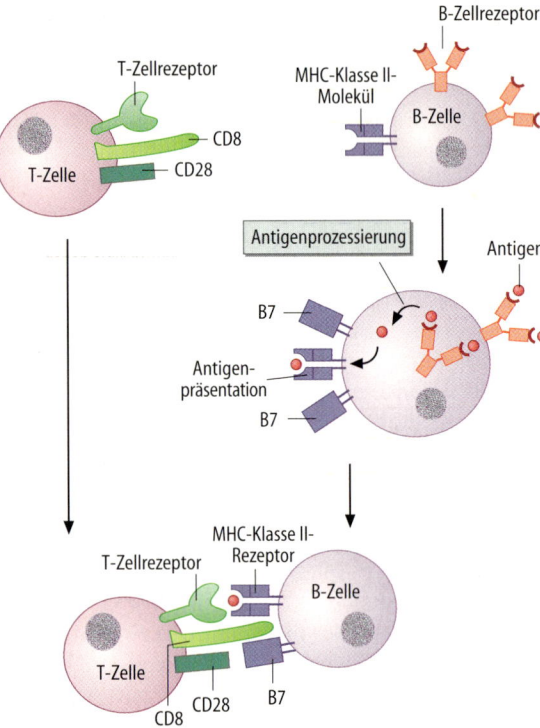

Abb. 37.18 Wechselwirkung zwischen B- und T-Lymphocyten. Die Antigenpräsentation durch B-Lymphocyten führt zur Expression des Proteins B 7, das mit dem CD 28 des T-Lymphocyten interagiert

Lymphknoten aufgehalten werden. Stattdessen bilden sie das Integrin VLA-4, über das sie in Entzündungsgebieten an das Gefäßendothel binden können. Sie können somit zu Infektionsherden in peripheren Gewebe gelangen, wo sie ihre biologische Wirkung zum Einsatz bringen. CD8-T-Lymphocyten können nur zu cytotoxischen Lymphocyten differenzieren, wohingegen sich CD4-T-Lymphocyten zu inflammatorischen (TH1) oder Helfer (TH2)-Effektorzellen entwickeln.

- Zytotoxische CD8-T-Lymphocyten enthalten zytotoxische Proteine (Membranporen-bildende Perforine, Proteasen wie Granzyme), die sie beim Erkennens eines Antigens freisetzen und damit vor allem Zellen, in deren Cytosol Pathogene wie Viren existieren, gezielt abtöten.
- Inflammatorische CD4-T-Lymphocyten bilden eine Reihe von Zytokinen wie z. B. Interferon-γ oder TNF-β und können mit diesen Makrophagen aktivieren oder infizierte Zellen abtöten, sodaß sie von Makrophagen phagocytiert werden. Sie spielen damit eine wichtige Rolle bei der Abwehr intrazellulärer Pathogene, die den Tötungsversuchen nichtaktivierter Makrophagen widerstanden haben.
- Helfer-CD4-T-Lymphocyten sind für die Aktivierung von B-Lymphocyten notwendig, damit diese Antikörper gegen extrazelluläre Pathogene bilden können (s. u.).

37.3.2 Aktivierung von B-Lymphocyten und Differenzierung zu Antikörpersezernierenden Plasmazellen (die humorale oder extrazelluläre Immunantwort)

Der B-Zellrezeptor besitzt zwei Funktionen

Binden B-Lymphocyten ein Antigen, so wird – wie beim T-Zellrezeptor auf T-Lymphocyten – ein Signal in den Zellkern übersandt. Darüber hinaus wird das Antigen internalisiert und in Fragmente zerlegt, die als MHC-II-gebundene Peptide an die Membranoberfläche zurückkehren. Dort werden sie von CD4-Helfer-T-Lymphocyten erkannt, die Zytokine sezernieren, die die aktivierten B-Lymphocyten zur Proliferation und Differenzierung induzieren. Dadurch ist die Bindung von Peptidantigenen zum einen Voraussetzung für eine Aktivierung der B-Zelle, zum anderen auch für die notwendige Wechselwirkung mit der unterstützenden T-Zelle. Deshalb werden Peptidantigene auch *T-zellabhängige Antigene* genannt. Anders ist dies bei Nicht-Peptidantigenen wie z. B. bakteriellen Polysacchariden, die ja nicht durch MHC-Peptidrezeptoren präsentiert werden können. Da diese Antigene B-Lymphocyten auch ohne T-Zellunterstützung vollständig aktivieren können, werden sie als *T-zellunabhängige Antigene* bezeichnet.

Bei einer T-zellabhängigen B-Lymphocytenstimulation erkennen die B-Zelle und die T-Helferzelle i. allg. dasselbe Antigen. Dies muß aber nicht so sein: Der B-Zellrezeptor erkennt Epitope auf der Oberfläche von nativen Proteinantigenen, die oft erst durch die Bildung der Proteinkonformation durch räumliche Zusammenlagerung verschiedener Kettenabschnitte zustandekommen. Auf der anderen Seite wird das Protein im Rahmen seiner proteolytischen Prozessierung denaturiert, so daß Fragmente aus internen Abschnitten des Proteins entstehen, die vom T-Zellrezeptor erkannt werden.

Für die Wechselwirkung von B-Lymphocyten mit CD4-Helferzellen ist der CD40-Ligand/Rezeptorkomplex von entscheidender Bedeutung

Wenn sich eine antigenpräsentierende B-Zelle und eine CD-4-Helferzelle gefunden haben, nehmen sie nicht nur über das MHC-II-Peptidrezeptoren-System Kontakt miteinander auf, sondern auch über CD40 auf der B-Zelle, das zur Familie der TNF-Rezeptoren gehört und dem TNF-Rezeptor auf Makrophagen entspricht. Dieses Oberflächenmolekül bindet an den CD40-Liganden auf CD4-Zellen, so daß es zur Freisetzung von Interleukin 4 kommt, welches in der B-Zelle für den Übergang von der G_0- in die G_1-Phase sorgt.

Aktivierte B-Lymphocyten wandern in Lymphfollikel, wo sie mit der Teilung beginnen

In den Lymphfollikeln von Milz oder Lymphknoten machen aktivierte B-Lymphocyten rasche Teilungen durch und werden dann als **Centroblasten** bezeichnet. Während dieser Teilungen treten Mutationen in den Genen für die variablen Ketten des Immunglubolins auf, so daß Nachkommen mit unterschiedlicher Affinität zum Antigen entstehen, die als **Centrocyten** bezeichnet werden. Diese Centrocyten sterben nur dann nicht innerhalb kurzer Zeit durch Apoptose wieder ab, wenn ihre Immunglobulinrezeptoren ein Antigen binden. Je höher die Affinität, desto höher wird auch die Wahrscheinlichkeit, das **bcl-2-Gen** (S. 210) zu exprimieren, dessen Produkt den apoptischen Zelltod verhindert. Durch diesen Prozeß werden also Centrocyten mit Immunglobulinrezeptoren mit hoher Affinität zum Antigen selektioniert.

Centrocyten differenzieren entweder zu B-Gedächtniszellen oder zu **Plasmazellen**, die den Lymphofollikel verlassen und ins **Knochenmark** (oder auch in Schleimhautepithelien) wandern.

Welche Moleküle bestimmen, ob aus einem Centrocyten eine Gedächtnis- oder Plasmazelle wird, ist noch unklar. Diskutiert werden das CD-40-Liganden-System und CD23 auf follikulären dendritischen Zellen im Lymphfollikel. Gedächtniszellen sezernieren zwar bei der primären Immunantwort keine Immunglobuline, können dies aber bei einer erneuten Exposition mit demselben Antigen tun.

Antikörper neutralisieren Pathogene oder fördern deren Opsonierung

Die von Plasmazellen gebildeten Antikörper tragen auf mehrere Weise zur Immunität bei: zum einen binden sie den Krankheitserreger und verhindern dadurch, daß er in eine Zielzelle eindringt (Neutralisierung). Auf der anderen Seite verändern sie seine Oberfläche durch ihre Bindung an Oberflächenproteine. Dieser auch als Opsonierung bezeichnete Vorgang macht den Krankheitserreger für phagocytierende Zellen kenntlich, die ihn über Fc-Rezeptoren (S. 886) aufnehmen. Eine Alternative ist die durch Antikörperbindung ausgelöste Aktivierung des Komplementsystems. Welcher Effektormechanismus zum Tragen kommt, wird durch die Immunglobulinklassen (oder Isotypen) bestimmt.

Die einzelnen Immunglobulinklassen besitzen unterschiedliche Funktionen

Wie bereits oben ausgeführt (S. 1064), können wegen des Vorhandenseins unterschiedlicher Genabschnitte für die konstanten Teile der schweren Kette Antikörper in insgesamt fünf Isotypen IgM, IgD, IgG, IgA und IgE und diese wiederum in Subklassen eingeteilt werden (Abb. 37.19). In jeder der fünf Klassen von Immunglo-

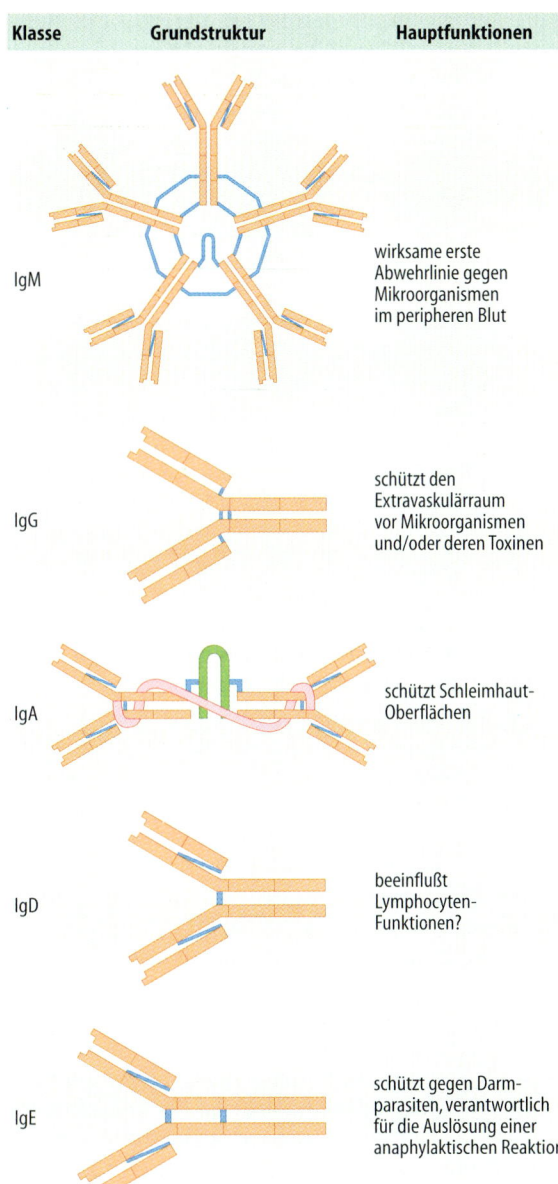

Klasse	Grundstruktur	Hauptfunktionen
IgM		wirksame erste Abwehrlinie gegen Mikroorganismen im peripheren Blut
IgG		schützt den Extravaskulärraum vor Mikroorganismen und/oder deren Toxinen
IgA		schützt Schleimhaut-Oberflächen
IgD		beeinflußt Lymphocyten-Funktionen?
IgE		schützt gegen Darmparasiten, verantwortlich für die Auslösung einer anaphylaktischen Reaktion

Abb. 37.19 Die fünf Immunglobulin-Klassen. Die Abbildung stellt die löslichen, sezernierten Immunglobulinisotypen dar. Dargestellt sind die Domänenstruktur der Immunglobulin-Klassen, ihre Assoziation zu oligomeren Komplexen sowie ihre Hauptfunktionen

bulinen kommen außerdem noch zwei strukturell unterschiedliche Formen von leichten Ketten (κ- bzw. λ-Typ) vor. Die individuelle Sequenz in den variablen Regionen der Immunglobulinketten wird auch als **Idiotyp** bezeichnet. Insgesamt unterscheidet sich damit jedes Individuum vom anderen durch einen spezifischen Satz von Immunglobulinen.

Immunglobuline vom G-Typ (IgG) neutralisieren vor allem von Bakterien gebildete Toxine und binden Mikroorganismen, so daß diese besser phagocytiert werden können. Phagocyten enthalten nämlich spezifische Rezeptoren für den Fc-Teil der IgG. Die Halbwertszeit von IgG liegt bei etwa 20 Tagen. IgG besitzt von der zweiten Hälfte der Schwangerschaft an die Fähigkeit zur Placentapassage, wodurch das Neugeborene während der ersten Lebenswochen geschützt ist. Zusätzlich ist es auch in der Colostralmilch nachweisbar, die während der Schwangerschaft und während der ersten Tage nach der Entbindung gebildet wird. IgG kann vom Neugeborenen als vollständiges Molekül im Intestinaltrakt resorbiert werden.

Immunglobulin A (IgA) kommt in Speichel, Tränen und Nasalflüssigkeit, im Schweiß, der Colostralmilch sowie in den Sekreten der Lungen und des Gastrointestinaltraktes vor. Es wird von Plasmazellen synthetisiert, die direkt unterhalb des Schleimhautepithels liegen. Diese geben IgA als dimeres Protein ab, wobei die beiden das Dimer bildenden IgA Moleküle durch ein cysteinreiches Protein verbunden werden, welches als *Joining-Protein* (engl. Joining-Protein = Verbindungsprotein) bezeichnet wird. In den Sekreten ist ein weiteres Protein an das IgA assoziiert, die sog. sekretorische Komponente (SC). Sie wird während der Rezeptor-vermittelten Transcytose von IgA durch die Schleimhautepithelien gebildet (S. 1008). Im Darm vermischt sich IgA mit dem Mucin (S. 1006) und bildet eine schützende Oberflächenschicht („antiseptischer Anstrich der Schleimhaut"). Dies verhindert die Anlagerung von Bakterien oder deren Toxine an die Epitheloberfläche, so daß diese dann über den Darm ausgeschieden werden können. Die Halbwertszeit des IgA beträgt 5–6 Tage.

Von besonderer pathobiochemischer Bedeutung sind die *Immunglobuline E (IgE)*. Diese kommen nur in geringen Konzentrationen im Plasma vor, weil sie von einem spezifischen IgE-Rezeptor auf Mastzellen gebunden werden. Nach Bindung der entsprechenden Antigene an Mastzell-gebundene IgE-Moleküle kommt es zur Degranulierung der Mastzelle und damit zur Freisetzung vasoaktiver Amine, Prostaglandine und Leukotriene (S. 927).

Immunglobulin M (IgM) liegt im Plasma bevorzugt als Pentamer vor. Die Assoziation der fünf das Pentamer bildenden IgM-Monomere hängt wie beim IgA von der Gegenwart des Joining-Peptids ab. IgM aglutiniert sehr stark und bindet bevorzugt polymere Antigene. Von allen Immunglobulinen ist IgM der stärkste Aktivator des Komplementsystems (S. 1078). Die Halbwertszeit des IgM beträgt etwa 5–6 Tage.

Über die Funktion des in Plasma in nur sehr geringer Konzentration nachweisbaren *Immunglobulin D (IgD)* ist noch nichts bekannt.

Als Antigenrezeptoren dienende Immunglobuline enthalten einen hydrophoben Membrananker

Während der Entstehung der naiven B-Lymphocyten werden als erstes *membrangebundene* IgM- bzw. IgD-Moleküle gebildet. Im Gegensatz zu den nach der Aktivierung der B-Zelle zu Plasmazellen gebildeten löslichen Immunglobulinen enthalten membrangebundene zusätzlich am C-terminalen Ende eine kurze hydrophobe Peptidkette, mit der das Immunglobulin in der Membran verankert wird. Membrangebundene bzw. lösliche Formen von IgM oder IgD entstehen durch alternatives Spleißen des primären Transkriptes (S. 260).

Da prinzipiell alle H-Kettengene die für den Membraneinbau notwendige Transmembrandomäne enthalten, können auch andere Immunglobuline als IgM und IgD als Antigenrezeptoren dienen. Dies spielt vor allem bei Gedächtniszellen eine wichtige Rolle.

Für den Klassenwechsel sind zwei Signale, nämlich CD40 und ein Zytokin, erforderlich

Zu Beginn der adaptiven Immunantwort auf ein körperfremdes Protein werden zunächst IgM-Antikörper gebildet. Im weiteren Verlauf entstehen dann die anderen Isotypen (IgG, IgA und IgE) als Folge eines Immunglobulinklassenwechsels. Der Klassenwechsel erfordert die Kooperation von antikörpersezernierenden B-Zellen und CD4-T-Zellen. Bei dieser Zusammenarbeit verwendet die Zelle ihre IgM-Moleküle an der Zelloberfläche zur Bindung und Internalisierung des Antigens, welches prozessiert und der T-Zelle präsentiert wird. Der Kontakt zwischen den kooperierenden Lymphocyten wird durch den Kontakt von CD4- und MHC-II-Molekülen unterstützt. Darüber hinaus werden zusätzlich weitere Oberflächenmoleküle induziert (Abb. 37.20): So exprimiert die T-Zelle den CD40-Liganden, der mit dem neu exprimierten CD40-Rezeptor auf der B-Zelle reagiert. Dies führt zur Expression von B7 in

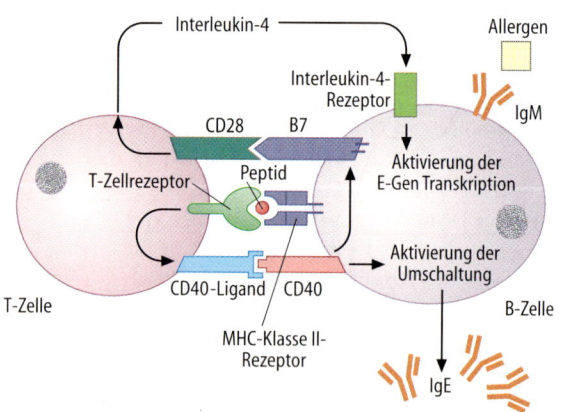

Abb. 37.20 Einfluß der Wechselwirkung von B- und T-Lymphocyten auf die Immunglobulin-Klassen-Umschaltung. Der über den T-Lymphocytenrezeptor und den MHC-II-Komplex geschaffene Kontakt zwischen T- und B-Lymphocyten wird durch weitere Oberflächenmoleküle stabilisiert, was zur Produktion spezifischer Zytokine führt. Die Freisetzung von Interleukin 4 löst die Umschaltung auf IgE, die Freisetzung von TGF-β die Umschaltung auf IgA und die Freisetzung von Interferon-γ die Umschaltung auf IgG-Isotypen aus. (Einzelheiten s. Text)

der B-Zelle, welches wiederum mit CD28 auf der T-Zelle interagiert (vgl. auch Abb. 37.18, S. 1074). Diese Interaktionen führen zur Freisetzung von Zytokinen: wird Interleukin 4 freigesetzt, so erfolgt die Umschaltung auf IgE. TGF-β bewirkt die Umschaltung auf IgA und Interferon-γ auf IgG-Isotypen. Die Zytokine machen die Rekombinationsstellen (U in Abb. 37.14, S. 1070) für Umschalt-Rekombinasen zugänglich, die im Falle der Umschaltung auf IgE die μ-, γ- und δ-Regionen entfernen.

37.4 Monoklonale Antikörper

Gelangt ein körperfremder Stoff mit mehreren antigenen Determinanten durch Infektion oder Injektion in ein Wirbeltier, so kommt es zur Aktivierung einer Vielzahl von B-Lymphocyten, die insgesamt ein heterogenes Gemisch von Antikörpern gegen die einzelnen Epitope des Antigens mit unterschiedlicher Affinität sezernieren.

Selbst die Applikation eines hochgereinigten Antigens führt immer noch zu einer derartigen *polyklonalen* Mischung (S. 1059) von Antikörpern. Da die Immunantwort von Versuchstier zu Versuchstier (meist Kaninchen zur Herstellung von Antiseren für Radioimmunoassays, S. 768) unterschiedlich ist und einem zeitlichen Ablauf folgt (Umschaltung von IgM zu IgG, s. o.), können sich antikörperenthaltende Seren, die *Antiseren,* ganz erheblich voneinander unterscheiden. Außerdem ist es schwierig, standardisierte Antiseren für die FACS-Analyse (S. 1062) von z. B. *Membranantigenen* normaler und maligner Zellen oder verschiedene Unterklassen von T-Lymphocyten (CD4, CD8, etc.) herzustellen.

Eine Methode zur Produktion *monoklonaler* Antikörper, also nur von einem B-Lymphocytenklon produzierten Antikörper mit genau definierter Spezifität und Affinität, wurde von G. Köhler (1946–1994) und C. Milstein (Medical Research Council, Cambridge, England) entwickelt. Diese Methode beruht auf der Immortalisierung antikörpersezernierender Plasmazellen durch Hybridisierung mit Myelomzellen (S. 1065). Das Entscheidende dieser Technik liegt daran, daß man den Klon in vitro propagieren kann, der den Antikörper der Wahl produziert. Normale Plasmazellen, die aus der Milz gewonnen werden, sind nach einigen Zellteilungen terminal differenziert und sterben deshalb ab. Durch Fusionierung mit einer malignen Plasmazelle, der Myelomzelle, können sie jedoch immortalisiert werden. Die Mausmyelomzelle, die zur Fusionierung benutzt wird, hat zwei wichtige Eigenschaften: Sie sezerniert selbst keine Antikörper mehr und hat das Enzym Hypoxanthin-Phosphoribosyl-Transferase (HPRT, S. 595) verloren, auf dessen Bedeutung wir später zurückkommen.

Zur Herstellung eines monoklonalen Antikörpers geht man folgendermaßen vor (Abb. 37.21). Nach

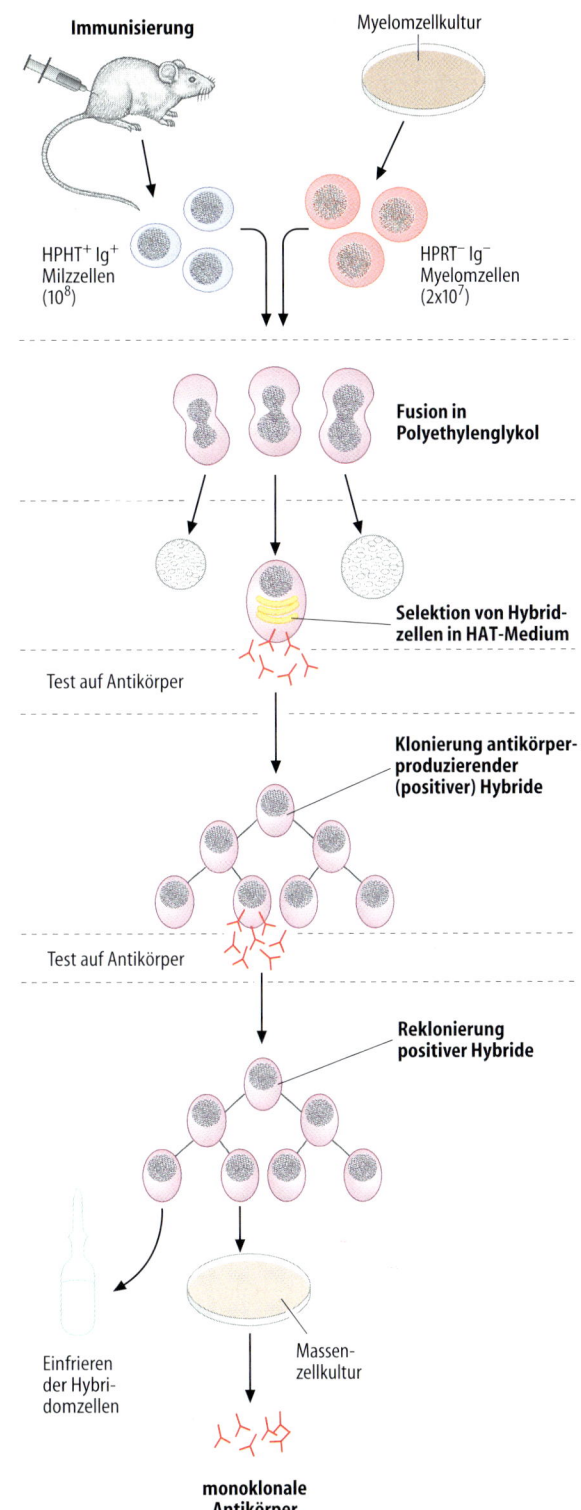

Abb. 37.21 Produktion monoklonaler Antikörper mit der Hybridom-Technik. *HPRT⁻* Zellen, denen die Hypoxanthin-Phosphoribosyl-Transferase fehlt; *Ig⁻* Zellen, die keine Antikörper produzieren. (Einzelheiten s. Text)

Injektion des Antigens, gegen den der Antikörper erzeugt werden soll, wird nach einigen Wochen die Milz der Maus entfernt, deren Serum den höchsten Antikörpergehalt (Antikörpertiter) aufweist. Nach Zerkleinerung der Milz werden die Plasmazellen unter Zugabe von Polyethylenglykol mit Myelomzellen fusioniert. Da i. a. nur etwa 1 von 200 000 Plasmazellen ein lebensfähiges Hybrid mit einer Myelomzelle bildet, müssen die nichtfusionierten Zellen und die Myelom-Myelom-Hybride entfernt werden. Dies erfolgt durch die Selektion in einem speziellen Medium, dem HAT-Medium, welches Hypoxanthin, Aminopterin (Abb. 9.29, S. 227) und Thymidin enthält. Die Myelomzelle, die das HPRT-Enzym nicht besitzt, kann exogenes Hypoxanthin nicht zur Purinbiosynthese verwenden und stirbt ab, da das ebenfalls zugesetzte Aminopterin die endogene Purinbiosynthese blockiert. Nur Myelomzellen, die mit Mauszellen (die HPRT enthalten) fusioniert sind, können Hypoxanthin und Thymidin utilisieren und überleben deshalb. Nichtfusionierte Plasmazellen müssen nicht entfernt werden, da sie ehedem in Kultur absterben und von den Hybriden überwachsen werden, die sich alle 17–18 h teilen.

Zellhybride erscheinen etwa eine Woche nach der Fusion: sie besitzen dieselbe Morphologie wie die elterliche Myelomzelle. Nach 2–6 Wochen in HAT-Medium sind mehrere Hundert Klone vorhanden, die auf Mikrotiterplatten verteilt werden. Aus jeder Vertiefung der Gewebekulturplatten wird eine geringe Menge Medium entnommen und auf die Gegenwart eines Antikörpers gegen das Antigen untersucht. Ist für die Immunisierung ein starkes Antigen verwendet worden, so können bis zu 50 verschiedene Hybride, die Antikörper produzieren, identifiziert werden. Ist das Antigen schwach oder haben die Tiere nur schwach auf die Immunisierung reagiert, so kann es u. U. auch vorkommen, daß man kein aktives Hybrid nachweisen kann.

Sind die positiven Hybride identifiziert, so werden sie unter entsprechenden Bedingungen propagiert. Gute Klone produzieren bis zu 100 µg Antikörper/ml Kulturflüssigkeit. Die Zellen können auch eingefroren und zur Wiederverwendung aufgetaut werden.

Als entscheidender Vorteil der Technik gilt, daß man hochgereinigte, standardisierte Antikörper auch gegen nicht gereinigte Antigene wie z. B. Antigene auf Immun- oder Tumorzellen erhalten kann. Auch Untergruppen von T-Lymphocyten im peripheren Blut wie die CD8- oder CD4-T-Zellen können mit monoklonalen Antikörpern in der FACS-Analyse unterschieden werden. Monoklonale Antikörper gegen Digitalisglycoside werden therapeutisch zur passiven Immunisierung (S. 307) bei Digitalisüberdosierung verwendet. Radioaktiv markierter monoklonaler Antikörper wurde auch zum in-vivo-Nachweis von Metastasen maligner Erkrankungen verwendet. Ein wichtiges weiteres Ziel der Forschung ist es, menschliche monoklonale Antikörper herzustellen, die auch therapeutisch eingesetzt werden können.

37.5 Komplement-System

Antikörper aktivieren Komplement

Durch Antikörper werden lösliche Antigene oder Bakterien, Viren oder eukaryote Zellen, an deren Oberfläche sich die Antigene befinden, zwar neutralisiert, sie sind damit aber noch nicht abgebaut. An die Neutralisierung schließt sich deshalb der Abbau durch Phagocytose und anschließende Zellverdauung oder direkte Zellzerstörung durch Zellyse an. Die Ingangsetzung dieser Vorgänge ist die zweite Funktion der Antikörper. Komplement ist ein System von Plasmaproteinen, die mit Antikörpern interagieren, nachdem diese ein Antigen gebunden haben. Insgesamt besteht das Komplementsystem aus über zwanzig verschiedenen Proteinen, die in Form ihrer Vorstufen, meist *Proenzymen,* im Blutplasma zirkulieren. Wird das Komplementsystem aktiviert, so kommt eine kaskadenartige Kettenreaktion in Gang, in deren Verlauf alle Komponenten in ihre enzymatisch aktive Form überführt werden. Damit weist dieses System eine deutliche Parallelität zum Gerinnungs-, Fibrinolyse-, Renin-Angiotensin- und Kininsystem auf: alle diese Systeme erfahren eine sequentielle Aktivierung und dienen als schnelle und verstärkende Reaktion auf einen spezifischen Stimulus. Wie z. B. das Gerinnungssystem wird auch das Komplementsystem auf zwei Wegen aktiviert:

- auf einem als klassische Aktivierungsstrecke bezeichneten Weg, der durch Bindung von Antigenen an Antikörper, d. h. durch die *adaptive humorale* Immunantwort aktiviert wird, und
- einem weiteren, der als alternativer oder Properdinweg bezeichnet wird und Teil des *angeborenen* Systems darstellt.

Beide münden – wie bei Gerinnung und Fibrinolyse – in eine gemeinsame Endstrecke. Molekulare Grundlage der Komplementwirkung ist die Assoziation der einzelnen Komponenten, die durch hydrolytische Abspaltung von Peptidfragmenten (limitierte Proteolyse) oder allosterische Effekte bewirkt wird, die ihrerseits von einer Freilegung von Rezeptorflächen oder enzymatisch aktiven Bereichen begleitet sind.

Am klassischen Aktivierungsweg des Komplementsystems sind neun Glykoproteine (C1 bis C9) beteiligt. Diese haben Molekulargewichte von 24 bis 410 kD und werden nach Bildung in der Leber in die Blutbahn sezerniert, wo sie etwa 10 % der Globulinfraktion ausmachen.

Das C1q-Molekül löst den klassischen Weg der Komplementaktivierung durch Assoziation mit Antikörpermolekülen aus

Eingeleitet wird die Reaktion im Anschluß an die Bindung von Antikörpern an Membranoberflächen, z. B. Antigene von Bakterien (Abb. 37.22). Der Kontakt des Fab-Bereiches mit dem Antigen erwirkt über eine allosterische Konformationsänderung die Aktivierung eines Oberflächenbereiches im Fc-Anteil (bei IgG-Molekülen in der C_{H2}-Domäne), an den die *C1-Komponente* gebunden wird. Dieser Multiproteinkomplex besteht aus jeweils einem Molekül C1q, zwei Molekülen C1r und einem Molekül C1s. Während es sich bei C1r und C1s um normale globuläre Proteine handelt, weist *C1q* einige architektonische Besonderheiten auf: es setzt sich aus drei verschiedenen Polypeptidketten zusammen, deren mittlerer Anteil wie das Kollagenmolekül größere Mengen Glycin und hydroxylierte Prolyl- und Lysylreste aufweisen und zu Kollagentripelhelices (S. 61) verdrillt sind. Die Enden zeigen dagegen einen globulären Aufbau. Der gesamte C1q-Komplex gleicht damit einem Strauß aus sechs Tulpen, die an ihren Stielen zusammengehalten werden. Jeder globuläre Kopf kann eine Fc-Domäne binden. Die Bindung von mindestens zwei globulären Köpfen führt zu einer Aktivierung des C1q-Moleküls. Deswegen reicht bei Antikörpern der IgM-Klasse ein Molekül aus. Normalerweise besitzt das pentamere IgM-Molekül eine planare Konformation, die nicht mit C1q reagieren kann. Nach Bindung an die Oberfläche eines Bakteriums verformt sich jedoch das Pentamer, so daß Bindungsstellen für die globulären C1q-Köpfe frei werden. Bei der Bindung von IgG-Antikörpern sind dagegen wenigstens zwei Moleküle erforderlich; IgA-, IgE- oder IgD-Antikörper können den klassischen Weg nicht aktivieren.

Die Anlagerung von C1q an ein gebundenes IgM-Molekül oder an zwei oder mehrere IgG-Moleküle führt zur Aktivierung von C1r zu $\overline{C1r}$ (proteolytisch aktive Faktoren werden mit einem horizontalen Balken versehen), das die Serinprotease C1s schneidet und aktiviert.

Durch die Komplementaktivierung wird die C3/C5-Konvertase erzeugt

Die *aktive C1s-Serinprotease* spaltet das Plasmaprotein C4 in C4a und C4b. Das entstandene C4b bindet an die Oberfläche des Bakteriums. Dort reagiert es mit einem C2-Molekül, welches in C2a und C2b gespalten wird. C2b ist ebenfalls eine Serinprotease. Der Komplex aus C4b und C2b ist die sog. *C3/C5-Konvertase* des klassischen Aktivierungsweges. Dieses Enzym konvertiert C3-Moleküle in C3a, das eine lokale Entzündungsantwort in Gang setzt, und C3b, das an die Bakterienoberfläche bindet. Damit die enzymatische Wirkung der C3/C5-Konvertase auf das Bakterium beschränkt bleibt und nicht auf Zellen des Wirtsgewebes übergeht, muß dieser Komplex covalent an die Bakterienoberfläche gebunden sein. Dies wird hauptsächlich über eine Bindung von C4b an Oberflächenproteine erreicht. Da C3b einen ähnlichen strukturellen Aufbau wie C4b aufweist, wird es ebenfalls covalent auf der Bakterienoberfläche gebunden oder bei Nichtbindung hydrolytisch inaktiviert.

Der Mechanismus dieser covalenten Bindung ist in Abb. 37.23 dargestellt. C3 ebenso wie C4 enthalten eine Thioesterbindung zwischen einem Cysteinylrest und dem Amid-Stickstoff eines Glutaminylrestes. Sie ist zunächst im Inneren des Proteins verborgen, wird jedoch nach Aktivierung zu C3a bzw. C4a nach außen exponiert. Die Thioestergruppierung kann nun entweder durch Wasser gespalten oder aber durch NH_2- bzw. OH-Gruppen auf dem Antigen angegriffen werden. Dies führt zu einer covalenten Verknüpfung von C3 bzw. C4 mit dem Antigen.

C3 ist das quantitativ bedeutendste Komplementprotein im Plasma. Durch die Komplementaktivierung werden große Mengen von C3b auf der Oberfläche des Bakteriums abgelagert. Dadurch bildet sich eine Hülle, die das Signal für die endgültige Zerstörung des Bakteriums durch phagocytierende Wirtszellen gibt. Dies erfolgt über eine Aktivierung von Komplementrezeptoren auf phagocytierenden Zellen. Das zweite Substrat der C3/C5-Konvertase ist C5, das in C5a und C5b gespalten wird. In der Bilanz der Komplementaktivierung des klassischen Weges sind also C3b- und C5b-Moleküle gebildet worden, die an die Oberfläche

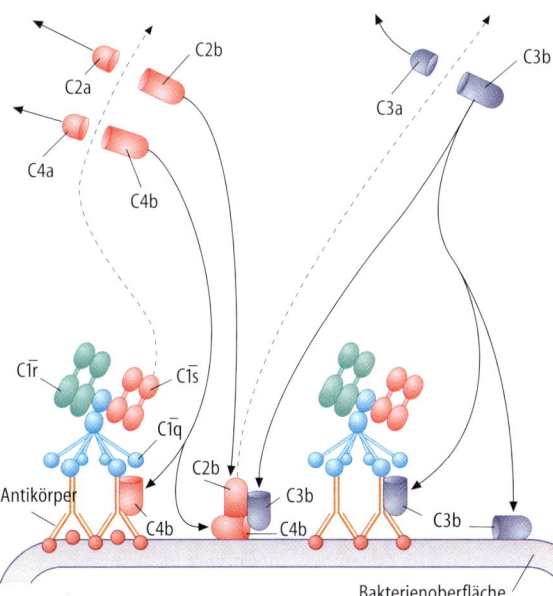

Abb. 37.22 Klassischer Weg der Aktivierung des Komplementsystems. Über die C1q-Komponenten des C1-Komplexes werden zwei an (bakteriellen) Zelloberflächen gebundene Antikörper quervernetzt. Dies führt zur Aktivierung von C1r und C1s. C1s ist eine aktive Serinprotease, die die Komplementkomponenten C2 und C4 spaltet. Ein Komplex aus C2b und C4b spaltet den Komplex C3

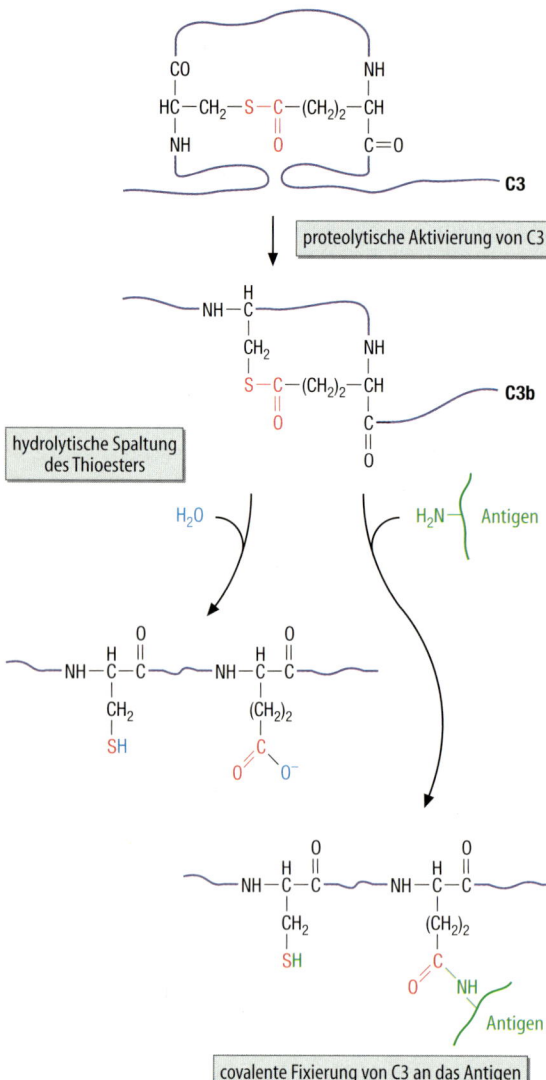

C3b auf Bakterienoberflächen bindet an Komplementrezeptoren von Phagocyten

Verschiedene Zellen des Immunsystems (Makrophagen, Monocyten, polymorphkernige Granulocyten, B-Lymphocyten) oder auch Erythrocyten weisen auf ihrer Oberfläche Rezeptoren für Komplementproteine auf. Für die Ingangsetzung der Phagocytose von Bakterien sind insbesondere die Komplementrezeptoren 1 und 3 von Bedeutung, die sich auf Makrophagen/Monocyten und polymorphkernigen Leukocyten finden. CR2 findet sich hauptsächlich auf B-Lymphocyten und dient dort auch als Rezeptor für das Epstein-Barr-Virus. Komplementrezeptoren auf Erythrocyten spielen eine Rolle bei der Entfernung löslicher Antigen-Antikörper-Komplexe aus dem Blutkreislauf. CR2 auf B-Lymphocyten hat als Teil des B-Zell-CD19-Korezeptorkomplexes Anteil an der B-Lymphocytenaktivierung durch Antigene. Viele kleine lösliche Antigene bilden Antigen-Antikörper-Immunkomplexe. Diese löslichen Immunkomplexe können Komplement direkt aktivieren. Durch die Anlagerung der aktivierten Komponenten C3b und C4b an den Immunkomplex wird eine Bindung an den Komplementrezeptor 1 auf der Oberfläche von roten Blutkörperchen ermöglicht. Diese transportieren die Komplexe in Leber und Milz, wo sie von Makrophagen von der Erythrocytenoberfläche entfernt werden. Immunkomplexe, die nicht entfernt werden können, lagern sich an den Basalmembranen von Kapillaren, wie z. B. dem Glomerulum der Niere, ab, wodurch eine Schädigung der Nierenfunktion auftritt.

Die löslichen Komplementfragmente C3a, C4a und C5a lösen eine lokale Entzündungsreaktion aus. Sie führen zu Kontraktionen der glatten Muskulatur, erhöhen die Gefäßpermeabilität und rekrutieren polymorphkernige Granulocyten und Monocyten (vor allem C5a) an Gefäßwände, was die Voraussetzung für die Einwanderung in das Entzündungsgebiet darstellt (S. 883).

Abb. 37.23 Mechanismus der Bindung von C4b und C3b an Zelloberflächen. Der durch die Spaltung zu C3b bzw. C4b exponierte Thioesterbindung wird entweder durch Wasser gespalten oder aber durch NH₂- bzw. OH-Gruppen auf dem Antigen angegriffen, was zu einer covalenten Verknüpfung mit dem Antigen führt

des Bakteriums binden, und C3a und C5a, die in die Umgebung freigesetzt werden. C3b-Moleküle werden von Komplementrezeptoren auf phagocytierenden Zellen erkannt, C3a und C5a sind starke lokale Entzündungsmediatoren (S. 885). C5b stellt den Ausgangspunkt für die Bildung des membranangreifenden Komplexes dar.

Beim *alternativen Weg* der Komplementaktivierung bindet das an die Bakterienoberfläche gebundene C3b den Faktor B, der strukturell und funktionell C2 entspricht. Durch diese Assoziation kann der Faktor B durch die Plasmaprotease Faktor D gespalten werden. Dabei entsteht ein Komplex, der der C3/C5-Konvertase des klassischen Weges entspricht. Durch diese enzymatischen Ereignisse wird der klassische Weg verstärkt.

Die terminalen Komplementkomponenten bilden den membranangreifenden Komplex

Außer durch Induktion der Phagocytose durch phagocytierende Zellen können Bakterien auch durch die Bildung des membranangreifenden Komplexes oder von Poren in der Bakterienmembran zerstört werden. An das in der Membran abgelagerte Fragment C5b wird ein C6 angelagert. Im nächsten Schritt lagert sich ein C7-Molekül an. Dieser Komplex aus drei Molekülen macht eine Konformationsänderung durch, wodurch das Molekül hydrophober wird und dadurch in die Lipiddoppelschicht des Bakteriums eindringen kann. Die Anlagerung der C8-Komponente ermöglicht die konsekutive Bindung und Polymerisierung von C9-Molekülen, die eine Pore in der Membran bilden. Diese wird als membranangreifender Komplex bezeichnet, der den Perforinporen entspricht, die durch cytotoxische T-Lymphocyten und natürliche Killerzellen gebildet werden (S. 1074). Durch den Kanal können Ionen, Wasser und Enzyme in die Zelle eindringen, wodurch es zu einer Zerstörung des Bakteriums kommt.

Durch Antagonisten wird der Wirtsorganismus vor schädlichen Auswirkungen der Komplementaktivierung geschützt

Der Wirtsorganismus schützt sich durch ein vielfältiges Kontrollsystem vor potentiell schädigenden Wirkungen des Komplementsystems. So wird z. B. die Aktivierung von C1 durch ein Plasmaprotein, den *C1-Inhibitor,* kontrolliert, der an den aktiven Enzymteil von C1 (C1r/C1s) bindet und dadurch von C1q abtrennt. Zwei weitere Membranproteine, der Decay-accelerating-factor oder *DAF* und *CD59,* verhindern eine Gewebeschädigung infolge einer zufälligen Bindung von aktivierten Komplementkomponenten an Wirtszellen und die spontane Aktivierung von Komplementfaktoren im Plasma. Beide Membranproteine sind über den Glykolipid-Phosphoinositol-Anker (GPI-Anker) mit der Zelloberfläche verbunden, bei dessen Mangel eine komplementvermittelte intravaskuläre Auflösung von roten Blutkörperchen ausgelöst werden kann (S. 892).

37.6 Pathobiochemie

37.6.1 Fehlreaktionen des Immunsystems

Allergische Reaktionen sind Immunreaktionen, die in Abwesenheit eines infektiösen Erregers stattfinden

Allergische Reaktionen gehören zu den häufigsten Fehlreaktionen des Immunsystems. Meist sind sie IgE-vermittelt und können in den verschiedensten Erscheinungsformen vom zwar lästigen, aber harmlosen Heuschnupfen bis hin zur tödlichen anaphylaktischen Reaktion ablaufen. Immer ist eine vorherige Sensibilisierung des betroffenen Individuums mit dem entsprechenden Allergen notwendig, die ohne klinische Symptome verläuft. Sie löst aber die Produktion von spezifisch gegen das Allergen gerichteten IgE's aus. Diese assoziieren an Mastzellen, die beim nächsten Kontakt mit dem Allergen entsprechende Mediatorstoffe freisetzen (S. 1076) und die allergische Reaktion auslösen. Dabei kommt es entscheidend auf den Weg an, über den das jeweilige Allergen in den Organismus gelangt. Bei intravenöser Applikation (Medikamente, Serum, Gifte) kommt es leicht zu lebensbedrohlichen Schockzuständen, die Inhalation von Allergenen (Pol-

len) führt zu Heuschnupfen oder Asthma, die orale Aufnahme zu Erbrechen, Durchfall, Hautjucken oder Urticaria. Eine Therapie allergischer Reaktionen kann durch Immunsuppression (Immunsuppressiva), auf der Stufe der Mastzellaktivierung und Mediatorstofffreisetzung (z. B. Cromoglicinsäure) sowie der Wirkung von Mediatorstoffen (z. B. Antihistaminika) erfolgen. Warum manche Personen zu allergischen Reaktionen neigen und andere nicht, ist noch nicht bekannt. Die Neigung zu Allergien scheint aber gehäuft mit bestimmten MHC-Isoformen einherzugehen.

Autoimmunerkrankungen werden durch Autoantikörper oder autoreaktive T-Lymphocyten gegen körpereigene Moleküle hervorgerufen

Autoimmunerkrankungen entstehen wahrscheinlich durch das Zusammenwirken mehrerer Faktoren, von denen eine genetische Disposition entscheidend ist: diese wird durch die MHC II-Proteine bestimmt. So besteht z. B. ein enger Zusammenhang zwischen dem DQβ-Genotyp und dem insulinabhängigen Diabetes mellitus: in der normalen DQβ-Sequenz steht Aspartat in Position 57, während Europäer mit Diabetes mellitus in dieser Position meist Valin, Serin oder Alanin aufweisen. Die Regulation der Immunreaktion und damit das Ausmaß der Antikörperproduktion sowie die Erkennung von „selbst" und „nicht selbst" und damit die Zerstörung von „nicht selbst" sind gestört. Die Beobachtung, daß eineiige Zwillinge nicht hundertprozentig konkordant für Autoimmunerkrankungen sind, hat zu der Schlußfolgerung geführt, daß *Umweltfaktoren* als auslösende Faktoren von Bedeutung sind. Bei Versuchstieren können Autoimmunerkrankungen einfach durch Immunisierung mit einem körpereigenen Peptid oder Protein induziert werden. Beim Menschen werden Autoimmunerkrankungen durch Tumoren, Medikamente, Nahrungsstoffe oder Infektionen verursacht (Tabelle 37.2).

Beispiele für Autoimmunerkrankungen sind die Schilddrüsenüberfunktion (Nachweis von Antikörpern gegen den TSH-Rezeptor, S. 820), die Myasthenia gravis (Antikörper gegen den Acetylcholinrezeptor, S. 986) oder die autoimmunen hämolytischen Anämien (Antikörper gegen Erythrocytenantigene). Die Sequenzierung der Aminosäuren von Autoantikörpern hat gezeigt, daß die Autoantikörper *Mutationen* im Vergleich zu den Immunglobulin-Keimzellsequenzen aufweisen. Diese Mutationen führen zu hohen Affinitäten für die Antigene, so daß man davon ausgeht, daß der Antikörper und die T-zellvermittelte Antwort, die für Autoimmunerkrankungen charakteristisch sind, durch das Antigen bewirkt worden sind. Auch ist die Zahl der unterschiedlichen Autoantikörper gegen verschiedene Autoantigene bei einzelnen Autoimmunerkrankungen hoch, was dafür spricht, daß – was auch immer die initiale, zur Autoimmunität führende Störung ist – die

Tabelle 37.2 Ätiologische Klassifikation von Autoimmunerkrankungen

Kategorie	Beispiel	Autoimmunkrankheit	MHC-Vergesellschaftung
Tumoren	Bronchialcarcinom	Zerebellare Degeneration	?
Medikamenten-induziert	Penicillamin	Myasthenia gravis	DR7
Nahrungsinduziert	Gluten	Sprue	DR3, DR5, DR
Infektiös	B-Streptokokken	Rheumatische Herz-erkrankung	?
Idiopathisch		Typ-I-Diabetes	DR3, DR4
		Multiple Sklerose	DR2
		Lupus erythematodes	DR3
		Morbus Basedow	?

Immunantwort sich auf eine Reihe antigener Epitope und Moleküle des betroffenen Gewebes ausbreitet. So reagiert z. B. eine große Familie von Antikörpern mit **Inselzellautoantigenen** während der Zerstörung der β-Zelle beim Typ-I-Diabetes. Diese Antikörper reagieren mit Molekülen in zwei Inselzellsekretorganellen, den Insulingranula (Insulin, Proinsulin, Carboxypeptidase H, EM2-1-Gangliosid), und den synapsenähnlichen Mikrovesikeln, in denen γ-Aminobutyrat gespeichert wird (Glutamatdecarboxylase). Möglicherweise führt Milchalbumin in der Ernährung Neugeborener zu einer Erhöhung des Risikos, einen Typ-I-Diabetes-mellitus zu entwickeln, da eine molekulare Ähnlichkeit mit dem Inselzellmolekül Glutamatdecarboxylase existiert. Die Homologie zwischen beiden Molekülen, die ein kritisches T-Lymphocytenepitop darstellen könnte, beträgt gerade vier identische Aminosäuren. Solche Peptidhomologien reichen jedoch aus, um eine T-Lymphocytenantwort und experimentelle Autoimmunerkrankungen hervorzurufen.

Bei den meisten Autoimmunerkrankungen sind beide Arme des Immunsystems an der Pathogenese beteiligt. Die Antikörperproduktion wird häufig durch T-Lymphocyten reguliert, während B-Lymphocyten, die die Antikörper produzieren, auch effiziente Antigenpräsentatoren für T-Zellen darstellen. Einer der beiden Arme dominiert bei vielen Autoimmunerkrankungen.

Die Transplantatabstoßung wird meist durch Unterschiede der MHC-Proteine ausgelöst

Die Gesetzmäßigkeiten, die für das Anwachsen bzw. die Abstoßung eines Transplantates gelten, wurden ursprünglich bei der Hauttransplantation von Mäusen ermittelt. Nur Haut desselben oder eines genetisch identischen Individuums kann erfolgreich transplantiert werden, nicht aber eine solche nur der gleichen oder gar einer fremden Species. Die Abstoßungsreaktion ist T-Zell-vermittelt, da sie bei Thymus- und damit T-Zell-losen Nacktmäusen nicht auftritt. Meist wird

das MHC-Protein des Spenders vom Empfänger als fremd erkannt und damit eine T-Zell-vermittelte zytotoxische Reaktion eingeleitet, die schließlich zur Transplantatabstoßung führt. Viel seltener sind Unterschiede in anderen exprimierten und mit dem MHC-System präsentierten Proteinen hierfür verantwortlich. Für Transplantationen versucht man durch MHC-Typisierung einen geeigneten Spender zu finden; außerdem wird durch eine immunsuppressive Therapie (Glucocorticoide, S. 770; Cyclosporine, s. u.) eine Transplantatabstoßung unterdrückt.

Cyclosporin A, FK506 und Rapamycin unterdrücken die Transplantatabstoßung über eine Hemmung der T-Lymphocytenaktivierung

Die Signalübertragung in T-Zellen wird durch Wirkstoffe wie Cyclosporin A, FK506 oder Rapamycin gehemmt. Diese Wirkstoffe finden breite Anwendung in der Transplantationsmedizin. Cyclosporin A und FK506 entfalten ihre Wirkung nach intrazellulärer Bindung an die sog. **Immunophiline** (S. 279). Sie hemmen dadurch die A- bzw. B-Untereinheit der Phosphatase Calcineurin, welche an der Übertragung calciumassoziierter Signale vom T-Zellrezeptor in den Zellkern beteiligt ist (Abb. 37.17, S. 1073). Dadurch kommt es zu einer Hemmung der Interleukin 2-Expression. Rapamycin blockiert dagegen die Stimulierung der Zellteilung über eine Hemmung der Signalkaskade des aktivierten Interleukin 2-Rezeptors.

Rhesusantigene des Fetus können die Mutter immunisieren, die Antikörper gegen rote Blutkörperchen des Fetus bildet

Auf die Bedeutung des AB0-Systems bei Bluttransfusionen wurde in Kapitel 31 (S. 906) hingewiesen. Der **Rhesusfaktor** wurde durch Immunisierung von Meerschweinchen mit Erythrocyten des Rhesusaffen entdeckt. Mit derart präpariertem Meerschweinchenserum lassen sich bei 85 % der Bevölkerung die Erythrocyten agglutinieren (Rhesus-positiv), bei den übrigen 15 % bleibt die Agglutination aus (Rh-negativ). Der Rhesusantigenkomplex (S. 906) besteht aus 6 Partialantigenen, einem Hauptantigen mit starker antigener Wirksamkeit (D), 2 Nebenantigenen (C und E) und ihren Allelen (d, c und e). Das Rhesussystem ist besonders bei der Entstehung der *fetalen Erythroblastose* (Rh-Inkompatibilität) von Bedeutung. Wenn die Mutter z. B. das Rhesusantigen nicht besitzt (Rh-negativ) und der Vater diese Anlage vererbt, kann die Mutter durch das fetale Antigen immunisiert werden. Die so gebildeten Rh-Antikörper gelangen ihrerseits über die Placenta in den Kreislauf des Kindes und bewirken dort die beschriebene Agglutination der Erythrocyten mit nachfolgender Hämolyse. Der gesteigerte Erythrocytenzerfall führt zu einer verstärkten Neubildung von Erythrocyten, die sich im vermehrten Auftreten unreifer kernhaltiger Vorstufen der Erythrocyten (Erythroblasten) äußert (fetale Erythroblastose).

Zur Prophylaxe dieser Krankheit gibt man der Mutter Rhesusantikörper (AntiD), die die in den mütterlichen Kreislauf gelangten rhesuspositiven Erythrocyten blockieren, so daß keine Antikörperbildung in Gang kommt.

37.6.2 Proliferative Entgleisungen des Immunsystems

Der klonale Auswuchs einer transformierten Plasmazelle geht mit der Bildung eines monoklonalen Proteins einher

Erworbene Störungen, die mit der tumorförmigen Vermehrung eines Plasmazellklons einhergehen (monoklonale Gammopathien, S. 1065) sind die *Plasmocytome* oder *Myelome* (IgG (55 %), IgA (25 %), selten IgD und IgE) und der *Morbus Waldenström* (IgM, Makroglobulinämie). Monoklonale Immunglobuline sind keine Paraproteine, sondern normale Bestandteile des Immunglobulinspektrums. Deshalb müssen die Myelomproteine Antikörperaktivität besitzen. Angesichts der unübersehbaren Fülle antigener Determinanten mutet jedoch jeder Versuch, den Nachweis einer spezifischen Antikörperaktivität eines Myelomproteins zu erbringen, als hoffnungsloses Unterfangen an. Das Vorkommen monoklonaler Immunglobuline ist stets nur ein Symptom, da es nicht unbedingt mit einer klinisch manifesten Erkrankung korreliert ist. Alle bisher untersuchten Myelomproteine unterscheiden sich in ihrer Sequenz. Während bei diesen *(makromolekularen)* proliferativen Entgleisungen des Immunsystems vollständige Immunglobuline gebildet werden, treten beim Ben-

ce-Jones-Plasmocytom nur L-Ketten vermehrt im Blut und – aufgrund ihres niedrigen Molekulargewichts (22 kD) – auch im Urin auf. Man spricht auch von *mikromolekularen* Myelomen und unterscheidet einen κ- und einen λ-Typ. Außerdem sind auch H-Ketten-Myelome bekannt (γ-, α- und μ-Ketten) bzw. theoretisch denkbar (δ- und ε-Ketten). Die Aminosäuresequenz dieser schweren Ketten ist normal, doch fehlt ihnen ein bestimmter Abschnitt vom variablen zum konstanten Teil (Deletion), so daß sie keine Struktur zur Ausbildung von Bindungen mit den L-Ketten besitzen. Es wird diskutiert, daß diese Deletion durch eine falsche Fusion der V-, J- und C-Gene zustande kommt (S. 1068).

37.6.3 Defekte des Immunsystems

Primäre, d. h. angeborene Immundefekte kommen in verschiedenen Varianten vor. Sie reflektieren Störungen in der Entwicklung und Reifung von Zellen des Immunsystems (Abb. 37.24) und führen zu einer erhöhten Infektionsanfälligkeit. Rezidivierende pyogene (eitererzeugende) Infektionen treten bei Defekten der humoralen Immunität auf, bei Defekten der zellvermittelten Immunität kommt es häufig zu opportunistischen Infektionen (Infektionen, die bei normaler Aktivität der Immunabwehr nicht auftreten würden). Dies entspricht Defekten der beiden hauptimmunkompetenten Zellen, der B- und T-Lymphocyten.

Bei der X-chromosomalen Agammaglobulinämie fehlen humorale Antikörper

Betroffene Jungen zeigen während der ersten neun bis zwölf Monate keine Beschwerden, da sie durch transplacentare Übernahme von IgG-Antikörpern der Mutter passiv geschützt sind. Später entwickeln sie rezidivierende Infektionen durch eitererzeugende Keime (Staphylokokken, Streptokokken). Die Erkrankung wird durch die intravenöse Substitution mit menschlichen Gammaglobulinen behandelt. Normalerweise enthält das Plasma von Patienten mit X-chromosomaler Agammaglobulinämie weniger als 100 mg/100 ml IgG und praktisch keine IgM- oder IgA-Antikörper. Die Patienten können keine Antikörper auf antigene Stimuli produzieren. B-Lymphocyten sind praktisch im Blut nicht nachweisbar. Da die zellvermittelte Immunabwehr normal ist, können Infektionen mit Viren (z. B. Masern) abgewehrt werden. Ursache der X-chromosomalen Agammaglobulinämie sind *Mutationen im btk-Gen,* das für die sog. B-Zell-Tyrosinkinase codiert. Dieses Enzym wird in der frühen B-Zellentwicklung, aber nicht in T-Zellen oder Plasmazellen exprimiert. Die verschiedensten Mutationen (Missense-, Nonsense- oder Spleißstörungen) können zu einer Beeinträchtigung der Funktion des Genproduktes führen.

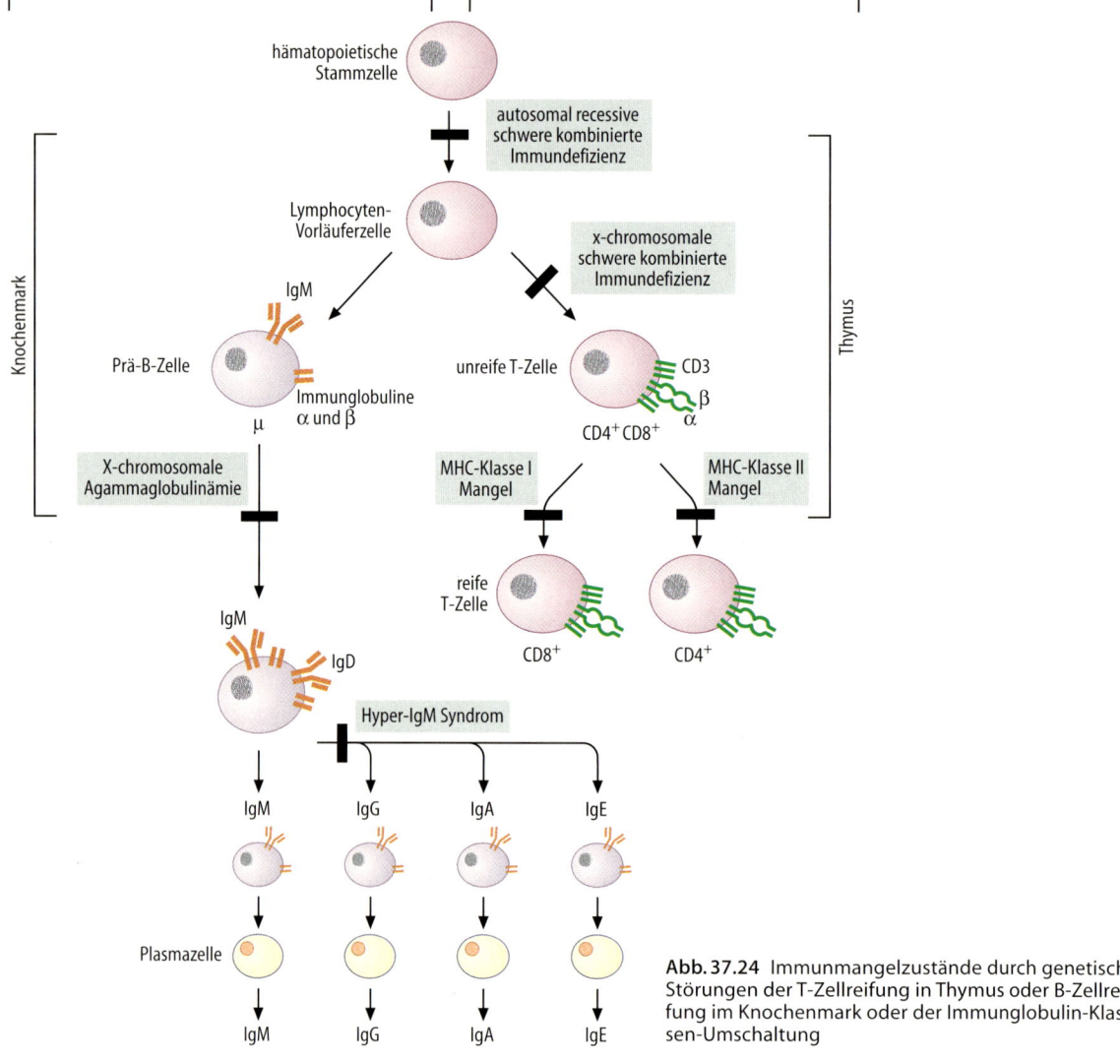

hämatopoietische
Stammzelle

autosomal recessive
schwere kombinierte
Immundefizienz

Lymphocyten-
Vorläuferzelle

x-chromosomale
schwere kombinierte
Immundefizienz

Knochenmark

IgM

Prä-B-Zelle

Immunglobuline
α und β

μ

unreife T-Zelle

CD3

β
α

CD4⁺ CD8⁺

Thymus

X-chromosomale
Agammaglobulinämie

MHC-Klasse I
Mangel

MHC-Klasse II
Mangel

IgM

IgD

reife
T-Zelle

CD8⁺

CD4⁺

Hyper-IgM Syndrom

IgM   IgG   IgA   IgE

Plasmazelle

IgM   IgG   IgA   IgE

Abb. 37.24 Immunmangelzustände durch genetische Störungen der T-Zellreifung in Thymus oder B-Zellreifung im Knochenmark oder der Immunglobulin-Klassen-Umschaltung

Eine Störung der Umschaltung von IgM zu IgG ist für das Hyper-IgM-Syndrom verantwortlich

Beim Hyper-IgM-Syndrom weisen die betroffenen Individuen erhöhte Plasma-IgM-Werte, aber praktisch kein IgA und nur geringe Konzentrationen an IgG auf. Die Patienten zeigen ebenfalls eine erhöhte Anfälligkeit gegenüber pyogenen Infektionen. Das Gen, das für das Hyper-IgM-Syndrom verantwortlich ist, liegt auf dem langen Arm des X-Chromosoms (Xq26). Es codiert für den CD40-Liganden, der für die Zellwechselwirkungen zwischen B- und T-Zellen von Bedeutung ist. Diese Wechselwirkung spielt auch bei der Umschaltung von der IgM- zur IgG-Synthese eine wichtige Rolle (Abb. 37.20, S. 1076).

SCID wird durch verschiedene Defekte verursacht

Dem schweren kombinierten Immunmangel [severe combined immunodeficiency (SCID)] liegen verschiedene molekulare Defekte zugrunde. Bei einzelnen Patienten kommen Mutationen in der γ-Kette des Interleukin 2-Rezeptors (S. 1073) vor, die auch Bestandteil anderer Interleukin-Rezeptoren (Interleukin 4, 7, 11 und 15) ist. Dadurch kommt es zu einer Störung mehrerer Interleukin-Rezeptorsysteme, wodurch die Zellen durch diese Wachstumsfaktoren, die für die normale Entwicklung und Differenzierung von T-Zellen und die späten Phasen der B-Zellentwicklung essentiell sind, nicht mehr stimuliert werden können. Bei den übrigen Patienten mit SCID liegen Enzymdefekte, wie der Adenosin-Desaminase (ADA)- oder der Nucleosid-Phosphorylase, vor. Bei Patienten mit ADA-Mangel wurde die erste erfolgreiche Gentherapie durchgeführt (S. 351).

Auch Störungen der Expression der MHC-II-Gene können zu Immundefekten führen

Der *MHC-II-Mangel* ist eine autosomal-recessive Erkrankung, die durch einen schweren Immunmangel mit multiplen Infektionen charakterisiert ist. Das klinische Bild resultiert aus dem Fehlen von MHC-DR-DQ- und DP-Molekülen auf allen Zellen des Patienten. Dieser Phänotyp kommt durch die fehlende Transkription der verschiedenen MHC-II-Klasse-Gene zustande. Die molekularen Ursachen der Erkrankung sind heterogen: bei einzelnen Patienten liegt eine Störung der Bindung eines spezifischen Proteinkomplexes, der als *RFX* bezeichnet wird, an die MHC-II-Promotoren vor, während andere Patienten eine Mutation in einem MHC-II-Transaktivator, als *CIITA* bezeichnet, aufweisen, der für die Transkription essentiell ist.

37.6.4 Defekte des Komplementsystems

C1-Inhibitormangel ist Ursache des angioneurotischen Ödems

Bekannt sind genetische Defekte der Faktoren C1 bis C9, bei denen bei homozygoter Anlage der Faktor völlig fehlt und bei heterozygoter auf 20–40 % seiner Normalkonzentration erniedrigt ist. So führt z. B. der *Ausfall von C3* – dem Anfangspunkt der gemeinsamen Endstrecke – zu schweren pyogenen Infekten, die klinisch einem Antikörpermangelsyndrom gleichen. Ein *C9-Mangel* ist nicht mit einer erkennbaren Infektionsanfälligkeit verbunden, was dafür spricht, daß die opsonierenden und inflammatorischen Wirkungen der frühen Komponenten der Komplementkaskade für die Wirtsverteidigung gegen eine Infektion am wichtigsten zu sein scheinen. Weiterhin sind Defekte bekannt, bei denen Inhibitoren des Komplementsystems fehlen, wie z. B. der *C1-Inhibitor*. Die ständig stattfindende spontane Komplementaktivierung führt hier zur Produktion großer Mengen kleiner Komplementfragmente. Diese verursachen starke Schwellungen, die vor allem im Bereich der Luftröhre zur Erstickung führen können (angioneurotisches Ödem).

!

RESÜMEE Die erste Antwort des Immunsystems auf ein Pathogen besteht in einer angeborenen stereotypen Reaktion, an der Makrophagen und Granulocyten beteiligt sind. Sie dient der Begrenzung der Infektion für einige Tage, bis die adaptive Immunantwort einsetzt. Diese wird von den T- und B-Lymphocyten getragen. Vorläufer beider Zelltypen werden im Knochenmark gebildet. Während die B-Lymphocyten im Knochenmark ihre endgültige Reifung durchmachen, verlassen Vorläuferzellen der T-Lymphocyten das Knochenmark und wandern in den Thymus ein. Bei der Reifung der Lymphocyten im Knochenmark bzw. Thymus machen die Zellen einen mehrstufigen Differenzierungsprozeß durch, im Rahmen dessen es zu einer Umlagerung von Genen für den T-Zellrezeptor bei den T-Lymphocyten und den B-Zellrezeptor bei den B-Lymphocyten kommt. Durch die genetische Rekombination von Genen für die variablen und konstanten Anteile der Ketten für diese Rezeptoren entsteht ein extrem großes Repertoire von B- und T-Lymphocyten, von denen jeder einzelner seinen individuellen Rezeptor trägt. Bevor die Zellen den Thymus bzw. das Knochenmark wieder verlassen können, werden sie auf ihre Funktion und die Unterscheidung von selbst und nichtselbst selektioniert. Im Blut zirkulieren diese Zellen als naive T- und B-Lymphocyten, die nach Kontakt mit dem passenden Antigen aktiviert werden.

Antigene sind körperfremde Substanzen, die meist Proteincharakter haben, aber auch bakterielle Polysaccharide sein können. B-Lymphocyten binden extrazelluläre, häufig lösliche Antigene, die beim erstmaligen Kontakt internalisiert und partiell proteolytisch gespalten werden. Die dabei entstehenden Fragmente werden mit den Proteinen des MHC-II-Komplexes präsentiert. Diese kommen auch auf Makrophagen vor, wo sie eine ähnliche Aufgabe erfüllen. Von MHC-II-Rezeptoren auf der Zellmembran präsentierte Peptide werden von T-Lymphocyten mit CD4-Korezeptoren erkannt. Dies löst über die Produktion von Zytokinen eine Aktivierung von B-Lymphocyten aus. T-Lymphocyten erkennen ausschließlich Peptidfragmente, die durch intrazelluläre Proteolyse von infektiösen Organismen oder infolge Transformation synthetisierter fremder Proteine entstehen, die mit dem MHC-I-Komplex präsentiert werden und prinzipiell auf allen Körperzellen vorkommen können. Die Bindung derartig präsentierter Antigene löst die Aktivierung der T-Lymphocyten aus.

Wird ein einzelner Lymphocyt aktiviert, so setzt zunächst eine klonale Expansion ein und die Nachkommen der Zellen differenzieren zu Effektorzellen, die im Falle der B-Lymphocyten als Plasmazellen Antikörper bilden und sezernieren und im Falle der T-Lymphocyten zytotoxisch wirksam sind oder Helferfunktion aufweisen.

Plasmazellen bilden zunächst pentamere IgM-Moleküle, später kommt es dann zu einer Umschaltung auf die Immunglobulin-Isotypen IgG, IgA oder IgE, die unterschiedliche biologische Funktionen besitzen. IgG ist placentagängig, IgA im Schleimhautbereich wirksam und IgE an allergischen Reaktionen beteiligt. Die Umschaltung der Immunglobulinklassensynthese erfordert wiederum die Wechselwirkung von B- und T-Lymphocyten, die durch Oberflächenmoleküle und Zytokine vermittelt wird.

Das Komplement-System ist sowohl Bestandteil der angeborenen als auch der adaptiven Immunantwort. Die Aktivierung des Systems fördert die Opsonierung von Bakterien und anschließende Phagocytose, wirkt chemotaktisch auf Granulocyten und zerstört Bakterien direkt durch die Bildung membranangreifender Komplexe.

Mutationen in Genen von Schlüsselmolekülen des Immunsystems führen häufig zu Immundefekten: Defekte des btk-Gens zur X-chromosomalen Agammaglobulinämie, des Gens der γ-Kette des Interleukin 2-Rezeptors zur schweren kombinierten Immundefizienz (SCID) oder des CD40-Ligandengens zur Blockade der Umschaltung von der IgM- zur IgG-Klasse.

Literatur

Original- und Übersichtsarbeiten

AMZEL LM, GAFFNEY BJ (1995) Structural immunology: problems in molecular recognition. FASEB J 9: 7 ff

CLARK EA, LEDBETTER JA (1994) How B- and T-cells talk to each other. Nature 367: 425–428

ENGELHARD VH (1994) Die Antigenprozessierung. Spektrum der Wissenschaft xy: 48–56

GEHA RS, ROSEN FS (1994) The genetic basis of immunoglobulin class switching. New Engl J Med 330: 1008–1009

HAMMERSTRÖM L ET AL (1993) Molecular basis for human immunodeficiencies. Curr Opin in Immunol 5: 579–584

KROCZEK RA (1994) Immundefekt trotz Hypergammaglobulinämie: molekulare Grundlagen. Die gelben Hefte 34: 20–27

MACH B (1995) MHC Class II regulation – lessons from a disease. New Engl J Med 332: 120–122

RAMMENSEE AG (1994) Wirkungsweise des Immunsystems bei intrazellulären Krankheitserregern. Naturwissenschaftliche Rundschau 47: 430–434

ROSEN F, COOPER MD, WEDGEWOOD RJP (1995) The primary immunodeficiencies. New Engl J Med 333: 431–440

SCHWARTZ RS (1995) Jumping genes and the immunoglobulin V-gene system. New Engl J Med 333: 42–44

Monographien und Lehrbücher

JANEWAY CA, TRAVERS P (1995) Immunologie. Spektrum-Verlag, Heidelberg

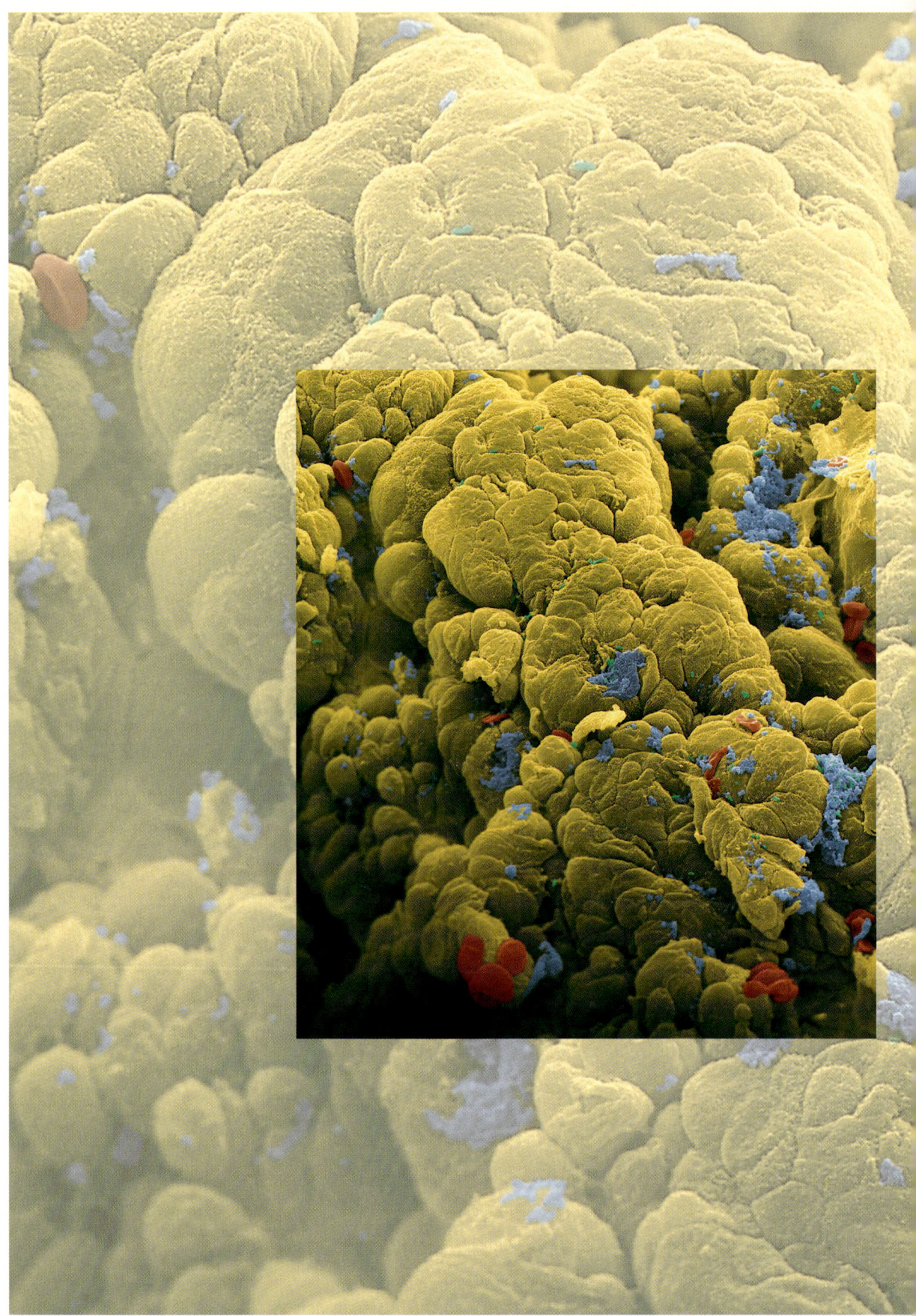

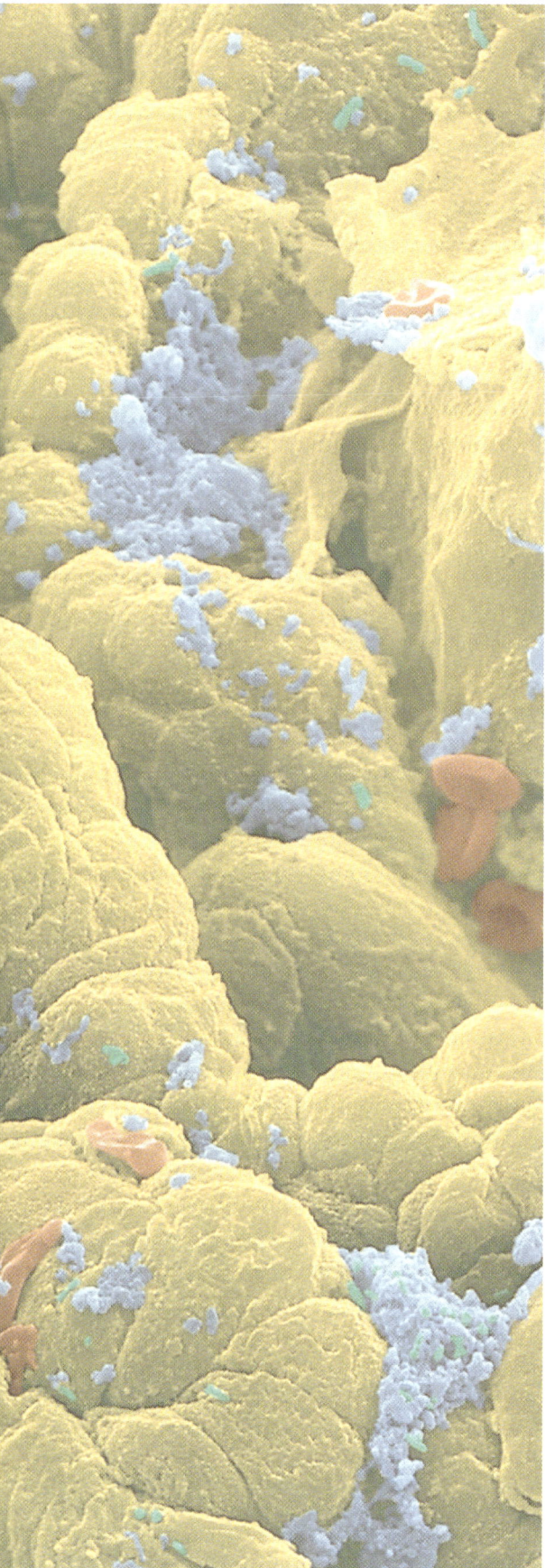

Tumorgewebe

Biochemische Untersuchungsmethoden wurden von Otto Warburg in den 30er Jahren in die Krebsforschung eingeführt, der vor allem Störungen der Atmungskette und des Glucosestoffwechsels für die Malignität verantwortlich machte. Im Gefolge dieser Pionierforschungen suchte man seit Ende der 40er Jahre nach allen möglichen biochemischen Unterschieden zwischen Krebs- und normalen Zellen. Diese Bemühungen haben erst seit Beginn der 80er Jahre durch die Entdeckung von Krebsgenen zu ersten sichtbaren Erfolgen geführt. Das Gebiet befindet sich gegenwärtig in einer enormen Weiterentwicklung, so daß wir damit rechnen können, daß Anfang des 21. Jahrhunderts die molekularen Grundlagen der Fehlregulation des Wachstums und der Metastasierung zumindest bei einigen menschlichen Tumoren verstanden sein werden.

Das Auffinden der molekularen Unterschiede zwischen Normal- und Krebszellen bedeutet nicht nur die Grundlage zum Verständnis der malignen Transformation, sondern eröffnet auch neue Wege zur Entwicklung von Krebstherapeutika. Denn das Problem der dem Onkologen zur Verfügung stehenden Krebsmittel ist ihre mangelnde Spezifität, d. h. die Tatsache, daß sie auch auf gesunde Gewebe wirken. Die molekulare Dimension des Krebsproblems ist extrem vielschichtig, da es den Krebs par excellence nicht gibt: Tumoren der einzelnen Gewebe unterscheiden sich, wie auch die normalen Gewebe, voneinander; in einem Gewebe entstehen unterschiedliche Tumoren, und viele Tumoren weisen zudem Subpopulationen von Zellen auf (Tumorheterogenität). Darüber hinaus nehmen die Krankheiten bei einzelnen Patienten einen sehr unterschiedlichen, individuellen Verlauf.

Die Aufklärung der für die Entstehung von Tumorzellen verantwortlichen Vorgänge und der besonderen biologischen Aktivitäten von Tumorzellen wird wichtige Erkenntnisse für die Prävention und Behandlung von Krebserkrankungen liefern.
(Bild: O. Meckes, eye of science, Reutlingen)

38.1 Fehlregulation des Wachstums und der Differenzierung bei Tumoren

Störungen des Fließgleichgewichtes zwischen Zellauf- und -abbau führen zu Tumoren

Wir bestehen aus 10^{12} bis 10^{14} Zellen in hochgeordneten Gebilden, die jeweils eine Funktionseinheit darstellen. Solche Funktionseinheiten, die in den vorherigen Kapiteln besprochenen Gewebe und Organe, bestehen aus verschiedenen Zelltypen in genau festgesetzten Proportionen und mit definierter, räumlicher Anordnung, d. h. zum Beispiel der Ausbildung von anatomischen Kompartimenten. Die Entwicklung, die zu den einzelnen Arten spezialisierter Zellen führt, wird als *Differenzierung* bezeichnet. Darüber gibt es praktisch in allen Geweben weitere Spezialisierungen: So besteht die Population der Epidermiszellen der Haut als Basalzellen einerseits und Zellen in verschiedenen Stadien der Keratinisierung (S. 753) andererseits. Die mitotische Aktivität ist auf die basalen Zellen beschränkt, bei deren Teilung jeweils wieder eine Basalzelle und eine Zelle entsteht, die sich weiter differenziert, d. h. die Fähigkeit zur Teilung verliert, dafür aber die Fähigkeit gewinnt, Keratin zu produzieren. Während Zellen der Epidermis ständig abgebaut und durch neue ersetzt werden, bleiben andere Zellen, wie z. B. der Großteil der

Nervenzellen, als individuelle Einheit bis zum Tode des Menschen bestehen. Der Austausch der Epidermiszellen ist wohlorganisiert: Die Stammzellen produzieren durch Replikation ständig Nachkommen, die nach mehreren Differenzierungsschritten den Platz der verlorenen Zellen einnehmen. Zwischen Wachstum und Differenzierung einerseits und dem programmierten Zelltod durch *Apoptose* (S. 208) andererseits besteht ein Fließgleichgewicht, d. h. die Anzahl der neu produzierten Zellen entspricht genau der der abgebauten Zellen. Eindrucksvolles Beispiel ist das Dünndarmepithel, das beim Menschen wie die Epidermis innerhalb von einigen Tagen regeneriert wird. Neben den Basalzellen der Haut und den Mucosazellen haben auch die Zellen des Knochenmarks eine *ständig* hohe Proliferationsrate. Daneben existieren Zellen mit *zeitweilig* höheren Mitoseraten wie Fibroblasten oder Endothelzellen, die bei Verletzungen aktiv werden und Zellen endokriner Gewebe wie das Endometrium, die in Cyclen proliferieren. Insgesamt sollen während eines Menschenlebens 10^{16} Zellen unbrauchbar und durch neue Zellen ersetzt werden. Wie der Ausgleich des Zellverlustes durch entsprechende Zellproliferation reguliert wird, ist noch unbekannt. Die molekularen Grundlagen sind jedoch von großem praktischem Interesse, da bei Störungen des Fließgleichgewichtes die Zahl der neugebildeten Zellen die der verlorengegangenen übersteigt. Die zuviel produzierten können sich teilweise oder vollständig, zeitweilig oder auch immer der Regulation entziehen: die Folge sind harmlose *Wucherungen* (benigne Tumoren) oder bösartige *Krebsgeschwulste* (maligne Tumoren). Häufig ist mit der erhöhten Proliferation auch eine Unfähigkeit zur Differenzierung verbunden. Deshalb zielen Therapieansätze nicht nur auf eine Hemmung der Proliferation, sondern auch auf eine Induktion der Differenzierung. Je nachdem, ob die Tumoren von Mesenchym- oder Epithelzellen ausgehen, wird zwischen *Sarkomen* und *Carcinomen* unterschieden. Tumoren der blutbildenden Zellen werden als *Leukämien* bezeichnet. Ein Tumor entsteht aus *einer* neoplastisch veränderten Zelle und stellt damit einen Klon dar (S. 1077).

38.2 Tumorentstehung (Cancerogenese)

Bereits 1928 hat K. H. Bauer die Entstehung von Tumoren durch somatische Mutationen postuliert

Tumoren können durch verschiedene Faktoren induziert werden. Chemische und physikalische Cancerogene bewirken eine molekulare Veränderung des Wirtsgenoms. Eine Beziehung zwischen Cancerogenese und Mutation war erstmalig von Theodor Boveri 1917 vermutet worden. 1928 stellte K. H. Bauer (Heidelberg) die somatische Mutationshypothese der Krebsentstehung auf, obwohl zu jener Zeit die molekulare Natur des genetischen Materials noch unbekannt war. Daß Cancerogene die genetische Information der Wirtszelle ändern, also *Mutagene* sind, gilt heute – fast 70 Jahre nach Bauers Veröffentlichung – als gesichert. Dabei konzentriert sich das Interesse der Forschung heute auf diejenigen Abschnitte der DNA, deren Veränderungen die Transformation bedingen. Somatische Mutationen treten beim Menschen relativ selten auf (S. 326). Zur Transformation einer normalen in eine maligne Zelle reicht nicht eine Mutation aus, sondern es müssen mehrere genetische Veränderungen zusammen kommen.

Onkogene und Antionkogene sind die lange gesuchten Krebsgene

Krebs stellt eine *genetische* Erkrankung in dem Sinne dar, daß das Genom der Krebszelle durch eine Akkumulation von genetischen Veränderungen gekennzeichnet ist und daß diese Veränderungen von einer Krebszellgeneration auf die nächste übertragen werden.

Wesentliches Ziel der Krebsforschung ist die Identifizierung der für die Entstehung (Tumorigenese) und Progression (Metastasierung) der einzelnen Tumorerkrankungen beim Menschen verantwortlichen Gene, der Krebsgene. Zu den Krebsgenen gehören die *Onkogene* (über 100 im Jahr 1996 bekannt) und die *Antionkogene* (etwa 15 im Jahre 1996 bekannt), die die Tumorigenese fördern bzw. supprimieren. Diese Gene sind im normalen, d. h. genetisch nicht veränderten Zustand als Schlüsselgene für die Transduktion physiologischer Signale vom Zelläußeren zum Zellkern verantwortlich. Zwischen den Produkten beider Gengruppen, den Onkoproteinen und Antionkoproteinen, besteht ein fein reguliertes Gleichgewicht: Störungen dieses Gleichgewichtes durch die konstitutive Aktivierung von Onkogenen und/oder die Inaktivierung von Antionkogenen begünstigen die Tumorigenese. Ein ähnliches Gleichgewicht muß für die Gene herrschen, die für die Begünstigung oder Hemmung der Ausbreitung von Zellen (*Metastogene* und *Antimetastogene)* postuliert werden. Wahrscheinlich sind verschiedene Mutationen in unterschiedlichen Genen für die Entstehung und Progression der einzelnen Tumorerkrankungen verantwortlich und unterschiedliche Gene mit unterschiedlichen Mutationen beim einzelnen Patienten verändert, was den individuellen Verlauf der Erkrankung und das individuelle Ansprechen auf eine Behandlung erklärt.

38.3 Onkogene

38.3.1 Identifizierung von Onkogenen

DNA-Fragmente menschlicher Tumoren wirken krebserzeugend

Die Onkogenforschung nahm ihren Beginn in den 80er Jahren, als es gelang, DNA aus einem menschlichen Tumor zu extrahieren, in Fragmente zu zerlegen, zu klonieren und anschließend in eine bereits teiltransformierte Zellinie einzubringen. In dieser konnte damit eine vollständige Transformation erzeugt werden, was an der Kolonienbildung der Zellen in Weichagar oder der Tumorbildung nach subkutaner Injektion in immunkompromittierte Versuchstiere, sog. Nacktmäuse, erkennbar war. Die Wiederholung der Versuche zeigte, daß immer nur dasselbe DNA-Fragment aus dem menschlichen Tumor und nicht das Äquivalent aus normalen Zellen tumorerzeugend wirkte. Auf diesem Fragment mußte also das die Tumorentstehung begünstigende Gen lokalisiert sein. Unter Verwendung dieses experimentellen Ansatzes wurde schließlich eine große Anzahl von Onkogenen identifiziert, die zwischenzeitlich auf über 100 angestiegen ist.

38.3.2 Funktion von Onkogenen

Viele Onkogene leiten sich von den an der Wachstumsregulation beteiligten Genen ab

Die Fortschritte der modernen Molekularbiologie haben zur Aufklärung der Aminosäuresequenz vieler Onkogene geführt. Ein überraschendes Ergebnis dabei war, daß viele Onkogen-Proteine Strukturähnlichkeiten mit den an der Wachstumsregulation beteiligten Proteinen haben. Man nimmt deswegen an, daß sie durch Mutationen aus diesen normalen, für den Fortbestand einer Zelle notwendigen Genen entstanden sind. Die letzteren werden dementsprechend auch als *Protoonkogene*, d. h. Vorläufer von zellulären Onkogenen (c-Onkogene) bezeichnet. Tabelle 38.1 gibt eine Zusammenstellung der wichtigsten Protoonkogene und der daraus abgeleiteten zellulären Onkogene. Die Analyse tumorbildender Gene aus Retroviren zeigt darüber hinaus, daß auch diese als virale Onkogene (v-Onkogene) bezeichneten Gene in vielen Fällen Sequenzhomologie zu den an der Wachstumsregulation beteiligten Genen zeigen. Man nimmt deswegen an, daß diese viralen Onkogene durch Übernahme aus dem Wirtsgenom – in veränderter Form (z. B. ohne Introns) – entstanden sein müssen.

Proto-Onkogene sind an der Transduktion von Wachstumssignalen beteiligt

Das Zellwachstum wird durch eine große Zahl von *Wachstumsfaktoren* reguliert. Diese sind Polypeptide, die von verschiedenen Zellen gebildet werden und den Übergang von Zellen aus der G_0- bzw. G_1-Phase in den Zellcyclus bewirken. Dieser Übergang erfolgt in zwei Schritten (Abb. 38.1): Zuerst muß die Zelle durch sog. Kompetenzfaktoren von der G_0- in die G_1-Phase überführt werden und anschließend unter dem Einfluß von Progressionsfaktoren mit der DNA-Synthese beginnen. Zur Gruppe der *Kompetenzfaktoren* zählen der epidermale Wachstumsfaktor (EGF), der transformierende Wachstumsfaktor-α (TGF-α), der Fibroblastenwachstumsfaktor (FGF) und der Plättchenwachstumsfaktor (PDGF). Der insulinähnliche Wachstumsfaktor-I (IGF-I) oder Insulin in hohen Konzentrationen sind wichtige Vertreter der *Progressionsfaktoren* (Abb. 38.1). Der Durchtritt durch die G_1-Phase erfordert die kontinuierliche Wachstumsfaktor-Stimulation über mehrere Stunden, da die Zellen ansonsten wieder in den G_0-Zustand zurückkehren. Während eines bestimmten Abschnittes der G_1-Phase müssen sowohl Kompetenz- als auch Progressionsfaktoren anwesend sein, anschließend nur noch der Progressionsfaktor. Einige Zytokine wie der transformierende Wachstumsfaktor-β (TGF-β), Interferone oder Tumornekrosefaktor α (TNFα) antagonisieren die Wirkung von Wachstumsfaktoren.

Der erste Schritt in der Wechselwirkung des Wachstumsfaktors mit der Zielzelle ist die Bindung an einen spezifischen *Membranrezeptor.* Meist sind Rezeptoren für Wachstumsfaktoren Rezeptoren mit Tyrosinkinaseaktivität (S. 779). Aufgrund von Sequenz-

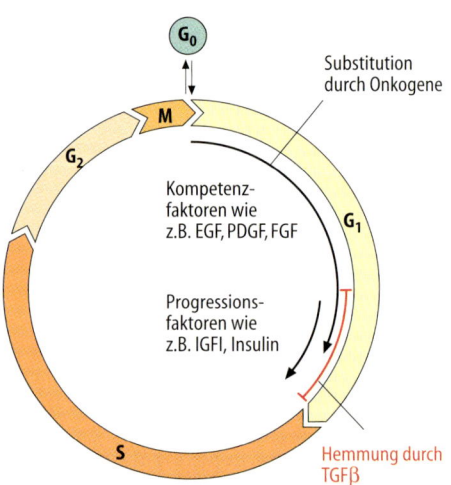

Abb. 38.1 Beeinflussung des Zellcyclus durch Kompetenz- und Progressionsfaktoren: Kompetenzfaktoren wie *EGF, PDGF* oder *FGF* können durch bestimmte Onkogene substituiert werden; die Wirkung von Progressionsfaktoren ist z. B. durch *TGF-β* antagonisierbar

Tabelle 38.1 Protoonkogene und verwandte Onkogene

1. Wachstumsfaktoren		
PDGF (Platelet derived growth factor)		*sis*-Onkogen
FGF (Fibroblast growth factor)		*int 2*-Onkogen
2. Transmembranäre Wachstumsfaktorrezeptoren		
EGF-Rezeptor		*erbB*-Onkogen
M-CSF-Rezeptor		*fms*-Onkogen
3. Membranassoziierte Tyrosinkinasen		
Abl-Tyrosinkinase		*abl*-Onkogen
4. Membranassoziierte Guaninnucleotid-bindende Proteine		
Ras-Protein		*ras*-Onkogen
5. Cytosolische Serinthreoninkinasen		
		raf-mil-Onkogen
		mos-Onkogen
6. Cytosolische Hormonrezeptoren		
Schilddrüsenhormonrezeptor		*erbA*-Onkogen
7. Transkriptionsfaktoren		
		fos-, jun-, myc-, myb-, rel-Onkogene
8. Apoptosefaktoren		
		bcl2-Onkogen

homologien können mehrere *Familien* derartiger Rezeptoren unterschieden werden (Abb. 27.18, S. 779). Die Liganden-induzierte Aktivierung der Kinasedomäne wird über die Dimerisierung der Rezeptoren vermittelt, was zu einer gegenseitigen Phosphorylierung der Rezeptoruntereinheiten an Tyrosylresten führt.

Die Tyrosinphosphatreste dienen als *Andockungsstellen* für eine Reihe anderer Proteine, deren Bindung über eine Kaskade von Proteinkinasen zur Phosphorylierung und Aktivierung von solchen Transkriptionsfaktoren führt, die die für die Progression der Zellen von der G_1- in die S-Phase benötigten Gene aktivieren (S. 206).

Eine zentrale Stelle als Schalter bei dieser Signaltransduktion kommt dem *Ras-Protein* zu. Ras ist ein G-Protein, das nach Aktivierung durch Wachstumsfaktoren mit Tyrosinkinaseaktivität GTP bindet und damit die Signaltransduktionskaskade weiterleitet. Es liegt auf der Hand, daß Mechanismen vorhanden sein müssen, die eine Daueraktivierung der Zelle verhindern. Eine Schlüsselstellung hierbei besitzt das GAP-Protein (GAP, *engl.* GTPase activating protein). Dies fördert die GTPase-Aktivität von Ras und leitet damit dessen Inaktivierung ein (Abb. 38.2). Es folgt auch, daß ein Aminosäureaustausch im Ras-Protein durch eine Mutation, die die Bindung an das GAP-Protein und damit die Ras-Inaktivierung unmöglich macht, zu einer Arretierung des aktiven Zustands führen muß.

38.3.3 Protoonkogenaktivierung durch Mutationen

Onkogenmutationen wirken dominant

Onkogene werden bei menschlichen Tumoren durch Mutationen aktiviert. Die Wirkung aktivierter Onkogene ist dominant, d. h. sie wird bereits manifest, wenn das zweite Allel noch nicht aktiviert ist. Onkogen-Mutationen können ständig in somatischen Zellen auftreten. Da sie bisher nicht in Keimbahnzellen beobachtet worden sind, wirken Onkogenmutationen während der Embryonalentwicklung offenbar letal. *Punktmutationen* verursachen den Austausch einer Aminosäure, so z. B. in den Positionen 12, 13 oder 61 des Ras-Onkoproteins bei Patienten mit Colontumoren. *Translokationen* wie bei der akuten Promyelocyten-Leukämie (t15/17) führen zum Bruch von Onkogenen und zur anschließenden Fusion der Bruchstücke mit Ausbildung von Fusionsgenen, die in ihrer Funktion verändert sind (S. 1103). Durch andere Translokationen (t8/14) gerät ein Onkogen unter den Einfluß eines anderen regulatorischen Systems (wie z. B. das *c-myc*-Onkogen beim Burkitt-Lymphom unter den Einfluß des Immunglobulinlocus). Folge der Onkogenmutation ist die *konstitutive Anschaltung eines Signaltransduktionsweges*, auch wenn kein exogenes Wachstumssignal vorliegt. Sie macht die Zelle also vom Liganden unabhängig. Alternativ kann eine Daueraktivierung auch durch die konstitutive Produktion eines Wachstumsfaktors hervorgerufen werden, für den die Zelle einen

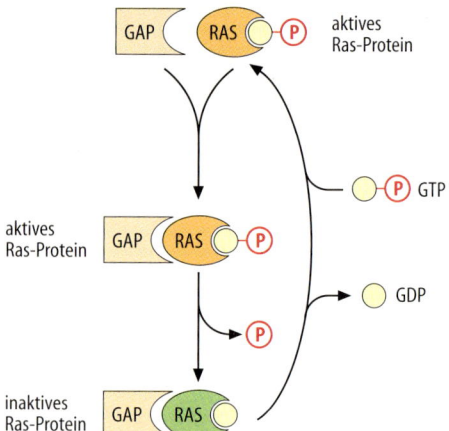

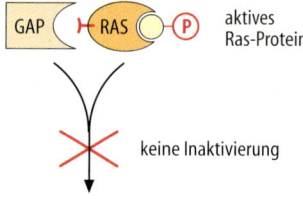

Abb. 38.2 Ras-Inaktivierung durch Bindung des GAP-Proteins. Das mutierte Ras-Protein kann das GAP-Protein nicht mehr binden, so daß das Ras-Protein daueraktiviert bleibt

Rezeptor besitzt. Diese **autokrine Stimulation** der Proliferation (S. 762) ist demnach ligandenabhängig. Darüber hinaus können auch Gene, die am programmierten Zelltod (Apoptose) beteiligt sind (wie z. B. das *bcl-2*-Onkogen), durch eine veränderte Expression zu einer Verlängerung der Überlebenszeit der Zelle (ohne Proliferationssteigerung) führen.

38.4 Antionkogene

38.4.1 Identifizierung von Antionkogenen

Antionkogene, also Gene, die die Tumorentstehung hemmen (und deshalb auch als Tumor-Suppressorgene bezeichnet werden), sind wesentlich schwerer zu identifizieren als Onkogene, da der Nachweis ihrer Existenz mit zellbiologischen Methoden (Hemmung des Wachstums) schwierig ist. Anfängliche Untersuchungen bedienten sich der Technik der **Zellhybridisierung,** mit der Tumorzellen und normale Zellen fusioniert werden. Da die entstehenden Hybridzellen nicht mehr tumorigen waren, wurde postuliert, daß die normalen Zellen genetisches Material in die Fusion einbrachten, das den Tumorphänotyp der Partnerzelle unterdrücken konnte. Die Hybridzellen verloren oft Chromosomen, was – wenn diese aus dem Genom der normalen Zellen stammten – zu einem Wiederauftreten des malignen Phänotyps führte. Die Korrelation dieser Reversion mit dem Verlust spezifischer normaler Chromosomen sprach für die Existenz von kritischen Genen auf diesen Chromosomen, die im Tumorzellgenom fehlen mußten und die das fehlregulierte Wachstumsprogramm von Tumorzellen normalisieren konnten.

Bei familiären Tumoren liegt bereits eine Keimbahnmutation vor

Weitere Anstöße erhielt die Antionkogenforschung durch das Postulat von Alfred Knudson von der Uni-

versity of Texas in Houston zu Anfang der 70er Jahre, nach dem das **Retinoblastom** (RB), ein Augentumor bei Kindern, durch zwei konsekutive Mutationen im Genom entsteht.

- Danach treten bei der sporadischen Form des Retinoblastoms beide Mutationen in der Retinazelle als somatische Mutationen nach der Konzeption auf,
- wohingegen bei der familiären Form eine Mutation als Keimbahnmutation von einem Elternteil ererbt und die zweite als somatische Mutation erworben wird (Abb. 38.3).

Diese Hypothese geriet in Zusammenhang mit den Antionkogenen, als die Natur dieser Keimbahn- und somatischen Mutationen erkannt wurde: Sie führen nämlich zur Inaktivierung eines Gens auf Chromosom 13, das als **Rb-Gen** (S. 208, 1097) bezeichnet wird. Grundlage für diese Identifizierung waren cytogenetische Analysen, die ein gelegentliches Fehlen der Bande q14 von

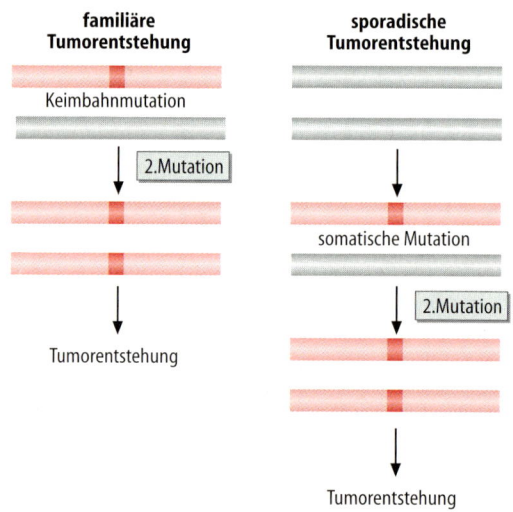

Abb. 38.3 Vergleich der zeitlichen Mutationsabfolge bei familiären und sporadischen Tumoren

Chromosom 13 bei Retinoblastomtumorzellen ergeben hatten. Anschließende genetische Analysen erbrachten den Beweis, daß es sich bei den beiden postulierten Mutationen um die Inaktivierung der beiden Allele dieses Gens handelte. Es wurde auch klar, daß das *rb*-Gen *recessiv* wirkte, da Kinder mit nur einem defekten Allel eine normale Entwicklung erfahren. Nur die Zelle, die auch das normale Wildtyp-Allel zusätzlich verliert, ist wachstumsgestört.

Eine somatische Mutation ist an dem Verlust der Heterozygotie erkennbar

Zur Identifikation von chromosomalen Regionen, die Antionkogene enthalten, dient die ***DNA-Sequenzverlust-Analyse,*** die am Beispiel des Retinoblastoms veranschaulicht werden soll (Abb. 38.4), das als hereditäre und sporadische Form vorkommt. Geht man von der Annahme aus, daß der hereditären Form eine Keim-

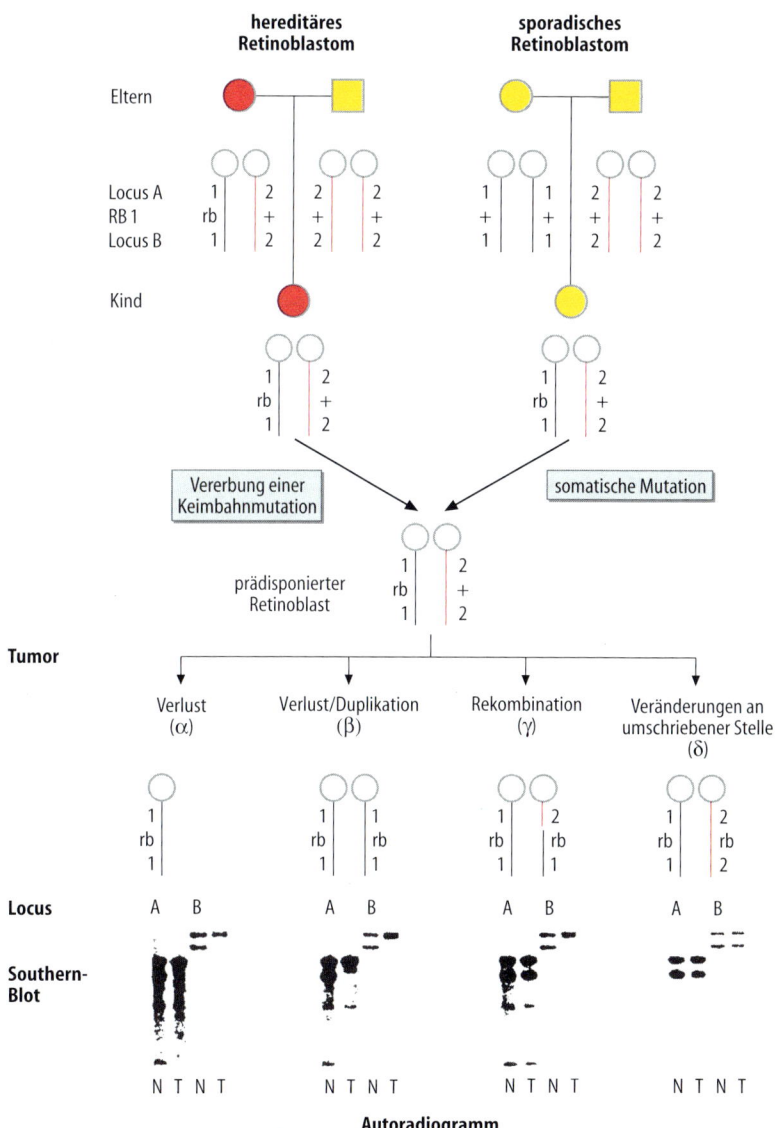

Abb. 38.4 Verlust der Heterozygotie (LOH) am Beispiel des Retinoblastoms. *Oben links:* Vererbung eines Chromosom 13 mit einem recessiven Defekt am *RB 1*-Locus (als *rb* bezeichnet) führt dazu, daß das Kind in allen Zellen rb/+ ist. Das Retinoblastom kann durch Verlust des dominanten Wildtyp-Allels durch im unteren Abbildungsteil beschriebene Mechanismen entstehen. *Oben rechts:* Eine recessive Mutation, die in einer einzelnen Zelle auftritt, könnte ebenfalls durch einen der angegebenen Mechanismen erkannt werden. *Unten:* Der an der Tumorentstehung beteiligte chromosomale Mechanismus kann durch den Vergleich der Genotypen der Loci A und B auf Chromosom 13 in Normal *(N)*- und Tumorgewebe *(T)* analysiert werden: (α) Verlust des Wildtypchromosoms, so daß ein Verlust dieser Allele im Tumorgewebe auftritt, (β) Verlust des Wildtypchromosoms und Duplikation des mutierten Chromosoms, so daß die Intensität der verbliebenen Allele doppelt so stark im Tumor- wie im Normalgewebe ist, (γ) Rekombination unter Beteiligung eines Bruchpunktes zwischen Locus A und rb1, so daß ein Locus im Tumor heterozygot bleibt, während der andere ein Allel verliert und das zweite verdoppelt, und (δ) ist die Mutation spezifisch für den *rb1*-Locus, dann zeigt die RFLP-Analyse keinen Allelverlust im Tumor. (Nach Hansen u. Cavanee 1988)

bahnmutation des Retinoblastomlocus zugrunde liegt, dann wird das mutierte Allel bei einem Nachfahren des Patienten in allen seinen Keimzellen und somatischen Zellen vorkommen. Der Nachkomme ist also heterozygot für den Locus, da er auf einem Chromosom das normale und auf dem anderen das mutierte Allel aufweist. Tritt nun in einer Retinazelle eine somatische Mutation auf, die zum Verlust des normalen Allels führt, so verliert die entstehende Tumorzelle ihren heterozygoten Zustand *(loss of heterozygosity, LOH)*, da sie ja jetzt für den mutierten Locus homozygot ist.

Die Mutation, die zum Verlust des zweiten Allels führt, kann mit einer Frequenz von 10^{-6} pro Zellgeneration auftreten, so daß zwei nicht-funktionierende Allele entstehen, die jedoch Mutationen in unterschiedlichen Regionen aufweisen können (gemischte Heterozygote, S. 345). Wesentlich häufiger (mit 10^{-3} bis 10^{-4} pro Zellgeneration) erfolgt der Verlust des Wildtypallels jedoch durch andere Mechanismen wie chromosomale non-disjunction, meiotische Rekombination oder Genkonversion, so daß die meisten Tumoren, die beide Allele des Antionkogens verloren haben, identisch mutierte Allele aufweisen. Ist eine solche Mutation mit dem Verlust einer chromosomalen Bande (s. oben) oder gar dem gesamten Chromosom verbunden, so ist sie entsprechend einfach unter dem Mikroskop mit Hilfe der Cytogenetik zu erkennen (ohne daß dadurch der genaue Locus definiert wäre). Die meisten Mutationen liegen jedoch auf submikroskopischer Ebene. Da aufgrund des oben geschilderten Mechanismus der Entstehung der Heterozygotie die chromosomalen Regionen, die das mutierte Allel flankieren, oft ebenfalls betroffen sind, können polymorphe Marker, die in der Nähe der mutierten Region liegen und ebenfalls vor der Tumorentstehung heterozygot waren, einen parallelen Verlust der Heterozygotie aufweisen.

Zur Identifizierung bisher noch nicht bekannter Antionkogene werden auch *anonyme Sonden* (da zwar ihr Bindungsort an einen Chromosomenabschnitt, nicht aber ihre Struktur bekannt ist) als Marker für Polymorphismen verwendet: Mehrere Hundert solcher anonymen DNA-Sonden für alle Chromosomen mit einem mittleren Abstand von etwa 10 Millionen Basen stehen für diese Untersuchungen zur Verfügung. Um den Verlust von Allelen zu entdecken, muß DNA von normalen und Tumorzellen desselben Patienten verglichen werden. Die wiederholte Beobachtung des Verlustes der Heterozygotie eines spezifischen chromosomalen Markers in Zellen eines bestimmten Tumortyps spricht dann für die Existenz eines in der Nähe gelegenen Antionkogens, dessen Verlust an der Tumorentstehung beteiligt ist. So findet sich z. B. ein Marker für Chromosom 18q, der hochpolymorph (und deshalb in den meisten Genomen heterozygot) ist, in 70 % fortgeschrittener Coloncarcinome in einem homozygoten Zustand. Dies spricht für die Gegenwart eines Antionkogens in der Nähe dieses Markers. Mit diesem Ansatz, der die Tumorforschung revolutioniert hat, wird das gesamte Tumorgenom systematisch auf die Gegenwart von LOHs untersucht. Erschwert werden Interpretation und Analyse von LOHs gelegentlich durch die Gegenwart stromaler und inflammatorischer Zellen in Tumorgewebeproben, d. h. von Zellpopulationen, die den normalen Genotyp aufweisen.

Unterschiede in den genetischen Fingerabdrücken von Tumor- und Normalgewebe weisen auf somatische Mutationen hin

Ein ähnlicher Ansatz ist mit Hilfe der Sonden für *Mikrosatelliten* möglich. Dazu werden kurze Nucleotidabschnitte wie $(CAC)_5$ oder $(CTGT)_4$, die mehrfach an bekannten Stellen des Genoms vorkommen, als Sonden verwendet (S. 319). Bei diesem Ansatz werden bei einem Patienten der transformierte und der noch verbliebene gesunde Anteil des Organs parallel untersucht. Dies ist z. B. beim Nierenkrebs möglich, zu dessen Behandlung die erkrankte Niere durch Operation entfernt wird. Solche als genetischer Fingerabdruck bezeichneten Analysen zeigen, daß bei Verwendung der mit dem DNA-Abschnitt $(CTGC)_4$ hybridisierenden Sonde $(GACA)_4$ nach Restriktionsenzymverdau bei einem Großteil der Patienten Bandenabschwächungen er-

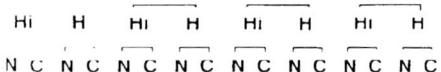

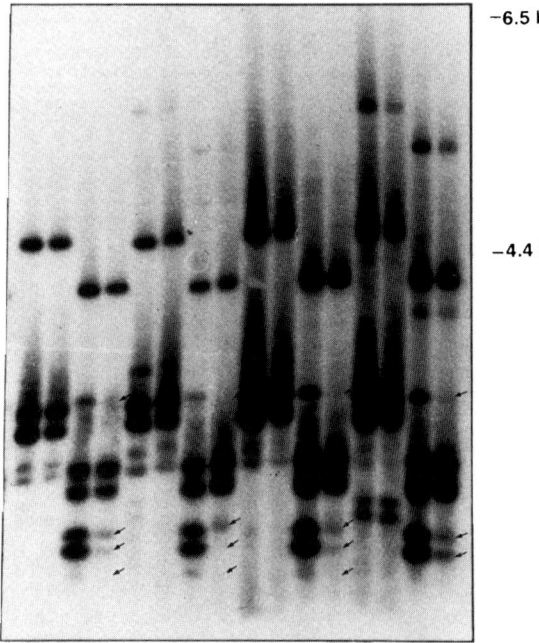

Abb. 38.5 Nachweis des Verlustes chromosomaler Abschnitte bei 8 Patienten mit Nierenkrebs durch genetischen Fingerabdruck (Hybridisierung mit der synthetischen Oligonucleotidsonde (GACA). *N* Normalgewebe; *C* Tumorgewebe; *Hi* Hinf I; *H* Hae III (S. 170). Die *Pfeile* zeigen die im Tumoranteil fehlenden Banden. (Nach Bock et al. 1994)

Tabelle 38.2 Antionkogene

Gen	Protein	Krankheit	Lokalisation	Funktion
rb	Rb	Retinoblastom, Osteosarkom	13q14	Reguliert Transkriptionsfaktoren
wt-1	WT-1	Wilms-Tumor	11p13	Transkriptionsfaktor
apc	APC	Familiäre Polyposis	5q21	β-Cateninbindung
dcc	DCC	Colorektale Tumoren	18q21	Adhäsionsprotein
p53	p53	Osteosarkom, Mamma, Gehirn	17p12–13	Transkriptionsfaktor
nf1	Neurofibromin	Neurofibromatose	17q11.2	GTPase-aktivierendes Protein
nf2	Merlin	Akustikusneurinom	22q	Cytoskelett-Integration
mts1	p16	Melanom	9q21	Blockiert cdk4
mts2	p15	?	9q21	Blockiert cdk
msh2	MSH2	Colorektale Tumoren	2p	DNA-Reparatur
mlh1	MLH1	Colorektale Tumoren	3p	DNA-Reparatur
brca1	BRCA1	Mamma-, Ovarialcarcinom	17q21	Transkriptionsfaktor

kennbar sind (Abb. 38.5). Da die repetitiven Elemente, mit denen diese Sonde hybridisiert, auf den kurzen Armen der Chromosomen 13, 14, 15, 21 und 22 liegen, befinden sich dort wahrscheinlich für die renale Tumorgenese kritische Gene. Durch diese Techniken wird i. a. eine chromosomale Region festgelegt, auf der sich eine Vielzahl von Kandidaten-Antionkogenen befindet. Durch Verwendung zusätzlicher Sonden kann die Zahl der Kandidatengene von mehreren auf eines eingeengt werden, welches dann sequenziert wird. Durch den Nachweis von Mutationen bei Patienten mit der untersuchten Tumorerkrankung wird das Kandidatengen in den Stand eines Tumorgens erhoben (S. 322).

38.4.2 Funktionen von Antionkogenen

Tumorsuppressor-Gene regulieren den Zellcyclus

Bisher sind bei weitem noch nicht so viele Antionkogene wie Onkogene (Tabelle 38.2) identifiziert und kloniert worden. Da aber bereits Chromosomenregionen bekannt sind, auf denen für bestimmte Tumorerkrankungen spezifische Antionkogene liegen müssen, ist es wahrscheinlich, daß ihre Zahl in den kommenden Jahren rasch zunehmen wird. Antionkogene bzw. Antionkoproteine wirken als Hemmstoffe des Zellwachstums: Die Antionkoproteine *Rb 105* und *p53* (S. 210) werden als kernständige Proteine beim kritischen Übergang von der G_1- in die S-Phase benötigt, also zu dem Zeitpunkt, zu dem auch TGF-β die Progression durch den Zellcyclus hemmen kann. Die Hemmung durch TGF-β korreliert mit einer Phosphorylierung des Rb-

Genproduktes, welches dadurch inaktiviert wird (s. unten). Für andere Antionkoproteine werden eine Reihe von Funktionen (Tabelle 38.3) diskutiert, zu denen auch DNA-Reparaturfunktionen zählen (Mutator-Gene, S. 1101). Die Wirkungsweise eines weiteren Antionkogens, des BRCA1-Gens, dessen Ausfall mit einem deutlichen Risiko verbunden ist, ein familiäres Mammacarcinom zu entwickeln, ist ebenfalls noch unklar.

Das Rb-Genprodukt hemmt über die Inaktivierung der Transkriptionsfaktoren E2F und DP1 den Eintritt in die S-Phase

Der zeitliche Ablauf des Zellcyclus wird durch Synthese und Abbau der *Cycline* bestimmt, deren Konzentration in einer Phase des Zellcyclus ansteigt und in einer anderen wieder abfällt (Einzelheiten, Kapitel 9, S. 207). Cycline regulieren Proteinkinasen, die deshalb als *Cyclin-abhängige Proteinkinasen* (cyclin dependent kinases,

Tabelle 38.3 Mögliche Funktionen von Antionkogenen

Induktion terminaler Differenzierung
Aufrechterhaltung genomischer Stabilität (Mutator-Gene)
Triggerung des Alterungsprozesses
Regulation des Zellwachstums
Hemmung von Proteinasen
Modulation von Histokompatibilitätsantigenen
Regulation der Angiogenese
Vermittlung der Zell-Zell-Kommunikation

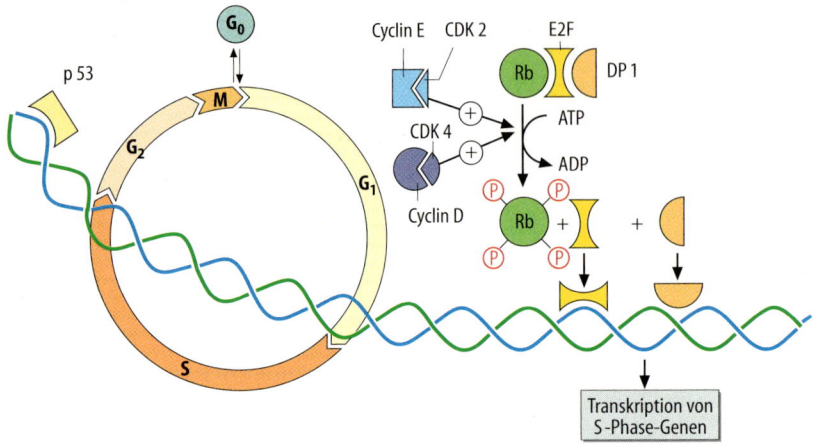

Abb. 38.6 Wirkung von Cyclin E/CDK2 und Cyclin D/CDK4 auf den Rb-E2F-DP1-Komplex. Nach Phosphorylierung des Rb 105 dissoziiert der Komplex, so daß die Transkriptionsfaktoren freigesetzt werden und ihre Wirkung entfalten können

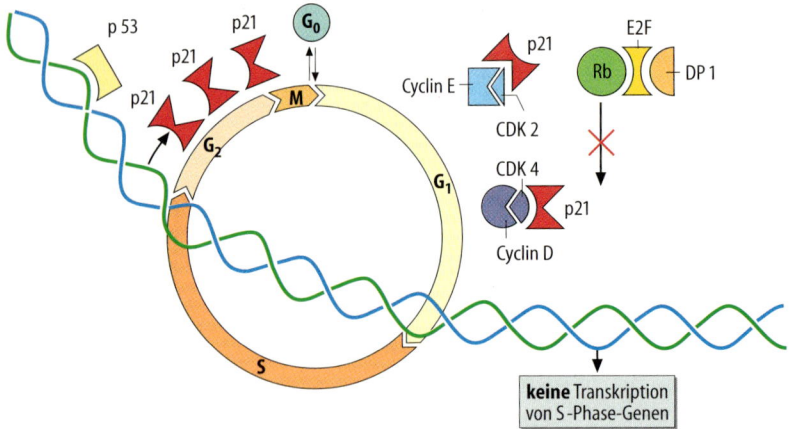

Abb. 38.7 Wirkung von p53 über p21 auf die Cyclin E/CDK2- und Cyclin D/CDK4-Komplexe

CDK1, 2, 3 etc.) bezeichnet werden. Die Aktivierung von CDK2 durch Cyclin E und von CDK4 durch Cyclin D führt zur Phosphorylierung des Retinoblastom-Proteins (Rb 105), wodurch die Zelle in die S-Phase eintreten kann. Rb 105 bindet im wenig phosphorylierten Zustand zwei Transkriptionsfaktoren, E2F und DP1 (S. 208), die dadurch inaktiviert werden. Die Phosphorylierung von Rb 105 führt zu Freisetzung von E2F und DP1, die dann die Transkription von Genen in Gang setzen (Abb. 38.6). Dazu gehören Proteine, die für die Synthese von Vorstufen für die DNA-Synthese verantwortlich sind (S. 208), und Enzyme, die die DNA-Verdoppelung bewirken (sog. S-Phase-Proteine). Damit besteht die normale Funktion von Rb 105 – nicht nur in Retinazellen – darin, den Eintritt in die S-Phase zu verhindern.

p53 hemmt den Übergang in die S-Phase bei DNA-Schädigungen

Wenn die DNA einer Zelle durch Carcinogene, UV-Licht oder γ-Strahlung beschädigt ist (S. 329), bedeutet dies bei einer Zellteilung das Risiko einer erhöhten Mutationsfrequenz. Es existieren deshalb Mechanismen, mit denen der Übergang in die S-Phase bei Schädigung des Genoms verhindert wird. So steigt die p53-Konzentration als Antwort auf eine DNA-Schädigung an. Dadurch werden verschiedene Transkriptionsfaktoren wie z. B. das *p21-Protein* vermehrt synthetisiert. p21 bindet die CDK2 und 4 und hemmt dadurch die Phosphorylierung ihrer Substrate, so z. B. des Rb 105 (Abb. 38.7). Dadurch bleibt der Rb 105-E2F-DP1-Komplex intakt und die Zelle kann nicht von der G_1- in die S-Phase übertreten. Dies verschafft der Zelle eine Gelegenheit, den DNA-Schaden zu reparieren. Anschließend fällt der p53-Spiegel wieder ab, so daß p21 nicht länger synthetisiert wird. Ist p53 mutiert (bei fast der Hälfte aller menschlichen Tumoren!, siehe unten), so kann der Übergang in die S-Phase nicht verhindert werden. Darüber hinaus supprimiert das p53-Protein die Entstehung von Tumoren noch über die *Initiation der Apoptose* (S. 208). Somit überwacht p53 die Integrität des Genoms durch Verhinderung der Zellteilung durch G_1-Arretierung oder Aktivierung eines Suizidprogrammes, wenn die DNA eine Schädigung aufweist.

Papillomvirus-Genprodukte können p53 und das Rb 105 inaktivieren

Papillomviren (S. 312) benötigen für ihre Replikation Nucleotidvorstufen. Aus diesem Grunde ist es für sie günstig, wenn die Wirtszelle in die S-Phase eintritt, in der die Bedingungen für die Virusreplikation optimal sind. Die Virusproteine E6 und E7 binden und inaktivieren p53 und Rb 105. Wenn E7 an Rb 105 bindet, setzt das Rb 105-Protein die E2F-DP1-Transkriptionsfaktoren frei, die den Eintritt in die S-Phase ermöglichen. Die Bindung von E7 an Rb 105 entspricht der Phosphorylierung von Rb 105 durch die CDKs (Abb. 38.6, S. 1098), so daß die Notwendigkeit für das normale Signal umgangen wird. Unter diesen Umständen erkennt das p53-Kontrollsystem möglicherweise, daß etwas nicht stimmt, so daß die Zelle der Apoptose anheimfallen würde. Da jedoch das E6-Protein mit p53 assoziiert, wird sein Abbau gefördert und seine Wirkung entsprechend geschwächt.

38.4.3 Inaktivierung von Antionkogenen durch Mutationen

Antionkogenmutationen wirken recessiv

Antionkogene wirken – im Gegensatz zu den Onkogenen – recessiv, d.h. sowohl die vom Vater als auch die von der Mutter ererbte Kopie des Gens muß inaktiviert sein, damit die wachstumssupprimierende Funktion des Gens aufgehoben wird. Die *Prädispositionssyndrome* resultieren aus der Keimbahninaktivierung einer Kopie eines Antionkogens, der eine somatische Mutation auf dem anderen Allel folgen muß, damit die Krankheit klinisch manifest wird. Auch Antionkogene können über die uns bekannten Mechanismen inaktiviert werden: Punktmutationen (mit Aminosäuresubstitu-

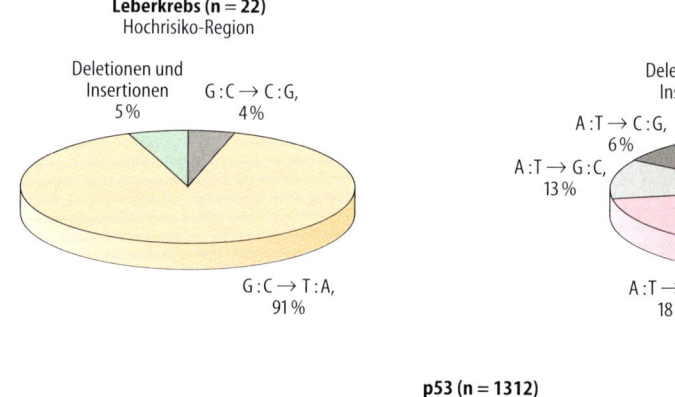

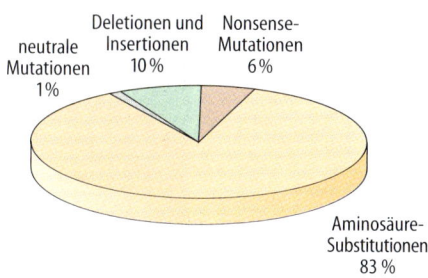

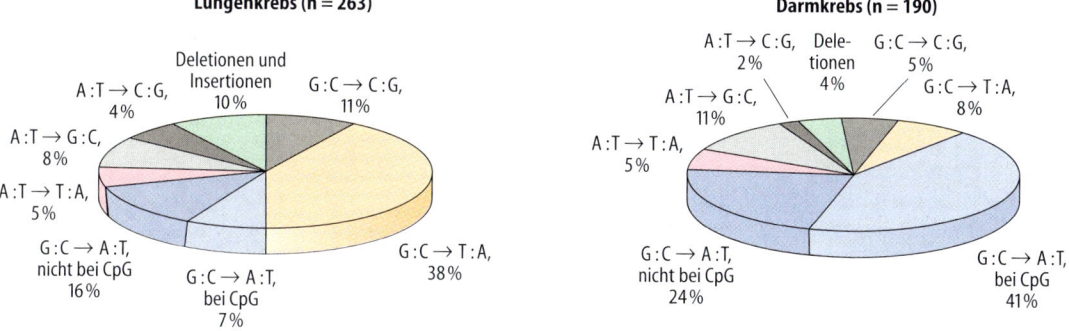

Abb. 38.8 Verteilung somatischer Mutationen im *p53*-Gen: *In der Mitte* die Gesamtverteilung bei 1312 Patienten, *oben* die unterschiedliche Verteilung bei Leberkrebspatienten in Hoch- und Niedrigrisikoregionen und *unten* Patienten mit Lungen- oder Darmkrebs. (Nach Harris u. Hollstein 1993)

tionen oder vorzeitigem Translationsabbruch), Deletionen, Insertionen oder Spleißmutationen.

Somatische Mutationen des p53-Antionkogens sind häufig und bei den einzelnen Tumorerkrankungen unterschiedlich verteilt

Etwa 80 % der Mutationen im p53-Gen bedingen Aminosäuresubstitutionen (Missense-Mutationen), die die Wechselwirkung mit anderen Proteinen in der Zelle oder die Halbwertszeit verändern (Abb. 38.8). Die Analyse von über 30 Tumorerkrankungen des Menschen hat gezeigt, daß die meisten p53-Mutationen aufweisen und daß sich die Verteilung verschiedener Mutationen im p53-Gen von Erkrankung zu Erkrankung unterscheidet. So findet sich bei Patienten mit *Leberkrebs,* die in China in einer Region leben, in der ein hohes Risiko besteht, die Krankheit zu erleiden [chronische Hepatitis B-Infektion (S. 300) und Nahrungsexposition mit Aflatoxin B1 (S. 1032, 1108)] ein anderes Mutationsspektrum als bei Patienten, die in Gegenden mit niedrigem Risiko leben, oder bei Patienten mit Colon- oder Lungentumoren (Abb. 38.8). Aus solchen Untersuchungen erwarten wir langfristig Erkenntnisse darüber, wie Cancerogene mutagen wirken und warum bestimmte Gene (mit dazugehörigen mutational hot-spots, S. 330) häufiger betroffen sind als andere.

Im allgemeinen sind p53-Genmutationen mit einem schlechteren Ansprechen auf die Chemo- und Radiotherapie verbunden. Die Zellen weisen ein labileres Genom auf, so daß Mutationen akkumulieren können. Dagegen reagieren Tumoren mit normalen p53-Genen gut auf die therapeutisch induzierte DNA-Schädigung durch Cytostatika.

38.5 Kumulative Aktivierung von Onkogenen und Inaktivierung von Antionkogenen beim Mehrschrittprozeß der Tumorigenese

Seit Ende der 80er Jahre sind unsere Kenntnisse über die genetischen Grundlagen von Krebserkrankungen, die den Dickdarm und das Rektum betreffen (colorektale Tumoren) wesentlich erweitert worden. Dazu haben angeborene Erkrankungen (Prädispositionssyndrome), die zu diesem Tumor führen, wie die familiäre adenomatöse Polyposis oder die nicht-polypösen colorektalen Tumorerkrankungen, beigetragen. Außerdem tritt bei sporadischen colorektalen Tumoren eine immer wieder beobachtete zeitliche Abfolge morphologischer Veränderungen von Epithel bis zum Carcinom auf, die auf molekulare Veränderungen untersucht werden kann. Zwar sind wir noch weit von einem detaillierten Verständnis der molekularen Grundlagen dieser

Prozesse entfernt, doch liegt inzwischen eine Reihe von Befunden vor, die zu der berechtigten Hoffnung Anlaß geben, daß wir die Tumorentstehung und -entwicklung zu Beginn des 21. Jahrhunderts in ersten Ansätzen verstehen werden.

38.5.1 Familiäre adenomatöse Polyposis (FAP)

Werden Patienten mit der FAP nicht operiert, so entwickelt sich ein Dickdarmtumor

Die FAP manifestiert sich im 2. Lebensjahrzehnt und ist durch die Entstehung von Hunderten bis Tausenden von *adenomatösen Polypen* im Colon und Rektum gekennzeichnet (Abb. 38.9). Wird der Patient nicht behandelt, so entsteht aus den Polypen im 4. und 5. Lebensjahrzehnt immer ein colorektales Carcinom (obligate Präcancerose). Die Therapie besteht in der vorbeugenden, fast vollständigen Entfernung des Dickdarmes. Einzelne Patienten können auch andere Tumormanifestationen oder Veränderungen am *Retinaepithel* entwickeln, die mit dem Ophthalmoskop erkennbar sind. Das Anfang der 90er Jahre klonierte FAP-Gen liegt auf Chromosom 5q21, hat eine Länge von 6,6 kb mit 15 Exons und codiert für ein Tumorsuppressor-Protein mit 2843 Aminosäuren (312 kD). Eine Fülle unterschiedlicher Keimbahnmutationen ist bei FAP-Patienten beschrieben worden, von denen die meisten Rasterschub-

Abb. 38.9 Zahlreiche gutartige Polypen, aus denen sich bei der familiären adenomatösen Polyposis obligat Carcinome entwickeln. (Aufnahme von S. R. Hamilton, John Hopkins University School of Medicine)

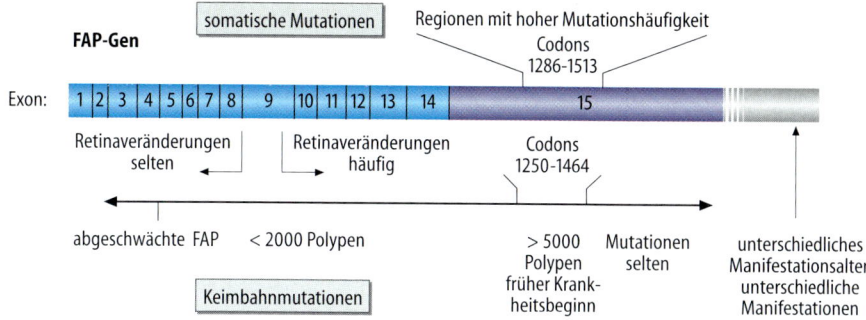

Abb. 38.10 Das *FAP*-Gen: Darstellung der 15 Exons. In der *unteren Hälfte* sind die Keimbahnmutationen mit ihren klinischen Manifestationen, in der *oberen Hälfte* die somatischen Mutatio-nen dargestellt, die sowohl bei der FAP als auch bei sporadischen colorektalen Tumoren vorkommen. (Nach Bishop u. Hall 1994)

mutationen (durch Deletionen oder Insertionen, was für Replikationsfehler spricht, S. 328) sind, die einen vorzeitigen Abbruch der Translation mit Bildung eines verkürzten Proteins zur Folge haben. Über den Nachweis solch unterschiedlich verkürzter Proteine können etwa 80 % der Mutationen nachgewiesen werden. Dem FAP-Protein wird eine Funktion als *Zelladhäsionsmolekül* durch Wechselwirkungen mit α- und β-Catenin (S. 185) zugeschrieben. Zwischen Art der Mutationen (und damit der Länge des Proteinproduktes) und dem Auftreten klinischer Symptome besteht eine direkte Beziehung (Abb. 38.10). Die Adenome bei FAP-Patienten erwerben mit zunehmender Zahl und Größe eine weitere (in diesem Fall somatische) Mutation in dem noch normalen Allel (Knudson-Hypothese, S. 1094). Diese könnte durch Mutagene in der verdauten Nahrung entstehen oder dadurch, daß die Zellen eine Störung des DNA-Reparaturmechanismus aufweisen, so daß sie die Rasterschubmutationen nicht reparieren können. Die Folge ist ein

Wachstumsvorteil durch die Mutation, so daß der betroffene Zellklon stark expandiert.

38.5.2 Hereditäre nicht-polypöse colorektale Tumoren

Mutationen in Genen für Reparaturenzyme können Tumorerkrankungen verursachen

Diese hereditären Syndrome zeichnen sich durch eine Disposition, einen colorektalen Tumor zu entwickeln, aus. Sie machen etwa 5 bis 15 % der Dickdarmkrebserkrankungen aus. Die Tumoren treten im mittleren Lebensalter (mit etwa 45 Jahren) auf und liegen bevorzugt proximal der linken Colonflexur. Durch die Analyse von Familien (Abb. 38.11), in denen die Krankheit

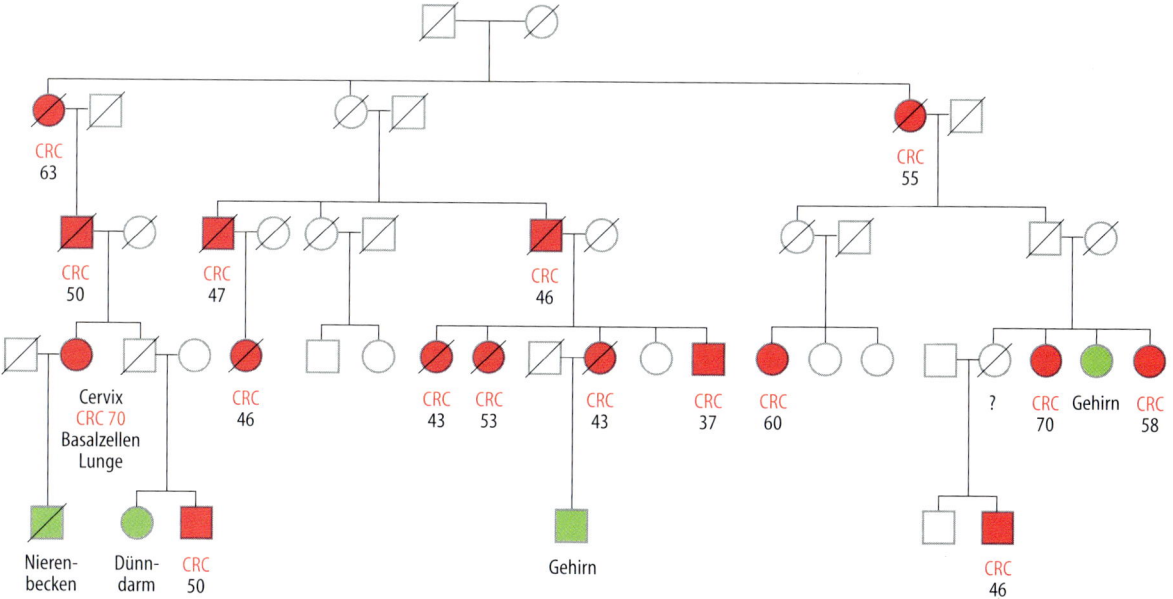

Abb. 38.11 Familienstammbaum mit hereditärem, nicht-polypösem, colorektalem Carcinom *(CRC)*. Die Zahl gibt das Manifestationsalter an. Die meisten Betroffenen haben colorektale Carcinome, einzelne aber auch andere Tumoren (des Nierenbeckens oder Dünndarms). ○ Frau; □ Mann; ⊘ ⧄ verstorben; *CRC* colorektales Carcinom. (Nach Bishop u. Hall 1994)

vermehrt auftritt, gelang mit verschiedenen Methoden (S. 319) die Identifizierung der zugrundeliegenden genetischen Defekte: Interessanterweise fand sich nicht der übliche Verlust von Genen, sondern es wurden Allele mit unterschiedlicher Länge beobachtet. Dies ist auf veränderte (CA-)Dinucleotidrepeats zurückzuführen. Veränderungen dieser *Mikrosatelliten* (S. 319) wurden im gesamten Genom gefunden, was dafür spricht, daß die an der angeborenen Disposition für colorektale Tumoren beteiligten Gene etwas mit der fehlerfreien DNA-Replikation zu tun hatten. So wurden mehrere Gene auf den Chromosomen 2, 3 und 7 *(hmsh2, hmlh1, hpms1 und 2)* identifiziert, die Homologe des bakteriellen *muthls*-Komplexes darstellen, der am genetischen Korrekturlesen, d.h. der Reparatur von Basenfehlpaarungen, beteiligt ist (S. 220). Keimbahnmutationen dieser *Mutatorgene* führen zu einem Funktionsverlust mit Akkumulation von Fehlpaarungen mit DNA-Replikationsfehlern, der bei einem hohen Prozentsatz von Patienten mit angeborenen, aber auch bei etwa 15 % der Patienten mit sporadischen kolorektalen Tumoren gesehen wird. Diese Mikrosatelliten-Instabilität könnte für Mutationen anderer Gene verantwortlich sein, die an dem Mehrschrittprozeß der Tumorentstehung beteiligt sind.

38.5.3 Sporadische colorektale Tumoren

Colorektale Tumoren stellen ein ausgezeichnetes Modell für die molekulare Analyse des Mehrschrittprozesses der Tumorentstehung dar, da die meisten bösartigen Tumoren (Carcinome) aus gutartigen (Adenomen) entstehen. Damit lassen sich die einzelnen Schritte der Tumorigenese, d.h. die Progression vom normalen Mucosaepithel über die Hyperplasie, die unterschiedlichen Adenomformen bis zum Carcinom (mit und ohne Metastasierung) auf molekularer Ebene verfolgen. Dazu werden Gewebeproben in den einzelnen Krankheitsstadien mit Hilfe cytogenetischer und molekularbiologischer Methoden mit gesundem Colongewebe verglichen und auf Änderungen [loss of heterozygosity (LOH) und Mutationsanalyse] untersucht. Nach den Ergebnissen dieser Analysen entstehen colorektale Tumoren als Folge der kumulativen Aktivierung von Onkogenen bzw. Inaktivierung von Antionkogenen durch Mutationen.

Mutationen in den *mcc*- und *ras*-Onkogenen bestimmen die frühe Phase des Adenom-Carcinom-Überganges

Im Gegensatz zum normalen Epithelwachstum besteht in der frühen colorektalen Tumorigenese ein *hyperproliferativer* Regenerationszustand von Colonepithelien. An diesem Zustand ist das *mcc-Gen* (mutated in colon carcinoma) auf Chromosom 5q21 beteiligt. Das Auftreten des Adenomphänotyps wird von einer *Hypomethylierung* (verringerte DNA-Methylierung, S. 170) mit genomischer Instabilität begleitet (Abb. 38.12). Diese hemmt die Chromosomenkondensation (Kapitel 13). Bei einem Drittel der untersuchten DNA-Abschnitte konnten bereits bei Grad I/II-Adenomen Hypomethylierungen festgestellt werden. Im weiteren Verlauf der Tumorigenese treten *ras-Mutationen* auf. Bis zu 10 % der Colonadenome (Polypen) mit einer Größe von weniger als 1 cm, aber bereits etwa die Hälfte der Adenome mit einer Größe von mehr als 1 cm und die Hälfte aller Carcinome weisen *ras*-Mutationen auf (Abb. 38.13). Daneben können andere Onkogene wie z.B. das *neu-, c-myc-* oder *c-myb*-Onkogen aktiviert sein.

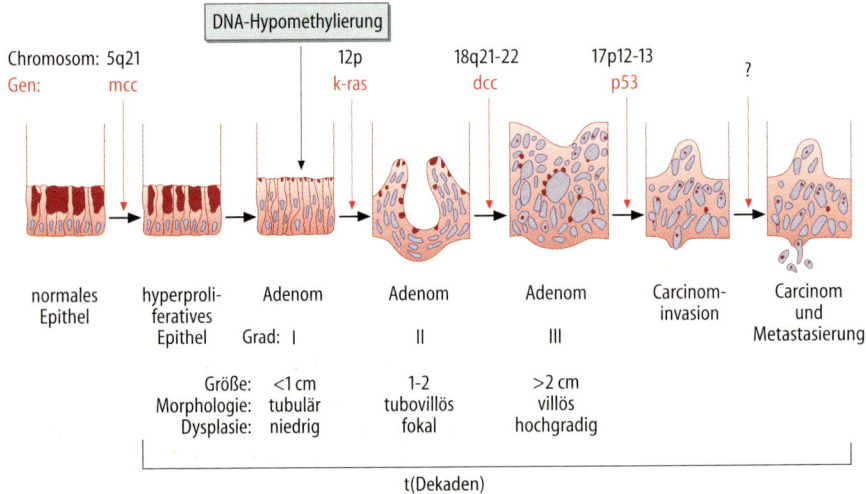

Abb. 38.12 Genetische Veränderungen bei der Progression vom Colonadenom zum Coloncarcinom

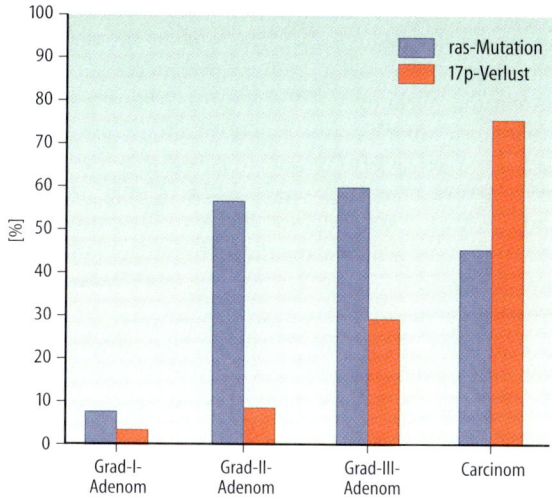

Abb. 38.13 Prozentsatz von *ras*-Mutationen und -Allelverlusten auf Chromosom 17p in Abhängigkeit vom Tumorstadium

som 17p bestehen 18q-Verluste bereits in etwa 15 % sog. Grad I–II-Adenome und nehmen mit weiterer Dysplasie (Grad III) auf 47 % zu.

Bei diesen molekularen Veränderungen handelt es sich um häufige, in der Adenom-Carcinom-Sequenz anzutreffende Veränderungen, deren dargelegter Zeitablauf bevorzugt auftritt, aber nicht auftreten muß. So sind 17p-Allelverluste in frühen Adenomen selten und vergleichende Untersuchungen zwischen Adenomen und Carcinomen zeigen, daß der Unterschied nicht durch die Qualität der Veränderungen, sondern ihre Quantität bedingt ist. Daraus kann man schließen, daß die Akkumulation genetischer Veränderungen und nicht ihr zeitlicher Ablauf für die Progression vom Adenom zum Carcinom verantwortlich ist. Mit Sicherheit sind noch Allelverluste in anderen chromosomalen Regionen (so z. B. auf 1q, 4p, 6p, 8p, 9q, 22q) für die colorektale Tumorigenese von Bedeutung, so daß man davon ausgehen kann, daß mindestens 6 bis 10 genetische Veränderungen die colorektale Tumorigenese bedingen.

Mutationen in den *dcc*- und *p53*-Antionkogenen bestimmen die späte Phase des Adenom-Carcinom-Überganges

Im weiteren Verlauf kommt es zum Verlust verschiedener Regionen (LOH, S. 1096) im Bereich des kurzen Armes von **Chromosom 17:** Sie sind zwar selten bei Patienten mit Adenomen und nehmen mit zunehmender Größe, villösen Anteilen bzw. Dysplasie (Grad I bis II, also zunehmend undifferenzierter) auf etwa 25 % zu, treten aber bei etwa 75 % aller Patienten mit Carcinomen auf (Abb. 38.13). Allen Verlusten gemeinsam ist die Region p12–13, die das ***p53-Antionkogen*** enthält. Außerdem wurden Punktmutationen in dem zweiten *p53*-Allel in Zusammenhang mit dem Verlust des anderen Allels häufig bei colorektalen Tumoren gefunden. Bereits die Mutation eines Allels bewirkt einen selektiven Wachstumsvorteil der betroffenen Zelle, da offenbar das mutierte Genprodukt mit der Funktion des noch gesunden durch Komplexbildung interferiert (dominanter Effekt). Geht in einem weiteren Schritt das normale Allel verloren, so daß nur das mutierte Genprodukt übrig bleibt, so erwirbt die Tumorzelle einen weiteren Wachstumsvorteil.

Der zweite wichtige Allelverlust betrifft **Chromosom 18q21–22,** das bei etwa 70 % der Tumoren und etwa 50 % der späten Adenome verloren ist. Das dort gelegene ***dcc-Gen*** (deleted in colorectal carcinomas) codiert für ein Polypeptid, das eine signifikante Homologie zur Familie der Zelladhäsionsproteine aufweist. Das *dcc*-Gen wird in normaler Colonschleimhaut exprimiert, jedoch nicht oder nur in reduzierter Menge in der Mehrzahl (etwa 75 %) der colorektalen Tumoren. Das Gen könnte durch Veränderungen von Zell-Zell-Wechselwirkungen oder Zell/extrazelluläre Matrix-Wechselwirkungen eine Rolle bei der Tumorigenese spielen. Im Gegensatz zu Allelverlusten auf Chromo-

38.6 Entstehung von Fusionsgenen durch Translokationen

Jede Änderung des Tumorzellgenoms kann (muß aber nicht) eine makroskopisch sichtbare Veränderung der Chromosomen bedingen und damit mit Hilfe der Cytogenetik erkennbar werden. Daraus folgt, daß die molekulare Charakterisierung der chromosomalen Veränderung zur Identifikation der an der Erkrankung ursächlich beteiligten Krebsgene führen kann. In der Tat zeigte die Identifizierung von Genen, die an Rearrangements beteiligt sind, daß es sich in einzelnen Fällen um Onkogene handelt. Dadurch, daß Onkogene an der Translokation beteiligt waren, war belegt, daß sowohl Translokationen als auch Onkogene entscheidend an der Tumorentstehung beteiligt sein müssen. Bisher sind fast 100 Translokationen in menschlichen Tumoren beschrieben worden. Die chromosomale Analyse, d. h. der Nachweis der 15/17 Translokation bei der akuten Promyelocytenleukämie (APL) oder der 9/22 Translokation bei der chronischen myeloischen Leukämie (CML) waren die Voraussetzung für die Klonierung der beteiligten Gene. Die Klonierung der Gene im Bereich der Translokationen vieler anderer Tumorerkrankungen ist jedoch noch nicht weit fortgeschritten.

Patienten mit akuter Promyelocytenleukämie weisen eine reziproke Translokation zwischen den Chromosomen 15 und 17 auf

Die akute Promyelocytenleukämie (APL) ist eine Leukämie, bei der die Promyelocyten nicht weiter zu

Myelocyten differenzieren können, so daß es zu ihrer kontinuierlichen Vermehrung kommt. Bei 90 % der Patienten mit APL ist eine Translokation zwischen den Chromosomen 15 und 17 nachweisbar. Dabei ist jeweils eines der beiden Chromosomen der Zelle betroffen. An der reziproken Translokation sind das *Retinsäure-*

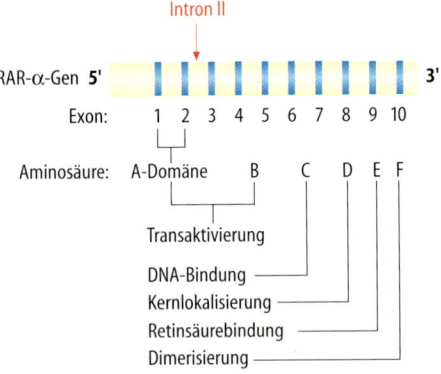

Abb. 38.14 Struktur des *RAR-α*-Gens auf Chromosom 17

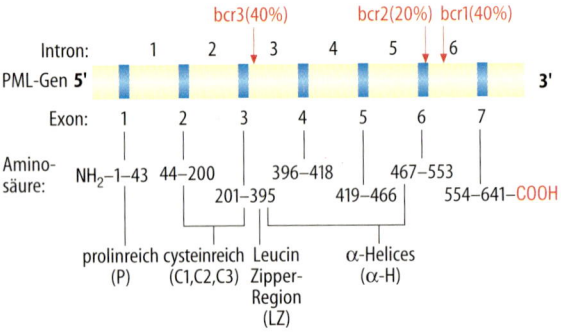

Abb. 38.15 Struktur des *PML*-Gens auf Chromosom 15

rezeptor-α-(RAR-α)-Gen auf Chromosom 17 (q21) und das *Promyelocytenleukämie-(PML-)Gen* auf Chromosom 15 (q11/12) beteiligt. Retinsäurerezeptoren übermitteln die Wirkung von Retinsäure (Vitamin A) und gehören zu einer Familie von Proteinen, die die Expression von Genen modulieren, die für Proliferation, Differenzierung und Entwicklung wichtig sind (S. 824). Das *RAR-α*-Gen auf Chromosom 17 (Abb. 38.14) hat 9 Exons, die für mehrere Domänen codieren. Das *PML*-Gen auf Chromosom 15 (Abb. 38.15) besitzt 7 Exons. Es enthält nach einem N-terminalen prolinreichen Abschnitt (Exon 1) eine Region mit mehreren cysteinreichen Abschnitten (C1, C2, C3 auf Exons 2 und 3), die Ähnlichkeit mit der Zinkfingerdomäne vieler Transkriptionsfaktoren aufweist, sowie eine α-helikale Domäne (Exons 3–6) mit einem Segment (Exon 3), das Homologie zur Leucin-Zipper-Region der *fos*-Onkogen-Familie besitzt (die für die Dimer-Bildung verantwortlich ist). Exon 6 enthält zudem eine serinreiche Region. Alle diese Strukturelemente sprechen dafür, daß das Protein ein *Transkriptionsfaktor* ist (S. 244).

Da die Bruchstellen innerhalb beider an der Translokation beteiligten Gene liegen, entsteht ein *Fusionsgen,* das jeweils nur Teile der beiden Gene besitzt. Dabei existieren mehrere Bruchpunktregionen: Das PML-Gen auf Chromosom 15 hat mehrere Häufungsregionen (breakpoint cluster region): *bcr 1* (Intron 6), *bcr 2* (Exon 6) und *bcr 3* (Intron 3), wohingegen das *RAR-α*-Gen auf Chromosom 17 nur eine Bruchregion innerhalb eines 16kb-Fragments im Intron 2 (also zwischen Exon 1 und 2) besitzt. Die Lage dieser Bruchpunkte führt dazu, daß das entstehende *PML/RAR-α*-Fusionsgen auf Chromosom 15 die Sequenzen besitzt, die für die B-F-Domänen des RAR-α-Proteins codieren (Abb. 38.16). Die Sequenzen, die für die A-Domäne co-

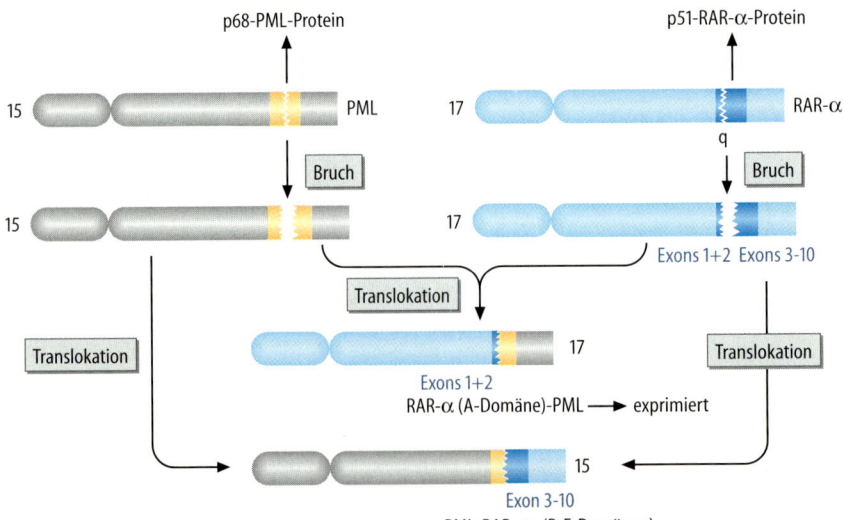

Abb. 38.16 Translokation zwischen Chromosom 15 und 17 bei der akuten Promyelocytenleukämie

dieren, bleiben auf Chromosom 17, wo sie das 5′-Ende des reziproken *RAR-α/PML*-Fusionsgens darstellen. In Abhängigkeit von der Lage des Bruchpunktes (bcr 1, 2 oder 3) wird eine heterogene Gruppe von PML-RAR-α-Fusionsproteinen gebildet: Alle enthalten die B-F-Region des RAR-α-Rezeptors, aber variable Anteile des N-Terminus des PML-Proteins, so daß die Fusionsproteine unterschiedliche Molekulargewichte (83 bis 106 kD) aufweisen.

Außerdem wird auch das *RAR-α-PML*-Fusionsgen auf Chromosom 17 exprimiert. Wie die aus den einzelnen Transkripten (PML/RAR-α, RAR-α/PML) entstehenden Onkoproteine die Transformation bewirken, ist Gegenstand intensiver Untersuchungen. Auf jeden Fall wirken die Fusionsproteine dominant, da ja ein heterozygoter Zustand vorliegt.

Durch all-trans-Retinsäure kann der Differenzierungsstop von APL-Zellen überkommen werden

Durch die Gabe von all-trans-Retinsäure (ATRA) können die malignen Promyelocyten zu reifen Granulocyten differenziert werden, die anschließend der Apoptose anheimfallen. Dadurch kommt es zu einer Reduktion des leukämischen Klons. Da dieser jedoch nicht vollständig eliminiert werden kann, wird die ATRA-Therapie mit einer Cytostatikabehandlung kombiniert (S. 1110). Die Erfolge mit diesem Differenzierungs-Induktor haben dazu geführt, daß dieses Behandlungskonzept auch für andere Tumorerkrankungen erforscht wird.

38.7 Mechanismen der Invasion und Metastasierung

Solange ein Tumor auf seinen Ausgangspunkt beschränkt ist (Primärtumor), kann die Erkrankung durch einen operativen Eingriff geheilt werden. Viele Tumoren weisen jedoch die Tendenz auf, lokal invasiv zu wachsen und nach Einbruch in die Gefäßbahn sekundäre Tumoren (Metastasen) zu bilden.

38.7.1 Invasion und Metastasierung

Invasion und Metastasierung erfordern zusätzliche genetische Veränderungen in Tumorzellen

Verschiedene koordiniert ablaufende Prozesse stellen die Voraussetzung für Invasion und Metastasierung dar. Dabei sind – wie im Falle der Onko- und Antionkoproteine – negative und positive regulatorische Elemente von Bedeutung. Die bisher beschriebenen

genetischen Veränderungen führen zu einer Störung der Proliferation. Das fehlregulierte Wachstum ruft jedoch nicht per se Invasion und Metastasierung hervor, d.h. diese Prozesse bedürfen zusätzlicher genetischer Veränderungen. Mutationen können entweder nacheinander und völlig unabhängig voneinander auftreten oder – was wahrscheinlicher ist – durch zeitlich überlappende Prozesse. Invasion und Metastasierung kommen durch Proteine zustande, die die Anhaftung von Tumorzellen an zelluläre oder extracelluläre Matrixbestandteile des Wirtes fördern, die die Proteolyse von Wirtsbarrieren wie z.B. Basalmembranen durch Tumorzellen stimulieren, die die Tumorzellfortbewegung unterstützen und die die Proliferation im Zielorgan der Metastasierung ermöglichen. Diese Proteine werden auch von nichttransformierten Zellen gebildet, werden aber durch Proteine antagonisiert, die ihre Produktion, Regulation oder Wirkung blockieren können. Störungen dieses Gleichgewichtes führen zur Aktivierung der Bewegung (Motilität) und Proteolyse als Voraussetzung für Invasion und Metastasierung. In welchem molekularen Zusammenhang diese den Tumorphänotyp bestimmenden Proteine mit den für Invasion und Metastasierung postulierten Metastasierungs- und Antimetastasierungsgenen stehen, ist noch unbekannt.

Die Neubildung von Gefäßen ist ein kritischer Schritt bei der Tumorbildung

Invasives Verhalten und Metastasierung beruhen auf einer Kaskade von miteinander verbundenen und nacheinander ablaufenden Schritten, die viele Wirt-Tumor-Wechselwirkungen beinhalten. Für die erfolgreiche Metastasierung muß eine Zelle oder eine Gruppe von Zellen imstande sein, den Primärtumor durch Überwindung der **Basalmembran** zu verlassen, in das örtliche Stroma einzudringen, Anschluß an die Zirkulation zu gewinnen, im entfernten Gefäßbett steckenzubleiben, in das Zielorgan zu extravadieren (Interstitium und Parenchym) und als sekundäre Kolonie zu proliferieren (Abb. 38.17). Dabei stellt die Neubildung von Gefäßen, die **Angiogenese,** die Voraussetzung für die Größenzunahme des Primärtumors über einen Durchmesser von 2 mm dar; über die neugebildeten Blutgefäße, die den Tumor durchdringen, treten die Tumorzellen häufig in die Zirkulation ein. Eine Neubildung von Gefäßen ist ebenso für die Vergrößerung der metastatischen Kolonie erforderlich. Nur ein sehr kleiner Prozentsatz, d.h. weniger als 0,01% der zirkulierenden Tumorzellen, ist schließlich imstande, metastatische Kolonien zu verursachen. Demzufolge wird die Metastasierung auch als ein hochselektiver Wettbewerb (einem Zehnkampf vergleichbar) angesehen, der das Überleben einer Subpopulation von metastatischen Tumorzellen favorisiert, die im heterogenen Primärtumor präexistieren.

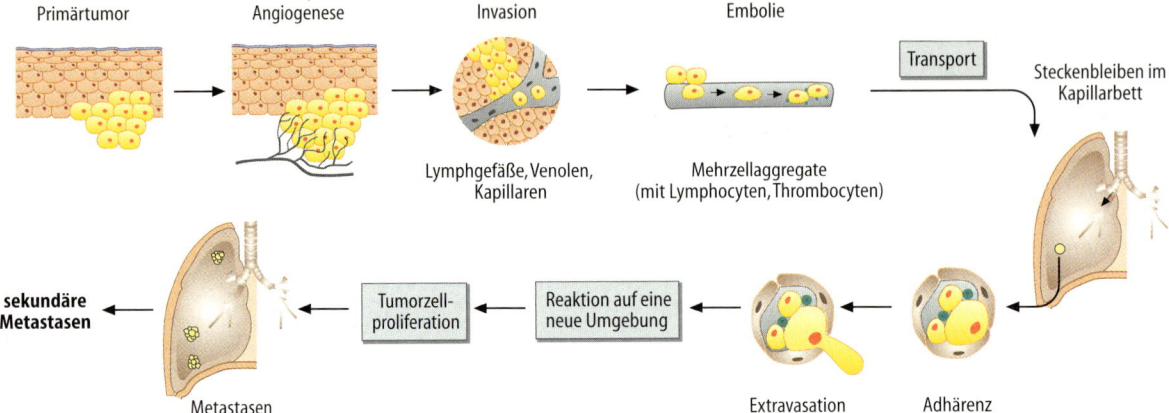

Abb. 38.17 Mehrschrittprozeß der Metastasierung

Image labels:
Primärtumor — Angiogenese — Invasion — Embolie
Transport — Steckenbleiben im Kapillarbett
Lymphgefäße, Venolen, Kapillaren
Mehrzellaggregate (mit Lymphocyten, Thrombocyten)
sekundäre Metastasen — Tumorzell-proliferation — Reaktion auf eine neue Umgebung — Extravasation — Adhärenz
Metastasen

38.7.2 Wechselwirkungen von Tumorzellen mit der extrazellulären Matrix

Tumorzellen haben die Tendenz, Kompartimentgrenzen zu überwinden

Im Zuge der Entwicklung zu invasiven Tumoren mißachten Tumorzellen die soziale Ordnung von Grenzen innerhalb von Geweben und dringen in fremde Organe ein. Der Säugetierorganismus ist durch die extracelluläre Matrix, die aus der Basalmembran und dem darunterliegenden interstitiellen Stroma (S. 737) besteht, in eine Reihe von Gewebekompartimenten aufgeteilt. Die basale Epithelzellschicht liegt auf dieser Basalmembran, auf der anderen Seite befindet sich das interstitielle Stroma mit stromalen Zellen wie z. B. Fibroblasten oder Myofibroblasten. Normalerweise mischen sich die Zellpopulationen auf den beiden Seiten diesseits und jenseits der Basalmembran nicht. Beim invasiven Tumor überwinden Tumorzellen jedoch die Basalmembran, dringen in das darunterliegende interstitielle Stroma ein und treten mit den stromalen Zellen in Wechselwirkung. Demzufolge ist das metastatische Verhalten der Tumorzelle durch ihre Tendenz gekennzeichnet, Gewebekompartimentgrenzen zu überwinden und sich mit verschiedenen Zelltypen zu mischen. Die Basalmembran ist eine Matrix aus Kollagen, Glykoproteinen und Proteoglykanen, die normalerweise keine zum passiven Zelltransport ausreichend großen Poren enthält (S. 747). Aus diesem Grunde muß die Invasion der Basalmembran durch Tumorzellen ein *aktiver* Vorgang sein. Sobald die Tumorzellen das Stroma erreichen, können sie Anschluß an Lymph- und Blutgefäße zur weiteren Disseminierung gewinnen. Die Wechselwirkungen der Tumorzelle mit der Basalmembran können in mehrere Schritte unterteilt werden:

- die Herabsetzung der Wechselwirkungen zwischen den einzelnen Tumorzellen,
- ihr Kontakt mit der Basalmembran,
- die Auflösung der Matrix und
- die Wanderung (Motilität).

Die Bindung der Tumorzelle an die Basalmembranoberfläche wird durch Tumorzelloberflächenrezeptoren der Integrin- und Nichtintegrin-Familien vermittelt. Diese Rezeptoren erkennen Glykoproteine wie Laminin, Typ IV-Kollagen und Fibronektin in der Basalmembran (S. 743). Einige Stunden nach dem Kontakt der Tumorzelle mit der Basalmembran findet sich an dieser Stelle eine umschriebene lokalisierte Zone der Auflösung. Dies kommt dadurch zustande, daß Tumorzellen proteolytische Enzyme sezernieren oder daß die Wirtszelle Proteinasen freisetzt, die die Matrix und ihre Adhäsionsmoleküle abbauen. Die Auflösung der Matrix findet in einer umschriebenen Region in der Nähe der Tumorzelloberfläche statt, in der die Mengen aktiven Enzyms die natürlich vorkommenden Proteinaseinhibitoren im Interstitium und in der Matrix, die von normalen Zellen in der Nachbarschaft sezerniert werden, überschreitet.

Tumorzellen müssen beweglich sein

Die Motilität ist ein weiterer wichtiger Schritt der Invasion, der dazu führt, daß die Tumorzelle gerichtet die Basalmembran überwindet und sich durch das Stroma nach regionaler Proteolyse der Matrix bewegt. Die Bewegung beginnt mit der Ausstreckung von Pseudopodien an der Front der wandernden Zelle. Die Tumorzellmotilität wird durch Tumorzellzytokine (autokrine Motilitätsfaktoren) reguliert. Die ebenfalls erhöhte ungerichtete Motilität von Tumorzellen führt zu einer Ausbreitung im Bereich des Primärtumors. Zusätzlich können Ort und Richtung der Tumorzellbewegung durch von anderen Zellen gebildete Stoffe mit chemotaktischer Wirkung (z. B. Zytokine) beeinflußt werden.

38.7.3 Bedeutung von Proteinasen für Invasion und Metastasierung

Matrix-Metalloproteinasen besitzen eine Schlüsselfunktion beim Abbau der extrazellulären Matrix

Verschiedene Familien proteolytischer Enzyme (Metallo-, Cystein- und Serinproteinasen) sind am Abbau der Basalmembran bzw. der extracellulären Matrix beteiligt. Serinproteinasen wie t-Plasminogenaktivator aktivieren das Proenzym Plasminogen zu Plasmin, welches Matrixkomponenten abbaut. Cysteinproteinasen wie Cathepsin B können bei transformierten Zellen in aktivierter Form mit der Plasmamembran assoziiert sein, von wo aus sie bei Kontakt mit einer Basalmembran darin enthaltenes Laminin degradieren. Die wichtigste Gruppe Matrix-abbauender Enzyme stellen die Matrix-Metalloproteinasen (MMP) dar: Zu dieser stetig wachsenden Familie zählen die *Typ IV-Kollagenasen* (92 kD und 72 kD-Enzyme), die Tripelhelixdomänen in Kollagen spalten, und die *Transin/Stromelysin-Familie,* die nicht-helikale Abschnitte des Kollagen IV spaltet. Diese Enzyme spalten neben Kollagen IV auch Laminin, Fibronektin, Heparinsulfat und andere Proteoglykane. Andere MMPs sind für den Abbau interstitiellen Kollagens (I, V) verantwortlich (S. 739).

Die Aktivität vieler Metalloproteinasen wird nach ihrer Sekretion in den Extrazellulärraum auf verschiedenen Ebenen reguliert, d. h. entweder durch Aktivierung des Proenzyms, durch Bindung an Zellmembranen, durch Substratbindung und durch Wechselwirkungen mit von Wirt- und/oder auch Tumorzellen gebildeten Metalloproteinase-Inhibitoren. Bisher sind mehrere spezifische Inhibitoren von Metalloproteinasen beschrieben worden: *TIMP 1* (tissue inhibitor of metalloproteinases), ein Glykoprotein mit einem Molekulargewicht von 28,5 kD, wird von vielen vom Mesoderm abstammenden Zellen und von Fibroblasten produziert; es hemmt interstitielle und Typ IV-Kollagenase und damit auch die Invasion von Tumorzellen durch Amnionmembranen (ein experimentelles System zum Studium der Invasion und Metastasierung), ohne daß dabei die Wachstumstendenz oder Adhäsion der Zellen beeinflußt wird. *TIMP 2* besitzt ein Molekulargewicht von 21 kD und ist nicht glykosyliert. Es wird ebenfalls von mesodermalen Zellen produziert und bildet inaktivierende Komplexe mit aktiven MMPs und ihren Proenzymen.

Bei der Invasion muß das feinregulierte Gleichgewicht zwischen Proteinasen und ihren Inhibitoren als Voraussetzung für eine erhöhte Enzymaktivität gestört sein: Dies kann theoretisch durch vermehrte Expression des Proteinasegens, vermehrte Aktivierung des Proenzyms bzw. verringerte Expression des Antiproteinasegens oder erhöhte enzymatische Inaktivie-

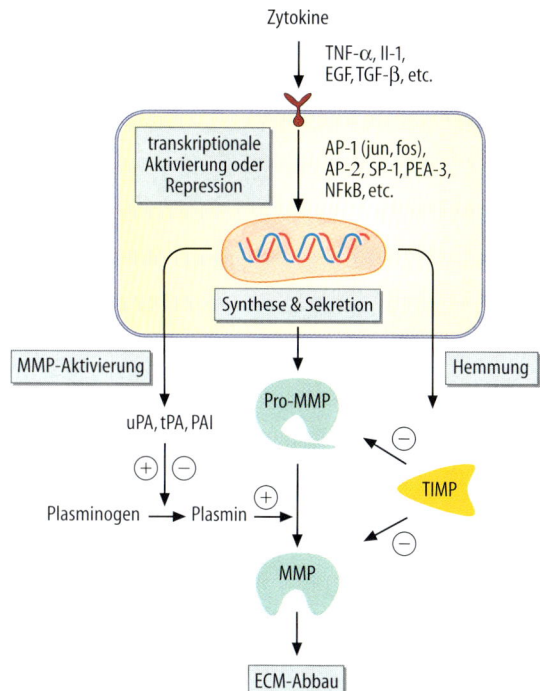

Abb. 38.18 Regulation der Aktivität von Matrix-Metalloproteinasen durch TIMPs und Zytokine. *PA* Plasminogen-Aktivator; *PAI* Plasminogen-Aktivator-Inhibitor. (Nach Ries u. Petrides 1995)

rung des Proteinaseinhibitors eintreten. Wie dies im einzelnen abläuft, ist Gegenstand intensiver Untersuchungen. Interessanterweise beeinflussen auch Zytokine die Aktivität von Proteinasen und Antiproteinasen (Abb. 38.18).

38.8 Tumorentstehung durch Cancerogene

38.8.1 Chemische Cancerogenese

Mutagene hinterlassen Fingerabdrücke im Genom

Obwohl inzwischen nachgewiesen ist, daß Änderungen in bestimmten DNA-Sequenzen Krebs verursachen, sind die Rolle der primären Faktoren, die diese Veränderungen herbeiführen, und die Mechanismen, über die sie wirken, im Detail noch unklar. Sequenzänderungen in Genen können nach Exposition mit Stoffen auftreten, die die DNA schädigen, wie z. B. elektrophile Mutagene oder auch spontan wie in Kapitel 13 (S. 327) beschrieben. Auch die Zellproliferation als Reaktion auf einen Entzündungsstimulus oder aufgrund der toxischen Wirkung von Carcinogenen erhöht die Wahrscheinlichkeit, daß genetisch veränderte Zellen entstehen. Die Mutationen entstehen dabei nicht statistisch verteilt in einem

Struktur	**Vorkommen**
1. Polycyclische Kohlenwasserstoffe 3,4-Benzpyren	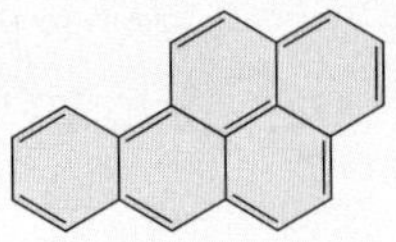 Autoabgase, Straßenstaub, Ackererde, Zigarettenrauch, Kaffee
7,12-Dimethylbenzanthren CH$_3$ ... CH$_3$	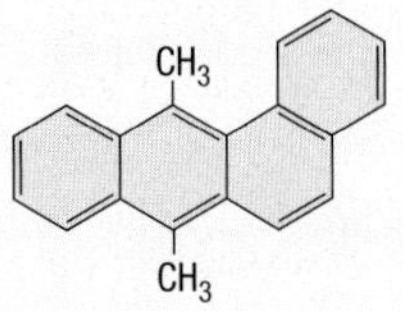
2. Aromatische Amine β-Naphtylamin (2-Aminonaphtalin) NH$_2$	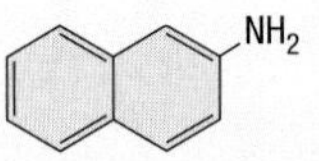 Steinkohlenteer
3. Nitrosamine R$_1$ / R$_2$ N—N=O	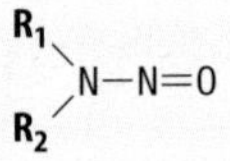 Nahrungsmittelzusatz, Bier, bei Tieren im Magen gebildet
4. A(spergillus)-fla(vus)-Toxine OCH$_3$	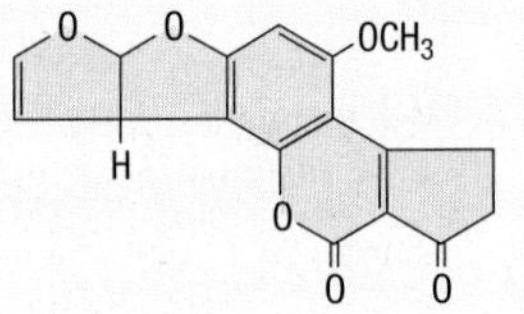 Schimmelpilze
5. Metalle Cadmium, Beryllium, Kobalt Cd^{2+}, Be^{2+}, Co^{2+}	weit verbreitet

Abb. 38.19 Chemische Cancerogene

bestimmten Gen, sondern gehäuft in bestimmten Regionen (S. 330). Jedes Mutagen oder jeder mutagene Prozeß hinterläßt einen charakteristischen Fingerabdruck von DNA-Veränderungen, der sich hinsichtlich der Natur der Änderungen (d. h. welche Nucleotide ein bestimmtes Basenpaar ersetzen), den Ort der Änderungen und der Häufigkeit der Änderungen in dem Gen unterscheiden. Durch Analyse des Spektrums von Mutationen, wie z. B. beim *p53*-Gen (Abb. 38.8, S. 1099), können Arbeitshypothesen über die umweltinduzierten und körpereigenen molekularen Vorgänge aufgestellt werden, die zur Entwicklung der Krebserkrankung beitragen. So wurde z. B. die Hypothese aufgestellt, daß die G→T-Mutationen in Codon 249 des *p53*-Gens bei Patienten mit Leberkrebs, die in Hochrisikoregionen in China leben, auf ein Aflatoxin in der Nahrung zurückzuführen sind, da dieses Toxin eine starke mutagene Aktivität besitzt und nach Mutagenesestudien vor allem diese Transversion hervorruft.

Viele Cancerogene sind elektrophil

Bei der Mehrzahl der chemischen Cancerogene handelt es sich um organische Moleküle mit einem Molekulargewicht von weniger als 500: Neben polycyclischen aromatischen Kohlenwasserstoffen, die in Autoabgasen, Zigarettenrauch oder Kaffee (Abb. 38.19) vorkommen, sind dies aromatische Amine und Amide, alicyclische Nitrosamine und Nitrosamide, halogenierte aliphatische und alicyclische Kohlenwasserstoffe sowie komplexe Pyrrolizidinalkaloide. Aber auch Metalle wie Cadmium, Beryllium, Kobalt, Blei oder Nickel können cancerogen sein. Auffallende Gemeinsamkeit vieler organischer Cancerogene ist ihre Elektrophilie, d. h. ihr Streben nach elektronenreichen Zentren anderer Moleküle, die meist erst nach enzymatischer Aktivierung der Cancerogene im Wirtsorganismus entsteht. Elektronenreiche Zentren finden sich vor allem an Stickstoff-, Sauerstoff- und Schwefelatomen wie dem N$_7$, dem C$_8$ und dem Sauerstoffatom am C$_8$ von Guanin, den Stickstoffatomen 1 und 3 von Adenin sowie dem Stickstoffatom 3 von Cytosin in Nucleinsäuren.

Von den vielen polycyclischen Kohlenwasserstoffen sind nur wenige cancerogen

Benzol selbst, aber auch Naphthalin (zwei Benzolringe) oder Anthracen und Phenanthren (je drei Benzolringe) sind keine Cancerogene. Offenbar ist ein Aufbau aus mindestens vier Benzolringen oder das Vorhandensein funktioneller Gruppen Voraussetzung für die neoplastische Wirkung: starke Cancerogene sind 3,4-Benzpyren und 1,2,5,6-Dibenzanthracen.

Die meisten Cancerogene sind Procancerogene, die durch Zellenzyme aktiviert werden müssen

In allen Fällen wird dann eine stark elektrophile Verbindung gebildet. Enzyme, die Cancerogene aktivieren, sind in vielen Zellen mit unterschiedlicher Spezifität und Konzentration vorhanden. Polycyclische aromatische Kohlenwasserstoffe werden zu Epoxiden (cyclische Äther) oder Radikalen umgewandelt: 3,4-Benzpyren wird unter Beteiligung von *Cytochrom P$_{450}$* (Genfamilie 1, S. 511) im endoplasmatischen Reticulum zum Arenoxid oxidiert, das durch eine Epoxidhydratase in ein Transdihydrodiol überführt wird. Durch erneute Epoxidierung dieses als vorläufig bezeichneten Cancerogens entsteht das endgültige Cancerogen, das covalent unter Öffnung des Epoxidringes mit nucleophilen Basen wie der Aminogruppe von Guanin reagiert (Bildung von Benzpyrendiolepoxid-DNA-DNA-Addukten). Entgiftungsreaktionen überführen vorläufiges und endgültiges Cancerogen in die entsprechenden Phenole und Glutathionverbindungen. Ist durch eine Mutation die entsprechende *Glutathion-S-Transferase* reduziert, so ist dies mit einem erhöhten Krebsrisiko verbunden (S. 1109). Der oxidative Stoffwechsel chemischer Fremdsubstanzen durch die Leber, der einen lebenswichtigen Entgiftungsmechanismus darstellt (S. 1029), macht somit die chemisch inerten Cancerogene erst zu krebsauslösenden Stoffen. Die Organspezifität bestimmter Cancerogene ist möglicherweise auf die unterschiedliche Ausstattung einzelner Gewebe mit diesen Enzymen zurückzuführen.

Auch aromatische Amine werden erst im Organismus aktiviert

So ist β-Naphthylamin selbst nur schwach cancerogen, nach Hydroxylierung zu 1-Hydroxy-2-naphthylamin und anschließender Sulfatierung jedoch hochaktiv. Nitrosamine sind in einzelnen Nahrungsmitteln vorhanden. N-Nitrosoverbindungen sind potente Cancerogene bei Tieren, bei denen sie hauptsächlich Magenkrebs erzeugen. Sie werden Nahrungsmitteln zur Abtötung von Clostridium botulinum zugesetzt, können aber auch im sauren Milieu des Magens aus Aminen und Nitrit, das durch Reduktion aus Nitrat entsteht, gebildet werden. Nitrat ist in der Nahrung vorhanden, kann aber auch im Speichel (dort wahrscheinlich durch die Mundflora) gebildet und im Urin nachgewiesen werden. Das Urinnitrat entsteht beim Abbau von Stickmonoxid oder beim Stoffwechsel von Mikroorganismen im Darm, die Ammoniak zu Nitrat oxidieren, das dann ins Blut übertritt. Obwohl damit die Ausgangsstoffe für eine endogene Nitrosaminsynthese offenbar ubiquitär verbreitet sind, existieren für ihre lokale Bildung im Magen (und eine damit evtl. verknüpfte Magenkrebsentwicklung beim Menschen) noch keine Beweise.

38.8.2 Physikalische Cancerogenese

Ultraviolettes Licht ist hoch mutagen, was zumindest teilweise auf die charakteristischen Pyrimidin-Dimerschäden in der DNA zurückzuführen ist. Nicht reparierte Cytosin-Dimere rufen Tandemmutationen hervor, bei denen zwei benachbarte Cytosinreste (Cytosin-Cytosin) durch zwei Thyminbasen (Thymin-Thymin) ersetzt werden. Diese Änderung tritt praktisch nur nach Exposition mit UV-Strahlung auf (S. 329).

38.9 Stoffwechsel von Tumorgeweben

Tumorzellen weisen oft einen erhöhten Glucosedurchsatz auf

Etwa vor 60 Jahren bemerkte Otto Warburg (1883–1970), einer der Begründer der heutigen Biochemie, daß verschiedene Tumoren auch in Anwesenheit von Sauerstoff große Mengen von Lactat bilden. Er postulierte, daß die hohe Glucoseabbaurate zu Lactat auch in Gegenwart von Sauerstoff die Folge eines Defektes der Atmungskette sei, und daß Krebs entstehe, wenn die Zelle auf eine irreversible Schädigung ihrer Atmung mit der Adaptation an die Glykolyse zu Lactat antwortet. Nach Warburg können diese Zellen ihren differenzierten Zustand nicht aufrechterhalten und wachsen als entdifferenzierte Zellen unkontrolliert. Seine Beobachtungen führten ihn zu der apodiktischen Aussage (1956), daß „die Ära vorbei sei, in der die Glykolyse zu Lactat in Tumorzellen und ihre Bedeutung für die Tumorentstehung diskutiert werden, und niemand heutzutage bezweifelt, daß wir den Ursprung der Tumorzellen erkennen werden, wenn wir wissen, wie die hohe Glykolyserate zu Lactat zustande kommt, oder um es vollständiger zu fassen, wenn wir wissen, wie die gestörte Atmung und die exzessive Lactatbildung zustande kommen". Durch Untersuchungen seit Mitte der fünfziger Jahre sind die Ergebnisse von Warburg relativiert worden, da auch Tumoren existieren, die Glucose in normalen Mengen oxidieren. Dennoch weisen viele Tumoren eine erhöhte Glucoseaufnahme auf, was auch die Grundlage der sog. FDG-Glucosemethode zur PET-Analyse von Tumoren darstellt (S. 365).

Viele Tumoren sind in ihrem Wachstum auf bestimmte Hormone angewiesen

Schon normales Brustdrüsengewebe ist von weiblichen Sexualhormonen abhängig, so daß die Abhängigkeit

Tabelle 38.4 Tumormarker (Auswahl)

Freigesetzte Substanz	Vorkommen bei Tumoren	Vorkommen bei nicht-malignen Erkrankungen
Onkofetale Antigene		
Carcinoembryonales Antigen (CEA)	Carcinom (Colon, Rektum, Pankreas, Gallenblase u. a.)	Gewebenekrose, starkes Rauchen, Darm-erkrankungen
α-Fetoprotein	Hepatom, malignes Teratom	Lebercirrhose, Hepatitis
CA 19-9	Pankreascarcinom	
CA 12-5	Ovarialcarcinom	
Enzyme		
Saure Phosphatase	Prostatacarcinom	Morbus Paget
Alkalische Phosphatase (Knochenisoenzym)	Osteosarkom, Knochenmetastasen (besonders Brust, Prostata, Schilddrüse)	Osteomalazie
Hormone		
Choriongonadotropin (HCG)	Choriocarcinom, Testiscarcinom	
Calcitonin	Medulläres Schilddrüsencarcinom	
(Pro-)ACTH	Lungentumoren	

davon abgeleiteten Tumorgewebes nicht überrascht. Die Hormone wirken dabei nicht direkt auf die Zelle, sondern indirekt über die Bildung von Polypeptidwachstumsfaktoren wie IGF, EGF oder TGFα. Die Antagonisierung von Östrogenen ist deshalb ein wesentlicher Bestandteil der Therapie des Mammacarcinoms. Diese kann entweder durch Antiöstrogene erfolgen, die Östrogen kompetitiv vom Östrogenrezeptor verdrängen, oder auch durch Hemmstoffe der endogenen Östrogensynthese (S. 849).

38.10 Diagnostik von Tumoren

Zu den dringlichsten Problemen in der klinischen Onkologie gehören die Frühdiagnose und Therapiekontrolle von Krebserkrankungen. Die ideale Tumormarkersubstanz wäre ein stabiles Molekül, das ausschließlich von Tumorzellen synthetisiert und sezerniert wird und im Plasma und/oder Urin nachweisbar ist. Da von Tumoren abgegebene Moleküle in den Körperflüssigkeiten verdünnt werden, muß eine bestimmte Anzahl von Tumorzellen vorhanden sein, um nachweisbare Quantitäten zu bilden: Die chemische Grenze liegt etwa bei 10^4 bis 10^5 Zellen, das sind vier bis fünf Zehnerpotenzen weniger als das Minimum von 10^9 Zellen, welches 1 cm³ Tumormasse entspricht, das zum radiologischen Nachweis (z. B. durch Computertomographie) erforderlich ist. Klinisch wichtige **Tumormarker** sind das α-Fetoprotein, das carcinoembryonale Antigen (CEA) und Hormone, die von bestimmten Tumoren ektopisch produziert werden (Tabelle 38.4).

38.11 Krebstherapie

Cytostatika wirken über eine Hemmung des DNA-Stoffwechsels

Cytostatika greifen an definierten Stellen des Zellcyclus ein; sie können aber nur auf Zellen wirken, die sich in Teilung befinden (was bei Tumorgewebe nicht für alle Zellen zutrifft): Alkylanzien (wie z. B. Cyclophosphamid) führen über eine covalente Brückenbildung zwischen den DNA-Strängen zu einer Hemmung der Replikation, cytostatisch wirksame Antibiotika (wie Anthracycline) interkalieren zwischen den DNA-Strängen und verwehren der DNA-Polymerase damit den Zugang. Verschiedene Cytostatika hemmen für die DNA-Synthese essentielle Reparatursysteme wie die Topoisomerase (so z. B. Etoposid). Vincaalkaloide wirken über eine Hemmung des Spindelapparates in der M-Phase. Antimetaboliten (wie Fluorouracil) hemmen spezifisch in der S-Phase die Thymidylat-Synthase und damit die DNA-Synthese (S. 589).

Tumorzellen entwickeln Resistenzmechanismen gegen Cytostatika

Werden Tumorzellen in vitro mit natürlichen Cytostatika wie Vincaalkaloiden, Actinomycin D oder Anthracyclinen inkubiert, entstehen resistente Varianten. I. allg. sind diese Zellvarianten nicht nur gegen das Medikament resistent, das sich in dem Inkubationsmedium befindet, sondern auch gegenüber anderen aus natürlichen Produkten. Deshalb wird dieser Zustand als **Multidrug-Resistenz (MDR)** bezeichnet. Diese Resistenz erklärt, warum viele Tumorerkrankungen des

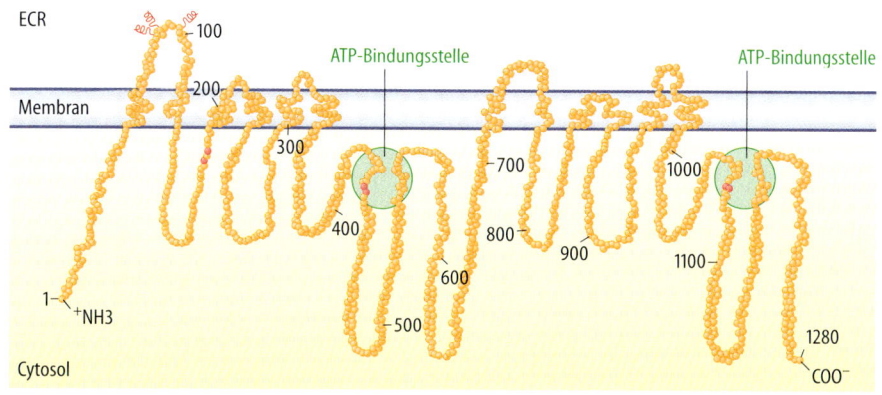

ECR
100
ATP-Bindungsstelle
ATP-Bindungsstelle
Membran
200
300
700
1000
400
800
900
1100
600
500
1 +NH3
1280
COO⁻
Cytosol

Abb. 38.20 Strukturmodell des MDR1-Proteins (P170-Glykoprotein), das als transmembranäres Protein in der Zellmembran verankert ist

Menschen nur schlecht auf die Behandlung mit Cytostatika ansprechen. Vermittelt wird diese Resistenz u.a. durch eine Familie membranständiger Transportproteine, die die Cytostatika aus dem Cytosol wieder in den Extrazellulärraum zurücktransportieren. Zu dieser Familie gehört auch das bei der cystischen Fibrose gestörte Transportsystem (S. 703). Beim Menschen gibt es zwei Mitglieder der MDR-Familie (MRD-1 und -2). Beide Proteine weisen einen hohen Homologiegrad auf. Beim Menschen wird das MDR-1-Protein (Abb. 38.20) in Nieren, Colon, Placenta, Nebennieren und spezialisierten Strukturen wie Endothelzellen, die an der Bildung der Blut-Gehirn- und Blut-Hoden-Schranke beteiligt sind, gefunden. Es wird ihnen deshalb eine physiologische Funktion beim ATP-abhängigen Transport von Steroidhormonen und der Ausscheidung natürlicher Toxine zugeschrieben. Das MDR-1 codiert für ein Glykoprotein mit einem Molekulargewicht von 170 kD (*P-Glykoprotein*, P-170), das MDR-2 ist offenbar am stärksten in der Leber exprimiert.

Interessanterweise sind Tumoren, die aus Geweben mit hoher MDR-1-Expression entstehen, chemotherapieresistent, wohingegen die initiale Therapieempfindlichkeit von Leukämien und Lymphomen mit einer niedrigen MDR-1-Expression normaler hämatopoietischer Zellen einhergeht. Tumorzellen können offenbar nicht nur dadurch, daß sie sich in der G_0-Phase befinden, sondern auch durch eine vermehrte MDR-1-Expression gegenüber der Chemotherapie resistent sein.

Die Isolierung des MDR-1-Gens hat somit einen molekularen Marker zur Verfügung gestellt, der zur Beurteilung der Chemotherapieresistenz dienen kann. Daneben spielen auch Änderungen der Expression anderer Enzyme wie der *Topoisomerase II* (S. 213) oder der *Glutathion-S-Transferase* (S. 514) eine Rolle für die Chemotherapeutikaresistenz.

Anders als Chemotherapeutika wirken die bei der Krebstherapie eingesetzten Zytokine *Interferon-α* oder *Interleukin-2,* die eine Aktivierung von Immunvorgängen bewirken (S. 1073).

38.12 Gentherapeutische Ansätze bei Krebserkrankungen

Die Gentherapie von Krebserkrankungen steht am Beginn ihrer Entwicklung

Die rapiden Fortschritte unserer Kenntnisse über die molekularen Grundlagen der Krebsentstehung sollten uns langfristig in die Lage versetzen, auf molekularer Ebene Angriffspunkte für die Therapie zu entwickeln. Die kausale Behandlung des durch Mutationen hervorgerufenen Gendefektes bei Tumorzellen ist die Einführung des normalen Gens in die Tumorzelle (S. 348).

Bei Genverlusten oder -störungen (wie z. B. solcher der Antionkogene) ist das Ziel, durch Transfektion ein neues Gen in das zelluläre Genom einzubringen (Additionstherapie) oder das defekte Gen durch homologe Rekombination (S. 161) durch ein neues zu ersetzen (Substitutionstherapie). Das ersetzte fremde Genmaterial tritt dabei an die Stelle des defekten endogenen Gens und wird wie dieses reguliert. Die homologe Rekombination gelang jedoch bisher nur an kultivierten Zellen der Maus (S. 235). Die Transfektion, d. h. die Einbringung eines zusätzlichen funktionellen Gens in eine Zelle, kann durch die in Kapitel 9 (S. 224) besprochenen Methoden erreicht werden; dies funktioniert in vitro zwar leicht, ist aber in vivo bei einem soliden Tumor bisher sehr viel schwieriger zu erreichen.

Die Effizienz der Transfektion ist immer noch sehr niedrig und auch von Zelle zu Zelle stark unterschiedlich; die meisten menschlichen Zellen können zudem nur kleine Mengen fremder DNA integrieren (etwa 6 kb). Weiterhin wird das transfizierte Gen aus noch unbekannten Gründen nur für einige Monate exprimiert. Daher versucht man, durch selektive Promotoren die Transkription der transfizierten Gene zu beeinflussen.

Mit der Anti-Gentherapie sollen Gene der Tumorzelle gehemmt werden

Andere Ansätze bedienen sich der *Antisense-Oligonucleotide,* d. h. kurzen synthetischen Nucleotidsequenzen, die zu DNA- und RNA-Sequenzen komplementär sind und diese durch Hybridisierung inaktivieren (S. 232). Durch Bindung dieser Nucleotide an ihr jeweiliges Zielmolekül können Transkription oder Translation des dazugehörigen Gens selektiv gehemmt werden. Wenn dieses Gen ursächlich an der Entstehung der Tumorkrankheit beteiligt ist, könnte seine Inaktivierung zu einer Regression des malignen Phänotyps führen. Die mRNA im Cytosol stellt ein geeigneteres Ziel als die DNA im Zellkern für diesen Ansatz dar, da die Antisense-Oligonucleotide – neben der Zellmembran – nicht auch die Kernmembran permeieren müssen.

Werden in einem Tiermodell Hirntumorzellen mit einem Vektor transfiziert, der Antisense-IGF-I-cDNA enthält, so wird die IGF-I-Expression komplett blockiert und die transfizierten Zellen induzieren bei syngenen Tieren keine Tumoren mehr. Darüber hinaus führt die Injektion antisense-transfizierter Zellen zu einer Rückbildung bestehender Glioblastome. Diese antitumorale Wirkung beruht auf einer tumorspezifischen Immunantwort, an der CD-8-Lymphocyten beteiligt sind. Möglicherweise bewirkt die Blockade der IGF-I-Expression die Reversion eines Phänotyps, der den malignen Zellen erlaubt, dem Immunsystem zu entgehen.

Die Transfektion von Tumorgewebe bei Patienten mit Lungentumoren (die p53-Mutationen aufweisen) mit dem *Wildtyp p53-Gen* bewirkt eine Apoptose von Tumorzellen, was dafür spricht, daß das transfizierte normale p53-Gen in den Krebszellen aktiv ist.

Der Einbau von Zytokingenen soll natürliche Abwehrmechanismen stimulieren

Zytokine können eine Wirkung auf das Tumorwachstum haben, besitzen jedoch bei systemischer Gabe Nebenwirkungen und eine sehr kurze Halbwertszeit. Deshalb versucht ein neuer Ansatz, Gene für Zytokine (Interleukin-2, Interleukin-4, Interferone, Tumornekrosefaktor) in Zellen einzubringen, die spezifisch mit Tumorzellen in Wechselwirkung treten, wie z. B. *tumorinfiltrierende Lymphocyten (TIL).* So wurden solche Zellen mit dem Gen für Tumornekrosefaktor transfiziert. Durch Markierung mit einem Markergen wie Neomycinphosphotransferase konnte nachgewiesen werden, daß sich diese Zellen im Tumor anreichern und dort bis zu 10 Monaten fremde Gene exprimieren.

Gentherapeutische Manipulation erlaubt die lokale Produktion eines Cytostatikums

Ein weiterer Therapieansatz ist die virusdirigierte *Enzym-Medikamentenvorstufen-Therapie,* die darauf beruht, daß ein Vektor spezifisch in Tumorzellen, aber nicht in normalen Zellen exprimiert wird. So wird ein Virusgen in der normalen Leberzelle nur dann exprimiert, wenn es an den Albuminpromotor gekoppelt ist, aber nicht bei Kopplung an den α-Fetoprotein-Promotor. In der Lebertumorzelle ist dies genau umgekehrt: Koppelt man z. B. das Gen für Cytosin-Desaminase an einen derartigen selektiven Promotor, so führt die Expression dieses Gens in der Zielzelle dazu, daß angebotenes 5-Fluorocytosin intrazellulär in das Cytostatikum 5-Fluorouracil umgewandelt wird.

! **RESÜMEE** Tumoren entstehen durch eine beeinträchtigte Differenzierung und vermehrte Proliferation. Obwohl schon vor sieben Jahrzehnten genetische Mechanismen als Ursache von Krebserkrankungen postuliert worden waren, haben sich unsere Erkenntnisse über diese Erkrankungen erst seit Beginn der achtziger Jahre unseres Jahrhunderts entscheidend weiterentwickelt. Die Entdeckung der Onkogene und Antionkogene (Tumorsuppressorgene) hat dazu wesentlich beigetragen. Die Produkte dieser Gene sind integrale Bestandteile der Regulation von Wachstums- und Differenzierungsvorgängen in der normalen Zelle. Antionkogene verhindern als negative Signale, daß es zu Daueraktivierungen der Zelle kommt. Außerdem verhindern sie, daß Zellen mit DNA-Schäden in die Teilungsphase übergehen und sind auch am Korrekturlesen von Basenfehlpaarungen beteiligt. Die kritische Bedeutung von Onkogenen und Antionkogenen erklärt, warum Mutationen in diesen Genen einen dramatischen Einfluß auf die Regulation des Zellwachstums haben. Onkogenmutationen wirken dominant, Antionkogenmutationen rezessiv. Bei den Prädispositionssyndromen liegt bereits eine Keimbahnmutation eines Antionkogens vor, durch eine weitere Mutation in dem zweiten Allel wird die Krankheit manifest. Bei den sporadischen Tumoren müssen beide Allele konsekutiv von Mutationen betroffen sein. Viren können die Entstehung von Tu-moren durch Inaktivierung von Antionkogenen (wie *p53* oder *Rb 105*) begünstigen. Die häufigste Antionkogenmutation ist die von *p53,* bei der sich auch die Verteilung der verschiedenen Mutationen von Erkrankung zu Erkrankung unterscheidet. So hinterlassen offenbar Cancerogene unterschiedliche Fingerabdrücke in den von ihnen mutierten Genen.

Zur Entstehung einer Krebserkrankung ist die kumulative Aktivierung von Onkogenen und Inaktivierung von Antionkogenen im Rahmen eines Mehrschrittprozesses erforderlich. Sehr gut sind diese Prozesse bereits an verschiedenen familiären und sporadischen Dickdarmtumoren untersucht. Dabei lassen sich die einzelnen genetischen Veränderungen im Rahmen der Tumorprogression nachvollziehen. Bei vielen Tumorerkrankungen werden reziproke Translokationen zwischen einzelnen Chromosomen beobachtet. Die Gene im Bereich dieser Bruchpunkte fusionieren nach Wiederverknüpfung der Chromosomenbruchstücke, so daß Fusionsgene entstehen. Liegen Onkogene im Bereich der Bruchstellen, so wird deren Funktion durch die Translokation entscheidend gestört. Klassische Beispiele für diese Konstellation sind die akute Promyelocytenleukämie und die chronische myeloische Leukämie.

Die Störung der Proliferation ist nicht ausreichend, um das entscheidende Problem in der Tumorbehandlung, die Metastasierung, zu erklären. Für diese Vorgänge, die ebenfalls in mehreren Schritten ablaufen, müssen Mutationen in anderen Genen erforderlich sein. Entscheidend für die Metastasierung sind das invasive Verhalten von Tumorzellen, an dem Metalloproteinasen beteiligt sind, die Neubildung von Gefäßen, in die die Tumorzellen eindringen können, sowie das Verlassen der Blutbahn mit der anschließenden Bildung von Kolonien in einem Sekundärgewebe. Mit der Identifizierung von Onkogenen und Antionkogenen gelingt es auch immer besser zu verstehen, wie Cancerogene – z. B. Aflatoxine oder ultraviolettes Licht – die DNA schädigen. Da mit der klassischen Cytostatika-Therapie nur ein kleiner Anteil der Krebserkrankungen heilbar ist, werden große Hoffnungen in gentherapeutische Ansätze bei Krebserkrankungen gesetzt. Das bisher am besten untersuchte Prinzip stellt der Einbau von Zytokingenen in immunkompetente Zellen dar, deren gegen die Tumorzellen gerichtete Aktivität dadurch verstärkt werden soll.

Literatur

Original- und Übersichtsarbeiten

AARONSON, SA (1991) Growth Factors and Cancer. Science 254: 1145–1152

BISHOP DT, HALL NR (1994) The genetics of colorectal cancer. Eur J Cancer 13: 1946–1956

BOCK S ET AL (1993) Detection of somatic changes in human renal carcinoma with oligonucleotide probes specific for simple repeat motifs. Genes, chromosomes & Cancer 6: 113–117

CAVANEE WK, WHITE RL (1995) The genetic basis of cancer. Scient Amer 272: 72–79

FEARON ER (1994) Molecular genetic studies of the adenoma-carcinoma sequence. Adv Int Med 39: 123–147

FIDLER IJ, ELLIS LM (1994) The implications of angiogenesis for the biology and therapy of cancer metastasis. Cell 79: 185–188

HANSEN MF, CAVENEE WK (1988) Retinoblastoma and the progression of tumor genetics. Trends in Genetics 4: 125

HARRIS CC, HOLLSTEIN M (1993) Clinical implications of the p53 tumor suppressor gene. New Engl J Med 329: 1318–1327

HERRLICH P ET AL (1994) CD44 splice variants: metastases meet lymphocytes. Immunology today. 14: 395–399

KONTRIRIS TG (1995) Oncogenes. New Engl J Med 333: 303–306

LEVINE AJ (1993) The tumor suppressor genes. Annu Rev Biochem 62: 623–651

PETRIDES PE (1994) Molekulare Grundlagen in der Onkologie. In: Wilmanns W, Huhn D, Wilms K (Hrsg) Internistische Onkologie. Thieme, Stuttgart, 60–82

RIES C, PETRIDES PE (1995) Cytokine regulation of matrix metalloproteinase activity and its regulatory dysfunction in disease. Biol Chem Hoppe-Seyler 376: 345–355

RABBITS TH (1994) Chromosomal translocations in human cancer. Nature 372: 143–149

ROTH JA (1996) Retrovirus mediated wild type p53 gene transfer to tumors of patients with lung cancer. Nature Medicine 2: 985–990

SKUSE GR, LUDLOW JW (1995) Tumour suppressor genes in disease and therapy. Lancet 345: 902–906

STETLER-STEVENSON WG et al. (1993) Tumor cell interactions with the extracellular matrix during invasion and metastasis. Annu Rev Cell Biol 9: 541–573

WARRELL RP ET AL (1994) Acute promyelocytic leukemia. New Engl J Med 329: 177–189

Anhang

A	Adenin		FAD	Flavinadeninnucleotid
ACTH	adrenocorticotropes Hormon		FGF	Fibroblasten-Wachstumsfaktor
ADP	Adenosindiphosphat		FH4	Tetrahydrofolat
Ala	Alanin		FMN	Flavinmononucleotid
δ-ALA	δ-Aminolävulinat		Fru	Fructose
ALAT	Alanin-Aminotransferase		Fuc	Fucose
AMP	Adenosinmonophosphat		G	Guanin
ANF	atrialer natriuretischer Faktor		G-CSF	granulocyte colony stimulating factor
APC	aktiviertes Protein C		GABA	γ-Aminobutyrat
Arg	Arginin		Gal	Galaktose
ASAT	Aspartat-Aminotransferase		GDP	Guanosindiphosphat
Asn	Asparagin / Aspartat		GH	growth hormone
Asp	Asparaginsäure		GIP	gastrisches inhibitorisches Peptid
ATP	Adenosintriphosphat		Glc	Glucose
AVP	Arginin-Vasopressin		GLDH	Glutamatdehydrogenase
BSE	bovine spongiforme Encephalopathie		Gln	Glutamin
C	Cytosin		GLP	Glucagon-ähnliches Peptid
CAM	cell adhesion molecule		Glu	Glutaminsäure
cAMP	3′,5′-cyclo-AMP		Glut	Glucose-Transporter
CAT	Chloramphenicol-Acetyltransferase		Gly	Glycin
CCK/PZ	Cholecystokinin/Pankreozymin		GM-CSF	granulocyteg macrophage colony stimulating Factor
cDNA	complementäre DNA			
CDP	Cytidindiphosphat		GMP	Guanosinmonophosphat
CK	Creatinkinase		GOT	Glutamat-Oxalacetat-Transaminase
CMP	Cytidinmonophosphat		GPI	Glykosyl-Phosphatidyl-Inositol
CoA	Coenzym A		GPT	Glutamat-Pyruvat-Transaminase
COMT	Katechol-O-methyltransferase		GRE	glucocorticoid responsive element
CoQ	Coenzym Q (Ubichinon)		GSH	Glutathion
CRBP	zelluläres Retinol-Bindungsprotein		GTP	Guanosintriphosphat
CREB	cAMP response-element binding protein		Hb	Hämoglobin
			HDL	high density lipoprotein
CT	Thyreocalcitonin		His	Histidin
CTP	Cytidintriphosphat		HIV	humanes Immundefizienz-Virus
Cys	Cystein		HLA	humanes Lymphocytenantigen
DNA	Desoxyribonucleinsäure		HMG-CoA	β-Hydroxy, β-Methyl-Glutaryl-CoA
Dopa	Dihydroxyphenylalanin		hnRNA	heterogene nucleäre RNA
Dopamin	Dihydroxyphenylamin		HPLC	Hochleistungsflüssigkeits-Chromatographie (high performance liquid chromatography
EDRF	endothelium derived releasing factor			
EDTA	Ethylendiamin-Tetracetat			
eEF	eukaryoter Elongationsfaktor		HPTE	5-Hydroperoxyeikosatetraenoat
EGF	epidermal growth factor; epidermaler Wachstumsfaktor		Hsp	Hitzeschockprotein
			Hyp	Hydroxyprolin
ELISA	enzyme linked immunosorbent assay		IEMA	immunoenzymatischer Assay
EPO	Erythropoietin		IFN	Interferon
ER	endoplasmatisches Reticulum		Ig	Immunglobulin
EST	expressed sequence tags		IGF	insulin like growth factor

IL	Interleukin	PIP_2	Phosphatidylinositol-4,5-bisphosphat
Ile	Isoleucin	PMP	peripheres Myelinprotein
$InsP_3$	Inositol-(1,4,5)-Trisphosphat	POMC	Pro-Opiomelanocortin
IRMA	immunoradiometrischer Assay	PP_i, PP_a	anorganisches Pyrophosphat
ITP	Inosintriphosphat	PRL	Prolactin
LCAT	Lecithin-Cholesterin-Acyltransferase	Pro	Prolin
LDH	Lactat-Dehydrogenase	PRPP	Phosphoribosyl-Pyrophosphat
LDL	low density lipoprotein	PTH	Parathormon
Leu	Leucin	PTHrP	parathormon related protein
LH	luteotropes Hormon	RER	rauhes endoplasmatisches Reticulum
Lys	Lysin		
M-CSF	macrophage colony stimulating factor	RFLP	Restriktionsfragmentlängen-Polymorphismus
MAG	Myelin-assoziiertes Glykoprotein		
Man	Mannose	RNA	Ribonucleinsäure
MAP	Mitogen aktivierte Proteinkinase	rRNA	ribosomale RNA
MAPK	MAP Kinase	RXR	Retinoat-X-Rezeptor
MAPKK	MAP Kinase Kinase	SCID	severe combined immunodeficiency
MBP	Myelin-basisches Protein	scRNA	small cytoplasmic RNA
MDR	Multidrug-Resistenz	Ser	Serin
Met	Methionin	snRNA	small nuclear RNA
MHC	major histocompatibility complex	STH	Wachstumshormon
MMP	Matrix-Metallproteinasen	T	Thymin
MOG	Myelin-Oligodendrocyten-assoziierte Glykoproteine	T_3	Trijodthyronin
		T_4	Thyroxin
mRNA	messenger RNA	TBP	TATA-Box Bindungsprotein
MSH	β-Melanocyten-stimulierendes Hormon	TF	Transkriptionsfaktor
		TGF	transforming growth factor
NAD^+	Nicotinamid-Adenin-Dinucleotid	TH	T-Helferzellen
$NADP^+$	Nicotinamid-Adenin-Dinucleotid-Phosphat	Thr	Threonin
		TMP	Thymidinmonophosphat
NANA	N-Acetyl-Neuraminsäure	TNF	Tumornekrose-Faktor
NGF	nerve growth factor	TRH	thyreotropin releasing hormone
OMP	Orotidinmonophosphat	tRNA	transfer RNA
P_i, P_a	anorganisches Orthophosphat	Trp	Tryptophan
PALP	Pyridoxalphosphat	TSH	Thyreoidea-stimulierendes Hormon
PAMP	Pyridoxaminphosphat	TTP	Thymidintriphosphat
PAPS	2′-Phosphoadenosin-5′-Phosphosulfat	TXA	Thromboxan
PCR	Polymerase Kettenreaktion	Tyr	Tyrosin
PDGF	platelet derived growth factor	U	Uracil
PDH	Pyruvat Dehydrogenase	UDP	Uridindiphosphat
PDI	Proteindisulfid-Isomerase	UMP	Uridinmonophosphat
PEP	Phosphoenolpyruvat	UTP	Uridintriphosphat
PET	Positronen-Emissionstomographie	Val	Valin
PG	Prostaglandin	VLDL	very low density lipoproteins
Phe	Phenylalanin	vWF	von-Willebrand-Faktor
PIH	prolactin release inhibiting hormone	YAC	Yeast artifical chromosome

Sachverzeichnis

Petra Segräfe

Lehramtsstudium für Biologie/Chemie
an der Universität Heidelberg von 1986–1992

Zur Zeit Promotion in Biologie
an der Thoraxklinik Heidelberg

Aktuell und zuverlässig

T.H. Schiebler, Universität Würzburg;
W. Schmidt, Institut für Histologie und Embryologie, Innsbruck;
K. Zilles, Universität Düsseldorf (Hrsg.)

Anatomie

Zytologie, Histologie, Entwicklungsgeschichte, makroskopische und mikroskopische Anatomie des Menschen

7., korr. Aufl. 1997. Etwa 900 S. 579 Abb., 119 Tab.
(Springer-Lehrbuch) Geb. **DM 128,-**; öS 934,40; sFr 113,-
ISBN 3-540-61856-2

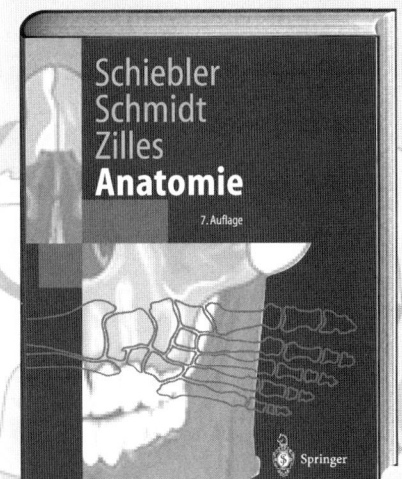

Ein gründliches Basiswissen in der Anatomie ist nach wie vor für das Verständnis einer jeden Krankheitslehre unerläßlich. Hier ist das Lehrbuch, das Ihnen dies alles bietet:

> ➜ Die gesamte Anatomie mit all ihren Teilgebieten auf dem neuesten Wissensstand.
> ➜ Modernste Didaktik im neuen zweifarbigen Layout.
> ➜ Instruktive Abbildungen und Tabellen.
> ➜ Viele Lern- und Wiederholungshilfen.
> ➜ Klinische Hinweise schaffen die Verbindung zwischen anatomischen Tatsachen und Erkrankungen.

12 fachlich besonders kompetente Autoren haben dieses hervorragende Lehrbuch verfaßt.

L.C. Junqueira, J. Carneiro

Histologie

Zytologie, Histologie und mikroskopische Anatomie des Menschen. Unter Berücksichtigung der Histophysiologie

Übersetzt und bearbeitet von **T.H. Schiebler**

4., korr. u. aktualisierte Aufl. 1996. XVI, 758 S. 567 teilw. farbige Abb. 21 Tab.
(Springer-Lehrbuch) Geb. **DM 98,-**; öS 715,40; sFr 86,50
ISBN 3-540-60404-9

Aufgrund der Abbildungsfülle ist der Klassiker „Junqueira/Carneiro" Lehrbuch und Atlas in einem. Für die 4. Auflage wurde das Werk gründlich überprüft, korrigiert und aktualisiert.

> ➜ Das Lehrbuch ist nach didaktischen Gesichtspunkten aufgebaut und in klarer, leicht verständlicher Sprache geschrieben.
> ➜ Der Schwerpunkt liegt in der Darstellung der Grundlagen der Zytologie, Histologie und mikroskopischen Anatomie unter Berücksichtigung ihrer Beziehungen zur Physiologie und Biochemie.
> ➜ Zahlreiche klinische Hinweise verknüpfen das Grundwissen mit der Klinik.

Bei der Bearbeitung der amerikanischen Originalausgabe hat der Übersetzer den neusten Gegenstandskatalog berücksichtigt. Deshalb eignet sich der"Junqueira/Carneiro" hervorragend zur Vorbereitung auf Seminare sowie zum Wiederholen des Vorlesungsstoffs für die Prüfung.

Springer

Preisänderungen vorbehalten.

Springer-Verlag, Postfach 31 13 40, D-10643 Berlin, Fax 0 30 / 82 787 - 3 01 / 4 48, e-mail: orders@springer.de   BA/22006

Aktuell und zuverlässig

R.F. Schmidt, Universität Würzburg;
G. Thews, Universität Mainz (Hrsg.)

Physiologie des Menschen

26., komplett überarb. u. aktualisierte Aufl. 1995. XXII,
888 S. 620 vierfarb. Abb. in 1058 Einzeldarst., 100 Tab.
(Springer-Lehrbuch) Geb. **DM 148,-**; öS 1154,40; sFr 130,50
ISBN 3-540-58034-4

Auf den „Schmidt/Thews" war immer schon Verlaß!
Mit der 26. Auflage wurde wieder ein Quantensprung in seiner Erfolgs-
geschichte erzielt. Eine ausgefeilte Didaktik erschließt nun die große
Informationsfülle:

> ➜ Einleitungen führen an die Thematik der Kapitel heran.
> ➜ Merksatzartige Überschriften dienen als roter Faden.
> ➜ Knappe Zusammenfassungen helfen beim Repetieren.
> ➜ Auf klinische Aspekte wird in zahlreichen Petitpassagen
>   hingewiesen.
> ➜ Farbige Zeichnungen und ein modernes Layout unterstreichen
>   den hohen inhaltlichen und didaktischen Anspruch.

Da 29 Experten den „Schmidt/Thews" radikal überarbeitet haben, ist er auch in der 26. Auflage ein Vorbild an
Aktualität und Zuverlässigkeit.

R.F. Schmidt, Universität Würzburg

Neuro- und Sinnesphysiologie

Mit Beiträgen von **N. Birbaumer, V. Braitenberg, J. Dudel,
U. Eysel, H.O. Handwerker, H. Hatt, M. Illert, W. Jänig,
R. Rüdel, R.F. Schmidt, A. Schütz, H.-P. Zenner**
2., korr. Aufl. 1995. XVI, 485 S. 159 Abb. in Farbe, 11 Tab.
(Springer-Lehrbuch) Brosch. **DM 38,-**; öS 277,40; sFr 34,-
ISBN 3-540-59292-X

G. Thews, P. Vaupel, Universität Mainz

Vegetative Physiologie

3., komplett überarb. u. teilw. neu verfaßte Aufl. 1997. Etwa 550 S.
Etwa 200 Abb. in Farbe, etwa 50 Tab. (Springer-Lehrbuch)
Brosch. **DM 38,-**; öS 277,40; sFr 34,-
ISBN 3-540-60403-0

Springer

Preisänderungen vorbehalten.

Springer-Verlag, Postfach 31 13 40, D-10643 Berlin, Fax 0 30 / 82 787 - 3 01 / 4 48, e-mail: orders@springer.de

BA/22006

Springer
und
Umwelt

Als internationaler wissenschaftlicher Verlag sind wir uns unserer besonderen Verpflichtung der Umwelt gegenüber bewußt und beziehen umweltorientierte Grundsätze in Unternehmensentscheidungen mit ein. Von unseren Geschäftspartnern (Druckereien, Papierfabriken, Verpackungsherstellern usw.) verlangen wir, daß sie sowohl beim Herstellungsprozess selbst als auch beim Einsatz der zur Verwendung kommenden Materialien ökologische Gesichtspunkte berücksichtigen. Das für dieses Buch verwendete Papier ist aus chlorfrei bzw. chlorarm hergestelltem Zellstoff gefertigt und im pH-Wert neutral.

 Springer

Wie können wir unsere Bücher noch besser machen?

Diese Frage können wir nur mit Ihrer Hilfe beantworten. Zu den unten angesprochenen Themen interessiert uns Ihre Meinung ganz besonders. Natürlich sind wir auch für weitergehende Kommentare und Anregungen dankbar. Unter allen Einsendern der ausgefüllten Karten aus Büchern unseres *Lehrbuchprogrammes* verlosen wir pro Semester *Überraschungspreise* im Wert von insgesamt *DM 2.000,–!*

Springer-Verlag
Koordination Lehrbuch

(Der Rechtsweg ist ausgeschlossen)

1. Halten Sie die Kapiteleinleitungen für sinnvoll als Einführung in die jeweilige Thematik?

   ❑ Nein, sie sind überflüssig.
   ❑ Ja, sie haben mir beim ersten Lesen geholfen, einen Überblick zu bekommen.

2. Finden Sie die merksatzartigen Überschriften hilfreich?

   ❑ Ja, sie dienen mir als Orientierung beim Lesen.
   ❑ Ja, sie helfen mir beim Lernen.
   ❑ Nein, sie stören den Lesefluß.

3. Würden Sie es begrüßen, wenn wir bei der nächsten Auflage noch mehr didaktische Lernhilfen einarbeiten?

   ❑ Nein, das Lehrbuch sollte so bleiben.
   ❑ Ja, zusätzliche Lernhilfen fände ich gut, z. B.

4. Welches Kapitel hat Ihnen besonders gut gefallen? Warum?

5. Welches Kapitel sollten wir bei der nächsten Auflage auf jeden Fall verbessern? Wie?

6. Was sollten wir bei der nächsten Auflage sonst noch ändern?

Springer ≠ Springer
Kennen Sie den Unterschied?

Der Springer-Verlag mit dem Schachpferd als Markenzeichen wurde 1842 von Julius Springer gegründet. Seine wissenschaftlichen Bücher und Zeitschriften haben ihn international bekannt gemacht.

Er veröffentlicht weder Illustrierten noch Tageszeitungen.

Der andere heißt Axel Springer AG und besteht seit 1947. Zwischen beiden Verlagen gibt es weder verwandtschaftliche noch wirtschaftliche Verbindungen.

Übrigens:

Sie können uns auch per e-mail erreichen: med.lehrbuch@Springer.de
Wir freuen uns über Nachricht!

LÖFFLER/PETRIDES: BIOCHEMIE UND PATHOBIOCHEMIE 5. AUFLAGE

Absender:

Ich bin:
- Medizinstudent/in im ——— Semester
  an der Universität ———
-

ANTWORT

An
Springer-Verlag
z. Hd. Frau Anne C. Repnow
Koordination Lehrbuch
Tiergartenstraße 17

69121 Heidelberg

Bitte
freimachen